U0358537

现行建筑设计规范条文说明大全

（缩印本）

（上　册）

本社　编

中国建筑工业出版社

图书在版编目（CIP）数据

现行建筑设计规范条文说明大全(缩印本)(上、下册)/中国
建筑工业出版社编. —北京：中国建筑工业出版社，2009
ISBN 978-7-112-11191-6

Ⅰ. 现… Ⅱ. 中… Ⅲ. 建筑设计-建筑规范-说明-中国
Ⅳ. TU202-65

中国版本图书馆 CIP 数据核字（2009）第 151610 号

责任编辑：孙玉珍
责任设计：赵明霞

现行建筑设计规范条文说明大全
（缩印本）
本社 编

*

中国建筑工业出版社出版、发行（北京西郊百万庄）
各地新华书店、建筑书店经销
北京红光制版公司制版
北京圣夫亚美印刷有限公司印刷

*

开本：787×1092 毫米 1/16 印张：160 插页：2 字数：6410 千字
2009 年 11 月第一版 2011 年 11 月第三次印刷
定价：**298.00** 元（上、下册）
ISBN 978-7-112-11191-6
（18483）

版权所有 翻印必究
如有印装质量问题，可寄本社退换
（邮政编码 100037）

出 版 说 明

《现行建筑设计规范大全》、《现行建筑结构规范大全》、《现行建筑施工规范大全》缩印本（以下简称《大全》），自1994年3月出版以来，深受广大建筑设计、结构设计、工程施工人员的欢迎。但是，随着科研、设计、施工、管理实践中客观情况的变化，国家工程建设标准主管部门不断地进行标准规范制订、修订和废止的工作。为了适应这种变化，我社将根据工程建设标准的变更情况，适时地对《大全》缩印本进行调整、补充，以飨读者。

鉴于上述宗旨，我社近期组织编辑力量，全面梳理现行工程建设国家标准和行业标准，参照工程建设标准体系，结合专业特点，并在认真调查研究和广泛征求读者意见的基础上，对设计、结构、施工三本《大全》的2005年修订缩印版进行了调整、补充。新版《大全》重新划分了章节并进行科学排序，更加方便读者检索使用。

《现行建筑设计规范大全》共收录标准规范142本。

《现行建筑结构规范大全》共收录标准规范99本。

《现行建筑施工规范大全》共收录标准规范163本。

为使广大读者更好地理解规范条文，我社同时推出与三本《大全》配套的《条文说明大全》。因早期曾有少量的标准未编写过条文说明，为便于读者对照查阅，《条文说明大全》中仍保留了《大全》的目录，对于没有条文说明的标准，目录中标为"无"。

需要特别说明的是，由于标准规范处在一个动态变化的过程中，而且出版社受出版发行规律的限制，不可能在每次重印时对《大全》进行修订，所以在全面修订前，《大全》中有可能出现某些标准规范没有替换和修订的情况。为使广大读者放心地使用《大全》，我社在网上提供查询服务，读者可登录我社网站查询相关标准规范的制订、全面修订、局部修订等信息。

为不断提高《大全》质量、更加方便查阅，我们期待广大读者在使用新版《大全》后，给予批评、指正，以便我们改进工作。请随时登录我社网站，留下宝贵的意见和建议。

中国建筑工业出版社

2009年8月

欲查询《大全》中规范变更情况，或有意见和建议：请登录中国建筑工业出版社网站（www.cabp.com.cn）"规范大全园地"。登录方法见封底。

目　　录

（上　册）

1　通　用　标　准

2　民　用　建　筑

3 工 业 建 筑

（下 册）

4 建 筑 防 火

5 建 筑 设 备
（给水排水·电气·防雷·暖通·智能）

6 建 筑 环 境
（热工·声学·采光与照明）

7 建 筑 节 能

1

通用标准

中华人民共和国国家标准

房屋建筑制图统一标准

GB/T 50001—2001

条 文 说 明

目　次

1 总　　则

1.0.1 本条文在原基础上进行了调整，使文字含义更加严密、准确。

1.0.2 本条规定了在工程制图专业方面的适用范围。

1.0.3 本条为新增条文，明确了适用于手工制图与计算机制图两种方式。

1.0.4 本条规定了适用的三大类工程制图，即：①设计图、竣工图；②实测图；③通用设计图、标准设计图。

2　图纸幅面规格与图纸编排顺序

2.1　图　纸　幅　面

2.1.1 表2.1.1幅面及图框尺寸与《技术制图——图纸幅面和规格》（GB/T 14689—93）规定一致，但图框内标题栏略有调整，见2.2.1。

2.2　标题栏与会签栏

2.2.1 鉴于当前各设计单位标题栏的内容增多，有时还需要加入外文的实际情况，提供了两种标题栏尺寸供选用，即200×30～50（200长度可以使A4立式幅面中的标题栏成为通栏）和240×30～40。标题栏内容的划分仅为示意，给各设计单位以灵活性。

2.2.2 由于目前标题栏中的签字过于潦草，难以识别，本条文增加了签字区应包含实名列和签名列的规定。同时，在需要增加"中华人民共和国"字样时，可设定在设计单位名称的上方或左方两种位置。

2.2.3 根据实际需要，将会签栏的长度由原来的75延长为100，与2.2.2的理由相同，目的是为了增加"实名列"的空间。

3　图　　线

3.0.1 表3.0.1根据《技术制图——图线》（GB/T 17450—1988）调整了线宽比，即：粗线：中粗线：细线＝4：2：1

3.0.2 表3.0.2根据《技术制图——图线》修正了部分图线的名称（见表1）。

表1　被修正图线的原、现名

原　　名	现　　名
点划线	单点长画线
双点划线	双点长画线

4　字　　体

4.0.2 鉴于在实际制图中，2.5mm高的文字过小，

在字高系列中删除。

4.0.5 根据《技术制图——字体》（GB/T 14691—93）的规定，修订了拉丁字母、阿拉伯数字和罗马数字的书写格式。

5　比　　例

5.0.2 参照《技术制图——比例》（GB/T 14690—93）5.1条增加了文字，强调比例的符号为"："，其他表示方法是不允许的，例如有建议用"1/100"来表示。

5.0.3 根据《技术制图——比例》（GB/T 14690—93）将本条文中的"底线"改为"基准线"。

5.0.4 表5.0.4中"常用比例"采用的是ISO推荐的$1：1×10^n$、$1：2×10^n$、$1：5×10^n$系列。由于该系列比例的级差较大，根据房屋建筑工程的特点，又在"可用比例"中规定了一些中间比例，即1：4、1：6和1：80，使之更加合理，选用更加灵活。此外，根据实际使用情况，当前大型建筑较多，采用1：200的比例，很多字注写不下，因而采用1：150的已很普遍。此次修编，将1：150转入"常用比例"之列。

5.0.6 本条为新增条文。增加本条规定是为了适应计算机绘图的需要，允许自选比例，但应绘制该比例的比例尺。

6　符　　号

6.1　剖　切　符　号

6.1.1 对本条第1、3、4款的说明：

1　原标准"剖面剖切符号不宜与图面上的图线相接触"中的"不宜"改为"不应"，"图面上的图线"改为"其他图线"。

3　原条文"在转折处如与其他图线发生混淆"并无明确界限，故予删除。

4　为新增加的款，是为了明确剖切符号宜注在±0.00标高的平面上。此外，根据《技术制图——剖视图和断面图》（GB/T 17453—1998），"SECTION"的中文名称确定为"剖视图"，但考虑到房屋建筑专业的习惯叫法，决定仍然沿用原有名称："剖面图"。另见9.3的说明。

6.1.2 因《技术制图——剖视图和断面图》（GB/T 17453—1988）中无"截面"的称谓，为取得一致，将原条文中的"截"字删除。

6.2　索引符号与详图符号

6.2.1 将原标准中对索引符号的描述调整为"索引符号是由直径为10mm的圆和水平直径组成，圆及水平直径应以细实线绘制"，使之更加通顺。

6.2.4 将原条文修改为"详图符号的圆应以直径为14mm粗实线绘制",删除原标准中"也可用本条第一款的方法,不注被索引图纸的图纸号",使条文更加明确。

6.4 其 他 符 号

6.4.3 增加了"指针头部应注'北'或'N'字"的文字说明。

7 定 位 轴 线

7.0.2 标注定位轴线编号的圆直径改为"8～10mm",是考虑到有时注字可能较多。

7.0.5 定位轴线的编号方法适用于较大面积和较复杂的建筑物,一般情况下没有必要采用分区编号。故在本条中增加了一句"组合较复杂的平面图中",目的是指出其适用范围。

图7.0.5是一个分区编号的例图,具体如何分区要根据实际情况确定。例图中举出了一根轴线分属两个区,也可编为两个轴线号的表示方法。

7.0.9 增加了圆形平面中定位轴线的编号示例。本条原放在附录中,现已较为成熟,改为正式条文。

7.0.10 增加了折线形平面图中定位轴线的编号示例,但没有规定具体的编号方法,可参照例图灵活处理。更复杂的平面如何编号,还有待从实际中总结归纳。

8 常用建筑材料图例

8.1 一 般 规 定

本节条文确定了本章的编制原则和使用规则。鉴于建筑材料生产的蓬勃发展,品种日益繁多,因此在编制图例时,不可能包罗万象,只能分门别类,将常用建材归纳为二十几个基本类型,作为图例,同时确定了如下使用规则:

1 采用同一图例但需要指出特定品种时,应附加必要的说明;

2 作为一种材料符号,不规定尺度比例,应根据图样大小予以掌握,使图例线疏密适度,尺度得当。

3 对本标准未包括在内的建筑材料,允许自行编制、补充图例。

8.2 常用建筑材料图例

经适当调整,本节选定了27个图例,说明如下:

1 目前,多孔砖和空心砖已有明确界定。多孔砖是指有较小孔洞的承重粘土砖,空心砖则是指具有较大孔洞、作填充用的非承重粘土砖。因此,在图例说明中将多孔砖明确归于普通砖的项下,而空心砖为非承重砖,不包括多孔砖。

2 混凝土、钢筋混凝土及金属图例中明确规定,在图形较小时可以涂黑,与8.1.1条规定互相印证,互为补充。

3 原图例中的松散材料,如稻壳、木屑等,在实际工程中已逐步淘汰,现予以删除。另增加了"泡沫塑料材料"一项,其填充图案已在国家标准图中使用。但对手工制图来说,这种蜂窝状图案是难以绘制的,可以使用"多孔材料"图例增加文字说明或自行设定其他表示方法。

9 图 样 画 法

9.1 投 影 法

9.1.1 根据《技术制图——投影法》(GB/T 14692—93),将原标准中"直接投影法"改为"第一角画法",并界定了各视图的名称。

9.1.2 增加了"或按图9.1.2c画出镜像投影识别符号"的文字补充和镜像投影识别符号。

9.2 视 图 配 置

此节原标题为"图样布置"。

9.2.1 对视图配置作了比较明确的说明。

9.2.5 原标准中"立面的某些部分"改为"建(构)筑物的某些部分","直接投影法"改为"第一角画法。"

9.3 剖面图和断面图

此节原标题为"断面图与剖面图"。

《技术制图——剖视图和断面图》(GB/T 17453—1988)发布实施后,在房屋建筑制图中是否也把"剖面图"改称为"剖视图"已讨论了多年。此次修编过程中,从征求意见稿的反馈意见看,不赞成更改的占多数。理由就是:①建筑界对建筑投影图的叫法由来已久,已为历代工程技术人员所公认,其名称也可以反映房屋建筑制图的特点;②实际上,绝大多数建筑平面图也属剖视图,如果改变叫法,似应也改为诸如"首层平面剖视图"一类的叫法,既蹩脚又显得不伦不类。如果只把"剖面图"改为"剖视图",既改得不彻底,理论上也不能自圆其说;③审查会上,专家们一致认为不需改变,同时建议在修编《技术制图——通用术语》(GB/T 13361—92)时,应把"剖面图"补充进去,或改为"剖视图(剖面图)"与现有的"立面图"、"平面图"加在一起,对房屋建筑制图来说就比较完整了。

9.3.1 增加了绘制剖面图和断面图线型的规定。

9.4 简 化 画 法

9.4.1 原标准中"构配件的对称图形"提法不妥,

改为"构配件的对称视图"。其次，本条还增加了图 9.4.1-3（一半画视图，一半画剖面图）的例图，以弥补其不足。图 9.4.1-3 是把视图（即外形图）的左半边与剖面图的右半边拼合为一个图形，即把两个图形简化为一个图形。这既然是一种简化画法，因此在平面图中，剖切符号仍应按 6.1.1 的规定标注。

9.4.3 增加了一个沿长度方向按一定规律变化的例图。

9.5 轴 测 图

9.5.1 增加"宜采用以下四种轴测投影并用简化的轴向伸缩系数绘制"，这里是指正轴测投影而言。

9.5.3 对条文作了文字修改，并增加了 3 个例图。

10 尺 寸 标 注

10.1 尺寸界线、尺寸线及尺寸起止符号

10.1.3 原标准规定尺寸线"不宜超出尺寸界线"，现根据反馈意见和专家意见，决定删除这句条文，就是说根据个人习惯，也允许略有超出，但在条文中不需明确超出的具体长度。

10.1.4 尺寸起止符号还坚持原规定：一般情况下均用斜短线，圆弧的直径、半径等用箭头。轴测图中用小圆点，效果还是比较好的。

10.2 尺 寸 数 字

10.2.3 按例图所示，尺寸数字的注写方向和阅读方向规定为：当尺寸线为竖直时，尺寸数字注写在尺寸线的左侧，字头朝左；其他任何方向，尺寸数字也应保持向上，且注在尺寸线的上方，如果在 30°斜线区内注写时，容易引起误解，故推荐采用两种水平注写方式。

10.4 半径、直径、球的尺寸标注

10.4.1 本条强调了半径符号 R 的加注，注意 "$R20$"不能注写为"$R=20$"或"$r=20$"。

10.4.4 根据本条规定，注意"ϕ"不能注写为"$\phi=60$"、"$D=60$"或"$d=60$"。

10.5 角度、弧度、弧长的标注

10.5.2 原修编稿曾参照 ISO 的规定，将圆弧符号改注在数字前方，其优点是有利于计算机处理。根据审查会专家的意见，仍维持原规定，注写在数字上方，这样与数字上的标注方法一致。

10.6 薄板厚度、正方形、坡度、非圆曲线等尺寸标注

10.6.2 正方形符号"□"和直径符号"ϕ"的标注方法一样，不一定非注写在侧面，所以对原标准的标注限定作了修改。

图 10.6.1 和图 10.6.2 中的分尺寸删去一个，但并不说明尺寸链是否封闭，因在土建制图中，尺寸链可以是封闭的，也可以是不封闭的，而机械制图中则规定尺寸链不得封闭。

10.6.3 注意坡度的符号是单面箭头，而不是双面箭头。

10.7 尺寸的简化标注

10.7.1 单线图上尺寸数字的注写和阅读方向，也应符合 10.2.3 条的规定。

10.7.3 本条中所谓的相同的构造要素，是指一个图样中形状、大小、构造相同的，而且均匀相等的孔、洞、钢筋等等。此条是规定了尺寸的一种简化注法（见图 10.7.3），而不涉及图样的简化画法。所以图中 6 个小圆圈均画出了，这并不与 9.4.2 条矛盾。

10.8 标 高

10.8.2 关于室外标高符号有两种截然相反的意见。一种认为要写成强制性的，应该用涂黑的三角形表示；另一种认为不用涂黑。这里没有改动，仍按照原标准的写法。

10.8.3 当标高符号指向下时，标高数字注写在左侧或右侧横线的上方；当标高符号指向上时，标高数字注写在左侧或右侧横线的下方。

10.8.6 同时注写几个标高时，应按数值大小从上到下顺序书写。括号外的数字是现有值，括号内的数字是替换值。

原附录 3 予以删除。因现已有《技术制图——复制图的折叠方法》（GB/T 10609.3—89）颁布施行。

中华人民共和国国家标准

总 图 制 图 标 准

GB/T 50103—2001

条 文 说 明

目　次

1 总　则

1.0.1 文字上作了调整，使语意表达更加确切。

1.0.2 本条为新增条文。规定了本标准适用于手工制图和计算机制图两种方式。

2 一般规定

2.1 图　线

2.1.2 表 2.1.2 的表名由原来的"线型"改为"图线"，因该表除列出各类线型外，还包括了线宽、用途等多项内容。其中，粗实线用途中，明确了新建建筑物的轮廓线系指建筑物 ±0.00 高度的可见轮廓线。实际上，本条规定也适用于原有建筑物和拟拆除建筑物。此外，在中粗实线的用途中，根据各地意见对多项用途作了补充，如：挡土墙、用地红线、建筑红线、河道蓝线和新建建筑物 ±0.00 高度以外的可见轮廓线。

2.2 比　例

2.2.1 表 2.2.1 在"总体规划、总体布置、区域位置图"项目中，增加了"1∶50000"比例。

2.4 坐标注法

2.4.1 本条为新增条文。规定了绘制总图时，图样基本上要保持上北下南的布局，根据地块形状可向左或向右作 45° 以内的偏转。过去总图绘制有一定的随意性，包括交通部门事故现场图的绘制，常常将正北指向图左、图右、甚至朝下，或者不标示指北针，而绘制指东针、指西针或指南针，以致造成混乱或错误判断。本条规定有助于规范总图的绘制方法，避免错误后果。此外，根据当前对环境保护方面要求的日益严格以及各地规划部门提出的要求，在本条文中明确规定"总图中应绘制指北针或风玫瑰图"。

2.4.2 将原标准中的"施工坐标"改为目前已普遍使用的"建筑坐标"。实际上，建筑坐标不仅服务于施工阶段，而是贯穿于从设计、施工到归档的全过程。同时，本条也明确了坐标值为正数或负数时，正负号的使用规定。

2.4.3 本条考虑到当前设计水平的提高和完善，图纸中都应有建筑坐标，因而删除了原标准中"如无施工坐标系统时，应标出主要建筑群的轴线与测量坐标轴线的交角"的规定。

2.5 标高注法

2.5.1 本条为新增条文。明确了"以含有 ±0.00 标高的平面作为总图平面"。过去在实际设计中，说法不一，有的叫"第一层"、"首层"，也有人认为叫"主入口层"更合适。事实上，大型建筑的主入口层也不一定在第一层，因此以 ±0.00 标高所在的楼层作为总图平面更规范些。

2.5.3 将原标准中建筑物散水标高注法修改为建筑物"四周转角或两对角的散水坡脚处"的标高，使之更为确切。

3 图　例

图例方面的意见主要是认为不够全，因此在修编调整的同时，增加补充了部分新图例。

3.0.1 表 3.0.1 总平面图例原有 48 个，经调整后仍为 48 个，其中原序号 5 与序号 1 合并；新增"挡土墙上设围墙"一项。

序号 1　改为"可用 ▲ 表示出入口"，并规定了建筑物外形以 ±0.00 高度的外墙定位轴线或外墙面线为准，与表 2.1.2 的规定取得一致。

序号 18　原图例的大门分类已过时，现改为实体性和通透性两类比较符合实际。

序号 21　台阶的箭头方向原标准表示向上，现改为表示自上向下。这样和总图中表示地面、明渠及道路等的排水坡向一致。

序号 28　施工坐标改为建筑坐标，与 2.4.3 条取得一致。

序号 34　增加了淹没区阴影部分的图例。

序号 40　原图例名为"雨水井"，现改为"雨水口"。

序号 48　室外标高规定了两种画法：圆点和黑三角，在总图中增加了选择余地。实际在竖向设计中还有"等高线法"，因此，在备注中也注明可用等高线来表示室外标高。

3.0.2 表 3.0.2 道路与铁路图例原有 53 个，现增加为 65 个。其中新增加的有：

序号 2　城市型道路断面。

序号 3　郊区型道路断面。

序号 8　三面坡式缘石坡道。

序号 9　单面坡式缘石坡道。

序号 10　全宽式缘石坡道。

序号 12　道路隧道。

序号 26　原有的有架线的标准轨距电气铁路。

序号 27　计划扩建的有架线的标准轨距电气铁路。

序号 28　拆除的有架线的标准轨距电气铁路。

序号 30　原有的有架线的窄轨电气铁路。

序号 31　计划扩建的有架线的窄轨电气铁路。

序号 32　拆除的有架线的窄轨电气铁路。

3.0.3 表 3.0.3 管线与绿化图例原有 12 个，现增加为 16 个。其中乔灌木由 4 个增加为 6 个，另增加了竹类、绿篱和植草砖铺地。

中华人民共和国国家标准

建 筑 制 图 标 准

GB/T 50104—2001

条 文 说 明

目　次

1 总　　则

1.0.1 本标准是在《建筑制图标准》GBJ 104—87（以下称原标准）基础上进行修改与补充，适用于建筑专业和室内设计专业。室内设计的制图方式与建筑设计的制图方式原则上是一致的，故本标准将室内设计专业纳入其中，并根据其专业特点在有关章节增加专门条款。

1.0.2 根据现实手工制图、计算机制图并存的情况增加此条。

2 一般规定

2.1 图　　线

2.1.1 根据此次同时修订的《房屋建筑制图统一标准》（GB/T 50001—2001）的规定，线宽组合有所改动，但非强制性条款。

2.2 比　　例

2.2.1 根据建筑设计、室内设计制图中通常选用的比例进行归纳，在原标准的基础上增加了一些常用比例。

3 图　　例

3.1 构造及配件

序号 3 实际工作中很少在平面上用图例区分栏杆材料，故此次省略不同画法，只用一种图例表示栏杆。

序号 25～29 将原标准中的"墙内推拉门"改为"墙外推拉门"和"墙中推拉门"，符合实际工程情况。

序号 38 近年来横向卷帘门在实际工程中应用较多，本标准新增此图例。

3.2 水平及垂直运输装置

序号 11 自动人行道、人行坡道已在大型交通建筑、商业建筑中应用，本标准新增此图例。

4 图样画法

4.1 平　面　图

4.1.8 根据室内设计在平面中标明所视立面的常用制图方式，本标准增加了内视符号，规定其画法和用法，并做示例。其他情况如：相邻 90° 的两个方向、三个方向，可用多个单面内视符号或一个四面内视符号表示，此时四面内视符号中的四个编号格内，设计人可在要表示的方向格内注写两或三个编号，其余为空格即可。

4.2 立　面　图

4.2.3 根据室内设计的要求，规定了室内立面图所要表示的内容。

4.2.7 此条为新增加的条款，是实际制图时应该表示的。

4.2.9 此条是根据室内设计制图中所习惯的用法新增加的。

4.5 尺寸标注

4.5.1 原标准中尺寸分为定位尺寸、定量尺寸、总尺寸三种，从字面上不易理解，因为所有的尺寸都是定量的。此次修订根据设计中对各种尺寸的应用，归纳为总尺寸、定位尺寸、细部尺寸三种，并定义：

总尺寸——建筑物外轮廓尺寸；若干定位尺寸之和。

定位尺寸——轴线尺寸；建筑物构配件如：墙体、门、窗、洞口洁具等，相应于轴线或其他构配件确定位置的尺寸。

细部尺寸——建筑物构配件的详细尺寸。

4.5.3 对本条第 3、5 款说明如下：

3 所谓毛面尺寸及标高是指非建筑完成面尺寸及标高，如平面图中标注的墙体厚度尺寸；板底、梁底标高。

5 此条是根据室内设计的特点和习惯而增加的。

中华人民共和国国家标准

给 水 排 水 制 图 标 准

GB/T 50106—2001

条 文 说 明

目　次

1 总　　则

1.0.2 新增条文。明确了本标准适用于手工及计算机制图。

1.0.3 本标准主要适用于民用建筑工程中给水排水专业制图，其他工程的给水排水专业制图可参考使用。另外，本标准只规定了制图的基本要求及方法，关于制图深度应符合国家现行的有关规定。

1.0.4 绘制给水排水图样时，除应遵守本标准外，对于图纸规格、图线、字体、符号、定位轴线及尺寸标注等均应遵守《房屋建筑制图统一标准》。同时，对于上述标准没有规定的内容，应遵守国家现行的有关标准、规范的规定。

2　一 般 规 定

2.1　图　　线

2.1.1 修改条文。明确了线宽 b 宜为 0.7 或 1.0mm。

2.1.2 修改条文。为了区别重力流与压力流管道，增加了 $0.75b$ 的线宽。在线宽上一般重力流管线较压力流管线粗一级；新设计管线较原有管线粗一级。

2.2　比　　例

2.2.1～2.2.4 修改条文。在总结我国给水排水制图经验的基础上，对原条文略作调整；还将部分内容改写成现第 2.2.2 和 2.2.3 条。如果工程需要也可以采用表 2.2.1 以外的比例。另外，将原建筑给排水透视图按投影方法改称为建筑给排水轴测图；同时增加了建筑给排水系统原理图，相关内容详见第 4 章。

2.3　标　　高

2.3.1 新增条文。明确了标高符号的形状及尺寸、标高数字的位数及常用注法等应符合《房屋建筑制图统一标准》中第 10.8 节的规定。

2.3.4 修改条文。文中沟渠包括明沟、暗沟、管沟及渠道。

2.3.6 新增条文。为了施工方便增加了一种管道距本层建筑地面标高的标注方式，一般为正值。

2.4　管　　径

2.4.2 修改条文。所述内容仅指图样中的管径表达方式。目前给水排水工程所使用的管材种类日趋多样化，各类管材生产企业对管径的表达方式不统一。为了与其沟通，规定了制图中的管径表达方式宜与相应的产品标准一致。标准中规定了几种常用管材的管径表示方式。对于塑料管材有实壁管和双壁波纹管，它们的表达方式不同；同时实壁管产品标准的表示方式

也正在按国际标准统一中，因此只作了原则规定。另外，考虑目前实际情况增写了用公称直径 DN 设计，但应在说明中有公称直径 DN 与相应产品规格对照表。

3　图　　例

3.0.1 本条系原标准第三章第一节的改写。为方便设计使用，将管道图例独立设条，并统一规定用汉语拼音字母表示管道类别，删除用符号表示图例的内容。如在设计中出现上述图例不能满足要求时，可根据工程需要，按本条规定原则，自行增加。

3.0.2 本条系将原标准第三章第一节中管道附件内容独立设条，并根据近些年新出的附件，对图例作了补充规定。

3.0.3 本条系原标准第三章第二节的改写，将管道连接方式专列一条。

3.0.4 本条系原标准第三章第二节和第三节的改写，将两节中属于管件的图例合并后专列一条。

3.0.5 本条系原标准第三章第二节的改写，增加了一些常用的阀门表示图例，删除了一些在民用建筑工程中难以用到的阀门图例。

3.0.6 本条系原标准第三章第三节的改写，为方便设计人员查阅应用，将属于给水配件的图例专列一条。

3.0.7 本条系原标准第三章第三节的改写，因其消防设计所用图例应与消防主管部门通用图例符号相一致，而且它有其专用性的一面，本次修订将其专门列为一条，同时补充了一些常用的图例。

3.0.8 本条系原标准第三章第四节的改写，将其中属于卫生器具和水池的内容专列一条。

3.0.9 本条系原标准第三章第四节的改写，将其中属于小型给水排水构筑物的内容独立列一条。

3.0.10 本条系原标准第三章第五节的改写，将其中属于给水排水工程中所用设备的内容独立列一条。

3.0.11 本条系原标准第三章第五节的改写，将其中属给水排水测量仪表的内容独立列一条。

4　图 样 画 法

4.1　一 般 规 定

4.1.1 本条系新增条文。规定设计图不得用文字说明代替，以及图中必须进行说明时，对说明文字提出应通俗易懂、简明清晰的要求。

4.1.2 本条系新增条文。规定本专业的图纸应单独绘制，有利于表达清楚和方便施工。当然对于极简单的子项，如传达接待室等只有一个卫生间，单独绘制似无必要，这时可与其他专业共同编制在一起。

4.1.3 本条系新增条文。对图幅画的安排提出要求，以防图面过于稀疏或过于紧密。

4.1.4 本条系新增条文。当一个大的工程有若干个单体项目，分为若干个人员同时设计，为保证表达方法、技术要求的统一而作的规定，防止同一个工程出现不一致的现象。同一个项目的图规格应力争一致，不应大小参差不齐，造成丢失，不利管理。

4.1.5 本条系新增条文。规定不同设计阶段图纸编号方法，以利统一。

4.1.6 本条系新增条文。对设计图的编排方法作了规定。

4.2 图 样 画 法

4.2.1 本条系原标准第 4.0.1 条的改写。针对近几年各设计院的实际情况，除保留原条文的规定内容外，对一些简单的项目，如在某一区内仅增建一栋建筑，可以将总平面与管道工程合为一张图时，对如何表示做出规定，并补充具体图样画法。

4.2.2 本条系原标准第 4.0.3 条的改写。

4.2.4 本条系新增条文。根据各设计院反映意见，对于地形较平坦的居住小区、校园可不必绘制管道纵断图，而采用列管道高程表的方法，既节省工作量，提高效率，又能满足要求。该意见是可行的，故予以采纳，并对表格的形式作了统一规定。

4.2.5 本条系原标准第 4.0.2 和第 4.0.9 条的合并保留。

4.2.6 本条系新增条文。随着高层建筑、大型公共建筑的增多，二次加压供水和设置中水站的现象越来越多，对于给水的深度净化及中水的处理流程图的画法作了规定。究竟采取何种形式表示，设计人员可根据工程实际情况确定。

4.2.7 本条系原标准第 4.0.5 条的改写。增加了对有地下室的建筑，其排出管、引入管或汇集排水横干管等可单独绘制在地下层，这有利于表达清楚。还增加了平面图上应绘制的内容，使条文更具操作性。

4.2.8 本条是原标准第 4.0.6 条的改写。增加了该图应该表示的具体内容。至于雨水斗是否标注汇水面积可由设计人决定，条文用词予以灵活。

4.2.9 本条系新增条文。由于高层建筑越来越多，按原来绘制轴测图的方法绘制管道系统的轴测图已很难表示清楚，而且效率低。所以，规定对整栋建筑绘制以主管为主的系统原理图，代替以往的轴测图，经相当数量设计院多年的实践和施工单位的反应，此系统图能够满足施工要求，是可行的。同时，这种表示方法也是国际上通用的。

4.2.10 本条系新增条文。在大型民用建筑中，在正常比例的平面图中，如卫生间、设备机房（泵房、加热器间、水处理机房等），因管道、设备较多，难以表示清楚，需要绘制放大图，本条规定了此图的绘制方法及要求。

4.2.11 本条系原标准第 4.0.8 条的保留。

4.2.12 本条系原标准第 4.0.7 条的改写。根据各有关设计单位的意见，这种图叫系统图不能反映整栋建筑管道的全貌，只能表示一个局部；叫透视图又不确切，根据反馈意见，改为轴测图。

4.2.13 本条系新增条文。为满足绘制给水排水标准图或构件加工制造图之需要而增加的。

中华人民共和国国家标准

暖 通 空 调 制 图 标 准

GB/T 50114—2001

条 文 说 明

目　次

1 总　　则

1.0.4 本标准中"系统图"、"管道系统图"的解释均引用《技术制图通用术语》(GB/T 13361—92)的"6.9管系图"; "原理图"的解释引用该标准的"6.14原理图"。

2 一般规定

2.1 图　　线

2.1.3 表2.1.3中括号内数字表示慎用线宽。但如果能确保图纸在使用时,细线绘制的图样不会出现缺损,也可使用更细的线(笔)宽。

3 常用图例

3.1 水、汽管道

3.1.1 表3.1.1以外的水、汽管道代号,可取管道内介质汉语名称的拼音首个字母,如与表内已有代号重复,应继续选取第2、3个字母,最多不超过3个。

3.1.2 采用非汉语名称标注管道代号时,须明确表明对应的汉语名称。

3.1.3 表3.1.3中序号17附注中的画法与给排水专业"室内消火栓"的图例相近,应避免混淆。序号33、35附注的画法适合手工制图。

3.2 风　　道

3.2.1 表3.1.2以外的风道代号,可取管道功能汉语名称的拼音首个字母,如与表内已有代号重复,应继续选取第2、3个字母,最多不超过3个。

3.2.2 采用非汉语名称标注风道代号时,须明确表明对应的汉语名称。

3.2.3 表3.2.3中序号1图例中左为投影平面平行管道中心线,图例中、右为投影平面垂直管道中心线。序号3附注的画法适合手工制图。序号12"软接头"指较短的、隔振用的部件。序号13"软管"是指较长的柔性管,如波纹管。

3.4 调控装置及仪表

3.4.1 表3.4.1中序号1~3图例中,"T、H、P"分别为"Temperature"、"Humidity"、"Pressure"的字头;序号11图例中"M"为"Magnetic"的字头;序号15图例中"F. M."是英文"Flow Meter"的缩写;序号16图例中"E. M."是英文"Energy Meter"的缩写;序号17图例中"F"是英文"Flow"的字头。

4 图样画法

4.1 一般规定

4.1.8 "设备"通常指机组、换热器等,"材料"通常指管道、阀门等。

4.2 管道和设备布置平面图、剖面图及详图

4.2.1 "正投影法"见现行国家标准《技术制图通用术语》(GB/T 13361—92)的5.3。

4.2.6 墙线内的建筑轴线不宜作尺寸标注界线。柱中心线作尺寸标注界线时,应同时标注柱宽。

4.3 管道系统图、原理图

4.3.1 管道系统图是指"表示管道系统中介质的流向、流经的设备,以及管件等连接、配置状况的图样"(《技术制图通用术语》GB/T 13361—92的6.9)。

4.4 系统编号

4.4.2 入口编号是指由建筑外引入的管道系统编号。

4.4.3 表4.4.3以外的系统代号,可取系统汉语名称的拼音首个字母,如与表内已有代号重复,应继续选取第2、3个字母,最多不超过3个。采用非汉语名称标注系统代号时,须明确表明对应的汉语名称。

4.5 管道标高、管径(压力)、尺寸标注

4.5.6 "PN"后一般跟以"MPa"表示的数字,若该数字小数点后超过2位,则宜改为"kPa"或"Pa"表示的数字。如"PN 0.6"、"PN 20(kPa)"。

4.5.11 有坡度的管道标高,在始端或末端也可用括号内数字表示。

4.5.14 在同一套图纸中,应统一使用短斜线或圆点。

4.5.17 连续排列的设备,应标注需保证的安装尺寸,不宜标注过多的安装尺寸,造成施工安装时无所适从。

4.6 管道转向、分支、重叠及密集处的画法

4.6.5、**4.6.6** 手工制图时,线型可不分粗、细。

中华人民共和国行业标准

供 热 工 程 制 图 标 准

Drawing standard of heat-supply engineering

CJJ/T 78—97

条 文 说 明

前　言

根据建设部建标〔1992〕第227号文的要求，由哈尔滨建筑大学主编，沈阳市热力工程设计研究院、北京市煤气热力工程设计院、中国兵器工业第五设计研究院、中国环球化学工程公司参编的《供热工程制图标准》（CJJ/T 78—97）经建设部1997年12月24日以建标〔1997〕346号文批准，业已发布。

为便于广大设计、施工、科研、学校等单位的有关人员在使用本标准时能正确理解和执行条文规定，《供热工程制图标准》编制组按正文章、节、条的顺序编制了条文说明，对该标准中一些条文进行了解释和补充说明，供国内使用者参考。在使用中如发现条文说明中有欠妥之处，请将意见函寄哈尔滨建筑大学。

本《条文说明》由建设部标准定额所组织出版。

目　　次

1 总 则

1.0.1 统一制图方法的原则是向有关国际标准靠拢、与有关国家标准协调并考虑沿用多年的制图规定。

1.0.2 常见热源有热电厂和供热锅炉房。本标准不包括热电厂及大型电厂锅炉房的制图规定。

1.0.3 各个供热工程设计都有自身的特点，本标准中规定的是供热制图的基本要求，不可能将工程中发生的情况全部包括在内。因此遇到本标准未涉及的内容时应执行国家现行有关标准。

2 一般规定

2.1 图纸幅面

2.1.1 表 2.1.1 给出的图纸基本幅面及图框尺寸符合国际标准《技术制图 图纸尺寸及格式》ISO 5457—1980（E）以及国家标准《技术制图 图纸幅面和格式》GB/T 14689—93 的规定。考虑到目前各部门、各单位图纸中采用的标题栏尺寸和格式差别较大，也很难统一，因此本标准中不予规定。

2.1.2 本条是对表 2.1.1 所给的基本幅面尺寸不能满足要求时提出的。为了便于计算机绘图及晒图机晒图，幅面的短边不宜加长。加长尺寸取整数倍是为了便于使图纸规格划一和使用时记忆。长边加长后的尺寸与国家标准《房屋建筑制图统一标准》GBJ 1—86 所给出的加长幅面尺寸基本一致，与国家标准《道路工程制图标准》GB 50162—92 的规定相同。

为了制图时选用方便，增加图纸幅面变化范围。如允许基本幅面的短边加长，但应符合国家标准《技术制图 图纸幅面和格式》GB/T 14689 的规定。即使增加这一条规定，一套图中采用的幅面形式也应尽量减少。

2.2 图 线

2.2.1 基本线宽 b 的系列是考虑手工绘图常用墨线笔的规格确定的。规定粗、中、细线的线宽比例使图面层次分明。线宽组合可根据使用的墨线笔或其他工具选取，不作硬性规定。

可根据图样的类别、比例大小及复杂程度选择 b 值。图纸幅面较大时，宜选用较大的 b 值；图线较密时，宜选用较小的 b 值。如：供热规划图、可行性研究附图等可选用较大的 b 值。

2.2.3 在确定常用线型及其用途时考虑以下因素：

1. 当单独绘制设备平面图和剖面图时，设备为主要内容，其轮廓线应用粗线。在设备、管道平面图和剖面图中，首先突出管道，应用粗线；其次突出设备，应用中线。

2. 规定单线表示的管道应用粗线，双线表示的管道应用中线。这是考虑两条距离很近的直线用粗线时，在图面上所占比重太大，不美观。

表中未给出的某些图样画法中的线型应符合本标准有关部分的规定。

2.3 字 体

2.3.1 汉字应用长仿宋体是《技术制图 字体》GB/T 14691—93 等国家标准的规定。

2.3.2 数字和字母采用直体，便于使用绘图工具。

2.3.3 例如：图名、设计说明、图形符号等所用的汉字，可视为不同用途的汉字，其大小可以不同；同一套图中各图名可视为同一用途的汉字，其大小宜相同。

2.4 比 例

2.4.2 同一图样铅垂方向和水平方向标注不同的比例与国家标准《技术制图 比例》GB/T 14690—93 的规定相同。

2.5 通用符号与设计分界线

2.5.1 指北针的指针涂暗，意指用墨笔涂黑或用彩笔涂成均匀的其他颜色。已规定指针尖端指向北向，因此不必注写汉字"北"。

2.5.2 图 2.5.2 中 b 的宽度与所在图样中图线的基本宽度 b 一致。

2.5.4 参照国家标准《机械制图》GB 4458.1—84，规定剖视编号应注写在剖切位置线起止处或表示剖视方向的箭头尾部。

2.5.5 图 2.5.5（b）所示等腰直角三角形常用于标注平面图上的地面标高及平面图上局部的池、坑底标高。国家标准《管路系统的图形符号 管路》GB 6567·2—86 规定表示标高的等腰直角三角形的高约为 3.5～5mm，本标准按其下限取整。

2.6 设备和零部件等的编号

2.6.1 所规定的编号表示方法除适用于设备及零部件外，原则上也适用于供热制图中一切需要编号的情况。如管路附件和管线设施等的编号。

根据需要编号标志所用圆的直径可加大，粗实线可加长。

3 制图基本规定

3.1 图 面

3.1.3 下层平面图在下，上层平面图在上的布图方式符合一般习惯。

3.1.5 简化制图方法有利于减少重复制图工作量和

图纸数量。按本条规定两个或几个相同图形可绘制其中一个简化、完整的外形轮廓。在需要绘制其余图形处绘出最简单的几何图形。例如：在同一平面图上水泵和风机等通用设备并列或对布置时，可以绘制其中一台的简化外形轮廓，其余几台绘出矩形基础的轮廓线。

3.2 表 格

3.2.1～3.2.3 表3.2.1～表3.2.3中各栏目尺寸不予规定。表3.2.1和3.2.3中"质量"一项通常称为"重量"。根据国家标准《标准化工作导则 第1部分 标准编写的基本规定》GB/T 1.1—1993中关于采用法定计量单位的规定定为质量。表3.2.1中当编号和序号相同时，可只填写一栏。表头中所列栏目可根据实际情况取舍。

3.3 管道规格

3.3.2 低压流体输送用焊接钢管的规格用公称直径表示，例如DN20。输送流体用无缝钢管、螺旋缝或直缝焊接钢管的规格用外径×壁厚前冠以"ϕ"表示，例如$\phi426×8$。这是国际标准《技术制图 卫生工程、采暖、通风及管路用图形符号》ISO 4067/1—1984（E）和《管路系统的图形符号 管路》等国家标准规定的方法。国家标准《管子和管路附件的公称通径》GB 1047—70规定可用公称通径来表示各种管子和管路附件的规格。按照后一标准及设计工作的需要，对无缝钢管、螺旋缝或直缝焊接钢管可用公称直径来表达其规格，例如$\phi426×8$、$\phi426×7$都用DN400表示，可在材料表或设计说明中指出该公称直径所对应的外径和壁厚。"低压流体输送用焊接钢管"和"输送流体用无缝钢管"的名称分别取自国家标准GB/T 3092—93和GB 8163—87。

3.3.3 单线绘制的管道在管线断开处标注其规格比较麻烦，但在管道密集时占地方小，所以也允许采用。多根管道并列时，当管道间的空隙足够标注管道规格时，可不采用引出线的标注方法。

3.4 尺寸标注

3.4.2 国家标准《机械制图》规定由被标注的图形轮廓线引出尺寸界线时，尺寸界线与轮廓线相连。国家标准《房屋建筑制图统一标准》规定尺寸界线与轮廓线之间离开2mm以上。不论两者相连还是分开对图面效果影响不大。对此不予规定。

3.4.4 一张图样中应采用一种尺寸起止符，或用短斜线，或用箭头。这一规定与国家标准《机械制图》和国家标准《机械制图用计算机信息交换 制图规则》GB/T 14665—93的规定相同。短斜线采用中粗线，使其比较醒目。

3.5 管道画法

3.5.7 表3.5.7中用单线绘制表示管路背离观察者的

转向画法，可见国家标准《管路系统的图形符号 管路》。

3.6 阀门画法

3.6.1 常用阀门轴测投影图的画法，仅表示了阀门多种安装方位中的一种，其他安装方位的画法，可参照此画法按轴测投影法绘制，详见国家标准《管路系统的图形符号 管路、管件和阀门等图形符号的轴测图画法》GB 6567.5—86。

表3.6.1以阀门与管路法兰连接为例编制，对其他连接方式的阀门可参照绘制。

4 常用代号和图形符号

4.1 一般规定

4.1.1 代号所采用的英文字母，来源于英文名称字头。在本条文说明中分别给出了各代号的英文名称。大部分英文名称取自中华人民共和国行业标准《供热术语标准》CJJ 55—93。

4.1.3 一套图纸中所采用的代号和图形符号可放在图纸首页总说明中，也可分别放在各相关图纸的主要图样中。

4.2 管道代号

4.2.1 管道代号的英文名称见表1。管道代号表示不同的管内介质、介质参数、管道的用途。管道代号尽可能采用一个字母，当采用一个字母造成混淆时才增加一个字母。

表中的高压蒸汽管，中压蒸汽管和低压蒸汽管系指一个系统中蒸汽压力不同的管道，没有确定的数值和界限。

表1 管道代号的英文名称

中文名称	代号	英 文 名 称
供热管线	HP	Heat-supply Pipeline
蒸汽管（通用）	S	Steam Pipe
饱和蒸汽管	S	Saturated Steam Pipc
过热蒸汽管	SS	Superheated Steam Pipe
二次蒸汽管	FS	Flash Steam Pipe
高压蒸汽管	HS	High-pressure Steam Pipe
中压蒸汽管	MS	Mid-pressure Steam Pipe
低压蒸汽管	LS	Low-pressure Steam Pipe
凝结水管（通用）	C	Condensate Pipe
有压凝结水管	CP	Condensate Pipe(By Pressure)
自流凝结水管	CG	Condensate Pipe(By Gravity)
排汽管	EX	Exhaust Pipe
给水管（通用） 自来水管	W	Water Supply Pipe

中文名称	代号	英 文 名 称
生产给水管	PW	Process Water Supply Pipe
生活给水管	DW	Domestic Water Supply Pipe
锅炉给水管	BW	Boiler Feed-water Pipe
省煤器回水管	ER	Economizer Return Water Pipe
连续排污管	CB	Continuous Blowoff Pipe
定期排污管	PB	Periodic Blowoff Pipe
冲灰水管	SL	Sluice Water Pipe
采暖供水管(通用)	H	Hot-water Supply Pipe
采暖回水管(通用)	HR	Hot-water Return Pipe
一级管网供水管	H1	Hot-water Supply Pipe of Primary Circuit
一级管网回水管	HR1	Hot-water Return Pipe of Primary Circuit
二级管网供水管	H2	Hot-water Supply Pipe of Secondary Circuit
二级管网回水管	HR2	Hot-water Return Pipe of Secondary Circuit
空调用供水管	AS	Hot-water Supply Pipe for Air-conditioning
空调用回水管	AR	Hot-water Return Pipe for Air-conditioning
生产热水供水管	P	Process Hot-water Supply Pipe
生产热水回水管(或循环管)	PR	Process Hot-water Return Pipe
生活热水供水管	DS	Domestic Hot-water Supply Pipe
生活热水循环管	DC	Domestic Hot-water Circulation Pipe
补水管	M	Make-up Water Pipe for Heating System
循环管	CI	Circulation Pipe
膨胀管	E	Water Expansion Pipe
信号管	SI	Signal Pipe
溢流管	OF	Overflow Pipe
取样管	SP	Sampling Pipe
排水管	D	Drain Pipe
放气管	V	Vent Pipe
冷却水管	CW	Cooling-water Pipe
软化水管	SW	Softened Water Pipe
除氧水管	DA	Deaerated Water Pipe

中文名称	代号	英 文 名 称
除盐水管	DM	Demineralized Water Pipe
盐液管	SA	Saline Solution Pipe
酸液管	AP	Acid Pipe
碱液管	CA	Caustic Pipe
亚硫酸钠溶液管	SO	Sodium Sulphite Solution Pipe
磷酸三钠溶液管	TP	Trisodium Phosphate Solution Pipe
燃油管（供油管）	O	Oil Pipe
回油管	RO	Return Oil Pipe
污油管	WO	Waste Oil Pipe
燃气管	G	Gas Pipe
压缩空气管	A	Compressed Air Pipe
氮气管	N	Nitrogen Pipe

4.3 图形符号及其代号

4.3.1 本标准优先采用国际标准《技术制图 卫生工程、采暖、通风及管路用图形符号》、国家标准《管路系统的图形符号 管件》GB 6567.3—86 和《管路系统的图形符号 阀门和控制元件》GB 6567.4—86 等规定的图形符号。尽管其中某些图形符号比较繁琐，本标准也未作变动。国际标准中尚未规定或几个有关标准的规定有差异的图形符号，则综合了国内制图习惯，根据简单、形象、容易绘制的原则，经归纳整理制定出来。

为了减少制图工作量和有利于计算机绘图，尽量不用、少用涂黑的图形符号。

表 4.3.1 中参照国际标准《技术制图 卫生工程、采暖、通风及管路用图形符号》，对换热器（通用）规定了两个图形符号，可分别用于接管方位不同的场合。对型式多样、外形复杂的设备和器具（如锅炉、除尘器等）的图形符号未作规定。可绘制其简化外形。

4.3.2 表 4.3.2 中规定的图形符号用于热网管道系统图以及锅炉房、热力站和中继泵站的流程图、管系图等。

阀门（通用）的图形符号可代表任何型式的直通阀。它来源于国际标准《技术制图 卫生工程、采暖、通风及管路用图形符号》和国家标准《过程检测和控制流程图用图形符号和文字代号》GB 2625—81。

将阀门的图形符号与控制元件或执行机构的图形符号组合可构成表中未列出的其他阀门的图形符号。例如：角阀加上重锤元件构成重锤式安全阀；角阀加上弹簧元件构成弹簧式安全阀。

4.3.3 本条以及第4.3.5条中凡涉及到法兰盘时采用图1（a），而不采用图1（b）的画法。此规定来源于国际标准《技术制图 管线的简单表示方法 第2部分 等轴测投影》ISO 6412—21989（E），而且符合法兰连接管子端部不超出法兰盘面的实际情况。

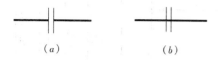

（a）   （b）

图1 法兰盘画法

4.3.4 同一管线平行敷设多根管道时可采用表4.3.4中表示管线上补偿器节点的图形符号，即将补偿器图形符号绘制在管线之外表示该处为补偿器节点。这种表示方法并不一定代表在该管线处各管道上都设有补偿器。

补偿器的英文名称见表2。

表2 补偿器的英文名称

中文名称	代号	英 文 名 称
补偿器（通用）	E	Expansion Joint
方形补偿器	UE	U-shaped Expansion Joint
波纹管补偿器	BE	Bellows Type Expansion Joint
套筒补偿器	SE	Sleeve Expansion Joint
球型补偿器	BC	Ball Joint Compensator
一次性补偿器	SC	Start-up Compensator

球型补偿器可能成对或三个一组使用，制定球型补偿器的图形符号时考虑了组合方便，表达明确。

4.3.5 《供热术语标准》中供热管路附件的定义是："供热管路上的管件、阀门、补偿器、支架（座）和器具的总称"。在本章前几节中已分别给出了阀门、补偿器等的图形符号，所以本条给出的是除了前面已规定的其他管路附件的图形符号。

4.3.6 《供热术语标准》中管道支座的定义是："直接支承管道并承受管道作用力的管路附件"、管道支架的定义是："将管道及支座所承受的作用力传到建筑结构或地面的管道构件"。本标准中把管道支座与支架（支墩）的组合体称为"管架"。表中固定墩用于直埋敷设管道。

管道支座、支吊架和管架的英文名称见表3。

4.3.9 敷设方式、管线设施的英文名称见表4，其中保护穴指直埋敷设时保护某些管路附件的构筑物。

表3 管道支座、支吊架和管架的英文名称

中文名称	代号	英 文 名 称
支座	S	Pipe Support
支架、支墩	T	Pipeline Trestle
固定支座（固定墩）	FS（A）	Fixing Support（Anchorage）
活动支座（通用）	MS	Movable Support
滑动支座	SS	Sliding Support
滚动支座	RS	Roller Support
导向支座	GS	Guiding Support
刚性吊架	RH	Rigid Hook
弹簧支架	SH	Spring Hanger
弹簧吊架		
固定管架	FT	Fixing Trestle
活动管架（通用）	MT	Movable Trestle
滑动管架	ST	Sliding Trestle
滚动管架	RT	Roller Trestle
导向管架	GT	Guiding Trestle

需要时可在检查室或保护穴的图形符号内加上不同的管路附件的图形符号，用来区别不同的检查室或保护穴。管路附件的代号后面加上检查室的代号"W"或保护穴的代号"D"，用来表示不同的检查室或保护穴的代号。

表4 敷设方式、管线设施的英文名称

中文名称		代号	英 文 名 称
套管敷设		C	Casing Pipe Installation
管沟人孔		SF	Safety Exit of Pipe Duct
管沟安装孔		IH	Installation Hole of Pipe Duct
管沟通风孔	进风口	IA	Inlet of Air of Pipe Duct
	排风口	EA	Exit of Air of Pipe Duct
检查室（通用）		W	Inspection Well
保护穴		D	Den
管沟方形补偿器穴		UD	U-shaped Expansion Joint Den
入户井		CW	Consumer Heat Inlet Well
操作平台		OP	Operating Platform

5 锅炉房图样画法

本章所附图样为画法示例，不是设计示范。

5.1 流 程 图

图2为热力系统流程图画法示例（一）。
图3为热力系统流程图画法示例（二）。

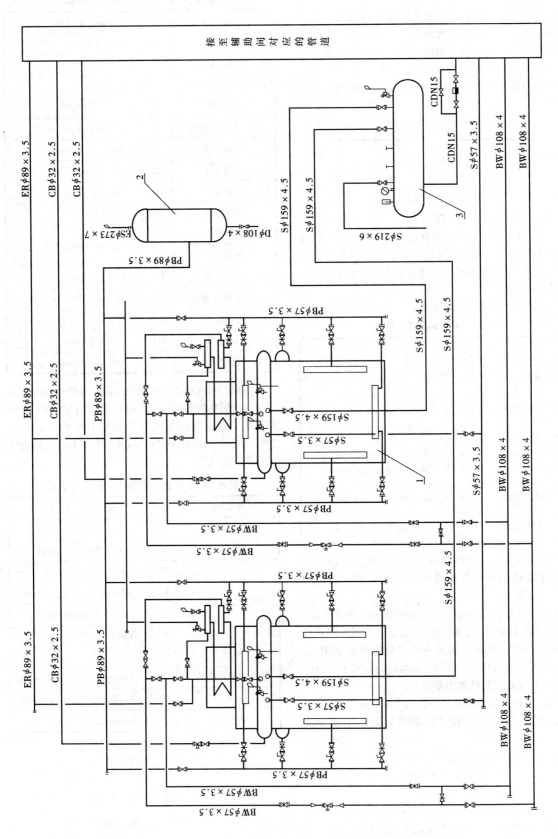

图 2 热力系统流程图画法示例(一)

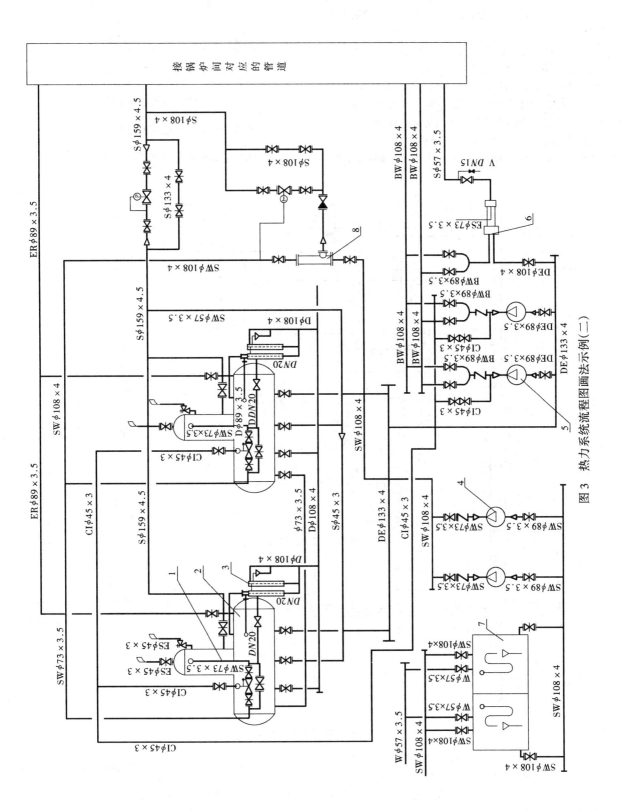

图 3 热力系统流程图画法示例(二)

5.1.1 流程图反映系统的工作原理、各组成部分的关系及各个环节进行的顺序。可根据工程规模大小及复杂程度分别绘制热力系统、冷却水系统、鼓、引风系统、上煤和除渣系统流程图。一般情况下绘制热力系统流程图。

5.1.3 有关构筑物指烟风系统的烟囱；煤、灰、渣系统的沉灰池、受煤坑等土建工程。

5.1.5 "管道与设备的接口方位宜与实际情况相符"是指设备进出口接管应在图上反映出来并要符合实际。例如图4为换热器与进出口管道连接示意图，图(a)是不正确的，图(b)是正确的。

5.1.7 为了使图面清晰、条理清楚，尽量减少管线

交叉。

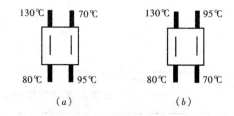

图4　换热器接管示意图

5.2　设备、管道平面图和剖面图

图5为设备和管道平面图画法示例。

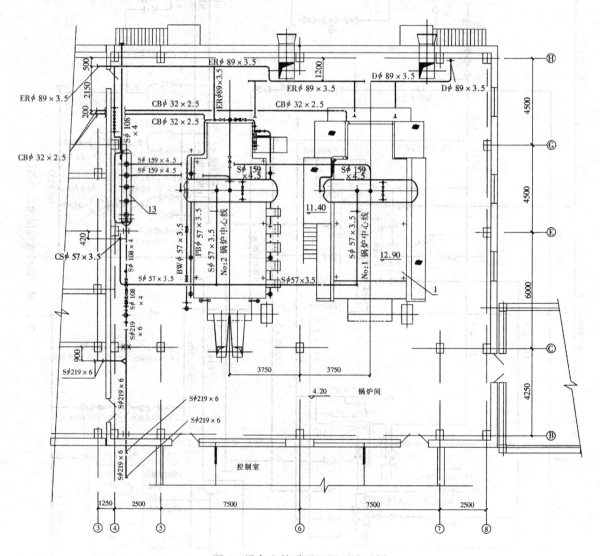

图5　设备和管道平面图画法示例

图6为设备和管道剖面图画法示例。

5.2.7 在土建图上有管沟和排水沟详图时，在设备、管道平面图和剖面图上应给出其位置。沟的定位尺寸和断面尺寸可根据情况标注。

5.3　鼓、引风系统管道平面图和剖面图

图7为鼓风系统管道平面图画法示例。

图8为引风系统管道平面图画法示例。

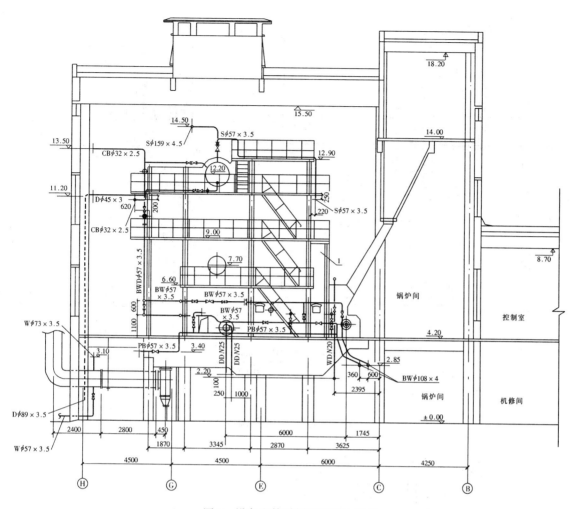

图6 设备和管道剖面图画法示例

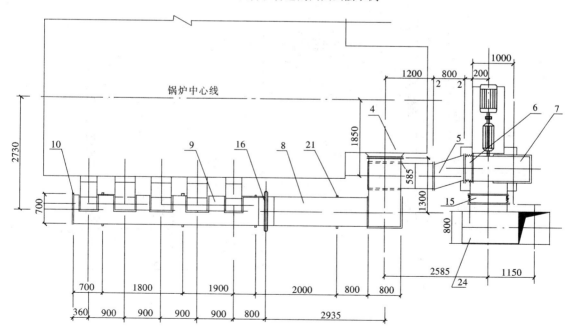

图7 鼓风系统管道平面图画法示例

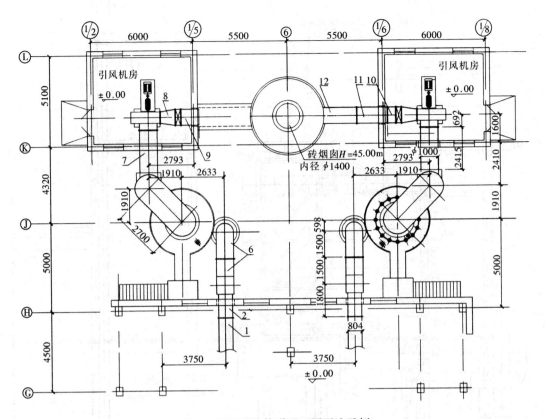

图 8　引风系统管道平面图画法示例

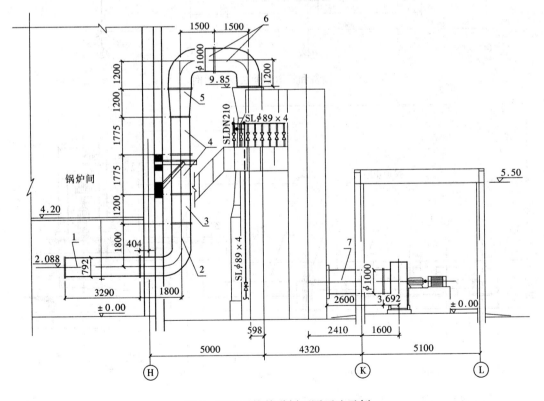

图 9　引风系统管道剖面图画法示例

图 9 为引风系统管道剖面图画法示例。

5.3.1 工程规模大而且复杂时，可单独绘制鼓、引风系统图样。鼓、引风系统的设备应在设备、管道平面图和剖面图中表示。所以单独绘制鼓、引风系统图时着重表现对鼓、引风系统的管道安装要求。

5.4 上煤、除渣系统平面图和剖面图

图 10 为上煤系统平面图画法示例。

图 11 为上煤系统剖面图画法示例。

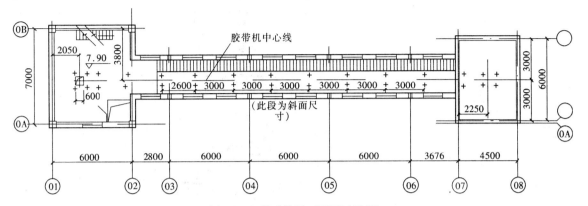

图 10 上煤系统平面图画法示例

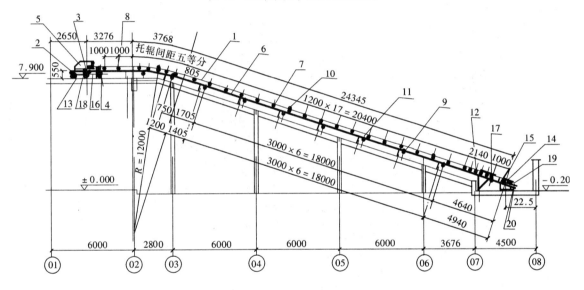

图 11 上煤系统剖面图画法示例

6 热网图样画法

本章所附图样为画法示例，不是设计示范。

6.1 热网管线平面图

图 12 为热网管线平面图画法示例。

6.1.1 《供热术语标准》中定义供热管线："输送供热介质的管道及其沿线的管路附件和附属构筑物的总称"。管线平面图上除了绘制供热管道以外，还要绘出沿线的附属构筑物。由于图上绘制的不是一条管线，而是若干条管线，所以全称为热网管线平面图。

条文中所指"有关地下管线及构筑物"指对供热管线的敷设和运行产生影响的其他管线和构筑物。如上、下水管道、燃气管道、电缆线等管线以及地铁、涵洞等其他构筑物。

采用测量坐标网时，X 轴增值方向为北向，可不绘制指北针。如需标注坐标网，应符合国家标准《总图制图标准》GBJ 103—87 的规定。

6.1.2 如有足够的定位尺寸，可以不标注坐标。90° 转角可不标注角度以减少工作量；非 90° 转角标注小于 180° 的夹角，使一个转角的角度数值是唯一确定的。

6.1.3 对枝状管网规定管线横剖面的剖视方向应从热源向热用户方向观看；使所得到的图形是唯一的。这一规定参照了原苏联国家标准《热网　施工图》ГОСТ21.605—82。《供热术语标准》中定义："环状管网是干线构成环形的管网"。按这一规定环形干线上任一点都可有两个管线横剖面，对环状热网应附加其他说明才能使管线横剖面是唯一的。

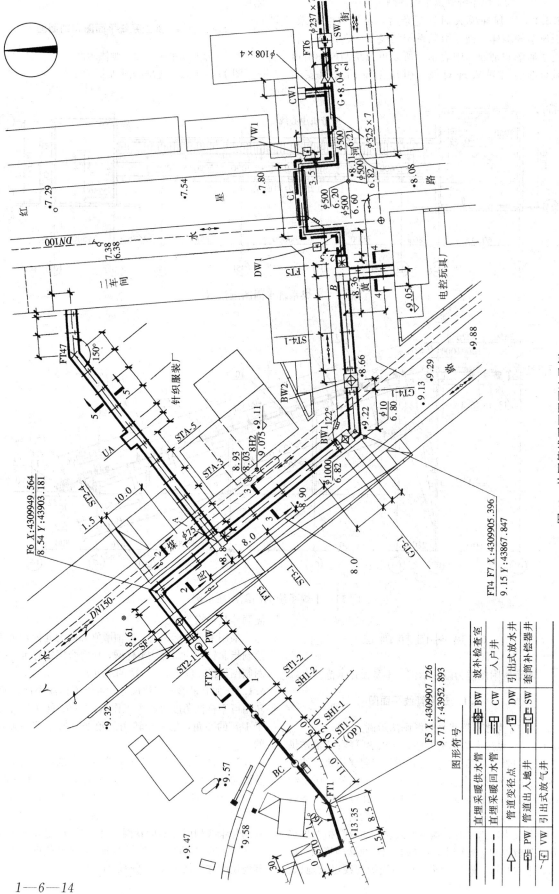

图 12 热网管线平面图画法示例

1—6—14

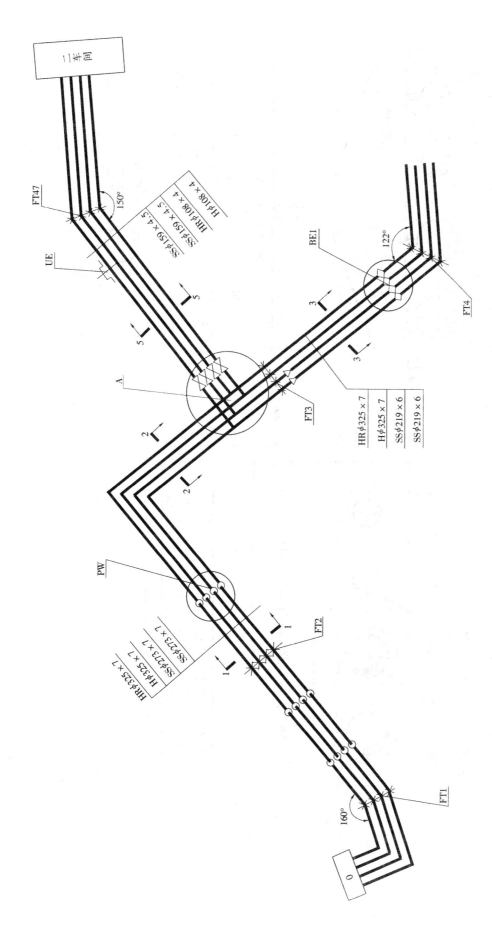

图 13　热网管道系统图画法示例

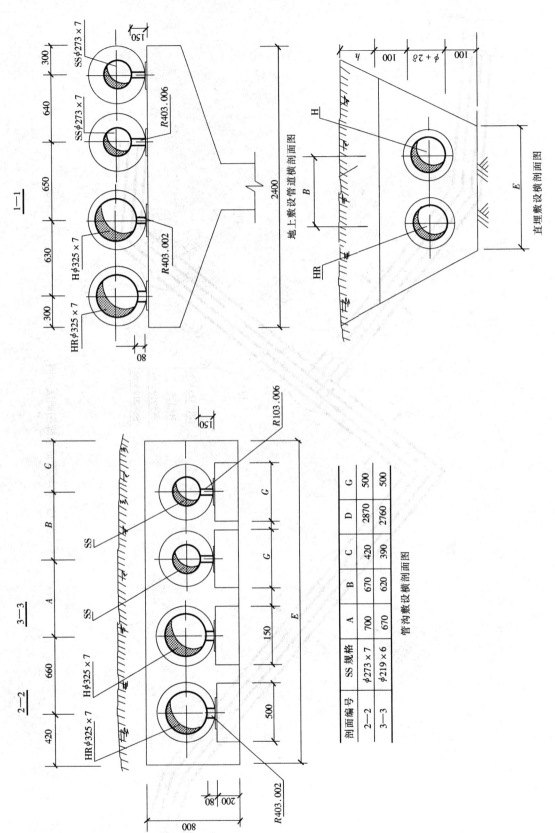

图 15　管线横剖面图画法示例

剖面编号	SS 规格	A	B	C	D	G
2—2	φ273×7	700	670	420	2870	500
3—3	φ219×6	670	620	390	2760	500

管沟敷设横剖面图

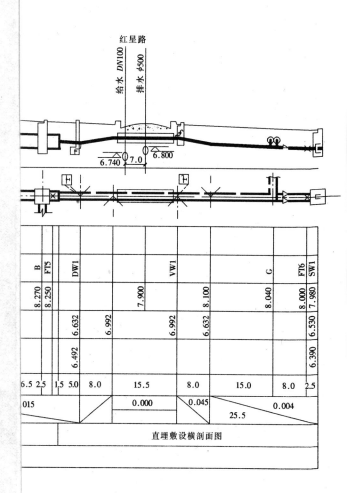

直埋敷设横剖面图

横剖面型式相同是指管线上各管段不仅横剖面型式一致（或都是通行管沟，或都是半通行管沟，或都是不通行管沟，或都是直埋敷设），而且管道根数相同，但管道规格不同。

6.1.4 代表管沟宽度的两条轮廓线如按比例绘制在供热区域平面图上，将合并为一条线，因此用两条线表示管沟只能是示意轮廓线。图上这两条线的间距不予规定，但不能过宽。

6.1.8 一套热网图纸中管道所采用的线型、代号和图形符号较多时则需要集中列出并加以注释。宜放在最主要的反映热网全貌的热网管线平面图上。

6.2　热网管道系统图

图13为热网管道系统图画法示例。

6.3　管线纵剖面图

图14为管线纵剖面图画法示例。

6.3.2 管线纵剖面图由三部分组成。把其中的一个

组成部分称为管线纵剖面示意图，三者总称为管线纵剖面图以便于区分。

6.3.3 参照原苏联国家标准《热网 施工图》，管沟敷设时在管线纵剖面示意图上不必画出管道，在管线纵剖面图下部对应地画出管线平面展开图。管线平面展开图上所标注转角点的角度数值应与热网管线平面图上一致。铅垂方向比例尺的画法不予规定。

6.3.4 所规定的两种管线转角符号可任选。90°角只要求绘出转角符号，不标注角度数值，是为了减少工作量。

6.3.5 例如：管道分层布置时，可标注最低一层管道的管底标高及各层支承结构的顶面标高。

6.4　管线横剖面图

图15为管线横剖面图画法示例。

6.5　管线节点、检查室图

图16为检查室画法示例。

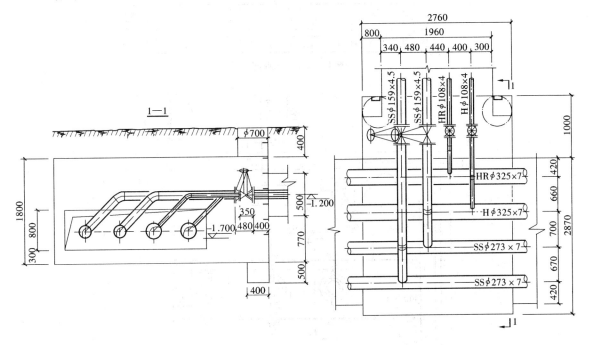

图16　检查室画法示例

6.5.1 管线上设有管路附件（阀门、补偿器、三通、弯头、除污器、疏水、放水装置、放气装置等）的部位有称"节点"、"接点"、"结点"的。其中"节点"用得较为普遍，而且比较合理，故被采用。

节点俯视图的方位与热网管线平面图上该节点的方位一致，有利于绘图和读图。

6.7　水　压　图

图17为水压图画法示例。

6.7.2 管道平面展开简图上可绘出干线、支干线。

支干线管线较长时可采用折断画法。

6.7.4 一般情况下可只绘制静水压线及主干线的动水压线。如供热区域地势变化大，热用户与热网的连接方式多样化以及对某些位于支干线上的特殊用户或重要用户以及高层建筑需要给出用户入口资用压头时则还要绘制支干线的动水压线。

6.7.5 如果一个供热系统有不同的压力工况，一个工况下的静水压线和动水压线可以用粗实线表示，其他工况下的静水压线和动水压线可以用粗虚线等表示。因此本条中规定静水压线和动水压线应用粗线绘制。

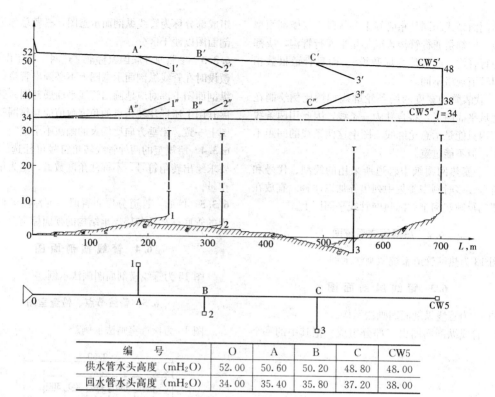

编 号	O	A	B	C	CW5
供水管水头高度（mH$_2$O）	52.00	50.60	50.20	48.80	48.00
回水管水头高度（mH$_2$O）	34.00	35.40	35.80	37.20	38.00

图 17 水压图画法示例

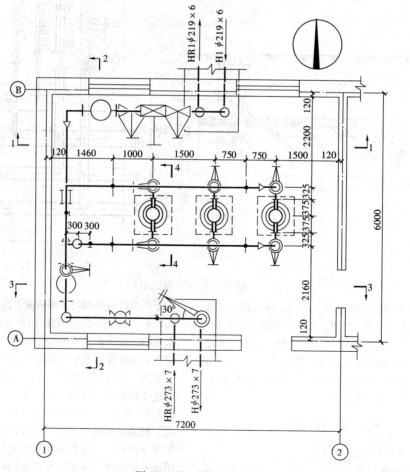

图 18 平面图画法示例

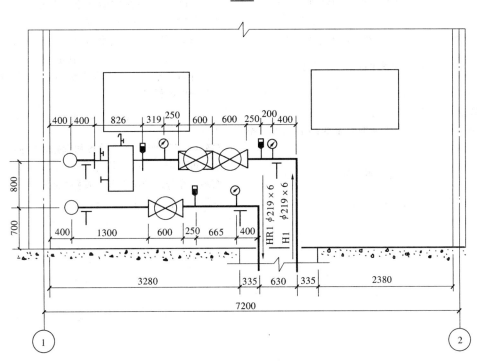

图 19 剖面图画法示例

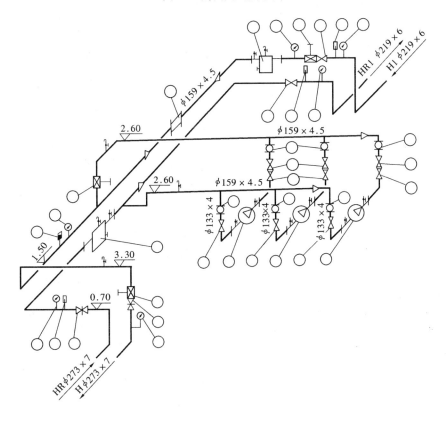

图 20 管系图画法示例

7 热力站和中继泵站图样画法

本章所附图样为画法示例，不是设计示范。

7.1 设备、管道平面图和剖面图

图 18 为平面图画法示例。

图 19 为剖面图画法示例。

7.1.3 管系图上设备有编号时，平面图上设备可不编号。

7.2 管 系 图

图 20 为管系图画法示例。

7.2.1 轴测投影法为国家标准《技术制图　投影法》GB/T 14692—93 规定的常用投影方法。正轴测投影法和斜轴测投影法均可采用。

管系图这一术语来源于国家标准《技术制图　通用术语》GB/T 13361—92。其定义为："表示管道系统中介质的流向、流经的设备，以及管件等连接、配置状况的图样。"

7.3 流 程 图

7.3.1 流程图不反映设备和管路的空间相对位置关系。可以用流程图代替管系图，但必须在平面图和剖面图上充分反映出设备和管路之间的各方位尺寸，满足施工安装的要求。

中华人民共和国国家标准

建筑模数协调统一标准

GBJ 2—86

条 文 说 明

前　言

根据原国家建委（81）建发设字（546）号文下达的任务，由城乡建设环境保护部负责主编，具体由城乡建设环境保护部中国建筑标准设计研究所会同有关单位共同编制的《建筑模数协调统一标准》GBJ 2—86，经国家计委一九八六年十一月四日以计标〔1986〕2201号文批准发布。

为便于广大设计、施工、科研、学校等有关单位人员在使用本标准时能正确理解和执行条文规定，《建筑模数协调统一标准》编制组根据国家计委关于编制标准、规范条文说明的统一要求，按《建筑模数协调统一标准》的章、节、条顺序，编制了《建筑模数协调统一标准条文说明》，供国内各有关部门和单位参考，在使用中如发现本条文说明有欠妥之处，请将意见直接函寄中国建筑标准设计研究所。

本《条文说明》由国家计委基本建设标准定额研究所组织出版印刷，仅供国内有关部门和单位执行标准时使用，不得外传和翻印。

1986 年 9 月

目　录

第一章 总 则

原标准第一章总则共六条，修订后第一章总则共五条。

第 1.0.1 条 "建筑统一模数制"从颁发到现在已有十余年了，由于种种原因，在调查中发现大家对此标准仍不熟悉，随着人民生活水平的提高，大量性房屋建筑的工业化生产必然日益发展，在国际上对此亦用大量篇幅予以论述，为了使大家提高对本标准的认识，这次修订中将原标准的第 1 条扩展成本条。比较全面和系统地论述了建筑模数协调的目的意义。

第 1.0.2 条 适用范围 本条内容与原标准第 3 条基本相同，只是做了下述增改：

一、本标准适用于一般民用与工业建筑的设计，不包括构筑物，一方面是便于与国际标准化组织/房屋建筑技术委员会（ISO TC59）对口，另一方面构筑物尽管与房屋建筑有相同之处，但亦存在不少差异，故不列入。

二、在原标准第 3 条二的基础上，增加了"贮藏单元和家具"，因为这两项的生产与模数协调有密切关系。

三、基本与原标准第 3 条三相同，但综合概括了原标准的含意。

第 1.0.3 条

一、原标准第 4 条一，为改建原有的建筑物，本标准为改建原有不符合模数协调或受外界条件限制而执行本标准确有困难的建筑物，这样就更为全面。

二、基本与原标准相同，但把原标准第 4 条二中有困难的建筑物改为不合理的建筑物，这样提高了模数协调的重要性与合理性。

三、原标准第 4 条三，为设计特殊形状的建筑物和处理建筑物的斜角及弯曲部分。其中"形状"二字一般指平面而言。本标准改为形体，这样对建筑物来说就更为确切。并将建筑物的斜角及弯曲部分改为建筑物的特殊形体部分，这样就更为全面。

第 1.0.4 条 本条为新增设的条文，说明由于综合效益原因，必须采用非模数的技术尺寸，如墙体、楼板的厚度和构配件的截面尺寸等。

第 1.0.5 条 本标准为房屋建筑的基础标准，故在执行中除应符合本标准的有关规定外，还应符合现行的有关标准规范的规定。

第二章 模 数

第一节 基本模数、导出模数和模数数列

原标准第二章模数数列第 7～12 条共六条，本标准按不同内容分为基本模数、导出模数、模数数列、模数数列的幅度、和模数数列的适用范围，共三节 13 条。

第 2.1.1 条 基本模数

本节内容与原标准第二章第 8 条相同，仍规定 100mm 为基本模数以等差级数作为数列的基本理论，"3"是扩大模数的基本因子。这三点通过十年的实践，在国内基本可行，国际上 ISOTC—59 亦按此三点建立了模数数列，并得到世界上大部分国家的承认。

原标准 100mm 用"Mo"表示，由于在书写中常易把"O"漏了，或在打印中把"O"打成与 M 相似大小，带来一些不便和混淆，而 ISO 规定的亦不带"O"，因此本标准把"Mo"改为"M"与国际标准规定相一致。

第 2.1.2 条

一、导出模数原标准的扩大模数基数值仅有水平方向的，新标准分水平和竖向模数，且在水平扩大模数基数值设有 12M。这次修订中根据实际需要，增加了 12M，增加的参数不多，但是从网格设计和协调的意义上来讲很有价值，参考 ISO 6513 第一版 1982—02—15"房屋建筑——模数协调——水平尺寸的优选扩大模数系列"中，有 12M 和 15M，且在说明中提到"当技术上和经济上证明有好处时 12M 系列可以扩大，采用更大的增量为 24M"。根据上述情况，这次修订把 12M 列入扩大模数。本标准规定竖向扩大模数的基数值为 3M 和 6M。

二、原标准中分模基数值为 1/10M、1/5M、1/2M，即 10、20、50mm。这些数值对填满模数空间的灵活性最大。能最方便的组成 100mm，有利于基本模数的协调和我国货币制中采用 1、2、5 角和 1、2、5 分的原则完全一样，尽管 ISO6514 第一版 1982—03—01 模数协调分模数增量中规定 M/2＝50mm 及 M/4＝25mm、M/5＝20mm。结合我国分模数的使用情况，故在这次修订中仍用原标准的分模数基数值。

第 2.1.3 条 为了便于使用，在模数基数的基础上展开模数数列（见表 2.1.3），在"注"中说明了在砖混结构住宅中，可以采用 3400、2600mm 作为建筑参数，因在修订新标准的过程中，径过调研，在砖混结构的住宅建筑中，如江苏、四川等地，水平参数采用 3400 与 2600mm 的很多，一时淘汰不了，故在本条"注"中说明仍保留此两个参数。

第二节 模数数列的幅度

本节内容在原标准第 10 条的基础上加以调整和充实，为了使规定更清晰，新标准把模数数列幅度用于水平和竖向分条规定，因两者往往幅度不一，合在一起不便于选择使用，并做了以下的调整。

第 2.2.1 条 将 1M 用作水平基本模数时幅度由

原标准 1500mm 延长到 2000mm，因为门窗洞口和构件截面等需要由 1500mm 至 2000mm 之间的 1M 参数。

第 2.2.2 条　将 1M 用作竖向基本模数时幅度由原标准"用于居住建筑的层高尺寸时，幅度可不限制"改为到 3600mm，因为根据目前情况住宅、学校、旅馆、医院、办公楼等建筑层高由 100mm 进级到 3600mm 基本已能满足需要。

第 2.2.3 条　水平扩大模数的幅度，3M 数列由原标准 6000mm 延长到 7500mm，因为 6300、6600、6900、7200 和 7500 这几个参数常出现于平面参数中。6M 数列由原标准的 9000mm 延长到 9600mm 扩大了使用范围。

第 2.2.4 条　竖向扩大模数的幅度，ISO6512 第一版 1982—02—15 房屋建筑——模数协调——层高及房间高度中规定了——从 36M 到 48M 为 3M 增量，48M 以上为 6M 增量，结合我国国情，考虑到在房屋建筑中要节约造价，本条文规定 3M 数列按 300mm 进级，幅度不限制，亦即 48M 以上还可用 3M 增量，这样不仅节约了建筑材料，在有空调及采暖的建筑中还可节约能源。

第 2.2.5 条　分模数的幅度 1/10M 由原标准的 150mm 延长到 200mm，1/2M 由原标准的 800mm 延长到 1000mm，这是材料、构件截面的需要。

第三节　模数数列的适用范围

第 2.3.1 条～第 2.3.5 条　本节内容在原标准第 11 条的基础上，分为水平基本模数、竖向基本模数、水平扩大模数、竖向扩大模数、分模数共五条来叙述其适用范围，层次清楚，便于使用，并在分模数的适用范围内，规定了分模数不能用于确定模数化网格的距离，但根据设计需要分模数可用于确定模数化网格平移的距离，这样明确了分模数不能作为模数化网格，亦即网格的最小尺寸是基本模数 1M。

第三章　模数协调原则

原标准第四章定位线，缺乏空间整体观，没有从三度空间的理论推理到定位线，只是沿用了五十年代初期一般砖混结构的定位线和预制装配整体梁柱体系的定位线；原标准也缺少近代建筑模数中如模数化网络、双轴定位、几种空间、几种高度等与实际设计中有密切联系的论述。原标准第四章由第 17～20 条，共 4 条，修订后共五节 29 条，除个别条与原标准内容相同以外，绝大部分作了新的增设，把模数协调的基本原理和方法充实进去，内容扩大了，使模数协调的原则更臻完善。

第一节　定位系列和模数化网格

第 3.1.1 条　建筑模数协调主要是房屋、房屋的构配件与组合件以及房屋装备之间和它们自身之间的模数尺度协调，定位是它们协调的基础之一，如何使它们在三向正交的空间合理就位，这就需要一个由模数化空间形成的能协调的空间定位系列——三向正交的模数化空间网格的连续系列。

第 3.1.2 条　模数化空间网格是定位系列的依据，如何构成一个工程的模数化空间网格是该工程模数协调的关键，选择好网格间的模数距离即扩大模数甚为重要。实际上由于使用要求的多样化，往往在同一工程中需要各种不同的参数，因此可以在空间网格三个方向选用不同的扩大模数，亦可以在一个方向的不同部位选用不同的扩大模数，因而在一个模数化空间网格中可以有不同的扩大模数作为网格间距是合理的。

第 3.1.3 条　目前我们的图纸还停留在用正投影来反映，因此就需要把模数化空间网格投影到水平或垂直平面上，这就称为模数化网格，任何一个扩大模数化网格，在其原点不予变动情况下，可以再予细分直到基本模数化网格。

第 3.1.4 条　工程实践中情况远比模数化空间连续网格复杂，如有纵横相交的变形缝，构件和组合件在组装中存在分隔构件以及结构构造等要求，需要有一定的间隔。而这些间隔都有自身的要求来定尺寸，如分隔构件，该尺寸是由构件本身的技术经济条件来决定，往往是不符合扩大模数，而这些不合模的间距亦常常按一定的规律存在，因此在网格设计中可以中断网格，设置非模数尺寸区的办法来解决，这种区就叫中间区，中间区的尺寸可以符合模数，也可以不符合模数。

第 3.1.5 条　网格平移亦有叫网格代换，亦有用所谓原始系和系列系网格，三者都是同一含义。实际工程中有时仅采用一个坐标原点的模数化网格，尽管网格小到 100mm，还解决不了一些构件的定位问题。这时需要设另一个或几个不同座标原点的模数化空间网格来解决。而各坐标原点之间的关系不是任意的，往往是由工程中各部分构件或组合件之间的布置来决定。因此形成了模数化网格的平移。

第二节　定位平面和模数化高度

模数化空间网格是构件等定位的基本原理，所以必需对这些定位的一系列网格平面予以具体的命名和规定。

把定位平面分为定位轴面与定位面两类，目的是把我国现行施工图设计中绘制出来的定位轴面和技术设计中拟定的定位面区别开来，有利于设计和施工。

第 3.2.1 条、第 3.2.2 条　由于在施工图中绘制出来的那一部分定位平面的水平或垂直投影线通称"轴线"，所以把这一类定位平面叫定位轴面。它们有水平、垂直之分，它们往往是主体结构的定位依据，是模数化网格的主要分格线。它们的正投影线叫做定位轴线。

第3.2.3条、第3.2.4条 在技术设计中绘制出来的定位平面叫做定位面，它们的正投影线叫定位线。这些面和线往往不是主网格的面和线，甚至是网格平移以后的第二、三套网格中的定位面和定位线。

第3.2.5条 目前对竖向定位平面的位置有不同的意见，原标准定在楼层建筑面，但亦允许定于结构面。目前我国大量性建筑来讲，楼地面构造比较简单，矛盾并不十分突出，但当楼地面构造比较复杂以后矛盾就会比较突出，至于哪一种定位方法好？哪一种方法适用于哪一种情况，还缺少系统的总结。参考ISO6512的规定，亦不定死，而允许采用三种定位面，所以在标准的协调原则中不强行规定，亦采用允许定在楼地面面层的上表面（建筑面）或楼地面毛面的上表面或楼地面的结构上表面（结构面），当然在一幢建筑中或一种竖向模数化网格中要求统一。这样可以按照各种类型的房屋建筑和各个工程的具体情况，选用对模数协调有利的一种。

第3.2.6条 三种定位方法的层高规定。

第3.2.7条 合乎模数的房间净高的规定。

第3.2.8条 合乎模数的楼板层构造的高度，包括吊顶的空间。

第3.2.9条 区是模数化空间网格中任意模数化平面间的空间的简称。

第三节 几 种 空 间

房屋建筑设计实质上是各种空间的排列和组合，这些空间按功能，可简单地分为使用空间和结构空间（包括构造、装修空间）。如何使这种空间按建筑功能要求模数化地有机地组合起来，而构成这些空间的构配件和组合件又能在模数化基础上协调起来，这是本标准的任务，本节对网格设计中常用的几种空间予以定义。

第3.3.1条 协调空间与目前国内通称的结构空间同义，即结构占有的三度空间，变截面的宜按最大截面的六面体来计算。

第3.3.2条 在设计中以相应的模数空间定为房屋结构的空间称为模数协调空间。

第3.3.3条 在设计中以结构构件的实际需要空间（往往是非扩大模数尺寸）定为结构空间称为技术协调空间。因此该空间往往是一种非模数空间。

第3.3.4条 设计中按房屋建筑的功能要求，定作功能使用的空间称可容空间，俗称使用空间。当然这种空间需要用结构构件或组合件来构成，因此它本身亦需容纳建筑构配件或组合件。

第3.3.5条 设计中通常可容空间应该是符合模数的，凡符合模数的可容空间称模数可容空间。

第3.3.6条 设计中用模数协调空间来组合房屋

建筑的模数协调。这个预留给结构占用的空间实际上往往大于结构占有的空间，因此该结构构件外表面与模数协调空间的定位面之间有了一个间隙，当模数协调空间以外的模数化构件与这个空间内的结构组装时，前者以模数协调的空间的定位面定位，这样构件之间形成了一个剩余的空间称为装配空间，这个空间往往需要二次填充。

第3.3.7条 为了配合房屋建筑应用网格设计方法，设计的各个阶段需要用几种符号来分别表示定位轴线、定位线和模数空间及非模数空间，参考国外的一些表示方法，结合我国现有的一些表示方法，作了具体的规定。

第四节 单轴线定位和
双轴线定位的选用

按几种空间组合的模数化网格设计，产生了单轴定位或双轴定位的方法，而我国以前的房屋建筑设计中运用的仅单轴定位方法，随着建筑技术的提高，目前我国砖混结构体系中，就已出现了双轴定位的方法。采用单轴线定位还是采用双轴定位，取决于设计、施工、构件生产等条件。

第3.4.1条 当模数化网格连续不断时，必然导致单轴线定位，因为网格的定位轴面是有规律不间断的。当模数化网格有间隔——设计中间区时宜采用双轴定位，因为中间区往往是技术尺寸，不符合扩大模数，定位轴面就落在中间区的两侧。

单双轴定位的选用要由具体情况来定，因为工程大小、繁简不一，功能要求各异，设计、构件生产和施工条件各不相同，从经济效益出发综合上述因素来选择定位方法是比较适宜的。3.4.2、3.4.3条只是一般定位的规则。

第3.4.2条 通常，设计中用模数协调空间与模数可容空间相组合，且选用通长或穿通的构件，宜用单轴定位，因为不论模数协调空间是否被结构构件填满，构件标志尺寸都是从定位轴线到定位轴线。

第3.4.3条 在设计中用技术协调空间与模数可容空间组合时，宜选用双轴定位，这时宜选用嵌入式构件，此时技术协调空间为结构构件或组合件填满，只要在相应的可容空间内填入构件或组合件，就可以达到协调。

第五节 构配件、组合件及其定位

第3.5.1条 构配件、组合件都有三个方向尺寸，亦存在在三个方向的定位问题，如何按模数协调的原则，使它们和模数化空间网格中的三向定位平面之间的关系确定下来，这些构配件和组合件就得到定位。

第3.5.2条至第3.5.5条 目前各种构件和组合

件在模数化空间网格中定位可以归纳成四种，至于在设计中运用哪一种要根据具体情况来定。

附录一　名词解释

模数协调的词汇比较多，目前国内还没有这方面的专门的词汇和解释，为了更好的借鉴国际先进技术和统一国内的术语，附录中将常用专业词汇15个予以列出并有英文的对应词，以便于理解和应用。

修订中主要依据与参考资料

一、国家标准或规范

1.《建筑统一模数制》GBJ 2—73　1974 年
2.《建筑制图标准》GBJ 1—73
3.《厂房建筑统一化基本规则》TJ 6—74　1974 年

二、国际标准或规范

1. 国际标准　ISO/TC 59　房屋建筑
《中国建筑科学研究院建筑情报研究所第 7920 号、79 年 10 月》

2. 国际标准　ISO 3055 第一版　1974—11—01
　　　　厨房设备——座标尺寸

3. 国际标准　ISO 6511　第一版 1982—02—15 房屋建筑—
　　　模数协调——确定垂直尺寸的模数化楼层平面

4. 国际标准　ISO 6512　第一版 1982—02—15 房屋建筑—
　　　模数协调——层高及房间高度

5. 国际标准　ISO 6513　第一版　1982—02—15 房屋建筑—
　　　模数协调——水平尺度的优选扩大模数系列

6. 国际标准　ISO 6514 第一版 1982—03—01 房屋建筑——模数协调——分模数增量

7. 国际标准　ISO 1791　第二版 1983—00—00 房屋建筑—模数协调—词汇

8. 国际模数工作组　GIB　W24　1984
房屋中模数协调的原理

三、其他国家标准或规范

1. 丹麦　DS　模数协调的贯彻　1981—1
　　适用于发展房屋工业的模数助调计划的贯彻

2. 丹麦　丹麦房屋建筑研究所
　　灵活设计与房屋体系

3. 法国　NF　P　01—101
　　建筑工程和建筑构件的配合尺寸

4. 法国　C. D. D、C. G、A. C. C
　　尺寸配合，一般协约，建筑和构件协会

5. 英国　BS　4011　1966　英国标准协会
　　房屋尺寸协调的建议，房屋组装体和集合体的基本尺寸

6. 英国　BS　4300　1968　英国标准协会
　　房屋尺度协调的建议控制尺度

7. 英国　BS　2900　1970 英国标准协会
　　房屋尺寸协调的建议专门名词词汇表

8. 波兰　PN—66　B—02352—02358
　　建筑尺寸协调

9. 比利时　NBN　B04—001
　　建筑中的尺寸协调

中华人民共和国国家标准

住宅建筑模数协调标准

GB/T 50100—2001

条 文 说 明

目　次

1 总 则

1.0.1 本标准的编制目的

建筑业的工业化，是目前大家都普遍承认的事实，是大多数国家解决住宅问题的关键。我国实现住宅产业现代化实际上是工业化、标准化和集约化的过程。没有标准化，就没有真正意义上的工业化；而没有系统的尺寸协调，就不可能实现标准化。我国住宅发展的最终目标应是实行通用住宅体系化，积极推行定型化生产，系列化配套，社会化供应的部件发展模式。模数协调工作是各行各业生产活动最基本的技术工作。遵循模数协调准则，全面实现尺寸配合，可保证住宅建设过程中，在功能、质量和经济效益方面获得优化，促使住宅建设从粗放型生产转化为集约型的社会化协作生产。

1.0.2 本标准的适用范围

本标准是在住宅建设各环节中应用模数协调的总原则和方法。如：

（1）在住宅建筑设计中，协调各工种之间的尺寸配合，以保证模数化部件和设备的应用；

（2）提供制定住宅建筑中各种部件、设备的尺寸协调的原则方法；

（3）指导编制住宅建筑各功能部位的分支标准，以制定各种组合件的尺寸、协调关系和规格尺寸。

1.0.3 模数协调的原则要求

住宅部件实现通用性和互换性是模数协调的最基本原则。就是把部件规格化、通用化，使部件可适用于常规住宅建筑，并可满足各种需求。这样，该部件就可以进行大量定型规格生产，稳定质量，降低成本。通用部件化使部件具有互换能力，可促进市场的竞争和部件生产水平的提高。

部件的互换性有各种各样的内容，包括：年限互换、功能互换、式样互换、位置互换、安装互换等，实现部件的互换主要是确定部件的边界条件，使安装部件和被安装部件达到相互尺寸的配合。

住宅建筑的模数协调工作涉及到各行各业。涉及的部件种类很多，因此，需要各方面共同遵守各项协调原则，制定各种部件或组合件的协调尺寸和约束条件。

1.0.4 模数协调标准的先期运用条件

模数协调工作是一个庞大的系统工程。模数协调标准分为三个类别层次，第一层次标准为《建筑模数协调统一标准（GBJ2—86）》（也将修编），作为总标准，规定了模数数列、定义和协调原则；本标准《住宅建筑模数协调标准（GB/T 50100—2001）》，是住宅建筑的专用标准，规定了具体应用的原则和方法，属于第二层次标准；第三层次标准为功能部位如厨房、卫生间、管井、隔墙、门窗、楼梯的模数协调标准，并依

各功能部位的模数协调原则制定各类部件和组合件的协调尺寸标准。

实施模数协调的工作是一个渐进的过程，对于重要的、必不可少的以及影响面较大的类别和部位可先期运行，如门窗、厨房、卫生间等，其他等条件成熟后再予推行。重要的部件和组合件优先推行规格化、通用化，而其他各种部件和组合件待成熟后再推行。实施过程中，先整体后局部，先大类后小类，先简后繁，逐步形成模数协调的完整体系。

先期应用的部位应结合后期应用部件预留模数协调空间，后期应用部位服从先期应用部位的边界条件。

1.0.5 相关的其他标准

本标准执行过程中，涉及的有关标准、规范众多。在应用过程中，除执行本规范外，尚应符合国家现行的有关强制性标准的规定。

主要有：《建筑模数协调统一标准》GBJ2—86

《住宅设计规范》GB50096—1999

《建筑设计防火规范》GBJ516

《方便残疾人使用城市道路和建筑物设计规范》JGJ50 等。

2 术 语

2.0.1 模数协调

模数协调的目的在于减少部件的规格和尺寸，为设计人员提供较多的自由度。

2.0.2 部件

1 模数化部件并不需要所有方向的尺寸都是符合模数的，如墙体，长度是模数的，厚度未必是模数的。

2 根据部件在装配时是否进行与尺寸变化相关的加工，部件又区分为以下三种：

（a）三维部件：三个方向的尺寸都已确定，并按其尺寸进行装配的部件；

（b）二维部件：准备在一个方向进行切断、弯曲等加工的部件；

（c）一维部件：准备在二个方向进行切断、弯曲等加工的部件。

2.0.3 组合件

建筑组合件包括设备的零件、接头、固定件和固定的家具等。

从我国习惯的建筑术语而言，建筑组合件与建筑部件有以下区别：部件可以作为建筑的一个功能部分单独发挥作用，而组合件作为一个独立的建筑制品，不一定能够独立发挥作用；部件一般由组合件构成，从功能单位上讲部件比组合件大；部件可以只在一个方向具有规定尺寸，而组合件则在三个方向具有规定尺寸；部件可以在装配时进行与尺寸相关的加工，而

组合件则一般不需要进行这种加工。

2.0.4、2.0.5 2.0.6 基准面、安装基准面、辅助基准面

将规定部件大小的一组尺寸称为建筑模数，它适用于部件基准面之间的距离。除此之外的尺寸或建筑材料的尺寸，原则上与建筑模数相关确定。

基准面用来确定部件的位置。根据部件基准面的用途不同，又分为安装基准面和辅助基准面。

2.0.9 调整面

预先估计的与其他部件连接或接触的部件部分，称为调整面。部件的大小以调整面之间的尺寸表示。

2.0.17、2.0.18、2.0.19 模数层高、模数室内高度、模数楼盖高度

连续两层楼板之间的垂直高度称为层高。为实现垂直方向的模数协调，常需要将层高设计成模数层高。

模数室内高度对于部件或组合件的选择以及墙面装修等非常重要。

楼板结构厚度一般为非模数的，对于建筑设计最重要的是楼板上下表面（下表面也称顶棚）装修完后的楼盖厚度，符合模数尺寸的楼盖厚度称为模数楼盖高度。模数协调设计中的楼板厚度为楼板高度＋楼面装修厚度＋吊顶高度。

2.0.22 网格中断区

网格中断区可以容纳一个或一组部件（如墙体、楼板），但不一定要填满，甚至可以是空的。

3 定位坐标与优先尺寸

3.1 定 位 坐 标

3.1.1 定位坐标及尺寸确定

定位坐标系是住宅设计中的重要环节，住宅建筑的部件和组合件的位置确定，在平面布局中由二个正交的基准面（线）来确定，在竖向方面则由竖向正交的基准面（线）来确定。

部件和组合件的加工尺寸是根据模数尺寸得出的。特别要留出制作、现场安装和装配公差，采用模数协调时，自由空间（房间、墙和楼板上的洞口等）必须大于其模数尺寸，而要装备到这个空间的部件或组合件则必须小于这个模数尺寸。

考虑住宅平面的布局和分隔部件布置等因素，可采用多个定位坐标系，同时形成几个模数网格，甚至可以出现模数网格中断的情况。在某些特殊要求下，坐标系水平方向不一定平行，原点也不一定重合。

3.1.2 部件的定位方法

定位是指决定部件的位置和领域。模数协调中，部件的定位与安装基准面的设定有着密切的关系。

根据部件安装的方式，分为中心线定位法和界面

定位法两种（注图3.1.2）。

中心线定位法：通过网格线定位两个以上部件或组合件位置的方法。

界面定位法：通过网格限定部件或组合件所占领域的方法。

当对二个以上部件定位时，应当采用网格基准面（线）定位。

当部件的厚度方向不与其他部件连接时，一般可采用中心线定位法。

为保证部件安装的完整平直，一般采用界面定位法。界面定位法通过网格保证部件占满指定的领域。为保证部件互换性和位置互换性，也可以同时采用不同的定位方法（注图3.1.2）。

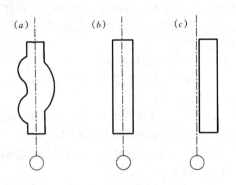

注图3.1.2 部件的中心线定位法和界面定位法
（a）厚度方向形状不规则的部件采用中心线定位法；（b）板状部件的中心线定位法；（c）板状部件的界面定位法

3.2 基 准 面

3.2.2 调整面的应用

1 与调整面的形状无关，设定在调整面位置的基准面，原则上为平面。

2 基准面和调整面之间的关系有三种：

（a）基准面与调整面之间存在装配空间；

（b）基准面与调整面一致；

（c）调整面越过基准面。必要时，应对调整面进行修正。

上述三种关系在实际工程中随处可见，分别与注图3.2.2中的（a）、（b）、（c）相对应。

3.3 安 装 基 准 面

3.3.1 安装基准面的确定

根据模数网格和被设置部件或组合件的指定领域，设定安装基准面。以此安装基准面为基础，决定部件在住宅中的位置和领域。安装基准面的作用是指定要安装的部件在住宅空间的位置或指定该部件所占住宅空间的领域。安装基准面要与部件基准面相对应设定。

安装基准面具有指定领域、指定单侧领域和指定位置等三种作用。

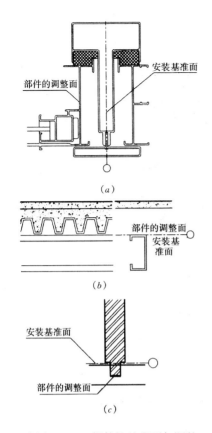

注图 3.2.2 部件的基准面与调整
面之间的关系实例

安装基准面应设立在安装精度最易保证的位置。

3.3.2 相互平行的安装基准面

在住宅设计中应用最广泛的是相互平行的安装基准面，如开间、进深的轴线尺寸。

3.3.3 辅助基准面

在两个安装基准面之间插入辅助基准面，常用于部件、设备管道安装工程和装修工程。

3.3.4 部件或组合件安装的各种尺寸之间的关系

1 部件或组合件安装的各种尺寸包括：

（a）标志尺寸（reference size）为部件或组合件基准面之间的尺寸，一般指部件的规格；

（b）制作尺寸（manufacturing size）是指为生产某种部件或组合件所依据的基础尺寸（注图3.3.4）；

（c）实际尺寸（actual size）指部件或组合件生产出来后实际测得的尺寸；

（d）技术尺寸（technical size）是指由功能、工艺、结构和经济等确定的最小尺寸值，通常指部件的厚度或与厚度有关的尺寸。

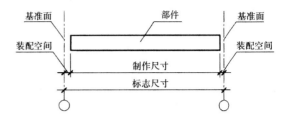

注图 3.3.4 部件的尺寸

2 在指定领域的场合下，部件或组合件的基准面、制作面和实际面之间的关系如下：

（a）部件的基准面与制作面之间的距离称为"余量"（亦称"空隙"）；

（b）制作面和实际面之间的距离称为"误差"。

应根据模数标志尺寸制作、安装的余量和误差，确定部件安装的各种尺寸关系。

3 对于由砖、砌块等多个组合件集合为前提的部件的位置指定，可采用插入的方法，即在基准面与基准面之间采用均匀分割的方法，此时安装的位置误差仍以基准面的位置来确定。

4 本条为确定制作、安装各种部件或组合件的控制性尺寸的原则要求。

3.4 优 先 尺 寸

3.4.1 优先尺寸的确定

1 本条指从模数值和扩大模数值数列中事先挑选出的一些模数或扩大模数尺寸作为优先尺寸。优先尺寸的多少与一个国家或一个地区的经济、生产能力有相当密切的关系。优先尺寸越多则灵活性越大，选择性越强；反之，则使实际应用受到限制，可选择性也降低了。优化选择参数的原则，就是在保证基本需求的基础上，实行最少化参数，以此来简化住宅部件和组合件的品种和规格，确保制造业简易、经济和高效。

2 由于厨房、卫生间及管井的平面优先尺寸属于各专项模数标准，故正文中未列出。条文说明中列出，便于参考应用。

厨房平面优先尺寸（内表面尺寸）见注表3.4.1-1。

注表 3.4.1-1 厨房平面优先尺寸（内表面尺寸） （单位:mm）

平面布局	宽 度	深 度	备用尺寸
一字型	1500,1800,2100	2700,3000,3300,3600,3900	$n \times 100$ 或 $n \times 50$ ($n \geqslant 15$)
L 型	1800,2100,2400,2700	2100,2400,2700,3000,3300	
U 型	2100,2400	2400,2700,3000,3300	
餐厨型	2400,2700,3000	2700,3000,3300,3600	

厨房平面优先尺寸的选择因素主要为使用功能、设备配置、布置方式等。考虑设备布置因素时，为了优

先尺寸适应可选择性的要求，在宽度和深度方向可选择 $M = 100$ 和 $M = 50$ 的模数，以便形成系列的厨具产

品。优先尺寸的选择有利于厨房平面的定型化和系列化。

卫生间平面优先尺寸（内表面尺寸）见注表3.4.1-2。

注表3.4.1-2　卫生间平面优先尺寸（内表面尺寸）　　（单位：mm）

洁具数量	宽　度	深　度	备用尺寸
三件洁具	1200,1500,1800,2100	1500,1800,2100,2400,2700	$n×100(n≥9)$
二件洁具	1200,1500,1800	1500,1800,2100,2400	
一件洁具	900,1200	1200,1500,1800	

卫生间平面优先尺寸的选择因素包括卫生洁具的配置、卫生洁具尺寸和人体尺寸等。考虑到卫生洁具尺寸的相对单一性，优先尺寸以3M系列为主。

管井平面优先尺寸（外表面尺寸），见注表3.4.1-3。

注表3.4.1-3　管井平面优先尺寸（外表面尺寸）　　（单位：mm）

	宽　度	深　度	备用尺寸
四管道（附表具）	600,700,800,900	450,500,550	$n×M$
三管道（附表具）	500,600,700,800	450,500,550	
二管道（附表具）	450,500,600	450,500,550	
无表具管井	250,300,350,400	450,500,550,600	

管井平面优先尺寸主要考虑管道安装布置的尺寸，分附表具和无表具管井两种情况。考虑到管束技术的发展和不同管道的组合，可形成系列定型的产品。

3.4.2　外墙厚度优先尺寸

考虑到高效保温隔热材料和普通材料的并存使用，并参照国外建筑材料的发展，做出本条外墙厚度优先尺寸的选择。

3.4.3　内墙厚度优先尺寸

内墙厚度尺寸系指轻质分隔空间的墙体、装配部件。本条考虑到材料、构造、功能的需要，做出优先尺寸系列。

3.4.4　层高优先尺寸

考虑到层高上的各种需要定为20M～30M，模数间隔为1M，低于22M的层高，仅用于地下室、架空层及设备层等。

3.4.5　室内高度优先尺寸

模数室内高度，系指室内净高，也是层高部件的标志尺寸。该标志尺寸的选择还与施工工艺相关，可按结构表面和装修表面定位区分。

3.4.6　优先尺寸的分解和组合

根据装配部件和设备的需要，对优先尺寸实行分解和重组的情况是常见的。为了取得模数空间，且有利于选择定型和系列部件，分解和组合后的尺寸可仍为优先尺寸。

4　公差与配合

4.1　部件的尺寸

4.1.1～4.1.3　标志尺寸、制作尺寸、实际尺寸

部件的尺寸对部件的安装有重要的意义。在指定领域中的部件基准面之间的距离，分别用标志尺寸、制作尺寸和实际尺寸来表示，同时使用部件的基准面、制作面和实际面的名称。

部件的安装尺寸等于把标志尺寸结合在一起。设计时一般标注标志尺寸。

对于部件的制作，制作尺寸更有实际的意义。在安装装配过程中，实际尺寸则显得更为重要。

4.2　基本公差

4.2.1　基本公差

公差是由制作、定位、安装中不可避免的误差引起的。公差一般包括制作公差、定位公差、安装公差及位形公差等几种。公差包含了尺寸的上限值和下限值之间的差。在设计中应当把公差的允许值考虑进去，并处理在合理的范围中，以保证在安装接缝、加工制作、放线定位中的误差发生在可允许的范围内，其结果表现为接口的功能、质量和美观。

依据部件安装的精度要求，部件的基本公差应符合注表4.2.1规定。

表中所列数值是从生产活动的经验中总结出来的，分为5个级别。分别根据加工部件的重要性和尺寸大小来决定。本表参照日本A003—1963"建筑部件的基本公差"编制的，供选择应用。

注表4.2.1　部件的基本公差（单位：mm）

部件尺寸 级别	<50	$≥50$ <160	$≥160$ <500	$≥500$ <1600	$≥1600$ <5000	$≥5000$
1级	0.5	1	2	3	5	8
2级	1	2	3	5	8	12
3级	2	3	5	8	12	20
4级	3	5	8	12	20	30
5级	5	8	12	20	30	50

4.2.2　公差的数值系列

公差的数值系列根据选择的单位，宜按照数值系列的每一项乘以10的整倍数予以扩大。确定的公差处于数值的中间时，要考虑技术上的、经济上的条件来选择与此数值系列接近的尺寸。

4.2.3 常用的基本公差

在一般的住宅建筑中,除高精度要求的部件加工外,常用的、且不受部件或组合件的尺寸影响时,应选择本条规定的基本公差系列。

4.2.4 尺寸的测定

公差的测定由仪表来进行。

4.3 公差与配合

4.3.1 部件安装的公差与配合

部件的安装公差,包括制作公差、安装公差和位形公差等几种,在指定的空间领域中,部件的安装位置与一个或两个安装基准面之间的尺寸就应当满足基本公差的要求。

4.3.2 基本公差的选择

选择尽可能大的基本公差,可以降低对材料的要求,容易加工,提高工效。只要在满足相当精度和相应功能的条件下,此举是恰当的。

5 模 数 网 格

5.1 分类模数网格

5.1.1 模数网格

根据模数网格来进行住宅设计和安装部件或组合件的方法称为模数设计网格法。

根据不同的使用功能和部件的尺寸因素,选择不同的模数网格。

通过模数网格设计的住宅,各种部件和组合件很容易实现广泛互换性的要求。

5.1.2 单线网格和双线网格

单线网格常被用于中心线定位法和界面定位法中,但易造成位置互换性和部件互换性不足的缺陷,为此需要增加部件的类型。

双线网格的应用是为了确保位置的互换性,减少同类部件的种类,但与单线网格相比,内部设计的自由度减少。

双线网格的间隔由部件的尺寸与功能尺度的需求决定,这些部件有形成框架的部件或组合件、分隔空间的板状部件(隔墙)、相同类型并成为平面的组合件(如模板、盒子状的组合件等)。

5.1.3 结构网格和装修网格

结构网格应按照结构要求设置,可应用中心线定位和界面定位两种方法,但应充分考虑装修网格设置的条件。装修网格是在结构主体部件提供的围合空间中设置的。

结构网格一般以 3M 倍扩大模数来设置,优先尺寸为 6M 模数系列。

装修网格以 nM 倍基本模数来设置,优先尺寸参

数为 3M 或者 2M+M 模数数列。

管道安装和各种组合件的模数系列,可采用分模数增值 M/2、M/4 和 M/5,优先采用 M/2 分模数增值(国际标准值增量)。

分模数增量(sub-module increment)指基本模数的特定分数值,为尺寸的增量。

分模数增量用于需要一个小于基本模数 1M 的增量的场合。如果大于 1M 时,则需要将其增量尺寸规定为小于 1M,并作为部件的协调尺寸,也可应用分模数增量。

5.2 模数网格的协调

5.2.1 模数网格的协调

住宅建筑中的结构网格和装修网格常规下有两种处理方法。一是在结构部件中心对位的情况下,墙厚或柱尺寸不一,且不符合模数要求,造成装修网格余量(间隙)超出基本公差的要求,作非模数的处理是恰当的。二是当主体结构部件(墙、柱、板)厚度符合模数 nM 要求时,装修网格才能在主体结构围合的空间中实现。而这种特殊的情况,也满足了主体结构部件界面定位法的要求,应用这界面定位法,可保证装修网格的形成,如条文 3.1.2 条、图 3.1.2-1 和 3.1.2-2 所示。

装修网格为 nM 模数系列,采用单线网格和双线网格,或混合应用中心线定位法和界面定位法,保证部件的最少种类和争取最大的互换性。

5.2.2 模数网格的中断区

本条表达了结构网格与装修网格的兼容性。在同一住宅建筑中可以同时应用不同的模数网格,不同网格间存在着模数网格的中断区(亦称间隔)。网格的中断区可以是模数的,也可以是非模数的。当网格间隔是模数尺寸时,实际上不同模数的网格合二为一,或者是单线网格,或者是双线网格(注图 5.2.2-1)。

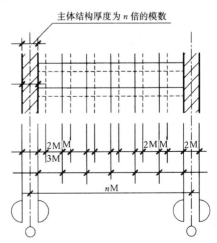

注图 5.2.2-1　模数网格的合并

应用模数网格时,非模数中断区常用在结构部件

厚度为非模数尺寸的情况下。

为使支承结构部件具有互换性,可以将非模数中断区设置在墙体部件的内部(注图 5.2.2-2)。

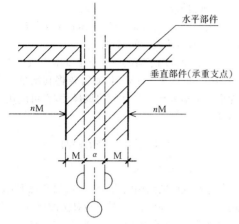

注图 5.2.2-2 非模数中断区的应用
注:α 为非模数间隔中断区,墙体部件厚度为非模数尺寸。

5.3 模数空间和非模数空间

5.3.1 模数空间的设置

模数空间和非模数空间常常存在于同一个住宅建筑中。在设置模数空间的位置时,应留出需要装配下一道部件的模数空间。当部件需要装配到非模数空间时,则应留出技术尺寸空间,以便作特殊技术处理。

5.3.2 为下道工序预留空间原则

为下道工序预留空间的原则是住宅建筑模数协调的原则规定。

5.3.3 厨房、卫生间的模数空间

厨房和卫生间是住宅建筑中重要的模数空间,除设备模数协调尺寸外,装修部件(如墙砖、地砖)也应符合模数尺寸的要求。

管道接口是技术关键,其设置位置、接口部件和管道尺寸,均应按照模数尺寸的要求设计,实现装配化生产。

5.3.4 非模数空间的处理

当对应的网格中断区数量不一致时,其非模数空间应处理在不影响模数化部件安装的空间内。

5.4 垂直方向的网格与中断区

5.4.1 技术占用空间

由于楼板厚度的因素,非模数间隔有时被认为就是楼板的厚度。有时候,也可将楼板厚度包容在一个或几个模数网格之内,楼板厚度所占的空间为非模数空间,而网格内余下的空间为装配空间(或称技术占用空间)。

占用空间(occupied space)指安装后的部件或组合件被完全包裹在基准面(或技术尺寸)内的最小空间。空间尺寸可以是模数的,也可以是非模数的(注图 5.4.1-1)。

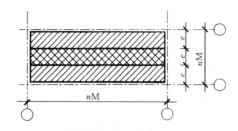

注图 5.4.1-1 占用空间
e—模数尺寸或非模数尺寸;
nM—模数占用空间

可用空间(usable space)指由部件或组合件所限定的自由空间,其他部件可安插其内。这个空间可以是模数的,也可以是非模数的(注图 5.4.1-2)。

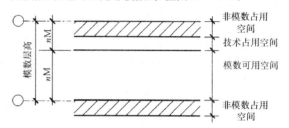

注图 5.4.1-2 可用空间

5.4.3 楼层高度及基准面

楼层高度的模数尺寸增量为 1M,为保证分隔部件长度方向的模数尺寸,设定模数楼板高度,其中包括楼板厚度和技术占用空间。安装中应采用技术方法处理技术占用空间。

根据施工工艺的不同和对分隔功能的需求,既可选择结构层面作为基准面,也可选择装修层面作为基准面,但取得的可改性和灵活性是不同的。

为安装分隔部件,框架结构中的梁高尺寸也应作模数高度处理。

安装基准面在结构面上的部件通常为可拆改,但不可灵活移动的部件,它的互换性受到限制。而将安装基准面定在装修面上的部件,拆装方便,有较好的互换性。

5.5 装修面的定位

5.5.1 装修面的厚度

装修面的厚度因材料的选择、工艺和结构部件的施工误差而难以控制。把装修面的厚度控制在结构部件的厚度内,有利于保证装配空间的模数化。施工误差可根据需要进行纠正性施工。装修面的厚度应事先考虑,以决定分隔部件(如轻质隔墙部件)的基准面的设置。

5.5.2 外墙保温层的厚度

外墙的保温层是墙体功能的一部分,地区不同保温层厚度也不一样,设计外墙厚度时应预先做出假定

尺寸。

外墙的安装基准面,可采取界面定位,也可设在外墙部件的内部。

6 模数协调的应用

6.1 模数协调的内容

6.1.1 模数协调的基本内容

模数协调的基本内容:

(a)根据不同场合应用基本模数、扩大模数或分模数。采用扩大模数能有效的减少定位坐标的数量。进一步减少坐标尺寸数量的方法是采用优先扩大模数制定的通用模数系列,该方法适用于组合件中至少有一个方向尺寸等于该组合件所组成的部件的尺寸。

(b)用定位坐标系列确定住宅部件或组合件的坐标空间及网格中断区。

(c)住宅建筑部件或组合件在定位坐标系列中的定位规则。

(d)确定住宅部件或组合件实际尺寸和制造尺寸的规则。

(e)确定住宅建筑部件或组合件的优先尺寸和住宅建筑及功能部位平面布局控制尺寸的规则。

6.2 模数网格的设置

6.2.1 模数网格的设置

在整个住宅建筑中,模数网格宜保持连续性,主体结构、部件及组合件的位置和相应的模数尺寸清晰有序。在设计某一个局部平面时,需要采用几个模数网格。此时需要把不同的网格(如结构网格和装修网格),向一个方向或两个方向位移。在某种情况下,可能需要中断模数网格,以适应装修网格的设置,模数网格中断区也可以是非模数的(注图6.2.1)。

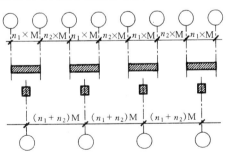

注图 6.2.1 模数网格的位移

6.3 主体结构的定位

6.3.1 主体结构的定位方法

当主体结构定位优先考虑结构部件或组合件的尺寸组合时,定位和安装应采用中心线定位法;当需要优先考虑主体结构以外的部件和组合件的尺寸组合时,定位和安装应采用界面(或制作面)定位法,同时,主体结构部件和组合件应作相应的模数化处理。

采用中心线定位法时,主体结构内侧间距一般为非模数尺寸;采用界面定位法时,主体结构内侧间距可为模数尺寸。

主体结构有框架结构、墙板结构、现浇混凝土结构、钢结构等,与其他部件相比,最大差别是精度差,且属于先期施工部件。

对主体结构的控制,依结构型式不同而有所区别。由于误差大的关系,主体结构的控制面应以基准面控制为准,以保障内侧尺寸。制作面和基准面之间的距离依施工误差大小而定,包括主体结构表面、倾斜、弯曲和表面凹凸的误差。

结构部件和组合件的模数化处理,包括主体结构厚度符合模数尺寸,水平支承部件搭接长度符合模数尺寸,非模数中断区的构造处理等(注图6.3.1)。

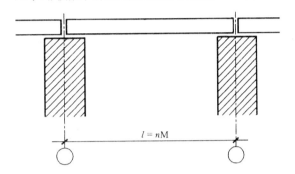

注图 6.3.1 结构部件的中心线定位法

6.3.2 中心线定位法和界面定位法的统一

工业化施工工艺一般分为预制装配工艺、整体现浇工艺和混合施工工艺。中心线定位法有利于装配构件的预制、定位和安装,但不利于其余室内部件的联结和安装。界面定位法较有利于室内部件的联结、安装,部件互换性强。

当墙体部件厚度符合模数尺寸时,结构部件和室内部件的定位设计模数网格合一,对结构部件的定位安装和室内部件的定位安装都能满足要求。

6.3.3 装修面基准面的定位修正

技术尺寸指主体结构部件表面和基准面之间的距离,需用技术手段处理。主体结构厚度应包括施工的误差和装修面层的厚度,此部分的厚度可作技术尺寸处理。主体结构基准面一般应按装修面的基准面定位,也可按修正误差后的部件的制作面定位。

6.4 部件的安装

6.4.1 柱子类部件的安装

当隔墙的一侧或两侧要求模数空间时,应采用界面定位法。作为独立设置的柱子类部件与其他部件不直接联系,没有必要进行领域的限制,采用中心线定位较为合适。利用柱子设隔墙,一般也采用中心线定位法。但当需要隔墙一侧或者两侧设立模数空间时，则可用叠加模数网格的方法，并采用界面定位（注图6.4.1）。

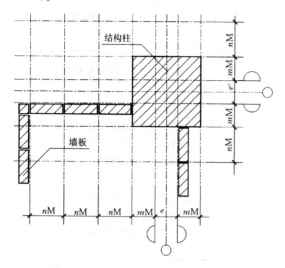

注图6.4.1　柱及墙板安装网格叠加的示例
注：e、e'为模数中断区。

6.4.2　一组板状部件的安装

一组板状部件汇集安装的定位方法的选择原则是：

（a）板状部件厚度方向与其他部件不接合或无模数空间要求时，采用中心线定位法。

（b）当一组部件汇集一起安装时，考虑到构件的互换性和安装后的平直应采用界面定位法。

6.4.3　同工种部件的安装

根据两个部件安装的实际情况，允许对部件的制作面、实际面、制作尺寸、实际尺寸作灵活处理。

（a）实际面控制：在现场，对照已完工的部件尺寸，加工下一个部件。

（b）制作面控制：在连续安装部件时，不必设计余量，只控制制作面的加工尺寸精度。

（c）当一个部件被直接安装到另一个部件中时，界面之间需要做紧密接触。

6.5　安　装　接　口

6.5.1、6.5.2　安装接口

接口是指相邻两个或两个以上部件或组合件的连接点，当它们在一起时，需要用连接件加以固定和连接，使接口具备坚固、安全、美观的特征。

控制制作尺寸是保证接口合理、简易的关键，应当严格执行。

6.6　部件领域的不侵犯性

6.6.1、6.6.2　部件领域的不侵犯性

在模数网格中，由指定的基准面（线）包围的空间是分配给一个部件的领域，因此，其他部件不得侵入。同时，为不同部件设定指定领域时，不同部件的指定领域之间不得互相侵犯。

当部件的一部分需要凸出到安装基准面以外，应对部件外形进行调整，但基准面和调整面不变。

6.7　连接空间与严密安装

6.7.1、6.7.2　连接空间与严密安装

连接空间与严密安装是住宅建筑的大原则。住宅建筑部件及组合件除遵守"部件领域的不侵犯性"原则外，在安装时尚应遵守必要的安装规则和顺序。

2

民用建筑

中华人民共和国国家标准

民 用 建 筑 设 计 通 则

GB 50352—2005

条 文 说 明

目　　次

1 总　　则

1.0.1 根据建设部《关于印发二○○○年至二○○一年度工程建设国家标准制订、修订计划》建标〔2001〕87号文的通知，对《民用建筑设计通则》JGJ 37—87进行修订。《民用建筑设计通则》JGJ 37—87自1987年颁布实施以来，在规范编制、工程设计、标准设计等方面发挥了重大作用。但随着国家经济技术的发展和进步，人民生活水平的提高，21世纪初期对各项民用建筑工程在功能和质量上有更高、更新的要求。原《通则》定位是"各类民用建筑设计必须遵守的共同规则"，在建设部制订《城乡规划、城镇建设、房屋建筑工程建设标准体系》的"建筑设计专业"中本通则处于第二层次——通用标准，根据其通用性和重要性，建设部将其提升为国家标准，作为民用建筑工程使用功能和质量的重要通用标准之一，主要确保建筑物使用中的人民生命财产的安全和身体健康，维护公共利益，并要保护环境，促进社会的可持续发展。本通则是民用建筑设计和民用建筑设计规范编制必须共同执行的通用规则。本着"增"、"留"、"删"、"改"四原则对原《通则》进行修订。

1.0.2 本通则适用于新建、扩建和改建的民用建筑设计。原《通则》只适用于城市，由于国民经济的发展，我国城乡经济和技术水平都有了很大提高，无论是城市还是村镇，对民用建筑工程质量都不能放松，根据防火规范等有关规定适用于新建、扩建和改建的民用建筑工程，本通则作为国家标准也应适用于城乡。乡镇建筑一般规模小、标准低，但所订日照、通风、采光、隔声等标准在乡镇广大地区更容易做到，地方上也可根据本通则内容和具体情况制订地方标准或实施细则。

1.0.3 根据原《通则》中的设计基本原则和现代要求，加以补充和发展。如增加了人、建筑、环境的相互关系，可持续发展的要求；体现以人为本原则等，这些要求无量的指标，但作为设计的重要理念和原则，不可忽视。国家有关的工程建设的法律、法规主要是指《建筑法》、《城市规划法》、《建设工程质量管理条例》、《建设工程勘察设计管理条例》等。

2 术　　语

2.0.10 "用地面积"指详细规划确定的一定范围内的用地面积。

2.0.11 容积率主要反映用地的开发强度，由城市规划确定。通常"建筑面积总和"指地上部分建筑面积总和，"用地面积"指详细规划确定的一定用地范围内的面积；但国内有个别城市，根据当地具体情况，是以地上和地下的建筑面积总和来计算的。地面架空层是否计入总建筑面积，按各地区规划行政主管部门的规定办理。

2.0.12 绿地率中的"地区总面积"为独立开发地区（如城市新区、居住区、工业区等）。绿地率不同于绿化覆盖率，后者包括树冠覆盖的范围和屋面的绿化。地下室（或半地下室）上有覆土层的是否计入绿地面积，各地区有不同的规定，如北京地区覆土层在3.0m以上的可计入绿地面积，重庆地区覆土层在1.20m以上的可计入绿地面积等等。北京地区为了鼓励屋面绿化，规定屋面绿化可以1/4计入绿地面积。因此，应根据各地规划行政主管部门的具体规定来计算绿地面积。

2.0.14 顶层的层高计算有几种情况，当为平屋面时，因屋面有保温隔热层和防水层等，其厚度变化较大，不便确定，故以该层楼面面层（完成面）至屋面结构面层的垂直距离来计算。当为坡顶时，则以坡向低处的结构面层与外墙外皮延长线的交点作为计算点。平屋面有结构找坡时，以坡向最低点计算，详见图2.0.14。

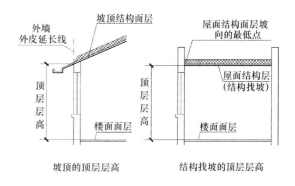

图 2.0.14　层高

2.0.15 室内净高中的有效使用空间是指不影响使用要求的空间净高，有时是算至楼板底面，有时是算至梁的底面，有时是算至屋架下悬构件的下缘，或算至下悬管道的下缘，详见本通则第6.2.2条。

3 基 本 规 定

3.1 民 用 建 筑 分 类

3.1.1 民用建筑分类因目的不同而有各种分法，如按防火、等级、规模、收费等不同要求有不同的分法。本通则分按使用功能分为居住建筑和公共建筑两大类，其具体分类应符合建筑技术法规或有关标准。

3.1.2 民用建筑按层数或高度分类是按照《住宅设计规范》GB 50096、《建筑设计防火规范》GBJ 16、《高层民用建筑设计防火规范》GB 50045来划分的。超高层建筑是根据1972年国际高层建筑会议确定高度100m以上的建筑物为超高层建筑。注中阐明了本条按层数和建筑高度分类是取决于防火规范规定，故其计算方法按现行的《建筑设计防火规范》GBJ 16与《高层民用建筑设计防火规范》GB 50045执行。

3.1.3 民用建筑等级划分因行业不同而有所不同，在市场经济体制下，不宜在本通则内作统一规定。在专用建筑设计规范中都结合行业主管部门要求来划分。如交通建筑中一般按客运站的大小划为一级至四级，体育场馆按举办运动会的性质划为特级至丙级，档案馆按行政级别划分为特级至乙级，有的只按规模大小划为特大型至小型来提出要求，而无等级之分。因此，本通则不能统一规定等级划分标准，设计时应符合有关标准或行业主管部门的规定。

3.2 设计使用年限

3.2.1 在国务院颁布的《建设工程质量管理条例》第二十一条中规定，设计文件要"注明工程合理使用年限"，现业主已提出这方面的要求，有的地方已作出规定。民用建筑合理使用年限主要指建筑主体结构设计使用年限，根据新修订《建筑结构可靠度设计统一标准》GB 50068—2001中将设计使用年限分为四类，本通则与其相适应，具体的应根据工程项目的建筑等级、重要性来确定。

3.3 建筑气候分区对建筑基本要求

3.3.1 本条是根据《建筑气候区划标准》GB 50178—93和《民用建筑热工设计规范》GB 50176—93综合而成，明确各气候分区对建筑的基本要求。由于建筑热工在建筑功能中具有重要的地位，并有形象的地区名，故将其一并对应列出。附录A中国建筑气候区划图从《建筑气候区划标准》GB 50178—93附图 2.1.2摘引。

3.4 建筑与环境的关系

3.4.1 建筑与环境的关系应以"人与自然共生"、"人与社会共生"作为基本出发点，贯彻可持续发展的战略，树立整体观念、生态观念和发展的观念，人—建筑—环境应共生互惠、协调发展。因此，建筑与环境一方面为保证人们的安全、卫生和健康，应选择无灾害危险和对人体无害的环境；另一方面，建筑工程也不应破坏当地生态环境，不应排放三废等造成各种危害而引起公害，并应进一步绿化和美化环境，提高环境设施水平。

3.5 建筑无障碍设施

3.5.1～3.5.4 主要根据已经颁布实施的《城市道路和建筑物无障碍设计规范》JGJ 50—2001规定的无障碍实施范围和设计要求而确定。该规范也是通用标准，规定了无障碍实施范围和设计要求，本通则不再详细引用。

3.6 停车空间

3.6.1～3.6.2 随着国民经济的发展和人民生活水平的提高，家庭拥有轿车越来越多，同时，我国是自行车王国，必须解决机动车和非机动车停车空间问题，否则会造成道路或场地阻塞，存在交通安全的隐患，破坏市容，给人民生活造成不便。因此，在居住区、公共场所应建停车场，或在民用建筑内附建停车库，或统筹建设公用的停车场、停车库。由于全国各地的经济发展水平和生活水平差异很大，各类民用建筑停车位的数量不宜作统一规定，应由当地行政主管部门根据当地的具体条件来制定。停车库设计应符合《汽车库建筑设计规范》JGJ 100—98、《汽车库、修车库、停车场设计防火规范》GB 50067—97等有关规范的规定。

3.7 无标定人数的建筑

3.7.1 建筑物应按防火规范有关规定计算安全疏散楼梯、走道和出口的宽度和数量，以便在火灾等紧急情况下人员迅速安全疏散。有标定人数的建筑物（剧场、体育场馆等），可按标定的使用人数计算；对于无标定人数的建筑物（商场、展览馆等）因所处城市、地段、规模等不同，使用人数有很大的不同，除非有专用设计规范规定外，应经过调查分析，确定合理的使用人数，主要是人员密度，以此为基数，计算出有足够的安全出口。

4 城市规划对建筑的限定

4.1 建筑基地

4.1.1 用地性质反映了城市规划对基地内建筑功能的要求。在实际情况中，一个建设项目往往具有不同的使用功能。同一基地内如果出现不同使用功能的建筑，或者同一建筑由不同的功能部分组成，其主要功能应当与城市规划所确定的用地性质符合。

4.1.2 基地应与道路红线相邻接。由于基地可能的形状与周边状况比较复杂，因此对连接部分的长度未作规定，但其连接部分的最小宽度是维系基地对外交通、疏散、消防以及组织不同功能出入口的要素，应按基地使用性质、基地内总建筑面积和总人数而定。3000m² 是小型商场、幼儿园、小户型多层住宅的规模，以此为界规定基地内道路不同要求。

4.1.4 本条系指两个相邻建筑基地边界线的情况。建设单位为了获得用地的最大权益，常常不顾相邻基地建筑物之间的防火间距、消防通路以及通风、采光和日照等需要，而将建筑物紧接边界线建造，因而造成各种有碍安全卫生的后患和民事纠纷。

第1款后半条是指有防火墙分隔的联排式住宅及

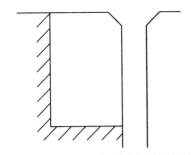

图 4.1.2-1 基地与道路红线相邻接

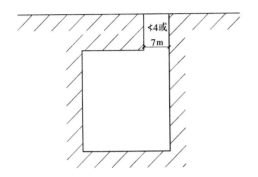

图 4.1.2-2 一条基地道路与城市道路相连接

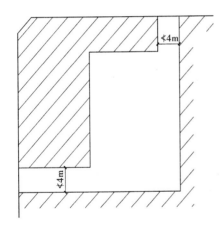

图 4.1.2-3 两条基地道路与城
市道路相连接

商店建筑等，其前后应留有空地或道路。

　　第 2 款在具体执行时比较复杂，但原则上双方应各留出建筑日照间距的一半，当城市规划已按详细规划控制建筑高度时则可按控制建筑高度的日照间距办理。如某区规定建筑控制高度不超过 18m，则相邻基地边界线两边的建筑应按 18m 建筑高度留出建筑日照间距的一半。至于高层建筑地区，理应由城市总体规划布局上统一解决，不应要求邻地建筑也按高层的日照间距退让。为了保障有日照要求建筑的合法权益，对于体形比较复杂的建筑和高层建筑，有条件的地区可以进行日照分析，在日照分析时应将周围基地已建、在建和拟建建筑的影响考虑在内。

　　第 3 款的内容在我国民法通则里也有规定。民法

通则第 80 条规定：国家所有的土地，可以依法由全民所有制单位使用，也可以依法由集体所有制单位使用，国家保护它的使用收益和权利；使用单位有管理、保护和合理利用的义务。民法通则第 83 条规定：不动产的相邻各方，应当按照有利生产、方便生活、团结互助、公平合理的精神，正确处理截水、排水、通行、通风、采光等方面的相邻关系。给相邻方造成妨碍或损失的，应当停止侵害，排除妨碍，赔偿损失。

4.1.5　本条各款是维护城市交通安全的基本规定。第 1 款是按大中城市的交通条件考虑的。70m 距离的起量点是采用交叉口道路红线的交点而不是交叉口道路平曲线（拐弯）半径的切点，这是因为已定的平曲线半径本身就常常不符合标准。70m 距离是由下列因素确定的：道路拐弯半径占 18～21m；交叉口人行横道宽占 4～10m；人行横道边离停车线宽约 2m；停车、候驶的车辆（或车队）的长度；交叉口设城市公共汽车站规定的距离（一般离交叉口红线交点不小于50m）。综合以上各因素，基地道路的出入口位置离城市道路交叉口的距离不小于 70m 是合理的。当然上述情况是指交叉口前车行道上行方向一侧。在车行道下行方向的一侧则无停车、候驶的要求，但仍需受其他各因素的制约。距离地铁出入口、公共交通站台原规定偏小，参照有关城市的规定适当加大了距离。

4.1.6　人员密集建筑的基地对人员疏散和城市交通的安全极为重要。由于建筑使用性质、特点和人员密集程度不一，故本条文只作一般规定，专用建筑设计规范和当地城市规划行政主管部门应根据具体情况作进一步规定。图 4.1.6 为基地周长 1/6 沿城市道路的示意图。

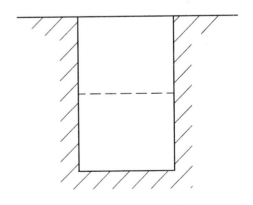

图 4.1.6 基地周长 1/6 沿城市道路

4.2 建 筑 突 出 物

4.2.1　不允许突出道路红线和用地红线的建筑突出物

　　规定建筑的任何突出物均不得突出道路红线和用地红线。因为道路红线以内的地下、地面的空间均为

城市公共空间，一旦允许突出，影响人流、车流交通安全、城市空间景观及城市地下管网敷设等。用地红线是各类建筑工程项目用地的使用权属范围的边界线，规定建筑的任何突出物均不得突出用地红线是防止侵犯邻地的权益。

4.2.2 允许突出道路红线的建筑突出物是指临街（道路）的建筑可以在不妨碍城市人流、车流交通安全条件下突出一些建筑突出物。

4.2.3 因城市规划需要，各地城市规划行政主管部门常在用地红线范围之内另行划定建筑控制线，以控制建筑物的基底不超出建筑控制线，但对突出建筑控制线的建筑突出物和附属设施各地因情况不同，要求也不相同，故不宜作统一规定，设计时应符合当地规划的要求。

4.3 建筑高度控制

4.3.2 本条建筑高度计算只对在有建筑高度控制要求的控制区内而言，与3.1.2条计算建筑高度来分类不是一个概念。

4.4 建筑密度、容积率和绿地率

4.4.1 建筑密度、建筑容积率和绿地率是控制用地和环境质量的三项重要指标，在城市规划行政主管部门审定用地规划、实施用地开发建设管理的工作中收到良好效果，具有较强的可操作性。居住区控制指标参照《城市居住区规划设计规范》GB 50180—93（2002年局部修订），其他性质用地由于各地情况差异较大，故不作统一规定，以当地城市规划行政主管部门编制的相关城市规划文件为依据。

三项指标的使用均在一定区域范围内进行，在实际操作中经常出现以下情况：

1 部分城市在进行土地使用权有偿出让过程中，为筹集城市公共设施（道路、绿地等）建设资金，常以代征地的形式将一定面积的公共设施用地分配到相邻用地单位一并收取土地出让金，造成用地单位的征地面积大于用地红线范围内的面积。

2 由于城市用地权属单位出让部分用地的使用权等原因，造成各权属单位用地范围小于用地红线范围。

3 对单项建筑工程提出建筑密度、容积率、绿地率指标控制。

4 对于城市中的某个区域提出平均容积率和绿地率控制指标。

上述情况的出现造成对三项指标定义中的"用地面积"（绿地率定义中为"地区总面积"）产生多种理解，使得计算建筑密度、容积率、绿地率等三项指标的标准不统一。为便于统一管理标准，广泛适应各种情况和保障公平的土地使用权益，本通则所指的建筑密度、容积率、绿地率均为详细规划或相关法规所确

定。

4.4.2 公共空间是增加城市活力、促进市民交流、提高城市品质的重要空间场所，建筑开放空间是城市公共空间的一种，大量单体建筑中的开放空间是形成多层次公共空间系统的重要组成部分。同时，建筑开放空间对缓解我国城市建设中公用设施缺乏的形势具有积极深远的意义。本条规定目的是对建筑开放空间的一种鼓励政策，具体奖励办法可参考国外相关案例，并根据当地城市建设和管理的实际情况，依据我国相关法规制定。本条所指的开放空间应与城市街道或相邻的公共空间有直接联系。

5 场地设计

5.1 建筑布局

5.1.1 原《通则》中"建筑总平面"与"建筑布局"章节着重建筑间距的条文，现作了重要修订：本文"场地设计"新标题的诠释原于城市规划理念借入和注册建筑师场地设计知识教育的体系确定。

5.1.2 本条各款重点强调建筑环境应满足防火、采光、日照、安全、通风、防噪、卫生等场地设计的要求。

第2款中对天然采光也有建筑间距要求，由于各地所处光气候区等情况不同难以作出间距具体数据。原则是天然光源应满足各建筑采光系数标准值之规定，具体计算在7.1节条文和条文说明及《建筑采光设计标准》GB/T 50033—2001中已有规定。无论是相邻地建筑，或同一基地内建筑之间都不应挡住建筑用房的采光。

第3款中日照标准在《城市居住区规划设计规范》GB 50180已有明确规定，住宅、宿舍、托儿所、幼儿园等主要居室在5.1.3条也有所规定，并应执行当地城市规划行政主管部门依照日照标准制定的相应建筑间距的规定。

5.1.3 本条对需要日照的建筑制定日照标准：住宅、托幼、中小学教室、病房等居室应符合《城市居住区规划设计规范》GB 50180等有关规范的规定。住宅居住空间是指居室和卧室。宿舍原《通则》规定较高，现修改成与住宅一致的日照标准。

5.2 道 路

5.2.1 按消防、公共安全等要求对基地内道路的一般规定。

5.2.2 根据原《民用建筑设计通则》JGJ 37—87条文，提示路边设停车位及转弯半径等要求。

5.2.3 提示基地内道路的设置应符合防火规范、城规规范等要求，一些大城市在大型基地内有设高架通路的，为此提示设置高架通路的一般要求。

5.2.4 地下车库也是大型基地规划停车的一种思路，为此提示地下车库设置要求；并应符合现行的行业标准《汽车库建筑设计规范》JGJ 100 的规定。

5.3 竖 向

5.3.1 第1～4款道路坡度的确定系根据《城市用地竖向规划规范》CJJ 83—99 及《城市居住区规划设计规范》GB 50180—93（2002 年局部修订）有关纵坡和横坡坡度的限制，山区和丘陵地区有特殊要求，也应符合上述规范的要求。第 5 款无障碍人行道路设计应符合《城市道路和建筑物无障碍设计规范》JGJ 50—2001 有关规定。

5.4 绿 化

5.4.1 第 1 款绿地面积指标在《城市居住区规划设计规范》GB 50180—93（2002 年局部修订）等规范中有所规定，各地也有所规定。第 4 款古树是指树龄 100 年以上的树木。名木指树种珍贵、稀有或者具有重要历史价值和纪念意义的树木。

5.5 工 程 管 线 布 置

由于现代民用建筑的设施愈加复杂，民用建筑与工业建筑的区别亦愈加模糊，此次修编将原"管线"一词改为"工程管线"，明确本标准所规定的管线均为与工程设计有关的工程管线。

5.5.1 工程管线的地下敷设有利于环境的美观及空间的合理利用，并使地面上车辆、行人的活动及工程管线自身得以安全保证。

作为应首先考虑的敷设方式在此次修编中增加并首条列出。有些地区由于地质条件差等原因，工程管线不得不在地上架空敷设，设计上要解决工程管线的架空敷设对交通、人员、建筑物及景观带来的安全及其他问题。同样工程管线在地上设置的设施，如：变配电设施、燃气调压设施、室外消火栓等不仅要满足相关专业规范或标准的规定，在总图、建筑专业设计上也要解决这些地上设施可能对交通、人员、建筑物及景观带来的安全及其他问题。

5.5.2 此条亦是新增的原则性条款，以确保工程管线在平面位置和竖向高程系统的一致，避免与市政管网互不衔接的情况。

5.5.3 综合管沟敷设工程管线的方式，对人们日常出行、生活干扰较少，优点明显。为保证综合管沟内的各工程管线正常运行，应将互有干扰的工程管线分设于综合管沟的不同小室内。

5.5.7 此条款的修编除保留原标准中工程管线之间的水平、垂直净距及埋深要符合有关规范规定的说法外，另根据现行的《城市居住区规划设计规范》GB 50180—93的有关条款，增加了工程管线与建筑物、构筑物及绿化树种的水平净距的规定。

5.5.9 工程管线检查井井盖的丢失，造成了许多社会问题，故此次修编特别增加此条，要求井盖宜能锁闭，以防井盖的丢失造成行人伤亡或车辆损毁。

6 建筑物设计

6.1 平面布置

6.1.2 标准化、模数化是现代建筑设计的一条基本原则，针对目前在设计中的随意性和忽视建筑基本原理的倾向，特提出在平面布置中柱网、开间、进深等定位轴线尺寸应符合《建筑模数协调统一标准》GBJ 2 的规定。

6.1.4 建筑的使用寿命长达几十年，甚至上百年，在设计时很难预料今后的变化，为了体现可持续发展原则和节约资源，在设计中强调平面布置的灵活性和弹性，为今后的改扩建提供条件。

6.1.5 我国是多震区国家，对地震区建筑平面布置的特殊性提出了要求。

6.2 层高和室内净高

6.2.1 新增条文。鉴于各类性质建筑的层高按使用要求有较大的不同，具体到每个建筑也存在差异性，所以不宜作统一的规定，应结合具体项目的使用功能、工艺要求并符合有关建筑设计规范的规定。

6.2.2 基本保留了原规范第 4.1.1 条中第一款的内容。本条款对室内净高计算方法作出规定。除一般规定外，对楼板或屋盖的下悬构件（如密肋板、薄壳楼板、桁架、网架以及通风管道等）影响有效使用空间者，规定应按楼地面至构件下缘（肋底、下弦或管底等）之间的垂直距离计算。

6.2.3 基本保留了原规范第 4.1.1 条中第二款的内容。建筑物各类用房的室内净高按使用要求有较大的不同，不宜作统一的规定，应符合有关建筑设计规范的规定。地下室、辅助用房、走道等空间带有共同性，规定最低处不应小于 2m 的净高是考虑到人体站立和通行必要的高度和一定的视距。国内外规范一般按此规定。

6.3 地下室和半地下室

地下室、半地下室已作为重要的使用空间广泛应用于民用建筑，本节根据近年来的工程实践，在原条文的基础上，针对地下空间的使用功能、防水、防火三方面对原条文进行了补充。

6.3.1 本条为新增条文。地下空间往往是综合开发利用，本款强调了各功能之间的协调性。为了提高地下空间的利用率，在可能的情况下，应为各类地下空间的连接提供条件。由于在地下缺乏明确的参照系和人对地下空间的恐惧，特别强调地下空间布置应具有明确的导向性和充分考虑其对人的心理影响。

6.3.2 本条为新增条文。由于地下室、半地下室在防火疏散和自然采光通风方面存在先天不足，结合工程实践，从安全、卫生角度对地下空间的使用进行一些限定是十分必要的。

6.3.3 本条是对原规范第 4.6.2 条第二款的修订。鉴于新的《地下工程防水技术规范》GB 50108 已对地下室、半地下室的防水作了明确具体的规定，在此不再作详细的规定。保留了原条文中的两款，仅对个别文字进行了修改。

6.3.4 本条为新增条文。为了强调地下室、半地下室防火设计的特殊性，特增此条。

6.4 设备层、避难层和架空层

6.4.1 设备层的净高应根据设备和管线敷设高度及安装检修需要来确定，不宜作统一规定。设备层内各种机械设备和管线在运行中产生的热量，或跑、冒、滴、漏等现象会增加室内的温湿度，影响设备正常运转和使用，也不利于操作和维修人员正常工作。因此规定设备层应有自然通风或机械通风。当设于地下室又无机械通风装置时，应在外墙设出风口或通风道，其面积应满足送、排风量计算的要求。

当上部建筑管线转换至下部不同使用功能的房间时，为防止漏、滴和隔声，以及方便检修宜在上下部之间设置设备层。

对高层民用建筑或裙房中设置锅炉房、变压器、柴油发电机房等设备用房，无论对其设置层数、位置、安全出口以及管道穿过隔墙、防火墙和楼板等在防火规范中分别都有规定，本条作原则性提示。

6.4.2 建筑高度超过 100m 的高层建筑，应设置避难层（间）。而《高层民用建筑防火规范》GB 50045—95 中 6.1.13 条已规定超过 100m 的公共建筑应设置避难层。北京、上海已建 100m 以上的高层住宅也已有设置了避难层（间）的。依据为超过 100m 以上的高层住宅（包括单元式或长廊式），要将人员在尽短的时间里疏散到室外，是件不容易的事情。加拿大有关研究部门提出以下数据，使用一座宽 1.10m 的楼梯，将高层建筑的人员疏散到室外，所用时间见表 1。

表 1 不同层数、人数的高层建筑，使用楼梯疏散需要的时间

建筑层数	疏 散 时 间（min）		
	每层 240 人	每层 120 人	每层 60 人
50	131	66	33
40	105	52	26
30	78	39	20
20	51	25	13
10	38	19	9

除 18 层及 18 层以下的塔式高层住宅和单元式高层住宅以外的高层民用建筑，每个防火分区的疏散楼梯都不会少于两座，即便是剪刀楼梯的塔式高层建筑，其疏散楼梯也是两个。从表 1 中数字可以看出，疏散时间可以减少 1/2。即使这样，当层数在 30 层以上的高层住宅时，要将人员在尽短的时间疏散同样是有困难的。故本条规定建筑高度超过 100m 的超高层民用建筑，均应设置避难层（间）。

6.5 厕所、盥洗室和浴室

6.5.1 本条是对建筑物的公用厕所、盥洗室、浴室及住宅卫生间作出的规定。卫生用房的地面防水层，因施工质量差而发生漏水的现象十分普遍，这些规定对于保证其使用功能和卫生条件是必要的。跃层住宅中允许将卫生间布置在本套内的卧室、起居室（厅）、厨房上层。这类用房在设计上要求满足这些规定，以改变设计上对其处理不善或过于简陋的局面，如加强通风换气防止污气逸散、楼地面严密防水、防渗漏等基本要求。第 2 款卫生设备的配置因各类建筑使用性质不同，本条不作统一规定，应按单项建筑设计规范的规定执行。公用厕所男女厕位根据女性上厕所时间长的特点，应适当增加女厕的蹲（坐）位数和建筑面积，男蹲（坐、站）位与女蹲（坐）位比例以 1：1～2：3 为宜，商业区以 2：3 为宜。第 6 款在有较高管理水平的情况下，可以不设高差或地漏。

6.5.2 本条规定了厕所和浴室隔间的低限尺寸，关于浴厕隔间的平面尺寸，在各地设计实践和标准设计中，一般厕所隔间为 0.9m×1.20(1.40)m，淋浴隔间为 1.00(1.10)m×1.20m。根据选用和建立通用产品标准的原则，表 6.5.2 规定了隔间平面尺寸，考虑了人的使用空间及卫生设备的安装、维护。本条同时增加了医院患者专用厕所隔间和无障碍专用厕所与浴室隔间平面尺寸。表中隔间尺寸以中-中尺寸计（轻质薄板），如采用较厚砌筑材料，尺寸应适当加大。

6.5.3 卫生设备间距规定依据以下几个尺度：供一个人通过的宽度为 0.55m；供一个人洗脸左右所需尺寸为 0.70m，前后所需尺寸（离盆边）为 0.55m；供一个人捧一只洗脸盆将两肘收紧所需尺寸为 0.70m；隔间小门为 0.60m 宽；各款规定依据如下：

1 考虑靠侧墙的洗脸盆旁留有下水管位置或靠墙活动无障碍距离；

2 弯腰洗脸左右尺寸所需；

3 一人弯腰洗脸，一人捧洗脸盆通过所需；

4 二人弯腰洗脸，一人捧洗脸盆通过所需；

7 门内开时两人可同时通过；门外开时，一边开门另一人通过，或两边门同时外开，均留有安全间隙；双侧内开门隔间在 4.20m 开间中能布置，外开门在 3.90m 开间中能布置；

8 此外沿指小便器的外边缘或小便槽踏步的外

边缘。内开门时两人可同时通过，均能在 3.60m 开间中布置。

6.6 台阶、坡道和栏杆

6.6.1 "室内台阶步数不应少于 2 级"，从安全考虑应设 2 级以上，但目前在住宅或公共建筑大空间中营造相对独立空间升一级或降一级的情况很常见，应采取一些注意安全的措施。台阶高度超过 0.70m（约 4～5 级，4×0.15＝0.60m）且侧面临空时，人易跌伤，故需采取防护措施。

6.6.3 第 2 款阳台、外廊等临空处栏杆高度应超过人体重心高度，才能避免人体靠近栏杆时因重心外移而坠落。据有关单位 1980 年对我国 14 个省人体测量结果：我国男子平均身高为 1656.03mm，换算成人体直立状态下的重心高度是 994mm，穿鞋子后的重心高度为 994＋20＝1014mm，因此在国标《固定式工业防护栏杆》中规定："防护栏杆的高度不得低于1050mm"，故本条规定 24m 以下临空高度（相当于低层、多层建筑的高度）的栏杆高度不应低于1.05m，超过 24m 临空高度（相当于高层及中高层住宅的高度）的栏杆高度不应低于 1.10m，对于高层建筑，因高空俯视会有恐惧感，所以加高至 1.10m。注中说明当栏杆底部有宽度大于或等于 0.22m，且高度低于或等于 0.45m 的可踏部位，按正常人上踏步情况，人很容易踏上并站立眺望（不是攀登），此时，栏杆高度如从楼地面或屋面起算，则至栏杆扶手顶面高度会低于人的重心高度，很不安全，故应从可踏部位顶面起计算，见图 6.6.3-1。

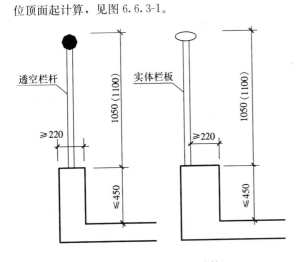

图 6.6.3-1　栏杆高度计算

第 4、5 款为保护少年儿童生命安全，他们专用活动场所的栏杆应采用防止攀登的构造，如不宜做横向花饰、女儿墙防水材料收头的小沿砖等。做垂直栏杆时，杆件间的净距不应大于 0.11m，以防头部带身体穿过而坠落。近几年，在商场等建筑中，有的栏杆垂直杆件间的净距在 0.20m 左右，时有发生儿童坠落事故，因此少年儿童能去活动的场所，单做垂直栏杆时，杆件间的净距也不应大于 0.11m，见图 6.6.3-2。

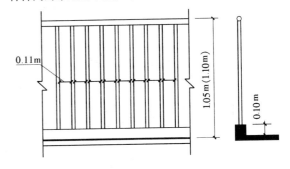

图 6.6.3-2　垂直栏杆

本条也参照了 ISO/DIS 12055《房屋建筑——建筑物的护栏系统和栏杆》标准。

6.7 楼　　梯

6.7.2 楼梯梯段宽度在防火规范中是以每股人流为 0.55m 计，并规定按两股人流最小宽度不应小于 1.10m，这对疏散楼梯是适用的，而对平时用作交通的楼梯不完全适用，尤其是人员密集的公共建筑（如商场、剧场、体育馆等）主要楼梯应考虑多股人流通行，使垂直交通不造成拥挤和阻塞现象。此外，人流宽度按 0.55m 计算是最小值，实际上人体在行进中有一定摆幅和相互间空隙，因此本条规定每股人流为 0.55m＋（0～0.15）m，0～0.15m 即为人流众多时的附加值，单人行走楼梯梯段宽度还需要适当加大，见图 6.7.2。

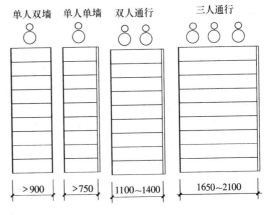

图 6.7.2　楼梯梯段宽度

6.7.3 梯段改变方向时，扶手转向端处的平台最小宽度不应小于梯段宽度，并不得小于 1.20m，当有搬运大型物件需要时应适量加宽，以保持疏散宽度的一致，并能使家具等大型物件通过，见图 6.7.3。

6.7.5 由于建筑竖向处理和楼梯做法变化，楼梯平台上部及下部净高不一定与各层净高一致，此时其净高不应小于 2m，使人行进时不碰头。梯段净高一般应满足人在楼梯上伸直手臂向上旋升时手指刚触及上

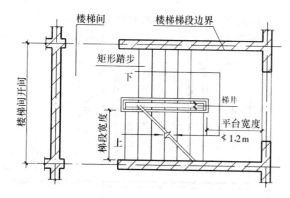

图 6.7.3 楼梯梯段、平台、梯井

方突出物下缘一点为限，为保证人在行进时不碰头和产生压抑感，故按常用楼梯坡度，梯段净高宜为2.20m，见图6.7.5。

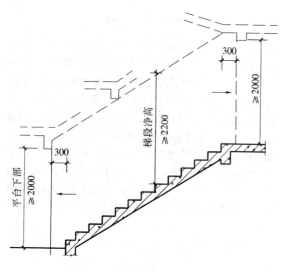

图 6.7.5 梯段净高

6.7.9 为了保护少年儿童生命安全，幼儿园等少年儿童专用活动场所的楼梯，其梯井净宽大于0.20m（少儿胸背厚度）时，必须采取防止少年儿童攀滑措施，防止其跌落楼梯井底。楼梯栏杆应采取不易攀登的构造，一般做垂直杆件，其净距不应大于0.11m（少儿头宽度），防止穿越坠落。此规定对"公共建筑的疏散楼梯两段之间的水平净距，不宜小于15cm"防火要求不受影响。

6.7.10 楼梯踏步高宽比是根据楼梯坡度要求和不同类型人体自然跨步（步距）要求确定的，符合安全和方便舒适的要求。坡度一般控制在30°左右，对仅供少数人使用服务楼梯则放宽要求，但不宜超过45°。步距是按 $2r+g=$ 水平跨步距离公式，式中 r 为踏步高度，g 为踏步宽度，成人和儿童、男性和女性、青壮年和老年人均有所不同，一般在560～630mm范围内，少年儿童在560mm左右，成人平均在600mm左右。按本条规定的踏步高宽比能反映楼梯坡度和步距，见表2。

表 2 楼梯坡度及步距（m）

楼梯类别	最小宽度	最大高度	坡度	步距
住宅共用楼梯	0.26	0.175	33.94°	0.61
幼儿园、小学等	0.26	0.15	29.98°	0.56
电影院、商场等	0.28	0.16	29.74°	0.60
其他建筑等	0.26	0.17	33.18°	0.60
专用疏散楼梯等	0.25	0.18	35.75°	0.61
服务楼梯、住宅套内楼梯	0.22	0.20	42.27°	0.62

6.8 电梯、自动扶梯和自动人行道

6.8.1 第2款规定是考虑平时使用一台电梯，另一台备用便于检修保养，人流高峰时两台同时使用，以节省能源。

第4款是参照 ISO 4190/1：1990、ISO 4190/2：1982、ISO 4190/3：1982国际标准及国家标准《电梯主要参数及轿厢、井道、机房的型式与尺寸》（GB/T 7025.1～7025.3—1997）的规定而制订的。

6.8.2 第2款，乘客在设备运行过程中进出自动扶梯或自动人行道，有一个准备进入和带着运动惯性走出的过程，为保障乘客安全，出入口需设置畅通区。一些公共建筑如商场，常有密集人流穿过畅通区，应增加人流通过的宽度，适当加大畅通区深度。

第6款参照《自动扶梯和自动人行道的制造与安装安全规范》GB 16899的规定而制定。因倾斜角度过大的自动扶梯，会造成人的心理紧张，对安全不利，倾斜角度过大的自动人行道，人站立其中会失去平衡，容易发生安全事故，故对倾斜角的最大值作出规定。

第7款，目前在公共建筑中存在单设上行自动扶梯和自动人行道的情况，必须考虑上下行设施就近配套，方能方便使用。

6.10 门　窗

6.10.3 第4款临空的窗台低于0.80m（住宅为0.90m）时（窗台外无阳台、平台、走廊等），应采取防护措施，并确保从楼地面起计算的0.80m（住宅为0.90m）防护高度。低窗台、凸窗等下部有能上人站立的窗台面时，贴窗护栏或固定窗的防护高度应从窗台面起计算，这是为了保障安全，防止过低的宽窗台面使人容易爬上去而从窗户坠地。

6.10.4 第3款双面弹簧门来回开启，如无可透视的玻璃面，容易碰撞人。

第4款防火规范规定疏散用的门不应采用侧拉门，严禁采用转门，因此应另设普通平开门作安全疏散出口。电动门和大型门由于机械传动装置失灵时也影响到日常使用和疏散安全，因此应另设普通门，也

可在大门上开设平开门作安全疏散。

第6款设计中尽量减少人体冲击在玻璃上可能造成的伤害，允许使用受冲击后破碎、但不伤人的玻璃，如夹层玻璃和钢化玻璃，并应有防撞击标志。

6.11 建筑幕墙

6.11.1~6.11.2 有关规范是《建筑幕墙》JG 3035、《玻璃幕墙工程技术规范》JGJ 102—2003、《金属与石材幕墙工程技术规范》JGJ 133—2001 等。

6.12 楼 地 面

6.12.1 新增条文。根据《建筑地面设计规范》GB 50037—96中有关条文，本条规定楼（地）面的基本构造层次，而其他层次则按需要设置。

填充层主要是针对楼层地面遇有暗敷管线、排水找坡、保温和隔声等使用要求。同时须指出并非为了暗敷管线而设填充层，相反因设计为了其他目的增设填充层，此时，管线有可能在填充层中暗敷。

6.12.2 本条文是对原规范第4.4.4条第一款增加了隔声和防污染的基本要求。

6.12.3 本条文是对原规范第4.4.4条第二款的修订。根据《建筑地面设计规范》GB 50037—96和《建筑地面工程施工质量验收规范》GB 50209—2002的有关条款明确和强调对厕浴间、厨房等有水或有浸水可能的楼地面应采取防水构造和排水措施的要求。

6.12.4 本条文保留了原规范第4.4.4条第三款的内容。

筑于基土上的地面防潮措施分两种情况：（1）对由于基土中毛细管水上升的受潮，一般采用混凝土类地面垫层或防潮层；（2）对南方湿热空气产生的地面结露一般采用加强通风做架空地面，或采用有一定吸湿性和热惰性大的面层材料等措施。

6.12.5 本条文基本保留了原规范第4.4.4条第四款的内容。根据《建筑地面设计规范》GB 50037—96增加了气味的影响，尤其是吸味较强的烟、茶等物品不一定有毒性，但影响到物品的气味和质量，工程中应防止采用散发异味的楼地面材料。

部分建材目前属于发展中的材料，其产品及特性均在不断变化，它们的化合过程也比较复杂，所以在设计裸装状况下的食品或药物可能直接接触楼地面时，材料的毒性须经当地有关卫生防疫部门鉴定。

6.12.6 本条文基本保留了原第五款的内容。

6.12.7 新增条文。本条文是对木板楼地面材料需进行必要的防腐、防蛀等处理和构造要求。

6.12.8 新增条文。根据《建筑地面设计规范》GB 50037—96中第3.0.12条编制。

6.13 屋面和吊顶

6.13.2 本条文是对原规范第4.4.1条的修订。各类

屋面采用的屋顶结构形式、屋面基层类别、防水构造措施和材料性能存在较大的差别，所以屋顶的排水坡度应根据上述因素结合当地气候条件综合确定。各类屋面的排水坡度除了要满足大于最小坡度外，同时也尽量不要超过最大排水坡度，并应符合有关规范的规定。

6.13.3 第3款为新增条文。天沟、檐沟、檐口、水落口、泛水、变形缝和伸出屋面管道等处，是当前屋面防水工程渗漏最严重的部位，因此应针对屋面形式和部位的不同，采取相应的加强防水构造措施，并应符合有关规范的规定。

第4款为新增条文。当屋面坡度超过一定坡度或屋面坡度虽未超过一定坡度，但由于屋面面积大，可形成较大高差，均容易发生滑落，故应采取防止滑落措施。

第7款是对原规范第4.4.2条第四款的修订，并与现行有关规范相一致。

6.14 管道井、烟道、通风道和垃圾管道

6.14.2 本条对管道井规定一般设计要求。管道井一般靠每层公共走道一侧布置，如旅馆、办公楼等，但也有在房间内部布置的，如实验室、住宅等。靠公共走道布置时，应尽可能在靠公共走道一侧墙面上设检修洞口，以防止相邻用房之间造成不安全的联通体，同时也便于管理和维修。有关防火要求应符合防火规范的要求。居住建筑、公共建筑竖向管道井应有足够的操作空间。

6.14.4 烟道和通风道伸出屋面高度由多种因素决定，由于各种原因屋面上并非总是处于负压。如果伸出高度过低，容易产生排出气体因受风压而向室内倒灌，特别是顶层用户，因管道高度不足而造成倒灌现象比较普遍，为此，必须规定一个最低高度。

6.14.5 多年来民用建筑中的垃圾管道、垃圾倒灰口、垃圾掏灰口成为污染环境的主要部位。垃圾管道堵塞，倒灰口、掏灰口部位尘土飞扬，有机垃圾腐烂、脏臭、蛆蝇滋生，造成环境卫生恶劣。近年来，随着人民生活水平不断提高，袋装、盒装半成品食品丰富多彩，一些大中城市取消垃圾道，改用袋装垃圾，加之物业管理行业已从居住小区进入办公楼等公共建筑，实践证明收效甚佳。本条规定民用建筑不宜设置垃圾管道，要求低层和多层建筑根据垃圾收集方式设置相应设施，如袋装垃圾在室外设垃圾分类和暂放位置。中高层和高层建筑不设垃圾管道时，必须设置封闭的收集垃圾的空间，以便采取其他的清运方式，避免利用电梯搬运垃圾，造成二次污染，而垃圾间最好有冲洗排污设施，以利清洁。

6.14.6 本条是对设垃圾管道时的规定。垃圾管道中应有排气管伸出屋面，以排除垃圾臭味。考虑垃圾管道和垃圾斗的寿命及卫生安全，必须采用耐腐蚀、防

潮和非燃烧体的材料,垃圾斗和出垃圾门必须关闭严密,避免上层垃圾下落时尘土从门(斗)缝扬出及散发臭味。

6.15 室内外装修

6.15.1 第 3 款室内外装修工程应采用防火、防污染、防潮、防水、不产生有害气体和射线的装修材料和辅料。应符合现行的国家标准《建筑内部装修设计防火规范》GB 50222、《民用建筑工程室内环境污染控制规范》GB 50325 等有关标准的规定。

7 室内环境

7.1 采 光

7.1.1 本标准采用采光系数作为采光标准值(见《建筑采光设计标准》GB/T 50033—2001)。采光系数虽是相对值,但当各采光系数标准值确定后,该地区的临界照度也是一个定值,因此,室内的天然光照度就是一个确定值。采用采光系数作为采光的评价指标,是因为它比用窗地面积比作为评价指标能更客观、准确地反映建筑采光的状况,因为采光除窗洞口外,还受诸多因素的影响,窗洞口大,并非一定比窗洞口小的房间采光好;比如一个室内表面为白色的房间比装修前的采光系数就能高出一倍,这说明建筑采光的好坏是由与采光有关的各个因素决定的,在建筑采光设计时应进行采光计算,窗地面积比只能作为在建筑方案设计时对采光进行估算。窗地面积比 A_c/A_d 见表 3。

表 3 窗地面积比 A_c/A_d

采光等级	侧面采光	顶部采光
	侧 窗	平天窗
Ⅰ	1/2.5	1/6
Ⅱ	1/3.5	1/8.5
Ⅲ	1/5	1/11
Ⅳ	1/7	1/18
Ⅴ	1/12	1/27

注:1 计算条件:(1)Ⅲ类光气候区;(2)普通玻璃单层铝窗;(3)Ⅰ~Ⅳ级为清洁房间,Ⅴ级为一般污染房间。
　　2 其他条件下的窗地面积比应乘以相应的系数。

在进行采光计算时,对于以晴天居多的Ⅰ、Ⅱ、Ⅲ类光气候区,北向房间除应考虑 GB/T 50033—2001 中规定的各种计算参数外,还需要考虑由对面建筑物立面产生的反射光增量系数。侧面采光的北向房间,当室外对面建筑物外立面为浅色时,反射光增量系数 K_r 值可参照表 4,并加在 GB/50033—2001 的

5.0.2 条侧面采光的计算公式中。

表 4 侧面采光北向房间的室外建筑物反射光增量系数 K_r 值

D_d/H_d	1.5	2.0	2.5	3.0	5.0
	1.0	1.2	1.6	1.5	1.0

注:表中 D_d——窗对面遮挡物与窗的距离;H_d——窗对面遮挡物距工作面的平均高度。

7.1.2 第 1 款保留原条文,将原规定 0.50m 改为 0.80m,因为《建筑采光设计标准》GB/T 50033 中将民用建筑采光计算工作面定为距地面 0.80m,低于该高度的窗洞口在采光计算时不考虑。

第 2 款原标准和《建筑采光设计标准》GB/T 50033 对本条均作了相应规定,故此条文保持不变。

第 3 款平天窗采光与侧面采光相比具有较高的采光效率,按窗地面积比表 1 对平天窗和侧面采光所需的窗地面积比进行比较,可以得出:Ⅰ、Ⅱ、Ⅲ、Ⅳ、Ⅴ采光等级所需的侧窗面积分别为平天窗的 2.4、2.4、2.2、2.6、2.3 倍。这说明在达到相同采光系数的情况下,所需的平天窗面积比侧窗小,即平天窗的采光效率高,平天窗与侧窗相比较,取 2.5 倍的有效窗面积比较合适。

7.2 通 风

7.2.1 建筑物室内的 CO_2、各种异味、饮食操作的油烟气、建筑材料和装饰材料释放的有毒、有害气体等在室内积聚,形成了空气污染。室内空气污染物主要有甲醛、氨、氡、二氧化碳、二氧化硫、氮氧化物、可吸入颗粒物、总挥发性有机物、细菌、苯等,这些污染导致了人们患上各种慢性病,引起传染病传播,专家称这些慢性病为"建筑物综合症"或"建筑现代病"。这些病的普遍性和它的危害性,已引起世界各国对空气环境健康的关注。这也使得建筑通风成了十分重要的建筑设计原则。

建筑通风主要是通过开设窗口、洞口,或设置垂直向、水平向通风道,使室内污浊空气自然地或者通过机械强制地排出室外,净化室内空气或实现室内空气零污染。我们应通过建筑通风设计贯彻执行国家现行关于室内空气质量的相关标准。

建筑通风另一作用是通风降温。夏季可以通过建筑的合理空间组合、调整门窗洞口位置、利用建筑构件导风等处理手法,使建筑内形成良好的穿堂风,达到降温的目的。

为此,建筑物内各类用房均应有建筑通风。建筑内采用气密窗,或窗户加设密封条时,房间应加设辅助换气设施。

7.2.2 从可持续发展、节约能源的角度以及当今社会人们追求自然的心理需求,建筑通风应推崇和提倡直接的自然通风。人员经常生活、休息、工作活动的

空间（如居室、厨房、儿童活动室、中小学生教室、学生公寓宿舍、育婴室、养老院、病房等）应采用直接自然通风。其通风口面积的最低限值是参照了美国、日本及我国台湾省建筑法规中的有关规定。

厨房炉灶上方应安装专用排油烟装置是依据中国人的饮食操作而产生严重的油烟污染所必需的。我国城镇居民住宅厨房均应自行购买并安装专用排油烟装置，并将排油烟装置与垂直或水平排烟道可靠连接。

7.2.3 严寒地区和寒冷地区的建筑冬季均需采暖保温。采暖期内建筑物各用房的外窗、外门都要封闭，而且要封闭整个采暖期，一方面是冬季室内污染相当严重，另一方面又不能开窗换气造成热能大量损失。因此，严寒地区居住用房，严寒和寒冷地区的厨房应设置竖向或水平向自然通风道或通风换气设施（如窗式通风装置等）。

7.2.5 由于空气是流动的，只有科学、合理地组织气流流动，才能达到排污通风的作用。厨房、卫生间的排污、通风目前我国已有了明确的技术规定。而当前对住宅厨卫进风的技术和装置尚无明确规定。厨房、卫生间的门的下方常设有效面积不小于 $0.02m^2$ 的进风固定百叶或留有距地 15mm 高的进风缝是为了组织进风，促进室内空气循环。

7.3 保　温

7.3.2 建筑物围护结构的外表面积越大，其散热面越大。建筑物体形集中紧凑，平面立面凹凸变化少，平整规则有利于减少外表散热面积。为此，《民用建筑节能设计标准（采暖居住建筑部分）》JGJ 26 对采暖建筑的体形系数规定如下："宜控制在 0.3 及 0.3 以下；若体形系数大于 0.3，则屋顶和外墙应加强保温。"

《夏热冬冷地区居住建筑节能标准》JGJ134 对夏热冬冷地区采暖空调建筑的体形系数规定如下："条形建筑物的体形系数不应超过 0.35，点式建筑物的体形系数不应超过 0.40。"从我国采暖地区和夏热冬冷地区的居住建筑设计来看，上述两个规范对建筑设计的约束较大。这样就要求建筑师在执行规范要求下进行建筑创作。

7.3.5 是指《民用建筑节能设计标准（采暖居住建筑部分）》JGJ 26、《公共建筑节能设计标准》GB 50189 等节能设计标准的规定。

7.3.6 是指《夏热冬冷地区居住建筑节能设计标准》JGJ 134、《夏热冬暖地区居住建筑节能设计标准》JGJ 75、《公共建筑节能设计标准》GB 50189 等节能设计标准的规定。

7.4 防　热

7.4.1 建筑物的夏季防热措施应实施综合防治，这里主要指以下几方面：（1）在建筑物的群体布置中将建筑物的主要用房迎着夏季主导风向布置，以利季风直接通过窗洞口进入室内。（2）绿化建筑物也是行之有效的防热措施，可以在建筑物的东、西向墙种植可攀爬的植物，通过竖向绿化吸热，减少太阳辐射热传入室内。也可以在建筑物的屋顶上种植绿化，设置棚架廊亭，建水池、喷泉等以降温，调节小气候。（3）在建筑物的外窗设置活动式外遮阳，包括铝制、木制、金属制的百叶卷帘（浅色），可以有效地减少太阳辐射热进入室内。（4）建筑隔热主要通过采用轻质保温隔热材料，采用双玻窗、节能墙体，屋顶和地面硬质铺装改为可保持水分的保水性材料铺装等措施提高外墙、外窗、屋顶的隔热性能，满足室内温度的稳定性要求。建筑隔热设计应符合节能设计标准的规定。

7.4.2 本条规定设置空气调节的建筑物一般要求，其中城镇住宅数量和质量近 20 年有了长足的发展，人们对居住空间热环境质量的追求也不断提高。我国南方地区住宅装有空调防热的已达到相当高的数量。夏热冬冷地区居民住宅需要冬天保温、夏天防热，空调的数量也达到较高的水平。我国严寒地区和寒冷地区的居民住宅一直以要求保温为主，但是随着近几年全球气候变暖，造成了这些地区夏季持续出现高温的现象，使得这些地区的居民住宅也部分地安装了空调。综上所述，我国城镇居住建筑装置空调设备成了带有一定普遍性的需求。为此，设计带有家用空调的建筑时，还应考虑如下设计原则：

1 应根据当地热源、冷源等资源情况，用户对设备运行费用的承担能力，设备的稳定性等条件，合理、科学地确定空调方式及设备的选型，尤其要从节能、节资的角度合理比选确定。

2 设有空调的建筑，其建筑的平面和剖面设计应合理处理好设备及其附件和管线所用空间和位置，即要保证系统良好使用，节约设备管线所占空间，又要不影响室内外空间的功能和环境美观。

3 应符合《采暖通风与空气调节设计规范》GB 50019、《夏热冬冷地区居住建筑节能设计标准》JGJ 134、《夏热冬暖地区居住建筑节能设计标准》JGJ 75、《公共建筑节能设计标准》GB 50189 等有关建筑耗热量、耗冷量指标和采暖、空调全年用电量等节能综合指标的限值要求。

4 未设置集中空调的建筑，应统一设计分体机的室外机搁置板，并使其位置有利于空调器夏季排热、冬季吸热，并应使冷凝水有组织排水，避免冷凝水造成不利影响。

7.5 隔　声

7.5.1～7.5.3 该三条文根据国标《民用建筑隔声设计规范》GBJ 118，对几类建筑中主要用房的室内允许噪声级、空气声隔声标准及撞击声隔声标准作了规定。其中，特级——特殊标准；一级——较高标准；二级——一般标准；三级——最低标准。

7.5.4 本条对民用建筑中关键部位的隔声减噪设计作出规定，但在具体设计时尚应按国标《民用建筑隔声设计规范》GBJ 118 及单项建筑设计规范中有关规定执行。

8 建筑设备

8.1 给水和排水

8.1.1 本条根据《建筑给水排水设计规范》GB 50015—2003 要求提出。满足该条要求也就是使建筑给排水工程达到适用、经济、卫生、安全的基本要求。

8.1.2 为了确保人民生命健康安全，生活饮用水的水质必须符合国家标准，并确保其不受污染。任何为了获取某种利益而可能造成水质污染的做法均应杜绝。

8.1.6 我国水资源并不富有，有些地区严重缺水，所以从可持续发展的战略目标出发，必须采取一切有效措施节约用水。管网压力过大不仅会损坏供水附件，同时也会造成水量的大量浪费，所以必须引起重视。

8.1.7 设置中水系统是节约用水的一个重要措施，世界上许多缺水的国家都在发展中水系统。但由于投资等原因，目前国内还不能全面普及，所以各地应根据当地的条件及有关规定执行。

8.1.8 开发利用雨水资源，在国际上缺水国家已有很好的经验，我国政府也十分重视，如北京市已印发相关文件要求进行雨水资源利用以缓解水资源紧缺状况，减轻城镇排水压力，改善水生态环境。

8.1.9 为了确保饮食卫生，提出该条要求，防止由于管道漏水、结露滴水而造成污染食品和饮用水水质的事故。另外，设在这些部位的管道也较难维护、检修。

8.1.11 减少噪声污染是为了提高人民的生活质量，给人们创造一个良好的生活环境。

8.1.12 为了保证供电安全，避免因管道漏水而影响变配电设备的正常运行。同时，档案室等有严格防水要求的房间，为保存档案和珍贵的资料不被水浸渍，也必须这样做。

8.1.13 为了防止渗漏，影响地下室或地下构筑物的使用。

8.2 暖通和空调

8.2.1 暖通空调系统设计的目的是为民用建筑提供舒适的生活、工作环境。

8.2.2 应根据建筑物的主要功能选取适用的国家标准及其空气参数和新风换气量标准。

8.2.3 民用建筑采暖系统：

第 1 款若利用蒸汽余热或热源为蒸汽时，应设置（汽-水）换热器或采用蒸汽喷射泵系统，以保证采暖系统的热媒为热水；

第 2 款集中采暖系统的热计量应以用户可自主调节室温为基础；

第 3 款应减少住宅私有化后可能产生的物业管理与住户、住户与住户间的纠纷；

第 4 款避免因压力过大产生漏水等事故。

8.2.5 空气调节系统：

第 1 款确定层高、吊顶高度位置时，应能满足空调、通风管道高度的要求（风管截面的短边尺寸不宜小于长边尺寸的 1/4）。

8.2.6 冷冻机房、水泵房、换热站等：

第 1 款民用建筑中使用大型设备、不能通过门洞进入时，应在首层外围护结构上预留孔、洞，高度应满足设备下垫木等移动装置所需；需要更换、维修的重型设备上方如果预留吊装设施，高度应满足大型设备吊绳夹角的要求。

第 4 款设备有阀门、执行机构等的操作面以及需要观测的显示仪表面，应有不小于 400mm 的间距；高大设备周围宜有不小于 700mm 的通道。制冷机、锅炉、换热器等，应留有清扫或更换管束的操作面积。

第 5 款设置在民用建筑中的冷冻机房、水泵房、换热站等设备，宜优先选用转动平稳、噪声低的产品，否则应根据减振原理设置减振台座；在机房内采用消声措施，进出机房的管道亦应采取相应的消声措施。对于高噪声的机电设备宜设置隔声间或隔声罩。

第 6 款当只设置一个送风口或排风口时，可以利用门上百叶或门缝满足空气流动的要求。

8.2.7 锅炉房的位置，在设计时应配合建筑总图专业：靠近热负荷比较集中的地区，便于燃料贮运、灰渣排出（煤、灰运输道路与人流交通道路分开），有利于减少烟尘和噪声对环境的影响。

8.2.8 锅炉房一般应为地上独立的建筑物。不得不与主体建筑相连或设置在主体建筑的地下、设备层、楼顶时，锅炉（或其他有燃烧过程的设备）台数、容量、运行参数、使用燃料等必须符合当地消防、安全管理部门的规定及建筑设计防火规范、锅炉安全技术监察规程的规定。

8.3 建筑电气

建筑电气包括强电及智能化系统，民用建筑的强电包括：10kV 及以下配变电系统、动力系统、照明系统、控制系统、建筑物防雷接地系统、线路敷设等；民用建筑的智能化系统包括：火灾自动报警及消防联动系统、安全防范系统、通信网络系统、信息网络系统、监控与管理系统、综合布线系统、防雷与接地、线路敷设等。

火灾自动报警及消防联动系统：自动和手动报警、防排烟、疏散（包括应急照明和火灾应急广播等）、灭火装置控制等。

安全防范系统：周界防护、电子巡查、视频监控、访客对讲、出入口控制、入侵报警和停车场管理等。

通信网络系统：卫星接收及有线电视、电话等。

信息网络系统：计算机网络、控制网络等。

监控与管理系统：建筑设备监控、表具数据自动抄收及远传、物业管理等。

8.3.1 第12款变配电室等重地应加强自身的安全防范措施。

8.3.2 第3款配变电所内如无可燃性设备，又为一个防火分区，配变电所内部相通的门可为普通门。

8.3.3 第6款2h的隔墙引自《高层民用建筑设计防火规范》GB 50045—95（2001年版）中第4.1.3.1：柴油发电机应采用耐火极限不低于2h的隔墙和1.50h的楼板与其他部位隔开。3h的隔墙引自《建筑设计防火规范》GBJ 16—87（2001年版）第四节民用建筑中设置燃油、燃气锅炉房、油浸电力变压器室和商店的规定第5.4.1条一、……并应采用无门窗洞口的耐火极限不低于3h的隔墙……。

8.3.4 第2款2项2h的隔墙和1.50h的楼板引自《高层民用建筑设计防火规范》GB 50045—95（2001年版）中第4.1.4条。3h的隔墙和2h的楼板引自《建筑设计防火规范》GBJ 16—87（2001年版）第10.3.3条。

第3款机房重地及有特殊要求的设备，应远离强电强磁场所，保证系统正常运行。如果避免不了或达不到技术指标，机房应做屏蔽处理。

第4款工程设计人员应根据建设方书面设计要求，在土建施工过程中，预留智能化系统设备用房、预留信息出入建筑物的通道，预留信息数据进出智能化系统机房的水平及垂直通道。管线进出建筑物处应做防水处理，金属管道应做接地。

第5款机房重地应做好自身的安全防范措施，加强与外界的联系，防止非法者入内。

物防（实体防范）——安全防范的物质载体和实物基础，延长和推迟风险事件发生的主要防范手段（包括各种建筑物、构筑物，各种实体防护屏障、器具、设备、系统等）。

技防（技术防范）——将现代科学技术融入人防和物防之中，使人防和物防在探测、延迟、反应三个基本环节中不断增加科技含量，不断提高探测、延迟、反应的能力和协调功能。它是一种新的安全防范手段，是人防和物防手段的延伸和加强，是人防和物防在技术措施上的补充和强化（包括各种现代电子设备、通信及信息系统网络等）。

第6款智能化系统应采取防直击雷、防感应雷、防雷击电磁脉冲等措施，但应根据系统的风险评估配置防雷设备。

8.3.5 第1、2款电气竖井应上下贯通，位于布线中心，便于管线敷设。竖井的面积应根据各个工程在竖井中安装设备的多少确定；应考虑设备、管线的间距及操作维修距离。电气人员与土建人员协商；竖井开大门，利用公共通道作操作维修空间，减小电气竖井的占有面积。电气竖井、智能化系统竖井的最小尺寸见图8.3.5-1、8.3.5-2、8.3.5-3。

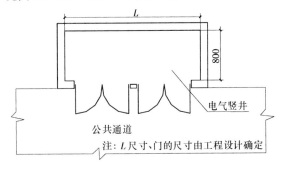

图 8.3.5-1　高层建筑电气竖井最小尺寸

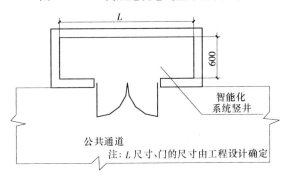

图 8.3.5-2　高层建筑智能化竖井最小尺寸

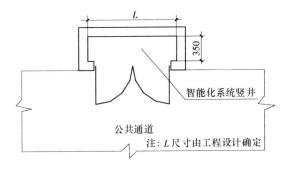

图 8.3.5-3　多层建筑智能化竖井最小尺寸

第3款考虑竖井内设备、管线较多及维修人员的方便，要求竖井内安装照明及电源插座。

第4款竖井分别设置是为了减少电磁干扰，系统维护方便、维修方便、施工方便。

8.3.6 第2款智能化系统由于各种原因，施工滞后，系统的支管线以明敷、吊顶内安装居多。缆线穿金属管及金属线槽安装，既加强机械强度又增强抗干扰能力。

第3款给出暗敷缆线保护管覆盖层最小尺寸。见图8.3.6。

第4款随着智能化系统的发展，建筑物内智能化系统的设置越来越多，管线敷设也随之增多。以住宅工程为例，预制楼板的使用、智能化系统的增加、用电负荷的提高、热能分户计量的实施等，都给线路敷设带来一定的难度，土建专业应根据具体工程的实际情况，给建筑电气线路及其他专业的管路敷设留出空间。

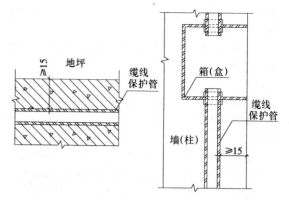

图 8.3.6 暗敷缆线保护管覆盖层最小尺寸

中华人民共和国行业标准

城市道路和建筑物无障碍设计规范

Codes for Design on Accessibility of Urban Roads and Buildings

JGJ 50—2001

条 文 说 明

前　言

《城市道路和建筑物无障碍设计规范》（JGJ50—2001），经建设部 2001 年 6 月 21 日以建标［2001］126 号文批准，业已发布。

本规范第一版的主编单位是北京市建筑设计研究院，参加单位是北京市市政工程设计研究总院。

为便于广大设计、施工、科研、学校等单位的有关人员在使用本规范时能正确理解和执行条文规定，《城市道路和建筑物无障碍设计规范》编制组按章、节、条顺序编制了本标准的条文说明，供国内使用者参考。在使用中如发现本条文说明有不妥之处，请将意见函寄北京市建筑设计研究院。

目　　次

1 总　则

1.0.1　道路学科与建筑学科是创造人类生产和生活环境的综合性艺术和科学。随着时代的发展，不断改善人的空间环境和生活质量，确保每个市民的安全、健康、舒适和方便，使人的思维与感受更丰富，更具有意义，是当代文明城市建设和人类进化的标志。对此，世界各地的建设工作者，仍在不断地努力探索，使"城市建设"这一古老的文化体系不断地发展与革新。"对人的关怀"是其最基本的原则，"城市环境无障碍化"不仅体现了这一原则，而且也是一项新的内容，它不仅具有相对的独立性和广泛的实用价值，而且在许多国家和地区的实践中得到了证实。建设无障碍环境，不仅为残疾人、老年人参与社会生活提供了必要的安全和方便的条件，同时也给推孩子车的母亲、伤病患者以及携带物重者带来了方便，是造福全民的一件好事。正如1974年联合国召开的残疾人生活环境专家会议报告中提到的："我们所要建立的城市，就是正常人、病人、孩子、青年人、老年人、伤残人等没有任何不方便和障碍，能够共同地自由生活与活动的城市。"

行动不便者主要为肢体残疾者和视力残疾者。对行走产生困难的肢体残疾者，是指躯体或是下肢，或是躯体及下肢均受到损伤，经过矫形、康复后，在行走时有的产生异形，有的需要借助手杖、拐杖、助行架进行行走，当行走还有困难时，则需要借助手动轮椅或电动轮椅来完成行走。在一般的情况下乘轮椅者可以独立地自我进行行走，重残者及高龄体弱者则需要在他人帮助下才能完成行走（附录A）。

由于残疾人在行走中的不同状态和使用各种助行工具，在通行时要求道路和建筑物的水平通道及垂直交通的宽度、高度、坡度、地面及各种相应设施与家具，应具备乘轮椅者、挂拐杖者及挂盲杖者既方便又安全的通行空间和使用条件（附录B，附录C，附录D）。

1.0.2　本规范的适用范围是全国城市各类新建、扩建和改建的城市道路、房屋建筑和居住小区，以及有残疾人生活与工作场所的无障碍设计。尤其，主要适用于新建的城市道路和建筑物及居民区的规划和设计工作。因为新建工程可以按统一标准的基本内容和要求，既可行又易于掌握，进而达到在使用功能上满足城市居民在物质与文化生活上的便利。

城市环境的无障碍设施，已是当今城市建设的主要内容之一。从人们在城市中的水平和垂直交通的行动轨迹，到使用各种设施的空间，处处关联着无障碍的内涵，并需要形成系列化和相应完整的配套类型，因此对扩建与改建工程，要同步达到标准的基本内容和要求。

例如，由于轮椅作为残疾人的代步工具，因此要求城市道路的人行步道、人行横道、人行天桥、人行地道以及城市广场、街心花园、各种公园、旅游景点等的通路，应能全方位地为乘轮椅者、残疾人及挂拐杖者提供通行上的便利，并要求在坡道的宽度、坡度、长度、休息平台、地面及扶手等，在形式及规格上应符合乘轮椅者在使用上的方便。公共建筑服务设施的项目较多，内容各异，但是在无障碍的功能要求上是一致的。凡是为公众安排和服务的设施项目，均应方便行动不便者通行、到达和使用，如建筑基地的通路、入口台阶、坡道、平台、门、楼梯、电梯、电话、扶手、洗手间、服务台、饮水器、公共厕所、浴室、轮椅座席、轮椅客房及卫生间、停车车位、标志等，在形式及规格上，要求能符合乘轮椅者、挂拐杖者及视残者的通行安全和使用便利的条件。

经过调研，行动不便者对居住环境有着更为迫切的要求，因为住房是他们停留时间最多的地方。因此在居住建筑中，对高层住宅及公寓建筑的入口、通道、电梯厅及电梯轿厢方面，应安排无障碍设施，并按住户比例设置无障碍住房。对设有无障碍住房的多层住宅、公寓及宿舍建筑的入口、通道、公共厕所及浴室等方面，应安排无障碍设施。居住区中的各级道路、公园、活动场地及服务性的各类公共建筑的无障碍设施的范围与内容，应与城市道路以及民用建筑的无障碍设施基本一致。

城市道路中无障碍设施的内容主要有人行步道中的盲道、坡道、缘石坡道；人行横道的音响及安全岛；人行过街天桥与人行过街地道中的盲道、坡道或升降平台、扶手、标志等。但是在新建和改建道路无障碍设施时应依据不同地区的条件、道路的性质、人流的状况、公交的运行以及居住区分布等因素，作为建设盲道和过街坡道或升降平台的依据，避免在城市道路范围内全部进行建设的现象。例如，在人行步道的外侧有绿化带的立缘石或有固定的围墙、栅栏等地带，可以不设置盲道，视残者借助盲杖能够顺利行进；在非居住区及非主要的商业、文化、交通等建筑地段，也可不设置盲道和过街坡道。因此在城市规划中需要制定道路的无障碍设施的范围与内容。

1.0.3　道路和建筑物的修建是为满足人们的物质生产和文化生活的需要，不同的需要应有与之相适应的条件，因此道路和建筑物的使用功能以及相应设施，应能方便全社会广大人士的使用。但是长期以来，城市中的市政建设、房屋建筑及环境设施，从规划到设计，从施工到使用，其依据基本上是按照健全成年人的尺度和人体活动空间参数考虑的，其中的许多设施也是按照健全成年人的活动模式和使用需要进行制定的。因而不适合残疾人和老年人使用。这些与人的生活密切相关的方面，却给残疾人带来了物质的、精神的和社会的障碍，有的甚至是不可逾越的障碍。这些障碍不仅给他们的生活造成了诸多不便，而且将众多的残疾人排除在正常的社会活动和社会生活之外，令他们的心理和精神产生压抑和不安。

据国际劳工组织公布的有关报告:目前全世界的残疾人总数已达到 6 亿,约占世界总人口的 10%,现在每年增长残疾人数为 1500 万,或者说每日平均增加 4 万多残疾人。在多数国家里,每 10 个人中至少有一个因生理、心理和感官的缺陷而致残。当今世界老年人口的增长速度亦不容忽视。根据联合国人口基金会发布的新闻公报:目前世界人口已超过 60 亿,其中 60 岁以上的老人已超过 7 亿,今后 20 年在一些发展中国家将是老年人口增长高峰,在未来的 50 年,即 2050 年,世界人口将达到 95 亿。60 岁以上老年人的比例,将从现在的 11.6% 升至 25%,即 60 岁以上的老年人从现在的 7 亿增长到 25 亿。中国是世界上残疾人和老年人最多的国家,中国人口总数已达到 13 亿,残疾人的总数为 6000 多万,占总人口的 5%。60 岁以上的老年人的总数为 1.3 亿多,超过了总人口的 10%,按照联合国的规定,中国已进入老年型国家。2025 年,是中国人口老龄化的高峰,老年人将达到 3 亿,残疾人将达到 1 亿。由于众多残疾人的存在和影响,就形成了人类社会中的一个特殊困难的群体。这个困难的群体渴望得到社会的理解和支持,要求充分参与社会生活,能够获得与健全公民一样具有的平等权利和机会,并共同分享社会的科学、经济、文化发展成果而改善的生活条件,诸如教育和工作机会、住房和交通、物质和文化环境、社区和保健服务以及体育运动和娱乐设施。

例如,在调查 200 个不同程度肢体残疾人对建筑物存在的障碍时,回答不能到达工作单位、书店、影剧院和百货商店的人均在 100 人以上;90—100 个人回答难以到达图书馆和郊外名胜,而 80—90 的人认为难以到达邮电所、理发店、浴室、饮食店、副食店、公园,由此似乎可以得出这样的结论,即:对残疾人来说精神需求更甚于物质需求。其次是关于道路环境障碍的调查,主要目的是要了解室外环境中的不利因素,尤其是居住区附近所存在的问题。问题最多的显然在于台阶的存在以及距离的遥远,选此两项的人均占 70% 以上;对于路面有高差和泥泞积水所感到的不便,选此项的人占 60—70%,因此可以认为,下肢伤残者对现有路面普遍感到不满,尤其是乘轮椅者碰到台阶便束手无策,而那些即使不靠轮椅、有行动能力的残疾人对台阶的存在也同样感到困难。肢体残疾者对于地面的状态非常敏感,在对残疾人能否适应地面做法的调查中,有 99 人认为粗糙平整的地面最方便,其次是不松动的薄地毯,遇到积水和光滑的地面以及起伏不平的地面显然普遍不受欢迎,回答能够适应这两种做法的被调查者仅占 1.4% 和 1.9%。对于重残者(主要是指使用拐杖者和乘轮椅者)来说除了平整防滑的路面外其他形式均不能适应。

残疾人除了生理和心理上有某些异常而造成功能上某些障碍以外,其他方面与健全人是一样的。他们理应

具有与健全人一样的"平等"、"参与"、"共享"的权利。十一届三中全会以来,我国社会主义法制建设开始逐步走上正常发展的轨道,残疾人事业的法制建设也开始起步,法律上保障了残疾人的地位和不利条件的改善。《中华人民共和国残疾人保障法》第一章第三条明确规定:"残疾人在政治、经济、文化、社会和家庭生活等方面享有同其他公民平等的权利。"残疾人享有的公民权利是多方面的,主要包括:关于参与社会生活的权利;关于康复的权利;关于受教育的权利;关于劳动就业的权利;关于开展文化生活的权利;关于建立婚姻家庭的权利;关于享有社会保障的权利,等等。

1996 年 10 月 1 日起实施的《中华人民共和国老年人权益保障法》第三章第三十条中规定:"新建或者改造城镇公共设施、居民区和住宅,应当考虑老年人的特殊需要,建设适合老年人生活与活动的配套设施。"

显然,环境的障碍是与"保障法"相抵触的,因此,今后城市道路和建筑物设施的使用,在设计上应符合行动不便者的通行和使用要求,换言之,规划和设计单位应在各项工程中实施无障碍设计。

1.0.4 城市建设历来是人类的一种特殊创造活动,一般说来,建设一座城市应具有实用和美观的双重功能,作为城市主体的道路与建筑物,自身应是实用和美观的结合,同时也是科学和艺术的统一。据调研,如果在设计阶段首先考虑方便残疾人、老年人和健全人共同使用的因素,就可以在不增加或增加很少的投资情况下,发挥更大的社会效益和经济效益。如 1984 年香港行政当局制定的"弱能人士守则的设计规定"(无障碍设计规定),对道路与建筑规则和设计进行强制执行。守则的原则是:"残疾人应同其他健全人一样,享有完全同样的生活权利,使残疾人士更快地适应和重新适应社会生活。"一些大型公共建筑和主要地区的市政设施,如政府机关、大会堂、体育场馆、影剧院、宾馆饭店、购物中心、写字楼、邮局、银行、学校、人行道、隧道等,按守则标准实施后,所增加的费用均在总投资的 1% 以下。美国是制定建筑无障碍技术条款的早期国家之一,1968 年美国联邦政府正式通过"建筑障碍条例",制定了残疾人在政府投资兴建的公共建筑和市政设施中应能方便通行和进行使用的权益。残疾人在通行和使用设施中如果遇到障碍和问题时可进行投诉,被投诉的部门会受到罚款处理。因而,一些城市或地区在新建或改造后的道路与建筑物的无障碍设施都非常普及。经过对增加投资费用方面的总运算,无障碍设施每投资 1 美元,国家可收益 17.5 美元,这个效益是很可观的。因为使更多的残疾人就业,走劳动福利型道路,获得了相应的生活收入,由原来靠国家救济的人,变成为社会作贡献的人,既改善了生活与地位,又促进了经济建设和社会稳定。因此,在无障碍建设的费用计算

上应该考虑到由于残疾人能够参与社会工作而减轻了国家和家庭负担的不可预见费。日本各地区在1970年代就开展无障碍环境建设，如厚生省提出了"福利城市政策"，其宗旨是城市建设要体现社会文明，关心所有的公民，包括为残疾人、老年人创造良好的社会环境。从道路到交通，从建筑到通讯，均配备了无障碍设施，使残疾人、老年人外出活动与办事感受到了安全与方便。目前日本为残疾人、老年人所制定的统一建设法规中的公共建筑无障碍设计，有专门部门进行检验核实后方可施工。此外，在经济比较发达的国家和地区的城市，无障碍环境已经普及，无障碍设施比比皆是，做到了凡是健全人能够到达的地方和使用的设施，残疾人也同样能够到达和使用。

我国为方便盲人与肢体残疾人参与社会生活，在北京、天津、上海以及广州、深圳等城市都新建和改建了一批无障碍设施，既有不同类型的公共建筑，又有居住区和住宅建筑，并修建了盲道、缘石坡道、坡道式过街天桥和过街地道以及无障碍标志牌等多处。此外，还修建了若干座方便乘轮椅残疾人使用的公共厕所。然而众所关注的无障碍建设的投资情况又是怎样的呢？这里以1994年建成的北京恩济里住宅小区为例，该小区位于海淀区西八里庄路，占地9.98公顷，总建筑面积14.08万 m^2。设计中体现了以人为本，方便住户，创建了一个优美良好的无障碍居住环境的设计思想。无障碍设计内容遵循三个原则：

一、方便肢残人乘轮椅的室外通行。在小区的道路、广场、公园、庭院等处设置便于残疾人能顺利地到达目的地的坡道，并使室外无障碍环境形成系统。

二、方便残疾人使用公共建筑。在小学、幼儿园、托儿所、商店、老人活动站、青少年活动中心等居民经常使用的公共建筑的首层设置坡道，有利于行动不便者顺利进入和使用。

三、方便肢残人使用住宅的探索。在两个单元的住宅首层进行试点，使肢残人和病弱老人能用轮椅通过单元门进入户内，实现初步的生活自理。

恩济里小区贯彻"无障碍设计"的技术措施和经济分析如下：

一、室外坡道

1. 建筑入口处同时作坡道和台阶造价只增加5‰，相当于每平方米增加0.7元（按一梯两户，每户60 m^2，800元/m^2 计），如高层建筑平均每平方米增加造价就更低。

2. 建筑入口只作坡道不作台阶，造价基本上不增加。

3. 小区室外道路系统作残疾人坡道，从材料及工艺上都不增加造价。

二、残疾人套房

恩济里住宅设计为残疾人提供了8户实验套房，希望从中总结经验便于日后推广，这8户分别在乙组

团中乙1号楼B改单元首层及丁组团丁△号楼B改单元首层，在原有基础上加以改造，使之适合于能借助轮椅自由活动的下肢残疾人独立生活、居住及照料的要求，具体措施如下：

1. 加宽厨房和卫生间的门洞，从原有宽0.75m及0.65m，改为0.90m及1.00m，以便利轮椅通过，有条件的改为折叠门。

2. 在卧室、起居室及其他各门均增加辅助拉手以便于开启。

3. 厨房内的设备内容及数量与普通住宅相同，只是在设备构造做法上有所改变：

1）吊柜下皮仍保持1.10m高度，可以满足伤残人取物的要求。

2）操作台下部柜门高度从地平面以上去掉0.30m，便于伤残人插入脚部的空间位置。

3）操作台下部改做带方向轮的小柜，操作时将小柜拉出可以方便放置碗碟或调料等，同时也可以伸入腿部，靠近台面。

4. 卫生间为残疾人使用提供方便，将原有浴盆改为淋浴，并增加扶手及拉杆：

1）调整洗手盆及镜子的高度以适合于坐轮椅的残疾人使用。

2）淋浴池一侧加做木槅板及扶手以满足使用要求，并为淋浴喷头做钢质蛇形软管，并将截门安在距地0.90m的高度。

3）坐式恭桶靠墙一侧设抓杆，低侧距地0.70m。

4）卫生间恭桶及淋浴池间设扶手，高度为0.70m。

表1　室内无障碍设计增加项目经济分析
（按每幢首层四单元计）

增加项目	单位	单价（元）	数量	合计（元）	说　明
卫生间抓杆 冷热水淋浴	m 套	33.0 75.0	10 4	330.0 300.0	钢管刷油漆 煤气热水器（用户自理）
木踏板	个	8.0	4	32.0	
座　礅	m^3 m^2	103.9 24.0	0.12 0.18 小计	12.50 19.44 32.0	水泥砌砖礅 磁砖贴面
木板托架	个 个	32.0 20.0	4 4	128.0 80.0	
厨房、卫生间门 750—900 650—1000	m^2	45.5	3.92	178.35	增加木门面积，减少墙面积 66.5 元/m^2 − 21 元/m^2 = 45.5 元/m^2
室内门拉手	对	17.0	22	374	
增加入口坡道	m^2	67.0	5.25	351.75	
			小计	1774.0	
加30%管理费 532 元　共计 2306 元					

从该小区无障碍环境设计的经济分析中不难得出

这样的结论，如果无障碍设施能与建筑设计同步进行，则仅增加极少的或不增加投资，在有的项目中甚至还会节省投资，如西单的北京图书大厦、华南大厦以及购物中心等大型公共建筑的入口，既没有做台阶也没有做坡道，为平进平出的无障碍入口，不仅节省了投资还方便了使用。反之，如果在设计时不同步考虑无障碍设计，建成后再进行无障碍设施的改建，则不仅要花费更多的人力和财力，而且为了配合建筑的整体效果，建筑师将会比同步设计花费更多的精力。如联合国亚太经社会在北京方庄住宅区的无障碍改造试点工程共 23 个项目，总投资为 300 多万元人民币，平均每项投资为 13 万元，而且还投入了一定的设计力量。方庄住宅区是北京新建小区，如果在设计时考虑到了无障碍内容，那么这 300 万元就可以不花或少花，算是个教训吧。为此作者再次强调，无障碍环境设计只是建筑师的举手之劳，但意义却十分重大，能够取得极大的社会效益。

对需要设台阶到达的建筑入口，如体育建筑、纪念性建筑、丘陵地势的建筑物等，则应同时修建坡道，如果与台阶配备得当，不仅方便了通行，还能美化环境，使得建筑物前面的通路或广场的层次变化更为丰富而不单调。如北京奥林匹克体育中心，在总体设计中，充分意识到创建一个综合性的多功能环境，明确地把室外通道和建筑物的无障碍设计作为一个重要环节，采取了台阶与坡道多层次多方位的相互结合，在功能和艺术上组成了相互作用、相互呼应的物质空间，从不同方向奔向体育场馆，与环绕场馆的高架桥和高架平台紧紧连为一体，不仅解决了残疾人攀登高大台阶的难题，而且还增添了建筑群体的动态感和曲线美，避免了以在建筑物各自为政和孤立地追求形态美的习惯手法。

特别要指出的是有的城市在建设无障碍环境的过程中，创建了极具特色的园林建筑，如南京市的盲人植物园、大连市的森林动物园，在设计中将无障碍设施与园林景色密切配合，既感到亲切又蔚为壮观，可谓构思巧妙独具匠心，充分显示了建筑物与无障碍的完美结合，受到了社会的赞扬。

从根本上说，无障碍的规划与建设不单纯是技术及经济问题，而是属于道路和建筑物的基本组成部分，但是它又关系到公众的意识并涉及全社会对残疾人人权的尊重，因此无障碍建设是"爱心社会"的具体体现，是在残疾人与社会之间架起的一座"桥梁"，是帮助残疾人实现其人生价值而创造的基本物质条件。江泽民同志指出："残疾人问题也是一个人权问题。在我们的社会里，残疾人在政治、经济、文化、社会等方面，确实享有同其他公民平等的权利。它显示了社会主义制度的优越性和我国在人权问题上的广泛性、真实性和公平性。"他还说："共产党人的宗旨是全人类的解放。人类的解放不但必须消除奴役、压迫和剥削，还要消除歧视、偏见和陈腐观念导致的不平等现象。残疾人是社会主义大家庭的一员，残疾人事业是社会主义事业的一部分。残疾人事业的发展水平，是社会文明进步的标志之一。各级党委、政府、社会各界都要对残疾人事业给予更多的关注和支持。"

1.0.5 进行无障碍设计除应符合本规范外，还应符合国家现行的有关标准与规范，做到相辅相承、和谐统一，以确保残疾人平等参与社会生活的目的。

3 城市道路无障碍实施范围

3.1 道路与桥梁

3.1.1 在我国实施市政工程无障碍设计的城市包括直辖市、副省级城市、地级城市和县级城市，共 668 座。这些城市的各级市政规划道路、桥梁、立体交叉、人行天桥和人行地道的工程设计都要达到本规范制定的设计内容和设计要求（图 1，图 2）。

图 1　人行天桥坡道

图 2　人行横道缘石坡道

3.2 人行道路

3.2.1 本节中概括了人行道的不同部位应该设计的坡道、盲道、梯道等无障碍设施。其中缘石坡道对全社会的人都方便，是工程无障碍设计中的重要设施之一。

为视力残疾人使用的盲道及其他设施进行必要的建设。盲道只限在城市中的主要干道、商业街，以及在视力残疾人集中地区附近的道路和这些道路上的桥梁、立体交叉、人行地道及主要公共建筑、公交候车站中实施。视力残疾人集中地区的道路主要是生活购物街区和通往公共汽车站的路段。

健全人安全通过人行横道是由红绿灯控制，而视残者安全通过人行横道只能依靠音响控制或用手按信号灯使车辆停止后再进行过街。

在城市主要的地段和地区设道路和主要建筑地图将对全社会带来便利。

在人行横道中间的安全岛，往往高出车行道的地面，影响了乘轮椅残疾人的通行，因此安全岛需要设一个平地的轮椅通道，或将安全岛两边做成斜坡以方便轮椅通行。

为了乘轮椅残疾人从直线方向通过人行横道，因此要求安全岛的轮椅通道与人行横道两端的缘石坡道相互对正。

4 城市道路无障碍设计

4.1 缘石坡道

4.1.1 本条要点是在人行道中，凡被立缘石横断开的地方要毫无遗漏地设置缘石坡道，构成全线无障碍。要明确认识到不完善的道路仍是有障碍的道路。

4.1.2 为了方便行人和乘轮椅残疾人通过路口，每个角隅的路边都要设置缘石坡道，国内外实验表明，在各种路口修建单面坡缘石坡道受到了全社会的普遍欢迎。若采用单面坡缘石坡道，则每个角隅的双方向人行横道的起点都是平缘石，因此是一种通行最为方便的缘石坡道。丁字路口的缘石坡道同样适合布置单面坡缘石坡道。

街坊路口，尤以单位门口两边的缘石坡道最容易忽视，保证全线无障碍设计是关键。街坊路口和单位门口是没有人行横道线的路口，缘石坡道是顺人行道路面方向布置，因此可以采用全宽式单面坡缘石坡道（图3）。

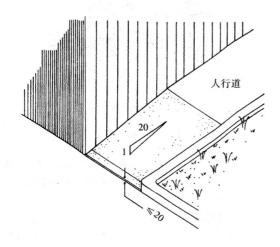

人行道

图3 街坊路口全宽式缘石坡道

4.1.3 三面坡缘石坡道是早期的一种坡道，在构件式的生产制作和路面整体制作的情况下，仍可作为有选择性的一种缘石坡道。

4.2 盲 道

4.2.1 盲道表面有两种形式，一种是指引视残者通过脚感继续向前直行的盲道，表面呈长条形称为行进盲道，另一种是告之视残者盲道要拐弯或盲道的终点处，表面呈圆点形，称为提示盲道。

提示盲道除上述功能外，在城市中主要的市政设施与建筑物的位置和入口，仍需单独进行铺设，可告知视残者设施的具体位置，协助视残者了解周围环境，如各种人行道口、城市广场入口、公交候车站、人行天桥、人行地道的上口和下口、建筑入口、地下铁道入口和站台边缘、人行道上的障碍物等。有规律的环境和设施，可使视残者在盲杖的隅感下方便行进，如在人行道的外侧设置的立缘石、花台、围墙等设施，是视残者行走的最佳通道（图4）。

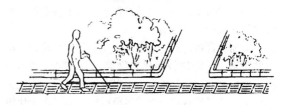

人行道

图4 人行道外侧沿花台的盲道

黄色本身比较明亮，对弱势者和有光感的视残者在视觉上比其他颜色更为明显，更容易发现。在日本的盲道为中黄颜色。

4.2.2 盲道不仅引导视力残疾人行走，并保护他们行进的安全和不受伤害的空间，因此盲道在人行道中的定位很重要。视力残疾人出行是有目的的，去购物、公共交通车站、穿过路口等，这些都需要盲道引导视残者，通过他们不同于常人的听力和记忆力能分辨所在位置。

盲道定位，一是保护视力残疾人行走的安全，形成不受伤害的空间；二是在行人较少的地方，为降低行人对他们的干扰，或行人能较少侵占盲道的位置；三是商场、商业街上的商店门口进出人多，适宜远离。因此，在人行道外侧设有立缘石、绿化带或围墙等设施，是盲道最佳位置。

行进盲道宽度的制定，根据美国实践经验以及参照日本测试，15～50岁成年男人的平均步长0.75m，鞋长0.25m，步净长0.50m。因此，人行道横方向的盲道、盲道交叉点和缘石坡道边提示作用的盲道宽度，要防步行跨过。引导直行的盲道，只要一支脚能踏上就可以，宽度规定4～6cm。为顾及视力残疾人直行走迹的左右摆动，设计宽度取2块砖宽较合适（0.25m×2）。

道路平曲线和路口加宽路段的人行道方砖砌缝走向会偏斜道路走向，按此砌缝铺装的盲道会反复弯折，无法使用，这样的教训不少。对于曲线铺装，要使盲道走向基本同道路走向一致，用三角形砌缝将盲道铺成曲线。也可将盲道转动角度后顺着曲线方向继续成直线向前行走。

4.2.3 盲道的交叉，此点是诱导视力残疾人拐弯，可以到达路口、公交站、商场等地方，达到盲道的功能作用。为此，在交叉点采用提示盲道，告之残者盲道要改变方向，或是盲道的终点处，或已到达目的地。为防备步行跨过，铺装面积要大于直行盲道的宽度，又要考虑对称。

在人行道口铺设提示盲道，告之视残者注意所在位置和已通过人行横道，视残者除对提示盲道的宽度有适当的要求外，并对提示盲道的长度同样有所要求，从人行道进入人行横道的部位铺上提示盲道将十分有利于视残者通过人行横道。

人行道中保留的树木、立墩等障碍物，对视残者的行走带来了碰撞的危险，因此需要在障碍物边缘铺设有一定宽度的提示盲道，使视残者知道障碍物所在位置。

城市广场、公园、地下铁道及重要建筑物是人们经常涉足的地方，在入口处要铺设提示盲道，以便视残者知道已到达目的地的入口位置。

4.3 公 交 车 站

4.3.1 在我国视力残疾人出行，如上班、上学、购物、探亲访友、办事等主要靠公共交通，为解决他们出门找到车站和提供交通换乘十分重要，因此为了视残者方便及时准确到达公交候车站的位置，需要在候车站范围内铺设提示盲道和安装盲文站牌。

4.3.2 在公交候车站铺设提示盲道主要使视残者能方便知晓候车站的位置，因此要求提示盲道有一定的长度和宽度，使视残者容易发现候车站的准确位置。在人行道上未设置盲道时，从候车站的提示盲道到人行道的外侧引一条直行盲道，使视残者更容易抵达候车站位置（图5）。

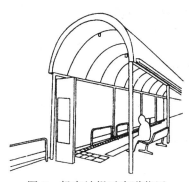

图 5 候车站提示盲道位置

4.3.3 为了使人行道上行动不便的残疾人穿过非机动车道，方便安全地到达分隔带上的公交候车站，必须在穿行处设置缘石坡道。

4.3.4 盲文站牌用卷铆式，曾在北京方庄小区试用，效果较好，这种方法不易被人破坏，也不会发生板式站牌的边角伤人。一般一个公交路线的盲文站牌高度不足 0.20m。

现在公交事业发展很快，为了方便换乘，一站多路线的现象比较普遍，站牌的安排集中且较规范化，站牌堆放也不少见，但这就给视力残疾人认站带来困难。我们提倡各路线盲文站牌集中安装，但这个站牌位置必须规范在盲道边上，圆盘底座站牌被人乱挪动位置也常有发生，就要经常检查有盲文的站牌位置。

为了盲文站牌的实施，也同其他无障碍设施一样，费用列到新建或改建工程的工程费中，由公交公司实施，盲文问题由市残联协助。

4.4 人行天桥 人行地道

4.4.1 城市的中心区、商业区、居住区及主要公共建筑，是人们经常涉足的生活地段，因此在该地段设有的人行天桥和人行地道应设坡道和提示盲道，以方便全社会各种人士的通行（图6）。

图 6 人行天桥坡道

4.4.2 在人行天桥和人行地道设置的坡道，首先要符合乘轮椅者的通行要求，设置的台阶和扶手，则需适合挂拐杖的残疾人和老年人的通行使用。

为了告知视残者人行天桥和人行地道的位置和高度，在行走时感到安全和方便，因此需要在上口、下口铺设提示盲道和扶手。

4.4.3 自驾的轮椅行驶坡道的坡度最小应要达到1:12，当坡道实施有困难时，可采用1:10~1:8的坡道。实践证明1:8坡度的人行天桥，老年人、正常人仍认为比梯道好。因此设计中要转变传统梯道式的设计观念，应将坡道式作为首选方式。

自驾轮椅坡道的中间平台，一般设2~3个，推轮椅坡道可设一个。中继平台的长度2m，能满足轮椅要求，也能适应自行车的需要。

4.4.4 挂拐杖人占用宽度1m。双向梯道最小净宽计算如下：［1（挂拐杖）＋0.5（推自行车人）］×2＋0.5（自行车坡道宽）＝3.5m。

挂拐杖者在平地上走都存在困难，要通过梯道行走则是难上加难，因此要求踏步的高度越低越好，踏面越宽越好，还要求有扶手协助才能感到方便和放心。

4.4.7 有的人行天桥和人行地道没有扶手，使身体不好的老年人和残疾人见而生畏，有的人行地道扶手下面有而上面没有，也发生了老年人和残疾人跌伤事故，其原因并非技术、经济上的困难，而是未将扶手作为使用功能来重视。在无障碍设计中，扶手同样是重要设施之一。

扶手高度适合，才好使用。人行天桥的栏杆只能起到防护作用，其高度不适合，也起不到扶手作用。有的将栏杆适当降低，也不好使用，难收效果。

伸于第一踏步外的扶手水平段很重要，如果在第一踏步和最后踏步的重心不稳时最容易跌伤人，所以扶手的水平段起到安全和保护的作用。

残疾人使用扶手不是轻轻扶一下，而是要紧握扶手并用力向前行走，有时半个身子还需压在扶手上，所以扶手截面大了将抓不住，使用不得力，也不安全。

在用手抓扶手时，扶手的周围要有一定的空间，如果空间小了将给使用者带来不便，同时也会影响扶手的使用效果。

在扶手的水平段安装盲文标志牌，可使视残者了解自己所在位置及走向，以方便继续行走。

4.4.8 人行地道的上口都建有护墙，如果护墙低了在人们不小心时容易掉下去，因此要求护墙应有一定的安全高度。

4.4.9 在人行地道的坡道上口水平地面往往高出人行道地面，有的地方采用台阶，这样会使乘轮椅者无法进入人行地道，其坡道也失去了应有的作用，所以应采用斜坡方式，给乘轮椅者的进出带来便利。

4.4.10 人行天桥下面的三角空间区对视残者是一个危险区，容易发生碰撞，因此要设立防护栅栏，或铺设提示盲道是非常必要的。

4.5 桥梁、隧道、立体交叉

桥梁、隧道

4.5.1 桥梁和隧道（包括有人行道的涵洞）是道路和交通的连续部分，也是保证全线无障碍设计不可缺少的一部分。重点是桥梁和隧道中的人行道，应同道路的人行道顺接，以及在桥隧中铺设盲道。

立体交叉

4.5.2 立体交叉型式各异，立体交叉中的人行系统也复杂，尤其对视力残疾人行走在迂遇的立交中最容易迷失方向，只有盲道才能帮助他们。原则上立体交叉中都应铺设盲道。立体交叉的无障碍设计关键是无障碍总体设计。

在立体交叉设计中分析每个路口角隅行人穿行路口的几个方向，按这些方向布置缘石坡道。方向确定，具体位置由穿行最方便、诱导视力残疾人的行走最明确而定。各路段的行进盲道连接各路口的提示盲道。缘石坡道以选用单面坡为宜。

菱形立体交叉是城市中较多的型式，它的特点是桥下两边相当两个丁字路口。注意的是桥下必须铺装盲道和修建缘石坡道，桥下边人行道口的缘石坡道宜采用扇形单面坡缘石坡道。

4.5.3 有的在立体交叉中设置桥下人行通道桥孔，但要注意两个问题，一是为防雨水提高的通道室内地坪，因此要用坡道连接室外地坪，坡度1：20；二是在通道两端进出口外的铺路两边设置缘石坡道和盲道，使通道对面人行道中的轮椅和视力残疾人可方便穿过铺路进入通道。

5 建筑物无障碍实施范围

5.1 公共建筑

公共建筑是城市建设的主要组成部分，其功能不仅要满足人们物质的需要，而且还得满足人们精神的需求。如何应用工程的技术和艺术，利用现代科学条件和多学科的协作，创造适宜的无障碍的空间环境，更好地满足人们的生产和生存愿望，是建设工作者最基本的任务。一个建筑单体或是建筑群乃至整个城市，建立起全方位的无障碍环境，不仅是满足残疾人、老年人的要求和受益全社会的举措，也是一个城市及社会文明进步的展示。

依据公共建筑的使用性质，其主要类别可分为：办公与科研建筑；文化与纪念建筑；商业与服务建筑；观演与体育建筑；交通与医疗建筑；学校与园林建筑等，因此为公众服务和使用的公共建筑，不论规模大小，其设计内容、使用功能与配套设施均应符合乘轮椅者、拄拐杖者、视残者及老年人在通行和使用上的安全与便利。公共建筑的无障碍设施，其主要部位为建筑入口、水平通道、垂直交通、洗手间、浴室、服务台、电话、客房、观众席、停车车位、室外通路、轮椅标志等。

无障碍设施从建筑入口到室内应保持相应的连贯性和完整性，使行动不便者能顺利到达、进入和使用。不符合无障碍标准的建筑物不能认定是好建筑，这一点在国际社会已达到共识。

5.1.1 办公与科研单位是国家和地方进行社会服务、管理和推进生产的机构，也是面向大众的工作部门，因此各类办公、科研建筑，不论规模大小和级别高低，应将有关的业务用房和服务用房以及相应的设施，为来访和办理事务的残疾人提供通行和使用上的方便，因此应设置敞开式的无障碍工作环境，适应社会进步和发展的需要。

在办公与科研建筑中，国家政府机关的建筑形态既要具有特征，又要表现出为民众办事的形象，其中无障碍设施不仅显得非常必要，而且应规范化和系列化。例如，在建筑入口设残疾人的停车车位，不仅是行走的最短距离，还体现政府对残疾人的关怀。再如，从大门开始设置盲道，通过建筑入口直到询问接待服务处，并在公众使用的厕所、电话、电梯、楼梯、饮水器及法庭和审判厅的入口等位置设置点状盲道，告知视残者其准确位置，这不仅方便了残疾人，对其他人也起到了服务范围的提示作用，在法庭和审判厅还应设轮椅席位和无障碍通道。在条文中还规定县级以上的政府机关和司法部门（含县级），需设无障碍专用厕所，解决行动不便者能够在家人照料下使用厕所，同时也方便了老年人，这是政府部门对残疾人的关心和爱抚的举措。北京市政府入口有 15 步台阶，为了接待行动不便的残疾人，在入口一侧修建了折返 4 次，有 5 段坡段的轮椅坡道。北京市西城区人民政府入口有 8 步台阶，同时在入口两侧修建了折返式轮椅坡道，为残疾人进入政府机关提供了便利。

5.1.2 商业与服务建筑业务范围广泛、类别繁多，是接待广大公众包括残疾人在内的场所，因此不论何种行业、所在地区和规模大小，在入口、营业厅、餐饮及服务用房，首先应为行动不便者提供通行、购物和使用设施的便利，这不仅创建了一个好的购物与休闲的无障碍环境，同时还能吸引顾客为商家扩大盈利。

商业与服务行业虽有大小不同的规模，为了顾客方便、安全进出，应设置没有台阶和没有坡道的无障碍入口。在入口上方设置雨罩，能缓解雨雪天气在入口处顾客滞留从而影响其他人通行的现象。北京西单购物中心入口是北京市在商业建筑中修建的首座无障碍入口，各入口上方设计成走廊，起到了雨罩的作用，在使用功能上达到了预期的效果。

有楼层的中型规模的商场建筑，应为残疾人、老年人提供无障碍电梯，当只设有人、货两用电梯时，应明确为残疾人、老年人提供使用，在电梯位置上要考虑在通行上的便利。北京原西单商场进行装修改建时，除增建自动扶梯外，同时在入口门厅设置了一座无障碍电梯，残疾人感到购物时同他人一样方便。北京国华商场是一座中小型商场，将门厅中的货运电梯标有为残疾人服务的标志，给广大顾客留下了深刻的印象。在北京、上海、广州等大城市中，有楼层的大型商场建筑，基本上配备了无障碍电梯。

设有公共厕所的商业与服务建筑，为乘轮椅残疾人提供使用上的便利，已有诸多实例，有的设乘轮椅者可进入的无障碍隔间厕位，或设置独立式可公用的无障碍厕所。北京西单文化广场的华南大厦及长安街的恒基中心，在不同层数中设置了无障碍厕所，使残疾人不仅可就近使用，也方便了其他人使用。

残疾人外出办事、旅游，需要居住无障碍客房，在北京有不少涉外宾馆、饭店中均有设置，只是价位太高，内宾很少有人问津，而普通旅游、招待所又没有无障碍客房，给残疾人造成了很大的困难，甚至无法离开住处。因此条文规定，凡是设有客房的商业服务及培训中心等建筑，应依据规模大小设置不同数量的无障碍客房，在平时无障碍客房同样可为他人服务，不会影响经营效益。

银行、邮电及各专业商店、菜市场、超市等建筑物，是人们在生活中经常涉足的地方，因此要求从建筑入口、室内走道、服务用房、业务台面、结账通道及有关设施，应符合乘轮椅者的通行和使用要求。例如银行、邮电局的业务台面的高度，是按照健全人站立的高度设计的，使乘轮椅者无法使用，但在方庄居住区的建设银行和邮局，从建筑入口到业务台，不仅设有明显的无障碍标志，而且符合残疾人在通行和使用上的要求。

5.1.3 文化与纪念建筑是公众进行学习交流和瞻仰伟人的地方，有的成为城市中的标志性建筑，因此要求建筑物的内外环境和空间组合，应符合不同阶层包括残疾人在内的民众心理和习惯要求，使人们感到气氛融洽、亲切而不拘束，使行动不便者如同其他健康人一样自如地参与各种活动。

文化与纪念建筑的室内外空间比较开阔，采取适当的层次手法，用来衬托整体环境和建筑主体，是贯用的设计方式。在注入无障碍的内涵后，其实用功能和整体效果达到了完美境地。如上海市图书馆在东入口（知识广场）和西入口（智慧广场），对分层的台阶和平台分别设置了轮椅坡道和扶手，进入门厅有醒目的为残疾人服务的无障碍型电梯，阅览室的出纳柜是矮式的，便于乘轮椅者靠近和办理借阅手续，展览与报告厅的入口和台口的地面高差可使轮椅自如地通过坡道，最为赞赏的是在建筑物的东部和西部共设有8处带有标志指引的无障碍专用厕所。此外，休息厅的通道和公用电话也考虑了残疾人使用上的便利。整个建筑物体现了宏伟、典雅、理性、关怀相结合的形象，成为上海十大标志性文化建筑之一。

5.1.4 观演与体育建筑是人类进行文化交流和生理竞技的场所，也是公众大范围聚集的地方，因此各部位的环境和空间处理的状态，直接影响到观众的感受、演出和竞技的效果。观众对座椅、视线角度和音响等方面都有一定的要求，而同是社会成员的残疾人，也有权利和义务参与到表演与竞技的行列，共同维护和推进社会文化和公益事业进步与发展。因此各类观演与体育建筑，应具备符合残疾的观众、演员以及运动员通行和使用的条件，才称得上是一座合格的建筑物。

观演与体育建筑在观众聚集和散离比较集中的情况下，为安全疏导人流，在建筑物的周围设置了较多的广场、停车场、人行通路和观众入口。但多级台阶的设置对行动不便者形成了一大障碍，因此，通过无障碍设计手段可以取得良好效果。例如北京奥林匹克体育中心在总体构思方面，设计人充分认识到创建一个综合的、多功能环境的必要性，设计方案在继承、借鉴、吸收传统文化及国外经验的基础上，进而认识到"人类-建筑-环境"三者之间的关联性。除解决各场馆单体建筑的使用功能、艺术及经济效果等方面的因素外，明确地把通路和建筑物的无障碍设计作为一个重要环节，以适应和满足各种观众、运动员和游人的需要。

体育中心用地 60 余 hm²，建筑面积 10 万余 m²，主要项目有：田径场、曲棍球场、综合体育馆、游泳馆、练习馆、检录处、医疗测试及庭园工程等。整体布局力求自然环境与人造景观，主体建筑与庭园小品，绿化与水体达到和谐统一。其中无障碍通道与建筑物格调明快、独具匠心，充分体现了以人为本的设计思想。

环绕四周的每组停车场均设有缘石坡道，以方便乘轮椅残疾人由停车场进入通往各场的通路。各方通路均采取了坡道与台阶多层次多方位的相互结合，在功能和艺术上组成了相互作用、相互呼应的物质空间，从不同的方位奔向各场馆，与环绕田径场、体育馆、游泳馆 5～6m 高的高架平台和高架桥紧紧地连为一体，使乘轮椅残疾人可以方便、安稳、顺利地到达各场馆的入口，解除了残疾人无法攀登高大台阶的难题。

依据不同的方位和地势，采用了直线形、弧线形、组合形等不同形式的坡道，增添了对整体环境和建筑群的动态感和曲线美。避免了建筑物各自为政和孤立地追求形态美的做法。坡道的宽度为 1.5～3.5m，坡道的坡度为 1/12 和 1/16，坡道的水平长度为 10～16m。在坡道两侧设置了花坛、栏板和扶手。

在体育中心各通道的中途，还修建了 5 座轮椅可进入使用的公共厕所和专用厕所。设有方便残疾人使用的坐便器和洗手盆，在男厕所内还设有残疾人使用的小便器和安全抓杆。体育中心在残疾人的通道和使用部位，设计了指引轮椅通行的国际标志牌 17 处，告知残疾人通行的方向和路线及要到达的地点。

体育中心的田径场有 2 万观众席，在各看台出入最方便的地段分别配备了 2 个轮椅席位共计 36 个，为 1.8‰。每个轮椅席面积为 1.36m×0.95m，三面有高 0.60m 的栏板。在观众休息地区，共设有 10 座残疾人专用厕所，内设坐便器、洗手盆及安全抓杆。在运动员休息室，同样配备有 4 座设施齐全供残疾人使用的专用厕所。

综合体育馆和游泳馆各有 6 千观众座席，共设有轮椅席位 18 个，轮椅席的比例分别为 1‰ 和 2‰，必要时，还可在比赛场地四周临时安置轮椅席。在观众休息厅，共设有三座配套齐全的残疾人专用厕所，这些受到了残疾人和广大人士的欢迎和好评。

5.1.5 交通与医疗建筑是协助人们转移地区和消除疾病的地方，与人们的生活与生存质量密切相关。一个大型交通建筑犹如一座完整的主要用于高效运送旅客和服务周全的城市，而旅客的一切活动则受到时刻表和不同流程的制约，因而任何一类交通建筑，首先要尽早周全地考虑乘客有关问询和标志型号，其根本点是协助旅客包括残疾旅客掌握通往各个部位的信息和线路，既达到通畅便捷又方便安全地将残疾旅客指引到要去的地方。

交通与医疗建筑的内外空间广阔、部门繁杂，设置台阶和不合理的交通流线以及不适用的服务设施，将给携带行李者和伤病者在行走和使用上带来不方便和困难，因此不仅要在水平和垂直交通方面设置无障碍通道，并在休息候车、餐饮服务、公共厕所、公用电话、购物等处，对行走有困难的人提供通行和使用的便利。例如北京西站是集城市规划、铁路、市政、邮电等多学科为一体的复杂工程，在设计中集中地体现了"建筑为了了人"的设计思想，始终把无障碍设计放在重要环节，以残疾旅客和全体旅客的方便、快捷和安全为前提，全盘考虑站区各部分的交通流线，包括到达、进站、候车、售票、离站等。在通行线路上考虑到残疾人盲道及使用机动、手动轮椅的需要，人行道与人行横道交接处，均设缘石坡道。在广场与地下连通的下沉广场处设残疾人坡道，使残疾人能从广场直接到达地下层。在北站房、南站房、高架候车、地铁大厅及站台层均设有残疾人专用电梯，共 20 部，它们解决了残疾人在广场范围从地铁经地下大厅到高架候车厅及到各站台的交通问题。

北京西站在广场候车室等处共设置 5000m² 大小不等的旅客公共洗手间，每个洗手间内均设可供乘轮椅者使用的专用厕位及洗手盆。设施两侧装有安全抓杆，厕位均为坐式便器。

总体设计中为方便残疾人设施的系列化，在有无障碍设施的地方设置残疾人可通行的国际通用标志牌，告之残疾人可以通行和使用。

表 2　残疾人电梯位置及数量表

位　　置	行　　　　　　程	数　　量
北站房内	地下二层至地上三层 22m	4 部
南站房内	地下二层至地上八层 41.85m	4 部
高架候车	站台至高架候车 8m	8 部
北站广场	地下二层至地上三层 18m	2 部
地　　铁	地下二层至地上三层（预留）5m	2 部

北京西站作为交通建筑，在工程中全面实施了无障碍设计，在国内尚属首例，为我国在工程设计中推广无障碍设计起到了宣传和示范作用。

九广铁路是香港的主要运输系统之一，日搭乘人数超过 50 万人。该公司努力创建无障碍环境，并通过与残疾人组织的接触，征求残疾人的意见，为残疾人提供服务。

九广铁路的每个车站都设置了无障碍通道、升降机和轮椅厕所。残疾人只要按动车站入口处的伤残通道或是厕所里的"援助铃"，站内的员工都会立即前来协助。

月台上有明显标志指示设有轮椅空间的车箱位置，以方便乘轮椅残疾人候车与上车。

为照顾盲人旅客，车站内的电梯设有盲文点字及凸字按钮，月台边缘上的黄线改成有触觉指引的凸线，以保证盲人的安全。车箱内装置数码广播系统，这种设备对盲人特别有用。此外，在九龙总站的南出口设了盲人通道，把他们由车厢引领到出站大堂，这种做法将推广到所有的车站。站内装了音响电钟，用以提醒盲人在车门关闭时，切勿上车。

九广铁路还在四个车站增设了乘客电子资料显示系统，并在所有车站装设大型标志指示牌及站名牌，以方便聋人的乘车。

九广铁路还在不断地改善设施，如增加电子显示器、厕所内的警报按钮、轮椅坡道、电梯的音响信号、音响车门开启指示器、火车数码报告器以及在售票处加设感应回线。

香港新建的大屿山线及机场快车线轨道全长34km，提供两种服务，一种服务是连接香港岛与大屿山的普通大量运输服务，另一种服务是新机场直通服务，服务素质较高。两条线路的设施全部为无障碍的。

据调查，至2001年需要乘地铁的残疾人估计为：

使用轮椅者	约7800人
失明及部分失明者	约31400人
聋及听觉受损者	约22700人

就车站乘客人数而言，目前每日平均坐轮椅残疾人为5—6人，若提供出入方便后，可增加到40人，若将不乘轮椅的其他残疾人包括在内，则每日可达到约120人。

香港的地铁公司占运输市场的25%左右，轨道线路长43.2km，每日载客量约230万人次。该铁路系统在早期建设时没有无障碍设施，后为适应各类残疾人乘车的方便安全，原有地铁的车站作了如下改进：

1. 轮椅残疾人

1）坡道：使轮椅残疾人能够由街道进入。

2）接载轮椅升降台：使轮椅残疾人能够由入口至站厅。

3）改装运载升降机：使轮椅残疾人能够由站厅至站台。

2. 盲人

1）盲人引导径：从入口引导盲人经楼梯到达站台的线路。

2）触觉黄线：黄线设在站台边缘，这是乘客候车时在进站列车未停定前不得逾越的警告线。为了便于盲人触知，黄线外形采用凸出的波纹状，材料选用可清洗的，且在火警情况下，须具备冒烟少及毒性低的性质。

3）改变障碍物：现有车站内的垃圾桶、电话、车站地图等已作了改进，以免给盲人的行进带来危险。而盲人的手杖很容易探知这些障碍。

4）触觉图及凸点资料：车站布置凸图，协助盲人找到选定地点的入口，在站厅及行人通路交界处设置入口编号凸字指示。

5）自动扶梯发声器。

3. 聋人

由于聋人无法从车站或车厢内的广播获得信息，而且助听器在车站的环境内也无法起作用，为此在设有扬声器的地方，采用感应圈系统以方便聋人。同时在车箱内装置标志牌，这种做法对所有乘客都有益。

医疗建筑的无障碍设计首推北京的中国康复中心，该设计以全新的概念考虑医疗护理流程，按照残疾人的心理、生理和生活上的特殊需要，创造了富有生活气息、有利于康复的舒适环境。该中心的无障碍设计即从总平面布局、室内设计等方面体现多层次、无障碍、低视点的特点。

门诊部采取大诊室，帷幕分隔诊床，病人不必移动，医务人员可绕病员进行诊治。此外，设计中突出体疗、水疗、理疗、作业治疗、职业训练和日常生活训练，以适应康复医疗的需要。

病房设有呼叫对讲装置，其他场所如水疗、厕所、走道、电梯以及室外病人所到之处均设呼叫开关，信号送至急救室及值班室。设有残疾人专用停车场，轮椅转换站和专用电梯、厕所、各式自动门、推拉门，以及行走辅助设施和安全防火、紧急呼叫装置。

康复中心的无障碍设计既有一般无障碍设计的共性，又具有在无障碍环境中进行诊断、治疗，直至康复的特点，因此它是在特定环境中的一种无障碍设计。

5.1.6 学校是社区的主要组成部分，任何一座学校建筑都应该成为少年包括残疾儿童和青年人聚集在一起接受教育和健康成长的地方，学校的作用与环境能促进人类社会的文化与道德、体质和情感等方面的发展。一座大型的院校是一个独立的社区，乃至是一座城市的象征，而无障碍设施将成为文明形象的主要内容之一。例如北京方庄居住区芳星园的中学、小学在入口设置了轮椅坡道，在室内走道地面高差处将台阶改成坡道，在男女学生厕所内均设有乘轮椅者可进入和使用的无障碍隔间厕位。

园林是人类在生存与发展中同自然环境和人工环境相互联系、相互作用的产物，当人们在继续不断地进行无障碍环境美化和改善生态平衡时，园林建筑将成为每个人在游乐、观赏、休闲所不可缺少的地方。例如大连森林动物园建在两座山峰之间的坡地上，巧妙地利用了两侧的山坡和谷地，开发布置了多层次的无障碍动物展舍和休息地，游人可在山间游览、娱乐、餐饮，又可边爬山边观赏动物，这种一举数得的园林设计构思受到众多人士的称赞。该园地势高差大，山坡与谷地之间，山坡上的笼舍之间及谷地本身都起伏不平，总高差达数十米。但该园是一座无障碍的园林建筑，当步入大门，迎面的高大台阶旁有带扶手的坡道并行，进入谷地园区，所到达之处凡有台阶的地方都有坡道，使乘轮椅的残疾人能够随心所欲地畅游。从谷地至山上，各个动物笼舍之间除有台阶供攀登外，均设有坡道，各坡道的坡度保持在 1/10～1/12；宽度在 1.5～2.5m。这些坡道以不同方位、不同高度分布在山坡上，不仅给园林增添了一派壮观的景象，同时也给游园的残疾人、老年人和幼儿提供了登山的便利。园林的地面及坡道铺装平整且不光滑。此外，动物园的中心地带还设有无障碍公共厕所，该厕所入口处室内外地面高度一致，便于轮椅进出（图7）。

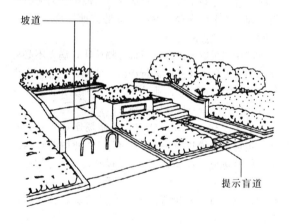

图 7 某公园无障碍入口

国内首家规模最大的集信息无障碍与环境无障碍于一体的盲人植物园位于南京中山陵园风景区内，占地面积 12000m²，园内种植各类植物 150 余种，其中 60 种植物挂有盲人铭牌，30 种植物设有语音系统，使盲人能够发挥触、感、知、嗅、闻的代偿功能，以详尽了解各类植物的名称、特性和用途。该园还避免种植有毒、有刺及有刺激性的植物，以保证盲人的安全，同时还注意选种了株型低矮而冠部较为丰满的植物，便于盲人能够触摸植物的整体，从而对植物的全貌有完整的印象，而不是像"盲人摸象"的故事那样产生片面的不正确的认识。

盲人植物园不仅在园林设计上独具匠心，为盲人提供了绿色知识和美的享受，满足了盲人的精神需求，而且还为盲人的安全通行设计了全方位的无障碍环境，园内设有盲人植物园简介的盲文牌，以便盲人对该园

有全面的了解。全园没有台阶，全部采用了缓坡坡道，给盲人的行进带来方便。地面用卵石铺设百多处的花卉位置盲道，告知盲人花卉的准确位置，沿途设不锈钢扶手可引导盲人到达各种可触摸的植物前。园内的廊柱都采用了光滑的棱角，防止盲人碰伤。在园内还设有适合残疾人使用的无障碍公共厕所。

大连森林动物园与南京盲人植物园是我国园林无障碍环境建设的先导，在向社会展示园林建筑文明与进步的同时，也为残疾人开辟了一片精神需求的广阔天地，是值得推荐的典型范例。

大连森林动物园巧设坡道，将高差悬殊的山谷连接得天衣无缝，这一无障碍设计经验应加以推广应用，尤其是我国的一些丘陵地势或山地的城镇可资借鉴。

5.2 居住建筑

5.2.1 中、高层住宅、公寓的住户较多，建筑入口比较集中，而许多设计将入口做成了多级台阶，常常又不设扶手，不仅阻碍了残疾人的通行，对老年人、妇女、幼儿及携带重物者的通行也带来了困难和危险，这样的例子不胜枚举。因此，这种做法需要改进。例如，将入口设计成没有台阶的入口，或是设计成有台阶，也有坡道和扶手的入口，这种障碍入口将给全体居民的进出带来方便和安全。

在出入口设有平台的中、高层住宅、公寓建筑，应考虑到门扇的开启、人流较集中和残疾人的通行要求等因素，将平台的最小深度做到 2.00m，可缓解人们在通行中相互干扰和影响的现象。平台边缘设有栏杆和栏板是安全上的需要，在平台上方设雨罩在雨雪天气将给人们的进出带来许多方便，例如，不少高层住宅、公寓将入口平台做成带屋顶和局部透空墙体的小间，这种做法受到了居民的普遍欢迎。

中、高层住宅、公寓电梯厅的深度要求不小于 1.80m，这是轮椅和担架床停留和通行的最小空间。并要求有一部电梯桥厢的深度和门的宽度能适合担架床进入，以便将住在高层、发病时又必须平躺着的病人，通过这种电梯迅速地送到底层并尽快到达医院实施抢救。目前担架床通过楼梯缓慢下楼，贻误病情的现象时有发生。俗话说"救人如救火"，因此电梯是一个必须要解决的问题，这种电梯同时也解决了轮椅的通行要求。

中、高层住宅、公寓在住户多、无障碍设施配备较好的情况下，设置残疾人住房的比例应大于多层住宅及公寓，在 50 套住宅中设两套适合残疾人、老年人居住房屋，依照人口结构发展趋势，这样的比例仍属下限。

5.2.2 多层住宅、公寓建设量较大，单元门多，一般又不设电梯，残疾人的住房应设置在首层，但是按照一般做法，将单元门的入口放在楼梯休息板下面，进入单元门后再上几步台阶，这给乘轮椅的残疾人造

成了无法通行的障碍。因此要求设有残疾人住房的多层住宅、公寓建筑的单元门入口，应做成无障碍入口，或做成有台阶、坡道、扶手的入口，然而要做一些细部处理或改变单元楼梯、通常的部位，使乘轮椅者通过坡道、单元门及公共通道，顺利到达住户入口。如恩济里小区残疾人住房的单元是一梯4户，将楼梯做成一跑式，避免了从楼梯休息板下面进入单元门，使残疾人能够方便地通行。

设有残疾人住房的多层、低层及公寓的入口平台，在住户数量及人流上比高层住宅、公寓相对要少一些，因此要求平台深度的下限达到1.50m，乘轮椅者可以方便通行。关于设置残疾人住房的比例问题，由于人民生活水平在逐年提高，建设规模不断扩大，开发商品房的品种应多样化以及残疾人、老年人对住房使用条件的渴望等因素，在100套多层、低层住宅及公寓中建设两套残疾人住房，只能说是解决了有和没有的问题，在目前的条件下还是比较合理的。

5.2.3 残疾人与健全人在文化学习和工作就业上，应享有平等的权利和机会。因此各单位和各学校在修建宿舍建筑时，应考虑到残疾人的居住需要，设有符合乘轮椅残疾人的居住房间，在未设电梯的宿舍建筑，残疾人的居住房间应设在首层。在宿舍入口的台阶旁应配有轮椅通行的坡道、平台、扶手，以方便残疾人通行。同时，在公共厕所、浴室及盥洗室内，要方便轮椅通行并配备有符合乘轮椅残疾人进入和使用的厕位、浴间、盥洗盆和安全抓杆等基本服务设施。

6 居住区无障碍实施范围

6.1 道 路

6.1.1 建设居住区的宗旨是为居民提供方便、安全、舒适和优美的居住生活环境，并配建有一整套完善的、能满足该区居民物质与文化生活所需的公共服务设施、绿化及道路系统。居住区是城市规模最大的建筑群体。在居住人口中会有一定比例的残疾人和老年人，如北京方庄居住区的8万居民中，残疾人和老年人超过2万。为了组织好全体居民的生活与休息，建设无障碍道路则是其中重要环节之一。

居住区道路按使用功能分为：居住区路；小区路；组团路；宅间小路等共4级。居住区道路的规划和设计直接影响到居民的出行方便和安全，特别是残疾人、老年人及幼儿的出行方便和安全。因此要求居住区的各级道路既顺畅，同时又是无障碍型的。

6.1.2 为了便于行走，在地面高差较大的人行步道中常常设置台阶。为便于乘轮椅者和幼儿车的通行，应同时设置坡道。

6.1.3 居住区道路中的人行步道，在边缘设置路缘石后，各路口地面出现高差，阻碍了轮椅连续通行，

因此需要在设有路缘石的各种路口设置缘石坡道，同时在公共建筑入口、公共绿地入口等人行横道外设置缘石坡道，使无障碍道路保持连贯以形成系统。

为了视残者顺利到达居住区各类公共建筑和公交站台的入口和位置，从建筑物和车站所在地段开始设置盲道，以利引导视残者抵达目的地，在各设施及站台的位置设置点状盲道，告知视残者已到达各设施的准确位置，可进行使用、等待或继续通行等。

6.2 公共绿地

6.2.1 居住区的公共绿地根据不同的规划组织结构类型，设置相应的无障碍公共绿地。其中包括居住区公园（居住区级）、小游园（小区级）、组团绿地（组团级），以及儿童游戏场和其他块状、带状公共绿地等）。按照集中与分散相结合的公共绿地系统布局，既方便居民日常不同层次的游憩活动需要，又有利于创造居住区内大小结合、层次丰富的公共活动空间，并在不同方向的入口有路缘石的人行道一律要求设缘石坡道出入口，以方便各种居民使用。各级公共绿地要形成"开敞式"，直接成为本区居民的日常游憩共享空间，应方便居民游憩活动并直接为居民使用，而不能成其为"经营型"。

6.2.2 各级公共绿地的入口及人行通路、凉亭茶座、休息桌椅、老幼设施等部位的入口和通道地面有高差或有台阶时，为便于残疾人、老年人的通行和游憩，必须设置方便轮椅通行的坡道和轮椅席位。各部位的铺装地面可采用不同的形式和不同的做法，但地面统一要求平整、不光滑和不积水。

6.2.3 在公共绿地休息坐椅旁要留有适合轮椅停留的空地，以便乘轮椅者安稳休息和交谈，避免轮椅停在绿地的通路上，影响他人行走。

6.2.4 在临公共绿地的公共厕所，从入口到室内要全方位地安排无障碍设施。如入口坡道；轮椅可回旋的通道；轮椅可进入的厕位及安全抓杆；小便器安全

图8 居住区公共绿地入口设施

抓杆；洗手盆安全抓杆等。

6.2.5 为了视残者前往公共绿地时便于掌握绿地的方位和入口，所以需要设置盲道。

6.2.6 为了视残者在公共绿地中能知晓各种设施的准确位置，所以需要设置点状盲道（图8）。

6.3 公共服务设施

6.3.1 根据各地居住区的规划实践，为满足3万～5万居民要有一整套完善的日常生活需要的无障碍公共服务建筑，如派出所、社区办、综合百货商场、理发店、综合修理部、文化活动中心、门诊所等建筑，为满足0.7万～1.5万居民要有一套基本生活需要的无障碍公共服务建筑，如托幼、学校、粮油店、菜店、综合副食店等建筑；为满足300户～700户居民要有一套基层生活需要的无障碍公共服务设施如居委会、居民存车处、综合服务站、综合基层店、早点小吃、卫生站等。

以上各级公共服务建筑与设施不论项目多少和规模大小，都应为各种居民服务，如在主要入口的地面有高差时，必须要修建方便轮椅通行和进出的坡道，为残疾人和老年人在购物、办理事物、学习、入托、就医、娱乐等方面可方便地进入到室内。凡设有洗手间的公共服务设施要安排好乘轮椅残疾人使用的厕位或专用洗手间；设有电梯的公共服务设施要适合乘轮椅和视觉残疾人使用；设有楼梯的公共服务设施要适合拄拐杖残疾人和老年人使用；设有公用电话、查询、饮水器、服务台、自动售物等设施，要适合肢体残疾者使用的要求；离公共服务建筑停车场最近的停车车位要供给残疾人使用；入口大厅及通道的地面要平整而不能光滑，不然容易造成拄拐杖的残疾人和老年人摔倒。

会走路的幼儿和学龄前的儿童，其特点是身材矮小、行走不稳、好动、容易摔跤与碰撞，因此，托儿所与幼儿园的通路、活动场地、建筑入口及室内各项设施，除考虑幼儿和儿童的人体尺度外，还应从实用、方便、安全等无障碍因素进行综合规划与设计，既合理地解决各种问题，又能适合有残疾的幼儿和儿童使用。

7 建筑物无障碍设计

7.1 建筑入口

7.1.1 无台阶、无坡道的建筑入口，是人们在通行中最为便捷和最安全的入口，通常称为无障碍入口，该入口不仅方便了行动不便的残疾人、老年人，同时也给其他人带来便利，这种设计手法在国内外已有不少实例，并在逐步推广。无障碍入口室外的地面坡度做到雨水不倒流即可。

7.1.2 在公共建筑和有残疾人的居住建筑入口台阶，同时应设置轮椅通行坡道和扶手，这是包括残疾人在内面向大众服务的一项无障碍设施，也是城市建设以人为本的具体表现，在建筑学中已形成了建筑无障碍设计的元素之一，体现了无障碍建筑最为醒目的同时也是首要设置的设施。

室内外地面有高差的公共建筑和有残疾人的居住建筑，在入口只采用坡道时，其宽度除解决轮椅通行的要求外，还应满足其他人的通行要求。在坡道的坡度上也应该综合考虑使用效果，所以小于1：20的坡道是比较适用的（图9）。

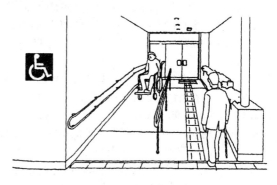

图9 只设坡道的入口

7.1.3 建筑入口的平台是人们通行的集散地带，特别是公共建筑显得更为突出，入口平台要方便轮椅通行和回转，还应给其他人的通行和停留带来便利和安全。以往有不少中、小型公共建筑入口平台的深度做得很小，常常是推开门扇就下台阶，稍不注意就有跌倒的危险，使残疾人、老年人的通行倍加困难，甚至无法通行，因而限定建筑入口平台的最小深度显得十分必要。

7.1.4 在建筑入口设雨罩，是给人们在进出时的过渡提供了便利，特别是在雨雪天气更为明显，对行动缓慢的残疾人和老年人就更为需要。

7.1.5 设有两道门的门厅和过厅，当轮椅在其间通行时，为避免在门扇同时开启后碰撞轮椅，因此对开启门扇后的净距规定了最小的限定，可缓解碰撞轮椅的现象。在医院建筑中则要考虑到病床车的通行要求。

7.2 坡 道

7.2.1 坡道是用于联系地面不同高度空间的通行设施，由于功能及实用性强的特点，当今在新建和改建的城市道路、房屋建筑、室外通路中已广泛应用。它不仅受到残疾人、老年人的欢迎，同时也受到健全人的欢迎。坡道的位置要设在方便和醒目的地段，并悬挂国际无障碍通用标志。

关于坡道形式的设计，应依据地面高差的程度和空地面积的大小及周围环境等因素，可设计成直线形、L形或U字形等。为了避免轮椅在坡面上的重心产生倾斜而发生摔倒的危险，坡道不应设计成圆形或弧形。在坡道两端的水平段和坡道转向处的水平段，要设有深度不小于1.50m的轮椅停留和轮椅缓冲地段（图10）。

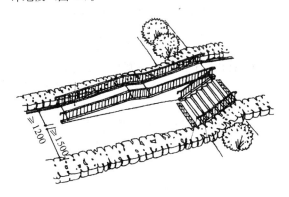

图 10　室外人行通路坡道

7.2.2　为了拄拐杖者和乘轮椅者在坡道上安全行进，需要借助扶手向前移动，这既有安全感又能保持重心稳定，因此在坡道及休息平台的两侧设置扶手显得十分必要。

7.2.3　为了防止拐杖头和轮椅前面的小轮滑出栏杆间的空档，所以在栏杆下须设置高50mm的安全挡台。

7.2.4　坡道的坡度大小，是关系到轮椅能否在坡道上安全行驶的先决条件。因此制定了坡道的坡度不应大于1/12的国际统一规定，既能使一部分乘轮椅的残疾人在自身能力的条件下可以通过坡道，也可使病弱及老年的乘轮椅者在有人协助的情况下通过坡道。在有条件的地方，将坡度做1/16或1/20则更为理想、安全和舒适。

坡道宽度的制定，可依据坡道的长短和通行量而定。当坡道比较短和人流较少时，室内的坡道宽度不应小于1.00m，以保障一辆轮椅通行；室外的坡道宽度不应小于1.20m，以保障一辆轮椅和一个侧身人体通行的宽度。当坡道比较长、又有一定的流量，室内坡道的宽度不应小于1.20m；室外坡道的宽度应达到1.50m，以保障一辆轮椅和一个人正面相对通过。这个宽度也能勉强通过两辆轮椅面对而行。

7.2.5　在选用1/12的坡道，当高度达到0.75m时，此时坡道的水平长度是9m。需在坡道中间设深度为1.50m的休息平台。根据地面的空间条件，休息平台向上和向下的坡道长度可以相等也可以不相等。当坡度小于1/12时，允许增加坡道高度和水平长度。反之，在有困难的地段，当坡度大于1/12时，则需限定坡道的高度和水平长度。见下表：

表 3　坡高与高度及水平长度的最大容许值

坡度（高/长）	1/20	1/16	1/12	1/10
最大高度（m）	1.50	1.00	0.75	0.60
水平长度（m）	30.00	16.00	9.00	6.00

续表3

坡度（高/长）	1/8	1/6	1/4	1/2
最大高度（m）	0.35	0.20	0.08	0.04
水平长度（m）	2.80	1.20	0.32	0.08

7.2.6　在旧建筑物进行无障碍改造时，由于现状条件的限制，对坡道的坡度设计达不到1：12时，允许做到1：10～1：8，这样总比有障碍物的情况要好。

7.2.7　坡道的坡面要求坚实、平整和不光滑。为了轮椅的通行顺畅和减少阻力，坡面上不要加设防滑条或将坡面做成礓磋形式。

7.2.8　轮椅在进入坡道前进行一段水平冲力后，能节省坡道行进的力度，所以在坡道起点的深度需在1.50m以上。当轮椅行驶完坡道要调转角度继续行进时的深度在1.50m以上。

7.3　通路、走道和地面

7.3.1　供轮椅通行的走道宽度，应按照人流的通行量和轮椅行驶的宽度而定，一辆轮椅在走道中通行的净宽一般为0.90m，一股人流通行的净宽度为0.55m。如果将走道的宽度定为1.20m，只能满足一辆轮椅和一个人的侧身相互通过。走道的宽度定为1.50m时，可满足一辆轮椅和一个人正面相互通过，也能满足两辆对行的轮椅勉强通过。走道的宽度定为1.80m，即可满足两辆轮椅顺利对行外，还能满足一辆轮椅和拄双拐者在对行时最低宽度的要求。因此，大型公共建筑走道的净宽度不应大于1.80m；中型公共建筑走道的净宽度不应小于1.50m；小型公共建筑走道的净宽度不应小于1.20m。当走道宽度小于1.50m时，在走道的末端要设有1.50m×1.50m的轮椅回旋面积，以便轮椅调头继续行驶（图11）。

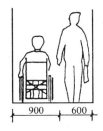 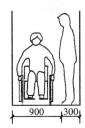

图 11　走道宽度

7.3.2　不平整和松动的地面给乘轮椅者的通行带来困难；积水地面对拄拐杖者的通行带来危险；光滑的地面对任何步行者的通行都会带来不便。

7.3.4　雨水铁算子的孔洞若大于15mm×15mm，拐杖头容易卡在铁算子孔洞里或掉进去而将人摔倒。

7.3.5　当门扇向走道内开启时，为了不影响通行和碰撞的危险应设凹室，将门设在凹室内，凹室的深度不应小于0.90m；长度不应小于1.30m，开启后的门扇和乘轮椅者的位置均不影响走道的通行。

7.3.6 伸向走道的突出物小于 100mm，对视残者的碰撞影响比较小。突出物的高度小于 0.60m 时，视残者的盲杖容易察觉，可避免碰撞。

7.3.7 轮椅在走廊上行驶的速度有时比健全人步行的速度要快，为了防止碰撞的危险，需要开阔走道转弯处的视野，可将走道转弯处的阳角做成圆弧形墙面或切角形墙面。为了避免轮椅的搁脚踏板在行进中损坏墙面，在走道两侧墙面的下方设高 0.35m 的护墙挡板，护墙挡板可用木材、塑料、水泥等材料制作。

7.4 门

7.4.1 建筑物的门通常是设在室内外及各室之间衔接的主要部位，也是促使通行和房间完整独立使用功能不可缺少的要素。由于出入口的位置和使用性质的不同，门扇的形式、规格、大小各异。开启和关闭门扇的动作对于肢体残疾者和视觉残疾者是很困难的，还容易发生碰撞的危险，因此，门的部位和开启方式的设计，需要考虑残疾人的使用方便与安全。适用于残疾人的门在顺序上是：自动门、推拉门、折叠门、平开门、轻度弹簧门。

在公共建筑的入口常常设旋转门，对拄拐杖者及视残者在使用上会带来困难，有的根本无法使用，因此要求在旋转门的一侧应另设置平开门，以利通行。

乘轮椅者在行进时自身的净宽度一般为 0.75m，因此要求各种门扇开启后的最小的净宽度：自动门为 1.00m，其他门不小于 0.80m。

为了使乘轮椅者靠近门扇将门开启，在门把手一侧的墙面要留有宽 0.50m 的空间，使轮椅能够靠近门把手将门扇打开。

当轮椅通过门框要将门关上时，则需要使用关门拉手，关门拉手应设在门扇高 0.90m 处并靠近门的内侧，不然轮椅还得倒回车去用门把手一点一点将门关上。要选用横把下压式门把手，给使用者带来方便。如果选用圆球形门把手，对手部有残疾者会带来使用上的困难。在门扇中部要设有观察玻璃，可提前知晓门扇另一面的动态情况，以免发生碰撞。在门扇的下方设置高 0.35m 的护门板，防止轮椅搁脚板将门扇碰坏。

有的肢体残疾者手的形态力度受到影响，在设置手动推拉门和平开门时应在一只手操纵下就能轻易将门开启。乘轮椅者在地面高差大于 15mm 的情况下通过时比较困难，所以要求门槛的高度不要大于 15mm，并以斜面过渡便于轮椅通行（图 12）。

7.5 楼梯与台阶

7.5.1 楼梯是垂直通行空间的重要设施，楼梯的通行和使用不仅要考虑健全人的使用需要，同时更应考虑残疾人、老年人的使用要求。楼梯的形式每层按 2 跑或 3 跑直线形梯段为好。避免采用每层单跑式楼梯和弧形及螺旋形楼梯。这种类型的楼梯会给残疾人、老年人、妇女及幼儿产生恐惧感，容易产生劳累和摔倒事故。

公共建筑主要楼梯的位置要易于发现，楼梯间的光线要明亮，梯段的净宽度和休息平台的深度不应小于 1.50m，以保障拄拐杖残疾人和健全人对行通过。

踏面的前缘如有突出部分，应设计成圆弧形，不应设计成直角形，以防将拐杖头绊落掉和对鞋面的刮碰。踏面应选用防滑材料并在前缘设置防滑条，不得选用没有踢面的镂空踏步，容易造成将拐杖向前滑出而摔倒致伤。

在扶手的下方要设高 50mm 的安全挡台，防止拐杖向侧面滑出造成摔伤。

在楼梯的两侧需设高 0.85～0.90m 扶手，扶手要保持连贯，在起点和终点处要水平延伸 0.30m 以上，在上下楼梯的动作完毕时可协助身体保持平衡状态。在扶手面层贴上盲文说明牌，告之视觉残疾者所在层数及位置。扶手的形式要易于抓握，要安装坚固，能承受一人以上的重量。

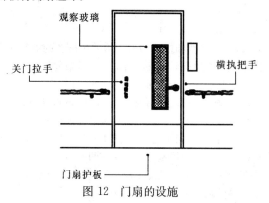

图 12　门扇的设施

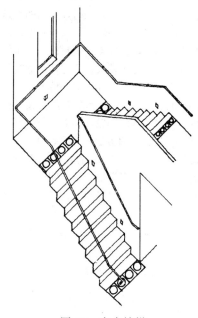

图 13　安全楼梯

踏步的踏面和踢面的色彩要有明显的对比或变换，以引起使用者的警觉和协助弱视者的辨别能力。踏面的宽度宜达到 0.30m，踢面的高度不应超过 0.16m。

在踏步起点前和终点 0.30m 处，应设置宽 0.30～0.60m 宽的提示盲道，告之视觉残疾者楼梯所在位置和踏步的起点及终点处。公共建筑、居住建筑的楼梯和台阶的踏步宽度和高度，应考虑残疾人和老年人的使用因素，所以在规格上略小于《民用建筑设计通则》的有关规定（图 13）。

7.6　扶　　手

7.6.1　扶手是残疾人在通行中的重要辅助设施，是用来保持身体的平衡和协助使用者的行进，避免发生摔倒的危险。扶手安装的位置和高度及选用的形式是否合适，将直接影响到使用效果。扶手不仅能协助乘轮椅者、拄拐杖者及盲人在通行上的便利，同时也给老年人的行走带来安全和方便。

在坡道、台阶、楼梯、走道的两端应设扶手。扶手安装的高度为 0.85m。为了达到通行安全和平稳，在扶手的起点及终点处要延伸 0.30m。在水平扶手两端应安装盲文标志，可向视残者提供所在位置及层数的信息。

为了乘轮椅者及儿童的使用方便，在公众集中的场所和游乐场及幼儿园托儿所等处，应安装上下两层扶手，下一层扶手的高度为 0.65m。

为了避免残疾人在使用扶手完毕时产生突然感觉或使手臂滑下扶手而感到不安，所以将扶手终点加以处理，使其感觉明显有利身体安稳。

当扶手安装在墙上时，扶手的内侧与墙之间要有 0.35～0.45m 的净空间，便于手和手臂在抓握和支撑扶手时，有适当的空间配合，使用会带来方便。

扶手要安装坚固，在任何的一个支点都要能承受 100kg 以上。

为了保持扶手在使用上的连贯性和易于抓握及控制力度，给使用者带来安全和方便，扶手上端抓握部分的直径为 0.35～0.45m（图 14）。

7.6.2　将扶手的托件做成 L 形，残疾人在使用扶手

时能保持连贯性。扶手和托件的总高度达到 70mm～80mm 后，促成了连贯性的作用。

7.6.3　在扶手的起点与终点设置盲文说明牌，能告知视残者所在的位置和层数等，这在交通建筑、医疗建筑及政府接待部门等公共建筑尤为必要。

7.7　电梯与升降平台

7.7.2　电梯是人们使用最为频率和理想的垂直通行设施，尤其是残疾人、老年人在公共建筑和居住建筑上下活动时，通过电梯可以方便地到达想去的每一楼层，在高层建筑内只需要进行水平方向上的走动。乘轮椅者在到达电梯厅后，要转换位置和等候，因此电梯厅的深度不应小于 1.80m。电梯厅的呼叫按钮的高度为 0.90～1.10m。电梯厅显示电梯运行层数标示的规格不应小于 50mm×50mm，以方便弱视者了解电梯运行情况。在电梯入口的地面设置提示盲道标志，告知视觉残疾者电梯的准确位置和等候地点。

7.7.3　供残疾人使用的电梯，在规格和设施配备上均有所要求，如电梯门的宽度，关门的速度，梯厢的面积，在梯厢内安装扶手、镜子、低位及盲文选层按钮、音响报层等，并在电梯厅的显著位置安装国际无障碍通用标志。

为了方便轮椅进入电梯厢，电梯门开启后的净宽不应小于 0.8m。轮椅进入电梯厢的深度不应小于 1.40m。如果使用 1.40m×1.10m 的小型电梯，轮椅进入电梯厢后不能回转，只能是正面进入倒退而出，或倒退进入正面而出。使用深 1.70m、宽 1.40m 的电梯厢，轮椅正面进入后可直接回转 180°正面驶出电梯。

电梯厢内三面需设高 0.85m 的扶手，扶手要易于抓握，安装要坚固。电梯厢的选层按钮高度为 0.90～1.10m 之间，如设置 2 套选层按钮，一套设在电梯门一侧外，另一套应设在轿厢靠内部的位置，以方便在不同的位置都可以使用选层按钮。选层按钮要带有凸出的阿拉伯数字或盲文数字及在轿厢中设有报层音响，这将给视觉残疾者的使用带来很大方便。在小型轿厢正面扶手的上方要安装镜子，可以使乘轮椅者从镜子中看到电梯运行情况，为退出电梯做好准备。

图 14　安全扶手

图 15　建筑入口升降平台

在高层住宅建筑设置电梯的规格中，应有一座能使急救担架进入的梯，在紧急情况下，将起到应有的作用，反之则会严重贻误病情。

7.7.5 在建筑入口、大厅等位置的台阶进行无障碍改造时，常常因现场面积小而无法修建坡道，可采用占地面小的升降平台以取代坡道。升降平台系自动安全装置，自身面积只需容纳一辆轮椅即可（图15）。

7.8 公共厕所、专用厕所和公共浴室

7.8.1 厕所是与人们生活非常密切的场所，也是残疾人和老年人感到最不方便的地方。据统计每年在厕所发生的事故远远超过其他地方发生的事故。目前公共厕所对残疾人来说还存在着许多问题，如入口的台阶使轮椅无法进入；室内空间过小，轮椅无法回旋和接近所需使用的设施。缺少使身体保持平衡和转移的安全抓杆，造成轮椅转换的不便；没有坐式便器；地面积水使之过于光滑，造成残疾人、老年人摔倒等。因此许多残疾人出门办事又无法进入和使用公共厕所时，不得不长时间不饮水，这不仅影响到外活动范围，又加重损伤了残疾人的身心健康。

供残疾人使用的公共厕所及浴室要易于寻找和接近，应并有无障碍标志作为引导。入口的坡道设计应便于轮椅出入，坡度不应大于 1/12，坡道宽度为 1.20m，入口平台和门的净宽应不小于 1.50m 和 0.90m。室内要有直径不小于 0.15m 的轮椅回转空间。地面防滑且不积水。为了方便各种残疾人使用方便，在男厕所内应设残疾人使用的低位小便器，小便器下口的高度不应超过 0.50m，在小便器的两侧和上方设安全抓杆。洗手盆的前方要留有 1.10m×0.80m 轮椅的使用面积，在洗手盆的三面设安全抓杆。

在男女厕所内，选择通行方便和位置适当的部位，至少要各设一座轮椅可进入使用的坐式便器专用厕位。专用厕位可设计成大型和小型两种规格。大型厕位轮椅进入后可以调整角度和回转，轮椅可在坐便器侧面靠近平移就位，在厕位门向外开时，厕位面积不宜小于 2.00m×1.50m。小型厕位在轮椅进入不能旋转角度，只能从正面对着坐便器进行身体转移，最后倒退出厕位，在门向外开时厕位面积不应小于 1.80m×1.00m。厕位的门开启后的净宽不应小于 0.80m，在门扇的内侧要设高 0.90m 的水平关门拉手，待轮椅进入厕位后便于将门关上。坐便器的高度为 0.45m，保持与轮椅坐面高一致，在坐便器的两侧设安全抓杆（图16）。

7.8.2 单独设置的残疾人专用厕所是指男女残疾者均可分别使用的厕所，应在公共建筑通行方便的地段设置，也可靠近男女公共厕所设置，用醒目的无障碍标志给予区分。专用厕所的面积一般要大于专用厕位，面积不宜小于 2.00m×2.00m。在厕所门向外开时轮椅可旋转 360°，轮椅可正面驶入厕所。专用厕所

门开启后的净宽不应小于 0.80m，在门扇的内侧高 0.90m 处设水平关门拉手。在厕所内除设有坐便器、

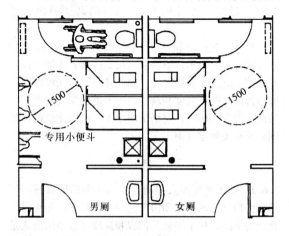

图 16　轮椅可进入的厕位（mm）

洗手盆、安全抓杆外，还应设镜子和放物台及呼救按钮。地面采用防滑材料并不得积水。专用厕所可以在家属陪同下进入照料，这是一种深受残疾人、老年人欢迎的厕所。

安全抓杆设在男女厕所的坐式便器、蹲式便器、小便器、洗手盆和盆浴间、淋浴间的周围，是残疾人、老年人在厕所、浴室中保持身体平衡和进行转移不可缺少的安全和保护设施。安全抓杆的形式较多，一般有水平式、直立式、旋转式及吊环式等。安全抓杆要少占地面空间，使轮椅靠近各种设施，以达到方便的使用效果。安全抓杆采用不锈钢管材料来制作比较理想，管径为 30～40mm。安全抓杆要安装坚固，应能承受 100kg 以上的重量。安装在墙壁上的安全抓杆内侧距墙面为 40mm。设计时可根据房屋面积大小及服务设施条件等因素考虑。

在坐式便器的两侧，需安装高 0.70m 的水平抓杆和至少在一侧安装高 1.40m 的垂直抓杆，供残疾人从轮椅上平移到坐便器上和拄拐杖者在起立时使用。安装在墙壁上的水平抓杆长度为 0.70～0.90m，安装在坐便器另一侧的水平抓杆一般为 T 形，这种 T 形水平抓杆的长度为 0.55～0.65m，可做成固定式，也可做成悬臂式可旋转的抓杆，可作水平旋转 90°和垂直旋转 90°两种，这种可旋转抓杆在使用前将抓杆转到墙面上，不占任何空间，待轮椅靠近坐便器后再将抓杆转过来，协助残疾人从轮椅上转换到坐便器上。这种可旋转的水平抓杆的长度可做到 0.60～0.70m，在使用上更为方便。

安装在墙壁上的直立式抓杆，高度为 1.40m，主要是供拄拐杖者和老年人在起立时所用，可与水平抓杆结合成 L 形。吊环式拉杆设在坐便器上方，高度为 1.40m，吊环可左右移动和旋转角度，使用时往往比水平抓杆来得省力，还可节省地面空间，可使轮椅完全靠近坐便器，因此也受到残疾人的欢迎。

在男厕所，至少有一座小便器的两侧和上部设置安全抓杆，两侧抓杆间距为 0.60～0.65m，高为 0.90m，水平长度为 0.55m。上部横向抓杆高 1.20m，距墙面 0.25m，主要是供残疾人将上身的胸部靠住，使重心更为稳定。悬挂式小便斗外口的高度不应大于 0.50m。

洗手盆三面的安全抓杆应距盆边 50mm，高出盆面 50mm，两侧抓杆的水平长度可比洗手盆长出 0.15～0.25m。抓杆可做成落地式和悬挑式两种，但要方便乘轮椅者靠近洗手盆的下部空间。

7.8.3 浴室是人们经常要光顾的地方，也是残疾人和老年人要到达的地方。因此浴室入口、通道、浴间及设施等应方便残疾人和老年人通行和使用，特别是要方便乘轮椅残疾人的进入和使用。地面需防滑和不积水。

公共浴室的主要设施分为淋浴和盆浴两种，但都需要分别设置方便残疾人和老年人使用的浴间。浴间入口最好采用活动门帘。采用平开门时，门扇应向外开启，开启后的净宽不应小于 0.80m，在门扇内侧设关门拉手。浴间内设轮椅回旋空间和衣柜、更衣台、坐椅（淋浴）、洗浴台（盆浴）、安全抓杆等设施及呼叫按钮。

更衣台、淋浴坐椅、洗浴台的高度应与标准轮椅坐高一致，深度不应小于 0.45m。浴室的水温要求适当和稳定，宜采用混合式调温设置。

残疾人使用的淋浴间面积在 3.50m² 以上比较适用，除固定设施外，轮椅可转动角度以靠近更衣台或淋浴坐椅。平开门向外开启，一是可节省淋浴间面积，二是在紧急情况时便于将门打开进行救援。更衣台和洗浴坐椅的高度和轮椅的坐高保持一致将有利于身体平移，安全抓杆是进行身体平移不可缺少的设施，在更衣坐台及淋浴坐椅两侧的墙面上设高 0.90m 水平长度 0.60～0.80m 的安全抓杆，可协助乘轮椅残疾人进行平移，同时在淋浴坐椅一侧设与水平抓杆垂直，高 1.40～1.60m 的安全抓杆，可方便挂拐杖残疾人和老年人使用（图 17）。

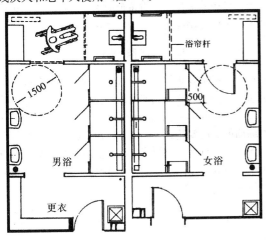

图 17　残疾人使用的淋浴间（mm）

外开门的盆浴间面积至少要达到 4.00m²，在安置浴盆、更衣台、洗浴坐台及洗脸盆后，轮椅可转动角度，进出时均可正面行驶。有关设施的高度同样要与轮椅保持一致，便于使用和转移。

盆浴间的安全抓杆设在浴盆的里侧和洗浴坐台一侧的墙上。为了方便各种残疾人使用，在里侧的墙面上设高低二层安全抓杆为好。安装高度分别为 0.90m 和 0.60m，水平长度为 1.20m。洗浴坐台设高 0.90m、水平长度 0.60m 的一层安全抓杆即可。

7.9　轮椅席位

7.9.1 在会堂、法庭、图书馆、影剧院、音乐厅、体育场馆等观众厅及阅览室，应设置残疾人方便到达和使用的轮椅席位，这是落实残疾人平等参与社会生活及共同分享社会经济、文化发展成果的重要组成部分（图 18）。

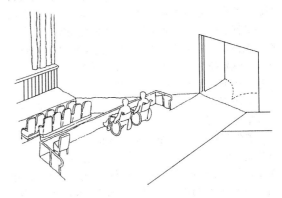

图 18　影剧院轮椅席

7.9.2 轮椅席应设在观众席及阅览室出入方便的地段，如靠近观众席和阅览室的入口处或安全出口处，而轮椅席的位置应不影响其他观众的视线，也不应阻碍走道的通行，其通行路线要便捷，能够方便地到达休息厅和厕所。

影剧院的规模一般为 800～1200 个观众座席，如按每 400 个座席设一个轮椅席位，可安排 2～3 个轮椅席位，最好将两个或两个以上的轮椅席位并列布置，以便残疾人能够结伴和便于服务人员集中照料。当轮椅席空闲时，服务人员可安排活动座椅供其他观众或工作人员就坐，这样比较灵活易行。

轮椅席的深度为 1.10m，与标准轮椅的长度基本一致，一个轮椅席位的宽度为 0.80m，是乘轮椅者的手臂推动轮椅时所需要的最小宽度。2 个轮椅席位的宽度约为 3 个观众固定座椅的宽度。

影剧院、会堂等观众厅的地面有一定的坡道，但轮椅席的地面应要求平坦，否则轮椅全向前倾斜而产生不安全感。为了防止乘轮椅者和其他观众座椅碰撞，在轮椅席的周围宜设置高 0.40～0.80m 的栏杆或栏板。在轮椅席旁和地面，安装和涂绘无障碍通用标志，指引乘轮椅者方便就位。

7.10 无障碍客房

7.10.1 旅馆、饭店和招待所设置残疾人使用的客房,是为残疾人参与社会生活和扩大社会活动范围提供了有利条件,也是提高客房使用率的一项措施。据调研资料,香港规定拥有 100～200 间客房的旅馆,需提供不少于两套设施完备的残疾人使用的客房,每增加 100 间客房时,还需再提供一套残疾人使用的客房。美国奥兰多的马里奥特饭店有客房 1500 套,其中有 16 套可供乘轮椅者使用的设施完备的客房。我国北京、上海、广州、深圳等部分旅馆、饭店也设有供残疾人使用的客房。

标准客房的室内通道是残疾人开门、关门及通行与活动的枢纽,其宽度不宜小于 1.50m,以方便乘轮椅者从房间内开门,在通道存取衣物,和从通道进入卫生间。为节省卫生间使用面积,卫生间的门宜向外开启,开启后的净宽应达到 0.80m。卫生间内要提供轮椅的回旋空间。在坐便器一侧或两侧需安装安全抓杆,在浴盆的一端宜设宽 0.40m 的洗浴坐台,便于残疾人从轮椅上转移到坐台上进行洗浴。在坐台墙面和浴盆内侧墙面上,安装安全抓杆。洗脸盆如设计为台式,可不安装抓杆,但在洗脸盆的下方方便乘轮椅者靠近。

在客房床位的一侧,要留有直径不小于 1.50m 的轮椅回转空间,以方便乘轮椅者休息和料理各种相关事务。客房床面的高度、坐便器的高度、浴盆或淋浴坐椅的高度,应与标准轮椅坐高一致,即 0.45m,可方便残疾人进行转移。在卫生间及客房的适当部位,需设紧急呼叫按钮。

残疾人在行动能力和生理反应方面与健全人有一定差距,供残疾人使用的客房应设在客房层的低层部位,以及靠近服务台和公共活动区及安全出口地段,以利残疾人方便到达客房和参与各种活动及安全疏散(图 19)。

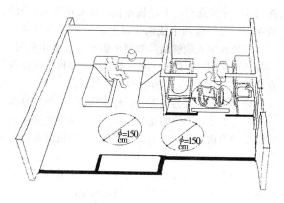

图 19 残疾人客房

7.11 停车车位

7.11.1 汽车停车场是城市交通和建筑布局的重要组成部分。设置在地面上或是地面下的停车场地,应将通行方便、距离路线最短的停车车位安排残疾人使用,如有可能将残疾人的停车车位安排在建筑物的出入口旁(图 20)。

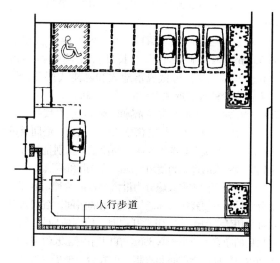

人行步道

图 20 残疾人停车车位

7.11.2 残疾人停车车位的数量应根据停车场地大小而定,但不应少于总停车数的 2%,至少应有 1 个停车车位。停车场地面应保持平整,当有坡度时,最大的坡度不宜超过 1/50,以便于残疾人通行。

7.11.3 残疾人的汽车到达车位后,还需换乘轮椅代步或拄拐杖行走,即残疾人在汽车与轮椅之间需进行转换,因此,在停车车位的一侧与相邻的车位之间,应留有宽 1.20m 以上的轮椅通道。两个残疾人的车位可共用一个轮椅通道。

7.11.4 为了安全,轮椅通道不应与车行道交叉,要通过宽 1.50m 的安全步道直接到达建筑入口处。当车位的轮椅通道与安全步道地面有高差时应设坡道,以方便乘轮椅者通行。

7.11.5 为了便于识别停车路线和停车位置,在车位地面的中心部位要涂有黄色的无障碍标志,在车位的入口处安装国际通用的无障碍标志牌。

7.12 无障碍住房

7.12.1 残疾人居住套房的入口位置,应设在公共走道通行便捷和光线明亮的地段,在户门外要有不小于 1.50m×1.50m 的轮椅活动面积。在开启户门把手一侧墙面的宽度要达到 0.45m,以便乘轮椅者靠近门把手能将户门打开。户门开启后,供通行的净宽度不应小于 0.80m,在门扇的下方和外侧要安装护门板和关门拉手。

7.12.2 为了方便残疾人在夜间使用卫生间,最好将卫生间的位置靠近卧室,以减少残疾人行走不便的困难。

残疾人住房套型宜分为 4 类,这是与普通住宅套型分类相应一致，按不同家庭人口构成情况进行分类设计，可达到城镇残疾人最小规模的基本居住生活要求，即以下限低标准作为统一要求。

各类套型的使用面积略大于《城市住宅建设标准》中各类住宅的下限面积指标，原因是乘轮椅者的移动面积要大于普通人的移动面积，但各套型的使用面积仍以轮椅最小的移动面积和适当调节的使用面积进行制定的。

7.12.3 残疾人的各类卧室最小的住房面积，略大于普通人的各类卧室最小的住房面积，是根据居住人口、家具尺寸及轮椅活动空间而确定的。对卧室短边净宽度的要求，是考虑到床的长度和柜的宽度再加上轮椅通行的最小宽度而制定的。起居室（厅）主要是供人们休息与视听活动及家庭团聚、接待客人、用餐等用途，还要考虑轮椅通行和停留面积及布置家具的位置，因此起居室（厅）的面积应在 16m² 以上（附录 E）。

7.12.4 残疾人住房的厨房面积要考虑到乘轮椅者进入和操作的位置以及回转的面积，因此残疾人住房的厨房面积应略大于普通家庭厨房面积。为减少残疾人的通行困难和放置物品的便利，厨房位置距门厅越近越好，并且路线要便捷，光线要明亮，空气要流畅；这种做法可避免或减少事故发生。因此，厨房最好有直接对外窗户，可得到自然光和通风，同时要设机械排油烟装置和排烟道，风机容量要能满足抽出炊事烟气和异味。人工照明应采用搬把式开关，分别照亮就餐和炊事区。电器插座应在明显的位置，高度要适中。

为了进出和使用的便利，残疾人使用的厨房为开敞式最为理想，因可减少许多动作，特别受到乘轮椅者的欢迎。如果设置门扇，则推拉门比较方便实用，且节省面积。在厨房内如能安排两人用餐的位置，可解决残疾人运送食物和用具的困难，这是各类残疾人所向往的。乘轮椅残疾人进入厨房后再回转出来所需最小的直径是 1.50m，再加上厨房单排设备的一般宽度是 0.50m，因此单排设备的厨房净宽不应小于 2.00m，双排设备的厨房的净宽不应小于 2.50m。

厨房操作台面距地面 0.75～0.80m 的高度，对乘轮椅者和可立姿的残疾人都可使用。在主要操作台和洗涤池的下方，为便于乘轮椅者的下半身伸入进行操作，最小空间的宽度是 0.70m，最小空间的高度是 0.60m，最小空间的深度是 0.25m。在主操作案台面的底面建议设置可抽出的，在坐膝高度上面使用的搁板，以供作为搅拌和切割操作的工作面板，这种搁板的高度可以小量设置，其调整幅度从地面以上 0.65m 起，以 50mm 为间距直至主案台底面，均为乘轮椅者适用的高度。如在主要操作台两侧设落地柜，最好不要采用外开门的柜，因为

许多残疾人难以弯下腰去使用它，应采用有不同深度的抽屉或是抽出式的竖向箱均比较适用，但在柜的底部建议高出地面 0.20m，并悬挑出 0.15m 以利残疾人和老年人靠近案台。案台上的吊柜底面距案台 0.30m 时，对乘轮椅者的使用最为方便。吊柜自身高度可做到 0.60～0.80m，深度可做到 0.25～0.30m，内设 1～2 个可调整的搁物板；在柜门上安装拉手滚子碰珠，使柜门易于开启。此种形式吊柜的下层对乘轮椅者能方便使用。

当使用不锈钢洗涤池时，应选用带有底衬的，以防池底外部产生凝结水并作隔热层用，避免烫伤乘轮椅者的腿部和膝部缺乏感觉的残疾人，在洗涤池上应选用单杠杆把手水控式冷热水混合龙头。此类型水龙头最便于手部不灵活的残疾人操作。洗涤池的上口与地面距离不应大于 0.80m，洗涤池的深度为 0.10～0.15m。

下带烤箱和有炉门的炉灶对乘轮椅的残疾人在使用上是不方便的，也是会有危险的，应采用在案台上安放的炉灶，控制开关正好在案台前面操作。带有形态标志的控制开关和带有几种不同燃烧程度的"卡塔"声响的控制开关，有助于弱视者或盲人安全使用炉灶，在炉灶部位还要有安全的防火措施和自动灭火装置。

一般住户安装燃气阀门及热水器的高度都在 1.20m 以上，以致乘轮椅者要开关燃气阀门和观察热水器点燃情况时均感到困难，因此高度在 1.00～1.20m 时才方便使用。

厨房的案台、洗涤池、灶台、灶具、餐具柜和贮藏空间及各设施需按操作顺序排列，食物贮存宜就近安排。

7.12.5 残疾人住房的卫生间同样需配置坐式便器、洗浴器和洗面器三件卫生洁具，由不同洁具组合而成的卫生间，其最小面积均需考虑乘轮椅者的进入和使用要求，轮椅进入后既能接近卫生洁具，又能顺利倒退出卫生间。为了乘轮椅者进入卫生间后便于将门关上，在门扇内侧要设置关门拉手。

残疾人每日需多次进出卫生间，因此卫生间的位置和出入口要便于轮椅到达，进出自如。为方便家人随时知晓残疾人或老年人在卫生间的动向，必要时进入卫生间进行协助，因此在门扇上需设置观察窗口。

卫生间是最容易发生事故的地方，为了能及时协助和救护残疾人或老年人，如设平开门，其门扇应向外开启，避免出事故的人或轮椅将门堵住造成开启困难。同时卫生间的门应设置门内外均可开启的门插销，以便在紧急情况时能从外面开启。

轮椅坐面标准高度为 0.45m，因此卫生间选用高 0.45m 的坐便器对乘轮椅残疾人进行转移时比较方便。为了协助残疾人转移和保持身体重心，在坐便器

两侧需要设置高度适中的水平安全抓杆，在坐便器的里侧还需设高 1.40m 的垂直安全抓杆，以协助挂拐杖的残疾人或老年人在起立时使用。

洗面器的最大高度为 0.85m，应采用单杠杆水龙头。洗面器下部距地面不要小于 0.60m，以方便轮椅靠近使用。电源插座要设在使用方便的地方。洗面器上方的镜子底边距地面为 1.10m，镜子的顶部距地面可在 1.70～1.80m 之间，并向前倾斜 0.15m，可使站立者和坐轮椅的残疾人均可使用。

使用盆浴的卫生间是为了转移和洗浴方便，需要选用高 0.45m 的浴盆，在浴盆上安放活动坐板或在浴盆一端设置宽不小于 0.40m 的固定洗浴坐台，在浴盆内侧的墙面要安装高 0.60～0.90m 二层水平安全抓杆，长度可达 0.80～1.00m。也可安装一层水平安全抓杆和一个垂直的安全抓杆。洗浴坐台的墙面可安装高 0.90m 的水平安全抓杆。在有乘轮椅残疾人的家庭里，如无特殊需要，采用淋浴式卫生间要比盆浴式卫生间在使用上更为方便、适用。

卫生间各部位的安全抓杆，是残疾人进行与移动中不可缺少的重要设施，在形式、高度、长度和位置上需要周全安排，特别是安装坚固，根据不同的使用要求进行配置。卫生间照明要采用搬把式开关，电器插座和应急呼叫按钮的高度和位置要便于使用。

7.12.6 挂拐杖者和乘轮椅者用手力最方便开启的门扇是推拉门，其次是折叠门和平开门。因为开启和关闭推拉门都是直线运动，易于操作，而开启平开门一般是向后作弧线运动，关闭时由于力臂长，在力度上大于推拉门，最理想的当属自动门。手动标准轮椅的宽度是 0.65m，加上手臂驱动时的一般宽度是 0.75m，因此规定门扇开启后的最小净宽为 0.80m 是比较适宜的。当乘轮椅者要开启门扇时，轮椅的脚踏板要向前占有相应的空间后才能靠近门把手，所以在门把手一侧的墙面要留有 0.40～0.50m 的宽度。关于窗扇的开启和窗把手的高度，同样要适合乘轮椅者的使用要求。乘轮椅者的视线水平高度一般为 1.10m，外窗窗台的高度不大于 0.80m，以适合乘轮椅者的视野效果。

7.12.7 门厅是残疾人在户内活动的枢纽地带，除配备更衣、换鞋和坐凳外，其净宽度要达到 1.50m 以上，在门厅的顶部和地面的上方 0.20～0.40m 处要有照明和夜间足光照明。从门厅通向餐厅、厨房、居室、浴室、厕所的地面要平坦、不光滑和没有高低差，如果需要高差其高度不要大于 15mm，并筑起小于 45° 的斜面。

户内的通道为便于乘轮椅者和挂拐杖残疾人通行，宽度不宜小于 1.20m，在两侧墙壁上宜安装高 0.85m 的扶手，通道转角处做成圆弧形，并在自地面向上高 0.35m 处安装护墙板，以避免碰撞时对墙面造成损坏。残疾人外出活动相对要少，而阳台是休闲的好去处；还需要晾晒衣物、养植花木，因此要求阳台的深度在 1.50m 以上，是考虑到乘轮椅者在阳台上停留与活动的需要。

7.12.8 下肢残疾者和视残者在行走上是困难者，在门厅、通道、卧室等处设双控照明开关，可避免往返行走，如在晚间将餐厅、起居厅电灯打开后，到睡眠时进卧室将门厅电灯关闭，开卧室电灯，等上床后再关掉卧室电灯，不用到开电灯的位置去关电灯。照明开关采用搬把式对视残者特别需要，因为拉线开关在使用时都是一个方向，视残者看不出是关电灯还是开电灯。

无障碍住宅设置电源插座的数量在卧室、起居室（厅）要比一般住宅多一组单相三线和一个单向两线插座；厨房、卫生间多一组防溅水单相三线和一个单向两线插座，避免在不够时进行倒换电插座对残疾人会造成麻烦和危险。插座、卡式电表及对讲机的高度，要适合乘轮椅者使用。

8 建筑物无障碍标志与盲道

8.1 标 志

8.1.1 城市中的道路、交通和房屋建筑，应尽可能提供多种标志和信息源，以适合各种残疾人的不同要求。例如，以各种符号和标志帮助肢残者引导其行动路线和到达目的地，使人们最大范围地感知其所处环境的空间状况，缩小各种潜在的、心理上的不安因素。

国际通用的轮椅标志牌，是用来帮助残疾人在视觉上确认与其有关环境特性和引导其行动的符号，是国际康复协会于 1960 年在爱尔兰首都都柏林召开国际康复大会上表决通过的，是全世界一致公认的标志，不得随意改动。

凡符合无障碍标准的道路和建筑物，能完好地为残疾人的通行和使用服务，并易于为残疾人所识别，应在显著位置上安装国际通用无障碍标志牌。

悬挂醒目的无障碍轮椅标志，一是方便使用者一目了然，二是告知无关人员不要随意占用。标志牌是为残疾人指引可通行的方向和提供专用空间及可使用的有关设施而制定的，它告知乘轮椅者、挂拐杖者及其他残疾人可以通行、进入和使用的设施。如城市道路、广场、公园旅游点、停车场、室外通路、坡道、出入口、电梯、电话、洗手间、轮椅席及客房等。

无障碍标志牌和图形的大小与其观看的距离相匹配，规格为 0.10m×0.10m 至 0.40m×0.40m。根据需要标志牌可同时在其一侧或下方辅以文字说明和方向指示，其意义则更加明了了。

国际通用轮椅标志牌，为了清晰醒目，规定了用两种对比强烈的颜色，当标志牌为白色衬底时，边框和轮椅为黑色；标志牌为黑色衬底时，边框和轮椅则为白色。轮椅的朝向应与指引通行的走向保持一致。

8.2 盲　道

8.2.1 视觉残疾者在行进与活动时，最需要的是对环境的感知和方向上的判定，通常是依靠触觉、听觉、嗅觉等来帮助其行动，对空间特性的认识，首先是表现在具有准确的定位能力上。

视觉残疾者在人行通路上行走时，往往没有准确的和规律性的直线空间定位条件，只能时左时右敲打地面，困难地慢慢行走。在遇到各种人为的障碍物无法行走时，为了避免碰撞的危险，只好选择在车行道上用盲杖敲打人行道边的路缘石（高出车行道地面0.15～0.20m）行走。但这种行进方式对残疾人是一种危险状态，容易发生交通事故造成伤亡。因此在主要建筑物及商业街、居住区等的人行通路需设置盲道，协助视觉残疾者通过盲杖和脚底的触觉，方便安全地直线向前行走。

城市中主要的公共建筑，如政府机关、交通建筑、文化建筑、商业及服务建筑、医疗建筑、老年人建筑、音乐厅、公园及旅游景点等，在入口、服务台、门厅、楼梯、电梯、电话、洗手间、站台等部位应设置盲道。

为了指引视觉残疾者向前行走和告知前方路线的空间环境将出现变化或已到达的位置，将盲道分为行进盲道（导向砖）和提示盲道（位置砖）两种。

行进盲道呈条状形，每条高出砖面5mm，走在上面会使盲杖和脚底产生感觉，主要指引视觉残疾者安全地向前直线行走。

盲道的宽度随人行道的宽度而定。在大城市中人行道的宽度，是根据地段的不同性质，规定最小的宽度分别为3.00～6.00m，而盲道的宽度则可定为0.40～0.80m。中小城市人行道最小的宽度分别为2.00～5.00m，其中盲道的宽度建议为0.40～0.60m。

提示盲道呈圆点形，每个圆点高出地面5mm，同样会使盲杖和脚底产生感觉，可告知视觉残疾者前方路线的空间环境将出现变化，提前做好心理准备，并继续向前行进。还可告知视觉残疾者已到达目的地，即可进入或使用等。

铺设提示盲道的位置如下：

1　行进盲道的转弯位置：当行进盲道向左或右转时，在转角处要铺设不小于行进盲道宽度的提示盲道，告知视觉残疾者盲道转弯的路线位置。

2　行进盲道的交叉位置：当行进盲道有十字交叉的路线时，在交叉位置要铺设不小于行进盲道宽度

的提示盲道，告知视觉残疾者出现了不同方向的盲道。

3　地面有高差的位置：在人行道、过街天桥、过街地道、室外通路、建筑入口等处往往设有台阶或坡道。在距台阶和坡道0.25～0.40m处要铺设提示盲道，铺设的宽度为0.30～0.60m，铺设的长度要大于台阶或坡道宽度的1/2。告知视觉残疾者前方地面将出现高差，以及前方将出现危险地带，如火车站台、地铁站台的边缘等。

4　无障碍设施位置：供残疾人使用的出入口、服务台、电梯、电话、楼梯、客房、洗手间等位置，应铺设提示盲道，告知视觉残疾人者需要到达的地点和位置，这方便了残疾人继续行进或就地等候或进入使用等。

附录A　助行器类别及规格（mm）

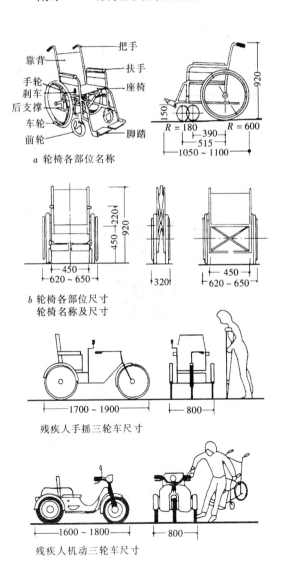

a　轮椅各部位名称

b　轮椅各部位尺寸

轮椅名称及尺寸

残疾人手摇三轮车尺寸

残疾人机动三轮车尺寸

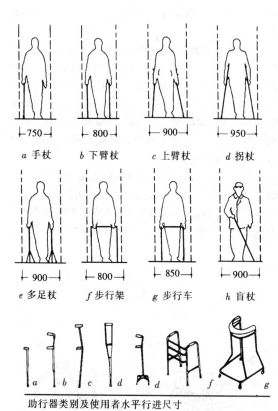

a 手杖   750
b 下臂杖   800
c 上臂杖   900
d 拐杖   950

e 多足杖   900
f 步行架   800
g 步行车   850
h 盲杖   900

助行器类别及使用者水平行进尺寸

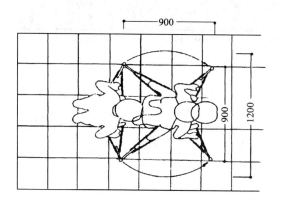

附录 B 轮椅移动面积参数

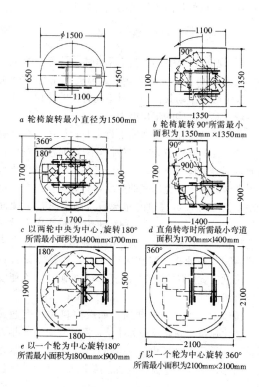

a 轮椅旋转最小直径为 1500mm

b 轮椅旋转 90°所需最小面积为 1350mm×1350mm

c 以两轮中央为中心, 旋转 180°所需最小面积为 1400mm×1700mm

d 直角转弯时所需最小弯道面积为 1700mm×1400mm

e 以一个轮为中心旋转 180°所需最小面积为 1800mm×1900mm

f 以一个轮为中心旋转 360°所需最小面积为 2100mm×2100mm

附录 C 乘轮椅者上肢到达范围（mm）

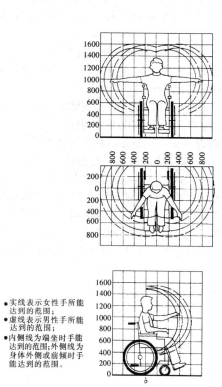

- 实线表示女性手所能达到的范围;
- 虚线表示男性手所能达到的范围;
- 内侧线为端坐时手能达到的范围；外侧线为身体外侧或前倾时手能达到的范围。

附录 D 乘轮椅者使用设施尺度参数

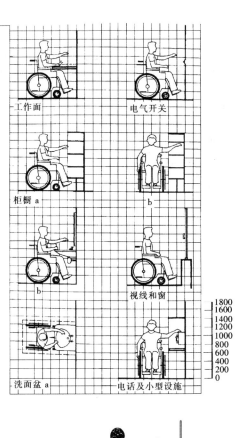

工作面

电气开关

柜橱 a

b

b

视线和窗

洗面盆 a

电话及小型设施

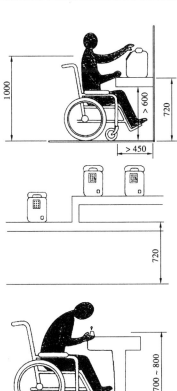

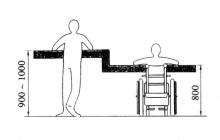

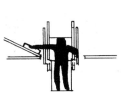

门上辅助拉手位置

吊柜高度位置

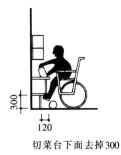

切菜台下面去掉300

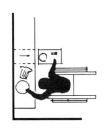

能推拉小调料柜

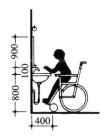

手盆及镜子高度
适合于坐轮椅者使用

淋浴池侧做坐台及扶手

恭桶靠墙一侧设拉杆

卫生间墙间扶手

北京恩济里住宅小区残疾人套房无障碍设施（mm）

附录 E　无障碍住宅平面

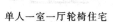

单人一室一厅轮椅住宅　　　双人一室一厅轮椅住宅

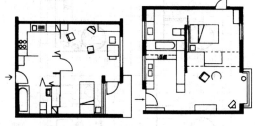

单人一室一厅轮椅住宅　　　1~2人一室一厅轮椅住宅

中华人民共和国行业标准

民用建筑修缮工程查勘与设计规程

Specification for Engineering Examination and Design of Repairing Ciril Architecture

JGJ 117—98

条 文 说 明

（2008 年 6 月确认继续有效）

前　言

根据原城乡建设环境保护部（85）城科字第239号文的要求，由上海市房屋土地管理局主编的《民用建筑修缮工程查勘与设计规程》（JGJ117—98），经建设部1998年9月14日以建标［1998］第168号文批准发布。

为了便于广大设计、施工、科研、学校等单位的有关人员在使用本规程时能正确理解和执行条文的规定，《民用建筑修缮工程查勘与设计规程》编写组按章、节、条的顺序编制了本规程条文说明，供国内使用者参考。在使用中如发现本条文说明有欠妥之处，请将意见函寄上海市房屋土地管理局总工程师室（地址：上海市浦东新区崂山西路201号，邮政编码：200120）。

本条文说明由建设部标准定额研究所组织出版，仅供国内使用，不得外传和翻印。

目　次

1 总 则

1.0.1 本条是根据国家有关房屋修缮政策和房屋修缮特点而编写的。

房屋修缮工程查勘与设计是具体贯彻房屋修缮政策和确定修缮范围的重要环节，它所提供的设计文件，既是修缮工程制订方案和编制预算的依据，又是指导施工的具体任务书，其工作好坏直接关系到投资的合理与浪费，因此，制定本规程的目的是要求在房屋修缮中做到技术先进、经济合理、安全适用和确保质量，并以此作为本行业有关设计与施工人员工作依据的基本技术法规。

根据房屋修缮查勘与设计特点，它不同于新建设计，其具体内涵系对确认需修的房屋作详尽的查勘，以提高房屋完好等级和改善使用功能的要求。

1.0.2 本条所指修缮工程系根据原城乡建设环境保护部以城住字（84）第 677 号文发布的《房屋修缮范围和标准》，对修缮工程分为翻修、大修、中修、小修和综合维修五类。翻修是对原有房屋全部拆除，另行设计，重新建造的工程；大修是需牵动或拆换部分主体结构，但不需全部拆除的工程；中修是需牵动或拆换少量主体结构，保持原房的规模和结构的工程；综合维修是对成片多幢（大楼为单中上）大、中、小修一次性应修尽修的工程。由于其中的"小修"是以及时修复小损小坏的日常养护工程，不属本规程查勘与设计的范围。

1.0.3 房屋修缮工程情况复杂，特别是在房屋翻修，或原结构构件加固拆换，或地基基础加固补强，较多取之于实践经验，因此本条规定在设计计算时除应符合本规程外，尚应符合国家现行的有关强制性标准的规定。

3 基 本 规 定

3.1 修 缮 查 勘

3.1.1 房屋修缮工程是在原有房屋和有住用户使用的情况下进行的，因此本条规定查勘前应收集与工程有关的各项资料，主要是为查勘与设计创造良好的条件。

本条内所指的"房屋完损等级"，系按原城乡建设环境保护部 1984 年 11 月 8 日城住字（84）第 678 号文颁发的《房屋完损等级评定标准》中有关规定，对房屋完损情况，根据各类房屋的结构、装修、设备等组成部分的完好、损坏程度，分成完好房、基本完好房、一般损坏房、严重损坏房和危险房五类。

本条所指的"定期的和季节性的查勘记录"系按原城乡建设环境保护部城住字（84）第 675 号文发布

的《房屋修缮技术管理规定》中将查勘鉴定分为三类：一类为定期查勘鉴定（每隔 1～3 年一次）；二类为季节性查勘鉴定（按雨季、风季、冰雪季、台汛季节等）；三类为工程查勘鉴定（指对需要修缮的项目提出具体意见和修缮方案）。

3.1.2 由于房屋结构、类型、装饰和设备等的不同，一等二等好差房屋的修缮范围和标准不同，以及房屋经营管理单位（包括住用户）提出的要求不同，因此，本条规定在详细查勘前，按原城乡建设环境保护部城住字（84）第 675 号文发布的《房屋修缮技术管理规定》中的有关规定，对房屋损坏情况进行调查研究，试查有代表性的房屋，根据不同的损坏情况和原有房屋提高完好等级的要求（有些陈旧属暂时维持的房屋，修缮后不可能也不必要达到全部完好等级），在保证质量及使用安全的前提下，研究如何节约材料，充分利用旧料，提出不同的修缮标准和修缮方法，这样便于统一查勘与设计标准，为详细查勘树立样板，使修缮查勘与设计取得更大的经济与社会效益。

3.1.3～3.1.4 条文系根据历年房屋修缮实际经验，对涉及到主体结构部位作重点查勘，并对承重结构构件作检测和鉴定的规定，以确保房屋修后的住用安全。

3.2 修 缮 设 计

3.2.1 根据房屋修缮工程的特点，一般民用房屋的大修、中修和综合维修的主体构件拆换是少量的，甚至有的仅绑接加固，而更多的损坏是屋面漏水、内外墙面抹灰剥落，门窗、楼地面、水电等装饰设备的局部损坏修补。在修缮方法上一般均能用文字、数字说明表达清楚，即可作为施工的依据，不另行绘图，只有在工程较大，或房屋翻修、立面变更、平面重新分隔或改装、结构构件拆换加固，或各种设备和管道变更等，用文字无法表达清楚时，必须绘制施工图，这是与新建设计的根本不同点。

3.2.2～3.2.4 为了查勘与设计更好地指导施工，并为施工服务，因此条文对设计单位在修缮设计的内容和有关相应的质量、安全措施等方面作了必要的规定。

3.2.5 查勘与设计应力求正确，但由于修缮工程的特点，特别是一些隐蔽工程不易发现，因此本条规定在施工过程中设计与施工应密切联系配合，发现问题及时变更设计，加以解决。

3.2.6 由于大量旧房屋改变了原有的用途，为了确保住用安全，本条规定在修缮时计算荷载应考虑实际荷载，包括活荷载。

4 地 基 与 基 础

4.1 一 般 规 定

4.1.2 地基岩土的性质比较复杂，其物理、力学指标的离散性大，目前国内常用的勘察方法，尚不能完全反映地基岩土的全貌，对地基与基础的补强加固等设计理论还没有较完善的计算理论方法，尤其是对旧房的地基与基础的加固补强，更为困难。造成旧房地基与基础损坏的原因，有原勘察不完整、原设计方案不当、原施工质量低劣、上层建筑物的改建变更使用、地下水道损坏和临近建筑物的影响等因素，因此，对旧房地基与基础的修缮查勘和设计有一定的难度。本条针对旧房的上述复杂性提出应具备的有关资料，主要使修缮查勘和设计能较好地适应实际，并制定出切实可行的修缮方案和技术措施。

4.1.3 本条提出国内目前较常用且已取得成功经验的勘察方法。随着我国技术的不断发展，各地可根据自身的条件选择相应的方法，以取得地基与基础的有效资料。选择的方法应充分考虑到原有建筑物的重要性。

4.1.4 房屋使用数年后，地基土承载力及弹性模量也有所提高。据上海市民用建筑设计院 1973 年出版的《房屋结构设计手册》一书中作了如下规定："建造七年以上，软土地基的承载能力可提高 20% 以上"。1991 年上海市房屋勘察建筑设计所的"上海老建筑物天然地基荷载作用下，承载力增长规律研究报告"中建议：没有暗浜等不良现象，可按地基原有的承载力 [R] 乘以增长系数（m）1.3～1.5。综合近年国内对地基承载力增长的研究表明，地基承载力的增加受以下几个因素的影响：①基底压力：原建筑物基底实际压力愈接近于地基允许承载力，地基土的强度提高比例就愈大；②载荷作用时间：建筑物一般要达到一定的使用年限，才能考虑压实效应及地基承载力的提高，载荷作用时间条件为砂类土不少于 3 年，粉土不少于 5 年，粘土不少于 8 年；③土质：土质不同，地基土的承载力提高也不同，通常砂类土承载力增长幅度较粘性土稍大。因此本条规定按原建造时承载力提高 10%～20% 作为验算的依据。

此外，根据上海同济大学高大钊主编的《软土地基理论与实践》一书中有关对原有房屋地基承载力的增值，下表可供参考：

建筑物修建时间（年）	地基承载力估算值（kPa）
10～20	$f' = (1.1 \sim 1.15)\, R$
20～30	$f' = (1.15 \sim 1.25)\, R$
30～50	$f' = (1.25 \sim 1.35)\, R$

注：f'——既有建筑物增层、改建时地基承载力设计值；
　　R——既有建筑物原设计时地基承载力设计值。

4.2 地 基 补 强

4.2.1 本条规定的地基补强措施都是国内较常用的几种。广州、上海、福州等城市的房修部门在处理暗浜、旧河道和粘性土、粉砂土等软土地基补强积累了不少实际经验并都取得了较好的效果。

本条提出地基补强的措施适用于砂土、砂砾石和软粘土，对于湿陷性黄土等特殊的地基应按照国家有关规范执行。

4.2.2 由于浆液的扩散能力与灌浆压力的大小密切相关，灌浆压力越大，扩散能力也大，可使钻孔数减少，且高灌浆压力可使软弱材料的密度、强度和不透水性等得到改善，但灌浆压力过高时，可能导致地基及其上部结构的破坏，故本条提出的灌浆压力不宜大于 0.6MPa，此系根据上海地区的施工实践提出的，适用于浅层的粘性土和砂土地基。在施工时一般应先进行灌浆试验，用逐步提高压力的方法进行，求得注浆压力与注浆量的关系，当压力升到某一数位，而注浆量突然增大时，表面地层结构发生破坏，可把此时的压力值作为确定压力允许值的依据。

本条提出的灌注速率系根据中国建筑工业出版社《地基处理手册》及上海的施工实践制定的。

4.2.3 本条采用公式是参照中国建筑工业出版社1993 年出版的《地基处理手册》中提出浆液在砂层中的渗透公式。历年来修缮专业施工队伍基本上都采用此公式计算注浆浆液的球形扩散半径（r）进行验算，并按土质情况作为修正的依据。

4.2.4 本条规定地基补强的效果测定，一般可通过下述方法对浆液的球形扩散半径进行判断：①钻孔压水或注水，求出灌浆体的渗透性；②钻孔取样，检查孔隙充浆情况。

4.3 基 础 托 换

4.3.2～4.3.4 采用树根桩加固基础的工程，取得成功经验的有上海东湖宾馆加层、玉田新村 9 号房、南京东路冠龙照相材料公司和百乐门总汇的改建等的基础加固。上海市同济大学和上海市勘察设计院作了科学试验，总结了"软土中树根桩试验研究"报告。在实际工程中，单根树根桩的承载力可由静载试验确定，或由本规程公式 4.3.2 计算。如在树根桩径较小，孔底沉泥不易清除的情况下，可按下式计算：

$$R_k = U_p (\Sigma q_{si} l_i)$$

若树根桩支承于硬土或砂层上，则仍按本规程公式 4.3.2 计算。

4.3.9 本条规定的计算公式系根据锚杆总拉力大于压桩力的原则而确定，压桩力应大于 1.5 倍的单桩设计承载力。

4.3.10 本条规定锚杆埋深应大于或等于 10 倍的锚杆直径，系根据冶金工业部建筑研究总院地质系通过现场抗拔试验和有限的计算得出。

4.3.11 锚杆静压桩的封桩应在不卸荷的条件下进行，桩表面凿毛以保证锚杆静压桩的托换效果。

4.4 基 础 扩 大

4.4.1 在基础加固中，加宽或加大基础底面积的方法，常用于基础底面积太小而产生过大沉降或不均匀沉降的处理，它与地基补强有异曲同工之效。因此，在修缮查勘与设计时可视房屋的实际情况加以选择。如在房屋加层或增加荷载使用此法时，应考虑基础的扩大部分与原基础的不同受力情况。

4.4.2～4.4.4 条文规定基础扩大查勘与设计的基本构造措施和设计荷载计算的原则。

4.4.9～4.4.13 挑梁式加固条形基础，在我国有些地区称"穿梁式"，也有称"增设基础梁加固砖基础"。考虑到此种方法适宜于加固条形砖基础，故条文采用此名称。

其中第 4.4.9 条第（1）点条款规定的挑梁间距 l 宜取 1200～1500mm 系根据一般底面窗台位置离基础顶面大于 1200～1500mm，故按此间距设置，以保证应力扩散和满足局部承压强度。在制定挑梁间距时，应注意避开较大的门、窗洞所在位置。

在第 4.4.9 条第（1）点和第（2）点中所称基础顶面与一般定义的基础顶为 ±0.00 的概念有所不同，主要指原基础的大放脚的顶面标高。

4.4.14～4.4.15 采用钢混凝土加固砌体条形基础，使基础适应上部结构荷载，其特点是施工简便。当原基础宽度大于 800mm 时，穿底筋较困难，可采取打孔插筋（长度不应少于 300mm）和环氧树脂砂浆稳固的措施。如在原基础的钢筋混凝土条形基础的情况下，可采取凿出底板底筋，用焊接搭接的措施，焊接应大于 10d。

4.4.16 扩大混凝土柱下独立基础可参照新建基础计算，其新扩大基础的钢筋与原基础的钢筋连接法也可采取凿出底板底筋，用焊接搭接的措施，焊接应大于 10d。在不能保证新旧基础可靠联接的情况下，可按壳体基础设计。

4.5 掏土纠偏

4.5.1 掏土纠偏是从沉降较少的基础下掏土，迫使基础下沉，此法所用设备少，纠偏速度快，费用低，是纠偏的一种常用方法。一般用于软粘土、淤泥质土、杂填土等土质，广州、福州等城市的房修部门均有成熟的经验。

4.5.3 本条所列计算公式仅为参考值，因为在取土时，随着基底剩余土逐渐减少，土承受压力 P_o 和极限承载 P_n 在上述土质下，侧向挤出量相应增加取土值、取土率，应结合观测实际情况作进一步的修正。

5 砌体结构

5.1 一般规定

5.1.1 我国地域辽阔，各地砌体结构房屋的构造形式、材料等种类繁多，经调查分析各地情况，基本上

归纳为本条所包括的块材种类。凡不属于本条规定的材料制作的块材，各地区可通过试验，确定有关计算指标，满足使用功能，提出合理有效的修缮方法和牢固经济的情况下，可参考应用本规程。

5.1.2 本条规定的查明项目，主要根据上海等城市历年修缮实际经验制定的，是房屋修缮查勘与设计必不可少的一个步骤。

5.1.4 本条规定砌体结构各构件损坏，经验算其强度、刚度或高厚比不符合规定的部分采取局部修缮加固的措施，防止大拆大建，以节约国家资源。

5.1.5 因地基基础造成房屋的变形，是指地基承载力不足或基础本身强度不够而引起上部房屋的变形、损坏，且有继续发展的趋势，应按本条规定执行。对因其他因素，如开挖、打桩等造成基础滑移引起上部房屋损坏，在其趋势已稳定的情况下，可不按本条规定执行。

5.2 材　料

5.2.1 近年来国家规范对砌体材料的安全系数有所提高，如以此标准评定原有建筑物的材料，可能导致大量旧构件不能满足要求，也不可能全部拆换，故本条仅规定对拆除重砌的砌体材料应满足现行国家标准的规定。

5.2.2 房屋修缮工程与新建工程不同，后者全部采用新材料，而修缮工程将有大量旧材料必须加以充分利用，为保证砌体的修缮质量，因此本条规定对拆下的旧块材质量应进行鉴别后分别利用。

5.2.3 根据天津、西安、南京、无锡、沈阳、广州等城市的房屋修缮情况，旧房屋的块材和砂浆强度等级普遍较低。为提高砌体的承载能力，加强新旧砌体的联结，本条规定砌体修缮时使用的砂浆应比原砂浆强度等级提高一级的要求。

5.2.4 由于房屋砌体构件使用年限、使用功能、环境条件、荷载情况和块材、砂浆的质量等不同，其完损程度差异也大，情况复杂，故本条规定验算强度时均乘以折减系数 ψ，可由设计人员根据当地实际情况和旧砌体质量在 0.6～1.0 范围内取值。

5.3 砌体弓突、倾斜

5.3.1 本条系根据历年来的修缮实际经验和原城乡建设环境保护部颁发的《危险房屋鉴定标准》（CJ13）确定，其中砌体高厚比 β 如有增大，势必引起构件的承载力明显降低，故规定凡大于国家现行规范的规定值时必须进行强度与刚度的验算。

5.3.2～5.3.5 条文规定的计算公式均以原砌体和加固部分共同作用进行计算。由于施工条件、新旧砌体结合程度等不可能为紧密的整体，故在各计算公式中列入折减系数，使计算符合砌体结构加固的实际情况。

5.3.8 新增砖和混凝土附壁柱加固的承载力验算是参照历年修缮经验为依据。本规程公式 5.3.8-1 中对新砌附壁柱的承载力 f_1A_2 乘以 0.9 系数，是考虑到新、旧砌体共同工作时可能出现有差异，为安全起见，确定此系数。

5.4 砌体裂缝

5.4.1 本条系根据上海等地区历年房屋修缮实际经验和原城乡建设环境保护部颁发的《危险房屋鉴定标准》(CJ13) 确定。

5.4.3~5.4.4 条文规定承载力计算主要根据国家现行规范的规定。由于旧构件使用年限、环境条件、荷载以及砌筑砂浆质量等因素，故采用折减系数 ψ 值，由设计人员根据不同情况进行取值。

5.5 砖石柱

5.5.1 本条系根据历年各地修缮经验和原城乡建设环境保护部颁发的《危险房屋鉴定标准》(CJ13) 确定。

5.5.3 当砖石柱截面面积小于 240mm×370mm 或毛石柱截面较小的边长小于 400mm 时，考虑到原柱的截面较小，受荷也不大，如采用其他方法修缮，施工较繁，经济效益也不好，故本条规定拆除重砌方法。条文中有关"严重损坏"是指按本规程第 5.5.1 条所列的情况，经验算不能满足要求的。

5.6 圈梁和过梁

5.6.1 本条系根据历年各地修缮经验和原城乡建设环境保护部颁发的《危险房屋鉴定标准》(CJ13) 确定。

5.6.2 本条规定系一般修缮部门常用修法，各地可根据当地实际情况参照运用，以确保质量和住用安全。

5.7 构造要求

5.7.2 本条规定对有关构件的支撑，不仅要保证支撑能承受原构件的荷载，而且要在支撑中考虑原建筑物的整体稳定。

5.7.3 本条对新旧砌体的交接处可用直槎，这是与新建施工要求不同之处。主要是砌体结构只能部分拆砌，以及受施工条件的影响，所以采用直槎联结，并在砌体中放置不少于 2d4 钢筋，中距为 500mm，上下每隔 1000mm 设一道。

5.7.5 本条规定防潮层的构造作法适用于一般房屋，即室外地坪低于室内地坪 50mm 以上。在旧城区有些老旧民房的室内地坪低于室外地坪的为数也不少，此类房屋可不按本条规定采用。

5.7.12 根据地震后的资料所得，在地震烈度为 6 度的情况下，有相当数量的空斗墙损坏，故本条作此规定。

6 木 结 构

6.1 一 般 规 定

6.1.1 本条系根据房修部门大量调查资料对木结构房屋的倒塌主要由于节点（特别是端节点）腐朽、虫蛀造成的。其次，检查构件挠度是否过大，结构是否变形是判断木结构是否处于正常状态的有效方法之一。正常情况下，木结构一、二年后的变形大致趋于稳定，以后变形的增量很少，如变形在不断增大，说明结构有问题的预兆，必须引起查勘的注意。再次，对木构件的裂缝，虽然一般情况下木材的顺纹干缩裂缝不影响构件的承载力，但这些裂缝如与受剪面重合或通过螺栓孔时，在某些情况下将使构件处于危险状态，甚至导致破坏，必须引起查勘设计时注意。

6.2 材 料

6.2.2 本条规定国产常用木材的强度设计值和弹性模量的取值应符合现行国家标准《木结构设计规范》(GBJ5—88) 第三章第二节的规定，如各地有采用进口木材时，其强度设计值和弹性模量应按表 6.2.2 选用。

表 6.2.2 进口木材（树种）的强度设计值和弹性模量（MPa）

木材名称	等级	抗弯 f_m	顺纹抗压及承压 f_c	顺纹抗拉 f_t	顺纹抗剪 f_y	横纹承压 f_c°		弹性模量 E
						全表面	局部表面及齿面	拉力螺栓垫板下面
美洲松木、道格拉斯枞木	一级	17.00	15.00	9.50	1.60	2.30	3.50	4.60	10 000
美洲松木、南方松木、挪威松木、道格拉斯枞木	二级	13.00	12.00	8.50	1.40	1.90	2.90	3.80	10 000
道格拉斯枞木、挪威松木	三级	11.00	10.00	7.00	1.20	1.80	2.70	3.60	9 000

6.2.3 木材的强度、弹性模量的衰减是随着时间、使用条件、木材的本身材质等多种因素变化的，目前国内的一些试验尚不足以定量反映，根据历年修缮的实际经验，本条规定强度设计值的折减系数 ψ 为 0.6~0.8，弹性模量折减系数 ψ 为 0.6~0.9，各地可按当地实际情况，综合分析后参照取值。

6.3 柱

6.3.1 本条系根据历年修缮经验和原城乡建设环境保护部颁发的《危险房屋鉴定标准》(CJ13) 确定。

6.3.2 本条系参照现行国家标准《木结构设计规范》(GBJ5—88) 的有关规定确定。

6.3.5 本条系根据历年修缮经验对木柱夹接应有的

各项技术要求，其中规定不得用铁丝代替螺栓，主要是在潮湿地区铁丝较易锈蚀，即使在干燥时，因木材含水量的降低，木材断面缩小，原捆紧的铅丝亦会松动而失效，故作此规定。

6.3.6 根据上海等城市修缮部门的经验，木柱根部腐朽一般小于 300mm 可改用砖柱，在 300～800mm 宜改用混凝土柱，故本条作此规定。

6.4 梁、搁栅、檩条

6.4.1 本条系根据原城乡建设环境保护部颁发的《危险房屋鉴定标准》（GJ13）以及上海等城市房修部门的修缮经验确定。

6.4.2～6.4.5 条文规定的抗弯强度设计值和抗剪强度设计值均根据现行国家标准《木结构设计规范》（GBJ5—88）确定。旧木材的强度通过折减系数 ψ 进行验算。

6.4.8 当采用单剪连接绑接加固时，考虑其扭转力矩，因此不宜用于独立的梁、搁栅，一般应用于上铺楼板的梁、搁栅为宜。

6.5 屋架

6.5.1 本条根据历年修缮经验和原城乡建设环境保护部颁发的《危险房屋鉴定标准》（CJ13）确定。其中特别应检查的是木屋架的下弦接头有无拉开，下弦接头木夹板螺栓孔附近有无裂缝，屋架端节点的受剪面及其附近是否开裂，还有屋架平面外有无侧移及支撑体系是否健全和松动。这些都是房修部门多年来修缮实际中经常发现的。房屋在使用中经常有住户为搭置搁楼而拆除支撑体系，或因原设计中支撑布置不当，或施工质量不好，或上弦接头设计不妥等都将使木屋架的空间刚度减弱，造成屋架平面外显著倾斜，使结构处于危险之中，在查勘与设计中必须加以注意。

6.5.3 本条系根据现行国家标准《木结构设计规范》（GBJ5—88）确定。

6.5.5～6.5.11 条文系根据历年常用的修缮方法，各地可根据实际情况参照执行。

6.8 构造要求

6.8.1 大量调查资料表明木结构的损坏是由于受潮引起的腐朽、虫柱，采用内排水时由于排水管的堵塞或防水层的损坏造成渗漏，故本条规定屋盖修缮宜用外排水。

7 混凝土结构

7.1 一般规定

7.1.1 本条系根据历年来对混凝土结构房屋修缮查

勘的实践经验确定。

7.1.2～7.1.3 条文规定旧混凝土和旧钢筋强度取值的折减系数系根据实测试验统计资料，并结合历年修缮工程经验确定。

7.1.4 新旧混凝土结合牢固可靠系指在新浇捣混凝土前，对原有混凝土构件表面凿成 4mm 深的人工粗糙面，以确保新旧混凝土的结合牢固。本条规定承载力分配系数的计算公式仅适用于混凝土受弯构件。

7.1.6 本条规定对原有混凝土构件的检测方法系根据历年来修缮查勘实践经验确定。

7.2 材料

7.2.1 修缮加固用的钢材宜用Ⅰ级钢或Ⅱ级钢，主要是考虑到成本低，易于加工和焊接。

7.2.2～7.2.3 条文规定采用普通硅酸盐水泥或微膨胀水泥的修缮材料系根据各地区加固工程实践总结经验确定。对水泥标号不宜低于 425 号系与修缮加固用混凝土强度等级不低于 C20 相对应。通过调查表明：混凝土结构加固工程，将混凝土强度等级比原结构构件的强度等级提高一级，有利于保证新浇混凝土与原混凝土间的粘结。

7.2.5 本条对有关混凝土结构连接时采用材料的要求，除应符合有关专门规范的同时，还对连接材料的强度提出了要求，以保证原混凝土构件达到设计承载力时，其连接材料尚未达到强度极限。

7.3 柱

7.3.1 本条规定系根据原城乡建设环境保护部颁发的《危险房屋鉴定标准》（CJ13）和国内各地区历年来修缮经验确定。

7.3.4 增加混凝土截面和钢筋截面加固混凝土柱，其承载力按新、旧混凝土共同作用。考虑到新、旧混凝土协同工作的程度稍有差异，即加固后的承载力不是新混凝土构件承载力和旧混凝土构件承载力的简单叠加，而应对新混凝土部分承载力予以适当折减（折减系数 α）。折减系数 α 值在国内外的有关试验资料甚少，本条规定的折减系数 α 系根据国内各地区加固工程实践经验确定，推荐折减系数值为 0.8。

7.3.6 根据有关资料表明，湿式外包钢加固混凝土柱，其外包型钢与原构件能完好共同工作时可按整体结构计算。如在实际工程中其整体作用有误差时，在计算上可采用安全折减系数 0.9。

7.3.7 干式外包钢加固柱其受外力按各自的刚度比例进行分配，钢构架各杆件的承载力均按现行国家标准《钢结构设计规范》（GBJ17）的规定进行计算。

本条系对原混凝土柱加固厚度受条件限制时所采用的加固方法，目前已很少采用。据国内有关单位的试验资料表明，外包型钢与原混凝土柱结合面不能有效传递剪力，故不能作外包型钢与原混凝土柱共同作用的假设，干式外包钢加固柱的总承载力应为钢构架承载力与原混凝土柱承载力之和，这是根据上海地区和全国有关城市修缮工程的经验确定。

7.3.8 本条规定喷射混凝土修缮法系上海地区常用的经验，各地区可根据本地区实际情况参照执行。

7.4 梁、板

7.4.1 本条规定系根据原城乡建设环境保护部颁发的《危险房屋鉴定标准》（CJ13）和国内各地区历年来的修缮经验确定。关于明显裂缝的定量问题，混凝土裂缝有微裂和宏观裂缝，微裂是肉眼不可见的，肉眼可见的裂缝一般在 0.05mm（实际最佳视力可见 0.02mm），大于 0.05mm 的裂缝称为宏观裂缝。又根据国内外设计规范及有关试验资料，对于无侵蚀介质、无防渗要求的民用建筑，混凝土最大裂缝宽度的控制标准为 0.3mm。为此，本条中所指明显裂缝系宽度大于 0.3mm 的裂缝。

7.4.2～7.4.3 钢筋混凝土梁（包括"T"形梁）、板的正截面受弯承载力的验算公式与现行国家标准《混凝土结构设计规范》（GBJ10）中的有关计算原理与基本假定相吻合，结合历年修缮的实际经验，对旧混凝土和旧钢筋的强度设计值分别取折减系数 ψ_c、ψ_s 确定。

7.4.4 本条分别列出钢筋混凝土板承载力部分失效或完全失效而产生损坏时采取增加钢筋混凝土板厚度的加固措施，对新、旧混凝土结合不可靠时，按新、旧钢筋混凝土板刚度分配系数分别计算其正截面承载力。对新、旧混凝土结合牢固时，则按新、旧钢筋混凝土板共同作用的原理计算其正截面承载力，并要求同时满足规定的有关构造要求。

7.4.5 湿式外包型钢加固混凝土梁的正截面承载力计算均按现行国家标准《混凝土结构设计规范》（GBJ10）和《钢结构设计规范》（GBJ17）的规定执行，考虑到一定的安全储备，对外包型钢的强度取降低系数 0.9。

7.4.6 现浇混凝土梁支座抗弯承载力不足，可增加梁厚度进行加固，但新、旧混凝土应结合牢固可靠。可按新、旧混凝土梁共同作用的原理计算其正截面承载力，同时应满足规定的有关构造要求。

7.4.7 钢筋混凝土梁抗弯、抗剪承载力不足时，当采用梁四面用钢筋混凝土围套加固时，其正截面受弯承载力的计算与钢筋混凝土梁正截面受弯承载力的计算相同；其斜截面的受剪承载力的计算与现行国家标准《混凝土结构设计规范》（GBJ10）中的有关计算原理和基本假定相吻合，考虑到旧混凝土和旧钢筋的强度设计值应分别以系数 ψ_c、ψ_s 进行折减。

7.4.8 钢围套（钢桁架）加固钢筋混凝土梁的抗弯、抗剪承载力不足的措施目前采用不多，只有当梁的高度受到限制的情况下才使用。加固钢桁架的承载力计

算原理、基本假设及计算公式均符合现行国家标准《钢结构设计规范》（GBJ17）的规定。本条规定加固后的钢桁架系单独承载，不考虑钢桁架与原混凝土梁的共同作用，因为考虑到原钢筋混凝土梁抗弯、抗剪承载力不足，即说明原钢筋混凝土梁承载力已部分失效或完全失效，而钢的弹性模量与钢筋混凝土的弹性模量存在很大的差异，且此时钢桁架与原混凝土梁的分别承载力又是一个变量。为此，将原钢筋混凝土梁的部分承载力作安全储备，也是出于偏安全考虑。

7.4.9 梁正截面强度不足，可采取在受拉、受压区表面粘贴钢板加固的措施，此时截面受弯承载力计算应按现行国家标准《混凝土结构设计规范》（GBJ17）规定执行，其受压区高度应按本规程公式 7.4.9-1 确定，并对加固钢板强度乘以 0.9 系数，目的是在计算上留有一定的附加安全储备。

受拉钢板在其加固点外，如果受力上完全不需要的钢板，则其锚固长度 L_1 计算公式 7.4.9-4 系按锚固区的粘结受剪承载力必须大于钢板的受拉承载力确定的。锚固区剪应力近似按三角形分布，剪应力分布不平均系数取 2。

对于加设 U 型箍板锚固，当箍板与补强钢板间的粘结受剪承载力小于或等于箍板与混凝土间的粘结受剪承载力时，锚固承载力为加固钢板与混凝土间的粘结受剪承载力及箍板与加固钢板间的粘结受剪承载力之和，即本规程公式 7.4.9-5；反之，锚固承载力为加固钢板和箍板与混凝土间的粘结受剪承载力之和，即本规程公式 7.4.9-6。

7.5 构造要求

7.5.1～7.5.4 条文规定的构造要求是为了确保混凝土梁、板、柱加固时，新、旧混凝土的整体性强，结构牢固，同时也方便施工。工程实践表明，按此构造措施，对新、旧混凝土的结合效果是良好的。

8 钢 结 构

8.1 一 般 规 定

8.1.1 本条系根据历年房屋修缮中常见的几种损坏情况而确定。

8.1.2 本条规定了钢结构损坏严重时，必须对其强度设计值重新取样试验，主要是为保证结构或构件在原有情况下的可靠度。

8.1.5 本条规定的折减系数 ψ 值系根据历年房屋修缮的实践而确定。各地区可按当地实际情况，综合分析后分别取值。

8.2 材 料

8.2.1 本条规定采用 I 级钢材，是民用房屋修缮中

最常用的，其成本低并易加工和焊接。

8.2.2 本条系根据多年房屋修缮工程经验确定，同时也与现行国家标准《钢结构设计规范》（GBJ17）中有关在钢结构的受力构件及其连接中用料相符。

8.2.3 根据国内有关资料，当强度不同的新旧钢材焊接时使用焊缝强度高型焊条比用焊缝强度低型焊条提高不多，设计时只能取用焊缝强度低型焊条的焊缝强度设计值。此外，从连接的韧性和经济上考虑，故本条规定宜采用低强度钢材相适应的焊接材料。

8.2.4 根据实践，对修缮钢构件接头端的铆钉或螺栓数应不少于两个，因为一般只允许在组合构件的缀条中采用一个螺栓（或铆钉），而这种组合构件在民用房屋中较少。

8.3 梁、搁栅、檩条

8.3.1 本条系根据国内各地区历年来的修缮经验和原城乡建设环境保护部颁发的《危险房屋鉴定标准》（CJ13）确定。

8.3.2～8.3.4 条文规定受弯构件抗弯强度、抗剪强度和整体稳定性的验算系根据现行国家标准《钢结构设计规范》（GBJ17）确定。对旧钢构件的强度设计值应按各地实际情况以折减系数 ψ 分别取值。条文规定中未考虑在全截面上发展塑性，未考虑内力重分布，也不考虑直接承受动力荷载作用的受弯构件。

8.3.5 钢梁强度或稳定性不足时，其加固措施较多，本条规定系常用的措施，凡能满足钢结构强度和稳定性要求时，各地区可根据当地实际情况以及过去已有的经验参照本规定执行。

8.4 柱

8.4.1 本条系根据国内各地区历年房屋修缮经验和原城乡建设环境保护部颁发的《危险房屋鉴定标准》（CJ13）确定。

8.4.2 本条系根据现行国家标准《钢结构设计规范》（GBJ17）确定，对旧钢柱的强度设计值应以折减系数 ψ 分别取值。

8.4.3 本条规定是国内常用的加固措施，其中采用混凝土加固的应按本规程第 7 章中有关规定执行。

8.5 屋 架

8.5.1 本条系根据国内各地区历年房屋修缮经验和原城乡建设环境保护部颁发的《危险房屋鉴定标准》（CJ13）确定。

8.5.2 本条规定系国内常用的加固措施，各地区可根据当地实际情况和经验参照执行。

8.6 钢构件焊接和螺栓连接

8.6.2 本条规定是为了达到经济合理的要求，选择焊条型号与构件钢材的强度相适应，即要求焊接后的焊缝强度和主体金属强度相一致。

8.6.4 本条对旧构件的有效焊缝验算的规定，主要是确保构件焊缝的有效性，以及原有结构的强度和稳定性。

9 房屋修漏

9.1 一般规定

9.1.2 根据房屋不同的渗漏水现象，在修缮前必须查清渗漏水的部位，找准漏水点，这是关键。房屋的渗漏水检查方法一般以目视直观查看为主。房屋的渗漏水现象在检查的同时还应进行原因分析，只有查明原因，才能采用科学的、先进的、有效的技术措施，并结合当地的实际情况，制定出解决房屋渗漏水的修缮方案。

9.1.3 本条规定主要目的是在保证房屋防水基层牢固的前提下进行房屋修漏，这也是房屋修漏的必要条件。

9.2 材 料

9.2.1～9.2.3 条文对房屋修漏材料质量、型号、厚度和性能的规定，主要是保证房屋修漏质量，使其维护一个大修周期。其次，对防水材料的性能进行鉴定，也是防止伪劣材料的混用。

9.2.4 本条规定对防水材料的技术性能进行复测，目的是防止伪劣材料的混用。各种防水材料检验的物理性能指标见附录 A。

9.3 屋 面

9.3.1 本条第(1)点针对目前国内尚有一定数量的平瓦屋面和小青瓦屋面的民用居住房屋，其中有一部分建造年久，屋面瓦常发生风化、碎裂现象，也有一些屋面刚度不足，屋脊也会出现裂缝，损坏情况不一，这些损坏都能导致屋面渗漏水。为此，在屋面修缮时，可根据实际情况，采取局部检修或翻修。屋面少量渗漏，是指屋面瓦风化情况不严重，瓦片破碎现象不多，屋脊裂缝在 2mm 以内，但有渗漏水现象，可采取局部检修（裂缝宽度在 2mm 以内一般不会导致明显的渗漏，故以此为限）。反之，则指屋面渗漏水或损坏严重，应予翻修。本条第(2)点是对一般民用居住房屋所作的规定，对原屋面没有屋面板及防水层的，在修缮时应增设屋面板，这样有利于增做油毡防水层及增强整个屋面的刚度，使原屋面的防水效果更好。对于临时建筑、棚户简屋则不受此条限制。本条第(3)点对屋面坡度过小容易导致在大雨或风力的作用下屋面倒进水所作的规定。增设油毡防水层是为了使屋面能起到防水作用。对风大地区和坡度大于 45度的屋面，瓦片应用铜丝穿扎在挂瓦条上，并要求进行全扎或隔张穿扎，这是为了避免由于风力（吸力）的作用或瓦片下滑（坡度过大）造成掀落，导致危险及渗漏水的措施。

9.3.2 本条第（1）点规定混凝土平屋面采用卷材、涂膜材料作防水层的做法，各地均较普遍使用，且一般使用周期可达十年。本条第（3）点针对屋面中比较容易渗漏的部位一般是天沟、檐口、女儿墙、山墙、落水洞口、阴阳角、伸出屋面管道和烟囱等处，因此作了明确的技术规定。本条第（4）点对混凝土平屋面基层裂缝是造成渗漏的主要原因之一，往往在修缮屋面时注意不够，因此本款明确规定在修缮屋面防水层前，必须对屋面基层裂缝进行处理。本条第（5）点针对部分混凝土平屋面由于设计或施工原因，屋面坡度或落水洞口坡度达不到规范要求，造成排水不畅，因此规定在修缮防水层渗漏前，应填充材料使屋面和落水洞口坡度分别达到 2％ 和 5％ 以上，使屋面能排水畅通。本条第（7）点规定各种涂膜材料的最小厚度，主要是为了有效地防水和达到一定的使用周期。本条第（8）点对屋面隔热层的干燥程度处理不妥往往造成屋面防水层起鼓、空脱，因此规定有隔热层的防水层应设置排气孔。

9.3.3 本条第（1）点针对刚性防水层屋面的优点是渗漏点容易确定、检修方便、使用时期长，同时还可作活动场地，因此规定在混凝土屋面结构的承载力许可情况下，宜采用刚性材料修复，但应严格按规定施工，保证质量，提高防水性能。

9.4 外 墙 面

9.4.1 本条第（1）点针对在外墙面渗漏修漏时往往只注重堵漏效果，忽视所用材料色泽的协调，影响房屋和居住小区的优美环境，因此规定在选用外墙材料时，应注意其色调与房屋周围环境协调一致。本条第（2）点规定采用防水胶或合成高分子防水涂料修缮外墙面局部渗水，因为合成高分子防水涂料是以合成橡胶或合成树脂为主要成膜物质，具有理想的防水防渗效果。本条第（3）和第（4）点外墙面裂缝和门窗框渗漏主要是施工、温差或不均匀沉降造成，故要求采用柔性较好的密封材料或其他合成高分子材料修缮，以提高抗渗漏的有效性。本条第（5）点所指新旧建筑物外墙连接缝渗水应在新旧建筑物都相对稳定的前提下，采用规定的方法修缮是有效的；反之，则不宜采用此法。

9.4.2 建造年久的民用居住房屋，其防潮层损坏引起的渗水较为普遍，影响居住。本条规定采用掏砌防潮层的方法，但必须注意每次掏砌砖墙的长度不应大于 1m，以防止墙体下沉。对采用防水浆液注入防潮层以提高抗渗能力的做法，国外应用较多，但国内尚在试验阶段。

9.5 地 下 室

9.5.1 地下室渗漏是目前房屋质量中常见病之一，修缮的方法较多，但难度也较大，其中房屋不均匀沉降是造成地下室渗漏的主要原因之一，因此本条规定应在房屋沉降稳定后再进行修缮。

9.5.2 本条第（1）点所列水压较大的裂缝是指水位在 2～4m，渗漏面积较大，裂缝较深，水流较急，可采用埋管导引的方法修漏。具体做法是将引水管穿透卷材层至墙面内引走孔洞渗水，用速凝材料灌满孔洞，挤压密实，堵塞完成后经检查无渗漏时，将管拔出堵眼，再用水泥砂浆分层抹平（图 9.5.2-1）。本条第（2）点所列水压较小的裂缝是指水位在 2m 左右，渗漏点水压较小，渗漏面积不大，则可采用速凝防水材料直接堵塞（图 9.5.2-2）。

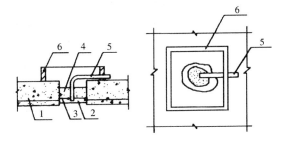

图 9.5.2-1 埋管导引堵漏
1—基层；2—碎石层；3—卷材；4—速凝
材料；5—引水管；6—挡水墙

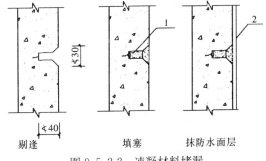

图 9.5.2-2 速凝材料堵漏
1—速凝材料；2—防水砂浆

10 房 屋 装 饰

10.1 一 般 规 定

10.1.1～10.1.2 房屋修缮的特点之一是零星分散，一般坏什么就修什么。为此，对这些零星修补工程作此规定，主要是根据实际情况出发，为求符合经济、美观，与原有装饰相协调。

10.1.3 房屋各种装饰在修缮时，其基层牢固是装饰修缮的必要条件，故本条作此规定。

10.1.5 房屋装饰的修缮材料必须是安全、对人体无害和无环境污染，因为房屋的装饰材料往往置于建筑的表面，对上述要求至关重要。

10.2 材　　料

10.2.1 本条对木材含水率的规定，主要是要求采用较干燥的木材制作，以减少因木材干缩所造成的松弛、变形和裂缝的危害，保证工程质量。

10.2.2 本条对钢材的规定，主要是Ⅰ级钢易加工，且成本较低。

10.2.3 本条对规定抹灰用的石灰膏熟化时间不得少于15d，因为石灰膏未达到15d的熟化时间即用来抹灰（刷粉在墙面或平顶），则未经充分熟化的石灰膏遇到空气中的水分将进一步熟化，导致未熟的石灰爆裂，影响装饰效果。

10.2.4 由于市场木地板胶粘剂品种很多，本条规定选用专用胶粘剂，使木地板与基层粘结牢固。

10.2.5 本条规定主要是保证材料的质量，防止有毒、有害人体及环境污染的材料混用，同时还防止伪劣材料的使用。

10.3 门　　窗

10.3.1～10.3.4 钢、木门窗变形、松动、腐朽或渗水将直接影响使用功能及安全，条文规定的校正变形、加固和对腐朽、渗水的修缮方法可节约材料，这在各地区积累了不少经验，其修缮的效果是良好的。

10.4 楼　地　面

10.4.1 本条规定楼地面垫层的最小厚度，即是对原垫层的厚度大于最小厚度的规定值时，原则上按原垫层厚度进行修缮。当原垫层厚度小于规定值时，则应重做垫层。

10.4.2～10.4.3 楼地面面层损坏，原则上按原样修复，这是考虑到修缮的特点，它不像新建楼地面的材料可以选择各种材料，而修缮的楼地面只能基于原楼地面的材料规格进行修复。条文规定面层混凝土的强度等级不应低于C20，这是基于修缮的混凝土强度应比原混凝土强度高一级的因素考虑的。

10.4.4 木楼地板的结构牢固是修缮木楼地板的关键，为此，在修缮时遇木楼地板挠度过大，必须对其结构进行加固。

10.4.5 硬木小条楼地板和塑料面板与其基层的粘结，在选择胶粘剂时，应充分考虑粘结材料与楼地板面层、基层的材料相吻合。

10.5 抹　　灰

10.5.2 对外墙抹灰的修缮查勘与设计，应注意有否雨水滞留的部位，并采取能使雨水迅速排除和导向阻碍雨水侵入的措施，从而阻止雨水侵入室内。

10.6 饰　面　板

10.6.1 饰面板的损坏情况多样，有风化剥落、残缺、起壳或裂缝等，其修缮的原则应是按原样镶贴完整。但是，当原有饰面板的材料及规格比较特殊，修缮面积又太大，既要保留又要牢固，此时可采取本条规定的修缮方法。对于采用环氧树脂螺栓锚固法加固饰面材料与刮糙层起壳的方法，是根据上海市房屋科学研究院研究提供的资料，经上海地区运用并取得良好的效果。例如：1983年上海中百一店大楼外墙面砖修缮和福州大楼等工程均运用此技术，时间最长的已有12年之久。但在运用环氧树脂螺栓锚固法时，必须注意空心砖墙不能运用此技术。

10.7 油漆、刷浆、玻璃

10.7.1～10.7.2 房屋的油漆、刷浆修缮在制定修缮方案时，必须注意所用的材料应与原材料相吻合，包括新旧油漆或刷浆之间、分度油漆或刷浆之间，水性材料与油性材料不能混用。条文推荐的油漆面层度数可做一底二面是修缮工程最常用的。当然，要求较高的房屋可提高标准。

10.7.4 本条规定的玻璃厚度是民用房屋常用的标准。

11　电 气 照 明

11.1　一 般 规 定

11.1.1 目前各地民用房屋用电情况较混乱，电线老化、导线超负荷工作等现象较普遍，为确保用电安全，故在房屋修缮的同时对室内电气照明、接地故障保护装置和防雷装置损坏的修缮作了规定。

11.1.2 电气照明、接地和防雷的修缮查勘与设计、施工操作，以及竣工验收，必须按国家现行有关规范执行。对本规程未作规定的事项，应按国家现行有关规范、标准执行。

11.1.3 由于用电器具的普及，用户乱接乱拉电线的现象比较普遍，造成线路的实际容量大大超过导线及电度表的额定容量，而用户又常采用随意加大熔断保护器的熔体以维持线路工作，使线路保护装置形同虚设，配电系统长期超负荷工作，是火灾、人身安全等事故的极大隐患。

此外，民用房屋的照明电气往往对接地故障保护不够重视或遗漏，有些早期的民用房屋根本无接地故障保护系统，而接地故障保护的装置能使220/380V电压电网发生单相接地或与设备外壳相碰时，防止人身被电击或电气火灾，以保证设备和线路的热稳定性。故本条规定应查明的重点内容，以便及时修复和补充完善。

11.1.4 本条规定修缮设计时应绘制配电系统图、接地平面图和防雷装置平面图，其目的一方面便于指导施工，另一方面可作为下一次修缮的可靠资料。

11.1.5 计量电器用于监视及反映配电系统的工作状况，直接关系到用电安全，计量电器又反映用户的用电量，是国家向用户收取电费的依据，故本条规定计量电器的本体不得随意拆改。

11.2 材　料

11.2.1 本条规定主要是要求在电气工程中严禁使用伪劣产品及"三无"产品。

11.2.2 进户管有一大部分是暴露在室外，所使用的材料应从耐腐蚀角度来考虑的，故本条作此规定。

11.2.5 铝芯线在使用中故障率较高，主要是机械强度差，接头处易氧化，加以施工时工艺没有到位，故在选用铝芯绝缘导线时，其工作环境是很重要的。

11.3 线路保护装置

11.3.1 本条第（8）点规定是一个经验数据。总开关使用寿命包括机械寿命和电气寿命两部分，机械寿命常以开关通断动作次数来判定，电气寿命常以开关触头在最大分断电流下烧蚀程度和分断时间来判定，在无专业仪器和专业设备的条件下是很难判定的。其次，各生产开关厂家对开关的理论寿命长短不一。根据上海9个区大修工程的调查，基本上在一个大修周期（10年左右）拆换一次总开关，并收到良好的效果。

11.3.2 本条所指线路保护装置是指短路保护和接地故障保护。保护装置的形式与接地保护形式相符，目的是在发生接地故障时，保护装置能在规定时间内（固定设备和供电线路最大切断故障时间为5s，移动式和手提式设备及供电线路包括插座，最大切断故障时间为0.4s，条件是系统对地电压为220V）自动切断电源。短路故障电流大于接地故障电流，能使保护装置动作，而接地故障电流受制于接地形式、PE线的截面及接地电阻大小，故本条指出，在拆换、修缮保护装置时应重点考虑与接地故障保护系统的配合。保护装置整定值的选取，应按现行国家标准《民用建筑电气设计规范》（JGJ/T16）中有关公式计算。

11.3.3 本条主要出发点是从人身安全考虑，因漏电开关的整定值一般为毫安级，利用残余电流就能使其动作，切断故障电源。

11.3.4 配电箱（电表箱）原设计一般都设在公用部位，而目前乱占乱用公用部位，或移作他用的情况较普遍，用户往往从自身利益考虑，盲目搬移配电箱（板）或电表箱等，故本条规定在修缮工程中发现配电箱（板）或电表箱安装在不适宜部位的，应进行移装。

11.4 导线与电管

11.4.1 本条第(1)点所指的不规范是在修缮工作中常遇有些用户使用漆包线、电话线，甚至用铁丝代替绝缘导线等情况，影响导线耐压等级或绝缘强度等，应在修缮工程中予以拆换。本条第(4)点所指导线敷设不规范是指明敷导线高度过低又无机械保护的，以及护套线直接埋设在粉刷层内的。

11.4.2 本条第（2）点规定的每一分路宜控制在10～15A，主要从实用性考虑：（1）导线常用截面使用量最大的是1.0～1.5mm^2，其安全载流量应按表11.4.2选用；（2）与熔断器熔体标称值吻合。本条第(3)点规定主要考虑到插座回路的负载随机性较大，故障率高，分开设置后，当插座回路发生故障时，不会波及到照明回路。

表11.4.2　安全载流量（A）

导线截面（mm^2）	明线装置		钢管布线						塑料管布线						护套线			
			2根		3根		4根		2根		3根		4根		二芯		三芯	
	Cu	Al	Cu	Al	Cu	Al	Cu	Al	Cu	Al	Cu	Al	Cu	Al	Cu	Al	Cu	Al
1.0	18	—	13	—	12	—	11	—	11	—	10	—	11	—	11	—		
1.5	23	16	17	13	16	12	15	10	15	12	14	11	13	10	14	12	16	8

注：本表数据摘自《电工手册》；Cu—铜，Al—铝。

11.4.6 本条第(2)点规定的锈蚀长度是指累计长度。本条第（4）点所指不规范管材系本规程第11.2.2和11.2.3条规定之外的管材。

11.4.7 本条主要考虑两个方面：一是经济性，有些管材整体较好，但局部损坏，若全部拆换则过于浪费。二是可操作性，长度300mm以上对于钢管铰丝扣，或塑料电管套接，均能操作。

11.4.9～11.4.10 目前家用电器普及，而洗衣机、电冰箱等家电产品又长期处于潮湿环境下工作，单相三极插座其中有一极是接PE线（接地保护线）的，一旦发生漏电，线路保护装置将动作，切断故障电源，故条文作此规定。

11.5 防雷与接地装置

11.5.2 本条规定按原样修复是指不改动、不移位，如遇房屋加层或局部加层，需设置防雷装置的，可按新建设计处理。

11.5.6 本条所指的避雷装置，系包括避雷带（网）、避雷针，以及利用建筑的金属构筑物和构件作防雷用的装置。

11.6 接地故障保护

11.6.1 民用房屋的接地系统一般常用TH系统和TT系统。TH系统中又分为TH-S、TH-C-S和TN-C三种系统。接地系统与线路故障保护的设置应是相配合的，目的是当发生接地故障时，线路保护装置能在规定时间内自动切断故障电，达到保护人身安全的目的。如随意改变原接地系统，可能造成两种后果：其一是一个配电系统中出现两个接地系统，其二是接地系统与线路保护装置不配合，故障发生时保护装置不动作，故本条规定接地故障保护系统应修复，不应随意改动。

11.6.2 虽然现行国家标准《民用建筑电气设计规范》(JGJ/T16)中对 PE 线的选用未作硬性规定，但在修缮工程中，由于拆换导线、管材等项工作的实施，对利用管材（水、电、煤）作 PE 线的系统，很难保证其有良好的电气连续性。对于部分拆换电管，而该管同时又是 PE 线的，因内部穿有导线，难以实施电焊等可靠连接手段，故本条作出改绝缘导线作 PE 线的规定。

11.6.3 本条所列的表 11.6.3 系摘自现行国家标准《民用建筑电气设计规范》(JGJ/16)。

12 给水排水和暖通

12.2 材　料

12.2.2~12.2.3 由于本规程所涉及的范围是多层民用房屋，且大多是居住用房，镀锌钢管是目前我国经济条件下为保证生活饮用水水质而采用的主要管材。同时，根据现行国家标准《建筑给水排水设计规范》(GBJ15—88) 1997 年局部修订中第 2.5.1 条第五款规定："根据水质要求和建筑使用要求等因素生活给水管可采用铜管、聚丁烯管、铝塑复合管、涂塑钢管或钢塑复合管等材料。"

注：(2) 镀锌钢管、镀锌无缝钢管应采用热浸锌工艺生产。

12.2.4 过去某些地区排水管使用缸瓦管，这种材质的机械性能较差，容易损坏，不能适应目前建筑对设备的要求，故不列入本条范围之内。

12.3 给水管道

12.3.1 如给水管的摩擦阻力超过图 12.3.1 所示的数值，则说明给水管管内结垢已很严重，在规范规定的流速控制范围内已不能达到额定的供水能力。虽然此时的给水系统可能对正常使用的影响不显著，但这种影响会急剧恶化，使给水系统的管网不足维持一个大修周期，故本条第(1)点规定应予拆换。本条第(2)点规定是经调查证明：给水管最易产生腐蚀的地方为螺纹连接处，如用螺纹根部的管径减去表 12.3.1 所列的腐蚀深度后，基本上已超过管壁厚的一半，如不加以拆换会很快地发生渗漏，导致管道破坏。

另外，房屋从查勘与设计到修缮施工有一个时间过程，在查勘的过程中，为不影响其正常使用，不可能对每段管段作检查，故在局部拆换长度达到一定

比例后，为保证修缮工程的质量，需拆换整个系统的管道。

12.3.3 本条规定重新确定管径一般有两种情况，一是为改善房屋的使用功能而改变设计流量，另外是用户为使用方便自行对给水管进行更改。这两种情况一般都需经过水力计算，确定其管径，使之更加合理。

12.3.6 就本规程涉及的范围而言，大量的配水点为洗涤盆，其额定配水流量为 0.2L/s，经过调查发现，当其流量减少至 0.1L/s 时，并不影响正常使用，故本条规定以 50% 作为采取措施的界限。

改变管径或增设加压设备需经比较后才能决定，如管道的使用状态还有其他情况，应结合本章其他条款加以处理。

12.4 排水管道

12.4.4 排水立管断面缩小 1/3 以上时，在额定的排水流量时会产生柱塞流，此时在柱塞流下方的卫生设备如无专用透气管，将会产生污水上冒的现象，影响正常使用，故本条规定应全部拆换。

12.4.10 本条规定系经调查统计多层民用房屋绝大部分无专用排水透气管，故立管流量不得超过表 12.4.10 的规定。如房屋设有专用排水透气管的，其排水立管的排水流量可以超过此表范围，但必须校核排水管的排水能力。

12.6 采暖管道、设备

12.6.9 在原设计条件下如室内温度低于设计温度 3℃ 时人体会产生冷感，影响房屋的舒适性，故本条规定应校核采暖设备的供热能力，并采取相应的技术措施。

12.7 通风管道

12.7.1~12.7.2 如果了解原有风量的分配情况，特别是改变了管道系统之后再作风量平衡是很困难的，故条文规定应在修缮查勘前了解原设计风量分配情况。

12.7.11 调查中发现，空调系统中回风口的挡灰网是系统阻力增加的主要原因，故本条规定挡灰网在修缮时应予拆换。

12.7.12~12.7.13 防潮层损坏后，水汽进入隔热层而使隔热效果严重恶化，故条文规定防潮层损坏时应重做隔热层。

12.7.15~12.7.19 随着房屋设备的老化，系统的噪声也会随之增加，故条文规定在修缮过程中应加以解决，保证房屋住用的舒适性。

附录 A 防水材料检验的物理性能指标

A.1 防水卷材

A.1.1 沥青防水卷材应检验拉力、耐热度、柔性、

不透水性。其物理性能应符合表 A.1.1 的要求。

表 A.1.1　沥青防水卷材物理性能

项　目	性　能　要　求				
	Ⅰ类		Ⅱ类	Ⅲ类	Ⅳ类
	350 号	500 号			
拉力(纵向)(N)	≥340	≥440	≥280	≥500	≥550
耐热度(℃)	85	85	85	85	85
柔性(冷弯性)(℃)	18	18	10	10	10
不透水性(MPa/h)	0.1/0.5	0.15/0.5	0.1/24	0.1/24	0.1/24
断裂延伸率(%)	—	—	≥2	≥2	≥2

注：1. Ⅰ类指纸胎体；Ⅱ类指玻纤毡胎体；Ⅲ类指麻布胎体；Ⅳ类指聚酯毡胎体。
　　2. 表中Ⅱ、Ⅲ、Ⅳ类卷材目前尚无国家标准，其性能要求均为国内较好水平指标，现场检测可按此表或现行行业有关标准执行。

A.1.2　高聚物改性沥青防水卷材应检验拉伸性能、耐热度、柔性、不透水性。其物理性能应符合表 A.1.2 的要求。

表 A.1.2　高聚物改性沥青防水卷材物理性能

项　目		性　能　要　求			
		Ⅰ类	Ⅱ类	Ⅲ类	Ⅳ类
拉伸性能	拉力(纵向)(N)	≥400	≥400	≥50	≥200
	延伸率(%)	≥30	≥5	≥200	≥3
耐热度(85±2℃　2h)		不流淌，无集中性气泡			
柔性(−5～−25℃)		绕规定直径圆棒无裂纹			
不透水性	压力(MPa)	≥0.2			
	保持时间(min)	≥30			

注：1. Ⅰ类指聚酯毡胎体；Ⅱ类指麻布胎体；Ⅲ类指聚乙烯膜胎体；Ⅳ类指玻纤毡胎体。
　　2. 表中柔性的温度范围系表示不同档次产品的低温性能。

A.1.3　合成高分子防水卷材应检验拉伸强度、断裂伸长率、低温弯折性，不透水性。其物理性能应符合表 A.1.3 的要求。

表 A.1.3　合成高分子防水卷材物理性能

项　目		性能要求		
		Ⅰ类	Ⅱ类	Ⅲ类
拉伸强度(MPa)		≥7	≥2	≥9
断裂伸长率(%)	不加胎体	≥450	≥100	—
低　温　弯　折　性		−40℃	−20℃	−20℃
		无　裂　纹		
不透水性	压力(MPa)	≥0.3	≥0.2	≥0.3
	保持时间(min)	≥30		
热老化保持率(80±2℃ 168h)	拉伸强度(%)	≥80		
	断裂伸长率(%)	≥70		

注：Ⅰ类指弹性体卷材；Ⅱ类指塑性体卷材；Ⅲ类指加筋卷材。

A.2　防水涂料和胎体增强材料

A.2.1　防水涂料应检验延伸率、固体含量、柔性、耐热度、不透水性。其物理性能应符合表 A.2.1.1 至 A.2.1.3 的要求。

表 A.2.1.1　沥青基防水涂料质量

项　目		质　量　要　求
固体含量　(%)		≥50
耐热度(80±2℃ 5h)		无流淌、起泡和滑动
柔性　(10±1℃)		4mm 厚，绕 φ20mm 圆棒无裂纹、断裂
不透水性	压　力　(MPa)	≥0.1
	保持时间　(min)	≥30min 不渗透
延伸(20±2℃拉伸)(mm)		≥4.0

表 A.2.1.2　高聚物改性沥青防水涂料质量

项　目		质　量　要　求
固体含量　(%)		≥43
耐热度(80±2℃ 5h)		无流淌、起泡和滑动
柔性　(−10℃)		2mm 厚，绕 φ10mm 圆棒无裂纹、断裂
不透水性	压　力　(MPa)	≥0.1
	保持时间　(min)	≥30min 不渗透
延伸(20±2℃拉伸)(mm)		≥4.5

表 A.2.1.3　合成高分子防水涂料质量

项　目		质　量　要　求	
		Ⅰ　类	Ⅱ　类
固体含量　(%)		≥94	≥65
拉伸强度　(MPa)		≥1.65	≥0.5
断裂延伸率　(%)		≥300	≥400
柔　性		−30℃弯折无裂纹	−20℃弯折无裂纹
不透水性	压力(MPa)	≥0.3	≥0.1
	保持时间(min)	≥30min 不渗透	≥30min 不渗透

注：Ⅰ类为反应固化型；Ⅱ类为挥发固化型。

A.2.2　胎体增强材料应检验拉力、延伸率。其物理性能应符合表 A.2.2 的要求。

表 A.2.2　胎体增强材料质量

项　目		质　量　要　求		
		Ⅰ　类	Ⅱ　类	Ⅲ　类
		均匀、无团状、平整无折皱		
拉力(N/宽 50mm)	纵向	≥150	≥45	≥90
	横向	≥100	≥35	≥50
延伸率(%)	纵向	≥10	≥20	≥3
	横向	≥20	≥25	≥3

注：Ⅰ类为聚酯无纺布；Ⅱ类为化纤无纺布；Ⅲ类为玻纤布。

中华人民共和国国家标准

建筑地面设计规范

GB 50037—96

条 文 说 明

修 订 说 明

本规范是根据国家计委计综（1987）2390号文的要求，由机械工业部负责主编，具体由机械工业部第二设计研究院会同有关单位对原国家标准《工业建筑地面设计规范》TJ 37—79共同修订而成，经建设部1996年7月26日以建标［1996］404号文批准，并会同国家技术监督局联合发布。

这次修订的主要内容有：增加了民用建筑地面、有空气洁净度要求、防油渗要求和采暖房间保温要求等地面的设计内容；修订了承载力极限状态时混凝土垫层厚度计算公式、计算方法和压实填土地基的质量控制指标；增订了混凝土垫层厚度选择表和行之有效的各类地面材料；修改了符号、计量单位和基本术语。有关地面防腐蚀内容，将其划归现行国家标准

《工业建筑防腐蚀设计规范》。在本规范的修订过程中，规范修订组进行了广泛的调查研究，认真总结我国近年来地面设计与材料、施工等方面的实践经验，针对主要技术问题开展了科学研究与试验验证工作，并广泛地征求了全国有关单位的意见，最后由我部会同有关部门审查定稿。

本规范在执行过程中如发现需要修改和补充之处，请将意见和有关资料寄送机械工业部第二设计研究院（浙江省杭州市石桥路338号，邮政编码：310022），并抄送机械工业部，以便今后修订时参考。

1996年6月

目　　次

1 总　则

1.0.1 本条提出了设计时必须遵循的原则。鉴于近年来宾馆、饭店、商厦等建筑大量引进国外材料、冲击国内市场，因此本规范提出优先选用国产材料的原则。此外，提出安全适用的要求。

1.0.2 本条规定了本规范的适用范围，除原有工业建筑外，增加民用建筑内容。工业企业的生产建筑和辅助生产建筑，系指冶金、机械、电器、电力、轻工、纺织、建材、交通和一般性化工等大、中、小型企业的生产车间、泵站和仓库等。民用建筑系指居住、商业和文教卫生等设施的建筑。常用室内外地面系指按使用（功能）要求划分，主要包括了承受上部荷载、磨损、冲击、防潮、防腐蚀、清洁、洁净、防滑、耐高温、防爆、防汞、防冻、防毒和防油渗等要求，其中洁净和防油渗是新增加的；民用建筑方面，仅在选材和构造上有区别于工业建筑；未包括隔热、保温、屏蔽、绝缘、防止放射线等。

1.0.3 材料和施工质量，是保证地面工程质量的关键。调查表明，不同程度上对地面工程不够重视，如在混凝土地面工程中存在着采用过期水泥、洗捣前对地基填土未按规定处理，混凝土养护不周、过早投入使用等现象。为了保证地面工程质量，凡原材料和制成品的质量要求，施工配合比、材料试验和检验方法，均需符合现行国家标准《建筑地面工程施工及验收规范》GB 50209—95 及有关标准、规范的规定。

对有特殊条件和要求的地面设计，除应符合本规范的要求外，尚应按现行有关标准、规范执行。如《工业建筑防腐蚀设计规范》GB 50046—95、《湿陷性黄土地区建筑规范》GBJ 25—90、《建筑设计防火规范》GBJ 16—87、《膨胀土地区建筑技术规范》GBJ 112—87、《民用建筑热工设计规程》JGJ 24—86、《方便残疾人使用的城市道路和建筑物设计规范》JGJ 50—88、《民用建筑隔声设计规范》GBJ 118—88、《电子计算机机房设计规范》GB 50174—93、《洁净厂房设计规范》GBJ 73—84、《建筑结构设计统一标准》GBJ 68—84、《建筑结构荷载规范》GBJ 9—87、《混凝土结构设计规范》GBJ 10—89、《建筑地基基础设计规范》GBJ 7—87、《普通混凝土长期性能和耐久性能试验方法》GBJ 82—85 等。

2　术语、符号

本章内容在原规范中仅作为名词解释列于附录，所用符号亦不够统一。现根据《工程建设技术标准编写暂行办法》（建设部（91）建标技字第 32 号文），结合本规范实际，独立成章，连同新增内容集中列出。

本规范采用了国家标准《建筑结构设计通用符号、计量单位和基本术语》GBJ 83—85 和《工程结构设计基本术语和通用符号》GBJ 32—90 的规定，并采用了《中华人民共和国计量单位使用方法》的规定。有关术语的涵义尽量采用了现代的概念来解释。涵义说明了术语所含的主要意义。与基本术语对应的英文术语属推荐使用。

3　地面类型

3.0.1 本条是原规范第 5 条。提出了地面类型选择时应遵循的基本原则。选择何种地面类型需从两个方面考虑：一是在满足不同的主要生产要求的条件下，尽量减少地面的构造类型；二是采用不同的地面类型在技术经济上有明显的优越性时，需区别对待，不宜单纯强调减少地面类型。因此，本规范规定是强调全面考虑综合比较确定。

关于较严重的物理作用或特殊使用要求的地段，在一般情况下仅个别工段或设备部位（如高温车间炉前区、医院手术室等）需设防；对需要设防区段，也应根据主次，体现小面积重点设防原则。

3.0.2 系原规范第 4 条。本条规定地面的基本构造层次，而其他层次则按需要设置。

填充层是本次修订中增加的，主要针对楼层地面遇有暗敷管线、排水找坡、保温和隔声等使用要求。这一名称以往设计中已有使用。详见本规范附录 A.3 说明。必须指出并非为了暗敷管线而设填充层，相反因设计为了其他目的增设填充层，此时，管线有可能在填充层中暗敷。

3.0.3 系原规范第 9 条，适当增加部分行之有效的面层材料。有较高清洁要求，系指由于地面起尘而影响加工精度、设备使用寿命、产品质量以及人们居住和日常活动环境而言。其面层类型，原规范推荐有水磨石、木板、软聚氯乙烯板、菱苦土等，调查表明，除菱苦土少有使用外，水磨石地面的使用最为广泛。

菱苦土地面具有光洁不起尘，并有弹性、暖性等优点，在纺织系统中使用较多，其他系统和单位少有使用。菱苦土地面有怕潮和不耐冲击的缺点，使用范围有一定限制。

软聚氯乙烯板实际上不属于永久性铺地材料，往往是在原有水泥类面层上铺设以求清洁不起尘。

为解决水泥砂浆和混凝土面层易起灰的缺点，近年来各地发展了一些改进做法，如涂刷耐磨涂料，或加铺预制板块材面层，以改善使用条件。

节约木材是一项重要政策，应严格控制木板面层的使用范围。

3.0.4 本条有空气洁净度要求的地面是参照《洁净厂房设计规范》GBJ 73—84 中对地面设计提出的原则性规定。有空气洁净度要求的空间一般有空气调节设施，温度和湿度作用并不剧烈，但需考虑空调失灵等意外情况，有必要提出面层材料选用变形小的材料，以免产生裂损。

地面面层要求耐磨是为了尽量减少面层材料的发尘量。迄今国内建筑饰面材料的发尘量数据尚掌握得很少，难以按建材品种对其发尘量进行定量规定，只能定性控制。根据国内外多年实践经验，人们已认识到，室内空气的洁净度主要取决于对室外进入空气的过滤程度；另外，室内建筑饰面材料的发尘量与人体发尘量相比甚微，可见在这类地面面层设计时，已不宜过于追求发尘量小这个指标（国内早期设计中有此偏向），只能适可而止。

有空气洁净度要求的房间，一般人流路线曲折，对外总出入口少，封闭的内部空间使燃烧不完全而烟量较大，密布串连的风管系统又能引导烟火到处流窜，有很多不利于防火的因素。因此有必要提出"不燃、难燃或燃烧时不产生有毒气体"的规定，使地面尤其是面层材料不致成为火灾时的次生烟火源。

避免眩光是为了增加室内工作人员眼睛的舒适感。据了解，由于有空气洁净度要求，一般为封闭空间、加上室内气流速度（对人头部有影响）等关系，在其间工作人员常有心跳加快，神经衰弱等职业病症，设计时应改善工作环境，给人以舒适感。

有一定的弹性与较低的导热系数是为了增加工作人员脚部的舒适感，但不作硬性规定。美国曾有一论点认为，弹性地面与人鞋底接触面较大，有利于减少地面面层发尘量。

规定面层材料的光反射系数 ρ 为 0.15 至 0.35，比较抽象，据有关资料表明，如灰、红灰、草绿、墨绿、酱红等色能符合要求。面层色彩宜雅致柔和，与室内墙面、顶棚的色彩协调，避免引起视觉疲劳。

静电带电问题在现代某些有空气洁净度要求的工程中日益突出（地面则是空间六面体中重要组成部分），它与废品率、生产效率、人体劳保、防止火灾爆炸等有直接关系。静电的积聚很大程度上取决于室内装修材料，尤其是地面面层。因为静电带电起于摩擦，行走所发生的摩擦较为频繁，同时地面接近人体，考虑它的不易积累静电就更加重要了。目前人们的看法已逐渐趋向一致：即使单从提高生产效率、消除人员心理紧张（不受静电干扰）的角度出发，在这种情况下，地面面层也应防静电。

还应指出，有空气洁净度要求的地段，地面面层导静电、耐磨性等要求，应视空气洁净度的不同级别与不同行业（如半导体元器件、化工、医药、食品、化妆品行业等）的生产和使用性质予以区别对待。有洁净级别的并不都有导静电要求；并非级别越高时对地面耐磨要求越好。这就要求设计人员结合具体工程综合考虑，避免片面性。

对湿度有控制要求时，底层地面应设置防潮隔离

层，起防潮和防止面层起鼓、脱落的作用。日本和我国的咸阳彩色显像管厂采用过聚乙烯薄膜（农用薄膜）作防潮隔离层，效果较好，材料易得，价格低廉，施工简便。作法详见《洁净室施工及验收规范》JGJ 71—90。

3.0.5 本条规定了空气洁净度为 100 级垂直层流的地面类型。铸铝通风地板曾用于北京 878 厂 04 号建筑，经过抛光十分光洁，但造价太高。钢板焊接后电镀或涂塑通风地板价格较低廉，较易制作，其强度、刚度亦不亚于铸铝。成都 773 厂垂直层流洁净室采用钢板焊接后电镀通风地板，上刷漆，使用效果尚好。当初用铸铝通风地板系考虑铝不易生锈（及耐磨），而在垂直层流的地段，金属一般不会生锈，看来不一定非用铝。究竟以何种通风地板为宜，应根据建设项目的具体情况选定。

塑料、铸铁等通风地板，或因较易变形、老化，或有效通风面积较小，缺点较多，故不予推荐。角铝框塑料板通风地板也用过，未获成功。

采用格栅通风地板，其有效通风面积及承受荷载能力是矛盾的两方面，应综合考虑，同时满足。

3.0.6 本条规定了空气洁净度为 100 级水平层流、1000 级、10000 级的地面类型。

据调查，60 年代初，北京 503 厂密闭厂房内，采用过聚醋酸乙烯乳液作地面面层，当时我国尚无洁净度度分级，该厂房所要求的空气洁净度大约相当于现的今的 10000 级，此后不久，石家庄 13 所也用这种面层。其优点是耐磨、不起尘、不开裂、无缝、弹性较好，但施工麻烦，原料有毒，造价也高，难以推广，以后就不再用了。目前，这类地面已由聚氨酯自流平面层代替。

聚氨酯自流平地面在北京 878 厂 42 号建筑、中国科学院半导体所等处采用过，至今效果尚好。其材料一般采用双组分类型，甲料、乙料混合后涂布反应形成聚氨酯。它可在室温下固化，与基层有良好的附着力，不变形、不碎裂。表面光洁不滑，弹性良好，脚感舒适，易清扫，耐磨、耐水、耐油、耐腐蚀。其静电积聚弱于聚氯乙烯塑料，可作成导静电的，但技术上尚未完全过关。这种面层宜分层施工，每层厚约 1~1.5mm，总厚约 3~4mm，基层应十分平整、干燥，漆膜成型前有毒，施工时必须通风良好。

聚氨酯自流平地面可用导静电塑料贴面面层代替。1989 年建成的北京"松下"彩色显像管有限公司（生产电子枪）有空气洁净度要求的地段，即采用了这种地面，效果不错。所用为浙江金华电子材料厂产品，表面电阻率、体积电阻率均为 $10^5 \sim 10^6 \Omega$，且较耐磨，施工简便，颇有发展前途，但其耐磨性、抗折强度尚需进一步提高，并应发展卷材或较大块材以减少接缝。另外，还应注意贴面块材的抗收缩性。这类地面贴面层的造价与聚氨酯自流平导静电面层相当。

70 年代，在北京 878 厂 40 号建筑曾采用聚氯乙烯软板块状地面面层，现已被淘汰。因它静电积聚厉害，施工麻烦（板要先用温水泡软，板间要用塑料焊条焊严），易老化，粘贴不好时会起鼓，不耐硬性划伤，缺点较多；优点是较耐磨，不起尘，有一定的弹性，力学性能较好，耐腐蚀，故在国内早期曾应用较广。也有将其整卷浮铺在地面上的。

采用聚氯乙烯半硬质板粘贴在水泥砂浆基层用于有空气洁净度要求的地段，清洁、耐磨，有一定的硬度和强度，其静电积聚虽略低于聚氯乙烯软板，但仍有不良影响，故亦未予推荐。

3.0.7 本条规定了空气洁净度为 100000 级、10000 级的地面类型。对这类地面设计要求不很高，但有一定的要求。

据调查，原机电部第十设计研究院设计空气洁净度为 10000 级、100000 级的地面时，一般采用现浇彩色水磨石面层，也有在 100000 级地面采用现浇普通水磨石的。北京有色冶金设计研究总院设计中也采用现浇彩色水磨石面层。

所用的现浇彩色水磨石，不必采用白水泥、大理石石渣等较贵材料，但可略加颜料。

现浇水磨石面层为湿作业，又太费工，国外已不用或罕用。国外这类有空气洁净度要求的地面，广泛采用塑料成块贴面层，标准、成本偏高。现浇水磨石面层坚硬，脚感较差，不如踩于塑料面层上舒服。但现浇水磨石面层成本相对低廉，且能满足空气洁净度的相应要求，一般仍乐于采用。

现浇水磨石地面的面层分格嵌条问题，玻璃条在水磨时有崩掉一小块的危险，使凹下处易积灰尘，对空气洁净度不利；塑料条不耐磨；嵌铜条或铝合金条分格比较适宜。但必须注意到，铜或铝合金为金属材料，对有些生产工艺（如荧光粉的生产）有害，此时就只好采用玻璃嵌条了。

在水泥类面层上涂刷树脂类涂料，在具体工程上可避免现浇水磨石面层费工费时的湿作业，是解决这类洁净度要求的地面一种行之有效的做法。

3.0.8 本条规定了生产或使用过程中有防静电要求的地面设计原则。静电对现代不少生产部门带来危害，对产品的使用者也颇有影响，因而受到人们的关注。

物体带上静电，则带电体附近有电场而产生力学现象、放电现象、静电感应现象，从而引起生产障害、电击灾害、爆炸和火灾。因此生产或使用过程中有防静电要求的地面，必须采用导静电面层。

面层材料中加掺导电纤维防静电的效果较好。也有加导电粉末（如金属粉末）的，但面层表面磨损后，所加粉末颗粒会逸出，不宜用于有空气洁净度要求的地段。加导电纤维、导电粉末是用物理方法处理，较为耐久可靠。面层材料中加表面活性剂是用化

学方法处理，时日一久，表面活性剂会逸失，拖洗地面时也会洗掉一些，致导静电性能逐渐减弱；且其导静电效果随空气的相对湿度而变，较潮湿的夏天比冬天好，冬天效果欠佳。此外，采用导静电涂料，涂层较不耐久，需定期涂刷。

物体的表面电阻率小于 $10^5 \Omega$ 时，人体接触交流电不安全，产生交流电事故；表面电阻率大于 $10^9 \Omega$ 时，则产生静电危害。表面电阻率以 $10^5 \sim 10^7 \Omega$ 为最佳值，范围越小越难作到。我国能作到 $10^5 \sim 10^{8 \sim 9} \Omega$。凡表面电阻率满足要求的物体，其体积电阻率一般也能满足要求，有时只测定前者。

另外，摩擦或接触物体时，要求物体表面的起电压不小于一定值，例如 10V，要求电荷半衰期小于某个值，例如 1s，以使摩擦或接触带上静电后能很快释放掉。上述三项指标之间尚有对应关系。

静电接地是为了万一面层摩擦带电，可以泄掉，以免增加电容，突然放电，造成静电事故。静电接地对地泄漏电阻的大小需根据生产、使用情况决定，一般不大于 $10^8 \Omega$。

3.0.9 系原规范第 10 条。在食品、造纸、印染、选矿、水泥等工业建筑中，在居住和公共建筑中的厕所、浴室、厨室等地段，地面上经常有水作用，当水质无腐蚀性介质时，地面多数用现浇水泥类面层，如混凝土、水泥砂浆或水磨石等，均可满足使用要求。有防滑要求时切忌使用水磨石面层。

据设计单位反映，水和非腐蚀性液体作用的程度使用"浸湿"一词不易掌握，为此，本规范补充"流淌"一词，以示量的区别。在如何设置隔离层时，也有所区分。

采用装配式楼板者，因其整体性较差，板缝较多，在水和非腐蚀性液体流淌状况下，即使板面上做了结构整浇层，习惯上仍设置隔离层。至于结构整浇层能否相当于现浇钢筋混凝土楼板，尚缺乏经验。

据调查，在现浇钢筋混凝土楼板中因振捣不密实或温度收缩等原因楼板产生裂缝的情况也时有发生，底层地面因地基垫层等因素也常有地面开裂的现象出现。为此对设置隔离层的要求进一步提高，部分设计单位也希望扩大（放宽）设置隔离层的范围，故建议设计中可根据工程重要性和具体结构条件确定是否设置隔离层。

3.0.10 工业建筑中的地面防潮，主要指长期储存易潮物品的仓库地面，防止地下潮气和毛细水的渗透而言。对于防止地表面结露现象（俗称"返潮"）的问题，主要依靠控制与调节室内空气的温、湿度来解决。

据调研，仓库建筑地面防潮措施，主要取决于堆放物品的性质、贮存时间和地基土壤的潮湿状况等因素，三者既互相结合，又互相影响。如长期贮存易潮物品时，我国南方地区，一般需采用防潮地面；而北

方地区，如物品存放时间不同，对地面的防潮要求也不同，一般工厂的成品或原材料仓库，由于物资周转快，对地面防潮要求并不突出。因此，对地面是否需要采取防潮措施，必须综合各项因素并结合当地实践经验进行分析，规范中很难作出具体规定。

据调查，普通混凝土地面可满足一般的防潮要求，但材料中毛细孔隙的存在而不能满足较高的防潮要求，因此以普通混凝土地面作为一个界限，且仅为一个相对标准。

在调查中，仍有单位建议对"有防潮要求"的尚应提供具体条件和指标，如在条文下加注土壤毛细水渗透高度。毛细水上升确会增加土壤湿度，但其数值却难以确定。一般公路设计和工程地质中所采用的是"危险高度"。在毛细水上升的危险高度范围内，土壤的湿度将达到液限的 55% 左右，从而对土壤的承载力产生显著影响。但对地面防潮来讲，所考虑的主要是土壤湿度状况对地面上堆放物品或室内环境湿度的影响，因此显然不应忽视"危险高度"以上毛细水的存在及其影响。据某些水文地质学的书籍介绍，粉土的毛细水上升极限高度可达 1.2～3.5m，粘性土可达 3.5～12m（按其塑性指数大小而定），数值都较大。同时必须指出，上层土壤中除毛细水分外尚含有汽态水，当地面上部的水蒸汽分压力较小时，可由土壤向地面转移、渗透。实践证明，仅靠铺设枕木、垫板等一般措施并不能可靠地保证地面防潮效果，因为虽然切断了毛细水上升的通路，但未能阻止毛细水的蒸发和汽态水的扩散，物品同样会吸湿受潮。

此外，毛细水的上升高度，是由地下水位的表面开始计算的，而一般工程地质较少作长期水文地质观测，尤其地表滞水随季节性变化而影响地下水位的变化，所以欲确定毛细水上升的真正高度是比较困难的，因此仅用土壤毛细水的上升高度来判断土壤的潮湿状况是不可靠和不现实的。目前在防潮工程中，一般均不以毛细水上升的极限高度作为设计依据。

地面防潮的构造做法很多，原规范规定是符合当前实际情况的，新规范扩大采用某些隔离层材料，将原油毡类材料改为"防水卷材类、防水涂料类"材料。聚氨酯防水涂料造价较高，常用于重要建设场所，暂不予推荐。沥青混凝土和沥青碎石用于防潮工程的实例很多，且沥青用量较大，密实性和抗渗性不如沥青砂浆，因此未予推荐。但我国部分地区沥青资源丰富，在垫层下增设碎石灌沥青的做法有一定效果和现实意义。灰土的抗渗性没有普通混凝土好，虽不能算作专门的防潮材料，但某些地区生活用房使用较多，有一定防潮作用，使用时应结合当地经验。某些仓库由于清洁卫生等要求不宜直接采用沥青砂浆作面层，则可将其作为隔离层，其上另加适宜的面层，防潮效果与沥青砂浆面层相同。涂刷热沥青防潮的做法简单易行，使用较普遍，据测验，单面涂刷热沥青的混凝土板（试件厚 30mm），表面透湿量比不涂沥青者要小一半，甚至一半以下，说明涂层具有相当的防潮性能。由于沥青涂层厚度较小，韧性较差，因此宜用于防潮要求不太严格的地段。

隔离材料近年来发展较快，如防水冷胶料衬以玻璃纤维布的做法、聚氨酯类防水涂料等，均有待实践检验和进一步降低成本，本规范只作较笼统的推荐。

3.0.11 系新增条文。一般说来，地面结露现象应从控制室内空气的温、湿度来解决。事实上与地面面层材料的选用也有关系。因此本条首先强调气候湿热地区非空调建筑的底层地面，其次对选材上作了原则性规定以引起注意。对于高档有空调的民用建筑即使采用大理石地面也是不会结露的；相反多孔材料吸水后仍会释放出来影响室内卫生条件。因此设计者需因地制宜。

3.0.12 采暖房间地面保温措施的界限系新增条款。据调查，作为建筑六面体之一的地面离人体最近最直接，由于设计考虑不周，在采暖房间里脚部受冻的情况时有发生，究其原因系没有采取必要的保温措施。架空或悬挑部分的楼层地面因直接与大气接触，悬殊的温度使地板热量无法积聚，这一点比较容易理解接受。对底层地面位于外墙部位是否采取保温措施意见不完全一致。据新疆勘察设计院反映，那里一般没有采取措施而未发现不当。东北地区早已引起足够重视，并主张在外墙的内外两侧均要考虑，0.5～1.0m 范围内仅是参考数字。考虑到严寒地区室外散水已按 3.0.13 条做防冻胀措施，有一定保温作用，故本规定仅在外墙内侧采取措施。地面保温问题还涉及室内环境温度对生产和使用要求能否得到满足，所以设计时需根据国家现行标准《民用建筑热工设计规程》JGJ24—86 的有关规定，并结合当地经验进行。

3.0.13 原规范第 14 条。基土的冻胀程度取决于气温、土壤类别及其潮湿状况，当同时符合下列条件时，地面才需要采取防冻胀措施：

（1）季节性冰冻地区非采暖房间的地面，系指室外地面、非采暖的仓库建筑地面、散水坡及入口坡道等；

（2）土壤标准冻深大于 600mm 且在冻深范围内为冻胀或强冻胀土，按现行国家标准《地基基础设计规范》GBJ7—89 规定，我国东北、西北及华北大部分地区均有可能构成上述条件。

用于防冻胀的材料很多，如砂、砂卵石、碎石、煤矸石、浮石、碎砖、贝壳、炉渣、矿渣、陶粒、灰土及炉渣石灰土等，凡是水稳性和冰冻稳定性好的材料都可以用，有封闭孔隙的材料则更好。本规范列了比较成熟的中粗砂、砂卵石、炉渣、炉渣石灰土等材料，但炉渣的颗粒大小亦有一定要求。据哈尔滨市筑路的经验，直径小于 2mm 的细炉渣不宜大于 30%；炉渣石灰土作防冻胀材料，公路方面已有很成熟的经验，它不仅水稳性和冰冻稳定性较好，而且具有隔热和一定的后期强度。此外，砂卵石也有成熟的经验。为保证工程质量，本条文还对炉渣石灰土规定了相应的技术条件。碎石、矿渣地面本身就是理想的防冻胀层，只有在混凝土垫层下才需加设防冻胀层。

防冻胀层厚度的计算，需要许多有关气象和土壤方面的数据，而这些数据往往不易准确获得，且目前公路方面尚无通用的计算公式，设计时可依据有关因素凭经验确定，若工程量较大时则通过实地试验确定。为使设计有所遵循，本规范参照下列有关情况制订了防冻胀层厚度选用表：

（1）防冻胀层的最小厚度一般取 100mm。

（2）辽宁、吉林地区（土壤的标准冻深在 -800 ～ $-1800mm$）根据当地的实践经验，当混凝土垫层分仓不大于 $2m \times 2m$ 时，防冻胀层厚度采用 150～250mm 即可。

（3）大庆油田土壤的标准冻深为 $-2200mm$（1973 年～1976 年实测冻深为 -1840～$-2070mm$），属粘性土，原系沼泽地带，是冻胀比较严重的典型地区。据大庆石化总厂设计院反映，曾在室外散水和大门入口台阶下填 300mm 左右的炉渣，仍有冻胀现象，严重的已经拱裂。

（4）根据实测，距地表 1/3 土壤冻深范围内的冻胀量，一般为全部冻胀量的 2/3，因此一般防冻胀层及其以上地面各构造层的总厚度，等于土壤标准冻深的 1/3 左右即可。

采用炉渣石灰土作防冻胀层时，压实系数不是主要的指标，要求有所降低，以免与施工验收规范发生矛盾。

3.0.14 本条根据一些设计单位的建议，参考国内外有关资料，适当增加耐热地面的可选种类。对于承受高温作用同时有平整和一定清洁要求的地段，原规范只推荐以砂结合的铸铁板面层一种做法。实际上砂铺粘土砖或块石、耐热混凝土地面均可承受 100℃ 以上的温度作用，并不乏应用实例。粘土砖易碎而少有使用。《工业建筑地面设计规范》（1965 年版）附录一指出，块石和普通粘土砖适宜受温度为 100～500℃ 的耐热地面面层。前苏联《建筑法规》规定，耐热混凝土地面允许受热达 800℃，砂铺块石地面允许受热达 500℃，砂铺粘土砖地面允许受热达 300℃。因此，根据地面使用中可能受到温度作用的不同程度，分别采用耐热混凝土、块石、粘土砖面层代替昂贵的铸铁板面层是经济合理而又可行的。

对于耐热混凝土，我国尚缺乏系统应用经验，使用前应取得混凝土材料的破坏温度及高温下的残余强度以满足使用要求的验证。

3.0.15 本条根据现行国家标准《建筑设计防火规范》GBJ 16—87 第 3.4.6 条规定："散发较空气重的可燃气体，可燃蒸汽的甲类厂房以及有粉尘、纤维爆炸危险的乙类厂房，应采用不发生火花的地面。"对是否采用不发生火花地面的界限，已作明确规定。

有关资料表明，地面上由于受重物坠落，铁质工具或搬动机器时的撞击、摩擦所产生的火花是发生灾害事故的原因之一，如沈阳某厂火灾是因盛放汽油的金属容器坠落地面而引起，陕西商洛地区某厂火灾是因检修工具击出火花而引起，天津某仓库火灾是因移动机器时摩擦地面而引起。因此需在一定范围内设置不发生火花地面。

不发生火花地面的面层种类较多，如粒径不大于 2mm 的粘土、铁钉不外露的木板、塑料板、橡胶软板和以不发生火花的石料制成的块石、混凝土、水泥石屑、水磨石以及沥青砂浆、沥青混凝土等。其中有机材料（如塑料、沥青等），虽属不发生火花，但使用时有静电问题，需相应采取防静电措施。根据取材难易、技术经济等综合因素，本规范推荐使用不发生火花的细石混凝土、水泥石屑、水磨石等水泥类面层，但要求骨料为不发生火花者，并经试验确定。骨料不发生火花试验方法可按现行国家标准《建筑地面工程施工及验收规范》GB 50209—95 的有关规定执行。

3.0.16 塑料及涂料的毒害性与其原材料、增塑剂、稳定剂有关。凡原料中含氯、苯成分者均有毒；增塑剂除 COP、POP 及环氧大豆油外均有毒；稳定剂中铅类稳定剂为好，但有毒；既可作增塑剂又可作稳定剂的有机锡也是有毒的。此外塑料的毒性还与其工艺聚合有关。

试验表明，塑料和涂料还影响到食品的气味，如上海食品公司腌腊部仓库地面的测试表明：将咸肉放在内表面涂有聚丙烯涂料的容器内，一周后肉就有很重的气味，无法食用；而采用环氧树脂涂料时则没有这个问题。所以该库采用了表面涂刷环氧树脂的水泥地面，效果尚好。"郑州号"万吨轮船上的冷藏库，也由于塑料饰面挥发出的气味影响了食品质量。

塑料及涂料目前属于发展中的材料，其产品及特性均在不断变化，它们的化合过程也比较复杂，所以在设计裸装状况下的食品或药物可能直接接触地面的地段时，材料的毒性须经当地有关卫生防疫部门鉴定。

水玻璃类材料的固化剂是具有毒性的氟硅酸钠，因此严禁采用。

气味的影响尤其对吸味较强的烟、茶等物品为敏感，不一定有毒性但影响质量，工程中应注意避免。

3.0.17 对在生产过程中使用汞的地段采用致密的材料做成无缝地面是很有必要的，但要真正做到"致密无缝"并非容易。因此，对地面汞污染的保护设计应予以足够重视。

金属汞在常温下为液体，由于具有比重大、导电性好、沸点高等特点，被广泛应用于工业及各类实验装置和仪表。在生产和操作过程中经常发生汞液溅落在工作台或地面上。一方面汞的流失是个浪费，另一方面它是一种容易挥发的剧毒物质。汞在常温下可蒸发，并随温度升高而加剧，从 25℃室温升到 30℃时汞的浓度就加倍，少量汞掉在地上，通过紫外线和荧光屏可以观察到同点燃香烟的冒烟现象类似，汞蒸气主要经过呼吸道及皮肤侵入人体，工人如经常工作在超过最高容许浓度环境中或因长期接触，即可引起慢性汞中毒，严重时可导致死亡。

地面对汞的吸附及其后不断蒸发，是造成车间空气中汞浓度较高的主要原因之一。汞易形成小滴钻入地面的缝隙，流散在地面上的汞滴如不及时清洗，因其比重大，也易渗透到地面材料的微孔中储存起来，成为面积很广的蒸发源；汞滴再被鞋底及运输工具摩擦使污染范围更广，蒸发也随表面积的增大而加快，因此，地面设计应针对上述问题采取必要而有效的措施。

据 70 年代对上海、天津、常州等地有关工厂的调查以及有关单位提供的资料：上海电工仪器厂，年用汞量 2t 左右，地面用加 20%环氧的过氯乙烯地面涂料，地面设坡度坡向明沟，由于水磨石地面嵌装松动，缝内积汞，后经涂刷涂料，污染减少。天津化工厂汞的电解车间，汞泵处漏汞，石墨板撤换时带出许多汞，约占用汞量的 25%，年耗汞量约 18t，有 40%的 NaOH 的溶液滴漏在地面上；地面操作层平台为木地板及水磨石，下层为水泥地面，设有水沟作冲汞用；地面上汞污染较严重，木地板易吸附汞，水磨石地面不够理想，下层地面较干燥致使汞蒸发速度加快；面积较大不易清扫，当年工人有中毒现象。上海医用仪表厂，生产工业温度计及体温表，年用汞 10余吨，地面采用过氯乙烯地面涂料，与墙面交接处为圆弧形，有 1%～2%的坡度坡向明沟，大大改善地面汞污染，底层车间的基层处理不好，涂膜易剥落影响使用。

针对上述情况，本规定体现两个方面，即重视地面材料的选用和采用合理的构造形式。

地面面层材料与汞吸附情况关系极大，选用不吸附或少吸附汞的地面材料，可减弱地面对汞的吸附，再加上及时清洗，可减少室内空气中含汞量并使其达到国家标准。迄今，尚无可以满足防汞要求的很理想的地面材料。如早期使用过的外表似乎很光洁的水磨石地面，对其表面若不采取任何防护措施或用其他致密材料代替，尤其重汞车间中是不宜采用的。近年来在实际应用中较行之有效的首推涂料地面和软聚氯乙烯塑料板、环氧树脂玻璃钢地面。

涂料地面，即在水泥基层上直接涂刷涂料，尚能满足一般防汞要求，其性能及清洗、施工、价格等方面优点很多，但耐磨性能不能令人满意，应尽量采用耐磨性能高的地面涂料。软聚氯乙烯塑料板接缝焊接较难平整，缝处易积储流散汞，且易老化，与环氧树脂玻

璃钢一样，在材料供应可能、施工又有保证的情况下是较理想的选材。

采用合理的构造形式十分重要，目的为便于用水冲洗回收又及时排除积存在地面上的汞珠。

3.0.18 在各类机械加工或清洗车间的地面上积聚大量油污的现象非常普遍。现在，底层地面尚未引起人们必要的重视，而楼层地面的渗漏油现象已被密切关注。80 年代初据对 7 万 m² 楼层地面的调查，凡采用普通混凝土或砂浆面层者，渗油率达 100%。

混凝土的抗渗性能通常是指混凝土抵抗压力水渗透的能力，普通防水混凝土的性能是无法满足防油渗要求的。自 70 年代以来，曾先在混凝土中掺入三氯化铁、氢氧化铁，随后改掺木质素磺酸钙、糖蜜等外加剂以改善混凝土密实性、提高抗渗性。由于原材料质量和工程质量不稳定，施工麻烦又缺乏明确的施工及验收标准等问题，难以推广。防油渗问题依然是长期以来有待解决的问题。

1980 年，本规范主编单位及其管理组组织开展了以上海建筑科研所为主，有一机部二院等单位参加的题为《楼面防油渗材料研究》的试验研究工作，历时四年，获得成果，并于 1984 年通过原机械工业部设计总院组织的技术成果专家鉴定。其成果包括防油渗混凝土、聚合物防油渗砂浆和防油渗胶泥及其施工技术。防油渗混凝土外加剂和胶泥系专门配制而成，进行定点生产供应。

成果鉴定以来，已先后在上海、江苏、浙江、河南、北京、辽宁等地扩大试点应用，总的说来收到较好效果，七年间累计施工防油渗混凝土地面面积约十余万平方米，防油渗胶泥嵌缝约 70 万延长米。

防油渗隔离层的设置是在总结近年来实践经验的基础上提出的。应当说防油渗混凝土作为主要防渗层具有比普通密实混凝土高出 1～2 倍的抗渗性能，基本上能满足正常使用要求。但考虑到机油的品种、数量、机械振动作用的影响以及结构整体性和施工条件等因素，必要时增加隔离层是十分有效的措施。

规范规定在一定条件下可采用具有耐磨防油性能的涂料面层，适用于油量少，机械磨损作用弱的场所。目前市场上涂料品种牌号较多，首推树脂类涂料较好，使用时注意检验。

地面裂缝在这里必须严格控制，浇筑混凝土时应分仓设缝，施工中还应保证按规定的操作程序及设计要求进行，否则难以达到防油渗要求。

防油渗地面的设计、施工，有待普及提高，由于有较高的技术要求，现阶段以专业施工队承担工程为宜。

3.0.19 原规范第 6 条，修订内容主要是将耐磨、耐撞击地面的分类，由原规范的 4 类归并为 3 类，并将原第 8 条内容并入本条第 3 类，使地面的磨损和撞击程度分类更加简单明了，相应地对于地面材料的选择

更灵活、适用。原规范将行驶履带式运输工具地段与通行铁轮车等磨损严重的地段分为两种不同磨损程度的类别，实际上在磨损程度上和地面材料选择上这两类并无明显区别，设计中往往互相混用。原一机部标准《机械工业建筑设计技术规定》JBJ 7—81"地面面层选用表"中即将它们归为一类。前苏联建筑法规 CHиn Ⅱ-8.8-71"生产房间常用地面选用参考表"将混凝土、钢屑水泥和块石作为通行金属轮小车、履带式运输工具及拖运尖锐物体地面共同适用的推荐面层材料。同时还规定在地面拖运带尖锐棱角物体对地面的作用，相当于 10kg 重的坚硬物体从 1m 高处落下，作用到地面不同地点的撞击。这种把磨损和撞击作用联系起来分析的方法是有道理的。有鉴于上述原因，我们将磨损和撞击作用重新划分为中度磨损、强烈磨损即中度撞击、重撞击三个档次，界限就比较清楚了。

关于耐磨、耐撞击地面面层材料的选择，机电部北方院建议，在行驶履带式运输工具的地段，可采用整体高标号混凝土或预制高标号混凝土块代替块石。此建议与一机部标准及前苏联法规一致。而原规范规定，行驶履带式运输工具的地段宜用块石地面，局限性较大。我们将行驶履带式运输工具地段并入强烈磨损一类，并增加预制高标号混凝土块，可作为石料缺乏地区的代用材料。这样，材料选用更为灵活，也是经济合理的。

机电部一院、河北宣化及山东济宁两个推土机厂引进美国工业地面做法，采用 100×30 扁钢焊接格栅加固混凝土地面，供履带机械行走，使用效果比铸铁板面层好。据资料介绍，此类用金属格栅加固水泥类整体面层的作法，国外早有应用。机电部设计院建议推广使用钢屑水泥地面，用以取代水泥砂浆结合的铸铁板面层，既可提高地面的耐磨、耐撞击性及使用寿命，又可获得较好的经济效果。传统采用的铸铁板面层施工复杂、造价高，可以考虑更好的代用材料。近年来，在一些引进项目中采用了多种新型耐磨、耐撞击地面材料，如各类用于混凝土地面表面撒铺及浸渍的硬化剂，各种混凝土掺加剂，如减水剂、聚合物胶结材料、耐磨骨料等等。国内有关部门也在致力于耐磨、耐撞击地面材料的应用研究。如由机电部第二设计研究院和上海市建筑科学研究所共同研究的耐磨损、抗冲击、超高强混凝土整体面层和铁道部金化所的耐磨金属骨料，其技术成果均已通过专家鉴定。因此本规范允许在条件成熟的地方积极采用新材料新技术，以推动我国建筑业的发展进步。

3.0.20 原规范第 7 条。据调查，机床在加工过程中，毛坯、金属切削屑及工件等对地有撞击、磨损等机械作用，因此要求地面面层材料具有足够的强度和硬度；同时，普通金属切削机床在运转过程中，尚有机油滴落地面，并有渗透或严重渗透现象。如杭州汽轮机厂早年建成投产的第一汽轮机车间，十多年后为新增设备基础开挖基坑时，在基础周围地基土内渗出大量油腻很快形成如油坑一般；又如上海位于黄浦江边早期建设的某厂机械加工车间，由于大量机油通过渗透流出而使黄浦江水质受到污染。因此要求面层材料具有足够的强度、硬度，还需具有一定的密实性和抗渗性。规定采用现浇细石混凝土面层或垫层兼面层的构造类型之外又要求有一定的密实性和抗渗性，设计时注意适当提高面层混凝土强度等级，有条件时应积极采用耐磨耐撞击性能好、强度高并具有良好抗渗性能的新材料、新技术。

普通水泥砂浆面层易开裂、起壳及酥松等弊病，使用效果不佳，不予推荐。

3.0.21 本条规定了气垫运输地面的设计要求。气垫运输是一种先进的运输方式，国外已广泛运用，国内也已开始采用。为了以最少的空气用量达到最高的搬运性能，地面面层不应有松散透气的孔隙及过大的起伏不平，地面坡度会产生下滑力，增大运输阻力，故应加以限制。本条文是针对最常用的柔性气垫运输装置的性能编制的。

地面坡度国外资料有要求小于常规坡度，目的是使产生的水平分力很小，有利于气垫运输。

3.0.22 经常有大量人员走动和小型推车行驶的地段，主要指火车站、码头、机场和长途汽车站等建筑物的公共空间地面，那里每天都有成千上万人次的进出、走动，以及频繁的小车推行。在这种使用条件下，要求地面面层材料具有足够的强度和硬度；同时为避免在密集人流行进时绊倒、滑倒的伤害事故出现（尤其是老人和儿童），要求地面层必须平整、防滑，避免出现较大的缝隙。

3.0.23 室内环境有安静要求的地段，主要指民用建筑中各种阅览室、视听室和病房等空间的地面（不包括专业录音棚）。使用柔性地面面层材料（地毯、塑料和橡胶地毡等）能有效地降低走路的脚步声，适当吸收环境噪声。

3.0.24 供儿童及老年人公共活动的主要地段，指幼儿园、托儿所、少年宫、老年人之家和敬老院等经常活动的房间，如活动室、娱乐室和卧室等。儿童许多活动席地进行，地面面层材料导热系数过大，身体与地面接触时会感到冰冷，时间久了不利于儿童身体健康。此外，暖性地面材料一般略具有弹性或柔性，儿童意外跌倒时可能起有效的缓冲和保护作用。

老年人受到身体状况的限制，腿脚血液循环缓慢，地面过冷（尤其是冬季），会使下肢体温下降，腿脚麻木，许多人还有可能引起腿关节酸痛。因此要求老年人公共活动的主要房间地面应是暖性面层。

3.0.25 地毯是一种比较高档的地面铺设材料，产品种类较多，运用范围较广，但是不同纤维组织和编织方式，适用的地段也不尽相同。经常有人员走动的地段，要求耐磨性能较好。绒毛密度低，绒毛较松，整体强度低，容易脱落，并且不易保持清洁，灰尘或污物等往往深入地毯根部，损坏地毯，缩短其使用寿命。在各种地毯类型中，化纤尼龙地毯坚韧，耐磨性能好，又容易去污。

卧室和起居室地面，由于平时人员走动较少，容易维护清洁，采用长绒地毯，感觉比较柔软、温暖舒适。

有些特殊要求的用房，如精密仪器设备用房和实验室等，需避免静电干扰。此外，一般防火要求很高的用房（如高档的贵宾客房等），地毯必须阻燃，经过防静电处理，避免静电放电自燃。环境潮湿时，需要选用防霉蛀的地毯。

3.0.26 目前社会上营业性和娱乐性舞厅中，主要以交谊舞和迪斯科为主。交谊舞舞步比较平缓，步伐以滑行和弧行为主，要求地面面层光滑，使舞步更加轻盈自如；地面略带弹性（如空铺木地板）更能体现舞者的节奏感。迪斯科节奏性强，强劲有力，动作力度大，对地面有一定的撞击力，要求地面有较高的强度。

3.0.27 餐厅、食堂、酒吧或咖啡厅等饮食空间需要保持清洁卫生的室内环境，地面的清洁卫生是一个主要方面。首先，必须保护空气的洁净，要求地面面层不起尘、不积尘，以免人员走动时扬起灰尘，需选用一些耐磨的地面面层材料；其次，饮食空间地面经常会溅污上各种油污，清洁工作往往比较繁重，因此，地面面层应选用耐清洗和耐粘污的材料。

3.0.28 室内体育用房地面是指在室内进行的篮球、排球、手球和体操等运动场地地面。运动员在运动中，常有跌倒、翻滚的情况出现，为保护运动员避免受伤，地面材料不应该太硬，应有适当的缓冲；另外，运动中常要做各种弹跳动作，地面略带弹性，有利于运动员水平的发挥，保护脚关节。排练厅和表演舞厅对地面要求同上。

旱冰运动所使用的旱冰鞋，其轮子一般用硬胶木或铁制成，硬度很高，滑旱冰时，旱冰鞋轮子对地面的撞击力和摩擦力较大，一般地面材料难以经得起长期的撞击和磨损，因此地面面层必须坚硬耐磨。其次，旱冰场是靠轮子在地面上滚动滑行，要求地面光滑，尽量降低摩擦系数，地面上任何起伏不平（冲浪式旱冰场除外）或缝隙都将增加阻力，影响正常滑行。

3.0.29 本条是针对某些库存物品具有特殊防护和卫生要求的地面设计问题。

纸质品、食品、药品以及珍藏物品的存放对库房有较高的环境要求，地面必须不起尘，容易保持清洁，如果地面容易积灰或容易磨损起灰，人员走动或空气流动时，会泛带灰土，地面且不易保持清洁，泛起的灰土积落在存放的物品上，会损坏物品；带有细

菌的灰尘混入药品或食品中，会造成物品变质，损害人的健康。因此，尽量避免采用水泥类地面，如果采用水泥砂浆或混凝土地面，可在其上涂刷无毒性的地面涂料予以解决。地面涂料尚应具有较好的耐磨性能。

物品保护需要保持适当的环境温湿度，当温度为20℃，湿度为80％时，细菌容易繁殖，易生虫害。因此底层地面应注意防止潮湿和结露，避免产生高湿度环境。

装有精密或贵重仪器设备的房间需要洁净和良好保护的环境，确保仪器设备的维护和正常运行。地面起尘，空气中含尘量高，会影响精密仪器的精度及使用寿命。因此，要求选用不起尘、易清洁的地面面层材料。

水磨石地面硬度高，物品跌落时容易损伤，因此希望在仪器设备周围局部铺设柔性材料。

有关地面防潮、防结露可参见本规范第3.0.10条和第3.0.11条说明。

3.0.30 本条为新增条款。在确定建筑地面厚度时要遵守的这些要求，都是通过大量调查后得到的经验做法，有的在原规范附录一中作为注意事项，有的是新增加的，如水磨石面层、防油渗混凝土、涂料等，目的是为了引起重视。

3.0.31 对结合层材料及厚度的确定载于附录A中的表A.0.2，掺入适量的化学胶（浆）材料可改善结合性能，且可节约水泥。铸铁面层上灼热物体温度大于800℃时，1∶2水泥砂浆在高温作用下性能降低，不宜采用，可用含泥量小于3％的砂作结合层，其厚度为20～30mm。

3.0.32 填充层一般用于楼板地面，用自重轻的材料作结合层，可减轻楼板结构的负荷。

3.0.33 找平层本身对材料强度要求不高，为节约工程造价，可用较低标号的水泥砂浆和强度等级较低的混凝土。

3.0.34 本条是针对在实际工程中用得较多、效果也较好的材料。

4 地面的垫层

4.0.1 新增条文，提出选择地面垫层类型时应符合的要求。

4.0.2 垫层最小厚度属一般构造规定，是根据施工条件、材料状况及经济效果而定的，并非指常用厚度，且与建筑性质无关。

混凝土垫层的最小厚度与基土的平整度、施工方法（如施工机具、操作、分仓大小等）和粗骨料等有关，而粗骨料的粒径大小是决定性的；一般采用中粒径（20～40mm）碎（卵）石、砾石。据施工单位反映，混凝土垫层的最小厚度虽可做到50mm，但比

60mm 费工（如对基土的平整度要求较高等），因此，在目前施工条件下，最小厚度定 60mm 为宜。

四合土是一种低标号碎砖混凝土，是以碎砖代替碎石，在水泥用量较少的情况下，掺入石灰膏可增加施工和易性，其活性与碎砖有一定的结合作用。四合土垫层的配合比一般为 1∶1∶6∶12（水泥∶石灰膏∶砂∶碎砖），在地方的中小厂已积累一些经验。由于粗骨料为粒径较大的碎砖，故最小厚度不宜小于 80mm。

据调查，用于垫层的灰土配合比一般为 2∶8，最小厚度保留原规范规定，但习惯上趋于 150mm 和配合比趋于 3∶7。这表明，由于近年来经济状况越来越好，人们的质量意识普遍提高了。

4.0.3 混凝土垫层（包括垫层兼面层）的标号，根据 70 年代机械系统 64 个工程实例调查统计，采用 100 号者占 25％，150 号者占 48％，200 号者占 20％。然而，进入 80 年代以来，75 号已不再采用，采用 100 号者亦日渐减少，而 200 号者呈上升趋势。根据荷载和地基条件相同时测算不同标号与厚度关系进行经济比较可以得知：混凝土垫层标号越低则板越厚，反之亦然；就水泥用量而言，如以 150 号为 100％，则 100 号为 −4.5％，200 号为 +7.5％，水泥用量之差仅在 6％左右。按现行国家标准规定，将原称混凝土标号改为混凝土强度等级表示。

垫层采用强度等级较高的混凝土，水泥用量虽略有增加，但因厚度减小可节约石子、黄砂和人工，经济上合理，工程进度亦可加快，故本规范作此原则性规定。垫层兼面层时的混凝土强度等级原规范规定不应低于 C15，基本上能满足一般施工操作和使用要求，但对于使用要求较高的地面，开始采用 C20 级随捣随抹面层，避免在 C15 级垫层上加做细石混凝土等面层，经济上比较合理。对于面层强度较高或很高要求的地面混凝土垫层，其强度等级需适当提高。

4.0.4 本条规定了正常使用条件下混凝土垫层厚度按主要地面荷载确定的原则。为了区别对待，规定相邻地段所求出的垫层厚度不一致时，宜采用不同的厚度；但有时相邻地段的厚度相差很小或者某些地段面积不大，为施工方便起见，也可采用相同的垫层厚度。为此要求设计者作全面的技术经济比较后确定。

对个别重荷载，应采取局部措施，如临时加垫枕木以扩大荷载支承面，或设置专门的大件翻身坑、加工台等予以解决。

垫层厚度适当考虑使用条件变化的可能性，出于两方面考虑，一是适应工艺调整要求，随着生产与技术的发展，原工艺过程需要调整，设备更迭或移位，运输方式与堆场变化，二是用途变更。生产特征和使用要求不同，出现与原设计垫层厚度不相适应的情况。但是这种可能性应是有条件的，同时要注意技术经济能力。就我国现阶段的经济实力而言，还不宜提倡，只在有充分依据时方可在设计阶段中适当考虑。

作为本条文的注，以便引起注意。

4.0.5 工业建筑地面荷载，由于其支承面大小、数量、分布形式及作用部位等非常复杂，难以按等效荷载的方法归纳分级，而现行国家标准《建筑结构荷载规范》GBJ 9—87 也未包括底层地面荷载及其取值大小、分布规律等，设计无法参照。

根据调查和实用性原则，将正常使用条件下的主要地面荷载分为堆料、设备（包括普通金属切削机床）和无轨运输车辆三类。吊车起重量的大小与地面荷载大小无直接关系，但在客观上存在着某种联系。例如，大吨位吊车厂房，其上部结构等级较高，地面设计也希望有相当的垫层厚度和略高的标准，尽管设备均有独立基础，或装配作业在专门台位上进行，或产品加工件与地面接触面积很大，但不足以此作为控制垫层厚度的依据。又如，吊车在不同的使用厂家或使用场所对其所在地面的重要性或重视程度也不一样。当吊车所在车间处于全厂生产的支柱地位时，其地面标准（含垫层厚度）可能获得适当提高，此时已不完全是技术因素所能左右的了。致于利用吊车堆叠货物，如钢板、毛坯件及其他重物时，虽吊车起重量不大，但地面所承受的荷载却很大，以致引起地面构造选型的变更。这种情况一般都能理解并获得妥善处理。鉴于有关部门和单位，一再希望增加按吊车起重量选用相应垫层厚度的表格，并建议放大起重量档次，为此本规范针对中小型厂房基本情况，提供 15t 及其以下起重量时的垫层厚度选用范围，并提出应注意事项供设计参考。

4.0.6 有关通过计算确定垫层厚度的说明，参见本规范条文说明附录 C。

4.0.7 本条保留原规范第 28 条规定。按等厚设计的混凝土板，在单个圆形荷载作用下其承载能力以板角最弱，板边次之，板中最强。板边加肋后改善了边角的受力性能。

1970 年前后，通过对板边加肋板初步试验表明，加肋板的边角承载力有显著提高，但板中承载力略有降低。板中承载力降低的原因，主要是由于混凝土干缩和温度收缩受到边肋制约而板中产生拉应力所致。

北京第一机床厂曾采用板厚 60mm，肋高 120mm，肋宽 100mm 的加肋板垫层，下设 150mm 厚灰土加强层，共计 8243m²，与一般 100mm 厚垫层相比，可降低造价 29％，人工 17％及其他建筑材料。又北京轻工机修厂、天津拖拉机厂和内蒙集宁农机厂也曾做过加肋板垫层试验性表面，使用效果较好。

工业厂房地面荷载比较复杂，加肋板的板厚设计按板中荷位区确定，并辅之以板中冲切验算，肋高按半理论半经验方法定为板厚的两倍。如按单个荷载板中确定板厚时，则板和肋为等强；如板中采用二个或二个以上荷载计算板厚时，肋高偏于安全。

肋板用于工业厂房地面虽有一些经验，但试验数量有限，使用实例仅限于中小型车间，且由于施工较麻烦，因此还不能推广到有较大地面荷载的重型厂房地面。

4.0.8 本条保留原规范第 29 条规定，修改了部分文字。混凝土垫层下增设具有一定厚度和后期强度的半刚性材料，能够与垫层共同作用，提高地面的承载能力，由于计算理论尚不够完善，本规范根据若干试验和实践经验作了有条件的规定。

石灰类材料做地基加强层效果比较显著。如上海大隆机器厂试验，100mm 厚混凝土垫层的板中实测极限承载力为：素土地基时 12.2t；设有 100mm 厚二渣加强层时 21.6t；设有 150mm 厚二渣加强层时加荷至 23.5t 未裂。又如浙江台州试验，120mm 厚混凝土板角实测极限承载力为：素土地基时 11.3t；设有 100mm 厚灰土层时 15t；设有 150mm 厚灰土层时 21t，台州试验还对板厚分别为 100mm 和 150mm、灰土厚度分别为 100mm 和 150mm，进行极限承载力对比测试。

各地试验表明，地基加强层较薄时（如 100mm 厚）或混凝土板较厚时（如 150mm），地基加强层对提高极限承载力均不显著。因此，本规范对地基加强层最小厚度和混凝土垫层最大厚度同时作了规定。由于这方面对比试验数量较少，实践经验有限，本着求准不求全的精神，规定是有条件的。在此基础上经统计分析，板厚可减少 25%，较为合理。

据调查，各地常用的地基加固材料种类很多，除灰土、二渣外的道渣、矿渣、天然级配砂石和手摆块石等，这些没有胶结料的松散材料，如要利用其强度，需进行级配、嵌锁和机械碾压，考虑到地面工程实际情况，本规范对没有胶结料的松散材料作地基表层加固时，不利用其强度。

4.0.9 本规范有关经计算或查表确定的混凝土垫层厚度，均以平头缝构造为准。由于企口缝能起传力作用，其边角承载能力远比平头缝高，在公路混凝土路面和机场道面工程中早已广泛应用，并取得显著经济效果。随着我国工业发展，重型厂房日益增多，产品或部件重达几十吨乃至几百吨，地面厚度相应要厚，厚地面采用企口缝构造经济意义较大，因此对厚度大于 150mm 的混凝土垫层提出企口缝构造设计规定。

采用企口缝时的垫层厚度，是按平头缝算出的厚度进行折减而得，折减系数是通过两种构造方案的荷位系数（以前称边角系数）换算而来，平头缝荷位系数为 2.2，企口缝荷位系数据国内外资料为 1.1～1.6 之间。考虑到用于工业建筑尚缺乏经验，但另一方面其工作条件较路面和道面有利，本规范取企口缝荷位系数为 1.5，换算成板厚折减系数为 0.825，现取 0.8。

5 地 面 的 地 基

5.0.1 本条保留原规范第 32 条的规定，是地面下地基的一般要求。考虑到我国幅员辽阔，土类繁多，而各种土的工程性质差别较大，就在同一场地，甚至同一幢建筑物也是如此。针对地基土的性质，对地面下基土层不论是原状土或填土都必须达到均匀密实的要求，只有这样才能避免因基土的不均匀沉降而导致地面下沉、起鼓、开裂等现象。

对于淤泥、淤泥质土、冲填土、杂填土以及其他高压缩性土层均属软弱地基，其变形特征是沉降量大、沉降差异大、沉降速度大和沉降延续时间长。如在其上直接铺设地面时，设计时必须考虑可能造成的危害。这要参照现行国家标准《建筑地基基础设计规范》GBJ 7—89 第七章第二节的有关规定，根据不同情况可采取利用或换土、机械压夯等加固处理后，方可铺设地面。

据调查，有些工程达不到填土质量要求，如未进行分层压夯实，只作表面夯平，或在表面夯入碎石、矿渣，这仅解决表面薄薄一层，不能避免地基的不均匀沉降，日后便是导致地面开裂的主要原因之一。因此，对填土的质量要求应严格执行本章规定的各项条款。

5.0.2 本条主要目的在于提请设计人员进行地面设计时，注意到场地土的基土情况，必要时需在平整场地前提出压实填土的质量要求，以及参与对地面基土层的施工验收工作，即根据建筑物所在场地和地面设计类型，对回填土料的选择和压实要求、技术标准等进行质量控制，配合施工提出特殊的、附加的规定。实践表明，因基土层质量不符要求而地面已铺筑在即的情况时有发生，所以提出这样的要求是很有必要的。当然，一般说来，在平整场地的土方工程填方区施工时，均能按有关规范的规定执行，进行分层夯实或碾压。如能利用压实填土作地面下填上层，则可节省大量工程量，质量也有保证。

未经查明或质量不符合要求的不得作为基土层，这一点容易理解，但需认真执行。

5.0.3 本条提出了填土应选用的土类，同时规定了不得使用的某些土料。不得使用的土料主要是因其变形过大，压不密实，会引起地面沉陷过剧。按照全面质量管理方法，设计需进行事先指导并参与中间检查，因此，条文的规定是从设计角度对施工及验收的重要提示，防患于未然。据调查，由于填土未按施工及验收规范分层检查，或由于使用过湿土、有机物含量超标的土，因填后质量达不到要求，影响地面工程质量与进度而造成更大的经济损失。

5.0.4 本条对压实填土地基的密实度、含水量提出要求。

压实系数保留了原规范不应小于 0.90 的规定。据调查，压实系数为 0.92 时，填土层的承载力可达 120kN/m²，0.95～0.99 时可达 150kN/m²，而对于室内地面下填土的压实系数一般采用 0.90 即可满足要求。

含水量是较难控制的指标，原则上需根据当地的实践经验确定。参照《建筑地基基础设计规范》后，本规范规定其控制含水量（%）W，为（$W_{op} \pm 3$），与建筑物主要承重结构墙柱基础下地基土的控制含水量相比，放宽一个百分点。W_{op} 为土的最优含水量（%），可按当地经验或取 $W_p \pm 2$，粉土取 $14 \sim 18$，W_p（%）为土的塑限。

土的压实系数为土的控制干密度 ρ_d 与最大干密度 ρ_{dmax} 的比值。其中最干大密度宜采用击实试验确定，当无试验资料时可按《建筑地基基础设计规范》中公式（6.3.3）计算规定；控制干密度是在控制含水量时进行压实的基土层通过击实试验测定，也可用公式（6.3.3）计算获得。

重要工程或工程量较大时，为保证工程质量，还规定了用触探配合控制干密度检验，是一个有效措施，《建筑地基基础设计规范》也推荐了这种方法。本规范规定，对于粘性土和粉土组成的素填土 N_{10} 定为 20 击以上，即相当于素填土承载力标准值不低于 $115kN/m^2$，并与压实系数 0.90 的规定相呼应。

实践经验往往具有一定的科学性和参考价值，本规范表 5.0.4 规定了压实机具、每层铺土厚度和每层压实遍数三者的相互关系和应符合的条件，比较简便易行，但是还需进一步积累经验，逐步臻于完善。

表 5.0.4 适用于厚度在 2m 以内的填土，这仅为大体上的数值界限。事实上高填土的情况十分复杂，人们也比较关心。高填土以及按地基设计规范对淤泥、淤泥质土上覆好的土层，均匀性和密实性较好的冲填土、建筑垃圾、性能稳定的工业废料，均可利用作为基土层，但应考虑回填厚度较深、质量难以控制和沉降延续时间长等特征，可能造成土层变形过大的危害，从而提出相应措施。

据调查，镇江火车站大楼的地面工程先铺预制混凝土块，后翻建永久性地面，未发生质量问题，效果较好。又如广州经济开发区邮电大楼设计中采用浮筏式地面以及有些地段利用未经扰动的软土地基，先铺砂垫层再浇混凝土，也取得一定经验。本规范对特殊的工程地质条件不包括在内。

5.0.5 本条是对经处理后的软弱土质回填后如何进行表层加固问题作出规定。

长期以来，人们习惯于素土夯实之后再夯入一层碎（卵）石或炉渣等材料，然后再做垫层，这种做法源于本规范 1965 版本的规定，到了 1979 年版本取消了这一规定，理由是：薄薄一层松散材料对提高地面板极限承载力不起作用（上海地区的试验结论）；在实际工程中这一层仅起找平作用，经碾压或夯入土中者不多，且比较马虎；此外水泥浆过多地流入松散材料层影响垫层强度。但实践表明，这一措施的去留与否不是绝对的，总结两方面的经验教训，修订时有

条件的针对软弱土质填土地基应采取这一措施，并对材料选择、最小厚度和一般不利用其强度作出规定。仅对具有后期强度的半刚性材料（如灰土、二渣）利用其强度时，在本规范第 4.0.8 条中有相应规定。

基土层加固措施可在施工图设计详图中根据土质情况加以注明。

5.0.6 本条保留原规范第 34 条规定。调查表明，直接受大气影响的地面，如室外地面、散水、明沟、散水带明沟和台阶、入口坡道等，尤其是填土地基极易引起沉降、开裂。为了保证工程质量，本规范规定在混凝土垫层下铺设砂、矿渣、碎石、炉渣、灰土及二渣等水稳性较好的材料予以加强。

这类地面的沉降、开裂几乎到处可见，有些还是处于非常重要的部位。原因在设计与施工两方面，就设计而言，有建筑物沉降引起，也有地下公共设施引起，还有季节性冰冻地区遇有冻胀土和强冻胀土且缺乏设计经验引起的等等。

5.0.7 本条引用《建筑地基基础设计规范》第七章第五节中部分内容并结合地面设计编写的。主要考虑大面积地面荷载对基土层可能产生的不均匀沉降以及由此对房屋上部结构产生不利影响，提请设计重视，并规定需采取相应的技术措施（包括对地基和对上部建筑结构的措施）。

6 地 面 构 造

6.0.1 保留原规范第 35 条内容，增加了"建筑物预期较大沉降量等其他原因时，可适当增加室内外高差"，《民用建筑设计通则》JGJ37—87 第 3.3.3 条规定，建筑物的底层地面，应高出室外地面至少 150mm。与本规范是一致的。

6.0.2 新增条文。当生产和使用要求面层裂缝控制等级为一级时，在混凝土面层上层内配置 $\Phi4@150 \sim 200$ 双向钢筋网，保护层厚度为 20mm。浇捣混凝土时注意随捣随提钢筋网。

6.0.3 地面变形缝的设置原则：

（1）地面沉降缝，伸缩缝，防震缝的设置，均应与结构相应的缝位置一致，且应贯通地面的各构造层。

（2）地面与墙体间可设变形缝，主要考虑墙体沉降较大时，地面边缘不被破坏。

（3）当排水坡分水线附近需设变形缝时，变形缝应设在排水坡的分水线处。不得将变形缝通过有液体流经或积存的地点。目的是防止流水倒灌缝内使填缝材料破坏。同时构造复杂，又将留有隐患。

6.0.4 变形缝的构造在选择材料时，按照建筑地面使用要求不同分别采用能够防水、防火、防虫蛀等无机材料。

6.0.5、6.0.6 分仓浇捣的做法，本规范明确定义为

纵向、横向缩缝，构造形式包括平头缝、企口缝和假缝三种。

缩缝是为防止混凝土垫层在水化过程中或气温降低时产生不规则裂缝而设置的。调查资料表明，分缝间距过大或未分缝的混凝土地面，多有不规则的收缩裂缝。尤其在寒冷地区，混凝土地面施工后越过冬季才使用，如来不及安装采暖设备，就会导致厂房地面在未投产前就产生不规则的收缩裂缝。

纵向缩缝采用平头缝和企口缝，横向配以假缝，是对目前地面设计中广泛应用的等厚板设计方案而言，不仅改善了边角受力性能，而且施工方便。实践证明，缝的构造形式对板的承载能力影响很大，以黄河牌载重汽车后轮压在板边缘，分别测得紧贴平头缝和伸缩缝的沉降值，前者为 1.9mm，后者为 3.34mm；通过模型试验测得板中极限承载力，前者比后者高出 2.45～4.85 倍。由此可见，平头缝可大大提高地面板的承载力。因此，在构造上十分强调平头缝或企口缝的缝间不得设置任何隔离材料，必须彼此紧贴，这并非纯粹的构造问题，而与承载力密切相关，设计与施工时均应特别注意。

假缝是横向缩缝，其构造为上部有缝，下不贯通，目的是引导收缩裂缝集中于该处，断面下部晚些时间也可能开裂，但呈锯齿形且彼此紧贴，既可使承载力与纵向缩缝相当，又可避免边角起翘。施工毕，缝内用水泥砂浆（膨胀型砂浆更好）填嵌，以防垃圾进入。

缩缝的纵横向间距，或称地面板的分格大小。分格大既便于施工又可使相同面积内板边角薄弱环节相应减少，因此一般平板（不包括肋板）的分格大些，利多弊少。据北京、天津、四川和湖北等地区 64 个项目的调查，板的分格一般为 6m×6m，也有 6m×12m，9m×24m 或 12m×12m 等大分格做法，但大于12m者，有数例产生明显裂缝。吸取公路刚性路面经验，确定纵向缩缝间距为 3～6m。横向缩缝（假缝）的间距，一般采用 6m，可放大到 12m。总之，缩缝间距在设计时可根据气候及施工条件掌握。

6.0.7 伸缝是防止混凝土垫层在气温升高时，由于混凝土伸长，在缩缝边缘产生挤碎或拱起现象而设置的伸胀缝。由于室内地面温差较小，伸胀不如室外显著，本规范只规定在室外需设置伸缝。伸缝的构造形式对受力极为不利，规定应作构造处理，局部加强，不作计算。

伸缝的间距与刚性路面和机场道面十分类同。伸缝的设置与否，与板的厚薄、施工季节和当地的施工经验、养护条件等有关。有关资料表明，各国的规定不尽相同，瑞士规定板厚大于189mm、美国 250mm、日本 250～300mm 时，可不设伸缝；英国 1969 年技术备忘录规定夏季施工时可取消伸缝；波兰1972年规定当施工气温大于 20℃ 伸缝间距为 50m，小于

20℃时为 25m。近年来趋向于伸缝间距增大或干脆不设，如第 14 届国际道路会议提出一般不再做伸缝。我国现行交通部标准《公路水泥混凝土路面设计规范》JTJ012—84 规定，胀缝（即伸缝）宜尽量少设或不设，设置时可根据板厚、施工温度、混凝土集料的膨胀性并结合当地经验确定，并规定：夏季施工，板厚等于或大于 200mm 时，可不设；但在邻近桥梁或其他固定构筑物处、变截面处等，均应设置胀缝。其他季节施工或采用膨胀性大的集料（如砂岩或硅酸质集料）时，宜设置胀缝，其间距一般为 100～200m，并对胀缝采取构造措施。考虑到室外地面板一般比路面板、道面板薄，且本身经验不多，故规定仍需设置，间距为 30m。

6.0.8 本条保留原规范第 39 条内容。

6.0.9 在不同垫层厚度交界处，由于地面承受的荷重不一样，在分缝处两者承载能力要相差很大，本条规定是为了加强板边承载能力垫层由厚到薄逐渐变化，以免薄板边缘地面破坏。

6.0.10 混凝土垫层的缩缝间距越小，对防冻胀越有利，但缝多了对板的受力不利，施工麻烦，可能出现高低不平现象。经调研分析后规定缩缝间距不宜大于3m，垫层下虽然设置了防冻胀层，但仍有可能产生某些不均匀冻胀导致板与板之间产生错台现象，故纵向、横向缩缝均应采用平头缝，不应采用企口缝和假缝。

6.0.11 混凝土垫层板边加肋板（简称加肋板），目前尚无用于室外的经验，考虑到温度应力可能过分集中于板肋，暂规定仅用于室内。其纵向、横向缩缝，因与板的受力性能有关，规定采用平头缝，不宜采用企口缝和假缝，并不得采用伸缩。根据试验，无邻板时（自由边角）角隅的极限荷载为 43.5～68.3kN；当有邻板时（紧贴的平头缝）角隅的极限荷载为105.5kN，两者承载能力要相差一倍左右。缩缝间距6～12m 系根据试验和实践经验，结合柱网尺寸而定，当高温季度施工时，为防止板体产生过大收缩拉裂边肋而采用 6m。

6.0.12 铺设在混凝土垫层上的面层分格缝，主要目的是防止面层材料因温度变化而产生不规则裂缝。

（1）对沥青类材料的整体面层和铺在砂、沥青胶泥结合层上的板、块材面层，可只在混凝土垫层（或楼板）中设变形缝。调查表明上述规定还是符合实际的。

（2）细石混凝土面层和混凝土垫层是同类材料，收缩是一致的，面层和垫层结合紧密共同作用，因此细石混凝土面层的分格缝应与混凝土垫层的缩缝对齐。

（3）水磨石、水泥砂浆等面层的分格缝除了应与垫层的缩缝对齐外，还可根据具体设计缩小间距。从调查实例看，一般分格都小于 6～12m，水磨石面层

有 1m×1m，2m×2m 等分格，或设计成各种图案。

（4）设有隔离层的混凝土，面层和垫层间有隔离层隔开，面层和垫层不能共同作用，因此面层的分格缝可不必和混凝土垫层缩缝对齐。

（5）增加对防油渗面层分格缝的做法。

6.0.13 对地面排泄坡面及地沟、地漏的位置提出了基本要求，特别要注意地漏的位置，不应设置在人流及运输途径的位置。

6.0.14 排泄面积虽然较大，但排泄量比较小，或排泄量可以控制，即排泄量和排泄时间上可以自由安排，亦即不定时的地面冲洗，采取扫、拖的办法帮助排泄时，可以仅在排水沟或地漏周围的一定范围内设置排泄坡面。

6.0.15 底层地面的坡面，如采用调整垫层厚度起坡，必然增加垫层混凝土的用量，而采用修正地基高度起坡，只是施工时增加些工作量而已。如果坡度较短，起坡量不大，增加垫层混凝土用量不多，为便于施工，也可调整垫层厚度起坡。

楼层地面的坡面，如果采用结构起坡，则增加楼面梁及楼面圈梁的复杂性，可采用调整找平层或填充层的厚度起坡。如果楼面较长，采用调整找平层或填充层的厚度，不仅增加了楼面自重，需相应提高楼板的承载力，而且楼板下降较多，也造成楼面梁及楼面圈梁的复杂性，不如采取结构起坡为宜。

结构起坡在某种意义上是指楼板支承面为斜面支砂，如框架横梁上表面的纵向做成坡面，可以在预制楼板安装前砌筑或浇筑完成，也可在浇筑横梁时一次完成，由设计掌握。

6.0.16 地面排泄坡面的坡度，整体面层或光滑的块材面层坡度比原规范作适当调整，光滑面层原规定 1%～2%，这次修订为 0.5%～1.5%；粗糙面层原规范 2%～3%，这次修订为 1%～2%，这样修改后比较符合目前实际使用情况。

考虑到楼层坡面的形成因素，为不使构造太复杂，坡度可采取下限值；当楼层为现浇钢筋混凝土楼板又无填充层，全靠找平层找坡，且面层较光滑时，可采用 0.5%坡度，如公用厕所间、盥洗室、浴室等。

在不影响生产操作和通行的条件下，又要求迅速排除，可采用大坡度快排的办法。

6.0.17 排水沟是排除水或液体的必要途径。根据有关资料分析及多数工程实地观测，当排水沟的纵向坡度小于 0.5%时，不但施工不易做到，而且排水可能不畅，因而规定其坡度一般不小于 0.5%。

6.0.18 保持隔离层的整体性，是保证隔绝效果的关键，在地面转角处，地漏四周及排水沟等薄弱环节，保留了原规范增加隔离层层数的规定，随着新型防水材料的出现，局部采用性能较好的隔离层材料也可以。

6.0.19 基本保留原规范第 47 条内容，仅将最后液

体有腐蚀性的内容取消。

6.0.20 保留原规范第 48 条内容，为防止流淌蔓延，实际工程中均设有挡水措施，尤其要限制相邻地段腐蚀性介质的流淌蔓延。凡设计遗漏后补的效果就差了。

6.0.21 防滑措施按具体情况可设置防滑条、网格面层或格栅式垫板等等。

6.0.22 对楼层地面，有设备、管道等穿过的预留孔洞四周和楼层平台、挑台的临空边缘，为防止物体、液体或垃圾杂物等沿洞口或边缘掉落，影响楼下生产、安全和卫生，应在洞口四周和平台、挑台临空边缘设置翻边或贴地遮挡。

6.0.23 在原规范第 54 条基础上，增加了经常受磕碰、撞击、摩擦等作用的室内外台阶、楼梯踏步边缘，也应该采取加强措施。

6.0.24 本条保留原规范第 53 条内容。建筑物四周地面散水、排水沟的设置要求应作为建筑地面设计的组成部分，不容忽视。

附录 A　面层、结合层、填充层、找平层的厚度和隔离层的层数

A.0.1 面层厚度（表 A.0.1）。

地面面层的厚度及有关材料强度等级是经规范修订组调研及查阅有关资料编制的，现将几种主要的面层厚度修订分述如下：

（1）按原规范基本保留的有 22 种，新增加防油渗混凝土、防油渗涂料、聚合物水泥砂浆、耐热混凝土、薄型木地板、格栅式通风地板、塑料地板（地毡）、导静电塑料板、聚氨酯自流平、树脂砂浆、地毯等 16 种面层。

（2）防油渗混凝土厚度 60～70mm，主要是根据抗油渗试验时油渗的深度和混凝土本身的强度等因素综合考虑而确定。

（3）格栅式通风地板系指地板下面有一定空间可以敷设电缆、各种管道、空调系统，能提供有用价值的使用空间，这些系统可以迅速、方便、灵活地改变布局。面层材料有木质和金属，性能有导电与不导电区别。

（4）聚氨酯自流平面层，系指聚氨酯涂料自流平地面，自流平是施工方法。据《洁净技术建筑设计》一书介绍：此涂料为双组分类型，甲料与乙料混合后涂布反应形成聚氨酯弹性胶。这种聚合物可在室温下干燥固化，不必加热加压，同混凝土等附着良好，不变形，不碎裂，易施工。其表面光洁不滑，弹性好，不易摔伤零件，易清扫，脚感舒适，耐水、耐油、耐腐蚀，耐磨，导（抗）静电作用弱于聚氯乙烯。施工时按生产厂配方将甲料、乙料混合，加入二甲苯搅拌，再加入高岭土等骨料，用台钻等机械（每分钟不

大于 500 转速）搅拌约 2～3min，拌匀后倒于水泥砂浆基层上刮平。初凝约 10～15min（夏季），其他季节略之。涂层厚一般 3～4mm。分层施工，每层厚度 1.2～1.5mm，各层（尤其是基层）宜用自流平方法施工，以使表面平整。各层操作间隔 24h，约 7d 后，漆膜才能终凝固化交付使用。漆膜成型前，含有较多异氰酸酯，有毒，须通风良好。施工时，忌与水、酸、碱、醇接触，以免材料变质。水泥砂浆基层的平整度：1m 靠尺内凹凸勿大于 2mm，且不多于一处。基层应充分干燥，无浮砂，收缩稳定。又应在地坪垫层内设防水层或防潮层，以免涂层因地下潮湿而起鼓破坏，且能保证基层及时干燥。

（5）地毯是一种比较高档的地面铺设材料，产品种类较多，有羊毛地毯、化纤尼龙地毯，还有导静电地毯等。

A.0.2 结合层厚度（表 A.0.2）。

（1）预制混凝土板、水磨石板，原称马赛克陶瓷锦砖等地面的结合层材料及厚度，保留了原规范的规定。

（2）新增加导静电塑料地板，导静电塑料地板的结合层材料为与面层材料相配套的粘结剂，一般由生产厂家配套供应。

A.0.3 填充层厚度（表 A.0.3）。

楼层地面填充层是用于钢筋混凝土楼板上起隔声、保温、找坡或暗敷管线等作用的构造层，是本次修订新增内容。

填充层材料常用水泥炉渣、水泥石灰炉渣、陶粒混凝土、天然轻骨料（如浮石等）混凝土，加气混凝土块、水泥膨胀珍珠岩块、沥青膨胀珍珠岩块等；设计时需结合使用要求和当地材料应用情况进行合理选配。

填充层材料自重要轻但又要具有一定强度，这样可减轻结构荷重又能形成平整坚实的表面。

填充层不宜过厚。楼层有时为了美观，照明管线和设备电源管线往往敷于楼面下，通常确定厚度时考虑大于埋管交叉处管径之和再追加 10～20mm，总厚度一般为 60～80mm。如不敷管线，最薄处常采用 30mm，当然还应根据使用功能进行设计计算而定。保温填充层的做法，可参照国家标准《空调房间围护结构》（J131）图集。浮筑式楼面填充层隔声效果较佳，尤其隔楼面撞击声效果，本规范虽未涉及，有条件时亦可采用。

（1）填充层的目的是解决楼面有排水找坡，保温和隔声等使用要求。填充层可以作为暗敷管线的通道，但另一方面，不可以因暗敷管线而增设填充层。通常，各种管线走结构层或高架处理。一般填充材料为水泥炉渣，石灰炉渣，轻骨料混凝土以及水泥珍珠岩块等。填充层材料自重应不大于 $9kN/m^3$，厚度 30～80mm，这些数据是根据常见工程的实际使用经验

而确定的。

A.0.4 找平层厚度（表 A.0.4）。

找平层一般用于下列几种情况：

（1）当地面构造中有隔离层，因而要求垫层或楼板表面平整时；

（2）当地面构造中有松散材料的构造层，要求其表面有刚性时；

（3）当地面需要设置坡度并需利用找平层找坡时。

目前国内常用的找平层材料是 1：3 水泥砂浆。地面坡度虽在条文中规定，应尽量采用修正地基高程或结构起坡，但当需要设坡的面积较小时，仍需利用找平层找坡，为节约水泥起见，推荐采用 C10 级混凝土，对于 C15 级可用于有一定刚性要求的场所。

水泥砂浆找平层的厚度，多数施工单位反映，太薄了做不出。实际上，找平层厚度是一个标志尺寸，可作为预算或备料的依据，在实际施工中有厚有薄。规范规定找平层厚度不小于 15mm，只定了下限值，跟个体设计中往往采用 20mm 厚并无矛盾。

A.0.5 隔离层的层数（表 A.0.5）。

隔离层用在楼地面的防水、防潮工程中，常用的隔离层材料是石油沥青油毡，一般为一毡二油，对防水、防潮要求较高时采用二毡三油或再生胶油毡，防潮要求较低时可采用热沥青二度。

目前防水材料比较多，亦可采用防水冷胶料作为防水、防潮用。当机床上楼时，楼面的隔离层，需考虑防油渗，因此隔离层必须选用防油渗胶泥玻璃纤维布，一布二胶，或防油渗胶泥二度，其总厚度不少于 3mm，太薄了起不到防油渗作用。

附录 B 混凝土垫层厚度选择表

保留了原规范附录五垫层厚度选择表的基本内容，增加了以吊车起重量为标志荷载的内容，对于这一点，设计选用时必须根据地面上实际作用着的荷载状况而定。

1. 关于大面积密集堆料，作为一种荷载形式，其含义是：

（1）是指在纵向、横向缩缝围成的一块地面上，所堆放的材料或其他物件占有较大面积的一种荷载形式，常见于仓库及某些生产车间。

（2）大面积密集堆料按其支承性质，可分为两类：一类是无明确搁置点的散装堆放，另一类是有明确搁置点的堆放。其数值为单位投影面上的平均值。

据调查，长期堆放的物料（包括成品、半成品及原材料），为了避免受潮或便于装卸，一般均有垫物，物料与地面不直接接触，即为有搁置点的堆放。因垫物支承面较小，对板的受力不利；因垫物材质不一，

有枕木、石块，也有混凝土预制块，其宽度一般为200～300mm，间距一般不超过800mm。

从46个调查实例中，可看到荷载与板厚之间有一定关系：荷载小于或等于30kN/m² 时板厚为60～130mm，荷载为30～50kN/m² 时板厚为120～140mm，荷载大于50kN/m² 时板厚则大于160mm。

应当指出，这些地面虽仍在使用，但其中有些地面未能完全避免开裂，究其原因，荷载虽属大面积但从整个建筑物地面来看还存在不均匀性，在走道上及离墙柱一段距离的局部地面上不能堆放。在堆放区，基本上呈大面积均匀下沉，在非堆放区段下沉量要小得多，据观测约为前者的1/3左右。但从另一方面考察，后者似乎呈现局部鼓起现象，板面裂缝恰好出现在这一部位，且常为负弯矩所产生的统长裂缝。

表B.0.1即根据上述现象将大面积密集堆料按等效荷载的方法进行板厚计算，其技术条件为：

（1）物料按有搁置点的均匀堆放；

（2）每个荷载的支承面为（300×300）mm²；

（3）每两个支承面中心距离为800mm；

（4）中间走道净宽1600mm范围内不堆放任何物料。

表中最大荷载为50kN/m²，大于此值时，实际工程中往往缩小支承间距或增大支承面积，如这样做了地面板的受力状态可得到改善。但由于很不统一，并偏离前面所设定的计算技术条件，不便列入。

事实上，大面积密集堆放有其逐步形成过程，是变迁着的荷载。在均匀密集分布条件下，如同通过一层薄板直接作用在地基上，板是厚是薄并无多大实际意义，所以早期对地面均布荷载作用，主张垫层按最小构造厚度即可。鉴于荷载不均匀性客观存在，促使人们研究它，但至今仍不很成熟。在征求意见稿期间，有单位建议适当增加板厚，这要看那里的地基条件如何和人们的实践经验。当大面积密集堆放荷载超过地基土的承载能力时，不但地面会发生过大沉降，也将导致建筑物的不均匀沉降，甚至危及生产和使用安全。由此涉及人工地基领域。

2. 普通金属切削机床。

（1）根据70多个中小型工厂的调查，混凝土地面直接搁置的机床，其加工精度绝大多数为普通级，即普通金属切削机床。

（2）近年来，混凝土垫层兼面层的做法较多，混凝土强度等级一般为C15、C20，厚度大致在100～150mm，使用情况基本正常。重型车间中地面面层加做30mm厚的细石混凝土。

（3）以机床所允许的振动和变形程度来确定混凝土垫层厚度，目前还没有适用的计算方法。据有关资料对C20级混凝土60～150mm不同厚度的机床运行特征对比试验表明，板厚120mm已能满足使用要求，此时地基变形模量相当于20N/mm²。

（4）机床发生过大振动或变形的情况，据分析，除与机床本身质量有关外，常与填土质量有关。表中系根据地基强弱适当扩大了板厚级差，是比较符合实际情况的。此外，据测试，机床安装在板边角要比板中所发生的振动和变形要成倍增加，而板边加肋后，两者比较接近，当设有灰土、二渣等地基加强层时，对提高地面刚度效果显著。

（5）本附录所列机床类型及代表型号是指加工精度为普通级的机床，如粗加工和半精加工的普通中小型车床、铣床、刨床、钻床、镗床、磨床等，其特性（重量和长度）是根据调查统计归纳而得。对于界限以上的机床，如加工精度要求较高、灵敏度高、振动较大、重量较重或床身刚度较差的少数机床，可参照《动力机器基础设计规范》GBJ40—79的规定设计。

原规范中对能耗较大、产品落后的机床型号已由性能更好的型号代表，随着科学技术的发展进步，在执行中仍需遵照机械电子工业部、国家计委、能源部等国家主管部门联合批准发布的节能新产品型号为准。

3. 无轨运输车辆。

（1）车辆荷载主要通过轮压传递给地面，其速度和交通量远不能与公路相比，一般可按静载考虑。计算方法是按多个荷载的等效荷载进行计算。

（2）表列垫层厚度的确定除按静载考虑外，所拟订的代表型号分别为跃进牌2.5t载重汽车、解放牌4t载重汽车、3t叉式装卸车和黄河牌8t载重汽车，根据轮距、轮迹圆当量半径和最大轮压，按本规范有关公式进行计算并经调查验证。此外，按地基土强弱对承载力影响较大的实际情况，适当调整板厚级差。

关于车轮轮迹当量圆半径（r）可按下式确定：

$$r = \sqrt{\frac{P}{\pi\rho}}$$

式中，P为车轮轮压，ρ为车轮在路面上的均布压力。这些数据在有关资料样本手册中可以直接查到。

4. 关于吊车起重量为标志荷载的情况，参见4.0.5的说明。

5. 关于压实填土地基变形模量，在表中根据土的性质，由弱到强分列为三个档次，相应的地基承载力大致是100kPa以下，100～200kPa和大于200kPa。鉴于地基强度对地面板承载能力的影响不十分敏感，因此在选用时也就比较粗略。

6. 表注⑥是关于选用表列厚度又如何才能作出与使用要求相适应且经济合理的垫层厚度问题，对此意见不十分统一，情况也较复杂。规范送审稿审查会议上作了讨论，最后，会议认为选用表列厚度时留有适当机动范围，虽有必要但应持慎重态度，以避免盲旧性和主观随意性。

附录 C 混凝土垫层厚度计算

C.1 一 般 规 定

1. 原规范采用安全系数进行设计。本规范按现行国家标准《建筑结构设计统一标准》GBJ68—84 采用荷载分项系数、材料分项系数（为了简便，直接以材料强度设计值表达），结构重要性系数进行设计。

2. 本规范荷载分项系数是按现行国家标准《建筑结构荷载规范》GBJ9—87 的规定取用，地面板重要性系数按现行国家标准《建筑结构设计统一标准》的规定取用，材料强度是按现行国家标准《混凝土结构设计规范》GBJ10—89 的规定取用，计算公式中某些计算参数的取值，对有足够实测试验统计资料的原规范取值予以保留，对计算机解题结果进行分析归纳后确定。

3. 对极限状态的分类，系按《建筑结构设计统一标准》的规定，结合地面板的设计特点，仅规定按承载能力极限状态设计和满足正常使用极限状态的要求两项，此外，在一定条件下附加受冲切承载能力验算。承载能力极限状态设计是根据地面板的非线性有限元分析与研究结果给出的。

4. 表 C.1.3 中安全等级的选用，设计部门可根据工程实际情况和设计传统习惯选用。总的来讲，大多数工业与民用建筑地面的安全等级均属二级。

5. 压实填土地基变形模量 E。值，保留了原规范的取值方法，即按公路柔性路面的 E。值增加三倍采用；填土分类根据《建筑地基基础设计规范》规定取用，对原规范填土分类相应调整。

6. 按承载能力极限状态设计时的地面板的刚性特征值的确定，关系比较复杂，各种因素对板开裂情况和承载力发生影响，不但与板的平面尺度和板周边水平约束条件有关，而且与混凝土强度等级、板厚度、荷载接触面积大小、地基土变形模量等有关，应用有限元法研究地面板，用计算机进行计算，使得许多以前无法进行的大型数据计算成为可能，结合试验手段，取得承载力极限状态条件下的特征值，即令 β 为综合刚度系数。

7. 正常使用极限状态验算时的混凝土垫层相对刚度半径 L 值，保留原规范取值方法。

C.2 地 面 荷 载 计 算

1. 本规范鉴于《建筑结构荷载规范》没有对工业厂房地面荷载作出规定，为了进行混凝土地面板力学计算，首先要解决荷载问题，才能根据荷载大小和作用方式进行板厚计算。由于时间和经验不足，提供的近似方法有待进一步完善。

2. 地面荷载十分复杂，几乎无所不包，无确定的分布规律性，因为人们的生产活动，物件的流动比较活跃。为此，我们选择了地面上最常见的具有代表性的荷载形式。从直观上，大体分为大面积密集堆放荷载、普通金属切削机床、无轨运输车辆以及由吊车起重量为相对标志的荷载等四种；而从受力角度上，按荷载在地面上的支承面形状、数量和间距等条件分为单个圆形荷载、单个等效当量圆形荷载和多个当量圆形荷载的组合等效荷载等三种。原规范矩形（$a/b \leqslant 2$ 和 $a/b > 2$）荷载均转化为当量圆形荷载和等效荷载代替。

针对地面板的厚度计算需要，有必要拟定地面荷载的计算方法，提出了特定含意的名词和术语，如当量圆形荷载、等效荷载、临界荷位、荷位系数；荷位区、荷位区半径等，以及对荷载设计值根据《建筑结构荷载规范》结合地面设计要求作出相应规定。上述词语均分别在条文中进行了定义，不再赘述。

3. 等效荷载，在实际工程中，可能是多个任意分布的不等值集中荷载，也可能是一个支承面较大的不均匀荷载，这种复杂形式作用下的试验资料还没有，仅有两个等径不等值圆形荷载的少量试验资料和四个对称荷载的理论研究参考资料。为了便于计算，对地面上作用复杂形式荷载时，均建议按本规范规定的划分原则和换算方法，归纳为一个等效荷载。

上述关于多个荷载的条件和原规范所规定的运算方法相似，但在理论上不相同。原规范采用荷载影响系数，本规范采用板在负荷状态下以板和地基的变形协调方程平衡上部荷载作用，并以荷载影响角替代原荷载影响系数。原规范为此编制了三项系数表，而本规范可直接计算，比较方便。

4. 关于多个荷载荷载单元划分的限制条件 $r \leqslant 1.0L$ 问题，如前所述，本规范有关承载力计算方法和占 90% 的实体试验与模型试验研究所提供的数据均表明，作用荷载为在小圆面积上均匀分布的"集中"荷载，并按此基本条件建立计算方程。因此当 $r > 1.0L$ 时，一方面缺乏足够的科学实验依据，另一方面可能导致较大的误差。

C.3 垫 层 厚 度 计 算

1. 承载能力极限状态计算，本规范为便于广大建筑设计人员使用，将其转化为控制最小板厚的计算。采用式（C.3.1）进行地面板设计，步骤简单，避免了原规范试算法中的反复计算工作。

承载力计算方法的基本条件是：

（1）混凝土地面板为等厚度的无限大板。

（2）地基为弹性地基，符合 Winkler 假说。

（3）作用荷载为在小圆面积上均匀分布的"集中"荷载，且只考虑柔性压盘的作用。

（4）计算模型是建立在明确板内横推力或称薄膜力概念的基础上。这个横推力的数值随着板内裂缝的开展、变形的增大而增大，从而大大缓慢了板内裂缝的开展速度，提高了板的承载能力。但在通常设计中，并不需要直接引用这些条件，而可根据本附录中给出的板厚计算公式进行板厚计算。该计算式在不同程度上都作了简化处理。

2. 承载能力极限状态。在荷载不大的情况下，板底部就发生辐射形径向裂缝，随着荷载的增大，这些辐射形裂缝不断向外发展，板中央底部部单元同样发生环向开裂，致使这部分单元成了双向开裂单元；在进一步加载过程中，半径为某一定值处板面初次发生环形裂缝（注意，此处板面存在着即将出现环形裂缝时的状态），进而板底辐射形径向裂缝继续向外发展和板面环形裂缝向下发展，直至板底径向裂缝发展到板面环形裂缝处，此时，板中央产生较大沉降，以致环形裂缝已近裂通和板中沉降大幅度增加，板已不能继续承载。本规范选定的极限状态是指板面即将出现环形裂缝时的状态。

无论是计算结果，还是试验现象，都说明，在圆形集中荷载作用下的地面混凝土大板，荷载处板底首先发生径向裂缝，当板面环向产生初裂时，板面初裂荷载总比板底初裂荷载高出三倍以上。而沉降量前者要比后者高出四倍以上。同时，说明裂缝的增长比荷载增长缓慢得多，而且离板最终丧失承载能力（破坏）还十分遥远，大约是板底初裂荷载的 8 倍多。

3. 正常使用极限状态。本规范考虑到计算荷载比较明确、单一，故只考虑荷载的短期效应组合。

地面板按裂缝控制一级进行验算，从严格的意义上说，即要求板面受拉边缘混凝土应力在荷载短期效应组合下，不出现拉应力（零应力或压应力），也就是说，构件是处于减压状态。但是，地面板的情况有所不同，在荷载作用下，板截面上正应力沿径向的分布表明，拉应力很小，正应力较大，压应力的合力也较大，且由于水平推力的产生，压应力与拉应力的合力不平衡，而使地面板处于压弯或偏心受压状态。板面径向应力是由板中央的压应力逐渐变小，而转为拉应力，而环裂处应力的增长相当缓慢。在这种条件下，板面出现开裂的概率也就很小了。

为在使用阶段抗裂验算与板厚计算方式相呼应，故在抗裂验算中也采用控制板厚的计算表达式。

近年来混凝土强度理论的研究表明，在平面应力状态下，压应力对开裂时的抗拉强度有影响，且与混凝土强度等级有关。当压应力较大时，将使开裂时的主拉应力值小于 f_t。虽在一般工程中尚不致使主拉应力的限值产生较大的降低，但在混凝土地面板中，如前所述，主拉应力的增长却十分缓慢，对控制环裂十分有利。在一般情况下，满足承载力极限状态设计的板厚，大体上能满足正常使用的极限状态，只有荷载支承面很大，混凝土强度等级较低时，或地基强度较高时，才需进行抗裂后验算。这个条件是：$r/L \geq 0.80$ 时，考虑到混凝土是非线性材料，在不配筋时，适当考虑塑性影响，以及参照有关试验结果，本规范才给出了以验算板厚为基础的简化公式。当然本规范不排斥采用更合理的方法进行验算。

据地面板产生裂缝的调查分析，如按原规范缩缝为平头缝构造进行设计施工，一般情况下是不会发生板面开裂的，所见裂缝，多数出于地基不均匀沉降引起，部分处于板角裂缝者，主要原因在于分仓缝没有按平头缝构造处理，而类似沉降缝又未按沉降缝进行局部加强，形成自由边角所致。所以，执行本规范时，务请注意到计算公式所适用的边界条件，施工单位也应密切配合。

4. 地面板受冲切破坏虽不多见，修补也并不费事，但应事先予以避免，为此本规范作出抗冲切验算规定及依据的条件。

此外，冲击荷载和多次重复荷载作用下的设计，主要表现在面层材料的强度和抗冲击韧性，是否满足使用要求，对板厚及裂缝产生的影响如何尚缺乏经验。

C.4 计 算 实 例

本例包含：

（1）单个荷载，$a/b \leq 2$ 的矩形的当量圆形荷载，荷载当量圆半径的折算，板厚计算和抗裂验算。

（2）两个荷载的等效换算和组合等效荷载的计算，考虑两相邻荷载的影响。

（3）对于两个以上荷载的组合等效荷载换算提供了基本运算方法。

附：

关于地面板计算公式的建立

我国从 1971 年开始，为合理确定厂房混凝土地面板的厚度、建立地面板计算公式，进行了大量的试验研究和理论研究，取得了重大成果。在近 20 年的工作中，北京工业大学（叶于政、孙家乐）、四川省建科所（谢力子）、同济大学（蒋大骅、申屠龙美）、机电部第二设计院（陆文英、丁龙章）和其他有关单位（梁敏滔、张乾源、时永澄等），均为此作了许多工作并取得重要成果。本规范在修订期间，由主编单位会同同济大学完成了现在的计算公式。此次修订的目标旨在简化计算方法，方便使用。

下面分别简要介绍地面板的非线性有限元分析程序、SOGB 的基本情况和本规范计算公式的建立与原规范计算结果的对比情况。

一 SOGB 程 序

SOGB 是在弹性有限元分析程序（即 SOGA）基础上扩充编制的非线性有限元分析通用程序。关于 SOGB 详细内容参见"地面板的非线性有限元分析及其试验研究"一文（申屠龙美、庄家华、蒋大骅，1987）。

1. 强度准则。判断已知单元应力是否开裂、是否受压屈服的混凝土强度准则是丹麦人 Ottosen（1977）提出的四参数破坏准则。根据对某一点应力的破坏条件来判断其应力空间位于破坏曲面里边（未坏）还是正好位于破坏曲面上。

2. 混凝土的非线性性质。在 SOGB 计算中确定材料的弹性模量 E 和泊松比 γ 的值是参考 Ottosen（1979）提出的材料本构关系。在计算中，以弹性模量的变化为条件来考虑对模型裂缝产生的影响。

3. 结构计算模型。

（1）计算简图的三个条件是：

①等厚度的无限大板；

②弹性地基；

③作用荷载各在小圆面积上均匀分布的"集中"荷载，只考虑柔性压盘的作用。

（2）坐标系是采用圆柱坐标 γ、θ、z。本结构取板底中心处为轴对称坐标中心，z 轴向上为正。结构的变形分量和应力分量均与 θ 无关。

（3）单元采用截面为三角形的圆环形单元。

4. 计算原则。

（1）单元结点序号 i、j、m，按反时针定，由此求单元面积。

（2）位移模式。单元受荷后将产生位移，取线性位移模式，六个位移常数用克莱姆法则求解。计算结构结点位移和单元结点位移分别以矩阵〔δ〕〔σ〕ᵉ 写成。

（3）应变矩阵系根据几何关系建立。

（4）应力应变关系矩阵〔D〕由物理方程建立。当某一荷载作用下某一单元的〔D〕与在该单元应力状态下材料的物理性能有关，单元开裂后，它还与裂缝的开展情况有关，求解时应根据单元是否开裂，若开裂还要视开裂情况差异采用不同的方法进行，即区分未开裂单元和开裂单元，在开裂单元中又将区分径向开裂和环向开裂及径环向均发生开裂时的情况。

此外，SOGB 还对环裂缝方向的确定和裂面效系数的修正，进行了分析处理。

（5）由应变矩阵与应力应变关系矩阵之间的联系，建立起应力位移关系矩阵〔S〕。

（6）根据虚功原理建立单元刚度矩阵的第一分项〔K₁〕，又按照 Winkler 弹性假说，处理地基反力，建立单元刚度矩阵第二分项〔K₂〕。

（7）采用面积坐标，把单位面积上的荷载静力等

效地移到结点上，建立荷载列阵〔R²〕。

（8）最后，对于每一个需求位移的结点，都可用结点位移表示各自结点的平衡方程式，总合起来得到整个结构结点位移的线性方程组，即结构平衡方程组。此后，即可求解。

5. 用计算框图来说明计算步骤。

6. 计算结果。根据以往的试验，对五块板作了开始加载直到破坏的全过程分析，尤其对有一定代表性，且有实测数据的五棵松 2# 板的计算结果为例，作为验证计算方法的依据。结果表明，裂缝的出现、开展及地面板破坏的一般特点地基反力及与板底竖向位移关系，径向弯矩、环向弯矩、径向剪力的大小，截面径向应力、环向应力的分布，水平推力的分布和发展情况，板中顶面单元的应力状态和板底沉降与荷载的关系，以及考虑裂缝影响和 E、γ 变化的计算结果，均与试验结果相符或相近或比较吻合。

7. 非线性有限元分析建议的混凝土板厚计算公式。有限元计算费时，为此，对以 23 个板例的计算结果为依据，利用计算机采用数值方法，以最小均方差为标准，进行曲线回归，提出近似计算公式。回归时，均以回归公式计算值与有限元程序计算值之比进行，由此得到：

极限承载能力 P_u：

$$P_u = 17234 \times \left(\frac{k \cdot R_1}{E_c} + 3.60 \times 10^{-4}\right) f_t h^2 \quad (1)$$

其回归指标为：

平 均 值	0.974
标 准 差	0.159
变异系数	0.163

板面环向开裂荷载 P_{crt}：

$$P_{crt} = 4.89 \times \left(\frac{R_1}{L} + 0.82\right) f_t h^2 \quad (2)$$

其回归指标为：

平均值	0.988
标准差	0.172
变异系数	0.174

二 关于本规范设计方法和与原规范比较

本规范采用极限状态的设计准则提出地面板的设计方法，即考虑承载能力和正常使用的极限状态两种方法。

1. 按承载能力的极限状态，对混凝土地面板有：

$$S \leqslant K_c S_u \quad (3)$$

式中 S——设计荷载；

S_u——板中荷载作用下板的极限承载力；

K_c——荷位系数。

为了与本规范所用符号一致，此处 S 即式（1）中的 P_u，把式（1）代入式（3），并整理后得到板厚设计公式：

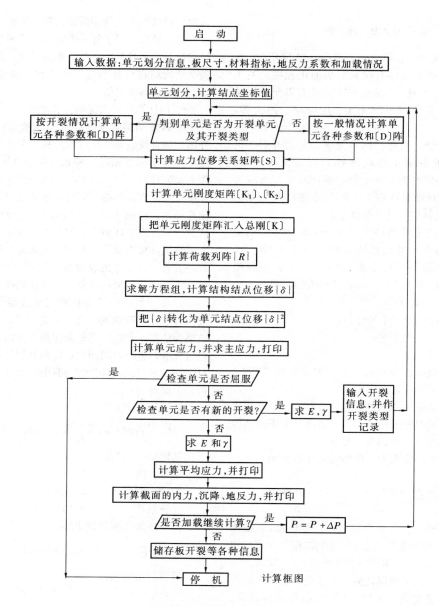

图 1　法兰盘画法

$$h = \sqrt{\frac{\gamma_o K_c \cdot S}{14.24 \times (\beta_{rj} + 0.36) f_t}} \qquad (4)$$

需要说明的是,在整理过程中考虑到仍需沿用原规范地基变形模量 E_o,用综合刚度系数 β 替换式(1)中对应的参数。同时,根据工程实践经验对结构可靠度作了适当调整。

2. 按正常使用的极限状态——即混凝土板在永久荷载的标准值作用下板面即将出现环形裂缝时——验算板厚。取与式(4)相同的形式,有:

$$h_f = \sqrt{\frac{\gamma_o \cdot K_c \cdot S_s}{4.04 \times (\frac{r_j}{L} + 0.82) f_t}} \qquad (5)$$

式中　h_f 即为满足抗裂度要求的最小板厚。

如 $h_f \leqslant h$,则表明板厚 h 能保证板在正常使用时板面不发生开裂;$h_f > h$,则板面要出现裂缝,应按抗裂度要求增加板厚,或提高混凝土强度等级。板的相对刚度半径 L 保留原规范取值。

3. 本规范设计方法与原规范的比较,见表1。

从表1中的结果可看到,两种设计计算方法所得结果基本上是一致的。现对两种方法进行比较后说明如下:

(1)两者对地基强弱与板厚的关系是一致的。但当地基较弱时,按本规范计算所得板厚略大于原规范5%左右,一般性地基时则比较接近,只有当地基强度较高时,按本规范承载能力极限状态计算所得板厚比原规范要薄,这种情况下很可能板厚受抗裂度控制(算例 3.8.12.18),按本规范抗裂度验算所得板厚与原规范就比较吻合了。

表 1　本规范与原规范的比较表

编号	r_j (mm)	E_o (N/mm²)	E_c (N/mm²)	f_t (N/mm²)	G_k (kN)	Q_k (kN)	S (kN)	S_s (kN)	h_1 (mm)	h_2 (mm)	h_f (mm)	h_1/h_2	β (×10⁻³/mm)
1	600	8	25500	1.1	130	20	184	150	155	153	144	1.013	1.03
2	600	20	25500	1.1	130	20	184	150	128	129	126	0.992	1.80
3	600	40	25500	1.1	130	20	184	150	106	105	(110)	1.048	2.89
4	400	8	25500	1.1	130	20	184	150	174	174	161	1.000	1.03
5	400	20	25500	1.1	130	20	184	150	147	155	146	0.948	1.80
6	400	20	25500	1.1	200	50	310	250	191	177	(200)	1.130	1.80
7	400	20	25500	1.1	50	200	340	250	200	177	(200)	1.130	1.80
8	400	40	25500	1.1	130	20	184	150	124	136	(131)	0.963	2.89
9	200	8	25500	1.1	130	20	184	150	204	200	181	1.020	1.03
10	200	20	25500	1.1	130	20	184	150	181	189	173	0.956	1.80
11	200	20	25500	1.1	90	60	192	150	184	159	173	0.864	1.80
12	200	40	25500	1.1	130	20	184	150	158	177	(163)	0.921	2.89
13	100	8	25500	1.1	130	20	184	150	225	212	192	1.061	1.03
14	100	20	25500	1.1	130	20	184	150	208	206	188	1.010	1.80
15	100	8	30000	1.5	130	20	184	150	196	177	191	1.101	0.89
16	100	20	30000	1.5	130	20	184	150	183	182	160	1.005	1.56
17	200	20	30000	1.5	200	50	310	250	208	216	196	0.963	1.56
18	400	20	30000	1.5	200	50	310	250	141	163	(154)	0.945	2.49
备注					$S=r_G \cdot C_G \cdot G_k + r_Q$ $\cdot C_Q Q_k$ $S_s = C_G \cdot G_k + C_Q Q_k$				按新规范计算	按原规范计算	括号值系抗裂度验算		

（2）荷载圆计算半径递减时，两种方法都表现为板厚的相应递增，且其速率相似。

（3）永久荷载和可变荷载的不同搭配，计算结果是不同的（算例 5.6.7），而原规范没有加以考虑。当可变荷载所占比例较大时（算例 6.7.10.11），所得板厚有所增大，这样就比较合理了。

（4）本规范增加了抗裂度验算，需进行验算的条件是 $r_j/L \geqslant 0.80$，此外，除了因地基强度较高或因荷载较大需要进行抗裂度验算外，一般可不进行抗裂度验算。

（5）本规范的方法避免了原规范需经渐近法反复试算后才能确定板厚的麻烦。本规范只需已知荷载、地基、混凝土强度等级等参数，即可直接代入计算公式即得板厚，计算过程比较简单。同时，给出了满足抗裂度要求时验算板厚的简捷方法。

中华人民共和国国家标准

住 宅 建 筑 规 范

GB 50368—2005

条 文 说 明

目　次

1 总　则

1.0.1～1.0.3 阐述制定本规范的目的、适用范围和住宅建设的基本原则。本规范适用于新建住宅的建设、建成之后的使用和维护及既有住宅的使用和维护。本规范重点突出了住宅建筑节能的技术要求。条文规定统筹考虑了维护公众利益、构建和谐社会等方面的要求。

1.0.4 本规范的规定为对住宅建筑的强制性要求。当本规范的规定与法律、行政法规的规定抵触时，应按法律、行政法规的规定执行。

1.0.5 本规范主要依据现行标准制定。本规范条文有些是现行标准的条文，有些是以现行标准条文为基础改写而成的，还有些是根据规范的系统性等需要新增的。本规范未对住宅的建设、使用和维护提出全面的、具体的要求。在住宅的建设、使用和维护过程中，尚应符合相关法律、法规和标准的要求。

3 基 本 规 定

3.1 住宅基本要求

3.1.1～3.1.12 提出了住宅在规划、选址、结构安全、火灾安全、使用安全、室内外环境、建筑节能、节水、无障碍设计等方面的基本要求，体现了以人为本和建设资源节约型、环境友好型社会的政策要求。

3.2 许可原则

3.2.1 《建设工程勘察设计管理条例》（国务院令第293号）第二十七条规定：设计文件中选用的材料、构配件、设备，应当注明其规格、型号、性能等技术指标，其质量要求必须符合国家规定的标准。本条据此对住宅建设采用的材料和设备提出了要求。

3.2.2 依据《建设工程勘察设计管理条例》（国务院令第293号）第二十九条和"三新"核准行政许可，当工程建设采用不符合工程建设强制性标准的新技术、新工艺、新材料时，必须按照《"采用不符合工程建设强制性标准的新技术、新工艺、新材料核准"行政许可实施细则》（建标〔2005〕124号）的规定进行核准。

3.2.3 当需要对住宅建筑拆改结构构件或加层改造时，应经具有相应资质等级的检测、设计单位鉴定、校核后方可实施，以确保结构安全。

3.3 既 有 住 宅

3.3.1 住宅的设计使用年限一般为50年。当住宅达到设计使用年限并需要继续使用时，应对其进行鉴定，并根据鉴定结论作相应处理。重大灾害（如火灾、风灾、地震等）对住宅的结构安全和使用安全造成严重影响或潜在危害。遭遇重大灾害后的住宅需要继续使用时，也应进行鉴定，并做相应处理。

3.3.2 改造、改建既有住宅时，应结合现行建筑节能、防火、抗震方面的标准规定实施，使既有住宅逐步满足节能、火灾安全和抗震要求。

4 外 部 环 境

4.1 相 邻 关 系

4.1.1 本条根据国家标准《城市居住区规划设计规范》GB 50180—93（2002年版）第5.0.2条制定。

住宅间距不但直接影响居住用地的建筑密度、开发强度和住宅室内外环境质量，更与人均建设用地指标及居民的阳光权益等密切相关，备受大众关注，是居住用地规划与建设中的关键性指标。根据国内外成熟经验，并结合我国实际情况，将住宅建筑日照标准（表4.1.1）作为确定住宅间距的基本指标。相关研究证实，采用此基本指标是可行的。根据我国所处地理位置与气候状况，以及居住区规划实践，除少数地区（如低于北纬25°的地区）由于气候原因，与日照要求相比更侧重于通风和视觉卫生，尚需作补充规定外，大多数地区只要满足本标准要求，其他如通风等要求基本能达到。

由于老年人的生理机能、生活规律及其健康需求决定了其活动范围的局限性和对环境的特殊要求，故规定老年人住宅不应低于冬至日日照2h的标准。执行本条规定时不附带任何条件。

"旧区改建的项目内新建住宅日照标准可酌情降低"，系指在旧区改建时确实难以达到规定的标准时才能这样做，且仅适用于新建住宅本身。同时，为保障居民的切身利益，规定降低后的住宅日照标准不得低于大寒日日照1h。

4.1.2 本条根据国家标准《城市居住区规划设计规范》GB 50180—93（2002年版）第8.0.5条制定。

为维护住宅建筑底层住户的私密性，保障过往行人和车辆的安全（不碰头、不被上部坠落物砸伤等），并利于工程管线的铺设，本条规定了住宅建筑至道路边缘应保持的最小距离。宽度大于9m的道路一般为城市道路，车流量较大，为此不允许住宅面向道路开设出入口。

4.1.3 本条根据国家标准《城市居住区规划设计规范》GB 50180—93（2002年版）第10.0.2条制定。

管线综合规划是住宅建设中必不可少的组成部分。管线综合的目的就是在符合各种管线技术规范的前提下，解决诸管线之间或与建筑物、道路和绿地之间的矛盾，统筹安排好各自的空间，使之各得其所，并为各管线的设计、施工及管理提供良好条件。如果管线受腐蚀、沉陷、振动或受重压，不但使管线本身受到破坏，也将对住宅建筑的安全（如地基基础）和居住生活质量（如供水、供电）造成极不利的影响。为此，应处理好工程管线与建筑物之间、管线与管线之间的合理关系。

4.2 公共服务设施

4.2.1 本条根据国家标准《城市居住区规划设计规范》GB 50180—93（2002 年版）第 6.0.1 条制定。

居住用地配套公建是构成和提高住宅外部环境质量的重要组成部分。本条将原条文中的"文化体育设施"分列为"文化设施"和"体育设施"，目的是体现"开展大众体育，增强人民体质"的政策要求，适应人民群众日益增长的对相关体育设施的迫切需求。

4.2.2 本条根据国家标准《城市居住区规划设计规范》GB 50180—93（2002 年版）第 6.0.2 条制定。

对居住用地配套公建设置规模提出了"必须与人口规模相对应"的要求；考虑到入住者的生活需求，提出了配套公建"应与住宅同步规划、同步建设"的要求。同时，考虑到配套公建项目类别多样，主管和建设单位各异，要求同时投入使用有一定难度，为此，提出"应与住宅同期交付"的要求。配套公建项目与设置方式应结合周边相关的城市设施统筹考虑。

4.3 道 路 交 通

4.3.1 国家标准《城市居住区规划设计规范》GB 50180—93（2002 年版）第 8.0.1 条中规定，小区道路应适于消防车、救护车、商店货车和垃圾车等的通行，即要求做到适于机动车通行，但通行范围不够明确。

随着生活水平提高，老年人口增多，购物方式改变及居住密度增大，在实践中出现了很多诸如机动车能进入小区，但无法到达住宅单元的事例，对急救、消防及运输等造成不便，降低了居住的方便性、安全性，也损害了居住者的权益。为此，提出"每个住宅单元至少应有一个出入口可以通达机动车"的要求。执行本条规定时，为保障居民出入安全，应在住宅单元门前设置相应的缓冲地段，以利于各类车辆的临时停放且不影响居民出入。

4.3.2 本条根据国家标准《城市居住区规划设计规范》GB 50180—93（2002 年版）第 8 章的相关规定制定。

为保证各类车辆的顺利通行，规定了双车道和宅前路路面宽度，对尽端式道路、内外道路衔接和抗震设防地区道路设置提出了相应要求。因居住用地内道路往往也是工程管线埋设的通道，为此，道路设置还应满足管线埋设的要求。当宅前路有兼顾大货车、消防车通行的要求时，路面两边还应设置相应宽度的路肩。

4.3.3 本条根据行业标准《城市道路和建筑物无障碍设计规范》JGJ 50—2001 的相关规定制定。

无障碍通路对老年人、残疾人、儿童和体弱者的安全通行极其重要，是住宅功能的外部延伸，故住宅外部无障碍通路应贯通。无障碍坡道、人行道及通行轮椅车的坡道应满足相应要求。

4.3.4 本条根据国家标准《城市居住区规划设计规范》GB 50180—93（2002 年版）第 8.0.6 条制定，增加了自行车停车场地或停车库的要求。

自行车是常用的交通工具，具有轻便、灵活和经济的特点，且数量庞大。为此，本条提出居住用地应配置居民自行车停车场地或停车库的要求。执行本条时，尚应根据各城镇的经济发展水平、居民生活消费水平和居住用地的档次，合理确定机动车停车泊位、自行车停车位及其停车方式。

4.4 室 外 环 境

4.4.1 本条根据国家标准《城市居住区规划设计规范》GB 50180—93（2002 年版）第 7.0.1 条制定。

绿地率既是保证居住用地生态环境的主要指标，也是控制建筑密度的基本要求之一。为此，本条对新区的绿地率提出了要求。

4.4.2 本条根据国家标准《城市居住区规划设计规范》GB 50180—93（2002 年版）第 7.0.5 条制定。

居住用地中的公共绿地总指标，以人均面积表示。本条规定的公共绿地总指标与国家标准《城市居住区规划设计规范》GB 50180—93（2002 年版）中的小区级要求基本对应。

4.4.3 我国水资源总体贫乏，且分布不均衡，人均水资源占有量仅列世界第 88 位。目前，全国年缺水量约 400 亿立方米，用水形势相当严峻。为贯彻节水政策，杜绝不切实际地大量使用自来水作为人工景观水体补充水的不良行为，本条提出了"人工景观水体的补充水严禁使用自来水"的规定。常见的人工景观水体有人造水景的湖、小溪、瀑布及喷泉等，但属体育活动设施的游泳池不在此列。

为保障游人特别是儿童的安全，本条对无护栏的水体提出了相关要求。

4.4.4 噪声严重影响居民生活和环境质量，是目前备受各方关注的问题之一。对受噪声影响的住宅，应采取防噪措施，包括加强住宅窗户和围护结构的隔声性能，在住宅外部集中设置防噪装置等。

4.5 竖 向

4.5.1 本条根据国家标准《城市居住区规划设计规范》GB 50180—93（2002 年版）第 9.0.4 条制定。

居住用地的排水系统如果规划不当，会造成地面积水，既污染环境，又使居民出行困难，还有可能造成地下室渗漏，并危及建筑地基基础的安全。为保证排水畅通，本条对地面排水坡度做出了规定。地面水的排水尚应符合国家标准《民用建筑设计通则》GB 50352—2005的相关规定。

4.5.2 本条根据行业标准《城市用地竖向规划规范》CJJ 83—99第5.0.3条、第9.0.3条制定。

本条提出了住宅用地的防护工程的相应控制指标，以确保建设基地内建筑物、构筑物、人、车以及防护工程自身的安全。

5 建 筑

5.1 套内空间

5.1.1 本条根据国家标准《住宅设计规范》GB 50096—1999（2003年版）第3.1.1条制定。明确要求每套住宅至少应设卧室、起居室（厅）、厨房和卫生间等四个基本空间。具体表现为独立门户、套型界限分明，不允许共用卧室、起居室（厅）、厨房及卫生间。

5.1.2 本条根据国家标准《住宅设计规范》GB 50096—1999（2003年版）第3.3.3条制定。要求厨房应设置相应的设施或预留位置，合理布置厨房空间。对厨房设施的要求各有侧重，如对案台、炉灶侧重于位置和尺寸，对洗涤池侧重于与给排水系统的连接，对排油烟机侧重于位置和通风口。

5.1.3 本条根据国家标准《住宅设计规范》GB 50096—1999（2003年版）第3.4.3条制定，增加了卫生间不应直接布置在下层住户的餐厅上层的要求，增加了局部墙面应有防水构造的要求。在近年房地产开发建设期间，开发单位常常要求设计者进行局部平面调整，此时如果忽视本规定，常会引起住户的不满和投诉。本条要求进一步严格区别套内外的界限。

5.1.4 本条根据国家标准《住宅设计规范》GB 50096—1999（2003年版）第3.4.1条、第3.4.2条制定。要求卫生间应设置相应的设施或预留位置。设置设施或预留位置时，应保证其位置和尺寸准确，并与给排水系统可靠连接。为了保证家庭饮食卫生，要求布置便器的卫生间的门不直接开在厨房内。

5.1.5 本条根据国家标准《住宅设计规范》GB 50096—1999（2003年版）第3.7.2条、第3.7.3条及第3.9.1条制定，集中表述对窗台、阳台栏杆的安全防护要求。

没有邻接阳台或平台的外窗窗台，应有一定高度才能防止坠落事故。我国近期因设置低窗台引起的法律纠纷时有发生。国家标准《住宅设计规范》GB 50096—1999（2003年版）明确规定："窗台的净高或防护栏杆的高度均应从可踏面起算，保证净高0.90m"。有效的防护高度应保证净高0.90m，距离

楼（地）面0.45m以下的台面、横栏杆等容易造成无意识攀登的可踏面，不应计入窗台净高。当窗外有阳台或平台时，可不受此限。

根据人体重心稳定和心理要求，阳台栏杆应随建筑高度增高而增高。本条按住宅层数提出了不同的阳台栏杆净高要求。由于封闭阳台不改变人体重心稳定和心理要求，故封闭阳台栏杆也应满足阳台栏杆净高要求。

阳台栏杆设计应防止儿童攀登。根据人体工程学原理，栏杆的垂直杆件间净距不大于0.11m时，才能防止儿童钻出。

5.1.6 本条根据国家标准《住宅设计规范》GB 50096—1999（2003年版）第3.6.2条、第3.6.3条制定。

本条对住宅室内净高、局部净高提出要求，以满足居住活动的空间需求。根据普通住宅层高为2.80m的要求，不管采用何种楼板结构，卧室、起居室（厅）的室内净高不低于2.40m的要求容易达到。对住宅装修吊顶时，不应忽视此净高要求。局部净高是指梁底处的净高、活动空间上部吊柜的柜底与地面距离等。一间房间中低于2.40m的局部净高的使用面积不应大于该房间使用面积的1/3。

居住者在坡屋顶下活动的心理需求比在一般平屋顶下低。利用坡屋顶内空间作卧室、起居室（厅）时，若净高低于2.10m的使用面积超过该房间使用面积的1/2，将造成居住者活动困难。

5.1.7 本条根据国家标准《住宅设计规范》GB 50096—1999（2003年版）第3.7.5条制定。阳台是用水较多的地方，其排水处理好坏，直接影响居民生活。我国新建住宅中因上部阳台排水不当对下部住户造成干扰的事例时有发生，为此，要求阳台地面构造应有排水措施。

5.2 公共部分

5.2.1 本条根据国家标准《住宅设计规范》GB 50096—1999（2003年版）第4.1.4条、第4.2.2条制定。走廊和公共部位通道的净宽不足或局部净高过低将严重影响人员通行及疏散安全。本条根据人体工程学原理提出了通道净宽和局部净高的最低要求。

5.2.2 本条根据国家标准《住宅设计规范》GB 50096—1999（2003年版）第4.2.1条制定。外廊、内天井及上人屋面等处一般都是交通和疏散通道，人流较为集中，故临空处栏杆高度应能保障安全。本条按住宅层数提出了不同的栏杆净高要求。

5.2.3 本条根据国家标准《住宅设计规范》GB 50096—1999（2003年版）第4.1.2条、第4.1.3条、第4.1.5条制定，集中表述对楼梯的相关要求。楼梯梯段净宽系指墙面至扶手中心之间的水平距离。从安全防护的角度出发，本条提出了减缓楼梯坡度、

加强栏杆安全性等要求。住宅楼梯梯段净宽不应小于1.10m的规定与国家标准《民用建筑设计通则》GB 50352-2005对楼梯梯段宽度按人流股数确定的一般规定基本一致。同时，考虑到实际情况，对六层及六层以下住宅中一边设有栏杆的梯段净宽要求放宽为不小于1.00m。

5.2.4 本条根据国家标准《住宅设计规范》GB 50096—1999(2003年版)第4.5.4条、第4.2.3条制定，提出住宅建筑出入口的设置及安全措施要求。

为了解决使用功能完全不同的用房在一起时产生的人流交叉干扰的矛盾，保证防火安全疏散，要求住宅与附建公共用房的出入口分开布置。分别设置出入口将造成建筑面积分摊增加，这是正常情况，应在工程设计前期全面衡量，不可因此降低安全要求。

为防止阳台、外廊及开敞楼梯平台上坠物伤人，要求对其下部的公共出入口采取防护措施，如设置雨罩等。

5.2.5 本条根据国家标准《住宅设计规范》GB 50096—1999（2003年版）第4.1.6条制定。针对当前房地产开发中追求短期经济利益，牺牲居住者利益的现象，为了维护公众利益，保证居住者基本的居住条件，严格规定了住宅须设电梯的层数、高度要求。顶层为两层一套的跃层住宅时，若顶层住户入口层楼面距该住宅建筑室外设计地面的高度不超过16m，可不设电梯。

5.2.6 根据居住实态调查，随着居住生活模式变化，住宅管理人员和各种服务人员大量增加，若住宅建筑中不设相应的卫生间，将造成公共卫生难题。

5.3 无障碍要求

5.3.1 本条根据行业标准《城市道路和建筑物无障碍设计规范》JGJ 50—2001第5.2.1条制定，列出了七层及七层以上的住宅应进行无障碍设计的部位。该标准对高层、中高层住宅要求进行无障碍设计的部位还包括电梯轿厢。由于该规定对住宅强制执行存在现实问题，本条不予列入。对六层及六层以下设置电梯的住宅，也不列为强制执行无障碍设计的对象。

5.3.2 本条根据行业标准《城市道路和建筑物无障碍设计规范》JGJ 50—2001第7章相关规定制定。该规范规定高层、中高层居住建筑入口设台阶时，必须设轮椅坡道和扶手。本条规定不受住宅层数限制。本条按不同的坡道高度给出了最大坡度限值，并取消了坡道长度要求。

5.3.3 本条根据行业标准《城市道路和建筑物无障碍设计规范》JGJ 50—2001第7.1.3条制定。为避免轮椅使用者与正常人流的交叉干扰，要求七层及七层以上住宅建筑入口平台宽度不小于2.00m。

5.3.4 本条根据行业标准《城市道路和建筑物无障碍设计规范》JGJ 50—2001第7.3.1条制定，给出了

供轮椅通行的走道和通道的最小净宽限值。

5.4 地 下 室

5.4.1 本条根据国家标准《住宅设计规范》GB 50096—1999（2003年版）第4.4.1条制定。住宅建筑中的地下室，由于通风、采光、日照、防潮、排水等条件差，对居住者健康不利，故规定住宅的卧室、起居室（厅）、厨房不应布置在地下室。其他房间如储藏间、卫生间、娱乐室等不受此限。由于半地下室有对外开启的窗户，条件相对较好，若采取采光、通风、日照、防潮、排水及安全防护措施，可布置卧室、起居室（厅）、厨房。

5.4.2 本条根据行业标准《汽车库建筑设计规范》JGJ 100—98的相关规定和住宅地下车库的实际情况制定。

汽车库内的单车道是按一条中心线确定坡度及转弯半径的，如果兼作双车道使用，即使有一定的宽度，汽车在坡道及其转弯处仍然容易发生相撞、刮蹭事故。因此，严禁将宽的单车道兼作双车道。

地下车库在通风、采光方面条件差，而集中存放的汽车由于其油箱储存大量汽油，本身是易燃、易爆因素。而且，地下车库发生火灾时扑救难度大。因此，设计时应排除其他可能产生火灾、爆炸事故的因素，不应将修理车位及使用或存放易燃、易爆物品的房间设置在地下车库内。

多项实例检测结果表明，住宅的地下车库中有害气体超标现象十分严重。如果利用楼（电）梯间为地下车库自然通风，将严重污染住宅室内环境，必须加以限制。

5.4.3 住宅的地下自行车库属于公共活动空间，其净高至少应与公共走廊净高相等，故规定其净高不应低于2.00m。

5.4.4 住宅的地下室包括车库、储藏间等，均应采取有效防水措施。

6 结 构

6.1 一 般 规 定

6.1.1 本条根据国家标准《建筑结构可靠度设计统一标准》GB 50068—2001第1.0.5条、第1.0.8条制定。按该标准规定，住宅作为普通房屋，其结构的设计使用年限取为50年，安全等级取为二级。考虑到住宅结构的可靠性与居民的生命财产安全密切相关，且住宅已经成为最为重要的耐用商品之一，故本条规定住宅结构的设计使用年限应取50年或更长时间，其安全等级应取二级或更高。

6.1.2 本条根据国家标准《建筑抗震设计规范》GB 50011—2001第1.0.2条和国家标准《建筑工程抗震

设防分类标准》GB 50223—2004 第 6.0.11 条制定。

抗震设防烈度是按国家规定的权限批准作为一个地区抗震设防依据的地震烈度。抗震设防分类是根据建筑遭遇地震破坏后，可能造成人员伤亡、直接和间接经济损失、社会影响的程度及其在抗震救灾中的作用等因素，对建筑物所作的设防类别划分。

住宅建筑量大面广，抗震设计时，应综合考虑安全性、适用性和经济性要求，在保证安全可靠的前提下，节约结构造价、降低成本。本条将住宅建筑的抗震设防类别定为"不应低于丙类"，与国家标准《建筑工程抗震设防分类标准》GB 50223—2004 第 6.0.11 条的规定基本一致，但措辞更严格，意味着住宅建筑的抗震设防类别不允许划为丁类。

6.1.3 本条主要依据国家标准《岩土工程勘察规范》GB 50021—2001、《建筑地基基础设计规范》GB 50007—2002 和《建筑抗震设计规范》GB 50011—2001 的有关规定制定。

在住宅结构设计和施工之前，必须按基本建设程序进行岩土工程勘察。岩土工程勘察应按工程建设各阶段的要求，正确反映工程地质条件，查明不良地质作用和地质灾害，取得资料完整、评价正确的勘察报告，并依此进行住宅地基基础设计。住宅上部结构的选型和设计应兼顾对地基基础的影响。

住宅应优先选择建造在对结构安全有利的地段。对不利地段，应力求避开；当因客观原因而无法避开时，应仔细分析，并采取保证结构安全的有效措施。禁止在抗震危险地段建造住宅。条文中所指的"不利地段"既包括抗震不利地段，也包括一般意义上的不利地段（如岩溶、滑坡、崩塌、泥石流、地下采空区等）。

6.1.4 本条根据国家标准《建筑结构可靠度设计统一标准》GB 50068—2001 的有关规定制定。

住宅结构在建造和使用过程中可能发生的各种作用的取值、组合原则以及安全性、适用性、耐久性的具体设计要求等，根据不同材料结构的特点，应分别符合现行有关国家标准和行业标准的规定。

住宅结构在设计使用年限内应具有足够的安全性、适用性和耐久性，具体体现在：1）在正常施工和正常使用时，能够承受可能出现的各种作用，如重力、风、地震作用以及非荷载效应（温度效应、结构材料的收缩和徐变、环境侵蚀和腐蚀等），即具有足够的承载能力；2）在正常使用时具有良好的工作性能，满足适用性要求，如可接受的变形、挠度和裂缝等；3）在正常维护条件下具有足够的耐久性能，即在规定的工作环境和预定的使用年限内，结构材料性能的恶化不应导致结构出现不可接受的失效概率；4）在设计规定的偶然事件发生时和发生后，结构能保持必要的整体稳定性，即结构可发生局部损坏或失效但不应导致连续倒塌。

6.1.5 本条是第 6.1.4 条的延伸规定，主要针对当前某些材料结构（如钢筋混凝土结构、砌体结构、钢－混凝土混合结构等）中比较普遍存在的裂缝问题，提出"住宅结构不应产生影响结构安全的裂缝"的要求。钢结构构件在任何情况下均不允许产生裂缝。

对不同材料结构构件，"影响结构安全的裂缝"的表现形态多样，产生原因各异，应根据具体情况进行分析、判断。在设计、施工阶段，均应针对不同材料结构的特点，采取相应的可靠措施，避免产生影响结构安全的裂缝。

6.1.6 本条根据国家标准《建筑边坡工程技术规范》GB 50330—2002 第 3.3.3 条制定，对邻近住宅的永久性边坡的设计使用年限提出要求，以保证相邻住宅的安全使用。所谓"邻近"，应以边坡破坏后是否影响到住宅的安全和正常使用作为判断标准。

6.2 材 料

6.2.1 结构材料性能直接涉及到结构的可靠性。当前，我国住宅结构采用的主要材料有建筑钢材（包括普通钢结构型材、轻型钢结构型材、板材和钢筋等）、混凝土、砌体材料（砖、砌块、砂浆等）、木材、铝型材和板材、结构粘结材料（如结构胶）等。这些材料的物理、力学性能和耐久性能等，应符合国家现行有关标准的规定，并满足设计要求。住宅建设量大面广，需要消耗大量的建筑材料，建筑材料的生产又消耗大量的能源、资源，同时给环境保护带来巨大压力。因此，住宅结构材料的选择应符合节约资源和保护环境的原则。

6.2.2 本条根据国家标准《建筑结构可靠度设计统一标准》GB 50068—2001第 5.0.3 条和《建筑抗震设计规范》GB 50011—2001第 3.9.2 条制定。

住宅结构设计采用以概率理论为基础的极限状态设计方法。材料强度标准值应以试验数据为基础，采用随机变量的概率模型进行描述，运用参数估计和概率分布的假设检验方法确定。随着经济、技术水平的提高和结构可靠度水平的提高，要求结构材料强度标准值具有不低于 95％的保证率是必需的。

结构用钢材主要指型钢、板材和钢筋。抗震设计的住宅，对结构构件的延性性能有较高要求，以保证结构和结构构件有足够的塑性变形能力和耗能能力。

6.2.3 本条是住宅混凝土结构构件采用混凝土强度的最低要求。住宅用结构混凝土，包括基础、地下室、上部结构的混凝土，均应符合本条规定。

6.2.4 本条根据国家标准《建筑抗震设计规范》GB 50011—2001第 3.9.2 条和《钢结构设计规范》GB 50017—2003第 3.3.3 条制定，提出结构用钢材材质和力学性能的基本要求。

抗拉强度、屈服强度和伸长率，是结构用钢材的三项基本性能。硫、磷是钢材中的杂质，其含量多少对钢材力学性能（如塑性、韧性、疲劳、可焊性等）

有较大影响。碳素结构钢中，碳含量直接影响钢材强度、塑性、韧性和可焊性等；碳含量增加，钢材强度提高，但塑性、韧性、疲劳强度下降，同时恶化可焊性和抗腐蚀性。因此，应根据住宅结构用钢材的特点，要求钢型材、板材、钢筋等产品中硫、磷、碳元素的含量符合有关标准的规定。

冷弯试验值是检验钢材弯曲能力和塑性性能的指标之一，也是衡量钢材质量的一个综合指标。因此，焊接钢结构所采用的钢材以及混凝土结构用钢筋，均应有冷弯试验的合格保证。

6.2.5 本条根据国家标准《建筑抗震设计规范》GB 50011—2001 第 3.9.2 条和《砌体结构设计规范》GB 50003—2001（2002 年局部修订）第 3.1.1、6.2.1 条制定。

砌体结构是住宅中应用最多的结构形式。砌体由多种块体和砂浆砌筑而成。块体和砂浆的种类、强度等级是砌体结构设计的基本依据，也是达到规定的结构可靠度和耐久性的重要保证。根据新型砌体材料的特点和我国近年来工程应用中出现的一些涉及耐久性、安全或正常使用中比较敏感的裂缝等问题，结合我国对新型墙体材料产业政策的要求，本条明确规定了砌体结构应采用的块体、砂浆类别以及相应的强度等级要求。

其他类型的块体材料（如石材等）的强度等级及其砌筑砂浆的要求，应符合国家现行有关标准的规定；对住宅地面以下或防潮层以下及潮湿房屋的砌体，其块体和砂浆的要求，应有所提高，并应符合国家现行有关标准的规定。

6.2.6 本条根据国家标准《木结构设计规范》GB 50005—2003 的有关规定制定。

木结构住宅设计时，应根据结构构件的用途、部位、受力状态选择相应的材质等级，所选木材的强度等级不应低于 TC11（针叶树种）或 TB11（阔叶树种）。对胶合木结构，除了胶合材自身的强度要求外，承重结构用胶的性能尤为重要。结构胶缝主要承受拉力、压力和剪力作用，胶缝的抗拉和抗剪能力是关键。因此，为了保证胶缝的可靠性，使可能的破坏发生在木材上，必须要求结构胶的胶合强度不得低于木材顺纹抗剪强度和横纹抗拉强度。

木材含水率过高时，会产生干缩和开裂，对结构构件的抗剪、抗弯能力造成不利影响，也可引起结构的连接松弛或变形增大，从而降低结构的安全度。因此，制作木结构构件时，应严格控制木材的含水率；当木材含水率超过规定值时，在确定木材的有关设计指标（如各种木材的横纹承压强度和弹性模量、落叶松木材的抗弯强度等）时，应考虑含水率的不利影响，并在结构构造设计中采取针对性措施。

6.3 地 基 基 础

6.3.1 地基基础设计是住宅结构设计中十分重要的一个环节。我国幅员辽阔，各地的岩土工程特性、水文地质条件有很大的差异。因此，住宅地基基础的选型和设计要以岩土工程勘察文件为依据和基础，因地制宜，综合考虑住宅主体结构的特点、地域特点、施工条件以及是否抗震设防地区等因素。

6.3.2 住宅建筑地基基础设计应满足承载力、变形和稳定性要求。

过去，多数工程项目只考虑地基承载力设计，很少考虑变形设计。实际上，地基变形造成建筑物开裂、倾斜的事例屡见不鲜。因此，设计原则应当从承载力控制为主转变到重视变形控制。地基变形计算值，应满足住宅结构安全和正常使用要求。地基变形验算包括进行处理后的地基。

目前，由于抗浮设计考虑不周引起的工程事故也很多，应在承载力设计过程中引起重视。

有关地基基础承载力、变形、稳定性设计的原则应符合国家标准《建筑地基基础设计规范》GB 50007—2002 第 3.0.4 条、第 3.0.5 条的规定；抗震设防地区的地基抗震承载力应取地基承载力特征值与地基抗震承载力调整系数的乘积，并应符合国家标准《建筑抗震设计规范》GB 50011—2001 第 4.2.3 条的规定。

6.3.3 实践表明，在地基基础工程中，与基坑相关的事故最多。因此，本条从安全角度出发予以强调。"周边环境"包括住宅建筑周围的建筑物、构筑物、道路、桥梁，各种市政设施以及其他公共设施。

6.3.4 桩基础在我国很多地区有广泛应用。桩基础的承载力和桩身完整性是基本要求。无论是预制桩还是现浇混凝土或现浇钢筋混凝土桩，由于在地下施工，成桩后的质量和各项性能是否满足设计要求，必须按照规定的数量和方法进行检验。

地基处理是为提高地基承载力、改善其变形性能或渗透性能而采取的人工处理方法。地基处理后，应根据不同的处理方法，选择恰当的检验方法对地基承载力进行检验。

桩基础、地基处理的设计、施工、承载力检验要求和方法，应符合国家现行标准《建筑地基基础设计规范》GB 50007、《建筑桩基技术规范》JGJ 94、《建筑基桩检测技术规范》JGJ 106、《建筑地基处理技术规范》JGJ 79 等的有关规定。

6.4 上 部 结 构

6.4.1 本条对住宅结构体系提出基本概念设计要求。住宅结构的规则性要求和概念设计，应在建筑设计、结构设计的方案阶段得到充分重视，并应在结构施工图设计中体现概念设计要求的实施方法和措施。

抗震设计的住宅，对结构的规则性要求更加严格，不应采用严重不规则的建筑、结构设计方案。所谓严重不规则，对不同结构体系、不同结构材料、不同抗震设防烈度的地区，有不同的侧重点，很难细致地量化，但总体上是指：建筑结构体形复杂、多项实质性的控制指标超过有关规定或某一项指标大大超过规定，从而造成严重的抗震薄弱环节和明显的地震安全隐患，可能导致地震破坏的严重后果。

6.4.2 本条是对抗震设防地区住宅结构设计的总体要求。抗震设计的住宅，应首先确定抗震设防类别（不低于丙类），并根据抗震设防类别和抗震设防烈度确定总体抗震设防标准；其次，应根据抗震设防标准的要求，结合不同结构材料和结构体系的特点以及场地类别，确定适宜的房屋高度或层数限制、地震作用计算方法和结构地震效应分析方法、结构和结构构件的承载力与变形验算方法、与抗震设防目标相对应的抗震措施等。

6.4.3 无论是否抗震设计，住宅结构中刚度和承载力有突变的部位，对突变程度应加以控制，并应根据结构材料和结构体系的特点、抗震设防烈度的高低，采取可靠的加强措施，减少薄弱部位结构破坏的可能性。

错层结构、连体结构（立面有大开洞的结构）、带转换层的结构，由于其结构刚度、质量分布、承载力变化等不均匀，属于竖向布置不规则的结构；错层附近的竖向抗侧力构件、连体结构的连接体及其周边构件、带转换层结构的转换构件（如转换梁、框支柱、楼板）等，在地震作用下受力复杂，容易形成多处应力集中，造成抗震薄弱部位。鉴于此类结构的抗震设计理论和方法尚不完善，并且缺乏相应的工程实践经验，故规定 9 度抗震设计的住宅不应采用此类结构。

6.4.4 住宅砌体结构应设计为双向受力体系；无论计算模型是刚性方案、刚弹性方案还是弹性方案，均应采取有效的构造措施，保证结构的承载力和各部分的连接性能，从而保证其整体性，避免局部或整体失稳以致破坏、倒塌；抗震设计时，尚应采取措施保证其抗震承载能力和必要的延性性能，从而达到抗震设防目标要求。目前砌体结构以承载力设计为基础，以构造措施保证其变形能力等正常使用极限状态的要求，因此砌体结构的各项构造措施十分重要。

保证砌体结构整体性和抗震性能的主要措施，包括选择合格的砌体材料、合理的砌筑方法和工艺、限制建筑的体量，控制砌体墙（柱）的高宽比，控制承重墙体（抗震墙）的间距，在必要的部位采取加强措施（如在关键部位的灰缝内增设拉结钢筋，设置钢筋混凝土圈梁、构造柱、芯柱或采用配筋砌体等）。

6.4.5 底部框架、上部砌体结构住宅是我国目前经济条件下特有的一种结构形式，通过将上部部分砌体墙在底部变为框架而形成较大的空间，底部一般作为商业用房，上部仍然用作住宅。由于这种结构形式的变化，造成底部框架结构的侧向刚度比上部砌体结构

的刚度小，且在结构转换层要通过转换构件（如托墙梁）将上部砌体墙承受的内力转移至下部的框架柱（框支柱），传力途径不直接。过渡层及其以下的框架结构是这种结构的薄弱部位，必需采取措施予以加强。根据理论分析和地震震害经验，这种结构在地震区应谨慎采用，故限制其底部大空间框架结构的层数不应超过 2 层，并应设置剪力墙。

底部框架-剪力墙、上部砌体结构住宅的设计应符合国家标准《建筑抗震设计规范》GB 50011—2001第 7.1 节、第 7.2 节和第 7.5 节的有关规定。

6.4.6 混凝土结构构件，都应满足基本的混凝土保护层厚度和配筋构造要求，以保证其基本受力性能和耐久性。

混凝土保护层的作用主要是：对受力钢筋提供可靠的锚固，使其在荷载作用下能够与混凝土共同工作，充分发挥强度；使钢筋在混凝土的碱性环境中免受介质的侵蚀，从而确保在规定的设计使用年限内具有相应的耐久性。

混凝土构件的配筋构造是保证混凝土构件承载力、延性以及控制其破坏形态的基本要求。配筋构造通常包括钢筋的种类和性能要求、配筋形式、最小配筋率和最大配筋率、配筋间距、钢筋连接方式和连接区段（位置）、钢筋搭接和锚固长度、弯钩形式等。

6.4.7 钢结构的防火、防腐措施是保证钢结构住宅安全性、耐久性的基本要求。钢材是不可燃材料，但是在高温下其刚度和承载力会明显下降，导致结构失稳或产生过大变形，甚至倒塌。

住宅钢结构中，除不锈钢构件外，其他钢结构构件均应根据设计使用年限、使用功能、使用环境以及维护计划，采取可靠的防腐措施。

6.4.8 在木结构构件表面包覆（涂敷）防火材料，可达到规定的构件燃烧性能和耐火极限要求。此外，木结构住宅应符合防火间距、房屋层数的要求，并采取有效的消防措施。

调查表明，正常使用条件下，木结构的破坏多数是由于腐朽和虫蛀引起的，因此，木结构的防腐、防虫，在结构设计、施工和使用阶段均应当引起高度重视。防止木结构腐朽，应根据使用条件和环境条件在设计上采取防潮、通风等构造措施。

木结构住宅的防火、防腐、防潮、防虫措施，应符合国家标准《木结构设计规范》GB 50005—2003的有关规定。

6.4.9 本条对住宅结构的围护结构和非结构构件提出要求。"围护结构"在不同专业领域的含义不同。本条中围护结构主要指直接面向建筑室外的非承重墙体、各类建筑幕墙（包括采光顶）等，相对于主体结构而言实际上属于"非结构构件"。围护结构和非结构构件的安全性和适用性应满足住宅建筑设计要求，并应符合国家现行有关标准的规定。对非结构构件的

耐久性问题，由于材料性质、功能要求及更换的难易程度不同，未给出具体要求，但具体设计上应予以重视。

本条中非结构构件包括持久性的建筑非结构构件和附属机电设施。

长期以来，非结构构件的可靠性设计没有引起设计人员的充分重视。对非结构构件，应根据其重要性、破坏后果的严重性及其对建筑结构的影响程度，采取不同的设计要求和构造措施。对抗震设计的住宅，尚应对非结构构件采取抗震措施或进行必要的抗震计算。对不同功能的非结构构件，应满足相应的承载能力、变形能力（刚度和延性）要求，并应具有适应主体结构变形的能力；与主体结构的连接、锚固应牢固、可靠，要求锚固承载力大于连接件的承载力。

各类建筑幕墙的应用应符合国家现行标准《玻璃幕墙工程技术规范》JGJ 102、《金属与石材幕墙工程技术规范》JGJ 133、《建筑玻璃应用技术规程》JGJ 113等的规定。

7 室内环境

7.1 噪声和隔声

7.1.1 住宅应给居住者提供一个安静的室内生活环境，但是在现代城市中大部分住宅的外部环境均比较嘈杂，尤其是邻近主要街道的住宅，交通噪声的影响更为严重。因此，应在住宅的平面布置和建筑构造上采取有效的隔声和防噪声措施，例如尽可能使卧室和起居室远离噪声源，邻街的窗户采用隔声性能好的窗户等。

本条提出的卧室、起居室的允许噪声级是一般水平的要求，采取上述措施后不难达到。

7.1.2 楼板的撞击声隔声性能的优劣直接关系到上层居住者的活动对下层居住者的影响程度；撞击声压级越大，对下层居住者的影响就越大。计权标准化撞击声压级75dB是一个较低的要求，大致相当于现浇钢筋混凝土楼板的撞击声隔声性能。

为避免上层居住者的活动对下层居住者造成影响，应采取有效的构造措施，降低楼板的计权标准化撞击声压级。例如，在楼板的上表面敷设柔性材料，或采用浮筑楼板等。

7.1.3 空气声计权隔声量是衡量构件空气声隔声性能的指标。楼板、分户墙、户门和外窗的空气声计权隔声量的提高，可有效地衰减上下、左右邻室之间，及走廊、楼梯与室内之间的声音传递，并有效地衰减户外传入户内的声音。

本条规定的具体空气声计权隔声量都是较低的要求。为提高空气声隔声性能，应采取有效的构造措施，如采用更高隔声量的户门和外窗等。

外窗通常是隔声的薄弱环节，尤其是沿街住宅的外窗，应予以足够的重视。高隔声量的外窗对住宅满足本规范第7.1.1条的要求至关重要。

7.1.4 各种管线穿过楼板和墙体时，若孔洞周边不密封，声音会通过缝隙传递，大大降低楼板和墙体的隔声性能。对穿线孔洞的周边进行密封，属于施工细节问题，几乎不增加成本，但对提高楼板和墙体的空气声隔声性能很有好处。

7.1.5 电梯运行不可避免地会引起振动，这种振动对相邻房间的影响比较大，因此不应将卧室、起居室紧邻电梯井布置。但在住宅设计时，有时会受平面布局的限制，不得不将卧室、起居室紧邻电梯井布置。在这种情况下，为保证卧室、起居室的安静，应采取一些隔声和减振的技术措施，例如提高电梯井壁的隔声量、在电梯轨道和井壁之间设置减振垫等。

7.1.6 住宅建筑内的水泵房、风机房都是噪声源、振动源，有时管道井也会成为噪声源。从源头入手是最有效的降低振动和治理噪声的方式。因此，给水泵、风机设置减振装置是降低振动、减弱噪声的有效措施。同时，还应注意水泵房、风机房以及管道井的有效密闭，提高水泵房、风机房和管道井的空气声隔声性能。

7.2 日照、采光、照明和自然通风

7.2.1 日照对居住者的生理和心理健康都非常重要。住宅的日照受地理位置、朝向、外部遮挡等外部条件的限制，常难以达到比较理想的状态。尤其是在冬季，太阳高度角较小，建筑之间的相互遮挡更为严重。

本条规定"每套住宅至少应有一个居住空间能获得冬季日照"，但未提出日照时数要求。

住宅设计时，应注意选择好朝向、建筑平面布置（包括建筑之间的距离、相对位置以及套内空间的平面布置），通过计算，必要时使用日照模拟软件分析计算，创造良好的日照条件。

7.2.2 充足的天然采光有利于居住者的生理和心理健康，同时也有利于降低人工照明能耗。用采光系数评价住宅是否获取了足够的天然采光比较科学，但采光系数需要通过直接测量或复杂的计算才能得到。一般情况下，住宅各房间的采光系数与窗地面积比密切相关，因此本条直接规定了窗地面积比的限值。

7.2.3 住宅套内的各个空间由于使用功能不同，其照度要求各不相同，设计时应区别对待。套外的门厅、电梯前厅、走廊、楼梯等公共空间的地面照度，应满足居住者的通行等需要。

7.2.4 自然通风可以提高居住者的舒适感，有助于健康，同时也有利于缩短夏季空调器的运行时间。住宅能否获取足够的自然通风与通风开口面积的大小密切相关。一般情况下，当通风开口面积与地面面积之

比不小于 1/20 时，房间可获得较好的自然通风。

实际上，自然通风不仅与通风开口面积的大小有关，还与通风开口之间的相对位置密切相关。在住宅设计时，除了满足最小的通风开口面积与地面面积之比外，还应合理布置通风开口的位置和方向，有效组织与室外空气流通顺畅的自然通风。

7.3 防　　潮

7.3.1 防止渗漏是住宅建筑屋面、外墙、外窗的基本要求。为防止渗漏，在设计、施工、使用阶段均应采取相应措施。

7.3.2 住宅室内表面（屋面和外墙的内表面）长时间的结露会滋生霉菌，对居住者的健康造成有害的影响。

室内表面出现结露最直接的原因是表面温度低于室内空气的露点温度。另外，表面空气的不流通也助长了结露现象的发生。因此，住宅设计时，应核算室内表面可能出现的最低温度是否高于露点温度，并尽量避免通风死角。

但是，要杜绝内表面的结露现象有时非常困难。例如，在我国南方的雨季，空气非常潮湿，空气所含的水蒸气接近饱和，除非紧闭门窗，空气经除湿后再送入室内，否则短时间的结露现象是不可避免的。因此，本条规定在"室内温、湿度设计条件下"（即在正常条件下）不应出现结露。

7.4　空气污染

7.4.1 住宅室内空气中的氡、游离甲醛、苯、氨和总挥发性有机化合物（TVOC）等污染物对人体的健康危害很大，应对其活度、浓度加以控制。

氡的活度与住宅选址有关，其他几种污染物的浓度与建筑材料、装饰装修材料、家具以及住宅的通风条件有关。

8　设　　备

8.1　一　般　规　定

8.1.1～8.1.3 给水排水系统、采暖设施及照明供电系统是基本的居住生活条件，并有利于居住者身体健康，改善环境质量。采暖设施主要是指集中采暖系统，也包括单户采暖系统。

8.1.4 为便于给水总立管、雨水立管、消防立管、采暖供回水总立管和电气、电信干线（管）的维修和管理，不影响套内空间的使用，本条规定上述管线不应布置在套内。

实践中，公共功能的管道、阀门、设备或部件设在套内，住户在装修时加以隐蔽，给维修和管理带来不便；在其他住户发生事故需要关闭检修阀门时，因设置阀门的住户无人而无法进入，不能正常维护，这样的事例较多。本条据此规定上述设备和部件应设在公共部位。

给水总立管、雨水立管、消防立管、采暖供回水总立管和电气、电信干线（管）应设置在套外的管井内或公共部位。对于分区供水横干管，也应布置在其服务的住宅套内，而不应布置在与其毫无关系的套内；当采用远传水表或 IC 水表而将供水立管设在套内时，供检修用的阀门应设在公用部位的横管上，而不应设在套内的立管顶部。公共功能管道其他需经常操作的部件，还包括有线电视设备、电话分线箱和网络设备等。

8.1.5 计量仪表的选择和安装方式，应符合安全可靠、便于计量和减少扰民的原则。计量仪表的设置位置，与仪表的种类有关。住宅的分户水表宜相对集中读数，且宜设置在户外；对设置在户内的水表，宜采用远传水表或 IC 卡水表等智能化水表。其他计量仪表也宜设置在户外；当设置在户内时，应优先采用可靠的电子计量仪表。无论设置在户外还是户内，计量仪表的设置应便于直接读数、维修和管理。

8.2　给 水 排 水

8.2.1 住宅生活给水系统的水源，无论采用市政管网，还是自备水源井，生食品的洗涤、烹饪、盥洗、淋浴、衣物的洗涤、家具的擦洗用水，其水质应符合国家现行标准《生活饮用水卫生标准》GB 5749、《城市供水水质标准》CJ/T 206 的要求。当采用二次供水设施来保证住宅正常供水时，二次供水设施的水质卫生标准应符合现行国家标准《二次供水设施卫生规范》GB 17051 的要求。生活热水系统的水质要求与生活给水系统的水质相同。管道直饮水具有改善居民饮用水水质，降低直饮水的成本，避免送桶装水引起的干扰，保障住宅小区安全的优点，在发达地区新建的住宅小区中已被普遍采用。其水质应满足行业标准《饮用净水水质标准》CJ 94 的要求。生活杂用水指用于便器冲洗、绿化浇洒、室内车库地面和室外地面冲洗的水，在住宅中一般称为中水，其水质应符合国家现行标准《城市污水再生利用　城市杂用水水质》GB/T 18920、《城市污水再生利用　景观环境用水水质》GB/T 18921 和《生活杂用水水质标准》CJ/T 48 的相关要求。

8.2.2 为节约能源，减少居民生活饮用水水质污染，住宅建筑底部的住户应充分利用市政管网水压直接供水。当设有管道倒流防止器时，应将管道倒流防止器的水头损失考虑在内。

8.2.3 当市政给水管网的水压、水量不足时，应设置二次供水设施：贮水调节和加压装置。二次供水设施的设置应符合现行国家标准《二次供水设施卫生规范》GB 17051 的要求。住宅生活给水管道的设置，应有防水质污染的措施。住宅生活给水管道、阀门及配件所涉及的材料必须达到饮用水卫生标准。供水管道（管材、管件）应符合现行产品标准的要求，其工作压力不得大于产品标准标称的允许工作压力。供水管道应选用耐腐蚀和安装连接方便可靠的管材。管道可采用塑料给水管、塑料和金属复合管、铜管、不锈钢管和球墨铸铁给水管等。阀门和配件的工作压力应大于或等于其所在管段的管道系统的工作压力，材质应耐腐蚀，经久耐用。阀门和配件应根据管径大小和所承受的压力等级及使用温度，采用全铜、全不锈钢、铁壳铜芯和全塑阀门等。

8.2.4 为确保居民正常用水条件，提高使用的舒适性，并节约用水，本条给出了套内分户用水点和入户管的给水压力限值。

国家标准《住宅设计规范》GB 50096—1999（2003 年版）第 6.1.2 条规定：套内分户水表前的给水静水压力不应小于 50kPa。但由于国家标准《建筑给水排水设计规范》GB 50015—2003 第 3.1.14 条中已将给水配件所需流出水头改为最低工作压力要求，如洗脸盆由原要求流出水头为 0.015MPa 改为最低工作压力为 0.05MPa，水表前最低工作压力为 0.05MPa 已满足不了卫生器具的使用要求，故改为对套内分户用水点的给水压力要求。当采用高位水箱或加压水泵和高位水箱供水时，水箱的设置高度应按最高层最不利套内分户用水点的给水压力不小于 0.05MPa 来考虑；当不能满足要求时，应设置增压给水设备。当采用变频调速给水加压设备时，水泵的供水压力也应按上述要求来考虑。

卫生器具正常使用的最佳水压为 0.20～0.30MPa。从节水、噪声控制和使用舒适考虑，当住宅入户管的水压超过 0.35MPa 时，应设减压或调压设施。

8.2.5 住宅设置热水供应设施，是提高生活水平的重要措施，也是居住者的普遍要求。由于热源状况和技术经济条件不尽相同，可采用多种热水加热方式和供应系统；如采用集中热水供应系统，应保证配水点的最低水温，满足居住者的使用要求。配水点的水温是指打开水龙头在 15s 内得到的水温。

8.2.6 住宅采用节水型卫生器具和配件是节水的重要措施。节水型卫生器具和配件包括：总冲洗用水量不大于 6L 的坐便器系统，两档式便器水箱及配件、陶瓷片密封水龙头、延时水嘴、红外线节水开关、脚踏阀等。住宅内不得使用明令淘汰的螺旋升降式铸铁水龙头、铸铁截止阀、进水阀低于水面的卫生洁具水箱配件、上导向直落式便器水箱配件等。建设部第 218 号"关于发布《建设部推广应用和限制禁止使用技术》的公告"中规定：对住宅建筑，推广应用节水型坐便器系统（≤6L），禁止使用冲水量大于等于 9L 的坐便器。本条对此做了更为严格的规定。

8.2.7 为防止卫生间排水管道内的污浊有害气体串至厨房内，对居住者卫生健康造成影响，当厨房与卫生间相邻布置时，不应共用一根排水立管，而应在厨房内和卫生间内分别设立管。

为避免排水管道漏水、噪声或结露产生凝结水影响居住者卫生健康，损坏财产，排水管道（包括排水立管和横管）均不得穿越卧室。排水立管采用普通塑料排水管时，不应布置在靠近与卧室相邻的内墙；当必须靠近与卧室相邻的内墙时，应采用橡胶密封圈柔性接口机制的排水铸铁管、双臂芯层发泡塑料排水管、内螺旋消音塑料排水管等有消声措施的管材。

8.2.8 住宅内除在设淋浴器、洗衣机的部位设置地漏外，卫生间和厨房的地面可不设置地漏。地漏、存水弯的水封深度必须满足一定的要求，这是建筑给水排水设计安全卫生的重要保证。考虑到水封蒸发损失、自虹吸损失以及管道内气压变化等因素，国外规范均规定卫生器具存水弯水封深度为 50～100mm。水封深度不得小于 50mm，对应于污水、废水、通气的重力流排水管道系统排水时内压波动不致于破坏存水弯水封的要求。在住宅卫生间地面如设置地漏，应采用密闭地漏。洗衣机部位应采用能防止溢流和干涸的专用地漏。

8.2.9 本条的目的是为了确保当室外排水管道满流或发生堵塞时，不造成倒灌，以免污染室内环境，影响住户使用。地下室、半地下室中卫生器具和地漏的排水管低于室外地面，故不应与上部排水管道连接，而应设置集水坑，用污水泵单独排出。

8.2.10 适合建设中水设施的住宅，是指水量较大且集中，就地处理利用并能取得较好的技术经济效益的工程。雨水利用是指针对因建设屋顶、地面铺装等地面硬化导致区域内径流量增加的情况，而采取的对雨水进行就地收集、入渗、储存、利用等措施。

建设中水设施和雨水利用设施的住宅的具体规模应按所在地的有关规定执行，目前国家无统一的要求。例如，北京市"关于加强中水设施建设管理的通告"中规定："建筑面积 5 万 m^2 以上，或可回收水量大于 150m^3/d 的居住区必须建设中水设施"；"关于加强建设工程用地内雨水资源利用的暂行规定"中规定：凡在本市行政区域内，新建、改建、扩建工程（含各类建筑物、广场、停车场、道路、桥梁和其他构筑物等建设工程设施，以下统称为建设工程）均应进行雨水利用工程设计和建设。

地方政府应结合本地区的特点制定符合实际情况的中水设施和雨水利用工程的实施办法。雨水利用工程的设计和建设，应以建设工程硬化后不增加建设区域内雨水径流量和外排水总量为标准。雨水利用设施应因地制宜，采用就地入渗与储存利用等方式。

8.2.11 为确保住宅中水工程的使用、维修，防止误饮、误用，设计时应采取相应的安全措施。这是中水工程设计中应重点考虑的问题，也是中水在住宅中能否成功应用的关键。

8.3 采暖、通风与空调

8.3.1 本条根据国家标准《采暖通风与空气调节设计规范》GB 50019—2003第4.9.1条制定。集中采暖系统节能除应采用合理的系统制式外，还应使房间温度可调节，即应采取分室（户）温度调节措施。按户进行用热量计量和收费是推进建筑节能工作的重要配套措施之一。本条要求设置分户（单元）计量装置；当目前设置有困难时，应预留安装计量装置的位置。

8.3.2 本条根据国家标准《住宅设计规范》GB 50096—1999（2003年版）第6.2.2条制定，适用于所有设置集中采暖系统的住宅。考虑到居住者夜间衣着较少，卫生间采用与卧室相同的标准。

8.3.3 以热水为采暖热媒，在节能、温度均匀、卫生和安全等方面，均较为合理。

"可靠的水质保证措施"非常重要。长期以来，热水采暖系统的水质没有相关规定，系统中管道、阀门、散热器经常出现被腐蚀、结垢或堵塞的现象，造成暖气不热，影响系统正常运行。

8.3.4 本条根据国家标准《采暖通风与空气调节设计规范》GB 50019—2003第4.3.11条、第4.8.17条制定。当采暖系统设在可能冻结的场所，如不采暖的楼梯间时，应采取防冻结措施。对采暖系统的管道，应考虑由于热媒温度变化而引起的膨胀，采取补偿措施。

8.3.5 合理利用能源，提高能源利用效率，是当前的重要政策要求。用高品位的电能直接用于转换为低品位的热能进行采暖，热效率低，运行费用高，是不合适的。严寒、寒冷地区全年有4～6个月采暖期，时间长，采暖能耗高。近些年来由于空调、采暖用电所占比例逐年上升，致使一些省市冬夏季尖峰负荷迅速增长，电网运行困难，电力紧缺。盲目推广电锅炉、电采暖，将进一步劣化电力负荷特性，影响民众日常用电。因此，应严格限制应用直接电热进行集中采暖，但并不限制居住者选择直接电热方式进行分散形式的采暖。

8.3.6 本条根据国家标准《住宅设计规范》GB 50096—1999（2003年版）第6.4.2条、第6.4.3条制定。厨房和卫生间往往是住宅内的污染源，特别是无外窗的卫生间。本条的目的是为了改善厨房、无外窗的卫生间的空气品质。住宅建筑中设有竖向通风道，利用自然通风的作用排出厨房和卫生间的污染气体。但由于竖向通风道自然通风的作用力，主要依靠室内外空气温差形成的热压，以及排风帽处的风压作用，其排风能力受自然条件制约。为了保证室内卫生要求，需要安装机械排气装置，为此应留有安装排气机械的位置和条件。

8.3.7 目前，厨房中排油烟机的排气管的排气方式有两种：一种是通过外墙直接排至室外，可节省空间并不会产生互相串烟，但不同风向时可能倒灌，且对周围环境可能有不同程度的污染；另一种方式是排入竖向通风道，在多台排油烟机同时运转的条件下，产生回流和泄漏的现象时有发生。这两种排出方式，都尚有待改进。从运行安全和环境质量等方面考虑，当采用竖向通风道时，应采取防止支管回流和竖井泄漏的措施。

8.3.8 水源热泵（包括地表水、地下水、封闭水环路式水源热泵）用水作为机组的热源（汇），可以采用河水、湖水、海水、地下水或废水、污水等。当水源热泵机组采用地下水为水源时，应采取可靠的回灌措施，回灌水不得对地下水资源造成破坏和污染。

8.4 燃 气

8.4.1 为了保证燃气稳定燃烧，减少管道和设备的腐蚀，防止漏气引起的人员中毒，住宅用燃气应符合城镇燃气质量标准。国家标准《城镇燃气设计规范》GB 50028—93（2002年版）第2.2节中，对燃气的发热量、组分波动、硫化氢含量及加臭剂等都有详细的规定。

应特别注意的是，不应将用于工业的发生炉煤气或水煤气直接引入住宅内使用。因为这类燃气的一氧化碳含量高达30%以上，一旦漏气，容易引起居住者中毒甚至死亡。

8.4.2 为了保证室内燃气管道的供气安全，应限制燃气管道的最高压力。目前，国内住宅的供气有集中调压低压供气和中压供气按户调压两种方式。两者在投资和安全方面各有优缺点。一般来说，低压供气方式比较安全，中压供气则节省投资。当采用中压进户时，燃气管道的最高压力不得高于0.2MPa。

8.4.3 住宅内使用的各类用气设备应使用低压燃气，以保证安全。住宅内常用的燃气设备有燃气灶、热水器、采暖炉等，这些设备使用的都是5kPa以下的低压燃气。即使管道供气压力为中压，也应经过调压，降至低压后方可接入用气设备。低压燃气设备的额定压力是重要的参数，其值随燃气种类而不同。应根据不同燃气设备的额定压力，将燃气的入口压力控制在相应的允许压力波动范围内。

8.4.4 燃气灶应设置在厨房内，热水器、采暖炉等应设置在厨房或与厨房相连的阳台内。这样便于布置燃气管道，统一考虑用气空间的通风、排烟和其他安全措施，便于使用和管理。

8.4.5 液化石油气是住宅内常用的可燃气体之一。由于它比空气重（约为空气重度的1.5～2倍），且爆炸下限比较低（约为2%以下），因此一旦漏气，就会流向低处，若遇上明火或电火花，会导致爆炸或火灾事故。且由于地下室、半地下室内通风条件差，故不应在其内敷设液化石油气管道，当然更不能使用液化石油气用气设备、气瓶。高层住宅内使用可燃气体作燃料时，应采用管道供气，严禁直接使用瓶装液化石油气。

8.4.6 住宅用人工煤气主要指焦炉煤气，不包括发生炉煤气和水煤气。由于人工煤气、天然气比空气轻，一旦漏气将浮上房间顶部，易排出室外。因此，不同于对液化石油气的要求，在地下室、半地下室内可设置、使用这类燃气设备，但应采取相应的安全措施，以满足现行国家标准《城镇燃气设计规范》GB 50028 的要求。

8.4.7 本条根据国家标准《城镇燃气设计规范》GB 50028—93（2002 年版）第 7.2 节的相关规定制定。卧室是居住者休息的房间，若燃气漏气会使人中毒甚至死亡；暖气沟、排烟道、垃圾道、电梯井属于潮湿、高温、有腐蚀性介质及产生电火花的部位，若管道被腐蚀而漏气，易发生爆炸或火灾。因此，严禁在上述位置敷设燃气管道。

8.4.8 为了保证燃气设备、电气设备及其管道的检修条件和使用安全，燃气设备和管道应满足与电气设备和相邻管道的净距要求。该净距应综合考虑施工要求、检修条件及使用安全等因素确定。国家标准《城镇燃气设计规范》GB 50028—93（2002 年版）第 7.2.26 条给出了相关要求。

8.4.9 本条根据国家标准《城镇燃气设计规范》GB 50028—93（2002 年版）第 7.7 节的相关规定制定。为了保证用气设备的稳定燃烧和安全排烟，本条对住宅排烟提出相应要求。烟气必须排至室外，故直排式热水器不应用于住宅内。多台设备合用一个烟道时，不论是竖向还是横向连接，都不允许相互干扰和串烟。烹饪操作时，厨房燃具排气罩排出的烟气中含有油雾，若与热水器或采暖炉排出的高温烟气混合，可能引起火灾或爆炸事故，因此两者不得合用烟道。

8.5 电 气

8.5.1 为保证用电安全，电气线路的选材、配线应与住宅的用电负荷相适应。

8.5.2 为了防止因接地故障等引起的火灾，对住宅供配电应采取相应的安全措施。

8.5.3 出于节能的需要，应急照明可以采用节能自熄开关控制，但必须采取措施，使应急照明在应急状态下可以自动点亮，保证应急照明的使用功能。国家标准《住宅设计规范》GB 50096—1999（2003 年版）第 6.5.3 条规定："住宅的公共部位应设人工照明，除高层住宅的电梯厅和应急照明外，均应采用节能自熄开关。"本条从节能角度对此进行了修改。

8.5.4 为保证安全和便于管理，本条对每套住宅的电源总断路器提出相应要求。

8.5.5 为了避免儿童玩弄插座发生触电危险，安装高度在 1.8m 及以下的插座应采用安全型插座。

8.5.6 住宅建筑应根据其重要性、使用性质、发生雷电事故的可能性和后果，分为第二类防雷建筑物和第三类防雷建筑物。预计雷击次数大于 0.3 次/a 的住宅建筑应划为第二类防雷建筑物。预计雷击次数大于或等于 0.06 次/a，且小于或等于 0.3 次/a 的住宅建筑，应划为第三类防雷建筑物。各类防雷建筑物均应采取防直击雷和防雷电波侵入的措施。

8.5.7 住宅建筑配电系统应采用 TT、TN-C-S 或 TN-S 接地方式，并进行总等电位联结。等电位联结是指为达到等电位目的而实施的导体联结，目的是当发生触电时，减少电击危险。

8.5.8 本条根据国家标准《建筑物电子信息系统防雷技术规范》GB 50343—2004 第 5.2.5 条、第 5.2.6 条制定，对建筑防雷接地装置做了相应规定。

9 防火与疏散

9.1 一般规定

9.1.1 本条对住宅建筑周围的外部灭火救援条件做了原则规定。住宅建筑周围设置适当的消防水源、扑救场地以及消防车和救援车辆易达的道路等灭火救援条件，有利于住宅建筑火灾的控制和救援，保护生命和财产安全。

9.1.2 本条规定了相邻住户之间的防火分隔要求。考虑到住宅建筑的特点，从被动防火措施上，宜将每个住户作为一个防火单元处理，故本条对住户之间的防火分隔要求做了原则规定。

9.1.3 本条规定了住宅与其他建筑功能空间之间的防火分隔和住宅部分安全出口、疏散楼梯的设置要求，并规定了火灾危险性大的场所禁止附设在住宅建筑中。

当住宅与其他功能空间处在同一建筑内时，采取防火分隔措施可使各个不同使用空间具有相对较高的安全度。经营、存放和使用火灾危险性大的物品，容易发生火灾，引起爆炸，故该类场所不应附设在住宅建筑中。

本条中的其他功能空间指商业经营性场所，以及机房、仓储用房等，不包括直接为住户服务的物业管理办公用房和棋牌室、健身房等活动场所。

9.1.4 本条对住宅建筑的耐火性能、疏散条件以及消防设施的设置做了原则性规定。

9.1.5 本条原则规定了各种建筑设备和管线敷设的防火安全要求。

9.1.6 本条规定了确定住宅建筑防火与疏散要求时应考虑的因素。建筑层数应包括住宅部分的层数和其他功能空间的层数。

住宅建筑的高度和面积直接影响到火灾时建筑内

人员疏散的难易程度、外部救援的难易程度以及火灾可能导致财产损失的大小，住宅建筑的防火与疏散要求与建筑高度和面积直接相关联。对不同建筑高度和建筑面积的住宅区别对待，可解决安全性和经济性的矛盾。考虑到与现行相关防火规范的衔接，本规范以层数作为衡量高度的指标，并对层高较大的楼层规定了折算方法。

9.2 耐火等级及其构件耐火极限

9.2.1 本条将住宅建筑的耐火等级划分为四级。经综合考虑各种因素后，对适用于住宅的相关构件耐火等级进行了整合、协调，将构件燃烧性能描述为"不燃性"和"难燃性"，以体现构件的不同性能要求。考虑到目前轻钢结构和木结构等的发展需求，对耐火等级为三级和四级的住宅建筑构件的燃烧性能和耐火极限做了部分调整。

9.2.2 根据住宅建筑的特点，对不同建筑耐火等级要求的住宅的建造层数做了调整，允许四级耐火等级住宅建至3层，三级耐火等级住宅建至9层。考虑到住宅的分隔特点及其火灾特点，本规范强调住宅建筑户与户之间、单元与单元之间的防火分隔要求，不再对防火分区做出规定。

9.3 防火间距

9.3.1 本条规定了确定防火间距时应考虑的主要因素，即应从满足消防扑救需要和防止火势通过"飞火"、"热辐射"和"热对流"等方式向邻近建筑蔓延的要求出发，设置合理的防火间距。在满足防火安全条件的同时，尚应体现节约用地和与现实情况相协调的原则。

9.3.2 本条规定了住宅建筑与相邻民用建筑之间的防火间距要求以及防火间距允许调整的条件。

9.4 防火构造

9.4.1 本条对上下相邻住户间防止火灾竖向蔓延的外墙构造措施做了规定。适当的窗槛墙或防火挑檐是防止火灾发生竖向蔓延的有效措施。

9.4.2 为防止楼梯间受到住户火灾烟气的影响，本条对楼梯间窗口与套房窗口最近边缘之间的水平间距限值做了规定。楼梯间作为人员疏散的途径，保证其免受住户火灾烟气的影响十分重要。

9.4.3 本条对住宅建筑中电梯井、电缆井、管道井等竖井的设置做了规定。

电梯是重要的垂直交通工具，其井道易成为火灾蔓延的通道。为防止火灾通过电梯井蔓延扩大，规定电梯井应独立设置，且在其内不能敷设燃气管道以及敷设与电梯无关的电缆、电线等，同时规定电梯井井壁上除开设电梯门和底部及顶部的通气孔外，不应开设其他洞口。

各种竖向管井均是火灾蔓延的途径，为了防止火灾蔓延扩大，要求电缆井、管道井、排烟道、排气道等竖井应单独设置，不应混设。为了防止火灾时将管井烧毁，扩大灾情，规定上述管道井壁应为不燃性构件，其耐火极限不低于1.00h。本条未对"垃圾道"做出规定，因为住宅中设置垃圾道不是主流做法，从健康、卫生角度出发，住宅不宜设置垃圾道。

为有效阻止火灾通过管井的竖向蔓延，本条对竖向管道井和电缆井层间封堵及孔洞封堵提出了要求。可靠的层间封堵及孔洞封堵是防止管道井和电缆井成为火灾蔓延通道的有效措施。

同样，为防止火灾竖向蔓延，本条还对住宅建筑中设置在防烟楼梯间前室和合用前室的电缆井和管道井井壁上检查门的耐火等级做了规定。

9.4.4 为防止火灾由汽车库竖向蔓延至住宅，本条对楼梯、电梯直通住宅下部汽车库时的防火分隔做了规定。

9.5 安全疏散

9.5.1 本条规定了设置安全出口应考虑的主要因素。考虑到当前住宅建筑形式趋于多样化，本条不具体界定建筑类型，但对各类住宅安全出口做了规定，总体兼顾了住宅的功能需求和安全需要。

本条根据不同的建筑层数，对安全出口设置数量做出规定，兼顾了安全性和经济性的要求。本条规定表明，在一定条件下，对18层及以下的住宅，每个住宅单元每层可仅设置一个安全出口。

19层及19层以上的住宅建筑，由于建筑层数多，高度大，人员相对较多，一旦发生火灾，烟和火易发生竖向蔓延且蔓延速度快，而人员疏散路径长，疏散困难。故对此类建筑，规定每个单元每层设置不少于两个安全出口，以利于建筑内人员及时逃离火灾场所。

建筑安全疏散出口应分散布置。在同一建筑中，若两个楼梯出口之间距离太近，会导致疏散人流不均而产生局部拥挤，还可能因出口同时被烟堵住，使人员不能脱离危险而造成重大伤亡事故。

若门的开启方向与疏散人流的方向不一致，当遇有紧急情况时，会使出口堵塞，造成人员伤亡事故。疏散用门具有不需要使用钥匙等任何器具即能迅速开启的功能，是火灾状态下对疏散门的基本安全要求。

9.5.2 本条规定了确定户门至最近安全出口的距离时应考虑的因素，其原则是在保证人员疏散安全的条件下，尽可能满足建筑布局和节约投资的需要。

9.5.3 本条规定了确定楼梯间形式时应考虑的因素及首层对外出口的设置要求。建筑发生火灾时，楼梯间作为人员垂直疏散的惟一通道，应确保安全可靠。楼梯间可分为防烟楼梯间、封闭楼梯间和室外楼梯等，具体形式应根据建筑形式、建筑层数、建筑面积以及套房户门的耐火等级等因素确定。

楼梯间在首层设置直通室外的出口，有利于人员在火灾时及时疏散；若没有直通室外的出口，应能保证人员在短时间内通过不会受到火灾威胁的门厅，但不允许设置需经其他房间再到达室外的出口形式。

9.5.4 本条对住宅建筑楼梯间顶棚、墙面和地面材料做了限制性规定。

9.6 消防给水与灭火设施

9.6.1 本条将设置室内消防给水设施的建筑层数界限统一调整为8层。对于建筑层数较高的各类住宅建筑，其火势蔓延较为迅速，扑救难度大，必须设置有效的灭火系统。室内消防给水设施包括消火栓、消防卷盘和干管系统等。水灭火系统具有使用方便、灭火效果好、价格便宜、器材简单等优点，当前采用的主要灭火系统为消火栓给水系统。

9.6.2 自动喷水灭火系统具有良好的控火及灭火效果，已得到许多火灾案例的实践检验。对于建筑层数为35层及35层以上的住宅建筑，由于建筑高度高，人员疏散困难，火灾危险性大，为保证人员生命和财产安全，规定设置自动喷水灭火系统是必要的。

9.7 消防电气

9.7.1 本条对10层及10层以上住宅建筑的消防供电做了规定。高层建筑发生火灾时，主要利用建筑物本身的消防设施进行灭火和疏散人员。合理地确定供电负荷等级，对于保障建筑消防用电设备的供电可靠性非常重要。

9.7.2 火灾自动报警系统由触发器件、火灾报警装置及具有其他辅助功能的装置组成，是为及早发现和通报火灾，并采取有效措施控制和扑灭火灾，而设置在建筑物中或其他场所的一种自动消防设施。在发达国家，火灾自动报警系统的设置已较为普及。考虑到现阶段国内的实际条件，规定35层及35层以上的住宅建筑应设置火灾自动报警系统。

9.7.3 本条对10层及10层以上住宅建筑的楼梯间、电梯间及其前室的应急照明做了规定。为防止人员触电和防止火势通过电气设备、线路扩大，在火灾时需要及时切断起火部位及相关区域的电源。此时若无应急照明，人员在惊慌之中势必产生混乱，不利于人员的安全疏散。

9.8 消防救援

9.8.1 本条对10层及10层以上的住宅建筑周围设置消防车道提出了要求，以保证外部救援的实施。

9.8.2 为保证在发生火灾时消防车能迅速开到附近的天然水源（如江、河、湖、海、水库、沟渠等）和消防水池取水灭火，本条规定了供消防车取水的天然水源和消防水池，均应设有消防车道，并便于取水。

9.8.3 为满足消防队员快速灭火救援的需要，综合考虑消防队员的体能状况和现阶段国内的实际条件，规定12层及12层以上的住宅建筑应设消防电梯。

10 节 能

10.1 一般规定

10.1.1 在住宅建筑能耗中，采暖、空调能耗占有最大比例。降低采暖、空调能耗可以通过提高建筑围护结构的热工性能，提高采暖、空调设备和系统的用能效率来实现。本条列举了住宅建筑中与采暖、空调能耗直接相关的各个因素，指明了住宅设计时应采取的建筑节能措施。

10.1.2 进行住宅节能设计可以采取两种方法：第一种方法是规定性指标法，即对本规范第10.1.1条所列出的所有因素均规定一个明确的指标，设计住宅时不得突破任何一个指标；第二种方法是性能化方法，即不对本规范第10.1.1条所列出的所有因素都规定明确的指标，但对住宅在某种标准条件下采暖、空调能耗的理论计算值规定一个限值，所设计的住宅计算得到的采暖、空调能耗不得突破这个限值。

10.1.3 围护结构的保温、隔热性能的优劣对住宅采暖、空调能耗的影响很大，而围护结构的保温、隔热主要依靠保温材料来实现，因此必须保证保温材料不受潮。

设计住宅的围护结构时，应进行水蒸气渗透和冷凝计算；根据计算结果，判定在正常情况下围护结构内部保温材料的潮湿程度是否在可接受的范围内；必要时，应在保温材料层的表面设置隔汽层。

10.1.4 在住宅建筑能耗中，照明能耗也占有较大的比例，因此要注重照明节能。考虑到住宅建筑的特殊性，套内空间的照明受居住者的控制，不易干预，因此不对套内空间的照明做出规定。住宅公共场所和部位的照明主要受设计和物业管理的控制，因此本条明确要求采用高效光源和灯具并采取节能控制措施。

住宅建筑的公共场所和部位有许多是有天然采光的，例如大部分住宅的楼梯间都有外窗。在天然采光的区域为照明系统配置定时或光电控制设备，可以合理控制照明系统的开关，在保证使用的前提下同时达到节能的目的。

10.1.5 随着经济的发展，住宅的建造水准越来越高，住宅建筑内配置电梯、水泵、风机等机电设备已较为普遍。在提高居住者生活水平的同时，这些机电设备消耗的电能也很大，因此也应该注重这类机电设备的节电问题。

机电设备的节电潜力很大，技术也成熟，例如电梯的智能控制，水泵、风机的变频控制等都是可以采用的节电措施，并且能收到很好的效果。

10.1.6 建筑节能的目的是降低建筑在使用过程中的能耗，其中最主要的是降低采暖、空调和照明能耗。降低采暖、空调能耗有三条技术途径：一是提高建筑围护结构的热工性能；二是提高采暖、空调设备和系统的用能效率；三是利用可再生能源来替代常规能源。利用可再生能源是一种更高层次的"节能"技术途径。

在住宅建筑中，自然通风和太阳能热利用是最直接、最简单的可再生能源利用方式，因此在住宅建设中，提倡结合当地的气候条件，充分利用自然通风和太阳能。

10.2 规定性指标

10.2.1 本规范第 10.1.2 条规定进行住宅节能设计可以采取"规定性指标法"。建筑方面的规定性指标应包括建筑物的体形系数、窗墙面积比、墙体的传热系数、屋顶的传热系数、外窗的传热系数、外窗遮阳系数等。由于规定这些指标的目的是限制最终的采暖、空调能耗，而采暖、空调能耗又与建筑所处的气候密切相关，因此具体的指标值也应根据不同的建筑热工设计分区和最终允许的采暖、空调能耗来确定。各地的建筑节能设计标准都应依据此原则给出具体的指标。

10.2.2 随着建筑业的持续发展，空调应用进一步普及，中国已成为空调设备的制造大国。大部分世界级品牌都已在中国成立合资或独资企业，大大提高了机组的质量水平，产品已广泛应用于各类建筑。国家标准《冷水机组能效限定值及能源效率等级》GB 19577—2004、《单元式空气调节机能效限定值及能源效率等级》GB 19576—2004 等将产品根据能源效率划分为 5 个等级，以配合我国能效标识制度的实施。能效等级的含义：1 等级是企业努力的目标；2 等级代表节能型产品的门槛（按最小寿命周期成本确定）；3、4 等级代表我国的平均水平；5 等级产品是未来淘汰的产品。确定能效等级能够为消费者提供明确的信息，帮助其进行选择，并促进高效产品的生产、应用。

表 10.2.2-1 冷水（热泵）机组制冷性能系数（COP）值和表 10.2.2-2 单元式空气调节机能效比（EER）值，是根据国家标准《公共建筑节能设计标准》GB 50189—2005 第 5.4.5 条、第 5.4.8 条规定的能效限值。对于采用集中空调系统的居民小区，或者设计阶段已完成户式中央空调系统设计的住宅，其冷源的能效规定取为与公共建筑相同。具体来说，对照"能效限定值及能源效率等级"标准，冷水（热泵）机组取用标准 GB 19577—2004"表 2 能源效率等级指标"中的规定值：活塞/涡旋式采用第 5 级，水冷离心式采用第 3 级，螺杆机则采用第 4 级；单元式空气调节机取用标准 GB 19576—2004"表 2 能源效率等级指标"中的第 4 级。

10.3 性能化设计

10.3.1 本规范第 10.1.2 条规定进行住宅节能设计可以采取"性能化方法"。所谓性能化方法，就是直接对住宅在某种标准条件下的理论上的采暖、空调能耗规定一个限值，作为节能控制目标。

10.3.2 为了维持住宅室内一定的热舒适条件，建筑物的采暖、空调能耗与建筑所处的气候区密切相关，因此具体的采暖、空调能耗限值也应该根据不同的建筑热工设计分区和最终希望达到的节能程度确定。各地的建筑节能设计标准都应依据此原则给出具体的采暖、空调能耗限值。

10.3.3 住宅节能设计的性能化方法是对住宅在某种标准条件下的理论上的采暖、空调能耗规定一个限值，所设计的住宅计算得到的采暖、空调能耗不得突破这个限值。采暖、空调能耗与建筑所处的气候密切相关，因此具体的限值应根据具体的气候条件确定。

目前，住宅节能设计的性能化方法的应用主要考虑三种不同的气候条件：第一种是北方严寒和寒冷地区的气候条件，在这种条件下只需要考虑采暖能耗；第二种是中部夏热冬冷地区的气候条件，在这种条件下不仅要考虑采暖能耗，而且也要考虑空调能耗；第三种是南方夏热冬暖地区的气候条件，在这种条件下主要考虑空调能耗。

性能化方法规定的采暖、空调能耗限值，是某种标准条件下的理论计算值。为了保证性能化方法的公正性和惟一性，应详细地规定标准计算条件。本条分别对在三种不同的气候条件下，计算采暖、空调能耗做了具体规定，并给出了采暖、空调能耗限值。这些规定和限值是进行住宅节能性能化设计时必须遵守的。

11 使 用 与 维 护

11.0.1 住宅竣工验收合格，取得当地规划、消防、人防等有关部门的认可文件或准许使用文件，并满足地方建设行政主管部门规定的备案要求，才能说明住宅已经按要求建成。在此基础上，住宅具备接通水、电、燃气、暖气等条件后，可交付使用。

11.0.2 物业档案是实行物业管理必不可少的重要资料，是物业管理区域内对所有房屋、设备、管线等进行正确使用、维护、保养和修缮的技术依据，因此必须妥为保管。物业档案的所有者是业主委员会。物业档案最初应由建设单位负责形成和建立，在物业交付使用时由建设单位移交给物业管理企业。每个物业管理企业在服务合同终止时，都应将物业档案移交给业主委员会，并保证其完好。

11.0.3 《住宅使用说明书》是指导用户正确使用住

宅的技术文件，所附《住宅品质状况表》不仅载明住宅是否已进行性能认定，还包括住宅各方面的基本性能情况，体现了对消费者知情权的尊重。

《住宅质量保证书》是建设单位按照政府统一规定提交给用户的住宅保修证书。在规定的保修期内，一旦出现属于保修范围内的质量问题，用户可以按照《住宅质量保证书》的提示获得保修服务。

11.0.4 用户正确使用住宅设备，不擅自改动住宅主体结构等，是保证正常安全居住的基本要求。鉴于住户擅自改动住宅主体结构、拆改配套设施等情况时有发生，本条对此做了严格限制。

11.0.5 不允许自行拆改或占用共用部位，既是为了维护公众居住权益，也是为了保证人员的生命安全。

11.0.6 住宅和居住区内按照规划建设的公共建筑和共用设施，是为广大用户服务的，若改变其用途，将损害公众权益。

11.0.7 对住宅和相关场地进行日常保养、维修和管理，对各种共用设备和设施进行日常维护、检修、更新，是保证物业正常使用所必需的，也是物业管理公司的重要工作内容。

11.0.8 近年来，居住小区消防设施完好率低和消防通道被挤占的情况比较普遍，尤其是小汽车大量进入家庭以来，停车占用消防通道的现象越来越多，一旦发生火灾，将给扑救工作带来巨大困难。本条据此规定必须保持消防设施完好和消防通道畅通。

中华人民共和国国家标准

住 宅 设 计 规 范

GB 50096—1999

（2003 年版）

条 文 说 明

前　言

《住宅设计规范》（GB50096—1999），经建设部一九九九年三月二十四日以建标［1999］76号文批准，业以发布。

本规范第一版的主编单位是中国建筑标准设计研究所，参加单位是北京市建筑设计院、天津市规划设计管理局、上海市民用建筑设计院、中国建筑东北设计院、广西壮族自治区建委综合设计院、西安冶金建筑学院、北京建筑工程学院、南京市住宅设计研究所、黑龙江省林业设计研究院、四川绵阳地区建筑勘察设计院。

为便于广大设计、施工、科研、学校等单位的有关人员在使用本规范时所正确理解和执行条文规定，《住宅设计规范》编制组按章、节、条顺序编制了本规范条文说明，供国内使用者参考。在使用中如发现本条文说明有不妥之处，请将意见函寄中国建筑技术研究院。

目　　次

1 总 则

1.0.1 城市住宅建设量大面广，关系到广大城市居民的切身利益，同时，住宅建设要求投入大量资金、土地和建材等资源，如何根据我国国情合理地使用有限的资金和资源，以满足广大人民对住房的要求，保障居民最低限度的居住条件，提高城市住宅功能质量，使住宅设计符合适用、安全、卫生、经济等基本要求，是制定本规范的目的。原《住宅建筑设计规范》GBJ 96—86 是国家计委于 1986 年颁布实施的，执行已有 12 年。原规范是在 1983 年国务院颁布的住宅建设标准基础上制定的，在改善城市居民的住房条件、提高住宅设计质量方面无疑起了重大作用。但是，随着国民经济发展和人民生活水平的不断提高，原规范一些条文已不适应当前对城市住宅提高质量的要求，国家制定了新的城市住宅建设标准，与此相适应，本规范也应修订，修改不适用的条文，补充新的内容。同时，为加强立法，使本规范具有强制性法规的性质，增加了监督、执行规范的保证措施，扩充了各专业的内容，使其成为综合性的设计法规，规定了设计中基本的低限要求，并具有一定的技术管理内容，实施后必将进一步保证住宅设计质量，促进城市住宅建设健康发展。

1.0.2 随着住房制度的改革和住宅商品化，城市住宅已不再是单一标准的集合式住宅模式，目前除了大量的中、低档标准的城市普通住宅外，尚有标准较高的住宅，其形式有独立式住宅、并联式住宅等等，按层数分也有从低层到高层不同类型。不同类型的城市住宅，基本功能及安全、卫生要求是一样的，故本规范应适用于全国城市新建、扩建的各种类型的住宅设计。

1.0.3 住宅层数的划分与原规范规定基本一致，因《高层民用建筑设计防火规范》（GB 50045）修订后，高层建筑已突破 100m 的限制，故本规范不再作高层住宅上限为三十层的限制。划分的依据主要是垂直交通和防火要求的不同。一至三层的低层住宅住户一般自用楼梯，四至六层住宅住户共用楼梯，七层以上应设电梯，GB50045 规定十层及十层以上为高层住宅，要求设消防电梯和防火设施，但又规定十二层及十二层以上的单元式和通廊式住宅才设消防电梯，故这类住宅十一层以下可像中高层住宅一样设一般的电梯，但其防火设计仍须符合 GB50045 的要求。

1.0.4 国家对住宅建设非常重视，制定了一系列方针政策和法规，制定了城市住宅建设标准，特别是安全卫生、环境保护、节能、节地、节水、节材等方针政策和法规与住宅建设关系特别密切，住宅设计时必须严格遵守，如建设部提出"从 1996 年起到 2000 年，新设计的采暖居住建筑应完成 1980～1981 年当地通用设计能耗水平基础上节能 50%"的目标，对《民用建筑节能设计标准（采暖居住建筑部分）》已进行了修订，为此要改革墙体，加强住宅建筑的保温隔热性能；我国是土地和水资源缺乏的国家，因此在设计中要采用节地型方案，使用节水器具等等。

1.0.5 本规范只对住宅单体工程设计作出规定，但住宅与居住区规划密不可分，住宅的日照、朝向、层数、防火等与规划的布局、建筑密度、建筑容积率、道路系统、竖向设计等都有内在的联系，必须共同形成一个良好的居住环境。因此，住宅设计应符合城市规划和居住区规划的要求，与周围环境相协调，以创造方便、舒适、优美的生活环境，当然还包括前条规定的安全、卫生等要求。

1.0.6 住宅建筑量大面广，因此，建筑构配件需要标准化、模数化，应符合建筑模数协调标准，适应工业化生产，建筑设备与建筑主体也需模数协调，有利于商品化生产；目前建筑新技术、新产品、新材料层出不穷，国家正在实行住宅产业现代化的政策，改变以往设备陈旧、工艺落后、粗放经营的局面，采取集约化规模经营，提高产品质量。住宅设计应积极采用新技术、新材料、新产品，促进住宅产业现代化。

1.0.7 住宅物质寿命一般不少于五十年，设计时难预测也不可能按如此长时间的使用要求去做，而家庭人口结构的变化，生活水平的提高，新技术和产品的不断涌现，又会对住宅提出各种新的功能要求，这将导致对旧住宅改造，如果在设计时兼顾今后改造的可能，将比新建节省大量投资和材料，并延长了住宅的使用寿命。

1.0.8 住宅是供人使用的，因此处处要以人为核心，除满足一般居住使用要求外，还应根据需要满足老年人、残疾人的特殊使用要求。国家已颁布《方便残疾人使用的城市道路和建筑物设计规范》，正在制定《老年人建筑设计规范》，故住宅设计除执行本规范外，还必须执行上述规范的有关规定。

1.0.9 住宅设计涉及建筑、结构、防火、热工、节能、隔声、采光、照明、给排水、暖通空调、电气各种专业，各专业已有规范规定的内容，除必要的重申外，本规范不再重复，因此设计时除执行本规范外，尚应符合国家现行的有关强制性标准的规定，主要有：

《建筑设计防火规范》GBJ 16；
《高层民用建筑设计防火规范》GB 50045；
《城市居住区规划设计规范》GB 50180；
《民用建筑设计通则》JGJ 37；
《民用建筑隔声设计规范》GBJ 118；
《民用建筑照明设计规范》GBJ 133；
《民用建筑热工设计规范》GB 50176；
《民用建筑节能设计标准（采暖居住建筑部分）》JGJ 26；

《建筑给排水设计规范》GBJ 15；

《采暖通风和空气调节设计规范》GBJ 19；

《城镇燃气设计规范》GB 50028；

《方便残疾人使用的城市道路和建筑物设计规范》JGJ 50 等。

3 套内空间

3.1 套 型

3.1.1 住宅应按套型设计，是指每套住宅的分户界线应明确，必须独门独户，每套住宅至少应包含卧室、起居室（厅）、厨房和卫生间等基本空间，要求将这些功能空间设计于户门之内，不得共用或合用。

3.1.2 城市大量建造的住宅套型分为一至四类并规定了相应的最少居住空间数和最小使用面积，其依据是：

一、住宅设计应以人为核心，住宅设计应按不同使用对象和家庭人口构成分类设计。本规范的 4 种套型可满足我国城市普通居民的基本居住生活要求。

二、本条以每套"最少空间数"和"最小使用面积"两个量限定了每一类套型的最小规模，即通常说的"几室几厅"的套型至少应有多少平方米的使用面积才能保证基本的生活要求。

三、本条以下限低标准为统一要求，不因地区气候条件、墙体材料等不同而有差异。

四、本条以《城市住宅建设标准》中各类住宅的下限面积指标为依据，并与本规范规定的各空间最小面积相吻合，即：

每套使用面积＝各空间最小使用面积＋适当调节的使用面积

3.2 卧室、起居室（厅）

3.2.1 住宅设计应避免穿越卧室进入另一卧室，而且应保证卧室有直接采光和自然通风的条件。卧室的最小面积是根据居住人口、家具尺寸及必要的活动空间确定的。原规范规定双人卧室不小于 9m²，单人卧室不小于 5m²。本次修编分别提高为 10m² 和 6m²，其依据为：

一、据对国外资料统计分析，普遍规定双人卧室大于 10m²，单人卧室大于 6m²，我国住宅面积小主要是卧室间数少，每间卧室最低面积不应过小。

二、据对近年来各种新住宅方案的统计分析，极少出现小于 10m² 的双人卧室和小于 6m² 的单人卧室。

三、根据实态调查，我国住宅的卧室普遍兼有供学习之用的功能，以床、衣柜、写字台为必要家具布置卧室，双人卧室 10m²、单人卧室 6m² 才能保证上述家具的布置。

四、在供主干户家庭居住的套型中（如两代居住宅），常有一间卧室需兼起居活动，这种兼起居的卧室必须在双人卧室的面积基础上，至少增加一组沙发面积（2m²）才能保证家具的布置。

3.2.2 起居室（厅）在现阶段住宅套型中，已成为必不可少的居住空间，本条要求保证这一空间能直接采光和自然通风，宜有良好的视野景观；最低面积尺度分析表明，起居室（厅）的使用面积应在 12m² 以上才能满足必要的家具布置和方便使用。

3.2.3 起居室（厅）的主要功能是供家庭团聚、接待客人、看电视之用，常兼有进餐、杂务、交通等作用。除了应保证一定的使用面积以外，应减少交通干扰，厅内门的数量不宜过多，门的位置应集中布置，宜有适当的直线墙面布置家具。根据低限尺度研究结果，只有保证 3m 以上直线墙面布置一组沙发，起居室（厅）才有一相对稳定的角落。

3.2.4 较大的套型中，除了起居室（厅）以外，另有的过厅或餐厅等可无直接采光，但其面积不应太大，否则套内无直接采光空间过大，降低了居住生活标准。

3.3 厨 房

3.3.1 根据对全国新建住宅小区的调查统计，厨房使用面积普遍能达到 4m² 以上，实态调查结果表明，厨房面积小于 4m² 时，难以保证基本的操作要求。三至四类住宅套型使用面积较大，有条件适当增大厨房面积，不应小于 5m²。

3.3.2 厨房应有直接对外的采光通风口，保证基本的操作需要和自然采光、通风换气。根据居住实态调查结果分析，90%以上的住户仅在炒菜时启动排油烟机，其他作业如煮饭、烧水等基本靠自然通风，因此厨房应有可通向室外并开启的门或窗，以保证自然通风。厨房布置在套内近入口处，有利于管线布置及厨房垃圾清运，是套型设计时达到洁污分区的重要保证，有条件时应尽量做到。

3.3.3 厨房应设置洗涤池、案台、炉灶及排油烟机等设施，设计时若不按操作流程合理布置，住户实际使用或改造时将带来极大不便。根据居住实态调查及极限尺寸分析，要求设计时设置或预留位置，并保证操作面连续排列的最小净长。

国家标准《城镇燃气设计规范》（GB50028—93）规定，当厨房的体积热负荷超过 0.58kW/m³ 时，必须设置机械排气装置。按一个双眼灶和一个燃气热水器计算，同时使用热负荷约为 18kW，厨房体积小于 32m³ 时，体积热负荷就超过 0.58kW/m³。一般住宅厨房的体积均达不到 32m³，因此均必须设置排油烟机等机械排气装置。

3.3.4 单排布置的厨房，其操作台最小宽度为 0.50m，考虑操作人下蹲打开柜门、抽屉所需的空间或另一人从操作人身后通过的极限距离，要求最小净宽为 1.50m。

双排布置设备的厨房，两排设备之间的距离按人体活动尺度要求，不应小于 0.90m。

3.4 卫 生 间

3.4.1 本条要求每套住宅应设的三件洁具为便器、洗浴器和洗面器，第四类住宅有条件时宜设二间或二个以上卫生间。由不同洁具组合而成的卫生间，其最小面积的规定依据如下：

一、以洁具低限尺度以及卫生活动空间计算最低面积。

二、淋浴空间与盆浴空间综合考虑，不考虑在淋浴空间设洗面器。

三、不考虑排便活动与淋浴活动的空间借用。

四、住宅的卫生间面积必须为护理老人和照顾儿童使用时留有余地。

本条四款规定的面积不包括洗衣机的位置。

3.4.2 无前室的卫生间，其门往往直接开向厅或厨房，是前阶段住宅套型面积指标较低时的过渡性办法。实态调查发现，这种布置方法问题突出，"交通干扰"、"视线干扰"、"不卫生"等缺点较多，本条规定要求杜绝出现这种设计。

3.4.3 卫生间的地面防水层，因施工质量差而发生漏水的现象十分普遍，同时管道噪声、水管冷凝水下滴等问题也很严重，本条规定不得将卫生间直接布置在下层住户的卧室、起居室（厅）和厨房的上层，跃层住宅中允许将卫生间布置在本套内的卧室、起居室（厅）、厨房的上层，并均应采取防水和隔声和便于检修的措施。

3.4.4 套内应设置洗衣机的位置，要求有专用给排水接口和电插座等。洗衣机位置可在卫生间以外的空间。

3.5 技术经济指标计算

3.5.1 在住宅设计阶段计算的各项技术经济指标，是住宅从计划、规划到施工、管理各阶段技术文件的重要组成部分，本条要求计算的 7 项主要经济指标，必须在设计中明确计算出来并标注在图纸中。

3.5.2 住宅设计经济指标的计算方法有多种，本条要求采用统一的计算规则，这有利于工程投标、方案竞赛、工程立项、报建、验收、结算以及分配、管理等各环节的工作，可有效避免各种矛盾。

3.5.3 套内使用面积计算是计算住宅设计技术经济指标的基础。本条明确规定了计算范围：

一、套内使用面积指每套住宅户门内独自使用的面积，包括卧室、起居室（厅）、厨房、卫生间、餐厅、过道、前室、贮藏室等各种功能空间，以及壁柜等使用空间的面积。阳台面积单独计算，不应列入套内面积之中。

二、跃层住宅的套内使用面积包括其室内楼梯，并将其按自然层数计入使用面积。

三、过去为了方便计算，规定了将不包含在结构面积内的烟囱、通风道、管井等计入使用面积，但在实际执行中矛盾很大，尤其在住宅商品化之后，将公共管井的面积列入使用面积卖给住户很不合理，同时这种计算方法不能正确反映设计的合理性，尤其对厨房、卫生间等小空间面积分析时不够准确。因此，本条改为不计入使用面积。

四、正常的墙体按结构体表面尺寸计算使用面积，粉刷层可以简略，遇有各种复合保温层时，要将复合层视为结构墙体厚度扣除后再计算。

五、利用坡屋顶内作为使用空间时，对低于 1.20m 净高的不予计入使用面积；对 1.20m～2.10m 的计入 1/2；超过 2.10m 全部计入。按这种计算方法算出的坡屋顶内使用面积除以标准层的使用面积系数，所得的建筑面积与实际该层的建筑面积相接近，能客观反映坡屋顶利用的技术经济指标。

六、坡层顶内的使用空间只有单独计算使用面积，才不影响标准层使用面积和使用面积系数等指标。本条规定在计算总建筑面积时，单独计算坡层顶内的使用面积后，再根据标准层使用面积系数求得坡屋顶顶层的建筑面积，这样将保证住宅建筑的标准层使用面积系数与总的使用面积系数一致。

3.5.4 阳台面积计算一直存在异议，一种是为了控制面积标准，规定在控制标准范围内阳台面积不计入每套建筑面积；另一种是为计算工程量将阳台面积按 1/2 计入建筑面积。本条明确规定将阳台包括凹阳台、封闭式阳台单独计算面积，这便于客观反映住宅设计的技术经济指标，不管是统计工程量还是为控制面积标准均很明确，单独计算阳台面积，单独统计，单独计价，均不应计入每套住宅面积。

3.6 层高和室内净高

3.6.1 把住宅层高控制在 2.80m 以下，不仅是控制投资的问题，更重要的是为住宅节地、节能、节材、节约资源。把层高相对统一，在当前住宅产品发展的初期阶段很有意义，例如对发展住宅专用电梯、通风排气竖管、成套厨柜等均很有现实意义，有一个明确的层高，这类产品的主要参数就可以确定。

2.80m 层高的规定，在全国执行已超过十年，普遍能贯彻执行，北京、天津等市能做到 2.70m，个别地区曾强调顶层和底层在技术处理上的一些问题而放宽了规定，现已基本解决。近年来住宅装空调器逐步普及，更需进一步要求控制层高，以便节能。

3.6.2 卧室和起居室（厅）是住宅套内活动最频繁的空间，也是大型家具集中的场所，本条要求其室内净高不低于 2.40m，以保证基本使用要求，在国际上，把室内净高定为 2.40m 的国家很多，如：美国、英国、日本和我国的香港地区，参照这些国家和地区的标准，室内净高定为2.40m是可行的。

从室内微小气候的测定结果看，2.40m室内净高也是可行的。原中国建筑科学研究院1959年出版的"有关住宅净高与自然通风问题"的研究报告中测定表明，要改善室内微小气候，主要取决于平面布置有无对流通风条件，其测定结果见表3.6.2。

表 3.6.2

净　高 （m）	2.80	2.60	2.50	2.40	2.20	附　　注
温　度 （℃）	31.51	30.49	31.19	30.35	30.41	夏天在汉口居室
风　速 （m/s）	0.246	0.241	0.263	0.255	0.264	
相对湿度 （%）	89.50	87	85.80	89	86.50	上午6时测定

上表说明居室内只要有穿堂风，净高稍低的居室室内温差数很小；又由于净高降低后房间断面变小，因而对流风速有所增加，室内湿度却随穿堂风的增加而减小。因此要改善室内微小气候，关键是减小夏季辐射热对室温的影响，改善平面布置的通风条件，组织穿堂风加速室内热气的散发。

另外，据对空气洁净度测试的有关资料分析，不同层高的住宅中，冬季室内空气中的CO_2浓度值没有明显变化。本规范第3.2.1条已将原规范最小双人卧室面积和最小单人卧室的面积各提高1m²，根据容积与空气洁净度的关系，新的规定更加安全。

卧室、起居室（厅）的室内局部净高不应低于2.10m，是指室内梁底处的净高、活动空间上部吊柜的柜底与地面的距离等应在2.10m或以上，才能保证身材较高的居民的基本活动并具有安全感。

在一间房间中，低于2.40m的梁和吊柜不应太多，不应超过室内空间的1/3面积，否则视为净高低于2.40m。

3.6.3 利用坡屋顶内空间作卧室时，应有一定的要求，净高低于2.10m的空间超过一半时，使用困难。

3.6.4 厨房和卫生间人流交通较少，室内净高可比卧室和起居室（厅）低。但有关煤气设计安装规范要求厨房不低于2.20m；卫生间从空气容量、通风排气口的高度要求等考虑也不应低于2.20m。另外从厨、卫设备的发展看，室内净高低于2.20m不利于设备及管线的布置。

3.6.5 厨房、卫生间面积较小，顶板下的排水横管即使靠墙布置，其管底（特别是存水弯）的底部距楼、地面净距若太低，常常造成碰撞并且妨碍门、窗户开启。本条要求其净距不得低于1.90m。

3.7 阳　　台

3.7.1 阳台是室内与室外之间的过渡空间，在城市居住生活中发挥了越来越重要的作用。本条要求每套住宅应设阳台，住宅底层和退台式住宅的上人屋面层可设平台。

3.7.2 阳台是儿童活动较多的地方，栏杆（包括栏板局部栏杆）的垂直杆件间距若设计不当，容易造成事故。根据人体工程学原理，栏杆垂直净距应小于0.11m，才能防止儿童钻出。同时为防止因栏杆上放置花盆而坠落伤人，本条要求可搁置花盆的栏杆必须采取防止坠落措施。

3.7.3 根据人体重心稳定和心理要求，阳台栏杆应随建筑高度增高而增高。封闭阳台没有改变人体重心稳定和心理要求。因此，封闭阳台栏杆也应满足阳台栏杆净高要求。对中高层、高层住宅及寒冷、严寒地区住宅的阳台要求采用实心栏板的理由，一是防止冷风从阳台灌入室内，二是防止物品从栏杆缝隙处坠落伤人。此外，中高层、高层住宅及寒冷、严寒地区住宅封闭阳台的现象普遍，透空的栏杆难以封闭。

3.7.4 阳台是住楼房居民晾晒衣物的最佳场所，设计上应预留设施以便住户拉绳架杆，否则住户在自装设施过程中常造成顶板漏水、滴水、遮挡下层住户阳光，影响下层住户等问题。

顶层住宅阳台若没有雨罩，就没有晾晒衣物的条件，阳台上的雨水、积水容易流入室内，故规定顶层阳台应设雨罩。

各套住宅之间毗连的阳台分隔板是套与套之间明确的分界线，对居民的领域性起保证作用，对安全防范有重要作用，在设计时明确分隔，可减少管理中的矛盾。

3.7.5 阳台排水处理好坏，直接影响居民生活，实态调查表明，由于阳台及雨罩排水组织不当，造成上下层的干扰十分严重，如上层浇花、冲洗阳台而弄脏下层晾晒的衣物甚至浇淋到他人身上的事故常引发邻里矛盾。

阳台是用水较多的地方，晾衣、浇花均有很多滴水，阳台地面若不做防水处理，阳台裂缝时容易漏水，对下层住户造成影响。本条规定阳台宜做防水，阳台的雨罩应做防水。

3.8 过道、贮藏空间和套内楼梯

3.8.1 套内入口的过道，常起门斗的作用，既是交通要道，又是更衣、换鞋和临时搁置物品的场所，是搬运大型家具的必经之路。在大型家具中沙发、餐桌、钢琴等的尺度较大，本条要求在一般情况下，过道净宽不宜小于1.20m。

通往卧室、起居室（厅）的过道要考虑搬运写字台、大衣柜等的通过宽度，尤其在入口处有拐弯时，门的两侧应有一定余地，故本条规定该过道不应小于1m。通往厨房、卫生间、贮藏室的过道净宽可适当减小，但也不应小于0.90m。各种过道在拐弯处应考

虑搬运家具的路线，方便搬运。

3.8.2 居住实态调查资料表明，居住者对贮藏空间的质量要求越来越高，过去一些设置不当的壁柜被大量改造、拆除。其中因吊柜净空高度不够、壁柜净深不足等反映强烈。本条根据贮物基本要求，提出吊柜净高不应小于0.40m；壁柜净深不宜小于0.50m。

壁柜常因通风防潮不良造成贮藏物霉烂，本条要求对设于底层或靠外墙、靠卫生间等容易受潮的壁柜应采取防潮措施，所有壁柜内均应平整、光洁。

3.8.3 套内楼梯一般在两层住宅和跃层内做垂直交通使用。本条规定套内楼梯的净宽，当一边临空时，其净宽不应小于0.75m；当两边为墙面时，其净宽不应小于0.90m（见图3.8.3），此规定是搬运家具和日常手提东西上下楼梯的最小宽度。

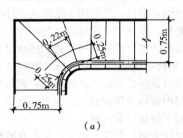

（a）

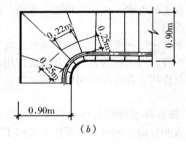

（b）

图 3.8.3

(a) 一边临空扇形楼梯；
(b) 两边墙面扇形楼梯

3.8.4 扇形楼梯的踏步宽度自较窄边起0.25m处的踏步宽度不应小于0.22m，是考虑人上下楼梯时，脚踏扇形踏步的部位。见图3.8.3所示。

3.9 门 窗

3.9.1 没有邻接阳台或平台的外窗窗台，如距地面净高较低，容易发生儿童坠落事故。本条要求当窗台低于0.90m时，采取防护措施。有效的防护高度应保证净高0.90m，距离楼（地）面0.45m以下的台面、横栏杆等容易造成无意识攀登的可踏面，不应计入窗台净高。

3.9.2 从安全防范和满足住户安全感的角度出发，底层住宅的外窗和阳台门均应有一定的防卫措施。紧邻走廊或紧邻公用上人屋面的窗和门同样是安全防范的重点部位，应有防卫措施。

3.9.3 居住生活中的私密性要求已成为住宅的重要使用要求之一，住宅凹口的窗和面临走廊的窗常因设计不当，引起住户的强烈不满。本条要求采取措施避免视线干扰，如设固定式亮窗并采用压花玻璃以遮挡走廊中人的视线。

面向走廊的窗，窗扇不应向走廊开启，否则应保证一定高度或加大走廊宽度，以免妨碍交通。

3.9.4 过去设计的住宅户门，一般没有安全防卫措施，普遍被住户改装或加装成安全门，本条要求设计就应采用安全防卫门，并宜将几种功能如保温、防盗、防火、隔声集于一门。一般的住宅户门总是向内开启的，可避免阻碍楼梯间的交通，本条规定外开时不应妨碍交通，一般可采用加大楼梯平台、设大小扇门、入口处设凹口等措施，以保证安全疏散。

3.9.5 住宅各部位门洞的最小尺寸是根据使用要求的最低标准提出的，门的材料构造过厚或有特殊要求时，应留有余地。

4 共 用 部 分

4.1 楼 梯 和 电 梯

4.1.1 目前国内住宅楼梯间绝大多数是靠外墙布置的，这有利于天然采光、自然通风和排烟，也有利于节约能源，符合使用及防火疏散的要求。高层住宅的楼梯间当受平面布置限制不能直接对外开窗时，则须设防烟楼梯间，采用人工照明和机械通风排烟措施，以符合防火规范有关规定。

4.1.2 梯段最小净宽是根据使用要求、模数标准、防火规范的规定等综合因素加以确定的。要说明的一点是将六层及六层以下住宅梯段最小净宽定为1m，原因是：①过去，为满足防火规范规定的楼梯段最小宽度1.10m，一般采用2.70m或2.60m（不符合3模）开间楼梯间，目前单元式住宅都趋向一梯二套，服务套数少，相应楼梯间面积也可减少，如采用2.40m开间楼梯间，每套可增加1m²左右使用面积，而砖混住宅2.40m开间楼梯间，楼梯宽度只能做到1m左右；②2.40m开间符合3模，与3模其他参数能协调成系列，在平面布置中不出现半模数，与3.60m等参数可组成扩大模数系列，有利于减少构件，也有利于工业化制作，平面布置也比较适用、灵活；③从各地调查中看，采用2.40m开间楼梯间很普遍，据分析，只要保证楼梯平台宽度能搬运家具，2.40m是能符合使用要求的；④参照国内外有关规范，前苏联规定不小于1.05m，台湾省规定不小于0.90m，经与公安部协调，在《建筑设计防火规范》中规定了"不超过六层的单元式住宅中，一边设有栏杆的疏散楼梯，其最小净宽可不小于1m"，但七层和七层以上单元式住宅或所有走廊式、塔式住宅楼梯段最小净宽应为1.10m。

4.1.3 原规范规定楼梯踏步宽度不小于0.25m,高度不大于0.18m,其坡度为35.75°而偏陡,与国外标准相差很大,居民上下楼颇感费力,尤其是老年人。现将踏步宽度修改为不小于0.26m,高度不大于0.175m,坡度为33.94°,接近舒适性标准,在设计中也能做到。按层高2.80m计,正好设16步,面积增加也不多。

4.1.4 实际调查中,楼梯平台的宽度是影响搬运家具的主要因素,本条比原规范中规定的平台最小宽度1.10m增加了0.10m,为1.20m,如平台上有暖气片、配电箱等凸出物时,平台宽度应以凸出面起算(图4.1.4-1),垃圾道不宜占用平台(图4.1.4-2)。调查中发现有的住宅入口楼梯平台的垂直高度在1.90m左右,过人碰头,很不安全。1954年《建筑设计规范》规定不小于2m。根据目前我国青年人体有普遍增高的趋势,维持这个高度是必要的。

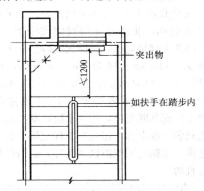

图4.1.4-1

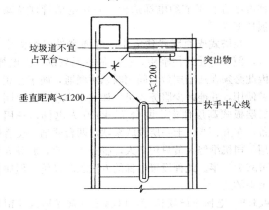

图4.1.4-2

规定入口处地坪与室外设计地坪的高差不应小于0.10m,第一考虑到建筑物本身的沉陷;第二为了保证不使雨水侵入室内。当住宅建筑带有半地下室、地下室时,应严防雨水倒灌。

4.1.5 楼梯井宽度过大,儿童易在楼梯扶手上做滑梯游戏,容易产生坠落事故,因此规定楼梯井宽度大于0.11m,必须采取防止儿童攀滑的措施。

4.1.6 电梯是中高层、高层住宅的主要垂直交通工具,多少层开始设计电梯是个居住标准的问题,各国标准不同。在欧美一些国家,一般规定四层起应设电梯,前苏联、日本及我国台湾省规范规定六层起应设电梯。我国1954年《建筑设计规范》中规定:"居住房间在五层以上或最高层的楼板面高出地平线在17公尺以上时,应有电梯设备"。1987年《住宅建筑设计规范》规定了七层(含七层)以上应设电梯,但10多年来,全国除北京、上海严格执行规范外,很多城市仍大量地出现七层、八层乃至九层、十层都不设电梯的住宅。这类住宅在使用上极为不便,特别是对老、弱、残者上楼和搬运重物更为困难。据调查,北京、天津60岁以上的老人,已占该市人口的12%,上海已占18%,有些七八十岁的老人从住进五层、六层住宅后多年从未下过楼。本次规范修编严格规定七层(含七层)以上必须设置电梯,原因是,其一,从生理学观点来分析,正常人的登高能力是受限制的。根据对健康情况一般的中年人的实测,其登高运动量和生理反应见表4.1.6。

表4.1.6

层数	攀登高度 (m)	运动量(每分钟呼吸次数)		空手攀登时感觉
		空手	携重10kg	
平地	0	24		
6	13.50	32	52	腿软
7	16.20	37	56	抬腿困难
8	18.90	42		开始喘气
9	21.60	48		连续喘气
10	24.30	54		大口喘气

注:攀登高度从室内地坪算起,层高2.7m。

(引自《建筑学报》1984年第3期)

从上表看空手攀登六层(13.50m)已感腿软,上七层(16.20m)已抬腿困难,故登高能力控制在16m比较合适,这是使用功能最低要求。其二,从防火、结构、造价等因素分析,按建筑设计防火规范的规定,超过六层的塔式住宅应通至屋顶,如户门采用乙级防火门时,可不设封闭楼梯间和楼梯间可不通至屋顶,以及户内须设消防给水,相邻单元还须设连通阳台或延廊。其三,近年来,商品房中不设电梯的七层住宅的第七层销售困难。其四,因为住宅建筑耐久年限在50~100年,随着人民居住和生活水平的提高,对不设电梯的中高层住宅会越来越不适应,也难改造。有的建议可预留电梯井和机房,但设计时无法选电梯型号,施工也无法预埋配件,给以后安装电梯造成困难,所留面积长期不用也是浪费,特别对商品房预留的电梯井面积无法分摊给住户,为此,本规范不作此规定。本规范中规定"住户入口层楼面距室外地面的高度在16m以上的住宅必须设置电梯"的理由是:

一、如底层设高4.50m层高的商店或其他用房,以2.8m层高的住宅计算,(2.80m×4)(最高住户入口层楼面）＋4.50m＋0.30m（室内外高差）＝16m，也就是说，上部的住宅只能作五层，此时以 16m 高度来限制。原规范中所规定的"在住宅建筑底层设商店等公共用房或大平台住宅由公共用房的屋顶平台上入口，层数可由该平台起计算"，换句话说，从平台上可允许再作六层住房，实际就是七层、八层住宅。这一规定允许了近年来在不少城市修建了不少不设电梯，而作大平台的七、八、九层的住宅（含底层商业或公用房）。实践证明，这种住宅的首层和平台层的住户，视线和噪声干扰很大，环境质量很差，且平台造价高昂，为保证住户的居住质量，本规范规定不再允许这种设计。

二、近年来有些城市特别是南方城市出现多层住宅的底部作不计入层数的（2.20m层高）架空层或储存空间，为此，本规范也作了明确的规定："即住户入口层楼面距该建筑物室外地面的高度不得超过16m"。对采用 2.70m 层高的住户是可以满足这一规定的，即：2.20m（架空层）＋0.10m（室内外高差）＋（2.70m×5）＝15.80m＜16m。采用 2.80m 层高的住宅作架空层时，若不采取一定措施则不能控制在 16m 的规定范围内，即：2.20m（架空层）＋0.10m（室内外高差）＋（2.80m×5）＝16.30m＞16m。本规范对住宅有架空层或储存空间，仍严格规定，不设电梯的住宅，其住户入口层楼面距该建筑物室外地面的高度不得超过 16m。

三、在住宅建筑顶层若布置两层一套的跃层住宅（户内设楼梯者），跃层部分可不计层数。实践证明，顶层住户的一次室内登高并没有超出规定范围。

四、住宅中间层有直通室外地面入口时，其层数由该中间层起计算，这是针对山地、台地利用地形而言的。这种情况下，各种交通工具均可到达单元入口。

4.1.7 电梯设置台数的多少关系到住宅建筑的电梯服务水平和经济效益。如何确定，目前基本有两种方法：一种按公式计算，另一种按经验确定。目前北京、上海大都采用后一种方法。关于电梯计算公式，国外的一般很复杂，有很多未知数需测定，国内从收集的资料来看，各种不同计算公式不下五、六种。由于研究角度不同，计算所规定的未知数亦不一样，而且不少系数是按经验或实测而定，因此即使按公式计算，也只是一个近似值。为简化设计，方便选用，北京、上海等地设计院大都根据各自的经验确定基本数据。如北京市建筑设计研究院的资料表明，每台电梯的服务户数为，板式住宅在 66～120 户之间；塔式住宅在 56～84 户之间，认为每台电梯服务 100 户是合理的。上海市的资料表明，在 20 层以下的高层住宅中，每台 750kg 速度为 1m/s 的客梯可服务 60～100 户。最近，北京首规委住宅专家组讨论，认为一台电梯服务 60～90 户是适宜的。

十二层及十二层以上的高层住宅，每栋设置电梯不应少于两台的规定，其根据：①《高层民用建筑设计防火规范》第 6.3.1 条规定，塔式住宅、十二层及十二层以上的单元式住宅和通廊式住宅中应设消防电梯。第 6.3.2 条规定，消防电梯可与客梯兼用。②调查表明，由于国产电梯质量还不够稳定，管理、操纵水平也不高，在已建成的高层住宅中电梯往往容易出现故障而需检修停开，电梯本身使用一定周期后也需要大修。如果只设一台电梯极易出现故障或检修而影响居民使用。如果在十二层以下，住户尚能承受短时间的不便，对十二层以上住户只能望楼兴叹。北京前三门大街只设一部电梯的十五层塔式高层住宅居民反映就很强烈。③如果设置两台以上大小容量搭配电梯，并成组集中布置，就能同时或交替使用，便于管理，兼顾搬运家具及担架，并能节省能源和日常维修管理费用。据上海市实测表明，在一台 1000kg14 人电梯的 278 次运行中，乘 0～7 人次数占 95％，乘 11～15 人次数只占 1％，是很大的浪费。如果备用一台 630kg7 人电梯，非高峰使用时间完全能满足需要，高峰时再开大容量电梯，就能大大降低耗电量，节省日常开支。1000kg 速度为 1m/s 的电梯，其功率为 11.2kW，而一台 500kg 速度为 1m/s 的电梯，其功率仅 7.5kW，几乎比前者减少 1/3。④参照各国的规范，瑞士、前苏联九层，波兰十层，罗马尼亚十一层的住宅只装一部电梯，超过以上规定层数的，就要设两部电梯。根据我国当前经济条件，适当放低要求是比较适宜的。

4.1.8 高层住宅电梯宜每层设站是为了使用方便，但为了节约投资允许设站间层不超过两层。减少电梯设站有利于节约电梯造价，简化电梯管理及减少损坏率。

在塔式或通廊式住宅中，电梯容易成组集中布置，但在单元式住宅中，往往每单元只设一部电梯，因此必须在适当层数之间用联系廊联通，便于互相交替使用，并能减少服务人员。如北京市紫竹院公园十二层板式高层住宅，两台 750kg10 人电梯，一用一备，在五、八、十一层设联系廊，两台联通，交替使用，司机维修人员只用 7 人，服务 144 户，服务人员可减少一半。此种设置电梯的方法虽较经济，但属低水平的。

4.1.9 电梯应设候梯厅，以满足日常候梯人停留和搬运家具等需要。从我国已建成高层住宅来看，有的认为中间楼层候梯人数不多，可利用走廊、楼梯平台兼作候梯面积，其深度在 1.20m 左右，在北京高层住宅中有此实例，但大多数住宅设电梯候梯厅，其深度在 1.60m 以上。上海塔式高层住宅一般都设电梯厅，其深度在 2m 左右；深圳三十层左右高层住宅，一般设三台电梯，其候梯厅在 1.40m 左右。根据国家标准《电梯主要参数及轿厢、井道、机房的型式与尺寸》(GB/T7025.1~7025.3—1997)的规定："单台电梯或多台并列成排布置的电梯，候梯厅深度不应小于最大的轿厢深度。……服务于残疾人的电梯候梯厅深度不应小于1.50m"。该标准规定住宅电梯的主要参数和尺寸见表4.1.9。

表 4.1.9

额定载质量(kg)	人数	额定速度(m/s)	轿厢内部尺寸(宽×深)(mm)	井道内部尺寸(宽×深)(mm)
320①	4	0.63	900×1000	1400×1600
400①	5	1.00	1100×1000	1800×1600(1600)
630②	8	1.60	1100×1400	1800×1900(1600)
1000③	13	2.50	1100×2100	1800×2600(1600)

注：① 此类电梯只允许运送人。
② 此类电梯还允许运送残疾人乘坐轮椅及童车。
如服务于残疾人乘坐轮椅，其候梯厅深度不应小于1.50m
③ 此类电梯还能送把手可拆卸的担架和家具

住宅要适应多种功能需要，其电梯和候梯厅的设置除考虑日常人流垂直交通需要外，还考虑住户搬运家具和担架病人等需要，前苏联、前西德等国规范中规定必须设有加大尺寸电梯，以满足担架病人需要，如残疾人居住，还应考虑他们乘坐轮椅需要，上表电梯规格基本上能满足各方面需要，在工程中应根据实际需要和条件选用，并应符合本节有关条文规定，消防电梯前室应符合防火规范规定。

4.2 走廊和出入口

4.2.1 外廊、内天井及上人屋面等处一般都是交通和疏散通道，人流较集中，特别在紧急情况下容易出现拥挤现象，因此临空处栏杆高度应有安全保障。根据我国国家标准《中国成年人人体尺寸》GB10000—88资料换算成男子人体直立状态下的重心高度是1006.80mm，穿鞋后的重心高度为1006.80mm＋20mm＝1026.80mm，因此对栏杆的最低安全高度确定为1.05m。

对于中高层、高层住宅，由于人们登高和临空俯视时会产生恐惧的心理，而造成不安全感，如适当提高栏杆高度将会增加人们心理的安全感，故比低层、多层住宅的要求提高了0.05m，即不应低于1.10m。

对栏杆的开始计算部位应从栏杆下部可踏部位起计，以确保安全高度。

4.2.2 高层住宅在十层以上，所受风力明显比低层、多层住宅要大。从调查来看，严寒和寒冷地区由于气候寒冷、风雪多，外廊型高层住宅都做成封闭外廊（有外墙在墙上开窗户或全部用玻璃窗封闭的挑廊）；地处炎热地区的上海市，因冬季很冷，风雨较多，该市设计标准规定也设封闭外廊。故本条规定在高层住宅中作主要通道的外廊宜做封闭外廊。所谓主要通道

是指居民日常必经之外廊，不包括单元之间的联系廊等辅助外廊。由于沿外廊一边一般布置厨房、卫生间，需要良好通风，同时考虑防火排烟，故规定封闭外廊应有能开启的窗扇或通风排烟设施。

4.2.3 为防止阳台、外廊及开敞楼梯平台物品下坠伤人，设在下部的出入口应采取设置雨罩等安全措施。

4.2.4 在住宅建筑设计中，有的对出入口门头处理很简单，各栋住宅出入口没有自己的特色，形成千篇一律，以至于住户不易识别自己的家门。本条规定要求出入口设计上要有醒目的识别标志，包括建筑装饰、建筑小品、单元门牌编号等，同时在出入口处应按户数设置信报箱，三层以上住宅建筑应采用国家标准《住宅楼房信报箱》规定的统一规格的信报箱，每户一格。高层住宅由于楼内户数多，需要有保卫、传达、邮电等服务项目，因此宜在入口处设管理室及信报间。

目前一些住宅小区在规划中考虑了物业管理及组团封闭管理模式，将组团中的数百户的信报箱集中设置在组团入口处，与管理有机联系在一起。如北京恩济里小区、天津的居华里、安华里小区、郑州绿云小区、上海御桥花园民乐苑等。

4.2.5 设电梯的住宅，其公共出入口通常又设踏步，给行动不便的残疾人（乘轮椅）及老龄人上楼造成很大困难。本条规定应在住宅楼出入口处方便轮椅上下的坡道和扶手，以解决因室内外地坪高差带来的不便。

4.3 垃圾收集设施

4.3.1 多年来住宅中的垃圾管道、垃圾倒灰口、垃圾掏灰口，成为污染居住环境的主要部位，垃圾管道堵塞、倒灰口、掏灰门部位尘土飞扬，有机垃圾腐烂、脏臭，蛆蝇滋生，造成居住环境卫生恶劣，居民反映强烈。近年来，人民生活水平不断提高，袋装、盒装半成品食品丰富多彩，煤气、暖气迅速发展，人们对居住卫生环境要求越来越高。在深圳、广州、上海、北京、天津、湖州等不少城市提出垃圾革命，取消垃圾道，改用袋装垃圾，加之物业管理行业兴起，实践证明收效甚佳。本规范规定，住宅不宜设置垃圾道，要求低层和多层住宅根据垃圾收集方式设置相应设施，如对袋装垃圾，在户门外设有暂放位置。中高层以及高层住宅不设垃圾道时，必须设置封闭的收集垃圾的空间，以便采取其他措施清运垃圾，避免住户利用电梯搬运垃圾。

4.3.2 住宅如设垃圾管道时，应遵守如下要求：

一、垃圾管道不得紧贴卧室、起居室（厅）。原因之一，是垃圾在管道内下落时产生噪声，干扰住户的休息；原因之二，是垃圾中的有机垃圾会腐烂发霉，腐蚀管道壁，在管道壁上留下霉迹并产生臭味，

极不卫生。垃圾管道的位置还应符合 4.1.4 的要求，不占用楼梯休息平台，以避免妨碍通行及搬运物品。

二、据调查，各地垃圾管道断面普遍偏小，北京仅在 0.40m 见方左右，上海市设计标准，要求高层住宅垃圾道内径不小于 0.80m。为保证垃圾下落畅通，本条规定了垃圾道断面最小尺寸，从使用情况看，垃圾管道是否堵塞，不仅取决于断面大小，还涉及到管道内部构造是否合理，管道是否光滑及用户使用是否得当等因素。另外，考虑垃圾管道的寿命及卫生安全，必须采用耐腐蚀、防潮和非燃烧的材料。

三、垃圾倒灰门（斗）和出垃圾门的设计必须严格选用耐腐蚀的材料制作，关闭严密，避免上层垃圾下落时尘土从门（斗）缝扬出及散发臭味。

四、垃圾管道中应有排气管伸出屋面，以排除垃圾臭味，否则污染住宅楼内空气，尤其是顶部往往气味难闻，影响环境卫生。

4.4 地下室和半地下室

4.4.1 住宅建筑中的地下室，由于潮湿、通风、采光条件差，对居住者健康不利，因此规定住宅不应布置在地下室。有些地区，在半地下室也布置住房，因半地下室有对外开启的窗户，地势较高，但只有采取必要的采光、通风、防潮和排水措施，方允许布置住房。

4.4.2 根据对北京、上海、广州等地的高层住宅调查，地下室、半地下室一般用于水泵房、自行车库及贮藏间等辅助用房。如上海的高层住宅底层是商店，地下室作仓库；北京的高层住宅的半地下室作自行车库；三北地区的多层住宅利用地下室或半地下室作自行车库或贮藏小间；新疆地区因冻土层深，利用深基础部分作地下室并隔成小间，分给各层住户作贮藏间用，很受住户欢迎。石家庄联盟小区、北京恩济里小区、天津安华里小区、居华里小区的住宅在地下室或半地下室存放自行车或作贮藏小间。这样避免在地面上建仓库或自行车棚，增加小区内绿化和公共活动场地面积。利用地下室、半地下室作辅助用房，虽不是人们经常停留的地方，但作为活动空间，净高不低于2m 才适用。

4.4.3 据调查，我国住宅的地下室、半地下室因防水、防潮及通风措施不力而导致不能使用的现象十分普遍，采光井因雨水浸入而无法排除的现象也十分严重，本条强调应采取有效措施。

4.5 附建公共用房

4.5.1 在住宅区内，为了节约用地，增加绿化面积和公共活动场地面积，方便居民生活等，往往在住宅建筑底层或适当部位布置商店及其他公共服务设施。随着我国经济的改革，第三产业的发展，由集体或个人经营的服务项目往往也布置在住宅楼内。从现状来看，主要在多层、中高层和高层住宅的一至二层部位设置商业服务网点，不少地区建有"商住大楼"，在大楼一至三层布置大型商场、餐厅、酒楼等服务项目。香港、台湾很多高层住宅建在大平台上，平台上有儿童游戏场地、游泳池、商亭、绿化、休息园地等，构成"双重地面体系"，平台下设有多层车库或商场等公建设施。因此，今后在住宅建筑中附建为居住区（甚至为整个地区）服务的公共设施会日益增多，应该允许布置居民日常生活必需的商店、邮政、银行、托幼园、餐馆、修理行业等公共用房。但为保障住户的安全，防止火灾、爆炸灾害的发生，必须严禁布置存放和使用火灾危险性为甲、乙类物品的商店、车间和仓库，如石油化工商店、液化石油气钢瓶贮存库等。如上海某洗衣店，对衣物使用汽油干洗，不慎引起火灾，造成楼上居民伤亡事故。有关防护要求尚应按建筑设计防火规范的有关规定执行。在住宅建筑中不应布置产生噪声、振动和污染环境的商店、车间和娱乐设施，具体限制项目由当地主管部门依法审定。

4.5.2 住宅建筑内设置饮食店、食堂等用房时，在厨房内将产生大量蒸汽和油烟，而厨房一般设于底层部位，因此其烟囱、通风道应直通出住宅顶层屋面，防止倒灌，才能避免有害烟气侵入住房，保证安全、保障居民健康。同时空调、冷藏设备和加工机械往往产生噪声和振动，影响居民休息，因此必须作减振、消声处理。

4.5.3 锅炉房、变压器室等公用设施，不宜布置在住宅建筑内，若在高层住宅建筑中受条件限制必须布置时，应对设备及用房采取隔声、减振、消声等措施，以防止对住户的干扰，并保证设备安全运行，有关要求应符合建筑设计防火规范及有关专业规范的规定。

4.5.4 出入口包含平面交通和垂直交通，垂直交通指楼梯、电梯。在住宅建筑中布置商店等公共用房，主要需解决使用功能完全不同的用房放在一起所产生的种种矛盾。除解决结构和设备系统矛盾外，还要将住宅与附建公共用房的出入口分开布置，互不干扰。如设底层商店，应将顾客出入口、进货和营业员出入口与住户出入口分开布置，不得将住宅出入口作为营业和进货出入口。布置托幼园等公共用房也应符合本条规定。对于设有公寓的多功能综合大楼、公寓应有单独出入口，不得与其他功能区出入口合用。这不但便于日常使用，互不干扰，也有利于防火安全疏散。

5 室内环境

5.1 日照、天然采光、自然通风

5.1.1 阳光是人类生存和保障人体健康的基本要素

之一。在居室内部环境中能获得充足的日照是保证居者尤其是行动不便的老、弱、病、残者及婴儿身心健康的重要条件，同时也是保证居室卫生、改善居室小气候、提高舒适度等居住环境质量的重要因素。因此，本条规定在不同套型的住宅中，冬天应有一定数量的居住空间获得日照。在具体设计中，应尽量选择好朝向、好的建筑平面布置以创造具有良好日照条件的居住空间。

5.1.2 本条对有日照要求的房间规定了日照质与量的要求，并对不同气候区和不同规模城市的住宅分别规定了不同的有效日照标准和最低时数，具体要求和说明详见《城市居住区规划设计规范》（GB50180）中关于住宅建筑日照标准的规定。

5.1.3 住宅建筑采光应以采光系数最低值为标准。本条应按国标《建筑采光设计标准》有关规定执行。在住宅方案设计阶段，应按5.1.3条对有关各种房间窗地面积比指标进行采光估算，根据所确定窗地面积比再进行采光系数最低值的计算。以确保居室内部具有良好的天然光照度。

本表按Ⅲ类光气候区单层普通玻璃钢窗为计算标准，其他光气候区的采光系数最低值和窗地面积比按《建筑采光设计标准》执行。

本条规定适用于侧面采光，其采光面积以有效采光面积为准计算。离地面高度低于0.50m的窗洞口面积其光线照射范围低而小，所能获得的有效照度极小，故不计入采光面积之内，以保证有效的天然光照度；窗洞口上沿离地面高度不宜低于2m，以避免居室窗口上沿过低而限制光照深度，影响室内照度的均匀性和房间一定深度达到的照度要求，当采光口上有深度大于1m以上的外廊和阳台等遮挡物时，其有效采光面积可按采光面积的70%计算。采用水平天窗采光者，其有效采光面积将增大，采光口面积按采光标准计算。

5.1.4 住宅卧室、起居室（厅）应有良好的自然通风。在住宅设计中应合理布置上述房间外墙开窗位置、方向，有效组织与室外空气直接流通的自然风。本条文强调卧室、起居室（厅）应组织相对外墙窗间形成对流的穿堂风或相邻外墙窗间形成流通的转角风。当住宅设计条件受限制，不得已采用单朝向型住宅的情况下，应采取户门上方通风窗、下方通风百叶或机械通风装置等有效措施，以保证卧室、起居室（厅）内良好的通风条件。

5.1.5 房间的通风开口大小不等于窗户的面积，现实中许多房间的窗户采用推拉窗、固定亮子等形式，大大缩小了可开启的通风口面积。本条要求确实保证通风口的面积。

5.1.6 严寒地区住宅的窗户密闭性要求高，并且长期关闭，不利于空气流通，因此卧室、起居室（厅）等应设置可开启的气窗等进行定期换气。厨房及无直接自然通风的卫生间一般设置自然通风道或通风换气设施。自然通风道的位置宜设于窗户或进风口相对的一面，以保证全室换气。

5.2 保温、隔热

5.2.1 住宅建筑应采取冬季保温和夏季隔热防热措施，以保证室内的热环境质量。

一、在夏热冬暖、夏热冬冷和温和地区除住宅热环境要求建筑的围护结构设计应符合国家现行的《民用建筑热工设计规范》（GB50176）的规定外，在住宅设计中还应注重建筑布置向阳、避风，尽量争取主要房间有充足的日照，以利于冬季保温；注重建筑避免东、西晒，合理组织自然通风，以利夏季隔热、防热以及节约采暖和空调能耗。

二、严寒和寒冷地区，应注重建筑的节能设计，采取技术措施，将采暖能耗控制在规定的水平上，以提高能源利用效益。其节能设计，除建筑的围护结构应符合国家现行《民用建筑节能设计标准（采暖居住建筑部分）》（JGJ26）的规定外，在采暖住宅建筑设计中还应符合节能设计的规定：

——严寒和寒冷地区不应设置开敞的楼梯间和冷外廊，采暖期平均室外温度在−6.0℃以下的地区，楼梯间应采暖，入口处应设置门斗或采取其他防寒措施。

——窗（包括阳台门上部）面积不宜过大，减少窗缝隙长度，加强窗的密闭性。当采用密封条密封窗的条件下，房间应设置可调节的换气装置或其他换气装置。

5.2.2 严寒、寒冷地区住宅建筑体型设计应简洁，平、立面不宜出现过多的凸凹面。其建筑外表面积与其包围的体积之比应尽量减小。若体形系数大于0.30，则屋顶和外墙应加强保温，其传热系数应符合国家现行《民用建筑节能设计标准》的规定。

5.2.3 寒冷、夏热冬暖和夏热冬冷地区的夏季炎热，住宅建筑朝西的房间室温很高，居住条件差，影响居住者的健康。本条规定，西向居住空间朝西或西偏南45°和西偏北45°范围内的外窗应设遮阳板或遮阳罩固定支架等设施，其西向外墙和屋顶应采取隔热措施，以保证居住空间基本的室内环境质量。

5.2.4 在我国，设有冷暖空调的住宅逐渐增多，一些地区对此类住宅的节能设计未加以重视。本条要求设夏季降温空调的住宅建筑，东西向或东西各偏南、偏北45°范围内的外窗应采取遮阳措施，屋顶和外墙应加强保温隔热。

5.3 隔 声

5.3.1 为保证住宅建筑室内环境的使用功能，住宅建筑隔声设计应符合《民用建筑隔声设计规范》的有关规定。其设计最低要求为：

——住宅建筑内的卧室、起居室（厅）的允许噪声级、隔声标准及楼板撞击声隔声标准必须符合5.3.1条规定的指标。

——住宅建筑分户隔墙、楼板等部分的结构厚度、质量应具有良好的隔声性能和采取隔声措施以满足隔声要求。

——采用大板、大模板等整体性较强的住宅建筑，对附着于墙体和楼板的传声源和经常产生撞击振动的部位，如厨房操作台、外门、设备管道等，应采用防止结构传导的减振消声设施。

5.3.2 当住宅建筑在小区环境中处于沿街、邻近机房或锅炉房等噪声源大的外部环境条件下，住宅建筑设计应尽量将卧室、起居室（厅）布置在背向噪声源的一侧，以合理地布置房间，减轻噪声源的影响。如受条件限制，只能布置在噪声源一侧时，应采取封闭阳台，隔声门窗等处理措施，减轻噪声源的影响。

5.3.3 电梯机房设备产生的噪声、电梯井道内产生的振动和撞击声对住户的干扰很大，在住宅设计中应尽量避免与卧室、起居室（厅）紧贴布置，应使这些房间远离噪声源，不得将机房设置在居住空间之上，可布置壁柜、卫生间等次要房间进行隔离。在不能满足隔声要求的情况下，必须采取有效的隔声、减振措施。

6 建筑设备

6.1 给水排水

6.1.1 生活用水是居民生活和提高环境质量最基本的条件，因此，住宅内应设给水排水系统。

6.1.2 提出最低给水水压的要求，是为了确保居民正常用水条件。套内分户水表在额定流量下的阻力损失约为10kPa，一般燃气热水器要求最低静水压力约为40kPa，虽然有些热水器生产厂为适应少数低水压用户的需要，开发出水压力要求较低的热水器，但住宅的给水水压不宜因此而降低，以满足用户选用设备的通用性。

6.1.3 《建筑给水排水设计规范》（GBJ15—88）规定住宅类建筑最低卫生器具配水点静水压"宜为300～350kPa"，在条件许可时首先应按此范围设计，但允许稍有选择。

在具体工程中常遇略有超过的情况，例如十八层普通住宅，通常一～五层由城市自来水直接供水，六～十八层由高位水箱供水，如层高为2.80m，十八层配水点静水压如为5m，则六层配水点静水压为5+（12×2.8）＝38.60m，虽不采取竖向分区，实践效果也还可行。

根据给水配件的一般质量状况及住宅的维修条件，住宅给水压力又不宜过高，经多方征求意见，认

为如取《高层民用建筑设计防火规范》一类建筑和二类建筑分界的十八层，作为不应超过的上限较为有利，故限定为"大于400kPa时，应采取竖向分区或减压措施"。但在条件许可时，仍应以300～350kPa为宜。

6.1.4 住宅设置热水供应设施，以满足居住者洗浴的需要，是提高生活水平的必要措施，也是居住者的普遍要求。由于热源状况和技术经济条件不尽相同，可采用多种热水加热方式和供应系统，如：集中热水供应系统、单户燃气热水器、太阳能热水器和电热水器等。当无条件采用集中热水供应系统时，应预留安装其他热水供应设施的条件。

6.1.5 住户分别设置水表和采用节水性能良好的卫生器具和配件，是节约水资源的重要措施。管道、阀门和配件采用铜质等不易锈蚀的材料，方可保证检修时能及时可靠关闭。

6.1.6 住宅的污水排水横管设于本层套内，便于检修和疏通，可避免影响下层住户，做法有：提高卫生间地面，或卫生间地面楼板下沉，但都存在一定问题。难于实施而必须敷于下一层套内空间时，应采取相应的技术措施，使排水管道发生堵塞时，能在本层内疏通，而不需影响下层住户，例如可采用能代替浴缸存水弯、并可在本层清掏的多通道地漏等。此外，有些地区在有些季节会出现管道外壁结露滴水，应采取防止的措施。

6.1.7 本条除规定了必须设置地漏的部位外，还针对污水管内臭味外溢的常见现象，强调了对地漏的性能要求。

6.1.8 本条所指"垃圾间"，包括4.3.1条规定每层设置的"封闭的垃圾收集空间"，和4.3.2条规定的垃圾道底部设置的"封闭的垃圾间"。为改善环境卫生条件，需提供冲洗保洁的条件。

6.1.9 低于室外地面的卫生间器具和地漏的排水管，不与上部排水管合并而设置集水坑，用污水泵单独排出，是为了确保当室外排水管道满流或发生堵塞时不造成倒灌。

6.2 采暖

6.2.1 "集中采暖"系指热源和散热设备分别设置，由热源通过管道向各个房间或各个建筑物供给热量的采暖方式。以城市热网、区域供热厂、小区锅炉房或单幢建筑物锅炉房以及单元燃气炉为热源的采暖方式，从节能、采暖质量、环保、消防安全和住宅的卫生条件等方面看，都应是采暖方式的主体。某些地区虽具备燃油或燃用天然气设置采暖方式的条件，但除低层住宅以外，按套自成系统的可能性较小。住宅用散热器或地板辐射采暖，以热水作为采暖热媒，从节能、温度均匀、卫生和安全等方面，均较为合理。

6.2.2 本条主要参照国家标准《采暖通风与空气调

节设计规范》（GBJ19—87）的原则规定。考虑到居住者夜间衣着较少，卫生间采用了与卧室相同的标准。建设标准较高、设置集中热水供应系统的有洗浴器的卫生间，宜按浴室标准25℃设计。

6.2.3 集中采暖系统节能的出路，在于按户进行用热量计量和收费，但目前全面实施有较大的难度，需要通过试点，解决几个层次的问题，取得成效后才能全面推广。

在此之前，除了改善建筑保温之外，建筑节能的重要环节，是提高住宅集中系统采暖的均匀性。为了提高住宅集中系统采暖的均匀性，应采用合理的系统制式，同时应使房间温度可调，即能分室控制温度。现在已经有比较成熟的技术手段，例如：垂直单管系统的散热器上安装三通调节阀、垂直双管系统的散热器上安装高阻力调节阀或温控阀等。1996年，北京市建筑设计标准化办公室的单管系统所有散热器上，全部增设了ST-11球形三通调节阀，使用效果很好，改变了室温过高或浪费能源的状况。

6.2.4 本条规定是为了采暖系统在检修和进行总体调节时，尽量不进入套内，避免影响住户。例如：环路检修阀门宜设于套外公共部分，立管检修阀门宜设于设备层或管沟内，采暖管沟的检查孔则不应设置于套内。

6.2.5 在实施建筑节能以后，住宅散热器的数量减少，为争取使用空间，应采用体型紧凑的型式。为改善卫生条件，散热器应便于清扫。针对近年来部分钢制散热器的腐蚀穿孔在住宅中采用后造成大面积漏水的教训，本条强调了采用散热器耐腐蚀的使用寿命，应不低于钢管。散热器的设置位置，对房间的使用功能影响很大，本条提出既要满足室内温度的均匀分布，又要与室内设施和家具进行协调布置的原则。

6.2.6 煤、薪柴、燃油和燃气等燃烧时，产生有害气体，危害居民身体健康，因此设置分散式采暖的住宅应有排烟设施。除了在外墙上开洞通过管道直接向室外排放外，一般应设置烟囱。

烟囱的做法有：每户独用一个排烟孔道直出屋面，这种做法比较安全，使用效果也较好，但占用面积较多；另一种做法是间层合用一个排烟孔道，这种做法较省面积，但也可能串烟，发生事故。最好采用主次排烟孔道组合和分隔，占用面积较少，并能防止串烟。绝对不允许上下层或相邻房间任意直接接入一个烟道内，轻则污染室内环境，重则会发生一氧化碳中毒危及生命。因此，本条规定必须采取防止串烟的措施。

6.3 燃 气

6.3.1 本条规定了住宅每套的最低设计燃气用量，即使设有集中热水供应系统，也应预留住户选择采用单户燃气热水器的条件。

6.3.2 国家标准《城镇燃气设计规范》（GB50028）第7.3.4条有如下规定："燃气表的安装应满足抄表、检修、保养和安全使用的要求。当燃气表装在燃气灶具上方时，燃气表与燃气灶的水平净距不得小于30cm。"

厨房的功能要求复杂而空间有限，宜积极采用燃气表的"低锁表方式"。目前，北京市标准《北京市民用住宅和公共建筑室内煤气管道和设备的应用设计、安装、验收规定》（DBJ01—702—89）中，允许采用"低锁表方式"。但应妥善解决好燃气表安装空间的通风、燃气表的检修和便于抄表等问题。此外，如能采用远传燃气表户外计量方式或IC卡，更能解决进户人工抄表的不便。

6.3.3 当前燃气热水器有五种，即直接排气式、烟道式、强制排气式、平衡式和强制给排气式。直接排气式燃烧产生的烟气就地直接排在室内，应严禁设置于卫生间和其他无自然通风的部位。烟道排气式燃烧产生的烟气虽可通过烟道排至室外，但往往因烟道长度、风压等因素不能有效排气；强制排气式靠机械由烟道排烟；这二种型式其燃烧所需空气取自室内，当房间体积较小或通风条件不良时，很易造成缺氧窒息事故，不应设置于卫生间和其他无自然通风的部位。平衡式和强制给排气式燃气热水器的给气口和排烟口都在室外，燃烧产生的烟气排至室外，燃烧所需空气也取自室外，可以设置于卫生间和其他无自然通风的部位，但应紧靠外墙，或近外墙处使给排气管道短捷。

烟道式和平衡式燃气热水器的排烟作用力小于排油烟机的排气作用力，如合并接入同一管道，会产生倒流而发生安全事故，因此应单独排出室外。

6.3.4 本条强调了设置燃气管道和用气设备的安全要求。

6.4 通风和空调

6.4.1 排油烟机的排气管通过外墙直接排至室外，可节省空间并不会产生互相串烟，但不同风向时可能倒灌，且对周围环境可能有不同程度的污染；排入竖向通风道则在多台排油烟机同时运转的条件下，产生回流和泄漏的现象时有发生。排气管的两种排出方式，都尚有待深入调查、测定和改进。为保证使用效果，本条分别提出了对排气管的两种排出方式应采取技术措施的基本要求。无论采用何种方式，排油烟机均应具备油—气的分离功能。

6.4.2 严寒地区、寒冷地区和夏热冬冷地区的厨房，在冬季关闭外窗和非炊事时间排气机械不运转的条件下，应有排除燃气泄漏或烟气泄漏的自然排气设施。例如：设置有防回流构造的自然排气竖向通风道；设置有避风构造的外墙通风口或有避风构造的通风窗等。

6.4.3 竖向通风道自然通风的作用力，主要依靠室内外空气温差形成的热压，室外气温越低热压越大。在室内气温低于室外气温的季节（如夏季），就不能形成自然通风所需的作用力，因此需留有安装排气机械的位置和条件。

6.4.4 为保证有效的排气，应有足够的进风通道，当厨房和卫生间的外窗关闭或暗卫生间无外窗时，必需通过门进风。本条规定主要参照《城镇燃气设计规范》（GB50028）对设有直接排气式或烟道排气式燃气热水器房间的要求。厨房排油烟机的排气量一般为 $300\sim500m^3/h$，有效进风截面积不小于 $0.02m^2$，相当于进风风速 $4\sim7m/s$，由于排油烟机有较大风压，基本可以满足要求。卫生间排风机的排气量一般为 $80\sim100m^3/h$，虽风压较小，但有效进风截面积不小于 $0.02m^2$，相当于进风风速 $1.1\sim1.4m/s$，也可以满足要求。

6.4.5 以最热月平均室外气温高于和等于25℃的地区，作为应预留安装空调设备的界限，是根据《民用建筑热工设计规范》（GB50176）的热工分区，夏热冬暖和夏热冬冷地区的主要分区指标——最热月平均温度的下限是 25℃。

属夏热冬暖地区的，有下列行政区首府：广州、福州、南宁、海口、香港。

属夏热冬冷地区的，有下列行政区首府：长沙、武汉、南昌、合肥、杭州、南京、成都、重庆和上海。

此外，寒冷地区最热月平均室外气温也高于和等于25℃的，还有下列行政区首府：北京、天津、石家庄、郑州、济南和西安。

在上述夏季炎热的地区，安装空调器的住宅越来越普遍，住宅空调设备的形式也在不断发展。因此，住宅设计应根据地区特点和可行空调方案，综合解决好安装空调设备的供电容量、设备位置、穿墙孔洞、预埋件、电源插座、冷凝水引流、热量排放、噪声防治和方便空调器装拆等问题。

6.4.6 本条说明同6.2.6。

6.5 电 气

6.5.1 我国住宅电气发展速度较快，存在问题也多，本表从保证安全适用的角度出发，参考了许多地区住宅建设标准的规定，作为应达到的下限值。

一、用电负荷标准中，包括灯具和插座，考虑了小型电器和小型空调器。

二、考虑家用电器的特点，用电设备的功率因数按 0.9 计算。

三、电度表规格按选用过载能力为 4 倍的额定电流、起转电流不大于额定电流的 0.5% 时的数据，括号内电流数表示该型表可使用在电气回路的最大值。使用其他型表时，应校核能否满足。

6.5.2 本条强调了住宅供电系统设计的安全要求。

一、TT、TN-C-S 和 TN-S 三种系统，都有专用的 PE 线（接地线），是住宅中最常用可靠的接地方式；"总等位联结"则可降低住宅楼内的接触电压，消除沿电源线路导入的对地故障电压的危害，也是防雷安全所必需。

二、与铝线相比，铜线不易氧化和腐蚀，且机械强度高，可减少因接触电阻过大线路接头发热起火和断线的危险；进户线和套内分支回路最小截面的规定，是考虑到用电负荷的增长趋势和提高电能质量的需要，且增加投资不多。

三、多分支回路使套内负荷电流分流，可减少线路温升和谐波危害，从而延长线路寿命和减少电气火灾危险。

四、电源插座常接用手握式电器，当电器绝缘损坏时易引起电击伤亡事故，因此应设置漏电保护装置以快速切断电源；空调机不是手握式电器，一般为绝缘外壳，且安装位置较高，故不必设置漏电保护装置。

五、每套住宅设置电源总断路器，便于在电气火灾发生时拉闸断电，也便于套内电气检修时断电。

六、洗浴时人体皮肤潮湿阻抗下降，沿金属管道传导来的较小电压即可引起电击伤亡事故，在卫生间内作"局部等电位联结"，可使卫生间处于同一电位，防止出现危险的接触电压。

七、接地电弧短路是常见多发的电气火灾起因，但电弧短路的电流小，一般的断路器和熔断器不能或不能及时切断电源，而具有漏电保护功能的断路器对电弧短路电流有很高的动作灵敏度，能及时切断电源，防止电气火灾的发生。

6.5.3 住宅公共部位的灯，常因开关不便而成为"长明灯"，造成电力浪费，因此本条规定应采用节能自熄开关。但高层住宅的电梯厅和应急照明，不能采用节能自熄开关。

6.5.4 住宅家用电器的种类和数量很多，因电源插座过少而滥拉临时线或滥接插座板，易发生电器短路或异常高温而发生火灾，为安全用电并方便居者，本条规定了电源插座设置数量的最低标准。

6.5.5 "有线电视系统"与"电视共用天线系统"通用，本条沿用国内通常的用语。

6.5.6 住宅设计应考虑电话的普及，为防止住宅区的"飞线"和安装电话通信线路临时打洞，本条规定了应预埋管线到住宅套内和电话终端出线口的最少数量。

6.5.7 预留门铃管路投资不多，可为住户提供方便。楼宇对讲系统适合高层和中高层住宅的通常管理模式，可增强住宅的安全性和使用方便性，有利于创造良好的居住环境。

6.6 综 合 设 计

6.6.1 本条是对建筑设计专业的要求，住宅的建筑设计应综合考虑建筑设备和管线的配置，并提供必要的空间条件。

6.6.2 本条是对建筑设备设计各专业的要求，建筑设备设计除应满足各系统的功能有效、运行安全、维修方便外，还应有建筑空间合理布局的整体观念。

6.6.3 本条提出了应进行详细综合设计的主要部位和需进行综合布置的主要设施。

6.6.4 本条规定是为了改善套内空间的使用功能，并便于公共功能管道的维修和管理。公共功能管道其他经常需操作的部件，还包括有线电视设备箱和电话分线箱等。

6.6.5 计量仪表的合理设置位置，随着新产品的不断开发，仍在广泛探索之中，但不论采用何种计量仪表和安装方式，都应符合安全可靠、便于计量和减少扰民等原则。

中华人民共和国国家标准

住宅性能评定技术标准

GB/T 50362—2005

条 文 说 明

目　次

1 总 则

1.0.1、1.0.2 住宅与人民的生活休戚相关。住宅建设关系到国家的环境、资源和发展，同时关系到消费者的安全、健康和生活质量。随着我国经济的发展和引导住宅合理消费政策的实施，居住者对住宅的要求愈来愈高。为引导住宅的发展，促进住宅产业现代化，需要制定一个统一的住宅性能评价方法和标准。以提高住宅的品质，营造舒适、安全、卫生的居住环境，保障消费者权益，适应国家的可持续发展。

1.0.3 本标准所指的住宅包括城镇新建和改建住宅。对既有住宅通过可靠性评估后，也可参照本标准进行性能评定。

1.0.4、1.0.5 本标准从规划、设计、施工、使用等方面，将住宅的性能要求分成 5 个方面，即适用性能、环境性能、经济性能、安全性能和耐久性能。通过 5 个方面的综合评定，体现住宅的整体性能，以保障消费者的居住质量。标准的性能指标以现行国家相关标准为依据，有些指标适当提高，以满足人民生活日益发展和提高的要求，标准中将 A 级住宅的性能按得分高低细分成 3 等，目的是为了引导住宅性能的发展与提高，同时也可适应不同人群对居住质量的要求。

1.0.6 申请性能评定的住宅必须符合国家现行强制性标准的规定，不符合者不能申请性能评定。

2 术 语

本标准的主要术语是根据与住宅的规划、设计、施工、质量检测等有关的国家现行技术标准给出的。其中适用性能、环境性能、经济性能、安全性能和耐久性能的内涵与其他标准有所不同，本标准另作了解读。

4 适用性能的评定

4.1 一般规定

4.1.1 住宅适用性能的评定，既要考虑满足居住的功能性要求，也要考虑满足居住的舒适性要求，以提高住宅的内在品质。住宅的适用性能主要针对单元平面、住宅套型、建筑装修、隔声性能、设备设施、无障碍设施 6 个方面进行评定。与适用性能相关的保温隔热性能因涉及到住宅使用阶段的节能，在经济性能章节进行规定；防水的耐久性是反映防水质量的重要参数，故防水性能在耐久性能章节进行规定。

4.2 单元平面

4.2.2 住宅单元平面的设计应根据居住活动的基本要求和活动规律，来布局和确定住宅功能空间的总体关系。使工作、睡眠、交流、餐食、盥洗等饮食起居的各种活动在一定的面积和空间内得到最充分、适用和经济的安排。

1 空间布局合理，动静分区，电梯、楼梯和排水管井不邻近居住空间布置，垃圾间位置避免串味和污染环境。

2 平面布置比较紧凑，能够充分利用空间，有利于减少公摊面积。

3 楼层单元平面应规整，无过分凹凸现象，体形系数不宜过大，平面布置应兼顾节能和卫生通风要求。

4 平面进深和户均面宽应适当，兼顾节地和舒适的要求。

5 对单元平面进行评定，是针对占总住宅建筑面积 80% 以上的各主要套型，主要套型满足要求即可按附录 A 得分。

4.2.3 遵循住宅建筑模数的协调原则，可保证住宅建设过程中，在功能、质量和经济效益方面获得优化，促进住宅建设从粗放型生产转化为集约型的社会化协作生产。强调住宅的可改造性，是考虑在住宅全寿命周期内，能通过适当改造，适应不断变化的居住要求。

1 住宅设计应符合住宅建筑模数的规定。厨房、卫生间部品类型多，条件复杂，应当充分注意模数尺寸的配合，特别是隔墙的位置尺寸定位，应能满足厨具及配件定型尺寸的要求。

2 采用大开间结构体系是可灵活分隔、易改造的前提条件，保证分隔方式的多样化；对非承重墙可采用易分隔的轻质材料，以便于拆装。

3 对模数协调和可改造性进行评定时，应检查各单元的标准层平面图。

4.2.4 单元公共空间是指从单元入口到住宅户门的公共空间。

1 多层住宅底层设进厅和高层住宅底层设门厅，可为居民提供交往、停留的空间，也为设置信报箱、管理间等设施提供空间。

2 候梯厅的进深要方便物品搬运，且使候梯不觉拥挤，因此候梯厅的进深不应小于轿厢的深度。

3 楼梯踏步的宽窄和高低决定了楼梯的坡度，它直接影响到人上下楼梯的安全和舒适程度，楼梯平台宽度对方便物品搬运尤为重要。

4 垃圾道在住宅中已被取消，对于多层住宅袋装垃圾应在室外设固定的存放地点，此内容在环境性能指标里有要求。对于高层住宅，袋装垃圾在每层应有固定的存放地点；垃圾收集空间或垃圾间的设置应满足卫生要求，应避免浊气、虫蝇的滋生，避免对住户的生活造成影响。

5 对单元公共空间进行评定时，应检查各单元的标准层平面图和首层平面图。

4.3 住宅套型

4.3.2 套内功能空间的设置和布局，既要满足功能上的要求，也要满足使用便利和卫生的要求，设计时应合理、有效地组织各功能区块，注重动静分区、洁污分区、提高使用效率。

1 卧室、起居室（厅）、厨房、卫生间是住宅的必要功能空间，为方便使用并增强居住的舒适度，还可设置书房、贮藏空间、用餐空间及入口过渡空间。

2 功能空间不应采用过分狭长的形状，为保证空间的有效利用、家具的设置以及采光和视觉的效果，起居室、卧室、餐厅等功能空间的长短边长度比不应大于1.8。

3 起居厅、卧室是家庭的主要活动空间，具有卫生和隐私的要求，因此，应有良好的自然通风、采光和视野景观，且不受邻居视线干扰。

4 本条为住宅最基本卫生要求，每套住宅必须有良好的日照，当有超过4个居住空间时，至少应有2个空间获得日照，以保证居室的卫生条件。关于居住空间日照时间，按现行国家标准《城市居住区规划设计规范》GB 50180中住宅建筑日照标准执行。

5 凹口处容易形成涡流，受污染的空气不容易消散，起居室、卧室若朝向凹口开窗，容易使得空气在户间交叉流动，造成串味和疾病的传播。

6 室内交通路线应短而便捷，要保证各功能空间的完整性，避免穿越。特别是不应穿行主要居住空间。

7 交通路线指从入口到达各功能空间的线路，线路越短，则表明平面组织合理，空间利用率高。交通面积是指无法设置家具，为交通使用的纯通道面积，如过大，则居室空间的有效利用率较低。

8 餐厅、厨房同属家庭公用空间，有紧密的功能上的联系，因此餐厅和厨房不应分离过远。

9 从卫生和安全的角度考虑，厨房应有自然采光和通风，且最好邻近出入口，以便蔬菜、食品和垃圾的出入。

10 对于三个及三个以上卧室的住宅，家庭人口偏多，为减少卫生间使用紧张的矛盾，照顾主人隐私和方便客人使用，一般设二个或二个以上的卫生间，其中一间为主卧室专用。卫生间的位置应方便使用，一般来讲应紧靠卧室，若有两个卫生间，共用卫生间可设在起居厅旁。

11 功能齐全的卫生间应考虑洗浴、便溺、化妆、洗面等各种需要，洗面和便溺应作适当分隔，相互空间位置和安装尺寸应符合人体工程学的要求。每套住宅至少应设一个功能齐全的卫生间。

12 对套内功能空间设置和布局进行评定，是针对占总住宅建筑面积80％以上的各主要套型，主要套型满足要求即可按附录A得分。

4.3.3 功能空间尺度的评定，既要满足使用功能上的要求，也要满足舒适度的要求。

1 住宅各功能空间的面积分配比例应适当，避免大而不当的现象产生。

2 起居厅是住宅内部的主要公共空间，为方便起居厅的使用，满足家具和设备摆放的要求，对起居厅连续实墙面的长度提出了基本要求；同时起居厅还应减少交通穿行的干扰，厅内门的数量不宜过多，门的位置宜集中布置。

3 双人卧室指可安排双人居住的卧室，按家具的摆放和使用舒适程度的要求，对开间尺寸提出了基本要求。

4 厨房操作台总长度指可用于炊事操作的台面长度总和。指洗、切、烧工序连续操作的有效长度，不含冰箱的宽度。

5 贮藏空间包括贮藏室、壁柜及吊柜等；壁柜及吊柜属于家具类，可由工厂预制、现场装配，住宅内除宜设置贮藏室以外，可充分利用边角空间设置壁柜和吊柜。

6 在现行国家标准《住宅设计规范》GB 50096中要求，普通住宅层高宜为2.8m，控制住宅层高主要目的是为了住宅节地、节能、节材，节约资源。适当提高室内净高可改善居住的舒适度，特别在夏热地区，提高室内净高有利于自然通风散热，但在采暖地区室内净高过大不利于节能，因此应适度掌握。

7 对功能空间尺度进行评定，是针对占总住宅建筑面积80％以上的各主要套型，主要套型满足要求即可按附录A得分。

4.4 建筑装修

4.4.1 住宅作为完整的产品应包括装修，将毛坯房交付给住户，很难保证住宅整体的品质，在住宅投诉与住宅纠纷中，很多情况是因为住户对毛坯房进行装修的质量没有保证引起的。因此为保证住宅的品质，对新建住宅提倡土建装修一体化，以推广应用工业化装修技术，提高装修施工水平。向消费者提供精装修商品房，是今后住宅产业发展的方向。装修到位的做法，能有效保证住宅的品质。在我国城镇中，集合式住宅占绝大多数，装修到位作为评定3A等级的一票否决指标，主要针对集合式住宅而言。

1 门窗和固定家具采用工厂生产的成型产品，有利于提高效率、保证部品质量和最终的装修质量。减少现场加工量，有利于减少工地废料和环境污染。

2 为保证住宅的品质，防止因二次装修带来的质量问题，提倡由开发商对新建住宅进行一次装修。

厨房、卫生间的装修受管道、设备、防水等诸多因素的影响，涉及的专业工种较多，要求也比较复杂，因此厨房、卫生间装修到位将有效避免因二次装修带来的质量问题。

3 门厅、楼梯间或候梯厅的装修应注重实用、美观、易清洁，装修档次应与住宅的档次相匹配。

4 住宅外部装修包括建筑外立面、单元入口等，装修应注重实用、美观、耐候、耐污染、易清洁，装修档次应与住宅的档次相匹配。

5 对建筑装修进行评定时，应由专家现场抽查5套不同楼栋、不同类型的住宅进行检查。

4.5 隔声性能

4.5.1 住宅声环境的影响因素十分复杂，隔声性能的评定主要注重围护结构的隔声性能和设备、管道的噪声情况。目前我国住宅声环境质量离标准的规定尚有一定的差距，这与我国住宅建筑构造简单、门窗气密性不高、设备管道处置不妥有关。楼板撞击声的防治是我国住宅的老大难问题，其主要原因是我国的楼板结构过于简单所致。本条提出了不同等级的要求，目的是促进住宅改进构造做法，增强隔声性能，切实改善住宅的声环境。

1 楼板的撞击声声压级的测试方法按现行国家标准《建筑隔声测量规范》GBJ75进行，楼板的空气声计权隔声量按照建筑外墙的隔声测量方法进行。

2 计权隔声量为A声压级差。分户墙、分室墙、含窗外墙、户门的测试方法按照现行国家标准《建筑隔声测量规范》GBJ 75进行。

3 当采用塑料排水管时，排水管道冲水时的噪声会影响住户休息，如管道在管井里，将有效减轻此类噪声。

4 电梯、水泵、风机、空调等设备安装时应采取设减振垫、减振支架、减振吊架等减振措施，设备机房还应采取有效隔声降噪措施。

5 终审时，应提供相关的检测报告，3A等级住宅应实地抽查、检测，按现场测试数据进行判定。

4.6 设备设施

4.6.1 设备设施的配置是居住功能质量的重要保证，居民生活水平的提高和住宅品质的提高，很大程度上依靠设备设施配置水平的提高。

4.6.2 厨卫设备的评定包括以下内容：

1 厨房应按"洗、切、烧"炊事流程布置炊事设备，管道接口定位应与设备配置相适应，方便连接，并能减少支管段的长度。

2 厨房设备成套是指厨房应配备有橱柜、灶台、油烟机、洗涤池、吊柜、调理台等设备，并应预留冰箱、微波炉等炊事设备的放置空间。

3 洗浴和便器之间或洗面和便器之间宜有一定的分隔，避免干扰。相应的管道定位接口应与之配套，方便连接，并能减少支管段的长度。

4 卫生设备齐全指浴缸（或淋浴盘）、洗面台、便器等基本设备齐备，配套设备有梳妆镜、贮物柜等。

5 洗衣机可视情况设于专用洗衣机位、卫生间、厨房、阳台或家务间内，应方便使用。当设在卫生间时，应与其他卫生器具有一定的间隔。洗衣机的电源、水源、排水口应是专用的，且方便使用。有条件时可设专用的家务间。晾晒衣物应考虑卫生的要求，因此最好安排在阳光能直晒的区域，如南面的阳台或露台。

6 对厨卫设备进行评定，是针对占总住宅建筑面积80%以上的各主要套型，主要套型满足要求即可按附录A得分。

4.6.3 给水、排水和燃气系统的评定包括以下内容：

1 给水、排水和燃气应设有管道系统和相应的设备设施。

2 给水系统的水质、水量和水压应满足国家标准和使用要求，燃气系统的气质、气量和气压应满足国家标准和使用要求，排水系统的设置应满足国家标准和使用要求。

3 为提高生活质量，住宅要求有室内热水供应，条件允许时可设24小时集中热水供应系统，并应采用至少是干管循环系统（循环到户表前）。或设户式热水系统，预留热水器的位置，并安装好相应的管道。

4 地漏、卫生器具排水、厨房排水、洗衣机排水等应分别设置存水弯，器具自带存水弯的除外，存水弯水封深度不小于50mm。

5 为方便排水管道日常清通，排水立管检查口的设置应方便操作，立管设在管井里时，应预留检查门，或将检查口引在侧墙上。

6 会所和餐饮业排水系统的使用时间和污水性质与住宅有一定区别，为防止噪声传播和老鼠、蟑螂等对住户的影响，应尽量将两者的排水系统分开。

7 住宅给水管、电线管、排水管等不应暴露在居住空间中，燃气管及计量表具隐蔽敷设时，应采取一定的通风安全措施。

8 住宅应设集中管井，管井内的各种管线、管道布置合理、整齐，管井设在卫生间、厨房等管道集中的部位。避免出现主干管明装在住宅内的现象。

9 户内计量仪表、阀门等的设置应方便检修和日常维护，当设在吊顶或管井里时，应预留检查门（口），且位置方便操作。

10 为单元服务的给水总立管、雨水立管、消防立管和公共功能的阀门及用于总体调节和检修的部件应设置在户外，如地下室、单元楼道、室外管廊、室外阀门井里，使得系统维护、维修时不影响住户的生活。

11 住宅套型的些微差异不会影响给水、排水和燃气系统的设置，所以对给水、排水和燃气系统的评定，只需对不同类型的住宅楼，各抽查一套住宅进行检查即可。

4.6.4 采暖、通风与空调系统的评定包括以下内容：

1 各居住空间不得存在通风短路和死角部位，通风顺畅是指在夏季各外窗开启情况下，居室内部应有适当的自然风。

2 严寒、寒冷地区设置的采暖系统应是集中采暖系统或户式采暖系统；夏热冬冷地区应设置的采暖和空调措施，可以是热泵式分体空调，或有条件时设集中采暖系统、户式采暖系统；夏热冬暖地区应有空调措施。温和地区的住宅，此条可直接得分。

3 合理设置空调室外机、室内风机盘管、风口和相关的阀门管线，合理设置空调系统的冷凝水管、冷媒管，穿外墙时应对管孔进行处理，满足位置合理和美观的要求。冷凝水应单独设管道系统有组织排放。

4 随着住宅外围护结构气密性能的提高，住宅新风的补给大多需要通过开窗通风来实现，而在有些天气情况下，开窗引入新风既无法保证新风的质量（包括洁净度、温湿度），又不利于节能，因此应根据舒适度要求的不同，与住宅档次相匹配，分级设置新风系统或换气装置。

5 竖向烟（风）道最不利点的最大静压是指在所有各楼层同时开启排油烟机的情况下，最不利层接口处的最大静压。如不满足要求，应在屋顶设免维护机械排风装置或集中机械排风装置，集中机械排风装置是指设置屋顶风机等供烟道排风的动力装置。高层住宅尤其应当设置上述设备。

6 严寒、寒冷和夏热冬冷地区卫生间设置竖向风道，有利于即使在冬季不开窗的情况下，也能快速排除卫生间内的污浊空气和湿气，能有效避免污浊空气和湿气进入其他室内空间。其他地区的明卫生间不作要求，此条可得分。

7 严寒、寒冷和夏热冬冷地区的卫生间因冬季不便开窗通风，因此应和暗卫生间一样设机械排风装置。其他地区的明卫生间不作要求，此条可得分。

8 采暖供回水总立管、公共功能的阀门和用于总体调节和检修的部件，设在共用部位。

9 对采暖、通风与空调系统进行评定，是针对占总住宅建筑面积 80% 以上的各主要套型，主要套型满足要求即可按附录 A 得分。

4.6.5 电气设备设施的评定，应着眼于既满足目前的需要，又考虑未来发展的需要，在满足功能要求和安全要求的基础上，方便使用，可按不同档次要求进行配置。

1 电源插座的数量以"组"为单位，插座的

"一组"指一个插座板，其上可能有多于一套插孔，一般为两线和三线的配套组。考虑居民生活水平的不断提高，用电设备不断增多，为方便使用、保证用电安全，电源插座的数量应尽量满足需要，插座的位置应方便用电设备的布置。对于空调和厨房、卫生间内的固定专用设备，还应根据需要配置多种专用插座。

2 对分支回路作出规定，可以使套内负荷电流分流，减少线路的温升和谐波危害，从而延长线路寿命和减少电气火灾危险。

3 上楼梯超过 4 层，成年人感到辛苦，老年人及儿童更加困难，我国现行国家标准《住宅设计规范》GB 50096 规定 7 层及以上住宅必须设电梯，国外发达国家一般定为 4 层以上住宅设电梯，因此为提高住宅的舒适度，对多层住宅也提出设置电梯的要求。

4 公共部位的照明，本着节能和满足相应舒适度的要求，规定人工照明的照度要求。住宅底层门厅和大堂的设计，不应有眩光现象。

5 电气、电信干线（管）和公共功能的电气设备及用于总体调节和检修的部件，设在共用部位。

6 对电气设备设施进行评定，是针对占总住宅建筑面积 80% 以上的主要套型，主要套型满足要求即可按附录 A 得分。对于公共部位的照明，应对楼梯间、电梯厅、楼梯前室、电梯前室、地下车库、电梯机房、水箱间等部位各随机抽查一处，满足要求即可按附录 A 得分。

4.7 无障碍设施

4.7.1 住宅满足残疾人和老年人的需求，是体现对人的最大关怀，是时代进步的要求。因此除在特殊的专用住宅中，要体现对特殊人群的关怀以外，尚应在普通住宅中创造基本条件，满足无障碍的要求。

4.7.2 套内无障碍设施的评定包括以下内容：

1 户内地面应尽可能保持在一个平面上，尽量不要出现台阶和高差，以便于老人、儿童、残疾人行走，而且方便人们夜晚行走。考虑到卫生间、阳台等处的防水要求，允许高差≤20mm。

2 户内过道的宽度，既要考虑搬运大型家具的要求，也要考虑老年人、残疾人使用轮椅通行的需要。此条参考了国家现行标准《住宅设计规范》GB 50096 和《老年人建筑设计规范》JGJ 122—99。

3 此条参考了《老年人建筑设计规范》JGJ 122—99 的要求，800mm 的净宽能满足轮椅的进出要求。

4 对套内无障碍设施进行评定，是指对不同类型的住宅楼各抽查一套住宅，进行现场检查，根据现场情况进行评分。

4.7.3 单元公共区域无障碍设施的评定包括以下内容：

1 此条参考了《老年人建筑设计规范》JGJ 122—99

的要求。7层及以上住宅，至少保证有一部电梯的电梯厅及轿厢尺寸，满足轮椅和急救担架进出方便，且为无障碍电梯。6层及以下住宅此项可直接得分。

2 现行国家标准《住宅设计规范》GB 50096 规定设置电梯的住宅，单元公共出入口，当有高差时，应设轮椅坡道和扶手；对于不设电梯的住宅，可考虑首层为老年人和残疾人使用的套型，单元公共出入口有高差时，也应设轮椅坡道和扶手，从室外直达首层的户门。

3 对单元公共区域无障碍设施进行评定，是指对不同类型的住宅楼各抽查一个单元，进行现场检查，根据现场情况进行评分。

4.7.4 住区无障碍设施的评定包括以下内容：

1 为方便乘轮椅者和婴儿车的通行，住区内的无障碍通行设施应保证统一性、连贯性。

2 此条引自《城市道路和建筑物无障碍设计规范》JGJ 50—2001 中 6.2.2 的规定。为便于残疾人、老年人享用公共活动场所，应设置方便轮椅通行的坡道和轮椅席位，地面也要求平整、防滑、不积水。

3 此条引自《城市道路和建筑物无障碍设计规范》JGJ 50—2001 中 6.2.4 的规定。满足无障碍要求的厕位和洗手盆可设在会所等公共场所，可在男、女卫生间分别各设置一套，或设一个残疾人专用卫生间。

4 住区的公共服务设施应方便残疾人、老年人的使用，其出入口应满足无障碍通行的要求。

5 对住区无障碍设施进行评定，是指现场检查住区的公共区域无障碍设施的设置情况，根据现场情况进行评分。

5 环境性能的评定

5.2 用地与规划

5.2.2 结合场地的原有地形、地貌与地质，因地制宜地利用土地资源。控制建设活动对原有地形地貌的破坏，通过科学合理的设计与施工尽可能地保护原有地表土；地表径流不对场地地表造成破坏；减少对地下水与场地土壤的污染等。若住区周边环境优美，其主要房间、客厅开窗的位置、大小应有利于良好的视野与景观。

按照国家文物保护法规、确定对场地内的文物进行保护的方案。在人文景观方面，重视历史文化保护区内的空间和环境保护；对场地及周边环境的动植物原有生态状况进行调查，以尽量减少建设活动对原有生态环境的破坏。建筑形态和造型上尊重周围已经形成的城市空间、文化特色和景观。

大气污染源是指排放大气污染物的设施或指排放大气污染物的建筑构造（如车间等）。远离污染源，避免住区内空气污染。本条还包括避免和有效控制水体、噪声、电磁辐射等污染。若住区附近或住区内存在污染源，且对居住生活带来一定影响，不能评定为 A 级住宅。

5.2.3 住栋布置应优先选用环境条件良好的地段，注意合理的组合尺度及组团空间的营造，较好地形成小气候环境，方便日照、通风。住栋布置朝向满足住宅采光、通风、日照、防西晒的要求，住栋间距满足现行国家标准《城市居住区规划设计规范》GB 50180 中关于住宅建筑日照标准的规定。

空间层次与序列清晰、尺度恰当，是指住宅布置与组合的合理性，住区规划应尽可能形成层次清晰的室外空间序列。

5.2.4 住区道路系统构架清晰，小区路、组团路、宅间路分级明确。交通合理，人流、车流区分明确，既具通达性又不受外来干扰，避免区外交通穿越并与城市公交系统有机衔接。

机动车主出入口设置合理，方便与外界的联系，符合现行国家标准《城市居住区规划设计规范》GB 50180 的要求。

机动车出入口的设置满足：（1）与城市道路交接时，交角不宜小于 75°；（2）距相邻城市主干道交叉口距离，自道路红线交叉点起不小于 80m，次干道不小于 70m；（3）距地铁出入口、人行横道线、人行过街天桥、人行地道边缘不小于 30m；（4）距公交站边缘不小于 15m；（5）距学校、公园、儿童及残疾人等使用的建筑出入口不小于 20m；（6）距城市道路立体交叉口的距离或其他特殊情况应由当地主管部门确定。

满足消防、防盗、防卫空间层次的要求，无安全巡逻和视线死角。

机动车停车率是住区内停车位数量与居住户数的比率（%）。本标准主要考虑到发达地区的现状与发展趋势。目前我国私人汽车拥有量快速增长，但各地区发展不平衡，因此各地区可根据具体情况确定机动车停车率，但若低于本标准的数值要扣分。低层住宅应带有车位，其数量可以统计在内。

我国住区自行车拥有量很大，应合理规划设计自行车停车位，方便居民使用。高层住宅自行车停车位可设置在地下室；多层住宅自行车停车位可设置在室外，自行车停车位距离主要使用人员的步行距离≤100m。自行车在露天场所停放，应划分出专用场地并安装车架，周边或场内进行绿化，避免阳光直射，但要有一定的领域感。若多层住宅在楼内设置自行车停放场，要求使用方便，且隐蔽。

按要求设置标示标牌，标示标牌的位置应醒目，标牌夜间清晰可见，且不对行人交通及景观环境造成妨害。标志的色彩、造型设计应充分考虑其所在地区建筑、景观环境以及自身功能的需要。标志的用材应经久耐用，不易破损，方便维修。各种标志应确定统一的格调和背景色调以突出住区的识别性。

住区与外界交通方便，周围至少有一条公共交通线路，距离住区少于5分钟步行距离（约400m范围）有公共交通设施。

5.2.5 对A级住区要求市政基础设施（包括供电系统、燃气系统、给排水系统与通信系统）必须配套齐全、接口到位。

5.3 建筑造型

5.3.2 建筑形式美观、新颖，具有现代居住建筑风格，能体现地方气候特点和建筑文化传统。

建筑造型在空间变化和体形上均有灵活而宜人的处理，造型设计不得在采光、通风、视线干扰、节能等方面严重影响或损害住宅使用功能，不过多地采用无功能意义的多余构件和装饰。

外立面：Ⅲ级 外立面简洁，具有现代风格。室外设施的位置合适，保持住区景观的整体效果。对暴露在外墙的各种管道及设备均有必要的细部处理，不影响外立面造型效果。对外装空调的位置及洞口、支架形式均进行了有效的造型处理，并有组织排水；避免水迹、锈迹、加建阳台、露台及外设防盗设施对造型的影响；防盗网均应设在窗的室内一侧。Ⅱ级 外立面造型美观，但有些防盗网装在室外（卷帘式除外）或生活阳台设在临主要道路立面上。Ⅰ级总体状况与Ⅱ级类似，但外立面上多处存在金属锈迹与水迹，影响立面效果。

5.3.4 住区室外灯光设计的目的主要有4个方面：（1）增强对物体的辨别性；（2）提高夜间出行的安全度；（3）保证居民晚间活动的正常开展；（4）营造环境氛围。照明作为景观素材进行设计，既要符合夜间使用功能，又要考虑白天的造景效果，选择造型优美的灯具。

5.4 绿地与活动场地

5.4.2 住区绿地布局合理，各级游园及绿地配置均匀，并在设计中考虑区内外绿地的有机联系，方便居民活动使用。

住区绿地是指住宅、小区游园、宅旁绿地、公共服务设施所属绿地和道路绿地（即道路红线内的绿地），但不包括屋顶和晒台的人工绿地；住区绿地占住区用地的比率（％）为绿地率。建设部1993年《关于印发〈城市绿化规划建设指标的规定〉的通知》（建城〔1993〕784号）提出："新建住区内绿地占住区总用地比率不低于30％"。根据《国务院关于加强城市绿化建设的通知》中确定的城市绿化工作目标和主要任务："到2005年，全国城市规划建成区绿地率达到30％以上，绿化覆盖率达到35％以上，人均公

共绿地面积达到8m²以上，城市中心区人均公共绿地达到4m²以上；到2010年，城市规划建成区绿地率达到35％以上，绿化覆盖率达到40％以上，人均公共绿地面积达到10m²以上，城市中心区人均公共绿地达到6m²以上"。提高住区绿地率，对于整个城市的发展也将起到积极的作用。因此本标准将绿地率设定为35％与30％两档。

根据住区不同的规划组织结构类型，设置相应的中心公共绿地。住区公共绿地至少有一边与相应级别的道路相邻。应满足有不少于1/3的绿地面积在标准日照阴影范围之外。块状、带状公共绿地同时应满足宽度不小于8m，面积不少于400m²的要求。参见现行国家标准《城市居住区规划设计规范》GB 50180。

居住小区内建筑散布、墙面（包括挡土墙）、平台、屋顶、阳台和停车场6种场地应充分绿化，既可增加住区的绿化量，又不影响建筑及设施的使用。平台绿化要把握"人流居中，绿地靠窗"的原则，即将人流限制在平台中部，以防止对平台首层居民的干扰。绿地靠窗设置，并种植一定数量的灌木和乔木，减少户外人员对室内居民的视线干扰。屋顶绿地分为坡屋面和平屋面绿化两种，应种植耐旱、耐移栽、生命力强、抗风力强、外形较低矮的植物。坡屋面多选择贴伏状藤本或攀缘植物。平屋顶以种植观赏性较强的花木为主，并适当配置水池、花架等小品，形成周边式和庭园式绿化。停车场绿化可分为：周界绿化、车位间绿化和地面绿化及铺装。总之，本条评定内容遵循"可绿化的用地均应绿化"的要求提出。

5.4.3 充分发挥植物的各种功能和观赏特点，合理配置，常绿与落叶、速生与慢生相结合，构成多层次的复合生态结构，达到人工配置的植物群落自然和谐。栽植多类型植物群落和植物配置的多层次，有助于增加绿量，可一定程度上减少环境绿化养护费。

为了提高绿化景观环境质量，减少绿化的维护成本，住区内的绿化应重视乔木数量，切实增加绿化面积。本条要求乔木量≥3株/100m²绿地面积，可以按住区（总乔木量/总绿地面积）来计算。

全国根据气候条件和植物自然分布特点，按华北、东北、西北为一个区，华中、华东为一个区，华南、西南为一个区，将城市绿化植物配置分成三个大区，计算木本植物种类；并根据我国目前城市住区绿化植物数量和植物引种水平的调查，确定本标准植物种类。

5.4.4 绿地中配置适当的硬质铺装，一般占绿地面积的10％～15％，发挥绿地综合功能的作用。

5.5 室外噪声与空气污染

5.5.2 当住区临近交通干线，或不能远离固定的设备噪声源，应采取隔离和降噪措施，如采取道路声屏障、低噪声路面、绿化降噪、限制重载车通行等；对

产生噪声干扰的固定的设备噪声源采取隔声和消声措施。住区周围无明显噪声源时，可免于检测。若存在噪声干扰，应提供具有相应检测资质单位的检测数据。检测依据为现行国家标准《城市区域环境噪声标准》GB 13096，测量方法依据为现行国家标准《城市区域环境噪声测量方法》GB/T 14623。测点选取：(1) 住区内能代表大多数住户环境噪声特征的测点两个，两个测点间的距离不小于小区长向距离的 1/3；(2) 住区周边道路中噪声和交通流量最高的一条道路所邻近的住宅前；(3) 住户投诉受到噪声干扰的区域。

在偶然噪声测量有困难的住区，可采用下述间接计算方式，如下表 1 所示。

表 1　偶然噪声测量的间接计算方式

噪声发源地		方向与屏障情况	距离（≤km）		
			≤55dB	>55dB,且≤60dB	>60dB,且≤65dB
机场	中型机场	顺跑道爬升方向	25	20	14
		顺跑道降落方向	17	14	10
		侧跑道方向	5	4	3
	大型机场	顺跑道爬升方向	40	30	20
		顺跑道降落方向	25	20	14
		侧跑道方向	7	6	5
码头		前面无屏障	1.5	1.0	0.3
		前面有屏障	1	0.5	0.2
铁路		与铁路方向垂直,无屏障	4	3	2
		前面有屏障	3	2	1
有强烈噪声工厂		前面无屏障	0.3	0.2	0.1
		前面有屏障	0.2	0.1	0.05
城市主干路		前面无屏障	0.4	0.3	0.1
		前面有屏障	0.3	0.2	0.05
锅炉、风机、酒店		前面无屏障	0.4	0.2	0.1
		前面有屏障	0.1	—	—

5.5.3 排放性局部污染源包括：1km 范围内大型采暖锅炉或工业烟囱，无除尘脱硫设备；除尘与脱硫均指按照国家标准设计与施工并经验收合格的装置，其治理污染范围为 100%。

开放性局部污染源包括：距离住区 500m 范围内非封闭污水沟塘、饮食摊点（使用非洁净燃料），非封闭垃圾站等。洁净燃料包括：油类（重油小于25%）、天然气、人工煤气、液化石油气等。

辐射性局部污染源包括：地表土壤及近地岩石中含强放射物质、附近有强电磁辐射源等。

溢出性局部污染源包括：距离住区 300m 范围内无水洗公共厕所、汽车修理厂、电镀厂、小型印染厂等。

住区内空气中有害物质的含量不应超过标准值（必要时可实际测定）。要求住区规划设计有利于空气流通，停车场布局合理，以减少汽车尾气对住户的污染。采取有效的措施，减少住区内污染物的排放等。

空气中主要污染物有飘尘、二氧化硫、氮氧化物、一氧化碳等。空气中的粒子状污染物数量大、成分复杂，对人体危害最大的是 $10\mu m$ 以下的浮游状颗粒物，称为飘尘。国家环境质量标准规定居住区飘尘日平均浓度低于 $0.3mg/m^3$，年平均浓度低于 $0.2mg/m^3$。二氧化硫（SO_2）主要由燃煤及燃料油等含硫物质燃烧产生。国家环境质量标准规定，居住区二氧化硫日平均浓度低于 $0.15mg/m^3$，年平均浓度低于 $0.06mg/m^3$。空气中含氮的氧化物有一氧化二氮（N_2O）、一氧化氮（NO）、二氧化氮（NO_2）、三氧化二氮（N_2O_3）等，其中占主要成分的是一氧化氮和二氧化氮。氮氧化物污染主要来源于生产、生活中所用的煤、石油等燃料燃烧的产物（包括汽车及一切内燃机燃烧排放的 NO_x）。NO_x 对动物的影响浓度大致为 $1.0mg/m^3$，对患者的影响浓度大致为 $0.2mg/m^3$。国家环境质量标准规定，居住区氮氧化物日平均浓度低于 $0.10mg/m^3$，年平均浓度低于 $0.05mg/m^3$。一氧化碳（CO）是无色、无味的气体。主要来源于含碳燃料、卷烟的不完全燃烧，其次是炼焦、炼钢、炼铁等工业生产过程所产生的。我国空气环境质量标准规定居住区一氧化碳日平均浓度低于 $4.0mg/m^3$。

5.6　水体与排水系统

5.6.2 居住区内天然水体水质应根据其功能满足现行国家标准《景观娱乐用水水质标准》GB 12941 中相应水质的标准。人造景观用水体（水池）水质应满足该标准中 C 类水质的要求。

在现行国家标准《室外排水设计规范》GBJ 14 中要求："新建地区排水系统宜采用（雨、污）分流制"。雨水应排入城市雨水管网或就近排入河道或天然水体。污水则应排入城市污水管网系统。当居住区远离城市污水管网系统时，必须单独设置污水处理设施。污水经处理后必须满足《污水排入城市下水道水质标准》CJ 3082—1999、《城市污水处理厂污水污泥排放标准》（CJ 3025）。两种情况满足其中一种即可得分。

5.7　公共服务设施

5.7.2　教育设施的配置应符合《城市居住区规划设计规范》GB 50180中对教育设施设置的规定。

提供居住区级范围内的医疗卫生服务。社区健康服务中心、门诊部分为市级、区级或镇级医院的派出机构，提供儿科、内科、妇幼与老年保健。该条应符合《城市居住区规划设计规范》GB 50180对医疗卫生服务设施设置的规定。居住区周围1km以内有镇级以上医院的此项亦得分。

儿童游乐场应该在景观绿地中划出固定的区域，一般均为开敞式。游乐场地必须阳光充足，空气清洁，能避开强风的袭扰。应与住区的主要交通道路相隔一定距离，减少汽车噪声的影响并保障儿童的安全。儿童游乐场周围不宜种植遮挡视线的树木，保持较好的可通视性。儿童游乐场设施的选择应能吸引和调动儿童参与游戏的热情，兼顾实用性与美观。色彩可鲜艳但应与周围环境相协调。游戏器械选择和设计应尺度适宜，避免儿童被器械划伤或从高处跌落，可设置保护栏、柔软地垫、警示牌等。

设置老人活动与服务支援设施，包括活动设施、休息座椅等。室外健身器材要考虑老年人的使用特点，要采取防跌倒措施。座椅的设计应满足人体舒适度要求。

居住区结合绿地与环境配置，设置露天体育健身活动场地。健身活动场地包括运动区和休息区。运动区应保证有良好的日照和通风，地面宜选用平整防滑适于运动的铺装材料，同时满足易清洗、耐磨、耐腐蚀的要求。休息区布置在运动区周围，供健身运动的居民休息和存放物品。休息区宜种植遮阳乔木，并设置适量的座椅。

居住区游泳池设计必须符合游泳池设计的相关规定。游泳池不宜做成正规比赛用池，池边尽可能采用优美的曲线，以加强水的动感。

设置社区服务设施，一般情况下0.6～1万人应设一处社区服务中心，设置与居民日常生活密切的居委会、社区管理机构等。

5.7.3　在《城镇环境卫生设施设置标准》CJJ 27—2005中规定公共厕所设置数量"居住用地，每平方公里3～5座"，参照此标准，本标准规定居住小区内公共厕所设置要求每30公顷1座以上，不足30公顷至少设置1座。为提高小区内环境卫生水平，本标准要求小区内公共厕所达到三类标准（《城市公共厕所设计标准》CJJ 14—2005）；为方便公众入厕，鼓励

小区内公共设施如商店等设置厕所并对外开放；本标准规定小区内商店等设施有对外开放的厕所可作为小区内公共厕所来评定。

在《城镇环境卫生设施设置标准》CJJ 27—2005中规定废物箱"一般道路设置间隔80～100m"，并要求"废物箱一般设置在道路的两旁和路口，废物箱应美观、卫生、耐用并能防雨、阻燃"。本标准按《城镇环境卫生设施设置标准》CJJ 27—2005有关要求执行。

垃圾容器一般设在居住单元出入口附近隐蔽的位置，其外观色彩及标志应符合垃圾分类收集的要求。垃圾容器分为固定式和移动式两种。普通垃圾箱的规格为高600～800mm，宽500～600mm。放置在公共广场的要求较大，高宜在900mm左右，直径不宜超过750mm。垃圾容器应选择美观与功能兼备，并且与周围景观相协调产品，要求坚固耐用，不易倾倒。一般可采用不锈钢、木材、石材、混凝土、GRC、陶瓷材料制作。

垃圾存放与处理Ⅱ档做到减少垃圾处理负载，实现垃圾资源化与垃圾减量化。利用微生物对有机垃圾进行分解腐熟而形成的肥料，实现垃圾堆肥化。生活垃圾减量化、资源化是生活垃圾管理的重要目标，而生活垃圾的分类收集是实现这一目标的基础，也是生活垃圾管理的发展趋势。要求居住区具有生活垃圾分类收集设施，将生活垃圾中可降解的有机垃圾进行分类收集的设施；对可燃垃圾进行单独分类收集的设施；对生活垃圾中的煤灰进行单独分类收集的设施。若居住区规模较小时，不宜建垃圾处理房，但使用生活垃圾分类收集，做到存放垃圾及时清运，也可计入Ⅱ档。

5.8　智能化系统

5.8.2　居住区应设立管理中心，当居住区规模较大时，可设立多个分中心。管理中心的控制机房宜设置于居住区的中心位置并远离锅炉房、变电站（室）等。管理中心的控制机房的建筑和结构应符合国家对同等规模通信机房、计算机房及消防控制室的相关技术要求。机房地面应采用防静电材料，吊顶后机房净高应能满足设备安装的要求。控制机房的室内温度宜控制在18～27℃，湿度宜控制在30％～65％。控制机房应便于各种管线的引入，宜设有可直接外开的安全出口。

应将智能化系统管线纳入居住区综合管网的设计中，并满足居住区总平面规划和房屋结构对预埋管路的要求。采用优化技术，如选用总线技术、电力线传输技术与无线技术等，减少户内外管线数量。

系统装置安装应符合相应的标准规范的规定，如现行国家标准《电气装置安装工程 电缆线路施工及验收规范》GB 50168、《建筑电气工程施工质量验收规范》GB 50303与《民用闭路监视电视系统工程技

规范》GB 50198 等。

应根据不同的地区和系统，提出符合规定的接地与防雷方案，并应满足现行国家标准《建筑物防雷设计规范》GB 50057—94（2000 年版）中的相关要求。居住区智能化系统宜采用集中供电方式，对于家庭报警及自动抄表系统必须保证市电停电后的 24h 内正常工作。

5.8.3 按居住区内安装安全防范子系统配置的不同，分为Ⅲ、Ⅱ、Ⅰ三档。通过在居住区周界、重点部位与住户室内安装安全防范装置，并由居住区物业管理中心统一管理。目前可供选用的安全防范装置主要有：闭路电视监控系统、周界防越报警系统、电子巡更装置、可视对讲装置与住宅报警装置等。应依据小区的市场定位、当地的社会治安情况以及是否封闭式管理等因素，综合考虑技防人防，确定系统，提高居住区安全防范水平。技术要求遵照《居住区智能化系统配置与技术要求》CJ/T 174—2003。

管理与监控子系统按居住区内安装管理与监控装置配置的不同，分为Ⅲ、Ⅱ、Ⅰ三档。管理与监控系统主要有：户外计量装置或 IC 卡表具、车辆出入管理、紧急广播装置与背景音乐、给排水、变配电设备与电梯集中监视、物业管理计算机系统等。应依据小区的市场定位来选用，充分考虑运行维护模式及可行性。技术要求遵照《居住区智能化系统配置与技术要求》CJ/T 174—2003。

信息网络子系统由居住区宽带接入网、控制网、有线电视网、电话交换网和家庭网组成，提倡采用多网融合技术。建立居住区网站，采用家庭智能终端与通信网络配线箱等。信息网络系统配置差距很大，Ⅲ级配置用于高档豪华型居住区，Ⅱ级配置用于舒适型商品住宅，Ⅰ级配置用于适用型商品住宅或经济适用房。应依据小区的市场定位来选用，充分考虑运行维护模式及可行性。

6 经济性能的评定

6.1 一般规定

6.1.1 在试行稿《商品住宅性能评定方法与指标体系》中，经济性能主要包括住宅性能成本比和住宅日常运行能耗两部分内容。

由于在实际操作中，难于拿到性能成本比的真实数据，故在编写本标准时删除了这部分内容。根据国际上提出可持续发展的最新动态，本着国家提出的坚持扭转高消耗、高污染、低产出的状况，全面转变经济增长方式的要求，按照建设部的"四节"要求，把经济性能的评定列为节能、节水、节地和节材 4 个项目，"原指标体系"住宅日常运行能耗中的采暖、制冷、照明能耗，已包含在节能项目中，日常维修费用已包含在耐久性能中。

6.2 节 能

6.2.1 建筑节能在我国已有 10 年以上的工作实践，3 本不同建筑气候地区的节能规范也陆续问世，它是可持续发展中的一个重要内容。对住宅节能而言，主要就建筑设计、围护结构、采暖空调系统和照明系统 4 个方面展开评定，其重要性系"四节"之最，所以分值的权重也最大。

6.2.2 建筑设计是建筑节能的首要环节。

住宅朝向以满足采光、通风、日照和防西晒为原则。建筑物朝向对太阳辐射得热量和空气渗透热量都有影响。

由于太阳高度角和方位角的变化规律，南北朝向的建筑夏季可以减少太阳辐射得热，冬季可以增加辐射得热，是最有利的建筑朝向。出于规划的各种需求，本条放宽为偏南北朝向。

建筑物体形系数是指建筑物的外表面积和外表面积所包的体积之比。体形系数的大小对建筑能耗的影响非常显著。研究资料表明，体形系数每增大 0.01，耗能量指标就增加 2.5%。体形系数越小，单位建筑面积对应的外表面积越小，外围护结构的传热损失越小。从降低建筑能耗的角度出发，应该将体形系数控制在一个较低的水平上。但是体形系数还与建筑造型、平面布局和采光通风有关，过小的体形系数会制约建筑师的创造性，造成建筑造型呆板，平面布局困难，甚至损害建筑功能，因此对不同地区应有不同的标准。对夏热冬冷和夏热冬暖地区，还对条式建筑和点式建筑制定了不同标准，意在留给建筑师较多的创作空间。

楼梯间和外廊是建筑物内部的节能薄弱部位，严寒、寒冷地区对此应有必要的规定。

普通窗户的保温隔热性能比外墙差很多，夏季白天通过窗户进入室内的太阳辐射热也比外墙多得多。窗墙面积比越大，则采暖和空调的能耗也越大。地处寒冷地区的北京市建筑测试表明，采暖期间门窗耗热量占建筑总耗热量的 40%～53%。因此，减少窗口面积是节能的有效途径。为此，从节能的角度出发，必须限制窗墙面积比，一般应以满足室内采光要求作为窗墙面积比的确定原则。近年来住宅建筑的窗墙面积比有越来越大的趋势，因为购买者都希望自己的住宅更加通透明亮。当超过规定数值时，也可通过单框双玻或中空玻璃等措施来提高外窗的热工性能。在武汉、长沙的部分住宅小区已采用中空玻璃，其另一目的是隔声的需要。

夏季透过窗户进入室内的太阳辐射热构成了空调负荷的主要部分，设置外遮阳是减少太阳辐射热进入室内的一个有效措施。冬季透过窗户进入室内的太阳辐射热可以减少采暖负荷。所以设置活动式遮阳是比较合理的。

常用遮阳设施的太阳辐射热透过率见表2。

外窗遮阳仅考虑夏热冬冷、夏热冬暖和温和地区。遮阳系数 S_w 按《夏热冬暖地区居住建筑节能设计标准》JGJ 75—2003 的规定计算。

再生能源系指太阳能、地热能、风能等新型能源，取之不尽、用之不竭又无污染。尤其太阳能利用已有一定的基础，其中与建筑一体化的工作开展得不甚理想，既不美观又不安全，为此设 2 个档次进行评分。

表 2　常用遮阳设施的太阳辐射热透过率（%）

外窗类型	窗帘内遮阳		活动外遮阳	
	浅色较紧密织物	浅色紧密织物	铝制百叶卷帘（浅色）	金属或木制百叶卷帘（浅色）
单层普通玻璃窗 3+6mm 厚玻璃	45	35	9	12
单框双层普通玻璃窗： 3+6mm 厚玻璃 6+6mm 厚玻璃	42 42	35 35	9 13	13 15

6.2.3　建筑物是通过围护结构与外界空气进行热交换的，所以围护结构是建筑节能的重要环节，所给的分值也比较高。

外窗和阳台门的气密性过去是按《建筑外窗空气渗透性能分级及其检测方法》GB 7107—86 规定执行：在 10Pa 压差下，每小时每米缝隙的空气渗透量在 $1.5\sim2.5m^3$ 之间为 Ⅲ 级，$0.5\sim1.5m^3$ 之间为 Ⅱ 级，级别越小越好，《建筑外窗气密性能分级及检测方法》GB/T 7107—2000 分为 Ⅴ 级（空气渗透量 $\leqslant0.5m^3$），Ⅳ 级（$0.5\sim1.5m^3$），Ⅲ 级（$1.5\sim2.5m^3$）等 3 个级别，级别越大越好，本条设置 Ⅴ 级和 Ⅳ 级两档。

外墙、外窗和屋顶的平均传热系数在 3 本节能标准中都有明文规定，本条设置达标和提高 3 个档次，目的是鼓励开发商把住宅的保温隔热做得再超前一点，表中的 K 为实际设计值，Q 为地区节能设计标准限值。

当设计的居住建筑不符合体形系数、窗墙面积比和围护结构传热系数的有关规定时，就应采用动态方法计算建筑物的节能综合指标，不同建筑地区有不同的计算方法，如同围护结构一样设置 3 个档次。

6.2.4　居住建筑选择集中采暖、空调系统，还是分户采暖、空调，应根据当地能源、环保等因素，通过仔细的技术经济分析来确定。

建设部 2005 年 11 月 10 日颁布了第 143 号令

《民用建筑节能管理规定》，其中第十二条规定"采用集中采暖制冷方式的新建民用建筑应当安设建筑物室内温度控制和用能计量设施，逐步实行基本冷热价和计量冷热价共同构成的两部制用能价格制度。"

居住建筑采用分散式（户式）空气调节器（机）进行空调（及采暖）时，若用户自行购置空调器，分值系满分；若开发商配置时，其能效等级应按目前节能评价水平中的 2 级、3 级及 4 级分别给予不同分值（目前的 5 级预计今后会淘汰）。

对分体空调室外安放搁板时，应充分考虑其位置利于空调器夏季排放热量、冬季吸收热量，并应防止对室内产生热污染及噪声污染。

6.2.5　照明节能也属建筑节能的一个分支。四条内容系根据国标《建筑照明设计标准》的内容归纳出来的。LPD 指照明功率密度，即每平方米的照明功率不能超过标准规定。

6.3　节　水

6.3.1　水是维持地球生态和人类生存的基础性自然资源，但是我国水资源安全形势十分严峻，资源相对不足是制约发展的突出矛盾。我国人均水资源拥有量仅为世界平均水平的 1/4，600 多个城市中 400 多个缺水，其中 110 个严重缺水。我国的水资源量呈现出南方地区为水质型缺水，北方地区为水量加水质复合型缺水的特点。住宅用水是整体水耗的一个重要分支，因此在住宅的规划设计中考虑节水有十分积极的意义，不仅排位在节能后，分值也较高。选择了中水利用、雨水利用、节水器具及管材、公共场所节水和景观用水 5 个分项来评定。

6.3.2　中水利用是节水最显著的一项措施。目前较普遍的现象是，一方面大家知道供水紧张，另一方面又把优质水用于绿化、洗车、洗路和冲便器，而这些用水是完全能用中水取代的。北京、深圳、济南等城市都已明确规定，建筑面积 5 万 m^2 以上的居住小区，必须建立中水设施。有些城市正在建设规模颇大的中水供水管网。鉴于此，除了要求建立中水设施，也可安装中水管道。目前，对中水的水质安全及价格等问题，专家们也有不同看法，针对缺水的现状，还是制定了此条。

中水系统的设置应进行技术经济分析，应符合当地政府相关法规要求，并非要一刀切。所以写明要符合当地政府的有关规定要求。

6.3.3　雨水利用是节水中的重要措施。发达国家对此非常重视，且在产业化方面发展很快。中国的年平均降雨量为 840mm，约为世界平均降雨量，但在时空上分布很不均匀，对雨水回渗采取将透水地面用于停车场、道路的做法，对绿化及生态均有好处。对雨水回收虽涉及到收集装置、水处理、回用装置等许多环节，但成本不大，还应提倡，最好结合当地的降雨情况决定采用与否。

6.3.4 卫生间用水量占家庭用水 60%～70%，便器用水占家庭用水的 30%～50%，对此，对便器和水龙头作了规定。

2002 年全国城市公共供水系统的管网漏损率达 21.5%，全国城市供水年漏损量近 100 亿 m³，所以提高管道用材质量，减少漏损也是一项重要措施。

6.3.5 公共场所用水浪费是一种常见现象。除了采用延时自闭、感应自闭水嘴或阀门等节水器以外，主要应防止绿化灌溉浪费用水。大量种植草坪是一种严重耗水的设计，在干旱缺水地区应予限制。

6.3.6 水景是当今住宅建设中的一种时尚，规模不一，小型有喷泉、叠流、瀑布等；中型的有溪流、镜池等；大型的有水面、人工湖等。调查表明，较多的补充水系采用自来水，这是一种浪费，其代价是由居民来承担。本条规定景观用水不准利用自来水作为补充水。

6.4 节　地

6.4.1 虽然我国地大物博，但可供生存生活的土地与世界人口第一大国的现实情况相比，土地资源显得十分紧张，节地也是评价住宅建设必须考虑的一大问题。本项目选择地下停车比例、容积率、建筑设计、新型墙体材料、节地措施、地下公建和土地利用 7 个分项进行评价。

6.4.2 随着国民经济的高速发展，私人小汽车拥有量也快速增长，各地制订的标准差异也很大，停车位太少满足不了需求，停车位太多又浪费了资源，加上停车方式有地下、半地下、地面和停车楼多种形式，给制订标准带来了困难。《城市居住区规划设计规范》GB 50180（2002 年版）对居民停车率只作了 10% 的下限指标，出于对地面环境的考虑，又规定地面停车率不宜超过 10%。

现有的大中城市的停车率远超过 10%，若再考虑地面停车率时，以 10% 为指标显然是不合适的。本条在强调利用地下空间资源放置部分小汽车的同时，出于节地的考虑隐含着在地面还是可以存放部分小汽车。请注意，在环境性能中所称之停车率系指居住区内居民汽车的停车位数量与居住户数的比率（%）；此处所称的地下停车比例，系指地下停车位数量占停车数量总数的比例。

6.4.3 容积率是每公顷住区用地上拥有的各类建筑的建筑面积（万 m²/hm²）或以住区总建筑面积（万 m²）与住区用地（万 m²）的比值表示。它是开发商最敏感的一个数字。容积率过小，土地资源利用率低，造成单位住宅成本过高；容积率过大，可能产生人口密度过高、居住环境质量下降、建筑造价过高等问题。因而，对容积率的评定要综合考虑经济、环境以及未来发展等多种因素。实际上住宅性能认定前，

容积率已由规划部门严格审批，在此强调是突出节地的重要性。

6.4.4 使用面积系数是指住宅建筑总使用面积与总建筑面积之比，本指标体系的使用面积系数是根据经验数字而确定的，高层住宅因分摊的公用面积多，使用面积系数较低，而多层住宅分摊的公用面积少，使用面积系数偏高。户均面宽值不大于户均面积的 1/10 是为了保证一定的进深，这也是节地的一个重要措施。

6.4.5 墙体材料改革国家已有明文规定，其核心是用新型墙材取代实心黏土砖，改变我国数千年毁田烧砖的历史，实际上也是节地的一种表现形式。这项政策目前限于国家已正式公布的 170 个城市，其他地区暂不受此约束。

6.4.6 科技发展日新月异，建筑业中的新设备、新工艺、新材料不断涌现，有的采用后可大大地节约土地，如采用厢式变压器，仅占地约 20m²，可替代过去占地约 200m² 的配电室，对节地作用是明显的。

6.4.7 公建的日照等要求不如居室那么高，所以把部分公建置于地下乃是节地的一种途径。

6.5 节　材

6.5.1 贯彻可持续发展方针，节约资源、节约材料是一个很重要的环节，本项目选择可再生材料利用、建筑设计施工新技术、节材新措施和建材回收率 4 个分项进行评价。

6.5.2 可再生材料系指钢材、木材、竹材等。

6.5.3 建筑设计施工新技术中的高强高性能混凝土、高效钢筋、预应力钢筋混凝土、粗直径钢筋连接、新型模板与脚手架应用、地基基础、钢结构新技术和企业的计算机应用与管理技术均涉及到节材的内容，据英国管理资料介绍，单是企业的计算机应用及管理就可减少材料浪费 30%。由于涉及内容较多，各项工程选用新技术情况不一，所以采用按选用数量多少分级评分的办法。

6.5.5 现在欧美等发达国家对于建筑物均有"建材回收率"的规定，也就是通常指定建筑物必须使用三至四成以上的再生玻璃、再生混凝土砖、再生木材等回收建材。1993 年日本的混凝土块的再利用率约为七成，营建废弃物的五成均经过回收再循环使用，有些欧洲国家甚至以八成回收率为目标。考虑到我国这方面工作尚处于起步阶段，采用较低指标、分级评分的办法。

7　安全性能的评定

7.1　一般规定

7.1.1 住宅是居民日常生活起居的空间，在建筑结

构上应是安全可靠的，且应具有足够的防火、抗风及抗地震等防灾功能，并能防止发生安全事故。本标准根据国内外的设计经验，从结构安全、建筑防火、燃气及电气设备安全、日常安全防范措施和室内污染物控制 5 个项目，对住宅安全性能进行评定。

7.2　结构安全

7.2.1　在结构安全评定项目中，除了审阅住宅结构的设计与施工应满足相关规范规定外，本标准还关注荷载取值、设计使用年限，以及实际工程质量情况等，评定包括工程质量、地基基础、荷载等级、抗震设防和外观质量。

7.2.2　我国工程建设中出现的质量事故，很多是由于不按基本建设程序办事造成的。因此，在评定中首先应审阅设计、施工程序是否符合国家相关文件规定，经有关部门批准的工程项目文件和设计文件是否齐全，勘察单位的资质是否与工程的复杂程度相符。施工质量与建筑材料的质量、结构施工的项目管理、施工监理、质量验收等有关，施工质量应经过验收合格，并在质量监督部门备案。

在住宅性能评定中，申报单位应提供的施工验收文件和记录如下：

1）地基与基础工程隐蔽验收记录：基础挖土验槽记录，地基勘测报告及地基土承载力复查记录，各类基础填埋前隐蔽验收记录。

2）主体结构工程隐蔽验收记录：砌体内配筋隐蔽验收记录，沉降、伸缩、抗震缝隐蔽验收记录，砌体内构造柱、圈梁隐蔽验收记录，主体承重结构钢筋、钢结构隐蔽验收记录。

3）主要建筑材料质量保证资料：钢材出厂合格证及试验报告，焊接试（检）验报告，水泥出厂合格证及试验报告，墙体材料出厂合格证及试验报告，构件出厂合格证及试验报告，混凝土及砂浆试验报告。

7.2.3　地基承载力的评定以有关部门出具的勘探报告为依据，并考察设计与地质勘察提供的内容是否相符或实际采用的持力层是否合理、安全，对满足有关设计规范的要求，评定工作主要对已经过主管部门审核、批准的有关资料基本认可，仅对重点或可疑项目进行抽查，如现场查看建筑是否存在基础沉降或超长等问题及由此产生的裂缝。对处于湿陷性黄土地区的住宅，尚应评定在设计中是否采取有效措施防止管道渗漏，以免造成地基沉陷问题。

7.2.4　在现行国家标准《建筑结构荷载规范》GB 50009 中，已将楼面活荷载的取值从原 1.5kN/m² 提高为 2.0kN/m²。由于规范规定的活荷载值是最小值，且从长远考虑民用建筑的楼面活荷载宜留有一定的裕度，故在住宅性能评定中，对有的住宅设计将楼面和屋面活荷载比规范规定值高出 25% 进行设计，可评给较高得分。此外，楼面荷载还包括公共走廊、门厅、阳台及消防疏散楼梯等的荷载取值。

我国幅员广大，在南方风荷载是住宅建筑结构的主要荷载之一，但在北方雪荷载是住宅屋面结构的主要荷载之一。是否合理确定上述荷载的大小及其分布将直接影响住宅结构的安全性和经济性。本标准鼓励对风荷载、雪荷载进行研究，如对住宅建筑群在风洞试验的基础上进行设计，对本地区冬季积雪情况不稳定开展研究。也可根据现行国家标准《建筑结构荷载规范》GB 50009 附录 D 合理采用重现期为 70 年或 100 年的最大风压或雪压，以提升住宅结构防风或防雪灾的安全性，取 70 年将与目前我国土地出让期为 70 年相呼应。由于我国的住宅建筑在北方冬季受雪荷载的问题突出，在南方夏季受风荷载突出，故在住宅性能评定中，除了满足设计规范要求，若在风荷载或雪荷载取值中有一项采用高于规范规定值时，即可评给较高分值。

7.2.5　抗震设计的评定主要审阅经过主管部门审核、批准的有关资料，进行认可；审查抗震设防烈度、结构体系与体型、结构材料和抗震措施是否符合现行国家标准《建筑抗震设计规范》GB 50011 的规定，含基础构造规定和抗震构造措施，整体结构的抗震验算，上部结构的构造规定及抗震构造措施等。对抗震设防 8 度以上的地区，要重点审查地基抗震验算。并提倡在住宅设计中采取抗震性能更好的结构体系、类型及技术。

7.2.6　对预制板、现浇梁、板、柱检查其尺寸是否与设计相符；是否存在由于施工等原因产生的裂缝，如基础沉降、温度、收缩及建筑超长等引起的裂缝，以及外观质量；对梁、板尚应检查挠度是否与设计相符，并满足设计规范要求。

7.3　建筑防火

7.3.1　本项目评定各类住宅在耐火等级、灭火与报警系统、防火门（窗）和安全疏散设施等方面的设计与施工质量。其主要的依据是现行国家标准《建筑设计防火规范》GBJ 16—87（2001 年版）和《高层民用建筑设计防火规范》GB 50045—95（2001 年版）。

7.3.2　建筑物的耐火等级是由其主要建筑构件的燃烧性能和耐火极限值确定的。其中低层、多层建筑分为四个耐火等级，高层建筑分为两个耐火等级。评定时，根据现行国家标准《建筑设计防火规范》GBJ 16—87（2001 年版）和《高层民用建筑设计防火规范》GB 50045—95（2001 年版）中的有关规定，通过审阅设计资料和现场检查的方法评定住宅各类构件实际达到的耐火度。只有当建筑物的构件均等于或大于该耐火等级的规范要求值时，被评定的耐火等级才是成立的。现行国家标准《住宅建筑规范》GB 50368—2005 中有关住宅建筑构件的燃烧性能和耐火极限的规定见表3。

表3　住宅建筑构件的燃烧性能和耐火极限（h）

构件名称		耐火等级			
		一级	二级	三级	四级
墙	防火墙	不燃性 3.00	不燃性 3.00	不燃性 3.00	不燃性 3.00
	非承重外墙、疏散走道两侧的隔墙	不燃性 1.00	不燃性 1.00	不燃性 0.75	难燃性 0.75
	楼梯间的墙、电梯井的墙、住宅单元之间的墙、住宅分户墙、承重墙	不燃性 2.00	不燃性 2.00	不燃性 1.50	难燃性 1.00
	房间隔墙	不燃性 0.75	不燃性 0.50	难燃性 0.50	难燃性 0.25
柱		不燃性 3.00	不燃性 2.50	不燃性 2.00	难燃性 1.00
梁		不燃性 2.00	不燃性 1.50	不燃性 1.00	难燃性 1.00
楼板		不燃性 1.50	不燃性 1.00	不燃性 0.75	难燃性 0.50
屋顶承重构件		不燃性 1.50	不燃性 1.00	难燃性 0.50	难燃性 0.25
疏散楼梯		不燃性 1.50	不燃性 1.00	不燃性 0.75	难燃性 0.50

注：表中外墙指除外保温层外的主体构件。

7.3.3　为了保证住宅建筑着火后能够被早期发现和被施于有效的灭火救助，所以要求住宅建筑必须设有室外消火栓系统和便于消防车靠近的消防道路。关于住宅建筑与相邻民用建筑之间防火间距的要求，应按现行国家标准《住宅建筑规范》GB 50368—2005 执行，见表4。当建筑相邻外墙采取必要的防火措施后，其防火间距可适当减少或贴邻。对住宅而言，只有超过六层的建筑，规范才开始要求设室内消防给水。评定要根据相应规范要求检验消防竖管的位置和数量以及消火栓箱的辨认标识。一般只有在高档的高层住宅中，规范才要求设置自动报警系统与自动喷水灭火装置，执行本条时，只要被评定的住宅设有自动

报警系统并且质量合格，就应给予相应的分值。对6层及6层以下的住宅，无火灾自动报警与自动喷水要求。

按现行国家标准《建筑灭火器配置设计规范》GBJ 140 的规定，对高级住宅，10 层及 10 层以上的普通住宅，尚有配置建筑灭火器的要求。

**表4　住宅建筑与住宅建筑及
其他民用建筑之间的防火间距（m）**

建筑类别			10层及10层以上住宅或其他高层民用建筑		10层以下住宅或其他非高层民用建筑			
			高层建筑	裙房	耐火等级			
					一、二级	三级	四级
10层以下住宅	耐火等级	一、二级	9	6	6	7	9
		三级	11	7	7	8	10
		四级	14	9	9	10	12
10层及10层以上住宅			13	9	9	11	14

7.3.4　在住宅建筑中，防火门、窗的设置及功能要求应按照本标准条文说明第 7.3.1 条中所列现行国家标准的规定进行评定。

7.3.5　在建筑防火方面，防火分区是为防止局部火灾迅速扩大蔓延的一项防火措施，防火规范对各类民用建筑防火分区的允许最大建筑面积等有具体规定。考虑到住宅设计在平面布置上的特点，各楼层的建筑面积一般不会很大，这样就使得对住宅建筑进行防火分区的划分意义不大了。按照现行国家标准《住宅建筑规范》GB 50368—2005 的做法，本评定标准亦不对住宅建筑的防火分区进行评定，但根据上述国家标准的规定按安全出口的数量控制每个住宅单元的面积，要求住宅建筑应根据建筑的耐火等级、建筑层数、建筑面积、疏散距离等因素设置安全出口，并应符合下列要求：

1　10 层以下的住宅建筑，当住宅单元任一层建筑面积大于 650m²，或任一住户的户门至安全出口的距离大于 15m 时，该住宅单元每层安全出口不应少于 2 个；

2　10 层及 10 层以上但不超过 18 层的住宅建筑，当住宅单元任一层建筑面积大于 650m²，或任一住户的户门至安全出口的距离大于 10m 时，该住宅单元每层安全出口不应少于 2 个；

3　19 层及 19 层以上住宅建筑，每个住宅单元每层安全出口不应少于 2 个；

4　安全出口应分散布置，两个安全出口之间的距离不应小于 5m；

5　楼梯间及前室的门应向疏散方向开启；安装有门禁系统的住宅，应保证住宅直通室外的门在任何时候能从内部徒手开启。

此外，任一层有 2 个及 2 个以上安全出口的住宅单元，户门至最近安全出口的距离应根据建筑耐火等级、楼梯间形式和疏散方式按防火规范确定。

住宅建筑的安全疏散还体现在垂直方向，因此要求疏散楼梯、消防电梯必须满足规范有关数量和宽度的要求。在《高层民用建筑设计防火规范》GB 50045—95（2001 年版）中，对高层塔式住宅，12 层及 12 层以上的单元式住宅和通廊式住宅有设置消防电梯的规定。为了保证疏散楼梯的辨识与通畅，还应审查应急照明和指示标识。目前国家规范对住宅尚未提出设置自救逃生装置的要求。本条文从发展的角度，提出了该项评估内容，将有助于火灾中人员的逃生。

7.4 燃气及电气设备安全

7.4.1 本项目的评定包括燃气设备安全及电气设备安全两个分项。

7.4.2 燃气设备安全评定所依据的相关规范及条文说明如下：

1 燃气器具本身的质量是保证燃气使用安全和使用功能的物质基础，因此首先要确保产品质量，产品必须由国家认证批准的具有生产资质的厂家生产，而且每台设备应有质量检验合格证、检验合格标示牌、产品性能规格说明书、产品使用说明书等必须具备的文件资料。尤其需要注意的是，燃气器具的类型必须适应安装场所供气的品种。

2 居民生活用燃气管道的安装位置及燃气设备安装场所应符合现行国家标准《城镇燃气设计规范》GB 50028 有关条款的要求。

3 在燃气燃烧过程中由于多种原因（如沸腾溢水、风吹）造成熄火，熄火后如不及时关闭气阀，燃气就会大量散出从而造成中毒或爆炸事故。有了熄火保护自动关闭阀门装置就可以防止上述事故的发生，提高使用燃气的安全性。

4 当安装燃气设备的房间因燃气泄漏达到燃气报警浓度时，燃气浓度报警器报警并自动关闭总进气阀，同时启动排风设备排风。这要求该设备既可以中止燃气泄漏又能将已泄漏的燃气排到室外，从而防止发生中毒和爆炸事故。由于对设备的要求高，增加的投资亦多，如果设备的质量得不到保证，反而会增加危险。因此本标准中没有列入"连锁关闭进气阀并启动排风设备"的要求。

5 燃气设备安装应由具备相应资质的专业施工单位承担，安装完成后应按施工图纸要求和国家现行标准《城镇燃气室内工程施工及验收规范》CJJ 94 进行质量检查和验收。验收合格后才能交付使用。

6 安装燃气设备的厨房、卫生间应有泄爆面，万一发生爆炸可以首先破开泄爆面，释放爆炸压力，保护承重结构不受破坏，从而防止倒塌事故。为保护承重结构不受破坏，尚可采取现浇楼板、构造柱及其他增强结构整体稳定性的构造措施等。

7.4.3 电气设备安全的评定包括电气设备及材料、配电系统、防雷设施、电梯产品质量以及电气施工和电梯安装质量等。住宅配电系统的设计应符合现行国家标准《低压配电设计规范》GB 50054 及《住宅设计规范》GB 50096 的规定；配电系统的施工应按照现行国家标准"电气装置安装工程"系列规范及《建筑电气工程施工质量验收规范》GB 50303 的规定执行。

1 电气设备及材料的质量是保证配电系统安全的最重要因素，因此我国对电气设备及主要电气材料产品实行强制性产品认证。本条要求工程中使用的电气设备及主要材料，其生产厂家不仅具有电气产品生产的资质，而且其生产的产品名称和系列、型号、规格、产品标准和技术要求等均通过国家强制性产品认证。此外，本条还要求使用的产品是厂家的合格产品。

2 本条是为了保证用电的人身安全和配电系统的正常运行，要求配电系统具有完好的保护功能和措施。这些保护应包括短路、过负荷、接地故障、漏电、防雷电波等高电位入侵，防误操作等。

3 本条要求电气设备及主要材料的型号、技术参数、功能和防护等级应与其所安装场所的环境对产品的要求相适应。这里的环境主要包括地理位置、海拔高度、日晒、风、雨、雪、尘埃、温度、湿度、盐雾、腐蚀性气体、爆炸危险、火灾危险等。

4 本条评定建筑物是否按规范要求设置防雷措施，这些措施应包括防直接雷、感应雷和防雷电波入侵。设置的防雷措施应齐全，防雷装置的质量和性能应满足相关规范及地方法规的要求。

5 本条评定配电系统接地方式是否合适，接地做法是否满足接地功能要求；等电位连接、带浴室的卫生间局部等电位连接是否符合设计和规范要求；接地装置是否完整，性能是否满足要求；材料和防腐处理是否合格。

6 本条指的工程质量应包括两个方面，一是配电系统设计质量是否满足安全性能要求；二是施工是否按照设计图纸施工，且满足施工质量的要求。在施工质量中强调配电线路敷设，配电线路的材质、规格是否满足设计要求，线路敷设是否满足防火要求，防火封堵是否完善。明确要求配电线路的导体用铜质，支线导体截面不小于 2.5mm²，空调、厨房分支回路不小于 4mm²。施工记录、质量验收是否合格等。

7 电梯产品符合国家质量标准要求，电梯安装、调试符合现行国家标准《电梯安装验收规范》GB 10060 的质量要求，且应获得有关安全部门检验合格。

7.5 日常安全防范措施

7.5.1 住宅设计的日常安全防范措施从防盗措施、防滑防跌措施和防坠落措施3个分项来评定。具体评定要求和指标主要按照现行国家标准《住宅设计规范》GB 50096有关条款及设计经验作出规定。

7.5.2 防盗户门、防盗网、电子防盗等设施的质量直接影响其防盗的效果，而厂家的产品合格证是其质量的基本保证。审阅防盗设施的产品合格证是保证防盗设施质量的有效方法。现场检查主要是检查防盗设施的观感质量以及其安装部位的合理性和全面性。多层或高层住宅底层的防盗护栏应设可以从室内开启逃生的装置。

7.5.3 本条参照现行国家标准《民用建筑设计通则》GB 50352—2005对楼地面的有关规定进行评定。

审阅设计文件主要是审核防滑材料和防跌设施设计的合理性和全面性。审阅产品质量文件主要是审核厂家对于使用的防滑材料和防跌设施的产品质量保证文件。现场检查主要是检查防滑材料和防跌设施是否符合设计要求。

7.5.4 本条依据现行国家标准《住宅设计规范》GB 50096对门窗设计、楼梯设计及上人屋面设计等的有关规定进行评定。

1 控制阳台栏杆（栏板）和上人屋面女儿墙（栏杆）的高度，以及垂直杆件间水平净距，是防止儿童发生坠落事故的重要环节。对非垂直杆件栏杆的要求，可参照对垂直栏杆的规定执行，且有防儿童攀爬措施。

2 外窗是指窗外无阳台或露台的窗户。净高是指从楼面或窗台下可登踏面至窗台面的垂直高度。控制其高度是防止窗台低造成人员跌落。

3 楼梯扶手高度是指楼梯踏步中心或休息平台地面至栏杆扶手顶面的垂直高度。控制楼梯栏杆垂直杆件间的水平净距其目的同前所述。

4 室内顶棚和内外墙面装修层的牢固性是建筑装修工程中最基本的要求，而高层住宅的外墙外表面装修层如果不牢固将对人身安全形成很大的潜在危害，因此必须切实保证其牢固性，其耐久性也同样重要。饰面砖应达到国家现行标准《建筑工程饰面砖粘结强度检验标准》JGJ 110的规定指标，以质检报告为依据。室内外装修装饰物牢靠包括电梯厅等部位的大型灯具及门窗应使用安全玻璃等。

7.6 室内污染物控制

7.6.1 由于造成住宅建筑室内空气污染的主要来源是所采用的建筑材料，包括无机建筑材料和有机建筑材料两大类。本项目主要从墙体材料放射性污染及有害物质含量、室内装修材料有害物质含量和室内环境污染物含量3个分项来评定室内污染物控制情况。

7.6.2 放射线危害人体健康主要通过两种途径：一是从外部照射人体，称为外照射；另一是放射性物质进入人体后从人体内部照射人体，称为内照射。现行国家标准《建筑材料放射性核素限量》GB 6566分别用外照射指数I_γ和内照射指数I_{Ra}来限制建筑材料产品中核素的放射性污染，如下式所示：

$$I_\gamma = \frac{C_{Ra}}{370} + \frac{C_{Th}}{260} + \frac{C_k}{4200}$$

$$I_{Ra} = \frac{C_{Ra}}{200}$$

式中　C_{Ra}、C_{Th}和C_k——建筑材料中天然放射性核素Ra^{226}、Th^{232}和K^{40}的放射性比活度。

按照GB 6566—2001的规定：对于建筑主体材料（包括水泥与水泥制品、砖瓦、混凝土、混凝土预制构件、砌块、墙体保温材料、工业废渣、掺工业废渣的建筑材料及各种新型墙体材料）需同时满足$I_\gamma \leq 1.0$和$I_{Ra} \leq 1.0$；对空心率大于25%的建筑主体材料需同时满足$I_\gamma \leq 1.3$和$I_{Ra} \leq 1.0$。评定时应审阅墙体材料放射性专项检测报告。

此外，规定对混凝土外加剂中释放氨的含量进行评定，评定的依据是现行国家标准《民用建筑工程室内环境污染控制规范》GB 50325和《混凝土外加剂中释放氨的限量》GB 18588，二者控制的指标是一致的，均为不大于0.10%。

7.6.3 本条规定的评定子项是室内装修材料有害物质含量，包括人造板及其制品、溶剂型木器涂料、内墙涂料、胶粘剂、壁纸、室内用花岗石及其他石材等6类材料。评定时要求审阅产品的合格证和专项检测报告，材料供应商应向设计人员和施工人员提供真实可靠的有害物质含量专项检测报告，设计人员和施工人员有责任选用符合相关标准规范要求的装修材料。涉及有害物质限量的标准主要有国家质量监督检验检疫总局于2001年发布的10项有害物质限量标准和现行国家标准《民用建筑工程室内环境污染控制规范》GB 50325第3章，二者的要求大部分是一致的。现将各类材料涉及的有害物质限量标准说明如下：

1 人造木板及其制品应有游离甲醛含量的检测报告，并应符合现行国家标准《室内装饰装修材料人造板及其制品中甲醛释放限量》GB 18580的要求，同时应满足现行国家标准《民用建筑工程室内环境污染控制规范》GB 50325关于"Ⅰ类民用建筑工程的室内装修，必须采用E_1类人造木板及饰面人造木板"的要求。

2 溶剂型木器涂料的专项检测报告应符合现行国家标准《室内装饰装修材料　溶剂型木器涂料有害物质限量》GB 18581的要求，其中游离甲醛、苯、甲苯＋二甲苯、总挥发性有机化合物（TVOC）等四项是各类溶剂型木器涂料都要检测的项目，如果属于聚氨酯类涂料，还应检测游离甲苯二异氰酸酯（TDI）的含量。

3 水性内墙涂料的专项检测报告应符合现行国家标准《室内装饰装修材料 内墙涂料中有害物质限量》GB 18582 的要求，检测项目包括挥发性有机化合物（VOC）、游离甲醛、重金属等 3 项。现行国家标准《民用建筑工程室内环境污染控制规范》GB 50325 只要求检测挥发性有机化合物（VOC）和游离甲醛两项。

4 胶粘剂的专项检测报告应符合现行国家标准《室内装饰装修材料 胶粘剂中有害物质限量》GB 18583 的要求，其中一般要检测游离甲醛、苯、甲苯＋二甲苯、总挥发性有机化合物（TVOC）等四项指标。如果属于聚氨酯类涂料，还应检测游离甲苯二异氰酸酯（TDI）的含量。

5 壁纸的专项检测报告应符合现行国家标准《室内装饰装修材料 壁纸中有害物质限量》GB 18585 的要求，检测项目包括重金属、氯乙烯单体、甲醛等 3 项。

6 现行国家标准《建筑材料放射性核素限量》GB 6566 对于装修材料（包括花岗石、建筑陶瓷、石膏制品、吊顶材料、粉刷材料及其他新型饰面材料）根据 I_γ 和 I_{Ra} 限值分成 A、B 和 C 三类，其限量与主体材料相比有所放宽：

A 类：$I_\gamma \leqslant 1.3$ 和 $I_{Ra} \leqslant 1.0$，产销与使用范围不受限制；

B 类：$I_\gamma \leqslant 1.9$ 和 $I_{Ra} \leqslant 1.3$，不可用于 Ⅰ 类民用建筑（如住宅、老年公寓、托儿所、医院和学校等）的内饰面，可用于 Ⅰ 类民用建筑的外饰面及其他一切建筑物的内、外饰面；

C 类：满足 $I_\gamma \leqslant 2.8$ 但不满足 A、B 类要求的装修材料，只可用于建筑物的外饰面及室外其他用途。$I_\gamma > 2.8$ 的花岗石只可用于碑石、海堤、桥墩等人类很少涉足的地方。

因此，室内用花岗石等石材的专项检测报告应符合现行国家标准《建筑材料放射性核素限量》GB 6566 中 A 类的要求；室外用花岗石等石材应符合 A 类或 B 类的要求。

除以上常用材料外，住宅装修中所采用的木地板、聚氯乙烯卷材地板、化纤地毯、水性处理剂、溶剂等也有可能引入甲醛、氯乙烯单体、苯系物等有害物质。虽然此类材料未列入评定范围，如果用量较大也有可能导致本标准第 7.6.4 条规定的污染物含量超标，需要引起设计、施工单位的重视。

7.6.4 本条规定的评定子项是室内环境污染物含量，包括室内氡浓度、游离甲醛浓度、苯浓度、氨浓度、

TVOC 浓度等。这些污染物的浓度限量是依据现行国家标准《民用建筑工程室内环境污染控制规范》GB 50325 作出规定的，见表 5。污染物浓度限量，除氡外均应以同步测定的室外空气相应值为空白值。

评定时要求审阅空气质量专项检测报告，当室内环境污染物五项指标的检测结果全部合格时，方可判定该工程室内环境质量合格。室内环境质量验收不合格的住宅不允许投入使用。

表 5 住宅室内空气污染物浓度限量

序 号	项 目	限 量
1	氡	≤200Bq/m³
2	游离甲醛	≤0.08mg/m³
3	苯	≤0.09mg/m³
4	氨	≤0.2mg/m³
5	总挥发性有机化合物（TVOC）	≤0.5mg/m³

8 耐久性能的评定

8.1 一 般 规 定

8.1.1 本条规定了申报性能评定住宅的耐久性评定项目和满分分数。

8.1.2 住宅耐久性能各分项的评定一般包括：设计要求、材料质量与性能、工程质量验收情况和现场检查情况。设计使用年限是住宅耐久性评定的重要指标，本标准提出的有关设计使用年限是根据有关规范和调查统计数据得出的。

8.2 结 构 工 程

8.2.2 勘察报告的质量关系到结构的安全性和基础工程的耐久性能，勘察点的数量、土壤与地下水的侵蚀种类与等级是反映勘察报告（与耐久性相关）质量的两个重要方面，为避免重复规定，本标准在安全性的评定中未规定勘察报告的评审，但在耐久性评审时，应审阅勘察报告有关结构安全性的项目。

8.2.3 现行国家标准《建筑结构可靠度设计统一标准》GB 50068 规定的结构设计使用年限为 5 年、25 年、50 年和 100 年。根据我国住宅的特定情况，本规程将申报性能评定住宅的设计使用年限分为 50 年和 100 年两个档次。现行国家标准《混凝土结构设计规范》GB 50010 和《砌体结构设计规范》GB 50003 对设计使用年限为 100 年和 50 年结构的材料等级、构造要求、有害元素含量、防护措施等都有相应的规定，评审时可对照相应规范的规定核查设计确定的技术措施。现行国家标准的规定一般为下限规定，故设计采取的技术措施一般宜高于现行国家标准的规定。

8.2.4 结构工程施工质量验收合格是申报性能评定

住宅必须具备的条件,是评审组必须核查的分项。由于本标准第4章已有相应的规定,本条仅提出实体检测要求。

实体检测结果能直观地反映结构工程的质量情况,目前现行国家有关验收规范对实体检测已作出具体规定,检测工作应由具有相应资质的独立第三方进行。

8.2.5 现场检查是评审组对工程质量评审的措施之一,现场检查应以可见的外观质量为主。

8.3 装修工程

8.3.2 本标准只对住宅外墙装修(含外墙外保温)的设计使用年限提出要求。根据调查资料,外墙挂板、饰面、幕墙的合理使用寿命平均为40年。考虑地区差异,本标准提出的外墙装修的设计使用年限为10~20年。同时建议设计对装修材料耐用指标提出具体的要求,耐用指标是确定材料性能的关键因素。装修材料的耐用指标可分成抗裂性能、耐擦洗性能、防霉变能力、耐脱落性能、耐脱色性能、耐冲撞性能、耐磨性能等。设计可根据装修部位和预期使用年限确定相应的耐用指标。例如地面需要耐擦洗、耐磨和耐冲撞等。

8.3.3 材料为合格产品是对材料的基本要求,在任何情况下都不得使用不合格的材料。因本标准其他章节对装修材料还有要求,本节不再提出装修材料为合格产品的要求,实际上,装修材料应为满足相应耐久性检验指标要求的合格产品。

8.3.4 施工质量验收合格是对装修工程施工质量的基本要求。

8.3.5 参见本标准第8.2.5条条文说明。

8.4 防水工程与防潮措施

8.4.2 现行国家标准《屋面工程质量验收规范》GB 50207规定:屋面防水等级分成四级,对应的合理使用年限为Ⅰ级25年,Ⅱ级15年,Ⅲ级10年,Ⅳ级5年;本标准规定,申报性能认定住宅的屋面防水工程的设计使用年限不低于15年(相当于Ⅱ级),最高为不低于25年(相当于Ⅰ级)。卫生间防水工程的实际使用寿命一般高于屋面防水工程的实际使用寿命。本标准规定的卫生间防水工程设计使用年限,考虑了卫生器具和相应管线的实际使用寿命因素。地下工程的防水一旦出现渗漏很难修复,因此其设计使用年限不宜低于50年。一般来说,地下防水工程宜采取两种或两种以上的防水做法。

我国地域辽阔,气候情况差异较大,根据气候条件确定防水材料的耐用指标是必要的,如我国的东北等地区要考虑屋面防水材料的抗冻性能。

8.4.3 防水材料应为满足相应耐用指标要求的合格产品。

8.4.5 淋水或蓄水是检验防水工程质量最直观的方

法之一,因此,对全部防水工程(不含地下室)均应进行淋水或蓄水检验。

8.4.6 我国现行国家标准对防水工程合格验收有明确的规定,现场检查时应符合现行国家标准的规定,同时应检查外墙是否渗漏,墙体、顶棚与地面是否潮湿。

8.5 管线工程

8.5.2 本条提出的管线工程设计使用年限为各类管线中最低的设计使用年限。根据调查,空调管道的合理使用寿命平均为20年,给水装置为40年,卫生间设施为20年,电气设施为40年。据此提出管线工程的最低设计使用年限作为评定的要求,且在所有管线中以设计使用年限最低的管线作为评定的对象。管线工程的实际使用年限总是低于结构的实际使用年限,在住宅使用过程中更换管线是不可避免的,设计时应考虑管线维护与更换的方便。在本标准其他章节已有关于方便管线更换的要求,本条不再规定。

上水管内壁为铜质的目的是为提高耐久性能和保证上水供水的质量,当有其他好的材料(无污染,寿命长)时可以使用。

8.5.3 参见本标准第8.4.3条条文说明。

8.6 设 备

8.6.2 本条规定的设计使用年限针对各类设备中使用年限最低的设备。燃气设备的使用年限一般为6~8年,不在本标准限制的范围之内。电子设备更新换代周期短,更新换代的周期不可与设计使用年限混淆。

8.6.3 设备为合格产品只是对其质量的基本要求,设备应为满足耐用指标要求的合格产品。设备耐用指标的检验耗时长、费用高,因此型式检验结论可作为评审的依据。

8.6.4 设备的安装质量是工程施工质量的一部分,因此有安装质量合格的要求。

8.6.5 设备的质量可通过现场运行进行检验。

8.7 门 窗

8.7.2 根据调查,门窗的使用寿命可到40年,本标准规定的门窗设计使用年限为无需大修的年限,该年限为20~30年。门窗上的易损可更换部件(如窗纱)不受该设计使用年限限制。

门窗反复开合或推拉的检验、外窗的耐候性能检验和门窗把手的检验等都可体现门窗的耐久性能。

8.7.3 门窗为合格产品只是对其质量的基本要求。门窗应为满足相应耐久性检验指标要求的合格产品。型式检验为产品生产定型时的检验。

8.7.4 门窗的安装质量对其使用性能有影响,对耐久性能也有影响。

中华人民共和国国家标准

中小学校建筑设计规范

GBJ 99—86

条 文 说 明

前　言

根据原国家建委（81）建发设字第 546 号通知的要求，由天津市城乡建设委员会负责主编，具体由天津市建筑设计院会同有关单位共同编制的《中小学校建筑设计规范》GBJ 99—86，经国家计委一九八六年十二月二十五日以计标〔1986〕2618 号文批准发布。

为便于广大设计、施工、科研、学校及管理等有关单位人员在使用本规范时能正确理解和执行条文规定，《中小学校建筑设计规范》编制组根据国家计委关于编制标准、规范条文说明的统一要求，按《中小学校建筑设计规范》的章、节、条顺序，编制了《中

小学校建筑设计规范条文说明》，供国内各有关部门和单位参考。在使用中如发现本条文说明有欠妥之处，请将意见直接函寄天津市建筑设计院《中小学校建筑设计规范》国家标准管理组。

本《条文说明》由国家计委基本建设标准定额研究所组织出版印刷，仅供国内有关部门和单位执行本规范时使用，不得外传和翻印。

1986 年 12 月

目　录

第一章　总　则

第1.0.1条　本规范总结了我国建国三十七年来学校建筑设计和实践中积累的经验，同时参考了国外的部分设计规范、标准、设计指南及有关文献，遵照党的方针、政策，结合国内现有的经济条件及近期教育事业的发展和改革诸因素，制定有关中小学校建筑设计所需采用的下限规定，确保中小学校、中师和幼师的学校建筑设计质量，创造适合于青少年德育、智育、体育、美育全面发展的学习环境，特制定本规范。

第1.0.2条　我国农村范围较大，人口分散，自然条件、施工技术、建筑标准及使用建筑材料等方面差异很大，调查范围也只限于城市和县镇，因而本规范只适用于城市、县镇的普通中小学校、中等师范学校和幼儿师范学校。

本规范主要作为新建学校依据。由于我国旧城镇的改建、扩建任务较重，为了适应教育事业发展需要，故其使用范围包括改建和扩建部分。

对农村中小学校及有特殊要求和有专业技术要求的残疾人学校、特殊师范学校、职业学校、技工学校及中等专业学校，因学校性质各不相同并各有特殊要求，故不包括在本规范范围内。

第1.0.3条　学校建筑设计，首先应满足教学功能要求，使用合理；有利于培养人才；有利于师生的安全和身心健康，设计既要有合理的组合平面，在选址上还要防止该地段对学生心理发育产生不良影响。

当前我国城市用地紧张，应在满足功能要求前提下，尽量节约用地。但也不能因用地紧张，而忽略了学校必要的体育用地，使学生的体育教育受到影响。因而提出有利于德、智、体、美全面发展的要求。

第1.0.4条　学校建筑是大量性公共建筑，建国以来，教育事业发展迅速，但各地区的情况发展不平衡。如大、中城市和沿海地区发展较快，而县、镇和内地发展较慢，并且我国幅员辽阔，各地区气候和地理差异很大，严寒地区与炎热地区的中小学校其平面布置除满足教学功能外，还应满足防寒、保温、隔热遮阳、通风及日照等不同的要求。

我国有一个多民族国家，各民族生活习惯、传统需要以及建筑的民族风格等，都应有其地方和民族特色，同时也要具有现时代精神，因而因地制宜地进行设计是必要的。

第二章　选址和总平面布局

第一节　校址选择

第2.1.1条　校址选择：

一、主要防止发生在选址时因不重视选择学校的环境及环境设计而妨碍学生德、智、体、美全面发展的几种情况：

1. 在大城市中，建筑密度高，有时将中小学置于高层建筑的阴影遮挡之下，或置于几幢楼房包围的角落之中，使学校无起码的日照，空气也不流通，卫生条件很差（日照的必要性另见本规范第2.3.6条说明）。

中小学校建设量大而投资额少，有时拨地为湿洼地、排水不通畅、大量基建投资用于处理地基排水，以致无法进行建设，故就此做出规定。

2. 在山地丘陵地区常见这样的现象：拨地总面积虽符合规定，但其平坦部分不足以布置必要的运动场。为此特规定，"校内应有足够布置运动场的平坦场地。"

3. 水电源不足不但不能具备起码的卫生条件，也不能实现教学大纲的要求，因此规定公用设施不好的地段不能建校。

二、本规定是为保证学生具有必要的学习条件和有利于身心健康发育而设。

各种工、矿企事业单位所排放的各类有害物是多种多样的，如化学、生物、物理污染源。

化学污染源：指排出有害气体、液体的工厂，对空气、环境及水源产生的污染，如刺激性的气味、空气污染、环境、水源。

生物污染源：指垃圾堆放站、粪便、传染病院等疾病传染源。

物理污染源：指过强的声、光、热、电磁波等。如产生中短波微波辐射的工厂及电台发射塔。

经常遇到产生电磁波的波源除电台发射装置外，还有使用高频介质加热设备的工厂如塑料热合装置、金属淬火、焊接、电子管排气、棉纱干燥等装置。

有些污染源的有害标准，国家尚未明确规定指标，因此，学校与各类污染源的距离应符合国家有关防护距离的规定。

三、学校教学区的环境噪声应符合《民用隔声设计规范》的规定。根据学校受环境噪声干扰的调查结果规定了学校与铁路的距离不应小于300m。此距离系二者间有建筑物遮挡时所需要的距离。若学校处于流量大的铁路线转弯处或编组站附近时，此距离需加大；若流量小或车速低时此距离可缩小。学校与城市干道或公路之间的距离不应小于80m，是按机动车流量小于270辆/小时的道路同侧路边至外廊式学校教室开窗时的噪声自然衰减距离确定。

四、市场、娱乐场、医院太平间所发出的噪声为有情节的噪声，其对学校的干扰较一般噪声严重，且停尸房尚有传染疾病的问题，故不应与学校毗邻。

对危及师生安全的易燃易爆的危险品库，也不应与学校毗邻。

五、不得将校址选在架空高压线影响范围内，建校后亦不得在校园内敷设过境架空高压线，以保障学生安全。

六、本条规定为使城市内学校布点均匀，小学生上学时间控制在 10min 左右，中学生上学控制在 15～20min 左右，且小学生上学途中不得穿过有各种车辆威胁的城市干道及铁路。

第二节 学校用地

第 2.2.1 条 第四款，成片绿地指校前区成片绿化、集中绿化植树和宽度不小于 10m 的绿化地带。绿地可做自然科学园地，如植物种植实验、气象观测站、小动物饲养场。

各类学校用地可参考表 2.2.1。

表 2.2.1

规模（班）		人数（生）	用地总计（m²）	建筑用地（m²）	运动场地（m²）	绿化用地（m²）	每生用地（m²/生）
小学	市中心	12	540	6107	3109	2728	270	11.3
		18	810	8364	4323	3636	405	10.3
		24	1080	10159	5397	4222	540	9.4
	一般	12	540	9667	3109	6288	270	17.9
		18	810	11824	4323	7096	405	14.6
		24	1080	13619	5397	7682	540	12.6
中学	市中心	18	900	10341	5515	3926	900	11.5
		24	1200	12970	7258	4512	1200	10.8
		30	1500	15188	8582	5106	1500	10.1
	一般	18	900	15518	5515	9103	900	17.24
		24	1200	18147	7258	9689	1200	15.12
		30	1500	22483	8582	12401	1500	14.99
				31664		21582		21.10
师范	市中心	12	480	26547	16482	9105	960	55.30
		16	640	31824	21439	9105	1280	49.70
		18	720	35500	23775	10285	1440	49.30
		24	960	43248	30435	10893	1920	45.05
	一般	12	480	33523	14563	18000	960	69.80
		10	640	39199	18703	19216	1280	61.20
		18	720	42274	21010	19824	1440	58.70
		24	960	49040	27010	20110	1920	51.1

第 2.2.2 条 目前很难作出适用于全国各地的建筑用地定额。

一、建筑密度表示建筑物基底总面积与建筑用地之比值。

由于各地区用地紧张程度不同，因而增加或减少

建筑层数，这样，分别计算建筑密度比较复杂。为了方便计算，我们采用建筑容积率，即每公顷建筑用地上的总建筑面积。本规范按密度的计算方法折算，一般小学容积率不宜大于 0.8，中学不宜大于 0.9，中师、幼师不宜大于 0.7。

二、中师、幼师的学生一般全部住宿，普通中学也有部分带住宿生的学校，故中师、幼师、中学在拨地时，应考虑学生宿舍用地。

三、自行车棚、锅炉房烟囱及燃料堆放用地等均因学校所在地区（或地段）不同而异，出入甚大。其用地应单独列项并计入建筑用地之内，其定额由各地区作出规定。

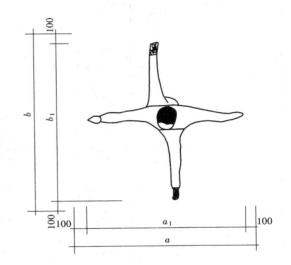

图 2.2.3 中小学生作操基本尺寸示意图

第 2.2.3 条 运动场地的确定依据是体育课教学大纲及国家体育达标标准。

一、中小学生作操用地：

小学生平均身高按 1.50 米计，中学生平均身高按 1.70 米计。

小学生：$a \times b = 1.60 \times 1.44 = 2.3 m^2$
中学生：$a \times b = 1.85 \times 1.78 = 3.3 m^2$

二、各种场地的基本尺寸：

1. 标准半圆形环形跑道（包括田径场地及简单体操器械场地）见表 2.2.3-1。

2. 直跑道（按每组 6 条跑道计）：60m 跑道实长 85m，宽 7.5m，用地 640m²。100m 跑道实长 124m，宽 7.5m，用地 930m²。

3. 篮球场：15m×28m，每边另加 2m 缓冲带，用地 608m²。

4. 排球场：9m×18m，每边另加 2m 缓冲带，用地 286m²。

5. 足球场：一般不单独设置，凡 300m 或 400m 环形跑道的场地中均可设足球场，不必单独计算用地。

表 2.2.3-1 标准半圆形环形跑道用地尺寸

周　长（m）	面　积（m²）	用地尺寸（m×m）
200	5394	124×43.5
250	7031	129×54.5
300	9105	139×65.5
400	18000（17100）	180×100（95）

三、设置运动场地的原则：

1. 按学校规模确定每节课需同时上体育课的班数。运动场应能容纳这些班同时上课，且能容纳当天无体育课的全体学生同时进行课外体育活动，以保证每个学生每天至少一小时室外活动。

2. 每班每周应有一次打大球的机会，即每6个班要有一个大球（篮、排球）球场。

3. 在大城市的市中心用地过小的学校可以不设环形跑道，但必须具备其他必要的项目。

表 2.2.3-2 运 动 场 地 分 析

规模（班）		跑道		足球场（m²）	篮球场（m²）	排球场（m²）	其他（m²）	总计（m²）	每生用地（m²/生）
		规格	用地						
小学	市中心 12	60m 直	640		2个1216	2个572	300	2728	5.05
	18	60m 直			3个1824	2个572	600	3636	4.49
	24		640		3个1824	3个858	900	4222	3.91
	一般 12	200m 环（60×2）	5394		1个608	1个286	(300)	6288	11.64
	18				2个1216	1个286	200	7096	8.76
	24				2个1210	2个572	500	7682	7.11
中学	市中心 18	100m 直	930		3个1824	2个572	600	3926	4.36
	24				3个1824	3个858	900	4512	3.76
	30				4个2432	4个1144	600	5106	3.40
	一般 18	250m 环（100×2）	7301	(小)（35×60）	2个1216	1个286	300	9103	10.11
	24				2个1216	2个572	600	9689	8.07
	30	300 环（100×2）	9015	(大)（45×90）	3个1824	2个572		12401	8.26
		400 环（100×2）	18000	(大)（69×104）	3个1824	3个858	900	21582	14.38
师范	幼师 12	300m 环（100×2）	9105	(大)（45×90）	(1个)（608）	(1个)（286）	(200)	9105	18.97
	16				1个（608）	2个（572）	(200)	9105	14.23
	18				1个608	2个572	(400)	10285	14.28
	24				2个1216	2个572	(600)	10893	11.35
	中师 12	400m 环（100×2）	18000	(大)（69×104）	(1个)（608）	(1个)（286）		18000	37.50
	16				2个1216	(1个)（286）	(300)	19216	30.03
	18				3个1824	(2个)（572）	(100)	19824	27.53
	24				3个1824	1个286	(500)	20110	20.94

注：①其他栏内的面积为课外活动不能满足时，适当增设的活动场地。
　　②括号内场地已包括在环形跑道内，不另计。

四、各类学校运动场地分析详表2.2.3-2（包括旧市区改造及市中心区运动场地参考数字）。

五、游泳池为全身发育的锻炼项目，目前有些学校已经自行修建，投资不大，效果甚好，有条件的学校，可设游泳池。

第2.2.4条 近年来，各城镇规划对绿化用地指标作出规定，但学校拨地时尚无绿化用地，以致有些学校的生物教学难以完成教学大纲的规定，环境美化不好。

本规范对绿化用地指标没有进行专题研究，故引用原教育部 1982 年《中等师范学校及城市一般中小学校舍规划面积定额》（试行）的规定，当用地不足的学校可利用屋顶搞绿化，一部分气象观测设备也可以置于屋顶上供观测用。

第三节　总平面布局

第 2.3.1 条　现有学校中总体布置合理的不多，其原因在于建校初期对学校的发展估计不足，缺乏总体规划，有一些空地建一幢房，杂乱无章。为防止重复这一错误特规定本条以纠正之。

第 2.3.3 条　风雨操场要求离开教学用房并靠近室外运动场地，主要是：

1. 防止噪声干扰教学区；
2. 两者共用体育器材室和其他公共设施；
3. 便于教学管理。

第 2.3.4 条　根据实测数据，音乐教室学生合唱所发出的噪声级约可达 90dB（A），个别的可高达 100dB（A）。但从不同位置产生对其他教室的影响如下：

1. 当同层布置，音乐教室通向过道的门关闭时，噪声可衰减约 17dB（A）。

2. 音乐教室在上层，普通教室在下层时：

开窗时衰减约 31.8dB（A）；

关窗时衰减约 43.5dB（A）。

由上述测定结果，音乐教室与其他教室同层设置，不能满足教室噪声级要求，但将音乐教室设于教室上层时，基本能达到要求。如果顶层音乐教室开窗方向不与下层教室开窗在一个方向，如图 2.3.4 广州××中学音乐教室平面，则效果更佳。

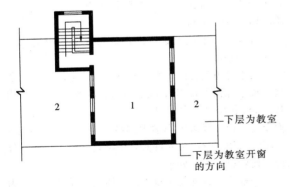

图 2.3.4　广州××中学音乐教室平面
1—音乐教室；2—屋顶

如果音乐教室数量较多或教室噪声级要求较高时，最好远离其他教室，单独设置。如必须设于楼内时，则应采取措施使音乐教室与过道达到有效的隔声效果。

琴房内钢琴产生的声级，大部低于合唱声级，但琴室比较集中且使用时间长，更应远离教学用房，另建独立琴房。

舞蹈教室发出的噪声达 80～90dB（A），对周围环境影响很大。为避免干扰其他教学用房，需与教学用房保持一定距离，因而以单建较好，如基地过于紧张，也只能靠近音乐教室、琴房或风雨操场，但也应做相应隔声处理。

第 2.3.5 条　为保障学生出入安全，防止冲出校门的学生与过路行人车辆相撞，校门前应留有缓冲距离。

当道路车流量为每小时 300 辆时，每分钟平均达五辆之多，校门开向这类道路，容易发生危险，故规范中规定校门不应开向这类道路。

第 2.3.6 条　学校教学用房的间距，除应满足建筑防火、安全疏散、通风和使用功能要求外，其最小间距，主要取决于卫生条件的日照和允许噪声级。

一、中小学应有明朗开阔的环境，阳光和通风是必须保证的。近年来有的小区将小学校设在高层住宅之间，既得不到充足的阳光，也得不到流通的空气，因而本规范中提出要保证自然通风。

二、日照时间长短与阳光杀菌作用有关，据日本测定阳光的杀菌能力见表 2.3.6。

表 2.3.6　　直射阳光对各种病菌杀伤时间

气温	季节	肺炎菌	金葡萄球菌	链球菌	流感病毒	百日咳	结核菌
20℃～30℃	夏	10 分钟	1 小时	10 分钟	5 分钟	20 分钟	约 2 小时
10℃～20℃	春	1 小时	2 小时	10 分钟	20 分钟	30 分钟	约 5 小时
0℃～10℃	冬	1 小时	3 小时	10 分钟	20 分钟	3 小时	约 10 小时

由表 2.3.6 可知，在流行病发病率高的季节用开窗接受阳光直射三小时可灭五种菌，直射二小时可灭三种菌，为此本规范规定日照间距为冬至日底层满窗

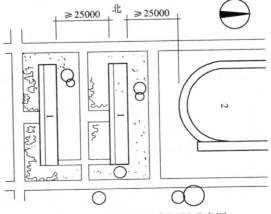

图 2.3.6　总平面噪声间距示意图
1. 教室；2. 运动场

日照二小时所需的间距。对于正南房间二小时指 11h ～13h 这段时间。

三、"噪声影响"在总体布置中主要指学校内部教室及运动场作为噪声源对其他教室的干扰。其中教室内朗读和歌唱能使室外一米处噪声级达到 80dB（A），标准运动场边缘处噪声达到 70～75dB（A）左右。场地较小或四周有建筑时噪声级更高。根据测定和考虑到声音在空气中的自然衰减情况，将教室长边与另一教室长边或运动场边缘的间距规定为 25m，可满足教室噪声级 50dB（A）的要求。见图 2.3.6。

第三章　教学及教学辅助用房

第一节　教学及教学辅助用房的组成与平面布置

第 3.1.1 条　教学及教学辅助用房的组成，根据学校类型、规模、教学活动的要求和条件，为教与学提供不同数量、不同尺寸、不同设施设备的教学空间，一般包括普通教室、实验室和各种专业教室。如自然、美术、书法、音乐、琴房、舞蹈、史地、微型电子计算机教室、语言、合班教室、风雨操场等教学用房及其附属用房。故每座学校应分别设置上属教学用房及教学辅助用房的一部分或全部。

第 3.1.2 条　目前教学用房的平面布置有中内廊、单内廊和外廊三种基本形式，建国前和建国初期寒冷及严寒地区以单内廊较多，炎热及温暖地区以外廊形式较多。由于建国后适龄儿童入学率提高而我国经济水平所限，为了节约面积，在北方地区较多地采取了中内廊形式，因而造成了以下缺点：

一、教室之间的干扰

据测定一般教师讲课声级约为 75dB（A），学生朗读为 90dB（A）。

相对二教室，由于朝向不同，一面为教室前端（讲台），一面为教室后端，设声源在讲台一端，其第一排靠门坐位处与对面教室最后排靠门坐位处，其声级衰减如下：

1. 两面门全开时，衰减 17dB（A）；

2. 两面门全关时，衰减 35～40dB（A）；

3. 一开一关时，衰减 28dB（A）。

从以上测定结果，只有两面门全关时方能满足教室噪声级要求。一开一关时，教师讲课尚能满足，学生朗读不能满足。当春、夏、秋季需要通风，而两面门全开时，则全部不能达到要求，无法上课。

从计算，声源距对面教室学生仅 6～7m，其衰减仅 16～18dB（A），不能满足要求。

二、采光不足：中内廊布置必然造成单面采光，其靠外墙与靠内墙坐位采光均匀度相差过多不能满足要求。

两面布置教室，必然造成一面朝向好，一面朝向

不好。

三、通风不良：炎热及温暖地区，空气处于湿热、闷热、燥热的状态，室内通风非常重要，故设计应注意主导风向和组织穿堂风，只有采用外廊和单内廊布置形式，才能解决。

近年来，北纬 40°49′的呼和浩特及 38°～40°之间的石家庄、北京、银川等地也都先后采用了外廊布置形式，反映良好。故北纬 40°以南地区，采用外廊布置使用单位愿意接受；对寒冷及严寒地区宜布置为单内廊，大部学校对中内廊布置反映不好。

由于以上原因，在我国为了改善和提高教学环境的条件，教学用房宜布置成外廊或单内廊的形式。

第 3.1.3 条　教学用房可分为教学区、实验区和行政办公区等，三者之间避免互相干扰，又互相有所联系。但互相干扰是反映的主要问题，而行政与教学的联系则不能作为主要问题，故首先应考虑功能分区，也要注意联系方便。现不少设计搞成单元式设计，如教学单元、实验单元、办公单元，设计时因地形的不同和朝向的条件，拼凑设计比较受欢迎，又能节约设计时间，这样做基本能满足功能分区要求。

第二节　普通教室

第 3.2.1 条　教室内课桌椅的布置主要取决于教室的容纳人数，课桌椅尺寸及座位布置方式。

一、容纳人数：按原教育部《定额》小学近期 45 人/班，远期 40 人/班；中学近期 50 人/班，远期 45 人/班；中幼师按 40 人/班考虑。

二、课桌椅尺寸：根据国际 GB 3976—83《学校课桌椅功能尺寸》，桌面宽度：单人用 550～600mm；双人用 1000～1200mm。桌面深度用 380～420mm。桌高用 520～760mm。

日本中小学校国家标准，单人课桌的规格均为 600×400mm。

由于考虑到我国国情，照顾不发达地区，本规范教室面积指标采用课桌标准最小值，即小学用 1000mm 长课桌，中学用 1100mm 长课桌进行教室平面布置。但按我国中小学生的身高尺寸及长远考虑，小学宜采用 1100mm 长课桌，中学宜采用 1200mm 长课桌比较符合卫生要求。

当前全国各地使用双人课桌椅宽度尺寸，小学为 1000mm，中学为 1100mm，根据调查使用这种尺寸的课桌，无法解决中、小学高年级学生书写时的端正姿式，严重影响学生的正常发育。

最近各省市按使用要求试制和投产了可调高度的课桌椅，课桌尺寸均按《学校课桌椅功能尺寸》上限，即 600×400mm 尺寸，部分学校已经采用，这样就显出原教室尺寸过于拥挤，走道宽度不足。因而教室面积指标亦需提高为小学 1.15m²，中学 1.22m²（即小学教室进深为 6.60m，中学为 7.20m，较为合

理），不宜一律采用下限。

另外，根据使用功能要求，本规范对排距、纵向走道及靠墙尺寸、水平视觉、最前排和最后排与黑板的距离也作了相应的规定。水平视角是指两边排学生位置与黑板远端所成的角度，如不足时，后退或取消边排前排座位。

最前排课桌与黑板的水平距离为 2000mm。按讲台宽 600mm、讲桌宽 600mm，疏散走道宽 800mm 考虑的。最后排学生与黑板的距离规定是按照黑板字 60×60mm，笔划粗细为 3mm，一般学生视力能看清为准则考虑的。

第 3.2.2 条 条文所规定教室设施都是学生在教室学习和生活必需设置。

第 3.2.3 条 为满足中小学生和教师在黑板上书写方便，本规范对黑板下沿与讲台面的距离作了相应的规定。低年级宜用下限，小学为 800mm，中学为 1000mm；高年级宜用上限，小学为 900mm，中学为 1100mm。

教室的黑板应书写流畅，无眩光、易擦拭、书写时不产生噪声，为此黑板表面应为耐磨材料制成，如磨砂玻璃黑板，经过磨砂处理后，长期维持表面磨砂状态而不产生眩光现象。常用的墨绿色磨砂玻璃黑板使用效果较好而水泥或木制黑板涂漆者均不能符合要求。

第三节　实　验　室

（Ⅰ）一　般　规　定

第 3.3.1 条 物理和化学实验室一般有边讲边试实验室、分组实验室和演示室三种型式。生物实验室则有显微镜室、生物解剖实验室和演示室三种型式。目前我国由于经济水平关系，除个别重点校设备较完善，实验室使用分工较明确外，一般学校物理、化学实验室多以边讲边试实验室为基本型式；生物实验室则全部为兼用（也以边讲边试为主）。为了配合各地区不同要求和培养学生独立操作能力，牢固地掌握所学知识的要求日益提高，规范中分类明确，以便各校在设计时根据具体情况，具体掌握各种类型实验室的全设和兼用。

第 3.3.2 条 对各种类型实验室所需的实验桌尺寸，参考过去资料和调查使用反映，对实验桌长宽尺寸作了规定。

第 3.3.3 条 本条对各类实验室的平面布置中实验桌之间的距离和与各部分的距离要求，都做了下限规定。如图 3.3.3。

第 3.3.5 条 演示室为演示实验用。为了使每个同学都能看清教师实验过程，故规定容纳人数以一个班为最好，但最多不要超过二个班，同时规定做阶梯地面。

学生坐着时，视线高度平均为 1100mm，讲台高

度为 200mm，教师演示桌高度为 900～960mm，桌面高度为 1100～1160mm。为了提高学生观看全部演示部位，将设计视点选择在演示桌面中心上。

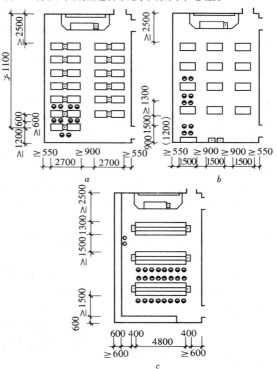

图 3.3.3　实验室平面布置示意

在课桌平直排列的情况下，为了后排学生可通过前排学生的头部看清设计视点，而视野范围不受限制，其视线升高值，通过计算和实践，宜为 120mm。而前两排则可不必做阶梯。

学生使用带 250mm 宽书写板椅时，经过各校实测，在上课时不过人的情况下，前后排距宜 850～900mm，而记笔记时，排距 850mm，学生坐的姿势较直，故规定为不小于 850mm。

学生座位宽度考虑了听讲和记录，故定为不小于 500mm。

（Ⅱ）化　学　实　验　室

第 3.3.6 条 化学实验室的组成

一、化学实验室除实验室本身外，应设置仪器室、药品室、准备室、教师办公和实验员室。从原则讲，这些房间都应分别设置，因其使用性质不同，相互有影响。如药品对人体及仪器有腐蚀作用；实验员如不单设办公室，则长期受药品污染刺激，对实验员的健康会受到严重影响。经调查很多实验员在药品室或准备室办公，鼻膜炎非常严重，意见很大。准备室为教师准备实验或科研使用，使用率也是比较高的。故较完善的实验室应包括以上全部用房。但目前有些学校规模较小设备短期不易配齐，或药品贮存量较

少，为了减小面积可把药品放在准备室内，其他则不宜合并。

第3.3.7条 实验室的设计：

一、化学实验室设在哪一层，调查中有三种意见：即设在一层、楼层或顶层。通过调查认为设在上层存在两个问题：其一：中学建筑无专用设备管道层，上、下水道布满下层房间顶棚空间，一则影响美观，二则由于设备质量较差，管道经腐蚀，经常出现漏水及冬季管道结露滴水现象，影响下层房间使用。其二：化学实验过程中排出的有毒气体，多数大于空气比重。即使把有害气体从屋顶排出室外，也对底层房间有污染影响。比较而言，将化学实验室设于一层有以下优点：

1. 上、下水管理安装及检修方便，即使有腐蚀、漏水情况，也不致影响下层房间使用。同时节省管道。

2. 有利于排除有害气体。

3. 当实验过程中发生紧急情况时，便于安全疏散。

为取得最佳工作条件和避免阳光直射，实验室避免朝西或西南。如果由于条件限制而采取不良朝向时，应采取相应遮阳措施。

由于以上原因，规范中规定了设置层次和朝向。

二、化学实验室除由通风柜排除一部分有害气体外，还有一部分因比重较大，沉滞在实验室下部不能排出，宜在靠外墙窗台下，中心距地面不宜小于300mm，加设轴流排风扇，效果比较显著。为了有利冬季北向排气，其外墙面部分应设挡风措施。为避免室内温度急剧下降，在排风口靠内墙面处应设能开关的保温防护罩。

三、通风柜为排除实验中所产生的有害气体，使用中应避免污染实验室内空气。

经过调查，发现很多化学实验室未装设通风装置，而在实验过程中，室内化学气味之浓，几乎难以忍受，而且对师生身体健康有一定的危害。因而规范中规定，化学实验室内应设通风柜。

目前学校使用的通风柜，形式较多，而自然排风的通风柜效果不好，其中以顶抽式加机械排风和狭缝式效果较好。

通风柜内有毒气、酸、碱等，腐蚀性较强，还需做加热消毒。为了避免用过的器皿拿到外面清洗消毒，污染室内空气，通风柜内应设上、下水，电源插座、照明等。为防腐蚀电源插座、照明灯、煤气开关等不能放在通风柜内。

四、当化学药品溅入眼内时，可采取急救措施，故化学实验室应设急救冲洗水嘴及时冲洗。

五、实验室内的煤气开关，为了避免学生无意或有意开启，造成事故，应按照煤气规范要求设计，并应有一定的安全措施。如设置警报器、排风扇、煤气进户总阀门加罩等。

（Ⅲ）物 理 实 验 室

第3.3.8条 物理实验室的组成，基本与化学实验室相同，因无药品，对实验员室如无条件另设房间，可与准备室等兼用亦可。但因物理仪器维修、制作量大，房间要一定面积，实验员室最好单设。

第3.3.9条 物理实验室有特殊要求者，以光学为突出。为了取得较好的光学实验效果及室内良好通风，故规范中特规定宜设遮光通风窗，内墙面宜采用深色。由于有些光学实验要求较高，可设一小间暗室，用分批实验来解决。这样基建投资较节省，亦可兼作教师冲洗照片和制作幻灯片用。

光学实验室课桌局部照明是为学生在做实验中记笔记用。

（Ⅳ）生 物 实 验 室

第3.3.11条 生物实验室需要阳光以培养生物供学生学习和观察，因此要南向，东南向，并需较宽的窗台，摆设植物花盆。

看显微镜利用日光反射不能满足全班学生使用要求，尤其阴雨天气，因此需要桌面局部照明。

（Ⅴ）附 属 用 房

第3.3.12条 实验室附属用房在实验室中已有说明，尚有未谈到的说明如下：

一、化学实验室所存危险药品虽然很少，按照防火要求应单建或附建于教学楼外墙一侧，不能设在楼内，也不能设于楼内地下。

二、物理实验员室需要有钳工台和一些材料贮存，设计时应考虑。

三、生物标本室尽量避免直射阳光。同时对蜡液标本、剥制标本和昆虫标本等，严格说都有各自的不同温湿度，在可能条件下设计要尽量满足使用要求。

第四节　自然、史地、美术、书法教室

（Ⅰ）自 然 教 室

第3.4.1条 自然教室需配备必要的设备和仪器，故除教室外，还应设教具仪器室兼放映室。

第3.4.2条 自然教室内，为了满足学生上课达到视、听要求，本规范中规定了课桌最前排与最后排黑板的水平距离、走道宽度及必要的室内设施。

（Ⅱ）史 地 教 室

第3.4.3条 史地教室除一般教学外，都有一些讲课所必需的实物，挂图等。如历史课所需的挂图、出土文物复制品等。地理也需存放教学用地球仪、教具、岩石、矿物、土壤标本及大型模型等，因而规定了除教室内应留有布置陈列柜的地方外，有条件时设陈列贮藏室一间。

第3.4.4条 史地教室设计：

一、史地教室有其特殊要求，原在普通教室上课已不能满足史地课教学需要，考虑到经济条件，不可能把历史、地理单独设置教室，故规定宜合并设置。

二、史地教室要求讲桌能控制放录音、幻灯、投影仪及小型科教短片，故讲桌上设电源插座。有条件可设置相应放映间，边上课、边放映，效果较好，并相应设置银幕挂钩及窗帘盒。

三、按照高中二年级地理课程有：天文实习、气象实习、地质、地貌实习等。为了节约面积、减少投资，讲课和实习可设于一间教室内。

地理教室以学生面向黑板水平排列，二人一组，桌上摆 φ150 地球仪一台，当使用简易天象仪教学时，教室内的窗帘需考虑遮光通风，桌上安装 12V 小型低压指示泡，供局部照明，便于学生听课记笔记。

（Ⅲ）美 术 教 室

第3.4.5条 根据教学大纲要求，中学生初步掌握美术的基本知识和技能，培养学生对自然美、社会生活美和艺术美的感受、爱好和初步的审美能力，中、幼师要加强美术（绘画、工艺、欣赏）基础知识和技能的教学；幼师尚应掌握幼儿园美工教学。故中小学和中幼师应配备不同要求的美术教室及附属用房。

为了供师生欣赏和观摩，还应辟出一部分墙面和放陈列柜位置，挂部分绘画及陈列工艺美术展品。

为了搞泥塑、雕刻、剪纸等工艺创作，也可兼作创作工作室。

第3.4.6条 美术教室设计：

一、美术教室的光源要柔和与稳定，尽量避免直射阳光，因此以朝北方向开窗较好。为了写生时不因光线变化而影响其明暗度、阴影等，还要补充部分人工照明。尤其非北向采光时更为重要。中幼师有条件时可设顶部采光，更能丰富被写生对象的明暗度和阴影效果。

二、有人体写生时，模特可能裸体或半裸体，故应遮挡外界视线。

三、根据教学要求和需要，美术教室设有画板、画架、石膏像、挂图、画具、画笔、颜料等，故教具储存室宜与美术教室相连通，工作联系方便。

四、美术教室四角各设一组电源插座是为了分组教学灯光要求。

（Ⅳ）书 法 教 室

3.4.7条 书法教室设计：

一、学习书法，首先坐的姿势和两臂姿势都有一定要求，桌子尺寸，其高度及坐凳因各地学生身高发育不同，可参照 GB 3976—1983 "学校课桌椅功能尺

寸"的规定选用。

书法练习时，双肘外伸。为了节约桌子宽度，规定了行距和单桌排列。

二、为配合教学需要，教室内需挂名家书法及学生作业、教学中需放映幻灯、学生在书写过程中需取水，洗刷毛笔，故室内应设挂镜线、水池、窗帘盒及电源插座。

第五节 音 乐 教 室 、琴 房

第3.5.2条 音乐教室设计：

一、教室内设阶梯，是为了使教师和学生都能互相看到口型，听清声音，以加强课堂效果。另外学生在排练节目时，教室后面设 2～3 排阶梯，可做排练合唱或乐器合奏，同时也便于指挥。

二、五线谱是学习音乐的基础，为了教师讲课方便，节约时间，黑板应绘制固定五线谱。教室内应设教师示教琴位置。

第3.5.3条 为了避免琴房之间的互相声音干扰，地板、顶棚和墙面都应采取吸声、隔声措施。

第六节 舞 蹈 教 室

第3.6.2条 舞蹈教室设计：

一、舞蹈教室每学生活动约需 $6m^2$ 左右，活动面积较大，人多噪声高互相干扰大，教师辅导也不方便。故以半个班规模较为合适。

二、为了观察自己的动作是否合乎要求，故沿墙应设通长照身镜。为能取得合理光线和避免眩光，规定照身镜设于主要采光口的垂直墙面。

其余三面内墙设练功用的富有弹性的硬木把杆，最好把杆高低能升降。为避免练功时足尖碰墙受伤，规定把杆距墙不小于 400mm。

三、窗台不宜过高，以免影响室内外融合为一体的意境及夏季通风。

四、室内宜设吸顶灯，以避免练习时道具碰坏灯具伤人。

五、采暖地区，暖气片应暗装以避免练习时碰伤。

第七节 语 言 教 室

第3.7.2条 语言教室控制台如独立设于控制室时，可以设于教室前部或后部，其与教室应毗邻，两室之间应设较宽的观察窗，使教师能看到教室全体学生。

第3.7.3条 语言教室控制台一般设于教室前部。为了视听最低使用要求，规范中规定了不应少于 2500mm。中间纵向走道宽度，因语言学习桌有高挡板影响通行，故较普通教室稍宽，不宜小于 600mm。

第八节 微型电子计算机教室

第3.8.2条 微型电子计算机教室的设计：

一、第一款，本款规定是为了安静和保持清洁。

二、第二、第四款，目前学生微机操作台常见的有两种布置，一种为周边式布置，其电缆以顺墙走即可。一种类似普通教室，在教室中间平行布置，这种布置方法应考虑电缆走向，地面应设置暗装电缆槽。

三、第三款，由于无标准课桌，故仅规定前后排净距离及走道宽度。规定学生微机操作台前后排之间净距离和纵向走道净距离不应小于 700mm，这是为了教师辅导方便和避免碰撞，损坏机件。

五、第五款，教室地面宜采用能导出静电功能的材料，故不应做普通塑料、木地面，以水泥、水磨石地面为好。

第 3.8.3 条 教室设置书写白板为防止粉笔灰污染微型电子计算机。

第九节 合 班 教 室

第 3.9.1 条 容纳一个年级的合班教室可以召开年级会，上年级合班课，师范学校可上教学示范课。

第 3.9.3 条 容纳两个班的小型合班教室大约只有 10 排左右。前后排合理布置及适当加高讲台时可做平地面。由于视点定在黑板下缘，为了每排学生都有良好视线，故三个班及以上规模时，如排数不多，升起不大时，可做成斜坡地面；排数较多时可做阶梯地面。

第 3.9.4 条 合班教室的布置：

一、第一款，规定最后一排课桌后沿与黑板的水平距离不应大于 18m，以控制合班教室设计时不要过长，尽量缩短距离。同时黑板字要适当加大，以保证看清黑板字体。

二、第三款，为便于学生就座和记笔记，学生桌椅排距以小学为 800mm，中学、中师、幼师为 850mm 为最小尺寸，如采用带固定书写板的固定桌椅应分别放宽 50mm。

三、第四款，为满足疏散要求，纵横向走道净宽不应小于 900mm（一股半人流），由于合班教室上课时走动不多，上下课时人数也远远低于影剧院，走动时一个人走，一个人侧身而过，即能满足要求，故较防火规范对影剧院的要求走道宽 1000mm 稍小。

四、第五款，为便于学生记笔记和就座，座位宽度一般不应小于 450～500mm。小学采用下限，中学、中师、幼师采用上限。

五、第六款，规定采用固定式座椅为保证安全疏散。

第 3.9.5 条 视线升高值采用隔排 120mm。按前后排错位布置是避免由于后排阶梯升高过大，而增加层高。

第 3.9.6 条 条文规定普通电影放映室的放映孔，其底边需高出最后排地面一定高度，这是为了避免最后排学生站立或通行时遮挡由电影放映机射出的

光束。

第 3.9.7 条 白昼电影：

一、第一款，白昼电影放映室的宽度，根据电影放映机放映镜头的焦距而定。如 16mm 电影放映机使用焦距 $f=50$mm 镜头时，放映室的宽度约为视听教室长度的 1/2，若采用 $f=40$mm 镜头时，则放映室的宽度为视听教室长度的 1/3，若采用 $f=30$mm 镜头时，则放映室之宽度约为视听教室长度的 1/4。故规定白昼电影放映室约为视听教室长度的 1/2～1/4。

二、第三款，为保证白昼电影的放映效果，在放映机工作期间，必须使放映室处于暗的环境，因此放映室墙面应涂以暗色无光泽的涂料或挂以暗色帷幕。

第十节 风 雨 操 场

第 3.10.2 条 室内活动场：

一、第一款，按教学计划要求小学每班每周上两节，中学上三节体育课计算，每周需解决班数的 2 倍或 3 倍，但每座室内活动场每周只能安排 23 节体育课。因而 12、18 班规模学校需两个班同时上课，24 班规模者则需二～三个班同时上课，30 班则大部为三～四个班同时上课。因此仅建一个室内活动场是难以满足要求的。但从我国经济水平出发，又为了学生的体育发展，只能满足部分要求，其不足者可利用一些旧有建筑或临时建筑，分散搞一些体操房、乒乓球室、器械运动室等分别上课。

规范中为了适当满足教学要求，规定了大、中、小型三种面积。同时建议小型者为小学使用（约长 24m×宽 15m 可容一～二个班活动）。中、大型可设正规球场及其他活动场地，多为中学及中幼师使用（中型甲以容两个班为佳，约长 36m，宽 18m；中型乙可容二～三个班约长 36m，宽 21m；大型可容三个班以上约长 42m，宽 24m），其净高度只满足一般训练用，不能满足正式比赛所需篮球 8m，排球 12.5m 的高度要求。

在室内活动场中，各种体育活动每个学生所需使用面积应符合表 3.10.2 的规定：

表 3.10.2 各种体育活动每个学生所需面积

学校类型	体操（m^2）	球类基本活动（m^2）	垫上、器械（m^2）	跳箱（m^2）
小 学	3.5	6.0	1.5	—
中学、中师、幼师	4.0	8.0	2.0	4.0

二、第三款，为避免眩光，窗台应加高至 2100mm。北方地区做玻璃窗，为解决通风问题，窗下部适当可做遮光百叶窗。为降低混响时间和减小噪声反射面，南方地区可不装玻璃扇，以漏花格代替。

三、第四款，水泥地面和沥青地面等都属于刚性

地面，容易使腿扭伤或使摔伤的伤口中毒，不应使用。健身房宜采用木地面为好。做土地面也可以。

第3.10.3条 体育器材室：

一、体育器材应靠近风雨操场（或运动场）便于搬运器械：如跳箱、平衡木等。

二、体育器材室应设借物窗口，供学生领借球类、球拍、运动器材，便于管理。

三、体育教师上课须更换运动服，下课后因出汗较多，因而在室内宜设洗手盆，供擦洗用。

第十一节 图书阅览室

第3.11.2条 教师备课需要安静，为了方便以全部开架为主，且使用参考书籍必须保证，故与学生阅览室应分开设置。

第十二节 教师办公室、教师休息室

第3.12.1条 教师办公室、中学系按教研组办公，小学系按年级组办公。但少数如体、音、美等课程老师也有设教研组的，可根据学校实际情况设置大间或小间，以有利于备课和共同研究提高。为了教师备课和与学生密切联系，故其位置既要环境安静，又要联系方便。

第3.12.2条 在规模较大的学校中或多层教学楼内，往往教室与教师办公室距离较远，或须上下走楼梯，在连上二节课时，往返路程较远，在教学楼内适当设教师休息室，以方便教师课间休息饮水、洗手等。

第3.12.3条 教师办公室和休息室宜设洗手盆，供教师下课后洗手用。

第四章 行政和生活服务用房

第一节 行政办公用房

第4.1.2条 为了学生做广播操方便，广播室的窗宜面向运动场。

第4.1.3条 保健室

一、保健室供诊疗、健康检查、处理急救使用。应考虑其使用条件确定面积及形状。当视力检查时净距为6m，如利用反光镜测净距不应小于3.3m，为确保卫生条件，应争取足够的日照和通风。

二、中学中师和幼师因学生年龄较大，男、女学生在一房间内检查甚为不便，应分开为二室。在有住宿生的中学和中师幼师，有条件时可设观察室，并可作内诊使用。

第二节 生活服务用房

（Ⅰ）厕所、淋浴室

第4.2.2条 规范规定教学楼内，一律应每层设厕所。

1. 我们对中小学校疏散曾作过测定，结果表明：紧急疏散三层楼约为三分钟则四层约为四分钟，五层约为五分钟，学生由教室内到教室门约需50s，学生在走道上行走速度约为22m/min，上下楼约为15m/min，在运动场地行走速度约为30～60m/min。但学生上下课不能设想为紧急疏散的情况，经观察测定下课后学生陆续走到教室门约1min，学生走到距离教学楼60m的室外厕所，大、小便后回到教室，稳定情绪还需一～二分钟。这样，学生课间上一次室外厕所显然是很紧张的。

2. 根据学生上厕所的时间测定：

女生（1）从进厕所到出厕所所需时间平均40s；

（2）小便一次需时间平均35s。

男生（1）从进厕所到出厕所约需时间平均20～30s；

（2）学生一次小便占用小便槽时间平均12s（按15s计算），解裤和提裤不占用小便槽。

根据以上测定数字：三层教学楼学生上一次厕所需要时间：（设厕所距楼60m）女生为9min30s，男生为9min20s。

按上述时间计算，三层教学楼学生无休息时间，过度紧张，四～五层楼就更不堪设想。

对二层的教学楼，学生上一次厕所需要时间：女生为7min30s，男生为7min20s。尚余一部分课外活动时间，但学生需要饮水、休息、活动，故上厕所时间不宜过长，所以楼内设厕所为课间上厕所是完全必要的。

第4.2.3条 教职工与学生厕所的使用空间原则上应加以划分，可在办公区内设教职工厕所。即使在同一幢楼内，也应分设。也可与学生厕所共用一个前室，大便槽与学生的相通，只在学生厕所内做一个封闭隔断，门另开在前室内。

第4.2.4条 在城镇中为了使用方便和保持环境卫生，规定了有条件时学校厕所应采用水冲式。如有自来水的地区及可采用简易供水的学校应采用水冲式厕所。

学生厕所使用人次较多，气味一般较大，故设计时不但要注意直接采光，对通风也应加以处理。寒冷及严寒地区，应设排气管道，以利冬季排气。

第4.2.5条 布置教学楼内学生厕所位置也应引起足够重视，既要求使用方便，又应尽量少影响楼内卫生和避免臭味流入楼道和教室。

第4.2.6条 通过实测，对小学生厕所在10min内的使用情况，如图4.2.6所示。

从下图曲线看学生上厕所高峰为2～5min，即在4或5min之间，而学生占用大便器（或大便槽）时间，女生为35s，男生为15s·5min内一个大便器

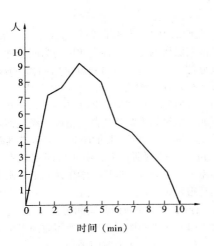

图 4.2.6　10min 休息时间内
学生上厕所人数曲线

（或大便槽）女生使用 9 人次，男生使用 20 人次（10min 女生为 18 人，男生为 40 人）我们又测定了上厕所的男女人数比例，发现在男女生比例基本相同的学校中，男生上厕所的人数占全天男女生上厕所人数的 57%～59%，女生仅有 43%～40.5%。女生使用厕所人数为女生实际人数的 80%。我们规定女生 20 人一个大便器（或大便槽），实际对高峰 9 人次，两头时间 7 人次（80%×20 人＝16 人）比较恰当。男生 40 人一个大便器（或大便槽），1.0m 小便槽，相当于女生 20 人一个大便器（或大便槽），与女生等同情况计算，实际上高于女生的数量。

第二款，中学、中师、幼师学生年龄较大，上厕所次数相对减少，故大便器（或大便槽）较小学适当减少是合理的。

第四款，为了加强对学生的卫生教育、便后洗手是必需的，因而作了设洗手盆、槽的规定。经调查，我们设计的中小学每层为 4 个、6 个、8 个教室较多，每层的学生人数也就是近期 100～200 男生和 100～200 个女生。课间按使用时间为 8min，女生每人洗手时间为 15s，8min 内洗 32 人。男生洗手时间较女生快一些，约 10～12s/人次，8min 内可洗 48～40 人。80～100 人设一个洗手盆或水嘴也是比较合适的。只是男生较紧张些，从设置数量上，由于考虑远近期结合，中学生近期为 45～50 人/班，而小学为 40～45 人/班。规定了每 90 个学生设一个手盆或 600mm 长水槽是可行的。

第 4.2.7 条　淋浴室为了避免雾气过大，应设计排气装置。对于淋浴室门窗的设置，则应考虑遮挡外界的视线。

（Ⅱ）饮　水　处

第 4.2.9 条　学生在课间休息十分钟内活动，上厕所、饮水等，各种活动人流奔向不同方向，其主要交通为楼梯和走道。因而各种设施尽量远离交通道以

保证畅通。饮水处的位置应靠近学生出入使用方便的地方，且不要占用走道宽度。

（Ⅲ）学 生 宿 舍

第 4.2.11 条　学生宿舍不应与教学楼合建，以免造成人流互相交叉，不仅管理上不方便，而且将影响教职工办公和学生的学习活动。

由于男、女生心理和生理特点，故规定分区或分单元布置，并不得使用一个主要出入口。

第 4.2.15 条　学生厕所较教学楼使用集中，故规定设备数量较多些。

（Ⅳ）食　　堂

第 4.2.16～4.2.17 条　当前中学教职工入伙人数比例多于小学，因为小学教师逐步调整为就近上班，而中学则不易做到。但小学由于家长多为双职工而要求中午入伙，课间需要逐步改善生活、保护儿童身体发育，因而供应课间点心问题也提到议事日程。所以职工食堂应根据当地情况考虑学校规模和部分学生吃午饭和热饭设施。

第五章　各类用房面积指标、层数、净高和建筑构造

第一节　各类用房面积指标

第 5.1.1 条　表 5.1.1 所规定的单个房间面积指标，因考虑到我国目前经济水平和不发达地区，中小学校普通教室采用国标《学校课桌椅功能尺寸》课桌规定的长度最小值测算的。

1. 根据国标《学校课桌椅功能尺寸》，小学教室采用长 1000mm 的课桌布置时，教室进深为 6300mm，每生 1.10m²，当采用长 1100mm 的课桌布置时，教室进深为 6600mm，每生为 1.15m²；中学教室当采用长 1100mm 的课桌布置时，教室进深为 6600mm，每生为 1.12m²，当采用长 1200mm 的课桌布置时，教室进深为 7200mm，每生为 1.22m²。本规范表 5.1.1 中的普通教室，小学采用 1.10m²/生，中学采用 1.12m²/生。这两种指标是中小学的最小进深 6300mm 与 6600mm 布置后所得单个房间面积指标。

2. 实验室单个房间面积指标根据实验桌尺寸、水池、实验操作及安全通道排列后所得的最小尺寸指标。

3. 由于普通教室进深调整，其他专业教室的进深也根据课桌及模数作了相应的调整。

4. 实验室、自然教室、史地教室、美术教室、音乐教室、舞蹈教室的附属用房面积指标不包括在本规范表 5.1.1 的面积指标中。

第二节　层数 、净 高

第 5.2.1 条　本规范中规定中学不应超过五层，

小学不应超过四层。如果教学楼高于五层，在 10min 课间，已只能上下楼而活动时间甚少，过于紧张对青少年也没有好处。为了多让青少年吸收阳光，教学楼最好中学 4 层、小学 3 层，但由于城市用地紧张为节约用地，才做了这个规定。设计时如有条件还是以低一些较好，或考虑设置屋面活动场地。

第三节 建筑构造

第 5.3.2 条 窗

一、窗台高度，由于桌面对采光的需要，窗台过去经常设计为 900～1000mm 高，窗台高了临窗一排的桌面往往处于阴影区内，而窗台下又还要放散热器，故作了窗台高度不宜低于 800mm 和不宜高于 1000mm 的规定。

二、为了保证教室采光均匀，本条规定教室靠外廊、单内廊一侧应开低窗，外廊、单内廊地面以上 2000mm 高度范围内，窗的开启形式不得影响教室使用，而且减窄了外廊、单内廊的宽度，不利交通疏散和行人安全。因此，宜采用推拉或其他形式。又因开低窗外廊、单内廊行人往来，会干扰学生学习，设计时，应考虑遮挡视线的措施。如安装磨砂玻璃、控光玻璃或压花玻璃等。

三、教室和实验室的窗间墙宽度过大，教室采光不均匀，且不易达到玻地比的要求。因而本条规定不应大于 1200mm。

第 5.3.3 条 在严寒地区为了防止因学生久座，地面过冷而引起关节炎，宜采用热工性能好的地面材料。

为满足使用功能要求并对有特殊要求的房间地面，也作了相应的规定。

第六章 交通与疏散

第一节 门 厅

第 6.1.1 条 经调查，中小学生上下课，有大部分学生穿过门厅，但很少在门厅逗留。因而门厅的功能只是一个交通枢纽，而不是学生的活动场所。

内廊式建筑，从楼内疏散出来的学生，必须经过门厅这样的过渡空间，才能走到楼外。但外廊式建筑则不然，它可以设门厅，也可以不设门厅，直接通到室外。故宜设置门厅，以便灵活掌握。

第 6.1.2 条 在寒冷或风沙大的地区，门厅入口为了避免雨雪风沙吹入楼内及加强对楼内的保温、节约能耗及保证楼内的清洁卫生，故均应设置挡风间或双道门。关于挡风间或双道门的深度，以能利于疏散并能使门厅入口处双扇门门扇开出时，挡风间或双道门内尚有一定空间，不致阻碍平时人流交通及紧急疏散为准。因此，该深度定为最小 2100mm。

第二节 走 道

第 6.2.1 条 教学楼的疏散走道，经调查结果，绝大多数学校认为其功能除人流疏散以外，也可供学生活动。尤其是严寒及多雨地区，在冬季或下雨时，大部分学生课间休息多利用走道活动。故本条对教学楼及其他建筑物室外走道的净宽度，除强调应按《建筑设计防火规范》有关规定计算外，还考虑了适当的活动空间。行政和教师办公用房的走道，使用人数较少，以疏散为主，故其宽度满足防火规范即可，不必增加。

第 6.2.2 条 走道上最好不设台阶。但根据实际情况，如建于山坡，或教学楼一段是教学用房，一段是办公用房，两者层高不同，所以走道就必然出现有高差变化之处，在这种地方，如设置少于 3 级的台阶，则很容易使人摔跤，造成事故。尤其中小学生当疏散或下课时，喜欢跑，摔跤现象就更易发生。因而本条做了规定。同样根据学生走路特点，还规定了楼梯不做扇步的规定。

第 6.2.3 条 根据调查：

小学生身高平均约为 1200～1500mm,

中学生身高平均约为 1500～1700mm。

本条规定走廊栏杆高度不低于 1100mm，是因为既不遮挡学生向外了望视线，又保证学生安全。同时还规定了避免攀登栏杆的措施。

第三节 教学楼楼梯

第 6.3.1 条 由于中小学校为白天上课，又无条件设事故照明，故本条规定教学楼的楼梯间"应"有直接天然采光。

第 6.3.2 条 中小学生年龄较小，在螺步或扇步楼梯上紧急疏散时，会比成年人的伤亡率更大的多。因此，本条严格规定，在中小学校教学楼中，不"应"采用这种形式的楼梯。

每段楼梯，其踏步如多于 18 级时，则中小学师生上楼太累，下楼不易疏散。因级数越多，楼梯段就越长，楼梯段越长，学生们拥挤在楼梯上就越不易疏散。另外，紧急疏散时容易出危险，所以踏步不要超过 18 级。又每段楼梯的踏步如少于 3 级时，则行走起来不注意易于摔跤，紧急疏散时尤其。所以本条规定"每段楼梯的踏步不得多于 18 级，不应少于 3 级"。

楼梯的梯段与梯段之间，如设隔墙，则遮挡视线。这样，上、下楼的学生，互相看不见，很容易发生碰撞，尤其是紧急疏散时，更易出危险。因此，这种隔墙，原则上是不允许设置的，如必须设置时，则应在隔墙上，开辟足够大小的洞口，以使上、下楼梯的人，能互相看到。

教学楼的楼梯坡度，小于 30 度时，中小学生行走起来最舒适。大于 30 度时，非但行走起来不舒适，而且还不利于疏散。因此本条作了教学楼的楼梯坡度，不宜大于 30 度的规定。

第 6.3.3 条 当楼梯净宽度大于 3000mm 时，五股人流并行有可能，如无中间扶手，中间人流紧急疏散时，易被挤倒，故须加中间扶手。

第 6.3.4 条 中小学校教学用房的楼梯，一般来说，是不宜设楼梯井的。因为中小学生喜欢攀登楼梯栏杆，在扶手上滑戏，稍一不慎，就会从楼梯井坠下的危险，另外，当紧急疏散时，中小学生在慌张、拥挤、争相下楼的情况下，也有被挤从楼梯井处坠下的危险。所以严格说起来，教学楼的楼梯应避免设置楼梯井。不过，有时由于消防或其他方面的需要，楼梯栏杆与栏杆之间，须留一条缝隙，以穿过消防水龙带等。在这种情况下，缝隙（也就是楼梯井）的宽度，就必须加以限制，就必须大于消防水龙带穿过的需要宽度，小于中小学生前后胸间的厚度，才有可能防止学生坠下。所以本条做了"楼梯井的宽度不应大于 200mm"的具体规定，在具体设计中，如果楼梯井的宽度，大于 200mm 时，就必须在楼梯井处采取十分坚固可靠的安全保护措施，才得设置。

第 6.3.5 条 室外楼梯无墙遮拦，故规定楼梯扶手的高度较室内楼梯者高，以免疏散时冲出而发生危险。

第四节 安 全 出 口

第 6.4.1 条 普通教室安全出口的门洞净宽度，如小于 1000mm 时，则门的净宽度小于 890mm（以木门计算）；合班教室的安全出口的门洞净宽度，如小于 1500mm 时，则门的净宽度小于 1390mm（按木门计算）。前者只能通过一股人流，后者只能通过两股人流。如果再小，非但学生出入不便，疏散不畅、易于堵塞，而且课桌、家具等，搬出搬入，也不够方便。因此，本条规定前者不应小于 1000mm，后者不

应小于 1500mm。

第 6.4.2 条 门如设置门槛，则疏散时人易被绊摔跤。即使是一般办公用房的门，虽然这种用房不属于人员密集的公共场所，但是如果设置了门槛，同样也易于摔跤，不利疏散，所以不论什么门，"门槛"最好不设。因此本条做了"不宜设置门槛"的规定。

第七章 室内环境

第一节 采 光

第 7.1.1 条 学校建筑用房的采光优劣直接影响教学效果和学生的视觉功能，因此必须规定合理的采光系数值。制定本条文的依据如下：

一、关于采光系数最低值

1. 实测调查

根据对北京、哈尔滨、太原、成都、广州五个地区 115 所学校 167 个教室的调查结果表明，目前的教室采光不佳，在全晴天，北向教室的采光系数的最低值大多在 0.4%～1.0% 之间；而南向教室大部分可达 1.0%～2.0% 之间；全阴天时，南向与北向教室的采光系数最低值大致相同，多数在 0.4%～1.0% 之间。其原因是采光面积不够，房间表面及玻璃被污染严重，以及室外存在各种遮挡物等。教师和学生普遍反映采光差，要求改善教室的采光条件。

2. 采光模型实验

根据表 7.1.1 所列，对 9 种教室类型组成的 18 种试验方案的试验结果可知，绝大多数方案的采光系数最低值均能达到 1.5%，只有 8.4×6.0×3.3m 和 9.0×6.0×3.6m 尺寸的中内廊教室达不到 1.5% 的要求。原因是其有效采光面积小，如木窗窗框占去很大的窗面积。带外廊的教室有最好的采光系数，可达到 2.0%，故不宜采用中内廊形式。

表 7.1.1 采光模型试验结果汇总表

序号	教室尺寸（m）	走廊型式	墙裙颜色	窗的材料和窗洞尺寸（m）	采光系数最低值 e_{min}（%）	洞/地	玻/地
1 2	8.4×6.0×3.3	中内廊	白色	钢 3×1.5×1.8 木 3×1.5×1.8	1.32 1.07	1：5.7	1：7.6
3 4 5 6	9.0×6.0×3.6	中内廊	浅黄 浅黄 白色 浅绿	木 3×1.5×2.1 钢 3×1.5×2.1 钢 3×1.5×2.1 钢 3×1.5×2.1	1.16 1.63 1.71 1.25	1：5.2	1：7
7 8	9.0×6.3×3.6	单内廊	白色 白色	钢 3×1.5×2.1 木 3×1.5×2.1	1.79 1.46	1：5.5	1：7.4
9 10	9.0×6.3×3.6	外廊	白色 白色	钢 4×1.5×2.1+2.×0.75 木 4×1.5×2.1+2×2.1	2.37 1.92	1：3.3	1：4.4
11 12	9.0×6.6×3.6	中内廊	白色 白色	钢 3×1.8×2.1 木 3×1.8×2.1	1.79 1.46	1：4.8	1：6.4

序号	教室尺寸 （m）	走廊型式	墙裙颜色	窗的材料和 窗洞尺寸 （m）	采光系数最 低值 e_{min} （%）	洞/地	玻/地
13 14	$9.9 \times 6.6 \times 3.9$	中内廊	白色 白色	钢 $3 \times 1.8 \times 2.4$ 木 $3 \times 1.8 \times 2.4$	2.30 1.87	1：4.7	1：6.2
15 16	$7.5 \times 7.5 \times 3.6$	外廊	白色 白色	钢 $1 \times 5.84 \times 2.1 + 1 \times 1.5 \times 0.9 +$ 木 $2 \times 0.6 \times 1.0$	1.88 1.53	1：3.5	1：4.7
17 18	$9.0 \times 6.6 \times 3.6$ $8.4 \times 6.3 \times 3.3$	外廊 外廊	浅绿 浅绿	钢 $6 \times 2.35 \times 2.4$ 钢 $6 \times 2.1 \times 2.1$	7.68 5.51	1：1.6 1：1.8	1：2.2 1：2.5

3. 采光标准与照明标准

采光系数规定为 1.5%，考虑到室外临界照度为 5000Lx，根据视功能实验研究结果，在照度相同时，天然光比人工光的视觉效果高一级，因此可以得知 75Lx 的天然光相当于 100Lx 的人工光。由于人工照明照度标准值规定 150Lx 是平均照度，按均匀度 0.7 计算，则最低照度也为 100Lx，由于人工照明的照度标准值的规定是有许多实验基础的，故采光系数的规定也是有了依据，因此采光和照明的视觉效果是一致的。

4. 参考国外采光标准

一些国家规定的采光系数：苏联为 1.5%；英国、荷兰、法国和日本均为 2%；西德为 4%；美国为 5%。

我国国务院十部委和团体曾规定采光系数最低值为 1.0%，对此标准目前普遍反映偏低，感到采光不足。

综合上述的调查和研究，再参照国外采光标准，根据我国实际情况，本规范规定教室及其相同视觉工作的教室的采光系数最低值为 1.5%。对于全年阴天数在 200 天以上，早上八时的云量在 7 级以上的地区（如桂林、贵阳、重庆、成都、西昌、衡阳），采光系数最低值不应低于·2%。

二、关于采光玻璃与地板面积之比（简称玻地比）

根据模型试验，当采用木窗时，窗洞与地板面积之比为 1：4，采用钢窗时，其洞地比为 1：4.5，为了达到 1.5% 的采光系数最低值，二者的玻地比均为 1：6，为了准确计算，以玻地比计算为好。

为了选择采光窗的尺寸，需知钢窗和木窗的窗框，窗棂等占窗洞的比例。根据 116 个教室的单层木窗的调查结果，木窗框一般约占整个窗洞面积的 30%～35% 左右。又根据《工业企业采光设计标准》（TJ33—79）的规定，单层木窗框占整个窗洞面积的 30%，单层钢窗为 20%，双层木窗为 50%，因此在确定采光口面积时，要考虑木窗的实际透光面积占窗洞面积的 65%，双层木窗占 50%；钢窗的实际透光面积占窗口面积的 80%，双层钢窗占 65%，以上数值只作为参考。当进行采光计算时，应按该设计实际采用的窗类型扣除其窗框，窗棂所占的面积。

为了便于设计，下面给出侧面采光的采光系数最低值的计算方法：

$$C_{min} = C_d^l \cdot K_\tau \cdot K_\rho^l \cdot K_w \cdot K_c$$

式中 C_{min}——采光系数最低值；

C_d^l——侧窗窗洞的采光系数，可查《工业企业采光设计标准》附录二中附图 4；

K_τ——总透光系数 $K_\tau = \tau_c \cdot \tau \cdot \tau_w \cdot \tau_j$；

τ——采光材料透光系数；

τ_c——窗结构挡光折减系数；

τ_w——窗玻璃污染折减系数；

τ_j——室内结构挡光折减系数；

K_ρ^l——侧面采光的室内反射光增量系数；

K_w——侧面采光的室外建筑物挡光折减系数；

K_c——侧面采光的窗宽修正系数。

1. 以单侧采光为例，图 7.1.1-1，7.1.1-2 是需要计算采光系数的教室的平面图和剖面图以及其相应尺寸的符号：

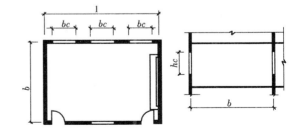

图 7.1.1-1 教室尺寸符号图

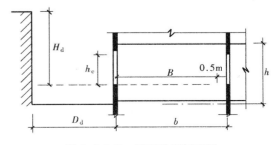

图 7.1.1-2 侧面采光剖面图

教室净长度	l
教室进深	b
教室窗宽	b_c
教室窗高	h_c

2. 对于带形窗洞（$\Sigma b_c = 1$）的采光系数 C'_d，应按计算点至窗口的距离与窗高之比 B/h_c 和教室长度 l 由《工业企业采光设计标准》（TJ33—79）附图4确定。

3. 由室内的装修反射系数和面积，可以计算教室内的平均反射系数。

教室内平均反射系数 $\bar{\rho}$ 用下式计算：

$$\bar{\rho} = \frac{A_p \rho_p + A_{q1} \rho_{q1} + A_{q2} \rho_{q2} + A_d \rho_d + A_c \rho_c + A_b \rho_b}{A_p + A_{q1} + A_{q2} + A_d + A_c + A_b}$$

室内各表面面积和反射系数的符号如下：

顶棚面积 A_p	顶棚反射系数 ρ_p
侧墙面积 A_{q1}	侧墙反射系数 ρ_{q1}
前墙面积 A_{q2}	前墙反射系数 ρ_{q2}
地板面积 A_d	地板反射系数 ρ_d
窗洞面积 A_c	窗洞反射系数 ρ_c
门面积 A_b	门反射系数 ρ_b

由上面计算出的 $\bar{\rho}$ 值和教室尺寸 B/h_c 值，在《工业企业采光设计标准》附表7中查得侧面采光室内反射光增量系数 K^l_ρ 值。

4. 非带型窗时计算窗宽修正系数 K_c：

$$K_c = \frac{\sum_{i=1}^{i=n} b_i}{l}$$

式中　b_i——在建筑长度方向一面墙上的窗宽总和；

l——建筑长度；

n——为窗数。

5. 窗透过系数 K_τ 按下式计算：

$$K_\tau = \tau_{玻璃} \times \tau_c \times \tau_w$$

式中 τ 为玻璃，τ_c 和 τ_w 分别为玻璃透光系数，窗结构挡光折减系数和玻璃污染折减系数。这些系数可在《工业企业采光设计标准》上附表2-4中查到。

窗结构挡光折减系数 τ_c，对于单层钢窗取 0.80；对于单层木窗取 0.65；对于双层钢窗取 0.65；对于双层木窗取 0.50。

6. 窗外其他建筑物的遮挡系数 K_w 由 D_d/H_d 和 B/h_c 数值决定，查《工业企业采光设计标准》附表10，其中 D_d/H_d 为窗对面遮挡物距离的距离与高于工作面的窗对面遮挡物的平均高度之比。当 $D_d/H_d > 5$ 时 $K_w = 1$。

单侧采光教室无遮挡的条件可从图 7.1.1-3 例看到。对于 $9 \times 6.6 \times 3.6$m 的教室，当窗台高 0.95m 时 $\theta = 8°46'$，于是得出下面的遮挡曲线图 7.1.1-4，横坐标表示遮挡物（建筑物或树木等）到所测教室楼的距离。纵坐标表示相应的遮挡物允许高度。

附：最小采光系数计算实例。

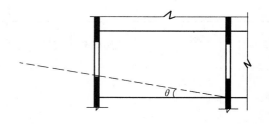

图 7.1.1-3　单侧采光教室无遮挡示意

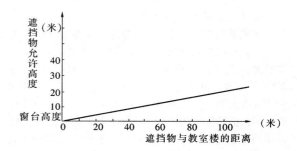

图 7.1.1-4　遮挡曲线

（1）教室尺寸 $9000 \times 6600 \times 3600$mm

净尺寸 $8700 \times 6300 \times 3400$mm

窗尺寸 $1800 \times 2400 \times 3$mm

$l = 8760$mm　　$b = 6180$mm

$b_c = 1800$mm　　$h_c = 2400$mm

（2）$b/h_c = 2.58$　　$l/b = 1.42$

查《工业企业采光设计标准（TJ33—79）》附图4得 C，$d = 1.42\%$。

（3）室内浅色装修 $\rho > 0.5$，查《工业企业采光设计标准（TJ33—79）》附表7得到 $K^l_\rho = 3.15$。

（4）窗宽修正系数：

$$K_c = \frac{\sum_{1}^{3} b_i}{l} = 0.62$$

（5）$K_\tau = \tau \times \tau_c \times \tau_w$

式中　K_τ——总透光系数；

τ——采光材料透光系数；

τ_c——窗结构挡光折减系数；

τ_w——窗玻璃污染折减系数。

$K_\tau = 0.82 \times 0.80 \times 0.90 = 0.59$

（6）周围无遮挡 $K_w = \tau$

综合上述得到室内采光系数最低值为：

$$C_{min} = 1.64$$

第7.1.2条　根据现场测量和模型试验结果，双侧采光的教室，如南廊北向教室靠北窗形成的采光系数均大于靠南廊侧的采光系数。故本条规定南向外廊北向为教室时，应以北面窗为主要采光面，以此采光面决定安设黑板的设置。见图 7.1.2。

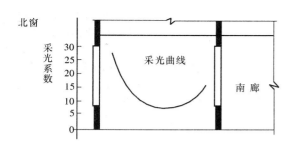

图 7.1.2 南廊北教室采光示意图

教室靠外廊、单内廊一侧的窗，其采光系数衰减值，建议外廊衰减系数采用0.7，单内廊衰减系数采用0.4。

第二节 照 明

第7.2.1条 根据现场调查，有的学校不装设人工照明，从提高教学效果，保证安全和卫生方面均是不允许的。学校用房的照明，除夜间学习外，冬天早晚和阴天天然光不足时，可用于补助光线的不足，因此，本条文硬性规定，凡学校建筑均需设人工照明。

第7.2.2、7.2.3条

一、现场实测调查：根据对北京、哈尔滨、太原和成都等城市94个教室的实测调查，其结果如表7.2.2-1-2。

表 7.2.2-1 平均照度

被测面	占测量总数的比例（%）			
	<60Lx	60～79Lx	80～89Lx	>100Lx
课桌面	18	36	22	24
黑板面	32	26	29	13

表 7.2.2-2 照度均匀度

被测面	占测量总数的比例（%）				
	≤0.4	0.4～0.49	0.5～0.59	0.6～0.69	≥0.7
课桌面	16	18	33	21	12
黑板面	4	4	9	23	60

由表7.2.2-1.2可知，有76%教室的照度低于100Lx（勒克斯，以下同），有87%的黑板面照度低于100Lx，而且黑板面照度均低于课桌面的照度，有88%的课桌面照度均匀度低于0.6，而黑板的照度均匀度有60%高于0.7。并且黑板照度均匀度高于课桌面的照度均匀度实验。

二、现场实验：根据对9.0×6.0×3.6m的教室进行的56种照明试验结果，主要的列于表7.2.2-3中，由表可知：

表 7.2.2-3 教室照明实验方案比较表

序号	光源种类与功率（W）	灯管数	灯具类型	布置方式	课桌面照度（Lx）					黑板照度（Lx）					挂高（m）
					E_{max}	E_{min}	E_{av}	$0.7E_{av}$	均匀度	E_{max}	E_{min}	E_{av}	$0.7E_{av}$	均匀度	
1	荧40	6	盒	纵	205	120	161	113	0.75	135	100	119	83	0.84	1.7
2	荧40	6	控	纵	242	125	176	123	0.71	140	102	120	84	0.85	1.7
3	荧40	6	盒	横	205	126	162	113	0.74	210	140	166	116	0.84	19
4	荧40	6	控	横	238	125	173	121	0.72	160	115	139	97	0.82	19
5	荧40	6	控	纵	225	125	173	121	0.72	140	124	121	84	0.91	19
6	白100	6	裸	—	95	55	70	49	0.79	90	60	71	50	0.85	1.7
7	白150	6	磨砂	—	180	105	140	98	0.75	172	119	136	95	0.88	1.7
8	白200	6	磨砂	—	260	135	195	137	0.69	230	155	183	128	0.85	1.7
9	荧40	8	盒	横	280	165	218	153	0.76	302	190	228	160	0.83	1.7
10	荧40	8	盒	横	261	139	213	149	0.65	255	140	186	130	0.75	1.7
11	荧40	9	盒	纵	338	178	243	170	0.73	211	155	183	128	0.85	1.7
12	荧40	9	控	纵	428	177	269	188	0.66	220	145	188	132	0.77	1.7
13	荧40	9	盒	纵	338	180	246	172	0.73	212	165	185	130	0.89	1.9
14	荧40	9	控	纵	400	170	201	183	0.65	210	160	188	132	0.85	1.9
15	荧40	9	盒	横	338	165	241	169	0.68	325	208	263	184	0.79	1.9
16	荧40	12	控	横	570	218	360	252	0.61	265	138	209	143	0.66	1.9

1. 当荧光灯光通量衰减到初始光通的 70％时，$8 \times 40W$ 和 $9 \times 40W$ 荧光灯照明，在课桌面上的平均照度仍可达到 150Lx 以上，而 $12 \times 40W$ 荧光灯约达 211Lx 以上，$6 \times 40W$ 荧光灯只能达到 105Lx 左右。

2. 各方案黑板的平均照度均低于课桌面的平均照度。$12 \times 40W$ 荧光灯横排列时低于 109Lx，$9 \times 40W$ 荧光灯纵排列时低于 48Lx，$6 \times 40W$ 荧光灯纵排列时低于 35Lx。

3. 当荧光灯 9 管纵排列时，虽无黑板灯照明，但黑板面垂直照度平均可达 186Lx 左右，由黑板照明试验结果可知，当加二只黑板照明灯时，当灯具距黑板的垂直距离为 1.6m 时，则黑板的垂直照度可增加 100Lx，黑板照度总共可达 286Lx，当考虑到灯的光通量衰减到 70％时，黑板照度仍可达到 200Lx 的平均照度值。

4. 关于课桌面的照度均匀度，对于 $6 \times 40W$ 以上的照明情况，系数可达到或接近 0.7。而黑板的照度均匀度均高于 0.7。

5. 由于采用的灯具不同，因此对照度和均匀度影响不同，控照式灯具比盒式灯具的课桌面照度约高 10Lx。但纵排时，对黑板面照度影响不大。控照式的黑板照度均匀度低于盒式桌面照度均匀度约为 0.03～0.04。

6. 不同的灯管排列方式对照明也有影响，横向排列与纵向排列所得到的桌面照度与照度均匀度均大致相等；横向排列时黑板照度比纵向排列时高，但对黑板照度均匀度影响不大。

7. 灯的不同悬挂高度，如距课桌面分别为 1.7 和 1.9m 时，对桌面和黑板面的照度及照度均匀度的影响甚微。

8. 不同颜色的墙面对课桌面和黑板面的照度略有影响，白色时（反射系数为 80％）课桌面和黑板面的照度最高，米黄色（反射系数为 70％）次之，浅蓝色（反射系数为 60％）最差。白色比浅蓝色墙面粉刷，课桌面照度约高 15～20Lx，黑板面照度约高 10～15Lx。

三、视觉辨认试验：

选 20 名 9 岁儿童（男、女各半）在试验室内进行了视觉试验。

1. 标准视标的视角与照度关系的试验

试验结果得出，照度在 $1～10^4 Lx$ 下（背景亮度为 $0.25～2500 cd/m^2$）范围内，视力与照度的对数值成正比例。当照度在 150Lx 时，当识别几率 $P = 50％$ 时，视力为 1.40，当 $P = 95％$ 时，视力为 1.05，从而说明 150Lx 可以满足学生的视觉工作要求。

本试验结果和日本的中根和伊藤的研究结果一致。视力的峰值，随着年龄的增长而增长，直到中学生（12～19 岁）时，视力最好，而 9 岁儿童的视力略低于 12～19 岁的视力。因此，在制订照度标准时，若不能提高小学生的照度值，至少不能低于中学生的照度标准值，即中小学生教室均取相同的照度标准值。

2. 标准视标可见度与照度关系的试验

根据实验结果，当视角 $\alpha = 4'$，即相当于中小学生阅读汉字大小，亮度对比为 0.9，采用国产的 SD-1 型视度仪进行测量。可见度 $V = \dfrac{C}{C_{临}}$，计算出 20 名 9 岁儿童的临界对比值 $C_{临}$。从而得出 9 岁年龄组的视功能曲线。

9 岁儿童组的临界对比度高于青年人约 18％，根据实验结果，当照度为 150Lx 时，可见度为 11.5。在 150Lx 时青年人的相对可见度达到 0.74，而对于小学生组则达到 0.71。根据实验可以得出下面的结论：要想达到相同视觉效果时，小学生的照度必须比青年人要高一级。

3. 汉字笔画的易读度与照度关系的试验

根据实验结果，汉字笔画与照度的对数成正比例，汉字易读度与照度成反比例。

4. 阅读汉字时的照度水平与满意度的试验

在实验室内广泛地改变照度（25～4050Lx）让学生观看 3～6 号汉字表。学生们对照度的满意度给予定量的评价。

评价结果可知，照度在 154Lx 时，学习的满意度约为 45％，照度为 200Lx 时满意度为 50％，认为是可以的，当照度为 500Lx 时，满意度近 70％，认为是较好的。而最满意的照度是 1700Lx，满意度达 85％。

5. 不同照度对儿童视疲劳影响的试验

在实验室内改变照度，采用闪光融合频率作为视疲劳的评价指标，对 6 名 10～11 岁的儿童进行疲劳试验。试验结果可知，当照度从 10Lx 提高到 200Lx 时，视疲劳急剧下降。照度在 200～1000Lx 时，视疲劳降低的速度逐渐缓慢。结合我国技术经济状况，最好定在相对视疲劳降低速度变慢的转折点上，即 200Lx，至少不应低于 150Lx。

6. 不同照度对儿童远近视力影响的试验

在实验室内改变照度，选请 12 名年龄为 10～11 岁（男、女各半）的健康儿童进行远近视力测量。实验结果可知，当照度由 2 增加到 200Lx 时，无论远视力还是近视力都在急剧提高，当照度由 200 增加到 1000Lx 时，视力提高的速度都减缓。视力在 200Lx 时呈现一个转折点，因此照度为 200Lx 对小学生比较合适，最低不宜低于 150Lx。

四、参考国际照度标准值：

一些国家的教室照度标准值如表 7.2.2-4 所知，一些工业技术发达的国家，教室的照明标准大多在 200Lx 以上。而且黑板照度高于课桌面照度。我国也应逐步向国际标准靠拢。

表 7.2.2-4　国际教室照度标准值

序　号	国　别	课桌面照度（Lx）	黑板照度（Lx）
1	英　国	300	400
2	荷　兰	300～500	300～500
3	苏　联	300	500
4	美　国	320～750	1600
5	澳大利亚	200	300
6	法　国	300、400	500
7	西　德	250	500
8	日　本	200～750	—
9	匈牙利	200～400	—
10	东　德	300	—
11	捷　克	120	120
12	南斯拉夫	150/80	—
13	CIE（国际照明委员会）	300—500—750	300—500—750

为了保护学生视力和提高教学效果，需进一步改善照明条件。根据上述的现场调查，现场实验和实验室实验结果，以及参考国外的照度标准，结合我国的技术经济可能性，规定教室和与其相同视觉工作性质的教学房间的平均照度不低于150Lx。根据黑板平均照度应高于课桌面照度的原则，规定黑板照度比课桌面照度高出一级，定为200Lx。课桌面和黑板的照度均匀度规定为不应小于0.7。

阅览室均比普通教室持续用眼时间较长，而且识别要求也较高，故采取比教室高一级的照度，规定为200Lx。

根据CIE（国际照明委员会）的资料，对于有视觉显示装置的房间，如电子计算机的显示屏，其对比为负亮度对比（亮背景上暗目标）主观选定的最佳照度为100～200Lx。根据我国情况可选定与教室相同的照度，即150Lx。

附属用房，厕所及过道、楼梯间参照《工业企业照明设计标准》的规定，定为20Lx。

第7.2.4　荧光灯具有光效高、节电、寿命长等优点，故规定在学校建筑中宜采用白色荧光灯。但对识别颜色有较高要求的美术教室等，宜采用高显色性光源。如：三基色荧光灯或高显色性荧光灯，其显色指数可达80以上。

第7.2.5　规范中规定教室不宜采用裸灯，说明如下：

一、由于采用的灯具不同，对照度和均匀度影响也不同，控照式灯具比盒式灯具的课桌面照度约高10Lx。但在纵排列时对黑板面照度影响不大。控照式的黑板照度均匀度低于盒式的桌面照度均匀度约0.03～0.04。

二、不同的灯管排列方式对照明也有影响，横向（灯管长轴平行于黑板面）排列与纵向（灯管长轴垂直于黑板面）排列所得到的桌面照度与照度均匀度大致相等；灯管横向排列时黑板照度比纵向排列时高，但对黑板照度均匀度影响不大。

三、灯的不同悬挂高度，如距桌面1.7m和1.9m时，对桌面和黑板面照度及照度均匀度的影响甚微。

四、不同颜色的墙面对课桌面的黑板面的照度略有影响。课桌面和黑板面的照度以白色（反射系数为80%）最高；米黄色（反射系数为70%）次之；浅蓝色（反射系数为60%）最差。白色粉刷比浅蓝色墙面时的课桌面照度约高15～20Lx，黑板面照度约高10～15Lx。

根据从现场照明试验中选取的13种方案进行眩光计算的结果，如表7.2.5所示，由表7.2.5可知，目前中小学校教室所采用的照明方案，无论是盒式灯具还是控照式灯具，其眩光指数CGI（国际照明委员会的眩光指数值）在20～24之间。处于刚刚感到不舒适的阶段。用我们自己实验得到的眩光公式计算的眩光常数G，纵排列时G在22.7～30.1之间，而横排列时G在24.9～54.4之间，因此需要改变灯具的排列方式，即宜采用纵向排列。由表7.2.5可知，盒式灯具比控照式灯具眩光指数约高1.5。灯具挂高1.7m比1.9m时的眩光指数约高0.6，灯管纵向排列比横向排列时的眩光指数减少一倍。为了避免照明光源所引起的直接眩光，不宜采用裸灯管。在有条件时，应采用带有保护角的灯具。当采用裸灯管时，可参照《工业企业照明设计标准》选取挂高。该标准规定对于无罩的40W及其以下的荧光灯，距地最低悬挂高度为2.0m，而在本规范中最低悬挂高度为2.4m（距桌面不低于1.7m）。根据以上研究结果，虽然在视野内有一定的眩光，但不致有很大的眩光作用，基本还是可行的。

表 7.2.5　眩光指数 CGI 和眩光常数 G 计算结果

序号	灯具型式和排列	灯管数	灯挂高（m）	G 横排	G 纵排	CGI
1	盒式均匀布置	6	1.7	44.7	24.6	22.1
2	盒式均匀布置	6	1.9	44.1	22.7	21.4
3	控照式布置	6	1.7	24.9	25.6	20.6
4	控照式布置	6	1.9	—	—	20.2
5	盒式均匀布置	8	1.7	—	—	22.4
6	盒式均匀布置	8	1.9	—	—	21.7
7	控照式布置	8	1.7	—	—	30.8
8	盒式均匀布置	9	1.7	54.4	27.3	22.7
9	盒式均匀布置	9	1.9	—	—	22.0
10	控照式布置	9	1.7	29.3	30.1	21.4
11	控照式布置	9	1.9	—	—	20.8
12	双管控照式布置	12	1.7	48.0	—	24.3
13	双管控照式布置	12	1.9	—	—	23.9

第7.2.6条 阶梯教室由于后排座位升高，设计时应注意前排灯的设置高度，不能使后排学生看黑板及银幕时产生眩光。

第7.2.7条 学校用房属于清洁房间，在使用荧光灯时，照明设备应每月擦洗一次，其照度补偿系数应取1.3。

第三节 换 气

第7.3.1条 每名学生每小时需要的空气量系根据日本学校环境卫生规定：

小学生	$9m^3$
初中生	$14.4m^3$
高中生	$21.6m^3$

本规范按每学生占教室面积约为$1.1m^2$，教室净高如$3.1 \sim 3.4m$，则每学生所占教室体积为$3.63 \sim 3.74m^3$，从理论上计算按空气量需要则教室每小时换气量为：

小学教室	$9/3.65 \sim 3.74 = 2.5$ 次
初中教室	$14.4/3.65 \sim 3.74 = 4$ 次
高中教室	$21.6/3.65 \sim 3.74 = 6$ 次

化学实验室换气次数根据民主德国1975年资料为10次，厕所和健身房换气次数也参照化学实验室拟定。保健室按同时有10个学生在室内拟定。学生宿舍按每学生$2.7m^2$，净高3m拟定。

关于换气每次所需时间，是由室内外温差大小而决定的。据测定不同室内外温度情况教室每次换气所需时间，见表7.3.1-1。

表7.3.1-1 不同室内外温差教室所需换气时间

室外气温（℃）	教室每次换气时间（min）
+10～+5	4～10
+5～0	3～7
0～-5	2～5
-5～-10	1～3
-10以下	1～1.5

在实测中，每教室为50人时，每名中学生在平静时，呼气中含有$4\% CO_2$，每小时从皮肤和肺可散出约40g水蒸气，$209.3400 \sim 418.6800kJ$热量，因此室内空气温度、湿度和其他卫生指标逐渐恶化。见表7.3.1-2。

表7.3.1-2 教室空气状况的变化

项　目	学习前	第一节课后	第二节课后	第三节课后	第四节课后
气温（℃）	14.6	16.2	20.0	18.0	18.0
相对湿度	44.5	47.2	44.7	43.7	49.8

续表7.3.1-2

项　目		学习前	第一节课后	第二节课后	第三节课后	第四节课后	
$CO_2\%$	1	0.97	2.26	3.60	2.92	2.22	课间开0.41×0.35小窗三个换气
	2	0.67	2.92	3.08	2.75	2.65	下课时实行换气制度
	3	0.8	1.6	1.7	1.7	2.1	
尘埃数/cm^3		38	206	225	203	330	

注：表中CO_2测定数字：

① 根据1960年第4号《人民健康》赵融《哈尔滨市新建教室自然换气效果的观察》。

② 根据1957年第2号《中华卫生杂志》陈洪权、赵融《教室内二氧化碳的蓄积情况及换气方法的初步研究》。

③ 根据1984年赵融、褚柏二同志所提出的测定数据。

室内的空气恶化，使学生注意力不集中，精神不振；换气所进入室内的冷空气，温度下降过快，易得感冒，故须解决好通风和采暖设计。

目前，苏联、法国学校教室空气中CO_2允许浓度采用1%，日本采用1.5%，而美国为2%。苏联、日本还规定教室换气次数为$3 \sim 4$次/h。本规范根据我国卫生部门的调查与实验研究，并参考国外对教室空气中CO_2允许浓度的规定，暂订为1.5%。

第7.3.2条 换气方式：在炎热地区，四季都可开窗，在温暖地区可采用开窗与开小气窗相结合的方式，在寒冷及严寒地区则在外墙和过道开小气窗或室内做通风道的换气方式，教室如在外墙开窗，风直接吹到学生的身上，容易感冒。故以设风斗式小气窗为宜。参照苏联学校建筑设计的卫生要求，其小气窗面积应不小于房间面积的1/60，如在单内廊过道开窗，则可利用门上亮及窗上小气窗定时开启。采暖地区的走廊还应考虑采暖，以便空气预热及学生活动。由于走廊窗的风压较室外小，窗开启面积宜增加一倍。

在寒冷或严寒地区设通风道换气时，须设活门随时关闭，以免散热过多。同时采暖设计亦应考虑所散热量的补给。

第八章 建 筑 设 备

第一节 采暖、通风

第8.1.1条 据调查目前学校的集中采暖系统设计不尽合理，未能充分考虑学校的使用特点，如晚上有的班级学生要在校自习，老师答疑、辅导；在假期中常有学生返校或进行各种活动；有的学校教学用房的顶层还设有单身教员宿舍，在假期中仍需供暖。所以，若采暖系统不分层，不分区，就要造成锅炉运行时耗煤量过多，浪费能源。

第8.1.3条 舞蹈教室、音乐教室、琴房等，都需要保持一定温度。琴的操作，手指冻僵就不能灵活按键，舞蹈虽然活动量大，但要换体操服，温度不够则无法练习。故在非集中采暖地区，需根据不同情况考虑采暖。

第8.1.4条 炎热地区的教学用房，由于学生座位固定，可采用摇头电风扇为好。

第二节 给水排水

第8.2.1条 在寒冷及严寒地区，学校在寒假期间，教学用房停止使用，为防止管道冻裂以及管内存水变质，故在给水进户管上，应设泄水装置。

第8.2.2条 本规范规定化学实验室宜建于首层。由于水压较高，造成实验室用水时溅水现象，往往弄湿桌面，因此有必要将水嘴的水头按流出水头考虑 $2\sim3m$，加以限制。

急救冲洗喷嘴是为学生当有害化学药品溅入眼中时，急救冲洗使用，故水压不能过大。

减压措施如：设置稳压水箱或节流塞等。

学生在实验过程中，经常把废品倒入水槽内，致使排水管道堵塞。防止管道堵塞比较简便的方法是在水槽排水口处设置拦污箅。

早期化学实验室内排水管道采用耐腐蚀铅管，新（扩）建者多采用排水铸铁管。在一些学校的实验中，酸碱废液直接倒入水槽内而不倒入废液罐（有的未设置），从而造成管道腐蚀，因此，应明确排水管宜采用耐腐蚀管材。一般采用塑料管即可。

第8.2.4条 为方便学生饮水需要，增强学生体质，在符合卫生要求的条件下，应在教学楼内逐层设消毒水供应处（经过滤或紫外线消毒自来水），严寒地区冬季学生饮冷水不习惯，可分别情况，供应热开水。

第三节 电气、广播

第8.3.1条 学校供配电：

一、第二、第四款规定是为了防止学生触及发生

危险而定。

二、第六款，教学用房与非教学用房的线路应划分支路控制。在调查中了解到一幢楼内教学与非教学用房，使用性质不同、作息时间不同、用电时间也不同，有的学校为了节电，教室用电集中控制，上课时接通电源，下课时切断电源。还有放假期间教室统一切断电源，而值班室或办公室等非教学用房则需正常供电。因此从维护管理和使用特点的要求，两者应划分支路控制，互不影响。另外教室照明控制范围不宜过大，要求控制在 2～3 个教室一路，主要是为减少事故影响范围，管理方便。

教学用房内插座与照明灯，应分开支路。因为插座用电不是每节课都用。从学生的安全着眼，避免发生意外触及危险，不用插座时将电源切断。平时插座不带电，而教室照明是经常用电的，所以要分支路控制，各自独立。确保安全与使用。

第8.3.2条 学校用电：

一、第二款，语言教室及微型电子计算机教室等，各校选用设备不同，故设计时应根据设备条件考虑线路敷设方法。

二、第四款，实验室用电

实验室用电应有独立专路，每室设配电盘及总通断开关，以防在实验过程中发生意外时，能及时切断或接通本室电源，确保安全用电。

（一）实验室插座位置

实验室电源插座采用暗管线，安装在实验桌上。最好是固定的，学生使用比较方便安全。

（二）实验准备室，除供实验准备用的电源插座外，多数学校要求有恒温箱、电冰箱、烘干箱小型教具制作等设备。因此，应留出以上设备的用电插座和安全接地措施。

（三）物理实验室设 380 伏电源是为教师演示用。

第8.3.3条 学校广播：

一、第一款，学校室内、室外，都要安装一定的扬声器。

广播线路应按学校使用性质划分。如运动场、教学用房、非教学用房等，以便调节广播范围。

二、第三款，本规定是为了防止意外损坏。

三、第五款，广播室广播终了时应断开电源，便于管理。

中华人民共和国国家标准

医院洁净手术部建筑技术规范

GB 50333—2002

条 文 说 明

目 次

1 总 则

1.0.1 1995 年实施的《医院消毒卫生标准》GB 15982 给出了细菌菌落总数允许值，如表 1 所列。

表 1 细菌菌落总数卫生标准

环境类别	范　　　围	标　　　准		
		空气（个/m³）	物体表面（个/cm²）	医护人员手（个/cm²）
Ⅰ类	层流洁净手术室、层流洁净病房	≤10	≤5	≤5
Ⅱ类	普通手术室、产房、婴儿室、早产儿室、普通保护性隔离室、供应室无菌区、烧伤病房、重病监护病房	≤200	≤5	≤5
Ⅲ类	儿科病房、妇产科检查室、注射室、换药室、治疗室、供应室清洁区、急诊室、化验室、各类普通病房和房间	≤500	≤10	≤10
Ⅳ类	传染病科及病房	—	≤15	≤15

由于该标准只给出菌落数而无尘粒数的标准，而且菌落数为消毒后的静态指标，也偏大，所以该标准应是洁净手术部关于细菌数的最低标准，该标准有关卫生消毒的一般原则也应在洁净手术部中得到遵守。但这是不够的，洁净手术部必须从空气洁净技术角度来衡量，满足洁净手术部应有的综合性能指标，仅菌落这一单项指标合格而其他指标不合格，仍不是合格的洁净手术部，仅是合格的一般常规手术部。因为有关指标不合格，暂时合格的菌落指标也是保持不住的。

此外，洁净手术部和常规手术部的区别在于：

1 不仅要防止微生物对内或对外的污染（例如传染性疾病手术或患有传染病的病人手术），还要防止无生命微粒的对内污染。因为空气中的微生物都以微粒为载体，也是一种微粒，服从微粒的一般原理，要更好地防止微生物污染，就必须防止微粒的污染；

2 区别还在于不仅仍然实行常规的有效的消毒灭菌措施，还要采取空气洁净技术措施。前者主要针对表面灭菌，后者主要针对空气中的微粒（含有生命微粒）清除。在同时采取这两种措施时，有些常规消毒灭菌方法就不成为有效的了，例如紫外灯照射法。世界卫生组织对紫外灯照射法的不适用性就有明确说明。

1.0.3 下列标准规范所包含的条文，通过在本规范中引用而构成本规范的条文。本规范出版后，所示版本仍有效。使用本规范的各方应注意，使用下列规范的最新版本。

《空气过滤器》GB/T 14295—93
《高效空气过滤器》GB/T 13554—92
《洁净厂房设计规范》GB 50073—2001
《医院消毒卫生标准》GB 15982—95
《高层民用建筑设计防火规范》GB 50045—95
《通风与空调工程施工质量验收规范》GB 50243—2002
《综合医院建设标准》1996 年
《医院洁净手术部建设标准》2000 年
《建筑设计防火规范》GBJ 16—87
《采暖通风与空气调节设计规范》GBJ 19—87
《压缩空气站设计规范》GBJ 29—90·
《火灾自动报警系统设计规范》GB 50116—98
《装饰工程施工及验收规范》GBJ 210—83
《通风与空调工程质量检验评定标准》GBJ 304—88
《综合医院建筑设计规范》JGJ 49—88
《洁净室施工及验收规范》JGJ 71—90
《民用建筑电气设计规范》JGJ/T 16—92
《自动喷水灭火系统设计规范》GB 50084—2001
《医用中心吸引系统通用技术条件》YY/T 0186—94
《医用中心供氧系统通用技术条件》YY/T 0187—94

1.0.4 对于有空调系统的洁净手术室，尘菌的 85%～90% 来源于空气，如果室内空气这一大环境没有处理好，就是没有抓住关键。但是另一方面理论研究和实践也证明，不一定全室都非达到同一个空气洁净度级别，这样会有相当浪费，如果能采取措施加强手术台这一关键区域的污染控制，则可收到事半功倍的作用，这就是所谓加强主流区意识。围护结构主要要满足不积尘、菌，容易清洁消毒，满足功能需要，不在于如何高级、复杂、豪华。

1.0.5 实际工程中不仅选用的材料有很多不规范、不合格的，甚至连空调器都被施工单位用从各处买来的部件在现场组装，当然说不上性能试验了。为了杜绝连大型机电设备都在现场拼装而不去选用正规厂家产品的做法，规范中特别强调整机（如空调器）必须是专业厂生产的，不得随便自己组装。

3 洁净手术部用房分级

3.0.1、3.0.2 手术部是由若干间手术室及为手术室服务的辅助房间组成的辅助区组建而成。辅助区内的用房又可分为直接或间接为手术室服务。直接为手术室服务的功能用房，包括无菌敷料存放室、麻醉室、泡刷手间、器械贮存室（消毒后的）、准备室和护士站等；间接为手术室服务的用房包括办公室、会议室、教学观摩室、值班室等。按照医院总体要求，直接为手术室服务的功能用房可设置净化空调系统，为洁净辅助用房，而且应设置在洁净区内。

洁净手术部各类洁净用房属生物洁净室，以控制有生命微粒为主要目标，故应以细菌浓度来分级，每皿菌落数不大于 0.5 个视为无菌程度高，定为特别洁净手术室。强调空气洁净度是必要保障条件，说明洁净手术室不同于一般的经消毒的普通手术室，若没有空气净化措施，则不能算是洁净用房，从而也点出洁净手术部的实质。

经济发达国家如瑞士，空调标准把手术室分为 3 个级别，德国医院标准分为 2 个级别，美国外科学会手术室分为 3 个级别，日本将手术用房分为前区 3 个级别（高度清洁、清洁和准清洁）和后面 2 个区域（一般区域及防污染扩散区），英国分为 2 个级别。这些分区不是太少就是太多太乱。按照卫生部颁发的《医院分级管理办法（试行草案）》中的有关规定，3 个级别医院所承担的手术内容不同，再考虑到我国当前地区差异还较大，为适应不同地区的情况，设置了 4 个洁净用房等级。以手术室来说，以标准洁净手术室作为基准，高一级的即特别洁净手术室作为最高级，低一级的为一般洁净手术室，而考虑到洁净技术在手术室的推广，特设最低一级即准洁净手术室。

3.0.3 由于本规范提倡采用集中送风口，充分利用主流区作工作区的做法，所以可以使工作区（即手术区）洁净度提高一级，细菌浓度比周边区降低一半以上。这就是手术区细菌最大污染度的概念。主流区污染度是指主流区（含工作区或手术区）浓度与涡流区浓度之比，由于按三区不均匀分布理论，三区中的回风口区很小，涡流区就相当周边区。当然，实际检测用的是工作面浓度，和各区的体积浓度略有差别。按照测定统计，Ⅰ、Ⅱ、Ⅲ 级手术室手术区污染度为 0.3、0.45、0.6，分别比计算值大 0.2。为了简化，本规范污染度均按 0.5 计算。因此可区分手术区和周边区，分别给出标准。高级别洁净手术室的手术区，主要手术人员位于两侧边，为了洁净气流全部将其笼罩，两侧边至少外延 0.9m，中等洁净的外延 0.6m，低等的只要求笼罩手术台，故只外延 0.4m。两端一般不站人，只要求笼罩到台边，都外延 0.4m。

关于细菌浓度的标准是按上述原则并参考计算数据，取约 1.5 倍的安全系数后制订的。有了浮游菌再确定沉降菌。要说明的是如手术区为 100 级，周边区为 1000 级，由于该 1000 级受惠于集中送风的 100 级，该 1000 级的洁净效果要优于按 10000 级换气次数集中布置后中间 1000 级手术区的效果。

浮游菌指标瑞士 Ⅰ 级标准为 ≤10 个/m³；美国外科学会 Ⅰ 级标准为 35 个/m³，Ⅱ 级标准为 175 个/m³；又据 1997 年的欧盟（EU）GMP 规定，100 级（A 类和 B 类）和 10000、100000 级的浮游菌指标分别为 ≤1、≤10 和 ≤100、≤200 个/m³。沉降菌指标分别为 ≤0.125、≤0.625 和 ≤6.25、≤12.5 个/30min·φ90 皿。

以上这些标准都是动态指标，本标准为静态指标，所以应该只有前者几分之一，因此现在所订浮游菌和沉降菌数并不低。根据大量测定，实测达标菌浓数远低于现行的一些标准的值（浮游菌为 5、100、500 个/m³，沉降菌为 1、3、10 个/30min·φ90 皿），就是 100000 级洁净室沉降菌为 "0" 的也不少。

表 3.0.3 中明确指出是 "空态" ——没有医疗设备的空房子或 "静态" ——已经安装了一些医疗设备如手术台、无影灯、气塔等条件下的检测，只定一种状态则有时不好操作，而这两种状态下的浓度差别在数据上几乎反映不出来。

眼科专用手术室虽为 Ⅰ 级，但由于要求集中送风面积小，因此对周边区只要求达到 10000 级。

洁净辅助用房的送风过滤器一般不用集中布置（有局部 100 级的除外），也没有固定集中的工作区，所以标准不再分工作区和周边区。

3.0.5 在最新版本的英国、日本等标准中都提及了传染病用的负压手术室设计问题。由于可采用调节排风量或增设排风机等简易、有效手段，可以使洁净手术室由正压变成负压，扩大了洁净手术室的用途。

4 洁净手术部用房的技术指标

4.0.2 洁净手术部各类洁净用房除去洁净度级别和细菌浓度两个标准外，主要技术指标包括静压差、截面风速、换气次数、自净时间、温湿度、噪声、照度和新风量。

1 关于静压差。工业厂房不同洁净室之间不小于 5Pa 和对室外不小于 10Pa 的规定偏小，特别是当两室相差 1 级以上时，理论计算的合适的数值见表 2。

表 2　建议采用的压差

目　　的		乱流洁净室与任何相通的相差一级的邻室（Pa）	乱流洁净室与任何相通的相差一级以上的邻室（Pa）	单向流洁净室与任何相通的邻室（Pa）	洁净室与室外（或与室外相通的房间）（Pa）
一般	防止缝隙渗透	5	5～10	5～10	15
严格	防止开门进人的污染	5	40 或对缓冲室 5	10 或对缓冲室 5	对缓冲室 10
	无菌洁净室	对缓冲室 5	对缓冲室 5	对缓冲室 5	对缓冲室 10

因此本规范对相邻低级别房间可能相差 1 级也可能相差 2 级的高级别手术室，运行中的压差平均取 8Pa，其他低级别房间与相邻低级别房间相差大多数只有 1 级，仍取 5Pa。由于洁净区对非洁净区肯定相差 2 级以上，所以定为 10Pa，而对室外则按上表取 15Pa。

2 关于风速。垂直单向流洁净室的工作区截面风速按下限风速原则应为 0.3m/s，但对于本规范集中布置送风口的Ⅰ级洁净用房的局部垂直单向流即俗称局部100级来说，由于气流向100级区以外扩散，而这种扩散又受到送风面有无阻挡壁、四边离墙远近等因素影响，从大量实测看，0.3m/s是一个较严的数。以前《空气洁净技术措施》将这一数值定为0.25m/s，但测点高度指定0.8m和1.5m两处，结果将取其平均。本规范和《洁净室施工及验收规范》一样，测点高度定在0.8m，考虑到上述局部集中布置送风口的原因，以及减少术中的切口失水，特将运行中此数值放宽为一个范围即0.25～0.3m/s。

眼科手术时如风速大，会加快结膜蒸发失水，所以对于眼科手术据经验降低约1/3。

3　关于换气次数。对于同一个洁净度可以有不同的换气次数，根据理论联系实际计算，静态100000级最少可小于10次，10000级可小于15次。虽然本规范是静态或空态条件，但是不能只按静态洁净度去考虑换气次数。因为换气次数应有两个功能，一是保证洁净度，一是保证自净时间，而后者往往被忽略。自净时间对于没有值班风机的早晨提前多少时间运行有重要意义，但长了要提前很多，是个浪费。对于手术室还有一个作用，就是第一台手术完了什么时间可以开始第二台手术的问题，如果要经过较长自净时间才能开始显然既耽误手术又降低了手术室的周转效率，所以希望自净时间越短越好，但是太短了势必要加大换气次数，也是不现实的。因此本规范确定局部100级的Ⅰ级手术室不大于15min，10000级不大于25min，100000级不大于30min，300000级普通手术不大于40min。从早晨开机看，提前40min也不算太多，如果超过1h就长了。

本着以上原则，可以算出要求运行中的换气次数（如表4.0.1中所列），就是考虑自净时间的"自净换气次数"，在我国军标洁净手术部规范中也是这样规定的。由于实践中存在把换气次数加大的现象，为减少这种浪费，因此规定了一个范围供选择，即根据手术室面积最多可扩大1.2倍的原则，换气次数上下限之间设定1.2倍的差别。这也是本规范的一个特点。

4　关于温湿度。22～25℃的温度范围是参照国外一些标准、文献的数据并根据我国国情确定的。美国1999年版供热、制冷和空调工程师学会《ASHRAE手册》的应用篇，要求净化空调系统能够保证手术室内的温度可在17～24℃范围内调节，而1991年版的则为20～24℃，这说明室温调节范围扩大了。但据国内一些手术室医生反映，夏天在25℃左右为好，冬天为使患者身体外露部分热损失小，最低21℃是必要的，所以本条取22～25℃。而对于人停留短暂或可能穿较多衣服的场合如辅助用房，把上下限放宽到21～27℃。

又据研究，相对湿度50%时，细菌浮游10min后即死亡；相对湿度更高或更低时，即使经过2h大

部分细菌也还活着。在常温下，$\varphi \geq 60\%$可发霉；$\varphi \geq 80\%$则不论温度高低都要发霉（见图1和图2）。日本有关医院的标准，要求湿度保持在50%；德国标准则规定整个手术部内的相对湿度不超过65%。美国《ASHRAE手册》1999年版要求相对湿度为45%～55%，而1991年版的为50%～60%，这和美国建筑师学会出版的《医院和卫生设施的建造和装备导则》的要求一样。《导则》对产科手术室则放宽到45%～60%。上述数据表明，相对湿度为50%最理想。但考虑到国内的技术条件，本条把Ⅰ、Ⅱ级手术室相对湿度定在40%～60%，而Ⅲ、Ⅳ级的放宽到35%～60%。

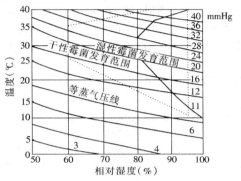

图1

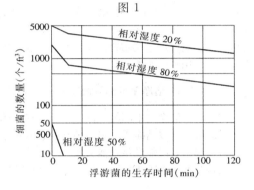

图2

对于洁净辅助用房有时只定上限，有时把下限放宽，上述《导则》对恢复室也要求为30%～60%，对麻醉气体储藏室、处置室则无要求。所以本条对有人的房间进一步放宽到30%～60%，而对于无人的房间则只规定上限。

5　关于噪声。瑞士对高级的无菌手术室定为50dB（A），一般无菌手术室定为45dB（A）；德国标准均为45dB（A）。

根据国内实践证明45dB（A）是可以实现的，所以本条对多数房间取≤50dB（A）这一标准，而对Ⅰ级手术室则取52dB（A），便于对不同工程情况区别对待。

6　关于照度。据国外文献介绍，手术室一般照度多在500 lx以上，高者达1500 lx，也有提出从

750～1500 lx的。而据后来实测，日本东海大学无菌手术室照度为 465 lx，准备室为 350 lx，前室为 420 lx，都未说明是最低照度，是平均照度的可能性大。本规范结合国情，手术室一般照明的最低照度取 350 lx，则平均照度在 500 lx 左右，而辅助用房则按洁净室最低标准取 150 lx。

5 建 筑

5.1 建 筑 环 境

5.1.1 以某城市为例，最多风向是冬天的西北风，次多是夏天的东南风，在这两个方向都不能设洁净区。而东风频率最小，则它的对面即西面就是受下风污染最小的方向，所以洁净手术部应设在最小风频东风的对面。

5.1.2 洁净手术部在建筑平面中的位置，应自成一区或独占一层，有利于防止其他部门人流、物流的干扰，有利于创造和保持洁净手术部的环境质量。

因洁净手术部与不少相关部门有内在联系，为提高医疗质量与医疗效率，宜使相关部门联系方便，途径短捷，又使手术部自成一区，干扰最少，特作此条规定。

5.1.3 由于首层易受到污染和干扰，而高层建筑顶层又不利节能、防漏。因此在大、中型医院中，宜采用与相关部门同层或近层布置洁净手术部。在医院规模不大时宜采用独层布置。

5.2 洁净手术部平面布置

5.2.1、5.2.2 洁净手术部的具体组成是洁净手术部平面布置的依据，以洁净手术室为核心配置其他辅助用房，组合起来，既能满足功能关系及环境洁净质量要求，又是与相关部门联系方便的相对独立的医疗区。

洁净手术部必须分为洁净区与非洁净区，不同洁净区之间必须设置缓冲或传递窗，以控制各不同空气洁净度要求的区域间气流交叉污染，有效防止污染气流侵入洁净区。

5.2.3 洁净手术部平面组合的重要原则是功能流程合理、洁污流线分明并便于疏散。这样做有利于减少交叉感染，有效地组织空气净化系统，既经济又能满足洁净质量。

洁净手术室在手术部中的平面布置方法很多，形式不少，各有利弊，但必须符合功能流程合理与洁污流线分明的原则。各医院根据具体情况选择布置形式及适当位置。

1 尽端布置——洁净手术室布置在手术部尽端干扰少，有利于防止交叉感染。

2 侧面布置——洁净手术室布置在辅助用房的另一侧，彼此联系方便。

3 核心布置——洁净手术室设在手术部核心位置，相互联系方便，减少外部环境的影响。

4 环状布置——洁净手术室环形布置，中间设置为手术室直接服务的辅助用房，特别是无菌物料的供应用房，这样联系路线短捷，效率高。但路线组织较困难。

根据资料归纳分析，一般洁净手术部的流线组织有如下三种形式：

1 单通道布置：将手术后的污废物经就地初步消毒处理后，可进入洁净通道。

2 双通道布置：将医务人员、术前患者、洁净物品供应的洁净路线与术后的患者、器械、敷料、污物等污染路线严格分开。

3 多通道布置：当平面和面积允许时，多通道更利于分区，减少人、物流量和交叉污染。

5.2.4 在洁净手术部中不同洁净度的手术室，应使高级别的手术室处于干扰最小的区域，尽端往往是这种区域，这样有利洁净手术部的气流组织，避免交叉感染，使净化系统经济合理。

5.2.5 洁净手术室主要应控制细菌和病毒的污染。污染途径通常有如下几种：

1 空气污染——空气中细菌沉降，这一点已有空气净化系统控制；

2 自身污染——患者及工作人员自身带菌；

3 接触污染——人及带菌的器械敷料的接触。

由污染途径可见，人员本身是一个重要污染源，物品是影响空气洁净的媒介之一（洁净手术室中尘粒来源于人的占 80％以上）。所以进入洁净手术室的人员和物品应采取有效的净化程序，以及严格的科学管理制度来保证。同时净化程序不要过于繁琐，路线短捷。

5.2.6 因人、物用电梯在运行过程中，将使非洁净的气流通过电梯井道污染洁净区，所以不应设在洁净区。如在平面上只能设在洁净区，在电梯的出口处必须设缓冲室隔离脏空气污染洁净区。

5.2.7、5.2.9 空气吹淋是利用有一定风速的空气，吹去人、物表面的沾尘，对保证洁净空间洁净度有一定效果。但是在洁净手术部（手术室）门口设置就不合适了，因为病人是不能经受高速气流吹淋的，同时吹淋室底面高出地面，影响手术车的推行；一个手术部往往有多间至 20 间手术室，有数十至一、二百医护人员几乎同时工作，即使设几间吹淋室也不够用，而且效果也不理想，而刷手后更不便吹淋，所以本条规定不得设空气吹淋室。缓冲室是位于洁净空间入口处的小室，一般有几个门，在同时间内只能打开一个门，目的是防止人、物出入时外部污染空气流入洁净间，可起到"气闸作用"，还具有补偿压差作用，所以在人、物出入处及不同洁净级别之间应设缓冲室。

作为缓冲室必须符合能起到缓冲作用的条件。

5.2.10 刷手间宜分散布置，以便清洁手后能最短距离进入手术室，防止远距离二次污染手的外表。所以一般宜在两个手术室之间设刷手间，内有刷手池；为避免刷手后开门污染，不应设门，因此，也可设在走廊侧墙处。

5.2.11 每个洁净手术部中一般有几个或20多个手术室不等，手术结束，处理后的污物应有专用的污物集中存放处理，以避免随意堆放，造成二次污染。

5.2.12 洁净手术部一般不应有抗震缝、伸缩缝、沉降缝穿越，主要是为了保证洁净手术部的气密性、减少污染，有利于气流组织，简化建筑构造设计，节约投资。

5.3 建筑装饰

5.3.2、5.3.3 洁净手术室必须保证建筑的洁净环境，为防止交叉感染及积灰，吊顶、墙面、地面的装饰用材要求耐磨、不起尘、易清洗、耐腐蚀。随着科学的发展，能满足洁净手术室要求的新材料品种繁多，根据功能的实际需要及经济能力，合理选择。材料性质和实践表明，整体现浇水磨石仍是很好的地面材料；要求用浅色，是为了和清洗后的血液污染过的地面颜色接近。据到国外考察所见，美国医院仍有不少用瓷砖墙面，国内一些大医院也有仍用瓷砖的，效果没有问题。

5.3.4、5.3.5 在洁净手术部内为了便于清洗，避免产生污染物集聚的死角，要求踢脚与地面交界处必须为圆角，这也是《洁净室施工及验收规范》JGJ 71—90 所强调的。为避免意外事故发生，要求阳角也做成圆角（但门洞上口这些地方可例外），墙上做防撞板。

5.3.6 外露的木质和石膏材料易吸湿变形、开裂、积灰、长菌、贮菌，所以要求在洁净手术室内不得使用这些材料。

5.3.7 由于技术夹层内安有净化设备并需经常更换，且有和手术室相通的机会，因此，要求夹层内干净、防尘，故其围护结构要按一定要求处理。

5.3.8 由于手术时间很长，持续挥发有机化学物质，对患者和医护人员都极不利；特别是有些洁净手术室及其辅助用房，如做试管婴儿的取卵子的手术室、在倒置显微镜和解剖显微镜下对卵子进行操作的实验室、卵子培育室等，必须绝对无毒无味，而常用的涂料、地面材料都会挥发出微量有害气体致卵子于死亡，因此在选用材料上要特别注意，如地面就宜避免使用涂料、上胶的做法，水磨石反倒安全。

5.3.9 洁净手术室的净高是根据无影灯的型号及气流组织形式来确定的，大量的实际数据统计表明 2.8～3.0m 之间是较合适的。

5.3.10 洁净手术室的重点在于空气净化及气流组织，为防止空气途径的污染，进入手术室的门需设置吊挂式自动推拉门，以减少外界气流干扰，避免地面出现凹槽积污。由于术中经常敞着门，使正压作用完全丧失，因此要求洁净手术室的门应有自动延时关闭装置。

5.3.11 手术室不应设外窗，应采用人工采光，主要是为避免室外光线对手术的影响及室外环境对手术室的污染。但对Ⅲ、Ⅳ级洁净辅助用房，其净化级别在100000级及其以下的，放宽到可设外窗，但必须是双层密闭的。

5.3.12 洁净手术室是以空气净化为手段，具有一定正压（或负压），要求气密性良好，所以洁净手术室内所有拼缝必须平整严密。

5.3.14 为了避免突出与不平而积尘，墙面上的插销、药品柜、吊顶上的灯具等均应暗装，在不同材料的接缝处要求密封。

5.3.16 如果洁净手术室的吊顶上有人孔，则因技术夹层中由于漏风常形成正压，就会造成从人孔缝隙向手术室渗漏。同时，有人孔就意味着可允许维修人员爬上人孔，这对维持手术室的洁净是很不利的。所以人孔应设在手术室之外，如走廊上。

6 洁净手术室基本装备

6.0.1 洁净手术室基本装备是指需在手术室内部进行建筑装配、安装的设施，不包括可移动的或临时用的医疗设备、电脑及与其配套的设备，此外，洁净辅助用房内的装备设施也不在此基本装备之列。

基本装备包括可供手术室使用的最基本装备项目和数量，可在此基础上根据使用需要，有选择地适当增加，但不属于基本装备之列。

7 空气调节与空气净化

7.1 净化空调系统

7.1.1 本条强调各洁净手术室灵活使用，但不管手术部采用什么系统，要求整个手术部始终处于受控状态。不能因某洁净手术室停开而影响整个手术部的压力梯度分布，破坏各房之间的正压气流的定向流动，引起交叉污染。集中式空调系统不会出现这个问题。如采用分散式空调系统，各空调机组最好设定运行风量和正压风量两档。手术室关闭后仍希望维持正压风量运行。如采用分散空调机组与独立的新风（正压送风）组合系统（见图3），可使每间手术室净化空调和维持正压两大功能分离，又能将整个洁净手术部联系在一起。手术部工作期间两个系统同时运行，不会像常规空调系统因保持室内正压，减少回风量或增加新风量，而引起系统的不稳定性。当手术部中只有部分手术室工作期间，只需运行部分手术室的独立空调机组和正压送风系统，既保证部分手术室正常工作，又保证整个手术部的正常压力分布和定向空气流动。在手术部非工作期间，只运行正压送风系统，维持整个手术部正压，可大大降低温湿度要求，保持其洁净无菌状态，使整个洁净手术部管理灵活、方便。德国标准 DIN 1946 第四部分修订稿也将采用这个系统。

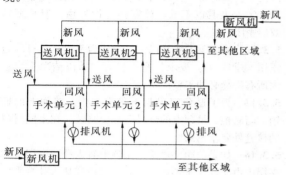

图 3 独立新风（正压送风）系统

为避免空气过滤器积尘对系统风量的影响，强调正常定风量运行状态，所以建议采用定风量装置。

7.1.2 洁净手术室由于保护区域较小，要求尽量采用局部送风的方式，即把送风口直接地集中布置在手术台的上方。Ⅰ级特别洁净手术室采用单向流气流方式，是挤排的原理；Ⅱ、Ⅲ级洁净手术室由于出风速度较低，不能有足够的动量以保持单向流，是一种低紊流度的置换气流；Ⅳ级准洁净手术室是混合送风气流，是稀释的原理。因此对送风口布置方式不作特殊的要求。

7.1.3 空气过滤是最有效、安全、经济和方便的除菌手段，采用合适的过滤器能保证送风气流达到要求的尘埃浓度和细菌浓度，以及合理的运行费用。1999年版美国供热、制冷和空调工程师学会《ASHRAE手册》和日本 1998 年出版的《医院设计和管理指南》规定，相当于我国Ⅲ、Ⅳ级手术室允许采用的两级过滤。根据我国国情，本条文再次强调至少三级过滤以及三级过滤器的常规设置位置。

如第三级过滤设置在紧靠末端的静压箱附近，应尽可能使送风面以上系统对 $\geqslant 0.5\mu m$ 微粒为封闭式系统。

7.1.4 大量国内外文献都报道过普通空调器和风机盘管机组在夏季运行工况中盘管和凝水盘的发霉和滋生细菌问题，引起室内细菌浓度和臭味极大增高，因此国外老版本标准明确表明禁止在手术室内使用这种设备。日本 1998 年出版的《医院设计和管理指南》规定，低级别的洁净手术室允许采用带不低于亚高效空气过滤器的空气循环机组。因此，本条文允许在准洁净手术室采用净化空调器和净化风机盘管机组。

7.1.6 国外新版本标准对室内湿度控制的要求都提

高了。大量事实表明，尽管净化空调可以有效地过滤掉送风中的细菌，但仍须强调整个洁净手术室内的湿度控制，因为只要有适当的水分，细菌就有了营养源，就可以在系统中随时随地繁殖，最后会造成整个控制失败，因此要对湿度的危害引起高度重视。在设置独立新风处理机组时，强调其处理终状态点。在国内尚不能做到室内机组干工况运行时，希望有条件时处理后新风能承担室内一部分湿负荷。

7.1.7 手术室采用空调后，医护人员一直反映室内太闷，尤其是小手术室。日本 1998 年出版的《医院设计和管理指南》规定最小新风量为 5 次/h；美国 1999 年版《ASHRAE手册》的应用篇中也规定最小新风量为 5 次/h；联邦德国标准 DIN 1946 第四部分给出病房每人 70m³/h，手术室未给出，显然要高于此数，但给出了每间手术室新风总量为 1200m³/h；瑞士标准采用每人 80m³/h；考虑到排风系统的设置、设定的人数（特大型 12 人，大型 10 人，中型 8 人，小型 6 人）及每人最小 60m³/h 新风的规定，以上这些标准都较高，尤以德国的新风量最大。它的考虑是，手术室中哈龙用量为 500ml/h，如果新风达到 1200m³/h，则可维持哈龙的浓度在 $\dfrac{500cm^3}{1200m^3} \approx$ 0.4ppm，而麻醉医师附近将高于此浓度 10 倍即 4ppm，此数刚好低于该气体最高允许浓度 5ppm。本规范考虑的是：①可以参照德国的考虑，但对做小的普通手术的Ⅳ级手术室，麻醉剂用量可能都要少，而且麻醉气体释放不应是连续高浓度，而本规范规定排风是连续的，因此，可考虑减少新风量至其一半约 600 m³/h。②也是最主要的，即为了在开门状态下，室内气流能以一定速度外流，以抵制外部空气入侵。设Ⅰ级手术室保持向外气流速度为 0.1m/s，门开后面积为 $1.4 \times 1.9 = 2.66m^2$，则需 956m³/h 的新风；Ⅱ、Ⅲ级手术室保持 0.08m/s 流速，则需 766m³/h。加之较普遍反映手术室较闷，因此本条将新风适当增加，除规定了新风换气次数和每人新风量外，对Ⅰ级、Ⅱ～Ⅲ级和Ⅳ级手术室的最小新风量分别定为 1000m³/h（眼科专用手术室一般手术人员极少，房间也小，可以采用 800m³/h）、800m³/h 和 600m³/h，避免小手术室出现问题。

7.1.8 由于采集洁净、新鲜的室外新风对室内空气品质有独特的作用，因此本条文强调新风风口的设置和防雨性能。无防雨性能的新风风口不应采用。

本条文还强调洁净手术部非运行状态时的严密性，所以在新风口和排风管上宜安气密性风阀。

7.1.9 为有效、灵活地控制正压以及排走消毒气体、麻醉气体和不良气味，手术室排风系统可独立设置，并且应和送风机一样连续运行，所以要求排风与送风系统连锁。

为避免排风污染隐蔽空间，并增加该空间压力，造成向手术室的渗透，故不得把排风出口安在隐蔽空间（如技术夹层）内。

7.1.10 水分和尘埃是细菌滋长的必要营养源，过去对管路系统（尤其在管件和静压箱中）和过滤器上的湿度和尘埃积累的危害没有引起高度重视。为了减少这种积累，本条文对管路和静压箱的做法作了强调，并直接采用德国医院标准 DIN 1946 第四部分的有关要求。

7.1.11 考虑到散热器易积尘，运行时产生热对流气流和尘粒在墙的冷壁面上的热沉降，对室内净化不利，所以本条文对散热器使用场合和型式作出规定。

7.1.12 由于手术室的特殊性，设计手术室时要考虑到净化空调系统在过渡季节使用的冷热源的可能性，而不必启动大系统的冷热源。

7.2 气 流 组 织

7.2.1 根据主流区理论，送风口集中布置后，在原空气洁净级别的风量下，可使手术区级别提高一级，而室内其他区域仍为原级别，手术区细菌浓度则也降低了一半以上，所以作了本条规定。为控制规模，防止耗能增加太多，又对送风口面积上限作了规定。由于Ⅳ级手术室要求低，故不作此项规定。

7.2.2、7.2.3 鉴于静态测定时，高换气次数下也可以测出小于 3.5 粒/L 的结果，但这并不是真正意义上的 100 级，它的抗干扰性能很差，自净时间也长，就是因为它的气流为非单向流。根据对 100 级的要求，100 级一定按单向流设计。而为了达到单向流，满布比是重要条件。

当送风面采用阻漏层末端时，即具有阻漏功能：稀释阻漏、过滤阻漏、降压阻漏和阻隔阻漏，使送风面以上系统对≥0.5μm 微粒具有封闭系统的性质，从而可避免末端高效过滤器万一出现渗漏的危险，并且降低了层高，维修更换等工作可不在室内进行。

7.2.4 低于 100 级的洁净区的末级高效过滤器数量不多，为了送风面的出风较均匀，不论过滤器是分散布置还是集中布置，送风面上要有均流层（含孔板）。

7.2.5 采用双侧下回风是为了尽可能保证送风气流的二维运动，对 100 级区这一点更重要。据实验，四侧回风时，全室平均的乱流度要比两侧回风时大 13% 以上，所以对于所有洁净用房都应采用两侧下回，不应采用四角或四侧回风。同时，采用四角回风面积太小，对于有局部 100 级的房间，不足以把回风速度控制在 1.6m/s 以下，势必要抬高回风口高度，有些工程回风口上边竟在 1.2m 左右，这是非常错误的做法。

超过 3m 宽的房间一般要在两面回风，如果只有一面设回风口则另一面工作时发生的污染将流经这一面的工作区，形成交叉污染，因此作了本条规定。

7.2.6 回风口高度必须使弯曲气流在工作面（0.7～0.8m）以下，同时单向流洁净室回风口要连续布置，才能减少紊流区；又为了减少风口叶片抖动的噪声，故回风速度要予限制，这一数值已为大量工程实测证明是可用的。为不影响卫生角的设置，并考虑回风口法兰边宽，所以回风口洞口下边不应太低，至少离地 0.1m。

7.2.7 为和各手术室尽可能设置独立机组的要求适合，方便控制，并减少手术室间通过走廊的交叉污染，故要求本室回风通过本室回风管循环解决。德国等标准也如此要求，而不用余压阀，这是较严的标准。

7.2.8 为了排除一部分较轻的麻醉气体和室内污浊空气，排风口应设在上部并靠近发生源的人的头部。

7.2.9 因为Ⅰ、Ⅱ级洁净手术室对洁净度的要求高，气流组织的质量要好，而作为局部净化设备的气流组织，不如全室送风的好。所以要求不应直接在Ⅰ、Ⅱ级洁净手术室内设置其他净化设备。只有其他级别手术室因简易改造等原因，才允许设置这种局部净化设备，但要注意与净化空调系统的送风气流协调。

7.3 净化空调系统部件与材料

7.3.1 空调机（带制冷机，冷量在 16.3kW 以上）、空调器（带制冷机，冷量在 16.3kW 以下）、空调机组（不带制冷机）是净化空调系统最常用的重要部件，它的制作及选材应满足日常进行维护方面的特点，如清洗、消毒、更换过滤器、防锈、防腐、排水等均应有与普通常用空调设备不同的要求，本条针对这些原则提出了不同要求，大量工程实践已证实这些要求是可行的。例如：对于空调机组内不应采用淋水室，因为淋水室中的水质很差，尤其是水中的含菌量很高，菌种很杂，故不应作为冷却段使用；空调箱（器）中加湿器的下游应有足够的距离，便于水珠充分汽化，空气吸收水分，以保证管道和过滤器不受潮。美国相关标准甚至把本条第 7 款中的相对湿度值降低到 70%。考虑到有存水容器的喷雾式或电极式水加湿器的水质容易滋生细菌、变质，故推荐采用干蒸汽加湿器。但由于锅炉房生产的蒸汽中含有清洗剂、防腐剂、防垢剂等物质，使蒸汽含有不良气味，影响室内空气品质，甚至使室内人员发生加湿器热病，所以强调加湿水质应达到生活饮用水卫生标准，且加湿器结构应便于清洁。

7.3.3 空调系统采用的消声器，内表面应抗腐蚀，吸声材料不吸潮，并要求设置在第二级过滤器的上游，这在过去国内的《空气洁净技术措施》和德国标准 DIN 1946 第四部分第 5.5.7 条也明确地作了这样的规定。在吸声材料的选用上，不应采用玻璃纤维制品。

7.3.4 由于软接头不好保温，易有冷凝水在其表面产生，导致长霉。双层软接头对防止其表面长霉有一定作用。

7.3.5 所谓可清洗过滤器不仅增加维护工作量，而且洗后将严重改变过滤器性能，所以为保证系统空气处理性能的稳定，应采用一次抛弃型过滤器，国外也都如此。

7.3.6 手术室的室内环境相对湿度一般为50%～60%，对以防菌为主要目的是十分必要的。木质材料（包括经层压、胶合等材料）制作的外框易吸潮（层压、胶合也难例外），易产生霉变、开裂、变形等，故不能使用；由于手术室环境封闭，高效过滤器的刺激味不易散发出去，故选用产品时应注意异味问题。过滤器使用风量如超过额定风量将使阻力大增，寿命大减，因此不宜超过额定风量的80%。

7.3.7 由于洁净手术部是一个保障体系，静电除尘（净化器）难于实现多指标的这种体系，且除尘效率不高也不稳定外，又容易产生二次扬尘，故不得作为洁净手术室的末端净化装置，也不宜直接设置在洁净室内，日本空气清净协会的《空气净化手册》也明确说明了这一点。

7.3.8 净化空调系统应设有三级空气过滤装置，对于Ⅲ、Ⅳ级手术室可以采用≥0.5μm效率不小于95%，其除菌效率可达99.9%以上的亚高效空气过滤器作为末端装置，这不仅同样可以达到要求，而且节省投资及运行费用，特别适用于风口分散的低级别洁净房间。

7.3.9 洁净手术室的回风口中设置过滤层，既可以克服"黑洞"的缺点，又可以阻挡手术中散发的纤维尘进入管路系统，也使室内正压易于保持。有条件时，推荐设置碳纤维过滤层，以吸收室内回风中的异味。回风口的百叶片应选用竖向可调叶片，以减少横向叶片上的积尘；如采用对开多叶联动叶片，不仅可以保持定风向，还可起到平衡各回风口的风量作用。

7.3.10 新风口的过滤器采用多级组合的形式，主要是为减少室外新风带入空调器中的尘粒，以降低第二级过滤器的含尘负荷。回风与新风混合前，两者的含尘浓度相差太大，室外新风经初级过滤器后的含尘浓度（≥0.5μm）是回风通路相应粒径的含尘浓度的500倍以上，使中效及高效过滤器没有足够的保护；如在新风通路上增设多级过滤器组成的过滤器段，使新风与回风两者的含尘浓度大体相当，这样才能真正起到保护系统中的部件和高效过滤器的目的；而新风通路上的过滤器，不仅投资少，而且更换或清洗要比高效过滤器大为简化，并对延长高效过滤器的使用周期，起到明显的效果。这一认识已经作为新风处理的新概念被正式提出。

7.3.11、7.3.12 净化空调系统和洁净室内与循环空气接触的金属件外表必须有保护层，这是针对手术室的特点提出的，手术室内所使用的药品、消毒剂性能各异，品种繁多，金属表面如受腐蚀，必将成为新的尘源。

8　医用气体、给水排水、配电

8.1　医用气体

8.1.1 本条是关于气源及装置的要求。

1～3 洁净手术部医用气体气源一般由医院中心站供给。如氧气、负压吸引、压缩空气，因为不但手术室使用而普通病房也用。为保证手术部正常使用，防止其他部位用气的干扰，必须单独从中心站直接送来。

专供手术部使用的气源主要是氮气、氧化亚氮（笑气）、氩气、二氧化碳，这几种气体普通病房一般是不用的，为缩短管路，降低造价，减少管路损失，该站应设在离手术部较近的非洁净区，且运输方便、通风良好和安全可靠的部位。中心站气源要求设两路自动切换。

备用量是指中心站内备用气源不管是气态还是液态气都应有足够的贮存量。医用气体是为治疗、抢救病人之用，不应有断气现象，医院用气波动范围大，没有足够的贮存量就不能应付突然情况的出现。

4 中心站出来的管路中应设安全阀，防止中心站的压力升高而带来危险性。安全阀把升高的部分排放出去，以保证低压管路的安全，规定安全阀回应压力是为了保证管内压力流量恒定在一个指定值内。

手术室内各种气源设维修阀和调节装置，是为了当某一用气点维修时，不致影响别的部位正常使用，调节装置是扩大使用范围。末端有指示设施是让使用者可确认气源的可靠性，也可观察使用过程中的变化情况。

5 终端选配插拔式自封快速接头是为了使用方便；快速接头不允许有互换性是从结构上控制防止插错而出事故。

两个表中的参数是根据手术室内仪器及其他状态下使用的要求，如建设方有什么特殊要求与本表不一致可根据要求另设系统。

表格中压缩空气单嘴压力 0.45～0.9MPa，0.45MPa 为常用仪器，0.9MPa 用于高速钻锯，如果同时安装有氮气系统则压缩空气只需 0.45MPa 就可以，不需设 0.9MPa 这一档；若不设氮气系统，压缩空气机选 1.2～1.6MPa 的无油设备，末端设 2 个接嘴，一个 0.4MPa，另一个为 0.9MPa。

终端一般设悬吊式和壁式两种设置，起到安全互补作用。

8.1.2 本条是关于配管的要求。

1 本款列出医用气体输送常用管材。吸引、废气排放管除可用镀锌钢管外，从发展来看，建议可选用脱氧铜管和不锈钢管。

2 气体在管道中流动摩擦发热，速度越高温度越高。如温度达到某一种材料的软化温度时，管道强度降低而破裂，所以要限定流速。

4 管道之间安全距离无法达到时，可用PVC绝缘管包起来以防静电击穿；管道的支吊架固定卡应做绝缘处理，以防静电腐蚀而击穿管道。

7 医用气体用于仪器和直接接触人体，为此要求管道、阀门、仪表都要进行脱脂，清除干净，保证管道内无油污、杂质，所在加工场地和存放场所应保持干净。安装时保证污物不侵入管内。

8 医用气体管件应加检修门，不应设在洁净区内，以防污染手术室。

管道井隔层要求封闭，主要防止管道、阀门泄漏气体进入地下室而不安全。

8.2 给水排水

8.2.1 本条是关于给水设施的要求。

1～3 洁净手术室内的给水，一是医护人员生活用水，刷手、清洗手术器具用水，所以需要冷热水兼有；二是用以冲刷墙壁、冲扫地面。水的质量直接影响室内的洁净度，影响到手术的质量。因此，供水要不间断，水量和水压要保证，并且水质要可靠。为提高洁净度，减少感染率，对水质标准要求较高的手术室，其刷手用水除符合饮用水标准外，还宜安装除菌过滤器及紫外线等水质消毒灭菌器。

据文献介绍，世界卫生组织推荐："水应高于60℃贮存，至少在50℃下循环。而对某些使用者而言，需要将水龙头出水温度降到40～45℃。为保证蓄水温度不利于肺炎双球菌的生长，这可以通过调温混合阀的使用来实现，该阀设定在靠近排放点的地方。"又据美国ASHRAE杂志2000年9月号（P46）介绍："在医疗卫生设施中，包括护理部，热水应在等于或高于60℃贮存，在需要循环的场合，回水至少在51℃"。

4 为防止手碰龙头而沾染细菌，在手术室均应设非手动开关的龙头。目前国内医院广泛采用肘式、脚踏式开关的龙头，还有膝式、光电及红外线控制的开关。刷手池应临近手术室，最好在单独的刷手间内。

5 给水管道不能直接连接到任何可能引起污染的卫生器具及设备上，除非在这种连接系统中，留有空气隔断装置或设有行之有效的预防回流装置。否则污染的水由于背压、倒流、超压流等原因，从卫生器具和卫生设备倒流进给水系统污染饮用水，其结果是相当危险的。

6 镀锌钢管的腐蚀问题历来为人们所关注。由于锈水给饮用和管理带来许多问题，目前一些发达国家和地区早已禁止使用镀锌钢管，且用不锈钢管等高级管来代替。我国上海市建委沪建材〔98〕第0141号文件规定从1998年5月1日起禁止设计镀锌给水钢管，推广使用塑料给水管。全国也即将禁用镀锌给水管。现在品牌较多的聚氯乙烯（PVC）管、聚乙烯（PE）管、聚丙烯（PP）管、聚丁烯（PB）管将均可在饮用水上使用。

8.2.2 本条是关于排水设施的要求。

1、2 洁净手术室内保持一定的洁净度，防止污染，其设备密封是至关重要的。盥洗设备的排水管道无水封时则与室外空气相通，所以设备的排水管必须设有水封。刷手池、地漏等不应设在手术室内，地漏、盥洗池应设在相邻的刷手间内，这样既方便管理使用，又达到洁净要求。地漏必须为高水封，必须带封盖，防臭防污染。密封的另一个意义是在室内通风系统正常工作时，使室内空气不外渗，在通风系统停止工作时，非洁净空气不倒灌。室内空气不经水封外渗，保证洁净室的洁净度、温湿度、正压值，减少能量的消耗。

3 洁净手术部内的卫生器具应用白瓷制造，不应用水泥、水磨石等制作。一般露明的存水弯可用镀铬、塑料等表面光滑材料；地漏不应用铸铁箅子，应用硬塑料、铜及镀铬件等表面光滑材料制作。北京市城乡建设委员会及规划委员会京建材〔1998〕48号文件规定，自1999年7月1日起禁止使用普通铸铁承插排水管。所以普通铸铁管严禁使用。最近有一种球墨铸铁管，其性能是强度高，也可采用。然而其表面也没有塑料光滑，塑料管阻力小耐磨性能好，可优先采用。

4 手术过程中污物量较大，为了防止排水管道堵塞，适当加大手术室排水管道口径，可减少日常的维修量。

8.3 配 电

8.3.1 本条是关于配电线路的要求。

1～3 对洁净手术部的供电提出了具体要求，规定了具有两路不同电网电源从中心配电室后单独送到洁净手术部总配电柜内。这两路电源应有自动切换功能。同时也规定了从洁净手术部总配电柜至各个手术室及辅助用房的电源应单独敷设。各个手术室分开不许混用的接法，是为了确保各手术室互不影响。

4 凡必须保证不能断电的特殊动力部位，为在火灾发生时也不会因烧坏电线绝缘而短路，有条件者宜采用矿物绝缘电缆。

8.3.2 本条是关于配、用电设施的要求。

1、2 洁净手术部总配电柜设于非洁净区，洁净手术室的配电盘和电器检修口设于手术室外，是为了检修时工作人员不进手术室，以减少外来尘、菌的侵入而带来的交叉感染因素。

3 由于手术室配电的重要性，手术室用电设备应设置漏电检测报警装置。心脏外科手术室的配电盘必须加隔离变压器。手术部内常规照明灯电源不必通过隔离变压器。

4 为防止无线电通讯设备对电气设备的干扰而作此规定，但考虑到现代通讯技术的发展和现代医疗技术的需要，只规定在手术室内应注意这一点。

8.3.4 本条是关于接地的要求。用电设备功能不同其接地方式也不同，如插入体内接近心脏的电气器械，由于要防止微电击，宜采用功能性接地。

9 消 防

9.0.1 洁净手术部造价高，内部设备较昂贵，一旦失火，经济损失较大，因此对建筑防火要求不得低于二级耐火等级。

9.0.2 为适应单独防火分区的要求，建议洁净手术部设在同一层楼面，不要将洁净手术部设置在两个或多个楼面，便于防火防烟和医院管理。

洁净手术部与非洁净手术部区域如不采用耐火极限不低于乙级的防火门，还可采用防火卷帘。

9.0.3 因洁净手术部技术夹层设备、管线安装较多，发生火灾可能性较大，因此对防火有一定要求，而且夹层是更换高效过滤器场所，采用混凝土夹层比较合适。

9.0.4 洁净手术部消防设施，应结合洁净手术部所在建筑的性质、体积及耐火等级确定，当洁净手术部设在多层建筑中时必须符合本条要求。

9.0.5 洁净手术部的技术夹层或夹道等部位，一旦失火消防人员难以进入扑救，因此在条件允许时应同时设置消防装置。

9.0.6 洁净手术部大多数为无窗房间，路线较曲折，人员疏散与救火较困难，因此消防设施比一般要求更高。

9.0.7、9.0.8 洁净区内应消除一切影响空气净化的因素，排烟口直接与大气相通，如无防倒灌装置，室外空气容易进入洁净区，影响室内洁净度。排烟口暗装是为了防止积灰尘。

9.0.9 氧气是乙类助燃气体，当洁净手术部发生火灾时应切断氧气供应，并在消防中心显示。

10 施工验收

10.1 施 工

10.1.1～10.1.3 由于工程施工往往出现空调净化系统的施工与围护结构的施工不是一个单位承担的情况，给工程质量造成隐患，特强调洁净手术室的施工必须以空调净化为核心，统一指挥施工。

洁净手术部施工必须按程序进行，这也是考核施工方水平的一个尺度。

10.2 工 程 验 收

10.2.1～10.2.4 为保证质量，在洁净手术部（室）所在的建筑物验收之后，还应对其单独验收。由于发生过一些涉外施工单位借口有国外标准而自行验收完事的情况，所以本条强调医院的洁净手术部（室）都要按本节规定验收。

不论施工方有无完整的调试报告，都不能代替综合性能全面评定。

10.3 工 程 检 验

10.3.2 由于洁净室是多功能的综合整体，空气洁净度或细菌浓度单项指标不能反映洁净室可以投入使用的整体性能；又由于竣工验收主要考查施工质量，综合性能全面评定主要考查设计质量，因此不能互相代替，并且只有竣工验收之后才可进行全面评定。

10.3.5 关于工作区风速测点高度统一定在无手术台遮挡时0.8m高处，这是为了统一条件。因此测定时已有手术台的应搬开手术台，实在搬不开的，可在手术台上方 0.25m 处布置测点。为了使运行一段时间后风速仍能在规定范围之内，所以将综合性能评定的结果定在规定的下限之上；实际工程中施工方为了安全，把风速取的很高，这是浪费，因此规定不能超过高限 1.2 倍，这是按《洁净室施工及验收规范》JGJ 71—90 的规定制定的。

10.3.6 换气次数的检测要求。

1 鉴定验收结果的规定与不超过高限1.2倍的理由均同上。不超过根据需要的设计值的1.2倍，是考虑到设计的洁净室面积和人数均明显和本规范标准不同时，则换气次数也只能用设计值。而上一条的截面风速则无此问题，因为不论面积等有何变化，截面风速都是定值。

10.3.7 关于静压的值不能误解为越大越好，太大对人对开门对降低噪声都不利，故本条作了上限规定。英国卫生与社会服务部与医疗研究协会编写的《手术室超净送风系统》标准规定 30Pa 是不允许超过的界限。为了避免运行一段时间后压差下降到不合标准的水平，特规定综合性能评定的结果要大于（不是大于等于）标准规定值。

10.3.8 洁净度级别的检测要求。

1 对系统 t 只取到 9 点的值，是参照 209E 和 ISO/TC 209 确定的，因为 9 点以后实际上 $N \rightarrow \overline{N}$。

2 209D、209E 和我国《洁净室施工及验收规范》的测点计算方法是一样的，但由此得出的测点数偏少。若按 ISO/TC 209 的新规定确定，测点数 $K = \sqrt{A}$，A 为房间面积，不仅测定数可能更少而且和级别没有关系，也不很理想。参照这些规定，并考虑到手术室规划已定，所以做出了硬性规定，并指定了布置位置，这样可操作性和可比性均较好。

3 本标准没有对等速采样作规定。因为研究已表明，按现在仪器、方法采样，对$\geqslant 0.5\mu m$微粒的采样误差很小，对$5\mu m$微粒的误差也在允许范围内，所以最新的国际标准 ISO/TC 209 也只字未提等速采样，只提了和本条一样的要求。

10.3.9 温湿度的检测要求。

1 温湿度的测定结果只代表所测时间的工况，应同时注明当时的室外温湿度条件。当必须测定夏季或冬季工况的温湿度时，只能在当年最热月或最冷月进行。

10.3.12 新风量的检测要求。

2 在《洁净室施工及验收规范》和其他有关规范中，新风量可以有$\pm 10\%$的偏差。考虑到手术人员要在手术室内不间断地紧张工作数小时至十几个小时，而且已发生手术室护士晕倒的情况，所以本条规定只允许新风量不低于规定值，保持正偏差，并未规定上限。

10.3.13 细菌浓度的检测要求。

浮游法采样细菌时，由于气流以每秒几十米以上的速度从缝隙吹向培养基表面，如果时间太长则易将培养基吹干，微生物死亡，所以美国 NASA 标准建议采样时间不超过 15min。国内一些研究报告指出，有些仪器允许 30min，所以本条规定，不应超过 30min。

中华人民共和国国家标准

老年人居住建筑设计标准

GB/T 50340—2003

条 文 说 明

目　　次

1 总　　则

1.0.1　随着我国国民经济稳步发展，人民生活水平不断提高，人的寿命相应延长，同时，随着计划生育国策的实施，我国人口年龄结构发生变化，目前我国60岁以上的老年人口已大于1.32亿，老龄化发展趋势明显。为适应这种发展变化，适时编制老年人居住建筑设计标准，可及时满足社会发展需要，体现社会文明和进步，并为老年人居住建筑的建设提供依据。

1.0.2　我国传统的养老模式主要是以居家养老为主，设施养老为辅。目前，随着社会文明进步，家庭养老社会化趋向明显，同时，社会养老强调以人为本，为老年人提供家庭式服务。针对这种养老模式要求，本标准要求老年人居住建筑的设计，应充分考虑早期发挥健康老年人的自理能力，日后为方便护理老年人留有余地。

1.0.3　本标准适用于设计各类为老年人服务的居住建筑时遵照执行，包括老年人住宅、老年人公寓及养老院、护理院、托老所等。但不包括以上建筑的附属建筑如附属医院、办公楼等。根据国际经验，真正方便老年人的设计，应是在建造普通住宅时充分考虑人在不同生命阶段的各种需要，以便多数人能够在家中养老。因此本标准可供新建普通住宅时参照，在普通住宅做方便老年人的潜伏设计，以利于改造。

1.0.4　老年人居住建筑设计涉及建筑、结构、防火、热工、节能、隔声、采光、照明、给水排水、暖通空调、电气等多专业，对各专业已有规范规定，本标准除必要的重申外，不再重复，因此，设计时除执行本标准外，尚应符合国家现行有关标准、规范的要求。主要有：

《住宅设计规范》GB50096—1999

《老年人建筑设计规范》JGJ122—99

《综合医院建筑设计规范》JGJ49—88

《疗养院建筑设计规范》JGJ40—87

《建筑内部装修设计防火规范》GB50222—95

《城市道路和建筑物无障碍设计规程》JGJ50—2001

《民用建筑工程室内环境污染控制规范》GB50325—2001

《夏热冬冷地区居住建筑节能设计标准》JGJ134—2001

3　基地与规划设计

3.1　规　　模

3.1.1　在老年人住宅和老年人公寓的基地选择与规划设计时需要确定规模，以便相应确定各项指标，本条将其划分为四种规模，便于规划设计时控制用地。对于以套为单位设置在普通住宅区中的老年人住宅，其指标不受本规定限制。

3.1.2　根据老年人居住生活实态调查，多数老年人不愿意生活在老年人过于集中的环境中，因此要求新建老年人住宅和老年人公寓的规模应以中型为主，以便与周围居住环境协调。我国近期正在开发的一些特大型老年人住宅和老年人公寓，往往自成体系，与周围的普通住宅、其他老年人设施及社区医疗中心、社区服务中心等重复建设，或者配套不完善，本条要求在条件允许时，实行综合开发。

3.1.3　老年人居住建筑的居住部分必须保证一定的面积标准，才能满足老年人的生活要求。根据国外相关资料分析统计及国内调查统计，确定了表3.1.3的最低面积标准规定。其中除老年人住宅以外，均为居住部分的平均建筑面积低限值。老年人住宅的最低面积标准指集中设置的老年人住宅中的单人套型面积。对于以套为单位设置在普通住宅区中的老年人住宅还应满足《住宅设计规范》的要求。

3.2　选址与规划

3.2.1　中小型老年人居住建筑一般直接为特定的居住区服务，因此基地选址宜与居住区配套设置，需选择在交通方便，基础设施完善，临近医疗点的地段。大型、特大型老年人居住建筑其服务半径经常放射到整个区域，可利用的设施较少，因此基地选址时从综合开发的角度出发，需为相应配套设施留有余地。

3.2.2　老年人是对抗自然环境侵害的弱势群体，因此其生活基地的选择需要特殊考虑，特别是日照、防止噪声干扰、场地条件等要优于一般居住区。

3.2.3　由于老年人对日照等的特殊要求，以及在专门建设的老年人社区中，老年人不愿意过分集中生活、老年人居住建筑层数不宜过高等原因，其基地内建筑密度应比一般居住区小，在郊区建设的老年人居住建筑更应提供良好条件。对于市镇改建、插建的老年人居住建筑，如受现状条件限制，其建筑密度应符合居住区规划设计规范的要求。

3.2.4　大型、特大型老年人居住建筑一般采用分期建设，其建设周期较长，根据国际同类建筑的建设经验，各种为老年人服务的配套设施要求越来越高，因此本条要求，在规划阶段对基地用地预留远期发展余地。

3.2.5　老年人居住建筑一般分为居住生活、医疗保健、辅助服务、休闲娱乐等功能分区，特别是大型、特大型老年人居住建筑，规划时要求结构完整，分区明确，注意安全疏散出口不应少于2个，以保证防灾疏散安全。老年人反应较迟钝，动作缓慢，因此供其使用的出入口、道路和各类室外场地的布置，应符合老年人的这些活动特点。同时，老年人特别需要老少同乐的生活气氛，国际上提倡建设老年人与青少年一起活动的"三明治"建筑，本条要求条件允许时，将老年人居住建筑临近布置在儿童或青少年活动场所周围。

3.2.6 阳光是人类生存和保障人体健康的基本要素之一，在居室内获得充足的日照是保证行动不便的老人身心健康的重要条件。因此，本条规定老年人居住用房应布置在采光通风好的地段，应保证主要居室有良好的朝向，冬至日满窗日照不宜小于 2 小时。

3.3 道 路 交 通

3.3.1 根据老年人居住生活实态调查，多数老年人存在视力障碍、方向感减弱等困难，老年人迷失方向或发生交通事故的情况越来越多。因此要求道路系统简洁通畅，具有明确的方向感和可识别性，尽量人车分流，确保老年人步行安全。道路应设明显的交通标志及夜间照明设施，在台阶处宜设置双向照明。

3.3.2 老年人是发生高危疾病和各种家庭事故频率最高的人群，因此，要求老年人居住建筑区中的各种道路直接通达所有住栋的出入口，以保证救护车最大限度靠近事故地点。

3.3.3 老年人中使用轮椅代步的比例较高。因此，步行道路要求足够的有效宽度并符合无障碍通道系统设计要求。同时应照顾行动不便的老人，在步行道路出现高差时设缓坡，变坡点给予提示，并宜在坡度较大处设扶手。

3.3.4 对于老年人，在步行中摔倒是极其危险的，因此要求步行道路应选用平整、防滑的铺装材料，以保证老年人行动安全。

3.4 场 地 设 施

3.4.1 在国内外资料综合分析中发现，绿地、水面、休闲、健身设施是老年人居住建筑室外环境的基本要素，本条要求充分考虑老年人活动特点，在场地布置时动静分区，一般将运动项目场地作为"动区"，与供老年人散步、休憩的"静区"适当隔离，并要求在"静区"设置花架、座椅、阅报栏等设施，并避免烈日暴晒和寒风侵袭，以满足修身养性的需求。

3.4.2 根据老年人居住实态调查，室外活动时担心找厕所难的现象十分普遍，因此，从老年人生理和心理需求出发，在距活动场地半径 100m 内设置公共厕所十分必要。

3.4.3 老年人在低头观察事物时，发生昏厥导致事故的频率较高，因此本条规定，老年人居住区中供老年人观赏的水面不宜太深，当深度超过 0.60m 时，应设置栏杆、格栅、防护网等装置，保护老年人安全。

3.5 停 车 场

3.5.1 我国交通法规对老年人驾驶机动车的年龄限制已经放宽，根据国际经验，老年驾车者将越来越多，因此要求在老年人居住建筑的停车场中为其留有相对固定的停车位，一般在靠近建筑物和活动场所入口处。

3.5.2 老年人中的轮椅使用者乘车或驾车的机会明显增加，在老年人居住建筑中属于经常性活动，因此，要求与老年人活动相关的各建筑物附近设置供其专用的停车位，并保证足够的宽度方便上下车。

3.5.3 本条根据国际通用建筑物无障碍设计原则。

3.6 室外台阶、踏步和坡道

3.6.1 根据《城市道路和建筑物无障碍设计规范》JGJ50—2001 规定，老年人居住建筑的步行道路有高差处、入口与室外地面有高差处应属无障碍设计范围，本条与其规定一致。

3.6.2 台阶是老年人发生摔伤事故的多发地，因此，通常采用加大踏步宽度，降低踏步高度的做法方便老年人蹬踏。同时，必须注意保证台阶的有效宽度大于普通通道，避免发生碰撞，特别是对持拐杖的老人，轻微的碰撞可能产生致命的危险。扶手不仅能协助轮椅使用者，也对持拐杖的老人、视力障碍老人等在台阶处的行走带来安全与方便。因此规定在台阶两侧设置连续的扶手；台阶宽度在 3m 以上时，宜在中间加设扶手。

3.6.3 老年人居住建筑的各种坡道应进行无障碍设计，特别是独立设置的坡道，其最小净宽应满足轮椅使用者要求；坡道和台阶并用时，要兼顾轮椅使用者和步行老人的安全与方便。因此，坡道的有效宽度不应小于 0.90m。坡道的起止点应有不小于 1.50m×1.50m 的轮椅回转面积。

3.6.4 在坡道两侧安装连续的扶手，以便持拐杖的老人和轮椅使用者安全移动，并且保持重心稳定。坡道两侧设置护栏或护墙可防止拐杖头和轮椅前轮滑出栏杆外。

3.6.5 设置双层扶手，使在坡道上行走的老年人和轮椅使用者可以借助扶手使力，提高使用的方便性。

3.6.6 为了保证老年人行走安全，台阶、踏步和坡道还应采用防滑、平整的铺装材料，特别需要防止出现积水，积水除增加滑倒危险外，容易引起老年人为避开积水身体失去平衡的事故。

3.6.7 坡道或坡道转折处常设置排水沟，排水沟盖若处理不当，会卡住通行轮椅和拐杖头，造成行动不便或引发摔伤事故。

4 室 内 设 计

4.1 用房配置和面积标准

4.1.1 老年人居住套型或居室应尽量安排在可以直

接通向室外的楼层或电梯停靠层，当没有电梯通达时，其位置不应高于三层。

4.1.2 老年人居室应保证阳光充足，空气清新卫生并有良好的景观，利于老年人颐养身心。

4.1.3 在《住宅设计规范》第 3.1.2 条中规定一类住宅，居室数量为 2 时，最小使用面积为 34m²。但考虑到目前我国平均居住水平和老年人住宅的发展现状，供单身老年人居住的、卧室、起居室合用的小户型住宅会成为一种发展方向。

各功能空间的使用面积标准均为最低标准，是在参照《住宅设计规范》规定的套内空间面积基础上，考虑到护理及使用轮椅的需要而制定的最小使用面积。

老年人公寓可以设置公用小厨房或公用餐厅等，因此对厨房最小面积不作规定。由于老年人的杂物比年轻人多，所以一定要在老年人套型内设计储物空间。

4.1.4 在养老院中，居室是老年人长时间居住的场所，因此生活空间不宜太小。储藏面积包括独立的储藏间面积及居室内壁柜所需面积。

4.1.5 老年人居住建筑中的配套服务设施应为老年人提供老有所养、老有所医、老有所乐、老有所学、老有所为的服务，因此要考虑餐厅、医疗用房、公共服务用房、健身活动用房及其他用房等。表 4.1.5.1 列举了各类用房应包括的主要空间和面积，设计时应根据具体情况补充。

4.2 建筑物的出入口

4.2.1 参照《住宅设计规范》第 3.9.5 条的规定，公用外门洞口最小宽度为 1.2m。加装门扇开启后的最大有效宽度可达 1.10m，可以满足轮椅使用者通过。预留 0.50m 宽的门垛可以保证轮椅使用者有足够的开关门空间。

4.2.2 为避免发生交通干扰，应在出入口门扇开启范围之外留出轮椅回转面积。

4.2.3 设置雨篷既可以防雨又可以防止出入口上部物体坠落伤人。雨篷覆盖范围应尽量大，保证出入口平台不积水。

4.2.4 采用推拉门既节省了门扇开启的空间，又减少了出入人流的交通干扰，特别便于轮椅使用者和使用拐杖的人使用。当设置自动门时，要保证轮椅通过的时间。

4.2.5 出入口外部的形象设计要鲜明，易于识别。门厅是老年人从居室到室外的交通枢纽和集散地，因此可结合门厅设置休息空间，并设置保卫、传达、邮电等服务设施以及醒目易懂的指示标牌。

4.2.6 为方便老年人使用并便于管理，各种感应器、摄像头、呼叫和报警按钮宜相对集中地设在大门附近。

4.3 走　廊

4.3.1 公用走廊的宽度应保证老年人在使用轮椅和拐杖时能够安全通行。公用走廊的有效宽度在 1.50m 以上时可以保证轮椅转动 180°以及轮椅和行人并行通过。当不能保证 1.50m 的有效宽度时，也可以设计为 1.20m，但应在走廊的两端（防火分区的尽端）设置轮椅回转空间。

4.3.2 根据老年人的身体尺度和行为特点，应在走廊中可能造成不稳定姿势的地方设置扶手。设置双层扶手时，上层扶手的高度适合老年人站立和行走，下层扶手适合轮椅使用者和儿童使用。

4.3.3 灭火器和标识板等宜嵌墙安装，当墙面出现柱子和消火栓等突出物时，应采取相应措施保持扶手连贯并保证 1.20m 的有效宽度。

4.3.4 为防止给走廊上通行的人造成危险，平开门开向走廊时应设凹室，使门扇不在走廊内突出，同时应保证门扇开启端留有 0.40m 宽的墙垛，方便轮椅使用者使用。

4.3.5 走廊转弯处凸角部分要通过切角或圆弧来保证视线，并使轮椅容易转弯。

4.3.6 由于建筑用地等客观原因产生高差时，应设置平缓坡道。如果公用走廊宽度大于 2.40m，可与坡道同时设置踏步。

4.3.7 受气候和身体条件的限制，老年人外出行动不便，社会交往减少，因此，应利用公用走廊增加老年人活动交往空间，创造融洽的邻里关系。

4.4 公用楼梯

4.4.1 考虑到老年人使用拐杖和在他人帮助下行走的情况，公用楼梯的有效宽度应比普通住宅适当加宽。

4.4.2 由于老年人使用楼梯扶手时的手臂用力方向不同，所以应在楼梯两侧设置扶手。

4.4.3 楼梯扶手的高度参照《住宅设计规范》第 4.1.3 条的规定，考虑到安全的要求，定位 0.90m 高。如果扶手在中途或端部突然断开，老年人就有可能发生踏空和羁绊等危险，所以扶手应连续设置，并应与走廊扶手相连接。

4.4.4 楼梯上下口的扶手和扶手端部都应保证有 0.30m 以上的水平部分，扶手端部应向下或向墙壁方向弯曲，以免挂住衣物，发生危险。

4.4.5 老年人的动作不灵活，采用螺旋楼梯或在梯段转折处加设踏步，会使老年人边旋转边上下走动，容易造成踩空等事故，应避免使用这种形式的楼梯。供老年人使用的楼梯每上升 1.50m 宜设休息平台。为缩短老年人从楼梯跌落时的距离，不宜采用直跑楼梯。

4.4.6 老年人使用的楼梯应比普通楼梯平缓，但踏步太高或太低都不好，（踏步高＋踏步宽×2）的值宜保持在 0.70～0.85m 之间。在同一楼梯中，如果踏步尺寸发生变化，会给老年人上下楼梯带来困难，也容易发生危险，所以同一楼梯梯段应保证踏步高度和进深一致。

4.4.7 楼梯地面应使用防滑材料，并在踏步边沿处设置防滑条。防滑条如果太厚会有羁绊的危险，因此防滑条和踏面应保持在同一平面上。

4.4.8 老年人视力下降，如果台阶处光线太暗或颜色模糊，会发生羁绊或踏空的危险。因此使用不同颜色和材料区别楼梯踏步和走廊地面，并设置局部照明，以便于看清楚。

4.5 电 梯

4.5.1 在多层住宅和公寓中，为使老年人上下楼方便，应设置电梯。老年人居住套型和老年人活动用房应设在电梯停靠层上。在单元式住宅中，如果每单元只设一部电梯，则应在老年人居住的楼层用联廊连通，便于互相交替使用。

4.5.2

1 老年人在家中突发疾病的情况很多，需要及时救助，因此电梯轿厢尺寸应能满足搬运担架所需的最小尺寸。

2 轮椅和担架的最小通过宽度为 0.80m。

3 应保证电梯厅有适当的空间，便于老年人和轮椅使用者出入电梯，尤其是当轿厢尺寸小于 1.50m×1.50m 时，轮椅需要在电梯厅内回转。另外，还要考虑搬运家具和担架等的需要。

4 在轿厢侧壁横向安装的操作板便于坐在轮椅上的人使用。为方便上肢动作不便的老年人使用，最好在轿厢两侧同时安装操作板。

4.5.3 宜选用低速、变频电梯以减小运行中的眩晕感。老年人行动较慢，为避免电梯关门时给老年人造成恐慌和伤害，应采用延时按钮和感应式关门保护装置。

4.5.4 轿厢后壁上设置镜子可以让轮椅使用者不用转身就能看到身后的情况；轿门上设置窥视窗可以让轿厢内外的人在开轿门之前互相看到。这两种措施都可以避免出入电梯的人流冲撞。

4.5.5 由于老年人视力下降，宜配置大型显示器和报层音响装置，用声音通报电梯升降方向和所达楼层。

4.5.6 防水地坎易使老年人出入电梯时发生羁绊，也会给轮椅的通行造成障碍，因此宜采取暗装的防水构造措施。

4.5.7 无论是在电梯出现故障时，还是轿厢内的老年人发生意外，都可通过监控和对讲设备及时发现并采取措施。

4.6 户门、门厅

4.6.1 户门是关系到老年人外出便与否的重要部位，尤其是对于使用拐杖和轮椅的老年人，宽一些的户门可以方便出入。另外，对老年人实施护理、救助等行动时也需要宽一些的户门可以方便设备进出。

4.6.2 现在很多人有进门换鞋的习惯，因此在户门和门厅处有必要合理安排更衣、换鞋空间，并安装扶手、座凳。

4.6.3 由于住宅装修越来越普遍，常有因装修产生的材质和高差变化，为方便老年人出入，应尽量减少高差。

4.6.4 老年人常常需要外界的帮助和护理，安全就显得比私密性更重要。老年人居住的套型户门上设置探视窗，可以使护理人员和邻里及时观察到户内的异常情况，从而及时救助。使用平开门时应选用杆式把手，避免选用球形把手。杆式把手应向内侧弯。

4.6.5 在出入户门时，轮椅的脚踏板常常会碰撞门扇，损伤户门，所以应在相应高度安装耐撞击的保护挡板。

4.7 户 内 过 道

4.7.1 过道是连接房间之间的交通空间。老年人随着下肢及视力功能的下降，行动时需要各种辅助设施。为使老年人能借助拐杖、轮椅或他人看护行走，应保证足够的过道宽度。

4.7.2 为保证老年人行走的安全，过道应设连续的扶手。对于一些健康老年人，出于减少依赖性和心理负担的考虑，可以在建房时预留安装扶手的构造，并标明位置，以便在需要时安装。

4.7.3 在大多数情况下，单层设置的扶手就可以满足各类群体的需要。有条件时可设置双层扶手，上层扶手的高度适合老年人站立和行走，下层扶手适合轮椅使用者和儿童使用。

4.7.4 在过道与厨房、卫生间之间有高差时，应使用不同的颜色和材质予以区分，但应注意不要因高差和材质的变化导致羁绊和打滑等情况。

4.8 卫 生 间

4.8.1 老年人去卫生间的次数较一般人频繁，因此，卫生间应设置在距离老年人卧室近的地方。

4.8.2 老年人使用的卫生间应方便轮椅进出，地面不应有过高的地坎或门轨等突出物。卫生间的地面易积水，地面应采用防水、防滑材料。

4.8.3 轮椅的最小通过宽度为 0.80m。

4.8.4 为使老年人在卫生间内发生意外时能得到及时的发现和救助，卫生间的门应能够顺利地打开，应采用推拉门或外开门，并安装可以从外部打开的锁。

4.8.5 扶手的安装位置因老年人衰老和病变的部位

不同而变化。如果预留扶手安装埋件时，埋件位置应留出可变余地（见图4.8.5-1、图4.8.5-2）。

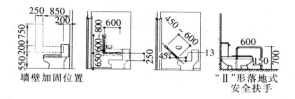

图4.8.5-1 坐便器扶手的预留及安装位置

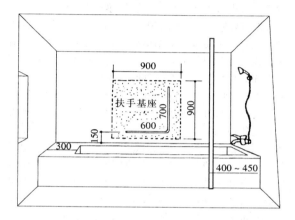

图4.8.5-2 浴盆扶手的预留及安装位置

4.8.6 由于老年人腰腿及腕力功能下降，应选用高度适当的便器和浴缸。浴缸边缘应加宽并设洗浴坐台。洗浴坐台可以固定设置，也可以使用活动装置，当老年人无法独自入浴时，可以较容易地在他人的帮助下洗浴。

4.8.7 洗面台的高度应适当降低，可以让老年人坐着洗脸。洗面台下应留有足够的腿部空间，即使轮椅使用者也可以方便地使用。在洗面台侧面应安装横向扶手，可同时用作毛巾撑杆。

4.9 公用浴室和卫生间

4.9.1 老年人身体机能下降，行动不灵活，公用浴室门口出入的人较多，如有高差和积水等情况，易发生摔倒等事故，因此门洞应适当加宽并选用平整防滑的地面材料。

4.9.2 现在使用轮椅的老年人越来越多，因此在公用浴室和卫生间中应设置供轮椅使用者使用的设施。

4.9.3 由于老年人的腰腿功能下降，因此老年人使用的公用卫生间不应设蹲便器。坐便器的高度应适当，并在坐便器两侧靠前位置设易于抓握的扶手。

4.9.4 设置较低的挂衣钩适于坐姿的人和轮椅使用者取挂物品。

4.9.5 洗面器下部应留有足够的腿部空间，便于轮椅使用者使用。侧面安装扶手既可以帮助老年人行动，又可以挂放物品（见图4.9.5-1、图4.9.5-2）。

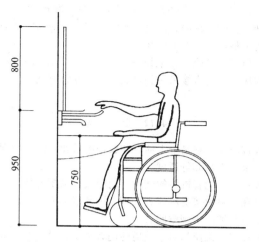

图4.9.5-1 轮椅使用者使用的洗面器

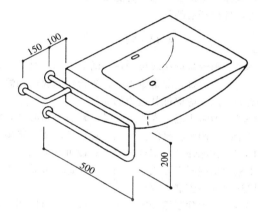

图4.9.5-2 洗面器侧面的扶手

4.9.6 老年人在洗浴时易摔倒，设置座椅和扶手可以使老年人安全舒适地洗浴。浴盆旁应设扶手，方便老年人跨越出入浴盆。

4.9.7 浴盆边缘宜适当加宽，老年人可以坐在浴盆边缘出入。浴盆端部应设洗浴坐台，可以使老年人在他人的帮助下洗浴。

4.10 厨 房

4.10.1 厨房中操作繁多，应充分考虑操作的安全性和方便性。老年人使用的厨房宜适当加大。轮椅使用者使用的厨房应留有轮椅回转面积。

4.10.2 应合理配置洗涤池、灶具、操作台的位置。操作台的安装尺寸以方便老年人和轮椅使用者使用为原则。

4.10.3 厨房中的燃气和明火是最危险的因素，老年人使用的厨房应设置自动报警、关闭燃气装置。

4.11 起 居 室

4.11.1 起居室（有时兼作餐厅）是全家团聚的中心场所，老年人一天中大部分时间在这里度过。为使全家人感觉舒适，应充分考虑布置家具和活动的空间。

4.11.2 老年人经常在起居室、餐厅和厨房之间活动，餐厅、厨房装修后的地面与起居室地面之间应保持平整，避免发生羁绊的危险。

4.11.3 参照《住宅设计规范》第3.2.2条的规定，起居室应能直接采光和自然通风，并宜有良好的视野景观。

4.12 卧　　室

4.12.1 卧室是个人休息和放松的重要空间，应保证卧室的面积和舒适度。

4.12.2 随着机体的衰老，老年人行动不方便，常常会在卧室里接受医疗和护理，因此老年人的主卧室宜留有足够的护理空间。

4.12.3 推拉门对于轮椅使用者来说尤其方便。为使老年人在卧室中发生意外时能得到外界的救助，应选用可从外部开启的门锁。

4.13 阳　　台

4.13.1 阳台是近在咫尺的户外活动空间，对丰富老年人的生活无疑是非常难得的，阳台作为放松和愉悦心情的空间，应保证其适当的面积。

4.13.2 为防止老年人产生眩晕，减少恐高心理，增加安全感，阳台栏杆的高度比一般住宅的要求略高。

4.13.3 在相邻两户阳台隔墙上宜设可开关的门，在发生紧急情况时老年人可以通过邻室逃生或救护人员可以通过邻室到老人家里救助。

4.13.4 阳台除了用于晾晒衣物以外，还可以用来种植花草和享受日光浴等户外生活。

5　建 筑 设 备

5.1 给水排水

5.1.1 在居住建筑中老年人使用水的频率比其他年龄段的人高，应配备方便的给水排水系统及符合老年人生理、心理特征的设备系统。目前各种局部供热水设备的操作普遍比较复杂，不利于老年人使用，因此，一般情况下宜采用集中热水供应系统，并保证集中热水供应系统出水温度适合老年人简单操作即可使用。

5.1.2 老年人住宅和老年人公寓一般分套出售或者出租，从方便计量科学管理的角度出发，设计时应分别设置冷水表和热水表。

5.1.3 老年人一般睡眠不深，微小的响声都会影响睡眠，因此，应选用流速小，流量控制方便的节水型、低噪声的卫生洁具和给排水配件、管材。

5.1.4 老年人在公用卫生间中往往精神紧张，手忙脚乱。因此，公用卫生间中的水嘴和便器等宜采用触摸式或感应式等自动化程度较高、操作方便的型式，

以减少负担。

5.2 采暖、空调

5.2.1 集中采暖系统是使用和管理上符合老年人特点和习惯的采暖系统，要求在老年人居住建筑应用。夏热冬冷地区采用临时局部采暖的情况较多，但使用不便而且容易引起事故，本条要求有条件时宜设集中采暖系统。

5.2.2 老年人体质较差，对室内温度要求较高，本条要求各种用房室内采暖计算温度应符合表5.2.2的规定。表中各项指标比一般居住建筑规定略高。

5.2.3 散热器常常成为房间中凸出的障碍物，造成老年人行动不便或者碰伤事故，因此主张暗装。地板采暖既没有凸出的散热器，而且暖气从脚下上升，符合老年人生理要求，有条件时宜采用。

5.2.4 参照《住宅设计规范》第6.4.5条的规定，最热月平均室外气温高于和等于25℃地区的老年人居住建筑应预留空调设备的位置和条件。由于老年人体质弱，抵抗气温变化能力差，本标准要求相应地区的老年人住宅应预留空调设备的位置和条件，其他老年人居住建筑的空调设备宜一次安装到位。老年人温度感知能力下降，冷风直接吹向人体会导致老年人受凉感冒或者引发关节疼痛，需在设计时注意。

5.3 电　　气

5.3.1 用电安全是老年人住宅和老年人公寓设计中应特别注意的问题，明装电气系统容易受到各种破坏导致漏电，所以应采用埋管暗敷，应每套设电度表以便计量管理，分套设配电箱并设置短路保护有利于电路控制与维修，并且有效控制各种电气线路事故。

5.3.2 人体皮肤潮湿时阻抗下降，沿金属管道传导的较小电压即可引起电击伤亡事故。在老年人居住建筑中医疗用房和卫生间等房间做局部等电位联结，可使房间处于同一电位，防止出现危险的接触电压。

5.3.3 老年人因视力障碍和手脚不灵活等问题常常在寻找电气开关时发生困难或危险，因此需要采用带指示灯的宽板开关。当过道距离长时，安装多点控制开关可以避免老年人关灯后在黑暗的走廊中行走。在浴室、厕所采用延时开关可帮助老人安全返回卧室。开关离地高度在1.10m左右是老年人最顺手的地方。

5.3.4 脚灯作为夜间照明用灯，既不会产生眩光，又能使老年人在夜间活动时减少羁绊和摔倒等危险。在厨房操作台和洗涤池前常会使用玻璃器皿和刀具，老年人的视力减弱，因此增加局部照明可以减少被划伤的危险。

5.3.5 老年人居住建筑公共部位的照明质量，关系到老年人行动方便与安全。一般的开关除了使用不便外容易产生"长明灯"，造成灯具寿命短，中断照明现象严重。因此除电梯厅和应急照明外，均应采用节

能自熄开关。

5.3.6 老年人居住建筑中如果电气插座的数量和位置不合理。容易造成拉明线甚至出现妨碍老年人活动的各种"飞线",是电气火灾或绊倒老年人的隐患。本条要求老年人住宅和老年人公寓的卧室、起居室内应设置足够数量的插座;卫生间内应设置不少于一组的防溅型三极插座。其他主要电气设备的对应位置应设置插座;其他老年人设施中宜每床位设置一个插座。公用卫生间、公用厨房应对应用电器具位置设置插座。

5.3.7 起居室和卧室内电器用具较多,一般插座距地 0.40m 左右,老年人弯腰使用有困难,因此应在较高的位置设置安全插座,方便老年人使用。

5.3.8 电话已经成为我国人民生活的必需品,特别是老年人行动不便,电话是其对外交流的重要工具,各方人士也可通过电话对老年人进行照顾,并提供各种服务,因此老年人住宅和老年人公寓应每套设置一个以上电话终端出线口。其他老年人设施中宜每间卧室设一个电话终端出线口。

5.3.9 有线电视在我国已经十分普及,根据老年人居住实态调查,在家中看电视是老年人居住生活中最重要的活动之一。本条要求卧室、起居室、活动室应设置有线电视终端插座。

5.4 燃 气

5.4.1 使用燃气烹饪最符合我国老年人家庭的饮食要求,预计在老年人住宅、老年人公寓中燃气将继续作为主要燃料,因此每套住宅或公寓至少按一台双眼灶具计算用量并设燃气表独立计量。

5.4.2 为了防止燃气泄漏并引起爆炸和火灾,要求老年人居住建筑的厨房、公用厨房中燃气管应明装。

5.5 安全报警

5.5.1 老年人由于操作燃具失误较多,而且反应迟钝,难以及时发现燃气泄漏,十分危险,因此要求以燃气为燃料的厨房、公用厨房,应设燃气泄漏报警装置。同时由于老年人反应能力和救险能力弱,因此要求燃气泄漏报警装置采用户外报警式,将蜂鸣器安装在户门外以便其他人员帮助。

5.5.2 及时发现老年人出现的各种突发事故并及时救助,是老年人居住建筑的重要功能,目前各种先进的手段越来越多,但最基本的是在居室、浴室、厕所设紧急报警求助按钮以及在养老院、护理院等床头设呼叫信号装置,并把呼叫信号直接送至有关管理部门。有条件时,老年人住宅和老年人公寓中宜设生活节奏异常的感应装置,这种装置能及时反映老年人生活节奏异常,如上厕所间隔时间过长,在卧室时间过长等等,并立即报告有关人员,以便及时采取救助措施。

6 室 内 环 境

6.1 采 光

6.1.1 老年人视力减退,睡眠时间减少,对时光极其珍惜,往往偏爱明亮的房间。因此,居住建筑的主要用房应充分利用天然采光,有益于身体健康,给老年人更多的光明和未来。

6.1.2 为了保证老年人居住建筑的主要用房有充分的天然采光,根据国内外相关资料,提出表 6.1.2 的规定,要求保证各房间的窗地比低限值。该比值比一般居住建筑要求略高。

6.1.3 根据 6.1.2 的规定,活动室的窗地比要求较高,同时活动室面积较大,一般的朝向和单向布置难以满足要求,因此宜选择有两个采光方向的位置。

6.2 通 风

6.2.1 老年人居住建筑中的卧室、起居室、活动室、医务诊室、办公室等用房和走廊、楼梯间等是老年经常活动的空间,因此,应采用自然通风,以便老年人在自然环境中自由呼吸空气。

6.2.2 受条件限制,卫生间、公用浴室等私密性较强的房间有时不能自然通风,所以允许采用机械通风;厨房和治疗室仅靠自然通风往往不能满足快速排除污染空气的要求,因此要求同时设机械排风装置。

6.2.3 老年人住宅、老年人公寓的厨房及采用机械通风的浴室、卫生间等在进行机械排气时,需要由门进风,以便保持负压,有利于整套房子的气流组织。因此要求这些房间的门下部应设有效开口面积大于 0.02m² 的固定百叶或不小于 30mm 的缝隙以利进风。

6.3 隔 声

6.3.1 老年人睡眠较轻,易受干扰,在休息时需要较安静的环境。因此,有效控制老年人居住建筑的环境噪声对老年人的健康是非常重要的。

6.3.2 《住宅设计规范》要求分户墙、楼板的空气声的计权隔声量应大于或等于 40dB;本标准考虑老年人对空气噪声干扰的心理承受能力较弱,提高标准,定为大于或等于 45dB。对楼板的计权标准撞击声压级的规定与《住宅设计规范》一致,要求小于或等于 75dB。

6.3.3 电梯、热水炉等设备间及公用浴室等是老年人居住建筑中产生噪声最严重的地方,电梯的升降振动声音、热水炉的蒸汽排气声等对卧室、起居室的干扰极大地影响老年人的身心健康。一般的隔声、减震措施效果不佳。因此规定这些房间不应相互紧邻布置。

6.3.4 根据老年人居住实态调查,普遍反映受到门窗的开启声、卫生洁具给排水噪声、厨房或卫生间换气装置的振动声音等干扰。本条要求在选定门窗开启形式及其他设备时要选择低噪声的形式。同时对安装部位，应考虑减少噪声对卧室的影响，特别应远离睡眠区域。

6.4 隔热、保温

6.4.1 老年人居住建筑应保证室内基本的热环境质量，夏热冬冷地区除符合《夏热冬冷地区居住建筑节能设计标准》JGJ134—2001 的有关规定外，在设计中还应注重建筑布置向阳、避风，保证主要居室有充足的日照，以利于冬季保温；避免东、西晒，合理组织自然通风，以利夏季隔热、防热。严寒和寒冷地区除符合《民用建筑节能设计标准（采暖居住建筑部分）》JGJ26 的有关规定外，还应注重建筑节能设计，建筑体型应简洁，体型系数不宜大于 0.3。

6.4.2 阳光是保障老年人身心健康的重要条件，在具体设计中，应尽量选择好朝向、好的建筑平面布置以创造具有良好日照条件的居住空间。另外，从节能的原则出发，老年人居住建筑的卧室、起居室一般不宜朝西开窗，但在特殊场地或特殊建筑体型的情况下，西窗需采取遮阳和防寒措施。屋顶和西向外墙还应采取隔热措施，保证传热系数符合要求。

6.5 室内装修

6.5.1 与普通住宅不同，老年人居住建筑的室内装修设计需要专业设计，大量的装修项目关系到老年人的生命安全和生理、心理健康。而且室内装修设计必须与建筑设计统一协调，否则无法全面体现建筑对老年人关怀的思想，因此，要求采用一次到位的设计方式，不应采用提供空壳由住户二次装修的设计方案。

6.5.2 老年人行动不便，常常扶着墙走，搬动物体时由于年老体衰经常碰壁。所以室内墙面应采用耐碰撞、易擦拭的装修材料。同时室内通道阳角部位宜做成圆角或切角墙面，以免碰撞脱落。

6.5.3 老年人身体平衡功能较差，室内地面略有不平或太滑容易引起事故。卧室、起居室、活动室采用木地板或有弹性的塑胶板还可避免走动时发出噪声，特别是防止拄拐杖者走路发出的声音对左邻右舍的影响；厨房、卫生间及走廊等公用部位用水频繁，而且经常需清扫，因此需采用清扫方便和防滑的地砖。

6.5.4 老年人视力减退，对光线的敏感度降低，有色玻璃或反光玻璃容易造成老年人的视觉误差，不利于老年人的身心健康。现在建筑设计中经常使用落地玻璃门窗，易造成错觉发生事故，因此落地玻璃门窗应装配安全玻璃，并在玻璃上设有醒目标示或图案。

6.5.5 老年人身体各方面机能衰退，多有疾病。机体出现异常或病变后，常常可以通过粪便等排出物的异常状况反映出来，因此，老年人使用的卫生洁具宜选用白色，易于及时发现老年人的病情，并易于清洁。

6.5.6 根据老年人居住实态调查，多数老人有保留某种旧物的习惯，而且存量较大，这些旧物对他人的生活会有不良影响，而对老人自己却十分宝贵，因此在养老院、护理院等采用集体居住的建筑中，应设老年人专用储藏室，并且保证人均有足够的面积。卧室内应设每人分隔使用的壁柜，设置高度应在 1.50m 以下，便于老年人频繁使用。

6.5.7 在老年人居住建筑的各类用房、楼梯间、台阶、坡道等处设置的各类标志和标注经常结合室内装修，过于突出装饰效果，不符合老年人生理、心理要求。本条要求强调功能作用，达到醒目、易识别，正确指引老人，方便生活的目的。

中华人民共和国行业标准

档案馆建筑设计规范

JGJ 25—2000

条 文 说 明

前　言

《档案馆建筑设计规范》（JGJ25—2000），经建设部 2000 年 3 月 10 日以建标［2000］56 号文批准，业已发布。

本规范第一版的主编单位是内蒙古自治区建筑勘察设计研究院，参加单位是江苏省建筑设计院、国家档案局档案科学技术研究所。

为便于广大设计、施工、科研、学校等单位的有关人员在使用本规范时能正确理解和执行条文规定，《档案馆建筑设计规范》编制组按章、节、条顺序编制了本规范的条文说明，供国内使用者参考。在使用中如发现本条文说明有不妥之处，请将意见函寄国家档案局档案科学技术研究所（北京市西城区丰盛胡同 21 号，邮编 100032）。

目 次

1 总　则

1.0.1　近十几年来档案馆建设很快，这是档案事业发展的一大标志，也是档案馆事业中投资最大的一项工程。档案馆并非生产部门，应用有限的资金满足档案保存和利用的基本要求，充分体现适用、经济、美观的原则，应以建筑为主、设备为辅来保证环境内的稳定性。原《档案馆建筑设计规范》(JGJ25—86)由建设部和国家档案局共同颁布，执行13年，总体是成功的，但是随着科学技术的进步、经济的发展，有些条文已不能适应新的发展要求，因此须对规范进行修订，以发挥应有的作用，促进档案馆事业的发展。

1.0.2　适用范围是用于各级党政机构对外开放的综合性文书档案馆。其他各类具有专业要求的专业档案馆，因种类较多，要求各异，受编制时间及任务范围之限，未能一一涉及各种专业的特殊要求，通用部分可参照本规范的有关条文。

1.0.3　主要说明建筑质量标准应区别对待。考虑到档案馆建筑的重要性及长期和永久保存档案文件的使用要求，而确定耐火等级。对中央级国家档案馆要求均比规范规定的标准高，这里不作具体规定。

1.0.4　档案馆建筑均是当地或本部门的重要建筑，非地震区根据具体情况也可按基本烈度七级设防，地震区按当地要求设防。若要提高设防烈度，必须呈报国家建设主管部门批准，因为抗震烈度每提高一度，在结构设计上都要翻一番，所以必须慎重考虑。

1.0.5　档案馆建筑设计涉及建筑、结构、防火、热工、节能、电气、采光、照明、给排水、暖通空调等，各种专业已有规范规定的内容，除必要的重申外，本规范不再重复，因此在设计时除执行本规范外，尚应符合国家现行的有关强制性标准的规定。主要有：

　　JGJ 37—87　　民用建筑设计通则
　　GBJ 16—87　　建筑设计防火规范
　　GB 50045—95　高层民用建筑设计防火规范
　　GBJ 11—89　　建筑抗震设计规范
　　GBJ 19—87　　采暖通风与空气调节设计规范
　　GB 45—87　　 建筑结构荷载规范
　　GB 50176—93　民用建筑热工设计规范

3　馆址和总平面

3.0.1　档案馆馆址应符合城市规划的总体要求。

3.0.2　基地选址，从工程实践看，除一些重点工程项目包括有关设计人员参加外，许多工程的用地多是在委托设计之前的基建准备工作阶段，由委托单位选定的。设计人员难以在事先提出有关要求，以至在遇到一些具体问题时，也难以从根本上妥善解决。已建成的档案馆中，由于基地选址不当，造成不良后果的实例也不少。例如：

　　1. 馆址选在有害环境影响的地区，距离散发有腐蚀性气体的工厂很近，造成有害气体长期侵蚀档案文卷(据辽宁省调查有6.5%的案卷褪色)。

　　2. 馆址选在住宅区，四周存放许多易燃物，有的甚至距锅炉房、汽车库、油库、木工作坊等很近，一旦起火，很容易受到波及。例如：

　　(1) 四川省某县新建馆址位于居民住宅包围之中，用地紧张，进出通道狭窄弯曲，十分不便。

　　(2) 福建省某县新建馆址四周皆为民居，烧柴用的稻草垛比比皆是，火源很多。

　　(3) 广东省韶关地区新建馆址与相邻的居民住宅楼山墙之间距离仅有一米多，而且两者山墙皆开窗户，咫尺相望，很不安全。

　　(4) 山东省某县新建馆址虽然位于县委大院，但西侧近邻锅炉房，东南面有木工作坊，西南面距汽油库仅23m，环境条件并不理想。

　　3. 馆址沿城市干道紧压红线建筑，影响使用。

　　广东省惠州地区馆址，由于紧压城市干道红线建筑，造成噪声及交通干扰很大，不得已改变用途，转让给其他单位，另行选址重建。

　　4. 强调保密备战。馆址着眼于进山及选择偏僻或边远地区，造成长期使用不便，也给馆内人员工作、生活带来许多困难。例如：

　　(1) 四川省馆原位居雅安，环境条件虽好，但距省会成都市路途遥远，往返约300km，日常查阅档案不便，不利于档案工作的开展。经省委讨论同意在成都市新建馆库。

　　(2) 四川省绵阳地区原有档案馆距城区七、八里，位置偏僻，交通不便。不仅影响档案存放及查阅使用，给工作人员的工作和生活也造成许多困难。1981年经地委同意迁入地委机关院内新建馆库。

　　(3) 云南省昆明市原馆址距市区约11km，靠山隐蔽，适于战备要求。但建馆投资不仅要建房，还要包括铺路架线等款项。后结合使用不便等因素，不在原址扩建。

　　为便于贯彻规范中提出的各项选址要求，设计人员应参加选址工作。这个问题虽不属编写规范的内容，但应引起有关部门注意研究解决。

3.0.3　根据国内建馆的实例调查和分析，对总平面布置提出一些基本要求，分别说明如下。

　　1. 功能分区与单独建设：由于档案馆建筑的使用功能，要求多方面进行防护，为避免发生意外故事和发生事故后易于查清职责。在总平面布置上应注意功能分区，即使建于机关大院内也应有明确的馆区范围。为避免相互交叉干扰，馆区建筑不应与其他单位合并建造。

　　从调查中看，在一般县级档案馆的建设中，由于建设规模不大、建筑质量标准稍高、投资又不足，以及机关大院用地紧张等原因，往往与县委机关某些部门合并建造。例如：

（1）四川省绵阳地区经地委同意迁入地委机关院内新建馆库。由于修建过程中，拆迁了一部分地委机关的办公用房。加之建好的新馆又较宽敞，一些技术用房尚未开展工作，只有让出部分用房给其他部门，这样混合使用必将给管理工作带来困难和不便，同时也不安全。

（2）江西九江市新馆因建于市委大院，市委领导办公及常委会议室用房一并安排在新馆二层，增加投资合并建造。后因地、市合并，市委机关迁走，方全部划归市馆使用。

（3）广东某县档案馆底层为县委大会议厅；某市档案馆与市委的小礼堂毗邻一并建造。

（4）山东省蓬莱县档案馆建于县委大院内，由于基地有限，与县委机关的单身宿舍合并建造。

在这些合建的实例中，设计上大多注意了组织单独的出入口，以及平面划分和空间分隔。但是从长期使用和保留扩建的可能来看，还是不应合建。

2. 档案馆的馆藏量在逐年增长。建馆时需要考虑一定年限内的增长量。这个年限数确定得过短，库容量很快就会饱和；确定得过长，则又增大一次投资，且长时间保持空库，也不经济合理。为此，要结合具体情况，在设计上考虑和保留各种扩建的可能性。一般扩建做法：

（1）在总平面布置上预留水平方向的扩建用地，以便增建新的建筑。

（2）设计时考虑建筑物垂直方向的扩建，在基础及结构设计中，保留增加层数的需要。

（3）改进装具扩大库容量：当前采用的装具有箱、柜、架，平均每平方米使用面积存卷数 200～300 卷。若改用密集架则可提高库容量 2～3 倍。这就要求在设计时增大楼板的承载力。一般若只在库房底层改用密集架则比较简便，对于年增长数字不大的馆库较为实用。

3. 档案馆建筑中，总平面的道路布置应考虑便于消防使用和大量档案的运送装卸。但是在实践中，有些已建成的馆，由于位于机关大院四周用地有限、征用城市土地拆迁原有建筑困难、不适当的选址于居民区之内等实际条件所限，形成馆区出入路径狭窄曲折的现象，连起码的防火通道都没有，实在是不符合防护要求。

4. 按条文要求执行。

5. 馆藏档案逐步对社会开放，有的馆与培训中心、教育基地结合在一起，接待的人越来越多，交通工具多种多样，馆区内增设公厕、自行车棚、汽车库和停车场等公共设施非常必要。上海市市委、政府领导曾到市档案馆检查工作，由于车辆较多，只有放在

马路上，以致影响交通。

6. 应符合条文要求。

4 建筑设计

4.1 一般规定

4.1.1 档案馆的房间组成。由于各自的业务功能不同，防护要求也不同。设计时要注意功能分区，区别内外联系，避免相互交叉。为了保护档案原件，各部分之间的档案传送不应通过露天。

在实例中，如山东省烟台地区档案馆采用普通办公楼一字形平面，以中间走廊划分内外。南面房间作为接待及办公用房，北面房间作为存放档案的库房。内外人流使用同一交通路线且无法分隔，不仅造成管理不便，也不利于防护。现已筹建新馆。

又如四川省 80 年代初期有的馆库区受各种条件所限，只兴建库房楼，未能同时建造必要的其他配套使用的工作用房。而以后增建的接待用房与库房楼之间又无必要的水平联系设施，两者露天相隔。每逢雨天，只好打伞调卷。不仅往返不便，对档案文件的保管也不利。

4.1.2 在档案馆设计中，应将有温湿度要求的房间尽量集中或分区集中布置。其优点是当前采用加强围护结构做法时，便于统一进行。并为今后改装空调设备创造有利条件。如果现在采用空调设计，由于管道集中，既便于管理，又节约投资。

4.1.3 档案馆建筑设计应满足各类档案、资料的安全保管，除传统的纸质档案以外，不同的新型档案材料越来越多，这就要有不同条件要求的保护环境。档案馆工作的重点是以保存和利用为宗旨，为利用者提供方便，故必须有相应的与利用有关的技术业务用房，如目录室、复印室、休息室等，而这些房间都应设在阅览室的附近，而且要有好的朝向。

为了工作人员的调卷方便，库房与阅览等业务用房不能距离太远，特别是交通便捷，不能通过露天通道。

4.1.4 除了大型档案馆的垂直交通有可能分别选用客梯和货梯外，一般馆库为运送档案设置电梯时，就应布置在档案库房附近以便于使用。为了防火安全，遇灾时避免扩大波及范围，还要注意将电梯设在库区防火门之外。同时，可以避免直通电梯井给各层库房温湿度控制带来的不利影响。

4.1.5 档案馆建筑中选用地下用房，一方面对保持温湿度稳定、防尘、防虫、防紫外线照射和安全防护上具有着有利条件；另一方面却也存在着提高防潮、防水和人工通风等要求的因素。综合来看，一般地下建筑的投资费用高，设计、施工技术要求复杂。结合实践经验，一旦决定采用地下建筑的方案，就应解决

防潮、防水和通风等要求，以保证使用。否则，建了而不能使用，实际上是浪费。

如属人防要求设置地下用房时，则应按现行的人防规定设计。

4.2 档 案 库

4.2.1 档案库房是档案馆建筑的重要组成部分，各种防护要求的提出都是为档案库房创造良好的馆藏条件提供保证。

本条内容结合各种防护要求，提出档案库房设计应考虑经济、有效的合理布局，为使用安全、管理方便创造良好条件。

4.2.2 本条进一步说明设计时要注意功能分区。区别内外联系，以合理布局来避免相互交叉。真正做到既联系方便，又内外有别。有效地满足档案保管安全、使用方便的要求。

4.2.3 为使库区内温湿度尽可能保持稳定，库区入口处要求设置缓冲间，作为库区内外的过渡和分隔。在国内已建成的档案馆实例中，围绕库房区有设置封闭外廊或环廊的做法。凡经过封闭外廊或环廊进入库房，其目的也是为了在库区内外起缓冲和分隔的作用，以求有利于保持库区温湿度的稳定。所以，此种做法应同等视为缓冲间，可不要求另设。

在一些馆库设计中，由于不适当地在封闭外廊或环廊上采用了大面积玻璃，建成后的实际效果并不理想。廊内温湿度明显地随室外气候条件起伏波动，不能很好起到缓冲和分隔的作用。由于南向、西向日照强烈，大片玻璃吸收后的辐射反而使廊内形成了高温，其效果适得其反。

库区或库房的入口是与外部连通的通道口，开启门时与外部直接连通，空气进行对流交换，特别在内外温、湿差比较大时影响较大，对库内的温湿环境的保持不利。如湖北洪湖市档案馆，原来过渡间不密闭，当去湿达到50%时停机，很快就又恢复到原来的状态，当密闭后就能保持1～2天的稳定。从安全的角度看，即使开一道门，外人也不易闯入。单设过渡间的面积，要能使运送档案的小车转弯活动。当设专用封闭外廊时，也可代替作为过渡间使用。

4.2.4 此条是防止库区外使用水消防等出现有明水时，避免明水流入库区内。所以库区或库房的地面都应比库区外或库房外的地面高出20mm。为防止万一有明水入库的情况，应在库内设置泄水孔和泄水管道，向外排水，以保库内的安全。

4.2.5 为了安全抢救档案和人员撤出，本条作此规定。因为发生事故一般都是由一端开始，所以有两个出入口是安全的。某档案馆当时建造的比较早，也比较好，省建委曾因此申报优秀设计奖和优秀工程奖，但是因库区无第二个安全出入口，不符合安全规范，故未能参加评选。

库房采用串通间或套房时，易出现与楼梯、电梯的距离超过30m的安全距离，也不易形成防火分区。

4.2.6 库房结构选型各地做法不同，对建筑层高不好统一要求。为便于装具布置和充分利用空间，本条要求净高不低于2.4m。当有梁和通风管道时，其净高不低于2.2m。

其他用房的层高，由于没有特殊要求，可根据有关规定或习惯做法设计。

4.2.7 我国幅员广阔，各地气候条件不同，除参照当地传统习惯做法，为保证温湿度标准，对库房的外围护结构应通过热工计算确定其构造做法和具体尺寸。在多雨地区还要考虑防止雨水渗透外墙。如南方地区多采用240mm厚外墙，内外多有通缝，应采取适当的防渗措施。

4.2.8 为保证库房最低使用要求，屋顶必须防漏。炎热地区还要注意屋顶的防晒隔热；寒冷地区还要注意屋顶的防寒保温。

从调查国内一些实例来看，大部分最高一层的库房，在炎热地区其温度总要高于或在寒冷地区则总低于其他层库房。

在炎热地区采用架空隔热屋面时，应注意保持架空层内通风流畅，以达到散热降温的目的。有些馆库屋顶四周设了封闭的女儿墙，又无其他相应的通风措施，结果使架空层密不透风，效果不佳。其他如四川省结合地区特点，在平屋顶上架设小青瓦坡屋面的做法，虽有利于防雨隔热，但坡屋面如采用木结构，则其耐火等级降低。

4.2.9 对门窗要求：

考虑库区防火，要求缓冲间采用防火门。为维护库房内温湿度稳定，库房门应采用保温门。

由于潮湿空气下沉，采用高窗时，通风换气不利，应在高窗下面增设通风口，通风口要注意架设金属网和有密闭措施的保温小门。底层还要增设铁栅防护。

4.2.10 为保持库内温湿度的稳定，对外墙上开窗面积提出要求加以限制，主要是防止采用过大或过多的玻璃面积。实践证明，开窗过大或过多时，弊端较多。诸如：受室外气候条件影响库内的温湿度易于上下波动；增大紫外线照射面；缝隙不严、密闭性差时，不利于防尘和防虫等。

在国内调查中，发现有不少馆库由于采用大面积玻璃窗形式，最后造成了不良后果，同时也给改善库房的使用条件增加了很多不应有的困难。当然，造成这个问题不仅有设计人员不合理地套用某种建筑形式的因素，据反映更多的是由于一些地方上的领导同志不喜欢开小窗，加之档案馆大多选建于领导机关的大院中，这个问题就更有其普遍性了。

4.2.11 制定本条是为了便于装具布置及合理使用建筑面积。在国内某些实例中，有的库房开间尺寸没有充分考虑装具布置，结果造成多摆一排装具放不下，少摆一排中间走道又嫌过宽的情况，面积利用也不经济。

4.2.12 为了给库房设计提供基本数据，国家档案局正着手研究我国档案装具的定型和标准化。但予以正式颁布统一标准尚需一定时日。本条中提出几种常用形式的装具排列尺寸可暂供库房设计选用。待国家颁布统一标准后，即以该统一标准为准。

结合调查情况，我国实际使用中的装具过渡到定型和标准化，也将是一个较长时间的过程，不可能一蹴即成。为此，在设计时，对现有装具应考虑尽量利用。此外，为了节约木材，一般不宜再采用木制装具。

4.2.13 本条提出的库房每平方米使用面积存放档案数，是根据国家档案局中央档案馆 1983 年 12 月 2 日所发"中央档案馆接受档案的标准"中规定："案卷厚度一般不超过 2cm"而制定的。现取每卷厚度在 1.5～2cm 间，举例如下：

1. 储存单位：档案延长米/每平方米使用面积
   或 卷数/每平方米使用面积
2. 按一般常用的库房平面布置：
   （1）开间取 6.0～6.6m，框架结构采用 6.0m 开间，能满足装具的横向排列，又比较经济。即每开间可排 8 排箱（架）。
   （2）进深取 6.0m 柱网双跨，库内装具排列后的主道、排间过道和箱（架）的端过道，能满足使用中的宽度要求。
3. 五节文件箱以 5 只为一套；标准书架以 6 格为一架。
4. 计算：
   （1）装具按五节文件箱：
   按每卷厚度为 0.015m，可存卷数：
       $4.41 \text{m/m}^2 \div 0.015\text{m} = 294$ 卷/m²
       $4.00 \text{m/m}^2 \div 0.015\text{m} = 267$ 卷/m²
   按每卷厚度为 0.02m 可存卷数：
       $4.41 \text{m/m}^2 \div 0.02\text{m} = 221$ 卷/m²
       $4.00 \text{m/m}^2 \div 0.02\text{m} = 200$ 卷/m²
   计算结果：采用五节文件箱时储量为：
       $4.00 \sim 4.41 \text{m/m}^2$ 使用面积
   或 $200 \sim 294$ 卷/m² 使用面积
   （2）装具按标准书架：
   按每卷厚度为 0.015m 可存卷数：
       $5.43 \text{m/m}^2 \div 0.015\text{m} = 362$ 卷/m²
       $4.94 \text{m/m}^2 \div 0.015\text{m} = 329$ 卷/m²
   按每卷厚度为 0.02m 可存卷数：
       $5.43 \text{m/m}^2 \div 0.02\text{m} = 272$ 卷/m²
       $4.94 \text{m/m}^2 \div 0.02\text{m} = 247$ 卷/m²
   计算结果：采用标准书架时储藏量为：
       $4.94 \sim 5.43 \text{m/m}^2$ 使用面积

或：$247 \sim 362$ 卷/m² 使用面积

按国家档案局提供的联合国教科文组织国外资料，采用钢架存贮时，其长度每 1000m 需 170m²，即每平方米可存长度为 6m。我们上述的采用标准书架时，每平方米使用面积的饱和存卷长度为 4.94～5.43m。当然国内国外的档案文件不尽相同，存贮方式也不一样，说明这一比较也只是提供参考。

4.2.14 采用普遍 5 节箱（柜）的荷载是根据以往的使用经验，并参照了图书馆书库荷载而制定。

采用密集架是以中央档案馆、中国第一历史档案馆、北京市档案馆等各种档案装满后实际称量、测算而得的。称量中最重的达 980kg，轻的也达 450～500kg，一般平均在 600～800kg，取高值附加 20% 而定出 12kN/m²。现在有的厂家原楼载 300～500kg/m² 都给装，他们是商业行为，而且使用一段时间也没发生大的问题，这是因为开始使用时密集架没有装满，另外楼面材料也没有长期老化和疲劳。重庆的綦江大桥也是用 3～4 年才倒塌的。作为规定一定要有足够的保险把握才行。

4.2.15 要符合现行防火规范要求。

4.2.16 为了横向运送档案小推车行进方便。

4.2.17 母片是除档案原件外最原始的复制件，是底版，要加强管理。

4.2.18 以保证珍贵档案的安全和有良好的环境条件而设计的珍贵库房。

4.3 查阅档案用房

4.3.1 查阅档案用房是档案馆建筑中开展档案工作、对外服务的部分。本条介绍了其房间组成。

从调查国内已建成的档案馆的实例中发现受经济条件限制，不少档案馆重点着眼于建设库房，以求保证存放档案。而对其他配套实用的工作用房考虑不够。特别是供来访者查找、阅读档案和对外服务的接待用房更少。有的甚至用门厅充当接待室。

4.3.2 本条是根据档案馆阅览室的实际现场调查和征求管理人员的意见而制定的，同时也是参照了图书馆建筑要求提出的。

普通阅览室每阅览座位使用面积指标，是参考了国际标准每座位 5m²，根据中国人体型略小而取得的最低面积。

4.3.3 这是根据缩微阅览室都是借助缩微阅读机而利用的实际情况而制定的。

4.4 档案业务和技术用房

4.4.1 技术业务用房是档案馆建筑中有关档案的整编、修复、复制等部分。本条介绍了其房间组成。由于我国档案技术现代化处于刚刚起步阶段，很多新技术的应用，有的还处于研究讨论过程中。在国内已建的档案馆中除少数省级馆配备了数量不等的缩微、复印等设备外，一般县级档案馆的建设大多仅有整理、装订等工作用房，加上受经济条件所限，县级档案馆的建设大多是在省里给予一定的投资补助下才得以兴建，所以，很多已建成的档案馆除了保证一定规模的库房建设，技术业务用房很少考虑，新的技术设备就更谈不上了。

4.4.2～4.4.4 此三条主要是根据工作流程、保证质量、环保要求和便于使用而制定。

4.4.5 根据复印机使用特点作出相应规定。

4.4.6 依安全和防火规范而制定。

4.4.7 因所用药品不同，要特别注重尾气的排放和房间的清洗等。

入库文件需经药物熏蒸、杀虫处理后方能入库。由于选用的药物多为有毒物品，所以要求房门密闭，以免有毒气体四溢。熏蒸后的废物应通过直通屋面外的专用竖井排放。为了不影响周围环境，废气应符合环境保护规定的标准。

4.4.8 因室内必须有电源、水源和通风等设备，所以特别规定要符合安全和防火规范的要求。

4.4.9 结合国内已建的档案馆实例，本条提出装订室和整理编目室的使用面积指标。其中装订室每个工作人员使用面积指标是考虑了设有大型工作台外，尚需设置一定数量的柜架。其他如缩微、复印等各种设备，国产与进口产品种类繁多，规格不一，这部分技术业务用房的单项面积指标未作规定。

4.4.10 本条依工作特点而制定出每个工作人员最低使用面积，以保证工作顺利进行。

4.5 办公和辅助用房

4.5.1 本条介绍了办公及辅助用房的房间组成。有关房间的设置可结合需要确定。

4.5.2 根据需要按条文进行设置。

5 档案防护

5.1 防 护 内 容

5.1.1 要尽量减少档案馆建筑上对档案有损坏的各种因素。

5.1.2 对档案的重要性和载体的不同，应满足各自的要求，对其他各项防护措施要分别设定，不能一刀切。

5.1.3 新型档案材料保管库要根据各自构成材料的理化性质而定，应满足它们的特殊要求。

5.2 温湿度要求

5.2.1 按档案馆的等级和各自的经济条件来确定是否采用空调。

5.2.2 档案馆是永久保管档案的基地，档案馆建筑是档案馆工作的基础。为有利于档案的长久保存和建筑档案馆舍时有所遵循，特制定本规定。

本规定适用于各级综合档案馆。军队系统及专业性档案馆，除专业的特殊要求外，应参照执行。

在选定温、湿度后，每昼夜波动幅度要求温度不大于±2℃、相对湿度不大于±5％。

表 1　档案库房的温湿度要求

	温湿度范围	采暖期	夏季
温　度	14～24℃	不小于14℃	不大于24℃
相对湿度	45％～60％	不小于45％	不大于60％

1. 制定原则：

（1）有利档案制成材料的保存。

（2）尽可能限制档案霉腐菌的生长繁殖。

（3）参考设备和专用房间的特殊要求。

（4）考虑国民经济条件的可行性。

（5）根据我国地理位置和气候条件。

2. 参考依据：

（1）现行测定纸张物理强度的标准温度为 $20\pm2℃$，相对湿度为 $50％～60％$。

（2）参考了有关档案制成材料测定的标准湿度。如：双面复写纸标准中规定（GB2801～81）复写次数，正反色差测定的打印温度为 $25\pm1℃$；又如：蓝黑墨水标准中（QB551～81）储存温度为 $2～37℃$。

（3）霉腐菌的最适宜温度范围为 $25～37℃$，最低相对湿度要求（见表）。

表 2　最低相对湿度要求

霉　菌　名　称	相对湿度
青霉（Ponicillium specos）	80％～90％
刺状毛霉（Mucor spinosa）	93％
黑曲霉（Aspergillus niger）	88％
灰绿曲霉（Aspergillus glaucor）	73％
耐汗真菌（Saccharomyces）	60％
黄曲霉（Aspergillus plarus）	90％

（4）尽量避开档案害虫最适温区的中心区。8～40℃是昆虫维持生命的有效温区。8～15℃是昆虫生长发育的起点。22～32℃是昆虫的最适温区。35～45℃是昆虫的最高有效温区。当然每一个虫种又有它自己生存和适宜的温区，现再举几种档案害虫的例子。

表 3　几种档案害虫维持生命温度表

害虫名称	最低温度（℃）	最适温度（℃）	最高温度（℃）
书　虱	0～3	25	32
花斑皮蠹	0	30～35	40～47
谷　蠹	3～5	34	40.5～54.4
药材甲	0～－10	24～30	31～37
裸蛛甲	0～－10	25	32
黄蛛甲	0～－10	20～25	27～32

(5)参考国外部分国家的档案馆温湿度管理现行规定(见表)。

表 4　国外一些档案馆温湿度表

国名及馆名	温度 (℃)	相对湿度
法国国家档案馆	20～24	50%～55%
美国国家档案馆	20～24	40%～54%
美国家谱档案馆	15～24	50%～60%
英国丘园档案馆	15～25	50%～60%
马来西亚	21～24	50%～65%
加拿大	17	50%～55%
联合国档案馆	20～24	46%～54%
日本	22	55%
新加坡	21～24	50%～65%
巴哈马	18	59%
原苏联	14～18	50%～65%
原联邦德国档案馆	18±1	50%±5%

3. 几点说明：

(1)库房温、湿度,根据节约能源的原则,在不同季节可选用14～24℃范围内的某一适当温度。

(2)地下库温度可不受规定的限制。

(3)办公及其他辅助用房不作规定。

5.2.3　各类技术用房的温湿度要求见表5。

表 5　档案馆各类技术用房温湿度要求

用房名称		温度	相对湿度
裱糊		18～28℃	50%～70%
保护技术试验室		18～28℃	40%～60%
复印		18～28℃	50%～65%
声像		20～25℃	50%～60%
阅览室		14～28℃	—
磁带库		14～24℃	40%～60%
陈列室		14～24℃	45%～60%
工作间(拍照、拷贝、校对、阅读)		18～28℃	40%～60%
胶片库	拷贝片	14～24℃	40%～60%
	母片	13～15℃	35%～45%

5.3　防潮和防水

5.3.1　防止馆区内积水。

5.3.2　防止地面水和潮湿对库内影响。

为保证底层库房的使用,地面必须防潮。炎热高温地区尽量避免地面结露和凝结水。寒冷采暖地区地面要设置保温层。如采用架空层地面,要注意架空层

的通风和在架空层上部地面采用适当的隔汽措施。

5.4　防日光直射和紫外线照射

5.4.1　避免阳光直射和减少人工光源中紫外线对档案的影响。光特别是太阳光对于档案纸张和某些字迹有很大的破坏作用。有资料介绍,光波短于486nm的光线即可以断裂 C—C 键,短于358nm 的光线(紫外线)即可断裂有机物分子的线性饱和链。

5.4.2　天然光含有紫外线,所以要采取措施避免阳光直射档案。

5.4.3　采取措施和选用灯具,都应尽量减少紫外线。

5.5　防尘和防污染

5.5.1　灰尘也是空气中的一种有害杂质。它与有害气体不同的是以固体状态存在。空气中灰尘的多少与环境条件有很大关系,一般城市中的灰尘较多,特别是工矿区、住宅区和繁华的中心区。

灰尘一般都能吸收空气中的化学杂质而带有酸、碱性。有些灰尘本身就带有酸碱性。因此,灰尘落在档案上,就会给档案带来酸或碱的影响,从而对纸张和字迹起到破坏作用。当库房潮湿,纸张含水量大时更甚。

5.5.2～5.5.4　此三条都是为了使档案和技术处理过程减少尘雾的影响,并避免工作间起尘。

从防尘和便于维护库内的洁净条件考虑,要求地面应耐磨、不起灰尘,并便于清扫。有些已建的馆库采用了一般的水泥面层,施工质量又不太好,结果露砂起灰,效果不佳,往往还要返工。

同样从防尘和便于维护库内的洁净条件来看,应要求内粉刷面层光洁、不起灰尘和便于清扫。从调查中了解到若采用涂料或无光油漆时,可考虑添加防霉剂。

5.6　防蛀和防鼠

5.6.1～5.6.2　防鼠要求。

5.6.3～5.6.4　防虫要求。

5.7　防　盗

5.7.1　防盗要求。

5.7.2　设置必要的防盗设备和设施。

6　防火设计

6.0.1　档案馆建筑在当地和本部门都是防火重点单位,必须按防火规范设计。

6.0.2　防火等级的具体要求,目的是若有火情也尽量限制使之不扩大损失范围。

6.0.3　防火规范中有相应规定,这里有必要重申,以示重视。

6.0.4 水消防系统包括水雾消防。

6.0.5 减少火源。

6.0.6～6.0.7 便于人员疏散和防止火势蔓延。

6.0.8 避免火情发生时人员因门不能开敞而受危害。

6.0.9 按条文执行。

7 建筑设备

7.1 给水排水

7.1.1～7.1.3 主要是防潮、防水要求，避免给排水管道漏水或潮湿影响库房安全使用。从实例调查中发现内蒙古自治区有四个馆库，就因在库房内设用水点而发生过水淹的事故。

7.1.4 不能造成环境污染。

7.2 暖通空调

7.2.1 档案界一般公认档案库房的适宜温度为14～18℃，相对湿度为50％～60％，这样的温湿度条件对保管和延长档案文件的寿命是有利的。但从国内已建馆库的实例调查看，很少有能达到这个要求的。再结合我国的经济条件考虑，短期之内也很难普遍达到这个标准。所以，与其定下来一个长期达不到的标准，不如从实际出发，为满足基本需要适当放宽要求。

结合我国一些高温高湿地区馆库的长期使用经验分析，空气相对湿度的增大较之温度增高对微生物繁殖生长条件影响大。同时，从实践看，控制相对湿度也比降低温度简便易行和花费投资少，一般地、县级馆库稍加努力即可实现。

所以，我们认为：首先要严格控制相对湿度小于60％。从一些资料证明这个条件下大多数的霉菌都停止发育；再之，这个条件也满足了保持纸张的正常含水率5％～10％，空气相对湿度为45％～65％的要求。

7.2.2 湿度对档案的影响比温度更明显。档案库房冬季采暖时，库内的干球温度不低于14℃，相对湿度应控制在45％～60％范围内。当不设采暖时，室内的

相对湿度也应保持在45％～60％之间，若达不到，低一点还可以，如超过上限时应采取有效措施。

7.2.3 有条件的地方应采取电热或热空气给库房采暖。必要时采用水、汽为热媒的采暖系统时，应采取有效措施，严防漏水、漏汽，为防万一有漏水现象，库内应设置地漏和下水管道，保证库内不能积水。

7.2.4 使用通风和空调等机器设备时，管道系统和库房的门窗都应有良好气密性，通风窗洞口与室外应有密闭措施。过去有些档案馆的管理人员讲："我们馆不到100m² 的库房，每天去湿机除水近10kg，停机后一个多小时相对湿度又回到原来的状况"。检查发现通风窗与墙体间有近2cm的缝隙。也就是说使用设备库房就必须密闭，否则起不到应有的作用。

7.2.5 空调设备应有专用的机房。空调器可以直接放在库内。

7.2.6 母片库环境条件要求比较高，温度、湿度值都低，使用集中空调的馆是达不到要求的，所以必须有独立的空调系统，才能保持母片需要的温湿度要求。

7.2.7 因熏蒸处理对象不同，所用的方法和药物有所不同，但都必须有控制阀门的排风管道。

7.3 电 气

7.3.1 档案库房配置三相电源，主要是考虑夏季相对湿度增大需增除湿设备。

其保护和控制设备要求设于库外是考虑库内无工作人员时，从库外切断电源，防止因电气设备线路长期带电而引起事故。

7.3.2 档案库房供电导线采用铜芯导线是考虑铝芯导线在接头处接触电阻大，长期用电会因接触不良而引起火花，导致火灾危险。

7.3.3 配电电线不外露，保证安全。

7.3.4 安全要求。

7.3.5 依据照明设计要求，保证工作有良好照明环境。

7.3.7 要设置避雷针或避雷网，特别是低雷区，要防止雷电对档案和设备的破坏。

中华人民共和国行业标准

体育建筑设计规范

JGJ 31—2003

条 文 说 明

前　　言

《体育建筑设计规范》JGJ 31—2003，经建设部 2003 年 5 月 3 日以第 144 号公告批准，业已发布。

为便于广大设计、施工、科研、学校等单位的有关人员在使用本规范时能正确理解和执行条文规定，

《体育建筑设计规范》编制组按章、节、条顺序编制了本规范的《条文说明》，供使用者参考。在使用中如发现本《条文说明》有不妥之处，请将意见函寄北京市建筑设计研究院。

目　　次

1 总 则

1.0.1 随着我国的改革开放，人民生活水平的提高，闲暇时间的增加，体育和休闲事业有了很大的发展，因此体育设施也进入一个新的建设高潮。体育设施的建设投资大，影响面广，并存在使用功能、安全、卫生、技术、经济等方面的问题，将直接影响设施的质量。因此提出相关要求，在体育建筑设计中应遵照执行。

1.0.2 体育设施因体育项目使用性质、使用对象的不同而有很多类型，一个规范很难全部涵盖，经与各主管方面商讨，用本条对本规范所适用的范围予以界定。

1.0.3 在我国由计划经济向社会主义市场经济转变的过程中，体育的产业化也提上议事日程，因此本条界定体育建筑多功能使用时所应遵循的设计原则。

1.0.4 本条从使用环境的角度提出体育建筑的基本目标。

1.0.5 由于我国地域辽阔，民族众多，自然气候、地理条件有很大差异，如气温和温差、地质条件和抗震、雨雪、施工技术和管理水平等，在设计中需因地制宜，不能一概而论。近年来，可持续性发展的战略原则日益为人们所认识，因此在设计中须加强这方面的应用和探索。

1.0.6 由于体育设施的特殊使用方式和对象，因此对这些设施尤其是为特殊重大比赛所建的设施，在短期赛事之后，更长期的赛后使用问题就非常突出，国内外有许多正反方面的经验和教训，故作为独立的条文专门提出，以期引起各有关方面的重视。

1.0.7 本条是设施等级分级的基础。参考国家体育总局原体育设施标准管理处拟《公共体育场建设等级标准》（草案）中的规定，同时也与国家体育总局体育事业中期规划的建设目标分类要求大致协调。便于按不同要求区别对待，以保证其技术要求。

按照国际田联的分类规定，将世界杯、世界锦标赛和奥运会列为第一类；洲际、地区和区域锦标赛，洲际、地区和区域杯赛以及田联小组运动会列为第二类；把两个或两个以上，或几个会员联合举行的比赛，国际田联批准的国际邀请赛，地区协会批准的国际邀请赛和国家比赛作为第三类；一个会员特别批准的，外国运动员可以参加的其他比赛和国家比赛作为第四类；不分类的国内比赛作为第五类。也可以作为本条分类的对照参考。

1.0.8 本条参照《建筑结构可靠度设计统一标准》和《建筑设计防火规范》GBJ 16 制订。根据体育设施的特点及我国的经济状况和技术发展，此条的耐火等级有所提高。见表1。

表 1 结构设计工程寿命

类别	设计工作寿命（年）	举 例
2	25	易于替换的结构构件
3	50	普通房屋和一般构筑物
4	100 及以上	纪念性建筑及其他特殊或需要建筑结构

1.0.9 由于体育建筑设计涉及有关体育项目竞赛规则中对于建筑设计的有关要求很多，除必要的在条文中予以强调外，一般性要求不再重复。另外有关竞赛规则和国际单项体育组织的有关规定，会随时有所修改，故使用中需及时参照有关标准和规定。

1.0.10 体育建筑设计涉及建筑结构、防火、热工、节能、隔声、采光、照明、给排水、暖通空调、强电、弱电、环保、卫生等各种专业，各专业已有规范规定的除必要的予以重申外，其他不再重复。

2 术 语

本章英文部分参照全国自然科学名词审定委员会公布之《建筑园林城市规划名词》（1996）以及有关资料的词条整理而成。同时也参照了国外有关出版物的相关词条，由于国际标准中没有这方面的统一规定，各英语国家使用词汇也不尽相同，故英语部分仅作为推荐英文对应词。

涉及体育方面的术语很多，尤其是涉及与体育竞赛规则有关的部分，考虑到本规范的使用对象，故只列出与建筑设计有关的方面。

3 基地和总平面

3.0.1 体育事业兼有社会化、产业化、公益化等方面的特征，体育设施的布局和建设都将对城市、区域、社区乃至学校、单位等产生较大影响，与人民群众的健身休闲有密切关系，因此在布局设点时，必须十分注意本条提出的四个效益。

3.0.2 本条提示体育设施一般占地较大，除各种设施本身占地以外，还必须留出足够的安全保护空间、集散空间、绿化空间与道路空间，按照国家体委和建设部 1986 年颁布的《城市公共体育设施用地定额指标暂行规定》中的计算方法，基地应包括体育设施用地和其他用地二部分，后者包括观众集散用地、道路用地、绿化和附属设施用地等。

3.0.3 本条根据国家体委和建设部在 1986 年颁布的《城市公共体育运动设施用地定额指标暂行规定》中有关指标摘编而成。从实际情况看，影响用地面积大小的因素很多，可参照该暂行规定的说明。普通高校体育设施的面积指标可参看 1992 年建设部、国家计委和国家教委颁发的《普通高等学校建筑规划面积指标》。当前许多地方也根据当地情况制定了相应法规，如厦门市人大在2001年的《厦门市体育设施建设与保护规定》中即要求市级公共体育设施每千人不低于170m²。

另外本条还专门注明，在一些特殊情况下达不到相应指标下限时，应在规划和建筑手段上采用专门措施，以弥补面积指标上的不足。

3.0.4 体育中心由于占地较大，项目内容多，使用功能复杂，因财力和其他原因限制，常常分期分阶段实施，故本条提出了总平面设计的基本原则。国内、外一些体育中心的用地面积参见表2。

表2 国内外体育中心用地比较

序号	名　　　称	建成时间	用地面积（万 m²）
1	北京工人体育场	1958	35
2	广州天河体育中心	1987	58.8
3	北京国家奥林匹克体育中心	1990	66.0
4	广州奥林匹克体育中心	2001	30.4
5	德国慕尼黑奥林匹克体育中心	1972	300
6	加拿大蒙特利尔奥林匹克体育中心	1976	50
7	希腊雅典奥林匹克体育中心	1982	110
8	韩国汉城蚕室体育中心	1976～1984	59.1

3.0.5 本条规定保证基地内部的交通疏散以及与城市公共道路的联系，按国家体育总局拟定《公共体育场建设等级标准》（草案）中的临街面的规定，如表3所示：

表3 基地临街面

等　级	临街面（侧）	等　级	临街面（侧）
特级	4	乙级	2～4
甲级	4	丙级	1～2

消防管理部门提出，一些体育建筑周围常为一些低层建筑和裙房所包围，给消防扑救带来了困难。故专门针对这种情况提出了相应措施作为补充。

3.0.6 停车场的设置需根据体育设施的规模、使用特点、用地位置、交通状况和比赛特点等内容确定。因我国各地公安交通管理部门对停车指标要求不尽相同，故此处不再列出。

关于电视转播车的规格，见表4的数据，供参考。

表4 电视转播车参考规格

类　型	宽（m）	长（m）	高（m）
国产	2.5	9.03	3.20
日产	2.6	9.55	3.75

3.0.7 国家体育总局拟定《公共体育场建设等级标准》（草案）中提出基地绿化面积不宜小于25%（不包括足球场草地面积），因实际建设用地情况各不相同，且各地对绿化率计算方法也分别有所规定，故不另列出。

3.0.8 体育设施有众多人数参与，伤残人观看和参与体育活动也是其中的重要内容，同时这也体现了社会文明程度和社会对伤残人的关心，当前我国体育设施中完全满足《城市道路和建筑物无障碍设计规范》JGJ 50 要求的体育设施还较少，故专门列出本条予以强调。

4 建筑设计通用规定

4.1 一般规定

4.1.1～4.1.2 体育建筑由于所在地区、使用性质、服务对象、管理方式等因素，呈现出多种多样的型制和模式，因此必须根据本条因地制宜、因时制宜、因使用制宜，合理确定其等级和规模，并以此为基础决定其内容和房间组成。

4.1.3 由于体育建筑使用的要求及结构大跨度、大空间的特点，因此在建筑体型和结构选型上都有一定特色，但如何掌握适度，在国内、外的体育设施建设中也有正反两面的实例。故本条提出必须因时、因地制宜，避免由于过分追求形式而影响使用或造成浪费的后果。

4.1.4～4.1.5 由于体育设施工艺复杂、使用人数多、安全要求严格，服务对象有不同类型，例如举办大型国际比赛时就需要满足一般观众、贵宾、运动员、记者、国际组织人员、赞助商、工作人员等不同人员的不同需求，国内一般比赛也应将观众和其他人流分开，而平时使用时又有另外的使用方式和要求，因此本条提出了功能分区和出入口安排的要求。

4.1.6 由于体育设施承担项目和使用对象的不同，除比赛场地的灵活性外，在其内部用房的布置和使用上，应有较大的适应性和灵活性，在有关专用设备的配备上具有通用性，以利提高场地和房间的利用率，并减少不必要的浪费。

4.1.7～4.1.9 按照可持续发展的原则，充分考虑环保节能、节水的各种措施。

4.1.10～4.1.11 体育设施还必须考虑特殊使用群体的一些特殊要求，以利于他们观看、参加比赛和使用这些设施，如条文中列出的高大运动员、伤残人观众和运动员，使用设施的儿童、妇女和老人等。设施设计应符合现行行业标准《城市道路和建筑物无障碍设计规范》JGJ 50 的规定。

4.1.12 本条主要涉及体育设施的维护管理和应急对策。

应急对策系指由于体育设施中进行激烈的对抗比赛、大量观众的感情宣泄，以及在使用过程中的突发事件都要求在设施的设计上、设备的安排上有安全、可靠的对策，使之能够适应紧急情况下观众的疏导、局面的控制以及对紧急事件的及时处理。

4.2 运 动 场 地

4.2.1～4.2.2 本条规定了场地规格和设施标准的要求，其具体尺寸详见此后各章所述。另外也强调了对场地和设施规格尺寸的公差要求，因为这将直接影响到设施的等级以及所创造的成绩和记录能否为国家和相关国际组织承认的问题。

不同等级的比赛对于场地的缓冲区和工作区，以及场地上空净高的要求也直接影响到设施的等级和使用质量。有关要求在此后各章有所表述。

4.2.3 本条规定对体育设施比赛场地的要求。

4.2.4 本条规定场地出入口的要求。

当体育设施有多功能使用或可能举办大型庆典和活动时，更需对出入口的设施、尺寸、数量有所考虑。

4.2.5 本条指定室外场地的给排水要求，在本规范10.1给水排水中将有具体规定。

4.2.6 出于安全和保证比赛顺利进行的要求，本条对场地和周围区域的分隔规定了必要的措施，另国际足联等有关组织对于场地安全问题也有专门规定，可作为参考。

4.2.7 由于地形和用地尺寸的限制，在室外场地布置时会产生一些困难，本条规定了不同纬度下场地允许的偏转范围，在执行中比赛场地应比训练场地要求更严格，同时应考虑当地的风力和风向。

4.3 看 台

4.3.1 本条说明观众看台所应满足的基本要求，视觉条件指通视无遮挡，观察对象分辨清楚，不变形失真等，疏散条件指观众能在规定的时间内安全、顺畅到达安全区域。

4.3.2 不同的竞赛项目对视距和看台方位有不同要求，所以多功能使用的设施需要满足特定项目的视觉质量，又应有一定的弹性和兼容性，以田径场和足球场为例，一般从足球比赛的视觉质量来作为评定标准，经研究最理想的位置是由足球场4个角以150m为半径划圆所形成的中心区域（接近以场地中心半径90m的正圆形）最大视距为190m。

4.3.3 本条说明对不同等级的体育设施中，看台的功能分类及设定要求，其数目及是否增设应视比赛及媒体要求及体育设施的使用特点而决定。

4.3.4 本条规定各种等级体育设施观众席位的建议标准，其造型及用材应根据适用、美观和经济可能决定。

4.3.5 本条提出各种观众席的最小尺寸要求，但在应用中需根据设施级别、设施标准等因素综合确定。

4.3.6 本条主要保证观众使用方便及安全疏散对观众席的连续座位数目所提出的最高数字规定，并与《建筑设计防火规范》的要求相一致。

4.3.7 对于主席台的要求在国外体育设施处理很不相同。国外对此处理比较一般，甚至有的不专门设置，国内则比较重视，尤其是在有重要比赛和活动时，主席台的设置、数量、安全等因素显得尤为突出，但在平时常被闲置，以致看台视觉质量最好的区域使用率不高，因此需根据设施的特点、级别等因素决定其数量及使用方式，表5是国内一些设施的主席台数量。

表5 国内一些设施主席台数量
（观众总数/主席台座位数）

	体 育 场	体 育 馆
广州天河体育中心	60151/589	8000/108
山东体育场	50000/300	
上海体育场	80000/600	
江西省体育馆		8000/50

4.3.8 在制订本条文时，根据消防主管部门意见要求应与《建筑设计防火规范》GBJ 16—87一致，故在条文说明中，将该规范的条文说明全文转录于后，以利于使用。另外参照制订了室外看台的安全疏散宽度要求。

《建筑设计防火规范》第5.3.5条说明：

这是一条专门对体育馆观众厅安全出口数目提出的规定要求。对于体育馆观众厅每个安全出口的平均疏散人数提出不宜超过400～700人这一规定要求，现作如下说明：

1 一、二级耐火等级的体育馆出观众厅的控制疏散时间，是根据容量规模的不同按3～4min考虑的，这主要是以国内一部分已建成的体育馆调查资料为依据的。如表6。

表6 部分体育馆观众厅疏散时间

名 称	座位总数（个）	疏散时间（min）	名 称	座位总数（个）	疏散时间（min）
首都体育馆	18000	4.6	天津体育馆	5300	4.0
上海体育馆	18000	4.0	福建体育馆	6200	3.0
辽宁体育馆	12000	3.3	河南体育馆	4900	4.1
南京体育馆	10000	3.2	无锡体育馆	5043	5.7
河北体育馆	10000	3.2	浙江体育馆	5420	3.2
山东体育馆	8600	4.2	广东韶关体育馆	5000	5.9
内蒙古体育馆	5300	3.0	景德镇体育馆	3400	4.2

另据对部分体育馆的实测结果是：2000～5000座的观众厅其平均疏散时间为3.17min；5000～20000座的观众厅其平均疏散时间为4min。所以这次修订规范时，决定将一、二级耐火等级体育馆出观众

厅的控制疏散时间定为3～4min，作为安全疏散设计的一个基本依据。

2 因为体育馆观众厅容纳人数的规模变化幅度是比较大的，由三、四千人到一、两万人，所以观众厅每个安全出口平均担负的疏散人数也相应地有个变化的幅度，而这个变化又是和观众厅安全出口的设计宽度密切相关的。目前我国部分城市已建成的体育馆观众厅安全出口的设计情况如表7。

表7 体育馆观众厅安全出口的设计情况

名　称	观众厅人数（人）	出口数目（个）	出口总宽度（m）	每个出口的平均设计宽度（m）
首都体育馆	18000	22	58.6	2.66
上海体育馆	18000	24	66.0	2.75
辽宁体育馆	12000	24	54.4	2.27
南京五台山体育馆	10000	24	46.0	1.91
北京工人体育馆	15000	32	70.8	2.21
河北体育馆	10000	20	46.0	2.30
山东体育馆	8600	16	30.8	1.93
福建体育馆	6200	14	27.8	1.99
内蒙古体育馆	5300	10	27.0	2.70
河南体育馆	4900	8	17.6	2.20
广东韶关体育馆	5000	5	12.5	2.50
景德镇体育馆	3500	6	12.0	2.00

从表7来看，体育馆观众厅安全出口的平均宽度最小约为1.91m；最大约为2.75m。根据这样一种宽度和规定出观众厅的控制疏散时间所概算出来的每个安全出口的平均疏散人数分别为：（1.91/0.55）×37×3＝385人和（2.75/0.55）×37×4＝740人。所以这次修订规范时，决定将一、二级耐火等级体育馆观众厅安全出口平均疏散的人数定为400～700人。在具体工程的疏散设计中，设计人员可以按照上述计算的方法，根据不同的容量规模，合理地确定观众厅安全出口的数目、宽度，以满足规定的控制疏散时间的要求。如一座容量规模为8600人的一、二级耐火等级的体育馆，如果观众厅的安全出口设计是14个，则每个出口的平均疏散人数为8600/14＝614人，假如每个出口的宽度定为2.20m（即四股人流），则每个安全出口需要的疏散时间为614/（4×37）＝4.15min，超过3.5min，不符合规范要求。因此应考虑增加安全出口的数目或加大安全出口的宽度。如果采取增加出口的数目的办法，将安全出口数目增加到18个，则每个安全出口的平均疏散人数为8600/18＝478人，每个安全出口需要的疏散时间则缩短为478/（4×37）＝3.22min，不超过3.5min是符合规范要求的了。又如，容量规模为20000人的一座一、二级耐火等级的体育馆，如果观众厅的安全出口数目设计为30个，则每个安全出口的平均疏散人数为20000/30＝667人，如每个出口的宽度定为2.20m，则每个出口需要

的疏散时间为667/（4×37）＝4.50min，超过了4min，不符合规范要求。如把每个出口的宽度加大为2.75m（即五股人流），则每个安全出口的疏散时间为667/（5×37）＝3.60min，小于4min是符合规范要求的了。

3 体育馆的疏散设计中，要注意将观众厅安全出口的数目与观众席位的连续排数和每排的连续座位数联系起来加以综合考虑。在这方面原规范规定中是有所要求的，但是没有能够把两者之间的关系串通在一起，这样设计往往使人容易知其然而不知其所以然，在设计中就难免出现顾此失彼的现象。如图1所示一个观众席位区，观众通过两侧的两个出口进行疏散，其间共有可供四股人流通行的疏散走道，若规定出观众厅的控制疏散时间为3.5min，则该席位区最多容纳的观众席位数为4×37×3.5＝518人。在这种情况下，安全出口的宽度就不应小于2.20m；而观众席位区的连续排数如定为20排，则每一排的连续座位就不宜超过518/20＝26个。如果一定要增加连续座位数，就必须相应加大疏散走道和安全出口的宽度，否则就会违反"来去相等"的设计原则了。

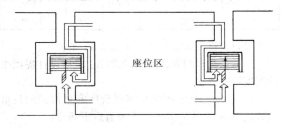

图1 座位区示意图

体育场的安全出口数目和每个安全出口平均疏散人数提出不宜超过1000～2000人，这一规定要求是根据体育场的不同容量按6～8min作为安全疏散设计的基本依据的，这也是以国内一部分体育场的资料为依据的，如表8。

表8 部分体育场观众疏散时间

名　称	座位总数（个）	疏散时间（min）	备注
北京工人体育场	70000	8	
上海体育场	80000	5.8（最大看台）9.2（总计）	
广州天河体育场	60000	6.7（一般看台）9（个别看台）	
山东体育中心	50000	10	
河南体育中心	50000	6.75	
新疆体育中心	36000	6	在建
商丘体育场	26000	5.8	

由于体育场规模相差较多，每个安全出口平均负担的人数也有一个幅度，表9为我国部分体育场安全出口数目和每个安全出口的平均人数，由于体育场体形及分区的不同，看台可能不完全一致，出口宽度一般最小为4股人流，最大多为6股人流，由此按控制疏散时间6～8min计算出每个安全出口的平均疏散人数分别为：$(2.4/0.55) \times 40 \times 6 = 1046$ 和 $(3.3/0.55) \times 40 \times 8 = 1920$，由此将体育场安全出口平均疏散的人数定为1000～2000人。

表9 体育场安全出口和平均疏散人数

名　　称	观众人数（人）	出口数目（个）	每口平均疏散人数（人）
北京工人体育场	70000	24	2917
广州天河体育场	60000	28	2142
上海体育场	80000	63	1269
北京国家奥林匹克体育中心	20000	20	1000
山东省体育场	50000	28	1785
陕西省体育场	52000	44	1181
河南体育中心	50000	34	1470
烟台体育中心	40000	32	1250

《建筑设计防火规范》第5.3.11条说明：

这一条是专门对体育馆建筑安全疏散设计提出来的宽度指标要求。

1　在这一条中将体育馆观众厅容量规模的最低限数定为3000人。其理由主要有以下两点：

1）根据调查了解，国内各大中城市早些时候建的或近年来新建的体育馆，其容量规模多在3000人以上，甚至有些大城市中的区段体育馆、大型企业的体育馆也都在3000人以上，如上海市的静安馆（3200人）、卢湾馆（3200人）、辽阳石油化工厂总厂体育馆（4000人）等。

2）在这次修改中决定把剧院、电影院的观众厅与体育馆的观众厅在疏散宽度指标上分别规定的一个重要原因，就是考虑到两者之间在容量规模和室内空间方面的差异，所以在规定容量规模的适用范围时，理应拉开距离防止交叉现象，以免给设计人员带来无所适从的难处。

2　将体育馆观众厅容量规模的最高限数由原规范规定的6000人扩大到了20000人，这主要基于以下几个原因：

1）国内各大、中城市近年来陆续建成使用的体育馆有不少容量规模超过了6000人。如首都体育馆、上海体育馆、辽宁体育馆、南京五台山体育馆、山东体育馆、福建体育馆等，而且据了解目前尚有一些省会所在的城市，也正在进行容量规模为6000～10000人体育馆的设计与建设，如陕西西安、甘肃兰州、四川成都、湖北武汉等城市都在进行。同时今后随着形

势的发展，国内的全运会将会在更多的城市中轮流举行；更多规模更大的国际性体育比赛（如规模盛大的亚运会等）也将在我国举行。为此，一些新的、规模较大的体育馆还是要设计和建设的，所以规范作上述改动是很有必要的。

2）从国内体育馆建设的实践证明：容量规模大的体育馆普遍存在着投资少、建设周期长、使用率和生产率低、经营管理费用大等问题。如上海体育馆的总投资达3200万元，建成投入使用以后，除了特别精彩的国际比赛能满座外，一般的国际比赛的上座率只有60%～70%。擦一次玻璃窗就要用1500元，顶棚上的108根装饰金属格片油漆一次要用11万元，经常的全年维修费则多达20万元。大型体育馆的观赏质量、观赏效果都不如中、小型体育馆，同时由于比赛场地与观众席位距离较远，运动员的情绪与观众不易发生共鸣，也影响着竞技水平的发挥。

从国外的情况来看，目前多已不倾向建设大型馆了，尤其是电视广播事业发达的国家。从最近18～22届（1964～1980年）的五届国际奥运会所使用的体育馆规模来看，绝大多数都是中、小型馆。只有19届奥运会建了一个容量规模超过20000人的体育馆。所以这次修改规范时将容量规模的上限定到20000人是较为合适的。

3　本条规定中的疏散宽度指标，按照观众厅容量规模的大小分为三档：3000～5000人一档；5001～10000人一档；10001～20000人一档。其每个档次中所规定的宽度指标（m/百人），是根据出观众厅的疏散时间分别控制在3min、3.5min和4min这一基本要求来确定的。这样按计算公式：

$$\text{百人指标} = \frac{\text{单股人流宽度} \times 100}{\text{疏散时间} \times \text{每分钟每股人流通过人数}}$$

计算出来的一、二级耐火等级建筑观众厅中每百人所需要的疏散宽度为：

平坡地面：$B_1 = 0.55 \times 100/3 \times 43 = 0.426$ 取0.43

$B_2 = 0.55 \times 100/3.5 \times 43 = 0.365$ 取0.37

$B_3 = 0.55 \times 100/4 \times 43 = 0.319$ 取0.32

阶梯地面：$B_1 = 0.55 \times 100/3 \times 37 = 0.495$ 取0.50

$B_2 = 0.55 \times 100/3.5 \times 37 = 0.424$ 取0.43

$B_3 = 0.55 \times 100/4 \times 37 = 0.371$ 取0.37

4　根据规定的疏散宽度指标计算出来的安全出口总宽度，只是实际需要设计的概算宽度，在最后具体确定安全出口的设计宽度时，还需要对每个安全出口进行细致的核算和必要的调整，如一座容量规模为

10000 人的体育馆，耐火等级为二级。按上述规定疏散宽度指标计算出来的安全出口总宽度为 $100\times0.43=43$m。在具体确定安全出口时，如果设计 16 个安全出口，则每个出口的平均疏散人数为 625 人，每个出口的平均宽度为 $43/16=2.68$m。如果每个出口的宽度采用 2.68m，那就只能通过 4 股人流，这样计算出来的疏散时间为：$625/(4\times37)=4.22$min，因为大于 3.5min，是不符合规范要求的，如果将每个出口的设计宽度调整为 2.75m，那就能够通过 5 股人流了，这样计算出来的疏散时间则是：$625/(5\times37)=3.38$min<3.5min，是符合规范要求的了。但是这样反算出来的宽度指标则是 $16\times2.75/100=0.44$m/百人，比原指标调高了 2%。

5 规范表后面增加一条"注"，明确了采用指标进行计算和选定疏散宽度时的一条原则：即容量规模大的所计算出来的需要宽度，不应小于容量规模小的所计算出来的需要宽度。如果前者小于后者，应按最大者数据采用。如一座容量规模为 5400 人的体育馆，按规定指标计算出来的疏散宽度为 $54\times0.43=23.22$m，而一座容量规模为 5000 人的体育馆，按规定指标计算出来的疏散宽度则为 $50\times0.50=25$m，在这种情况下就明确采用后者数据为准。

6 体育馆观众厅内纵横走道的布置是疏散设计中的一个重要内容，在工程设计中应注意以下几点：

1）观众席位中的纵走道担负着把全部观众疏散到安全出口的重要功能，因此在观众席位中不设横走道的情况下，其通向安全出口的纵走道设计总宽度应与观众厅安全出口的设计总宽度相等。

2）观众席位中的横走道可以起到调剂安全出口人流密度和加大出口疏散流通能力的作用，所以一般容量规模超过 6000 人或每个安全出口设计的通过人流股数超过四股时，宜在观众席位中设置横走道。

3）经过观众席中的纵横走道通向安全出口的设计人流股数与安全出口设计的通行股数，应符合"来去相等"的原则。如安全出口设计的宽度为 2.2m，那么经过纵、横走道通向安全出口的人流股数不宜大于 4 股，超过了就会造成出口处堵塞以致延误了疏散时间。反之，如果经纵横走道通向安全出口的人流股数小于安全出口的设计通行股数，则不能充分发挥安全出口的疏散作用，在一定程度上造成浪费现象。

体育场的安全疏散设计可参照上述说明办理。在本条文中体育场的容量以 40000 人和 60000 人分档。主要考虑 40000 人作为大中型城市来说，该容量比较合适，且满足国际足联世界杯足球赛预选赛的要求。而对特大城市而言，一般容量都在 60000 人最大不超过 80000 人，因此据此制订了分档。而每个档次中所规定的宽度指标（m/百人）是根据国内外体育场设计和实测时间分别控制在 6min、7min、8min 的要求而确定的。

4.3.9 本条从使用和安全角度对于体育设施看台的栏杆提出应注意的各点。其中涉及安全的部分需要在执行中特别注意。

4.3.10 看台视线设计标准主要取决于视点平面位置、视点距地面高度和观众席前后排视线升高差（C值）三个因素，本条规定了体育场、馆和游泳池三类建筑对典型场地的看台视线设计标准，其他运动项目的看台可参照执行。

体育场一般为田径、足球综合性场地，由于田径场地布置及运动特点比较复杂，需要对多个视点进行比较，并考虑看台设计的技术经济性，才能确定合理的视线设计标准，在实际设计工作中因为各个工程采用标准不同，对视线质量的评定也不一致。

本条对田径场视点选择的考虑如下：

1 西直道和终点线是各项径赛最重要的地点，选定西直道外边线与终点线的交点作为视点位置，并以终点线附近看台为首排计算水平视距，这样对全场绝大部分观众观看环形跑道上及其内侧范围内所有田径和足球比赛基本上不会有问题。假如看台内边线平面为椭圆形（即比赛场地外轮廓），环形跑道长轴偏东布置，看台内边距跑道远近不相同，其视线质量与设计视点处比较，有的要好一点，有的要差一点，但最低标准应能看到运动员胸部（距地 1.2m 上下）。

2 对于位于跑道外侧的田径项目来说，其场地距看台较上述计算视距较近时，有何影响应作具体分析。撑杆跳高项目，属于高空动作，任何位置都能看得到。障碍赛水池设在弯道外侧内侧均有，但使用机会很少，目前仅男子一项，影响不大。惟有跳远（含三级跳远），男女各二项，且较重要，按理论要求看到沙坑沙面，因此应适当兼顾，在条件许可时调整视点位置，按最佳效果设计。但当看台首排设计标高距场地较高，看台排数多或者有楼层看台时，计算结果看台逐排升高过大，技术经济上不合理，甚至不可行，在这种情况下，可不多考虑。因为从全局来看，首先，这毕竟是个别项目，部分位置的观众受到影响；其次实际情况往往比理论计算的要好些，观众必要时会自动调整自己的姿态，采取侧身、欠身甚至站起的方式，达到观看运动员落地的一刹那；第三，设计视点距地面高度规定±0，这一标准对径赛项目来说是高标准，其中就考虑到了对跑道外侧田径项目的不利因素，已有一定程度的兼顾。

另外，冰球场地由于界墙的遮挡和影响，视点的选择有一定特殊要求，故在条文中予以说明。

4.3.11 视线升高差（C值）每排 0.12m 指后一排观众视线通过前一排观众头顶上空看到设计视点。C值每排 0.06m，即每两排 C值为 0.12m，指后一排观众视线须通过前一排两位观众头间空隙和前二排观众的头顶上空才能无阻挡地看到设计视点。

当C值采用小于0.12m时，在影剧院观众座席须前后错位设置，但对体育场馆来说一般可不考虑，因为体育比赛场地大，观众视角大，无论是错位还是不错位排列，效果基本上相同，前一排观众对后一排观众都会有一定的视线阻挡，主要靠观众自行调整姿态解决。

另外关于视线设计有图解法、数解法（逐排推算法、直接计算法）等，此处不再详述。

4.3.12 室外看台一般设有罩棚以遮阳避雨，为观众提供较好的观看条件。国际足联对于世界杯足球赛观众席提出需有2/3以上座席为屋顶所覆盖，故本条对于罩棚设计的要点做出规定。

4.4 辅助用房和设施

4.4.1 本条列出了体育设施辅助用房的基本内容及布置原则，在实际操作中应根据设施等级、使用目的、运营方式等不同而区别对待。

4.4.2～4.4.3 以下各条对体育设施的相关用房按不同等级提出有关指标：

1 观众休息区面积指标

观众休息厅是比赛和其他活动时供观众休息的场所，也常是观众由观众厅内疏散出来最先到达的场所，因此既要考虑一定数量观众在这里休息、如厕、饮水、购物等要求，也要考虑观众由这里到设施外门的疏散，表10提出了国内一些室内馆的休息厅面积指标。但近年来随着体育产业化的发展，有关商服、娱乐、餐饮设施的增加也会带来观众休息区面积的变化。

表10 我国部分体育馆休息厅面积统计表

名　称	观众休息厅面积（m²/人）
首都体育馆	0.32
上海体育馆	0.20
南京五台山体育馆	0.17
辽宁体育馆	0.18
山东体育馆	0.22

2 关于观众厕位指标的考虑

表11是我国一些体育馆厕所的数量统计，从使用情况看，由于观众使用时间集中，因此常产生排队现象，同时由于设施活动的多样性，使女性观众增加，也使女厕的拥挤程度增加。

表11 我国部分体育馆厕所器具数量统计表

名　称	男　厕 面积（m²/1000人）	男　厕 蹲坑（个/100人）	男　厕 小便槽（m/1000人）	女　厕 面积（m²/1000人）	女　厕 蹲坑（个/100人）	备　注
首都体育馆	36	3.3	6.7	27	6	二、三层各4处，共16处
上海体育馆	40	3.2	7.5	15	4.9	二层男6处，女3处，共14处
南京五台山体育馆	33	1.2	8.0	19	4.6	二层男8处，女4处，共12处
辽宁体育馆	13	2	2.5	13	3.6	二层男4处，女4处
山东体育馆	14	1.4	4.9	11	2.8	二层男、女各2处，共4处
浙江体育馆	29	4.4	7.4	29	4.8	二层2处，共4处
福建体育馆	100		3.2	100	2.6	二层2处，共4处
北京工人体育馆	30	3.0	6.2	23	4.8	一层男女各2处，二层男女各4处，共12处

北京市建筑设计院20世纪80年代的调查提出男厕按每250人1个大便器3个小便斗，女厕所按每100人1个大便池即可，即每千人观众男厕设3个大便池，9个小便斗，女厕设5个大便池。

在1995年出版的建设设计资料集中提出参考指标见表12。

在《剧场建筑设计规范》JGJ 57—2000中提出：

男厕应按每100座设一个大便器，每40座设一个

小便器或0.6m长小便槽，每150座设一个洗手盆。

女厕应按每25座设一个大便器，每150座设一个洗手盆。

男女厕所厕位数比率为1∶1。

国外有关的厕所参考指标如下：

德国足协提出千人指标为12，其中男女之比为3∶1，大小便器之比为1∶4。

澳大利亚悉尼奥运会主会场的厕所指标见表13。

表12 厕所卫生洁具数量参考表

项目 \ 指标	男　厕 大便器（个/1000人）	男　厕 小便槽（m/1000人）	女　厕 大便器（个/1000人）	男女比例
参考指标	3～4	6.4～6.5	5～6	2∶1～3∶1

表13 悉尼奥运会主会场厕所指标

	每个便器	每个洗手盆	每个小便器	男女比例 一般观众	男女比例 包厢、团体	男女比例 平均
男	600人	300人	70人	70∶30	60∶40	67∶33
女	35人	35人				

本条中观众厕位的指标即参考以上规定，结合当前的使用特点订出。其中男女比例考虑了设施的多功能使用和女性观众实际的增加而定为1：1。

3 运动员用房中所列出的房间系根据比赛时的基本要求设置，运动员休息室需根据队员的多少、比赛队的数目和安排来合理设置。

此处附国际田联建议兴奋剂检查的内容和平面，见图2。

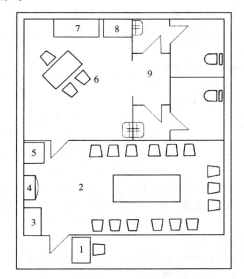

图2 兴奋剂检查室的分布、安装和设备
1—入口处；2—等候室；3—杂志；4—电视机；
5—冰箱/饮料；6—兴奋剂检查官员室；
7—仪器桌和柜；8—冰箱；9—厕所间

4.4.4 本条规定了作为比赛设施时，在竞赛管理用房方面的基本要求，由于比赛的规模和特点不同，在面积和内容上也会有所差别。

4.4.5 新闻媒介主要指新闻官员和图文记者的工作用房，本条提出了一些基本要求，新闻发布厅、新闻记者的餐饮服务等未列入其中。由于比赛项目和规模的不同，媒体和记录的数量也会有较大差别，需根据具体情况而定。另外，随着计算机技术的发展，网络化、数字化的特点，工作用房和内容还会有所变化和调整。

4.4.6 计时记分用房应根据不同竞赛项目对于计时、记分的不同要求而相应设置。

4.4.7 广播、电视等传媒是体育设施，尤其是比赛设施的重要使用对象，随着传输技术的发展，对于有关的设备和用房的要求也会越来越高，本条列出了主要的用房内容及配置标准。

4.4.8 本条指体育设施的技术用房的主要内容与基本面积标准，其中器材库的大小需视体育设施的规模、活动内容、管理方式有所调整。

5 体 育 场

5.1 一 般 规 定

5.1.1 本条根据体育场观众数量来区分其规模标准。一般说来容量较大的体育场相应承担级别较高的比赛。如国际足联就要求世界杯足球赛的预赛场地观众数不少于40000，决赛场地观众不少于60000，即是一例。

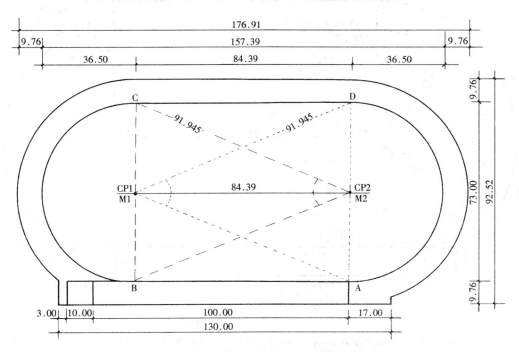

图3 400m标准跑道的形状和尺寸（半径为36.50m）

5.1.2 本条规定了体育场的标准方位应满足第4.2.7条规定：

 1 方向是指运动场地的纵轴，即长向轴；

 2 方位的确定需根据常年风向和风力、太阳高度角、用地的地形和尺寸等因素综合确定；

 3 观众看台位置与运动场地密切相关，从比赛内容和使用频率比较，最佳看台位置应位于场地西侧，当观众席上有罩棚覆盖时，则要根据总平面布置、体育场体形、观众容量大小等因素综合确定。

5.1.3 本条对体育场的比赛场地设计的布置原则做出规定。只有符合规定规格和尺寸的标准场地，才能作为正规和国际比赛场地使用。

5.1.4 本条对体育场的径赛跑道的设计标准作原则规定：

 1 400m标准跑道的形状和尺寸见图3所示；

 2 国际田联提出新建400m标准跑道的弯道半径应为36.5m。但此前国内已建的跑道弯道半径有36m、37.898m等种类，仍可继续应用于正规比赛，特此说明。

 3 条文中所指特殊情况系指满足足球、美式足球和橄榄球比赛时的情况，其场地尺寸要求见表14。

表14　用于其他体育活动的场地尺寸（单位：m）

1	运动项目	场地尺寸				安全区		标准尺寸总计	
		比赛规则规定		标准尺寸		长边	短边		
		宽（m）	长（m）	宽（m）	长（m）	（m）	（m）	宽（m）	长（m）
2	足球	45.90	90.120	68	105	1	2	70	109
3	美式足球	48.80	109.75	48.80	109.75	1	2	50.80	113.75
4	橄榄球	68.40	122.144	68.40	100	2	10.22	72.40	120

5.2　径赛场地

5.2.1 本条为400m标准跑道的规格说明。除条文中已说明的部分外，补充说明如下：

 1 根据径赛规则规定，短程赛跑为分道跑，而中长程则为部分分道或不分道，因此跑道内圈（第一分道）尤其是西直道内道的使用率最高，相对各道面层磨损不均匀，因此设计分道时常按需要增加1～2条，在正式比赛时才利用内圈以延长跑道的使用寿命。当然这同时也会增加径赛场地的面积和建设费用。

 2 除西直道外，必要时也可在东直道处设置第二起终点，同样也出于提高场地使用率使场直道磨损比较均匀的原因。

5.2.2 本条规定标准跑道内沿突道牙的要求。

5.2.3 本条规定跑道纵横最大坡度的要求。

设计中常采用较大的坡度，利于场地排水，同时也便于当施工中存在正负误差时，其最后综合值也不会超出规定。

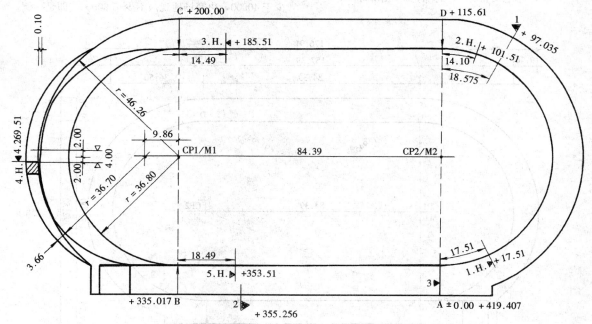

图4　跳跃水池在400m标准跑道弯道外的障碍跑跑道（单位：m）

1—2000m起点：+97.035m；2—3000m起点：+355.256m；3—终点线A是障碍跑每圈（+419.407m）的始和末

5.2.4 本条为跑道（包括田赛助跑道）面层材料的有关规定。

有关塑胶合成材料的构造性能等要求应符合国际田联《田径设施手册》中的有关规定。从施工方式看，有预制和现制两种方式，室外场地的跑道基层多采用沥青混凝土。跑道的坡度在基层施工时就应按规定要求做出，以保证最后塑胶面层厚度的均匀。

5.2.5 本条规定径赛终点线处立终点柱的要求。

5.2.6 跑道的标志线在竞赛规则和国际田联的有关规定中都有所说明，本处不再详述。

5.2.7 400m 环形跑道的精度要求必须严格执行，并注意不允许出现负偏差值。

5.2.8 除本条中所规定的要求外，其布置方式可参考图 4 和图 5。

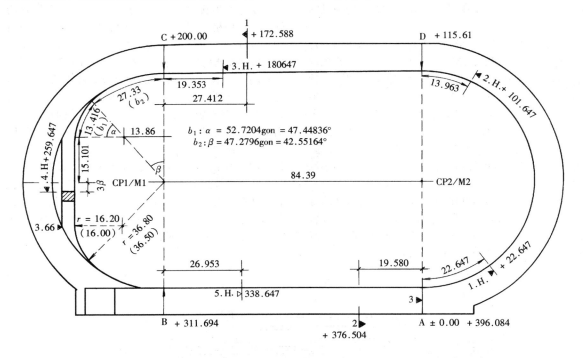

图 5 跳跃水池在 400m 标准跑道弯道外的障碍跑跑道（单位：m）

1—3000m 起点：+172.588m；2—2000m 起点：+376.504m；3—终点线 A 是障碍跑每圈（+396.084）的始和末

5.3 田 赛 场 地

5.3.1～5.3.6 本条规定田赛场地中跳远和三级跳远场地、跳高场地、推铅球场地、掷铁饼、链球场地、掷标枪场地、撑竿跳高场地的正规比赛要求。

1 跳远、三级跳远、跳高、撑竿跳高如采用堆沙而不是海绵包时，应注意附注中对堆沙厚度的要求。

2 铅球、铁饼、链球、标枪项目的落地区应用宽 0.05m 的白色标志线加以标示，其延线应通过投掷圈圆心，标志线外有足够的安全区。

3 当铁饼和链球合用防护网时，其防护网建议尺寸见图 6。

5.4 足 球 场 地

5.4.1～5.4.2 本条主要依据规则和国际足联的要求规定足球场的规格、面层、允许坡度及周围区域的要求。应随时注意足球竞赛规则和国际足联有关规定的变化情况以便随时调整。

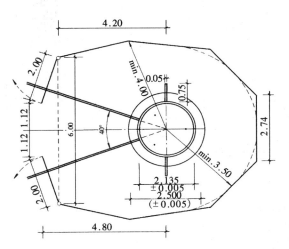

图 6 铁饼和链球合用防护网平面（单位：m）

5.5 比赛场地综合布置

5.5.1～5.5.6 这些条文系根据田径和足球比赛规则规定涉及建筑的有关要求和场地布置方式的可能性。

体育场的比赛场地设计，需综合布置径赛跑道、足球场、各项田径场地，以及满足其使用要求和安全要求，国际田联建议的标准比赛设施综合布置图见图7。

综合场地的形状，指场地外轮廓（也即环形看台的内轮廓）有长圆形、椭圆形两种基本形状。跑道位置（即与场地形状的关系）也有两种布置方式：一种是同心式，即跑道中心长轴与场地中心线相吻合；另一种是偏心式，即跑道中心长轴偏于场地长轴的东侧。偏心式布置用地紧凑，使用合理，符合西直道外侧需要较大用地（颁奖仪式、起终点裁判工作活动）而跑道东侧无相同的使用功能的特点，这样可缩小场地总面积，同时还相应缩短了观众视距。

5.5.7 甲级以上的体育场的看台和比赛场地之间常设有交通道或交通沟，便于记者和工作人员的使用，并将比赛场地和观众隔离开来，但设交通沟时需注意在主席台、出入口处的地面通行方便。

5.5.8 本条规定比赛场地的排水要求。

比赛场地的排水设计很重要，由于场地面积大，地面坡度又受到竞赛规则限制，采用明沟式排水是最有效的方法，沿跑道内侧的内环明沟，用于排除跑道及其内侧（含足球场）范围内的雨水，沿交通道（或交通沟）的外环明沟，用于排除跑道外侧区域及看台的雨水。

足球场地排水，以地面排水为主，地下排水为辅。草皮种植土层下设置滤水层及排水暗管（或盲沟），可使土壤内过多水份较快地排走。为了满足足球比赛在小雨时照常进行、大雨时中断比赛并尽量缩短时间的使用要求，比赛场地宜设置地下排水暗管，尤其是当基地土壤的渗水性较差时。

5.5.9 本条规定在比赛场地内负责设计的相关专业需根据使用要求和安全防护等密切配合、综合设计，其设施的设置不应影响比赛的正常运行。

5.5.10 本条规定场地划线测量用标桩的设置。

场地划线测量用的标桩，一般可设置9个。其位置为环形跑道长轴上的中心点，两个弯道圆心点，以及同上述三点相对应的足球场两条边线上的各3个点。其建议平面位置见图8。

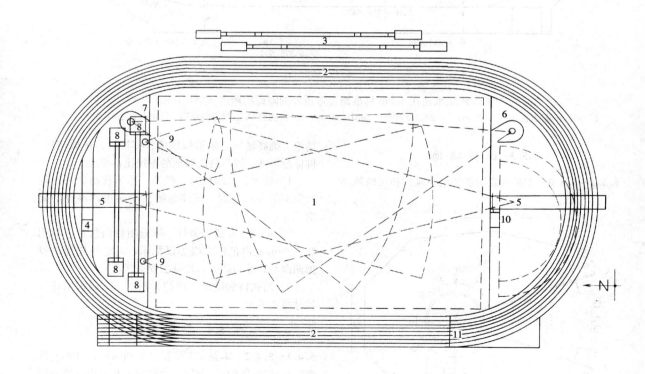

图7 标准比赛设施布置

1—足球场；2—标准跑道；3—跳远和三级跳远设施；4—跳跃水池；5—标枪助跑道；6—掷铁饼和掷链球设施；7—掷铁饼设施；8—撑竿跳高设施；9—推铅球设施；10—跳高设施；11—终点线

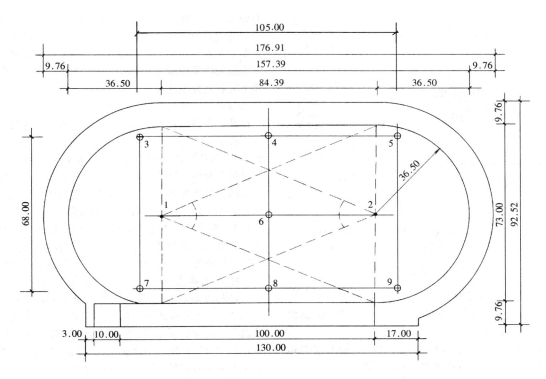

图8 场地标桩平面位置（m）

5.6 练习场地

5.6.1 本条规定练习场地数量和标准的决定原则，是比赛场地的重要配套内容。

5.6.2 本条规定了不同等级体育场热身练习场地的最低数量和标准。具备这些内容，才能承担相应级别的比赛，在我国的建设实例中，常常重比赛场地而轻视练习场地的配套，在使用中就限制了比赛场地的使用级别。

有关练习场地设施的建议平面见图9、图10所示。

练习场地应邻近比赛场地，二者之间应有专用通道或地道联系。田径练习场位于比赛场地西北侧便于运动员检录后到达跑道起点，足球练习场应接近运动员休息室。在实际应用实例中，因各种条件限制，也有许多因地制宜的举措。

5.7 看台、辅助用房和设施补充规定

5.7.1 体育场内风速过大，将影响比赛纪录能否被承认，因此，在建筑设计上也需要采取一些措施，如：

1 比赛场地四周或主导风向一面，可利用看台或其他构筑物挡风；

2 看台上、下直通场内外的出入口，或面向主导风向的开口，可采取封闭式门窗挡风；

3 利用看台上空的罩棚挡风，罩棚后部也可做成封闭式。

5.7.2 本条提出径赛计时系统的设置和该处空间照度的要求。

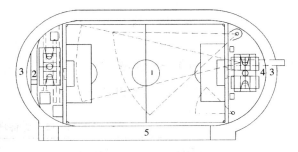

图9 作为准备活动和训练场地的
400m标准跑道示意
1—足球场（兼投掷项目落地区）；2—弓形区域内包括跳跃水池、撑竿跳高、跳远和三级跳远以及篮球、排球比赛场地；3—6道的椭圆形跑道；
4—弓形区域内包括铁饼/链球圈、铅球圈、跳高、标枪、两个排球场和一个篮球场；
5—8道直道

径赛终点计时有人工计时和全自动计时两种方式，正规和国际比赛应以后者为主，前者为辅，人工和自动计时同时使用，以防失误。对计时裁判台以及设置终点摄影机、机房设备等，详见国际田联有关规定。

5.7.3 本条规定体育场固定和临时电子计时记分牌的设置原则。

5.7.4～5.7.5 本条规定比赛场地出入口的设置原则。出入口的数量和具体设置位置，应根据使用要求及体育场所处总图位置布置具体决定。

5.7.6 本条规定检录处和检录专用通道的原则。具体设置位置需根据具体情况决定。

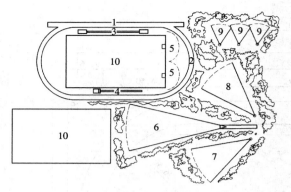

图 10 各项目的准备活动区域示意

1—4 条直道；2—2 条弯道；3—跳远和三级跳远；
4—撑竿跳高；5—跳高；6—掷标枪；7—掷链球；
8—掷铁饼；9—推铅球；10—足球练习场

5.8 田径练习馆

5.8.1 本条规定田径练习馆的内容及设置原则。

5.8.2 200m 跑道的弯道半径一般为 15～19m，新建跑道弯道半径规定为 17.50m。

5.8.3～5.8.5 此处详细规定了 200m 标准室内跑道、标准直跑道和田赛场地的具体要求。

5.8.6 本条规定练习馆一些需要注意的问题。

6 体 育 馆

6.1 一 般 规 定

6.1.1 体育馆建设量较大，使用几率也比较高，因

其归属关系、使用特点、用地位置、经营方式等因素，造成其内容和规模都有此较大的差别。因此本条根据观众容量，突出其规模分类。一般说来容量较大的设施相应承担级别较高的比赛。但从实际情况看，也不能将此标准绝对比，因为其比赛级别决定因素除观众容量外，还要涉及比赛场地尺寸、配套设施、设备标准、主办方要求、经济效益等因素，故在此作出补充说明。

6.1.2 从我国建设的实践看，一般体育馆除承担一至数项主要体育比赛外，常常要兼顾到其他一些室内运动项目的比赛和训练，因此为了提高体育馆的使用率，必须考虑其开展项目的具体要求。

6.1.3 本条说明体育馆除承担多项竞赛和训练目的外，常常还承担其他功能的使用，如音乐会、集会、展出和庆典等。如美国旧金山某体育设施的使用比率中，体育比赛占 51.7%，音乐会占 19.4%，马戏、冰上舞蹈占 7.1%，展览及其他表演占 11.9%，其他占 9.9%。澳大利亚墨尔本的某体育馆，音乐演出则要占 50% 左右。因此从体育产业化、社会化的角度看，必须对这些使用功能在设计中加以考虑，故本条提出了需要考虑的原则，除使用以外，对安全也必须予以足够重视。

6.1.4 国家体育总局颁布的体育项目竞赛规则和各国际单项体育组织对比赛、热身、训练场地都提出了要求，因此在设计中必须根据设施等级加以考虑。表15 列出了一些室内项目的比赛场地尺寸，作为参考。由于竞赛规则的经常变动，因此在设计时必须密切注意。

表 15 比赛场地尺寸表（m）

项目	比赛区		缓冲区		比赛场地			面层要求	备 注
	长	宽	边线外	底线外	长	宽	净高最小		
五人制足球	24～25	15～25					7	木质地板合成材料浅色	端线外宜设安全网或布帘
	38～42	18～22						合成材料浅色	
手 球	40	20	2	2	44	22	7	木地板合成材料	球门后 3m 宜设安全网
			一边 2 一边＞4	＞2	46	27	9	合成材料	
排 球	18	9	≥3	≥3	24	15	7	木地板 合成材料	
			5+3	8+3	40	25	12.5	合成材料	
篮 球	28	15	2	2	32	19	7	木地板 合成材料	限制区的中圈颜色应与球场地面有明显区别
			6	5	40	25		木质地板浅色	

项目	比赛区		缓冲区		比赛场地			面层要求	备 注
	长	宽	边线外	底线外	长	宽	净高最小		
乒乓球	14	7			八张球台最小 1830m²		4	木质地板合成材料地面深红或深蓝色	场地周围设深色挡板
羽毛球	13.4	双打 6.10 单打 5.18	2 场地间 8	2	55	19.5	9 12	木质地板合成材料浅色	
网 球	23.77	双打 10.97 单打 8.23	≥3.66 场地间 6.5	≥6.4			12	土质、沥青、水泥或合成材料	端线外有保护措施
体 操			2.5 ＞4	2.5 ＞4	40 56	25 26	6 14	木质地板	隔离挡板内不少于 40×70m（国际比赛）
艺 术 体 操	26	12	1 2	1 2	50	30	15	木质地板地毯	
冰 球	65～70	35～40	2.5	2.5	60～61	26～34		人工冰面	界墙高 1.15～1.22

注：每一项目中，下面一行为国际比赛要求

6.1.5 从节能和可持续发展的角度看，目前体育馆采用天然采光的处理方式得到较广泛应用，它可以满足一些项目的训练以及平时维护管理时节约能源的需要，但同时也必须考虑一些项目的正式比赛或演出、会议时的遮光要求，相应有所对策。

6.1.6 学校用的体育馆除比赛功能外，更多是体育教学、体育训练以及学校的集会、演出，甚至还有对外开放的要求，因此，其使用特点与一般社会用体育馆还有所区别，必须在设计中予以注意。

6.2 场地和看台

6.2.1 本条根据比赛场地的大小和比赛项目的分类，提出各型比赛场地的建议尺寸，可供设计时选定。

其中大、中、小型的比赛场地的布置图见图 11、图 12、图 13 所示。

而为了适应训练活动的要求，有效利用场地，也可在建议尺寸基础上有所调整，如图 14 中提出的38m×44m 和 38m×54m 的场地示意。

6.2.2 从国外体育设施多功能使用的实践看，属于体育方面的除球类、体操、冰球等内容外，还有室内田径、马术、自行车、拳击甚至一些水上项目，而其他内容的多功能使用则包括文艺演出（如流行音乐会、古典剧、大型剧）马戏杂技、展览会、庆典仪式等，因情况各不相同，故提出原则要求。

6.2.3 本条主要指出因不同比赛项目对于一般比赛和国际比赛都有不同要求（见表 15）。

6.2.4 不同比赛项目对比赛场地周围的背景、材料、

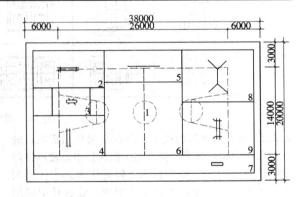

图 11 小型场地布置图（38m×20m）

1—篮球场地；2—双杠；3—鞍马；4—吊环；

5—平衡木；6—自由体操；7—跳马；

8—单杠；9—高低杠

色彩、防护等都有不同要求，本条作原则性表述。

6.2.5 当比赛场地内进行一般比赛时，运动员和工作人员的数目都较有限，设备数目也比较少，当进行集会、演出、典礼等大型活动时，人员和设备的出入和搬运都比较复杂，国内较大型馆一般都要承担此类内容，因此本条提出相应要求。

6.2.6 比赛场地的外轮廓形状，从使用和观看的角度以长方形最为理想，但由于各种原因，比赛场地的形状也有圆形、棱形、多边形、马蹄形等，这时必须充分注意观众观看时的视觉质量（即选取设计视点的位置），以及场地使用时的经济有效性。

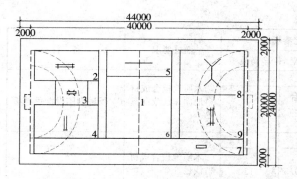

图 12　中型场地布置图（44m×24m）

1—手球场地；2—双杠；3—鞍马；4—吊环；

5—平衡木；6—自由体操；7—跳马；

8—单杠；9—高低杠

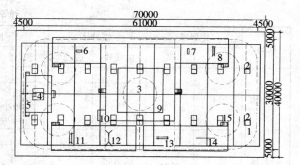

图 13　大型场地布置图（70m×40m）

1—冰球场；2—乒乓球台；3—体操台；4—发奖台；

5—旗杆；6—男女跳板；7—鞍马；8—吊环；

9—自由体操；10—钢琴；11—高低杠；12—单杠；

13—双杠；14—平衡木；15—台阶

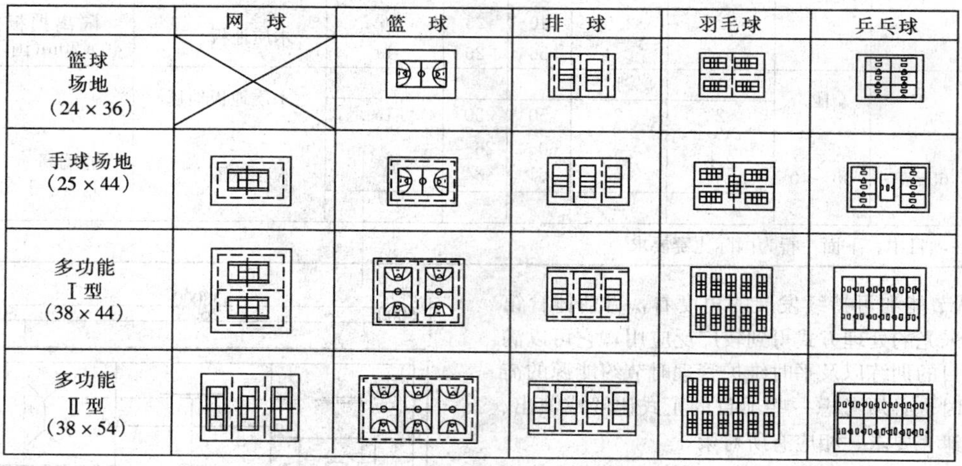

	网　球	篮　球	排　球	羽毛球	乒乓球
篮球场地 (24×36)					
手球场地 (25×44)					
多功能 Ⅰ型 (38×44)					
多功能 Ⅱ型 (38×54)					

图 14　训练场地布置

6.2.7　体育馆比赛场地上空净高要根据比赛项目的比赛要求确定，过去在做出规定的项目中，常以排球比赛所要求的 12.5m 为低限，但近年来艺术体操项目提出场地上空净高 15.0m 的要求，故设计中可结合有关使用要求考虑。

如体育馆仅为某一专项体育项目使用时，为了节约室内空间，也可按该专项的要求确定。

6.2.8～6.2.10　主要说明体育馆内看台观众席的布置原则，除座席布置的基本要求外，更多要考虑该馆的使用功能、视线设计和安全疏散。这些在建筑设计总规定中均已注明。

当比赛场地较大时，一般要利用活动座椅来作为调整和过渡，国外有的实例中，活动座席占了相当大的比重，这要根据其使用特点和使用对象来决定。国内北京大学生体育馆的看台利用活动座席提供必要的教学活动场地，都可作为参考。

6.2.11　由于体育馆的使用频率较高，使用对象广泛，因此伤残人的利用（指观看和参与活动）必须予以充分考虑。

6.2.12　本条提出使用临时座椅，如集会、演出使用

时应注意的事项。

6.2.13　本条提出看台下空间利用问题。

6.2.14　由于一些项目要求在场内设置计时或记分设施，故本条提出比赛场地内设置临时计时记分设施的必要和可能性。

6.3　辅助用房和设施

6.3.1　体育馆的辅助用房和设施首先应满足本规范第四章第四节的原则规定。

6.3.2　当体育馆承担正式比赛时，由于各国际单项体育组织的不同需求，对相关用房都提出了十分具体的要求，但体育馆如果完全满足这些不同项目的不同要求又比较困难，甚至会造成较大的平时闲置和浪费，所以在国内、外的建设实践中，除必要的基本设施外，常在一些用房中留有较大的通用性和灵活性，有的利用可变化的隔断加以调整甚至可利用临时设施。

6.3.3　随着体育的产业化和社会化，体育馆多功能使用时的经济效益也越来越为人们所重视。在这个前提下，为了满足不同对象更多的娱乐休闲需求，在体

育馆内增加服务、餐饮、商业、娱乐、甚至旅馆等内容的实例也越来越多，因此也给体育馆的设计带来了新的要求。

6.3.4 本条提出点名、检录处设置的必要。

6.4 练 习 房

6.4.1 从我国已建成体育馆的实际情况看，能否承担级别较高的比赛，在一定程度上受制于热身和训练场地是否配套，取决于其规格、内容和位置。因此热身和训练场地的设计是体育馆利用频度的关键因素之一。

作为练习房必备的更衣、淋浴、存衣等设施，为提高利用率，除单独设置外也可与比赛厅合并设置，这样设施集中使用，面积较大，其机动性和灵活性也更好。

6.4.2 本条提出训练场地的净高可以与比赛场地有所区别。表16为一些项目要求训练场地的最小高度，表17为一些项目要求场地周围最小留空尺寸的要求。

表16　训练场地高度

项目	篮球	排球	羽毛球	手球	乒乓球	网球
高度	7m	7m	7m	6m	4m	8m
项目	冰球	体操	蹦床	艺术体操	举重	田径
高度	6m	6m	10m	10m	4m	9m

表17　场地四周留空尺寸

项　　目	边线外留空	端线外留空	两场间留空
篮球场	2m	2m（适用吊篮）	4m
排球场	3m	3m	4m
羽毛球场	4m	4m	4m
手球场	6m	6m	6m
乒乓球场	2m	2m	1.5～2.0m
网球场	4.03m	7.115m	8m
冰球场		3m	界墙高1.22m
体操场	2m	2m	

6.4.3 本条提出训练房在建筑设计中应注意的一些细节问题。

7　游 泳 设 施

7.1　一 般 规 定

7.1.1 游泳设施分室外、室内两类，按环境又可分为天然和人工，这里着重讨论人工游泳设施，其设施等级除按承担比赛的规模和类型除由本规范1.0.7条规定以外，按观众座席容量分类则如本条所述。从国内外游泳设施的使用实践看，规模分类和等级的分级一般存在着对应关系。国内外一些实例的简况见表18。

表18　国内外游泳设施实例

序号	名　　　称	观众容量（座）	备　　注
1	俄罗斯莫斯科和平大街游泳馆	15000	游泳比赛池与跳水池在大厅中隔开
2	德国慕尼黑奥林匹克游泳馆	1600	
3	加拿大蒙特利尔奥林匹克游泳馆	2500	
4	希腊雅典奥林匹克游泳馆	室内4500 室外9250	室内馆与室外设施相邻
5	澳大利亚悉尼游泳馆	4000	比赛设施与娱乐设施共置一厅内
6	北京国奥中心游泳馆	6000	
7	广州天河游泳馆	3300	
8	上海浦东游泳馆	1600	
9	广东珠海体育中心游泳馆	2069	游泳比赛池与跳水池分厅设置
10	上海静安游泳馆	1100	比赛设施设于五层楼上
11	广东汕头游泳跳水馆	游泳1200 跳水800	游泳比赛池与跳水池分厅设置

7.1.2 在游泳设施的建议上，室内游泳馆的建设应予特别重视，因为从国内、外使用的实践看，由于非比赛期间观众座席的闲置，游泳区和跳水区的不同要求等，室内游泳馆在日常运行、使用管理上所需的费用较高，因此本条提出需要注意的若干要素：

1　观众容量：固定席位、临时座席的设置和数量；

2　功能内容：比赛设施、训练设施、娱乐设施、餐饮服务设施；

3　平面方式：各设施合置一大厅内，或分开设置；

4　体型和空间：根据不同设施的要求，合理安排空间，注意节能；

5　结构型式：与使用功能紧密结合。

7.1.3 对于大型以上的设施的赛后利用，是体育设施建设中不可回避的问题，而游泳设施由于其特殊性，国际性赛事数量有限，因此对赛后的利用更应予以充分重视，一般常见做法有：商业性利用；做训练设施用；做公益性设施等。

7.1.4 室内游泳设施的赛时和平时利用的主要关键在观众座席的如何使用上，因为平时使用并不需要占用大量面积和空间的座席。从国外游泳设施的使用情况看，常利用临时座席来满足大型国际赛事对观众席位的要求，在赛后拆除，使设施有合理、经济的规模和体积，国外一些实例见表19所示。

表19 国外游泳设施的平时和赛时比较

序号	名　　称	比赛时席位数	平时固定席位	备　注
1	德国慕尼黑奥林匹克游泳馆	9000	1600	
2	加拿大蒙特利尔奥林匹克游泳馆	9000	2500	
3	西班牙巴塞罗那皮科内尔游泳池	10000	3000	室外设施
4	澳大利亚悉尼游泳馆	17000	4000	

7.1.5 为提高游泳设施，尤其是水池的利用率，在水池尺寸、水深等要素的确定上，常根据规则和使用要求，综合兼顾。如比赛池长度有的实例设计为51m，便于用浮桥分割为两个25m的短池或池宽设计为25m，也考虑了水池短向的利用。

7.1.6 本条主要考虑设施综合利用的经济性。

7.1.7 本条强调游泳馆、主体结构的防腐蚀性能和围护结构的热工性能。

7.2 比赛池和练习池

7.2.1 本条依据游泳竞赛规则以及国际泳联提出的要求，对不同等级的游泳、跳水设施的最小规格及池岸最小宽度加以规定。

7.2.2～7.2.7 这些条文基本按照有关竞赛项目的规则所提出的要求整理。

关于跳台的电梯问题目前国内一些设施采用楼梯和电梯结合的方式，但国外设电梯的实例比较少，故此处只提出楼梯的要求。

有关跳水设施对空间、距离、水深方面的要求见表20和图15所示，因有关国际组织经常修改相关规定，需密切注意，这里提出的数据仅供参考。

表20 跳台跳水设施规格表

跳水设备的规格		尺寸单位（m）	跳　　台				
			1m	3m	5m	7.5m	10m
		长度	5.00	5.00	6.00	6.00	6.00
		宽度	0.60	0.60（最好1.50）	1.50	1.50	2.00
		高度	0.60～1.00	2.60～3.00	5.00	5.00	10.00
A	从台垂直线向后到池壁距离	标号	A—1P1	A—3P1	A—5	A—7.5	A—10
		最小值	0.75	1.25	1.25	1.50	1.50
A-A	从台垂直线向后到下面台的垂直线距离	标号			$\overline{AA5/1}$	$\overline{AA7.5/3/1}$	$\overline{AA10/5/3/1}$
		最小值/最好			0.75/1.25	0.75/1.25	0.75/1.25
B	从台垂直线到两侧池壁距离	标号	B—1P1	B—3P1	B—5	B—7.5	B—10
		最小值/最好	2.30	2.80/2.90	3.25/3.75	4.25/4.50	5.25
C	从台垂直线到邻近台垂直线间的距离	标号	C1—1P1	C3—3P1 1/3P1 1P1	C—5/3/1 C5—3/5—1	C7.5—5/3/1	C10—7.5/5/3/1
		最小值/最好	1.65/1.95	2.00/2.10	2.25/2.50	2.50	2.75
D	从台垂直向前到池壁距离	标号	D—1P1	D—3P1	D—5	D—7.5	D—10
		最小值	8.00	9.50	10.25	11.00	13.50
E	从台端（垂直线上）面到顶棚高度	标号	E—1P1	E—3P1	E—5	E—7.5	E—10
		最小值/最好	3.25/3.50	3.25/3.50	3.25/3.50	3.25/3.50	4.00/5.00
F	从台垂直线到后上方和两侧上方无障碍物的空间距离	标号	F—1P1 E—1P1	F—3P1 E—3P1	F—5 E—3	F—7.5 E—5	F—10 E—10
		最小值/最好	2.75 3.25/3.50	2.75 3.25/3.50	2.75 3.25/3.50	2.75 3.25/3.50	2.75 4.00/5.00
G	从台垂直线到前上方无障碍物的空间距离	标号	G—1P1 E—1P1	G—3P1 E—3P1	G—5 E—5	G—7.5 E—7.5	G—10 E—10
		最小值/最好	5.00 3.25/3.50	5.00 3.25/3.50	3.25/3.50 5.00	3.25/3.50 5.00	6.00 4.00/5.00
H	在台垂直线下面的水深	标号	H—1P1	H—3P1	H—5	H—7.5	H—10
		最小值/最好	3.20/3.30	3.50/3.60	3.70/3.80	4.10/4.50	4.50/5.00

跳水设备的规格	尺寸单位 (m)	跳 台				
		1m	3m	5m	7.5m	10m
	长 度	5.00	5.00	6.00	6.00	6.00
	宽 度	0.60	0.60(最好1.50)	1.50	1.50	2.00
	高 度	0.60～1.00	2.60～3.00	5.00	5.00	10.00
JK 在台垂直线每侧一定距离处的水深	标 号	J—1P1 / K—1P1	J—3P1 / K—3P1	J—5 / K—5	J—7.5 / K—7.5	J—10 / K—10
	最小值/最好	4.50 / 3.10/3.20	5.50 / 3.40/3.50	6.00 / 3.60/3.70	8.00 / 4.00/4.40	11.00 / 4.25/4.75
LM 在台垂直线每侧一定距离处的水深	标 号	L—1P1 / M—1P1	L—3P1 / M—3P1	L—5 / M—5	L—7.5 / M—7.5	L—10 / M—10
	最小值/最好	1.40/1.90 / 3.10/3.20	1.80/2.30 / 3.40/3.50	3.0/3.50 / 3.60/3.70	3.75/4.50 / 4.0/4.40	4.50/5.25 / 4.25/4.75
N 在规定的范围外降低尺寸的最大角度	池深	30°				
	顶棚高度	30°				

注：尺寸C中为规定的跳台宽度，如台的宽度增加，则C值须增加台宽度的一半。

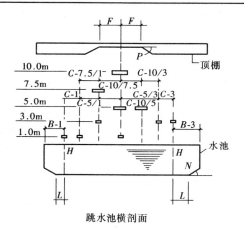

跳水池横剖面

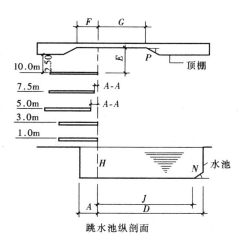

跳水池纵剖面

图15 跳水池

7.2.8 为了改进训练工作以及电视转播的需要，游泳池和跳水池常设若干水下观察窗或廊，本条即对此提出了有关的要求。

国际泳联建议的跳水池观察窗位置见表21所示，观察窗的尺寸、位置参考数据见表22所示。

表21 跳水池观察窗位置

跳台或跳板类别	观察窗中心至起跳点水平距离 (m)	跳台或跳板类别	观察窗中心至起跳点水平距离 (m)
1m跳板	1.00	5m跳台	2.00
3m跳板	1.75	7.5m跳台	2.50
1m跳台	1.50	10m跳台	2.50
3m跳台	1.50		

表22 观察窗尺寸位置参考值

	宽（m）	高（m）	距水面（m）
游泳池	1.00～2.00	0.50～0.80	0.30
跳水池	0.75～1.00	0.75	0.50

7.3 辅助用房与设施

7.3.1 本条提出游泳设施在辅助设施方面的基本要求，使用中应结合设施的等级、规模，进行相应的调整。

游泳设施的更衣室在面积和存衣柜数量的安排上，除满足比赛时运动员使用外，还应满足平时群众使用的要求。

国际游泳、体育和文娱设施委员会建议更衣柜数量如表23所示。

表23 建议更衣柜数量

	衣柜数量/m² 水面面积
室内设施	0.6～1.0
室外设施	0.2～0.3

7.3.2 本条根据游泳设施的公共卫生标准提出相应的强制淋浴和消毒措施。

7.3.3 本条的提出除满足游泳设施比赛时的分区、避免人流交叉外，也是保证该设施卫生标准的重要措施。

7.4 训练设施

7.4.1 本条说明游泳训练设施的种类。

7.4.2 比赛池旁的热身池，在平时使用时可兼作训练池等其他用途。就比赛热身而言，国际比赛规定了比赛池长、泳道数和水深，如条文所示，其他比赛未作明确规定。

为保证初学者的安全，本条对初学池的水深提出了建议数字，当利用超过此标准的水池作为初学池时，必须有相应的安全保护措施。

7.4.3 游泳设施的陆上训练房，根据不同项目会有所区别，故本条未作明确规定。

7.4.4 本条提出训练设施使用人数的参考计算方法。

8 防火设计

8.1 防 火

8.1.1 现行《建筑设计防火规范》GBJ16 对体育建筑防火设计的一般性要求作了规定。设计过程中必须遵守。

本规范是体育建筑设计的专用性规范，体现了体育建筑特有的防火规定，是体育建筑防火设计重要的组成部分。设计过程中必须遵照执行。

8.1.2 详见本规范 1.0.8 条的条文说明。

8.1.3 根据体育建筑的具体要求，规定了防火分区确定的原则。

体育建筑是民用建筑中较为特殊的一种建筑形式。体育建筑的比赛、训练场馆的特点是占地面积大，设观众席位时容纳人员数量大。它的功能和具体使用要求，确定了建筑规模和布局形式。同样它的防火分区也必须满足功能分区和使用要求，才能作为体育建筑正常使用，这是体育建筑比赛、训练场馆存在的前提条件。因此，体育建筑如比赛大厅、训练厅和观众休息厅等大空间的防火分区的确定必须根据建筑布局、功能分区和使用要求来划定。由于这些空间会超出《建筑设计防火规范》GBJ16—87 的规定较多，所以还应有一系列的加强措施，并报当地消防主管部门审定。

由于比赛、训练场馆的项目功能不同和使用要求不同，具体防火分区面积不能是一个既定数值。

体育建筑终究属于民用建筑，所以本条文在强调了比赛、训练部位防火分区设定办法之后，对其他部分的防火分区划定还应按既定的民用建筑防火要求执行。

8.1.4 体育建筑的室外观众席位，一般较为重视结构自身的安全可靠性，容易忽视结构耐火等级的设计规定。观众看台下面为封闭使用空间后，存有相当大的火灾危险性，为此有必要强令规定其耐火等级。

本条还规定室外看台上罩棚结构可采用无防保护金属构件。但对其屋面板规定必须使用经阻燃处理的燃烧体材料。其原因是，当观众席上部有火情时，能保证人员撤离之前不会发生屋面板的塌落事故。

8.1.5 对比赛、训练部位室内装修的墙面和顶棚，使用的吸声、隔热、保温等材料，材质上不允许使用燃烧体材料，是防火设计的基本要求。条文上明确其室内装修的墙面和顶棚材料必须使用不燃烧体或难燃烧体，可大大延缓遇火灾时的火势蔓延，有利于保障人员疏散安全。同时对座椅和地面也提出了相应要求。

8.1.6 屋盖承重钢结构中钢材属不燃烧体材料。在火灾初期阶段，温度超过 540℃ 时，钢材力学性能，如屈服点、抗压强度、弹性模量以及承载能力等都迅速下降。在纵向压力和横向拉力作用下，钢结构扭曲变形。遇火灾失去控制，经 15min 时间，致使屋盖塌落。

如 1973 年 5 月 3 日天津市体育馆，因烟头掉入通风管道引燃甘蔗渣板和木板等可燃物，火势迅速蔓延，320 多名消防队员赶赴扑救，由于火势猛烈，钢结构耐火能力差，在第 19min 时，面积为 3500m² 的主馆拱形钢屋架塌落。使原定次日举行的全国体操比赛无法进行。同类火灾案例还有不少，仅此一例足以说明钢结构耐火能力差。为此，承重钢结构应做防火涂料予以保护。但本条参考美国有关规定也提出钢结构不做防火保护时的条件。

8.1.7 本条提出体育建筑比赛、训练大厅屋盖内，由于实际操作或维护需要设置马道必须用不燃烧体材料。

8.1.8 比赛、训练建筑内的灯控室、声控室、配电室、发电机室、空调机房、重要库房、消防控制室，从设计上必须有防火措施，防止火灾蔓延并提高房间自身抵御火灾的能力。

8.1.9 比赛、训练大厅内若发生火灾，将燃烧产生的烟气排出室外非常重要。这一方面有利于人员疏散，同时也有利于火灾扑救。从节省投资又操作简便上讲，对一般性的中、小型比赛、训练大厅，尤其小型体育建筑中比赛、训练大厅采用自然排烟是可行的。

8.1.10 应按《建筑设计防火规范》的要求设置消火栓。此规定列入建筑专业条文，是落实消火栓设置的有力措施。

8.1.11 本条规定自动喷水灭火系统的一些特殊要求。

8.1.12 本条所指的其他可行的消防给水设施指水炮等。

8.2 疏散与交通

8.2.1 本条提出体育建筑设计时应合理组织交通路

线，均匀布置疏散出口、内部和外部的通道，使分区明确，路线短捷。这是满足体育建筑日常使用的基本要求。也是在火灾情况下，满足人员疏散需要的必备条件。正常和非正常情况下的使用要求有必然的一致性。

8.2.2 详见本规范第 4.3.8 条的条文说明。

8.2.3 本条主要是对疏散门设计提出的要求。

1 疏散门净宽度不小于 1.4m，这和相应防火设计规范的要求是一致的。

疏散门必须向疏散方向开启，这一条非常重要，既可以保持疏散路线的通畅，又可以避免不必要的伤害。据有关文献介绍，美国 20 世纪 40 年代时某大饭店发生火灾，有关人员疏散到大门厅，但无法逃生，其原因是疏散外门向内开启，和人流疏散方向不一致。前沿的人和门又挨得很近很近，门根本打不开。由此引发了不必要的伤亡事故。疏散门正确的开启方向非同小可。

2 这个条文是为保证人员疏散路线畅通，不出现意外伤害事故而制定的。

3 为防范偷盗事故，疏散外门常常上了门锁，一旦遇火灾门打不开，由此造成大量人员伤亡。国内已发生过由此原因造成火灾时人员大量死亡的案例，是我们应记取的教训。

为此强调疏散外门设推闩式门锁。此锁的特点是，门的开启在于人体接触门扇，触动门闩门即被打开，但从外面无法开启，使用方便又有很高安全度。

8.2.4 本条规定体育建筑疏散走道的设计要求。

1 体育建筑的疏散通道设计不会都在同一标高，高程上的过渡一般较多用踏步或设坡道。本规范规定室内坡道的坡度最大不能超过 1∶8，这是人员行走还能忍受的最大坡度，设计上必须重视此问题。

2 本条文目的在于疏散通道穿越休息厅或其他厅堂时，厅内的陈设物，不能使疏散路线的连续性被中断。这是保障疏散路线畅通的必要措施。

3 疏散通道上有高度变化时，为使人员尽快通过这些部位提倡设置坡道。当受限制不能设坡道而设台阶时，必须有明显标志和采光照明。这有利于提高人员通过时的速度，避免出现意外伤害。

4 具有天然采光和自然通风的走道，使用安全度高，日常维护管理简便，值得在设计中提倡。疏散走道达不到上述要求时，则必须设排烟措施和事故照明设施，目的是使疏散走道具有必要的安全性。

8.2.5 本条是对疏散楼梯设计的两点规定：

1 这是对楼梯设计的基本要求，值得注意的问题是楼梯平台宽度必须和楼梯宽度相同，若楼梯宽度小于 1.20m 时，则楼梯平台的最小宽度也不能小于 1.20m。

2 扇形踏步的楼梯设计中有时选用，需按条文规定的要求设计以使人员使用不易跌跤。

8.2.6 本条是火灾情况下，对人员疏散起到重要指示作用的措施。有利于提高走道的通过能力，使人员尽快脱离危险地域。

9 声 学 设 计

9.0.1 体育建筑的主要目的是为了提高全民体质和举行体育比赛，一般在声学方面的要求是保证语音听闻清晰即可。但目前绝大多数体育场、馆具有多用途的使用功能，因而须按其等级、规模和用途确定其相应的声学指标和达到设计指标的具体措施。

9.0.2 当体育建筑有多种功能使用时，如综合性体育馆应以语言清晰为主要目的，确定声学指标，其他功能可通过扩声系统的设计兼顾音质效果。

9.0.4 体育建筑的建声与扩声设计是相互制约和相辅相成的，为便于开展工作，避免矛盾，应尽可能由同一部门承接建声与扩声设计。但目前多数情况是分别由两个部门承接，在这种情况必须尽早介入，加强协调，否则会影响音质效果或造成不必要的浪费。

此外，目前建筑设计分为土建设计和装修设计两段，建声设计主要与装修设计和施工相关；而扩声设计也分系统设计和工程承包两阶段，为确保音质效果，重点主要在后一阶段。因此，也有相互协调的问题。

9.0.9 体育馆扩声设计指标按《体育馆声学设计及测量规程》JGJ/T31—2000 的要求设计，在该规范中扩声特性指标分一级、二级和三级等三个等级，它所对应的体育建筑等级如下：

特级、甲级相应为一级；

乙级相应为二级；

丙级相应为三级。

9.0.10 由于体育馆的使用满座的情况较少，因此，以满座确定混响时间的指标是不切实际的。故以 80% 的观众数作为满场设计和验收的混响时间指标。

9.0.11 体育馆比赛厅内的混响时间取值与馆的等级和有效容积相关，前者有较为确切的规定，后者（容积大小的划分）则较为模糊，在《体育声学设计及测量规程》制定时，曾经过多次研讨并征求各方意见后才确定下来，现在看来仍不能说是完全恰当的，在设计时可按具体情况有适当的变动范围。

表 9.0.11-1 是根据与《体育馆声学设计及测量规程》JGJ/T31—2000 协调一致而确定的。根据征求各地的意见，并考虑到以下实际情况，适当作了提升（即适当降低标准）：

1 体育馆的满场混响时间是以观众占 80% 满座作为达标值的，实际上就增加了达标所需的吸声量；

2 近年来，由于屋架结构形式的发展和空间处理的多样化、技术的进步使体育馆的每座容积有逐渐增大的趋势：在上世纪 70～80 年代和 1990 年亚运会期间建造的体育馆，每座所占容积均较小，如上海黄浦体育馆每座为 6.3m³，上海体育馆 7.8m³，杭州体育馆 7.0m³，广州天河体育馆 7.4m³，北京首都体育馆 8.3～9.1m³；亚运会期间的体育馆，如大学生体育馆 13.9m³，光彩体育馆 14.0m³，奥林匹克体育中心体育馆 15.6m³，深圳体育馆为 12.3m³。当时《体育馆声学设计及测量规程》JGJ/T31—2000，正是根据上述状况制定的。但当前体育馆每座容积增加较多，如秦皇岛体育馆每座为 25m³，正建的新疆体育馆为 50m³，广州新建的九运会体育馆和其他体育馆也有类似情况，清华大学新建游泳馆每座为 90m³。

对此，对本标准作适当修改是符合我国实际情况的。

9.0.12 游泳馆比赛厅通常没有多功能使用的要求，混响时间不要太长，能有一定的语言清晰度即可，此外，游泳馆比赛厅的容积和每座容积量差距甚大，因此，用每座容积分两个档次，规定混响时间。

各频率混响时间相对于 500～1000Hz 混响时间的比例也是《体育馆声学设计及测量规程》JGJ/T31—2000 所规定的，目的是使混响时间频率特性规范化。否则频率特性差异太大，特别是低频过长，将严重影响清晰度。但考虑表 9.0.11-1 表内混响时间有所增加，因此，表 9.0.11-2 也作相应的变动。故将低频中值稍为降低，否则将使低频过长。

9.0.14 公式（9.0.14）内的空气中声衰减系数 m 和平均吸声系数 $\bar{\alpha}$ 可在《声学设计手册》和《实用建筑声学设计》两书内查得。

9.0.17 体育馆比赛厅和有关配套用房的室内背景噪声限值以国际通用噪声评价曲线 NR—表征，由该曲线可查得各倍频带的噪声声压级值。

9.0.18 围护结构所要求的计权隔声量 R_w，由毗邻房间的噪声级与室内的背景噪声限值之差求得。

10 建 筑 设 备

10.1 给 水 排 水

10.1.2 《建筑给水排水设计规范》对观众用水、运动员淋浴、道路绿化等均有规定。对足球场草地及跑道的用水，根据国内以往的经验，估算时场地可采用 10～12L/m²·次，跑道可采用 3～10L/m²·次，每日次数根据气候条件决定，但各地区降雨情况不同，应根据当地情况决定。冲洗游泳池池岸及更衣室地面为 1.5L/m²·次，每日一次（取自于国外资料）。

10.1.3 《游泳池给排水设计规范》CECS14：89 正在进行修订，修订的"送审稿"中要求：一、水质。世界级竞赛用游泳池的池水水质卫生标准，应符合国际业余游泳协会（FINA）关于游泳池水质卫生标准的规定。国家级竞赛用游泳池可参照上述规定执行，

对非国家级的游泳池要求有所降低，也作出了规定。

二、水温。①FINA 规定为 26±1℃（即 25～27℃）；②本规范中提出的游泳池温度为：竞赛游泳池为 25～27℃，训练游泳池、跳水池为 26～28℃；

《体育建筑空调设计》（贺绮华、邹月琴编著）一书中，列出了各国游泳馆所采用的设计水温，可以看出：对于比赛性游泳馆，各国采用的温度在 24～28℃之间，但采用的范围不同，书中提到："我国大致采用 25～27℃，国际游泳池设计标准为 26～28℃。"

10.1.4 中水水质与饮用水差别很大，为防止饮用水被污染而发生事故，因此采取本条措施。《建筑中水设计规范》CECS30：91 即将被国标《建筑中水设计规范》所代替，在新编规范发布后，应按新规范执行。

10.1.5 现在足球场等草地喷水已由过去的大型升降式喷水器改为小型密集布置，美国产的小型洒水器已在近年建成的体育场和城市绿地中采用。喷水器不喷水时，喷水头下降，由于尺寸小，顶面不外露，不会影响场地正常使用，因此可在场地区域内设置。为了保证草地喷水的均匀性，不同喷水角度的喷头需采用不同的喷水延续时间，因此给水支管应分路设置。电控制器是为了根据场地的不同要求，设置不同的喷头模式，自动喷水。因喷头工作需要较高水压，需设水泵加压。分区越多，水泵容量和贮水池越小，但喷水延续时间越长，因此应根据情况酌情分区。

10.1.6 室外观众席的雨水量很大，有罩棚与无罩棚的雨水量也不同，因此需进行计算。

10.1.7 我国很多地方均为缺水城市，各城市对中水设施的建设有不同的规定，设计必须按当地的规定执行。

10.1.8 体育馆屋面面积很大，按压力流设计可减少雨水立管，便于布置管道，易于保证雨水的排除。在即将完成的《建筑给水排水设计规范》GBJ15—2002 中对设计重现期的取值有所规定，可按规范选取。

10.1.10 热水供应主要解决运动员淋浴等用水，水按摩池和浴盆是为了满足运动员训练后的恢复需要。

10.2 采暖通风和空气调节

10.2.2 特级和甲级体育馆要承担奥运会和单项国际比赛的任务，由于其重要性和观众人数很多，应设全年使用的空调装置。乙级也承担比较重要的比赛，观众人数也较多，比赛时间以夏秋为主，根据我国的气候，夏季必须设空气调节装置才能达到室内参数要求。游泳馆的室内参数一般需用空调装置才能达到冬夏的要求，因此要求乙级以上的游泳馆设全年使用的空气调节装置。因馆内人数多，当不设空调装置时，也应进行通风，为室内提供新鲜空气，排除室内异味

和余热。

10.2.3 体育馆比赛大厅的设计温、湿度是根据我国多年来的使用情况确定的，这样的温度条件基本能够满足全国各地的要求；

游泳池池区温度是根据水温来确定的。国际泳联对水温有明确的要求，并要求空气温度最少比池水温度高2℃；欧盟委员会能源管理局SAVE项目（编号XVII/4.1031/S/94/114）在对欧洲5座游泳馆的综述报告中认为：池边空气温度的最佳值应比池水温度高1～2℃。因为人体刚出水面时，温度太低会有寒冷感，温度太高则建筑热损失增大。另外，池区空气与池水的温差还与池水的加热负荷及池水的蒸发率有关，而取1～2℃温差是比较合适的。池水温度为25～27℃，池区空气温度则取26～29℃，冬夏取值相同。观众区夏季27～28℃时，因游泳池厅内相对湿度较大，观众会产生闷热感，若温湿度均取下限值附近，则可以满足要求；但观众区与池区温湿度相差较大时，空调系统的气流组织设计难度很大，因此观众区冬季温度取值可偏高。设计者应根据工程的重要程度进行设计参数的选取。

游泳池的相对湿度。相对湿度过高，则使冬季围护结构表面容易结露，相对湿度过低，会加速刚出水面的游泳者皮肤表面水分的蒸发，使之产生寒冷感。一般为60%±10%较合适。为减少除湿的通风量可取60%～70%，但不应超过75%。

风速。国际羽联的直接答复为如下所述："我们在一份为奥运会的声明中规定了进行羽毛球比赛的要求，声明中提到：空气流动。在运动场地上必须避免产生风或其他的空气流动。当在空调正常使用的情况下，则应加以特别注意。在出入口应设二道门（气闸）。我们建议各个锦标赛的组织者根据不同的情况来确定比赛大厅内适合的温、湿度，同时也要注意，不论在任何地方都应使室内的环境不能产生不受欢迎的风，甚至是'微风'"。在我国申奥过程中，国家体育总局提供的国际乒联的要求是："场内的温度应低于25℃，或低于室外温度5℃。任何空调设备均不能产生气流。"若不产生气流，只能关闭比赛区空调送风装置，其结果是不能保证室内温度，甚至出现因温度过高而停赛的问题。根据我国多年的使用经验，场地内风速小于0.2m/s时，已不影响乒乓球和羽毛球的正常比赛，而且现在乒乓球的体积和重量均比以前增大，应更无问题。如果根据比赛时的现场条件，需停止空调送风，则再停止送风也无妨。

表中最小新风量的数值是考虑观众等人员的卫生要求而定的，按卫生部的规定：室内CO_2的允许浓度为0.1%，与此对应的新风量是30m³/h per。鉴于体育馆内人员停留时间较短，因此将CO_2允许浓度适当调高，以0.15%计算，则对应的新风量为20m³/h per。另外，体育馆、游泳馆一般内部空间较大，

开赛前场内已充满新鲜空气，因此人均新风量还可适当减少。随着我国对室内空气品质要求的提高，本规范将过去设计中经常采用的最小新风量从过去的10m³/h per提高到15m³/h per至20m³/h per，其中特级、甲级体育馆应取上限值，在室内体积大或等级低的体育馆可取下限值。如果空调系统采用较好的过滤装置（如活性碳过滤器等），新风量还可减少，但应经计算确定。游泳馆与体育馆不同，除满足人员的卫生要求外，还应满足除湿所需的通风量。尤其是过渡季采用通风除湿时，要求的通风量可能比人员所需要的量大，因而设计新风量时可能会超过表中规定的数值。目前建设部和国家环保局均正在制定室内空气质量的新标准，国标《采暖通风与空气调节设计规范》GBJ19—87也正在修订中，若本规范与将来的标准有矛盾时，应以国家标准为准。

10.2.4 对于运动员而言，室温稍高一些为好，温度低则容易影响运动员的成绩。因为过去检录处设计温度偏低，体操运动员对此反映较大，体操运动员衣着单薄，在检录处停留时间不会很短，因此将温度值定得较高。

10.2.6

1 体育馆比赛大厅分区是为了便于分区进行控制与调节，满足比赛区和观众区的不同要求。

2 池厅的室内负荷和参数要求均与其他房间差别较大，应分设空调系统以满足使用要求。池厅内池区和观众区的参数要求不同，尤其冬季差别较大，不得不分别设空调系统。

4 各房间设分别控制室温的系统，如风机盘管加新风系统等，可以满足各自的需要，尤其在国际比赛时，可满足各国运动员对温度的不同需要。

5 这些房间的发热量大，使用时间上与其他房间不一致，因此宜采用独立的降温设备，可根据各自的需要开停。

10.2.7

2 采用可调节角度及可变风速的喷口，目的为了满足冬季送热风、夏季送冷风时的不同要求。

3 游泳馆需防止池区和观众区互相干扰影响使用效果。池区和观众区之间没有分隔物，但其参数要求不同，极易相互干扰，因此气流组织按不同要求分别设计是非常重要的。对玻璃窗、吊顶等送热风可防止结露。

10.2.8

3 游泳馆的各个房间湿度较大，气味也较大。直接补充室外新风有利于排除室内余湿，保持室内空气新鲜。

10.2.9

1 外窗下设散热器有利于防止窗玻璃结露。游泳运动员出水后，在池边停留时常感觉寒冷，采用辐射采暖可达到感觉舒适、节约能源的目的。

2 主席台、贵宾席位置一般均在观众区的下部。当上部观众区温度升至过高时，往往会送一些温度较低的风至室内，下部温度则会偏低；另外，这些部位的人员一般均有条件更衣，因此衣着比观众少。基于以上原因，此处可增设采暖设施，提高局部区域温度。

10.2.11

1 比赛大厅设双风机是为便于过渡季使用全新风时进行切换调节。过渡季新风可设旁通风道，不经过热回收装置。

2 游泳馆夏季室内温度较高，回收热量少；冬季时，尤其是在寒冷和严寒地区，可回收热量可观，因此，应设置热回收装置。

3 由于各地能源结构和自然条件差别较大。采用适合当地的冷热源形式，可以达到节能的目的。在供电条件好的地区可以电制冷为主；天然气丰富的地区可以直燃型吸收式冷热机组供暖制冷；西部干燥地区可以水蒸发冷却空调降温；靠近江河湖海（和土壤源）的地区可以水源（地源）热泵供暖供冷等等。为了降低制冷机装机容量或使用低谷电，可以设置蓄冷装置。

4 寒冷地区的冬季，空调系统一般在观众入场前用热风进行预热，以补充散热器的不足。观众入场后，由于灯光和人体的散热，比赛大厅温度会升高，因此只需在比赛进行中以散热器维持场内温度。当后排观众区过热时，空调系统适当运行，送入较低温度的空气，既可以适当降低室内温度，又补充了新风。散热器还可在平时为一般使用功能服务。夜间及无人使用时，可调节或关闭一部分散热器（如某一支路），作为值班采暖用。而且采用散热器采暖，其运行成本较低，使用单位一般乐于接受。

10.3 电 气

10.3.1 本条是根据国家有关规范，并结合体育建筑的特殊性提出的。

10.3.2 由于全国各地的实际供电水平不同，对供电方式不宜作统一规定。对供电水平和质量较差地区，可能偶尔进行重要的单项国内、国际比赛，或者极少有大型的演出活动时，对于备用电源也允许采用临时增设应急发电机组方式解决。

又如，为大型计时记分装置和大型演出用电提供的专用变压器，为了减少变压器空载损耗，平时可以切断。

10.3.3 有些地区经常在夜间出现较大的电压偏移情况，或者长期电压偏低，通过技术经济比较，也可采用自动有载调压变压器。

尽管目前电力设备（如高压配电柜、变压器、低压配电柜等）的自身防火、防爆能力有很大的提高，但考虑到体育建筑属于人员密集场所，所以主要变配

电室应尽量离开观众主要出入口、观众席台下。在调查中也曾发现，应急用柴油发电机组的排烟管出口距观众席休息厅过近，这是十分危险的。

10.3.4 本条文是体育建筑照明设计中必须遵守的最基本原则。

10.3.5 为了节省正文篇幅和本条文说明篇幅，请参阅《民用建筑照明设计标准》GBJ133 和《民用建筑电气设计规范》JGJ/T16—92。应当指出：我国电力供应能力，近年和今后会有大幅度提高，原国家照度标准，尤其是涉及到体育建筑部分，有些已经明显地偏低。因此，在执行中，可以适当地结合国家供电能力给予提高。而标准中的彩色电视转播中的照度标准，基本上符合国际通用标准，可以参照执行。

根据国际标准，终点摄像区域的垂直照度应≥1500Lx，有条件时，显色指数应予提高。

10.3.6 此条参照 CIE 最低推荐值制订。

10.3.7 为了节省正文篇幅和本条文说明篇幅，请参阅《民用建筑照明设计标准》GBJ133 和《民用建筑电气设计规范》JGJ/T16—92 中的有关条文。

为了适应将来高清晰彩色电视转播的要求，在甲级及以上等级的体育建筑照明设计中，某些指标可以适当的提高。

为了在电视图像中减少明暗对比，一般推荐背景照度（指观众席垂直照度）为场地垂直照度的20%～25%。

10.3.8 本条室内光源色温值通常是指无天然采光的室内体育馆。室外或有天然采光的室内光源色温值按 CIE 标准。

考虑到提高一般光源的显色指数，会使高清晰度彩色电视图像色彩还原质量有明显的改善，故在甲级及以上的体育建筑中，供彩色电视转播用的光源一般显色指数可以提高到 $Ra \geqslant 80$ 以上。

10.3.9 本条主要是考虑到大型体育场中，由光源（灯具）至被照面的最远距离一般在 70～90m 之间，由于大气中水分扩散、人群散热、高温空气等不利用因素而提出的。我们作过一些实地测试，如观众入场前场地照度为 1000lx，当中场休息和下半场结束时，场地照度会降至 700～800lx 左右。故提出要考虑这个不利因素。

10.3.10 克服频闪效应的措施，一般有两种方法。一是在同一计算点（或瞄准点）要有来自三相不同的光源共同照明，二是每相所带来的光通量差别不要差太大。

采取末端无功补偿措施，通常是将电容器置于泛光灯具一体内或临近电器箱内。

关于末端电压偏移，相互间不宜大于±1%的规定，也是总结了一些体育建筑的实际情况而提出的。一般说来，大型气体放电灯当电压偏移—5%时，其光通量衰减为—20%。我们在调查一个四塔照明的体

育场中发现，四塔光照技术（功率、灯数、瞄准点、安装高度）完全一致，仅仅是供电距离不同（其四塔供电电缆完全一致），从观众席上就可以明显地感到前后半场地照度不同，经对末端电压测试，发现最少/最大电压相差为2%。

金属卤化物气体放电灯的启动电流约为正常运行电流的140%以上，尤其是集中开启时启动电流会更大，且启动时间约为3~4min，同时更有无功补偿用的电容器达不到技术指标的情况，故提出此条，在选择断路器保护特性时，引起注意。

10.3.11 条文中规定投光灯具的防尘防水IP54等级，是指在防雨罩棚下安装情况，如露天安装时，则不能低于IP55，装于较难维修的灯塔上或高雨量地区，其防护等级宜为IP56，高污染地区宜为IP65。

10.3.12 本文主要是从限制眩光角度出发而作出的规定，主要参照CIE标准。根据CIE最新对体育照明眩光指标的规定：GR_{max}不宜超过50。

10.3.13 水下灯具的安全防护措施，应遵守国家有关规定。

10.3.14 甲级及以上体育建筑照明控制比较复杂，通常采用可编程序控制和智能控制方式解决。甲级及以上体育建筑的应急照明系统，一般包括安全照明、备用照明和疏散照明。在可能有演出活动的室内体育馆内，疏散指示照明有条件时宜选减光型灯具，以利演出效果。由于在体育馆内人员疏散途径台阶，所以在有条件时，应在距台阶一定距离附近设埋地型疏散照明灯具。

10.3.15 本条是最起码的标准。甲级及以上体育建筑应适当地扩大电话设施和功能。条文规定观众休息厅设公用电话间，主要是为隔离环境噪声。

10.3.16 详见本规范中的体育工艺技术要求。

在方案设计阶段，就应十分明确计时记分工艺标准。一般工艺设计由专业设计院（公司）承担。

计时记分系统应满足竞赛规则和国际各单项体育组织提出的技术要求。

10.3.17 设计应符合国家有关体育场、馆扩声技术

的标准。一般由专业设计院（公司）承担。

10.3.18 甲级以上体育建筑的有线电视系统的信号源应包括：

1 VHF+UFF（含FM）
2 SHF卫星电视信号
3 MMDS多路微波信号
4 自办闭路电视

甲级以下体育建筑可视当地具体情况而定，但必须留出扩展的接口。

10.3.19 乙级及以上体育建筑，1万人以上的专用足球场，以及应当地安全部门要求而设置的电视监视系统，主要考虑防止球场暴力、处理突发事件等安全需要。

通常摄像机应装于隐蔽处，其摄像机应有变焦方面功能。摄像机应能监视到主席台、全部观众席、观众席出入口、运动员出入口等处以及安全防范需要的部位，闭路电视控制室应远离强磁场。应有录像记录功能。

10.3.20 超过3000座位的体育馆设置火灾自动报警系统，是国家消防规范的强制性规定。由于其他类型、标准的体育建筑在国家消防规范中，目前没有制定强制性规定，因此方案设计阶段时，必须征求当地消防主管部门的意见。本条文中的建议内容仅供设计参考。

10.3.21 本条所提出的内容可根据具体项目、业主要求等因素自行决定标准。

10.3.22 本条文中的设施内容，可以根据业主要求增加。

10.3.23~24 本条说明电气线路敷设和户外电气设备安装时应注意的事项。

10.3.25 本条强调供残疾人员使用电气设备应注意的规定。

10.3.26 本条说明接地设计应注意的规定。

10.3.27 在使用光带、照明时应注意进行足球或曲棍球比赛时，灯光不能从端线方向照向球门区，应在端线左右各有15°的保护区，以免对比赛造成影响。

中华人民共和国行业标准

宿舍建筑设计规范

JGJ 36—2005

条　文　说　明

前　言

《宿舍建筑设计规范》（JGJ 36—2005）经建设部 2005 年 11 月 11 日以 377 号公告批准发布。

本规范第一版的主编单位是中国建筑标准设计研究所，参加单位是清华大学建筑系及土木建筑设计研究院、西安冶金建筑学院建筑系、同济大学建筑设计研究院。

为便于广大设计、施工、科研、学校等单位的有关人员在使用本规范时能正确理解和执行条文规定，《宿舍建筑设计规范》编制组按章、节、条顺序编制了本规范的条文说明，供使用者参考。在使用中如发现本条文说明有不妥之处，请将意见函寄中国建筑标准设计研究院。

目　　次

1 总 则

1.0.1 为了适应全国机关、科研单位、工矿企业、学校宿舍建筑的发展和保证宿舍建筑设计基本质量，于 1987 年编制的《宿舍建筑设计规范》JGJ 36—87，经城乡建设环境保护部颁布执行至今已有 18 年，在提高和保证宿舍设计质量方面无疑起了重大作用。随着我国基本建设的快速发展和社会的不断进步，使用者对宿舍的基本要求也有了新的需求，国家教委对高校的学生宿舍也重新提高了居住质量和标准，故本规范须修改和调整。在编制与修改本规范过程中，编制组曾对若干个城市进行实地调查研究，收集了大量的宿舍建筑实例和图纸进行分析，同时参考了国内外有关宿舍方面的标准、规范和汇集了近年来设计中最新积累的经验，对宿舍建筑设计的基地和总平面、建筑设计、室内环境和建筑设备等在原规定的基础上进行修订、补充和调整或制定下限值，对专业术语给予确认，以保证宿舍符合适用、安全、卫生的基本要求。

1.0.2 本规范适用于新建、改建和扩建的宿舍建筑，包括学生宿舍、职工宿舍，不包括建筑工地等临时性宿舍。

1.0.3 有关无障碍、防火、热工、节能、宿舍内的水、暖、电、煤气设备，除执行本规范的规定外，尚应符合国家现行的有关标准的规定。

3 基地和总平面

3.1 基 地

3.1.1 宿舍建筑选址，应远离易发生灾害的地段（如：山体滑坡、泥石流、火山地等）；不宜建在河滩地、低洼地等易被洪水淹没地区。如必须建时，应有良好的防洪排涝措施。

3.1.2 宿舍用地的自然条件和周围环境应具备保证居住者身心健康的卫生条件。首先半数以上的居住空间应满足获得日照要求，其日照标准应符合现行国家标准《城市居住区规划设计规范》GB 50180 中关于住宅建筑日照标准的规定。

采光标准应符合本规范第 5 章第 5.1.4 条，采光系数最低值的规定，其窗地面积可按此表的规定取值。

宿舍的布局应组织好自然通风，这不仅是我国南方大部分地区特别需要与室外空气直接流通的自然通风；而且对预防和抑制传染性疾病的传播，起着重要和积极的作用，特别是人员密集的居室和内通廊式的宿舍，应特别考虑采取通风措施。

3.1.3 为避免各种噪声和污染源的有害影响，应符合现行国家标准《城市区域环境噪声标准》GB 3096 标准值及适用范围的规定，城市各类区域环境噪声标准值列于下表。

表1 城市 5 类环境噪声标准值
等效声级 LAeq（dBA）

类　别	昼　间	夜　间
0	50	40
1	55	45
2	60	50
3	65	55
4	70	55

注：1　0 类标准适用于疗养区、高级别墅区、高级宾馆区等特别需要安静的区域。位于城郊和乡村的这一类区域分别按严于 0 类标准 5dB 执行。

2　1 类标准适用于以居住、文教机关为主的区域。乡村居住环境可参照执行该类标准。

3　2 类标准适用于居住、商业、工业混杂区。

4　3 类标准适用于工业区。

5　4 类标准适用于城市中的道路交通干线两侧区域，穿越城区的内河航道两侧区域。穿越城区的铁路主、次干线两侧区域的背景噪声（指不通过列车时的噪声水平）限值也执行该类标准。

3.2 总 平 面

3.2.1 宿舍区内公共用房服务半径不宜超过 250m。按实际调查一般人步行速度每分钟 80m，步行 3min 左右到达，对使用者较为方便。

3.2.2 据调查，宿舍附近若无运动场地，住宿人员在业余时间往往在道路上打球，既妨碍交通又不安全。因此，在宿舍附近宜设小型球场、小型器械场地和休息娱乐场地。因各地区和各单位条件不同，故不宜规定最小面积指标，由各建设单位根据具体情况设置。

关于自行车存放问题，各单位反映强烈。据调查，规模较大的学校，如清华大学、北京大学的学生人均 1 辆自行车。宿舍附近无存放处时，自行车在楼道内、宿舍前到处停放，既有碍观瞻，又不符合交通和防火安全要求。因此，应根据自行车的数量设存放处，面积按地上 1.2m²/辆至地下 1.8m²/辆计算。建于山地地区的宿舍，自行车的数量存放不作规定。建于厂区、园区内的机动车停车位，如在总体规划统一考虑，可不再另设。

3.2.3 进行总平面设计时应注意节约用地，满足房屋之间防火间距，但又要考虑居室的冬季日照时数，设计时应按国家有关标准和各地城市规划行政主管部门的规定执行。

3.2.4 没有过境汽车穿行，可保证宿舍区内安静的环境和行人安全。

3.2.5 宿舍区内的步行道路，交叉路口及宿舍楼出入口等设计应根据现行的行业标准《城市道路和建筑物无障碍设计规范》JGJ 50 中的规定执行。

3.2.6 宿舍区的规划设计，涵盖了宿舍区内的各种公共服务设施、活动场地、若干楼群和道路，应对各个设施加以明显标识，小区入口宜有规划总图标志。

4 建筑设计

4.1 一般规定

4.1.1 内长廊宿舍的走廊中通风采光差、阴暗潮湿。长廊内交通以及人流穿越产生的噪声容易对较多的居室形成干扰，设计时应因地制宜，避免走廊过长，居室宜成组布置。

4.1.2 每栋宿舍设置管理室、公共活动室和晾晒空间是宿舍使用的基本要求。公共活动室可集中设置也可以分层设置。每间居室带阳台的宿舍，可不在楼内集中设置晾晒空间。设计时把那些干扰大的盥洗、厕、浴等辅助用房和楼梯间，按功能动静分区与居室隔开，避免相互干扰。

4.1.3 确定良好朝向的主要因素是日照和通风，设计时应尽量将好朝向布置为居室。各地自然条件不同，对朝向有不同要求。严寒地区如哈尔滨、长春等地，因冬季低气温时间长，为避免无日照的北向，而将宿舍东西向布置，以争取全部居室都能获日照。炎热地区，则由于夏季炎热天数多，居室西向时，其热难挡。故应避免朝西向布置居室。若不可避免时，应有遮阳设施，日照标准应按现行国家标准《城市居住区规划设计规范》GB 50180 执行。

4.1.4 宿舍内设置消防安全疏散指示图，在楼梯间、安全出口处应有明显标志，防止紧急状况下造成混乱以致人员伤亡。

4.1.5 宿舍首层应设置无障碍居室和卫生间，便于乘轮椅的残疾人使用。设计应符合现行行业标准《城市道路和建筑物无障碍设计规范》JGJ 50，但考虑大量宿舍男女分楼居住的现状，对《城市道路和建筑物无障碍设计规范》JGJ 50 的第 5.2.3 条适当调整。根据宿舍区规模以及单栋宿舍规模差异等具体情况，允许在宿舍区内集中设置无障碍居室，其总量应大于等于分设的数量之和，且应在首层。

4.2 居 室

4.2.1 学校的学生、教师和企业科技人员的宿舍居室，都有学习的要求。因此，居室内除供睡眠或休息外，还应具备学习的条件，要求有安静、卫生的居住环境，减少相互干扰。企业职工的宿舍居室以居住为主。因此本规定按不同居住人数和要求，把居室分为1、2、3、4四类，以适应不同居住对象。据调查，近年建成宿舍1类适用于博士研究生、教师和企业科技人员，2类适用于高等院校的硕士研究生，3类适用于高等院校的本、专科学生，4类适用于中等院校的学生和工厂企业的职工。

高架床是近年来出现并广泛使用的一种下面学习，上面睡觉的组合家具。

4.2.2 本条基本遵照原规范和调查结果，尺寸适当放宽。具体见图1。

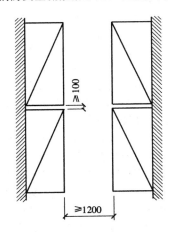 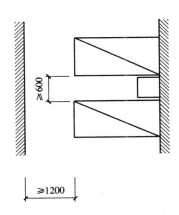

图 1 居室的床位布置尺寸

4.2.3 储藏空间包括壁柜、隔板、吊柜和箱架等，目前书架一般组合在家具内。根据不同居住对象，结合室内布置和空间利用，设计者可灵活选用。近年来新建宿舍在严寒、寒冷和夏热冬冷地区的贮藏为 0.50m³/人 ~ 0.75m³/人，温和地区 0.45m³/人 ~ 0.5m³/人，夏热冬暖地区贮藏量为 0.30m³/人 ~ 0.45m³/人。为提高居住质量，改善居住条件，故本规范规定居室每人贮藏量不宜小于 0.50m³。

4.2.4 居室的壁柜内无论是分格存放或吊挂衣服，其净深均不宜小于 0.55m。而居室需要有放置箱子的地方，根据箱子的一般尺寸，本规范作出固定箱子架尺寸的规定。

4.2.5 除了卫生间按规定做防水防潮处理外，对于贴邻卫生间的居室和储藏室墙面需做防潮处理，使墙面保持干燥。

4.2.6 地下室室内潮湿，通风和采光条件差，故居室不应设在地下室。

4.2.7　居室不宜设在半地下室，若条件限制，只能将居室设在半地下室时，应对采光、通风、防潮、排水及安全防护采取措施。

4.3　辅助用房

4.3.1　一般情况下，卫生间的门都不应正对居室门，但考虑到在平面布置时，难免会出现个别房间不可避免正对的现象，故条文中采用"不宜正对"的用词。对居室与卫生间的距离要求，主要是强调"以人为本"，方便居住者就近使用卫生间和盥洗室，若不作为严格用词，居室与卫生间的距离在25m以上，这对于居住者特别在冬天夜间使用很不方便，同时也对沿途的其他房间带来很大的干扰。随着社会的发展，生活水平的提高，生活设施的使用要求也应该随之提高。

4.3.2　根据近年来新建宿舍的实际调查，卫生间、盥洗室的卫生设备数量按照原有宿舍规定执行，基本能满足使用要求。原有表格中有设妇女卫生间的要求，但在大多数宿舍中，都没有女厕所内的妇女卫生间，该设备的实际使用意义不大，故取消此项卫生设备的要求。学生、工人的卫生间使用时间较为集中，故卫生设备在原有基础上略有提高。

4.3.3　附设卫生间的居室以4～6人为主，卫生间内若只考虑坐（蹲）便器、盥洗盆，$2m^2$的使用面积基本满足使用要求，但若设有淋浴或2个坐（蹲）便器时，$2m^2$使用面积的卫生间就很拥挤，难以满足2人以上同时使用，故面积宜放大。宿舍的卫生间与住宅内的卫生间的使用对象不同，坐便器和淋浴应设置隔断，可采用隔断门，也可设置隔帘，以避免同时使用时的尴尬。

4.3.4　设置淋浴设施主要是考虑夏季冲凉，并不一定供应洗浴热水，对于夏热冬暖和温和地区是很必要的，而在其他地区，若宿舍附近设有集中浴室，就不再强调，可根据条件设置。

4.3.5　宿舍建筑设管理室是为了保证宿舍的安全和公共卫生，同时也便于来客登记，收发信件。调查中发现，有些管理室同时兼供应日常小商品和微波炉加热等服务。所以应保证管理人员的基本面积要求，至少应能布置一张床、桌椅和储藏柜，不应小于$8m^2$。

4.3.6　根据近年来使用宿舍的调查，大多数宿舍，特别是学生宿舍，出于安全管理的考虑，一般都不允许外人进入居室，故应考虑集中会客空间。可利用底层门厅布置会客区，便于居住者接待亲戚、朋友等来访者。

4.3.7　宿舍内设置公共活动空间，可为居住者提供看电视、阅览、棋类、交往的活动空间，保证居室内的相对安静。特别是对于以睡眠为主的工厂企业职工宿舍，公共活动空间更为必要。由于使用的人数较多，同时又有可能满足不同的公共活动内容，故对活动室的面积提出一定的要求。

4.3.8　对于企、事业单位的单身宿舍，统一设置公共厨房是合情合理的，应满足最小使用面积要求；由于厨房在使用的过程中会产生有害气体，因此要求公共厨房能直接采光通风和安装排油烟设施，保证使用安全。

4.3.9　本条为新增条文。喝茶水是中国人的生活方式，一般饮水机不能满足泡茶的要求，而传统的做法是提着热水瓶到锅炉房附设开水房打开水，由于有一定的路程且须拎着热水瓶上下楼，既不方便也不安全。随着生产技术的发展，市场上供应的电开水器产品既安全又卫生，也不需占用很多的面积。调查中发现有不少宿舍已改善了开水供应的方式，有每层设置开水间的，也有在盥洗室开辟一角放置电开水器，减少了不安全的隐患。设计时可根据所在地区的具体情况设置。

4.3.10　本条为新增条文。随着生活水平的提高，现在洗衣的方式都是以洗衣机洗为主，洗衣房远离宿舍，不方便晾晒和收藏衣物；在被调查的宿舍中，80%以上的新建宿舍都在每层或底层集中设有洗衣房，洗衣房已成为宿舍不可缺少的辅助用房。

4.3.11　本条为新增条文。集体宿舍的卫生间使用时间比较集中，对于居室附设的卫生间，一般使用人数都在4～6人，难免会发生使用冲突的情况；另设小型公共卫生间，可使这种情况得到缓解，同时也为在公共活动室内活动的居住者带来方便。因为公共卫生间同时为所有居室服务，故设备的数量应满足最小的使用要求。

4.3.12　生活垃圾的收集直接关系到宿舍的卫生环境，以往的宿舍建筑缺少垃圾收集间，造成宿舍楼门口的脏乱；设置集中的垃圾间，可使垃圾有一个暂存之处，以便在规定的时间内统一运走。垃圾间也可根据总体布置情况，按宿舍组团在室外统一设置。设在建筑底层垃圾间的门最好直接对外开启，方便垃圾外运。垃圾间内应有必要的卫生条件，如设置冲洗水池，设置贴瓷砖墙面和地砖地面，便于冲洗。

4.3.13　本条主要是考虑到做清洁工作的水池和清洁工具应有独立的空间，否则放在公共厕所间或盥洗室内，占了一定的位置，为居住者带来不方便，视觉上也不舒适。附设在居室内的卫生间因为是由居住者自己打扫的，故不在其范围内。

4.3.14　调查中发现宿舍门口停放有自行车，特别是学生宿舍自行车的数量更大，有些虽然在宿舍门口设有自行车棚，但很难避免车辆不按规矩停放的现象发生，在一定程度上破坏了周围的环境整洁，影响了道路交通。设有地下或半地下自行车库的宿舍，由于自行车统一停放在遮风避雨的车库内，地下室的楼梯能直通宿舍底层，给居住者带来方便，居住者愿意停放，宿舍周围没有乱停乱放的现象，使宿舍环境和道路交通得到了保证。由于宿舍楼内居住人数不同，自行车库（棚）的面积应按照实际情况配置，如大学城内学生宿舍宜基本保证停车数与学生数相同。

4.4 层高和净高

4.4.1 鉴于现行国家标准《住宅设计规范》GB 50096的第3.6.1条规定"普通住宅层高宜为2.80m"，宿舍使用人数比住宅多，因此宿舍建筑采用单层床的居室层高不宜低于2.80m也是合适的。

调查中发现宿舍中采用双层床及高架床的现象非常普遍，层高普遍在3.20~3.60m，按双层床及高架床的上下层人的活动空间分析，也考虑到各种气候条件，双层床及高架床的居室层高不宜低于3.60m是符合实际情况的。

4.4.2 居室内采用单层床时，依据中国建筑科学研究院《有关住宅净高与自然通风问题》研究报告中的测定数据，认为最低净高为2.50m是符合卫生要求的。故采用单层床的净高最低标准为2.60m是合适的。调查中也发现实际使用情况良好。

居室内采用双层床及高架床时，一般床面距楼地面高度为1.70m，1.80m高的人在上铺跪着整理床铺所需高度为1.30m，坐着穿衣举手高度为1.20m，加上夏天挂蚊帐，净高3.40m是能满足居住要求的。

4.4.3 辅助用房的净高不宜低于2.50m。此高度符合淋浴器和高位水箱的低限安装高度。

4.5 楼梯、电梯和安全出口

4.5.1 宿舍建筑设计应符合现行国家标准《建筑设计防火规范》GBJ 16与《高层民用建筑设计防火规范》GB 50045的相关条款。

4.5.2 通廊式宿舍是利用走廊组织同层各个居室交通的宿舍类型，一般规模较大，不少于两部楼（电）梯。

单元式宿舍是围绕一个交通核组织居室的宿舍类型。常见平面布置为每层由一个交通核联系2~4个基本单位，每个基本单位由起居空间联系2~4个居室。单元式宿舍楼可以是一个单元构成，或多个单元拼联而成。

宿舍楼梯的使用较为集中，其安全性要求较高，现行国家标准《建筑设计防火规范》GBJ 16有关宿舍楼梯的条文正在修订，而现行国家标准《高层民用建筑设计防火规范》GB 50045中对高层宿舍的楼梯没有专条论述，故在征得以上两规范编制组专家的同意后，本规范仍保留原有规范的条文作为宿舍建筑楼梯设计的依据。

另外条文中增加宿舍楼梯能够直接采光的要求，以利于疏散，方便使用。

4.5.3 一般新建宿舍大多数为多层、高层建筑，楼梯门、楼梯和走道的设计总宽度以及净宽应满足紧急疏散要求。宿舍人员密集且使用集中（见表2），针对大学生宿舍的调查结果显示：层数多的宿舍，特别是高层内长廊宿舍，楼梯日常使用普遍拥挤（见表3）。因此，设计时还应充分考虑宿舍实际的日常使用情况，确定楼梯门、楼梯和走道的适宜宽度。

表2 高层宿舍安全疏散情况调查

名 称	标准层建筑面积（m²）	每层人数（人）	楼梯（电梯）数量	层数	楼梯疏散总人数（人）	每部楼梯疏散总人数（人）
长安大学学生宿舍	1851.3	312	2（3）	12	3432	1716
西北工业大学"旺园"2号学生公寓	1340.82	252	2（4+1）	24	5796	2898
西北工业大学"旺园"3号学生公寓	1224.72	124	2（4）	18	1860	930

表3 多高层宿舍日常交通状况调查

宿舍名称	层数	电梯（部）	楼梯间宽（m）	楼梯间数量（个）	走道宽度（m）	标准层居人（人）	经常很拥挤	有时拥挤	不拥挤
西安建筑科技大学1号学生宿舍	7	0	3.6	2	2.1	320	30.5%	55.6%	13.9%
西北政法大学学生公寓	6	0	3.3	2	1.8	132	14.3%	67.9%	17.8%
西安交通大学10号学生公寓	12	2	3.6	2	2.1	108	63.4%	33.3%	3.3%
西北工业大学"旺园"2号公寓	24	4	3.3	2	1.8	252	92.3%	7.7%	0

4.5.4 宿舍属于居住建筑，但又有公共建筑人员密集、人流交通量大和使用时间集中的特点，此条中宿舍楼梯的坡度值根据以上的使用特点并参照有关国家标准确定。

4.5.5 小学或为少年儿童使用的宿舍，楼梯踏步设计根据小学生的生理特点参照有关国家标准制定。不允许楼梯井净宽大于0.20m的要求，主要考虑未成年人的宿舍管理和防止儿童攀滑措施实施的难度。

4.5.6 综合国内宿舍建设的调查情况和宿舍使用者一般年龄等因素确定七层及七层以上宿舍应设电梯。这已是使用的最低要求。但由于宿舍采用单层床和采用双层床或高架床时层高变化很大，如采用高架床层高大于3.60m时，七层楼面距室外设计地面的高度很大等原因，必须同时限定居室入口层楼面距室外设计地面的高度。确定高度大于21m时，应设置电梯的理由：

  $$3.70m×5+2.20m+0.10m=20.8m$$

（3.70m层高、6层、设架空层2.2m、室内外高差0.1m）

  $$3.90m×5+1.50m=21m$$

（3.90m层高、6层、设半地下室室内外高差1.5m）

4.5.7 由于宿舍人员密集，其安全出口以及门的设置，应按照人员密集的公共场所要求进行设计。

4.6 门窗和阳台

4.6.2 宿舍的窗台一般在0.90m以上是考虑到供未成年人使用的宿舍的安全和管理。

4.6.3 宿舍居室如采用玻璃幕墙，对节能、私密性、舒适性均有影响，故不宜在宿舍居室采用玻璃幕墙。

4.6.5 在调研中发现，底层宿舍的外窗一般都做有安全防护栏杆，也可设置窗磁、门磁等先进的防护措施。考虑到紧急情况下室内人员的逃生，防护栏应能够向外开启。

4.6.6 保证生活的私密性是居住建筑的重要条件之一，所以在宿舍这样居住人员较为集中的场所，应保留此条规定。卫生间、洗浴室和厕所的窗扇玻璃可以设磨砂或压花玻璃以遮挡视线。

4.6.7 宿舍居住者的个人物品种类日益增多，价值不断提高，除加强宿舍管理之外，还应提高居室门的安全防卫性能；一般居室的采暖设计温度与楼梯间、走道有较大差异，所以从节能角度考虑，严寒和寒冷地区居室的门要用满足相应热工性能的保温门。

4.6.8 宿舍各部位门洞最小尺寸是根据使用要求的最低标准提出的，门的构造过厚或有特殊要求时，应留有余地。

4.6.9 晾晒衣被是单身宿舍须解决的问题。特别是南方地区气候湿热，日常换洗衣服较多，一般晾在阳台上较为方便。宿舍阳台最小满足1.2m的进深才能保证起码的活动及晾衣空间。另外考虑宿舍的安全防护和居住者的私密性，分室阳台之间应设分室隔板。

4.6.10 宿舍阳台大多是室外空间，防排水做得不好，晾衣、下雨都会使阳台积水，影响居室和下层空间的正常使用。

4.6.11 阳台栏杆高度是满足人体重心稳定和心理要求制定的。

4.6.12 中高层、高层宿舍及寒冷、严寒地区宿舍的阳台宜采用实心栏板。一是防止冬季冷风从阳台灌入室内，二是防止中高层宿舍物品坠落伤人，三是为寒冷、严寒地区封闭阳台预留条件。

5 室内环境

5.1 自然通风和采光

5.1.1 为提高居住质量，宿舍内的居室和公共盥洗、公共厕所、公共洗浴、公共活动室和公共厨房等辅助用房应有良好的自然通风和自然采光条件，以保持室内空气清洁。

5.1.2 居室的自然通风换气是通过窗户的开启部分进行的，由于窗户的形式及开启方式不同，实际的通风口的大小与窗户的面积不一致，为保证室内的空气质量故规定了通风口的面积。

5.1.3 严寒地区冬季寒冷，居室很少开窗换气，室内空气质量较差，不利健康。因此该地区宿舍的居室应设置通风换气设施，如气窗、通风道、换气扇、窗式或墙式通风器等，改善冬季室内空气质量。

5.1.4 宿舍建筑采光应以采光系数最低值为标准。本条应按现行国家标准《建筑采光设计标准》GB/T 50033的有关规定执行。本条适用于侧面采光，其采光面积以有效采光面积为准计算。离地面高度低于0.80m的窗洞口面积其光线照射范围低而小，所以获得的有效照度极小，故不计入采光面积内。窗洞口上沿距地面高度不宜低于2m，以免居室窗上沿过低而限制光照深度，影响室内照度的均匀性和宿舍居室一定深度达到的照度要求。当采光口上有深度大于1m以上的外廊、阳台、挑檐等遮挡物时，其有效采光面积可按采光面积的70%计算。

5.2 隔声

5.2.1 宿舍建筑隔声设计应符合现行国家标准《民用建筑隔声设计规范》GBJ 118的有关规定。

5.2.2 电梯机房、空调机房设备产生的噪声，电梯井道内产生的振动和撞击声对住户的干扰很大，在设计中应尽量使居室远离噪声源，不得将机房布置在居室贴邻或其上，可用壁柜、卫生间等次要房间进行隔离。在不能满足隔声要求的情况下，应采取有效的隔声、减振措施。

5.3 节能

5.3.1 严寒和寒冷地区宿舍建筑体形应简洁、平、立面不宜出现过多凹、凸面或错落，体形系数应有所控制。这是由于体形系数是衡量建筑热工特性的一个重要指标，它与建筑的层数、体量、形状等因素有关。体形系数越大，即发生向外传热的围护结构面积越大。现行行业标准《民用建筑节能设计标准》（采暖居住建筑部分）JGJ 26 标准的节能目标是 50%，随着建筑节能的深入，节能 65% 的目标也将付诸实施，除控制体形系数外，还宜调低围护结构的传热系数。

为保证建筑室内热环境质量，提高居住舒适度，在现行行业标准《夏热冬冷地区居住建筑节能设计标准》JGJ 134 和《夏热冬暖居住建筑节能设计标准》JGJ 75 中分别规定了该地区建筑能耗的控制指标，及采取建筑、热工和空调、采暖的节能措施，以提高空调、采暖的利用效率，实现节能 50% 的目标。

5.3.2 宿舍建筑应采取冬季保温和夏季隔热，以保证室内基本的热环境质量，节约采暖和空调的能耗。

如注重建筑的朝向，向阳、避风、充足的日照，利于冬季保温；避免东、西晒，合理组织自然通风，以利夏季隔热、防热以节约采暖和空调的能耗。

5.3.3 此条文规定也是为保证室内的热环境质量。开敞的楼梯间和外廊不利于冬季保温。

5.3.4 寒冷、夏热冬冷和夏热冬暖地区的夏季炎热，朝东、西的房间室温很高，居住条件差，为保证基本的室内热环境质量，居室朝西、朝东或东偏南与西偏南 45°，以及东偏北和西偏北范围内的外窗应采取遮阳措施，如设遮阳板，遮阳卷帘等活动外遮阳设施。

6 建筑设备

6.1 给水排水

6.1.1 给水排水系统是现代居住生活的最基本条件，宿舍作为密集型居住建筑应该设置。

6.1.2 为确保宿舍居住人员的正常用水条件，给水水压应满足所用不同配水器具最低的工作压力。通常使用的配水器具的最低的工作压力约为 0.05MPa。

6.1.3 宿舍居住人员密集，用水量较大，根据现行国家标准《建筑给水排水规范》GB 50015 所规定的最低配水点静水压力，一方面保证正常的用水，另一方面亦防止超压出流，起到节约用水的作用，同时减少用水噪声。

6.1.4 宿舍居住人员要有必要的洗浴条件，宿舍的热水加热方式和供应系统宜优先采用集中热水制备。当无条件采用集中热水制备时，也可采用分散热水制备或预留安装热水供应设施的条件。从节能及保护生态的角度出发，气候条件适宜地区应推广使用绿色能源的热水制备，如太阳能热水器。

6.1.5 盥洗、洗浴、厕卫空间是宿舍建筑重要的组成部分，这些空间的设置是必需的。这些空间设置好与不好，都直接影响宿舍建筑的品质，甚至影响使用者的文明水准。至于公用为好还是居室专用为好，应依据不同的地区、不同的经济条件、不同的使用要求及不同的管理方式进行个案设计。但这些空间所使用的卫生器具和给水配件性能应是节水、卫生、安全、环保的。

6.1.6 条文中除规定了哪些房间及部位应设置地漏外，还提出了地漏的性能要求，以防止污水管内的臭味外溢而影响室内环境。

6.1.7 单独计量对节水有利又便于管理。

6.1.8 此条是为了确保当室外排水管道满流或发生阻塞时不造成倒灌，并防止污水集水坑的气味外逸。

6.1.9 宿舍建筑常常成区集中建设，在缺水城市和缺水地区属于适合建设中水设施的工程项目，为了节约水资源特设本条。具体的设置条件，应依照现行国家标准《建筑中水设计规范》GB 50336 的规定执行。

6.2 暖通和空调

6.2.1 对于宿舍建筑居住人员密集且居室单元相对一致的特点，宿舍建筑采用热水为热媒的集中采暖系统，从节能、采暖质量、环保、消防安全、使用安全及卫生条件几方面看均是合适的。

6.2.2 宿舍建筑集中采暖系统一般为集中计量，采暖管线多为竖向，居室内很难做到没有调节和检修的设施。但用于总体调节和检修的设施应避免设置于居室内，以防造成对居住人员的干扰和不便。

6.2.3 我国地域辽阔，各地经济条件差异很大。许多市政设施不完善的地区，宿舍建筑不能采取集中采暖系统而以煤、薪柴、燃油、燃气等为燃料，设置分散式采暖。煤、薪柴、燃油、燃气等燃烧时产生有害气体，对人的身体健康和安全都具有危害，故此类宿舍应设置烟囱。宿舍毗邻房间共用烟囱可节约建筑面积、减少工程造价，但应采取多排烟孔道组合的烟囱，防止烟气回流及相邻房间相互串烟而造成室内环境污染，甚至危及人员生命。

6.2.4 宿舍公共浴室、公用开水间由于使用中产生大量水蒸气，无排放通道则对室内环境有很大影响。若从外窗排出，对相邻的居室可能产生不利影响。无外窗的卫生间多是居室内的附设卫生间，无法直接对室外通风排气。故条文规定应设排气通风竖井将有害气体从屋顶排出，且竖井应有防回流构造，防止相邻房间串味。

6.2.5 为保证卫生间的有效排气，在其门下设一定的进风通道是必要的。具体门下的进风通道面积，应根据不同卫生间的空间体积进行设计。

6.2.6 我国大部分地区夏季均需在室内采取降温措施，在宿舍居室中安装电风扇是经济可行的方式。电风扇的形式要满足使用要求，同时要保证安全。如用吊扇由于无防护网存在不安全隐患，且居室的层高也要适当提高，增加了建筑造价。

6.2.7 根据现行国家标准《民用建筑热工设计规范》GB 50176 的热工分区，夏热冬暖和夏热冬冷地区的主要分区指标——最热月平均温度的下限是 25℃。据此作为安装空调设备或预留安装空调设备条件的界限。随着经济条件的提高越来越多的宿舍安装了空调设备，大大改善了居住条件。由于经济或其他原因安装不了空调设备的宿舍，如果预留了安装空调设备的条件，将为今后的持续发展打下基础。

6.2.8 分体空调设备的室外机若随意安装对建筑立面的美观有很大影响，应统一设计。冷凝水随意排放有碍环境卫生及他人的正常生活，应有组织排放。

6.3 电　气

6.3.1 我国建筑近年来对电气的需求增长很快，宿舍中使用的各种电器数量也在增多，经调研在条文中制定一个最低用电负荷标准，作为居室用电的下限值。

　　1　用电负荷标准中，包括灯具和插座，考虑了小型电器；未计算空调器、电热水器等用电负荷较大，且不是宿舍必备的电器；

　　2　考虑家用电器的特点，用电设备的功率因数按 0.9 计算。

6.3.2 供未成年人使用的宿舍主要是指中小学的学生宿舍，中小学生尚无自主的经济能力，并从安全管理考虑，此类宿舍用电应集中计量。成年人可对自己的行为负责，且具有自主的经济能力，从节约能源、管理方便和较少干扰居住人员考虑，用电分居室计量、电表箱设在居室外是合理的。

6.3.3 本条文中的五条安全要求，都是宿舍配电系统的重要安全措施，应据此执行。

6.3.4 为安全用电和方便使用者，本条规定了每居室电源插座的最低数量，供小型移动电器使用。负荷较大的电器应另设专用电源插座。

6.3.5 电话已成为现代生活的必需品。由于插卡的方式使公用电话管理和收费更为简单，为方便使用，公用电话应每层设置；供成年人使用的宿舍居室内应设电话插座。中小学生宿舍是否设置电话，应根据使用要求和管理方式确定。

6.3.6 "有线电视系统"包含了"电视共用天线系统"。宿舍电视系统的设置与电话系统在宿舍中设置的情况基本相同。

6.3.7 计算机网络系统的快速发展，推动了宿舍建筑中计算机网络系统的普及。由于宿舍使用对象不同，是否设置计算机网络系统，应根据使用要求和管理方式确定。

6.3.8 为节约能源，本条规定宿舍的照明应采用节能灯具。

中华人民共和国行业标准

图书馆建筑设计规范

Code for Design of Library Buildings

JGJ 38—99

条 文 说 明

前　言

《图书馆建筑设计规范》JGJ 38—99，经建设部一九九九年六月十四日以建标［1999］224 号文批准，业以发布。

本规范第一版原主编单位是中国建筑西北设计研究院，参编单位是陕西省图书馆、湖南省图书馆、武汉大学图书情报学院、南京工学院。

为便于广大设计、施工、科研、学校等单位的有关人员在使用本规范时能正确理解和执行条文规定，《图书馆建筑设计规范》编制组按章、节、条顺序编制了本规范的条文说明，供国内使用者参考。在使用中如发现本规范及条文说明有不妥之处，请将意见函寄中国建筑西北设计研究院（西安市西七路 173 号，邮编 710003）。

目　次

1 总 则

1.0.1 本规范是在《图书馆建筑设计规范》JGJ38—87（以下简称原规范）的基础上修订的，为了阐明本规范的修订目的，特作本条规定。《原规范》自1987年试行以来，对于指导我国的图书馆建筑设计工作起到了很好的作用。但《原规范》是根据当时的国情及图书馆尚停留在闭架管理，"以藏为主"的建馆模式下制定的。"八五"期间，随着我国经济建设的迅速发展，图书馆事业也发生了很大变化，开架管理、计算机在图书馆中的广泛应用和各种电子出版物的出现、图书馆服务手段的现代化，对图书馆建筑设计提出一系列新的课题。图书馆空间的灵活性、适应性越来越引起广大图书馆工作者的关注，传统图书馆正向着现代化图书馆过渡。改革开放二十多年来，在这方面已经积累了不少成功的经验。尤其是党的十四届六中全会决议中，明确提出要加强精神文明建设。而图书馆建设将成为大中城市文化建设的重点，为了适应这一形势发展的需要，有必要、也有条件对《原规范》在总结经验的基础上进行全面修订，指导今后的图书馆建筑设计，使图书馆建筑设计质量不断提高，更好满足使用功能、安全、卫生等方面适应新形势下的基本要求，使建设资金得到合理使用，发挥应有的社会效益。

本规范是对图书馆建筑设计的最基本要求。满足本规范的规定，可以保证图书馆建筑符合功能、安全和卫生等方面的基本要求。至于个别馆有更复杂的功能，更高的要求，完全允许其按工艺要求确定其建设标准。

1.0.2 为明确本规范的适用范围，特作本条规定。公共图书馆规定到县级（含少年儿童图书馆），高等学校图书馆则包括大学、学院、专科学校、成人教育学院等配套完整的图书馆。至于机关、部队、企业内部和工会俱乐部所属的图书馆可参照执行本规范中的有关内容执行。由于图书馆功能的扩展，信息载体的日新月异和人们获取手段的多样化，势必会出现全新概念的图书馆，而本规范的针对对象仍以书本为主要知识载体的图书馆，故删去了原规范中"其他各类型图书馆的建筑设计，应参照本规范有关条文执行"一句。

1.0.3、1.0.4 这两条对图书馆建筑设计的指导思想作原则性规定。即强调图书馆建筑设计，首先必须满足图书馆的功能要求，即文献资料信息的采集、加工、利用和安全防护的功能要求；为读者、工作人员创造良好的环境和工作条件。同时还应结合馆的性质和特点及发展趋势，为运用先进的管理方式、现代化的服务手段提供灵活性强、适应性高的空间。并力求造型美观，环境协调。突出以"读者为主，服务第

一"的设计原则，较之于《原规范》"应结合国情和地方特点，使藏书接近读者"一句，更加具体和明确。

1.0.5 这一条阐明本规范与现行其他规范的关系。在现行标准中有国家标准，行业标准；有强制执行的标准，也有参照执行的标准。如《民用建筑设计通则》、防火规范等都是必须执行的强制性标准，设计中必须遵循。其他各类民用建筑设计规范等则为行业标准，行业标准有的可以参照相关内容，有的则完全与本规范无关。如图书馆建筑设计就不必执行医院建筑设计规范。这样界定，使规范的内容更准确。

2 术 语

本章是根据1991年原国家技术监督局、建设部关于《工程建设国家标准发布程序问题的商谈纪要》的精神和《工程建设技术标准编写规定》的有关规定编写的。

主要拟定原则是列入本规范的术语是本规范专用的。在其他规范中未出现过的；或在其他学术界出现但定义不统一或不全面，容易造成误解者。考虑到本规范使用对象的特点，术语解释侧重于与建筑设计有关的方面。术语的编排为图书馆、阅览室、书库、书架、其他等类型分门别类阐述。

3 选址和总平面布置

3.1 选 址

馆址的选择是建馆前期不容忽视的工作，它直接关系着建馆的成功与否。因此，在修订过程中，将原规范中第二章的标题"基地和总平面"改成现在的标题，强调选择馆址是建馆过程的必要环节，建筑师和图书馆专家应参与其中，发挥各自的专业特长，选好馆址。并在规范中列出选址的四条标准。

3.1.1 选择馆址，公共图书馆应根据当地的城市规划，关于文化建筑网点的布局及要求；大专院校的图书馆，则应服从于校园的总体规划。因为，已经批准实施的城市规划，或校园总体规划，具有一定的法律效力，其规划内容中已对交通组织和环境质量，都做了周密考虑，服从总体规划的要求，可以使图书馆与周围环境协调统一。

3.1.2 不论是公共图书馆，还是高校图书馆，过去总以为"环境安静"是至为重要的。但实际情况并非仅仅如此。有些图书馆虽然"环境安静"，但由于所处位置偏远，交通不便，读者不多；而有的馆虽然处于闹市中，但因位置适中，交通方便，反而门庭若市。另外，随着人们对地震、水患等各种自然灾害的深入了解，对图书馆的选址标准有了更深入的认识，

因此提出选址应综合各种因素，周密考虑，不可单纯追求环境安静。应该选择位置适中，交通方便，环境相对安静，工程地质及水文地质条件较有利的地段。

3.1.3 环境污染已成为目前一个十分突出的问题，除了水质、大气以外，还有噪声、强电磁波等，都给环境带来一定程度的污染。国家对此十分重视，已颁布了多项法规。图书馆是人流集中，馆藏珍贵，对环境质量要求较高的单位，不容许发生水灾、爆炸或受到粉尘、大气污染、强电磁波干扰。因此，选址中应远离各种污染源，按照有关法规、满足防护距离的要求。

3.1.4 各类图书馆原则上应单独建造，特别是省市级以上的公共图书馆更应如此。至于县（区）级以下的图书馆，由于用地、资金、或隶属关系等原因需要合建时，应将性质相近的单位组合在一起，而且必须满足图书馆的使用功能和环境要求，自成一区，单独设置出入口。调查中发现，把图书馆和群众文化馆合建的为数不少；还有的地方，为了追求气派，扩大建设规模，硬将图书馆与一些使用性质毫不相关的项目搭配在一起，更有甚者，将职工宿舍，家属住宅也组合在图书馆建筑中，严重影响图书馆的使用功能和安全，今后应杜绝此种现象。

3.2 总平面布置

3.2.1 功能分区合理，是总平面布置的一项基本原则。至于图书馆有哪些功能区域，则随着经济建设的发展和小而全思想的被突破，发生了明显变化。在此之前，图书馆一般分馆区和生活福利区两大部分，随着生活服务社会化，住房商品化的发展，今后的福利区将会逐渐消失。至于县（区）级以下的馆，由于各种原因，还会保留部分职工住宅宿舍，则应与馆区截然分开，各自有独立的出入口。

3.2.2 这一条是针对总平面布置中的交通组织而定。安排各种出入口和场地内部的交通组织是总平面布置的主要工作内容之一，重要的原则是应做到人、车分流。道路布置应便于人员进出，图书运送、装卸和消防疏散。馆的主出入口应按照《方便残疾人使用的城市道路和建筑物设计规范》的要求，为残疾人和老年人等行动不便者设置坡道、扶手、盲文标志、音响信号等设施。

3.2.3 图书馆设有少年儿童阅览区时，由于少儿读者的使用特点不同于成人，为避免相互干扰，应将该区与馆区的其他区域分开，单独设出入口。为适应少儿的活动特点，室外应开辟一个专门活动场地，设置沙盘等游戏玩具、宣传栏、凉亭、花架和优美的绿化，使少儿读者的身心得到良好的陶冶。

3.2.4 这一条是新增加的内容。图书馆要求有较好的室外环境，有足够的绿化面积，因此建筑密度不宜过高。调查中发现，有的老馆由于不断扩建，使场地十分局促；有些新馆，由于征地不足，建筑密度过高，缺乏较好的环境质量。因此，建议在建新馆时，如果条件允许，最好控制建筑覆盖率在 40％ 以下。保证有足够的绿化面积和读者户外活动场地。

3.2.5 无论是公共图书馆还是高校图书馆，汽车和自行车的停放，特别是读者使用的交通工具停放问题日趋尖锐，亟待解决。在国家未正式颁发相关法规之前，如上海、北京等大城市已有地方法规或统一规划，设计可以参照执行。或者在设计中按实际的统计数字确定车辆的存放数量和位置。最好将内部使用和外部使用的停车场分开设置。供外部使用的停车场，应接近入口，位置宜隐蔽。自行车停车场应有防雨棚和停车架。自行车棚的面积可按下表选用。

表 1　自行车单位停车面积

停车方式		单位停车面积 m²/辆			
		单排一侧	单排两侧	双排一侧	双排两侧
垂直排列		2.10	1.98	1.86	1.74
斜排列	60°	1.85	1.73	1.67	1.55
	45°	1.84	1.70	1.65	1.51
	30°	2.20	2.00	2.00	1.80

注：地下停车场坡道一般为 12％～14％ 坡度

对外使用的机动车停车场，如当地主管部门没有明确规定，可按每 0.2 停车位/100m² 建筑面积确定停车辆数，单位停车面积可按 25～35m² 计算。

3.2.6 提高环境质量，重视绿化，已成为当前建筑设计界共同关心的问题。图书馆的环境绿化，不再是可有可无的事。应该根据馆的性质，所在地区的气候特点做好绿化设计。绿化覆盖率不宜小于 30％，绿化的树种应有利于文献资料的保护，以能净化空气为佳。避免选用花絮飞扬，滋生昆虫或产生不良气味的树种。为防止高大树木的根系影响建筑物的安全和构筑物（如地沟、管线）妨碍树木生长，绿化与建筑物、构筑物、道路和管线之间的距离，应符合有关的规定。

4　建　筑　设　计

4.1　一　般　规　定

4.1.2 图书馆是功能性较强的民用建筑之一，建筑布局应与管理方式、服务手段相适应，合理安排采编、收藏、外借、阅览之间的运行路线，使读者、管理人员和书刊运送路线便捷畅通，互不干扰。设计要达到上述要求，首先必须有一个好的工艺设计，从使用功能上确定先进的管理方式和采用现代化的服务手段，合理安排各部门间的关系和日常工作流程，用以指导设计。在当前，从传统管理模式向现代管理模式转化的过渡阶段，尚没有一个定型的图书馆工艺要求为指南，供广大设计工作者遵循。为此，要求建筑师应与图书馆管理人员密切配合，发挥各自的专业特长，在进行建筑方案设计之前，首先提出一个符合本馆实际、切实可行的工艺流程方案和详尽的设计任务书。

4.1.3 各类图书馆随着管理模式的改变，服务手段的不断完善和现代化，对图书馆的建筑空间要求有较大的灵活性和适应性以满足功能调整变化的需要。特别是近十年来，开架管理逐步扩大，要求藏阅合一的综合空间越来越多。传统的藏、借、阅功能固定的馆舍，已远不能适应发展的需要。出现了柱网、层高、荷载统一的做法，即所谓"三统一"。这也是汲取国外模数式图书馆的特点为我所用。因此，在确定图书馆各空间的柱网、层高和荷载时，设计应从灵活性方面多加考虑，综合分析，慎重确定。当然，强调"三统一"并非涉及所有的空间，对于藏、阅合一的空间，功能经常发生调整变化空间，宜采用"三统一"的做法。至于功能相对稳定的空间，如办公、会议室、内部业务用房，则应按实际使用要求确定其柱网尺寸和层高，按结构荷载规范中的规定选用荷载。

4.1.4 四层及四层以上的阅览室用电梯作为垂直交通工具，目前已经成为大家的共识。有的馆还为读者安装了自动扶梯。这是因为一方面经济发展，建馆的条件改善了，建设资金较充裕，而更重要的是实行开架管理后，人们的观念改变了，从传统的"以藏为主"，转变为"以阅为主"，强调"读者为主、服务第一"。因此尽可能多地为读者创造方便舒适的阅览环境，提高文献资料的利用率，争取更大的社会效益，成为图书馆管理人员所追求的目标之一。另外，从人体的生理角度分析，正常人空手攀登高度13.50m，即感到腿软。何况读者中还有大量的老年人、行动不方便的残疾人，因此规定图书馆的四层及四层以上设有阅览室时，宜设乘客电梯或客货两用电梯。如受经济条件限制，可预留电梯井，至于用客梯还是客货两用梯则视资金情况而定。一般而言，客梯比客货两用梯装修等级高，也昂贵的多。

4.1.5 图书馆的使用特点是读者集中，开放时间长，现代化设备日益增多，室内空间开敞。因此照明、空调及设备用电量就比其他公共建筑大。而图书馆又是非营利性的事业单位，降低建筑物的日常运行费用，减轻单位的负担是设计必须认真考虑的问题。如无特殊要求，设计应尽量利用天然采光和自然通风，对围护结构的热工指标按有关规范的规定取值，达到节能的目的。

4.1.6 表4.1.6的内容摘自新修订的《建筑采光设计标准》。图书馆的各类用房的天然采光标准不应低于表中的规定。有些阅览室进深过大，双面采光尚不能满足标准要求时，可考虑用局部人工照明加以补充。

4.1.7，4.1.8 图书馆建筑要求使用环境安静，除在选址中予以考虑外，建筑平面布置时，宜根据各类用房的噪声等级，分区布置。对于产生噪声的设备用房，电梯井道等，除在平面布置上远离阅览区外，还应采取隔声构造措施，减少其对馆区的影响。

4.1.9 为方便老年人和行动不便的残疾读者，除总平面上要考虑对出入口、道路的特殊要求外，建筑设计中也要贯彻执行《方便残疾人使用的城市道路和建筑物设计规范》JGJ150的有关要求。

4.1.10 国际建协《芝加哥宣言》指出："建筑及其建成环境在人类对自然环境的影响方面，扮演着重要的角色。符合可持续发展原理的设计，需要对资源和能源的使用效率，对健康的影响，对材料的选择方面进行综合思考。""需要改变思想，以探求自然生态作为设计的重要依据"。图书馆建筑设计应该突破单学科的局限，对建筑物的结构、系统、服务和管理以及其间的内在联系，综合考虑，优化选择，提供一个投资合理，使用效率高，经常运行费用低，能适应发展的建筑设计。

4.2 藏 书 空 间

4.2.1 图书馆事业在不断的发展，管理模式已由过去的闭架管理转向开架管理。为了适应这种新形势，藏书方式也突破了过去仅由基本书库、特藏库、密集书库三种藏书形式，扩大到包括阅览室藏书在内的四种形式，使各个学科分别形成相对独立的藏阅单元，充分发挥其高效、便捷的优越性。在这种形式下，要求把最近、最新、参考性最强的常用书分别放在相关的阅览室内施行开架管理，由读者自行提阅，并且定期更新调换。为了节约藏书面积，在开架量较大的大型馆舍中，通常将一些流通量很低，又暂不能剔除的呆滞书放入安装了电动或手动密集书架的密集书库。这就形成了藏书的四种基本形式。密集库因为荷载较大，宜安排在建筑的地面层。

4.2.2 图书馆书库的结构形式虽有多种多样，但近代新建馆舍的结构形式多采用钢筋混凝土框架系统。其柱网尺寸按1.20m或1.25m的倍数，多为7.50m×7.50m或7.20m×7.20m。这对结构体系而言是经济合理的，对图书馆功能而言，无论开架或闭架管理均能较好的满足使用要求。其他因地制宜的选用6.00m×6.00m或6.60m×6.60m等柱网的实例，也可供设计者参考。

4.2.3 藏书量的计算是确定藏书空间大小的依据。长期以来，一直沿用按单位建筑面积藏书册数作为设计指标。由于影响这一指标的因素很多，常使计算不够准确。本次修改为按开、闭架管理形式，每标准书架的藏书量和单位使用面积的容书架量两个指标，设计可按既定的管理模式，对照选用，作出较准确的估算。

4.2.4 书库及藏书区空间和柱网尺寸的确定应以平面布局设计的书架排列为依据。而书库排列的原则应是有利于通风、采光、方便查书、上架、提书、运书、防火、疏散，以及入库阅览等。在满足上述条件之下，争取最大的藏书容量。

表4.2.4-1提出书架在不同情况下的排列长度（按书架档数计），也是控制提书距离的一项必要措施。

由于近代图书馆建筑的结构系统多为框架结构体系，柱网多在6.00～7.50m之间，书库连续排架数实际已突破了原规范限制的最多数量。在调查中管理人员并未反映使用不便。本次修订时，经综合考虑建筑平面布局及设计等问题，调高原连续排架的最大限量。

表4.2.4-2规定了书架排列的最小净距离和库内主、次通道，靠墙一侧的档头走道等的最小宽度。次通道净宽在开架布置时将原1.00m改为1.10m，以保证两人并排顺利通行。且符合《民用建筑设计通则》有关规定。

4.2.5 在基本书库设计中，长期以来沿袭着一种使外墙开窗对正各条书架行道的做法。行道净宽规定为0.80m，故窗宽也只能限定在0.80m以内。有时为了扩大采光效果进一步把窗台降低（距楼地面不超过0.60m），因而构成狭长的条形窗。

随着开架阅览及入库阅览的发展，把书库（包括开架阅览室的固定藏书区）窗子做成大窗或水平连通的带形窗的设计也屡见不鲜。致使书架档头不能正对窗间墙。在这种情况下，书架与外墙之间应留出档头走道，即不得使书架档头直接紧靠窗子，以避免藏书受到日晒雨淋，或因距离散热片太近致使藏书遭受损伤，以及给开窗、关窗造成不便或对防盗安全及室外观瞻不利。

4.2.6 缩微资料数量不大时，可将装有缩微读物的各种盒子收藏在有多层抽屉的资料柜或带有许多小格的文件柜中，与缩微阅读设备临近放置。

缩微资料数量大时应设专门的特藏库，与缩微阅读室毗邻通连，以利管理。库内可采用和普通钢书架规格统一的架子（只是各层搁板换成存放缩微小盒的挂斗），与一般书库采取同样的排列。有条件时也可采用可启闭的密集书架（电动或手动），更有利于防火和防尘。

属于视听资料的录音片、录音带、电影片、录像带、幻灯片等也都可以使用上述形式的架子收藏，存放在视听资料库内待借，或存放在声像控制室里供演播时就近取用。

珍善本书及部分舆图资料在图书馆内属特藏珍品，从安全防护角度出发，应单独设库收藏并采取必要的安全防护措施。珍善本书库可与珍善本书阅览室毗连设置，也可分开单设。

以上各库，有的由于载体的材料特点，有的为了保护文献，延长使用寿命，在贮藏存放上都要求有良好的防护条件和较为稳定的温湿度。故应在一般书库之外，另设特藏库保管。要求较高的特藏库，可做成全封闭的库房，安装空调、人工照明，设置保安、报警、灭火系统（应为气体灭火系统）。设计中还应根据具体情况将各类有温湿度要求的用房集中或分区集中布置。

4.2.7 书库与出纳台之间可设置更衣室、厕所和清洁卫生间。有人耽心会因此加长出纳台和书库之间的距离，认为基本书库与出纳台之间越近越好，但是基于出纳工作的特点，从关心人的角度出发，考虑上述要求还是非常必要的。

以开架阅览为主的馆舍，在开架阅览室的管理台附近设置工作室，既可作业务工作之用，又可兼顾工作人员更衣、存包和休息之用，很受欢迎。

书库内要求防水，除消火栓外，应避免设有生活、工作水源。为防止暖气漏水，有条件的馆舍可改为暖风采暖。

综上所述，厕所及卫生间不应设于库内，也不应面向库内开门。为了防止书库进水，厕所及卫生间的地面应比同层书库地面降低0.02～0.03m。

4.2.8 基本书库的净高（包括开架阅览室的固定藏书区）宜不少于2.40m。但对于较大面积的开架阅览室的藏书区，考虑到总体空间尺度及采光、卫生、心理效果，其净高尺寸可另行确定。目前2.60m、4.20m也均有采用。有条件时，书库楼板应采用无梁楼盖，底板平整无突出构件（柱帽尽量缩小或无柱帽），是较理想的做法。凡板下有梁或设备管线通过时，梁底或设备管线最低表面（即最低坡高处）的局部净高不应小于2.30m。采用积层书架时，书库净高不得低于4.70m，目前生产的积层书架下层高2.40m，上层高2.15m，书架层板厚0.05m，装配简单，空间经济。

4.2.9 为了便于库内工作人员提书、归书的方便，书库各楼层之间应设辅助楼梯。并分别对楼梯宽度与坡度规定了限值。所定限值与《民用建筑设计通则》专用服务楼梯相一致。同时也符合《建筑设计资料集》所推荐的"适宜坡度"范围。本条还规定必须采取防滑措施，这对常年提书、归书上下奔走于书库各楼层之间的工作人员来说也是一个安全的保障。

4.2.10 为馆内垂直运书，应设电动书梯或客货两用电梯。条件不具备者，也应设机械或半机械化的书斗或提升装置，四层及四层以上的提升设备宜不少于两台（载重不少于100kg）六层及六层以上的书库应设置专用电梯（载重500kg以上）。

目前国内大量图书馆书库内使用的提升设备，主要是小书梯，但大都没有层面显示，这给使用带来极大的不便。为此在设备订购时，应明确提出要求增设层面显示。

4.2.11 对自动传输设备列了一条，目的是为了提示要重视这方面的问题，同时也强调要满足其安装的技术规定，以使建筑设计更具有先进性。

4.2.12 规定书库与阅览室楼地面同一标高，目的是为了保证水平运书的通畅。书库提升设备一般应设在书库与出纳台相邻的适当位置，使之既便于采编部门把加工好的新书成批地运送入库（或通过典藏室入库），又便于日常借书、还书的上下运输。故应尽可能靠近出纳台设置（当有水平传送自动运书设备时也可随库内中心站设置）。

提升设备的门一般都是向外开启，便于书刊进出，但竖井井壁在各层书库内的传递口洞底高度需根据各馆实际需要确定。如无电梯时，应考虑经常有新编目书刊用书车运送入库，必须采用与各层楼板取平的洞口底面和比书车略高的洞口上平，以便书车通行。如只考虑用书斗运载索书条及借还书刊上下，则水平传递口洞底应高于书库各阶层楼面 0.90m（或略高于工作台的高度）为宜。

4.2.13 根据我国国家标准《建筑结构荷载规范》GBJ9—87中第三章第一节关于民用建筑楼面均匀布置活荷载标准值的表 3.1.1规定，藏书库活荷载应为 5.00kN，但在国内调查中了解到各地建馆对书库的荷载确定很不统一，少则 400kg/m²，多则 800kg/m²，为了安全及避免浪费，有必要提请有关部门统一标准。但又由于图书馆的发展，不仅藏书形式已经扩大到阅览室藏书，而且藏书设备也出现了多种类型产品，诸如密集书架、积层书架，对于书库荷载都有特定要求。故应根据藏书形式和具体使用要求区别确定。

4.3 阅览空间

4.3.2 阅览区域采光既要充足，又不宜过强，且要均匀，不产生光影和暗角。窗地比以不小于 1/5 为宜。平面布置中应争取阅览室有良好的朝向，为了防止阳光直射入室，特别是在我国南方地区应尽量避免东西向开窗。从调查中得知各地新建馆阅览区的采光不是不够，而是开窗过多、过大。造成光线过强。特别是在夏天，为了使光线柔和一些，还需要普遍设置窗帘，或采用可调式百页遮光窗帘，兼作通风。如在建筑上设置固定遮阳板时则一要讲求实效，二要注重观瞻。

4.3.3 建筑师和图书馆专业人员密切配合，除进行全馆的工艺流程设计之外，还应对阅览空间的家具设备进行排列，在大多数图书馆中，阅览空间所占面积比例最大，故应对它的平面尺寸进行认真排列，找出最通用、最灵活的开间和进深尺寸。

开架管理的专业阅览室，利用双面书架作为隔断把阅览空间分隔成若干凹室。如中间摆放一张 1m 宽

的四人阅览桌时，两面除坐人阅览外，还应考虑一个读者通过所需要的间隔，总净宽不宜少于 3.10m{即 1.00m＋(2×0.60m)＋(2×0.45m)}。如中间安放双面六人阅览桌时，除考虑一个读者通过的间隔外，另外应有一个人站在书架前查书所需的间隔，总净宽不宜少于 3.70m，即{3.10m＋(2×0.30m)}。

凹室式布置所形成的小阅览空间，给人以安静、稳定的感觉，很受读者欢迎。但必须使每个凹室空间都能采光充足，通风流畅。如果采用高侧窗必致使人感到闭塞和郁闷。

4.3.4 阅览室设工作间的必要性：

1. 书刊新旧更换上、下架时供临时放书。
2. 阅览区内部业务处理和业务议事。
3. 更衣、休息及存放办公用具。
4. 安置复印机，代读者快速复制资料。
5. 计算机信息查询、传输及打印。

工作间面积不小于 10.00m²，是按管理人员每人 6.00m² 的办公面积定额，另加不少于 4.00m² 的存放面积确定的。

4.3.5，4.3.6 在图书馆的建筑设计中，对阅览空间的布局既要求平面紧凑，又应保持各个阅览室的独立使用和单独管理，切忌把两个（或两个以上）不同学科的阅览室作成相互穿通或内外套间的形式，致使某些阅览室形成穿堂或走道，严重影响阅览室的安静，造成管理上的混乱。

普通（综合）阅览室一般用来阅览普及性读物和书报。读者多，人流大，其位置宜接近门厅入口便于一般读者浏览，起到普及宣传作用。

报纸、期刊、普通等阅览室读者进出频繁，且开馆时间有连续性，所在位置应邻近门厅入口处。为便于节假日单独对外开放，宜设门直接通到室外。为了适应这一要求，温暖和炎热地区也有将报刊阅览布置在敞厅或门廊等处的，以阅报栏的形式逐日更换，使其更加方便读者随时浏览，也颇受读者欢迎。

4.3.7 表 4.3.7 按照静止和活动状态下的人体尺度列出阅览桌椅排列间隔及各类通道最小宽度，作为阅览室的设计要求。表中所列之尺寸系根据清华大学《图书馆建筑设计》和《建筑设计资料集》所载有关阅览室家具布置排列尺寸综合拟定，并经过广泛征求意见提出的，符合我国标准人体尺度及阅览室的典型布局。在公共图书馆和高校图书馆的综合阅览室内，目前采用这种行列式，密排阅览桌的布局方式还有一定的必要。但在科研图书馆及公共图书馆以及高校图书馆内供专家、教授使用的专业阅览室，不妨采取打破千篇一律的呆板布局，适当采用一些非标设备和精巧的家具，灵活多样地布置一些美好的阅览环境，能够给人以清新舒畅的感受。结合室内设计的创新，在使用面积允许之下，各馆可根据自己的经济力量进行典型尝试。

少儿馆的儿童阅览室，阅览桌也可采用多种形式的家具造型和灵活多变的排列形式，使用明快协调的室内装修色彩，可以诱发儿童的兴趣，也利于兼作多种活动之用。

4.3.8 珍善本书阅览室使用的是珍藏文献，要求有严格的安全防范措施和空气调节要求。为了保证使用安全和在传递中避免温、湿度急骤变化对藏品造成损害，珍善本书阅览室宜与珍善本书库集中设置，所在位置应避免一般读者穿越，并应设分区门或缓冲间进行防护。

4.3.9 由于舆图有的篇幅很大，阅览室至少需备有一张大舆图台，舆图台的尺寸约 2.80m（长）×1.60m（宽）×0.80m（高）。除此之外还应留出整片墙面和悬挂舆图的固定设施。

4.3.10 集中设置的缩微阅览室应紧靠专藏缩微资料的特藏库，以方便管理，并可集中使用空调设备。条件允许时，应在各专业阅览室内分散配置显微阅读设备。建筑设计应尽量在上述阅览区域设置所需电源。出于保护缩微资料的原因，缩微阅览室最好北向设置，并有启闭方便的遮光设施。室内应设间接照明（如在顶棚内设置暗灯槽），且亮度要低。内墙面涂暗色无光泽涂料，以保证阅读机的屏幕上的所需亮度和读者视线不受干扰。为了便于读者作阅读笔记，阅读桌上还应设有局部照明，但阅读机自身带有复印功能的可以不设。

4.3.11、4.3.12 图书馆音像资料视听室的规模应根据实际使用需要设置，建筑布局及用房尺度按照功能要求、播放方式、设备选型及技术性能来确定。由于服务方式是通过直观手段（听觉或视觉）以图像和电声表达的，自身要求安静，同时要求不影响其他阅览用房，故所在位置应和一般阅览区有一定的分隔。"视觉"和"听觉"两类用房之间也要求有一定的分隔，避免相互干扰。由于使用时间集中，人流较大，电器设备多，还要重视防火及安全疏散。一般在150座以内的视听室，可以在馆内部占用走廊的一端，建筑物某层的一区，自成单元，便于单独使用和管理。规模较大的视听室（如 150～300 座之间）应和报告厅合用，或按报告厅的使用要求独立设置，自设出入口，便于单独开放。一般视听用房主要包括视听室和控制室两部分，按实际需要配备器材室、资料室和维修间（需听觉室时可另设集体听音室和个人聆听间），进口处设管理台和办公室，视听室内采用的视听桌有单座型、双座型，桌上均带有电源开关和局部照明，便于读者笔记。视听室的房间尺度、地面坡度、座位排列、设备安装位置等，均需符合各类播放方式（如放映幻灯、书写投影、放电视、电影录像和播音等）对建筑设计的要求。由于视听室是在比较封闭条件下使用的，要求室内空气新鲜，故应设置通风换气装置，条件允许时宜设空调系统。为了保证使用

效果，必须控制室内噪声级符合标准要求，并控制混响时间以保证语言的清晰度。

4.3.15 图书馆附设少年儿童阅览室时，馆舍入口应分别设置。内部除留出必要的工作联系通道外，应进行全面分隔，以免相互干扰并保证独立使用。在少儿部还应辟一间大阅览区兼作活动室，便于节假日组织少年儿童进行知识性的宣讲、竞赛、放录音、录像、举办展览、书评等符合儿童兴趣和爱好的集体活动。并应考虑陪同少儿的家长阅览和休息座椅。

4.3.16 有条件时应在盲人书桌上设置电源插头，以便为盲人读者利用听音设备收听音响资料。

4.3.17 残疾读者可同一般读者共同利用一般阅览室。但应在管理（出纳）台附近设置老年及残疾人专用座位，以便就近关注。

4.4 目录检索、出纳空间

4.4.1 当前，很多图书馆的目录检索都采用了计算机终端，不仅可以查找本馆的文献资料，还可以在网上查找其他馆的资料。可以肯定，今后会越来越广泛地应用。因此，在设计时应考虑计算机的终端的数量和读者使用计算机终端的要求。但在目前，尚不能全部用计算机检索取代传统的检索工具，卡片目录和书本式目录同样存在，只不过每本书的卡片数量会减少，两套或三套由各馆自行确定。在设计目录检索空间时，应对卡片书目和计算机终端数量全面考虑，合理确定面积和空间尺度。

4.4.2 目录检索空间应靠近读者入口或与出纳空间毗邻，或处于同一空间为好，方便使用。由于读者集中，流动性大，比较噪杂，不宜靠近阅览区。目录厅与出纳处合并设置，服务方便、空间开阔，是国内图书馆设计惯用的手法。为了避免由于读者过于集中造成混乱，在平面布置中应作好功能分区和人流疏导，使查目、咨询、借书、还书和等候各得其所。使家具设备按规定尺寸排列，让人流按工艺顺序通行，目录柜的设置要求顺序连贯，也可用做分隔视线的屏障。处理得当不仅馆容整齐，也有助于消除混乱现象。

目录厅内目录柜的排列要求整齐，按分类和笔划次序保持明显的延续关系，使读者一目了然。目录室的布置根据各馆的情况而定。目录使用频繁的柜子周围查目和通道的空间应相应放大，免得查目时互相妨碍。

计算机终端宜靠墙布置，便于接线，并应使显示屏避开窗户的直射光，照明的对比不宜太强，以免引起视觉疲劳。台子可选专用产品，每台的使用面积不宜小于 4.00m²。

4.4.3、4.4.4 目录柜的选型应按服务对象和使用卡片目录的频繁程度而定。如读者目录的使用率较高，最好选用竖向屉数少的目录柜（有的采用开敞式目录

盒）。其上顶高度按成人和儿童两类尺寸加以限制，分布在较大的目录检索空间中，避免读者使用时拥挤、干扰。而业务目录仅供内业人员使用，则宜选用竖向屉数较多的柜子，周围留出空间也无需过大。

随着各馆藏书量不断扩大，目录卡片也相应增加，故目录柜的选型也跟着向多屉型发展，目前多采用两层5×5屉目录柜组合，搁置在0.50m高的台座上，连续排列比较适用。这种目录柜如用于少儿馆时，只需另换一个高0.30m的低台座。随着阅览室开架管理，让读者能在各个阅览的目录柜中查到本阅览室的藏书，这种目录柜使用人数相对较少，要求轻便、灵活，宜采用4×4型目录柜，放在0.50m或0.70m的台座上。图书馆的工作人员中女同志比例较大，故供内业使用的目录柜，不宜使柜顶太高。如采用3个4×4或4个3×3型目录柜，下面承以0.30m高的台座，总高1.50m为好。根据以上的推荐选型，可归纳列表如下：

表2 目录柜的选型及有关尺寸（m）

所在位置 使用对象 组合体及高度	目录厅		开架阅览室	内业用房
	成人	少儿		
目录柜屉型竖向组合套数	2-5×5型	2-5×5型	2-4×4型	4-3×3型 3-4×4型
目录柜组合高度	1.00	1.00	0.80	1.20
台桌（座）高	0.50	0.30	0.50、0.70	0.30
组合目录柜总高度	1.50	1.30	1.30、1.50	1.50

4.4.7 中心出纳台要求和书库靠近并连通，主要是为了缩短工作人员提书的往返距离，节省时间，提高工作效率，减轻工作人员的劳动强度。要求书库与出纳台之间不设踏步，主要是为了便于书车通行，此点往往不为设计人员所重视。由于书库与出纳厅（室）层高不同，致使出纳台内出现高差。不少图书馆的设计在此处采用踏步连接，这样单靠工作人员徒手提书往返，不仅非常劳累，而且容易发生跌伤事故，人为造成工艺流线不顺畅。本条规定当高差实在不可避免时可用坡道连接，但最大坡度不得超过1:8。

由于书库一般多为一个防火分区，故从消防角度考虑，要求如为防火门，应向出纳方向平开，门外1.40m范围内应平坦无障碍物。

1. 出纳台内为出纳工作人员活动的空间，除办理借还手续外，还有联系书库的通道（人行和书车通行）和暂时存放常用书的书架、运书车、办公桌和放书袋卡的柜子（或旋盘）等。出纳台内进深尺寸（含出纳台宽度在内）无水平传送设备情况时，一般不宜

小于4.00m，当有水平的传送设备时按工艺布局的实际需要尺寸确定。总的情况是进深窄了，内部通行不便，进深太宽又会拉长工作路线。应根据工作岗位多少，结合任务频繁程度，在限量之间确定合宜深度。

2. 出纳台外为读者活动范围，包括借书、还书进行书目咨询（有时另设咨询台）、填写索书条、等候提书、翻阅提书内容和填写借书卡等活动，还需考虑新书推荐（通过展橱或壁龛展示）所占位置。由于每个出纳人员的服务能力按柜台长度计算为1.50m左右，即相当于每次接待并排3个读者同时索书、提书、办理借书手续。在借、还书高峰时间内（特别是高校图书馆课间），读者有时要集拢好几层人之多，故出纳台外也应有充裕的位置才不致拥挤阻塞。经对不同规模各类图书馆的实例进行分析，确定出纳台外读者面积至少应按出纳内每工作岗位占使用面积的1.20倍计算较为适用。并进一步规定出纳台前应保持不小于3.00m宽的深度，这个尺寸是按借书高峰时出纳前站立至少三层等候借还书的读者，出纳台对面另有人正在查阅目录的情况下，中间尚能满足两人相对穿行所需要的总宽度确定的。

3. 出纳台长度根据一个人坐着不动服务时双臂在台面上的活动范围确定。按我国人体尺寸，如考虑向左右各跨一步活动服务时，其可达2.40m左右，但台宽宜呈弧线，考虑到几个工作台组合时，以直线为佳，故确定每岗位按1.50m计算。

4.5 公共活动及辅助服务空间

4.5.2 根据调查资料，图书馆门厅的职能日益完善，一改传统图书馆仅为入口的面貌，增加了不少内容，如验证、咨询、监控等，故条文中予以扩展。并对门厅使用面积的计算给出指标。

4.5.3 在实行开架管理的图书馆中，读者存包问题，必须认真考虑。一是位置，二是规模。一般认为，宜与主入口分开，设在其附近为宜，方便读者使用，也有利于安全。根据上海图书馆和国家图书馆的使用情况，对存物柜数量和每个柜占用的面积计算确定出设计参数。

4.5.4 图书馆通过介绍书刊向读者推荐优秀作品、最新科学技术、宣传党和国家的方针政策，以达到利用馆藏为四化建设服务的目的。陈列也是介绍、推荐书刊的主要方式之一。陈列厅（室）位置的选择应注意：

1. 宜设在读者经常通过或逗留的地方，以吸引更多的读者注意；

2. 不应使发自陈列场所的噪声影响阅览室的安静。

图书馆的陈列内容大体可分为以下几大类：

1. 新书推荐、内容介绍、图书评价；

2. 时势宣传、图片展览；

3. 专题图书资料或重要文献陈列、展览；

4. 读者园地、心得交流。

第1、2两项宜在出纳厅、目录厅、门厅、走廊内进行。可结合室内环境设计，合理疏导人流，适当安排门窗，留出大片墙面设新书展示栏，布置陈列台、陈列柜，也可在墙面上设置嵌墙橱窗。第3项应专设陈列室，长期或定期开放。近年来国际文化交流、集体或私人赠书活动较多，也有必要进行短期的公开展示。

此外，各馆多配合新书推荐举办读者园地，交流学习心得，少年儿童图书馆多将此列为经常性的业务活动定期举办，可在阅览室、门厅、走廊或室外壁报栏上刊登。为了使展示墙面有一定的延续性和不受阳光照射，陈列厅最好采取顶部采光或朝北向采取高侧窗采光。

4.5.5 报告厅

1. 图书馆所设报告厅主要为了进行图书宣传、阅览辅导，举办各类学术活动之用。这类场所由于人员集中，电气线路多，不仅干扰大，而且安全因素也差。如设于馆舍内部，应和阅览区有一定的距离或进行分隔。设在楼层时，更应符合安全疏散的要求。经验证明300座的报告厅进行学术报告较为适用，使用、管理也灵活。另外，由于建筑空间不大，容易组织到馆舍当中。如果超过300座时，报告厅应和馆舍分开设置，避免给阅览区带来干扰。为了联系方便，可采用连廊相通。单设出入口和专用卫生间，便于单独对外开放。

2. 报告厅的使用上应尽可能满足多种视听功能的演播要求，如扩音、放幻灯和书写投影、放映电影、电视和录像，必要时还应装设同声翻译设备。建筑设计应采取相应的设施和技术处理，从各方面满足声、像播放的质量要求。其中放映室部分应符合放映工艺及《电影院建筑设计规范》中有关规定。

3. 300座以下报告厅的厅堂使用面积参照《电影院建筑设计规范》之规定每座不应小于 $0.80m^2$，放映室使用面积包括其机修间及专用厕所在内建议不小于 $55.00m^2$。大于300座且单独设置的报告厅，每座平均使用面积建议不小于 $1.80m^2$。

4.5.6 各类图书馆（少年儿童图书馆或设于单位内部的科研图书馆除外）应按管理方式和使用要求设置读者休息室（处）。根据具体情况采取集中、分散布置或按阅览区的使用性质分层划片设置，也可区别对象把一般读者和专家、学生和教师的休息室分开设置。

读者休息也可利用过厅、楼梯厅或走廊的一角，避开人流路线作适当的陈设和安排。还可供应开水，使读者在长时间的阅读之后，有一个舒展体态恢复疲劳的场所。

4.5.7 图书馆的公共用厕所及内部工作人员厕所的位置安排和设备数量都很重要。平面布局应按人员活动范围确定厕所位置，确定那些是读者与工作人员合用，那些又是某些岗位专用。关于使用人员性别比例，读者按男女各半考虑，工作人员按实际人数计算，符合我国各地实际情况；卫生用具计算指标按男、女，成人及儿童分别加以规定。公厕同时应考虑残疾人读者，设专用厕所男女各一个。

4.6 行政办公、业务及技术设备用房

4.6.1 行政用房是图书馆中除业务办公用房外，与其他各部门联系最为频繁的部门。其中除值班保卫工作用房外，都不宜设在读者活动的交通线上。为了工作联系方便，行政用房宜设于底层。在大型馆舍中可占用一翼或一角，单独设门便利出入；如在馆舍楼外独立建造时，宜设走廊连通。行政办公用房的设计要求和使用面积应符合《办公楼建筑设计规范》有关规定。

4.6.2 图书馆的业务用房和技术设备用房。

1. 图书馆的业务用房是开展业务活动必不可少的职能部门。由于各部门的工作性质不同，应具备单独使用的工作环境，以避免相互干扰。另如采编工作，还有一整套工艺操作流程才能符合书籍编目加工的要求，因此除了应该保证这些用房有足够的使用面积外，还应按其使用性质考虑安静的工作环境和良好的通风、采光和日照条件。

2. 图书馆的技术设备用房，应根据各馆的规模、性质和实际需要设置。这部分用房的规模伸缩性较大，设备和管线设施也比较复杂。要求建筑设计必须符合工艺要求，整体布局经济合理，使用管理和安装维修方便，充分考虑采用现代科学技术的可能。改建、扩建也应作到因地制宜。新馆建设如因投资所限，不可能一次配套建齐时，要求设计在充分掌握资料的基础上，提出切实可行的扩建方案，以利日后发展。

4.6.3 采编用房

1. 采编用房是图书馆业务用房的重要组成部分。由于它要进行一系列的新书编目加工工作，所以需要比较安静的环境，所在位置应和读者活动区分开或设门分隔。由于经常有大量新书进馆，经过编目加工之后通过典藏或直接入库，所以它最好设在底层并和书库有方便的水平联系，或垂直运输设备。以减轻工作人员的劳动强度。

2. 采编工作有其固定的工艺流程，包括采购、交换、拆包、验收、登录、分类、编目、加工等程序，实践证明采用一种大空间、小隔断的布局型式比较适应采编用房的特点（例如中、外文图书的编目应当分室进行，打字、油印应设于小间内，财产帐目和办公用品应闭锁存放等）。

3. 进书量大的图书馆应专设拆包间，并设门直

通室外。如室内外高差较大时，门口应设卸车平台。

图书馆计算机管理系统的应用日益普及，因而各使用部门均需安排计算机网络的通讯接口和足够的电源插座。书刊资料的采购、编目部门是图书馆中使用计算机较为集中的地方，因此这一点更显重要。

4.6.4 典藏是将加工完毕的书刊进行分配的地方，图书的进出数量多，频率高，摊堆占用的空间亦较大，因而典藏用房的最小面积不宜小于 15.00m²。

内部目录卡片数量是以图书的种数来确定的，一种图书可有若干复本，但目录卡片仅有一种，通常内部目录卡片每种图书配有二套，一套为分类目录，一套为书名目录，这对内部使用可足应付了。因而内部目录卡片的总数量应按每种藏书二张卡片计算。由于内部目录卡片柜一般均使用 10 格，按附录（C）列公式计算，得出每万张卡片所占使用面积不宜小于0.38m²。最小房间不宜小于 15.00m²。

4.6.5 负有专题咨询和业务辅导任务的图书馆日常接待任务较多，有条件时应靠近各自的办公室另辟一个交谈空间（或接待室），便于随时接待来访者。

4.6.6 随着现代化进程的发展，图书馆已不再是仅仅借阅书刊的单一功能，情报服务和学术研究工作现正蓬勃开展，研究人员在图书工作人员的组成中所占的比例亦正逐步上升，研究用房必须予以单独考虑，每个研究人员的使用面积不宜小于 6.00m²。

4.6.7 计算机技术和通讯技术日益进步，图书馆已将成为信息收集、处理、输送、服务的重要场所。由于信息的采集、加工、不仅仅是图书采购、编目部门的事，还有一些人员亦在从事此类工作，例如索引、文摘等二次文献的生成即属此列，故宜设信息处理用房，信息处理用房的面积可按每人使用面积不宜小于6.00m² 计算。

4.6.8 调查中看到不少图书馆随便安置一间房子作为美工室，有的不仅狭窄，且无给排水设施，也有的将美工工作室安置在楼顶层或地下室内，冬冷夏热，光线阴暗，更缺少器材贮藏间，以致画板随处堆放，室内杂乱不堪。工作人员用水极不方便，在对全馆一些宣传版面、橱窗布置时，不得不搬上搬下，增加体力劳动，有的因工作室太小不得不在露天工作。诸如以上情况，美术专业人员大都不愿留在图书馆工作。有的馆因缺少专业美工人员，致使内外环境美化、宣传、布置水平很低，室内装饰布置也很不协调。针对这种情况，本规范对美工用房提出了最低面积和室内设施要求。

4.6.9 图书馆采用计算机和电子通讯技术日渐广泛，而且成为网络，除用于读者服务外，还担负全馆的安全系统、设备运行管理系统和通讯系统的管理，有必要设网络管理中心，其位置应适中，并远离易燃易爆场所。由于多采用微机，适应性相应提高，对土建要求相应降低，一般洁净和温湿度环境即可满足。如果规模大，网络复杂，机房面积大于 140.00m² 者，设计应满足计算机机房设计规范的要求。

4.6.10 本条各款所作规定，都是考虑缩微照像在生产加工过程中为了保证产品质量，有利设备操作、养护的需要，对房屋、设备和装修提出的必要要求。其中特别是在给水方面，还要求有合格的水质和足够的水量；排水方面应采用耐腐蚀管道和做好污水处理；电压负荷应计算准确，满足需要，防止因电压不足影响拍摄效果。

4.6.11 集中设置专用复印机房，在操作过程中排出大量有害气体，有碍人体健康。应设独立的强制排风装置，使室内有害气体及时排出。室内温、湿度要适当。是否需要设置空调设备，应按所采用机型的要求和规定确定。地面应采取防静电绝缘措施。宜在阅览室内布置小型复印机，以便随时为读者就近服务。

4.6.12 一般的音像控制室（或称视听资料放映室）的位置、空间尺度、室内设施应和视听室的功能要求及所采取的播放方式配套设置。以放映录像和电影而言，采取幕前放映方式时，控制室应设于演播室的后部，准备工作可在天然采光条件下进行，而视听室则必须在全暗的环境下才能放映。相反，采取幕后放映方式时，控制室则应设在视听室的前部，并需在暗环境下进行，而观看演播则可在白昼开窗的情况下进行。两种放映方式除在控制室位置和天然采光方面有不同要求之外，另在房间进深、演播室地面高差上有各自的要求和规定。如幕前放映方式要求控制室地面高出演播室后部地面不少于 1.80m，是为了避免后部通道有人走动时不致遮挡光束，银幕上免生人影；而幕后放映方式的控制室，地平只略高于演播室地平0.30～0.50m 即可满足要求。另外幕后放映方式，由放映机射出的影像是通过一个反光镜射到银幕上的，反光镜靠近后墙安放，与放映机之间需要按镜头焦距调整距离至少相距 3.00m 左右，故控制室的进深，不应小于 4.00m。由于音像控制室面积一般均较小，但所安放的设备较多，因而线路的敷设及安装比较复杂、困难，为了便于初次安装和今后的维护，控制室的地面宜采用活动地板。

4.6.13 装是指装订，主要用于报刊装订；裱是指裱糊，主要用于字画、舆图的裱糊；修是指修补，主要用于线装书的修补；整是指整旧，主要用于对新旧精、平装书的修补整理。在大型图书馆中上述部门都应具备，但裱糊修补和装订整旧可分别或合并设置。一般图书馆只设装订修整用房即可。

4.6.14 图书馆采用物理方法进行传递消毒时，采取把读者归还的书刊送进一台设备，通过光照进行杀菌消毒。如采取灭菌室时，应注意不使光或射线外泄、渗透。而书库杀虫则多采用化学方法，如杀虫药剂对人体无害时，可在库内就地施放，否则必须在室外或消毒室内操作。对所采用的容器，严格要求密闭，防止药液呈气雾状外泄；如采用消毒间时，应设机械排风，室内墙面、地面应易于清扫或冲洗，并应按城市环保部门规定，在指定地点进行。

4.6.15 现在很多大型馆（如上海图书馆）都配有卫星接收和微波通讯装置，土建方面除考虑天线等装置外，还应在屋顶或距上述设备位置邻近处设机房，供操作管理。天线装置及机房的设计应满足相应规范的要求。

5 文献资料防护

5.1 防护内容

5.1.1~5.1.3 现代化图书馆中，除图书资料以外，还有大量的非书本资料，诸如光盘、软盘、磁带，它们共同构成图书馆的馆藏，统称文献资料。妥善保存这些文献资料，必须突破传统的观念，从仅着眼于对图书资料保存条件的研究深入到对非书资料保存条件的研究，对文献资料防护增添了新的内容。例如记录信息的磁带，如周围有较强的电磁场时，记录的信息会遭到破坏甚至全部丢失；光盘，胶片等保存中如带有静电，载体易吸附灰尘，损失载体，严重影响播放质量。因此，这一节中增加了"防磁，防静电"的要求。防护的对象不同，要求也不同，设计中必须区别对待，采取切实可行的防护措施。

5.2 温度、湿度要求

5.2.1 单就有利于书刊资料保护而言，基本书库在不设空调的情况下，温湿度以低些为好，但要适度，否则有使纸张水分冻结而易受损的可能。另外还考虑到工作人员和读者（开架时）身体健康的承受能力和建筑处理的可能性等因素，因此确定温度下限为5℃。

高温（库房温度在30℃以上）对图书的危害尤为严重。其主要表现为：温度过高，会使纸张中原有的水分迅速蒸发而干燥发脆，抗折性和其他机械强度降低，加速纸张老化。因此温度上限宜为30℃，相对湿度在40％～65％之间。超越上述限定时，应通过热工计算首先考虑采取建筑隔热、保温措施，其次再以空调设备手段进行解决。书库内标准温湿度的制定主要依据是：要有利于文献资料保存的耐久性，不利于有害生物（包括图书害虫、书库霉菌和家鼠）的生长和繁殖。

5.2.2 随着图书馆缩微技术的应用，缩微胶片保存量越来越多，而保存缩微品环境的温、湿度及其变化，对缩微品保存寿命有很大的影响，特别是湿度对缩微品的影响更大。因此，特藏库的温、湿度应符合有关规定的要求。在没有国家标准之前，参照国际标准 ISO5466，对保存不同性质的缩微胶片的温度、湿

度范围，在原规范的基础上做了必要的调整。调整部分如下：

将母片库修改为母片及永久保存库，因需要长期保存环境条件的不仅是母片，对需要永久保存的非母片也应具备长期保存的环境条件。该库的温度要求原为 15～25℃，根据国际标准 ISO5466 改为最好低于20℃。

将短期保存环境修改为中期保存环境，这是原定温、湿度的设计参数适用于中期保存条件，该环境保存条件适用于保存使用期限至少为 10 年的缩微胶片。

5.2.3 将特藏书库改为特藏库，这将原特藏书库的范围扩大，包括缩微、视听、磁带库在内。缩微胶片、磁带等非书资料对环境变化的要求较高，当环境的温、湿度突然变化时，将发生涂层脱落，开裂或粘连。因此，与之毗连的特藏阅览室二者之间应设缓冲间。

5.3 防水、防潮

5.3.1~3 对任何书库来讲，围护结构内表面都不允许出现结露现象。在室内外温差很大地区，书库围护结构应采取有效的保温和隔潮措施。

为了使书库周围排水通畅，库内无渗水、漏水现象发生，一般可在书库周围设一定宽度的散水坡和排水沟。雨水可由此被引到远离库房的地方去，从而避免书库进水。更应避免给排水管道从书库地面以下通过，防止因管道渗漏造成后患。底层书库采用填实地面铺设防潮层的具体做法很多。如在三合土夯实垫层上做水泥砂浆找平，铺设沥青油毡防水层再做钢筋混凝土现浇地面等，可根据地下水位的高低来考虑。采用架空地面防潮效果更为可靠，这是由于基层和库房地面之间隔开一定的空间，使潮气和地下水不能直接通过地面层渗入库内，从而取得较好的防潮效果。

书库屋面一般都较高，宜采取有组织排水，但不应采取内落水做法，不得采用暗管敷设。为了防止墙身受到雨淋和浸水，落水管也应采用塑料或金属等防锈蚀材料制作的管材。

有些设计，往往在多（高）层建筑物的顶层或屋面上设置给水设施（如高位水箱、水柜等），如果这类水箱间正好位于书库之上或有给排水管道穿过书库，都是不能容许的。

5.4 防尘、防污染

5.4.1 图书馆的庭园绿化对环境保护有积极的作用。绿色植物特别是树木，对烟灰、粉尘有明显的阻挡、过滤和吸附作用。经有关单位测定，工业区绿化得好，会使空气的降尘量降低 23％～52％；飘尘量降低 37％～60％。

各种植物吸尘能力有所差异。一般来说，针叶树比阔叶树、落叶树比常绿阔叶树的吸尘能力要强些。

其中吸尘能力较强的树种主要有刺槐、榆树、木槿、广玉兰、重阳木、女贞、大叶黄杨、楝树、构树、三角枫、桑树、夹竹桃等（以上各种树木叶片单位面积上的吸尘量均在 $5g/m^2$ 以上）。

此外矮小花卉和草坪的吸尘能力也较强。因此在这种意义上说绿色植物是大气的天然净化器和过滤器。

5.4.2、5.4.3 书库防尘主要包括防止库外灰尘的进入和避免库内围护结构（主要是地面）起尘。因此，除了要求库房门窗有良好的密闭性能外，严寒及多风砂地区应设缓冲门（门斗）。设计时缓冲门与入口在平面上应保持垂直关系。

为了使库房地面不易起尘，一般可采用水磨石地面或普通水泥地面上涂刷过氯乙烯等涂料。条件允许时特藏书库地面可铺设毡材或地毯。但采用水磨石地面或涂料饰面往往又和防潮有矛盾。设计时应根据当地条件，综合考虑各方面的利弊，选用合适的材料或分层处理。

防尘总的指标要求书库内空气飘尘量应在 $0.15mg/m^2$ 以下（标准浓度）。

5.4.4 本条较原规范有较大修改，将特藏书库修改为特藏库，将原特藏书库的范围扩大，包括缩微、视听、磁带库在内。缩微胶片、唱片、光盘、磁带等非书资料对环境中的灰尘和有害气体的含量限制要求较高，灰尘和有害气体对非书资料的损坏将是十分严重的。

如果缩微胶片上积有灰尘，就会划伤或盖住影像中的信息，影响阅读、拷贝和复印的效果。灰尘中的化学物质，在一定的温度和湿度条件下会与影像层发生化学反应，使缩微胶片受到损害。

对缩微胶片有危害的气体包括二氧化硫、硫化氢、过氧化物、溶剂中的挥发性气体以及其他活性气体等，这些有害气体在一定的温度、湿度条件下，可与片基或影像层发生化学反应，使片基缓慢分解而老化，使影像变色、消褪或在影像层生成彩色微斑等。

磁带、唱片、光盘吸附灰尘后，将造成信号的失落、失真、杂波干扰等，严重时还会造成磁带、唱片、光盘的划伤和播放机器的损坏。

由于灰尘和有害气体对非书资料危害较大，因此特藏库应尽量避免开窗，必须开设时应采取防尘和密闭措施。

设有空气调节系统的特藏库，应具有能除去灰尘和有害气体的过滤装置。除尘装置应能除去空气中 85% 的直径为 $0.35\mu m$ 的灰尘粒子。

利用绿化可以净化空气，吸收有害气体。树木的净化作用，主要是种植与此相关的植物，如吸收 SO_2 较强的植物有：米兰、连翘等；吸收 NO_2 能力较强的有植物：夹竹桃等；吸收 Cl_2 能力较强的植物有：美人蕉、柽柳、夹竹桃、黑枣、兰桉、女贞、银桦

等。空调装置的净化主要是使用活性炭过滤器。

5.5 防日光和紫外线照射

5.5.2 利用透光材料的扩散和折射性能，如采用凹凸玻璃、毛玻璃、棱镜玻璃或空心玻璃砖等使直射阳光扩散，不仅可减弱阳光对图书资料的直接危害作用，而且可消除室内的眩光。另外，利用遮阳构件、遮阳百页、遮阳格片或窗帘进行调光、遮光，使用方便，操作也较灵活。

5.5.3 过滤紫外线的装置核心是紫外线吸收剂。其化学成分，主要有邻-羟基苯苯并三唑类，邻-羟基二苯甲酮类，水杨酸酯类几种。使用方法通常可将它们掺入到合成的树脂中，压制成透明的紫外线滤光片（器），安装在日光灯灯具上。

在美国，有些图书馆为了保护图书免遭紫外线的危害，采取在日光灯固定装置上安装紫外线滤光器的办法，已取得一定效果。

5.6 防磁、防静电

5.6.1 磁带上的磁性层（即磁信号的运载体）是硬磁性体，硬磁性体一旦磁化，它将保留有较大的剩磁（即磁感应强度）。也就是硬磁性体离开磁场后，它的内部存贮了磁能，可以长久保留住记录的信息。而当磁带被外界电器设备所形成的足够强的磁场磁化后，也将被永久保留磁感应强度（磁带上即保留已录信息的磁信号），另外还有外界干扰的磁信号，磁带的播放或读取时两种信号都起作用，严重的影响播放或读取质量。而当外界磁强度达到一定强度时（磁场强度使磁带上各点的磁感应强度达到饱和值），磁带上记录的信息信号有被消掉的危险。变压器、电动机、无线电装置及其他电器设备形成的磁场有可能对磁带库中的磁带产生影响，解决的办法是两者保持一定的距离，或采取屏蔽措施。

5.6.2 有些非书资料库采用未做防静电处理的塑料地毡或化纤地毯地面，在人员活动中易产生静电。当非书资料的缩微胶片、磁带、唱片、光盘带有静电后，极易吸附尘土，将造成信号的失落、失真、杂波干扰等，造成磁带、唱片、光盘的划伤和播放机器的损坏；如带有静电的磁带在磁头附近放电会造成放电杂波，在图像上表现为极不规律的白点状干扰，当静电较强时会使磁带与磁鼓吸附在一起，而影响正常走带。

5.7 防虫、防鼠

5.7.1 据目前所知危害图书的害虫共有六个目 30余种，如：缨尾目的毛衣鱼、蜚蠊目的东方蜚、齿虫目的书虱、等翅目的家白蚁、鞘翅目的花斑皮蠹、竹蠹、短鼻木象以及客居性鳞翅目的衣蛾等。

庭园绿化所种植的植物以驱虫或杀虫植物为好，

如皂角、樟树、除虫菊、百部、芸香等。另外还有些灭菌、防疫功能的植物，如丁香、柠檬、茉莉、米兰以及紫薇、野樱桃等。

5.7.2 采取可卸式纱窗，便于无蚊虫期卸下纱窗，有利于书库天然采光。下水口、地漏等应有水封装置，可免除害虫从下水管进入室内。

5.7.4 为防鼠患堵塞孔洞所用材料，最好使用碎玻璃或碎瓷片、河沙泥、石灰、水泥等物质。

另外，若使用含有1‰浓度的毒菌锡（化学名称为三环己基氢化锡）的聚苯乙烯塑料板用于新建书库的墙壁和地板，可防鼠害。

5.7.6 基于防火等级的规定，图书馆原则上不允许用木结构，考虑到木材产地的县、区以下图书馆仍有可能就地取材。因此条文中除要求满足防火等级外，如为蚁害严重地区，应由专业部门对木材加以防治处理。

5.8 安全防范

5.8.1 珍贵书刊资料的陈列、展示和贮藏所设置的安全报警装置，比较经济的防护办法是将陈列柜单独和报警器线路连接起来，当偷盗者打开窗子或打碎窗玻璃时，电路接通报警器就发出声响。

5.8.2 采取开架管理的图书馆或阅览室，所设置的安全监测装置或探测系统，要求有一个狭窄的出口和一套包括屏幕和电子机械的特别设备，有人带书通过时便会发出声响警报。

5.8.3 书库窗子及地下室采光井可采用安装铁栅的办法进行防护。另如书库窗外加通风百页扇，既可通风、遮阳、防止飘雨进库，也可起到安全防盗作用。

5.8.4 设置电视监控系统，是一项有效的安全防范措施，但并不是所有馆，也不是馆的每个部门都设，应有所区别。省、市一级的图书馆，可以在读者主要入口，重要的库房和核心部门装设电子监控系统，该系统可以与消防控制室合并设置。

6 消防和疏散

原规范题为"防火和疏散"。结合目前消防法的公布，用"消防"一词取代"防火"一词。另外，参考其他民用规范之用语，改为"消防和疏散"较为妥贴。

原规范分为耐火等级、安全疏散、防火分隔及其他设施、消防四节。参照新颁布的防火规范章节安排顺序，修订稿改为耐火等级、防火分区和建筑构造、消防设施和安全疏散四节。以便于使用者能与防火规范相关章节对照使用，也使子规与母规的编排顺序一致。

6.1 耐 火 等 级

6.1.1 明确本章与现行国家标准中几种防火规范之

关系。

6.1.2 此条根据"高规"GB50045 3.0.1条及表3.0.1及第3.0.4条有关内容拟定。

6.1.3 这是本次修订时增加的内容，强调特藏库的耐火等级不得低于一级。

6.1.4 这是本次修订时增加的内容，因为对藏书量不超过100万册，建筑高度超过50.00m的图书馆"高规"，GB50045中未明确规定。

6.1.5 根据低规GBJ16等5.1.1条注释的有关内容拟定此题内容。

6.1.6 本条考虑县、及县以下的馆有可能采用砖木结构，故加以限定。即书库和开架阅览室的耐火等级不得低于二级。建筑的高度，对图书馆而言，无特殊意义，防火规范就高度的限制已有明确规定，故删去原规范第5.1.3条中，关于图书馆建筑高度的规定。

本节的主导思想是防火规范已明确者不再赘述。防火规范未明确或图书馆有特殊要求者，本规范予以补充。图书资料不论是失火或用水扑救都会造成不可挽回的损失，设计应贯彻"以防为主"的原则，规定馆舍的耐火等级，特别是书库及阅览室不得低于二级。正是基于这一指导思想。

6.2 防火、防烟分区和建筑构造

6.2.1 防火墙的耐火极限，"建规"GBJ16规定4.00h；"高规"GB50045规定为3.00h；考虑到今后的图书馆多采用钢筋混凝土框架结构填充墙体系，故按"高规"GB50045的要求修改。

6.2.2 这条讲防火分区，根据"高规"及"建规"防火分区之面积规定，综合而成。书库高度超过24.00m，防火面积为700.00m² 之规定系按照"建规"丙类物资的规定确定。

6.2.3 这是本次修订时新补充的内容，即珍善本库、特藏库为一个防火分区，便于使用气体灭火。

6.2.4 关于积层书架的书库在划分防火分区时，以前没有明确，使用中常无所适从，本次予以明确规定。

6.2.5 这条是本次修订时新增加的内容，因为本节第6.2.3条已明确应为一个防火分区，故防火门应与之配套。

6.2.6 《防火检查手册》（以下简称《手册》）第五篇、第四章、第一节、（二）之（4）条原文："图书馆内的复印、装订、照像部门不要与书库、阅览室在同一层内布置。如在同一层内布置时，应采取分隔措施。"考虑复印设备将来采取轻便机型，分散布置方式对读者服务更为有利，故未强调复印部门应与书库阅览室分开布置，而重点规定装订与缩微照像部门不宜贴邻书库或阅览室布置。

《手册》该节（四）之（9）条规定："重要书库内也不准设置办公、休息、更衣等生活用房。"

6.2.7 《手册》第五篇、第四章、第一节、（四）之（4）引用原文，加"采用乙级防火门"，并对竖井井壁的耐火极限作出不低于2小时的规定，以求与《建规》第4.2.9条内容相一致。

6.2.8 目前，图书馆设计中藏阅合一的空间常采用中庭等设计手法，书库等也常设上下层联系的楼梯，从"以防为主"的原则对此种类型的空间防火分区的面积的计算及楼梯间的设计加以限制。

6.2.9 目前已颁布《建筑内部装修防火设计规范》GB50222，可以遵照执行，故删去了原规范中关于装修设计防火要求的内容。

6.3 消 防 设 施

6.3.1 本条参照《建规》GBJ16和《高规》GB50045关于设置火灾自动报警系统的规定拟定。至于设不设自动喷淋系统，鉴于国家图书馆、上海图书馆等一些大馆均未设置的例子，由当地消防主管部门视情况具体确定。

6.3.2 本条参照《建规》GBJ16和《高规》GB50045关于设置气体灭火系统的规定拟定。卤代烷类灭火剂由于污染大气，目前已限制使用。新的品种正在开发研制中，故正文中未明确气体灭火剂的名称、种类。只要求采用对人体无害，不污染环境的气体灭火剂。

6.3.3 《建筑灭火器配置设计规范》GBJ140已颁布，为提请设计者认真贯彻执行，本次修订时，增加了这条。

6.4 安 全 疏 散

6.4.1 本条符合《建规》GBJ16第5.3.1条及《手册》第五篇、第四章、第一节、（三）之（1）的规定。强调两个安全出口的距离不宜太近，应在建筑物的不同方向上分散设置。

6.4.2 在开架管理越来越普及的情况下，藏阅合一空间的比例将越来越大，此类空间的安全出口设置，应同各类书库一样同等对待，参照《建规》GBJ16和《高规》GB50045关于安全出口的有关规定拟定出本条内容。

6.4.3 由于要求楼梯应设计成封闭楼梯，为便于建筑处理，故做此规定。疏散楼梯于库门外临近设置，既便于各层出纳台工作人员共同使用，也可避免库内工作人员相互串通。

7 建 筑 设 备

7.1 给 水 排 水

7.1.1 消防给水系统及相应的设施和设备，指与之配套的消防水池、泵房、室外水泵结合器等。设计可

视馆的规模及城市公用设施的情况，具体设计确定。

7.1.2 因库内藏书不允许浸水受潮，且库内工作人员很少，又经常处于封闭状态，设了供水点，万一漏水未被发现，必导致泛滥成灾。故对必要的专用厕所和清洗设备也规定不得设于库内，给排水管道不准许穿过书库。不可避免时必须采取严防水措施。即使厕所和供水点设于库外，污水立管也宜避免在与书库相邻的隔墙上安装。

7.1.3 馆内为读者提供饮水条件非常必要，但供水点位置既应明显易找，又应不影响人流交通，一般设在休息室（处）较好。大馆宜分层设置，小馆可集中设置。饮水供应可视季节、地区和生活习惯提供开水或过滤水，目前开水以设电加热炉最为方便。

7.1.4 缩微底片在冲洗过程中使用的显影剂是酸性溶液，定影剂又属于碱性溶液，对金属管道及金属配件均有腐蚀作用。设计中应考虑上述管道及配件的防腐措施。缩微量大的图书馆，应在缩微复制冲洗间室外设置污水处理设施。

7.2 采暖、通风、空气调节

7.2.1 本次修订时，对原表6.2.1-1的及表6.2.1-2内容做了修改。

采暖标准表中提高了少年儿童阅览室的标准，换气次数表中复印、消毒、厕所提高了标准，规定为5～10次。

空调标准表中，将视听资料与善本书库分开。在图书馆中收藏的视听资料其保存条件可不必像善本图书那样严格。但目前还没有国家标准，因磁带带基材料与胶片带基相同，现参照胶片库的一般环境要求制定；唱片、光盘的环境要求，根据我国实际情况制定，以利于节约能源。并增加了其他房间的空调标准，以便设计人员选用。

7.2.2 《手册》第五篇、第四章、第一节、（四）之（6），从防护安全出发对集中采暖的热媒温度规定为：热水采暖不超过130℃，蒸气采暖不超过110℃。由于图书馆是人员集中学习的场所，从卫生条件考虑热媒宜采用温度不超过100℃的热水采暖系统为妥。

图书馆的采暖系统要求管道无漏水，尤其是书库更不允许漏水现象发生。

例如采用焊接代替丝扣连接、采用严密性较好的散热器等比较可靠。在条件允许的情况下采用热风采暖更好。

7.2.3 此条即属设备要求，也是防火要求。《防火检查手册》第五篇、第四章、第一节、（四）之（6）有规定，全文同。

7.2.4，7.2.5 书库由于层高低，藏品既有蓄热量大又有容易吸潮的特点，必须经常保持良好的通风状态，才不致出现发霉、生虫等现象。最好的办法是开窗进行通风对流。但阴雨季节或潮湿地区，经常开

窗会使室外潮湿空气大量入侵，同时在多风砂地区又会造成灰尘入库。因此在外界气候不利的情况下书库又以密闭不开窗，甚至加上密封条盖缝措施为宜。所以书库在相当一个时间之内需要以机械设备进行通风换气。故书库以设置轴流风机为宜，因它不需管道系统，不致增加书库层高，但须相应设置进风口和适当的净化措施。

保持阅览室空气流通既是卫生要求也有利于夏季室内降温，首先应从建筑设计上很好地组织穿堂风。冬季在门窗关闭情况下由于读者集中，停留时间又长，空气最容易污浊。为了保持空气新鲜，应该从建筑设计上考虑采取简而易行，不靠另装设备的通风换气措施，例如门窗上部设腰头窗、外窗应有一定数量的可开启窗扇、或在固定窗上设置通风小窗扇等。因轴流风扇噪声较大，阅览室较少采用。

7.2.6 缩微复制无论在原材料贮存、照像拍片、冲洗烘干，以及封藏保存等各个阶段都不允许受到灰尘和有害气体的侵蚀和污染。灰尘吸附在胶片上能造成胶片划伤，有害气体如二氧化硫、硫化氢、氨基酸性气体等对胶片会起腐蚀作用。未干的油漆气味对胶片的损害也很大，都能严重影响制品质量，缩短制品寿命。故要求导入空气要进行过滤净化。

7.2.7 由于过大的空气流速会造成书刊自动翻页，故在采用机械通风设备时空气流速限定不得超过0.50m/s。

7.3 建筑电气

7.3.1 按城乡建设环境保护部《民用建筑电气设计规范》第一节"负荷分级及供电要求"分级。

7.3.2 图书馆各种用房人工照明设计参数根据《民用建筑电气设计规范》JGJ/T16 有关规定进行修订：

各类阅览室、研究室、装裱修整间等平均水平照度是为 150～300Lx；陈列室、目录厅、出纳厅、视听室、美工室、报告厅、会议室等平均水平照度定为 75～150Lx；读者休息室、缩微阅读室、电子出版物阅览室等平均水平照度定为 50～100Lx，上述各项的工作面高度均为 0.75m；书库的照度在垂直面离地0.25m 处为 30～50Lx；门厅、走廊、楼梯间、厕所的地面照度为 30Lx。

7.3.3 各类图书馆在现代服务手段不断提高和扩充的条件下，一些现代化设备如复印机、缩微阅读机和各种听音设备和计算机，将会从集中设置过渡到分散设置，最终将在采编部、出纳厅和各类专业阅览室中普遍采用。故电气管线敷设和电源插头的设置，应考虑发展的需求。除此之外，在照明布线上也应为图书馆所经常出现的布置调整和以后提高照度的需要适当留有余地。

7.3.4 各类图书馆均属于公共建筑，而书库所保存的图书文献既属于易燃品又采用集中重叠存放，应按

丙类高层厂房对待。故图书馆除应按防火规范要求设置指示标志外，还应设火灾事故照明。

图书馆应根据其性质、规模、重要性，按保卫工作的需要，在重要场所、重要的仓库应设值班照明，或警卫照明。

7.3.5 使用人数少、就座率低的专业阅览室，由于读者一般年龄较高，室内秩序好，易于管理，单人桌坐人少，便于监测。因此配备台灯进行局部补充照明既属必要也少损失。相反，在综合大阅览室内设局部照明时，经常发生窃书及丢失灯具，损坏电器等事故，况且大阅览室读者有时坐不满，在这种情况下采取分区照明可以节电。

7.3.6 由于各馆书库的设计不尽相同，因而规定书库照明要吸顶安装，似乎不妥，只需满足本规范中所作的规定即可。

7.3.7、7.3.8 大型书库，照明应分区控制，如主通道一个系统，书架陈列部分划片分设开关，以节约用电。

库内每条行道之间两端及库内工作人员通行的楼梯，应设双控开关，以利查找图书不走回头路便可随手关灯。凡是采用金属书架并在这种书架上敷设220V线路安装灯插座时必须设置安全保护装置，以防止发出漏电事故。

7.3.9 根据现今国内外图书馆的实际状况，在出纳台上使用对讲设备的几乎没有，索书信息的传递都采用计算机系统或现代通讯技术。

7.3.10 随着通讯技术的日益发展，图书馆内使用电话的门数日益增多，配设电话交换机组实属必要。由于电话线路的设计、施工、调试、开通均属市话局的管辖范围，因而必须征得市话局的同意。通常电话机房应包括交换机室、话务员室、蓄电池室、维修室等内容。机房的面积应根据机组的规模确定。

为了方便读者，在图书馆中应设置公用电话，公用电话应设置在门厅或走道等公共活动地点。

7.3.11 图书馆的电气设计应根据使用要求和各馆建设投资情况，适当考虑未来发展。对一些必要的用电设施和各种弱电系统的布线，如电钟、内线电话、闭路电视和事故紧急广播等，建馆设计应予一并解决。

7.4 综合布线

7.4.1～7.4.3 近几年，我国新建图书馆在计算机的应用、自动化、网络化建设上取得非常大的进展，新建图书馆其自动化方面的投资占整个图书馆建设投资的比例增长很快。因此，设计上如何考虑此类问题，有现实的经济意义。综合布线系统，是图书馆信息化、网络化、自动化的基础设施。它将建筑物中的弱电系统的布线，计算机网络等设备的布线，统一考虑，按照信息的传输要求，用一次布线连接建筑物内的所有的话音、数据、图像等传输设备。具有兼容

性、开放性、灵活性、可靠性、先进性和经济性。

建筑采用综合布线系统时，应按照该馆计算机应用程度和发展规划进行设计。因此，首先应该有一个计算机应用的全面规划，确定计算机管理系统的总体结构。以上海图书馆为例，计算机管理系统包括流通、查询、索书、多媒体导读、古籍制作和检索、二次文献和全文献检索五个子系统。其目的在于：对外为读者提供良好的服务；对内实施完善的管理，并提供与国内外同行进行各种交流的功能。它的综合布线正是服从于这一总体规划。

综合布线是智能建筑的神经网络，不仅在图书馆建筑中，也在其他公共建筑中正在被广泛采用，为了规范设计，已经有地方性法规可资借鉴，相信在不久的将来，全国性的法规会很快出台，指导这方面的设计工作。

附录 A 藏书空间容书量
设计估算指标

A.0.1 容书量指标是指书库单位使用面积能容纳图书的数量，单位为册/m²。调查中发现由于书库容书量指标确定不当，造成图书馆实际藏书能力达不到设计的藏书数量，这类实例很多。影响书库容书量指标有多方面的因素，最后反映在书架搁板单位长度容书量(册/m)、填充系数(K)、书架层数以及书库单位面积放置的书架(单面书架长 m/m²)几项因素上面。

搁板单位长度容书量取决于图书的平均厚度。近年来，由于现代科技、文化的发展，知识总量成倍增长，更新的速度逐渐加快，据1987年制定的"规范"说明中的统计，图书的平均厚度：中文为1.37cm、西文为2.83cm、日文为2.50cm。据统计，经十余年的发展，外文书籍厚度变化不太大，而中文书籍厚度有较明显的增长。但总的趋势是不论中外书刊厚度均不断在增加，尤其高校、科研单位、学科专业书籍更新很快，故对藏书量的计算应做适当的补充和调整。

据对清华大学、复旦大学、郑州大学、西安建筑科技大学、哈尔滨工程大学、广州师范学院、杭州市党校图书馆及国家图书馆、陕西省馆、黑龙江省馆、杭州市馆、郑州市馆、深圳市南山馆、上海市南市馆等25余座图书馆的调查：

中文科技书平均厚度为1.86cm。

中文社科书平均厚度为1.76cm。

中文合刊本平均厚度为3.83cm。

外文科技书平均厚度为2.58cm。

（日文1.77cm 俄文2.51cm）。

外文社科书平均厚度为2.40cm。

外文合刊本平均厚度为3.54cm。

（日文4.47cm 俄文3.70cm）。

由以上基本数据，可计算出开架藏书及闭架藏书

的每书架藏书量，如果再能知道每平方米藏书面积中有多少书架，即可较准确的知道每处藏书面积中实际可容纳多少册书籍。

为此计算每个标准书架的容书量要符合以下条件：

1. 前提条件：标准书架每格板净宽度定为0.95m，共有七层，开架阅览根据实际情况，为了方便读者使用一般只用6层，而闭架书库书架使用7层。由于外文书籍较高大，一般开、闭架均以6层计算，此外每层格板中藏书填充系数开、闭架均定为75%，（具体调研闭架藏书情况，填充系数实际也不可能再小）。

2. 计算公式：

$$每架藏书量 = \frac{每格板净长度 \times 填充系数}{平均每册书厚度} \times 每架层数 \times 双面$$

据公式计算结果。每标准架藏书量如下：

附表 A-1

高 校 图 书 馆	公共图书馆※	增减度
开架中文社科书：95÷1.76×0.75×6×2＝486册	552册	
开架中文科技书：95÷1.86×0.75×6×2＝460册	522册	
开架中文合刊本：95÷3.83×0.75×6×2＝223册	253册	
闭架中文社科书：95÷1.76×0.75×7×2＝566册	643册	
闭架中文科技书：95÷1.86×0.75×7×2＝536册	609册	±25%
闭架中文合刊本：95÷3.83×0.75×7×2＝260册	295册	
闭、开架外文社科书：95÷2.40×0.75×6×2＝356册	405册	
闭、开架外文科技书：95÷2.58×0.75×6×2＝331册	376册	
闭、开架外文合刊本：95÷3.54×0.75×6×2＝242册	275册	

※ 据杭州图书馆李明华同志提供的十余座图书馆的统计，公共图书馆平均书厚约为高校馆平均书厚的88%。

根据开架藏书及闭架藏书的基本布局，选择多种布局平面方式，（书架间距、主、次通道、档头走道均符合表4.2.4-2的规定）计算出结果如下：

附表 A-2 藏书空间每平方米使用面积中
含有书架量（架/m²）

	含本室内出纳台	不含本室内出纳台
开架藏书	0.5	0.55
闭架藏书	0.6	0.65

注：每个标准书架基本尺寸：按外轮廓长度为100cm，双面宽度为45cm计。

附录 B 阅览空间每座占使用面积设计计算指标

表 B.0.1 中的指标，系指藏阅合一空间中计算阅览区的面积指标，也适用于闭架管理的阅览室。面积指标中包含了阅览桌椅及读者活动的交通面积，也包括了管理台，沿墙设置的工具书架、陈列柜、目录柜等所占使用面积。本次修订中，通过调研，认为表中指标仍然适用，故予保留。因为实行开架管理的藏阅合一空间，其面积由阅览座和开架书架两部分组成，其面积可按附录 A、B 中的指标分别计算而后相加。至于其布置方式日趋多样化，近年来出版了不少这方面的资料，如《建筑设计资料集》等可供参考。

对于表中集体视听室的面积指标，据调查所得，认为视听室的辅助专业用房，并不与座位规模呈函数关系，而是依其功能要求决定，功能越多，设备越多，其辅助专业用房的使用面积也越大。因此，应依其工艺要求而定。故改为含控制室和不含控制室两种指标，供设计者选用。

附录 C 目录柜占用面积计算公式

目录检索工具有卡片目录，书本目录和计算机终端检索。目录检索空间的使用面积，应由这三部分组成。书本式目录依书架的排列形式，取其面积指标确定，计算机终端则按 $2.00\text{m}^2/$ 台计算。此处仅列出目录柜所占用的面积。它包括目录柜，查目台及其间走道等使用面积在内。以 10000 张国际标准卡片所需的面积表示，代表符合为 X。

a 的值随所选目录柜的规格和布置方式的不同而变化。但是当目录柜选定后，每目录柜所占使用面积是一个常数。以 A 表示目录柜所占的使用面积，q 表示目录柜的工作容量，三者的关系应为：

$$a = 10000 \times A/q$$

按表 4.4.3 所列排列尺寸，对目录厅（室）各种实际可能的布置进行了排列、分析、计算得出：若目录柜间无查目台时，每个目录柜（采用横向五屉目录柜，平面尺寸为 $0.80\text{m} \times 0.45\text{m}$）所需使用面积为 1.38m^2（包括柜前读者活动面积及应摊的通道面积）。当设查目台时，每个目录柜所需使用面积为 2.24m^2（坐式）。

对于标准目录柜，每屉容国际标准目录卡片 1000 张，考虑工作容量系数 75% 之后则为 750 张。设所选目录柜为 $m \times T$ 屉，m 为第个目录屉的横向列数，T 为纵列目录柜目录屉的总层数（在同一目录室内，目录柜层数应相同，如不同时可取平均值折算）。则

$$q = 750 \times m \times T \text{（卡片张数）}$$

如果在排列时，选用的目录柜为 $5 \times T$ 系列，则目录卡片 $q = 750 \times 5 \times T = 3750T$（张），代入公式即得：

当无查目台时：$a = 10000 \times A/q$
$= 10000 \times 1.38/3750T = 3.68/T$

当有查目台时：$a = 10000 \times A/q$
$= 10000 \times 2.24/3750T = 6/T$

据此可按所选定目录柜的竖向屉数，求出在使用这种目录柜的情况下每万张卡片所需的使用面积（不同屉数按此换算）。

中华人民共和国行业标准

剧 场 建 筑 设 计 规 范

Design Code for Theater

JGJ 57—2000

条 文 说 明

前　言

《剧场建筑设计规范》（JGJ 57—2000），经建设部 2001 年 2 月 5 日以建标［2001］28 号文批准，业已发布。

本规范第一版的主编单位是中国建筑西南设计研究院，参编单位是中国艺术科学技术研究所。

为便于广大设计、施工、科研、学校等单位的有关人员在使用本规范时能正确理解和执行条文规定，《剧场建筑设计规范》编制组按章、节、条顺序编制了本规范的条文说明，供国内使用者参考。在使用中如发现本条文说明有不妥之处，请将意见函寄中国建筑西南设计研究院。

目　　次

1 总 则

1.0.1 本规范各章规定，在三个方面保证剧场设计的合理性，即安全、卫生及使用功能，要确保大量观众生命安全及卫生条件，同时还应满足观众视听要求及室内环境要求，满足演出工艺要求，在安全、卫生及技术合理方面提出最低限度的要求，在剧场建筑设计中应遵照执行。

1.0.2 本条规定本规范的适用范围

我国建国以来及解放前所建剧场绝大部分为箱形舞台、镜框式台口剧场，仅有的个别大台唇舞台剧场如天蟾舞台，后来也改建成镜框式台口。新建的伸出式舞台仅杭州的东坡剧场，是附建于箱型舞台的。

箱形舞台、镜框式台口剧场，舞台美术、舞台机械、舞台照明等工艺，正逐步发展、完善，建国以来已有大量的实践与研究。

随着戏剧艺术的发展，以及与其他艺术手段（如电影、电视）的竞争，为了增强戏剧艺术表现力以及加强与观众的思想感情交流，舞台已不满足于镜框式台口的限制。国外出现了伸出式、尽端式、大台唇式、岛式或半岛式等舞台。近年来我国很多种类戏剧表演也已经突出到台口以外，将乐池盖起来或设置升降乐池，扩大表演区，台口外两侧要求开门，满足演员在台口以外上、下场。在学术研究上，介绍这类剧场的信息较多，但在建筑设计、声学设计、灯光照明、舞台机械、通风空调等各专业技术领域内，还缺乏实质性的研究，实践上也很少有实例，还需要经过一段实践，总结出一些经验来才能作出一些规定。由于各种新型舞台在不同的技术领域里带来了很多特殊的要求，所以，本规范对伸出式舞台及岛式舞台，仅作出一些基本规定，这些规定在国外实践证明是成熟的，对于我国的国情，还要有一段探索、结合的时间。

1.0.3 歌剧、舞剧和话剧、戏曲在观演条件上不同：歌剧舞剧表演场面大，演员表演动作尺度大，表演区大，远景区大，要求主台进深、宽度与高度大，舞美设计、舞台照明、与舞台机械设备均较复杂，要求容纳较多观众，允许较远视距和较大俯角，而话剧、戏曲表演动作尺度小，表演区尺度小，要求能看清演员面部表情，所以要求视距较近，观众容量不允许过多，话剧的舞美设计与戏曲又有不同，目前也都在变化和发展中。目前有些戏曲表演逐渐吸取其他剧种舞美设计及照明技术，在设计这些剧场时，要注意到它们的不同与变化。

目前，我国大部分剧场用作各种剧种表演，以及开会、放电影、演奏音乐，但并不具备多功能厅堂的条件，如可变座席布局、可变观众厅容积、可变的声学材料条件，还不能称为多功能厅堂，只能称之为多

用途的厅堂。在设计此类剧场时，应该使其技术标准按其主要使用性质而定。

1.0.4 划分剧场规模主要标准有两种：一种是根据观众厅面积进行划分。日本的"建筑标准法"和我国台湾的"建筑技术法规"均如此。另一种是根据观众容量进行划分。美国"统一建筑法规"（Uniform Building Code）、美国防火规范（NFPA National Fire Code）、加拿大国家建筑法规（National Building Code）都是按人数规定聚集场所的规模，前苏联剧场建筑设计标准与技术规定（Нормыи техничесике условия ироектирования зланий театров）是将分了类别的剧场，根据人数确定其规模。我们采用以人数确定剧场规模，与防火规范协调，计算依据统一。

我们将剧场规模定为四个类型是根据对全国剧场全面调查，综合建筑、声学等各方面的要求，经多次会议商定，其数据虽为约定性质，但与实际情况相符合，更便于按规模规定其技术标准。

话剧剧场要求视距近，要看清演员面部表情，观众容量不能过大，以不超过 1200 座为宜。歌舞剧场面大，表演动作尺度大，可以允许较远视距，俯角也可以较大，因之观众容量可以增大，但超过 1800 座以后视听条件均难保证。

前苏联规定大型歌剧院 1800 座，大型话剧院为 1200 座。

我国北京首都剧场观众容量为 1227 座，中央戏剧学院排演场为 957 座，原上海徐汇剧场是 1238 座，以上三者均为话剧剧场。

北京天桥剧场是 1601 座，武汉歌剧院为 1586 座，南宁剧场 1725 座，以上均为歌剧剧场。

伸出式舞台、岛式舞台剧场因视点低，视线升起较高，很难做成小型以上的剧场，一般是从 100 余座到数百座，但伸出式舞台和镜框式舞台相结合的设计也可以做到 1000 座左右的多功能剧场。

1.0.5 剧场建筑质量划分为特、甲、乙、丙四个等级，便于区别对待，保证最低限度的技术要求，便于设计、验收；特等剧场是指代表国家的一些文娱建筑，如国家剧院，国家文化中心等，一般可不受本规范限制，其质量标准可根据具体要求而定，其他各等剧场的耐久年限、耐火等级、环境功能及舞台工艺设备等等级标准均应符合本规范的规定。

主体结构耐久年限的规定是根据"建筑结构可靠度设计统一标准"制定的，根据我国目前经济状况及技术发展状况，我们与防火规范高规及低规管理组商定将丙等剧场耐火等级从三级提高到二级。目前是可以做得到的。

一个剧场用类别、规模、等级三种划分，就较清楚地说明了剧场的性质、大小、档次，不单用大型、中型、小型笼统划分，这样就避免了混淆。

观众厅面积不超过 200m² 和观众容量不足 300 座

说的是一回事。观众厅如按每人 0.7m² 计，300 人×0.7m²/人＝210m²。这么大小规模的聚集场所，在防火、疏散等各方面都可按一般建筑考虑，在视听功能方面也不必作很多处理，所以可不受本规范规定的限制。

1.0.6 我国剧场设计逐渐完善，舞美设计及舞台声、光、机械的设计、生产、安装、逐渐走向产业化，形成一定规模的生产能力，形成一个行业，而剧场的土建设计应该满足这些设备的安装使用和检修。过去，大多数建筑师对这些是不熟悉的，因而造成一些返工，浪费了投资。为了使剧场设计更合理、更经济，建筑师和舞台工艺设计的密切配合提到日程上来，首先在剧场设计中，应设置舞台工艺设计这个专业（目前这个专业在资质注册、管理上还有待完善），由这个专业进行舞台工艺各个工种的设计，土建设计应根据工艺设计所提出的各种条件和要求进行设计，这样就可以避免各种失误，拿出合理的设计来。

2 术 语

本章是原附录 1 名词解释部分移到本章，又根据全国各地反馈意见增加和补充的，英文部分参照了 1995 年英国舞台技术协会"New Theater Word"及我国中国舞台技术研究所搜集和整理的英、德、汉剧场词条，以及国家剧院各国参赛方案房间名称表整理而成的。由于国际标准中没有剧场这方面统一的规定，各国使用英文词汇不尽相同，暂以现在的英语词条作为推荐英文对应词。

3 基地和总平面

3.0.1 剧场建筑是一座城市或地区的文化艺术和科学技术的标志和象征的建筑，在城市规划上应置以与其相适应的重要位置，但目前，在布点上，新老城市差别很大，老城市过于集中。剧场本身因投资有限，投资途径不一，剧场的位置对其经营有影响，剧场又搞多种经营，剧场的分布设置与居民成分、文化水平及地区的交通状况有极大关系。所以确定服务半径及万人指标，实际上是一种形而上学的做法。目前这个阶段只能提按城市规划要求，合理布点。

3.0.2 本条规定保证剧场有疏散的道路，并保证疏散道路有一定的宽度。

我国 1954 年建筑设计规范规定剧场至少有一面临街，宽度不得小于 10m。

我国台湾"建筑技术规则"规定观众席 1000m² 以内临接道路不小于 12m，1000m² 以上者临接道路不小于 15m。

日本建筑标准法援引东京都条例规定如下：

观众席面积 A（m²）	$A\leqslant150$	$180<A$ $\leqslant200$	$200<A$ $\leqslant300$	$300<A$ $\leqslant600$	$600<A$ $\leqslant1200$	1200 $>A$
道路宽度（m）	4	5.4	6	8	11	15

注：A 为观众席面积。

这种规定的实质是疏散观众占去的道路宽度在理论上不得超过道路通行宽度的一半，且余下的宽度最小也不小于 3m。这样的规定，较之英国伦敦公共娱乐场所规程（Technical Regulation for Places of Public Entertainment in Greater London）规定临接道路宽度不小于安全出口宽度的总和更宽裕，保证街道通行的顺畅。

3.0.3 对于剧场前面空地的规定，一是规定建筑后退红线的距离，一是规定留出 0.20m²/座的空地，其目的均在保证平时观众候场、集散对城市交通不致影响以及在灾情时迅速撤出剧场内的观众。我国 1954 年建筑设计规范规定 500 座以上剧场应退后红线至少 10m。根据调查我国新老城市剧场用地状况差别很大，在大城市中，一般剧场用地紧张，不易达到此数字，经多次会议"约定"减少此值。

日本建筑标准法规定，在观众厅面积小于或等于 300m² 时，剧场建筑应后退红线 1.5m；超过 300m²，观众厅每增加 10m²，后退距离增加 2.5cm，其计算公式可表示为：

$$d = 1.5 + [A(观众厅面积) - 300] \times \frac{0.025}{10} (m)$$

台湾亦有类似规定，其规定为观众厅楼地面积在 200m² 以下，应自建筑红线退缩 1.5m，超过 200m² 时，按每增加 10m² 增加 2.5cm，即：

$$d = 1.5 + [A(观众厅面积) - 200] \times \frac{0.025}{10} (m)$$

观众厅面积为 1000m²，即相当于 1500 座的观众厅，如按上式计算，则后退距离为 3.5m，这个数目是很小的，其原因是台湾和日本城市用地更紧，故规定极为苛刻，相反前苏联规定就过宽，前面不小于 40m，两侧不小于 20m，这与其国土广阔有关。故规定这个数字应与本国国情相吻合。

如果后退红线不少于 6m，按其临街长度与后退红线距离计算与留出 0.20m²/座空地是吻合的。

据我们调查，一些老的大中城市，如上海、广州、长沙等地一些老剧场正面及侧面均未退后红线，甚至在交叉口也是压红线而建的。这样，在疏散上给城市交通带来很大压力，造成城市交通阻碍滞，一旦发生灾情，更为危险，所以我们作了第二款的规定。

3.0.4 剧场建筑位于两条道路交叉口的地方时后退了红线以后，如果还不能满足车行视距的要求，那么应该再向后退。

各种等级道路车行视距规定不一，这里不好规定一个固定的数据。另外各地规定主要出入口距弯道切点或 20m，或 15m，在没有统一的规定之前，我们只规定主要出口及疏散位置应符合城市交通规划要求。

3.0.5　剧场应该设置停车场，但由于基地狭小，不足以设置停车场时，应该由城市规划统一考虑设置停车场。

3.0.6　剧场一般居于城市重要位置，又是大量人流瞬时聚集场所，要求处理好剧场人流车流与城市人流车流关系，在总平面内还要处理好内部人流、车流的关系，即观众和演员、后勤的关系，运输布景的车辆最好与观众人流分开，直接到达剧场后台的景物出入口，与辅助设备用房的关系功能应分区明确，互不干扰。

3.0.7　剧场总平面内部道路和空地及照明设置均应满足人员疏散、消防车辆通行及使用的要求。

3.0.8　1954 年建筑设计规范规定绿化面积不小于基地面积的 15%，儿童剧场不小于 50%，但根据我们对全国剧场的调查，很多剧场做不到，故未定量规定。目前，逐渐强调环境设计及绿化的重要性，我们作了修改、强调了绿化。

3.0.9　在基地较宽裕的情况下，凡机房、冷冻间、空调间、锅炉房等有振动和噪声的房间可以单独建。我们对上海的老剧场调查时发现，很多老剧场或改建以后的老剧场建筑覆盖率是 100%，即没有任何空地，辅助设备用房均设在主体建筑内，甚至一个风机房都要分设在两、三处，边楼梯间下的空间也作为设备用房。

这两种情况下都应该采取一定的技术措施，消声或减振，或满足一定间距要求，避免对观众厅和舞台的干扰。

3.0.10　演员宿舍及餐厅厨房等本不应建在主体建筑内。伦敦娱乐场所技术规程作了明确的规定，但我国新建的剧场有很多把后台演员化妆室上部建成演员招待所，有些还设了食堂，例如哈尔滨的北方剧场和改建的上海大舞台剧场。我国剧场投资紧，基地窄，为充分利用空间，把演员宿舍、餐厅厨房建在主体建筑中数量较多，它们对演出有干扰，在防火上也不安全。因此，规定要形成单独的防火分区，且有单独的疏散通道和出入口，互不干扰。

3.0.11　体现对残疾人的关怀，给残疾人到剧场活动提供方便。

4　前厅和休息厅

4.0.1～4.0.3　根据调查，有关前厅和休息厅的数据相差极大，我们把一些不合理的个别数据去掉，找出一些数据来比较。

前厅由 0.04m²/座 到 0.44m²/座，其间相差 11 倍。

休息厅由 0.1m²/座 到 0.75m²/座，其间相差 7.5 倍。

这两个量在数学上是一个模糊量。由于影响因数很多，例如观众的社会地位不同，地方特点生活习惯不同，气候条件不同，建筑师的手法不同，而使其成为不确定值。剧场建筑很多量的规定含有这种随机成分，其数值大多属于"约定"性质（含有人们主观规定的成分——即通过某些机构、团体或权威提出，由某些会议或审查机构认可，通过并予以颁布）。

1954 年建筑设计规范规定门厅为 0.2m²/座，休息厅为 0.3m²/座。

前苏联规范规定：前厅 0.27～0.3m²/座，休息厅为 0.3m²/座。

前民主德国规范规定：前厅 0.15～0.18m²/座，休息厅 0.3m²/座。

美国防火规范规定：站立空间或等候空间 0.27m²/座。

加拿大国家建筑法规规定：站立空间 0.4m²/座。

以上规定范围相近，但对同一数据有不同的规定。

我们把对全国各地剧场调查数据拿来进行粗略的分析：

将 54 个剧场的前厅每座面积加起来取平均值 $X = 0.19m²/座$。

将 48 个剧场的休息厅每座面积加起来取平均值 $X = 0.272m²/座$。

以上数据与前民主德国规定近似。

为了更精确地确定这些数值，我们按聚类分析方法取首都剧场、杭州剧场等 10 个档次较高的剧场的数值作为甲等剧场数据分析：

前厅：计算平均值公式

$$\overline{X} = \frac{1}{n}\sum_{i=1}^{n}X_i$$

$$\overline{X} = 0.306$$

计算均方根差公式

$$\sigma = \sqrt{\frac{1}{n-1}\sum_{i=1}^{n}(X_i - \overline{X})^2}$$

$$\sigma = 0.088$$

用 σ 值修正

$$\overline{X} + \sigma = 0.306 + 0.088 = 0.391$$

$$X - \sigma = 0.306 - 0.088 = 0.218$$

同理，休息厅计算

$$\overline{X} = 0.475 \qquad \sigma = 0.013$$

$$\overline{X} + \sigma = 0.475 + 0.136 = 0.611$$

$$X - \sigma = 0.475 - 0.136 = 0.339$$

由上可以看出，我国一些档次较高的剧场前厅面积在 0.2～0.4m²/座之间变化，休息厅面积在 0.3～0.6m²/座之间变化。

另外，我们取上海大舞台、滨海剧场、红塔礼堂、顺义影剧院等 10 个档次较低的剧场为乙、丙等剧场数据分析：

前厅：$\overline{X}=0.14$　$\sigma=0.057$
　　　$\overline{X}-\sigma=0.083$
休息厅：$\overline{X}=0.224$　$\sigma=0.075$
　　　　$\overline{X}+\sigma=0.299$
　　　　$\overline{X}-\sigma=0.149$

由此可以看到，前厅面积在 0.1～0.2m²/座之间变化，休息厅面积在 0.2～0.3m²/座之间变化。

前厅与休息厅合一的剧场，我们取上海艺术剧场、长江剧场、黄鹤楼剧场等 10 个剧场的数据来分析：

$\overline{X}=0.33$　　　　$\sigma=0.148$
$\overline{X}+\sigma=0.478$　$\overline{X}-\sigma=0.182$

由此看到剧场前厅与休息厅合一时，其面积在 0.2～0.5m²/座之间变化。

本规范本条的规定是参照这些调查数据又开了很多会议，由一些专家、权威讨论决定，含有"约定"的性质。规范只规定下限，在认为目前现状数据偏小时，可以稍稍"提高"一点；认为偏大时，可稍稍压小一点。

4.0.4　前苏联规范规定存衣为 0.04～0.08m²/座，其他国家规定类似。我国剧场设置存衣较少，南方应考虑存放雨具。随着生活提高，逐渐会增加存放衣物的要求，例如北京地区剧场及音乐厅在冬季开放暖气后大衣就很不好处置。我们仅规定下限。

4.0.5　各国规范对吸烟室都作了类似的规定，一般每座不少于 0.07m² 且总面积不小于 40m²，并设排风装置。我国专设吸烟室的较少，大多是规定在观众厅不准抽烟，在前厅和休息厅允许抽烟，这仍然会造成环境污染，因为剧场演出幕间休息时间较长，到前厅和休息厅去的人较多。

4.0.6　各等剧场都应设置厕所、卫生间。设在主体建筑内时一般放在观众厅的两侧。为避免污秽气息逸入观众厅，规定厕所门不得开向观众厅。新建的较大型剧场往往将厕所设置在前厅下面，如漓江剧场和安徽剧场。

本条卫生器具的规定，是参照给排水设计手册、前苏联规范和伦敦公共娱乐场所规程编写的。由于生活习惯不同，国外规定的数值较低。据调查，我国剧场厕所及卫生间设置，新建的优于老剧场，但不敷使用的居多，距本条规定数目不足的剧场为数不少。

考虑对残疾人的关怀，公共建筑均应设置残疾人设施，故有第三款的规定。

5　观　众　厅

5.1　视　线　设　计

5.1.1　视线设计是观众厅设计中重要的一环，要保证观众在舒适状态下，看清舞台面上表演区的表演。不论采取何种方法、何种参数设计视线，均应保证这一最低限度的要求，这是保证观众卫生与健康的基本要求，过去我国建筑设计规范未作规定，其他西方国家也未作规定，只有前苏联和前民主德国作了规定。

本节所规定的视线标准，主要是针对镜框式台口剧场制订的，对于伸出式、岛式舞台，目前实践尚少，实质性的技术研究工作也做得不多。这些类型舞台因视点前移或视点降低，视线急剧升高。关于这些类型舞台剧场的视线设计，目前只作一些基本的规定，待进一步实践和研究后，再作详细规定。

视线设计应保证观众的卫生与健康，和观看演出的效果，但在实际工作中视线遮挡几乎是不可避免的。大多数剧场设计中都在不同程度上允许部分遮挡，完全无遮挡的视线设计会带来观众席升起过高，提高工程造价，限制观众厅的规模。因此，允许遮挡，但将遮挡在数量上限制在允许的限度内，这就是本条规定的意义。我们规定受条件限制时，也应使最偏座席的观众能看到 80％表演区的表演，而避免提水平控制角的概念。

前苏联规定的水平控制角 35°～45°，前民主德国规定的 28°或二 B 规律（即在舞台中轴线上二倍台口宽度的一点，连台口两侧所形成的区域为座位布置区，不涉及舞台深度），或美国 Harold Burris - meyer & Edwarde·Cole 提出的台口线 100 度以内为座位布置区。这些都是定量地限制偏座，避免过偏座位引起视线水平遮挡。但据我们对国内 30 个剧场调查，由于台口变宽，我国剧场水平控制角其中有 12 个等于或大于 48°，占总数的 40％，超过 50°的有 9 个，占总数的 30％，有些水平控制角在 45°以内，但座位布置却超出 45°的范围。因此，无论 28°、35°、45°、48°的规定都失去了意义。规定的域值过宽，等于没有规定。另外设置了假台口的剧场一般均为档次较高的剧场，其水平控制角如以缩小了的尺寸来量度，那么将产生大批偏座，否则规模就限定很小。

用一个精确的量说明一个模糊量恰恰是违反了模糊数学中的"分析不尽原理"。用一个模糊概念表达一个模糊量却是适当的。

5.1.2　设计视点的选择，与视线设计质量及视线升高有较大的关系，在镜框式舞台剧场设计中一般习惯将视点定在大幕投影线的中心，就保证能看清大幕线以后舞台面上的表演。近年戏剧表演艺术发展要求突破台口，到台口线以外去表演，或设升降乐池，或在乐池上加盖板，或牺牲前几排座位加盖临时台子，因此有第二款的规定。具体前移多少，既要照顾到导演、舞美的要求，还要结合工程全面考虑，因为视点前移，会引起视线升高变陡。岛式舞台表演区较小，所以定在表演区的边缘。

本条第 4 款的规定是定量地限制垂直遮挡，提高视点，也就是承认视点以下可以看不清楚。视点后移，则视点前面可以看不清楚，但提高视点和视点向大幕线内后移都可以使视线升高曲线变缓，从而降低最后升起的高度，在工程实践上是有意义的。但具体规定"量"的时候，争论较多，我们参加和召开的多次会议也有不同的意见，又经广泛地调查，反复讨论，确定了目前的数据，可以试行。

广州友谊剧场的视线升高是将视点提高了 30cm，池座最后升高 2.0m。这种水平在我国较普遍，目前也是行得通的。

5.1.3 视线设计无遮挡，要求后一排观众视线穿过正前方最紧邻的观众的头顶。根据过去对我国成年人眼睛至头顶（不带帽）测量的平均值为 12cm。我们对于视线升高常数作了这样的规定之后，便于以后的计算。隔排计算视线升高值时，座席就应该错排，才能保证视线从紧邻前排的两个脑袋之间穿过，直接看到视点。这是因为按每排视线升高 12cm，视线升高曲线升高很大，工程造价提高。采用错排，C 值按隔排 12cm 取值，视觉质量降低不多，但视线升高可以降低不少，这是常用的方法，在一些中、低档的剧场，是可行的。而采用每排 12cm 的工程实例较少。

前苏联规范规定歌剧院中的 I 级剧院 C 值不小于 8cm，II 级剧院不小于 7cm，话剧院中的 I 级剧院不小于 7cm，II 级剧院不小于 6cm。

第 3 款的规定是因为青少年 C 值虽小于 12cm，但身高在 7～13 岁之间，由于发育迅速，年龄不同而差别很大，因而坐着的儿童眼高不是一个常数，而是一个变化很大的数值。各地儿童剧场、青少年宫剧场反映，由一个学校组织集体按年级入座，这个问题还不是很严重。若自由入场或数个学校集体按年级入座，问题就暴露出来了，遮挡严重，小一点的儿童就坐在椅子扶手上。为保证儿童身心发育正常，在设计儿童剧场时，其视线设计在可能条件下取高值。

伸出式舞台、岛式舞台表演区较小，规模也较小，视点又低，所以视线升高应采取较高标准。这类舞台视线升起很陡，所以具体采用什么值还应看具体工程具体要求，反复计算设计，求得合理方案。

第四款的规定有两个意义，一是当观众厅音质要求较高，以自然声为主时，采用较高的 C 值，地面升起坡度较大，有利于观众对直达声的吸收，另外也避免观众对声音的掠射吸收及排距共振。

前民主德国规范中提出："座位升高，对于音响具有同样意义，正如对于视觉质量一样"。要安排这样一个试验不易，因为要在各种界面条件不变的情况下，改变座椅的高度不易办到，至少在目前的条件下是不易办到的。我们可以从以前成功的例子反证过来，古代希腊剧场如底奥尼赛斯剧场和埃庇达鲁斯剧场的升起坡度是 1：2 和 1：2.3，在露天条件下，上万名观众听得清楚，可以说明这个问题。

5.1.4 舞台面的高度影响设计视线升高高度，舞台面愈低、视线升起愈高；舞台面愈高，则视线升起愈低，但舞台面高度不得超过第一排观众坐着时的眼高。这个数值据调查在 1.1～1.15m 之间。舞台面比观众坐着眼高稍低，视觉效果较佳。

1954 年我国建筑设计规范规定舞台面为 0.8～1.2m 高。

前苏联规范规定舞台面高在 0.9～1.0m。

据我们调查，我国剧场舞台面高度大部分在 1.0～1.1m，0.6m 和 1.35m 的有极个别的例子。

伸出式舞台台面在 0.30～0.60m，岛式舞台台面小于 0.30m，均为国外实践的情况，我国这类实践很少，唯一建起的杭州东坡剧场的伸出式舞台是附在镜框式舞台上的，与主台平。

我国古典戏台面高度较高，大多在 2.0m 以上，那是因为站着看的缘故。

5.1.5 最远视距是衡量观众视觉质量指标之一。规定最远视距的因素之一是满足视觉生理学的要求。正常视力的眼睛，能看到的最小尺寸或间距等于视弧上的一分的刻度，换算成空间量度，距离 15m 可以看清最小尺寸为 0.4cm，距离 30m 可以看清楚的最小尺寸为 0.9cm。

要看清面部表情及化妆细部，不考虑其他因素，应使最远视距不超过 20m，要观看真人的表演，最大不应超过 30m。

决定观众厅最远视距因素还有观众厅的规模，其规模又受制于多种因素，此问题与技术无关，所以不可能单从视觉生理学一方面考虑。

1954 年建筑设计规范规定最远视距不宜超过 30m。

前苏联规范规定歌剧院 I 级剧院不得超过 30m，II 级剧院不得超过 33m；话剧院 I 级剧院不得超过 24m，II 级不得超过 27m。

我们调查的几个典型例子：

歌剧剧场：

原天桥剧场	30m
中国剧院	34m
杭州剧场	37m
漓江剧场	29.9m

话剧剧场：

首都剧场	28.8m
中央戏剧学院排演场	27m
原徐汇剧场	31m

上海艺术剧场　　　　　21.5m

根据以上情况，又召开多次会议，我们规定了一个下限，歌舞剧场最远视距不超过33m，话剧和戏曲剧场不超过28m。

5.1.6 当视线升起过陡，楼座观众俯角超过30°时，从视觉生理学角度来讲，观众分辨形状能力就迅速减弱。另一方面，升起过陡，例如当排距为80cm，按30°计，每排须升高49cm，对观众是不安全的。英国伦敦娱乐场所规程中规定俯角不得大于30°正是从"安全"这个角度出发。

前苏联规范规定，观众俯角不得大于25°，要求更严一些。但对于靠近舞台的侧座，却大大放宽了，规定歌剧院不得大于35°，话剧院不得大于40°。前苏联剧场沿用马蹄形包厢较多，临近台口，包厢的俯角虽然大了，但视距近多了，前苏联规范的规定是从"视觉"这个角度出发的。

我国剧场大多是池座加一层楼座，俯角最大也不会超过20°。原先有两层楼座的剧场，如上海大舞台和天蟾舞台，在改建时都将二层楼座改掉了，我国也有马蹄形多层包厢，这座包厢一般不超过两层，上面的一层包厢一般也不给观众用，而给灯光用。我们规定靠近舞台的包厢和边楼座不大于35°的俯角，是考虑到视距近了，在俯角规定上放宽了。

5.2 座　席

5.2.1 观众厅每座面积是衡量观众厅设计合理与否的一个指标。其本身虽然也是不确定值，然而它的参变量不多，变动幅度不大，影响其变化的主要有两个因素：一是座位类型及其排列方式，如软椅与硬椅之别，排距大小之别，长排法与短排法之别等等，二是走道面积。

美国防火规范人身安全法一章规定，设置固定座位的，按固定座位的数目和需要服务性过道空间决定；没有固定座位的，按0.65m²/座计算。美国统一建筑法规规定没有固定座位的观众厅按0.64m²/座计算。

加拿大国家建筑法规规定，固定座位按实际情况定，没有固定座位的空间按0.75m²/座计算。

前苏联剧场规范规定，观众厅面积在0.65～0.70m²/座之间取值。前苏联电影院规范规定电影院观众厅为0.85m²/座，我国1954年建筑设计规范规定包厢每座面积不超过0.75m²，但池座及楼座均未规定。

这里我们采用另外一种方法进行验证。在全国剧场调查资料中，67个剧场的观众厅每座面积平均值为0.608≈0.61m²/座。

在我们调查的67个剧场中，观众厅每座面积在0.55～0.65m²/座的有40个，占总数的59.7%，说明这个数据有很大的现实性。在目前经济条件下，我

国剧场采用硬座、短排法较多，与其他国家相比，每座面积较小，所以目前来讲，规定甲等剧场不小于0.8m²/座，乙等不小于0.7m²/座，丙等不小于0.6m²/座是符合国情的。

5.2.2 采用固定座椅是为疏散时，尤其是发生事故紧急疏散时避免造成混乱。建筑设计规范规定250座以上不得采用无靠背的座位，并均需固定于地面。伦敦规程规定第一排座位和最后一排座位及靠近出口的座位必须固定，其他可以为活动座位，也都是这个意思。小型包厢人数不超过12个，因人数有限，不致造成混乱，故可不固定。

5.2.3 本条规定是允许最小尺寸。各国规定略大于这个数目。

这次修订，根据我国现在的情况，稍稍提高，与国际标准相近。

5.2.4 排距规定，一方面影响观众观看演出舒适度，一方面影响观众疏散，还影响观众厅视线升高。采用合理参数，对节约面积及降低观众厅地面升高均有关系。

建筑设计规范规定排距不小于80cm（指短排法）或排间净距不小于35cm。前苏联规范规定软椅排距不小于90cm，硬椅排距不小于85cm。有些国家（如美、英）不规定排距，而规定前后排间净距。伦敦规程和美国防火规范规定，前后排无阻碍间隙为30.48cm，香港娱乐场所规程规定30cm，日本东京都条例规定排距不小于85cm，大阪条例规定排距不小于80cm，台湾规定不小于85cm。

美国防火规范规定，长排法每排18座～46座时，排间净距为45.72cm～55.88cm。当排间净距由30.48cm增至50cm时，短排法就成了长排法。这正好说明长排法和短排法的辩证关系。

结合我国具体情况，经过几次会议讨论，规定了本条数值。

在台阶式地面，因椅背有100°～106°的倾斜，对疏散观众的膝部有影响，所以要将排距适当增大。靠后墙设置座位时，因为同样原因，要将排距放宽12cm以上，否则，就等于缩小了排距。

长排法在国内使用不多，且宜在规模较小的剧场采用。

5.2.5 每排座位数目的规定是与防火规范规定相协调的。防火规范最新规定已经较原来规定放宽了，但据调查，仍然有大量剧场大大超过了这个规定。我们根据这一情况规定超过限额时，每增加一个座位，排距增大25mm，使得在增加座位时，排距加宽。美国防火规范规定，双边走道不超过14个，单边走道不超过7个。苏联规定双边走道不超过16～20个，单边走道不超过8～10个，因剧场级别而异。但据我们调查，国内剧场远远超过各国规范的规定数目。

伦敦规程规定超过限额14个或7个时，每增加

一个或两个座位，排距增加 1 英寸（2.54cm），前苏联规定超过 20 个时排距增加 5cm。我们认为前者的方法优于后者。我们参照这种方法规定，超过一个限额时排距增加 2.5cm，但最多不超过 22 个和 11 个，这样就使使此项规定更合理。

我国防火规范在字义上没规定长排法，但它规定了当排距增至 90cm 时可增至 50 个座位，实际上当排距 90cm 时，排间净距已达 50cm，满足了长排法的要求。

5.2.6 为残疾人欣赏文娱表演提供条件。

5.3 走 道

5.3.1 观众厅走道与出口的布置与联系，应顺畅地将所负担片区的观众迅速地疏散出去，避免迂回、交叉，宽度按每 100 人 0.6m，与防火规范协调。

5.3.2 池座第一排距乐池栏杆的距离除满足通行疏散外，尚应保持一定距离，避免过近，水平视角过宽（正常人的水平视角为 40°），导致观众转头过频，引起疲劳。前苏联规范规定，根据剧场等级性质不同，池座前排观众距离大幕线不小于 4.5～6m。把台唇、乐池及第一排距乐池距离加起来恰好 5m 左右，不设乐池时将台唇与 1.5m 相加。在 3m 左右，稍稍小于这个规定值；如果将残疾人设在前排时，排距以外与乐池栏杆为 1.00m 时考虑残疾人轮椅行动及回转尺度要求，就应再加 0.50m。

5.3.3 排数的规定是与防火规范协调的。台湾规定为 15 排，在排距大于 95cm 者为 20 排。苏联规定 I 级剧场为 16 排，II 级剧场为 20 排。

5.3.4 关于走道的规定

美国防火规范规定的基数小，规定较宽，服务 60 座以上单侧有座位，走道为 91.44cm 宽，双侧有座位为 106.68cm 宽，且朝出口方向每增加 1.52m，宽度增加 3.8cm，服务 60 座以下的走道不小于 76.2cm 宽。

英国伦敦规程规定双边座位的纵走道不小于 1.06m 宽。香港规定 1.05m 宽。日本东京都条例规定不小于 1.20m 宽，且每增加 60m² 观众厅面积，走道加宽 10cm，大阪条例规定不小于 1.20m 宽，每增加 50m² 观众厅面积，走道增加 15cm 宽。

台湾规定双边有座位，走道不小于 0.95m 宽，单边有座位走道不小于 0.60m 宽。

前苏联与我国建筑设计规范均规定每 100 人 0.60m，前苏联规定两侧有座位的过道按等级不小于 1.20m 和 1.10m 宽，单侧有座位的过道按等级不小于 1.00m 和 0.90m 宽，我国建筑规范规定纵过道不小于 1.00m 宽。

从以上数据看，除美国规定较宽外，其余变动范围不大，美国规定过道随长度增加而增加宽度更辩证一些。

5.3.5 有关坡度的规定，各国规定相差甚大。我国 1954 年建筑设计规范规定室内坡度不大于 1：6，台湾规定不大于 1：10，但长度小于 3m 者可 1：8；前苏联规定不大于 1：7，出口处不大于 1：6；美国规定不大于 1：8；伦敦及香港规定不大于 1：10；日本东京都条例及大阪条例均规定不大于 1：10。由此看出，这个量也是一个模糊量，如果给一个确定值，也是一种约定关系，我们确定不大于 1：6，是与其他相关规范相协调。

5.3.6 楼座中间横过道因升起的坡度，前面露出半个椅背，观众在疏散时容易翻过去。看台侧面临过道处是指穿过楼座的疏散口的两边和后面，如不设栏杆，疏散的观众会跌下来。另外，凡高度超过 50cm 的台阶都应加设栏杆。竖固的栏杆系指钢或钢筋混凝土之类的栏杆。

5.3.7 楼座及包厢栏杆的高度，尤其是侧座，对视线的影响是非常敏感的，各国规定不尽一致。美国防火规范规定不低于 66cm，英国和香港把它分成两部分即实心部分和实心部分上的护栏。伦敦规定实心部分不低于 68.58cm，实心上的护栏不低于 91.44cm。香港规定得更高，实心部分上的护栏应高于地面 1.1m，这种标准易于引起视线遮挡，前苏联规定不低于 75cm，没有明确实心部分与空心部分，我们根据目前实践，推荐不超过 85cm。

楼座或包厢栏杆的设计应防止观众把小东西落下去，打伤下面观众。

6 舞 台

6.1 一般规定

6.1.1 主台净高是指舞台面到舞台上部最低构件下皮的高度，此高度必须满足高于台口的幕布和软景，吊在舞台上空不被前排池座观众视穿的要求，也相当于吊杆在舞台上运行时所必需的空间高度。

前苏联 1958 年《剧院设计标准与技术规定》对剧院的容量和舞台尺寸规定

（单位：m）

剧院种类	观众容量	台 口		主 台		
		宽	高	宽	进深	净高
小话剧院	600～800 乙	10	6	21	18	16
	800 甲	11	6	21	19	17
中话剧院	1000 乙	11	6	21	19	17
	1000 甲	12	7	24	21	20
大话剧院	1200 甲	12	7	24	21	20
小歌剧院	1000 乙	12	7	24	21	20
中歌剧院	1200 乙	12	7	24	21	20
	1200 甲	14	8	27	22	22
大歌剧院	1500 甲	15	9	30	23	26
	1800 甲	16	10	33	24	28

台 口		主 台		
宽	高	宽	进 深	净 高
12～16		台口宽+（2×4）	3/4 主台宽	2（台口高）+4

台口尺度的确定与观众容量及剧种有关，主台尺度与台口有关。

从国外资料看，歌剧舞剧剧场，台口宽度为12～16m，台口越大，舞台尺寸也随之加大。

剧场观众容量太小，满足不了需要，也不经济。观众容量过大，由于人的视觉和听觉生理条件所限，不能保证良好的视听条件，不易获得良好的艺术效果，大量调查证明：

话剧戏曲剧场：800～1200 座为宜。

歌剧舞剧剧场：1200～1600 座为宜。

本条所规定的舞台尺寸，是经过在国内外调研，多次与全国各演出单位反复磋商讨论，结合我国经济状况，通过几次会议讨论同意的"约定"值。

6.1.2 台唇边沿到台口线的距离和耳台边沿到台口侧墙的距离，如小于 1.50m 不安全。在调研中得知，由于台唇和耳台进深不够，从台唇和耳台跌落到乐池的人次不少，造成不良后果，特加大尺寸，确保人身安全。

6.1.3 台面反光，影响观众视线，故台面宜刷无光涂料。台面不宜使用硬木地板，因为台面太硬、太滑，对舞蹈、武打和杂技表演不利，容易摔跤挫伤。

6.1.4 滑轮梁是舞台上空悬吊设备不可缺少的构造设施，栅顶是安装、检修悬吊设备不可缺少的工作层。过去许多剧场建设过程中都没有进行舞台工艺设计，大多数剧场是在建成后才考虑安装吊杆等设备，因此只能利用屋架下弦做栅顶，安装滑轮，不仅屋架的荷载不够，受力不合理，而且影响钢丝绳穿行，吊杆数量相应减少，使用不便，安装检修困难。

现代剧场的舞台屋架、滑轮梁、栅顶应当按照舞台工艺统盘考虑，针对功能需要分层设置，才能使用方便，达到满意的效果。

1 前苏联《剧场设计标准与技术规定》主台上空的净高为台口高度 2.6～2.8 倍。前民主德国《剧院建筑规范数据》规定主台净高为台口高度的 2 倍加 4m。

2 栅顶缝隙除满足固定的悬吊钢丝绳和电缆通过外，还可以在舞台上空任何位置临时增加悬吊点，满足使用要求。缝隙不得大于 30mm，是为了行走安全。德国和奥地利标准栅顶缝隙规定不大于 30mm。

3 前苏联规定滑轮梁上面要有 0.40m 空间，栅顶到滑轮梁的工作高度为 1.8m。

4 在演出进行中或幕间抢景时，主台表演区周围照度不够，如使用铁爬梯不安全，舞台上出现过使

用垂直铁爬梯的伤亡事故，因此在舞台上一般不设置垂直铁爬梯。也有的剧场在一层天桥设铁制工作梯上栅顶，但位置选择不好，占用了安装吊杆的位置，特别是舞台上最需要吊杆的位置装不上吊杆，非常遗憾。深圳华侨艺术中心，将台口两侧上耳光面光的楼梯间，一直向上延伸到各层天桥，直达栅顶，向下可通往乐池和台仓，非常好用，可资借鉴。

国外舞台上大多都设有工作电梯，使用极为方便。

6.1.5 不少剧场主台四周都设置了天桥，岂不知台口上面的天桥妨碍了防火幕、台口纱幕、升降大幕和假台口的安装和使用，有的做完了还得拆掉。故主台上只能在侧墙和后墙三面布置天桥，如因特殊需要，在台口内侧设置天桥时，则在台口位置也应是断开的，特别在台口两侧要留出大幕的存放空间。

天桥边沿的护板，是防止东西掉下去伤人。一层天桥主要是安装侧光灯使用，有的剧场将电动吊杆操作台和控制柜也安置在一层侧天桥，非常拥挤，灯光人员与吊杆操作人员相互影响，干扰工作，因此建议甲、乙级剧场不得少于 3 层天桥。第一层给灯光使用；二层安装电动吊杆操作台和控制柜（或为手动吊杆操作平台）；三层安装电动卷扬机（或为手动吊杆增减配重铁平台）。丙级剧场如只做 2 层天桥，则应在一层侧天桥上面设置电动吊杆专用控制室。安装手动吊杆的剧场，吊杆配重铁块大都集中堆放在上层侧天桥或中层天桥上，天桥受力向下。有的剧场年久需要改造，将手动吊杆改为电动吊杆。然而安装卷扬机的天桥在吊杆负重时受力向上，因此出现天桥断裂现象，非常危险，不得不加固或返工重做，为此结构设计应考虑天桥受力的变向荷载。

如第一层天桥高了，侧光投射角不好，低了则妨碍布景出入，因此设计时应当慎重考虑和确定第一层天桥的高度。

在调研中看到有些天桥栏杆倾斜或临时加固，原因是剧团常在侧天桥栏杆上安装二道幕或系物，方向是对拉或斜吊，这是不允许的；如果考虑水平荷载，栏杆就必须加斜撑，这就影响天桥的使用和通行。

6.1.6 调研中发现有的剧场未设护网，发生过配重块掉下伤人的情况，应当引起重视。

6.1.7 有的剧场在主台后墙开门，演员和工作人员出入，影响天幕效果。如门的高度不够，妨碍演员的高头饰上下场。

6.1.8 许多剧场侧台外门门缝漏光，不隔声，不保温，影响演出效果。

6.1.9 后舞台安装吊杆的条件包括：滑轮梁、工作桥、工作梯的位置和使用净高等。

6.1.10 在调研中看到有的剧场虽有台仓，但台仓的层高不够，工作人员要低头弯腰在台仓内工作，出入口太小，位置也不好，只能容纳一个人钻入，上下极

不方便，如遇火警或紧急疏散非常危险。

6.1.11

　　1　伸出式舞台如附在镜框舞台设置，在台口以外有相当大的表演区，伸出部分舞台两侧没有副台，由于上场演员较多，在演出完毕后撤离速度较慢，故应该在台口两边增设2个上下场台口，加快换场速度，也可加强演出效果。

　　2　伸出式舞台上空顶部和观众厅顶部是相连通的，舞台上部很难安装舞台吊杆，所以，要在舞台上部加装吊点机械设备以利于演出使用。

　　3　表演区在进行灯光设计时除顶光和脚光外，还应该按常规舞台考虑面光和两侧灯光，尤其两侧灯光更应注意，因为两侧都有观众，所以两侧灯光显得更为重要。

6.1.12　岛式舞台四面环绕观众，在设计时应该严格按照舞台工艺进行设计，台面与镜框式主舞台要求一致。岛式舞台上部与观众厅顶部为一整体，所以，很难在舞台上部加装舞台吊杆等设备，因此要求在设计时要考虑加装吊点机械设备。在灯光设计时，除顶光和脚光外，还应考虑舞台四周四个方位均应设置灯光。因为演员有可能面对不同方向的观众进行演出。表演区上下场通道规定主要考虑演出时，加快演员上下场速度。

6.2　乐　池

6.2.1

前苏联标准：乐队每人不得小于 1.2m²

剧院种类	观众容量	乐队人数	乐池面积
能演歌剧的话剧院	1000 人	50～60 人	60～70m²
	1500 人		
歌　剧　院	1500 人	70 人	84m²
	2000 人	84 人	100m²

前民主德国标准：乐队每人平均 1.2m²

剧 院 种 类	乐队规模	剧 院 种 类	乐队规模
小歌剧和话剧院	38～42 人	大歌剧	76 人
歌舞表演	52 人	特殊编制	96～120 人

　　我国乐队人数与剧场规模、剧种及各种乐队传统习惯有关，可看下表。

剧种名称	使用乐队种类	乐队规模
一般歌舞剧	双乐队	60 人左右
大型歌舞剧	三管乐队	80～120 人
小型歌剧、儿童剧	单管乐队	30～40 人
京　剧	京剧乐队	8～30 人

6.2.2　乐池开口进深如小于乐池进深的2/3，声音出不去，效果不好。

6.2.3　乐池太深，声音效果不好，太浅又影响台唇下面的净高。乐池地面高度是一个很敏感的问题，既要满足乐队使用，又要考虑结构上的可能及声学上的

要求，作设计时应详细推敲。

6.2.4　如乐池只在一侧开门，乐队上下拥挤，中间开门影响楼座视觉，故规定乐池应两侧开门。规定门的净宽和净高是为了定音鼓、低音大提琴的出入。

6.3　舞台机械

　　机械舞台在我国起步较晚，解放前的机械舞台极少，哈尔滨铁路系统有两个前苏联鼙形转台，大连有一个日本鼙形转台。但都不能使用。

　　50年代北京首都剧场设置了一个伞状转台，虽然功能比较简单，但由于是院场合一，所以经常使用。北京人艺用转台演出的戏有《带枪的人》、《青年一代》、《伊索》、《武则天》、《渔人之家》等。

　　80年代初，中央戏剧学院实验剧场自己设计建造了一个带升降倾斜块的鼓筒式转台和气垫车台，在我国戏剧舞台上增添了新的科技内容。当时演出的剧目有：《奥迪普斯王》、《桑树坪纪事》、《斯加班的诡计》等。

　　在80年代中期，北京建造的中国剧院是一个功能较多的机械舞台，它包括：

　　4个单层升降台；

　　4个双层子母台；

　　6块车台；

　　5个装在升降台上的小转台。

　　使用这个机械舞台演出的音乐舞蹈史诗《中国革命之歌》给舞台美术增添了许多动感艺术效果。

　　在80年代中期，四川省成都市建造的锦城艺术宫也安装了我国自行设计和制造的升降台。

　　80年代末，深圳大剧院从英国进口一套推拉升降转多功能混合机械舞台，由于剧院没有自己的剧团，加上其他原因，该机械舞台一直不能使用，到2000年经我国舞台科研人员共同努力，才使这套大型机械舞台全部运转，投入使用。

　　90年代北京建造的世纪剧场设置了一个日本三菱制造的鼓形转台。保利大厦的国际剧场，设置了英国TT公司的三块升降台，也一直没有使用，2000年我国舞台科研人员建议，在表演区后部又增加三块升降台，在后舞台增设一个直径为15.60m的车载转台。当表演区6块升降台下降后，转台可开到主台上进行演出，使用效果良好。

　　此外北京长安剧场在舞台前部设置一块长车台，在舞台后部设置了三块升降台，北京新建的评剧院也设置了升降台，北京中山公园音乐堂也设置了三块升降台。以上机械舞台全都是我国自行设计和制造的。

　　90年代末建成的上海歌剧院、东方电视台演播剧场都设置了比较完善的机械舞台。

　　总之我国目前有机械舞台的剧场还不多，运用机械舞台参与表演的更少，这与我国剧场和剧团的体制有关，绝大多数剧团都没有自己的剧场，而有机械舞

台的剧场，又没有自己的剧团来使用这些机械舞台，过路剧团又使不上，因此在建设剧场时，做不做机械舞台？做什么样的机械舞台？都需要很好地进行研究，做出合理决策，否则将会造成严重浪费。

6.3.1 舞台工艺设计和土建设计的密切配合，是设计一个使用合理、运行安全的舞台空间的决定性条件，必须改变土建设计不熟悉舞台工艺和先进行土建设计，后添置舞台设备的做法。

6.3.2

1 演出中应该按照一定的程序来运行机械舞台，上一步动作未执行完毕下一步动作不应该开始，否则容易出现机械事故。所以，在此规定控制系统要求必须有互锁装置，确保系统的安全运行。采用各种技术措施，保障在出现事故时，立即停止运行。

2 机械舞台可动台面与不动台面的缝隙如果大于5mm，高差如果大于±3mm，不利于演员演出，尤其舞蹈演员在跳舞的过程中容易被缝隙或者高差台阶绊倒，造成受伤。

6.3.3 舞台上部悬吊机械设备运行过程中，在下部可能有许多演职员正在工作，所以上部机械运行的可靠性是直接关系到演出人员安全的重要因素。由于行程开关在长期运行过程有可能造成粘连等损坏现象，造成行程开关控制失灵，所以，在此要求在行程开关的后端应加设能切断主电机主电源回路的极限保护开关，主要是考虑在行程开关失灵后由极限开关强制切断电机主电源回路，迫使电机停止运转，以确保机械设备和演出人员的安全。

6.3.4 台口内侧在设计时应根据所选大幕型号及外型尺寸，为安装留有充分的空间。

6.3.5 土建设计应根据舞台工艺设计提供的工艺要求，为防火幕和假台口预留充分的运行空间。

6.3.6

1 很多剧场在设计时预先没有考虑悬吊设备的排列和运行条件，造成剧场建完以后无法安装悬吊设备或局部无法安装悬吊设备，这样就造成剧场建成以后无法使用或舞台局部无法使用，实际上是造成剧场建设上的浪费。

2 景物吊杆间距不能太小，原因是悬吊设备电机机座需要一定尺寸，转向滑轮需要一定的宽度尺寸，所以景物吊杆也不可能排得间距过小。但间距也不能排得过大，间距过大势必造成景幕吊杆数量减少，不能满足相对较大型剧目演出使用的要求。

3 灯光吊杆因为要考虑灯具散热问题，所以灯光吊杆前后要留出适当的距离，以保证灯具不至于烤坏前后悬挂的布景甚至发生火灾情况。

4 吊杆钢丝绳的吊点间距大于5.00m以后，由于两点之间距离过大，吊杆易产生较大挠度，影响挂幕效果。

5 吊杆的长度和吊点数量及吊点间距应根据台口和主台的宽度进行工艺设计。

6 在相当一部分吊杆的减速装置中采用了蜗轮蜗杆传动机构，利用其自身的自锁功能起到安全保护装置的作用。现在很多吊杆采用双抱闸系统来增加传动系统的安全。总之，吊杆下部是演员的表演区，无论采用何种保护装置，系统都应具有确保安全的保护措施。

6.3.7 在装有假台口和灯光渡桥的舞台，因为灯光工作人员需要经常上假台口和灯光渡桥调整灯光，所以，要求设置相应的码头，以便于灯光操作人员上下假台口和灯光渡桥。

6.3.8 伸出式舞台及岛式舞台的上空因无法安装吊杆等悬吊设备，而在演出中又经常需要安装一些灯光或布景等演出设备，所以，在此处需要安装一些单吊点机械设备，以备演出使用。

6.4 舞台灯光

6.4.1

1 第一面光桥角度如果太陡，演员脸部照度不够，影响演员演出效果。建筑设计一定要严格按照本条第一款设计。

2 第二面光桥角度的规定，主要考虑表演区前移，为保证前移表演区的演员脸部有足够的照度。

3 面光桥宽度规定主要考虑安装灯具后，留出便于人员走动与检修的位置。

4 面光桥高度规定主要考虑便于人员走动方便。

5 面光桥短了，安装的灯具就少，不够使用。射光口小了，灯光人员看不见表演区，不好对光。射光口大了，对建筑声学不利。下部挡板是防止面光桥上物体滚落伤人。

6 面光桥射光口设金属防护网主要是起安全防护作用。护网孔径太大，容易掉下相对较大的物体。孔径过小，光损失过大。规定护网铅丝直径是考虑光损失与遮挡问题。

7 下排灯架高度规定主要考虑悬挂各类通用型灯具所需的最小高度。特种灯具不在规定高度之内。

8 剧场应根据实际使用需要来确定面光桥数量。

6.4.2

1 大于45°，耳光射到表演区的进深不够，效果不好。

2 耳光室分层设置主要是便于检修灯具。第一层底部高度的规定主要是为人员通行与搬运器材留有一定的高度。

3 有不少剧场耳光室梁底太低，检修人员经常碰头通行不便。射光口宽度分等级主要是考虑悬挂灯具的数量不一样。

4 剧场应根据实际使用需要来确定耳光室数。

6.4.3

1 远距离追光灯灯体较长，此处仅对追光室前后进深的最小距离做了规定，设计时应根据具体选用灯型来确定前后进深距离。前后进深距离太小，不便于灯光人员的操作。投射光轴与舞台台口线夹角不宜过低，否则追光效果不好。

2 追光室射光口宽度及高度应根据选用的灯型使光轴能够射到舞台全区为设计依据，设计出射光口的宽度及高度。射光口距地面高度应根据灯架高度和追光灯射到舞台前沿的光轴俯角来确定。此条规定主要考虑使用操作方便。

3 追光室高度规定主要考虑操作人员操作。一般追光灯功率较大，相应散热量较大，因此应在室内设置低噪音机械排风装置。

6.4.4 调光柜室设置在舞台附近，主要考虑灯具距调光柜距离较近，电功率线路损失小，同时可节约工程造价。调光室面积应根据调光柜及开关柜实际尺寸进行设计。调光柜是由调光台控制进行灯光变化，所以调光台控制室与调光柜室之间应预留相应控制线管。调光柜室因调光柜散热量较大，设计时应考虑通风散热问题。

6.4.5 部分剧场分等级配置调光回路主要考虑各等级剧场配置灯数不同。各灯区配置直通回路主要考虑为临时增加特种灯具而设置的备用电源。

6.4.6 目前剧场使用的可控硅调光装置，均采用移相调压，会引起电流波形畸变，高次谐波系列分量增大，通过调光配电线路构成对可控硅触发电路的相互干扰和音视频等系统的干扰。若采用每回路灯双线配，火线从调光柜引出，零线返回调光柜附近的汇流排，实践证明，可有效抑制调光回路上产生的高次谐波磁场，降低上述干扰。

若采用三相四线配电，由于三波谐波系列电流相位相同，将构成零序电流叠加。试验表明，当可控硅移相调压至半压，并满载输出，此时电流波形畸变最为严重，可达 62％ 左右，此时三相零序电流叠加，可为相线电流的 1.86 倍左右。

参照国内各厂家关于舞台调光设备安装的技术规定，限制调光配电线路与电声、视频等系统线路最小距离的限制，是为了减弱可控硅调光设备对电声、弱电系统干扰，保证电声、弱电系统正常工作。

6.4.7 应按天幕宽度与高度计算出天幕灯数量。同时预留的三相专用电源是为演出时加装各种演出专用器材而设置的。

6.4.8 流动灯是根据演出需要临时架设的灯具。为了临时架设方便，应在舞台台口内侧幕条下方预留电源。为了防尘，电源应带盖板，不用时应将盖板盖上，同时盖板应与舞台地板高度一致。

6.4.9 灯光吊笼的品种规格型号颇多，一般吊笼都能上下升降，也有既能升降又能左右移动者，还有上下左右前后都能活动的吊笼，各有优缺点。

6.4.10 台口柱光是舞台灯光非常重要的一部分，

有假台口的舞台，灯具安装在假台口上，没有假台口的舞台应设置台口柱光架。柱光架的位置应隐藏在台口大幕内侧，以观众不视穿为原则，一般情况在 2.00m 以下的部位不安装灯具，主要是便于人员走动时比较安全。柱光架有很多种形式，为便于检修灯具，一般都设有爬梯。

6.5 舞台通讯与监督

6.5.1 舞台监督主控台是舞台监督调度指挥演出的双向对讲系统，该系统具有群呼、点呼、声、光、通讯功能。一般甲、乙等剧场均应设置。

6.5.2 为了便于舞台监督指挥演出，必须在各演职员工作位置及贵宾室设置终端对讲器。

6.5.3 舞台监视系统是为了便于演职员及观众监视演出动态而设置。监视系统应设置一个舞台全景摄像机，一般全景摄像机安装在观众席挑台前沿附近，观众席不设挑台的可安装在观众席后墙上。为了便于灯光、音响操作人员及演员观察大幕闭合时舞台内部情况，可在舞台内下场台口上方安装一个带云台的摄像机，由工作人员专职控制切换，此路信号一般不向观众监视位置传送，仅供演职员监视使用。

6.5.4 监视器应根据演职员的工作位置来确定安装数量，安装位置与角度一定要便于演职员观看。贵宾室、前厅、观众厅休息室应视具体情况确定安装数量。舞台内摄像机是为演职员在大幕闭合时观察舞台内情况而设置，不应让观众看到此时的信号，因此，不应将此信号传送至观众观看的监视器。

6.6 演出技术用房

6.6.1 目前国内外新建剧场的灯控室、声控室一般都设在池座观众厅后部，主要是便于操作人员正面观看表演，配合剧场和演员动作进行操作。

灯控室和声控室应根据实际摆放设备所需面积而确定，并应留出相应的检修位置空间。监视窗口太小不利于操作人员观察演出。从监视窗操作人员应能观察舞台全景，不应有死角。

声控室窗户应能开启，便于电声操作人员能够听到现场直达声，以便操作。

6.6.2 根据现代演出的需要，考虑到一些演出可能需要同声翻译，所以加入此条款。同声翻译室数量和面积应根据情况确定。

6.6.3 功放室主要是为放置电声功率放大器而设置的。功率放大器与音箱距离越近，系统阻尼系数越高，电声重放失真越小。

6.6.4 台上机械控制室是指吊点、防火幕、大幕、假台口、吊杆、灯光吊笼、灯光渡桥、卷画幕、隔音幕等控制设备的操作房间，一般设置在舞台一侧。主要是便于操作人员能够观察到台上机械运行情况。

6.6.5 机械舞台控制台主要是指升降台、车台、转台、升降乐池等舞台机械设备的控制操作台，应由舞台工艺设计根据实际情况来确定位置，操作位置应有良好的观察舞台设备运行条件。

6.7 舞台结构荷载

在本章中增加荷载一节是为了解决目前剧场设计实践中遇到的问题，我国建筑结构荷载规范，对于剧场建筑中大量特殊的荷载尚未规定，土建设计人员对于剧场建筑结构的复杂性尚未充分认识，经与建筑结构荷载规范编制组商议，他们表示："在建筑专业设计规范中增添有关荷载的章节，对此我们目前持赞成态度"。

本章所规定的数据，来源有三，一是与荷载规范相协调，更进一步作了一些细节上的说明，二是与前苏联剧场设计标准与技术规定相协调，采用一些经实践证明了的可靠数据，三是根据建国五十年来，我国剧场建设中的一些经验数据，这些数据是多次会议所约定的，又经北京特种工程设计院、天津舞台科学技术研究所、天津舞台设备厂、甘肃工业大学机械二厂、杭州浙江舞台电子技术研究所、沈阳市旋转机电设备研究所等厂所生产的舞台设备技术性能验证，基本上是符合目前剧场建设实践的。

剧场建筑因其复杂性，有许多荷载的数据规定尚需进一步调查、研究、试验。我们目前的规定，大多是提示性的。

7 后 台

7.1 演出用房

7.1.1 化妆室靠近舞台，主要是为了缩短演员上、下场的距离。国外有将化妆室设在楼上或台仓的，但都有专用电梯上下相通。

化妆室采光窗应设遮光设备，为了避免室外阳光对化妆室人工照明的干扰，保证化妆室照明与舞台灯光色温一致，化妆台灯和室内照明应采用白炽灯而不得选用日光灯。

7.1.2 对服装室门的净宽和净高的规定，主要考虑演员穿好服装、戴好头饰，特别是京剧演员穿好铠甲，戴上头盔出入方便。

7.1.4 为了演员上下场时取放道具方便。

7.1.6 为了避免上下水阀门、水箱器械发出的噪声对舞台演出的干扰。

7.2 辅助用房

7.2.5 避免候场演员在排练厅练功、练琴，干扰舞台演出。

7.2.6～7.2.8 当剧场基地紧张时，木工间、绘景间等辅助用房可在城市其他基地设置。

8 防 火 设 计

8.1 防 火

8.1.1 关于剧场的防火问题首先是将舞台与其他区域分隔开来。

舞台内布幕、景片、道具均为易燃材料，灯具多、线路复杂，演出中往往还有效果烟火，舞台空间高大，适于燃烧，扑救困难，因此，舞台往往是剧场中火灾主要起源之一。

观众厅是大量观众聚集场所，观众厅的吊平顶内有大量线路和灯具，观众厅的装修材料有很多是可燃材料，所以首先应将舞台和观众厅隔开，分隔手段有三种：

（一）限定舞台台口墙，必须采用非燃材料，并具有一定耐火极限；各国规范规程均对这一点作了规定，总起来有三点：一是规定用非燃材料，二是用实心结构，三是规定耐火极限（或者规定材料的厚度，例如香港规程规定不小于 370mm 厚的砖墙）。伦敦规程规定耐火极限不小于 2.0h，前苏联规定用防火墙隔开（4h）。

目前新建剧院舞台多为混合结构或框架结构，台口框架一般是钢筋混凝土的，台口梁上为填充墙。如采用轻质混凝土，则 120mm 厚即可满足 1.5h 耐火极限的要求。

（二）台口设防火幕，并设水幕保护。各国规范规程对此作了详尽的规定并有专门厂商生产商品供应。我国目前尚未建立专门的生产厂家，也未制订有关标准。据调查上海有三个剧场在 30 年代曾设防火幕，即上海艺术剧场（兰心）、人民大舞台、长江剧场设有防火幕，但目前均已停用，除上海艺术剧场还可启动外，其余两个已坏。80 年代中央戏剧学院排演场设置了防火幕，中国剧院也增设了防火幕，其他新建剧场都还没有设置防火幕。在没有普遍采用防火幕的情况下，还缺乏设计、生产和操作使用的经验，还无法制订出符合我国国情的具体的条文。

然而，防火幕是一种有效的防火间隔手段，设置水幕保护防火幕可以降低其温升，减轻其构造断面及自重。这两点是肯定的，可以写进条文。当未设置防火幕时，也可设防火水幕带作为防火间隔，但应保证充足的消防水源。

除台口外，实际上还有很多孔、洞、门通向观众厅，如舞台通向面光桥及观众厅闷顶的门洞，通向位于观众厅的工作间，设置在耳光室附近的灯控室和扩声室。最近，由于戏曲艺术要求突出台口以外进行表演，要求在侧台唇上开门通向台唇表演区。要处理这些防火间隔上的薄弱环节，办法有二：一是加甲级防火门，二是加水幕分隔。另外就是将舞台和后台分隔开来，办法还是采用防火门和水幕。

据我们对上海老的剧场调查，舞台通向后台的门也多采用老式的带平衡重的防火门，仍能灵活从任一侧开启。解放前上海市二部局曾颁布"新建筑法规"，对消防设备要求甚严，故防火幕、防火门设施较完善。国内其他各地在这些地方都忽略了，未加任何防护处理的居多。

8.1.3 本条规定是将主台与后台，主台与台仓形成独立的防火间隔，其技术要求耐火极限2.5h。这个耐火极限是一般120mm厚的砖砌体或100mm厚的加气混凝土都能达到的。这个规定比防火规范稍严一些。

8.1.4 舞台内天桥、平台、码头数量较多，堆放道具、放置灯具、平衡重等，线路较多，但至今仍有许多天桥、平台为木制的，极易引起火灾，同时堆放平衡重等重物，亦不安全。也避免采用金属结构。据调查，重庆某剧场天桥全部为钢板结构，易造成漏电危险，一旦失火，在0.25h可全部失去强度。本条规定采用非燃烧体，其耐火极限不小于0.5h。

8.1.5 容量小的变压器在主体建筑内的例子很多，其优点是节约沟管线路，接近负荷中心，但必须形成独立的防火间隔，舞台既是负荷中心，在演出时又是聚集场所，我们又规定增加了前室。前室门设置甲级防火门，前室通风良好，可以迅速排除热空气烟雾，形成较完整的防火间隔。

8.1.6 据调查，我国剧场大部分尚未设置单独的消防控制室，仅有个别的剧场设置了消防控制室。其原因在于：一、大部分剧场仅在观众厅和舞台设置了消防栓，消防栓就地操作。二、个别设置了水幕和自动喷洒系统，其启闭阀门就设置在舞台台口墙或侧墙上。三、没有专职人员管理消防工作，一般由电工班或管道工班兼职，东北某剧场的雨淋系统启闭阀门在剧场主体建筑外的锅炉房里，要跑出剧场建筑去操作。

随着技术发展，装设感烟感温自动报警或手动报警系统，发出安全疏散指令；设置防火幕、自动喷水灭火系统，控制消防泵、排烟系统启闭、显示电源运行情况、与附近消防站的弱电联系等等；设置消防控制室，集中管理是非常必要的。消防控制室的面积不大，随装置设备情况而异，一般说来12m²就够了，其位置应临近舞台，与消防机械联系方便。消防控制室要在独立的防火间隔里，并要有朝外出口，便于失火后消防人员操作。

前苏联规定消防控制室（设置交换台）共30～50m²。

前民主德国规定10m²，设在舞台附近。

美国防火规范规定每个舞台都要设消防值班室，其布置邻近舞台，并有以下功能：指示事故照明和动力回路的光信号装置，水幕的手动开关，自动喷洒系统的指示器，事故照明、正常照明及电源供给的公共系统，报警系统。

我国建筑设计防火规范与高层建筑防火规范对消防控制室的围护结构耐火性能均有规定。因剧场是大量人员聚集场所，防火性能应较一般建筑高，与高规协调一致。

8.1.7 观众厅吊顶内的吸音、隔热、保温材料一般是微孔材料，或松散材料，位置在两个地方，一是在屋面板下，因受屋面辐射热影响，容易起火。一是在吊平顶上，吊平顶正是灯具线路交错地方，吊平顶采用易燃材料非常普遍，这就造成容易起火的条件，苏州某影剧院观众厅吊顶起火，延及放映室前厅，故有本条规定。在剧场、音乐厅使用木装修作声反射板，扩散体往往是音乐家、声学家、建筑师首选材料，不用木材是不理想的。经阻燃处理的木材可视为B_1级材料，故有此条规定，况国际上木材经处理后耐火极限可大大提高，甚至在3h以上。但如采用B_1级材料时，应采取相应的消防措施，如在B_1级材料周围加自动喷洒系统。

8.1.8 观众厅吊顶内灯具线路交错，另有通风管道及消防设备均需经常检修，如未设置检修马道，工人则沿屋架及吊平顶结构构件行走，一是对检修工人不安全，二是对检修工作不利。检修工作做得好，对避免火灾有利。检修马道本身应是非燃材料，避免形成火源。

8.1.9 目前国内多数剧场的面光桥、耳光室设施简陋，通风不良，夏季因屋面辐射热影响，上海儿童剧场面光桥及耳光室工人截开风管，自设岗位送风。

面光桥本身多为钢木结构，加上聚光灯高温，灯具线路交错，极易发生火灾，故应采用不燃材料。在调查中见到用铁皮覆盖或用高压石棉板覆盖，后者优于前者。

8.1.10 舞台设置排烟孔，可将火灾烟焰及热量迅速排除，控制燃烧范围、方向和降低温度，便于自动喷洒系统迅速扑灭火焰，避免危及观众。各国规范规程均有规定，足见其重要性，虽然其数据不尽一致，但精神是相同的。

前苏联规定每10m高舞台设排烟孔不少于舞台面积的2.5%，实际上按舞台高度算下来也在5%的范围。美国防火规范规定为5%，前民主德国规定为5%～7%，香港规定为1/6，伦敦规定为1/10，台湾和日本规定应设排烟口或排烟设备，但未规定具体数字。

我国防火规范规定为5%。我国新建剧场和上海的一些老剧场都有舞台排烟窗或排烟孔，但排烟窗因不经常检修，已锈蚀而打不开，在东北地区很多剧场因冬季寒冷而干脆堵死，或因冰冻而无法打开，一遇火灾，便无法排烟。这些在设计时都应作考虑。为了避免自动开启装置失灵，应同时设置手动开启装置。

我国消防部门作过实测，火灾时如无机械抽力，烟气上升到 12m 高度之后，又会因冷却而下沉，故这次修订将自然排烟的高度规定为 12m。

8.1.11 舞台上禁止使用明火加热器，这是其他各国规范规程中均有明文规定的，但在后台使用这些小型加热器却很普遍，其原因在于后台用热水等是间歇的，集中所需热水量不大，使用固定大型供热设备经济上不合算。所以我们规定它在后台可以用，但必须在单独的防火间隔里，不能靠近服装室、化妆室、道具间等有大量易燃材料的房间。

8.1.12 大城市中心区用地紧张，剧场建筑多与其他建筑毗连修建，尤其是一些老的剧场，与其他建筑距离远远小于防火间距。在调查中看到上海、广州、长沙等地大量剧场两侧均与其他建筑相连，或者仅距一两米，窗户对着窗户，一旦发生火灾会互相蔓延，因此作出本条规定。伦敦规程对这种情况有明确的规定。合建即混合使用，亦即剧场建在其他用途的建筑物中，这种情况还会随着建筑技术发展有所增多，本条规定意义在于使在其他用途的建筑中的剧场形成独立的防火分区。

8.1.13 机械舞台（推拉、升降、转）已普遍采用，其台面因表演需要有弹性，一般均喜用木地板，故有此条规定。

8.1.14 据调查大量舞台火灾起源于舞台布幕被舞台灯光烤燃，故有此条规定。

8.2 疏 散

剧场观众疏散包括观众从座位疏散到观众厅出口，又由观众厅出口疏散到剧场建筑物的出口（也就是疏散外门），然后又由此疏散到街上的城市人流这三部分组成。由建筑外门疏散到街上这部分，在基地总平面一章中已说明，本章仅说明在建筑物内部到建筑物出口的疏散。

制订疏散的标准是控制疏散所需要的时间。疏散时间与建筑物耐火等级、观众容量有关。耐火等级愈低，疏散时间愈短。一般建筑物结构构件的耐火极限均可保证观众有充裕的时间疏散出去，除三级耐火等级建筑吊平顶因材料耐火极限允许 0.15h（9min），其他建筑构件不会在观众在场时倒塌。影响观众生命安全的主要因素是燃烧以后的烟害、高热和缺氧，观众因中毒或窒息死亡，因而要控制在几分钟之内将观众厅的观众迅速安全地疏散到室外空间。关于控制疏散时间各国规定不尽一致，我们可以参考下表。

观众厅容量（座）	I、II级耐火等级	III级耐火等级
≤1200	4min	<3min
1201～2000	5min	—
2001～5000	6min	—

控制疏散时间的计算公式很多，建研院 1979 年在"体育馆比赛厅中视觉质量、视线及疏散问题的研究"一文中提出的疏散公式，对剧场也适用。

当外门大于内门时 $\quad T=\dfrac{N}{A\Sigma b}+\dfrac{S}{V}\quad$ （I）

式中 $\quad T$——控制疏散时间；

$\quad N$——观众总容量；

$\quad A$——单股人流通行能力（取 40～45 人/min）；

$\quad \Sigma b$——内门能通过的人流股数总和；

$\quad S$——各内门到相应外门之距离的最大数值；

$\quad V$——观众自内门到外门的平地行走速度，取 45m/min，此值是按不饱和人流 60m/min 和饱和人流 30m/min 速度的平均值。

按公式计算的控制疏散时间由两部分组成，即由观众席到观众厅出口为 $\dfrac{N}{A\Sigma b}$，由观众厅出口到建筑外门为 $\dfrac{S}{V}$。

我们在条文中不规定控制疏散时间，而是规定疏散口等的宽度百人指标。根据百人指标算出疏散总宽度，既具体又便于检验。

计算内门疏散口总宽的公式为：

$$D=\dfrac{NW}{A\cdot T_a}\quad （m）\quad （II）$$

式中 $\quad D$——内门疏散口总宽（m）；

$\quad W$——单股人流宽度（可取 0.5m、0.55m 或 0.6m）。

根据公式（II）可以推导出计算内门疏散口宽度百人指标。

$$d_1=\dfrac{D}{N}\cdot 100=\dfrac{N\cdot W}{A\cdot T_a}\cdot\dfrac{100}{N}=\dfrac{100W}{A\cdot T_a}\quad （III）$$

公式（II）可由公式 $T=\dfrac{N}{A\Sigma b}+\dfrac{S}{V}$ 推导出，也可由 $T=\dfrac{N}{AB}$ 推导出，在前者，$\Sigma b=\dfrac{D}{W}$ 代入

则 $\quad T=\dfrac{N\cdot W}{A\cdot D}+\dfrac{S}{V}\qquad T=\dfrac{S}{V}=\dfrac{N\cdot W}{A\cdot D}$

$\because\ \dfrac{S}{V}$ 是内门至外门的控制疏散时间。

$\therefore\ T_a=T-\dfrac{S}{V}\qquad\therefore T_a=\dfrac{N\cdot W}{A\cdot D}$

$\therefore\ D=\dfrac{N\cdot W}{A\cdot T_a}$

用 $T=\dfrac{N}{AB}$ 也可导出公式（II），在此公式中，B 为疏散口能通过的人流股数，$B=\dfrac{D}{W}$ 代入公式

$$T=\dfrac{N\cdot W}{A\cdot D}\qquad D=\dfrac{N\cdot W}{A\cdot T}$$

因为公式 $T=\dfrac{N}{A\cdot B}$ 适用分段计算，因此，在计算不同阶段的疏散宽度时，T 也按分段取值，这便于

解决以后疏散通道，疏散楼梯宽度百人指标的计算。

据我们对全国部分剧场调查，一般观众厅出入口的宽度总和及换算成百人指标，都能满足本规范及防火规范的规定，而且优于这些规定。疏散控制时间，也基本上满足规定要求，但不是很稳定，参见下表：

几个剧场的疏散时间

测量部位	上海艺术剧场	上海大舞台	上海南市影剧院	上海音乐厅	安徽剧场	苏州开明戏院
观众厅出口	1min20s	3min	3min	1min15s	1min39s	2min30s
建筑外门	2min17s	4min	4min	—	2min43s	2min20s

影响控制疏散时间的因素很多，因而其精确的程度有别，这些数据受观众满场程度、观众年龄成分以及演出效果（观众谢幕期间、陆陆续续有人退出观众厅）的影响。

设计剧场疏散的两个原则，一是保证疏散宽度与其负荷容量相适应，二是外出口不得小于内出口或通道宽度的总和，以保证疏散顺畅，不发生瓶颈现象。本规范与建筑设计防火规范规定观众厅内走道百人指标为0.6m，观众厅出口及疏散通道百人指标均在0.65m以上，就保证了在同样负荷下，外门及疏散通道宽度较宽，不会发生瓶颈现象。

然而，实际上，由于管理上的原因，只开几个主要大门，因而外出口小于内出口，或在加设门斗时，门斗开启宽度小于原出口宽度，后部或侧面没有疏散口，出口即入口。这种情形是存在的，而且为数不少。

建研院1979年发表的"体育馆比赛厅中视觉质量、视线及疏散问题的研究"提出另一个公式，计算外出口小于内出口的情况，也适用于剧场。

$$T = \frac{N}{AB} + \frac{S'}{V} \qquad (Ⅳ)$$

式中　T——疏散总时间（min）；

　　　N——疏散总人数；

　　　A——单股人流通行能力；

　　　B——外门可通过的人流股数总和；

　　　V——观众自内门到外门的平均行走速度（45m/min）；

　　　S'——使外门能达到人流饱满的几个最近的内门到外门距离的加权平均数（m）。

$$S' = \frac{b_1 s_1 + b_2 s_2 + \cdots\cdots + b_m s_m}{b_1 + b_2 + \cdots\cdots\cdots + b_m}$$

式中　b_1，$b_2 \cdots b_m$——各最近内门能通过的人流股数；

　　　s_1，$s_2 \cdots s_m$——各最近内门至外门的距离（m）。

$\frac{S'}{V}$ 即这段行程平均费用的时间。

当外门总宽度小于内门总宽度时，外门内停留的人数为

$$N - \left[AB\left(\frac{N}{A\Sigma b} - \frac{S'}{V} \right) \right] = N - B\left(\frac{N}{\Sigma b} - \frac{AS'}{V} \right)$$

若每人所需停留面积为0.25（m²），也就考虑1m²站4个人，则需要观众停留的等候面积可按下式计算：

$$F = 0.25\left[N - B\left(\frac{N}{\Sigma b} - \frac{AS'}{V} \right) \right] (m^2) \qquad (Ⅴ)$$

式中　F——停留观众等候面积。

我们在第三章已经规定了前厅每座面积为0.18～0.3m²，休息厅每座0.18～0.3m²，合起来则为0.30～0.5m²/座，无论是单独算前厅或前厅休息厅合起来算，作为部分观众的等候面积，都是足够的，这可以前后验证。

Ⅰ、Ⅱ级耐火等级建筑观众厅出口处控制疏散时间为2min，Ⅲ级耐火等级建筑观众厅出口控制疏散时间为1.5min。一般观众厅出口在1.5～1.8m宽，可以容三股人流通过。

公式Ⅲ　　$T_a = \frac{NW}{A \cdot D}$　　$N = T_a \cdot A \frac{D}{W}$

对一个出口，令$D = 1.5m$，$W = 0.5m$，$A = 43$人/min

对于Ⅰ、Ⅱ级耐火建筑一个出口：$N = 2 \times \frac{1.5}{0.5} \times 43 = 258$人

对于Ⅲ级耐火建筑一个出口：$N = 1.5 \times \frac{1.5}{0.5} \times 43 = 193.5$人

这个推导证明防火规范的每安全出口平均疏散人数不应超过250人，对于Ⅰ、Ⅱ级耐火等级建筑是合适的，对于Ⅲ级耐火等级建筑，则稍大一些。

在求疏散外门、疏散通道、疏散楼梯的百人指标d_2时，只须将公式（Ⅲ）中的T_a换成T_b即可，$T_b = T - T_a$

即　　　　$d_2 = \frac{100 \cdot W}{A \cdot T_b}$

从以上公式可以看出d_1、d_2与W取值成正比（W一般取0.6m）；与单股人流通行能力A成反比（A平坡地取45人/min，楼梯取40人/min）；与T_a或T_b成反比，耐火等级愈低，控制疏散时间愈短，要求的百人指标愈宽。例如：Ⅰ级耐火等级观众厅出口门宽百人指标：

$$d_1 = \frac{100 \times 0.6}{45 \times 2} = 0.6(m)$$

疏散楼梯宽度百人指标：

$$d_2 = \frac{100 \times 0.6}{40 \times (4 - 2)} = 0.75(m)$$

Ⅱ级耐火等级疏散楼梯宽度百人指标：

$$d_2 = \frac{100 \times 0.6}{40 \times (3 - 1.5)} = 1(m)$$

我们与防火规范协调内门和外门、走道同样以此

值为准。

8.2.1 本条第一款的规定避免出口集中，造成负荷容量不均。舞台是火灾主要起源，所以尽量远离舞台。

楼座不足 50 座的极少，故楼座一般不少于两个独立的出口。近年陆续出现一些楼座直接跌落到池座的设计，如哈尔滨的展览馆剧场、合肥城南影剧院都是这种做法，事实上都有一部分楼座观众要穿过池座疏散。前苏联规范也有类似条文规定。

8.2.2 本条规定为使观众通过疏散口迅速疏散出去。在调查中发现一些老剧场在建筑入口用推拉铁栅的很多，而且为了检票方便，只开很小宽度。观众在场时一旦发生灾情，很容易造成堵塞。香港规程中明文规定未经发牌当局同意，不得使用这种门，在允许设置使用这种铁栅门时，在观众在场时，要全宽度打开。因为这是管理上的问题，本规范未作规定。

一些老的剧场均设有自动推棍，新建剧场反而没有安装自动推棍，因目前无商品供应。

本条规定的内容在伦敦规程、香港规程均有详细规定，前苏联规范和我国建筑规范也均有规定。

8.2.3 本条规定是为保证疏散通道的畅通，使观众在紧急状态下，迅速疏散出去，避免在紧急状况下，因建筑处理不当，使疏散观众发生错误判断，受到伤害。例如安装大片镜子和装饰性假门，均会给观众造成疏散方向的错误判断。

在紧急状态下，为使观众迅速顺利通过疏散通道，应保证疏散通道有正常的坡度和防滑表面，有良好的通风、照明，以及不致引起错觉的装修陈设。墙体有足够的耐火极限，可确保观众离去。其装修材料尤应谨慎采用，避免在燃烧时产生毒害，使观众窒息或中毒。

8.2.4 本条规定为保证观众和其他人员顺利通过疏散楼梯疏散出去，对楼梯形式、构件尺度作了规定，其他各国规范规程均有类似规定。

8.2.5～8.2.6 此两条规定均为保证在一个出口堵塞后，另有一个可供疏散。后台及乐池人员在一般状况下不会超过 250 人。但是机械化台仓，现在往往有大量群众演员经台仓升降台到主台表演，故有此条规定。

8.2.7 据调查，从舞台面至天桥、栅顶及面光桥、耳光室的垂直交通用垂直铁爬梯者甚多，有些甚至是木制的，至天桥、栅顶及面光桥、耳光室者多为带工具之工人，有时要携带灯具或工具，这种情况下易于发生事故，在紧急状况下更不利于工人疏散，故有本条之规定。我国"统一技术措施"规定消防梯倾角不大于 73°，前苏联规定不大于 60°，宽度不大于 60cm。

8.2.8 剧场与其他建筑合建（即混合使用）时，应形成独立的防火分区。本条规定则是为其疏散规定专用的，便于寻找疏散通道。因为发生紧急事故时人们

惯于往下跑而不会向上跑。第一款之规定仅规定"应"设置在底层或二、三层，与高规协调（目前已有建在高于三层的剧场）。美国防火规定人身安全法规定在装有完全的自动喷洒系统时可不受层次的限制。

8.2.9 从最近几次剧场灾难性的火灾看，保证疏散通道的畅通是重中之重，疏散口设有帷幕必须规定其为 B_1 级材料。

8.2.10 目前汽车发展迅速，停车成了问题，停车乱占疏散通道及室外集散广场几乎成了普遍现象，故有此条规定。

8.3 消防给水

据有关资料介绍，仅在 19 世纪 100 年间，欧洲就烧毁了一千余座剧场。我国也有不少剧场毁于火灾：如北京 1913 年兴建的新式剧场"第一舞台"，规模很大，容量 2400 余座，于 1937 年毁于大火。又如 1937 年东北丹东"天柱舞台"，由于没有设置必要的消防安全措施，舞台发生火灾后，观众厅氧气很快被舞台抽走，因窒息、压死、烧死的观众达一千余人，以致酿成震惊世界的"满洲舞台"惨案。据统计，在 400 次剧场火灾中，有 307 次都是舞台失火引起的。剧场火灾，无论从人员伤亡，财产损失和它的政治影响来看都是很大的，因此剧场消防设计十分重要。合理设计消防系统，正确选用消防设备是剧场安全可靠的保证。

剧场消防给水，在新设计的剧场建筑中已被重视，现行"建筑设计防火规范"、"自动喷水灭火系统设计规范"和"高层民用建筑设计防火规范"等都有规定条文，本节所提出的条文是在以上三个规范基础上的补充和完善。

8.3.1 总则第 1.0.4 条、1.0.5 条明确规定剧场建筑规模容量及剧场建筑质量的划分。300～800 座规模的小剧场，它的性质、功能及发生火灾的危险性、影响等，与其他剧场一样。为了保持与《建筑设计防火规范》协调、一致，本规范只强调了 800 座以下的特等、甲等建筑质量的剧场应设室内消火栓给水系统。目前有的城市甚至在 800 座以下，乙等建筑质量标准的剧场也设置室内消火栓给水系统，如云南丽江剧场。另外，本条提出增设消火栓的具体位置有两处，是因为该处容易被忽视，而实际上又很重要的原因。

8.3.2 本条与有关规范条文一致，在调查及与本规范条文协调的原则下，综合提出在超过 1500 座位剧场应设闭式自动喷水灭火系统的部位。

8.3.3 本条文与有关规范条文一致，并提出"应"与"宜"的分界线。实际上据调查，舞台葡萄架下设置雨淋喷水系统是十分必要、十分有效的灭火措施。

8.3.4 剧场内水幕系统设置。

1 本条文主要是针对本规范第8.1.1条。

2 本条文在消防给水上的消防措施，与相关规范的协调，本款加强了对舞台台口灭火和制止火灾蔓延的措施要求。无论那一次剧场大的火灾，无不是舞台台口与观众厅之间的强大热对流而形成的恶果。

8.3.5 剧场建筑设计所涉及自动喷水灭火系统的应用范围、供水强度、水力计算都应按照现行国标《自动喷水灭火系统设计规范》GBJ84执行，并应注意以下两点：

1 剧场舞台雨淋灭火系统的作用面积超过300m² 时，应分为若干装设独立雨淋阀的放水区，放水区域重复相同的分界线，消防水量按最大一区的喷头同时喷水计算。

2 剧场舞台在葡萄架下侧安装开式喷头的雨淋系统；在葡萄架以上至屋面板的空间和四周边廊下仍安装闭式喷头系统。

8.3.6 本条与有关规范条文一致，在调查基础上，着重设置自动控制的同时，要求设置手动开启装置。剧场演出时，可将雨淋喷水系统与水幕系统的自动装置切换为人工控制状态，可以防止演出期间的误动作；非演出时间，又可将系统的电动联动装置回到自动状态。

另外，强调"自动与手动"装置应该有明显的标志和保护措施。据调查，该装置有设在舞台以外的房间内，还有用木柜锁住，又无标志，易造成事故。

8.3.7 在剧场建筑中这也是很重要的灭火措施，必须逐一按要求执行。

8.4 火灾报警

8.4.1 条文中要求设置探测器的地点，均属剧场容易起火部位。

9 声 学

9.1 声学设计

9.1.1 剧场设计应该有建筑声学专业参与。在建筑与装饰设计分离后，出现以装饰设计替代建筑声学设计，以致剧场视听条件下降。

9.1.2 当设置扩声系统时，应该有电声系统设计，这是厅堂音质设计的重要组成部分；在现代剧场中，电声系统已成为剧情的重要组成部分，扬声器系统及扩声系统设计直接影响整体音质。

9.1.3 以自然声演出为主的剧场，必须进行建筑声学设计。

剧场设计本身需要声、光、电、舞台机械等各工种的大力协作才能完成；由于各工种发展迅速，不少工种已形成行业，剧场设计应是以建筑设计为主的多专业协作的产品。

在声、光、舞台机械的发展中，电声的发展最快，建声的发展较慢，而电声的发展源于录音演播及歌舞厅的需要，向大功率、高恒定指向性、高灵敏度、宽频带的扬声器系统方向发展。

建声与电声设计的最大区别在于建声重视体形设计，混响设计及噪声控制；电声设计关心房间常数，体形设计不是其主题，因此以自然声为主的剧场的声学设计必须以建声设计为主。建声与电声设计的计算机软件很多，在我国已进入应用阶段。

9.2 观众厅体形设计

9.2.1 观众厅容积，由于出发点不同，有不同的限值。

1 建筑设计资料集

资料集 1（1964 年版本）

剧 种	容积指标（m³/座）
戏曲 演讲	3.5～5.5
音乐 歌剧	6.0～9.0
多用途	4.5～6.5

资料集 2（1994 年版本）

剧 种	容积指标（m³/座）
戏 曲	3.5～4.0
话 剧	4.5～5.0
歌 舞	5.0～6.0
多用途	3.5～5.0

2 建筑声学设计手册及原规范

原 规 范

剧 种	容积指标（m³/座）
戏曲 话剧 多用途	3.5～5.5
歌 剧	4.5～7.0

建筑声学设计手册（1986 年版本）

剧 种	容积指标（m³/座）
语 言	3.5～4.5
音 乐	6.0～8.0
多用途	2.8～4.3

3 其出发点大体有五个因素：

（1）将戏曲视为中国歌剧，与话剧分开对待；

（2）以自然声为主，按照声源的性质划分；

（3）以统计为依据，大、中型剧场有楼座为基点；

（4）国内外一般剧场的统计；

（5）现代剧场设计，不考虑古典剧场的观演关系。

4 本规范以统计学为依据，以大、中型剧场有楼座为基点，并具有固定观演关系的剧场为对象。规范数据采用最低标准。

剧场扩声是剧场声学重要组成，扬声器往往设于台口上方，其直达声要求服务于整个观众席。

另外，现代剧场的台口在不断增高，有电声剧场按自然声每座容积要求就不尽合理，故提出可适当提高。

9.2.2 观众厅体形音质设计，取决于声源的位置及其特性（指向性、声功率、频谱特性等），在广泛使用扩声系统情况下，有如下变化：

1 当不考虑原声源时，扬声器的位置及指向性不同；

2 扩声系统的音质及清晰度已成为厅堂音质的主题；

3 扩声系统的声反馈，除与系统有关外，与厅堂的建声设计有关。

4 当考虑原始声源时，拾音效果与原声源和话筒间的建声设计有关。

这些变化，使音质体形设计概念含混：

（1）以点声源为基础的几何声学体形设计难以立足。

（2）自然声演出的提法，缺乏普遍意义。

当前出现的情况：

（1）不考虑建声设计，如北京保利大厦剧场无天棚；长沙世界乐园五洲大剧场棚索屋盖，无天棚；深圳欢乐谷剧场棚索屋盖，无天棚。此类剧场，大都音质不佳，观众听不清台词；

（2）多用途剧场的扩声系统，有的剧场喜欢自带；

（3）多用途剧场的扩声系统往往附有舞台反送系统。

因此，具有扩声系统的剧场厅堂音质设计，一般由声学专业与装修专业共同完成。

建声设计（自然声声场设计）首先是体形设计，即早期反射声声场设计，避免声学缺陷；为使楼池座后部空间的音质与观众厅相似，对后排净高作了相应要求；楼座挑台下开口高宽比不同于礼堂（礼堂可以附助扬声器补声），应以自然声演出为主考虑。

9.2.3 伸出式舞台空间的体形设计是建筑声学设计的重要组成部分，前区的早期反射声由此体形决定。

9.2.4 剧场舞台空间不利于自然声演出；声学反射罩（面）更有利于音乐声为观众席服务，反射罩内的空间与观众厅组成同一体积。

9.3 观众厅混响设计

观众厅混响设计是建立在点声源扩散声场理论上，对指向性声源（扬声器）的"等效混响"随声源指向性的变化而变。指向性声源能利用指向性改善回声，改善直达声与混响声能比，改善清晰度等。对于"电声系统"设计，厅堂音质设计属环境设计，即厅堂音质又受控于电声系统。

9.3.1 观众厅混响时间设置有如下变化：

1 话剧与戏曲很难区分，用同一混响时间域表示；

2 很多剧场属多用途，很难与话剧、戏曲剧场加以区分，故将此三类剧场的混响要求合而为一。

观众厅混响时间设置值修改表

	原规范 T_R	现规范 T_R
歌　舞	1.2～1.5s	1.3～1.6
话　剧	0.9～1.2s	（2000～10000m³）
戏　曲	1.0～1.4s	1.1～1.4
多用途、会议		

关于观众厅混响时间频率特性，有如下观点：

1 各频率混响同时达到闻阈，即低频混响时间长于中高频，这满足听觉要求，但不满座时低频混响较长；

2 各频率混响同一衰减率，即各频率混响时间相等。这满足实感要求，但低频混响感觉较短；

3 高频空气吸收明显，高频混响时间允许低于中频；

4 低频混响时间的比例有相对减短的要求；

5 混响时间的比值要求比混响时间（500～1000Hz）的设置更重要。扩声时，由于扬声器系统追求平直的频率特性及系统的高扩声增益，声场声压级比自然声场高得多的特征，对混响频率特性的要求应有明显的改变，如混响特性要求平直，低频混响相对减短等。

混响时间频率特性比值

使用条件	125Hz	250Hz	2000Hz	4000Hz	
同时到达闻阈	1.50	1.15	1.00	1.00	
同一衰减率	1.00	1.00	1.00	1.00	
原规范	1.00～1.40	1.00～1.15	0.80～1.00		
歌　舞	1.00～1.30	1.00～1.10	0.90～1.00	0.80～1.00	建筑设计
话剧、戏曲	1.00～1.10				资料集2
多用途、戏曲	1.00～1.20				（1994年版本）
歌　舞	1.00～1.35	1.00～1.15	0.90～1.00	0.80～1.00	现规范
话剧、戏曲	1.00～1.20	1.00～1.10			
多用途、会议					

9.3.2 混响时间按六频段设计，与相关测试规范、声学材料（声学构造）相协调。国外有七频段设计（包括80000Hz），这在电声设计中比较重要。

9.3.3 伸出式舞台空间属观众厅混响空间。

9.3.4 舞台反射罩（板）内的舞台空间与观众厅属同一混响空间，由于体积、面积的变化，应重新计算混响。一般情况下，大于原观众厅的混响时间，满足音乐演出的需要。

舞台混响及回声不仅影响自然声演出效果，还影响电声效果。舞台与观众厅的耦合混响直接影响中、前区的听音效果。舞台混响控制尚缺大量实践经验，但舞台混响控制已得到共识。

9.4 噪 声 控 制

9.4.2 观众席背境噪声包括环境传入、空调、扩声背境、灯光等噪声，舞台机械属演出噪声，故另设。

根据我国噪声控制水平的提高及与国外接轨，将噪声控制标准在原规范的基础上提高5dB。

建筑设计资料集2（1994年版本）

厅堂用途	选用标准	自然声	扩 声
歌剧院、音乐厅话剧院	合适标准	NR20	NR25
	最低标准	NR25	NR30
多用途厅堂	合适标准	NR25	NR30
	最低标准	NR30	NR35

建筑声学设计手册（1986年版本）

环　　境	NR 曲线	dB（A）
音乐厅、剧院	15～20	25～30
测听室、录音室	10～20	20～30

9.4.3 舞台机械噪声，随舞台机械水平的提高，噪声有较大下降，以升降乐池为例，噪声可降至47dB（A），现尚缺更低噪声的信息。

9.5 扩 声 系 统 设 计

9.5.1 扩声系统声学要求仅与声学有关（包括建声），现已有声学标准，应按标准执行。关于电声设计的软件，市场也有供应。

9.5.2 扬声器系统的直达声对扩声音质十分重要，直达声为观众席服务是基本要求。当前出现建筑设计与建声、电声（扩声）、灯光设计分离的设计程序带来不良后果。重要剧场的设计，不应出现此类情况。

9.6 其　　他

9.6.1 辅助用房声学要求，经几度修改后形成的新项，主要补缺剧院的要求。

10 建 筑 设 备

10.1 给 水 排 水

10.1.1 剧场是大量观众聚集的场所，剧场设置室内、室外给水排水系统，是公共建筑物卫生要求的基本保证。另外，据调查，卫生器具、设备选择不合理，屡见不鲜。本条规定强调选择卫生器具设备应与建筑物等级、规模相匹配。

10.1.2 演员在演出之后，必须进行盥洗及淋浴，尤其夏季演出时，所以必须设置热水供应。前厅或休息厅也宜为观众设置饮水装置。

10.1.3 据调查，很多设置了消防设施的剧场，未设置消防排水设施，因而在设备试车时和火灾后，造成大量积水而无法排除，或根本无法进行试车，故作本条规定。

10.1.4 该规范对给排水系统选择、用水量、水压都已有规定。

10.2 采暖、通风和空气调节

10.2.1 本条对乙等剧场的空气调节，根据不同地区作了两种规定。炎热地区，推荐设空气调节，但不硬性规定必须设。非炎热地区，标准可低些，有条件可以设空气调节，资金紧张也可采用机械通风。为了满足声学要求，剧场往往是封闭式的。封闭式建筑，自然通风效果很差，所以本条规定，凡未设空气调节的剧场，应设机械通风。

10.2.2 面光桥上和耳光室内，灯具多，电器线路多，发热量大，灯控室、声控室、同声翻译室的发热量也较大，且又处在内部，无外墙外窗，非常闷热，特别是夏季，操作人员往往赤膊在那儿工作。我们调查时，上述地方未考虑通风者，操作人员都强调工作条件太恶劣，要求采取措施改善，并希望新建剧场时一定要设机械通风。这既可改善工人的劳动条件，又可减少火灾的威胁。有条件设空气调节更好。厕所（这里指在主体建筑内的厕所）、吸烟室应设独立的排风系统。前厅和休息厅，一般都有大的外窗，可以进行自然通风。北方地区冬季为了减少热损失，往往把外窗关闭，在这种情况下，不能利用自然通风把前厅和休息厅的（香烟）烟气排除，应设机械通风。

10.2.3 征求意见稿中，曾对甲、乙等剧场分别规定了室内设计参数。在讨论该稿时，多数设计单位的代表认为，两组室内设计参数相差很小，既然有条件设空气调节，就不在乎那一点差别，而且两组参数中，相同部分较多，一致要求将两组参数合在一起，加大选择范围。选择室内设计参数时，在同样的室外气象条件下（如在同一城市），甲等剧场的温湿度舒适程度应比乙等高些，不同地方的甲、乙等剧场，室内设计参数应不相同。当无适当过渡空间时，一般夏季室内外温差最好不大于7℃，这样在夏季，室外气温高的地区，其甲等剧场的室内温度就有可能比室外气温低的乙等剧场的室内温度高一些。

夏季室内干球温度，原规定为25～28℃，执行之后，不少设计单位反映此温度偏高，建议改为24～26℃。调查国内近十年新建的部分剧场之后，认为该建议合理，故作了修改。

10.2.4 天然冷源包括地道风、地下水、山涧水等。本条规定室温低于30℃，是考虑到我国不少地区地下水温度较低，用天然冷源室温完全有可能低于此值。这里只规定上限温度，使室温允许值范围更大，设计时灵活性也更大。上海市电影发行公司颁发的《上海市新建（改建）影院（包括兼映剧场）验收办法》中规定："有空调设备的单位，在夏季室内温度达30℃时必须使用"。所以本条取30℃为上限温度。

10.2.5 根据我国实际情况，剧场一般未设存衣间，观众看戏时，往往不脱外衣，因此冬季观众厅室内温度规定得低一些。在采暖地区，设空气调节的观众厅，也可设集中采暖。采暖系统运行经济，冬季空气调节系统可以起换气作用（间歇使用即可）。东北地区的剧场，目前就是这种情况。

10.2.6 CO_2 允许浓度应小于0.25%。在《新风与节能》一文中提到，室内 CO_2 允许浓度直接影响到人体健康，因此 CO_2 允许浓度值问题，一直受到人们的高度重视，允许浓度究竟取多少为宜，长期以来众说纷纭。第一个建议室内 CO_2 浓度取0.1%的是德国的佩滕科佛尔，他在上个世纪末提出了这个建议，该值长时间以来一直被美国、德国、日本等国作为技术标准允许浓度值采用，这一标准实际上是缺乏实验依据的。以后各国学者对室内 CO_2 允许浓度进行了实验和实测，由于结果出入较大，因此给各国制定合理的 CO_2 允许浓度标准造成了困难。一个最典型的例子就是日本空气调和卫生工程学会在制定《非住宅建筑设备节能设计技术指南》时，除规定"室内 CO_2 浓度的上限，采用使用时间平均为1000PPm"外，同时又明文规定"可高于此浓度"并以附注形式规定"可按日平均2000PPm，最大3000PPm考虑"。虽然 CO_2 浓度对人体的具体影响迄今尚有争议，实验、实测数据也不够充分，但是对于空气调节房间，最大 CO_2 允许浓度可取0.5%（5000PPm）这一点似乎争论不大。美国和西欧大多采用此值作标准，即采用0.5%为 CO_2 允许浓度的上限值，但是为了安全起见，采用0.25%作为各类空调建筑的允许浓度值。前苏联在宇宙飞船长达4个月的封闭环境中，也采用了0.2%～0.3%的允许 CO_2 浓度值。

在《上海红旗电影院卫生学初步调查报告》（上海第一医院等著）中提到：在空气中 CO_2 含量低于1%时，对人体无明显危害"。"在严寒、炎热天气，

必须加强保暖（或采暖），开放冷气时可采用场内空气中 CO_2 含量不超过0.2%的标准"。"我们在8月9日（1978年）1～4场，10日第二场以发调查表形式，请观众反映对场内温热主观感觉，观众反映舒适的占调查的总人数中的66.5%～80%（此时场内温度在22.9～24.5℃之间，CO_2 浓度在0.25%左右）。综上所述，采用0.25%作为 CO_2 浓度的允许值，从卫生要求的角度来看是足够安全的，从节能观点来看，由于新风量大幅度下降，也是可取的。至于我国人体散发 CO_2 量可按0.02m^3/h·人计算"。

10.2.7 关于最小新风量问题，虽然香港1977年的建筑法规公共娱乐场所部分仍规定每人最小新风量为30m^3/h，详《Places of Public Entertainment Regulations! Hong Kong》。前民主德国1979年出版的有关剧场空调、通风、采暖、防火技术规范中提到："新鲜空气量可以降到20～25m^3/h·人"。前苏联建筑法规《采暖通风和空气调节设计规范》（1975年）第4.6.8条及附录13规定："对于电影院、俱乐部、文化宫的观众及其他人员停留3小时以内的房间（新风量）应按20m^3/h·人采用"。但为了节能，各国对最小新风量的规定已大大下降。美国《Ashrae Handbook 1982 Applications》中提出，当不允许吸烟时，新风量9m^3/h·人（2.4L/s·人）即可满足要求。如果允许吸烟，则为16.92～25.56m^3/h·人（4.7～7.1L/s·人）。如果设备只是短时间使用，则上述新风量可稍稍降低。某些公共建筑的新风量标准为：

办公大楼	9m^3/h·人
图书馆、博物馆	9m^3/h·人
机场、汽车站	9m^3/h·人

可见美国的各种公共建筑新风量标准已大大下降。日本东京条例规定新风量为12.5m^3/h·m^2，以观众厅0.65m^2/人计算，则每人新风量为8.125m^3/h。《广州友谊剧院总结》中认为：剧院若作会议场所，持续时间达3～4h，且不免有听众吸烟，这时新风量不应小于10m^3/h·人。若纯作内部文艺活动，且为间歇使用时，则可取用7m^3/h·人，但如果使用对象以接待外宾为主，则新风量适当取大些是适宜的，即不小于10m^3/h·人。《空调房间必要新风量探讨》中，作者推荐影剧院最小新风量为："不允许吸烟时，8.5m^3/h·人"。我国的剧场内是禁止吸烟的，故最小新风量按10m^3/h·人选用是合适的。在征求意见稿中，曾对室落下细菌数及浮游粉尘量作了规定，国外一些国家对此也作了规定。因我国尚无这方面成熟的经验，也没有确切的计算方法，且观众带入室内粉尘及细菌数也很难测定，根据各设计单位的建议，暂不对室内粉尘及细菌作作规定，只要最小新风量大于10m^3/h·人即可。剧场建筑设计规范于1988年颁布之后，上海、北京等地设计单位推荐最小新风量不应小于15m^3/人·h，考虑到我国中小城市的实

际情况，故本次修订按不同等级分别规定。

10.2.8 本条人体散热散湿量，参阅《冷冻与空调》1983 年第 5 期中"人体散热湿量"一文。本条表中所列数据，已考虑群聚系数，使用时不再分男、女、老、少计算。

10.2.9 本条中的平均耗电系数，不同于灯具的同时使用系数，目的是为了确定变压器等设备的容量及电缆大小。这个同时使用系数很高，但持续时间不长，若采用同时使用系数，必然使空调负荷偏大。平均耗电系数是指灯具每小时实际平均耗电量与灯具总容量之比。

舞台照明热量计算，国内所采用的方法很不一致，无法在规范中推荐。

山东省建筑设计院按下式计算：

$$Q = B_1 \times B_2 \times B_3 \times N \times 860$$
$$= 0.7 \times 0.6 \times 0.5 \times N \times 860$$
$$= 144.48N$$

式中 Q——舞台照明得热量（kcal/h）（1kcal=4186.8J）
N——灯具总容量（kW）；
B_1——灯具同时使用系数（取 0.7）；
B_2——灯具调光系数（取 0.6）；
B_3——灯具位置系数（取 0.4）。

详《暖通空调》1979 年第二期"采用地道风降温的几个问题"。也有设计院按下式计算：

$$Q = N \times 860 \times n_1 \times n_2 \text{（kcal/h）（1kcal} = 4186.8\text{J）}$$

式中 n_1——散热系数、考虑灯罩等因素；
n_2——同时使用系数。

n_1、n_2 如下表所示：

n_1、n_2 系 数 表

位置 系数	面光	流动光	耳光	顶光	侧光	脚光
n_1	0.6	0.5	0.5	0.66	0.5	1.0
n_2	0.5	1.0	0.5	0.5	0.6	1.0

上两式中的同时使用系数，实际均应为平均耗电系数。

剧场建筑可以考虑预冷、预热以减少设备容量，但没有成熟的计算方法，故规范中未提。

10.2.10 剧场的空气调节系统：

1 舞台层高比观众厅高得多，烟囱抽力作用大，舞台的热量变化较大，观众厅热量相对稳定，如果舞台和观众厅合用一个空气调节系统，会给调试和运行带来不少困难。从安全角度来看，《伦敦娱乐场所技术规程》第 5.43 条中规定"设有防火幕的为舞台服务的任何机械送风系统应与观众厅送风系统完全分开"。因此此条规定舞台和观众厅的空气调节系统宜分开设置。

化妆室使用时间与舞台不同，往往早开晚关，可设独立的空气调节系统或整体式及分体式空气调节装置。

2 关于采用淋水式空调器问题，连续几版的大伦敦市会条例指定优先使用空气洗涤室或使用淋水式表冷器，这是从空气净化角度出发的。在《空调房间必要新风量探讨》中，作者指出，在控制室内气味方面，除导入新风稀释外，喷水室空气处理方式和设置活性炭过滤器已证明是有效的，水雾和活性炭对气味，CO_2 等物质的洗、吸收（附）作用可以使稀释臭气所需的新风量减少，在影剧院、体育馆采用喷水室其效果十分明显。这次在征求意见稿的回信中，多数人认为"应用淋水室或带淋水的表冷器处理空气"规定得太严，由于受条件限制，有时很难办到，建议改"应"为"宜"。

3 为了节能，过渡季节将空气调节作为机械通风来使用的剧场不少。上海地区，观众厅的气流组织多数为上送下回，过渡季节不开冷冻机时，常将上部送风口作抽风口用。这就要求在设计空调系统时，设置吸送两用装置，即在总风管上，用旁通阀形式或在静压箱内设几扇调节门的办法，使原来的送风管变成排风管，送风口变成排风口。观众厅空气调节系统设吸送两用装置后，全年使用灵活。但在气流方向变换时，要考虑有足够的进风面积，不然观众厅内会产生较大负压，灰尘容易进入，门不易开关。由于风集中从后座入场门进入，脑后风对后座观众影响较大，而中间与前座的观众由于新风补充不均匀，仍然闷热。

4 关于防止下降冷气流问题，日本尾龟清四郎1978 年所著《空调设备的设计》中指出，为防止舞台部分流入观众席的冷气流，舞台部分进行空调要注意风压平衡，沿墙设置放热器，防止冷气流下降。日本《空气调和卫生工学便览》第九版和第十版上都指出，舞台部分高达 30m，其外壁冷，形成舞台冷气流，使大幕下部为正压，上部为负压，大幕向观众厅吹出。大幕张开的瞬间，舞台向观众厅有相当大的风速，大大影响观众厅的空气环境。为防止冷气流，应在外墙上设风管，冬季向上方吹出热风，或在风道位置上沿整个墙面配置散热器，或在舞台出入口设散热器，防止通过舞台向观众席吹去冷风，或在顶棚内向下送风的单元式加热器，造成热空气幕隔断冷风。

10.2.11 剧场的送风方式：

1 舞台的空气调节，要为副台工作人员服务，更要为在演出区表演的演员服务。目前国内的舞台送风管，基本上都置于两侧天桥之下或副台内，只有极少数的剧场置于前天桥之下，如上海的人民大舞台，苏州的开明大戏院，长沙的湖南剧院。由于怕送风吹动幕布，基本上都不能将送风送入表演区，结果演员在表演时往往是夏季热得汗流满面，冬季冷得发抖。1983 年 1 月 12 日正式启用的中山市中山纪念堂剧场，

1986年5月9日我们去调查时，剧场内正在开会，空调系统也在运行，结果是观众席温度尚可，但主席台（正是舞台上的演出区）上的人，却热得汗流浃背，手中扇子直摇。这些人仅是坐着就流汗，如演员要跳舞，其热的情况可想而知。究其原因，是舞台送风均在副台之内，演出区无送风。本条规定舞台送风应送入演出区，是要求空气调节设计者与舞台工艺人员密切配合，以便选择最合适的位置设置送风管，将风送入演出区，真正发挥舞台空气调节为演出服务的作用。

2　观众厅采用下送风时，要防止将地面上的灰尘吹起（如地面格栅风口），如污物和水可能进入风道、地沟，设计时应考虑人能定期进去打扫和消毒。我们调查时发现，一些地沟或静压室内很脏，能看见里面的垃圾、积水、甚至死老鼠，但无法清理出来，这样会污染送风空气，不符合卫生要求。

3　本条参照《伦敦娱乐场所技术规程》编写，其中第5.43条规定："建筑中所有部分都应有良好的通风，并应做到：（1）尽可能不让烟火进入和蔓延开来；（2）保持卫生条件；（3）有利于烟气直接排到大气中去"。第5.45条规定："舞台上的排风口应在较高的位置，如有格栅（栅顶）则应在格栅的上方"。

10.2.12　本条是强调防火安全的重要性。

10.2.13　本条参照前苏联《电影院建筑设计规范》第3.15条编写，该条规定："设计中所采取的平面布置方案，构造处理以及隔声的特别措施，均应保证在观众厅和其他房间内的噪声级不超过表3中所列的允许值"。在表3后的附注中又规定："由通风设备、空调设备与热风供暖设备造成的允许噪声级应比表3所列数低5dB"。

10.2.14　本条参照《民用建筑采暖通风设计技术措施》（中国建筑科学院设计所、标准所编）第5.56条编写。

10.2.15　新增条文。

1990年投入使用的北京"21世纪剧场"和1998年开始部分投入使用的上海大剧院，其机械化舞台的台仓内，均设置了空调系统。在演出过程中，舞台升降时，上下空间会串通，如台仓不进行空调，则演员会感到太冷或太热。机械化舞台的台仓内，用电设备较多，发生火灾时，如不排烟，烟气有可能会进入舞台或观众厅。排烟量建议按台仓体积的6次/h换气计算。

10.2.17　新增条文。

我们1998年在杭州东坡大戏院调研时，看见该剧院观众厅天棚下2m处，设置了不少直径为250mm的排风口，经风管与屋面的5台屋顶风机相连，据说使用效果很好。这样做有几个好处：1.火灾时可以排烟；2.换场时可以机械通风，大大改善了观众厅空气品质；3.平时能经常排除上部大量余热，这

预防火灾。有可能时，建议排烟与排风系统合用，但有关设施，要符号防火规范要求。

关于排烟量，参照"高层民用建筑设计防火规范"第8.4.2条中庭的排烟量计算方法，考虑到观众厅净空高度比中庭低，人员密集，且由于有座椅的障碍，火灾时人员疏散较困难。因此，建议观众厅以13次/h换气标准计算，或90m³/m²·h换气标准计算，两者取其大者。

10.3　电　气

10.3.1　本条规定把甲等剧场的舞台照明、电声、舞台机械设备等用电划入一级负荷，主要考虑到甲等剧场经常对外开放，演出大型剧目，上座率高等因素，一旦中断供电，造成不良的政治影响和经济损失。乙、丙等剧场的消防设备，从保障生命和财产安全考虑，按一级负荷供电是很需要的，但考虑到我国目前经济水平和供电水平有限，一律按一级负荷供电尚有困难，故条文作了适当放宽，将其列入二级负荷。

10.3.2　供电系统负荷变化是引起供电网络电压偏差的主要因素。剧场舞台照明和舞台机械设备的用电约占整个剧场用电负荷的70%以上。上述负荷随着剧情变化变动频繁且持续时间长，因而对电网供电质量影响较大。为确保演出效果，条文要求甲等剧场的电网电压偏移应符合下列规定：

照明：+5%～-2.5%　　　电力：±5%

条文中未强调乙等、丙等剧场电网允许电压偏移范围的规定，是因为目前国内电网电压波动较大，若不增加自动调压设备，难以满足要求。供电部门对装设有载调压变压器限制较严，装设有载调压变压器除增加设备投资处，还要增加维护费用，有时还降低了供电可靠性。调查表明，现有国内乙等以下剧场均未装设有载调压装置。

10.3.3　可控硅调光装置在移相触发调压过程中，将使电源波形非正弦化，造成多项奇次谐波分量较大。实验表明采用Y/Y₀接线方式的电源变压器，在三相对称满负荷下，可控硅触发导通角在90度的情况时（即满载调至半电压输出的运行情况）波形畸变率高达60%以上，形成的三次谐波系列在变压器铁件中引起的热损失可达变压器额定输出容量的16%，变压器不能满载使用。若在同等条件下电源变压器采用△/Y接线方式，由于△形回路为不对称零序电热构成通路，零序磁通互相抵消，使之三次谐波系列产生的变压器铁件热损失仅为变压器额定容量的0.024%左右，变压器可以满载运行。另外，当负荷不对称分布时，Y/Y₀接线方式变压器，可使相电压偏移度达±14%左右，而△/Y接线方式的变压器各相电压最大偏移度为±0.6%左右。综上所述，剧场的电源变压器采用△/Y接线方式远比采用Y/Y₀接线

方式为好。

注：文中的技术数据摘自航空工业部第四规划研究院编写的《电源线方式对晶闸管调光装置运行的影响》。

10.3.4 条文中供电点电源电压和容量由剧场使用单位提供。

10.3.5 乐池局部照明、化妆室局部照明、观众厅座位排号灯，均系人们易接触的电气设备，采用低压配电，可避免触电事故的发生，保障人身安全。本条规定参照了"电力设计规范"有关条文。

10.3.6 电声、电视转播、电影还声的设备外壳接地，均属于屏蔽接地，其功能在于将干扰源产生的电场限制在设备金属屏蔽层内部，并将感应所产生的电荷传入大地。电源变压器的工作接地在正常情况下，要流过各相的汇漏电流，在接地装置上产生电位变化，可引起电声、电视杂音水平提高，影响效果，故在条件许可时，宜将接地装置独立设置，并在电路上完全分开。

10.3.7 舞台照明光源，主要采用白炽灯和卤钨灯两类，它们对电源电压波动非常敏感，以白炽灯为例，当电源电压下降5％时，其输出光通量就要减少18％，而交流电机全压起动具有较大的冲击电流，引起电源电压波动，使舞台照明闪烁，影响演出效果。我们参照了一般工作照明对电力照明的负荷合用变压器的规定，要求电动机起动时变压器低压出线上的电压波动不超过额定电压的4％，且在一小时内起动次数不大于10次，考虑舞台照明质量要求高、观众多、影响面大，因而要求对灯光闪烁的限制应更严。条文中规定冲击电压波动不超过3％，是以灯光光通量变化不超过10％为依据的，试验表明，电压瞬时波动控制在3％以内时，白炽灯的闪烁就不明显了。

10.3.8 参照《电力设计规范》及北京照明学会的《民用建筑照明设计指南》编写。

10.3.9 使绘景、化妆效果与演出效果一致。

10.3.10 避免瞬时亮度变化造成观众视觉失能的不舒服感。

10.3.11 满足观众厅清扫需要。

10.3.12 便于观众寻找座位。

10.3.13 指导观众、演员及工作人员在发生事故时，迅速疏散出去。此类标志，目前尚未制订出统一标准。据调查，剧场疏散时间一般不大于4min。应急照明用蓄电池连续供电30min就可确保安全疏散。

10.3.14 剧场消防控制室、柴油发电机室、灯控室、扩声室、配电室均属发生火灾事故时仍应继续工作的场所，其照度不低于正常照度的50％，是参照国内外其他规范而规定的，事故疏散照明最低照度不低于0.5lx，保证紧急状态中的观众看清疏散方向。

10.3.15 便于剧场照明管理，防止观众随意扳动照明开关，损坏设备。

10.3.16 一般设计原则，电铃声过于噪杂，国外已禁用。

10.3.17 参照《建筑电气设计技术规程》有关条文编写。

中华人民共和国行业标准

电影院建筑设计规范

JGJ 58—2008

条 文 说 明

前　　言

《电影院建筑设计规范》JGJ 58-2008，经建设部 2008 年 2 月 29 日以第 820 号公告批准发布。

本规范第一版 JGJ 58-88（以下简称"原规范"）的主编单位是中国建筑西南设计院和中国电影科学技术研究所，参加单位有北京建筑工程学院、湖南大学、上海城市建设学院。

为便于广大设计、施工、科研、学校等单位的有关人员在使用本规范时能正确地理解和执行条文规定，《电影院建筑设计规范》编制组按章、节、条顺序编制了本规范的条文说明，供国内使用者参考。在使用中，如发现本条文说明有欠妥之处，请将意见函寄至主编单位：中广电广播电影电视设计研究院（北京市西城区南礼士路 13 号，邮政编码：100045）或中国电影科学技术研究所（北京市海淀区科学院南路 44 号，邮政编码：100086）。

目　　次

1 总　则

1.0.1　随着电影技术的日益进步，电影工艺设计在电影院设计中的作用更显突出，特在本条中增加了"电影工艺"的基本要求。电影工艺即电影院建筑工艺，是指电影院观众厅和放映机房等功能的技术要求。

电影工艺设计专业是电影院建筑设计和电影技术之间交流和沟通的桥梁，建筑设计和工艺设计必须紧密配合，才能设计出合格的电影院来。过去电影院设计中出现一些失误，大都是没有电影工艺设计配合所致。所以本条强调了电影工艺设计的重要性。

1.0.2　随着数字电影的出现，电影院除了放映传统的三种电影之外，还应该能兼映数字电影，特在本条中增加了数字影片。数字影片是指用数字技术实现画面和声音的获取、记录、传输和重放的电影。

1.0.4　强调了视听环境和工作环境的重要性。

1.0.5　强调了电影产业的可持续发展。电影产业随着社会、经济的发展不断进步，电影院设计时，应考虑为电影产业发展带来的变化预留发展空间。电影工艺设计在电影院设计中的作用重大，在设计时应予以重视，做到与建筑设计的紧密结合。

2 术　语

本章是以原规范附录二名词解释部分为基础，略有取舍。现本章术语均选自《电影技术术语》GB/T 15769-1995，略有改动。

3 基地和总平面

3.1 基　地

3.1.1　电影院建筑是文化建筑类型的重要组成部分，特别是特、甲级大、中型电影院，对当地的文化建设起着重要作用，往往成为当地的重点文化设施，应设置在相适应的城市主要地段，目前是多厅影院发展的转折时期，国家鼓励电影院多种投资渠道和多种经营。电影院选址首先要进行人口密度趋势预测和市场容量的分析，特别是交通、人口密度、地段、多种经营状况等都对电影院经济产生极大影响，所以本条重点强调要符合当地规划、文化设施布点要求，同时要兼顾经济效益和社会效益。

3.1.2　本条规定基地选择设计的要求。

电影院的基地选择是指独立建造的电影院和建有电影院的综合建筑的基地选择。

1　电影院的基地选择应充分考虑到人、建筑、环境的基本原则。电影院作为人员密集场所，建筑的

基地选择一方面为保证人员的安全、卫生和健康，应选择无害环境，另一方面也不应选择在会对当地环境产生破坏的基地，同时不妨碍当地城市交通，减少对相邻建筑的影响。另外现行《文化娱乐场所卫生标准》GB 9664 在选址上也作相同规定。

2　电影院建筑属于人员密集建筑，电影院的场地对人员疏散和城市交通的安全都极为重要，故此这里强调基地沿城市道路方向是为了保证电影院基地前有疏散的道路，并保证疏散道路有一定的宽度；这条规定的原则是疏散观众占去的道路宽度在理论上不得超过道路通行宽度的一半，且余下的宽度最小也不得小于3m。

根据每百人室外平坡地面疏散宽度指标 0.60m，小型电影院不大于700座，道路宽度为 $2 \times 0.6 \times 700 / 100 = 8.40$m，约8m；中型电影院 701～1200 座，道路宽度 8～15m；大型电影院1201～1800座，道路宽度 15～22m；特大型电影院 1800 座以上，道路宽度大于22m。

为了方便统一，作如下调整：

小型：700 座以下，不应小于 8m；

中型：701～1200 座，不应小于 12m；

大型：1201～1800 座，不应小于 20m；

特大型：1801 座以上，不应小于 25m。

6　对于电影院前面空地的规定，其目的是保证观众候场、集散，对城市交通不致造成影响，以及在火灾或紧急情况下迅速疏散出电影院内的观众。

关于空地面积指标，各国均不相同。结合我国已有人员密集专用建筑设计，由于我国地区差异比较大，基本上采用0.20m²/座。考虑到大型及以上电影院满场观众在 1200 人以上，除了满足上述指标外，其深度不应小于 10m，二者取其较大值。当散场人流的部分或全部仍需经主入口离去，则主入口空地须留足相应的疏散宽度。

3.1.3　本条要引起设计人员的注意，电影院属于人员密集场所，特别是随着人民生活水平提高，私人轿车增多，在进行电影院设计时，要重视电影院建筑基地机动车出入口位置的设计。

3.2 总 平 面

3.2.1　电影院建筑内人员较多，观众厅数量和占地较大，使用功能复杂，因投资费用和基地原因限制，常常分期、分阶段实施，应当坚持可持续发展原则，故本条提出了总平面布置的基本原则。

3.2.2　关于建筑基地内道路的设计要求，《民用建筑设计通则》明确了设计要求和规定，这里强调内部道路和空地，以及照明设施均应满足人员疏散、消防车辆通行及使用要求。

3.2.3　电影院的停车场（库）是指提供本建筑车辆停放以及以本建筑为目的地的外来车辆停放的场所。

停车场的设置，根据电影院的规模、使用特点、用地位置、交通状况等内容确定，当受条件限制时，停车场可设置在邻近基地的地区。因我国各地公安交通管理部门对停车指标要求不尽相同，在设计时，应参考当地的停车指标。

例如：北京市 1994 年实施的《北京市大中型公共建筑停车场建设管理暂行规定（修正）》中规定：建筑面积 2000m² 以上（含 2000m²）的电影院应设停车场，电影院每 100 座，小型汽车 1～3 辆，自行车 45 辆；剧院每 100 座，小型汽车 3～10 辆，自行车 45 辆；停车场的建筑面积：小型汽车按每车位 25m² 计算，自行车按每车位 1.2m² 计算。

再如：长沙市 2005 年实施的《长沙市建筑工程配建停车场（库）规划设置规则》中规定：建筑面积大于 500m² 的建筑物运营要求设置停车设施；电影院：机动车 2.5 车位/100 座，非机动车 35.0 车位/100 座；剧院：机动车 3.5 车位/100 座，非机动车 28.0 车位/100 座。

3.2.4 根据目前我国电影院现状的调查，很多电影院做不到当地绿化率的要求，且各地对绿化率计算方法也分别有所规定，故不作量化规定，目前主要强调环境设计及绿化的重要性。

3.2.5 电影院建筑内观众众多，老年人和行动不便的残疾观众也是其中的重要部分，这同时也体现了社会文明程度。当前我国电影院能完全满足这方面要求的还较少，故专门列出本条加以强调。

3.2.6 本条是对综合建筑内设置的电影院选址提出的要求。

综合建筑内设置的电影院：即选择在商厦、市场、广场等商业建筑内，可利用这些建筑中的餐饮、购物、休闲等各种设施，并且可以相互促进各自的使用效率，从而使双方获得更好的经济效益。从 20 世纪末开始的这种模式的多厅电影院已经从北京、上海等大城市向全国大中城市发展。建在商业建筑内的多厅电影院固然有许多好处，但也受到一些限制，如观众厅的平面尺寸要与原建筑的柱网模数相适应；观众厅的高度要与原建筑物的框架结构相配合；电影院的出入口要与原建筑相结合，以便观众集散等。

关于楼层的选择，这是一个很复杂的问题。目前电影院设在建筑物顶层的比较多，大都设在五层以上，也有设在十层以上的（见表 1），这需要根据通过当地消防部门的规定和许可。设在顶层对电影厅的高度较易解决，但对观众的出入较难解决好，所以除了从商场内部出入外，还应有至地面的单独出入口，并设有电梯，提高电影院专用疏散通行能力，并解决晚场电影商场停止营业后的交通疏散问题，同时在非正常情况下，能够尽快到达安全地带。

表 1　我国部分设在综合建筑三层以上与地下一层内的电影院的基本情况

电影院名称	规　模	建设地点	建设年代
上海环艺电影城	6 个电影厅	梅龙镇广场十层	1998 年
北京新东安影城	8 个电影厅	新东安市场五层	2000 年
浙江翠苑电影大世界	13 个电影厅	物美超市五层	2001 年
上海超极电影世界	4 个电影厅	美罗城五层	2001 年
上海永华电影城	12 个电影厅	港汇广场六层	2002 年
北京华星国际影城	4 个电影厅	电影科研大厦一至四层	2002 年
上海新天地国际影城	6 个电影厅	新天地五层	2002 年
北京紫光影城	10 个电影厅	蓝岛大厦五层	2003 年
上海浦东新世纪城	8 个电影厅	八佰伴十层	2003 年
上海虹桥世纪电影城	4 个电影厅	上海城购物中心五层	2003 年
上海星美正大影城	7 个电影厅	正大广场八层	2003 年
北京影联东环影城	5 个电影厅	东环广场地下一层	2003 年
北京新世纪影院	6 个电影厅	东方广场地下一层	2003 年
北京首都时代影城	4 个电影厅	时代广场地下一层	2003 年
宁波时代电影大世界	12 个电影厅	华联大厦七至八层	2003 年
北京搜秀影城	4 个电影厅	搜秀城九层	2004 年
北京星美国际影城	7 个电影厅	时代金源购物中心五层	2004 年
上海上影华威电影城	6 个电影厅	新世界城十一至十二层	2005 年
南京新街口国际影城	9 个电影厅	南京德基广场七层	2005 年

4 建 筑 设 计

4.1 一 般 规 定

4.1.1 根据近年来已建成的多厅电影院来看,观众厅数量最少为 4 个,最多为 10 个左右。观众总容量从 600 余座到 1500 余座,只有个别的超过 1500 座。这些在目前来讲应该还是比较合适的。但是每个厅的平均容量则出入很大,最多的平均可达 200 多座/厅,最少的平均只有 100 多座/厅,所以有必要对电影院的规模进行调整。

《电影院建筑设计规范》JGJ 58-88 曾对电影院的规模进行过分级,但那是 20 世纪 80 年代针对单厅、大厅作的规定。随着小厅、多厅电影院的出现,需要对此进行修改,现将多厅电影院的规模分级如下:

特大型:1801 座以上,宜有 11 个厅以上,平均 164 座/厅;

大型:1201~1800 座,宜有 8~10 个厅,平均 150~180 座/厅;

中型:701~1200 座,宜有 5~7 个厅,平均 140~171 座/厅;

小型:700 座以下,不宜少于 4 个厅,平均 175 座/厅。

从上可见,厅数仍维持在 4~10 厅,总容量则为 700~1800 座,比原规范略有增加。最主要的是每个厅的平均座位数有明显的变化,即平均为 140~180 座/厅。

4.1.2 电影院建筑质量划分为特、甲、乙、丙四个等级,以便于区别对待,保证最低限度的技术要求,便于设计、验收。四个等级电影院的设计使用年限、耐火等级、环境功能、电影工艺等标准均应符合本规范的规定。

4.1.3 电影院在场地选定后影响电影院等级和规模是有多种因素的,要综合考虑。从我国目前电影院建设实践看,经常出现两个方面的问题:一是追求过大规模和过高标准等级,造成在建设过程中资金准备不足,工期延长,质量标准不高,严重影响以后的经营使用;二是盲目追求规模过大、豪华型电影院,建完后观众过少,票房收入达不到预期值,资金回报期延长。上述两种情况均严重影响了电影院建设事业的发展,因此,必须因地制宜地合理确定建筑的等级和规模。

4.1.4 由于电影院的功能配置比较多,使用人员多,安全要求比较高,经营类型也不同,应结合建筑的实际情况,合理分布功能分区,特别是多厅影院的观众厅应集中布置:一是平面上集中,一是剖面上集中,有利于人员疏散和管理。另外强调放映机房集中,作为多厅影院,为了减少成本和方便放映工艺,建议集中布置。目前市场上有许多新建建筑,把观众厅和放映机房分散布置,造成很多不必要的人力成本浪费。因此,本条强调功能分区要合理,详见图 1 功能分区示意图。

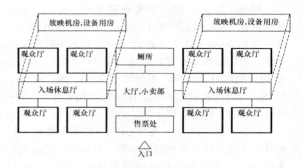

图 1 功能分区示意图

4.1.5 电影院是功能性比较强的民用建筑之一,人员较多,需要合理安排观众入场和出场人流,以及放映、管理人员和营业之间的运行线路,使观众、管理人员和营业便捷、畅通、互不干扰。要达到上述设计要求,首先必须有一个好的功能布局,合理安排人员运行流程用以指导设计。当前,从传统单厅电影院向多厅电影院转化的过渡阶段,有的设计只考虑观众厅的出入人流,忽略了管理人员和营业人员的运行路线,顾此失彼,要么运行路线不简便,要么相互干扰,因此,在进行建筑方案设计之前,要合理组织安排人流线路。

4.1.6 由于多厅电影院建筑的规模、大小、使用要求有较大差异,观众厅又有空间大且无窗等特点,如何进行剖面层高设计,掌握适度,在国内外的电影院建筑中有正反两面的实例。因此,提出必须结合观众厅的规模、工艺要求及技术条件,确定各个观众厅和放映机房的层高。

另外,有的电影院用地紧张,需要观众厅上下两层布置时,应在同一位置,这样有利于结构安全和建筑节能。

休息厅、小卖部及卫生间等辅助用房,宜放在较大厅后排座位下的空间内,一是避免空间浪费,二是能创造出形态迥异的使用空间。

4.1.7 由于电影院既属于文化建筑,又属于娱乐建筑,人员比较多,电影海报广告更换比较频繁,夜间电影院的使用率更高,这是电影院的一大特点。因此,对出入口标识、广告作了规定。

4.1.8 由于电影院人流较大,随着人民生活水平提高,遵循"以人为本"和"观众为主,服务第一"的原则,结合经济水平的发展与电影院等级标准,电影院宜设置乘客电梯或自动扶梯。如受经济条件限制,可预留电梯井。本条规定主要强调电梯的运行会对观众厅的隔声、隔振产生影响,应采取必要的措施。

另外，乘客电梯的数量应通过设计和计算确定；主要乘客电梯应设置于门厅内易于看到且较为便捷的位置；自动扶梯上下两端水平部分3m范围内不应兼作它用；当只设单向自动扶梯时，附近应设置相配套的楼梯。

4.1.9 电影院的使用特点是观众集中，营业时间长，观众厅比较暗，降低建筑物的日常运行费用和能耗是运行管理的基本原则。因此，对建筑节能的指标，应按规定取值，以达到建筑节能的目的，建筑设计中要贯彻执行有关规定。

4.1.10～4.1.11 对于在一个建筑内有噪声源的锅炉房、冷却塔、空调机房、通风机房、各种泵房、排烟机房等动力用房与餐厅、游艺室等噪声比较大的经营用房，为确保观众厅的安全并阻止噪声对观众厅的干扰，必须采取一定的防火、消声、隔声、减振技术措施，或远离观众厅。

4.1.12 为避免暴雨和上人屋面对观众厅的噪声影响，作此规定。

4.1.13 为方便老年人和行动不便的残疾观众，除总平面上考虑对出入口、道路的特殊要求外，建筑设计中也要贯彻执行有关规定。

4.1.14 公共信息标志设施是多厅电影院建筑现代化程度、美化建筑的重要标志之一，特别是观众厅、经营用房较多，电影院建筑更应高度重视。电影院公共场所凡涉及人身财产安全以及指导人们行为的有关安全事项，管理单位应按规定设置相应的公共信息标志和安全标志，需要设置中、英文字说明的引导标志，应符合国家、行业标准的有关规定。

4.2 观 众 厅

4.2.1 观众厅基本要求。

1 过去原规范中观众厅的长度按照声音的延迟时间与距离关系确定厅长为36～40m，并用厅后墙的反射面来加强后座的声级。但是随着电影立体声的出现，特别是模拟立体声又发展为数字立体声，上述做法就不适宜了，过长的延迟声会造成的声音和画面不同步，主扬声器与环绕扬声器的声相定位干扰，影响了数字立体声的应有效果。本规范的观众厅的尺度参照《数字立体声电影院的技术标准》GY/T 183 - 2002规定，长度不宜大于30m，长度与宽度的比例宜为（1.5±0.2）：1。

2 观众厅楼面荷载除应考虑楼面均布活荷载外，还应考虑因增加台阶产生的静荷载。楼面均布活荷载标准值取自《建筑结构荷载规范》GB 50009。

6 乙级及以上电影院观众厅每座平均面积不宜小于1.0m²，来源于现行的防火规范，考虑到地区和等级的差别，故此规定丙级电影院观众厅每座平均面积不宜小于0.6m²。

4.2.2 观众厅视距、视点高度、视角、放映角及视线超高值。

1 视点选择的规定

各种画幅制式的高度 H 相等，则设计视点高度也统一为 h，但各画面高度不等时，则可按图2及公式设计。

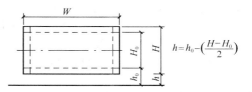

$$h = h_0 - \left(\frac{H - H_0}{2}\right)$$

图2 设计视点高度计算

注意：各画幅中心高度的水平轴线应为同一轴线，而不能将各画幅的下缘比齐。

2 视距的规定

视距改用 W 的倍数表示，因为这样更为明确，且不易误解。

本规范规定最近视距取0.5～0.6W，最远视距取1.8～2.2W（丙级电影院放宽至2.7W）的依据是：与最近视距0.6W相对应的水平视角为80°，与最远视距1.8W相对应的水平视角为31°。从图3中可见水平视角80°介乎双目周边视场和辨别视场之间，观众可以获得很好的视觉临场感；水平视角31°也可达到辨别视场的大部分。所以银幕尺寸如果提供了不小于31°且不大于80°水平视角，即0.6～1.8W，已被国内外业内公认为最佳的视觉范围。

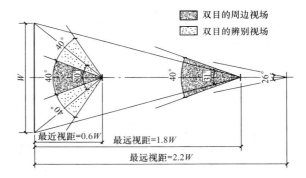

图3 最近视距与最远视距

3 视线超高值 $c = 0.12$m，取自我国人体工程学，即人眼至头顶的高度，是用来计算视线无遮挡设计的一个参数。

但是在需要的时候，如后排座位下的高度不够利用，使用高靠背座椅时，都可以增加附加值 c'，以增加地面标高。但一定要注意，后排观众站起来时不能遮挡放映光束；也不能因此提高机房标高而使放映俯角超过6°。

4 观众坐着时眼睛离地高度 $h'=1.15m$，也取自人体工程学坐姿为腓骨水平时地面至眼睛的高度。而在影院中实测时 $h'=1.10m$，这是因为座椅向后有 $4°$ 的倾斜。因此 h' 可取 $1.10\sim1.15m$。

5 丙级电影院视线超高值可按隔排 $0.12m$ 计算，但前、后排座位必须错位布置，而且只有普通银幕能达到视线无遮挡，其他银幕视线仍有遮挡。

4.2.3 视线设计：从图 4.2.3 中可见观众厅的地面升高（H_n）应符合视线无遮挡的要求，即后一排观众的视线从前一排观众的头顶能够看到银幕画面的下缘，使视线不受遮挡。这条视线与银幕画面下缘的水平线形成两个相似三角 $\triangle OAD \triangle OBE$。

因为 $\triangle OAD$ 与 $\triangle OBE$ 相似，所以

$$H_n = h - (h' + Y_n) = Y_0 - Y_n$$

其中：$Y_0 = h - h'$，$Y_n = X_n / X_0 \cdot (Y_0 - c)$

式中 H_n 可化为表格进行计算，如下表2。

表2 地面升高值计算表

所求点	X_n	$K_n = \dfrac{X_n}{X_{n-1}}$	$P_n = Y_{n-1} - c$	$Y_n = K_n \times P_n$	$H_n = Y_0 - Y_n$
0	X_0	—	—	$Y_0 = h - h'$	0
1	X_1	$K_1 = \dfrac{X_1}{X_0}$	$P_1 = Y_0 - c$	$Y_1 = K_1 \times P_1$	$H_1 = Y_0 - Y_1$
2	X_2	$K_2 = \dfrac{X_2}{X_1}$	$P_2 = Y_1 - c$	$Y_2 = K_2 \times P_2$	$H_2 = Y_0 - Y_2$
3	X_3	$K_3 = \dfrac{X_3}{X_2}$	$P_3 = Y_2 - c$	$Y_3 = K_3 \times P_3$	$H_3 = Y_0 - Y_3$

4.2.4 银幕画幅制式配置

1 "等高法"：1957年我国第一家宽银幕电影院——北京首都电影院首例使用宽银幕、遮幅银幕、普通银幕三幕统高的配置方法，后被称之为"等高法"。经过多年的实践和提高，"等高法"订入国家标准《电影院工艺设计——观众厅银幕的设置》GB 5302-85，其要点是：①变形宽银幕、遮幅银幕、普通银幕这三种画幅高度基本一致，这可由调整镜头焦距的方法来获得；②银幕四周应设有黑色边框，上下边框可以固定，左右边框应移动至画面所需的宽度处。"等高法"的优点是各个画面的银幕影像质量比较接近，而且都比较好；另一优点是银幕的上下黑边可以固定，只有左右黑框需要移动，结构简单、容易施工。目前大多数电影院仍采用此法。

2 "等宽法"：当电影院中出现小厅后，则"等高法"的遮幅银幕与普通银幕画面显得太小。于是出现了将银幕的宽度做成基本一样的"等宽法"。其要点是：①变形宽银幕与遮幅银幕画幅宽度应基本一

致，而普通银幕则与遮幅银幕画幅高度基本一致，这可由调整镜头焦距的方法来获得；②银幕四周应设有黑色边框；通过移动上下、左右边框，使画面达到所需的画幅格式银幕的高度与宽度。"等宽法"的优点是突出了遮幅银幕加大的优势，给观众更强的临场感。但缺点也随之出现：此法遮幅银幕画面面积是变形宽银幕的 127%，因此在银幕宽度较大、氙灯光源不足的情况下，银幕的亮度、均匀度等指标均很难达到要求，且上下、左右边框均需要移动，结构复杂，施工难度大。

3 "等面积法"：顾名思义，采用使宽银幕、遮幅银幕的面积基本统一的配置方法，其要点是：①通过改变变形宽银幕的高度与遮幅银幕的宽度，保证二种画幅格式银幕面积基本一致，这可由调整幕框与镜头焦距的方法来获得；同样，将普通银幕与遮幅银幕画幅高度设置为基本一致。②银幕四周应设有活动黑色边框，通过移动上下、左右边框，使画面达到所需的高度与宽度。"等面积法"的优点是充分利用观众厅的有效高度与宽度与氙灯光源的光效，确保各种画幅格式银幕的有效画面与银幕的亮度、均匀度等指标的有效提高，既加大了面积，又保证了质量；同时可以很方便地实现数字电影的画幅制式，满足电影数字化发展的需要。其缺点是：改变银幕的任意一种画幅格式，均需要改变银幕边框位置，增加了银幕边框的机械结构的复杂度。

4 片门尺寸（mm）：
变形宽银幕 21.3×18.1
遮幅宽银幕 20.9×11.3；20.9×12.6
普通银幕 20.9×15.2

4.2.5 观众席座位尺寸与排距的排列尺度的规定基于三个方面的考虑：1）必须满足现行消防规范中的有关要求；2）应充分考虑观众观赏电影的舒适度，观众席座椅宜采用表面吸声的软椅；3）采用的软椅应具有良好的吸声性能。为此，按照电影院的等级划分，列出表 4.2.5 中的要求规定，其中丙级电影院的规定要求是为了适应投资规模小、经济条件差的农村乡镇电影院。对于高等级的特、甲级电影院，观众席的座距与排距，规定要求予以适当增大，例如，座距增至 0.56m，排距增至 1.00～1.10m。

4.2.7 主要强调观众厅内走道和座位的排列设计原则。

3 中厅、大厅弧线座位排列问题

过去曾有将座位弧线排列为：以 O 为圆心，以最后一排为半径 R，这样做的依据是每个观众都应面向银幕中心，但这样第一排的弧度太弯，两端的观众几乎成为"面对面"而不是面向银幕（见图4），故现在已不再使用。为此，现在可采用下列两种方法：

1） 从斜视角的最边座，通过银幕宽度 1/4 处，与厅中轴线相交点为圆心，作为弧

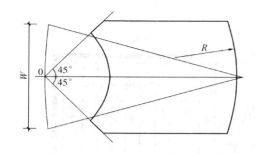

图 4 观众厅弧线座位排列（已不使用）

线排列的曲率半径（见图5）。依据是最边座只需面向银幕宽度 1/4 处就可以了。

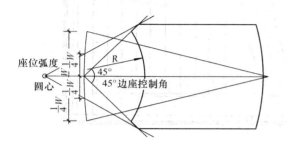

图 5 观众厅弧线座位排列做法 1

2）原规范第 3.3.5 条对座位弧线排列曾规定为"观众厅正中一排或 1/2 厅长处弧线的曲率半径一般等于放映距离"，此法虽依据不足，但仍不失为解决问题的作图法（见图6）。

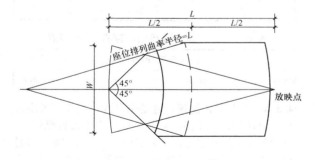

图 6 观众厅弧线座位排列做法 2

关于观众厅的大、中、小厅，应根据观众厅的建筑面积来划分，见表3。大、中厅座位排列示意见图7。

表 3 不同厅型观众厅的建筑面积

厅　型	建筑面积（m²）	厅　型	建筑面积（m²）
大厅	401 以上	小厅	200 以下
中厅	201～400		

4.3 公 共 区 域

4.3.2 本条是对电影院门厅和休息厅的设计要求。

1 门厅和休息厅是电影院的重要区域，一个多厅电影院通常是以门厅和休息厅为主骨架，其他区域均以此为中心和枢纽，将各种主要空间联系起来，在人流的集散、方向的转换、空间的过渡，与走道、楼梯等空间的连接等方面，起到交通枢纽和空间过渡的作用，是整个电影院的咽喉要道，是人流出入汇集的场所。门厅、休息厅内部功能分区和设施应当合理、适中。

2 关于门厅和休息厅的面积计算和分配是一个比较复杂的课题，由于每一个电影院的规模、等级不相同，建筑形式有分散设置，也有集中布置，门厅和休息厅分设也越来越多。经过大量已建电影院和剧场调查以及国内外规范比较，原规范面积指标比较恰当，因此，保留原来规范指标。关于人数计算的取值：电影院属有标定人数的建筑物，可按标定的使用人数计算。

另外关于门厅、休息厅合并设置时的面积指标，可参考《建筑设计资料集》中规定（表4）。

表 4 门厅、休息厅合并设置时的面积指标

类　别	门厅兼休息厅		
等级	特、甲级	乙级	丙级
指标（m²/座）	0.4～0.7	0.3～0.5	0.1～0.3

3 对于观众厅分层设置，各层休息厅面积人数取值可按每层标定人数来取值。

4 由于多厅电影院观众厅数量比较多，为了方便观众入场、等候，在门厅和各个观众厅入口要做到标识明显，指示明确。电影院的内部设施应充分表现电影特色，充分利用电影海报、宣传画及电影明星照片的广告效应，海报和宣传画应定期更新，以创造新片的热点和保持新鲜感。

观众入场标识系统主要有观众入场标识、多厅电影院分布图、安全出入口示意图、座位图等。

4.3.3 本条是对电影院售票处的设计要求。

根据大量的调研，售票处主要有以下三种布置：一是售票处独建在场地或门厅入口处；二是在主体建筑内辟一售票间，窗口向室外；三是影院门厅内设柜台式的售票处。这三种方式应当根据电影院的规模、等级以及所处的环境进行合理选择。当售票处独建在场地或门厅入口处时，应避免影响交通。

目前国内大部分电影院售票处均有显示设施，为方便观众购票，故此在设计时应当预留强弱电管线。售票处显示设施是电影院与其他建筑的重要区别，也是电影院特色之一。

随着经济的发展，售票处应以更亲切的开放式柜

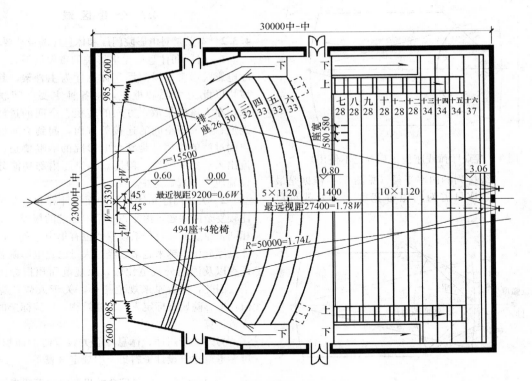

图 7　大、中厅座位排列示意图

台取代传统的狭小窗口的设计，柜台式的售票处将被广泛使用，观众可以亲自在电脑显示屏上选择座位的位置，对号入座。

4.3.4　本条是对电影院小卖部的设计要求。

小卖部的销售收入是影院收入的重要来源，我国的影院还一直没有重视起来，同时，明快整洁的小卖部及特色食品和饮料是招揽观众的一个重要手段，国外的影院很重视爆米花的销售。目前国内外影院小卖部柜台分为前柜台、后柜台，后柜台上方设价目表和食品广告灯箱。

前柜台台面上设施主要有收银机、饮料机，前柜台正面有食品展示柜和爆米花保温柜，前柜台背面主要有分杯器、储冰槽和杆盖分配器等。

后柜台台面设施主要有：爆米花机、雪泥机、热饮机、热狗机、玉米脆片保温柜、热水器等，以及洗手盆和洗碗盆。

落地设施有制冰机和冰柜。

考虑到上述设备对小卖部前、后柜台宽度以及之间的距离，作了本条第 3 款的规定。

4.3.5　衣物存放处，北方地区使用比较多，南方地区应考虑存放雨具，随着人民生活水平的提高，对衣物存放处要求越来越多。面积指标保留原规范指标。

衣物存放处的布置主要由柜台和衣架组成，其布置方式有敞开式、半敞开式和滑动存衣架的方式。以下给出的面积指标供参考（见表 5、表 6）。

在调研过程中，发现很多多厅电影院均设置了自助式小件寄存柜，使用率比较高，故作此规定。

表 5　《室内设计资料集》存衣处面积指标

1000～2000 座观众	存衣处面积 （m²/座）	柜台长度 （m/百人）
最少～最多	0.04～0.10	0.80～1.82
一般	0.07～0.08	1.00～1.67

表 6　《建筑设计资料集》存衣处面积指标

类　别	柜台以内面积	柜台以外面积	柜台长度
指标（m²/座）	0.04～0.08	0.07	1m/40～80 座

4.3.6　吸烟有害健康，这是全世界的共识。考虑人性化设计和人文关怀，在公共场所集中设置吸烟室。国内外规范均有规定：一般不少于 0.07m²/座，且总面积不少于 40m²，并设置排风装置。我国电影院专设吸烟室的较少，大多是规定在公共区域或观众厅内不准吸烟。由于电影放映时间比较长，多片放映时间更长，因此，在门厅和休息厅宜设置吸烟室。

4.3.7　本条新增。经过多个电影院的调查，等级较高的电影院均设有固定电话，故作此规定。

4.5　其他用房

4.5.1　多种营业用房设计说明：

根据电影院规模和等级，灵活掌握设置多种营业用房，开发多层次电影市场。建立电影产品的多元营利模式，充分发挥电影产业带动相关产业发展的优势，改变电影产品仅靠票房收入的单一经营模式。

多种营业用房主要由电影产品专卖店、餐饮经营用房、室内游艺、娱乐设施、电影产品陈列室等用房组成。

电影产品专卖店主要指电影海报、小道具、电子产品、卡通产品、时钟产品、电影地毯、电影邮票、电影名人卡、电影座椅等产品的专卖店。

为了适应电影院的国际化发展趋势，餐饮业可吸引国内外知名品牌企业加盟到电影院的餐饮经营体系中。

电影产品陈列室：电影产品主要是电影海报、小道具、名人卡等产品，电影产品的宣传是电影院的重要特色之一，同时也是吸引观众的一个重要手段。

4.5.2 考虑到特、甲级电影院举办首映式、电影明星与影迷见面会的需要宜设置贵宾接待室。

4.5.3 建筑设备用房设计要求：

1 作为一个现代化电影院，技术设备用房是必不可少的。无论新建还是改建电影院，均应根据电影院的规模、等级和实际需要设置风、水、电等动力设备用房；对于电影院建在综合建筑内，应首先考虑利用电影院周围已有的技术设备设施。

多用途观众厅的扩声、灯光控制室，基本上都是设置在放映机房内，这有利于设备的操作与管理。对于要求有渐明渐暗场灯控制的调光设备和控制系统，通常也可以设置在放映机房内。

2 动力设备技术用房噪声比较大，应避免对观众厅的影响。

4.5.4 智能化系统的设计，是电影院建筑现代化的重要标志之一，考虑未来数字影院的发展，电影院可根据实际使用情况，增设卫星接收、有线电视机房、计算机机房等。

4.5.5 员工用房是电影院除了业务用房外，与其他部门联系最为频繁的房间。除了值班、保卫工作用房外，都不宜设置在观众活动的交通线上。为了联系方便，行政用房宜设置在底层或占电影院一角，单独设门，方便管理人员出入。

4.6 室 内 装 修

4.6.1 目前电影院建筑设计单位，在进行观众厅内部疏散设计过程中，往往忽略声学装修厚度，使得原有满足疏散宽度的土建设计，在装修后不能满足疏散宽度要求。另外，观众厅通常有消火栓、疏散指示等设施，因此，对观众厅声学装修作此规定。

4.6.2 由于观众厅的声强比较高，有时会达到110～120dB，要求声学装修所有固定件、龙骨等连续、牢靠，不得有任何松动。另外，面积较大的观众厅结构体系往往采用空间网架或钢屋架，这些结构的下弦杆要有钢结构转换层，以便做吊杆。对于面积较大的观

众厅吊顶内，特别是多用途观众厅，顶棚上灯光系统、扩声系统，以及机械系统等设施，应设置检修马道。

4.6.3 室内装修设计要求：

1 根据目前电影院建设的市场状况，往往电影院建筑设计由建筑设计部门完成，大部分观众厅的装修设计，则往往交由普通装修施工单位去做，这是不符合国家建设和设计程序的，观众厅室内装修设计应由包含声学设计的设计单位来完成，并应满足电影院声学设计要求。因此，强调观众厅室内装修设计的完整性。

2 观众厅内室内声学装修大量使用声学材料，特别是阻燃织物、玻璃棉、阻燃木质材料、石膏板类、矿棉板类、木拉丝板等，均应当有国家权威环境部门的认证和检测报告。

3 目前国内电影院大量建设的是改建工程，特别是原有建筑使用性质的改变，观众厅视线的升起，往往要增加楼面荷载。因此，本条强调要对建筑结构安全性进行核验、确认。

5 本条主要强调在设计过程中，要充分考虑维护和检修。同时，任何吊顶上的材料和构件，均应牢固可靠，不得有任何松动。

4.6.4 根据观众厅防止干扰光原则，强调银幕四周均应做无光、深色处理。

4.6.5 目前放映机房地面做法比较多，选用什么材料，应充分考虑管线的敷设和材料的耐久性。因此规定此条。

5 声 学 设 计

5.1 基 本 要 求

5.1.1 电影院声学设计应包括建声与电声两个方面设计工作。在电影院的设计中，声学设计与室内声学装修设计是相辅相成的，为了保证观众厅内的最佳声学效果，室内声学装修设计的材料选用与结构形式应服从建声设计要求，同时要根据电声设计要求给予电声设备安装合适的安装位置，既保证室内装饰效果，又满足声场音质效果。

5.1.2 建声与电声设计的相互配合是建成良好音质观众厅的重要条件，建声设计重在观众厅的体形设计与声学缺陷的消除、混响时间及其频率特性的控制以及噪声的抑制，电声设计重在控制房间常数，电声设备的选择与布置，确保观众厅内声场分布的均匀、声辐射方向的合理与电影还音音质良好。

5.1.3 在观众厅内要扩大电影立体声的聆听范围，须考虑以下几个方面因素：

1 观众厅体形设计要合适；

2 扬声器的安装位置与高度要符合观众厅声场客观条件；

3 扬声器的特性（指向性、频率特性、功率等）必须满足电影立体声还音的技术条件；

4 银幕后主声道扬声器与环绕声扬声器的相对距离要满足电影立体声的声像定位条件（不宜超过50ms 的声距离）。

5.1.4 观众厅后墙的全频带吸声，能有效地控制观众厅后墙回声及其对环绕声声场的干扰。

5.1.5 银幕后做中高频吸声材料能够有效控制银幕后中、高频反射声，有利于银幕后多组主扬声器的声像定位。

5.2 观众厅混响时间

5.2.1 1995 年 ISO/WD12610 提出了电影院混响时间的计算公式，即

$$RT_{60} \leq 0.027477 V^{0.287353} \, (\text{s})$$

式中 RT_{60}——混响时间（s）；

V——房间容积（立方英尺）。

广电总局电影局 1999 年 5 月公布试行的《数字立体声电影院技术规范》确定了混响时间上限的计算公式，并附有上、下限的图表。

广播影视行业标准《数字立体声电影院的技术标准》GY/T 183 - 2002，增加了混响时间的下限计算公式，建立了一套完整的电影观众厅混响时间计算公式。

小于 500m² 的小容积电影厅，其混响时间可在上限范围内选取。

5.2.2 关于混响时间的频率特性，特将我国及国外的几种标准制成下图（图8）。

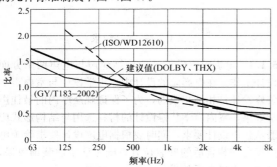

图8 我国及国外的几种标准混响时间的频率特性

从上图中可见我国低频段曲线较国外翘的少，高频段较国外也降的少，这是历年来过度强调所谓"平直"所致（其实从图中可见，我国标准是"平"了些，但并不比其他标准"直"）。因此建议《电影院建筑设计规范》改用新的"建议值"。

随着数字立体声的发展和普及，对电影院建筑声学的要求越来越高，混响时间频率特性向两端各延伸一个倍频带完全必要。但是历来建声设计只考虑6个倍频带，为此可在计算时仍用6个倍频带，而在画曲线时两端按趋势各加一个倍频带，用虚线表示。待测

试后与实测值相比较，供以后设计时参考。这样久而久之，即可找出 63Hz 和 8kHz 的设计值。

5.2.3 丙级电影院观众厅混响时间频率特性的建声设计按 6 个倍频带，与相关测试规范、声学材料或构造所提供的数据比较协调，设计计算相对要简单一些。

5.3 噪声控制

5.3.3 观众厅噪声的评价。

NC 噪声评价曲线（见图9）是美国 1957 年的噪声评价标准，后来已演变为 ISO 国际通用标准中的 NR 噪声评价曲线（见图10）。电影院的噪声评价理应也使用 NR 曲线评价，但是历来电影业所用的测量仪器，如 DN60/RT60 实时频谱分析仪，B/K4417（或 4418）建筑声学分析仪，THX-R2 频谱分析仪等都仍使用 NC 噪声评价曲线，有的仪器还能将测量值 NC 曲线自动打印出测试报告，所以如何改用 NR 曲线需要慎重考虑。为此，特将两种噪声评价曲线并列以资比较。从两图中可以看出两种曲线在低频时 NR 低于 NC，到中频时渐趋接近，至高频中 NR 超过 NC。电影院常用的 NC25、NC30、NC35 曲线在 1000Hz 时比 NR 曲线各高 2dB，相差不是太悬殊。再看某影院用 THX-R2 频谱分析仪实测的测试报告（见图11），图中所示的该影厅的噪声频谱和 NC25 曲线，说明该厅的噪声水平小于 NC25。为了改用 NR 曲线评价，特在该图上添加了 NR25 噪声评价曲线，而原噪声频谱正好落在 NR25 曲线上，说明该影厅的噪声水平也是符合 NR25 曲线的。因此，特在本规范修订中改用 NR 噪声评价曲线来评价电影院噪声水平，特此说明。

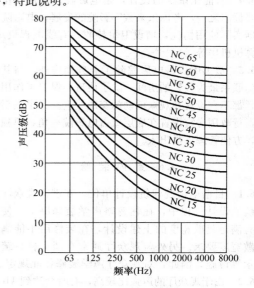

图9 NC 噪声评价曲线

5.3.5 隔声量以影院等级划分没有必要，特别是含有多厅的电影院，相邻电影厅之间隔声量控制十分重要，本规范相邻电影厅的隔声量参照 THX 标准；门

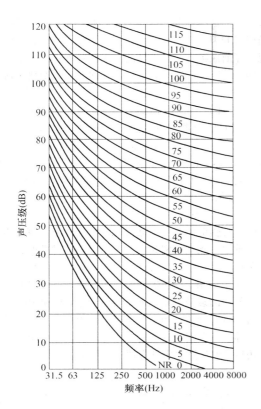

图 10　NR 噪声评价曲线

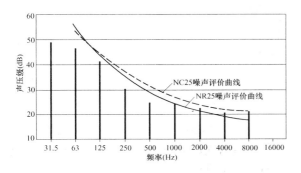

图 11　NC 和 NR 噪声评价曲线的比较

厅、休息厅与观众厅之间隔声量的数据是设定在门厅与休息厅内有 80dB 的噪声，在观众厅内的噪声评价曲线≤NR25；室外与观众厅之间隔声量的数据是设定在室外有 85dB 的噪声。

5.4　扬声器布置

5.4.1　对于一个符合基本要求的电影院，银幕后扬声器还音应具备两个条件：1）扬声器频率响应曲线应符合"标准"规定的要求；2）扬声器的频率响应应能在整个观众区内保持基本一致的程度。这就必须对所使用的扬声器提出一定的要求。

根据国际标准《电影录音控制室和室内影院 B 环电-声响应规范及测量》ISO 2969：1987（E）和国家广播电影电视行业标准《电影鉴定放映室声光技术条件》

GY/T 112－93 中 B 环电-声响应要求，银幕后扬声器频率响应在 40～12500Hz 范围内，能符合这种规定要求的扬声器，最低要求应该是具有高、低音分频的二分频扬声器系统，对于要求更高的数字立体声电影还音，除了应采用二分频系统外，也可以使用三分频、四分频系统。

扬声器所发出的声音，在低频段，向各个方向的传播是均匀的，而在高频段，则随着频率的升高逐步集中在扬声器的正轴线方向上，偏离轴线越远，衰减越大，频率越高，偏轴衰减越大。为了克服扬声器的这一明显缺陷，有效地控制扬声器的水平与垂直辐射角度，保证扬声器对整个观众区均匀的声覆盖，均匀的频率响应，在本条款中特别强调提出应选用指向性恒定的高频号筒扬声器，而且规定：水平指向性不宜小于 90°，垂直指向性不宜小于 40°。

5.4.2　扬声器的安装高度与倾斜角直接影响到扬声器对观众厅的声覆盖是否均匀。在扬声器的声场中，声压级除了随着偏轴角度的增大而衰减外，还随着距离的增大而衰减，这就要求扬声器的辐射中心轴的方向必须对准观众厅内最远距离的座席，保证银幕后扬声器声音能最大限度地传到观众席最远位置。

因此选择合适的扬声器安放高度，控制好扬声器的辐射方向，保证距离的衰减与偏轴的衰减基本一致，就可以控制观众厅内的声场均匀度。本条款中所规定的观众席距地面 1.15m 处，是根据观众席上人耳距地的距离为 1.15m 而设定的。

图 12 示出距离衰减与偏轴衰减的计算关系。可以根据电影厅内的放声距离，观众席的起坡高度，进行详细计算。

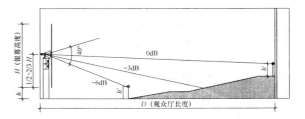

图 12　银幕后扬声器安装高度与倾斜角

5.4.3　扬声器的支架与箱体固定不牢，将会产生撞击声，金属声及其他共振噪声。直接影响电影还音质量，本条款提出此要求。

5.4.4　目前世界上实用的 35mm 电影立体声有三种，主要为 Dolby、DTS 与 SDDS 三种制式，并包括五种六声道或八声道立体声还音方式。

其中 Dolby 与 DTS 的四种还音方式影片在我国应用较多，SDDS 八声道还音方式影片在我国应用较少。因此，在本款中对银幕后扬声器数量的设置是符合我国国情的。图 13 示出了典型的电影立体声扬声器在观众厅内的布置方式。

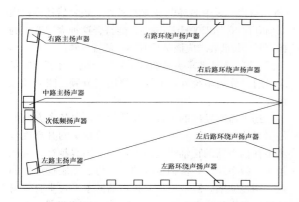

图 13 观众厅内电影立体声扬声器布置方式

1 置于银幕后三组（或五组）扬声器构成波阵面立体声重放系统使观众有明确的方位感，又能随画面的影像移动而感到声像移动，克服声像空洞现象，为保证银幕多组扬声器的声像一致，本条款规定，扬声器的声辐射中心高度应一致，间距相等。

2 在电影立体声的声道中，观众对立体声的聆听感受，很大程度来自声像的相对位置，而这相对位置则取决于观众对来自前面不同方向声音的声程差的分辨，特别是要让远离银幕的观众能感受到银幕后各声道音响与影像画面移动的一致性，感受到银幕后各声道音响的方位感，最理想的方式是拉大左、右两侧扬声器距离，扩大声场的动态平衡区。鉴于此，本条款中提出扬声器的间距要足够大的距离，并以不超出银幕画面为宜。

5.4.5 环绕声扬声器与主扬声器系统构成波阵面型平面环绕立体声系统。环绕声扬声器系统的良好设计可配合主扬声器的声像定位，增强整个电影立体声信息的空间感、分布感和方位感。

1 环绕声扬声器系统的声场设计应要求：在观众厅内有均匀的声波覆盖，要有足够的功率余量，这就需要根据观众厅的大小与所选取环绕声扬声器的灵敏度、额定功率、指向性特性等技术参数来计算环绕声扬声器的声场。环绕声扬声器的声场设计应按左（左后）、右（右后）二（四）路进行计算。当多台环绕声扬声器与功放输出连接时，必须注意多台环绕声扬声器并串后的最终阻抗是否能和功放的输出阻抗相匹配。环绕声扬声器并串后的最终阻抗应控制在 4～16Ω。

2 环绕声水平位置确定，应保证主扬声器声场对环绕声声场的"优先效应"。一般考虑以下两个条件：① 与银幕要有一定距离，避免前区扬声器产生"环绕声从前方发出"效应；② 前区第一只扬声器与后墙扬声器间距的声延迟，应尽量控制在"优先效应"所规定的时域内，以便于在整个环绕声声场中，主扬声器声场"优先效应"的调整。鉴于"优先效应"，环绕声扬声器的前后位置如果超过 17m，其前

后声场的延时将超过 50ms，这对主扬声器与环绕声扬声器的声场调整十分不利。因此在本条款中规定：观众厅前区第一台扬声器的水平位置不宜超过第一排座席，前区扬声器与后区扬声器间的最大距离不应大于 17m。

3 环绕声扬声器的安装高度应选取适当，通常较高的扬声器安装位置有利于扩大立体声聆听范围，而且易于形成空间感。本条款中所给出的计算公式，是根据对国内近百个电影厅的计算，并结合 THX 推荐的环绕声扬声器高度计算公式而总结出的。

4 有了环绕声扬声器的安装高度，控制好扬声器的垂直辐射角，对于创造均匀的环绕声扬声器声场非常重要，控制原则为：扬声器中心轴对准的方向必须是距其最远距离的观众席，而观众席上人耳距地的距离为 1.15m。扬声器的倾斜角的确定，可以利用扬声器的距离衰减差值（符合 $1/r^2$ 定律）和偏轴衰减差值（指向特性）相互补偿获得。通常侧墙扬声器对称悬挂，只要安装高度符合规范中的公式要求，其倾斜角度 θ 值计算也十分方便（见图 14）：

$$\theta = \tan^{-1}(H/W)$$

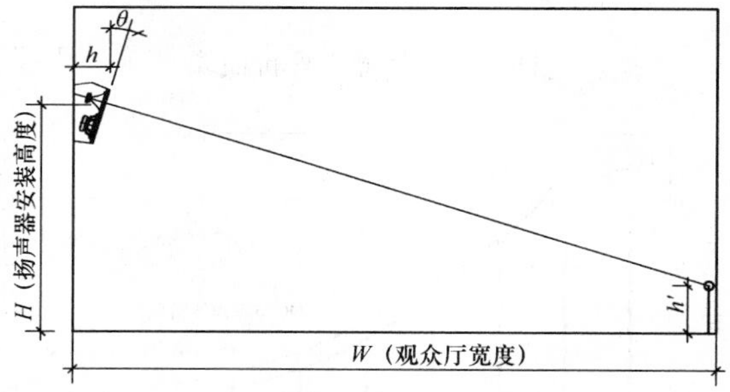

图 14 环绕声扬声器安装高度与倾斜角

对于悬挂在观众厅后墙上的扬声器，其倾斜角度也可以按上式进行计算。

5.4.6 次低频扬声器担负 20～200Hz 频段还音，由于人耳听觉特性对低频特别不灵敏，低频扬声器的效率又十分低，设计中应充分考虑。

1 扬声器在低频段无方向性，因此对次低频扬声器的安放位置要求并不十分严格，放在银幕后任意一个位置都可以，但是，为了避免由于对称安装而引起的房间驻波激发，本条款特别说明将次低频扬声器置于银幕后中路主声道扬声器任意一侧地面，以构成不对称的放置方法。有条件时也可利用障板固定连接，以使低频幅声能尽可能地向前辐射，减少声波的后辐射，造成不必要的声能损失。扬声器直接放在地面，利用地面反射声加强次低频的辐射声能。

2 次低频扬声器系统的声场设计主要应根据观众厅的大小、对低频效果声的要求与所选取扬声器的

低频灵敏度、额定功率等技术参数来进行综合计算，必要时，必须增加扬声器与功率放大器数量，将二台、四台甚至八台扬声器组合在一块，用对应数台功放分别驱动，从而实现交叉互耦效应，成倍地提高系统效率。

6 防火设计

6.1 防　火

6.1.1 国家标准《建筑设计防火规范》GB 50016、《高层民用建筑设计防火规范》GB 50045以及《建筑内部装修设计防火规范》GB 50222对电影院建筑防火设计的一般性要求作了规定，设计过程中必须遵循。

本规范是电影院建筑设计的专用性规范，体现了电影院建筑特有的防火要求，是电影院建筑防火设计的重要组成部分，设计过程中必须遵循。

6.1.2 电影院建在综合建筑内防火分区的设计要求。

随着电影院的市场化和技术发展，电影院建在综合建筑内的情况会越来越多。本条强调建在综合建筑内的电影院应形成独立的防火分区，有利于限制火势蔓延、减少损失，同时便于平时使用管理，以节省投资。

6.1.3 在改建和扩建的电影院中，观众厅视线升起要调整座席台阶的高度。许多座席台阶采用木质，极易引起火灾。本条规定采用不燃烧体，其耐火极限不应小于0.5h。

6.1.4 关于观众厅装修材料燃烧性能等级，各防火规范都有规定，当设置在四层及四层以上或地下室时，室内装修的顶棚、墙面材料选择应符合《建筑内部装修设计防火规范》GB 50222有关规定。

6.1.5 电影院观众厅吊顶内的吸声、隔声材料一般是微孔材料或松散材料，位置在两个地方，一是在屋面板（或楼面板）下，一是放在吊顶上，吊顶是灯具、风管线路交错的地方，闷顶内容易起火。另外，吊顶内设备均须经常检修，为了避免火灾，作此条规定。

6.1.6 银幕架、扬声器支架均是观众厅重要设备承重构件，通常采用型钢结构，为了避免火灾严禁使用木质结构。银幕从材料上分为：布质银幕、白色涂料、银幕、塑料幕、玻珠银幕、金属幕等。另外，银幕前的大幕帘和沿幕，以及遮光门帘均以织物为主，极易燃烧，故作此条规定。

6.1.8 为了保障电影院内部装修的消防安全，提出本条规定。

6.1.9 大多火灾案例表明，绝大部分的人员死亡是由于吸入有毒气体和窒息死亡的，观众厅属于无窗房间，参照《建筑设计防火规范》GB 50016和《高层

民用建筑设计防火规范》GB 50045，提出只要大于100m²的地上观众厅和面积大于50m²的地下观众厅均应设置机械排烟设施。

关于排烟量，参照《高层民用建筑设计防火规范》GB 50045第8.4.2条中庭的排烟量计算方法，考虑到观众厅净高比中庭低，人员密集，且由于有座椅的障碍，火灾时人员疏散较困难。因此建议观众厅以13次/h换气标准计算，或90m³/(m²·h)换气标准计算，两者取其大者。

6.1.12 放映时观众厅人数较多，本条是强调防火安全的重要性。

6.2 疏　散

6.2.1 本条提出电影院建筑设计时应合理组织交通线路，均匀布置疏散出口、内部和外部通道，使分区明确，线路便捷，既是满足电影院建筑日常使用的基本要求，也是在火灾和非正常情况下，满足人员疏散需要的必备条件。

6.2.2 本条主要是对观众厅疏散门设计提出的要求，为保证人员疏散路线快捷、畅通，不出现意外伤害事故制定的。

为防范偷盗事件的发生，疏散门常上了门锁，一旦火灾发生，门打不开，由此造成大量人员伤亡，国内已发生过火灾时由此原因造成人员大量死亡的案例，是我们应汲取的教训。为此强调疏散外门应设自动推闩式门锁。此锁的特点是人体接触门扇，触动门闩，门被打开，但从外面无法开启，使用方便又有很高的安全性。在实践中，通常一个观众厅两道疏散门，一道为出场门，一道为进场门。出场门上作推闩式门锁，门外无把手，人出去就进不来；进场门口通常有管理人员值班，可以没有锁，若带锁应是推闩式门锁，门外还要有把手。因此，门若有锁，应采用推闩式门锁。

6.2.3 本条疏散门数目和宽度规定应符合现行国家标准《建筑设计防火规范》GB 50016及《高层民用建筑设计防火规范》GB 50045的规定，门的净宽不应小于0.9m，疏散门必须为甲级防火门，并向疏散方向开启，这一条很重要。电影院观众厅之间的防火问题，首先是将观众厅与观众厅之间分隔开来，避免相互影响。使观众厅与观众厅形成独立的防火间隔，另外，要求出入场门均为甲级防火门。甲级防火门主要是指设置在观众厅隔墙上的门。

6.2.4 本条规定观众厅外的疏散走道、出口的设计要求：

1 本条提出与《建筑设计防火规范》GB 50016统一，观众厅座位数为每层观众厅的总合人数。

2 本条提出为了保证人员在观众厅外，穿越休息厅或其他房间时的走道疏散通畅，厅内的陈设物不能使疏散路线被中断。

3 疏散通道上有高差变化时，为了便于快速通行，提倡设置坡道，当受限制时，不能设坡道而设台阶时，必须有明显标示和采光照明，大台阶应有护栏，避免出现意外。

4 疏散通道设计时应尽量在统一标高上，若有高差变化，室内坡道不应大于 1：8，这是人员行走可以忍受的最大坡度。

6.2.5 本条对疏散楼梯的设计要求：

1 本条的目的在于说明电影院内门厅和休息厅使用开敞的主楼梯或者自动扶梯旁边设置的配套楼梯，由于楼梯四周不封闭，在火灾情况下无法保证安全疏散。

2 这是对楼梯设计的基本要求，楼梯平台宽度与楼梯宽度相同，并且规定最小宽度为 1.20m，应满足两股人流同时通过。

3 扇形踏步的楼梯设计中有时选用，须按规范规定的要求设计，以便人员在紧急情况下不易摔倒。

4 有时在影院设计时做室外疏散楼梯，应满足楼梯净宽度不小于 1.10m，同时不应影响地面通行人流。

6.2.6 本条是火灾情况下对人员疏散起到重要指示作用的措施，有利于提高走道的通行能力，使人员尽快脱离危险地域。

6.2.7 本条的"走道宽度符合计算"是指观众厅走道按每百人平坡为 0.65m，台阶为 0.75m，分别计算走道宽度。

7 建筑设备

7.1 给水排水

7.1.4 《建筑给水排水设计规范》GB 50015 对给排水系统选择、用水量、水压都已有规定。

7.2 采暖通风和空气调节

7.2.1 本条对乙级电影院的空气调节，可根据不同地区气候条件和经济条件区别对待。炎热地区，推荐设空气调节，但不硬性规定必须设置；非炎热地区，标准可低些，有条件可以设空气调节，资金紧张也可设机械通风。丙级电影院规定应设机械通风。

7.2.2 冬季室内采暖计算温度及夏季室内空调计算参数给出的范围较大，设计时可根据电影院的等级和经济条件确定，根据现有的经济发展水平，原标准偏低，此次修订标准适当提高。天然冷源包括地道风、地下水、山涧水等。本条规定室温低于 30℃，是考虑我国不少地区地下水温度较低，用天然冷源完全有可能低于此值。这里只规定上限温度，使室温允许值范围更大，设计时灵活性也更大。上海市电影发行公司颁布的《上海市新建（改建）影院（包括兼映剧

场）验收办法》中规定："有空调设备的单位，在夏季室内温度达 30℃时必须使用"。所以本条取 30℃为上限温度。

7.2.3 无论是工业建筑还是民用建筑，人员所需新风量都应根据室内的卫生要求、人员的活动和工作性质，以及在室内的停留时间等因素确定。卫生要求的最小新风量，民用建筑主要是对 CO_2 的浓度要求（可吸入颗粒物的要求可通过过滤措施达到）。

国家标准《文化娱乐场所卫生标准》GB 9664 规定，影剧院、音乐厅、录像厅（室）的新风量标准为：≥20m³/(h·P)，《剧场建筑设计规范》JGJ 57 规定最小新风量标准为 10～15m³/(h·P)。室内稳定状态下的 CO_2 允许浓度应小于 0.25%〔我国人体散发的 CO_2 量可按每人每小时 0.02m³/(人·h) 计算〕。

由于新风量的大小不仅与能耗、初投资和运行费用有关，而且关系到保证人员健康，本规范汇总了国内现行有关规范和标准的数据，并综合考虑了众多因素，也考虑了我国中小城市的实际情况，故本次修订按不同等级分别规定。

7.2.4 本条人体散热散湿量，参阅《冷冻与空调》1983 年第 5 期中"人体散热散湿量"一文。本条表中所列数据，已考虑群集系数，使用时不再分男、女、老、少计算。

7.2.5 本条考虑放映机房内放映机工作时散发毒气，宜排至建筑物外，因此空气调节不允许回风，以免影响整个系统，并保持负压，使其不散发进入其他部分。排风次数是根据毒气的散发量确定的。放映机的排风量根据灯的性质和种类按厂家提供的数据确定，一般不小于 15 次/h。

7.2.6 本条考虑观众厅设空气调节，则等级和要求较高，因此放映机房亦相应设带新风的空气调节。

7.2.7 观众厅的送风方式。

本条主要的目的是要求空调系统设计时，应充分考虑到合理的气流组织，以使整个观众厅的温湿度大致相同，避免产生冷热不均的现象，同时为了最大限度的节约能源，规定在过渡季节，空调系统不做除湿处理，可做机械通风系统使用。

7.2.8 1 氨制冷剂的缺点是毒性大（B2 级），对人体有害，且对食品有污染作用，为安全起见，不应采用。

3 本条强调卫生、环保。放映前后厕所人员较多，为保证污秽气体迅速排走，强调设置机械通风。

7.2.9 本条参照前苏联《电影院建筑设计规范》第 3.15 条编写。

7.2.10 本条参照《民用建筑采暖通风设计技术措施》第 5.56 条编写。

7.3 电　气

7.3.1 作为人员密集的场所，从保障生命和财产安

全考虑延长了蓄电池作为备用电源的供电时间。

对照明设备、电力设备包括工艺用电设备实际端电压的规定。此规定是为了避免电压偏差过大对设备使用工作运行状态、使用寿命和能耗的不利影响。

7.3.2 作为整个建筑物安全运行的动力设备机房、消防设备机房在发生火灾事故时仍应继续工作。作为人员密集的场所，从保障生命和财产安全考虑，并参照国内其他规范的规定。

7.3.8 电影还声的设备外壳接地属于屏蔽接地，其功能在于将干扰源产生的电场限制在设备金属屏蔽层内部，并将感应所产生的电荷传入大地。电影院接地技术要求及措施应符合国家和专业部门颁布的有关设计标准、规范和规定。

中华人民共和国行业标准

汽车客运站建筑设计规范

JGJ 60—99

条 文 说 明

前　　言

《汽车客运站建筑设计规范》JGJ 60—99，经建设部、交通部 1999 年 10 月 10 日以建标 [1999] 243 号文批准，业以发布。

本标准第一版的主编单位是甘肃省建筑勘察设计院、交通部公路规划设计院。

为便于广大设计、施工、科研、学校等单位的有关人员在使用本标准时能正确理解和执行条文规定《汽车客运站建筑设计规范》编制组按章、节、条顺序编制了本规范的条文说明，供国内使用者参考。在使用中如发现本条文说明有不妥之处，请将意见函寄甘肃省建筑设计研究院。

1 总　　则

1.0.1 为保证汽车客运站建筑设计的基本质量，保证车站内正常营运，保证旅客的安全，满足汽车客运发展需要和广大旅客旅行的基本要求，制订本规范，以便汽车客运站建筑设计有所依据。

本规范对汽车客运站的功能、环境、设备等，所制订的标准均为下限。

1.0.2 明确本规范的适用范围，系指新建、改建、扩建的汽车客运站，而不适用于汽车货运站和城市公共汽车站的建筑设计。

1.0.3 表1.0.3所提示的是二种规模概念，可以对照引用，发车位是基建规模概念，可认为是静态规模，年平均日旅客发送量是统计规模，也可认为是动态规模。

1.0.4 目前客运汽车的单车载客坐位数为40~60左右，当车站的日发送客运量超过25000人次时，车站的日发送班车需500多个班次，客流、车流等十分繁忙，必然增加车站建筑规模和建设征地的难度，也给车站和城市交通增加压力，因此，当客流量达到一定的限度时，宜按客流方向城市交通分区分别设置汽车客运站，这样既能方便旅客，又能减少城市交通负担和建设用地的困难，并能减少投资。

1.0.5 汽车客运站建筑设计内容较多，有关面积标准、设备标准及人员配备、防火、热工、节能、隔声、水、暖、电等除执行本规范的规定外，尚应符合国家现行的有关专业设计规范、标准、规程和交通部颁布的《汽车客运站级别划分和建设要求》中的标准和规定。

2 术　　语

2.0.1 原试行本采用的是旅客日发送折算量，所谓折算因交通部84建设标准对旅客有长途、短途之分，因长途旅客与短途旅客的站务工作量是不同的，为了统计需要一般应将短途旅客折算成长途旅客人次。自1995年以来交通部发布了95建设标准，取消了短途旅客的站务概念，而采用了年平均日旅客发送量。年平均日旅客发送量是指统计年度平均每天始发旅客的数量。

2.0.2 本规范直接引用交通部行业标准《汽车客运站级别划分和建设要求》JT/T200—95中旅客最高聚集人数作为计算候车厅面积的依据。旅客最高聚集人数按下列公式计算：

旅客最高聚集人数＝发车位总数×标准客车容量

　　　　　　×1.1~1.2（候车心态系数）

式中：标准客车容量一般取45，候车心态系数

一、二级站取下限，三、四级站取上限。

2.0.3 发车位指有站台能全天候，有秩序的组织旅客上车停泊当班客车的地方。如属供车顶装载行包的车型使用，可有方便、安全装载行包的行包装卸廊的停当班车的地方，称发车位。

2.0.4 站前广场一般指位于站房与城市干道间之开阔场地，供旅客进出车站集散之用，以免旅客滞留于城市干道，影响交通。

2.0.5 停车场指车站内停放待发客车的场地，一般客车应从此处，按调度指令驶入发车位。

2.0.6 站房指车站主要建筑，包括候车、售票、行包、业务及驻站办公等营运用房，这些功能性空间，可按站级规模组合设置。

2.0.7 行包装卸廊指位于发车位上方用于装卸行包的廊道。

3 站址和总平面

3.1 站　　址

3.1.1 本条规定了汽车客运站基地选择的几条原则：

1 车站场地应符合城市规划的具体交通要求。为城市创造更好的服务条件及环境；

2 为保证运行车辆顺利、简捷、迅速地通过城市干道进出车站，避免进出站车辆在城市中迂回堵塞，提高车辆的运转能力；

3 选择和布置站址时，应把方便旅客到、离站放在首位，并应与市内公共交通汽车站、火车站、轮船客运站等联系紧密，将城市中的各种客运有机地结合，有利组织联运、方便旅客集散和换乘；

4 本条为一般建设和使用的基本条件。

3.2 总　平　面

3.2.1 总平面布置关系汽车客运站的使用功能，本条作了明确规定。汽车客运站总平面布置应处理好站前广场、站房、停车场、附属建筑、车辆进出口及绿化等内容的平面关系。站房是车站的主要建筑，总平面位置应明显突出并考虑其使用方便。站前广场及站场应根据车站规模、城市环境等因素选择合理的布置方式。这是衡量汽车客运站总平面设计优劣的主要标准之一。站内客运、业务办公、生活用房等应有各自明确的区域划分。在联系方便的前提下，各部分不应互相交叉、互相影响和干扰，各部门都应有较好的环境，以保证站内营运和旅客的安全及卫生要求。汽车客运站由旅客、车辆、行包三大流线组成车站的流线功能，在总平面设计中，各种流线应简捷通畅，应最大可能地避免各种流线交叉，才能保证站内营运的安全和畅通。为保证站内营运和卫生，方便旅客上下车，和车辆顺利通行。应处理好站区内的排水坡度，

防止积水。

3.2.2 本条对汽车进出口作下列规定：

1 一、二级规模的汽车客运站，日客运量较大，站内每天需发送几百个班次客车，进出站车辆频繁，为避免车辆堵塞及安全事故，进出站口必须分别独立设置。三、四级规模的汽车客运站，日发送班车量较少，进出站车辆密度较小，但按交通规则，也需分别独立设置。但对日发送班车不超过 50 辆的小站，可适当放宽。进出站口宽度不宜小于 4m，是由目前客运汽车外型尺寸加上运行安全距离所控制，以保证安全。

2 防止大股客流与车流互相交叉干扰，保证旅客安全。

3 进出站口距公园、学校、托幼建筑及人员密集场所的主要出入口的安全距离从必须与可能考虑确定为 20m。

4 保证驾驶员有良好的视线，看清进出车辆及过境车辆的运行状态，保证安全行车。

3.2.3 各行其道是效能规则之一，本条规定的车行道路宽度是参照公路设计标准及目前长途客车的外型尺寸和行驶安全距离而确定。主要客流道路指进出站的大股客流道路，其宽度为保证上下车旅客高峰时刻能迅速通过及疏散，避免因急于进出站的紧张心理而造成拥挤现象，为保证车行和人行安全而规定的。

4 站 前 广 场

4.0.1 站前广场的作用是与站房和城市联系的纽带，车站通过站前广场吸引和疏散客流。因此，站前广场应面向城市主要客流方向，并与城市的交通干道及公共交通联系紧密，使旅客能利用城市公共交通迅速地到达或离开车站。

4.0.2 明确地划分各种车流、客流路线及各功能区域，利于站前广场充分发挥其纽带作用，减轻各种客流、车流对站前广场的压力，保证站前广场的秩序，避免混乱和拥挤，保证站容、市容的整齐。

4.0.3 到、离站的旅客，多数都带随身行李和其他物件，旅客通过站前广场进出站的路线，若不短捷通畅，不但给站前广场带来混乱，更给旅客增加负担。站前广场应考虑残疾人短捷进站通道。

4.0.4 站前广场位于城市尽端时，进出站旅客及车辆等流线都处于混乱状态，为避免相互干扰堵塞及发生事故，应增设通往站前广场的辅助道路，利于划分各进出站流线的运动方向区域，位于干道一侧时，则应加大站前广场的进深。

5 站 房 设 计

5.1 一 般 规 定

5.1.1 汽车客运站一般来说应该是一组建筑群，其规模是根据站级而有所不同，但总的说来可划分为旅客有直接或间接关系的客运用房。例如有候车厅、母婴候车室、售票厅、行包托取厅等。驻站用房，则为其他系统的派出机构。办公、生产及生活辅助等用房是属行政、生活、福利方面的建筑。至于哪一个站级具有哪些建筑单项或建筑空间，可参照交通部有关《汽车客运站级别划分和建设要求》。

5.1.2 汽车客运站建筑设计首先应满足功能分区的要求，应处理好客流、货流、车流这三条流线的关系，这三条流线既有其各自的程序，又有一定的横向联系，从而组成整个汽车客运站的活动，这些原则是处理好汽车客运站建筑设计的基本要求，贯穿本规范各章节的基点。

5.1.3 汽车客运站的候车厅、售票厅、行包房等主要营运用房是旅客的主要活动区域，在这些空间活动的旅客是该站发车位的多少、每小时发车频率有关，而这些因素恰恰又是确定旅客最高聚集人数的依据，因此按照旅客最高聚集人数计算这些空间的建筑规模是合理的。

5.1.4 随着社会的发展、残疾人参与社会活动的机会也相应的有所增加。汽车客运站，作为一项社会公交事业，应认真执行《方便残疾人使用的城市道路和建筑物设计规范》的有关要求。

5.1.5 严寒及寒冷地区冬季室内外温差很大，在人员密集的建筑空间的出入口应考虑一些防寒设施，诸如门斗、热风幕等以防室外冷空气直接进入室内，影响室内采暖效果。

5.2 候 车 厅

5.2.1 候车厅使用面积指标，受二个函数的制约，一是旅客最高聚集人数，二是每一个旅客在候车厅候车至少需要占用的使用面积，这二个函数前者是可变数，后者在下限的概念中是一个定数，或者叫常数。不变之处在于每人所占空间（包括简单行包）是一定的，二排坐椅间的通道最小宽度也是一定的，据此作为每一个候车旅客的使用面积指标 1.10m²/人与站级、候车形式、候车心理、候车人数之多少无关，为此将此视作常数。在这次修改中仅将旅客最高聚集人数的计算依据作一些变动外，面积指标的另一个函数仍按原试行本 1.10m²/人不应改变。

5.2.2 候车厅室内净高是按天然采光及自然通风一般卫生的最低要求考虑，是对候车厅的净高下限值的空间规定。

5.2.3 为关怀母亲和婴儿身体健康，使其有较好的候车环境，规定一、二级站宜设母婴候车室，母婴候车室应邻近站台，单独设检票口，方便这部分旅客检票上车。

5.2.4 检票口设在三个车位中间，旅客分批检票后，可由左、中、右三个方向到达三个车位，人流不发生交叉，如二个车位设一个检票口，则将增加50%检票口，如四个车位设一个检票口，就会人流交叉，造成客流混乱，规定三个车位设一个检票口是经济合理的。

由于地形或设计原因，候车厅与站台有可能不在同一标高，检票口处于候车厅与站台之间，从旅客的心理及动态分析，检票口设踏步是不适宜的，如有高差，提示作缓坡，不但方便旅客还可供残疾人轮椅通行。

5.2.5 候车厅由于受站台雨棚、行包装卸廊及售票厅等影响，可开窗墙面并不多，考虑实际处于单侧采光的大跨度空间，规定不应小于1/7的窗地面积比是必须的。

5.2.6 候车厅系大跨度空间，旅客流动大，噪声大，应考虑吸声减噪措施，满足语言广播的清晰度。

5.2.7 候车厅应设置座椅并提示排列方向，是为了强化功能，明确客流导向，方便通行和疏散。

5.2.8 方便旅客使用。

5.3 售 票 厅

5.3.1 四级站一般发车较少，旅客最高聚集人数不超过150人。按计算设1～2个窗口，如单设售票厅，要满足各种要求，会带来很多困难，至于一、二、三级站分别设置是必须的。售票厅使用面积指标的确定与售票方式有关，当采用人工售票时，按每个窗口20m² 计算是合理的，进入90年代后计算机已逐渐介入售票领域，售票打破了定向分线发售的格局，这就从根本上解决了窗口之间不均的局面，减少了旅客排长队购票的时间，队伍短了，使用面积指标下调一些，是可以理解的。

5.3.2 按旅客活动规律，一般售票后进入候车厅或行包托运处的可能是比较多的，在平面关系中考虑这些因素是有利流线的形成。本条还提示，考虑这些因素的同时应避免因开门位置不当造成串堂，实际是兼作了过厅，影响了售票厅的基本功能要求。

5.3.3 每个窗口每小时可售票数按原交通部部标为120张，90年代后计算机进入售票活动，售票过程中钱钞支付过程所需时间不变，所不同的仅是定额撕票与计算机打票，这二者时差不是太大，故仍维持原指标120张/h不变。关于窗台的高度、宽度则按人体尺度考虑确定。

5.3.4 这是有利于实际管理工作，设置长度可按站

级实际需要，不作明确规定。

5.3.5 提示售票厅内有很多业务性图表，诸如线路图、里程表、客货运价表、旅客须知以及临时公告等，均须有一定墙面予以布置，设计时应注意这些内容，在解决好采光、通风的同时，对这些也应有妥善处理。

5.4 售票室和票据库

5.4.1 以售票工作台、座椅、座后交通道和靠墙小家具的基本尺寸与5.3.3－2所要求的尺寸的乘积约为5m²。

5.4.2 本条与5.3.3.3说明站或坐，手与工作面的关系差一般约为0.30m左右，具体设计中，可将售票员工作位地面局部提高，也可将售票室全部提高，使售票窗口内外均有一个合理的高度。

5.4.3 计算机使用环境的一般防护要求。

5.4.4 一、二、三级站发车班次较多，相应的票据也多，独立设置有利保卫管理工作。

5.4.5 票据为纸页乘车有价凭证，票据应考虑防火、防盗、防鼠、防潮要求。

5.5 行包托运处、行包提取处和小件行包寄存处

5.5.1 托运与提取均为处理旅客行包的过程，对站务来说，前者是进，后者是出，特别一、二级站行包进出量较大，分别设置是有利营运管理，三、四级站如能合并，无论对空间利用、提高劳效益均是有利的。

5.5.2 原试行本对本条用词严格程度，确定为"应"，这是由于当时条件所确定的。这十年来随着国民经济的发展，行驶在国道和省道上的新型客车，一般行包均随车装载于侧下位货仓内，已无需设行包装卸机械和传输设施。为此将原用词"应"改为"可"。即可视须要而设置。

5.5.3 按人体尺度及旅行包规格考虑其适宜的高度。

5.5.4 安全设施及正常业务需要。

5.5.5 方便出入及自行车托取。

5.5.6 库房保卫和适用的基本要求。

5.6 站台、行包装卸和发车位

5.6.1 站台的设置是有利于停车，有利于旅客上下车。

5.6.2 站台设计必须为站务工作的三条流线创造良好的工作条件，站台净宽系指候车厅外墙突出物至站台另一侧的边缘或雨棚构造柱内侧面的净宽，站台净宽考虑两股人流和一辆手推车通行的要求。

5.6.3 发车位露天时，站台应设置雨棚，站台雨棚是站台设计的一般要求，是对旅客的起码关怀，上下车不致受雨水浸淋影响。站台雨棚净高是按车顶装货平台离地高度约为3m，再加工作人员位于工作平台

上的操作高度，净高不小于5m，是安全操作的最低要求。

5.6.4

1 有些发车位建于中高层或裙房之底层，承重柱结构断面较大，为此条文提示净距要求，以保证客车驶入发车位的安全性。

2 提示附墙柱突出墙面应保证净距，以免影响实际通道宽度。

3 站台雨棚下方面积较小，但人流、货流活动频繁，提示承重柱设置位置应注意人流、货流的活动规律。

5.6.5 一、二、三级站行包装卸量较大，但客车进入发车位停站时间较短，人流、货流、分层设置是比较合理的，长度及开口数与发车位相适应是提示对班装卸行包作业的要求。

5.6.6 按行包暂存带净宽≥1.20m，行包待装带净宽≥0.60m之总和，即行包装卸活动一般规律而确定。

5.6.7 客车车顶行包平台后端在后轮上方，为了装卸方便一般客车进入发车位时，车尾处于行包装卸廊下方，行包装卸廊与车顶行包平台的高差应考虑工作人员上下车顶时的操作条件，大于0.30m，既不方便，又不安全。

5.6.8 行包装卸廊的栏杆在作业过程中有可能遭受水平冲撞而危及安全。为此提示设计时应考虑承受水平推力时的整体构造强度。

5.6.9 考虑工作安全。参照现行《民用建筑设计通则》有关室外栏杆要求，规定为1.20m，门的开启方向提示采用推拉，因为外开是不安全的，内开要占有效空间。

5.6.10 行包装卸廊与站场间设铁爬梯等作为辅助垂直交通设施，方便行包员、调度员的工作联系。

5.6.11 提示由于地形高差或二层设置候车厅，有可能简单的直接将旅客通过行包装卸廊引向站台，从而干扰了货流正常操作等不适宜的流线发生。

5.6.12 发车位地坪坡向是方便发车，也有利发车位及时排水，方便旅客上下车。

5.7 其他用房

5.7.1 旅客往往因为发生了什么事情就想找问讯处了解，因此问讯处应设置于容易找到的地方，提示靠近旅客主要入口处，一般对旅客是比较方便的。问讯处一般工作人员不多，但面积也不能太小，室内应考虑必要的桌椅及开门位置。问讯处前面的8m²是少量旅客聚集等候问讯所必需的面积。

5.7.2 计算机应用在汽车客运站各项业务中已逐渐推行，作为一、二级宜设计算机控制室，其地面按防静电要求，是一般技术措施。

5.7.3 广播室当无监控设施时，其设置位置应考

候车厅、站场、发车位在视野范围内，以便及时提示有关工作人员调整即时状态，以利站务管理。

5.7.4 调度室系站务活动指挥中心之一，设外门便于与站场或发车位上的站务人员及时联系。调度室联系、接待等业务较多，使用面积按交通部标确定。

5.7.5 一、二级站旅客及工作人员较多，应设医务室，方便旅客及站内应急使用。其使用面积按一位医务人员处理日常医务工作所需陈设的最小面积计算。

5.7.6 为一般公用服务设施，提示设计应考虑适当位置布置电话亭，方便旅客使用。

5.7.7 原试行本乃参照铁路旅客站建筑设计标准。这十年来，由于社会的发展和妇女社会地位的不断提高，妇女参与经商、旅行、访亲问友等社会活动也日益增长。早近期设计的一些汽车客运站其厕所男、女比例已不能满足当前使用要求，为此适当调整其比值。

1 前室的设置是作为文明、卫生的要求考虑，使厕所与其他空间有所缓冲，前室也可设置一些必要的洗手盆，设洗手盆的前室不能视为盥洗室，一、二级站应按规定另设盥洗室。

2 明确厕所必须有天然采光，不能置于暗室用人工照明，至于通风，这里提的是良好通风，即自然通风或其他形式通风均可，应注意不要将异味串入其他空间。

5.7.8 旅客出站口一般不从候车大厅通过，为了方便长途旅行到站的旅客，在旅客出站口附近设供到站旅客的厕所是需要的。

5.8 驻站用房

5.8.1 处于边防地区或特殊地位的汽车客运站，还有规模较大的站，有可能合建或附设公安、海关、检疫、邮电等部门，为此本规范作一些一般规定。

5.8.2 站房内候车厅、售票厅等处旅客比较集中，治安工作也比较多，公安派出机构平面关系能与这些空间有较方便的联系，便于开展正常业务。独立通信设施是公安工作的一般需要。

5.8.3 海关、检疫一般是独立设置，但我国疆域辽阔，亦应考虑有合建的可能，但由于各自的业务内容不同，应分别予以考虑，有利双方工作。

5.8.4 一、二级站旅客较多，相应需要邮电服务的旅客也较多，在附近没有邮电服务点时应考虑附设邮电业务用房，其位置邻近旅客比较集中的候车厅是合理的。

5.9 附属建筑

5.9.1 一般提示附属建筑包括内容，也有可能随社会发展增加某些单项或减去某些单项。

5.9.2 维修车间设置规模及包括内容按交通部行业标准执行。维修车间与站场虽然有业务联系，但工作

内容是不同的，为了各自的安全生产，应该有所分隔。

5.9.3 一、二级站发车多，到站车也多，为了控制到站旅客流向，方便旅客及管理事项，考虑一些有关设施是必须的。

6 停 车 场

6.0.1 停车场容量变化较大，提示按交通部有关行业标准。

6.0.2 本规范所规定的停车数量大于 50 辆，紧急情况时，疏散口不足，车辆疏散不出去，易造成混乱，因此，设计时应留有足够的疏散口。疏散口应在不同方向设置，且应直通城市道路，保证车辆能迅速地疏散而到达安全地带。

6.0.3 分组停放，有利于停车的整齐存放，避免混乱。每组停车数量过多，增加车辆停放的困难，并不利于疏散。因此本条规定了每组停放车辆不宜超过 50 辆。组与组之间的通道宽度不应小于 6m，是为满足车辆进出和防火安全距离的要求。

6.0.4 为一般客车回车、调车之下限要求。按要求设一个疏散口的站，亦可作为消防车之回车场地。

6.0.5 提示《汽车库、修车库、停车场设计防火规范》(GB 50067) 要求。

6.0.6 洗车设施及及检修台均有较严格的行车、停车位置要求，在进入就位前有一段直道有利安全操作。

6.0.7 提示绿化环境、保护环境的一般要求。

7 防 火 设 计

7.1 防 火

7.1.1 汽车客运站是旅客和加满油的大客车密集的场所，为此强调对有关现行建筑设计防火规范必须认真执行。

7.1.2 按照现行建筑设计防火规范相应条文对照各级汽车客运站有关数据确定。

7.1.3 火灾除了发生明火燃烧人身伤亡外，发烟，特别是有毒烟雾，对人员密集的场所危害更大，为此不得将那些在达到或未达到燃烧温度而大量发烟的建筑材料用于候车厅、售票厅的吊顶及闷顶内。

7.1.4 汽车客运站人多、车多、火灾危险性较大，消防设施、灭火器材必须配套齐全。

7.2 疏 散

7.2.1 遵照现行建筑设计防火规范，人员密集的公共场所安全出口数不应少于两个，每个安全出口的平均疏散人数明确不应超过 250 人，所以明确上述数字原因有二：

1 本规范所确定的一级汽车客运站，旅客最高聚集人数并未超出现行建筑设计防火规范有关条文中所提及当超过 2000 人时，其平均疏散人数的限制。

2 汽车客运站的旅客大多随身携带行包，还有一些旅客携带婴幼儿，这些是不同于一般剧院、电影院、礼堂、体育馆的观众，是直接影响疏散速度的。

7.2.2 遵照现行建筑设计防火规范明确候车厅在疏散口的设计计算时，候车厅安全出口必须直接通向室外，室外通道净宽不得小于 3m。

7.2.3 除现行民用建筑防火规范条文外，明确在建筑设计图中严禁在双扇自动门闩平开门上设锁。其他系明确排除一些安全出口人流活动的不利因素。

7.2.4 候车厅内带有导向栏杆的进站口一般开口较窄，只供慢速通行，作为安全出口计算其宽度是不适宜的。

7.2.5 除遵照现行民用建筑设计防火规范有关条文外，对候车厅设置二楼时又作了一些要求，考虑旅客有携带行包等情况，其所需疏散宽度与一般情况应有所区别。

7.2.6 目前一些汽车客运站很少注意这方面安全设施，为此提示设置必要标志，事故发生时，有利于安全疏散。

7.2.7 镜子、不锈钢等建筑材料作为室内材料已屡见不鲜。但用于人员密集的公共场所，容易造成空间尺度概念及疏散方向的迷乱，因此规定候车厅及疏散通道墙面装修中不得使用。

8 建 筑 设 备

8.1 给 水 排 水

8.1.1 汽车客运站系公共场所，无论那一级站均应设给排水系统，包括站场必要的给水和排水系统。

8.1.2 一级站一般位于大城市，始发车次多，跑车路线长，车身易脏，为了保持市容应及时洗车身，设自动冲洗装置是合适的。二、三级站相对而言能将车冲洗干净即可，应设置一般冲洗台。但无论采用那种方式冲洗，应考虑节约用水，减轻城市供水负担。

8.1.3 一级站一般属省会或地级城市，供热条件较好，有可能为严寒及寒冷地区旅客提供一些方便，解决旅途中盥洗所需。

8.1.4 站场冲洗及汽车冲洗所排放的污水含油污及泥沙较多，未经处理就排放，必然污染城市环境，或堵塞下水管井，为此规定应进行处理，达标后排放。

8.1.5 站房及停车场的消防给水设计应符合《建筑设计防火规范》(GBJ 16)《汽车库、修车库、停车场设计防火规范》(GB 50067) 的有关规定。停车场和发车位除设室外消火栓外，还应设置适用扑灭汽油、柴油类易燃物质的手提式灭火器，用来扑救初起火灾，选择数量按《建筑灭火器配置设计规范》（GBJ 140）的有关条文。

8.2 采暖通风

8.2.1 一、二级汽车客运站一般地处大、中城市，有条件采用热水采暖系统。而三、四级站地处中、小城乡则可因地制宜采取其他合适的采暖方式，但须注意防护及污染环境。

8.2.2 室内设计温度系参照"采暖通风设计技术措施"确定，设计取值时应根据具体条件分别取其上下限值。

8.2.3 保护儿童及旅客，避免被散热器烫伤事故的发生。

8.2.4 候车厅、母婴候车室、售票厅等处，旅客集中，空气污染严重，影响旅客健康，因此要考虑通风换气，一般以考虑自然通风较为经济，如不能满足时可采用机械通风。

8.2.5 公共厕所保持空气的新鲜是必须的，应按换气量要求设置。

8.2.6 严寒地区的一、二级站候车厅、售票厅等主要出入口旅客进出较为频繁，为了保证室内设计温度，为此提示宜设置热风幕。

8.2.7 适应社会发展，适当提高一、二级站旅客主要活动空间的环境条件，在夏热冬冷、夏热冬暖地区提示宜设空调。

8.3 电 气

8.3.1 汽车客运站一般发车均在黎明（也有发夜班车），发车前1~2h旅客聚集较多，这时活动场所均须人工照明。按现行建筑电气设计技术规范供电系统负荷分级要求规定，凡属中断供电将造成公共场所秩序混乱者，应按二级负荷设计供电系统，因此规定一、二级站按二级负荷设计供电系统。三、四级站旅客较少按三级负荷设计。当附建于综合建筑或高层

建筑时，按负荷等级高的考虑。

8.3.2 明确照明分类、有利设计，方便使用。

8.3.3 按民用建筑照明设计标准要求，结合站务需要，如售票、检票要看清票面最小数字，调度、广播、通讯等处工作连续性强，因此确定照度为75~150lx。候车厅是旅客主要活动场所，应有明亮、舒适、安全感，并应满足看报的要求，定为50~100lx。停车场照度适当予以提高，基于以下三方面的原因：

1 停车场车辆、旅客人次比以前都有所增加。

2 停车场由封闭性转向公用性，司乘人员不一定都熟悉场地。

3 发车班次、过境车的数量有所增加。

8.3.4 售票窗口增设局部照明是为了迅速、准确看清票据、钱款、提高售票效率，照度值不低于150lx，是符合民用建筑照明设计标准而定的。

8.3.5 按民用建筑电气设计规范的要求。

8.3.6 按功能分设分控，可节约用电，便于管理。

8.3.7 为驾驶员安全行车创造必要条件。

8.3.8 站台雨棚下空间有限，而装卸搬运等项活动较多。任何吊挂灯具都是不适宜的，为此提示宜设吸顶灯。

8.3.9 通信、广播是汽车客运站必要设备，其设备种类、数量及功能要求应与站级规模相适应。一、二级站站务工作量较大，随着社会发展宜设置计算机管理系统，诸如售票、检票、行包、通信、显示、结算、调度等部门宜设终端设备，对候车厅、发车位等旅客、客车活动频繁区宜设监控系统。

8.3.10 客车进出站口与人行道、城乡干道有交汇点，为了安全应设同步声、光信号。考虑人们的习惯，信号灯应符合交通信号的规定。

8.3.11 明确车流方向，保障行车安全。

8.3.12 按现行建筑电气设计技术规程要求，具体设计时则必须参照当地气象部门有关雷爆参数。对配电室、计算机室、通信室、广播室等处应作接地设计。

中华人民共和国行业标准

办 公 建 筑 设 计 规 范

JGJ 67—2006

条 文 说 明

前　言

《办公建筑设计规范》JGJ 67—2006，经建设部 2006 年 11 月 29 日以 510 号公告批准，业已发布。

本规范第一版的主编单位是浙江省建筑设计研究院。为便于广大设计、施工、科研、学校等单位的有关人员在使用本规范时能正确理解和执行条文规定，《办公建筑设计规范》修订编制组按章、节、条顺序编制了本规范的条文说明，供使用者参考。在使用中如发现本条文说明有不妥之处，请将意见函寄浙江省建筑设计研究院（地址：杭州安吉路 18 号。邮政编码：310006）

目　　次

1 总　　则

1.0.1 本规范是在《办公建筑设计规范》JGJ 67—89（以下简称原规范）的基础上修订的，为保证办公建筑符合功能、安全、卫生、技术、经济等方面的基本要求，阐明本规范的修订目的，作本条规定。

原规范自 1990 年实施以来，对于指导我国办公建筑设计工作，提高设计质量起了积极的作用。但是随着国民经济发展，原规范一些条文已不适应当前提高办公建筑设计质量的要求。国家已制定了新的办公用房建筑标准，与此相适应，原规范也应修改不适应的条文，补充各专业新的内容。同时为了加强立法，使本规范具有强制性法规的性质，增加了执行规范的保证措施，使其成为综合性的设计法规，规定了设计中基本的低限要求，实施后必将进一步保证办公建筑的设计质量。

1.0.2 为了明确本规范的适用范围特作本条规定。办公建筑因使用性质、单元平面组合、使用对象和管理模式等不同而有很多类型。改革开放以来，办公建筑不再是单一办理行政事务的行政性办公建筑，近年来，供商业（包括外贸）、金融、保险等各类公司、企业、经济集团从事商务活动的办公建筑层出不穷。其形式和管理模式也多种多样，但一个规范很难涵盖，经与有关主管部门商讨，并在调研中大多数设计单位认为，适用范围应包括新建、改建、扩建的办公建筑。

公寓式办公楼、酒店式办公楼除参照本规范执行外，还需执行住宅设计规范和旅馆建筑设计规范的相关条文。

1.0.3 目前国内部分国家行业标准，对本行业的建筑类型的分级、分类都作了相应的规定。为规范办公建筑的设计，特设本条文。

办公建筑的分类主要依据使用功能的重要性而定。本条文对办公建筑的主体结构的设计使用年限及耐火等级作了相应的规定。

对条文中所指"特别重要的办公建筑"，可以理解为：国家级行政办公建筑，部省级行政办公建筑，重要的金融、电力调度、广播电视、通信枢纽等办公建筑以及建筑高度超过该结构体系的最大适用高度的超高层办公建筑。

3 基地和总平面

3.1 基　　地

3.1.1 办公建筑基地的选择应根据当地城市规划和公共建筑布局的要求，因为已经批准实施的城市规划具有一定的法律效力，规划内容中已对城市交通、市政、环境和城市发展等重大因素作了周密的分析和考虑，尤其是当前有一些主要办公建筑大都体量较大，装饰标准较高，对城市面貌有一定影响，故其基地的选择应服从总体规划要求，由城市规划部门统一考虑基地问题。

3.1.2 办公建筑基地不仅要有一个适宜的环境，而且还要求交通方便，公共服务设施条件较好，有利于办公人员上下班和对外联系。随着人们对地震、水患等各种自然灾害的深入认识，办公建筑基地应综合各种因素，周密考虑，选择自然条件较为有利的地段。

3.1.3 环境污染已成为目前一个十分突出的问题，国家对此十分重视，已颁布了多项法规。办公建筑是人流集中，各类重要档案资料较多，对环境质量要求较高的单位，不允许发生爆炸或受到有害气体、粉尘的污染。因此，基地的选择应远离各种污染源和易爆易燃场所，按照有关法规，满足防护距离的要求。

3.2 总 平 面

3.2.1 功能分区合理，是总平面布置的一项基本原则。通过合理布局，使办公建筑与相邻的其他建筑有必要的间距，并具有良好的朝向和日照。近几年来办公建筑机动车辆有较大增加。因此，安排好各种出入口和场地内部的交通组织也是总平面布置的主要内容之一，做到人、车分流，交通流畅，道路布置便于人员进出。

3.2.2 提高环境质量，重视绿化已成为当前办公建筑设计一项重要工作，绿化环境已不是可有可无的事。应该根据基地情况、办公建筑性质和所在地区的气候特点做好绿化设计，其绿地覆盖率应符合当地有关规定。绿化布局和树种选择应有利于美化环境、净化空气和阻隔噪声，创造安静、卫生的良好环境。

本条还增加绿化与建筑物、构筑物、道路、管线之间的距离应符合有关规定的要求，防止植物根系影响建筑物安全和构筑物妨碍树木花草生长。本条与原规范 2.2.1 条内容基本一致。

3.2.3 本条与原规范 2.2.2 条基本相同。办公建筑与其他建筑合建在同一块基地内，为满足办公建筑的使用功能、交通畅顺和环境的要求，必须有合理的布局，自成一区，并宜有单独出入口。

随着我国经济的发展，目前，除一般的行政性办公建筑外，商务写字楼的趋势使高层办公建筑向多功能、综合性发展。高层办公建筑一般设有裙房，在裙房内设置商场、餐饮、文化娱乐和金融、旅游、电信等各类营业厅。还有如公寓式办公楼和酒店式办公楼，它们有可能与公寓和酒店合建在同一幢楼内的某些层面或区域中。以上这些办公建筑内容多，功能杂，消防疏散和设备机房都需在同一幢楼内解决。为合理安排它们之间的关系，避免互相干扰，有利于安全疏散，方便办公人员上下班，本条主要规定办公楼与其他功能用房合建时，总平面布置中办公用房应与裙房商场、餐饮、文化娱乐和各类营业厅等分别设置独自出入口。与公寓、酒店等同在一幢楼内的办公区域，其办公人员要求独立设置出入口可能有困难，因此条文中作宜独立设置的规定。

3.2.4 调查中，发现许多单位在总平面布置中没有安排好厨房、锅炉房、变配电间等附属设施的位置，造成交通流线混乱，尤其是一些改建、扩建的办公建筑，防火、卫生防护要求得不到满足，故特列出本条予以强调。

3.2.5 目前我国大中城市机动车数量迅猛增加，停车难的问题甚为突出，尤其一些大型公共建筑停车场地问题亟待解决。无论何种办公建筑，在基地中必须考虑汽车停放场地（库），并按当地的实际情况酌情考虑非机动车的停放场地（库）。北京、上海、广州、杭州、昆明等城市，有关部门已明确规定，凡建设大中型建筑时都必须配建停车场（库），并与主体工程同时设计、同时实施、同时交付使用。关于停车数量和位置的要求，因每一城市和地区情况不同，条文中要求设计时应根据该城市或地区已有的地方法规或统一规划执行。停车场地（库）最好将内部使用和外部使用的场所分开设置。有条件时汽车停车可充分利用社会停车设施。一些用地紧张的大中城市，为节约用地，应充分利用地下空间。

3.2.6 新增条文。为满足老年人、伤残人的特殊使用要求，方便他们参与各类社会活动和进行业务联系，并体现社会文明和社会对伤残人的关心，故总平面设计除执行本规范外，还必须执行方便残疾人使用的现行行业标准《城市道路和建筑物无障碍设计规范》JGJ 50。

4 建 筑 设 计

4.1 一 般 规 定

4.1.1 随着经济发展，我国办公建筑的使用性质、管理模式、建设规模和标准发生了巨大变化，各种形式的办公建筑层出不穷。以前主要是行政办公建筑，而现在有商务写字楼、公寓式办公楼、酒店式办公楼和综合楼等不同形式的办公建筑，因此办公建筑所组成的各类用房也有所不同，一般由办公室用房、公共用房、服务用房和设备用房等组成。

根据《国家计委关于印发党政机关办公用房建设标准的通知》计投资〔1999〕2250号文件（以下简称"国家计委文件"）中规定："党政机关办公用房包括：办公室用房、公共服务用房、设备用房和附属用房"。目前新型的办公建筑中服务用房增加很多新内容，故本规范将"国家计委文件"中的公共服务用房分为两类：公共用房和服务用房。而"国家计委文件"中附属用房主要包括食堂、汽车库等，是指在主

体建筑之外的独立建筑，但目前国内很多写字楼、办公楼都将食堂（餐厅）、汽车库结合到主楼中统一设计，因此本规范将它们归入服务用房中比较合适。

4.1.2 办公建筑（尤其是高层和超高层建筑）的标准层建筑平面的确定是非常重要的，它不仅应满足使用功能要求，还要有很好的经济性。因此，除选择好开间和进深外，还应提高平面的使用面积系数（K值）。"国家计委文件"中规定："办公用房建筑总使用面积系数，多层建筑不应低于60%，高层建筑不应低于57%"。

4.1.3 随着国民经济发展，为了提高办公工作效率和体现对人的关怀，原规范规定："六层及六层以上办公建筑应设电梯"已不能适应当前办公建筑现代化发展要求，故改为"五层及五层以上办公建筑应设电梯"。"国家计委文件"中也规定"新建的五层及五层以上的各级党政机关办公建筑应设置电梯"。

4.1.4 调查中，发现各地很多办公建筑的电梯数量严重不足，造成上、下班时间拥挤不堪，并影响办公工作效率。故对电梯的数量作了规定，根据2003年版《全国民用建筑工程设计技术措施》中对电梯数量的有关规定制定本条文见表1：

表 1 电梯数量、主要技术参数表

建筑类别	标准	数 量				额定载重量（kg）	额定速度（m/s）
		经济级	常用级	舒适级	豪华级		
办公	按建筑面积	6000 m²/台	5000 m²/台	4000 m²/台	<4000 m²/台	630 800 1000 1250 1600	0.63 1.00 1.60 2.50
	按办公有效使用面积	3000 m²/台	2500 m²/台	2000 m²/台	<2000 m²/台		
	按人数	350 人/台	300 人/台	250 人/台	<250 人/台		

注：本表的电梯台数不包括消防和服务电梯。

表1中，建筑标准分为四级，我国经济发展很快，对办公建筑要求也越来越高，采用"常用级"作为最低限是合适的，故本条规定电梯数量一般应按办公建筑面积每5000m²设一台，此处"办公建筑面积"是指电梯所服务的总建筑面积，不包括裙房中商场、营业厅等面积。如果消防电梯或服务电梯是独立设置，那么该电梯无法与其他电梯共同发挥作用，故不能计算在电梯数量内，反之，可以计算在内。电梯载重量建议选择1000kg和大于1000kg，因办公建筑上下班人流较为集中，大容量电梯能较好解决这个问题。电梯速度建议采用1.60m/s以上，大型高层或超高层办公建筑应采用中速或高速电梯。

4.1.6 第1款至第3款对原条文作了补充，增加了窗节能方面的要求。条文中提出可开启面积不应小于

窗面积30％的数值，主要根据现行国家标准《公共建筑节能设计标准》GB 50189—2005第4.2.8条提出的。

4.1.7 第2款：增加计算机中心机房门的防盗要求。因为计算机中心机房是整个办公建筑的核心部分，尤其是银行、证券公司、税务、海关等的计算机房更是要害部门。同时计算机中心机房的门还应考虑防火要求。

4.1.8 第1款：从目前和未来发展来看，大型写字楼、商务办公楼和公寓式、酒店式办公楼对门厅要求更高，在空间上有的设置了中庭，并增加了很多商务活动功能，如商业洽谈、电话、传真、邮政、银行、预订机票等，因此在本条中增加"商务中心、咖啡厅"等相关内容。

第4款：增加门厅的中庭空间设计的基本要求。

4.1.9 第1款：增加"走道宽度应满足防火疏散要求"。

表4.1.9中双面布房走道净宽（走道长度≤40m）改为1.50m（原条文为1.40m）。

4.1.10 当前办公建筑中大量出现"开放式办公室"和"低隔断写字间"，各种弱电和强电插座无法埋设在办公桌附近，必须考虑在地面内埋设管线和插座，通常采用网络地板综合布线。

大中型的计算机房大量的管线应在地下铺设，地面做成架空层有利于管线安装，并利用架空层作为空调风管，这样能更好地满足大型计算机房设备使用要求。

4.1.11 办公建筑的室内净高是指在中央空调的条件下，吊顶底的净高要求。若无空调时，净高应相应加大。原规范中规定走道净高不应低于2.10m，现在看来不能满足办公建筑的需要，本条改为2.20m。

4.1.13 考虑到安全因素，特增加本条文。

4.2 办公室用房

4.2.2 我国幅员辽阔，各地气候、日照均有差异，因此本条对朝向的问题不作一概而论，只要求根据当地气候等自然条件和能源、经济、卫生环境等多方面因素考虑，办公室宜有良好的朝向和自然通风。

地下室比较潮湿（尤其在南方和地下水位高的地区），自然通风不好，采光条件差，长期使用对人体健康不利。因此本条规定除少量的物业管理人员办公室外，办公室不宜布置在地下室。但对有较好的机械通风措施和人工采光的特殊建筑，本条不作严格规定。

半地下室有对外开放窗户井，但也应采取必要的采光、通风防潮措施后才能布置办公用房。

4.2.3 第1款：据对行政机关、团体、企事业单位、金融贸易、商业性开发以及小型公司的办公空间调查，将普通办公室按其办公空间形式归纳成单间式办

公、开放式办公、半开放式办公、单元式办公、公寓式办公和酒店办公六种形式。

第2款：商业开发性质的开放式或半开放式办公室，由于业主的性质与规模的不同，对面积的要求和平面的布置有很大的差别。为适应业主对平面灵活性的要求，减少二次装修中不必要的浪费，建议在吊顶布置上，将空调风口、灯具、火灾自动报警及自动灭火喷水等按其各自规范要求容纳在一个模块中，业主可根据自己的平面布局及面积要求，按模块划分不同的空间，以满足各自的要求。

第3款：由于公寓式办公室具备了居住建筑的部分特征，因此在厨房、卫生间的设置上作了相应规定。

第5款：单元式办公室一般空间较小，通风条件相对较差，因此在卫生间的设置上作了相应规定。

第8款：每人最小使用面积定额及单间办公室净面积要求的说明见本章附件。

4.2.4 第1款：设计部门办公室往往以专业组或工程设计组为单位配置，小组内信息沟通较多，有的设计部门以室（所）为办公单位，小组为其构成单元，小组间的联系也较频繁。因此开放式或半开放式办公室比较适合设计绘图室的使用要求。研究部门对办公室的要求有其特殊性，为便于思考，希望人少、安静，因此单间式办公室比较适合（实验室有较大房间，但实验室不属本规范的内容）。

第2款：提出设计绘图室和研究工作室每人最小使用面积指标的说明见本章附件。

4.3 公共用房

4.3.2 第2款：会议室每人最小使用面积指标的说明见本章附件。

第3款：大会议室情况比较复杂，不提面积指标。对有某些其他使用要求的会议室（电话、电视会议、学术报告厅、多功能厅和高级大会议室），条文中提出隔声、吸声、遮光、平面长宽比等设计要求，主要为了保证听觉和视觉的需要。

第4款：大会议室常常有多功能用途，因此应设临时放置桌椅、茶具等的贮藏和服务性空间。

4.3.3 近年来，政府部门为方便群众，将对外服务的部门集中在一个对外办事大厅中，这是提高办公效率的一种趋势，因此增加此条款。

对外办事大厅可设在办公建筑内，也可作为独立建筑存在。其出入口宜与内部办公人员出入口分设。规模较大的对外办事大厅，可为对外办事大厅设置配套性功能用房。

4.3.4 接待室由各部门根据使用需要而定。有些出租写字楼集中设几间接待室或间隔几层设一间接待室，供各租赁单位随时使用。另外接待室的面积大小和装修标准根据接待对象和规格而定，一些高级接待

室往往附有专用卫生间等。

4.3.6 第3款：公用厕所应设前室，除设置洗手盆供盥洗外，还能使厕所不致直接暴露在外，阻挡视线和臭气外溢。有些男女厕所在入口处有一缓冲间（与走道等有一个过渡小间），在此情况下也可以不设前室而把洗手盆与厕所合设一间。

第5款：根据一些单位反映，年龄大的职工上厕所使用蹲坑较为困难，所以提出三只大便器以上者，其中一只宜设坐式大便器（或按适当比例配备）。如有些地区不习惯使用坐式大便器也可不设。

4.4 服 务 用 房

4.4.1 本条文主要是提示办公建筑应根据需要可设置的一些服务用房。

4.4.2 档案室、资料室、图书阅览室等，其要求可塑性很大，应视规模与标准而变。存放人事、统计部门和重要机关的重要档案与资料的库房以及书刊多、面积大、要求高的科研单位图书阅览室，应分别按档案馆和图书馆建筑设计规范要求设计。

4.4.4 第3款：由于机动车辆逐渐增多，为方便驾乘人员顺利到达办公室，因此增加此条款。

4.4.5 参照及引用我国和日本建筑设计资料集，以及2003年版《全国民用建筑工程设计技术措施"规划、建筑"》中停车场部分有关自行车设计数据。

4.4.6 新增条文。由于现代办公的性质、节奏和工作时间的变化，一些办公楼内都设置了为员工服务的餐厅，特增加本条文。

4.4.7 由于垃圾管道容易滋生蝇虫，给办公建筑空间环境造成污染，因此取消了原规范中有关垃圾管道的条款。

4.4.8 第1款：电话总机房、计算机房、晒图室是专用设备用房，其产品更新换代快，应按所选机型、工艺要求和专项（专业）设计规范进行设计，本规范不作详细叙述。

第3款：无氨晒图机的要求与本条不一致，应根据设备要求具体设计。

4.5 设 备 用 房

4.5.10 近年来办公建筑智能化程度不断提高，弱电设计内容越来越多，为了便于集中、安全地进行管理，高层办公建筑每层应设弱电交接间，根据现行国家标准《建筑与建筑群综合布线系统工程设计规范》12.3.2条的规定"交接间的面积不应小于5m²，如覆盖的信息插座超过200个时，应适当增加面积"。

4.5.11、4.5.12 为了保证计算机系统的正常运行、信息安全和计算机的使用寿命等，弱电机房位置应远离产生粉尘、有害气体、强振源等场所，避开强电磁场干扰。当无法避开强电磁场干扰时，应采取有效的电磁屏蔽措施。

附件：面积计算

本规范第4.2.3条第8款、第4.2.4条第2款和第4.3.2条第2款提出的每人最小使用面积指标的主要依据如下：

参照有关标准、规范和手册，每人平均使用面积（常用面积定额）指标见表2（单位：m²/人）：

表2 每人平均使用面积（常用面积定额）指标

资料来源	办公室面积（m²）	会议室面积（m²）	
		有会议桌	无会议桌
原建工部1956年建筑设计规范	3.50（一般工作人员）		
建筑设计资料集第四册（1994年6月第二版）	3.50（一般办公室）	1.80	0.80
日本建筑设计资料集成（4）	3.50～3.70（小型事务所）		
日本建筑设计资料集成（2）		2.0～3.0（10～14人）1.50～2.50（100人左右）	1.0～2.0（500人以上）
党政机关办公用房建设标准[注]	不超过6.0（处、科级以下）		

注：国家发展计划委员会 计投资（1999）2250号文。

最小使用面积计算：

每人最小使用面积按"基本面积＋辅助面积"两部分组成。基本面积为办公（会议）桌椅 [a] 及相距间隔所占面积 [b]；辅助面积为办公桌行距之间的走道面积 [c] 和辅助家具 [d] 以及必要的活动空间所需面积的分摊数 [e]（如其他交通、公用家具和开门位置所占的面积）。

1 办公：

　　1）基本面积：

　　　　[a] 常用三屉办公桌：1.20×0.65（长×宽，单位 m。下同）＝0.78m²；

　　　　[b] 相距间隔按建筑设计资料集规定（下同）1.20×0.80＝0.96m²。

　　2）辅助面积：

　　　　[c] 中间走道一半计（0.65＋0.80）×1.2/2＝0.87m²；

　　　　[d] 常用橱1.20×0.5＝0.60m²；

　　　　[e] 按0.80m²计；

　　　　合计：4.01m²。

2 设计绘图室：

　　1）基本面积（标准单元绘图桌面积）：

$1.95 \times 1.95 = 3.80 \text{m}^2$。

2）辅助面积：

[c]中间走道一半计 $1.95 \times 1.20/2 = 1.17 \text{m}^2$；

[e]按 1.0m^2 计；

合计：5.97m^2。

3　研究工作室：

以办公室 3.50m^2 为基数另加常用橱一只 0.50m^2 和增加必要活动空间所需面积 0.50m^2，合计 4.50m^2。

4　会议室：

无会议桌的最小使用面积参照下列专项规范：

1）《电影院建筑设计规范》JGJ 58—88 观众厅每座最小使用面积 0.80m^2；

2）《图书馆建筑设计规范》JGJ 38—99 报告厅每座最小使用面积 0.80m^2；

3）《旅馆建筑设计规范》JGJ 62（征求意见稿）会议室面积应按 $0.70 \text{m}^2/$座计。

有会议桌的最小使用面积计算比较困难，以建筑设计资料集平面分析的下限数 1.80m^2 为指标。

综上各项分析，以最小使用面积计算为基础，结合以常用开间和进深尺寸进行平面分析的数据，适当参考每人平面使用面积指标而得出办公室、设计绘图室、研究工作室和中、小会议每人使用面积指标为：办公室 4m^2，设计绘图室 6m^2；研究工作室 5m^2；中、小会议室内有会议桌 1.80m^2；无会议桌为 0.80m^2。

原规范第 3.2.3 条第 5 款规定单间办公室净面积不宜小于 10m^2。调查表明，目前单间办公室净面积大多为 $15 \sim 20 \text{m}^2$，个别为 14.40m^2（$3.60 \text{m} \times 4 \text{m}$）和 15.12m^2（$3.60 \text{m} \times 4.20 \text{m}$），如果单间净面积小于 10m^2，既不经济，也不适用。

5　防火设计

5.0.2　本条为强制性条文。据调查，各地高层办公建筑设计中，大量出现开放式、半开放式办公室，这类房间面积大、人员集中、疏散距离远，且易燃的家具、低隔断很多，火灾危险性较大。因此，参照现行国家标准《高层民用建筑设计防火规范》GB 50045 的要求，对距离进行规定。

该条中"安全出口"是指房间开向疏散走道的出口。大空间办公室内套小房间时，小房间的门不能算安全出口。因此，距离应从小房间的最远点进行计算。

5.0.3　在综合楼内，除办公部分之外常带有对外营业的商场、餐厅、营业厅、舞厅和其他娱乐设施，这些地方往往人员较密集，如果它们的疏散楼梯和疏散出入口与办公部分共用，在紧急情况下就会造成拥挤、堵塞，若是为商场营业专用的办公室则不受此规定限制。

6　室内环境

6.1　一般规定

6.1.2　随着经济与科技的发展，办公建筑如何为办公人员提供高效率、舒适、安全、卫生的室内环境，如何提高办公建筑物理环境、化学环境和心理环境的质量已日益受到社会的重视和关注。近年来，我国有越来越多的国家规范和标准对办公建筑的室内环境提出了新的标准。我国是一个人口众多且能源比较紧张的发展中国家，办公建筑在满足室内舒适度的同时，应注重节约能源。

6.2　室内小气候环境

6.2.3　由于人类活动和建筑装饰材料所产生的室内空气中的甲醛、氨、氡、二氧化碳、二氧化硫、氮氧化物、可吸入颗粒物、总挥发性有机物、细菌、苯等污染物导致人们患上各种疾病，引起传染病传播。这些疾病的普遍性和危害性尤其是 2003 年 SARS 疫病的发生引起了全世界对空气环境卫生前所未有的关注，建筑通风成了一条重要的设计原则。建筑通风主要指通过开设窗口、洞口，或通过机械方式通风换气，保证办公建筑各类用房均能达到规定的空气质量。

6.2.4　办公用房作为人们频繁活动的工作空间，宜采用直接自然通风，其通风面积的最低值参照美国、日本及我国台湾地区建筑法规的规定和国内专家的意见，普通可开启窗的通风面积与房间地面面积之比不应小于 1/20。

6.3　室内光环境

6.3.1、6.3.2　办公用房宜考虑天然采光。采光系数标准按现行国家标准《建筑采光设计标准》GB/T 50033 执行。采光系数需进行计算，表 6.3.2 是为了方便建筑方案设计时对天然采光进行估算用。

6.3.3　日照控制是指按不同的地域、季节和办公楼的朝向，对直射阳光进行合理遮挡。其主要方式有室外设置遮阳板、窗玻璃采用各种形式的反射、节能玻璃、窗内安装遮阳百叶及采用将可见光引进建筑物内等。

6.3.4　本规范制定的办公建筑的照度标准比原规范有所提高。因为现代办公建筑一般进深较大，在相当程度上需要依靠人工照明来创造良好的视觉环境。而且室内照度标准随着时代和经济状况发展而提高，如美国的标准照度大约是日本的 2 倍，而我国的照度标准特别是公用场所的照度标准低于日本。表 3 为日本办公楼室内照度标准。

表3　（日本 JIS 照度标准）办公楼

照度 (1x)	场　　　所		工作
2000 1500	—		—
1000	办公室、营业室、设计室、制图室、门口大厅（白天）		·设计 ·制图 ·打字 ·计算 ·键控 穿孔
750 500 300	—	办公室、干部办公室、会计室、印刷室、电话转接室、电子计算机室、控制室、诊察室	·电子、机械室等配电盘 ·接待室
	集会室、接待室等候室、食堂整理室、娱乐室学习室、门卫室门口大厅（夜晚）电梯大厅		
200	—	书库、保险室、电房、讲厅、机械室、电梯、闲杂工作室	洗衣间、开水房、浴室、走廊、台阶、洗漱间、厕所
150 100 75	饮茶室、休息室、值班室、更衣室、仓库、门口（车库）		
50 30	室内特殊的台阶		

注：1　主要工作面（没有特别指定时为地板上 0.85m）。走廊、室外等是指地板或地面。照度值为维持照度。
　　2　上表选自日本《建筑设计资料集成》/日本建筑学会编；重庆大学建筑城规学院译/中国建筑工业出版社 2003。

6.4　室内声环境

办公室内工作条件的质量很大程度上取决于噪声干扰的影响，所以控制室内噪声是办公室室内环境设计中不容忽视的一个重要课题。我国的《民用建筑隔声设计规范》GBJ 118—88 尚未对办公建筑作出专门规定，仅在旅馆建筑中有所提及。本规范在调研国内外相关标准和推荐值并结合我国工程实践的基础上，对办公建筑的声环境提出了相关规定条文。

6.4.1　根据我国现阶段经济发展水平，本规范制定了办公建筑主要房间室内允许噪声等级（表6.4.1），此标准低于日本标准和北京市建筑设计研究院的推荐值，略高于我国旅馆建筑中的办公用房的现行标准。我国《民用建筑隔声设计规范》GBJ 118—88 在旅馆建筑中有如下规定（见表4）：

表4　室内允许噪声级

房间名称	允许噪声级（dB）			
	特级	一级	二级	三级
客　房	≤35	≤40	≤45	≤55
会议室	≤40	≤45	≤50	
多用途大厅	≤40	≤45	≤50	
办公室	≤45	≤50	≤55	
餐厅、宴会厅	≤50	≤55	≤60	—

北京市建筑设计研究院声学研究室的推荐值见表5：

表5　我国办公室、会议室允许噪声推荐值

房间类别		允　许　噪　声	
		评价曲线 NC—NR—	单值（A声级 dB）
办公	办公室	35	40
	设计室、制图室	40	45
会议	会议厅	25	30
	会议室	30	35
	多功能厅	35	40

日本建筑学会编制的日本室内噪声的适用等级见表6：

表6　日本室内噪声适用等级

建筑物	房间用途	噪声水准（dBA）			噪声等级		
		1级	2级	3级	1级	2级	3级
集中住宅	居室	35	40	45	N-35	N-40	N-45
宾馆	客房	35	40	45	N-35	N-40	N-45
办公地点	高官办公室	40	45	50	N-40	N-45	N-50
	会议室、接待室	35	40	45	N-35	N-40	N-45
学校	普通教室	35	40	45	N-35	N-40	N-45
医院	病房（个人）	35	40	45	N-35	N-40	N-45
音乐厅、演奏厅、歌剧厅		25	30	—	N-25	N-30	—
剧场、多用大厅		30	35	—	N-30	N-35	—
录音室		20	25	—	N-20	N-25	—

注：选自日本《建筑设计资料集成》。

6.4.2　本规范制定的办公建筑围护结构的空气声隔声标准略低于我国的住宅标准，与日本办公建筑标准相仿（见表7、表8）：

表7　关于室内平均声压水准差的适用等级（日本）

建筑物	房间用途	部　位	适　用　等　级			
			特级	1级	2级	3级
集中住宅	居室	分户墙、楼板	D-55	D-50	D-45	D-40
宾馆	客房	客房分隔墙、楼板	D-55	D-50	D-45	D-40
办公地点	业务上要求隐蔽一点的房间	房间隔墙	D-50	D-45	D-40	D-35
学校	普通教室	室内隔墙	D-45	D-40	D-35	D-30
医院	病房（个人）	室内隔墙	D-50	D-45	D-40	D-35

注：选自日本《建筑设计资料集成》。

表 8　我国民用建筑空气声隔声标准

建筑类别	围护结构部位	计权隔声量（dB）			
		特级	一级	二级	三级
住宅	分户墙及楼板		≥50	≥45	≥40
旅馆	客房与客房间隔墙	≥50	≥45	≥40	≥40
	客房与走廊间隔墙（包含门）	≥40	≥40	≥35	≥30
	客房外墙（包含窗）	≥40	≥35	≥25	≥20

注：摘自 GBJ 118—88《民用建筑隔声设计规范》。

7　建筑设备

7.1　给水排水

7.1.1　现行国家标准《建筑给水排水设计规范》GB 50015—2003中关于生活用水水质及防污染措施的要求已较详尽，为避免赘述或遗漏，本次修订删除原条文在这方面的阐述。

7.1.2　随着社会发展，办公建筑的类型不断增加，用水方式一般可以归纳为坐班制办公、公寓式办公和酒店式办公。公寓式办公用水量参照住宅，但使用时间可以少一些；酒店式办公用水量与酒店相近。

7.1.3　本条文修订着重考虑办公建筑的节水要求。据了解，舒适水压宜控制在 0.20～0.30MPa 的范围内，但分区太多对系统设计和运行管理不利，所以系统净水压设计仍参照国家标准《建筑给水排水设计规范》GB 50015—2003 中 3.3 章节的条文执行。

7.1.4　新增条文。由于坐班制办公用水时间短的特点，采用局部加热有利于节能和计量。酒店式办公用水有一定持续性，采用集中热水系统可节约一次性投资。公寓式办公采用局部或集中热水系统均可。

7.1.5　饮用水供应是较重要的课题。传统的开水炉已不适应现代办公建筑的多元化需要，设置中央管道直饮水（饮用净水）系统的建筑日益增多，但根据办公人员特别是坐班制办公人员的用水有间歇性大的特点，系统的卫生和防污染要求很高。本条文对管道直饮水系统终端的保鲜和抑菌提出特别要求。由于循环系统很难做到支管循环，所以一方面应尽量缩短支管长度，另一方面建议采用更先进的措施，如终端抑菌器等设备。"保鲜"是要求支管在设定的时间间隔内无水流流动时，系统有定时自动机械循环或自动泄水的功能。由于直饮水系统在我国的发展尚属起步阶段，如何满足终端饮水卫生和防止二次污染的措施将会随着办公智能化系统和自动化仪表的发展而不断完善，本条文只是提出保鲜的概念。

7.1.6　饮用水的用水定额参照国家标准《建筑给水

排水设计规范》GB 50015 有关条文确定。但考虑到公寓式办公有烹饪用水的需要，酒店式办公用水时间较长，所以用水定额可适当增加。

7.1.8　办公服务用房内的重要物资和设备受潮引起的损失较大，在设计中应特别注意减少漏水和结露的可能性。

7.1.9　新增条文。随着全球性水资源的匮乏，节约用水已越来越为社会的共识。我国缺水城市、缺水地区的建筑设置中水系统已不鲜见。但就办公建筑而言，公寓式办公建筑和酒店式办公建筑设置中水系统在经济上较合理；坐班制办公因洗涤废水量较小，投资中水系统所带来的节能效益可能不明显。因此办公建筑是否设置应遵照当地有关部门的意见和规定。

7.2　暖通空调

7.2.1　由于我国幅员辽阔，各地区气候条件及自然资源差异较大，对办公楼设置采暖或空调系统的方式，应视实际情况确定，并应根据各地能使用的能源情况，可采用煤、油、燃气、热网或电，并经过经济技术比较，来确定采暖或空调冷热源的方式及使用能源的种类。

7.2.2　原规范把办公室分为一般办公室和高级办公室二类，其温度、湿度、噪声、新风量均不同。根据本规范办公建筑的分类，将室内主要空调指标分为一类、二类、三类三个标准，规定了室内净空高度、照度、温度、湿度的不同要求。而在 2003 年 3 月 1 日实施的国家标准《室内空气质量标准》GB/T 8883—2002中，明确规定新风量每人每小时不小于 $30m^3$，空气含尘量不大于 $0.15mg/m^3$，以及空气中总挥发性有机物 TVOC 不大于 $0.60mg/m^3$ 等指标，该标准明确规定的适用范围是住宅和办公楼。所以在本次修订中把空气质量的一些主要指标也写进去，以提供一个环保、健康的工作环境。新风量直接关系到人体的新陈代谢和健康。经过 SARS 以后，人们对通风换气和新风有了更深的认识和更高的要求。一般说来，新风量越大，室内的空气越新鲜。但是送入室内的新风必须经过过滤、冷却（或加热）、除湿（或加湿）等处理过程，达到规定的清洁度和温湿度。而新风的处理都需要消耗一定的能量，送入室内新风越多，消耗的能量也越多，从节能的角度看，新风量又不能过大。原标准中一般办公室新风的下限为 $20m^3/h·p$，低于国家标准《室内空气质量标准》GB/T 8883—2002规定的 $30m^3/h·p$。根据《公共建筑节能设计标准》GB 50189—2005规定，办公室的新风量统一规定为 $30m^3/h·p$，故本规范中三类办公室的新风量统一取 $30m^3/h·p$。本规范中未列出的其他空气质量标准，应符合国家标准《室内空气质量标准》GB/T 18883—2002的相关规定。

7.2.4　根据《民用建筑节能管理规定》建设部 76 号

令"推行温度调节和户用热计量装置"的规定，办公楼集中采暖、空调系统应设置温度控制及分户计量装置，以达到节能的目的。

7.2.5 由于目前建筑门窗的密闭性较好，如办公楼内仅设置新风系统而无排风系统，会造成室内正压，新风送不进去，达不到设计规定的新风量。不少工程实践证明，在设置新风系统的同时，设置排风系统，才能使通风换气达到最佳效果，因此，本条文强调办公楼要设置排风系统。

7.2.6 对于电力有富裕，电价又较便宜的地区，可采用电加热设备采暖。但电力供应紧张的地区，不应采用这种方式采暖或供热。直接用电加热，无论从一次能效率，还是从能级利用来分析，绝对属于能源的不合理使用，这是无可争议的基本概念。从运行成本来分析，也是不合算的。因此，在能采用燃气、燃油的场所一般不宜采用电加热直接供热。

7.3 建筑电气

7.3.1 电力负荷等级的划分是决定建筑物供电方式的重要因素，对一、二级负荷应由两个电源独立供电，以保证供电可靠性。特殊的重要设备和部位还应配置 UPS 装置，如计算机中心、消防控制中心等。

重要设备及部位系指重要办公室、会计室、总值班室、主要通道的照明、各种场所事故照明、消防电梯、消防排烟、正压送风设施、紧急广播、消防水泵、火灾自动报警、自动灭火装置设备消防等的电力设施，以及电话总机房、计算机房、变配电所、柴油发电机房等部位。

7.3.2 供电部门无法用低压供电方式供电的办公建筑，应设置用户变配电所。为确保用电安全，用户与供电部门应设置明显断开点。

7.3.3 电气管线暗敷是考虑办公建筑的美观、大方，保证用电安全，因此应采用非燃烧管材，包括阻燃型塑料管。但塑料管不能在吊顶内敷设，主要是考虑小动物对其破坏。对于导线与管材的选用还应符合现行国家防火规范及防雷设计规范的要求。但对于办公楼内的设备用房可裸管明敷。

7.3.4 办公建筑的照度标准比原条文有所提高，主要是考虑改善办公室的工作环境。

7.3.5 采用节能型光源是节能的一个措施。办公室采用荧光灯，一方面光色接近于日光，显色性好，另一方面节省能源。

7.3.6 插座和照明回路分开，不但减少相互影响，而且保障用电安全。目前办公用电设备增多，插座数量、容量相应增加，原条文中规定标准间插座数量为2～3个，本次条文修改未作具体规定，可参照现行

国家标准《智能建筑设计标准》GB/T 50314有关规定执行。插座回路安装防漏电保护措施，原条文中未作规定，修改中明确规定应考虑防漏电保护措施，目的是保证用电设备和人身安全，特别对可移动电气设备更为重要，同时与相应电气规范一致。

7.3.7 凡一类办公建筑均应按二类防雷建筑物考虑。

7.3.8 建筑物的总等电位联结和局部等电位联结，是保护接地的措施，涉及用电设备和人身安全。

7.3.9 强调在公寓式办公楼和酒店式办公楼内的卫生间设局部等电位措施，主要是因为该类型办公楼内的卫生间有洗浴设备，因此按住宅和酒店要求执行此规范。

7.4 建筑智能化

7.4.1 为了明确办公建筑智能化掌握的力度，本条文规定办公建筑智能化应按现行国家标准《智能建筑设计标准》GB/T 50314执行。原因一：办公建筑设计规范是作业规范，应服从技术规范标准要求；原因二：《智能建筑设计标准》GB/T 50314已较为详细写明各系统的有关内容，完全能满足办公建筑设计的要求。

7.4.3 综合布线系统是信息通信网络系统最优化的布线系统，它不但具有开放性、灵活性、实用性及可扩展功能，还具有安全可靠、经济合理的功能，能实现网络系统的信息资源共享，同时具有局域网连接的能力，还能保障系统有良好的安全防范措施，以满足办公自动化的数据、语音、图像的传输及数据处理的使用。

7.4.4 楼宇的自动化管理系统（BA）应能满足管理的需要。办公建筑内的水、电、空调等设备多而分散，如采用分散管理和就地控制、监视和测量，工作量大、面广。为了合理利用设备，节约能源，确保设备的安全运行，建筑设备监控系统是行之有效的手段。

安全防范系统的内容丰富，其主要子系统有：入侵报警、电视监控、出入口控制、巡更系统、重要部位防盗等。这些内容可根据办公建筑自行要求增减，具体配置必须遵照国家相关规范执行。

7.4.5 办公建筑内的大、中型会议室，具有多功能特征，用途广泛。调查中发现，较多会议室还用作员工培训、健身、娱乐、休闲等场所，功能复杂。会议室内设置音控室、光控室，目的是提高扩声、光控制能力及其他服务功能。

7.4.6 有汽车库的办公建筑设置汽车库管理系统是为了加强车库管理，能做到对出入车辆实施监控、计费、防盗报警等功能。

7.4.7 本条文是对计算机中心、电话总机房设置的供电电源的基本要求。

中华人民共和国行业标准

特殊教育学校建筑设计规范

JGJ 76—2003

条 文 说 明

前　言

《特殊教育学校建筑设计规范》JGJ 76—2003 经建设部 2003 年 12 月 18 日以第 204 号公告发布。

为便于广大勘察、规划、设计、施工、管理及科研院校等单位的有关人员，在使用本规范时能正确理解和执行条文规定，《特殊教育学校建筑设计规范》编制组按章、节、条顺序编制了本规范的条文说明，供使用者参考。在使用中如发现本条文说明有不妥之处，请将意见函寄西安建筑科技大学建筑学院（陕西省西安市雁塔路 13 号 西安建筑科技大学建筑学院，邮编 710055）。

目　次

1 总　　则

1.0.1 发展特殊教育事业是提高全民素质的重要组成部分,使残疾人平等参与社会生活,是社会主义、人道主义的体现,是国家文明进步的标志。因此,全社会应为残疾儿童的学习、生活、康复训练,为培养残疾儿童的生活自理和将来的生活自立创造良好的环境。

我国现有的各类特殊教育学校建筑,在某些方面虽然考虑了残疾儿童的特殊要求,但从学校总体而言,在对特殊教育学校设计原则的掌握、对其特殊要求以及对功能使用的理解等诸方面还存在诸多不足。

我国按 1987 年全国人口抽样调查,在 10.5 亿人口中就有残疾人 5540 万人,占总人口的 1/20,全国按 4 口之家推算,每 5 户人家就有 1 个残疾人。0～14 岁残疾儿童 817 万人,视力残疾占 2.1%,听力语言残疾占 14.2%,弱智者占 65.9%。平均入学率还不足 5%。

在 1987 年全国人口抽样调查统计数据的基础上,根据目前我国总人口数推算得出全国现有各类残疾人总数约 6000 万人。截止到 2001 年底,全国未入学适龄残疾儿童、少年总数为 386113 人,其中视力残疾 50180 人,听力残疾 71231 人,智力残疾 115246 人,肢体残疾 86204 人,精神残疾 20607 人,多重残疾 4万余人。

建国以来,我国还未专门制定过特殊教育建筑设计的统一技术规范,因而有很多特殊教育学校建筑设施不全或布局不合理,在使用上没体现残疾儿童的特殊要求,极大地影响了残疾儿童的学习、生活、康复训练和健康成长,因此,为确保特殊教育学校的建筑设计质量,创造适合残疾儿童特殊需要的,在德育、智育、体育等方面得到全面发展的学校环境,编制本规范。

1.0.2 本规范主要作为新建特殊教育学校建筑规划与设计的依据,其适用范围也包括改建和扩建的特殊教育学校建筑。对于附设在普通中小学校及社会福利院中的特殊教育班的建筑设计也可参照此规范执行。

由于儿童残疾的类型与程度不同,对室内外建筑环境也有着各种不同的要求,为方便学生使用和学校管理,国外特殊教育学校均采用按类别设校,我国有的学校也如此,但由于生源和经济条件的制约,有些学校是混有不同残疾类别的学生,这时应按类别分设于不同区域加强教育,避免相互影响。

1.0.3 残疾儿童由于身体某些机能的丧失或残缺,其生理、心理及行为特征所表现的特殊性,要求建筑设计必须突出强调使用中的安全性,消除隐患,避免可能发生的伤害。要创造适合他们学习、生活、康复训练、健康成长的良好环境,提供参与社会和生活的

平等条件,构成特殊教育学校建筑设计的重要依据。

残疾学生由于身体的缺陷、或视力、或听力、或智力等的不同程度的残疾,其心理、生理及行为对学校建筑有其不同的特殊需要。故应遵循有利于补偿其生理缺陷,康复其身心健康,帮助其自理、自立、回归社会和安全、适用、方便、舒适、卫生的设计原则进行特殊教育学校规划与设计。

实际上,还有许多重度残疾儿童和多重残疾儿童(如视力残疾者同时伴有肢体活动障碍,听力残疾同时伴有智力残疾等)未能入学。因此,特殊教育学校在进行规划与设计时,除考虑目前为轻度及中度残疾儿童青少年入学外,应在设计上考虑将来为重度及多重残疾儿童入学学习的趋势,创造无障碍活动环境。

1.0.4 特殊教育学校是各类学校教育的一个组成部分,它的校园规划及校舍建设都是为培养学生德、智、体等诸方面全面发展的,对于一般为正常儿童、青少年制定的《托幼建筑设计规范》、《城市幼儿园面积定额》、《中小学校建筑设计规范》、《城市普通中小学校建设标准》,特殊教育学校的规划与建筑设计有着极为重要的参考作用。因此,特殊教育学校建筑设计还应符合《特殊教育学校建设标准》、《中小学校建筑设计规范》、《民用建筑设计防火规范》及《民用建筑设计通则》等所规定的强制性标准。

3　选址及总平面布置

3.1　校　址　选　择

3.1.1 由于残疾学生身心发展的特殊性,环境对他们的影响作用十分突出,因此校址选择对于特殊教育学校尤为重要,必须谨慎从事,全面考察其所在地区环境、校园周边环境及校园内部环境,采取综合分析的科学方法予以确定。

3.1.2 本条文是为保证学校所在地区环境的安全、卫生和方便:

1　残疾学生对各种灾害的感知和避难能力较弱,故校址选择应避免发生自然灾害(如地震、滑坡、洪涝等)的可能性;

2　卫生、无污染的地区是创造有利于残疾学生身心健康的环境的基本前提。各种工矿企事业单位所排放的各类有害物是多种多样的:如化学、生物、物理等污染;学校与各类污染源的距离应符合国家有关防护距离的规定;

3　学校选址避免较为偏僻、闭塞的地区,不仅是正视特殊教育学校、尊重残疾学生的体现,同时也有利于学校利用各种公用设施获得社会各方面的支持,为残疾学生回归社会创造条件。

3.1.3 本条文是为保证有利于学生自身康复的校园周边环境,防止发生在选址时因不重视校园周边环境

而妨碍学生全面发展的几种情况：

    1 本条规定了校园周边环境的一般要求；

    2 听觉是盲学校学生感知外部世界的最重要的方式，聋学校学生在噪声环境中易产生耳鸣等不适感，故噪声对残疾学生的学习和生活的影响程度大于正常学生，因此特殊学校的声环境应优于普通学校；本条文规定的校界处噪声允许标准取《城市区域环境噪声标准》中的居住、文教区的规范值；

    3 本条规定有利于学生在接受学校康复教育过程中，方便使用文教、医疗、福利及公园绿地等设施；娱乐场所、集贸市场所发出的噪声为有情节的噪声，其对学校的干扰较一般噪声严重，医院的传染病房、太平间则有传染疾病等问题，故不应与学校毗邻；

    4 如前所述，紧急疏散，安全避难在特殊教育学校有着重要意义，应引起重视；

    5 本条是从学生出入学校的安全性考虑，避免外部频繁交通对学生人身安全造成威胁或损害；

    6 本条规定为保证校园周边环境的安全性，避免造成不必要的伤害事故。

3.1.4 本条文是为保证学生具有必要的学习条件及有利于身心发展的校园内部环境：

    1 较为规整的地形与较为平坦的地貌为学校建设及康复环境的创造提供基本前提条件；

    2 在大城市中，建筑密度高，有时学校处于高层建筑的阴影遮挡之下，或密集建筑群包围的角落中，使学校无法保证起码的日照、通风条件；学校建设的投资额一般较少，有时拨地为湿洼地，排水不通畅，大量基建投资用于处理地基排水，以致无法进行建设，故就此做出规定；

    3 良好的植物种植有利于学校创造绿地、生态环境，同时观察植物生长变化、增长自然知识也是特教学校中一个重要的实践性教学环节，因而学校用地的土壤条件不仅应满足建设要求，还应适合于植物生长；

    4 不得将校址选在架空高压线影响范围内或城市热力管线穿越区，建校后亦不得在校园内敷设过境架空高压线或热力管线，以保障学生安全。

3.2   总平面布置及用地构成

3.2.1 本条文规定各类特殊教育学校在建设过程中，要以有关部门批准的规划总平面为依据，以保证总体布置框架的正确性，避免大方向或原则性错误。

3.2.2 本条文为一般的设计惯例。

3.2.3 学校应有明朗开阔的环境，教学用房及学生宿舍的阳光和自然通风是必须保证的；本条文采用了《民用建筑设计通则》中的日照标准即 3h，以保证学生学习、生活场所良好的卫生条件。

3.2.4 在总体布置中，需考虑运动场作为噪声源对

教室的噪声影响。根据测定和考虑到声音在空气中的自然衰减情况，及《中小学校建筑设计规范》的规定，教室面对运动场时，将窗与运动场之间的距离规定为 25m，可满足教室噪声级不大于 50dB（A）的要求。

3.2.5 学校运动场地的设置依据是特殊教育学校的体育课教学大纲，应充分考虑学校规模、特点及学生身体状况的差异性等因素，确保学生能安全地进行形式多样的体育活动。运动场地应包括必要的田径项目的练习场地和球类活动场地；游泳为促进全身发育的锻炼项目，及特殊情况下的自救手段，有条件的学校可设游泳池；此外还应设适合低年级学生学习活动的室外游戏活动场地等。

3.2.6 康复训练场地是为了帮助学生克服身体机能障碍、增强体能、培养生活自理能力的练习场地。在高年级作为职业技术培训的辅助设施，应设置室外职业训练场地。其设置内容应根据学生的不同康复训练目的及学校所开设的职业技术培训的内容而定，并规定了康复训练及职业技术训练用地的面积。

3.2.7 本条基于安全考虑强调人车分流，并主张交通形式主要以人行为主，车行限制在有限的范围之内。

3.2.8 校园的成片绿地指校前区成片绿地、集中绿地和宽度不小于 10m 的绿地地带。绿地可作植物种植园地、小动物饲养场等。

3.2.9 鼓励特殊教育学校有条件的对外开放，为当地残疾人提供康复、咨询指导服务。但应保证外来人员活动不影响学校正常的教学活动。

3.2.10 特殊教育的实行在我国有着重要意义和广泛发展前景，对其相应环境设施的需求在不断增长之中，同时特殊教育自身也处于不断研究、发展中。学校总平面布置应预留一定面积的发展用地，以利今后的发展建设需求。

4 建 筑 设 计

4.1   一 般 规 定

4.1.1 特殊教育学校校舍的组成，根据学校类型、规模、教学活动的要求和条件，为残疾学生的学习、生活、活动提供不同数量、不同尺寸、不同设施设备的用房，一般包括各类教学用房（普通教室、专用教学及公用学习用房）、生活训练用房、劳动技术用房、康复训练用房、行政办公及生活服务用房等。每所学校宜分别设置上述各类用房，每类用房的具体组成则视各校不同情况而定。

4.1.2 校舍各类用房进行组合应避免相互干扰，又要相互联系。

    1 出于对残疾学生使用方便的考虑，相对紧凑

集中型优于疏松分散型；同时也要注意功能分区，易于识别的要求；

2　应注意日常顺畅通行和紧急情况时的安全疏散；

3　由于视力残疾和智力残疾学生在辨向和行动上的困难，盲学校、弱智学校的校舍尤其应注意空间组合和流线组织的简洁明晰；弧形平面组合易造成方向迷失，寻找房间困难等因素，故禁止使用；

4　主要建筑之间有廊联系，可为残疾学生提供学习和生活方便；同时，盲学校学生雨天在外部行走不易辨别方向，故宜设廊。

4.1.3　目前教学用房的平面布置有中内廊、单内廊和外廊三种基本形式。其中内廊具有教室之间干扰较大、采光不足、通风不良的缺点。为使特殊教育学校有良好的教学环境，教学用房在炎热及温暖地区宜采用外廊布置形式，在寒冷及严寒地区宜布置成单内廊的形式。

4.1.4　各种学生用房，应提供适宜于残疾学生学习、生活、活动的安全和无障碍环境，并应根据学生的残疾类型创造补偿其生理缺陷的条件。

4.1.5　原国家教委规定特殊教育学校班级额定人数：盲学校、聋学校每班为12～14人，弱智学校每班为12人。各类学校各种教学用房的面积主要取决于班级额定人数、课桌椅尺寸、座位布置方式及功能要求等。

4.2　普通教室

4.2.1　普通教室课桌椅的布置应考虑各类学校教学特点和要求，利于残疾学生使用：

1　为使残疾学生出入座位方便，各种类型学校的普通教室一律采用单人课桌椅；盲学校和弱智学校的课桌椅采用常规的面向黑板成排成行的布置，而聋学校教学中要求全班学生都能看到教师讲课及被提问同学回答时的口形和手势，因此课桌椅围成圆弧形最为有利；

2　参照国家标准《学校课桌椅卫生标准》GB7792—87，单人用桌面宽度 0.55～0.60m，桌面深度 0.38～0.42m，弱智学校课桌的平面尺寸取其上限，不宜小于 0.60m×0.42m；由于盲文书籍较大，盲学校课桌的平面尺寸应适当放大，不宜小于 0.80m×0.50m，为便于视力残疾学生掌握放在桌面的书等用具，盲学校课桌左右及前缘应做成凸棱外缘；根据聋学校特殊教育标准，聋学校的课桌布置形式为圆弧形，桌面为梯形的平面有利于拼接，可采用上宽0.55m、下宽 0.60m、深度 0.40m 的直角梯形与上宽0.50m、下宽 0.60m、深度 0.40m 的等腰梯形进行拼接；

3　根据使用的功能要求，条文对课桌间前后距离、纵向走道及靠墙尺寸做了规定；

4　条文对课桌最前排与黑板的距离，最后排与后墙的距离做了相应的规定。

4.2.2　条文所规定的教室设施都是学生在教室学习和生活所必需的设施。为适应残疾学生的使用特点，在后墙面设置一块张贴通知和学生作业用的陈列板，盲学校陈列板宜用木制，以便于张贴盲文通知。考虑到残疾学生保持双手清洁的必要，临窗处宜设置洗手盆或水池。

4.2.3　由于盲生及弱智生小学低年级学生生理自控能力较差，教室宜附设卫生间，室内应设置较宽敞的空间和较完备的设施。

4.2.4　盲学校普通教室应符合下列特殊要求：

1　由于盲文书籍较大，一般为 0.25m×0.32m（宽×高），高年级学生盲文书籍又很多，沿普通教室的后墙，必须设置一排书柜或书架，使每一位学生均有存放书籍的空间，其尺寸应能容纳盲文书籍；

2　为便于低视生阅读，其课桌面角度应可调节，并应设放大阅读设施，如低视力阅读机，其使用时室内应处于暗的环境，故应配备遮光设施，如暗色帷幕等。

4.2.5　为便于聋生加强理解教学内容，尽可能不擦掉课堂板书，故需增加黑板的容量。

4.2.6　为使智残学生能通过游戏活动开发智力，教室后面应放置一排存放玩具或模型的橱柜，同时应留出一部分游戏活动空间。

4.3　专用教学与公用学习用房

4.3.1　结合原国家教委《特殊教育学校建设标准》课程设置的规定，可自行选择各自专用教学及公用学习用房。

4.3.2　专用教室与公用学习用房同样有某种程度的共性，本条是基于常规布置方式做出的规定。

4.3.3　本条专用教室需使用专用仪器、设备，故规定了与相关辅助用房相连的门的宽度。

4.3.4　本条规定盲学校语言教室在平面布置、照明、隔声和防尘以及地板构造等方面的基本要求。

4.3.5　本条规定了地理教室课桌平面尺寸及桌面特殊构造、教室平面应考虑的展橱位置以及对其准备室的基本要求。课桌高度可根据适用班级的生源情况与课桌配套确定。

4.3.6　本条规定了计算机教室的空间组成为计算机教室及其准备室，并规定了计算机教室的平面布置。计算机教室的配备体现一人一机的方式。计算机教室的准备室可以一个教室设一间或两个教室共用一间。

4.3.7　本条强调模型和教具与学生直接接触（如盲生触摸）辅以教师的讲解，来达到直观教学的目的。了解这一教学特点，有助于我们创造更好的直观教学环境。

4.3.8　本条所谓唱游教室，是弱智学校特殊的教学用房。这是实现寓教于乐的教学场所。设计时应注意其位置适当，音乐教室准备室应满足电教器材和所用乐器、乐谱及谱架的存放，应满足音乐教材资料的制作与保管要求。

4.3.9 本条规定了学校设置的化学、物理、生物等实验室在设备、设施、规格、数量等的规定。

4.3.10 本条规定了盲学校手工教室（其功能是增强盲生触感能力）的基本要求，其他特殊学校不设置手工教室。

4.3.11 本条规定了美术教室或准备室应有足够的面积以满足学生作画、陈列模型、布置橱窗或展台等需要。要特别注意以北向为主要采光方向，其他朝向不易保持模型的光影效果，不利于学生捕捉写生对象的形象特征，并规定了其他相应的基本要求。

4.3.12 对聋生而言，律动课是通过其视觉、触觉、振动觉等感官进行音乐、舞蹈、体操、游戏、语言技巧等内容的学习与训练，发展其感知能力与动作机能。对弱智儿童而言，律动课是培养其听觉、节奏感和对音乐的感受能力，矫正弱智儿童动作不协调的缺陷，促进其身心和谐发展的训练课。通过训练弱智儿童各感官与身体各部位的协调动作，培养学生的动作机能，促进身心健康。因此，律动课对残疾儿童的感知能力、协调能力的培养是非常重要的。

根据课程内容的自身特点，在设计律动教室时，应考虑与普通教室的隔离问题以免对其他空间造成干扰。律动教室对空间高度的要求有突出的特点。4.00m净高要求主要是考虑到有些集体活动空间气氛的营造，以及某些游戏的安全等。设置吸顶灯是为了避免训练时碰坏灯具发生安全事故。楼（地）面为具有弹性的木地板，能更好地培养残疾儿童的感知能力和协调能力。窗台的高度既要保证防止发生坠落的危险又要满足采光的要求和视线通畅。

4.3.13 视听教室是利用现代化教学手段对残疾儿童进行形象化教学的场所。室内应配备较为齐全的电教器材，形成良好的视听环境，通过多媒体的配合为残疾儿童创造丰富多彩的学习空间。

本条规定了视听教室的设施、规模和使用投影仪时课桌面的最低照度要求。视听教室的其他设计要求可以参照普通中小学视听兼合班教室的设计进行。室内应保持良好的声环境，后墙及顶棚应设置吸声材料。由于视听教室内部可能有多种电教器材，应供应较充足的电源；在教室前端应设置多种插座，以便适应各种电教器械的使用。考虑到安全性，内部装修应尽量采用耐火或不燃材料，室内应设置消防器材。在平面布局时应将其安排在较为安全的位置。

4.3.14 本条规定了特殊学校图书室的基本要求。与普通图书室不同的是对于盲校盲文书尺寸较大（约0.30m×0.23m×0.05m）（高、宽、厚），因而要求阅览桌的尺寸也较大；并设盲生听音区、为满足低视

力生的特殊阅读要求应设置有关设施；图书室的其他设计要求可参照普通中小学校图书室的设计进行。阅览室应设计为大空间，以便于室内灵活布置。图书阅览室如设于楼层上时，应考虑楼板的负荷问题。要注意建筑室内及设施的安全防火。

4.4 生活训练用房

4.4.1 大部分残疾儿童在入学时，缺乏基本的生活自理能力，为帮助他们走向自理、自立、回归社会，特殊教育学校应针对不同学生的生理障碍状况，设置相应的生活训练用房，其中生活训练教室（家政室）主要针对盲学校和弱智学校，烹调实习教室，适用于盲学校、聋学校和弱智学校，缝纫实习教室主要针对聋学校。

4.4.2 生活训练教室（家政室）的设置是帮助残疾学生熟悉家庭生活环境和日常起居生活，除提供一般家庭起居室具备的主要设置条件外，还应满足护理人员指导所需的空间要求。

4.4.3 烹调实习教室的设置帮助残疾学生提高生活自理能力，同时也起到一定职业技术教育的作用：

1～5 规定了学习烹调所要求的基本区域及各空间设施要求；

6～8 为保证学生在安全、卫生的条件下进行使用，条文做此规定；

9 为便于使用，对盲生使用的烹调教室做了特别规定。

4.4.4 缝纫与剪裁实习教室是为提高学生生活自理能力而设。条文规定了其内部的功能分区及各分区的设施要求。

4.5 劳动技术与职业技术训练用房

4.5.1 劳动技术与职业技术训练用房是对学生进行劳动与职业技术培训的场所，帮助他们学会一技之长，使其毕业后能生活自立、回归社会。不同类型的特殊学校，应设不同技能的职业训练课程及相应的用房。

4.5.2 本条文规定了劳动技术及职业训练用房必须进行合理分区及各分区空间设置，尤其应保证操作时用电、防火的安全性，同时应考虑室内采光、照明及卫生环境。木材加工是木工实习室主要作业，及时对加工所产生的木屑、刨花、锯末等进行真空吸附处理，既可维护室内环境，又消除发生火灾的隐患。

4.5.3 目前社会上，推拿按摩是盲人自立的一个非常重要的方面。推拿按摩教室既要满足上理论课，还应设置一定数量的按摩床以供学生临床实习使用，故应设常用的挂图与模型等；为支持盲学校进行勤工俭学活动，解决盲学校学生的出路，应考虑将实习教室设在底层并有独立的出入口，以便对外营业。

4.6 康复训练及检测用房

4.6.1 康复训练用房是针对不同类型的残疾学生进行康复训练，有助于补偿其生理缺陷、康复身心健康。聋学校及弱智学校应设语训教室，聋学校应设听力检测室，弱智学校应设智力检测室。

4.6.2 语言训练用房对聋生和弱智学生进行听觉、语言训练，本条文规定了语训教室宜设置的功能房间及相应设施。

4.6.3 听力检测是通过仪器检测聋生听力障碍情况，本条文规定了检测室应有良好的隔声性能及所需设备和设施。

4.7 办公与生活服务用房

4.7.1 各类特殊教育学校的办公与生活服务用房的设置，应结合学校的规模、类型、管理的方式等设定其组成的内容。各种办公用房在设计中应布局合理，功能分区明确，便于集中使用与管理，并应考虑办公自动化的需要。

4.7.2 卫生保健室是满足特殊教育学校师生日常的卫生保健要求而设的。一旦发生身体的伤害或危急病症，在未送医院之前，先在校进行相应的治疗，有条件的可设置简易的隔离室（或病房）。诊室的大小应满足设置日常诊疗设备及检查身体等医疗活动的要求，保健室入口的宽度应保证担架和轮椅的自由出入。

4.7.3 在对外联系较方便的位置设置对外咨询及接待室，便于家长与学校交流，同时应考虑有布置学校各种宣传资料的展示空间，便于学校的对外宣传，使其成为学生与社会的一个联系窗口。

4.7.4 学生宿舍的设计应满足残疾学生的基本起居要求，应设方便的盥洗室及卫生间，地板应考虑防滑。卧室内除床位外，还应留有面盆架和衣柜等的空间。聋学校应在学生枕下设置唤醒装置，出入口附近应设有紧急避难用的诱导示意图。

4.7.5 学生宜采用固定座位的形式就餐，学生用餐面积虽比教师用餐面积少，但由于残疾学生行动不便，每生就餐面积取教师同等指标。对于盲校及低年级的学生宜采用送餐到桌的方式，桌间走道宽度应满足送餐车的运行空间。餐具存放橱柜、洗碗池的设置位置，应结合学生的就餐流程来布置。采用窗口售饭方式时，窗口的设置宽度应照顾到轮椅学生的使用方便。食堂内应保证良好的通风条件，食堂兼作多功能厅使用时，应考虑餐桌的移动方便和餐桌的临时存放场所。

4.7.6 按每班设 1 个浴位，每个浴位 1.5m×1.2m 冲洗面积计算。

4.7.7 本条是指教学用房内厕所，教工厕所与学生厕所宜分开设置，学生厕所应满足无障碍的要求。在低学年厕所中应设置有护理人员使用的更衣台和清洗身体用水池。

5 室外空间

5.1 一般规定

5.1.1 特殊教育学校的校园空间除室内教育空间外，还应注重室外空间在学校教育上所发挥的重要作用，它是特殊教育学校硬件设施中一个重要组成部分。按功能由以下 4 种设施组成：

1 室外运动设施；

2 室外教育设施；

3 绿地设施；

4 室外其他设施。

5.1.2 特殊教育学校的室外空间应配合教学方式与方法、学生的学习特点而设置，以促进教育环境质量的提高。室外空间各部分的设置也应该考虑到学生残疾程度的差异、身体成长变化等因素而使其具有较为广泛的适用性。同时应该将使用上的安全性作为设计的一个重要条件。

5.1.3 室外空间的设置应结合校园总体环境规划、单体建筑的室内空间、半室外空间，并根据功能上和空间上的连续性，组织成多层次的室外空间。

5.1.4 校园的外部空间环境除了满足校内学生的使用之外，作为所在地域的文化教育设施，还应与学校的周边景观环境相协调，形成良好的地域景观环境。

5.2 室外运动设施

5.2.1 运动场地的设计在要求上有以下几点：

1 运动场及球类场地在邻近校舍或学校周边的位置时，应选定场地的长轴并应采用设置绿化带的方式来减少对校舍和周边居民产生的噪声干扰；

2 运动场中田径跑道部分的地面做到表面平滑，不易起灰尘；有条件的地区可选用具有一定弹性能防止学生跌倒受伤的地面材料；田径场跑道的断面设计应确保场地内具有良好的排水性；

3 盲学校运动场设置的田径跑道，在跑道的边线及弯道处应设置触感标志，例如用地面铺装材料的变化来提示边界的位置等方法；弱智学校的运动场要满足借助轮椅来进行活动学生的使用要求；

4 为了提高学生身体机能与体能素质，可在运动场地内设置固定的运动器械；其数量应充分考虑到学生身体机能障碍的程度差异，满足学生身体成长发育阶段的要求，固定运动器械亦应集中设置在运动场内或不影响其他活动的位置上；

5 运动场周边以及运动场内各项活动场地之间应留有较大的空间设置草坪，起到一个安全保护和避免干扰的作用。

5.2.2 为了便于运动场的使用及维护管理,在邻近运动场的位置应设置体育器材管理库房;库房的大小及形式应结合运动场的规模、利用状况来决定。

5.2.3 为了方便学生的使用要求,运动场周边应设卫生设施,可根据运动场周边的具体情况进行独立设置,也可以结合在邻近运动场的其他建筑中。

5.2.4 建筑屋顶作为运动场时应采用防止振动所产生噪声干扰的构造;如果对相邻建筑产生噪声干扰时,应设置隔声板。

5.2.5 游泳池的设计应满足以下要求:

1 游泳池应选择在具有良好自然通风的位置;为了保护学生的个人隐私及安全管理上的需要,应在游泳池的周边采用灌木丛或围墙等形式设置遮挡视线及安全围护的屏障;

2 游泳池的水面面积大小应结合学校的规模以及建设经济条件来决定;在考虑向周边社会开放时,可适当增大游泳池的水面面积;游泳池的水深深度的确定应结合学校学生身体特征及安全性考虑;当水深有变化时,应采用较为缓和的变化方式,并应在深度变化差值每超过 0.1m 的位置处设置表示水深的标识;

3 游泳池的池底和四个侧壁的表面材料可采用瓷砖或马赛克等建筑材料,亦可采用无毒、安全的建筑防水涂料。在池底排水孔塞的外部设置安全防护罩,防止孔塞的脱落所造成的排水口对人体吸引事故的发生。

5.2.6 游泳池长方向两个端部的地面,应设置较为宽敞的活动空间。游泳池周边的地面应选用具有防滑性能的铺面材料。

5.2.7 盲学校的游泳池在泳池地面周边应设置防止学生不慎掉入泳池的防护措施,如设置不同的地面触感材料等。为便于使用轮椅的学生出入泳池,坡道的低端处应设置使轮椅停止下滑的装置。坡道的两侧应设置扶手。

5.2.8 考虑到安全监护,条文做了规定。

5.2.9 游泳池的入口、更衣室、淋浴室以及卫生间等辅助设施的大小、位置等应结合各部分之间的相互关系及使用流程,并尽可能达到路线简捷,便于盲生的认知。

5.3 室外教育设施

5.3.1 为了满足特教学校多样化的教学需要,除必需的室内教育空间外还应设置相应的室外学习活动园地,可集中布置或分散设置在与教室相邻的地方,便于学生使用。其要求是:

1 为了活跃低年级学生的学习生活,配合多种教学方法,应尽可能开设独立的室外游戏场地及职业训练场地;场地应选择在日照和通风良好的场所,同时也应采取防止噪声对周围环境产生干扰的措施;

2 低年级的游戏场应包括能开展游戏活动的游戏区和设置固定游戏器具的玩具活动区;游戏器具的设置应确保使用上的安全性,盲学校游戏场的周边为了防止学生在活动中误跑出场外,应留出宽度不小于1.50m 的草坪作为缓冲地带;

3 为了避免学生游戏中跌倒而不至于受伤,游戏场的地面以铺设塑胶或橡胶砖为佳;场地的断面设计应保证有良好的排水性;

4 职业训练场地的大小、形状应以开设的职业技术培训内容而决定;从使用方式上应是培训教室向室外的延伸,因此训练场地应邻近职业培训教室,便于使用和管理;

5 根据职业训练内容的需要可以划分出准备、训练空间以及训练器材的存放场所;场地内所建的简易、临时性设施应与周边空间环境相协调并确保其安全性;

6 为便于场地的清洗应有良好的排水设施,培训用房的入口附近应设置洗手、洗脚水池。

5.3.2 康复训练场地设计的要求:

1 康复训练场地是为了帮助学生克服身体机能障碍,增强体能,培养生活自理能力的练习场地;场地的大小、形状以及所设置的健身器械类型应结合学校的规模、学生的身体特征等要素而定;

2 为了使场地内的训练不致受到其他活动的影响,并给训练间隙的学生有一定停留休息的地方,场地的周边应设置高度为 0.90m 的扶手栏杆以及一定数量的休息座椅;

3 盲学校室外定向行走训练场地应留有较大的缓冲空间;即场地的边缘内 1.00m 处应设置有触感的边界标志;

4 场地的地面应结合特教学校学生的不同训练内容,设置具有一定保护性,跌倒后不易受伤的铺面材料。

5.3.3 动、植物园地应符合下列要求:

1 特殊教育学校中设置动、植物园地是为了帮助学生通过观察植物在一年四季中的生长变化来增强对自然的认识;观察对小动物的饲养来了解动物的成长过程,这是特殊教育学校中一个重要的实践教学场所;小动物饲养舍的设计应考虑所饲养动物的生活习性等特殊要求,以及饲料的收藏和排泄物的暂时存放场所等;

2 植物园中如有水生植物或饲养水生动物时,应采用池底水深不大于 0.40m 的浅水池;

3 植物园种植的植物应选择适合当地生长条件的树种为主,可选择四季有不同变化、灌木、乔木相互组合、形态各异、无刺、无毒、易于管理的树木进行种植;盲校应考虑到学生主要是靠触觉和嗅觉来识别植物,在植物类别的选择上应以冠部低矮便于触摸,便于靠嗅觉识别的树木为主。

5.4 绿地设施

5.4.1 绿地设施应符合下列要求：

1 各类学校应做到校园整体的绿地规划与设计，为残疾学生创造良好的校园环境。校园内的绿地必须结合学校所在地区的气候土壤条件，选择易于管理的品种；灌木、花草应选择无刺、无毒、不产生寄生虫的品种；

2 校舍周边种植的树木，不宜选择高大的乔木，避免对教室的采光和通风产生影响；

3 校园中的树木应根据树形、高低、体量的不同，在校园空间中进行点、线、面相结合的立体配置，形成丰富的校园生态空间环境。

5.4.2~5.4.3 为满足校园内的草坪及花坛的设计与管理，条文做了相应的规定。

5.5 其他室外设施

5.5.1 校门的设计应符合下列要求：

1 校门的大小尺度应以人流、车辆的通过量，以及校门与城市干道之间的环境特征为设计依据，校门的形式应体现出学校的精神风貌；车行与人行的出入口应分别设置；

2 为了确保学生出入校门时的人身安全，校门应退后城市干道红线 5.00m 以上形成一定的缓冲空间；

3 校门外设置提示过往车辆应注意在学校出入口附近慢行的标示牌；

4 应选择安全性能高的门及其开闭形式，防止夹伤、碰伤事故的发生；

5 盲校校门人行出入口设置的盲道应与校内盲道系统以及城市人行干道设置的盲道相连接。

5.5.2 前庭广场的设计应符合下列要求：

1 前庭广场应规划好人流与车流的行走路线，防止流线的交叉；对有校车接送学生的学校，在前庭广场内还应设置全天候的学生上、下车场所，并达到无障碍设计要求；

2 在前庭广场内合理地设置自行车存放处和机动车辆的停车场；

3 前庭广场是对外体现学校校园风貌的一个重要空间，因此要结合多种方式和方法，创造出一个良好的广场环境，表现以人为本的设计思想；应设置盲校校区标识向导图，向导图应设置为触摸式。

5.5.3 道路的设计应符合下列要求：

1 应科学地组织好校内的道路系统，保障消防通道的便捷畅通；

2 道路的宽度、断面形式及路面铺装材料应根据学校的规模及本校学生的身体残疾特征来决定；应采用透水或排水性良好的铺面材料；

3 盲学校校园内学生生活、学习通行的主要道路都应设置有盲道；

4 道路有高差变化时，应设有坡道，其具体尺寸如正文所述。

6 各类用房面积指标、层数、净高和建筑构造

6.1 各类用房面积指标

6.1.1 学校各种用房的使用面积指标对原国家教委颁布的《特殊教育学校建设标准》进行了适当调整。原《特殊教育学校建设标准》各种用房面积的制定，主要参照 1993 年前国内特殊教育学校现状制定的，面积偏低，以普通教室为例，残疾学生应有较宽松的活动余地，原有 44m² 的指标，在座位布置后，所剩空间不多；教室中配备一定的电教（或多媒体教学）设施将是一个未来发展的趋势，这要求预留一定空间；教室本身应为学生提供一定的休息活动空间。根据对特教学校的调研及意见反馈，现有普通教室多存在面积过小的情况，另外，选择和中国教育及教学环境极为相似的日本特教学校实例进行对比分析，日本特殊教育学校的普通教室平均面积为 47.5m²，按每班 6 个学生计则平均面积为 7.9m²/生；我国《特殊教育学校建设标准》指标为 44m²，按每班 14 人则平均面积为 3.14m²/生，本条文规定教室面积为 54m²，平均面积为 3.86m²，此值为日本普通教室平均面积的 49%，其他用房的面积指标按照同样考虑，即对于《特殊教育学校建设标准》分别做了适当程度的提高，见表 6.1.1。总之，为特殊教育学校学生创造适用、安全和舒适的环境是特教学校设计的基本原则。

6.1.2 由于聋学校学生宿舍设双层床，故每生使用面积小于盲学校、弱智学校学生宿舍的使用面积。

6.2 层数、净高

6.2.1 为节约用地，教学及生活用房应建造楼房。从残疾学生的使用方便和尽量多地进行户外活动、接受阳光的角度考虑，层数不宜超过三层，弱智学校的层数不宜超过二层，当然教工用房可不受此限；从物资运送、人流活动考虑，食堂、厨房、多功能活动室等用房宜建成平房，亦可组合成二、三层建筑。总之，有条件的地区还是以低一些为好。

6.2.2 房间的净高指房间地面至顶棚的距离，考虑到不同结构层及装修饰面的影响，即使层高相同的房间也可能有不同的净高，从实际功能要求考虑，本条文以净高而不是层高作为各种用房空间高度的低限，为避免因净高过低影响正常使用或净高偏高造成浪费的现象，本条文仅规定了各种用房净高的低限，某些地区为了改善通风、散热，可以适当提高净高；面积较大的多功能活动室、餐厅及厨房等也可适当提高净高。

6.3 建 筑 构 造

6.3.1 教学用房门的设计应符合下列要求：

1 从维护学生的安全和良好的教学秩序考虑，普通教室、专用教室靠后墙的门宜设观察孔，以便于教学管理人员进行检查、督导；

2 一般上课时，教室的门是关闭的，而设可开启的上亮可满足通风要求；

3 考虑到学生出入的方便和安全，盲校、弱智学校各类学生学习生活、活动用房宜采用自动门、悬挂式轨道的推拉门，避免残疾学生进出房间时被开闭的门扇碰撞；门槛易造成磕绊，故禁止使用；

4 盲学校为便于学生的辨识，根据不同房间名称，应统一设置房间名称标牌，标牌高度应便于盲生用手触摸；

5 从门的使用安全和耐久的角度考虑，条文做了相应的要求。

6.3.2 教学用房窗的设计应符合下列要求：

1 窗台高度，由于桌面对采光的需要，窗台过去经常设计为 0.90～1.00m 高，窗台高了，临窗一排的桌面往往处于阴影区内，而窗台下还要放散热器，故做了窗台高度不宜低于 0.80m 和不宜高于 1.00m 的规定；

2 为了保证教室采光均匀，本条规定教室靠外廊、单内廊一侧应开低窗，外廊、单内廊地面以上 2.00m 高度范围内，窗的开启形式不得影响教室使用，而且开启的窗缩小了外廊、单内廊的宽度，不利于交通疏散和行人安全；因此，宜采用推拉或其他形式；又因开低窗外廊、单内廊行人往来，会干扰学生学习，设计时，应考虑遮挡视线的措施，如安装磨砂玻璃、控光玻璃或压花玻璃等；

3 当窗间墙宽度过大，教室采光不均匀，且不易达到玻地比的要求；因而本条规定不应大于 1.20m；

4 对风沙较大的地区应设置防风纱窗；

5 教室和实验室的二层以上的教学楼向外开启的窗，应考虑擦洗玻璃的方便与安全，应设一定的防护设施，如悬挑的围栏等；也可以采用方便擦洗的双向推拉窗；

6 为保证通风要求，条文做了规定。

6.3.3 在严寒地区为了防止因学生久坐，地面过冷而引起关节炎等症，宜采用热工性能好的地面材料。

7 交 通 与 疏 散

7.0.1 校园及校舍应采用无障碍设计，以便伴有肢残的学生使用轮椅车通行。

7.0.2 校舍入口的设计在要求上：

1 入口处应设置轮椅通行坡道；

2 考虑到残疾学生（包括伴有肢残的学生）出入的方便和安全，盲学校、弱智学校不应设置弹簧门或旋转门，避免残疾学生被门扇碰撞，阻碍平时人流及紧急疏散。

7.0.3 教学楼的门厅和走廊设计在要求上：

1 门厅的主要功能是交通枢纽，内廊式建筑必须有门厅作为通向室外的过渡空间，外廊式建筑虽可直接通到室外，但宜设置门厅；在寒冷或风沙大的地区，门厅入口为了避免雨雪、风沙吹入楼内，加强楼内的保温、节能并保证清洁卫生，故均应设置挡风间或双道门；关于挡风间或双道门的深度，应以前后双扇门能正常开启并应留一定空间，同时考虑肢残学生使用轮椅车出入，不阻碍平时人流交通及紧急疏散为准；因此，该深度定为最小 2.40m；

2 残疾学生行动不便，交通疏散空间中的踏步由于人员众多、情况复杂很容易使人摔跤，造成事故；为保障残疾学生通行与活动安全及轮椅生的通行，因而条文做了规定；

3 为便于视力残疾学生交通与疏散，条文做了规定；位于走廊中心线位置的触感标志及沿墙踢脚线颜色与地面区别，是便于低视生辨识，引导低视生左右分行，避免碰撞；

4 残疾学生行动不便，大部分学生课间休息时，多利用走廊活动；故本条对走廊的净宽度考虑了适当空间；对于盲学校，内廊净宽指沿内墙两侧的扶手间净距离；走廊净宽不应小于条文规定，有条件的可将走廊适当放宽，以利于学生课间休息和活动；行政教师办公用房的走廊，使用人数较少，以疏散为主，这样其宽度满足防火规范即可，不必增加；

5 为便于视力残疾学生交通与疏散，盲学校的走廊沿内墙应设置与墙牢固连接的连续扶手，扶手距地面高度和收头处理应保障使用的方便和安全；

6 条文中规定了室内坡道的长度和宽度；

7 条文中规定了兼作轮椅使用的坡道与扶手尺寸。

7.0.4 楼梯的设计有以下要求：

1 教学楼的楼梯间应有直接天然采光，改善交通环境，以满足残疾学生的交通与疏散；

2 在各种楼梯形式中，双跑楼梯在使用上较为方便、安全，宜采用；视力残疾和智力残疾学生行动不便，为防止不慎摔倒而造成较大伤害，故盲学校、弱智学校不得采用直跑楼梯；

3 楼梯踏步采用螺旋形、扇形或正常楼梯坡度大于30°时，残疾学生平时使用既不舒适也不安全，紧急疏散时会造成更大伤害，应禁止采用；踏板边缘突出踢脚板，容易造成上楼时的磕绊，故不得采用；

4 为避免学生从楼梯井处坠下，楼梯一般不宜设楼梯井；有时由于消防或其他方面的需要，楼梯栏杆与栏杆之间须留一条缝隙；在这种情况下，缝隙（即楼梯井）的宽度就必须加以限制，才有可能防止学生坠下；故本条做了"楼梯井的宽度不应大于0.20m"的具体规定；在具体设计中，如果楼梯井的宽度大于0.20m时，就必须在楼梯井处采用十分坚固可靠的安全保护措施；

5 为避免学生攀登楼梯扶手而造成危险，条文对楼梯扶手高度做了规定；室外楼梯无墙遮拦，故规定楼梯扶手的高度较室内楼梯高，以免疏散时冲出而发生危险；

6 为避免视力残疾学生上下楼梯时发生相互碰撞，楼梯梯段应保证一定净宽（指扶手间的净距离），条文定为最小1.80m；

7 考虑到视力残疾学生上下楼梯时的安全，应和走廊的扶手相连，本条做了相应规定；

8 为便于视力残疾学生清楚所在楼层数，本条做了相应规定。

7.0.5 为保证学生安全，本条规定了对阳台、外廊、上人屋面等临空处防护栏杆的要求。

8 室内环境与建筑设备

8.1 一般规定

8.1.1 残疾学生由于各自的残疾部位不同，对外界信息的感知渠道有所区别，良好的室内物理环境和卫生条件有利于他们更好地学习科学知识和生活技能。

8.1.2 残疾学生的户外活动时间大大少于正常同龄孩子，最大限度地利用天然采光和自然通风，可保证良好的室内环境，有利于儿童的身心发展。

8.1.3 特殊教育学校在保证正常教学的基础上注意节能、方便与安全。

8.1.4 对于盲校和弱智学校要特别注意各种设备、管线的安全性，例如电源插座及电源开关的安全性。

8.2 采 光

8.2.1 特殊教育学校的光环境应优于普通中小学校，采光标准也应相应提高，因此本标准中规定特殊教育学校的采光标准较普通中小学校同类房间相应有所提高，弱智学校的课桌面上的天然光照度标准可取与普通中小学校同类房间一样的标准。根据聋学校教学特点，应增设对教师面部的局部照明，以便于学生清晰地识别教师口形的变化。

据调查，80%以上的盲人有光感，并且由于盲校有一部分低视力生，因此，盲校在满足了采光标准的基础上，应在其课桌上设局部照明。

8.2.2 根据学生课桌采光面决定座位的位置。

8.2.3 特教学校每班人数较少，通常为12～14人，故教室面积较小，通常在54m²左右，内表面做浅色

处理更有利于提高采光效率。

8.3 隔 声

8.3.1 听觉是盲学生感知外部世界的最重要的感知方式；聋学生在噪声环境中易产生耳鸣等不适感，噪声易使弱智学生分散注意力。噪声对残疾学生的学习和生活的影响程度大于正常学生，因此特教学校的声环境应优于普通中小学，校园内的声环境可通过合理的平面设计来实现。

8.3.2 学校的声环境质量要求：

1 特殊教育学校教室内噪声允许标准40dB（A）；有特殊要求的用房不高于35dB（A）；

2 聋学生对振动的敏感性高于普通人，同时聋学校传统的教学方法中包括教师踏地面产生振动以传达信息等方式；盲学生的听力是获知外界信息的重要渠道，通常又较常人灵敏，因此对教室的楼板隔振，采用一级标准，即隔绝撞击声指数不高于75dB（A）。

8.4 采暖、通风与换气

8.4.1 特教学校的学生大多数为住校生，应采用集中热水采暖，对于严寒及寒冷地区学生宿舍与教室的供暖应分区，以免造成锅炉运行时耗能量过多。

8.4.2 盲学生和弱智学生的活动量较小，平均身体产热量小于聋学生和普通人，供暖室内温度应取上限18℃，并应根据需要延长供暖天数。

8.4.3 为避免盲学生、弱智学生因不慎发生暖气散热器烫伤事件，应对其散热器采取相应的防护措施。

8.4.4 若采用吊扇应注意与灯具的位置，以免对灯具的照明产生影响。如设置空调应选择合理的位置。

8.4.5 特教学校每班人数较少，每学生所占教室容积可达10～12m³，约为普通学校每生容积的3倍，故教室换气次数可取1次/h。

8.4.6 各种用房的通风及换气的具体做法，条文做了相应的规定。

8.5 给水与排水

8.5.1 特教学校的学生，尤其是盲学生和弱智生面临灾害时逃生能力较普通学校的学生差，因此校区的消防给水系统及相应的设施与设备应齐全。

8.5.2 严寒及寒冷地区，寒假期间，学校用房停止使用，为防止管道冻裂以及管内存水变质，在给水进户管上，应设泄水装置。

8.5.3～8.5.4 条文中对蓄水池，饮用水做了相应规定。

8.6 电气与照明

8.6.1 康复训练与职业技术用房的用电应特别注意安全。

8.6.2 特殊教育学校的照明条件应优于普通中小学，

日本规定前者的照度标准是后者的 2 倍，参照这一规定，根据我国普通中小学的标准，得出了表 8.6.2。该表仅是一般照明照度标准值，针对学生的残疾特点，还需设局部照明设施。

8.6.3 本条对盲校普通教室设置的开关、插座及用电安全做了规定。

8.6.4 考虑到 80% 以上的盲生有光感，为保证盲学生视听方位感统一，并为减小聋、弱智学生看黑板时的识别时间，应设黑板灯，使其垂直照度达到 500lx，照度均匀度不小于 0.7。

8.6.5 荧光灯具有光效高、寿命长、无直接眩光等优点，且光色偏冷，有利于学生集中注意力。特教学校的课桌排列与普通学校略有不同，聋学校采用面向教师的弧形、盲学校则采用面向教师的 U 形布置。教室灯具应与普通学校一样，一律用长轴垂直于黑板的排列。

8.6.6 低视力生课桌面的局部照明，宜采用可调光的灯具，以便适应于不同的天气状况。

8.6.7 聋学校的教学特点之一是看话，即通过辨别教师口形判断讲课内容，因此教师唇部应有较高的垂直照度和立体感。

8.7 电教、信息网络设备

8.7.1 为便于低视力生阅读，聋学生做看话练习等，学校应分别设置不同的电教设备，如前者可设放大投影装置。

8.7.2 对接受共用天线等设备的各教室，应做出合理设计。例如明亮的窗户、灯具在显示屏上形成亮度高于屏幕的影像，造成反射眩光或光幕反射，严重影响学生视看，应设法避免。

8.7.3 盲生、弱智生可利用广播系统报警，使学生迅速逃离灾区，聋学校除设广播系统外（告知教师），还应在每层设置影像的警报装置，以通知学生及时逃生，做到学生除从教师和管理人员能获知灾害警报信息外，也能直接感受警报信息。

中华人民共和国行业标准

港口客运站建筑设计规范

JGJ 86—92

条 文 说 明

前　言

根据建设部（86）城科字第 263 号文和建设部、交通部（86）城设字第 626 号文的要求，由大连市建筑设计研究院主编，交通部水运规划设计院、西安公路学院、长江航务管理局等单位参加共同编制的《港口客运站建筑设计规范》JGJ 86—92，经建设部、交通部 1992 年 12 月 20 日以建标〔1992〕891 号文批准，业已发布。

为便于广大设计、施工、科研、学校等单位的有关人员在使用本规范时能正确理解和执行条文规定，《港口客运站建筑设计规范》编制组按章、节、条顺序编制了本规范的条文说明，供国内使用者参考。在使用中如发现本条文说明有欠妥之处，请将意见函寄大连市西岗区胜利路 102 号大连市建筑设计研究院（邮编：116021）。

本条文说明由建设部标准定额研究所组织出版发行。

目　　次

第一章 总 则

第1.0.1条 目前我国沿海港口客运站的建筑设计尚无标准、规范可以遵循。内河港口客运站的设计，仅在港口工程技术规范中有部分规定及站房面积指标，基本上是五六十年代的水准。随着客运事业的发展，已远远不能满足今天港口现代化建设的要求。我国港口客运站的现状是：一些客运站的设施相当陈旧简陋，旅客候船条件较差；新建的一些客运站，基本上是以投资额多少来控制客运站的建筑规模，标准高低很不统一，亦不合理。为改变我国港口客运站建筑设计无章可循的状况，保证我国港口客运站的建筑设计质量，满足使用功能、安全、卫生等基本要求，特制定本规范。

第1.0.2条 本规范适用于新建、扩建和改建的港口客运站建筑设计，包括沿海和内河的国际、国内航线港口客运站建筑设计。

第1.0.3条 根据对我国沿海和内河港口客运站的调查及使用经验，绝大多数客运站是以客运为主、兼顾货运的，个别客运站是客运专用的（如上海港十六铺客运站、蛇口港客运站）。上海港十六铺客运站，因增加了客船在客、货作业区的往返运行，增大了黄浦江的行船密度，使用单位意见较大（这也是个有争议的问题）。另外，目前我国的客船船型也是以客货船为主的，而专用客船和旅游船是不多的。在交通部1990年颁发的《港口建设技术政策》（试行稿）中也规定：客运码头应以客运为主，兼顾货运。根据当前我国的国情，本规范规定了港口客运站的建设，应按以客运为主、兼顾货运的原则进行设计。

客运量较大的港口客运站，且船型适宜（如专用客船、快速客船、旅游船等）时，也可建为客运专用的港口客运站。

第1.0.4条 国内航线港口客运站的旅客，上船出港需要在站房里有一定的候船及办理手续的时间，而下船进港的旅客，则很快通过出港疏散到其他地方去，基本上不需要进站，不需要使用站房设备，因而国内港口客运站的建筑规模分级，按出港旅客聚集量来划分是适宜的。本规范对港口客运站的建筑规模划分为四级，但对于政治、经济地位重要的港口客运站，其建筑规模分级可由上级主管部门确定。

国际航线的港口客运站，由于数量不多，而且客运量也较少，本规范未对其建筑规模划分等级。在确定国际航线港口客运站规模时，其设计旅客聚集量不但要考虑上船旅客的发客量，也要考虑下船旅客的进客量等因素，因为进、出港的国际旅客均需要使用站房设施进行联检等程序。

第1.0.5条 港口客运站是否设置综合服务设施及其规模大小，是个较复杂的问题，应根据各港的具体条件、投资落实情况等确定。当港口客运站附近没有城市的综合服务设施或设施不足时，为给旅客提供方便的服务，在港口客运站适当设置综合服务设施是必要的。

第二章 站址和总平面

第一节 站 址

第2.1.1条 客运站的站址，应符合城市规划的布局要求；在港区范围内，各港根据客、货运量及作业特点、船型、水深等情况，均编制有港口总体规划，因此港口客运站的选址，尚应符合港口总体规划的布局要求。

第2.1.2条 站址应具有足够的陆域面积，满足站房、站前广场、停车场等设施的布置及发展要求。站址应具有适宜建造客运码头的岸线和水深，并应具有掩护条件良好的水域，以满足客船靠离码头及安全停泊要求。

第2.1.3条 港口客运站是水陆交通枢纽，是城市对外的窗口和门户，站址应靠近城镇，并应与城公交车站相衔接，与铁路、公路车站和民航机场有方便的交通联系，以利于旅客的集散和换乘。此外，站址应具有充足的水源、电源和方便的通讯联系。

第2.1.4条 港口客运站是国内外旅客水陆中转的交通枢纽，应为旅客提供安全、方便、舒适、优美的客运环境。站址选择应重视对外部环境的要求，站址应远离危险品、有毒品和粉尘等污染物作业场地，与其防护距离尚应符合环境保护、安全和卫生的有关要求。

在港口客运站的现状调查中，曾见到一个正在建设当中的港口客运站，其主体及外装修已基本完成，由于附近有一个煤码头和煤堆场（据说此煤堆场将迁走），已使站房外观变得发黑，当遇到刮风天气时，旅客将受煤尘污染之苦。可见站址选择应重视对环境的要求。

第二节 总 平 面

第2.2.2条 港口客运站一般设在城市或交通便利地区，由于人口集中、建筑密集，城市用地更为紧张，因此应充分利用站址的地形条件及码头岸线和水深，合理使用陆域面积，布置紧凑，减少拆迁，远近期结合并留有发展余地。

第2.2.3条 港口客运站的平面布置，应符合城市规划和港口总体布置要求。应与城市公共电、汽车站相衔接，并与火车站、飞机场及公路汽车站有方便联系。在港区内，应尽量减少客运作业与货运作业的相互干扰。一、二级客运站由于客运量较大，应与港口货运作业区分开设置，如上海港十六铺客运站、南京港客运站、汕头港客运站等；三、四级客运站的客运量相对较少，是否与货运作业区分开设置，可根据港口具体情况确定。

第2.2.4条 港口客运站的总平面布置，应方便旅客使用及安全，使客流、车流通顺简捷，避免客、货流的折返、迂回运行。应结合站址的地形条件，使客、货、车流尽量分开，进、出站口分开。对于国际客运站的平面布置，还应满足方便旅客联检的要求，如联检作业的程序要求、对联检前后旅客分开的要求等。

第2.2.5条 目前，我国有些老的港口客运站站房设备不足，各部分能力不够协调，站前广场狭小或没有，如武汉港老客运站、南京港客运站等，由于没有站前广场，旅客进、出站均需在道路上集散、排队，对交通干扰很大，旅客很不安全。此外，有些新的港口客运站，由于没有统一的标准和规范，也使客运站各部分能力不够协调，如有的客运站候船厅面积过大，不能充分发挥其作用，有的改作他用或出租，设计和使用不够合理。因此，本规范强调了港口客运站的站前广场、站房、客运码头应配套设置，形成统一的客运能力。

第2.2.6条 港口客运站的平面布置，应尽量使客运站房靠近客运码头，确保安全并方便旅客，有条件的客运站，站房可建在客运码头之上。如我国蛇口港客运站的站房建在突堤码头之上，是二层站房；美国纽约港的突堤码头，其上建有五层站房；委内瑞拉的拉瓜伊拉港客运站，是建在突堤码头上的2～3层建筑。当站房与客运码头的距离布置较远时，将造成旅客上、下船需通过仓库、堆场、铁路、道路等区域，不但旅客行走距离加长，且易造成客、货、车流的交叉干扰，很不安全。此种情况应采用客、车立交方式，以利安全。如我国的大连港客运站、烟台港客运站和青岛港客运站，分别设置了长度为140m、212m、317m的架空立交长廊。

第三章 站 前 广 场

第3.0.1条 站前广场应由停车场、道路、旅客活动地带、绿化用地等组成。停车场应尽量接近站房主要出入口，并应满足车辆安全进出和方便接送旅客的要求。停车场的面积应满足机动车和非机动车的停车要求。站前广场的道路应合理布置，以满足车流顺畅、简捷的要求，减少客、车干扰，保证旅客和车辆的安全及方便；道路的路面宽度、坡度、转弯半径等应符合有关规定。旅客活动地带包括旅客活动平台、人行通道等，设计时应考虑满足方便旅客集散和办理各种旅行手续。绿化用地的布置及面积大小，应结合客运站地形特点确定，设计时应注意不要影响行车安全，不要遮挡司机视线。

对于有条件的港口客运站，站前广场可适当设置一些建筑小品，改善站前的景观，为旅客创造良好的旅行环境。

第3.0.2条 站前广场的面积可依据客运站的规模等级、到发旅客人数、旅客集疏交通条件等确定。根据调查，按设计旅客聚集量计算时，各港口客运站站前广场的面积如下：上海港十六铺客运站为每人1.3m²，青岛港客运站为每人3.65m²，长沙港客运站为每人1.13m²，汕头港客运站为每人1.83m²，江门港客运站为每人1.70m²，宜昌港客运站为每人4.33m²，其平均值为每人2.32m²。汽车客运站站前广场面积为每人1m²，火车客运站站前广场面积为每人2.50～25.00m²。由于港口用地一般比较紧张，故本规范确定站前广场面积，当按设计旅客聚集量计算时，每人不应小于2m²的下限。对于有条件的港口客运站，站前广场面积可适当大些。

第3.0.3条 站前广场应位于站房旅客主要出入口的前方，面向城市客流的主要客流方向，以方便旅客进出，保证旅客安全。站前广场是水路客运与城市市内交通的衔接点，亦是站房与城市联系的纽带。由于站前广场邻近市区主干道，车多人多，容易堵塞，因此应合理组织交通，充分利用城市公共交通设施，使旅客能迅速、安全到达和离开客运站。

第3.0.4条 本条阐明站前广场设计中对客、车流的流线组织与流线设计的要求。应尽量使站前广场上各种交通流线分流，各行其道，便于旅客尽快集疏和交通安全。站前广场的主要客车车流应尽量靠近旅客出入口，货车车流应靠近行包房，停车场不要离站房太远。应使站前广场充分发挥作用，做到秩序良好、安全、方便，对节假日人流组织应有一定的灵活性。

第3.0.5条 由于站前广场面积较大，稍不注意会引起广场积水，影响使用，影响市容且不卫生。设计中一般要求广场纵向坡度不应小于5‰，以利排水，同时不宜大于2‰，避免产生车辆自动滑溜现象。广场内人行道路标高应略高于车行道并坡向车行道，坡度不宜小于5‰，以便使排水畅通，避免积水，便于旅客行走。

第3.0.6条 站前广场上的绿化用地，不但能改善广场的小气候，美化环境，而且还衬托建筑，起到丰富建筑造型、美化广场建筑群体空间环境的作用。同时，亦可用来分隔站前广场的区域，以利于组织交通，使人、车分流。应重视站前广场的绿化设计，尽量满足绿化系数的要求。港口工程技术规范规定，新建港区绿化系数一般不小于15％，改造与扩建港区绿化系数一般不小于10％。同济大学等单位调查火车站站前广场的绿化系数为10％～15％。由于港口陆域用地比较紧张，故建议港口客运站站前广场的绿化系数不小于10％，对有条件的港口，站前广场的绿化系数可适当加大。同时，站前广场的绿化应与城市绿化互相协调，风格一致，既美化了站房周围的环境，亦美化了城市。

第四章　客运码头

第4.0.1条　客运码头集中布置可以减少客、货码头作业的相互干扰，保证旅客安全。在平面布置中，尽是避免采用客、货码头交错布置的方式。对于发客量很大的客运站，由于码头岸线过长、客流量过于集中，常使旅客感到拥挤、行走距离过长，此种情况下，可根据航线、船型吃水、码头岸线水深等实际情况，相对集中地分散布置客运码头。如我国的上海港，分别在十六铺、汇山、外虹桥三个港区布置了长江航线、沿海航线和国际航线的客运码头，既分散了客流，也方便了旅客使用。

第4.0.2条　为满足客船安全靠离码头和系泊等作业要求，客运码头应具有适宜的前沿高程、水深、长度、系靠船设施及掩护良好的水域条件。在客运码头，应为旅客设置方便、安全的上下船设施，如旅客登船桥、登船梯及随水位升降的活动引桥等。

第4.0.3条　客、车滚装船码头除应满足第4.0.2条的要求外，尚应设置乘船车辆的登船设施，如活动引桥或斜坡道等。旅客和车辆的登船设施应分开设置，可在平面上分开，也可立交设置。客、车滚装船码头附近，应设置具有足够面积的乘船车辆的停车场。

第4.0.4条　客运码头泊位数的确定，是较复杂的问题，在规范征求意见稿中，曾给出一个客运码头泊位数的计算公式，因其中一些系数的影响因素互相交错，难于给出系数量值。此外，公式中对航线多少、到发船密度、到发船时间等影响也未考虑，故本规范定稿时去掉了泊位数计算的公式，只给出了确定客运码头泊位数的影响因素。

在前苏联《港口与港口建筑物》一书中，客运码头泊位数等于客运航线数，对于发船密度较大的航线，可通过一个码头泊位能力核算确定是否增加泊位数。根据目前我国的国情，还不能采用这种方法确定客运码头泊位数。

第4.0.5条　客运码头设计除应执行本规范外，在码头高程、水深、泊位长度、结构及布置等方面，应按港口工程技术规范的有关规定设计。

第五章　站房设计

第一节　一般规定

第5.1.1条　站房的组成应根据客运站等级和实际需要确定。

站房由营运部分和营运辅助部分组成。

一、营运部分：

1. 候船用房：普通候船厅（短途候船厅、长途候船厅）、团体候船厅、军人候船厅、母子候船厅、二等舱候船厅和候船风雨廊等；

2. 售票用房：售票厅、售票室和票据库等；

3. 行包用房：行包托运厅、行包托运仓库、行包提取厅、行包提取仓库、行包托运提取办公室等；

4. 通道、廊道、高架桥、高架廊和平台等。

二、营运辅助部分：

1. 辅助用房：问讯处、小件寄存处、小卖部、广播室、厕所、盥洗室、饮水处、书店、邮电和医务室等；

2. 办公用房：站长办公室、客运办公室、各业务办公室、会议室、服务人员休息室、更衣室等。

第5.1.2条　这是港口客运站站房设计的基本要求。进港与出港客流、购票与候船客流、短途与长途客流以及进港与出港货流，应注意横向联系，避免平面交叉，均匀分布，互不干扰，以利于安全和方便使用。

第5.1.3条　港口客运站建筑空间布局应具有适当的灵活性和通用性。这是考虑到新站在超前时期内使用，利用率较低，在正常使用过程中，经营和管理可能有变化；同时，为适应客流量的增长而改扩建等等，都要改变某些建筑空间的使用功能。尤其是国际客运站，客流量变化波动较大，其联检手续有简有繁，设备和手段不断更新，经常需要调整各使用空间布局，甚至有时国际客运用房和国内客运用房需要相互调济使用等等。站房的建筑空间及其布局具有程度不同的灵活性和通用性，对方便使用和经济合理具有重要意义。

第5.1.4条　港口客运站首要的任务是确保旅客安全旅行，其次是方便，再次是舒适。在以往的港口客运站的建设中，大都遵循了这个原则。但一些客运站却忽视了安全、方便的上下船设施，片面追求主体建筑的气魄和个别用房的舒适性。本条为强调安全方便的原则，特别提出港口客运站应设置保障旅客安全上下船的设施。诸如上下船平台（或高架平台）、通廊（或高架通廊）以及各种形式的（机械升降、利用趸船、陆上和水中等等）活动平台和廊道。为组织立体交叉，避免上下步行往返，应根据实际情况采用上述各类设施。

交通建筑中应考虑残疾人使用的相应设施，执行现行无障碍设计的有关规范。

第二节　候船用房

第5.2.1条　本条提出根据本站等级可设置的候船厅种类。普通候船厅可根据营运需要及条件分设为长途候船厅、短途候船厅和专航线候船厅等，还可分设携重候船处和候船风雨廊等。

第5.2.2条 候船厅的位置应接近客运码头。从旅客的行为动态心理分析，候船时比较安稳，而登船时争先恐后。因登船没有送行，所以应尽量缩短候船厅与登船码头间的距离，减轻旅客登船时的紧张心理，并可减少旅客携重距离。

为关心母子身体健康，使其有较好的候船条件，一、二级站宜设母子候船厅。母子候船厅应邻近检票口或单独设检票口，以方便这部分旅客检票上船。对三级站，可视实际情况设置。对四级站，因旅客少，从使用、管理和经营方面考虑，均无必要独立设置母子候船厅。

第5.2.3条 本条规定于候船厅的设计要求。

一、候船厅使用面积的确定。根据16个港口客运站候船厅使用面积的调查，一般为人均0.8～1.4m²，而据测算，旅客及其随身免费携带的行李物品所占使用面积一般为人均1.10m²，因此确定候船厅使用面积不应小于人均1.10m²。人数按设计旅客聚集量计算，而普通候船厅、母子候船厅、团体候船厅、贵宾候船厅的使用面积，可分别按候船厅总使用面积的90%、5%、3.5%、1.5%确定。同时，二等舱候船厅的使用面积不宜小于45m²，这是为满足一个航次的二等舱旅客候船需要。

二、候船厅最低净高的确定，综合考虑了自然通风和空间效果等因素，设机械通风者不受此限。我国现阶段，除国际客运站外，均不设机械通风。因此对人员密集的场所，应加强自然通风，为此对候船厅最小净高作了限制。4.5m相当于四级客运站可能有的候船空间跨度的1/2～1/3。

三、采光要求。

四、候船厅墙面及天棚作吸声处理，是为旅客创造安静的候船条件，提高广播清晰度。

五、港口客运站，习惯上多用水冲刷地面，因此要求在室内设排污水地漏，给刷洗以方便。地面和墙裙材料应易于清洁。

六、候船厅的检票口前均需一个排队回转空间，安排座椅等设备应以有利于组织人流为原则。

七、候船厅设于地面层使用方便，有时因地制宜也设在楼层，对此，为方便使用，应设有输送旅客的升降设施，诸如电梯等。

八、营运管理的需要。

九、母子候船厅，按儿童活动特点，墙柱棱角处应作成圆角，易于清洁，保障安全。

十、旅客卫生要求。

第5.2.4条 港口客运站除了运送旅客、货物外，有些沿江短途客站，尚运输牲畜，而室外候船处就是为部分携重旅客及带牲畜旅客专设的候船处（亦称担子房）。设室外候船处是旅客使用的需要，也是客运管理的需要。

此种候船处产生垃圾较多，为不影响客运站的卫生，应根据需要固定在一定范围，适当考虑避雨设施，设有专用检票口。根据旅客构成、使用特点，其通道应考虑便于携带物品、牵牲畜、推手推车通行等。

第5.2.5条 候船风雨廊是南方沿江的一些客运站较多采用的一种候船形式。尤其是当候船厅与码头被城市干道相隔时，更多采用。它是在码头一侧，用栏杆围起来，仅可容一股人流，带雨蓬的长廊，旅客在此排队等候检票上船。这是有组织的时间很短的二次候船，以有效地组织旅客上船，尤其是避免了横穿城市道路的人流过分集中和忙乱。这种候船风雨廊的宽度应考虑旅客携带行李排成一队的要求，以便维持秩序；其高度则应考虑旅客肩扛行李的空间要求。

第5.2.6条 平台和通廊把候船厅和客船联系起来，使旅客登船时避免日晒雨淋，并使旅客的安全得到保障（立体交叉等），可避免不必要的上下往返。

平台和通廊均宜设有避雨的顶盖，高度应考虑肩扛行李的空间要求，侧面可以是栏杆，也可以是侧墙，其构造和尺度要考虑旅客的使用安全。

第三节 售 票 用 房

第5.3.1条 本条规定了售票用房的基本组成。

第5.3.2条 售票厅宜单设，对于较小的客运站，由于客流量较小，售票厅与候船厅宜合设，这样能使建筑面积得以充分利用，又便于集中管理。

一般的港口客运站，大都通过订票和预售的方式售票。旅客购票后，一般来说不立即去候船，售票厅和候船厅在使用程序上，联系不甚密切；另外在管理上，售票厅和候船厅对旅客的开放时间往往不相同。因此，售票厅和候船厅分开设置便于管理和组织人流。

有条件和必要时，中小型客运站可考虑售票厅和候船厅相互调济使用的可能。

有一些旅客，尤其一些小站的旅客，购票后就去候船，甚至立即找检票口上船。因此，售票厅与候船厅虽分设，尚应联系便捷，以满足旅客的需要。售票厅与行包托运处也应有合理联系，以满足购票后托运行包的要求。

第5.3.3条 本条规定了售票厅的设计要求。

一、售票厅使用面积的确定。根据15个港口客运站售票厅使用面积的调查，一般每个售票窗口每小时售票能力为90～140张，售票厅每个窗口前的使用面积为15～25m²，当按设计旅客聚集量考虑时，售票厅使用面积的平均值为人均0.10～0.30m²。因此，确定售票厅使用面积人均不应小于0.2m²，人数按设计旅客聚集量计算。当长期分点售票时，应从设计旅客聚集量中扣除该部分购票人数。

二、售票厅与候船厅一样都是为旅客服务的。而以往的一些售票厅旅客密度很大，其卫生条件（采光、通风）更须改善。为此，规定售票厅净高不宜低于4.20m。

三、采光要求。

四、售票厅的天棚和墙面作吸声处理是为了减少噪声，也是为了提高播音清晰度。

五、港口客运与其他交通运输（铁路、公路）不同，它一般是利用自然条件，经历了一定的历史过程产生、发展的。每个站都有自己的旅客构成、客流量变化特点。一般来说，新的港口客运站都是从其旧的港口客运站脱胎出来的；其新站的可行性研究都有旧站可作依据。因此，新站的售票口数目可按分析本站原使用现状，进行发展预测，按使用经验确定。对于新辟客运站（一般较小）的售票口数目，本地无旧站可依据时，可按邻站或使用性质规模相当的客运站的使用经验确定。候船厅的使用面积是按设计旅客聚集量计算的。而售票口数目若按设计旅客聚集量计算就不一定合适。因为购票的最高聚集人数与候船的最高聚集人数实际上往往不相等，也不成一定的比例，尤其对大中型客运站，由于售票方式（预售、订票、送票、当日票等）和开船时间（开船班次是否集中等）等因素影响，两数相差较大。另外，候船和购票旅客聚集特点不同，来候船的旅客是越来越多，直到开始登船。而来购票的旅客是在开始售票后随来、随买、随走，其聚集量主要是售票前等候的购票人数，有时在售票开始后的某段时间购票人数达到高峰，这个数量与船票是否紧张有关。越紧张，提前排队等候的人就越多，聚集量就大。所以，不能简单地以候船旅客聚集量来代替购票的设计旅客聚集量，也不可能按一定的比例计算出购票的旅客聚集量。所以本条提出按经验数据确定售票口数目。

六、售票口面对主要出入口，有以下几方面益处：购票队列可以从出入口延伸出售票厅；便于购票者找到排尾；购完票者便于走出售票厅；可以避免购票队列弯折；便于维持秩序。

七、售票口中距的确定，主要考虑乘轮船的旅客比铁路和汽车的旅客携物较多，携物排队占的空间大；购票走出和维持秩序的空间；另外，有意识地增大这个间距，使购票的人群密度相对变小，改善购票环境。

八、售票口窗台高度，考虑到售票台面的电脑设备和购票者站立高度等因素，确定为1.20m。

九、由于中近期还处于人工售票方式，售票口前宜设导向栏杆，这有利于维持购票秩序。设置长度按实际需要确定。

第5.3.4条 本条规定是防止将售票室布置在死角内形成暗房。应保障售票室工作环境有良好通风（不宜用电扇，防止吹散票据）及采光。与售票厅之间用玻璃隔断，以保证环境安静，可减少工作差错，

提高工作效率。

第5.3.5条 售票室内面售票口的窗台高0.75～0.80m，是按坐着售票工作高度确定的。售票室内外售票口窗台的高度差为0.50m左右。具体设计中可将售票员工作座位地坪局部提高，也可将售票室地面全部提高。

第5.3.6条 票据库独立设置有利于安全保卫。较大的站应设管理值班室，负责发放票据和保卫工作。票据是财务结算依据，应有基本保卫条件。票据库门下部宜设通风百叶。当无自然采光通风口时，应设自然排风道。

第四节　行包用房

第5.4.1条 本条规定了行包用房的组成。行包托运处和行包提取处，对于一、二级站，由于行包进出量较大，分别设置有利于营运和管理，而三、四级站的行包托运和提取处，若能合并，无论对空间利用，还是提高劳动效率，都是有利的。

第5.4.3条 行包在站内的转运工作量很大，劳动强度大。一、二级站应考虑机械化转运，以减轻劳动强度，提高工作效率。停车场地和机械维修处，按实际需要考虑。

第5.4.4条 此条规定是为满足管理需要，其中包括收款办公等。

第5.4.5条 本条规定了行包用房的设计要求。

一、行包用房使用面积的确定。根据11个港口客运站行包房使用面积的调查，现状为人均0.20～0.27m²，都反映太小，影响了正常使用。为此，本条规定行包用房使用面积人均不应小于0.30m²。其中，行包托运厅、行包提取厅、行包托运仓库、行包提取仓库分别为人均0.02、0.02、0.13、0.13m²。考虑到近年来商品经济的发展，快件、零担托运量逐年增加的情况，有条件时，行包用房的使用面积应当加大。

二、方便行包及自行车托取。

三、托取行包时的人体尺度要求。

四、安全设施及正常业务需要。

五、为进出大小车辆需要。

六、为满足运输机械通行的宽度和高度要求以及行包堆放空间的要求，窗台高不低于1.50m，以便窗下行包堆放。

七、库房安全保卫的基本需要。

第五节　站务用房和其他用房

第5.5.1条 本条规定了站务用房组成。

第5.5.2条 候船厅的各种服务人员应有休息更衣之处，每层设服务员值班室，其使用面积根据人数确定，最小不小于9m²。

第5.5.3条 派出所负责港口客运站的社会治安

工作。公安派出所应设在旅客较集中的售票厅、候船厅等附近处。由于售票厅是发生刑事犯罪较多之处，尤其应优先考虑与售票厅接近。一方面便于及时处理，另一方面，售票厅附近有个挂着牌子的派出所，从心理上对图谋不轨的人是个警告。窗设栏栅，以防被审查的人跳窗、跳楼，并应设有专用通讯设施。

第5.5.4条　来站的旅客往往有些事情需要找问询处问个明白。因此，问询处应设在旅客容易发现的地方，诸如邻近旅客主要出入口处。对于较大的站可根据需要分设几个问询处。问询处的工作人员不多，但面积不能太小，室内应考虑必要的桌椅和开门位置。问询处前的 10m² 面积是旅客聚集等候问询所必须的面积。这里规定当问询处与候船厅、售票厅、门厅等类似空间相邻时，应另加 10m² 面积，以保证问询处前有足够的使用面积。

第5.5.5条　中近期港口客运站广播室位置的选择是至关重要的。它要掌握售票、候船、检票、到船、上船等情况。这样，广播时才能做到有的放矢，否则就等于闭起眼睛按时间表进行广播，就不可避免地会发生与实际不符的情况。如今后随科技进步，采用录像监视、终端控制等，不但广播室位置有较大灵活性，其使用面积也相应改变。不同部位的广播应分设，分区发声。

第5.5.6条　旅客下船后，往往要与亲友、单位联系，所以在出口附近应设电话亭，在候船厅内亦应设电话亭。对于小站可集中设在一处，但不宜附设在问询处柜台上，以免声音互相干扰。

为方便旅客，各站可根据本站周围商业服务设施情况设置小卖部、书店、邮电、医务室、理发室等，使用面积不作规定。

第5.5.7条　本条规定了厕所和盥洗室的设计要求。

一、为方便使用，二等舱候船厅和母子候船厅宜单独设厕所。一、二级站的工作人员较多，办公也比较集中，工作人员厕所与旅客厕所分设是可能的，亦便于管理。

二、主要考虑厕所内气味的排除及其对其他空间的影响，明确厕所必须有天然采光，这一方面便于通风换气，另一方面提示不采用暗室。良好通风是指自然通风或其他有组织通风。应注意不要将异味导入其他人员密集的空间。

三、前室的设置是作为卫生要求，使厕所与其他空间有个缓冲，前室也可以设置一些必要的洗手盆。一、二级站应按规定另设盥洗室。

四、站内厕所，除了二等舱候船厅等有较高档次要求且使用人数不多外，宜采用冲洗式厕所，便于管理。厕所内设携带物品的挂物钩或台子，便于旅客照应随身物品。

五、根据调查，42～45 人一个便位可以满足使用要

求，男女比例 2∶1，男厕 80 人设置一大便器和一小便位，并参照铁路客运站建筑设计标准提出表 5.5.7。

第六节　国际客运用房

第5.6.1条　国际港口客运站的规模分级，目前尚难以划分。其组成，按使用功能可分为出境用房、入境用房及驻站业务用房。国际航班频繁的可以独立设站，航班少的可与国内客运用房合建。但使用上应分开，以便于管理。

第5.6.2条　旅客出境和入境的程序基本相同，但方向相反。航班频繁的国际客运站，出境和入境的旅客有可能同时进出站。因此，其出境和入境用房宜单独设置。否则，可以共用一套。

第5.6.3条　国际客运站出入境用房，无论是分别设置或互用，还是国际国内合建，都应做到联检前后的旅客、行包不接触、不混杂，这是国际客运的特殊要求。为安全营运，组织好客流与货流，避免平面交叉，必要时采用立体交叉。

第5.6.4条　国际客运因国际间航线客流量变化波动较大，其联检手续有简有繁，检查设备、手续不断更新，使用流程经常调整，因此，提出国际客运各种用房应联系紧密，流程合理，在满足当前要求的同时，在布局上应有灵活性和通用性。

第5.6.5条　因出入境的旅客一般携带行李较多，并且都要自携行李通过各种检查，因此其用房应设在同一楼层内，避免旅客上上下下携重不方便。同时规定，当入境和出境同一种使用程序的用房布置在不同楼层时，应设有运送旅客和行包的垂直运输设备，如电梯、自动扶梯等。

第5.6.6条　驻站用房是对国际旅客出入境进行检查和服务的有关业务机构的用房。因为有其特殊性，必须满足其特殊要求。

第5.6.7条　国际客运的候检和联检，一般时间都很长，为使联检前后的旅客互不接触，候检厅、联检厅均应单独设置厕所和盥洗室，并可根据需要设置餐厅等服务设施。

第七节　附属建筑和服务配套设施

第5.7.1条　此条仅提示附属建筑的组成，它有可能随社会发展有某些变化，要根据具体情况确定。选址不同、客运站规模不同，客运站对附属建筑的要求也各异。

第5.7.2条　随着人民物质生活和精神生活水平的提高，对港口客运站也提出了更高的要求。除了乘船之处，在衣、食、住、行、玩等诸多方面，应尽可能方便、舒适，因此要求客运站有相应的服务配套设施，如旅馆、餐厅，为旅客提供方便的食宿条件。尤其当由于天气影响不能按时开船时，部分旅客需住宿等待船期，因此住宿离站越近越好，以便及时掌握船

期变化情况，并能较方便地到站候船。显然，若站内有餐厅、旅馆那是相当方便的。商店为旅客提供方便的购物条件，酒吧、茶座、录像室等为旅客提供方便的娱乐条件，同时也减轻候船厅的旅客聚集剧增，为客运管理创造条件。为此，提出港口客运站应有这种服务配套设施。这些设施可根据投资情况，客运站周围设施情况决定其项目和规模。

第5.7.3条 附属建筑和服务配套设施的使用面积要求，本规范不作具体规定。有关设计的技术要求，应按现行有关标准、规范执行。

第六章 防火和疏散

第6.0.1条 现行建筑设计防火规范包括国家标准《建筑设计防火规范》和《高层民用建筑设计防火规范》等。

第6.0.2条 港口客运站是人员密集的公共场所，所以对其耐火等级提出较高要求。在现代技术条件下，二级耐火等级也是较容易实现的。

第6.0.3条 此条参照国家标准《高层民用建筑设计防火规范》中的第5.1.3条，限制大厅面积，并使疏散口布置适中。

第6.0.4条 此条遵照国家现行《建筑设计防火规范》的规定，人员密集的公共场所安全出口数目不应少于两个。设有导向栏杆的门（如检票口等）可以作为疏散口考虑。否则大厅面积较大时，不易满足疏散口适中的要求。但考虑到带有导向栏杆的门，在人员疏散时，影响疏散速度，对此，其疏散宽度折减为60%。

第6.0.5条 此条规定是为使人流通畅，不受阻，坡道坡度要求是考虑疏散安全。

第6.0.6条 因电梯在火灾时可能停电而起不到疏散作用。

第6.0.7条 一、二、三级站建筑物体积大于5000m³，按国家标准《建筑设计防火规范》第8.4.1条均应设室内消防给水系统。

第6.0.8条 港口客运站的行包仓库存放的物品较杂，棉、毛、麻、化纤及其织物较多。为此，本条按国家标准《建筑设计防火规范》第10.3.1条，规定一、二、三级站及国际客运的行包仓库应设火灾自动报警装置。四级站较小，不作规定。国内二等舱候船厅和国际客运用房，一般设有集中空调系统，装饰材料多且可燃性大，按国家标准《建筑设计防火规范》第8.7.1条，宜设自动喷水灭火设备。

第七章 建筑设备

第一节 给水排水

第7.1.1条 各级客运站系公共场所，设有旅客厕所和盥洗室，故无论哪一级客运站，均应设室内外给水排水系统；国内二等舱候船厅和国际候检厅等候的旅客，包括外国人、港、澳、台同胞等，对用水温度等应有较高的标准。

第7.1.2条 为了保证旅客安全，设置符合卫生标准的饮水器是必要的，对作为饮水的开水或自来水在接至饮水器之前，应进行煮沸、过滤或消毒处理，目的是防止自来水在水箱或管道内受到二次污染而影响饮水水质。

第7.1.3条 出入境的国际旅客应进行联检，可能挟带病菌，生活污水在排至市政管网之前应进行消毒处理，故化粪池应单独设置。

第7.1.4条 站房冲洗及公共厕所排放的污水，未经处理排放，必然会污染海域、河流等水体，为此污水应进行处理，达标后排放。

第二节 采暖通风

第7.2.1条 根据节能的有关精神，集中采暖的形式应采用热水采暖系统。但考虑到四级站地处小城镇，没有条件上集中采暖的具体情况，允许因地制宜地采用其他形式的采暖方式，但应注意防止环境污染。

第7.2.2条 结合各房间的用途，给出了各房间采暖计算温度的上下限值。在设计时，应根据各种具体情况，在其上下限范围内取值。

第7.2.3条 安装在窗台底下的散热器及其支管容易烫伤旅客，因此，在人流较多的候船厅、售票厅的散热器及其支管上加防护罩是必要的。

第7.2.4条 候船厅、售票厅内，旅客集中，人流较多，空气污染严重，应进行通风换气。换气形式一般采用较为经济的自然通风方式，如自然通风满足不了要求时，可采用机械通风或自然与机械相结合的通风方式。其新风量是根据规范中类似房间（如商场）的新鲜空气量定的。

第7.2.5条 在非工作时间，用值班采暖系统把室内温度保持在5℃左右，在工作时间，用通风换气的送风系统（用热风）把室内温度提高到所需的温度。这样，比较灵活、经济。

第7.2.6条 港口客运站人流较多，上厕所的人也多，为避免厕所的臭味散发到各厅中来，一定要让厕所处于负压，使气流从各厅流向厕所。其排气量是按常规定的。如不按换气次数，也可按每一大便器40m³，每一小便斗20m³的换气量计算。

第7.2.7条 在寒冷地区，冬季大门开启对热损失较大，而轮船客运站大门开启次数较多，为了减少这一部分热损失，在大门上安装热空气幕是适宜的，但不要硬性规定，应根据具体条件来定。采暖室外计算温度高于−10℃的地区，技术经济比较合理时，也可以装上空气幕。

第7.2.8条 国内二等舱候船厅和国际候检厅是标准较高的站房。因此，根据具体情况设舒适型空调系统是必要的。

第三节 电 气

第7.3.1条 我国大多数客运站是客货兼用，一、二级客运站按二级用电负荷要求是不难做到的。三、四级站用电负荷等级本文不做明文要求，但在执行时应注意通讯、导航及消防设备等用电负荷要求。

第7.3.2条 应急照明也可采用带电池的应急灯。

第7.3.3条 站房照明标准在国家标准《民用建筑照明设计标准》中有规定，本规范不再做规定。

第7.3.4条 设公用电话是为方便旅客的需要，目前客运站由于公用电话少，甚至不设公用电话，给旅客带来极大不便。

第7.3.5条 设轮船营运班次公共动态显示装置可大大减少旅客排队问询，外宾乘船人数较多的客运站宜设中、英文显示。

第7.3.6条 江、湖、海岸雷电活动较频繁，各级客运站均应设防雷保护。

附录一 设计旅客聚集量的计算

设计旅客聚集量的计算，主要根据各港口客运站的设计年发客量、客运站的年发客天数、旅客聚集程度及发客量不平衡性等因素确定。

一、聚集系数 K_1 的计算中，应排除临时加班船等因素的影响，按正常情况下，发船密度、旅客集中程度及客运站实际使用率（有的港考虑了接送旅客人数的影响）等因素确定。沿海港口，根据温州、宁波、青岛等10个港口的统计资料，计算的聚集系数为 0.35～0.50，本规范按站级确定为：一、二级站 0.35～0.40，三级站 0.40～0.45，四级站 0.45～0.50。长江沿线港口，根据上海、南京、重庆、武汉、涪陵等16个港口的统计资料，计算的聚集系数

为 0.25～0.40。珠江、西江沿线港口，根据梧州、广州、大沙头等8个港口的统计资料，计算的聚集系数为 0.25～0.40。本规范按站级确定了长江、珠江、西江沿线港口客运站的聚集系数为：一、二级站 0.25～0.30，三级站 0.30～0.35，四级站 0.35～0.40。黑龙江、松花江沿线港口，根据哈尔滨、黑河、丰满等7个港口的统计资料，计算的聚集系数为 0.50～0.60，本规范按站级确定为：一、二级站 0.45～0.50，三级站 0.50～0.55，四级站 0.55～0.60。其他内河港口，根据苏州、长沙、杭州等10个港口的统计资料，计算的聚集系数为 0.30～0.50，本规范按站级确定为：一、二级站 0.30～0.35、三级站 0.35～0.40、四级站 0.40～0.45。

二、不平衡系数 K_2 是根据各港口客运站所提供的该站正常年份历年发客量资料、并参考历年次高月发客量，删除峰值与最低值，排除临时因素（如临时加班等）的影响，经计算后求得。沿海港口，根据广州、汕头、威海、大连等15个港口的统计资料，计算结果为 1.20～1.45，本规范按站级划分为：一、二级站 1.20～1.30，三级站为 1.30～1.40，四级站为 1.40～1.50。长江沿线港口，根据南通、南京、芜湖、九江、万县等25个港口的统计资料，计算结果为 1.18～1.35。珠江、西江沿线港口，根据梧州、肇庆、佛山等6个港口的统计资料，计算结果为 1.11～1.30。本规范对长江、珠江、西江沿线港口客运站的客运不平衡系数，按站级划分为 1.10～1.20，三级站 1.20～1.25，四级站 1.25～1.30。黑龙江、松花江沿线港口，根据佳木斯、丰满、黑河等7个港口的统计资料，计算结果为 1.40～1.57，本规范按站级划分为：一、二级站 1.30～1.40，三级站 1.40～1.50，四级站 1.50～1.60。其他内河港口，根据合肥、柳州、湘潭、常德等18个港口的统计资料，计算结果为 1.10～1.40，本规范按站级划分为：一、二级站 1.15～1.25，三级站 1.25～1.35，四级站 1.35～1.40。

中华人民共和国行业标准

汽车库建筑设计规范

JGJ 100—98

条 文 说 明

前　言

根据建设部建标〔1991〕413号文要求，由北京建筑工程学院主编，浙江省城乡规划设计研究院、苏州城建环保学院、北京恩菲停车设备集团、上海建筑设计研究院、北京首汽集团公司等单位参加共同编制的《汽车库建筑设计规范》（JGJ 100—98），经建设部1998年3月18日以建标〔1998〕48号文批准，业已发布。

为了便于广大设计、施工、科研、学校等单位的有关人员在使用本规范时能正确理解和执行条文规定，《汽车库建筑设计规范》编制组按章、节、条的顺序编制了本条文说明，供国内使用者参考，在使用中如发现本条文说明有欠妥之处，请将意见函寄北京建筑工程学院建筑系（地址：北京展览路一号，邮政编码：100044）。

本条文说明由建设部标准定额研究所组织出版。

目　次

1 总 则

1.0.1 汽车是现代化主要交通和运输工具之一，随着社会经济的发展已大量进入城市。在我国除了大力发展公共交通事业以外，汽车已开始进入家庭，这不以人们的意志为转移，1995 年的汽车产量大约是 100 万辆，到 2000 年将增长到 300 万辆以上。目前全国汽车保有量达 1000 万辆，其中客用车约 100 万辆，而小轿车约占 70 万辆，私人保有量约 4 万辆。1995 年初北京城乡贸易中心开展销售小轿车的业务，试销国产小轿车 2000 辆，不出一个月已订购完。国家正在有计划地组织三大、三小、二微的大产量汽车制造基地。据有关部门预计，2010 年保有量约 4000 万辆，未来十到十五年内汽车有可能大规模进入家庭。

目前汽车在机关和企事业单位保有量较大，反映出在城市的公用停车场已比较拥挤，尤其是市中心，停车已开始成为问题，阻碍了城市建设的发展和城市交通的现代化管理，汽车大量进入家庭以后，问题会更加严重，将会反映到城市的各地区和乡镇，尤其是城市住宅区。

为了适应城市建设的高科技化和城市交通管理的现代化，为了解决群众性的大容量停车、存车问题，将修建大量汽车库，为此编制本规范。

1.0.2 本规范汽车库停放的汽车为轿车、客车和货车，并侧重于城镇中大量性的汽车库建筑，即营业性的公用汽车库和非营业性的专用汽车库。工厂和村镇的小型汽车库不作重点，而专业型和特殊型汽车库不在其内，可作参考。

1.0.3 汽车库建筑除了适用、经济以外，在安全、技术先进和环境保护等方面都有独特的要求，不仅进出车运行要安全，对油、气的防火、防灾还有较高安全要求，同时还要防止尾气污染环境。采用先进的管理技术，既可节省运行成本，还可以使车辆运行迅速、合理，又可保证建筑物的安全。

1.0.4 汽车库的建筑规模按车型、容量和面积三者来划分，考虑到目前国家标准《汽车库、修车库、停车场设计防火规范》不分车型，仅以小型车车容量来分，而且中、小型车库使用面广，故本表以中、小型车的容量来分，不适用于大型车车库。

我国除台湾、港澳地区以外，汽车还未大量进入家庭，而港澳地区汽车已大量进入家庭，其汽车库容量显示得比较充分，如九龙新世界中心，其高层汽车库容量已大于 1000 辆，九龙火车站上部亦为高层汽车库，其容量大于 800 辆，与新世界中心相邻的某高层汽车库，其容量亦达 800 辆以上。在汽车还未大量进入家庭的北京、上海已出现 500 辆和 500 辆以上的汽车库，如北京饭店的地上汽车库，上海友谊汽车公司吴中路多层汽车库等。以 800 万人口的大城市测

算，五口之家有 150 万户，如果 1/3 家庭拥有汽车，则达 50 万辆，要建 500 辆容量车库 1000 个，因此，市中心和商业区的停车位需求量将是一个巨大数字。既从现状出发，又预计到未来，所以把特大型定在 500 辆以上；大型定在 301～500 辆；中型定在 51～300 辆；小型定在 50 辆以下，这样与防火规范中 300 辆和 50 辆两个界限相协调，是兼顾了现在、未来和防火规范三者的产物，是比较稳妥的。

1.0.5 是根据建设部司发文（91）建标技字第 32 号《工程建设技术标准编写暂行办法》第十条第二项规定，引用的典型用语。与本规范有较大联系的规范有：1. 民用建筑设计通则；2. 汽车库、修车库、停车场设计防火规范；3. 停车场规划设计规则；4. 城市公共交通站、场、厂设计规范等。因有专门的防火规范，故本规范不再在防火方面作规定。

2 术 语

2.0.1 汽车库的英语为 garage，其含义是以停放和储存汽车为主体，带有少量修车位的建筑物；停车场英语为 "parking lot"，美国英语为 "parking area"；修理汽车的建筑英语为 "motor repair shop"；这三者是各有其含义。中文 "库" 的含义为 "贮存东西的房屋或地方"；而露天的地方，中文更有确切的词为 "场"。目前已有《停车场规划设计规划》专为露天停车用。而保养和修理汽车的房屋，属于生产性车间或厂房，中文中用保养和修理汽车楼、车间或厂更为确切。因为从国内的传统语言和国外的专用词来看，本规范在术语中限定为停放和储存汽车的建筑物比较确切、稳妥。

汽车库有单建式、合建式和附建式，这三者均属于汽车库的定义之内。

汽车库一词虽然在美国英语的用词中有用 "parking Building, parking structer" 等，但在字典中仅为 garge，故采用 garage。

2.0.2 汽车最小转弯半径是计算通车道最小回转半径的重要数据，是汽车回转中心至前轮外侧的水平距离。由汽车制造厂在产品样本中提供，不是汽车通车道的最小回转内径。

2.0.12 下图为两层式机械汽车库。(*a*) 为二层升降横移式，上层可以升降，下层（与地面平）可平移，下层有一个空位，靠空位的移动，可使上层任一辆车调出。(*b*) 为两层循环式机械汽车库，汽车停于升降机的托板上，自动降下并转运到沿水平方向配置的循环运动的停车位上。(*c*) 为两层坑下式机械汽车库，上、下两个车位固联成为一个升降体，平时卧于地坑，上层可停车，升起后可存取下层车。

2.0.13 下图为竖直循环机械汽车库

停车位沿竖直方向布置，由传动机构带动作升降

循环运动，其出入口可设在下部、中部、上部。

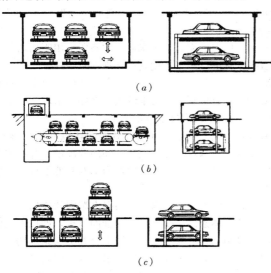

图 2-1
(a) 二层升降横移式汽车库；(b) 二层循环
式汽车库；(c) 坑下式汽车库

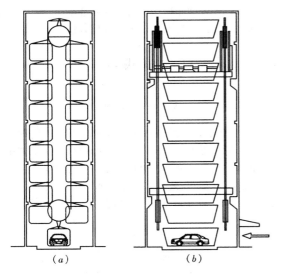

图 2-2 竖直循环式机械汽车库
注：本说明中机械汽车库简图均由北京恩菲停车设
备集团提供。

3 库址和总平面

汽车库因停放汽车而形成一定规模车流集散，不仅成为城市交通的重要组成部分，而且是城市中主要交通源之一，因而对其周围环境产生相应影响。同时，汽车库停放车辆，需要提供管理、保养、配电、水泵等设施。本章主要从上述各方面，结合现行有关规范，对汽车库选址和总平面规划设计提出具体规定。

3.1 库　　址

3.1.1 汽车库库址包括公用和专用两类，它们都具有静态和动态交通，是城市交通所不可缺少的部分。同时，汽车库库址对周围环境有相当影响，所以，选址必须符合城市总体规划、城市道路交通规划、城市环境保护规划及防火等要求。

3.1.2 城市中道路分级，大城市一般分快、主、次、支四级，中等城市分主、次、支三级，小城市分干、支两级。此外，城市中还有工业区、居住区等功能分区内道路。按上述划分，总的可分为城市道路和功能分区道路两类，中型及中型以上汽车库库址，出入车流量大，应临近城市道路，有利于减少对功能分区内环境干扰和影响。

3.1.3 城市公共设施集中地区，如行政中心、商业区、车站、码头等，应设公用停车库，库址距主要服务对象（如百货商店、行政机关等）不宜过远，距离太近也不易实施，本条例规定为不宜超过 500m。

3.1.4 专用汽车库库址应设在专用单位的用地范围内，如专用单位已无用地可作汽车库库址，应尽可能采用地下或机械式汽车库，或设在附近场地。

3.1.5 为贯彻"平战结合"，城市原有人防工程设施已广泛与城市建设相结合，如改作停车库、仓库等，新建汽车库应充分利用现有城市人防工程设施。同时，还应与城市规划中拟建的人防工程设施相结合，并与城市地下空间开发相结合。可根据《人防建设与城市建设相结合规划编制办法》中所规定"城市总体规划已经审批，未编制人防建设与城市建设相结合规划的城市，应补充编制。"

3.1.6 汽车库选址，尤其是多层汽车库和地下汽车库，由于荷载大，并有大量可燃材料，应严格注意承载层条件，除确保工程质量和节省投资外，还应防止在发生灾害时发生次生灾害。

3.2 总　平　面

3.2.1 汽车库库址的使用功能，主要有汽车出入、停放、汽车保养、清洗、加油、充电等，以及库址内交通和绿化等。根据库址规模的大小，规模大的可以按功能分区，如库址小或汽车库规模小的不必严格分区，但在总平面布局或建筑平面布局中应全面考虑各使用功能的需要。

大规模的汽车库库址，根据功能分区应由管理区、车库区、辅助设施区及道路、绿化等组成。

3.2.1.1 管理区主要对车辆出入、调度、生产经营及行政等实施管理，区内应设置与上述管理有关设施，如行政办公、调度、警卫、收费等。

3.2.1.2 车库区是停放车辆的区域，车辆停放方式有室内、室外、地上、地下、单层、多层等，应根据不同停放和运行方式，布置相应设施，如停车位管理，车流管理等。

车辆入库前，车轮需经清洗，以保持库内清洁，库前宜设车轮清洗处。

3.2.1.3 辅助设施区主要为车辆保养、清洗以及工作人员的生活服务，本区需根据辅助内容设置相应设施。

3.2.1.4 库址内道路除沟通各功能分区外，并应符合消防、候车等要求。

3.2.1.5 汽车库库址绿化过去往往重视不够，建设部根据《城市绿化条例》制定了《城市绿化规划建设指标的规定》，其中要求单位附属绿地面积占单位总用地面积的比率不低于30％。

汽车库库址应设置隔声绿化带，以减少对周围环境的噪声污染。同时在室外停车场应设林荫带，改善车辆停放环境，减少停放车辆受曝晒时间，既加强了基地绿化，又美化了城市市容。

3.2.2 库址总平面布局，应该使停放汽车的各种使用功能得到充分有效的发挥，成为结构严密的有机整体。同时，基地环境也应符合现行《城市容貌标准》规定。

3.2.3 汽车库库址内有大量可燃材料，为汽车库设计还制定了专门的防火规范，库址总平面布局必须严格执行现行的《汽车库、修车库、停车场设计防火规范》的规定。本条文所列各项内容，该规范均有明确规定。

3.2.4 汽车库库址，出入车辆数，与基地停车位数成正比，车位数越多，出入口数量也相应增加。本条文规定的出入口数量与现行《停车场规划设计规则》相一致，但汽车出入口之间净距，从安全和有利城市道路车流疏散考虑，已从10m增至15m，并规定单向出入口宽度为不小于5m，与上海市《停车场（库）设置标准》一致。

3.2.5 公用汽车库停放车辆需要办理收费等手续，由于车辆减速或停靠，在办理手续的出入口处应设置候车道。

3.2.6 专用汽车库库址的车辆出入与人流交叉措施，系采用上海市《停车场（库）设置标准》第3、1、4条规定。

3.2.7 由于特大、大、中型汽车库库址出入车辆多，而城市主干道交通流量也大，如出入口设于主干道往往容易造成主干道交通阻塞，所以特大、大、中型的汽车库基地出入口应尽量不设在城市主干道上。如必须设在主干道上应有必要的安全措施、严禁堵塞主干道交通。

3.2.8 在库址出入口，车辆出入容易堵塞，所以出入口必须退出城市道路规划红线，否则容易造成城市道路的车流堵塞。

通视要求以上海市《停车场（库）设置标准》第3、1、3条为基础，按出入口退出道路规划红线

7.5m确定（图示为7m宽出入口）。

3.2.9 汽车库库址出入口距离城市道路交叉口及人行过街天桥、地道、桥梁或隧道等引道口，应有一定距离，以保证交通安全畅通。本条所采用距离值与现行国家标准《停车场规划设计规则》一致。

3.2.10 汽车库建筑周围道路、广场应符合车辆行驶要求，并有排雨水、污水设施，地坪排水坡度所采用0.5％数值，符合排水技术要求。

3.2.11 地下汽车库排风口对周围环境有相当影响，需要妥善选择排风出口位置、朝向及高度，并设置必要设施，以防止或减少对库址内部及基地附近环境的影响。

3.2.12 汽车库库址内，可根据汽车库的使用要求和库址的具体条件，配置相应的辅助设施，如保养、清洗等设施，并可参照现行《城市公共交通站、场、厂设计规范》的有关规定设置。水、电等市政设施，应根据汽车库规模、防火规范及使用要求等配置。

3.2.13 汽车库库址应有明显标志，便于识别。库址内各种设施及通车道路线走向等，应按现行国家标准《城市公共交通标志——公共交通总标志》规定清楚标明，以利管理和操作。汽车库库址还应有良好照明设施，以保证交通安全，运行管理方便。

4 坡道式汽车库

4.1 一 般 规 定

4.1.1 汽车的类型和外廓尺寸随汽车生产厂和型号而异，为了便于进行合理和科学的设计，这次共统计了中国、日本、美国、英国、法国、前苏联等17个国家汽车近2300余种，其中微型车、小客车、小轿车、小货车近700种（国内近200种，国外近500种），轻型车近600种（国内近500种，国外近100种），中型车300余种（国内84种，国外220种），大型、铰接车730种（国内500种，国外230种）。对上述统计数字，以国产车停放的空间尺寸为主，国外车为辅，结合我国现有的经济水平，进行归纳和分类，按中国汽车工业总公司和中国汽车技术研究中心编制的中国汽车车型手册1993年版的车名为据，除专用汽车、矿用车、摩托车外分成八型，如下：

1. 微型车：包括微型客车、微型货车、超微型轿车。

2. 小型车：小轿车、6400系列以下的轻型客车和1040系列以下的轻型货车。

3. 轻型车：包括6500～6700系列的轻型客车和1040～1060系列的轻型货车。

4. 中型车：6800系列中型客车、中型货车和长9000mm以下的重型货车。

5. 大型客车：包括6900系列的中型客车、大型

客车。

6. 大型货车：长 9000mm 以上的重型载货车，大型货车。

7. 铰接客车：铰接客车，特大铰接客车。

8. 铰接货车：铰接货车，列车（半挂、全挂）。

据此八型可以将统计数字中 95％ 以上的车辆概括进去，还有小部分车可利用大、小车搭开停放及局部使用通车道予以停放，将它们作为公用汽车库设计车型的外廓尺寸。专用汽车库可按实际存放车型的外廓尺寸进行设计。

4.1.3 倾斜式可以按具体情况选择角度，30°、45°、60° 既是常用的又具有代表性。由于汽车与汽车之净距大于汽车与柱子之净距，所以柱子有可能进入停车空间内而不影响停车。

4.1.4 汽车与汽车、墙、柱、扶栏之间的净距是按三种停车方式均满足一次出车和防火要求确定。当平行停车时将汽车间纵向间距定为 1200mm 和 2400mm，是为了满足一次出车要求。汽车间横向间距主要考虑到驾驶员开门进出的需求，实测国产车上海桑塔纳 600mm 时可以进入，500mm 就感紧张，所以定为 600、800 和 1000，与防火规范不一致但不会发生矛盾，后者是防火角度的最小值，其他尺寸都是行车安全要求的最小尺寸。

4.1.5 表 4.1.5 根据列出的计算公式，在各车型中选用比较典型的汽车的有关参数进行计算而得，当计算出的通车道宽小于汽车宽加两侧的安全距离（500～1000mm）时，取后者，且不小于 3.0m，每辆车的停车面积按通道两侧均停车计算，但未计算坡道等建筑面积。

根据本规范表 4.1.5 算出最小每停车位的面积如下：

表 4-1

车型分类 参数值 停车方式	项目	最小每停车位面积（m²/辆）					
		微型车	小型车	轻型车	中型车	大货车	大客车
平行式	前进停车	17.4	25.8	41.6	65.6	74.4	86.4
斜列式	30° 前进停车	19.8	26.4	40.9	59.2	64.4	71.4
	45° 前进停车	16.4	21.4	34.9	53	59	69.5
	60° 前进停车	16.4	20.3	40.3	53.4	59.6	72
	60° 后退停车	15.9	19.9	33.5	49	54.2	64.4
垂直式	前进停车	16.5	23.5	41.9	59.2	59.2	76.7
	后退停车	13.8	19.3	33.9	48.7	53.9	62.7

注：此面积只包括停车和紧邻车位的通车的面积，不是每停车位的建筑面积。

小型车汽车库的所需建面积，国内外实例中已有比较接近的指标，大约每车位从 27m²～35m²（包括坡道面积），结合国情，控制每车位在 33m² 以下是完全可行的。

4.1.6 表 4.1.6 中坡道上通车道最小宽度，美国资料较大，单车道 3.6m，双车道 6.7m，环形坡道单车道为 3.82m，双车道 7.86m（内含 0.6m 中间牙），而苏联最小，为 2.5m、5.0m 和 3.5m、7.45m，我们按国情、结合中国车型取两者之间值，接近日本值。

4.1.7 最大坡度首先取决于安全和驾驶员的心理影响，其次是汽车爬坡能力和刹车能力，所以一般不宜在 15％（1：6.7）以上，但如果汽车库内有专职司机进出车辆，则轻型车、小型车最大坡度可达 20％。

4.1.8 为了防止汽车上、下坡时汽车头、尾和车底擦地，可根据汽车设定的前进角、退出角和坡道转折角的角度等进行计算，当坡道坡度超过 10％ 时应设缓坡。

4.1.9 汽车最小转弯半径从已知的统计数字中取合理的偏大值，如小型车中奥迪为 5.8m；上海桑塔纳为 5.6m，取 6m。轻型车以下数值差大，故取一个范围。

4.1.10 环行通车道的计算以此公式比较合理，故推荐采用。

4.1.11 汽车环行时会产生离心力，因此，将环道内倾构成横向坡度，用汽车重力的水平分力来平衡离心力，一般情况下最急转弯处每米坡道宽度抬高 4cm，接近楼面处略少一些。

4.1.12 为了行车安全和驾驶员的心态平衡，坡道两侧如无墙体应设护栏，护栏高度除保证行车安全外，还应遮挡驾驶者对车库外四周建筑物的视线。为了行车安全，双行道中宜设道牙。

4.1.13 室内净高除车高外还应考虑行车的安全高度、行人和设备及管道的空间。表中值是未考虑设备和管道空间的最小值。

4.1.14 为了保证出入口的畅通和安全，加大了出入口宽度，出入口对着城市道路时应留 1.5 个车位长即 7.5m 以上的安全距离，并在车道出口朝城市道路内侧 2.0m 的 60° 角内不准有遮挡，否则达不到应有的通视条件。

4.1.15 坡道墙上如开窗，会产生眩光影响司机的视觉。同样人工采光应采用漫射光照明，否则亦会影响司机视觉。漫射光定义见《天然采光设计标准》。

4.1.16 目前国内已有的汽车库管理水平较低，且管理方式不一，辅助面积和人员编制均偏高，参考有关资料，辅助面积宜控制在总面积的 10％ 以下，以 500 辆规模的小型车车库为例，总建筑面积约 15000m²，10％ 为 1500m²，作为管理和辅用房应该是可以的。由于目前车库还不多，管理方式落后和管理水平较低，所以仅提出可设的房间，不提出具体指标较妥，至于附设住宿和餐饮等用房可按有关规范规定。

4.1.17 美国建筑师设计手册建议三层以上设电梯，考虑到有利于提高车库使用效率。规定地上三层以上多、高层汽车库、地下二层以下汽车库应设供人使用的电梯。

4.1.18 为了在停车位内安全停车，宜设车轮挡，其位置与汽车前悬或后悬的尺寸有关，可取较典型存放汽车的上述尺寸。如果车轮挡在每一个车位内通长时会阻碍地面排水，故应断开或下部漏空。

4.1.19 为经久耐用和易于清洗楼地面，对楼地面面层材料有所要求，并应作排水设计。

4.1.20 为了防止汽车在坡道上滑坡，坡道面层应有防滑措施。柱子、扶栏等必要时应有防撞措施，以免影响行车安全和结构安全，由于方法较多，不作更具体的规定。

4.1.21 为了行车安全和便于管理，设必要的行车标志和指示灯及划定每车位的位置和对停车位编号。

4.2 坡道式汽车库设计

上节是对汽车库设计中各种局部问题加以规定，本节是在上一节的基础上对汽车库整体设计中的一些问题加以规定。

4.2.1 汽车库有单层、多层、高层和地上、地下之分。单层车库相对来讲比较简单。多层车库因坡道设置方式不一，变化较多。总结国内外已有的成熟设计，可分成直坡道式、错层式、螺旋坡道式和斜楼板式四大类，每一类中又有所差异而分数种，则构成4类，10余种，这10余种中各有优缺点，适用于不同场合，故可根据基地形状和尺寸及停车要求和特点，由设计人员选用。其部分定义和简图如下：下图为坡道式汽车库中外直坡道汽车库和内直坡道式汽车库（Ramp garage）。

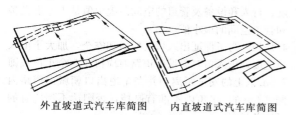

外直坡道汽车库简图　　内直坡道式汽车库简图

图 4-1　直坡道式汽车库

错层式汽车库（Staggered-Floor garage）将各停车层楼板标高垂直错开半层，形成两部分停车空间坡道式汽车库，它又可分二段式和三段式。下图为错层式汽车库，是坡道式汽车库的一种异型，（a）为二段式，（b）为三段式。

螺旋坡道式汽车库（Helical-ramp garage）汽车在停车楼层之间，沿着一条连续的螺旋车道行驶者，为螺旋坡道汽车库。图4-3为螺旋坡道式汽车库的一种。

双行螺旋坡道汽车库（Two way helical-ramp

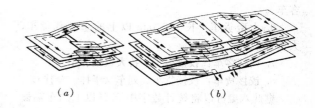

图 4-2　错层式汽车库
（a）二段式；（b）三段式

garage）上、下楼层螺旋坡道设于同一双行线螺旋坡道内的螺旋坡道汽车库。

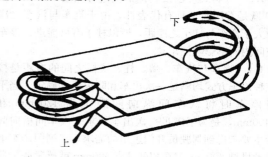

图 4-3　单螺旋坡道式汽车库

跳层螺旋坡道式汽车库（Concentric-Spiral garage）上、下楼层螺旋坡道重叠错开设置，为同一圆心，亦称同心圆螺旋坡道式汽车库。

下图为双行螺旋坡道和跳层螺旋坡道式汽车库的螺旋坡道，大多是圆形，亦可以是其他形状。

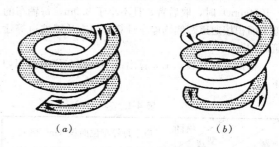

（a）　　　　　　　　　　（b）

图 4-4　双行和跳层螺旋坡道
（a）双行螺旋坡道；（b）跳层螺旋坡道

斜楼板式汽车库（Sloping-floor garage）各停车层楼面倾斜，并兼作楼层间行驶坡道者为斜楼板式汽车库。图4-5为斜楼板式汽车库的一种。

4.2.2 直坡道式、错层式及斜楼板式车库，都以各层楼面通车道兼作回转的通道，因此必须连续畅通无阻。

4.2.3 严寒地区累计最冷月平均温度低于或等于−10℃，采暖日期往往在年130日以上。外直坡道式汽车库，由于坡道易于冰冻，影响到行车安全，故不应采用。

4.2.4 两坡道间中心距不小于13.7m，取14m，为的是汽车在楼层上作180°转向，这里指的是小型车，

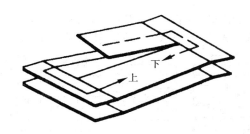

图 4-5　斜楼板式汽车库

中、大型车还应按车型加大。

4.2.5　三段错层式汽车库，因中段与左、右段均有坡道，通车道较多，行车易于出错，故应严加限制，除设行车标志外还应有具体措施。

4.2.6　为了节省有效建筑空间，允许楼面叠交，因小轿车头、尾要求空间高度较小，故可采用，但不宜超过 1.5m，如停方形面包车则不适用。

4.2.7　双行螺旋坡道，上车道宜设在外侧，且宜适当加大。因为能让进车时转弯角度比较平缓，易于司机适应。且以左转逆时针行驶适应我国驾驶位在左侧的车型。由于坡道所占面积较大，在规则平面中宜置于规则平面的一端，这样会使布置更合理，若在不规则基地内，应充分利用基地形状的变化，如为曲尺形基地，则可将环布置于曲尺的突出部位。

4.2.8　跳层螺旋坡道式汽车库，亦叫同心圆式螺旋坡道车库，其构思精巧，用地经济。由于上、下螺旋坡道同一圆心，因而上、下坡在同一竖向空间，而上、下车道分开。为了保持上、下坡道的净空始终一致，故在每层楼面上的进、出车口位置应对直，设计时要有较强的空间概念。它是螺旋形坡道中较经济者。为了停车和行车的合理，坡道空间宜设于停车楼的中心部位，由于它占地相对较少，往往适用于市中心用地紧张地段的高层车库。

4.2.9　斜楼板既可以是直坡道式亦可以是螺旋坡道式，国内已有后者实例。当楼板坡道大于 5% 时不宜停车。

4.2.10　由于楼地面已为斜坡，为了防止停车后车滑行，应使停车位与通车道成 60°或 60°以上的夹角。

4.2.11　斜楼板式汽车库由于楼面兼作坡道，所以比较经济，但在库内进出车行驶距离较长。当为大型车库时往往设转向中间通道，当行车高峰有堵车现象时则可设螺旋式坡道，供快速出口用。

4.2.12　很多地下汽车库建于大型公共建筑的地下部分，尤其是高层建筑。由于抗倾覆要求有较多的地下空间。可作为停车之用，其单独出入口的设置、柱网的平面参数取值、坡道型式的选用、防火分区的划分等都受到上层公共建筑的功能和结构布置的制约，同时上层建筑的设备和管网走向亦受到汽车库的限制，因此在设计该类地下汽车库时应与上部建筑设计取得协调。

4.2.13　地下汽车库的通风、采光以及事故发生后的营救、灭火，与地上建筑相比都较困难，因而对有灾害气体浓度的控制和对明火出现的控制均较严，不允许设置修车位和使用及储存易燃易爆物品的房间。

4.2.14　为了防止地面水进入地下车库，必须采取严格的防排水措施，其方法有设与坡道同宽的排水沟、反坡和闭合挡水槛等，在有暴雨和有洪水的地区则还应有防洪设施。

5　机械式汽车库

机械式汽车库由于机械设备型式较多，因而库型亦不一，国际上以日本和欧洲等地较为广泛采用，国内近年来北京等几个城市出现了此类车库。由北京有色冶金设计研究总院恩菲停车设备集团开发，本章以国内近期开发的和有可能开发的几种机械式车库为主，作了一些规定，推荐为汽车库设计所用。

5.1　一般规定

5.1.1　机械式汽车库的设计车型较多，因此应根据建筑总布局和各种机械停车设备的运行特点来进行选择，并在选用机械设备时应十分慎重，并必须选用合格产品。由于机械停车设备对建筑等有一定要求，如建筑空间的大小、荷载大小、如何连接、荷载的作用位置、留沟、埋管等等，而这些条件都要从机械设备的设计或生产者那里取得，是建筑设计的主要依据。当需要更改这些条件时，建筑设计者必须与机械设备的设计或生产者进行充分的协商，不得自行更改。同时还应充分注意到更改后是否符合现行的有关规范的规定。

5.1.2　机械式汽车库的设计车型与坡道式汽车库有所不同，因为既要考虑到汽车的各种型式、尺寸和重量，还要考虑到汽车的发展趋势和没有其他空间（如通车道等）可以借用。从经济、适用出发，考虑了日本几家主要机械停车设备制造厂家的分类，结合目前国内常用车型、尺寸和重量，制订出表 5.1.2，使绝大部分小轿车均能适用。

5.1.3　由于机械式车库往往用于城市中心部位，与城市交通干道有密切的关系，进出车时机械设备需要一定的运行时间，所以参考了使用中有一定经验的日本资料，要求库门前与城市道路间必须有二辆或二辆以上停车位，让汽车有在库外等候的条件，否则可能引起城市道路交通的阻塞。只有当进出口分开设置时，可以减为一辆停车位。

5.1.4　当城市中心地区用地十分紧张时，会出现汽车库无充足的场地回车，那时，允许采用回车盘，就地回转。

5.1.5　库门洞净尺寸按经验及参考国外有关规定，洞宽应比设计车型宽加 0.5m 以上，洞高应比设计车型高加 0.1m 以上，如果人亦进出于该门时高应不小于 1.9m。

5.1.6 机械式汽车库的出入口一般不允许闲杂人员进入，如果出入口为敞开时，从安全运行出发，必须在出入口设库门或可以开启的栏栅以替代库门。

5.1.7 机械式汽车库设计中为了配合二氧化碳等气体灭火措施，往往库门会自动封闭。为防止把人关入库内，则必须设停电时人能出库的安全门，该门除必须外开外，门上应有明显标志，易于在紧急状态下辨认，同时为防止闲杂人员进入库内，从外部必须用钥匙，门才能开启，而从内部则不需钥匙随时都可以开启。

5.1.8 这是必要的安全措施，为避免事故，因而在此作规定。

5.1.9 机械停车设备一般都有保证安全运转的机电闭锁系统，尽管如此，为确保安全运转，操作人员在起动设备前，还必须确认车是否停好，人员是否已退出，故操作位置应设于使操作人员能观察到人及车的进出之处，如实在满足不了这一要求，应采取补救措施。

5.1.10 与车库无关的管线如设于库内，对保证车库的安全十分不利，也给这些管线的安装和维修带来困难，因此严禁设置或穿越与车库无关的管线。

5.2 机械式汽车库设计

5.2.1 机械式汽车库型式很多，本条推荐目前国内已开发的、正在开发的和较为成熟的品种，供工程设计者根据工程的具体条件选用。

　　多层式（电梯式）机械汽车库（Lift park garage）　停车位沿升降机垂直方向布置，用特制的转运装置，将汽车从升降机上转运到停车位或反之，因停车位设置不同分纵式、横式和回转式。

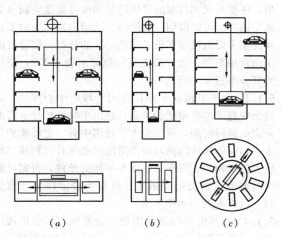

图 5-1　多层式汽车库
(a) 纵式；(b) 横式；(c) 回转式

　　吊车式机械汽车库（Slide elevator garage）　停

车位和汽车升降机组合，其升降机还作横向运行，由升降机和运送器将汽车送到升降机两侧的停车位。

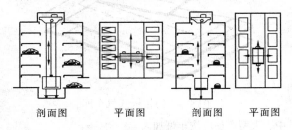

剖面图　　　平面图　　　剖面图　　　平面图

图 5-2　吊车式机械汽车库

　　多层循环式机械汽车库（Multl-storey circular garage）　运送器呈多层配置，并作循环移动，在任意两层运送器两端之间，由运送器的升降形成层间循环运行，按升降方式不同分圆形循环式和箱形循环式。

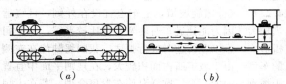

(a)　　　　　　　　　(b)

图 5-3　多层循环式汽车库
(a) 圆形循环式；(b) 箱形循环式

　　水平循环式机械汽车库（Level cicular garage）运送器呈多列配置，在平面上作循环运行，汽车可以直接驶入运送器，亦可以与升降机结合使用，由循环方式不同分圆形循环式和箱形循环式。

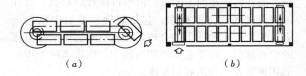

(a)　　　　　　　　　(b)

图 5-4　水平循环式机械汽车库
(a) 圆形循环式；(b) 箱形循环式

5.2.2 此种汽车库仅以汽车电梯替代坡道，所以除此机械部分应按本章规定设计外，其余均按本规范第四章坡道式汽车库规定设计。

5.2.3 根据防火规范规定。从受灾以后汽车疏散的要求，每台汽车电梯只允许供 26 辆以下，台湾规定还要少，且每个车库升降机不应少于 2 台。

5.2.5 两层式机械汽车库，目前国内在地下车库中已有应用，亦适宜于单层汽车库或停车场，三层情况相仿。

5.2.6 为了防止振动和噪声波及建筑而影响主体建筑的室内环境，要求其支承结构与主体结构分开。

5.2.7 封闭的外墙面应不会因贴建建筑而影响主体建筑的采光和通风，并为了保证车库的安全，除不得在紧贴主体建筑墙面开洞外，该墙面还应符合防火要求。

5.2.8 多套并联的竖直循环式汽车库允许不设内隔墙，但加大了库容量，应按联通后的汽车容量计算汽车库的防火分区和设防。

6 建筑设备

6.1 一般规定

6.1.1 汽车库主要是为停车服务，故对室内装修要求较低，但水、暖、电等的专业管道却不少，管道应外露，因而为了创造良好的室内环境，应对各专业的管道进行协调，务使走向一致，排列整齐，有条不紊，且用不同颜色标明管道种类，用符号标明管道介质走向，以利于管理和维修。

6.2 给水排水

6.2.1 汽车库内给水主要用于生产、生活和消防，后者和前两者因功能差异较大，应分开设计成两个系统；消防用水在任何情况下不允许停止并有较高的水压要求，故应接入城市消防用水环形网，而生产和生活用水没有那么高要求，生产、生活用水主要是擦洗汽车、冲洗楼地面和管理人员及存车人员的生活用水，其用量可根据现行的国家标准《建筑给水排水设计规范》确定。

6.2.2 汽车库消防用水，消防设备和设施在《汽车库、修车库、停车场设计防火规范》（GB 50067）中有具体规定，设计时可根据该规范进行设计。

6.2.3 敞开式汽车库往往用于非采暖区的温暖区，虽然冬季最冷月的平均温度大于0℃，但最冷时仍会有冰冻，如果管道不作抗冻措施，就会出现大批管道冻裂现象，华东某市敞开式汽车库就发生过水管大批冻裂，由于涉及到防火自动喷洒系统，必须即刻修理，给管理和维修带来很大不便。

6.2.4 为了保持库内洁净，库内地面要经常用水冲洗和排除消防喷淋水，因此，停车层每层必须设冲洗楼地面的给水和排水系统。不应让冲洗和消防水通过坡道进入下层才排出，并应及时排出。由于地面水中易于带油，明沟排水不利于防火，故不宜采用。

6.2.5 地下汽车库往往由于标高底，不能直接排入城市下水道而设集水坑，再用泵送入城市下水道，由于水中有油，故应在集水坑中采取隔油措施。

6.2.6 机械汽车库内，虽无经常冲洗机械存车位板面的要求，但是有时亦会有水进入库内，因此应有排除积水的措施。

6.2.7 汽车库内为了顾客或为了增加收入而附设汽车清洗的职能，宜设在库内底层，或库外停车场上，此时给水设计应计入洗车用水量，且按汽车库容量大小折算洗车量。如设置汽车清洗机，此时可参照大、中城市污水排放和公共建筑节水等规定执行。

6.3 采暖通风

6.3.1 特大、大、中型汽车库在严寒及寒冷地区应设集中采暖系统，但库内不同空间可采用不同温度。停车空间以冬季易于启动汽车和不冰冻为准，故仅取5℃。小型汽车库当有明显经济效益时可采用分散采暖，但不得明火采暖。

6.3.2 地下汽车库由于土层保温易于满足要求，如北京地区通常在10℃左右，但在车库的坡道进出口，室外冷风渗透会低于要求的温度，尤其是在严寒地区，故宜在该处设热风幕，以保证车库温度符合要求。

6.3.3 汽车库内稀释废气的标准是一氧化碳、甲醛和铅等的浓度，但以一氧化碳为主，如其稀释到了安全浓度，其他有害成份一般亦到了安全浓度。美国工业卫生局许可一氧化碳浓度平均等于小于50PPM，最大等于小于100PPM（不超过1h）即125mg/m³。我国《工业企业设计卫生标准》（TT36—79）规定车间内最高一氧化碳允许浓度为30mg/m³，但作业时半小时内允许最大浓度为100mg/m³。

机械式汽车库内，有时有积留废气和汽油蒸气，该处应设局部排风予以排除。

6.3.4 地下汽车库由于自然通风差，应设送、排风系统。由于库内含有可燃、可爆、有害气体，故应与上部主体建筑的通风系统分开，单独设置，以免一旦有灾从通风系统引入上部主体部分。设计时应进行计算，根据经验应每小时换气达6次以上。但汽车出入不频繁时，实际换气量可减少，故宜选用变速风机以作调整。

6.3.5 由于汽车排出的废气大部分比重较空气大，大都分布在建筑空间的下部，地下车库的排风系统为了充分发挥效益和安全，可分上、下两部分排放，下部分2/3是因为排出的气体大部分比重大于空气。但是下部分布置风道往往占用停车空间，且易于受汽车碰撞，故必要时亦可以用上、下各排放1/2。而新鲜空气的送风口宜设在主通道上，以利于空气的良性循环。

6.4 电 气

6.4.1 汽车库内除照明用电系统外，随时有可能对汽车进行小的保养和维修，故还需设电力用电系统，机械式汽车库其机械用电不能中断，故应设双电源供电系统。为了有利于管理和安全应设配电室，并应符合现行国家标准《民用建筑电气设计规范》规定。

6.4.2 亮度均匀和避免眩光是汽车库照明的必要条件，但库内各空间的标准不一，其主要使用空间的照度标准值列于表6.4.2。

6.4.3 为了在事故状态下顺利疏散人和车，在有关部位应设应急照明。

6.4.4 根据行车、停车、疏散要求设标志灯、导向灯、安全灯、信号灯和停车位指示灯等，具体数量和部位可根据单体工程来定。

6.4.5 地下的坡道式汽车库的出、入口处，因从亮到暗和从暗到亮，人的视觉系统需要一个适应过程，因此需要一个过渡照明，可根据《地下建筑照明设计标准》(CECS45：92)的有关规定来进行过渡照明设计。

6.4.6 机械式汽车库内，常有没有天然采光的部位，为了检查和小修应设相应的灯或插座。

6.4.7 为了在汽车库内进行一些小的保养，可根据业主从工艺上提出的要求，配置 36V、220V、380V 电源插座。

6.4.8 汽车库内常设自动报警和灭火系统，特别是特大、大、中型车库，为利于管理，应设消防控制中心，中心的设置和其他电气设备的设置应严格遵守《汽车库、修车库、停车场设计防火规范》的规定。

6.4.9 汽车库应设通讯系统，现代化通讯的手段比较多，有线电话有库内系统和与城市的通信系统，无线的有近距离和远距离之分等，根据汽车库库容量和汽车库的职能设置必要的通讯和广播系统。

6.4.10 汽车库建筑的智能化是现代化特大，大型汽车库的发展方向，其内容除建筑本身管理智能化与其他建筑相仿外，其特点是汽车库运营管理的智能化，计有自动引导系统、进出车的监控系统、计费收费系统、机械停车设备的自控系统等。智能化将给汽车库节省大量人力，提高运行效率，保证正常运转和安全，目前国内还比较落后，但已有比较先进的管理自动化系统在试运行。

6.4.11 在智能化汽车库内，防火设计中的自动化报警、自动灭火和监控安全、通信自动化系统、采暖通风的自控系统等与生产运营的自动化管理系统，可以合成一个中央控制室，既节省面积，又节省人力，目前不少智能建筑已如此做了，取得了良好的效果。中央控制室宜设于建筑物底层中心或进出口附近，使便于布线、管理和与外界取得较便捷联系。

中华人民共和国行业标准

老年人建筑设计规范

JGJ 122—99

条 文 说 明

前　言

《老年人建筑设计规范》（JGJ 122—99），经建设部、民政部一九九九年五月十四日以建标〔1999〕131号文批准，业已发布。

为便于广大设计、施工、科研、学校等单位的有关人员在使用本规范时能正确理解和执行条文规定，《老年人建筑设计规范》编制组按章、节、条顺序编制了本规范的条文说明，供国内使用者参考。在使用中如发现本条文说明有不妥之处，请将意见函寄哈尔滨建筑大学建筑系（环境心理学研究实验中心）。

目　次

1 总　则

1.0.1 中华民族素有尊老扶幼的传统美德。我国现有老龄人口1.2亿，占全国人口的1/10，而这个比率在逐年增大。这就要求全社会都来关注这1/10人口的生活行为需求。这些人是"植树人"，是社会财富的创造者，今日社会的一切，都来自于昨天，来自于他们的双手。他们是社会功臣，今日社会理所当然地应怀着感激的心情关注他们，为他们提供参与社会生活安度晚年的一切方便。因此，所有建筑领域都应结合具体实际，为老年人参与行为，进行周密的规划、组织与设计，保证他们具有年轻人的平等参与机会。这不仅是老年族群的需要，也是社会文明建设的需要，这是本规范制定的原始依据。本规范是以方便老年人使用为目标的建筑设计规范。

由于年龄的变化，步入老年后人们的体能心态都会逐渐改变，形成老年特征。这种特征要求建筑设计必须突出强调使用中的安全性，消除隐患，避免可能发生的环境伤害，从而提高老年的生活质量。

人们随着年龄的增长，视力会衰退、眼花、色弱，甚至失明；步履蹒跚，行走障碍，抬腿困难，甚至需借助扶手、拐杖或轮椅；动作迟缓、准确度降低，常需要较宽松的空间环境；在心理上多有孤独感，更需关怀相互交往，提供参与社会的平等机会则十分必要。这些特征就构成了老年人建筑设计的前提。

1.0.2 专供老年人的居住建筑，包括老年住宅、老年公寓、干休所、老人院（养老院）和托老所等老年人长期生活的场所，这些建筑必须满足老年体能心态特征要求；

老年人的公共建筑，是以老年人为主要服务对象的建筑，如老年文化休闲活动中心、老年大学、老年疗养院和老年医疗急救康复中心等，这些建筑都应为老年人使用提供方便设施。

1.0.4 老年人建筑设计规范是着眼于方便老年这一特定目标的建筑设计规范，它不构成规范单一的建筑类型，它实质上是对现行建筑类型设计规范的补充，是仅以方便老年人为特定目标的特殊性规范。建筑设计的共性要求，按民用建筑设计通则（JGJ 37）；民用建筑热工设计规范（GB 50176）；民用建筑节能设计标准（采暖居住建筑部分）（JGJ 26）；建筑设计防火规范（GBJ 16）；住宅建筑设计规范（GBJ 96）以及相关建筑设计规范要求设计。

2 术　语

2.0.9 走道净宽见图1。
2.0.10 楼梯段净宽见图2。

2.0.11 门口净宽见图3。

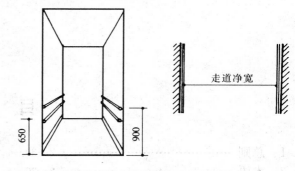

图1　走道净宽

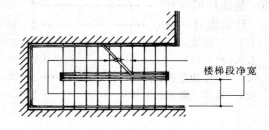

图2　楼梯段净宽

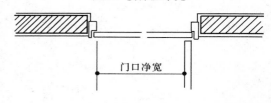

图3　门口净宽

3 基地环境设计

3.0.2 老年住宅、老年公寓、老人院都应设置于居民区，使老年人不脱离社区生活。同时组成相应的生活保障网络系统，使老年人得到良好的社区服务，真正获得安度晚年的生活环境。

3.0.3、3.0.4 老年文化休闲活动中心，亦称离退休职工活动中心，是新形势下产生的一种新的建筑类型，是专门为老年人提供的综合性文化休闲活动建筑。其中设有不同规模、不同内容的活动厅室，如游艺厅、健身厅、舞厅；音乐欣赏、戏曲欣赏、书画欣赏；休息厅、餐厅、茶室、小卖部；有的设有游泳池，还有咨询服务室等，与之相配合的还有衣帽间、卫生间、接待、管理办公室等辅助设施。

老年大学，是专门为老年人提供的陶冶心境交流逸趣的学习园地，是一种特殊类型的学校建筑。根据学员的爱好常设有文学、历史、书法、绘画、雕塑、园艺、戏曲、音乐、舞蹈、体育保健、烹饪、社会学、心理学、政治学、经济学、法学、现代科技等专题讲座，相应设不同规模的多功能教室，还设有图书资料阅览室、学员作品陈列观摩室、健身室、休息室、医疗急救室，有的还设餐厅、茶室、小卖部，还有卫生间以及管理办公等辅助设施。

老年疗养院、干休所是专门接待老年人疗养的疗养院、休养所，除了具备一般疗养院所应具备的基本设施之外，应针对老年的体能和常见病，提供相应的疗养设施和方便服务条件。

老年医疗急救康复中心，是专门接待老年患者的医疗急救康复医院，应具备对老年患者的医疗急救和康复所需要的设施和服务条件。

上述直接服务于老年人的公共建筑，应能临近居民区，交通进出方便，便于老年人利用；或者能兼顾几个服务区，形成服务辐射网络中心，应具有良好的安静卫生环境。

离退休后的老年人，对户外活动的需要较高，他们聚在一起山南海北无所不侃，是老年生活的一大乐趣，在这里他们驱散了孤独感。庭院设计应提供这种便利，备设坐椅和必要的活动设施。

4 建 筑 设 计

4.1 一 般 规 定

4.1.1 每一个家庭，每一位老年人都存在从健康自理，发展到需要借助扶手、拐杖、轮椅，甚至于借助护理的可能性。这种变化，一般是渐变的，但也有由于意外伤害而发生突变。其引发变化的原因，除了体能自然衰退因素之外，还有由于地面不平、楼梯过陡、缺少安全扶手、用材不当等环境因素造成跌伤、挫伤、骨折、脑出血等等导致突变。

老年住宅、老年公寓、老人院（护理院、安怀院）的设计应按老龄阶段老年人变化的全过程设计，其中既含自理老人，也含有介助老人生活行为所需要的设施，还应提供介护老人生活行为所需要的护理空间与设施条件。

4.1.2 老年人公共建筑仅考虑自理老人和介助老人参与活动，按介助老人体能心态需求进行设计，不考虑介护老人参与活动的可能性。

4.1.3 老年人由于体能衰退表现出与常人不同的特征，主要表现在水平与垂直交通行为上。而建筑物各个层面的高差是不可避免的，如何为老年人提供方便的设施则是设计者必须解决的课题。公共建筑都应为老年人提供方便进出的出入口、水平通道和楼梯间，还要为各种老年人使用卫生间提供便利。由于老年人体力衰弱，持续的站立行走都有困难，在公共建筑提供休息空间是必要的。

4.2 出 入 口

4.2.1 门前是老年人经常聚会的地方，为老年提供

阳面出入口，对其心理健康有益。阴面设楼梯，阳面入口比较容易组织门内轮椅回旋空间。

4.2.2 出入口造型设计，并非仅从造型艺术考虑，主要着眼于老年记忆衰退，甚至迷路忘家，突出标志性特色，是老年人建筑功能上的特殊需要。

4.2.3 建筑物的出入口是老年人进出建筑物的第一道关口，出入口是否方便老年人进出，直接影响老年人生活质量。

老年人体能衰退是自然规律，进入老龄阶段或早或迟大都会出现腿脚不便，抬腿高程降低，有的老年人上下台阶甚至两脚同踏一个踏步面，常规台阶踏步尺度很难适应，因此将出入口门前台阶坡度调缓是必要的。

4.3 过厅和走道

4.3.1 户内通过式走道净宽略大于轮椅宽度，采取1.20m。

4.3.2 老年人公共建筑通过式走道，按双排轮椅相并而行，总净宽1.80m，且走道两侧墙面不应凸出障碍物。

4.3.4 通过式走道两侧墙面设介助扶手，对于年老体衰的老人或愈后康复的老人十分必要。在老年公寓、老人院、老年疗养院、老年医疗康复中心、综合医院老年病房等建筑的走道都应设置。在一般老年住宅，可预设安装介助扶手的基座，待实际需要时再装扶手。扶手以圆形断面最佳，可扶可抓握，成为老人行动依赖的可靠安全工具。

4.4 楼梯、坡道和电梯

4.4.3 体现老年人体能心态特征的方便老年人使用的建筑，最突出的一点就表现在楼梯设计上。楼梯设计是否合理，不仅直接影响老年人使用是否方便，而且直接关系到老年人的安全。每年都有老年人因楼梯不当，而跌倒摔伤致残，甚者致亡。现行的设计标准和设计实态对老年体能心态特征考虑不足，因而不尽合理。本规范作出新规定，直接为老年服务的建筑，应采用缓坡楼梯。

缓坡楼梯是依据自理老人体能逐渐衰退，抬腿高程降低，双脚共踏一步等现象而制定的。这种楼梯对借助拐杖的老人也比较适用。由于楼梯坡度较缓，使老人消除了向下俯视产生的倾覆恐惧感。

采用异色防滑条是基于老年人视力减弱后，对踏步边缘采取的警示性安全保护措施。

4.4.4 对于轮椅老人较多的老年公寓、老人院、老年疗养院，应设坡道；至于坡道设几层，应根据实际情况确定，若轮椅老人所居楼层可调性较大，则不一定必须设层间坡道。

坡道宽度按双排轮椅并行确定。

4.5 居 室

4.5.1 起居室、卧室和疗养室是老年人久居的房间，其朝向直接影响居住者的健康，应力争保证良好朝向。室外景观对老年人的心理健康也有影响，充满阳光的卧室会增加人们的生活信心与活力。应为老年人创造优美的室外景观，使老人心理获取环境的强力支持。

4.5.2 老年人居住建筑久居人数比较稳定，或者双人或者单身。双人老年户常将起居室与卧室分设，而单身户经常是起居兼卧室合而为一。老年人几乎整日生活在居室中，他们的生活空间局限于居室之内。据实态调查对现行老人居室普遍嫌小，特别是对文化层次越来越高的老人，生活空间不宜太小。老年居住建筑一般房间数量不会太多，因而空间规模不能太小，否则会使老人如居斗室生活不快。老年人动作迟缓，准确度降低，也需要较宽松的空间环境。鉴于上述多方面因素，本规范规定最低面积指标。

就老年居住建筑而言，人口构成单一明确，因而套型组合也较简单。这里仅提供居室控制面积，具体组合构成应参照普通住宅设计规范要求。对于老年人集中居住的老年公寓和老人院的户型设计，应注意人口变化的可调性，采用近似标准尺度的房间，有利于互换和调整。根据居住者的经济条件，提供不同的面积选择自由度。

矩形卧室对短边净尺寸的限制，是考虑到在床端允许轮椅自由通过的必要空间，还稍有余地，不宜小于 3.00m。

4.5.3 老人疗养室和老人病房尚应按相关规范进行设计，其房间开间净宽在床端应具备轮椅回旋条件，不宜小于 3.30m。

4.6 厨 房

4.6.1 老年公寓每户设置的独用厨房，规模可适当缩小，不一定普遍要求轮椅进出。身居公寓的老人，当操作困难时，多依赖公共餐厅供餐。

老人院的公用厨房，主要是为个别人特殊需要而设置的，供需用者共同使用的厨房，可同时设几组灶具共同使用。

4.6.2 自行操作轮椅进出的独用厨房，其净空宽度仅限轮椅回旋空间，考虑操作台所占空间，厨房开间应在 1.50m 之外再加 0.50～0.60m，宜有 2.10m 以上。

4.7 卫 生 间

4.7.1 老年人身患泌尿系统病症较普遍，卫生间位置离卧室越近越方便。

4.7.2 托老所的公用卫生间，应设置于老人居住活动区中心部位，能够使周边的老人都能方便地利用。

4.7.6 公用卫生间厕位间平面尺寸在考虑轮椅老人进出的同时，还要考虑可能有护理者协助操作，因此空间应加大到 1.20m×2.00m。

4.7.7 卫生间是老年事故多发地，设置尺度合适、安装牢靠的安全扶手十分必要。安全扶手是否牢固可靠，关键在于扶手基座是否坚固，必须先在墙内或地面预埋坚固的基座再装扶手（图4、图5）。

4.7.8 卫生间卫生洁具白色最佳，不宜用黄色或红色。白色不仅感觉清洁而且易于随时发现老年人的某些病变，黄色或红色还会产生不愉快的联想。

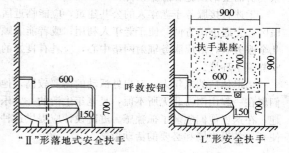

图 4

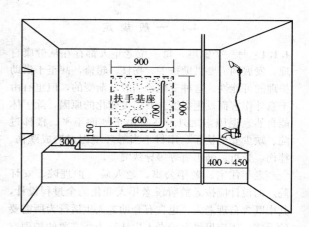

图 5 "L"形安全扶手，落地式立杆安全扶手

条件允许时安装温水净身风干式坐便器，对自理操作困难的老人比较方便。

杠杆式或掀压式龙头开关比较适用于老年人，一般老年人手的握力降低，圆形旋拧式开关使用不便。

4.8 阳 台

4.8.3 阳台栏杆高度适当加高，老年人随着年龄增长，恐高心理也趋增强，随着楼层增高，恐高心理越发严重，所以高层居住建筑的阳台，其栏杆高度还需相应提高。

4.9 门 窗

4.9.2 老年住宅户内各门都应按轮椅进出要求设计，

厨房、卫生间用门亦应如此，不能缩小。

4.9.4 老年视力普遍渐弱，不应选用有色玻璃，无色透明最受欢迎。

4.10 室内装修

4.10.2 容易造成视觉误导、眼花缭乱、碎裂伤人的玻璃质装修不宜用于老年人居住建筑，和老年人公共建筑楼梯间、休息厅等地。

老年居室更不宜采用纤维质软装修，特别是散发有毒有害气味的装修材料，应禁用。

4.10.3 硬质光滑材料，如磨光石材，不宜用于老年通行的通道、楼梯面料。生活中由于地面、楼梯面光滑导致老年滑倒摔伤事故时有发生，在这里必须把安全置于首位，美观居次。

地面，特别是楼梯踏步、平台，不宜选用黑色或显深色面料。黑色在视觉上属退后色，特别是对于老年人会产生如临深渊之感，小心翼翼不敢投足。一般来说楼梯间采光普遍较暗，老年人从亮处进入暗处，对暗适应的调节速度较慢，会使眼睛难以适应，更增加了投足恐惧心理。另外，黑色也是淹没色，藏污纳垢，难辨脏洁。黑色与黑暗相联，是一种失去希望丧失信心的色彩，对老年人不利。

4.10.4 有的养老院设备简陋，利用床下设简易柜橱，老年取用十分困难；吊柜也不可取，取用不安全。北方气候寒冷备用御寒衣物鞋帽较多，每人提供 $1.00m^3$ 的贮藏空间是必要的，南方相应可适当缩小。

5 建筑设备与室内设施

5.0.1 各地能源条件不尽相同，难以做到普遍供应冷热水，但对于老年居住建筑应力争创造供热水条件。厨房、卫生间、厕所都应采暖，特别是卫生间应具备更衣洗浴所要求的温度条件。

5.0.3 老年人睡眠较轻，微小的响动都会影响熟睡；而老年人睡眠又常伴有鼾声，所以良好的隔声处理和噪声控制，应格外予以注意。对于老年公寓、老人院等应尽量提供单人居室或双人居室，多人同居会相互影响、有碍健康。

5.0.4 出入口照明对于老年人安全是必须的，灯光照明还有增强入口标志性的作用。阳台照明便于生活，特别是南方炎热，晚上多在阳台乘凉，照明是很需要的。

5.0.5 在非单人居室，为了防止由于某个人开灯上厕所，妨碍他人睡眠，在墙下设低位照明灯，是合适的。

在走道、楼梯平台与踏步联结部位设低位照明灯，有利于对老年人视力渐弱者示警，保证安全，又减少高灯亮度对周围造成的干扰（图6）。

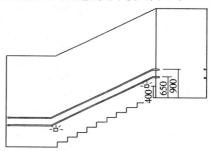

图 6　足光照明

中华人民共和国行业标准

殡仪馆建筑设计规范

Code for design of funeral parlor's buildings

JGJ 124—99

条 文 说 明

前　言

《殡仪馆建筑设计规范》（JGJ 124—99），经建设部 1999 年 10 月 28 日以建标〔1999〕257 号文批准，业已发布。

为便于广大设计、施工、科研、学校等单位的有关人员在使用本规范时能正确理解和执行条文规定，

《殡仪馆建筑设计规范》编制组按章、节、条顺序编制了本规范的条文说明，供国内使用者参考。在使用中如发现本条文说明有不妥之处，请将意见函寄民政部 101 研究所。

目　次

1 总　则

1.0.1 随着改革开放的不断深入,人们对殡仪馆的服务环境要求越来越高。从80年代开始,特别是进入90年代以后,每年有几百家殡仪馆进行改扩建,同时,又有部分新建殡仪馆投入使用。但由于缺乏相应的技术标准,设计人员既没有可参考的技术规范,又缺乏对殡仪服务流程的了解,有的建筑设计与殡仪服务要求差距很大,致使投入使用后出现了许多问题,给我国殡仪馆的管理和服务带来不便。

人们丧葬观念的更新和生活水平的提高,对遗体的处置、悼念、骨灰的安置等殡仪服务的条件提出了更高的要求,人们在较宽松舒适的空间环境中进行殡仪活动,有利于人们在心理上得到慰藉。因此,总结国内外殡仪馆建设的经验,制定出适合我国国情的建筑设计规范,对提高殡仪馆的建筑设计质量,创建良好的殡仪活动条件具有重要意义。

1.0.2 新建殡仪馆具有基本统一的设计前提,可按统一的要求进行建筑设计。改建殡仪馆与新建殡仪馆对殡仪服务的要求没有区别,因此,本规范的规定同样适用于殡仪馆的改、扩建设计。

1.0.3 殡仪馆的建筑设计是在一定的基地范围内进行,由于其工作的特殊性,丧葬习俗对建筑设计有一定的影响。我国是一个地域辽阔的多民族国家,不同地区和不同民族的丧葬习俗各不相同,而不同的丧葬习俗对建筑设计也有不同的要求。因此,殡仪馆的建筑设计必须将丧葬习俗考虑在内。

3 选　址

殡仪馆选址应考虑国家的土地使用原则、环境保护和生态保护要求、殡仪馆服务内容、当地的丧葬习俗、经济和人口发展状况等因素。

3.0.1 选择殡仪馆建设用地时必须遵守国家《土地管理法》的有关规定,合理利用土地和切实保护耕地,根据建设的实际需要,严格按照当地土地利用总体规划确定的用途来使用土地。

3.0.2 对于设有火化间的殡仪馆,由于火化设备在焚烧遗体的过程中可能会产生危害人体健康的大气污染物,如建在上风侧则会造成馆区下风侧的环境污染。从保护环境、改善人们生活环境质量的角度出发,选择殡仪馆建设位置时应考虑当地的常年主导风向。

殡仪馆不应建在地势低洼的场所,一方面天降暴雨时积水难排,给殡仪活动和馆内业务的开展带来不便。另一方面不利于空气中污染物的扩散,导致馆区空气质量下降,影响工作人员和丧主的身心健康,因此殡仪馆应建在地势开阔的地段。

3.0.3 为方便丧主前来办理丧事和参加祭悼活动,拟选址处应能保证交通畅通。许多殡仪馆为方便群众、提高服务质量自己出资铺设馆区与城镇公路相通的道路。有些地区还在殡仪馆附近建有公交车站。电力供应和安全卫生的水源是保证殡仪馆开展正常业务和生产,并满足职工工作期间生活需求的必要条件。

3.0.4 随着殡仪馆所在地经济的发展和人口的增长,现有规模和设施可能满足不了将来变化的要求,在选址征地时应综合考虑当地总体发展状况,为殡仪馆的改、扩建创造条件。

4 总平面设计

4.1 总平面布局

4.1.1 根据对全国一百余家殡仪馆的调查,殡仪馆的功能区按业务内容可分为业务区、殡仪区、火化区、骨灰寄存区、行政办公区和停车场等。

土葬殡仪馆、火葬场、殡仪服务站或中心可根据实际情况参照此条分区。

4.1.2 殡仪馆的总平面布局对于殡仪馆的近期使用和远期发展有着重要的意义,而千篇一律、不分南北、脱离实际的设计又是建设失败的根源。因此,殡仪馆的总平面布局应根据殡仪馆的具体情况进行设计。

1　殡仪区是丧主的主要活动区,将殡仪区定为殡仪馆的活动中心,其余各功能区分散在四周,是为了使丧主能够准确地到达各个功能区,并且各区之间既要联系方便,又达到互不干扰的目的。

2　殡仪馆内的每个功能区都有其截然不同的工作性质,对布置方式、朝向、间距要求也不同,因此在总平面布局中的位置将直接影响到殡仪馆的业务管理质量。在殡仪馆内人员和车辆短时间内相对比较集中,合理的功能分区将会有效地实现人员与车辆分流,既方便丧主,又便于管理。殡仪馆人流最集中的时节是清明节前后,每当这一时节,各殡仪馆均存在人满为患的现象,因此,总平面布局设计应充分考虑这方面因素。

3　遗体经过处置以后,有的需要供丧主告别;有的则需要直接进行火化,因此为缩短遗体在馆内的运输距离,殡仪区与火化区相邻设计是合理的。遗体露天运输是不文明的,也违背我国传统的丧葬习俗。因此殡仪区和火化区之间应设专用通道。

4　祭悼场所是殡仪馆专门为丧主提供的向逝者举行祭悼活动的场所。据我们调查了解到,现今我国50%以上的殡仪馆设立了祭悼场所。逢忌日,丧主将把骨灰从寄存室取出,集中到祭悼场所按照各自的方式进行凭吊。特别是清明节时成千上万的人群集中来到殡仪馆,若分散在各处很难避免火灾的发生。统一设立祭悼场所对于防灾和管理提供了有利的环境条件。

6 我国殡仪馆的建设起步较晚，由于受资金等诸多因素的影响，边发展边建设比较适合我国国情。因此，总平面设计要预留改扩建余地。园林化是我国殡仪馆的建设在近几年内赶上和超过世界先进水平的指标之一，要实现这一目标必须有足够的绿化用地。园林景观设计相当重要，在殡仪馆整体景观协调统一的前提下，尽量使每个功能区有一个独特的景观风格，以提高整体环境效果。据调查，大多数殡仪馆的夏季绿化率保持在30%～40%，部分殡仪馆达到50%以上，因此，本规范关于殡仪馆绿化率的规定是符合国情的。

7 丧主在治丧活动中，有一定量的垃圾，集中处理将有利于殡仪馆的经营和管理，有利于人们的身心健康。

4.1.3 为了适应现代化管理方式，殡仪车专用出入通道可以减轻人们的畏惧心理，为文明经营创造条件。

4.1.4 由于残疾人也可能在亲人的陪同下来到殡仪馆对故人作最后的诀别。这就对殡仪馆的建设提出了新的要求，停车场、道路与建筑物的设计都要方便残疾人。

4.1.5 由于来殡仪馆的人群和车辆比较杂乱，设置前广场的目的是方便丧主的集散。

4.2 室 外 环 境 设 计

4.2.1 在等待向遗体告别和等待遗体火化的过程中，由于送葬的每个人与死者的关系远近不同，则参与殡仪活动的程度也不同，因此对相应活动环境的要求也不同，人们大多分散在业务区、殡仪区的休息室内和外部公共活动场地。那么，公共活动场地的设计在殡仪馆的环境设计中占有非常重要的位置，场所内服务设施的配置应以满足群众的基本需要为前提，起到调节和缓解人们悲痛情绪的作用。

4.2.2 殡仪馆的室外环境设计要充分利用用地的自然条件，重视和体现当地的特色，根据殡仪馆的整体构想，结合各功能区的特点作出综合设计，在空间层次、造型、色调等因素协调的前提下，追求自然朴实的风格。

殡仪馆各分区的特点不同，如业务区、火化区、骨灰寄存区主要是丧主与殡仪职工活动的区域；殡仪区人群身份相对比较复杂；对遗体处置的工作区基本上是殡仪职工活动区；行政办公区主要是职工活动区。根据上述特点确定设计内容就会避免杂乱无章的现象。

5 建 筑 设 计

5.1 一 般 规 定

5.1.1 调查资料表明：殡仪馆的规模不同，房屋的功能配置也不同，省会城市殡仪馆的房屋配置比较全面；中小城市殡仪馆视所在地区的经济发展程度在房屋配置上有着明显的差异。因此，在为殡仪馆进行房屋配置时，应视具体情况，合理地配置各类用房，特殊地区可将业务、办公用房集中设置。

5.1.2 按照我国传统的丧葬习俗，在殡仪馆进行的殡仪活动主要流程见下图：

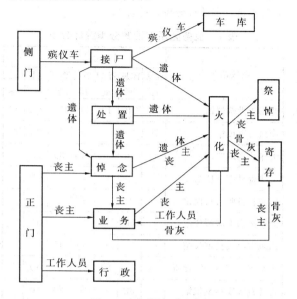

图1 殡仪服务流程图

建筑布局按照合理的流程可以减少人流的盲目集结，便于管理。

5.1.4 殡仪馆建筑设计中应尽量争取好朝向。各类房间的平面空间组合应有利于获取良好的天然采光，这样既可以保证卫生，又可以保障工作人员的身心健康。此外，具有良好天然采光的房间对于减少丧主悲哀心境，减少环境对人的心理压力有积极的作用。各类用房的采光标准应按现行国家标准《建筑采光设计标准》中有关规定执行。在方案设计阶段，应按表5.1.4的规定对各用房的窗地面积比指标进行采光估算，根据所确定的窗地面积比再进行采光系数最低值的计算，以保证各用房的内部具有良好的天然照度。

表5.1.4按Ⅲ类采光气候区单层普通玻璃钢窗为计算标准，其他采光气候区的采光系数最低值和窗地面积比按《建筑采光设计标准》执行。

本表规定适用于侧面窗户采光，其采光面积以有效采光面积为准。例如离地面高度低于0.5m的窗洞口面积不计入采光面积内。

5.1.5 在殡仪馆设计中，应合理布置各用房的外墙的开窗位置、窗口大小、开窗方向，有效地组织与室外空气直接流通的自然风，提高馆内各用房的空气质量。自然的空气流通有利于减少空气污染，减少丧主的心理压力，有利于提高工作效率。

当采用自然通风时，各用房的通风开口面积不应小于相应房间地面面积的 1/20，这是考虑各用房的窗洞口面积并不等于可开启的窗户面积，本条的作用是保证各用房可用来通风的开口面积，以满足通风要求。

5.2 业务区用房

5.2.1 根据部分殡仪馆的调查，对业务区用房的设置分类进行了统计分析，见表1。

表 1 业务区用房设置分类统计分析

殡仪馆名称	用房面积（m²）						
	业务厅	休息室	咨询室	小卖部	陈列室	销售室	微机室
沈阳于洪殡仪馆	20	240	10	20	10	230	10
南昌市殡仪馆	70	30	—	28	78	30	64
天津北仓殡仪馆	43	30		110	30	80	
天津程林庄殡仪馆	—		14	43		321	16
山东省日照市殡仪馆	—	90				54	
北京市房山区殡仪馆	—	60			10	45	
山东省惠民县殡仪馆	—			30	45	30	
山东省高密市殡管理所	30	70	20	20	40	40	
吉林省农安县殡仪馆	—	82			30	30	
长沙市殡仪馆	32	88	30	30	20	100	
北京市大兴县殡仪馆	60	50	50	50	50	204	50
江苏省锡山市殡仪馆	36	50	8	60	20	100	16
山东省诸城市殡仪馆	60	30			30	60	15
四川省广汉市殡仪馆	49	49		52		78	
山东省济南市殡仪馆	71	108	54	—	21	21	
山东平度第一殡仪馆	81	88		45	40	65	25
平均面积	42	76	26	39	30	93	19

注："—"表示未设置该用房。

经综合分析和我们对殡葬管理者的访谈结果，业务区用房主要设置业务厅（含业务洽谈室）、丧葬用品销售处和挽联书写室，其他用房数量可根据建设单位的实际需要确定。

5.2.2 业务厅是丧主办理丧葬事宜的集中区域，也是首先接待丧主的区域。随着殡葬改革的不断深入，人们对殡仪服务场所的环境与物质条件有了较高的要求，早已不满足于小客栈式的服务方式。在这一区域内应考虑设置咨询处、业务洽谈处、收款处和丧主休息处。殡仪服务人员在向丧主介绍殡仪馆服务项目的同时，接待并洽谈关于治丧活动的相关事宜和时间安排，因此，整洁、舒适的服务环境，才能满足人们日益增长的需求。在本条中对业务厅的设计作出相应的

规定。

按照中小城市殡仪馆的营业情况计算，应设两个业务洽谈处，每处8m²，一个咨询处8m²，丧主休息处24m²，丧主和工作人员的活动用地以及预留发展用地30m²，合计80m²并且以日平均人流量的使用需求面积为设置营业厅面积的依据。

省会城市人们的文化素质和生活水平比较高，对殡仪服务场所环境的要求也相对较高。据我们对全国100余家殡仪馆的调查结果，业务厅内设置小型洽谈室和丧主休息室受到普遍欢迎。所以，在进行业务厅的设计时可根据实际需要将各功能用房分室设置。

5.2.3 丧葬用品销售处的设计应将陈列和销售分开布置，以利于人员的分流。理由是：前来这个区域办理业务的人们，其心情比较压抑，情绪易被激化。如果空间狭小，人群集中，容易产生摩擦。根据表1的数据分析，以30m²作为下限设计，是比较经济的。

5.3 殡仪区用房

5.3.1 我国各地殡仪服务方式和丧葬习俗不同，但殡仪服务业务全部交由殡仪馆进行是发展趋势。因此，本条根据殡仪服务内容，列出用房名称，并对殡仪馆进行了调查，调查结果表明：表2所列用房在被调查殡仪馆中的平均设置率为90.6%以上，其中消毒室的设置率偏低，但在规模较大的殡仪馆设置非常必要，符合国情。

5.3.2 我国地域辽阔，各地的悼念仪式各不相同，对悼念厅的要求也不一样。而殡仪馆的建设规模决定着对悼念活动档次的划分。

1 按调查结果，我国殡仪馆悼念厅的数量与各地的丧葬习俗关系密切。广州市殡仪馆悼念厅总数20多间，而规模相当的天津程林庄殡仪馆只有3间，就可以满足使用要求。因此，本规范不对悼念厅的数量进行限制，只将最小悼念厅的使用面积规定为42m²，其中长度为：前区1.5m（布置横幅和摆放花圈）+告别棺2.5m+悼念区（参加悼念人群站立区）3.0m，合计7.0m。宽度为两侧摆放花圈1.0m+停灵区（告别棺宽）1.0m+告别人群流动宽度4.0m，合计6.0m。

3 本着文明服务的精神，按照殡仪服务流程，遗体运行路线和丧主进入悼念厅的路线是分开的。因此悼念厅最少应设两个门。

5.3.4 接尸间是将遗体从殡仪车上转入殡仪馆的中介场所，也是室内外的过渡场所。其空间应允许一台运尸车自由操作（运尸车的操作直径为4.0m）和两台运尸车并列运行，单台运尸车的规格为：2.0m×0.50m，因此将接尸间的最小边长定为4.0m，是比较经济合理的。

表 2　殡仪区用房设置分类统计分析

殡仪馆名称	防腐室	整容室	悼念厅	解剖室	冷藏室	接尸间	消毒室
沈阳于洪殡仪馆	+	+	+	+	+	+	—
南昌市殡仪馆	+	+	+	+	+	+	+
天津北仓殡仪馆	+	+	+	+	+	+	—
天津程林庄殡仪馆	+	+	+	+	+	+	—
山东省日照市殡仪馆	+	+	+	+	+	+	+
北京市房山区殡仪馆	+	+	+	—	—	+	—
山东省惠民县殡仪馆	+	+	+	+	+	+	—
山东省高密市殡管所	+	+	+	+	+	+	+
昌邑市殡葬管理所	+	+	+	+	+	+	+
吉林省农安县殡仪馆	+	+	+	+	+	+	+
长沙市殡仪馆	+	+	+	+	+	+	+
北京市大兴县殡仪馆	+	+	+	+	+	+	—
江苏省锡山市殡仪馆	+	+	+	+	+	+	+
山东省诸城市殡仪馆	+	+	+	+	+	+	+
四川省广汉市殡仪馆	+	+	+	+	+	+	+
山东省济南市殡仪馆	+	+	+	+	+	+	+
山东平度第一殡仪馆	+	+	+	+	+	+	+
湖南省湘潭市殡仪馆	+	+	+	+	+	+	+
湖南省郴州市殡仪馆	+	+	+	+	+	+	—
湖南省荆州市殡仪馆	+	+	+	+	+	+	—
吉林省梅河口市殡仪馆	+	+	+	+	+	+	+
上海市闵行区殡仪馆	+	+	+	+	+	+	+
遵义市红花岗区殡管处	+	+	+	+	+	+	—
山东省禹城市殡仪馆	+	+	+	+	+	+	+
沈阳市回龙岗革命公墓	+	+	+	+	+	+	—
湖北省当阳市殡仪馆	+	+	+	+	+	+	+
镇江市殡葬管理所	+	+	+	+	+	+	+
山东省高唐县殡仪馆	+	+	+	+	+	+	+
山东省蓬莱市殡仪馆	+	+	+	—	+	+	—
山东省莒南县殡仪馆	+	+	+	+	+	+	+
奉贤县殡仪馆	+	+	+	+	+	+	—
大丰市殡仪馆	+	+	+	+	+	+	—
江苏省金坛市殡仪馆	+	+	+	+	+	+	+
山东省泰安市泰山区馆	+	+	+	+	+	+	+
凌海市殡仪馆	+	+	+	+	+	+	—
海阳市殡仪馆	+	+	+	+	+	+	—
山东省龙口市殡葬管理所	+	+	+	+	+	+	+
设置率（%）	100.0	100.0	100.0	86.5	97.3	94.6	51.4

注："—"表示没有设该用房；"+"表示设有该用房。

5.3.5　殡仪馆内的运尸通道净宽的确定依据是：两台运尸车并排运行所需的宽度要求。

5.3.6　遗体处置用房的设计依据：

　1　为了保证殡仪职工的身心健康和消毒室、防腐室、整容室、解剖室、冷藏室等用房内的空气质量，在上述用房内要保持良好的通风。

　2　消毒室、防腐室、整容室、解剖室、冷藏室等用房是专门为遗体服务的，而运送遗体的车辆的规格为 2.0m×0.50m，且运尸车进门时有一个旋转角度，所以将门宽定为 1.4m。同时为方便运尸车的出入方便，不应设门槛。

　3　为保证殡仪职工的工作环境，便于使用器械的分类和保管，设置准备间是合理的。

　5　消毒室、防腐室、整容室的使用面积不宜小于 18m² 的理由是：上述用房内要考虑操作台周围应允许工作人员的正常活动，一般宽度包括操作台约 1.0m、操作台两侧各 1.0m，长度包括操作台长度约 2.5m、内门宽约 1.4m、殡仪活动空间 2.0m、使用面积约为 18m²。

5.3.7　根据调查了解到，在殡仪馆设置解剖室，要满足公安部门对设施的基本要求，如器械柜、洗池、解剖台、准备间等等。因此，使用面积不小于 30m² 比较经济。

5.3.8　由于殡仪车的特殊性能，为防止对其他车辆的影响，为殡仪车单独设置库房较为合理。

5.4　火化区用房

5.4.2　火化间的主要设备是火化机，由于火化间是以炉门为界，分为前厅（炉前区）——进尸区，后厅（炉后区）——火化操作区，因此，为设计方便，将火化间分两部分是合理的。本条的设计参数是按照火化机单排安装设置的。

　1　前厅内设有进尸车，其长度不小于 3.0m；若采用履带式进尸车，其长度不小于 5.0m，殡仪馆内运尸车的操作长度为 3.0m，因此，将前厅的净宽定为不宜小于 8.0m，是比较经济合理的。

　2　后厅内主要包括：火化机长度 3.0m，火化工具的操作长度 4.0m。

　3　火化机与侧墙的空隙一般作为前、后厅的通道或维修空间。

　4　火化间的净高包括：火化机的高度和设备维修高度。根据我们对近 70 家殡仪馆火化间的调查，火化间净高超过 7.0m 的占 91.4%，最高达 12.0m，因此，本款所定参数为火化间净高的下限。

　5　火化间的烟道设计，是随设备的种类而定的。因此，在火化间确定之前，必须先确定火化设备种类，然后，将烟道与火化间一并进行设计。

5.4.3　风机房的设计与火化设备的布置方式关系密切，有在地下设置的；有在山墙一侧设置的；也有有特殊要求的等等。

5.4.4 停尸间的作用是避免待火化遗体滞留在火化间内的现象发生，为保证工人操作方便，每台运尸车的占地面积可按 2.5m² 计算。

5.4.5 据调查了解到，目前我国大多数殡仪馆内没有设置骨灰整理室，使得这项工作或在露天、或在火化间进行。既不文明，也对殡仪职工的工作环境产生影响。因此，在本条中，对骨灰整理室提出了要求。

5.5 骨灰寄存区用房

5.5.2 表 3 是各地的骨灰寄存情况，由此看出，骨灰寄存室应根据殡仪馆的骨灰寄存量与增长率的情况进行设计，同时，骨灰寄存架的排列方式也影响着骨灰寄存量。调查说明，我国多数地区的骨灰寄存室较大，采用框架结构也较多。因此，当采用框架结构设计时，应特别注意设计任务书中对空间尺寸的要求。

5.5.3 骨灰寄存室的通道应满足丧主下蹲取骨灰盒与转身的空间尺寸要求。

5.5.4 骨灰寄存室的净高应考虑表 4 骨灰寄存架的外形尺寸。

表 3 骨灰寄存情况分析

序号	殡 仪 馆 名 称	年火化量（具）	允许存放盒位（个）	现存盒位（个）	年增长率（%）	年增长量（个）
1	天津北仓殡仪馆	15000	160000	135000	—	10000
2	天津程林庄殡仪馆	12000	95972	14000	—	8000
3	山东平度第一殡仪馆	9500	3000	1500	—	—
4	南昌市殡仪馆	8600	5000	2600	0	0
5	沈阳于洪殡仪馆	8500	73872	34920	—	5000
6	山东省济南市殡仪馆	8000	13627	8600	—	—
7	山东省诸城市殡仪馆	7480	2000	1000	10	—
8	长沙市殡仪馆	6011	17000	7000	—	—
9	山东省日照市殡仪馆	6000	500	250	±30	
10	江苏省锡山市殡仪馆	6000	700	250	5	—
11	吉林省农安县殡仪馆	5956	3625	3229	15	—
12	四川省广汉市殡仪馆	5823	1584	303	—	—
13	昌邑市殡葬管理所	5569	500	350	—	15
14	山东省高密市殡葬管理所	5543	452	161	—	—
15	北京市房山区殡仪馆	5000	—	2680	10	—
16	北京市大兴县殡仪馆	5000	7000	5000	—	—
17	天津武清县殡仪馆	5000	1700	1127	—	±100
18	临朐县殡葬管理所	4957	50	30	—	—
19	海阳市殡仪馆	4600	1000	200	10	—
20	山东省惠民县殡仪馆	4310	950	765	5	—
21	山东省龙口市殡仪馆	4000	1720	1400	—	—
22	奉贤县殡仪馆	3800	820	510	—	0
23	大丰市殡仪馆	3800	455	363	8	—
24	江苏省金坛市殡仪馆	3800	480	260	—	—
25	天津宝坻县殡仪馆	3600	2000	1300	10	—

续表 3

序号	殡 仪 馆 名 称	年火化量（具）	允许存放盒位（个）	现存盒位（个）	年增长率（%）	年增长量（个）
26	天津大港区殡仪馆	3600	2982	2051	25	—
27	山东省泰安市泰山馆	3600	4560	3600	—	—
28	山东省蓬莱市殡仪馆	3500	3000	1600	—	200
29	湖北省当阳市殡仪馆	3301	450	304	—	—
30	山东省莒南县殡仪馆	3300	300	230	—	50
31	凌海市殡仪馆	3100	1500	1300	10	—
32	山东省禹城市殡仪馆	3000	1800	520	—	40
33	山东省高唐县殡仪馆	3000	880	520	—	—
34	遵义市红花岗区殡管处	2900	6433	2500	—	—
35	天津市塘沽区殡仪馆	2800	50000	23000	—	1000
36	天津静海县殡仪馆	2650	4600	1980	11	—
37	吉林省梅河口市殡仪馆	2600	5000	3600	—	500
38	湖南省郴州市殡仪馆	2300	1150	100	5	—
39	上海市闵行区殡仪馆	2040	1118	753	—	—
40	湖南省湘潭市殡仪馆	2016	1000	800	—	负增长
41	天津西城殡仪馆	2000	6062	4705	±2	—

表 4 骨灰寄存架的外形尺寸

名 称	外形尺寸（mm）			每间尺寸（mm）			每架寄存数量（盒）	备注
	长	深	高	长	宽	高		
单面架	2070	340	1630	420	340	310	5×5	铝合金单盒寄存
双面架	2070	680	1630	420	340	310	5×10	铝合金单盒寄存

骨灰寄存架竖向每两架为一组，因此将净高定为 3.3m 是合理的。

6 防 护

6.1 卫 生 防 护

本节各项规定是针对殡仪馆对丧主和工作人员产生危害的主要污染源（来自遗体的运送、处置和火化）进行的防护。

6.1.1 本条要求殡仪区中遗体运送和处置自成一区，避免丧主与遗体接触。

6.1.2 殡仪区的遗体处置用房和火间是殡仪馆内主要污染源，可能产生物理、化学和生物性污染，为防止这些污染扩散，影响馆区环境质量，应采取措施将污染限制在最小范围内。绿化防护带既可阻挡污染的扩散传播，降低污染的浓度或强度，又可美化环境。

6.1.5 火化机在火化过程中所排放的污染物是影响火化间空气质量的主要因素，而火化间的空气质量标准在国家现行标准《燃油式火化机污染物排放限值及监测方法》（GB13801）中表2已有明确规定，故直接引用。

6.1.6 风机启动后噪声级可超过90dB，如果长期工作于这样的环境中，对工人的身体健康极为不利，而且设备噪声也会对其他区域造成干扰。

6.1.7 火化间废弃物是指因炉膛容量有限，为保证燃烧质量，不能随遗体同时焚烧，必须单独处理的死者遗物。此外，还有一些无名尸的骨灰。

6.1.9 殡仪馆建筑中的丧主休息室、业务办公室和悼念厅等各殡仪活动用房，其特征之一就是噪声比较大，而此时丧主对噪声的容忍程度也比较大，所以殡仪馆中殡仪活动用房的室内允许噪声级（A声级）比其他民用建筑的值要高。

6.1.12 火化间的噪声强度应满足国家现行标准《燃油式火化机污染物排放限值及监测方法》（GB 13801）中第3.1.5条的规定，考虑目前我国各地殡仪馆的火化设备是以燃油式为主，为此，燃油式火化机产生的噪声强度限值可作为火化间控制限值。

7 防 火 设 计

7.2 骨 灰 寄 存 区

7.2.1 按照《建筑设计防火规范》（GBJ 16）中第4.1.1条的规定，骨灰寄存用房的储存物品火灾危险性应属丙类之第2项。这是由于骨灰寄存用房的功能是寄存骨灰，在某种程度上相当于仓库，库存物品为骨灰，盛放骨灰的骨灰盒又以木质盒为主，属可燃固体，因此，骨灰寄存用房的建筑防火设计应按现行国家规范《建筑设计防火规范》（GBJ 16）中第四章相关规定设计。

7.2.2 骨灰及死者照片是丧主的珍贵怀念物，具有特殊的珍藏意义，按照《建筑设计防火规范》（GBJ 16）中第10.3.1条规定，骨灰寄存楼相应于该条中的"贵重物品库房"，水灭火设施的使用将对骨灰盒造成浸蚀。因此，除应设火灾探测器外，还应在明显位置设置气体或干粉灭火设施。

7.2.3 该条文是考虑如下二方面：其一是殡仪馆一般设置在远离市区和市消防中心的地方，一旦发生火灾，消防车到达火灾发生地所需的时间要长，为减少消防车到达之前火灾蔓延的面积，有必要适当缩小其防护面积。其二是骨灰是丧主的怀念物和珍藏物，不像档案和图书，可留有备份，骨灰没有备份，也不可能留有备份。所以提高防护标准是合理的。

7.2.11 祭悼场所属于发生明火和散生火花的地点。为防止因祭悼活动诱发火灾造成对骨灰寄存用房的威胁，参照《建筑设计防火规范》（GBJ 16）第4.3.4条规定，取防火间距不宜小于15.0m。

7.3 火 化 区

7.3.1 火化间内设置若干台火化机，遗体火化全过程在火化机内进行。因此，火化间生产的火灾危险性参照《建筑设计防火规范》（GBJ 16）中第三章第一节表3.1.1中第7款中规定：火灾危险性特征"在密闭设备内操作温度等于或超过物质本身自燃点的生产"的定为丁类生产类别。

7.3.3 燃油式火化机的燃料多为柴油，这些燃料是由油库通过油泵打入火化间内的储油箱，再供给火化机。这样，火化间附近应设油库。油库可在地上，也可修建在地下。

8 建 筑 设 备

8.1 一 般 规 定

8.1.1 殡仪馆建筑宜选在城镇边缘地区，城镇的市政工程有的难于到达。为了保证殡仪馆的使用和环境质量，馆区内各类供应管网系统应进行统一规划，合理安排。

8.1.2 考虑殡仪馆内各用房的建筑设备日趋完备，设备管线供应能力和配置标准越来越高，从设备管线来讲，殡仪馆内设有给水排水管网、消防给水系统、采暖系统（寒地）、电力系统、通讯系统、空调系统和燃气系统等。在各类用房设计中各专业应按设计目标对设备及管线进行综合统筹选型、配套和管线综合设计，做到各种设备及管线合理就位，相对集中设置，管线性能可靠，隐蔽暗设，供给良好，少占有效空间。

8.2 给 水、排 水

8.2.2 殡仪馆的生活用水量参照修订后的国家标准《建筑给水排水设计规范》（GB 1588）确定。考虑殡仪馆工作性质的特殊性，用水量取用规范中同类建筑物用水量的上限。热水供应的范围也有所扩大，比如业务后勤用房是以办公为主，但考虑工作性质，也增加了热水供应。

8.3 采暖、通风、空调

8.3.1 考虑城市集中供暖的诸多优点，本条首肯了城镇集中供热系统。但根据殡仪馆距城市较远的实际，增加了"因条件限制无法利用城市集中供热时，可采用单独的集中供热系统。"条款"单独的"是指独立于城镇集中供热系统，"集中供热"指殡仪馆全部建筑统一设置的供暖系统。

考虑到殡仪馆各不同功能区建筑的区别，对供暖时间和温度的要求的差异，各不同功能区最好采取可单独调控的供暖系统，以利于节能。比如办公区和业务区，供暖时间较长，而火化区在没有遗体火化时则可以减少供热量。

8.3.3 采暖房间的室内计算温度主要是参考现行国家标准《采暖通风与空气调节设计规范》（GBJ 19）的相关房间确定的。

8.3.4 鉴于国家有关规范中没有明确对殡仪馆建筑的通风换气次数提出具体规定，本条只能参考相关的建筑（医院建筑）来确定通风换气次数，考虑到殡仪馆建筑的特殊性，在原医院建筑通风换气次数的基础上普遍增大了换气次数。

8.3.5 烟囱的设计应遵守下列原则：

1 减少烟囱排出的有害物对馆内环境的污染是制定本款的目的。

2 火化设备的种类决定着烟囱的性质，火化设备按排烟方式主要分上排烟式火化机和下排烟式火化机两种。在殡葬行业，烟囱一般由火化机生产厂家制作，建筑方面应根据建设单位提供的火化设备要求配合设计。

8.3.6 不同功能区分系统设置空调，主要是为调节控制（参考 8.3.1 说明最后一段）。而同一功能区的空调系统适当集中设置，可以方便管理。

8.3.7 为减少殡仪区和火化区内空气中异味，以及某些药物对室外空气的污染，必须先经过滤后再排入大气。

8.4 电气、照明

8.4.1 殡仪馆因工作性质要求不能中断供电，随着经济发展，殡仪馆的规模越大，对供电可靠性的要求也越高，所以把殡仪馆的电气负荷定为二级。殡仪馆选址时要考虑多种因素，当所选的地段可能无法提供双电源，为了满足供电系统发生故障时不中断供电（或中断后能迅速恢复）的要求，需设置备用电源。

8.4.4 本条提到的各部位照度要求都较高，设局部照明既能满足工作的要求又能节省电能。

8.4.5 殡仪馆在重要地段设置带有蓄电池的应急灯，断电后可以继续照明 20min。也可用于发电机组投入运行前的过渡期间使用。

8.4.7 本条文规定的各用房照度值是参照现行国家标准《民用建筑照明标准》（GBJ 133）制定的。

8.4.8 殡仪馆建筑物高度可能未达到二级防雷的规定，但考虑到殡仪馆多建于郊外，而且这样的地区易受雷击。所以将殡仪馆定为二级防雷。

8.4.9 殡仪馆各用房较分散，为了便于工作和相互间的联系，一些房间应设广播音响设施。

8.4.13 本条文主要考虑防火要求。

中华人民共和国行业标准

镇(乡)村文化中心建筑设计规范

JGJ 156—2008

条 文 说 明

前　言

《镇（乡）村文化中心建筑设计规范》JGJ 156 - 2008，经住房和城乡建设部 2008 年 6 月 13 日以第 50 号公告批准、发布。

为便于广大设计、施工、科研、学校等单位有关人员在使用本规范时能正确理解和执行条文规定，《镇（乡）村文化中心建筑设计规范》编制组按章、节、条顺序编制了本规范的条文说明，供使用者参考。在使用中如发现条文说明有不妥之处，请将意见函寄中国建筑设计研究院城镇规划设计研究院（地址：北京市西城区车公庄大街 19 号；邮政编码：100044）。

目　　次

1 总 则

1.0.1 随着我国广大镇（乡）村居民生活水平的不断提高和文化活动的日益丰富，各类文化设施建设的数量在迅速增加，质量在逐步提高。为适应各地镇（乡）村文化设施建设形势发展的需要，提高建筑设计的质量，编制了这本综合文学、艺术、娱乐、体育、健身、科技、教育、展示、宣传等多种文化活动为一体的《镇（乡）村文化中心建筑设计规范》。

由于各地镇（乡）村公益性文化设施的内容和规模、管理和经营、传统和习俗等的差异，采用的文化设施名称也有所不同，各地仍可沿用已有的或公众喜闻乐见的名称，如文化大院、公共服务中心等，而不拘于统一使用"文化中心"这一名称。同时，各地镇（乡）村也可根据经济状况或实际需要，增设一些文化活动的设施。

1.0.2 本规范的适用范围是：全国的村、乡和县级人民政府驻地以外的镇的新建、改建和扩建的文化中心建筑设计。

1.0.3 对镇（乡）村文化中心设计的要求：一是，应贯彻执行国家和地方政府颁布的环境保护、安全卫生、节约用地、节约能源、节约用水、节约材料的规定；二是，应以人为本，适合不同人群，特别是儿童、老年人和残疾人等的特点和需求，如针对弱势人群设置无障碍设施等；三是，应适合当地经济和社会发展水平，避免超越现实条件进行建设；四是，应体现因地制宜，就地取材，创造具有地域风格、民族特色，群众喜闻乐见的建筑；五是，应在满足近期使用的同时，兼顾今后改造的可能，对暂时不能实现的，预留改造和扩建的余地。

1.0.4 本规范是一项综合性的建筑设计规范，内容涉及多种专业，针对这些专业都颁布了相应的设计标准、规范或规程。因此，在进行镇（乡）村文化中心建筑设计时，除应执行本规范的规定外，还应遵守国家现行的有关标准的规定。同时，本规范在有关条文中，也直接列出了一些应该遵守的国家现行标准的名称，并在本规范的条文说明中，也大都给出了需要遵守的该项标准的主要相关章节名称，以便于设计和建设者查找。

3 建设场地选定和环境设计

3.1 场 地 选 定

3.1.1 本条对镇（乡）村文化中心建设场地提出了选定和设计的条件。一是，建设场地的方位、用地界限、占地面积要求等应遵守经基本建设行政主管部门批准的镇（乡）村规划和设计的规定；二是，为便于

组织管理和开展各项活动，宜有独用的建设场地；三是，当建设场地同某单位合用时，为便于公众使用和经营管理，独用或合用的建设场地均应有独自通往建设场地外围道路的出入口，特别是镇（乡）文化中心，由于参加活动的人数众多，尤为重要；四是，建设场地应选在交通方便、利于公众聚集和疏散的地段；五是，为免于干扰，建设场地应避免靠近集市、车站、桥头等交通繁杂的地方，也不应同环境要求噪声小的医院、学校等公共建筑相邻。

3.1.2 本条是强制性条文，建设场地应远离易受污染（如排放有害物的工厂）、产生危险（如邻近危险品仓库）和易于发生地质灾害等的地段。

3.2 场地布置和环境设计

3.2.1 本条提出了镇（乡）村文化中心建设场地布置应遵守的规定：一是，应合理利用建设场地内的地形和地面原有物；二是，功能分区明确，产生喧闹和需要安静的部分应分别相对集中，并采取隔离措施，以避免使用中的相互干扰；三是，道路布置应符合人流、车流和安全疏散的要求，连接外围道路的出入口不应少于 2 处，以利于安全疏散；四是，应考虑火灾、震灾、洪灾等群众临时避难的需要，而作为镇（乡）文化中心尤为必要；五是，在进行建设场地规划和建筑设计时应为改造和分期建设创造条件。

3.2.2 本条提出了镇（乡）村文化中心建设场地环境设计应遵守的规定：一是，镇（乡）村文化中心的环境设计应在统一的环境规划下，充分利用建设场地内的树木、草地、山石、水面、桥梁、涵洞等，结合新建的各项设施，对建设场地的环境进行统一规划设计。二是，建设场地环境设计，可按现行行业标准《公园设计规范》CJJ 48 中有关"总体设计"、"地形设计"、"园路及铺装场地设计"、"建筑物及其他设施设计"等的规定执行。

3.2.3 本条规定了建设场地内文物古迹的保护，应符合现行国家标准《镇规划标准》GB 50188 和《历史文化名城保护规划规范》GB 50357 的有关规定。本条所指的文物古迹主要是指不可移动的历史文物，对于尚未确定为保护对象的不可移动的历史文物，也应先行保护，并提请文物行政主管部门审定。

3.2.4 本条规定了建设场地宜设置的无障碍设施，其设计应符合现行行业标准《城市道路和建筑物无障碍设计规范》JGJ 50 中的有关"缘石坡道"、"盲道"、"停车车位"、"标志"等的规定。

4 基本项目配置

4.0.1 本条提出了镇（乡）村文化中心宜为开展文学、艺术、娱乐、体育、健身、科技、教育、展示和

宣传等活动配置需要的多种空间和设施，分为3大类型、12种基本项目。表4.0.1列出的基本项目和内容，供进行文化中心设计时选用。

表4.0.1中所列的基本项目和内容是在总结各地镇（乡）村文化设施建设实践的基础上而提出的，具有普遍性和使用效率较高的特点，同时考虑了发展的需求。

表4.0.1中列出的基本项目和内容，未按镇（乡）村的等级和服务人口的规模等因素，分别规定适于建设的项目、内容、规模，原因是由于我国各地镇（乡）村情况千差万别，不宜进行具体设限，以避免在建设中导致脱离实际的现象。因此，要求每个镇（乡）村在建设文化中心时，可根据自身的具体条件，包括现状情况、服务范围、服务人口、经济条件和发展需求等因素，因地制宜地进行选定。

4.0.2 对于具有地域优势和民族特色的群众性和传统性的一些文化设施，考虑到我国农村幅员辽阔，各地文化活动的需求不一、种类繁多、形式各异，即使同一种活动内容，其表现形式、竞赛规则和场地要求等，也有所不同，本规范均未列入，也不设限。各地镇（乡）村可结合实际需求，因地制宜地进行设置。同时，建议对于一些大型的、占地多的和一些季节性的文化活动项目，仍在原有的竞赛和表演场地开展活动为宜。

5 建筑物设计

本规范的第5章"建筑物设计"、第6章"文体活动场地设计"和第7章"防火与疏散"中有关条文规定了包括使用面积、净高度、净宽度、竞技场地尺寸、容纳人数等多项具体指标的数值，其来源有五个方面：一是，各地文化设施采用的数据；二是，设计单位和专家建议的标准；三是，本规范编制组选定的数值；四是，国家现行标准规定的指标；五是，有关文化设施专著和文献的研究成果。这些指标和数据，通过整理、筛选、调整，被列入本规范的条文。其中有些直接引自国家现行标准，如第5.2.3条2款1项中的"6m²"引自现行行业标准《文化馆建筑设计规范》JGJ 41；又如第6.5.2条2款2项中的"0.90～1.35m"和3款2项中的"0.60～1.10m"，引自现行行业标准《体育建筑设计规范》JGJ 31。在规定的各项数据中，除了如一些竞技场地规定了标准尺寸外，其余大部分采用了低限值，或在限定的条件下，允许因地制宜地确定。

5.1 一般规定

5.1.2 本条提出了镇（乡）村文化中心建筑中使用空间设计的要求。

1 建筑的使用空间宜考虑一室多用性或多室组

合使用的灵活性以及经营管理的独立性。如观演用房的观众厅宜设计为多功能厅，以满足演出、集会、庆典等多种用途的需要；又如，不同人群使用的棋牌室，可合并为较大的空间，作为大型游乐活动之用。在设计文化中心建筑时，对有大量公众参与的使用空间，如展览用房、观演用房、乒乓球活动等用房宜设在建筑的首层或独立的地段，为单独经营和管理提供便利条件。

2 建筑物的使用空间宜将喧闹的用房和安静的用房分别集中布置，以避免或减少干扰。如将舞蹈、戏剧排练和器乐活动等用房同讲授等用房分别集中隔离；为防止楼板的传声，交谊用房宜设在建筑的首层或独立地段等。

3 有儿童、老年人、残疾人活动的用房，如阅览用房，宜布置在建筑的首层或交通方便的部位。

5.1.4 本条规定的建筑物应设置的无障碍设施，其设计应符合现行行业标准《城市道路和建筑物无障碍设计规范》JGJ 50中有关"建筑物无障碍设计"、"建筑物无障碍标志和盲道"等的规定。如因条件限制，暂时不能设置时，应预留无障碍设施位置。

5.2 专业活动用房

5.2.2 普通讲授、语言讲授、计算机用房的设计，宜符合现行国家标准《中小学校建筑设计规范》GBJ 99中有关"普通教室"、"语言教室"、"微型电子计算机教室"等的规定。

普通讲授用房应满足普及知识、专业讲座和宣传教育等多种用途的使用。在设施配置上，宜适合多种讲授的需要，不仅设有一般的教具，还要具备播放录像、计算机投影等条件。

5.2.3 创作和排练活动形式多样，本规范仅就美术、书法、舞蹈、戏剧、器乐等活动用房作了规定，对于具有传统特色的一些文化活动内容，如泥塑、木雕、剪纸等地方传统工艺活动用房，各地可自行设置。

创作和排练用房中的喧闹部分应集中布置，并与阅览、讲授等需要安静的用房保持一定的距离，特别要处理好噪声的干扰。

5.2.4 音像室的设置要求较高，应具备良好的隔声、照明条件和录放等设备；摄影学习室应设置暗室和制作室，配备相应的拍照、洗印、复制等设备，满足遮光、照明等要求。

5.3 展览、阅览用房

5.3.1 展览用房宜包括展室或展廊和储藏室等。展览用房宜有较好的采光条件，展室首先应利用自然光，必要时辅以局部照明，宜避免眩光和直射光。

展廊可利用建筑物的走廊，也可利用开敞式走廊进行展出活动。利用建筑物的走廊进行展览活动时，不得影响正常的通行能力。考虑到展板、展柜和观众流动以及安全等情况，对展室面积和展廊的宽度都作了具体规定。

5.3.2 阅览用房宜设置书刊阅览室、电子阅览室、藏书室和管理室等。镇（乡）文化中心的阅览人数较多，可分设成人和儿童阅览室，并为残疾人设置专用阅览席位；书刊数量较大时，可分设图书、报刊阅览室。

阅览用房的设计宜符合现行行业标准《图书馆建筑设计规范》JGJ 38 中有关"阅览空间"等的规定。

5.4 娱乐活动用房

5.4.2 观演用房主要由观众厅、表演台、化妆室、放映室、储藏室、声光控制设施和休息廊等组成，其设计要求主要有以下几点：

1 观众厅宜设计为多功能厅，以满足演出、集会、联欢和庆典等多种使用要求。由于镇（乡）村文化中心是一个综合性的适合多种文化活动的公共场所，需要设置多种活动的用房，观众厅规模不宜过大，容纳人数以不超过 300 人为宜。如遇大、中型活动，可在镇（乡）村中的其他公共设施中进行。

观众厅为多功能厅时，宜采用移动式座椅，采用平地面和组装式表演台，以适应多种用途的需要。

观众厅的设计宜符合现行行业标准《剧场建筑设计规范》JGJ 57 中有关"座席"、"走道"等的规定。

2 放映室的设计宜符合现行行业标准《电影院建筑设计规范》JGJ 58 中有关"放映机房"等的规定。

3 储藏室的面积应依据存放物品和器材的情况确定，观众厅采用移动式座椅和组装式表演台时，宜考虑座椅等的储存面积。

4 为满足演出、集会等活动开始前和中间休息时公众活动的需要，观众厅宜附设休息廊，条文中对休息廊的面积和净宽度都作了规定。当观众厅设有直接通向建筑外部的出口时，可不设休息廊。

5.4.3 棋牌是我国广大群众普遍喜爱和参加活动人数多的一项文娱形式，宜按参加活动的人群情况和人数的多少确定分室或合室活动。

为避免参加活动的人数过多而相互干扰，每一棋牌室的面积不宜过大。小型棋牌室可按 3～4 组桌椅设置，包括竞赛人员和少量观众活动需要的面积，每一棋牌室的使用面积不宜小于 20m²。

电子游艺室的面积宜按游戏机类型、布置方式和辅助设施（如动力配电柜）和通行等因素确定。每一游戏机室的最小使用面积不宜小于 40m²。

5.4.4 歌舞厅的设施要求较高，投资较大，宜在镇（乡）文化中心中设置。为满足公众学习交谊舞的要求，可利用露天场地举办。

茶室主要是公众，特别是老年人群饮茶聚会和谈天的场所，也可兼作小型说唱表演之用。

5.5 健身活动用房

5.5.3、5.5.4 乒乓球、台球竞赛的地方性、群众性竞赛活动场地的设计规定，主要包括：

1 竞技场地尺寸、竞赛台面上空的净高度；

2 竞技台面上空的照明标准宜符合国家现行标准《建筑照明设计标准》GB 50034 中有关"照明标准值"等的规定；

3 观众站位区的宽度，观众站位区（含本规范第 6.3 节和 6.4 节规定的观众站位区）也可按每一观众 0.18～0.22m² 或按 5 人/m² 估算进行划定。

5.5.5 按群众性健身活动设置的乒乓球、台球竞赛区有关尺寸可以减小，也可在室外因地制宜地设置活动场地。

5.6 办公、管理用房

5.6.1、5.6.2 办公、管理用房主要规定了两部分用房的基本内容和要求，在进行设计时，应根据文化中心建设的内容、规模和管理的实际需要进行选定。

6 文体活动场地设计

6.1 一般规定

6.1.2 本条规定了晚间演出和竞赛使用的文体活动场地应安装必要的声、光设施，其照明标准宜符合现行国家标准《建筑照明设计标准》GB 50034 中有关"照明标准值"等的规定。

6.1.3 本条规定通往文体活动场地的支路宜设置的无障碍设施，其设计应符合现行行业标准《城市道路和建筑物无障碍设计规范》JGJ 50 中有关"缘石坡道"、"标志"等的规定。

6.2 放映和表演场

6.2.2 放映和表演场地的观众站位区面积，可按每一观众 0.18～0.22m² 或按 5 人/m² 估算，划定站位区，但不应占用绿地。

6.3 篮球、排球、羽毛球和门球场

6.3.2、6.3.3 篮球、排球、羽毛球和门球竞赛的地方性、群众性竞赛活动场地的设计规定，主要包括：

1 竞技场地的尺寸、缓冲区的尺寸、观众站位区的最小宽度，后者也可按预测观众数量所需的面积确定（参见本规范第 5.5.3、5.5.4 条的条文说明）；

2 如受建设场地条件的限制，或为充分发挥场地使用效率，可考虑一种球的活动场地兼作其他球的活动使用；

3 为了避免眩目，球类竞技场地的长轴宜为南

北向，当不能满足这一要求时，根据镇（乡）村所处的地理纬度可略偏离南北向。

6.3.4 为适应广大群众健身活动的需要，根据建设场地的具体情况，可因地制宜地设置非标准尺寸的球类活动场地。

6.4 武术、举重和摔跤场

6.4.2、6.4.3 武术、举重和摔跤竞赛的地方性、群众性竞赛活动场地的设计规定，主要包括：

　　1 竞技场地尺寸、保护区宽度；

　　2 竞技设施用地，对竞技场地地面和铺设器材的要求；

　　3 观众站位区的宽度，观众站位区也可按预测观众数量所需的面积确定（参见本规范第5.3.3、5.3.4条的条文说明）。

6.4.4 群众性健身活动的场地，可因地制宜地进行设置。为确保安全，这类项目的活动场地，应具备保护性措施。

6.5 游泳、滑冰和轮滑场

6.5.1～6.5.4 游泳、滑冰和轮滑是日趋增多的公众运动项目。由于场地占地面积较大，设施比较复杂和投入较多等原因，本规范规定不按举办地方性、群众性竞赛的要求设置，而按群众性健身活动的要求提出了设置这类项目的一些规定。

　　游泳池、滑冰场的使用，具有季节性的特点。游泳池的建设还涉及大量用水、水质标准、水的回收利用和严格的组织管理等因素，建设这一设施需要慎重从事。

7 防火和疏散

7.0.1～7.0.7 文化中心是镇（乡）村居民比较密集的公共活动场所，为了确保公众活动的安全，对防火和安全疏散设计提出了严格的要求，包括建筑的耐火等级，建筑中公众活动密集用房设置的部位、安全出口的数量、走廊的宽度、房门的设置、平屋顶的使用，建设场地道路通行能力等，在进行设计时除应符合本规范的各项规定外，尚应符合现行国家标准《建筑设计防火规范》GB 50016 和《村镇建筑设计防火规范》GBJ 39 的有关规定。

　　规定镇（乡）村文化中心建筑物的耐火等级不得低于二级，并作为强制性条文，主要由于这类建筑是广大群众进行文体活动的场所，不仅要经常开放，还考虑到老年人、儿童、残疾人活动的特点（如动作迟缓），以及作为避难场所的安全要求。

　　对镇（乡）村文化中心建筑物的平屋顶作为公众活动场所作了强制性条文的规定，在设计时必须严格遵守。

8 室内声、光、热环境

8.1 隔　声

8.1.1 建筑隔声设计宜符合现行国家标准《民用建筑隔声设计规范》GBJ 118 中有关"学校建筑"的"隔声标准"和"隔声减噪设计"等的规定。

8.1.2 本条提出了镇（乡）村文化中心建筑的主要用房昼间室内允许噪声级（dB），宜符合表8.1.2 的规定。

8.2 采　光

8.2.1 提出建筑采光设计宜符合现行国家标准《建筑采光设计标准》GB/T 50033 中有关"采光系数"和"采光计算"等的规定。

8.2.2 规定在进行建筑方案设计时，单层侧窗采光窗洞口的面积可先按窗地面积比进行估算，但最终确定主要用房（如展览、阅览、美术、讲授等）采光窗洞口面积时，仍需按本规范第8.2.1条的规定进行复核。

　　为便于建筑方案设计时估算采光窗洞口面积，表8.2.2 提出了文化中心的建筑内主要用房采用单层侧窗时的窗地面积比的比值。当采用双层侧窗或其他形式的采光窗时，宜按本规范第8.2.1条的规定执行。

8.3 保温、隔热和通风

8.3.1 提出建筑保温、隔热和通风设计，宜符合现行国家标准《公共建筑节能设计标准》GB 50189 的有关规定。

8.3.2 严寒和寒冷地区的建筑体形直接影响采暖能耗的大小，体形系数越大，单位建筑面积对应的建筑外表面积越大，外围护结构传热损失越大。

　　对于夏热冬暖和夏热冬冷地区，体形系数对采暖能耗不如严寒和寒冷地区大，同时考虑夏季夜间散热问题，建筑体形宜根据具体情况确定。

8.3.3 门斗的设置可减少冷风的渗透，降低采暖能耗。门斗开启的方向应考虑风向的影响。

8.3.4 外部遮阳设施可降低夏季建筑物因日照产生的热量，也可利用地形、地物遮阳，如栽种高大落叶乔木等。

9 建筑设备

9.1 给水和排水

9.1.2 本条提出了给水设计的要求。

　　1 分质供水和循环利用的给水系统有利节能和节水，宜优先考虑；

2 为保证公众的身体健康，公众饮用水和游泳池用水水质应符合现行国家标准《生活饮用水卫生标准》GB 5749 中有关"水质标准和卫生要求"等的规定；游泳池水质标准正在制订，待出版实施后尚应遵守该标准的有关规定。

9.1.3 本条提出了排水设计的要求。

1 雨水、污水分流系统有利于雨水回收利用及污水处理，宜优先采用分流系统；

2 组织屋面和场地雨水的排放，有利于雨水回收和利用，也有利于建设场地和环境的保护；

3 雨水的回收利用是国家大力提倡的节水措施，尤其是水源紧缺地区，宜结合实际情况对雨水进行回收利用。

9.2 暖通和空调

9.2.2 采暖地区供热设施应结合地区条件因地制宜地选定。根据国家节能政策的要求，集中采暖系统应设置热计量装置。

9.2.4、9.2.5 在自然通风不能满足要求时，宜设置机械通风或空气调节系统。

9.3 电　气

9.3.2 文化中心是公众密集的场所，在紧急情况下的安全疏散至关重要，因此强调了负荷等级的要求。

为满足二级负荷的供电要求，可采用蓄电池作为第二电源。

9.3.3 本条提出了文化中心的配电要求。

动力和照明用电的电源宜各自单独进户并计量，负荷容量较小或单独进户有困难时，可为一路电源进户，但应分别计量。

为安全和美观，线路宜用金属管或 PVC 管等穿管暗敷设。

9.3.4 本条提出了文化中心的照明要求。

为节约电能，在人工照明的光源、灯具和控制方式等方面体现节能降耗的措施。

文化中心宜采用集中蓄电池装置或带蓄电池的照明装置，其连续供电时间不应少于 20min。

9.3.5 文化中心是镇（乡）村中的重要建筑，应设防雷装置，并应按现行国家标准《建筑物防雷设计规范》GB 50057 中有关"建筑物的防雷分类"，确定文化中心的防雷类别进行设防。

9.3.7 计算机技术的快速发展，推动了网络的普及，文化中心宜设置计算机网络系统。

中华人民共和国国家标准

电子信息系统机房设计规范

GB 50174—2008

条 文 说 明

目　　次

1 总 则

1.0.1 电子信息系统机房工程属于多学科技术，涉及到机房工艺、建筑结构、空气调节、电气技术、电磁屏蔽、网络布线、机房监控与安全防范、给水排水、消防等多种专业。近年来，随着电子信息技术的快速发展，机房建设日新月异，为了规范电子信息系统机房的工程设计，确保电子信息设备稳定可靠地运行，保证设计和工程质量，特制定本规范。

1.0.3 为了适应机房用户对电子信息业务发展和机房节能的需要，电子信息系统机房的设计可以采用标准化、模块化的设计方法，使机房的近期建设规模与远期发展规划协调一致。

2 术 语

2.0.3 主机房除可按服务器机房、网络机房、存储机房等划分外，对于面积较大的机房，还可按不同功能或不同用户的设备进行区域划分。如服务器设备区、网络设备区、存储设备区、甲用户设备区、乙用户设备区等。

2.0.18 用于网络布线传输服务的列头柜称为配线列头柜，用于配电管理的列头柜称为配电列头柜。

2.0.21 在主机房内，当布线采用列头柜（内装无源设备）时，该列头柜就具有 CP 点的功能。

2.0.22 在主机房内，当布线采用列头柜（内装有源设备，如网络交换机、网络存储交换机、KVM 等）时，该列头柜就具有 HD 的功能。HD 与综合布线系统中楼层配线设备的功能相近。

3 机房分级与性能要求

3.1 机房分级

3.1.1 随着电子信息技术的发展，各行各业对机房的建设提出了不同的要求，根据调研、归纳和总结，并参考国外相关标准，本规范从机房的使用性质、管理要求及重要数据丢失或网络中断在经济或社会上造成的损失或影响程度，将电子信息系统机房划分为A、B、C 三级。

机房的使用性质主要是指机房所处行业或领域的重要性；管理要求是指机房使用单位对机房各系统的保障和维护能力。最主要的衡量标准是由于场地设施故障造成网络信息中断或重要数据丢失在经济和社会上造成的损失或影响程度。各单位的机房按照哪个等级标准进行建设，应由建设单位根据数据丢失或网络中断在经济或社会上造成的损失或影响程度确定，同时还应综合考虑建设投资。等级高的机房可靠性提

高，但投资也相应增加。

3.1.2 A级电子信息系统机房举例：国家气象台；国家级信息中心、计算中心；重要的军事指挥部门；大中城市的机场、广播电台、电视台、应急指挥中心；银行总行；国家和区域电力调度中心等的电子信息系统机房和重要的控制室。

3.1.3 B级电子信息系统机房举例：科研院所；高等院校；三级医院；大中城市的气象台、信息中心、疾病预防与控制中心、电力调度中心、交通（铁路、公路、水运）指挥调度中心；国际会议中心；大型博物馆、档案馆、会展中心、国际体育比赛场馆；省部级以上政府办公楼；大型工矿企业等的电子信息系统机房和重要的控制室。

以上为 A 级和 B 级电子信息系统机房举例，在中国境内的其他企事业单位、国际公司、国内公司应按照机房分级与性能要求，结合自身需求与投资能力确定本单位电子信息系统机房的建设等级和技术要求。

3.1.6 本条是指当机房的某项外部或内部条件较好或较差时，此项的设计标准可以降低或提高。例如某个 B 级机房，其两路供电电源分别来自两个不同的变电站，两路电源不会同时中断，则此机房就可以考虑不配置柴油发电机。再如，另一个 B 级机房，其所处气候环境非常恶劣，常有沙尘天气，则此机房的空调循环机组就不仅需要初效和中效过滤器，还应该增加亚高效或高效过滤器。总之，机房应在满足电子信息系统运行要求的前提下，根据具体条件进行设计。

4 机房位置及设备布置

4.1 机房位置选择

4.1.1 电子信息系统受粉尘、有害气体、振动冲击、电磁场干扰等因素影响时，将导致运算差错、误动作、机械部件磨损、缩短使用寿命等。机房位置选择应尽可能远离产生粉尘、有害气体、强振源、强噪声源等场所，避开强电磁场干扰。

水灾隐患区域主要是指江、河、湖、海岸边，A级机房的选址应考虑百年一遇的洪水，不应受百年一遇洪水的影响；B级机房的选址应考虑 50 年一遇的洪水，不应受 50 年一遇洪水的影响。其次，机房不宜设置在地下室的最底层。当设置在地下室的最底层时，应采取措施，防止管道泄漏、消防排水等水渍损失。

对机房选址地区的电磁场干扰强度不能确定时，需作实地测量，测量值超过本规范第 5 章规定的电磁场干扰强度时，应采取屏蔽措施。

选择机房位置时，如不能满足本条和附录 A 的要求，应采取相应防护措施，保证机房安全。

4.1.2 在多层或高层建筑物内设电子信息系统机房时，有以下因素影响主机房位置的确定：

1 设备运输：主要是考虑为机房服务的冷冻、空调、UPS等大型设备的运输，运输线路应尽量短；

2 管线敷设：管线主要有电缆和冷媒管，敷设线路应尽量短；

3 雷电感应：为减少雷击造成的电磁感应侵害，主机房宜选择在建筑物低层中心部位，并尽量远离建筑物外墙结构柱子（其柱内钢筋作为防雷引下线）；

4 结构荷载：由于主机房的活荷载标准值远远大于建筑的其他部分，从经济角度考虑，主机房宜选择在建筑物的低层部位；

5 机房专用空调的主机与室外机在高差和距离上均有使用要求，因此在确定主机房位置时，应考虑机房专用空调室外机的安装位置。

4.2 机房组成

4.2.1 电子信息系统机房的组成应根据具体情况确定，可在各类房间中选择组合。对于受到条件限制，且为一般使用的普通机房时，也可以一室多用。

4.2.2~4.2.4 机房各组成部分的使用面积应根据工艺布置确定，在对电子信息设备的具体情况不完全掌握时，可按此方法计算面积。

4.3 设备布置

4.3.2 产生尘埃及废物的设备主要是指各类以纸为记录介质的设备，如静电喷墨打印机、复印机等设备。对尘埃敏感的设备主要是指磁记录设备。

4.3.3 对于前进风/后出风方式冷却的设备，要求设备的前面为冷区，后面为热区，这样有利于设备散热和节能。当机柜或机架成行布置时，要求机柜或机架采用面对面、背对背的方式。机柜或机架面对面布置形成冷风通道，背对背布置形成热风通道。如果采用其他的布置方式，有可能造成气流短路，不利于设备散热。

4.3.4 本条规定的各种间距，主要是从人员安全、设备运输、检修、通风散热等方面考虑的。对于成行排列的机柜，考虑到实际中会遇到柱子等的影响，出口通道的宽度局部可为0.8m。

5 环境要求

5.1 温度、相对湿度及空气含尘浓度

5.1.1 本条按照不同级别的电子信息系统机房，对主机房和辅助区的温湿度控制值做了规定。由于电子信息设备在停机检修或作为备件存储时，对环境的温湿度也有要求，故在附录A中关于环境要求部分，分别提出了电子信息系统"开机时"和"停机时"的

两个温湿度控制值。

支持区（除UPS电池室外）和办公区的温湿度控制值，应按现行国家标准《采暖通风与空气调节设计规范》GB 50019的有关规定执行。

5.1.2 由于电子信息设备的制造精度越来越高，导致其对环境的要求也越来越严格，空气中的灰尘粒子有可能导致电子信息设备内部发生短路等故障。为了保障重要的电子信息系统运行安全，本规范对A、B级机房在静态条件下的空气含尘浓度做出了规定。

5.2 噪声、电磁干扰、振动及静电

5.2.1 噪声测量方法应符合现行国家标准《工业企业噪声测量规范》GBJ 122的有关规定。

5.2.2、5.2.3 指外界的无线电干扰场强和磁场对主机房的辐射干扰。即在主机房内，电子信息设备不工作条件下所测得的外界的无线电干扰场强（0.15~1000MHz时）和干扰磁场的上限值。

5.2.4 本条采纳了原规范第3.2.4条的振动加速度值。

5.2.5 据有关资料记载，静电电压达到2kV时，人会有电击感觉，容易引起恐慌，严重时能造成事故及设备故障。故本规范规定主机房和辅助区内绝缘体的静电电位不应大于1kV。

6 建筑与结构

6.1 一般规定

6.1.1 A级电子信息系统机房的抗震设计分类一般按乙类考虑；B级电子信息系统机房除有特殊要求外，一般按丙级考虑；C级电子信息系统机房按丙类考虑。

电子信息系统机房的荷载应根据机柜的重量和机柜的布置，按照现行国家标准《建筑结构荷载规范》GB 50009—2001附录B计算确定，但不宜小于本规范附录A中所列的标准值。

6.1.2 为满足电子信息系统机房摆放工艺设备的要求，主机房的结构宜采用大空间及大跨度柱网。

6.1.3 常用的机柜高度一般为1.8~2.2m，气流组织所需机柜顶面至吊顶的距离一般为400~800mm，故机房净高不宜小于2.6m。在满足电子信息设备使用要求的前提下，还应综合考虑室内建筑空间比例的合理性以及对建设投资和日常运行费用的影响。

6.1.4 规定变形缝不应穿过主机房的目的是为了避免因主体结构的不均匀沉降破坏电子信息系统的运行安全。当由于主机房面积太大而无法保证变形缝不穿过主机房时，则必须控制变形缝两边主体结构的沉降差。

6.1.5 本条是为保证电子信息设备安全运行制定的。

用水和振动区域主要有卫生间、厨房、实验室、动力站等。电磁干扰源有电动机、电焊机、整流器、变频器、电梯等。当主机房在建筑布局上无法避免上述环境时，建筑设计应采取相应的保护措施。

6.1.6 技术夹层包括吊顶上和活动地板下，当主机房中各类管线暗敷于技术夹层内时，建筑设计应为各类管线的安装和日常维护留有出入口。技术夹道主要用于安装设备（如精密空调）及各种管线，建筑设计应为设备的安装和维护留有空间。

6.2 人流、物流及出入口

6.2.1 空气污染和尘埃积聚可能造成电子部件的漏电和机械部件的磨损，因此主机房的防尘处理应引起足够重视。主机房设单独出入口的目的是为了避免与其他人流物流的交叉，减少灰尘被带入主机房的几率。

6.2.2 主机房一般属于无人操作区，辅助区一般含有测试机房、监控中心、备件库、打印室、维修室、工作室等，属于有人操作区。设计规划时宜将有人操作区和无人操作区分开布置，以减少人员将灰尘带入无人操作区的机会。但从操作便利角度考虑，主机房和辅助区宜相邻布置。

6.2.3 主机房门的尺寸不宜小于 1.2m（宽）× 2.2m（高）。当电子信息系统机房内通道的宽度及门的尺寸不能满足设备和材料的运输要求时，应设置设备搬入口。

6.2.4 在主机房入口处设换鞋更衣间，其目的是为了减少人员将灰尘带入主机房。是否设置换鞋更衣间，应根据项目的具体情况确定。条件不允许时，可将换鞋改为穿鞋套，将更衣间改为更衣柜。换鞋更衣间的面积应根据最大班时操作人员的数量确定。

6.3 防火和疏散

6.3.2 电子信息系统机房内的设备和系统属于贵重和重要物品，一旦发生火灾，将给国家和企业造成重大的经济损失和社会影响。因此，严格控制建筑物耐火等级十分必要。

6.3.3 考虑 A 级或 B 级电子信息系统机房的重要性，当与其他功能用房合建时，应提高机房与其他部位相邻隔墙的耐火时间，以防止火灾蔓延。当测试机房、监控中心等辅助区与主机房相邻时，隔墙应将这些部分包括在内。

6.3.4 本条以 100m² 为界规定主机房安全出口数量的原因如下：

　　1 进入主机房内的人员很少（一般没有人员），且为固定的内部工作人员，他们熟知周边环境和疏散路线，因此对于 100m² 及以下的主机房，即使只有一个安全出口，内部工作人员也可以安全疏散；

　　2 从建筑布局考虑，当主机房面积小于 100m²

时，设置两个安全出口有一定困难；

　　3 机房内设置有火灾自动报警系统，可及时通知机房内的工作人员疏散。

　　基于以上原因，本条对主机房的安全出口做出了规定。分散布置的安全出口宜设于机房的两端。

6.3.5 顶棚和壁板选用可燃烧材料易使火势增强，增加扑救困难，故本规范规定主机房的顶棚、壁板、隔断（包括壁板和隔断的夹芯材料）应采用不燃烧体。

6.4 室内装修

6.4.2 高分子绝缘材料是现代工程中广泛使用的材料，常用的工程塑料、聚酯包装材料、高分子聚合物涂料都是这类物质。其电气特性是典型的绝缘材料，有很高的阻抗，易聚集静电，因此在未经表面改性处理时，不得用于机房的表面装饰工程。但如果表面经过改性处理，如掺入碳粉等手段，使其表面电阻减小，从而不容易积聚静电，则可用于机房的表面装饰工程。

6.4.4 防静电活动地板的铺设高度，应根据实际需要确定（在有条件的情况下，应尽量提高活动地板的铺设高度），当仅敷设电缆时，其高度一般为 250mm 左右；当既作为电缆布线，又作为空调静压箱时，可根据风量计算其高度，并应考虑布线所占空间，一般不宜小于 400mm。当机房面积较大、线缆较多时，应适当提高活动地板的高度。

　　当电缆敷设在活动地板下时，为避免电缆移动导致地面起尘或划破电缆，地面和四壁应平整而耐磨；当同时兼作空调静压箱时，为减少空气的含尘浓度，地面和四壁应选用不易起尘和积灰、易于清洁、且具有表面静电耗散性能的饰面涂料。

6.4.6 本条是从安全、节能和防尘的角度考虑。A 级或 B 级电子信息系统机房中的服务器机房、网络机房、存储机房等日常无人工作区域不宜设置外窗；监控中心、打印室等有人工作区域以及 C 级电子信息系统机房可以设置外窗，但应保证外窗有安全措施，有良好的气密性，防止空气渗漏和结露，满足热工要求。

7 空 气 调 节

7.1 一 般 规 定

7.1.1 支持区和办公区是否设置空调系统，应根据设备要求和当地的气候条件确定。

7.1.2 电子信息系统机房与其他功能用房共建于同一建筑内时，设置独立空调系统的原因如下：

　　1 机房环境要求与其他功能用房的环境要求不同；

2 空调运行时间不同；

3 避免建筑物内其他部分发生事故（如火灾）时影响机房安全。

7.1.3 通常情况下，主机房的空调参数较高，而支持区和辅助区的空调参数较低，根据不同的空调参数，可分别设置不同的空调系统。但是否将主机房、支持区和辅助区的空调系统分开设置，还应根据机房规模大小、各房间所处位置、气流组织形式等综合考虑。

7.1.4 本规范只对电子信息系统机房空调设计的特殊性作出规定。因此，电子信息系统机房的空调设计除应符合本规范外，还应执行现行国家标准《采暖通风与空气调节设计规范》GB 50019 的有关规定。

7.2 负荷计算

7.2.1 电子信息系统机房内设备的散热量，应以产品说明书或设备手册提供的设备散热量为准。对主机房内的电子信息设备的散热量不能完全掌握时，可参考所选 UPS 电源的容量和冗余量来计算设备的散热量。

7.2.2 空调系统的冷负荷主要是服务器等电子信息设备的散热。电子信息设备发热量大（耗电量中的 97% 都转化为热量），热密度高，因此电子信息系统机房的空调设计主要考虑夏季冷负荷。对于寒冷地区，还应考虑冬季热负荷，可按照《采暖通风与空气调节设计规范》GB 50019 的有关规定进行计算。

7.3 气流组织

7.3.1 气流组织形式选用的原则是：有利于电子信息设备的散热、建筑条件能够满足设备安装要求。电子信息设备的冷却方式有风冷、水冷等，风冷有上部进风、下部进风、前进风后排风等。影响气流组织形式的因素还有建筑条件，包括层高、面积、室外机的安装条件等。因此，气流组织形式应根据设备对空调系统的要求，结合建筑条件综合考虑。

本条推荐了主机房常用的气流组织形式、送回风口的形式以及相应的送回风温差。由于机房空调主要是为电子信息设备散热服务的，适当减小温差的目的是为了适当加大风量，这样有利于机柜散热。

7.3.2 本条推荐了几种活动地板下送风、上回风的情况：

1 热密度大：单台机柜的发热量大于 3kW；

2 热负荷大：单位面积的设备发热量大于 300W/m²；

3 机柜过高：单台机柜的高度大于 1.8m；

对于热密度大、热负荷大的机房，采用下送风、上回风的方式，有利于设备的散热；对于高度超过 1.8m 的机柜，采用下送风、上回风的方式，可以减少机柜对气流的影响。

随着电子信息技术的发展，机柜的容量不断提高，设备的发热量将随容量的增加而加大，为了保证电子信息系统的正常运行，对设备的降温也将出现多种方式，各种方式之间可以相互补充。

7.3.3 本条是为了保证机房内操作人员身体健康规定的。

7.4 系统设计

7.4.1 有空调的房间集中布置，有利于空调系统的设计；室内温、湿度参数相同或相近的房间相邻，有利于风管和风口的布置。

7.4.2 主机房设置采暖散热器的要求在附录 A 中有规定，A 级机房不应设置采暖散热器，B 级机房不宜设置采暖散热器，C 级机房可以设置采暖散热器，但不建议设置。如果设置了采暖散热器，应采取措施，防止管道或采暖散热器漏水。装设温度调节装置的目的是可以调节房间内的温度，以利于节能。

7.4.4 主机房内的线缆数量很多，一般采用线槽或桥架敷设，当线槽或桥架敷设在高架活动地板下时，线槽占了活动地板下的部分空间。当活动地板下作为空调静压箱时，应考虑线槽及消防管线等所占用的空间，空调断面风速应按地板下的有效断面积进行计算。

7.4.5 风管穿过防火墙时，应在防火墙的一侧设置防火阀。风管穿过变形缝时，有下列三种情况：

1 变形缝两侧有隔墙时，应在两侧设置防火阀；

2 变形缝一侧有隔墙时，应在一侧设置防火阀；

3 变形缝处无隔墙时，可不设置防火阀。

7.4.7 本规范对 A、B 级电子信息系统机房的主机房有含尘浓度的要求，对 C 级电子信息系统机房没有含尘浓度的要求，因此，A、B 级电子信息系统机房的主机房应维持正压，C 级电子信息系统机房应根据具体情况而定。

7.4.9 本条将空调系统的空气过滤要求分成两部分，主机房内空调系统的循环机组（或专用空调的室内机）宜设初效过滤器，有条件时可以增加中效过滤器，而新风系统应设初、中效过滤器，环境条件不好时，可以增加亚高效过滤器。

7.4.10 设有新风系统的主机房，应进行风量平衡计算，以保证室内外的差压要求，当差压过大时，应设置排风口，避免造成新风无法正常进入主机房的情况。

7.4.11 打印室内的喷墨打印机、静电复印机等设备以及纸张等物品易产生尘埃粒子，对除尘后的空气将造成二次污染，因此应对含有污染源的房间（如打印室）采取措施，防止污染物随气流进入其他房间。如对含有污染源的房间不设置回风口，直接排放；与相邻房间形成负压，减少污染物向其他房间扩散；对于大型的电子信息系统机房，还可考虑为含有污染源的房间单独设置空调系统。

7.4.12 分体式空调机的室内机组可以安装在靠近主机房的专用空调机房内，也可以直接安装在主机房内，不单独建空调机房。这两种空调室内机的布置方式，从空调效果来讲，没有明显区别，但将室内机组安装在专用空调机房内，可以降低主机房内的噪声。

7.4.13 调查资料表明，电子信息系统机房内空调系统的用电量约占机房总用电量的 20%～50%，因此空调系统的节能措施是机房节能设计中的重要环节。

大型机房通常是指面积数千至数万平方米的机房。在这类机房中，安装的设备多、发热量大、空调负荷大，而水冷冷水机组的能效比高，可节约能源，提高空调制冷效果。

中国地域辽阔，各地自然条件各不相同，在执行本条规范时，应根据当地的气候条件和机房的负荷情况综合考虑，选择合理的空调方案，达到节约能源、降低运行费用的目的。

7.5 设 备 选 择

7.5.1 空调对于电子信息设备的安全运行至关重要，因此机房空调设备的选用原则首先是高可靠性，其次是运行费用低、高效节能、低噪声和低振动。

7.5.2 不同等级的电子信息系统机房，对空调系统和设备的可靠性要求也不同，应根据机房的热湿负荷、气流组织型式、空调制冷方式、风量、系统阻力等参数及附录 A 的相关技术要求执行。建筑条件主要是指空调机房的位置、层高、楼板荷载等，如果选用风冷式空调机，还应考虑室外机的安装位置。

7.5.3 空调系统无备份设备时，为了提高空调制冷设备的运行可靠性及满足将来电子信息设备的少量扩充，要求单台空调制冷设备的制冷能力预留 15%～20% 的余量。

7.5.4 要求机房专用空调机带有通信接口，通信协议满足机房监控系统要求的目的是为了便于空调设备与机房监控系统联网，实现集中管理。

7.5.5 空调设备常需更换的部件是空气过滤器和加湿器，设计时应考虑为空调设备留有一定的维修空间。

8 电 气

8.1 供 配 电

8.1.1 A 级电子信息系统机房的供电电源应按一级负荷中特别重要的负荷考虑，除应由两个电源供电（一个电源发生故障时，另一个电源不应同时受到损坏）外，还应配置柴油发电机作为备用电源。B 级电子信息系统机房的供电电源按一级负荷考虑，当不能满足两个电源供电时，应配置备用柴油发电机系统。

C 级电子信息系统机房的供电电源应按二级负荷考虑。

8.1.2 本规范第 8.1.7 条规定"电子信息设备应由不间断电源系统供电"，因此 UPS 电源的输出质量决定了电子信息设备的供电电源质量，本规范采纳了现行行业标准《通信用不间断电源—UPS》YD/T 1095—2000 中有关电源质量的指标。

8.1.4 规定引入机房的户外供电线路不宜采用架空方式敷设的目的是为了保证户外供电线路的安全，保证机房供电的可靠性。户外架空线路宜受到自然因素（如台风、雷电、洪水等）和人为因素（如交通事故）的破坏，导致供电中断，故户外供电线路宜采用直接埋地、排管埋地或电缆沟敷设的方式。当采用具有金属外护套的电缆时，在进出建筑物处应将电缆的金属外护套与接地装置连接。当户外供电线路采用埋地敷设有困难，只能采用架空敷设时，应采取措施，保证线路安全。

8.1.5 由于电子信息系统机房供电可靠性要求较高，为防止其他负荷的干扰，当机房用电容量较大时，应设置专用配电变压器供电；机房用电容量较小时，可由专用低压馈电线路供电。

采用干式变压器是从防火安全角度考虑的。美国 NFPA 75（信息设备的保护）要求为信息设备供电的变压器应采用干式或不含可燃物的变压器。

8.1.6 低压配电不应采用 TN-C 系统的主要原因有两个，一是干扰问题，二是安全问题。

8.1.7 为保证电源质量，电子信息设备应由 UPS 供电。辅助区宜单独设置 UPS 系统，以避免辅助区的人员误操作而影响主机房电子信息设备的正常运行。

采用具有自动和手动旁路装置的 UPS，其目的是为了避免在 UPS 设备发生故障或进行维修时中断电源。

确定 UPS 容量时需要留有余量，其目的有两个：一是使 UPS 不超负荷工作，保证供电的可靠性；二是为了以后少量增加电子信息设备时，UPS 的容量仍然可以满足使用要求。按照公式 $E \geqslant 1.2P$ 计算出的 UPS 容量只能满足电子信息设备的基本需求，未包含冗余或容错系统中备份 UPS 的容量。

8.1.8 电子信息系统机房内的空调、水泵、冷冻机等动力设备及照明等其他用电设备应与电子信息设备用的 UPS 分开不同回路配电，以减少对电子信息设备的干扰。

8.1.9 专用配电箱（柜）的主要作用是对使用 UPS 电源的电子信息设备进行配电、保护和监测。要求专用配电单元靠近用电设备安装的主要目的是使配电线路尽量短，从而降低中性线与 PE 线之间的电位差。

8.1.10 中性线与 PE 线之间的电位差称为"零地电压"，当"零地电压"高于电子信息设备的允许值时，将引起硬件故障、烧毁设备；引发控制信号的误动作；影响通信质量，延误或阻止通信的正常进行。因此，当"零地电压"不满足负载的使用要求时（一般"零地电压"应小于2V），应采取措施，降低"零地电压"。对于TN系统，在UPS的输出端配备隔离变压器是降低"零地电压"的有效方法。选择隔离变压器的保护开关时，应考虑隔离变压器投入时的励磁涌流。

专用配电箱（柜）配置远程通信接口的目的是为了将配电箱（柜）内各路电源的运行状况反映到机房设备监控系统中，便于工作人员掌握设备运行状况。

8.1.11 电源连接点主要是指插座、接线柱、工业连接器等，电子信息设备的电源连接点应在颜色或外观上明显区别于其他设备的电源连接点，以防止其他设备误连接后，导致电子信息设备供电中断。

8.1.12 由于柴油发电机系统是作为A级电子信息系统机房两个供电电源的后备电源，其作用是实现"容错"功能，故A级电子信息系统机房后备柴油发电机系统的结构型式为N或N+X（X=1～N）。

8.1.13 由于A级和B级电子信息系统机房的UPS、空调和制冷设备除满足基本需求外，均含有冗余量或冗余设备，从经济角度考虑，后备柴油发电机的容量不应包括这些设备的冗余量（但应考虑负荷率），故柴油发电机的容量只包括UPS、空调和制冷设备的基本容量及应急照明和消防等关系到生命安全需要的负荷容量。由于UPS是柴油发电机的主要负载，故在选择柴油发电机时，应考虑UPS输出的谐波电流对柴油发电机输出电压的影响。

8.1.14 本条主要是从供电可靠性考虑的，从目前的技术发展来讲，"并机"设备可以实现自动同步控制出现故障时，手动控制同步的功能。

8.1.15 本条主要考虑当市电和柴油发电机都出现故障时，检修柴油发电机需要电源，故只能采用UPS或EPS。为了不影响电子信息设备的安全运行，检修用UPS电源不应由电子信息设备用UPS电源引来。

8.1.16 本条主要是从供电可靠性考虑的，市电与柴油发电机之间的自动转换开关应具有手动旁路功能，检修自动转换开关时，不会影响市电与柴油发电机的切换。

8.1.17 机房内的隐蔽通风空间主要是指作为空调静压箱的活动地板下空间及用于空调回风的吊顶上空间。从安全的角度出发，在活动地板下及吊顶上敷设的低压配电线路应采用阻燃铜芯电缆；从方便安装和维护的角度考虑，配电电缆线槽（桥架）应敷设在通信缆线槽（桥架）的下方。当活动地板下作为空调静压箱或吊顶上作为回风通道时，电缆线槽的布置应留出适当的空间，保证气流通畅。

8.1.18 电子信息设备属于单相非线性负荷，易产生谐波电流及三相负荷不平衡现象，根据实测，UPS输出的谐波电流一般不大于基波电流的10%，故不必加大相线截面积，而中性线含三相谐波电流的叠加及三相负荷不平衡电流，实测往往等于或大于相线电流，故中性线截面积不应小于相线截面积。此外，将单相负荷均匀地分配在三相线路上，可以减小中性线电流，减小由三相负荷不平衡引起的电压不平衡度。

8.2 照 明

8.2.1 照度标准值的参考平面为0.75m水平面。

8.2.3 本条主要是从照明节能角度考虑，高效节能荧光灯主要是指光效大于80 lm/W的荧光灯。对于大面积照明场所及平时无人职守的房间，照明光源应采用分区、分组的控制措施。

8.2.4 本条针对视觉作业所采取的措施是为了减少作业面上的光幕反射和反射眩光。现行国家标准《建筑照明设计标准》GB 50034等同采用CIE标准《室内工作场所照明》S008/E—2001中有关限制视觉显示终端眩光的规定，本规范参照执行。

8.2.5 根据对机房现场的重点调查，机房内的照明均匀度一般都大于0.7，特别是对有视觉显示终端的工作场所，人的眼睛对照明均匀度要求更高，只有当照明均匀度大于0.7时，人的眼睛才不容易疲劳。

由于人的眼睛对亮度差别较大的环境有一个适应期，因此相邻的不同环境照度差别不宜太大，非工作区域内的一般照明照度值不宜低于工作区域内一般照明照度值的1/3的规定是参照CIE标准《室内照明指南》（1986）制订的。

8.2.6 主机房和辅助区是电子信息交流和控制的重要场所，照明熄灭将造成机房内的人员停止工作，设备运转出现异常，从而造成很大影响或经济损失。因此，主机房和辅助区内应设置保证人员正常工作的备用照明。备用照明与一般照明的电源应由不同回路引来，火灾时切除。通过普查和重点调查，以及对电子信息系统机房重要性的普遍认同，规定备用照明的照度值不低于一般照明照度值的10%；有人值守的房间（主要是辅助区），备用照明的照度值不应低于一般照明照度值的50%。

8.2.7 主机房一般为密闭空间（A级和B级主机房一般不设外窗），从安全角度出发，规定通道疏散照明的照度值（地面）不低于5 lx。

8.2.8 0类灯具的防触电保护主要依靠其自身的基本绝缘，而I类灯具的防触电保护除依靠其自身的基本绝缘外，还包括附加的安全措施，即把易触及的导电部件与线路中的保护线连接，使易触及的导电部件在基本绝缘失效时不致带电。电子信息系统机房内应采用I类灯具，其供电线路无论是明敷还是暗敷，灯具的金属外壳均应与保护线（PE线）做电气连接。

8.2.10 技术夹层包括吊顶上和活动地板下，需要设置照明的地方主要是人员可以进入的夹层。

8.3 静电防护

8.3.1 "地板"是指铺设了高架防静电活动地板的区域，"地面"是指未铺设防静电活动地板的区域。地板或地面是室内环境静电控制的重点部位，其防静电的功能主要取决于静电泄放措施和接地构造，即地板或地面应选择导静电或静电耗散材料，并应做好接地。

本规范采用静电工程中通常使用的"表面电阻"和"体积电阻"来表征地板或地面的静电泄放性能，其阻值是依据国内行业规范并参考国外相关标准确定的，涵盖了导静电型和静电耗散型两大地面类型。

8.3.2 采用涂料敷设方式的防静电地面，涂料多为现场配置或采用复合材料铺设，静电性能不容易达到一致或存在时效衰减，因此要求长期稳定。该项指标可以由供方承诺，也可经具有相应资质的测试部门，通过加速老化试验，进行功能性评定和寿命预测。

8.3.3 主机房内的工作台面是人员操作的主要工作面，从保证电子信息系统的可靠性角度考虑，推荐采用与地面同级别的防静电措施。

8.3.4 等电位联结是静电防护的必要措施，是接地构造的重要环节，对于机房环境的静电净化和人员设备的防护至关重要，在电子信息系统机房内不应存在对地绝缘的孤立导体。

8.4 防雷与接地

8.4.1 本规范仅对电子信息系统机房接地的特殊性作出规定，在进行机房防雷和接地设计时，除应符合本规范的相关规定外，尚应符合现行国家标准《建筑物防雷设计规范》GB 50057 和《建筑物电子信息系统防雷技术规范》GB 50343 的有关规定。如电子信息系统机房内各级配电系统浪涌保护器的设计应按照现行国家标准《建筑物电子信息系统防雷技术规范》GB 50343 的有关规定执行。

8.4.2 保护性接地包括：防雷接地、防电击接地、防静电接地、屏蔽接地等；功能性接地包括：交流工作接地、直流工作接地、信号接地等。

关于电子信息设备信号接地的电阻值，IEC 有关标准及等同或等效采用 IEC 标准的国家标准均未规定接地电阻值的要求，只要实现了高频条件下的低阻抗接地（不一定是接大地）和等电位联结即可。当与其他接地系统联合接地时，按其他接地系统接地电阻的最小值确定。

若防雷接地单独设置接地装置时，其余几种接地宜共用一组接地装置，其接地电阻不应大于其中最小值，并应按现行国家标准《建筑物防雷设计规范》GB 50057 要求采取防止反击措施。

8.4.3 为了减小环路中的感应电压，单独设置接地线的电子信息设备的供电线路与接地线应尽可能地同路径敷设；同时为了防止干扰，接地线应与其他接地线绝缘。

8.4.4 对电子信息设备进行等电位联结是保障人身安全、保证电子信息系统正常运行、避免电磁干扰的基本要求。

电子信息设备有两个接地：一个是为电气安全而设置的保护接地，另一个是为实现其功能性而设置的信号接地。按 IEC 标准规定，除个别特殊情况外，一个建筑物电气装置内只允许存在一个共用的接地装置，并应实施等电位联结，这样才能消除或减少电位差。对电子信息设备也不例外，其保护接地和信号接地只能共用一个接地装置，不能分接不同的接地装置。在 TN-S 系统中，设备外壳的保护接地和信号接地是通过连接 PE 线实现接地的。

S 型（星形结构、单点接地）等电位联结方式适用于易受干扰的频率在 0～30kHz（也可高至300kHz）的电子信息设备的信号接地。从配电箱 PE 母排放射引出的 PE 线兼做设备的信号接地线，同时实现保护接地和信号接地。对于 C 级电子信息系统机房中规模较小（建筑面积 100m² 以下）的机房，电子信息设备可以采用 S 型等电位联结方式。

M 型（网形结构、多点接地）等电位联结方式适用于易受干扰的频率大于 300kHz（也可低至30kHz）的电子信息设备的信号接地。电子信息设备除连接 PE 线作为保护接地外，还采用两条（或多条）不同长度的导线尽量短直地与设备下方的等电位联结网格连接，大多数电子信息设备应采用此方案实现保护接地和信号接地。

SM 混合型等电位联结方式是单点接地和多点接地的组合，可以同时满足高频和低频信号接地的要求。具体做法为设置一个等电位联结网格，以满足高频信号接地的要求；再以单点接地方式连接到同一接地装置，以满足低频信号接地要求。

8.4.5 要求每台电子信息设备有两根不同长度的连接导体与等电位联结网格连接的原因是：当连接导体的长度为干扰频率波长的 1/4 或其奇数倍时，其阻抗为无穷大，相当于一根天线，可接收或辐射干扰信号，而采用两根不同长度的连接导体，可以避免其长度为干扰频率波长的 1/4 或其奇数倍，为高频干扰信号提供一个低阻抗的泄放通道。

8.4.6 等电位联结网格的尺寸取决于电子信息设备的摆放密度，机柜等设备布置密集时（成行布置，且行与行之间的距离为规范规定的最小值时），网格尺寸宜取小值（600 mm×600mm）；设备布置宽松时，网格尺寸可视具体情况加大，目的是节省铜材（参见图1）。

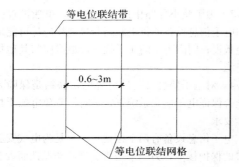

图 1 等电位联结带与等电位联结网格

9 电磁屏蔽

9.1 一般规定

9.1.1 其他电磁泄漏防护措施主要是指采用信号干扰仪、电磁泄漏防护插座、屏蔽缆线和屏蔽接线模块等。

9.1.4 设有电磁屏蔽室的电子信息系统机房，结构荷载除应满足电子信息设备的要求外，还应考虑金属屏蔽结构需要增加的荷载值。根据调研，需要增加的结构荷载与屏蔽结构形式及屏蔽室的面积有关，一般在 1.2~2.5kN/m² 范围内。

9.1.5 滤波器、波导管等屏蔽件一般安装在电磁屏蔽室金属壳体的外侧，考虑到以后的维修，需要在安装有屏蔽件的金属壳体侧与建筑（结构）墙之间预留维修通道或维修口，通道宽度不宜小于 600mm。

9.1.6 电磁屏蔽室的接地采用单独引下线的目的是为了防止屏蔽信号干扰电子信息设备，引下线一般采用截面积不小于 25mm² 的多股铜芯电缆，并采取屏蔽措施。

9.3 屏 蔽 件

9.3.1 屏蔽件的性能指标主要是指衰减参数和截止频率等。选择屏蔽件时，其性能指标不应低于电磁屏蔽室的屏蔽要求。根据调研，屏蔽件的性能指标适当提高一些，屏蔽效果会更好。

9.3.3 滤波器分为电源滤波器和信号滤波器，电源滤波器主要对供电电源进行滤波。电源滤波器的规格主要是指电源频率（50Hz、400Hz 等）和额定电流值；电源滤波器的供电方式有单相和三相。

9.3.4 当信号频率太高（如射频信号），无法采用滤波器进行滤波时，应对进入电磁屏蔽室的信号电缆采取其他的屏蔽措施，如使用屏蔽暗箱或信号传输板等。

9.3.5 采用光缆的目的是为了减少电磁泄漏，保证信息安全。光缆中的加强芯一般采用钢丝，在光缆进入波导管之前应去掉钢丝，以保证电磁屏蔽效果。对于电场屏蔽衰减指标低于 60dB 的屏蔽室，网络线可

以采用屏蔽缆线，缆线的屏蔽层应与屏蔽壳体可靠连接。

9.3.6 根据调研，截止波导通风窗内的波导管采用等边六角形时，电磁屏蔽和通风效果最好。

9.3.7 非金属材料主要是指光纤、气体和液体（如空调制冷剂、消防用水或气体灭火剂等）。波导管的截面尺寸和长度应根据截止频率和衰减参数，通过计算确定。

10 机 房 布 线

本章适用于电子信息系统机房内及同一建筑物内数个机房之间连接的网络布线系统设计，不包括建筑物其他部分的综合布线，具体如图 2 所示：

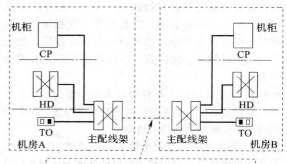

图 2 机房及机房之间布线范围

10.0.1 主机房以一个机柜为一个工作区，暂时无法确定机柜数量的，以 3~5m² 为一个工作区；辅助区以 3~9 m² 为一个工作区；支持区以不同的功能用房为一个工作区，如 UPS 室、空调机房等。工作区信息点数量配置见附录 A 的技术要求。行政管理区按现行国家标准《综合布线系统工程设计规范》GB 50311 的有关规定执行。

10.0.2 此条规定是为保证网络系统运行稳定可靠。传输介质主要是指设备缆线、跳线和配线设备。冗余配置的要求主要针对 A 级和 B 级电子信息系统机房的布线，对于 C 级电子信息系统机房的布线，可根据具体情况确定。

10.0.3 当主机房内机柜或机架成行排列超过 5 个或按照不同功能区域布置时，为便于施工、管理和维护，可以在主配线设备（BD）和成行排列的机柜（或按照功能区域布置的机柜）或机架之间增加一个列头柜，同一功能区域或同一排机柜或机架的对绞电缆、光缆均汇聚到列头柜。当列头柜内不安装有源网络设备时，它就是一个线缆集合点（CP）；而当列头柜内安装有源网络设备时，它就是一个水平配线设备（HD）。列头柜一般设置在成行排列的机柜端头。

在网络布线设计中，应根据工程造价、管理要求、场地条件等因素，决定列头柜是采用（CP）方

式，还是（HD）方式。采用（CP）方式时，管理方便、维护简单，但线路施工量大，造价高；而采用（HD）方式时，由于有源网络设备分布在各个列头柜内，因此与主配线柜的连接可以使用一根多芯光缆或几根铜缆，减少了光缆或铜缆的数量，减少了线路施工和维护工作量，但由于网络设备分散，给管理造成了不便。图3是列头柜安装位置示意图。

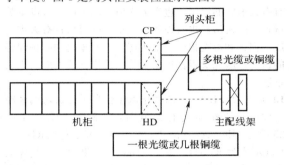

图 3　列头柜安装位置示意

10.0.4　机房布线采用电子配线设备，可以对机房布线进行实时智能管理，随时记录配线的变化，在发生配线故障时，可以在很短的时间内确定故障点，是保证布线系统可靠性和可用性的重要措施之一。但是否采用，应根据机房的重要性及工程投资综合考虑。各级电子信息系统机房的布线要求见附录A。

10.0.5　为防止电磁场对布线系统的干扰，避免通过布线系统对外泄露重要信息，应采用屏蔽布线系统、光缆布线系统或采取其他电磁干扰防护措施（如建筑屏蔽）。当采用屏蔽布线系统时，应保证链路或信道的全程屏蔽和屏蔽层可靠接地。

10.0.6　当缆线敷设在隐蔽通风空间（如吊顶内或地板下）时，缆线易受到火灾的威胁或成为火灾的助燃物，且不易察觉，故在此情况下，应对缆线采取防火措施。采用具有阻燃性能的缆线是防止缆线火灾的有效方法之一。各级电子信息系统机房的布线要求见附录A，北美通信缆线防火分级见表1，也可以按照现行国家标准《综合布线系统工程设计规范》GB 50311 的相关规定，按照欧洲缆线防火分级标准设计。

表 1　北美通信缆线防火分级

线缆的防火等级	北美通信电缆分级	北美通信光缆分级
阻燃级	CMP	OFNP 或 OFCP
主干级	CMR	OFNR 或 OFCR
通用级	CM,CMG	OFN(G) 或 OFC(G)

10.0.7　在设计机房布线系统与本地公用电信网络互联互通时，主要考虑对不同电信运营商的选择和系统出口的安全。对于重要的电子信息系统机房，设置的网络与配线端口数量应至少满足两家以上电信运营商互联的需要，使得用户可以根据业务需求自由选择电

信运营商。各家电信运营商的通信线路宜采取不同的敷设路径，以保证线路的安全。

10.0.8　限制线槽高度的主要原因是：

1　当机房空调采用下送风方式时，活动地板下敷设的线槽如果太高，将会产生较大的风阻，影响气流流通；

2　如果线槽太高，维修时将造成查线不便。

当活动地板架设高度较高，采用高度大于150mm 的线槽不会对空调送风产生太大影响时，可以适当增加线槽的高度，也可以采用多层线槽，尤其是采用上走线方式时，线槽可安装 2～3 层，最下层用于配电线路，上层用于网络布线。

布置线槽时需要综合考虑相关专业对空间的要求。活动地板下敷设线槽时，应考虑与配电线路的间距及是否阻碍了空调气流的流通；采用上走线方式时，线槽的位置应与灯具、风口和消防喷头的位置相协调。

为了减少采用线槽带来的以上问题，近年来，在欧洲和北美地区已普遍采用网格式桥架。网格式桥架在活动地板下敷设或采用上走线方式敷设时，可以减少对气流的阻碍，便于维修、查线和及时发现隐患。

11　机房监控与安全防范

11.1　一般规定

11.1.2　环境和设备监控系统采用集散或分布式网络结构，能够体现集中管理，分散控制的原则，可以实现本地或远程监视和操作。

11.1.3　环境和设备监控系统、安全防范系统的主机和人机界面一般设置在同一个监控中心内（安全防范系统也可设置在消防控制室），为了提高供电电源的可靠性，各系统宜采用独立的 UPS 电源。当采用集中 UPS 电源供电时，应采用单独回路为各系统配电。A 级和 B 级电子信息系统机房，应为 UPS 提供双路供电电源。

11.2　环境和设备监控系统

11.2.1　当主机房使用恒温恒湿的机房专用空调时，空调的给排水管将穿越主机房，管道的连接处有可能漏水，空调机本身也会产生少量的冷凝水，这些都是有可能发生水患的部位，应设置漏水检测、报警装置。强制排水设备的运行、停止和故障状态应反馈到监控系统。为机房专用空调提供冷冻水的水管，在进入主机房时应分别加装电动和手动阀门，以便在紧急情况下切断水源，保证电子信息设备安全。

11.2.3　KVM（keyboard 键盘、video 显示器、mouse 鼠标的缩写）切换系统是利用一套或多套终端设备在多个不同操作系统的多平台主机之间进行切

换，实现一个或多个用户使用一套或多套终端去访问和操作一台或多台主机。

11.3 安全防范系统

11.3.2 门禁系统正常工作时，室内人员出门一般需要采用 IC 卡或按动释放按钮，而在紧急情况时，上述操作不符合人员逃生的要求，需自动释放，保证人员直接推门而出，及时离开火灾现场。

11.3.3 室外安装的安全防范系统设备主要指室外摄影机及配件、周界防护探测器等，防雷措施包括安装避雷装置、采取隔离等。

12 给水排水

12.1 一般规定

12.1.2 挡水和排水设施用于自动喷水灭火系统动作后的排水、空调冷凝水及加湿器的排水，防止积水。

12.2 管道敷设

12.2.1、12.2.2 这两条都是为了保证机房的给水排水管道不影响机房的正常使用而制定的，主要是三个方面：

1 保证管道不渗不漏，主要是选择优质耐高压、连接可靠的管道及配件。例如，焊接连接的不锈钢阀件；

2 管道结露滴水会破坏机房工作环境，因此要求有可靠的防结露措施，应根据管内水温及室内环境温度计算确定；

3 减小管道敷设对环境的影响，给排水干管一般敷设在管道竖井（或地沟）内，引入主机房的支管采用暗敷或采用防漏保护套管敷设；管道穿墙或穿楼板处应设置套管，以防止室内环境受到外界干扰。

12.2.3 地漏易集污、返臭，破坏室内环境，因此当主机房和辅助区设置地漏时规定了两项措施：

1 使用洁净室专用地漏或自闭式地漏。洁净室专用地漏的特点是用不锈钢制造，易清污，深水封，带密封盖，有效地保障了不让下水道的臭气、细菌通过地漏进入室内；自闭式地漏的特点是存水腔内设置自动启闭阀，下水时启闭阀自动打开，使水直接排向管道；下水停止时，启闭阀自动关闭，达到防溢、防虫、防臭的功能；

2 加强地漏的水封保护。由于地漏自带水封能力有限，地漏算子又不可能经常有水补充，因此当必须设置地漏时，为防室外污水管道臭气倒灌，应在地漏下加设可靠的防止水封破坏的措施。

12.2.4 为防止给排水管道结露，管道应采取保温措施，保温材料应选择难燃烧的、非窒息性的材料。

13 消 防

13.1 一般规定

13.1.1 电子信息系统机房的规模和重要性差异较大，有几万平方米的机房，也有几十平方米的机房；有有人值守的机房，也有无人值守的机房；有设备数量很多的机房，也有设备数量很少的机房；有火灾造成的损失和影响很严重的机房，也有损失和影响较轻的机房；因此应根据机房的等级确定设置相应的灭火系统。

13.1.2、13.1.3 目前用于电子信息系统机房的洁净气体灭火系统主要有七氟丙烷（HFC-227ea，FM-200® 为 HFC-227ea 的进口产品）、烟烙尽（IG-541，Inergen® 为 IG-541 的进口产品）、二氧化碳。气体灭火系统自动化程度高、灭火速度快，对于局部火灾有非常强的抑制作用，但由于造价高，因此应选择火灾对机房影响最大的部分设置气体灭火系统。

对于空间较大，且只有部分设备需要重点保护的房间（如变配电室），为进一步降低工程造价，可仅对设备（如配电柜）采取局部保护措施，如可采用"火探"自动灭火装置。

细水雾灭火系统可实现灭火和控制火情的效果，具有冷却与窒息的双重作用。对于水渍和导电性敏感的电子信息设备，应选用平均体积直径（$DV_{0.5}$）50～100μm 的细水雾，这种细水雾具有气体的特性。

实践证明，自动喷水灭火系统是非常有效的灭火手段，特别是在抑制早期火灾方面，且造价相对较低。考虑到湿式自动喷水灭火系统存在水渍损失及误动作的可能，因而要求采用相对安全的预作用系统。

13.1.4 任何电子信息系统机房发生火灾，其后果很严重，因此必须设置火灾探测报警系统，便于早期发现火灾，及时扑救，使损失减到最小。现行国家标准《火灾自动报警系统设计规范》GB 50116 对火灾探测和联动控制有详细的要求。

13.2 消防设施

13.2.1 主机房是电子信息系统的核心，在确定消防措施时，应同时保证人员和设备的安全，避免灭火系统误动作造成损失。只有当两种火灾探测器同时发出报警后，才能确认为真正的灭火信号。两种火灾探测器可采用感烟和感温、感烟和离子或感烟和光电探测器的组合，也可采用两种不同灵敏度的感烟探测器。对于含有可燃物的技术夹层（吊顶内和活动地板下），也应同时设置两种火灾探测器。

对于空气高速流动的主机房，由于烟雾被气流稀释，致使一般感烟探测器的灵敏度降低；此外，烟雾可导致电子信息设备损坏，如能及早发现火灾，可减少设备损失，因此主机房宜采用吸气式烟雾探测火灾报警系统作为感烟探测器。

13.2.2 气体灭火需要保证在所灭火的场所形成一个封闭的空间，以达到灭火的效果。而大量的机房均独立设置空调、排风系统，在灭火时，这些系统应停止运行。此外，为了保证消防人员的安全，根据现行国家标准《火灾自动报警系统设计规范》GB 50116 的要求，火灾时应切断有关部位的非消防电源。

13.2.3 这是在实施灭火过程中，提示机房内的人员尽快离开火灾现场以及提醒外部人员不要进入火灾现场而设置的，主要是从保证人员人身安全出发考虑的。

13.2.4 由于1991年通过了《蒙特利尔议定书（修正案）》，故不再使用卤代烷（1211、1301）作为灭火剂。二氧化碳灭火系统以现行国家标准《二氧化碳灭火系统设计规范》GB 50193 作为设计依据；烟烙尽和七氟丙烷灭火系统以现行国家标准《气体灭火系统设计规范》GB 50370 作为设计依据。随着科学技术

的进步，将会有更多的新产品应用于电子信息系统机房。由于生产厂家众多，产品质量参差不齐，为保障电子信息系统运行和人员生命安全，故增加"经消防检测部门检测合格的产品"的条款。

13.2.6 采用单独的报警阀组可以避免因为其他区域动作而给机房带来的影响。

13.2.7 电子信息设备属于重要和精密设备，使用手提灭火器对局部火灾进行灭火后，不应使电子信息设备受到污渍损害。而干粉灭火器、泡沫灭火器灭火后，其残留物对电子信息设备有腐蚀作用，且不易清洁，将造成电子信息设备损坏，故应采用气体灭火器灭火。

13.3 安全措施

13.3.1 气体灭火的机理是降低火灾现场的氧气含量，这对人员不利，本条是为了防止在灭火剂释放时有人来不及疏散以及防止营救人员窒息而规定的。

中华人民共和国国家标准

铁路车站及枢纽设计规范

GB 50091—2006

条 文 说 明

目　次

1 总 则

1.0.2 1999年7月实施的《铁路车站及枢纽设计规范》GB 50091（以下简称原《站规》）和《铁路线路设计规范》GB 50090（以下简称原《线规》）规定的适用范围为客货列车共线运行，旅客列车最高行车速度为140km/h标准轨距铁路。提高列车速度始终是铁路交通运输技术发展的主要目标之一，是铁路先进技术水平的重要标志，也是人民生活水平迅速提高、时效观念增强的市场发展的需要，铁路科学技术的发展，技术装备的改善，以及广深、沪宁、京秦、沈大等线相继开行快速列车和铁路干线大提速的运营实践经验，为在客货共线运行的线路上，逐步提高以旅客列车速度为主要标志的改革提供了技术、物质和运营经验等的必要条件。因此，根据《铁路主要技术政策》和铁路实现跨越式发展要求，遵循强本简末和系统优化的原则，本次修订将客货列车共线运行铁路的旅客列车设计行车速度提高到160km/h。Ⅰ、Ⅱ级铁路路段旅客列车设计行车速度（以下简称路段设计速度）见表1。

表1　Ⅰ、Ⅱ级铁路路段设计速度（km/h）

铁路等级	Ⅰ级	Ⅱ级
路段设计速度	160、140、120	120、100、80

新建和改建车站及枢纽设计，应根据不同的行车速度和铁路等级选择相应的技术标准。对于路段设计速度高于本规范和铁路等级低于本规范的客货共线运行的其他铁路，凡与行车速度和铁路等级无直接关系的技术标准，也可参照本规范办理。

1.0.3 为使铁路车站及枢纽的建设能配合运量增长分阶段地进行，其设计年度应有合理的规定。分期的原则既要防止过早投资，把建设规模搞得过大；又要避免工程建成不久就满足不了运量增长的需要，造成改建频繁，影响运营；还必须具有前瞻性，使车站及枢纽的建设标准和规模能适应较长的时间。

关于铁路车站及枢纽的设计年度，原《站规》规定为近、远两期，近期为交付运营后第5年，远期为交付运营后第10年，新建铁路的车站设计年度也可增加初期，初期为交付运营后第3年。本规范规定"铁路设计年度分为近、远两期"，但近、远期设计年度分别为交付运营后第10年和第20年，这是要求远期要具有前瞻性，能更好地从整体上把握住最终设备的标准和规模，使铁路建设有一个较长时期的相对稳定期。为避免近期工程过大，又规定"可随运输需求变化而增减的运营设备，可按交付运营后第3年或第5年的运量设计"。枢纽总布置图是枢纽发展规划的指导性文件，应能在较长的发展阶段中起作用。建国以来铁路枢纽建设的实践表明，一个枢纽最终规模的建成一般都经历了40年以上的时间。枢纽总布置图只考虑10年、20年是不够的。因此，枢纽总布置图应结合路网规划和城市规划，充分考虑远景规划，留有进一步发展的条件。

1.0.4 保证铁路运输安全，提高运输质量，方便旅客旅行是涉及国计民生、提高铁路竞争力的头等大事，特别是随着旅客列车行车速度的提高，更显其重要性。车站及枢纽设计中应坚持以人为本，根据各专业安全作业的规定和各种旅客的需求，正确确定保证安全的设计标准和合理配备方便旅客旅行的设施设备。

1.0.5 铁路车站及枢纽建设对所在城市的建设和发展起着重要作用，但由于铁路车站及枢纽一般规模较大，设备较多，不但需占用所在城市大量土地，对城市发展规划造成一定的影响，而且也会对市内交通运输和城市生态环境、防洪排灌、水土保持、文物保护、能源配置等带来一定的影响。为避免和减少相互影响，实现铁路和城市协调发展，规定车站及枢纽设计应与城市建设总体规划相互配合和协调，并应高度重视环境保护、水土保持、文物保护、节约能源和土地。

1.0.6 实现车流快速移动，对节约工程项目投资，减少运营支出，提高投资效益和铁路在市场的竞争能力具有重要意义。因此，优化车流组织、列车编组计划，减少编组站、区段站数目和车流在技术作业站的改编次数，是编组站、区段站规划和设计的重要原则。

随着货运市场对运输质量要求的不断提高，为充分利用铁路客、货运设施和设备能力，减少定员、提高效率、降低运输成本、提高铁路竞争力，货运站的设置应实施货运组织集中化、专业化和物流化，对客、货运量较小的车站不设计为中间站有利于集中作业和管理，可根据区间通过能力需要设置会让站、越行站。

1.0.7 目前铁路生产力布局主要存在以下问题：

1　编组站数量多，布局不合理，直达列车比重小，区段站数量多，中间站设置过密，车务管理范围小。

2　客运站缺乏总体规划。

3　机务段布点过密，修制落后；车辆段、客车整备所分散，修制不合理；工务段管辖范围小，养修不分；电务、水电段管辖范围小，分工过细。

由于存在以上问题，导致铁路设备分散和闲置，定员多、作业效率低、运输成本高、缺乏竞争力。要改变此现象，必须更新建设理念，设计要根据运输需要，调整生产力布局，系统优化、经济、合理地确定站段布局和规模。

1.0.8 铁路枢纽的线、站、场和设备众多，工程复杂，施工干扰和难度大，建成一个枢纽需要花费巨大的投资。由于影响枢纽布局的因素很多，为了寻求合理的设计方案，协调各方面的关系，取得最大的经济和社会效益，必须经过技术经济比较加以论证。

复杂车站一般指规模较大或虽然规模不大，但因地形、地质和线路条件比较复杂，或因有关方面提出某些要求，对车站位置或布置形式也需进行方案比较。

车站改建的设计，不能完全脱离原有的基础，充分利用既有设备，是节约投资的有效措施。对既有设备的利用，一方面要根据需要加以必要的改造，另一方面也要使改建设计方案适应于利用既有设备的要求。

车站改建工程较复杂时，例如车站纵断面需要抬高或落低，既有车站的线路平面需要作较大的改动，以及站内大型建筑物和设备的施工需要封锁站内既有线路等，为了保证设计方案的顺利实施和投资的准确性，设计单位应作出指导性施工过渡设计。该设计应在保证施工期间满足最低限度能力需要的基础上，确保运营和施工安全，尽量减少施工对运营的干扰，并使过渡费用及造成的废弃工程最小。

3　车站设计的基本规定

3.1　一　般　规　定

3.1.1 站内建筑限界应符合现行国家标准《标准轨距铁路建筑限界》GB 146.2的规定。表3.1.1中序号1、6、7的有关内容系按站场作业要求制定的。

高出轨面1250mm的旅客站台与客车底板面基本相平，为行动不便旅客乘车提供方便。

高出轨面500mm的旅客站台的站台面基本上与客车最低一级踏步相平，便于旅客乘降。

以上两种站台均不适用于正线或通行超限货物列车到发线一侧，因这两种站台不能满足轨面以上1100mm高度处下部超级超限列车装载宽度的要求。

高出轨面300mm的旅客站台面低于客车最低一级踏步，旅客乘降条件稍差，只适应于正线或通行超限货物列车的到发线一侧。

清扫或扳道房和围墙外缘距线路中心线不小于3500mm，系考虑调车和车站工作人员通行的需要。改建车站,在困难条件下,该距离可保留不小于3000mm。

3.1.2 在线路的曲线地段上,各类建筑物和设备至线路中心线的距离及线间距须按规定加宽。加宽公式为:

曲线内侧加宽(mm):

$$W_1 = \frac{40500}{R} + \frac{H}{1500}h \tag{1}$$

曲线外侧加宽(mm):

$$W_2 = \frac{44000}{R} \tag{2}$$

式中 R——曲线半径(m);
　　　 H——计算点自轨面算起的高度(mm);
　　　 h——外轨超高(mm)。

位于曲线内侧的旅客站台,如线路设有外轨超高时,须降低站台高度,降低站台的数值为0.6倍外轨超高度。其数值来源如下(见图1):

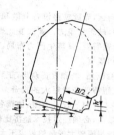

图1 超高示意图

$$h':h = \left\{\frac{B}{2} - \frac{b}{2}\right\}:b \tag{3}$$

$$h' = \frac{B-b}{2b} \approx 0.6$$

3.1.3 站内两平行线路的中心线间须有一定距离,这一距离一方面须满足建筑界限或机车车辆限界的要求,另一方面还须满足在两线间设安行车设备或进行作业活动的需要。本条文表3.1.3中各项规定的说明见表2。

表2 车站线间距要求说明表(mm)

项目序号	线间距	直线建筑接近限界		超级超限货物装载限界或机车车辆限界	作业或建筑物宽度要求	余量	附注
		左	右				
1	5000			2350×2		300	相邻两线均通行超限货物列车
	5000			2350+1700	$v \geq 140$km/h时人员不通行 人员通行950		
	5500			2350+1700	列检人员作业1450		
	5000			2350+1700	列检人员作业950		
	6000			2350+1700	列检人员作业1950		
	5500			2350+1700	列检人员作业1450		
2	5000			1700×2	列检作业及人员通行1600		
	5000			1700×2	列检小车宽要求800,运行最间隙2×650		
	4600			1700×2	列检作业及人员通行1200		
3	4600			1700×2	人员通行1200		
4	5300	2440	2440		信号机宽380	40	
	5000	2440	2150		信号机宽380	30	信号机应偏置
5	5000			1700×2	人员通行1600		
	4600			1700×2	人员通行1200		
6	6000			1700×2	通行机动小车和作业要求2600		线路间无杆柱
	7000			1700×2	通行机动小车设杆柱和作业3600		线路间有杆柱
7	3600			1700×2		200	
8	6500			2350×2	调车作业要求1800		区段站在牵出线外侧调车
	5000			2350+1700		950	在牵出线外侧调车
9	6500	2440	2440		设杆柱和作业要求1500	120	
10	7000	2440	2440		设制动员室要求2100	20	

续表2

项目序号	线间距	直线建筑接近限界		超级超限货物装载限界或机车车辆限界	作业或建筑物宽度要求	余量	附注
		左	右				
11	5000			2350+1700	人员通行950		
12	6500	2440	2440		设支柱宽度要求1500	120	

注:1 根据《铁路超限货物运输规则》[(79)铁运字1900号]第7条和第26条有关规定,按建筑接近限界允许的超级超限货物装载宽度1600mm+750mm=2350mm,其运行速度为15km/h。

　　2 项目序号1,$v >$120km/h的6000mm及5500mm两栏中,根据铁道部2002年8月颁发的《时速160公里新建铁路桥隧设计暂行规定》的条文说明,按人体能承受的列车对人体气动作用力的安全值100N为限,当时速160km钝圆形车通过时,经铁科院现场实测结果其距正线中心4.7m。为保证列检人员的安全,故规定当时速为140km及以上时,运营中必须采取安全措施才能在两线间进行列检作业。

3.1.4 本条说明如下:

1 电力机车及由电力机车牵引的列车或车组通行的线路须架设接触网。出发线、编发线在发车作业端架设接触网的范围,根据保证电力机车能与发车列车顺利连挂、尽量缩短悬挂接触网的长度、接触网支柱排列整齐合理、技术经济效果好和保证调车作业安全等因素确定。在有效长度范围内,接触网架设范围,单机牵引时不短于100m;双机或三机牵引时应不超过200m。

2 为了便于摘挂列车的本务机车进行调车作业,中间站的货物线和牵出线均应架设接触网。当装卸线有起吊设备,架设接触网后不能保证作业安全时,在起吊设备工作区域内不应架设接触网。本务机车进行调车时可以根据线路条件,采用附挂车组的方式,对不能架设接触网的线路进行取送车作业。

3 有些车站的牵出线、货物线、段管线或岔线,经过技术经济比较,认为不能或不宜架设接触网时,应在该区段范围内统一考虑配备内燃调机和小运转机车;并在适当的车站内设置调车机车停留线和必要的机车整备设备,有些整备点也可以与附近机务段合并考虑。

4 调车线不架设接触网的主要原因是保证调车作业安全。接触网导线为25kV高压交流电,按现行《铁路技术管理规程》(以下简称《技规》)规定,调车人员站在车辆脚踏板(闸台)操作手闸制动时带电接触导线距人体应不小于2000mm。因此,车辆闸台高度不得高于2200mm。计算公式如下:

$$H_{台} = H_D - h - S \tag{4}$$

式中 $H_{台}$——车辆闸台高度(mm);
　　　 H_D——接触导线距轨面高度,采用6200mm;
　　　 h——人体高度,采用2000mm;
　　　 S——接触导线与人体的最小安全距离,规定为2000mm。

由于P50及P60型棚车闸台离轨顶高度分别为3.4m和3.2m,都超过2.2m高度,危及调车作业人员安全。所以,凡有手闸制动的调车作业的调车线或调车线路,均不架设接触网。

有大型起吊设备的装卸线、货场、车辆段段管线和站修线,因有起重机械、架空管线和修车台等设备,与接触网有干扰;且工作人员在高处作业,对人身及设备均不安全,故不应架设接触网。

内燃机车停留线及其整备线上,因经常有人在机车上进行日常擦车、检查维修保养等作业,为保证人身安全,不应架设接触网。

电力机车受电弓与接触导线滑动磨擦容易发生电弧,对挥发性很强的轻油、汽油、液化石油气有引燃、引爆危险,故储存这类货物的油库和仓库专用线路,不应架设接触网。这类专用线路和架设接触网的线路接轨时,在接轨处的道岔后第一节钢轨轨缝,应设置良好的绝缘节,以避免感应电流通向专用线路。

5 区段站、编组站和其他大型车站内,当有几种方向的线路引入并有几种牵引种类时,到发线往往需要分方向别或线路别使用。此时,到发线架设接触网的范围确定,应充分考虑电力机车的走行条件、到发线利用率和使用的机动灵活性。

3.1.5 站内沿线路方向的接触网支柱间距直线地段通常为50m左右,软横跨跨越线路数规定不应超过8条,支柱横跨距离也是

50m 左右。在站内一般采用角钢焊接成桁架式的钢柱。承受较大力矩的大容量钢柱其混凝土基础帽较大，约为 $1.5m \times 1.2m$，露出地面 $0.1 \sim 0.2m$，对站台上的客、货运设备和道路有一定妨碍，故应全面考虑对站内各项设备的影响，适当确定接触网支柱位置，使支柱纵横布置协调合理。

站内凡是先做土石方但暂缓铺轨的线路及道岔或咽喉区，属于将来有可能发展的范围，在布置接触网支柱时，宜全面考虑近远期结合、经济合理和信号通视条件良好等因素，为将来增加或延长预留的线路和道岔处，尽量少拆改接触网支柱，减少改建对行车的干扰。

支柱边缘至货物站台边缘距离，要考虑与本规范 10.2.5 条规定协调一致。使机动车在站台上行驶通顺安全，并有利于货位码齐，充分利用站台面有效面积。

既有车站进行电气化改建确有困难时，接触网支柱边缘距站台边缘在任何情况下不应小于 2m，以便车门对准支柱时不致影响旅客上、下车或货物装卸作业。

3.1.6 本条说明如下：

1 按直线建筑接近限界，电力机车牵引的线路的跨线桥在困难条件下的最小高度为 6200mm。当既有梁底至桥下线路轨面的净高为不小于 5800mm 时，为了充分利用既有设备，节省改建工程量，则应根据具体情况认真进行检算，并采取限制通过的超限货物的等级、限制行车速度或采取停电通过等措施，规定特定使用条件，并有足够根据的情况下，方可使用。

2 驼峰跨线桥下机车走行线轨面高程，一般受地下水位影响，且控制驼峰有关车场的高程，影响全站土石方数量较大，故应压缩驼峰跨线桥净高。机车走行线不考虑通行超限货物车辆。机车走行线的接触网导线至轨面的最小高度采用 5250mm，再考虑跨线桥下接触导线弛度，带电体距固定接地体最小空间隙和包括接触导线体高度、施工误差、工务起落道等因素。梁底至机车走行线轨面净高可以采用 6000mm，在困难情况下可以采用不小于 5800mm。

确定跨线桥下梁底至桥下站线轨面最小高度 5800mm 考虑因素如下：

$$H_0 = H_D + f + \Delta h + \Delta S \quad (5)$$

式中 H_0 ——跨线桥下梁底至线路轨面净高（mm）；

H_D ——接触导线距轨面高度；机车走行线的最低高度可采用 5250mm；

f ——接触导线弛度，随两悬挂点间距离、导线重量和张力而变化，梁底不设承力索结构，最大按 200mm 考虑；

Δh ——包括接触导线体高度、施工误差、工务起落道等因素，按不超过 60mm 考虑；

ΔS ——带电体距固定接地体最小空间隙采用困难值 240mm（重雷区及距海岸线 10km 以内的区段采用此值时，须相应采用防雷措施，并留余量 50mm）。

曲线地段当设置外轨超高时，应根据计算另行增加。接触导线通过桥下以后，按 3‰（困难时不大于 5‰）的变坡率，逐步调整到桥外的正常高度。此变坡率不是对水平面，而是对轨面而言，如线路坡度为 10‰ 时，导线可用 10‰ + 3‰ = 13‰ 的变坡率。

3.1.7 选择货物列车到发线有效长度，应综合考虑输送能力、牵引重量、地形条件和相邻线路统一牵引等四个因素。

输送能力是客观要求，是四个因素中的主要因素。到发线有效长度所能适应的输送能力，视设计的最大通过能力而定。

货物列车到发线有效长度与牵引重量大小的关系，在蒸汽牵引年代，由于动力的发展受到限制，货物列车到发线有效长度主要是以采用的机车类型所牵引的列车长度作为确定的依据。由于内燃、电力牵引的大力采用，可以多机联挂，为增加牵引力，提高列车重量，创造了条件。在这种情况下，货物列车到发线有效长度又反

过来控制牵引重量。

关于货物列车到发线有效长度与地形条件的关系。我国幅员辽阔，有平原、丘陵和地势陡峻的山岳地区，地形较为复杂。现有铁路，基本形成以平原、丘陵地区 6‰ 和山岳地区 12‰ 的两种限坡系统。在限坡与地形条件基本适应这一前提下，增加有效长度对工程的影响主要是桥隧和土石方数量的增加。在不同地形条件和桥隧比重的情况下，有效长度从 850m 增加到 1050m，对工程的影响见表 3 所列数值（供参考）。如有效长度从 1050m 再增加到 1250m，比表中情况增加的工程还将增加一倍。这说明有效长度标准越高，对工程影响越大。因此有效长度与工程量的关系是：有效长度的增长，将使工程量增加；有效长度越大，增加的比重越大；地形困难程度越大，增加的比重也越大。

表 3 地形条件、桥隧比重和到发线有效长度对工程的影响

地形困难程度	限坡	有无展线	桥隧比重（%）	增加桥隧工程的车站		增加土石方工程的车站	
				占车站总数的（%）	一个车站增加的桥隧工程（m）	占车站总数的（%）	一个车站增加的土石方数量（1000m³）
特殊困难	≥12‰	有	>40	>40	>200	>60	>60
困难	6‰～12‰	微量	30～40	20～40	≈200	40～60	30～60
较平缓	6‰	无	<30	<20	<200	<40	<30

货物列车到发线有效长度和相邻线路的统一牵引配合问题，由于铁路货运量中有很大部分需经过几次中转才能到达目的地，相邻线路到发线有效长度不一致时，就会产生列车的换重作业，增加列车在中转站的作业和停留时间。目前我国东北、华北、中南、华东的几条主要长大铁路，基本形成牵引重量为 3000～3500t、有效长度为 850m 的系统，电气化后将形成有效长度 1050m 的系统，为大宗货物组织远程直达运输创造了有利条件。

货物列车到发线有效长度过长或过短对运营都会产生不利的影响。在满足一定运量的条件下，采用较长的有效长度，可以提高列车牵引重量，相对减少列车对数及和对数有关的费用，对单线铁路还可减少会车次数，提高旅行速度，从而提高运营效率；但有效长度过长，会增加车辆集结时间和费用，为更多的组织直达运输带来不便，相反，有效长度过短，则会因列车对数和会车次数多，而降低旅行速度和运营指标。目前在国内铁路网中，沿海几条主要长大铁路基本形成 850m 有效长度或即将形成 1050m 有效长度的双线系统，而内地几条主要铁路基本形成 650m 或 850m 有效长度的单线系统，这和国内铁路运能要求基本上是相适应的。货物列车到发线有效长度的上限是以双线铁路为基础制定的，下限是以单线铁路为基础制定的。

近期由于运能要求低，可采用较远期为短的有效长度，以减少近期工程和延缓土地占用。根据有关资料统计分析，在平坦地区修建铁路所占用的土地几乎全部为耕地；丘陵地区约为 70% 耕地，30% 可垦地；山岳地区约为 30% 可垦地。修建 1km 铁路平均需占用 30～65 亩土地，故即使延缓占用也具有很大意义。

重载运输是担负煤炭、矿石等大宗散装货物的长、大、重列车运输。根据铁路运输发展需要，运输量强大的煤炭、矿石可由专用铁路把矿山基地与港埠或工业企业连接起来，使重载列车越过编组站直接运行。这种列车采用多机牵引，列车重量超过万吨，车列长度达 1500m 以上，单线年输送能力可达 30～40Mt。因此，担负重载运输专用铁路的到发线有效长度，应根据需要，在可行性研究报告中另行规定。

既有车站改建增铺到发线时，如因增加少量线路而需拆铺大部分道岔区，增加大量土石方工程或改建桥隧建筑物，对个别到发线的有效长度可适当缩短，但不应超过 20m。由于到发线有效长度包括了停车附加制动距离 30m 在内，故比规定有效长度减短 20m 的到发线，仍能接入规定长度的列车。但是附加制动距离不足 30m 时，列车进站需一度停车，再以缓慢的速度进入车站，延长了列车在站时间。因此，在特殊情况下经铁道部批准，方可采用上

述措施。

3.1.8 在单线或双线区段内选定 3～5 个会让站、越行站或中间站能保证超限货物列车在站办理会让和越行，其主要目的是为调整列车运行。为了让行动不便的旅客能使用高站台，设计中尽量选定在设有低站台的会让站、越行站、中间站（客运量较小中间站可设低站台）或到发线数量较多并设有高站台的中间站，其中中间站的到发线数量除了邻靠基本站台和中间站台的到发线外，单线铁路另有 1 条到发线和双线铁路另有 2 条到发线（可设在正线的一侧或两侧）满足上、下行超限货物列车的会让和越行的要求，且区段内选定的车站较均匀分布。在换挂机车的区段站及编组站等大站上，也应按规定有通行装载宽度为 2350mm 超级超限货物列车的线路。指定通行超限货物列车的到发线与相邻正线或到发线的线间距应按本章第 3.1.3 条的有关规定采用。

除选定的车站外，当到发线与正线的间距为 5m，线间装有高柱信号机时，到发线仍可通行一级和二级超限货物列车，只对通行最大级超限货物列车受到一定的限制。因此，一般的超限货物列车，实际上仍可在区段内任何车站上办理会让或越行待避，对线路通过能力影响不大。个别线路行车密度很大而且开行最大级超限货物列车较多时，如果机车装有连续式机车自动信号设备，正线上设置矮型信号机，则到发线与正线的间距为 5m 亦能通行最大级超限货物列车。此时，在区段内的中间站办理超限货物列车的会让或越行待避就不受限制。

3.1.9 本条及以后条文中凡用"岔线"一词，系根据现行《技规》中"岔线是指在区间或站内接轨，通向路内外单位的专用线路"的规定采用，其意为路内的各种专用线路和路外的铁路专用线。

1 新线与既有线的接轨布置应保证主要方向的列车能不改变运行方向通过接轨点，其优点是可使接轨线路上的大部分列车不产生折角运行，以减少接轨点车站作业量和交叉干扰。

2 新线、新建岔线如在区间与正线接轨，除影响区间通过能力外，还增加了不安全因素，所以新线、新建岔线不应在区间与正线接轨。在枢纽和车站范围内，为调整列车到发的运行线路、提高车站的咽喉和作业能力等设计的进出站疏解线，其行车速度不高，为节省工程而在区间正线上接轨，此时，为保证行车安全，应在接轨地点设置线路所或辅助所。

3 路段设计行车速度 120km/h 及以上的线路上，岔线、段管线不宜在站内正线接轨，以保证正线的行车安全。当站内有平行进路或隔开道岔并有联锁装置时，能保证车站接发列车的安全，可不另设安全线。机务段和客车整备所一般均与车站纵向布置，由于机务段与车站有明确的站、段分区，出段机车必须在分界处（即机务段的闸楼）停留，经车站调度同意后才能出段；客车整备所出所的客车车底必须在进站信号机或调车信号机前停车，待信号开放后才能进站；另外尚有平行进路或隔开道岔并有联锁装置，能保证行车安全，因此，均不设置安全线。当机务段和客车整备所与车站为横向布置时，则根据具体情况研究设置机待线或牵出线。

3.1.10 目前我国客货列车共线运行的 Ⅰ、Ⅱ 级单线铁路平行运行图列车对数多在 20 对以上，客运列车又占相当大比重。为提高客车的安全度，铁道部铁鉴[1988]637 号文关于为保证客运列车与客运列车或与其他列车同时接发设置隔开设备的条件中规定："设计年度通过能力要求在平行运行图 18 对以上至 24 对的客、货混跑单线铁路，考虑满足客运列车与客运列车或与其他列车的同时接发条件的车站占其车站总数的 20%～30%"；"设计年度通过能力要求在平行运行图 24 对以上的客、货混跑单线铁路，考虑满足客运列车与客运列车或与其他列车的同时接发条件的车站，占其车站总数的 30%～40%，当单线能力利用率超过 75% 及以上时，可适当增加前述百分数"。根据该规定匡算，单线铁路区段中每隔 4～3 个及 3～2 个区间，选定 1 个车站设置客运列车与客运列车或与其他列车同时接入（或接发）客、货列车的隔开设备。

设置条件还规定：应结合车站性质在单复线的过渡站、限制区间两端站、给水和凉闸技术作业站、枢纽前方站、局界站，按均衡分布合理选择；双线铁路除到发线偏侧设置、站台偏侧设置等情况外，一般可不考虑设置隔开设备。

设置要求规定：考虑双方向同时接车，可仅考虑每方向有一股到发线按单方向使用，在对角象限设置一对隔开设备；一般按单方向左侧行车设置隔开设备，若车站Ⅱ、Ⅳ象限设有牵出线等站线可利用或可明显节省工程时，则可按右侧行车设置隔开设备；有第三方向引入的车站，一般按其中两个方向考虑设置隔开设备。

3.1.11 本条是引用现行《技规》的有关规定。但设计中在接车线末端能利用其他站线、次要站线或岔线作隔开设备时，如图 2 所示，在接车线末端可不另设安全线。

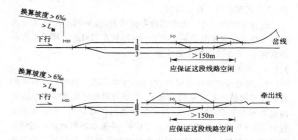

图 2 接车线末端利用其他站线、次要站线或岔线作隔开设备

按现行《技规》规定，列车在任何线路轨道上的紧急制动距离限值：运行速度不超过 90km/h 的货物列车为 800m；运行速度 90km/h 以上至 120km/h 的快运货物列车为 1100m；运行速度不超过 120km/h 的旅客列车为 800m；运行速度 120km/h 以上至 140km/h 的旅客列车为 1100m；运行速度 140km/h 以上至 160km/h 的旅客列车为 1400m；运行速度 160km/h 以上至 200km/h 的旅客列车为 2000m。

3.1.12 本条说明如下：

1 安全线有效长度的规定，是根据一台救援吊车吊起脱轨机车作业所需的长度，并使该作业不影响其他线路列车运行的原则确定的。

2 设置安全线纵坡，是为了提高进入安全线车辆的安全性。由于其纵坡大小往往受相邻线路纵坡及线间距的控制，故不能具体规定其坡率，设计时应尽量采取较大的上坡道。

3 各种线路上的安全线都应设置缓冲装置，如挡车器、车挡等。

4 为使事故列车不影响正线的运行，设置了防止事故列车不脱轨或不侧翻的护轮轨，护轮轨应由道岔末根轨枕起，用混凝土桥枕铺至车挡，其进口处按道岔内护轮轨开口尺寸办理。采用土堆式车挡，其后的止轮土墙长 15m，顶宽 4.5m，用粘性土夯填至轨面下 1m，均以草皮防护。安全线有条件时设计为曲线，是为了使列车头部的侧翻车辆倒向正线时不致影响正线。

5 安全线不应设在桥上，是为了避免发生事故的列车翻下桥下或毁坏桥梁；安全线不应设在隧道内，是为了使事故列车施救的工作面大些，以尽快恢复运营。因此，在采取各种措施（如：调整进站信号机前方的纵坡，使制动距离内的进站下坡不超过 6‰；不选定该车站为能同时接入或接发客、货列车的车站；在桥隧前或延伸至桥隧后适当地点设置安全线等）后仍不能避免在桥上和隧道内设安全线时，则设在桥上和隧道内的安全线，其车挡后的路基设计应按本条第 4 款的规定办理。

6 曲线型安全线末端与相邻线的间距是根据安全线的布置形式、车辆高度等条件确定的，其值应能保证机车、车辆侧翻时不影响相邻线的行车安全。

3.1.14 在配属调机的区段站、编组站、货运站、工业站、港湾站和调车作业量大的中间站上，如使用内燃机车作调机时，应在调车区附近设调机整备设备,以减少调机的非生产时间,提高作业效率。目前在这些站上设有调机整备设备已很普遍,设计时可根据车站作业的需要和距机务段的远近,在作业区附近设置调机整备设备。

3.1.15 **1** 当行车速度不高时,可设置一处平过道供车站工作人员和旅客使用,平过道宜设在站房附近,便于车站工作人员照顾旅客;当站内设置旅客天桥时,也可在车站中部设一处平过道。当行车速度较高,行车密度较大时,为保证人身安全,车站内不应设置平过道。

2 在客车整备所,由于整备线上的客车车底需要供应食品、备品材料、配件及工具等,故应在整备线上设置平过道。当整备线为贯通式时,应设两处平过道;当整备线为尽头式时,只需在头部设一处平过道,尾部则利用所内道路。

3 对有列检作业的到达场、出发场、到发场或编发场,为便利装运检修机具和运输配件的小车通行,可根据需要在车场设置横跨线路且与车站道路相连接的平过道。平过道宜设在车场端部或警冲标外,具体设置位置以减少对车站的作业干扰,便利运输小车跨越线路而又与列检人员休息室或车辆段、列车所联系方便为原则。

4 在设有车辆减速器或道岔采用集中控制的驼峰上,减速器制动夹板、电动转辙机及各种零部件较重,需要用运输工具运到现场或备料场地;同时还要考虑在必要条件下,消防车能开到驼峰溜放部分附近,因此,通往这些地方的道路在跨越驼峰线路的适当地点应设平过道。

5 车站内其他场、段、所指客整备场、机务段、车辆段、乘降所、站修所等,如作业需要可设平过道。

3.1.16 以往由于对站内道路的设计重视不够,有的车站没有道路系统,有的与城镇或地方道路不连通,有的由于车站的改建占用了道路,因此,给车站的消防、交通和作业联系造成很大困难。有几个编组站曾因火警时消防汽车开不进来,造成了损失。

为满足消防、救护和站内设备检修的需要,便于车站内场、段、所材料及生活物资的供应和各场、段、所之间的联系,在站内应设有道路系统;区段站及以上大站由于线路和设备多,配置主要为消防服务外包场的道路就显得更为重要,该道路尽量靠近车场便于对由场内紧急调至车场边缘或牵出线等的失火车列进行施救,并宜成环形且应与地方道路系统有方便的联系。

站内道路包括三类:通往站房、车场、货场、机务段、车辆段以及其他场、段的道路;各场、段之间的道路;各场、段内部的道路。

站内铁路跨越主要道路的跨线桥,其净高和净宽应通过消防和运输车辆。按现行国家标准《建筑设计防火规范》的规定,穿过建筑物的消防车通道,其净高和净宽不应少于4m。消防车道的宽度不应小于3.5m,道路上部遇有管架,栈桥等障碍物时,其净高不应小于4m,尽端式消防车道应设回车道或面积不小于12m×12m的回车场。行人密度很大的道路,当与行车次数较多或有大量调车作业的铁路交叉时,也应设立体交叉设备。

3.1.19 铁路车站及枢纽设计的涉及面较广,是一项总体性较强的系统工程,设计文件系由诸多专业协同完成的,因此各专业应紧密配合、相互协调,共同研究和确定设计标准、规模和方案,以保证设计文件质量。

区段站及以上大站范围内的驼峰至调车场地段,各场、机务段内及旅客站房前的基本站台等处往往建有由各相关专业设计的各类构筑物,如地下电(光)缆沟(槽)、给排水管、站场排水沟(槽)、防雷接地等设施,这些设施(含预留发展的设施)纵横交错,对其平面位置和高程应进行综合考虑,统一规划,以避免设计的相互干扰和施工的重复返工。

3.2 进出站线路和站线的平面、纵断面

Ⅰ 进出站线路和站线的平面

3.2.1 进出站线路因与区间线路直接连接,为使该线上运行的

客、货列车的速度与正线路段设计速度相匹配,故其平面设计标准应与所衔接的正线的平面标准一致。为提高进出站线路的设计行车速度,平面设计时应取较大的曲线半径;该线与正线衔接处的分路道岔可根据设计行车速度的要求采用较大号码的道岔。但位于枢纽范围内的车站的进出站疏解线路,大多处在城市附近,其客、货列车设计行车速度一般难以达到衔接正线的标准。为避免引起大量工程,减少征用地和拆迁,减轻对城市建设的干扰,规定了在困难条件下,有旅客列车运行的疏解线路的最小曲线半径不应小于400m,与18号道岔侧向通过速度相匹配;其他疏解线路不应小于300m。

编组站的环到、环发线只运行货物列车,进出站速度较低,在困难条件下,为了减少用地、拆迁和工程量,可采用不小于250m的曲线半径。

3.2.2 编组站由到达场、到发场、出发场、调车场和编发场等车场组成,各种作业复杂而量大。为改善运营条件,提高作业效率,要求编组站各车场应设在直线上。如果条件困难,为了节省工程量,可允许利用咽喉区的道岔布置及其连接曲线,在车场咽喉部分设置较小的转角以适应地形的需要,但在线路有效长度范围内,仍应保持直线。

在特别困难条件下,如有充分依据,允许将到达场、出发场和到发场设在曲线上,其曲线半径不应小于800m。但调车场不得设在曲线上,因为设在曲线上的调车场影响车辆溜放及调速和止挡设备的安装。

3.2.3 牵出线如设在曲线上会造成调车机车司机瞭望信号困难,调车机车司机与调车人员联系不便,调车速度不易控制,给作业带来困难,不仅降低了调车效率,而且作业也不安全,容易发生事故。因此,规定了牵出线应设在直线上,在困难条件下,根据不同的调车方式而规定了不同的标准。

对于办理解编作业的调车牵出线,因调车工作量大,作业较繁忙,在困难条件下,为了节省工程量,可将牵出线设在半径不小于1000m的同向曲线上;在特别困难条件下,半径不应小于600m。

对于仅办理摘挂、取送作业的货物或其他厂、段的牵出线,因调车作业量小,调车方式简单,当受到正线、地形或其他条件的限制时,可采用低于上述标准,但曲线半径不应小于300m,其视距长度可达200m。

牵出线如设在反向曲线上,在进行调车作业时,信号瞭望更加困难,对司机和调车员的联系极为不利,影响作业安全;此外,车列受到的外力复杂,不易掌握调车速度。因此,牵出线不应设在反向曲线上,但在咽喉区附近为调整线间距而设置的转线走行地段的反向曲线除外。

改建车站由于受到地形、建筑物的限制,施工中又对运营产生干扰,故经过技术经济比较并有充分依据,作为特殊情况可保留既有牵出线的曲线半径。

3.2.4 货物装卸线如设在小半径曲线上时,由于车辆距站台的空隙较大,装卸不便,又不安全;同时,相邻车辆的车钩中心线相互错开,车辆的摘挂作业困难。因此,货物装卸线应设在直线上;在困难条件下,可设在半径不小于600m的曲线上,在特别困难条件下,曲线半径不应小于500m。

3.2.5 在到发线有效长度为650m的客运站上,其平面布置往往受550m站台长度控制,为了方便旅客乘降和保证作业安全,高站台旁的线路应设在直线上。在直线地段,线路中心线至站台边缘的距离为1750mm,客车半宽最小为1502mm,车体边至站台边的距离最大248mm;在1000m半径的曲线上时,内侧加宽为40mm,外侧加宽为45mm,则在车厢端部的车体边至曲线外侧站台边的距离或在车厢中部的车体边至曲线内侧站台边的距离皆为1750+40+45−1502=333(mm)。如果半径600m,这个距离就加大到393mm。为了避免车门与站台边缘之间空隙过大,不致对旅客(特别是老人和小孩)上、下车和行包装卸作业造成不便,故规定在

改建客运站或其他车站，旅客高站台旁的线路困难条件下设在曲线上时，其半径不应小于1000m；特别困难条件下，也不宜小于600m；由于线路连接的需要或受地形限制，道岔后的连接曲线可能伸入旅客高站台端部，当必须采用400m半径的连接曲线时，其伸入站台的长度也不宜超过20m，因为按列车编挂20辆计算，此段长度位于机车、行包车、邮政车或最后一节车处，不影响旅客安全。其他车站的站台应避开连接曲线。

3.2.6 在站内联络线、机车走行线和三角线的曲线上，由于机车、车列运行的速度较低，可以采用较小的半径，但其最小值必须保证机车、车辆的安全运行。根据理论计算，我国的机车、车辆低速通过的最小曲线半径为150m，但为了按规定的正常速度运行以及尽量减少线路的养护维修工作量，规定站内联络线、机车走行线和三角线的曲线半径不应小于200m。

编组站车场间联络线因受车场布置的控制，为缩小咽喉区长度，使道岔布置紧凑并减少工程量，在困难条件下，曲线半径可采用250m。

考虑到连挂无火机车或附挂待修机车转向的情况，三角线尽头线的有效长度一般应保证2台机车重联时转向的需要，因此该长度按2台机车长度加10m安全距离确定。机车长度应根据在该三角线上进行转向的机车类型，采用其中的最大值。每昼夜转向次数少于36次的单机牵引折返线，往往不配属机车，一般为单机转向，又无连挂无火机车转向的情况，其有效长度可采用1台机车长度加10m安全距离。

为了保证机车在转头时的作业安全及避免机车进入转车盘时产生冲击力而影响转车盘的机械构造，规定机车在进入转车盘前的线路应有12.5m的直线段。

3.2.7 站线上由于行车速度较低，一般不超过50km/h，因此站线的曲线可不设缓和曲线。但有时为了节省工程量，改善运营条件，也可设置缓和曲线。

为了平衡部分离心力的侧压力，保证行车安全，减轻钢轨磨耗，防止曲线反超高，利于维修养护，并考虑列车进入曲线的平顺性和旅客的舒适度，所以规定到发线上的曲线地段和连接曲线宜设曲线超高。道岔后连接曲线的外轨超高值规定为15mm，系根据现行《铁路线路维修规则》（以下简称《维规》）要求确定。到发线曲线地段的外轨超高值按下式计算分析确定。

$$h = \frac{7.6V^2}{R} \qquad (6)$$

式中 h——曲线超高（mm）；

V——列车侧向通过12号单开道岔的允许速度（km/h），按50计；

R——曲线半径（m）。

按曲线车站其曲线半径为600～3000m计算，采用略高于平均值的20mm，是考虑便于设计、施工及养护，并与现行《维规》关于超高顺坡度按2‰设置的规定一致。

3.2.8 通行列车的站线上，两曲线间的直线段长度不应小于20m的规定，其根据如下：

1 为满足曲线轨距加宽递减的需要，按轨距最大加宽至1450mm，递减率等于小于2‰计算，两曲线间的直线段应大于等于15m。

2 两曲线间的直线段应大于一辆车的转向架心盘中心距，以平衡车辆纵轴的旋转，客车转向架心盘中心距采用18m，所以直线段取20m。

对于不通行列车的站线，可仅考虑曲线轨距加宽递减的需要，故两曲线间的直线段最小为15m；在困难条件下，为避免工程量增加和节约用地，曲线轨距加宽递减率可按3‰考虑，因此，两曲线间的直线段长度规定为不小于10m。

3.2.9 本条文说明如下：

1 车站内每一咽喉区两端的最外道岔及其他单独道岔（如编组站列车到达及出发线上的道岔或线路所处的道岔等）前后衔接正线，由于正线上道岔直向行车速度高，道岔（直向）至曲线超高

顺坡终点（系指当缓和曲线长度不足或无缓和曲线时）之间设有一定长度的直线段过渡，可减少列车通过时产生的震动和摇晃。此过渡段最小长度，当路段设计速度大于120km/h时，不得短于二节客车两转向架间的距离。按25K型客车计算，需要的最小长度为2×18+7.6=43.6m，减去12号道岔尖轨尖端前基本轨2.85～2.92m后，该最小长度为43.6m-2.85m或2.92m=40.75～40.68m，进整后取40m，岔后含辙叉跟距。困难条件下，按一节客车全长考虑，故规定为25m。当路段设计速度等于或小于120km/h时，不得短于一节客车两转向架间的距离，以避免两转向架同时分别处于曲线和道岔上。

2 一般情况下，道岔前后直线段长度按不同半径的曲线轨距加宽值，轨距加宽递减率为2‰所需长度考虑的，当曲线需设超高时，其顺坡率也不应大于2‰。有条件时可按曲线最大加宽值15mm设置直线段。

困难条件下，当道岔前后直线段长度较短时，其直线段长度按不同半径的曲线轨距加宽值，轨距加宽递减率为3‰所需长度考虑的，当曲线需设超高时，其顺坡率仍不应大于2‰。

与站线上道岔前后连接的曲线设有缓和曲线时，曲线加宽、超高均可在缓和曲线内完成。

木岔枕道岔辙叉跟端系按其轨下桥式垫板向外延伸的2m内不应设置曲线加宽和超高，因此，表3.2.9中，木岔枕岔后的直线段长度除了满足2‰、3‰曲线轨距加宽递减率的要求外，还加了2m的规定。一般情况下的道岔前后增加2m是为养护方便。

道岔采用混凝土枕道岔时，道岔后，由于$L'_长$范围内的轨枕承轨槽与螺栓孔是按道岔结构固定设计，故困难时，其曲线轨距加宽和超高可进入$L'_短$范围内，当曲线需进入时，其半径应不小于350m。

当道岔前后均设置曲线轨距加宽和超高时，应按两者的最大值，在同一直线段范围内进行。

由于目前9号、12号、18号单开道岔的导曲线型式和半径多样，故改写条文，设计中道岔后连接曲线最小半径仍可分别采用200m、350m、800m。

3.2.10 根据国家现行标准《铁路路基设计规范》TB 1001—2005第7.5.1条规定，在"一次铺设无缝线路的Ⅰ级铁路，路堤与桥台连接处应设置路桥过渡段"。故本条规定，正线上的道岔不宜设在路堤与桥台连接的过渡段内，主要考虑路堤与桥台连接地段易产生路基沉降和由于两者刚性不同，会给道岔的平稳性带来不利影响，甚至造成安全隐患和行车事故。故在困难条件下，必需设置时，应采取路基加强措施，有条件时可调整桥跨，使道岔让出台尾或将道岔设在桥上。

Ⅱ 进出站线路和站线的纵断面

3.2.11 进出站线路与区间线路直接连接，其性质与区间线路相同，为使客、货列车进入站内保持正常速度运行，故其纵断面设计应与所衔接正线的规定相一致。

对于单机牵引的单方向下坡的最大坡度基本上沿用原《站规》数值，而将Ⅲ级铁路的15‰改为"特别困难条件下"采用；对于力牵引坡度是两种机车的最大值，视需要尽量减缓（均可不考虑曲线折减）。本条表3.2.11所列相邻坡段最大坡度差的数值，是沿用原《线规》的规定。根据目前在繁忙干线和电气化铁路的设计情况，在工务和接触网维修期间，如利用该线作反向运行时，则需做动能闯坡的检算。

3.2.12 本条说明如下：

1 峰前到达场的纵断面，主要考虑有利于进行列车接发、列检、调车和推峰等作业，设在面向驼峰的下坡道上，可提高驼峰解体效率。根据实际情况，如设在平道上更有利时，也可设在平道上。

目前我国滚动轴承车辆不断增加，在站坪坡度采用1.5‰的既有车站上，车辆连挂时仍有溜逸现象。因此，设计中应尽量放缓，有条件时可采用凹形坡，以防止车辆溜逸，保证作业安全。所

以本条规定无论峰前到达场设在面向驼峰的下坡道还是上坡道上，其坡度都不应大于1‰，修改原《站规》1.5‰的规定。

2 驼峰调车场线路坡度直接影响到驼峰的解体效率和作业安全，应根据调车场采用的不同调速制式和调速工具分别设计。

近些年来，随着科学技术的进步，调车场内调速工具不断更新，减速顶、加速顶、微机可控制等调速工具与减速器、铁鞋相互组合成多种多样的调速制式，每一种调速制式对调车场内的线路坡度都有不同的设计要求，无法用统一的规定概括这些要求（从近些年驼峰调车场设计的实际情况来看，由于各种因素不同，各驼峰设计也不尽相同）。因此，本条规定调车场内的线路纵断面应根据所采用的调速工具及其控制方式、技术要求和当地具体情况经计算确定。

3 到发场和出发场的纵断面，主要考虑有利于进行列车接发、列检、调车及转场等作业，为照顾顺、反方向接发车和车列转线作业的方便，宜设在平道上；在困难条件下也可设在不大于1‰的坡道上，修改原《站规》1.5‰的规定，理由同前。

4 到发场、出发场和通过车场在办理出发列车技术检查时，可能要甩扣修车。如未设牵出线或无可供调车之用的岔线时，则需利用正线甩扣修车。当正线出站方向为较陡的下坡时，将影响调车作业的进行，故规定正线的纵断面在列车长度一半的范围内应保证调车时起动。由于甩扣修车不能完全避免，所以正线纵断面满足了上述要求后，同时也满足了通过列车成组甩挂的要求。

5 既有编组站各车场的坡度大于1.5‰的情况较多，改建既有站时，如将其坡度均改为不大于1‰，有可能造成较大的工程量或出现很大的困难。在实际使用中，有些坡度较大的车场，采取相应的防溜措施后，也能保证作业安全。为避免改建中出现较大的工程，所以在本条补充这一款规定。

6 编组站场间联络线的坡度，应满足整列转场的需要，以免造成分部转场，影响作业效率。场间联络线坡度不宜大于衔接线路等级规定的最大限制坡度值。

3.2.13 牵出线的纵断面应根据不同的调车方式采用不同的标准。办理解编作业的调车牵出线，如编组站、区段站、工业站等有大量解编作业的牵出线，往往采用溜放或大组车调车，为确保解体作业的安全和效率，牵出线应设在不大于2.5‰的面向调车线的下坡道上或平道上。坡度牵出线系以机车推力为主、车辆重力为辅来解体车列的调车设备，其坡度可根据设计需要计算确定。

车站调车使用的机车，要求动作灵活方便，但其牵引力一般较区段使用的本务机车为小，由于调车通过咽喉区时增加道岔及曲线阻力，为使调车方便，利于整列转线，故咽喉区坡度规定不应大于4‰。平面调车的调车线在咽喉区范围内应尽可能设在面向调车场的下坡道上，这样能使调机进行多组连续溜放，提高调车效率。

货场或其他厂、段的牵出线一般采用摘挂、取送调车，牵引辆数不多，作业量少少，但为考虑有利用牵出线存放车辆的可能，牵出线的坡度不宜大于1‰，修改原《站规》1.5‰的规定。为了节省较大工程，在困难条件下，允许将牵出线设在不大于6‰的坡道上。

3.2.14 货物装卸线如设在坡道上时，车辆受外力影响易于溜动，很不安全，因此，货物装卸线应设在平道上。在困难条件下，可设在不大于1‰的坡道上，修改原《站规》1.5‰的规定。

液体货物装卸线：考虑到车辆测重和测量容积以及停车安全的需要，应设在平道上。

危险货物装卸线：主要装卸易燃、易爆、放射等危险货物，因此要特别注意防止车辆受外力影响而溜动，造成事故，故应设在平道上。

漏斗仓线：为使装卸作业时车辆不致因受外力影响而溜走，保证作业效率和安全，简化漏斗仓的设计和施工，因此，应设在平道上。

货物装卸线起讫点距凸形竖曲线始、终点不应小于15m，相当于留出1辆货车的长度，目的是使车辆不易溜走，保证作业安全。

3.2.15 旅客列车和个别客车停放的线路，因为客车采用滚动轴承，为防止自行溜走，确保安全，应设在平道上，困难条件下，方可设在不大于1‰的坡道上，修改原《站规》1.5‰的规定。

3.2.16 建筑物内的线路系指库内的机车、车辆检修线和库、棚内的货物装卸线和洗罐线等。这些线路一般都有检修作业或装卸作业，由于检修和装卸作业对车辆各部位都有产生附加外力的可能，如设在坡道上，就容易造成车体溜动，危及检修和装卸作业人员的人身安全以及设备安全，因此应设在平道上。

3.2.17 无机车连挂的车辆停放线和机车整备线的坡度，主要是考虑防止机车、车辆的溜动。修改原《站规》1.5‰的规定。

3.2.18 联络线，是指站内各场、段、所之间的联络线，不包括编组站车场间的转场联络线。

联络线的坡度规定最大为20‰，是在符合机车所能牵引列车重量要求的前提下，综合考虑取送车作业的方便与安全以及尽量减少工程量等因素。

3.2.19 段外机车走行线的坡度，考虑到机车乘务员回段时，较疲乏，又忙于进行入段整备前的准备工作，如果出（入）段坡度太大，容易发生事故，因此，其坡度应尽量放缓。但地形困难时，为节省工程量和减少占地，最大坡度放宽到12‰。设出交时，内燃、电力机车不应大于30‰。内燃、电力机车最大坡度的规定，主要考虑安全、防止事故。

机车出（入）段需在机务段出（入）段值班室签点，故在站、段分界处都要一度停车。作为机车停留，此段线路长度应为2台机车长度加10m的安全距离。上述长度能满足双机牵引的一般要求，也照顾到单机回送无火机车时的特殊需要，此段线路的坡度，为了安全停留，不应大于2.5‰。

三角线的坡度如太大，机车操作不慎时容易发生事故。为此规定其坡度不应大于12‰。三角线尽头线的坡度，由于机车常在尽头线起停、调车，如坡度过大，机车因制动不慎易造成冲出车挡的事故，因此，应设计为平道或面向车挡不大于5‰的上坡。

3.2.20 客运站至客车整备所的车底取送走行线，为了作业安全，应尽量放缓，困难时为减少工程不应大于12‰。当该取送线的一段兼作牵出线进行调车作业时，为了减少工程量，则按设置牵出线的困难情况将该段的坡度减缓至不大于6‰。

3.2.21 根据调查，现场有些车辆段的出（入）段线坡度较大，不能满足转线需要，造成作业困难，因此，规定车辆出（入）段线的坡度，应满足车辆取送和段内转线调车的需要。

3.2.22 维修基地（工区）内的线路坡度，应满足车辆不会自行溜逸且便于进行检修作业的要求，宜设在平道上。困难条件下，需设在坡道上时，考虑到便于机具设备的装卸，规定为不大于1‰。

维修基地（工区）咽喉区坡度的规定，主要是考虑作业安全的需要。

3.2.23 本条说明如下：

1 进出站线路与区间线路直接连接，其性质与区间线路相同，为使客、货列车进出车站保持正常速度运行，其坡段长度应与所衔接正线的规定一致。在困难条件下，疏解线路的坡段长度不应小于200m。

2 车站到发线是接发客、货列车的线路，列车在到发线上进行制动减速和起动加速。路段设计速度为160km/h地段的坡段长度不宜小于400m，且不宜连续使用2个以上的规定，系按现行《线规》办理，主要是为减少线路的变坡点，提高列车运行的平顺性。

行驶列车的站线（例如有列车到达经过的场间联络线），考虑到其长度较短，为了坡段连接方便，同时使列车长度范围内的变坡点不增加过多，故纵断面坡段长度规定不小于200m。

站内不行驶列车的站线、联络线、机车走行线、三角线和段管线，仅行驶单机或车组，因行车速度低，车钩附加力小，采用了较小的竖曲线半径。为了配合地形条件，尽量减少工程量，其坡段长度可减少50m，但应保证竖曲线不重叠，以免给行车及养护造成困难。

3 进出站线路与区间线路直接连接，故其坡段连接应与相邻正线的标准一致。

到发线和行驶正规列车的站线，相邻坡段的坡度差的规定说明如下：

当相邻坡度差超过一定值时，应以竖曲线连接，主要是从保证列车通过变坡点时不脱轨、不脱钩和行车平稳等条件来考虑的。设置竖曲线时的坡度差以及竖曲线半径的大小，系根据以下因素确定：

1）到发线竖曲线半径为5000m，当相邻坡段的坡度差为4‰时，变坡点在竖曲线的中点的高度差为1cm；困难条件下的到发线和不行驶列车的站线，竖曲线半径为3000m，当相邻坡段的坡度差为5‰时，上述高度差为0.9cm，所差均甚小，对行车安全和施工养护无实际意义，即坡度差等于上述数值时，均可不设竖曲线。因此，分别规定了设置竖曲线时相邻坡段的坡度差。

2）竖曲线半径大小的采用，主要取决于线路的等级和性质。列车通过变坡点时，由于相邻车辆的相对倾斜，使相邻车钩的中心水平线上下移动，如竖曲线半径过小，车钩中心水平线上下移动超过一定数值时，就可能使车辆脱钩。

按现行《技规》的规定，车钩中心水平线距轨顶高度，货车最大为890mm，最小为815mm（重车）及835mm（空车），客车最大为890mm，最小为830mm。即相邻两辆货车车钩的最大允许错动量，当空、重货车相邻时为75mm；当空货车相邻时为55mm，这个数字留有20mm的余量，当其中1辆空车成为重车后，仍有条件满足不超过75mm的要求。对于客车来说，相邻车钩的最大错动量为60mm。

在日常运行中，可能产生的错动因素和错动量为：

踏面允许磨耗，货车9mm，客车8mm。

轴颈允许磨耗为10mm。

轴瓦、瓦垫、转向架、上下心盘允许磨耗为24mm。

因轨道水平养护误差引起的车钩上下位移，货车约为1mm，客车约为2mm。

最不利情况时，相邻车辆一为新车，一为磨耗接近极限的旧车，且轨道水平养护误差也最大，则车钩上下错动量客、货车都为44mm。最大允许错动量货车为55mm，客车为60mm。故变坡点处因相邻车辆相对倾斜引起的车钩上下错动的允许值为 $f_货=55-44=11(mm)$，$f_客=60-44=16(mm)$。

竖曲线半径（$R_竖$）可根据下式计算：

$$R_竖 = \frac{(L+d)d}{2f} \qquad (7)$$

式中 L——车辆两转向架中心的距离（m）；

d——车钩至转向架中心的距离（m）；

f——车钩上下错动的允许值（m）。

以我国货车和客车中最长的 $L、d$ 代入上式计算（D_{10} 100t 凹型车和 RW_{22} 软卧车），竖曲线半径分别为2122m 和2494m。

根据以上计算结果，竖曲线半径采用3000m，即可满足不脱钩的要求，故规定不行驶列车的站线，可采用3000t 半径的竖曲线。到发线和行驶正规列车的站线，考虑到留有余地并结合现有铁路竖曲线标准的现状，采用5000m 的竖曲线半径，困难时可采用3000m 的竖曲线半径。设置立交的机车走行线（含峰下机走线）一般要尽快起降坡，考虑到此线以单机走行为主，即使带车（煤车或槽车）走行，比照高架卸货线，将该线竖曲线半径定为1500m，也是无问题的，且按相邻两变坡点相邻坡段的坡度差30‰考虑，其坡段长度正好为50m，所以本次沿用原《站规》规定在困难条件下，可采用不小于1500m 的竖曲线半径。

由于高架卸货线供卸车用，不会在车列中同时出现空车和重车的情况，因此对空车与重车车钩最小的允许错动量留有20mm 的余量可不考虑，最大错动量可以用75mm 控制，则在变坡点处，因相邻车辆倾斜引起车钩上下错动允许值为31mm。以 M_{13} 60t 煤车和 C_{60} 60t 敞车的 $L、d$ 值分别代入上式计算，竖曲线半径分别为453m 和522m。为有利于争取高架线的长度，故竖曲线最小半

径允许采用600m。

3.2.24 道岔是轨道薄弱环节之一，结构较复杂，为使列车经过道岔时保持较好的平稳性和减少对道岔的冲击力，故正线上的道岔应离开纵断面的竖曲线和变坡点（无竖曲线时）的规定，与《线规》一致，以减少对运营的干扰和降低工程造价。

以往规范规定的列车行车速度为120km/h 的情况下，允许正线上的道岔设在竖曲线范围内，本次规定，站线上的道岔，在困难情况下，可设在竖曲线范围内，较原《站规》提高了标准，对行车安全和养护维修有利。

3.2.25 咽喉区两相邻线路由于受路基面横向坡度和不同的道床厚度的影响，会造成两相邻线路的轨面不等高。当用道岔连接该两线路时，应设计道碴顺接坡道予以连接。顺接坡道的坡度及范围应根据正线限制坡度、站坪坡度、路基面横向坡度和道床厚度等因素决定。顺接坡道的范围为道岔终端至普通轨枕至警冲标或货物装卸有效长度起点，并要求在道岔的全长范围内，其直股线路和侧股线路的轨面高度和坡度保持一致。

到发线及行驶列车的站线，坡度差不大于4‰，不行驶列车的其他线路不大于5‰，主要考虑避免道岔的侧股上出现竖曲线，产生道岔的直股和侧股的轨面不等高，有利于运营和养护；同时，可争取尽快变坡。顺坡坡段长度在咽喉区范围内不应小于50m，较原《站规》延长了20m 是为了统一站内的最短坡长。

当顺接坡道落差不够时，可根据车站设计的具体情况，采用以下办法调整：

1 减缓路基面横向坡度。在干旱的地区，路基面横向坡度，可采用平坡，以减少相邻两线路之间的高差，从而节省道碴。

2 加厚道床，要增加投资。

3 铺设双层道床。当该地道床垫层材料较丰富，而碎石、卵石较少时，采用双层道床可节省工程费用。

4 顺接坡道可伸入到发线有效长度范围内30m 左右。取消原《站规》伸入到发线有效长度范围内要符合车站站坪坡度的规定，因为到发线有效长度中包括有30m 的附加制动距离可以伸入。

3.3 站场路基和排水

3.3.1 站线中心线至路基边缘的宽度，车场最外侧线路不应小于3m，是为满足规定的路肩宽度及保证车站工作人员行走安全的最小宽度。最外侧梯线是车站调车作业的区域，为保证调车人员的作业安全不应小于3.5m，实践证明是合适的；有列检作业的车场最外侧线路不小于4m 是因为最外侧为列检人员进行车辆检修的作业场地。为便于检修人员的检修作业及安全，路基面至轨枕底应以道碴填平，故其宽度需加宽至4m。需增加路基支挡建筑，或拆迁工程量较大等的困难条件下，采用挡墙时不小于3m。

牵出线有作业一侧的路基面宽度不应小于3.5m，是根据其作业特点，为保证调车人员的安全。同样，利用正线、岔线进行调车作业的中间站，为了调车人员作业安全，在有作业一侧的路基宽度也不应小于3.5m。根据调查，中间站加宽路基的范围从最外道岔基本轨缝（顺向道岔为警冲标）算起，一般为50～100m。当有桥、路肩挡土墙或高填方时，还应在有作业一侧加设防护栏杆。驼峰推送线自压钩起点至峰顶约7～8个车长范围内的路基宽度，在有作业一侧不应小于4.5m，另一侧不应小于4m 的规定，是因为在这段距离内有连接员进行摘钩和作业人员来回交叉走动，作业繁忙，为保证作业人员的安全，故应加宽。

3.3.3 以往对站线路基无明确规定。由于站线的行车速度低，故本次规定站线路基的填料和压实度按Ⅱ级铁路路基标准设计，对提高站线路基质量有利，路基基床表层厚度的规定对站场内纵横向排水设施的工程处理有利。

3.3.4 由于Ⅰ、Ⅱ级铁路正线路基的基床标准为路基面以下2.5m，其中表层为0.6m，底层为1.9m，表层须采用渗水性较强的

填料。站内正线要采用与区间正线相同的基床标准，关键是在正、站线共路基时要设法排出正线路基基床表层底部的水。因此，本条文规定了既节省投资又方便施工的处理办法。

1 当车站站线较少（一般为中小站）时，正、站线间不设隔离设施，为了施工方便，与正线相邻的站线路基床均按正线的标准。此时路基面的横坡应采用由正线中心（双线时为两正线间）向两侧排水的双面坡，其坡度宜采用 3%。

2 当车站站线较多（含正线的两侧或一侧）时，在站线较多的一侧，宜在正、站线间设置纵向排水槽，即由正线向外 2m 处、路基面以下 1:1 边坡范围内按正线标准。站线较少的一侧则按第1款或本款办法的情处理。此时，路基面横坡的分坡点及坡率，应按本款规定处理，当正线两侧均设有排水槽或正线另一侧无站线时，正线横断面形式应与区间相同。

3 本条规定主要是考虑铁路和道路的安全，也为了铁路正线路基床表层底部的水能排向道路路面，而不提高道路路基的标准。在困难条件下，当道路的路面高度高于条文规定值时，则应在铁路与道路之间设置排水沟（槽）和防护桩等安全防护措施。

3.3.6 由于车站路基面一般比较宽阔，有一定的汇水面积，如没有横向坡度易积水。为使站内地面水能及时排除，保持路基干燥，防止路基沉陷、翻浆冒泥和冻害，提高线路养护质量保持线路稳定，车站路基面应有倾向排水系统的横向坡度。

车站路基横断面形状应根据路基宽度、排水要求、路基填挖情况和线路坡度连接等条件设计。中间站、会让站和越行站宜采用单面坡或双面坡的横断面；站线数量较多的编组站、区段站和工业站等，宜采用锯齿形坡的横断面。

由于站内正线上的列车行车速度高，行车量大，且因其与相邻站线在同一路基面上，排水条件不如区间正线顺畅，因此，规定站场路基面的横向排水坡不宜倾向正线，外包车场的正线应按单独路基设计，困难条件下，外包正线必须与站线共路基面时，应在外包正线与相邻站线间设置纵向排水沟（槽）等，都是为了保证正线路基的干燥，以减少其病害。路段设计速度 140km/h 及以上，外包正线至到达场、到发场和出发场最外线路的距离，一般不小于 8.7m（即 4.7m 安全距离＋4m 路肩宽），困难时不小于 7.7m，以保证列检人员的安全。

3.3.7 本条表 3.3.7 中地区年平均降水量的划分，主要是根据全国六个片区调查资料分析得出。资料表明，不同的降雨量，对路基横向坡度有着不同的要求。本次为加强站场排水，较原《站规》提高了标准：将降水量划为两档，取消了 1% 的排水坡，一个坡面的线路数改为 4～2 条，将路基种类改按路基基床表层岩土类型，以与现行《路规》一致。

3.3.8 设计站场排水系统时，应有总体规划。站场排水是指站场范围内地面水的排除。地面水包括天然雨水、融化雪水、机车和客车上水时的漏水、废汽水等。在车站范围内，铁路内部尚有地下水、生产废水和生活污水的排除，设计时虽按专业分别处理，但为避免出现矛盾，做到总体布置合理，故应统筹安排，相互配合。

车站多设在城市和厂矿附近，除应了解农田水利排灌系统的情况外，还应了解城市、厂矿、乡镇排水系统的布置及对铁路排水的要求，处理好相互间的关系。车站排水系统排污系统的出水口位置和标高应与地方排水和排污系统密切配合，使站场排水和排污系统做到顺畅而又经济合理。

改建站场，为节约投资，充分发挥原有排水系统的作用，应尽量利用既有的排水设备。如原有排水设备排水不良，对设备应进行相应的改善。

3.3.9 排水设备的数量，应根据地区年平均降水量和条文所列的情况确定。

降水量不超过 600mm 地区的站、段，一般需在重点地方设置适当的排水设备。

降水量超过 600mm 地区的站、段，一般需设置纵、横向排水设备，其数量及位置可参考下列意见办理：

1 编组站、区段站和线路数量较多的车站，车场内的纵向排水槽可根据不同情况，按本章表 3.3.6 规定的相邻两个坡面线路数量来布置。

2 客运站和办理客车上水作业的车站，一般在两站台之间设 1 条纵向排水槽，其位置应与客车上水管路结合设置，排水槽宽度可采用 0.6m，并将给水管支托在排水槽内。

为加强客运站的路基面排水和保持清洁卫生，便于清扫和减少线路维修工作，在较大客运站上宜铺设混凝土宽枕。

3 客车整备场内，一般每隔 2 条线路设 1 条纵向排水槽。

4 货场排水应与货区场地和路面的硬面化相结合。

货物站台的站台墙边不应设排水槽。因站台墙距线路近，当站台上装卸散装货物时，漏下的货物和垃圾将排水槽堵塞后，清淤不便，起不到排水作用。

货位下面不应设置排水槽，以免堵塞泄水孔和影响排水槽的清淤。排水槽应布置在货位外侧，按货位、排水槽、道路的排列顺序设置。

两站台间设汽车道路时，可在汽车道路的一侧或两侧设置公路排水槽。

两站台夹 2 条装卸线时，可在两线路间设置纵向排水槽。

两站台夹 1 条装卸线时，可有 4 种做法：①路基面用浆砌片石铺砌；②封闭道床；③铺设混凝土宽枕或整体道床；④修建跨线雨棚。当采用浆砌片石或封闭道床时，可沿站台墙边一侧设小明沟，以便排除雨棚上的雨水。

牲畜装卸线和散堆装场地货位的外侧应修建排水沟。

3.3.10 根据调查，排水问题最突出的地方，就是条文列出的应加强的部位。这些部位，为了及时排除积水，应适当加强排水。

1 设有给水栓和有车辆洗刷作业的客车到发线、整备线，由于上水和给水栓使用管理不善或洗刷车辆时产生漏水和废水，如不及时排除，站内路基的稳定将受到严重影响，由于客车车厢和站台上的垃圾经常扫在线路上，容易造成道床排水不良和路基翻浆冒泥。到发线两侧如有站台时，水从横向无法排出。因此，在设有给水栓的线路间，不论地区降雨量多少，都需设置纵向排水槽。

2 设洗车机的线路，产生大量废水，因此在这些地点应加强排水。

3 仓库站台线的路基标高低于仓库、站台和道路，雨水易流入线路内。仓库内和站台上的垃圾亦经常扫入线路内，使道床排水不畅。两站台夹 1 条装卸线，因雨水从横向无法排出，积水比较严重。车辆洗刷线、加冰线和牲畜装卸线有大量生产废水需要排除。因此，这些部位应适当加强路基排水。

4 车辆减速器电气集中的咽喉区，应有良好的排水设备，以免影响设备的正常动作和信号的正确显示。

5 驼峰立交桥下线路的路基及进出站线路布置所形成的低洼处，排水较困难，根据需要可设置涵洞或其他排水设备，以排除积水。

6 改建站、段时，应消除原路基病害，以免病害发展扩大，影响新路基。利用施工机会，一次处理病害，人力、物力不需重新调配和组织，对运营干扰也可大大减少。

3.3.11 纵向和横向排水设备的主要作用：前者是汇集线路间的积水；后者是把纵向沟内的水排出站外。规划站场排水系统时，纵向、横向排水设备应紧密结合。为了使站内积水迅速、畅通地排出站外，应使水流径路最短，并尽量顺直。

横向排水设备的距离，除满足排出纵向排水设备的汇水流量外，还应满足排出汇入横向排水设备的总流量，并应结合有效长度、车场坡度、出水口位置和纵、横向排水设备的深度来确定。一般情况下，在一个车场范围内，主要横向排水设备的数量可设 1～2 条最多不应超过 3 条。

3.3.12 根据我国近年来的设计经验，利用站内桥涵兼作横向排水,例如在桥台、涵顶或涵壁留出泄水洞,取得了很好的效果。而且具有工程简单、减少造价、排水效果好、清淤养护方便等优点。

横向排水槽为碴底式,穿越线路时道碴直接铺在盖板上。由于排水槽不深,而且线路间盖板可以揭开,清淤养护比较方便,排水效果较好。

横向排水槽属小型箱涵类型,要求地质条件较好,基底比较稳定。在一般情况下,新建铁路的挖方或填方较低(2m左右)的地段和既有线路路基比较稳定的情况下,可以广泛采用。

横向排水管与横向排水槽比较,由于管径小,清淤困难,当路基填方较高,设置横向排水槽基础工程较大时,方可考虑采用。根据对南方地区的调查,为了清淤方便,当圆管全长不超过15m时,其管径不小于0.75m;大于15m时,其管径应不小于1m。

3.3.13 纵向排水设备的坡度应使水能顺畅排出。由于站内排水设备内的泥沙和杂物比较多,为避免淤塞,一般情况下,水流的平均速度不应小于0.5m/s。为满足上述要求,排水设备的纵向坡度不应小于2‰,最好采用3‰～5‰。大站的站场纵向坡度,一般都不超过1.5‰,故排水设备的坡度,也不宜过大。为了使下游不发生夹带物沉积,保证水能及时排出站外,必须使水流流速由上游至出水口逐渐增大。因此排水设备的设计坡度,应从上游至下游逐渐增大。位于平坦、沼泽和河滩地区的站场,当排水系统出水有困难或采用2‰的纵向坡度将引起大量工程时,纵向排水设备的坡度可减至1‰。排水设备在分水点处的深度可为0.2m。为了使穿越站线的横向排水设备内的水能迅速排出,同时不使泥沙淤积,横向排水设备的坡度应不小于5‰;有条件者,可适当增至8‰或以上。特别困难条件是指平坦地区和改建站场的横向排水设备坡度不小于5‰,往往不易做到,有的出口标高难以连接,故可按具体情况设置。

3.3.14 本规范采用1/50洪水频率的流量设计。如有充分根据,例如当客运站、货运站(或货场)等位于城市范围内或厂矿附近,其水流汇入城市或厂矿管道时,这些车站的排水设备,也可按当地城市或厂矿采用的频率进行设计,但要注意防止站场积水。

由于站内各条纵向排水设备吸收的汇水面积比较小,流量一般不大,故决定其断面尺寸的主要因素往往不是流量,而是养护维修清淤的需要。横向排水设备是将各条纵向排水设备内的水汇集排出站外,故应根据所通过的总流量来决定其断面尺寸。

排水槽宽度小于0.4m时,不便于清淤养护,同时也容易堵塞。宽度等于0.4m,深度大于1.2m的排水槽,清淤也困难。因此槽深大于1.2m时,应将宽度加宽0.5～0.6m,以便养护人员维修清理。

对于只排除局部积水的次要排水槽、管,其宽度或管径可根据具体情况设计。

3.3.16 纵向和横向排水槽、管的交汇点,排水管的转弯处和高程变化处,容易淤积、堵塞,在这些地方应设置检查井或集水井,便于清淤,此外,降水量的大小及路基土壤的种类对排水管的淤积有直接关系。一般情况下,降水量大或为土质路基时,排水管比较容易淤积,检查井间距应小些;降水量小或为渗水土路基时,排水管淤积少些,检查井间距可大些。检查井间的线路数量,不宜超过条文表3.3.7的规定。检查井的间距以40m左右为宜。设计时可参考图3的布置。

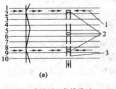 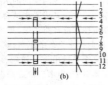

(a)一个坡面3条线路时　　(b)一个坡面4条线路时

图3　检查井间距示意图

1—纵向排水槽;2—检查井或集水井;3—排水管

4　会让站、越行站

4.1　会　让　站

4.1.1　会让站为单线铁路上办理列车通过、会车、越行必要时可兼办少量旅客乘降的车站。会让站图型分横列式、纵列式和半纵列式。横列式具有:站坪长度短、站场布置紧凑、便于集中管理、定员少和到发线使用灵活等优点,因此会让站应采用横列式图型。

只有当线路通过地势陡峻狭窄地段,车站按横列式布置引起巨大工程,且对运营不利(如地形条件限制,运转室不能设在适宜位置等)或遇有双线插入段,以及处于控制区间需提高区间通过能力等困难条件时,可采用纵列式、半纵列式图型。

本条文图4.1.1图型除具有上述横列式图型的优点外,并具有车站工作人员方便的优点。可供采用。

本条文图4.1.1(a)适用于行车量较大的会让站。

4.1.2　会让站的到发线主要是供办理列车的会车、让车(越行)等作业之用,设2条到发线,使车站有三交会的条件,同时也能适应水槽车、机械化养路的工程车和轨道车等特殊车辆停留需要。当平行运行图列车对数不超过12对时,可设1条。

在等级较高和行车密度较大的Ⅰ、Ⅱ级铁路上,为使运输秩序出现不正常情况时影响范围不致过大,行车调度有分段调整的可能,因此设置1条到发线的会让站,由原《站规》规定的不应连续超过2个站改为不应连续设置。

4.1.3　本节图4.1.1(b)为设1条到发线的会让站图型,适用于行车量小,远期也无发展,仅为提高区间通过能力办理列车会让的车站,其到发线宜设在行车室对侧,有利车站值班员办理通过列车的作业。

4.2　越　行　站

4.2.1　越行站为双线铁路上办理同方向列车越行必要时可兼办少量旅客乘降的车站。由于横列式图型具有站坪长度短、站场布置紧凑、便于集中管理和定员少等主要优点,因此越行站应采用横列式图型。

本条文图4.2.1(a)适用于上、下行均有同时待避列车的越行站。

本条文图4.2.1(b)适用于地形特别困难或受其他条件限制的越行站。

4.2.2　由于双线铁路行车密度大,车站应具备双方向列车同时待避的条件,因此越行站应设2条到发线。当地形特别困难或受其他条件限制时,行车速度不高线路上的个别越行站或枢纽内的闸站,可设1条。

4.2.3　在越行站上为满足到发线使用的灵活性和因区间线路的大型养路机械作业、电气化接触导线检修、维修施工、线路临时发生故障以及其他情况下采取运行调整措施,必须使一条线路上行的列车转入另一条线路上运行,因此在车站两端咽喉区的正线间应设渡线。本次规定车站两端应各设1条互成"八"字(即大"八"字)的渡线,另一组大八字渡线的设置,主要是为避免已停站列车前方区间突发事故停运,该列车要反向出站的渡线朝向又不对,必须退行至尾部的渡线后,再转线运行的情况,由于其机遇极少,故本次规定,较原《站规》每端可少设1条渡线,当站坪长度等条件允许时,也可预留该组渡线,以提高使用的灵活性。

由于考虑到图4.2.1(b)已有的1条到发线已被占用时,仍能办理列车的反向运行,因此在站坪长度允许且行车密度很大时,可每端各设置或预留1条渡线。

两正线间设置交叉渡线,现场反映养护困难,由于本次规定可少一套渡线,因此,取消了原《站规》"当站坪长度受限制时,可采用交叉渡线"的规定。

5 中 间 站

5.1 中间站图型

5.1.1 中间站除办理列车的通过、会让和越行外,还办理日常客、货运输和调车及列车技术检查等作业。

由于横列式图型具有站坪长度短、站场布置紧凑、工程投资省、便于集中管理、到发线使用灵活和定员少等主要优点,因此,中间站应采用横列式布置。当在山区修建单线铁路,遇地形陡峻狭窄,设置横列式中间站其站房或站台需设在桥上、隧道内等困难条件下,也可采用其他形式的图型。

设计中间站时,应按条文推荐的图型选用。

本条文5.1.1-1及图5.1.1-2具有保证旅客安全、摘挂列车作业方便、列车待避条件好、有利于工务维护和方便改建等优点。

本条文图5.1.1-1(a)适用于货运量不很大摘挂列车在站的调车作业时间不长且行车密度不大、行车速度不高的单线中间站。图5.1.1-2(a)适用于货运量不很大的双线铁路中间站。货场设在站房同侧或对侧,应根据货源、货流方向,结合当地条件确定。采用此种布置时,可视需要预留铺设牵出线的条件。

本条文5.1.1-1(b)、(c)及图5.1.1-2(b)、(c)适用于地方作业量大(地、县所在地或较大的物资集散地),摘挂列车在站的调车作业时间长,或有其他技术作业的中间站。货场位置应根据货源、货流方向,结合当地条件确定。当货场的集散方向虽在站房同侧,但因条件不宜设置货场时,也可将货场布置在站房对侧。

在双线铁路上,由于快速客车多、行车速度高、停站少,将产生较低等级的客车和货物列车的待避增多,为确保停靠列车(特别是客车)的安全,故本次推荐设有贯通式货物线在到发线上的腰岔处加设了安全线,以避免货物线的车辆(或调车时)进入到发线;在行车速度较高、行车密度较大(特别是客车较多)、调车作业量较大的单线铁路中间站也宜设置安全线或采取其他安全防护措施(如加设铁鞋等)。

5.2 到发线数量和主要设备配置

5.2.1 单线铁路中间站应设2条到发线,主要是使车站有三交会的条件,这样可以保持良好的运行秩序,对提高作业效率和加速车辆周转都是必要的;另外,也能适应某些特殊车辆如水槽车、机械化养路的工程车和轨道车以及不能继续运行而必须摘下的车辆等停留的需要。

双线铁路中间站应设2条到发线,使双方向列车有同时待避的机会。

对作业量大(地、县所在地或较大的物资集散地)的单、双线车站,摘挂列车的作业时间一般较长,可采用3条。

1 枢纽前方站、铁路局局界站是调度区的分界处,列车易产生不均衡到达。为利于列车运行秩序的调整,并能更好地协调两调度区的工作,因此在枢纽前方和局界上,于进入枢纽和进入邻局方向的一侧,可增设到发线。

在补机的始、终点站和长大下坡的列车技术检查站上,由于列车需要进行摘挂补机及凉闸及列车自动制动机的试验等技术作业,停站时间较长,列车交会机会较多,到发线数量可增加。

在机车乘务员换乘站,由于乘务组要进行交接班,每列换乘的列车要停站15min左右,列车交会因此增多,故需增加到发线。

2 有两个方向以上的线路引入或有岔线接轨并有大量本站作业的中间站,由于各方向列车交会的需要,而且作业复杂、停留车辆多、线路被占用时间长,故应根据引入线路和岔线的作业量及作业性质,增设到发线。

3 机车交路较长的区段,因摘挂列车经过一段时间运行并进行甩挂作业后,原编组好的站顺已经打乱,需要在中途的中间站进行整编作业。因上述列车占用到发线时间长,所以这些中间站应根据整编作业量的大小增加到发线。

4 在办理机务折返作业的中间站上,由于列车占用到发线时间较长,机车出、入所需占用到发线,故其到发线数量要根据需要确定。

5.2.2 为了在列车会让、作业时便于旅客安全的上、下车,需设置中间站台。

在单线铁路上,当旅客列车和摘挂列车对数合计在7对以上时,列车会交的机会就多。在客流量较大的中间站,宜设置中间站台。

在双线铁路上,列车分上、下行运行,且列车行车速度高、行车密度大,在客流量较大的中间站应设置中间站台。

中间站台的位置,原《站规》图型推荐中间站台设在站房对侧的正线与到发线之间,本次推荐设在与正线相邻的到发线的外侧。主要理由如下:

1 由于正线的行车速度越来越高,对旅客乘降的人身安全不利。

2 中间站台设在正线与到发线之间时,靠正线一侧的站台高度只能为0.3m,另一侧的站台高度也只有0.5m,对旅客乘降不太方便。

3 中间站台设于与正线相邻的到发线的外侧,可修建高站台,这样虽然对车站的平面布置和工程造价有一定影响,但对旅客乘降有利,特别是对弱势群体旅客乘降方便。

5.2.3 中间站车站两端渡线的设置,除本规范第4.2.3条说明的理由外,尚有调车作业、大型养路机械作业驻在站、有岔线接轨及有机务设备等的要求,故仍按原《站规》各设2条渡线,仅将原《站规》的"应"改为"宜"。根据对中间站图型的分析,调车作业对渡线数量要求共只需3条。因此,规定其余2条渡线,可根据调车作业等的要求设置或预留。由于交叉渡线的养护维修困难,目前尚无较高速度要求的可动心轨交叉渡线,故本次对交叉渡线的采用作了较严格的限制。

5.2.4 货场是联系产、运、销的重要环节,是促进工农业生产,为地方服务的重要设施。因此,中间站的货场位置应结合主要货源、货流方向、环境保护、城市规划及地形、地质条件选定。货场位置与主要货源、货流方向一致时,应选择地方驳运距离短且无需跨越铁路,有利于消除货场堵塞和加速物资周转、缩短装卸车辆在站停留时间的位置。

当货源在站房同侧,货场位置应结合站房位置一并考虑。中间站的定员少,货场设在站房同侧,客、货运业务可兼办,便于管理和联系。

当本站作业量大而到货物品种复杂时,倒钩、对货位及挑选车种的调车作业量较大,为避免站房同侧的地形等条件的限制和对站房旁的环境影响,可将货场设于站房对侧。

中间站货场的设置位置系以象限来表示,如图4所示。

图 4 中间站的象限划分

1 中间站货场位置可按下列条件选择:

当货物集散在站房同侧,主要到发车流方向为下行方向且货运量小时,宜设在 I 象限,使货场接近货物集散一侧,并照顾主要到发车流方向的调车作业方便;货运量大时,可设在 IV 象限,主要到发车流方向的调车作业可利用牵出线进行,作业方便。

当货物集散在站房同侧，主要到发车流方向为上行方向。当货运量小时，可设在Ⅰ象限，使货场接近货物集散一侧，对次要车流方向的调车也方便，至于主要车流方向的调车，应在站房一侧的到发线上进行，无须占用正线；当货运量大时，应设在Ⅲ象限，使主要到发车流方向调车方便。

当货物集散在站房对侧，主要到发车流方向为下行方向，货运量小时，应设在Ⅲ象限，使货场接近货物集散一侧，对次要车流方向的调车也方便。至于主要车流方向的调车，可在站房对侧的到发线上进行，无须占用正线；当货运量大时，宜设在Ⅳ象限，其优点是货场接近货物集散一侧，而且站房对侧一般设2条到发线，并设有牵出线，下行摘挂列车可反方向接入站房对侧的到发线，主要到发车流方向可用牵出线调车，作业方便，次要方向调车亦不需占用正线。

货物集散在站房对侧，主要到发车流方向为上行方向，不论货运量大小，货场均应设在Ⅲ象限，这样既有利于地方搬运，又方便调车作业。

从上述分析看出，货场位置以设在Ⅰ、Ⅲ象限为好，必要时可设在Ⅱ、Ⅳ象限。

2 在有矿建、煤等大宗散堆装货物或其他季节性货物装卸并经常组织整列或成组到发的车站上，可在站房对侧设置长货物线，以满足装卸作业的要求，可以避免站房同侧的基本站台上经常堆放货物或货物线外包站房，影响站内秩序、安全和环境卫生。长货物线布置在站房对侧并连通两端咽喉区，既方便整列到发，又可兼作存车线使用。对于季节性货物到发量大的车站，也可在站房对侧设置与到发线共用的长货物线，平时到发线使用，有季节性货物到发时，可兼作货物线使用。

3 货场应有安全、方便的通道，特别是当货物集散在站房同侧，而货场设在Ⅲ、Ⅳ象限时，必须设置安全、方便的通货场道路，便于地方搬运。

本条说明如下：

5.2.5 本条说明如下：

1 行车速度高，行车密度大的线路，能利用正线调车的可能性极小，为确保行车安全，故不论调车作业量大小均应设置牵出线；对行车速度不高或行车密度不大，而调车作业量大的单线铁路车站，也应设置牵出线。

2 当中间站上有岔线接轨并符合调车条件时，应利用岔线调车。这样既能节省工程投资，又能满足调车作业需要。当利用岔线一段线路调车时，除其平、纵断面和视距条件应适应调车作业的要求并符合本规范中设置牵出线的有关规定外，尚应满足岔线的行车和调车作业的需求，如岔线较短且有自备机车时，应采取确保安全作业的措施，如岔线的安全线外移等。对行车速度不高、行车量不大的单线铁路中间站，利用正线调车是可行的。

3 当利用正线、岔线的一段线路进行调车时，在困难条件下，对平、纵断面条件可适当降低。

在曲线上调车的缺点主要是视线不良，影响彼此间的联系，延长调车时间。利用正线、岔线进行调车，经过检算，在站堡内300m半径的曲线上调车，其弓弦视距长度可达200m左右，等于条文规定的牵出线的最小长度，基本能满足中间站的调车要求。

在坡道上进行调车作业时，主要是牵出车列后回程为上坡时的起动和回程为下坡时的制动减速问题。当出站调车为下坡回程为上坡时，经检算，在各种限制坡度的情况下，本务机车推送半个车列计算的起动坡度均大于限制坡度，回程起动亦无问题。当出站调车为上坡回程为下坡时，按《技规》规定，在超过2.5‰的线路上进行调车时，是否需要连结风管和连结风管的数量由车站和机务段根据车列情况共同确定，纳入《车站行车工作细则》（以下简称《站细》）。经检算，在各种限制坡度的情况，本务机车牵出半个车列在下坡道上调车，不考虑机车制动力，所需连结风管的车辆数仅占牵出车辆数的1/5～2/5就能满足调车要求，制动减速和停轮均无问题。因为摘挂列车的调车作业系在头部进行，机车带车辆

作业时已连结风管。停在货物线上的待挂车辆一般也已预先接好风管，因此甩车时是接好风管的。挂车时也只需接一次风管，即可保证安全。以上情况说明，在中间站上利用坡度大于2.5‰的正线和岔线的一段线路进行调车是可行的，为了减少调车作业的困难，当利用正线或岔线调车时，其纵断面坡度仍不宜过大，故本条文规定在困难条件下坡度不应大于6‰。

4 牵出线的有效长度，应满足摘挂列车一次牵出的车列长度的需要。牵出线过短，调车时必须分部牵出，增加调车钩数，延长作业时间。目前由于中间站的车流组织加强，成组集中到达显著增多，在站作业常牵引20辆以上，因此，中间站牵出线的有效长度原则上不应短于该区段运行货物列车长度的一半。在困难条件下，当受地形限制或本站作业量小时，至少应满足每次能牵10辆，故牵出线有效长度不应小于200m。

5.2.6 在有机务折返所和整备所的中间站上，机车需要进行技术检查、停留、整备和待班等技术作业，故应根据实际需要设置整备设备。

6 区 段 站

6.1 区段站图型

6.1.1 我国铁路区段站的基本图型分为横列式、纵列式两种。这两种图型通过长期运营和基本建设实践，证明优点较多，可满足不同情况下的需要。因此本章第6.2节"主要设备的配置"中所述内容多针对此两种图型。

客运车场和货运车场按纵向排列的客、货纵列式图型，多为改建区段站时形成的。货运车场一般有以下三种布置形式：正线在货运车场一侧；正线中穿，一个方向的到发线设在正线的另一侧；正线中穿，在正线两侧分别设到发、调车场。

当设计中采用与横列式编组站图型类似的一级三场图型时，要根据具体条件妥善处理客设施。

6.1.2 区段站图型的选择，是一项重要而复杂的工作。图型选择应讲求经济效益，满足运输需要，节省工程投资，便于管理，有利于铁路、城市和工农业生产等的发展。选择图型应从全局出发，正确处理各方面的关系。

1 单线铁路横列式图型具有站坪短，占地少，设备集中，定员少，管理方便，对地形条件适应性较强和有利于将来发展等优点，当引入线路方向不多时，完全可以满足运量的需要。横列式图型的缺点是：有一个方向的机车出（入）段走行距离远；在站房同侧接轨的岔线向调车场取送车不方便。

引入线路方向为4个及以上的单线铁路区段站，当各方向的客、货列车对数较多，采用横列式图型两端咽喉区的交叉干扰均较大时，进出站线路应进行疏解。若地形条件适宜，可预留或采用纵列式。有充分根据时，也可采用其他合理图型。

2 双线铁路横列式图型除具有与单线铁路横列式图型基本相同的优缺点外，还存在一个主要缺点，即一个方向的旅客列车到达（出发）与相反方向货物列车出发（到达）的交叉，如为客机及全部货机交路的始终点，则交叉更严重。因此，选择双线铁路区段站的图型时，如无其他条件限制，旅客列车对数的多少是否机车交路的始终点就成为采用横列式、纵列式或客、货纵列式图型的主要条件。

据以往调查的双线铁路上的17个区段站中，横列式站型约占调查站总数的60%。同时，运量较大的双线铁路横列式区段站，每昼夜实际接发客、货列车对数可达50～60对，其中旅客列车对数为12～15对。由此可见旅客列车对数不多，运量不很大的双线铁路区段站一般采用横列式图型可以满足铁路客、货运输的需要。

双线铁路纵列式图型基本上解决了双线铁路横列式图型客、货列车到发的交叉（本章图6.1.1-3中下行方向到达有解编作业

的列车除外）；并且还具有两个方向的货物列车机车出（入）段走行距离均较短的优点（图中下行方向到达的解编作业的列车机车除外）。但是，却有一个方向货物列车机车出（入）段与正线交叉和两方向各设调车场而上、下行转场车多时，干扰中部咽喉，降低正线通过能力以及一个方向不设调车场时，有解编列车在反方向到发场到（发）与另一方向的客、货列车发（到）交叉等的缺点；此外，与横列式相比，纵列式图型还有站坪长、占地多、设备分散、定员较多和管理不便等缺点。

在双线铁路横列式或纵列式区段站上，若经机务段端咽喉出发的货物列车与出（入）段机车次数均较多，且地形条件适合，可根据需要预留或设置绕过机务段的另一正线（如本章图 6.1.1-2 和图 6.1.1-3 左下方的虚线所示）。

当双线区段站客、货列车对数均较多，并有运量较大的线路（或岔线）引入，解编列车较多，且当地条件适宜，可采用正线外包的一级三场图型。它可以克服上述其他图型站内作业交叉严重的缺点，即避免部分客、货列车到与发、货物列车到（发）与调车转线以及货物列车发（到）与机车出（入）段等的交叉。其缺点是解编车列转线较横列式布置走行距离远；折角列车如不需转场，可在到发线双进路，但要增设联络线解决反向发（接）车问题。设置客运设备除客运设备距本站较远而单独设站外，一般有三种形式：客运车场与货运车场纵向布置；为集中办理旅客列车到发而将客运设备设在外包正线一侧（需增设反方向旅客列车的通路）；客运设备分设于外包正线两侧（需增设旅客立交长通道以解决站房对侧旅客上、下车问题）。

3 区段站的改建，应在满足运输需要的前提下，充分利用既有设备，尽量减少拆迁工程和施工过渡工程，少占农田，节省工程投资和运营费用。

客、货纵列式图型，一般是因运量增长或新线引入，既有的横列式区段站横向发展受到限制或客、货运量大，站内作业交叉严重，为疏解咽喉而将原站改为客运车场，并沿正线的适当距离另设货运车场而形成的。货运车场内的上、下行场，双线铁路时可位于正线一侧或两侧横列布置，个别为纵列布置；单线铁路时可位于正线一侧横列布置。目前在我国铁路区段站总数中，客、货纵列式站型已占有一定比重，在以往调查的双线线路区段站总数中约占 1/6 强，且都是改建车站采用。

客、货纵列式图型的优点是：客、货运两场分设，作业干扰较少，客、货运设备分别集中，管理方便；当在城市同侧接轨的岔线较多时，调车场可布置在城市一侧，对城市发展和地方运输适应性较强。其缺点是：客、货运两场分设，需要增加设备和定员；既有岔线和货场取送车作业不方便；客、货运两场间距离较近时，靠客运场一端的牵出线，其长度往往不能满足整列调车的需要或位于曲线上；既有机务段与货运场间机车走行距离增加，还可能产生折角走行，甚至需另设出（入）段线；有一个方向的列车机车出（入）段需横切正线等。此外对区间通过能力也可能有所影响。

改建区段站时，可采用或参照本章图 6.1.1 进行设计；如横向发展受到限制时，也可因地制宜地采用客、货纵列式图型，并应留足牵出线的长度。如参照上述各种图型进行改建将引起大量工程（包括废弃及拆迁工程）或地形条件不适宜，经技术经济比较，有充分根据时，也可采用其他合理图型。

6.2 主要设备配置

6.2.1 旅客站房是直接为旅客服务的主要设备。站房、站前广场和通站道路应结合城市规划合理布置。旅客站房应设在城市主要居民区一侧，并与城市干道相通，这样便于旅客集散、行包托运和提取，从而减少旅客横跨车站。

中间站台的位置，原《站规》推荐中间站台设在站房对侧的正线与到发线之间，从使用和工程上都有优点。本次推荐将中间站台改设在与正线相邻的到发线的外侧，主要理由如下：

1 随着旅客列车及货物列车的行车速度不断提高，区段站的正线一般都有较高级别的快速旅客列车通过，加上区段站的客流量一般都较大，就是修建了旅客跨线设备，但站台靠正线仍然对旅客的人身安全不利，站台移出后，可使旅客更安全。

2 原图型的中间站台有一侧靠正线，当正线的行车密度较大和停站（或始发、终到）的旅客列车较多时，该侧的主站台面得不到充分的利用，有时会使旅客列车的三交会受到限制，本次推荐的中间站台位置有完整的三个站台面就解决了这个问题，现场已有将中间站台改在两条到发线之间的实例。

3 中间站台设在正线与到发线之间使站台高度受到限制，只能一侧为 0.3m，另一侧为 0.5m，对旅客乘降也不方便，将站台移出后，就可以修建高站台，这对行动不便的旅客乘降更方便。

根据上述情况，该图型推荐的中间站台位置更适合于正线通过列车的速度高、车站的客流量大，甚至有始发、终到旅客列车的双线铁路区段站，必须修建旅客天桥、地道。其他新建铁路的区段站宜采用推荐的中间站台位置，改建铁路，在困难条件下，可保留原中间站台位置。

仅办理机车乘务组换班的双线铁路区段站，即直达、直通列车不在本站换挂本务机车，列车也不需横穿正线进入到发场和机务段，而直接进入本运行方向站房一侧的到发线，此种列车较多时，则可在站房同侧适当增加到发线。

6.2.2 在我国的既有横列式和纵列式区段站上，接发旅客列车的到发线也接发货物列车，故其有效长度应按货物列车到发线的有效长度确定，以便提高到发线的使用率。

单线铁路横列式区段站的到发线，为了能接发上、下行的客、货列车，以增加到发线使用的灵活性和提高使用率，应采用双方向接发车进路。

各种图型的双线铁路区段站，均按上、下行方向分设到发场，以保证列车到发的平行作业，故其到发线也应按上、下行方向分别设计为单进路；靠旅客基本站台和中间站台的到发线，是供接发各方向旅客列车和某些需停靠旅客站台的列车之用，故应设计为双进路；双线铁路横列式和纵列式区段站只设一个调车场时，靠近调车场的部分到发线一般均固定用于接发各方向有作业列车，以减少有作业列车调车时与其他作业的交叉和缩短车列转线的走行距离，故该部分到发线宜设计为双进路；根据调查和对列车运行时刻表相应的图解分析可知，正常情况下每昼夜一般出现两次列车密集到达，为增加正常情况下分方向使用的线路的灵活性，充分发挥其潜力，不间断地接发车，到发线根据需要，可全部设计为双进路。从发展考虑，站场改建往往滞后于运输发展需要，双进路到发线在一定程度上可以调整车流与设备的暂时的不相适应。从调查的 13 个双线区段站（见表 4）可以看出，无论横列式、纵列式和客货纵列式站型或有、无第三方向线路引入，绝大部分双线区段站到发线为双方向进路。当有第三方向以上的线路引入，有直通折角车流时，折角直通列车能反向发车，避免列车转场造成交叉干扰和增加走行距离。对位于铁路局交界口和电气化铁路或引入线按线路别设计的区段站，为了提高适应列车密集到达和应付运输异常的能力和列车反向运行的需要，均应将有关到发场的部分或全部到发线设计为双进路。当进站信号机外制动距离内进站方向为超过 6‰ 的下坡道时，为了简化咽喉布置和保证安全，到发线不宜全部采用双进路。

表 4　区段站到发线双方向进路调查表

顺号	站名	单线	双线	站型	到发线单、双方向情况	方向数
1	烟筒山	单线	—	横列式	全部为双进路	3 个
2	嫩江	单线	—	横列式	全部为双进路	3 个
3	勃利	单线	—	横列式	5 条到发线、全部为双进路	3 个
4	辽源	单线	—	横列式	6 条到发线、全部为双进路	2 个
5	宝丰	单线	—	横列式	9 条到发线、全部为双进路	3 个
6	桂林北	单线	—	横列式	7 条到发线、全部为双进路	2 个
7	扎兰屯	—	双线	横列式	全部为双进路	2 个

顺号	站名	单线	双线	站型	到发线单、双方向情况	方向数
8	安达	—	双线	纵列式	客货场全部为双进路，北场(上行场)2条双进路，2条单进路	2个
9	南岔	—	双线	横列式	1条到发线，2条编组线为单进路，3个	3个
10	一面坡	—	双线	横列式	9条到发线全部为双进路	2个
11	林口	密山端单线	图们端双线	横列式	8条到发线全部为双进路	3个
12	大虎山	—	双线	横列式	客、货横列一级三场，下行5条到发线单进路，上行5条到发线全部为双进路	3个
13	绥化	—	双线	横列式	13条(含2条正线)全部为双进路	3个
14	漯河	—	双线	客货纵列式	货车场17条到发线，全部为双进路	3个
15	岳阳北	—	双线	横列式	1条编组线和上下行正线为单进路，其余10条到发线全部为双进路	2个
16	安阳	—	双线	纵列式	客货场3条到发线为单进路，7条双进路，直通场11条(含正线)全部为双进路	2个
17	洛阳东	—	双线	客货纵列式	货车场12条到发线，全部为双进路	4个
18	晋城北	太原端月山端单线	双线	横列式	8条到发线，全部为双进路	3个
19	新乡	—	双线	客货纵列式	2条编组线单进路，其余14条到发线全部为双进路	3个

6.2.3 区段站设一个调车场，使有调车集中在一处作业，能充分发挥设备的能力，对调车作业有利。如设两个调车场，两场之间的交换车流转时与正线交叉干扰，且增加牵出线的数量。故只有当正线两侧分别布置上、下行到发场的纵列式或客、货纵列式图型的双方向改编列车较多，交换车流较少，且站房两侧接轨的岔线较多，地形又适合时，才可按上、下行分设调车场。

6.2.4 区段站咽喉区的能力应与区间和站内其他设备的能力相协调，同时应保证作业安全和提高效率。

1 横列式图型的端部咽喉区和双线铁路纵列式图型的中部咽喉区的布置及作业均较复杂，应保证其进路能满足本条文表6.2.4所列的平行作业内容。当有其他线路接轨时，需相应地增加平行作业数量。当平行运行图列车对数在18对以上，但非机务段端咽喉实际出(入)段机车次数不足36次时，该咽喉的平行作业数量可减少机车出(入)段的平行作业要求。咽喉区平行线的数量应与平行作业数相适应。

2 调车线设置接通正线的进路，可增加车站作业的机动性，以便必要时迅速疏散车辆或从调车场直接发车(非电气化铁路方向)。调车场宜有不小于1/3的线路接通正线，当线路较少或有条件时也可全部接通。在改编作业量大的车站，为了提高车站作业效率，到发场的部分线路应有列车到发与转线调车的平行作业。

3 咽喉区的布置应力求紧凑，尽量减少敌对进路及交叉，特别要避免到达进路交叉，同时也应尽量减少正线上的道岔数。因地制宜地采用交叉渡线、交分道岔及其组合布置和对称道岔是缩短咽喉区长度和调车行程的有效措施，但新建区段站应尽量少用或不用，以便为改建留有余地。对那些横切咽喉次多、占用咽喉时间长的作业，其径路应尽量缩短。在设有轨道电路的咽喉区的钢轨轨型变换处，应留出足够长度，以设置钢轨绝缘接头和异型鱼尾板或异型轨接头。

采用小能力驼峰调车且调车线不少于5条时，调车场头部可采用线束式布置。其优点是调车场头部道岔区短，各线路的阻力较均衡。当采用对称道岔时，宜集中控制。

6.2.5 区段站货场直接为工农业生产和城市生活供应服务，其位置选择合理与否，对城市交通和铁路运输均有较大影响。据统计，调查站的货场在站房同侧的占64%，在站房对侧的占25%，两侧均有的占11%。货场在站房同侧的区段站，绝大多数位于中小城市，由于货场靠近主要货源和居民区，搬运距离近，不必跨越铁路，如装卸量不大，对铁路的影响也较小，故对地方和企业是有利的。但是，当货场规模较大或发展较快时，则货场位置往往与城市发展规划有矛盾，特别是以矿建材料、农药等容易污染环境卫生的货物

为主的货场不宜设在站房同侧，这是造成既有站在站房对侧另设第二货场的主要原因。因此，货场位置应综合本条条文所列诸因素合理确定。当正线列车对数较多，货场装卸量较大，在站房同侧设货场时，应设货场牵出线，以减少货场取送调车时与正线行车的干扰。在调车场同侧的货场，当调车场的有关牵出线较忙时，也可预留或设置货场牵出线。货场牵出线不应短于200m。

当货场不在城市同一侧，且正线行车量、车站调车作业量和货场装卸作业量均较大时，城市通货场道路应与铁路采用立体交叉。

货场应预留适当的发展余地，以免将来扩建困难。货场内外应有良好的排水和便捷的道路，避免因积水或通路不良，影响货场的使用。

6.2.6 据调查统计，横列式区段站上机务段的位置，在站对右的占41%，站对左的占21%，站对并(即在调车场外侧)的占15%，其他(包括站同左、站同右、站对偏)占23%。经分析，新建的横列式区段站机务段大部分设在站对右的位置，其次是站对左和站对并的位置，其他位置大多为旧有车站。

在单、双线铁路横列式区段站上，当机务段的位置设在站对右时，一个方向的机车出(入)段与另一个方向列车的发车进路交叉。当设在站对左时，则变为与接车进路交叉。两者交叉的性质不同，而后者较差。当横列式区段站发展为纵列式图型时，机务段设在站对右的位置较站对左的位置有利。当不发展为纵列式图型或受其他条件限制时，机务段也可设在站对左。

机务段设在站对并的位置，机务段两端均有出(入)口，机车从车场两端出(入)段，走行距离较短，这是站对并的优点。缺点是机车从车场两端出(入)段干扰牵出线作业；同时机务段设在调车场的外侧，有碍车站的横向发展。因此，只有在无解编作业和无发展的区段站上且为折返段，又受地形条件限制时，方可将机务段设在站对并的位置。

在横列式区段站上，机务段的位置不应设在站房同侧，因设在站房同侧机车出(入)段必然横切正线，在双线铁路上这个缺点更为严重。

改建区段应尽量利用既有设备，当有充分根据时，方可废除原有的机务段。

选择机务段场地时，应考虑地形地质条件，尽量避免修建复杂的基础；并为排除地下水、地表水和处理生产废水创造有利条件。

当采用循环(或半循环)和长交路时可根据需要，在到发场附近设置整备和其他设施。

6.2.7 车辆段和站修所设在调车场外侧均便于从调车场取送车，如受地形限制，也可设在其他适当地点。站修所应设在调车场远期发展范围以外的适当地点，列检所则应设在运转室附近，以便列检值班员或车站值班员的工作联系。

6.2.8 岔线是为路内和路外服务的主要设备之一，其接轨点是否合理，直接影响铁路车站各项作业的效率。若布局分散，接轨位置不当，将使车辆取送不及时，也增加取送车作业对车站其他作业如正线行车、列车到发、调车、货场取送车和机车出(入)段等作业的交叉干扰。所以当有多条岔线接轨时，应尽可能集中在一个区域内合并引入。所以设计时应全面考虑，统一规划，选定合理的接轨位置，以保证主要方向的车流安全、迅速、便捷地通过接轨站。

岔线的车辆一般需由调车机车取送，并在接轨站集结，停留时间较长，故不宜接入到发场。一般情况下，可在货场牵出线、调车场次要牵出线或调车场接轨，这既便于车辆取送又不影响到发场接发列车。货运量较大或有整列到发的岔线，为了缩短进出岔线的车辆在接轨站的停留时间，除可以直接接入调车场外，也可接入到发场，以便能在到发场直接接发进出岔线的列车及集结大组车。考虑与铁路接轨位置合理和取送车作业方便，岔线也可在适合的其他站线上接轨。

6.2.9 当区段站有始发、终到旅客列车车底停留时，应设客车车底停留线，以免占用到发线或调车线，并造成站内通视不良影响到

发线或调车线的使用。若个别终到旅客列车立即折返,且停留时间较短,确定到发线数量已考虑该因素时,也可不设客车车底停留线。

6.3 站线数量和有效长度

6.3.1 区段站的到发线除客、货分设外,一般均接客、货列车。所以,区段站上供客、货列车使用的到发线数量,主要根据客、货列车种类、对数、作业性质和占用到发线时间的长短以及有、无列车追踪运行等主要因素确定。

关于电力牵引区段的到发线数量问题,由于电力牵引区段需设接触网检修"天窗",在"天窗"时间内(非V形天窗),维修区间和相关车站的部分到发线停止运行,既增加了部分列车停站站分,也延缓了部分列车到站时分;另据对列车运行时刻表的图解表明,每个区段站一般每天都有1~2个密集到达时间段,到发线的数量必须适应密集到达的需要。因此,在确定到发数量时不必考虑"天窗"的影响,而在计算到发线的能力时,需将发线按固定作业扣除"天窗"时间。

本条文表6.3.1注3根据调查资料和设计经验,对近期换算列车对数少于6对,且发展缓慢的区段站到发线数量可减少2条。

本条文表6.3.1注4采用追踪运行图时,对列车运行时刻表进行图解分析,所需要的到发线数量与查表对比,一般采用追踪运行要多1条。

本条文表6.3.1注7据对11条铁路18个大小区段站《站细》规定的列车停站指标的统计,求出各种列车的每到(或发)一次加权平均占用到发线时间,再按平均每次到(或发)停站时间的大小,将货物列车按停站时间较大的摘挂、快零、区段,有解编作业的直达和直通列车与停站时间较短的直通、直达(无调中转)列车、部分改编列车(即仅进行增减轴和成组甩挂等的列车)、小运转列车分成两类,并把后一类平均时间作为确定客、货列车换算系数的基准停站时间,即换算系数为1,前一类列车按对数相应的平均停站时间与基准停站时间之比确定其换算系数为2。旅客列车:始发、终到为1(介于始发、终到与停站通过列车之间的立即折返列车为0.7),停站的通过列车按计算换算系数要小些,考虑旅客列车到发线空费时间长,并能与本规范第9.1.8条规定的客运站换算系数同一标准,故采用0.5。机车乘务组换班而不进行列检的货物列车为0.3。按以上的列车换算系数确定换算列车对数查本条文表6.3.1确定客、货列车到发线数量后,经用1993年被调查站《站细》上采用的运量,结合到发线利用率检查对照按本次确定的到发线数量符合现场实际的占64.3%。

6.3.2 机务段位于车站一端的横列式及一级三场区段站,远离机务段一端的列车机车和其他机车,需要通过车场出(人)段。为了使机车及时入段整备和出段挂头,保证按运行图行车和作业安全,在一定运量的条件下,应设置机车走行线。

关于设置机车走行线机车走行次数的界限问题,设通过机车走行线的机车36次全部为列车机车时,货物列车对数为18对。以1993年调查的哈尔滨局嫩江区段站为例,其货物列车为18对,通过机车走行线的机车36次,旅客列车8对,其中通过6对,始发、终到2对,通过机车走行线的机车为4次,总计40次;另有19次单机出发。为使该站与所研究的问题相接近,故取消19次单机到发。按1993年货物列车时刻表图解后表明,每昼夜有5次合计有81min站内没有空闲到发线,机车不能出(人)段到车站另一端。由此可见,将通过到发场36次机车走行作为机车走行线设与不设的分界值是较合理的。

每昼夜通过机车走行线的机车在36次以下时,因列车对数少,到发线较空闲,可不设机车走行线,利用空闲的到发线出(人)段。

在本次调查的18个区段站中,设有专用机车走行线的有3个站,占16.7%,机车走行线兼作发线的有2个站,占11.1%,其余13个站均无机车走行线,占73.2%。其中过去曾有机车走行线的

车站,随着运量的发展和既有站增加到发线的困难,大部分取消了机车走行线,有的变成机车走行线兼到发线。

对是否设专用机车走行线,行车人员和机务人员反应不一。行车人员大部分认为机车走行线与到发线混用好或机车走行线兼作到发线。在线路紧张情况下多1条到发线其作用总比专设1条机车走行线显得重要;而机务人员则关心及时出(人)段和超劳问题。

分析上述车站的机车走行线从有到无的变化,其原因是站场的改建赶不上运量增长的需要,是迫不得已的,并非一定不要。故设计仍宜设专用机车走行线,这样也可免去到发线混用情况下车站要设专人对机车出段签点,填写《出段机车走行径路通知书》,减少定员。但为了运营的灵活性,机车走行线宜按到发线的要求进行设计。

6.3.3 横列式区段站应设机待线。机待线的作用是便于出(人)段机车的停留与交会;机待线与机车走行线相配合可以使机车出(人)段与其他作业平行;当机务段位于站房同侧或车场并列时可以增加出(人)段机车穿越与正线或牵出线交叉点的机会和减少占用交叉点的时间;旅客列车停站的时间短,在旅客列车换挂机车比较多的区段站,可使机车争取时间和避免受其他作业干扰,保证列车正点;区段站直通货物列车的比重占70%左右,在采用肩回交路的站上,使换挂机车的直通列车保证正点。因此,只有行车量很小,换挂机车较少(通过车场的机车在36次以下)或改建困难的单线铁路区段站可缓设或不设机待线。

机待线可采用尽头式或贯通式,以尽头式较安全。机待线的有效长度应根据牵引机车长度和相应的安全距离确定,并应不少于两者相加的数值。参照现行《技规》规定,在尽头线上调车时,距线路终端应有10m的安全距离。贯通式机待线的安全距离,考虑到机车万一越过信号机,事故后果严重,故采用20m。为使机车在机待线上停车方便,并保证机车后部的轮对不影响有关信号和道岔的开通,应尽在机车后部留出5m机动距离。此外,考虑到我国采用内燃或电力牵引的铁路,往往需要与蒸汽牵引混合使用或以蒸汽牵引临时过渡,所以牵引机车长度按目前最长的蒸汽机车控制,即单机采用30m适应性较强。综上所述,单机牵引时机待线的有效长度:尽头式的应采用45m;贯通式的应采用55m。特别困难时也不应少于牵引机车长度加相应的安全距离,即尽头式的不应少于40m,贯通式的不应少于50m。当采用SS_4电力机车牵引时,两节机车长度按33m考虑。

6.3.4 区段站调车作业的主要内容是解编各方向的摘挂和区段列车。调车线的数量,主要决定于区段站的衔接方向数及车流的大小。一般情况下,每一衔接方向不少于1条调车线,其有效长度不短于到发线的有效长度,以便集结各方向的车流。当车流较大,1条调车线不够时,可根据需要相应增加。区段站调车场的容车量,应比同时集结车流的最大辆数大1/4~1/3,这样可保证调车场不致因满线而妨碍调车作业的进行。

6.3.5 影响区段站牵出线设置的因素很多,如有调车作业的多少,解编列车的性质和数量,调车作业方法,货场、岔线的位置和作业量的大小,站内调机的台数和作业分工等,对牵出线的数量和长度都有影响。

为了便利调车作业和不影响其他作业的进行,区段站的调车场两端应各设1条牵出线。其中主要牵出线的有效长度,如按货物列车长度设置,调机牵引整列转线时,因附加制动距离不够,速度受限制,故不应小于到发有效长度;并应满足调车作业通视良好的要求,以保证整列转线的安全和提高作业效率。次要牵出线的有效长度不宜小于到发线有效长度,当调车作业量不大时,可为到发线有效长度的一半,以免多次转线。

根据以往对设置一条牵出线的42个区段站的统计,无解编作业的有7站,占调查总站数的16.7%;有解编作业,改编列车有5列及以下的有14站,占总站数的33.3%,改编列数为5列以上至

7 列的有 5 站,占总站数的 11.9%。以上 3 项共计 26 站,占总站数的 61.9%,改编列数为 7 列以上至 12 列的有 14 站,占总站数的 33.3%,超过 12 列的有 2 站,占总站数的 4.8%。因此,规定以 7 列作为缓设 1 条牵引出线(即只设 1 条牵出线)的界限,与现场反映的情况是相符的,并且留有余地。

6.3.6 横列式区段站各运行方向到发列车的机车出(入)段都集中在到发场和机务段的一端,且为相对方向的列车到发,机车同时出(入)段当 60 次及以上时的机遇较多,如一旦被阻,则影响全站的正常运营。由于该图型为区段站采用的主要图型,故对其作了具体规定。机车出(入)段线有三个作用:主要是为连接车站和机务段机车出(入)段走行或与其他作业建立平行作业;其次,在站分界处提供出(入)段机车一度停车办理登记机车出(入)段时间,无专用机车走行线时,车站需派专人对机车出段填写《出段机车走行径路通知书》;第三,机车在站、段分界处还要排队等待信号出段。常有排在前边的机车,由于列车晚点而让后边的机车先出段的情况出现,此时前边的机车就需进入入段线停留让后边的机车先出段,如只有 1 条出(入)段线,就缺少这种灵活性。

机车同时出(入)段次数与运行图的结构(到、发密度和列车密集到达程度)、单双线以及线路方向数有关。据以往对部分横列式区段站机车同时出(入)段次数统计见表 5。

表 5　车站列车对数与机车同时出(入)段次数统计表

站名	列车对数				机车同时出(入)段次数				可以错开的次数	延误次数	本务机车出(入)段次数	机务段象限	站线方向数	说明
	直通无作业	区段	零摘	小计	客车 出 出	出 人	人 人	小计						
邵武	5	0	2	7	3 0	2	2	4	4	0	28	站对右	2	不含客机
博克图	9	0	2	11	4 2	6	2	10	3	7	44	站同右	2	不含客机
敦化	3	4	4	11	2 4	4	2	10	1	9	54	站对右	2	不含客机
蛟河	3	5	3	12	4 1	6	1	12	4	8	48	站对右	2	客机不入段
扎兰屯	9	0	2	11	4 2	4	2	12	2	10	44	站同右	2	不含客机
浑江	1	14	2	17	1 3	0	1	4	1	3	68	站对并	2	客机不入段
免渡河	11	0	4	15	1 5	2	1	8	5	3	60	站同右	2	客机不入段

表 5 中,博克图和敦化两站货物列车各 11 对,机车同时出(入)段次数各 10 次,而浑江、免渡河货物列车对数分别为 17 对和 15 对,机车同时出(入)段次数分别为 4 和 8 次。货物列车对数少的博克图、敦化比货物列车对数多的浑江、免渡河站,机车同时出(入)段次数还多,这主要是列车密集到达等原因造成的。从表 5 中可以看出,货物列车对数从 11～17,机车同时出(入)段次数为 4～10 次,除去可以错开的次数以外,还有 3～9 次。上述情况说明,区段站在换挂机车的客、货列车到达一定对数后,机车同时出(入)段是难以避免的,故站、段间应设机车出(入)段各 1 条,但有一定数量的机车同时出(入)段次数也不一定必须设 2 条机车出(入)段线。表 5 除浑江站机务段在站对并位置,邵武站为 2 条机车出(入)段线外,其余 5 个站当时均为 1 条机车出(入)段线就是证明。但是又考虑机车走行还受到 1 条机车走行线的限制和由于站场布置原因受列车到、发次数的干扰,缓设 1 条机车出(入)段线的机车次数也不宜过多。自 1975 年以来的运营证明,站段间出(入)段机车每昼夜不足 60 次,可缓设 1 条出(入)段线是比较合理的。当缓设 1 条机车出(入)段线时,站段间仍能保证车站靠机务段端咽喉区规定的平行作业数量,不影响咽喉区的通过能力。但是,缓设的 1 条出(入)段线的位置及进路必须预留,以免出(入)段机车次数超过 60 次时,增设困难;但当远期机车出(入)段次数很

少时也可仅设 1 条。计算上述出(入)段机车次数不包括调车机车在内。另外,出(入)段机车按每昼夜的次数计算,对单机、双机及单机附挂无火机车均能适应。

采用其他图型的机车出(入)段数量可按下列原则确定:一般情况下,客、货纵列式图型可比照横列式图型办理;纵列式图型的到发、调车场一侧,由于列车以相同方向的到发为主,如无第三方向引入时,机车同时出(入)段的机遇相对较少,则可适当提高缓设 1 条出、入段线的机车次数;对一级三场图型,比照横列式编组图型办理。

7　编组站

7.1　一般规定

7.1.1 编组站在路网中是组织车流的据点。为适应国民经济发展的需要,尽快提高铁路的运输效率和输送能力,圆满地完成运输任务,必须加快铁路编组站的建设。

根据编组站在路网中的位置、作用和所承担的作业量,可分为路网性编组站、区域性编组站和地方性编组站。

根据 1992 年统计资料,我国铁路货物平均运程已达 758km,在铁路运量中,平均运程小于 550km 的约占 64.1%,平均运程大于 758km 的约占 31.6%。可见中、短程运输比重还是较大,但远程运输比重在逐步提高。所以在全路编组站中有相当多的数量是主要担任这部分中、短车流组织的区域性和地方性编组站。同时,由于远程车流的增加,而且大部分集中在京沪、京广、京沈、哈大等主要干线上,为组织这部分车流就需设置一定数量的路网性编组站。

路网性编组站是位于路网、枢纽地区的重要地点,承担大量中转车流改编作业,编组大量技术直达和直通列车的大型编组站。它一般衔接 3 个及以上方向或编组 3 个及以上方向列车;编组 2 个及以上去向技术直达列车或技术直达和直通列车去向之和达到 6 个;日均有调中转车达 6000 辆;设有单向纵列式或双向混合式或纵列式的站场,其驼峰设有自动或半自动控制设备。

区域性编组站一般是位于铁路干线交会的重要地点,承担多中转车流改编作业,编组较多的直通和技术直达列车的大中型编组站。它一般衔接 3 个及以上方向或编组 3 个及以上方向列车;编组 3 个及以上去向的技术直达和直通列车;日均有调中转车达 4000 辆;设有单向混合式、纵列式或双向混合式的站场,其驼峰设有半自动或自动控制设备。

地方性编组站一般是位于铁路干支线交会或铁路枢纽地区或大宗车流集散的港口、工业区,承担中转、地方车流改编作业的中小型编组站。它一般为编组 2 个及以上去向的直通和技术直达列车;日均有调车达 2500 辆;设有单向混合式、横列式布置的站场,其驼峰设有半自动或其他控制设备。少量位于枢纽地区的地方性编组站,起着辅助枢纽内主要编组站作用的,即辅助性编组站。

关于我国编组站在路网中的配置情况,铁道部经过多次调整,到 1989 年正式将编组站分为路网性、区域性和地方性三类至今,并于 1990 年核定全路共有编组站 46 个(即下列 1990 年 31 号文),1997 年 10 月及 2001 年 7 月核定全路编组站 49 个。根据铁道部运输局(1990)31 号文颁发的各类编组站的统计如下:全路共 46 个编组站,其中路网性编组站 13 个(哈尔滨、沈阳西、苏家屯、石家庄、丰台西、山海关、济南西、徐州北、南京东、南翔、郑州北、株洲北、襄樊北),区域性编组站 16 个(四平、三间房、南仓、大同、鹰潭东、江岸西、武昌南、衡阳北、广州北、成都东、重庆西、贵阳南、柳州南、兰州西、宝鸡东、西安东)和地方性编组站 17 个(长春、梅河口、通辽、牡丹江、太原北、包头西、蓝村西、昆山门、来舟、济南、新

龙华、怀化南、昆明东、乌鲁木齐西、淮南西、武威南、安康东）。上述各类型编组站站型数量见表6。

表6 各种站型的编组站数量表

编组站类型	站型	数量（个）		比重（%）
		分计	合计	
路网性编组站	单向 纵列式	2	3	4.3
	单向 混合式	1		3.2
	双向 纵列式	5	10	10.9
	双向 混合式	5		10.9
区域性编组站	单向 纵列式	4	12	8.7
	单向 混合式	5		10.9
	单向 横列式	3		6.5
	双向 混合式	4	4	8.7
地方性编组站	单向 混合式	8	12	17.4
	单向 横列式	4		8.7
	双向 混合式	2	5	4.3
	双向 横列式	3		6.5

表6中，路网性编组站中有1个单向混合式站型现正在改造为纵列式站型，这个单向混合式站型的车站日均有调作业车少于6000辆，该站改造后将超过6000辆，亦属大型编组站。区域性编组站中横列式站型3个（其中2个应急工程后改成纵列式和混合式站型），上述这些车站中，日均有调作业车达到4000辆的有13个，3000～4000辆的有3个（其中2个在应急工程后，就超过4000辆），大部分均属大中型编组站。地方性编组站中日均有调作业车达到2500辆的有16个，不到2500辆的仅1个，大部分属中小型编组站。

从表6中可以看出，在全路编组站中单向纵列式、双向纵列式和混合式站型大型编组站有22个，占全路编组站总数的47.8%；单向混合式站型的中型编组站有14个，占全路编组站总数的30.4%；单向横列式和双向横列式站型等小型编组站有10个，占全路编组站总数的21.8%。大型编组站的数量已接近一半，承担了全路编组站总的改编作业的63%，在全路的车流组织中起着极为重要的作用，同时在路网的较大范围内也起到了一定的调节车流的作用。今后，根据国家经济建设要求，路网以及全路编组站的建设规划，还需有计划地新建或改建一些具有现代化装备的规模较大的编组站，以适应铁路运输发展的需要。

影响编组站图型的因素很多，除应考虑编组站在路网中的位置和作用外，尚应根据引入线路数量、作业量及作业性质、工程条件、占用农田和利用既有设备等情况进行选择。编组站从开始建设到基本成型，往往需要经历十多年或更长时间。因此，在决定编组站的规模和选择图型时，不应单纯地把设计年度的作业量及其性质等资料作为唯一的依据，更主要的是应具有前瞻性，充分研究铁路建设的发展趋势，编组站在路网中的地位和作用，力争做到规模适宜，适量储备，适度超前，留有足够的发展余地。

7.1.2 编组站的作业量是随着铁路运量的增长而逐年增长。以全路规模最大的路网性编组站郑州北站为例，1952年日均办理1900车，到1990年日均办理23050车，平均年增长率为6.79%，在这38年中，各个时期的增长速度是不同的。1952年到1961年，随着南北京广和西陇海双线的修建，郑州北站从横列式站型扩建成三级三场纵列式站型，作业量增长很快，办理车数从1900车增加到8700车，年增长率为18.4%；1961年到1971年，作业量则在稳步增长，办理车数从8700车增加到100车，年增长率为4%；从1971年到1979年，作业量增长很慢，办理车数从12900车增加到13950车，其中也有受车站能力限制的原因，年增长率只有1%；从1979年到1990年，随着国民经济迅速发展，车站改建成双向纵列式站型，作业量增长较快，办理车数从13950车增加到23050车，年增长率为4.7%。由此可见，郑州北站作为主要的路网性编组站，作业量增长也经过相当长的时间才达到较高的水平，

其他区域性的中、小型编组站，担任的作业量较小，其增长规律也相对地由小到大，而同样需经历一定的过程。

解放后修建的编组站，虽然建设的年限长短不同，但其共同规律都是从小到大、分阶段发展起来的。属于一次成型的也有，但其规模一般都较小。

编组站应根据运量增长和运营需要，做好分期工程的设计，近远结合，以近为主，统筹规划，分期修建，由于编组站在路网中所处的地位和当地工农业发展情况不同，根据运输需要，编组站本身发展也有快慢之分。因此，在确定分期工程时，要考虑到这些因素。既要避免近期工程完全按远期预留的架子拉开，造成运营不便和增加投资；也要避免单纯考虑近期需要，以致配置不当，造成将来改建时大量拆改和对运营的干扰。

从我国几个大型编组站的建设过程表明，设计时分期工程的安排，对指导编组站建设具有重要的意义。对于近期工程位置的选择，一般以先在调车场位置修建效果较好，位置选择不当，有的造成近期运营不便，以后又产生较大的拆迁和废弃；有的单纯照顾了近期工程而造成将来改建时施工过渡困难或者造成改建迁就既有设备，给运营带来损失；有的则在建成不久便适应不了需要，需再改建等等。因此，必须注意近远结合，使编组站的分阶段发展符合客观实际的需要。

7.1.3 编组站的主要工作是列车解体和编组作业。车辆经过编组站改编后，又重新组成各种列车开出，故编组站有"列车工厂"之称。建设一个编组站，要花费很大的投资和占用大量的土地。因此，首先应在满足通过能力和改编能力、节省工程投资和运营支出的前提下，使编组站有方便的作业过程和较高的作业效率。

1 车站各组成部分工作上协调，可使全站作业能力得到充分发挥，达到最有效地使用设备的目的。

2 车站作业应具有流水性和灵活性。前者主要指大型编组站主要场宜根据需要按到、调、发from向顺序配置，列车解编流水性好；此外，要求每项作业完成后不再重复。后者是考虑车流量会出现不平衡，车流性质在一定范围内还会有所变化，所以进路布置和设备分工等不能规定太死。

3 进路交叉包括列车通过、到发、解编和机车出（入）段等作业进路各自的交叉和相互的交叉。其中列车到发的进路交叉对行车安全及通过能力的影响较大；列车到发进路与解编作业进路间的交叉，对解编作业也产生一定的延误。例如，由于车场正线的配置方式不同，客、货列车到发的进路交叉就不一样，一般情况，正线外包进路交叉较少，正线在一侧交叉较多。当正线采用一侧布置时，因场段等的配置不同，进路交叉也各异。故在配置上做到减少和均衡各咽喉进路交叉，对提高通过能力，推迟和减少疏解工程的投资，都有一定关系。除了减少进路交叉外，对站内各项作业，如列车到发、转线、解编、机车出（入）段、车辆取送等相互的干扰，也要设法减少。例如在咽喉区，各项作业比较集中而繁忙，为了减少彼此的干扰，在布置上应保证一定数量的平行进路。

4 缩短机车、车辆和列车的走行距离和在站停留时间，对节省运营支出和加速机车、车辆周转具有重要意义。根据以往资料统计，车辆的全周转时间中，在途走行时间约占35%，在装卸作业停留时间约占40%，在编组站和区段站中转停留时间约占25%。编组站的布置型式不同，对机车、车辆和列车的走行距离和在站停留时间也有不同影响。例如单向纵列式编组站，顺驼峰方向的改编车流在站内没有多余的走行距离，但反驼峰方向一般要多走行7～8km。双向纵列式编组站，双方向改编车流在站内都没有多余的走行，但折角车流由于重复作业增加了站内的停留时间。小型编组站特别是一级二场的图型，因其布置紧凑，联系方便，作业效率并不低。一级三场图型因为比混合式和纵列式图型增加了转线过程，且转线距离又比一级二场图型长，故其作业指标比其他图型稍差。混合式和纵列式的指标一般差不多，但当混合式采用编发线布置时，效率比较高。所以，当作业量较大，需采

用大、中型编组站时，在布置上也应尽量缩短机车、车辆和列车的走行距离，以提高作业效率，加速机车、车辆周转创造必要的条件。

5 为了提高运营效率和安全程度，减轻作业人员的劳动强度，在编组站的建设中，对采用现代化技术装备应给予足够重视，并在布置上为采用先进的技术装备创造一定的条件。

7.2 编组站图型

7.2.1 编组站图型可分为单向和双向两类，按车场配列不同可分为横列式、混合式和纵列式三种。从本说明表6可以看出，我国目前共有编组站46个，其中单向编组站27个，占总数的58.7%，双向编组站19个，占总数的41.3%，双向编组站一般由单向编组站发展而成。

单向编组站与双向编组站相比，具有设备集中、便于管理、少占用地和节约投资等优点。随着现代化技术装备的发展，提高了单向编组站的作业能力，扩大了适应范围。因此，新建编组站，除工业编组站、港湾编组站等车流条件适合于采用双向图型外，一般因初期运量不大，引入线路不多，以采用单向单溜放编组站为宜。有时由于受地形和车流等条件的影响，也可以用路网上相邻的2个编组站或枢纽内2个单向编组站来代替1个双向编组站。

在既有双向编组站中有3个站（占编组站总数的6.5%）为一级四场站型，这些车站大都是从一级二场发展而成的。实践证明，这种正线中穿的双向站型，增加了折角车流的交换及重复作业，对牵出线解编能力造成浪费；此外，机车出（入）段、本站作业车的取送对正线客、货列车到发的干扰都比较大，咽喉能力也紧张，故不宜作为推荐图型采用。

双向编组站与单向编组站相比，主要优点是双方向改编列车和车辆没有多余的走行，但当折角车流量较大时，重复作业对驼峰解体能力的影响和工程投资的增多是其缺点。此外，双向编组站的维修管理费用和用地比单向编组站为大，但双向图型可节省列车公里运营支出和相应的机车、车辆购置费及货物滞留费。

编组站在一个系统的作业能力可以负担的情况下，采用单向图型还是双向图型有利，可通过技术经济比较决定。如果双向图型多支出的费用小于节省的费用时，则采用双向有利。以换算一次投资来表示如下式：

$$10(B''_普 - B'_普) + (A'' - A') < 10(B_列 - B_折) + (A'_{机辆费} - A''_{机辆费}) \quad (8)$$

式中 $B''_普$——双向图型增加的维修管理费，包括增加的站线和设备维修费以及定员的工资支出（元）；

$B'_普$——单向图型增加的维修管理费，包括增加的正线和设备维修费（元）；

A''——双向图型增加的工程费，包括增加的站线轨道、路基、设备和用地等投资（元）；

A'——单向图型增加的工程费，包括增加的正线轨道、路基、设备、用地和跨线桥等投资（元）；

$B_列$——单向图型多支出的列车公里运营费（元）；

$B_折$——双向图型折角车流重复作业多支出的运营费（元）；

$A'_{机辆费}$——单向图型多支出的机车、车辆购置费和货物滞留费（元）；

$A''_{机辆费}$——双向图型多支出的机车、车辆购置费和货物滞留费（元）。

上式右边所列项目的换算一次投资可用 $A_换$ 来表示，这个数值可以根据不同情况先行计算出来。如果所采用的双向图型增加的工程费和维修管理费小于这个数值时，表示从工程和运营的角度来衡量比采用单向有利。

经计算，在一般情况下，当双向与单向纵列反到、反发比较时，即使采用规模较小的双向对称式二级四场布置，其增加的工程费和维修管理费一般也会较大。因此，除了折角车流比重很小的情况下可以通过具体计算来衡量单、双向图型的采用外，如单向纵列

反到、反发图型能满足能力需要，一般没有必要采用双向图型。

当单向纵列式编组站采用环到、环发时，由于正线线路展长，工程费与运费都增加很多，因此，当反向车流比重较大，折角车流小，地形和用地条件对采用规模较小的双向图型又有利时，经计算，其换算的一次投资（$A_换$）可能大于双向图型增加的维修管理费和工程费。此时，选用编发场发车的双向对称二级式布置，可能会比采用单向纵列环到、环发图型有利。

单向纵列式图型采用双溜放作业时，由于反方向改编车流也大，为了对解编能力不致造成较大影响，反方向到发进路一般考虑环到、环发；同时单向双溜放也有一部分折角车流需要重复作业。因此，正线线路展长和重复作业造成的工程费和运营费支出也很大，如果采用双向纵列式图型，在现阶段的条件下，其增加的工程费和维修管理费可能较小，也就是说，采用双向图型可能比采用单向双溜放图型有利。但如果单、双向图型的驼峰均设有半自动化和自动化设备，而且地形和用地等条件对采用双向图型造成较大困难时，也可以通过具体的技术经济比较来决定是否采用单向双溜放图型。

因此，当双方向改编车流量大、折角车流少且地形条件允许或单向编组站能力满足不了需要时，可采用双向编组站。目前在全路的编组站中，改编车流量大的路网性编组站也以双向站型为多。根据每方向改编车流量的大小，双向编组站两套系统的布置形式和能力可以设计成相同或不相同。当驼峰解体车数超过4500辆，且作业量的增长速度并不太快，经过技术经济比较，也可考虑按单向双溜放的作业方式设计。

确定单向编组站的驼峰方向时，改编车流量及其方向是主要因素。驼峰方向应符合主要改编车流方向，如上、下行方向改编车流量接近，则应照顾重车方向或车流组成比较复杂的方向；至于地形、气象等条件，有时也起一定的作用，故应综合考虑。

7.2.2 一级二场横列式图型的编组站在全路编组站中已很少，但在编组站的发展过程中，有不少是经过一级二场的过渡阶段，建站初期的贵阳南、江岸西、来舟等编组站都有过这样的历程。

考虑到上述的实际情况，故将一级二场图型列入编组站基本图型之内。

一级二场图型的优点是布置紧凑、用地少、工程省、作业灵活、两端牵出线易于协作、便于通过列车的甩挂作业和大组车进行坐编，对发展为其他图型的适应性较大。一级二场编组站的运营指标也较好，有调中时一般为4~6.3h，而其他图型为6.5~7.7h。一级二场图型的缺点是改编车辆在站内的作业行程较长，以有效长度为850m计，约为5.2km；一个方向的货物列车到发与相反方向的旅客列车到发有交叉；此外，解编列转线与列车到发，机车出（入）段有部分交叉。

从图型上看，一级二场编组站与横列式区段站基本相同，当设备配置比较合理，一级二场按两端各设1条牵出线，主要牵出线设小能力驼峰考虑，其解编能力约为2700~3200辆。当牵引定数小或组号多，编组较复杂时，解编能力较低；当空车比重较大或组号少、作业较简单时，则解编能力较高。作为选择图型的条件，一级二场图型一般适用于解编作业量为2300~2700辆的小型编组站。

由于一级二场编组站改编列车的比重较横列式区段站大，因此，一个方向列车到发与另一方向改编列车转线的交叉机会也多一些。为了减少这种交叉，应将车场设在靠主要改编车流顺作业方向一侧。

7.2.3 本条所列的图型简称一级三场。一级三场图型一般是中、小型枢纽的唯一编组站或主要编组站，衔接线路方向多为单线。如果是在大型枢纽，则属于为地区车流服务的编组站。

一级三场图型的到发场分设于调车场两侧，可以使用3~4条牵出线，故能力较一级二场大，并消除了一个方向的货物列车到发与另一方向车列转线的交叉和一个方向的旅客列车通过与另一方向货物列车到发的交叉；与既有一些正线中穿的双向一级四场横

列式编组站相比,由于正线外包和解编作业集中在一个共用的调车场,避免了折角车流的交替和机车出(入)段与正线的干扰,同时,可以减少设备投资和运营支出,当选用一级二场图型不能满足需要时,可根据具体条件,选用这种图型。

一级三场的优点是站坪长度较短,车场较少,管理方便;缺点是解编列车往返转线的距离长。当有效长为850m时,每一改编车在站内的作业行程约5.8km,增加了车辆在站作业的中转时间。从现有一级三场编组站的运营指标看,其调中时也比较大,约在6.8~7.7,个别达到9.5h。此外,当牵引定数大时,向驼峰牵出线转线有时会出现困难。

因此,一级三场可适用于解编作业量不大或站坪长度受到限制,远期无大发展的中、小型编组站。

从解体的作业过程分析,解体和为前后两趟解体车列准备溜放进路及开放信号的总时间约13~16min,这个时间与驼峰调机去到发场将待解车列牵引推上驼峰的总时间大致相等,故当采用2台调机担任解体作业时,驼峰一般不会出现空费时间。单从这方面看,一级三场的解体能力与二级式应无多大差别,但是,一级三场由于到发场分设两侧,到达两侧的解体列车,不可能做到均衡地交错解体,而且,顺方向列车到达和反方向列车出发以及机车出(入)段等作业,对驼峰调机去连挂车列及牵出转线的调车作业的干扰,比二级式图型要大,因此,一级三场的解编能力,实际上仍低于二级式图型。

一级三场编组站如配备小能力驼峰,当驼峰头部使用1台调机实行单推单溜,调车场尾部使用两台调机,解编能力主要受驼峰控制。如果本站作业车不太多,而中转解编作业量较大,为了充分发挥设备能力,尾部牵出线也可以担任一部分解体作业,则解编能力尚可适当提高。当头部和尾部都使用2台调机,实行双推单溜,头部和尾部能力基本上平衡。作为图型选择条件,一级三场可适用于解编作业量为3200~4700辆的编组站。

本条文对一级三场图型提出了双方向改编车流比较均衡的要求,对这点应予足够重视,由于改编列车分别在两侧到发场到发,解编作业分别在两侧相应的牵出线担任,两侧车流平衡,解编能力可以得到充分利用。一级三场编组站衔接方向为单线时,一般可按线路别布置使用,这样可以简化进出站线路布置及疏解。为了平衡两侧牵出线的解编作业量,设计时应结合各衔接方向线路的引入,合理安排两侧到发场的分工。当衔接方向为双线,应按方向别布置使用。按方向别设计时,考虑到阶段时间内可能出现一侧的密集到达或两侧到发的不均衡,为了保证两侧牵出线的作业能均衡地进行,每一方向的到发场和衔接方向的进出站线路,应为相反方向列车到发使用的灵活性。一般可根据需要,在到发场设置一部分双方向使用的线路。

一级三场的改编列车到达后,需由调机向驼峰牵出线转线。由于调机的牵引力不如本务机车,而且启动后要克服较大的曲线阻力和坡道阻力,故向驼峰转线有时会发生困难。现场对这方面的意见反映不少。如果衔接方向的牵引定数较大,设计时对转线条件应予妥善处理。

7.2.4 本条所列的图型简称二级四场,是单向混合式编组站的代表性图型。二级四场图型与一级三场比较,主要是增加了共用的峰前到达场,调机连挂解体车列和推峰作业受改编列车到达和本务机车进段的干扰比一级三场的要少;故能力比一级三场大。由于二级四场图型的到达场与调车场纵列布置,顺驼峰方向改编车流在站内的行程比一级三场有较多的节省。以有效长度为850m计,顺驼峰方向行程可缩短3.9km。虽然反驼峰方向改编车流的行程略有增加,但总的看来,运营效率仍高于一级三场。二级四场编组站的有调中时一般为6.5~7.0h。

二级四场图型的优点是顺、反方向改编列车均在峰前场到达,避免了到达解体列车的转线作业和牵引定数大时转线的困难,与纵列式图型比较,站坪长度较短,可以减少工程量。缺点是编成车

列转线的距离长,调车场尾部牵出线的能力受到一定限制。二级四场图型可适用于解编作业量较大或解编作业量大而地形条件困难的大、中型编组站。当顺方向改编车流较大或顺、反方向改编车流较均衡而顺方向为重车流时,在运营上都是有利的。

根据调查分析,当设置小能力驼峰,头部和尾部都使用2台调机,解编能力受尾部控制。如头部调机协助尾部担任一部分作业,使头尾能力大致平衡,解编能力尚可适当提高。二级四场图型解编作业量的适应范围,一般在4500~5200辆之间(未含驼峰半自动化、自动化和加强尾部编组能力所提高的作业量)。如果解编作业量比这个数字小,而其他条件适合于采用二级四场时,尾部可使用2台调机,头部可以使用1台调机,实行单推单溜。如果解编作业量较大,但地形条件困难,不能选用纵列式图型而采用二级四场时,为提高解编能力,头部可以设置中能力驼峰,此时二级四场的解体能力与纵列式相差不多,但编组能力不足。

为了提高二级四场尾部编组能力,可采取以下各种措施:

1 采用编发线布置,使部分列车直接从编发线出发,减少编成车列向出发场的转线作业,使尾部能力得到提高。

2 调车场尾部设置小能力驼峰。当摘挂列车和多组列车占有相当比重时,可以提高编组效率,必要时还可增设辅助调车场,以提高牵出线的能力。

3 将转场联络线至出发场前面一段设计成下坡,加速转场作业以节省转线时间。

4 增加调车台数。当某台调机进行整备或去货场、岔线取送车时,由顶替的调机担任编组作业,但调机的有效工作时间较短,效率较低。

5 增设牵出线,使用3台调机同时进行编组,但因出发场分设调车场两侧,中间牵出线编成车列的转线与外侧牵出线的编组作业相互干扰,中间牵出线的能力不能充分发挥。

6 将两侧出发场向调车场尾部靠拢布置,尽量缩短成车列的转线距离,这种布置造成出发场部分线路设在曲线上,给车站作业带来不便。

7 调车场按燕尾型布置,使尾部分别与两侧出发场并拢,减少转线距离。这种布置由于每侧牵出线只连通调车场的半边,两侧作业出现不均衡时不能相互支援,作业上缺乏灵活性。此外,当货场及岔线在尾部一侧接轨,增加另一侧转送的麻烦。

在上述各项措施中,以采用编发线最为普遍,一般情况下,可以对顺向改编车流采用部分编发;如果条件合适,也可以采用全部编发。当多组列车和摘挂列车的编组作业量较大时,也可以考虑在调车场尾部设置小能力驼峰。

二级四场图型反驼峰方向改编列车到达按反接峰前场设计。反接时,在出发场出场咽喉对反发及机车出(入)段有干扰,在峰前场的推峰咽喉对反向列车推峰作业有干扰。为反方向列车修建接车环线虽可避免或减少上述干扰,但二级四场的能力受尾部牵出线控制,不受反向出发场咽喉和驼峰控制。修建接车环线须增加约3km的线路和1座跨线桥的工程费用,增加列车走行公里的运营支出及相应的机车、车辆购置费和货物滞留费,而所起的作用并不大。因此,一般不推荐修建接车环线,只有当反向改编车流量很大,对反向出发场和到达场推峰咽喉的交叉干扰严重,并造成对车站解编能力的限制时,方可考虑设置接车环线。

二级四场图型如担当较大的作业量,宜设置穿越驼峰的峰下机走线,以方便机段对侧顺驼峰方向到发列车的机车进、出段。根据分析计算,机走线的最大通过能力可达180台次。按二级四场可担任的最大解作业量另加一定比重的通过车流计算,通过机走线进、出段的机车不超过100台次,故一般情况下可设置1条机走线。当作业量较小或因地形及水文地质条件不合适,设置峰下机走线引起很大工程时,也可考虑不设峰下机走线。目前,我国既有的二级四场编组站设置峰下机走线的不多。不设峰下机走线

时,机车进、出段采用与站内作业进路平交的方式解决。一般情况下,顺向到达解体列车的机车可切到场内推峰咽喉进段或利用到达场的线路从进场咽喉进段;发出列车的机车出段和通过列车的机车进、出段,可切到达场进场咽喉和经由正线。到达场进场咽喉的作业负担不重,顺向正线只走旅客列车和通过列车,行车量较小,故机车进、出段可利用正线。根据运营实践,如顺方向到达列车和出发车都不超过20~25列时,对机车进、出段不会产生延误。

二级四场编组站的尾部一般设置2条牵出线,配备2台调机,分担调车场两侧的编组作业。当顺、反方向的改编车流比较均衡,牵出线的能力可得到充分利用。在采用分散作业的枢纽内,有些二级四场编组站主要担任顺驼峰方向车流的解编,如果作业量较大,顺向一侧牵出线的能力不足而反向一侧牵出线的能力不能充分发挥。在车流条件合适时,顺向采用部分编发线以提高尾部能力是一种措施。如果顺向一侧采用编发线后能力仍然不足,为了使尾部2台调机的作业量均衡,减少相互干扰,可以适当调整调车场线路的使用,使反方向一侧的牵出线分担一部分顺向编组作业,并将顺向一侧的编发线改设在反向一侧;如仍采用出发场,可按反向出发场也担任一部分顺向发车来设计。此时,应增设绕过牵出线的发车通路。

7.2.5 本条所列的图型简称三级三场,是单向纵列式编组站的代表性图型。目前我国中南、华东地区有鹰潭东、衡阳北、柳州南三个纵列式编组站,其中后者属于比较典型的三级三场编组站。

三级三场图型为各衔接方向设置共用的到达、调车和发出3个车场成纵列布置。与二级四场相比,编成车列转到出发场的调车行程较短,而且由于转场作业相互干扰少,调车场尾部根据需要可以多设牵出线,因此整个解编能力得到提高。

三级三场顺驼峰方向改编车流在站内没有多余的行程。以有效长度为850m计,顺驼峰方向改编车辆在站内的作业行程比二级四场约缩短3.9km;但反驼峰方向的改编车流,当采用反到、反发布置时,要往返多走行相当于到达场中心至出发场中心距离的两倍,约为7.2km,比二级四场约多走0.7km。因此,三级三场适用于顺驼峰方向改编车流较强,解编作业量大的大型编组站。

由于到达场与调车场纵列配置,驼峰机车由峰顶到达场进场端连挂列车再推到峰顶这一段时间,少于车列解体时间,所以使用2台调机推峰解体时,除了准备溜放进路和开放信号的间隔时间外,驼峰不会出现空费时间;只有当1台调机进行整备时,另1台按单推作业,才产生空费时间。故一般情况使用2台驼峰调机已可满足能力需要,当解编作业量大,为了保持双推作业不间断,最大限度地发挥驼峰解体能力,可以使用3台调机。根据现场查定的资料分析,当设置中能力驼峰,配备2~3台调机实行双推单溜,调车场尾部使用2台调机时,头部能力大于尾部。由于中能力驼峰峰高较高,不便于协助编组,故编能力受尾部控制,可担任的解编作业量约为6500~6700辆;当尾部使用3台调机,在编组作业不太复杂的情况下,尾部能力大于头部。故解编能力受头部控制,可担任的解编作业量约为7200~8000辆。作为图型的选择条件,三级三场担任的解编作业量一般以6500~8000辆为宜(未含驼峰半自动化、自动化提高的作业量)。

由于三级三场编组站能力较大,为使各部分通过能力协调一致和为行车安全创造条件,反驼峰方向改编列车的到发进路交叉,宜采用立交;当初期行车量不大或发展为双向编组站的时间比较短时,在保证行车安全的前提下(例如,有良好的线路平、纵断面技术条件,必要的安全设施和先进的信号设备等),也可采用平交。

当平交点设在反向正线上而距峰前场较近时,为避免反到列车在信号机外停车后启动困难,需要提前开放信号,故每列反到列车占用平交点的时间较长;同时,由于发车的走行距离较长,每列反发列车占用平交点的时间也较长。因此,按交叉点的能力分析结果,反驼峰方向到发路采用平交时适应的行车量一般为60列

以下,如果布置上能将平交点移到出发场出口端咽喉,使反到和反发列车占用时间缩短,根据现场运营情况,适应的行车量可提高到70~80列。

反驼峰方向改编列车到发进路的引入方式,即采用反到、反发还是环到、环发,可根据反驼峰方向列车到发对驼峰和尾部牵出线能力影响的程度以及工程运营方面的因素,综合研究确定。

当采用反到进路时,为了尽量减少因反到与推峰交叉引起的延误,在咽喉平行进路布置方面,反到与推峰宜做到分线平行作业。关于反到对推峰产生的交叉延误,按一般的概率计算方法和常用的作业指标进行分析的结果,如反到和推峰都作为同等重要进路,即反到与先到推峰产生延误,推峰先开始时反到列车在信号机外停车等待,假使反到列车按最多到达40列计,反到一侧推峰被延误的全部时间也只有30min左右,故在容许反到列车在机外停车等待的情况下,反到对驼峰能力的影响是微小的。

如果将反到作为优先进路考虑,即每次交叉时,不论反到列车是先到或者后到,都应先接车,只能让推峰延误,则反到一侧推峰被延误的时间就稍多一些,其值根据反到所占比重的不同而异。若解体能力以不受反到影响时为80列计,则当反到比重为20%时,推峰被延误的全部时间约为15min,30%时约为40min,40%时约为75min,50%时约为135min。由于三级三场图型适用于顺向改编车流较强的编组站,要求反到比重一般在40%以下,所以,在保证任何情况下反到都优先接车的条件下,反到对驼峰能力的影响也是比较小的。

修建环线不仅增加工程投资,而且增加了列车到发的走行距离,所以一般情况下,当驼峰解体能力可以适应时,仍宜采用反到。当反驼峰方向衔接的线路方向及到发列车数较多时,也应根据驼峰和尾部牵出线的能力分别对待,如能力受驼峰控制,可先修建到达环线。

我国铁路编组站建设,大部分是在分期建设的过程中逐步发展起来的,其中二级四场图型改建为三级式图型为数不少,近年来我国中南地区的江岸西等几个编组站的建设都经历过这样的发展阶段,为此,在结合利用既有机务段和车场股道设备的情况下,根据作业需要也可采用保留原反驼峰方向的出发及通过车场,成三级四场图型。

7.2.6 车列双溜放是指驼峰在同一时间内平行解体2个车列的作业方式。这种作业方式在国外一些单向编组站上得到推广,我国某些编组站也有运用双溜放的经验。

单向编组站按双溜放的作业方式设计时,能大幅度提高驼峰作业能力及到达通过能力,改善车站运营质量指标,压缩车列在到达场的待解停留时间,加快车辆周转和降低运输成本。由于全站作业集中在一个系统办理,可以减少车场和设备的工程投资和相应的维修管理费用,节约用地,并有利于实现车站作业的自动化。与双向图型相比,当衔接方向车流发生变化,顺反方向两套系统便于相互调剂使用。此外,单向双溜放编组站从到达场至出发场大体上要求设计在一面坡的下坡道上,较能适应自然地形坡度的变化。

采用单向双溜放的作业方式时,由于顺、反方向的改编车流都大,为了保证作业的流水性和连续性,并使解编能力有大幅度的提高,一般将到达场、调车场和出发场纵列配置;并将反驼峰方向改编列车的到达进路设计为环到,将出发进路设计为环发或反发。因此,反方向改编列车的行程比双向纵列式图型增加很多。如到发线有效长度为1050m并采用环到、环发,反方向每列改编列车的到发大约需要多走14.6km,同时要相应增加进出站正线和跨线桥的工程费。

在单向双溜放编组站上,折角车流需要交换。折角车流的重复作业会引起驼峰作业能力的损失和运营费用的增加。故采用双溜放作业方式是否比单溜放有利,很大程度取决于折角车流的多少。为了减少双溜放时折角车流的重复作业,首先要合理的设计

驼峰咽喉。

按普通布置形式设计的驼峰，一般有 2 条推送线和 2 条溜放线，有条件进行双溜放，但在双溜放时，折角车辆都须先溜入本侧指定的交换线，然后再拉上驼峰重复解体，折角车流的重复作业对驼峰能力的影响较大。因此，解体能力比单溜放实际上提高不多，而当折角车流比重较大时，其能力甚至还低于单溜放时的水平。

由于单向双溜放编组站的改编作业量大，其驼峰需要设计 3 条或以上的推送线。为了减少折角车流重复作业对驼峰能力的影响，当折角车流比重不大时，可考虑将调车场各半侧里线束相邻的边线作为交换线，并用联络线和中间推送线连通。此时，双溜放在两侧的溜放线办理，需溜入对侧调车场的折角车先溜进本侧交换线，再经联络线反拉上中间推送线的驼峰重复分解，这样，重复作业对两侧驼峰解体作业的影响就较小。

当折角车流数量较大，可根据折角车流的作业需要，将调车场中间的部分线路设计为两侧驼峰溜放线的共用线束，如图 5 所示。按这种示意图布置的驼峰，双溜放通常由两侧驼峰办理，对含有较多折角车流的车列，也可利用中间驼峰实行单溜放。由两侧驼峰同时溜放的 2 个车列中，到达对侧去向的折角车辆，可以直接溜入共用线束的对侧线路。对折角车流中车流强度较大的组号，在共用线束中宜固定线路；也可与对侧同一组号的车流合并在共用线束中使用。在双溜放连续作业过程中，同时溜往共同中间线束对侧去向的钩车在时间上不能错开时，前行的钩车可直接溜入该去向的线路，后行的钩车则先溜入设在本侧调车场外侧的交换线。在交换线集结一定数量的车辆后，再经迂回线转上驼峰重复解体。采用这种作业方法，溜放时敌对进路的保护要靠道岔自动控制装置中设置溜放线与共用中间线束必要的联锁来保证。由于绝大部分折角车辆都不会同时经由敌对进路溜行（根据概率乘法定理，如折角车流的比重为 20%，则折角钩车同时占用敌对进路溜放的概率为 4%），所以，车辆重复作业数量在这种驼峰布置图中将会大大减少。

设置共用中间线束除了能减少折角车流的重复作业外，当顺、反方向车流量出现较大的波动时，还可利用共用中间线束来调节调车场顺、反方向的线路使用。

单向编组站采用双溜放的作业方式，其解体能力与顺、反方向改编车流比例、折角车流比重和驼峰布置形式等因素都有关系。根据分析计算，当顺、反方向车流比例为 1:0.7～1:1，折角车流比重为 0.2～0.1，如采用较合理的双溜放布置形式，解体能力（不包括重复作业量）比单溜放约可提高 45%～80%，一般可担任的解体作业量约为 5800～7200 辆（驼峰自动化、半自动化还可提高部分作业量）。在这种情况下，要求尾部设置相应数量的牵出线以保证编组能力与解体能力相适应。至于调车场尾部的布置，例如，咽喉区是按线束连接呈梭形布置还是按分开式的燕尾形布置，是否增设辅助驼峰用于办理摘挂列车作业和部分或全部地分担交换车辆的重复作业，都应在满足驼峰能力要求的前提下，根据技术经济比较和当地条件来决定。

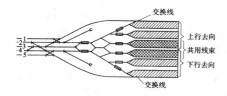

图 5　双溜放驼峰调车场头部布置方案示意图

7.2.7　本条所列的图型简称双向二级六场。双向二级六场是作为双向图型中两系统都采用二级式布置的代表性图型。目前全路 11 个双向二级式编组站中，两套系统都是二级式的有 8 个（其中二级六场站型 2 个）；一套系统为二级式，另一系统为一级式的 2 个；一套系统为二级式，另一系统为三级式的 1 个。其中 5 个属于

路网性编组站，4 个属于区域性编组站，2 个属于地方性编组站。

双向二级六场是双方向均为到达场与调车场纵列、出发场及通过车场在调车场外侧横列的双向布置图。为了消除调车场尾部牵出线都向一侧转股造成对编组能力的影响，可在调车场内设置编发线群，使部分或全部自编列车能从调车场直接发车。在现有的双向编组站中，按二级式布置的调车系统，大多数都不设出发场而采用编发线发车，这对提高尾部编组能力、减少改编车辆在站内的作业行程和加速车辆周转，都有较明显的效果。因此，在选用这种图型时，如果车流条件合适，可将改编列车的出发全部或部分在编发线办理，即设计成双向二级四场或二级五场图型。

与单向纵列式图型相比，本图型的主要优点是解编能力较大，两方向的改编车流在站内的作业行程较短，通过列车的成组甩挂比较方便；主要缺点是增加工程投资和折角车流的重复作业以及维修管理方面的运营支出。

在设计中，当既有单向二级四场编组站解编作业量大幅度增加，上、下行改编车流的比例又较接近（例如为 4:6 或 5:5），折角车流在总改编车流中的比重较小（例如，不大于 15% 左右）时，经过相应的技术经济比较，认为发展成单向纵列式并不有利时，可采用本图型。此外，对于为大工业企业或港湾服务的工业、港湾编组站，其特点是双方向改编车流均较大，但折角车流甚小，车流性质有利于采用编发线发车；同时，一般多位于厂前区、港前区和城市边缘，站坪长度容易受到限制，采用本图型较为有利。

双向二级六场图型一般每套系统的驼峰均设有半自动、自动或机械化控制设备，采用双推单溜方式，尾部设 2 条牵出线，一般情况下可担任的解编作业量（包括折角车流的重复作业量）约为 9000～10000 辆，如果均采取编发等提高尾部编组能力的措施，担任的解编作业量约可提高至 12000～14000 辆（包括折角车流的重复作业量）。

因此，双向二级六场图型一般适用于双方向解编作业量均较大或解编作业量均大而地形条件受限制、且折角车流较小的大型编组站。

若一个方向的改编车流量较小，根据实际需要，次要的系统也可采用到发场与调车场横列的配置作为过渡。此时，到发场可设在调车场外侧，调车场头部设小能力驼峰，两套系统的调车场均按部分编发设计。如果次要系统通过列车很多，折角车流又极少时，也可将次要系统的调车场设在到发场外侧，这样布置，虽然折角车流交换的径路不太顺且产生与列车到发的进路交叉，但改善了本务机车出（入）段的条件。

当两系统均采用全部编发时，编发线宜固定在调车场靠外侧的线束。如有必要，也可以在调车场两侧的线束中设置编发线，使改编列车能从两侧发车，以减少对牵出线的作业干扰。如果通过列车较少，可不设单独的通过车场，通过列车的作业改在到达场办理。

双向二级六场图型如果是由单向二级四场发展而成，其机务段多位于原有到达场的一侧，车辆段则位于既有调车场的尾部。由于原有单向图型的驼峰方向多属重车方向，改建为双向图型后，将不利于照顾空车方向车辆的扣修，故如果原来未设车辆段的话，新建的车辆段可以布置在新增系统的调车场尾部，与原有的机务段设在车站的一端。

7.2.8　本条所列的图型简称双向三级六场。双向三级六场是双向纵列式编组站的代表性图型，也是规模及能力最大的图型。目前，已建成双向纵列式编组站有 5 个，都属于路网性编组站。

本图型双方向均为到达场、调车场和出发场纵列配置，双方向改编车流在站内没有多余的作业行程。由于双方向各有一套独立的系统，可以减少相互间在列车到发、机车进（出）段以及调车作业的交叉干扰。如果双方向均装备有强大的调车设备时，具有很大的解编能力。当编组站衔接的线路方向较多，采用这种图型还有利于减少进出站线路的布置和疏解的复杂性。双向三级六场图型

的主要优点是两个方向作业流水性都很好、进路交叉少、具有强大的通过能力和改编能力；主要缺点是工程费用高、占地面积大、车站定员多和折角车流需要重复作业。

本图型如每套系统的驼峰均设置自动化或半自动化控制设备，使用2～3台调机，按双推单溜作业，调车场尾部设置3条牵出线，一般情况下可担任的解编作业量（包括折角车流重复作业量）约为14000～20000辆。如果采取增设辅助调车场等提高尾部编组能力的措施，担任的解编作业量可提高至约20000～22000辆（包括折角车流的重复作业量）。

当路网性编组站按合理的编组分工需担负很大的解编作业量，而且上下行改编车流量比较均衡，其他图型又担当不了，地形条件又不受限制时，可采用双向三级六场图型。但是这种图型与其他双向图型一样折角车流需要重复作业，因此，在设计车站和线路疏解布置时应尽量减少折角车流的数量，以利车站作业和提高实际的解编能力。

为了节省用地，必要时可将一套或两套系统的中轴线设在折线上，一般在车场的头部或尾部偏转一个角度，使布置尽量紧凑。采用双向三级六场图型的编组站，一般都是路网中组织远程车流的主要据点，在总图规划时，已按双向图型预留。因此，按比较合理的布置发展为最终的双向三级六场图型一般不会有什么困难。但如果既有编组为三级三场并设有反到、反发的立交疏解线路，要扩建成双向纵列式图型就比较费事。此时，原有跨线桥可考虑改作转场联络线和机车进、出段走行线疏解之用。若跨线桥位置不合适或由于利用原有立交疏解设备造成整个车站占地过多，也可以废弃，使两套系统布置紧凑。

双向三级六场图型如果近期即按双向设计，机务段以设在重车方向的到达场一侧为宜，车辆段也有条件设在空车方向的调车场尾部。若由单向编组站改建而成，机务段一般是设在重车方向出发场的一端，车辆段往往也是设在重车方向调车场的尾部，这样对双向编组站图型来说，扣修车的取送不很方便。因此，在设计双向三级六场编组站时，如近期采用单向纵列式图型，且过渡时间较短，此时，机务段和车辆段的位置可按双向图型的合理位置来考虑。

7.2.9 编发线是指调车场内用于车流集结、编组又兼发车的线路。在条件适合时，采用编发线可以减轻牵出线的作业负担，加速车辆周转。目前，有许多横列式编组站在调车场内设有编发线，供一部分列车发车使用。混合式编组站设置编发线的更多，有的是部分列车从编发线发车，有的是全部。

根据以往调查资料，到达场和调车场纵列配置的编组站（包括双向编组站中的一套系统），其中顺驼峰方向不设出发场，全部改编列车由编发线发出的，约占这种编组站总数的一半；部分由编发线出发的约占20%。

二级式编组站采用编发线布置较多的原因，主要是由于尾部牵出线的编组能力低于驼峰解体能力，设置编发线以后，免去了车列转线的调车作业，因而减轻了尾部牵出线的负担。按有效长度为850m计，当由出发场发车时，调机将车列牵出转到出发场再返回的时间共约15～17min；采用编发线时，挂本务机车及发车时间共约10min，占用尾部咽喉的时间比转线发车占用尾部调机的时间要少。而且，挂本务机车及发车对尾部调机编组作业的干扰，不是每次都会出现。根据有关站的能力查定资料，对编组作业有干扰的挂机及发车次数，约占全部发车次数的30%。因此，尾部牵出线的能力得到提高。根据对5个顺驼峰方向全部编发的二级式编组站的调查，调车场尾部配1台调机，编组能力都在2000辆左右。

关于采用编发线的车流特点，根据对调查的4个顺向大运转出发全部在编发线办理的二级式编组站，其情况见表7。

表7中数字表明，顺向出发全部在编发线办理的二级式编组站，车流量在200辆以上的组号占大多数，而其中又以301～400

辆的组号较多。在上述4个二级式编组站中，除了担任直货组号之外，有些还有排空列车的编发，空车车辆都达300～600辆。这些情况说明，在采用编发线的组号中，车流量大的组号占大多数。

表7　顺向出发全部在编发线办理的二级式编组站车流统计表

项　　目	各种车流量的组号所占的比重				
	100辆以下	100～200辆	201～300辆	301～400辆	400辆以上
顺向出发全部在编发线办理的二级式编组站（4站18个顺向直货组号）	16%	16%	21%	37%	10%

此外，在部分采用编发线发车的编组站中，针对车流大的编组去向采用编发线就更为明显。如调查的几个编组站，按采用编发线的组号统计，车流量在400～500辆的组号约占1/3，500辆以上的约占2/3。

使用编发线作业的车流，很多是属于单组列车的车流。这些车流每个组号通常使用2条线路。由于列车的编组作业简单，编组时间短，虽然增加了出发技术作业时间，但线路总的占用时间不多。在编组和办理出发作业的时间内，续溜可以进入另一线路继续集结，对线路使用影响不大，而可减少转场发出的作业，有利于加速车辆周转和提高尾部能力。如果多组列车占有较大比重，使用编发线虽然可以提高尾部能力，但因每一组号的车流量少，不能每个组号配备2条线路使用，造成续溜车借线反钩作业增加，又降低了驼峰的能力。从提高整个解编能力的要求来看，其效果要差些。因此，提出车流较大而组号单一这个条件，此时既不降低驼峰能力，又使尾部能够协调。对双向编组站的二级式系统来说，车流条件合适时采用编发线最为有效。

此外，对到达枢纽的地方车流，因为是由编组站编开小运转列车，编组作业也比较简单，隔离车和关门车的编组要求也比较低，牵引定数和运行线的安排，可以根据车流集结情况，灵活掌握，而且一般不进行车检作业。所以，集结、编组和出发作业的时间也短，转场发车更无必要，故采用编发线能够适应小运转作业简单和车辆周转快的特点。

衔接线路去向的多少，对编发线的布置也有影响。去向多，为减少干扰，编发线须按去向加以固定，发车一端咽喉也要保证各方向编组和发车同时进行，必然使尾部布置复杂。相反，去向少，干扰也少，尾部布置也较简单。根据现有二级式编发场尾部的布置，大部分是衔接1条线路。因此，衔接线路少，也是考虑采用编发线的一个条件。

在编发场办理出发作业，虽然并不需要把所有线路都作为编发线使用，而只是固定其中部分线路，但给列检作业仍带来一定困难。为防止驼峰溜下的车辆误入车列编成的线路，在信号联锁方面虽可采取措施，但列检人员穿越线路仍感不便。所以，从作业安全出发，要求编发线最好集中设置，同时要求编发场内的调车作业简单，以减少对列检和出发的干扰。

当到达场和调车场采用纵列配置，顺驼峰方向改编车流较大而组号简单或主要为枢纽小运转车流并且衔接的发车方向较少时，则二级式调车系统顺驼峰方向可不另设出发场，采用顺向列车全部由编发线发出的布置，则单向二级四场图型若变为二级三场，如为双向图型中的某一系统，就成为二级二场的布置形式。采用这些布置形式的编组站，其优点是车辆周转较快，尾部能力得到提高。这些车站有调中时比二级四场的少；以中转作业为主的编组站，一般为5.8～6.4h；以地区小运转作业为主的调车系统，有调中时更少，一般为2.6～3h，而二级四场一般为6.5～7h。此外，顺向不设出发场的二级式编组站，工程投资和运营费用也比较节省，但其缺点是列检作业不方便，站线储备能力相对也小一些。由于采用编发线需要增加调车场的线路数量，相应加大调速设备的投资，故在编组站驼峰设置自动化、半自动化控制设备时，需经技术经济比较确定是否采用编发线。

至于反驼峰方向设置编发线的问题，由于驼峰溜放与发车同时作业，不仅安全性较差、影响解体效率，还由于溜车距离长而影响驼峰高度及调车场线路平面设计困难等缺点，故目前均不采用。

二级式编组站如果不适宜于将顺向列车的出发全部由编发线办理时，也可以根据需要仅为部分列车设置编发线。这些编发线一般是供开行单组列车的一、二个车流量大的组号使用或为开行小运转列车的车流使用。一级式编组站的改编作业量不大，两头牵出线的能力比较容易平衡，一般不设编发线，如为部分列车使用，采用编发线的车流条件和二级式编组站基本相同。

7.3 主要设备配置

7.3.1 编组站内客、货共用的正线，是指客、货列车共线进出编组站的运行线，当货物列车全部进入编组站后，则是指客车通过的运行线，不包括因枢纽布局形成的客、货列车分线运行时的客车运行正线，因该运行正线的位置与编组站无直接关系。

编组站内通过正线的布置形式，可分为一侧式、中穿式和外包式。正线布置对列车运行及编组站作业条件有着密切的关系。布置形式的选择，应根据客、货列车行车量、客运站位置、货场和岔线的衔接以及编组站采用的图型等因素确定。

一级二场编组站的正线均设在车场的一侧，不存在其他布置形式。一级四场编组站，其正线多为中穿式，两侧设到发和调车场，这是由于利用既有设备而形成的，这种布置，正线虽然顺直，但上、下行两条正线的行车与两侧转场车的取送作业及机车出（入）段都存在交叉，设备使用方面的互换性和机动性较差，对车站作业不利。因此，只有在改建时，在其作业能力允许的前提下，为充分利用既有设备，节省工程投资，方可采用。

在双线铁路上，对横列式、单向混合式或纵列式图型的编组站，当正线采用外包式时，主要优点是客车通过和站内作业完全分开，双方向客、货列车运行经路互不交叉，当客、货纵列配置时，不需要立体疏解布置。主要缺点是上、下行正线分开，需设单独路基，相对增加了工程量，正线的线型也不好，且不利于在编组站一侧并列设置客运设施，当编组站的一侧衔接有货场和岔线时，取送车作业与正线交叉。因此，如客、货纵列配置，且通过客车速度不高，只有作业量较少的货场和岔线衔接于编组站或货场和岔线不直接在编组站上接轨时，采用正线外包的布置方式较好。

在双线铁路上，正线设于一侧的布置形式的主要优点是正线的线型可较好，且有利于客运设备的集中设置和客运工作的管理。当正线对侧衔接有货场和岔线时，取送作业与正线行车无干扰，由于两正线共用路基，工程量较少。主要缺点是相对方向客、货列车到发进路有交叉，必要时需增设立体疏解。因此，当客运站与编组站并列配置，有较大作业量的货场和岔线在正线对侧衔接，通行快速旅客列车时，则以采用正线一侧式的布置较合适。

在编组站范围的正线上，根据旅客乘车和铁路职工通勤（通学）的需要，可设置供旅客列车和通勤列车停靠的旅客乘降所。在车场布置比较分散的大型编组站上，通勤列车尚可在上、下车职工较多的场、段附近停靠，并设置供职工上、下车用的站台。

7.3.2 通过车场主要供通过列车更换机车、车辆技术检查和成组甩挂作业之用。其位置应根据通过列车运行顺直，机车出（入）段便捷，甩挂作业方便，对编组站作业干扰少，保证车站作业灵活和节省列检定员及设备等要求，综合研究决定。

通过车场的位置，对于横列式编组站，只能设在到发场；对混合式和纵列式编组站，则有几个位置：如通过车场设在出发场，主要优点是甩挂作业比设在到达场便利，特别是加挂车组时，如通过车场设在峰前到达场，反拉上峰困难。混合式的通过车场设在出发场作业灵活，可以使用驼峰调机或尾部牵出线调机，互相协作；纵列式如驼峰能力较尾部小，通过车场设在出发场，可利用尾部调机作业，对驼峰能力无影响。此外，混合式编组站的机务设备一般设在到达场顺驼峰方向的右侧；纵列式编组站的机务设备，为照顾

出段挂头方便，一般设在出发场一侧，对通过列车本务机车出（入）段都较便捷。

当通过列车不多时，可不单独设置通过车场。此时，通过列车作业可在上述的相应车场办理。这样可充分发挥到发线的使用效率，且可节省工程投资和列检定员及设备，行车人员也可相应减少。

当需要设置单独的通过车场时，为了适应车流性质的变化和列车到发出现不平衡，对通过车场与其旁侧的到达场、到发场或出发场应考虑其线路在互相调剂使用上具有较大的灵活性。在进路布置及咽喉设计方面，当通过车场位于到达场旁侧时，通过车场所有到发线应能通向驼峰，以便到达改编列车能够使用；在到达场内，应尽量做到有较多的线路能接发通过列车。当通过车场位于出发场旁侧时，通过车场所有到发线应能经编组牵出线通向该方向的调车线，以便自编列车能利用通过车场发车；在出发场内，也应做到有较多的线路能办理通过列车的到发。当通过车场位于到发场旁侧时，进路布置及咽喉设计可比照上述要求办理。

如通过列车有换重或车组交换等作业，根据需要可在通过车场设置附加线路和牵出线。

7.3.3 调车场尾部和驼峰之间设备能力的协调，是充分发挥编组站改编能力的关键。采用调车进路集中控制、设置带迂回线的小能力驼峰、设置箭翎线或修建辅助调车场等都是加强尾部能力的有效措施。

平面调车进路集中设备，具有能确保调车作业安全、提高平面调车效率（压缩钩分、减少作业联系时间、提高调机牵引速度和减少岔前折返时间）、节省行车定员、减轻劳动强度和便于集中管理等优点，但工程投资较大，故可根据需要采用这种设备。

在编组站编组的直达、直通和区段列车中，多数是单组列车和双组列车，也有小部分是3个或以上组号的多组列车；此外，编组站还编组摘挂列车和发往枢纽地区的小运转列车等，这些列车多属多组列车。列车性质不同，编组作业的方法也不同。单组列车的编组作业简单，尾部调机只需把集结满轴的车组连挂成列，即可转至出发场。双组列车也只将集结在2条调车线的车组合并或分步转至出发场，编组作业也较简单。

摘挂列车和小运转列车的编组作业最为复杂。在编组过程中，需要把按区段去向或枢纽地区去向集结好的车组由尾部调机牵出重新解体，再将车组依站顺各卸车地点逐一连挂，方能把一列车编完。这种列车的编组时间较长。

因此，当多组列车、摘挂列车和枢纽小运转列车的编组作业量较大时，为加速这些列车的编组，提高牵出线的作业效率，可在调车尾部选择与相应线束连接的牵出线设置小能力驼峰；并在驼峰旁边设置迂回线，以避免编组时车列要经驼峰反牵的困难。

使用尾部牵出线设置的小能力驼峰来完成上述列车的编组作业，虽然可以提高尾部能力，但这种作业方法需利用一部分调车线的末端来临时存放和整理待编车辆，当摘挂列车较多时，经常占用多条调车线的末端来办理这种列车的编组作业，会影响调车线上集结的其他列车及时地向出发场转线。所以，当编组上述列车的调车作业量很大，尾部牵出线的能力仍不足、调车线数量受限制时，则可考虑增设辅助调车场或在调车线内或其头部附近设置箭翎线等设备。

7.3.4 为增加编组站作业的灵活性，应根据图型的具体条件使调车场的部分线路接通正线，这主要是考虑当停放装载危险货物的车辆发生重大事故危及车站安全时，可由调车线向站外转移这些车辆或在非电气化区段有从调车场直接发车的可能。

7.3.5 由于编发线是调车场内用于车流集结、编组，又兼作发车的线路，几项作业集中一处进行，因此，编发线应在调车场靠旁侧的线束集中设置，以避免行车和列检人员穿越调车线。在编发线的头部（最好是警冲标外方）设置为行车、列检人员和列检工具小车跨越线路的平过道。

调车线上采用铁鞋制动时,可在编发线出口端设置脱鞋器。必要时,可在相邻调车线的尾部加设止轮器,以防止编发线发车时,邻线溜放车辆撞入。

为减少编发线上本务机车连挂列车和列车出发与调车作业的干扰,故其出场咽喉可适当增加平行进路。

7.3.6 调车场尾部的作业,主要是按编组计划要求编组列车和向出发场转线,调车场与出发场间的连接线应和调车场束或尾部调机数量相适应,通常为 3~4 条,以保证尾部的作业平行进行。

调车场尾部的调车作业,除编组摘挂列车时须整列牵出外,编组直达、直通和区段列车都无须整列牵出。在这些列车当中,以编组双组列车时牵出车组的长度较长,最长可达半个列车。据统计,在现有的纵列式编组站中,双组列车使用的调车线不超过总调车线数的一半,一般约占 1/3。因此,调车场与出发场纵列配置时,可考虑调车场每侧约半数线路可按 1 个线束(择其最长者)尾部道岔至出发场进场咽喉最外道岔之间能具有到发线有效长度一半的长度,以满足一般调车作业的需要,并宜按近期工程规模设计。此时,除编组摘挂列车仍需占用出发场进场咽喉外,主要的列车编组作业及转线与出发场的列车到发都互不干扰。

另外,由于小组车向大组车并列牵出的车列长度较短,因此,在困难条件下,调车场与出发场的纵向间隔可适当缩短,直至由调车场尾部最外道岔至出发场进场端最外道岔之间留出 50m 的无岔区段。此时,编组牵出线要进入出发场,虽增加了出发场的宽度,但能减少反发列车的走行距离,因此,当编成的反发列车较多、站坪长度受限制而出发场的场地宽度也可采用。两场间隔 50m 是为编尾调机转线不进入出发场的保护区段。

7.3.7 由于双向编组站上、下行车流的解编作业是在两套系统中分别进行,折角车流需互相交换,故在设计时应设置折角车流从一套系统转到另一套系统的设备。当折角车流较少时,根据车场的配置,一般设置由一套系统的调车场(内侧部分线路)通到另一系统的到达场的联络线。在两套系统之间设置这种转场联络线,对折角车流的交换比较便捷。当某方向折角车流量较大时,为减轻对驼峰作业的干扰,根据需要可增设从相应系统的出发场转到另一系统到达场的回转线。根据具体条件,还可在两套系统之间设置交换场,以提高主调车线的使用效率。

为减少折角车流的交换,当日常运营工作考虑灵活接发车时,回转线与有关进路结合,用于反方向接车或反方向发车,此时,回转线既是折角车流的转场设备,又是接发车进路。

对于主要的折角车流方向,有条件时也可结合进出站线路布置,将某些线路改成双方向使用,以便相应方向的一套系统也能接进或发出反方向列车。这样仅在信号设备方面增加少量投资,而为减少折角车流的交换作业提供了条件。

当折角车流量较大且在车流组织中要求有关的一套系统有灵活接、发车的条件时,可在进出站线路布置方面,根据具体条件,适当增设疏解线,使相应的一套系统能接进反方向列车和将折角车流数量较大的组号单独集结,编组发往反方向。

对双向编组站,特别是重要的路网性编组站,采取上述灵活使用的进出站疏解线路来减少折角车流的重复作业,对提高编组解编能力和作业效率有显著作用。因此,在设计中得到广泛运用。

7.3.8 机务段是为各方向到发列车的本务机车和站内调机进行整备与检修的基地。机务段位置应根据编组站主要车场的配置,结合地形、地质和风向等条件研究确定。在选择机务段位置时,尚应考虑机车出(入)段与站内作业的干扰少、机车走行距离短、少占农田、节约用地和不妨碍车场的发展。

一级二场横列式编组站的机务段位置,其选择要求与横列式区段站相同,一般设在站房对侧的右端,与到发场纵向配置。一级三场横列式编组站的机务段,宜设在列车到发较多的到发场一端。如两侧到发场的列车到发基本平衡,考虑到有利于发展为单向混合式,机务段以设在驼峰一端为好。

单向混合式编组站的机务段,通常有布置在到达场两侧或调车场尾部牵出线两侧这四种方案。前两方案的机车出(入)段走行距离较短,有利于利用驼峰标高较高的条件修建峰下机走线,以减少站内机车出(入)段进路与其他作业进路的交叉,机车走行线较短,工程费较省。后两方案的机务段位置,必然使机车走行线与调车场尾部和出发场之间的联络线交叉,对编成车列转线不利。因此,前面两种布置方案较优。

从机车出(入)段的走行距离来看,单向混合式图型的机务段设在到达场任何一侧大体上相同,但机车出(入)段与列车到发的交叉情况不一样。由于单向混合式图型的能力主要受尾部牵出线能力控制,并非由车场咽喉能力控制,所以对机务段的位置,还应结合其他条件在到达场两侧进行选择。考虑到反向通过列车一般较多,并有利于向纵列式图型发展,为了通过列车换挂本务机车的方便和符合将来纵列式图型对机务段位置的要求,机务段宜设在到达场反驼峰方向一侧。

单向纵列式图型的通过车场宜设于出发场旁侧,机务段设在出发场反驼峰方向的一侧时,根据分析计算,反方向进出站线路布置无论采用反到反发,环到反发或环到环发,在顺、反方向改编列车不同比例以及改编列车和通过列车不同组合的条件下,机车出(入)段的走行距离和对站内作业的交叉干扰都较小。如果通过车场位于到达场旁侧,机务段的位置则以设在到达场旁驼峰方向的一侧为好,此位置还与发展为双向纵列式图型时机务段的有利位置相符。因此,单向纵列式编组站的机务段宜设在到发较为集中的出发场或到达场旁驼峰方向一侧。

当单向纵列式图型按环到环发(或反发)布置时,如通过车场位于出发场旁侧,从机车出(入)段走行距离和对站内作业的交叉干扰来衡量,机务段设在调车场反驼峰方向一侧也是有利的,特别是对环到或环发,这个位置的机车出(入)段对站内作业的交叉干扰最少,但其缺点是占地过多,不利于发展为双向图型。因此,当单向纵列式编组站双方向的作业量虽大但不考虑发展为双向图型,而采用双溜放的布置时,可将机务段设于调车场旁反驼峰方向一侧。

在双向编组站上,一般将机务段设在两套系统之间,并避开线路较多的调车场,靠近车流较大的出发场及通过车场一端。机务段设在这一端,本务机车出(入)段总的走行距离最少;而且能照顾到主要方向通过列车机车换挂的方便。当双向纵列式编组站是单向纵列式发展而成时,近期先上的单向系统,其驼峰方向一般与重车方向相同,顺驼峰方向的改编车流较大;而远期扩建的第二套系统,相应的属于轻车方向,改编车流较小,但通过车流的比重则比原有系统的大。当机务段位置按照发展为双向图型来考虑时,近期单向系统的机务段宜放在到达场一端。由于通过车场一般位于出发场一侧,机务段位置对近期图型来说是不利的。因此,对双向图型的机务段位置,还应结合近、远期发展的需要来考虑。为了减少编组站另一端到发列车的本务机车出(入)段走行距离,当另一端出(入)段机车数量较大或当作业能力需要时,可在另一端设第二套整备设备。

7.3.9 车辆段主要担负车辆的段修、较大修理的临修以及维修保养段管范围内的设备机具等任务。关于车辆段在编组站中的位置,根据对我国 20 个单向编组站的调查,只有 2 个站的车辆段是夹在调车场尾部和到发场之间。这种布置尽管取送车距离比较近,但现场不受欢迎,其缺点是不利于站、段发展;妨碍尾部调车视线,影响调车作业;有的还因增宽了两场间距,造成转线距离加长并使到发场进口一端成为曲线形布置,给到发场的接发车作业带来不便。其余编组站的车辆段,都没有设在上述的位置。有的单向编组站车辆段设于调车场尾部牵出线旁边的正线外方,这种布置克服了上述布置的缺点。由于车辆段一般每天只有 1~2 次取送作业,正线行车与取送车的干扰并不大。

综上所述,编组站如有车辆段时,其位置应根据不妨碍站、段发展，方便编组站作业和车辆段取送车的要求设置。为便于车辆扣修，车辆段应设在编组站有较多空车方向的一侧，并与调车场有方便的联系。一般情况下，单向纵列式编组站的车辆段，可设在调车场尾部的一侧或调车场旁侧。单向混合式编组站和一级三场横列式编组站的车辆段，不宜夹在调车场与出发场或到发场之间，根据具体情况，可设在调车场尾部牵出线一侧或设在调车场尾部附近正线的外侧。双向编组站的车辆段，应设在两套系统之间，并靠近空车方向系统的调车场尾部。

站修所主要承担摘车临修、车辆制动检查、轴箱检查与车辆走行部清扫注油等作业。站修所宜设在调车场尾部附近，并应与驼峰和车辆段有方便的通路。

当编组站上同时设有车辆段和站修所且有条件时，为便于部分设备的共用，可合设一处。

7.3.10 目前我国运送易腐货物的车辆有机械保温车和冰箱保温车两类。在运行途中，前者需进行加油，后者需进行加冰。在编组站上，如需为中转的保温车加冰或加油时，应设置加冰所或加油点。加冰所或加油点的位置应保证与车站的相互发展不受限制，接发车和取送车时不致干扰站内主要作业，此外，还应结合地形、地质和水源等条件研究决定。

单向编组站以加冰作业以通过列车为主时，加冰所一般设在主要加冰方向的通过车场一侧，若需要加冰的保温车大部分要改编时，加冰所宜靠近调车场以方便取送作业。双向编组站双方向均有通过列车和改编车辆加冰时，加冰所应设于两套系统之间，以便上、下行共用。

机械保温车的中途加油作业，一般情况可根据编入列车的性质在相应的到达场、到发场或出发场的边线上办理，这样便于加油作业与列检作业同时进行。由于机械保温车组中只有柴油发电车需要加油，工作量不大，故目前多使用加油汽车进行加油。为方便加油汽车行驶，应在边线的外侧设置汽车通路。

至于专为始发保温车加冰的加冰所，应与装车地点有方便的联系，一般不设在编组站而设在易腐货物装车作业比较集中的货运站（或货场）上。

7.3.11 车辆在运行途中或在站作业造成技术状态或装载情况不良，经技术检查或商务检查不能继续运行而需进行整、换装时，应根据作业量和当地条件设置整、换装设备。

根据调查，编组站整、换装作业量比较小，而且并非每天都产生，如在编组站内设专门的设备和装卸定员，使用效率不高，故送往就近的货场办理比较适合。因此，一般情况下如作业量不超过10辆，就近又有货场设备可以利用时，在编组站可不设专用的整、换装设备。

对作业量大的车站，为加速车辆周转，在站内设置配有装卸机械的整、换装站台和配线比较合适。

整、换装设备在编组站内的设置位置，除考虑整、换装本身作业的方便外，尚需考虑车辆取送的方便。整、换装车辆主要是在到达列车中产生，从驼峰一端送出的占多数。由于需要换装的扣修车经换装后要送修线修理，有些修好的空车也要送往换装线换装，为减少取送调车行程和便于设备共用，故整、换装线宜设于调车场外侧靠驼峰一端，并与靠尾部一端的站修线纵列配置。

7.3.12 根据调查，在办理中转车流作业为主的路网性和区域性编组站上，不宜衔接有较大装卸量的货场和岔线。其原因是：

1 当货场和岔线不能及时卸车时，本站作业车的取送将受到影响，容易造成站内待卸车积压，严重时，还要占用其他去向的线路，造成调车场堵塞。

2 由于编组站衔接有较大装卸量的货场和岔线，本站到发的作业车需要进行大量的调车作业，势必增加编组站的驼峰和尾部牵出线的作业负担，影响中转车流的解编。

3 当接轨点比较分散时，由于货场和岔线的车辆在站内到发和调车作业的经路与中转列车不一致，对编组站正常作业的交叉

干扰也较多。

所以，有较大装卸量的货场和岔线不宜在办理中转作业为主的编组站上直接接轨。如必须在上衔接时，宜在货区和工业区设置地区车场或车站集中接轨。该车场或车站至编组站的联络线在编组站内的接轨位置，应根据不同图型的作业特点和当地条件，便利车辆取送，减少站内作业交叉和咽喉区能力的均衡等因素确定。

7.3.13 编组站常有鱼苗或牲畜车辆的换水、上水等项作业，现场限于设备条件，作业地点往往不一。按调查分析，如在调车场办理则因线路多，设备难以全面照顾，对押运人员也不够安全。吸取现场经验，考虑改编车辆在到达场的停留时间一般要比出发场长，为使到达车辆能及时上水，故上水设备以设在到达场（或到发场）为宜。至于通过列车中上述车辆的作业，应在通过车场办理。

7.3.14 在办理编组站的技术作业过程中，各车场之间需要传递与车场作业有关的票据。例如：到达场车号员室至站调楼需传递到达解体列车的编组顺序单和货票；站调楼至出发场（或到发场）车号员室需传递自站编发列车的编组顺序单和货票；站调楼至驼峰线路值班员室和调车场尾部线路值班员室需传递调车作业计划通知单等。

上述传递作业的传送设备，应根据编组站综合装备情况，选用机械、电子设备和其他交通工具等。

7.4 站线数量和有效长度

7.4.1 编组站到发线数量的确定应满足衔接方向列车运行图和车站技术作业过程的需要。影响到发线数量的因素比较复杂，但反映在到发线所需数量上，最终仍然是由同时占用多少线路数来决定。

由于客车运行线的占用，阶段时间大量卸车和跨局列车的接续，造成基本运行图货物列车运行线的密集，此外，日常列车运行的晚点或运行线的变更，也造成在某一阶段时间的密集到发。通过对43个到达场、到发场和出发场的调查，着重根据办理的到、发列车数和密集到发同时占用线路数的关系以及列车性质、车场性质和衔接方向等因素进行综合分析，提出本条文表7.4.1及相应的规定。

统计分析结果表明：无论是到达场、到发场或出发场，其列车占用到发线时间和到发线利用系数等差别均不大。在同一行车量的情况下，所需线路数量的差别较小，其差距最小为0.1条线，最大为1条线（到发场差数较大）。因此，到发线数量没有按不同性质的车场来划分。

对本条文表7.4.1的有关注说明如下：

1 使用本表时，到发列车数不应分方向选用，而应将车场各衔接线路的到、发车加总后选用。

3 小运转列车一般不作技术检查，如作技术检查，时间也较少，其解体、编组和待解、待发时间较大运转少（但有时为接续好运行线，优先开行大运转，则小运转列车占用到发线时间就较长）。一般情况下，小运转列车占用到发线时间约比大运转少30%，相应地到发线办理小运转列车的能力要比办理大运转列车的能力高。因此，对办理有一定数量的小运转列车的车场，其线路数量可按表中数字酌量减少。

4 本表对无甩挂或有甩挂作业通过列车一到一发是按一列计算，故使用本表时，也应按此计算。由于无甩挂作业的通过列车占用到发线时间较少，因此线路数量宜采用表中的下限数值。当通过车场不单独设置而通过列车的比例较大时，也可采用表中的下限数值。由于有甩挂作业的通过列车需在车场内存放甩挂车辆，占用到发线时间较长，因此，线路数量宜采用表中上限数值。

6 衔接方向虽与密集到发占用线路数有一定关系，但办理的列车数一般也包含了衔接方向的因素，因此在表中未单独规定。考虑到衔接方向较多时，列车密集到达机会也相应增加的实际情

况,故补充规定如车场到达的衔接方向达到3个及以上,线路数量可比表中增加1条。

对于峰前到达场,由于是全部用于接车,不像到发场的线路可以和发车相互调剂使用,故当列车密集到达时,尚需保证每一衔接方向有一定的线路数量,一般不少于2条;如办理的列车数较小,也可将到达场总线路数适当减少。衔接方向应按引入编组站且有正规列车到达的线路数量计算,如2条或2条以上的线路在编组站前方合并引入,则按合并后的实际引入线路数量计算。

总之,车站工作是一个不可分割的整体,各部分相互影响,如到达场的线路数量与驼峰利用率有关,驼峰利用率又与调车线数量有关;此外,到发线数量与设备的配置也有关系,故有充分依据时,也可根据需要,采用分析计算或图解方法确定。

另外,在峰前到达场的线路数量中,需另加推峰机车走行线,即当采用环到和单溜放作业时,可增加1条;当采用双溜放作业时,可在中轴线两侧各增加1条;当采用反到并设有本务机车入段走行线时,则可与同侧的推峰机共用。

在出发场,当其与调车场按条文第7.3.6条非困难情况的要求布置时,除编组区段和摘挂列车的牵出线需按加强尾部编组能力的设备布置情况决定是否计入出发线路外,其余的编组车出线均可计入出发线路内。

7.4.2 根据以往在列车牵引定数为3500t及以下,驼峰调车场调速设备采用减速器加铁鞋的条件下,对调车线使用的调查情况归纳如下:

本条文表7.4.2序号1,集结编组直达、直通和区段列车用的线路。

根据对22个编组站的调查,共有159个组号,使用161条线路表明:1个组号使用1条线路约占73%;1个组号使用2条线路约占9%,且日均车流量在200辆以上才需要;1个组号使用3条线路的仅是个别情况(由于线路短造成)。

合用线路的情况是:2个组号合用1条线路(约占18%)并为同一方向可以编挂同一列车的为多数。合用的线路中,大部分是50辆以下的组号与大于50辆的组号合用;且大部分合用线路的2个组号车流量之和在100辆以下。如果车流量再大,则重复作业过多,不宜合用。

所以规定每1组号车流量在200辆以上时,可增设1条;2个组号车流量之和较小时,可合用1条。

本条文表7.4.2序号2,集结空车用的线路。

调查的22个编组站共有33条空车线,调查表明:空车线配置1条的车站占多数;但也有按空车车种分别设置存放线的(按编组计划要求),主要分空敞车和空棚车。在所调查的编组站中,没有一个不产生空车,只是数量多少不同,所以,规定每站至少设空车线1条,如空车较多时,应按空车车种,分别按第一项集结直达、直通和区段列车用的调车线数量的规定设置。

本条文表7.4.2序号3,集结编组直达、直通和区段列车的编发线。

调查表明:大运转列车用的编发线,车流量在150辆以下不出现需要2条线路的情况。集结约400辆配备2条线路的车站,现场线路使用紧张,实际往往需要占用3条线路。因此,规定集结编组大运转列车用的编发线每一组号车流量在150~350辆时设2条;350辆以上时,可增设1条。如若干个组号的车流量均较小时,其编发线总数可以酌情减少。由于编挂辆数随牵引定数而不同,因此在设计时还应考虑平均每条编发线编发列车不应少于2列,以提高编发线的效率。

小运转列车一般不受牵引定数限制,出发不作技检,且有专门小运转机车牵引,不额外地增加编发线的停留时间。因此集结编组小运转列车用的编发线数量可按本条文表7.4.2序号5"集结编组小运转列车用的线路"的规定采用。

本条文表7.4.2序号4,集结编组摘挂列车用的线路。

根据对24个编组站的调查,共有81条线路,其中59条用于摘挂列车,22条用于重点摘挂列车。前者有20条为合用线,合用线中绝大部分是摘挂组号与其他组号合用;而摘挂车流本身在50辆以下的有15条(占75.0%)。后者之中,1个重点站车流单独使用1条线路的有10条,2个重点站(包括衔接支线)车流合用1条线路的有12条,1个重点站或2个重点站车流之和在50辆以上或近于50辆的有16条(占73.8%)。因此,规定集结编组摘挂列车用的线路每一衔接方向设1条,如开行重点摘挂列车时,根据到站数和车流量大小可适当增设。

本条文表7.4.2序号5,集结编组小运转列车用的线路。

根据对编组小运转列车的21个编组站的调查,共开行61种小运转列车,计有70个组号。

调查表明:车流量在250辆及以下时,绝大多数组号均使用1条线路,故规定,当每一组号车流量在250辆及以下时设1条,250辆以上时设2条。

本条文表7.4.2序号6,交换车(需要重复解体的折角车流用的线路)。

双向编组站每一调车场不少于1条,采用双溜放的单向编组站根据图型布置需要确定。

本条文表7.4.2序号7,本站作业车用的线路。

根据对20个编组站(设有本站作业车用的调车线)的调查,有下述三种情况:

1)设有1条线路的有5个车站。

2)设有1条线路以上的有15个车站,占75%。主要因为本站作业车车流量大,货区分散,需按不同货区分别设置线路。

3)自货场、岔线取回的空、重车组,一般先接入到达场或到发场后再解体,但有些站因设备布置关系,需在调车场设本站车停留线,以存放从货场取回的空、重车组,然后再解体。

根据以上情况,规定本站作业车用的线路可根据装卸车地点(指货场、货区、岔线等)和装卸车数量确定。

本条文表7.4.2序号8~12,调车场的其他线路。

根据对26个编组站的调查,情况如下:

1)设有守车线的有20个车站,其中专用1条线路的有10个站,合用的有10个站。

2)设有整、换装车辆线的有9个车站,其中专用1条线路的有2个站,合用的有7个站。

3)设有待修车辆线的有20个车站,其中设有1条线路以上的有6个站(即按厂修、段修、临修分别设置),专用1条线路的有6个站,合用线路的有8个站。

4)设有超限货物车辆和禁止过驼峰车辆用的线路有11个车站,其中专用1条线路的有2个站,合用线路的有9个站。

5)设有装载爆炸品、剧毒气体、压缩气体、液化气体和放射性物品等车辆的线路有19个车站,其中专用1条线路的有10个站,合用线路的有9个站(绝大部分与超限和禁止过峰车辆合用)。

根据以上情况,规定上述线路数量应视具体情况和需要单独设置或合并设置,中、小型编组站宜合并设置。

对本条文表7.4.2中各类线路的调查结果,经多年使用基本是合适的。但近年来因调车场调速设备和制式的不断发展,现代化设备的广泛运用,在提高驼峰解体能力(较减速器和铁鞋调速设备约提高15%)的同时,也可相应提高调车线的使用能力;另外,现繁忙干线的到发线有效长度为1050m者渐多,对编组站调车线的有效长度也要相应增长,因此,本次规定,当为上述情况时,应将本条文表7.4.2序号1、3、5项中调车线的容车量较以往调查结论再增加50辆。

本次对本条文表7.4.2序号1~3项关于调车线有效长度的规定沿用原《站规》:

1)在衔接线路的到发线有效长度和限制坡度相同的情况下,当分期采用不同的牵引种类和机车类型时,其牵引定数和列车长度也不尽相同,有可能产生其列车长度小于到发线最大容车量的有效长度。将调车线有效长度按到发线的有效长度匹配后,则不会产生因机车牵引力条件的变化而引起调车线需要延长的改造工程。

2)以到发线有效长度1050m为例,并按铁道部铁基[1987]498号文公布的2000年各型车辆组成等有关数据和资料计算:列车满长牵引5600t,编挂70辆,其车列长度为974m(目前用SS₁电力机车牵引5000t,编挂64辆,车列长度为895m),则调车线的容车长度尚余富76m;另据对到发线有效长度为850m的有关调查资料,在驼峰调车场采用半自动化和自动化设备情况下,驼峰溜放车辆的连挂率可达95%左右,车列解体产生的平均"天窗"尚不足1个,其平均距离约40m。上述数据说明,调车线有效长度按到发线的有效长度是能满足的。

3)关于对本条文表7.4.2序号4、5项中调车线有效长度规定,按各自列车的车列长度,并根据以往调查分析资料,驼峰溜放车辆与尾部编组车辆之间的安全隔离距离为40~60m,再加上"天窗"距离40m,故此种列车的调车线有效长度规定为车列长度加80~100m。

关于调车线有效长度计算起终点的规定:为考虑驼峰调车场采用半自动化和自动化设备溜放作业的特点,故规定调车线有效长度的计算起终点为调车线内进口第一制动位(即常称的第三制动位)末端(设有轨道电路时,为其后的轨道绝缘节)至调车线尾部警冲标,当尾部道岔为电气集中时,则为其内方的调车信号机或设有编发线时的出站信号机。

7.4.3 编组站上牵出线数目,应根据调车作业量和调车区的划分确定。调车区的划分与采用的布置图型和作业方法有关。由于分工和作业方法不同,能够担任的调车作业量也不一样。

为列车解编作业用的牵出线,是编组站的主要调车设备,应具有较好的条件。其有效长度按到发线有效长度加30m,包括以下因素:

调机长度:一般为25m。

调车时距车挡的安全距离:不少于10m。

调车附加制动距离:采用50m(在到发线上列车到达的附加制动距离规定为30m,但考虑牵出时使用调机,只有部分车辆连接风管,牵引力和制动力都不如正规列车,为保证能以较高的调车速度安全转线,故考虑比照上述制动距离适当增加)。

以上三项共计比列车计长增加85m,列车最大计长等于到发线有效长度减60m(本务机车长度和附加制动距离),故牵出线有效长度进整设计为到发线有效长度加30m。

根据调查,各站的列车解体都是采用一次牵出,故为解体用的牵出线应满足整列牵出的作业要求。但如受地形限制或工程特别困难,在某些作业量较小的编组站,特别是在一级二场横列式编组站上,当到发场与调车场尾部咽喉区贴近,有时可结合编组作业,采用溜放转场的作业方法。这种方法一般分两次转场,第一次不超过半列;第二次再由调机带车连挂。在这种情况下,以编组为主的牵出线,其有效长度应满足分两次完成整列转场。考虑到第一次溜放时车辆不宜过多和制动距离等需要,故规定其有效长度不应小于到发线有效长度的2/3。

8 驼 峰

8.1 一般规定

8.1.1 驼峰按日解体能力分为大、中、小三类。

自20世纪80年代以来,我国广泛采用了先进的驼峰技术,一些调速设备、控制系统、检测系统、管理系统不断推广使用,提高了

驼峰自动化和半自动化水平。一些大能力驼峰自动化水平居国际领先地位。

近几年来,根据铁道部技术政策的要求,对大量的中、小能力驼峰实施了不同程度的自动化改造,随之也研究出适合中、小能力驼峰的技术设备和控制系统。如山海关式的驼峰溜放进路控制系统、南仓式的驼峰微机进路储存、德州式的驼峰微机溜放速度控制系统、沈阳东式的驼峰微机全可控顶式控制系统。

原有机械化驼峰,经过技术改造,调车线内都安装了车辆减速器,形成了减速器—减速顶点连续式调速系统,实现了车辆溜放速度自动或半自动控制,所以过去的机械化驼峰已不存在。

综上所述,必须改变驼峰分类方式,才能适应新形势的需要。

1 据调查统计的10个全路大型编组站14座驼峰,日均解体3255~3790辆。通过调查分析,由于多种原因,有些驼峰尚未达到设计能力。

上述14座大能力驼峰的调车线数量除郑州北站上、下行调车场分别为36、37条外,其余为30~32条。

大能力驼峰均设在路网性编组站上。驼峰是编组站的咽喉,为了提高驼峰解体效率,保证作业安全,应设有先进的自动化设备。

机车推峰速度自动控制系统,是指应用计算机或控制按钮遥控调车机机车推峰速度的系统。

钩车溜放速度自动控制系统是指应用计算机自动控制钩车在第一、二、三制动位的出口速度、保证溜放间隔、迅速通过各分路岔和各部位车辆减速器区段,达到溜放钩车在调车线安全连挂的目的。

钩车溜放进路控制系统是指应用计算机自动控制钩车溜放进路,并对控制过程进行监测,同时具备保证作业安全的措施。

2 中能力驼峰多设在区域性和地方性编组站上。在调查的18个编组站的22座驼峰中,日均解体作业量超过2000辆的有14座,占64%,其余少于2000辆。有的驼峰虽调车线数量不多,但解体作业量较大。这种交错现象与大能力驼峰一样,也是由众多的影响驼峰解体能力的因素造成的。

中能力驼峰的解体能力与调车线数量的范围跨度较大(解体作业量2000~4000辆,线路17~29条),所以它的峰高和平面布置形式差异也较大,一般可设2个峰顶和2条溜放线,调车线可设2~4个线束,当调车线和线束较少时,也可设1个峰顶和1条溜放线。

溜放进路自动控制系统是提高解体效率、保证作业安全的必要设施。因此中能力驼峰必须设有溜放进路自动控制系统。它可以采用与大能力驼峰相同的进路控制系统,也可选用驼峰微机进路自动控制系统和驼峰微机进路储存器与继电进路相结合的控制系统。

机车推峰速度自动控制系统可用于调车线24条以上的驼峰,24条以下的驼峰可选用机车遥控。

中能力驼峰可根据需要选用工业机控制的钩车溜放速度控制系统、驼峰车辆溜放速度微机控制系统(德州模式)或驼峰微机分线式调速系统(呼和模式)。也可以采用人工定速设备,根据雷达测得的溜放速度,自动控制减速器出口速度的半自动控制系统。

3 小能力驼峰多设在小型编组站或区段站上。在调查的25座驼峰中,调车线数量超过10条的22座,占88%。解体作业量200辆以上的占80%,个别调车线16条的驼峰日解体2000辆以上。

小能力驼峰调车线数量少,平面布置不规范,推峰速度不一定要求5km/h。因此,可因地制宜地选用自动化设备。驼峰微机进路控制系统和驼峰微机储存器与继电电路相结合的进路控制系统应优先采用,它能收到投资少,见效快的效果。溜放速度控制可采用全减速顶、段具全顶调速系统。当股道数量较多时,调车线内安装减速器,可采用驼峰车辆速度微机控制系统、驼峰微机分线式调

速系统或驼峰微机全可控顶调速系统。

小能力驼峰一般推送线不顺直，瞭望条件差，应首先采用机车信号设备。

调车线内设有脱鞋器的小能力驼峰，应实现脱鞋器——减速顶简易点连式调速系统（点连式调速系统的过渡制式）。如调车线较多，脱鞋器可用减速器代替。

调车线数量少的驼峰可保留铁鞋进行目的制动。

8.1.2　合理的设计年度对发挥驼峰设备投资的效能有重要意义。由于设计、施工有一定周期，故设计时必须根据近期作业量确定其设备类型和技术装备，应预留远期发展，并处理好近、远期工程的衔接。特别是近期上小能力，预留大、中能力的驼峰，因平面预留减速器位置而造成溜放部分过长，加之近期不能推大、中能力驼峰高施工，使加速坡变缓车辆溜放间隔变小，驼峰难以设计合理，运营效果很不理想。

既有小能力驼峰，不少是在牵出线上平地起峰，平面仍保留原有的9号单开道岔梯线形布置，解体作业量不大，此类驼峰如上减速顶等设备既满足解体能力要求，又能减轻调车作业人员的劳动强度和保证作业安全。当采用上述设备不能满足解体能力要求时，应结合采用的调速系统对不合理的驼峰平、纵断面进行改造，并安装有关调速设备（车辆减速器、减速顶），从而达到提高驼峰解体效率，满足运输要求和保证作业安全的目的。

8.2　驼峰线路平面

8.2.1　车辆溜经驼峰溜放部分时，由于各种阻力的影响，动能不断消耗，其中基本阻力和风阻力所消耗的动能随驼峰溜放部分长度的增加而增加。曲线道岔阻力所消耗的动能随钩车溜经的曲线转角度数和道岔数的增加而增加。因此，设计驼峰平面时，应尽量减少车辆动能的消耗，以降低驼峰高度，减少工程费和运营费；同时，也有利于安全作业。车列解体时，前、后两钩车必有一定长度的共同溜行径路，由于车辆阻力不同，例如前行车为难行车，后行车为易行车，两钩车将产生走行时差，该项时差随着共同溜行径路的加长而增大，使两钩车间的时隔愈来愈小，容易出现道岔来不及转换和"尾追"等。因此，合理的驼峰线路平面设计，应符合下述三点要求：

1）峰顶至每一个调车线警冲标的距离尽量缩短并相接近。

2）车辆溜入每一条调车线所经过的道岔数和曲线转角（包括侧向通过道岔的辙叉角）度数尽量减少并相接近。

3）尽量减少前、后两钩车共同溜行径路的长度，使钩车迅速分路。

为实现上述要求，驼峰溜放部分的线路平面应符合下列规定：

1　采用线束形布置可缩短前、后两钩车的共同溜行径路。驼峰平面各线束所含调车线的多少、直接影响间隔制动位的投资，因此，大、中能力驼峰平面，以每线束6～8条调车线为宜。

采用长度短而辙叉角大的6号对称道岔和7号三开对称道岔，可缩短溜放部分的长度，以24条调车线、设有峰下交叉渡线的驼峰为例，采用6号对称道岔比用9号单开道岔约可缩短70m。此外，6号对称道岔较9号单开道岔的绝缘区段长度短3m左右，允许前、后两钩车间有较小的间隔，有利于提高推峰速度。

6.5号对称道岔在我国1986年前修建的驼峰上曾广泛采用，由于是非系列产品，新建驼峰不应再用。但当对原用6.5号对称道岔的驼峰进行改建困难时，为了充分利用旧有设备，减少废弃工程和对调车场作业的干扰，便于维修或施工过渡困难时，仍可继续采用。调车场最外侧线路，如用对称道岔造成平面恶化时，可采用9号单开道岔。由于9号道岔绝缘区段长，警冲标岔心距离远，因而延长了溜放钩车间隔，影响解体效率。因此，应尽量避免采用9号单开道岔。

设在区段站和类似区段站图型编组站的小能力驼峰，由于调车线设在到发线外侧，而牵出线往往正对到发线，这形成了驼峰

的"歪脖子"。当到发线数量多，调车线数量少，而牵出线外移将增加工程或有困难时，可根据具体条件采用6号对称或9号单开道岔。如采用6号对称道岔有困难时，可采用9号单开道岔和复式梯线形布置。当既有站改建有困难时，可保留原有梯线形布置。

2　采用大于200m曲线半径不增加驼峰溜放部分长度时，应尽量采用大半径。驼峰溜放部分短轨多，而且是经过计算确定的（道岔保护区段长度），并在短轨内还要设曲线，这些曲线的半径的选择都受到了很大限制。如7m长的短轨转2°角，半径采用200m，曲线长为6.98m，在此条件下，不应采用大于200m的半径。因此，为缩短驼峰溜放部分的长度，并满足工务养护维修的要求，驼峰溜放部分的曲线半径不宜小于200m。当驼峰平面连接困难时，可采用180m曲线半径。

3　允许曲线可直接连接道岔基本轨或辙叉跟（此时可用道岔导曲线的轨距加宽递减），可以避免因设置曲线的轨距加宽而延长驼峰溜放部分长度。6号道岔基本轨轨距为1440m，与曲线直接连接还可以缩短曲线加宽所需长度。

驼峰第一分路道岔岔前曲线不允许直接与道岔基本轨相连是本条新补充的内容。因为溜经第一分路道岔的钩车最多，且是迅速加速区段，钩车溜经曲线时，由于离心力的作用向曲线外侧生产推力。道岔直接接曲线，车轮对曲线外侧尖轨产生很大撞击力，造成尖轨的损坏率加大。为便于道岔的养护维修，设计驼峰平面时，岔前应留不短于一个转向架长的直线段；困难条件下留出0.5m长的直线段。

8.2.2　峰顶是指峰顶平台与加速坡的变坡点。

峰顶距第一分路道岔基本轨轨缝间的距离，为峰顶至第一分路道岔基本轨轨缝的最小距离应为30～40m。

该距离主要考虑以下因素：

1　以较高的推峰速度解体车列时，在溜车不利条件下，难、易行车在第一分路道岔有足够的间隔。

2　满足在加速坡与中间坡变坡点处设置竖曲线的要求；

3　保证驼峰溜放部分纵断面设计合理。

上述原因详细论述见中国铁路通信信号总公司的《驼峰峰顶距第一分路道岔距离的研究》研究报告及《铁路驼峰及调车场设计规范》(TB 10062—99)。

8.2.3　峰前设有到达场的驼峰，设1条推送线节约投资有限。当需再设第2条推送线时，必须改建到达场咽喉区及有关的信号设备，工程复杂，既增加投资又影响运营。因此，应设两条推送线。

驼峰推送线的数量与解体作业量和驼峰机车台数有关。配备1台机车时，只设1条推送线；配备2～3台机车时，设置2条推送线可进行预推作业，以缩短连续解体车列的间隔时间，提高驼峰的解体能力。根据分析计算，预推比不预推可提高解体能力约15%。

驼峰采用双溜放作业方式，可提高解体能力，但要有足够的调车线数量，使每一个驼峰都能作为一个独立的调车系统而互不干扰。在此情况下，为创造预推条件，应设3～4条推送线。本条规定的双溜放作业方式是指经常按双溜放作业而言，不含由于车站临时组织双溜放作业的应急情况。

峰前不设到达场时，推送线（牵出线）是单独设置，增设第2条牵出线较方便。因此，可根据解体作业量、调车机台数和到发场的数量，确定推送线（牵出线）的数量。

为了从驼峰主信号楼能看到峰上提钩作业的情况，以便正确及时地显示驼峰信号。同时，为了使车辆经常提钩地段的推送线保持直线，两推送线间不应设置房屋。

推送线靠峰顶端不宜采用对称道岔，其理由有以下几点：

1　靠峰顶端采用对称道岔，推送车列上峰时，经常提钩的车辆位于曲线上，影响提钩瞭望。

2　位于曲线上的车辆，钩身不正影响提钩，加之曲线引起的晃动，会使提起的车钩又落下，造成护钩距离长，增加提钩员的劳

动强度。

3 由于曲线上提钩容易造成半开钩,影响调车线连挂作业,当调整钩位时又会影响连接员的安全。

采用单开道岔时,上述情况会有较大改善。

调车员室或连接员室应设在两推送线外侧并与主信号楼同侧,是为了便于调车人员互相联系。

设2条推送线时,1条推送线进行解体,另1条推送线有车列预చ推上峰。为了保证提钩人员在瞭望车辆提钩和走行情况以及提钩时需要数车数等作业时的安全,在经常提钩地段,2条推送线中心距不应小于6.5m。通话柱、信号按钮柱和道岔转辙机等设备要设在提钩人员作业时经常走行的通路以外,以免影响提钩人员的作业安全。

禁溜线、迁回线的道岔位置均靠近峰顶。为了保证作业和人身安全,在推送线主提钩一侧的禁溜线、迁回线的道岔上,应铺峰顶跨道岔铺面。

8.2.4 设有2条推送线、线束有4个以上及作业量较大的驼峰,应设2个峰顶,使预推车列尽量接近峰顶,充分发挥预推效果。根据分析计算,设2个峰顶比设1个峰顶可提高解体能力10%左右。设2个峰顶,峰下可设1条溜放线或2条溜放线(峰下设交叉渡线)。两种方式的驼峰溜放部分长度相差不大,且设2条溜放线者仅多2组道岔和1组菱形交叉,但具有作业灵活性强、使用方便、安全性好等优点,故应设2条溜放线。

8.2.5 在大、中能力的驼峰上,一般为整列解体。在解体过程中如将禁溜车经驼峰送入调车场后再将剩余车辆回牵上峰则比较困难,调车时间也长。因此,每个峰顶宜设置禁溜线。

有的车站禁溜车较少,不能过峰顶的车不多时,将禁溜线与迁回线合设,该共用线可按迁回线要求设计,靠峰顶端设一段平坡,以供存禁溜车使用。

小能力驼峰进行解体作业时,如果是一列车分为两部分解体,由于峰高一般不超过2m,调机带半列车送禁溜车作业方便,不设禁溜线对作业影响不大。另外,有的小能力驼峰由于受地形条件限制,没有设禁溜线位置。因此,小能力驼峰的禁溜线应根据需要和可能设置。

禁溜线有效长过短,不仅增加向调车线送禁溜车次数,而且当调机带车多时往禁溜线送车不安全。根据驼峰平面布置,禁溜线一般设计150m长,可存放10辆车,能满足作业要求。

当禁溜线与迁回线合设一条时,其始端道岔必须设在压钩坡上,以满足设置迁回线竖曲线半径的要求。

设计禁溜线时,应尽量向远离溜放线方向转角,使其线路在峰顶与信号楼主控制台视线之外,当禁溜车停在此线上时,不影响峰顶连接员与信号楼作业员间的视线。

8.2.6 铁路货车中的大型(D型)车,由于下部限界低或跨装货物对装载的要求,不能通过峰顶或车辆减速器,为将这些车辆送入调车线,需要设置绕过峰顶和车辆减速器的迁回线。

峰前设有到达场的驼峰是整列解体,对不能过峰的车辆必须通过迁回线送往调车线。因此,峰前设有到达场的驼峰应设迁回线。

峰前不设到达场的驼峰,不能过峰顶和车辆减速器的车辆可采取分部解体、大型车座车、由尾部调机通过联络线送往指定的线路等措施解决。因此,峰前不到达场的驼峰,是否设迁回线应根据站场布置和作业特点确定。

8.2.7 车辆减速器结构要求必须设在直线上,其设置位置应考虑维修作业人员的安全。车辆减速器范围内不得设变坡点,当采用自动或半自动控制时,其始端宜留有不短于4.5m长的短轨。

驼峰道岔采用集中控制时,岔前应留有必要的保护区段,以保证启动的转辙机在钩车压上尖轨之前能转换而使尖轨处于密贴状态。保护区段的长度应根据钩车溜经该区段的最大速度和道岔的转换时间计算确定。

保护区段不应短于计算的长度。因保护区段短,道岔绝缘区段可相应缩短,从而可缩小前、后两车辆通过道岔时所需的间隔,提高峰顶推送速度。但道岔绝缘区段不得短于经驼峰溜放的四轴车二、三轴间的最大距离,以避免车辆跨在道岔绝缘区段上而产生进路误传和道岔误动。

驼峰生产房屋(如信号楼、调车员室、车辆减速器动力室等)的位置是根据室内作业人员所控制的设备的地点、作业时的瞭望、安全和方便等条件确定的,因此其位置与驼峰线路平面特别是峰顶禁溜线和迁回线的布置有密切关系。因此,设计禁溜线和迁回线时,必须留有生产房屋的位置。

8.3 驼峰线路纵断面

8.3.1 驼峰峰高是指峰顶(峰顶平台与加速坡的变坡点)与计算点间的高差。难行车是指总重为30t的P50的车辆。溜车不利条件是指风向、风速和气温等外部环境不利于车辆溜放的(货车溜放总阻力最大)条件。

车辆溜经驼峰溜放部分(峰顶至计算点)受货车溜放基本阻力、风力阻力、曲线阻力、道岔阻力的影响,能量不断消耗。为提高驼峰的解体效率,保证作业安全,车辆溜经驼峰溜放部分时,应有必要的速度,以迅速通过道岔和减速器,保证前、后车间有足够的间隔。另外还需满足钩车溜行远度的要求,保证难行车在溜车不利条件下能溜到难行线计算点。因此,驼峰应有一定的高度,使钩车脱钩后有一定位能,以克服各种阻力消耗的能量。

不同的驼峰调车场调速系统,计算点亦不相同,因而对峰高的要求也不相同。计算峰高的各种阻力参数可按铁道部技初83001号文鉴定的《铁路货车溜放基本阻力,道岔、曲线附加阻力》、86021号文审定的《铁路货车风阻力》、86020号文审定的《驼峰设计中气象资料的确定》等研究报告选取。点连式调速系统的峰高及调车场纵断面可按(92)铁道部技005号鉴定的《点连式驼峰计算机模拟设计研究》软件进行设计。

目前我国各类驼峰调车场调速系统的计算点位置见表8:

表8 驼峰调车场调速系统类型及计算点位置表

序号	类型		调速设备组成		计算点位置
			溜放部分	调车场	
1	点式		减速器	减速器	打靶区末端
2	点点式		减速器	减速器+减速器	第二目的制动位出口
3	点连式	1	减速器	减速器+减速顶	打靶区末端
		2	减速器	脱鞋器+减速顶	打靶区末端
		3	无	减速器+减速顶	减速器出口
		4	减速器	减速器+推送小车	打靶区末端
4	连续式	1	可控减速顶	可控减速顶群+减速顶	打靶区末端
		2	减速顶	减速顶群+减速顶	减速顶群末端

溜放部分设间隔制动位的驼峰,在溜车不利条件下,难行车溜到计算点应有5km/h的溜放速度。

溜放部分不设间隔制动位的驼峰,峰高需满足下列要求:

1 保证以5km/h的推送速度解体车列时,难行车在溜车不利条件下能溜至难行线的计算点;当调车线始端设车辆减速器时,溜出车辆减速器有5km/h的溜放速度;不设调速设备时溜到警冲标内方50m处停车。以此条件计算的峰高称冬季需要峰高(H_{xu})。

2 保证以5km/h的推送速度解体车列时,易行车在溜车有利条件下,溜至易行线减速器入口(设调车线车辆减速器时)不大于减速器制动能高允许的入口速度,该峰高称减速器的限制峰高(H_{jx});当调车线内不设车辆减速器时,易行车在溜车有利条件下,溜至易行线警冲标处的速度不大于18km/h,此峰高称限制峰高(H_x)。

当$H_{jx}>H_{xu}$时,采用H_{jx}为设计峰高,在保证作业安全的条件下，能提高驼峰解体效率；若采用 H_{xu} 为设计峰高，可根据设计峰高要求确定减速器的用量，节省工程投资。

当 $H_{xu} > H_{jx}$ 时，采用 H_{jx} 为设计峰高不能满足难行车在溜车不利条件下溜车调线车辆减速器的要求，则以 H_x 作为设计峰高，因而需增加调线车辆减速器的用量，提高车辆减速器允许的入口速度，保证作业安全，但当采用 7+7 节减速器仍不能满足要求时，应在驼峰溜放部分增设间隔制动位。

当 $H_x > H_{xu}$ 时，采用 H_x 为设计峰高。既能保证作业安全，溜车有利条件下易行车不超速，又能增加难行车的溜行远度，提高驼峰解体效率。

当 $H_{xu} > H_x$ 时，采用 H_x 为设计峰高，能满足冬季不利条件下，难行车以 5km/h 的推送速度解体车列时能溜入难行线警冲标（溜不到计算点），此峰高适用于作业量较少的驼峰。当 H_x 不能使难行车在溜车不利条件下溜入难行线警冲标时，应采用 H_{xu} 为设计峰高，在驼峰溜放部分增设间隔制动位。

条文中车辆减速器制动能高允许的速度，是指车辆减速器设计能高扣除安全量后的制动能高。

8.3.2 驼峰溜放部分纵断面应保证以较高的推送速度解体车列时，前、后两钩车间有足够的间隔，使驼峰溜放部分的分路道岔和车辆减速器能来得及转换或改变其工作状态。

决定前、后钩车间隔大小的主要因素是：峰顶推送速度，线路坡度，前、后钩车的溜放阻力差，钩车长度以及溜行远度等。

前、后两钩车在峰顶的间隔一般指这两钩车的中心先后通过峰顶时的间隔时间 t_0 (s)即：

$$t_0 = \frac{L_{前} + L_{后}}{2v_0} \qquad (9)$$

式中 $L_{前}$、$L_{后}$——前、后钩车的长度(m)；
v_0——峰顶推送速度(m/s)。

由上式可见，两钩车的长度一定时，v_0 愈高，t_0 愈小；v_0 相同时，两钩车的长度愈长，t_0 愈大；反之 t_0 愈小，因此，连续溜放单个车时，t_0 最小。

为了保证道岔和车辆减速器在前、后钩车间来得及转换或改变其工作状态，t_0 应符合下列条件：

$$t_0 \geqslant \Delta t + t_{占} \qquad (10)$$

式中 Δt——前钩车与后钩车从峰顶溜到道岔或减速器的走行时间差(s)；
$t_{占}$——前钩车占用道岔或减速器的时间(s)。

由上式可见，如果减少 t_0，也就是提高 v_0，必须减少 Δt 和 $t_{占}$。其中 Δt 主要是由前、后两钩车的速度差即前、后钩车的阻力差引起的；$t_{占}$ 是由前钩车经过道岔绝缘区段或减速器的平均速度决定的。溜放钩车阻力、溜放区段坡度与溜放钩车速度的关系见下式：

$$v^2 = v_0^2 + 2g'L(i-\omega) \times 10^{-3} \qquad (11)$$

式中 v——车辆由峰顶溜至任一计算点的速度(m/s)；
v_0——钩车脱钩时的初速度(m/s)；
g'——考虑车轮转动部分影响的重力加速度(m/s²)；
L——车辆由峰顶溜至任一计算点的走行距离(m)；
i——L 范围内的平均折算坡度(‰)；
ω——车辆单位溜放阻力(N/kN)。

当难、易行车确定后，其溜放阻力随之确定。式(11)表明：在难、易行车阻力差一定的条件下，坡度愈陡，阻力对溜放速度的影响愈小，因而难、易行车溜放速度也就接近。故增大溜放区段的坡度可缩小 Δt。$t_{占}$ 大小决定于溜放钩车通过道岔绝缘区段或车辆减速器的平均速度。加速坡愈陡，溜放钩车通过道岔或车辆减速器的速度愈高，因而 $t_{占}$ 愈小。可见，提高驼峰推送速度的重要措施之一是加陡溜放部分的坡度。结合驼峰解体作业的实际需要，应设计成前陡后缓连续下坡的凹形纵断面，以提高车辆的溜放速度，这样有利于保持前、后钩车间隔和加快峰顶推送速度。例如，在这种断面上连续溜放两个单个车时，前钩车从峰顶脱钩后，在陡

坡上很快加速，等后钩车开始下溜时，两车已有一定的间隔和速度差。前钩车快，后钩车慢，间隔愈来愈大，等到前钩车进入缓坡地段，加速度逐渐减小以至减速，而后钩车仍在较陡坡道上继续加速，当两车速度相等时，间隔最大。此后，后钩车的速度高于前钩车，间隔逐渐减小，一直到停车。

上述的间隔变化情况有利于驼峰解体作业。因为，前、后两钩车在靠近峰顶道岔分路的概率多，而在这些道岔处的间隔比较大，允许以较高的推送速度解体车列。因此，有利于提高解体能力。虽然后一段间隔逐渐减少，甚至有时需要降低推送速度，以加大间隔满足作业的需要，但在后面道岔分路的概率少，因此，对驼峰解体能力影响较小。所以，驼峰溜放部分的纵断面设计成尽量凹形，对提高驼峰解体能力是有利的。

1 根据《驼峰峰顶距第一分路道岔距离的研究》结论，该条文加速坡最大值为 55‰。该值的确定主要考虑以下因素：

1）内燃机车结构特点及车钩允许坡度差；
2）我国气候条件及峰高范围；
3）驼峰峰顶与第一间隔制动位间的最大高差及驼峰溜放部分纵断面的合理性；
4）加速坡的养护维修。

加速坡太缓，影响难、易行钩车在第一分路道岔的间隔，为保证正常作业时溜放钩车在第一分路道岔的必要间隔，加速坡最缓不应小于 35‰。

本条规定了加速坡与中间坡的变坡点宜设在第一分路道岔前（竖曲线可直接连接基本轨），其原因如下：

其一，驼峰第一分路道岔为 6 号对称或 7 号三开道岔。7 号三开道岔曲线短，不宜设变坡点。6 号对称道岔尖轨与辙叉短轨长 9.124m，如竖曲线侵入尖轨跟鱼尾板，容易引起尖轨不密贴；另一端也不能侵入连接辙叉的鱼尾板。按尖轨端扣除 1m，辙叉端扣除 0.5m（辙叉端较尖轨端安全性好些），道岔导曲线范围仅剩 7.624m 可设竖曲线。因此变坡点的坡度差最大为 30.5‰，它限制了加速坡、中间坡的取值。

其二，在道岔导曲线内变坡，由于平面曲线与竖曲线重叠且半径小，造成养护维修困难。例如，南翔下行驼峰设计加速坡为 40‰长 40m，中间坡是 8.5‰长 132m，实测加速坡是 48.6‰长 22m，中间坡是 36.3‰长 19m。其变形较大的根本原因是原设计是在第一分路道岔内变坡。该驼峰采用的 6.5 号对称道岔，同样也存在不好维修问题。维修单位对道岔导曲线内变坡也有很大意见，认为不仅增加维修工作量，还容易出事故。

2 中间坡是指加速坡末端至线束始端间的坡度。该坡度应保证易行车最大速度不超过车辆减速器和计算道岔保护区段的允许速度。驼峰溜放部分设有车辆减速器时，一般设计为前陡后缓的两段坡。在我国华北和南方地区，峰高一般不超过 3.3m，第二段中间坡一般采用 8‰，以利于难行车夹停在减速器上时，在减速器反复制动缓撞击下重新起动，并溜出道岔区。因此，可以加陡第一段中间坡，以提高驼峰溜放部分钩车的平均溜放速度，同时还能节省土方工程。在我国东北地区，峰高一般高于 3.3m，冬季气温低，可适当加陡第二段中间坡，但不宜大陡，一般为 9‰～10‰。

驼峰溜放部分不设减速器的驼峰，为提高溜放钩车的速度，使其迅速通过溜放部分，中间坡应使大部分钩车不减速。因此，其坡度不宜小于 5‰。

3 道岔区坡是指线束道岔始端至计算点间的坡度。该段的平均坡度不宜太陡，当驼峰溜放部分设有间隔制动位时，可以提高溜放钩车溜出线束减速器的速度，以较高的速度通过道岔区，对溜放间隔有利；溜放部分不设间隔制动位的驼峰，减少道岔区坡度可适当加陡中间坡，以提高钩车溜经溜放部分的平均速度。但道岔区不宜太缓，避免溜放钩车减速太快，停在道岔影响作业安全。因此，道岔区坡可分为两段，线束始端至最后分路道岔设较陡下坡，最后分路道岔至调车线调速设备间可设平坡或较小的反坡，但

其坡度应保证不会出现钩车倒溜而影响作业安全。考虑到曲线和道岔阻力的影响，中间线束道岔区坡可适当小些，但道岔集中的区段，其坡度不宜小于 1.5‰。

4 驼峰溜放部分安装可控减速顶、减速顶时除对单个车进行检算外还应对驼峰纵断面进行下列检算：

1）溜车不利条件下，难行车组（8 辆空车）——单个易行车通过各分路道岔及调车线始端警冲标有足够的间隔。

2）夏季顺风时易行车溜入调车线不减速。

驼峰溜放部分设减速器或不设调速设备时，应按条文规定进行检算。如驼峰溜放部分不设置隔制调位，峰高较低，考虑最后分路道岔分路概率小，允许该间隔仅满足 3.6km/h 的推峰速度要求。

8.3.3 在解体过程中，处在任何困难条件下用 1 台调机能启动车列是指下列条件：

1）由满载大型车组成的满重车列以及既满重又满长的车列，从坡度陡、曲线和道岔多的线路向峰顶推送，当第一辆车位于峰顶停车后能再起动（解体预推车列时的情况）。

2）由满载大型车组成的部分车列，位于推送部分的最困难位置（坡度陡、曲线和道岔多且机车位于曲线地段）停车后，能再启动（在解体过程中可能出现的情况）。

3）由满载大型车组成的满重车列，当第一辆车是禁溜车，送入禁溜线停车后，能再启动牵出（主要是到达场或牵出线设在面对峰顶的下坡道上时）。

上述三个困难条件要用《列车牵引计算规程》（以下简称《牵规》）中的机车起动牵引力，机车车辆阻力和列车起动计算公式进行检算。《牵规》中的各项阻力参数是在各种类型机车牵引车列状态下实验所得，坡度大多是整列车停在一个坡段上，而驼峰调机是在推送状况下（车列在前，机车在后）作业，驼峰推送部分纵断面又由多段坡组成，完全用《牵规》的阻力参数来计算峰顶与到达场间的高差不一定合乎实际。特别在到达场为填方段的驼峰上，为较合理地确定驼峰推送部分的纵断面，既满足峰机车启动、推峰、解体和回牵等作业的要求，又不至增加牵出线或到达场以及进站线路的工程数量，在有条件时可做机车推峰试验。当采用蒸汽机车时，在我国华中地区，当车列第一辆车停在峰顶时，据计算在车列全长范围内的允许高差约 0.6m（车列总量 3500t，用 1 台解放型机车启动），但在郑州北和南翔编组站的实际试验，该项高差可达 1.2m，仍能满足启动作业要求。

东风型内燃机车作为调车机车也有上述情况。1980 年 7 月、1981 年 1 月曾两次在兰州西编组站做试验。夏季车列总重为 3.52kt，计算能启动的高差（车列首尾）为 0.94m，实际启动车列头尾高差可达 3.59m。冬季车重 3585t，计算能启动高差（车列头尾）为 0.8m，实际启动高差（车列头尾）可达 3.62m。试验均在车钩压紧的情况下进行。最困难的情况下，松钩后退 0.5m 就能启动。由此证明，做推峰试验对合理确定峰顶与到达场间高差起积极作用。而东风 7 型机车是否也有上述情况尚待试验证明。

压钩坡最短长度为 50m，是按压钩坡最小为 10‰，三辆车能压紧车钩确定，但其长度并非是越长越好，压钩坡太陡，钩车脱钩时重心向峰顶移动，降低了驼峰高度（钩车重心下降），特别对大组车影响突出。因此压钩坡不应小于 10‰，但也不宜太陡，一般10‰～20‰为宜。

8.3.4 峰顶两端的坡度差很大，车辆通过该处竖曲线时，由于相邻两车所在的坡度不同，相邻两车钩中心线将产生高差和夹角。该项高差和夹角与竖曲线半径和峰顶平台长度有关。

竖曲线半径小，车辆脱钩后加速快，有利于提高峰顶推送速度；但如果高差和夹角超过了车钩本身调节的范围，将产生"错钩"，甚至损坏钩托板、螺栓和钩舌销等部件。竖曲线半径大，虽可避免上述情况发生，但竖曲线长，车辆脱钩后加速慢，影响峰顶推送速度。根据分析，按 C50 型车辆和 2 号车钩计算，当竖曲线半

径为 350m 时，由于通过竖曲线而引起相邻车钩中心线产生的高差和夹角，可由车钩钩身与钩框以及销与孔等处的间隙自行调节，不易损坏车钩的有关部件，峰顶推送速度也能满足要求。此外，实测了 11 处峰顶竖曲线半径，其中有 9 处接近 350m，使用情况良好。因此，规定峰顶部分竖曲线半径为 350m。

驼峰溜放部分其余竖曲线半径宜尽量采用 350m，以便维修。加速坡末端与中间坡间的竖曲线半径直接影响峰顶距第一分路道岔的距离，当竖曲线采用 350m 影响峰顶距第一分路道岔合理取值时，可采用 250m。

根据 1994 年 8 月铁道部建设司鉴定的《驼峰迂回线竖曲线半径的研究》报告，当大型车通过两相邻坡度形成凸型竖曲线时，是采用竖曲线的限制条件。当凸型竖曲线坡度差大于 9‰，竖曲线半径为 1500m 时，仅有 D8、D9（1）、D9（2）三种车型不能通过，其余大型车都能通过，竖曲线半径 3000m 时，所有大型车均能通过。

目前，D8、D9（1）、D9（2）三种车占全路大型车的 3.9%（D8 型车 9 辆，D9 型车 3 辆）。此类车是 1956 年从德国进口的，根据调查，D8、D9 型车运营多年，应该淘汰，但由于种种原因仍为运营车。D8 型车每年运营次数很少，D9 型车已有两年没有用过。在竖曲线半径采用 1500m 的车站时，如运营中有此类车时，可将其编入直通列车，不通过驼峰改编；在横列式编组站上还可采用尾部调车、坐编等调车作业方法，避免此类车通过驼峰迂回线。

8.3.5 峰顶净平台最小长度采用 7.5m 是根据下列条件确定：

1 尽量减少两相邻车钩中心线的高差与夹角，保证作业安全，减少钩舌销的损坏。根据理论分析，当净平台长度小于 5m 时，两相邻车钩中心线的高差和夹角增长率明显增大，大于 5m 时其值趋于平稳。

2 单个车脱钩时不降低峰高。单个车脱钩时，如后转向架处于压钩坡竖曲线上，会降低钩车重心高，相当于降低了峰高。经理论分析，保证易钩的易行车脱钩时后轮已位于净平台上，其最小长度为 7.482m，因此取 7.5m。

3 满足在净平台上设置禁溜线道岔叉的要求。

峰顶净平台长度过长，不仅增加工程数量还会造成车钩压不紧出现"钓鱼"，因此其长度不宜使一辆单个车两外轴同时在平台上。铁路货车数量多，长度短的车是 C62A，其外轴距为 10.45m。10m 长的净平台能保证绝大多数车辆不会出现车钩压不紧的状态。

8.3.6 禁溜线的纵断面应为凹形。始端道岔至警冲标附近设一段下坡是为防止停留车辆溜回峰顶；中间部分设成平坡，是为防止车辆溜动；距车挡 10m 范围内设 10‰的上坡，是为防止机车连挂禁溜车时，车钩未挂上，车辆受碰撞而冲击车挡。

8.4 其他要求

8.4.1 经计算确定的调速设备有车辆减速器、减速顶、可控顶等。考虑到由于计算参数选择、设备本身性能的误差等原因，设备数量计算完后，必须按设备技术条件要求，另加安全量，以保证驼峰溜放作业的安全。

大、中能力驼峰作业量大，要求解体效率高，钩车必须高速通过溜放部分。车辆减速器有允许入口速度高（7m/s）、单位制动能力大、制动缓解时间快等优点，适合于对高速溜放的钩车进行调速。因此，大、中能力驼峰溜放部分的调速设备应采用减速器。

调车线 16 条（南方地区 20 条）以上，若设 4 个及以上的线束，应设两个峰顶。上述条件下的驼峰一般溜放部分长度约 350m，峰高约 3.4m 应设两级间隔制动位。设两级间隔制动位时，对钩车制动作业灵活，有利提高作业效率。同时，由于总制动能力要求，设两级间隔制动位并不增加减速器用量。例如，一座 4 个线束的驼峰，若总制动能力需要 18 节车辆减速器，当设一级间隔制动位时，应设在线束始端，共需减速器 72 节；当设两级制动位时，可将第一制动位设 6 节，第二制动位设 12 节，共需减速器 60 节，因而

可以节省工程投资。当线束少于 4 个时，一般设 1 个峰顶，溜放部分长度在 300m 以内，峰高 3m 以下，可设一级间隔制动位。

间隔制动位的作用有以下两点：

1 调整溜放钩车的速度，保证钩车溜经各分路道岔、调车线始端警冲标或调速设备不超过允许的溜放速度。设两级间隔制动位时，一级间隔制动位保证溜放钩车溜入二级制动位时不超过减速器允许的入口速度。

2 调整难、易行车溜放间隔，使溜放钩车能迅速安全地通过间隔制动位、各分路道岔及调车线始端警冲标。

为满足上述两点要求，无论减速器采用自动或手动控制方式，其总制动能力应具备在溜车有利条件下，当以 7km/h 的推送速度解体车列时，使易行车经过间隔制动位全部制动后，溜至警冲标的速度不大于 5km/h 的制动能力。该条与峰高设计条件相关，也是作业安全的要求。

驼峰峰高应保证在溜车不利条件下，当以 5km/h 推送速度解体车列时，难行车应溜入难行线计算点。因此，不排除在警冲标附近，仅有 5km/h 的溜放速度。当在前难、后易的条件下，必须要求易行车以低速出清间隔制动位，保证易行车在警冲标处的间隔，因此，易行车在警冲标处的速度不应大于 5km/h。

上述条件是把易行车的有利条件用到难行车的不利条件上，是否合理还要作进一步分析。在实际运营中，难行车是滑动轴承车辆，易行车是滚动轴承车辆，滚动轴承车辆阻力受气温影响变化小，低温下阻力增加不明显，用有利条件下确定总制动能力，适当增加间隔制动位的能力对作业安全有利。

另外，在正常作业时，也会出现运营状态不好的难行车，此时也需间隔制动位对后钩易行车进行全力降速，以保证作业安全。

为提高钩车溜放速度，设两级间隔制动位时，第二级制动位的制动能力应大于第一级制动位，以保证二级制动位能使高速进入的溜放钩车调到必要的速度。

8.4.2 在曲线上使用铁鞋时容易"打鞋"，影响作业安全。因此，脱鞋器前应设一段不小于 30m 的直线段(此范围内不允许设平过道)。以 18km/h 的速度进入调车线的溜放车辆，经铁鞋制动，滑行 30m 可降到 5km/h(铁鞋摩擦系数按 0.17 计算)。

8.4.3 减速器应设在直线上，是减速器结构的要求。调车线内安装减速器应尽量少影响调车线的有效长度，因此，减速器应尽量靠近头部警冲标，一般减速器前不停车。但减速器距警冲标太近，大组车进入减速器制动时，车组迅速减速，由于尾部还未出清警冲标而影响邻线溜车，降低驼峰作业效率。如减速器设在最外曲线后 14m 处，在大、中能力驼峰上，距警冲标 55～65m。5 辆车的车组长约 70m，当进入减速器进行调速时，若采用放头拦尾的措施，不会影响邻线作业。目前溜放速度自动控制或半自动控制系统均具备放头拦尾功能。另外，减速器始端前 14m 直线段，不但安装雷达方便，而且保证一辆车进入减速器前已位于直线上，减少对减速器的横向撞冲，速度平稳，有利速度控制。

股道少的小能力驼峰，调车线始端最外曲线距警冲标距离较近时，可适当延长减速器始端的直线段长度，但减速器入口距警冲标的距离不应大于 70m。

8.4.4 驼峰峰顶及溜放部分坡度陡、变化大，且竖曲线半径小，容易变形。为了便于养护维修，有必要在压钩坡、加速坡、中间坡及道岔区坡的变坡点竖曲线头、尾、中部设置线路水平标桩。实践证明，设有固定线路水平标桩的，维修较好，未设水平标桩的普遍较设计有较大的变形，特别是峰顶部分，加速坡和压钩坡容易变缓，影响车辆溜放和脱钩，降低驼峰解体效率。调车线内主要变坡点是指打靶区及布

压区始、终点。

为了使用方便，该项标桩应设在线路附近，其位置和高差不应妨碍调车人员的作业安全。

8.4.5 驼峰有关设备主要指峰顶信号机柱、信号按钮柱、道岔转辙机等。驼峰禁溜线、迂回线道岔设于峰顶附近，当转辙机必须设

于主提钩作业一侧时，应采取防护措施。驼峰生产房屋除信号楼、峰顶连接员室外，还有动力室、维修工区等。

驼峰作业员需要经常观察车列推峰、钩车溜放、场内存车等作业情况，以便正确及时地显示信号，监视或控制车辆减速器。因此信号楼必须有良好的视线，其他生产房屋应设在信号楼瞭望范围之外，以保证作业安全。信号楼的数量应根据调车线数量和钩车溜放速度控制方式确定。钩车溜放速度采用自动控制时，驼峰作业员仅对减速器做监视工作。平面为 4 个线束及以下的驼峰，只设 1 座信号楼；平面在 4 个线束以上时，可设两座信号楼。当钩车溜放速度采用半自动或手动控制时，可分为上部和下部信号楼，根据调车线数量设 2～3 座信号楼。调车线减速器控制台与间隔制动位控制台同设在一座信号楼内。

主信号楼与峰顶连接员室由于作业的需要，其间应保证有良好的联系视线。因此主信号楼和连接员室均应设在驼峰主提钩一侧。

9 客运站、客运设备和客车整备所

9.1 客 运 站

9.1.1 客运站是铁路旅客运输的基本生产单位。它的主要任务是组织旅客安全、迅速、准确、方便地上下车和行包、邮件的装卸及搬运；组织旅客列车安全正点到发和客车车底的取送。

我国的客运站有专办客运或兼办少量货运的客运站；另有办理客运并兼办大量货运的客货站。在兼办大量货运业务的客货站上，存在着驻站单位多，客货业务互相干扰，车站秩序较难保持，车站能力、客运作业安全及客运服务质量受到影响，车站的发展受到限制等问题。因此，在客流较大的城市宜设置专用的客运站。

一般情况下，在省会或城市人口为 100 万以上的特大城市，客运量(最大月日均上下车总人数，下同)约 13000 人时，应设置客运站。

当位于交通枢纽的中、小城市或预计该城市工农业发展迅速或为较大的旅游点，客运量在 8000～10000 人时，也可设置客运站。当近客、货量不大，可根据具体情况先设置客、货站，随着客运量增长再逐步发展为客运站。客运站址选择要结合城市规划并与城市交通系统密切配合、与其主要站点相衔接，使客运站成为城市交通系统的重要组成部分(目前，有的超大城市地铁的起点站建在铁路站房的候车大厅内)。

通过式客运站是指有两个方向的正线贯穿车站且到发线为贯通线的客运站。该图型的两端均有列车到发的咽喉区，在引入线路方向相等的条件下，能分担列车接发、客车车底取送和机车出(入)段等作业，减少咽喉交叉干扰，通过能力较大，运营条件较好；到发线能接入和通过较多方向的列车，除折角列车外，无需变更列车运行方向；便于组织旅客列车进出站和行包搬运，相互干扰小；旅客进、出站走行距离短；便于枢纽直径线和联络线的衔接，能缩短部分旅客列车的运行时间，有利枢纽内线路通过能力的调节等优点。虽然通过式客运站存在与城市道路干扰较大，一般不易伸入市区，增加城市交通负担；站坪较长；增加旅客跨线设备，旅客进、出站需克服高程等缺点，但通过式图型的优点较多，特别是该图型具有既能适应以始发、终到为主兼办通过作业的客运站，又能适应办理全部始发、终到作业的客运站的显著优点，故宜优先采用。

在通过式客运站的一侧设置部分尽端式线的客运站称为通过式与部分尽端式组成的混合式客运站。该尽端线可办理小编组的市郊和城际客车的始发、终到作业，为节省工程宜采用该图型。

尽端式客运站是指设在正线终端的客运站，它的到发线布置可为两种形式：一种是到发线的一端连接正线，另一端全部为尽头线并设有尽端站台；另一种是到发线为贯通线，一端连接正线，另一端连接机务段、客整所及客车车辆段等段管线。该图型可伸入城市中心附近，有方便旅客、减轻市内交通负担和减少与城市干扰等优点。因此，当采用通过式图型引起巨大工程或当地条件不允许时，则可采用该图型。

9.1.2 随着客运市场竞争更加激烈，对速度、舒适度等服务质量的要求更高，使铁路的客运业务发生较大变化。为适应客运快速化、公交化的要求，近几年铁路采取了大面积提高旅客列车的技术和旅行速度，开行"城际运输公交化"、"朝发夕归""夕发朝至"和"一日到达"等多品种的旅客列车等举措。这种高等级的快速旅客列车除停靠某些重点大型客运站外，其余客运站均不停站。即某些客运站在办理货物列车通过的同时，还要办理高等级快速旅客列车的通过作业，因此，对客运站的图型提出了新的要求。原《站规》推荐的外包正线的图型（即本规范图9.1.1-2、图9.1.1-3），当速度提高到一定程度后，则会产生正线曲线多、难以选用大半径和长缓和曲线问题，这不仅降低了旅客的舒适度，且导致站场平面布置难、结构松散、站坪长度增加。故本次补充了路段设计速度为120km/h及以上时，在双线铁路上宜采用两正线中穿的图型（本规范图9.1.1-1）。

9.1.3 有货物列车通过的客运站的正线位置，应根据旅客列车对数、客车到发数量、车站咽喉区的交叉干扰情况、货物列车运行条件和对客运作业的影响等确定。

　　1 双线铁路上的客运站，根据对本规范图9.1.1-2咽喉和站、所间联络线通过能力的检算，其咽喉通过能力可通过旅客列车39对及货物列车60对；当站、所间联络线设两条且客车整备所按横列尽端式布置时，联络线取送车底的能力可达34列；当客车整备所按横列贯通式布置并设有牵出线时，联络线取送车底的能力可达56列。这样，本规范图9.1.1-2的到发能力、咽喉通过能力与站、所间联络线取送车底的能力基本上是接近的。因此，当旅客列车对数在37对以上和客车到发线设9条及以上，为减少车站的咽喉交叉干扰，客车整备所与客运段宜纵列配置于两正线间，两正线应分别设在站场对面最外侧和第一、二站台之间。

　　当旅客列车在36对及以下和客车到发线设7条及以下且客车整备所与客运段纵列配置并位于站房同侧时，为减少通过货物列车与客车车底取送和机车出（入）段的交叉干扰，并使旅客上、下车及行包邮件搬运等作业较为安全，两正线应分别设在站房对面最外侧和第二、三站台之间，如本规范图9.1.1-3所示。

　　2 单线铁路上的客运站，为了使客车车底取送及客机出（入）段与货物列车经由正线通过不发生交叉干扰，其正线位置宜设在站房对面最外侧。

　　3 以办理始发、终到旅客列车为主的大城市枢纽内的主要客运站，因客运作业量大，为避免货物列车通过与客运作业的干扰、提高车站咽喉通过能力、保证站内作业安全、保持站内的清洁卫生、减少站内噪音，可根据货物列车对数和车站附近的工程条件，结合枢纽总体规划将通过货物列车的正线外绕客运站。既有客运站改、扩建受城市建筑物和地形条件的限制，也可设联络线分流主要铁路的货物列车，使其不经由客运站。

9.1.4 由于客运站作业存在着昼夜明显的不平衡性。为保证旅客列车集中到发时客运站行车作业的安全和方便及满足车站通过能力的需要，咽喉区配置应保证下列必要的平行作业：单线铁路客运站，在设有客车整备所和客运机务段一端的咽喉区应保证列车到达（或出发）与客车车底取送（或机车出（入）段）两个平行作业；当另一端设有机待线时，该端也应保证列车到达（或出发）与机车出（入）段两个平行作业。在双线铁路客运站，咽喉区应保证列车到达、出发与机车出（入）段（或客车车底取送）三个平行作业或列车到达、出发、机车出（入）段、客车车底取送四个平行作业。

9.1.5 在双线铁路客运站或客货列车对数较多的单线铁路客运站上，由于旅客列车集中早晚密集到发，为使机车能及时出（入）段，保证旅客列车安全正点运行，应设机走线和机待线；但在客、货列车对数不多，到发能力有富余时，也可缓设机车走行线；在有其他线路供出（入）段机车停留交会时，也可不设机待线。

　　在尽端式客运站上，应设置机走线和机车经由相邻到发线入段的渡线。

　　在某些客运站上，由于各方向客流量不均衡或因满足团体客流以及其他的需要，对通过旅客列车常采用中途摘挂客车车辆的办法。为便于车辆摘挂和旅客进、出站，可在车站上设置摘挂车辆停留线和站台。从安全出发，公务车存放线宜设在客车整备所内。当通过旅客列车较多且有摘挂公务车作业的客运站，可设置公务车停留线。摘挂车辆停留线和公务车存放线可共用。

9.1.6 旅客站房地面高程与站台面高程的关系有下列3种形式：

　　线平式——站房地面高程与站台面高程相差很小或相同。

　　线上式——站房地面高程高于站台面高程。

　　线下式——站房地面高程低于站台面高程。

　　站房的设计高程应结合地形合理利用其高差，设计成线平式、线上式或线下式等布置形式。采用线上式或线下式布置，应使旅客从广场、站房经由天桥或地道到站台有最小的升降高度。

　　大城市的客运站，当受城市建筑物或用地的限制时，可结合当地的地形、地质和水文条件，经过对技术上的可能性、工程投资的大小和对城市的影响等比较后，可设计为站房在上层、线路在下层或线路在上层、站房在下层的多层立体式客运站。

9.1.7 旅客列车到发线有效长度主要根据旅客列车长度确定。目前主要线路的旅客列车编挂辆数已增加到16～20辆；为了适应铁路旅客运输发展的需要，按现行的《铁路主要技术政策》关于在繁忙干线上，旅客列车按20辆编挂的规定，经以下计算和分析，到发线有效长度应采用650m。

　　今后几年内客车车型仍以22型和23型占多数，但根据铁道部规定，25型车（长度26.6m）将逐步取代其他各型客车，因此旅客列车到发线有效长度宜按编组20辆25型车进行计算；20辆车底长度为$20 \times 26.6 = 532$（m）；客运机车长度按东风型为21.1m；旅客列车进站停车附加距离为30m，以上三项之和为583.1m。故条文规定到发有效长度为650m。

　　由于短途、小编组旅客列车和节假日代用旅客列车的编挂辆数可根据需要计算确定，故部分旅客列车到发线有效长度可适当缩短。

　　有些客运站，因区间通过能力的需要或为接轨站，货物列车在客运站有交会、越行作业。因此，对有货物列车停留的正线和到发线，其有效长度应按货物列车到发线的有效长度设计。

9.1.8 旅客列车到发线数量应根据旅客列车对数及其性质、引入线路数量和车站技术作业过程等因素确定。由于旅客列车具有早、晚一段时间里集中到发的特点，旅客列车对数和引入线路数量愈多，旅客列车密集到发的量就越大，同时占用到发线的数量就愈多，因此，旅客列车到发线数量应根据旅客列车同时占用到发线所需要的数量和每条到发线平均办理的始发、终到旅客列车对数确定。

　　根据全国有代表性的客运站的统计资料分析，设3条客车到发线能办理始发、终到旅客列车12～14.5对，平均每条到发线能办理4～4.8对；设5条客车到发线能办理始发、终到旅客列车20～28对，平均每条到发线能办理4～5.6对；设7条客车到发线能办理始发、终到旅客列车36～39对，平均每条到发线能办理5.2～5.6对；设9条客车到发线能办理始发、终到旅客列车54～58对，平均每条到发线能办理6～6.5对。此外考虑旅客运输有一定的波动性以及调整运输秩序的需要，制订本条文表9.1.8。

　　1 对始发、终到旅客列车占用到发线时间为120min左右，而1对通过旅客列车占用到发线的时间为60min左右，因此，对有办理通过旅客列车的客运站，选定到发线数量时可将通过旅客列车折合成始发、终到列车后选用本条文表9.1.8中的数值。

由于客运站具有旅客列车到发不均衡和到发线利用率低的特点，可利用旅客列车到发线空闲时间、节假日增开一定数量的旅客列车。当增开旅客列车对数很多时，可适当增加旅客列车到发线以适应需要。

对办理50对以上的客运站到发线数量，现有资料不足以概括成普遍规律，故本条文表9.1.8中，始发、终到旅客列车50对以上的到发线数量未列，可按分析计算确定。

9.2 客运设备

9.2.1 办理客运业务的车站和乘降所，应设置为旅客服务的设施。随着客运量的增长，客运设备也应做到逐步满足客运量增长的需要。客运设备的建设，应结合车站性质及城市总体规划，预留发展条件。

旅客站房位置应配合城市和方便旅客进出站。因此，旅客站房应与城市规划和车站总布置图相配合。为方便旅客集散，通过式车站的旅客站房宜设在靠城市中心区一侧。尽端式车站采用尽头线的旅客站房宜设在旅客列车到发尽端，优点是可避免修建天桥和地道，旅客由站房至站台不跨越线路，缺点是旅客出、入与行包运输在分配站台上发生交叉干扰，因此，当客运量、行包量很大且条件允许时，站房也可设于靠城市中心区一侧；采用贯通线时，旅客站房应设于靠城市中心区一侧。

9.2.2 设置旅客站台可加快旅客上、下车和行包邮件装卸速度，缩短客车停站时间，并为行包、邮件搬运创造良好条件。因此在办理旅客上、下车的车站和旅客乘降所应设置旅客站台。

2 客运站的旅客站台长度应根据旅客列车编挂辆数确定，按以25型车扩大编组至20辆计算，车底长度为532m。为使整列车能停靠站台，故客运站的旅客站台长度采用550m。改建客运站在特殊困难条件下，个别站台长度可采用400m，以停靠较短的列车。接发短途小编组旅客列车和节假日代用旅客列车的站台长度可适当缩短，可按其实际列车长度确定。

除客运外，其他办理客运业务车站的旅客站台长度应根据客流量确定，旅客上、下车人数较少和行包量不大的车站可适当缩短，但不宜短于300m，约为11辆车厢能停靠站台。在人烟稀少地区或客流量很小的车站和乘降所，可采用与站房基坪等长的站台长度。

3 旅客站台宽度除应根据站台两侧同时停靠客车时的最大一次上下车人数、行包邮件、运输工具的类型、售货车和旅客购物时所需的宽度、车站绿化和站台上设置的天桥、地道、行车室、列检所、售货亭、行包邮件房等建筑物的尺寸确定外，还应根据站台位置、正线数目和路段设计速度等确定。

1）旅客基本站台的宽度：在旅客站房和其他较大建筑物范围以内，由房屋突出部分的外墙边缘至站台边缘，可参照表9办理。

表9 站房范围以内基本站台宽度表

站房规模（人）	站台宽度（m）
50～400以下	8～12
400～2000以下	12～20
2000～10000以上	20～25

在旅客站房和其他较大建筑物范围以内的旅客基本站台的最小宽度：位于省会城市、自治区首府和客流量较大的客运站，为安排较大规模的迎送活动，由房屋突出部分外墙边缘至站台边缘宜采用20～25m；但为了减少旅客走行距离和节约用地，此宽度也不宜太大。在其他站上，为满足旅客上、下车和运输工具调头作业的需要或因站房一侧预留增加1条到发线的需要，此宽度按表9可选用12～20m。在中间站上，如客运量不大且站房一侧不预留

增加到发线时，此宽度可选用8～12m；当地形困难，旅客上、下车人数和行包件数不多时，此宽度可减少至6m。这6m是考虑设置检票栅栏和工作人员的活动范围约需2m，站台边安全距离1m，旅客上、下车走行至检票口一段范围和临时在此堆放小量行包等约需3m。在旅客站房和其他较大建筑物范围以外的基本站台宽度规定不宜小于中间站台的宽度，是考虑站台两端旅客活动人数较站台中部少；中间站台两边均设安全距离并有旅客上、下，基本站台一边设安全距离，而另一边设置绿化和栅栏，只一边有旅客上、下，故宜与中间站台同样的宽度。中间站上当旅客上、下车人数和行包邮件数不多，在地形困难和工程量很大时，其基本站台的宽度不应小于4m。

2）旅客中间站台的最小宽度：当旅客站台上设有天桥、地道时，其尺寸由以下几项组成：双面斜道最小宽度，大型客运站为4m，客运站为3.5m，其他站为2.5m，单面斜道最小宽度，其他站为3m；斜道口边墙厚度0.5m；边墙外缘至站台边缘宽度3m，采用机动车搬运行包时的中间站台最小宽度为大型客运站2×3（边墙外缘至站台边缘宽度）＋2×0.5（边墙厚度）＋4.5（行包斜道宽度）＝11.5（m），客运站为2×3＋2×0.5＋3.5＝10.5（m），其他站为2×2.5＋2×0.5＋2.5＝8.5（m）；采用单面斜道时，其他站为2×2.5＋2×0.5＋3＝9（m），其他站台上不设天桥、地道，但有雨棚时的中间站台最小宽度不应小于6m，主要考虑站台一边按20°～30°角度飘雨时，站台面受湿宽度为2～3m，其另一边的站台面能保持3～4m不受湿的宽度，以便旅客在站台上临时候车及堆放行李。站台上不设天桥、地道和雨棚时的单线铁路中间站的中间站台最小宽度为4m，是扣去站台边安全距离2m，剩下2m用作旅客安全活动范围；但此项宽度只适于旅客上、下车人数和行包量都很小的车站上；双线铁路行车密度大、速度高，存在旅客快车越行慢车的情况，为保证慢车旅客上、下车的安全，故双线铁路中间站的中间站台最小宽度规定为5m；当中间站设在最外到发线外侧时，则可扣除站台边安全距离1m。

根据现行《技规》关于：特快旅客列车通过的车站，通过线路的站台边缘安全线应设在距钢轨头部外侧2.5m处，跨越线路应尽可能采用立体交叉的规定，邻靠通行快速旅客列车的正线一侧的中间站台应加宽0.5m，故本次规定，路段设计速度为120km/h及以上时，邻靠有通过列车正线一侧的中间站台，应加宽0.5m。

3）站台上设有天桥、地道和其他房屋时，站台边缘至建筑物边缘应保证工作人员的作业安全和满足行包搬运的需要。利用电瓶车、三轮摩托车、吉普车等机动车搬运时，其装载宽度达1.8～2m，故在客运量、行包量均较大的客运站上，此宽度不应小于3m；在行包作业量较大的其他车站，此宽度不应小于2.5m。其他站在既有线改造中，车站因受现状条件限制，加宽站台将增加很大工程费用时，天桥、地道出、入口边缘至站台边缘的距离其中一侧可减少，但不得小于按《标准铁路建筑限界》中规定的为保证站台上旅客安全的最小距离2m。路段设计速度为120km/h及以上时，邻靠有通过列车正线一侧应再加宽0.5m。

4 高出轨面300mm旅客站台，造价低廉，便于进行列检和不摘车检修作业，但旅客（尤其是老弱病残旅客）和行包装卸不便，影响旅客上、下车和行包装卸的速度。

目前我国多数客车车厢的车底板高出轨面约为1300mm左右，为方便老弱病残旅客上下车，故本次规定，非邻靠正线或不通行超限货物列车到发线的旅客站台高度宜采用1250mm，取消了原《站规》1100mm高站台的规定。

由于邻靠正线或通行超限货物列车到发的站台应采用300mm，考虑站台面的平顺和方便旅客乘降，故与其相邻的不通行超限货物列车的到发线所夹中间站台的高度可采用500mm。

9.2.3 天桥、地道的设置应根据图型、客流量、客货列车对数等因素确定。

1 当日均上、下车人数在2400人及以上，且由站台至出站口

的通路经常被通过列车、停站列车或调车车列所阻的通过式车站及站房设于线路一侧、客流量、旅客列车对数较多的尽端式客运站，应设置天桥或地道。

2 天桥造价低，受水文、地质条件影响较小，维修、扩建方便，排水、通风、采光条件较好；但天桥有升降高度较大、斜道占用站台面积较多和遮挡站内工作人员视线等显著缺点，而地道则相反。由于地道在使用上较天桥的优越性大，故应优先采用地道。

天桥和地道的出、入口位置应与站台、站房、（进）出站检票口和站前广场的位置相配合，以达到合理的组织流线，使旅客通行方便，减少站内作业干扰，保证行包、邮件装卸作业的安全便利。

3 天桥、地道的数量和宽度：

1）天桥和地道的数量应根据客流和行包、邮件量确定。据调查分析办理客运的车站，站房规模在 3000 人以下时，天桥、地道设置不少于 1 处；站房规模在 3000 人及以上至 10000 人以下的客运站，可不少于 2 处。站房规模在 10000 人及以上的大型客运站，当市郊旅客较多时，由于这部分旅客不需长时间候车，随到随走，为使市郊旅客进出站不致影响长途旅客的候车条件，应将市郊旅客进出站流线与长途旅客流线分开，另设置市郊旅客使用的跨线设备，全站跨线设备不少于 3 处。设高架跨线候车室时，候车室起跨线设备的作用，为旅客进站乘车跨线用，此时应设出站地道或改建时保留既有天桥不少于 1 处。

在大型客运站上，为了消除行包、邮件运输与列车到发及客运作业的干扰，可设行包、邮件专用地道。当站房规模在 10000 人及以上行包和邮件数量很大时，宜设行包、邮件地道 1～2 处。

2）天桥和地道的宽度应根据客流密度确定，旅客进出站的组织应避免在天桥和地道内有对流现象，上车应避免两次列车或多次列车的旅客同时检票进站，以消除拥挤和防止误乘。天桥和地道的宽度主要取决于一次下车或同时进站上车的旅客最大人数。

在始发、终到旅客列车对数较多的客运站，因一次下车人数或同时检票进站上车的旅客人数较多，站房规模在 3000 人以下时不应小于 6m；当站房规模在 3000 人及以上时，天桥、地道的宽度不应小于 8m。行包、邮件地道的宽度 5.2m 是按最不利情况，2 辆 2m 宽的供应车并行，加装载突出及行驶间隙的最小宽度。

3）旅客地道的净高，是根据国家现行标准《民用建筑设计通则》（JGJ 37）的规定，地下室及走道的最小净高 2m，加地道上部的指示牌，照明灯等所需空间，故规定为 2.5m。行包、邮件地道净高是按行包拖车上载最大 2m 高的货物，加拖车本身高度 0.674m 及地道顶部的指示牌，照明灯等所需空间规定为 3m。

4 客运站由于上、下车的旅客人数较多，天桥、地道通向各站台宜设双向出、入口，天桥、地道出、入口因位置或其他原因，两个出、入口的客流量并非对等，一般按 1/3 和 2/3 向两个出、入口分流，出、入口最小宽度是按天桥、地道宽度的 2/3 计算，因此条文规定大型客运站的出、入口宽度不应小于 4m，客运站不应小于 3.5m；其他站双向出、入口宽度不应小于 2.5m，单向出、入口的宽度由于要与中间站台宽度符合，故条文规定不应小于 3m。

行包、邮件地道通向站台的出、入口，由于坡道较长，占用站台也长，故条文规定设单向出、入口。其宽度当按双向通行供应车设置时，则与行包邮件地道主通道 5.2m 等宽，需增加中间站台宽度，于工程不利。由于行包、邮件地道的主要通行车辆为行包邮件搬运车、每列车宽度 1.7m，双向行驶两列宽度 3.4m，两列间隙 0.5m，距离两侧边墙各 0.3m，故出、入口宽度不应小于 3.4+0.5+0.3×2=4.5（m），当受到站台宽度限制，而出、入口处又具备可靠的交通信号指示保证时，则可按单向通行考虑，出、入口宽度不应小于 3.5m。

9.2.4 客运站常年旅客上、下车人数较多，为保障旅客有良好的乘车条件和方便站客运作业，车站站台应设雨棚。目前我国多数位于专、县以上办理客运的车站已设置雨棚，我国除东北、华北和西北的部分地区外，其余地区年降雨量在 700～1000mm，雨季

一般在 4 月至 10 月，降雨量比较集中，占全年的 60%～70%，对这些多雨地区设置客运雨棚，可提前组织旅客进站保证旅客及时上车和加速行包邮件的装卸，保证旅客列车正点运行和防止行包、邮件受潮。因此，当车站位于年降雨量 600～800mm 的地区，日均一次上、下车旅客人数在 400 人左右或站房规模为 600 人及年降雨量 800mm 以上的地区，日均一次上、下车旅客人数在 200 人左右或站房规模为 500 人时，应设置雨棚，此外当停站旅客列车对数在 3 对以上时，也应设置雨棚。

雨棚长度应根据客运量和行包、邮件数量确定。在中、小型车站上，由于客运量和行包、邮件数量不多，一般可修建 200～300m 长的雨棚。

200m 长是考虑能遮盖地道口并停靠约 8 节车厢，300m 长是考虑停靠约 11 节车厢。在客运、客运量和行包、邮件数量均较多时，应设置与站台等长的雨棚。

中、小型车站如设雨棚，当位于单线铁路时，旅客列车多数均可组织接入靠基本站台的线路，可先在基本站台上设置；当位于双线铁路或位于单线铁路但有第三方向引入时，旅客列车一般按上、下行分开组织接发或因接入第三方向列车的会车需要，在基本站台和中间站台上均可设置雨棚。

9.3 客车整备所

9.3.1 本规范所述客车整备所是由客车车底的客运整备和技术整备设施两部分组成的统称。客运站与客车整备所和客运机务设备的相互配置，须在满足通过能力的前提下，减少咽喉交叉干扰，缩短机车和客车车底出（入）段、所的走行距离，并结合远期发展，根据地形、地质条件和城市规划等，通过方案比较确定。

1 为减少客车车底送客与客、货列车到发的交叉干扰并有利于发展，客车整备所应纵列配置在客运站到发列车较少的一端咽喉区外方正线的一侧，结合城市规划及其他条件，可设在站房同侧或对侧，对没有特快客车通过的双线铁路较大的客运站，宜将客车整备所设在旅客列车到发较少一端的两正线间。

2 当客运站与客车整备所横列配置时，由于车底取送与旅客列车到发和通过列车的交叉干扰较大，且影响客运站的发展，因此一般不宜采用。但横列配置与纵列配置的尽端式客车整备所相比较，具有调车行程短、作业方便等优点，故在始发、终到旅客列车对数较少，通过列车不经由客运站或改建工程中为充分利用既有设备，且近期无大发展时，也可以采用。

3 客运机务设备有条件时宜布置在与客车整备所同一地点，也可以分设于客运站的两端。设在同一地点比分设于客运站的两端具有以下优点：客车整备所可共用机务转向设备对单个车辆进行转向；用地集中，生活配套设施省，对城市影响较小；当客、货列车对数较多，客车整备所和客运机务设备需配置在通过列车两正线之间时，正线相对地较为顺直；当列车通过正线沿着站房对面最外侧外绕时，外绕正线布置条件较好，对城市影响亦较小等。虽然设在同一地点车站咽喉通过能力略小一些，但优点仍较多，故推荐这种配置。

9.3.2 客车车底从进入整备所到离开整备所，除调车作业和洗车机对车底进行外部洗刷作业外，客运整备与车辆技术整备均在同一条线路上进行作业的称定位作业。反之，称移位作业。定位作业与移位作业相比较，前者车底整备时间短、调车作业少、铺轨和用地数量较小，但客运整备与车辆技术整备作业有干扰，取送车底与调车作业有干扰，站、所间联络线通过能力较小，并须增加管线和排水等设备。后者的优缺点与前者正相反。因此，客车整备所的作业方式和布置形式应根据入所整备车底列数、车底整备作业干扰情况、整备作业延续时间、联络线通过能力和工程量等因素进行比较确定。客车整备所的布置形式：采用定位作业时应按横列布置，采用移位作业时应按纵列布置。

9.3.3 客运站与客车整备所纵列配置时，站、所间联络线的使用，

主要是取送车底、调车和本务机车出(入)段。因此,站、所间联络线数量应根据入所整备车底列数、调车作业量、出(入)段机车次数、联络线长度、洗车机设置位置和整备所布置形式等因素确定。

根据调查和分析计算,站、所间联络线数量和取送车底的能力因组合因素较多,并处于不固定的变化状态,要用一个具体数字来表明站、所间联络线的能力,比较困难。因此提出:如入所整备车底列数和出(入)段机车次数不多,站、所间联络线数量一般设1条(1台调机);如入所整备车底列数和出(入)段机车次数较多,站、所间联络线数量可设2条(2台调机),表10和表11所列的取送车底能力可供选定站、所间联络线数量时参考。

当客车整备所按纵列布置时,客运整备场与车辆技术整备场之间连接平行线的数量和调车作业能力应与表11列出的站、所间联络线的数量和取送车底能力相适应。场间调车作业能力与洗车机设置位置、场间连接平行线数量和调车作业配备的调机台数有关。根据分析计算,当调车作业配备的调机台数分别为1台、2台和3台时,场间连接平行线数量可分别为2条、3条和4条。其调车作业能力可参考表12所列数字。

当客车站与客车整备所纵列配置时,站、所间联络线长度应满足远期整列车底调动加上安装洗车机所需长度,其原因是整备所按横列布置时,洗车机一般设在整备所前方;当整备所按纵列配置时,洗车机有时也设在客运整备场前方。车底通过洗车机时的速度为3～5km/h,有了上述距离可尽快腾空客运站的咽喉。同时,按横列布置的客车整备所,其整备线按尽头线设计时需利用联络线牵出线。按纵列布置的客车整备所,如洗车机设于客运整备场与车辆技术整备场之间时,车底洗刷及调车作业是利用客运整备场和出发场线路进行,不占用站、所间联络线。因此,联络线长度可适当缩短。

表10 客车整备所横列布置时站、所间联络线取送车底能力表(列/d)

入所整备车底列数 出(人)段机车次数	设洗车机				不设洗车机			
联络线数量(条)	设机务设备		不设机务设备		设机务设备		不设机务设备	
	1	2	1	2	1	2	1	2
40	20	—			—	—		
50	19	—			—	—		
55	19	—			27	—		
60	18	—			26	—		
70	17	34			25	—		
80	16	33			23	—		
90	15	32			22	—		
100	14	31			20	47		
110	—	30	24	42	—	45		
120	—	29			—	44		
130	—	28			—	42	35	62
140	—	27			—	41		
150	—	26			—	39		
160	—	25			—	38		

表11 客车整备所纵列布置时站、所间联络线取送车底能力表(列/d)

入所整备车底列数 出(人)段机车次数	洗车机设于客运站与客运整备场间				洗车机设于客运整备场与车辆技术整备场间			
联络线数量(条)	设机务设备		不设机务设备		设机务设备		不设机务设备	
	1	2	1	2	1	2	1	2
58	29	—			—	—		
70	27	—			—	—		
80	25	—			—	—		
90	24	—			—	—		
100	22	50			53	—		
110	20	49			49	—		
120	—	47			45	—		
130	—	46	39	67	41	—	93	162
140	—	44			37	—		
150	—	42			33	—		
160	—	41			29	—		
170	—	39			25	—		
180	—	37			21	90		
190	—	36			17	86		
200	—	34			13	82		

注:1 表内1条联络线和2条联络线是分别按1台调机和2台调机进行取送车底和改编作业计算。

2 表10中如1条联络线能力不够时,根据地形条件可考虑设2条联络线;2条联络线能力不够时,可考虑增设牵出线1条。

3 表内出(人)段机车次数超出入所整备车底列数1倍时,表示客运站有通过旅客列车。

4 改、扩建客车整备所,若图型与本节中图9.3.2-1和图9.3.2-2不同或站、所间联络线太长和太短时,均不能参考表10和本表选用。

表12 客运整备场及出发线与车辆技术整备场间调车作业能力表

洗车机位置	设于客运站与客运整备场间			设于客运整备场与车辆技术整备场间			
作业内容	车底转场和改编			车底转场和改编		车底转场	
平行线数量(条)	2	3	4	3	4	3	4
调机数量(台)	1	2	3	2	3	2	3
作业能力(列/d)	31	58	81	46	64	75	105

注:1 洗车机设于客运站与客运整备场间时,当参照站、所间联络线取送车底能力表11配置相应的调机数量担任车底转场和改编作业时,可不设牵出线。

2 车底转场和改编作业能力与站、所间联络线取送车底能力表11不相适应时,应考虑在车辆技术整备场尾端增设牵出线1～2条。

9.3.4 当客运站与客车整备所横列配置时,因车底取送与正线通过列车的交叉干扰较大,故这种配置,设1条牵出线可满足车底取送和调车作业的需要。

当客运站与客车整备所纵列配置时,从布置上应利用站、所间联络线或客运整备场和出发场线路进行调车作业,既方便作业又减少工程投资,故一般不设牵出线。当入所整备车底列数很多,站、所间联络线能力与客运整备场和车辆技术整备场间能力不适应时,可参照本说明表10、表11和表12所列数值,设置牵出线1～2条。

10 货运站、货场和货运设备

10.1 货运站和货场

10.1.1 本条说明如下:

1 货运站是以办理货运作业为主的车站。货运站的布置形式可分为:通过式和尽端式两种。通过式货运站可设于干线上为中间站,也可设于其他线路上;尽端式货运站是在城市内为了运输的需要,将车站伸入市区或工业区而设于线路的终端,但车场的布置形式,可设计成贯通式。

货运站按车场与货场的相互配置分横列式与纵列式两种。横列式货运站的优点是设备集中、管理方便,但调车作业不利。纵列式货运站则反之。设计时可根据当地地形和作业条件选择。

2 大、中型货场宜采用尽端式布置,其优点是占地少,造价低,易于结合地形,利于与城市规划配合,货场内道路和货物线交叉干扰少,搬运车辆出入方便,货场改建时也比较容易。

大、中型货场的货物线布置大多为尽头式且是平行、部分平行和非平行布置等。采用平行或部分平行布置具有用地省、布置紧凑、便于货物装卸及搬运作业,特别是对发展卸车、搬运作业机械化有利,并便于排水和道路布置等优点。现场对这种布置反映较好,因此设计大、中型货场宜优先采用这种形式。

3 中间站小型货场由于货运量较小,取送车作业一般由摘挂列车的本务机车担当。为缩短调车作业时间及减少列车停站时分,中间站小型货场宜采用贯通式或混合式布置。

货运站和货场的布置应力求紧凑,充分利用有效面积,以节约用地,但同时要注意根据远期运量和发展规划留出必要的用地,以适应发展的需要。

10.1.2 货运站专为小运转列车到发作业使用的到发线,其作业量对到发线数量的影响甚大。如年运量在 2Mt 以上的货运站,每昼夜接送小运转列车对数一般在 6 对以上,车站取送车作业比较繁忙,此时有以下作业需要在到发线上办理:

1 调车机车将编组完毕的小运转列车牵引至到发线上待发。

2 办理小运转列车接车。

3 小运转列车到达后,机车迁回到另一到发线连挂待发的小运转列车准备出发。

因此,需要占用到发线 2 条,机走线 1 条,共 3 条。

如年运量在 2Mt 以下,则每昼夜接送小运转列车一般在 6 对以下,货运站的小运转列车的接车与待发的小运转列车作业可以不同时进行,此时仅需要到发线 1 条,机走线 1 条,共 2 条。当货运站的运量很大,如年运量在 3Mt 以上,相应的小运转列车对数在 12 对以上时,则应考虑小运转列车密集到发的可能性,此时可设置到发线 3 条,机走线 1 条,共 4 条。

货运站到发线数量(条)亦可参照以下公式计算:

$$m = \frac{Nt_{占}}{1440K - t_{固}} \tag{12}$$

式中 N——每昼夜办理小运转列车对数(对);

$t_{占}$——办理每列车占用到发线的时间(min),
$t_{占} = t_{接} + t_{解} + t_{编} + t_{发}$,一般为 150~200min;

$t_{接}$——接车时间(min),可采用 8~15min;

$t_{解}$——待解及解体时间(min),可采用 65~120min;

$t_{编}$——编组时间(min),可采用 60~70min;

$t_{发}$——发车及待发时间(min),可采用 10~20min;

K——到发线利用系数,一般采用 0.6;

$t_{固}$——其他作业固定占用到发线时间(min),一般为 120min。当 $N = 4 \sim 6$ 时:

$$m = \frac{(4 \sim 6) \times (150 \sim 200)}{1440 \times 0.6 - 120}$$
$$= 0.81 \sim 1.61(条)$$

当 $N = 7 \sim 12$ 对时:

$$m = \frac{(7 \sim 12) \times (150 \sim 200)}{1440 \times 0.6 - 120}$$
$$= 1.41 \sim 3.23(条)$$

综上所述,当小运转列车对数等于或小于 6 对时,货运站的到发线数量(不包括机走线)为 1~2 条;7~12 对时,为 2~3 条;大于 12 对时,可根据具体情况适当增加。

如该货运站,尚办理正规客货列车通过、到发作业和有引入线路时,应根据衔接线路的列车对数、列车性质和车站作业情况适当增加到发线数量。

货运站到发线有效长度可根据小运转列车长度加 30m 附加制动距离确定,但位于干线上或向干线行开始发、终到列车的货运站因衔接线路有正规客货列车到发或向其开行始发、终到列车,故到发线有效长度应满足衔接线路区段线路规定的到发线有效长度。

10.1.3 货运站的调车线是为解编小运转列车、摘挂列车和为货场各货区挑选车辆而设置的。货运站的调车线数量应根据装卸地点、作业车数和调车作业方式等因素确定。

货运站调车线的总有效长度 L,可根据调车场平均每昼夜解编的车数并考虑到发不平衡系数按下式进行概略计算:

$$L = \frac{nTla}{24K} \tag{13}$$

式中 L——货运站调车线的总有效长度(m);

n——调车场平均每昼夜解编的车辆数(辆);

T——列车占用编组线的总时间,包括待送、集结和待解时间(h)。根据 16 个主要货运站的统计资料,一般可采用 4h;

l——车辆平均长度(m),可采用 14m;

a——列车到发不平衡系数,可采用 1.4;

K——线路长度有效利用率,可采用 0.7。

根据以上公式计算各种解编车数的调车线总有效长度如表 13 所示。

表 13 调车线总有效长度表

n(车/d)	50	100	150	200	250	300	400
L(m)	234	467	700	934	1167	1400	1868

由于作业车数和装卸地点的增加,需要挑选的车辆数和调车作业量也相应增加,对调车线数量的要求也就增加。一般情况下,当一个调车区或一个装卸地点的装卸车在 50 辆/d 以上时,应考虑设 1 条调车线;如装卸车在 50 辆/d 以下时,也可以两个或几个装卸地点(或调车区)合用 1 条。

调车线的有效长度应满足车列取送时最大长度的需要,但最短调车线的有效长度不宜小于 200m,以满足每次取送两组共 10 辆(140m)加机车长(30m)和适当留有安全距离的要求。

当货运站的到发线和调车线混合使用时,其线路数量可参照上述到发线和调车线的确定原则综合确定。

10.1.4 货运站和货场的牵出线应根据行车量、调车作业量,有无专用调车机车和有无其他线路可以利用进行调车等因素确定。

为了不影响货运站正线的通过能力和提高调车作业效率,一般情况下,通过式货运站或中间站货场应按本规范第 5.2.5 条设置牵出线。

尽端式货运站由于小运转列车对数不多(一般小于 24 对),在正线或其他线路的平、纵断面符合调车作业要求的情况下,可利用这些线路进行调车,不另设牵出线;但大型货运站由于调车作业繁忙应设置牵出线。

货运站和货场的牵出线以及需利用进行调车作业的正线或其他线路的平、纵断面标准,可分别按本规范第 3.2.3 条、第 3.2.13 条和第 5.2.5 条办理。

10.1.5 货场是铁路车站的组成部分,是铁路组织货物运输的基层单位,其主要任务是办理货物的承运、保管、装车、卸车和交付等作业。

综合性货场按运量可分为大、中、小三种,年运量不满 0.3 Mt 时为小型货场;年运量为 0.3Mt 及以上但不满 1Mt 时为中型货场;当年运量在 1Mt 及以上时为大型货场。

为了便于管理,综合性货场可以根据货物品类、作业量和作业性质划分为包装成件货区、集装箱货区、长大笨重货区和粗杂货区等,在有的大型货场内还可按货物的到达、发送和中转划分作业区。在办理水运和铁路联运业务的货场,还划分为水运货区和铁路货区。

10.1.6 综合性货场内各货区的相互位置,应根据货物性质、作业量、办理货物作业的种类、地形、气候特点、城市规划的要求和装卸搬运机械的使用条件等进行合理布置,以利于货物作业。

1 包装成件货区一般以百货、食品、药物和仪器等较多,要求具有良好的卫生条件,以免污损货物。因此,宜远离散堆装货区。为了节省用地和起隔离作用,在上述两货区间布置长大笨重货区和粗杂货区是适宜的。

2 集装箱货物目前多是按零担货物办理,其货区宜与零担货区靠近,以利于作业和管理;如货运量较小,集装箱货区和长大笨重货区有时布置在一座门式或桥式起重机下,可使货场布置紧凑合理,装卸机械还可以共用,达到节省投资的目的。

3 散堆装货区宜设于货场的下风方向,以改善货物卫生条件,防止污染其他货物。

10.1.7 发展集装箱运输是国家运输政策之一,也是铁道部的一项重要改革。集装箱运输具有简化包装,保证安全,便于转运,能大幅度提高作业效率等特点,被我国广泛采用,成为运输现代化的重要标志。近几年来,随着改革开放的不断深化,我国集装箱运输的发展速度增快,但仍不适应国民经济增长的需要,不适应市场经济发展的需要,更不适应国际联运的需要,必须进一步加速发展进程。因此，规定"新建及改建铁路应优先发展集装箱货物，不宜修建专业性零担货场"。

10.2 货运设备

10.2.1 货运站和货场应根据货运作业量、作业性质和货物品类并结合生产需要和当地条件，设置必要的货运设备。

货运设备主要包括行车设备、货物装卸设备和其他设备以及生产房屋等。

行车设备包括接发列车、解编车列、装卸和停留车辆用的线路，在解编作业量大的货运站，还可设置小能力驼峰。

货物装卸设备包括为货物装卸作业服务的仓库、货棚、站台、堆货场地、栈桥线、滑坡仓、漏斗仓以及各种类型的装卸、搬运机械等。

其他设备包括集装箱及托盘的维修保养设备、货车消毒洗刷设备、加冰设备、货物检斤设备和量载设备等。

当货运站办理水铁联运时，尚应根据投资及分工情况设置码头和港池等。

在较大的货场内，应按货物品类、作业量及作业性质合理配备相应类型及性能的装卸机械。各类货物可参考表14选配装卸机械。

表14 各类货物配备装卸机械类型表

货物品类	装卸机械类型
包装成件货物	叉车（配托盘）、输送机、桥式起重机
集装箱	门（桥）式起重机、吊运机、叉车
长大笨重货物	门（桥）式起重机、吊运机
散堆装货物	链斗式装卸机、螺旋式卸车机、门（桥）式起重机、装载机、输送机、坑道输送机（底开门车）
粉末颗粒状货物	气力装卸机
液体货物	鹤管、上卸及下卸装置

主要装卸机械的数量可参考以下的规定配备。

1 起重机台数：可参考表15的数值配备。

表15的数值按以下公式计算：

$$Z = \frac{0.0076 Q_年 \alpha T_周}{Q_钩 T K_1 K_2} \quad (14)$$

式中 Z——机械台数（台/10kt）；

$Q_年$——年装卸量（10kt）；

α——不平衡系数，采用1.3；

$T_周$——机械每装卸一钩的周期（s）；

$Q_钩$——每钩重的额定载荷（t）；

T——每昼夜工作时间（h），采用24；

K_1——时间利用系数；

K_2——额定载荷利用系数，可参照表16的数值采用，

$$K_2 = \frac{Q_均}{Q_额} \quad (15)$$

$Q_均$——每钩平均重量（t）；

$Q_额$——额定起重量（t）；

$0.0076 = \frac{10000}{365 \times 3600}$ 的换算系数。

表15 每年装卸10kt货物所需起重机台数表

机械名称	时间利用系数 K_1	机械装卸一钩的周期 $T_周$(s)	3 K_1-a	3 K_1-b	3 K_1-c	4 K_1-a	4 K_1-b	4 K_1-c	5 K_1-a	5 K_1-b	5 K_1-c	10 K_1-a	10 K_1-b	10 K_1-c	附注
门（桥）式起重机		234	0.071	0.064	0.058	0.054	0.048	0.044	0.043	0.039	0.035	0.021	0.019	0.018	$K_1-a=0.45$
		294	0.090	0.081	0.073	0.067	0.061	0.055	0.054	0.048	0.044	0.027	0.024	0.022	$K_1-b=0.50$
		354	0.108	0.097	0.088	0.081	0.073	0.066	0.065	0.058	0.053	0.032	0.029	0.026	$K_1-c=0.55$
汽车（轮胎）起重机		296	0.162	0.135	0.116	0.122	0.102	0.087	0.097	0.081	0.070	—	—	—	$K_1-a=0.25$
		356	0.195	0.163	0.140	0.147	0.122	0.105	0.117	0.098	0.084	—	—	—	$K_1-b=0.30$
		416	0.228	0.190	0.163	0.171	0.143	0.122	0.137	0.114	0.098	—	—	—	$K_1-c=0.35$

续表15

机械名称	时间利用系数 K_1	机械装卸一钩的周期 $T_周$(s)	3 K_1-a	3 K_1-b	3 K_1-c	4 K_1-a	4 K_1-b	4 K_1-c	5 K_1-a	5 K_1-b	5 K_1-c	10 K_1-a	10 K_1-b	10 K_1-c	附注
履带起重机		376	0.172	0.147	0.129	0.129	0.111	0.097	0.103	0.088	0.077	—	—	—	$K_1-a=0.30$
		436	0.199	0.171	0.150	0.150	0.128	0.112	0.120	0.103	0.090	—	—	—	$K_1-b=0.35$
		496	0.227	0.194	0.170	0.170	0.146	0.127	0.136	0.117	0.102	—	—	—	$K_1-c=0.40$
轨道起重机		309	0.170	0.141	0.121	0.127	0.106	0.091	—	—	—	—	—	—	$K_1-a=0.25$
		369	0.203	0.169	0.145	0.152	0.127	0.109	—	—	—	—	—	—	$K_1-b=0.30$
		429	0.235	0.196	0.168	0.177	0.147	0.126	—	—	—	—	—	—	$K_1-c=0.35$
固定简易起重机		293	0.201	0.161	0.134	0.151	0.121	0.101	—	—	—	—	—	—	$K_1-a=0.25$
		353	0.242	0.194	0.161	0.182	0.145	0.121	—	—	—	—	—	—	$K_1-b=0.30$
		413	0.283	0.227	0.189	0.213	0.170	0.142	—	—	—	—	—	—	$K_1-c=0.35$
门座起重机		290	0.133	0.114	0.099	0.099	0.085	0.075	0.075	0.060	0.040	0.034	0.030	—	$K_1-a=0.30$
		350	0.160	0.137	0.120	0.120	0.103	0.090	0.090	0.082	0.072	0.048	0.041	0.036	$K_1-b=0.35$
		410	0.188	0.161	0.141	0.141	0.121	0.105	0.109	0.096	0.084	0.056	0.048	0.042	$K_1-c=0.40$
浮胎起重机		344	0.157	0.135	0.118	0.118	0.101	0.089	0.094	0.081	0.071	—	—	—	$K_1-a=0.30$
		404	0.185	0.158	0.139	0.139	0.124	0.104	0.111	0.095	0.083	—	—	—	$K_1-b=0.35$
		464	0.212	0.182	0.159	0.159	0.136	0.119	0.127	0.109	0.100	—	—	—	$K_1-c=0.40$

表16 额定载荷利用系数表

额定起重量 $Q_额$(t)	零担货物 $Q_均$(t)	零担货物 K_2	整车货物 $Q_均$(t)	整车货物 K_2
10	3~5	0.30~0.50	5~10	0.50~1.00
20	3~5	0.15~0.25	5~10	0.25~0.50
30	3~5	0.10~0.17	5~10	0.17~0.33

2 叉车台数：可参考表17的数值配备。

表17 叉车每年装卸10kt货物所需机械台数表

机械及属具	每作业一次的周期 $T_周$(s)	0.4 / 0.4	0.4 / 0.5	0.4 / 0.6	0.5 / 0.4	0.5 / 0.5	0.5 / 0.6	0.6 / 0.4	0.6 / 0.5	0.6 / 0.6
1t内燃叉车托盘直接送达	72	0.185	0.148	0.123	0.148	0.119	0.099	0.123	0.099	0.082
	102	0.262	0.210	0.175	0.210	0.168	0.140	0.175	0.140	0.117
1t内燃叉车托盘在库内应用	102	0.262	0.210	0.175	0.210	0.168	0.140	0.175	0.140	0.117
	132	0.340	0.272	0.226	0.272	0.217	0.181	0.226	0.181	0.151
1t电瓶叉车托盘直接送达	103	0.265	0.212	0.177	0.212	0.170	0.141	0.177	0.141	0.118
	157	0.404	0.323	0.269	0.323	0.259	0.215	0.269	0.215	0.180
1t电瓶叉车托盘在库内应用	133	0.342	0.274	0.228	0.274	0.219	0.183	0.228	0.183	0.152
	187	0.481	0.385	0.321	0.385	0.308	0.257	0.321	0.257	0.214

表17数值按以下公式计算：

$$z = \frac{0.0076 Q_年 \alpha T_周}{Q_钩 T K_1 K_2} \quad (16)$$

式中 $T_周$——叉车每作业一次的周期（s）。

3 装载机台数：可参考表18的数值配备。

表18 装载机每年装卸10kt货物所需机械台数表

时间利用系数 K_1	煤炭 $q=0.8$ $K_2=0.8$ (44)	煤炭 (54)	焦炭 $q=0.5$ $K_2=0.8$ (44)	焦炭 (54)	细碎石或卵石 $q=1.45$ $K_2=0.65$ (44)	细碎石或卵石 (54)	干砂 $q=1.55$ $K_2=0.75$ (44)	干砂 (54)	湿砂 $q=1.65$ $K_2=0.75$ (44)	湿砂 (54)
0.30	0.094	0.116	0.151	0.185	0.064	0.079	0.052	0.064	0.049	0.060
0.40	0.071	0.087	0.113	0.139	0.048	0.059	0.039	0.048	0.037	0.045
0.50	0.057	0.069	0.091	0.111	0.038	0.047	0.031	0.038	0.029	0.036

表18数值按以下公式计算：

$$z = \frac{0.0076 Q_周 \alpha T_周}{A q T K_1 K_2} \quad (17)$$

式中　　A——单斗容积（m³），按 1 计；

　　　　q——货物单位容重（t/m³）；

　　　　$T_周$——每作业一次的周期（s）。

　　4　链斗式装卸机台数：可参考表 19 的数值配备。

表 19　链斗式装卸机每年装卸 10kt 货物所需机械台数表

装载机台数 Z（台/kt） 时间利用系数 K_1　　链条线速度 v（m/min）	75	87.5	98.5
0.15	0.040	0.034	0.030
0.20	0.030	0.026	0.023
0.25	0.024	0.021	0.018
0.30	0.020	0.017	0.015

表 19 数值按以下公式计算：

$$Z = \frac{456.62 S \alpha Q_年}{A q v T K_1 K_2} \tag{18}$$

式中　　A——链斗容积（m³）采用 43；

　　　　q——货物单位容重（t/m³），采用 0.8；

　　　　v——链条线速度（m/min）；

　　　　S——料斗间距（m），采用 0.5；

　　$456.62 = \dfrac{10000}{0.06 \times 365}$ 的换算系数。

为使装卸机械正常运行，必须按照规定进行保养和维修。装卸机械的保养及维修应按照现行的《铁路装卸机械管理规则》办理。

铁路货场的露天站台和货位上存放的货物以及使用敞车运输的怕湿货物均需用防湿篷布遮盖。篷布在使用过程中常有破损，维修工作量甚大。为了做好篷布的维修工作，一般一个铁路局范围内可设置篷布修理所一处，以担任篷布的维修任务。其位置宜靠近篷布使用比较集中的大型货场附近。在其他大、中型货场内应设置篷布维修组，负责篷布的日常管理、检查小修和晾晒等工作。对破损较大的篷布则组织回送至篷布修理所进行修理。其他小型货场应指定兼职人员负责于篷布的日常管理工作。

10.2.2　货物仓库、货棚和站台的布置形式目前有矩形、阶梯形、锯齿形等，一般以矩形的布置形式较好。各种形式的优缺点如下：

1　矩形布置的装卸线较长，容车数较多，有利于成组装卸。当在同一线路上进行双重作业或由一仓库向另一仓库移动车辆时，走行距离较短。此外，矩形布置比较灵活，在 1 台 1 线的基础上，根据需要可以发展为 2 台夹 1 线或 3 台夹 2 线。

2　阶梯形布置比矩形布置的调车行程要短一些，各装卸线的取送车作业可以单独进行，互不干扰。这种布置仓库站台的突出部分影响汽车通道布置，又不利于站台上叉车走行。需要的道岔多，大部分装卸线只能一侧装卸，且每座仓库的尽头处不能充分利用。此外，这种布置的线路短，容车少，调车钩数多，容易发生车辆与站台端部相撞的事故，安全性较差。

3　锯齿形布置由于仓库前的站台宽窄不一，按最窄处控制站台要增加工程量和占用地面积，还加大了搬运距离，其他缺点类似阶梯形布置。由于缺点较多，故不宜采用。

为了避免雨雪对成件包装等怕湿货物的损坏，并使货物装卸有较好的作业条件，在作业量较大且多雨多雪的地区，可设置跨线货棚或仓库。

站台与装卸线宜采用 1 台 1 线的布置形式，特别是在货运量不大的中、小型货场和货区内，当货物到发量不很平衡，货源也不稳定时更宜采用。在大型货场内，当怕湿货物运量较大且到发大致平衡，货源又稳定时，可采用 2 台夹 1 线的布置形式，这样有利于组织双重作业，缩短车辆周转时间和调车作业量，提高装卸作业效率和货物运输效率。3 台夹 2 线的布置形式有利于大型货场零担中转货物的座、过、落与普零发送配装的作业，从而提高作业效率，减少运输成本。如郑州东、上海北郊、汉口西和西安西等零担

中转货场均采用了这种布置形式，受到运营单位欢迎。

10.2.3　货物仓库或货棚，应在靠铁路侧和靠场地一侧设置雨棚，以免装卸车时湿损货物。

一般情况下，雨棚的宽度应伸至站台边缘。在多雨地区且作业繁忙的大、中型货场，往往需要在雨天不间断的进行装卸作业，因此仓库或货棚的雨棚宽度要宽一些，在铁路一侧可伸过棚车中心线，即由站台边缘起伸出 2.05m；如卸敞车，则宜将车辆全部遮盖，此时伸出宽度为 3.75m。场地一侧可由站台边缘起伸出 3.5m，使汽车停靠装卸货物时不受淋湿。

雨棚的净高：铁路一侧应满足现行国家标准《标准轨距铁路建筑限界》的要求，一般情况下距轨顶为 5m（未考虑电化及超限）；场地一侧应满足汽车满载货物时最大高度的规定，再加适当的作业安全距离，一般情况下距地面为 4.5m。

10.2.4　办理大量零担中转作业的站场，其长度和宽度应根据作业量、取送车长度、货物中转范围、装卸作业方式和装卸机械类型等因素确定。一般情况下，中转站台的长度不宜大于 280m（不包括站台斜墙，如为尽端式站台，应另加线路的制动安全距离 10m）。据调查，零担中转货场每次取送车数一般为 20～40 辆。按 3 台夹 2 线跨线货棚考虑，每一站台线最大按 20 辆 280m 的长度设计是合适的。

零担中转货物一般采用叉车作业。为了减少叉车纵向运距，降低装卸成本，站台的长度和宽度除必须满足每次整零车、沿零车、加装二站车的作业长度要求外，尚应按照作业量大小、作业范围、中转口数量和货位布置的需要适当加宽。站台的长度要适度，这样，既能缩短运距，节省机力，叉车一次作业周转时间也快，辅助面积系数也小。如一次取送车数在 40 辆以上时，也可另行增加 1 条零担中转货物装卸线和相应的站台。

零担中转站台的宽度由货位宽度和装卸作业场地宽度两部分组成。一个货位一般为 10m 宽，辅助中转站可按 1～2 排货位设计，主要中转站可按 2～3 排货位设计。装卸作业场地靠站台边缘的宽度：辅助中转站可按 4m 设计，主要中转站可按 7m 设计，这是由于在作业过程中，坐过车货物需要在车门附近卸下盘货，临时存放清点和等待装车。另外，尚需考虑叉车走行和必要的作业安全距离。

主要中转站车门口需要考虑堆两排盘货和空、重叉车交会，装卸作业场地宽度为：

$$B_外 = W + S_货 + W + S_货 + W + C + B + C \tag{19}$$

计算结果为 $B_外 = 6.37m$，适当考虑作业安全富余取 7m。

辅助中转站车门口可考虑只堆一排盘货和重叉车走行，装卸作业场地宽度为：

$$B_外 = W + S_货 + W + C \tag{20}$$

计算结果为 $B_外 = 3.4m$，适当考虑作业安全富余取 4m。

式中　　W——盘货的计算宽度，采用 1.35m；

　　　　$S_货$——盘货间清点核对标签等作业的宽度，采用 0.5m；

　　　　C——作业安全间隙宽度，采用 0.2m；

　　　　B——叉车全宽，采用 0.92m。

按以上要求计算，零担中转站台的宽度根据具体情况可采用 18m、28m、34m 和 44m。

10.2.5　仓库外墙轴线至站台边缘的宽度是进行货物装卸搬运作业的宽度，其中包括墙厚的一部分。为了统一起见，这一部分宽度可按 0.5m 考虑。

1　零担、整车和混合仓库铁路一侧的库外站台宽度应考虑以下作业的需要：

1）空重叉车交会，其需要宽度为：

$$B_外 = C + W + C + B + T_安 \tag{21}$$

计算结果为 $B_外 = 3.17m$。

2）重叉车转弯（或调头）对车门或库门（如图 8、图 9）其需要宽度为：

$$B_{外}=C+R_1+A+W' \qquad (22)$$

计算结果为 $B_{外}=3.225m$。

3）空托盘在库外存放同时走行重叉车（多出现在到达库），其需要宽度为：

$$B_{外}=E_{侧}+W''+C+W+T_{安} \qquad (23)$$

计算结果为 $B_{外}=3.35m$。

以上最大宽度为3.35m，加0.5m墙厚，为3.85m，考虑一定富余量为4m。如仅为人力作业时，可采用3.5m。

2 整车货棚铁路一侧的棚外站台宽度：应考虑货棚内堆满货物且货位边线与柱子对齐，叉车开始作业时从最外边取盘货转180°，然后叉车垂直于车门（见图6），其需要宽度为：

$$B_{外}=2(A+W'+R_2)+B \qquad (24)$$

计算结果为 $B_{外}=3.83m$，考虑一定富余量为4m。

3 混合仓库和货运量小的零担仓库场地一侧的库外站台宽度应按以下情况考虑：

1）仓库使用人力和叉车装卸时，站台上应考虑空托盘的堆放和人员通行，这时需要的站台宽度为：

$$B_{外}=E_{侧}+W''+S_{通行} \qquad (25)$$

计算结果为 $B_{外}=1.9m$。

2）办理托运和交付时采用流水作业方式，办完一批再办另一批，在交接货件的同时不妨碍人员通行，这时需要的站台宽度为：

$$B_{外}=T_{安}+W'+S \qquad (26)$$

计算结果为 $B_{外}=2.03m$。

3）考虑空托盘堆放，在库外办理托运和交付，盘货左右横向各放一盘，此时宽度为：

$$B_{外}=E_{侧}+W''+C+W'+T_{台} \qquad (27)$$

计算结果为 $B_{外}=2.93m$。

以上最大宽度为2.93m，加部分墙厚为3.43m，考虑一定富余采用3.5m。如仅为人力作业时，可采用2.5m。

4 办理大量零担到发的仓库场地一侧的库外站台宽度应按以下情况考虑：

1）按流水作业方式办理托运和交付。站台上可以一前一后放两盘货。同时还能通行工作人员。其宽度为：

$$B_{外}=T_{台}+W'+S_{货}+W'+S_{通行} \qquad (28)$$

计算结果为 $B_{外}=3.46m$。

2）当货主多，办理货物出现高峰时，可考虑同时办理两批货物，交替进行，因叉车搬运快，装车拆盘码盘慢，可以争取时间，此时需要宽度为：

$$B_{外}=T_{台}+W'+S_{货}+W+C \qquad (29)$$

计算结果为 $B_{外}=3.48m$。

以上最大距离为3.48m，加部分墙厚0.5m，为3.98m，取4m。因此，办理大量零担作业仓库的场地一侧的站台宽度以采用4m为宜。

5 整车货棚道路一侧的棚外站台宽度：应考虑货主托运时在站台上纵向放置盘货，然后叉车转90°角放入货棚内，交付时与此相反。其宽度为：

$$B_{外}=W+A+R_2+\frac{B}{2}+\frac{W}{2}+T_{台} \qquad (30)$$

计算结果为 $B_{外}=3.095m$，取3m。

以上各公式的符号：

式中 W——盘货的计算宽度，采用1.35m；

W'——盘货的计算长度，采用0.93m；

B——叉车全宽，采用0.92m；

C——作业安全间隙宽，采用0.2m；

$S_{货}$——盘货间清点、对标签等作业的宽度，采用0.50m；

$T_{安}$——考虑叉车交会时，最外侧车轮距站台边缘的安全距离，采用0.5m；

$T_{台}$——站台帽的宽度（包括考虑人工装汽车拆盘用的宽度）采用0.5m；

R_1——叉车车体回转中心点至最外前轮侧面的距离，采用1.72m；

R_2——叉车车体回转中心点至最近前轮侧面的距离，采用0.15m；

A——叉车前轴中心至盘货边缘的距离，采用0.375m；

$E_{侧}$——空托盘堆放间隙，采用0.05m；

W''——空托盘宽度，采用1.25m；

$S_{通行}$——人员通行的宽度，采用0.6m。

10.2.6 为便于汽车、拖拉机、坦克等机动车辆需自行开动装车，在货场内应设置尽端式站台。

尽端式站台可根据站台、场地和线路的布置以及货物装卸作业情况单独设置，也可以与平行线路的站台联合设置。

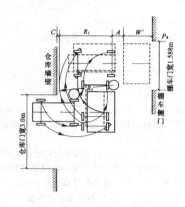

图6 铁路一侧库外站台叉车走S弯对车门作业图

10.2.7 普通货物站台边缘顶面，靠铁路一侧应高出轨面1.1m，在有大量以敞车代棚车并在普通货物站台上进行装卸作业的地区，可高出轨面1m；靠场地一侧宜高出地面1.1m～1.3m。

根据调查，以敞车代棚车在高度为1100mm的普通货物站台上装卸作业时，出现主型敞车C62A、C64由于车门低于1.1m车厢侧门打不开的现象，很多车站不得已采取了敲掉站台帽或在站台外先打开车门的做法。因此，现场有提出将普通货物站台高度改为1m的要求。但棚车在普通货物站台上作业又以高度为1.1m为好。故仍规定普通货物站台高度为1.1m，有大量以敞车代棚车地区，普通货物站台高度可按1m设计。设计时可通过调查（征求使用单位的意见）确定。

场地一侧货物站台距地面的高度应考虑汽车和其他短途运输工具装卸作业的方便，以减轻劳动强度，提高作业效率。根据调查，我国现有汽车、如解放、东风、黄河等型号的空车底板高前端为1100～1200mm；中部为1150～1230mm；末端为1200～1320mm。重载汽车因受重力影响高度一般下降100～150mm。因此，实际汽车载重时，底板至地面高度前端为950～1100mm；中部为1000～1130mm；末端为1050～1220mm。同时，站台尚要考虑有使用小型汽车、兽力车和人力车的情况，这些车辆的底板高度仅为800～1100mm，故站台不宜过高，过高则对这些车辆不利，且要增大投资。此外，当办理托盘门对门运输或叉车要将托盘上汽车装卸时，如站台高于汽车底板，将无法进行。站台高度还与汽车停靠方式有关，汽车停靠站台的方式，一般为侧式停靠，但也有端式停靠。侧式停靠的优点是作业面大，便于快装快卸且利于汽车进出转弯，需要场地宽度小；缺点是需要场地较长。端式停靠则相反。因此，现场采用侧式停靠较多。根据以上分析，场地一侧站台距地面的高度宜采用1100～1300mm，此高度即使汽车采用端式停靠，也可基本满足要求。

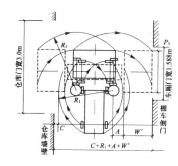

图 7 铁路一侧库外站台叉车调头对门作业图

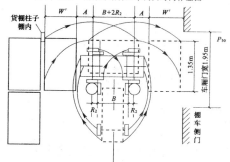

图 8 铁路一侧棚外重叉车作业宽度图

10.2.8 当有大量散堆装货物利用敞车装车时,采用高出轨面1100mm 以上的高站台装车,可以节省劳动力,减轻劳动强度,缩短装车时间,加速车辆周转,并有投资少、上马快等优点。故可结合地形,因地制宜的设置平顶式的高站台。此外,也可设置滑坡仓或跨线漏斗仓等装车设备,以加速货物装车作业。

栈桥式或路堤式卸车线在我国煤炭、矿石、砂石等散堆装货物卸车比较集中的地区已得到普遍采用。它具有节省劳动力,减轻劳动强度,缩短装车时间,加速车辆周转等优点。

1 栈桥式或路堤式卸车线路基面的高度。

根据调查,栈桥式或路堤式卸车线路基面的高度为1.5~2.5m 的占50%,大于2.5m 和小于1.5m 的各占25%,故以1.5~2.5m 的居多。利用栈桥式或路堤式卸车线卸车的货主大多是小单位,不同品类和不同货主的货物要按货位分开,多车重码的高度不会太高,因而栈桥式或路堤式卸车线的高度不宜太高,否则,反而使作业不便且增加工程投资。有大量散堆装货物卸车的大、中型货场和大企业单位如煤建公司、电厂等,一般多采用卸车机或翻斗车→卸车煤坑→地下输送机;也有在栈桥式或路堤式卸车线上配置卸车机。利用卸车机卸散堆装货物时重码的机会较多,最多有达10余车的。

经分析计算,当路堤式卸车线路基面宽度为3.2m,边坡坡度为1∶1,高度分别为1.5m,2m 和2.5m 时,在一个车长内,线路两侧能卸下60t 煤车分别为1.5辆、2辆和2.5辆,60t 砂石车分别为2.5辆、3.5辆和4.5辆。因此,卸车线的高度一般采用1.5~2.5m 已能满足需货。设计时可根据散堆装货物的品类和运量大小,结合地形条件选用合适的高度。

2 栈桥式或路堤式卸车线的路基面宽度。
栈桥式或路堤式卸车线的路基面宽度应满足以下条件:

1)便于散堆装货物卸车,尽量不使货物存留在路肩上,以提高卸车效率;

2)便于装卸人员和调车人员上下、开关车门和摘钩等,并保证作业安全。

根据南昌铁路分局对既有栈桥式、路堤式卸车线的调查,其宽度为2.7~3.2m 居多,约占70%,大于3.2m 的占30%。现场反映

3.2m 以下的路基面宽太窄,不利于作业。

从便于散堆装货物卸车考虑,路基面宽度以不大于车辆宽度为好,从调车人员和装卸人员作业方便考虑,则要比车辆宽度适当加宽为宜。但加宽太多,则会产生部分货物存留在路肩上过多,货物卸车破坏路肩、增加场地宽度和加大投资等缺点,因此不宜加宽过多。

我国装运散堆装货物常用敞车的宽度如表20所示。

表 20 常用敞车宽度表

车型	C1	C6	C13	C50	C60	C62	C65	M11	M12	M13	C7
载重(t)	30	40	60	50	60	60	65	60	60	60	40
车辆宽度(m)	3.030	3.128	3.160	3.160 3.140	3.160	3.180	3.180	3.214	3.132	3.180	3.120

从表20看,其中 M_{11} 60t 煤车的宽度最大,为3.214m。为考虑装卸人员和调车人员的作业方便和安全,栈桥式或路堤式卸车线的路基面宽度每边宜比车辆宽度加宽0.2m,则路基面需要宽度为3.6m。由于散堆卸车时有一定的抛掷距离,采用这个宽度一般在路基上存留货物较少。

3 栈桥式或路堤式卸车线的长度。

卸车线的长度应根据车站每天向该线取送车的数量和次数而定,这样可以减少调车作业钩数并使调车作业和卸车工作密切配合。

10.2.9 货物装卸线的装卸有效长度和货物存放库或场(包括仓库、货棚、站台和长大笨重货物、散堆装货物、集装箱货物的场地)的长度,应根据货运量、各类货物车辆平均净载重、单位面积堆货量、货物占用货位时间、每天取送车次数和货位排数以及每排货位宽度等确定,一般情况可按下式计算:

$$L = \frac{QalT}{365qn} \tag{31}$$

若取送车周期 $\frac{1}{C}$ 大于货物占用货位周期 $\frac{T}{n}$ 时,公式中的 $\frac{T}{n}$ 应以 $\frac{1}{C}$ 替代。

式中 L ——货物装卸线的装卸有效长度(m);

Q ——年到发送运量(t),当设备按到发分开使用时,分别为到达或发送货运量;零担中转货物的货运量应扣除坐过车的部分运量,该部分运量约为零担中转货物总运量的30%,如有双重作业的线路,只按装或卸的最大运量计算;

a ——货物到发不平衡系数,大、中型货场采用1.1~1.5,小型货场采用1.3~2;

l ——货车平均长度(m),采用14m;

q ——货车平均净载重(t);

T ——货物占用货位时间(d);

n ——货位排数,即一个车长范围内所容纳的货位个数(个);

C ——每天取送车次数(次)。

为考虑成组作业的需要,中间站仅设1条货物装卸线时,其装卸有效长度不少于5个车的长度即70m。

仓库宽度(纵向两建筑轴线间距离)可根据各种货物的货位宽度和设计的货位排数,选用9m,12m,15m 或18m 及以上跨度。

仓库宽度加仓库建筑轴线至站台两边缘的距离即为站台宽度。如是露天站台,当作业量不大或采用人力作业时,其宽度用12m;如作业量较大或采用机械作业时,其宽度可用20m。

采用门式、桥式、悬臂旋转式和简易式起重机进行装卸作业时的堆积场宽度,应按货位排数和各类货物的货位宽度确定。货位排数应按起重机的门跨、悬臂长度和最大回转半径等确定。

本条文表10.2.9中的货车平均净载重 q 值、单位面积堆货量 P 值、货位宽度 d 值是根据铁道部运输局1995年9月26日文修改意见的数值确定的。

单位面积堆货量 P 值是按下述办法确定的:

1 用货车平均长度14m乘各类货物的货位宽度求得各类货物平均占用货位面积。

2 按公式：

$$P=\frac{货车平均净载重\times(1-辅助面积系数)}{每车平均占用货位面积} \qquad (32)$$

求出整车怕湿、普通零担、中转零担、混合等各类货物的单位面积堆货量 P 值。

按公式

$$P=\frac{货车平均净载重}{每车平均占用货位面积} \qquad (33)$$

求出整车笨重、零担笨重、散堆装、集装箱货物、整车危险、零担危险等各类货物的单位面积堆货量 P 值。

以上公式中的辅助面积系数采用表21所列数值：

表21 辅助面积系数表

整车怕湿货物	0.25
零担库棚货物	0.35~0.40
普零中转货物	0.35~0.40

表21中所列为经验证明的经验数据。这些数据是在铁科技运(90)138号文附件《货运设备使用能力计算与查定的公式和参数》中公布的。

货位宽度值 d 按下式计算确定：

$$d=\frac{q}{pl} \qquad (34)$$

式中 q——货车平均净载重(t)；
P——单位面积堆货量(t/m²)；
l——货车平均长度(m)。

10.2.10 为了加速车辆周转和节省机车小时，一般车站与货场之间的取送车作业应尽量按送空取重或送重取空办法；有条件时还应尽量组织双重作业，做到送重取重。为办理这一作业，在货场内应根据具体情况设置存车线，以便作为货场调车和临时停放车辆之用，使货场有节奏和不间断地组织装卸作业。

货场存车线的设置位置，一般可设在货场进口处与进入货场的联络线相连接，如图9所示。

存车线数量一般为1条，如因地形困难，设计成尽头线时可为2条，其有效长度可按取送车的最大长度确定。

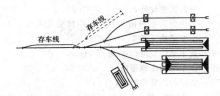

图9 货场存车线位置图

下述情况可以不设或缓设货场存车线：

1 货场距车站调车场较近(如3km左右)且取送调车作业方便时；

2 货场虽然距车站调车场较远，但有其他空闲线路如岔线及其他联络线或有条件利用货场咽喉附近一段引线供调车和临时存放车辆时；

3 货场虽然距车站调车场较远，但作业量不大，取送车次数不多(如2~3次)时。

10.2.11 目前铁路货场的装卸机械正处于发展阶段，由于所采用的装卸机械类型、规格、性能和作业要求不同，因而场地宽度的要求也不一致。集装箱、长大笨重货物和散堆物装卸线的线间距，应根据选用的装卸机械类型、货位布置、道路宽度和相邻线的作业性质等因素确定。

表22的数据可供设计参考。

表22 装卸机械线间距表

序号	装卸机械类型	线间距(m)	附注
1	两门式起重机中心线间	门跨18m时46 门跨23.5m时50	
2	门式起重机与桥式起重机中心线间	门跨18m时40 门跨23.5m时42	
3	门式起重机与轮胎式、轨道式、履带式起重机中心线间	门跨18m时42~43 门跨23.5m时44~45	
4	桥式起重机与轮胎式、轨道式、履带式起重机中心线间	门跨18m时35 门跨23.5m时37	
5	两链斗卸车机中心线间	铲车运输时58 皮带运输时54 坑道皮带运输时39	
6	两螺旋卸车机中心线间	铲车运输时47 皮带运输时43 坑道皮带运输时28	
7	链斗卸车机与螺旋卸车机中心线间	铲车运输时52 皮带运输时48 坑道皮带运输时33	
8	门式起重机与平面货位装卸线中心线间	门跨18m时34~37 门跨23.5m时36~39	货位宽5~8m
9	桥式起重机与平面货位装卸线中心线间	门跨18m时27~30 门跨23.5m时29~32	货位宽5~8m
10	轮胎式、轨道式、履带式起重机与平面货位装卸线中心线间	31~36	货位宽5~8m
11	门式起重机与链斗式起重机中心线间	铲车运输时52~54 皮带运输时50~53 坑道皮带运输时42~44	
12	门式起重机与螺旋式起重机中心线间	铲车运输时47~49 皮带运输时45~47 坑道皮带运输时37~39	
13	门式起重机与栈桥线中心线间	铲车运输时44~47 皮带运输时42~45	门跨23.5
14	桥式起重机与链斗卸车机中心线间	铲车运输时46 皮带运输时44 坑道皮带运输时37	门跨23.5
15	桥式起重机与螺旋式卸车机中心线间	铲车运输时41 皮带运输时39 坑道皮带运输时31	
16	桥式起重机与栈桥线中心线间	铲车运输时36~41 皮带运输时37~45	
17	两桥式起重机中心线间	门跨18m时32 门跨23.5m时34	
18	仓库站台线与门式起重机中心线间	61~66	仓库宽15~18m 门跨18m及23.5m
19	轮胎式、轨道式、履带式起重机与栈桥线中心线间	铲车运输时39~43 皮带运输时37~45	
20	仓库站台线与桥式起重机中心线间	56~59	仓库宽15~18m 门跨18m及23.5m

中间站货物线与到发线的线间距：当货物线设计为一侧装卸时，两线间虽无装卸作业，但考虑到设置照明电杆、接触网支柱和存放装卸工具以及调车人员和装卸人员作业安全的需要，结合现场经验，一般不应小于6.5m，改建既有车站，为了节省工程投资，困难条件下可不小于5m。如货物线设计为两侧装卸时，货物线与到发线间需要进行货物装卸作业，要有存放货物的货位，搬运机具的通道和必要的安全距离等，当使用人力和手推车作业时，线间最小距离应为2.3m(货位边缘距货物线中心的安全距离)+5.0m(一个货位宽度)+3.5m(一个汽车道宽度)+3.5m(车道边缘到发线中心线的安全距离)=14.3m≈15m，如采用装卸机械作业时，应按装卸机械作业需要确定其线间距。

10.2.12 根据我国各种货运汽车外形尺寸资料分析,汽车端式停靠站台所需宽度为 10.5m 可用于大、中型货场,而小型货场则可采用 8.5m。故货场内两站台间因要布置道路和停车场地,如站台一侧汽车为端式停靠,另一侧为侧式停靠时,两站台间的宽度为:

8.5m(汽车端式停靠宽度)+7m(双车道宽度)+4m(汽车侧式停靠宽度)≈20m

为了使一侧汽车转弯不干扰另一侧汽车的装卸作业,因此,两站台间的宽度可采用 20m。

站台与围墙间如布置道路和停车场地时,其间的宽度为:

8.5m+7m+2m(水沟及绿化地带宽度)≈18m

货场内通向货区的道路:当作业繁忙和车辆交会多时可采用双车道,否则采用单车道。货场进出口的道路:大、中型货场可采用 2～3 个车道,小型货场可采用 1～2 个车道,货场内的其他道路一般为单车道。货场内的道路宜布置成环形。

靠近货场大门内应留有适当面积的场地,以便进出车辆作为临时停放和检查验交货物之用。

货场大门(出、入口)的设置:大、中货场可将出、入口分开或按货区将大门分开,一般宜设置 2～3 个大门;小型货场一般设置 1 个大门,以便于管理。

10.2.13 货场内的道路、站台和集装箱、长大笨重、散堆装货区的货位以及车站停留场地,均应分别视情况进行不同标准的硬面处理,以利于货场的正常作业和货物保管。根据调查,有的货场由于硬面处理不好,排水不良,使货物污染和潮湿十分严重;有的货场由于没有进行硬面处理,造成刮风尘土满场,雨后泥泞难行,无法进出货,给货场的运营工作带来很大困难。

为了避免货物遭受损坏和减少污染,保证货物装卸和搬运作业的方便,使货场有一个清洁卫生的工作条件,故货场内的堆货场地、道路路面、站台面以及车辆停留场地均应结合货场排水,分别视情况进行不同标准的硬面处理。硬面材料和结构类型应根据货场和货区的货物品类和采用的搬运工具,因地制宜选用。

货场道路一般采用混凝土路面,也可根据当地气候和材料情况采用沥青黑色碎石、沥青表面处治、石块路面、石灰炉渣土和砂夹石路面等。

站台面和集装箱、长大笨重、散堆装货区的货位以及搬运车辆停留场地的硬面处理,一般采用混凝土面,亦可根据当地气候和材料情况采用石块面、三合土面和泥灰结碎石面等。

货场道路和场地如是新筑路堤或填土较高且近期难于沉落压实,则一次修筑高、中级路面(如混凝土、沥青黑色碎石等)将会产生开裂和沉陷,使路面破坏,造成浪费。因此,应待路基沉落压实后再行铺筑路面或初期采用低级路面(如石灰炉碴土,砂夹石等)过渡。

10.2.14 我国目前冷藏运输采用加冰冷藏车和机械冷藏车,故在发送大量加冰冷藏车和在路网上适当地点的车站上,应设置加冰所和相应的加冰设备,以办理始发加冰和中途加冰作业。

始发加冰所的设置,应根据本站加冰冷藏车发送量,与邻近加冰所的距离和冷藏车的车流方向等因素综合考虑,加冰冷藏车装车站相邻中途加冰所较近(不超过 250km),送来的空车又经由中途加冰所,则空冷藏车可在中途加冰所加冰,该站可不设加冰所。

在铁路网上配置中途加冰所时,应考虑保证易腐货物的完整、加冰作业便利和尽量减少加冰所的数量,以达到经济合理的目的。中途加冰所在路网上的分布,应根据加冰冷藏车内温度在一定时间内的变化情况而定。加冰所间的距离要保证加冰冷藏车在加冰所加冰后,运行到前方加冰所时车内温度不会升高到超过货物所要求的温度,因此要求加冰冷藏车冰箱内冰的融化量不应超过一定的百分数。例如,车端式冰箱冷藏车内冰的融化量不超过 40%～50%,车顶式冰箱冷藏车不超过 80%～85%。两中途加冰所的距离可用下式计算:

$$L = Z v_{旅} \qquad (35)$$

式中　L——加冰所间的距离(km);

Z——冰箱融化一定百分数的冰所需时间(h);

$v_{旅}$——冷藏车的旅行速度(km/h)。

为了加速冷藏车在枢纽内的作业,使加冰所能够方便地为枢纽各衔接方向到达的冷藏车或本站始发加冰的冷藏车服务,中途加冰所在枢纽内应设在主要车流到达的编组站上;始发加冰所应设在装车作业集中的货运站或货场上;混合加冰所的位置应结合地方和中途加冰作业的需要综合考虑,一般首先考虑中途加冰作业,然后适当考虑始发加冰作业。加冰所的场地大小应根据加冰所的场地位置、加冰机类型、冰场贮冰量、加冰作业方式和线路配置等因素决定。

加冰所的主要设备有制冰、贮冰、贮盐、输送、加冰和加盐等设备。这些设备的规模应根据加冰所的性质和任务而定。始发加冰所需要的冰盐,一般由发货人自备。故仅设临时冰库和盐库即可。中途加冰所的制冰设备,应根据当地气候条件分别采用天然冻结法和机械制冰法制冰。天然冰结法制冰简便,设备少、成本低,比较经济,在我国北方寒冷地区应予推广,如附近有河道、水池,在冬季有条件利用天然冰集冰时,也可不另行设置制冰设备。

加冰所的加冰站台长度和加冰线应根据一次加冰作业车数和加冰作业方式确定。一般可采用半列冷藏车或一组冷藏车的长度,但始发加冰所如设有移动车辆的设备时,加冰站台长度可按 1 辆保温车的长度考虑。

采用机械冷藏车装运易腐货物,为使机械冷藏列车正常运行,应在铁路部统一规划下,在有大量易腐货物装车的机械冷藏列车始发站设置机械冷藏车车辆段,担任该种列车车辆的检修、保养、整备和日常运用工作;在有机械冷藏列车运行的线路中途适当的大站(编组、区段站)设置机械冷藏车加油点,担任中途加油作业。

10.2.15 根据铁道部《危险货物运输规则》的要求,凡装运过危险货物的车辆,卸后必须彻底清扫;对装运过剧毒品的车辆,卸完后必须进行洗刷;如车辆受到有毒货物污染或有刺激、异臭时,必须进行洗刷和消毒;装过牲畜、活动物、畜产品、鲜鱼介类和污秽品等货物的车辆,也应根据具体情况,卸完后进行彻底清扫、洗刷和消毒。没有洗刷条件的车站,应将上述车辆向指定的洗刷消毒所回送,并在回送车辆上注明原装的危险货物和污秽货物名称,以便按规定进行洗刷消毒。

货车洗刷消毒所可设在危险货物、牲畜、活动物、畜产品、鲜鱼介类和污秽品等货物卸车量大而比较集中的货运站或货场附近。当卸车地点比较分散而各点的卸车量又不大时,应在能够吸引上述货物卸空回送车辆的编组站或区段站上集中设一个货车洗刷消毒所。卸车量不大,车辆不需消毒而只需清水洗刷时,也可以在车站(货场)附近设置有供水管路、排水设施以及硬面处理的专用线路,进行清扫洗刷作业。

为了避免对铁路其他设备和居民区的污染,货车洗刷消毒所应远离居民区并与其他设备分开设置,对洗刷后排出的污水,应按国家现行《工业"三废"排放标准》要求进行处理。排泄处理的污水水质应符合原农林部、卫生部联合制订的《污水灌溉农田卫生管理办法》的要求。

10.2.16 由铁路运输的牲畜,大致可分为出口、军用、民用和供应城市 4 类。

出口方面:外贸部门设有专门的管理机构,有专业人员专用设备,运输管理比较完善。在装车时,按照牲畜的种类、数量、运输时间和牲畜饮食定量,一次配足饲料。为防止途中列车晚点或其他原因中断行车造成饲料不足,在某些区段站或编组站上还设有专人管理的饲料供应站。这类牲畜在其运输过程中,仅需铁路沿途供水。

军用方面:一般是随部队调运的牲畜运输,货源比较集中,饲料充足,除牲畜车内带有饲料外,列车还挂有专用的饲料车,途中仅需供水。

民用方面:为各省、自治区、直辖市和县相互调配及支援的牲畜运输。在运输前,被分配和支援的主管单位由专门人员组成调运和押运组。押运组负责途中上水和饲料,从组织接运到沿途运输主要是供水。

供应城市方面:为各省、市食品公司和冷藏库经营管理的猪、羊、鸡、鸭等牲畜的运输,货源一般来自本省,运输距离较短,饲料一次供足,故途中也只需要供水。

因此,为保证通过的牲畜运输需要,应在区段站和编组站的到发线旁设置供牲畜饮水的给水栓。

根据调查,牲畜在运输途中,一般是白天喂两次,在喂草料时饮水,两次饮水的间隔时间约为 6h,货物列车的旅行速度大致为 24～32km/h,故牲畜供水站(点)的分布距离,规定为 100～200km。

10.2.17 随着化学工业、国防工业和现代科学技术的发展,铁路货物运输中的危险货物,不论在品种上或数量上都日益增多。这些货物在运输过程中受到摩擦、撞击、震动、接触火源、日光暴晒、遇水受潮、温度变化或者与其他性质抵触的物品相接触,往往会造成燃烧、爆炸、放毒、腐蚀和放射等严重事故。为了安全地完成危险货物的运输任务,铁路应根据危险物的运量、性质和危险程度等分别设置专业性货场、货区或仓库。

在化学工业比较发达,有大量整车和零担危险货物到达和发送的大、中城市,如年运量在 0.1Mt 及以上时,宜设置专业性危险货物货场。

在综合性货场内,如经常有整车危险货物到达、发送或有较多的零担危险货物列车到发,为了作业安全,宜单独设置危险货物货区。

综合性货场有零担危险货物到发和中转时,为了便于集中管理和搬运,可在成件包装货物仓库的一端设置危险货物仓库。中间站小型货场有零星危险货物作业时,也可在普通货物仓库内分隔出单间,专门保管危险货物。

综合性货场的危险货物区不应办理爆炸品及放射性货物装卸业务。这些货物应由铁路指定专门的车站办理,且应及时装车和出货。

专业性危险货物货场、综合性货场内的危险货物货区和爆炸品、放射性货物装卸车站的设置地点、位置和主要设备,应符合公安、防火、防爆、防毒和卫生等有关规定,并应征得当地有关部门同意。

为了满足防火、防爆等安全要求,根据危险货物的性质和现行国家标准《建筑设计防火规范》的有关规定,危险货物仓库、堆场、贮罐与邻近居民点、公共建筑物、其他工业企业铁路和道路等之间应保持必要的安全距离。

按 1979 年 9 月 5 日铁道部(79)科研二字 139 号文,由铁道部基建总局、货运局、科技委、公安局邀请公安部七局共同审议济南铁路局关于站内卸轻油车防火间距的研究报告,提出如下意见:

1 铁路中间站卸油时,罐口应用石棉被等覆盖,卸油地点距正线、到发线的防火间距不应小于 30m,距其他线路不应小于 20m。

2 开启油罐车人孔盖时或往车内注油时,有机机车和其他有火车辆距作业罐车不得小于 200m。

3 现在中间站卸油地点与防火要求不符时应要求卸油单位搬迁,如立即搬迁有困难时,在卸油单位制订确保安全措施并征得当地公安部门同意的条件下,铁路可同意卸油单位在搬迁限期前继续使用。

另按《石油库设计规范》的有关规定,装卸油品作业线终端车位的末端至车挡的安全距离为 20m。

11 工业站、港湾站

11.1 一般规定

11.1.1 钢铁、煤炭、石油和大型机械制造等企业,目前大都依靠铁路运输。这些厂矿企业的运输和装卸作业量均较大,而且由于装卸量极不平衡和某些原料及产品对车种的特殊要求,还产生大量重空车流的交换。对于这些企业,由于其运量和运输性质等因素决定,多数情况下应设置主要为办理该企业的列车到发、解编、车辆取送和交接等作业的铁路工业站。在城市内,由于城市规划、工业布局和企业综合利用的要求,较多行业的工厂,集中在一个工业区内,其中每一个工厂虽不如上述那些企业有大量的大宗货物运输和装卸作业,但也产生相当的运量。根据其作用、性质和工业区位置的要求,往往需要设置地区性的多企业共用的工业站,以便铁路专用线接轨,统一办理各企业车流的到发、解编、车辆取送和交接作业,并解决与编组站或区段站间在车流组织上的合理分工。

在我国大量沿海和内河港口中,其水陆联运货物经由铁路运输的占大多数。为了完成路港联运,可利用离港口最近的编组站或区段站办理对港区的取送车、调车和交接作业。但对于一些吞吐量较大的河海港口和离编组站或区段站较远的港口,往往需要另设主要为港口运输服务的港湾站。

工业站和港湾站多数位于企业或港口铁路与路网铁路的接轨点处。根据我国目前实际情况,单纯为厂矿企业或港口服务的工业站或港湾站为数很少,大多数工业站或港湾站除主要为厂矿企业或港口服务以外,还根据它们在路网中所处的地位,兼办路网上一定数量的中转或客、货运作业。

11.1.2 为同一企业和工业区服务的工业站,原则上以集中设置一个为宜,这有利于路网铁路的车流组织、机车交路的衔接、设备集中和车辆交接简单等。因此,只有在某些特定条件下,则可研究是否设置多个工业站。

11.1.3 当设置多个工业站时,如其位置能与货物流向和车流组织互相配合,则可避免车流的折角和迂回运输,这对加速机车、车辆周转和降低运输成本均有积极意义;但当企业运量不很大时,也会造成车流和设备过于分散,增加工程投资和运营开支。因此,对工业站的布局必须结合厂、矿总图规划通过全面衡量,并与企业部门共同确定工业站数量。

根据我国目前情况,年产量在 1Mt 及以下的钢铁厂,可设置一个工业站(当设置两个工业站并不增加大量工程而对运输显着有利时,也可考虑设置两个工业站);年产量在 1～2Mt 的钢铁厂,当其原料和产品绝大部分通过铁路运输时,可根据条件设置一个或两个工业站。煤矿工业站的数量,应根据矿区大小、产量、矿井和装车点的分布及其与铁路网的相对关系、煤炭流向、空车来源,以及各个接轨点的铁路专用线修建长度和技术条件等因素进行综合比较,选择合理的设站和接轨方案后确定。对于大型矿区,当其位置与 2 条或 2 条以上铁路线相邻,或矿区沿铁路线带状分布,当地形条件许可时,可考虑在铁路线上适当增加工业站的数量,以利于各矿点的均衡生产和运输,缩短铁路专用线的修建长度,但必须考虑车流组织的合理性。对于石油开采和加工工业,可根据所在油田的开采和运输方案以及炼油厂的规划,设置一个或数个为原油或成品油装车服务的工业站。对于不设在油田的大型炼油厂,其原油如经铁路送达时,可结合炼油厂的总布置,设置一个为原油卸车和成品油装车共用的工业站。当原油经管道输入时,则可设置一个为成品油装车用的工业站。对为一个工业区多个企业服务的工业站,应根据所服务的工业区范围、各企业的性质、生产规模、运量及运输要求、工业区所在位置与铁路网的关系和铁路专用线接轨条件等因素,确定在该工业区设置一个或一个以上的工业站。

1　工业站、港湾站的位置可设在路网铁路上或靠近企业、港口。当企业、港口距路网铁路较远或该站需承担当路网车流的作业等情况时，应设在路网铁路上，否则，应尽量靠近企业大量货流入口或出口的地点，并使原料或空车来源和产品去向适合于企业内部的总布置和生产流程，尽量避免车流的折角和迂回运输。例如，煤矿工业站应尽量设在矿区出口处煤集中的地点；石油工业站应靠近油田或炼油厂的装卸点。对于钢铁厂，当仅设一个工业站时，应尽量使其靠近原料入口处或企业中部；当设置两个工业站时，一个可设于原料入口处，另一个靠近成品出口处。当铁路线上两个方向都有原料和成品出入时，则应根据企业总布置条件，考虑合理的车流组织方案，以确定工业站之间的分工。

港湾站应尽量设在靠近各码头的适中地点，以延长大运转列车的走行距离，减少小运转列车（或调车作业）的走行距离，从而提高运输效率和降低运输成本，但应注意不要贴近深水岸线，以免妨碍港口工程的建设。

2　在选择工业站或港湾站位置时，尚应考虑铁路专用线接轨方案的合理性，包括其修建长度，工程投资的大小，平面剖面技术条件是否与企业或港口的运量和运输要求相适应，该线在工业站或港湾站内接轨是否干扰铁路正线行车和车站作业，至各作业站（分区车场）和装卸点（特别是作业量大的装卸点）取送车有无方便的条件，以及工业站或港湾站的位置在将来扩建时与企业或港口的生产运输和基建的发展有无矛盾等。

3　位于城市中的工业站和港湾站，其位置应与城市规划相互配合，尽量避免铁路车站与城市发展和对城市道路、居民区的干扰，减少房屋拆迁工程，满足城市的环保、公安、消防和卫生要求，并与其他运输方式密切配合。在确定港湾站位置时，尚应注意港口与路网铁路的相互关系，统一考虑港口客货运送的便利。

11.1.4　工业站或港湾站规模，主要取决于所服务的企业或港口的性质和规模，由铁路负担的运量和改编作业量的大小、大宗货物的运输性质及装卸作业特点，该站所担当路网上的作业量以及管理和交接方式等因素。工业站或港湾站的规划必须与企业或港口的规划密切配合。在考虑企业或港口规划的基础上，进行工业站或港湾站的远期布置，以适应将来的发展，并按分期建设的原则设计分期工程。由于一些大型企业和港口建设周期往往较长，从投产至达到远期产量（或吞吐量）需要一定时间，分期建设可以避免过早投资，提高投资效益。

11.1.5　铁路与企业或港口间的管理方式分为：由铁路统一管理的，简称"统管"；由铁路和企业、港口各自管理的，简称"分管"。交接方式分货物交接和车辆交接两种，前者即双方仅将到达及发送的货物交给对方；后者即双方将到达及发送的货物连同车辆（或空车）一起交给对方。

上述管理和交接方式的选择，主要取决于企业生产性质、企业内部是否主要采用铁路运输和复杂程度，以及企业生产流程和铁路运输是否紧密结合等因素，在考虑上述因素的基础上，经技术经济比较后与企业或港口协商确定。

11.2　工业站、港湾站图型

11.2.1　在实行车辆交接的情况下，较大企业或港口一般都设有企业站或港口站，以便向铁路工业站或港湾站办理车辆交接，并担负企业或港口内部各作业站或分区车场和装卸点的车辆取送及调车作业。因此，设计时应在考虑铁路运输与企业或港口内部运输合理衔接的基础上，对工业站与企业站或港湾站与港口站进行合理配置。

当工业站或港湾站担负路网中转车流的作业量较小，距企业或港口站较近，且地形条件适宜，可将工业站与企业站或港湾站与港口站联合设置，使厂（矿、港）双方便于联合调度指挥，为列车到发和取送车作业的衔接创造良好条件，以减少车辆在企业或港内的停留时间，加速车、船的周转。若因铁路线走向或城市客货

运输要求使工业站或港湾站距企业或港口较远，当企业或港口内部运输要求工业站或港湾站设在企业或港口，而兼负路网一定中转作业量的工业站或港湾站为了满足总体布置的要求和避免作业上的较大干扰宜将工业站与企业站或港湾站与港口站分设。

11.2.2　本条文中所附图型，货物交接采用统管方式，车辆交接按分管方式考虑。

1　采用货物交接时的交接作业是在货物装卸点办理，车辆的取送和调车作业均由路方承担。采用此种交接方式的作业量一般不会很大，因此，宜采用横列式图型（条文图11.2.2-1）。

2　当采用车辆交接且工业站与企业站或港湾站与港口站分设时，工业站、港湾站宜采用横列式图型（条文图11.2.2-2）。我国既有的这类车站多为横列式图型。由于到达工业站、港湾站的直达列车和大组车占一定比重，且部分发往路网的车流在企业或港口进行取送车时已照顾编组，有条件在交接线上坐编发车或者工业站、港湾站与编组站间只开行小运转列车，有些解编作业可在编组站办理。所以当工业站、港湾站的解编作业量较小时，宜采用横列式图型。它具有站坪长度短、占地少、定员少、设备集中和管理方便等优点。作业量大的工业站、港湾站，可根据需要和地形条件采用其他合理图型。

3　当采用车辆交接且工业站与企业站或港湾站与港口站联设时，双方车场均可采用横列式图型，根据作业情况和地形条件，可将双方车场横列配置（条文图11.2.2-3）或纵列配置（条文图11.2.2-4）。前者具有站坪长度短、车场布置紧凑和双方联系方便等优点；缺点是解编车流调车行程长，当作业量增多时进路交叉干扰多。后者的优点是各车场咽喉区布置简单，双方作业互不干扰，在密切配合的情况下，进入企业或港口车场的车列（组）可直接经由驼峰解体进入交接场，减少转场作业，缺点是双方车场相距稍远。当作业量大时，宜采用双方车站联设的双向混合式图型（条文图11.2.2-5）或其他合理图型。

类似双向混合式图型，我国现有两种管理方式：一种是两套系统按横向管理，（条文图11.2.2-5所示），即入企业或港口系统的到达场由路方管理，编发场由企业或港口管理；自企业或港口发出系统的到达场由企业或港口管理，编发场由路方管理。另一种是分别按系统纵向管理，即条文图11.2.3-5所示的1、2车场由企业或港方管理；3、4车场由路方管理。

以上各款所述双向图型是代表性图型，设计中应根据各自的作业量、作业要求和地形条件等情况适当调整。

4　为特大型钢铁厂服务的工业站或为大宗散装货物专用码头服务的港湾站，当站内设置装卸设备时，应根据厂、港和车站作业流程的合理衔接，统一设计车站图型，以便减少工程投资、用地和定员，压缩车、船停留时间。

11.3　主要设备配置

11.3.1　采用车辆交接，当工业站、港湾站设有交接场并与对方车站分设时，若为横列式布置，交接场宜设在调车场外侧或一端。前者将交接场一端与调车场共同连接驼峰，另一端接岔线，进入企业或港口的零散车流可直接溜入交接场。后者将交接场与工业站、港湾站纵向配置，当工业站、港湾站横向受地形限制或因车站线路多而引起咽喉区布置复杂时，可采用这种配置方法。若采用其他图型时，交接场宜设在调车场一侧，以便集结和交接作业。

当工业站、港湾站与对方车站联设横列设置时，可在双方车场间设交接场，以便利交接作业。也可将交接作业在企业或港口到发场办理，而不设置交接场。

11.3.2　交接作业地点应根据所采用的交接及铁路专用线管理方式和车站布置形式分别确定。

1　采用货物交接，铁路与企业或港口间仅将到达企业或港口以及从企业或港口发出的货物交给对方。到达企业或港口的重车由铁路机车送至卸车线，办理货物交接后卸车。自企业或港口发

出的货物,也由铁路机车将空车送至装车线装车并交接。此外,在设有为大宗散装货物装卸用的漏斗仓、翻车机或卸车沟的工业站和港湾站上,按作业程序要求,装车货物宜在装车线办理交接,卸车货物宜在卸车设备前的车场或卸车线办理交接。

2 采用车辆交接,铁路与企业或港口间在指定地点将货物连同车辆一并交给对方,即同时进行货物和车辆技术状态的交接。在工业站、港湾站与对方车站分设时,若在工业站、港湾站交接,一般在交接场办理,即直达列车、大组车和零散车辆均在交接场交接。当直达列车和大组车较多或工业站和港湾站上不宜设置交接场时,则双方车场间岔线运输宜由铁路管理,交接作业宜在企业站或港口站到发场办理。

3 采用车辆交接,双方车场联设时的交接地点。

1)当双方车场横列布置时,宜在双方车场间的交接场交接;双方车场纵列配置时,宜在工业站或港湾站的交接场交接。当路方车场无条件设置交接场或为减少车列转线次数而不设专用交接场时,双方车场横列或纵列布置,均宜在企业站或港口到发交接。

2)当双方车场采用双向二级混合式布置时,双方均可不另设交接场,而在到达场交接。当双方采用横向管理时,进入对方的列车均接入各自到达场向对方交接。再由对方的调机推向对方的编发场解体。当双方采用纵向管理时,进入对方的列车均接入对方的到达场向对方交接,再由各自的调机推向各自的编发场解体。

11.3.3 铁路专用线在工业站或港湾站接轨,应避免与路网铁路行车和车站作业相互干扰。经对工业站和港湾站的调查资料进行分析表明,到达工业站和港湾站的直达列车和大组车的比重一般较大,所以铁路专用线设在工业站、港湾站路网铁路大量车流出入的另一端,为直达列车直接进出企业或港口创造方便条件。有多条铁路专用线在工业站或港湾站接轨时,应统一规划,并尽量在工业站或港湾站车场同侧,以减少取送车对正线行车和车站作业的干扰。

1 采用货物交接,有较多整列、大组车出入的铁路专用线,宜在到发场接轨,以减少调车作业;当出入铁路专用线的车列需经调车场解编并集结时,为方便作业宜与调车场或编发场接轨;运量较少的铁路专用线可在调车线、次要牵出线或其他站线接轨,可以简化接轨布置。

2 采用车辆交接,铁路专用线的接轨。

1)在与企业站、港口站分设的横列式工业站或港湾站上,进出企业或港口的车辆一般要经过交接场,因而从技术作业过程的需要考虑,铁路专用线应与交接场接轨。但为了作业的灵活性,需要与各车场连通。

当双方车站间铁路专用线由铁路管理时,一般可在调车线接轨,但当出入铁路专用线的直达列车、大组车较多时,其车列在工业站、港湾站无须改编作业,则可直接接入到发场。

2)在双方车站联设的横列式工业站或港湾站上,铁路专用线在企业或港口到发场接轨,设有交接场的,同时与交接场接轨,并有与各车场连通的条件,是为了作业的灵活性。

当双方车站双向混合式布置时,入企业或港口铁路专用线在企业或港口编发场接轨。出企业或港口铁路专用线,当采用"各进自场"的作业方式时,交接地点在各自到达场,与企业或港口到达场接轨;当采用"各进它场"的作业方式时,交接地点在对方到达场,则与铁路到达场接轨。

11.4 站线数量和有效长度

11.4.1 工业站或港湾站到达场、到发场和出发场的线路数量,应根据路网铁路到发列车对数、企业或港口小运转列车(车组)到发或取送车次数和路厂(矿、港)的统一技术作业过程确定。具体设计时,可用分析法计算。各种列车(车组)占用到达场、到发场和出发场的时间指标,可参照类似车站的指标并结合具体情况确定。由于企业或港口进出工业站或港湾站车流的波动性较大,设计的

到发线宜留有一定的机动能力。

到发线的有效长度应与衔接的路网铁路的车站到发线有效长度统一。对于只接(取)送小运转列车或车组的到发线有效长度,可根据实际需要确定。

11.4.2 工业站或港湾站用于集结发往路网车流的调车线数量和有效长度,应根据列车编组计划规定的组号、每一组号每昼夜的车流量、车流性质和车站作业需要确定。设计时,对按列车编组计划规定的到站和去向进行车列解体、集结、编组或编发用的线路,可比照编组站的有关规定办理;供其他作业车辆(如待修车、返厂或返港车、守车、本站车、超限车、危险品车和倒装车等)停留用的线路,则可根据各种车辆每昼夜停留数量确定。停留车数量较小者,应与其他线路合用,以减少工程投资。

11.4.3 工业站、港湾站集结发往企业或港内车流的调车线数量,应按交接方式的不同分别确定:

1 采用货物交接时,对需要在调车线集结后送入企业或港口的车流,宜按企业或港口各作业站(分区车场)或装卸点数量、向各作业站(分区车场)或装卸点每昼夜编组车数、装卸线和装卸设备能力和路厂(矿、港)统一技术作业过程确定;也可按各到站和装卸点每昼夜集结、发送的车组(列)数以及相应的作业时分,用分析法计算确定。

2 采用车辆交接时,如工业站与企业站或港湾站与港口站分设,双方的分工应为:工业站或港湾站担负自企业或港口发出车流的解编作业,企业站或港口站担当进入企业或港内车流的解编作业。因此,除直达列车和大组车宜在到发线上直接转入企业或港口外,是否需要另设调车线集结解体后进入企业或港口的车流,可按以下两种情况确定:

1)若交接线不设在工业站或港湾站内,可按在调车线集结发往企业或港口的车流量(可不分组)和车组(列)编组辆数等因素确定。

2)若交接线设在工业站或港湾站内且布置在调车场一侧,须解体后送入企业或港口的车辆宜直接溜(送)入交接线,故可不设集结发往企业或港口车流的调车线。

3 为满足大宗货物运输的需要,在原油装运站常备有罐车固定循环车底,成批装运汽车或拖拉机的车站,有时要备用一些平车,办理粮食或化肥转运的港湾站,常备有一定数量的棚车待用。有上述类似情况的工业站或港湾站,均应根据其备用车数量,适当设置备用车停留线。

4 集结发往企业或港口车流的调车线有效长度,应等于发往企业或港口小运转列车(车组)长度(按企业或港口线路的技术条件、牵引重量和作业站或分区车场的线路有效长度等因素确定)加附加长度。在设有驼峰的调车场,附加长度按驼峰溜放车辆与尾部编组车辆之间的安全距离40~60m加"天窗"距离40m之和计算为80~100m。

11.4.4 采用车辆交接时,若工业站与企业站或港湾站与港口站分设且交接线设在工业站或港湾站内时,交接线数量应按每昼夜交接车流量、向交接场取送车次数和办理车辆取送及交接等作业时间指标,用分析法计算确定。对大型钢铁厂、特大型煤矿和出入交接车流大的企业或港口,尚应考虑出入企业或港口的交接线各不少于2条。若工业站与企业站或港湾站与港口站间取送车往返均采用牵引运行,且取送车次数较多,可根据需要设置机车走行线1条。

交接线的有效长度应与工业站或港湾站的到发线有效长度一致,以利于整列交接。如发往企业或港内小运转列车(车组)长度与发往路网铁路列车长度相差较大,为节省工程投资,部分交接线的有效长度可适当减短,但不应短于企业站或港口站的到发线有效长度。

12 枢　纽

12.1　一般规定

12.1.1　铁路枢纽是位于路网的交汇点或端点，由客运站、编组站、其他车站和各种为运输服务的设施以及连接线路所组成的整体。其作用主要是汇集并交换各衔接线路的车流，为城镇、港埠和工矿企业的客、货运服务，是组织车流和调节列车运行的据点，为该地区铁路运输的中枢。铁路枢纽与工农业发展、城市建设、国防建设和其他交通运输系统有着密切联系。因此，无论在新建和改建枢纽设计时，应从全局出发，对影响枢纽设计的以下基本因素进行全面综合研究分析。

1　枢纽的规模和编组站的性质。

1）枢纽的规模分为大型、中型和小型，应根据引入线路的多少和引入方向，编组站、客运站的数量、规模和布局，城市的地理位置、规模和工业区的分布，地形和地质条件以及国防要求等选定。

2）枢纽所处地理位置的特征：所在地是首都、省会还是一般中、小城市，是国境还是腹地，是矿山、港口等路网起讫点还是铁路线汇集处，是主要铁路线还是一般铁路线汇集处等。由于各地情况不一，对枢纽设备布置要求便各不相同。

3）对枢纽内编组站所承担的任务性质要着重研究分析它是以通过车流为主还是中转改编车流为主或是以地方车流为主或通过车流与地方车流并重。因为任务的性质将决定编组站在路网中的性质（是路网性的、区域性的或地方性的编组站）和设备的配置。

4）与相邻枢纽编组站协作和分工：研究目的在于充分发挥设备潜力，进一步求得主要设备在路网中的合理布点。另外，调整分工、改变列车编组计划和机车、车辆检修任务等，也能缓和相邻枢纽编组站设备能力的不足，消除或减少枢纽内有两个及两个以上编组站的车流折角重复作业。根据相邻枢纽的协作分工修建联络线和迂回线，则可调整客货通过列车经路并消除折角运行。

2　各引入线路的技术特征。根据引入线路的技术特征，对枢纽的线路和设备应通盘考虑，合理安排。

1）枢纽内的线路、车站等的技术标准除必须与相应引线相配合外，还要适应枢纽内主要作业的统一性，但也不能强求全面统一，盲目追求高标准。

2）对枢纽内不同牵引种类（电力、内燃）、机车类型（客、货运机车）和作业性质（大运转和调小机车）的机务设备，要正确处理布点上的集中与分散，设备布置上的专业与综合，作业上的分工与协作等关系。

3）在各引入线路牵引重量不统一的情况下，要为简化作业和加速机车、车辆周转采取积极措施。

3　客、货运量的性质及流向。在确定设计原则和设备规模时，运量是主要因素之一，但不是唯一的依据，尚应考虑其他因素。

要分析客、货流的性质是属中转的、地区的还是综合的，是长途的、短途的还是综合的等等，使设备与之相适应，以提高运营效率。

客、货流向是选定车站位置和引线方案的重要因素之一。随着路网的逐渐形成和发展，资源的开发，会引起客、货流向的变化。因此，要求车站和引线的设计能适应这些变化。

4　既有设备状况。对既有设备要认真调查清楚，一般要充分利用，不可轻易废弃，但也要防止勉强迁就，以免造成日常运输的不合理和加大运营支出。

处理既有设备的利用、改造或拆迁是一个极其复杂的问题，要注意改善铁路运营条件，消除或减少对城市的干扰，还要适应发展需要，留有余地。

5　枢纽设计必须尽量利用地形、地质条件，在保证质量的前提下尽量减少工程量，节约投资。

6　铁路枢纽是构成城市交通运输设施的一个重要部分，因此应与城市发展规划密切配合，尽量做到：

1）铁路正线避免分割城市的重要区域；

2）客、货运车站位置与城市规划布局特别是与道路和其他交通运输系统相配合；

3）铁路房屋与城市建筑群体相协调；

4）岔线有计划地伸向工业区和仓库区；

5）灰末易扬和恶毒气味货物和危险品等货运设备的布置应符合环保、公安、卫生、消防要求并设在城市的下风方向和河道的下游。

7　铁路运输在某些情况下并不能直达物资单位的场库，因此要求与公路、水运以及其他交通运输系统能互相配合、衔接和联运，必要时应使它们的技术装备尽可能靠近，以便于组成当地的运输综合体。此外，还应考虑有调节由于自然条件或季节影响而引起的运输条件和运输方式变化的机动性。

8　铁路枢纽是交通运输体系中重要环节之一，必须与国防建设相配合。枢纽布局应符合战备要求，在设计过程中应与有关部门共同研究解决。

9　在铁路枢纽设计中，应重视采用先进技术和装备，以提高运营效率。

12.1.2　枢纽总布置图系确定枢纽近、远期及长远规划的总体布局，各方向线路的引入方式，枢纽内线路的配置和各主要站（段）的数量、位置、用途及其分工等。它是枢纽分期建设的重要依据。根据运营需要，城市建设和其他运输系统的要求，铁路枢纽应按总布置图方案分期修建。在考虑分期工程时，应尽量避免在下一期改建工程中有废弃多和严重干扰运营等情况发生，同时，还要考虑发展需要而预留用地。

枢纽总布置图随着客观形势和事物的发展变化，必要时应进行修正。

12.1.3　铁路枢纽由于各线路引入的数量和方向不同，各枢纽担负任务不一，当地具体条件各异，因而枢纽内各专业车站和主要设备的配置以及各方向引线和联络线的设置都将随着影响总图布局各因素的差异而变化。本条文结合枢纽主要组成部分的布置原则提出下列几种一般性枢纽布置图型，作为枢纽总布置图设计的基本结构一般要求：

1　一站枢纽具有一个客、货共用车站，是枢纽最基本的图型。其特点是设备集中，管理方便，运营效率高，但客、货运作业互有干扰，能力较小。这种布置一般适用于改编作业量较小，城市规模不大的枢纽。客、货共用的车站可能构成枢纽以后扩建的一个组成部分。因此在设计这类枢纽时必须充分考虑其发展因素，预留发展用地。车站两端引入线路的平、纵断面宜尽量平顺，疏解布置应力求简单并适当远离车站。

2　三角形枢纽：引入线路汇合于三处，各方向间有较大客、货运量交流的枢纽，可在改编作业量大的线路上设置一个客、货共用车站。其他方向的通过列车可经由联络线通行，以缩短列车行程，避免折角列车在车站变更方向运行。如另有新线引入，可根据车流的发展变化将原有客、货共用车站改为客运站，并结合新增线路方向在车流集中的线路上新建编组站。如图10所示。

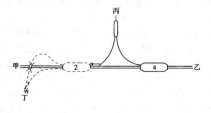

图 10　三角形枢纽布置示意图
2—编组站；4—客、货共用车站

3　十字形枢纽：两条铁路线交叉，各自具有大量的通过车流而相互间车流交流甚少的枢纽，无需修建单独的编组站。此时，两线可作十字交叉布置，使无作业列车能顺直地通过本枢纽，以取得缩短运程、减少干扰和节省投资的经济效果。在路网较密和交叉点多的地区，如有大量通过车流的新线与既有线成近似正交，新线上不需另建编组站的，可修建必要的车站，联络线和立交线路，使新线与既有线上的编组站、专业站相衔接，构成如图11的十字形枢纽，以减少路网上的编组点。新建枢纽的运营初期，一般常在主要车流的运行线上先建一个客、货共用车站，以后再修建立交联络线和其他车站而形成十字形枢纽布局，如图12所示。

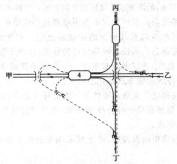

图11　近期形成的十字形枢纽布置示意图
4—客、货共用站

4　顺列式或并列式枢纽：如客运站与编组站顺列布置，即构成客、货列车运行于同一经路的顺列式或伸长式枢纽，如图13所示。其优点是进出站线路疏解布置简易，客、货运站和编组站布置方便，灵活性大，便于发展。缺点是客、货列车运行于同一主轴线上，随着行车量的增长，使区间通过能力不足，因此，在繁忙的干线上应预留修建加强线路的条件。

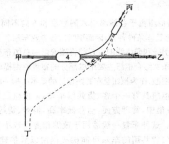

图12　远期形成的十字形枢纽布置示意图
4—客、货共用站

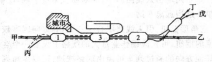

图13　客运站与编组站顺列的枢纽布置示意图
1—客运站；2—编组站；3—货运站

被江河分隔造成市区分散的城市，由于城市建设对枢纽布局的要求，枢纽的主要客运站通常设在主要市区一端，编组站可就近引入线路汇合处设置或配合大型企业的运输需要而设置。由于山河地形所限，枢纽的客、货运设备布局分散，往往需要修建大桥和隧道以沟通各区之间的联系。这些大桥、隧道和某些区间线路除了负担通过列车的运行外，还有枢纽内的地区交流任务，这就形成了枢纽通过能力的咽喉。因此，应结合当地具体条件分区设置适当的客、货设备，使各区有独立的作业条件，以减轻铁路枢纽和市内公共交通的负荷。

如客运站与编组站并列布置，而构成客运站与编组站分设在并列的客、货列车分别运行的经路上的并列式枢纽，如图14所示。其优点是客、货列车运行互不干扰，通过能力大，在当地条件受限

制时，客运站与编组站位置的选择有较多的活动余地。其缺点是进出站线路疏解布置较为复杂，分期过渡难。这种布置形式通常用于客、货运量均大和当地条件合适的枢纽。

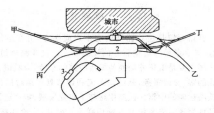

图14　客运站与编组站并列的枢纽布置示意图
1—客运站；2—编组站；3—货运站

5　环形枢纽：引入线路方向多时，为便于各方向间的客、货运输交流，避免各引入线路集中于少数汇合点，并为地区客、货运业务提供较好的服务条件，可采用环形和联络线连接各方向引入线形成环形枢纽，如图15所示。在运营上环形枢纽通路灵活。环线对运行通路能起平衡和调节作用，缺点主要是经路迂回。

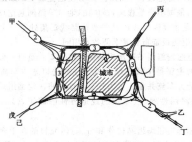

图15　环形枢纽布置示意图
1—客运站；2—编组站；3—货运站

大城市的枢纽城区范围大，工业区分散，服务城市和工业区的铁路线、联络线较多。在改建既有枢纽时，可结合上述线路的分布，考虑发展为环形枢纽布局的可能性。

在改建特大城市的环形枢纽中，鉴于枢纽环线外绕市区运行经路过于迂回，不利于铁路车站和设备深入市区为城市服务，必要时可修建地面（包括高架）或地下直径线，使长（短）途客车、市郊客车以及为市内货运开行的枢纽小运转列车能进入市区，以改善铁路对城市客、货运输的服务条件，减少部分客、货列车的迂回绕行，相应增大枢纽环线的通过能力。

环形枢纽的编组站宜设在与环线会合处的引入线上，如设在环线上，应保证环线通畅和必要的通过能力。

环形枢纽的客运站可设在环线上，也可采用尽端式客运站或在直径线上设置客运站使之伸入市区。

新建环线应设在市区范围以外。如客运站设在环线上，则该段环线应尽量靠近市区。为近郊市镇和工业企业服务的环线，应结合其布点选线并注意与农田水利方面的要求配合。

当特大城市的环形枢纽各线路间有强大车流交流时为减轻枢纽负担，缩短运输行程，可在市区远郊修建枢纽外环线，使通过列车能在枢纽外围通行。

6　尽端式枢纽：位于港埠城市、矿区等处的尽端式枢纽，如图16和图17所示，是路网上线路的起讫点或衔接各方向线路集中于枢纽一端，编组站设在其引出线出入口处能有效地控制车流。这种枢纽除办理各引入线路的列车接发和向枢纽地区装卸取送车外，还有枢纽地区之间的车辆交流。当枢纽作业繁忙时，为了减轻出、入口咽喉的负荷，使各区之间的车辆交流避免干扰编组站作业，应设置必要的联络线和为直达运输服务绕越编组站的通过线。

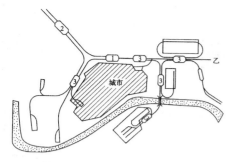

图 16　尽端式港埠城市枢纽布置示意图
1—客运站；2—编组站；3—货运站

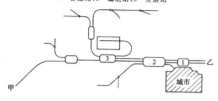

图 17　尽端式矿区枢纽布置示意图
1—客运站；2—编组站；3—货运站

7 组合式枢纽：特大城市铁路枢纽的特点是城市组成庞大、人口众多，工业企业布局分散，客、货运量大，引入线路多，地方和中转运输繁重，往往需要设置一处以上的客运站、编组站和众多的工业站、货运站和货场，由于影响枢纽布局的因素和条件多种多样，如按前述某一类型枢纽布置修建枢纽各项设备，不能满足运营需要时，可设计成与枢纽所担负的作业量和作业性质相适应的几种类型枢纽组合而成的组合式枢纽。如图 18 是由顺列式、三角形和环形等图型所组成。

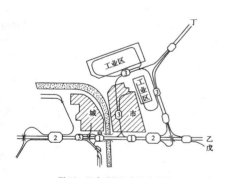

图 18　组合式枢纽布置示意图
1—客运站；2—编组站；3—货运站

12.1.4 新线直接引入编组站有处理折角车流便利、机车运用经济灵活和增减轴作业方便等优点。但从全国现有编组站引入线路的情况来看，一般每端只有一、二个引入方向，当车站一端有三个引入方向时，便会产生进出站线路疏解布置复杂、铺轨长、工程大、占地多，站内咽喉区长和交叉干扰多等问题。若再增接一个方向，按最简单的行车方向顺序排列计算交叉量，要比三个方向多一倍以上。若各方向线路的引入位置在排列上有限制，并需再区分有作业和无作业（通过）列车经路时，则交叉更多。故接入线路方向越多，作业要求越不一，进出站线路疏解布置越困难，车站咽喉区结构越复杂。因此，新线不宜直接接轨于引入线路方向较多的编组站上，一般情况可在枢纽前方站或枢纽内客、货经路合适，衔接工程简易的车站上接轨。

12.1.5 具有一定规模的新建铁路专用线群一般运量大且流向不一，其作业较为复杂，直接影响枢纽的运营工作，故应结合枢纽布置、工业区分布和城市建设等进行全面合理的规划，既要更好地服

务于工业区，又要减少对城市的干扰，并有利于枢纽车流的组织和运营调节。

枢纽内的铁路专用线担负着大量货物装卸任务，是枢纽不可分割的组成部分。因此，应充分利用这一有利条件，组织重点装卸点的直达运输，以减轻编组站的负担，加速车辆周转。

对铁路专用线进行全面规划的工作，可参照下列几点原则进行：

1 与枢纽总布置图统一规划。在枢纽总布置图中，应对铁路专用线进行统一规划，在经济合理的前提下，使各企业得到方便的服务。在枢纽总图规划阶段，不宜把铁路专用线单独划出来作为独立项目进行，否则会出现局部经济合理而与枢纽发展和技术条件不相配合的情况。当然，在枢纽总布置图确定后，铁路专用线可以作为单独项目进行设计。

2 实行分区连接。在统一规划的基础上，要尽量把需要修建铁路专用线的企业分成几个区，把附近的铁路专用线汇集起来。较大的企业可考虑从工业站单独岔出，各中、小企业的铁路专用线可合并引入工业站。其优点是作业方便，有利于运输组织，减少铁路专用线的铺轨长度以及对城市的干扰。对近期尚不能形成分区的铁路专用线，应从有利于铁路车辆取送作业和方便物资单位出发，与城市规划部门共同研究进行全面安排，为将来发展留有余地。在规划设计时，还要考虑对各种情况变化的适应性。

3 合理选定限制坡度和有效长度。限制坡度和有效长度是决定铁路专用线能力和机动性的重要因素之一。对可开行直达列车条件的工业区，其线路限制坡度和工业站站线及装卸地点的线路有效长度应与路网线路的标准统一。对无条件开行直达列车的应尽量考虑有利于行车组织和车辆取送的方便。

12.1.6 枢纽内与城市客、货运无直接关系的设备如新建编组站、换装站、机车车辆修理基地和材料厂等，应设在市区以外，以利于城市建设和环境保护，并利于这类站、厂今后的发展。

12.2 主要设备配置

Ⅰ 编组站

12.2.1 编组站是枢纽的重要组成部分，不但占地面积多，而且工程量也大，在枢纽建设中投资占较大的比重。因此，在枢纽内合理配置编组站，对减少工程、节省投资、达到最快的集散和改编进出枢纽的大量车流、加速机车、车辆周转和节省日常运营支出都有重要意义。

车流量和车流性质往往是联系在一起的。车流性质有地方车流和中转车流，结合车流量的大小，在一定程度上决定着编组站的性质和作用。目前我国各枢纽内的编组站，大部分兼为中转与地方服务，仅有少量为路网中转或地方运输服务。选定编组站位置时既要控制主要车流方向，也要有利于折角车流的中转。

根据调查资料分析，枢纽内线路引入情况一般有四种：即直接引入编组站、通过进出站线路疏解使货物列车进入编组站、引入与编组站相邻的客运站和引入中间站。

线路引入采用前两种方式，可以使编组站位于线路汇合处，便于控制各方向车流。采用第三种方式，编组站基本上仍位于线路汇合处。采用后一种方式，可简化枢纽疏解布置，便于编组站的发展，但由于编组站离开了线路汇合处，对处理折角车流带来不便。当线路汇合在两处以上且相隔一定距离时，为照顾折角车流和地方车流的作业，会要求枢纽内编组站分散设置。因此，枢纽内编组站位置的选定与线路引入位置有密切关系。编组站既要设于线路汇合处，又要避免线路过多的直接引入编组站。

研究路网中编组站的分工，必须从全局出发，结合车流集散规律和路网中有关编组站的设备能力，确定列车编组计划及担当的任务。根据分工和任务的需要，枢纽内编组站可集中设置或分散设置，可设在控制进口、出口或其他适当地点的不同位置。当枢纽内设有几个编组站时，相邻枢纽编组站开行的列车编组计划必须

与这几个编组站的分工相协调,才能使这些编组站发挥各自的作用。故路网中编组站的分工对枢纽内编组站数量和设置位置有一定影响。

根据上述分析,枢纽内编组站配置和数量,应根据车流量、车流性质及方向、引入线路情况和路网中编组站的分工等主要因素全面比选确定。

一般情况下,集中作业效率高,成本低,可以消除分散作业时产生的交换车重复作业和集结时间,消除机车交路配置带来的两编组站单机往返走行和在设备配置上造成的浪费。因此,新形成的枢纽或以路网中转为主的枢纽,均应集中设置一个编组站。

枢纽内编组站集中或分散设置还要考虑枢纽内车流的集散规律。为不使本枢纽编组站承担过大的改编任务,首先应考虑从路网上分散车流,建设新线或迁回线,使车流不进入枢纽内作业;其次是加强铁路线上装车站的设备,在装车站组织始发直达列车或大力组织一站编开的技术直达列车和两站或数站合开的阶梯直达列车,以减少枢纽编组站的改编作业。

枢纽内地方车流的集中或分散到发与城市工业布点有关。地方车流量的大小与工业企业的生产规模、港口码头的吞吐量有关。如果工业区或港埠有大量集中的地方车流到发,就可以设置货运站、工业站、港湾站或工业编组站。另外,要把这些地方车流从路网车流中分出来直接发往上述这些车站,必须依靠路网中编组站的分工配合或由装车站组织始发直达列车。反之,上述这些车站应尽可能单独编开直达和直通列车,以减少枢纽内编组站的作业。由此看出,枢纽内的城市规划、工业布点、地方车流的大小、到发集中程度和路网中编组站的分工配合等决定着枢纽地方车流的集散规律。

枢纽内中转车流的集中和分散作业与引入线的位置和分流量也有关。单就中转车流的作业要求来看,编组站只宜集中,不宜分散。但如果枢纽内线路汇合位置在两处及以上,结合折角车流和地方车流量的条件,编组站就有分散设置的可能。此时,中转车流在枢纽内的作业是集中还是分散,要从有利于车流组织来考虑。枢纽内的编组站分散或集中设置,也可能是近、远期的不同形式。一般近期设一个编组站,可以集中作业。远期新线引入,枢纽结构变化,作业量加大,则需增设新的编组站。

在大、中型枢纽内,编组站分散设置一般具有以下条件:

1 有大量路网中转改编车流,又有大量在工业区和港埠区集中到发的地方车流。

将大量的地方车流和一些作业复杂的短途车流的改编由一个编组站担当,另一个编组站担当路网中转车流的改编,这样可以充分发挥编组站的作业效率。为大量的地方车流到发的工业区或港埠区分散设置为地方服务的编组站——工业编组站或港湾编组站,有利于地方车流的组织,可以减轻主要编组站的作业。枢纽内按这种方式分散设置编组站已有不少实例。

2 引入线路汇合在两处及以上,相距较远,汇合处又有一定数量的折角车流和地方车流。

有特大桥渡的枢纽或受地形限制狭长布置的枢纽,线路汇合往往分散在桥渡的两岸或狭长地带的两端,当两岸或两端有工业布点产生地方车流,汇合点上又有一定数量折角车流时,为减少车流迁回,也可考虑分散设置编组站。

3 范围大、引入线路多、工业企业布局分散和地方作业量大的枢纽。

在这类枢纽中,中转车流的流向比较复杂,地方车流也大而分散,都不易做到集中作业。因此,编组站必然要分散设置才能适应需要。

目前在一些枢纽内,有大量装卸作业的车站承担了一定的解编作业量,有的还组织了成组直达运输,这对分散编组站作业起到较好的作用。因此,今后设计这类车站时应注意适当加强有关设备,以满足作业要求和加速车辆周转。适当加强装卸作业站的

设备包括增加到发线和调车线数量、设置牵出线以及配备调车机车等。必要时,还可配备车辆列检人员。

12.2.2 枢纽内设置2个及以上编组站时,由于作业分散,进出枢纽的车流组织比较复杂,故应根据路网中编组站的分工、车流性质、枢纽总布置图和机车交路配置等因素通盘研究比较,选用合理的分工方案,以确定每个编组站的作业量和作业性质。

枢纽内编组站的分工主要在于使重复作业车减为最少。为达到这个目的,有时必须依靠前方编组站的分工配合,按枢纽内各编组站所承担的任务编开列车,分到有关编组站作业,使枢纽内各站间的交换车尽量减少。

枢纽内编组站的分工应与车流性质相适应。在研究枢纽布局和编组站的合理分工时,必须兼顾中转车流和地方车流的作业,一般情况下,最先修建的既有编组站都衔接着货场或不少铁路专用线。因此,往往把后建的编组站担当中转车流的作业,而原先的编组站主要担当地方车流的作业。此外,在确定枢纽内编组站的分工时,一般是使编组站就近担当所在地区的地方车流作业和汇合于编组站附近的中转车流作业,这样可减少车流在枢纽内的往返交流和折角迁回走行。

确定枢纽内编组站的分工还要有利于机车交路的配置。当交路配置有从属于编组站分工的情况,但要防止枢纽内编组站单机往返走行频繁,要方便乘务员的上、下班。

枢纽内各编组站的分工有下列主要方案:

1 大型铁路枢纽的衔接线路多,工业企业布点分散,地方和中转改编车流均大,往往要设置2个及以上的编组站才能完成运输任务。在扩建的枢纽中,一般新建的编组站地位比较适中,技术装备先进,能承担大的改编作业量,有条件集中作业,枢纽的大部分作业应尽量集中在这样的主要编组站上办理。

在全部中转改编作业(不包括部分折角车流的中转改编)集中在一个主要编组站办理的方案中,为了使其他编组站衔接方向的中转车流避免到主要编组站改编,还必须依靠前方编组站的分工配合,将这部分中转折角车流单独成组或成列开到其他就近的编组站进行改编,以消除折角迁回运行;同时,使各编组站间减少车流交换和重复作业。至于其他编组站衔接方向的地方车流的改编,同样也可在相应的编组站就近办理。

2 在编组站按运行方向分工的方案中,不要求衔接线路的前方编组站按本枢纽内各编组站的作业分工分别编开列车。凡进入枢纽的中转和地方车流,均在线路接入的编组站进行改编作业。在个别情况下,可考虑该编组站担任衔接线路方向发出车流的部分改编作业,这样可减少某些车流的折角迁回运行。

3 编组站按衔接的线路分工,与枢纽内各编组站衔接各线路进出枢纽的改编作业均在各该编组站办理。这一分工方案,对折角车流和地方车流作业方便。适用于枢纽内编组站间有很强的地方车流时采用。如某一车流强大方向的前方编组站能按本枢纽内各编组站承担的编解任务分别编开列车,则可减少一部分小运转列车的开行。

4 枢纽内各编组站担负的任务采用综合分工。各引入线路的大部分中转改编车流集中在一个主要编组站作业;而另一部分中转、地方和折角车流的改编作业则按衔接线路或运行方向分工,分别由其余的编组站承担。这种作业分工方案,一般可在扩建枢纽时,可为充分利用既有编组站设备提供有利条件。

12.2.3 新建编组站的位置应按下列要求选定:

1 编组站不是直接服务于城市的铁路设备。由于各种图型的编组站占地都很大,一般还有复杂的进出站线路,如设在城市内,不但多占市区用地,还会影响城市道路的合理安排或增加立体交叉。因此,一般将编组站设在规划市区边缘以外。在具体设计中,需要密切与城市有关部门联系,结合城市规划,协商确定。至于小型枢纽,一般位于中、小城市,如采用客、货顺列布置,编组站位置已在市区边缘以外。但当采用客、货并列布置时,初期可能设

在市区范围以内。因此,应注意远期发展有在城市边缘设置编组站的余地。

2 编组站应设在各引入线路的汇合处,并位于主要车流的经路上,以便各引入线路的车流能便捷地集中到编组站进行作业,同时也有利于折角车流的中转。

3 在确定编组站的位置时,尚应近、远结合,考虑到各设计年度内引入线路作业的需要。例如,在以往调查的 24 个编组站中,不适应新线接轨要求的就占 50%。这当然有多方面的原因,如路网规划的调整,新线引入计划的变化或战备要求不宜在枢纽内接轨等,以致形成目前某些枢纽的新线引入时接轨点远离编组站,造成作业困难;有的甚至不得不另建新编组站来适应需要。故在研究编组站位置时,必须结合考虑各设计年度新线引入作业的需要,否则对枢纽建设和日常的运输组织工作都带来十分不利的影响。

选定编组站还要注意留有发展余地。根据调查,我国编组站多数需要发展,但部分编组站发展困难。其主要原因,就是注意发展不够。例如,有的编组站过于靠近了工业区,接引了许多铁路专用线,使编组站发展受到很大限制,甚至逐步为城市或工业区所包围;有的因地形困难,又未留出足够的发展余地,使日后改建困难,即使稍有改建,也是工程艰巨,严重影响运营;有的缺乏总体规划或有总体规划而由于执行不严,不适当地在编组站附近修建了许多建筑物,使编组站无法发展。由此可见,在选定编组站位置时,应注意为今后的发展留有余地。

4 主要为中转改编车流服务的编组站,其位置应在主要车流顺直通行的径路上。兼顾中转车流改编作业与地方车流改编作业的编组站,车站位置既要有利于主要车流及各引入线间折角车流的作业需要而设在线路汇合处,又要为地方车流作业提供方便的条件。因此,在研究这类编组站的位置时,应从两种车流的数量大小和地方车流的来(去)向等因素加以考虑。当中转折角车流量大和地方车流的来(去)向与主要线路车流方向一致时,编组站可设在线路汇合处附近;如地方车流量大于中转折角车流量,为缩短小运转走行距离,可以适当离开线路汇合处而移向所服务的地区,但也不宜靠得太近;并应避免编组站直接向货场或铁路专用线取送车,以充分发挥编组站的作业能力。

为地方车流作业服务的编组站,主要服务对象为有大量地方车流的城市、港湾或工业企业中心,因此其位置应靠近所服务的地区(工业区、港湾区),又不应相互妨碍发展。如为工业编组站,还要根据工业企业的生产流程需要和开设的出、入口来选定位置。一般可设在主要车流的出、入口和便于铁路专用线衔接的地点。

12.2.4 在现有枢纽中,绝大部分的通过列车都在编组站上办理,这样可以和编组站共用到发线和列检设备,也有利于机车的换挂。

为消除一定数量通过列车的折角运行(折角运行要调换列车头尾)或当通过列车的数量很多,为减轻编组站作业或缩短列车走行公里修建迂回线或联络线时,可设置单独的为通过列车使用的车站。由于改编列车与通过列车的机车往往是套跑的,而上、下行通过列车数量一般又不会平衡,要固定机车专跑通过列车的交路会造成机车使用上的浪费。因此,为了有利于机车交路的配置和节省使用机车台数,在选定此类车站位置时,宜靠近编组站使通过列车机车能使用编组站的机务设备,必要时可设置单独的机务整备设备。

II 客运站和客车整备所

12.2.5 为了合理地确定枢纽内客运站的数量、分工和配置,应尽量以方便旅客为前提,综合研究本条文中所列各种因素,做到对旅客有良好的服务质量,使旅客列车能以最短经路通过或进出枢纽;并能充分利用既有设备、配合城市规划、节省工程投资和降低运输费用。

当客运量不很大时,枢纽内设置一个为各衔接方向共用的客运站,既能节省工程费用,便于管理,又能方便旅客中转。目前全世界除位于特大城市的几个枢纽已经设置和要求设置两个或两个以上客运站外,其他均设置一个客运站。

由于城市的布局是一个面,而铁路是一条线,因此,在距客运站较远的一些城区的旅客感到不便。为了方便这部分旅客,如设中间站位于这些交通较方便、又能吸引一定客流的城区时,可根据需要加强该站上的客运设备。这样既能节省旅客的旅行时间和费用,又能减轻客运站和市内运输的负担。在节假日客运繁忙时,还可以起到一定的调节作用。

在上述车站吸引的大部分客流一般是往某一、两个方向的,有时还可能是城市大部分往该方向的短途旅客。这种车站一般要有一定数量的旅客列车通过,必要时,也可考虑把少量旅客列车延长到该站始发、终到。

目前有不少枢纽都有这种类型的车站。

根据调查,设置两个客运站和要求设置两个客运站的枢纽,均位于 200 万人口以上的超大城市。在这些枢纽中,如客运量很大,仅设置一个客运站会带来下面一些问题:

早晚客流集中时,会使车站作业复杂,站内及广场拥挤不堪。人流、车流、行包流之间交叉干扰严重,车站秩序不易维持。

城市范围大,特别是市区较分散,会使部分旅客来往车站行程较远,乘车不便;而且目前这些城市在上、下班时间交流都较紧张,更增加旅客搭乘市内交通工具的困难。

大城市枢纽节假日客流波动很大,当运量与运能不相适应时,无调节余地。

引入线路较多时,由于线路位置受城市规划的限制,一般都沿着市郊边缘走行,设置一个客运站,仅能照顾部分线路的旅客列车径路顺直,其他线路的列车必然要绕行城市,增加了走行距离和时间。

所以,在客运量大的特大城市的枢纽内,根据需要可设计两个及以上客运站。

12.2.6 枢纽内有两个及以上客运站时,宜按以下方式分工:

1 该分工方式,前者指尽端式客运站,后者指通过式客运站,后者无论对始发、终到旅客还是中转旅客都是较方便的,它使旅客能就近上、下车和在原站转车,并能减轻市内交通的负担。采用这种分工方式时,要注意两客运站间的线路通过能力。在江河分隔的城市,两客运站分设在江、河两侧时,要注意加强大桥的通过能力。在环形枢纽中,应通过技术经济比较,确定是否设置直径线连接客运站。

2 当市郊客流量较大时,考虑到市郊旅客运输与普通旅客运输有不同的要求,可单独设置市郊客运站,这样可根据长短途和市郊旅客运输的特点分别进行设计来适应各自的需要。随着市郊客运运输的不断发展,采用按办理长短途和市郊旅客列车分工方式的可能性将会增加。

3 由于城市规划和枢纽布局等原因,在一个客运站上仅办理通过旅客列车的作业,而在另一个客运站上设客车整备所,办理始发、终到旅客列车的作业。这种分工方式有可能造成部分客车多余的走行或折角行程。因此,设计时应考虑这一因素。

目前有的枢纽的客运站是按分别办理始发、终到旅客列车和慢车分工。这种方式不利于旅客的换乘,并增加市内交通负担。随着人民生活水平的提高和旅行习惯的改变,除有足够的理由外,采用这种分工方式是不多的。

12.2.7 根据我国铁路多年运营经验,客运站的位置除应满足铁路本身的运营要求外,宜设在距市中心 2～4km 的地方。这样既能方便旅客,又易于做到与城市规划配合,并能减少市内交通运输的负担。若客运站位置距市中心太远,虽然能减少铁路对城市的干扰,但给旅客带来不便,并增加城市的交通负担。若客运站距市中心太近,与城市的干扰就不易解决。

对上述距离具体说明如下:

1 尽端式客运站由于对城市干扰较小,因此,车站可伸入市区,尽量方便旅客。我国的尽端式客运站一般都位于距市中心

2km 左右的地方，各方面反映均较好。

2 位于小城市（人口在 20 万以下）的枢纽，由于市内交通条件相对来说较差。因此，宜把客运站设在距市中心 2km 左右的地方，这个位置已处在市区边缘或市区范围之外，不仅能方便旅客，而且对城市的干扰也不大。但当城市规模有较大发展时，也可根据具体情况将客运站位置适当外移。

3 位于大城市（人口为 50 万～100 万）和特大城市（人口为 100 万～200 万）及超大城市的枢纽，由于城市范围大，市内交通也较方便，客运站宜设在距市中心 3～4km 的地方，这个位置一般处于城市的市区边缘或市中心区范围之外，既能方便旅客，对城市的干扰也不大。

有些城市的市中心偏在城市一侧，客运站的位置可能既是市中心区边缘，又是城市市区边缘时，虽然距市中心较近，但对城市的干扰也不大，这种位置也属合适。

位于大城市和特大城市的枢纽改建时，由于城市逐步发展的结果，既有客运站一般距市中心较近，为城市所包围，虽然干扰较大，但它有方便旅客的特点，一般情况下，宜尽量利用既有客运站，但要研究尽量减少铁路与城市的干扰。

4 位于中等城市（人口为 20 万～50 万）的客运站，距市中心的距离可根据具体情况加以选择。城市范围不大时，可设在距市中心 2～3km 处，此时，客运站一般已设在城市边缘或靠近市中心区的地方，对城市干扰不大，并能方便旅客。当城市发展迅速或城市范围较分散，且市内交通也较方便时，也可将客运站设在距市中心 3～4km 的城市边缘或距市区约 1km 的市郊。

位于特大城市的枢纽需设两个及以上客运站时，应注意它们各自的客流吸引范围。第二客运站距市中心的距离可比上述的数字稍大，但仍宜设在市区范围之内，否则大部分客流仍被第一客运站所吸引，起不到应有的作用。如果硬性规定某些旅客列车由该客运站办理，势必给旅客带来不便，并增加市内交通负担。此外，也要避免将客运站集中设在城市一隅，以照顾其他城区的旅客并使城市交通不过分集中。

为了减少旅客的旅途时间，除了把客运站设在距市中心不太远的位置外，还应使旅客能方便地换乘市内地铁和其他运输工具。在水陆联运量较大的城市，有条件时可将客运站设在码头附近。在特大城市中配置客运站时，应考虑为发展综合运输创造条件。例如，利用地下铁道能无干扰地经过市中心区的特点，实行铁路和地铁互相接轨，使市郊列车可直接行驶到市中心区，地铁也可行驶至市郊。又如，在客运站的同一断面的不同层次上设置地铁车站和市内交通的车站等，使旅客换乘距离可缩短至最小。国外一些城市已陆续实行这种运输，取得了良好的效果。在我国一些特大城市的枢纽中，应根据需要配合城市规划进行研究。

在我国，随着工业、农业的现代化和卫星城镇的建设，市内和市郊客流量将随之不断增长，这样就需要铁路、地铁和汽车等运输工具相互配合，共同完成旅客运输任务。

此外，客运站距市中心的距离，除宜按上述原则考虑外，因客运站是城市"窗口"，尚应与城市规划密切配合。

12.2.8 目前，有些特大城市已提出希望加强铁路市郊运输和多开市郊列车的要求，但由于铁路和城市建设方面的原因而受到限制。

为了使铁路能承担大量市郊客运输任务，需要具备以下一些条件：卫星城镇位于铁路附近；卫星城镇具有一定规模，能集中客流便于组织市郊运输；铁路、地铁和市内交通工具之间换乘方便，能扩大市郊运输的吸引范围；与开行市郊列车有关的铁路线路、车站和客车整备所等有足够的能力。

在枢纽内设置乘降所，有下列几种情况：主要为铁路职工上、下班开行的通勤列车而设置，短途客车也有停点，可以兼顾城市部分短途旅客或机关和企业职工上、下班乘车的需要；利用早晚的短途客车，为便利城市职工上、下班而设置；专为市郊列车而设置。

12.2.9 根据一定数量的始发、终到旅客列车对数设置客车整备所，当列车对数不够时，应设客运整备场。

客车整备所的位置既要避免远离客运站，以尽量缩短客车车底的取送距离和时间，并减少工程投资；但又不能太靠近客运站，以免客车车底的取送和改编占用客运站的咽喉，影响客运站的能力和机车及时地出（人）段。客车整备所距客运站的距离，应保证客运站最外道岔通往客车整备所洗车机前的距离不小于车列长度加调机长度再加减速距离；同时，应与城市规划密切配合。由于客车整备所与城市无直接关系，为尽量减少城市的影响，尤其应避免对城市环境的污染，客车整备所宜设在靠近客运站的市郊或市区边缘。

Ⅲ 货运站和货场

12.2.10 在确定枢纽中货运站和货场的数量、分工和配置时，应在方便货物运输和相对集中设置的原则下综合研究本条文中所列的各项因素，做到充分发挥装卸机械的能力，减少短途运输，使货物列车能以最短径路进出枢纽，减少小运转列车（或往货场取送车）的走行距离，加速货物和车辆的周转，减少对区间正线、编组站、客运站等的能力影响，减轻对城市的干扰；并能充分利用既有设备，减少用地，节省工程投资和降低运营费用。

根据运营经济分析，位于小城市的枢纽，由于地方货运量小，除去铁路专用线的运量后，货场运量很小，货物装卸作业集中在一个货场办理，有利于货场设备的利用，缩短货物集结时间，减少组织的改编和车辆取送作业，缩短货物和车辆的周转时间；并可节省工程投资，减少用地。因此，位于小城市的枢纽宜设一个货场。位于中等城市的枢纽，地方运量一般也较小，除去铁路专用线运量后，根据货场运量设置 1～2 个货场能满足需要。

位于大城市或特大城市的枢纽，地方运量都较大，而且城市范围也较大。设一个货场不但给城市交通带来很大压力，还要增加货运距，给货主带来不便。此外，货场规模太大而城市交通配合不上会给铁路本身管理带来不便，造成货场的堵塞甚至影响编组站的正常作业。因此，位于大城市或特大城市的枢纽，一般设置两个及以上货运站或货场。

当城市较分散或枢纽范围较大时，为方便枢纽周边的卫星城镇、工业区或大的居民点的货物运输，可在其附近的车站上设置一定规模的货场。对此类货场的数目也应加以控制，使之相对集中，避免增加铁路运输组织的困难。

12.2.11 在我国城市各区内，一般均设有很多中小工厂和街道工厂。它们不按行业集中，而与商业区、居民区混杂在一起。因此，城市的货物品种繁多而且运量分散。为了减少市内短途运输的距离及其对城市的干扰，货场宜设计成综合性的。

位于大城市的枢纽，除设置综合性货场外，对一些运量大、品种单纯和作业性质相同的散堆装货物或大宗货物，可根据货物集散情况及短途运输能力，结合城市规划，设置专业性货场。这种货场能充分发挥装卸机械及货运设备的效率，有利于货运站组织成组和直达运输，加速货物和机车、车辆周转，有利集中管理，降低运输成本，设置办理散、堆装货物的专业性货场，还可减少对城市的污染。

对于危险品货物，由于装卸保管有特殊要求，当达到一定数量时，可以集中单独设站，以利于保障城市的安全。

集装箱运输有很多优点。它能节省包装材料和费用，防止货物破损，便于转运，加快货物送达和加速车辆周转，减少货物仓库等设备；在条件适合时，能做到提高劳动生产率和降低运输成本。集装箱运输在国外已有迅速发展。我国也应为发展集装箱运输积极创造条件。

根据铁道部关于发展集装箱运输的措施和规划，今后凡新建铁路或旧线改造项目都要大力发展集装箱货物运输，开行集装箱专列，修建大型集装箱中心站和办理站，积极开展对外合作，拓展外运业务。

12.2.12 在环线、迂回线或联络线上设置货运站或货场具有对枢纽内主要线路通过能力影响小、不需另修单独线路和投资较省等优点。因此，宜尽量在这些线路上设置，同时，还应注意所设置的货运站或货场能方便地为城市服务。为了使货运站尽量设在环线、迂回线或联络线上，需要在总图规划时与城市密切配合使枢纽内的部分环线、迂回线或联络线沿市郊通过，而城市在这些线路附近设置工业区。

如果环线、迂回线或联络线远离城市或无合适位置设置货运站时，为方便城市，可从枢纽内的编组或中间站引出线路伸向工业区及所服务地区，以设置货运站。

如果条件合适时，也可在枢纽主要铁路线上设置中间站兼作货运站。

如果货场设在编组站或客运站上，紧靠编组站设置货场会带来下列缺点：编组站以改编作业为主，若货场作业量大，加上铁路专用线引入，必然干扰编组站作业，也不利于管理；一旦城市短途搬运能力与货场设备能力失调，就会造成货物堵塞，影响编组站的正常作业，甚至打乱整个枢纽的运输秩序；货场及其周围形成的城市工业区可能影响编组站的发展，反之，城市工业区的发展也可能受到限制。因此，若要在编组站附近设置货场，其规模不应过大，与编组站宜有一定距离；同时应根据需要加强货场的作业能力。

目前，位于大城市的枢纽把货场设在客运站的已较少。由于客运站是城市的"窗口"，在外观和环境卫生上有一定要求，因此，在客运站上更不宜设置货场。位于中、小城市枢纽的客运站，根据具体情况可办理一些货物作业，但在枢纽总图规划时，应根据城市的发展前景规划新货场的位置，需要时将货场从客运站迁至合适地点。

各种类型货场在城市中的设置位置，可按下列情况考虑：

1 新建的综合性货场。根据目前情况，大部分综合性货场设在城市边缘或市郊，也有一些位于市内。对于设在市内的货场，虽有对城市方便的一面，但对城市干扰太大。随着城市交通运输能力的提高，货场的服务半径也将加大，这样就有条件、也有必要把新建的综合性货场设于城市边缘或市郊，以减轻城市的干扰。

2 大宗货物专业性货场。大宗货物(指煤、砂石、木材以及矿石等)专业性货场及集装箱办理站设在市郊并靠近所服务的工业区或加工厂，这样可减少对城市的干扰和污染，并可缩短地方搬运距离。

为了减少大宗货物的铁路运输距离，应与城市协商，尽可能配合铁路运输组织，把有关工业区或加工厂设在靠近这些货流的入口处。

3 为转运物资服务的货场。经由枢纽转运至外地各专县的物资与本枢纽所在的城市无关。因此，将这种货场设在市郊便于转运的地方，可以分散枢纽的设备、减轻对城市交通的干扰和对其他货场的压力。例如，有的枢纽把为转运物资服务的货场由岔线上引出，设在市郊，各方面反映较好。但这样设置，要有一定的作业量为前提，否则会造成货运设备使用率不高的情况。

4 危险品专业性货场。危险品货场如位于市内或虽在市郊但在城市上风方向，对城市污染严重，甚至发生事故。所以危险品货场应按防爆、防火、卫生、防毒等安全要求设在市郊。具体位置的选定应注意设在城市的下风方向和河流的下游地区，以防止发生公害。

Ⅳ 机务设备和车辆设备

12.2.13 为使枢纽的机务设备布局合理，以取得投资省、运营效率高的效果，必须合理安排各衔接方向和编组站间的机车交路。

从过去设计的机车交路和现场实际运用的机车交路情况来看，基本上有三种类型：

枢纽内设担负各方向交路的机务段。这种配置方式，使枢纽内机段成为机务运转和检修任务的中心，虽有利于设备的利用，但当线路引入方向多、行车密度大时，就造成机务段规模过大，设

备过分集中。在日常运营中，一旦发生事故，容易造成机务段的堵塞，也不利于战备。

枢纽内设担负各方向折返交路的机务折返段。这种配置方式在枢纽内只设机务运转设备而无检修设备。过去曾认为，这是分散枢纽设备的有效措施，但运营实践证明不符合机务工作的生产要求。有的枢纽对各方向都是折返交路，由于段内无检修设备，本务机车发生故障时无法检修，连同小机车和段内日常生产使用的抓煤机的检修，也得送往邻段去处理，严重影响正常的运输生产。

枢纽内设担负部分交路和部分折返交路的机务段。采用这种配置方式在运营中都取得了较好的效果，既使枢纽内的机务检修设备有条件地得到分散，又保证了运输生产的实际需要。

综上所述，枢纽内机务设备以对邻接枢纽各方向的机车交路采用第三种类型来配置，才能达到机车正常运转和检修的作业要求。

1 引入线路少和客、货列车以及小运转列车对数不多和调小机车配置数量少时，枢纽客、货运机务设备应集中设置于一处，以减少投资、占地和定员。在引入线路多、枢纽范围大、客、货运繁忙和配属机车多的大型枢纽，不仅铁路本身客、货运机车的检修任务大，而且还要承担就近工矿企业自备机车的委托修理任务，故有根据时，客、货运机车检修设备可分开设置。

2 编组站是货物列车集中到发、解编的车站，也是牵引区段的分界点。因此，在编组站上设有机务整备设备，如枢纽内有几个编组站时，各编组站均应设置机务整备设备。

在客运站设置单独的客机整备设备，主要取决于办理旅客列车数量的多少和客机交路的距离。从以往设计具有单独设置客机整备设置的枢纽中，有的是配合新建客运站同时配套建成客机整备设备的，但大部分是利用客、货混合使用时建成的机务整备设备，由于货机迁至他段作业后，形成专为客机使用的客机段。这些客运站办理的客车对数，一般在 12～46 对。

新形成的枢纽，由于客车对数不多，一般都是与货机共用机务整备设备。机务段的位置应结合编组站图型、有利于编组站货机出(入)段和减少交叉干扰来加以确定。如果条件合适，当客运站与编组站紧相邻接或在邻近的区间，且机务段可设在编组站上靠客运站的一端时，就可以形成机务段段设在客运站与编组站之间的布局。但具体位置，仍宜靠近编组站。此时为减少客、货机车出入对正线的干扰，宜设置专用的走行线。在枢纽内，凡机务段设在客运站与编组站之间的，都设有专用走行线，机车可以两头进出，使用方便，也有一些段的客货机车出入需通过正线，有些干扰。在客车对数不多时，采用客、货共用机务段，可以减少近期投资，方便管理。

12.2.14 车辆设备的配置，应根据客、货车保有量和扣车条件确定。

枢纽内一般都设有车辆段。建段必须全面规划，统一布点，合理确定其规模。

在具体研究货车车辆段的布点时，必须注意要有一定数量的空车便于扣修为基本条件。这个条件，不仅要满足按生产能力(台位)能扣到所需的段修车辆，还要为保证不间断生产留有一部分扣修富余量，以免台位空废。

枢纽内编组站是大量车流集散的地点，一般具有扣修空车的条件，因此有不少车辆段设在编组站上；如条件合适，也可设在岔线较多具有大量装卸作业的工业站或港湾站上。

对于设在编组站上的车辆段的具体位置，在过去设计中，往往从强调向车辆段取送作业的方便和不切正线这一观点出发，将车辆段设在调车场尾部或至少要设在外包正线以内，但经过对很多车辆段调查情况以后的事实证明，这种观点带有一定的片面性。在使用的车辆中，取送车切正线或切货物列车到达线的还是占大部分，不切的还是少数。由于车辆段实行常日班 8h 工作制，一昼夜平均取送车仅 1～2 次；而在上述编组站，一般在正线外侧都

设有货场，一昼夜 24h 装卸，取送车则有 5～6 次，但这些货场并没有发生因切正线而影响及时取送车的反映。显然，在车辆段取送车切正线只及货场取送车切正线的 1/5～1/3 的情况下，是不可能产生什么困难的。

关于车辆段设在编组站尾部或外包正线以内的问题，这种布局，不仅由于段址恶化了车场的位置，且调车瞭望不好，影响作业效率；又相互妨碍发展，同时车辆段为正线车场所包围，上、下班人流进出不安全。因此，站、段双方都一致认为缺点多。

当然在可能条件下应尽量争取将车辆段设在外包正线以内，但一般情况，外包正线以内的场地已十分紧凑和有限，再选择一个车辆段的位置，不是造成站、段发展互相矛盾，就是必须拉开外包正线，多占用地。因此，车辆段的位置，也可选择在正线外侧地形平坦、少占农田（或良田），有利于发展的合适地点。

枢纽内当有始发、终到客车时，为了使客车车底得到及时的洗刷清扫，整备检修，可根据始发、终到的客车对数和配属客车辆数设置客车整备所。为技术作业和管理等的方便，客车车辆段宜与客车整备所设在一起。

12.3　进出站线路布置和疏解

12.3.1　进出站线路布置应符合下列要求：

1 使旅客列车便捷地由各引入线路接到客运站，其中主要方向的旅客列车通过枢纽可不变更运行方向。从现有各个枢纽来看，大多数枢纽内的客运站，都能做到这一点，而只有次要方向才有折角调头运行的情况。当长途客车前后都编挂有隔离车辆时，调头运行一般没有什么困难。因此，客运站进出站线路的布置，一般无须为次要方向旅客列车不变更运行方向去增加其他线路而使布置复杂化。

2 货物列车由各引入线路接到编组站，主要车流方向有通过枢纽的顺直径路，这与编组站的设置要求是一致的，可参见 12.2 节有关说明。

3 由于不同方向的线路，由各自的列车调度指挥，枢纽内的客运站和编组站的站调不易掌握，如不能相互协调，则将打乱正常的运行秩序，因此，一般情况下，不论到达线路或发出线路都应分别单独接到站内，以保证到发列车能顺畅地进出枢纽，从而缩短列车在站停留时间，提高列车旅行速度和加速车辆周转；但由于出发的列车有条件由本车站调掌握，因此，对行车量不大的单线方向的线路，当条文所列的条件允许时，经全面比较，也可将其与其他线路合并共线分别引入客运站和编组站。

4 各引入线路间的通路，应根据通过列车的数量来决定。一般情况下，新形成的枢纽当折角通过列车不多时，可通过接轨站引入编组站折角运行；否则应在两线间修建联络线。关于编组站与枢纽内货运站、工业站、客货运站间的通路安排，在现有枢纽中，这些站间不少是安排折角运行通路，但是否有顺直的通路，应根据运营要求和结合工程量的大小来考虑，成组直达车流量的大小是安排这些站间顺直通路的重要因素。另外，在安排枢纽进出站线路布置时，应注意客货并列配置时设置由客运站到编组站开行通勤列车的通路。

12.3.2 引入线路方向多少对枢纽进出站线路疏解布置的简单或复杂有一定影响，线路引入位置对疏解布置关系也大。引入线路方向虽多，如能适当分散在枢纽内的中间站上接轨，就会使进出站线路疏解布置简化；反之，多个方向直接引入编组站或集中更多的线路方向在枢纽的一端引入，其疏解布置就一定复杂。

枢纽总图设计中，铁路正线有单线、双线、多线区间之分，正线行车有单、双方向运行之别，某些线路还规定专门行驶某种类别列车（货运、客运、市郊客车等）。两方向线路引入车站即有行车进路交叉产生。为保证行车安全和车站作业能力，在两线路交叉处或两方向线路汇合处，需按通过能力要求设计为平面或立体疏解。

枢纽进出站线路的平、立交疏解选择与各该线路的行车量大

小有直接关系。当两条单线在客、货共用车站交叉或单线铁路与双线铁路交叉于闸站或车站，且行车量小，列车等待延误时间不长，可以采用行车进路平面疏解，即行车进路的交叉用时间间隔来疏解。当两条双线铁路引入车站，各方向行车量均大，列车进出站进路交叉严重，引入线路应设计立体疏解。

两条引入线行车进路有交叉，且引入线路视线不良或该线路纵断面面向车站为大下坡影响行车安全时，虽交叉线路的行车量较小，不确保交叉线路双方的运行安全，也可设立体疏解。

地形条件直接影响着进出站线路的工程难易。若地形条件合适，工程量不大，线路通过能力以后也有立体疏解要求，那么，结合具体条件一次修建立体疏解对增大通过能力，提高运输效率及保证行车安全是有好处的。

一些单线汇合的枢纽，其进出站线路都采用平面疏解。它们的引入方向一般都只有 3 个（个别有 4 个），各方向列车对数在 20 对以下，采用站内平面疏解没有通过能力紧张的反映。故新线与既有线接轨均为单线引入的新建枢纽，一般以采用站内平面疏解为宜。

进出站线路的疏解，应配合城市规划和节约用地。特别在城市范围内和市郊高产农田地区修建立体疏解时，更应重视。此外，进出站线路的疏解还应密切结合地形、地质条件以减少工程量，节省投资。

12.3.3 按行车方向别立体疏解。这种疏解布置是进出站线路疏解最常用的方式，如条文图 12.3.3-1 所示。它可使交叉线路汇合的车站两端的列车到发互不干扰，车站和区间的通过能力大，但交叉线路汇合处的两端均需修建立交桥，因此，引线的占地和工程量均较大。

1 按线路别立体疏解。这种交叉疏解布置的基本条件是两线间行车交流量小，也无大的改编作业，它适应于单线与单线或单线与双线交叉的客、货共用车站或其他车站。这种布置形式的特点是车站只需一端修建立交桥，引线占地省、工程量小；但车站通过能力较方向别立体疏解为小。为此，必须预留将来有发展为方向别疏解的可能性。如旅客列车量大时，尚需考虑修建条文图 12.3.3-2 中虚线所示的辅助联络线疏解客、货列车的交叉。

2 按列车种类别立体疏解。枢纽某一进出站线路有必要分出货车、客车、长途客车、市郊客车等单独运行的专用正线时，则有列车种类别的立体疏解布置，如条文图 12.3.3-3 所示。通常枢纽内客运站与编组站分设采用并列布置或长途客运与市郊客运车分设时，均可按列车种类别作进出站线路的立体疏解布置。引入车站的每一专用正线一般按方向别布置，但在建设初期，如某些线路方向行车量小并保留某些平面交叉时，这部分进出站专用正线可先按线路别布置。

12.3.4 在进出站线路的疏解布置中，引入车站线路的方向数、每一方向的正线数目（单线、双线或多线）、每一引入线路的运行方向（单向或双向）以及车站布置图，对进出站线路的疏解布置都有直接关系，此外，还必须结合列车运行和当地条件具体分析研究，作出经济合理的布置。

编组站的图型，由于供列车到发的车场配列位置不同，对进出站线路的布置和疏解也有影响。一级二场图型各方向共用一个到发场，进出站线路布置简单。一级三场图型，如衔接方向均为单线，基本上按线路别使用到发场，一般不需要立体疏解，只有当车场按方向别使用时，才有立体疏解的必要。二级四场、三级三场图型，由于各衔接线路均须按方向别引入共同的到达场和出发场，进出站线路需作必要的立体疏解。如果引入线路方向较多，又要考虑分别改编列车和通过列车来安排进路的话，则疏解布置将较复杂。

客运站的图型，一般多属通过式，也有少数是尽端式。通过图型的进出站线路疏解比较简单，与一般线路在中间站接轨时的布置相类似。尽端式图型，由于线路集中在一端引入，进路交叉比

通过式图型的多,如果车站的长短途和市郊客运尚需分区办理,疏解布置也较复杂。

在车站作业中,站内的进路交叉是常有的现象,有时会使各引入方向灵活使用车场线路,站内作业交叉更不可避免。故在车站两端设计立体疏解时,应综合考虑车站的布置、站内的作业流程以及两端进出站线路交叉疏解的相互协调,务必使车站作业的进路交叉减到最小,引起站内不必要的交叉,无形中降低了设置立体疏解的作用。此外,也不能为消除站内某些次要的交叉,使进出站线路疏解复杂化。

从列车运行条件考虑,进出站线路采用立体疏解时,一般情况下,对牵引重量小、行车速度低、限制坡度大的运行线路可尽量设计为上线,列车通行时只需运行速度稍有降低即可取得节省工程投资的效果。对那些运输量大、限制坡度缓的线路,可安排在立交桥的下线通过,这对减少燃料消耗、节省运营支出和降低工程造价都具有重大意义。

12.3.5 进出站线路按立体疏解设计时,由于路基和跨线桥等工程复杂,各线路之间的平、纵断面条件相互制约,而且枢纽的疏解布置,一般都在城市范围,建成之后如再改动,将在技术、用地、拆迁和施工等方面造成严重困难。因此,在设计立交疏解时,应考虑到远期新线引入、增修正线及联络线的可能并留出其位置,然后,根据近期需要,确定分期工程。对立交疏解的跨线桥,也应综合各方面的因素,决定按近、远期分别建桥,还是按远期增线一次建成墩台或建成桥跨。

被进出站线路分隔的地区,由于铁路的修建影响其农田排灌或因铁路与地面的高差较大,不宜修建平交道时,为满足被分隔地区内的农业生产和居民交通的需要,应设置必要的桥涵。

12.3.6 进路交叉的平面疏解是枢纽进出站线路疏解布置中经常遇到的。一般有线路所、闸站和站内平面疏解三种形式,前一种是不设站线的平面疏解,后两种是有站线的平面疏解。

1 进路布置灵活,进路交叉能分散在两端咽喉,可提高采用平面疏解的车站的通过能力和对行车不均衡现象的适应性。

2 站内平面疏解是将行车进路交叉疏解设在车站之内,它有站线数量较多、对调整列车运行有较多余地等优点,并可照顾地方客、货运的需要,是进路交叉平面疏解中普遍采用的一种形式。在现场,不少的这类车站都有双线与单线或双线与双线汇合的进路交叉。这些车站每昼夜通过的列车数量有的达到200列,最高的接近300列(包括小运转和单机)。

闸站站线是单纯为疏解行车进路交叉而设,在我国,仅为行车需要设闸站的情况很少。尤其是枢纽所在地区,既然设站,就应尽可能为城市服务,同时办理一些客、货运业务。因此,一般情况下,不宜采用闸站作为平面疏解。

3 平面疏解时,接轨车站应有足够的到发线数量,使接发车灵活,因此必须在咽喉区设置适当的平行进路,同时为保证接发列车的安全,慎重研究安全线的设置。

4 在进出站线路的分歧和汇合处,一般设线路所。当设计有行车进路交叉的线路所时,其线路平纵断面一定要保证列车有停车起动条件,使次要列车必要时可在正线上停车等待。但行车量大的平面交叉,如设计成线路所,缺少待避调整余地将增加行车调度的困难,一般应予避免。

关于站内平面疏解,通过现场实践总结本条文所列四点设计要求。设计符合这些要求,可提供较大的通过能力;设计平面疏解时少占农田、节约用地有一定的意义,但当交叉点行车量太大,站内平面疏解的通过能力不能适应时,还应设计成立体疏解。

12.4 迁回线和联络线

12.4.1 修建迁回线和联络线,是枢纽建设中的重要措施。迁回线和联络线最大的特点是能分散车流,而且其修建所受的限制条件少,易于与枢纽布局和城市规划相配合,因此可根据枢纽内主要

设备的配置、分工和车流规律,配合城市规划修建各种形式的迁回线和联络线,以满足铁路运营、城市建设或国防的要求。

1 在枢纽外围修建使通过货物列车绕越整个城市的迁回线能对枢纽起分流和缓的通过能力的作用,一般还能缩短列车运程。此种迁回线往往成为路网线路组成的一部分,如图19所示。

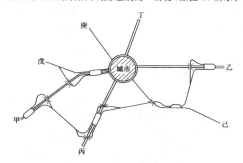

图19 枢纽外围迁回线示意图

2 在枢纽内修建绕越某些车站的迁回线,可减轻该段线路和车站的负担,加强枢纽的薄弱环节,疏解或转移复杂的进路干扰和交叉,如图20所示。

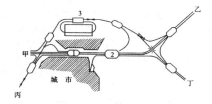

图20 枢纽内迁回和联络线示意图
1—客运站;2—编组站;3—货运站

3 在枢纽内修建使货物列车绕越市区的迁回线。为解决既有线路贯穿市区对城市造成的严重干扰,结合编组站设在市郊,可以修建这种迁回线。

4 消除折角车流多余走行的联络线。这种联络线有连接线路与线路、车站与车站、车站与线路3种形式。这些联络线有使列车运行顺直、缩短行程、减轻车站作业负担或缓和车站交叉干扰的作用。

为增加运行径路的灵活性,必要时迁回线或联络线要考虑旅客列车通行条件并参与城市公交系统的运营。

由于迁回线与联络线使货物列车不进入枢纽或绕过枢纽内的主要设备或车站,从而增加了枢纽运营工作的机动灵活性。故迁回线或联络线又可构成后备体系,适应国防要求,除满足平时运营要求外,还可适应特殊情况下的运输需要。战时,即使枢纽内线路或车站遭到破坏,仍然有经路保证不间断运输。

12.4.2 设计迁回线时,为了能与枢纽以外有关线路的作业协调配合,应考虑相邻编组站、邻接的线路区段和接轨站的运营工作,并对下列问题要充分研究,免使迁回线建成后不能发挥作用。

1 应考虑相邻编组站是否有条件组织经由迁回线运行的列车。如为了开行此种列车,需增加相邻编组站的作业而引起新建或扩建工程时,要经过详尽的技术经济比较确定迁回线的修建。

2 注意解决经由迁回线运行的列车的机车更换、整备和车辆技术检查等问题。我国实际运营经验证明,已建成并交付使用的几条迁回线(或称路网联络线),由于机车交路、列车技检和乘务员换班等作业未作妥善安排,都未能收到分流枢纽车流的预期效果。

3 由于迁回线的修建,在接轨站或线路衔接处引起交叉干扰,复杂了接轨站的作业,则应根据接轨站的运营设备情况和地形、地质条件,选择疏解类型,采取加强措施,以适应新的运营工作组织。

迁回线在枢纽内能否起到应有的作用,主要看枢纽内各主要

设备的相互配置和分工及车流组织等能否为迂回线的修建及运用创造条件。另外，迂回线技术标准的确定，在一定程度上与其在枢纽内所起的作用有关。

迂回线的技术标准在满足本身运营要求的条件下，其限制坡度、到发线有效长度等应与所衔接的线路的技术标准相配合，以便统一牵引，减少调车和增减轴作业。其分界点的分布应满足所需的通过能力，并尽可能为附近工业区和居民区提供服务条件。

若迂回线仅为通行某种特殊要求的列车，例如，军用列车或固定行驶于附近厂、矿之间的直达列车，可根据需要确定其技术标准。

12.4.3 设计迂回线时，一般尽可能利用与迂回线衔接线路上的原有机务设备，并在机车更换车站上相应地加强车辆技术检查设备。若迂回线离编组站较远，通过车流量又大，不便利用原有机务整备设备时，应考虑乘务人员的工作、生活和学习条件，通过技术经济比较，在迂回线接轨站或前方站设置相应的机务整备、列车技术检查和乘务组换班休息设施。

12.4.4 联络线的技术标准，应从担负的任务性质、行车量和地形、地质条件等情况分析决定。通行正规列车的联络线，其技术标准应按正线标准。编组站与其他车站之间的联络线，在不考虑直达列车及其他满轴列车运行时，其技术标准应根据合理的牵引重量（工程与运营比较的结果）的小运转运行条件设计。在与枢纽衔接的各正线间运行折角通过列车的联络线上，应有停车起动的条件。因为枢纽内正线一般行车密度较大，区间通过能力要求较高，若不予以考虑，将使所衔接的两正线区间通过能力受到损失。

例如图21，当 B 站向 C 站开行折角通过列车，联络线上如无停车启动条件，则 B 站发车时，A 站不能向 C 站方向发接列车，这不仅影响了区间通过能力，也增加了一部分列车在站停留时间。

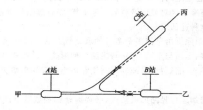

图21　运行折角通过列车的联络线示意图

上述联络线的平、纵断面设计，应保证列车停车后能启动。其长度应保证列车在联络线上停车时，不致妨碍相邻线路上列车的运行，并符合下列要求：

1 不小于衔接线路上的到发线有效长度，当衔接线路牵引重量不相同时，以在联络线上运行的列车的长度确定；

2 满足在联络线上设置信号机的要求，同一方向前方信号机与后方信号机的距离不应小于列车制动距离，如图22所示。

$$L_{发} + L_{岔} + L_{信} \geqslant L_{制}$$

式中　$L_{发}$——到发线有效长度（m）；

$L_{岔}$——安全线道岔尖轨尖端基本轨接缝至分歧道岔中心的距离（m）；

$L_{信}$——信号机至分歧道岔中心的距离（m）；

$L_{制}$——列车制动距离（m）。

如达不到要求，还可将后方信号机距分歧道岔的距离适当外移，但外移距离不得太长，以免引起管理上的困难。

当地形、地质条件特别困难，按上述要求修建此种联络线将引起巨大工程时，如区间通过能力经检算能满足要求，联络线的长度及平、纵断面设计可不保证有停车的条件。

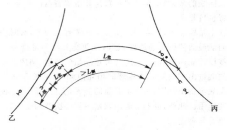

图22　联络线长度示意图

13　站线轨道

13.1　轨道类型

13.1.1 站线轨道结构。

1 钢轨。

到发线一般只作接发列车之用，只有在个别情况下才办理通过列车。但列车速度因受所连接着道岔的侧向通过速度控制，都比正线通过列车速度低，因此，到发线所承受的列车动荷载比正线轨道低，同时到发线的年通过总重亦比正线少得多，所以，可采用比正线轻一级的钢轨，故规定到发线的轨道标准选用 50kg/m 或 43kg/m 新轨或再用轨。

对本条文表13.1.1有关附注说明如下：

1 再用轨是指不再需修理即可使用的钢轨。

2 当正线采用 60kg/m 及以下轨型时，到发线仍按轻一级，但当正线及到发线均为无缝线路时，到发线的钢轨和轨枕标准均宜与正线相同，正线为 50kg/m 时，到发线采用 50kg/m 或 43kg/m 钢轨，是根据目前钢轨供货条件所限。

3 在驼峰溜放部分的线路，即自峰顶至调车线减速器或脱鞋器出口的这一段线路上，坡度陡，曲线半径小，作业量大，轨道受车轮的冲击力和摩擦力较大，钢轨磨耗严重。为了延长钢轨使用寿命，保证轨道强度和稳定，减少养护维修工作，故规定采用与到发线相同的钢轨。对作业量较小的驼峰可采用 43kg/m 钢轨。

4 其他站线及次要站线，只作机车、车辆走行、调动停留之用，轨道承受的动荷载更低，规定采用 50kg/m 或 43kg/m 钢轨，是根据目前钢轨供货条件所限。

2 轨枕。

普通木枕按截面尺寸分为Ⅰ、Ⅱ类。Ⅰ类适用于正线中型及以上轨道，Ⅱ类适用于轻型正线及站线。由于木枕易腐朽、劈裂，故必须注油防腐。

在到发线上的列车运行比较频繁，一般采用Ⅱ类木枕，断面较小（高宽比Ⅰ类木枕约小 1/10），强度较低，加之道床薄，所以轨道状态难以经常保持良好，养护工作量大，而能进行养护的时间也不多，因此，到发线铺设木枕时，每千米规定为 1600 根。铺设混凝土枕时可比木枕低一级，其理由同正线。

驼峰溜放部分的线路坡度较陡，曲线半径较小，轨道爬行较严重，养护工作与解体作业干扰多。据南星桥养路工区统计，每天 8h 内，只有 138min 可以进行养护作业。为了加强轨道，减少维修，保证安全，故规定驼峰溜放部分铺设轨枕数量与到发线相同。

其他站线和次要站线，无列车通过，只是进行车辆的调动且速度较低，因此对轨道的破坏也较小，故不论铺设木枕或混凝土枕最少均规定为每千米 1440 根。

根据轨道应力分析，在到发线上铺设 50kg/m 或 43kg/m 新轨或旧轨，每千米采用Ⅱ类木枕 1600 根，行驶各种机车，速度为

40～50km/h 时,钢轨和轨枕均能满足强度要求。在其他站线和次要站线上铺设 43kg/m 旧轨,每千米使用 II 类轨枕 1440 根行驶不大于 21t(轴式为 1—4—1)轴重的机车,速度为 30～40km/h 时,钢轨和轨枕一般也能满足要求。

3 道碴道床厚度。

站线行车速度较低,行车量较小,故其道床可以薄些。经过多年运营实践证明,现行的各类站线的道床厚度基本上是合理的,故保留了原《站规》的规定。

考虑到驼峰溜放线作业比较繁忙,轨道爬行较严重,为此道床厚度可采用次重型正线轨道的标准。

13.2 钢轨及配件

13.2.2 普通轨道钢轨接头由夹板连接,是轨道的薄弱环节,不但加剧车辆振动,而且增加钢轨损伤及养护工作量。因此,钢轨应尽可能长以减少接头数量。但由于运输制造等原因,现在铺设、生产的钢轨中,60kg/m 及以上钢轨有 25m、50m、100m 三种标准长度,而 50、43kg/m 钢轨的标准长度均有 25m 和 12.5m 两种。在年轨温差较大的地区,选用 25m 标准长度的钢轨时,应考虑钢轨接头受构造允许的最大轨缝限制。同时,还应考虑接头处两轨端不得顶紧应力。因此,选用时可按下式计算:

$$L \leqslant (a_{max} + 2C)/0.0118(T_{max} - T_{min}) \tag{36}$$

式中 L ——钢轨长度(m);

a_{max} ——钢轨接头最大构造轨缝(mm);

C ——接头阻力和钢轨基础阻力限制钢轨自由胀缩的长度(mm),25m 钢轨采用高强度螺栓时 C 值按 7mm,使用普通螺栓暂按 3～4mm 计算;

T_{max} ——当地历年最高轨温(℃)(一般为当地历年最高气温加 20℃);

T_{min} ——当地历年最低轨温(℃)。

根据上式计算,铺设 25m 钢轨最大轨温差为:

$(a_{max} + 2C)/0.0118 \times 25;(16+2 \times 7)/0.0118 \times 25 = 102(℃)$

然而,根据观测资料表明,严寒地区在高温情况下轨温与气温最大差值小于 20℃,低温时轨温略低于气温,当最高或最低气温出现时,只要适当控制铺轨时的轨温,年最大轨温差仍能满足上述要求。因此,我国基本上都可铺设 25m 钢轨。

13.2.3 根据我国钢轨的接头构造,规定 50、43kg/m 钢轨最大构造轨缝为 16mm。25m 标准长度钢轨,轨温每下降 1℃ 时,钢轨的自由伸缩量为 0.3mm。如不考虑钢轨接头阻力的作用,在轨温差等于小于 53℃ 的地区,当轨温上升到最高轨温时,轨缝闭合,钢轨不受温度压力,当轨温下降到最低轨温时,轨缝达到最大构造轨缝而钢轨不受温度拉力。实际上,钢轨接头处存在着接头阻力,根据铁研院试验资料,使用高强度螺栓,扭矩为 600N·m 时,43kg/m 钢轨的最小接头阻力为 356kN,50kg/m 钢轨为 449kN。根据公式 $\Delta T = R/(\alpha EF)$(其中 R 为接头阻力,α 为钢轨的胀缩系数,E 为钢轨的弹性模量,F 为钢轨截面积),可算得钢轨接头阻力所能克服的温度力的轨温差为 43kg/m 钢轨,使用普通螺栓时约为 9℃(按扭矩为 300N·m 时,最小接头阻力为 133kN),这样,当轨温差超过 62℃ 的地区,25m 钢轨仍使用普通螺栓时,将造成不允许的连续瞎眼或拉弯螺栓等轨道变形。为了使轨道有足够的稳定性,以确保行车安全,故 25m 钢轨应根据轨道类型采用 8.8 级高强度螺栓。

13.2.4 为了减少建筑物的附加动荷载引起的冲击力,增加建筑物的稳定性,所以条文规定建筑物的一定范围内不准有钢轨接头,否则应予焊接或胶接。

13.3 轨枕及扣件

13.3.1 轨枕的种类按材质可分为混凝土枕、木枕和钢枕三类,我国目前主要使用混凝土枕。钢枕使用寿命虽长,但耗钢量多,噪声大、铺设养护较困难,所以只是在提速道岔上,曾配合电务转换设备采用。

本规范规定,新建和改建铁路应根据不同轨道类型和线路条件选用不同类型的混凝土枕。这是考虑我国森林资源较少,采用它不仅可以节约大量优质木材,而且由于混凝土枕稳定性能好,不腐朽,使用寿命较长,可提高轨道的质量,减少养护维修费用。目前线路上使用的混凝土枕有 I 型、II 型、III 型普通混凝土枕,有碴桥面用预应力混凝土枕(混凝土桥枕,下同),混凝土宽枕,50kg/m 钢轨 9 号、12 号预应力混凝土岔枕(混凝土岔枕,下同),60kg/m 9 号、12 号混凝土岔枕以及为提速线路研制的 60kg/m 12 号单开、交叉渡线固定辙叉和 12 号、18 号单开可动心轨辙叉提速混凝土岔枕等。

原《站规》规定,半径为 300m 以下的曲线地段需铺设木枕。现行《铁路轨道设计规范》规定,正线曲线半径小于 300m 的地段,应铺设小半径曲线用混凝土枕。这是由于近年来,有关单位已进行了试验,取得了较好的效果,技术比较成熟,因此,为减少养护维修工作量,加强轨道结构,延长设备使用寿命,除木枕轨道地段外,站线也应采用小半径曲线用的混凝土枕,故取消了原《站规》的规定,但如受目前供货条件所限,仍可采用木枕。

由于混凝土枕轨道的结构强度与木枕轨道连接时的过渡段需要,所以下列地段宜铺设木枕。

1 铺设木枕的明桥面桥台挡碴墙范围内及其两端各 15 根轨枕,有护轮轨时应延至梭头不少于 5 根轨枕,铺木枕,是为了维持在这一段范围内轨道的弹性一致。

2 单独的木岔枕轨道岔两端各 15 根轨枕应铺成木枕主要是为了缓和车轮荷载对辙叉和岔尖的冲击作用而设的弹性过渡段,由于辙叉跟后的长枕也起了作用,因此,15 根木枕包括辙叉跟端以后的岔枕数。

3 转车盘、轨道衡、脱轨器及铁鞋制动地段暂不铺设混凝土枕,主要是受设备结构和使用条件的限制。

4 两铺设木枕长度小于 50m 的地段间应铺木枕,主要考虑轨道结构的均匀性,有利行车,施工和养护维修。

13.3.2 混凝土宽枕具有提高轨道的稳定性,外型整齐美观,可延长道床清筛周期以及减少日常维修工作等主要优点。但据近来有关调查表明,由于目前对其进行大修及维修机械未能配套,一些铺设在路基上的宽枕因基床翻浆冒泥无法整治而拆除。

对于大型客运站在尚无更好的既经济又能保持轨道整洁的方案之前仍采用了混凝土宽枕,因此,在今后设计和施工中应确保其基床(基底)坚实、稳定、排水良好。

13.3.3 不同类型的轨枕不应混铺,是为使列车运行平稳,简化铺轨作业以及方便养护维修工作。

13.3.4 刚性道床与弹性道床之间应有过渡段,并采用混凝土枕(也含道床厚度的纵坡过渡),其长度以道床厚度纵坡过渡控制不宜小于 10m,其他站线和次要站线有时受出岔点或其他条件控制时可适当缩短。

13.3.5 扣件是联结钢轨与轨枕、轨下基础的重要部件,不仅应有足够的扣压力,保证联结可靠,阻止钢轨爬行;还应具有良好弹性,减缓列车对轨枕及轨下基础的冲击振动,这对混凝土枕及轨下基础来说尤为重要,因此需按轨道类型合理选用扣件。

1 弹条 I 型扣件扣压力大,弹性好,防爬能力强,在混凝土枕轨道地段可采用弹条 I 型扣件。

2 木枕地段的到发线及其他站线宜采用 K 型扣件(目前限 50kg/m 钢轨)或弹条扣件。

3 木枕扣件历来采用道钉加铁垫板的形式,虽有道钉易松动、浮起,防爬能力较差,铁垫板易切割木枕的缺点,但因其构造简单、零件少,铺设安装方便,投资省,次要站线行车速度低,故可采用普通道钉。

4 混凝土宽枕与整体道床用扣件

混凝土宽枕扣件目前一般采用混凝土枕扣件。但弹条Ⅰ型调高量等于小于10mm，如要求调高量加大，可采用调高量等于小于20mm的弹条Ⅰ型调高扣件及调高量等于小于25mm的弹条Ⅰ型调高扣件。

整体道床扣件，在到发线上，可根据调高量的大小，选用与混凝土宽枕相同的扣件。在其他站线及次要站线上，可采用其他简易扣件。

13.4 道 床

13.4.1 道床是轨枕的基础，有以松散道碴组成的道碴道床、用混凝土灌注的整体道床和用沥青等加工材料灌注的沥青道床等。目前我国铁路采用最多的是碎石道床。

部颁道碴材料有现行《铁路碎石道碴》TB/T 2140和筛选卵石道碴（铁70-59）、天然级配卵石道碴（铁71-59）、砂子道碴（铁72-59）、熔炉碴（铁73-59）五种。其技术性能以碎石道碴最好。

碎石道碴应用坚硬的花岗岩、玄武岩、砂岩等制成。其抗压强度约为天然级配卵石的1.7倍，抵抗轨道移动的阻力为砂子道碴的1.5倍。碎石道碴还有排水性能好，弹性好的特点，所以使用碎石道碴可以提高轨道的强度和稳定性，并可减少养护工作量。碎石道碴脏污的速度比其他道碴慢，所以清筛更换道碴的周期长。虽然初期投资较高，但由于它具有上述优点，故成为站线首选的道碴材料。到发线及设有轨道电路的线路必须采用碎石道碴外，其他线路当碎石道碴供应困难时，可采用筛选卵石道碴或就地选用各种道碴材料。

13.4.2 土质路基采用单层道碴，易造成各种路基病害，为防止路基病害发生，到发、驼峰溜放部分线路的道床采用双层道碴。当年平均降水量为600mm以下，且不造成路基病害的情况下，可采用单层道碴。其他站线，次要站线道床较薄，不宜再做双层，这是因为面碴太薄易与底碴混杂，而底碴太薄又易变形，失去反滤作用，因此应做成单层道碴。

站内各种线路的道床一般应分别按单线设计，以节省道碴。但在编组站、区段站上经常有调车作业和列检作业的调车线、到发线、牵出线、客车整备所的客运及技术整备线间及其外侧和扳道作业或调车作业繁忙的咽喉区范围内，为了作业的安全与便利，又不影响排水，应采用渗水性材料（最好采用与面层相同而粒径较小的材料）将线路道床间及最外侧线路外侧的洼坑填平，为抽换轨枕方便而填至轨枕底下3cm。

当采用双层道碴时，面碴采用碎石或筛选卵石道碴，底碴材料的选用应符合国家现行标准《铁路碎石道床底碴》TB/T 2897的规定。

13.4.5 混凝土枕为防止道床表面水分锈蚀钢轨和扣件，并避免传失轨道电路的电流，故道床顶面应比轨枕顶面稍低。

混凝土枕刚性较大，在列车动荷载的作用下，中间部分将承受道床的支承反作用力产生的负弯矩，从而引起顶面裂缝，所以在铺设时，Ⅰ型混凝土枕应将中部60cm范围的道碴掏空，Ⅱ型混凝土枕可不掏空，也不捣固。这样，可使混凝土枕中间部分的道床失去支承和垫起轨枕的作用，以改善混凝土枕的工作条件，延长使用寿命。

13.4.6 混凝土枕与木枕道床顶宽采用统一标准的理由是：

道床的顶面宽度决定于其肩宽，道床肩的作用为：(1)阻止道碴从枕端下面挤出；(2)提高轨道的横向阻力，这对于保证无缝线路的稳定性有重要意义，增加肩宽有助于保证捣固效果和防止道床肩坍落。但对轨道横向阻力来说，由于主要依靠是轨枕底面与道碴的摩擦力（占全阻力的65%），增加肩宽虽可提高轨道横向阻力，但只是一个方面。从节约土石方数量来说，道床肩不宜太宽。多年来我国使用混凝土枕的实践证明，混凝土枕轨道的横向稳定性高于木枕。据长沙铁道学院和广州局在京广线所作的测定资料看，木枕和混凝土枕轨道的道床肩宽同为30cm，当轨枕横移0.2cm

时，后者比前者的横向阻力大1倍左右。

站线道床顶面宽度，由于站线行车量小、速度低、横向力小，故道床顶不论是混凝土枕或木枕均规定为2.9m，曲线外侧道床可不予加宽；在驼峰调车场的推送部分，自摘钩地点至峰顶，调车人员经常在此地段来回走行，为了安全及作业方便，道床肩宽应予增加。根据现场经验，在有摘钩作业一侧的道床肩宽加宽到2.0m，另一侧为1.5m。

在有列检作业的车场最外侧线路外侧，为满足列检人员进行车辆检修，道床肩宽也为1.5m。

13.4.7 混凝土宽枕由于底面积大，道碴应力小，通过道床传到路基面的应力也小，而且均匀，又由于宽枕轨道刚性大，故要求轨下道碴均匀支承，避免应力集中。至于面层还用来调整混凝土宽枕轨道高低水平。

为使混凝土宽枕轨道的道床具有一定的密实性和均匀性，同时有良好的排水性能及在列车振动作用下不易被粉化，站线上的混凝土宽枕轨道的道床应由不低于二级碎石道碴道床加面碴带组成。

13.4.9 整体道床具有使站场整洁，改善劳动条件，作业安全，提高作业效率等优点。特别是在液态散粒粉状等危险品货物的装卸线上采用这种道床，可及时清扫回收，便于运输车辆、线路、场地的洗刷消毒，防止对环境的污染。在客车整备线、洗车线、散装货物线、车辆架修线、石油装卸线、电子轨道衡引线、车库线及危险品库线等专用设备线上，因地制宜地铺设一些整体道床，可取得良好的经济和社会效果，深受使用单位欢迎。

整体道床的结构型式，可根据水文地质、工程地质条件和技术作业特点，选用钢筋混凝土支承式和整体灌注式。

13.5 道 岔

13.5.1 道岔是轨道的薄弱环节，其钢轨强度应不低于线路的标准。而正线上的道岔行车密度大，通过速度高，为了减少车轮对道岔的冲击，保证行车平稳以及延长道岔的使用寿命，应避免异形轨接头，所以规定正线上的道岔，其轨型应与线路轨型一致。

道岔转辙器尖轨尖端和辙叉有害空间易引起列车脱轨。因此，对道岔除结构上要求特别加强外，对钢轨强度亦应有一定要求。同时，由于正线和站线可采用不同类型的钢轨，在站线上常常出现异形钢轨接头，为了减少车轮对道岔的冲击，应避免道岔前后有异形接头，因此，本条规定，到发线、其他站线和次要站线的道岔，其轨型不应低于各该线路的轨型，如道岔轨型高于各该线路的轨型时，则需在道岔前后各铺长度不短于6.25m同型的钢轨或异型轨，在困难条件下不短于4.5m，使异形接头移至较远的地点，以保护道岔。

插入两根上述短轨，对轨道的强度和稳定性影响较大，故规定，不得连续铺设，但既有次要站线上，两相邻道岔间连续插入两根短轨者可保留。

13.5.2 道岔是控制行车速度的关键设备，道岔号数一旦确定，再要改变就会引起站场改造的巨大工程或严重影响正常运营。道岔号数的选择，一般根据列车的运行方式和路段旅客列车设计行车速度以及要求的道岔侧向允许通过速度来确定。

1 既有线提速以前，我国铁路的列车运行速度一般不超过120km/h，因此，各种道岔的直向容许通过速度一般也不超过120km/h，既有线提速以后，编制了系列提速道岔，将60kg/m钢轨的道岔的直向容许通过速度提高到了160～200km/h，考虑备分级使用的原则，目前60kg/m钢轨的道岔已按120km/h、160km/h和200km/h的直向容许通过速度分级，因此道岔的选用应保证道岔的直向容许通过速度满足该路段旅客列车的设计行车速度，以确保列车运行安全，并达到经济合理。

2 根据现行《铁路道岔的容许通过速度》TB/T 2477，在列车直向通过速度等于或大于100km/h的路段内，9号单开道岔（9号提速道岔直向通过速度为 140km/h）均不能满足列车直向通过速度的需要，为此本规范规定在列车直向通过速度为 100～160km/h 的路段内，正线道岔不得小于 12 号。改扩建车站时，由于既有线区段站及以上的大站有些 9 号道岔改造困难，可以保留，也可采用 9 号提速道岔。

3 对于列车直向通过速度小于 100km/h 的路段内，有接发正规列车的会让站、越行站、中间站的正线道岔号数不得小于 12 号，区间出岔的线路所、编组站的列车到达或出发线的正线上的单开道岔，有条件的也应采用 12 号，没有条件的可采用 9 号，区段站、编组站及由正线出岔但无正规列车侧向进出的线路，在列车直向通过速度满足路段速度的条件下，可采用 9 号，以减少工程投资。

4 我国 18 号单开道岔的侧向容许通过速度原为 80km/h，但经过京秦线的提速试验和多年的运营实践，当列车侧向通过速度为 80km/h 时，晃车严重，旅客的旅行舒适度较差，因而《铁路道岔容许通过速度》TB/T 2477 将 18 号道岔的侧向容许通过速度定为 75km/h。但由于现场多年以来一直按 80km/h 的速度执行，为此本规范将 18 号道岔的侧向容许通过速度重新修改为 80km/h，旅客的旅行舒适度可通过加大道岔的导曲线半径等方式解决。

5 我国 12 号道岔（AT 可弯尖轨，导曲线半径 350m）的侧向容许通过速度为 50km/h，因此规定侧向通过速度不超过 50km/h 的正线道岔应采用 12 号。

6 用于侧向接发旅客列车的道岔，为了适应旅客列车起停快并保证旅客的旅行舒适度，故规定不应小于 12 号。在条件可能时，非正线上出岔的旅客列车到发线上，可采用 9 号对称道岔。

7 一组复式交分道岔由于能同时开通四个方向进路，可代替两组单开道岔，故大站上采用复式交分道岔可缩短咽喉长度，节省工程费用，减少用地。但由于复式交分道岔结构复杂，稳定性差，养护维修工作量较大，其直向容许通过速度也难以达到连接线路的标准，因此规定正线上不宜采用。困难条件下，需要采用时，也应尽量加大道岔号数，满足正线最低行车速度的要求，因此规定不应小于 12 号。

8 由于我国标准轨距铁路单开道岔的号数系列中最小的号码为 9 号，同时由于其他站线的运量、速度均较低，因此规定其道岔号数不应小于 9 号。

9 对称道岔较同号数的单开道岔全长短，导曲线半径大，三开道岔能开通三个方向的进路。这两种道岔均可缩短咽喉长度，节省用地，提高作业效率，故本条规定驼峰溜放部分应采用 6 号对称道岔和 7 号三开道岔。

由于 6 号对称道岔较 6.5 号对称道岔全长短，辙叉角大，导曲线半径相同，因而在用地受限制的情况下更为适用，根据我国的道岔号数系列 GB/T 1246，应采用 6 号对称道岔。对于既有驼峰溜放部分的 6.5 号对称道岔，如全部更换成 6 号道岔，将引起站场的极大改造，增加建设投资，且对驼峰调车场的干扰较大，为此规定在改建时，可以保留 6.5 号对称道岔。

用对称道岔布置的站场咽喉区，因小半径曲线增多，养护维修困难，另外咽喉区布置紧凑将限制远期发展，因此其使用范围应加以限制，故规定"必要时到达出口、调车场尾部、货场及段管线等站线上，可采用 6 号对称道岔"。

13.5.3 采用可动心轨辙叉，可以有效提高道岔的直向容许通过速度，延长道岔的使用寿命，改善旅客的旅行舒适度，根据国内的

使用经验，12 号固定型辙叉的单开道岔，其直向通过速度最高可达 160km/h，但为了确保列车运行安全，且留有发展余地，特规定列车直向通过速度大于或等于 160km/h 的线路应采用可动心轨辙叉单开道岔。

13.5.4 我国的铁路道岔一般采用线路上的扣件，本条规定主要是为了保持轨道弹性的连续，并方便现场的养护维修。

13.5.5 道岔采用分动外锁闭装置，可以提高锁闭的可靠性，降低转换阻力。本条文主要是根据国家现行标准《铁路信号设计规范》TB 10007 的规定。

13.5.6 道岔采用混凝土岔枕，可以提高道岔的稳定性，延长道岔的使用寿命，减少现场的养护维修工作量，目前混凝土岔枕已比较成熟并大量推广使用，也取得了良好的使用效果。但混凝土岔枕道岔要求的道岔间插入钢轨的长度较长，在大站使用时，有可能增加站坪长度，加大站场的建设投资，同时当路基条件不好，出现病害时，整治也较困难，因此规定，设计行车速度超过 120km/h 的线路上应采用混凝土岔枕道岔，其他线路（包括站线）宜采用混凝土岔枕道岔。

13.5.7 相邻道岔间插入直线段的目的是为了减缓列车过岔时的冲击振动，以提高旅客的舒适度，有时也是道岔结构所限。正线上行车速度较高，其插入的直线段长度可长一些，到发线可短一些，其他站线和次要站线因无列车通过，且行车速度较低，一般可不插入钢轨。

两对向单开道岔间的插入钢轨长度，可不受道岔结构限制，主要考虑列车通过时的平稳性以及方便今后站场的改造和养护维修。路段设计速度大于 120km/h 的正线上插入钢轨长度均为 12.5m，路段设计速度 120km/h 及以下，一般仍为 12.5m，困难条件下为 6.25m，但 18 号道岔，当有列车同时通过两侧线时，由于列车运行速度较高，规定插入钢轨的长度为 25m。到发线有旅客列车同时通过两侧线时为 12.5m，困难情况下或无旅客列车时为 6.25m；无列车同时通过两侧线时可不插入钢轨，其他站线和次要站线也不插入钢轨。

两顺向单开道岔间的插入钢轨长度，对于木岔枕道岔，与原《站规》基本相同。对于混凝土岔枕道岔，根据目前的混凝土岔枕道岔结构要求，12 号道岔后最小插入钢轨长度一般为 8m，其中专线 4249、专线 4228 和专线 4257 道岔宜为 7.8m，以使钢轨接头悬空，可动心轨道岔为 6.25m，9 号道岔后最小插入钢轨长度为 6.25m。

相邻两道岔轨型不同，插入钢轨宜采用异型轨，可提高钢轨接头的强度，减少现场的养护维修工作量，延长设备的使用寿命。

在其他站线和次要站线上，如一组道岔后并列顺向连接两组 9 号单开或 6 号对称道岔时，由于第一组道岔辙叉后长岔枕与相邻的两组道岔转辙器的木枕布置不一致，并影响转辙设备的安装，因此必须至少在一个分路的前后两组道岔间插入不短于 4.5m 的短轨，才能满足基本铺设要求。

客车整备所用 6 号对称道岔连续布置时，产生连续的反向曲线，由于客车车体较长，如插入钢轨太短，则相邻两车厢反向扭曲太大，至使其辅助风管开裂漏气，两风挡错位卡住不能复位，故规定插入钢轨长度不应小于 12.5m。

为方便设计、施工和现场的养护维修，保持轨道的弹性均匀，特规定正线上两道岔连接，应采用同种类岔枕，站线上如采用不同种类岔枕时，插入钢轨长度不应小于 12.5m，是为了铺设不同种类轨枕的过渡段之用。

中华人民共和国国家标准

铁路旅客车站建筑设计规范

GB 50226—2007

条 文 说 明

目　次

1 总 则

1.0.1 本规范是在原国家标准《铁路旅客车站建筑设计规范》GB 50226—95 的基础上修订的。本条明确规定了铁路旅客车站建筑设计应遵循的功能性、系统性、先进性、文化性、经济性的原则。其中，功能性主要是"以人为本"，即以旅客为本，以方便旅客使用为前提，并将这一观念贯穿始终，落实到每一细节，强调站区内各种流线在动态中的合理性。系统性强调通过局部设计的集成，使整个铁路车站达到整体优化。如对铁路车站与城市、各种交通方式的组合、客站内各种功能的组成、流线的布置、各专业系统的综合能力、设计近（远）期以及与运营等各方面关系，进行系统的、动态的综合考虑，处理好局部与整体的关系。先进性是要求铁路旅客车站体现社会经济发展进程，符合时代特征，满足旅客对旅行生活品质的需要。在旅客车站设计中要具有前瞻的、发展的观念，要博采众长、与时俱进，采用先进的设计理念，推广新技术、新材料、新工艺、新设备，充分落实安全、节能、环保的要求，设计出经得起时间考验的铁路旅客车站。文化性应体现铁路旅客车站的历史和现代价值，并具有引导时尚的作用，同时也表达了对地域性、民族性的深层次的理解。铁路旅客车站的文化性，重点在于追求现代铁路旅客车站的交通内涵与地域文化完美结合，依据地方特点，遵循科学规律，尊重地方特征与环境风格，做到总体谋划、有序发展、多元共处、显示特色，设计出具有不同风格的旅客车站。经济性应体现在铁路旅客车站的建设投入、建成品质、使用效果全过程内，达到运营维护最优化以及效益最大化。建设具有良好经济性的铁路旅客车站，应以全面落实科学发展观、建立节约型社会理念为先导，以合理的旅客车站规模及适宜的技术标准为基础，以先进的节能技术措施和手段为保障，在实现铁路旅客车站功能性、文化性、先进性的前提下，对旅客车站的经济性进行有效延展。

1.0.2 新建铁路旅客车站包括了近年发展较快的客运专线铁路旅客车站，虽然其基本功能与客货共线铁路旅客车站基本相同，但在客运组织方式和运营管理方面还是存在较大差异，所以对客运专线铁路旅客车站做了相应的规定。

1.0.3 铁路旅客车站的布局应兼顾铁路和城镇二者的发展要求，在实现铁路运输功能的同时，还要符合和满足城市发展和整个区域交通网络及城市景观等方面的需求。因此，根据城市土地资源和城市交通条件，合理确定铁路车站规模、布局、站型，使之符合铁路行车组织管理规定，以适应铁路运输长期发展要求。

1.0.5 铁路旅客站房建筑规模由所在地的城市规模

和经济发达程度、客运量、客车到发线及站台数量、列车开行模式、运营管理模式以及地理位置等多种因素决定。

目前，我国铁路旅客车站客流存在"等候式"、"通过式"、"等候与通过混合式"三种旅客流线模式。"等候式"旅客需在车站滞留，对候车和相应服务设施的空间有一定的要求，车站的规模主要为最高聚集人数所控制。我国现有铁路大部分采用客货共线运行模式，因此，与其相适应的旅客车站均为"等候式"，原规范也是以"等候式"车站为基础，用最高聚集人数来确定铁路旅客车站的规模。本次规范保留了采用最高聚集人数确定铁路旅客车站规模的方法。根据近年客流量迅速增长的状况，在原规范基础上，对铁路旅客车站规模的最高聚集人数进行了适当的调整。"通过式"是客运专线旅客车站采用的旅客流线模式，特点是旅客以直接通过站房的形式到达站台上车。这种形式对集散空间需求大，对候车空间要求小，车站的规模主要受旅客流量控制。因此，本次修编增加了以高峰小时发送量确定客运专线旅客车站规模。"等候与通过混合式"为"等候"与"通过"同时存在于一个车站的形式，在其功能设置和空间布局上具有双重性和复杂性，与等候式和通过式站房都有所不同，此种站型应结合实际情况进行设计。

3 选址和总平面布置

3.1 选 址

3.1.1 铁路旅客车站选址在铁路站场与枢纽的总体布局范围内，对铁路和城市发展都有一定的影响。

1 铁路旅客车站一方面是国家铁路交通网络的交汇点，它的设置应满足铁路路网规划的要求，另一方面它也是城市综合运输网络中的重要环节，具有客流集散、运输组织与管理、中转换乘和辅助服务等多项功能，因此应正确、合理的选择铁路旅客车站位置，既方便旅客提高旅行效率，又满足城市发展要求。

2 铁路旅客车站是城镇综合运输网络中的重要节点。布设合理的铁路旅客车站、对未来城市建设的格局，城市其他交通干线的设置，以及站场周边的经济、政治、文化和生活会产生重要的影响。对改善城镇和区域交通系统功能，提高运营效率和解决出行换乘问题都具有重要意义。

3 铁路旅客车站的选址，除应根据车站工程项目的使用功能要求，还要结合使用场地的自然地形的特点、平面布局与施工技术条件，研究建筑物、构筑物与其他设施之间的高程关系，充分利用地形，节约用地，尤其是少占耕地。正确合理的车站选址关系到国家经济可持续发展和社会稳定。铁路工程建设要贯彻国家《土地管理法》的规定，坚持依法用地、合理用地和节约用地的原则。

减少工程填挖土方量，因地制宜合理确定建筑、道路的竖向位置，合理组织用地范围内的场地排水和管线敷设，以保证合理性、经济性，达到降低成本实现加快建设速度的目的。

4 建设节能型、环境友好型铁路旅客车站，是社会发展的必然趋势。应通过综合考虑自然气候条件、各种传热方式、建筑装修、材料性能以及采暖、通风、制冷等各种建筑设备的选择和使用等因素，以周密合理的设计，较好地改善建筑耗能状况。在室内为旅客提供清新空气和适宜的声、光、热环境，并通过解决热岛效应、列车噪声、雨水收集与再利用等问题，通透空间光效应以及高大空间环境的控制等，为旅客提供舒适的候车环境。当代建筑发展已呈现多元化的态势，应按可持续发展的战略目标将铁路旅客车站功能定位在综合功能、多能转换、立体用地、立体绿化、生态平衡、面向未来与持续发展的构想上，将铁路旅客车站建筑融入历史与地域的人文环境中，适应城市、社会、经济发展的需要。

3.1.2 不良地质会对铁路旅客车站构成安全隐患，甚至影响车站的使用。我国不少铁路依山傍水修建，因地形、地质条件复杂或受河流水域等不稳定因素影响，造成铁路线路中断，车站受损，影响铁路运输安全和畅通。

3.2 总平面布置

3.2.1 车站广场、站房和站场客运设施为铁路旅客车站的三大组成部分，尽管功能各有区别，但相互之间联系紧密，休戚相关，形成了有机统一的整体。在平面位置上，现代铁路旅客车站由于站型多样化，各种交通形式的引入等因素，改变了以往单一、简单的平面布局，在平面位置、空间关系上相互重叠交融。因此，铁路旅客车站的总平面布置应以功能为核心，进行整体统一规划和设计，以达到资源共享，体现功能最优化。

3.2.2 总平面布置要求。

1 城市规划工作包括城镇体系规划、城市总体规划、分区规划和详细规划等阶段，而详细规划又分为控制性详细规划和修建性规划，其中控制性详细规划对铁路工程设计的控制最为具体，它以总体或分区规划为依据，详细规定建设用地的各项控制指标和其他规划管理要求，或直接对建设作出指导性意见和规划设计。因此，铁路旅客车站的总平面布置应在城市规划指导性意见的指导下，采用适应性设计，不断调整铁路旅客车站自身各个构成要素，达到车站功能与城市规划的协调统一。铁路旅客车站与城市轨道交通、公共交通枢纽、机场、码头等道路的发展相结合，是体现铁路旅客车站系统性发展的一项基本要

求。现代旅客车站设计应积极体现综合交通枢纽的理念，既有效地整合和利用了资源，合理确定了建设用地，又为广大旅客提供了方便快捷的交通条件。

2 新时期的铁路旅客车站尤其是大型站房，已不仅是作为城市大门形象出现，围绕车站迅速发展起来的商业设施，带动了城市区域经济发展，公交、轻轨、地铁等多种交通方式在车站默契配合、有机衔接，使铁路旅客车站成为城市交通换乘枢纽和现代化客运中心，车站已经越来越多地和整个城市、区域交通规划融为一体。因此，铁路旅客车站的定位应向功能多元化和开放的"综合交通换乘枢纽"转化。

新时期的铁路旅客车站总平面布置的另一特点是广场、站房和站场互相关联、互相影响，已不再像以往那样可以截然分开，而趋于互相融合，成为一个满足旅客乘降和换乘的综合体。在土地利用上，应根据这一特点，采用集约化的原则，合理利用地形，少占土地，最大限度利用好有限的空间、有限的环境、有限的资源，重视与周边环境的协调统一。

3 使用功能分区明确，即要求旅客车站各部分功能划分合理，服务内容、使用目的明确。流线简捷即要求旅客车站对客流、车流整体规划中实现合理流动，减少各流线之间相互影响，特别是对旅客流线要做到简单、快捷，使之顺利到达目的地。

4 公共交通优先是铁路旅客车站建设系统化的具体体现。城市公共交通与铁路旅客车站的驳接一般体现在车站广场上，所以铁路车站广场实质上是一种多功能广场。目前出现的新站型，从使用方便出发将驳接的位置引入地上高架或地下层，与旅客进出站位置贴近。公共交通优先即首先考虑公交车的流线以及上下车的位置，占用较好、较近的道路和广场资源，并注意把公交车与小汽车的进站通路有效分开，提高公交车辆的运行效率。明确划分各类车的停车区域，尽量使其贴近旅客进出站的位置，减少旅客步行距离。

5 设置环形车道，其作用是为了满足消防使用需要。一般线上式的大型、特大型站房，可在广场设置经站房的地道进入基本站台，线下式站房可利用站前坡道进入基本站台。多层高架站房，应根据站房平面与站台布置，与防火设计共同采取有效措施，解决车道设置问题。

6 铁路旅客车站是城市的重要组成部分，车站的设计应该系统整合车站与城市的关系，以开放的理念融入城市，使铁路旅客车站功能与城市发展互补、互动、互相促进。车站设置地下通道，使进出站流线与地下铁道车站、地下商业设施连通，在为旅客提供安全、便捷换乘和购物条件的同时，也为车站的畅通和流线布局、增加集散能力以及完善综合交通枢纽作用，提供了条件。

3.2.3 各种流线短捷、避免互相交叉干扰，是建

流线设计的一般要求。在铁路旅客车站设计中，在方便、安全使用的前提下，对车站各种流线，尤其是进、出站旅客流线实现平面或空间上分流，集中体现了铁路旅客车站功能设计以人为本，方便旅客的原则。目前旅客车站结合站型采用的平进下出、上进下出等旅客流线形式，取得了良好的效果。

3.2.4 特大型、大型站所在的城市，一般是直辖市、省会所在地和重要的交通枢纽所在地，其客流量较大也比较密集，采用多向进出的站房布局形式比单向进出有许多优点。第一，可以使旅客能方便地进、出站，避免了单向进出站布局旅客必须绕行，增加行程的缺点；第二，可以较快地疏散旅客并且相应缩小主要广场的范围；第三，有利于改变车站切割城市，造成车站两侧城市不均衡发展的现象。

3.2.6 铁路旅客车站作为一个集合众多设备体系的综合系统，管道工程非常复杂。应通过管线综合设计合理布局、有序排列、合理利用高程与平面，方便施工和检修，尽量少占空间，达到便于管理、节约工程投资的目的。

4 车 站 广 场

4.0.1 车站广场是铁路与城市联系的节点，换乘场所，不仅具有解决旅客、车辆集散的功能，还兼有景观、环境、综合开发等多种功能。在形式上，现已由单一的平面形式发展为广场与站房、站场等互相融合的多层立体空间，在利用空间、节省土地、顺利的交通转换等方面取得了良好的效果。

车站广场一般由下列四部分组成：

站房平台。各型站房建筑的室外部分均设有向城市方向延伸一定宽度的平台，此平台具有联系站房各个部位、方便旅客办理各项旅行手续的功能，并与进出站口和旅客活动地带及人行通道连接，起到连接站房与车站广场的作用。

旅客车站专用场地。旅客车站由于人员流动、车辆流动的密集程度及频率远高于其他公共建筑，为便于使用及管理，维护车站良好秩序以保障旅客及车辆安全，需要有专用的室外集散场地，此专用场地由旅客活动地带、人行通道、车行道、停车场组成。

公共交通站点。多数旅客到、离站均以各类公共交通车辆为主要代步工具，此类站点通常主要根据公交线路的设置情况，以起、终点站的形式常设于车站广场。

绿化与景观用地。绿化与景观除美化车站环境外，绿化还能减轻广场噪声及太阳辐射，改善环境。结合车站环境设置的建筑小品、座椅、风雨亭、廊道等可以为旅客提供方便。本次修订将这部分内容单独列出，是考虑车站广场虽然以交通功能为主，但同时也体现城市的形象，各地对于景观问题都比较重视，

同时广场本身也需要一定的绿化率来保证环境质量。

绿化与景观用地可以单独设置，也可以与广场的其他内容相结合。

4.0.2 车站广场设计。

1 车站广场与站房、站场布局密切结合，在平面位置和空间关系上达到广场、站房、站场设施及流线互相融合，实现以铁路旅客车站功能为中心，车站建筑、客运设施及与相关设备等多项内容形成统一规划下的综合体，以达到资源的最佳利用和功能最大限度发挥。

旅客车站是城镇建设的组成部分，广场则是车站与城市连接的纽带，其设计应符合城镇规划的要求。广场设计应与城市环境相协调，并以其自身优势吸引商业设施，带动经济繁荣，促进城市发展。

2 车站广场、站房、站场客运设施等铁路客站各组成部分，构成了旅客出行及换乘的基础。合理的流线设置利于构成高效、快捷、便利的出行路线，以满足铁路旅客车站的功能要求。车站广场交通设施规划应与站房旅客进出站流线以及售票、行李、包裹、商业服务设施的布局相适应。合理布置旅客、车辆、行李和包裹三种主要流线，并要求其短捷、无交叉，提高交通效率。

3 车站广场上的人行通道布置主要为进站和出站旅客提供简捷、短直的通道，使旅客更方便的转换各种交通。合理布置各种停车场和车行道的位置，使车站广场与城市道路互相衔接顺畅。布置车行通道要遵循公交优先的原则，首先考虑公交车的流线设计以及停车位置。布置时注意把公交车与小型汽车的进站通道有效分开，这样可提高车辆运行效率和广场的使用效率。

4 旅客车站广场客流密集，流动性大，地面任何损坏都将给旅客的行动和安全带来影响。刚性地面平整坚实，可根据车站的性质，选择美观、实用、经济、耐久的刚性地面材料。

旅客车站广场面积大，地面积水难以自然排除，可借助于设在广场上的暗沟排除积水。

5 大型旅客车站采用立体车站广场时，常用的方法有设置高架车道和地下停车场等。

目前，我国很多铁路旅客车站的广场采用了立体方式，为了减少占地，更好地解决旅客集散和换乘问题，大型及以上车站应该有效利用车站内的空间位置关系，解决车辆停放、旅客换乘和进出站问题，这样不仅可解决平面布置流线的交叉和互相干扰，还可缩短旅客步行距离，提高整个车站的使用效率。

目前正在设计阶段的大型旅客车站也增加了此部分内容，从当前各旅客车站客流增长的具体情况看，无论新建还是改、扩建，立体广场设计方案均已经提到日程。

6 由于季节性或节假日客流量远大于本规范规

定的最高聚集人数或高峰小时流量，车站规模不可能按此进行设计，所以在有季节性和节假日客流量大的旅客车站只能通过在广场上增加临时设施解决旅客候车问题。

4.0.3 车站专用场地最小用地面积指标的计算随着城市发展和车辆不断增加，停车场地也在逐步增加和扩大，所以车站专用场地的面积也应随之发生变化。经调查，目前大多数出行旅客一般采用公共交通。考虑车站长远发展及民众生活水平的提高，参考比较发达国家的交通水平，按出行旅客40%乘坐出租车，40%乘坐公交车辆，20%使用社会其他车辆到达或离开车站，如其中送站车辆约20%进入停车场，接站车辆约80%进入停车场，按每辆出租车平均载客1.5人，每辆社会车辆平均载客3.5人计，各种车辆在停车场的停留时间平均以0.5h计。

现以最高聚集人数4000人的车站为例（其日发送量、日到达量均为20000人）。

一昼夜出租车、社会车辆到达车站量为：
$(20000+20000) \times 0.4 \div 1.5 + (20000+20000) \times 0.2 \div 3.5 \approx 12953$（辆）

每小时出租车、社会车辆到达车站量为：
$12953 \div 24 \times 1.5 \approx 810$（辆）

式中，1.5为超高峰小时系数。

按送站车约20%进入停车场，接站车约80%进入停车场，每辆车在停车场的停留时间以0.5h计的停车数量为：
$(810 \times 0.5 \times 0.2 + 810 \times 0.5 \times 0.8) \times 0.5 \approx 203$（辆）

各类车辆的平均停放面积计算：小轿车 $27m^2$/辆，大客车 $68m^2$/辆，行包卡车 $52m^2$/辆，取小轿车数量占70%，大客车占5%，行包卡车占25%，得出三者平均停放面积为 $35m^2$/辆。根据对部分旅客车站设计的统计分析，停车场面积约占停车场与车行道总面积的60%，所以得出停车场面积为：
$203 \times 35 \div 0.6 \approx 11841$（$m^2$）

停车场地部分的每人面积指标为：
$11841 \div 4000 \approx 2.96$（$m^2$/人）

旅客活动地带的每人面积指标仍沿用原规范《铁路旅客车站建筑设计规范》GB 50226—95中 $1.83m^2$/人的标准。
$2.96 + 1.83 = 4.79$（m^2/人）$\approx 4.8m^2$/人

即得出旅客车站专用场地的最小面积指标。

本次修订将原指标按最高聚集人数不小于 $4.5m^2$/人的规定修改为 $4.8m^2$/人，并将原混杂在其中的部分绿化面积分离出来单独计列，扩大了专用场地的面积。修改后的人均面积指标基本可同时满足客流量、车流量的使用要求。

4.0.4 平台具有一定的宽度，可以避免人群拥挤，保证旅客行走畅通。平台宽度的确定，主要决定于客流量。本条规定是根据对现有站房平台宽度的调查

（见表1），经分析而提出的。

表1 现有站房平台宽度

旅客车站名称	最高聚集人数（人）	平台宽度（m）	旅客车站名称	最高聚集人数（人）	平台宽度（m）
北京	10000	40	大同	1200	15
西安	7000	30	昆明	4000	11
广州	6800	30	无锡	6500	25
兰州	4000	27	苏州	2500	25
乌鲁木齐	2000	40	赤峰	1000	5.5
西宁	2000	10	泊镇	600	3.6
银川	2000	60	通辽	1200	6
保定	2000	7	胶县	800	5

一般立体广场与多层站房相接，所以也应该在每层设置站房平台。

4.0.5 车站广场人行通道设计除应首先保证进出站旅客流线畅通，还要有足够的宽度和避免相互交叉，引导旅客到达和离开车站，人行通道的设计应短捷，方便旅客通往公交站点。

旅客活动地带与人行通道高出车行道不应小于0.12m，是为使两者高程有区别，防止车辆穿越，发生危险。另外，0.12m的高度也是人跨越台阶比较合适的高度，同时还可以起到避免雨水汇集的作用。

4.0.6 本条规定主要是为了方便旅客托取行李、包裹，停放车辆场地的规模要视站房规模大小而定，但应满足托取行李、包裹车辆的停放要求。

4.0.7 车站广场绿化及景观的功能除美化车站改善环境外，还能起到功能分区及导向作用。本条提出10%指标，主要是考虑到目前各地的广场绿化水平程度不同，在有条件的情况下可以相应提高车站广场绿化程度。

4.0.8 本条依据《中华人民共和国国旗法》第五条和第七条制定。

4.0.9 城市轨道交通具有大运量、快速、准时等优点，我国许多大城市总体规划都将城市轨道交通作为城市发展的重要建设项目。铁路车站作为重要的交通枢纽，应该与城市的交通共同发展和繁荣，这就需要在前期规划设计阶段进行有效整合，做到功能互补，流线衔接顺畅，工程实施合理，使铁路与城市轨道交通在未来的运营中能够最大限度地方便乘客。

4.0.10 城市公交、轨道交通站点的设计：

1 城市公共交通与轨道交通是大型和特大型铁路旅客车站旅客集散的主要交通工具，处理好相互之间的位置关系，是体现铁路旅客车站系统性的一项基本要求。在一些特大型和大型站房的设计中，公交经常将首末车站设于车站广场，所以在广场总平面设计时应考虑与其站房进出站口的位置关系，给旅客创

造较好的换乘条件。如可将公交站设置在专用场地边缘及出站口附近，或将站房平台设计为半岛形式。这样可减少公交线路与客流的交叉。

2 公交停车场的主要功能是为公交线路营运车辆提供合理的停放场地和必要的设施，车站广场合理布置公交停车场是完善车站集散功能、提高广场效率的重要措施。

由于公交车场的面积受公交线路数量、运营里程及车辆数量影响，特别是在发展中的小城市，交通规划尚不能准确提供这方面的数据，为解决公交车辆的停车问题，根据《城市道路交通规划设计规范》GB 50220 的规定，运用当量换算的方法，得知公交车的运输能力为小型车辆的 2 倍，而公交车场面积仅相当于社会停车场面积或出租车场面积的一半。

现仍以最高聚集人数 4000 人的站房为例，公交车建议停车场面积为旅客专用场地的1/3。根据本规范第 4.0.3 条条文说明得出：

公交车场的面积：11841÷3＝3947（m²）

人均指标：3947÷4000＝0.98675（m²/人）≈1.0m²/人

根据以上计算结果，公交停车场面积指标宜按最高聚集人数 1.0m²/人确定。

4.0.11 揭示引导系统是车站设施的重要组成部分，在视觉上起到确认环境并引导旅客行动的作用。引导标识醒目、通用、连续，可以有效地引导旅客到达目的地。

4.0.12 车站广场是人员密集的场所，应按需要设置厕所。车站广场厕所的建设应纳入城市总体规划和旅客车站建设规划，使其规划、设计、建设和管理符合市容环境卫生要求，更好地为出行旅客服务。根据《城市公共厕所设计标准》CJJ 14 的有关要求，本条规定按 25m²/千人或 4 个厕位/千人设置厕所。

5 站 房 设 计

5.1 一 般 规 定

5.1.1 铁路旅客车站是一个多功能集成的综合系统，铁路客运效率和服务质量往往取决于组成综合系统的各部门之间的协同工作、默契配合。对铁路旅客车站内按使用性质特点划分区域，目的在于根据站房功能要求，对各专业的系统方案、设备选型、运营管理方式等统一规划、精心设计，加强专业配合，通过各专业之间的有效互动、配合，处理好局部与整体的关系，力求在铁路客运效率和服务质量上，达到最优。

公共区为向旅客开放使用的区域，进出站集散厅、候车厅（室）、售票厅、行李、包裹托取厅、旅客服务设施（问讯、邮电、商业、卫生）以及进站通廊等从属于这个区域。公共区内还可按"已检票"和

"未检票"分别划分付费区和非付费区。旅客主要活动的公共区，在空间上要开敞、明亮。对区域内需分割的部位如候车区，可通过低矮的护栏或轻巧安全透明的隔断进行灵活划分，以增加视觉上的通透性和旅客的方位感。公共区内保证旅客流线通畅，引导旅客合理有序的流动，是旅客车站规划设计和运营管理水平的具体体现。

设备区包括水、暖、电设备、设施及其用房。其作用是向站房提供清新的空气，适宜的声、光、热环境和有效的安全防范措施。为旅客创造舒适、安全的旅客车站室内环境。

办公区由行政、技术管理及其辅助用房组成，担负着站内运营与管理。管理及辅助用房应设在站房内非主要部位，与运营有关的办公用房靠近站台，具有较好的联系、瞭望条件，便于管理人员使用。

5.1.5 本条是根据现行国家标准《建筑设计防火规范》GB 50016 的有关要求制定的。

5.1.7 铁路旅客车站有独特的功能性，当与其他建筑合建时，不但平面布局复杂，也给车站管理带来困难，影响其使用功能。尤其是在合建部分设有大型餐饮、娱乐和商业设施时，将造成火灾隐患，这种教训在现实中已有先例。当铁路车站需要与其他建筑合建时，合建部分及与站房的衔接应符合现行国家标准《建筑设计防火规范》GB 50016 的有关规定。

5.2 集 散 厅

5.2.1 本次规范修订将原"进站广厅"改为"集散厅"，原因是：近年来，随着城市交通建设的发展，大型站尤其是特大型站所在城市的地铁、轻轨、地下过站通道、商场通道等的引入，使得原进站广厅集散功能更为突出，从原有站内旅客经入口进入广厅后简单分流，到多种交通形式的人员互动，形成了多种流线的聚集与分散功能。"集散厅"比"进站广厅"更为确切，因此，本条把"进站广厅"改为"集散厅"。

集散厅为旅客站房的主要组成部分，尽管站房规模不同，但作为旅客进入站内或离开车站集散的功能却是共同的。因此，本次修订除将原规范关于特大型、大型站可设进站广厅改为中型及以上车站宜设集散厅外，还增加了设置出站集散厅的规定。对客货共线和客运专线铁路旅客车站，分别采用最高聚集人数和高峰小时发送量确定集散厅面积，但人均使用面积仍采用原规范不宜小于 0.2m²/人 的规定。

5.2.2 集散厅是旅客进入客站首到之处，厅内人员密度大，集散厅应有尽快疏导客流的功能，帮助旅客迅速到达目标。在发挥疏导客流功能上，集散厅要求开敞明亮、视线通透、引导设施齐全和服务及时，这应借助于设计上开放的平面布局、结构采用大空间、设置高效的楼梯、电梯和扶梯、完善的引导系统以及齐全的旅客服务设施（问询、小件寄存、邮电、电信

及小型商业设施等）来完成。安全防范设施的设置对旅客安全起着重要保证作用，因此，集散厅内还应设置必要的安全检测设备。

5.2.3 我国大型，特大型站的站房大多已设置了自动扶梯和电梯。由于自动扶梯和电梯是一种既方便又安全的提升交通工具，在当今的公共建筑中已广为应用，很受使用者欢迎。对于人员密度大、时间性要求强、携带包裹的旅客站房更为适用。

5.3 候车区（室）

5.3.1 客货共线铁路旅客车站客流以"等候式"模式为主，站房应根据不同旅客的特点，设置候车区域满足其等候的需要。

不同类别的旅客对候车的环境和条件有不同的要求，因此车站内设置了普通、软席、贵宾、军人（团体）及无障碍候车区（室）。

另外本次修订增加了表注，规定有始发列车的车站，其软席和其他候车室的比例可具体考虑。这有利于今后车站根据列车的开行情况重新进行面积调整。

母婴候车区，是为方便妇女携带婴儿专门设置的候车区域。中型尤其是大型和特大型车站，母婴旅客较多，此类车站除考虑妇女携带婴儿所需候车面积外，有条件时还应该考虑母婴服务设施的面积。母婴候车区面积一般可以按照无障碍候车区（室）面积的3/4考虑。

母婴服务设施一般包括婴儿床、婴儿车以及在母婴候车区（室）附近厕所内设置的婴儿换尿布平台等。

各类候车区的计算如下：

软席候车仍采用原规范2.5%的比例。该比例是按每列车容载旅客1200人，一般挂1节软卧车厢，软席旅客以32人计算，软席旅客约占容载旅客的2.5%计算出的。现到站车次和种类变化较多，软席列车编挂的数量也不统一，可采用提高和改善普通候车区的质量解决软席旅客候车问题。

军人（团体）候车区仍采用原规范3.5%的比例，分析计算如表2所列。

表2 军人（团体）候车区规模调查分析

旅客车站名称	旅客最高聚集人数（人）	军人（团体）候车区使用面积（m²）	按1.2m²/人计算规模人数（人）	占最高聚集人数百分率（%）
上海	10000	129	108	1.08
天津	10000	505	421	4.21
沈阳北	10000	792	660	6.60
郑州	16000	607	506	3.16
平　　均				3.76

综合上述情况，规定军人（团体）候车室计算人数按最高聚集人数的3.5%设置。考虑军人（团体）候车室使用频率较低，在实际设计中一般不单独设

置，而是与普通候车室合并设置。本次修订将原指标改为1.2m²/人，与普通候车室相同。

5.3.4 本条主要针对各种候车区（室）的共性而制定。

1 大空间开敞明亮、视线通透，候车区设置在环境宜人的大空间，符合车站旅客在生活水平和审美观不断提高基础上对候车环境的要求。大空间的设计须以功能需要为前提，充分重视并积极运用当代科学技术的成果，包括新型的材料、结构，以及为其创造良好声、光、热环境的设施设备。

近年来，软席候车需要量不断增加，越来越多的旅客乘坐软席列车，因此，将软席与普通候车共同设在候车区大空间中，以解决软席候车不足问题。另外，军人（团体）候车存在时间上的不定因素。利用轻质低矮隔断和易移动的特点，对候车空间按候车需要进行分割，可起到灵活调整候车区面积的作用。

乘坐客运专线旅客列车的客流基本为"通过式"模式，旅客多采用通过客站直接进入站台。对客站空间的要求应与其逗留时间短、通过迅速的特点相适应，此外，车次多、发车频率高，客站集聚人数受高峰小时发送量影响，客运专线铁路车站候车厅应为集售票、候车、进站通道、服务设施为一体的综合性大空间。

2 自然采光可节约能源，并让人在视觉上更为习惯和舒适，心理上更能与自然接近、协调，有利健康。自然通风（或机械辅助式自然通风）是当今生态建筑中广泛采用的一项技术措施，其能耗小、污染少，有利于人的生理和心理健康。自然采光和自然通风应为设计候车区（室）首选光源、风源。

站房属于公共建筑，候车室聚集较多的旅客，从观瞻及通风的要求出发，需要有适合的净高。经查阅多项近年设计的小型站房净高绝大部分为4m以上，也有旅客站房净高为3.2m，但通风效果不好，故本条规定最小净高为3.6m。

3 为旅客候车时有舒适、卫生的室内环境，并节约能源，候车室应有较好的天然采光及自然通风。采用一般公共建筑的标准，窗地比不应小于1：6。有些既有站房的上部侧窗采用固定窗扇，只能达到采光的目的，不利于空气流通，因此规定上下窗宜设开启窗，并应有开闭的设施。

玻璃幕墙有很好的透光、借景效果。但构造复杂、投资大，宜在采用集中空调的特大型、大型旅客车站采用。采用时应按有关规范进行构造、安全、防火设计，并按要求设置一定数量的开启扇，以保证自然通风的利用。

4 为保持候车室候车秩序，我国多数较大规模站房候车室，在进站检票排队位置的两侧设置候车座椅，使旅客能按进站顺序就座候车休息，检票时起立顺序排队，达到休息与排队相结合的目的。因此本规

范规定设计候车室的座椅排列应有利于旅客通向检票口。座椅之间的距离应有排队及放置物件的水平空间。经过实测一些候车室的实际情况，旅客就座后，1.3m 的间距可满足基本需要，因此将其定为最小间距。

5 我国部分既有站房的候车室入口不设检票口，当进站检票开始时，候车室的出口处易出现拥挤、交叉等混乱现象，故本条规定候车区设进站检票口。

6 本款根据《中华人民共和国铁路法》的规定，铁路应为旅客供应饮水，因此候车室内应设饮水处。

5.3.5 本次修订，增加了对无障碍候车区设计的相关规定。由于无障碍候车区需要考虑儿童休息和活动的空间，另外残疾人轮椅活动也需要一定的空间，根据对部分旅客车站调查，认为每人 1.5～2.0m² 比较合适，为此本条规定将使用面积定为不宜小于 2.0 m²/人。

5.3.6 本次修订时对部分车站征询了意见（见表3）。

表3 软席候车区使用面积指标分析

旅客车站名称	使用面积（m²/人）	旅客车站名称	使用面积（m²/人）
沈阳	3.00	合肥	2.00
长春	2.50	青岛	4.00
锦州	2.00	徐州	3.00
北京	3.60	武昌	1.70
天津	2.50	西安	4.00
上海	4.60	成都	3.00
无锡	3.30	厦门	1.60

从上表分析得知，软席候车区每人使用面积指标平均值大于 2.5m²。结合天津站软席候车区的实测，其每人使用面积为 2m²，但活动空间并不狭小，因此本条仍采用每人使用面积的最低限值为 2m²。

5.3.7 考虑军人（团体）旅客携带物品与普通旅客相似，所以本条规定军人（团体）候车区的每人使用面积不宜小于 1.2m²。

5.4 售 票 用 房

5.4.1 由于目前售票一般为电脑现制车票，原有的打号室可以取消，票据库的规模可以大幅度削减。订票室和送票室合一，主要是考虑城市内增设了许多售票处和售票点，这样不仅方便了广大旅客，同时减少了车站售票的压力。

随着车次的增加，客运专线的增多，给售票工作带来比较大的压力，所以应大力发展自动售票系统和采用多点售票的方法，给广大旅客提供更为快捷和便利的购票方式。

5.4.2 售票处的设置。

随着联网电子售票的普及，大量设置售票窗口的集中售票方式，已不是客站售票的主要形式，但客站仍是预售车票的当然场所，尤其是大城市的客站，设置规模相当的售票厅预售车票、办理中转签证和退票等业务仍有必要。

中型、小型站旅客少、面积小，在靠近候车区或在候车室内布置售票窗口既方便旅客又有效利用了面积。

售票处在站房内占有一定的空间，客流高峰期尤其是在大型及以上站房，旅客购票排队长度都较长，为避免混乱和干扰进出站客流，应在进站口附近单独设置售票处。

随着客站延伸服务的不断完善，车站的运营管理模式逐步从封闭的形式向开放转变，在集中售票的基础上，可以采用分散售票或分散与集中相结合的布置方式，即在广场、集散厅、候车区以及进站通道增设人工或自动售票点，售票点与流线相结合，使旅客购票更加灵活、方便。

发展多种售票方式，可以缓解车站内的售票压力。如特大型、大型站位于大城市，信息和交通比较发达，车站可办理订送票业务，可在市内设售票网点，车站设置自动售票机、增设流动售票、在出站口设中转售票口等。这样可以从很大程度上避免客流的过度集中。

近几年设计的新型站房改变了原有站房单面进站的布局形式，大型站的站房结合出入口的变化，采用了分散布置售票处的办法。最新设计的北京南站，整个站房为一圆形建筑，垂直股道的两个方向有十多个入口。上海南站，客流可以从四个方向进入站房，这样增加了售票口布置的灵活性。

5.4.3 本次规范修编根据客货共线和客运专线铁路旅客车站旅客购票不同特点，对站房的售票窗口设置数量分别进行了调整和规定。

本次修订售票窗口数量，是根据客货共线铁路站房的"等候式"和客运专线站房的"通过式"不同客流特点，分别对售票窗口设置提出了不同的规定。

关于售票窗口的数量，本次修编先从调查分析国内现有部分旅客车站设置售票窗口开始，再按各型旅客车站每天上车人数，结合建筑规模进行核证后确定。

1 客货共线铁路站房售票窗口数量的确定。
目前国内部分既有站房售票窗口设置数量见表4。

表4 部分客货共线铁路特大型、大型站售票窗口数量统计

站房	日平均发送量（人）	日最高发送量（人）	最高聚集人数（人）	售票窗口数量（个）	使用情况
上海	85427	129000	14000	原设计34个 现为160个	合适

站房	日平均发送量（人）	日最高发送量（人）	最高聚集人数（人）	售票窗口数量（个）	使用情况
天津	51800	81000	10000	38	较拥挤
济南	51000	65000	11000	48（不含市内设流动售票点）	合适
长春	28600	50000	9000	42	合适
杭州	52600	65000	7000	36	拥挤
成都	31600	40000	7000	28	—
广州	53000	196000	6800	28	拥挤
无锡	25000	—	6500	15	—
大连	—	25000	6000	固定17个临时4个	富裕
青岛	20000	30000	4000	16	基本合适
大石桥	—	—	1400	6	合适
汉中	—	—	800	3	合适

由表中可看出，售票口数量较原规范指标有很大变化。

1）特大型站设计售票口数量一般为34～40个，大型站售票窗口15～28个。多年前这些站的售票口基本能够满足使用要求，但随着客流量的增加，多数车站售票都出现拥挤的情况，特别是节假日，一些城市车站增加了售票口数量或采取了多种售票方式缓解售票压力。以杭州站为例，杭州站设计售票口30个（老站为16个），目前实际使用需求增设到74个，最多达79个。其中：广场上4个；进站集散厅3个；出站口8个（中转售票口）；软席2个；另外在市内设10个联网售票点，并在周边城市慈溪、宁波、温州等地增设售票点。因此增加售票口，重新调整售票窗口数量指标是必要的。

2）同一规模车站（最高聚集人数相同的车站）日发送量也有很大区别，所需售票口数量也不同。如上海和沈阳北站同为最高聚集人数10000人以上的特大型站房，上海站的日发送量是沈阳北站的2.7倍。设计34个售票口的上海站显然不能满足要求，上海站目前增设160个售票窗口。从这里也可以看出单靠最高聚集人数确定售票口显然不科学。

3）中型、小型站售票口在16个以下基本满足要求，但应考虑备用售票口，以利高峰期使用。而类似大连站这种尽端站，都是始发车和终到车。按规定的方式计算确定的窗口数量，显得比较富裕，所以在确定售票窗口数量时可根据实际情况考虑设置数量。

4）大型以上车站设置单一集中售票方式弊端较大。主要表现为：售票口集中、服务半径过大、旅客步行距离长、中转旅客更为不便。售票口数量越多，购票旅客越集中，一是室内温度不易控制，空气质量不能保证，不利于提高站房服务质量；二是节假日购票拥挤，旅客大量聚集在售票厅，秩序不易维持，存在安全隐患。

5）每个窗口的售票能力：长途为80～100张/h；中转为100～140张/h；短途为150～180张/h。按两班一天工作约16个小时，人工售票速度平均在110～140张/h。原规范中1000张/h的规定偏于保守，但考虑售票员班组的替换，不一定每个窗口都按平均速度发售车票，考虑平时与高峰期的相互关系，此指标可以继续使用。

综上所述，按下列原则及具体情况定出客货共线各型旅客车站设置售票窗口数量：

1）特大型、大型站除比照已建成车站的售票口数量，还考虑了为方便特殊旅客购票需要增设的售票专口。本规范将售票口最小数量定为特大型站55个，大型站25～50个，这样特大型、大型站较原规范售票口数量有所增加。

2）中型站定为5～20个之间，小型站按至少2个设置。中型站低限值和小型站，由于铁路提速后旅客列车停靠次数少，相比之下与原规范接近。

3）关于售票窗口的数量与C值（最高聚集人数占一昼夜上车人数的百分率）之间的关系，根据对北京等车站的调查：一般车站最高聚集人数与日发送量之间的关系基本是1：5的关系（高峰小时发送量与日发送量之间的关系基本是1：10的关系）。C值按原规范：特大型、大型站取18%；中型站取20%；小型站取22%。但对于较发达的大城市，比如上海、杭州，其比值会大一些（客运专线则更大）。C值概括性分为三种比值，基本符合我国铁路运输现状。因此本次修订依然采用这个比值。

4）售票窗口数量计算仍采用原规范计算公式，计算如下：

售票窗口数＝一昼夜售票总数÷每个售票口一昼夜平均售票量

式中，一昼夜售票总数（售票总数量）＝最高聚集人数÷C

每个售票口一昼夜平均售票能力按1000张计

计算结果列入对照表（见表5），可看出：特大型、大型站和大多数中、小型站售票窗口数量基本满足实际需要。

表 5　售票窗口计算数量和实际需要与原规范售票口数量对照

售票窗口计算数量与实际需要对照				原规范售票口数量			
旅客车站建筑规模		计算售票窗口数（个）	实际售票窗口数（个）	旅客车站建筑规模		计算售票窗口数（个）	规定售票窗口数（个）
车站类型	最高聚集人数（人）	A	B	B/A（%）	车站类型	最高聚集人数（人）	A	B	B/A（%）
特大型	10000	55	54	98	特大型	10000	56	38	68
大型	9000	50	50	100	大型	9000	50	36	72
	8000	44	44	100		8000	44	33	75
	7000	39	39	100		7000	39	30	77
	6000	33	33	100		6000	33	26	79
	5000	28	28	100		5000	28	22	79
	4000	22	22	100		4000	22	18	82
	3000	17	17	100		3000	17	14	82
中型	2000	11	11	100	中型	2000	11	10	91
	1800	9	9	100		1800	9	9	100
	1500	8	8	100		1500	8	8	100
	1200	6	7	117		1200	6	7	117
	1000	5	6	120		1000	5	6	120
	800	4	5	125		800	4	5	125
小型	600	3	4	133	小型	600	3	4	133
	500	3	4	133		500	3	4	133
	400	2	3	150		400	2	3	150
	300	2	3	150		300	2	3	150
	200	1	2	200		200	1	2	200
	100	1	2	200		100	1	2	200
						50	1	1	100

季节性和传统节假日客运高峰所需增设的售票窗口未计在内。

2　客运专线铁路站房售票窗口数量的确定。

由于目前国内已建成的客运专线为数不多，尚缺乏比较成熟的资料，因此，有关售票窗口的设置数量是参考设计中的部分客运专线铁路站房并经计算和分析后得出的结果（见表6）。

表 6　京沪客运专线各站售票口设计数量

车站	日发送量（人）	最高聚集人数（人）	经公式计算售票窗口数量（个）	自动售票机数量（个）	售票窗口、售票机数量总和（个）
北京南	150000	10000	84	40	124
天津西	50000	4000	28	20	48
华苑	20000	2000	12	10	22

续表 6

车站	日发送量（人）	最高聚集人数（人）	经公式计算售票窗口数量（个）	自动售票机数量（个）	售票窗口、售票机数量总和（个）
沧州	20000	1100	12	6	18
德州	20000	1200	12	2	14
济南	50000	11000	28	20	48
泰山	20000	1200	12	6	18
曲阜	20000	1300	12	7	19
枣庄	20000	1000	12	5	17

5.4.4　按相邻售票口中心距 1.8m 计，结合进深及建筑模数考虑，并根据售票口前排队不超过 20 人，每售一张票时间不超过 20s 的要求，对售票厅进深做以下几个方面的考虑：

特大型站售票厅进深 13m（计算依据：20×0.45 $+4=13$，每个售票口前按 20 人排队，每人站立长度 0.45m 计，并留有 4m 宽的人行通道）。

大型站售票厅进深 11m（计算依据：$15 \times 0.45 + 4=11$，每个售票口前按 15 人排队，每人站立长度 0.45m 计，并留有 4m 宽的人行通道）。

中型站售票厅进深 9m（计算依据：$10 \times 0.45 + 4 = 9$，每个售票口前按 10 人排队，每人站立长度 0.45m 计，并留有 4m 宽的人行通道）。

小型站可以根据具体情况设置。

售票厅开间＝1.8m（售票口中心距）×售票口数量＋1.2m（靠墙售票口距墙距离）。

由以上数据可得出售票厅最小使用面积（见表 7）：

表 7　售票厅最小使用面积

旅客车站建筑规模		售票厅最小使用面积指标
型级	最高聚集人数（人）	（m^2/1 个售票窗口）
特大型	10000	24
大型	3000～9000	20
中型	800～2000	16
小型	100～600	

通过以上计算可以看出特大型、大型站房售票厅面积比原规范均有所减少，中、小型站没有变化。这种变化的出现主要是售票口数量的增加、售票方式的多样化引起的。

5.4.6　售票室设计。

1、2　售票室最小使用面积指标的确定主要考虑售票室进深，除了布置售票台、通道外，还要放置办公桌椅等，所以其进深尺寸不宜小于 3.3m；按每个售票窗口宽 1.8m 计算，故规定其最小使用面积为每窗口 6m^2。最少设置两个售票口的售票室，室内除办公桌椅外还设有票据柜，所以规定使用面积不应小于 14m^2。

3　售票室是专为旅客办理乘车证的地方，现金及有价券较多，为避免外来干扰，并确保室内安全，售票室的门不应直接向旅客用厅（房）开设。

4　售票室内地面高出售票厅地面 0.3m，主要是考虑售票人员与旅客合适的售、购票高度。另外，售票人员工作时间长，严寒和寒冷地区采用保暖材质地面主要起防寒保护作用。

5.4.9　票据室设计。

1　票据室的使用面积较原规范有所减少，原因是改为电脑现制软票后，票据存储量有所减少，所以其票据室的面积也相应核减。

2　票据为有价票证，所以应重视防潮、防鼠、防盗和报警措施。

5.5　行李、包裹用房

5.5.1　行李为随旅客出行物品，为方便旅客，托运位置宜靠近进站口，提取位置宜布置在出站口，这样符合旅客流线的要求。

5.5.2　特大型站的行李和包裹量大、作业频率高且物品复杂，行李、包裹库房与跨越股道地道相连，将大大减少拖车在站台、站内作业时对站内流线形成的干扰，并可提高作业效率。

5.5.3　包裹库的规模主要取决于包裹的储存量，由于行李、包裹分开后对其业务性质影响不大，故本次规范修订其用房组成仍按包裹库存件数分四个档次配置房间。原规定包裹用房中计划室、行包主任室、安全室等用房在本次修订中划入办公室范畴，因为各站行包部门下属组织分工名称不统一，因此房间名称以办公室统列，不再按具体分工机构单列。

5.5.4　有关包裹库、行李库设计的规定。

各旅客车站包裹库的设置位置统一，主要是考虑列车编组和车站组织货物流线，同时包裹库设置位置应考虑缩短包裹流线，避免与旅客流线相互干扰。

特大型、大型站建设用地受到限制，不能满足要求，所以在这些车站一般设多层包裹库房，层间设垂直升降机和包裹运输坡道以保证运输通道的畅通。

5.5.5　每件包裹占地面积 0.35m^2，是根据下列分析计算确定：

发送及中转包裹：

$$\frac{0.40（堆放面积占使用面积的比重）}{0.45（每件包裹平均占地面积）}$$

$$\times 3.5（堆放层数）$$

$$= 3.11（每平方米使用面积可堆放包裹件数）$$

平均每件包裹折合占地面积：

$$1 \div 3.11 = 0.322（m^2）$$

到达包裹：

$$\frac{0.42（堆放面积占使用面积的比重）}{0.45（每件包裹平均占地面积）}$$

$$\times 3.0（堆放层）$$

$$= 2.8（每平方米使用面积可堆放包裹件数）$$

平均每件包裹折合占地面积：

$$1 \div 2.8 = 0.357（m^2）$$

上述计算中，堆放面积占使用面积的比重（发送及中转包裹采用 0.40，到达包裹采用 0.42）及每件包裹平均占地面积为0.45m^2，均根据 1990 年铁道科学研究院对包裹运输设备能力查定研究课题成果确定。

发送、中转、到达包裹平均每件包裹折合占地面积：

$$(0.322+0.357)\div 2=0.34(m^2)$$

为使包裹库具有一定余地，规定为 $0.35m^2$/件。

每件包裹折合占地面积按 $0.35m^2$ 确定已使用多年，按此指标计算仍然满足使用要求。

5.5.6 设计包裹库存件数 2000 件及以上旅客车站所在地区，一般工矿企业单位比较集中，发送及到达包裹件数较多，有的企业单位与车站签订合同，到达包裹由站台直接装车出站，不需进库存放。为便于这些包裹临时在室外停放，在新建或改扩建包裹库时，宜考虑预留室外堆放场地。该室外场地指位于包裹库侧面或站台方向的位置，为便于管理，不宜设于站房平台方向，以免影响车站环境及旅客通行。

5.5.12 表 5.5.12 列出的包裹托取窗口数量是根据发送、到达包裹库存件数提出的，按每 600～1000 件设一个托取窗口，相当于每日每一窗口管理包裹作业量 400～600 件左右。

关于包裹托取厅的面积，主要为方便货主排队取票、交付款项、填写标签、安全检查及取送货物的通道等必要的活动场地。每一托取窗口最小宽度一般为 4～6m，进深约 6m，即一个托取窗口最小面积约为 25～30m²。

5.5.13 有的包裹体大、物重，托取柜台高度要适宜，通过调查及征询运营部门意见，将托取柜台高度及柜台面宽度定为 0.6m。为便于笨重包裹托取及平板车进出，托取柜台应留出 1.5m 宽的运输通道。

5.6 旅客服务设施

5.6.6 旅客在车站内的活动受时间的制约，设置导向标志的目的是帮助旅客完成连贯、完整的活动过程，并帮助旅客在视觉上迅速确定环境，引导行动。

5.6.7 本条规定的商业服务设施仅指设在旅客站房范围内，专为候车旅客服务的小型零售、餐饮、书报杂志等设施。车站内不应设置大型的商业设施，包括大型的零售、餐饮、住宿、娱乐等，因这些设施易发生火灾。车站为人员密集的场所，一旦发生安全事故，将危及整个车站的安全。旅客到达车站的目的不是为了购物，而是购置一些路途上使用的食品、用品、书报杂志等。所以设置一些小型商业设施可以基本满足旅客需求。

5.7 旅客用厕所、盥洗间

5.7.2 厕所、盥洗间设计。

根据对部分已建成车站厕所的调查（见表 8），从中可以感到车站厕所的设置数量不足，男女厕位比例不当。本次修订将旅客男女人数比例修改为 1:1，厕位比例修改为 1:1.5，当按最高聚集人数或高峰小时发送量设置厕所时，按 2 个/100 人可以满足使

用要求。

表 8 厕所厕位调查

站名	最高聚集人数	男厕位	面积（m²）	女厕位	面积（m²）	调查结论	厕位/百人（个）
丹东	2000	12	—	18	—	合适	1.50
满洲里	1000	3	12	2	10	拥挤	0.50
昆明	4000	—	30	—	22	拥挤	1.30
无锡	6500	21	84	21	84	—	0.64
兰州	4000	48	200	12	68	—	1.25
西宁	2000	22	62	24	58	富裕	2.30
银川	2000	10	36	6	16	富裕	0.80
乌鲁木齐	2000	20	39	20	48	合适	2.00
苏州	2500	14	14	14	78	稍挤	1.12
重庆	7000	28	140	28	140	拥挤	0.80

5.7.3 大型站使用面积较大，旅客分散，流线复杂，如果集中设置过大的厕所，因服务半径不合理，达不到方便旅客的要求，而且在卫生、管理等方面都有所不便。所以，特大型、大型旅客车站的厕所应酌情合理分散设置。

5.8 客运管理、生活和设备用房

5.8.1 与原规范相比，本条的变化主要是增加了公安值班室和生产用车停车场地。

5.8.2 服务员室是供服务员在接、发客车空隙时间内临时休息的地方，室内仅设有桌椅等，因此，按每人 2m² 的使用面积是可以满足使用要求的。由于小型（或部分中型）站的客运服务人员很少，所以仅设一间服务员室，但也要有合理空间，故规定最小使用面积不应小于 8m²。特大型、大型旅客流量大，服务员接发列车的业务量也大，故在站台附近设服务员室以方便使用。

5.8.3 检票员室是供检票员工作间歇休息的房间，其使用面积与服务员室相同，为方便工作故规定应位于检票口附近。

5.8.4 补票室位于出站口，其室内一般设有办公桌、椅及票据柜等，故规定房间最小使用面积不应小于 10m²。由于室内存有票据及现金，故其门窗应有防盗设施。

5.8.5 客运服务人员一般采用多班制工作，在上班前先在交接班室进行点名，传达有关事项。交接班室的使用情况相当于一般的会议室，故规定其使用面积不宜小于 1m²/人，并不宜小于 30m²。

5.8.6 由于广播室设有播音机、扩音机及必要的通信设备，所以本条规定最小使用面积不宜小于 10m²。

5.8.10 站房内公安值班室的位置应根据安全保卫工

作需要设置。其使用面积是根据公安部门有关规定确定的。

5.8.12 客运办公用房使用面积按 3m²/人，系根据《办公建筑设计规范》JGJ 67 的有关规定确定的。

5.8.13 旅客车站生活用房主要由间休室、更衣室、职工厕所等用房组成，上述用房根据车站建筑规模不同及需要予以设置。

1 客运服务人员，售票及行李、包裹作业人员按照作息制度，允许值班期间轮流休息，因此各型旅客车站均设置间休室。

由于使用间休室的只是部分当班人员，本规范规定其使用面积按最大班人数的 2/3 计算。使用面积是参照《宿舍建筑设计规范》JGJ 36 的规定确定的。最低面积指标定为双层床每人使用面积 3m²，考虑间休室仅供职工轮流休息用，无需存放诸多生活用品，故规定每人使用面积 2m²。

4 为改善铁路旅客车站职工的工作条件，本规范提出设置职工活动室、洗澡间、就餐间等设施的要求，设置方式可采用车站单独设置或与其他铁路单位联合设置。

5.9 国境（口岸）站房

5.9.1 客运设施指售票、候车、检票、行李、服务和管理等与一般旅客车站相同的厅室，联检设施见本规范第 5.9.4 条条文说明。

5.9.3 国境（口岸）站房的客运设施。

国境（口岸）站一般也是国内终端站，要同时办理境内外客运业务。由于口岸联检的要求，出入境旅客进站后必须接受联检和监护。因此，境内和出入境旅客使用的客运设施包括站房、通道、站台等要分开，并使两者的旅客流线严格隔离。

出入境旅客的成分复杂、信仰不同、习俗各异，故出入境候车室宜作多室布置，以利于灵活安排不同组团的旅客。同时出入境旅客中的贵宾也较多，分室接待也有利于安全。

出境旅客和行李经联检后方许进入候车室和行李厅，故入境候车室和行李托运处都应布置在监护区内。

5.9.4 国境（口岸）站房的联检设施。

1 车站边防检查站、海关办事处、出入境检验检疫机构和国家安全检查站是国境联检的基本组成部门，他们的任务是对出入境旅客实行查验，代表国家在车站行使权力，以维护国家安全与主权。口岸联检办公室则是各驻站联检部门的统管、协调机构，各部门都需要在车站设置一定的旅客检查厅室、工作间、值班室和检验设备，可视各站的实际需要进行设置。

2 目前我国采用的联检方式主要有两种：一为全部旅客携带随身物品进入联检厅进行联检，流程为卫生检疫→边防检查→海关检查→动植物检疫，主要

适用于始发、终到站，如广九站；二为当国际联运列车通过国境站时，列车到站后由联检小组上车观察初检，而后将重点对象监护下车，进入有关的联检厅室进行复检，其余旅客可不携物下车进入候车或购物、餐饮、娱乐等活动，而后再上车继续旅行。第二种联检方式对联检厅室的排列顺序要求不严，多用于国际列车中间通过的国境站，如丹东站、满洲里站等。设计中应采取哪一种方式可视各站的实际情况而定。

5.9.5 出入境旅客在站内须完成联检流程，逗留的时间较长，有较充分的时间在站内进行活动，因此站内应有比较齐全、良好的服务设施，各站可视实际需要进行设置。

6 站场客运建筑

6.1 站台、雨篷

6.1.2、6.1.3 系根据《铁路车站及枢纽设计规范》GB 50091 制定。

6.1.4 旅客站台设计。

1、2 旅客站台承受客流、行李和包裹搬运、迎宾、消防车辆等通行时的磨压，故站台应采用刚性地面，以满足耐磨和较大荷载使用的要求。站台面应防滑并应做好排水，以保证旅客的行走、行李和包裹搬运车辆通行安全。

3 列车进站时车速较快，会危及靠近站台边缘的旅客，据铁道科学研究院测试和国外有关资料，在距站台边缘 1m 处，列车以 120km/h 时速通过站台所产生的气动作用，不足以威胁旅客安全，我国铁路车站站台沿用多年的 1m 安全退避距离，实践证明也是安全的。因此，本条保留了原规范在站台全长范围内距站台边缘 1m 处应设置明显安全标记的规定。并以国际上通常用来表明环境变化的黄颜色定为警戒线的颜色，其宽度定为 0.06m 以加强标记的确认程度。

1m 警戒线的位置适用于停靠站台的客货共线和客运专线旅客列车，一般旅客列车停靠站台时的进站速度小于 120km/h。

6.1.6 旅客站台设置雨篷目的在于避免旅客和行李、包裹、邮件受雨雪侵袭和烈日照晒。客运专线、客货共线铁路的特大及大型站旅客多，行李、包裹、邮件量大，故宜设置与列车同长的站台雨篷。客货共线铁路的中型站及以下的站房，旅客相对较少，行李、包裹、邮件的作业量也不大，可以根据车站所在地气候特点考虑雨篷的设置长度。

6.1.7 旅客站台雨篷设置。

"铁路建筑接近限界"是站台雨篷设计的重要依据，站台雨篷任何部位侵入限界都将危及行车和旅客的安全。

无站台柱雨篷覆盖面大，在设计时除结构本身的

问题外，还要考虑安全因素，所以本条规定铁路正线两侧不得设置无站台柱雨篷立柱，在顶棚设计上可以采用一些吸音材料，减少声音的反射，避免产生混响效果。另外还应考虑车体产生的烟气、噪声、振动，以及采光、排水、通风等一系列环境问题。

6.2 站场跨线设施

6.2.1 本条系根据《铁路车站及枢纽设计规范》GB 50091制定。

6.2.2 近年来由于列车提速，车次增加，旅客进出地道、天桥人数也相应增多，原规范规定的地道、天桥的最小宽度已不能满足旅客流量变化和快速疏散的要求，故对原规范旅客车站地道、天桥最小宽度进行了修订。

6.2.3 旅客地道、天桥的出入口设计。

1 站台上疏导旅客进入、离开站台的能力取决于旅客地道和天桥的出入口的数量和宽度。由于地道和天桥的出入口的宽度受站台宽度的限制，为增加通过能力，应尽量设计为双向出入口，这对旅客人数较多的特大型、大型站尤为重要。

2 自动扶梯具有输送快捷、平稳、安全的性能，尤其符合客运专线对客流高效率通过的要求。故应在客流量较大的特大型、大型和部分中型旅客车站设置自动扶梯。

3 旅客地道出入口全部采用阶梯式，对行动不便人员形成障碍，故本条规定设双向出入口时，宜设阶梯和坡道各1处。由于天桥距站台面高度较大，如采用坡道代替阶梯，则会长度过大，所以本款规定只限于地道，不包括天桥。

4 客货共线铁路的行李、包裹地道通向站台出入口的坡道较长，为减少占用旅客站台，应设单向出入口。行李、包裹地道的主要通行车辆为行李包裹搬运车辆，每列行李包裹车辆宽度为1.7m，并列时车辆宽度为3.4m，上下行时如车辆间隙为0.5m，靠墙一侧的间隙为0.3m，因此行李、包裹地道出入口最小宽度为：$3.4+0.5+0.3 \times 2=4.5$m。当站台宽度受到限制时，行李、包裹地道可按单向通行设计，并在出入口处设置标明地道使用情况的警示通行标志。

6.2.4 地道、天桥的阶梯及坡道设计。

1 阶梯踏步高度定为不宜大于0.14m，宽度不宜小于0.32m，有利于旅客在楼梯上平稳通行。

3 行李、包裹出入口坡道坡度为1:12，既考虑了安全和经济的因素，也符合国际上采用的惯例。在坡道与主通道转弯处，为使车辆便于上、下坡，避免碰撞，自起坡点至主通道需要一段水平距离，按3辆行李拖车计，每辆车长3.25m，加牵引车总长约为11m，所以规定该段水平距离为10m可满足使用要求。

6.4 检 票 口

6.4.1 设置足够数量的检票口是快速疏导客流的重要

环节。规定检票口的最少设置数量是结合现状调查，以计算结果为依据，并适当预留高峰期和发展备用而考虑的。检票口的设置数量系根据以下计算确定：

有始发车业务的车站其检票口的数量按每列车编组14节1200人计，其中普通旅客进站按90％计算，出站按100％计算。

每个进站检票口通过能力按1800人/h计（每分钟每个口的通过能力30人）。

进站检票计算时间取15min。

预留备用进站检票口数：中、小型站各2个；大型站3个；特大型站4个。

计算如下：

现以最高聚集人数为例：

1）最高聚集人数等于或大于8000人的站房进站检票口最少数量：

始发车时一列车人数：$1200 \times 90\%=1080$（人）

一列车人同时进站需要检票口数：$1080 \div 30 \div 15=2.4$，需要3个检票口。

有始发业务的车站当最高聚集人数达到8000人时，需要候车室数量：$8000 \div 1080=7.4$，需要8个候车室。

检票口最少设置数量：$3 \times 8=24$（个）

2）最高聚集人数4000～7000人的站房需要候车室数量：

$4000 \div 1080=3.7$，需要4个候车室。

$7000 \div 1080=6.5$，需要7个候车室。

检票口最少数量：$3 \times 4=12$（个）

$3 \times 7=21$（个）

3）最高聚集人数2000～3000人的站房需要候车室数量：

$2000 \div 1080=1.9$，需要2个候车室。

$3000 \div 1080=2.8$，需要3个候车室。

检票口最少数量：$3 \times 2=6$（个）

$3 \times 3=9$（个）

4）最高聚集人数1000～1800的站房需要候车室数量：

$1000 \div 1080=0.93$，需要1个候车室。

$1800 \div 1080=1.7$，需要2个候车室。

检票口最少数量：$3 \times 1=3$（个）

$3 \times 2=6$（个）

将原规范和现在修订的规范进站检票口设置数量进行对比（见表9、表10）：

表9 原规范进站检票口设置最少数量

最高聚集人数（人）	进站检票口（个）
≥8000	18
4000～7000	14
2000～3000	12
1000～1800	8

表 10　现在修订规范进站检票口设置最少数量

最高聚集人数（人）	进站检票口（个）
≥8000	28
4000～7000	15～24
2000～3000	9～12
1000～1800	5～8

　　通过对比得知，特大型、大型站进站检票口需要量远大于原规范规定。

6.4.2　检票口采用柔性或可移动栏杆是出于安全方面的问题，在发生意外情况时，可迅速拆除和移动栏杆，形成疏散通道。

8　建 筑 设 备

8.1　给水、排水

8.1.1　本着经济适用的原则，对严寒地区特大型、大型站内的旅客用盥洗间作了宜设热水供应的规定。

8.2　采暖、通风和空气调节

8.2.2　《采暖通风与空气调节设计规范》GB 50019 中明确规定："位于严寒地区、寒冷地区的公共建筑和工业建筑，对经常开启的外门，且不设门斗和前室时，宜设置热空气幕"。因此本条对特大型和大型站的热风幕设置作了明确的规定。

　　站房建筑空间较高，门窗尺寸大，室内采暖设备布置数量与热负荷数值存在较大缺口，故本条规定中型站的候车室，如热负荷较大，可设热风幕以补充热量的不足。

8.2.3　特大型、大型站中的普通候车区，目前常设计为高架或高大空间的新型建筑，维护结构的热工性能指标较低，人员聚集，致使室内温度升高，而且盛夏的七、八月又是客运负荷的高峰，因此，客运部门和广大旅客迫切需要设置空调设备。为体现以人为本的原则，同时考虑到国家能源仍很紧张，财力有限，故本条对特大型、大型、中型站和国境（口岸）站人员聚集的候车区、售票厅作了宜设空气调节系统的明确规定。

8.2.4　舒适性空气调节的室内计算参数，主要是根据《采暖通风与空气调节设计规范》GB 50019 中的有关规定制定的。

8.2.6　本条为新增条文。置换通风是一种新的通风方式，与传统的混合通风方式相比较，室内工作区可得到较高的空气品质和舒适性，并具有较高的通风效率。传统的混合通风是以稀释原理为基础的，而置换通风以浮力控制为动力。传统的混合通风是以建筑空间为主，而置换通风是以人群为主。由此在通风动力源、通风技术措施、气流分布等方面及最终的通风效果发生了一系列变化，这也是一种节能的有效通风方式。

　　冷热源设计方案是空气调节设计的首要问题，应根据各城市供电、供热、供气的不同情况而定。可采用空气源热泵、水源（地源）热泵。蓄冷（热）空气调节系统可均衡用电负荷，缩小峰谷用电差，经过技术经济比较，宜采用蓄冷（热）空气调节系统。

8.3　电气、照明

8.3.2　照明设计。

2　候车室、售票厅、集散厅、行李和包裹托取厅、包裹库等高大空间场所的一般照明采用高压钠灯、金属卤化物灯等高光强气体放电光源或混光光源，不仅节电而且照明效果好。由于节能型荧光灯的光电参数较白炽灯的光电参数提高了发光效率，因此，一般场所宜采用节能型荧光灯。

3　本条所列场所，其工作特点对照度要求较高，一般照明满足不了功能要求，需增设局部照明设备。例如，检票口、售票工作台等处，要求迅速无误地辨认票面最小文字，以提高工作效率，减少旅客等候时间，所以需具有良好的照明。

4　本条所列场所昼夜客流量差别较大，根据对特大型站照明使用的调查及从节能的角度出发，在不影响安全的前提下适当设置照明控制模式，节电效果显著。

5　根据对运营单位实际情况的调查，站台采用高压钠灯，由于点燃后呈现橙黄色，极易与黄色信号灯的颜色相混，特作出规定，以引起注意。

6　车站广场应根据广场面积和客流量情况设置照明。在广场面积大时，宜采用高杆照明，面积小时，宜采用灯杆照明。但无论采用何种形式均宜选用高强气体放电光源，以利节能。为维修方便，高杆宜采用升降式，灯杆宜采用折杆式。

8.4　旅客信息系统

8.4.4　特大型、大型旅客车站客运工作繁忙，各系统工作业务量大，随着计算机网络的发展，同时也为了适应旅客车站综合管理现代化的要求，迅速、准确地向旅客传达列车行车信息，站内应设通告显示网。旅客车站服务的基础是列车到发时刻，因此，列车到发通告系统主机可作为网络服务器，其他子系统实时共享网络服务器上的列车运行计划和到发时刻信息，并及时、准确通过子系统向旅客传达。

8.4.8　旅客车站信息系统机房相对较多，设置综合机房可节省房屋面积，同时也便于系统联网及运营维护管理。

中华人民共和国国家标准

生物安全实验室建筑技术规范

GB 50346—2004

条 文 说 明

目　　次

1 总　则

1.0.1　生物安全的重要性以及生物安全实验室建设的迫切性已被当前的现实所证实，但长期以来我国在这方面的标准规范并不完善，尤其缺乏相关建筑技术规范。已经发布的一些关于生物安全实验室的标准、规范，基本都从医学、生物学角度出发，侧重实验工艺、操作方面的规程。对于实验室建筑设计、平面规划、空调净化、自控系统等方面的要求和具体做法较少。由于我国在生物安全实验室建设方面已取得很多自己的科技成果，此外，在环境、设备、人员、管理等方面与国外也有所区别，因此，如何参照国外先进标准，结合国内先进经验和理论成果，使我国的生物安全实验室建设符合我国的实际情况，真正做到安全、规范、经济、实用，是制订本规范的根本目的。

1.0.2　本条规定了本规范的适用范围。对于进行放射性和化学实验的生物安全实验室的建设还应遵循相应规范的规定。

1.0.3　本条强调了生物安全实验室的保护对象，包括实验人员、周围环境和操作对象三个方面。设计和建设生物安全实验室，既要考虑到初投资，也要考虑运行费用。针对具体项目，应进行详细的技术经济分析。目前国内已建成的生物安全实验室中，出现施工方现场制作的不合格产品，采用无质量合格证的风机，高效过滤器也有采用非正规厂家生产的产品等，生物安全难以保证。因此，对生物安全实验室中采用的设备、材料必须严格把关，不得迁就，必须采用绝对可靠的设备、材料和施工工艺。

本规范的规定是生物安全实验室设计、施工和检测的最低标准。实际工程各项指标可高于本规范要求，但不得低于本规范要求。

1.0.4　本规范条文中引用了以下规范标准中的条文，应注意这些规范的最新版本，并研究是否可使用这些文件的最新版本。

《高效空气过滤器性能实验方法透过率和阻力》GB 6165—85

《污染综合排放标准》GB 8978—1996

《高效空气过滤器》GB 13554—92

《实验动物环境与设施》GB 14925—2001

《医院消毒卫生标准》GB 15982—95

《医疗机构污水排放要求》GB 18466—2001

《实验室生物安全通用要求》GB 19489—2004

《建筑给水排水设计规范》GB 50015—2003

《采暖通风与空气调节设计规范》GB 50019—2003

《压缩空气站设计规范》GB 50029—2003

《高层民用建筑设计防火规范》GB 50045—95（2001 年版）

《供配电系统设计规范》GB 50052—95

《低压配电设计规范》GB 50054—95

《洁净厂房设计规范》GB 50073—2001

《火灾自动报警系统设计规范》GB 50116—98

《建筑装饰装修工程质量验收规范》GB 50210—2001

《通风与空调工程施工质量验收规范》GB 50243—2002

《建筑设计防火规范》GBJ 16—87（2001 年版）

《建筑灭火器配置设计规范》GBJ 140—90

《空气过滤器》GB/T 14295—93

《民用建筑电气设计规范》JGJ/T 16—92

《洁净室施工及验收规范》JGJ 71—90

2 术　语

2.0.1　一级屏障主要包括各级生物安全柜、动物隔离器和个人防护装备等。

2.0.2　二级屏障主要包括建筑结构、通风空调、给水排水、电气和控制系统。

2.0.4　主实验室的概念是本规范首次提出的，是为了区别经常提到的"生物安全实验室"、"P3 实验室"等。本规范中提到的"生物安全实验室"是包含主实验室及其必需的辅助用房的总称。

2.0.8　关于空气洁净度等级的规定采用与国际接轨的命名方式，7 级相当于原国家标准《洁净厂房设计规范》GBJ 73—84 中的 1 万级。根据《洁净厂房设计规范》GB 50073 的规定，洁净度等级可选择两种控制粒径。对于生物安全实验室，应选择 $0.5\mu m$ 和 $5\mu m$ 作为控制粒径。

2.0.9　同2.0.8条，相当于原国家标准中的 10 万级，也应选择 $0.5\mu m$ 和 $5\mu m$ 作为控制粒径。

2.0.10　本条采用国际通用的定义方法，与原来国内对静态的定义有所区别。区别在于工艺设备是否运行上。生物安全实验室在进行设计建造时，根据不同的使用需要，会有不同的设计方法，如安全柜等设备常开或间歇运行，有多台设备随机启停等，所以静态必须包括系统和设备按设计状态运行，但没有实验操作人员。

3 生物安全实验室的分级和技术指标

3.1 生物安全实验室的组成和生物安全标识

3.1.1　生物安全实验室除了主实验室外，一般都还有其他实验室和辅助用房，其他实验室如准备间等，辅助用房如更衣室、缓冲室、淋浴室、洗消间、控制室等。

3.1.2　二级～四级生物安全实验室的操作对象都不

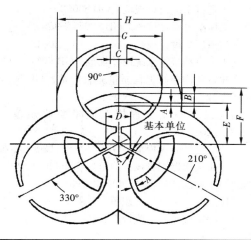

图中尺寸	A	B	C	D	E	F	G	H
以 A 为基准的长度	1	$3^{1/2}$	4	6	11	15	21	30

图 3.1.2（a） 生物危险符号的绘制方法

同程度地对人员和环境有危害性，因此根据国际相关标准，生物安全实验室入口处必须明确标示出国际通用生物危险符号。生物危险符号可参照图 3.1.2（a）绘制。在生物危险符号的下方应同时标明实验室名称、预防措施负责人、紧急联络方式等有关信息，可参照图 3.1.2（b）。

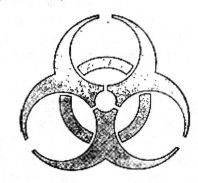

生 物 危 险	
非工作人员严禁入内	
实验室名称	预防措施负责人
病原体名称	紧急联络方式
生物危害等级	

图 3.1.2（b） 生物危险符号及实验室相关信息

3.2 生物安全实验室的分级

3.2.1 参照世界卫生组织的规定以及其他国内外的有关规定，同时结合我国的实际情况，把生物安全实验室分为四级。为了表示方便，以 BSL（英文

Biosafety Level 的缩写）表示生物安全等级；以 AB-SL（A 是 Animal 的缩写）表示动物生物安全等级。

3.2.2 本条对四级生物安全实验室又进行了详细划分，即细分为安全柜型、正压服型和混合型三种，对每种的特点进行了描述。混合型生物安全实验室一般很少采用，国外也只是在极端情况下才有此类型的实验室。

3.3 生物安全实验室的技术指标

3.3.2 本条规定了生物安全主实验室二级屏障的主要技术指标。对于饲养动物的生物安全实验室，则同时满足《实验动物环境与设施》GB 14925 以及其他有关规范的要求。由于动物实验产生的病原微生物更多，故对压差的要求也高于非动物实验的实验室。对于三级和四级生物安全实验室，由于工作人员身穿防护服，夏季室内设计温度不宜太高。

需要说明的是，表 3.3.2 和表 3.3.3 中各房间与室外方向相邻相通房间的负压值宜在 $-10 \sim -20 Pa$，表中对温度的要求为夏季不超过高限，冬季不低于低限。

另外对于二级生物安全实验室，为保护实验环境，延长生物安全柜的使用寿命，建议采用机械通风，并加装过滤装置。

3.3.3 本条规定了三级和四级生物安全实验室辅助用房的主要技术指标。三级和四级生物安全实验室，从清洁区到污染区每相邻区域的压力梯度应达到规范要求，主要是为了保证不同区域之间的气流流向。

3.3.4 本条主要针对动物生物安全实验室，为了节约运行费用，设计时一般应考虑值班运行状态，如动物隔离器室的夜间运行。值班运行状态也应保证各房间之间的压差数值和梯度保持不变。值班换气次数可以低于表 3.3.2 和表 3.3.3 中规定的数字，但应通过计算确定。

3.3.5 有些生物安全实验室，根据操作对象和实验工艺的要求，对空气洁净度级别会有特殊要求，相应地空气换气次数也应随之变化。

4 建筑、结构和装修

4.1 建 筑 要 求

4.1.1 本条对生物安全实验室的平面位置和选址作出了规定。为防止相邻建筑物或构筑物倒塌、火灾或其他意外对生物安全实验室造成威胁，或妨碍实施保护、救援等作业，故要求三级、四级实验室需要与相邻建筑物或构筑物保持一定距离。三级实验室与公共场所和居住建筑距离的确定，是根据污染物扩散并稀释的距离计算得来。建筑之间的间距是从主实验室的外墙外表皮和生物安全实验室主出入口算起的水平距离。

4.1.2 划分三区的原则是根据受污染风险的大小划分，其目的是更好地进行管理。污染区主要指主实验室、动物实验室、动物解剖室等；清洁区在进入实验室阶段指更防护服（含）之前的区域，在退出实验室阶段指更防护服以后的区域；其余区域为半污染区。

图 4.1.2 给出三级生物安全实验室的一种参考流程，由于实验室平面布置的多样性，必须根据具体情况确定，本图仅供参考，其中缓冲室具体属于哪个区域应根据实际情况确定。

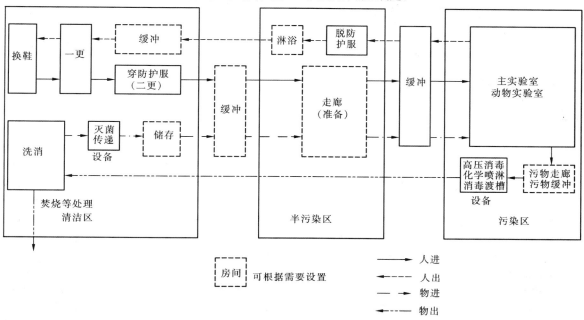

图 4.1.2 三级生物安全实验室人、物流程示意图

4.1.3 本条规定了缓冲室的设置原则，是一般污染控制技术的原则。缓冲室内不能安放设备、器件等，否则就失去缓冲的意义了。

4.1.4 不同区域之间的物品传递应通过传递窗。传递窗内应设置有效的消毒装置便于物品传递过程中表面的消毒处理。

4.1.5 由于实验对象的危害程度不同，对于是否设置淋浴室也有不同要求。设计人员应与实验室的使用人员认真分析，决定是否设置淋浴室。对于三级生物安全实验室，如果条件允许，尽量设置淋浴室；对于四级生物安全实验室，应设置淋浴室。如果淋浴室设置在半污染区内，则排水的处理就有无害化要求。

4.1.6 本条规定了三级和四级生物安全实验室的人流路线，也可参考图 4.1.2。

4.1.7 四级生物安全实验室的操作对象都是危害性极大的致病因子，人员和物品进出实验室都必须进行严格消毒。设置化学淋浴室是为了首先将人员正压防护服上的污染物消毒，然后才能脱去。对于某些特殊要求的三级生物安全实验室，也应根据要求设置化学淋浴室。

4.1.8 本条参照美国、加拿大标准要求，规定了设置紧急出口的要求。对于四级生物安全实验室，由于其操作对象的高度危害性，在紧急出口处应设置缓冲室和消毒处理室，防止致病因子逃逸。

4.1.9 考虑到生物安全柜等设备的高度和检测、检修要求，以及已经发生的因层高不够而卸掉设备脚轮的情况，对实验室高度作出了规定。

4.1.10 从安全的角度考虑，四级生物安全实验室应设置隔离观察室，以备实验人员感染后隔离和观察之用，同时设置相应的配套设施。

4.2 结 构 要 求

4.2.1 我国三级生物安全实验室很多是在既有建筑物的基础上改建而成，而我国大量的建筑物结构安全等级为二级；根据具体情况，可对改建成三级生物安全实验室的局部建筑结构进行补强。对新建的三级生物安全实验室，其结构安全等级应尽可能采用一级。

4.2.2 根据《建筑抗震设防分类标准》GB 50223 的规定，研究、中试生产和存放剧毒生物制品和天然人工细菌与病毒的建筑，其抗震设防应按甲类建筑设计。因此，在条件允许的情况下，新建的三级生物安全实验室抗震设计时按甲类建筑设防，对不符合三级生物安全实验室抗震设防要求的既有建筑物改建也应进行抗震加固。

4.2.3 考虑到使用的安全性和使用功能的要求，如果条件允许的话，四级生物安全实验室应尽量设计成单层结构并设地下室。

4.2.4 装配式结构是由预制构件或部件通过一定的

连接方式（比如焊接、螺栓连接等）装配而成的，其结构整体性相对较差。三级和四级生物安全实验室的建筑结构应采用整体性较好的混凝土结构、砌体结构或钢结构。

4.2.5 本条所指的技术维修夹层，在结构设计时就应考虑，维修人员应能进入技术维修夹层进行检修、调试和更换设备及部件等。

4.3 建筑装饰要求

4.3.1 三级和四级生物安全实验室属于高危险度实验室，地面应采用无缝的防滑耐腐蚀材料，保证人员不被滑倒，这是第一要注意之处。踢脚板应与墙面齐平或略缩进，围护结构的相交位置采取圆弧处理，减少卫生死角，便于清洁和消毒处理。

4.3.2 对实验室墙面和顶棚的材料提出了定性的要求。表面涂层应具有抗静电性能可防止有害颗粒被吸附到墙体表面。

4.3.3 实验室围护结构表面的所有缝隙（拼接缝、传线孔、配管穿墙处、钉孔，以及其他所有开口处密封盖边缘）应密封。由于是负压房间，同时又有洁净度要求，对缝隙的严密性要求远远高于正压房间，必须高度重视。

4.3.4 本条规定了生物安全实验室窗的设置原则。对于二级生物安全实验室，如果有条件，还是建议设置机械通风系统，并保持一定的负压，一般不小于—5Pa即可。三级和四级生物安全实验室的观察窗应采用安全的材料制作，防止因意外破碎而造成安全事故。

4.3.5 昆虫、鼠等动物身上极易沾染和携带致病因子，应采取防护措施。如窗户应设纱窗，新风口、排风口处应设置保护网，门口处也应采取措施。

4.3.6 生物安全实验室的门上应有可视窗，不必进入室内便可方便地对实验和动物进行观察。由于生物安全实验室非常封闭，风险大、安全性要求高，设置可视窗可便于外界随时了解室内各种情况，同时也有助于提高实验操作人员的心里安全感。

4.3.7 本条主要提醒设计人员要充分考虑实验室内体积比较大的设备的安装尺寸，如生物安全柜、负压动物隔离器、双扉灭菌柜等，应留有足够的搬运孔洞。此外还应根据需要考虑采取局部隔离、防震、排热、排湿等措施。

4.3.8 人孔、管道检修口等不易密封，所以不应设在三级和四级生物安全实验室的半污染区及污染区内。

5 空调、通风和净化

5.1 一般要求

5.1.1 空调净化系统的划分要考虑多方面的因素，如实验对象的危害程度、自动控制系统的可靠性、系统的节能运行、防止各个房间交叉污染、实验室密闭消毒等问题。

5.1.2 生物安全实验室空调净化系统的设计应充分考虑各种专用设备的负荷，例如实验室的风量不仅仅是按表3.3.2和表3.3.3中的换气次数考虑，主要应考虑生物安全柜、负压动物隔离器等大型设备的排风量。冰箱、灭菌锅等会有热负荷，清洗设备会有湿负荷和污染负荷等等。

5.1.3 本条规定了配用生物安全柜的原则，表明生物安全柜应设在生物安全实验室内。生物安全实验室送、排风的主要矛盾集中在安全柜上。根据我国即将颁布的《生物安全柜》标准和国际上常用的EN12469（欧洲标准）和NSF49（美国标准）标准，生物安全柜分为Ⅰ、Ⅱ、Ⅲ三级，其中Ⅱ级安全柜又分为A1、A2、B1、B2型和细胞毒生物安全柜特例型。随着全球对生物安全的日趋重视，生物安全柜的应用，尤其是Ⅱ级生物安全柜目前已经成为使用量最大的生物安全柜，也是目前我们生物安全实验室建设中最重视的设备之一。

在本条里，把"少量的、挥发性的放射和化学防护"可使用的安全柜定义为：Ⅱ级B1和排风到室外的Ⅱ级A2，因为Ⅱ级A1型安全柜不需外排，不能处理任何毒性药物，而其他A2、B1、B2型可外排，都可处理微量毒性药物。其中Ⅱ级A2又比较特殊，当它不外排时，不能处理化学致癌剂，当它外排时，可处理微量化学致癌剂。

如果较多"挥发性的放射和化学防护"，就只能使用Ⅰ级、Ⅱ级B2、Ⅲ级三种全排型型号，而不能使用A2和B1型了。

应当指出，本条规定的生物安全柜选用原则是最低要求，各使用单位可根据自己的实际使用情况选用适用的生物安全柜。对于放射性的防护，由于可能有累积作用，即使是少量的，建议也采用全排型安全柜。

5.1.4 二级生物安全实验室可不设空调净化系统，也可根据需要设置带循环回风的空调净化系统。但当操作不仅涉及一般微生物还涉及有毒有害溶媒等强刺激性、强致敏性材料的操作时，则不能采用循环风。二级动物生物安全实验室的空气一般也不宜循环使用。

5.1.5 对于三级和四级生物安全实验室，为了保证安全，必须采用全新风系统，不得采用循环回风。

5.1.6 为了防止漏泄、违规操作等的污染或有清场、检修等要求的场合，都应对实验室空间进行空气消毒，所以，送、排风总管上应安装气密阀。另外，四级生物安全实验室的主实验室考虑到要进行围护结构的气密性实验和主实验室单独消毒处理，因此在主实验室支管上也应安装气密阀。

5.1.7 由于普通风机盘管或空调器的进、出风口没有高效过滤器，当室内空气含有有害因子时，极易进入其内部，而其内部在夏季停机期间，温湿度均升高，适合微生物繁殖，当再次开机时会造成暴发性污染，所以绝对不应在污染区和半污染区使用。

另外需要说明的是，局部净化设备的进出风口虽然都可能安有高效过滤器，但它的进出风会破坏5.4.3条和5.4.4条规定的生物安全实验室气流组织原则，故也不得采用。

5.1.8 污染区的送排风量最大，临近空调机房会缩短送、排风管道，降低初投资和运行费用，减少污染风险。空调机组如安装在技术夹层内应采取有效措施减振、降噪、防止漏水，同时应方便设备检修。

5.1.9 三级和四级生物安全实验室都是全新风系统，过滤器的阻力变化很快，如果采用普通空调系统常用的风机，随着系统阻力变化，会严重影响系统风量。因此，除了采取定风量措施外，也应采用风量随系统阻力变化较小的风机类型，即风机性能曲线陡的型号，有利于保持各个房间的压力梯度稳定。

5.2 送 风 系 统

5.2.1 系统设置三级过滤特别是末端设高效过滤器，这是国外同类标准也都要求的。生物安全实验室内高效过滤器的更换很麻烦，如果防护不当也容易发生意外。保证高等级的生物安全实验室有适当的洁净度级别，既可有效地保护实验对象，又可延长生物安全柜和实验室中高效过滤器的使用寿命。另外，设置三级过滤可尽可能延长过滤器和空调机组内部件的使用寿命，在表冷器前加一道中效预过滤，对表冷器的保护非常重要。

5.2.2 空调系统的新风口要采取必要的防雨、防杂物、防昆虫及其他动物的措施。此外还应远离污染源，包括远离排风口。

5.3 排 风 系 统

5.3.1 本条规定了对排风系统的基本要求。

1 为了保证实验室要求的负压，排风和送风系统必须可靠连锁。

2 房间排风口是房间内安全的保障，如房间不设独立排风口，而是利用室内安全柜、通风柜之类的排风代替室内排风口，则由于这些"柜"类设备操作不当、发生故障等情况影响房间的稳定排风，造成房间内气流组织和正压的不稳定，是非常危险的。

3 操作过程中可能产生污染的设备包括离心机、真空泵等。

4 生物安全柜的排风可以单设排风系统，也可以和生物安全实验室各房间的排风系统合用一个系统。

5 室内排风量大小、如何与安全柜排风连锁，

都应以柜内与室内之间保持负压为原则，即使在稳定状态下负压能够达到控制要求，但在运行工况转换过程中如果造成瞬间相反的压差，使柜内空气被吸出来，也是绝对不允许的。对于Ⅲ级生物安全柜，排风系统应能保证安全柜的负压要求。

6 有些生物安全柜从结构上讲其排风可排放到房间内，有些则不行，本条对此作出了规定。

5.3.2 三级生物安全实验室的排风至少需要一道高效过滤器过滤，四级生物安全实验室的排风至少需要两道高效过滤器过滤，国外相关标准也都有此要求。如果生物安全实验室的排风发生致病因子泄漏将是最危险的，因此要求高效过滤器的效率不应低于B类。B类高效过滤器按《高效空气过滤器性能试验方法透过率和阻力》GB 6165 要求检验，在额定风量和20％额定风量下分别进行检验，其效率均应不低于99.99％。

5.3.3 当于排风口后设两道高效过滤器时，为了便于检查第一道高效，应要求其与第二道高效之间保持不小于0.5m的距离，相似要求在加拿大标准中为0.4m。国外有规范中推荐可用高温空气灭菌装置代替第二道高效过滤器，但考虑到高温空气灭菌装置能耗高、价格贵，同时存在消防隐患，因此本规范没有采用。

5.3.4 当室内有致病因子泄漏时，排风口是污染最集中的地区，所以为了把排风口处污染降至最低，尽量减少污染管壁等其他地方，排风高效过滤器应就近安装在排风口处，不应安装在墙内或管道内很深的地方，以免对管道内部等不易消毒的部位造成污染。此外，过滤器的安装结构要便于对过滤器进行消毒和密闭更换。

5.3.5 为了使排风管道保持负压状态，排风机宜设于最靠近室外排风口的地方，以防万一泄漏不致污染房间。

5.3.6 生物安全实验室安全的核心措施，是通过排风保持负压，所以排风机是最关键的设备之一，必须有备用。为了保证正在工作的排风机出故障时，室内负压状态不被破坏，备用排风机必须能自动启动，使系统不间断正常运行。

5.3.7 负压排风量的计算不仅要考虑围护结构的缝隙漏风，还要考虑各种设备的排风。

5.3.8 由于排风是安全措施的核心，如果排风过滤器有漏泄，就不能把住这道关，不仅排风形同虚设，而且更加危险，以至于此安全实验室也形同虚设了。所以，如果不能确认排风过滤器不漏，则此实验室不能启用。因此，排风过滤器的安装位置和条件必须使对它检漏成为可能。

5.3.9 生物安全柜等设备的启停、过滤器阻力的变化等运行工况的改变都有可能对空调通风系统的平衡造成影响。因此，系统设计时应考虑相应的措施来保

证压力稳定。

5.3.10 排风口高出所在建筑的屋面一定距离，可使排风尽快在大气中扩散稀释。

5.4 气流组织

5.4.1 生物安全实验室需要适度洁净，这主要考虑对实验对象的保护、过滤器寿命的延长、精密仪器的保护等，特别是针对我国大气尘浓度比国外发达国家较高的情况，所以本规范对生物安全实验室有洁净度级别要求。但是在我国大气尘浓度条件下，当由室外向内一路负压时，实践已证明很难保证内部需要的洁净度。即使对于一般实验室来说，也很难保证内部的清洁，特别是在多风季节或交通频繁的地区。如果在清洁区内设置一间正压洁净房间，就可以花不多的投资而解决上述问题，既降低了系统的造价，又能节约运行费用。该正压洁净房间可以是更衣室、换鞋室或其他清洁区房间，如果有条件，也可单独设置正压洁净缓冲室。正压洁净房间会不会发生污染物外流呢？由于是在清洁区，根本不可能在此处操作什么污染源，也不可能造成污染物外流。正压洁净室的压力只要对外保持微正压即可。

5.4.2 生物安全实验室内的"污染"空间，主要在安全柜、隔离器等操作位置，而"清洁"空间主要在靠门一侧。一般把房间的排风口布置在生物安全柜及其他排风设备同一侧。

5.4.3 采用上送下排的气流组织形式，对送风口和排风口的位置要精心布置，使室内气流合理，尽可能减少气流停滞区域，确保室内可能被污染的空气以最快速度流向排风口。

5.4.4 送风口有一定的送风速度，如果直接吹向生物安全柜或其他可能产生气溶胶的操作地点上方，有可能破坏生物安全柜工作面的进风气流，或把带有致病因子的气溶胶吹散到其他地方而造成污染。送风口的布置应避开这些地点。

5.4.5 排风口单侧布置，这和普通洁净室要求两侧回风是完全不同的，单侧也可能是在一个角上，也可能是在一面或一段墙上的下侧。主要是为了满足实验室内气流由"清洁"空间流向"污染"空间的要求。

5.4.6 室内排风口高度必须低于工作面，这是一般洁净室的通用要求，如洁净手术室即要求回风口上侧离地不超过 0.5m，为的是不使污染的回（排）风气流从工作面上（手术台上）通过。考虑到生物安全实验室排风量大，而且工作面也仅在排风口一侧，所以排风口上边的高度放松到距地 0.6m。

5.5 空调净化系统的部件与材料

5.5.1 凡是生物洁净室都不允许用木框过滤器，是怕长霉菌，生物安全实验室也应如此。

5.5.2 排风管道是负压管道，有可能被致病因子污染，需要定期进行消毒处理，室内也要常消毒排风，因此需要具有耐腐蚀、耐老化、不吸水特性。对强度也应有一定要求。

5.5.3 为了保护排风管道和排风机，要求排风口外侧还应设防护网和防雨罩。排风气密阀和送风管道的气密阀对应，便于系统消毒操作。另外在空调系统停止运行期间，送风和排风气密阀的关闭可有效保护空调通风系统。

5.5.4 本条对空调设备的选择作出了基本要求。

1 淋水式空气处理因其有繁殖微生物的条件，不能用在生物洁净室系统，生物安全实验室更是如此。由于盘管表面有水滴，风速太大易使气流带水。

2 为了随时监测过滤器阻力，应设压差计。

3 从湿度控制和不给微生物创造孳生的条件方面考虑，如果有条件，推荐使用干蒸汽加湿装置加湿，如干蒸汽加湿器、电极式加湿器、电热式加湿器等。

4 为防止过滤器受潮而有细菌繁殖，并保证加湿效果，加湿设备应和过滤段保持足够距离。

7 高效过滤器的外框及其紧固件均应考虑耐消毒气体侵蚀问题。

8 由于清洗、再生会影响过滤器的阻力和过滤效率，所以对于生物安全实验室的空调通风系统送风用过滤器用完后不应清洗、再生和再用，而应按有关规定直接处理。

对于排风过滤器，则必须消毒后，由经过严格训练的专业人员进行拆卸，密封后，经高温消毒灭菌，焚烧处理。

6 给水排水和气体供应

6.1 给 水

6.1.1 生物安全实验室应设置倒流防止器，是为了防止生物安全实验室在给水供应时可能对其他区域造成倒流污染。供水管设关断阀可以对生物实验室的给水进行开关控制，阀门设在清洁区，便于工作人员进行维修管理。

6.1.2 给水管路的用水点处设止回阀是为了确保给水管路不被污染。

6.1.3 洗手装置是实验室必备的设施，对生物安全实验室也不例外。用水洗手装置的水龙头可采用感应式、肘开式或脚踏式等非手动开关水龙头，这样可使实验人员不和水龙头直接接触，防止水龙头被手污染。三级和四级生物安全实验室污染区和半污染区内的洗手装置一般用作手消毒，通常不设上下水道，只设水池。也可用消毒液浸泡或擦洗的方法进行手消毒，废液、废水应收集至地下集水罐，定期将集水罐密封后，放入高温灭菌器中对废水进行灭菌，经无害化处理且证明灭菌彻底后，方可排放。

6.1.4 三级、四级生物安全实验室要求必须设冲眼装置，是考虑到实验室中有试剂或感染材料等溅到眼中的可能性，如果发生意外，能就近、及时进行紧急救治。

6.1.5 为了防止与其他管道混淆，除了管道上涂醒目的颜色外，也可采用挂牌的做法，注明管道内流体的种类、用途、流向等。

6.1.6 本条对室内给水管的材质提出了要求。需要特别注意管材的壁厚、承压能力、工作温度、膨胀系数等参数。从生物安全的角度考虑，对管道连接有更高的要求，除了要求连接方便，还应该要求连接的密闭性和耐久性。

6.2 排 水

6.2.1 三级和四级生物安全实验室主实验室中的污水污染的可能性最高，所以排水不通过地漏和管道排放，通过容器集中收集，灭菌后排放，保证排水水质到达排放标准。

6.2.2 三级和四级生物安全实验室半污染区和污染区的废水是污染风险最高的，必须集中收集进行有效的消毒灭菌处理。通常如洗手装置、冲眼装置、动物实验等产生的废水，均不应设下水道排水，而是收集至集水罐，定期将集水罐进行灭菌和无害化处理。

6.2.6 此条是为了防止排水系统和空调通风系统互相影响。排风系统的负压会破坏排水系统的水封，排水系统的气体也有可能污染排风系统。

6.2.8 排水管道明设或设透明套管，是为了更容易发现泄漏等问题。明设包括悬空明设或在管井内明设。

6.3 气体供应

6.3.1 气瓶应设在清洁区便于管理，也避免了放在污染区时搬出时要消毒的麻烦。

6.3.2 供气管路应安装防回流装置，并根据工艺要求设置过滤器，是为了防止气体管路被污染，同时也使供气洁净度达到一定要求。

7 电气和自控

7.1 配 电

7.1.1 本条主要强调供电对生物安全实验室的重要性。根据《供配电系统设计规范》GB 50052 的规定，一级供电负荷要求两个独立供电电源，或一个独立供电电源加备用发电设备。对于三级生物安全实验室，如果按一级负荷供电有困难时，也可采用一个独立供电电源加不间断电源或其他可靠的备用电源。对四级生物安全实验室，考虑到对安全要求更高，强调必须

按一级负荷供电，并要求设置不间断电源和备用发电设备。特别应注意备用电源应能在不引起任何事故的情况下自动投入运行。

7.1.2 三级生物安全实验室如果设置备用发电设备，为了保证备用发电设备启动前的电力供应，应根据实验要求设置不间断电源。

7.1.3 不间断电源应能保证实验室主要设备的电力供应。主要设备包括生物安全柜排风机、实验室空调通风的排风机、动物笼具、动物隔离器、自动报警监测系统等。不间断电源至少保证 15min 的电力供应是考虑到实验操作人员处理中断的实验和灭菌、撤离的时间。本条规定的时间为最低要求，实际设计时可根据具体情况适当延长电力供应时间。当设置自备发电设备时，不间断电源应能保证自备发电设备启动前的电力供应。

7.1.4 独立专用配电箱是防止生物安全实验室之间或生物安全实验室与其他建筑之间的相互干扰。专用配电箱设在该实验室的清洁区便于检修和控制。

7.1.5、7.1.6 都是实验室供电的安全性。所以对于漏电也应能检测报警，而不是强调断电。

7.1.7 生物安全实验室配电管线应有足够强度和耐火性，同时应无腐蚀、不起尘。由于矿物绝缘电缆更具绝缘安全性，所以强调在特殊部位的使用。

7.2 照 明

7.2.1 安装吸顶式密闭洁净灯对围护结构的破坏较小，并且具有防水功能，有利于实验室顶板的密封。

7.2.2 在实验室出现紧急情况，如火灾、断电、地震等，紧急照明应保证必要的照明时间。根据《高层民用建筑设计防火规范》GB 50045 规定，火灾时逃生的时间为不少于 20min。考虑到实验操作人员处理中断的实验并逃出生物安全实验室前需要进行消毒灭菌、更衣等，本规范按 30min 考虑。

7.2.3 设置实验室工作状态的文字或灯光讯号显示，方便实验室外的人员了解实验室内的工作状态。

7.2.4 本条是从安全的角度出发，设置紧急发光疏散指示标志，方便人员在紧急情况时撤离。

7.3 自动控制

7.3.1 本条是对自控系统的基本要求。

7.3.2 三级和四级生物安全实验室必须严格控制人员出入，因此应设置出入控制系统。没有经过允许的人员均不得出入实验室。门的互锁措施是为了防止两扇或两扇以上的门同时开启。

7.3.3 本条是为了在火灾、地震、断电等紧急情况下方便人员紧急逃生。

7.3.5、7.3.6 是防止生物安全实验室内因排风关闭而送风未跟随关闭，出现正压。同时，如果排风系统和送风系统启动的时间间隔太大，实验室内的负压

会大大超出设计值，对围护结构、高效过滤器、实验设备等也会产生不良影响，应严格避免。

7.3.7 从安全第一的角度考虑，三级和四级生物安全实验室的空调通风设备不仅应能自动和手动控制，并且手动控制应优先于自动控制。控制和显示面板设在清洁区便于操作和检修。

7.3.8 实验室内不同区域之间的压差是生物安全实验室最重要的指标之一，自控系统必须保证压差要求，在有工作人员工作的时间内，在任何情况下都必须保持压差梯度的稳定。

7.3.9 在三级和四级生物安全实验室内设置压力梯度控制和参数历史数据存贮显示系统是一个基本要求，也是为了必要时的检查和溯源。

7.3.16 由于三级和四级生物安全实验室的内部密封性，设置闭路电视监控系统可便于在实验室外随时监控实验室内的情况，提高了实验室安全性，也方便实验室运行管理人员管理。

7.4 通 讯

7.4.2 强调传真机传送文字信息，是为了保证信息的安全，电脑传送的信息易被修改。

8 消 防

8.0.2 我国现行的《建筑设计防火规范》GBJ 16—87 只提到厂房、仓库和民用建筑的防火设计，没有提到生物安全建筑的耐火等级问题。其中提到关于厂房的耐火等级时，规定有特殊贵重的机器、仪表、仪器等的建筑其耐火等级应为一级，在条文说明中又特别阐述了"特殊贵重"的含义。生物安全实验室内的设备、仪器一般比较贵重，但一般还没有达到防火规范条文解释中的贵重程度。参照我国相关的卫生建筑规范，如《洁净手术部建筑技术规范》GB 50333—2002、《综合医院建筑设计规范》JGJ 49—88 等，把生物安全实验室建筑的耐火等级定为不低于二级。

8.0.3 四级生物安全实验室内的机器、仪表、仪器等比较贵重，而且实验的对象是危害性最大的致病因子。为了防止其他实验室的火灾蔓延到最危险的四级生物安全实验室，也为了防止四级生物安全实验室的火灾蔓延到其他区域，规定四级生物安全实验室应是一个独立的防火分区。

8.0.5 三级和四级生物安全实验室内研究的对象是具有高度危害性的致病因子，而且设备、仪器等比较贵重，因此对三级和四级生物安全实验室的防火防烟和隔墙材料的耐火极限等提出了特殊要求。对于耐火等级为二级的建筑物，非承重外墙和疏散走道两侧的隔墙采用耐火极限不小于 1.00h 的非燃烧体。考虑到三级和四级生物安全实验室的重要性，本条规定三级和四级生物安全实验室与建筑物的其他部位应采用耐火极限不小于 2.00h 的非燃烧体。

8.0.6 本条中所称的合适的灭火器材，是指对实验室不会造成大的损坏，不会导致致病因子扩散的灭火器材，如气体灭火装置等。

8.0.7 如果自动喷水灭火系统在三级和四级生物安全实验室中启动，极有可能造成有害因子泄漏，由于生物安全实验室的规模一般不会很大，建议设置手提灭火器等简便灵活的消防用具。

8.0.8 三级和四级生物安全实验室的消防设计原则与一般建筑物有所不同，尤其是四级生物安全实验室，除了首先考虑人员安全外，还必须考虑尽可能防止有害致病因子外泄。因此，首先强调的是火灾的控制。四级生物安全实验室一旦发生火灾，让其在可控状态下（即不蔓延到其他场所），完全烧尽应该是最好的结果。在相关的国外标准中，也有类似的规定。另外还要强调，除了合理的消防设计外，在实验室操作规程中，建立一套完善严格的应急事件处理程序，对处理火灾等突发事件，减少人员伤亡和污染外泄是十分重要的。

9 施 工 要 求

9.1 一 般 要 求

9.1.1 三级和四级生物安全实验室是有负压要求的洁净室，除了在结构上要比一般洁净室更坚固更严密外，在施工方面，其他要求与净化空调工程是完全一样的，为达到安全防护的要求，施工时一定要严格按照洁净室施工程序进行，洁净室主要施工程序如下：

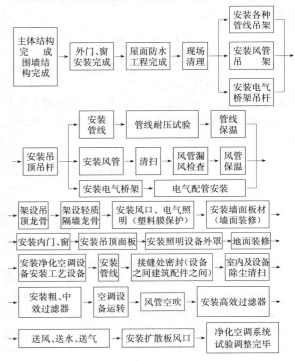

9.2 建筑装饰

9.2.1 应以严密、易于清洁为主要目的。能达到生物安全实验室的墙面平滑、耐磨、耐腐蚀、不吸湿、不透湿等要求的材料，常用的有彩钢板、钢板、铝板、各种非金属板等。为保证生物安全实验室地面防滑、无缝隙、耐压、易清洁，常用的材料有：水磨石现浇、环氧自流坪、PVC 卷材等，也可用环氧树脂涂层。强调一点，采用水磨石现浇地面时，应严格遵守《洁净室施工及验收规范》JGJ 71 中的施工规定。

9.2.2 本条的中心思想是要求施工严密、各部位不漏风。应特别提醒注意的是：插座、开关穿过隔墙安装时，线孔一定要严格密封，应用软性不老化的材料，将线孔堵严。

9.2.3 除可设压差计外，还设测压孔是为了方便抽检、年检和校验检测，平时应有密封措施保证房间的密闭。

9.3 空调净化

9.3.1 空调机组内外的压差可达到 100～160mm 水柱，基础对地面的高度最低要不低于 200mm，以保证冷凝水管所需的存水弯高度，防止空调机组内空气泄漏。

9.3.2 正压段的门宜向内开，负压段的门宜向外开，压差越大，密闭性越好。表冷段的冷凝水排水管上设水封和阀门，夏季用水封密封，冬季阀门关闭，保证空调机组内空气不泄漏。

9.3.4 对加工完毕的风管进行清洁处理和保护，是对系统正常运行的保证。

9.3.5 管道穿过顶棚和灯具箱与吊顶之间的缝隙是容易产生泄漏的地方，对负压房间，泄漏是对保持负压的重大威胁，在此加以强调。

9.3.6 送、排风管道隐蔽安装，既为了管道的安全也有利于整洁，送、排风管道一般也不应通过任何房间。

9.3.9 本条主要针对排风高效过滤器现场检漏进行说明。很多工程的排风高效过滤器不具备现场检测条件，则可采用排风高效过滤装置。该装置必须进行检测单位的严格检漏并合格。排风高效过滤装置的室内侧应有措施，防止高效过滤器损坏。

9.3.10 高效过滤器属于损耗品，应定期进行更换，所以设计和施工时都应考虑安全更换的条件，并遵循严格的安全操作程序。有条件可采用"袋进袋出"的更换方式。

9.4 生物安全柜的安装

9.4.1 生物安全柜在出厂前都经过了严格的检测，在搬运过程中不得拆卸。生物安全柜本身带有高效过滤器，要求放在清洁环境中，所以应在搬入安装现场后拆开包装，尽可能减少污染。

9.4.2 生物安全柜在运行时，对工作面的风速有严格要求。气流激烈变化和人走动多的地方容易对生物安全柜的操作面风速产生影响，并造成柜内气流被引带出来的结果，应尽可能避免。生物安全柜周围是被污染风险最高的区域，应把生物安全柜安装在排风口附近，即室内空气气流方向的下游，使污染空气被尽快排除。

9.4.3 生物安全柜背面、侧面与墙体表面之间应有一定的检修距离，顶部与吊顶之间也应有检测和检修空间，这样也有利于卫生清洁工作。

9.4.4 根据实验要求，安全柜内可能会需要真空管道、压缩空气、煤气等，必须全面考虑。

10 检测和验收

10.1 工程检测

10.1.2 生物安全柜直接保护受污染风险最高的操作者，是生物安全的第一道也是最关键的一道防线。另外，安全柜的运行会影响到实验室的送、排风量，压力梯度等，因此，必须确认安全柜性能达标后，才可开始实验室性能的检测。

10.1.3 生物安全实验室对风系统管道的密闭性要求十分严格，因此要求在风管施工中，必须严格执行相关规定。

10.1.4 必测项目的确定首先针对实验室的安全性，包括第 1、2、4、5 条；再有是保护实验对象，保证实验室环境，包括第 3、6、7、8、9、10、11 条。目测检查生物安全实验室围护结构的严密性时，可在正常运行状态下进行。对于四级生物安全实验室，当进行围护结构的严密性试验时，应关闭送风机，只开启排风机。

10.1.5 生物安全实验室中，四级实验室对围护结构的密闭性要求最高。如果有条件，可进行围护结构的密封性试验。根据农业部 2003 年 10 月 15 日第 302 号文《兽医实验室生物安全技术管理规范》中的有关规定（参考 ISO 10648 标准），检测压力不低于 500Pa，半小时内泄漏率不超过 10％为合格。

10.1.6 本条测定应符合《洁净室施工和验收规范》JGJ 71。对于排风高效过滤器，要保证室内含尘浓度（≥0.5μm）不小于 5000pc/L，在此条件下对排风高效过滤器进行检漏。

10.1.7 气流流向的检测只限于主实验室。

10.1.9 生物安全实验室应在任何条件下满足压力梯度和气流方向的要求，包括不同运行工况转换时，这一点需要在工程调试时落实，为此在验收检测中强调了这一点。很多工程检测时只检测了一个状态，这是不全面的。

10.1.10 电气和故障报警的验证内容包括备用电源可靠性、压差报警系统可靠性、送排风系统连锁可靠性及备用排风系统自动切换可靠性。

10.1.11 施工方的竣工验收报告不能确保公正、准确，必须由第三方检测机构进行综合性能评定。由于生物安全实验室综合性能的检验专业性较强，建议由具有一定资质的专业检测机构完成。

10.1.12 生物安全实验室投入使用后，如果缺乏专业的维护管理、环境的变化、过滤器性能的变化及实验工艺的变化等，都会影响实验室综合性能，因此，定期进行工程检测是必要的。

10.2 生物安全柜的现场检测

10.2.1、10.2.2 生物安全柜的性能非常重要，同实验室一样，在投入使用前，必须进行性能检测。生物安全柜的现场测试主要指Ⅱ级生物安全柜。

10.2.3 表中所列的是生物安全柜最关键和最基本的要求，因此每个项目都必须进行测定。

10.2.4 生物安全柜工作区垂直气流风速的均匀与稳定是安全柜的基本要求。

10.2.5、10.2.6 生物安全柜工作窗口的气流流向和风速是安全柜最重要的性能参数，在测试中必须严格细致地检测，严格把关。

10.2.7 生物安全柜工作区洁净度是保证实验对象不受污染的重要参数。

10.2.8、10.2.9 噪声的测试位置是实验人员头部的基本位置，噪声和照度通过影响实验人员的情绪、注意力、视觉等，间接影响实验操作，进而影响安全，因此也属于必测项目。

10.2.10 生物安全柜箱体的漏泄非常重要，但由于加压测试较为专业，现场检测有一定难度，而且现在新型安全柜的污染区基本都设计在负压状态，因此，此项测试建议有条件时进行，不作强制性规定。进行箱体漏泄检测时，可把生物安全柜密封并加压到500Pa的压力下用皂泡检漏。

10.3 工程验收

10.3.1 由于生物安全实验室的特殊性，除了进行严格的设计、施工、调试外，为确保其安全性，在其进行工程检测后，还必须进行严格的验收，另外，使用过程中的一些因素，如非专业的管理和使用，高效过滤器的更换等，都会对实验室的安全性产生影响，因此，使用中的定期检测与使用前的验收同样重要。

10.3.2 建设与设计文件、施工文件和综合性能评定文件是生物安全实验室工程验收的基本文件，必须齐全。

10.3.3 工程检测是工程验收的一部分，主要针对实验室工程部分进行验收和参数测定，包括围护结构，净化空调系统，电气自控等。

10.3.4 本条规定了生物安全实验室工程验收报告中验收结论的评价方法。

中华人民共和国国家标准

实验动物设施建筑技术规范

GB 50447—2008

条 文 说 明

目　　次

1 总　　则

1.0.1 我国实验动物设施的发展非常迅速，已建成了许多实验动物设施，积累了丰富的设计、施工经验。我国已制定了国家标准《实验动物　环境及设施》GB 14925，该规范规定了实验动物设施的环境要求。本规范是解决如何建设实验动物设施以满足实验动物设施的环境要求，包括建筑、结构、空调净化、消防、给排水、电气、工程检测与验收等。

1.0.2 本条规定了本规范的适用范围。

1.0.3 既要考虑到初投资，也要考虑运行费用。针对具体项目，应进行详细的技术经济分析。对实验动物设施中采用的设备、材料必须严格把关，不得迁就，必须采用合格的设备、材料和施工工艺。

1.0.5 下列标准规范所包含的条文，通过在本规范中引用而构成本规范的条文。使用本规范的各方应注意，研究是否可使用下列规范的最新版本。

《生活饮用水卫生标准》GB 5749-2006

《高效空气过滤器性能实验方法　透过率和阻力》GB 6165-85

《污水综合排放标准》GB 8978-1996

《高效空气过滤器》GB/T 13554-92

《组合式空调机组》GB/T 14294-1993

《空气过滤器》GB/T 14295-93

《实验动物　环境及设施》GB 14925

《医院消毒卫生标准》GB 15982-1995

《医疗机构水污染物排放标准》GB 18466-2005

《实验室生物安全通用要求》GB 19489-2004

《建筑给水排水设计规范》GB 50015-2003

《建筑设计防火规范》GB 50016-2006

《采暖通风与空气调节设计规范》GB 50019-2003

《压缩空气站设计规范》GB 50029-2003

《建筑照明设计标准》GB 50034-2004

《高层民用建筑设计防火规范》GB 50045-95（2005 年版）

《供配电系统设计规范》GB 50052-95

《低压配电设计规范》GB 50054-95

《洁净厂房设计规范》GB 50073-2001

《火灾自动报警系统设计规范》GB 50116-98

《建筑灭火器配置设计规范》GB 50140-2005

《建筑装饰装修工程质量验收规范》GB 50210-2001

《通风与空调工程施工质量验收规范》GB 50243-2002

《生物安全实验室建筑技术规范》GB 50346-2004

《民用建筑电气设计规范》JGJ 16-2008

《洁净室施工及验收规范》JGJ 71-90

2 术　　语

2.0.2～2.0.4 普通环境、屏障环境、隔离环境是指实验动物直接接触的生活环境。

2.0.5、2.0.6 根据使用功能进行分类。

2.0.7、2.0.8 普通环境、屏障环境通过设施来实现，隔离环境通过隔离器等设备来实现。

2.0.12～2.0.14 关于实验动物设施空气洁净度等级的规定采用与国际接轨的命名方式。

2.0.15 净化区指实验动物设施内有空气洁净度要求的区域。

3 分类和技术指标

3.1 实验动物环境设施的分类

3.1.1 本条对实验动物环境设施进行分类，在建设实验动物设施时，应根据实验动物级别进行选择。

3.2 实验动物设施的环境指标

3.2.1、3.2.2 主要依据《实验动物 环境及设施》GB 14925 中的规定。

4 建筑和结构

4.1 选址和总平面

4.1.1 实验动物设施需要相对安静、无污染的环境，选址要尽量减小环境中的粉尘、噪声、电磁等其他有害因素对设施的影响；同时，实验动物设施会产生一定的污水、污物和废气，因此在选址中还要考虑实验动物设施对环境造成污染和影响。

4.1.2 在实验动物设施基地的总平面设计时，要考虑三种流线的组织：人员流线、动物流线、洁物流线和污物流线。尽可能做到人员流线与货物流线分开组织，尤其是运送动物尸体和废弃物的路线与人员进出基地的路线分开，如果能将洁物运入路线和污物运出路线分开则更佳。

设施的外围宜种植枝叶茂盛的常绿树种，不宜选用产生花絮、绒毛、粉尘等对大气有不良影响的树种，尤其不应种植对人和动物有毒、有害的树种。

4.2 建筑布局

4.2.1 动物生产区包括育种室、扩大群饲育室、生产群饲育室等；辅助生产区包括隔离观察室、检疫室、更衣室、缓冲间、清洗消毒室、洁物储存室、待发室、洁净走廊、污物走廊等；辅助区包括门厅、办公室、库房、机房、一般走廊、卫生间、楼梯等。

4.2.2 动物实验区包括饲育室和实验操作室、饲育室和实验操作室的前室或者后室、准备室（样品配制室）、手术室、解剖室（取材室）；辅助实验区包括更衣室、缓冲室、淋浴室、清洗消毒室、洁物储存室、检疫观察室、无害化消毒室、洁净走廊、污物走廊等；辅助区包括门厅、办公、库房、机房、一般走廊、厕所、楼梯等。

4.2.3 屏障环境设施净化区内设置卫生间容易造成污染，所以不应设置卫生间（采用特殊的卫生洁具，不造成污染的除外）。电梯的运行会产生噪声，同时造成屏障环境设施净化区内压力梯度的波动；如将电梯置于屏障环境设施净化区内，应采取有效的措施减小噪声干扰和压力梯度的波动。楼梯置于屏障环境设施净化区内，不利于清洁和洁净度要求，如将楼梯置于屏障环境设施净化区内，应满足空气净化的要求。

4.2.4 清洁级动物、SPF 级动物和无菌级动物因其对环境要求各不相同，应分别饲养在不同的房间或不同区域里，条件困难的情况下可以在同一个房间内使用满足要求的不同的笼具进行饲养；不同种类动物的温度、湿度、照度等生存条件不同，因此宜分别饲养在不同房间或不同区域里。

4.2.5 本条是为了避免鸡、犬等产生较大噪声的动物对其他动物的影响，尤其是避免对胆小的鼠、兔等动物心理和生理的影响。

4.2.6 单走廊布局方式一般是指动物饲育室或实验室排列在走廊两侧，通过这一个走廊运入和运出物品；双走廊布局方式一般是指动物饲育室或实验室两侧分别设有洁净走廊和污物走廊，洁物通过洁净走廊运入，污物通过污物走廊运出；多走廊布局方式实际是多个双走廊方式的组合，例如将洁净走廊设于两排动物室的中间，外围两侧是污物走廊的三走廊方式。

双走廊或多走廊布局时，实验动物设施的实验准备室应与洁净走廊相通，并能方便地通向动物实验室；实验动物设施的手术室应与动物实验室相邻，或有便捷的路线相通；解剖、取样的负压屏障环境设施的解剖室应放在实验区内，并应与污物走廊相连或与无害化消毒室相邻。

4.2.8 本条中的避免交叉污染，包含了几个方面的意思：进入人流与出去人流尽量不交叉，以免出去人流污染进入人流；洁物进入与污物运出流线尽量不交叉，以免污物对洁物造成污染；动物进入与动物实验后运出的流线尽量不交叉，以免实验后的动物污染新进入的动物；不同人员之间、不同动物之间也应避免互相交叉污染。

单走廊的布局，流线上不可避免有交叉时，应通过管理尽量避免相互污染，如采取严格包装、分时控制、前室再次更衣等措施。

以双走廊布局的屏障环境实验动物设施为例，人员、动物、物品的工艺流线示意下：

人员流线：一更──二更──洁净走廊──动物实验室──污物走廊──二更──淋浴（必要时）──一更

动物流线：动物接收──传递窗（消毒通道、动物洗浴）──洁净走廊──动物实验室──污物走廊──解剖室──（无害化消毒──）尸体暂存

物品流线：清洗消毒──高压灭菌器（传递窗、渡槽）──洁物储存间──洁净走廊──动物实验室──污物走廊──（解剖室──）（无害化消毒──）污物暂存

4.2.9 二次更衣室一般用于穿戴洁净衣物，同时可兼做缓冲间阻隔室外空气进入屏障环境设施。

4.2.10 动物进入宜与人员和物品进入通道分开，小型动物也可以和物品一样通过传递窗进入。动物洗浴间内应配备所需的设备，如热水器、电吹风等。

4.2.11 负压屏障环境设施内的动物实验一般在不同程度上对人员和环境有危害性，因此其所有物品必须经无害化处理后才能运出，无害化处理一般采用双扉高压灭菌器等设施。涉及放射性物质的负压屏障环境设施还要遵守放射性物质的相关规定处理后才能运出。

4.2.12 设置检疫室或隔离观察室是为了防止外来实验动物感染实验动物设施内已有的实验动物。

4.2.13 实验动物设施对各种库房的面积要求较大，设计时应加以充分考虑。

4.3 建 筑 构 造

4.3.1 卸货平台高度一般为 1m 左右，便于从货车上直接卸货。

4.3.2 本条主要是指用水直接冲洗的房间，应考虑足够的排水坡度，并做好地面防水。

4.3.3 本条规定是从动物伦理出发，避免实验操作对其他动物产生心理和生理影响，同时避免由此影响实验结果的准确性。

4.3.4 屏障环境设施净化区内的所有物品必须经过高压灭菌器、传递窗、渡槽等设备消毒后才能进入。

4.3.5 清洗消毒室有大量的用水需求，且排水中杂物较多，因此必须有良好的排水措施和防水处理。

4.3.6 屏障环境设施的净化区内设排水沟会影响整个环境的洁净度，如采用排水沟时，应采取可靠的措施满足洁净要求；而洁物储存室是屏障环境设施内对洁净要求较高的房间，设置地漏会有孳生霉菌的危险，因而不应设置；如果将纯水点设于洁物储存室内，需设置收集溢流水的设施。

4.3.7 有洁净度要求或生物安全级别要求的实验动物设施需要较大面积的空调机房，应在设计时充分考虑，并避免其噪声和振动对动物和实验仪器的影响。

4.3.8 实验动物设施每天都要运入大量的饲料、动物和运出污物、尸体等货物，因此二层以上需要设置

方便运送货物的电梯。有条件的情况下货物电梯和人员电梯宜分开，洁物电梯与污物电梯宜分设。

4.3.9 本条是为了保证设施内运送货物的宽度，尤其是实验区内的走廊宽度要满足运送动物、饲料小车的需要。

4.3.10 屏障环境设施的生产区（实验区）内净高应满足所选笼架具（和生物安全柜）的高度和检测、检修要求，但不宜过高，因为实验室内的体积越大，空调要维持同样的换气次数，所需要的送风量就越大，不利于节能。

屏障环境设施的设备管道较多，需要很大的吊顶空间，因而应有足够的层高。

4.3.11 本条的围护结构包括屋顶、外墙、外窗、隔墙、隔断、楼板、梁柱等，都不应含有有毒、有放射性的物质。

4.3.12 本条所指技术夹层包括吊顶或设备夹层，主要用于布置设备管线，吊顶可以是有一定承重能力的可上人吊顶，也可以是不可上人的轻质吊顶；由于在生产区或实验区内的吊顶上留检修人孔会对生产或实验造成影响，因此在不上人轻质吊顶内需要设置检修通道，并在辅助区内留检修人孔或活动吊顶。

4.3.13 本条对墙面和顶棚材料提出了定性的要求。

4.3.14 屏障环境设施的净化区由于有洁净度要求，应尽量减少积尘面和孳生微生物的可能，所以要求围护材料应表面光洁；本条所指的密闭措施包括：密封胶嵌缝、压缝条压缝、纤维布条粘贴压缝、加穿墙套管等；地面与墙面相交位置做圆弧处理，是为了减少卫生死角，便于清洁和消毒。

4.3.15 地面材料应防止人员滑倒，以免人员受伤、破坏生产或实验设施；洁净区内应尽量减少积尘面（特别是水平凸凹面），以免在室内气流作用下引起积尘的二次飞扬，因此踢脚板应与墙面平齐或略缩进不大于3mm。屏障环境设施内因为有洁净度要求，地面混凝土层中宜配少量钢筋以防止地面开裂，从而避免裂缝中孳生微生物。潮湿地区应做好防潮处理，地面垫层中增加防潮层。

4.3.16 屏障环境设施的净化区，为了使门扇关闭紧密，密闭门一般开向压力较高的房间或走廊。

房间门上设密闭观察窗是为了使人不必进入室内便可方便地对动物进行观察，随时了解室内情况，观察窗应采用不易破碎的安全玻璃。缓冲室不宜设过多的门，宜设互锁装置使门不能同时打开，否则容易破坏压力平衡和气流方向，破坏洁净环境。

4.3.17 屏障环境设施净化区外窗的设置要求是为了满足洁净的要求。啮齿类动物是怕见光的，所以不宜设外窗，如果设外窗应有严格的遮光措施。普通环境设施如果没有机械通风系统，应有带防虫纱窗的窗户进行自然通风。

4.3.18 昆虫、野鼠等动物身上极易沾染和携带致病因子，应采取防护措施，如窗户应设纱窗，新风口、排风口处应设置保护网，门口处也应采取措施。

4.3.19 本条主要提醒设计人员要充分考虑实验室内体积比较大的设备的安装和检修尺寸，如生物安全柜、动物饲养设备、高压灭菌器等等，应留有足够的搬运孔洞和搬运通道；此外还应根据需要考虑采取局部隔离、防震、排热、排湿等措施。

4.3.20 设置压差显示装置是为了及时了解不同房间之间的空气压差，便于监督、管理和控制。

4.4 结构要求

4.4.1 目前大量的新建建筑结构安全等级为二级，但实验动物设施普遍规模较小，还有不少既有建筑改建的项目，有可能达到二级有一定困难，但新建的屏障环境设施应不低于二级。

4.4.2 目前大量的新建建筑为丙类抗震设防，但实验动物设施普遍规模较小，还有不少既有建筑改建的项目，有可能达到丙类抗震设防有一定困难，但新建的屏障环境设施应不低于丙类抗震设防，达不到要求的既有建筑改建应进行抗震加固。

4.4.3 屏障环境设施吊顶内的设备管线和检修通道一般吊在上层楼板上，楼板荷载应加以考虑。设施中的高压灭菌器、空调设备的荷载也非常大，设计时应特别注意，并尽可能将大型高压灭菌器放在结构梁上或跨度较小的楼板上。

4.4.4 屏障环境设施的净化区内的变形缝处理不好，容易孳生微生物，严重影响设施环境，因此设计中尽量避免变形缝穿越。

5 空调、通风和空气净化

5.1 一般规定

5.1.1 空调系统的划分和空调方式选择应根据工程的实际情况综合考虑。例如：实验动物实验设施中，根据不同实验内容来进行空调系统的划分，以利于节能。又如：实验动物生产设施和实验动物实验设施分别设置空调系统，这主要是因为这两种设施的使用时间不同，实验动物生产设施一般是连续工作的，而实验动物实验设施在未进行实验时，空调系统一般不运行的（除值班风机外）。

5.1.2 实验动物的热湿负荷比较大，应详细计算。实验动物的热负荷可参考表1：

表1 实验动物的热负荷

动物品种	个体重量(kg)	全热量(W/kg)
小　鼠	0.02	41.4
雏　鸡	0.05	17.2

动物品种	个体重量（kg）	全热量（W/kg）
地 鼠	0.11	20.6
鸽 子	0.28	23.3
大 鼠	0.30	21.1
豚 鼠	0.41	19.7
鸡（成熟）	0.91	9.2
兔 子	2.72	12.2
猫	3.18	11.7
猴 子	4.08	11.7
狗	15.88	6.1
山 羊	35.83	5.0
绵 羊	44.91	6.1
小型猪	11.34	5.6
猪	249.48	4.4
小 牛	136.08	3.1
母 牛	453.60	1.9
马	453.60	1.9
成 人	68.00	2.5

注：本表摘自加拿大实验动物管理委员会（CCAC）编著的《laboratory animal facilities - characteristics design and development》。

5.1.3 送、排风系统的设计应考虑所用设备的使用条件，包括设备的高度、安装间距、送排风方式等。产生污染气溶胶的设备不应向室内排风是为了防止污染室内环境。

5.1.4 安装气密阀门的作用是防止在消毒时，由于该房间或区域与其他房间共用空调净化系统而污染其他房间。

5.1.5 实验动物设施的空调净化系统，各级过滤器随着使用时间的增加，容尘量逐渐增加，系统阻力也逐渐增加，所需风机的风压也越大。选用风压变化较大时，风量变化较小的风机，可以使净化空调系统的风量变化较小，有利于空调净化系统的风量稳定在一定范围内。也可使用变频风机，保持系统风量的稳定，使风机的电机功率与所需风压相适应，可以降低风机的运行费用。

5.1.6 屏障环境设施动物生产区（动物实验区）的空调净化系统出现故障时，经济损失比较严重，所以送、排风机应考虑备用并满足温湿度要求。风机的备用方式一般采用空调机组中设置双风机，当送（排）风机出现故障时，备用风机立刻运行。若甲方运行管理到位，当风机出现故障时能及时修复，并且在修复期内，实验动物生产或动物实验基本不受影响的情况下，可不在空调系统中设置备用风机，而在机房备用

同型号的风机或风机电机。如果甲方根据自己的实际情况，可以承受风机出现故障情况下的损失，可不备用。

5.1.7 实验动物设施已建工程中全新风系统居多，其能耗比普通空调系统高很多，运行费用巨大。因此，在空调设计时，必须把"节能"作为一个重要条件来考虑，在满足使用功能的条件下，尽可能降低运行费用。

5.1.8 屏障环境设施和隔离环境设施对温湿度的要求较高，如果没有冷热源，过渡季节温湿度很难满足要求，应根据工程实际情况考虑过渡季节冷热源问题。

5.2 送 风 系 统

5.2.1 对于使用开放式笼架具的屏障环境设施的动物生产区（动物实验区），工作人员和实验动物所处的是同一个环境，人和实验动物对氨、硫化氢等气体的敏感程度是不一样的，屏障环境设施既应满足实验动物也应满足工作人员的环境要求。对于屏障环境设施动物生产区（动物实验区）的回风经过粗效、中效、高效三级过滤器是能够满足洁净度的要求的，但对于氨、硫化氢等有害气体靠普通过滤器是不能去除的。已建工程的常用方式是采用全新风的空调方式，用新风稀释来保证屏障环境设施的空气质量。

采用全新风系统会造成空调系统的初投资和运行费用的大幅度增加，不利于空调系统的节能。采用回风时，可以采用室内合理的气流组织，提高通风效率（如笼具处局部排风等），或回风经过可靠的措施进行处理，使屏障环境设施的环境指标达到要求。

5.2.2 使用独立通风笼具的实验动物设施，独立通风笼具的排风是排到室外的，提高了通风的效率，独立通风笼具内的实验动物对房间环境的影响不大，故只对新风量提出了要求，而并未规定新风与回风的比例。

5.2.3 中效空气过滤器设在空调机组的正压段是为防止经过中效空气过滤器的送风再被污染。

5.2.4 对于全新风系统，新风量比较大，新风经过粗效过滤后，其含尘量还是比较大的，容易造成表冷器的表面积尘、阻塞空气通道，影响换热效率。

5.2.6 对于空气处理设备的防冻问题着重考虑新风处理设备的防冻问题，可以采用设新风电动阀并与新风机连锁、设防冻开关、设置辅助电加热器等方式。

5.3 排 风 系 统

5.3.1、5.3.2 送风机与排风机的启停顺序是为了保证室内所需的压力梯度。

5.3.3 相邻房间使用同一夹墙作为回（排）风道容易造成交叉污染，同时压差也不易调节。

5.3.4 实验动物设施的排风含有氨、硫化氢等污染

物，应采取有效措施进行处理以免影响周围人的生活、工作环境。

本条没有规定必须设置除味装置，主要是考虑到有些实验动物设施远离市区，或距周围建筑距离较远，或采用高空排放等措施，对周围人的生活、工作环境影响较小，这种情况下可以不设置除味装置。在不能满足要求时应设置除味装置，排风先除味再排放到大气中。除味装置设在负压段，是为了避免臭味通过排风管泄漏。

5.3.5 屏障环境设施净化区的回（排）风口安装粗效空气过滤器起预过滤的作用，在房间回（排）风口上设风量调节阀，可以方便地调节各房间的压差。

5.3.6 清洗消毒间、淋浴室和卫生间排风的湿度较高，如与其他房间共用排风管道可能污染其他房间。蒸汽高压灭菌器的局部排风是为了带走其所散发的热量。

5.4 气流组织

5.4.1 采用上送下回（排）的气流组织形式，对送风口和回（排）风口的位置要精心布置，使室内气流组织合理，尽可能减少气流停滞区域，确保室内可能被污染的空气以最快速度流向回（排）风口。洁净走廊、污物走廊可以上送上回。

5.4.2 回（排）风口下边太低容易将地面的灰尘卷起。

5.4.3 送、回（排）风口的布置应有利于污染物的排出，回（排）风口的布置应靠近污染源。

5.5 部件与材料

5.5.1 木制框架在高湿度的情况下容易孳生细菌。

5.5.2 测孔的作用有测量新风量、总风量、调节风量平衡等作用。测孔的位置和数量应满足需要。

5.5.3 实验动物设施排风的污染物浓度较高，使用的热回收装置不应污染新风。

5.5.4 高效空气过滤器都是一次抛弃型的。粗效、中效空气过滤器对送风起预过滤的作用，其过滤效果直接关系到高效空气过滤器的使用寿命，而高效空气过滤器的更换费用要比粗效、中效空气过滤器高得多。使用一次抛弃型粗效、中效过滤器才能更好保护高效过滤器。

5.5.5 本条对空气处理设备的选择作出了基本要求。

　1 淋水式空气处理设备因其有繁殖微生物的条件，不适用生物洁净室系统。由于盘管表面有水滴，风速太大易使气流带水。

　2 为了随时监测过滤器阻力，应设压差计。

　3 从湿度控制和不给微生物创造孳生的条件方面考虑，如果有条件，推荐使用干蒸汽加湿装置加湿，如干蒸汽加湿器、电极式加湿器、电热式加湿器等。

　4 为防止过滤器受潮而有细菌繁殖，并保证加湿效果，加湿设备应和过滤段保持足够距离。

　6 设备材料的选择都应减少产尘、积尘的机会。

6 给水排水

6.1 给　水

6.1.1 实验动物日饮用水量可参考表2。

表 2　实验动物日饮用水量

动物品种	饮用水需要量	单位
小鼠（成熟龄）	4～7	mL
大鼠（50g）	20～45	mL
豚鼠（成熟龄）	85～150	mL
兔（1.4～2.3kg）	60～140	mL/kg
金黄地鼠（成熟龄）	8～12	mL
小型猪（成熟龄）	1～1.9	L
狗（成熟龄）	25～35	mL/kg
猫（成熟龄）	100～200	mL
红毛猴（成熟龄）	200～950	mL
鸡（成熟龄）	70	mL

本表是国内工程设计常采用的实验动物日饮用水量，仅作为工程设计的参考。

6.1.3 屏障环境设施的净化区和隔离环境设施的用水包括动物饮用水和洗刷用水均应达到无菌要求，主要是保证实验动物生产设施中生产的动物达到相应的动物级别的要求，保证实验动物实验设施中的动物实验结果的准确性。

6.1.4 屏障环境设施生产区（实验区）的给水干管设在技术夹层内便于维修，同时便于屏障环境设施内的清洁和减少积尘。

6.1.5 防止非净化区污染净化区，保证净化区与非净化区的静压差，易于保证洁净区的洁净度。

6.1.6 防止凝结水对装饰材料、电气设备等的破坏。

6.1.7 屏障环境设施净化区内的给水管道和管件，应该是不易积尘、容易清洁的材料，以满足净化要求。

6.2 排　水

6.2.1 大型实验动物设施的生产区（实验区）的粪便量较大，同时粪便中含有的病原微生物较多，单独设置化粪池有利于集中处理。

6.2.2 有利于根据不同区域排水的特点分别进行处理。

6.2.3 实验动物设施中实验动物的饲养密度比较大，同时排水中有动物皮毛、粪便等杂物，为防止堵塞排水管道，实验动物设施的排水管径比一般民用建筑的管径大。

6.2.4 尽量减少积尘点，同时防止排水管道泄漏污染屏障环境。如排水立管穿越屏障环境设施的净化区，则其排水立管应暗装，并且屏障环境设施所在的楼层不应设置检修口。

6.2.5 排水管道可采用建筑排水塑料管、柔性接口机制排水铸铁管等。高压灭菌器排水管道采用金属排水管、耐热塑料管等。

6.2.6 防止不符合洁净要求的地漏污染室内环境。

7 电气和自控

7.1 配 电

7.1.1 本条对实验动物设施的用电负荷并没有规定太严，主要是考虑使用条件的不同和我国现有的条件。

对于实验动物数量比较大的屏障环境设施的动物生产区（动物实验区），出现故障时造成的损失也较大，用电负荷一般不应低于2级。

对于普通环境实验动物设施，实验动物数量较少（不包括生物安全实验室）时，可根据实际情况选择用电负荷的等级。当后果比较严重、经济损失较大时，用电负荷不应低于2级。

7.1.2 设置专用配电柜主要考虑方便检修与电源切换。配电柜宜设置在辅助区是为了方便操作与检修。

7.1.3、7.1.4 主要是减少屏障环境设施净化区内的积尘点，保证屏障环境设施净化区的密闭性，有利于维持屏障环境设施内的洁净度与静压差。

7.1.5 金属配管不容易损坏，也可采用其他不燃材料。配电管线穿过防火分区时的做法应满足防火要求。

7.2 照 明

7.2.1 用密闭洁净灯主要是为了减少屏障环境设施净化区内的积尘点和易于清洁；吸顶安装有利于保证施工质量；当选用嵌入暗装灯具时，施工过程中对建筑装修配合的要求较高，如密封不严，屏障环境设施净化区的压差、洁净度都不易满足。

7.2.2 考虑到鸡、鼠等实验动物的动物照度很低，不调节则难以满足标准要求，因此其动物照度应可以调节（如调光开关）。

7.2.3 为了便于照明系统的集中管理，通常设置照明总开关。

7.3 自 控

7.3.1 本条是对自控系统的基本要求。

7.3.2 屏障环境设施生产区（实验区）的门禁系统可以方便工作人员管理，防止外来人员误入屏障环境设施污染实验动物。缓冲间的门是不应同时开启的，为防止工作人员误操作，缓冲室的门宜设置互锁装置。

7.3.3 缓冲室是人员进出的通道，在紧急情况（如火灾）下，所有设置互锁功能的门都应处于开启状态，人员能方便地进出，以利于疏散与救助。

7.3.4 屏障环境设施动物生产区（动物实验区）的送、排风机是保证屏障环境洁净度指标的关键，在送、排风机出现故障时，备用风机应及时投入运行，以免实验动物受到污染。

7.3.5 屏障环境设施动物生产区（动物实验区）的送、排风机的连锁可以防止其压差超过所允许的范围。

7.3.6 自动控制主要是指备用风机的切换、温湿度的控制等，手动控制是为了便于净化空调系统故障时的检修。

7.3.7 要求电加热器与送风机连锁，是一种保护控制，可避免系统中因无风电加热器单独工作导致的火灾。为了进一步提高安全可靠性，还要求设无风断电、超温断电保护措施。例如，用监视风机运行的压差开关信号及在电加热器后面设超温断电信号与风机启停连锁等方式，来保证电加热器的安全运行。

7.3.8 联接电加热器的金属风管接地，可避免造成触电类的事故。电加热器前后各800mm范围内的风管和穿过设有火源等容易起火部位的管道，采用不燃材料是为了满足防火要求。

7.3.9 声光报警是为了提醒维修人员尽快处理故障。但温度、湿度、压差计只需在典型房间设置，而不需每个房间都设。

7.3.10 温湿度变化范围大，不能满足实验动物的环境要求，也不利于空调系统的节能。

7.3.11 屏障环境设施净化区的工作人员进出净化区需要更衣，为了方便屏障环境设施净化区内工作人员之间及其与外部的联系，屏障环境设施应设可靠的通讯方式（如内部电话、对讲电话等）。

7.3.12 根据工程实际情况，必要时设置摄像监控装置，随时监控特定环境内的实验、动物的活动情况等。

8 消 防

8.0.1 实验动物设施的周边设置环形消防车道有利于消防车靠近建筑实施灭火，故要求在实验动物设施的周边宜设置环形消防车道。如设置环形车道有困难，则要求在建筑的两个长边设置消防车道。

8.0.2 综合考虑，二级耐火等级基本适合屏障环境设施的耐火要求，故要求独立建设的该类设施其耐火等级不应低于二级。当该类设施设置在其他的建筑物中时，包容它的建筑物必须做到不低于二级耐火等级。

8.0.3 本条要求是为了确保墙体分隔的有效性。

8.0.4、8.0.5 由于功能需要，有些局部区域具有较大的吊顶空间，为了保证该空间的防火安全性，故要求吊顶的材料为不燃且具有较高的耐火极限值。在此前提下，可不要求在吊顶内设消防设施。

8.0.6 本条规定了必须设置事故照明和灯光指示标志的原则、部位和条件。强调设置灯光疏散指示标志是为了确保疏散的可靠性。

8.0.7 面积大于50m²的在屏障环境设施净化区中要求安全出口的数量不应少于2个，是一个基本的原则。但考虑到这类设施对封闭性的特殊要求，规定其中1个出口可采用在紧急时能被击碎的钢化玻璃封闭。安全出口处应设置疏散指示标志和应急照明灯具。

8.0.8 一般情况下，疏散门应开向人流出走方向，但鉴于屏障环境设施净化区内特殊的洁净要求，以及该设施中人员实际数量的情况，故特别规定门的开启方向可根据功能特点确定。

8.0.9 本条建议屏障环境设施中宜设置火灾自动报警装置。这里没有强调应设火灾自动报警装置，是因为有的实验动物设施为独立建筑，且面积较小，没有必要设置火灾自动报警装置。当实验动物设施所在的建筑需要设置火灾自动报警装置时，实验动物设施内也应按要求设置火灾自动报警装置。

8.0.10 如果屏障环境设施净化区内设置自动喷水灭火装置，一旦出现自动喷洒设备误喷会导致该设施出现严重的污染后果。另外，实验动物设施内的可燃物质较少，故不要求设置自动喷水灭火系统，但应考虑在生产区（实验区）设置灭火器、消火栓等灭火措施。

8.0.11 给出了设置消火栓的原则和条件。屏障环境设施的消火栓尽量布置在非洁净区，如布置在洁净区内，消火栓应满足净化要求，并应作密封处理。

9 施工要求

9.1 一般规定

9.1.1 施工组织设计是工程质量的重要保证。

9.1.2、9.1.3 实验动物设施的工程施工涉及到建筑施工的各个专业，因此对施工的每道工序都应制定科学合理的施工计划和相应施工工艺，这是保证工期、质量的必要条件，并按照建筑工程资料管理规程的要求编写必要的施工、检验、调试记录。

9.2 建筑装饰

9.2.1 为了保证施工质量达到设计要求，施工现场应做到清洁、有序。

9.2.2 如果实验动物设施有压差要求的房间密封不严，房间所要求的压差难以满足，同时房间泄漏的风量大，造成所需的新风量加大，不利于空调系统的节能。

9.2.3 很多工程中并未设置测压孔，而是通过门下的缝隙进行压差的测量。如果门的缝隙较大时，压差不容易满足；门的缝隙较小时（如负压屏障环境的密封门），容易将测压管压死，使测量不准确，所以建议预留测压孔。

9.2.4、9.2.5 条文主要是对装饰施工的美观、密封提出要求。

9.3 空调净化

9.3.1 净化空调机组的风压较大，对基础高度的要求主要是保证冷凝水的顺利排出。

9.3.2 空调机组安装前应先进行设备基础、空调设备等的现场检查，合格后方可进行安装。

9.3.3～9.3.7 对风管的制作加工、安装前的保护、安装等提出要求。

9.3.9、9.3.10 要求除味装置不仅安装方便，而且维修更换容易。

10 检测和验收

10.1 工程检测

10.1.4 本条规定了实验动物设施工程环境指标检测的状态。

10.1.5 表中所列的项目为必检项目。

10.1.6 室内气流速度对笼具内动物有影响是当此笼具具有和环境相通的孔、洞、格栅等，如果是密闭的笼具，这一风速就没有必要测。

10.2 工程验收

10.2.1 工程环境指标检测是工程验收的前提。

10.2.2 建设与设计文件、施工文件、建筑相关部门的质检文件、环境指标检测文件等是实验动物设施工程验收的基本文件，必须齐全。

10.2.3 本条规定了实验动物设施工程验收报告中验收结论的评价方法。

中华人民共和国行业标准

城市公共厕所设计标准

CJJ 14—2005

条 文 说 明

前　言

《城市公共厕所设计标准》CJJ 14-2005 经建设部 2005 年 9 月 16 日以 365 号公告批准发布。

为便于广大设计、施工、管理等单位的有关人员在使用本标准时能正确理解和执行条文规定，《城市公共厕所设计标准》编制组按章、节、条顺序编制了本标准的条文说明，供使用者参考。在使用中如发现条文说明有不妥之处，请将意见函寄北京市环境卫生设计科学研究所。

目　　次

1 总 则

1.0.1 原《城市公共厕所规划和设计标准》CJJ 14-87（以下简称原标准）是 1987 年制定完成的，十多年来原标准是我国公共厕所规划、建设和管理的重要依据，在公共厕所设计和全国卫生城评比中发挥了重要作用。随着城市的发展和对外开放的需要，原有的公厕标准的部分内容，已不能适应城市发展和与国际接轨的要求，有必要对原标准进行修改补充。

原标准主要由公共厕所的规划和公共厕所的设计二部分内容组成。其中公共厕所规划的内容已在《城市环境卫生设施规划规范》GB 50337-2003 中对各类城市用地公共厕所设置标准和建筑标准作了规定。在原标准的修订过程中，删除了原标准中关于公共厕所规划部分的内容。同时，标准的名称也相应改为《城市公共厕所设计标准》。

该标准制定的目的，是为了使公共厕所的建设符合城市建设发展的需要，更加体现以人为本、为人服务的理念。在新城市建设和老城市改造过程中，随着城市的发展，公共厕所的建设也要同步发展。所以，该标准提出的各项要求对公厕的规划、设计、建设和管理均有重要指导作用。

1.0.2 本标准适用于城市各种不同类型公厕的设计、建设和管理，县、镇、独立工矿区、风景名胜区及经济技术开发区公共厕所的设计、建设和管理，亦可参照执行。

1.0.3 公共厕所的规划是城市公共设施和卫生设施的一项重要内容。公共厕所的建设往往是一项容易在规划中，特别是在详细规划制定过程中被忽略的内容。在规划设计过程中公厕也是一项较难安置、但又急需的公共设施。为增加对公共厕所规划的重视，城市公共厕所规划要求已在国家强制性标准《城市环境卫生设施规划规范》GB 50337-2003 中作了规定。公共厕所是城市文明的重要组成部分，对城市的经济活动和社会活动具有重要影响，特别对旅游业和对外开放影响更大。首先各级规划部门在土地使用上给以规划安置，主管单位也应积极配合公共厕所规划的落实和建设。特别在制定城市新建改建扩建区的详细规划时，城市规划部门要将公共厕所的建设同时列入规划，以避免有钱无处建或随意在不需要的地方建设的现象发生。

1.0.4 逐步建立以固定式公共厕所为主，活动式公共厕所为辅，沿街公共建筑内厕所对外开放的城市公共厕所布置格局。为使我国城市公共厕所的布置格局与国外现代化城市接轨，根据国外经验和实践提出了逐步发展附属式公共厕所的方向。附属式公共厕所是现代城市公共厕所建设的主要方向。只有大力发展附属式厕所才能满足日益发展的城市商业活动，并逐步

减少独立式公共厕所。这也是我国公共厕所发展的方向。活动式公共厕所是为特定场所和特定时期对城市公共厕所的需要而配置的。为满足大型活动（如大型体育活动、节日庆典、集会）对辅助设施的需要，大、中型城市应贮备一定数量的活动厕所。这些活动的场所，环境开扩，平时活动人员较少，在举行大型活动时，人员拥挤，历时较短，使用活动厕所是一种比较经济、有效的方法。

1.0.5 公共厕所的设计除应符合本标准外，尚应符合国家现行的有关强制性标准的规定。

2 术 语

2.0.1 公共厕所（公厕）　WC，public toilets，lavatory，restroom

厕所是大小便的场所，在其中至少有一个便器。厕所在英国标准中称为 toilets，这是一个雅称，俗称为 WC，在英国标准中 WC 是便器。在美国 toilets 是便器，WC 才是厕所。公共厕所是供公众使用的厕所。在英国叫 public toilets，在美国叫 restroom。二个国家都能用的叫法是 WC。

2.0.2 独立式公共厕所　independence public toilets

独立式公共厕所是不依附于其他建筑物的公共厕所，它的周边不与其他建筑物在结构上相连接。

2.0.3 附属式公共厕所 dependence public toilets

附属式公共厕所是依附于其他建筑物的公共厕所，一般是其他建筑物的一部分，可以在建筑物的内部，也可以在建筑物的邻街一边。

2.0.4 无障碍专用厕所　toilets for disable peaple

供老年人、残疾人和行动不方便的人使用的厕所。一般均按坐轮椅的人的要求设计，它的进出口和设施按无障碍建筑设计要求进行设计和建设。

2.0.5 活动式公共厕所（活动厕所）　movable public toilets

活动式公共厕所是能移动使用的公共厕所。它是一种临时或短期使用的厕所，能快速进行安置和使用，其主体一般由板材装配而成。

2.0.6 固定式公共厕所　fixup public toilets

固定式公共厕所是不能移动使用的公共厕所，是一种需要长期使用的厕所，它是一个正规的建筑物，独立和附属公共厕所属于固定式公共厕所范畴。

2.0.7 单体厕所　monocase public toilets

单体厕所是只包含一套卫生器具的活动式公共厕所，每次只能供一人使用。

2.0.8 组装厕所　movable combination public toilets

组装厕所是由多个单体厕所组合在一起的活动式公共厕所，洗手盆、烘干器可共用。

2.0.9 拖动厕所　drag-movble public toilets

拖动厕所是由其他车辆拉动至使用场所的活动式公共厕所，一般含多个相隔的 WC 坑位。

2.0.10 汽车厕所 busses public toilets

汽车厕所是能自行行驶至使用场所的活动式公共厕所，一般由大轿车改装而成。

2.0.11 水冲便器 water closet

用水冲洗的坐（蹲）便器。

2.0.12 卫生间 toilets，lavatory

用于大小便、洗漱并安装了相应卫生洁具的房间或建筑物。在有住宿功能的建筑物内，卫生间配置洗浴设施。

2.0.13 公共卫生间 public toilets

供公众使用的卫生间。由于各城市使用公共卫生间来标注公共厕所的情况比较多，所以，本标准对公共卫生间也作了定义，但要求具有较完善的卫生设施，以避免滥用，造成不良影响。

2.0.14 盥洗室（洗手间） washroom

用于洗漱功能的房间，可设于卫生间内，一般设置在出入口与厕所间之间，宜单独设置。

2.0.15 厕位（蹲、坐位） cubical

在厕所内安装了一个蹲便器或一个坐便器的隔断间，高处开敞用于空气循环，即蹲（坐）位的通称。

2.0.16 厕所间 compartment

安装了一个蹲便器或一个坐便器和洗手盆的独立的房间。

2.0.17 第三卫生间 third public toilets

此概念的提出是为解决一部分特殊对象（不同性别的家庭成员共同外出，其中一人的行动不能自理）上厕不便的问题，主要是指女儿协助老父亲，儿子协助老母亲，母亲协助小男孩，父亲协助小女孩等。

3 设计规定

3.1 一般规定

3.1.1 公共厕所的设计应以人为本，其原则是文明、卫生、适用、方便、节水、防臭。

3.1.2 在进行公共厕所外观设计时，应把与环境协调放在第一，美观放在第二。

3.1.3 公共厕所的平面设计应合理布置卫生洁具和洁具的使用空间，并充分考虑无障碍通道和无障碍设施的配置。

3.1.4 公共厕所应分为独立式、附属式和活动式公共厕所三种类型。公共厕所的设计和建设应根据公共厕所的位置和服务对象按相应类别的设计要求进行。

3.1.5 独立式公共厕所按建筑类别应分为三类。各类公共厕所的设置应符合本条规定。这些规定符合国家标准《城市环境卫生设施规划规范》GB 50337－2003 的要求。

1 商业区，重要公共设施，重要交通客运设施，公共绿地及其他环境要求高的区域应设置一类公共厕所。

2 城市主、次干路及行人交通量较大的道路沿线应设置二类公共厕所。

3 其他街道和区域应设置三类公共厕所。

3.1.6 附属式公共厕所按建筑类别应分为二类。一般均设置在公共服务类的建筑物内。二类公共厕所的设置应符合本条规定。

1 大型商场、饭店、展览馆、机场、火车站、影剧院、大型体育场馆、综合性商业大楼和省市级医院应设置一类公共厕所。

2 一般商场（含超市）、专业性服务机关单位、体育场馆、餐饮店、招待所和区县级医院应设置二类公共厕所。

3.1.7 活动式公共厕所按其结构特点和服务对象分为组装厕所、单体厕所、汽车厕所、拖动厕所和无障碍厕所五种类别。该五类厕所在流动特性、运输方式和服务对象等方面各有特点，应根据城市特点进行配置。

3.1.8 本标准修改后，根据女性上厕时间长、占用空间大的特点，增加了女厕的建筑面积和蹲（坐）位数。厕所男蹲（坐、站）位与女蹲（坐）位的比例以 1∶1～2∶3 为宜。独立式公共厕所以 1∶1 为宜，商业区以 2∶3 为宜。

3.2 卫生设施的设置

3.2.1 公共厕所单个便器的服务人数，在不同公共场所是不同的。这主要取决于人员在该场所的平均停留时间。街道的单个便器服务的人数远大于海滨活动场所。

3.2.2 商场、超市和商业街公共厕所卫生设施应有一定的配置。根据国内外的经验，按面积进行卫生洁具的配置是一种有效的方法。

3.2.3 饭馆、咖啡店、小吃店、快餐店公共厕所卫生设施的数量配置是按照服务人数来进行的。

3.2.4 体育场馆、展览馆、影剧院、音乐厅等公共文体活动场所公共厕所卫生设施数量配置也是按照服务人数来进行的。

3.2.5 饭店、宾馆公共厕所卫生设施数量配置应按客房数量来进行。

3.2.6 机场、火车站、公汽和长途汽车始末站、地下铁道的车站、城市轻轨车站、交通枢纽站、高速路休息区、综合性服务楼和服务性单位公共厕所卫生设施数量配置应根据服务人数来进行。

3.2.7 对内外共用的附属厕所应按照内外不同的人数分别计算对卫生设施的需求量，不能按同一方法进行计算。这是因为内部职工是按一天使用多次来计算，而外部人员是按多少人可能使用一次的概率来计算。二者的参数有极大的差异。

3.3 设 计 规 定

3.3.1 公共厕所设计时应满足精神文明方面的要求，在进行公共厕所的平面布置设计时应将大便间、小便间（不准露天）和盥洗室分室设置。厕所的进门处应设置男、女通道或屏蔽墙或物。每个大便器应有一个独立的单元空间。独立小便器站位之间应有隔断板。

3.3.2 公共厕所设计从卫生上要求，应以蹲便器为主。在使用坐便器时，应提供一次性垫纸；为避免交叉感染，宜采用自动感应或脚踏开关冲便装置；厕所的洗手龙头、洗手液也宜采用非接触式的器具。洗手后应使用烘干机进行干燥，大门应能双向开启。

3.3.3 公共厕所设计时应让使用者有方便感，应在厕所服务范围内设置明显的指示牌。上厕时所需要的各项基本设施必须齐备，设计、建设应采用性能可靠、故障率低、维修方便的器具；厕所的平面布置宜将附属设施（管道、通风设施等）集中在单独的夹道中，以便集中检修不影响使用。

3.3.4 合理的空间布置是保障使用者的舒适感和适用性的重要条件。如加大采光系数，大便器前后均有一定的空间。公共厕所内配置暖气、空调等。

3.3.5 用水量的控制是公共厕所设计的重要方面，不仅有利于节省水资源，也是减少运行成本的重要措施。应尽量采用先进、可靠、使用方便的节水卫生设备。宜采用喷射（或旋涡）虹吸式坐便器。应推广使用每个便器用水量为 6L 的冲水系统。有条件的地方，可采用生物处理或化学处理污水。公共厕所卫生器具的节水功能应达到《节水型生活用水器具》CJ 164 标准。

3.3.6 厕所内臭味的产生来自于两方面，大、小便时产生和粪池内的粪液发酵产生恶臭。应分别采取设计措施进行防治。应合理的布置通风方式，以增加厕所的换气量。应优先考虑自然通风，换气量不足时，应增设机械通风。大便器应采用具有水封功能的前冲式蹲便器，小便器宜采用半挂式便斗。有条件时可采用单坑排风的空气交换方式。

3.3.7 在公厕设计时，应尽可能采用建筑模数尺寸。

3.3.8 墙面必须光滑，不易污染，便于清洗。地面必须采用防渗、防滑材料铺设，免于污水下渗。墙和地面宜采用陶瓷制品。

3.3.9 公共厕所的建筑通风、采光面积与地面面积比应不小于1∶8,如外墙侧窗不能满足要求时可增设天窗。南方可增设地窗。

3.3.10 公共厕所室内净高以 3.5～4.0m 为宜，主要是有利于空气的净化。

3.3.11 每个大便厕位尺寸为长 1.00～1.50m、宽 0.85～1.20m，每个小便站位尺寸（含小便池）为深 0.75m、宽 0.70m。独立小便器间距为 0.70～0.80m。在设计时不能小于规定中的最小尺寸，否则将难以正常使用。

3.3.12 厕内单排厕位外开门走道宽度以 1.30m 为宜，不得小于 1.00m；双排厕位外开门走道宽度以 1.50～2.10m 为宜。门的最小宽度为 0.5m，走道的最小宽度为 0.5m，因此，外开门走道宽度不能小于 1.00m。

3.3.13 各类公共厕所厕位不应暴露于厕所外视线内，厕位之间应有隔板，隔板高度自台面算起，应不低于 1.50m。这些都是从文明角度提出的要求。

3.3.14 通槽式水冲厕所槽深不得小于 0.40m，槽底宽为 0.15m，上宽为 0.20～0.25m。深度要求是为防止污水溅起来对人体造成污染。

3.3.15 公共厕所应配置洗手盆，以每二个蹲（坐）位数设一个洗手盆为宜。公共厕所每个厕位应设置坚固、耐腐蚀挂物钩。

3.3.16 公共厕所窗台应有一定的高度，以保障上厕人的隐私。单层公共厕所窗台下沿距室内地坪最小高度为 1.80m；双层公共厕所上层窗台距楼地面最小高度为 1.50m。

3.3.17 为方便出入，男、女厕大便蹲（坐）位分别超过 20 时，宜设双出入口。

3.3.18 厕所管理间和工具间应根据管理方式和要求来设置。厕所管理间的面积一般为 4～12m²，工具间面积为 1～2m²。

3.3.19 通槽式公共厕所以男、女厕分槽冲洗为宜。如合用冲水槽时，从文明角度考虑，必须由男厕向女厕方向冲洗。

3.3.20 建多层公共厕所时，为方便使用，无障碍厕所间应设在底层。

3.3.21 公共厕所的进出口处，必须设有明显标志，包括图形符号和中文（一、二类厕所应加英文）。图形符号应符合《公共信息标志用图形符号》GB 10001.1 标准的要求。标志应设置在固定的墙体上，不能设置在门上，以免开门后无法见到标志。

3.3.22 公共厕所应有纱窗和纱门等防蝇、防蚊设施。

3.3.23 在要求比较高的场所，在条件许可的情况下公共厕所可设置第三卫生间。第三卫生间应独立设置，并应有特殊标志和说明，以明确其服务对象。

3.4 卫生洁具的平面布置

3.4.1 卫生洁具使用的空间尺寸

公共厕所设计的实质内容是一系列卫生洁具在一定的空间内的有机组合，以满足人群中各个个体对洁具的使用要求。所以应合理布置卫生洁具在使用过程中的各种空间尺寸。空间尺寸在本标准中是用其在平面上的投影尺寸来表示的。本标准主要涉及的公共厕所设计的空间尺寸主要有洁具空间、使用空间、通道空间、行李空间和无障碍圆形空间共五种空间尺寸。

3.4.2 表 3.4.2 中列出了有代表性的卫生洁具的平面尺寸和使用空间。洁具平面尺寸应根据设计实际使用的洁具的尺寸进行调整。洁具的使用空间应按表 3.4.2 的规定执行。

3.4.3 公共厕所单体卫生洁具设计需要的使用空间应符合图 3.4.3-1～图 3.4.3-5 的规定。

3.4.4 通道空间应是进入某一洁具而不影响其他洁具使用者所需要的空间。通道空间的宽度不应小于 600mm。

3.4.5 在厕所厕位隔间和厕所间内，应为人体的出入、转身提供必需的无障碍圆形空间，其空间直径为 450mm。无障碍圆形空间可用在坐便器、临近设施及门的开启范围内画出的最大的圆表示。

3.4.6 行李空间应设置在厕位隔间。其尺寸应与行李物品的式样相适应。火车站、机场和购物中心，宜在厕位隔间内提供 900mm×350mm 的行李放置区，并不应占据坐便器的使用空间。坐便器便器宜安置在靠近门安装合页的一边，便盆轴线与较近的墙的距离不宜少于 400mm。在进行厕所间功能区设计时主要涉及到洁具空间、使用空间、行李空间和无障碍圆形空间四个方面。在进行小便间功能区设计时主要涉及到洁具空间和使用空间二个方面。在进行洗手间功能区设计时也只涉及到洁具空间和使用空间二个方面。在进行总的平面设计时主要应考虑的是上述各功能区之间的通道空间。本标准所描绘的空间图样，是常见的布置方式的空间安置要求。在实际设计时，应与选用洁具的具体尺寸和产品的安装说明要求相一致。

3.4.7 安置在同一平面上的相邻洁具之间应提供≥65mm 的间隙，以利于清洗。

3.4.8 单个洁具包含二个空间（洁具空间和使用空间），可以满足单个人体的使用要求。每个人一般只占用一个使用空间。当几个洁具同时服务于单个人体时，不仅使用空间可以互相占用，而且，洁具空间也可占用另一洁具的使用空间。这种占用可以达到 100mm，并不会引起任何不便，同时利于节省空间。

3.4.9 在进行厕所间设计时，同时应提供便器和洗手洁具。厕所间的尺寸由洁具的安装，门的宽度和开启方向来决定。尽管使用空间可以重叠，450mm 的无障碍圆形空间不应被占据，这是供进入厕所间后，转身关门所留的活动空间。洁具的轴线间和临近墙面的距离至少应为 400mm。在进行厕位隔间设计时，应在便盆前提供 800mm 宽 600mm 深的使用空间，这样就不会影响门的开启。应预备出安装手纸架，衣物挂钩和废物处理箱的空间，并且不能占用圆形无障碍空间。

3.5 卫生设施的安装

3.5.1 应对所有的洞口位置和尺寸进行检查，以确定管道与施工工艺之间的一致性。这项工作应在基施工阶段就进行，但在设备安装阶段还应进行核实检查。

3.5.2 被安装的产品必须是合格产品。在运送、存放和安装过程中均有可能造成设备损坏。所以在安装前，必须妥善地对设备进行维护和保养。确保每件产品安装前的质量。

3.5.3 在安装时也应非常仔细地对设备进行保护，避免因粗心将釉质及电镀表面损坏。

3.5.4 在安装设备前应先安装好上水和下水管道。并确保上下水管道畅通无阻，以利于对设备的可靠性进行检查。设施和其连接件应成套供应或易于采用标准件进行更换。

3.5.5 产品的安装应按照相应的标准和说明书进行。各个卫生设施和支撑件均应牢固安装，并进行防腐、防锈处理，确保产品的使用寿命和稳定性。

3.5.6 厕所内厕位隔断板特别是厕位门是反复被使用和振动的部件，极易在使用过程中损坏和移动。常出现门框移位，难以启闭的故障。所以安装时，要特别注意牢固性。

3.5.7 卫生设施在安装后应易于清洗保洁。蹲台台面应高于蹲便器的侧边缘，并做适当坡度（0.01～0.015），使洗刷废水能自行流入便器。厕所其他地面也应有较好坡度，确保地面保洁后，不积存污水。

3.5.8 在管道安装时，禁止厕所下水和上水的直接连接。以避免下水进入上水管道。对下水进行二次回用的，其洗手水必须单独由上水引入，严禁将回用水用于洗手。

4 独立式公共厕所的设计

4.0.1 独立式公共厕所在我国仍是行人和城市居民主要的上厕场所。应按照《城市环境卫生设施规划规范》GB 50337-2003 的规划要求建设符合标准的独立式厕所。应根据所在地区的重要程度和客流量建设不同类别和不同规模的独立式公共厕所，并应根据城市发展的需要，分批改建平房居住区的厕所，以改善居民的上厕条件。在建厕困难的重点地区和重要街道在征得主管部门同意后可占用少量绿地或建设地下厕所。

4.0.2 独立式公共厕所的设计应将重点放在内部功能的各项技术要求上。应使厕所首先在文明、卫生、方便、适用、节水、防臭六个方面有较成熟设计技术措施，并在外观与环境协调的基础上，再考虑适当美观。

4.0.3 独立式公共厕所的设计和建设应符合表 4.0.3 中规定的要求。表 4.0.3 规定了独立式公共厕所的三种等级类别和相应的建设要求。一类厕所要求最高，二类厕所要求适中，三类厕所是标准中要求最低的。

4.0.4 在条件许可的情况下，独立式公共厕所的外部应进行绿化屏蔽，美化环境。

4.0.5 独立式公共厕所的无障碍设计的走道和门等设计参数的选定，一类和二类公共厕所按轮椅长1200mm、宽800mm进行设计。三类公共厕所如有条件也应设置。设计应符合《城市道路和建筑物无障碍设计规范》JGJ 50－2001的要求。

4.0.6 三类公共厕所小便槽不设站台，将小便槽做在室内地坪以下，这样做有利于节省面积并减少污染。但应做好地面坡度，并在小便的站位铺设垂直方向（相对便槽走向）的防滑盲道砖，以利积水自然排入便槽。

4.0.7 据测定，粪井中的硫化氢浓度一般能达到2000ppm，而室内允许的硫化氢浓度为0.02ppm。所以，少量的粪井内恶臭气体进到厕所内，也会引起人的极大不适。因此，粪便排出口应设 $\phi150\sim\phi300$mm 的防水弯头或设隔气连接井；地漏必须有水封和阻气防臭装置；洗手盆也应设置水封弯头；化粪池应设置排气管直接引到墙内的管道向室外高空排放。三类公厕应尽可能使用隔臭便坑，在大便通槽后方设置垂直排气通道，把恶臭气引向高空排放。

4.0.8 地下厕所的设计和建设，重点应注意的是粪液的贮存、排放和室内的防臭。由于厕所内的地面较深，污水一般不能直接排入市政管线，而要设置更低标高的贮粪池，通过污泵提升设备，将粪液输送到标高较高的另一贮粪池，再由抽车吸走或排入市政管线。

4.0.9 为防止对地下水造成污染，并便于洗刷厕所，地面、蹲台、小便池及墙裙，均须采用不透水材料做成。

4.0.10 为改善独立式公共厕所的通风效果，应注意建筑朝向、门窗的开启角度、挑檐宽度等参数，考虑设置天窗和排风通道等措施。

4.0.11 寒冷地区厕所应采取保温防寒措施，防止设施和管道被冻坏。

4.0.12 对外围传热异常部位和构件也应采取保温措施。

4.0.13 为防止粪液对地下水和周围环境造成污染，设计化粪池（贮粪池）其四壁和池底应做防水处理，池盖必须坚固（特别是可能行车的位置）、严密合缝，检查井、吸粪口不宜设在低洼处，以防雨水浸入。化粪池（贮粪池）宜设置在人们不经常停留、活动之处。化粪池应远离地下取水构筑物。

4.0.14 化粪池应根据使用人数和清掏周期选择设计合适的容积。

4.0.15 粪便不能通入市政排水系统的公共厕所，应设贮粪池。贮粪池的容积应计算后，再进行设计。

4.0.16 公共厕所设计应考虑到粪水的排放方式。首先应考虑采用直接排入市政污水管道的方式，其次考虑采用经化粪池发酵沉淀后排入市政污水管道的方式，最后采用设贮粪池用抽粪车抽吸排放方式。采用何种方式排放与周围市政管线的布置和管道的尺寸等因素有关。

4.0.17 通风孔及排水沟等通至厕外的开口处，需加设铁算防鼠。

5 附属式公共厕所的设计

5.0.1 商场（含超市）、饭店、展览馆、影剧院、体育场馆、机场、火车站、地铁和公共设施等服务性部门，必须根据其客流量，建设一定规模和数量的附属式公共厕所。客流量由二部分人员组成：一部分是主要服务对象，如旅客和顾客；别一部分是次要服务对象，如送客者、购票者和司机等，这部分人往往不在主要服务区，是设计和规划中往往易被忽视的部分，需认真加以对待。

5.0.2 附属式公共厕所应不影响主体建筑的功能，并设直接通至室外的单独出入口。这主要是有利于营业时间前后也能得到公厕的服务。

5.0.3 由于我国公厕的数量总体上还不能满足需要，所以，应根据城市的特点和现状，在已建成的主要商业区和主要大街的公共服务单位改建足够数量的对顾客开放的附属式厕所。

5.0.4 附属式公共厕所的设计和建设应符合表5.0.4中规定的要求。表5.0.4规定了附属式公共厕所的二种等级类别和相应的建设要求。一类厕所要求最高，二类厕所是建设附属式公共厕所的基本要求。

5.0.5 宾馆、饭店、大型购物场所、机场、火车站、长途汽车始末站等涉外窗口单位的公共厕所应达一类公共厕所的标准。

5.0.6 体育场馆应根据其重要程度建设或改建成二类及二类以上公共厕所。

5.0.7 附属式厕所应易于被人找到。厕所的入口不应设置在人流集中处和楼梯间内，避免相互干扰。商场的厕所宜设置在入口层，大型商场可选择其他楼层设置，超大型商场厕所的布局应使各部分的购物者都能方便的使用。

5.0.8 附属式厕所针对不同的建筑物有不同的配置要求，有的按面积配置，有的按客流量配置，有的按顾客数量配置，应根据建筑物的使用性质，按本标准表3.2.2～表3.2.7的要求配置卫生设施。商场内一般女顾客较多，女性厕位的数量宜为男性的1.5倍，这样女厕建筑面积经计算应为男厕建筑面积的2倍。

6 活动式公共厕所的设计

6.0.1 活动式公共厕所是固定式公共厕所的重要补充，是在需要使用公共厕所，又不能及时修建固定式公共厕所的地段或在组织各种大型社会活动、贵宾活动等场所临时摆放的厕所。活动式公共厕所具有占地面积小，移动灵活，可不设固定上下水配置等优点。在进行活动式公共厕所设计时，应符合本条提出的五项基本要求。

6.0.2 活动式公共厕所由于其种类多，所以，它的适用范围广。一般可根据建造特性分为组装厕所、单体厕所、汽车厕所、拖动厕所和无障碍厕所五种类型。五种类型厕所的建造应符合表 6.0.2 的要求。

6.0.3 由于组装厕所的体积较大，又需要运输，所以，其总宽度不得大于运载车辆底盘的宽度。而城市过街天桥、立交桥限高为 4.2m，所以箱体高度不宜大于 2.5m，运载时的总高度不宜大于 4.0m，以保证装载后运输过程中具有较好的通过性能。在实际运输过程中，应针对城市的交通限高情况，对具体通过的道路的天桥等设施，作实际的测量，以决定行走路线。

6.0.4 由于粪液具有较强的腐蚀性，活动厕所的粪箱宜采用耐腐蚀的（如不锈钢、塑料等）材料制成。如用钢板制作，应使用沥青油等做防腐处理，以保证具有足够的使用寿命。粪箱应设置便于抽吸粪便的抽粪口，其孔径应大于 ϕ160mm；并应设置排粪口，以利于向下水道直接排放，孔径大于 ϕ75mm。粪箱应设置排气管，直接通向高处向室外排放。

6.0.5 活动厕所的水箱应设置便于加水的加水口或加水管，加水管的内径为 ϕ25mm。一般在使用过程中，应同时配置一部加水水车，以保障能及时补充用水。

6.0.6 活动厕所洗手盆的下水管应有水封装置，以避免臭味通过下水管进入室内。

6.0.7 免水冲公共厕所在使用中应做好粪便配套运输、消纳和处理方式的准备，禁止将粪便倒入垃圾清洁站内。

7 公共厕所无障碍设施设计

7.0.1 无障碍设施是残疾人走出家门、参与社会生活的基本条件，也是方便老年人、妇女、儿童和其他社会成员的重要措施。建设无障碍环境，是物质文明和精神文明的集中体现，是社会进步的重要标志。所有公共厕所均应考虑无障碍设施的建设。应在设计和建设公共厕所的同时设计建设无障碍设施。

7.0.2 在现有的建筑中，如果可行，也应建造无障碍厕位或无障碍专用厕所。

7.0.3 无障碍厕位或无障碍专用厕所应按照《城市道路和建筑物无障碍设计规范》JGJ 50－2001 中的相关规定进行设计。

中华人民共和国行业标准

生活垃圾转运站技术规范

CJJ 47—2006

条 文 说 明

前　言

《生活垃圾转运站技术规范》CJJ 47—2006 经建设部 2006 年 3 月 26 日以第 420 号公告批准，业已发布。

本规范第一版的主编单位是中国市政工程西南设计院。

为方便广大设计、施工、科研、学校等单位的有关人员在使用本规范时能正确理解和执行条文规定，《生活垃圾转运站技术规范》编制组按章、节、条顺序编制了本规范的条文说明，供使用者参考。在使用过程中如发现本条文说明有不妥之处，请将意见函寄华中科技大学（地址：武汉市武昌珞喻路 1037 号，邮政编码：430074）。

目　　次

1 总　　则

1.0.1 本条明确了制定本规范的目的。编制本规范的目的在于加强和规范生活垃圾转运站（以下简称"转运站"）的规划、设计、建设全过程的规范化管理，以提高投资效率，进而实现城镇生活垃圾处理减量化、资源化、无害化的目标。

1.0.2 本条明确了本规范的适用范围。

1.0.3 本条规定转运站的规划、设计、建设除应执行本规范外，还应执行国家现行有关标准的规定。

2　选址与规模

2.1　选　　址

2.1.1 本条明确转运站选址应符合城市总体规划和环境卫生专业规划的基本要求。若转运站所在区域的城市总体规划未对转运站选址提出要求或尚未编制环境卫生专业规划，则其选址应由建设主管部门会同规划、土地、环保、交通等有关部门进行，或及时征求有关部门的意见。

2.1.2 本条明确了不适合转运站选址的地方。

转运站选址应避开立交桥或平交路口旁，以及影剧院、大型商场出入口等繁华地段，主要是避免造成交通混乱或拥挤。若必须选址于此类地段时，应对转运站进出通道的结构与形式进行优化或完善。

转运站选址避开邻近商场、餐饮店、学校等群众日常生活聚集场所，主要是避免垃圾转运作业时的二次污染影响甚至危害，以及潜在的环境污染所造成的社会或心理上的负面影响。若必须选址于此类地段时，应从建筑结构或建筑形式上采取措施进行改进或完善。

2.1.3 铁路运输或水路运输均适用于运距远、运量大的场合。在这种情况下，宜设置铁路或水路运输转运站（码头），其规模类型应是大型的，其设计建造必须服从特定设施的有关行业标准的规定与要求。

2.2　规　　模

2.2.1 关于转运站的用地指标，改、扩建转运站可参照执行。

2.2.2 转运站的设计需综合考虑街区类型、道路交通状况、环境质量要求等城市区域特征和社会经济发展中的各种变化因素来确定。

关于转运站的类型：

1 转运站可按其填装、转载垃圾动作方式分为卧式和立式；可按是否将垃圾压实划分为压缩式和非压缩式；压缩式又可按填装压实装置方式分为刮板式和活塞式（推板式）等；还可按垃圾压实过程在装载容器内或外完成分为直接压缩（压装）式和预压式等等。

转运站可根据其服务区域环境卫生专业规划或其从属的垃圾处理系统的需求，在进行垃圾转运作业的基础上增加储存、分选、回收等项功能，成为综合性转运站。

上述各类转运站的基本工艺技术路线相似，如图1所示。

图1　常规（一级）垃圾转运系统工艺路线

通常把转运站之前的收集运输称为"一次运输"；而把转运站之后的转运输过程为"二次运输"。

2 转运站还可根据运距与运输量的需求，建成二级转运系统。在此系统中，垃圾经由两级功能、规模及主要技术经济指标不同的转运站的两次转运后，被运至较远（通常不小于30km）距离外的垃圾处理厂（场）。二级转运系统的基本工艺技术路线如图2所示。

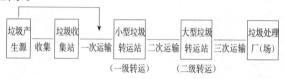

图2　二级垃圾转运系统工艺路线

通常，把一级转运之前的收集运输称为"一次运输"；把一级转运之后、二级转运之前即垃圾由中小型转运站运往大型转运站的运输过程称为"二次运输"；而把二级转运之后即垃圾由大型转运站运往垃圾处理厂（场）的运输过程称为"三次运输"。

3 一级或二级垃圾转运系统的确定

当垃圾收集服务区距垃圾处理（处置）设施较远（通常不小于30km），且垃圾收集服务区的垃圾量很大时，宜采用二级转运模式。

4 两种转运模式及转运设施、设备的主要特点和差别

常规（一级）的转运站的规模及有关指标可按表2.2.1选择，通常是Ⅱ、Ⅲ、Ⅳ类。其配套的二次运输车辆可以是中型、大型（有效载重从几吨到十几吨，箱体容积从几立方米到几十立方米）。但二级转运站必须是大型规模，与其配套的三次运输车辆通常是超大型集装箱式运输车（有效载重通常在15t以上，箱体容积大于24m³）。

一般情况下，可按平均服务半径1～3km的垃圾收集量设定转运站规模类型。若转运站上游主要采用人力收集方式时，其服务半径宜取偏小值；若转运站上游主要采用机械收集方式时，其服务半径宜取偏

大值。

2.2.4 垃圾排放季节性波动系数即一年中垃圾最大月排放量与平均月排放量的比值,依据调研及实测数据取 1.3~1.5。

2.2.5 人均垃圾排放量亦可参照周边地区或城镇取值。

服务区内实际服务人数包括流动人口。

2.2.6 转运单元/转运线是指转运站内,具备垃圾装卸、转运功能的主体设施/设备。

各转运单元的设计规模及配套设备工作能力不仅应与总规模相匹配,还应按规范化、标准化原则,设定在同一技术水平,便于建造和运行维护,节省投资和运行成本。

2.2.7 采用人力方式进行垃圾收集运输主要是指三轮车、两轮板车等。

采用小型机动车进行垃圾收集运输主要指 1~3t 的收集车。

采用中型机动车进行垃圾收集运输主要是指采用 5~8t 后装式压缩运输车将逐点收集的垃圾直接运往处理厂(场)。

当垃圾处理设施距垃圾收集服务区平均运距大于 30km 时,应设置大型转运站,以形成转运设施和(尤其是)专用运输车辆的经济规模;当垃圾处理设施距垃圾收集服务区平均运距很远且垃圾收集服务区的范围较大时(服务半径远超出 30km),要考虑在服务区外围靠近垃圾处理设施的一侧设置二级转运站(系统)。

无论从优化城镇市容环境和防治二次污染,还是从改善生产作业条件、保护现场工作人员考虑,人力收集、清运垃圾的方式都应逐步淘汰。因此,转运站的设计应能满足随着城市建设及旧城改造的进行而逐步实现垃圾收集、清运机械化的需要。

3 总体布置

3.0.1 转运站的总体布局应依据其采用的转运工艺及技术路线确定,充分利用场地空间,保证转运作业,有效抑制二次污染并节约土地。

3.0.2 对于分期建设的大型转运站,总体布局及平面设计时应为后续建设内容留有足够的发展空间;分期建设预留场地必须能满足工艺布局的要求,应相对集中。

3.0.3 应充分利用站址地形、地貌等自然条件进行转运站的工艺布置。对于高位卸料、设置进站引桥的竖向工艺设计,充分利用地形和场地空间非常重要。

3.0.4 本条明确了平面布置中关于主体设施的要求。

将转运车间及卸、装料工位布置在场区内远离邻近建筑物的一侧,可增加中间过渡段及隔离粉尘、噪声的效果。

转运站内卸、装料工位的车辆回车场地应按照出现车辆集中抵达时的不利情况考虑。

3.0.5 本条明确了平面布置中关于配套工程与辅助设施的要求。

应按转运站内进出的最大规格车型(转运站下游的转弯半径最大的运输车中)的要求确定道路转弯半径与作业场地面积。

转运站内宜设置车辆循环通道或采用双车道及回车场解决站内车辆通行问题。

为保障进出的收集/运输车在站内畅通,转运站内应形成车辆循环通道;若条件限制不能设置循环行车线路或转运站规模较小、车辆较少时,可采用双向车道结合回车场的形式解决站内通行问题。

对中型及以上规模的转运站提出较高的绿地率要求主要基于两点考虑:一是转运垃圾量较大,因而潜在的环境污染危害较大;二是其场地有效利用率较高,因而场地可用于绿化的比例更大。

3.0.6 本条明确了平面布置中关于行政办公与生活服务设施的要求。

小型(Ⅳ、Ⅴ类)转运站宜将行政办公或管理设施附属于主体设施一并建造。

根据需要在转运站内设置面向社会(或内外部共用)的附属式公厕,或者将公厕与转运站共建,可解决环境卫生设施征地困难,提高土地利用率。此类公厕应设置在转运站面路的一侧,并与站内的转运设施有效隔离,以免互相干扰(转运车辆通行可能导致交通事故、场地污染,等等);站内单独建造公厕的用地面积可按现行行业标准《城镇环境卫生设施设置标准》CJJ 27 的规定,另行计算。

大型转运站因转运繁忙及进出站车辆频繁,不宜建造面向社会的公共厕所。

4 工艺、设备及技术要求

4.1 转运工艺

4.1.1 自 20 世纪 90 年代以来,我国的城市垃圾转运技术及设施水平有了很大的提高,但由于地区经济发展不平衡和生活垃圾处理系统本身的差异,导致垃圾转运能力和技术水平参差不齐。现行主要的垃圾转运技术(模式)可划分为以下几类:

1 敞开式转运:这是最早的一代垃圾转运技术。城市生活垃圾主要是通过人力车或小型机动车辆直接倒在某一指定地点,然后由其他车辆将其转运到处理场所。作业过程中,转运场所是敞开或半敞开(有顶棚),有时甚至在临时选定的露天空地进行垃圾转运作业。这种情况下,与之配套的车辆通常也是敞开式的。

此种转运模式虽然一定程度上实现了垃圾的转移

和运输操作，但同时造成很大的二次污染。如垃圾散落、臭气散发、灰尘飞扬、污水泄漏等，尤其是在收集、转运场所的周围，污染现象十分严重。不仅转运现场作业环境十分恶劣，而且直接污染周边环境，危害居民的健康，严重影响城市的正常秩序。随着城市社会经济的发展和人民群众对环境质量要求的提高，这种原始转运模式的诸多缺陷和引发的矛盾日趋突出，因而大多数城市已经或正在将此淘汰，但在部分中小城市（城镇）及乡镇仍然使用。

2 封闭转运模式：为了克服敞开式转运的缺点，封闭式转运模式应运而生。其中"封闭"一词有两层含义及要求：一是指垃圾转移场所的封闭，二是指转运车上垃圾装载容器的封闭。转运场所的封闭减少了对周围环境的污染；转运容器的封闭减少了运输途中垃圾的散落、灰尘的飞扬和污水洒漏。

实践表明，封闭式转运站在很大程度上减少了其作业过程对外部环境的影响。但是，由于垃圾密度小，转运车辆不能满负荷运输，造成效率低下，转运成本高。这种弊端对于倾倒卸料直装式密封垃圾运输车更为突出。

3 机械填装/压缩转运模式（简称压缩转运）：此类转运模式在国内的规模化应用出现在20世纪90年代。近几年，随着垃圾成分的变化及中转技术的发展，机械填装/压缩转运技术开始应用并迅速普及。相对于前两种转运技术而言，压缩转运技术在有效防治二次污染的前提下，成功解决了运输车辆的载运能力亏损问题，提高了转运车的运输效率，体现了转运环节的经济性。

根据国内垃圾转运技术现状及发展趋势，转运技术及配套机械设备可按物料被装载、转运时的移动方向分为卧式或立式两大类；可按转运容器内的垃圾是否被压实及其压实程度，划分为填装式（兼压缩式）和压缩式两大类。

填装式：采用回转式刮板将物料送入装载容器。由于机械动作原理及作用力所限，其主要功能是将装载容器填满，兼有压实功能。此类填装设备过去通常与装载容器连为一体（如后装式垃圾收运车），现在为了提高单车运输效率，出现将填装/压缩装置与装载容器分离的趋势。填装式多用于中型及其以下转运站。

压缩式：采用往复式推板将物料压入装载容器。与刮板式填装作业相比，往复式推压技术对容器内的垃圾施加更大的挤压力。大中型转运站多采用压缩式。

还可进一步按垃圾被压实的不同工艺路线及机械动作程序，分为直接压缩（压装）式和预压式，等等。

（1）直接压缩工艺

工艺路线：接收垃圾→直接压装进入转运车厢→转运

作业过程为：首先连接转运容器（车厢）和压装设备，当受料器内接收垃圾达到一定数量后，启动压实设备，推压板将垃圾直接压入转运车厢。其间可根据需要调整压头压力大小或推压次数，车厢装满并压实后，与压装设备分离，由转运车辆运至目的地。

直接压缩式既有水平式也有垂直式的，相比较而言，国内转运站现以水平式较多。

（2）预先压缩工艺

工艺路线：接收垃圾→在受料器（或预压仓）内压实→推入转运车厢→转运

作业过程为：垃圾倾入受料容器，被压实成包；被推入转运容器（车厢）；由转运车辆运至目的地。车厢内可装入的垃圾包数量由其厢体容积和垃圾包体积等技术参数确定。

预压式多用于中型以上的转运站。

4.1.2 为了保证转运作业的连续性与事故状态下（如配套的填装机械发生故障）的转运能力，即使是小型转运站，其转运单元数不应小于2。当一个或一部分转运单元或其设备丧失工作能力时，剩余的转运单元或设备可以通过延长作业时间来完成转运站的全部转运任务。

4.1.3 本条明确提出转运站应采用机械填装垃圾并明确了相应要求。

机械填装垃圾不仅是提高转运效率，也是改善作业条件、保证安全文明生产的具体措施。因此，除了个别因经济条件限制或转运量很小或临时转运的情况之外，各类转运站均应采用机械填装垃圾的方式。

采取适当的填装措施可将装载容器填满垃圾并压实至必要的密实度，以提高转运作业及二次运输的效率。

应根据转运站下游（垃圾处理、处置环节的类型、工艺技术）的要求和转运物料（垃圾）的性状，确定装载容器中的物料是否需压实以及其被压实程度。

若转运站下游是垃圾焚烧、堆肥或分选设施或转运已分类垃圾时，过度压实会对后续设施及工艺环节造成负面影响，如将大块松散物压实不利于燃烧；含水量很大的易腐有机垃圾会挤压出水，且压实后不利于形成好氧发酵状态，等等。因此，类似场合不必强调垃圾填装机械的压实能力，只需将装载容器装满即可。

机械联动或限位装置是保持卸料和填装压实动作协调的简易又可靠的措施，从而避免进料垃圾洒落在推头或刮板上。

机械锁紧或限位装置是保持填装压实机与受料容器口密闭结合的可靠措施。

4.1.4 本条明确提出转运站在工艺技术方面的其他要求。

无论垃圾处理厂（场）等转运站的下游设施是否设置了计量设备，大型转运站都必须在垃圾收集/运输车进、出站口设置计量工位。

中型及其以下转运站可依照其从属的垃圾处理系统的总体规划或服务区环境卫生专业规划要求，确定配置计量设备的必要性和方式。若后续的垃圾处理厂（场）已配置了计量设备，则转运站可考虑省略计量程序；对于服务区范围较小，垃圾收集量变化不大的小型转运站，采用车吨位换算法也是经济可行的，但应通过实测确定换算系数。

配置必要的自动识别、登记装置是实现转运站科学化、规范化运营管理的保证措施。

进站车辆抽样检查停车区可以专设，也可以临时划定（对于小型转运站），但届时必须有相应的标示牌及调度管理。

垃圾卸料、转运作业区的各种指示标牌、警示标志，以及报警装置等不仅是安全环保的需要，对于规范化作业和提高生产效能也是非常重要的。

4.2 机 械 设 备

4.2.1 目前我国转运机械压实设备主要可分为两类，一种是刮板式压实设备，一种是活塞式压实设备。前者的特点是整机体积小，操作简单，能够边装边压实。后者的特点是压缩效率高，物料的压实密度大。

4.2.2 同一工艺类型的转运单元的配套机械设备，应选用同一型号、规格，以提高站内机械设备的通用性和互换性，并便于转运站的建造和运行维护。如果可能，同一垃圾转运系统的多个转运站也应选用同一类型、规格的配套机械设备。这样做从局部看可能存在某单元的设备或零部件能力过大的资源浪费，但从系统或全局看，由于便于转运系统或转运站的建设、运行，提高了系统的整体可靠性与稳定性，因而综合效益更好。

4.2.3 虽然转运站服务范围内的垃圾收集作业时间可能全天候（从几小时到十几小时），但基于环境条件和交通条件的限制甚至制约（如垃圾转运与运输应避开上下班时间，也不宜安排在深夜），以及为了提高单位时间内的工作效率，转运站机械设备的转运工作量不能按常规的单班工作时间 6~8h 分摊，而应在较集中的时段内不大于 4h。因此，与转运站及转运单元的设计日转运能力（t/d）相匹配的是配套机械设备的时转运能力（t/h）。

按集中时段设计配套机械设备转运能力的另一个好处是使转运站具有应对转运任务变化（如转运量增加）或事故状态（如某台机械设备出现故障而失去转运能力时）的能力，这时可适当延长其余转运设备工作时间，以完成总的转运量并维持系统的平稳运行。

4.2.5 考虑到不同转运工艺的实际情况，容器数量可适当增加。

4.3 其他设施设备

4.3.1 大型转运站可根据服务区及运输线路上的社会加油站的布局情况，考虑是否设置专用加油站。

4.3.2 应尽量使机械设备的修理工作社会化，转运站只要做好日常的维护保养，并视具体情况和实际需求承担部分专用设备、装置的小修任务。

5 建筑与结构

5.0.1 转运站的建设应重在实用，其建筑形式、风格、色调必须与周边建筑和环境协调，不宜太华丽、铺张。

5.0.2 在满足垃圾转运工艺布置及配套设备安装、拆换与维护要求的前提下，转运站的结构形式应尽可能简单。

5.0.3 为了保证垃圾转运作业对污染实施有效控制或在相对密闭的状态下进行，从建筑结构方面可采取的主要措施包括：给垃圾转运车间安装便于启闭的卷帘闸门，设置非敞开式通风口等。

6 配 套 设 施

6.0.1 转运站站内（包括作业场地、平台）道路的结构形式及建造质量应满足最大规格的垃圾运输车辆的荷载要求和车辆通行要求。

转运站进站道路的结构形式及建造质量不仅要满足收集/运输车辆通行量和承载能力的要求，还应与其相连的站外市政道路的结构形式协调。

6.0.2 各类转运站都应有必要措施保证临时停电时能继续其垃圾转运功能。

6.0.3 转运站的生产用水主要指设备或设施冲洗用水。

6.0.4 雨水和生活污水按接入市政管网考虑，垃圾渗沥液及设备冲洗污水则依据转运站服务区水环境质量要求考虑处理途径与方式。

转运站的室内外场地都应平整并保持必要的坡度，以避免滞留积渍水；转运车间内应按垃圾填装设备布局要求设置垃圾渗沥液导排沟（管）以便及时疏排污水。

转运车间应设置积污坑（井），用于收集转运作业过程产生的垃圾渗沥液和场地冲洗等生产污水。积污坑的结构和容量必须与污水处理方案及工艺路线相匹配。如采用将污水用罐车运送至处理厂的方案时，积污坑的容积必须满足两次运送间隔期收集、储存污水的需求。

6.0.5 转运站的控制室、转运作业现场、门房/计量站等关键环节必须配置必要的通信设施，以便于收集、转运车辆调度等生产运营管理。

6.0.6 小型转运站可在转运站主体建筑内或依附其设置管理办公室，必须保证安全与卫生方面的基本要求。

6.0.7 大型转运站应配备集中控制管理仪器设备，并设置中央控制和现场控制两套系统。其他类型转运站宜根据实际情况配置。

7 环境保护与劳动卫生

7.1 环 境 保 护

7.1.1 与其他建设项目一样，转运站建设同样必须遵循"三同时"原则。

7.1.2 转运站内的建（构）筑物应按生产和管理两大类相对集中，中间设置绿化隔离带，转运站的四周应设置由多种树种、花木合理搭配形成的环保隔离与绿化带。各生产车间应配备相应污染防治设施和设备，对转运过程产生的二次污染进行有效防治。

7.1.3 转运站对周边环境影响最大的主要污染源是转运作业时产生的粉尘和臭气。因此，强化卸装垃圾等关键位置的通风、降尘、除臭措施更显重要。大型转运站仅靠洒水降尘或喷药除臭是不够的，必须设置独立的抽排风/除臭系统。

7.1.4 运输车辆的整体密封性能，必须满足避免渗液滴漏和防止尘屑撒落、臭气散逸两方面的要求。对于前者，不仅要在运输车底部设置积液容器，还必须依据载运车规模、垃圾性状以及通行道路坡度等具体条件核准、调整其容积。

7.1.5 减振降噪措施主要应用于转运站各种机械设备的基础；隔声措施包括转运站密闭式结构、设置绿化隔离带或专用隔声栅栏等。

7.1.6 转运站生活污水排放应按国家现行标准的规定排入邻近市政排水管网；也可与生产污水合并处理，达标排放。

转运作业过程产生的垃圾渗沥液及清洗车辆、设备的生产污水，在获得有关主管部门同意后可排入邻近市政排水管网集中处理；否则，应将其预处理至达到国家现行标准的要求后再排入邻近市政排水管网或用车辆、管道等将渗沥液等输送到污水处理厂。

条件许可时，应优先考虑将转运站各类污水排入邻近的市政排水管网后进行集中处理。

7.1.7 应采用乔灌木合理搭配的形式，以强化其隔声、降噪等环保功能；绿化隔离带设置的重点地段是转运站的下风向，转运站的临街面，站内生产区与管理区之间。

绿化隔离带的设置还应考虑其与周边环境的协调。

7.2 安全与劳动卫生

7.2.1 转运站安全与劳动卫生应符合国家现行的有关技术标准的规定和要求。

7.2.2 应按照现行国家标准《安全标志》GB 2894、《安全色》GB 2893 的规定，在转运站的相应位置设置醒目的安全标志。

7.2.5 转运车间内，如填装压缩装置、车厢厢体举升装置等设备或装置旁均应留有足够空间的现场作业人员通道。

7.2.6 为了避免转运作业过程出现运输车辆及装载容器定位不准甚至碰撞，转运车间（工位）应根据转运车辆或装载容器的规格尺寸设置导向定位装置或限位预警装置。

7.2.7 专用卫生设施是指供员工洗浴、更衣、休息的单独专用设施。

8 工程施工及验收

8.1 工 程 施 工

8.1.1～8.1.7 明确了施工阶段有关各方应注意并遵循的要点，同时也是业主对施工进度与质量进行有效监督、控制的依据。

8.2 工程竣工验收

8.2.1、8.2.2 转运站工程竣工验收除了应满足《建设项目（工程）竣工验收办法》、《建设工程质量管理条例》、《机械设备安装施工验收通用规范》GB 50231、设计文件和相应的国家现行标准的规定和要求，还应符合本标准有关章节的相应要求。

8.2.3 转运站工程竣工验收前应做好必要的文件、资料的准备工作。

中华人民共和国行业标准

城市粪便处理厂（场）设计规范

CJJ 64—95

条 文 说 明

前　言

根据建设部建标〔1991〕413号文的要求，由武汉城市建设学院主编，广州市猎德粪便无害化处理厂等单位参加共同编制的《城市粪便处理厂（场）设计规范》（CJJ64—95），经建设部1995年5月15日以建标〔1995〕252号文批准，业已发布。

为便于广大设计、施工、科研、学校等单位的有关人员在使用本标准时能正确理解和执行条文规定，《城市粪便处理厂（场）设计规范》编制组按章、节、条顺序编制了本标准的条文说明，供国内使用者参考。在使用中如发现本条文说明有欠妥之处，请将意见函寄武汉城市建设学院。

本《条文说明》由建设部标准定额研究所组织出版。

目 次

1 总　则

1.0.1　说明制订本规范的目的。

制订本规范的目的有二：

（1）保证城市粪便处理能达到防止粪便污染的卫生目的；

（2）使粪便处理厂（场）能根据规定的要求进行合理设计，做到确保质量。

1.0.2　规定本规范的适用范围。

本规范只适用于城市新建、扩建和改建的粪便处理厂（场）设计。本规范不适用于连接公厕和楼房的分散小型粪便处理设施设计，也不适用于农村畜牧粪便的处理设计。

条文中所指"城市"，按《中华人民共和国城市规划法》第三条规定："城市"是指国家按行政建制设立的直辖市、市、镇。"城市"是包括市和镇的完整的法律概念。我国的建制镇包括县人民政府所在地的镇和其他县以下的建制镇，都属城市的范畴和体系。

1.0.3　规定粪便处理厂（场）设计的主要依据和基本任务。

粪便处理厂（场）是城市环境卫生基础设施之一。《城市规划法》规定，中华人民共和国的一切城市，都必须制订城市规划，按照规划实施管理。城市总体规划包括各项工程规划和专业规划，为各行业的专业规划提供了指南和依据。环境卫生工程专业规划是城市总体规划的组成部分。城市总体规划批准后，必须严格执行；未经原批准机关同意，任何组织和个人不得擅自改变。据此，本条规定了主要设计依据。

国家计划委员会颁发的《基本建设设计工作管理暂行办法》规定，设计工作的基本任务是，要做出体现国家有关方针、政策、切合实际、安全适用、技术先进、社会效益、经济效益好的设计，为我国社会主义现代化建设服务。据此，本条结合粪便处理工程的特点，规定了基本任务和应正确处理的有关方面关系。

1.0.4　规定粪便处理厂（场）设计采用新技术应遵循的主要原则。

粪便处理厂（场）的兴建在我国刚刚起步，随着科学技术的发展和环境卫生要求的提高，今后粪便处理新技术会不断涌现。《城市市容和环境卫生管理条例》第七条规定，国家鼓励推广先进技术，提高城市市容和环境卫生水平。作为规范，不应阻碍或抑制新技术的发展，为此，本条鼓励积极采用经过鉴定、行之有效、节约能源、节省用地的新技术和新工艺。

粪便处理厂（场）往往空气质量较差，为此条文还规定有条件时应积极采用机械化、自动化设备。

1.0.5　条文规定粪便进厂（场）的方式、种类，条文还作了严禁混入有毒有害污泥的规定。粪便来源一般包括：

（1）倒粪池，无卫生设备住户的粪便；

（2）公共旱厕，旧城区无水冲的厕所粪便；

（3）公共水厕贮粪池，无排水管渠地区水冲厕所粪便；

（4）公共水厕化粪池，分散小型粪便处理设施的污泥；

（5）楼房化粪池，局部粪便污水处理构筑物的污泥；

（6）粪便转运站（码头），上述一～五类粪便污泥。

1.0.6　关于确定粪便设计性状的原则规定。

由于粪便污泥的来源不同，性状值变化较大，所以设计性状应根据实际调查测定的结果来确定。当无资料时，推荐按本规范附录A采用。附录A所列数值，系根据国内调查资料、主编单位实验测定和参照国外规范推荐。

1.0.7　规定粪便经处理厂（场）处理的最后出路及选择最后出路应考虑的原则。

粪便经处理后，其最后出路可分为农业利用与排入水体。农业利用包括用作农田肥料，污水灌溉和水生物养殖等。国内经验表明，经妥善处理后的粪水和污泥进行农业利用，可以化害为利，具有明显的环境和经济效益，应是现阶段粪便最后出路的首选方案。

目前我国一些城市，尤其是特大城市，因各种原因粪便的农业利用已受到很大限制，正在准备兴建或已兴建了达到水体排放标准的粪便处理厂。因此，本条规定最后出路也可排入水体。条文中"水体"系指河流、湖泊、海洋等。

1.0.8　规定根据粪便最后出路确定采用的处理类型。

当粪便最后出路为农业利用时，应采用无害化卫生处理。粪便无害化卫生处理的要求是基本杀灭粪便中的病原体（病毒、细菌和寄生虫等），完全杀灭苍蝇的幼虫并有效地控制苍蝇孳生和繁殖，同时促使粪便中含氮有机物的分解，防止肥效损失，从而使粪便达到无害化、稳定化。

当粪便最后出路为排入水体时，应采用净化处理。粪便净化处理应是采用物理、生物或化学的手段和技术，将粪便中的污染物质分离出来，或是将其转化为无害的物质，从而使粪便得到相对净化，达到水质排放标准。

根据我国国情，现阶段粪便处理的主要目标应是积极推行农业利用的无害化卫生处理类型。只有当农业利用的出路受阻，经技术经济比较合理时，可采用净化处理。

1.0.9　规定粪便处理厂（场）设计尚应同时执行有关标准和规范。

2 厂（场）址选择和总体布置

2.1 选 址

2.1.1 规定厂址选择应考虑的主要因素。

影响粪便处理厂（场）厂址选择的因素很多，本条对主要因素，如与城镇所在水体的关系、污水污泥排放出路、交通运输和水电供应条件、工程地质条件、卫生防护要求，当地主导风向等提出了要求。

2.2 总 体 布 置

2.2.1 关于确定厂（场）区征地面积的原则。

粪便处理厂（场）的规划设计必须考虑城市人口的增长和工业的发展以及建设资金的筹集情况。厂（场）区面积应按远期规划设计，分期实施。

2.2.2 关于粪便处理厂（场）总体布置的规定。

粪便处理厂（场）的总体布置在满足功能要求前提下，必须经济合理，施工和维护管理方便。

2.2.3 对处理厂（场）工艺流程，竖向设计的主要考虑因素作了规定。

在排水畅通的条件下，应尽量做到土方平衡和降低能耗。

2.2.4 关于处理构筑物的布置原则的规定。

紧凑、合理的布置，既节约土地又便于施工和投产后的维护管理。

2.2.5 规定附属建筑物的布置原则。

集中布置并与处理构筑物保持一定距离，目的是保证生产管理人员有良好的工作条件和环境。

2.2.6 关于处理厂（场）附属建筑物的组成及其面积应考虑的主要原则。

处理厂（场）的附属建筑物分为生产性和生活性两大类，其组成与面积大小，在规划设计时，应因厂因地制宜考虑确定，本规范不作统一的规定。

条文中的"有关标准"，系指《城市污水处理厂附属建筑和附属设备设计标准》（CJJ31—89），可作为参考。

2.2.7 规定处理厂（场）在建筑美学方面应考虑的主要因素。

处理厂（场）建设在满足实用、经济的前提下，应适当考虑美观并与周围环境达到和谐一致。

2.2.8 规定处理厂（场）内管线设计考虑的主要因素。

粪便处理厂（场）内管线较多，主要应做地下管道综合和高程设计。

2.2.9 关于堆场和停车场的规定。

一般材料，备件应靠近机修车间，燃料应靠近锅炉房和有关的生产设备，废渣则宜利用较偏僻的空地堆放。

2.2.10 关于处理厂（场）设置计量装置、必要的仪表和控制装置的规定。

为了有效地运行管理和进行成本核算，应设置粪便、污泥和气体的计量装置。

对于仪表和控制装置，由于国内有关仪表和控制装置的特性不一定完全适合处理厂（场）运行管理的要求，因此条文只规定设置必要的仪表和控制装置，不作全面设置的要求。

2.2.11 设置排空装置，目的是便于检修与清理。

2.2.12 关于厂（场）区内道路的规定。

厂（场）区道路有两大功能：一为物料的运输；二为工作人员的活动。由于粪便处理厂（场）中的原料、燃料及成品运输量大，故对道路设计应有一定要求。

2.2.13 考虑处理厂（场）的安全要求，周围应设有围墙。

2.2.16 绿化对粪便处理厂（场）有着十分重要的意义。绿化不仅可以防止厂（场）区的尘土飞扬，还可以减少噪声干扰，减少太阳辐射热，从而改善生产条件。考虑到粪便处理厂（场）的特点，规定绿化面积不宜小于厂（场）区总面积的30%，比一般企业要适当高一些。

2.2.17 关于寒冷地区的粪便处理厂（场）保温防冻的规定。

保温防冻对象主要指处于地面以上露天设置的生产设备和处理构筑物。

2.2.18 关于处理厂（场）安全设施的规定。

以往经常发生有工作人员从无防护设施的高架处理构筑物滑倒跌落的事故，故条文规定应设置栏杆等设施。

3 粪便净化处理工艺和构筑物

3.1 一 般 规 定

3.1.1 确定城市粪便排入水体的处理程度及方法应考虑的原则。

目前虽然粪便排放标准在我国尚未制订，但国家已有《污水综合排放标准》，《地面水环境质量标准》，《工业企业设计卫生标准》的"地面水水质卫生要求"和"地面水中有害物质的最高容许浓度"，《渔业水质标准》，《海水水质标准》以及地方水污染排放标准等。因此粪便水排入受纳水体时，其处理程度及方法应根据排放地点的水体状况、粪便的性状和数量，考虑设计的稀释倍数和水体的自净能力等，使出水口处或水体利用处的水质符合国家和地方的有关标准。

当有地方水污染物排放标准时，处理程度及方法由该标准和粪便的性状和数量确定；当暂无地方水污染物排放标准时，应以《污水综合排放标准》和《地面水环境质量标准》的各种水用途的水质标准为目标，根据水体水质现状、水体稀释自净能力和污染物的迁移转化规律等，计算水体对各种污染物的允许负荷量，从而确定污染物的排放量。再根据粪便性状和数量以及设计的稀释倍数，确定粪便的处理程度和方法。

3.1.2 关于粪便净化处理构筑物设计处理能力的规定。

粪便净化处理构筑物设计，应根据处理厂（场）的远期规模和分期建设的情况统一安排，按每期的服务区域的粪便量设计，这样既保证了处理厂（场）在远期扩建的可能性，又利于环卫工程设施建设在短期内见效。

关于服务区域内粪便量，日本的《粪便处理设施构造指南》（以下简称日本指南）规定是根据粪便收集人口数、每人每日平均排出粪便量、使用净化池人口数及其每人每日平均污水量，再考虑波动系数计算所得。我国与日本情况不同，因为下水道普及率不是按服务人口数统计，而是按区域内排水管道的服务面积占区域面积的比重计算的，因此粪便的收集人口数无法统计，相应的波动系数也难以确定。为此，本规范规定粪便量按服务区域内平均日清运量计算。

3.1.3 规定处理构筑物个数和布置的原则。

处理构筑物的个数不宜少于 2 个，以利于检修维护。

按并联的系列设计，可使处理厂（场）的运行更为可靠、灵活和合理。

3.1.4 关于设置均匀配水装置和连通管渠的规定。

并联运行的处理构筑物，若配水不均匀，各池负担就不一样，有的可能出现超负荷，而有的则又没有充分发挥其作用，所以应设置配水装置。配水装置一般采用堰或配水井等方式。

为灵活组合构筑物运行系列并便于观察、调节和维护，设计时应在构筑物之间设可切换的连通管渠。

3.1.5 关于处理构筑物入口、出口设计的规定。

处理构筑物的入口和出口处设置整流措施，既可使整个断面布水均匀，又能保持稳定的池水面，以保证处理效率。

3.2 净化处理工艺流程

3.2.1 规定选择处理工艺流程及构筑物应考虑的原则。

本条规定的原则是从处理效率的角度出发的。由于粪便污水中的有机物比生活污水中的有机物多得多，因此粪便处理的工艺流程通常分为三阶段：第一阶段为预处理，其任务主要是去除粪便中悬浮固体污染物质，采用的构筑物主要有接受沉砂池、格栅、贮存调节池、浓缩池等；第二阶段为主处理，其主要任务是使固体物变为易于分离的状态，同时使大部分有机物分解，采用的构筑物为厌氧消化池或好氧生物处理构筑物，国外也有采用湿式氧化反应池的；第三阶段为后处理，一般是将上清液稀释至类似城市生活污水的水质，采用城市生活污水处理的常规方法进行处理。工艺流程的主要区别在于主处理方式，所以一般按主处理的不同而分为不同的处理工艺流程。

3.2.2 推荐三种处理工艺流程。

（1）预处理——厌氧消化处理——（上清液）后处理的工艺流程，是日本 50 年代开始对污泥厌氧消化技术细节作适当改造而开发的适用于粪便处理的技术，近 40 年来得以广泛应用。我国 80 年代以来已有城市采用此处理流程，行之有效。

（2）这一工艺流程与上述流程不同之处，在于固液分离过程主要在预处理阶段进行即增加了初次重力浓缩工序，较适用于含水率高的粪便处理。广州、上海兴建的粪便处理厂基本上采用这种工艺流程，取得了较好的处理效果。

（3）这一工艺流程是主处理以好氧生物处理构筑物（如好氧消化池）加沉淀池代替了厌氧消化池。日本新设计的粪便处理厂较多采用此流程。国内除污泥处理有好氧消化池应用外，目前在粪便处理方面尚无生产实践经验。为此，建议有条件时可采用这一工艺流程，但本规范在构筑物设计规定中未列入好氧消化池。

3.2.3 规定预处理工艺的设施组合。

进厂（场）的粪便中，由于收运时间的影响和来源不同，造成进料不连续和性状不均匀，此外还含有相当数量的砂土和夹杂物。因此预处理工艺应设置接受沉砂池预先去除砂土，设置格栅去除夹杂物，设置贮存调节池混合调节、稳定流量，以保证后续工序的有效进行。

对于高含水率的粪便，预处理工艺还可考虑设置重力浓缩池。

3.2.4 关于处理工艺流程中设置消毒设施、污泥处理设施以及考虑配置脱臭设施的规定。

粪便水和产生的污泥中都含有病原体，为防止其传染疾病，按卫生要求必须设置消毒和污泥处理设施。

粪便处理厂（场）应逐步配套脱臭设施，但国内目前尚无应用实例。因此本条建议只能因时、因地制宜地考虑配置脱臭设施，规范中也未列入脱臭设施的具体设计规定。

3.3 接受沉砂池

3.3.1 规定必须设置接受沉砂池的要求。

接受沉砂池接受从真空抽粪车等运输工具卸入的粪便，并同时能够沉砂。

据调查，在收集的粪便中一般含有 0.2%～0.4%的砂土等杂质，接受池中设置沉砂设施去除大部分砂土，可以避免后续处理构筑物的机械设备受磨损和改善重力排泥堵塞情况，故作本条规定。

3.3.3 规定接受口个数的计算公式和设计要求。

本条系根据日本指南和指南解说而制定。

3.3.4 规定接受池容积的计算公式。

引用日本指南的规定。

3.3.5 关于砂斗的有效深度，砂斗容积计算的规定。

本条规定参考日本指南解说，结合我国实际情况而定。条文中的粪便含砂率，是按实际含砂量的50％沉降率考虑的。

3.3.6 关于除砂方法和对所除砂土处置要求的规定。

采用重力排砂易堵塞排砂管，故本条规定宜采用真空泵或砂泵除砂。

排除的砂土中含有有害物质，应进行卫生处置，不得随意堆放或倾倒。

3.4 格 栅

3.4.1 规定设置格栅的要求。

据调查，收集的粪便中含有手纸、纤维类、橡胶类、塑料类、木竹片等大小不一的各种夹杂物约占3％。为了防止机械设备被缠绕和磨损以及泵、阀的堵塞，以保证后续工序的正常运行，故作本条规定。

3.4.2 规定格栅设计的要求。

格栅栅条间空隙宽度的规定系根据国内粪便处理厂运行经验，同时参考城市污水处理厂的设计而规定。格栅栅条间空隙宽度在 $10\sim40mm$ 范围内，采用机械清除时为 $10\sim25mm$，采用人工清除时为 $25\sim40mm$。为了更有效地去除夹杂物，可按格栅栅条间空隙由宽到窄设多级格栅。

过栅流速和格栅倾角系参照国内城市污水处理厂采用的数据制定。

3.4.3 关于格栅拦截夹杂物量、清除方法以及对夹杂物处置要求的规定。

3.4.4 关于设置格栅工作台的规定。

为便于清除夹杂物和养护格栅，作本条规定。

3.4.5 关于格栅间设置通风设施的规定。

格栅设于室内时，为改善室内的操作条件和确保操作人员安全与健康，应设置通风设施。

3.5 贮存调节池

3.5.1 规定设置贮存调节池的要求。

由于收集、运输的影响，进入粪便处理厂（场）的粪便量是不连续的，而且粪便性状随来源不同其浓宽变化很大。为保证处理系统量的连续性和质的均匀性，故作本条规定。

3.5.2 明确贮存调节池的平面形状。

3.5.3 对贮存调节池容积的规定。

容积一般可按粪便最大日清运量考虑，但根据实际情况可以适当增大。

3.5.4 关于设置计量和去除浮渣装置的规定。

为掌握投入量和贮存量，应设置液面计或其他计量装置。

为减少贮存调节池出流中的浮渣，应设去除浮渣装置。

3.6 初次重力浓缩池

3.6.1 关于设置初次重力浓缩池的规定

条文所指浓缩，系指粪便经过接受沉砂池和格栅后的浓缩。

粪便的粘性较高，固形物在粪便中沉降速度较小，所以固液分离一般在二级消化池中进行，即通过一级消化池的生物分解作用使粪便的粘性显著降低后进入二级消化池沉降分离。但当粪便含水率较高时，为减小消化池的容积，国内也有在预处理流程中设置重力浓缩池以降低粪便含水率的设计实例。因此是否设置浓缩池，一般可根据粪便含水率，经技术经济比较后确定。条文两处的用语分别为"可"和"宜"字，表示有很大程度的选择性。

3.6.2 关于重力式浓缩池的设计规定。

本条规定的设计数据系参考国内一些污泥浓缩池的设计数据，结合广州粪便处理厂的实践经验确定。

根据调查研究，污泥浓缩的设计参数大多适用于粪便浓缩，但粪便的浓缩时间不宜太长，否则部分粪渣浮起形成过多的浮渣。

3.6.3 关于排除粪便水的规定。

间歇式重力浓缩池为静置沉降，一般情况下粪便水在上层，浓缩的粪便污泥在下层。但对于贮存时间较长的粪便或预处理时夹杂物去除率不高时，容易形成粪皮浮渣，此时中间是粪便水。为此，本条规定应在不同高度设置粪便水排出管

3.6.4 关于去除浮渣装置的规定。

由于重力浓缩池经常形成浮渣，如不及时排除，浮渣会随粪便水出流。为此，规定应设去除浮渣的装置。

3.7 厌氧消化池

3.7.1 规定厌氧消化方式。

传统的消化池为单级消化。近 20 年来，两级消化在国外广泛采用，其优点是工程造价和运转能耗都少，有利于固液分离和熟污泥脱水。广州进行粪便两级消化的实践，证明效果良好。因此本条作出两级消化的规定。

消化温度推荐采用中温消化。虽然高温消化的卫生效果较好，但根据日本经验，粪便的高温消化与中温消化相比，通常消化污泥分离差，BDD_5 去除率低，产气量反而少，故日本指南未将高温消化列入。我国的污泥消化，因其高温方式消耗热能很大，相应的规范也未列入高温消化。

3.7.2 关于厌氧中温消化池设计参数和取值原则的规定。

本条系参考国外规范参数并结合国内粪便的设计实践确定。

3.7.5 规定消化池的结构、安全及防腐要求。

为保证甲烷细菌正常发育，维持一定工作压力，消化池应采用不透水，不透气的建筑材料达到密封。

固定盖式消化池在大量排泥或排气量大于产气量等情况时，池内可能造成负压，致使空气渗入池内，破坏消化池运行甚至形成爆炸的潜在危险。故本条规定应有防止池内产生负压的措施，其措施一般为进出料同时进行；缓慢排泥或排泥时与贮气罐连通等。

粪便产生的沼气中硫化氢含量较高，有较大的腐蚀性。为此条文还规定应采取有效的防腐措施，一般措施是对易受气体腐蚀的部分采用耐腐蚀的材料或涂料。

3.7.6 关于消化池设置出入口的规定。

为便于维护体修，厌氧消化池的侧壁应设置不透水、不透气的出入口。

3.7.7 规定一级消化池加热的方法。

本条所列的三种加热方法国内外都有采用，其中池外热交换采用较多。

3.7.8 规定一级消化池搅拌的方法。

本条所列的三种搅拌方法国内外都有采用，近年来消化气体循环采用较多。

为保证固液分离的效果，消化液从一级消化池输送到二级消化池之前，应停止搅拌 4h 以上，此时间系根据日本指南解说而定。

3.7.9 规定二级消化池的有关要求。

二级消化池主要是利用余热进一步消化，并兼作浓缩池进行固液分离，故本条规定了不加热、不搅拌以及设置上清液排出设施的要求。

3.7.10 关于消化池设置仪表的规定。

为及时掌握消化池运行工况，保证运转效果，同时有利于积累原始运转资料，消化池应设置有关的仪表。但由于我国尚缺乏消化池专用仪表，故未作硬性规定，条文用语为"宜"字，表示有选择、有条件地考虑设置有关仪表。

3.7.11 规定厌氧消化系统的防火防爆要求。

厌氧消化池及其辅助构筑物是易燃易爆构筑物，根据我国消防条例规定，应符合现行的《建筑设计防火规范》。

条文还针对控制室的特殊情况，补充规定了控制室的安全设施。

关于构筑物的防火防爆等级，消化池和控制室属甲类生产建筑物，耐火等级为二级。若控制室为小于 300m² 的单层建筑，则耐火等级为三级。贮气罐属可燃性气体贮罐。

3.7.12 规定消化气体收集设施宜包括的装置。

据测定粪便厌氧消化产生的气体中，硫化氢约占 0.5%～1.0%。硫化氢除对人体有毒外，还腐蚀金属和混凝土等材料，影响贮气罐、锅炉及管道的耐用性。因此，规范在常规消化气体收集系统的设施组成中增列了脱硫装置。

3.7.13 关于脱硫方式和硫化氢含量的规定。

干式脱硫一般采用氢氧化铁或氧化铁粉掺合锯木屑作为脱硫剂，脱硫率可达 90% 以上，湿式脱硫一般采用水洗，脱硫率约为 60%～85%。

为保持脱硫效率和正常运行，条文还规定冬季脱硫装置宜有防冻措施。

3.7.14 规定贮气罐容积计算方法和对贮气罐的设计要求。

根据供气与用气情况计算贮气罐容积是比较经济的。当根据日产量的 1/3～1/5 设计容积时，中温消化可按 1 m³ 粪便（含水率 97%～98%）产生 8～10m³ 气体计算。

3.7.15 规定配气管上的安全和排水装置。

为防止火焰进入消化池和贮气罐的危险，应设阻燃器，为排除消化气体的冷凝水，应设排水装置。

3.7.16 明确消化气体应尽量用作燃料。

消化气体作为能源利用，是粪便资源化的一个重要方面，因此有必要在规范条文中予以强调。

3.8 后 处 理

3.8.1 规定进入后处理系统的粪便水类型。

粪便水类型系对应于本规范第 3.2.2 条推荐的三种处理工艺流程中的不同构筑物而规定。

3.8.3 关于后处理前对粪便水进行稀释的规定。

由于进入后处理的粪便水类型不同，浓度变化大，稀释倍数不宜统一规定，故条文只明确稀释倍数的确定原则。

3.8.4 关于消毒的规定。

本条规定了消毒的方法、加氯量、接触时间以及加氯设施和有关建筑物的设计。

条文推荐消毒采用加氯法。由于氯的货源充沛、价格低、消毒效果好，国内已广泛应用于生活污水和医院污水的消毒，国外对粪便水的消毒一般也采用加氯法，故此法是可推荐的。

加氯量和接触时间系根据国内污水消毒运行经验并参考日本指南确定。

3.9 污 泥 处 理

3.9.1 关于粪便处理过程中污泥处理的规定。

粪便处理过程中产生的污泥富集了较多的污染物，尤其是沉降的寄生虫卵，故条文规定必须进行污泥处理，不得直接用作农田肥料。

3.9.2 关于确定污泥计划处理量的原则及参考数值的规定。

污泥产生量主要取决于粪便的 SS 和 BOD_5 浓度及其去除率。本条所列污泥量的参考数值来源于日本指南的规定。

3.9.3 关于浓缩活性污泥的规定。

活性污泥的浓缩,可参照本规范 3.6 的规定,但特别规定了与 3.6 中的不同设计要求。

3.9.4 规定浓缩的活性污泥若与消化污泥合并处理时不宜再采用厌氧消化处理方式。

3.9.5 规定污泥的最终处置方法。

污泥的最终处置意指其最后归宿,一般可分为海洋处置与陆地处置两大类。污泥用作农田肥料是陆地处置的首选方案。粪便污泥用于农田,既可增加土壤肥效,还可用来改良土壤,在我国广大地区受到农民欢迎。

3.9.6 规定污泥用作农肥时的处理流程。

国内许多城市的经验表明,本条建议的流程能满足污泥农用无害化卫生处理的要求,切实可行。规定干化场设人工排水层,是为了防止粪便污泥水渗入土壤深层和地下水,造成二次污染,同时为加速排水层中污泥水的排除。

污泥与城市生活垃圾进行混合高温堆肥,既可调节水分和 C/N,又可增加肥效,杀卵效果好,另外还解决了污泥水的处理问题。

条文还明确了人工滤层干化场、污泥机械脱水以及高温堆肥设计应符合的有关规定。

4 粪便无害化卫生处理

4.1 一般规定

4.1.1 规定粪便农业利用时的无害化卫生处理方法。

粪便是我国农业广泛使用的有机肥源和能源,但从卫生角度看具有极大的危害性。本条推荐的四种卫生利用粪便的处理方法,根据我国农村粪便处理的多年实践证明是切实可行的,能适用于不同施肥习惯的地区。

4.1.2 关于粪便无害化卫生处理效果的卫生评价规定。

中国预防医学科学院环境卫生与卫生工程研究所主编的国家标准《粪便无害化卫生标准》,其中对温度、寄生虫卵、细菌、蝇蛹等均作出了规定,必须遵照执行。

4.1.3 关于粪液用作农田灌溉时保护水源的规定。

经无害化卫生处理后的粪液进行农田灌溉时,有关灌区与给水水源的防护距离,国家标准《生活饮用水卫生标准》中已有规定,必须遵照执行。

4.1.4 本条规定的目的是为了避免当农田不需粪液时,粪液任意排放造成对水源和环境的污染。非用肥或非灌溉季节的粪液出路措施一般采用适宜容量的蓄

粪池或严格按现行的《工业企业设计卫生标准》中的有关规定,进行相应的处置后排放。

4.1.5 本条规定的目的是保护水源和周围环境不受污染。无害化卫生处理构筑物一般应采取抹水泥砂浆防渗处理。

4.2 高温堆肥法

4.2.1 关于高温堆肥适用原料的规定。

条文除了规定高温堆肥的适用原料外,还明确在城市生活垃圾堆肥有销路的条件下,应以粪便或污泥与生活垃圾混合高温堆肥作为首选方案。混合高温堆肥的特点在本条说明 3.9.6 中已阐述,我国近年来许多城市采用混合高温堆肥,经验证明行之有效,符合我国环卫技术政策和实际情况。

4.2.2 规定选择高温堆肥处理工艺流程及主要处理设施应考虑的原则。

4.2.3 关于高温堆肥厂(场)采取脱臭和灭蝇措施的规定。

高温堆肥系统中产生的臭气物质主要是氨、硫化氢、甲硫醇、甲基硫、胺等,为防止污染空气和保持良好的工作环境,应根据设施的现场条件、周围环境条件和臭气浓度等采取相应的脱臭措施。脱臭措施可采用常规臭气控制技术,也可考虑将腐熟堆肥作为脱臭剂使用。厂(场)区臭气一般采用嗅觉监测法进行检测和评价,可参照《城市生活垃圾卫生填埋技术规范》附录中的 5 级标准,建议将厂(场)区臭气控制在 3 级以下。

高温堆肥厂(场)的前处理工艺中易孳生苍蝇,妨碍环境卫生,为此应考虑灭蝇措施。一般灭蝇措施为定期喷洒灭蝇药剂。厂(场)区可采用捕蝇笼诱捕法设置蝇类密度监测点。

4.2.4 规定混合高温堆肥设计的要求。

4.2.4.1 关于粪便或污泥与生活垃圾混合比计算原则的规定。

混合比计算应以混合后符合堆肥原料的含水率、碳氮比、有机物含量等要求为基础,条文中规定的堆肥原料要求,来源于《城市生活垃圾好氧静态堆肥技术规程》中关于堆肥原料的有关规定。

4.2.4.2 关于静态发酵工艺技术要求的规定。

关于静态堆肥技术,建设部已颁布《城市生活垃圾好氧静态堆肥处理技术规程》,可参照执行。由于该规程的适用范围是城市生活垃圾,本规范则以处理粪便为主,因此条文用语为"可参照"。

4.2.5 规定单独高温堆肥设计的要求。

4.2.5.1 对粪便单独高温堆肥前的脱水处理规定。

为了降低粪便的含水率,应对粪便进行浓缩和(或)脱水处理。脱水宜采用人工滤层干化场或机械脱水。

条文还对浓缩和脱出的粪便水处理提出了要求，目的是防止粪便水直接排放，形成二次污染。

4.2.5.2 推荐单独高温堆肥宜采用的工艺流程。

国外应用粪便或污泥单独高温堆肥已有成熟经验，国内虽有应用，但运行数据积累不多。本条推荐的工艺流程系国外较广泛采用的二次性发酵流程。

二次性发酵是指堆肥原料先后在不同的发酵设施中完成生物降解的全过程。

4.2.5.3 关于水份调整方法的规定。

水份调整材料一般可采用锯木屑、糠壳等物质。

4.2.5.4 关于一级发酵设施容积计算的规定。

一级发酵设施容积主要与进料量和发酵时间有关。发酵时间7～14d的规定来源于日本资料和世界银行编著的"粪便堆肥"一书。发酵时间的长短主要根据采用的发酵设施类型不同而确定。一般而言，静态发酵设施的发酵时间长于动态发酵设施；箱式、筒仓式发酵设施的发酵时间长于多级立式、旋转筒式发酵设施。

4.2.5.5 关于一级发酵设施配置必要装置的规定，还规定了发酵设施应有的性能。

4.2.5.6 关于二级发酵设施有效容积或有效面积计算的规定。

条文还规定二级发酵可采用露天堆积方式。露天堆积虽然占地面积大，发酵条件不易控制，但工程简单，投资和运转费用低，因此也予以推荐。

4.3 沼气发酵法

4.3.1 规定沼气发酵温度。

沼气发酵处理的目的，主要是去除病原体（杀灭病菌、沉降寄生虫卵）和稳定粪便，以获取液肥和热能。

高温、中温、低温沼气发酵在我国都有应用实例。高温沼气发酵较长时间在青岛应用，处理效果较好，有一定的运行经验。但高温沼气发酵池的进料为浓缩后的粪便污泥，含水率必须控制在95%以下。

低温沼气发酵长期在我国农村广泛应用，积累有较多的经验。近年来低温沼气发酵开始在城市应用，如烟台粪便处理采用此法效果良好。

因此，本条推荐三种温度的沼气发酵，并对不同温度作了规定。

4.3.2 规定沼气发酵的进料含水率。

进入沼气发酵池的粪便含水率大小，对沼气产率影响较大。在一定条件下，沼气产率与粪便含水率成反比关系。根据国内调查资料，规定粪便进入沼气发酵池的含水率一般不大于98%。当含水率大于98%时，应对粪便进行预处理以降低其含水率。根据青岛经验，高温沼气发酵的含水率宜控制在93%左右。

4.3.3 对沼气发酵池有效容积的规定。

沼气发酵的无害化卫生处理效果主要与温度和发酵时间有关。因此本条对沼气发酵池有效容积的计算规定，采用不同发酵温度的停留时间作为设计计算参数。条文所列停留时间，根据国内的运行经验，证明无害化卫生处理效果良好。

4.3.4 关于沼气发酵池保温的规定。

常温沼气发酵池一般不加热，为避免环境温度影响，其保温措施一般是将池子建在地下。

4.3.6 关于沼气、沼液和沼渣的综合利用和处理的规定。

沼气应作为能源尽量利用。沼液可用作农肥。

中温和常温沼气发酵的沼渣含有许多未杀灭的沉降的寄生虫卵，若不经进一步无害化卫生处理直接利用，势必造成危害。沼渣一般采用高温堆肥的无害化卫生处理。

4.4 密封贮存池

4.4.2 对密封贮存池总有效容积的规定。

密封贮存池的总有效容积主要与密封贮存期有关。根据《粪便无害化卫生标准》中对密封贮存法的卫生标准及要求，条文规定密封贮存期应在30d以上。

4.4.3 关于密封贮存池防渗、防漏和防臭的规定。

4.4.4 关于密封贮存池配置泵的规定。

配置泵的目的是为了粪便的抽吸，并可对池内粪便进行液体搅拌以破碎粪块，使病原体分离出来，增强杀菌灭卵效果。

4.4.5 关于密封贮存池清挖污泥的规定。

池底污泥的清挖周期，主要与气候条件有关。一般粪便污泥腐化发酵时间为1～4个月，如当地气温较高时；可取低值；冬季低温可取高值。

4.5 三格化粪池

4.5.2 对三格化粪池总有效容积的规定。

本条规定采用每池每日粪便处理量和停留时间计算三格化粪池有效容积。停留时间系参照《粪便无害化卫生标准》，根据国内各地实践数据制定。

4.5.3 规定三格化粪池的三格容积比。

条文推荐的三格容积比，国内经验证明切实可行，符合无害化和用肥要求。容积比一般以第一格粪便停留时间不小于10d为基础确定，目的是在第一格以足够时间截留含虫卵较多的粪便污泥。第三格的停留时间规定了变化幅度，主要根据用肥情况而定，一般以20～30d为宜。

4.5.4 关于三格化粪池各格的粪液出口的规定。

规定两个出口上下错开，目的是防止第二格的粪液达不到停留时间就很快流入第三格。

规定第一格的出口距池底为40～50cm，主要是隔断第一格粪渣随粪液出流。

4.5.5 关于三格化粪池浮渣、沉渣清挖和处理的规定。

三格化粪池的第一、二格有较多的浮渣和沉渣，条文规定应设清挖口。为保证密封和防止臭气外逸，清挖口应有水封措施。

浮渣、沉渣的清挖周期，其规定说明同4.4.5条。

浮渣、沉渣的进一步无害化卫生处理，可以进行高温堆肥后用作农肥或采用卫生填埋处置。

中华人民共和国国家标准

调幅收音台和调频电视转播台与公路的防护间距标准

GB 50285—98

条 文 说 明

制 订 说 明

根据国家计委计综〔1991〕290 号文的要求，由广播电影电视部标准化规划研究所与交通部公路规划设计院共同制定的国家标准《调幅收音台和调频电视转播台与公路的防护间距标准》GB 50285—98，经中华人民共和国建设部以建标〔1998〕15 号文批准，并会同国家质量技术监督局联合发布。

本标准编制的目的是为了保护调幅收音台和调频电视转播台避免公路汽车带来的无线电干扰，根据实际测量的结果提出接收台与公路应保持的防护间距。

在本标准编制过程中，标准编制组首先进行了广泛的资料收集，对不同地区、不同等级的公路的无线电干扰进行了测试验证，并广泛征求了全国有关单位的意见，最后由我部会同有关部门审查定稿。

鉴于本标准系初次编制，在执行过程中，希望各单位结合工程实践和科学研究，认真总结经验，注意积累资料，如发现需要修改和补充之处，请将意见和有关资料寄交广播电影电视部标准化规划研究所（邮政编码：100866），并抄送广播电影电视部，以供今后修订时参考。

广播电影电视部

1998 年 9 月

目　　次

1 总　　则

1.0.1 公路定义、公路分级按照《公路工程技术标准》JTJ 01—88 的规定执行。

1.0.2 本标准对调幅收音台和调频电视转播（包括差转）台（以下统称为"接收台"）与高速公路、一级和二级汽车专用公路（以下统称为"公路"）之间规定了防护间距。

2　防护间距

2.0.1 防护间距的选取原则是既要达到对广播业务的保护，又要符合实际干扰情况。以前广电部（原中央广播事业局）、邮电部、总参通信部的联合通知中对收信台技术区边缘与行车繁忙的汽车公路的距离要求为 1km。通过对公路上行驶汽车产生的无线电干扰测试，得出 1km 防护间距对满足广播电视覆盖网转播要求的调幅收音台和调频电视转播台可以减小，根据实测结果和广播电视所需信噪比综合考虑得出该防护间距。

2.0.2 公路上行驶的汽车对接收台产生的无线电干扰可采取措施进行抑制。在防护间距不能满足的情况下，应根据技术经济等各方面因素的比较，合理选取防护措施。

附录 A　防护间距的计算方法

A.0.1 防护间距的参数选用原则：

N_{10} 的干扰统计值在实测时应根据接收台的特点，给定置信水平和时间概率；

B 的选取参阅了国外有关文献中的计算公式并通过测试验证；

R 的选取依据主观评价实验结论，调频信号信噪比采用 27dB，电视信号信噪比采用 39dB。中短波调幅收音台的接收频率低，实测和理论都表明汽车火花点火发动机产生的辐射干扰较小，公路对中短波频段的干扰在 100m 以内，因此对中短波调幅收音台只规定与公路的防护间距，不再单独给出中短波频段的防护间距的计算公式。

中华人民共和国国家标准

人民防空地下室设计规范

GB 50038—2005

条 文 说 明

目　次

1 总　则

1.0.1 由于冷战的结束和科学技术的发展，未来的战争模式发生了重大变化。为了适应未来战争的需要，经全面修订后国家国防动员委员会于 2003 年 11 月 12 日颁发了现行《人民防空工程战术技术要求》（以下简称现行《战技要求》）。与 1998 年颁发的《人民防空工程战术技术要求》相比较，在防御的武器以及防护要求、专业标准等诸多方面，现行《战技要求》都做了相应地修改和调整。《战技要求》是国家标准《人民防空地下室设计规范》（以下简称本规范）的编制依据。为此以现行《战技要求》为依据并结合近年来的科技成果，本规范进行了全面地修订。

1.0.2 按照《人民防空法》和国家的有关规定，结合新建民用建筑应该修建一定数量的防空地下室。但有时由于地质、地形、结构和施工等条件限制不宜修建防空地下室时，国家允许将应修建防空地下室的资金用于在居住小区内，易地建设单建掘开式人防工程。为了便于做好居住小区的人防工程规划和个体设计，更好地实现平战结合，为适应各地设计单位和主管部门的需要，本规范的适用范围做了适当地调整。

为此本条特别注明：本规范中对"防空地下室"的各项要求和规定，除注明者外均适用于居住小区内的结合民用建筑易地修建的掘开式人防工程。在本规范条文中凡只写明"防空地下室"，但未注明甲类或乙类时，系指甲、乙两类防空地下室均应遵守的规定；在本规范条文中只写明甲类防空地下室（或乙类防空地下室），未注明其抗力级别时，系指符合本规范规定范围内的各抗力级别的甲类防空地下室（或乙类防空地下室）均应遵守的规定。

按照战时的功能区分防空地下室的工程类别与称谓如表 1-1 所示。

表 1-1　　防空地下室的工程类别及相关称谓

序号	工程类别	单体工程	分项名称
1	指挥通信工程	各级人防指挥所	
2	医疗救护工程	中心医院	
		急救医院	
		救护站	
3	防空专业队工程	专业队掩蔽所 *	专业队队员掩蔽部
			专业队装备掩蔽部
4	人员掩蔽工程	一等人员掩蔽所	
		二等人员掩蔽所	
5	配套工程	核生化监测中心	
		食品站	
		生产车间	
		区域电站	
		区域供水站	
		物资库	
		汽车库	
		警报站	

"＊"防空专业队是按专业组成的担负人民防空勤务的组织。包括：抢险抢修、医疗救护、消防、防化防疫、通信、运输、治安等专业队。

1.0.4 未来爆发核大战的可能性已经变小，但是核威胁依然存在。在我国的一些城市和城市中的一些地区，人防工程建设仍须考虑防御核武器。但是考虑到我国地域辽阔，城市（地区）之间的战略地位差异悬殊，威胁环境十分不同，本规范把防空地下室区分为甲、乙两类。甲类防空地下室战时需要防核武器、防常规武器、防生化武器等；乙类防空地下室不考虑防核武器，只防常规武器和防生化武器（详见本规范第 1.0.4 条的规定）。至于防空地下室是按甲类，还是按乙类修建，应由当地的人防主管部门根据国家的有关规定，结合该地区的具体情况确定。

1.0.5 本规范第 1.0.2 条对于防空地下室的战时用途并未做出限制，即本规范适用于战时用作指挥、医疗救护、防空专业队、人员掩蔽和配套工程等各种用途的防空地下室。但由于本规范的发行范围和保密要求方面的原因，本规范对有关指挥工程和涉及甲级防化等方面的具体规定做了回避。因此在从事以上工程设计时，尚须结合使用相关的国家标准和行业标准。

与本规范关系较为密切的规范，除一般民用建筑设计规范以外，尚有如下国家标准和行业标准：《人民防空工程设计规范》、《人民防空工程设计防火规范》、《地下工程防水技术规范》以及《人民防空工程防化设计规范》、《人民防空指挥工程设计标准》、《人民防空医疗救护工程设计标准》、《人民防空工程柴油电站设计标准》、《人民防空物资库工程设计标准》、《人防工程防早期核辐射设计规范》（此规范尚未正式发布）等等。

3 建　筑

3.1 一般规定

3.1.1 对于防空地下室的位置选择、战时及平时用途的确定，必须符合城市人防工程规划的要求。同时也应考虑平时为城市生产、生活服务的需要以及上部地面建筑的特点及其环境条件、地区特点、建筑标准、平战转换等问题，地下、地上综合考虑确定。防空地下室的位置选择和战时及平时用途的确定，是关系到战备、社会、经济三个效益能否全面充分地发挥的关键，必须认真对待。

3.1.2 为使掩蔽人员在听到警报后，能够及时地进入掩蔽状态，本条按照一般人员的行走速度，将规定的时间（包括下楼梯），折算成为服务半径。在做居住小区的人防工程规划时，应该注意使人员掩蔽工程的布局满足此项规定。

3.1.3 本条为强制性条文，为确保防空地下室的战时安全，尤其是考虑到防空地下室处于地下的不利条件下，在距危险目标的距离方面应该从严掌握。本条主要是参照了《建筑设计防火规范》以及《人民防空一、二等建筑物设计技术规范》等中的有关规定做出的规定。距危险目标的距离系指防空地下室各出入口（及通风口）的出地面段与危险目标的最不利直线距离。

3.1.5 防空地下室的室外出入口、通风口、柴油机排烟口和通风采光窗井等，其位置、尺寸和处理方式，不仅应该考虑战时及平时的要求，同时也要考虑与地面建筑四周环境的协调，以及对城市景观的影响等。特别是位于临街和重要建筑物、广场附近的室外出入口口部建筑的形式、色彩等，都应与周围环境相协调，增加城市景观的美感，而不应产生负面影响。

3.1.6 考虑到上部地面建筑战时容易遭受破坏，为了保证防空地下室的人防围护结构的整体强度及其密闭性，本条做了相应的规定。本条限制的对象主要是"无关管道"，无关管道系指防空地下室无论在战时还是在平时均不使用的管道。为此，在设计中应尽量把专供上部建筑平时使用的设备房间，设置在防空地下室的防护范围之外。对于穿过人防围护结构的管道，区别不同情况，分别做了"不宜"和"不得"的规定。对于上部建筑的粪便污水管等，一般都采取在适当集中后设置管道井，并将其置于防护范围以外的办法来处理。此次修订过程中针对这一问题专门进行了管道穿板的验证性模拟核爆炸试验。试验说明对量大面广的核 5 级及以下的甲类防空地下室，可以在原规定的基础上适当放大所限制的管径范围。此次规范修订对于穿过人防围护结构的允许管径和相应的防护密闭做法，均作了适当调整。并在本规范的第6章中增加了相关的条款。

3.1.7～3.1.8 一般来说，战时有人员停留的（如医疗救护工程、人员掩蔽工程和专业队队员掩蔽部等）或战时掩蔽的物品不允许染毒的（如储存粮食、食品、日用必需品等物资）防空地下室，均属于有防毒要求的防空地下室。在有防毒要求的防空地下室设计中，应该特别注意划分其清洁区和染毒区。在清洁区中人员、物资不仅可以免受爆炸荷载的作用，而且还能免受毒剂（包括化学毒剂、生物战剂和放射性沾染）的侵害；而在染毒区内虽然可以免受爆炸荷载的作用，但在一段时间内有可能会轻微染毒。因此，染毒区一般是没有人员停留区域。战时如果需要人员进入染毒区时（如发电机房），按规定应该带防毒面具，并穿防护服。

3.1.9 防空地下室是为战时防空服务的，所以其设计必须满足预定级别的防护要求和战时使用要求。但为了充分发挥其投资效益，一般防空地下室都要求平战结合。平战结合的防空地下室设计不仅应该满足其战时要求，而且还需要满足平时生产、生活的要求。由于战时与平时的功能要求不同，往往容易产生一些矛盾。此时对于量大面广的一般性防空地下室，规范允许采取一些转换措施，使防空地下室不仅能更好地满足平时的使用要求，而且可在临战时经过必要的改造（即防护功能平战转换措施），就能使其满足战时的防护要求和使用要求。为了使设计中所采用的转换措施在临战时能够实现，不仅对转换措施技术方面的可行性需要给出限定范围，而且对临战时的转换工作量也需要适当控制。因此此条中增加了"临战时的转换工作量应与城市的战略地位相协调，并符合当地战时的人力、物力条件"的要求，这样可以使当地的人防主管部门在审批转换措施时，依据当地的战略地位和当地的人力、物力条件综合研究确定。

3.1.10 为了方便设计人员使用，此次修订将甲类防空地下室的防早期核辐射方面的具体要求，分别放在相关的主体和口部的条款当中。与原规范比较，此次修订主要是增加了无上部建筑的顶板防护厚度、采用钢结构人防门的出入口通道长度以及附壁式室外出入口的内通道长度等相关内容。与原规范相同，本规范给出的各项要求都是在限定条件下适用的。对于在规定条件范围以外的工程，应按国家的有关标准进行设计。本规范的防早期核辐射方面的计算条件如下：

①核爆炸条件：按国家的有关规定。

②城市海拔与平均空气密度见表2。

表2－1　　　　城市海拔与平均空气密度

城市海拔（m）	平均空气密度（kg/m³）
$h \leqslant 200$	≥1.2
$200 < h \leqslant 1200$	≥1.1
$1200 < h \leqslant 2250$	≥1.0

③计算室外地面剂量时考虑地面建筑群的影响，并按建筑物间距与建筑高度之比不大于1.5。故取屏蔽因子为：$f_{γq} = 0.45$；$f_{nq} = 0.40$。

④对于有上部建筑的顶板和室内出入口，在计算上部建筑底层的室内地面剂量时，考虑了上部建筑的影响。取屏蔽因子为：$f_{γq} = 0.45$；$f_{nq} = 0.30$。

⑤在计算顶板厚度、墙体厚度、出入口通道长度等项时，取自防空地下室顶板进入室内和自口部进入室内的辐射剂量各占室内剂量限值的50%。

⑥在计算室外出入口的通道长度和室内出入口的内通道长度

时，考虑了按本规范规定设置钢筋混凝土（及钢结构）防护密闭门和密闭门。

⑦其它计算条件见条文和条文注释。

3.2　主　　体

3.2.1 表3.2.1－1中的医疗救护工程的规模和面积标准是按照现行《战技要求》给出的，但由于防空地下室的平面形状和大小直接受其上部建筑平面尺寸的限制，所以设计时可以根据工程的具体情况，参照上述规定，在征得当地人防主管部门意见的情况下，按照需要与可能合理确定为宜。

3.2.2～3.2.4 从近年来防空地下室工程建设情况来看，直接给出顶板的最小防护厚度，这种做法显得更加直观，也简化了计算，方便操作。虽然没有上部建筑的顶板大部分都有覆土，也采用了统一的以无覆土顶板为主的写法。此次修订增加了空心砖墙体的材料换算系数。须留意第3.2.2条、第3.2.3条、第3.2.4条是针对战时有人员停留的防空地下室规定的；对于战时无人员停留的（如专业队装备掩蔽部、人防汽车库等）防空地下室可根据结构的需要确定。

3.2.5 乙类防空地下室和核6级、核6B级甲类防空地下室的250mm厚度要求（包括顶板防护厚度、外墙顶部最小厚度等），是考虑防战时大火的要求做出的规定，也是暴露在空气中的人围护结构（如顶板、室外地面以上的外墙等）的最小厚度要求。

3.2.6 在防空地下室主体中划分防护单元是一项降低炸弹命中概率、避免大范围杀伤的有效技术措施。为了便于平战结合，依据现行《战技要求》的规定对防护分区一是由按掩蔽面积改按建筑面积划分；二是将防护单元、抗爆单元的面积都作了适当的调整。当防空地下室上部建筑的层数为十层或多于十层时，由于楼板的遮挡，可以不考虑遭受弹破坏，所以规定高层建筑下的防空地下室可以不划分防护单元和抗爆单元。但是如果对九层或不足九层的上部建筑不加限制，有的地方可能会对面积很大的防空地下室也不划分防护单元和抗爆单元，在未来战争中可能会带来严重问题。因此就不足十层建筑下的部分，对其所占面积作了适当限制，即其建筑面积不得大于200m²。

3.2.7 设置抗爆单元的目的是为在防护单元一旦遭到炸弹击中时，尽可能减少人员（或物资）受伤害的数量。即当防护单元中的某抗爆单元遭到命中时，可以保护相邻抗爆单元的人员（物资）不受伤害。设计只考虑承受一次破坏，故在遭袭击之后该防护单元（包括两个抗爆单元）即应停止使用。抗爆单元内并不要求防护设备或内部设备自成体系。抗爆单元之间的隔墙是为防止炸弹气浪及碎片伤害掩蔽人员（物资）而设置的。因此，对于平时修建的和临战转换的抗爆隔墙（抗爆挡墙）的材质、强度、作法和尺寸等都做了相应的规定。

3.2.8 防空地下室划分防护单元，一是为了降低遭敌人炸弹命中的概率，二是为了减小遭破坏的范围，特别是对大型人员掩蔽所。因此，对防护单元面积提出一定的限制是合理的。每个防护单元是一个独立的防护空间（可把防护单元看作是一个独立的防空地下室），所以规范要求一个防护单元的防护设施和内部设备应该自成系统。每个防护单元的出入口也应该按照独立的防空地下室一样设置。

3.2.10～3.2.11 为便于相邻防护单元之间的战时联系，相邻防护单元之间应该设置连通口。因为遭炸弹命中是随机的，所以事先无法判定相邻单元中哪个单元先命中。因此在相邻防护单元之间的连通口处，应在防护密闭隔墙的两侧各设置一道防护密闭门。由于甲、乙两类防空地下室预定防御的武器不同，所以对它们的防护密闭门的抗力要求各有不同。对于乙类防空地下室比较简单，可按0.03MPa的设计压力值设置防护密闭门；而甲类防空地下室就要依据防护单元的抗力大小，而且要注意按照条文的规定设置在隔墙的哪一侧。

3.2.12 在多层防空地下室的上下楼层相邻防护单元之间连通口，其防护密闭门设置要看连通口设在哪一层。如果设置在下层，只要将一道防护密闭门设在上层单元的一侧就可以了。

3.2.15 从战时防护安全的角度考虑，一般以修建全埋式防空地下室（即其顶板底面不高出室外地面）为宜。但考虑到由于水文地质条件或平时使用的需要，如果在设计和管理中都能满足本条规定的各项要求时，则可以允许防空地下室的顶板底面适当高出室外地面。甲类防空地下室如果上部地面建筑为钢筋混凝土结构时，在核爆地面冲击波的作用下，有可能造成防空地下室的倾覆。因此在顶板高出室外地面的问题方面，对钢筋混凝土地面建筑作了严格的限制。对高出室外地面的甲类防空地下室，规范仅适用于其上部建筑为砌体结构。由于乙类防空地下室设计不考虑防核武器，在高出室外地面的问题上，对其上部地面建筑的结构形式未作限制，即上部建筑为钢筋混凝土结构时乙类防空地下室的顶板底面也允许高出室外地面，而且也就高于室外地面的高度也作了适度地放宽。

3.3 出 入 口

3.3.1 战时当城市遭到空袭后，尤其是遭核袭击之后，地面建筑物会遭到严重破坏，以至于倒塌，防空地下室的室内出入口极易被堵塞。因此，必须强调出入口的设置数量以及设置室外出入口的必要性。主要出入口是战时空袭后也要使用的出入口，为了尽量避免被堵塞，要求主要出入口应设在室外出入口。对于那些在空袭之后需要迅速投入工作的防空地下室，如消防车库、中心医院、急救医院和大型物资库等，更需要确保其战时出入口的可靠性，故规范要求这些工程要设置两个室外出入口。由于它们在空袭后需要立即使用的迫切程度有所不同，所以对其设置的严格程度，提法上有些不同。为了尽量避免一个炸弹同时破坏两个出入口，故要求出入口要设置在不同方向，并尽量保持最大距离。

3.3.2 在高技术常规武器的空袭条件下，一般量大面广的乙类防空地下室并非是敌人打击的目标，其上部地面建筑完全倒塌的可能性应属于小概率事件。因此与甲类工程相比较，对乙类防空地下室室外出入口的设置，在一定条件下可以适当放宽。对于低抗力的甲类防空地下室，各地反映由于有的地下室已经占满了红线，确实没有设置室外出入口的条件。鉴于此种特殊情况，对于核6级、核6B级的甲类防空地下室，规范允许室内出入口代替室外出入口，但必须满足本条中规定的各项要求。这一做法是迫于上述情况做出的，对于甲类防空地下室而言，并非是十分合理的做法，因此各地的人防主管部门和设计人员对此需从严掌握。

3.3.3 在核爆冲击波作用下的地面建筑物是否倒塌，主要取决于冲击波的超压大小和建筑物的结构类型。根据有关资料，位于核5级、核6级及核6B级的甲类防空地下室附近的钢筋混凝土结构地面建筑物，虽然会遭受严重破坏，但其主结构还不会倒塌。由于钢筋混凝土结构的延性和整体性较好，即使命中一两枚炸弹，整个建筑物也不会彻底倒塌。所以对低抗力防空地下室，虽然钢筋混凝土结构地面建筑周围会有相当数量的倒塌物，但为方便设计，在选择室外出入口位置时，本条规定可不考虑其倒塌影响。对砌体结构的地面建筑物，从安全考虑出发，不管是否属抗震型结构均按将会产生倒塌考虑。

3.3.4 核武器爆炸所造成的地面建筑破坏范围很大，因此甲类防空地下室需要重视地面建筑倒塌的影响。作为战时的主要出入口的室外出入口在空袭之后仍需保证能够正常的出入，因此要求尽可能的将通道的出地面段布置在倒塌范围之外，以免在核袭击之后被倒塌物堵塞。出地面段设在倒塌范围之外时，其口部建筑

往往是因为平时使用、管理等需要而建造的。为了不会因口部建筑本身的坍塌，影响通行，从而要求口部建筑采用单层轻型建筑。这样若一旦遭核袭击时，口部建筑容易被冲击波"吹走"，即便未被"吹走"，也能便于清理。在密集的建筑群中，往往很难做到把出地面段设置在地面建筑的倒塌范围之外（或者远离地面建筑）。当出地面段位于倒塌范围之内时，为了保障在空袭后主要出入口不被堵塞，在出地面段的上方应该设有防倒塌棚架。因此规定，平时设有口部建筑的宜按防倒塌棚架设计；平时不宜设口部建筑的，可在临战时在出地面段上方采用装配式的防倒塌棚架，使出入口战时不会被堵塞。

3.3.5 目前人防工程口部（包括供人员进出和供车辆进出的出入口）防护设备特别是防护密闭门、密闭门已都有相应的标准和定型尺寸。设计时应考虑在满足平时和战时使用要求的前提下，应尽量选用标准的、定型的人防门（包括防护密闭门和密闭门）。表3.3.5给出的战时人员出入口最小尺寸是根据战时的基本要求确定的。平战结合的防空地下室，其出入口的尺寸还需结合平时的使用需要确定。

3.3.7 人防门（包括防护密闭门和密闭门）为了满足抗爆、密闭等方面的要求，与普通的建筑门有所不同。人防门不是镶嵌在洞口当中的，而是门扇的尺寸大于洞口，门扇与门框墙需要搭接一部分。因此设计中应该注意人防门门前通道的尺寸需满足人防门的安装和启闭的需要。

3.3.8 本条中的战时出入口系指在空袭警报之后，供地面上的待掩蔽人员能够直接进入掩蔽所的各个出入口（简称掩蔽入口）。为保障掩蔽人员能够由地面迅速、安全地进入防空地下室，掩蔽入口不能包括竖井式出入口和连通口（包括防护单元之间的和与其它人防工程之间的）。为使掩蔽人员能在规定的时间内全部进入室内，（与消防的安全出口相似）掩蔽入口的宽度应该满足一定要求。其实空袭警报之后的人员紧急进入的状态与火灾时人员紧急疏散的状态相类似，只是掩蔽进入的时间比消防疏散的时间长许多。另外考虑到现行《战技要求》把防护单元的规模放大到建筑面积2000m²，使得掩蔽的人数大大增加，从需要与可能相结合，将百人掩蔽入口宽度确定为0.30m。为了避免人员过于集中，条文规定一樘门的通过人数不超过700人。因此即使门洞宽度大于2.10m，也认为只能通过700人。对于两相邻防护单元的共用通道、共用楼梯的净宽，可按两个掩蔽入口预定的通过人数之和确定，并未要求按两个掩蔽入口净宽之和确定。例如：甲护单元入口虽然净宽1.0m，但预计此通过人数250人；乙防护单元入口净宽1.0m，预计此通过人数200人。因此，合计通过人数450人，需共用通道净宽450×0.01×0.30m=1.35m，此时通道净宽取为1.50m，即已满足要求；否则若按两门门洞宽度之和计算，则需2.00m宽。

3.3.9 人员掩蔽所是战时供人员掩蔽使用的公共场所，使用者男女老少都有，一旦使用，通过出入口的人员众多，非常集中，动作急促。所以，为保证各类人员在规定的时间内能够迅速地、安全地进入室内，不仅要对出入口的数量、宽度有一定要求，而且还需要对梯段的踏步尺寸、扶手的设置等提出必要的要求。

3.3.10、3.3.12 对室外出入口（包括独立式和附壁式）通道的防护掩盖段长度均规定不得小于5.00m。这是从防炸弹爆炸破坏提出的，是对甲类、乙类防空地下室，对战时有、无人员停留均适用的，也是通道长度的最基本要求。因此设计中必须满足，而且应该尽量避免采用直通式。战时室内有人员停留的防空地下室系指符合第3.1.10条规定的工程。

3.3.11 此条中规定的临空墙厚度指是符合第3.3.10条要求的室外出入口。不满足第3.3.10条要求的，不能按此条规定设计。

3.3.11、3.3.13、3.3.15 对于防空专业队装备掩蔽部、人防汽

车库等战时室内无人员停留的防空地下室，其临空墙厚度可按结构要求确定。

3.3.16 此条的对象是指不满足防护厚度要求的临空墙。本条给出的措施主要是针对核4级、核4B级的甲类防空地下室以及核5级甲类防空地下室的附壁式出入口，对于其临空墙的厚度是在满足抗力要求的条件下提供的辅助办法。

3.3.17 此条的各项规定都是为了避免常规武器的爆炸破片对防护密闭门的破坏。第1款专指直通式坡道出入口，按其要求只要把通道的中心线适当弯曲或折转，当人员站在通道口的外侧，看不到防护密闭门时，就能够满足"不被（通道口外的）常规武器爆炸破片直接命中"的要求。

3.3.18 由于常规武器爆炸作用的特点，使得乙类防空地下室出入口处防护密闭门的设计压力值与其通道的形式（即指通道有无90°拐弯）和通道长度关系十分密切，因此将确定出入口防护密闭门设计压力值的有关内容，由结构章节转移到建筑的相关章节中（见第3.3.18条）。同时也将确定防护单元连通口的防护密闭门设计压力值的相关内容，由结构转移到建筑章节。为了从防常规武器的安全考虑，对通道的最小长度作了规定。由于甲类防空地下室还要防核武器，所以防护密闭门的设计压力值受通道的长度影响变化不十分明显，但与通道的拐弯有一定的关系。

乙类防空地下室防护密闭门的设计压力值，是以作用在门上的等效静荷载值相等为原则，将常规武器爆炸产生的压力换算成相同效应的核武器爆炸产生的压力给出的。

常规武器爆炸作用在防护密闭门上的实际压力通常大于表中数值。这么做的目的主要是为了方便建筑设计人员正确选用防护密闭门，同时增强规范的连续性和可操作性。

3.3.21 由于原规范对密闭通道没有具体要求，近期发现有的设计，对战时使用的出入口采用了在一道门框墙的两侧各设一道人防门的做法。这一做法只适用于战时封堵的出入口，并不适用于战时使用的出入口。这一做法会使两道人防门之间的空间太小，形不成"气闸室"（即密闭通道）。而密闭通道的"空间作用"对于防空地下室在隔绝防护时是十分重要的。只有当密闭通道具有足够大的空间时，战时室外的毒剂只有经过"渗透－稀释－再渗透"的过程，才可能进入室内。这其中的一个重要环节是"空间的稀释作用"。当密闭通道具有足够大的空间时，才可能形成明显的稀释。在隔绝防护时间之内其稀释后毒剂的再渗漏，才会使室内的毒剂含量始终处于非致伤浓度之下。因此对密闭通道提出了具体要求。

3.3.22 防毒通道是具有通风换气功能的密闭通道，为了使防毒通道能够形成不断的向外排风，在设有防毒通道的出入口附近必须设有排风口。排风口应该包括扩散室和竖井（或通向室外的通道）。而且在室外染毒情况下有人员通过时，为了防止毒剂进入室内，通道两端的人防门是不允许同时开启的。但由于原规范对防毒通道缺乏明确的要求，近期发现有的工程设计忽视了功能方面的要求，片面地强调提高防毒通道的换气次数，将防毒通道的尺寸确定的过小，以至于通过通道的人员在开启密闭门时，必须同时打开防护密闭门。因此，为了在防护密闭门处于关闭状态条件下，使通道内的人员能够正常地开启密闭门，就需要在密闭门的开启范围之外留出人员的站立位置。

3.3.23 洗消间是用于室外染毒人员在进入室内清洁区之前，进行全身消毒（或清除放射性沾染）的专用房间，由脱衣室、淋浴室和检查穿衣室三个房间组成。其中，脱衣室是供染毒人员脱去防护服及各种染毒衣物的房间。为防止毒剂和放射性灰尘的扩散，染毒衣物需集中密闭放置，因此脱衣室应设有贮存染毒衣物的位置。战时脱衣室污染较严重，为了不影响淋浴人员的安全，本条规定在淋浴室入口（即脱衣室与淋浴室之间）设置一道密闭门。淋浴室是通过淋浴彻底清除有害物的房间。房间中不仅设有一定数量的淋浴器，而且设有同等数量的脸盆，尤其是应该特别

注意淋浴器、脸盆的设置一定要避免洗消前人员与洗后人员的足迹交叉。检查穿衣室是供洗后人员检查和穿衣的房间，检查穿衣室应设有放置检查设备和清洁衣物的位置。淋浴室的出口（即淋浴室与检查穿衣室之间）设普通门。虽然可能有个别洗消人员没有完全清洗干净，将微量毒剂带入检查穿衣室，但将会通过通风系统的不断向外排风，会将毒剂排到室外。因而在不断通风换气的条件下，虽然在淋浴室与检查穿衣室之间只设一道普通门，但也不会污染检查穿衣室。由于脱衣室染毒的可能性最大，所以其与淋浴室、检查穿衣室之间必须设置密闭隔墙。对于洗消间和两道防毒通道，虽然其各个房间的染毒浓度不同，但均属染毒区。为此要求其墙面、地面均应平整光滑，以利于清洗，而且应该设置地漏。淋浴器和洗脸盆的数量是按照防护单元的建筑面积给出的。

3.3.24 本次规范修订已将防护单元的建筑面积放大到2000m²。目前最大的防护单元大致可以掩蔽1500人左右，其滤毒风量至少为3000m³/h。即使按一个掩蔽300人的（二等人员掩蔽所）防护单元计算，其滤毒新风量应不小于600m³/h。如果防毒通道净高2.50m，换气次数≥40次/h计算，只要防毒通道面积≤6m²即可满足换气次数要求。所以本条中"简易洗消宜与防毒通道合并设置"的提法是容易做到的。合并设置的做法更符合战时简易洗消的作业流程，而且也简化了口部设计，方便了施工。

关于简易洗消与防毒通道合并设置的具体要求：①防护密闭门与密闭门之间的人行道的宽度为1.30m，可以满足两个人的通行。②"宽度不小于0.60m"是在简易洗消区中放置洗消设施（如桌子、柜子、水桶等）的基本宽度要求，"面积不小于2.0m²"是放置洗消设施的最小面积要求。

3.3.26 电梯主要是为平时服务的，由于战时的供电不能保证，而且在空袭中电梯也容易遭到破坏，故防空地下室战时不考虑使用电梯。如因平时使用需要，地面建筑的电梯直通地下室时，为确保防空地下室的战时安全，故要求电梯间应设在防空地下室的防护区之外。

3.4 通风口、水电口

3.4.1 从各地工程实践可以证明，如果平时进风口放在出入口通道中（或楼梯间）时，容易形成通风短路，室内的新风量不易保证。实践经验还说明，在南方地区的夏季通风会使出入口通道产生结露，而在北方地区的冬季通风会使出入口通道（或楼梯间）的温度明显降低。目前所建的防空地下室已经比较重视平时的开发利用，往往其平时的通风量与战时的通风量相差较大，有的通风方式也有所不同，故平时进风口宜单独设置。另外，从各地使用情况看，平时排风口若与出入口结合设置，会严重影响入口通道的空气质量。在战时通风中，由于清洁通风的时间最长，在室外未染毒的情况下，人员进出频繁，若门扇经常开启，室内新风量也不容易保证。所以不论是平时通风口，还是战时通风口，本条均提出"宜在室外单独设置"。

3.4.3 医疗救护工程、专业队队员掩蔽部、人员掩蔽工程、食品站、生产车间以及柴油电站等防空地下室的室内战时有大量的人员休息或工作，因此要求不间断通风，所以其进风口、排风口、柴油机排烟口一般都处于开启状态。为了防止核爆炸（或常规武器爆炸）冲击波的破坏作用，均应采用消波设施。

3.4.4 人防物资库和专业队装备掩蔽部、人防汽车库等防空地下室是战时以掩蔽物资、装备为主的工程，有的室内有少量值班人员，有的室内无人。因此此种工程在空袭时可暂停通风。其进风口、排风口可在空袭前采用关闭防护密闭门的防护措施。由于人防物资库和专业队装备掩蔽部、人防汽车库的防毒要求不同，所以设置的门的数量不同。

3.4.5 在室外染毒的情况下，洗消间、简易洗消间和防毒通道等都要求能够通风换气，并把污染空气排至室外。因而要求洗消间、简易洗消间和防毒通道要结合排风口设置。又因为洗消间、简易洗消间和防毒通道等都设在战时主要出入口，所以排风口要设在作为战时主要出入口的室外出入口。此时最好是在室外单独设置进风口。如确实没有条件，二等人员掩蔽所的战时进风口也可以设在室内出入口。正如在第3.3.3条说明所述，在核5级及以下的防空地下室的附近，钢筋混凝土结构和抗震型砖混结构的上部建筑，其主结构一般不会完全倒塌，因此设在室内出入口的进风口还不至于完全被堵塞。但为安全起见，本条规定只要进风口设在室内，就应采取相应的防堵塞措施。

3.4.6 要求悬板活门嵌入墙内，是根据悬板活门的工作性能决定的。悬板活门是依靠冲击波的能量在短暂时间内自动关闭的设备。为了保证冲击波到达时能使悬板活门迅速地关闭，从而要求悬板活门必须嵌入墙内，并应满足嵌入深度的要求。

3.4.7 为了方便设计人员的使用，按照本规范附录F的有关规定，经过大量计算和综合工作，规范附录A给出了可供直接选用的表格。但需说明原规范中规定的消波系统的允许余压值，是按照设备的允许余压确定的，并没有考虑室内人员能够承受的压力大小。在《核武器的杀伤破坏作用与防护》（1976年国防科委）一书第44页的冲击波损伤中写明："冲击波超压为0.02～0.03MPa时，会造成人员的轻度冲击伤，其中听器损伤（鼓膜破裂、穿孔）和体表擦伤，但不会影响战斗力。冲击波超压为0.03～0.06MPa时，会造成人员的中度冲击伤，其中明显听器损伤（听骨骨折、鼓室出血），肺轻度出血、水肿，脑振荡，软组织挫伤和单纯脱臼等，会明显影响战斗力"。另外在《核袭击民防手册》（1982年原子能出版社）一书的第29页写到"虽然鼓膜穿孔需要0.140MPa，但是在0.035MPa那样低的超压下也有过耳膜破坏的记录"。由此可见，按照低标准要求，超压0.03MPa是人员能够承受的明显界限。如果超过0.03MPa会给人员造成严重的伤害。于是人员的允许余压一般都小于设备的允许余压（如排风口和无滤毒通风的进风口按0.05MPa）。因此只考虑设备的允许余压，不考虑人员的允许余压是不妥当的。此次修订（附录E消波系统）的条文规定消波系统的允许余压值，不论进风口，还是排风口均按防空地下室的室内有、无人员确定。并规定室内有人员的（如医疗救护工程、人员掩蔽工程、专业队队员掩蔽部、物资库等）防空地下室各通风口的扩散室允许余压均按0.03Mpa；室内没有人员的（如电站发电机房）防空地下室各通风口的扩散室允许余压均按0.05Mpa。

3.4.8 在乙类防空地下室和核6级、核6B级甲类防空地下室设计中，为简化口部设计，节省空间，方便施工，降低造价，又能保证战时的防护安全，本条规定用钢板制作的扩散箱代替钢筋混凝土的扩散室。扩散箱的大小是根据本规范附录F的要求确定的。经过模拟试验和技术鉴定确认，钢制扩散箱是有效的、可靠的。为了方便平时使用，本条规定可以预留扩散箱位置，临战时再行安装。

3.4.9 战时因更换滤毒吸收器，滤毒室可能染毒，所以滤毒室应该设在染毒区。为在更换滤吸收器时不影响清洁区，而且方便操作人员进出，故要求滤毒室的门要设在既能通往地面，又能通往室内清洁区的密闭通道（或防毒通道）内。并应注意到：滤毒室应邻近进风口；滤毒室宜分别与扩散室、进风机室相邻。同样为了方便操作，进风机室应该设在清洁区。

3.4.10 在遭受化学袭击的一段时间过后，当室外染毒的浓度下降到允许浓度后，为了对主要出入口和进风口进行洗消，本条规定在主要出入口防护密闭门外以及进风口竖井内设置洗消污水集水坑，以便用来汇集洗消的污水。集水坑可按战时使用手动排水设施（或移动式电动排水设备）排水的标准设计。当因平时的需

要口部已经设有集水坑时，战时可不再设置。

3.5 辅助房间

3.5.1 由于专业队队员掩蔽部、人员掩蔽工程和配套工程的战时用水，一般靠内部贮水（不设内部水源），而且战时一般也没有可靠的电源。按规定内部贮水只考虑饮用水和少量生活用水，不包括厕所用水。因此，本条规定上述两类工程宜设干厕。所以即使因平时使用需要，设置水冲厕所时，也应根据掩蔽人数或战时使用人数留出战时所需干厕（便桶）的位置。同时还应注意到，战时因人员较多，所需的便桶数量较平时的厕所蹲位数一般要多的情况。厕所位置靠近排风系统末端处，有利于厕所污秽气体的排除，以免使其外溢而影响室内空气清洁。一般来说，厕所蹲位多于三个时宜设前室或由盥洗室穿入。

3.6 柴油电站

3.6.3 移动电站采用的是移动式柴油发电机组，一般是在临战时才安装。所以移动电站应该设有一个能通往室外地面的机组运输口，此条只规定应设有"通至"室外地面的出入口。因此当设"直通"室外地面的出入口有困难时，可以由室内口运输柴油发电机组。

3.7 防护功能平战转换

3.7.3 本条是依据现行《战技要求》的有关规定，并参照《转换设计标准》中的相关规定，对于在防护密闭隔墙上开设平时通行口的问题作了较具体的规定。

3.7.4 在本次修订过程中，依据现行《战技要求》的有关规定，并参照《转换设计标准》中的规定，对由于平时需要在防护密闭楼板上开洞的问题作了较具体的规定。

3.7.5 在《转换设计标准》中对平时出入口的设置数量作了严格的限制。我们认为首先应该严格区分封堵方法，然后对不同的封堵方法作不同的限制。如对平时出入口采用预制构件进行封堵的做法，将会给临战时带来巨大的工作量，应该严格控制。但是，对平时出入口采用以防护密闭门为主进行封堵的做法，却不必作过于苛刻的限制。因为以防护密闭门为主进行封堵的做法，战时的防护容易落实，也不会给临战时造成太大的工作量。而在防空地下室设计中，情况往往十分复杂，由于消防的疏散距离等方面的要求，有时平时出入口的数量很难限制在2个以下。因此本条对采用预制构件封堵的平时出入口设置从严，而对以防护密闭门为主封堵的平时出入口采取从宽的规定。

3.8 防　　水

3.8.3 上部建筑范围内的防空地下室顶板的防水一般是容易忽视的。为保证防空地下室的整体密闭性能，防空地下室顶板的防水十分重要。

3.9 内部装修

3.9.3 在冲击波作用下会引起防空地下室顶板的强烈振动，为了避免因振动使抹灰层脱落而砸伤室内人员，故本条规定顶板不应抹灰。平时设置吊顶时，龙骨应该固定牢固，饰面板应采用便于拆卸，以便于临战时拆除吊顶饰面板。

4 结　构

4.1 一般规定

4.1.1 与普通地下室相比，防空地下室结构设计的主要特点是要考虑战时规定武器爆炸动荷载的作用。常规武器爆炸动荷载和核武器爆炸动荷载均属于偶然性荷载，具有量值大、作用时间短且不断衰减等特点。暴露于空气中的防空地下室结构构件，如高出地面不覆土的外墙、不覆土的顶板、口部防护密闭门及门框墙、临空墙等部位直接承受空气冲击波的作用。其它埋入土中的围护结构构件，如覆土顶板、土中外墙及底板等，则直接承受土中压缩波的作用。此外，防空地下室内部的墙、柱等构件则间接承受围护结构及上部结构动荷载作用。

防空地下室的结构布置，必须考虑地面建筑结构体系。墙、柱等承重结构，应尽量与地面建筑物的承重结构相互对应，以使地面建筑物的荷载通过防空地下室的承重结构直接传递到地基上。

防空地下室的结构选型包括结构类别和结构体系的选择。结构类别一般可分为砌体结构和钢筋混凝土结构两种。当上部建筑为砌体结构，防空地下室抗力级别较低且地下水位也较低时，防空地下室可采用砌体结构。防空地下室钢筋混凝土结构体系常采用梁板结构、板柱结构以及箱型结构，当柱网尺寸较大时，也可采用双向密肋楼盖结构、现浇空心楼盖结构。

目前在防空地下室中采用的预制装配整体式构件有叠合板、钢管混凝土柱与螺旋筋套管混凝土柱等。其它预制装配式构件，如有充分试验依据，也可逐步用于防空地下室。

4.1.2 设计使用年限是防空地下室结构设计的重要依据。设计使用年限是设计规定的一个时期，在这一规定的时期内，只需进行正常的维护而不需进行大修就能按预期目的使用，完成预定的功能，即建筑物在正常设计、正常施工、正常使用和维护下所应达到的使用年限。防空地下室结构在规定的设计使用年限内，除了满足平时使用功能要求外，甲类防空地下室应满足"能够承受常规武器爆炸动荷载和核武器爆炸动荷载的分别作用"的战时防护功能要求；乙类防空地下室应满足"能够承受常规武器爆炸动荷载作用"的战时防护功能要求。

4.1.3 现行《人民防空工程战术技术要求》将人民防空工程按可能受到的空袭威胁划分为甲、乙两类：甲类工程防核武器、常规武器、化学武器、生物武器袭击；乙类工程防常规武器、化学武器、生物武器的袭击。根据上述要求，本条提出甲类防空地下室结构应能承受常规武器爆炸动荷载和核武器爆炸动荷载的分别作用，乙类防空地下室结构应能承受常规武器爆炸动荷载的作用。另外，无论是常规武器，还是核武器，设计时均只考虑一次作用。对于甲类防空地下室结构，取其中最不利情况进行设计计算，不需叠加。

4.1.4 本条是在确定设计标准的前提下，考虑到防空地下室结构各部位作用的荷载值不同、破坏形态不同以及安全储备不同等因素，为防止由于存在个别薄弱环节而使整个结构抗力明显降低而提出的一条重要设计原则。所谓抗力相协调即在规定的动荷载作用下，保证结构各部位（如出入口和主体结构）都能正常地工作。

4.1.5 本条规定在常规武器爆炸动荷载或核武器爆炸动荷载作用下，结构动力分析一般采用等效静荷载法，是从防空地下室结构设计所需精度及尽可能简化设计考虑。

由于在动荷载作用下，结构构件振动与相应静荷载作用下挠曲线很相近，且动荷载作用下结构构件的破坏规律与相应静荷载

作用下破坏规律基本一致，所以在动力分析时，可将结构构件简化为单自由度体系。运用结构动力学中对单自由度集中质量等效体系分析的结果，可获得相应的动力系数，用动力系数乘以动荷载峰值得到等效静荷载。等效静荷载法规定结构构件在等效静荷载作用下的各项内力（如弯矩、剪力、轴力）就是动荷载作用下相应内力最大值，这样即可把动荷载视为静荷载。由于等效静荷载法可以利用各种现成图表，按照结构静力分析计算的模式来代替动力分析，所以给防空地下室结构设计带来很大方便。

试验结果与理论分析表明，对于一般防空地下室结构在动力分析中采用等效静荷载法除了剪力（支座反力）误差相对较大外，不会造成设计上明显不合理，因而是能够保证战时防护功能要求的。对于特殊结构也可按有限自由度体系采用结构动力学方法，直接求出结构内力。

4.1.6 本条是针对动荷载特点，以及人防工程在遭受袭击后的使用要求提出的。

在动荷载作用下结构变形极限，本规范第4.6.2条规定用允许延性比控制。由于在确定各种结构构件允许延性比时，已考虑了对变形的限制和防护密闭要求，因而在结构计算中不必再单独进行结构变形和裂缝开展的验算。

由于在试验中，不论整体基础还是独立基础，均未发现其地基有剪切或滑动破坏的情况。因此，本条规定可不验算地基的承载力和变形。但对自防空地下室引出的各种刚性管道，应采取能适应由于地基瞬间变形引起结构位移的措施，如采用柔性接头。

4.1.7 由于防空地下室平时与战时的使用要求有时会出现矛盾，因此设计中如何既能满足战时要求又能满足平时要求，常会遇到困难。为较好地解决这一矛盾，本条提出可采用"平战转换设计"这一设计方法。其基本思路是：在设计中对防空地下室的某些部位（如专供平时使用的较大出入口），可以根据平时使用需要进行设计，但与此同时，设计中也考虑了满足战时防护要求所必需的平战转换措施（包括转换的部位，如何适应转换后结构支承条件的变化及如何在规定的转换时间内实施全部转换工作的具体措施）。通过这种设计，防空地下室既能充分地满足平时使用需要，又能通过临战时实施平战转换达到战时各项防护要求。但这种做法只能在抗力级别较低，防空地下室平时往往作为公共设施的情况下使用，故在本条规定中提出限于乙类防空地下室和核5级、核6级、核6B级甲类防空地下室采用。

4.1.8 多层或高层地面建筑的防空地下室结构，是整个建筑结构体系的一部分，其结构设计既要满足平时使用的结构要求，又要满足战时作为规定设防类别和级别的防护结构要求，即防空地下室结构设计应同时满足平时和战时二种不同荷载效应组合的要求。因此，规定在设计中应取其控制条件作为防空地下室结构设计的依据。

4.2 材　料

4.2.1 防空地下室结构材料应根据使用要求、上部建筑结构类型和当地条件，采用坚固耐久、耐腐蚀和符合防火要求的建筑材料。

本条提出在地下水位以下或有盐碱腐蚀时外墙不宜采用砖砌体，是考虑到砖外墙长期在地下水位以下或有盐碱腐蚀的土中会造成表面剥落，腐蚀较快，不能保持应有的强度。但从调查中也发现，在同样条件下，有少量工程由于材料及施工质量较好等原因，经过数十年时间考验至今仍然良好。因此在有可靠技术措施条件下，为降低造价外墙采用砖砌体也非绝对不可。但在一般情况下，为确保工程质量，还是尽可能不用砖砌体作外墙为好。

4.2.2 对防空地下室中钢筋混凝土结构构件来说，处于屈服后开裂状态仍属正常的工作状态，这点与静力作用下结构构件所处

的状态有很大不同。冷轧带肋钢筋、冷拉钢筋等经冷加工处理的钢筋伸长率低，塑性变形能力差，延性不好，故本条规定不得采用。

4.2.3 表4.2.3给出的材料强度综合调整系数是考虑了普通工业与民用建筑规范中材料分项系数、材料在快速加载作用下的动力强度提高系数和对防空地下室结构构件进行可靠度分析后综合确定的，故称为材料强度综合调整系数。

本规范在确定材料动力强度提高系数时，取与结构构件达到最大弹性变形时间为50ms时对应的一组材料动力强度提高系数。

同一材料在不同受力状态下可取同一材料强度提高系数。试验表明：在快速变形下，受压钢筋强度提高系数与受拉钢筋相一致。混凝土受拉强度提高系数虽然比受压时大，但考虑龄期影响，混凝土后期受拉强度比受压强度提高的要少，二者综合考虑，混凝土受拉、受压可取同一材料强度提高系数。钢筋混凝土构件受弯时材料强度的提高，可看成混凝土受压和钢筋受拉强度的提高；受剪时材料强度的提高，可看成混凝土受拉或受压强度的提高。砌体材料因缺乏完整试验资料，近似参考砖砌体受压强度提高系数取值。钢材的材料强度提高系数是参照钢筋的材料强度提高系数给出。

由于混凝土强度提高系数中考虑了龄期效应的因素，其提高系数为1.2~1.3，故对不应考虑后期强度提高的混凝土如蒸气养护或掺入早强剂的混凝土应乘以0.9折减系数。

根据对钢筋、混凝土及砖砌体的试验，材料或构件初始静应力即使高达屈服强度的65%~70%，也不影响动荷载作用下材料动力强度提高的比值，因此在动荷载与静荷载同时作用下材料动力强度提高系数可取同一数值。

4.2.4 试验证明，动荷载作用下钢筋弹性模量与静荷载作用下相同；混凝土和砌体弹性模量是静荷载作用下的1.2倍。

4.3 常规武器地面爆炸空气冲击波、土中压缩波参数

4.3.1 根据现行《人民防空工程战术技术要求》，防常规武器抗力级别为5、6级的防空地下室按常规武器非直接命中的地面爆炸作用设计。由于常规武器爆心距防空地下室外墙及出入口有一定的距离，其爆炸对防空地下室结构主要产生整体破坏效应。因此，防空地下室防常规武器作用应按防常规武器的整体破坏效应进行设计，可不考虑常规武器的局部破坏作用。

4.3.2 常规武器地面爆炸产生的空气冲击波与核武器爆炸空气冲击波相比，其正相作用时间较短，一般仅数毫秒或数十毫秒，往往小于结构发生最大动位移所需的时间，且其升压时间极短。因此在结构计算时，可按等冲量原则将常规武器地面爆炸产生的空气冲击波波形简化为突加三角形，以方便进行结构动力分析。

4.3.3 常规武器地面爆炸在土中产生的压缩波在向地下传播时，随着传播距离的增加，陡峭的波阵面逐渐变成一定升压时间的压力波，其作用时间也不断加大。因此，为便于计算，可将土中压缩波波形按等冲量原则简化为有升压时间的三角形。

4.3.4 对于防空地下室，由于上部建筑的存在，地面爆炸产生的空气冲击波需穿过上部建筑的外墙、门窗洞口作用到防空地下室顶板和室内出入口。在空气冲击波传播过程中，上部建筑外墙、门窗洞口对空气冲击波产生一定的削弱作用。故当符合条文中规定的条件时，可考虑上部建筑对作用在防空地下室顶板和室内出入口荷载的影响，将空气冲击波最大超压乘以0.8的折减系数。

4.3.5 防空地下室结构构件在常规武器爆炸动荷载作用下，动力分析采用等效静荷载法既保证了一定的设计精度，又简化了设计。一般来说，常规武器爆炸作用在防空地下室结构构件上的动荷载是不均匀的，而若采用等效静荷载法，必须是一均布荷载。

因此，必须对作用在防空地下室结构构件上的常规武器爆炸动荷载进行均布化处理，具体的均布化处理和动荷载计算方法见本规范附录B。

4.4 核武器爆炸地面空气冲击波、土中压缩波参数

4.4.1 为便于利用现成图表和公式进行动力分析，通常需要将荷载曲线简化成线性衰减等效波形。所谓等效，主要是保证将实际荷载曲线简化为线性衰减波形后能产生相等的最大位移。对于一次作用的脉冲荷载，只需对达到最大位移时间前那段荷载曲线作出简化，而在此以后的曲线变化并不重要。对于防空地下室结构在核武器爆炸冲击波荷载作用下，其最大变位往往发生在超压时程曲线早期，因此按与曲线面积大体相等，且形状也尽可能接近的原则，经推导简化后得出在峰值压力处按切线简化的三角形波形。

地面空气冲击波参数与核武器当量和爆炸高度有关。本次修订由于核武器当量和比例爆高作了适当调整，表4.4.1中设计参数与原规范有所差别。

4.4.2 土中压缩波可简化为有升压时间平台形荷载，是因为土中压缩波作用时间往往比结构达到最大变位时间长十几倍到几十倍，所以简化成有升压时间的平台形荷载后，其误差尚在允许范围内，且可明显简化计算。

4.4.3 由于岩土仅在很低压力下才呈弹性，加之塑性波速与众多因素有关而难以准确确定，因此在土性参数计算中采用起始压力波速和峰值压力波速。其值先通过土性试验作出土侧限应力—应变关系曲线，然后经计算确定自由场压缩波传播规律，最后综合考虑升压过程中应力起跳时间和峰值压力到达时间以及深度等因素后确定。

通过计算比较，当 $h \leq 1.5\text{m}$ 时峰值压力仅衰减2%左右，因此当 $h \leq 1.5\text{m}$ 时，可不考虑峰值压力的衰减。

4.4.4 关于墙体材料，按相当于一般砖砌体的强度作为考虑对冲击波波形影响的条件。故对采用石棉板、矿碴板等轻质材料的墙体以不考虑其对冲击波的影响为宜；对预制混凝土大板的墙体，一般可视同砖墙，可考虑其对冲击波波形的影响。

对核4级和核4B级防空地下室，由于缺乏试验资料，暂不考虑上部建筑对冲击波波形的影响。

4.4.7 根据国外资料，对上部建筑为钢筋混凝土承重墙结构，当地面超压为 0.2N/mm^2 以上时才倒塌；对抗震的砌体结构（包括框架结构中填充墙），当地面超压为 0.07N/mm^2 左右才倒塌。考虑到在预定冲击波地面超压作用下，上部建筑物不倒塌，或不立即倒塌，必然会使冲击波产生反射、环流等效应，因此对防空地下室迎爆面的土中外墙动荷载将有所影响。由于这方面试验资料不足，本条在参考国外有关规定的基础上，对于上述条件下的地面空气冲击波最大压力予以适当提高。

4.5 核武器爆炸动荷载

4.5.1 对全埋式防空地下室，考虑到空气冲击波的传播速度一般比土中压缩波传播速度快，因而土中压缩波的波阵面与地表之间夹角比较小，可近似将土中压缩波看成是垂直向下传播的一维波。又由于防空地下室尺寸相对于压缩波波长较小，因而可进一步假定按同时均匀作用于结构各部位设计。

对顶板底面高出室外地面的防空地下室，迎爆面高出地面的外墙将首先受到空气冲击波作用。考虑到从迎爆面的外墙开始受荷到背面墙受荷，会有一定的时间间隔，且背面墙上所受荷载要比迎爆面小，为简化计算，本条规定仅对高出地面的外墙考虑迎爆面单面受荷。另外由于空气冲击波的实际作用方向不确定，所

以设计时应考虑四周高出地面的外墙均可能成为迎爆面。

4.5.3 对于覆土厚度大于或等于不利覆土厚度的综合反射系数 K 值，主要是考虑了不动刚体反射系数、结构刚体位移影响系数以及结构变形影响系数后得出的。另外，研究结果表明：土中小变形结构的顶部荷载，一维效应起主导作用，二维效应影响甚微，即结构外轮廓尺寸的大小对 K 值的影响很小。故本规范不考虑二维效应这一影响因素。

关于饱和土中压缩波的传播及饱和土中结构动荷载作用规律的分析研究，目前可供应用的资料有限，现根据已进行过的少量核武器爆炸、化爆和室内模爆试验结果，提出了较为粗略的估算方法。

原苏联 Г.M. 梁霍夫的研究结果认为：当压力 P 小于某一压力值 $[P_0]$ 时，饱和土的受力机制类似非饱和土（土骨架承力）；当压力 P 大于 $[P_0]$ 时，饱和土呈现它特有的受力机制（主要是空气和水介质的压缩承力），$[P_0]$ 值取决于含气量 α_1，见表 4 - 1：

表 4 - 1 　　　　　$[P_0]$ 与 α_1 关系表

α_1	0.05 ~ 0.04	0.03 ~ 0.02	0.01 ~ 0.005	< 0.005
$[P_0]$ (0.1N/mm^2)	10 ~ 8	6 ~ 3	2 ~ 1	0

由此提出界限压力 $[P_0] = 20\alpha_1$（N/mm^2）。

另外对含气量 $\alpha_1 = 4.4\%$ 的淤泥质饱和土进行的室内试验表明，在小于 0.6N/mm^2 压力的作用下，土中压力随着深度的增加，升压时间增长，峰值压力减小，遇不动障碍有反射。由于结构位移较大，所以结构上的压力接近自由场压力，即综合反射系数较小，呈现出非饱和土性质。考虑到含气量 α_1 的量测有误差，所以规定地表超压峰值 $\Delta P_m \leqslant 16\alpha_1$ 时，综合反射系数按非饱和土考虑。

当含气量 $\alpha_1 = 3\% \sim 4\%$，在相当于核 5 级时的饱和土侧限压缩试验中，应力-应变曲线呈应变硬化性质。为此，有关单位曾对应变硬化性的介质（密实粗砂）做过系统的一维波传播和遇不动刚壁反射试验。试验结果表明：压缩波峰值压力不衰减，不动刚壁反射系数 $k = 2.0 \sim 2.6$。Г.M. 梁霍夫在其化爆试验中曾指出，当水中冲击波在湖泊底部反射且底部为不动障碍时，其 $k = 2 \sim 2.04$。考虑到应变硬化介质中传播的是击波，所以结构按不动刚体考虑，土性按线弹性介质考虑，取综合反射系数 $K = 2.0$。

4.5.4 由于土中压缩波随传播距离的增加峰值压力减小，升压时间增长，其效果是随深度的增加结构的动力作用逐渐降低。另一方面，当压缩波遇到结构顶板时，将会产生反射压缩波并朝反向传播，当它到达自由地表面时，因地表无阻挡面使土体趋向疏松，形成向下传播的拉伸波。拉伸波所到之处压力将迅速降低，当拉伸波传到顶板时，顶板压力也将随之减小。如果顶板埋置较深，拉伸波到达时间较晚，在此之前结构顶板可能已达到最大变形，因而拉伸波不能起到卸荷作用；如果顶板埋深浅，由于拉伸波产生的卸荷作用，将会抵消大部分入射波在顶板上形成的反射作用。根据以上多种影响因素综合考虑，承受压缩波作用的土中浅埋结构，会有一个顶板不利覆土厚度。通过试验分析，其不利覆土厚度的大小，主要与地面超压值、结构自振频率以及结构允许延性比等因素有关。为便于使用，本条给出的不利覆土厚度，是经综合分析后简化得出的。

4.5.5 为与表 4.4.3 - 1 相对应，表 4.5.5 中增加了老粘性土、红粘土、湿陷性黄土、淤泥质土的侧压系数。

4.5.6 当防空地下室顶板底面高出室外地面时，高出地面的外墙将承受空气冲击波直接作用。考虑到地面建筑外墙一般开有孔

洞，迎爆面冲击波将产生明显的环流效应，故可近似取反射系数的下限值 2.0。由此可取防空地下室高出室外地面外墙的最大水平均布压力为 $2\Delta P_m$。

4.5.7 作用在结构底板上的核武器爆炸动荷载主要是结构受到顶板动荷载后往下运动从而使地基产生的反力，即结构底部压力由地基反力构成。根据近年来对土中一维压缩波与结构相互作用理论及有限元法分析研究结果，地下水位以上的结构底板底压系数为 0.7 ~ 0.8；地下水位以下的结构底板底压系数为 0.8 ~ 1.0。

4.5.8 作用在防空地下室出入口通道内临空墙、门框墙上的最大压力值，是按下述考虑确定的。

对顶板荷载考虑上部建筑影响的室内出入口，其需符合的具体条件及入射冲击波参数均按本规范第 4.4.4 ~ 4.4.6 条规定确定。根据试验，当入射超压相当于核 5 级左右时，有升压时间的冲击波反射超压不会大于入射超压的二倍。因此，本条取反射系数值等于 2。

对室外竖井、楼梯、穿廊出入口以及顶板荷载不考虑上部建筑影响的室内出入口，其内部临空墙、门框墙的最大压力值均按 $1.98\Delta P_m$（近似取 $2.0\Delta P_m$）计算确定。

对量大面广的核 5 级、核 6 级和核 6B 级防空地下室，其室外直通、单向出入口按出入口坡道坡度分为 $\zeta < 30°$ 及 $\zeta \geqslant 30°$ 两种情况分别确定临空墙最大压力，其中 $\zeta < 30°$ 时按正反射公式计算确定，$\zeta \geqslant 30°$ 时按激波管试验及有关公式计算后综合分析确定。对核 4 级和核 4B 级的防空地下室，按有一定夹角的有关公式计算确定。

4.5.9 室内出入口在遭受核袭击时，如何防止被上部建筑的倒塌物及邻近建筑的飞散物所堵塞是个很难解决的问题，故在本规范中规定，防空地下室一般以室外出入口作为战时使用的主要入口。为此，如再考虑对室内出入口内与防空地下室无关的墙或楼梯进行防护加固，不仅加固范围难以确定，而且亦难以保证其不被堵塞，故无实际意义。所以本条规定，对于与防空地下室无关的部位不考虑核武器爆炸动荷载作用。

4.5.10 在核武器爆炸动荷载作用下，室外出入口通道结构既受土中压缩波外压，又受自口部直接进入的冲击波内压，由于二者作用时间不同，很难综合考虑。结合试验成果，本条在保证出入口不致倒塌（一般允许出现裂缝）的前提下，规定出入口结构的封闭段（有顶盖段）及竖井结构仅按外压考虑。这是因为虽然内压一般大于外压，但在内压作用下土中通道结构通常只出现裂缝，不致向通道内侧倒塌而使通道堵塞。对于无顶盖的敞开段通道，试验表明，仅按外部土压和地面堆积物超载设计的结构在核武器爆炸动荷载作用下，没有出现破坏堵塞的情况。因此本条规定敞开段通道不考虑核武器爆炸动荷载作用。

4.5.11 与土直接接触的扩散室顶板、外墙及底板与有顶盖的通道结构类似，既受土中压缩波外压，又受自消波系统口部进入的冲击波余压（内压）作用。由于外压和内压作用时间不同，且在内压作用下土中结构通常只出现裂缝，不致向内侧倒塌，故与土直接接触的扩散室顶板、外墙及底板只按承受外压作用考虑。

4.6 结构动力计算

4.6.1 等效静荷载法一般适用于单个构件。然而，防空地下室结构是个多构件体系，如有顶、底板、墙、梁、柱等构件，其中顶、底板与外墙直接受到不同峰值的外加动荷载，内墙、柱、梁等承受上部构件传来的动荷载。由于动荷载作用的时间有先后，动荷载的变化规律也不一致，因此对结构体系进行综合的精确分析是较为困难的，故一般均采用近似方法，将它拆成单个构件，每一个构件都按单独的等效体系进行动力分析。各构件之间支座条件应按近于实际支承情况来选取。例如对钢筋混凝土结构，顶

板与外墙之间二者刚度相接近，可近似按固端与铰支之间的支座情况考虑。在底板与外墙之间，由于二者刚度相差较大，在计算外墙时可视作固定端。

对通道或其它简单、规则的结构，也可近似作为一个整体构件按等效静荷载法进行动力计算。

4.6.2 结构构件的允许延性比 $[\beta]$，系指构件允许出现的最大变位与弹性极限变位的比值。显然，当 $[\beta] \leq 1$ 时，结构处于弹性工作阶段；当 $[\beta] > 1$ 时，构件处于弹塑性工作阶段。因此允许延性比虽然不完全反映结构构件的强度、挠度及裂缝等情况，但与这三者都有密切的关系，且能直接表明结构构件所处极限状态。根据试验资料，用允许延性比表示结构构件的工作状态，既简单适用，又比较合理，故本次规范修订时仍沿用按允许延性比表示结构构件工作状态。

结构构件的允许延性比，主要与结构构件的材料、受力特征及使用要求有关。如结构构件具有较大的允许延性比，则能较多地吸收动能，对于抵抗动荷载是十分有利的。本条确定在核武器爆炸动荷载作用下结构构件允许延性比 $[\beta]$ 值时，主要参考了以下资料：

1 试验研究成果：

1）砖砌体和混凝土轴心受压构件的设计延性比可取 1.1 ~ 1.3；

2）钢筋混凝土构件的设计延性比，一般可按表 4 - 2 取用。

表 4 - 2 钢筋混凝土构件的设计延性比

使 用 要 求	构 件 受 力 状 态			
	受弯	大偏压	小偏压	轴心受压
无明显残余变形	1.5	1.5	1.3 ~ 1.5	1.1 ~ 1.3
一般防水防毒要求	3	1.5 ~ 3	1.3 ~ 1.5	1.1 ~ 1.3
无密闭及变形控制要求	3 ~ 5	1.5 ~ 3	1.3 ~ 1.5	1.1 ~ 1.3

2 有关规定：

1）当 $\beta = 1$ 时，钢筋应力不大于计算应力，结构无残余变形；

2）当 $\beta = 2 \sim 3$ 时，受拉区混凝土出现微细裂缝，但观察不到穿透裂缝，仍保持结构的承载力和气密性；

3）当 $\beta = 4 \sim 5$ 时，用于不要求保持气密性和密闭性的防护建筑外墙；

3 《人民防空工程设计资料》提出：

1）对于不要求保持密闭性的人防工事取延性比为 4 ~ 5；

2）对于要求保持密闭性的人防工事取延性比为 2 ~ 3；

4 《防护结构设计原理和方法》（《美国空军手册》）推荐使用延性系数值为：

1）对于较脆性的结构，取 1 ~ 3；

2）对于中等脆性的结构，取 2 ~ 3；

3）对于完全柔性的结构，取 10 ~ 20。

综合上述资料，本条规定在核武器爆炸动荷载作用下，结构构件的允许延性比 $[\beta]$ 按表 4.6.2 取值。

由于防空地下室不考虑常规武器的直接命中，只按防非直接命中的地面爆炸作用设计，常规武器爆炸动荷载对结构构件往往只产生局部作用；又由于常规武器爆炸动荷载作用时间较短（相对于核武器爆炸动荷载），易使结构构件产生变形回弹，故本条规定在常规武器爆炸动荷载作用下，结构构件允许延性比可比核武器爆炸作用时取的大一些，以充分发挥结构材料的塑性性能，更多地吸收爆炸能量。

4.6.5 本条给出的动力系数计算公式是将结构构件简化为等效单自由度体系，进行无阻尼弹塑性体系强迫振动的动力分析得出

的。

当核武器爆炸动荷载波形为无升压时间的三角形时，由于其有效正压作用时间远大于结构构件达到最大变位的时间，因此其等效作用时间可进一步近似取为无穷大，即可看成突加平台形荷载。在突加平台形荷载作用下，动力系数仅与结构构件允许延性比有关，而与结构的其它特性无关。

当核武器爆炸动荷载的波形为有升压时间平台形时，按下式进行计算，并取其包络线，得出对应各种不同 $[\beta]$ 值的 K_d 值：

$$K_d = \frac{[\beta] \left\{ 1 + \sqrt{1 - \dfrac{1}{[\beta]^2} (2[\beta] - 1)(1 - \varepsilon^2)} \right\}}{2[\beta] - 1}$$

式中
$$\varepsilon = \frac{\sin \dfrac{\omega t_0}{2}}{\omega t_0 / 2}$$

对于一般钢筋混凝土受弯或大偏心受压构件，按上式求得的 K_d 值可能小于 1.05，从偏于安全考虑，取 $K_d \geq 1.05$。为方便设计，该动力系数以表格形式给出。

4.6.6 按等效单自由度体系进行结构动力分析时，较为重要的问题是正确选择振型。在强迫振动下哪一种主振型占主要成分与动载的分布形式有很大关系，一般来说与动载作为静载作用时的挠曲线相接近的主振型起着主导作用，因此宜将动载视作静载所产生的静挠曲线形状作为基本振型。通常即使振动形状稍有差别，对动力分析结果并不会产生明显影响。为了简化计算，也可挑选一个与静挠曲线形状相近的主振型作为假定基本振型，如对均布荷载下简支梁可取第一振型，对三跨等跨连续梁可取第三振型。

由于本规范在动荷载确定中已考虑了土与结构的相互作用影响，所以在计算土中结构自振频率时，不再考虑覆土附加质量的影响。

4.6.7 作用在结构底板上的动荷载主要是结构受到顶板动荷载后往下运动使地基产生的反力。由于底板动荷载升压时间较长，故其动力系数可取 1.0。

扩散室与防空地下室内部房间相邻的临空墙只承受消波系统的余压作用，临空墙的允许延性比取 1.5，按公式（4.6.5 - 4）计算动力系数为 1.5。考虑到扩散室的扩散作用，动力效应降低，动力系数乘以 0.85 的折减系数后取 1.3。

4.7 常规武器爆炸动荷载作用下结构等效静荷载

4.7.2 对于防空地下室顶板的等效静荷载标准值：

本条第 1 款及表 4.7.2 计算采用的有关条件为：顶板材料为钢筋混凝土，混凝土强度等级为 C25；按弹塑性工作阶段计算，允许延性比 $[\beta]$ 取 4.0；顶板四边固支考虑；板厚对常 6 级取 200 ~ 300mm，对常 5 级取 250 ~ 400mm；板边净跨为 4 ~ 5m。括号内的数值是根据本规范第 4.3.4 条的规定，考虑上部建筑影响乘以 0.8 的折减系数后得到的。

常规武器地面爆炸时，防空地下室顶板主要承受空气冲击波感生的地冲击作用。一般来说，距常规武器爆心越远，顶板上受到的动荷载越小。另外，结构顶板区格跨度不同时，其等效静荷载值也不一样。为便于设计，本规范对同一覆土厚度不同区格跨度顶板的等效静荷载取单一数值。

相关试验和数值模拟研究表明：常规武器爆炸空气冲击波在松散软土等非饱和土中传播时衰减非常快。根据本规范附录 B 的公式计算可以确定：当防空地下室顶板覆土厚度对于常 5 级、常 6 级分别大于 2.5m、1.5m 时，动荷载值相对较小，顶板设计通常由平时荷载效应组合控制，故此时顶板可不计入常规武器地面爆炸产生的等效静荷载。

当防空地下室设在地下二层及以下各层时，根据本条第 1 款的规定以及常规武器爆炸空气冲击波衰减快的特点，经综合分析，此时作用在防空地下室顶板上的常规武器地面爆炸产生的等效静荷载值很小，可忽略不计。

4.7.3 对于防空地下室外墙的等效静荷载标准值：

常规武器地面爆炸时，防空地下室土中外墙主要承受直接地冲击作用。表 4.7.3 计算中采用的有关条件如下：

砌体外墙：采用砖砌体，净高按 2.6～3m，墙体厚度取 490mm，允许延性比［β］取 1.0。

钢筋混凝土外墙：考虑单向受力与双向受力二种情况；净高按 h≤5.0m；墙厚对常 6 级取 250～350mm，对常 5 级取 300～400mm；混凝土强度等级取 C25～C40；按弹塑性工作阶段计算，允许延性比［β］取 3.0。

当常 6 级、常 5 级防空地下室顶板底面高出室外地面时，高出地面的外墙承受常规武器爆炸空气冲击波的直接作用。此时外墙按弹塑性工作阶段计算，允许延性比［β］取 3.0。

4.7.4 作用到结构底板上的常规武器爆炸动荷载主要是结构顶板受到动荷载后向下运动所产生的地基反力。在常规武器非直接命中地面爆炸产生的压缩波作用下，防空地下室顶板的受爆区域通常是局部的，因此作用到防空地下室底板上的均布动荷载较小。对于常 5 级、常 6 级防空地下室，底板设计多不由常规武器爆炸动荷载作用组合控制，可不计入常规武器地面爆炸产生的等效静荷载。

4.7.5 常规武器地面爆炸直接作用在门框墙上的等效静荷载是由作用在其上的动荷载峰值乘以相应的动力系数后得出的。这里的动力系数按允许延性比［β］等于 2.0 计算确定。这是由于常规武器爆炸动荷载与核武器爆炸动荷载相比，其作用时间要短得多，结构构件在常规武器爆炸动荷载作用下的允许延性比可取的大一些。

直接作用在门框墙上的动荷载主要是根据现行《国防工程设计规范》中有关公式计算确定的。该组公式是依据现场化爆试验、室内击波管试验，并结合理论分析提出的。其考虑因素比较全面，如考虑了冲击波传播方向与通道轴线的夹角、坡道的坡度角、通道拐弯、通道长度以及通道截面尺寸等因素的影响。相对于核武器爆炸空气冲击波，常规武器爆炸产生的空气冲击波在通道中传播时衰减较快。无论是直通式，还是单向式，通道截面尺寸越大，防护密闭门前距离越长，作用在防护密闭门上的动荷载越小。

根据防空地下室室外出入口的特点，出入口通道等效直径往往难以确定，以致于无法按公式计算荷载，此时以出入口宽度来区分通道大小比较符合实际情况。一般车道宽度不小于 3.0m，因此，以出入口宽度等于 3.0m 为分界线划分大小两种通道。根据上述公式可计算出直通式、单向式及竖井、楼梯、穿廊式出入口不同通道宽度、不同距离处门框墙上的等效静荷载标准值。直通式、单向式出入口按坡道坡度 ζ 分为 ζ<30°及 ζ≥30°两种情况计算，其中 ζ≥30°时按夹角等于 30°的有关公式计算，ζ<30°时按夹角等于 0°的有关公式计算，竖井、楼梯、穿廊式出入口按夹角等于 90°的有关公式计算。

表 4.7.5-2、表 4.7.5-3 给出的单扇及双扇平板门反力系数，是门扇按双向平板受力模型经计算得出的。由于钢结构门扇是由门扇中的肋梁将作用在门扇上的荷载传递到门框墙上，门扇受力模型明显不同于双向平板，其中钢结构双扇门近似于单向受力，若按本条公式进行门框墙设计偏于不安全。

4.7.6 常规武器爆炸作用到室外出入口临空墙上的等效静荷载标准值按弹塑性工作阶段计算，允许延性比［β］取 3.0，计算方法参照门框墙荷载。

4.7.7 常规武器爆炸空气冲击波在传播过程中衰减较快，而室

内出入口距爆心的距离相对较远，作用到室内出入口内临空墙、门框墙上的动荷载往往较小。室内出入口距外墙的距离以 5.0m 为界，是参照本规范第 3.3.2 条的规定确定的。距外墙的距离不大于 5.0m 的室内出入口可用作战时主要出入口，作用到出入口内临空墙、门框墙上的等效静荷载标准值经按现行《国防工程设计规范》中夹角等于 90°的有关公式计算，且考虑上部建筑影响后得出。

4.7.10 为便于设计计算，本条在确定楼梯间休息平台和楼梯踏步板的等效静荷载时作了如下简化：楼梯休息平台和楼梯踏步板上等效静荷载取值相同，上下梯段取值相同，允许延性比［β］取 3.0。

4.8 核武器爆炸动荷载作用下常用结构等效静荷载

4.8.2 表 4.8.2 计算中采用的有关条件如下：

混凝土强度等级为 C25，起始压力波速 v_0 取 200m/s，波速比 γ_c 取 2。顶板四边按固定考虑，板厚按表 4-3 取值。

表 4-3 顶板计算厚度（mm）

防核武器抗力级别	跨度 l_0（m）			
	3.0～4.5	4.5～6.0	6.0～7.5	7.5～9.0
6B	200	200	250	250
6	200	250	250	300
5	300	400	400	500
4B	400	500	500	600
4	400	500	600	700

注：跨度 l_0 为顶板短边净跨。

4.8.3 表 4.8.3 计算中采用的有关条件如下：

砌体外墙按砖砌体计算，其净高：核 6B 级、核 6 级按 2.6～3.2m 计算，核 5 级按 2.6～3m 计算；墙体厚度取 490mm。

钢筋混凝土外墙考虑单向受力与双向受力二种情况。核 6B 级、核 6 级时，净高按 h≤5.0m 计算：当 h≤3.4m 时墙厚取 250mm，当 3.4m<h≤4.2m 时墙厚取 300mm，当 h>4.2m 时墙厚取 350mm；核 5 级时，净高按 h≤5.0m 计算：当 h<3m 时墙厚取 300mm，当 3.0<h≤4.0m 时墙厚取 350mm，当 h>4.0m 时墙厚取 400mm；核 4B 级时，净高按 h≤3.6m 计算：当 h<2.8m 时墙厚取 350mm，当 2.8m<h≤3.2m 时墙厚取 400mm，h>3.2m 时墙厚取 450mm；核 4 级时，净高按 h≤3.2m 计算：当 h<2.8m 时墙厚取 400mm，当 2.8m<h≤3.2m 时墙厚取 450mm。混凝土强度等级：核 5 级、核 6 级和核 6B 级，且 h≤4.2m 选用 C25；其余情况选用 C30。

4.8.4 高出地面的外墙承受空气冲击波的直接作用，当按弹塑性工作阶段设计时［β］取 2.0，由式（4.6.5-4）可得动力系数 $K_d=1.33$。

4.8.5 由于本规范第 4.8.15 条中已给出带桩基的防空地下室底板的等效静荷载值，故在条文中阐明，在确定防空地下室底板等效静荷载值时，应分清二类不同情况。

表中增加注 2，是为了进一步明确无桩基的核 5 级防空地下室底板荷载的取值。

4.8.6 本条主要是明确防空地下室室外有顶盖的土中通道结构周边等效静荷载取值方法。当通道净跨小于 3m 时，由于不能直接套用主体结构顶、底板等效静跨值，为方便使用，对核 5 级、核 6 级和核 6B 级防空地下室，给出表 4.8.6-1 及表 4.8.6-2。表中数值的计算条件为：顶、底板厚 250mm，混凝土强度等级 C30。

4.8.7 表 4.8.7 与本规范表 4.5.8 相对应，由表 4.5.8 中动荷载值乘以相应的动力系数得出。本条第 2 款仅适用于钢筋混凝土平

板防护密闭门，其理由同本规范第4.7.5条。

4.8.8 出入口临空墙上的等效静荷载标准值，是由作用在其上的最大压力值（见表4.5.8）乘以相应的动力系数后得出。动力系数按下述考虑确定：对核5级、核6级和核6B级防空地下室，其顶板荷载考虑上部建筑影响的室内出入口，超压波形按有升压时间的平台形，升压时间为0.025s，临空墙自振频率一般不小于200s^{-1}。对其它出入口，超压波形均按无升压时间波形考虑。

4.8.9 相邻防护单元之间隔墙上荷载的确定，是个比较复杂的问题。当相邻两个单元抗力级别相同时，应考虑某一单元遭受常规武器破坏后，爆炸气浪、弹片及其它飞散物不会波及相邻单元；当相邻两单元抗力级别不同时，还应考虑当低抗力级别防护单元遭受核袭击被破坏时，核武器爆炸冲击波余压对与其相邻的防护单元的影响。

本条取相应冲击波地面超压值作为作用在隔墙（含门框墙）上的等效静荷载值。当相邻两防护单元抗力级别相同时，取地面超压值作为作用在隔墙两侧的等效静荷载标准值；当相邻两防护单元抗力级别不相同时，高抗力级别一侧隔墙取低抗力级别的地面超压值作为等效静荷载标准值；低抗力级别一侧隔墙取高抗力级别的地面超压值作为等效静荷载标准值。

当防空地下室与普通地下室相邻时，冲击波将从普通地下室的楼梯或窗孔处直接进入，考虑到普通地下室空间较大，冲击波进入后会有一定扩散作用，因此作用在防空地下室与普通地下室相邻隔墙上荷载值会小于室内出入口通道内临空墙上荷载值，本条按减少15%计入，并按此确定作用在毗邻普通地下室一侧隔墙上和门框墙上的等效静荷载值。

4.8.10 防空地下室室外开敞式防倒塌棚架，一般由现浇顶板、顶板梁、钢筋混凝土柱和非承重的脆性围护构件组成。在地面冲击波作用下，围护结构迅速受破坏被摧毁，仅剩下开敞式的承重结构。由于开敞式结构的梁、柱截面较小，因此在冲击波荷载作用下可仅承受水平动压作用。

根据核5级防倒塌棚架试验，矩形截面形状系数可取1.5。又棚架梁、柱可按弹塑性工作阶段设计，允许延性比［β］取3.0可得K_d=1.2，根据表4.4.1中动压可得表4.8.10中水平等效荷载标准值。

4.8.11 本条主要参照工程兵三所对二层室外楼梯间按核5级人防荷载所作核武器爆炸动荷载模拟试验的总结报告编写。试验表明，无论对中间有支撑墙的封闭式楼梯间或中间无支撑墙的开敞式楼梯间，在楼梯休息平台或踏步板正面受冲击波荷载后，经过几毫秒时间冲击波就反射到反面，使平台板或踏步板同时受到二个方向相反的动荷载，因而可用正面荷载与反面荷载的差，即净荷载来确定作用在构件上的动荷载值。在冲击波作用初期，由于冲击波和端墙相撞产生反射，使冲击波增强，因而使平台板和踏步板正面峰值压力增大，而在其反面，由于冲击波绕射和空间扩散作用，冲击波减弱，峰值压力减小，升压时间增长，因此在冲击波作用初期平台板和踏步板正面压力大于反面压力，即净荷载值方向向下。而在冲击波作用后期，由于正面压力衰减较快，使反面压力大于正面压力，即净荷载值方向向上，所以对楼梯休息平台和踏步板应按正面与反面不同受荷分别计算。

依据上述试验资料，为便于设计计算，本条在确定楼梯休息平台和楼梯踏步板的等效静荷载时作了如下简化：楼梯休息平台和楼梯踏步板上等效静荷载取值相同；上层楼梯间与下层楼梯间取值相同；构件反面的核武器爆炸动荷载净反系数取正面净反射系数的一半。构件正面净反系数按略小于实测数据算术平均值采用，实测平均值为1.26，本条取值为1.2。考虑到楼梯休息平台与踏步板为非主要受力构件，动力系数可取1.05。由此可得出表中等效静荷载标准值。

4.8.12 对多层地下室结构，当防空地下室未设在最下层时，若

在临战时不对防空地下室以下各层采取封堵加固措施，确保空气冲击波不进入以下各层，则防空地下室底板及防空地下室以下各层中间墙柱都要考虑核武器爆炸动荷载作用，这样不仅使计算复杂，也不经济，故不宜采用。

4.8.13 根据总参工程兵三所对二层室外多跑式楼梯间核武器爆炸模拟试验，在第二层地面处反射压力比一般竖井内反射压力约小13%。本条根据上述实测资料，取整给出相应部位荷载折减系数。

4.8.14 当相邻楼层划分为上、下两个防护单元时，上、下二层间楼板起了防护单元间隔墙的作用，故该楼板上荷载应按防护单元间隔墙上荷载取值。此时，若下层防护单元结构遭到破坏，上层防护单元也不能使用，故只计入作用在楼板上表面的等效静荷载标准值。

4.8.15 从静力荷载作用下桩基础的实测资料中可知，由于打桩后土体往往产生较大的固结压缩量，以致在平时荷载作用下，虽然建筑物有较大的沉降，但有的建筑物底板仍与土体相脱离。由于桩是基础的主要受力构件，为确保结构安全，在防空地下室结构设计中，不论何种情况桩本身都应按计入上部墙、柱传来的核武器爆炸动荷载的荷载效应组合值来验算构件的强度。

在非饱和土中，当平时按端承桩设计时，由于岩土的动力强度提高系数大于材料动力强度提高系数，只要桩本身能满足强度要求，桩端不会发生刺入变形，即仍可按端承桩考虑，所以防空地下室底板可不计入等效静荷载值。在非饱和土中，当平时按非端承桩设计时，在核武器爆炸动荷载作用下，防空地下室底板应按带桩基的地基反力确定等效静荷载值。静力实验与研究表明，在非饱和土中，当按单桩承载力特征值设计时，只要桩所承受的荷载值不超过其极限荷载时，承台（包括筏与基础）分担的荷载比例将会稳定在一定数值上，一般在非饱和土中约占20%，在饱和土中可达30%。本条在非饱和土中，底板荷载近似按20%顶板等效静荷载取值。

在饱和土中，当核武器爆炸动荷载产生的地基反力全部或绝大部分由桩来承担时，还应计入压缩波从侧面绕射到底板上荷载值。若底板不计入这一绕射的荷载值，则会引起底板破坏，造成渗漏水，影响防空地下室的使用。虽然确定压缩波从侧面绕射到底板上荷载值，目前还缺少准确试验数据，但考虑到压缩波的侧压力基本上取决冲击波地面超压值与侧压系数相乘积，而绕射到底板上压力可以看成由侧压力产生的侧压力，因此对压缩波绕射到底板上的压力可以在原侧压力基础上再乘一侧压系数来取值，即可按冲击波地面超压值乘上侧压系数平方得出。本条对核5级、核6级和核6B级防空地下室饱和土中侧压系数平方取值为0.5，由此可得条文中数值。

为抵抗水浮力设置的抗拔桩不属于基础受力构件，其底板等效静荷载标准值应按无桩基底板取值。

4.8.16 在饱和土中，核武器爆炸动荷载产生的土中压缩波从侧面绕射到防水底板上，在板底产生向上的荷载值。该荷载值可看成由侧压力产生的侧压力，即可按冲击波地面超压值乘上侧压系数平方得出。

4.8.17 对核6级和核6B级防空地下室，当按本规范第3.3.2条规定将某一室内出入口用做室外出入口时，应加强防空地下室室内出入口楼梯间的防护以确保战时通行。

对防空地下室到首层地面的休息平台和踏步板，其所处的位置与本规范第4.8.11条多跑式室外出入口楼梯间相同，由于此时净反系数是按平均值取用，故此处不再区分顶板荷载是否考虑上部建筑影响，统一按本规范第4.8.11条规定取值。

防倒塌挑檐上表面等效静荷载按倒塌荷载取值，下表面等效静荷载按动压作用取值。

4.9 荷载组合

4.9.2 不同于核武器爆炸冲击波，常规武器地面爆炸产生的空气冲击波为非平面一维波，且随着距爆心距离的加大，峰值压力迅速减小，对地面建筑物仅产生局部作用，不致造成建筑物的整体倒塌。在确定战时常规武器与静荷载同时作用的荷载组合时，可按上部建筑物不倒塌考虑。

在常规武器非直接命中地面爆炸产生的压缩波作用下，对于常5级、常6级防空地下室，底板设计一般不由常规武器与静荷载同时作用组合控制，防空地下室底板设计计算可不计入常规武器地面爆炸产生的等效静荷载。

4.9.3 对于战时核武器与静荷载同时作用的荷载组合，主要是解决在核武器爆炸动荷载作用下如何确定同时存在的静荷载的问题。防空地下室结构自重及土压力、水压力等均可取实际作用值，因此较容易确定。由于各种不同结构类型的上部建筑物在给定的核武器爆炸地面冲击波超压作用下有的倒塌，有的可能局部倒塌，有的可能不倒塌，反应不尽一致，因此在荷载组合中，主要的困难是如何确定上部建筑物自重。

在核武器爆炸动荷载作用下，本条以上部建筑物倒塌时间 t_w 与防空地下室结构构件达到最大变位时间 t_m 之间的相对关系来确定作用在防空地下室结构构件上的上部建筑物自重值。当 $t_w > t_m$ 时，计入整个上部建筑物自重；$t_w < t_m$ 时，不计入上部建筑物自重；t_m 与 t_w 相接近时，计入上部建筑物自重的一半。当上部建筑为砖混结构时，试验表明，核6级和核6B级时，$t_w > t_m$；核5级时，t_m 与 t_w 接近，故本条规定前者取整个自重，后者取自重的一半；核4级和核4B级时，不计入上部建筑物自重。由于对框架和剪力墙结构倒塌情况缺乏具体试验数据，本条在取值时作了近似考虑。据国外资料，当框架结构的填充墙与框架密贴时，300mm 厚墙体可抵抗 0.08N/m² 的超压；周边有空隙时，其抗力将下降到 0.03N/mm² 左右，而框架主体结构要到超压相当于核4B级左右才倒塌。从偏于安全考虑，本条在外墙荷载组合中规定：当核5级时取上部建筑物自重之半；核4级和核4B级时不计入上部建筑物自重，即对大偏压构件轴力取偏小值。在内墙及基础荷载组合中，核5级时取上部建筑物自重；核4B级时取上部建筑物自重之半；核4级时不计入上部建筑物自重，即在轴心受压或小偏压构件中轴力取偏大值。当外墙为钢筋混凝土承重墙时，根据国外资料，一般在超压相当于核4B级以上时方才倒塌，考虑到结构破坏后可能仍留在原处，因此荷载组合中取其全部自重。

4.9.4 本条是为了明确在甲类防空地下室底板荷载组合中是否应计入水压力的问题。由于核武器爆炸动荷载作用下防空地下室结构整体位移较大，为保证战时正常使用，对地下水位以下无桩基的防空地下室基础应采用箱基或筏基，使整块底板共同受力，因此上部建筑物自重是通过整块底板传给地基。对上部为多层建筑的防空地下室而言，其计算自重一般都大于水浮力。由于在底板的荷载计算中，建筑物计入浮力所减少的荷载值与计入水压力所增加的荷载值可以相互抵消，因此提出当地基反力按不计入浮力确定时，底板荷载组合中可不计入水压力。

对地下水位以下带桩基的防空地下室，根据静力荷载作用下实测资料，上部建筑物自重全部或大部分由桩承担，底板不承受或只承受一小部分反力，此时水浮力主要起到减轻桩所承担的荷载值作用，对减少底板承受的荷载值没有影响或影响较小，对桩基底板而言水压力显然大于所受到的浮力，二者作用不可相互抵消。因此在地下水位以下，为确保安全，不论在计算建筑物自重时是否计入了水浮力，在带桩基的防空地下室底板荷载组合

中均应计入水压力。

4.10 内力分析和截面设计

4.10.2 根据现行的《建筑结构可靠度设计统一标准》（GB50068）的要求，结构设计采用可靠度理论为基础的概率极限状态设计方法，结构可靠度用可靠指标 β 度量，采用以分项系数表达的设计表达式进行设计。本条所列公式就是根据该标准并考虑了人防工程结构的特点提出的。

为提高本规范的标准化、统一化水平，从方便设计人员使用出发，本规范中的永久荷载分项系数、材料设计强度（不包括材料强度综合调整系数），均与相关规范取值一致。因为在防空地下室设计中，结构的重要性已完全体现在抗力级别上，故将结构重要性系数 γ_0 取为 1.0。

取等效静荷载的分项系数 $\gamma_Q = 1.0$，其理由：

1 常规武器爆炸动荷载与核武器爆炸动荷载是结构设计基准期内的偶然荷载，根据《建筑结构可靠度设计统一标准》（GB50068）中第 7.0.2 条规定：偶然作用的代表值不乘以分项系数，即 $\gamma_Q = 1.0$；

2 由于人防工程设计的结构构件可靠度水准比普通工业与民用建筑规范规定的低得多，故 γ_Q 值不宜大于 1.0；

3 等效静荷载分项系数不宜小于 1.0，它虽然是偶然荷载，但也是防护结构构件设计的重要荷载；

4 等效静荷载是设计中的规定值，不是随机变量的统计值，目前也无可能按统计样本来进行分析，因此按国家规定取值即可，不必规定一个设计值，再去乘以其它系数。

确定上述数值与系数后，按修订规范的可靠指标与原规范反算所得的可靠指标应基本吻合的原则，定出各种材料强度综合调整系数。

按修订规范设计的防空地下室结构，钢筋混凝土延性构件的可靠指标约 1.55，其失效概率为 6.1%；脆性构件的可靠指标约 2.40，其失效概率为 0.8%；砌体构件的可靠指标约 2.58，其失效概率约 0.5%。

4.10.3 当受拉钢筋配筋率大于 1.5% 时，按式（4.10.3－1）及式（4.10.3－2）的规定，只要增加受压钢筋的配筋率，受拉钢筋配筋率可不受限制，显然不够合理。为使按弹塑性工作阶段设计时，受拉钢筋不致配的过多，本条规定受拉钢筋最大配筋率不大于按弹性工作阶段设计时的配筋率，即表 4.11.8。

4.10.5、4.10.6 试验表明，脆性破坏的安全储备小，延性破坏的安全储备大，为了使结构构件在最终破坏前有较好的延性，必须采用强柱弱梁与强剪弱弯的设计原则。

4.10.7 《混凝土结构设计规范》（GB50010）中的抗剪计算公式，仅适用于普通工业与民用建筑中的构件，它的特点是较高的配筋率、较大的跨高比（跨高比大于 14 的较多）、中低混凝土强度等级以及适中的截面尺寸，而人防工程中的构件特点是较低的配筋率、较小的跨高比（跨高比在 8 至 14 之间较多）、较高混凝土强度等级以及较大的截面尺寸。为弥补上述差异产生的不安全因素，根据清华大学分析研究结果，对此予以修正。

根据收集到的有关试验资料，在均布荷载作用下，当跨高比在 8 至 14 之间，考虑主筋屈服后剪切破坏这一不利影响，并参考国外设计规范中的有关规定，回归得出偏下限抗剪强度计算公式如下：

$$\frac{V}{bh_0 f_c'^{/2}} = \frac{8}{l/h_0}$$

该公式当 $V/(bh_0 f_c'^{/2}) = 0.92$ 时，相当于 $l/h_0 = 8.7$，与《混凝土结构设计规范》（GB50010）中抗剪计算公式的第一项（0.7）一致，可视其为上限值；当 $V/(bh_0 f_c'^{/2}) > 0.92$，即 $l/h_0 < 8.7$ 时，

可不必进行修正；当 $V/(bh_0 f_c^{t/2}) = 0.55$，相当于 $l/h_0 \approx 14.5$ 时，其值与美国 ACI 规范抗剪强度值相当，可视其为下限值；当 $V/(bh_0 f_c^{t/2}) < 0.55$，即 $l/h_0 > 14.5$ 时，修正值不再随 l/h_0 变化。综上所述，可近似将修正系数 ψ_1 规定如下：

当 $l/h_0 \leq 8$ 时，$\psi_1 = 1$；

当 $l/h_0 \geq 14$ 时，$\psi_1 = 0.6$；

当 $8 < l/h_0 < 14$ 时，线性插入。

由此得出公式为 $\psi_1 = 1 - (l/h_0 - 8)/15 \geq 0.6$。

4.10.11 采用 e_0 值不宜大于 $0.95y$ 的依据为：

1 试验表明，按抗压强度设计的砖砌体结构，当 e_0 值超过 1.0 时，结构并未破坏或丧失承载能力；

2 苏联巴丹斯基著《掩蔽所结构计算》第五章指出：计算砖墙承受大偏心距的偏心受压动荷载时，偏心距的大小不受限制。

《砌体结构设计规范》（GB50003）第 5.1.5 条对原条文作出修改，要求 $e_0 \leq 0.6y$。该规范附录 D 有关表格中只给出 $e_0 \leq 0.6y$ 时的影响系数 ϕ 值。当 $e_0 > 0.6y$ 时，ϕ 值可按该规范附录 D 中给出的公式计算。

4.11 构 造 规 定

4.11.1 本条根据《混凝土结构设计规范》（GB50010）、《砌体结构设计规范》（GB50003）、《地下工程防水技术规范》（GB50108）等相关规范以及防空地下室结构选材的特点重新修订。

4.11.2 由于多本现行规范、规程对防水混凝土设计抗渗等级的取法不一致，易造成混乱，本条参照《地下工程防水技术规范》（GB50108）进一步明确。

4.11.6 本条根据防空地下室结构受力特点，参考《混凝土结构设计规范》（GB50010）和《建筑抗震设计规范》（GB50011）的规定提出，与三级抗震要求一致。

4.11.7 由于《混凝土结构设计规范》（GB50010）在构造要求中提高了纵向受力钢筋最小配筋百分率，为与其相适应，表 4.11.7 进行了调整。其中 C40~C80 受拉钢筋最小配筋百分率系按《混凝土结构设计规范》（GB50010）有关公式计算后取整给出，见表 4-4：

表 4-4 受拉钢筋最小配筋百分率计算表

混凝土强度等级	C40	C45	C50	C55	C60	C65	C70	C75	C80
HRB335 级	0.29	0.30	0.32	0.33	0.34	0.35	0.36	0.36	0.37
HRB400 级	0.27	0.28	0.30	0.31	0.32	0.33	0.33	0.34	0.35
平均值	0.28	0.29	0.31	0.32	0.33	0.34	0.35	0.35	0.36
取值	0.3				0.35				

由于防空地下室结构构件的截面尺寸通常较大，纵向受力钢筋很少采用 HPB235 级钢筋，故上表计算未予考虑。当采用 HPB235 级钢筋时，受弯构件、偏心受压及偏心受拉构件一侧的受拉钢筋的最小配筋百分率应符合《混凝土结构设计规范》（GB50010）中有关规定。

由于卧置于地基上防空地下室底板在设计中既要满足平时作为整个建筑物基础的功能要求，又要满足战时作为防空地下室底板的防护要求，因此在上部建筑层数较多时，抗力级别 5 级及以下防空地下室底板设计往往由平时荷载起控制作用。考虑到防空地下室底板在核武器爆炸动荷载作用下，升压时间较长，动力系数可取 1.0，与顶板相比其工作状态相对有利，因此对由平时荷载起控制作用的底板截面，受拉主筋配筋率可参照《混凝土结构设计规范》（GB50010）予以适当降低，但在受压区应配置与受拉钢筋等量的受压钢筋。

4.11.11 双面配筋的钢筋混凝土顶、底板及墙板，为保证振动环境中钢筋与受压区混凝土共同工作，在上、下层或内、外层钢筋之间设置一定数量的拉结筋是必要的。考虑到低抗力级别防空地下室卧置地基上底板若其截面设计由平时荷载控制，且其受拉钢筋配筋率小于本规范表 4.11.7 内规定的数值时，基本上已属于素混凝土工作范围，因此提出此时可不设置拉结筋。但对截面设计虽由平时荷载控制，其受拉钢筋配筋率不小于表 4.11.7 内数值的底板，仍需按本条规定设置拉结筋。

4.12 平战转换设计

4.12.4 本条主要是明确不同部位钢筋混凝土及钢材封堵构件上等效静荷载的取值，以方便使用。

虽然出入口通道内封堵构件与出入口通道内临空墙所处位置相同，考虑到出入口通道内封堵构件为受弯构件，而出入口通道内临空墙为大偏心受压构件，因此对无升压时间核武器爆炸动荷载作用下的封堵构件动力系数取值为 1.2，而不是大偏压时的 1.33，即相应部位封堵构件上的等效静荷载标准值，可比临空墙上的等效静荷载标准值小约 10%。在有升压时间核武器爆炸动荷载作用下，受弯构件与大偏压构件二者动力系数相差不大，故作用在封堵构件上等效静荷载标准值可按临空墙上等效静荷载标准值取用。

4.12.5 常规武器爆炸动荷载作用时间相对于核武器爆炸来讲，要小的多，一般仅数毫秒或几十毫秒。防护门及封堵构件在这样短的荷载作用下易发生反弹，造成支座处的联系破坏，例如防护门的闭锁和铰页等。本条采用了工程兵工程学院的科研报告《常规武器爆炸荷载作用下钢筋混凝土结构构件抗剪设计计算方法》中的研究成果，反弹荷载按弹塑性工作阶段计算，构件的允许延性比 $[\beta]$ 取 3.0。

4.12.6 当战时采用挡窗板加覆土的防护方式（图 3.7.9a）时，挡窗板受到常规武器爆炸空气冲击波感生的地冲击作用，其水平等效静荷载标准值应为该处的感生地冲击的等效静荷载值乘上侧压系数，一般战时覆土的侧压系数可取 0.3。

5 采暖通风与空气调节

5.1 一 般 规 定

5.1.1 修订条文。本条规定了防空地下室的暖通空调设计应兼顾到平时和战时功能。为此，提出了设计中应遵循的原则：战时防护功能必须确保，平时使用要求也应满足，当两者出现矛盾时应采取平战功能转换措施。本次修订增加了工程级别和类别，设计人员在实际操作中，应注意在方案（或初步）设计阶段就能正确处理好这两者之间的关系，避免在日后的施工图设计（或施工）过程中出现不符合规范要求的现象。

5.1.2 本条强调通风及空调系统的区域划分原则：平时宜结合现行的《人民防空工程设计防火规范》有关防火分区的要求；战时应符合按防护单元分别设置独立的通风系统的要求，以免相邻单元遭受破坏而影响另一单元的正常使用。需要指出的是，设计时应尽可能使平时的防火分区能与战时的防护分区协调一致，以减少临战转换工作量，提高保障战时使用的可靠性。

5.1.3 修订条文。本条是在原规范 5.1.4 条的基础上，对"功能要求"作了进一步的明确：对选用的设备及材料的"要求"是指"防护和使用功能要求"；对于"防火要求"则进一步明确是"平时使用时的"要求。

5.1.4 修订条文。本条是将原规范 5.1.12 条条文中的"宜"改用"应"，提高了规定的要求。已有的工程建设实践表明，在防空地下室的暖通空调设计中，室外空气计算参数按现行的地面建筑用的暖通空调设计规范中的规定值是可行的，也是方便的。

5.1.5 修订条文。本条是在原规范 5.1.13 条的基础上，对防空地下室的减噪设计提出了更高的要求——应视其功能而异，对产生噪声的设备和设备房间，以及通风管道系统均应采取有效的减噪措施（同地面建筑暖通空调设计用的减噪措施）。

5.1.6 新增条文。本条明确地规定了：（1）防空地下室的暖通空调系统应与地面建筑用的系统分开设置；（2）与防空地下室无关的暖通空调设备和管道，能否置于防空地下室内和穿越防空地下室？本条作出了与本规范第 3.1.6 条相呼应的规定。如果用于地面建筑的设备系统必须置于防空地下室内时，首先应考虑将这部分空间设置为非防护区，即没有防护要求的地下室区域；其次才是采用符合规范要求的防护密闭措施、限制管道管径等设计规定。

5.2 防护通风

5.2.1 修订条文。本条是对原规范 5.1.5 条的修订。本条规定了设计防空地下室的通风系统时，应根据防空地下室的战时功能设置相应的防护通风方式。战时以掩蔽人员为主的防空地下室应设置三种防护通风方式，而以掩蔽物资为主的防空地下室，通常情况下设置清洁通风和隔绝防护就可以符合战时防护要求，但也不排除特殊情况：考虑到贮物的不同要求，保留了"滤毒通风的设置可根据实际需要确定"的规定（需要说明的是：隔绝防护包括实施内循环通风和不实施内循环通风两种情况）。本次修订时还增加了第三款：应设置战时防护通风（清洁通风、滤毒通风和隔绝通风）方式的信息（信号）装置。这也是《人民防空工程防化设计规范》所规定的内容。

5.2.2 修订条文。本条是将原规范 5.1.5 条条文中的新风量标准单列而成，并根据现行《战技要求》，对战时防空地下室内掩蔽人员的新风量标准进行了修订。其中，医疗救护、人员掩蔽，以及防空专业队工程内的人员新风量标准均有所变化。设计时通常不应取最小值作为工程的设计计算值。

5.2.3 修订条文。本条是在原规范 5.1.7 的基础上，根据现行《战技要求》，对医疗救护工程的室内空气设计值进行了修订，提高了标准，给出了范围。此外，对专业队队员掩蔽部、医疗救护工程平时维护时的空气湿度也提出了要求。设计时通常不应取上限值（或下限值）作为工程的设计计算值。

5.2.4 修订条文。本条是在原规范 5.1.10 条的基础上，根据现行《战技要求》进行了修订，增加了隔绝防护时防空地下室内氧气体积浓度的指标。规范了隔绝防护时间内二氧化碳许可体积浓度、氧气体积浓度之间的内在关系。

5.2.5 修订条文。本条是对原规范 5.1.11 条的修订。本次修正了原计算公式中单位换算上的不严密之处——在代入 C、C₀ 值时未将"%"一并代入计算公式，因而，原计算公式中的单位换算系数是"10"，现行公式中为"1000"。设计人员在使用中请注意此变化。

5.2.6 修订条文。本条是对原规范 5.1.10 条的修订。是将原规范的 5.2.9 条、5.2.11 条的内容合并到本条对应的表格中，并根据现行《战技要求》进行了修订。这样做一方面对防毒通道（对二等人员掩蔽所是指简易洗消间）的换气次数、主体超压值等作了修正，使其符合现行《战技要求》的规定；另一方面，也有利于设计人员在设计滤毒通风时，能更全面、更准确、更方便地掌握防化方面的有关规定。设计时应根据防空地下室的功能不同，从表 5.2.6 中确定主体超压和最小防毒通道换气次数：医疗

救护工程、防空专业队工程可取超压 60Pa 或 70Pa，最小防毒通道换气次数可取 60 次以上。

5.2.7 修订条文。本条是在原规范 5.2.12 条的基础上，改写并完善了滤毒通风时如何确定新风量的规定。工程设计中应按条所规定的公式计算，取两项计算值中的大值作为滤毒通风时的新风量，并按此值选用过滤吸收器等滤毒通风管路上的设备。

5.2.8 修订条文。本条是对原规范 5.2.1 条的修订。依据不同情况分设了条款，增加了内容，使内容表述更完整、准确、清晰，使用更方便。本次修订时图 5.2.8a 中的滤毒通风管路上增加了风量调节阀 10，是为了更有效地控制通过过滤吸收器的风量。设计时，通风机出口是否设置风量调节阀，设计人员可根据常规自行确定。只有当战时进风和平时进风合用一个系统时，风机出口应设"防火调节阀"。图中密闭阀门操作如下：

清洁通风时：密闭阀门 3a、3b 开启，3c、3d 关闭；

滤毒通风时：密闭阀门 3c、3d 开启，3a、3b 关闭；

隔绝通风时：密闭阀门 3a、3b、3c、3d 全部关闭，实施内循环通风。

5.2.9 修订条文。本条是对原规范 5.2.2 条的修订。依据现行《战技要求》、《人民防空工程防化设计规范》对洗消间设置要求，对工程建设中常用的清洁排风和滤毒排风分别给出了平面示意图。对于选用了防爆超压自动排气活门代替排风防爆活门的防空地下室，其清洁排风时的防爆装置如何解决的问题，则需要经过技术经济比较后才能确定。一种办法是：增加防爆超压自动排气活门数量，满足清洁排风的需要；另一种办法是：改用悬板式防爆活门，以同时满足清洁、滤毒通风系统防冲击波的需要，此时，滤毒通风用的超压排风控制设备改用 YF 型（或 Pₛ、P_D 型）。

5.2.10 修订条文。本条是对原规范 5.2.3 条实行分解、修订后形成的新条文。

5.2.11 修订条文。本条是在原规范 5.2.4 条的基础上，对表内的部分数据进行了细分，增加了相关的说明而成。表中给出的 FCH 型防爆超压自动排气活门是 FCS 型的改进型产品。

5.2.12 修订条文。本条是对原规范 5.2.5 条的修订，是强制性条文。规定了防空地下室染毒区进、排风管的设计要求——为满足战时防护需要，在选材、施工安装方面应采取的措施。本次修订将原条文中"均应"改为"必须"，提高了要求等级。

5.2.13 修订条文。本条是对原规范 5.2.6 条的修订，是强制性条文。规定了通风管道穿越防护密闭墙（包括穿越防护单元之间的防护单元隔墙，非防护区与防护区之间的临空墙，染毒区与清洁之间的密闭隔墙）的设计要求。给出了设计中符合防护要求的通常做法的示意图。

5.2.14 修订条文。本条是在原规范 5.2.7 条的基础上修订而成。修订后的条文更准确、清晰地规定了设计选用防爆超压自动排气活门时的两项要求。

5.2.15 修订条文。本条是在原规范 5.2.8 条的基础上修订而成。其中原第二款的规定在实际设计中往往不尽如人意！由于设备与通风短管在上、下、左、右的设置位置欠妥，从而形成换气死区！尤其是在防毒通道内的换气，这是设计中应特别注意的事。本次修订深化了这方面的要求。

5.2.16 新增强制性条文。保证所选用的过滤吸收器的额定风量必须大于滤毒通风时的进风量，是确保战时滤毒效果不可缺少的措施之一。

5.2.17 修订条文。本条是在原规范 5.2.13 条的基础上修订而成。本次修订了"示意"图。使其更准确、完整。设计时，如防空地下室内没有防化通信值班室，该装置可设在风机室。

5.2.18 新增条文。根据《人民防空工程防化设计规范》的有关规定，滤毒通风系统上，在连接过滤吸收器的进、出风管的适当位置应设置相应的取样管。所以，本次修订增加了该条文。

5.2.19 新增条文。根据《人民防空工程防化设计规范》的有关规定而增设该条文。在防空地下室口部的防毒（密闭）通道的密闭墙上设置气密测量管，是监测（或检测）工程密闭性能是否符合战时防护要求不可缺少的设施。

5.2.20 新增条文。本条主要是鉴于以往的建设经验，为了规范防护通风专用设备的选用质量而增加的内容。"合格产品"是指：1）防护通风专用设备生产用的图纸；2）按图纸生产的产品经有资质的人防内部设备检测机构检测合格（有书面检测报告）。

5.3 平战结合及平战功能转换

5.3.1 修订条文。本条是在原规范 5.1.3 条的基础上修订而成。新条文更清晰地将内容归类为三款要求，以方便设计者使用。条文中的转换时间，按目前的规定仍然是 15 天。对于专供平时使用而开设的各种风口，应保证战时防护的各项要求与平战功能转换的规定。平战功能转换主要指：凡属平时专用的风口，临战时要有可靠的封堵措施；对战时需要而在平时没有安装的设备，不仅在设计中要明确提出在修建时要一次做好各种预埋设施、预留设施外，而且要做到能在临战时的限定时间内，及时将设备安装就位并能正常运转，达到战时的功能要求。

5.3.2 新增条文。根据防空地下室多年来的建设经验，平时用的通风系统往往包括两个以上"防护单元"，为了使设计工作到位，也为了使战时的防护措施有保障，减少临战前的转换工作量，所以，增加了本条条文。

5.3.3 修订条文。本条是在原规范 5.3.5 条的基础上修订而成，是强制性条文。本条第二款中规定的"按平时通风量校核"是指平时通风时，将门式防爆活门的门扇打开后的通风量，能否满足平时的进风量要求。

5.3.5 修订条文。本条是在原规范 5.2.4 条的基础上修订而成。条文中增加了"宜选用门式防爆波活门"，以及通过活门门洞时风速的规定，有利于设计人员的设计工作。活门门扇全开时的通风量与通过门扇洞口时的风速有关（详见本规范条文说明中的表5－1）。

表 5－1　　常用门式防爆波活门的通风量值

型号	通风量值（m³/h）					连接管直径（mm）	门孔尺寸（mm × mm）
	门扇关闭时 v（≤8m/s）	平时门扇全开时 v (m/s)					
		6	8	10			
门式悬板活门　MH2000	2000	8600	11500	14400	300	500 × 800	
MH3600	3600	8600	11500	14400	400	500 × 800	
MH5700	5700	8600	11500	14400	500	500 × 800	
MH8000	8000	13500	18000	22500	600	500 × 1250	
MH11000	11000	16200	21600	27000	700	600 × 1250	
MH14500	14500	22000	29300	36700	800	600 × 1700	

5.3.6 新增条文。这是确保（或改善）平战结合防空地下室内空气环境条件，设计者应当给予重视的问题。产生污浊（不清洁）空气的房间应使其处于负压状态，不管是平时还是战时，都不应例外。

5.3.7 新增条文。本条规定了平战结合的防空地下室，战时用的通风管道和风口，应尽量利用平时的风管和风口，尤其是清洁区的风管和风口。但由于平时功能和战时功能不一定相同，因此，需设置必要的控制（或转换）装置。

5.3.8 修订条文。本条是在原规范 5.2.14 条基础上修订而成。本条规定的内容，着眼点是：设计者应完成的设计文件的准确和完整，至于仅战时使用而平时不使用的滤毒设备是否安装的问题，应是当地人防主管部门根据国家的有关规定，结合本地的实际情况作出的政策性规定，它不应是设计规范规定的内容。故本次修订时对原条文进行了修订。

5.3.9 修订条文。本条是在原规范 5.1.6 条的基础上修订而成。修订中参照了现行的地面建筑用的暖通空调设计规范。对于过渡季节采用全新风的防空地下室，其进风系统和排风系统的设计，应满足风量最大的需要。

5.3.10 修订条文。本条是在原规范 5.1.8 条的基础上修订而成。对原条文中"手术室、急救室"的温湿度参数，根据现行《医院洁净手术部建筑技术规范》（GB 50333）的规定进行了修订，对旅馆客房等功能房间的空气湿度标准有所提高。设计中通常不应取上、下限值作为工程的设计计算值。

5.3.11 修订条文。本条是在原规范 5.1.9 条的基础上修订而成。增加了空调房间换气次数的规定，对汽车库的换气次数，则给出了最小换气次数"4"次的规定。这是根据"全国民用建筑工程设计技术措施（防空地下室分册）"审查会上专家们的意见形成的。设计中应视工程的实际情况选用参数。

5.3.12 新增条文。此类工程甚多，本条规定了平时功能为汽车库，战时功能为人员掩蔽（或物资库）的防空地下室，在进行通风系统设计时应遵循的三条原则要求。

5.4 采　　暖

5.4.1 修订条文。本条条文是对原规范 5.5.6 条的修订，是强制性条文。本次修订进一步规定了设置在围护结构内侧阀门的抗力要求。

5.4.4 修订条文。本条是对原规范 5.5.3 条的内容表述进行了修订。

5.4.5 本条提供的防空地下室围护结构散热量 Q 的计算公式中，F、t_n 均为已知值，关于 k 值的确定，其影响因素较多，其中主要包括预定加热时间、埋置深度和土壤的导热系数。此三个因素中，预定加热时间，根据有关资料按 600h 计算，可以满足要求；关于埋置深度，考虑到防空地下室埋深的变化幅度不大，故计算中对这一因素可忽略不计；其余只剩土壤导热系数一项。本公式即根据以上考虑，直接从不同的导热系数 λ 值给出相关的 k 值，不采用按深度进行分层计算。经计算比较，按本条给定的方法的计算结果，对防空地下室而言，所得围护结构总散热量与用分层法计算相差很少。但应指出，本条提供的计算方法不能适用于有恒温要求的房间。t_0 可根据当地气象台（站）近十年来不同深度的月平均地温数据，按下述方法确定：

土壤初始温度的确定，可根据当地或附近气象台（站）实测不同深度的土壤每月月平均温度，绘制成土壤初始温度曲线图，然后求出防空地下室的平均埋深处的土壤初始温度，即作为设计计算的土壤初始温度值（详见本规范说明中的"土壤初始温度确定举例"）。

5.5 自然通风和机械通风

5.5.1 为在平时能充分有效地利用自然通风，防空地下室的平面设计，应尽量适应自然通风的需要，减少通风阻力，平面布置应力求简单，尽量减少隔断和拐弯。当必须设置隔断墙时，宜在门下设通风百页，并在隔墙的适当位置开设通风孔。

工程实践证明，按以上方法设计的防空地下室，其自然通风效果尚好。但应指出，有些已建防空地下室由于开孔过多、位置不当（如将进、排风口设在同侧或相距很近），以致造成气流短路而未能流经新风需要的地方。故在设计中应注意根据上部建筑物的特点，合理地组织自然通风。

5.5.2 修订条文。本条条文是在原规范 5.5.2 条的基础上对工程类别作了修订。

5.5.3 修订条文。本条条文是对原规范 5.3.3 条修订后的呼应条文（修订条文已归到3.4节）。修订后的条文加大了进风口与排风口之间的水平距离，对进风口的下缘距离虽然没有提高规定值，但在条件容许时，可参照地面建筑的设计规范1～2m的规定做，这是考虑进风的清洁安全问题。

5.5.5 修订条文。本次修订将原条文中的"宜"改为"应"，提高了标准。对通风管道用材强调了符合卫生标准和不燃材料两个方面。

5.6 空 气 调 节

5.6.1 鉴于防空地下室平时使用功能的需要，本条特别规定了进行空调设计的原则是采用一般的通风方法不能满足室内温、湿度要求时实施。本条是本节的导引。执行本条规定时，应注意到防空地下室的当前需要，并考虑其发展需要。

5.6.2 本条明确规定了空调房间内计算得热量的各项确定因素，以免设计计算中漏项。除围护结构传热计算不同于地面空调建筑外，其它各项确定因素的散热量计算方法均与地面同类空调建筑相同。

5.6.3 本条明确规定了空调房间内计算散湿量应包括的各项因素。其中围护结构散湿量因有别于地面空调建筑需另作规定，其它各项散湿量计算方法均与地面同类空调建筑相同。

5.6.4 本条所指的"空调冷负荷"，在概念上与地面空调建筑中所引入的概念虽基本相同，但在具体计算方法上则不能直接套用。因为地面建筑中所采用的"空调冷负荷系数法"中关于外墙传热的冷负荷系数不适用于防空地下室围护结构的传热计算，而防空地下室围护结构传热的冷负荷系数尚无可靠的科学依据。为此，本规范另规定了传热计算方法（第5.6.7条），并建议以此计算得热量作为外墙冷负荷，虽不尽合理，但现阶段还无其它更好的方法。至于其它内部热源的计算得热量造成的空调冷负荷，原则上也不能采用地面同类的空调冷负荷系数，因为防空地下室围护结构的蓄热和放热特征有别于地面建筑，为此，在这部分得热形成的冷负荷计算中，可暂用下述方法：

（1）取该部分的计算得热量作为相应的空调冷负荷；

（2）取同类地面建筑的空调冷负荷系数来计算相应的防空地下室的冷负荷。

无论方法（1）或方法（2）均是近似方法，尚不尽人意，但目前别无他法。对于新风冷负荷、通风机及风管温升新形成的附加冷负荷计算则可采用地面同类空调建筑的方法。

5.6.5 条文中所指的湿负荷可采用地面同类空调建筑的计算方法。

5.6.6 根据人防工程衬砌散湿量实验计算结果，防水性能较好的工程，散湿量可按0.5g/（m²·h）计算，对于全天在人防工程中生活者，平均人为散湿量为每人30g/h。

5.6.7 修订条文。本条明确规定了应按不稳定传热法计算围护结构传热量，并分两种情况给出了围护结构传热量的计算公式。本次修订时增加了 θ_d 计算用的参数，这些参数引自国家标准《人民防空工程设计规范》（GB50225）。

5.6.8 修订条文。本条条文是对原规范5.4.8条的修订。取消了原一、二款，将原第三款作了少量改动后形成新的一、二款。以方便设计人员根据负荷特点选用空气处理设备。

5.6.9 修订条文。本条条文是对原规范5.4.9条的修订。仅对条文的第一款作了修订。需要指出的是：设计人员在执行第二款时，往往存在着设计不到位的现象。如：进、排风管太小，选用的通风机也小，不能满足过度季节全新风通风的需要。

5.6.10 空调房间一般都有一定的清洁度要求，因此，送入房间的空气应是清洁的。为防止表面式换热器积尘后影响其热、湿交换性能，通常均应设置滤尘器，使空调房间的空气品质符合卫生标准。

5.6.11 新增条文。根据多年来防空地下室建设和使用经验，平战结合的防空地下室使用空调设备的较多，自室外向室内引入空调水管（冷冻水管）的情况时有发生，为保障防空地下室的安全，特作出相应的规定。

5.7 柴油电站的通风

5.7.2 机房采用水冷冷却方式时，通风换气量较小，达不到消除机房内有害气体的目的，故本条规定"当发电机房采用水冷却时，按排除有害气体所需的通风量经计算确定"。

5.7.3 修订条文。本条条文是对原规范5.6.3条的修订。补充规定了染毒、隔绝情况下，柴油机的燃烧空气应从机房的进（或排）风管系统引入。

5.7.4 修订条文。本条条文是对原规范5.6.4条的修订。进一步明确了机房内的计算余热量范围。

5.7.5 修订条文。本条条文是对原规范5.6.5条的修订。柴油机房的降温措施，应视所在地区的气候条件、工程内外的水源情况、工程建设投资等多种因素，经技术经济比较后决定。本条规定的三款内容，可供设计人员选用。从当前建设的情况看，随着经济的发展和技术的进步，采用直接蒸发式冷风机组已越来越多。所以，本次修订时对第三款进行了修订。

5.7.6 修订条文。本次修订时对有柴油电站控制室供给新风的方式，区分两种情况作了更明确的规定：一种情况是防空地下室内向其供新风，此时，柴油电站只需清洁通风和隔绝防护两种防护方式；另一种是独立设置的柴油电站控制室的新风供给，需有电站自设的通风系统给予保证，当室外染毒条件下需保证控制室的新风时，应设滤毒通风设备和相应的密闭阀门。

5.7.7 修订条文。本条条文是对原规范5.6.7条的修订。补充规定了最小换气次数、应70℃关闭的防火阀的要求。

5.7.8 修订条文。本条条文是对原规范5.6.8条的修订。关于柴油机排烟系统设计。应注意排烟口与排烟管的柔性接头必须采用耐高温材料，不应采用橡胶或帆布接头，一般可采用不锈钢的波纹软管，并应带有法兰。本次修订时取消了排烟出口处应设消声装置的规定，主要是考虑柴油机已自带了消声器。

5.7.9 新增条文。柴油电站与防空地下室之间有连通道时，为保证滤毒通风时操作人员的出入安全和工程安全，应设防毒通道和超压排风设施。

土壤初始温度确定举例

（1）将某地气象站实测每月份±0.00、－0.40、－0.80、－1.60和－3.20m深处的土壤月平均温度列于表5－2。

（2）根据表5－2数据，分别找出不同深度的土壤月平均最高和最低温度，列于表5－3。

（3）按表5－3数据绘制出土壤初始温度曲线图（图5－1）。根据防空地下室的平均埋深，（可按防空地下室外墙中心标高至室外地面距离计，即图5－1中的－2.20m），在初始温度曲线上沿箭头所指方向查出：某地冬季和夏季－2.20m深处，土壤初始温度分别为6.2℃和19℃。

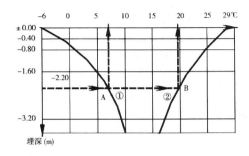

图 5－1　土壤初始温度曲线图
①月平均最低温度值（℃）②月平均最高温度值（℃）

表 5－2　　某地不同深度的土壤实测月平均温度（℃）

月　份	深　　度（m）				
	±0.00	-0.40	-0.80	-1.60	-3.20
1	-5.3	-0.3	2.6	7.4	12.7
2	-1.5	-0.3	1.7	5.6	11.0
3	5.8	3.2	3.6	5.4	9.8
4	16.1	11.2	9.4	8.0	9.5
5	23.7	17.6	15.1	11.9	10.4
6	28.2	22.6	20.6	15.6	12.1
7	29.1	25.2	22.8	18.6	13.9
8	27.0	25.0	23.9	21.0	16.3
9	21.5	21.3	21.5	20.6	17.3
10	13.1	15.4	16.9	18.3	17.3
11	3.5	8.3	11.2	14.7	16.3
12	-3.6	2.2	5.6	10.6	14.8

表 5－3　　　　不同深度土壤初始温度统计表

深　度（m）	月平均最低温度（℃）	月平均最高温度（℃）
±0.00	-5.3	29.1
-0.40	-0.3	25.2
-0.80	1.7	23.9
-1.60	5.4	21.0
-3.20	9.5	17.3

6　给水、排水

6.1　一般规定

6.1.1　上部建筑的管道能否进入防空地下室，与管道输送介质的性质、管径及防空地下室的抗力级别等因素有关。如将上部建筑的生活污水管道引入防空地下室，目前还没有可靠的临战封堵转换措施，所以这类管道不允许引入防空地下室。设计中应避免与防空地下室无关的管道穿过人防围护结构。

6.1.2　管道穿越防空地下室围护结构（如顶板、外墙、临空墙、防护单元隔墙）处，要采取一定的防护密闭措施。要求能抗一定压力的冲击波作用，并防止毒剂（指核生化战剂）由穿管处渗入。

根据本次规范修订所进行的"管道穿板做法模拟核爆炸实验"的结果，国标图集 02S404 中的刚性防水套管的施工方法，可以满足核 4 级与核 4B 级防空地下室小于或等于 DN150mm 管道

穿顶板时的防护及密闭要求。对穿临空墙的管道，在管径大于 DN150mm 或抗力级别较高时，要求在刚性防水套管受冲击波作用的一侧加焊一道防护挡板。

根据防空地下室的防护要求，管道穿防空地下室防护单元之间的防护密闭隔墙的受力与穿顶板相同，不按穿临空墙设计。

6.2　给　水

6.2.1　防空地下室的自备内水源是指设于防空地下室人防围护结构以内的水源；自备外水源则指具有一定防护能力，为单个防空地下室服务的独立外水源或为多个防空地下室服务的区域性外水源。

防空地下室自备内水源的设计应与防空地下室同时规划、同时设计、统一安排施工。

柴油发电机房为染毒区，设置在柴油发电机房内专为电站提供冷却用水的内水源，是可能被染毒的水源。

平时使用城市自来水，同时又设置有自备内水源的防空地下室，需采取防止两个水源串通的隔断措施。

内部设置的贮水池（箱）在本规范中不属于内水源。

6.2.2　防空地下室平时用水量根据平时使用功能，按现行《建筑给水排水设计规范》的用水定额计算。

6.2.3　人员掩蔽工程、专业队队员掩蔽部、配套工程的生活用水量，仅包括盥洗用水量，不包括水冲厕所用水量。如工程所在地人防主管部门要求对该类工程设供战时使用的水冲厕所，其水冲厕所用水量标准由当地人防主管部门确定。

6.2.4　防空地下室是否供应开水，由建筑专业根据工程性质、抗力级别及当地的具体条件等因素确定，给排水专业负责开水器选择及其给排水管道的设计。人员的饮用水量标准内已包含开水，不另增加水量。医疗救护工程需设置供战时使用的水冲厕所，应使用节水型的卫生器具。

6.2.5　在平时，防空地下室的生活给水宜采用城市自来水直接供水。在战时，城市自来水系统容易遭破坏，修复的周期较长，城市自来水停水期间，必须由防空地下室内部生活饮用水池（箱）供水。因此，战时防空地下室必须根据水源情况，贮存饮用水及生活用水。由于战时饮用水、生活用水要求的保障时间不同，所以表 6.2.5 中饮用水与生活用水的贮水时间不同。城市自来水水源为无防护外水源。贮水时间的上下限值宜根据工程的等级及贮水条件等因素确定。

6.2.6　饮用水及生活用水贮水量分别计算，洗消用水应按本规范 6.4 节中的有关条文计算；柴油电站用水应按本规范 6.5 节中的有关规定计算。

6.2.7　战时生活饮用水的水质以满足生存为目的，表中数据参照了军队《战时生活饮用水卫生标准》及现行的国家《生活饮用水卫生标准》。由于人防工程内贮水为临战前贮存，防空地下室清洁区为密闭空间，生活饮用水贮存在清洁区内不会沾染核生化战剂。同时防空地下室未配备对水质进行核生化战剂检测的仪器设备，所以该标准中未设核生化战剂指标。战时水质的主要控制指标是细菌学指标。临战时前，除使用防空地下室内设置的水池（箱）贮水外，鼓励利用其它各种符合卫生要求的容器增加贮水量。

6.2.9　饮用水单独贮存的目的是：避免饮用水被挪用；防止饮用水被污染；有利于长期贮存水的再次消毒。

6.2.10　战时电源无保障的防空地下室，战时供水宜采用高位水箱供人员洗消用水，架高水箱供饮用水，使用干厕所，口部洗消采用手摇泵供水。战时的给水泵被列入二级供电负荷，如防空地下室设有自备电站或有人防区域电站，其战时的供电是有保障的，可不设手摇泵。

6.2.13 防护阀门是指为防冲击波及核生化战剂由管道进入工程内部而设置的阀门。根据试验,使用公称压力不小于 1.0MPa 的阀门,能满足防空地下室给排水管道的防护要求。目前的防爆波阀门只有防冲击波的作用,而该阀门无法防止核生化战剂由室外经管道渗入工程内。所以在进出防空地下室的管道上单独使用防爆波阀门时,不能同时满足防冲击波和核生化战剂的防护要求。由于防空地下室战时内部贮水能保障 7~15 天用水,可以在空袭报警时将给水引入管上的防护阀门关闭,截断与外界的连通,以防止冲击波和核生化战剂由管道进入工程内部。

6.2.14 防空地下室内防护阀门以后的管道,不受冲击波作用,宜采用与上部建筑相同材质的给水管材。

6.2.15 按本规范 6.1.2 的要求,已能满足管道穿防空地下室围护结构处的密闭和防水的要求。是否采取防震、防不均匀沉降的措施,宜根据地面建筑的体量及具体的地质条件等因素确定。

6.3 排 水

6.3.1 为防止雨水倒灌等事故的发生,防空地下室宜采用机械排水。战时的排水泵应列入二级供电负荷,如防空地下室设有自备电站或有人防区域电站,其战时的供电是有保障的,可不设排水手摇泵。

6.3.2 在隔绝防护期间,为防止毒剂从人防围护结构可能存在的各种缝隙渗入,需维持室内空气比室外有一定的正压差。如果在此期间向外排水,会使防空地下室内部空间增大,空气密度减小,不利于维持超压,甚至形成负压,使毒剂渗入。故隔绝防护时间内,不允许向外排水。如防空地下室清洁区设自备内水源,在隔绝防护时间内能连续均匀向清洁区供水,在保证均匀排水量小于进水量的条件下,可向外排水,这时不会因排水而影响室内的超压。

6.3.5 隔绝防护时间内产生的生活污水量按战时掩蔽人员数、隔绝防护时间及战时生活饮用水量标准折算的平均小时水量这三项的乘积计算。隔绝防护时间内产生的设备废水量按设备的小时补水量计算。

调节容积指水泵最低吸水水位与水泵启动水位之间的容积。贮备容积指水泵启动水位与水池最高水位之间的容积。在隔绝防护时间内,生活污废水贮存在贮备容积内。

6.3.8 由于战时生活污水集水池容积小,生活污水在池中停留时间短,战时污水池只要有通气管,污水池中产生的有害气体就不致累积至影响安全的浓度。该通气管不直接至室外的目的是为了在满足一定的卫生与安全要求下,便于临战时的施工与管理,提高防护的安全性。收集平时消防排水、地面冲洗排水等非生活污水的集水坑,如采用地沟方式集水时,可不需要设置通气管。防空地下室内通气管防护阀门以后的管段,在防护方面对管材无特殊要求。

6.3.9 各防护单元要求内部设备系统独立,排水系统也必须独立。

6.3.11 冲洗龙头供冲洗污水泵间使用,如附近有其它给水龙头可供使用,也可不设该冲洗龙头。

6.3.13 本条文是指有地形高差可以利用、不需设排水泵、全部依靠重力排出室内污废水的情况。在自流排水系统中,防爆化粪池、防毒消波槽起防毒、防冲击波的作用。而采用机械排水时,压力排水管上的阀门起防冲击波、防毒的作用。

对乙类防空地下室,不考虑防核爆冲击波的问题,自流排水的防毒主要靠水封措施,故不需要设防爆化粪池。

6.3.14 防空地下室围护结构以内的重力排水管道指敷设在结构底板以上回填层内的重力排水管或围护结构内明装的重力排水

管。不允许塑料排水管敷设在结构底板中。

6.3.15 本条规定目的是减少集水池、污水泵的设置数量,降低造价。所指地面废水是特指平时排放的消防废水或地面冲洗废水。经过本次规范修订进行的"管道穿板做模拟核爆炸实验"结果,防爆地漏能满足本条文设定的防护及密闭要求,临战前也能方便地转换。接防爆地漏的排水管上,可以不设置阀门。

为防止有毒废水的污染,上层防护单元的战时洗消废水,不允许排入下层同一防护单元的防空地下室。目前尚没有可靠的生活污水管道的临战转换措施,上一层的生活污水不允许排入下一层防空地下室。

6.4 洗 消

6.4.1 人员洗消分淋浴洗消与简易洗消两种方式。简易洗消不需设淋浴龙头,可设 1~2 个洗脸盆,供进入防空地下室内的人员局部擦洗。本条中的人员洗消方式、洗消人员百分比是根据现行《战技要求》的规定制定的。

6.4.2 淋浴洗消时,淋浴器和洗脸盆成套设置。人员洗消用水贮水量按需洗消的人数及洗消用水量标准计算,不是按卫生器具计算的。热水供应量按卫生器具套数计算,一只淋浴器和一只洗脸盆计为一套。当计算的人员洗消用水量大于热水供应量时,热水供应量按淋浴器热水供应量计算,热水供应不够的部分只保证冷水供应。当计算的人员洗消用水量小于热水供应量时,热水供应量按人员洗消用水量计算。

6.4.5 当防空地下室战时主要出入口很长,口部染毒的墙面、地面需冲洗面积很大,计算的贮水量大于 10m³ 时,按 10m³ 计算,冲洗不到的部分,由防空专业队负责。洗消冲洗一次指水箱中只贮存 1 次冲洗的用水,如需要第二次冲洗,需要再次向水箱内补水。

6.4.8 无冲击波余压作用的排水管上,宜采用普通地漏,以节约造价。

6.5 柴油电站的给排水及供油

6.5.1 柴油发电机房采用水冷方式是指通过水喷雾或水冷风机等方式,降低柴油机房空气的温度,同时柴油发电机通过直流或循环供水方式进行冷却的方式。风冷方式是指通过大量进、排风来降低机房内温度,并对柴油机机头散热器进行冷却的冷却方式。

6.5.2 条文中规定的贮水时间是根据现行《战技要求》的规定制定的。如采用水冷方式,冷却水消耗量包括柴油发电机房冷却用水量及柴油发电机运行机组的冷却用水量。

6.5.3 柴油发电机冷却水出水管上设看水器的目的是为了观察管内是否有水流。常用的有滴水观测器和各种水流监视器。

6.5.4 移动式电站一般采用风冷方式。冷却水箱内的贮水用于在柴油发电机组循环冷却水的水温过高时做补充。其冷却水单独贮存的目的是保证冷却水不被挪用,便于取用。如所选柴油发电机采用专用冷却液冷却,可不设柴油发电机冷却水补水箱。

6.5.7 柴油发电机房为染毒区、电站控制室为清洁区。

6.5.10 电站内贮油时间是根据现行《战技要求》的规定制定的。

6.6 平 战 转 换

6.6.1 生活饮用水在 3 天转换时限内充满的要求是依据现行《战技要求》制定的。在防空地下室清洁区内设置的供平时使用的消防水池,如使用的是钢筋混凝土水池,在战时也允许作为生活饮用水水池使用。本规定的目的是降低工程造价及便于临战转换。由于战时掩蔽人员只是在短时间内饮用混凝土水池内的水，从混凝土生活饮用水水池在我国长期使用的历史分析，战时短时间内使用不会对人体健康造成影响。在临战前需要对水池进行必要的清洗、消毒，补充新鲜的城市自来水。该水池的用水可作为战时生活饮用水或洗消用水。

是否将消防水池设置在防空地下室内，还需根据具体工程消防系统的复杂程度、造价等因素综合考虑。如消防系统很复杂，需穿越防空地下室的管道多，则宜将消防水池放在非防护区。

6.6.2 二等人员掩蔽所中平时不使用的生活饮用水贮水箱，允许平时预留位置。可在临战时构筑的规定是出于如下考虑：首先是拼装式钢板水箱和玻璃钢水箱的技术，目前已经成熟、可靠，而且拼装的周期较短，货源又易于解决；二是战时使用的水箱一般容量较大，占用有效面积较多，如果平时不建水箱，可以提高平时面积使用率，具有明显的经济效益。但为使战时使用得以落实，故要求"必须一次完成施工图设计"；要求水箱进水管必须接到贮水间，溢流、放空排水有排放处。转换时限 15 天的要求是根据现行《战技要求》的规定制定的。

6.6.4 本条规定是为了便于临战转换及战后管道系统的恢复。

7 电 气

7.1 一般规定

7.1.1 防空地下室内用电设备使用电压绝大多数在 10kV 以下，其中动力设备一般为 380V，照明 220V。较多的情况是直接引接 220/380V 低压电源，所以本条作此规定。

7.1.3 一般情况下，防空地下室比地面建筑容易潮湿。而且全国各地的气候温湿度差异很大，特别是沿海地区，若忽视防潮问题，就会影响人身安全和电气设备的寿命，所以本条规定了电气设备"应选用防潮性能好的定型产品"。

7.2 电 源

7.2.1 防空地下室平时和战时用途不同，故负荷区分为平时负荷和战时负荷，分别定为一级、二级和三级。

平时电力负荷等级主要用于对城市电力系统电源提出的供电要求。

战时电力负荷等级主要用于对内部电源提出的供电要求。

7.2.2 平时使用的防空地下室，若用电设备的用途与地面同类建筑相同时，其负荷分级除个别在本规范中另有规定外，其它均应遵照国家现行有关规定执行。

7.2.3 战时电力负荷分级的意义在于正确地反映出各等级负荷对供电可靠性要求的界限，以便选择符合战时的供电方式，满足战时各种用电设备的供电需要。

7.2.4 根据各类防空地下室战时各种用电设备的重要性，确定其战时电力负荷等级，表 7.2.4 战时常用设备电力负荷分级中：

1 应急照明包括疏散照明、安全照明和备用照明。

2 各类工程一级负荷中的"基本通信设备、应急通信设备、音响警报接收设备"一般指与外界进行联络所必不可少的通信联络报警设备。如与指挥工程、防空专业队工程、医疗救护工程之间的通信、报警设备。设备的用电量按本规范第 7.8.6 条要求。

3 各类工程二级负荷中"重要的风机、水泵"一般指战时必不可缺少的进风机、排风机、循环风机、污水泵、废水泵、敞开式出入口的雨水泵等。

4 三种通风方式装置系统，指的是三种通风方式控制箱、

指示灯箱等设备。

7.2.5 电力负荷分别按平时和战时两种情况计算，是为了分别确定平时和战时的供电源容量。分别作为平时向供电部门申请供电电源容量和战时确定区域电站供给的用电量，同时又是区域电站选择柴油发电机组容量的依据。

7.2.7 地面建筑因平时使用需要而设置柴油发电机组作为平时的供电电源或应急电源使用，而平时使用需要的自备电源，无防护能力就可满足要求。但为了使其在战时也能发挥设备的作用，有条件时宜设置在防护区内，按战时区域内部电源设置。它除了供本工程用电外，在供电半径范围内还可供给周围防空地下室用电。当平时使用所需的柴油发电机组功率很大，与防空地下室所需用电量较小不相匹配时，或者当设置在防护区内因防护、通风、冷却、排烟等技术要求难于符合人防要求时，或经技术、经济比较不合理时，则柴油发电机组仍可按平时要求设置。

7.2.8 电力系统电源主要用于平时，为了降低防空地下室的造价，变压器一般都设在室外。但对于用电负荷较大的大型防空地下室，变压器则宜设在室内，并靠近负荷中心。经计算分析，当容量在 200kVA 以上的变压器若设在室外时，则电压损失较大，或供电电缆截面过大，在经济上和技术上均不合理，故本条作此规定。

7.2.9 选用无油设备是为了符合消防要求。

7.2.10 汽油具有较大的挥发性，在防空地下室内使用汽油发电机组，极易发生火灾，所以从安全考虑，本条规定了"严禁使用汽油发电机组"。

7.2.11 本条是依据现行《战技要求》的有关规定制定的。

其中第 2 款建筑面积大于 5000m² 应指以下几种情况：

1 新建单个防空地下室的建筑面积大于 5000m²；

2 新建建筑小区各种类型的（救护站、防空专业队工程、人员掩蔽工程、配套工程等）多个单体防空地下室的建筑面积之和大于 5000m²；

3 新建防空地下室与已建而又未引接内部电源的防空地下室的建筑面积之和大于 5000m² 时。例如：某建筑小区一、二期人防工程的建筑面积小于 5000m² 未设置电站，当建造第三期人防工程时，它的建筑面积与一、二期之和大于 5000m² 时，应设置电站；

现在设置内部电站的要求相当明确，电站设在工程内部，靠近负荷中心；简化了供电系统，节省了电气设备投资，供电安全可靠，维修管理便捷。扩大了防空地下室设置电站的覆盖率，平战结合更为紧密。

7.2.12 中心医院，急救医院的建筑规模较大，内部医疗设备、设施较多，供电电源质量要求也较高，因此应在工程内部设置柴油发电机组。电站除保证本工程战时一级、二级负荷供电外，还宜作为区域电站，向邻近防空地下室一级、二级负荷供电。可减少城市中设置区域电站的数量，充分利用内部电站的作用。

为了提高内部电源的可靠性，本条还作了机组台数不应少于两台的规定，且对保证一级负荷供电有 100% 的备用量。

7.2.13 救护站、防空专业队工程、量大面广的人员掩蔽工程、配套工程，由于工程所处的环境和条件的不同，情况错综复杂，千变万化，针对此类工程，根据不同的条件，对电站的设置作出不同的配置模式，供设计时配套选择。

1 建筑面积大于 5000m² 的防空地下室应设置内部电站，除供本工程供电还需兼作区域电站向邻近防空地下室一级、二级负荷供电，柴油发电机组总功率大于 120kW 时应设置固定电站，柴油发电机组的台数不应少于 2 台。对于大型人防工程也可按防护单元组合，设置若干个移动电站，分别给防护单元供电；

2 建筑面积大于 5000m² 的防空地下室，因受到外界条件限制，只供本工程战时一级、二级负荷的内部电站，柴油发电机组

总功率不大于 120kW 时，可设置移动电站，柴油发电机组的台数可设 1～2 台；

3 在同一建筑小区（一般指房产公司开发的一个规划小区）内建造多个防空地下室，或在低压供电半径范围内的多个防空地下室，其建筑面积之和大于 5000m² 时，也应设置内部电站或区域电站来保证战时一级、二级负荷供电，柴油发电机组总功率大于 120kW 时应设置固定电站，不大于 120kW 时可设置移动电站；

低压供电半径范围：220/380V 的半径一般取 500m 左右；

4 对于建筑面积 5000m² 及以下的分散布置的防空地下室，可不设内部电站，但应对战时一级负荷需设置蓄电池组（UPS、EPS）自备电源，同时要引接区域电源来保证战时二级负荷的供电。确无区域电源的防空地下室，应设置蓄电池组（UPS、EPS）自备电源，供给一级、二级负荷用电，同时也采用一些应急辅助措施，如采用手提式应急灯和手电筒等简易照明器材，和采用手摇、脚踏电动风机及手摇、电动水泵等，这是在困难情况下的一种应急辅助措施。

7.2.14 第 1 款是为保障每个防护单元在战时有相对的独立性，当相邻防护单元被破坏时，仍能独立使用；

第 2 款是为保障电力系统电源和内部电源能保证相互独立，互不影响而提出的，供电部门也有此要求；

第 5 款是为了保障防空地下室战时引接区域内部电源时方便、快速。

7.2.15 战时一级负荷必须应有二个独立的电源供电，但应以内部电源供电为主，电力系统的电源保证战时用电可靠性较差，失电的可能性极大。一级负荷容量较小时宜设置 EPS、UPS 蓄电池组电源。

战时二级负荷应引接区域电站或周围防空地下室的内部电站电源。无法引接时，应设置 EPS、UPS 蓄电池组电源。

战时的三级负荷相当于平时负荷，战时电力系统电源失去就不供电，如电热、空调等设备可不运转，只是使环境的条件有所下降，并不影响整个工程的战备功能。

7.2.16 防空地下室具有利用地面建筑自备电源设施的有利条件时，可作为战时人防辅助电源，如作为平时应急电源而设置的应急柴油发电机组，移动式拖车电站。只要地面建筑使用这些电源，防空地下室就应尽量利用这些电源，但只能作为电力系统的备用电源，不能作为人防内部电源。

7.2.17 封闭型的蓄电池组产品，密封性好，无有害气体泄出，对环境不会造成污染，对人员身体健康无影响。

7.2.18 防空地下室内设置 EPS、UPS 蓄电池组作为自备电源，其供电时间不应小于隔绝防护时间，因此电池的容量较大，这样产品价格也较高，平时又无此用电要求，所以可不安装。平时应急电源的供电时间只要能满足消防要求即可。根据蓄电池组体积的大小，可设置在人防电源配电柜（箱）内，也可单独设柜。

7.3 配 电

7.3.1 内、外电源的转换开关一般应选用手动转换开关。

7.3.2 每个防护单元有独立的防护能力和使用功能。配电箱设置在清洁区的值班室或防化通信值班室内是为了管理、安全、操作、控制、使用方便。专业队装备掩蔽部、汽车库等室内无清洁区，配电箱可设置在染毒区内。

7.3.4 防空地下室的外墙、临空墙、防护密闭隔墙、密闭隔墙等，具有防护密闭功能，各类动力配电箱、照明箱、控制箱等墙暗装时，使墙体厚度减薄，会影响到防护密闭功能。所以在此类墙体上应采取挂墙明装。

7.3.5 各种电气设备必须保留就地控制的目的是：

1 集中控制或自动控制失灵时，仍可就地操作；

2 检修和维护的需要。在就地有解除集中和自动控制的措施，其目的是在检修设备时，防止设备运行，保障检修人员的安全。

7.3.6 在染毒情况下，人员要穿戴防毒器具才能到染毒区去操作，很不方便。因此对在战时需要检测、控制的设备，要求在清洁区内应能进行设备的检测、控制和操作。既安全又方便。

7.3.7 第 1 款：为了保证战时室内的人员安全，设置显示三种通风方式信号指示的独立系统。在不同的通风方式情况下，在重要的各地点均能及时显示工况，可起到控制人员出入防空地下室，转换操作有关通风机、密闭阀门等设备，实施通风方式转换，迅速、及时告知掩蔽人员。这些信号指示，通常以灯光和音响来显示。通风方式转换的指令应由上级指挥所发来或由本工程防化通信值班室实际检测后作出决定。

7.3.8 在防护密闭门外设置呼唤音响按钮，是指在滤毒式通风时，要实施控制人员出入，不同类型的防空地下室有不同的人数比例。当外部人员要进入防空地下室内之前，首先要得到内部值班管理人员的允许才能进入。而且还要经过洗消间或简易洗消间的洗消处理。为此需设置联络信号。

7.3.9 该条是根据现行《战技要求》中要求制定的。

7.4 线 路 敷 设

7.4.1 进、出防空地下室的电气线路，动力回路选用电缆，口部照明回路选用护套线，主要是考虑其穿管时防护密闭措施比较容易，密闭效果好。

7.4.3 防空地下室有"防核武器、常规武器、生化武器"等要求，电气管线进出防空地下室的处理一定要与工程防护、密闭功能相一致，这些部位的防护、密闭相当重要，当管道密封不严时，会造成漏气、漏毒等现象，甚至滤毒通风时室内形不成超压。

在防护密闭隔墙上的预埋管应根据工程抗力级别的不同，采取相应的防护密闭措施。在密闭墙上的预埋管采取密闭封堵措施。

穿过外墙、临空墙、防护密闭隔墙和密闭隔墙的电气预埋线应选用管壁厚度不小于 2.5mm 的热镀锌钢管。在其它部位的管线可按有关地面建筑的设计规范或规定选用管材。

7.4.4 弱电线路一般选用多根导线穿管通过外墙、临空墙、防护密闭隔墙和密闭隔墙，由于多根导线在一起，会有空隙，就不易作密闭封堵处理。为了达到同样的密闭效果，因此采用密闭盒的模式，为了保证密闭效果，又规定了管径不得超过 25mm，目的是控制管内导线根数，如果管内穿线过多，会影响密闭效果。暗管密闭方式见图 7-1。

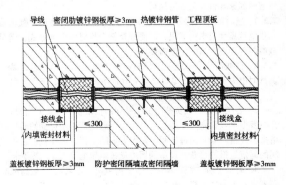

图 7-1 暗管密闭方式

7.4.5 预留备用穿线钢管是为了供平时和战时可能增加的各种

动力、照明、内部电源、通信、自动检测等所需要。防止工程竣工后，因增加各种管线，在密闭隔墙上随便钻洞、打孔，影响到防空地下室的密闭和结构强度。

7.4.6 如果电缆桥架直接穿过临空墙、防护密闭隔墙和密闭隔墙，多根电缆穿在一个孔内，防空地下室的防护、密闭性均被破坏。所以在此处位置穿墙时，必须改为电缆穿管方式。应该一根电缆穿一根管，并应符合防护和密闭要求。

7.4.7 各类母线槽是由铜汇流排用绝缘材料包裹绑扎而制成的，每层间是不密闭的，它要穿过密闭隔墙其内芯会漏气。所以应在穿过密闭隔墙段处，选用防护密闭型母线，该母线的线芯经过密封处理，能达到密闭的要求。

7.4.8 强电和弱电电缆直接由室外地下进、出防空地下室时，应防止互相干扰，需分别设置强电、弱电防爆波电缆井，在室外宜紧靠外墙设置防爆波电缆井。由地面建筑上部直接引至防空地下室内时，可不设置防爆波电缆井，但电缆穿管应采取防护密闭措施。设置防爆波电缆井是为了防止冲击波沿着电缆进入防空地下室室内。

7.4.9 电力系统电源进入防空地下室的低压配电室内，由它配至各个防护单元的配电回路应独立，同样电站控制室至各个防护单元的配电回路也应独立，均以放射式配电。目的是为了保证各防护单元电源的独立性，互不影响，自成系统。

电缆线路的保护措施应与工程抗力级别一致，是为了保证受电端的供电可靠。目的是防止电缆破坏受损，防护单元失电。一般根据环境条件和抗力级别可采取电缆穿钢管明敷或暗敷，采用铠装电缆、组合式钢板电缆桥架等保护措施。

7.4.10 由于电缆管线采取战时封堵措施后，不便于平时管线的维护、更换，也影响到战时的防护密闭效果，而且临战封堵的工作量不很大，在规定的转换时间30d内完全能够完成，因此规定封堵措施在临战时实施。

对于平时有封堵要求的管线，仍应按平时要求实施，如防火分区间的管线封堵。

7.5 照 明

7.5.1 防空地下室一般净高较低，宜选用高效节能光源和长寿命的日光灯管，对环境潮湿的房间如洗消间、开水间等和少数特殊场所可选用白炽灯。

7.5.2 照明种类按国家标准《建筑照明设计标准》（GB 50034）划分为六种照明，考虑到警卫照明，障碍照明和节日照明在防空地下室中基本没有，所以分为正常照明，应急照明和值班照明。值班照明是非工作时间为值班所设置的照明。

7.5.4 战时应急照明利用平时的应急照明，主要是功能一致，其区别主要是供电保证时间不一致。

由于平时使用的需要，设计照明灯具较多，照度也比较高，而战时照度较低，不需要那么多灯具，因此将平时照明的一部分作为战时的正常照明，回路分开控制，两者有机结合。

7.5.5 疏散照明，安全照明，备用照明的照度标准参照国家《建筑照明设计标准》的规定。

战时应急照明的连续供电时间不应小于隔绝防护时间的要求，是从最不利的供电电源情况下考虑的，目前市场上供应的应急照明灯具是按照平时消防疏散要求的时间设置的，一般为30～60min。因此在战时必须储备备用蓄电池或集中设置长时效的UPS、EPS蓄电池组电源。当防空地下室内设有内部电源（柴油发电机组）时，战时应急照明蓄电池组的连续供电时间同于平时消防疏散时间。

7.5.7 战时照度标准参照《建筑照明设计标准》中的规定，该标准对原有国家照度标准作了较大幅度的提高。本规范中的照度

标准也作了适当的提高，但仍低于平时标准。

7.5.9～7.5.13 按照《人民防空工程防化设计规范》中要求。

7.5.14 选用重量较轻的灯具、卡口灯头、线吊或链吊灯头，是为了防止战时遭受袭击时，结构产生剧烈震动，造成灯具掉落伤人。

7.5.15 便于管理和使用，公共部分与房间分开，这样公共部分的灯具回路在节假日，下班后兼作值班照明。

7.5.16 当非防护区与防护区内照明灯具合用同一回路时，非防护区的照明灯具、线路战时一旦被破坏，发生短路会影响到防护区内的照明。

7.5.17 战时人员主要出入口是战时人员在三种通风方式时均能进、出的出入口，特别是在滤毒式通风时，人员只能从这个出入口进出，所以由防护密闭门以外直至地面的通道照明灯具电源应由防空地下室内部电源来保证。特别是位于地下多层的防空地下室，主要出入口至地面所通过的路径更长，更需要保证照明电源。

7.6 接 地

7.6.1 采用TN－S、TN－C－S接地保护系统，在防空地下室内部配电系统中，电源中性线（N）和保护线（PE）是分开的。保护线在正常情况下无电流通过，能使电气设备金属外壳近于零电位。对于潮湿环境的防空地下室，这种接地方式是适宜的。大多数防空地下室也是这样做的。

内部电源设有柴油发电机组应采用TN－S系统，引接区域电源宜采用TN－C－S系统。

考虑到各地区供电系统采用的接地型式不同，当电力系统电源和内部电源接地型式不一致时，应采取转换措施。

7.6.3 总等电位连接是接地故障保护的一项基本措施，它可以在发生接地故障时显著降低电气装置外露导电部分的预期接触电压，减少保护电器动作不可靠的危险性，消除或降低从建筑物蹿入电气装置外露导电部分上的危险电压的影响。

7.6.5 表7.6.5摘自《建筑电气工程施工质量验收规范》（GB50303）中表27.1.2线路最小允许截面（mm²）。

7.6.7 第1款中接地装置"应利用防空地下室结构钢筋和桩基内钢筋"，这是实际使用中所取得的成功经验，它具有以下优点：

1 不需专设接地体、施工方便、节省投资；

2 钢筋在混凝土中不易腐蚀；

3 不会受到机械损伤，安全可靠，维护简单；

4 使用期限长，接地电阻比较稳定；

当接地电阻值不能满足要求时，由于在防空地下室内能增设接地体的条件有限，所以需在防空地下室的外部增设接地体。室外接地体所处位置应设置在靠近地下室附近的潮湿地段，并考虑与室内接地体连接方便；

第2款中"纵横钢筋交叉点宜采用焊接"不是要求每个点都要焊接，而是间隔一定的距离，根据工程规模大小而定，一般宽度方向可取5～10m，长度方向可取10～20m。

7.6.9 由于防空地下室室内较为潮湿，空间小等原因，为保证人身安全和电气设备的正常工作，所以本条规定照明插座和潮湿场所的电气设备宜加设剩余电流保护器。

7.7 柴油电站

7.7.2 设置电站类型：

1 第1款：对于中心医院和急救医院要求设置固定电站，是由该工程在战时的重要性决定的；

2 第2款：救护站、防空专业队工程、人员掩蔽工程、配

套工程等的电站类型是根据工程实际状况决定配置的，根据柴油发电机组容量决定电站类型。以柴油发电机组常用功率 120kW 为分界；当大于常用功率 120kW 时设固定电站，在 120kW 及以下时可设移动电站，固定电站比移动式电站的技术要求较高，通风冷却设施也较复杂，初投资和运行费用较移动电站高。移动电站较灵活，辅助设备也较简单，以风冷为主。另外对于规模大、用电量大的工程，为了提高供电可靠性，简化供电系统，减少建设初投资，可按防护单元组合，根据用电量设置多个移动电站，并尽可能构成供电网络，这更能提高供电的可靠性和安全性；

 3 关于柴油电站机组的设置台数不宜超过 4 台和单机容量不宜超过 300kW 的规定，是因为机组台数过多，容量过大，对技术要求过高，管理复杂，目标过大，而且一旦受损涉及停电的范围过大；

 4 移动电站的采用，主要是为解决防空地下室电站平时不安装机组，战时又必须设置自备电源而规定的，移动电站机动性大，用时牵引运进工程内部，不用时可拉出地面储存或另作他用。

7.7.3 同容量、同型号柴油发电机组便于布置、维护、操作和并联运行以及备品、备件的储存、替换等。

7.7.7 第 2 款、第 3 款，固定电站设有隔室操作功能，在控制室内需要全面了解和控制柴油发电机组的运行状况，而柴油发电机组是设置在染毒区，柴油发电机房与控制室设有密闭隔墙，因此按照现行《战技要求》中要求，需要在控制室（清洁区）内实现检测和控制。

7.7.8 柴油电站的设置是防空地下室的心脏设备，战时地面电力系统电源极不可靠，是遭受打击的目标，随时会造成局部或区域的大面积范围停电，而平时城市一般又不会发生停电，设置的柴油电站不需要经常运行，长期置于地下，维护管理不好，机组容易锈蚀损坏，不但没有经济效益，还要增加维护保养支出。为了协调这一矛盾，除中心医院、急救医院需平时安装到位外，其余类型工程的柴油电站允许平战转换。由于甲、乙类工程的差异，所以甲、乙类工程柴油电站的转换内容也有区别。

条文中柴油电站的附属设备及管线，指设置在电站内的发电机组至各防护单元的人防电源总配电柜（箱）及由人防电源总配电柜（箱）引至各防护单元的电缆线路；通风、给排水的设备和管线。固定电站还需包括各种动力配电箱、信号联络箱等。

7.8 通 信

7.8.1～7.8.3 按照现行《战技要求》中要求，通信设备的配置由通信部门配置。

7.8.6 中表 7.8.6 中各类防空地下室中通信设备的电源最小容量要求，在人防电源配电箱中留有通信设备电源容量和专用配电回路，供战时通信引接。

7.8.7 战时通信设备线路引入的管线，应利用本规范第 7.4.5 条中在各人员出入口、连通口预埋的备用管，不需再增加预埋管，但通信防爆波电缆井中仍应预埋备用管。

附录 B 常规武器地面爆炸动荷载

B.0.1 常规武器爆炸产生的空气冲击波最大超压、等冲量等效作用时间等参数，系根据相似理论由核武器爆炸空气冲击波的相应参数计算公式转换推导而来，部分系数由试验确定，该组公式在理论上和试验上均得到验证。

B.0.2 研究表明，顶板主要承受地面空气冲击波感生的地冲击作用，外墙主要承受直接地冲击作用。常规武器地面爆炸土中压缩波传播可简化为如图 B-1 所示。

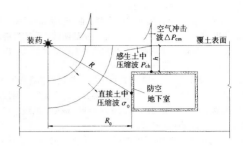

图 B-1 常规武器地面爆炸土中压缩波传播示意图

1 感生地冲击

空气冲击波感生的地冲击荷载计算公式（B.0.2-1）是根据波传播理论及特征线解法推导而来，该公式既适用于作用时间较长的核武器爆炸土中压缩波最大压力计算，也适用于作用时间较短的常规武器地面爆炸土中压缩波最大压力计算。

考虑到该公式中的作用时间 t_0 为等冲量作用时间，与实际作用时间有所差别，因此结合试验数据与数值模拟对该公式进行了修正，即增加作用时间修正系数 η，η 可取 1.5～2.0，非饱和土一般取大值，饱和含气量小时取小值。

公式（B.0.2-1）反映了常规武器爆炸空气冲击波在松散软土（特别是非饱和土）中衰减非常快的特点，试验、数值模拟也基本反映了这一特点。对防常规武器 5、6 级的防空地下室来说，当顶板覆土达到一定厚度时，动荷载值相对较小，顶板设计通常由平时荷载组合控制，此时可不计入常规武器空气冲击波感生的土中压缩波荷载。

2 直接地冲击

公式（B.0.2-5）来自于《防常规武器设计原理》（美军TM5-585-1 手册），并对其作了如下改进：

1 装药量应采用实际装药重量 W，而不是等效 TNT 装药量。如果采用等效 TNT 装药量，必须进行转换，要除以 1.35 的当量系数；

2 关于波速 c，TM5-855-1 手册使用的是地震波速，公式（B.0.2-5）采用起始压力波速代替。一般来说，地震波速与弹性波速、起始压力波速接近，大于塑性波速。不采用塑性波速的主要原因在于常规武器爆炸作用下塑性波速随峰值压力、深度变化，不是一个定值，且很难测得准，而地震波速较易测得而且较准确。另外，大量研究表明，在计算地冲击荷载的到达时间或升压时间时，应使用起始压力波速；

3 关于衰减系数 n，参考 TM5-855-1 手册并结合国内研究综合确定。一般来说，衰减系数 n 与起始压力波速（或声阻抗、含气量）有关，见表 B-1。据此定出各类土壤的衰减系数，方便设计人员计算。

表 B-1   衰减系数 n

起始压力波速 c(m/s)	声阻抗 $\rho c \times 10^6$ (kg/(m²·s))	衰减系数 n
180	0.27	3～3.25
300	0.50	2.75
490	1.0	2.5
550	1.08	2.5
1500	2.93	2.25～2.4
>1500	>3.4	1.5

B.0.3 由于常规武器地面爆炸空气冲击波随距离增大而迅速衰减，因此作用到顶板的感生地冲击荷载是一不均匀的荷载，需进行等效均布化处理。荷载的均布化处理可以采用以下两种方法：

1 采用屈服线（塑性铰线）理论和虚功原理将非均匀荷载按假定的变形形状进行均布，本规范采用该方法。该方法的首要任务是确定假设的变形形状，即要确定屈服线的位置，这与板的边界支撑条件、荷载大小等因素有关，非常复杂。一般来说，按四边固支计算等效均布荷载是偏于保守的，因为要达到同样的变形，作用荷载最大。据此经大量计算，可简化确定荷载的均布化系数；

2 按荷载的总集度相等来求其均布化系数。对于荷载分布差别不是很大时可采用此法。

经过计算可得：顶板荷载均布化系数 C_e，当顶板覆土厚度小于等于 0.5m 时，可取 1.0；当覆土厚度大于 0.5m 时，可取 0.9。

关于顶板综合反射系数 K_f：根据近年来国内外试验数据，当顶板覆土厚度较小时（≤0.5m），综合反射系数可取 1.0；当顶板覆土厚度大于 0.5m 时，此值大致在 1.5 左右。工程兵科研三所高强混凝土和钢纤维混凝土结构化爆试验以及工程兵工程学院的有关试验成果均证明了这一点。

B.0.4、B.0.5 首先根据弹性力学，将目标点处的自由场应力转换成沿结构平面的法向自由场应力，再计算作用到结构上的法向动荷载峰值。

由于直接地冲击荷载是一球面波荷载，因此作用到外墙上的荷载也是不均匀的，必须进行等效均布化处理。均布化处理方法与顶板相同。

关于外墙的综合反射系数 K_f，根据近年来国内外试验数据，如工程兵科研三所高强混凝土和钢纤维混凝土结构化爆试验以及工程兵工程学院的有关试验，此值大致在 1.5 左右。

B.0.6 当防空地下室顶板底面高出室外地面时，尚应计算常规武器地面爆炸空气冲击波对高出地面外墙的直接作用。常规武器地面爆炸空气冲击波直接作用在外墙上的水平均布动荷载峰值按正反射压力计算。

附录 D 无梁楼盖设计要点

D.2.2 原规范考虑到原《混凝土结构设计规范》（GBJ10－89）在抗冲切计算中过于保守，故把抗冲切承载力计算公式中系数由 0.6 提高到 0.65。现行《混凝土结构设计规范》（GB50010－2002）为提高构件抗冲切能力，将系数 0.6 提高到 0.7，并规定同时应计入二个折减系数 β_h 及 η。本条参考《混凝土结构设计规范》（GB50010－2002）对抗冲切计算公式进行了适当修改，以尽可能一致。

为使抗冲切钢筋不致配的过多，以确保抗冲切箍筋或弯起钢筋充分发挥作用，增加了板受冲切截面限制条件，相当于配置抗冲切钢筋后的抗冲切承载力不大于不配置抗冲切钢筋的抗冲切承载力的 1.5 倍。

D.3.4 按构造要求的最小配筋面积箍筋应配置在与 45°冲切破坏锥面相交范围内，且箍筋间距不应大于 $h_0/3$，再延长至 $1.5h_0$ 范围内。原规范提法不准确，故予以修改。

附录 E 钢筋混凝土反梁设计要点

根据清华大学的研究成果，反梁的正截面受弯承载能力与正梁相比没有变化，而斜截面受剪承载能力比正梁有明显下降，主要原因是反梁截面的剪应力分布与正梁有差异。

附录 F 消 波 系 统

为方便设计，本规范附录 A 给出了扩散室及扩散箱的内部空间最小尺寸。当按规定尺寸设计扩散室或选用扩散箱时，消波系统的余压均能满足允许余压要求，不需按本附录公式计算。

中华人民共和国国家标准

湿陷性黄土地区建筑规范

GB 50025—2004

条 文 说 明

目　　次

1 总 则

1.0.1 本规范总结了"GBJ25—90规范"发布以来的建设经验和科研成果，并对该规范进行了全面修订。它是湿陷性黄土地区从事建筑工程的技术法规，体现了我国现行的建设政策和技术政策。

在湿陷性黄土地区进行建设，防止地基湿陷，保证建筑工程质量和建（构）筑物的安全使用，做到技术先进、经济合理、保护环境，这是制订本规范的宗旨和指导思想。

在建设中必须全面贯彻国家的建设方针，坚持按正常的基建程序进行勘察、设计和施工。边勘察、边设计、边施工和不勘察进行设计和施工，应成为历史，不应继续出现。

1.0.2 我国湿陷性黄土主要分布在山西、陕西、甘肃的大部分地区，河南西部和宁夏、青海、河北的部分地区，此外，新疆维吾尔自治区、内蒙古自治区和山东、辽宁、黑龙江等省，局部地区亦分布有湿陷性黄土。

湿陷性黄土地区建筑工程（包括主体工程和附属工程）的勘察、设计、地基处理、施工、使用与维护，均应按本规范的规定执行。

1.0.3 湿陷性黄土是一种非饱和的欠压密土，具有大孔和垂直节理，在天然湿度下，其压缩性较低，强度较高，但遇水浸湿时，土的强度显著降低，在附加压力或在附加压力与土的自重压力下引起的湿陷变形，是一种下沉量大、下沉速度快的失稳性变形，对建筑物危害性大。为此本条仍按原规范规定，强调在湿陷性黄土地区进行建设，应根据湿陷性黄土的特点和工程要求，因地制宜，采取以地基处理为主的综合措施，防止地基浸水湿陷对建筑物产生危害。

防止湿陷性黄土地基湿陷的综合措施，可分为地基处理、防水措施和结构措施三种。其中地基处理措施主要用于改善土的物理力学性质，减小或消除地基的湿陷变形；防水措施主要用于防止或减少地基受水浸湿；结构措施主要用于减小和调整建筑物的不均匀沉降，或使上部结构适应地基的变形。

显然，上述三种措施的作用及功能各不相同，故本规范强调以地基处理为主的综合措施，即以治本为主，治标为辅，标、本兼治，突出重点，消除隐患。

1.0.4 本规范是根据我国湿陷性黄土的特征编制的，湿陷性黄土地区的建设工程除应执行本规范的规定外，对本规范未规定的有关内容，尚应执行有关现行的国家强制性标准的规定。

3 基 本 规 定

3.0.1 本次修订将建筑物分类适当修改后独立为一章，作为本规范的第3章，放在勘察、设计的前面，解决了各类建筑的名称出现在建筑物分类之前的问题。

建筑物的种类很多，使用功能不尽相同，对建筑物分类的目的是为设计采取措施区别对待，防止不论工程大小采取"一刀切"的措施。

原规范把地基受水浸湿可能性的大小作为建筑物分类原则的主要内容之一，反映了湿陷性黄土遇水湿陷的特点，工程界早已确认，本规范继续沿用。地基受水浸湿可能性的大小，可归纳为以下三种：

1 地基受水浸湿可能性大，是指建筑物内的地面经常有水或可能积水、排水沟较多或地下管道很多；

2 地基受水浸湿可能性较大，是指建筑物内局部有一般给水、排水或暖气管道；

3 地基受水浸湿可能性小，是指建筑物内无水暖管道。

原规范把高度大于40m的建筑划为甲类，把高度为24～40m的建筑划为乙类。鉴于高层建筑日益增多，而且高度越来越高，为此，本规范把高度大于60m和14层及14层以上体型复杂的建筑划为甲类，把高度为24～60m的建筑划为乙类。这样，甲类建筑的范围不致随部分建筑的高度增加而扩大。

凡是划为甲类建筑，地基处理均要求从严，不允许留剩余湿陷量，各类建筑的划分，可结合本规范附录E的建筑举例进行类比。

高层建筑的整体刚度大，具有较好的抵抗不均匀沉降的能力，但对倾斜控制要求较严。

埋地设置的室外水池，地基处于卸荷状态，本规范对水池类构筑物不按建筑物对待，未作分类，关于水池类构筑物的设计措施，详见本规范附录F。

3.0.2 原规范规定的三种设计措施，在湿陷性黄土地区的工程建设中已使用很广，对防治地基湿陷事故，确保建筑物安全使用具有重要意义，本规范继续使用。防止和减小建筑物地基浸水湿陷的设计措施，可分为地基处理、防水措施和结构措施三种。

在三种设计措施中，消除地基的全部湿陷量或采用桩基础穿透全部湿陷性黄土层，主要用于甲类建筑；消除地基的部分湿陷量，主要用于乙、丙类建筑；丁类属次要建筑，地基可不处理。

防水措施和结构措施，一般用于地基不处理或消除地基部分湿陷量的建筑，以弥补地基处理的不足。

3.0.3 原规范对沉降观测虽有规定，但尚未引起有关方面的重视，沉降观测资料寥寥无几，建筑物出了事故分析亦很困难，目前许多单位对此有不少反映，普遍认为通过沉降观测，可掌握计算与实测沉降量的关系，并可为发现事故提供信息，以便查明原因及时对事故进行处理。为此，本条继续规定对甲类建筑和乙类中的重要建筑应进行沉降观测，对其他建筑各单位可根据实际情况自行确定是否观测，但要避免观测项目太多，不能长期坚持而流于形式。

4 勘 察

4.1 一般规定

4.1.1 湿陷性黄土地区岩土勘察的任务，除应查明黄土层的时代、成因、厚度、湿陷性、地下水位深度及变化等工程地质条件外，尚应结合建筑物功能、荷载与结构等特点对场地与地基作出评价，并就防止、降低或消除地基的湿陷性提出可行的措施建议。

4.1.3 按国家的有关规定，一个工程建设项目的确定和批准立项，必须有可行性研究为依据；可行性研究报告中要求有必要的关于工程地质条件的内容，当工程项目的规模较大或地层、地质与岩土性质较复杂时，往往需进行少量必要的勘察工作，以掌握关于场地湿陷类型、湿陷量大小、湿陷性黄土层的分布与厚度变化、地下水位的深浅及有无影响场址安全使用的不良地质现象等的基本情况。有时，在可行性研究阶段会有不只一个场址方案，这时就有必要对它们分别做一定的勘察工作，以利场址的科学比选。

4.1.7 现行国家标准《岩土工程勘察规范》规定，土试样按扰动程度划分为四个质量等级，其中只有Ⅰ级土试样可用于进行土类定名、含水量、密度、强度、压缩性等试验，因此，显而易见，黄土土试样的质量等级必须是Ⅰ级。

正反两方面的经验一再证明，探井是保证取得Ⅰ级湿陷性黄土土样质量的主要手段，国内、国外都是如此。基于这一认识，本规范加强了对采取土试样的要求，要求探井数量宜为取土勘探点总数的1/3～1/2，且不宜少于3个。

本规范允许在"有足够数量的探井"的前提下，用钻孔采取土试样。但是，仅仅依靠好的薄壁取土器，并不一定能取得不扰动的Ⅰ级土试样。前提是必须先有合理的钻井工艺，保证拟取的土试样不受钻进操作的影响，保持原状，不然，再好的取样工艺和科学的取土器也无济于事。为此，本规范要求在钻孔中取样时严格按附录D的规定执行。

4.1.9 近年来，原位测试技术在湿陷性黄土地区已有不同程度的使用，但是由于湿陷性黄土的主要岩土技术指标，必须能直接反映土湿陷性的大小，因此，除了浸水载荷试验和试坑浸水试验（这两种方法有较多应用）外，其他原位测试技术只能说有一定的应用，并发挥着相应的作用。例如，采用静力触探了解地层的均匀性，划分地层，确定地基承载力，计算单桩承载力等。除此，标准贯入试验、轻型动力触探、重型动力触探，乃至超重型动力触探等也有不同程度的应用，不过它们的对象一般是湿陷性黄土地基中的

非湿陷性黄土层、砂砾层或碎石层，也常用于检测地基处理的效果。

4.2 现场勘察

4.2.1 地质环境对拟建工程有明显的制约作用，在场址选择或可行性研究勘察阶段，增加对地质环境进行调查了解很有必要。例如，沉降尚未稳定的采空区，有毒、有害的废弃物等，在勘察期间必须详细调查了解和探查清楚。

不良地质现象，包括泥石流、滑坡、崩塌、湿陷凹地、黄土溶洞、岸边冲刷、地下潜蚀等内容。地质环境，包括地下采空区、地面沉降、地裂缝、地下水的水位上升、工业及生活废弃物的处置和存放、空气及水质的化学污染等内容。

4.2.2～4.2.3 对场地存在的不良地质现象和地质环境问题，应查明其分布范围、成因类型及对工程的影响。

1 建设和环境是互相制约的，人类活动可以改造环境，但环境也制约工程建设，据瑞典国际开发署和联合国的调查，由于环境恶化，在原有的居住环境中，已无法生存而不得不迁移的"环境难民"，全球达2500万人之多。因此工程建设尚应考虑是否会形成新的地质环境问题。

2 原规范第6款中，勘探点的深度"宜为10～20m"，一般满足多层建（构）筑物的需要，随着建筑物向高、宽、大方向发展，本规范改为勘探点的深度，应根据湿陷性黄土层的厚度和地基压缩层深度的预估值确定。

3 原规范第3款"当按室内试验资料和地区建筑经验不能明确判定场地湿陷类型时，应进行现场试坑浸水试验，按实测自重湿陷量判定"。本规范4.3.8条改为"对新建地区的甲类和乙类中的重要建筑，应进行现场试坑浸水试验，按自重湿陷的实测值判定场地湿陷类型"。

由于人口的急剧增加，人类的居住空间已从冲洪积平原、低阶地，向黄土塬和高阶地发展，这些区域基本上无建筑经验，而按室内试验结果计算出的自重湿陷量与现场试坑浸水试验的实测值往往不完全一致，有些地区相差较大，故对上述情况，改为"按自重湿陷的实测值判定场地湿陷类型"。

4.2.4～4.2.5

1 原规范第4款，详细勘察勘探点的间距只考虑了场地的复杂程度，而未与建筑类别挂钩，本规范改为结合建筑类别确定勘探点的间距。

2 原规范第5款，勘探点的深度"除应大于地基压缩层的深度外，对非自重湿陷性黄土场地还应大于基础底面以下5m"。随着多、高层建筑的发展，基础宽度的增大，地基压缩层的深度也相应增大，为此，本规范将原规定大于5m改为大于10m。

3 湿陷系数、自重湿陷系数、湿陷起始压力均为黄土场地的主要岩土参数，详勘阶段宜将上述参数绘制在随深度变化的曲线图上，并宜进行相关分析。

4 当挖、填方厚度较大时，黄土场地的湿陷类型、湿陷等级可能发生变化，在这种情况下，应自挖（或填）方整平后的地面（或设计地面）标高算起。勘察时，设计地面标高如不确定，编制勘察方案宜与建设方紧密配合，使其尽量符合实际，以满足黄土湿陷性评价的需要。

5 针对工程建设的现状及今后发展方向，勘察成果增补了深基坑开挖与桩基工程的有关内容。

4.3 测定黄土湿陷性的试验

4.3.1 原规范中的黄土湿陷性试验放在附录六，本规范将其改为"测定黄土湿陷性的试验"放入第4章第3节，修改后，由附录变为正文，并分为室内压缩试验、现场静载荷试验和现场试坑浸水试验。

室内压缩试验主要用于测定黄土的湿陷系数、自重湿陷系数和湿陷起始压力；现场静载荷试验可测定黄土的湿陷性和湿陷起始压力，基于室内压缩试验测定黄土的湿陷性比较简便，而且可同时测定不同深度的黄土湿陷性，所以仅规定在现场测定湿陷起始压力；现场试坑浸水试验主要用于确定自重湿陷量的实测值，以判定场地湿陷类型。

（Ⅰ）室内压缩试验

4.3.2 采用室内压缩试验测定黄土的湿陷性应遵守有关统一的要求，以保证试验方法和过程的统一性及试验结果的可比性。这些要求包括试验土样、试验仪器、浸水水质、试验变形稳定标准等方面。

4.3.3～4.3.4 本条规定了室内压缩试验测定湿陷系数的试验程序，明确了不同试验压力范围内每级压力增量的允许数值，并列出了湿陷系数的计算式。

本条规定了室内压缩试验测定自重湿陷系数的试验程序，同时给出了计算试样上覆土的饱和自重压力所需饱和密度的计算公式。

4.3.5 在室内测定土样的湿陷起始压力有单线法和双线法两种。单线法试验较为复杂，双线法试验相对简单，已有的研究资料表明，只要对试样及试验过程控制得当，两种方法得到的湿陷起始压力试验结果基本一致。

但在双线法试验中，天然湿度试样在最后一级压力下浸水饱和附加下沉稳定高度与浸水饱和试样在最后一级压力下的下沉稳定高度通常不一致，如图4.3.5所示，h_0ABCC_1 曲线与 $h_0AA_1B_2C_2$ 曲线不闭合，因此在计算各级压力下的湿陷系数时，需要对试验结果进行修正。研究表明，单线法试验的物理意义更为明确，其结果更符合实际，对试验结果进行修正时以单线法为准来修正浸水饱和试样各级压力下的稳

定高度，即将 $A_1B_2C_2$ 曲线修正至 $A_1B_1C_1$ 曲线，使饱和试样的终点 C_2 与单线法试验的终点 C_1 重合，以此来计算各级压力下的湿陷系数。

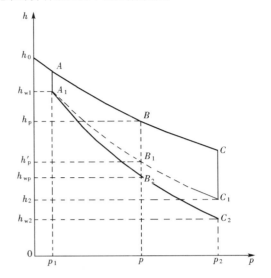

图 4.3.5 双线法压缩试验

在实际计算中，如需计算压力 p 下的湿陷系数 δ_s，则假定：

$$\frac{h_{w1}-h_2}{h_{w1}-h_{w2}}=\frac{h_{w1}-h'_p}{h_{w1}-h_{wp}}=k$$

有，$h'_p=h_{w1}-k(h_{w1}-h_{wp})$

得：$\delta_s=\dfrac{h_p-h'_p}{h_0}=\dfrac{h_p-[h_{w1}-k(h_{w1}-h_{wp})]}{h_0}$

其中，$k=\dfrac{h_{w1}-h_2}{h_{w1}-h_{w2}}$，它可作为判别试验结果是否可以采用的参考指标，其范围宜为 1.0 ± 0.2，如超出此限，则应重新试验或舍弃试验结果。

计算实例：某一土样双线法试验结果及对试验结果的修正与计算见下表。

p(kPa)	25	50	75	100	150	200	浸 水
h_p(mm)	19.940	19.870	19.778	19.685	19.494	19.160	17.280
h_{wp}(mm)	19.855	19.260	19.006	18.440	17.605	17.075	
$k=(19.855-17.280)\div(19.855-17.075)=0.926$							
h'_p	18.855	19.570	19.069	18.545	17.772	17.280	
δ_s	0.004	0.015	0.035	0.062	0.086	0.094	

绘制 $p\sim\delta_s$ 曲线，得 $\delta_s=0.015$ 对应的湿陷起始压力 p_{sh} 为 50kPa。

（Ⅱ）现场静载荷试验

4.3.6 现场静载荷试验主要用于测定非自重湿陷性黄土场地的湿陷起始压力，自重湿陷性黄土场地的湿陷起始压力值小，无使用意义，一般不在现场测定。

在现场测定湿陷起始压力与室内试验相同，也分为单线法和双线法。二者试验结果有的相同或接近，有的互有大小。一般认为，单线法试验结果较符合实际，但单线法的试验工作量较大，在同一场地的相同标高及相同土层，单线法需做 3 台以上静载荷试验，而双线法只需做 2 台静载荷试验（一个为天然湿度，一个为浸水饱和）。

本条对现场测定湿陷起始压力的方法与要求作了规定，可选择其中任一方法进行试验。

4.3.7 本条对现场静载荷试验的承压板面积、试坑尺寸、分级加压增量和加压后的观测时间及稳定标准等进行了规定。

承压板面积通常为 $0.25m^2$、$0.50m^2$ 和 $1m^2$ 三种。通过大量试验研究比较，测定黄土湿陷和湿陷起始压力，承压板面积宜为 $0.50m^2$，压板底面宜为方形或圆形，试坑深度宜与基础底面标高相同或接近。

（Ⅲ）现场试坑浸水试验

4.3.8 采用现场试坑浸水试验可确定自重湿陷量的实测值，用以判定场地湿陷类型比较准确可靠，但浸水试验时间较长，一般需要 1～2 个月，而且需要较多的用水。本规范规定，在缺乏经验的新建地区，对甲类和乙类中的重要建筑，应采用试坑浸水试验，乙类中的一般建筑和丙类建筑以及有建筑经验的地区，均可按自重湿陷量的计算值判定场地湿陷类型。

本条规定了浸水试验的试坑尺寸采用"双指标"控制，此外，还规定了观测自重湿陷量的深、浅标点的埋设方法和观测要求以及停止浸水的稳定标准等。上述规定，对确保试验数据的完整性和可靠性具有实际意义。

4.4 黄土湿陷性评价

黄土湿陷性评价，包括全新世 Q_4（Q_4^1 及 Q_4^2）黄土、晚更新世 Q_3 黄土、部分中更新世 Q_2 黄土的土层、场地和地基三个方面，湿陷性黄土包括非自重湿陷性黄土和自重湿陷性黄土。

4.4.1 本条规定了判定非湿陷性黄土和湿陷性黄土的界限值。

黄土的湿陷性通常是在现场采取不扰动土样，将其送至试验室用有侧限的固结仪测定，也可用三轴压缩仪测定。前者，试验操作较简便，我国自 20 世纪 50 年代至今，生产单位一直广泛使用；后者试样制备及操作较复杂，多为教学和科研使用。鉴于此，本条仍按"GBJ 25—90 规范"规定及各生产单位习惯采用的固结仪进行压缩试验，根据试验结果，以湿陷系数 $\delta_s < 0.015$ 定为非湿陷性黄土，湿陷系数 $\delta_s \geqslant 0.015$，定为湿陷性黄土。

4.4.2 本条是新增内容。多年来的试验研究资料和工程实践表明，湿陷系数 $\delta_s \leqslant 0.03$ 的湿陷性黄土，湿陷起始压力值较大，地基受水浸湿时，湿陷性轻微，对建筑物危害性较小；$0.03 < \delta_s \leqslant 0.07$ 的湿陷性黄土，湿陷性中等或较强烈，湿陷起始压力值小的具有自重湿陷性，地基受水浸湿时，下沉速度较快，附加下沉量较大，对建筑物有一定危害性；$\delta_s > 0.07$ 的湿陷性黄土，湿陷起始压力值小的具有自重湿陷性，地基受水浸湿时，湿陷性强烈，下沉速度快，附加下沉量大，对建筑物危害性大。勘察、设计，尤其地基处理，应根据上述湿陷系数的湿陷特点区别对待。

4.4.3 本条将判定场地湿陷类型的实测自重湿陷量和计算自重湿陷量分别改为自重湿陷量的实测值和计算值。

自重湿陷量的实测值是在现场采用试坑浸水试验测定，自重湿陷量的计算值是在现场采取不同深度的不扰动土样，通过室内浸水压缩试验在上覆土的饱和自重压力下测定。

4.4.4 自重湿陷量的计算值与起算地面有关。起算地面标高不同，场地湿陷类型往往不一致，以往在建设中整平场地，由于挖、填方的厚度和面积较大，致使场地湿陷类型发生变化。例如，山西某矿生活区，在勘察期间判定为非自重湿陷性黄土场地，后来整平场地，部分地段填方厚度达 3～4m，下部土层的压力增大至 50～80kPa，超过了该场地的湿陷起始压力值而成为自重湿陷性黄土场地。建筑物在使用期间，管道漏水浸湿地基引起湿陷事故，室外地面亦出现裂缝，后经补充勘察查明，上述事故是由于场地整平，填方厚度过大产生自重湿陷所致。由此可见，当场地的挖方或填方的厚度和面积较大时，测定自重湿陷系数的试验压力和自重湿陷量的计算值，均应自整平后的（或设计）地面算起，否则，计算和判定结果不符合现场实际情况。

此外，根据室内浸水压缩试验资料和现场试坑浸水试验资料分析，发现在同一场地，自重湿陷量的实测值和计算值相差较大，并与场地所在地区有关。例如：陇西地区和陇东—陕北—晋西地区，自重湿陷量的实测值大于计算值，实测值与计算值之比值均大于 1；陕西关中地区自重湿陷量的实测值与计算值有的接近或相同，有的互有大小，但总体上相差较小，实测值与计算值之比值接近 1；山西、河南、河北等地区，自重湿陷量的实测值通常小于计算值，实测值与计算值之比值均小于 1。

为使同一场地自重湿陷量的实测值与计算值接近或相同，对因地区土质而异的修正系数 β_0，根据不同地区，分别规定不同的修正值：陇西地区为 1.5；陇东—陕北—晋西地区为 1.2；关中地区为 0.9；其他地区为 0.5。

同一场地，自重湿陷量的实测值与计算值的比较见表 4.4.4。

表 4.4.4　同一场地自重湿陷量的实测值与计算值的比较

地区名称	试验地点	浸水试坑尺寸（m×m）	自重湿陷量的		实测值 计算值
			实测值（mm）	计算值（mm）	
陇西	兰州砂井驿	10×10 14×14	185 155	104 91.20	1.78 1.70
	兰州龚家湾	11.75×12.10 12.70×13.00	567 635	360	1.57 1.77
	兰州连城铝厂	34×55 34×17	1151.50 1075	540	2.13 1.99
	兰州西固棉纺厂	15×15 ＊5×5	860 360	231.50＊	δ_{zs}为在天然湿度的土自重压力下求得
	兰州东岗钢厂	φ10 10×10	959 870	501	1.91 1.74
	甘肃天水	16×28	586	405	1.45
	青海西宁	15×15	395	250	1.58
陇东陕北晋西	宁夏七营	φ15 20×5	1288 1172	935 855	1.38 1.38
	延安丝绸厂	9×9	357	229	1.56
	陕西合阳糖厂	10×10 ＊5×5	477 182	365	1.31
	河北张家口	φ11	105	88.75	1.10
陕西关中	陕西富平张桥	10×10	207	212	0.97
	陕西三原	10×10	338	292	1.16
	西安韩森寨	12×12 ＊6×6	364 25	308	1.19
	西安北郊524厂	φ12＊	90	142	0.64
	陕西宝鸡二电	20×20	344	281.50	1.22
山西、河北等	山西榆次	φ10	86	126 202	0.68 0.43
	山西潞城化肥厂	φ15	66	120	0.55
	山西河津铝厂	15×15	92	171	0.53
	河北矾山	φ20	213.5	480	0.45

4.4.5　本条规定说明如下：

1　按本条规定求得的湿陷量是在最不利情况下的湿陷量，且是最大湿陷量，考虑采用不同含水量下的湿陷量，试验较复杂，不容易为生产单位接受，故本规范仍采用地基土受水浸湿达饱和时的湿陷量作为评定湿陷等级采取设计措施的依据。这样试验较简便，并容易推广使用，但本条规定，并不是指湿陷性

黄土只在饱和含水量状态下才产生湿陷。

2　根据试验研究资料，基底下地基土的侧向挤出与基础宽度有关，宽度小的基础，侧向挤出大，宽度大的基础，侧向挤出小或无侧向挤出。鉴于基底下 0～5m 深度内，地基土受水浸湿及侧向挤出的可能性大，为此本条规定，取 $\beta=1.5$；基底下 5～10m 深度内，取 $\beta=1$；基底下 10m 以下至非湿陷性黄土层顶面，在非自重湿陷性黄土场地可不计算，在自重湿陷性黄土场地，可取工程所在地区的 β_0 值。

3　湿陷性黄土地基的湿陷变形量大，下沉速度快，且影响因素复杂，按室内试验计算结果与现场试验结果往往有一定差异，故在湿陷量的计算公式中增加一项修正系数 β，以调整其差异，使湿陷量的计算值接近实测值。

4　原规范规定，在非自重湿陷性黄土场地，湿陷量的计算深度累计至基底下 5m 深度止，考虑近年来，7～8 层的建筑不断增多，基底压力和地基压缩层深度相应增大，为此，本条将其改为累计至基底下 10m（或压缩层）深度止。

5　一般建筑基底下 10m 内的附加压力与土的自重压力之和接近 200kPa，10m 以下附加压力很小，忽略不计，主要是上覆土层的自重压力。当以湿陷系数 δ_s 判定黄土湿陷性时，其试验压力应自基础底面（如基底标高不确定时，自地面下 1.5m）算起，10m 内的土层用 200kPa，10m 以下至非湿陷性黄土层顶面，直接用其上覆土的饱和自重压力（当大于 300kPa 时，仍用 300kPa），这样湿陷性黄土层深度的下限不致随土自重压力增加而增大，且勘察试验工作量也有所减少。

基底下 10m 以下至非湿陷性黄土层顶面，用其上覆土的饱和自重压力测定的自重湿陷系数值，既可用于自重湿陷量的计算，也可取代湿陷系数 δ_s 用于湿陷量的计算，从而解决了基底下 10m 以下，用 300kPa 测定湿陷系数与用上覆土的饱和自重压力的测定结果互不一致的矛盾。

4.4.6　湿陷起始压力是反映非自重湿陷性黄土特性的重要指标，并具有实用价值。本条规定了按现场静载荷试验结果和室内压缩试验结果确定湿陷起始压力的方法。前者根据 20 组静载荷试验资料，按湿陷系数 $\delta_s=0.015$ 所对应的压力，相当于在 p-s_s 曲线上的 s_s/b（或 s_s/d）=0.017。为此规定，如 p-s 曲线上的转折点不明显，可取浸水下沉量（s_s）与承压板直径（d）或宽度（b）之比值等于 0.017 所对应的压力作为湿陷起始压力值。

4.4.7　非自重湿陷性黄土场地湿陷量的计算深度，由基底下 5m 改为累计至基底下 10m 深度后，自重湿陷性黄土场地和非自重湿陷性黄土场地湿陷量的计算值均有所增大，为此将 Ⅱ～Ⅲ级和Ⅲ～Ⅳ级的地基湿陷等级界限值作了相应调整。

5 设　计

5.1 一般规定

5.1.1 设计措施的选取关系到建筑物的安全与技术经济的合理性，本条根据湿陷性黄土地区的建筑经验，对甲、乙、丙三类建筑采取以地基处理措施为主，对丁类建筑采取以防水措施为主的指导思想。

大量工程实践表明，在Ⅲ～Ⅳ级自重湿陷性黄土场地上，地基未经处理，建筑物在使用期间地基受水浸湿，湿陷事故难以避免。

例如：**1** 兰州白塔山上有一座古塔建筑，系砖木结构，距今约600余年，20世纪70年代前未发现该塔有任何破裂或倾斜，80年代为搞绿化引水上山，在塔周围种植了一些花草树木，浇水过程中水渗入地基引起湿陷，导致塔身倾斜，墙体裂缝。

2 兰州西固绵纺厂的染色车间，建筑面积超过10000m²，湿陷性黄土层的厚度约15m，按"BJG 20—66规范"评定为Ⅲ级自重湿性黄土地基，基础下设置500mm厚度的灰土垫层，采取严格防水措施，投产十多年，维护管理工作搞得较好，防水措施发挥了有效作用，地基未受水浸湿，1974～1976年修订"BJG20—66规范"，在兰州召开征求意见会时，曾邀请该厂负责维护管理工作的同志在会上介绍经验。但以后由于人员变动，忽视维护管理工作，地下管道年久失修，过去采取的防水措施都失去作用，1987年在该厂调查时，由于地基受水浸湿引起严重湿陷事故的无粮上浆房已被拆去，而染色车间亦丧失使用价值，所有梁、柱和承重部位均已设置临时支撑，后来该车间也拆去。

类似上述情况的工程实例，其他地区也有不少，这里不一一例举。由这些实例不难看出，未处理或未彻底消除湿陷性的地基，所采取的防水措施一旦失效，地基就有可能浸水湿陷，影响建筑物的安全与正常使用。

本规范保留了原规范对各类建筑采取设计措施的同时，在非自重湿陷性黄土场地增加了地基处理后对下部未处理湿陷性黄土的湿陷起始压力值的要求。这些规定，对保证工程质量，减少湿陷事故，节约投资都是有益的。

3 通过对原规范多年使用，在总结经验的基础上，对原规定的防水措施进行了调整。有关地基处理的要求均按本规范第6章地基处理的规定执行。

4 本规范将丁类建筑地基一律不处理，改为对丁类建筑的地基可不处理。

5 近年来在实际工程中，乙、丙类建筑部分室内设备和地面也有严格要求，因此，本规范将该条单列，增加了必要时可采取地基处理措施的内容。

5.1.2 本条规定是在特殊情况下采取的措施，它是5.1.1条的补充。湿陷性黄土地基比较复杂，有些特殊情况，按一般规定选取设计措施，技术经济不一定合理，而补充规定比较符合实际。

5.1.3 本条规定，当地基内各层土的湿陷起始压力值均大于基础附加压力与上覆土的饱和自重压力之和时，地基即使充分浸水也不会产生湿陷，按湿陷起始压力设计基础尺寸的建筑，可采用天然地基，防水措施和结构措施均可按一般地区的规定设计，以降低工程造价，节约投资。

5.1.4 对承受较大荷载的设备基础，宜按建筑物对待，采取与建筑物相同的地基处理措施和防水措施。

5.1.5 新近堆积黄土的压缩性高、承载力低，当乙、丙类建筑的地基处理厚度小于新近堆积黄土层的厚度时，除应验算下卧层的承载力外，还应计算下卧层的压缩变形，以免因地基处理深度不够，导致建筑物产生有害变形。

5.1.6 据调查，建筑物建成后，由于生产、生活用水明显增加，以及周围环境水等影响，地下水位上升不仅非自重湿陷性黄土场地存在，近些年来某些自重湿陷性场地亦不例外，严重者影响建筑物的安全使用，故本条规定未区分非自重湿陷性黄土场地和自重湿陷性黄土场地，各类建筑的设计措施除应按本章的规定执行外，尚应符合本规范附录G的规定。

5.2 场址选择与总平面设计

5.2.1 近年来城乡建设发展较快，设计机构不断增加，设计人员的素质和水平很不一致，场址选择一旦失误，后果将难以设想，不是给工程建设造成浪费，就是不安全，为此本条将场址选择由宜符合改为应符合下列要求。

此外，地基湿陷等级高或厚度大的新近堆积黄土、高压缩性的饱和黄土等地段，地基处理的难度大，工程造价高，所以应避免将重要建设项目布置在上述地段。这一规定很有必要，值得场址选择和总平面设计引起重视。

5.2.2 山前斜坡地带，下伏基岩起伏变化大，土层厚薄不一，新近堆积黄土往往分布在这些地段，地基湿陷等级较复杂，填方厚度过大，下部土层的压力明显增大，土的湿陷类型就会发生变化，即由"非自重湿陷性黄土场地"变为"自重湿陷性黄土场地"。

挖方，下部土层一般处于卸荷状态，但挖方容易破坏或改变原有的地形、地貌和排水线路，有的引起边坡失稳，甚至影响建筑物的安全使用，故对挖方也应慎重对待，不可到处任意开挖。

考虑到水池类建筑物和有湿润生产过程的厂房，其地基容易受水浸湿，并容易影响邻近建筑物。因此，宜将上述建筑布置在地下水流向的下游地段或地形较低处。

5.2.3 将原规范中的山前地带的建筑场地,应整平成若干单独的台阶改为台地。近些年来,随着基本建设事业的发展和尽量少占耕地的原则,山前斜坡地带的利用比较突出,尤其在 ⑴～⑵ 区,自重湿陷性黄土分布较广泛,山前坡地,地质情况复杂,必须采取措施处理后方可使用。设计应根据山前斜坡地带的黄土特性和地层构造、地形、地貌、地下水位等情况,因地制宜地将斜坡地带划分成单独的台地,以保证边坡的稳定性。

边坡容易受地表水流的冲刷,在整平单独台地时,必须有组织地引导雨水排泄,此外,对边坡宜做护坡或在坡面种植草皮,防止坡面直接受雨水冲刷,导致边坡失稳或产生滑移。

5.2.4 本条表 5.2.4 规定的防护距离的数值,主要是针对消除部分湿陷量的乙、丙类建筑和不处理地基的丁类建筑所作的规定。

规范中有关防护距离,系根据编制 BJG 20—60 规范时,在西安、兰州等地区模拟的自渗管道试验结果,并结合建筑物调查资料而制定的。几十年的工程实践表明,原有表中规定的这些数值,基本上符合实际情况。通过在兰州、太原、西安等地区的进一步调查,并结合新的湿陷等级和建筑类别,本规范将防护距离的数值作了适当调整和修改,乙类建筑包括 24～60m 的高层建筑,在 Ⅲ～Ⅳ 级自重湿陷性黄土场地上,防护距离的数值比原规定增大 1～2m,丙类建筑一般为多层办公楼和多层住宅楼等,相当于原规范中的乙类和丙类建筑,由于 Ⅰ～Ⅱ 级非自重湿陷性黄土场地的湿陷起始压力值较大,湿陷事故较少,为此,将非自重湿陷性黄土场地的防护距离比原规范规定减少约 1m。

5.2.5 防护距离的计算,将宜自…算起,改为应自…算起。

5.2.6 据调查,当自重湿陷性黄土层厚度较大时,新建水渠与建筑物之间的防护距离仅用 25m 控制不够安全。

例如:**1** 青海有一新建工程,湿陷性黄土层厚度约 17m,采用预浸水法处理地基,浸水坑边缘距既有建筑物 37m,浸水过程中水渗透至既有建筑物地基引起湿陷,导致墙体开裂。

2 兰州东岗有一水渠远离既有建筑物 30m,由于水渠漏水,该建筑物发生裂缝。

上述实例说明,新建水渠距既有建筑物的距离 30m 偏小,本条规定在自重湿陷性场地,新建水渠距既有建筑物的距离不得小于湿陷性黄土层厚度的 3 倍,并不应小于 25m,用"双指标"控制更为安全。

5.2.14 新型优质的防水材料日益增多,本条未做具体规定,设计时可结合工程的实际情况或使用功能等特点选用。

5.3 建 筑 设 计

5.3.1 多层砌体承重结构建筑,其长高比不宜大于 3,室内地坪高出室外地坪不应小于 450mm。

上述规定的目的是:

1 前者在于加强建筑物的整体刚度,增强其抵抗不均匀沉降的能力。

2 后者为建筑物周围排水畅通创造有利条件,减少地基浸水湿陷的机率。

工程实践表明,长高比大于 3 的多层砌体房屋,地基不均匀下沉往往导致建筑物严重破坏。

例如:**1** 西安某厂有一幢四层宿舍楼,系砌体结构,内墙承重,尽管基础内和每层都设有钢筋混凝土圈梁,但由于房屋的长高比大于 3.5,整体刚度较差,地基不均匀下沉,内、外墙普遍出现裂缝,严重影响使用。

2 兰州化学公司有一幢三层试验楼,砌体承重结构,外墙厚 370mm,楼板和屋面板均为现浇钢筋混凝土,条形基础,埋深 1.50m,地基湿陷等级为 Ⅲ 级,具有自重湿陷性,且未采取处理措施,建筑物使用期间曾两次受水浸湿,建筑物的沉降最大值达 551mm,倾斜率最大值为 18‰,被迫停止使用。后来,对其地基和建筑采用浸水和纠倾措施,使该建筑物恢复原位,重新使用。

上述实例说明,长高比大于 3 的建筑物,其整体刚度和抵抗不均匀沉降的能力差,破坏后果严重,加固的难度大而且不一定有效,长高比小于 3 的建筑物,虽然严重倾斜,但整体刚度好,未导致破坏,易于修复和恢复使用功能。

此外,本条规定用水设施宜集中设置,缩短地下管线,使漏水限制在较小的范围内,便于发现和检修。

5.3.3 沿建筑物外墙周围设置散水,有利于屋面水、地面水顺利地排向雨水明沟或其他排水系统,以远离建筑物,避免雨水直接从外墙基础侧面渗入地基。

5.3.4 基础施工后,其侧向一般比较狭窄,回填夯实操作困难,而且不好检查,故规定回填土的干密度比土垫层的干密度小,否则,一方面难以达到,另一方面夯击过头影响基础。但为防止建筑物的屋面水、周围地面水从基础侧面渗入地基,增宽散水及其垫层的宽度较为有利,借以覆盖基础侧向的回填土,本条对散水垫层外缘和建筑物外墙基底外缘的宽度,由原规定 300mm 改为 500mm。

一般地区的散水伸缩缝间距为 6～12m,湿陷性黄土地区气候寒冷,昼夜温差大,气候对散水混凝土的影响也大,并容易使其产生冻胀和开裂,成为渗水的隐患,基于上述理由,便将散水伸缩缝改为每隔 6～10m 设置一条。

5.3.5 经常受水浸湿或可能积水的地面,建筑物地基容易受水浸湿，所以应按防水地面设计。

近年来，随着建材工业的发展，出现了不少新的优质可靠防水材料，使用效果良好，受到用户的重视和推广。为此，本条推荐采用优质可靠卷材防水层或其他行之有效的防水层。

5.3.7 为适应地基的变形，在基础梁底下往往需要预留一定高度的净空，但对此若不采取措施，地面水便可从梁底下的净空渗入地基。为此，本条规定应采取有效措施，防止地面水从梁底下的空隙渗入地基。

随着高层建筑的兴起，地下采光井日益增多，为防止雨水或其他水渗入建筑物地基引起湿陷，本条规定对地下室采光井应做好防、排水设施。

5.4 结 构 设 计

5.4.1 1 增加建筑物类别条件

划分建筑物类别的目的，是为了针对不同情况采用严格程度不同的设计措施，以保证建筑物在使用期内满足承载能力及正常使用的要求。原规范未提建筑物类别的条件，本次修订予以增补。

2 取消原规范中"构件脱离支座"的条文。该条文是针对砌体结构为简支构件的情况，已不适应目前中、高层建筑结构型式多样化的要求，故予取消。

3 增加墙体宜采用轻质材料的要求

原规范仅对高层建筑建议采用轻质高强材料，而对多层砌体房屋则未提及。实际上，我国对多层砌体房屋的承重墙体，推广应用 KP1 型黏土多孔砖及混凝土小型空心砌块已积累不少经验，并已纳入相应的设计规范。本次修订增加了墙体改革的内容。当有条件时，对承重墙、隔墙及围护墙等，均提倡采用轻质材料，以减轻建筑物自重，减小地基附加压力，这对在非自重湿陷性黄土场地上按湿陷起始压力进行设计，有重要意义。

5.4.2 将原规范建筑物的"体型"一词，改为"平面、立面布置"。

因使用功能及建筑多样化的要求，有的建筑物平面布置复杂，凸凹较多；有的建筑物立面布置复杂，收进或外挑较多；有的建筑物则上述两种情况兼而有之。本次修订明确指出"建筑物平面、立面布置复杂"，比原规范的"体型复杂"更为简捷明了。

与平面、立面布置复杂相对应的是简单、规则。就考虑湿陷变形特点对建筑物平面、立面布置的要求而言，目前因无足够的工程经验，尚难提出量化指标。故本次修订只能从概念设计的角度，提出原则性的要求。

应注意到我国湿陷性黄土地区，大都属于抗震设防地区。在具体工程设计中，应根据地基条件、抗震设防要求与温度区段长度等因素，综合考虑设置沉降缝的问题。

原规范规定"砌体结构建筑物的沉降缝处，宜设

置双墙"。就结构类型而言，仅指砌体结构；就承重构件而言，仅指墙体。以上提法均有涵盖面较窄之嫌。如砌体结构的单外廊式建筑，在沉降缝处则应设置双墙、双柱。

沉降缝处不宜采用牛腿搭梁的做法。一是结构单元要保证足够的空间刚度，不应形成三面围合，靠缝一侧开敞的形式；二是采用牛腿搭梁的"铰接"做法，构造上很难实现理想铰；一旦出现较大的沉降差时，由于沉降缝两侧的结构单元未能彻底脱开而互相牵扯、互相制约，将会导致沉降缝处局部损坏较严重的不良后果。

5.4.3 1 将原规范的"宜"均改为"应"，且加上"优先"二字，强调高层建筑减轻建筑物自重尤为重要。

2 增加了当不设沉降缝时，宜采取的措施：

1) 高层建筑肯定属于甲、乙类建筑，均采取了地基处理措施——全部或部分消除地基湿陷量。本条建议是在上述地基处理的前提下考虑的。

2) 第 1 款、第 2 款未明确区分主楼与裙房之间是否设置沉降缝，以与 5.4.2 条"平面、立面布置复杂"相呼应；第 3 款则指主楼与裙房之间未设沉降缝的情况。

5.4.4 甲、乙类建筑的基础埋置深度均大于 1m，故只规定丙类建筑基础的埋置深度。

5.4.5 调整了原规范第 2 条"管沟"与"管道"的顺序，使之与该条第一行的词序相同。

5.4.6 1 在钢筋混凝土圈梁之前增加"现浇"二字（以下各款不再重复），即不提倡采用装配整体式圈梁，以利于加强砌体结构房屋的整体性。

2 增加了构造柱、芯柱的内容，以适应砌体结构块材多样性的要求。

3 原规范未包括单层厂房、单层空旷砖房的内容，参照现行国家标准《砌体结构设计规范》GB 50003 中 6.1.2 条的精神予以增补。

4 在第 2 款中，将原"混凝土配筋带"改为"配筋砂浆带"，以方便施工。

5 在第 4 款中增加了横向圈梁水平间距限值的要求，主要是考虑增强砌体结构房屋的整体性和空间刚度。

纵、横向圈梁在平面内互相拉结（特别是当楼、屋盖采用预制板时）才能发挥其有效作用。横向圈梁水平间距不大于 16m 的限值，是按照现行国家标准《砌体结构设计规范》表 3.2.1，房屋静力计算方案为刚性时对横墙间距的最严格要求而规定的。对于多层砌体房屋，实则规定了横墙的最大间距；对于单层厂房或单层空旷砖房，则要求将屋面承重构件与纵向圈梁能可靠拉结。

对整体刚度起重要作用的横墙系指大房间的横隔墙、楼梯间横墙及平面局部凸凹部位凹角处的

横墙等。

6 增加了圈梁遇洞口时惯用的构造措施，应符合现行国家标准《砌体结构设计规范》GB 50003 和《建筑抗震设计规范》GB 50011 的有关规定。

7 增加了设置构造柱、芯柱的要求。

砌体结构由于所用材料及连接方式的特点决定了它的脆性性质，使其适应不均匀沉降的能力很差；而湿陷变形的特点是速度快、变形量大。为改善砌体房屋的变形能力以及当墙体出现较大裂缝后，仍能保持一定的承担竖向荷载的能力，为增强其整体性和空间刚度，应将圈梁与构造柱或芯柱协调配合设置。

5.4.7 增加了芯柱的内容。

5.4.8 增加了预制钢筋混凝土板在梁上支承长度的要求。

5.5 给水排水、供热与通风设计

（Ⅰ）给水、排水管道

5.5.1 在建筑物内、外布置给排水管道时，从方便维护和管理着眼，有条件的理应采取明设方式。但是，随着高层建筑日益增多，多层建筑已很普遍，管道集中敷设已成趋势，或由于建筑物的装修标准高，需要暗设管道。尤其在住宅和公用建筑物内的管道布置已趋隐蔽，再强调应尽量明装已不符合工程实际需要。目前，只有在厂房建筑内管道明装是适宜的，所以本条改为"室内管道宜明装。暗设管道必须设置便于检修的设施。"这样规定，既保证暗设管道的正常运行，又能满足一旦出现事故，也便于发现和检修，杜绝漏水浸入地基。

为了保证建筑物内、外合理设置给排水设施，对建筑物防护范围外和防护范围内的管道布置应有所区别。

"室外管道宜布置在防护范围外"，这主要指建筑物内无用水设施，仅是户外有外网管道或是其他建筑物的配水管道，此时就可以将管道远离该建筑物布置在防护距离外，该建筑物内的防水措施即可从简；若室内有用水设施，在防护范围内包括室内地下一定有管道敷设，在此情况下，则要求"应简捷，并缩短其长度"，再按本规范 5.1.1 条和 5.1.2 条的规定，采取综合设计措施。在防水措施方面，采用设有检漏防水的设施，使渗漏水的影响，控制在较小的、便于检查的范围内。

无论是明管、还是暗管，管道本身的强度及接口的严密性均是防止建筑物湿陷事故的第一道防线。据调查统计，由于管道接口和管材损坏发生渗漏而引起的湿陷事故率，仅次于场地积水引起的事故率。所以，本条规定"管道接口应严密不漏水，并具有柔性"。过去，在压力管道中，接口使用石棉水泥材料较多。此类接口仅能承受微量不均匀变形，实际仍属

刚性接口，一旦断裂，由于压力水作用，事故发生迅速，且不易修复，还容易造成恶性循环。

近年来，国内外开展柔性管道系统的技术研究。这种系统有利于消除温差或施工误差引起的应力转移，增强管道系统及其与设备连接的安全性。这种系统采用的元件主要是柔性接口管，柔性接口阀门，柔性管接头，密封胶圈等。这类柔性管件的生产，促进了管道工程的发展。

湿陷性黄土地区，为防止因管道接口漏水，一直寻求理想的柔性接口。随着柔性管道系统的开发应用，这一问题相应得到解决。目前，在压力管道工程中，逐渐采用柔性接口，其形式有：卡箍式、松套式、避震喉、不锈钢波纹管，还有专用承插柔性接口管及管件。它们有的在管道系统全部接口安设，有的是在一定数量接口间隔安设，或者在管道转换方向（如三通、四通）的部分接口处安设。这对由于各种原因招致的不均匀沉降都有很好的抵御能力。

随着国家建设的发展，为"节约资源，保护环境"，湿陷性黄土地区对压力管道系统应逐渐推广采用相适应的柔性接口。

室内排水（无压）管道，建设部对住宅建筑有明确规定：淘汰砂模铸造铸铁排水管，推广柔性接口机制铸铁排水管；在《建筑给水排水设计规范》中，也要求建筑排水管道采用粘接连接的排水塑料管和柔性接口的排水铸铁管。这对高层建筑和地震区建筑的管道抵抗不均匀沉降、防震起到有效的作用。考虑到湿陷性黄土地区的地震烈度大都在 7 度以上（仅塔克拉玛干沙漠，陕北白干山与毛乌苏沙漠之间小于 6 度）。就是说，湿陷性黄土地区兼有湿陷、震陷双重危害性。在湿陷性黄土地区，理应明确在防护范围内的地上、地下敷设的管道须加强设防标准，以柔性接口连接，无论架设和埋设的管道，包括管沟内架设，均应考虑采用柔性接口。

室外地下直埋（即小区、市政管道）排水管，由调查得知，60%～70%的管线均因管材和接口损坏漏水，严重影响附近管线和线路的安全运行。此类管受交通和多种管线的相互干扰，很难理想布置，一旦漏水，修复工作量较大。基于此情况，应提高管材材质标准，且在适当部位和有条件的地方，均应做柔性接口，同时加强对管基的处理。对管道与构筑物（如井、沟、池壁）连接部位，因属受力不均匀的薄弱部位，也应加强管道接口的严密和柔韧性。

综上所述，在湿陷性黄土地区，应适当推广柔性管道接口，以形成柔性管道系统。

5.5.2 本条规定是管材选用的范围。

压力管道的材质，据调查，普遍反映球墨铸铁管的柔韧性好，造价适中，管径适用幅度大（在 DN200～DN2200 之间），而且具有胶圈承插柔性接口、防腐内衬、开孔技术易掌握，便于安装等优点。此类管

材，在湿陷性黄土地区应为首选管材。但在建筑小区内或建筑物内的进户管，因受管径限制，没有小口径球墨铸铁管，则在此部位只有采用塑料管、给水铸铁管，或者不锈钢管等。有的工程甚至采用铜管。

镀锌钢管材质低劣，使用过程中内壁锈蚀，易滋生细菌和微生物，对饮用水产生二次污染，危害人体健康。建设部在2000年颁发通知："在住宅建筑中禁止使用镀锌钢管。"工厂内的工业用水管道虽然无严格限制，但在生产、生活共用给水系统中，也不能采用镀锌钢管。

塑料管与传统管材相比，具有重量轻、耐腐蚀、水流阻力小、节约能源、安装简便、迅速，综合造价较低等优点，受到工程界的青睐。随着科学技术不断提高，原材料品质的改进，各种添加剂的问世，塑料管的质量已大幅度提高，并克服了噪声大的弱点。近十年来，塑料管开发的种类有硬质聚氯乙烯（UP-VC）管、氯化聚氯乙烯（CPVC）管、聚乙烯（PE）管、聚丙烯（PP—R）管、铝塑复合（PAP）管、钢塑复合（SP）管等20多种塑料管。其中品种不同，规格不同，分别适宜于各种不同的建筑给水、排水管材及管件和城市供水、排水管材及管件。规范中不一一列举。需要说明的是目前市场所见塑料管材质量参差不齐，规格系列不全，管材、管件配套不完善，甚至因质量监督不力，尚有伪劣产品充斥市场。鉴于国家已确定塑料管材为科技开发重点，并逐步完善质量管理措施，并制定相关塑料产品标准，塑料管材的推广应用将可得到有力的保证。工程中无论采用何种塑料管，必须按有关现行国家标准进行检验。凡符合国家标准并具有相应塑料管道工程的施工及验收规范的才可选用。

通过工程实践，在采用检漏、严格防水措施时，塑料管在防护范围内仍应设置在管沟内；在室外，防护范围外地下直埋敷设时，应采用市政用塑料管并尽量避开外界人为活动因素的影响和上部荷载的干扰，采取深埋方式，同时做好管基处理较为妥当。

预应力钢筋混凝土管是20世纪60～70年代发展起来的管材。近年来发现，大量地下钢筋混凝土管的保护层脱落，管身露筋引起锈蚀，管壁冒汗、渗水，管道承压降低，有的甚至发生爆管，地面大面积塌方，给就近的综合管线（如给水管、电缆管等）带来危害……实践证明，预应力钢筋混凝土管的使用年限约为20～30年，而且自身有难以修复的致命弱点。今后需加强研究改进，寻找替代产品，故本次修订，将其排序列后。

耐酸陶瓷管、陶土管，质脆易断，管节短、接口多，对防水不利，但因有一定的防腐蚀能力，经济适用，在管沟内敷设或者建筑物防护范围外深埋尚可，故保留。

本条新增加预应力钢筒混凝土管。

预应力钢筒混凝土管在国内尚属新型管材。制管工艺由美国引进，管道缩写为"PCCP"。目前，我国无锡、山东、深圳等地均有生产。管径大多在 $\phi600\sim\phi3000mm$，工程应用已近1000km。各项工程都是一次通水成功，符合滴水不漏的要求。管材结构特点：混凝土层夹钢筒，外缠绕预应力钢丝并喷涂水泥砂浆层。管连接用橡胶圈承插口。该管同时生产有转换接口、弯头、三通、双橡胶圈承插口，极大地方便了管线施工。该管材接口严密不漏水，综合造价低、易维护、好管理，作为输水管线在湿陷性黄土地区是值得推荐的好管材，故本条特别列出。

自流管道的管材，据调查反映：人工成型或人工机械成型的钢筋混凝土管，基本属于土法振捣的钢筋混凝土管，因其质量不过关，故本规范不推荐采用，保留离心成型钢筋混凝土管。

5.5.5 以往在严格防水措施的检漏管沟中，仅采用油毡防水层。近年来，工程实践表明，新型的复合防水材料及高分子卷材均具有防水可靠、耐热、耐寒、耐久，施工方便，价格适中，是防水卷材的优良品种。涂膜防水层、水泥聚合物涂膜防水层、氰凝防水材料等，都是高效、优质防水材料。当今，技术发展快，产品种类繁多，不再一一列举。只要是可靠防水层，均可应用。为此，在本规范规定的严格防水措施中，对管沟的防水材料，将卷材防水层或塑料油膏防水改为可靠防水层。防水层外应做保护层。

自20世纪60年代起，检漏设施主要是检漏管沟和检漏井。这种设施占地多，显得陈旧落后，而且使用期间，务必经常维护和检修才能有效。近年来，由国外引进的高密度聚乙烯外护套管聚氨质泡沫塑料预制直埋保温管，具有较好的保温、防水、防潮作用。此管简称为"管中管"。某些工程，在管道上还装有渗漏水检测报警系统，增加了直埋管道的安全可靠性，可以代替管沟敷设。经技术经济分析，"管中管"的造价低于管沟。该技术在国内已大面积采用，取得丰富经验。至于有"电讯检漏系统"的报警装置，仅在少量工程中采用，尤其热力管道和高寒地带的输配水管道，取得丰富经验。现在建设部已颁发《高密度聚乙烯外护套管聚氨脂泡沫塑料预制直埋保温管》城建建工产品标准。这对采用此类直埋管提供了可靠保证。规范对高层建筑或重要建筑，明确规定可采用有电讯检漏系统的"直埋管中管"设施。

5.5.6 排水出户管道一般具有0.02的坡度，而给水进户管道管径小，坡度也小。在进出户管沟的沟底，往往忽略了排水方向，沟底多见积水长期聚集，对建筑物地基造成浸水隐患。本条除强调检漏管沟的沟底坡向外，并增加了进、出户管的管沟沟底坡度宜大于0.02的规定。

考虑到高层建筑或重要建筑大都设有地下室或半地下室。为方便检修，保护地基不受水浸湿，管道设计应充分利用地下部分的空间，设置管道设备层。为此，本条明确规定，对甲类建筑和自重湿陷性黄土场地上乙类中的重要建筑，室内地下管线宜敷设在地下室或半地下室的设备层内，穿出外墙的进出户管段，宜集中设置在半通行管沟内，这样有利于加强维护和检修，并便于排除积水。

5.5.11 非自重湿陷性黄土场地的管道工程，虽然管道、构筑物的基底压力小，一般不会超过湿陷起始压力，但管道是一线型工程；管道与附属构筑物连接部位是受力不均匀的薄弱部位。受这些因素影响，易造成管道损坏，接口开裂。据非自重湿陷性黄土场地的工程经验，在一些输配水管道及其附属构筑物基底做土垫层和灰土垫层，效果很好，故本条扩大了使用范围，凡是湿陷性黄土地区的管基和基底均这样做管基。

5.5.13 原规范要求管道穿水池池壁处设柔性防水套管，管道从套管伸出，环形壁缝用柔性填料封堵。据调查反映，多数施工难以保证质量，普遍有渗水现象。工程实践中，多改为在池壁处直接埋设带有止水环的管道，在管道外加设柔性接口，效果很好，故本条增加了此种做法。

（Ⅱ）供热管道与风道

5.5.14 本条强调了在湿陷性黄土地区应重视选择质量可靠的直埋供热管道的管材。采用直埋敷设热力管道，目前技术已较成熟，国内广大采暖地区采用直埋敷设热力管道已占主流。近年来，经过工程技术人员的努力探索，直埋敷设热力管道技术被大量推广应用。国家并颁布有相应的行业标准，即：《城镇直埋供热管道工程技术规程》CJJ/T 81 及《聚氨酯泡沫塑料预制保温管》CJ/T 3002。但由于国内市场不规范，生产了大量的低标准管材，有关部门已注意到此种倾向。为保证湿陷性黄土地区直埋敷设供热管道总体质量，本规范不推荐采用玻璃钢保护壳，因其在现场施工条件下，质量难以保证。

5.5.15～5.5.16 热力管道的管沟遍布室内和室外，甚至防护范围外。室内暖气管沟较长，沟内一般有检漏井，检漏井可与检查井合并设置。所以本条规定，管沟的沟底应设坡向室外检漏井的坡度，以便将水引向室外。

据调查，暖气管道的过门沟，渗漏水引起地基湿陷的机率较高。尤其在自重湿陷性黄土强烈的 ①、Ⅱ区，冬季较长，过门沟及其沟内装置一旦有渗漏水，如未及时发现和检修，管道往往被冻裂，为此增加在过门管沟的末端应采取防冻措施的规定，防止湿陷事故的发生或恶化。

5.5.17 本条增加了对"直埋敷设供热管道"地基处理的要求。直埋供热管道在运行时要承受较大的轴向

应力，为细长不稳定压杆。管道是依靠覆土而保持稳定的，当敷设地点的管道地基发生湿陷时，有可能产生管道失稳，故应对"直埋供热管道"的管基进行处理，防止产生湿陷。

5.5.18～5.5.19 随着高层建筑的发展以及内装修标准的提高，室内空调系统日益增多，据调查，目前室内外管网的泄水、凝结水，任意引接和排放的现象较严重。为此，本条增加对室内、外管网的泄水、凝结水不得任意排放的规定，以便引起有关方面的重视，防止地基浸水湿陷。

5.6 地 基 计 算

5.6.1 计算黄土地基的湿陷变形，主要目的在于：

1 根据自重湿陷量的计算值判定建筑场地的湿陷类型；

2 根据基底下各土层累计的湿陷量和自重湿陷量的计算值等因素，判定湿陷性黄土地基的湿陷等级；

3 对于湿陷性黄土地基上的乙、丙类建筑，根据地基处理后的剩余湿陷量并结合其他综合因素，确定设计措施的采取。

对于甲、乙类建筑或有特殊要求的建筑，由于荷载和压缩层深度比一般建筑物相对较大，所以在计算地基湿陷量或地基处理后的剩余湿陷量时，可考虑按实际压力相应的湿陷系数和压缩层深度的下限进行计算。

5.6.2 变形计算在地基计算中的重要性日益显著，对于湿陷性黄土地基，有以下几个特点需要考虑：

1 本规范明确规定在湿陷性黄土地区的建设中，采取以地基处理为主的综合措施，所以在计算地基土的压缩变形时，应考虑地基处理后压缩层范围内土的压缩性的变化，采用地基处理后的压缩模量作为计算依据；

2 湿陷性黄土在近期浸水饱和后，土的湿陷性消失并转化为高压缩性，对于这类饱和黄土地基，一般应进行地基变形计算；

3 对需要进行变形验算的黄土地基，其变形计算和变形允许值，应符合现行国家标准《建筑地基基础设计规范》的规定。考虑到黄土地区的特点，根据原机械工业部勘察研究院等单位多年来在黄土地区积累的建（构）筑物沉降观测资料，经分析整理后得到沉降计算经验系数（即沉降实测值与按分层总和法所得沉降计算值之比）与变形计算深度范围内压缩模量的当量值之间存在着一定的相关关系，如条文中的表 5.6.2。

4 计算地基变形时，传至基础底面上的荷载效应，应按正常使用极限状态准永久组合，不应计入风荷载和地震作用。

5.6.3 本条对黄土地基承载力明确了以下几点：

1 为了与现行国家标准《建筑地基基础设计规范》相适应，以地基承载力特征值作为地基计算的代表数值。其定义为在保证地基稳定的条件下，使建筑物或构筑物的沉降量不超过容许值的地基承载能力。

2 地基承载力特征值的确定，对甲、乙类建筑，可根据静载荷试验或其他原位测试、公式计算并结合工程实践经验等方法综合确定。当有充分根据时，对乙、丙、丁类建筑可根据当地经验确定。

本规范对地基承载力特征值的确定突出了两个重点：一是强调了载荷试验及其他原位测试的重要作用；二是强调了系统总结工程实践经验和当地经验（包括地区性规范）的重要性。

5.6.4 本条规定了确定基础底面积时计算荷载和抗力的相应规定。荷载效应应根据正常使用极限状态标准组合计算；相应的抗力应采用地基承载力特征值。当偏心作用时，基础底面边缘的最大压力值，不应超过修正后的地基承载力特征值的 1.2 倍。

5.6.5 本规范对地基承载力特征值的深、宽修正作如下规定：

1 深、宽修正计算公式及其符号意义与现行国家标准《建筑地基基础设计规范》相同；

2 深、宽修正系数取值与《湿陷性黄土地区建筑规范》GBJ 25—90 相同，未作修改；

3 对饱和黄土的有关物理性质指标分档说明作了一些更改，分别改为 e 及 I_L（两个指标）都小于 0.85，e 或 I_L（其中只要有一个指标）大于 0.85，e 及 I_L（两个指标）都不小于 1 三档。另外，还规定只适用于 $I_P > 10$ 的饱和黄土（粉质黏土）。

5.6.6 对于黄土地基的稳定性计算，除满足一般要求外，针对黄土地区的特点，还增加了两条要求。一条是在确定滑动面（或破裂面）时，应考虑黄土地基中可能存在的竖向节理和裂隙。这是因为在实际工程中，黄土地基（包括斜坡）的滑动面（或破裂面）与饱和软黏土和一般黏性土是不相同的；另一条是在可能被水浸湿的黄土地基，强度指标应根据饱和状态的试验结果求得。这是因为对于湿陷性黄土来说，含水量增加会使强度显著降低。

5.7 桩 基 础

5.7.1 湿陷性黄土场地，地基一旦浸水，便会引起湿陷给建筑物带来危害，特别是对于上部结构荷载大并集中的甲、乙类建筑；对整体倾斜有严格限制的高耸结构；对不均匀沉降有严格限制的甲类建筑和设备基础以及主要承受水平荷载和上拔力的建筑或基础等，均应从消除湿陷性的危害角度出发，针对建筑物的具体情况和场地条件，首先从经济技术条件上考虑采取可靠的地基处理措施，当采用地基处理措施不能满足设计要求或经济技术分析比较，采用地基处理不适宜的建筑，可采用桩基础。自 20 世纪 70 年代以

来，陕西、甘肃、山西等湿陷性黄土地区，大量采用了桩基础，均取得了良好的经济技术效果。

5.7.2 在湿陷性黄土场地桩周浸水后，桩身尚有一定的正摩擦力，在充分发挥并利用桩周正摩擦力的前提下，要求桩端支承在压缩性较低的非湿陷性黄土层中。

自重湿陷性黄土场地建筑物地基浸水后，桩周土可能产生负摩擦力，为了避免由此产生下拉力，使桩的轴向力加大而产生较大沉降，桩端必须支承在可靠的持力层中。桩底端应坐落在基岩上，采用端承桩；或桩底端坐落在卵石、密实的砂类土和饱和状态下液性指数 $I_L < 0$ 的硬黏性土层上，采用以端承力为主的摩擦端承桩。

除此之外，对于混凝土灌注桩纵向受力钢筋的配置长度，虽然在规范中没有提出明确要求，但在设计中应有所考虑。对于在非自重湿陷性黄土层中的桩，虽然不会产生较大的负摩擦力，但一经浸水桩周土可能变软或产生一定的负摩擦力，对桩产生不利影响。因此，建议桩的纵向钢筋除应自桩顶按 1/3 桩长配置外，配筋长度尚应超过湿陷性黄土层的厚度；对于在自重湿陷性黄土层中的端承桩，由于桩侧可能承受较大的负摩擦力，中性点截面处的轴向压力往往大于桩顶，全桩长的轴向压力均较大。因此，建议桩身纵向钢筋应通长配置。

5.7.3 在湿陷性黄土地区，采用的桩型主要有：钻、挖孔（扩底）灌注桩，沉管灌注桩，静压桩和打入式钢筋混凝土预制桩等。选用桩型时，应根据工程要求、场地湿陷类型、地基湿陷等级、岩土工程地质条件、施工条件及场地周围环境等综合因素确定。如在非自重湿陷性黄土场地，可采用钻、挖孔（扩底）灌注桩，近年来，陕西关中地区普遍采用锅锥钻、挖成孔的灌注桩施工工艺，获得较好的经济技术效果；在地基湿陷性等级较高的自重湿陷性黄土场地，宜采用干作业成孔（扩底）灌注桩；还可充分利用黄土能够维持较大直立边坡的特性，采用人工挖孔（扩底）灌注桩；在可能条件下，可采用钢筋混凝土预制桩，沉桩工艺有静力压桩法和打入法两种。但打入法因噪声大和污染严重，不宜在城市中采用。

5.7.4 本节规定了在湿陷性黄土层厚度等于或大于 10m 的场地，对于采用桩基础的甲类建筑和乙类中的重要建筑，其单桩竖向承载力特征值应通过静载荷浸水试验方法确定。

同时还规定，对于采用桩基础的其他建筑，其单桩竖向承载力特征值，可按有关规范的经验公式估算，即：

$$R_a = q_{pa} \cdot A_p + u q_{sa}(l - Z) - u \overline{q}_{sa} Z$$

$$(5.7.4-1)$$

式中 q_{pa}——桩端土的承载力特征值（kPa）；

A_p——桩端横截面的面积（m²）；

u——桩身周长（m）；

$\overline{q_{si}}$——桩周土的平均摩擦力特征值（kPa）；

l——桩身长度（m）；

Z——桩在自重湿陷性黄土层的长度（m）。

对于上式中的 q_{pa} 和 q_{sa} 值，均应按饱和状态下的土性指标确定。饱和状态下的液性指数，可按下式计算：

$$I_l = \frac{S_r e / D_r - w_p}{w_L - w_p} \quad (5.7.4-2)$$

式中 S_r——土的饱和度，可取 85%；

e——土的孔隙比；

D_r——土粒相对密度；

w_L，w_p——分别为土的液限和塑限含水量，以小数计。

上述规定的理由如下：

1 湿陷性黄土层的厚度越大，湿陷性可能越严重，由此产生的危害也可能越大，而采用地基处理方法从根本上消除其湿陷性，有效范围大多在 10m 以内，当湿陷性黄土层等于或大于 10m 的场地，往往要采用桩基础。

2 采用桩基础一般都是甲、乙类建筑。其中一部分是地基受水浸湿可能性大的重要建筑；一部分是高、重建筑，地基一旦浸水，便有可能引起湿陷给建筑物带来危害。因此，确定单桩竖向承载力特征值时，应按饱和状态考虑。

3 天然黄土的强度较高，当桩的长度和直径较大时，桩身的正摩擦力相当大。在这种情况下，即使桩端支承在湿陷性黄土层上，在进行载荷试验时如不浸水，桩的下沉量也往往不大。例如，20 世纪 70 年代建成投产的甘肃刘家峡化肥厂碱洗塔工程，采用的井桩基础未穿透湿陷性黄土层，但由于载荷试验未进行浸水，荷载加至 3000kN，下沉量仅 6mm。井桩按单桩竖向承载力特征值为 1500kN 进行设计，当时认为安全系数取 2 已足够安全，但建成投产后不久，地基浸水产生了严重的湿陷事故，桩周土体的自重湿陷量达 600mm，桩周土的正摩擦力完全丧失，并产生负摩擦力，使桩基产生了大量的下沉。由此可见，湿陷性黄土地区的桩基静载荷试验，必须在浸水条件下进行。

5.7.5 桩周的自重湿陷性黄土层浸水后发生自重湿陷时，将产生土层对桩的向下位移，桩将产生一个向下的作用力，即负摩擦力。但对于非自重湿陷性黄土场地和自重湿陷性黄土场地，负摩擦力将有不同程度的发挥。因此，在确定单桩竖向承载力特征值时，应分别采取如下措施：

1 在非自重湿陷性黄土场地，当自重湿陷量小于 50mm 时，桩侧由此产生的负摩擦力很小，可忽略

不计，桩侧主要还是正摩擦力起作用。因此规定，此时"应计入湿陷性黄土层范围内饱和状态下的桩侧正摩擦力"。

2 在自重湿陷性黄土场地，确定单桩竖向承载力特征值时，除不计湿陷性黄土层范围内饱和状态下的桩侧正摩擦力外，尚应考虑桩侧的负摩擦力。

1）按浸水载荷试验确定单桩竖向承载力特征值时，由于浸水坑的面积较小，在试验过程中，桩周土体一般还未产生自重湿陷，因此应从试验结果中扣除湿陷性黄土层范围内的桩侧正、负摩擦力。

2）桩侧负摩擦力应通过现场浸水试验确定，但一般情况下不容易做到。因此，许多单位提出希望规范能给出具体数据或参考值。

自 20 世纪 70 年代开始，我国有关单位根据设计要求，在青海大通、兰州和西安等地，采用悬吊法实测桩侧负摩擦力，其结果见表 5.7.5-1。

表 5.7.5-1　用悬吊法实测的桩周负摩擦力

桩的类型	试验地点	自重湿陷量的实测值（mm）	桩侧平均负摩擦力（kPa）
挖孔灌注桩	兰　州	754	16.30
	青　海	60	15.00
预制桩	兰　州	754	27.40
	西　安	90	14.20

国外有关标准中规定桩侧负摩擦力可采用正摩擦力的数值，但符号相反。现行国家标准《建筑地基基础设计规范》对桩周正摩擦力特征值 q_{sa} 规定见表 5.7.5-2。

表 5.7.5-2　预制桩的桩侧正摩擦力的特征值

土的名称	土的状态	正摩擦力（kPa）
黏性土	$I_L > 1$	10～17
	$0.75 < I_L \leqslant 1.00$	17～24
粉　土	$e \geqslant 0.90$	10～20
	$0.70 < e \leqslant 0.90$	20～30

如黄土的液限 $w_L = 28\%$，塑限 $w_p = 18\%$，孔隙比 $e \geqslant 0.90$，饱和度 $S_r \geqslant 80\%$ 时，液性指数一般大于 1，按照上述规定，饱和状态黄土层中预制桩桩侧的正摩擦力特征值为 10～20kPa，与现场负摩擦力的实测结果大体上相符。

关于桩的类型对负摩擦力的影响

试验结果表明，预制桩的侧表面虽比灌注桩平滑，但其单位面积上的负摩擦力却比灌注桩为大。这主要是由于预制桩在打桩过程中将桩周土挤密，挤密土在桩周形成一层硬壳，牢固地粘附在桩侧表面上。桩周土体发生自重湿陷时不是沿桩身而是沿硬壳层滑

移，增加了桩的侧表面面积，负摩擦力也随之增大。因此，对于具有挤密作用的预制桩与无挤密作用的钻、挖孔灌注桩，其桩侧负摩擦力应分别给出不同的数值。

关于自重湿陷量的大小对负摩擦力的影响

兰州钢厂两次负摩擦力的测试结果表明，经过8年之后，由于地下水位上升，地基土的含水量提高以及地面堆载的影响，场地土的湿陷性降低，负摩擦力值也明显减小，钻孔灌注桩两次的测试结果见表5.7.5-3。

表 5.7.5-3　兰州钢厂钻孔灌注桩负摩擦力的测试结果

时　间	自重湿陷量的实测值 (mm)	桩身平均负摩擦力 (kPa)
1975 年	754	16.30
1988 年	100	10.80

试验结果表明，桩侧负摩擦力与自重湿陷量的大小有关，土的自重湿陷性愈强，地面的沉降速度愈大，桩侧负摩擦力值也愈大。因此，对自重湿陷量 Δ_{zs} < 200mm 的弱自重湿陷性黄土与 Δ_{zs} ≥200mm 较强的自重湿陷性黄土，桩侧负摩擦力的数值差异较大。

3）对桩侧负摩擦力进行现场试验确有困难时，GBJ 25—90 规范曾建议按表 5.7.5-4 中的数值估算：

表 5.7.5-4　桩侧平均负摩擦力（kPa）

自重湿陷量的计算值 (mm)	钻、挖孔灌注桩	预制桩
70～100	10	15
≥200	15	20

鉴于目前自重湿陷性黄土场地桩侧负摩擦力的试验资料不多，本规范有关桩侧负摩擦力计算的规定，有待于今后通过不断积累资料逐步完善。

5.7.6 在水平荷载和弯矩作用下，桩身将产生挠曲变形，并挤压桩侧土体，土体则对桩产生水平抗力，其大小和分布与桩的变形以及土质条件、桩的入土深度等因素有关。设在湿陷性黄土层中的桩，在天然含水量条件下，桩侧土对桩往往可以提供较大的水平抗力；一旦浸水桩周土变软，强度显著降低，从而桩周土体对桩侧的水平抗力就会降低。

5.7.8 在自重湿陷性黄土层中的桩基，一经浸水桩侧产生的负摩擦力，将使桩基竖向承载力不同程度的降低。为了提高桩基的竖向承载力，设在自重湿陷性黄土场地的桩基，可采取减小桩侧负摩擦力的措施，如：

1 在自重湿陷性黄土层中，桩的负摩擦力试验资料表明，在同一类土中，挤土桩的负摩擦力大于非

挤土桩的负摩擦力。因此，应尽量采用非挤土桩（如钻、挖孔灌注桩），以减小桩侧负摩擦力。

2 对位于中性点以上的桩侧表面进行处理，以减小负摩擦力的产生。

3 桩基施工前，可采用强夯、挤密土桩等进行处理，消除上部或全部土层的自重湿陷性。

4 采取其他有效而合理的措施。

5.7.9 本条规定的目的是：

1 防止雨水和地表水流入桩孔内，避免桩孔周围土产生自重湿陷；

2 防止泥浆护壁或钻孔法的泥浆循环液，渗入附近自重湿陷黄土地基引起自重湿陷。

6　地　基　处　理

6.1　一　般　规　定

6.1.1 当地基的变形（湿陷、压缩）或承载力不能满足设计要求时，直接在天然土层上进行建筑或仅采取防水措施和结构措施，往往不能保证建筑物的安全与正常使用，因此本条规定应针对不同土质条件和建筑物的类别，在地基压缩层内或湿陷性黄土层内采取处理措施，以改善土的物理力学性质，使土的压缩性降低、承载力提高、湿陷性消除。

湿陷变形是当地基的压缩变形还未稳定或稳定后，建筑物的荷载不改变，而是由于地基受水浸湿引起的附加变形（即湿陷）。此附加变形经常是局部和突然发生的，而且很不均匀，尤其是地基受水浸湿初期，一昼夜内往往可产生 150～250mm 的湿陷量，因而上部结构很难适应和抵抗量大、速率快及不均匀的地基变形，故对建筑物的破坏性大，危害性严重。

湿陷性黄土地基处理的主要目的：一是消除其全部湿陷量，使处理后的地基变为非湿陷性黄土地基，或采用桩基础穿透全部湿陷性黄土层，使上部荷载通过桩基础传递至压缩性低或较低的非湿陷性黄土（岩）层上，防止地基产生湿陷，当湿陷性黄土层厚度较薄时，也可直接将基础设置在非湿陷性黄土（岩）层上；二是消除地基的部分湿陷量，控制下部未处理湿陷性黄土层的剩余湿陷量或湿陷起始压力值符合本规范的规定数值。

鉴于甲类建筑的重要性、地基受水浸湿的可能性和使用上对不均匀沉降的严格限制等与乙、丙类建筑有所不同，地基一旦发生湿陷，后果很严重，在政治、经济等方面将会造成不良影响或重大损失，为此，不允许甲类建筑出现任何破坏性的变形，也不允许因地基变形影响建筑物正常使用，故对其处理从严，要求消除地基的全部湿陷量。

乙、丙类建筑涉及面广，地基处理过严，建设投资将明显增加，因此规定消除地基的部分湿陷量，然

后根据地基处理的程度及下部未处理湿陷性黄土层的剩余湿陷量或湿陷起始压力值的大小，采取相应的防水措施和结构措施，以弥补地基处理的不足，防止建筑物产生有害变形，确保建筑物的整体稳定性和主体结构的安全。地基一旦浸水湿陷，非承重部位出现裂缝，修复容易，且不影响安全使用。

6.1.2 湿陷性黄土地基的处理，在平面上可分为局部处理与整片处理两种。

"BGJ 20—66"、"TJ 25—78"和"GBJ 25—90"等规范，对局部处理和整片处理的平面范围，在有关处理方法，如土（或灰土）垫层法、重夯法、强夯法和土（或灰土）挤密桩法等的条文中都有具体规定。

局部处理一般按应力扩散角（即 $B=b+2Z\tan\theta$）确定，每边超出基础的宽度，相当于处理土层厚度的 1/3，且不小于 400mm，但未按场地湿陷类型不同区别对待；整片处理每边超出建筑物外墙基础外缘的宽度，不小于处理土层厚度的 1/2，且不小于 2m。考虑在同一规范中，对相同性质的问题，在不同的地基处理方法中分别规定，显得分散和重复。为此本次修订将其统一放在地基处理第 1 节"一般规定"中的 6.1.2 条进行规定。

对局部处理的平面尺寸，根据场地湿陷类型的不同作了相应调整，增大了自重湿陷性黄土场地局部处理的宽度。局部处理是将大于基础底面下一定范围内的湿陷性黄土层进行处理，通过处理消除拟处理土层的湿陷性，改善地基应力扩散，增强地基的稳定性，防止地基受水浸湿产生侧向挤出，由于局部处理的平面范围较小，地沟和管道等漏水，仍可自其侧向渗入下部未处理的湿陷性黄土层引起湿陷，故采取局部处理措施，不考虑防水、隔水作用。

整片处理是将大于建（构）筑物底层平面范围内的湿陷性黄土层进行处理，通过整片处理消除拟处理土层的湿陷性，减小拟处理土层的渗透性，增强整片处理土层的防水作用，防止大气降水、生产及生活用水，从上向下或侧向渗入下部未处理的湿陷性黄土层引起湿陷。

6.1.3 试验研究成果表明，在非自重湿陷性黄土场地，仅在上覆土的自重压力下受水浸湿，往往不产生自重湿陷或自重湿陷量的实测值小于 70mm，在附加压力与上覆土的饱和自重压力共同作用下，建筑物地基受水浸湿后的变形范围，通常发生在基础底面下地基的压缩层内，压缩层深度下限以下的湿陷性黄土层，由于附加应力很小，地基即使充分受水浸湿，也不产生湿陷变形，故对非自重湿陷性黄土地基，消除其全部湿陷量的处理厚度，规定为基础底面以下附加压力与上覆土的饱和自重压力之和大于或等于湿陷起始压力的全部湿陷性黄土层，或按地基压缩层的深度确定，处理至附加压力等于土自重压力 20%（即 $p_z=0.20p_{cz}$）的土层深度止。

在自重湿陷性黄土场地，建筑物地基充分浸水时，基底下的全部湿陷性黄土层产生湿陷，处理基础底面下部分湿陷性黄土层只能减小地基的湿陷量，欲消除地基的全部湿陷量，应处理基础底面以下的全部湿陷性黄土层。

6.1.4 根据湿陷性黄土地基充分受水浸湿后的湿陷变形范围，消除地基部分湿陷量应主要处理基础底面以下湿陷性大（$\delta_s\geq0.07$、$\delta_{zs}\geq0.05$）及湿陷性较大（$\delta_s\geq0.05$、$\delta_{zs}\geq0.03$）的土层，因为贴近基底下的上述土层，附加应力大，并容易受管道和地沟等漏水引起湿陷，故对建筑物的危害性大。

大量工程实践表明，消除建筑物地基部分湿陷量的处理厚度太小时，一是地基处理后下部未处理湿陷性黄土层的剩余湿陷量大；二是防水效果不理想，难以做到阻止生产、生活用水以及大气降水，自上向下渗入下部未处理的湿陷性黄土层，潜在的危害性未全部消除，因而不能保证建筑物地基不发生湿陷事故。

乙类建筑包括高度为 24～60m 的建筑，其重要性仅次于甲类建筑，基础之间的沉降差亦不宜过大，避免建筑物产生不允许的倾斜或裂缝。

建筑物调查资料表明，地基处理后，当下部未处理湿陷性黄土层的剩余湿陷量大于 220mm 时，建筑物在使用期间地基受水浸湿，可产生严重及较严重的裂缝；当下部未处理湿陷性黄土层的剩余湿陷量大于 130mm 小于或等于 220mm 时，建筑物在使用期间地基受水浸湿，可产生轻微或较轻微的裂缝。

考虑地基处理后，特别是整片处理的土层，具有较好的防水、隔水作用，可保护下部未处理的湿陷性黄土层不受水或少受水浸湿，其剩余湿陷量则有可能不产生或不充分产生。

基于上述原因，本条对乙类建筑规定消除地基部分湿陷量的最小处理厚度，在非自重湿陷性黄土场地，不应小于地基压缩层深度的 2/3，并控制下部未处理湿陷性黄土层的湿陷起始压力值不应小于 100kPa；在自重湿陷性黄土场地，不应小于全部湿陷性黄土层深度的 2/3，并控制下部未处理湿陷性黄土层的剩余湿陷量不应大于 150mm。

对基础宽度大或湿陷性黄土层厚度大的地基，处理地基压缩层深度的 2/3 或处理全部湿陷性黄土层深度的 2/3 确有困难时，本条规定在建筑物范围内应采用整片处理。

6.1.5 丙类建筑包括多层办公楼、住宅楼和理化试验室等，建筑物的内外一般装有上、下水管道和供热管道，使用期间建筑物内局部范围内存在漏水的可能性，其地基处理的好坏，直接关系着城乡用户的财产和安全。

考虑在非自重湿陷性黄土场地，Ⅰ级湿陷性黄土地基，湿陷性轻微，湿陷起始压力值较大。单层建筑荷载较轻，基底压力较小，为发挥湿陷起始压力的作用，地基可不处理；而多层建筑的基底压力一般大于湿陷起始压力值，地基不处理，湿陷难以避免。为此本条规定，对多层丙类建筑，地基处理厚度不应小于1m，且下部未处理湿陷性黄土层的湿陷起始压力值不宜小于100kPa。

在非自重湿陷性黄土场地和自重湿陷性黄土场地都存在Ⅱ级湿陷性黄土地基，其自重湿陷量的计算值：前者不大于70mm，后者大于70mm，不大于300mm。地基浸水时，二者具有中等湿陷性。本条规定：在非自重湿陷性黄土场地，单层建筑的地基处理厚度不应小于1m，且下部未处理湿陷性黄土层的湿陷起始压力值不宜小于80kPa；多层建筑的地基处理厚度不应小于2m，且下部未处理湿陷性黄土层的湿陷起始压力值不宜小于100kPa。在自重湿陷性黄土场地湿陷起始压力值小，无使用意义，因此，不论单层或多层建筑，其地基处理厚度均不宜小于2.50m，且下部未处理湿陷性黄土层的剩余湿陷量不应大于200mm。

地基湿陷等级为Ⅲ级或Ⅳ级，均为自重湿陷性黄土场地，湿陷性黄土层厚度较大，湿陷性分别属于严重和很严重，地基受水浸湿，湿陷性敏感，湿陷速度快，湿陷量大。本条规定，对多层建筑宜采用整片处理，其目的是通过整片处理既可消除拟处理土层的湿陷性，又可减小拟处理土层的渗透性，增强整片处理土层的防水、隔水作用，以保护下部未处理的湿陷性黄土层难以受水浸湿，使其剩余湿陷量不产生或不全部产生，确保建筑物安全正常使用。

6.6.6 试验研究资料表明，在非自重湿陷性黄土场地，湿陷性黄土地基在附加压力和上覆土的饱和自重压力下的湿陷变形范围主要是在压缩层深度内。本条规定的地基压缩层深度：对条形基础，可取其宽度的3倍，对独立基础，可取其宽度的2倍。也可按附加压力等于土自重压力20%的深度处确定。

压缩层深度除可用于确定非自重湿陷性黄土地基湿陷量的计算深度和地基的处理厚度外，并可用于确定非自重湿陷性黄土场地上的勘探点深度。

6.1.7～6.1.9 在现场采用静载荷试验检验地基后的承载力比较准确可靠，但试验工作量较大，宜采取抽样检验。此外，静载荷试验的压板面积较小，地基处理厚度大时，如不分层进行检验，试验结果只能反映上部土层的情况，同时由于消除部分湿陷量的地基，下部未处理的湿陷性黄土层浸水时仍有可能产生湿陷。而地基湿陷是在水和压力的共同作用下产生的，基底压力大，对减小湿陷不利，故处理后的地基承载力不宜用得过大。

6.1.10 湿陷性黄土的干密度小，含水量较低，属于欠压密的非饱和土，其可压（或夯）实和可挤密的效果好，采取地基处理措施应根据湿陷性黄土的特点和

工程要求，确定地基处理的厚度及平面尺寸。地基通过处理可改善土的物理力学性质，使拟处理土层的干密度增大、渗透性减小、压缩性降低、承载力提高、湿陷性消除。为此，本条规定了几种常用的成孔挤密或夯实挤密的地基处理方法及其适用范围。

6.1.11 雨期、冬期选择土（或灰土）垫层法、强夯法或挤密法处理湿陷性黄土地基，不利因素较多，尤其垫层法，挖、填土方量大，施工期长，基坑和填料（土及灰土）容易受雨水浸湿或冻结，施工质量不易保证。施工期间应合理安排地基处理的施工程序，加快施工进度，缩短地基处理及基坑（槽）的暴露时间。对面积大的场地，可分段进行处理，采取防雨措施确有困难时，应做好场地周围排水，防止地面水流入已处理和未处理的场地（或基坑）内。在雨天和负温度下，并应防止土料、灰土和土源受雨水浸泡或冻结，施工中土呈软塑状态或出现"橡皮土"时，说明土的含水量偏大，应采取措施减小其含水量，将"橡皮土"处理后方可继续施工。

6.1.12 条文内对做好场地平整、修通道路和接通水、电等工作进行了规定。上述工作是为完成地基处理施工必须具备的条件，以确保机械设备和材料进入现场。

6.1.13 目前从事地基处理施工的队伍较多、较杂，技术素质高低不一。为确保地基处理的质量，在地基处理施工进程中，应有专人或专门机构进行监理，地基处理施工结束后，应对其质量进行检验和验收。

6.1.14 土（或灰土）垫层、强夯和挤密等方法处理地基的承载力，在现场采用静载荷试验进行检验比较准确可靠。为了统一试验方法和试验要求，在本规范附录J中增加静载荷试验要点，将有章可循。

6.2 垫 层 法

6.2.1 本规范所指的垫层是素土或灰土垫层。

垫层法是一种浅层处理湿陷性黄土地基的传统方法，在湿陷性黄土地区使用较广泛，具有因地制宜、就地取材和施工简便等特点，处理厚度一般为1～3m，通过处理基底下部分湿陷性黄土层，可以减小地基的湿陷量。处理厚度超过3m，挖、填土方量大，施工期长，施工质量不易保证，选用时应通过技术经济比较。

6.2.3 垫层的施工质量，对其承载力和变形有直接影响。为确保垫层的施工质量，本条规定采用压实系数 λ_c 控制。

压实系数 λ_c 是控制（或设计要求）干密度 ρ_d 与室内击实试验求得土（或灰土）最大干密度 ρ_{dmax} 的比值（即 $\lambda_c = \dfrac{\rho_d}{\rho_{dmax}}$）。

目前我国使用的击实设备分为轻型和重型两种。前者击锤质量为2.50kg，落距为305mm，单位体积

的击实功为 591.60kJ/m³，后者击锤质量为 4.50kg，落距为 457mm，单位体积的击实功为 2682.70kJ/m³，前者的击实功是后者的 4.53 倍。

采用上述两种击实设备对同一场地的 3:7 灰土进行击实试验，轻型击实设备得出的最大干密度为 1.56g/m³，最优含水量为 20.90%；重型击实设备得出的最大干密度为 1.71g/m³，最优含水量为 18.60%。击实试验结果表明，3:7 灰土的最大干密度，后者是前者的 1.10 倍。

根据现场检验结果，将该场地 3:7 灰土垫层的干密度与按上述两种击实设备得出的最大干密度的比值（即压实系数）汇总于表 6.2.2。

表 6.2.2　3:7 灰土垫层的干密度与压实系数

检验点号	土　样			压实系数	
	深度（m）	含水量（%）	干密度（g/cm³）	轻　型	重　型
1 号	0.10	17.10	1.56	1.000	0.914
	0.30	14.10	1.60	1.026	0.938
	0.50	17.80	1.65	1.058	0.967
2 号	0.10	15.63	1.57	1.006	0.920
	0.30	14.93	1.61	1.032	0.944
	0.50	16.25	1.71	1.096	1.002
3 号	0.10	19.89	1.57	1.006	0.920
	0.30	14.96	1.65	1.058	0.967
	0.50	15.64	1.67	1.071	0.979
4 号	0.10	15.10	1.64	1.051	0.961
	0.30	16.94	1.68	1.077	0.985
	0.50	16.10	1.69	1.083	0.991
	0.70	15.74	1.67	1.091	0.979
5 号	0.10	16.00	1.59	1.019	0.932
	0.30	16.68	1.74	1.115	1.020
	0.50	16.66	1.75	1.122	1.026
6 号	0.10	18.40	1.55	0.994	0.909
	0.30	18.60	1.65	1.058	0.967
	0.50	18.10	1.64	1.051	0.961

上表中的压实系数是按现场检测的干密度与室内采用轻型和重型两种击实设备得出的最大干密度的比值，二者相差近 9%，前者大，后者小。由此可见，采用单位体积击实功不同的两种击实设备进行击实试验，以相同数值的压实系数作为控制垫层质量标准是不合适的，而应分别规定。

"GBJ 25—90 规范"在第四章第二节第 4.2.4 条中，对控制垫层质量的压实系数，按垫层厚度不大于 3m 和大于 3m，分别统一规定为 0.93 和 0.95，未区

分轻型和重型两种击实设备单位体积击实功不同，得出的最大干密度也不同等因素。本次修订将压实系数按轻型标准击实试验进行了规定，而对重型标准击实试验未作规定。

基底下 1～3m 的土（或灰土）垫层是地基的主要持力层，附加应力大，且容易受生产及生活用水浸湿，本条规定的压实系数，现场通过精心施工是可以达到的。

当土（或灰土）垫层厚度大于 3m 时，其压实系数：3m 以内不应小于 0.95，大于 3m，超过 3m 部分不应小于 0.97。

6.2.4　设置土（或灰土）垫层主要在于消除拟处理土层的湿陷性，其承载力有较大提高，并可通过现场静载荷试验或动、静触探等试验确定。当无试验资料时，按本条规定取值可满足工程要求，并有一定的安全储备。总之，消除部分湿陷量的地基，其承载力不宜用得太高，否则，对减小湿陷不利。

6.2.5～6.2.6　垫层质量的好坏与施工因素有关，诸如土料或灰土的含水量、灰与土的配合比、灰土拌合的均匀程度、虚铺土（或灰土）的厚度、夯（压）实次数等是否符合设计规定。

为了确保垫层的施工质量，施工中将土料过筛，在最优或接近最优含水量下，将土（或灰土）分层夯实至关重要。

在施工进程中应分层取样检验，检验点位置应每层错开，即：中间、边缘、四角等部位均应设置检验点。防止只集中检验中间，而不检验或少检验边缘及四角，并以每层表面下 2/3 厚度处的干密度换算的压实系数，符合本规范的规定为合格。

6.3　强　夯　法

6.3.1　采用强夯法处理湿陷性黄土地基，在现场选点进行试夯，可以确定在不同夯击能下消除湿陷性黄土层的有效深度，为设计、施工提供有关参数，并可验证强夯方案在技术上的可行性和经济上的合理性。

6.3.2　夯点的夯击次数以达到最佳次数为宜，超过最佳次数再夯击，容易将表层土夯松，消除湿陷性黄土层的有效深度并不增大。在强夯施工中，夯击次数既不是越少越好，也不是越多越好。最佳或合适的夯击次数可按试夯记录绘制的夯击次数与夯击下沉量（以下简称夯沉量）的关系曲线确定。

单击夯击能量不同，最后 2 击平均夯沉量也不同。单击夯击能量大，最后 2 击的平均夯沉量也大；反之，则小。最后 2 击平均夯沉量符合规定，表示夯击次数达到要求，可通过试夯确定。

6.3.3～6.3.4　本条款 6.3.3 中的数值，总结了黄土地区有关强夯试夯资料及工程实践经验，对选择强夯方案，预估消除湿陷性黄土层的有效深度有一定作用。

强夯法的单位夯击能，通常根据消除湿陷性黄土层的有效深度确定。单位夯击能大，消除湿陷性黄土层的深度也相应大，但设备的起吊能力增加太大往往不易解决。在工程实践中常用的单位夯击能多为 1000～4000kN·m，消除湿陷性黄土层的有效深度一般为 3～7m。

6.3.5 采用强夯法处理湿陷性黄土地基，土的含水量至关重要。天然含水量低于 10% 的土，呈坚硬状态，夯击时表层土容易松动，夯击能量消耗在表层土上，深部土层不易夯实，消除湿陷性黄土层的有效深度小；天然含水量大于塑限含水量 3% 以上的土，夯击时呈软塑状态，容易出现"橡皮土"；天然含水量相当于或接近最优含水量的土，夯击时土粒间阻力较小，颗粒易于互相挤密，夯击能量向纵深方向传递，在相应的夯击次数下，总夯沉量和消除湿陷性黄土层的有效深度均大。为方便施工，在工地可采用塑限含水量 $w_p-(1\%～3\%)$ 或 $0.6w_L$（液限含水量）作为最优含水量。

当天然土的平均含水量低于最优含水量 5% 以上时，宜对拟夯实的土层加水增湿，并可按下式计算：

$$Q=(w_{op}-\overline{w})\frac{\overline{\rho}}{1+0.01\overline{w}}h\cdot A \qquad (6.3.5)$$

式中　Q——增湿拟夯实土层的计算加水量（m³）；

w_{op}——最优含水量（%）；

$\overline{w}$——在拟夯实层范围内，天然土的含水量加权平均值（%）；

$\overline{\rho}$——在拟夯实层范围内，天然土的密度加权平均值（g/cm³）；

h——拟增湿的土层厚度（m）；

A——拟进行强夯的地基土面积（m²）。强夯施工前 3～5d，将计算加水量均匀地浸入拟增湿的土层内。

6.3.6 湿陷性黄土处于或略低于最优含水量，孔隙内一般不出现自由水，每夯完一遍不必等孔隙水压力消散，采取连续夯击，可减少吊车移位，提高强夯施工效率，对降低工程造价有一定意义。

夯点布置可结合工程具体情况确定，按正三角形布置，夯点之间的土夯实较均匀。第一遍夯点夯击完毕后，用推土机将高出夯坑周围的土推至夯坑内填平，再在第一遍夯点之间布置第二遍夯点，第二遍夯击是将第二遍夯点及第一遍填平的夯坑同时进行夯击，完毕后，用推土机平整场地；第三遍夯点通常满堂布置，夯击完毕后，用推土机再平整一次场地；最后一遍用轻锤、低落距（4～5m）连续满拍 2～3 击，将表层土夯实拍平，完毕后，经检验合格，在夯面以上宜及时铺设一定厚度的灰土垫层或混凝土垫层，并进行基础施工，防止强夯表层土晒裂或受雨水浸泡。

第一遍和第二遍夯击主要是将夯坑底面以下的土层进行夯实，第三遍和最后一遍拍夯主要是将夯坑底面以上的填土及表层松土夯实拍平。

6.3.7 为确保采用强夯法处理地基的质量符合设计要求，在强夯施工进程中和施工结束后，对强夯施工及其地基土的质量进行监督和检验至关重要。强夯施工过程中主要检查强夯施工记录，基础内各夯点的累计夯沉量应达到试夯或设计规定的数值。

强夯施工结束后，主要是在已夯实的场地内挖探井取土样进行室内试验，测定土的干密度、压缩系数和湿陷系数等指标。当需要在现场采用静载荷试验检验强夯土的承载力时，宜于强夯施工结束一个月左右进行。否则，由于时效因素，土的结构和强度尚未恢复，测试结果可能偏小。

6.4 挤 密 法

6.4.1 本条增加了挤密法适用范围的部分内容，对一般地区的建筑，特别是有一些经验的地区，只要掌握了建筑物的使用情况、要求和建筑物场地的岩土工程地质情况以及某些必要的土性参数（包括击实试验资料等），就可以按照本节的条文规定进行挤密地基的设计计算。工程实践及检验测试结果表明，设计计算的准确性能够满足一般地区和建筑的使用要求，这也是从原规范开始比过去显示出来的一种进步。对这类工程，只要求地基挤密结束后进行检验测试就可以了，它是对设计效果和施工质量的检验。

对某些比较重要的建筑和缺乏工程经验的地区，为慎重起见，可在地基处理施工前，在工程现场选择有代表性的地段进行试验或试验性施工，必要时应按实际的试验测试结果，对设计参数和施工要求进行调整。

当地基土的含水量略低于最优含水量（指击实验结果）时，挤密的效果最好；当含水量过大或者过小时，挤密效果不好。

当地基土的含水量 $w \geqslant 24\%$、饱和度 $S_r > 65\%$ 时，一般不宜直接选用挤密法。但当工程需要时，在采取了必要的有效措施后，如对孔周围的土采取有效"吸湿"和加强孔填料强度，也可采用挤密法处理地基。

对含水量 $w<10\%$ 的地基土，特别是在整个处理深度范围内的含水量普遍很低，一般宜采取增湿措施，以达到提高挤密法的处理效果。

相比之下，爆扩密比其他方法挤密，对地基土含水量的要求要严格一些。

6.4.2 此条规定了挤密地基的布孔原则和孔心距的确定方法，原规范第 4.4.2 条和第 4.4.3 条的条文说明仍适合于本条规定。

本条的孔心距计算式与原规范计算式基本相同，仅在式中增加了"预钻孔直径"项。对无预钻孔的挤密法，计算式中的预钻孔直径为"0"，此时的计算式与原规范完全一样。

此条与原规范比较，除包括原规范的内容外，还增加了预钻孔的选用条件和有关的孔径规定。

6.4.3 当挤密法处理深度较大时，才能够充分体现出预钻孔的优势。当处理深度不太大的情况下，采用不预钻孔的挤密法，将比采用预钻孔的挤密法更加优越，因为此时在处理效果相同的条件下，前者的孔心距将大于后者（指与挤密填料孔直径的相对比值），后者需要增加孔内的取土量和填料量，而前者没有取土量，孔内填料量比后者少。在孔心距相同的情况下，预钻孔挤密比不预钻孔挤密，多预钻孔体积的取土量和相当于预钻孔体积的夯填量。为此，在本条中作了挤密法处理深度小于12m时，不宜预钻孔，当处理深度大于12m时可预钻孔的规定。

6.4.4 此条与原规范的第4.4.3条相同，仅将原规范的"成孔后"改为"挤密填孔后"，以适合包括"预钻孔挤密"在内的各种挤密法。

6.4.5 此条包括了原规范第4.4.4条的全部内容，为帮助人们正确、合理、经济的选用孔内填料，增加了如何选用孔内填料的条文规定。

根据大量的试验研究和工程实践，符合施工质量要求的夯填灰土，其防水、隔水性明显不如素土（指符合一般施工质量要求的素填土），孔内夯填灰土及其他强度高的材料，有提高复合地基承载力或减小地基处理宽度的作用。

6.4.6 原规范条文中提出了挤密法的几种具体方法，如沉管、爆扩、冲击等。虽说冲击法挤密中涵盖了"夯扩法"的内容，但鉴于近10年在西安、兰州等地工程中，采用了比较多的挤密，其中包括一些"土法"与"洋法"预钻孔后的夯扩挤密，特别在处理深度比较大或挤密机械不便进入的情况下，比较多的选用了夯扩挤密或采用了一些特制的挤密机械（如小型挤密机等）。

为此，在本条中将"夯扩"法单独列出，以区别以往冲击法中包含的不够明确的内容。

6.4.7 为提高地基的挤密效果，要求成孔挤密应间隔分批、及时夯填，这样可以使挤密地基达到有效、均匀、处理效果好。在局部处理时，必须强调由外向里施工，否则挤密不好，影响到地基处理效果。而在整片处理时，应首先从边缘开始、分行、分点、分批，在整个处理场地平面范围内均匀分布，逐步加密进行施工，不宜像局部处理时那样，过分强调由外向里的施工原则，整片处理应强调"从边缘开始、均匀分布、逐步加密、及时夯填"的施工顺序和施工要求。

6.4.8 规定了不同挤密方法的预留松动层厚度，与原规范规定基本相同，仅对个别数字进行了调整，以更加适合工程实际。

6.4.11 为确保工程质量，避免设计、施工中可能出现的问题，增加了这一条规定。

对重要或大型工程，除应按6.4.11条检测外，还应进行下列测试工作，综合判定实际的地基处理效果。

1 在处理深度内应分层取样，测定孔间挤密土和孔内填料的湿陷性、压缩性、渗透性等；

2 对挤密地基进行现场载荷试验、局部浸水与大面积浸水试验、其他原位测试等。

通过上述试验测试，所取得的结果和试验中所揭示的现象，将是进一步验证设计内容和施工要求是否合理、全面，也是调整补充设计内容和施工要求的重要依据，以保证这些重要或大型工程的安全可靠及经济合理。

6.5 预浸水法

6.5.1 本条规定了预浸水法的适用范围。工程实践表明，采用预浸水法处理湿陷性黄土层厚度大于10m和自重湿陷量的计算值大于500mm的自重湿陷性黄土场地，可消除地面下6m以下土层的全部湿陷性，地面下6m以上土层的湿陷性也可大幅度减小。

6.5.2 采用预浸水法处理自重湿陷性黄土地基，为防止在浸水过程中影响周边邻近建筑物或其他工程的安全使用以及场地边坡的稳定性，要求浸水坑边缘至邻近建筑物的距离不宜小于50m，其理由如下：

1 青海省地质局物探队的拟建工程，位于西宁市西郊西川河南岸Ⅲ级阶地，该场地的湿陷性黄土层厚度为13～17m。青海省建筑勘察设计院于1977年在该场地进行勘察，为确定场地的湿陷类型，曾在现场采用15m×15m的试坑进行浸水试验。

2 为消除拟建住宅楼地基土的湿陷性，该院于1979年又在同一场地采用预浸法进行处理，浸水坑的尺寸为53m×33m。

试坑浸水试验和预浸水法的实测结果以及地表开裂范围等，详见表6.5.2。

青海省物探队拟建场地

表6.5.2　试坑浸水试验和预浸水法的实测结果

时间	浸水		自重湿陷量的实测值（mm）		地表开裂范围（m）	
	试坑尺寸（m×m）	时间（昼夜）	一般	最大	一般	最大
1977年	15×15	64	300	400	14	18
1979年	53×33	120	650	904	30	37

从表6.5.2的实测结果可以看出，试坑浸水试验和预浸水法，二者除试坑尺寸（或面积）及浸水时间有所不同外，其他条件基本相同，但自重湿陷量的实

测值与地表开裂范围相差较大。说明浸水影响范围与浸水试坑面积的大小有关。为此，本条规定采用预浸水法处理地基，其试坑边缘至周边邻近建筑物的距离不宜小于 50m。

6.5.3 采用预浸水法处理地基，土的湿陷性及其他物理力学性质指标有很大变化和改善，本条规定浸水结束后，在基础施工前应进行补充勘察，重新评定场地或地基土的湿陷性，并应采用垫层法或其他方法对上部湿陷性黄土层进行处理。

7 既有建筑物的地基加固和纠倾

7.1 单液硅化法和碱液加固法

7.1.1 碱液加固法在自重湿陷性黄土场地使用较少，为防止采用碱液加固法加固既有建筑物地基产生附加沉降，本条规定加固自重湿陷性黄土地基应通过试验确定其可行性，取得必要的试验数据，再扩大其应用范围。

7.1.2 当既有建筑物和设备基础出现不均匀沉降，或地基受水浸湿产生湿陷时，采用单液硅化法或碱液加固法对其地基进行加固，可阻止其沉降和裂缝继续发展。

采用上述方法加固拟建的构筑物或设备基础的地基，由于上部荷载还未施加，在灌注溶液过程中，地基不致产生附加下沉，经加固的地基，土的湿陷性消除，比天然土的承载力可提高 1 倍以上。

7.1.3 地基加固施工前，在拟加固地基的建筑物附近进行单孔或多孔灌注溶液试验，主要目的为确定设计施工所需的有关参数，并可查明单液硅化法或碱液加固法加固地基的质量及效果。

7.1.4～7.1.5 地基加固完毕后，通过一定时间的沉降观测，可取得建筑物或设备基础的沉降有无稳定或发展的信息，用以评定加固效果。

（Ⅰ）单 液 硅 化 法

7.1.6 单液硅化加固湿陷性黄土地基的灌注工艺，分为压力灌注和溶液自渗两种。

压力灌注溶液的速度快，渗透范围大。试验研究资料表明，在灌注溶液过程中，溶液与土接触初期，尚未产生化学反应，被浸湿的土体强度不但未提高，并有所降低，在自重湿陷严重的场地，采用此法加固既有建筑物地基时，其附加沉降可达 300mm 以上，既有建筑物显然是不允许的。故本条规定，压力单液硅化宜用于加固自重湿陷性黄土场地上拟建工程的地基，也可用于加固非自重湿陷性黄土场地上的既有建筑物地基。非自重湿陷性黄土的湿陷起始压力值较大，当基底压力不大于湿陷起始压力时，不致出现附加沉降，并已为工程实践和试验研究资料所证明。

压力灌注需要加压设备（如空压机）和金属灌注管等，加固费用较高，其优点是水平向的加固范围较大，基础底面以下的部分土层也得到加固。

溶液自渗的速度慢，扩散范围小，溶液与土接触初期，被浸湿的土体小，既有建筑物和设备基础的附加沉降很小（一般约 10mm），对建筑物无不良影响。

溶液自渗的灌注孔可用钻机或洛阳铲完成，不要用灌注管和加压等设备，加固费用比压力灌注的费用低，饱和度不大于 60% 的湿陷性黄土，采用溶液自渗，技术上可行，经济上合理。

7.1.7 湿陷性黄土的天然含水量较小，孔隙中不出现自由水，采用低浓度（10%～15%）的硅酸钠溶液注入土中，不致被孔隙中的水稀释。

此外，低浓度的硅酸钠溶液，粘滞度小，类似水一样，溶液自渗较畅通。

水玻璃（即硅酸钠）的模数值是二氧化硅与氧化钠（百分率）之比，水玻璃的模数值越大，表明 SiO_2 的成分越多。因为硅化加固主要是由 SiO_2 对土的胶结作用，水玻璃模数值的大小对加固土的强度有明显关系。试验研究资料表明，模数值 $\frac{SiO_2 \%}{Na_2O \%}=1$ 的纯偏硅酸钠溶液，加固土的强度很小，完全不适合加固土的要求，模数值在 2.50～3.30 范围内的水玻璃溶液，加固土的强度可达最大值。当模数值超过 3.30 以上时，随着模数值的增大，加固土的强度反而降低。说明 SiO_2 过多，对加固土的强度有不良影响，因此，本条规定采用单液硅化加固湿陷性黄土地基，水玻璃的模数值宜为 2.50～3.30。

7.1.8 加固湿陷性黄土的溶液用量与土的孔隙率（或渗透性）、土颗粒表面等因素有关，计算溶液量可作为采购材料（水玻璃）和控制工程总预算的主要参数。注入土中的溶液量与计算溶液量相同，说明加固土的质量符合设计要求。

7.1.9 为使加固土体联成整体，按现场灌注溶液试验确定的间距布置灌注孔较合适。

加固既有建筑物和设备基础的地基，只能在基础侧向（或周边）布置灌注孔，以加固基础侧向土层，防止地基产生侧向挤出。但对宽度大的基础，仅加固基础侧向土层，有时难以满足工程要求。此时，可结合工程具体情况在基础侧向布置斜向基础底面中心以下的灌注孔，或在其台阶布置穿透基础的灌注孔，使基础底面下的土层获得加固。

7.1.10 采用压力灌注，溶液有可能冒出地面。为防止在灌注溶液过程中，溶液出现上冒，灌注管打入土中后，在连接胶皮管时，不得摇动灌注管，以免灌注管外壁与土脱离产生缝隙，灌注溶液前，并应将灌注管周围的表层土夯实或采取其他措施进行处理。灌注压力由小逐渐增大，剩余溶液不多时，可适当提高其压力，但最大压力不宜超过 200kPa。

7.1.11 溶液自渗，不需要分层打灌注管和分层灌注溶液。设计布置的灌注孔，可用钻机或洛阳铲一次钻（或打）至设计深度。孔成后，将配好的溶液注满灌注孔，溶液面宜高出基础底面标高 0.50m，借助孔内水头高度使溶液自行渗入土中。

灌注孔数量不多时，钻（或打）孔和灌溶液，可全部一次施工，否则，可采取分批施工。

7.1.12 灌注溶液前，对拟加固地基的建筑物进行沉降和裂缝观测，并可同加固结束后的观测情况进行比较。

在灌注溶液过程中，自始至终进行沉降观测，有利于及时发现问题并及时采取措施进行处理。

7.1.13 加固地基的施工记录和检验结果，是验收和评定地基加固质量好坏的重要依据。通过精心施工，才能确保地基的加固质量。

硅化加固土的承载力较高，检验时，采用静力触探或开挖取样有一定难度，以检查施工记录为主，抽样检验为辅。

（Ⅱ）碱液加固法

7.1.14 碱液加固法分为单液和双液两种。当土中可溶性和交换性的钙、镁离子含量大于本条规定值时，以氢氧化钠一种溶液注入土中可获得较好的加固效果。如土中的钙、镁离子含量较低，采用氢氧化钠和氯化钙两种溶液先后分别注入土中，也可获得较好的加固效果。

7.1.15 在非自重湿性黄土场地，碱液加固地基的深度可为基础宽度的 2～3 倍，或根据基底压力和湿陷性黄土层深度等因素确定。已有工程采用碱液加固地基的深度大都为 2～5m。

7.1.16 将碱液加热至 80～100℃ 再注入土中，可提高碱液加固地基的早期强度，并对减小拟加固建筑物的附加沉降有利。

7.2 坑式静压桩托换法

7.2.1 既有建筑物的沉降未稳定或还在发展，但尚未丧失使用价值，采用坑式静压桩托换法对其基础地基进行加固补强，可阻止该建筑物的沉降、裂缝或倾斜继续发展，以恢复使用功能。托换法适用于钢筋混凝土基础或基础内设有地（或圈）梁的多层及单层建筑。

7.2.2 坑式静压桩托换法与硅化、碱液或其他加固方法有所不同，它主要是通过托换桩将原有基础的部分荷载传给较好的下部土层中。

桩位通常沿纵、横墙的基础交接处、承重墙基础的中间、独立基础的四角等部位布置，以减小基底压力，阻止建筑物沉降不再继续发展为主要目的。

7.2.3 坑式静压桩主要是在基础底面以下进行施工，预制桩或金属管桩的尺寸都要按本条规定制作或加工。尺寸过大，搬运及操作都很困难。

7.2.4 静压桩的边长较小，将其压入土中对桩周的土挤密作用较小，在湿陷性黄土地基中，采用坑式静压桩，可不考虑消除土的湿陷性，桩尖应穿透湿陷性黄土层，并应支承在压缩性低或较低的非湿陷性黄土层中。桩身在自重湿陷性黄土层中，尚应考虑扣去桩侧的负摩擦力。

7.2.5 托换管的两端，应分别与基础底面及桩顶面牢固连接，当有缝隙时，应用铁片塞严实，基础的上部荷载通过托换管传给桩及桩端下部土层。为防止托换管腐蚀生锈，在托换管外壁宜涂刷防锈油漆，托换管安放结束后，其周围宜浇注 C20 混凝土，混凝土内并可加适量膨胀剂，也可采用膨胀水泥，使混凝土与原基础接触紧密，连成整体。

7.2.6 坑式静压桩属于隐蔽工程，将其压入土中后，不便进行检验，桩的质量与砂、石、水泥、钢材等原材料以及施工因素有关。施工验收，应侧重检验制桩的原材料化验结果以及钢材、水泥出厂合格证、混凝土试块的试验报告和压桩记录等内容。

7.3 纠 倾 法

7.3.1 某些已经建成并投入使用的建筑物，甚至某些正在建造中的建筑物，由于场地地基土的湿陷性及压缩性较高，雨水、场地水、管网水、施工用水、环境水管理不好，使地基土发生湿陷变形及压缩变形，造成建筑物倾斜和其他形式的不均匀下沉、建筑物裂缝和构件断裂等，影响建筑物的使用和安全。在这种情况下，解决工程事故的方法之一，就是采取必要的有效措施，使地基过大的不均匀变形减小到符合建筑物的允许值，满足建筑物的使用要求，本规范称此法为纠倾法。

湿陷性黄土浸水湿陷，这是湿陷性黄土地区有别于其他地区的一个特点。由此出发，本条将纠倾法分为湿法和干法两种。

浸水湿陷是一种有害的因素，但可以变有害为有利，利用湿陷性黄土浸水湿陷这一特性，对建筑物地基相对下沉较小的部位进行浸水，强迫其下沉，使既有建筑物的倾斜得以纠正，本法称为湿法纠倾。兰化有机厂生产楼地基下沉停产事故、窑街水泥厂烟囱倾斜事故等工程中，采用了湿法纠倾，使生产楼恢复生产、烟囱扶正，并恢复了它们的使用功能，节省了大量资金。

对某些建、构筑物，由于邻近范围内有建、构筑物或有大量的地下构筑物等，采用湿法纠倾，将会威胁到邻近地上或地下建、构筑物的安全，在这种情况下，对地基应选择不浸水或少浸水的方法，对不浸水的方法，称为干法纠倾，如掏土法、加压法、顶升法等。早在 20 世纪 70 年代，甘肃省建筑科学研究院用加压法处理了当时影响很大的天水军民两用机场跑道下沉全工程停工的特大事故，使整个工程复工，经过近 30 年的使用考验，证明处理效果很好。

又如甘肃省建筑科学研究院对兰化烟囱的纠倾，采用了小切口竖向调整和局部横向扇形掏土法；西北铁科院对兰州白塔山的纠倾，采用了横向掏土和竖向顶升法，都取得了明显的技术、经济和社会效益。

7.3.2 在湿陷性黄土场地对既有建筑物进行纠倾时，必须全面掌握原设计与施工的情况、场地的岩土工程地质情况、事故的现状、产生事故的原因及影响因素、地基的变形性质与规律、下沉的数量与特点、建筑物本身的重要性和使用上的要求、邻近建筑物及地下构筑物的情况、周围环境等各方面的资料，当某些重要资料缺少时，应先进行必要的补充工作，精心做好纠倾前的准备。纠倾方案，应充分考虑到实施过程中可能出现的不利情况，做到有对策、留余地，安全可靠、经济合理。

7.3.3～7.3.6 规定了纠倾法的适用范围和有关要求。

采用浸水法时，一定要注意控制浸水范围、浸水量和浸水速率。地基下沉的速率以 5～10mm/d 为宜，当达到预估的浸水滞后沉降量时，应及时停水，防止产生相反方向的新的不均匀变形，并防止建筑物产生新的损坏。

采用浸水法对既有建筑物进行纠倾，必须考虑到对邻近建筑物的不利影响，应有一定的安全防护距离。一般情况下，浸水点与邻近建筑物的距离，不宜小于 1.5 倍湿陷性黄土层深度的下限，并不宜小于 20m；当土层中有碎石类土和砂土夹层时，还应考虑到这些夹层的水平向串水的不利影响，此时防护距离宜取大值；在土体水平向渗透性小于垂直向和湿陷性黄土层深度较小（如小于 10m）的情况下，防护距离也可适当减小。

当采用浸水法纠倾难于达到目的时，可将两种或两种以上的方法因地、因工程制宜地结合使用，或将几种干法纠倾结合使用，也可以将干、湿两种方法合用。

7.3.7 本条从安全角度出发，规定了不得采用浸水法的有关情况。

靠近边坡地段，如果采用浸水法，可能会使本来稳定的边坡成为不稳定的边坡，或使原来不太稳定的边坡进一步恶化。

靠近滑坡地段，如果采用浸水法，可能会使土体含水量增大，滑坡体的重量加大，土的抗剪强度减小，滑动面的阻滑作用减小，滑坡体的滑动作用增大，甚至会触发滑坡体的滑动。

所以在这些地段，不得采用浸水法纠倾。

附近有建、构筑物和地下管网时，采用浸水法，可能顾此失彼，不但会损害附近地面、地下的建、构筑物及管网，还可能由于管道断裂，建筑物本身有可能产生新的次生灾害，所以在这种情况下，不宜采用浸水法。

7.3.8 在纠倾过程中，必须对拟纠倾的建筑物和周围情况进行监控，并采取有效的安全措施，这是确保工程质量和施工安全的关键。一旦出现异常，应及时处理，不得拖延时间。

纠倾过程中，监测工作一般包括下列内容：

1 建筑物沉降、倾斜和裂缝的观测；
2 地面沉降和裂缝的观测；
3 地下水位的观测；
4 附近建筑物、道路和管道的监测。

7.3.9 建筑物纠倾后，如果在使用过程中还可能出现新的事故，经分析认为确实存在潜在的不利因素时，应对该建筑物进行地基加固并采取其他有效措施，防止事故再次发生。

对纠倾后的建筑物，开始宜缩短观测的间隔时间，沉降趋于稳定后，间隔时间可适当延长，一旦发现沉降异常，应及时分析原因，采取相应措施增加观测次数。

8 施　　工

8.1 一般规定

8.1.1～8.1.2 合理安排施工程序，关系着保证工程质量和施工进度及顺利完成湿陷性黄土地区建设任务的关键。以往在建设中，有些单位不是针对湿陷性黄土的特点安排施工，而是违反基建程序和施工程序，如只图早开工，忽视施工准备，只顾房屋建筑，不重视附属工程；只抓主体工程，不重视收尾竣工……因而往往造成施工质量低劣、返工浪费、拖延进度以及地基浸水湿陷等事故，使国家财产遭受不应有的损失，施工程序的主要内容是：

1 强调做好施工准备工作和修通道路、排水设施及必要的护坡、挡土墙等工程，可为施工主体工程创造条件；

2 强调"先地下后地上"的施工程序，可使施工人员重视并抓紧地下工程的施工，避免场地积水浸入地基引起湿陷，并防止由于施工程序不当，导致建筑物产生局部倾斜或裂缝；

3 强调先修通排水管道，并先完成其下游，可使排水畅通，消除不良后果。

8.1.3 本条规定的地下坑穴，包括古墓、古井和砂井、砂巷。这些地下坑穴都埋藏在地表下不同深度内，是危害建筑物安全使用的隐患，在地基处理或基础施工前，必须将地下坑穴探查清楚与处理妥善，并应绘图、记录。

目前对地下坑穴的探查和处理，没有统一规定。如：有的由建设部门或施工单位负责，也有的由文物部门负责。由于各地情况不同，故本条仅规定应探查和处理的范围，而未规定完成这项任务的具体部门或单位，各地可根据实际情况确定。

8.1.4 在湿陷性黄土地区，雨季和冬季约占全年时间的 1/3 以上，对保证施工质量，加快施工进度的不利因素较多，采取防雨、防冻措施需要增加一定的工程造价，但绝不能因此而不采取有效的防雨、防冻措施。

基坑（或槽）暴露时间过长，基坑（槽）内容易积水，基坑（槽）壁容易崩塌，在开挖基坑（槽）或大型土方前，应充分做好准备工作，组织分段、分批流水作业，快速施工，各工序之间紧密配合，尽快完成地基基础和地下管道等的施工与回填，只有这样，才能缩短基坑（槽）的暴露时间。

8.1.5 近些年来，城市建设和高层建筑发展较迅速，地下管网及其他地下工程日益增多，房屋越来越密集，在既有建筑物的邻近修建地下工程时，不仅要保证地下工程自身的安全，而且还应采取有效措施确保原有建筑物和管道系统的安全使用。否则，后果不堪设想。

8.2 现场防护

8.2.1 湿陷性黄土地区气候比较干燥，年降雨量较少，一般为 300~500mm，而且多集中在 7~9 三个月，因此暴雨较多，危害性较大，建筑场地的防洪工程不但应提前施工，并应在雨季到来之前完成，防止洪水淹没现场引起灾害。

8.2.2 施工期间用的临时防洪沟、水池、洗料场、淋灰池等，其设施都很简易，渗漏水的可能性大，应尽可能将这些临时设施布置在施工现场的地形较低处或地下水流向的下游地段，使其远离主要建筑物，以防止或减少上述临时设施的渗漏水渗入建筑物地基。

据调查，在非自重湿陷性黄土场地，水渠漏水的横向浸湿范围约为 10~12m，淋灰池漏水的横向浸湿范围与上述数值基本相同，而在自重湿陷性黄土场地，水渠漏水的横向浸湿范围一般为 20m 左右。为此，本条对上述设施距建筑物外墙的距离，按非自重湿陷性黄土场地和自重湿陷性黄土场地，分别规定为不宜小于 12m 和 25m。

8.2.3 临时给水管是为施工用水而装设的临时管道，施工结束后务必及时拆除，避免将临时给水管道，长期埋在地下腐蚀漏水。例如，兰州某办公楼的墙体严重裂缝，就是由于竣工后未及时拆除临时给水管道而被埋在地下腐蚀漏水所造成的湿陷事故。总结已有经验教训，本条规定，对所有临时给水管道，均应在施工期间将其绘在施工总平面图上，以便检查和发现，施工完毕，不再使用时，应立即拆除。

8.2.4 已有经验说明，不少取土坑成为积水坑，影响建筑物安全使用，为此本条规定，在建筑物周围 20m 范围内不得设置取土坑。当确有必要设置时，应设在现场的地形较低处，取土完毕后，应用其他土将取土坑回填夯实。

8.3 基坑或基槽的施工

8.3.3 随着建设的发展，湿陷性黄土地区的基坑开挖深度越来越大，有的已超过 10m，原来认为湿陷性黄土地区基坑开挖不需要采取支护措施，现在已经不能满足工程建设的要求，而黄土地区基坑事故却屡有发生。因而有必要在本规范内新增有关湿陷性黄土地区深基坑开挖与支护的内容。

除了应符合现行国家标准《岩土工程勘察规范》和国家行业标准《建筑基坑支护技术规程》的有关规定外，湿陷性黄土地区的深基坑开挖与支护还有其特殊的要求，其中最为突出的有：

1 要对基坑周边外宽度为 1~2 倍开挖深度的范围内进行土体裂隙调查，并分析其对坑壁稳定性的影响。一些工程实例表明，黄土坑壁的失稳或破坏，常常呈现坍落或坍滑的形式，滑动面或破坏面的后壁常呈现直立或近似直立，与土体中的垂直节理或裂隙有关。

2 湿陷性黄土遇水增湿后，其强度将显著降低导致坑壁失稳。不少工程实例都表明，黄土地区的基坑事故大都与黄土坑壁浸水增湿软化有关。所以对黄土基坑来说，严格的防水措施是至关重要的。当基坑壁有可能受水浸湿时，宜采用饱和状态下黄土的物理力学性质指标进行设计与验算。

3 在需要对基坑进行降低地下水位时，所需的水文地质参数特别是渗透系数，宜根据现场试验确定，而不应根据室内渗透试验确定。实践经验表明，现场测定的渗透系数将比室内测定结果要大得多。

8.4 建筑物的施工

8.4.1 各种施工缝和管道接口质量不好，是造成管沟和管道渗漏水的隐患，对建筑物危害极大。为此，本条规定，各种管沟应整体穿过建筑物基础。对穿过外墙的管沟要求一次做到室外的第一个检查井或距基础 3m 以外，防止在基础内或基础附近接头，以保证接头质量。

8.5 管道和水池的施工

8.5.1 管材质量的优、劣，不仅影响其使用寿命，更重要的是关系到是否漏水渗入地基。近些年，由于市场管理不规范，产品鉴定不严格，一些不符合国家标准的劣质产品流入施工现场，给工程带来危害。为把好质量关，本条规定，对各种管材及其配件进场时，必须按设计要求和有关现行国家标准进行检查。经检查不合格的不得使用。

8.5.2 根据工程实践经验，从管道基槽开挖至回填结束，施工时间越长，问题越多。本条规定，施工管道及其附属构筑物的地基与基础时，应采取分段、流水作业，或分段进行基槽开挖、检验和回填。即：完成一段，再施工另一段，以便缩短管道和沟槽的暴露时间，防止雨水和其他水流入基槽内。

8.5.6 对埋地压力管道试压次数的规定：

1 据调查，在非自重湿陷性黄土场地（如西安地区），大量埋地压力管道安装后，仅进行1次强度和严密性试验，在沟槽回填过程中，对管道基础和管道接口的质量影响不大。进行1次试压，基本上能反映出管道的施工质量。所以，在非自重湿陷性黄土场地，仍按原规范规定应进行1次强度和严密性试验。

2 在自重湿陷性黄土场地（如兰州地区），普遍反映，非金属管道进行2次强度和严密性试验是必要的。因为非金属管道各品种的加工、制作工艺不稳定，施工过程中易损易坏。从工程实例分析，管道接口处的事故发生率较高，接口处易产生环向裂缝，尤其在管基垫层质量较差的情况下，回填土时易造成隐患。管口在回填土后一旦产生裂缝，稍有渗漏，自重湿陷性黄土的湿陷很敏感，极易影响前、后管基下沉，管口拉裂，扩大破坏程度，甚至造成返工。所以，本规范要求做2次强度和严密性试验，而且是在沟槽回填前、后分别进行。

金属管道，因其管材质量相对稳定；大口径管道接口已普遍采用橡胶止水环的柔性材料；小口径管道接口施工质量有所提高；直埋管中管，管材材质好，接口质量严密……从金属管道整体而言，均有一定的抗不均匀沉陷的能力。调查中，普遍认为没有必要做2次试压。所以，本次修订明确指出，金属管道进行1次强度和严密性试验。

8.5.7 从压力管道的功能而言，有两种状况：在建筑物基础内外，基本是防护距离以内，为其建筑物的生产、生活直接服务的附属配水管道。这些管道的管径较小，但数量较多，很繁杂，可归为建筑物内的压力管道；还有的是穿越城镇或建筑群区域内（远离建筑物）的主体输水管道。此类管道虽然不在建筑物防护距离之内，但从管道自身的重要性和管道直接埋地的敷设环境看，对建筑群区域的安全存在不可忽视的威胁。这些压力管道在本规范中基本属于构筑物的范畴，是建筑物的室外压力管道。

原规范中规定：埋地压力管道的强度试验压力应符合有关现行国家标准的规定；严密性试验的压力值为工作压力加100kPa。这种写法没有区分室内和室外压力管道，较为笼统。在工程实践中，一些单位反映，目前室内、室外压力管道的试压标准较混乱无统一标准遵循。

1998年建设部颁发实施的国家标准《给水排水管道工程施工及验收规范》（以下简称"管道规范"）解决了室外压力管道试压问题。该"管道规范"明确规定适用于城镇和工业区的室外给水排水管道工程的施工及验收；在严密性试验中，"管道规范"的要求明显高于原规范，其试验方法与质量检测标准也较高。

考虑到湿陷性黄土对防水有特殊要求，所以，室外压力管道的试压标准应符合现行国家标准"管道规范"的要求。

在本次修订中，明确规定了室外埋地压力管道的试验压力值，并强调强度和严密性的试验方法、质量检验标准，应符合现行国家标准《给水排水管道工程施工及验收规范》的有关规定，这是最基本的要求。

8.5.8 本条对室内管道，包括防护范围内的埋地压力管道进行水压试验，基本上仍按原规范规定，高于一般地区的要求。其中规定室内管道强度试验的试验压力值，在严密性试验时，沿用原规范规定的工作压力加0.10MPa。测试时间：金属管道仍为2h，非金属管道为4h，并尽量使试验工作在一个工作日内完成。

建筑物内的工业埋地压力给水管道，因随工艺要求不同，有其不同的要求，所以本条另写，按有关专门规定执行。

塑料管品种繁多，又不断更新，国家标准正陆续制定，尚未系列化，所以，本规范对塑料管的试压要求未作规定。在塑料管道工程中，对塑料管的试压要求，只有参照非金属管的要求试压或者按相应现行国家标准执行。

8.5.9 据调查，雨水管道漏水引起的湿陷事故率仅次于污水管。雨水汇集在管道内的时间虽短暂，但量大，来得猛、管道又易受外界因素影响。如：小区内雨水管距建筑物基础近；有的屋面水落管入地后直埋于柱基附近，再与地下雨水管相接，本身就处于不均匀沉降敏感部位；小区和市政雨水管防渗漏效果的好坏将直接影响交通和环境……所以，在湿陷性黄土地区，提高了对雨水管的施工和试验检验的标准，与污水管同等对待，当作埋地无压管道进行水压试验，同时明确要求采用闭水法试验。

8.5.10 本条对室外埋地无压管道单独规定，采用闭水试验方法，具体实施应按"管道规范"规定，比原规范规定的试验标准有所提高。

8.5.11 本条与8.5.10条相对应，将室内埋地无压管道的水压试验单独规定。至于采用闭水法试验，注水水头，室内雨水管道闭水试验水头的取值都与原规范一致。因合理、适用，则未作修订。

8.5.12 现行国家标准《给水排水构筑物施工验收规范》，对水池满水试验的充水水位观测，蒸发量测定，渗水量计算等都有详细规定和严格要求。本次修订，本规范仅将原规范条文改写为对水池应按设计水位进行满水试验。其方法与质量标准应符合《给水排水构筑物施工及验收规范》的规定和要求。

8.5.13 工程实例说明，埋地管道沟槽回填质量不规范，有的甚至凹陷有隐患。为此，本次修订，明确在0.50m范围内，压实系数按0.90控制，其他部位按0.95控制。基本等同于池（沟）壁与基槽间的标准，保护管道，也便于定量检验。

9 使用与维护

9.1 一般规定

9.1.1~9.1.2 设计、施工所采取的防水措施,在使用期间能否发挥有效作用,关键在于是否经常坚持维护和检修。工程实践和调查资料表明,凡是对建筑物和管道重视维护和检修的使用单位,由于建筑物周围场地积水、管道漏水引起的湿陷事故就少,否则,湿陷事故就多。

为了防止和减少湿陷事故的发生,保证建筑物和管道的安全使用,总结已有的经验教训,本章规定,在使用期间,应对建筑物和管道经常进行维护和检修,以确保设计、施工所采取的防水措施发挥有效作用。

用户部门应根据本章规定,结合本部门或本单位的实际,安排或指定有关人员负责组织制订使用与维护管理细则,督促检查维护管理工作,使其落到实处,并成为制度化、经常化,避免维护管理流于形式。

9.1.4 据调查,在建筑物使用期间,有些单位为了改建或扩建,在原有建筑物的防护范围内随意增加或改变用水设备,如增设开水房、淋浴室等,但没有按规范规定和原设计意图采取相应的防水措施和排水设施,以至造成许多湿陷事故。本条规定,有利于引起使用部门的重视,防止有章不循。

9.2 维护和检修

9.2.1~9.2.6 本节各条都是维护和检修的一些要求和做法,其规定比较具体,故未作逐条说明,使用单位只要认真按本规范规定执行,建筑物的湿陷事故有可能杜绝或减到最少。

埋地管道未设检漏设施,其渗漏水无法检查和发现。尽管埋地管道大都是设在防护范围外,但如果长期漏水,不仅使大量水浪费,而且还可能引起场地地下水位上升,甚至影响建筑物安全使用,为此,9.2.1条规定,每隔3~5年,对埋地压力管道进行工作压力下的泄漏检查,以便发现问题及时采取措施进行检修。

9.3 沉降观测和地下水位观测

9.3.3~9.3.4 在使用期间,对建筑物进行沉降观测和地下水位观测的目的是:

1 通过沉降观测可及时发现建筑物地基的湿陷变形。因为地基浸水湿陷往往需要一定的时间,只要按规范规定坚持经常对建筑物和地下水位进行观测,即可为发现建筑物的不正常沉降情况提供信息,从而可以采取措施,切断水源,制止湿陷变形的发展。

2 根据沉降观测和地下水位观测的资料,可以分析判断地基变形的原因和发展趋势,为是否需要加固地基提供依据。

附录A 中国湿陷性黄土工程地质分区略图

本附录A说明为新增内容。随着城市高层建筑的发展,岩土工程勘探的深度也在不断加深,人们对黄土的认识进一步深入,因此,本次修订过程中,除了对原版面的清晰度进行改观,主要收集和整理了山西、陕西、甘肃、内蒙古和新疆等地区有关单位近年来的勘察资料。对原图中的湿陷性黄土层厚度、湿陷系数等数据进行了部分修改和补充,共计27个城镇点,涉及到陕西、甘肃、山西等省、区。在边缘地区 Ⅶ 区新增内蒙古中部—辽西区 Ⅶ₃ 和新疆—甘西—青海区 Ⅶ₄;同时根据最新收集的张家口地区的勘察资料,据其湿陷类型和湿陷等级将该区划分在山西—冀北地区即汾河流域—冀北区 Ⅳ。本次修订共新增代表性城镇点19个,受资料所限,略图中未涉及的地区还有待于进一步补充和完善。

湿陷性黄土在我国分布很广,主要分布在山西、陕西、甘肃大部分地区以及河南的西部。此外,新疆、山东、辽宁、宁夏、青海、河北以及内蒙古的部分地区也有分布,但不连续。本图为湿陷性黄土工程地质分区略图,它使人们对全国范围内的湿陷性黄土性质和分布有一个概括的认识和了解,图中所标明的湿陷性黄土层厚度和高、低价地湿陷系数平均值,大多数资料的收集和整理源于建筑物集中的城镇区,而对于该区的台塬、大的冲积扇、河漫滩等地貌单元的资料或湿陷性黄土层厚度与湿陷系数值,则应查阅当地的工程地质资料或分区详图。

附录C 判别新近堆积黄土的规定

C.0.1 新近堆积黄土的鉴别方法,可分为现场鉴别和按室内试验的指标鉴别。现场鉴别是根据场地所处地貌部位、土的外观特征进行。通过现场鉴别可以知道哪些地段和地层,有可能属于新近堆积黄土,在现场鉴别把握性不大时,可以根据土的物理力学性质指标作出判别分析,也可按两者综合分析判定。

新近堆积黄土的主要特点是,土的固结成岩作用差,在小压力下变形较大,其所反映的压缩曲线与晚更新世(Q₃)黄土有明显差别。新近堆积黄土是在小压力下(0~100kPa或50~150kPa)呈现高压缩性,而晚更新世(Q₃)黄土是在100~200kPa压力段压缩性的变化增大,在小压力下变形不大。

C.0.2 为对新近堆积黄土进行定量判别,并利用土的物理力学性质指标进行了判别函数计算分析,将新近堆积黄土和晚更新世(Q₃)黄土的两组样品作判别分析,可以得到以下四组判别式:

$$R = -6.82e + 9.72a \qquad (C.0.2-1)$$

$R_0 = -2.59$，判别成功率为 79.90%

$$R = -10.86e + 9.77a - 0.48\gamma \qquad (C.0.2-2)$$

$R_0 = -12.27$，判别成功率为 80.50%

$$R = -68.45e + 10.98a - 7.16\gamma + 1.18w \qquad (C.0.2-3)$$

$R_0 = -154.80$，判别成功率为 81.80%

$$R = -65.19e + 10.67a - 6.91\gamma + 1.18w + 1.79w_L \qquad (C.0.2-4)$$

$R_0 = -152.80$，判别成功率为 81.80%

当有一半土样的 $R > R_0$ 时，所提供指标的土层为新近堆积黄土。式中 e 为土的孔隙比；a 为 $0 \sim 100$kPa，$50 \sim 150$kPa 压力段的压缩系数之大者，单位为 MPa^{-1}；γ 为土的重度，单位为 kN/m^3；w 为土的天然含水量（%）；w_L 为土的液限（%）。

判别实例：

陕北某场地新近堆积黄土，判别情况如下：

1 现场鉴定

拟建场地位于延河Ⅰ级阶地，部分地段位于河漫滩，在场地表面分布有 $3 \sim 7$m 厚黄褐～褐黄色的粉土，土质结构松散，孔隙发育，见较多虫孔及植物根孔，常混有粉质粘土土块及砂、砾或岩石碎屑，偶见陶瓷及朽木片。从现场土层分布及土性特征看，可初步定为新近堆积黄土。

2 按试验指标判定

根据该场地对应地层的土样室内试验结果，$w = 16.80\%$，$\gamma = -14.90$ kN/m^3，$e = 1.070$，$a_{50-150} = 0.68$MPa^{-1}，代入附（C.0.2-3）式，得 $R = -152.64 > R_0 = -154.80$，通过计算有一半以上的土性指标达到了上述标准。

由此可以判定该场地上部的黄土为新近堆积黄土。

附录 D 钻孔内采取不扰动土样的操作要点

D.0.1～D.0.2 为了使土样不受扰动，要注意掌握的因素很多，但主要有钻进方法、取样方法和取样器三个环节。

采用合理的钻进方法和清孔器是保证取得不扰动土样的第一个前提，即钻进方法与清孔器的选用，首先着眼于防止或减少孔底拟取土样的扰动，这对结构敏感的黄土显得更为重要。选择合理的取样器，是保证采取不扰动土样的关键。经过多年来的工程实践，以及西北综合勘察设计研究院、国家电力公司西北电力设计院、信息产业部电子综合勘察院等，通过对探井与钻孔取样的直接对比，其结果（见附表 D-2）证明：按附录 D 中的操作要点，使用回转钻进、薄壁清孔器清孔、压入法取样，能够保证取得不扰动土样。

目前使用的黄土薄壁取样器中，内衬大多使用镀锌薄钢板。由于薄钢板重复使用容易变形，内外壁易粘附残留的蜡和土等弊病，影响土样的质量，因此将逐步予以淘汰，并以塑料或酚醛层压纸管代替。

D.0.3 近年来，在湿陷性黄土地区勘察中，使用的黄土薄壁取样器的类型有：无内衬和有内衬两种。为了说明按操作要点以及使用两种取样器的取样效果，在同一勘探点处，对探井与两种类型三种不同规格、尺寸的取样器（见附表 D-1）的取土质量进行直接对比，其结果（见附表 D-2）说明：应根据土质结构、当地经验、选择合适的取样器。

当采用有内衬的黄土薄壁取样器取样时，内衬必须是完好、干净、无变形，且与取样器的内壁紧贴。当采用无内衬的取样器取样时，内壁必须均匀涂抹润滑油，取土样时，应使用专门的工具将取样器中的土样缓缓推出。但在结构松散的黄土层中，不宜使用无内衬的取样器。以免土样从取样器另装入盛土筒过程中，受到扰动。

钻孔内取样所使用的几种黄土薄壁取样器的规格，见附表 D-1。

同一勘探点处，在探井内与钻孔内的取样质量对比结果，见附表 D-2。

西安咸阳机场试验点，在探井内与钻孔内的取样质量对比，见附表 D-3。

附表 D-1　黄土薄壁取土器的尺寸、规格

取土器类型	最大外径 (mm)	刃口内径 (mm)	样筒内径 (mm)		盛土筒长 (mm)	盛土筒厚 (mm)	余（废）土筒长 (mm)	面积比 (%)	切削刃口角度 (℃)	生产单位
			无衬	有衬						
TU—127—1	127	118.5	—	120	150	3.00	200	14.86	10	西北综合勘察设计研究院
TU—127—2	127	120	121	—	200	2.25	200	7.57	10	
TU—127—3	127	116	118	—	185	2.00	264	6.90	12.50	信息产业部电子综勘院

对比指标 取样方法 试验场地	孔　隙　比（e）				湿陷系数（δ_s）				备注
	探井	TU127-1	TU127-2	TU127-3	探井	TU127-1	TU127-2	TU127-3	
咸阳机场	1.084	1.116	1.103	1.146	0.065	0.055	0.069	0.063	
平均差	—	0.032	0.019	0.062		0.001	0.004	0.002	
西安等驾坡	1.040	1.042	1.069	1.024	0.032	0.027	0.035	0.030	
平均差	—	0.002	0.029	0.016		0.005	0.003	0.002	Q₃
陕西蒲城	1.081	1.070	—	—	0.050	0.044	—	—	黄土
平均差	—	0.011	—	—		0.006	—	—	
陕西永寿	0.942	—	—	0.964	0.056	—	—	0.073	
平均差	—	—	—	0.022		—	—	0.017	
湿陷等级	按钻孔试验结果评定的湿陷等级与探井完全吻合								

附表 D-3　西安咸阳机场在探井内与钻孔内的取土质量对比表

对比指标 取样方法 取土深度（m）	孔　隙　比（e）				湿陷系数（δ_s）			
	探井	钻孔 1	钻孔 2	钻孔 3	探井	钻孔 1	钻孔 2	钻孔 3
1.00～1.15	1.097	—	1.060	—	0.103	—	—	—
2.00～2.15	1.035	1.045	1.010	1.167	0.086	0.070	0.066	0.081
3.00～3.15	1.152	1.118	0.991	1.184	0.067	0.058	0.039	0.087
4.00～4.15	1.222	1.336	1.316	1.106	0.069	0.075	0.077	0.050
5.00～5.15	1.174	1.251	1.249	1.323	0.071	0.060	0.061	0.080
6.00～6.15	1.173	1.264	1.256	1.192	0.083	0.089	0.085	0.068
7.00～7.15	1.258	1.209	1.238	1.194	0.083	0.079	0.084	0.065
8.00～8.15	1.770	1.202	1.217	1.205	0.102	0.091	0.079	0.079
9.00～9.15	1.103	1.057	1.117	1.152	0.046	0.029	0.057	0.066
10.00～10.15	1.018	1.040	1.121	1.131	0.026	0.016	0.036	0.038
11.00～11.15	0.776	0.926	0.888	0.993	0.018	0.006	0.010	
12.00～12.15	0.824	0.830	0.770	0.963	0.040	0.020	0.009	0.016
说　明	钻孔 1 采用 TU127-1 型取土器；钻孔 2 采用 TU127-2 型取土器；钻孔 3 采用 TU127-3 型取土器							

附录 G　湿陷性黄土场地地下水位上升时建筑物的设计措施

湿陷性黄土地基土增湿和减湿，对其工程特性均有显著影响。本措施主要适用于建筑物在使用期内，由于环境条件恶化导致地下水位上升影响地基主要持力层的情况。

G.0.1　未消除地基全部湿陷量，是本附录的前提条件。

G.0.2～G.0.7　基本保持原规范条文的内容，仅在个别处作了文字修改，主要是为防止不均匀沉降采取的措施。

G.0.8　设计时应考虑建筑物在使用期间，因环境条件变化导致地下水位上升的可能，从而对地下室和地下管沟采取有效的防水措施。

G.0.9　本条是根据山西省引黄工程太原呼延水厂的工程实例编写的。该厂距汾河二库的直线距离仅 7.8km，水头差高达 50m。厂址内的工程地质条件很复杂，有非自重湿陷性黄土场地与自重湿陷性黄土场地，且有碎石地层露头。水厂设计地面分为三个台地，有填方，也有挖方。在方案论证时，与会专家均指出，设计应考虑原非自重湿陷性黄土场地转化为自重湿陷性黄土场地的可能性。这里，填方与地下水位上升是导致场地湿陷类型转化的外因。

附录 H 单桩竖向承载力静载荷浸水试验要点

H.0.1～H.0.2 对单桩竖向承载力静载荷浸水试验提出了明确的要求和规定。其理由如下：

湿陷性黄土的天然含水量较小，其强度较高，但它遇水浸湿时，其强度显著降低。由于湿陷性黄土与其他黏性土的性质有所不同，所以在湿陷性黄土场地上进行单桩承载力静载荷试验时，要求加载前和加载至单桩竖向承载力的预估值后向试坑内昼夜浸水，以使桩身周围和桩底端持力层内的土均达到饱和状态，否则，单桩竖向静载荷试验测得的承载力偏大，不安全。

附录 J 垫层、强夯和挤密等地基的静载荷试验要点

J.0.1 荷载的影响深度和荷载的作用面积密切相关。压板的直径越大，影响深度越深。所以本条对垫层地基和强夯地基上的载荷试验压板的最小尺寸作了规定，但当地基处理厚度大或较大时，可分层进行试验。

挤密桩复合地基静载荷试验，宜采用单桩或多桩复合地基静载荷试验。如因故不能采用复合地基静载荷试验，可在桩顶和桩间土上分别进行试验。

J.0.5 处理后的地基土密实度较高，水不易下渗，可预先在试坑底部打适量的浸水孔，再进行浸水载荷试验。

J.0.6 对本条规定的试验终止条件说明如下：

1 为地基处理设计（或方案）提供参数，宜加至极限荷载终止；

2 为检验处理地基的承载力，宜加至设计荷载值的 2 倍终止。

J.0.8 本条提供了三种地基承载力特征值的判定方法。大量资料表明，垫层的压力-沉降曲线一般呈直线或平滑的曲线，复合地基载荷试验的压力-沉降曲线大多是一条平滑的曲线，均不易找到明显的拐点。因此承载力按控制相对变形的原则确定较为适宜。本条首次对土（或灰土）垫层的相对变形值作了规定。

3

工业建筑

中华人民共和国国家标准

工业企业总平面设计规范

GB 50187—93

条 文 说 明

前　言

根据国家计委计综〔1986〕250号文的要求，由中国工业运输协会负责主编，具体由中国工业运输协会秘书处会同有关单位共同编制的《工业企业总平面设计规范》GB 50187—93，经建设部1993年9月27日以建标〔1993〕730号文批准发布。

为便于广大设计、施工、科研、高等院校等有关单位和人员在使用本规范时能正确理解和执行条文规定，《工业企业总平面设计规范》编制组根据国家计委关于编制标准、规范条文说明的统一要求，按《工业企业总平面设计规范》的章、节、条顺序，编制了

《工业企业总平面设计规范条文说明》，供国内各有关部门和单位参考。在使用中如发现本条文说明有欠妥之处，请将意见直接函寄武汉钢铁设计研究院（湖北省武汉市青山区冶金大道12号，邮政编码：430080）。

本条文说明仅供国内有关部门和单位执行本规范时使用。

1993年9月

目　　录

第一章 总 则

第 1.0.1 条 本条规定了制定本规范的目的。

第 1.0.2 条 本条规定了本规范的适用范围。适用于新建、扩建和改建的工业企业总平面设计。考虑到各类工业企业在总平面设计中的特殊要求，本条规定允许各工业部门、各行业根据本规范的规定制定本部门、本行业规范或规定。

第 1.0.3 条 节约用地是我国的基本国策，本条强调工业企业总平面设计必须特别重视节约用地，合理用地，千方百计地提高土地利用率。

第 1.0.4 条 本条规定了改建、扩建工业企业应合理利用、改造现有设施，避免大拆大迁，以节约投资。但也不能迁就现状，对于现有设施，强调合理利用，并加以改造，以提高企业的技术水平，增加企业的经济效益。要求通过企业改建、扩建，使企业总平面布置更趋合理。并重视改建、扩建施工对现有生产的影响。

第 1.0.5 条 本条规定工业企业总平面设计必须进行多方案技术经济比较，因为工业企业总平面设计质量，不仅取决于设计技术水平，而且还取决于设计方案比选的数量。特别在厂址选择和初步设计阶段，至少应有 3 个方案进行比较，只有这样才能选择出较优的设计方案。

第 1.0.6 条 工业企业总平面设计，涉及到很多国家政策、法令和标准、规范，仅执行本规范的规定是不够的，但也不能在本规范中列出所有应执行的标准、规范，故本条规定在工业企业总平面设计中除执行本规范外，尚应符合国家颁布的现行的防火、安全、交通运输、卫生、环保等有关规范的规定。

在特殊自然条件地区建设工业企业，如地震区、湿陷性黄土地区、膨胀土地区以及永冻土地区，尚应执行有关的专门规范。

第二章 厂 址 选 择

第 2.0.1 条 本条是根据国家计委《基本建设设计工作管理暂行办法》等有关文件中关于建设地点的选择原则和有关要求，并结合我国 40 年建厂经验和教训提出的。

本条规定在厂址选择时，必须按照基本建设程序办事，这是因为厂址选择是一项政策性强、涉及面广的综合性的技术经济工作，是在工业布局的指导下进行的，如果不按基本建设程序办事，不符合工业总体规划的要求，厂址选择就易出现主观性和片面性，使厂址选择出现失误，给国家造成损失。

厂址位于城镇时，其位置应符合城市规划的要求。

第 2.0.2 条 本条规定在选择工业企业厂区时，必须同时考虑选择居住区、废料场、交通运输、动力公用设施及环境保护工程等用地。以往的建厂教训主要是，重视选择厂区而忽视其他用地，致使居住区用地不足、分散布置，造成职工生活不便、上下班远；有的居住区受到严重污染；有的企业投产后，因无废料场地，致使废料沿厂区边缘或路旁堆放，影响企业安全生产。为了保证上述设施有足够的用地，选厂时，应对上述几项用地同时选择。

第 2.0.3 条 本条规定厂址选择应根据资源分布和消费地点，把缩短运输距离、力求外部运输总费用最小作为选厂的重要因素。同时，结合建厂地区的自然条件、经济条件进行多方案技术经济比较，方能选出较优厂址。如我国江西某冶炼厂在选址时深入调查，对六个地区 28 个厂址进行了踏勘，经比较筛选，对 3 个厂址进行了比选。第 1 个厂址的外部运输费用每年 1640 万元，第 2 个厂址外部运输费用 1900 万元，第 3 个厂址的外部运输费用 1796 万元。最后确定第 1 个厂址为冶炼厂厂址。相反，某轴承厂在确定厂址时，由于对影响厂址的因素没有作深入的调查，就确定了厂址，致使企业建成后，水电供应严重不足，气象、水质条件差，给生产和生活带来很多困难，不得不迁建。因此，本条规定，厂址选择应进行深入的调查研究，并进行多方案技术经济比较，择优确定。

第 2.0.4 条 为了降低生产成本，减少运输费用，本条规定厂址宜靠近原料、燃料基地或消费地。运量大的企业，运输费用占生产成本的 1/3 甚至 1/2，如建材、钢铁、制碱、煤炭企业等。年产 3000kt 的钢铁联合企业，每生产 1t 钢，外部运量约达 6～8t，其外部总运输量约达 18000～24000kt。如果厂外运输距离近，则每年要节约大量的运输量，这就必然节约了基建费和运营费。如我国四川某大型企业，靠近铁矿、煤矿，原料、燃料运输距离短。因此，对失重大的企业，宜靠近原料基地；对耗燃料大的企业，如火力发电厂，宜靠近燃料基地；对于运输其成品要比运输初始原料困难多的企业，如机器制造业、轻工业、食品工业、玻璃工业等宜位于消费地。

本条还规定了厂址应有方便、经济的交通运输条件，同厂外铁路、公路、港口的连接短捷，工程量小。这是因为交通运输条件是厂址选择的重要因素，特别对运量大的企业尤为重要。方便、经济的交通条件，有利生产，方便生活，促进企业的发展。如某轴承厂位于山区，远距火车站 80km，交通运输非常不便，原材料及成品进出全靠汽车运输，每吨产品的成本费较运输方便的同类企业高出 5 倍。又如某齿轮厂，离城市较远，虽有公路与县市相通，但每到雨季，道路常被山洪或河道洪水淹没堵阻，使运输中断，对企业生产和职工生活造成较大的影响。

第 2.0.5 条 企业生产需要用电、用水，充足的、可靠的电源、水源是保证企业正常生产的必需条件。如钢铁工业的电炉炼钢，每炼 1t 钢耗电 500～700kW·h；有色工业每冶炼 1t 铜耗水 160～180t，耗电约 1000kW·h；生产 1t 铝需耗电 14000～18000kW·h，需补充新水 30t 左右。因此，本条规定厂址选择应保证有充足的电源和水源。对于用水、用电量特别大的企业，为了缩短管线长度，节约基建投资，降低运营费用，其厂址宜靠近水源、电源，如耗水量大的造纸厂、电厂，耗电量大的电解铝厂、铁合金厂、电炉炼钢厂等。

第 2.0.6 条 根据《中华人民共和国环境保护法》第六条"一切企业、事业单位的选址、设计、建设和生产，都必须充分注意防止对环境的污染和破坏。"及《基本建设项目环境保护管理办法》、《工业企业设计卫生标准》等的要求制定了本条规定。

为了有利于企业排入大气中的烟尘扩散，厂址应有良好的自然通风条件，不应位于窝风地段。厂址位于窝风地段，会使企业散发的有害气体、烟尘无法较快地排除，而使企业受到污染。

第 2.0.7 条 本条根据现行国家标准《建筑地基基础设计规范》的要求，对水文地质和工程地质作了原则的规定。这是由于各类工业企业建筑物荷载不同，对地基承载力要求大小不一。在通常情况下，对建筑物荷载较大的企业，其厂址土壤承载力宜不小于 0.15MPa，如钢铁、有色、火电、重型机械等企业；对于建筑物荷载较小的企业，其厂址土壤承载力不宜小于 0.1MPa，如中小型机械、轻工、电子、饮食、纺织等企业。

当厂址位于冲积平原或沿海滩地时，由于土壤多由淤泥或淤泥质土组成，土壤承载力多在 0.08～0.1MPa。如不能满足厂址要求，可根据企业建筑物荷载采取加固措施。上海某大型企业位于沿海滩地，由于建筑物荷载大，而采取打桩加固措施，提高了场地承载力。

由于企业生产要求和设备不同，建筑物、构筑物基础埋设深度也不一样，故本条对水文地质未作具体规定。可根据企业厂址具体要求确定。在通常情况下，要求厂址地下水位宜低于建筑物、构筑物基础埋设深度，并要求水质对基础无腐蚀性。

第 2.0.8 条 企业场地面积的大小，主要根据工艺水平、建筑布置、运输结构、贮运装备、辅助设施、发展要求及自然条件等因素综合确定。由于各类企业上述因素不尽相同，故本条对企业用地面积只作了原则的规定，各企业厂址面积可根据国家规定的用地定额指标和具体要求确定。

根据多年来基本建设的经验，企业必须预留适当的发展用地。据对 20 个选矿厂的调查，建成后进行较大规模扩建的约占 90%；据对 50 多个机械企业调查，几乎全都有不同程度的发展。

厂址应具有适宜的地形坡度，既满足生产、运输、场地排水要求，又能节约土石方工程量，加快建设进度，节约基建投资。据对已建成的 72 个不同类型的企业调查，其中 52 个企业的厂址自然地形坡度小于 5%，主要运输方式为铁路和道路；13 个企业厂址的自然地形坡度在 5%～10% 之间，主要运输方式为道路、胶带运输；7 个企业厂址的自然地形坡度大于 10%，主要运输方式是胶带、管道运输。由于各类企业厂址对自然地形坡度要求不同，本条对适宜的地形坡度未作规定。

第 2.0.9 条 分工协作和专业化生产是现代工业发展的必然趋势。本条规定厂址应有利于同相邻近企业和依托城市在生产、修理、动力公用设施、交通运输、综合利用和生活设施等方面的协作。

加强相互协作，开展横向联合，发挥各自的技术优势，搞好专业化协作生产，是推进技术进步，提高产品质量，克服企业"大而全"、"小而全"弊端的有效途径。上海某大型厂，由于充分利用依托城市的有利条件，开展相互协作，在不到 3 年时间里建成投产，其速度之快、质量之高在我国前所未有。

第 2.0.10 条 为了保证企业不受洪水和内涝的威胁，厂址选择应重视防洪排涝。慎重地确定防洪标准和防洪措施。关于防洪标准，应根据企业的规模、重要性、服务年限等因素确定。

第 2.0.11 条 本条规定下列地段或地区不应作为厂址，其依据分别说明如下：

第一款 根据现行国家标准《建筑抗震设计规范》（GBJ 11—89）第 1.0.2 条规定，该规范仅适用于设防烈度为 6 度至 9 度的工业与民用建筑物。在 9 度以上地震区建厂，既增加基建投资，又增加不安全因素。因此，本款规定不应在设防烈度高于 9 度的地震区选厂。

第二款 不良地质地段是指泥石流、滑坡、流沙、溶洞、活断层等地段或地区，其中泥石流、滑坡现象较多。

泥石流、滑坡是以往矿山建设和山区建厂中曾多次发生又较难以解决的问题，给矿山建设和企业造成重大的经济损失。如江西某选矿工业场地，由于大面积开挖而引起滑坡，使部分建筑物变形，整治一年，工程费高达 500 万元。又如某农机厂，厂址在受泥石流威胁地区，一次特大的暴雨引发了该地区的泥石流，泥石流溢出排洪沟，冲进煤气站及锅炉房，堵塞了管道，冲毁厂外铁路专用线 140m 及一个高约 25m、宽约 3m 的大型截流坝，造成该厂停产，损失 30 万元，加上修复、加固等费用，高达 80 万元。

第三款 在采矿陷落（错动）区界限内建厂，易造成建筑物、构筑物断裂、损坏、位移、倒塌，不仅影响企业正常生产且危及人身安全。本款是总结实践经验制定的。

第四款　根据《民用爆破器材工厂设计安全规范》和《爆破安全规程》的有关规定制定。

第五款　在水库的下游建厂，必须确保水库堤坝稳固且使厂址不受洪水及堤、坝决溃的威胁，如不能确保厂址的安全，则不应在坝或堤决溃后可能淹没的地区选厂。

第六、七款　根据《基本建设项目环境保护管理办法》和《关于加强风景名胜保护管理工作的报告》以及有关的规定制定。

第八款　历史文物古迹保护区是指国家和省市公布的单位或地区。

第九款　根据《关于保护机场净空的规定》一款"在机场净空区域内，严禁修建超出本规定的高大建筑物和影响机场通信、导航设施"和有关规定制定。

第十款　Ⅳ级自重湿陷性黄土是指很严重的湿陷性场地。在土的自重压力下受水浸湿发生湿陷的黄土地区，新近堆积黄土由于形成年代短，土质松散又极不均匀，承载力低，因此，具有一定的湿陷性及高压缩性，土壤耐压力较低。故在上述黄土地区建厂将增加土建工程费用和结构技术处理的复杂性，如果处理不好，容易引起湿陷或滑移，使建筑物遭受破坏。本条根据《湿限性黄土地区建筑规范》（GBJ 25—90）第3.2.1条第五款规定制定。

膨胀土具有吸水膨胀、失水收缩的特性，其膨胀力高达 7.75MPa，常给建筑物、构筑物带来严重的破坏，故本条规定厂址不应位于Ⅲ级膨胀土地区。如云南某厂，厂址位于Ⅲ级膨胀土地区，企业建成后不到 4 年，75.4％的房屋发生开裂，迫使该企业不得不停建。

第十一款　本款根据《中华人民共和国矿产资源法》第 31 条"在建筑铁路、工厂、……非经国务院授权部门批准，不得压复重要矿床"的规定制定的。

如辽宁某挖掘机厂，位于大型煤矿矿床上，近年来，由于地下开采区逐渐接近厂区，虽距厂区 300m，但开采影响线已波及厂区，致使场地下沉，建筑物开裂。后经国家计委批准，迁建他处，造成几千万元的损失。另外，在开采矿藏区建厂，对矿藏的开采、建筑物的稳定、安全生产都是很不利的，故本条对此作了规定。

第三章　总　体　规　划

第一节　一　般　规　定

第 3.1.1 条　工业企业总体规划一般需要在厂址确定以后进行（个别情况也有同步进行的）。

首先，应有国家（或主管部门）批准的可行性研究报告，其内容必须包括建设规模、发展远景计划，还必须提供比选厂址阶段较为详细的自然条件、城镇

规划资料、经济及交通运输等资料以及厂址所在地区的特殊要求等。

在总体规划中，必须进行多方案技术经济比较，才能做出能满足生产、运输、防震、防洪、防火、安全、卫生、环境保护和满足职工生活需要的优秀的规划设计。

第 3.1.2 条　当工业企业建设在城镇或靠近城镇时，工业企业的总体规划，应以城镇总体规划为依据，并符合其规划要求。不在城镇附近的工业企业的总体规划，应与当地的地区规划相协调。一个工业企业的建设，对当地地区的发展有很大影响，它不仅带动原有城镇的发展，也会促进新城镇的建立，使工业企业节省建设资金，加快建设速度，有利于为职工创造较好的生产和生活条件。

规定中提出企业与城镇和其他企业之间在交通运输、动力供应、修理、综合利用及生活设施等方面加强协作，实现专业化、社会化，这是经济体制改革的一个重要方面，是提高产品质量和劳动生产率、发挥设备效率、提高投资效益、降低生产成本和节约用地的有效措施。在总体规划中应予以贯彻。如某市的几个企业共用专用线和编组站，节约了占地，节省了投资。

第 3.1.3 条　工业企业的各类设施应同时规划，还是做好总体规划，使企业尽快发挥投资效益所必需的。如洛阳涧西工业区是 50 年代以 3 个机械厂为主体建设起来的，在总体规划中，对各厂区、居住区、供电、供水、排水及交通运输、商业、医疗等服务设施，都同时规划，合理安排，从而很快形成一个工业区，很快发挥投资效益，在国民经济中发挥了重要作用。又如完全由国内自行设计的攀枝花钢铁公司，由于全面规划各类设施，在总体规划的指导下，有步骤地进行建设，在荒无人烟的山谷中，迅速形成一个数十万人的新兴工业城市。近几年新建的上海金山石油化工总厂、上海宝山钢铁总厂等大型工业企业的总体规划，也都是很成功的。

大型工业企业，基建工程量大，施工期长，一般都设有专门的施工基地，为了保证工业企业总体规划的合理性，施工基地应同企业各类设施用地同时规划。

第 3.1.4 条　条文规定了分期建设的工业企业，近远期应统一规划，近期建设项目宜集中布置，远期建设项目，应根据生产发展趋势及当地建设条件预留发展用地。只有处理好了近远期关系，才能保证企业最终总体规划的合理。

唐山某电厂，按国家要求，一期工程按 250kW 规模设计，留有扩建到 500kW 的可能，并且不堵死以后再扩建的可能。该厂的实际建设规模很快地扩大到 750kW 及 115kW，最后确定该厂规模为 1550kW。由于该厂在总体规划中做到了以近期为主，远近结

合，较好地处理了远近期的建设和发展用地。

第 3.1.5 条 联合企业中不同类型的工厂应按生产性质、相互关系、协作条件等因素分区集中布置。布置时要注意：产生污染的工厂，不要对非污染工厂产生影响；易产生火灾爆炸危险的工厂，不要对其他工厂构成威胁；布置上不影响相互间的发展。多年基本建设的经验说明，工业企业建设只考虑自身的污染，而忽视对相邻企业的影响，造成许多不良的后果，必须在今后建设中尽力避免。

第二节 防护距离

第 3.2.1 条 1979 年修订颁发的《工业企业设计卫生标准》(TJ 36—79) 规定"卫生防护距离的宽度，应由建设主管部门会同省、市、自治区卫生、环境保护主管部门根据具体情况确定"，这一规定太原则。1983 年国家颁发了《制订地方大气污染物排放标准的技术原则和方法》(GB 3840—83)，对卫生防护距离的确定，作了比较科学的规定。目前，国家已颁发了十五类工业企业卫生防护距离标准，如炼油厂、磷肥厂、硫酸厂、硫化碱厂、铝厂（电解铝）、水泥厂、焦化厂、烧结厂、氮肥厂、造纸厂、铜冶炼厂、树脂厂、黄磷厂、氯丁橡胶厂、蓄电池厂等。在工业企业总体规划中，应按国家现行的规定设置卫生防护距离。

卫生防护距离的大小，与国情、工艺生产技术水平、对污染的治理水平以及当地气象条件等因素有关。

为了节约用地，本条规定应尽量利用原有绿地、水塘、河流、山岗和不利于建筑的房屋地带作为卫生防护距离。

规定在卫生防护距离内不得设置经常居住的房屋，是考虑到使人身不受污染。对卫生防护距离应进行绿化是为了减少环境污染，改善生态环境。

第 3.2.4 条 产生高噪声的工业企业系指企业内部噪声超过某一声级，以致对外部环境或内部工作环境产生明显影响的企业。

第三节 交 通 运 输

第 3.3.1 条 本条规定了工业企业交通运输规划应遵循的原则和要求。工业企业交通运输的规划，应符合工业企业总体规划的要求，并应满足生产要求，与当地交通运输现状和发展规划相协调。由于大中型企业运量大，对所在地区的运输影响大，只有与城镇和地区运输规划统一考虑，才能保证企业的正常生产。在有条件的地区，可实行运输专业化、社会化。

交通运输规划还应兼顾地方客货运输，方便职工通勤需要，充分发挥其社会效益，这也是十分必要的。如某矿务局运输部自管的准轨铁路，除完成该矿务局的煤炭外运、物资材料的输送、职工上下班通勤

服务外，还为抚顺市 200 余家企业服务，其客运列车承担了市内大量人员的交通运输任务。再如鞍山钢铁公司运输部自管的铁路，除完成该公司所属各厂矿的全部内外物资运输和职工上下班的通勤外，还承担了社会上 80 余家的货物运输以及东西环线铁路行经地区的居民客运任务。类似这样的企业铁路不少，他们为当地经济发展做出了贡献。

第 3.3.2 条 工业企业外部运输方式有水运、铁路、道路、带式输送、管道、索道等。各种运输方式有其适用范围，对地形、地质、气象条件也有不同的要求和适应性。企业外部运输方式的选择涉及诸多因素，一定要进行技术经济比较，选取经济合理的方案。

第 3.3.3 条 本条是根据《工业企业标准轨距铁路设计规范》(GBJ 12—87) 第 1.0.10 条、第 7.1.17 条和第 7.1.18 条的规定制定的。

第 3.3.4 条 本条规定是总结实践经验提出的。为了节约基建投资，节约用地，降低企业生产成本，企业的交接站（场）、企业站应充分利用路网站场的能力，避免重复设站。如我国火力发电厂，多数采用了货物交接，运输由路网铁路局统一管理，节约了基建投资，避免了重复设站。

第 3.3.5 条 工业企业的厂外道路，是城镇道路网和地区道路网的组成部分，因此，应符合城镇或所在地区道路网的规划。为了节约基建投资，节约用地，充分发挥城市或地区现有道路的运输能力，本条提出在规划企业厂外道路时，应充分利用现有的国家公路及城镇道路，并要求同厂外现有道路的连接距离短，工程量小。

第 3.3.6 条 总结实践经验，企业与居住区、企业站、码头、废料场以及邻近协作企业交通联系方便，能保证企业的正常生产，企业需要的原料、燃料、材料可以及时地运到，企业的废料、垃圾可方便地运走，同邻近企业的协作往来方便，同时保证职工通勤的需要。据对 30 多个机械企业调查，凡是企业交通运输条件好的，从生产到生活职工反映都比较好；凡是企业交通运输条件差的，企业生产和职工生活都有不少困难。

第 3.3.7 条 本条是为工业运输专业化、社会化而作的规定。

根据对于大、中城市市区或近郊区 20 多个工业企业的调查，大部分企业厂外汽车运输不同程度地委托城市运输部门承运，这是可行的。一些机械、化工、轻纺等企业反映，企业所需的煤、砂、石、大型机械等货物均委托当地运输公司承运，定时定量供应，降低了费用，供、运、需三方都感到有好处。

厂外汽车运输全部由本企业承担者，有两种情况：一是本企业运量很小，如某汽车电镀厂，全年运量只有 8000t，自备 1～2 辆汽车已经够用；另一种情

况是企业运量较大，当地运输公司能力不够，不能承担，只能自备车辆运输。

总的看来，凡有条件的地区，企业外部汽车运输委托城镇交通运输部门承运是经济合理的，应予以提倡。

对大型工业企业，设有独立核算的运输公司（运输部），向各分厂收取运费，全企业运输设备集中统一调度和管理，这种形式，提高了运输效率。某大型企业，把各分厂汽车集中到总厂运输处统一管理，显示了以下优点：

一、汽车完好率从 68% 上升到 90%；

二、油料消耗降低 16.5%；

三、里程利用率从 50% 上升到 66%；

四、每季度节约养路费 10 万元；

五、集中后每台汽车效率大为提高。

企业外部水路运输，一般也以委托水运部门承运为宜，企业自营水路运输需要设置码头、仓库、船舶等大量设施。但某些大中型企业，条件具备，经过比选，经济合理时，也可自行组织水运。

第 3.3.8 条　由于水路运输具有运量大、运费低、投资少的优点，故凡邻近江、河、湖、海的工业企业，都应充分利用水运。但由于水运受自然因素影响较大，特别是影响船舶航行的自然因素，如雾日、冰冻期、水位变化等，往往影响企业运输的保证性，所以规范提出水路运输可以满足企业运输要求时，应采用水路运输。这一点十分重要。如企业离河流稍远，也可考虑采用水、陆联运。

第 3.3.9 条　管道、带式输送机、索道等运输方式与其他运输方式应有合理的衔接，避免二次倒运和临时堆存，应形成一个协调的运输系统，以降低运输成本，减轻劳动强度。

第四节　动力公用设施

第 3.4.1 条　水源地应位于污水排放口及其他污染源的上游，并保持一定的防护距离，以保证满足生产对水质的要求。对生活饮用水水源地的位置及水源卫生防护地带的范围，按国家现行标准《生活饮用水卫生标准》的规定执行。

贵阳某厂，原饮用水水源位于河沟的下游，因受上游污染，职工患肝炎病的较多。后改接城市供水水源，防止了疾病的发生。水源、水质问题应予以足够的重视。

青海某厂，高位水池未注意防渗漏溢流，使用后不断地发生塌方，防治十分困难，教训深刻。因此，在类似工程中，必须避免。

第 3.4.2 条　本条所指的厂外污水处理设施系指全厂性污水处理场。污水处理场经常散发恶臭，污染大气、土壤及地下水，因而对其位置提出了要求，以利保护环境，减少污染范围。

第 3.4.3 条　为了减少热电站和锅炉房通向用户的管线敷设长度以及减少热能消耗，节约基建投资，因此，热电站和集中供热的锅炉房的位置宜靠近负荷中心或主要用户。同时应全面规划，保证有方便的供煤和排灰渣条件，以免造成投产后运营的困难。必须注意采取除尘、减尘等措施，以满足环保要求，防止对环境的污染。

第 3.4.4 条　总变电站，应布置在高压输电线路进出线方便处，一般情况下宜布置在厂区边缘。因高压输电线路要求有一定宽度的线路走廊，如不靠厂区边缘，输电线路必然穿越厂区，如采用架空线路，将加大厂区占地，且增加不安全因素，如采用电缆则要增加投资。

总变电站应不受粉尘、水雾、腐蚀性气体等污染源的影响，否则，将对电气设备造成严重腐蚀。如某化工厂变电所的位置，只注意靠近了负荷中心，忽视了大气腐蚀问题，由于硝酸车间酸雾的腐蚀，开关控制设备均被损坏，绝缘不良，配电盘角钢支架带电，不得不重建。

总变电站不应布置在有强烈振动设备的场地附近，以免振动对电气设备的影响，可能造成继电保护的误动作而发生事故。

第五节　居　住　区

第 3.5.1 条　居住区宜集中布置，或与相邻企业组成集中居住区，其优点是可以集中建设生活福利、文化、娱乐、商业等设施。能逐步形成一个完整的生活区，且有利于节约投资。中小型企业，居住区人口数量较少，占地面积不大，一般应集中布置。如分散布置，不利于公用设施配套建设且增加基建投资。如浙江某中型厂，居住区人口少，和邻近玻璃厂协作，联合建集中居住区。但对大型联合企业、大型矿山企业，职工人数较多，有时受自然条件限制，集中在一处建设居住区场地不足，所以规定"必要时，也可集中与分散相结合"。

第 3.5.2 条　在符合安全和卫生防护距离的要求下，居住区宜靠近工业企业布置，但紧靠在一起，出了厂门就是家门也不合适。虽然上下班方便，但不可避免地互相干扰，给工厂管理、安全、保卫带来一定麻烦，也影响居住区的安静和安全、卫生。特别是产生有害气体、烟、雾、粉尘的工业企业的居住区与厂区之间的距离，一定要符合卫生防护要求。但距离太远，职工上下班不便。根据我国目前的情况，在满足卫生、安全等防护距离要求的前提下，居住区最远边缘到工厂最近出入口的步行时间不超过 30min 是比较合适的。

居住区宜靠近城镇，与城镇统一规划，不但能充分利用城镇设施，节约投资，也大大有利于提高职工及家属的生活福利及文化娱乐水平，方便职工生活，同时，也有利于解决职工子女的教育及就业，安定职工情绪。

第3.5.4条 居住区利用荒地、劣地，在某些情况下，可能给职工生活带来一些不便。但节约用地是我们的基本国策，必须予以贯彻。

第3.5.5条 本条是为保障职工和家属人身安全作出的规定。湖北某大型企业建厂时，铺设了一条穿越企业居住区的临时铁路，后因工程量大，原规划的永久线路至今未建。临时线取代了永久线，造成几处与居住区主、次干道平面交叉，影响人身安全；铁路的噪声，影响居民休息。安徽某大型企业，在厂区与居住区之间设有铁路干线，形成居住区至厂区的道路多处与铁路交叉，影响交通、人身安全。如设立交，不仅增加工程费用，还会使进厂道路条件恶化。

第六节 废料场及尾矿场

第3.6.1条 工业废料，凡能利用的，均应加以综合利用。这是国家一项重大的技术政策。需综合利用的废料按其性质分别堆存，以便利用，减少利用时再倒堆、分检。

第3.6.2条 为防止废料，特别是含有有害、有毒和含有放射性物质的废料，对人身和土壤、大气、水体的污染，必须按国家现行的有关规范和本节的规定选择堆放地点，并确定必需的防护距离。

第3.6.3条 现在有的企业将废料直接排入江、河、湖、海，造成水体严重污染，影响极大。应提出注意的是：不少厂将废料场设置在江、河、湖、海岸旁滩洼地带，废料场初期距河道尚有一定距离，但随着废料量逐年增加，以致废料接近或浸入水体，造成水体污染，且影响航道。如某厂渣场约300m长一段浸入金沙江，污染水体，淤塞河道。为此本条规定了当利用江、河、湖、海岸旁滩洼地堆存废料时，不得污染水体，阻塞航道，或影响河流泄洪。

对废料排出量不大的中小工业企业利用城镇现有废料场堆放废料或与邻近企业合作共用废料场，可以节约投资和减少用地。

第3.6.4条 关于废料场的堆置年限，本条提出了原则的规定。这是因为随着技术进步，对废料的综合利用程度也在逐步提高，由于企业生产性质不同，技术水平各异，很难规定堆置年限的具体数字。如辽宁、山西某大型厂，钢渣的综合利用达100%，而湖北、北京某大型厂对钢渣利用只达50%。可根据企业排废料量的具体情况，确定堆存容量和堆存年限。如某大型厂初期堆存年限为10年。

第3.6.5条 由选矿厂排出的尾矿量很多，为了缩短尾矿的运输线路，节省基建投资，本条规定尾矿场宜靠近选矿厂布置。为了节约用地，尾矿场应建在条件好的荒山、沟谷。所谓条件好系指能满足尾矿场地面积、容积和运输线路技术条件的要求，且建坝工程量小，又不对居住区和村镇造成污染的地段，并能使尾矿自流输送，节省运营费。

第七节 排 土 场

第3.7.1条 本条对排土场的位置的选择提出了五款要求：

一、利用采空区排弃剥离物（即所谓内排土），主要是为了减少占地，而且还可缩短运输距离，降低剥离的成本。条文中规定条件允许的矿山是指对缓倾斜薄矿层矿床，适宜于内排土。如601金刚石矿、小关粘土矿等矿山。对急倾斜厚矿体矿床，按照我国传统的采矿工艺很难实现内排土。但如果同时有几个采区，通过有计划的安排采掘进度，先强化部分采区的开采，也可有意识地开辟内排土场，但目前很少这样做。

对分期开采的矿山，为取得较好的经济效益，将近期开采的剥离物堆放在远期开采境界以内，开采后期二次搬运，但必须经过技术经济比较，认为合理时方可采用。

二、我国的采掘工业计有大小1500余座露天矿山，历年来，占用和破坏的土地近3000万亩，现每年仍以30万亩或更高的速度在继续扩大。露天矿排土场占地面积平均占矿山用地的30%～50%，排土场占地之多是十分惊人的。目前，我国人均耕地面积约1.4亩，只有世界人均耗地面积的1/3，因此，排土场充分利用沟谷、荒地、劣地，不占或少占良田、耗地，节约和合理利用土地是一项极为重要的任务。

三、排土场荷重大，应位于地质良好地段。

四、许多矿山的排土场在排弃过程或停止排弃后，细颗粒尘埃随风飘扬，污染大气，对企业生产和居民影响较大。另外，由于剥离物的成分中，很多含硫较高，经雨水侵蚀、淋滤和长期风化，产生酸度较高的酸性水。这些酸性水从排土场渗流出来或雨季产生大量地表流水，将严重污染周围的农田和民用水。排土场给周围环境所造成的污染和破坏是不可忽视的，必须加以治理和控制。

五、在矿山开采时，对暂不能利用的有用矿物，要求进行分采、分堆；此外，为了利用地表土进行复垦，有计划地将剥离的地表土贮存，也必须分采、分堆。为了最大限度的回收及综合利用，在选择堆存位置时，要考虑运输线路的连接条件及装车作业等要求。

第3.7.2条 排土场是露天开采矿山的一个重要组成部分。随着我国采掘工业的发展，贫矿开采和露天开采的比例不断增大。以黑色冶金矿山为例，露天开采约90%，每年剥离的岩石和废土达200～300Mt，要占用大量的土地满足其堆置的需要。据调查，有不少矿山因排土场不落实而造成采剥失调，影响矿山的正常生产。因此，排土场容积在总体规划中应该满足容纳矿山所排弃的全部岩土。在计算排土场容积时，应考虑排弃物料的松散系数和下沉系数，有的还要考虑容量备用系数。由于排土场占地很大（仅全国冶金露天矿排土场每年新占用土地就在6000亩以上），为了避免过早地征用土地，造成长期闲置、浪费，排土场可按排土进度计划要求分期征用土地。

第3.7.3条 排土场稳定条件较好，系指在排土生产过程中产生局部沉陷、裂缝和变形。在此种情况下，排土场最终坡脚线与村庄、国家铁路、公路、高压输电线路等的安全距离（以下简称安全距离），主要考虑排土作业时，大块岩石沿边坡滚落以后排土场局部失稳引起的滑移。据调查，冶金、煤炭矿山部门曾对排土场滚石距离进行过测定，当由高度20m增至40m时，其滚石距离随高度的增加而逐渐减小，且均在1倍以内；另据对一些矿山的调查，其安全距离一般为50～75m。为确保安全，减少占地，条文规定，当排土场稳定条件较好，且堆置总高度小于50m时，安全距离宜为最终堆置高度的1.0～1.5倍。对村庄、国家铁路、公路等重要建筑物、构筑物，宜取上限值。

排土场不稳定，将在排土过程中发生较大规模的突然变形，如滑坡、泥石流等，其影响范围大至几百米或更远，造成的危害极其严重。影响排土场不稳定的因素很多，各个矿山必须因地制宜采取防治及安全防护措施。同时，排土场高度与排土场稳定也有直接关系，目前，对堆置总高度大于50m的矿山，尚未积累足够的实践经验，因此在上述两种情况下，其安全距离需根据矿山具体情况确定。

鉴于排土场坡脚线是动态变化的，形成最终坡脚线需要较长的时间，为了节约用地及避免过早的占地，除要求排土场分期设置之外，还应采取积极有效的疏、导、拦、挡等防治措施，尽量减少安全距离。

第3.7.4条 《中华人民共和国土地管理法》规定："采矿、取土后能够复垦的土地，用地单位或者个人应当负责复垦恢复利用。"矿山排土场不仅占用大量土地和山林，而且还严重地破坏了自然界的生态平衡，因此，复垦种植、覆土造田越来越得到重视。对被破坏的土地恢复使用，应本着因地制宜的原则，即宜农则农，宜林则林，宜牧则牧，宜建设则建设。排土场复垦必须与矿山开采工艺相协调，统一规划，充分利用排运设备使复垦工程分期实施，降低复垦成本。如广东坂潭锡矿，把采矿、复田两项工作密切配合起来，基本上做到征地、采矿、复田三者之间互相平衡，现已复垦耕种土地1432亩。又如永平铜矿，自1983年以来，在排土场上绿化植树，总面积已达150余亩。

第八节 施工基地及施工用地

第3.8.1条 为工业企业建设服务的施工基地内一般包括有：混凝土搅拌厂、预制品厂、木材加工厂、运输设备和施工机械停放场、修理设施和库房等，具有相当的规模，一般都需占用相当大的土地面积。根据调查，大型钢铁、有色、石化、机械企业、基建工程大，建设周期长，为其服务的施工设施较多，这些设施占用固定的用地，有的企业占地面积还相当大。据对3个大型钢铁企业调查，其施工基地用地面积分别为72×10^4、70×10^4、98×10^4 m²。由于基地内有相当数量的职工，因此职工居住区也需占用土地。在总体规划中，必须同时规划，并应位于企业不发展的一侧，以免企业发展时受到限制或引起拆迁。如湖北某大型厂，施工基地位于企业不发展的西北方向，由于位置合理，企业几次扩建，均未受到影响；而四川某大型厂施工基地邻近厂区尚有条件发展的一侧，当厂区扩建时，拆迁工程量大。施工生产基地应尽量靠近主要施工场地，以便于运输和管理。施工生活基地宜靠近企业居住区布置，以便共用有关生活福利设施等，为施工的职工创造有利条件。

第3.8.2条 施工基地的大宗材料和到达产品的运输数量是比较大的，所以一定要有良好的运输条件。尽可能利用企业的永久性铁路、道路等运输设施，以节约运输费用，降低基建投资。

第3.8.3条 施工用地一般系指施工中所需的材料及构件等的堆放场地和施工操作时所需的用地等，宜利用厂区空隙地、堆场用地、预留发展用地或防护地带等，以节约用地，减少施工中的反复搞场，避免增加不必要的搬运工作量。当上述场地不能满足一些工业企业施工用地时，还必须规划一定的施工用地。

第四章 总平面布置

第一节 一般规定

第4.1.1条 工业企业总平面布置，首先要考虑企业的性质，不同性质的企业，生产特点不同，因而对总平面布置除有其共性要求外，尚有各自的特殊要求。例如：精密仪表企业要求有洁净的生产环境；爆破器材加工企业有严格的防火、防爆要求；钢铁企业由于运输量大，且有炽热物料运输，因此，在运输方面有特殊要求。只有充分考虑其特性和要求，才能做出经济合理的总平面布置。

企业的规模不同，生产设施的组成和生产能力也就不同，因而也直接影响总平面的布置。如大型钢铁厂的炼铁车间，多配置1000m³以上的高炉，其生产特点是产量高，出铁次数多，铁水运输作业繁忙，故其总平面多采用岛式布置；而中小型钢铁厂的炼铁车间的情况则相反，其总平面布置多采用一列式。

生产流程是否顺畅，直接关系到企业的经济效益。如果流程不顺，就会延长生产作业线，甚至物流交叉、干扰，导致增加能源和人力、物力的消耗，增加不安全因素，降低劳动生产率等弊端。我国有些老企业，总平面布置不符合生产流程，存在上述弊端，留下深刻的教训。

总平面布置与厂内外运输设计是一个有机的整体，必须统筹考虑，使厂外原料、燃料的运输，成品的运出流向与各生产车间的生产流程相一致，避免物料往返、迂迴、折角运输，这对运输量大的企业尤为重要。如某钢铁公司矿石主要运输方向与厂内生产流程相反，致使矿石运输穿过厂区，增加了运输成本。

总平面布置还必须考虑企业的建设顺序和远期发展，以满足生产、建设和扩大再生产的需要。

总平面布置应符合防火、安全、卫生、检修和施工等规定的要求，并为企业的正常、安全生产创造必要的条件。

综上所述，总平面布置必须根据本条规定的诸因素，因地制宜地结合具体自然条件，统筹安排布置各项设施，并经多方案技术经济比较，方能求得较优方案。

第4.1.2条 我国的国情是人多地少，因此，"珍惜和合理利用每寸土地"是我国的基本国策。本条总结多年的设计和生产实践经验，对节约用地做了四款规定，具体说明如下：

一、建筑物、构筑物等设施集中、联合多层布置，减少了其间距和占地面积，是节约用地的有效途径，且可减少运输环节，为采用连续运输创造条件。为此，在国内外近年新建的企业中已广泛采用。但其前提是符合生产工艺流程、操作要求和使用功能要求，否则会顾此失彼造成不良后果。

二、按功能划分街区，使同一功能系统的各项设施布置在一个街区内，不仅有利于节约用地，且便于生产管理。通道宽度的宽窄，对厂区占地影响颇大，如山东某厂主要通道宽度达100m，如能压缩至90m，则可节约用地50亩。故应合理地确定通道宽度，使其适度。

三、厂区、街区和建筑物、构筑物的外形规整，避免局部凸出或凹进，以避免或减少厂区、街区形成零碎不便利用的场地，从而可以提高土地利用率。

四、街区内的各项设施紧凑合理布置，不仅对节约用地大有好处，且可缩短工程管线长度，减少工程费用。

第4.1.3条 妥善地处理企业近、远期工程关系，合理地预留发展用地，是总平面布置的一项重要任务。处理不好，会限制企业发展，或破坏合理的总平面布置；或浪费土地，增加基建工程费用，影响经营效果。为此，本条根据以往的经验教训，做了三款规定，具体说明如下：

一、分期建设的企业系指可行性研究报告中明确规定的分期建设项目，其总平面布置应全面考虑，统筹安排。为使近期工程能以较少的投资和用地，尽快地建成投产，取得经济效益，故近期工程项目应集中紧凑布置，并在布置上与远期工程相协调，为远期工程创造良好的施工条件，避免近期工程生产与远期工程建设相互干扰。

二、远期工程的预留用地在厂区外，不仅有利于达到上述目的，并可避免多占或早占土地，且在今后土地使用上有灵活性。如上海石油化工总厂就是按这一要求布置的，收到了良好的效果。当可行性研究报告中规定近远期工程相隔期很短，或在生产工艺上要求紧密相连时，远期工程方可预留在厂区内。因为不这样，不仅会浪费基建投资，且给生产上带来无法克服的后患。如上海宝山钢铁总厂符合上述要求，二期工程就是预留在厂内的。为了使预留发展用地，直接用于远期发展建设，不为它用，避免不必要的拆迁，影响正常使用，故不应在其用地范围内修建影响发展的永久性建筑物、构筑物等设施。

第4.1.4条 厂区通道宽度关系到企业总平面布置是否紧凑合理，对厂区用地影响甚大。通道过宽，不仅浪费土地，且会增加运输线路和工程管线长度，提高运输费用，过窄，则不能满足有关工程设施布置的技术要求，难以保证安全生产，或给生产作业造成不便。由于企业类别繁多，生产规模大小不一，各具特点，因此，对于通道宽度的要求，不能强求一致。故本条对通道宽度未作定量的规定。设计时，应根据企业的具体情况，按本条规定的七款要求，合理确定。

第4.1.5条 充分利用地形、地势和工程地质及水文地质条件，合理地布置建筑物、构筑物等设施，不仅可以减少基建工程量，节约工程费用，且对保证工程质量和企业正常生产大有好处。例如：某化工厂位于丘陵地带，一高层建筑物布置在填土较厚的地段，工程地质条件差，在施工中由于基础处理困难，不得不改移建设地点。

山区、丘陵地带，场地坡度大，建筑物、构筑物等设施平行等高线布置，既可减少土石方工程量，又可避免产生不均匀下沉造成的危害。场地坡度大，竖向设计多采用台阶布置形式，总平面布置应充分利用台阶间的高差，为物料采用管道自流输送、半壁料仓、滑坡式高站台、低货位等装卸设施创造有利条件，以减少工程费用，节约能耗，提高经济效益。

第4.1.6条 建筑物的朝向、采光和自然通风条件的优劣，直接关系到职工的身心健康、劳动生产率的提高，影响企业经济效益。为此，现行国家标准《工业企业设计卫生标准》（DJB 36—79）第10条明确规定"建筑物的方位，应保证室内有良好的自然采光、自然通风，并应防止过度西晒"。对高温、热加工、有特殊要求和人员较多的建筑物，尤应防止西晒，为其创造较好的工作环境。我国某钢铁公司车轮轮箍厂，由于受到地形条件限制，主厂房纵轴呈东西向布置，受到西晒影响，车间温度增高，不得不将厂房西侧墙壁做成大面积百叶窗，但效果仍不理想。

第4.1.7条 有害性气体、烟、雾、粉尘和强烈振动、高噪声对人员和生产设备以及产品质量均有不同程度的危害，故总平面布置应根据不同对象的具体要求，合理布置，避免受到危害。具体情况详见本规范第4.2.3条、第4.2.4条和第4.2.5条的说明。

第4.1.8条 合理地组织人流和货流，避免交叉干扰，使物料沿着短捷的路径，顺畅地输送到各生产部位，是确保安全生产所必需，也是降低运输成本的重要条件。为此，总平面布置，应使各项设施的位置符合上述要求。

第4.1.9条 以往在总平面设计中，对各项设施的平面布置的合理性已充分重视，这是必要的，但相对而言，对建筑群体的平面布局与空间景观的协调，并结合绿化，提高环境质量注意不够，缺乏艺术构思。为了创造良好的工作环境，改善劳动条件，激发劳动热情，提高劳动生产效率，故作本条规定。

第二节 生 产 设 施

第4.2.1条 大型建筑物、构筑物系指大型联合厂房、高层建筑物等，重型设备如合成氨塔等，这些大型建筑物、构筑物荷载大，布置在土质均匀、土壤允许承载力较大的地段，可以节省地基工程费用，且可避免因产生不均匀下沉酿成事故。如某压延设备厂金属结构车间布置在冲沟沟口处，虽然地形条件较好，但由于处在冲沟下游，工程地质为Ⅲ级自重湿陷性黄土，又是新堆积而成，土基松散，设计采用爆破桩，施工时桩底形不成设计要求的扩大头，虽采取措施，投产后仍陆续产生沉陷事故，露天跨柱子产生位移、下沉，不能使用，不得不拆除报废。为了减少土石方工程量和防水处理工程费用，确保工程质量，所以，较大、较深的地下建筑物、构筑物，宜布置在地下水位较低的填方地段。

第4.2.2条 要求洁净的生产设施，洁净度要求高〔所谓洁净度，就是在一定空间容积中允许含微粒子（灰尘）的浓度〕。如集成电路的生产在光刻过程中，若落上$0.5\mu m$的尘粒，就会形成一个隐患点，腐蚀后即形成"针孔"而报废；在管芯装配过程中，若沾上导电尘埃，会造成短路。故此类要求洁净的生产设施，应布置在大气含尘浓度较低、环境清洁的地段，并应使散发有害性气体、烟、雾、粉尘等污染源位于其全年最小频率风向的上风侧，且应符合国家现行标准《洁净厂房设计规范》的规定，以防污染，确保产品质量。

第4.2.3条 对产生和散发高温、有害性气体、烟、雾、粉尘的生产设施的布置，主要考虑2个因素，一是充分利用自然条件，使其生产过程中产生的高温或有害物质能尽快地扩散掉，以改善自身的环境条件；二是尽量避免或减少对周围其他设施的影响和污染。布置不当，势必造成危害。如上海某厂22kV屋外变电站，由于受到邻近生产设施有害物质的影响，仅运行几年，铝导线变黑，钢结构受腐蚀，已接近不能使用的程度。为此，上述设施应布置在厂区全年最小频率风向的上风侧，且地势开阔、通风条件良好的地段，并应避免采用封闭式或半封闭式布置形式。产生高温的生产设施，其长轴宜与夏季盛行风向垂直或呈不小于45°交角布置。

第4.2.4条 据调查，有的企业，某些有强烈振动的生产设施邻近防振要求较高的车间、办公室布置，不符合防振距离要求，致使受振车间不能正常生产，办公人员受到严重干扰。如山东某氨厂压缩空气机厂房外6m处布置有配电室，把距压缩机28m处的配电室油开关振坏，造成全厂停产事故；相距100m处的化验室万分之一天秤不能正常使用。据此，本条做了相应规定。表4.2.4-1、4.2.4-2是根据中国科学院武汉岩土力学研究所《工业企业总平面设计防振间距试验研究》报告，并参照国内外有关资料及《机械工厂总平面及运输设计规范》第3.5.3条的内容确定的。武汉岩土力学研究所在武汉、上海、鄂州地区进行测试，并将测试的结果进行综合分析，通过理论计算，提出了防振间距。但由于该成果的测试地点仅于上述的3个地区的几个企业，其场地土质情况尚不能概括全国各地区，故本表表4.2.4-1的使用条件在注②中作了仅适用于波能量吸收系数为0.04/m湿的砂类土、粉质土（按地质矿产部颁发的《土工试验规程》的规定，该两类土的饱和度大于0.5～0.8）和可塑的粘质土（按上述规程规定，该类土的液性系数为0.25～0.75）的规定。测试分析结果表明，振动的影响距离与土壤的波能量吸收系数成反比，与土壤的含水量成正比。因此，当土壤不符合上述条件时，其防振间距应适当增加或减少。具体增减数值，由于受测试条件的限制，难以确定。

第4.2.5条 噪声的危害很大，影响人体健康，分散工作人员注意力，降低工作效率，甚至会因此酿成事故。为尽量避免或减少噪声对环境生产的影响，故作了本条规定。

第4.2.6条 缩短物料的厂内运输行程，可以节省能耗，降低运输成本，对物料消耗量大的企业效益尤为显著。故需用大量原料、燃料的生产设施宜靠近相应的原、燃料贮存、加工设施布置，并应位于其全年最小频率风向的下风侧，以减少污染。例如，每生产100kt铁，需要铁精矿163kt，煤75kt，石灰石42kt。所以，在钢铁厂总平面布置时，应将烧结、焦化和炼铁车间靠近原料场布置，且应优先考虑烧结和焦化车间的位置。我国某钢铁总厂就是按上述要求布置的（如图1所示）。但是，对大宗原料、燃料需用量不大的企业，在总平面布置中，原、燃料运输问题并非主要矛盾，往往先考虑主要生产设施的位置，然后根据具体条件再确定为其服务的原料、燃料贮存、加工设施的位置，有时两者不能靠近布置，然而从全厂总平面布置全局来看是合理的。故本条在用词严格程度上，采用"宜"。

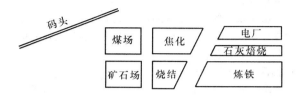

图1　某钢铁总厂有关设施相互位置示意图

第4.2.7条　易燃、易爆危险品生产设施，生产过程中危险性大，为尽量减少对外界影响，并防止万一发生火灾或爆炸事故危害其他设施的安全和保证本设施内的人员能迅速撤离危险区，避免伤亡事故。为此，本条作出相应规定。

第4.2.8条　有防潮、防水雾要求的生产设施，受水浸湿后，会影响设备正常运转，甚至酿成事故，或影响产品质量。故上述设施应布置在地势较高、地下水位较低的地段，且与循环水冷却塔之间应有必要的防护间距。

第三节　动力公用设施

第4.3.1条　各种动力设施，宜布置在其负荷中心，或靠近主要用户，主要是为了缩短管线长度，节省能耗。例如，钢铁厂的总降压变电所，一般多布置在轧钢或炼铁区，氧气站多靠近转炉车间布置。但有时受到客观条件限制动力设施不能按上述要求布置，而从全厂总平面布置考虑是合理的，这是局部服从全局的问题，故本条严格程度用词采用"宜"。

第4.3.2条　总降压变电所，是企业生产的心脏，必须确保安全供电。为此，本条做了四款规定，具体说明如下：

一、为了避免电气设备受到潮湿侵害，且有利扩建发展，故宜靠近厂区边缘地势较高的地段布置；

二、高压线的进线、出线，对方位、走向和通廊宽度均有一定的技术要求，在确定总降压变电所位置时，应予考虑，予以满足；

三、为防止电气设备受到振动而损坏，造成停电事故，故总降压变电所避免设在有强烈振动设施的附近；

四、电气设备受到烟尘污染或受到有害气体的腐蚀，会使绝缘电阻的功能急剧下降，泄漏电流增大，电压降低，甚至造成短路事故，而风向对此影响较大，故作了规定。

第4.3.3条　氧（氮）气站的生产过程是将空气压缩从中分离出氧气和氮气。为了提高氧（氮）气的纯度，确保安全生产，要求吸入的空气必须洁净，特别是要防止乙炔或其他碳氢化合物混入引起爆炸事故，为此，现行国家标准《氧气站设计规范》对空分设备吸风口处空气内乙炔的允许极限含量，作了明确规定。

第4.3.4条　压缩空气站吸入的空气要求洁净，生产中产生较大的振动和噪声。故本条作了相应的规定。

第4.3.5条　本条系根据现行的国家标准《乙炔站设计规范》的有关规定制定的。

第4.3.6条　煤气站和天然气配气站，生产过程中常有煤气（天然气）和煤灰等有害物排出。为了减少污染，防止火灾事故发生，故宜将其布置在主要用户全年最小频率风向的上风侧。此外，为了尽量缩短进气总管和至各用户支管的长度，故配气站尚宜靠近天然气进厂方向和至各用户支管较短的地点。煤气站的贮煤场和灰渣场宜布置在煤气站全年最小频率风向的上风侧，以减少对站区内主要设施的污染。

第4.3.7条　对锅炉房的布置，有三款规定。具体说明如下：

一、为了避免或减少锅炉房生产过程产生的烟、尘对厂区的污染，故宜布置在厂区全年最小频率风向的上风侧；

二、当采用自流回收冷凝水时，锅炉房布置在地势较低，且不窝风的地段，可以提高水管内水压差，保证自流，节省能耗，且又使锅炉房有良好的自然通风条件，改善工作环境；

三、燃煤锅炉房耗煤、排灰量较大，为了满足正常生产的需要，故应有相应的贮煤及排灰场地和方便的运输条件。贮煤场及排灰场布置在锅炉房全年最小频率风向的上风侧，可以减少扬尘对锅炉房的污染。

第4.3.8条　给水净化设施的布置，一般有两种方式：一是与取水构筑物设在一起，靠近水源地或数个水源的汇集处；另一方式是布置在厂区内边缘地段，且靠近水源方向和主要用户支管长度较短的地段。之所以这样布置，主要是为了缩短输水管（渠）长度，节省能耗，减少基建投资和运营费用。

第4.3.9条　循环水设施靠近所服务的生产设施布置，可以缩短输水管线长度，节省基建投资，且便于生产管理。使其回水自流，或减少扬程，可以节省能耗，降低运营费用。为了使浊循环水沉积下来的淤泥能及时清除、堆放和运出，防止流失，污染环境，故在沉淀池附近，应有相应的堆场、排水设施和运输线路的场地。

冷却塔的布置应考虑与周围设施相互的影响。为了使水体能尽快冷却和防止受到污染，故冷却塔宜布置在通风良好、避免粉尘和可溶于水的化学物质影响水质的地段。同时，为了防止冷却塔的水雾降落到屋外变、配电装置、铁路、道路上结冰，而影响上述设施运行和使用，故冷却塔不宜布置在上述设施冬季盛行风向的上风侧。为了使冷却塔具有良好的自然通风条件，并防止水雾对其他设施的影响，故冷却塔与其相邻设施之间应有必要的防护间距。为此，国内外都作过一些测试工作，原苏联及我国有关几个部级规范也作了相应的规定（见表1）。但由于冷却塔的类型、塔高以及各地的气候条件（风向、风速、气温等）不同，所规定的间距不尽一致。综合对比、分析了上述几个规范的规定，并结合对某钢铁公司6座冷却塔的调查情况，本条对铁路、道路的防护间距采用了电力部颁发的《火力发电厂设计技术规程》的防护间距，对其他设施，则采用了化工部颁发的《化工企业总图运输设计规范》规定的防护间距。

玻璃钢冷却塔在某些企业中已被广泛采用，但我国目前生产的玻璃钢冷却塔均为小型，冷却水量为 8~650t/h，塔身较小，外型直径为 1.4~1.7m，塔高为 3.3~7.5m，水雾影响范围甚小，一般设置在建筑物屋顶上，或紧靠建筑物设置，故在总平面布置时可不受本规范间距的限制。

第四节　修　理　设　施

第 4.4.1 条　为便于服务和方便管理，全厂性修理设施宜集中布置。为确保安全生产，车间性修理设施应靠近主要用户布置。例如火灾危险性大的生产车间，就不应与有明火或散发火花的修理设施靠近布置；防振要求高的车间也不应与振动较大的修理设施靠近布置。

第 4.4.2 条　各企业的机械修理和电气修理设施的任务不同，规模不一，设施组成也相异甚大，故应根据各自的特点和要求，结合具体条件合理布置。但总的看，机械修理设施服务面广，污染较小，生产人员较多，故一般多靠近生产管理区布置；电气修理设施生产环境要求洁净、防潮湿，故一般多布置在机修区附近地势较高、通风良好的地段。由于上述两设施都有大型修理件和大型设备（如大型变压器）运入、运出，故要求有较方便的运输条件。

第 4.4.3 条　仪表属精密设备，精度要求高，且怕潮湿和振动。为了确保维修质量，故其修理设施，宜布置在环境洁净、干燥的地段，且与振源之间应有必要的防护间距。

表 1　有关规范对冷却塔与邻近建筑物、构筑物等设施防护间距的规定　（m）

设 施 名 称		有关规范规定的防护间距								本规范规定的间距	
		风洞式冷却塔				机械通风冷却塔				风洞式冷却塔	机械通风冷却塔
		化工部	电力部	机械部	苏联	化工部	电力部	机械部	苏联		
建　筑　物		20	30	15	21	25	35	20	21	20	25
中央试（化）验室、生产控制室		30	—	—	—	40	—	—	—	30	40
露天生产装置		25	—	—	—	30	—	—	—	25	30
屋外变、配电装置	当在冷却塔冬季盛行风向上风侧时	30	—	—	30	40	—	—	42	30	40
	当在冷却塔冬季盛行风向下风侧时	50	—	—	—	60	—	—	—	50	60
电石库	当冷却塔在全年盛行风向上风侧时	30	40	—	—	50	60	—	—	50	50
	当冷却塔在全年盛行风向下风侧时	60	—	—	—	100	—	—	—	60	100
散发粉尘的原料、燃料及材料堆场		25	30	—	—	40	45	—	—	25	40
铁　路	厂外铁路（中心线）	25 钢轨外侧	25	—	42	45 钢轨外侧	35	—	60	25	35
	厂内铁路（中心线）	15 钢轨外侧	15	15	12	25 钢轨外侧	20	20	12	15	20
道　路	厂外道路	25	25	—	21	45	35	—	39	25	35
	厂内道路	15	10	10	9	25	15	15	9	10	15
厂区围墙（中心线）		10	10	—	—	15	15	—	—	10	15

注：《钢铁企业总图运输设计规范》、《有色冶金总图运输设计规范》均采用《化工企业总图运输设计规范》的规定；《工业循环水冷却设计规范》的条文说明中指出：设计中可参照电力部颁发的《火力发电厂设计技术规程》的规定。

第4.4.4条 机车、车辆修理设施的布置，应使多数机车、车辆进出库方便，且避免加重咽喉道岔负荷，影响其他机车生产作业。因此，应布置在机车作业较集中和出入库方便的地段，且应避开作业繁忙的咽喉区。

第4.4.5条 汽车修理分为大、中、小修三级。各企业对汽车修理设施要求承担的任务不同，设施组成相差甚大，故其布置的位置也不同。当承担大修任务、且能力较大时，多数布置在厂区外独立地段，反之，与汽车库联合设置较多。

第4.4.6条 建筑维修设施场地内，需堆放大量的砖、瓦、砂、石和钢铁、水泥等大宗材料，一般还设有混凝土搅拌、预制品生产等设施，且有运输量大、占地面积大、扬尘大的特点，故宜布置在厂区边缘或厂区外独立地段，并应有必要的露天作业、材料堆放场地和方便的运输条件。

第4.4.7条 为了缩短矿山用电铲检修时的走行距离和钎凿等设备的搬运距离，提高机械设备利用率，更好地为矿山生产服务，故其检修设施，宜靠近所服务的露天采矿场或井（硐）口布置。为了露天检修和备件堆放的需要，尚应有相应的场地。

第五节 运 输 设 施

第4.5.1条 企业的主要车站，调车作业频繁，行车作业多，是机车作业集中的场所；机车、车辆修理库机车出入频繁，为了使多数机车能就近进行整备作业，减少单机行程，故机车整备设施宜布置在企业的主要车站，或机车、车辆修理库附近。

第4.5.2条 电力牵引接触线检修车库，总结多年生产实践经验说明，布置在企业主要车站一侧，便于及时出车检修线路，且取送检修材料方便。

第4.5.3条 多数企业的汽车库有停车场，但也有的企业设有单独的停车场。如某钢铁总厂，在厂区内设有两个单独的停车场。因汽车库、停车场两者对总平面布置要求是相同的，故本条将两者并列，除规定应符合现行国家标准《汽车库设计防火规范》外，并根据实践经验作了四款规定：

一、靠近主要货流出入口或仓库区布置，有利于减少空车行程，提高汽车运输作业效率；

二、避开主要人流出入口和运输繁忙的铁路布置，可以减少人、货流交叉及铁路、道路交叉，有利于交通安全；

三、加油装置布置在汽车主要出入口附近，便于汽车顺路就便加油，减少空车行程；

四、汽车洗车装置布置在汽车库、停车场入口附近，可以使汽车在进库停放前即进行清洗作业，以保持车库（场）清洁的环境。

第4.5.4条 轨道衡宜布置在装卸地点的出入口或车场牵出线的道岔区附近、交接场或调车场外侧，

或进厂联络线一侧，以便于对车辆称重作业。

第4.5.5条 我国道路交通法规规定为右侧行车。为了使多数车辆能沿正常行驶方向过磅计量，而不横穿道路，故地磅房应布置在有较多车辆行驶方向道路的右侧。地磅房布置在道路的外侧，是为了不因过磅而影响后面车辆继续行驶。据调查，个别企业将地磅房设在行车道上，影响交通，是一个教训。

第4.5.6条 从便于了望、调度和工作联系考虑，故铁路车站站房宜布置在站场中部靠向到发线的一侧；同样原因，由几个车场组成的车站，应布置在位置适中、作业繁忙的地点。

第4.5.7条 信号楼的布置，除应考虑便于了望、指挥调度方便的要求外，尚应使其通信及电力线路短捷，以节省基建费用。

信号楼距铁路太近，由于车列振动，会影响继电器等电气设备正常动作，特别是正线行车速度高，影响尤甚；高温车列可能烤坏信号楼的玻璃，恶化工作环境。为此参照《工业企业标准轨距铁路设计规范》（GBJ 12—87）第13.2.11条和《冶金企业铁路信号设计技术规定》第2.15.10条，对信号楼外壁至铁路中心线的间距作了相应的规定。

第六节 仓库与堆场

第4.6.1条 仓库与堆场，应按不同性质、类别分类集中布置，可分采用机械化搬运、共用运输线路和装卸设备创造条件，可节约用地，便于管理。此外，其布置尚需考虑货流方向、供应对象、贮存面积、运输方式等因素，以求缩短物料流程，避免二次搬运，解决好供需关系，满足生产需要，合理使用土地，使贮存与运输相协调。

第4.6.2条 大宗原料、燃料耗用量大，尤应注意贯彻贮用合一的原则，避免二次搬运。在此前提下，对其仓库或堆场的布置作了四款规定，具体说明如下：

一、靠近主要用户，并有方便的运输条件，可以缩短物料搬运距离，保证供应，满足生产需要；

二、机械化装卸，可以提高作业效率，减轻劳动强度，因此，仓库或堆场的布置，应为其创造条件；

三、为了避免扬尘对厂区的污染，对于易散发粉尘的仓库或堆场，应布置在厂区边缘地带，且位于厂区全年最小频率风向的上风侧；

四、为防止仓库或堆场场地积水，影响装卸作业和物料的质量，故场地应有良好的排水条件。

第4.6.3条 为了防止金属材料被腐蚀性气体、酸雾、粉尘腐蚀和污染，造成不应有的损失，故金属材料库区，应远离上述场所布置，并使其处于有利风向的位置。

第4.6.4条 易燃及可燃固体材料堆场，如稻草、麦秸、芦苇、烟叶、草药、麻、甘蔗渣及木材等

物品。这类物品的燃点低，一旦起火，燃烧速度快，辐射热强，难以扑救，容易造成很大损失。如某造纸厂原料堆场起火，因水源不足，扑救不力，大火烧了十多个小时，损失达数万元。从火灾实例看，稻草、芦苇等易燃材料堆场，一旦起火，如遇大风天气，飞火情况十分严重。因此，为了防止发生火灾和一旦起火后飞火殃及厂区内其他建筑物及设施，故此类堆场宜布置在厂区边缘，应远离明火及散发火花的地点。

第4.6.5条 甲、乙、丙类液体，闪点低，火灾危险性大，从防火安全考虑，对其库区布置做了五款规定，具体说明如下：

一、为了防止罐区泄漏液体流入厂区中心地段，并使其能尽快地挥发掉，以策安全，故其宜位于厂区边缘且地势较低而不窝风的独立地段；

二、为防止明火或火花侵入罐区，酿成火灾事故，故应远离上述地点布置；

三、为防止供电线路或罐区起火，相互影响造成更大事故，所以严禁架空供电线路跨越库区；

四、为防止罐区万一发生火灾事故，危及邻近的城镇、企业、居住区和码头、桥梁的安全，故库区应位于上述对象的下游地段。

第4.6.6条 电石遇水受潮湿后，产生乙炔气体和电石渣，不仅使电石失效，且乙炔气体在空气中聚集易引起火灾爆炸事故。为此，电石库应布置在场地干燥和地下水位较低的地段，且不应与循环水冷却塔毗邻布置，其间应有必要的防护距离。

第4.6.7条 酸类库区及其装卸设施，可能泄漏酸液，腐蚀其他设施，危害人体健康，污染地下水体，故宜布置在厂区边缘且地势较低地段，并位于厂区地下水流方向的下游地段。

第4.6.8条 本条规定民用爆破器材库区的布置，应符合现行国家标准《民用爆破器材工厂设计规范》的有关规定，企业所属的爆破器材库，应符合现行国家标准《爆破安全规程》的规定。

第七节 生产管理及其他设施

第4.7.1条 生产管理设施，是企业的生产指挥、经营管理中心，又是企业对外联系的中枢，来往人流大，故应布置在便于管理、环境洁净、靠近主要人流出入口、与城镇和较大居住区联系方便的地点。

第4.7.2条 生活设施的布置，应以有利于生产、方便生活为原则。全厂生活设施服务于全企业或几个生产设施（车间），应根据企业的规模和具体条件，可集中布置，也可分区布置。如大型钢铁企业，职工数万之多，厂区面积达十余平方公里，因此，食堂、浴室等一般多按二级厂矿分区布置；反之，中小型轻纺工业企业，职工人数少，厂区范围小，食堂、浴室等多采用集中布置形式。

为车间服务的生活设施的布置，应靠近为其服务

的人员集中场所，使多数职工使用方便，尽量缩短走行距离，避免绕行。

第4.7.3条 企业是独立设置消防站，还是与城镇消防站协作，主要根据企业与城镇之间的距离和企业的性质、规模而定。如果超过消防车行驶5min的距离（按时速50km计算，为2.5km行程），则协作就不适合，需独立设置消防站。此外，尚应考虑企业的性质、生产规模和火灾危险程度等因素。如大中型炼油厂、石油化工厂、焦化厂、汽油田等企业，火灾危险程度大，应独立设置消防站。一般企业，有条件与城镇协作的，从节省投资、减少企业人员编制考虑，则不应独立设置消防站。

根据《城镇消防站布局与技术装备配备标准》（GNJ 1—82）第1.3.3条的规定，消防站的服务半径是以接警起5min内到达责任区最远点为原则确定的。

第4.7.4条 各类企业的厂区外形、面积不一，厂区与居住区相互配置关系、总平面布置形式及道路系统的布置也不相同。因此，难以统一规定厂区出入口的位置和数量，只能根据各厂具体情况，按下列要求设置：

一、能使多数职工进出厂区方便，从城镇和居住区以较短的路径到达工作地点，并使人流适当分散；

二、主要人流出入口与繁忙的货流出入口分开设置以减少相互干扰，保证交通安全；

三、主要货流出入口符合企业货流进、出厂方向，并与厂外运输线路有合理的连接，以缩短运距，取得良好的运营效果；

四、从满足上述要求考虑，出入口一般不少于2个。

第4.7.5条 围墙的结构型式和高度，根据企业的生产性质、保卫要求和围墙所处位置而定。如发电厂、氧气厂、民用爆破器材厂、炼油厂保卫要求较严，为防止发生事故，一般不采用花式孔眼围墙，且高度不低于2.2m。同一厂区四周围墙也不强求采用同一型式标准，如生产管理区或沿城镇道路设置的围墙，建筑艺术要求高，宜采用格栏式或空花式型式。表4.7.5中的数据，是根据现行国家标准《建筑设计防火规范》、《厂矿道路设计规范》和《工业企业标准轨距铁路设计规范》，并参考钢铁、机械、化工等行业有关规范制定的。

第五章 运输线路及码头布置

第一节 一般规定

第5.1.1条 本条列出了运输线路布置的要求：

一、物流（物料流程），在我国已引起相当的重视，一些大的工业企业对此进行了研究。如第一汽车制造厂，老厂区的道路路面比较窄而车流量却较大，

运输紧张。该厂对一些路的车流进行了统计分析，并绘制了物流图，进行了合理分流，满足了运输要求。因此，在设计中应为保证物料搬运的运输线路顺畅、短捷创造条件。特别是要避免逆向和重复运输，使人流、货流尽量各行其道，减少交叉。从而为提高经济效益创造条件。

二、应使厂区内、外部运输、装卸、贮存形成一个完整的、连续的运输系统，为此，就要求运输、装卸、贮存的设计能力相匹配，机械化程度相协调，以保证运输的连续性。

三、合理地利用地形，既能节约土（石）方工程量，还可缩短运输距离，节约用地。

第 5.1.2 条 工业企业分期建设时，运输线路及其设施也应分期建设。总结实践经验，我国一些大中型企业在分期建设时，由于没有处理好运输线路分期建设的关系，致使运输能力不能适应企业生产发展的需要，有的企业不得不以运定产。为了保证分期建设的企业前期运输线路和后期运输线路相协调，使前后期运输线路布置合理，并能适应企业生产发展对运输的要求，本条规定，前期和后期预留线路应统一规划。

第二节 铁 路

第 5.2.1 条 工业企业铁路包括标准轨距铁路和窄轨铁路。条文中凡未指明标准轨距铁路或窄轨铁路时，则二者均适用。工业企业铁路线路的布置，除了应符合本章第一节"一般规定"的要求外，还应符合本条的规定。

第三款规定，当某些工业企业铁路运输作业比较繁忙、作业性质不一样、需多台机车作业时，如条件允许，在铁路总体设计中可考虑机车分区作业，这样能带来如下成效：由于机车在一定地区行驶，司机熟悉线路情况、作业程序和内容，能发挥每台机车的潜力，避免机车之间的相互干扰，减轻咽喉区的繁忙程度，从而为整个运输系统创造协调安全的工作条件；与此同时，还能使相应的有关设施选型更趋于经济合理。例如，宝钢的准轨铁路分为"特种运输"与"普通运输"两类。"特种运输"与冶金生产工艺有直接联系，行驶的冶金特种车辆最大轴重达 45～46t，繁忙地段约 4～6min 通过一次，但车速慢（约 10km/h 以下），每列的车数较少。根据上述特点，设计选用日产 80t 无线遥控内燃机车，机车司机不仅可在车列的前部、后部或在车列外方的最有利位置处遥控驾驶机车，还可通过"车上转换装置"（简称"车转"）操纵道岔，同时还担负摘挂车辆等任务。而工厂站（相当于企业编组站）和工厂站以外与路网发生联系的铁路则属"普通运输"，行驶普通铁路车辆，选用国产东风 5 型内燃机车，与一般工业企业铁路无异。"特种运输"与"普通运输"之间，一般情况是互不往来

的。由于二者之间的明显差别，故线路标准、轨道类型、管理方式等也分别根据其需要而各异，从而充分发挥了各自设施的效能。

第 5.2.2 条 当路网与工业企业铁路之间实行车辆交接时，车辆交接地点的选择和是否设置专用交接场，主要与下列因素有关：

一、接轨站（通常多为工业站）在路网中的性质，即该站系一般通过式中间站，区段站，小型编组站或是支线的终点站。

二、工业企业主要货流的性质，如用户单一，流向一致，抑或用户分散，流向较多。

三、接轨站和企业站（工厂编组站、集配站）是联合设置，抑或分开设置。

例如，双鸭山矿区在路网支线佳富线的终点双鸭山站接轨，货流均为佳木斯以远，矿区企业尖山站与双鸭山站横列联设，车辆交接不设专用交接线，空车在双鸭山站到发线上交矿方，重车在尖山站到发线上交路方。

又如，阜新矿区在路网新义线上两个车站新邱站、阜新站接轨，新邱站是一个中间站，阜新站是一个小型编组站，由于阜新矿区生产煤炭供应用户较多，到站分散，所以两处接轨站均采用铁路车站设置专用交接场的形式。

又如，平顶山矿区在路网孟宝线的平顶山东站接轨，货流组织大部分是直达远方编组站的直达车流；在 1979 年前交接作业在矿区集配站田庄车站进行，不设专用交接线（田庄站距平东站约 3km）。1979 年 3 月经路矿双方研究，为了减少重复作业，缩短车辆停留时间，将交接作业由田庄改至平东（也不设专用交接线）。实践结果，使原来田庄、平东两站作业时间由原累计 3～5h，缩短为 70～100min，而且过去经常在 6 点、18 点出现车流堵塞的现象也得到了缓解。

以上几个例子说明，交接地点的选择，以及专用交接场的设置与否，必须经对路网情况及企业的货流情况以及企业远期发展进行综合研究、全面比较后确定。本条中所列三款要求是衡量方案的主要方面。

第 5.2.3 条 当路网与工业企业铁路之间实行车辆交接时，大型企业由于其内部运输比较复杂，一般都设置企业站（或称工厂编组站、集配站），通过企业站对内联系企业内部各作业站和装卸点，对外联系接轨站（通常为工业站），成为企业内部运输的中枢。为确定企业站与接轨站两站采用联设或分设，在站址选择阶段就应与接轨站、交接场统筹考虑，通过踏勘、协调和综合比选，再经过平面布置，将双方的作业联系和图型结构最后确定。

以平顶山矿务局的准轨铁路为例，该矿区铁路是随着国家路网的沟通和矿区各矿的先后建设而不断发展形成的。1957 年 7 月矿区铁路在路网孟平支线的终点站申楼站接轨，并委托郑州铁路局代管。1962

年 7 月矿区铁路改为自营，矿区在申楼西站建企业站（集配站），交接作业在申楼西站进行。由于申楼站压煤，无扩建可能，在路网孟宝线建成时，接轨站由申楼车站改为平顶山东站。随着矿区建设的发展和中央洗煤厂的建设，在田庄（中央洗煤厂车站所在地）建成矿区集配站，申楼西站改为辅助集配站，交接作业在田庄进行。随着运量的激剧上升，田庄车站交接、平东车站编发，作业过程较长，一般达 3～5h，造成在 6 点、18 点经常发生车流堵塞现象。1979 年 3 月，路矿双方研究后，提出路矿统一技术作业过程，将交接作业改在平东站进行，压缩了作业时间。西部韩梁矿区的铁路以立交跨越焦枝线后于宝丰车站接轨，矿区企业站与路网宝丰站横列联设。矿区东西部铁路相联构成统一的运输系统，但各有独立的交接站。平顶山矿务局接轨站、企业站、交接地点的变迁，说明三者的互相制约关系，企业站位置一般应设在企业货源汇集的地点。平顶山矿区在未建田庄中央洗煤厂前设在申楼西站，建田庄洗煤厂后改在田庄站，这是企业发展的结果，故在企业规划时应充分考虑先、后期关系，采取过渡措施。

条文中对企业站位置的选择和站内布置提出了六点必须注意的要求。

企业站位置选择不当而给运营带来极为不便的例子很多。如果铝厂企业站到发线有效长仅 350～440m，不能和接轨站以及专用线的技术条件相适应。由于企业站两端已为工厂和河流所限，要增加长度已不可，给运营工作增加很多困难。

第 5.2.4 条 本条第四款：对于较长的线路，仅供列车会让而开设的车站，应按运量的增长，根据通过能力的需要，分期建设。例如某煤矿的矿区准轨铁路干线上，柳沟站至兴隆堡站之间的距离为 12.35km，计算最大通过能力为每天 30 对，设计允许使用通过能力为 24 对，按矿区前期的运输要求，区间列车对数最多时为每天 24 对，因而前期不开放该两站之间预留的双台子站。

当为了建设临时采石场、临时列车甩站等需要在铁路上接轨，而通过能力又不允许仅设置辅助所管理时，有时也需要为此而开设车站。

第 5.2.5 条 由于采用铁路运输的露天矿，其曲线偏角大多偏向于一个方向，从而使机车车辆的轮对将出现严重的偏磨。为了减缓这一不利现象，使两侧的磨损趋于均匀，宜在矿区铁路系统的布置中，具备圆环形或三角形的组成，使列车有可能定期进行换向运行。当露天矿山铁路线路沿采掘场或排土场境界布置时，应考虑保证边坡稳定和行车安全。

第 5.2.6 条

一、因火灾危险性属于甲、乙、丙类的液体、液化石油气和其他危险品的装卸具有一定的危险性，如汽油、苯类等在装卸过程中有大量的易燃和可燃蒸汽溢出，这就要求一切可能产生火源（或有飞火）的设施应远离这些装卸线。故对其风向和位置提出了要求。条文提出"宜按品种集中布置"，是为了便于对不同类型的危险物料采取不同的防范措施，同时，也便于生产管理。

二、据对一些企业调查，火灾危险性属于甲、乙、丙类的液体、液化石油气和其他危险品的准轨装卸线，皆为尽头式布置。机车进线作业时加 2～3 辆隔离车，即可满足防火要求。多数厂家反映，尽头式线路完全可以满足需要，且能很好地保证安全作业，既便于栈桥和装卸设施的布置，还有利于发展，减少占地；缺点是当作业量大时，咽喉区负担较重。但是，一般工业企业一条装卸线上的负荷不会太大，有的企业虽然运量较大，但品种单一，整批到发，作业量也并不大。因此，采用尽头式布置方式，一般均能满足生产需要。但并不排除某些运量大、作业繁忙的企业，采用贯通式布置。

关于一条装卸线上装卸品种的数量问题，"衢化"、"兰化"等企业认为不宜超过 3～4 个品种，多了易造成相互干扰、阻塞，调车困难。如某厂 18 号线上卸酒精、装丁醇、苯酚、乙苯、苯、轻油等，经常发生出不来、进不去，相互阻塞的现象；某厂有一条装卸线上有 7～8 个品种货物，也经常造成阻塞，给调车作业增加了很大困难。所以条文中提出了"当物料性质相近，且每种物料的年运量小于 20kt 时，可合用一条装卸线，但一条装卸线上不宜超过 3 个品种"。

三、在与化工设计部门以及化工厂的同志座谈中，一致认为火灾危险性属于甲、乙、丙类的液体和液化石油气装卸线的装卸段应设计为平坡直线。有坡度的装卸线在使用中存在如下问题：

1. 当线路有坡度时，很难按设计要求保持不变，除施工常有误差外，由于线路经过多年维修养护，轨道不断垫高（且往往不均匀），使实际坡度常大于设计坡度。

2. 机车挂车时有冲击，有时挂不上，被冲击的车辆在有坡度的线路上停不稳。"兰化"公司一次车辆出轨事故就是这样发生的，车辆被冲击后开始移动很慢，调车员没有注意到而随机车走了，可是车辆却沿着坡道越走越快，最后冲出车挡。"吉化"也曾发生过溜车事故。化工企业多为罐车，罐车中的液态物质在车辆受到冲击或外力改变时，将出现惯性涌动，增加了车辆沿坡道溜移的可能性。因此，危险物料装卸线的装卸段，应设计为平坡，以保证安全。

3. 装卸栈桥的设计、施工、安装管道，在平坡直线上要较为简单。

4. 线路有坡度时，对计量精度有一定影响。

5. 装卸线有坡度时，罐车内残留物较多，增加卸车时间。

关于不宜设计为曲线装卸线的理由是：在半径小于 300m 时，车列无法自动挂车和摘钩；在曲线上影响司机了望、列车对位，给调车作业增加困难；车辆在曲线行驶时增加轮轨间的摩擦力，易产生火花。

四、由于库房出入口道路的汽车较多，如与装卸线交叉，不仅会出现互相干扰，而且还可能因意外的交通事故而诱发出严重的二次事故。但有时因条件限制而不可能完全回避，故只强调"不宜"。

第 5.2.7 条 装卸作业区咽喉道岔前方的一段线路属于调车线性质，机车作业方式一般为推送或牵引两种，此时机车处于推进运行和逆向运转状态，蒸汽机车煤水在前，转向不灵活，增大了阻力，同时撒砂设施难以充分发挥效用，从而对牵引力的发挥产生了不利影响，而对于装载火灾危险性属于甲、乙、丙类的液体、液化石油气和其他危险品的车列，一旦出现失控后，其后果之严重是难以估计的。故该段坡度应经计算确定，应能保证列车起动，其长度不应小于该作业区最大固定车组的长度、机车长度及列车停车附加距离之和。列车停车附加距离，准轨铁路不得小于 20m，窄轨铁路不得小于 10m。列车停车附加距离的规定是参照《工业企业标准轨距铁路设计规范》（GBJ 12—87）第 7.1.7 条制定的。

第 5.2.9 条 尽头式线路末端除设置车挡外，还应设车挡表示器，以便于司机和调车人员了望操作。

线路停车位置至车挡预留一段附加距离，是考虑如下因素：

一、机车取送车时，由于各种原因而出现不准确的停车，或在摘挂作业时调动车列需要一定长度的活动范围，对一般货物装卸线，附加距离不小于 10m 已基本上满足要求。但对于火灾危险性属于甲、乙、丙类的液体、液化石油气和危险品装卸线，则应不小于 20m。这是考虑到油罐车在装卸过程中万一发生着火事故时摘钩的安全距离。当一个列车或一个车组停在装卸线上，其中某一辆罐车失火时，便将后部的油罐车后移 20m，将前部的油罐车牵离火灾现场，以免受着火罐车的影响。当然，这一段附加距离，还能避免在调车时，罐车受冲撞而冲出车挡之事故（某厂附属石油库和某市石油站，都曾发生过油罐车冲出车挡的翻车事故）。

二、库内线安装弹簧式车挡时，由于车挡具有弹性，设计、安装已考虑到慢速（5km/h）以下相撞的条件，故规定了 5m 的附加距离。同样，金属车挡通常按车轮的半径构成其与车辆的传力点，车挡是锚或焊在钢轨上，由于受力与传力状态比较好，能承受慢速（5km/h 以下）的冲撞，故也规定 5m 的附加距离。在改建或某种特殊困难条件下，也可不设附加距离，但在司机送车的操作细则上应强调低速规定。"重钢"某车间就有一处未留附加距离，为了使车辆进入车间就位而改用绞车牵引代替机车。

三、车挡后面的安全距离，是考虑到车列万一发生事故，出现撞倒车挡而冲出时所带来的严重后果。"车间内不应小于 6m、露天不应小于 15m"的规定是采用《工业企业厂内运输安全规程》（GB 4387—84）第 2.1.11 条的规定。而生产、使用、贮存火灾危险性属于甲、乙、丙类的液体、液化石油气及其他危险品和剧毒品的设施，或为全厂性大型架廊的支柱，则安全距离增大到 30m，这是考虑到上述设施当遭受脱轨列车冲撞时，可能引起严重的二次事故或扩大事故影响的范围，故将安全距离值有所加大。车列冲出尽头线车挡的事例不少。例如，1985 年 3 月下旬某钢铁公司的准轨铁路，机车推送 12 辆 120t 钢坯车在 13 道配车时，前方第 5 辆车车钩的解钩提钩受损而意外开钩，由于此种专用车无手闸，结果前面 7 辆车失控，溜出约 150m，将尽头线的弯起钢轨式车挡推倒而冲出约 30m，撞上位于车挡后方的变电所的外墙，车体冲过墙后约 1.5m，屋内有 3 名工人匆忙奔逃，幸免于难。当时地面尚未解冻，对车轮的阻力小，致使脱轨车辆冲击的距离较远。

第 5.2.10 条 轨道衡线设计为通过式线路，能使车辆称重过程可以流水作业进行，减少车辆通过轨道衡的次数，提高作业效率。

为了保证轨道衡称重的精度，衡重车辆在进入轨道衡之前、位于轨道衡之上、驶出轨道衡之后，以及进出轨道衡的过程中，均应保持严格的平直状态，使衡重车辆不致受到额外的附加外力，因而轨道衡两端线路的一定长度范围内应保持平直，并应对该段轨道的结构有所加强。各个厂家所生产的轨道衡，根据其品种性能等，对于内外两端线路的平直线长度，常有不同的要求。例如天水红山试验机厂生产的 GGG—30 型 150t 动态电子轨道衡，其技术说明书中就提出："距台面两端各 50m 钢轨应焊成长轨，距台面两端各 80m 平直段内不得有道岔。"而有些轨道衡厂家则要求不同。因此，条文中规定，其两端的平直线长度，首先应符合该轨道衡技术说明书的要求。本条规定的加强轨道的长度，准轨是根据现行国家标准《工业企业标准轨距铁路设计规范》（GBJ 12—87）第 3.7.6 条的内容，窄轨是根据调查分析、总结实践经验提出的。

第三节 道 路

第 5.3.1 条 本条规定是厂内道路布置应遵循的基本要求，目的在于合理利用场地，方便施工，改善环境，节省投资。

据国外资料，认为厂区外观整齐是现代化工厂的重要标志。许多大型工业企业都追求道路平直、分区方整的布置形式。国内大中型企业亦较多地采用这种布置方式。如"宝钢"、"辽化"、山东兴隆庄矿井等。以"宝钢"为例，"宝钢"厂区道路布置，是以主干道把厂区划分为 14 个分区，组成环状式道路网，使生产工艺流程合理，主要物料运输顺畅，避免了折角、迂回运输，管线工程敷设方便，施工进展顺利。上述 3 个企业所处地形均较平坦，采用环形布置比较适宜。若在山区建厂，道路呈环形布置因受地形条件限制常有一定困难，且这种布置形式需以道路沟通厂区各部分，相应地要增加道路总长度。因此，条文规定工业企业道路宜呈环形布置，而布置时尚应根据厂区地形等条件因地制宜地决定布置形式。

第 5.3.2 条 露天矿山中，运输成本一般约占岩石剥离成本的 40% 左右，而矿岩运输距离的长短是运输成本高低的主要决定因素，因此在满足开采工艺要求的前提下，矿山道路布置应尽量缩短运输距离，以降低成本，提高经济效益。

第 5.3.3 条 尽端式道路终端设回车场是为了方便车辆调头。其型式可根据地形条件和场地情况选用 O 型、L 型及 T 型回车场。由于道路行驶车辆各异，其面积应根据行驶车辆的技术特征和路面宽度予以确定。

第 5.3.4 条 地磅进车端的道路应设两辆车长的平坡直线段，以利车辆通行，便于司机对位，使称重车辆上下衡器平稳，衡器不受冲击，保证称量准确，平坡直线段不包括竖曲线切线长度。

第 5.3.5 条 设置备用车道是为保证消防通道畅通，一旦主消防车道被堵时，可利用备用车道通行。所谓最长列车长度系指与消防车道平交的铁路运行之最长车列长度。

由于目前国内消防车辆的宽度均在 2.3～2.5m 范围，故条文规定消防车道的宽度不应小于 3.5m。

第 5.3.6 条 近年来不少工业企业为疏散人流和为步行职工创造安全条件，减少步行时间和美化厂容，改变了过去用加宽路面的办法，而在连接厂区主要出入口的主干道两侧设置人行道解决行人通过问题，既提高了道路利用率，又节约了工程投资。

人行道的设置，应根据干道交通量、人流密度、混合交通干扰情况及安全等因素确定。

一个人行走所占宽度为：空手行走时约需 0.6m，单手携物约需 0.7～0.8m，双手携物约需 1.0m，一般情况按 0.75m 计。

人行道通过能力受人流量、人行道宽度、人群密度及人群速度决定。当人行道宽度为 0.75m 时，其通过能力为 600～1000 人/h。由于工业企业人流具有单向集中的特点，在上、下班高峰时间，主干道两侧人行道上人群密度大，步行速度低，为满足人流通畅，行走时干扰小，一般应按 2×0.75m 宽度考虑。

屋面排水方式直接影响人行道与建筑物之间距离的确定。当屋面为无组织排水时，人行道紧靠建筑物散水坡布置，行人势必受雨水溅射，故人行道与建筑物间最小净距以 1.5m 为宜。当屋面为有组织排水

时，利用建筑物散水坡作为人行道时，需考虑以建筑物窗户开启不致妨碍通行来确定其距离。

第 5.3.7 条 道路交叉宜设计为正交。需斜交时，交叉角不宜小于 45°，这是考虑到交叉角的大小直接影响到工程投资、交通安全及通行能力。选用较大的角度，有利于运行和安全。但目前生产厂矿因受地形等条件所限，采用小交叉角的道路交叉口并不少见，特别是露天矿山道路因受开采工艺及系统布置要求，采用小交叉角的道路交叉口更为普遍。此外，为使改扩建厂矿不因受交叉角的严格规定而出现道路改建困难或过多增加改建工程量，本条文对道路交叉角未作严格规定，仅规定不宜小于 45°。对露天矿山道路，条文规定可适当减小，其含义是根据地形和系统布置情况，交叉角可稍小于 45°。因为当交叉角各为 30°、45°、60°、90° 时，其交叉口斜交长度比为 2∶1.4∶1.15∶1；明显可见 30° 与 45° 斜交长度相差较大，为保证交叉口通过能力及安全性，交叉角可稍小于 45°。

第四节 工 业 码 头

第 5.4.1 条 企业的总体规划和当地水路运输发展规划是工业码头总平面布置的主要依据；符合码头生产工艺要求是码头总平面布置的基本原则。离此依据和原则，就不可能做出技术经济合理的码头总平面布置。对此，我国某钢铁总厂有成功的经验。该厂原料码头及陆域料场布置在厂区东北端，靠近焦化、烧结车间；成品码头及外发钢材库布置在厂区东南端，靠近轧钢车间；且两个码头按企业总体规划要求，均留有一定的发展余地；码头陆域各项设施布置合理，物料流程顺捷，收到了良好的生产效果。

第 5.4.2 条 我国地少人多，节约用地是我国基本国策，工业码头的总平面布置，也必须贯彻这一方针政策，避免多占或早占土地。结合码头的建设需要，填海造地在国外已屡见不鲜，吹田造地在国内也早有先例。如某钢铁公司 1～7 号码头陆域场地位于市区防洪大堤外侧，原地面高程为 24～25m，结合码头建设的需要用了 2 年时间，将其吹填至 28m 左右，既增加了港池深度，又使陆域场地得到了合理的利用。

保护环境，防止污染，是关系到人民健康的一件大事。企业的散状物料码头、油类码头等，在生产过程中，可能产生扬尘、漏油等有害物质。设计中除在工艺上应积极采取行之有效的防范措施外，对码头及其陆域的各项设施的布置，也应充分考虑相互间以及对周围环境的影响，使污染源布置在其他设施、居住区全年最小频率风向的上风侧及江、河的下游。

第 5.4.3 条 对码头水域的布置，本条作了三款原则规定，具体说明如下：

一、码头前沿高程（斜坡码头、浮码头等为坡顶面高程），确定得过高，则基建工程量大，投资费用

高，且装卸作业起吊行程长或斜坡转运距离远，影响生产效率；过低，洪水期间可能导致码头被淹没，不能满足正常生产需要。此外，码头装卸作业和前、后方场地内的贮运作业，是一个有机的整体，故码头前沿高程与前、后方场地应便于合理地衔接。

二、水位低，码头前沿水深浅，不能满足设计船型吃水深度要求，船舶难以靠离码头，甚至会造成坐底搁浅事故。因此，应根据设计船型经济合理地确定码头前沿设计水深，保证在设计低水位情况下，码头仍能正常作业。

三、码头水域平面尺度的要求，必须满足船舶能安全的靠离码头、系缆和装卸作业的要求，否则将影响正常生产。

上述三款具体要求，应符合现行港口工程技术有关规范的规定。

第5.4.4条 对码头的陆域布置，本条作了三款规定，具体说明如下：

一、陆域各项设施的布置，应以"有利生产，方便生活"为原则。装卸、仓库、料场等主要生产设施，与船舶装卸作业紧密相关，为使各项作业有机配合，缩短物料流程，故上述设施应靠近码头布置；辅助设施、行政管理和生活福利设施，与生产工艺流程没有直接联系，仅是间接的服务于生产，故应在方便服务的前提下，因地制宜布置，以节省土地和工程费用。

二、物料从码头至库、场及从库、场至用户（车间）之间的往返运输，是码头生产的重要环节，为了节省基建投资，降低运输成本，故应力求物料运输顺畅、路径短捷。当采用无轨车辆直接转运货物时，为使空重车辆分流，互不干扰，故进出码头（或趸船）的通路不应少于2条（如上海宝山钢铁总厂的成品码头设有4条道路），相应库区道路采用环形布置，以避免车辆交叉干扰和堵塞。

三、为使码头水域和陆域的生产作业相互协调，陆域场地的设计标高，应与码头前沿高程相适应。例如，当采用铁路或道路运输方式转运货物时，若两者标高相差过大，势必增加铁路、道路的纵坡，恶化运输条件。

为使陆域场地的雨水能顺利排除而又不致冲刷地表，根据经验总结，场地应有5‰～10‰的坡度，取值大小根据土壤性质而定。渗水性强的土壤，坡度可适当减小；反之，应适当加大。

第五节 其 它 运 输

第5.5.1条 对本条三款要求作以下说明：

一、输送管道、带式输送机、架空索道线路布置的灵活性较铁路要大一些，更容易充分利用地形，可以减少土（石）方工程量。线路短捷、顺直，则有利运行。对中间转角，尽量减小，如果增加中间转角，

有的就要设转角站。带式输送机，特别是架空索道的非自动化中间转角站，不仅使基建费和经营费增加，而且运输环节增多。

二、线路较长时，宜有供维修和检查的道路，也可沿道路布置线路。如线路较短，且场地较平坦、车辆可通行时，则可不考虑设计道路。

三、厂内输送管道、带式输送机沿道路布置，有利于施工和检修。有时主要建筑物、构筑物离道路较远或不平行于道路，因生产工艺等方面要求，也可平行于主要建筑物、构筑物轴线布置，这样布置也有利于厂容。

第5.5.2条 本条为满足所列各站及其他有人员上下班、设备检修和需要外来燃料、材料各站的交通运输需要，同时也考虑到消防，故要求有道路相通。

第5.5.3条 输送管道、带式输送机跨越铁路、道（公）路时，彼此之间会产生不良影响。交叉角越小影响面越大，有时甚至要有保护设施，且交叉角越小，保护设施越大，投资增加越大。因此，规定宜采用正交，当必须斜交时，以不小于45°为宜。跨越准轨铁路应按现行国家标准《标准轨距铁路建筑限界》的有关规定执行；跨越公（道）路时，应按现行国家标准《厂矿道路设计规范》的有关规定执行。

第5.5.4条 本条规定是根据现行国家标准《架空索道工程技术规范》的有关内容制定的。

第六章 竖 向 设 计

第一节 一 般 规 定

第6.1.1条 本条是竖向设计总的原则要求，是在调查研究和总结设计实践经验的基础上提出的。平面位置和竖向标高是总图设计中紧密联系的有机组成，必须同时考虑，才能相互协调，达到整个工程实用、经济、美观的目的。

场地的设计标高要与厂外运输线路、排水系统、周围场地标高相协调，这是竖向设计的先决条件，否则会产生铁路接不了轨、道路坡度过大、水排不出去等弊病。这里还强调，要同时与现有和规划的上述设施标高相协调。因为过去有些企业设计只考虑现有条件，忽略了规划要求；也有些设计只考虑规划条件，忽视目前状况，而遭受了损失。如某轴承厂，厂区标高比四周场地均低，原设计排水是流向规划中的城市下水道，但企业投产后，该下水道仍未建设，水排不出去，不得已开挖两个大坑作临时贮废水池，因容量有限，遇有大雨或暴雨，企业有受淹危险。这样的例子是不胜枚举的，故提出本条。

竖向方案与地形、地质、生产、运输、防洪、排水、管线敷设、土石方工程等的条件和要求均关系密切，它们又往往是矛盾而相互制约的。例如，要想使

生产和运输方便，有时得增加土石方量；不同的企业，不同的客观条件，矛盾的主要方面也不一样。因此，竖向设计方案必须综合比较，比较的衡量标准是为生产、经营管理、厂容和施工创造良好的条件，且使基建工程量和投资要少。

第6.1.2条 本条八款是竖向设计应达到的总要求：

一、总结各设计单位竖向设计的教训，过去片面强调节约土方，如曾提出反对"推平头"等。某些设计将生产联系频繁的两个车间放在两个台阶上，或一个车间两跨的标高不在同一平面上，给生产和运输带来困难，甚至影响了生产，因此本款要求应首先满足：

二、过去设计中，特别在三线建设中，厂址受洪水冲淹，造成人员伤亡及财产损失的实例是不少的。对沿江、河、湖、海建设的企业，洪、潮、内涝水的危害更是不可忽视的重要因素，因此将此款作为竖向设计必须解决的问题。

三、总结设计实践经验，竖向设计最后体现的土（石）方、护坡、挡土墙等工程量，对建设投资和工期影响很大，是必须重视的因素，但也不是土（石）方、护坡、挡土墙等工程量最少就是最好的设计。片面地强调上述工程量最少，往往会给生产经营、运输和排水带来很多不利，因此本条款提出要在充分利用和合理改造自然地形的前提下，尽量减少上述工程量。

四、过去设计中，特别是山区建设中，有些工程由于对地质条件研究不够，填、挖方中引起了滑坡或塌方，延误工期，增加投资，甚至造成屋毁人亡，教训是深刻的。如：河南某机械厂的冲压车间傍山布置，因切坡过多，岩层又倾向开挖面，虽做了挡土墙，还是产生了滑坡，使工程延误了一年，故提出本款要求。

在山区建设中，土（石）方工程如处理不当，填土或挖土会造成大片山坡植被被破坏，而产生水土流失等问题，这与保护生态环境平衡的要求是不相符的，故提出本款规定。

五、天然排水系统的形成有其自然发展规律，过去某些设计项目为与河床争地或为减少桥涵等，往往有时将河道裁弯取直，有时将河流断面压缩等。如对流域调查研究不够或处理不当而违反了其自然规律，会造也冲刷、淤塞、水流不畅等现象，而毁坏工程、淹没农田等，教训是不少的，故提出本款规定。

六、随着生产建设的发展，人民精神文明的需要的不断提高，对厂容美提出了新的要求。本款提出要从竖向设计角度，为工业建筑群体艺术及空间构图创造和谐、均衡、优美的条件。如某机械厂部办公楼中轴线上的道路直通山下居住区，中间有一凸起的小丘，竖向设计将其挖了一个路堑，由居住区向上望，视线通畅，厂部办公楼显得雄伟壮观。又如某机械厂

台阶式竖向设计，采用挡土墙和带花草的斜坡相间的布置手法，使该厂空间层次丰富，构图优美。说明竖向设计可以而且应该为厂区景观增色。因此本条要求是应该做到，而且可以做到的。

七、本款是保证一个企业在竖向设计上完整性的措施，避免只管近期，不顾远期，从而给远期工程建设和经营带来问题。本款要求在设计中是应当做到，而且可以做到的。如湖北某厂位于丘陵地带，二期工程地形标高较高，一期工程地形标高较低。为与二期工程联结得更好，一期工程道路标高，既满足了一期工程，也照顾到二期工程。

八、改建、扩建工程，应与现有场地标高相协调，要注意新建项目场地、排水、运输线路的标高与原有竖向设计标高合理衔接。

第6.1.3条 由于各行各业在厂区和建筑物大小、生产工艺和运输方式等方面情况都不一样，要制订统一的采用平坡或阶梯式竖向设计形式的条件是困难的，故本条只是原则地提出选择竖向设计形式要考虑的因素。

第6.1.4条 由于各行各业条件各异，要具体制订统一的采用连续式或重点式场地平整方式的条件是困难的，故本条只是原则地提出选择场地平整方式要考虑的因素。

当具有下列情况之一时，宜采用重点式场地平整：

一、场地基底多石，开挖石方困难时。

二、场地林木茂盛，需保存林木时。

第二节 设计标高的确定

第6.2.1条

一、场地设计标高与所在城镇、相邻企业和居住区的标高相适应，是从两个含义上讲，一是位于某一城镇的工业企业，如果城市的防洪（潮）标准为50年一遇的水位，则该工业企业场地标高的设防标准也应至少是50年一遇或再高一些；二是从道路和排水管道等的联接方面考虑，要与城镇、相邻企业和居住区的标高相适应。

二、铁路和道路的最大纵坡、排水管道的最小坡及埋深等技术条件往往会影响场地设计标高的确定。如某大理石厂的污水要排入城市下水道，由于城市下水道埋深浅，其场地设计标高只能按城市下水道标高采用最小纵坡和起点最小埋深反推确定。

三、场地标高直接影响土石方工程量的大小，填挖是否平衡，土方运距的远近，这些对工期及投资的影响很大，因此确定场地标高必须考虑上述因素。本条第一、二款是必须满足的，本款是应该考虑而力求达到的。

第6.2.2条 由于工业企业的地理位置、地形条件、生产性质、企业规模和重要性的不同，场地的设

计标高要采用同一设防标准是不可能的。本条根据不同情况，提出应采取的不同措施和场地设计标高的不同设防标准。

一、根据本条一款确定的设计标高，地面雨水可自流排出，不应设置排水泵站。对不需用土填方或适当运土填方就可以高于设计频率水位的场地，均应根据本款确定场地设计标高。

二、对填方工程量太大，经技术经济比较合理时，可采用设防洪（潮）堤的方案。一般当堤外水体（江、河、湖、海）为高水位时，堤内水（即内涝水）要靠机泵强排，设堤方案要设机泵排水是必然的。但场地设计标高的高低决定开泵时间多少，也即决定经营费用的大小；内涝水的多少决定设泵大小，也决定经营费用及建设投资的大小。因此，设堤的方案必须经技术经济比较合理时方可采用。

经对各工业部沿江、湖、河、海工业企业的调查，设堤时，内涝水有下列三种情况：

第一种情况，除工业企业的生产废水、生活污水外，只有建设场地本身的雨水或其周围汇集的少量的、有限的雨水。由于水量有限，设泵排水是可靠的，故场地设计标高可不受内涝水位的限制，场地可就地平整而不需填土。如上海某石化总厂，建设场地北面为沪杭公路路基（原老的海堤），北部上游的水被老海堤截住，建设场地只有东西长 8km、南北宽 1.6～0.5km 范围内的雨水，其排水设施只考虑了本建设场地的雨水，第一、二期工程建设场地自然标高 3.5～5m，场地设计标高为 4.75m，第三、四、五、六期工程建设场地自然标高 2.5～4m，场地设计标高为 3.5m，基本是就地平整场地。其第一、二期工程的场地设计标高低于其最高潮位（5.93m），高于其平均高潮位（3.85m），第三、四、五、六期工程的场地设计标高低于其平均高潮位。这就是本条二款所提排内涝水措施。

第二种情况，除工业企业的生产废水、生活污水和场地本身的雨水外，还有建设场地周围汇水区域的雨水，水量大，不可能靠泵全部排出。目前各工业部门首先考虑的方案是将场地设计标高填至高于内涝水位 0.5m 以上，这样可免除内涝水的危害。

第三种情况，某些地区的内涝水位较高，场地自然标高很低，又缺土源，场地设计标高做不到高于内涝水位 0.5m 时，有的企业除沿江（湖、河、海）设堤外，还设防内涝水的堤，这样场地设计标高就不受内涝水位的限制，但内涝水位的堤顶标高应高于内涝水位 0.5m，这就是本条二款所提防内涝水措施。

第 6.2.3 条 本条未提场地平整的最小坡度。因在平原地区，特别是南方沿海和沿江企业，场地平坦，排水出口标高高，又缺少土源，场地平整做成纵坡很困难。如宝钢、上海石化总厂等，其厂内道路纵坡是零，场地基本上也是一个标高，雨水井间距较密（井

间距离约 30m）。据调查，十多年来，雨季无积水现象。但有条件的地区，场地坡度以 5‰～20‰为宜。

本条也未提场地整平的最大坡度，因为场地的土质、植被、铺砌条件不同，其不冲刷坡度相差很远，应按具体条件确定。

第 6.2.4 条 建筑物的室内外高差，根据实践经验一般设计采用 0.15m，故取 0.15m。

有沉陷可能的地区，可分湿陷性黄土地区及因地基软弱而下沉的地区。如无锡市区，1964～1975 年中各地平均下沉 50cm，最多 70cm，平均每年下沉 3cm，加大室内外高差可避免建筑物下沉引起的一系列问题。

排水条件不良地段加大室内外高差，便于利用室外场地作为蓄水调节缓冲地，而避免水害。如宝钢为防止水害，建筑物室内外标高差采取 0.5m，经十多年使用，能满足运输要求。

有特殊防潮要求，如电石库等就应根据需要，加大室内外高差，避免电石受潮引起事故。

进铁路的建筑物一般室内地坪与铁路轨顶平；也有与轨枕顶面平的。有装卸站台的建筑物室内地坪，一般较铁路轨顶高 0.9～1.1m；与汽车装卸站台标高差，应根据所用汽车类型不同，有 0.6、0.9、1.1m。因此，本条只提了要求建筑物标高与运输线路相协调，而未提具体数值。

建筑物室内地坪做成台阶，一般说来会对生产流程和运输带来不便，故不宜提倡。但在某些工业企业，由于工艺流程的需要，要求建筑物做成台阶，或因地形条件所限，需做成台阶，经采取措施也能满足生产和运输要求，且可节省土（石）方及其他工程量，故本条规定了建筑物室内地坪做台阶的先决条件。

第 6.2.5 条 厂内外铁路、道路、排水设施等连接点标高的确定，是竖向设计的关键工作之一。过分强调厂内线路标高的合理性，可能会造成厂外线路标高的不合理。反之，亦会造成厂内线路的不合理。特别是一个项目的厂外和厂内线路往往由两个人、甚至两个单位设计或管理，如没有整体观念，不能统筹兼顾各方面的条件，往往会给建设带来损失。如某机械厂总仓库区位于土丘上，为引入铁路专用线，原设计基本为挖方，由于铁路部门过分强调铁路专用线纵坡的合理性，又在原设计基础上降低了 2m，大大增加了总仓库区的土石方工程量。

厂区出入口的路面标高，宜高出厂外路面标高，是为了防止厂外雨水灌入厂内。但在某些工程中，厂外较厂内标高高出很多，做不到上述要求，则在出入口处做横跨道路的条状雨水口，解决上述矛盾，因此本条只提"宜"。

第三节 阶梯式竖向设计

第 6.3.1 条

一、本款是设计实践经验的总结。

二、生产联系密切的建筑物、构筑物布置在同一台阶或相邻台阶上，主要是为便于生产管理，节省运输费用。有的工厂由于运输技术条件决定，要求更严格些，如钢铁厂，铁水和铸锭均为热料，要求道路坡度小，故布置在同一台阶为宜。

三、这样可节省土（石）方及护坡支挡构筑物、建筑物基础等的投资。

四、本款均是决定台阶宽度应该考虑到的因素，忽视任何一项都会给今后施工及生产带来不良后果。

五、台阶的高度宜为1～4m的根据是：

1. 道路纵坡按8%计，台阶高度4m，需展线50m，铁路纵坡小，展线就更长。

2. 有色金属设计部门调查的20多个实例中，台阶高在4m以下者占91%，故《有色金属企业总图运输设计规范》对台阶高度也作了1～4m为宜的规定。

3. 机电、化工、轻工、冶金等部门，有台阶的工厂，台阶的高度也大部分在4m以下。

第6.3.2条 根据实践经验，台阶有下列情况之一者，宜设置挡土墙：

一、建筑物、构筑物密集，土地紧张地区；

二、地质不良，切坡后的土坎需采取支挡措施，受水冲刷，易产生塌方或滑坡，采取边坡防护解决不了问题时；

三、根据景观要求，设置挡土墙能为厂容美增色时；

四、采用高站台低货位方式的装卸地段。

根据实践经验，台阶有下列情况之一，应设护坡：

一、土壤松散，易流失地段；

二、边坡受水流冲刷地段；

三、陡坡及侵蚀严重地段。

第6.3.3条 台阶的坡脚至建筑物、构筑物距离分"应满足"及"应考虑"两部分要求。建（构）筑物、运输线路、管线、绿化等布置要求，及操作、检修、消防、施工等用地需要是必须满足的，往往为此而增加距离。但对采光和通风要求及开挖基槽对边坡及挡土墙的稳定要求是"应考虑"的，可采用不同措施来达到此要求，而不一定要增加距离。如开挖基槽可采取挡板支撑等措施来解决边坡或挡土墙稳定的要求，而不一定要加大距离。

"不应小于2.0m"是指与台阶脱开的建筑物、构筑物至台阶的距离，这2.0m距离可设置建筑物散水和排水沟及保证起码的施工距离。

本条基础底面外边缘线至坡顶水平距离公式是根据现行国家标准《建筑地基基础设计规范》（GBJ 7—89）第5.3.2条确定的。如建筑物基础设在填土上，基础对填土边坡影响较大，因此还应遵照《建筑地基基础设计规范》（GBJ 7—89）第6.3.2条压实填土地基的要求确定边坡填土的密实度。

第6.3.4条 本条分下列三种边坡坡度允许值：

一、挖方岩石边坡坡度允许值（本规范表6.3.4-1），是根据现行国家标准《建筑地基基础设计规范》（GBJ 7—89）第6.4.1条制定的。表中岩石类别：

硬质岩石：是指花岗岩、花岗片麻岩、闪长岩、玄武岩、石灰岩、石英砂岩、石英岩、硅质砾岩等，或凡新鲜岩石的饱和单轴极限抗压强度大于或等于30000kPa者。

软质岩石：是指页岩、粘土岩、绿泥石片岩、云母片岩等，或凡新鲜岩石的饱和单轴极限抗压强度小于30000kPa者。

表中风化程度：

微风化：为岩质新鲜、表面稍有风化迹象。

中等风化：为结构和构造层理清晰，岩体被节理、裂隙分割成块状（20～50cm），裂隙中充填少量风化物，锤击声脆，且不易出碎，用镐难挖掘，用岩心钻方可钻进。

强风化：为结构和构造层理不甚清晰，矿物成分已显著变化，岩体被节理、裂隙分割成碎石状（2～20cm），碎石可用手折断，用镐挖掘，手摇钻不易钻进。

现行国家标准《厂矿道路设计规范》（GBJ 22—87）第3.3.2条关于岩石路堑边坡度值为：

风化岩石：1∶0.5～1∶1.5 最大边坡高20m

一般岩石：1∶0.1～1∶0.5

坚 石：直立～1∶0.1

现行国家标准《工业企业标准轨距铁路设计规范》（GBJ 12—87）第3.4.1条关于路堑边坡坡度的规定：

岩石：1∶0.1～1∶1

经对三个规范值对比、分析后认为，现行国家标准《建筑地基基础设计规范》（GBJ 7—89）地质概念明确，分档较细，便于采用。

二、开挖土质边坡坡度允许值（本规范表6.3.4-2）是根据现行国家标准《建筑地基基础设计规范》（GBJ 7—89）第6.4.1条表6.4.1-2制定的。表中：

粘性土：

坚硬者是指液性指数 $I_L \leqslant 0$

硬塑者是指液性指数 $0 < I_L \leqslant 0.25$

现行国家标准《厂矿道路设计规范》（GBJ 22—87）第3.3.2条关于土质路堑边坡坡度允许值见表2。

表2 《厂矿道路设计规范》对土质路堑边坡坡度允许值的规定

碎石土、卵石土、砾石土	胶结和密实	1∶0.5～1∶1.0 最大边坡高 20m
	中密	1∶1.0～1∶1.5 最大边坡高 20m
一般土		1∶0.5～1∶1.5 最大边坡高 20m

现行国家标准《工业企业标准轨距铁路设计规范》（GBJ 12—87）第3.4.1条关于路堑边坡坡度的规定见表3。

表3　《工业企业标准轨距铁路设计规范》关于路堑边坡坡度的规定

碎石或角砾土卵石或圆砾土	胶结和密实	1：0.5～1：1.0
	中　密	1：1.0～1：1.5
一般均质粘土、砂粘土、粘砂土		1：1.0～1：1.5
中密以上的粗砂、中砂、砾砂		1：1.5～1：1.75

现行国家标准《土方与爆破工程施工及验收规范》（GBJ 201—83）第3.3.2条表3.3.2规定，使用时间较长的临时性挖方边坡坡度值（高度在10m以内的边坡）为：

碎石类土：充填坚硬，硬塑粘性土1：0.5～1：1.0

充填砂土　　　　　　　1：1.0～1：1.5

一般粘性土：坚硬　　　1：0.75～1：1.0

硬塑　　　1：1.0～1：1.15

砂土（不包括细砂、粉砂）：　1：1.25～1：1.5

分析上述四种规范，按方边坡坡度值基本接近，但第一种规范地质概念及数据明确，分档较细，便于选用。故本条采用了《建筑地基基础设计规范》的规定。

三、填方边坡坡度允许值（本规范表 6.3.4-3）是根据《厂矿道路设计规范》编制的，据分析《土方与爆破工程施工及验收规范》、《厂矿道路设计规范》、《工业企业标准轨距铁路设计规范》三个规范的边坡坡度允许值均较《建筑地基基础设计规范》要陡些，从节约用地出发，本条引用了《厂矿道路设计规范》的边坡值。几个规范填方边坡坡度允许值的比较见表4、表5。

表4　粘性土填方边坡对照表

规范名称	填方高度（m）	边坡坡度
建筑地基基础设计规范（GBJ 7—89）	上部 8m 以内 下部 8～15m	1：1.5～1：1.75 1：1.75～1：2.25
厂矿道路设计规范（GBJ 22—87）、工业企业标准轨距铁路设计规范（GBJ 12—87）	上部 8m 以内 下部 8～20m	1：1.5 1：1.75
土方与爆破工程施工及验收规范（GBJ 201—83）	上部 10m 以内 >10m 做成折线形	1：1.5 上部 1：1.5 下部 1：1.75

表5　砂夹石、土夹石等填方边坡对照表

规范名称	土的名称	填方高度（m）	边坡坡度
建筑地基基础设计规范（GBJ 7—89）	砂夹石	上部 8m 以内 下部 8～15m	1：1.25～1：1.5 1：1.5～1：1.75
	土夹石	上部 8m 以内 下部 8～15m	1：1.25～1：1.5 1：1.5～1：2.0
厂矿道路设计规范（GBJ 22—87）	砾石土、粗砂、中砂	12m	1：1.5
工业企业标准轨距铁路设计规范（GBJ 12—87）	砾石土、卵石土、碎石土、粗粒土	上部 12m 以内 下部 12～20m	1：1.5 1：1.75
土方与爆破工程施工及验收规范（GBJ 201—83）	—	上部 10m 以内 >10m 作成折线形	1：1.5 上部 1：1.5 下部 1：1.75

第四节　场地排水

第6.4.1条　"完整排水系统"是指不论采用何种排水方式（包括两种以上排水方式的组合），场地所有部位的雨水均有去向；"有效排水系统"是指排水管、沟、渗孔的断面及排水泵的能力等应能与场地所接受雨水量匹配，且能处于随时工作状态。

决定场地雨水排除方式的因素很多，很难制订具体规定，故本条只规定了决定雨水排除方式应考虑的因素。其中所在地区的排水方式是决定工厂排水方式的重要因素，如所在地区有雨水下水道的，企业应优先采用暗管，如所在地区无下水道，则企业也很难采用暗管。根据各设计单位的经验，场地排水方式可参考下列条件选择：

一、当降雨量小，土壤渗透性强，不产生径流，或虽有少量径流，场地人员稀少，允许少量短时积水地段，可采用自然渗透方式。

厂区的边缘地带，或厂区面积极小的企业，设置排水沟和管有困难，厂外有接受本场地雨水条件，且易于地面排水地段，可采用自然排水。

二、场地平坦，建筑和管线密集地区，埋管施工及排水出口无困难者，应采用暗管。

三、建筑和管线密度小，采用重点式平土的场地、厂区边缘地带、设置暗管排雨水有困难的地段，如多泥砂而管道易堵的场地，基底为不易开挖的岩石的场地，排水出口处水体标高太高，雨水管内水无法排入的场地，应采用明沟排水。

四、采用明沟排水，对清洁美化要求较高，铁路调车繁忙区，装卸作业区，人或车需在沟上停留或行驶车辆地带，应采用盖板矩形明沟。

根据我国现在的经济条件及30多年建设经验，

某些采用明沟排水的工业企业和城镇，由于明沟在使用、卫生、美观等方面均存在不少缺点，因此逐年加了铺砌，加了盖板，其改造费用远远高于一次暗管排水的投资。目前各工业部在各类工厂的建设中，除特殊情况外，一般提倡采用暗管排水，故订此设计标准。矿山地广建筑物少，除少数办公区等建筑密集区采用暗管排水外，采用明沟排水易合理的。

第6.4.3条 明沟沿铁路和道路布置，一是有利于铁路和道路的路基排水，二是使场地不被明沟分割开，以保证场地的完整。

某机械厂Ⅱ区一明沟出口直接排入附近农田，暴雨时冲毁了农田，造成纠纷，不得不赔款，又购地筑沟，引入原有天然沟。类似事件，不少企业时有发生。本条规定"排出厂外的雨水，应避免对其他工程设施或农田造成危害"，即总结上述教训而得。

第6.4.4条 明沟是否铺砌从两个方面来决定：

一、从技术条件考虑，根据明沟的材质和纵坡决定，以不产生冲刷为限，由于决定不冲刷的因素很多，故本条只原则地提出铺砌要考虑的因素。

二、从设计标准方面考虑，根据我国国情，并总结我国40多年建设经验，对厂区及其边缘地带，对矿山应分别采用不同的设计标准，见第6.4.1条说明。

第6.4.5条 矩形明沟占地小，也便于加盖板，因此厂区内宜采用。在建筑密度小、采用重点式竖向设计地段及厂区边缘地带，采用梯形明沟为宜。三角形明沟断面小、流量小，只有在特殊情况下，如在岩石地段和流量较小地段才采用。

本条规定的排水沟宽度的最小值，是考虑清理沟底污物的最小宽度。

明沟的纵坡最小值，是保证水向低处流的最小坡度值，故有条件时，宜大于此值。

沟顶高出计算水位0.2m是安全超高。

第6.4.6条 雨水口的间距与降雨量、汇水面积、场地坡度、土质情况等因素有关，也难确定一个数。本条规定的距离是根据现行国家标准《室外排水设计规范》（GBJ 14—87）第3.7.2条和第3.7.3条规定编写的。

据调查，宝钢、上海石化总厂，道路纵坡为零，路谷纵坡0.5%，雨水口间距18～45m，平均30m，未发现道路积水现象，从而说明本条间距对小坡度地段是合适的。

第6.4.7条 厂区上方设置山坡截水沟，一是防止上游水直接危害厂区，二是防止上游侵蚀和冲刷边坡，影响边坡稳定，造成次生灾害。

截水沟离厂区挖方坡顶距离是参考公路及铁路路基横断面做法确定。此距离不应太近，否则截水沟内水渗入边坡，影响边坡稳定。但也不宜太远，否则中间面积加大，其积水量也就增加，而危害厂区。

第五节 土（石）方工程

第6.5.1条 本条是对土（石）方工程中表土处理的规定，作为土（石）方计算时的依据：

一、本款根据《土方与爆破工程施工及验收规范》第3.4.1条第五款编写。

二、本款参考现行国家标准《建筑地基基础设计规范》（GBJ 7—89）第6.3.4条及现行国家标准《土方与爆破工程施工及验收规范》（GBJ 201—83）第3.4.5条编写。

三、本款参考《苏联工业企业总平面设计标准》（ГНиН11—89—80Ⅱ）第3.5.5条编写。主要是为贫瘠地区绿化创造条件和节省劳力。据了解，宝钢地处长江三角洲，土地富庶，但其场地填土平整后，绿化还需购熟土才能成活，耗资不少。贫瘠地区此矛盾更为突出，故作此款规定。

从目前了解，各单位认为从节省劳力及资源考虑，制订本款是十分必要的，但因土方施工与绿化由不同单位承担，加上施工进度等问题，具体实施时，困难不少。作为方向，还是制定了本款。

第6.5.2条 总结40多年来场地平整的经验教训，有些建设工程在大面积平整时，严格遵照现行国家标准《土方与爆破工程施工及验收规范》，分层压实，使填方压实系数达到设计要求，在建筑物、管线、道路施工时，能顺利进行。有些建设工程大面积平整时，采用一次推到设计标高，既不考虑填土土质、填土厚度，也不进行压实，一次将石块、土、杂物推入洼地，待建筑物、管道、道路施工时，填土密实度不符合要求，即使再压实也是上实下松，建成后地面和路面裂缝，管道漏水，很难补救。有些建设项目在建筑施工时，注意到填土质量不好，只能在建筑、管线、道路施工时，将不密实的土重新挖出，分层夯实，造成了不应有的损失。因此大面积场地平整应规定压实系数。

本条所提粘性土的填方压实系数，建筑地段应不小于0.9，是广义地指房屋、道路、管线的建筑地段的压实系数，因大面积平整场地不可能一条路一个建筑物单独碾压，只能提大面积平整场地时应达到的密实度。根据现行国家标准《工业建筑地面设计规范》（TJ 37—79）第33条及现行国家标准《工业企业标准轨距铁路设计规范》第3.3.4条，土壤压实系数不小于0.9就能满足建筑物室内地坪及铁路路基对土壤密实度的要求。武汉钢铁公司某工程土石方施工的经验是："压实系数达到0.9～0.95或干重量1.58～1.64g/cm²，可以满足地下管网、厂内道路及轻型建筑物的地基要求"。故除建筑物地基外，压实系数0.9能满足正常施工的要求。现行国家标准《厂矿道路设计规范》（GBJ 22—87）第3.4.1条，对路基表面0～0.8m的压实系数要求虽大于0.9，但只要基底达到了 0.9，在道路施工时再用压路机稍加压实，该规范所要求的 0.95 及 0.98 也是可以达到的。

大面积场地平整的压实系数 0.9 是否能够达到？机电部北方设计院与中建公司在阿尔及利亚的施工经验总结《用方格网控制桩进行机械化土方施工》中提到："在掌握好最佳含水量的前提下，用推土机粗平，再用平铲机往返几次细平，压实系数已达 70%～80%，然后碾压 8～9 遍，压实系数可达到 0.9。"因此，认真对待平土工作，此规定是可以达到的。对整个工程质量是有利的。

建筑预留地段，如填土厚，不能保证必要的压实度，待施工时需将土翻开重新碾压，增加工程量。但要求太严也不现实，考虑松土随时间而自然密实的系数，对建筑预留地段填土压实系数作了适当降低。

第 6.5.3 条　土方工程的平衡中，只考虑场地平整的平衡是不行的。本条所列各项的填、挖方，如有遗漏，往往会造成缺土或余土。如过去有些项目场地平整时，感到缺土，大量运入，但基础、管沟、路槽土方挖出后，大量剩土，又不得不外运，这种教训是很多的，故定本条。

矿山生产都有废石（土），尤其是露天开采的矿山，有大量的废石（土）舍弃到排土场。设计时可利用这些无用的废岩（土）作为场地或运输线路路基的填料，特别对已生产的改、扩建矿山更有条件这样做。这不但可以减少排土场占地面积，而且还可以缩短工程的基建时间，节省基建投资。如辽宁某铁矿 17 号铁路线长约 2km 的高路堤有近 400km³ 的填方是用废石（土）填筑的，较外取石（土）节约 100 多万元。又如辽宁某铁矿 4 号泵站的场地也是用废石填筑的。

第七章　管线综合布置

第一节　一般规定

第 7.1.1 条　本条系根据管线综合布置的性质及其与总平面布置、竖向设计、绿化布置等的关系而提出的原则规定。

管线综合布置是工业企业总平面设计工作的组成部分，是衡量企业平面布置合理程度的标准之一。它涉及的专业面广，如工艺、水道、电气、热工、自控仪表等，它将各专业管线布置的自身经济合理性与企业总体情况联系，达到企业总体的经济合理。同时，它将总图运输专业本身的其他约束及需要，予以整体的、综合的统一考虑，达到解决矛盾，避免顾此失彼，促进企业设计的总体优化。

工业企业的管线，几乎遍及厂区，尤其是某些行业的企业，如化工企业、炼油厂、石油化工厂、钢铁厂、焦化厂、造纸厂等。进行全面、合理、紧凑的管线综合布置，以利于施工、维修、安全生产，节约用地，减少投资及运营费。

第 7.1.2 条　管线敷设方式有地上式及地下式两大类。地上敷设方式有管架式、支撑式、低架式、沿地敷设式。地下敷设方式有直埋式、管沟式及共沟式。为了减少能耗，降低成本及投资，减少用地，保证安全，有利于卫生与环保，本条文规定在选择管线敷设方式时，应经过技术经济方案比较后择优确定。目前在管线较多的行业，已有尽量采用地上式的趋势。这是因为，在技术经济条件接近的情况下，地上式主要是管架式，方便施工、检修及管理，并节省用地。本条文中未明确提出尽量采用地上式，是考虑我国目前的情况及习惯等因素。

采用管线运输的介质是多种多样的，各有不同的特性。从介质的性质区分，可分为一般性与危险性两大类。一般介质的输送分有压及自流两种，前者如压缩空气、压力氮气、高、低压消防水等，压力一般在 0.4～1.5MPa。一旦发生事故，以介质性质看危害不大，但由于是压力管，故有一定危害。危险性介质主要指易燃、易爆、有毒、有腐蚀性及助燃性的物质，如液化烃类、乙炔、氢、酸、液碱、氯、氧等等。这类物质在重力自流的输送情况下，一旦发生事故，往往产生二次危害，故有较大危害。这类介质大多为压力输送，因而可能造成的危害更大，故本条文提出确定管线敷设方式时，也应根据管线内介质的性质确定。

在选择管线敷设方式时，要综合考虑地形、交通运输、生产安全、检修施工、绿化条件等等是不言而喻的。例如，在无轨运输量大的厂区内，采用低管架方式或沿地敷设方式，既影响交通运输，又易损坏管线。对兰州某厂调查说明，由于厂区内某一段人行及汽车运输量较大，沿地敷设的管线常被损坏，且对消防作业带来不便。另一方面亦应考虑到，在人流、车流不大的范围内，采用该方式不失为可选方式，因其造价低，检修方便。又如，危险性介质管线，不应选择支撑式，以免一旦产生危险，扩大受害面，甚至于带来二次危害。以上所述说明，确定管线敷设方式应考虑多方面因素，并经比较后确定。这一原则应在设计过程中贯彻。

第 7.1.3 条　管线综合布置必须贯彻节约用地的基本国策。管线用地在企业用地中占一定比例，有些行业比例较高。例如，大中型石油化工企业管线用地约占全厂用地的 21%～27%，焦化厂回收区为 20%～30%。一般来说，占地大的石油化工厂、钢铁厂、焦化厂等比例均较高。因此，对管线综合布置必须予以足够的重视，以利节约用地。

采用共架、共沟的集中布置方式是节约用地的有效途径。故本条作了明确的规定。集中布置的共沟式或管架式比分散的直埋式在节约用地方面尤为显著。

对有色冶金行业的调查统计说明，集中布置比分散布置可节约土地 35%。但共沟式至今尚未被广泛采用，这是各种原因造成的。如共沟式基建投资大，施工较直埋式复杂，沟内管线的相互影响了解不深难以决断，对土地价值的认识不够等等。

本条所指的技术经济合理，包括企业经济效益测算及国民经济效益（直接与间接）测算与分析。比较时应避免仅仅比较企业经济效益而忽视国民经济效益，致使产生经济比较不全面、结论不尽完善的弊病。

第 7.1.4 条 本条为提示性条文。管线带与道路平行是合理利用土地的有效方法，也是布置原则之一。但至今仍有部分设计人员对此认识不足，从而造成土地利用不当，故作出规定。

第 7.1.5 条、第 7.1.6 条 此两条均是为了保护管线，保证生产，减少投资，方便交通运输，有利安全而制定的。条文提出正交的要求，这是由于交叉会使双方产生不利影响，为了缩小不利影响的范围，交叉角不宜小于 45° 是必要的。

条文提出充分利用地形，是有利于减少土石方，以减少投资。条文强调了要避免自然地质灾害，是为了保证安全，顺利生产。实践中发生过类似事故。例如，湖北宜昌某厂沿山坡布置管线的墩座，被山洪所破坏；北京某厂的管架基础曾被山洪淘空，管线被洪水冲弯，对生产造成一定影响。因此规定要避免不良地质危害。

第 7.1.7 条 本条规定有毒、可燃、易燃、易爆的介质管线严禁穿越与己无关的建筑物、生产装置等，是总结了实践中的教训，为人身安全及防止扩大危害而制定。70 年代，东北某城市的企业，在平房宿舍下方有一条以 CO 为主的燃料气管穿越，该管线突然于深夜破裂，CO 气体穿过土层及砖墙地面进入室内，造成一家数口丧生。本条对无嗅无味的有害气体尤为重要，故本条明文规定严禁穿越。

第 7.1.8 条 本条是对分期建设的企业近、远期建设的有关规定。条文提出了分期建设的原则及近期建设中管线综合布置应注意的问题。数十年来，工业企业建设实践说明，如近、远期工程的管线布置处理不当，造成土地浪费、布置混乱、生产环境不佳、安全卫生得不到保证，给施工、检修、经营、生产带来诸多不便，调查中对上述问题有较多反映，故作了本条规定。

第 7.1.9 条 干管布置在靠近主要用户较多的一侧，是为了减少与道路交叉，有利缩短支管的长度。管线与道路交叉在管线综合布置中占有重要位置。交叉不仅给检修、施工带来不便，增加管线投资及介质输送能耗，且有碍交通运输。近十多年来虽采取各种方法减少交叉点的不利影响，但交叉点数量多，仍是重要问题。例如，某钢铁总厂的地下管线仅仅干管与

道路交叉就有 553 处；江西某焦化煤气厂约有 235 处；某乙烯厂（中型）约 454 处。故减少管线与道路交叉是管线综合布置中的重要原则，这一原则在化工、石油化工等设计规范中早有明文规定。数十年实践已证明本条规定的内容是较佳的布置原则。

干管分类布置在道路两侧，有利于设计、施工、检修及管理，也已为一些行业所采用，如钢铁行业，实践证明是较好的。故本条文列出，作为另一种可采用的布置方式。

本条文提出的管线综合排列顺序，亦为综合布置的原则之一。在满足安全、施工、检修要求前提下，是从既要有利节约用地，又要使管道不受建筑物、构筑物基础压力的影响，同时考虑卫生要求及使用要求而制定的。把埋置较浅的靠近建筑红线，如电缆；把可能产生泄漏，泄漏后又会对建筑物、构筑物基础产生不利影响的尽可能远离建筑红线，如下水管。把使用要求的布置在方便使用的位置，如照明电杆在路边，雨水管靠近道路路边的下水口等等。按这一布置原则进行布置可达到较好的效果。由于具体情况千变万化，故对顺序排列规定为"宜"而不规定为"应"。

第 7.1.10 条 进行管线综合布置时，需要解决各种各样的矛盾，矛盾的数量与性质随具体情况而各异。管线综合布置是体现企业整体设计水平的重要内容之一，而解决好矛盾又是管线综合布置的重要内容。本条列出常见的主要矛盾及解决的原则，按本条处理可做到有利生产、方便施工、减少工程量、节省投资。本条是数十年管线综合设计及施工的经验总结，并为实践证明是较好的解决矛盾的方法，已为若干行业的部级规范所采用。

第 7.1.11 条 本条适用于改建、扩建工程，实践证明改建、扩建工程比新建工程约束条件多、难度大，有时难以满足最小间距要求。故对老厂改、扩建与新建厂提出不同要求，是符合客观的。条文提出当采取有效措施后，即在满足安全、生产及卫生、施工、维修要求条件下，可适当缩小间距，缩小的范围据不同情况而异。

第 7.1.12 条 地下开采陷落（错动）区内，一般不应布置任何永久性设施，地上地下管线都不应穿过，否则易造成管线断裂、损坏，如是输水管，水还要渗流地下，输电杆塔则可能产生位移或倒塌，这都将会影响生产以致危及人身安全。如辽宁某粘土矿曾有一条上水管由于穿过采矿陷落区造成断裂。

只有限期使用的管线，在使用期内尚不受采矿陷落影响和留有永久性安全矿柱的，方可布置在陷落（错动）区内。如辽宁某煤矿小南矿井一条上水管浅埋穿过后期陷落区内（目前尚未陷落）。

露天采矿场的管线（如压气管道、通信线等）应避开爆破方向的正面，这是为防止爆破时损坏管线。

第二节 地 下 管 线

第 7.2.1 条 地下管线、管沟不得布置在建筑物、构筑物负荷的压力影响范围之内,是为了避免管道及管沟受上层负荷的外力而损坏或受损。如受损,不仅其本身有经济损失,管内介质外溢又影响上层的基础。

条文规定不应平行布置在铁路下面,其原因除上述同样理由外,且在铁路下方无法设置检查井、阀门等附属设施。上述规定已有部级规范规定,实践多年,沿用至今,已证明是可行有效的。

道路下方敷设管线之弊虽与上述类似,但程度略轻。原苏联有关规范仍规定不应敷设。但结合我国国情,因地少,人口众多,且近十多年来因条件困难已有不少企业和市镇将管线敷设在路面下,经调查,虽有不利之处,但其影响尚属容许。最不利之处是发生堵塞或事故需大检修时,需开挖路面造成交通不畅。鉴于我国对地下管的检查及铺管技术尚不发达(如顶管技术、水平钻进技术、探测损破技术等),为了减少对交通运输的影响及节省投资,条文规定,除在困难条件下仍不宜敷在道路下方。

第 7.2.2 条 本条为地下管线交叉布置的基本要求,可避免交叉管线之间的不利影响,有利于安全、卫生、防火及保护管线。例如,给水管道应在污水管道上面,以免给水管被污染;可燃气体管道应在其他管道上方,因这类管道有潜在危险,一旦发生事故,不至于在短时间内危害下面管道;电缆在热力管道下方,以防电缆受热,电缆受热会致使其绝缘体老化加速及因环境温度升高影响其载流量;热力管道应在可燃气体管道及给水管道上方,以减少这些管道受热影响;受热后极易造成体积膨胀的介质管道、腐蚀性介质的管道及含碱、含酸的排水管道,应在其他管线下方,因为这类管线易被破坏,一旦滴漏,不至于影响其他管线。

第 7.2.4 条 本条为保护地下管线不受或少受外力影响而制定。当管线从铁路或道路下方穿过时,管线处于路线上活荷载的受力范围之内,为了管线免受外力影响,不至于损坏管线,本条提出管线与轨道或路面层之间应留有一定距离。实践证明,距钢轨底以下 1.2m,在一般情况下是合适的。道路下方的距离,以往从路面顶层起算 0.7m。近十余年来,联合企业、大中型企业相继建立,运输及检修车辆随生产发展要求多向重型发展,路面材料、断面结构组合及路面厚度各行业差异日趋加大,路面下受力范围变化也大,因而管线埋深应考虑活荷载类型及路面厚度等因素,故本规定从路面结构层底起算。

当有困难,满足不了规定深度时,本条提出了加设防护套管的措施,在改、扩建工程中常遇到此种情况。

第 7.2.5 条 本条系总结了企业建设数十年的经验及教训,为保护从腐蚀性物料堆场附近通过的各种管线不被或少被腐蚀而制定。腐蚀物料的贮存方式有贮罐贮存及小包装贮存。本条是针对后者的露天场地和棚堆场而定的。

调查说明有些腐蚀性物料的堆场,如盐酸罐堆放场地,其场地面层已经防腐材料铺砌,仍有盐酸下渗,以至于使附近的地下管线受损害,造成不必要的损失。这一问题虽早在 50、60 年代已注意,并将管线埋置在距堆场边界 1~1.2m 以外,但调查发现仍受腐蚀,近数年来一般均将距离定为 2m。化工部"总图规范"也作了这一规定。实践数年证明是适合的。

第 7.2.6 条、第 7.2.7 条 本两条是在调查和总结设计实践经验的基础上,参照给水、排水、氧气、乙炔、城市煤气、电力、锅炉房、通信等有关现行的国家标准以及钢铁、有色、电力、机械、化工等工业部的总图规范、原苏联工业企业总平面设计标准制定的。本两条是在满足安全、管线施工、维护检修、尽量减少相互间有害影响的条件下,达到安全生产、节约用地、减少能耗、降低成本的目的而制定的约束性条文。条文规定了地下管线之间、地下管线与建筑物、构筑物之间间距的最小值。最小值不同于最佳或推荐值,对具体工程而言,最小值可能是该项工程的最佳值或可用值,也可能不是。因此,必须结合工程的具体条件,确定该工程应采用的最佳值。该数值只要不小于本规定,即是符合本条的规定。

本条适用于工业企业、联合企业和工业区境内的地下管线,包括工业区范围内的居住区。但在工业区内的居住区进行管线综合布置时,尚应考虑当地城市管线综合布置的有关规定与要求,以利与城市总体规划的一致性。

在编制本条文过程中,从设计、施工、维护检修、运行管理等方面不同的实践角度进行了调查、研究和分析。总结了我国数十年来管线综合布置的经验和教训,参阅了有关资料,收集了各方面意见。普遍认为现行的行业规范及专业规范中所规定的最小间距,绝大多数偏大,不利于节约用地。我国人均用地不多,近十多年来工业用地迅速扩大,而工业用地中管线用地占一定比例。尤其是管线较多的行业,用地比例较大,例如化工、石油化工、钢铁、炼油、气油田等。根据部分资料统计,化工厂、石油化工厂厂区内管线用地约占 22%~27%,钢铁企业的焦化厂回收区约占 20%~30%。因此,合理的确定地下管线之间(包括地下管线与建、构筑物之间,下同)间距的最小值,是节约用地的重要途径之一。

本条文规定的间距最小值,是在满足安全、施工、检修要求,尽可能减少相互间有害影响的条件下制定的。并综合考虑了以下诸因素:

一、管径尺寸的因素。管径的尺寸不同,在施工、检修操作时需要的空间大小亦不同。要求的间距与管径大小几乎成正比。当相邻的两条管径均大时，应特别重视空间的要求。例如直径大于1500mm的排水管，其高度已超过操作人员站立时的作业面及视线高度，给作业人员在具体作业时及作业时的心理上均带来约束感。因此，最小间距不宜过小。当前，新建企业一般均等于或大于1.5m。扩建、改建及技改工程往往不易达到。即使新建的大型企业也有小于1.5m的。如上海某钢铁总厂，其炼铁厂与炼钢厂之间的原水给水管（直径1.2m）与生产、雨水排水管（直径2.46m）之间的间距为1.07m。编制本条文时从全国各行业现状考虑，给排水管大管径之间的最小间距仍沿用多数规范使用的数据——1.5m。当相邻的两条管径均较小时，例如管径为600mm的排水管与管径为50mm的给水管之间，由于管径小，作业时对操作空间形不成"面"的影响。据调查反映，不需要1.5m。对施工来说，尤其是机械化施工时，多为同槽敷设，对间距要求不高。根据对钢铁、石油化工及化工等行业的管线维修部门调查反映，比较小的管径，检修时0.5～0.7m间距即可。多年实践亦说明管径与间距有关，且原定间距偏大。例如：湖北某钢铁厂炼铁区，在70年代扩建时，建筑物与给水管（管径800mm）之间的间距仅0.23m，施工时采取了措施，生产至今未出现问题；湖北某钢铁厂高炉区内生产给水管（管径720mm）与压力排水管（方形、内径800mm）之间的间距为0.59m，1983年施工，投产多年来未出现问题；南京化学公司下属老厂，用地紧张，扩建中给水管与建筑物之间的间距小于该行业规范3.0m，给、排水管道之间的间距也小于该行业规范的规定，生产多年未出现问题。目前的炼油厂管线综合设计技术规定（SHJ 1051—84）、气田天然气净化厂设计规范（SYJ 11—85）及钢铁企业总图运输设计规范（YBJ 52—88）均将给排水管径粗略地分为两档。炼油及油气田行业规定最小间距，管径小于、等于200mm的为0.5m，大于250mm的规定为0.6～1.0m；钢铁行业规范规定，排水管（管径小于、等于1000mm）与给水管（不包括生活饮用水水管）之间为1.0m，排水管管径大于1000～1500mm时为1.5m。上述规范执行多年来未发现问题，且有利于节约用地，是可采取的。本条文将直径小于75mm的给水管与直径小于800mm的清净下水管之间的最小间距规定为0.7m，以适应工业各行业的情况。

二、考虑了管道内介质性质因素。介质有液相、气相之分，又有易燃、易爆、助燃、有毒、腐蚀及无害之别。不同的介质对外界条件有不同的反应，外界不同的条件亦对之产生不同的效果。例如，乙炔气易燃易爆，其管线对不同生产厂房及不同构造的建筑物有着程度不同的潜在危险性。对生产火灾危险性为甲

类的建筑物比对生产火灾危险性为乙、丙类的建筑物潜在危险性大，对有地下室的建筑物比对无地下室的建筑物潜在危险性大，因而其间距要求不相同，潜在危险性大的应大于危险性小的。又如生活饮用水给水管对卫生防护要求较高，故其与污水排水管之间的距离比非饮用水给水管增加50%。同时，一般给水管与性质不同的排水管之间要求不相同。生产污水与生活污水的污染较雨水与生产废水严重，故允许的管径尺寸比后者小，以减少污染程度并有利于缩小影响范围。

三、考虑了运行时的工作情况。生产时管线工作状态有常温、高温、常压、高压等各种状况，不同的状态对外界可能造成的影响不同，潜在的危险亦不同。如压力下运转，压力越高往往潜在危险越大，本条文对煤气管，电力电缆等均考虑了这一因素，并分别作了规定。

管线距构筑物之间的最小间距，本条亦考虑了这一因素。尤其着重考虑了压力较大的煤气管对建筑物、构筑物基础的影响。压力大小不同其间距要求比较悬殊，当压力小于0.2MPa时为1.0m，当压力大于0.8MPa、小于1.6MPa时为6.0m。

四、编制时与有关专业规范组进行了协调。管线综合布置设计的具体工作虽由一个专业承担，但它涉及的专业多、范围广。进行管线综合布置设计的过程本质上是协调、统一、设计同时进行的过程。这一特点也反映在规范中。因此，在本条文编制过程中与有关专业规范组进行了座谈、协商、讨论、分析与研究，最后取得共识和认同。这是有利于本条文执行的措施之一。上述专业规范组有：《乙炔站设计规范》、《氧气站设计规范》、《压缩空气站设计规范》、《城市煤气设计规范》、《室外给水设计规范》、《室外排水设计规范》等。对即使是没有相应条文的专业规范组，只要有涉及的，如有关输电线路方面的规范组，在编制过程中亦同其进行了讨论、研究，取得共识。

制定本条文过程中，在综合考虑了上述因素的同时，对给、排水管的最小净距做了重点分析（见表6）。这是因为给、排水管线的数量在企业地下各类管线中最多。据不完全统计，石化企业地下给、排水管的数量占地下管线总数的50%～70%。给、排水管本身的种类也不少，一般均是分别设管。例如，给水管有新鲜水、循环水、消防水、除盐水、生活饮用水、生产用水。有些企业消防水又按压力分设高压消防水，低压消防水。除盐水又有一级、二级之分。排水管一般分为两大类，污染少的雨水、生产废水与污染重的生活污水、生产污水。在某些企业中，生产污水也分许多种。因此，给、排水管占地较多。近十年来，人们对土地价值的观念已大有变化，认识到土地是不可再生的资源，土地价格增值近几年来甚快，许多工程迫于土地紧张不得不

精心地计算用地，并且已有不少工程不得不突破当时的最小间距规定。例如：山东某焦化厂地下管线之间 28 处中，小于当时有关规范规定的占 67.8%，其中给、排水管道占 52.6%；辽宁某钢铁厂焦化厂扩建工程中，地下管线之间有 32 处，小于规定的占 45.5%，其中给、排水管道占 46.6%；湖北某钢铁厂耐火厂高铝砖车间设计中，地下管线之间有 16 处，小于规定的占 43.8%，其中给、排水管占 42.9%。从以上企业突破当时规范规定情况可以看出，原有规范间距偏大。经调查及分析可知，管径越大，偏大的程度越小；管径越小，偏大的程度越大。故应改变原规范给排水管不按管径分档或粗略分档的方法。因此，本条将给水管分为 4 档，排水管分为 2 类 6 档，分别制定了间距要求。

表 6　有关规范规定的排水管、氧气管、乙炔管、热力管与地下管线之间的最小水平间距　（m）

管线名称		排水规范（排水管）	锅炉房规范（热力管）	氧气站规范（氧气管）		乙炔站规范（乙炔管）	钢铁总图规范（排水管）	化工总图规范（排水管）	机械总图规范（排水管）	电力总图规范（排水管）	有色总图规范（排水管）	工业企业总平面设计规范（排水管）
给水管（mm）	≤200	1.5	1.5	1.5		1.5	1.0~1.5①	1.5②	1.5	1.5~3.0	1.5~3.0③	0.8~2.0④
	>200	3.0										
排水管		1.5	1.5	0.8~1.2		1.2	1.0~1.5⑤		1.5		1.5	
煤气管压力 P（MPa）	低压	1.0		P<0.005	1.0	1.0	1.0	1.0	1.0	1.0	1.0	0.8~1.0
	中压	1.5	1.0	0.005<P<0.2	1.2	1.5	1.0	1.0	1.0	1.0	1.0	0.8~1.2
	高压	2.0	1.5	0.2<P<0.4	1.5	1.5	1.5	1.5	1.5	1.5	1.5	0.8~1.2
	特压	5.0	2.0	0.4<P<0.8	2.0	2.0	2.0	2.0				1.0~1.5
		—		0.8<P<1.6	2.5	—	—	—				1.2~2.0
热力沟（管）		1.5	1.5	1.5		1.5	1.5	1.5	1.5	1.5	1.5	1.0~1.5
电信电缆		1.0	2.0	1.5			0.8~1.5	0.5~1.0				1.0~1.5
电缆沟				1.5								1.0~1.5
电力电缆		1.0	2.0	1.5			0.8~1.5	0.5~1.0				0.8~1.0
压缩空气管		1.5	1.0	1.5		0.8	1.5	1.5	1.5/1.0			0.8~1.2
氧气管		1.5	1.5	—		1.5	1.5		1.5		1.5	0.8~1.2
乙炔管		1.5	1.5	1.5			1.5		1.5		1.5	0.8~1.2

注：①生活给水管>200mm 时采用 3.0m；
　　②生活给水管与排水下水管间距 3.0m；
　　③当给水管与排水管垂直间距>0.5m 时采用 5.0m；
　　④生活饮用水管与污水管之间间距可增加 50%；
　　⑤当>1000~1500mm 时采用 1.5m。

另外，第 7.2.6 条规定为"不应小于"，第 7.2.7 条规定为"不宜小于"。这是因为，表 7.2.6 所列数据已较严格，故采用在正常情况下均应这样作的用词；第 7.2.7 条所含情况较复杂，例如，建筑物、构筑物内涵较多，为了便于结合工程实际，故允许稍有选择，采用了"宜"这一用词。

第 7.2.8 条　本条是为了共沟管线的防火、防爆、卫生等安全要求及避免相互的不利影响而制定的，由于我国在共沟敷设管线方面的实践经验较少，本条按从严要求的原则制定。

一、热力管道指蒸汽管、热水管等。这类管道虽然均有保温措施，但由于目前隔热材料、施工技术、检修手段的限制，致使环境温度比较高，这对电缆、压力管道内介质均产生不利影响。如电缆环境温度较高时，其外包绝缘材料如聚氯乙烯、交联聚乙烯、橡胶等易老化，影响使用寿命。同时，环境温度愈高，电线载流量愈低，影响使用或降低经济效益。故热力管道不应与电缆共沟。压力管道内介质会因环境温度上升而膨胀，增大管道压力，造成潜在的爆裂危险，故不应共沟。

二、排水管道包括污染严重的生产污水、生活污水及污染较轻的生产废水与雨水管道。无论何种排水管道除了均有程度不等的污染外，管道接口常会产生漏水现象。无论是从一旦发生事故污水外流或是从平常发生漏水考虑，为了卫生，缩小污染范围，都应将排水管道设置在沟底。

三、为了防止腐蚀性介质管道一旦发生事故或产生滴、漏时损害其他管线，将其敷设在其他管线下面是必要的。

四、易燃、易爆、有毒及腐蚀性介质各管道共沟，相互干扰严重，一旦其中一条管道发生事故产生灾害，易带来二次灾害，或造成检修困难，故作了本款规定。

第三节　地上管道和电力、通信线路

第 7.3.1 条　本条为提示性条文。条文提出了可供选择的地上管道敷设方式及选择时应考虑的主要因素。条文未列出全部因素，如自然条件，习惯采用的方式或富有经验的方式。

第 7.3.2 条　条文规定了在进行管架布置时，应符合的条件，其目的是有利于生产和使用，方便施工、维修和管理，满足防火、防爆及卫生要求。

第 7.3.3 条　流体在管道中流动，无论自流或在压力下流动，在长期的生产过程中难免有介质泄漏。条文所列的这几种管道，如采用架空敷设方式，管理较完善时（如设有监测仪表或巡视人员备有携带式监测仪表时），则一旦泄漏，易于在初期发现，并方便修复。反之，这几种管道如采用地下直埋式，则既不易发现泄漏，也不易修复。一旦透出地面，事故已非初期，危害较大。如采用地下管沟式，特别对比重大的可燃气体或液化气体或易于挥发的气体，一旦泄漏，易在管沟内聚积，酿成火灾或爆炸的潜在危险。根据数十年的实践经验，管架敷设是最有利于安全、检修的方式。

第 7.3.4 条、第 7.3.5 条　现行国家标准《工业与民用 35 千伏及以下架空电力线路设计规范》、《电力线路防护规程》及《工业企业通信设计规范》等有关规范对相应的架空线的布置均有较详尽的规定，管线综合布置中应符合这些规范的规定。架空电力线路跨越条文所列建筑物、构筑物和贮罐区显然是增加了潜在危险。条文给予明文规定是必要的。

第 7.3.6 条　35kV 以上的高压电力线危险性较大。一般厂区内建筑物、构筑物、车辆及人员较多，进入厂区的 35kV 以上的高压电力线最好采用地下电缆。但是，地下电缆价格昂贵，目前是架空电力线的 3～4 倍。因此，至今仍有大量非电业工程采用架空方式。架空高压电力线路引进的总变电站或车间如不靠近厂区边缘布置，势必加长厂区内架空高压电力线路的长度，从而增加了危险性及厂内火灾、爆炸事故对电力线的影响。考虑安全及经济性两方面，本条提出应经技术经济比较后确定敷设方式。同时规定应缩短厂区内线路长度及沿厂区边缘布置的条文。

第 7.3.7 条　为了防止管道内危险性介质一旦外泄或发生事故，对与其无关的建筑物、构筑物造成危害，同时也防止了上述建筑物、构筑物或内部设备一旦发生事故，对有危险性介质的管道造成损坏，从而带来二次灾害，而制定本条规定。

第 7.3.8 条　本条所指的管架是指一般性质的介质管道的管架；所指的建筑物、构筑物是指耐火等级为一、二级并与管线无关的厂房。对有泄压门、窗的墙壁不适用。表 7.3.8 所列数值已经管线较多的行业的部颁规范实施多年，实践证明是合适可行的。

第 7.3.9 条　表 7.3.9 中所列数值除道路一栏外，采用了管线较多、实践时间较长的有关部门部颁规范中规定的数值，实践证明是可行的。道路一栏净距为 5m，是由于消防事业日趋发展，消防设备不断更新以及现代化企业维修、运输的需要。以前规定的 4.5m 已不能满足需要而修改。现行国家标准《厂矿道路设计规范》中道路净空高度已修改为 5m。有大件运输要求的道路，其垂直间距应为最大设备直径，加运输该设备的车辆底板高、托板高及安全高度，或为车辆装大件设备后的最大高度另加安全高度。前者均按具体物件尺寸计。安全高度要视物件放置的稳定程度、行驶车辆的悬挂装置等确定。《厂矿道路设计规范》规定的安全高度为 0.5～1.0m。

第八章　绿　化　布　置

第一节　一　般　规　定

第 8.1.1 条　国内外实践表明，用绿化消除和减少工业生产过程中所产生的有害气体、粉尘和噪声对环境的污染，改善生产和生活条件，具有良好的效果，并日益受到人们的重视。特别是近十余年，我国涌现了如首都钢铁公司、宝山钢铁总厂、上海石油化工总厂、上海航海仪表厂、彭浦机器厂、兰州炼油厂、沙市热电厂、广西八一锰矿等一大批绿化效果的先进企业，不少老企业因地制宜、见缝插针进行绿化，为消除污染，提高环境质量，改善生产和生活条件取得了明显的效果，成为文明生产的标志之一。为了给工业企业提供绿化条件，故要求在进行总平面布置的同时必须考虑绿化布置。绿化所需用地，应结合总平面布置、竖向布置、管线综合布置统一考虑，合理安排，并应符合总体规划要求，但应注意不得借此扩大用地面积。企业绿化应有别于城市园林绿化，首先必须针对企业生产特点和环境保护要求并兼顾美化厂容需要进行布置。同时，还应根据各类植物的生态习性、抗污性能，结合当地自然条件以及苗木来源进行绿化，方可尽快发挥绿化效果，提高绿化的经济效益。

第 8.1.2 条　本条所列绿化布置应遵循的基本原则，是在调查研究的基础上总结归纳提出的，也是绿化先进企业的共同经验，使绿化布置既满足各方面要求，又贯彻了节约用地的基本国策。

一、充分利用非建筑地段及零星空地进行绿化，是提高绿化覆盖率，实现普遍绿化，达到节约用地的行之有效的措施。对房前屋后、路边、围墙边角的空地均应绿化。

二、利用管架、栈桥、廊道、架空线路等设施的下面场地及地下管带地面布置绿化，是扩大绿化面积，提高绿化覆盖率的好办法，各地、各行业都有成熟经验，应予以推广。

三、在调查中发现，有的企业在对环境洁净度要求较高的生产车间或建筑物附近，种植了带花絮、绒毛的树木，以致影响了产品质量；有的将乔木紧靠管架布置，给检修工作带来不便；有的行道树距路面过近，给行车造成困难；有的在输电线路下种植了乔木，使线路处于不安全状态。针对以上存在的问题，故强调企业绿化必须满足生产、检修、运输、安全、卫生及防火要求。与此同时，绿化的布置还应与建筑物、构筑物、地下设施的布置相互协调，避免造成相互干扰，以免影响建筑物、构筑物的使用和绿化效果。

第8.1.3条 企业绿化不同于一般绿化，必须结合不同类型的企业及其生产特点、污染性质及程度，以及所要达到的绿化效果，正确合理地确定各类植物的比例与配置方式。乔木与灌木、落叶与常绿、针叶与阔叶、观赏与一般等类植物的合理比例，以及采用条栽、丛植、对植、还是孤植等配置方式的选择，都是绿化布置应解决的问题，也是做好绿化布置的基本要求。

当前我国财力有限，每年用于绿化方面的资金不多，绿化布置必须坚持经济、实用，在可能条件下注意美观的方针。以植物造景为主，在管理区等人员活动集中处可适当点缀一些诸如宣传栏、石桌凳、时钟等具有一定实用价值和反映生产特征的建筑小品，有助于改善生产、生活环境，有助于文明生产，同时也美化了厂容。调查表明，近几年来不少企业日益重视厂容的美化，在厂区设置喷水池、假山、雕塑、宣传栏、花墙以及亭、廊等建筑小品，用地和耗资较多，少则几千上万元，多则达数十万元。但由于缺乏统筹规划与构思，有的与环境不协调，比例、色彩以及用料不当，加上施工粗糙，结果反而达不到美化的目的。鉴于此，应从严掌握建筑小品的设置，一般只在管理区人员活动集中处点缀少量的建筑小品。同时，小品应力求构思新颖，造型美观，比例得当，色彩及用料与环境协调，并能体现企业的性质和生产特点。

第二节 绿 化 布 置

第8.2.1条 本条所推荐的重点绿化地段是在总结近几年企业绿化实践经验的基础上提出的，对各类企业均适用。执行中如遇对绿化有特殊要求的企业，应根据工程条件灵活掌握，不局限本条所列地段。

生产管理区、主要出入口、进厂干道是企业对外联系的窗口，人员活动集中，体现了企业的形象，调查表明，几乎所有单位都把管理区作为绿化重点。

受雨水冲刷地段主要指挖、填方边坡面、坡度

大于6%的裸露场地，这些地段极易受雨水冲刷，特别在雨水较多的南方，将造成水土流失。实践经验表明，以草皮、野牛草等地被类植物绿化，不仅具有良好的防冲刷作用，且投资低于圬工护面，还可改善气候和美化环境，在有条件的地区应大力推广。

第8.2.2条 位于风沙地区的工业企业，在其受风沙侵袭季节的盛行风向的上风侧设置防风林带，对防止或减弱企业受风沙的侵袭，经实践证明具有良好的效果。

对环境构成污染的厂区、灰渣场、尾矿坝、排土场、大型原、燃料堆场，根据环保要求，应在污染源全年盛行风向的下风侧或在污染源与需要防护的地段之间设置防护林带，以减轻对环境的污染。

林带的种类按结构型式可分为通透结构、半通透结构、紧密结构和复式结构（即由前三种型式组成的混合林带）林带四种，不同结构的林带其用途亦不同。

用于厂区防风固沙的林带宜采用半通透结构，通常以乔木为主体，两侧各配一行灌木组成。林带横断面宜为矩形。乔木株行距一般采用2m×3m。林带中具有均匀分布的透风孔隙、风遇林带，一部分从这些孔隙中穿过，在背风林边缘附近形成许多小旋涡，另一部分从上面绕过，从而在其边缘形成了一个弱风压，30倍树高的范围内风速都低于旷野风，防风固沙效果较好。

用于厂区卫生防护的林带宜采用紧密结构，由大乔木、耐阴小乔木和耐阴灌木搭配组成，林内密不透光，风遇林带基本上不能透过，只好从上面绕行，从而迫使气流上升扩散。如林带较宽且高度一致（如林带横断面为矩形或梯形），则能引导风在上方与林冠平行前进，到了背风缘急速下沉，易形成涡流，有利于有害气体的扩散和稀释。

第8.2.3条 具有易燃、易爆的生产、贮存及装卸设施附近的绿化，要求选择能减弱爆炸气浪和阻挡火势向外蔓延、枝叶茂密含水分大的大乔木及灌木，防止事故扩大。但不得种植松柏等含油脂的针叶树。

第8.2.4条 在可能散发、泄漏液化石油气及比重大于0.7的可燃气体和可燃蒸气的生产、贮存及装卸设施附近，要求具有良好的通风条件，以利这些气体泄漏时扩散。为此，上述地区的绿化不应布置茂密的灌木及绿篱。因这些气体比重较大，如果外泄将沉积于地面随地表坡度或风向流向低处，遇阻则聚积。当浓度达到爆炸下限，一旦接触火源，将引起爆炸及火灾。茂密的灌木及绿篱似矮墙，实际起了阻挡气体扩散的作用。

本条系参考《化工企业总图运输设计规范》的有关条文制订。

第8.2.5条 锻工、铸工及热处理等加工车间生产过程中将散发出不同程度的热量，若加上夏季烈日

暴晒，致使室温上升，用绿化防止和减少热加工车间的日照（特别是西晒），有降低室温、改善生产条件的效果。从调查中曾见到很多企业就是这样做的。

第8.2.6条 对空气洁净度要求高的生产车间、装置及建筑物系指精密产品车间，如光学、仪表、电子、钟表、医药等生产车间、食品加工车间、压缩空气站、试验室等，环境空气的洁净度将直接影响产品质量。要求上述地段的绿化首先必须考虑所选植物自身不致污染环境，如不飞花絮、不长绒毛等为前提，方能达到利用绿化净化环境之目的。

第8.2.7条 从调查的情况来看，几乎各行各业不论其企业大小都注意了把生产管理区（即厂前区）作为绿化美化的重点，进行精心设计与管理。从植物的选择上偏重于常绿与观赏；从品种上着意于树、花、草的合理配比；从布置上采用条、丛、孤、对植等多种灵活手法。因地制宜组成多层次的丰富多彩的植物景观，给人以美的享受。有的则在绿色景物中点缀以建筑小品，更起到了锦上添花的作用。

生产管理区人员集中，又是对外联系的窗口，在一定程度上反映了企业的形象，因此，要求生产管理区的绿化布置，考虑有较好的观赏与美化效果，是合理的。

第8.2.8条 石油、化工、冶金、电力等企业，地上管道、架空线路及地下管网较多，充分利用这些管廊、架空线路下方的空间以及地下管线带地表进行绿化，既可充分挖掘场地潜力，扩大绿化面积，又不增加用地。上海石油化工总厂、吴泾化工厂、兰州合成橡胶厂、首都钢铁公司、宝山钢铁总厂、重庆发电厂、沙市热电厂的经验表明，充分利用上述地段进行绿化，将有助于提高企业的绿化水平，对此应予以重视。

架空管廊下方的绿化应考虑管道内输送介质对植物的影响，同时也要考虑植物的生长不致影响管道检修；在地下管线带地表绿化，应防止植物根系对管、沟安全造成影响；架空输电线路下方的绿化，应保证植物与导线之间有足够的安全距离。

第8.2.9条 道路两侧布置行道树，对于改善小区气候和夏季行人环境具有明显效果，也是企业绿化的重要组成部分。通过近几年的实践，已逐渐引起人们重视，一些只注意管理区绿化的企业，也开始在厂区道路两侧布置行道树。为此，本条特意强调必须重视道路绿化，并要求主干道两侧的绿化应利用不同的植物组成多层次的绿化带，以灵活变化的手法，使干道的绿化更加丰富多彩，为美化厂容增辉。

第8.2.10条 本条是对交叉路口、道路与铁路交叉口附近绿化的要求。据调查，交叉路口在满足行车视距的前提下可以进行绿化，不少企业已经这样做了。如某重机厂在交叉路口栽种乔、灌木，乔木株距4～5m，灌木高度低于司机视线，据司机反映，尚未

影响行车安全。故要求交叉路口的绿化必须遵循这一原则。

具体视距要求，应按国家现行的《厂矿道路设计规范》和《工业企业标准轨距铁路设计规范》的规定执行。

第8.2.11条 所谓"垂直绿化"就是利用某些植物的藤、蔓所具有的极强的向上攀缘习性，或利用长枝条类植物所特有的下垂效果来对垂直或斜面进行绿化；用此法绿化可以获得用地极少而富有立体感的效果。企业中常见的垂直绿化有以下几种方式：

一、在建筑物的外墙、围墙、围栅前沿墙根栽种攀缘类植物（如爬山虎、五叶地锦等）；

二、在挡土墙顶栽种长枝条类植物（如迎春、蔷薇等），利用其枝、条叶下垂遮挡部分墙面，达到绿化的效果；

三、在人工边坡（或自然边坡）的坡面上种植攀缘类植物进行绿化，并兼有防止坡面受雨水冲刷的功能，减少水土流失。

第8.2.12条 树木与建筑物、构筑物及地下管线的最小距离，各行业的总图设计规范和一些工程实际使用的间距，虽不尽相同，但从各项间距取值来看，都是大同小异，相差甚微。本规范参考了机械、钢铁、有色冶金、电力、造纸、石化等行业的设计规范，结合调查和有关资料，作了适当调整，现简述如下：

一、关于乔木距建筑物外墙（有窗）的间距规定，大多数行业取3～5m，仅个别采用2m（如有色冶金企业总图运输设计规范编制说明指出，2.5m高以下的建筑为2m）。实践表明一般窗扇向外开启时超出墙面0.3～0.5m，而乔木一般树冠直径为4～5m。若采用2m的间距不仅相互干扰，而且将影响建筑的正常采光与通风，调查中这种实例很多。故本规范确定乔木至建筑物（有窗）的最小间距采用3m，当采用大于5m的树冠绿化或有特殊要求时其间距采用5m。

二、关于乔木至挡土墙的最小间距：

1. 乔木至挡土墙顶内边：此间距主要考虑乔木长成后树根不致危及挡土墙的安全，同时乔木本身应有足够的稳定性，遇大风、暴雨，乔木不致吹倒，一般间距都采用2m，已能满足以上要求，故本规范确定为2m。

2. 乔木至挡土墙脚的间距，主要考虑挡土墙不致影响乔木的生长。经实地调查，当乔木至挡土墙脚2m时，树干基本能长直。考虑到高度超过5m的挡土墙不多，一般的挡土墙对树冠生长均无影响，故本规范规定采用2m间距。

三、乔木至标准轨距铁路中心的最小间距。此间距主要考虑树木不妨碍司机的视线及机上人员的操作为宜，据对一些企业的调查，多数乔木距铁路中心都

在 4～5m，如某锅炉厂道口处的柳树距铁路中心为 4m，据运输部门同志反映，没有对行车了望、操作等造成不良影响，故本规范确定为 5m。

四、树木至道路边缘的最小间距：

1. 乔木至道路边缘的间距，应考虑乔木的根系不致因延伸至路面下而破坏路面。据调查，一般企业、城市的行道树至路边为 0.2～1.0m，紧靠道路或超过 1.0m 的情况很少，未见对路面造成破坏，故本规范定为 1.0m。但应注意，若在南方种植根系发达、穿透力强的树木（如榕树、黄桷树等）时，应结合当地条件确定间距。

2. 灌木至道路边缘的间距主要考虑灌木与路面保持适当安全距离即可，以防止行车时对灌木的损坏，一般以 0.5m 为宜。

五、灌木至人行道边缘的最小间距。当为灌木丛时，此间距系指灌木丛外缘至人行道边缘最近的一株灌木中心，并非指灌木丛中心。

六、树木至工程管线的最小间距。树木至工程管线的最小间距主要考虑以互不影响为原则，力求采用较小间距，以节约用地。一般在建厂初期都是先铺好管线，然后栽树，因此表 8.2.12 所列间距将不会影响树木的栽种。当树木长成，检修管道需要开挖时，即使切除一部分须根（限于受管道影响部分），仍不致危及树木的生长。

七、树木至热力管的最小间距。树木至热力管的距离应考虑热力管有可能散发较高温度或泄漏出蒸气，从而影响树木的正常生长。如果采用一般管线间距，树木将会被烤死或影响其生长，因此，间距宜适当放大。本规范根据实践经验推荐热力管至树木的最小间距为 2m。当热力管敷设在地沟内时，由于沟壁所散发的温度远远小于直埋管所散发的温度，其间距可适当减少。

第九章　主要技术经济指标

第 9.0.1 条　总平面设计中的技术经济指标的内容较多，本条所列为常用主要技术经济指标。本条所列八项指标，是在多次广泛征求各部门的意见的基础上列出的。由于各部门、各行业各有其自己的特点，故本条条文下作了注释，对有特殊要求的工业企业可根据其特点和需要，列出本行业有特殊要求的技术经济指标。

第 9.0.2 条　分期建设是指可行性研究报告明确规定的新建工业企业，对于一般有发展规划，且预留地又不在厂区围墙内的工业企业，可不列远期工程指标。

厂区外的单独场地是指变电所（站）、水源设施、污水处理场、氧气站、原料及废渣场、排土场等厂外的独立设施，这些设施应分别计算其有关指标。

第 9.0.3 条　对于改扩建工程，有条件时，宜列出本期与前期工程的有关技术经济指标。有关指标系指需要用于进行对比的指标，以便进行分析对比。对于原有指标不清和难以计算的，可视具体情况确定。

附录一　土壤松散系数

土壤松散系数是根据调查和总结实践经验并参照《土方与爆破工程施工及验收规范》制定的。据对某建筑机械化施工公司等单位调查，认为采用本规范规定的土壤松散系数，较为符合实际，国内大多数施工单位和设计单位已采用。

附录二　工业企业总平面设计的主要技术经济指标的计算规定

本附录对主要技术经济指标的计算方法作统一规定，以便在全国范围内进行统一，增强行业内部以及行业与行业之间的可比性。

本附录各款解释如下：

一、厂区用地面积，一般指厂区围墙内用地面积。当有些企业（如矿山等）无全厂性围墙时，可根据其设计边界线或实际情况而定。

一般情况下，厂区用地面积不等于企业用地面积，企业用地面积除厂区占地面积外，还包括厂外铁路、厂外道路、厂外管道工程、厂外附属设施用地等，有些还包括厂区围墙外 2～3m 的遮阴地或边沟、护坡、挡土墙用地等。

二～五款的计算方法，是根据目前各单位常用的计算方法归纳而定的。

露天堆场用地面积系指厂区内固定的原料、成品、半成品及其他材料堆场，也包括生产必需的固定的废料堆场等。

六、建筑系数的计算，本款以公式形式列出，即为建筑物、构筑物用地面积加上露天设备用地面积，再加上露天堆场及操作场用地面积与厂区用地面积之比。

目前在计算上大致有两种，一是包括露天堆场，二是不包括露天堆场。

例如：《火力发电厂总布置及交通运输设计技术规定》（SDGJ 10—78）中建筑系数计算公式为：

$$建筑系数 = \frac{厂区内建、构筑物面积}{厂区围墙内用地面积} \times 100\%$$

《机械工厂总平面及运输设计规范》（JBJ 9—81）中建筑系数公式如下：

$$建筑占地系数 = \frac{建、构筑物用地面积}{厂区用地面积} \times 100\%$$

以上两例基本相同。再如，《化工企业总图运输设计规范》（HGJ 1—85）建筑系数计算方法如下：

$$建筑系数=\frac{建筑物用地面积+构筑物用地面积+露天设备用地面积+露天堆场及操作场用地面积}{厂区用地面积}\times100\%$$

《有色金属企业总图运输设计规范》（YSJ 001—88）规定的建筑系数计算方法同《化工企业总图运输设计规范》。

《钢铁企业总图运输设计规范》（YBJ 52—88）建筑系数计算公式中也将固定堆场计入。

本规范在编写过程中，编写组多次进行讨论，并广泛征求意见，最后统一了计算方法，认为应该包括露天堆场及操作场等。例如：造纸厂，原料堆场相当大，几乎占厂区用地的30％～40％，有的甚至更大；还有建材厂、混凝土预制构件厂等，都有大量的堆场或操作场。前苏联出版的《苏联工业企业总平面设计标准》（CHип11—89—80）中，也在建筑系数中包括了露天堆场等。

七、铁路长度的计算，目前各设计单位在厂外、厂内划分问题上不尽统一：有些以工厂站出线道岔为界，无工厂站时，以进厂第一副道岔算起；有些以围墙为界。在本款中，为设计计算方便，规定以厂区围墙为界，同时也将路基宽度统一规定为5m，以方便用地面积的计算。

九、道路在计算面积时，应包括道路转弯半径的面积。

中华人民共和国国家标准

工业建筑防腐蚀设计规范

GB 50046—2008

条 文 说 明

目 次

1 总　则

1.0.1 在化工、冶金、石油、化纤、机械、医药、轻工等许多工业部门的生产中，普遍存在着各种酸、碱、盐类腐蚀性介质；这些介质对建筑物和构筑物的构配件有不同程度的腐蚀破坏作用。本规范是从设计的角度对建筑、结构的布置和选型直至表面防护等采取一系列合理有效的措施，保证建筑结构的安全性、耐久性。

　　结构的设计使用年限，应按现行国家标准《建筑结构可靠度设计统一标准》GB 50068 确定。建筑防腐蚀措施主要采取提高结构自身耐久性和采取附加措施。有些附加措施（如：钢结构的涂层）需根据防护层的使用年限，进行多次修复或更换才能满足设计使用年限的要求。

1.0.2 腐蚀的范围很广，介质种类繁多，腐蚀形式多种多样。本规范是针对工业生产常见的介质对建筑结构的防腐蚀设计。

1.0.3 "预防为主"是指采取先进的工艺技术措施，采用密闭性好的设备和管道，做到工艺流程中无泄漏或少泄漏，并通过合理地布置生产设备和对腐蚀性介质进行有组织的回收或排放等技术，避免或减轻腐蚀性介质对建筑、结构的腐蚀。

　　"防护结合"是腐蚀性介质不可避免对建筑物、构筑物产生作用时，防腐蚀设计应根据介质的性质、含量、作用程度和防护层使用年限等因素，因地制宜采取各种有效的保护措施，并在使用中经常维护。

　　建筑防腐蚀设计考虑的因素比较多，除了介质的种类、作用量、温度、环境条件等因素外，还要预估生产以后的管理水平和维修条件等，而且还应和工艺、设备、通风、排水等专业一起采取综合措施，才能取得较好的效果。

　　由于构配件的表面防护比一般装修昂贵得多，因此，对重要构件和次要构件应区别对待，重要构件和维修困难、危及人身安全的部位应采用耐久性较高的保护措施。

1.0.4 本规范与现行国家标准《建筑防腐蚀工程施工及验收规范》GB 50212 配套使用。与其他建筑结构规范配合使用时，凡处于工业腐蚀条件下，应遵守本规范的设计规定。

　　有些腐蚀环境，如杂散电流的腐蚀以及酸雨、冻融、海洋环境等自然环境介质的腐蚀，尚应符合国家现行有关标准的规定。

2 术　语

2.0.1 在国内外有关的防腐蚀标准中，腐蚀性介质对建筑材料劣化的程度（即腐蚀性程度），有的分为

3 级，有的分为 4、5、6、7 级。

　　本规范仍按原规范的规定，将腐蚀性程度分为 4 级（即：强、中、弱、微）。其理由是与国内一些规范配套使用，便于操作。从现代科学的防腐蚀技术水平来看，对于某一腐蚀环境下的防护手段，无非只有几种。因此，如果级别分得太多，其相应的防护措施并不可能分得那么细。

　　本规范将原规范腐蚀性等级的"无腐蚀"改为"微腐蚀"。使用词更科学、更准确。在自然界中，材料在任何情况下都会有腐蚀，只是腐蚀的程度不同，无腐蚀是不存在的。微腐蚀并不是一点腐蚀都没有，而是指腐蚀很轻微、可忽略。

　　腐蚀性分级，尤其是对非金属材料的腐蚀性分级，至今尚无国内外的统一标准。因此除有约定外，不同规范中的"强腐蚀"，其内容也不尽相同。

2.0.2 防护层使用年限是预估的使用年限，应在设计、施工、使用、维护等各个环节上得到保证。

　　"合理设计"是指建筑防腐蚀设计应以本规范为依据，正确分析设计条件，采取合理的防护措施。如果设计不合理，实际使用效果一定很差。例如：某肉类加工厂的地面为了防止脂肪酸的腐蚀作用而采用了耐酸混凝土（即水玻璃耐酸混凝土），这种地面是耐脂肪酸的。但设计人员忽略了清洗地面时需要用碱水去掉油脂的要求，而水玻璃类材料是不耐碱性介质的，所以这块地面使用不久就被腐蚀破坏了。

　　"正确施工"是指建筑防腐蚀工程应以现行的国家标准《建筑防腐蚀工程施工及验收规范》GB 50212 为依据，精心施工，确保工程质量。防腐蚀工程的施工与一般建筑装饰工程的施工是有区别的。某防腐蚀工程在混凝土面上施工防腐蚀涂层时采用普通装饰工程的油灰打底，虽然表面很平整，但使用不到 3 年，就成片脱落。

　　"正常使用和维护"是指防腐蚀工程的使用单位应提倡文明生产，制定相应的生产、管理制度。例如：某硝铵车间地面上的固态硝铵，应干扫去除，但却采用自来水冲洗，造成液态介质干湿交替作用腐蚀，使厂房破坏严重。

　　根据国家标准《建筑结构可靠度设计统一标准》GB 50068—2001 的规定，"正常维护"应包括必要的检测、防护及维修。

　　防护层使用年限是预估的年限，不是防护层的实际使用年限。当使用年限超过预估年限时，应对防护层进行全面评估，以确定是否需要大修或继续使用。

3 基本规定

3.1 腐蚀性分级

3.1.1 腐蚀性介质按其存在形态可分为三大类：气

态介质、液态介质和固态介质。将原规范的腐蚀性水和酸碱盐溶液并为液态介质。各种介质再按其性质、含量和环境条件进行腐蚀性等级分类。

凡规范中未列入的介质，由设计人员根据介质的性质和含量等情况按相近的介质确定类别。

设计时应根据生产工艺条件确定腐蚀性介质的类别。为了便于使用，表1列举了各行业有腐蚀性生产装置部位以及室外大气的腐蚀性介质类别。但由于生产工艺、设备的不断更新以及管理水平的差异，可能导致腐蚀的介质浓度以及泄漏程度等会有所变化，因此腐蚀类别还应根据实际条件确定。

表1　生产部位腐蚀性介质类别举例

行业	生产部位名称	环境相对湿度（%）	气态介质		液态介质		固态介质	
			名称	类别	名称	类别	名称	类别
化工	硫酸净化工段、吸收工段	—	二氧化硫	Q10	硫酸	Y1	—	—
	硫酸街区大气	—	二氧化硫	Q11	—	—	—	—
	稀硝酸泵房	—	氮氧化物	Q6	硝酸	Y1	—	—
	浓硝酸厂房	—	氮氧化物	Q5	硝酸	Y1	—	—
	食盐离子膜电解厂房	—	氯	Q2	氢氧化钠、氯化钠	Y7、16	—	—
	盐酸吸收、盐酸脱吸	>75	氯化氢	Q3	盐酸	Y1	—	—
	氯碱街区大气	—	氯、氯化氢	Q2、4	—	—	—	—
	碳酸钠碳化工段	—	二氧化碳、氨	Q16、17	碳酸钠、氯化钠	Y10、16	碳酸钠	G5
	氯化铵滤铵机、离心机部位	—	氨	Q17	氯化铵母液	Y15	—	—
	硫酸铵饱和部位	>75	硫酸酸雾、氨	Q12、17	硫酸、硫铵母液	Y1、11	—	—
	硝酸铵中和工段	—	氮氧化物、氨	Q6、17	硝酸、硝酸铵	Y1、13	—	—
	尿素散装仓库	60～75	氨	Q17	—	—	尿素	G8
	醋酸氧化工段、精馏工段	—	醋酸酸雾	Q14	醋酸	Y5	—	—
	氢氟酸反应工段	—	氟化氢	Q9	硫酸	Y1	—	—
石油化工	己内酰胺车间（环己酮羟胺法）	—	—	—	亚硝酸钠	Y12	亚硝酸钠	G8
	氯乙烯工段	—	氯化氢	Q4	盐酸	Y1	—	—
	精对苯二甲酸生产PTA工段	—	醋酸酸雾	Q15	醋酸	Y5	—	—
有色冶金	铜电解、铜电积、铜净液	>75	硫酸酸雾	Q12	硫酸、硫酸铜	Y1、11	—	—
	铜浸出	>75	硫酸酸雾	Q12	硫酸	Y1	硫酸铜	G7
	锌浸出、压滤、锌电解	>75	硫酸酸雾	Q12	硫酸、硫酸锌	Y1 参Y11	—	—
	镍电解、镍净液、镍电积	>75	氯、氯化氢、硫酸酸雾	Q2、4、12	硫酸、盐酸	Y1	—	—
	钴电解、钴电积	>75	氯、硫酸酸雾	Q2、12	硫酸	Y1	—	—
	铅电解	60～75	硅氟酸酸雾	参Q9	硅氟酸	参Y4	—	—
	氟化盐制酸车间吸收塔部位	—	—	—	氢氟酸	Y4	—	—
	氧化铝叶滤厂房、分解过滤厂房	—	碱雾	Q18	氢氧化钠、碳酸钠	Y7、10	—	—
	镁浸出	—	氯、氯化氢	Q1、3	—	—	氯化镁	G6

行业	生产部位名称		环境相对湿度（%）	气态介质		液态介质		固态介质	
				名称	类别	名称	类别	名称	类别
机械	各种金属件的酸洗		＞75	酸雾、碱雾	Q12、18	酸洗液、氢氧化钠	Y1、7	—	—
	电镀		＞75	酸雾、碱雾	Q12、18	酸洗液、氢氧化钠	Y1、7	—	—
医药	氯霉素生产的反应釜部位		—	氯、氯化氢	Q1、3	盐酸	Y1		
	阿斯匹林生产的离心机、反应釜部位			醋酸酸雾	Q14	醋酸	Y5		
农药	甲基异氰酸酯合成、精制			氯化氢	Q4				
	杀螟松生产的氯化物			氯化氢	Q3	氯化盐	Y15		
化纤	粘胶纤维	熟成工段		硫化氢	Q7	氢氧化钠	Y8		
		酸站		氯、硫化氢	Q2、7	硫酸	Y1		
		纺丝间	＞75	氯、硫化氢	Q2、7	硫酸	Y1		
印染	漂炼		＞75	氯化氢、二氧化硫、碱雾	Q4、11、18	氢氧化钠、次氯酸钠、亚硫酸钠	Y8、12	—	—
	染色调配、印花调浆		＞75	醋酸酸雾、碱雾	Q15、18	醋酸、氢氧化钠、硫化碱	Y5、8	—	—
钢铁	酸洗		＞75	氯化氢	Q3	硫酸	Y1		
	半连轧酸洗槽		＞75	硫酸酸雾	Q12	盐酸	Y1		
制盐	硫酸钠溶解槽、蒸发部位		—	—	—	硫酸钠	Y11	硫酸钠	G3
	氯化钠蒸发、干燥		—	—	—	氯化钠	Y16	氯化钠	G2
制糖	糖汁硫熏器及燃硫炉			二氧化硫	Q11				
日用化工	洗衣粉生产的磺化部位、尾气排空管屋面附近			二氧化硫	Q11	硫酸、苯磺酸	Y1		
	肥皂生产的化油槽、煮皂锅部位		＞75			脂肪酸、氢氧化钠	Y6、7		
造纸	碱法、硫酸盐法化浆	蒸煮、洗选工段	—	硫化氢	Q8	硫化钠氢氧化钠、硫酸钠	Y8、11		
		漂白、制漂工段		氯、二氧化硫	Q1、11	硫酸、氢氧化钠、硫酸镁	Y1、7、11	硫酸镁、氧化钙	G7
		苛化工段		碱雾	Q18	氢氧化钠、碳酸钠	Y7、10	碳酸钙、氧化钙	G1
造纸	化学机械浆	化机浆车间	—	—	—	氢氧化钠、亚硫酸钠	Y7、12	—	—
食品	乳制品收乳与预处理工段、酸牛乳车间、冰淇淋车间		—	—	—	硝酸、乳酸、氢氧化钠	Y1、6、8		
	味精提取车间			氯化氢	Q4	盐酸、氢氧化钠	Y1、8		

行业	生产部位名称	环境相对湿度（%）	气态介质		液态介质		固态介质	
			名称	类别	名称	类别	名称	类别
制革	鞣制车间	>75	硫化氢、铬酸气	Q7、参Q12	铬酸	Y1	—	—
其他	脱盐水站的酸储槽及投配排放部位	—	—	—	盐酸、硫酸	Y1	—	—

注：环境相对湿度表中未注明者，可按地区年平均相对湿度确定。

3.1.2 在介质环境中，建筑材料的腐蚀性等级与污染介质的成分、含量或浓度、潮润时间等综合因素有关。本规范仍按原规范的规定分为4级：强、中、弱、微，将原规范的"无腐蚀"改为"微腐蚀"。

一般从概念上可理解为：在强腐蚀条件下，材料腐蚀速度较快，构配件必须采取附加的防腐蚀措施，如有可能宜改用其他耐腐蚀性材料；在中等腐蚀条件下，材料有一定的腐蚀，可采用附加的防腐蚀措施；在弱腐蚀条件下，材料腐蚀较慢，可采用提高构件的自身质量，个别情况也可采取简易的附加防腐蚀措施；微腐蚀条件时，材料无明显腐蚀。

建筑材料是指建筑结构或构配件的常用材料：钢筋混凝土、素混凝土、钢、铝、烧结砖砌体、木。其中烧结砖砌体的腐蚀性等级是综合烧结粘土砖和水泥砂浆的耐腐蚀性能而定的。预应力混凝土与钢筋混凝土的耐腐蚀性，虽有差异，但基本相同。

同一形态的多种介质同时作用同一部位时，腐蚀性等级应取最高者，但防护措施应综合满足各种不同的要求。例如：有酸碱作用的地面，一般说来，酸为强腐蚀，碱可能是中腐蚀，因此该地面的腐蚀性等级为强腐蚀，但该地面的防护要求，不但需要满足酸（强腐蚀）作用的要求，还需满足碱（中腐蚀）作用的要求。

3.1.3 环境相对湿度，是指在某一温度下空气中的水蒸气含量与该温度下空气中所能容纳的水蒸气最大含量的比值，以百分比表示。环境相对湿度应采用构配件所处部位的实际相对湿度，不能不加区别都采用工程所在地区年平均大气相对湿度值。例如：湿法冶炼车间的相对湿度常大于地区年平均相对湿度，而有热源辐射反应炉附近的相对湿度常小于地区年平均相对湿度。因此，在生产条件对相对湿度影响较小时才可采用工程所在地区的年平均相对湿度。

对于大气中水分的吸附能力，不同物质或同一物质的不同表面状态是不同的。当空气中相对湿度达到某一临界值时，水分在其表面形成水膜，从而促进了电化学过程的发展，表现出腐蚀速度剧增，此时的相对湿度值就称为某物质的临界相对湿度。值得注意的是金属的临界相对湿度还往往随金属表面状态不同而变化，如：金属表面越粗糙，裂缝与小孔愈多，其临界相对湿度也愈低；当金属表面上沾易于吸潮的盐类或灰尘等，其临界值也会随之降低。

表3.1.4和表3.1.6中环境相对湿度的取值主要依据碳钢的腐蚀临界湿度确定，其他材料略有差异。

3.1.4 气态介质指各种腐蚀性气体、酸雾和碱雾（含碱水蒸气），主要作用于室内外的上部建筑结构及构配件，其腐蚀性与介质的性质、含量以及环境相对湿度有关。

酸雾和碱雾本是以液体为分散相的气溶胶，但其腐蚀特征和作用部位更接近气态介质，因此列入气态介质范围内。酸雾、碱雾的含量仍以定性描述，目前尚不具备定量的条件。

这次修编，将原规范 Q3 氯化氢的含量 1～15 mg/m³ 改为1～10 mg/m³，理由：①国内几十个工程调查表明，Q3 氯化氢含量一般仅为 1～2 mg/m³，不超过 10 mg/m³；②与国外一些标准匹配。

另外，将原规范 Q9 氟化氢的含量 5～50 mg/m³ 改为1～10 mg/m³，理由：①某电解车间室内氟化氢含量为 1.84 mg/m³，对厂房已有腐蚀；②某厂氟化氢洗涤塔，净化前的含量为 20～30mg/m³，净化后的含量为 1.40～2.24 mg/m³，所以厂房内不会达到 50 mg/m³ 那么高的浓度。

表3.1.4 中 Q12、Q13、Q14、Q15、Q18 所在行第三列介质含量原为"大量"或"少量"作用，不够准确，现改为"经常"或"偶尔"作用。这里经常作用是指在一定的浓度范围内，同种腐蚀性介质经常或周期性作用下，对建筑结构的腐蚀较大；偶尔作用是指同种腐蚀性介质不经常或间断作用，对建筑结构的腐蚀较小。

3.1.5 液态介质指的是生产过程中直接作用或泄漏的液态介质，多作用于池、槽、地面和墙裙，是以介质不同性质和 pH 值或浓度进行分类的。

硫酸、盐酸、硝酸等无机酸的 pH 值为 1 时，其浓度约为 0.4%～0.6%。

当生产用水（包括污水）采用离子浓度分类时，其腐蚀性等级可按现行国家标准《岩土工程勘察规范》GB 50021 地下水的离子浓度进行分类。

3.1.6 固态介质包括碱、盐、腐蚀性粉尘和以固体为分散相的气溶胶，主要作用于地面、墙面和地面以上的建筑结构及构配件。固态介质只在溶解后才对建筑材料产生腐蚀，因此，腐蚀程度与水和环境相对湿度有关。不溶和难溶的固体基本上不具腐蚀性，完全溶解后的易溶固体按液态介质进行腐蚀性评定；处于户外部分的易溶固体因有雨水作用，按液态介质考虑。在无水环境中，固体吸湿性大小与环境相对湿度有关。易吸湿的固体在环境相对湿度大于 60% 时通常都会有不同程度地吸湿后潮解成半液体状或局部溶解。

这次修编将 G1 的"硅酸盐"，改为"硅酸铝"，因为硅酸钠、硅酸钾是溶于水的；删去 G1 的"铝酸盐"，因为铝酸钠是溶于水的。

这次修编将表 3.1.6 中 G2 的氯化锂删除，因其平衡时相对湿度为 12%，属易吸湿介质，不是难吸湿介质。

3.1.7 为了与现行国家标准《岩土工程勘察规范》GB 50021 协调一致，本规范不再另列入水、土对建筑材料的腐蚀性等级。

3.1.8 干湿交替作用的情况有多种多样。地面受液态介质作用，时干时湿属于干湿交替作用；基础和桩基础在地下水位变化的部位，有干湿交替作用；储槽、污水池、排水沟在液面变化的部位，也有干湿交替作用。

在介质的干湿交替作用下，材料会加速腐蚀；但不同的干湿交替作用情况，加速腐蚀的程度是不同的。如果干湿交替作用能产生介质的积聚、浓缩（如：构件一个侧面与硫酸根离子液态介质接触，而另一个侧面暴露在大气中），则腐蚀速度快。如果干湿交替作用基本上不能产生介质的积聚、浓缩（如：土壤深处地下水位的变化对桩身的腐蚀），则腐蚀速度慢。由于干湿交替作用的情况不同，因此其加强防护的措施也有区别。

3.1.9 微腐蚀环境下，材料腐蚀很缓慢，因此构配件可按正常环境下进行设计，即可以不采取本规范所规定的防护措施。

3.2 总平面及建筑布置

3.2.1 工程实践表明，大量散发腐蚀性气体或粉尘的生产装置对邻近建筑物和装置的设备仪表均有影响，总平面布置合理对减轻腐蚀极为有利，其中风向和风频是主要考虑因素；由于有一些地区的最大风频与次风频是正对的，所以这些生产装置应布置在厂区全年最小频率风向的上风侧，而不应是最大风频的下风侧。总平面布置时，除了考虑厂区内各街区之间的影响外，也要考虑相邻工厂之间的相互影响。实践证明，在正常情况下，地下水的扩散影响较小，因此没有强调提出。

3.2.2 "设备"也包括储罐、储槽等。腐蚀性溶液的大型储罐发生过泄漏事故，这类储罐如果设在厂房内或靠近基础，一旦发生泄漏，腐蚀严重，其后果往往会造成地基沉陷或膨胀，很难维修加固。

设围堤是针对突发性大量腐蚀性液体外漏事故时防止造成次生灾害的措施。围堤也可以不采用耐腐蚀材料，但要能保持溶液在短时间内不致大量流失，能及时采取回收措施。

3.2.3 淋洒式冷却排管和水池所在的环境水雾弥漫，遍地是水。凡设在室内而且在有腐蚀介质作用条件时，严重加剧腐蚀。近年来设计已吸取经验将排管和水池移到室外，但是过于靠近厂房，水雾对墙面仍有明显腐蚀作用。水池距离建筑物外墙面不小于 4m，可以减少影响。

3.2.4 建筑的形式，如厂房开敞和半开敞的问题，虽然从厂房而言是有利于稀释腐蚀性气体而减轻了腐蚀，但是开敞除应符合环保和生产、检修条件外，还应注意当厂房开敞后的雨水作用，特别是有腐蚀性粉尘条件下，反而会加剧腐蚀。

3.2.5 调查表明，在液态介质作用的楼层，容易因渗漏（尤其是在孔洞周围和地漏附近）对下层的顶棚、墙面，甚至设备和电线等造成腐蚀。控制室和配电室若与具有腐蚀性的场所直接相通，气体、粉尘会逸入室内，液体会被带入（如从鞋底）。控制室和配电室内的仪表和配线对腐蚀比较敏感，一旦腐蚀，后果严重。

3.2.6 将同类腐蚀性介质的设备相应集中，能减少或避免不同腐蚀性介质的交替作用，简化设防，减少选材上的困难。

地下室的地面标高较低，排除地面上腐蚀性液体困难较大，而且通风条件差，难以排除腐蚀性气体或粉尘。因此，将有腐蚀性介质的设备布置在地下室，客观上给防腐蚀造成困难。

3.2.7 局部设防是为了缩小腐蚀影响，减少设防范围。气态介质和固态粉尘主要用隔墙隔开，液态介质主要在地面设置挡水。

3.2.8 大量实例表明，强腐蚀性介质渗入厂房地基后，容易引起地基变形，厂房开裂。为避免这一现象发生，要求输送上述液体的管道设在管沟内，离厂房基础的水平距离不小于 1m。

3.2.9 楼面开孔是遭受液态介质腐蚀的薄弱部位，墙面开孔也对防护不利。将各类管线相对集中，减少开孔，有利于防护。

4 结 构

本章提出了各类结构设计的规定；地面以下的构件（基础和桩基等）应按本章的规定进行防护，地面以上的构件（柱、梁、板等）应按本规范第 5 章的规定进行防护。

4.1 一般规定

4.1.1 本条提出了在腐蚀环境下结构耐久性设计的基本原则,从材料的选择、结构的布置、选型、构造及构件更换等诸方面提出要求,这种"概念性"设计对提高结构防腐蚀能力是十分重要的。

选材要扬长避短,充分发挥材料的特性。如混凝土耐氯气的腐蚀比钢强;密实性较高的材料抗结晶腐蚀比孔隙多的材料好。

在腐蚀条件下,结构设计应从布置、截面形状、连接方式及构造上力求简洁,尽量减少构件的外表面积、棱角和缝隙,以避免水和腐蚀性介质在结构表面的积聚并利于其迅速排除。

钢结构杆件放置方向不能积水;构件表面平整与否以及杆件节点和布置,要利于腐蚀性介质、灰尘和积水的排除。

设计时要考虑固定走道、升降平台等设施和照明,以便于防护层的施工、检查和维修,不能出现无法施工和维修的区域。

彩涂压型钢板、檩条等次要构件,往往不能与主体结构的使用年限相同,因此,当业主要求使用时,应采取便于更换的措施。

4.1.2 在腐蚀环境下,超静定结构构件内力若采用塑性内力重分布的分析方法,要求某些截面形成塑性铰并能产生所需的转动,在混凝土结构中会产生裂缝,在腐蚀环境中不利于结构的耐久使用;由于裂缝处变形较大,也可造成表面防护层的开裂。

对于钢结构,截面内塑性发展会引起内力重分配,变形加大,造成应力集中,电化学腐蚀严重。

4.2 混凝土结构

4.2.1 混凝土结构的耐久性,除了在材料上应有保证以外,还应由结构和构件的选型、裂缝控制和构造措施以及表面防护来保证,其中结构和构件的选型有时会起主导作用。规范吸取了国内外的经验教训,提出若干要求。

1 现浇钢筋混凝土框架结构具有整体性好和便于防护的优点,没有钢埋件和装配节点可能形成的薄弱环节,因此其耐久性相对较好。

本次规范修订,对钢筋混凝土框架结构只推荐现浇式。因装配整体式在国内实践中已很少采用,而现浇式已具备速度快、质量好的优势,配套设施相当完善,施工经验十分丰富。

2 预应力混凝土构件具有强度等级高、密实性和抗裂性较好的特点。混凝土在应力条件下的腐蚀性,根据一些试验表明,受拉部分要比受压部分严重,因此从耐久性角度来讲,预应力混凝土构件要比钢筋混凝土构件优越。

3 柱截面的形式宜采用实腹式,其目的是为了减少受腐蚀的外露面积,同时规整的截面也便于防护。腹板开孔的工字形柱的表面积大,容易遭受腐蚀,所以在腐蚀性等级为强、中时不应采用。

4.2.2 近年来,随着施工水平的提高,国内预应力混凝土的应用得到较大发展,其中使用最为广泛的是后张整体式。

1 先张法预应力混凝土结构在预制工厂完成,质量较易保证,混凝土密实度较高,预应力筋的保护较为严密,在工业腐蚀环境中,耐久性能较强。前苏联《建筑防腐蚀设计规范》(73版、85版)均推荐先张法。

2 预应力混凝土结构推荐采用整体结构。因块体拼装式结构存在拼接缝隙,此缝隙难以密封,腐蚀性介质会从缝隙渗入,腐蚀预应力钢筋。某厂21m跨度的拼装式梯形屋架,因腐蚀性介质从拼缝中渗入腐蚀预应力钢筋,使用10年后,预应力钢筋蚀断而突然掉落。所以块体拼装后张法预应力构件在腐蚀的条件下不应使用。

3 无粘结预应力混凝土结构采用多重手段防护且施工方便,可检测,可更换。目前国内科研、设计、施工水平逐步提高,应用也愈趋广泛。根据国家行业标准《无粘结预应力混凝土结构技术规程》JGJ 92—2004和国内外的应用经验表明,对处于腐蚀条件下的无粘结预应力锚固系统应采用连续封闭体系,经过10kPa静水压力下不透水试验,可保证其耐久性。

4 由于预应力筋处于高应力状态,容易产生应力腐蚀,若钢丝(或钢筋)直径较细($\phi < 6mm$),稍有腐蚀,其截面面积损失比例较大,故不应使用直径小于6mm的钢筋和钢丝作预应力筋。

预应力混凝土构件的钢绞线应控制单丝直径。

5 后张法预应力混凝土结构的预应力筋要密封防锈。抽芯成形的预应力钢筋孔道密封性能差,金属套管的耐腐蚀性能不佳,均不应采用;可选用耐老化性能较好的塑料波纹管。

6 后张法预应力混凝土结构的锚具及预应力筋外露部分,均为防腐蚀薄弱环节,它的失效将导致整个结构的破坏。因此要进行严格封闭,宜采用埋入式构造,可按国家行业标准《无粘结预应力混凝土结构技术规程》JGJ 92—2004第4.2.5条的有关规定执行。

4.2.3 保证结构混凝土的耐久性是防腐蚀设计的重要环节。与原规范相比较,本规范在最低混凝土强度等级、最小水泥用量、最大水灰比等方面的要求均有所提高,并根据腐蚀性等级的不同区别对待。这是由于国内对这些问题已有共识(海港、铁路等行业标准都提高了对结构混凝土的基本要求),本规范与国际标准不能差距过大,适当进行了调整。

本次修订还增加了对最大氯离子含量的规定,与国家标准《混凝土结构设计规范》GB 50010—2002接轨。

某些试验表明，原 200 号混凝土的密实性较差，它的抗碳化能力约为原 300 号混凝土的 1/2、原 400 号混凝土的 1/8。国家标准《混凝土结构设计规范》GB 50010—2002 规定，处于环境类别为三类的结构混凝土强度等级不应低于 C30。所以本规范规定在弱腐蚀等级时，最低混凝土强度等级为 C30。

腐蚀性介质对构件的腐蚀，一般是由外表向内部逐渐进行的。混凝土的抗渗性能对腐蚀速度起重要影响。混凝土的抗渗性能主要决定于混凝土的密实度，而对混凝土密实度起控制作用的是水灰比和水泥用量，其中水灰比起主要作用。水灰比与碳化系数之间有近似的线性关系；水泥用量与碳化系数之间也近似呈线性关系，但水泥用量小于 $300kg/m^3$ 时，系数明显增加。国内外关于混凝土耐久性的设计规定中都对最大水灰比和最小水泥用量有明确规定，结构混凝土水灰比一般控制在 0.55（抗渗等级相当于 0.6MPa）以内，预应力混凝土为 0.45（抗渗等级相当于 0.8MPa）以内。本条按国家标准《混凝土结构设计规范》GB 50010—2002，处于环境类别为三类的结构混凝土最大水灰比和最小水泥用量限值的规定作为弱腐蚀等级的取值。

在结构混凝土的基本要求中规定"最低混凝土强度等级"（而非抗渗标号），便于设计人员采用较高强度的混凝土，且施工中利于控制。预应力混凝土构件最大氯离子含量 0.06% 指水溶性试验方法，不能采用酸溶性试验方法。

当混凝土中需要掺入矿物掺和料时，应符合国家现行有关标准规范的规定。表 4.2.3 注 2 中的"胶凝材料"是水泥和掺入的矿物掺和料的总称；"水胶比"即为水与胶凝材料之比。

4.2.4 本条所指"裂缝"均为受力产生的横向裂缝。构件的横向裂缝宽度对耐久性有一定的影响，宽度过大将导致钢筋的锈蚀。

控制裂缝及裂缝宽度也是防腐蚀设计的一个要点。与原规范相比较，本次修订控制级别严了一些，并与国家标准《混凝土结构设计规范》GB 50010—2002、行业标准《无粘结预应力混凝土结构技术规程》JGJ 92—2004 接轨。

预应力混凝土构件中的配筋，处于高应力工作状态，而又大都采用高强钢材，对腐蚀比较敏感，在腐蚀性介质和拉应力共同作用下，容易产生应力腐蚀倾向。如果混凝土裂缝过大，预应力混凝土构件的腐蚀程度要比钢筋混凝土构件严重，所以应从严控制。

4.2.5 混凝土对钢筋的保护，除需要一定密实度的混凝土外，还需要有一定厚度的保护层，这是提高混凝土结构耐久性的重要措施。根据调查，保护层厚度若减少 1/4，则混凝土中性化层到达钢筋表面的时间

可缩短一半。

本条混凝土保护层的厚度针对所有钢筋，即纵筋、钢箍、分布筋均要满足该表的要求。因为从防腐蚀机理出发，钢箍锈蚀不仅会导致构件抗剪能力的下降，而且钢箍的锈蚀会诱导纵向受力钢筋锈蚀，从而导致构件丧失承载能力。国际上的观点都很明确，必须包括全部钢筋。

表 4.2.5 面形构件中只提板、墙，取消了壳。因壳体较薄，混凝土保护层厚度一般不能满足要求，且在腐蚀条件下应用很少。

混凝土保护层厚度的增加对防腐蚀设计十分重要，目前国际上都有加厚保护层的趋势。但厚度也不能增加过多，因为保护层太厚时，受弯构件横向裂缝会加大，涂料防护层也易脱落。

4.2.6 有液态介质或有冲洗水作用时，设备或管道留孔周围的梁板可能经常受到液态介质的作用，腐蚀情况较为严重。为了保护边梁不受腐蚀，可将边梁离开孔洞边缘布置而将板挑出，这种布置方法在铜电解厂房中取得了良好的效果。

4.2.7 主要承重构件纵向受力钢筋不要采用多而细的钢筋，防止细钢筋较快被腐蚀而丧失承载力。

4.2.8 固定管道、设备支架的预埋件和吊环，部分暴露在外。当腐蚀性介质作用时，在混凝土内、外形成阴极和阳极，其腐蚀情况比较严重。如果预埋件与受力钢筋接触，会引起受力钢筋的腐蚀。

直接预埋在梁上的起重吊点，其腐蚀情况也较为严重，会造成吊点周围混凝土的开裂。在梁上预埋耐腐蚀的套管，钢吊索便可穿过套管固定，既便于更换，对梁又无不良影响，效果较好。

4.2.9 钢预埋件腐蚀后，很难修复，也无法更换，造成许多隐患，甚至还可能影响到构件本身。对预埋件的防护，根据工程经验可采用树脂或聚合物水泥的砂浆、混凝土包裹，也可采用防腐蚀涂层、树脂玻璃鳞片胶泥等防护。防腐蚀涂层包括涂料层或涂料和金属的复合涂层。复合涂层防护（即在喷、镀、浸的铝、锌金属覆盖层上再涂刷涂料层），可在腐蚀较为严重时采用；屋架支座和设备地脚螺栓可采用树脂砂浆、树脂混凝土包裹；非常重要且检修困难的预埋件推荐采用耐腐蚀金属，如不锈钢制作。

在装配式结构中，构件之间的连接件，如大型屋面板与屋架或梁的连接节点、天窗架与屋架的节点、屋架与柱的节点，是保证结构整体性的关键部件。调查时，发现焊缝与埋件均有不同程度的锈蚀，如太原市某水厂安装两年后网架支座（未做镀锌处理，未用混凝土包裹）就发生锈蚀，严重的甚至全部锈蚀，所以必须认真保护。

4.2.10 后张法预应力混凝土的外露金属锚具，先张法端部钢筋的外露部分，都是关键部位，采用树脂或聚合物水泥的混凝土包裹，以确保其可靠。

4.3 钢 结 构

4.3.1 钢结构构件和杆件形式，对结构或杆件的腐蚀速度有重大影响。如山西某化肥厂散装仓库为三铰拱结构（角钢格构式），某厂酸洗车间采用格构柱，均腐蚀严重。

按照材料集中原则的观点，截面的周长与面积之比愈小，则抗腐蚀性能愈高。薄壁型钢壁较薄，稍有腐蚀对承载力影响较大；格构式结构杆件的截面较小，加上缀条、缀板较多，表面积大，不利于防腐。本条中"格构式"系指杆件截面不满足本规范第4.3.3条厚度要求的格构式构件。

4.3.2 一些试验表明，由两根角钢组成的 T 形截面，其腐蚀速度为管形的 2 倍或普通工字钢的 1.5 倍，而且两角钢之间的缝隙很难进行防护，形成腐蚀的集中点。因此规范对上述结构和杆件，均限制了使用范围。杆件截面的选择应以实腹式或闭口截面较好。

当必须采用型钢组合截面的杆件时，其型钢间的空隙宽度应满足防护层施工检查和维修的要求。国际标准《涂料与清漆—用防护涂料系统对钢结构进行防腐蚀保护》ISO 12944 中提出：对于型钢组合截面，型钢间的空隙宽度应满足图 1 的要求。

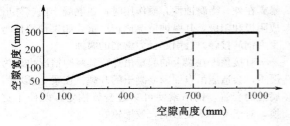

图 1　型钢间的空隙宽度的要求

闭口截面杆件端部封闭是防腐蚀要求。闭口截面的杆件采用热镀浸锌工艺防护时，杆件端部不应封闭，应采取开孔防爆措施，以保证安全。若端部封闭后再进行热浸镀锌处理，则可能会因高温引起爆炸。

本规范取消了轻型钢结构的条文。因国家标准《钢结构设计规范》GB 50017—2003 中取消了轻型钢结构的章节，且本规范第4.3.3条对角钢截面已作了截面厚度不小于 5mm 的规定。

4.3.3 为保证钢构件的耐久性，必须有一定的截面厚度要求。太薄的杆件一旦腐蚀便很快丧失承载力。规范中规定的最小限值，是根据使用经验确定的。

4.3.4 门式刚架是近年来使用较多的钢结构，它造型简捷，受力合理。在腐蚀条件下推荐采用热轧 H 型钢。因整体轧制，表面平整，无焊缝，可达到较好的耐腐蚀性能。

采用双面连续焊缝，使焊缝的正反面均被堵死，密封性能好。

4.3.5 网架结构能够实现大跨度空间且造型美观，近年发展迅速，应用于许多工业与民用建筑。本次规范修订增加了防腐设计的专门条款。

钢管截面、球型节点是各类网架中杆件外表面积小、防腐蚀性能好又便于施工的空间结构型式，也是工业建筑中广泛应用的型式。

焊接连接的空心球节点虽然比较笨重，施工难度大，但其防腐蚀性能好，承载力高，连接相对灵活。在强、中腐蚀条件下不推荐螺栓球节点，因钢管与球节点螺栓连接时，接缝处难以保持严密，工程中曾出现倒塌事故。

网架作为大跨度结构构件，防腐蚀非常重要，本条提出螺栓球接缝处理和多余螺栓孔封堵问题都是防止腐蚀气体进入的重要措施。

4.3.6 不同金属材料接触时会发生接触反应，腐蚀严重，故要在接触部位采取隔离措施。如采用硅橡胶垫做隔离层并加密封措施。

4.3.7 焊接连接的防腐性能优于螺栓连接和铆接，但焊缝的缺陷会使涂层难以覆盖，且焊缝表面常夹有焊渣又不平整，容易吸附腐蚀性介质，同时焊缝处一般均有残余应力存在，所以，焊缝常常先于主体材料腐蚀。焊缝是传力和保证结构整体性的关键部位，对其焊脚尺寸必须有最小要求。断续焊缝容易产生缝隙腐蚀，若闭口截面的连接焊缝采用断续焊缝，腐蚀介质和水气容易从焊缝空隙中渗入内部。所以对重要构件和闭口截面杆件的焊缝应采用连续焊缝。

加劲肋切角的目的是排水，避免积水和积灰加重腐蚀，也便于涂装。焊缝不得把切角堵死。国际标准《涂料与清漆—用防护涂料系统对钢结构进行防腐蚀保护》ISO 12944 中提出加劲肋切角半径不应小于 50mm。

4.3.8 构件的连接材料，如焊条、螺栓、节点板等，其耐腐蚀性能（包括防护措施）应不低于主体材料，以保证结构的整体性。

本次修订增加了螺栓直径和螺栓、螺母、垫圈的外防护要求等。

弹簧垫圈（如防松垫圈、齿状垫圈）容易产生缝隙腐蚀。

4.3.9 高强螺栓自 20 世纪 60～70 年代开始在国内铁道桥梁上应用以来，已达 40 年。

连接处接触面在采取其他涂料防护时，要保证摩擦系数的要求。

4.3.10 钢柱柱脚均应置于混凝土基础上，不允许采用钢柱插入地下再包裹混凝土的做法。钢柱于地上、地下形成阴阳极，雨季环境温度高或积水时。电化学腐蚀严重。大连某化工厂曾采用这种构造，腐蚀严重。

另外，室内外地坪常因排水不畅而积水，所以本规范规定钢柱基础顶面宜高出地面不小于 300mm，以避免柱脚积水锈蚀。

4.3.11 耐候钢即耐大气腐蚀钢，是在钢中加入少量的合金元素，如铜、铬、镍等，使其在工业大气中形成致密的氧化层，即金属基体的保护层，以提高钢材的耐候性能，同时保持钢材具有良好的焊接性能。耐候钢宜采用可焊接低合金耐候钢，其质量应满足现行国家标准《焊接结构用耐候钢》GB/T 4172 的规定。

在工业气态介质环境下，耐候钢表面也需要采用涂料防腐。耐候钢表面的钝化层增强了与涂料附着力。另外，耐候钢的锈层结构致密，不易脱落，腐蚀速度减缓。故涂装后的耐候钢与普通钢材相比，有优越的耐蚀性，适宜室外环境使用。

国家标准《钢结构设计规范》GB 50017—2003 第3.3.7条规定："对处于外露环境，且对耐腐蚀有特殊要求的或在腐蚀性气态和固态介质作用下的承重结构，宜采用耐候钢"。国家标准《烟囱设计规范》GB 50051—2002 第 3.3 节中已给出耐候钢的计算指标。

经调查，耐候钢已在上海几个钢厂生产，价格比一般碳素钢约贵10%，具备了推广使用的条件。

4.4 钢与混凝土组合结构

4.4.1 钢与混凝土的组合屋架和吊车梁，虽然能发挥两种材料的各自长处，具有节省材料和方便施工的优点。但在腐蚀环境中，由于不同材料对腐蚀性介质的敏感性不同，因此这种结构具有特殊的腐蚀特征。据某些工厂的调查，组合结构的腐蚀有时会比单独的钢筋混凝土或钢结构更严重，特别是在混凝土与钢接触的界面上。在现行国家标准图目录中，已没有钢与混凝土组合的屋架和吊车梁标准图。

以压型钢板为模板兼配筋的混凝土组合结构（也称整合板），在钢与混凝土的接触面上形成的缝隙腐蚀，使金属腐蚀加剧，耐久性能差，压型钢板又无法更换，故不允许采用。

4.4.2 钢与混凝土组合梁系指由混凝土翼板与钢梁通过抗剪连接件组合而成能整体受力的梁。这种结构在一般建筑中应用较广，但在调查中发现在钢梁顶面与混凝土板接触处腐蚀严重，也属缝隙腐蚀，故采取限制使用的规定。

东海某桥的大跨度叠合梁斜拉桥中，对叠合梁采取了提高混凝土板抗渗、抗裂、抗冲击能力，改进构造细节并采取辅助措施，加强混凝土与钢梁结合部位密封性能，提高结合部位钢结构耐蚀能力以确保剪力钉完好。

4.5 砌 体 结 构

4.5.1 为提高砌体结构的耐久性，本次规范修订分别对各类砌体和水泥砂浆标号予以提高。

石砌体目前在工程中极少采用，本次规范修订中予以取消。

1 根据国家标准《砌体结构设计规范》GB

50003—2001 和防腐蚀需要，本规范在腐蚀条件下，推荐采用烧结普通砖和烧结多孔砖。烧结砖分烧结粘土砖、烧结页岩砖、烧结煤矸石砖、烧结粉煤灰砖。经烧结后材料陶瓷化，稳定性好，可用于腐蚀环境。为贯彻国家政策节省粘土，宜采用后几种砖。由自燃煤矸石烧结的多孔砖，烧结后陶体裂缝较多，腐蚀环境中或地下应用时，要在孔洞中浇灌混凝土、抹面或提高标号。

蒸压灰砂砖和蒸压粉煤灰砖均含一定量的石灰胶结料，同时由于其孔隙率大，吸水率高，在腐蚀条件下承重结构不应采用。

为提高砌体的耐久性，国家标准《砌体结构设计规范》GB 50003—2001 对潮湿房间或层高大于6m的墙，要求砖的最低强度等级为MU10。因此本规范要求在承重结构中烧结砖的强度等级不宜低于 MU15。

2 混凝土中型空心砌块因重量大不便施工，已在国家标准《砌体结构设计规范》GB 50003—2001 中取消。

轻骨料混凝土砌体在腐蚀环境中无使用经验，不建议使用。

3 由于目前水泥的标号较高，低强度等级砂浆中水泥含量过少，密实性差，容易受到腐蚀，所以要求砂浆强度等级不低于 M10。

混合砂浆含有石灰，对防腐蚀不利，本次修编予以删除。

4.5.2 本条提出了承重砌体结构的设计要求。

1 砖和砌块均为多孔材料，极易吸收腐蚀性液体，在干湿交替条件下，容易产生盐的结晶膨胀腐蚀，使砌体迅速破坏，在上述条件下不应使用。

2 独立砖柱截面较小，受力单一，并由于四面遭受腐蚀，在强、中腐蚀条件下使用不够安全，故限制使用。

3 烧结多孔砖孔洞率达 25%以上，孔的尺寸小而数量多，孔洞增加了与腐蚀性介质接触的表面积，在强、中腐蚀条件下，不允许采用。

对于混凝土空心砌块，在对混凝土为强、中腐蚀时，也不应采用。

4 配筋砖砌体和配筋砌块砌体，均在砌体（砖）缝中配有钢筋，砌筑砂浆的密实度和厚度不足，钢筋很容易遭受腐蚀，故在对钢为强、中腐蚀时，不应采用配筋砌体构件。

4.6 木 结 构

4.6.1 针叶类木材比较致密，胶合木无钢构件，均对防腐蚀有利，故本条推荐使用。

4.6.2 木结构构件的节点是防护的薄弱环节，节点和接头处又极易集聚腐蚀性介质，往往腐蚀严重，所以应尽量减少钢连接件的使用。

4.7 地　基

4.7.1 已污染土的评价应按现行国家标准《岩土工程勘察规范》GB 50021 的有关规定执行。还应按现行国家行业标准《盐渍土地区建筑规范》SY/T 0317 确定土的溶陷性和盐胀性。土的溶陷性和盐胀性会造成基础上升或下降，致使结构开裂，是个很值得关注的问题。

拟建生产装置可能泄漏的介质是否会对污染土产生影响，产生什么样的影响？应进行分析和评估，必要时要进行一些试验。

下面列举几类腐蚀性液态介质对土壤的作用可能产生的影响：

①硫酸、氢氧化钠、硫酸钠、硫酸铵等介质，与土壤中的一些成分发生作用后，生成了新的盐类，或由于离子交换作用改变了土壤的物理性能。这种反应的结果，一般会使土壤具有膨胀性；另一种情况是介质在土壤孔隙中结晶，使土体膨胀。这两种情况都会使上部结构上升变形、开裂。

②腐蚀性介质（如盐酸）与土壤作用后所产生的易溶性腐蚀产物的流失，使土壤的孔隙增大；或者土壤中某些胶结盐类的溶蚀，使土壤的化学粘聚力丧失。这样可能导致土壤的物理、力学性能发生变化，孔隙比增大，颗粒变细，承载力、压缩模量可能降低，而导致基础下沉，上部结构开裂。

③在污染场地上新建厂房时，由于生产条件的变化，可能导致水文地质条件的改变，而破坏原来的平衡条件，使已污染土层产生膨胀或溶陷。

在工程设计中，尤其是旧厂改造时，根据污染土的评价结论，可请有关单位（如《岩土工程勘察规范》编制组等）结合建筑物的具体情况、腐蚀性介质的性质和浓度、生产环境等因素，依照已有经验，结合上述影响，采取措施，必要时要进行试验后做出评估。

4.7.2 已污染地基和生产中可能受泄漏液态介质污染的地基，在选择地基加固方法时，应考虑下列因素：

1 石灰类材料在酸或硫酸盐作用下所产生的盐类，有的具有膨胀性质，有的使石灰土不能固结失去加固作用。

2 国家行业标准《建筑地基处理技术规范》JGJ 79—2002 第 4.2.5 条指出"易受酸、碱影响的基础或地下管网不得采用矿渣垫层"。

矿渣、粉煤灰含碱性物质，若作为垫层，使地下水呈现弱碱性，对基础、管道均不利；若有液态腐蚀介质作用，则会发生反应。

3 酸性液态介质会与碳酸盐发生反应，降低振冲桩、砂石桩的承载能力，故在选择加固材料时，不应采用碳酸盐类材料。

5 当有酸性介质或硫酸盐类介质作用时，若采用碱液法处理地基，则会发生反应，使加固方法失去作用。

6 单液硅化法在施工中采用碱性的水玻璃类材料，若土中或地下水中存在酸性介质，则会发生反应，影响加固效果。

单液硅化法加固地基后形成 SiO_2，是一种不耐碱的物质。所以若生产过程中有碱性介质泄漏的话，则会降低加固后的地基承载力。

4.7.3 已污染土地基的处理，目前在工程上常用的较成熟的方法有下列几种：

1 换土垫层法：可挖去污染且溶陷或盐胀性较大的土，采用非污染土或砂石类材料压实。这是最有效和可靠的方法，设计及施工要求可见国家行业标准《建筑地基处理技术规范》JGJ 79—2002 第 4 章。

2 当污染土层较厚，不能全部挖除，而建筑物又较为重要时，可采用桩基础或墩式基础穿越污染土层，支承于未污染土层上。桩基础和墩式基础的设计及防护见本规范第 4.8 节和第 4.9 节。

设计时应进行技术经济比较后确定地基处理方案。

4.8 基　础

4.8.1 作用于地面上的介质，有可能通过地面、地沟和排水设施渗入地基，对基础形成腐蚀。但其渗入量是受到限制的，所以其腐蚀性等级按本规范表 3.1.5 降低一级确定。

4.8.2 基础耐久性是结构安全使用的关键。毛石混凝土、素混凝土和钢筋混凝土，有较高的密实性和整体性，表面平整易于防护，所以推荐采用。砖基础耐久性较差，大放脚曲折较多，不易防护，不适合作为腐蚀介质作用的基础材料。本次修订提高了素混凝土和毛石混凝土的强度等级，以利于基础的耐久性。

钢筋混凝土基础、基础梁的结构设计要求见本规范第 4.2 节。

4.8.3 硫酸、氢氧化钠、硫酸钠等介质渗入土壤后，能使地基土膨胀，造成上部结构开裂、倒塌。基础适当深埋，可减轻或消除这种影响。

某冶炼厂生产 30 多年，渗漏的介质使污染土层深达 1.5m。拆迁时采用挖去 1.5～2m 已污染土的换土处理方法。

4.8.4 储槽或储罐的地坑，一般难以保证完全不泄漏，为使基础下的土层不受腐蚀，基础底面应低于储槽或储罐的地坑底面。

4.8.5 基础是建筑物的重要构件，且又深埋于地下，很难定期进行检查和维修，为确保安全，在强、中腐蚀等级下应进行表面防护。

基础设垫层可使防护层封闭，故有表面防护的素混凝土和毛石混凝土基础也要设垫层。

采用沥青胶泥的表面防护层，已有多年的使用经验，效果良好。规范组曾在天津某碱厂、大连某氯碱厂检查基础上30年前涂刷的沥青胶泥（二底二面），发现仍完好如初。为解决热施工和在潮湿基层上施工的困难，可采用湿固化型的环氧沥青和聚氨酯沥青涂层。

聚合物水泥浆和聚合物水泥砂浆，也可以在潮湿基层上施工，且附着力优良。

采用树脂玻璃鳞片涂层价格较高，可在强腐蚀条件下的重要基础上采用。

基础梁在地面附近，易处于干湿交替环境，腐蚀情况较为严重，加之截面又较小，其防护要求比基础适当提高。本次修订增加了树脂玻璃鳞片涂层、聚合物水泥类材料、聚氨酯沥青涂层，给设计人员更多的选择。

4.8.6 当基础垫层采用掺入抗硫酸盐的外加剂或矿物掺和料的混凝土制作，评定其性能满足防腐要求时，可不再采取其他防腐措施。

当基础和基础梁采用掺入抗硫酸盐的外加剂、钢筋阻锈剂、矿物掺和料的混凝土时，其性能若能满足防腐蚀要求，则可不做表面防护。

4.9 桩 基 础

4.9.1 桩顶离地面一般为2～2.5m，且有承台保护，所以桩基础只考虑污染土和地下水的腐蚀作用，而不考虑地面介质渗漏对其的腐蚀作用。

4.9.2 预制钢筋混凝土桩（实心桩）的混凝土密实性高，质量容易控制，也容易进行防护。

近10年来由于离心成型施工方法的完善及高强混凝土的发展，预应力混凝土管桩在沿海地区的工业与民用建筑中逐步得到推广使用。管桩具有强度高、耐打性好、工期短、造价低等优势，已成为沿海地区常用的桩基础形式之一。本规范适应这一形势，将预应力混凝土管桩列入。但目前因考虑管壁较薄，预应力筋对腐蚀敏感，使用经验还不足，故仅限在中、弱腐蚀条件下使用。

在强腐蚀环境下（尤其pH值为强腐蚀时），预应力混凝土管桩再高的抗渗性能也无法抵御酸性介质的侵蚀。薄壁结构内外受介质侵蚀，对其受力是很不利的。因此，工程中，在强腐蚀条件下，只有经试验论证，采用有效的防护措施（如加大保护层厚度，掺入耐腐蚀材料，表面涂刷防腐蚀涂层等）且确有保证时方可采用。

灌注桩在混凝土未硬化的情况下就与介质接触，同时防护较为困难。但随着灌注桩在工程上广泛使用且施工水平日臻成熟，本规范列入灌注桩并限其使用于中、弱腐蚀条件下。

钢桩缺乏在腐蚀条件下的使用经验，腐蚀裕度难以确定，且价格比混凝土桩贵2～3倍，所以未予列

入。木桩由于使用很少，为节约木材，也不列入。

4.9.3 桩承台埋深较浅时，生产中泄漏的介质会腐蚀桩身，且桩可能处于干湿交替和冻融等因素作用强烈的环境，故埋深2.5m以上的桩身要加强防护措施。

4.9.4 钢筋混凝土桩的自身耐久性能对桩的耐久性有重要作用，所以对混凝土的强度等级、水灰比、抗渗等级和钢筋的混凝土保护层均有较高的要求。本规范提出的数值与国内外的有关规定基本相当。

若桩身混凝土中掺入矿物掺和料时，本条文中的水灰比应改为"水胶比"。

4.9.5 本规范对混凝土桩身的防护提出2～3种可行的措施。

在硫酸根离子、氯离子介质腐蚀条件下，首先推荐桩身采用耐腐蚀材料制作的措施是个治本的办法，当已能满足防腐蚀性能要求时，可以不再考虑其他防护措施。

采用抗硫酸盐硅酸盐水泥和掺入抗硫酸盐的外加剂、钢筋阻锈剂、矿物掺和料等外加剂，详见本规范第7.2.1和7.2.2条的条文及说明。

本规范对于混凝土桩采用增加混凝土腐蚀裕量的方法，即为了保证桩基在腐蚀环境下的使用安全，在结构计算或构造所需要的截面尺寸以外增加的腐蚀损耗预见量。欧洲规范称之为"牺牲层"。结构计算时不能考虑。

腐蚀裕量是一种传统的方法，目前钢桩就是采用此法。本表数值参照国内外有关资料确定，是最小下限要求。

硫酸根离子和酸性介质（pH值）是对混凝土的腐蚀，本规范采用了增加混凝土腐蚀裕量的措施；而氯离子是对钢筋的腐蚀，不推荐采用增加混凝土腐蚀裕量的措施。

当预制桩需要采取表面防护措施时，桩表面可采用环氧沥青、聚氨酯（氰凝）的涂层。这些涂层在国内均有使用经验，在细粒土的地层中，打桩时一般不会磨损。

表4.9.5注2所述的混凝土包括普通混凝土和掺入表中耐腐蚀材料的混凝土。

4.9.6 预制桩的接桩处是耐久性的薄弱环节，故接桩数量应减少，位置应位于非污染土层且构造应严密，防止腐蚀性介质进入桩内，对管桩形成管壁内外双面受腐蚀作用的不利情况。

接桩方式不能采用硫黄胶泥连接，对抗地震不利。

接桩钢零件采用耐磨涂层防护时，可选用"快干型"的涂料。采用"热收缩聚乙烯套膜保护"是新的工艺，可保证质量，但费用较高且工艺较复杂，可用于重要工程。

5 建筑防护

5.1 地 面

5.1.1 各种面层材料都具有各自的特性。水玻璃混凝土具有耐酸性好、机械强度高、亦可耐较高的温度，不耐氢氟酸、不耐碱性介质、抗渗性较差。树脂类材料具有耐中等浓度的酸、耐碱、抗渗性好、强度高等优点，不耐浓的氧化性酸、不耐高温。

地面的面层材料，除受到腐蚀性介质的作用外，还可能受到各种物理作用。面层材料除应满足耐蚀性外，同时还要满足冲击强度、耐磨性、耐候性和耐温性等方面的要求。

因此，设计者要根据腐蚀性介质的性质、地面使用等条件，扬长避短，正确选择面层材料。

5.1.2 "耐酸石材"包括花岗石、石英石等，这些石材均有优良的耐蚀性及物理机械性能，工程中使用颇多，规范中统称为"耐酸石材"。

耐酸石材的厚度：由于石材工业的发展，机械切割工艺已为许多石材厂采用，故石材的厚度范围可以从20mm到100mm，设计者可根据地面的使用情况，合理确定石材厚度。目前由于使用机械切割，石材的表面平整度亦大大提高，不仅可减少砌筑胶泥的使用量，降低造价，而且能提高地面的质量。

树脂自流平涂料在施工中有一定的流展性，干燥后没有施工痕迹。这种地面具有耐腐蚀、不积灰尘、易清洁和整体无缝等特点，常用于轻度腐蚀并有洁净要求的地面。

树脂玻璃鳞片胶泥的地面具有很好的抗渗性，但机械强度稍低，而且工程实例不多，所以没有列入地面面层。

5.1.3 耐酸砖的尺寸较小，一般采用挤浆铺砌法施工，不推荐结合层材料与灰缝材料不同的"勾缝"法施工。

耐酸石材的尺寸较大，当灰缝材料为树脂胶泥时，为了节约费用，允许结合层材料采用较便宜的其他材料（如：水玻璃类材料或聚合物水泥砂浆等）。

5.1.4 地面隔离层可提高地面的抗渗能力和弥补面层的不足，从整体上提高防腐蚀地面工程的可靠性。

水玻璃混凝土面层和采用水玻璃胶泥或砂浆作结合层的块材面层，由于抗渗性较差，而且钠水玻璃材料不能与混凝土直接接触，所以应设置隔离层。

5.1.5 当面层厚度小于30mm且结合层为刚性材料时，隔离层不应选用柔性的材料，否则当地面受到重力冲击时，会造成灰缝开裂。

5.1.6 由于水泥砂浆抹面容易产生裂缝、裂纹和脱层等缺陷，所以树脂砂浆、树脂混凝土和涂料等整体面层的找平层材料应采用细石混凝土。

5.1.7 混凝土垫层质量的好坏，直接影响到防腐蚀面层的使用效果。因此，规定室内地面的混凝土垫层的强度等级不应低于C20，厚度不宜小于120mm；室外地面的混凝土垫层的强度等级不应低于C25，厚度不宜小于150mm；树脂整体地面的垫层混凝土强度等级不宜低于C30，厚度不宜小于200mm。

室外地面、面积较大或有大型运输工具的地面，受温度应力和较大可变作用的影响，容易开裂变形。树脂类整体地面，由于面层材料固化收缩应力较大，对垫层的要求更高，故要求配置钢筋。

国家标准《混凝土结构设计规范》GB 50010—2002 的规定：在室内或土中现浇钢筋混凝土结构伸缩缝的最大间距不宜大于30m。所以本规范规定：配筋混凝土垫层应分段配筋和浇灌，每段的长度、宽度不宜大于30m，当采取有效措施时（如：补偿收缩、加膨胀剂、采用纤维混凝土、设置滑动层、后浇带等）分段的长、宽可适当增大（如采用钢纤维混凝土时可增大到45m）。

室外地面，按地面规范在地下冻深大于600mm时，才要求设置防冻层。但是防腐蚀地面对防裂要求较高，为了防止冻胀，凡室外土壤有冻结地区的室外地面，均应设厚度不小于300mm的防冻层。

树脂砂浆、树脂自流平涂料等整体面层，常常会发生起壳现象，这与地下水的毛细渗透作用有关，由于基层表面的潮湿，使面层与基层的黏结力降低。所以要求对垫层采取防水或防潮措施。"地下水位较高"指毛细作用上升高度可达地面垫层的底部。设计时应考虑生产后地下水位可能上升的情况。

5.1.8 在预制板上直接铺设面层，极易在板缝处产生裂纹，故规定设置配筋的整浇层以保证其整体性。

5.1.9 有腐蚀性液体作用的地面，应设有坡度，使介质迅速排除，保持地面不积液，减少腐蚀。地面坡度大对防腐蚀有利，但太大了也有各种缺点。根据工程调查，楼层地面坡度大于或等于1‰、底层地面坡度大于或等于2‰较合理。楼层地面坡度如小于1‰则排水不畅，坡度太大则找坡层太厚。如生产介质中有泥砂或废渣，地面流水不畅，且厂房内无车辆行驶时，底层地面坡度也可适当加大到3‰～4‰。

通常底层地面都用基土找坡，这样做最简单合理；楼层地面一般用找平层找坡，但用料较多，荷重较大；用结构找坡，材料省，荷重轻，但结构设计及施工较复杂，有条件时可采用。

实际调查表明，排水沟及地漏均易渗漏，对附近的结构造成明显腐蚀。为避免殃及附近重要构件，故规定了排水沟与墙、柱边的最小距离，以及地漏中心与墙、柱、梁等结构边缘的最小距离。

地漏是楼层地面或底层地面的重要配件。据调查，在生产厂房中有效而完整的地漏极少，95%以上的地漏残缺不全，使用中还有堵塞、渗漏现象，使周围的楼板受到严重腐蚀。因此地漏要选择耐腐蚀且有一定强度的材料，尺寸比普通排水地漏适当加大，在构造上要严密，防止连接处的渗漏。

5.1.10 为了防止腐蚀性液体的扩散或向下层的溢流，所有的孔洞均要设置挡水。挡水的高度应根据实际情况确定。在一般情况下，孔洞边缘的挡水高度为150mm，但有车辆行驶的变形缝两侧的斜坡挡水高差可为 50mm，室内外交界处的挡水高度也不应太高，所以本规范不作硬性规定。

5.1.11 为了防止地面腐蚀性液体对墙、柱根部的腐蚀，地面与柱、墙交接处均需设置踢脚板，其高度应根据液体可能滴溅高度，并考虑块材的尺寸确定，不宜小于 250mm。

5.1.12 钢柱、钢梯及栏杆的底部设防腐蚀的底座是为了避免地面上的腐蚀介质对钢构件的直接作用。

5.1.13 地面变形缝是防腐蚀的薄弱环节，腐蚀性介质极易在此处渗漏造成腐蚀，故必须作严密的防渗漏处理。一般在缝底设置能变形的伸缩片，其上嵌入耐腐蚀、有弹性且粘结性能好的材料。过去曾用沥青胶泥，但耐久性很差，因此不再推荐。聚氯乙烯胶泥的主要成分煤焦油，由于环保的要求，不再推荐使用。嵌缝材料可采用氯磺化聚乙烯胶泥和聚氨酯密封膏等。伸缩片也有可能接触腐蚀性介质，因此也应选用耐腐蚀的材料。

5.1.14 设备基础的螺栓孔用耐腐蚀胶泥封填，主要是防止腐蚀介质的渗入，同时也要保证螺栓的锚固力。

5.1.15 地沟和地坑内一般均有腐蚀性液体长期作用，也常有渗漏现象。为保证承重结构的安全，不受腐蚀，规定墙、柱、基础不得兼作沟、坑的侧壁和底板。

管沟一般只有较简单的防腐措施，达不到排水沟的要求。若在排水沟内铺设管道，则管道会受腐蚀，管道的固定节点也会破坏防腐层的完整性。所以管沟不应兼作排水沟。

排水沟和集水坑有液态介质长期作用且有泥砂等沉积需要清理，易产生机械损伤，其使用条件比地面更为恶劣，设隔离层是为了提高其抗渗性。

排水沟采用明沟的形式是便于清理，加盖板是安全及生产操作的需要。

地沟穿越厂房基础时，如在基础附近设缝，则介质渗漏后会腐蚀基础。沟与基础之间预留 50mm 的净空是为了防止厂房沉降时使地沟受力而断裂。

5.2 结构及构件的表面防护

5.2.3 用于钢结构的防腐蚀涂层一般分为三大类：第一类是喷、镀金属层上加防腐蚀涂料的复合面层；第二类是含富锌底漆的防腐蚀涂层；第三类是不含金属层，也不含富锌底漆的防腐蚀涂层。

钢结构涂层的厚度，应根据构件的防护层使用年限及其腐蚀性等级确定。本条所规定的涂层厚度比目前一般建筑防腐蚀工程上的实际涂层稍厚，因为防护层使用年限增大到 10～15a；与国际标准 ISO 12944 相比较，本规范"弱腐蚀"的室内涂层厚度近似于 ISO 的 C3，"中腐蚀"的室内涂层厚度近似于 ISO 的 C4，而"强腐蚀"的室内涂层厚度近似于 ISO 的 C5；但从腐蚀程度分类来看，本规范的"弱、中、强"分别比 ISO 的"C3、C4、C5"严重一些。

室外构件应适当增加涂层厚度。

5.2.4 钢结构采用涂料防护的效果与基层除锈有很大关系。除锈效果不同的基层，其涂层使用寿命的差别达 2～3 倍。钢材的锈蚀等级及除锈等级按现行国家标准《涂装前钢材表面锈蚀等级和除锈等级》GB/T 8923—1988 的规定。除锈等级的要求与涂料的品种以及构件的重要性有关。

5.2.5 砌体在气态介质作用下，腐蚀性等级一般只有中、弱、微腐蚀，如砌体表面结露导致形成液态介质腐蚀，其腐蚀性等级可能变成强腐蚀。

5.2.6 墙裙一般受到液态介质作用，但作用比地面轻，尤其是液态介质，不可能长期作用，故对防护材料及构造的要求较低。在酸性介质作用下，可用厚度不大于 20mm 的耐酸块材或玻璃钢、树脂砂浆、玻璃鳞片涂层等便可满足防腐要求；在碱性介质作用下，用聚合物水泥砂浆、玻璃钢或涂料已可满足要求。

5.2.7 孔洞周围的边梁和板，当受到液态介质作用时，应加强防护。

5.2.8 厂房围护结构的结露，容易发生在多雨地区和寒冷地区的建筑物内部，结露的部位会使气态或固态介质转化为液态介质而加重腐蚀。如某镍电解厂房，侧窗四周的墙面经常结露，墙体受到干湿交替作用及硫酸盐的结晶作用而破坏严重。

对少数经常有蒸汽作用和湿度很大的厂房要完全避免结露是很难的，故规范中提出对可能结露的部位要加强防护。

5.3 门 窗

5.3.1 推拉门、金属卷帘门、提升门或悬挂式折叠门，其金属零件腐蚀后容易造成无法开启，故宜采用平开门。

5.3.4 塑钢门窗、玻璃钢门窗具有优良的耐蚀性。塑钢门窗、玻璃钢门窗已有标准图，许多有腐蚀厂房中已采用，故纳入规范，并要求塑钢门窗、玻璃钢门窗所有配套的五金件应采用防腐型的金属配件、优质工程塑料及特制的紧固件。

5.4 屋 面

5.4.1 采用有组织排水的目的是为了避免带有腐蚀性介质的雨水漫流而腐蚀墙面。调查表明，散发腐蚀性粉尘较多的建筑物屋面上设置女儿墙后，在女儿墙处大量积聚粉尘，不易排除，加重腐蚀。

5.4.2 屋面材料的选择应结合环境中的腐蚀性介质综合考虑，选择合适的耐腐蚀材料。

许多工程实例表明，在强腐蚀和高湿度的环境下，彩涂压型钢板使用时间一般仅为1～2年，弱腐蚀环境下一般可使用5～10年。在腐蚀环境下，尤其是在强腐蚀环境下采用彩涂压型钢板时，应采取必要的防腐蚀措施。

①压型钢板必须采用耐腐蚀优良的基板、镀层和涂层，并有足够的厚度。单层压型钢板屋面板的反面彩涂面漆、道数、厚度等应与正面相同。

②当为单层压型钢板与玻璃棉或岩棉等保温材料组成的复合保温板时，应设置隔气层防止湿气的聚集。

③压型钢板屋面应采用隐藏式的紧固件连接、搭接构造。

④在腐蚀性粉尘的作用下，压型钢板屋面坡度不宜小于10%，腐蚀性等级为强、中时屋面坡度不宜小于8%。

⑤铝锌合金镀层钢板应避免与混凝土、铜和铅接触。

⑥压型钢板屋面工程在使用过程中应有定期的检查、维修措施。

⑦不能与主体结构的设计使用年限相同时，应设计成便于更换的构件。

5.5 墙 体

5.5.2 工业建筑的内隔墙多指厂房内的控制室、生活室等功能房间的围护墙体，可以使用轻质隔墙。这类隔墙应具有良好的耐腐蚀性。各类多孔材料、加气材料，因其疏松、膨胀、含水率高，不适用于防腐蚀厂房。

5.5.3 轻钢龙骨墙板体系中，外挂板应具有高防水性、质密，材质中的成分应具有耐酸、碱性腐蚀，如二氧化硅、石英、硅酸盐等。各类普通石膏板不适用于防腐蚀厂房。

6 构 筑 物

6.1 储槽、污水处理池

6.1.1 本节所列储槽、污水处理池规定为常温、常压。因为当温度和压力很高时，结构和防护材料需经必要的试验才能确定。

本节所列储槽、污水处理池仅限于钢筋混凝土结构，不推荐下述材料：

①砖砌体。因耐久性、抗渗性差，不应采用。

②素混凝土。在工程上很少采用，为抵抗温度应

力，必须配置一些构造钢筋。

③花岗石块材砌筑的储槽和整体花岗石储槽。花岗岩有较好的耐腐蚀性能，但整体花岗石储槽容积很小（2m³ 以下），实用价值不大，制作、加工、运输困难，不易保证质量，价格也较高；花岗石块材砌筑的储槽，因整体性差，构造复杂、施工不便，难以保证灰缝密实，故未列入。

④金属储槽、有衬里的金属储槽、整体树脂混凝土储槽、整体水玻璃混凝土储槽等以上储槽属化工设备，制造和安装有特殊要求，故未列入。

6.1.2 储槽的结构应采用现浇钢筋混凝土，这种结构整体性好，不易开裂且便于防腐衬里的施工。

储槽的密闭性和整体性是保证腐蚀性介质不泄露的基本要求，目前伸缩缝的材料和构造尚无足够保证，槽内介质一般腐蚀性较强，一旦泄漏，不仅造成浪费，而且污染地基和地下水，所以储槽不应设置伸缩缝，以确保使用。

储槽架空设置的目的在于能够及时检漏，检查衬里使用情况并及时修复。地下储罐设置在地坑内时，地坑应设置集水坑，以利于将地坑的地面水抽出。

容积较大的矩形储槽，槽壁刚度较差，易产生裂缝，而且内衬大面积施工变形较大，不利于检查和检修，故规定容积大于 100m³ 的矩形储槽宜设分格。

6.1.3 污水处理池的结构宜采用现浇钢筋混凝土结构，这是比较经济稳妥的。污水处理池的平面尺寸，主要取决于工艺需要。为防止渗漏，应采取措施，尽量加大伸缩缝的距离。但由于池子的尺寸有时比较大，必须设置变形伸缩缝时，构造应严密。

6.1.4 储槽、污水处理池的衬里因水泥砂浆抹面层的起壳、脱落而导致损坏的事例时有发生，为保证槽体与内衬（特别是树脂玻璃钢内衬）的良好粘结，储槽、污水处理池内表面不采用水泥砂浆层找平。

6.1.5 钢筋混凝土储槽、污水处理池内表面的防护，应采取区别对待的原则。

根据腐蚀性介质的性质和浓度指标，确定介质对钢筋混凝土结构的腐蚀性等级，然后采取不同标准的防护措施。

在同一腐蚀等级中，对储槽的防护标准应比污水处理池相对高一些。这是由于在生产上储槽比污水处理池重要，而且内部常常是"强腐蚀等级"的介质，储槽中溶液浓度比较高。

内表面防护材料保留了原规范中效果良好的块材、玻璃钢、水玻璃混凝土、玻璃鳞片涂料及胶泥、厚浆型防腐蚀涂料和聚合物水泥砂浆。

玻璃鳞片涂料和胶泥：抗渗性能高，而且施工简便。

玻璃钢的质量关键是控制厚度和含胶量。玻璃钢的增强材料采用毡或毡和布的复合，可发挥玻璃纤维毡含胶量高、粘结力强、耐腐蚀性能好的优势。本规

范规定了玻璃钢外表面的富胶层厚度不应小于玻璃钢厚度的 1/3，因此取消了原规范在玻璃钢表面上需要再覆盖树脂玻璃鳞片涂料的做法。

聚合物水泥砂浆具有良好的抗渗性、抗裂性和粘结力，可耐弱酸、中等浓度的碱和盐类介质，可在潮湿的混凝土表面上施工，而且价格又低于一般防护内衬，可用于腐蚀性较弱的储槽、污水处理池。

厚浆型防腐蚀涂料：近年来厚浆型涂料发展较快，品种较多。其涂膜厚，抗渗性能较好，价格相对便宜，可用于腐蚀性较弱的储槽、污水处理池。

块材厚度不应小于 30mm，以达到防腐蚀要求；目前花岗石和石英石均可采用机械切割，可以加工成较薄的尺寸。块材的砌筑材料，应根据腐蚀性介质的性能，结合储槽、污水处理池使用条件，按本规范附录 A 选用。由于沥青类材料与块材的粘结强度低，对温度敏感，故砌筑材料不得采用沥青类材料。

普通型水玻璃混凝土的抗渗性较差，因此推荐密实型水玻璃混凝土。这类材料不耐碱性介质，钠水玻璃类材料又不能与水泥砂浆、混凝土等碱性基层直接接触，因此，应设置隔离层。块材内衬的灰缝多，容易造成渗漏，也应设置隔离层。

由于硬聚氯乙烯板易老化，热膨胀系数大，而且工程实例不多，所以本规范未列入池槽的衬里。

6.1.7 储槽、污水处理池地下部分与土壤接触的外表面（若有地坑，则指地坑外表面），应设防水层，这是吸取了工程教训，为了保证储槽、污水处理池的使用和内衬的质量而采取的措施。

6.1.8 储槽、污水处理池的防腐蚀内衬是一道封闭式的整体，当管道穿过槽壁和底板，势必造成薄弱环节，很容易引起渗漏，所以应预埋耐腐蚀套管。

6.1.9 储槽、污水处理池壁上预埋件连接各类构件后，很难再使块材、玻璃钢内衬严密，是个薄弱环节。污水池内的爬梯、支架和储槽顶部的安全栏杆，过去一般为钢结构加涂料防护，使用寿命均不长。

目前国内已可以生产机械成型的工字型、槽型、角型等各种截面形状的玻璃钢型材、玻璃钢管材、玻璃钢格栅板，这些型材具有很好的耐腐蚀性能，同时具有强度高、重量轻等优点，可用于槽池内的爬梯、支架和槽顶的栏杆。

6.1.10 储槽、污水处理池内表面防护内衬施工时，会产生对人体有害或会发生爆炸的气体，为保证安全，顶盖的设计应采用装配式或设置不少于 2 个人孔，以利于通风。

6.2 室外管架

6.2.1 钢筋混凝土结构的管架包括预制钢筋混凝土结构和现浇钢筋混凝土结构。钢结构管架形式灵活多样，可适应扩建、改建要求，目前国内已广泛应用。砖结构、木结构因耐久性差，故不推荐使用。

6.2.2 吊索式、悬索式管架，因主要受力构件均为钢拉杆，一旦破坏，会发生很严重的后果。所以在对钢的腐蚀性等级为强、中的条件下不宜采用。

钢筋混凝土半铰接管架因工程应用极少，所以不列入。

6.2.3 混凝土管架构件与厂房构件相比较，其特点是截面积小、表面积大，故应以结构自身防护为主，并辅以必要的表面防护措施。

钢筋混凝土管架柱在选型上宜采用表面积较小的矩形截面；对跨度较大的梁，推荐采用预应力混凝土结构。这些都是提高混凝土自身防护能力的措施。离心管柱因工程应用很少，不予推荐。

6.2.4 钢管架的柱子宜采用表面积较小的 H 型钢和管型截面；某些构件控制截面最小尺寸，均是为了提高自身防护能力和利于表面防护。

6.2.5 在防腐蚀地面范围内的管架柱下部，常遭受液态腐蚀性介质的滴溅或冲洗作用，故应根据实际的腐蚀情况，采取相应的防护措施。如：钢筋混凝土管架柱可按踢脚或墙裙的做法，钢管架基础露出地面部分可按地面进行防护。

在管架上的检修平台或走道，检修时可能有腐蚀性液体流出，所以，应当根据腐蚀性液体的特性，对平台或走道采取加强防护的措施。

6.3 排气筒

6.3.1 排气筒的型式分单筒式、套筒式和塔架式。单筒式的内衬紧靠筒壁设置；套筒式为外筒内设置单个或多个内筒；塔架式则用塔架支承排气筒。

型式的确定是工艺设计的首要问题，而防腐蚀措施主要取决于对排放气体的腐蚀性。不同型式的排气筒造价相差很大，但若设防不当造成停产检修，后果会很严重。

排气筒设计首先应具备以下技术资料：

①排放气体的化学成分、浓度，排放气体中所含尘粒和盐类的成分和含量，由此可根据本规范表 3.1.4～表 3.1.6 确定其对筒壁或外筒的腐蚀性等级。

②排放气体的温度、含水量、冷凝温度，由此可确定是否含冷凝液。

③在内衬或筒壁内表面是否结露，结露后形成冷凝液的化学成分，是判定对筒壁的腐蚀性等级的重要依据。

④筒内气体的流速和静压；决定是否需要采取措施（如合理的筒体曲线或对内外筒间隙内空气层采取强制通风），使排气筒高度的任何标高处都处于负压工作，以保证排放气体不致渗入内衬。

⑤工艺专业对排气筒型式的要求。

由上述资料可综合分析排放气体或粉尘是否含冷凝液，是否会渗入内衬，是否会结露并确定其对筒壁支承结构的腐蚀性等级。

鉴于确定排气筒的型式是较复杂的问题，况且各行业习惯不同，故本规范对型式的确定仅提出下列两条比较成熟的规定：

①排放气体中含酸性冷凝液（通常是在温度低、湿度大的条件下出现），冷凝液会顺内衬或内筒壁向下流淌，并可能通过块材砌体内衬的灰缝渗入外筒壁内表面时，推荐采用套筒式或塔架式。

②当排放气体或粉尘对筒壁的腐蚀性等级为弱腐蚀时，则可采用既简单又价廉的单筒式。

6.3.2、6.3.3 由于排气筒属特殊重要而又难以维修的高耸构筑物，因此，支承结构应选用整体性及耐久性较好的材料。

现浇钢筋混凝土筒壁或外筒，即使局部受到腐蚀，但由于其整体刚度较大，还能坚持使用，故推荐采用。

砖筒由于灰缝太多，尤其竖缝不易饱满，局部遭受腐蚀破坏会引起整体失稳，不易修复，而且砖的孔隙比较多，介质容易渗透到结构内部，故在本规范中不推荐使用。

6.3.4 由于钢塔架的重要性，基础应高出地面500mm，以防止地面积水腐蚀钢塔架柱根部。

6.3.5 在气体进口、转折和出口部位，排放的气体容易聚集，尤其在出口处易冷凝，这些地方均是腐蚀严重的部位，因此，设计时在进口、转折处可做成斜角，出口处可设铸铁、耐酸混凝土或陶瓷等耐酸材料的压顶，钢内筒的筒首部位可衬铝板或不锈钢。滴水板可采用耐酸混凝土或铸石板制作成带凸檐的构件，并完全覆盖下一节内衬。

6.3.6 单筒式的筒壁、套筒式外筒的外表面和塔架的防护，首先根据排出气体和大气环境中气态或固态介质的种类、浓度、环境相对湿度，确定腐蚀性等级，然后按本规范第 5.2 节采取防护措施。

筒首部位易受排出气体或相邻排出气体的作用，腐蚀比较严重，故在防护时可提高设防标准。

6.3.7 排气筒内部、外部的地面，应根据实际腐蚀情况进行防护。排气筒内的冷凝液一般沿漏斗聚集并由排出管排除，但有些行业的烟囱冷凝液或烟灰直接落到内部地面，此时应按耐酸地面防护。

6.3.8 由于排气筒的爬梯、平台和栏杆位置很高，维修极其困难，故宜采用耐候钢制作，有条件时也可采用耐腐蚀材料制作，以减少维修次数。

7 材　料

7.1　一般规定

7.1.1 腐蚀性介质对建筑材料的腐蚀作用，与介质的性质、浓度、温度、湿度以及作用情况都有密切关系。各种材料在不同条件下作用的耐腐蚀性能是不同

的。对一般材料而言，腐蚀性介质的浓度愈高则腐蚀性愈强，但对少数材料则不然；水玻璃类材料耐浓酸性能比耐稀酸的性能好，某些不饱和聚酯树脂材料耐稀碱的性能比耐浓碱的性能差。因此，耐腐蚀材料的选择应进行综合分析，要充分发挥材料所长，物尽其用，扬长避短，区别对待，避免材料在其不利条件下采用。

7.1.2 本规范所列材料的耐腐蚀性能是在常温介质作用下的性能评定。一般的规律是：介质温度升高，腐蚀性增强。有的材料在高温介质作用下会完全失去耐蚀能力。耐酸砖在常温下可耐任何浓度的氢氧化钠，但却不耐高温状态的氢氧化钠。介质的温度变化与材料的耐蚀性的关系十分复杂，所以在非常温的情况下，材料的耐蚀指标应经过试验或有可靠的使用经验才能确定。

材料的耐蚀性不能按简单的逻辑推理。材料能耐几种单一介质，并不等于也耐这几种介质的混合作用或交替作用。

对于本规范未列入的新型防腐蚀材料，应慎重采用。

7.1.3 耐腐蚀材料的配合比，应符合现行国家标准《建筑防腐蚀工程施工及验收规范》GB 50212 的规定。由于本规范与上述规范的修编时间不是同步进行，所以本规范增加的新材料（如：环乳水泥砂浆），其配合比仅在规范的专题报告中予以介绍，这样可避免设计与施工这两本规范产生不必要的矛盾。

7.2　水泥砂浆和混凝土

7.2.1 关于水泥品种的选择，说明如下：

1 硅酸盐水泥和普通硅酸盐水泥具有早期强度高、凝结硬化快、碱度高、碳化慢等特点。在普通硅酸盐水泥和硅酸盐混凝土中，掺入矿物掺和料，可改善混凝土的微孔结构，降低混凝土的渗透性，从而提高混凝土的耐久性。

掺入矿物掺和料的用量和方法可参见现行国家行业标准《海港工程混凝土结构防腐蚀技术规范》JTJ 275、《铁路混凝土结构耐久性设计暂行规定》铁建设 [2005] 157 号、《公路工程混凝土结构防腐蚀技术规范》JTG/TB 07 等标准的有关规定。

矿渣硅酸盐水泥和火山灰质硅酸盐水泥的早期强度低，干缩性大，有泌水现象，而且其碱度较低，所以在一定条件下才可使用。

2 在碱液作用下，混凝土和水泥砂浆应对水泥中的铝酸三钙含量加以限制。

高铝水泥由于含有较多不耐碱的酸性氧化物，所以不得用于受碱液作用的部位。同理，在碱液作用下也不得采用以铝酸盐成分为主的膨胀水泥，并不得采用铝酸盐类膨胀剂。

3 硫酸盐溶液对混凝土的腐蚀，主要表现为结

品膨胀腐蚀。硫酸根离子与混凝土中的游离氢氧化钙作用，生成二水硫酸钙；与水化铝酸钙作用，生成硫铝酸钙。每次反应都使固相体积增大一倍多。所以受硫酸盐腐蚀的水泥砂浆、混凝土普遍出现体积膨胀。

中、高抗硫酸盐硅酸盐水泥，由于其铝酸三钙的含量分别不大于5%、3%，硅酸三钙的含量分别不大于55%、50%，这对于上述膨胀反应是有抑制作用的，所以具有较好的抗硫酸盐性能。

原国家标准《抗硫酸盐硅酸盐水泥》GB 748—1996建议：中、高抗硫酸盐硅酸盐水泥可分别用于硫酸根离子含量不超过2500mg/L、8000 mg/L的纯硫酸盐的腐蚀。虽然国家标准《抗硫酸盐硅酸盐水泥》GB 748—2005没有列入这一建议，但从水泥中硅酸三钙和铝酸三钙含量分析，这两个版本是相同的。所以本规范沿用了这一建议。当含量超过这一指标时，应进行耐腐蚀性的复核试验。

由于抗硫酸盐硅酸盐水泥的抗蚀性试验是采用Na_2SO_4介质，这里的Na^+离子不具备腐蚀作用，当介质为$MgSO_4$、$(NH_4)_2SO_4$等介质时，Mg^{2+}、NH_4^-离子是有腐蚀性的，此时抗硫酸盐硅酸盐水泥的耐蚀性应经试验确定。

当构件的一个侧面与硫酸根离子液态介质接触而另一个侧面暴露在大气中时（如水池的侧壁），属频繁的干湿交替，混凝土外壁由于蒸发作用，使盐的浓度增大，产生盐结晶腐蚀，应慎重对待。

近几年，发现除了上述钙矾石型腐蚀外，碳硫硅钙石型腐蚀也是混凝土受硫酸盐腐蚀的另一种形式。对于碳硫硅钙石型腐蚀，仍处于研讨阶段，所以本规范未列入。

7.2.2 外加剂的使用主要是为了提高混凝土的密实性或对钢筋的阻锈能力，从而提高混凝土结构的耐久性。外加剂的使用，应对混凝土的性能无不利影响，对钢筋不得有腐蚀作用。

抗硫酸盐的外加剂目前国内种类较多，某建筑材料科学研究院研制的"混凝土抗硫酸盐类侵蚀防腐剂"是比较成熟的材料。掺入该类材料配制的混凝土，在价格上略低于采用抗硫酸盐水泥配制的混凝土；在性能上也不低于高抗硫酸盐水泥，并能改善水泥的某些性能，还可弥补抗硫酸盐水泥产量较少的问题。

国家行业标准《混凝土抗硫酸盐类侵蚀防腐剂》JC/T 1011—2006规定：掺入适量这种防腐剂的混凝土，其抗蚀系数（K）应≥0.85，膨胀系数（E）≤1.5。抗蚀系数试验方法采用国家标准《水泥抗硫酸盐侵蚀快速试验方法》GB 2421—1981。膨胀系数试验方法采用国家行业推荐标准《膨胀水泥膨胀率检验方法》JC/T 313—1996，介质有：5% Na_2SO_4、NaCl 60g/l、$MgSO_4$ 4.8g/l、$MgCl_2$ 5.6g/l、$CaSO_4$ 2.4g/l、$KHCO_3$ 0.4g/l等水溶液，E值（即：在介质中的膨

胀率与淡水中的膨胀率之比）均不大于1.50。

钢筋阻锈剂可以推迟钢筋开始生锈的时间和减缓钢筋腐蚀发展的速度，从而达到延长结构使用寿命的目的。

掺入适量的矿物掺和料可以提高混凝土的耐久性，但由于矿物掺和料的品种较多，而且耐腐蚀性的定量试验数据不多，因此亦应经验证后确定。

7.2.3 关于受酸性气态介质作用的混凝土可采用致密的石灰石问题。试验表明：将石灰石和石英石骨料分别制成的混凝土试件浸入0.5%的硫酸溶液12个月，在试件的外观、重量变化和强度变化等指标方面，以石英石为骨料的试件不仅没有表现出优越性，而且在某些性能上还不如以石灰石为骨料的试件。工程实践表明：某厂抹灰层在氯和氯化氢作用下，采用石英石骨料的抹灰层，虽然骨料没有腐蚀，但骨料周围的水泥石已被腐蚀，形成凹槽，许多骨料自行脱落；而采用碳酸盐骨料的抹灰层，虽然骨料已随砂浆一起被腐蚀了一部分，但骨料与水泥黏结仍很好，不易取下。因此，在酸性气态介质作用下可以采用致密的石灰石。

关于在碱液介质作用下的混凝土可采用致密的石英石、花岗石问题。试验表明：石英石虽然在理论上可与氢氧化钠发生作用，但由于它具有整齐的结晶形态、很高的强度、硬度和密实度，因此在氢氧化钠溶液作用下化学腐蚀过程很缓慢，结晶腐蚀极少；用石英砂配制的耐碱混凝土，在20%和30%氢氧化钠溶液中浸泡10个月的耐蚀性较好，而用不够纯净的石灰石配制的耐碱混凝土的性能反而较差。所以，在碱液介质直接作用下是可以采用致密的石英石、花岗石的。

碱骨料反应会影响混凝土的耐久性。混凝土碱骨料反应是指混凝土中来自水泥、外加剂等的可溶性碱在有水的作用下和骨料中某些组分之间的反应。一般把碱骨料反应分为两类：一类为碱—硅酸反应，是指碱与骨料中活性SiO_2反应，生成碱硅酸胶，凝胶吸水导致混凝土膨胀或开裂；另一类为碱—碳酸盐反应，是指碱与骨料中微晶白云石反应生成水镁石和方解石，在白云石表面和周围基质之间的受限空间内结晶生长，使骨料膨胀，进而使混凝土膨胀开裂。

形成碱骨料反应的三大条件是：①高含碱量的水泥；②采用活性集料；③水。为了避免碱骨料反应，混凝土的砂、石不得采用有碱骨料反应的活性骨料。

7.2.4 试验表明：强度等级为C20的混凝土当水灰比在0.58以下时，对浓度小于10%的氢氧化钠有一定耐蚀性。考虑到试验与施工的差异，以及实际生产作用条件的差异，采用8%的浓度值。

密实混凝土只提出关键的直接指标，即抗渗等级不应低于S8。抗压强度、水泥用量和水灰比等属于间接指标，它虽与直接指标有一定关系，但不是相互

对应的关系。控制指标提多了，有时反而不能相互协调，所以只控制直接指标。

7.2.5 氯丁胶乳水泥砂浆、聚丙烯酸酯乳液水泥砂浆和环氧乳液水泥砂浆，具有耐稀酸，耐中等浓度以下的氢氧化钠和盐类介质的性能，而且与各种基层粘结力强，可在潮湿的水泥基层上施工。

关于环氧乳液水泥砂浆的性能，主要是引用某建筑材料科学研究院的科研成果和工程实例的总结。

7.3 耐腐蚀块材

7.3.1 耐酸砖的主要成分是二氧化硅，它在高温焙烧下形成大量的多铝红柱石，这是一种耐酸性能很高的物质，因此，耐酸砖具有优良的耐酸性能。由于耐酸砖结构致密，吸水率小，所以常温下耐任何浓度碱性介质，但不耐热碱和溶融碱。

含氟酸能溶解陶瓷制品中的二氧化硅。

7.3.2 有釉的砖板表面光滑、性脆易掉釉，与胶泥粘结力差，且釉面耐蚀性差异很大（有好有差的），所以应选用素面的耐酸砖。

7.4 金　属

7.4.1 铸铁和碳素钢，在氢氧化钠作用下能生成不溶性氢氧化亚铁及氢氧化铁，这些腐蚀产物与金属紧密结合，能起保护作用。

7.4.2 铝易氧化成氧化铝，使表面覆盖一层致密的保护膜，在醋酸、浓硝酸、尿素等介质作用下，是稳定的。

7.4.3 铝、锌材料不耐碱性介质，不耐氯、氯化氢和氟化氢；由于电位差的原理，也不应用于铜、汞、铅等金属化合物粉尘作用的部位。

7.4.4 不锈钢不耐盐酸、氯气、氯化氢等含氯离子的介质。

7.4.5 未硬化的水泥类材料的碱性 pH 值大于 12，已硬化的水泥类材料也有一定碱性。因此，铝材与水泥类材料接触面应采用隔离措施。

7.5 塑　料

7.5.1、7.5.2 本次修编，除保留聚氯乙烯塑料外，还增加聚乙烯、聚丙烯塑料。这些塑料对大多数酸、碱、盐介质均有良好的耐腐蚀性能，但不耐高浓度氧化性酸。

7.6 木　材

7.6.1 硝酸、铬酸对木材的半纤维素产生硝化作用，氢氧化钠能溶解木材的半纤维素和木质素，所以木材不得用于这些介质作用的部位。

7.6.2 木材在干湿交替频繁作用下，腐蚀速度加快。

7.7 树脂类材料

7.7.1 由于环保要求，删去环氧煤焦油（5∶5）树脂类材料。由于多年来无防腐蚀工程使用实例，所以删去糠酮糠醛型呋喃树脂类材料。

酚醛树脂配制的树脂砂浆、树脂混凝土因性能脆、强度低、收缩率大，故不得采用。

7.7.2 玻璃纤维毡的主要特点是纤维无定向分布，铺覆性和浸渍性能好，易增厚，含胶量高；用玻璃纤维毡作增强材料制得的玻璃钢，抗渗性能好，但强度较低，可与玻璃纤维布混合使用。

7.7.3 在颜料、粉料中，某些微量的金属可能会对不饱和聚酯树脂和乙烯基酯树脂的引发剂或促进剂产生阻聚作用或促进作用。试验表明：加入氧化锌、铁兰颜料时，会产生阻聚作用（即会起阻止不饱和聚酯树脂类材料发生聚合反应的作用）；石墨粉如果含铁量大，则铁能与酸性的引发剂或促进剂反应，消耗了部分引发剂、促进剂的数量，产生阻聚作用；但试验又表明：有些石墨粉对不饱和聚酯树脂反而会产生促进作用，使固化加快。

关于产生阻聚作用或促进作用的规律，至今尚未搞清楚。这需要大量试验数据和工程实践总结才能确定。

7.7.4 环氧树脂湿固化剂解决了树脂在潮湿基层上的推广应用。酚醛树脂、呋喃树脂、乙烯基酯树脂、不饱和聚酯树脂目前尚未解决湿固化的问题，故采用树脂类材料用于潮湿基层时，应选用湿固化的环氧树脂胶料打底，以增加与基层的结合力。在工程应用中，有些单位提出环氧树脂湿固化剂虽然能固化，但其与基层的结合力有所下降的意见。为此，修编组组织有关单位进行复核试验。试验结果证明，一些湿固化的环氧树脂封底料与饱和含水率的混凝土之间的粘结力可达 2.5MPa 以上。

7.8 水玻璃类材料

7.8.1 水玻璃类材料具有优良的耐酸性能，尤其是可耐高浓度的氧化性酸。这类材料的反应生成物主要是硅酸凝胶，所以不耐含氟酸，也不耐碱性介质。

7.8.2 与普通型水玻璃类材料相比，密实型水玻璃类材料具有较好的抗渗性。试验表明：普通型钠水玻璃类材料的抗渗等级为0.2MPa，普通型钾水玻璃类材料的抗渗等级为 0.4～0.8MPa，而密实型的钠、钾水玻璃类材料的抗渗等级大于 1.2MPa，所以用于常温介质时宜选用密实型水玻璃类材料。

普通型水玻璃类材料的气孔率大，经常有稀酸或水作用的部位不应选用。但在高温作用时应选用普通型水玻璃类材料，不应选用气孔率小的密实型水玻璃类材料。

7.8.3 工程实践和试验表明，钠水玻璃类材料不耐碱性，与水泥基层的黏结力差，黏结试件自然脱落。钾水玻璃胶泥和砂浆与水泥基层的黏结力较好，与新浇混凝土试件的粘结强度可达 1.0MPa。

7.8.4 水玻璃混凝土抗渗性较差，埋入的钢筋表面应刷涂料保护。试验表明，刷环氧涂料的钢筋与水玻璃混凝土的握裹力为4.7MPa。

7.9 沥青类材料

7.9.1 有机溶剂能溶解沥青类材料。

7.9.2 沥青类材料对温度敏感性强，温度大于50℃时易软化流淌，温度低于−5℃时易收缩开裂，而且在紫外线照射下易老化，所以沥青类材料宜用于室内工程和地下工程。

7.10 防腐蚀涂料

7.10.1 与原规范相比，面层涂料增加的品种有：高氯化聚乙烯涂料和丙烯酸环氧、丙烯酸聚氨酯等涂料。

删去的品种有：过氯乙烯涂料、氯乙烯醋酸乙烯共聚涂料、聚苯乙烯涂料和沥青涂料。前三类涂料主要是由于挥发性有机溶剂（VOC）含量较高，每道涂膜厚度较薄。沥青涂料因性能较差，工程上已被环氧沥青、聚氨酯沥青等涂料取代。

氯磺化聚乙烯涂料具有较好的耐酸、耐碱、耐氧化剂及臭氧、耐户外大气等性能，但以往这种涂料存在与金属基层附着力较低，VOC含量较高和每遍涂层的厚度较薄等问题。近几年来，一些单位经过改性研究，已降低了VOC的含量，涂层与钢铁基层的附着力已达10MPa（超过本规范不低于5MPa的规定），每遍涂层的厚度可达30～35μm，中间涂层的每遍厚度甚至不少于50μm。所以本规范保留这种涂料。

高氯化聚乙烯涂料是一种单组分溶剂型防腐蚀涂料，对多数酸、碱、盐都具有较好的耐蚀性，并有较好的附着力和耐候性，可在较低的温度环境下施工。

环氧涂料对基层（特别是对钢铁基层）具有优良的附着力，耐碱性好，也耐中等浓度以下的大多数酸性介质。环氧涂层的耐候性较差，涂膜易粉化、失光，所以不宜用于室外。以丙烯酸树脂改性的丙烯酸环氧涂料，可用于室外。

聚氨酯涂料是聚氨基甲酸酯树脂涂料的简称。聚氨酯涂料的耐候性与型号有关，脂肪族的耐候性好，而芳香族的耐候性差。聚氨酯聚取代乙烯互穿网络涂料属于耐候性聚氨酯涂料，本规范不作为单一品种列入。含羟基丙烯酸酯与脂肪族多异氰酸酯反应而成的丙烯酸聚氨酯涂料，具有很好的耐候性和耐腐蚀性能。

本规范所列的"聚氯乙烯萤丹涂料"，即原规范所述的"聚氯乙烯含氟涂料"。这种涂料含有萤丹颜料成分，对被涂覆的基层表面起到较好的屏蔽和隔离介质作用，而且对金属基层具有磷化、钝化作用。该涂料对盐酸及中等浓度的硫酸、硝酸、醋酸、碱和大多数的盐类等介质，具有较好的耐腐蚀性能。不含萤丹的聚氯乙烯涂料的性能很差，所以该涂料不能没有"萤丹"。另外，一些单位通过试验和工程实践表明，若在聚氯乙烯萤丹涂料中加入适量的氟树脂，其耐温、耐老化和耐腐蚀性能更好。

树脂玻璃鳞片涂料可否用于室外取决于树脂的耐候性。

7.10.2 锌黄的化学成分是铬酸锌，由它配制而成的锌黄底涂料既适用于钢铁表面上，也适用于轻金属表面上。

7.10.3 关于涂层与基层的附着力，主要有两种方法：

①国家标准《漆膜的划格试验》GB/T 9286—88，这种测试方法比较简单。

②国家标准《涂层附着力的测定法拉开法》GB/T 5210—85，这种方法适用于单层或复合涂层与底衬间或涂层间附着力的定量测定。

以往国内常用的是划格法，而现在国外都使用拉开法，国内重点工程也大都采用拉开法。本规范结合国情，首先推荐拉开法，确有困难时也可采用划格法。根据规范修编组对十多个单位几十个涂层试件的测定结果，绝大多数涂层与钢铁基层的附着力（拉开法）都不低于6MPa，考虑留有余地，所以本规范规定不宜低于5MPa。涂层与水泥基层的附着力（拉开法）不宜低于1.5MPa，是沿用国家行业标准《海港工程混凝土结构防腐蚀技术规范》JTJ 275—2000的规定。

本规范取消了原规范钢铁基层表面上，底漆附着力（划圈法）的规定，因为这仅是涂层中某一过程的要求。

中华人民共和国国家标准

压缩空气站设计规范

GB 50029—2003

条 文 说 明

目　　次

1 总 则

1.0.1 本条为本规范的编制目的。

1.0.2 本条是原规范第1.0.2条的修订条文。

现代工业的迅速发展，对压缩空气的质量和压力等级提出了许多新的要求。一方面干燥、净化设备被普通采用，供气系统压力损失增加；另一方面，应用较高压力的压缩空气的场所和设备也日益增多，原规范仅适用于工作压力小于等于0.8MPa（表压）的压缩空气站已难以满足用户对供气压力的需要，因此，本次规范修订，根据绝大多数的压缩空气用户其工作压力均不超过1.25MPa的客观情况，将本规范适用的空气压缩机的工作压力提高到1.25MPa。

离心空气压缩机近几年在我国的石化、制药、钢铁等行业应用日渐广泛。在调查中发现，实践中供动力用的电动离心空气压缩机绝大多数单机排气量均在500m³/min以下，因此，本规范增加这部分内容。

1.0.3 本条是原规范第1.0.4条的原条文。

活塞空气压缩机或螺杆空气压缩机在对空气进行压缩时，为了润滑、密封和冷却而向气缸或机壳内注入闪点215℃以上的润滑油（或163℃的定子油）。油在高温作用下会氧化而形成积炭，积炭是易燃物质，有可能引起燃爆事故。离心空气压缩机润滑油闪点一般为185～195℃。根据现行《建筑设计防火规范》（GBJ 16）对生产火灾危险性的分类，压缩空气站生产过程中均使用闪点大于60℃的油品，符合丙类生产火灾危险性的规定（即"闪点大于60℃可燃液体"的规定）。但考虑到一方面空气压缩机所用油品的闪点较高，另一方面，活塞空气压缩机和螺杆空气压缩机的用油量都比较少；离心空气压缩机用油量虽较多，但油只用来冷却和润滑轴承，并不直接与灼热的压缩空气接触，引发燃爆事故的可能性很小，实际应用中，离心空气压缩机燃爆事故发生率低于活塞或螺杆空气压缩机。根据现行的《火力发电厂与变电所设计防火规范》（GB 50229），其汽轮机房的用油量及润滑方式与离心压缩机站房类似，亦定为丁类。因此，由这几种空气压缩机组成的压缩空气站的火灾危险性类别定为丙类似乎偏高，定为丁类较为合适。

全部由气缸无油润滑活塞空气压缩机或不喷油的螺杆空气压缩机组成的压缩空气站，因其气缸或转子压缩腔内均不直接注油，油只用于其他动力部件的润滑，所以，压缩空气中的含油量极低，形成积炭而引发燃爆事故的可能性就更低。布置在独立建筑物中的干燥、净化站（或间）因压缩空气一般都已被冷却到50℃以下，基本上属于常温作业，因此，上述三种情况均规定为戊类生产。

1.0.4 本条是原规范第1.0.2条中的一节，因内容相对独立故自成一条。

新建、改建、扩建的压缩空气站和管道的设计，对安全生产、技术先进和经济合理等方面的要求，原则上是一致的。但改、扩建设计，则应考虑历史情况和现实条件，不能片面强调技术先进和合理。故作了"对改建、扩建的压缩空气站和压缩空气管道的设计，应充分利用原有建筑物、构筑物、设备和管道"的规定。

2 压缩空气站的布置

2.0.1 本条是原规范第2.0.1条的修订条文。

压缩空气站在厂（矿）内的布置，一般涉及因素较多，主要矛盾也因地而异，所以提出应根据下列诸因素，经技术经济比较后确定，现将各因素分述如下：

1 靠近用气负荷中心，可节省管道，减少压力损失，减少耗电，保证供气压力；

2 压缩空气站是全厂（矿）用水、用电负荷较大者之一，要考虑供电、供水的合理性；

3 从调查中看，站的扩建已成普遍现象。由于生产的发展和以压缩空气为动力的新工艺、新技术的推广，用气量一般都会增加。过去，有些厂由于在设计时未考虑扩建而造成技术和经济方面的不合理，因此，在确定站的位置时，应留有扩建的可能性；

4 空气压缩机是直接从大气吸气，为了减少机器的磨损、腐蚀，防止发生爆炸事故，确保空气压缩机吸入气体的质量，故要求站与散发爆炸性、腐蚀性、有毒气体和粉尘等场所有一定距离。但由于其散发量难以作定量规定，且有害物对空气压缩机的影响与其浓度等关系缺乏科学数据，因此，不便对两者之间的距离作具体规定，而只规定避免靠近这些场所。

在大气中，传播有害物质起主导作用的是风。在总图布置中，为减少有害物对站的影响，过去习惯将站布置在"主导风向"的上风侧，其实，这样考虑是不全面的，因为我国许多地区冬季盛行偏北风，夏季盛行偏南风，两者风向相反，如把压缩空气站放在有害源的某个风频稍大的上风侧，随着季节变更，盛行风向相反，上风侧就变成了下风侧，站房就不可避免地受到有害物的影响。调查中许多实例也充分证明这一点。如将站房置于有害物散发源的当地全年风向最小频率的下风侧，则站房受到有害物的影响为最少。因为全年风向最小频率的下风侧一年中风吹来的次数是最少的，故采用这种较科学的新提法。

5 空气压缩机运转时发出较大的噪声，活塞空气压缩机为80～110dB（A），螺杆空气压缩机为65～85dB（A），离心空气压缩机为80～130dB（A），故应根据各种场所的噪声允许标准、压缩空气站的噪声级、传播途中的隔声障（建筑物、构筑物和林带等）等条件综合考虑，其防护间距应符合现行国家标准规范的有关规定。

各类场所的噪声允许标准应按现行的《城市区域环境噪声标准》（GB 3096）、《工业企业噪声控制设计规范》（GBJ 87）等确定。压缩空气站内噪声级可经实测参照类似站的噪声级或经计算确定。

活塞空气压缩机在运转中的振动较大，螺杆和离心空气压缩机的振动要小一些，空气压缩机在运转中的振动，不仅影响本站和防振要求较高的邻近建筑物、构筑物，而且影响精密仪器和高性能设备的正常工作。因此，应根据空气压缩机的类型、精密仪器、设备的允许振动要求，以及地质、地形等条件综合考虑。其防振间距应符合现行国家标准《工业企业总平面设计规范》（GB 50187）的规定。

2.0.2 本条是原规范第 2.0.2 条的修订条文。

压缩空气站的朝向，对站内通风降温有很大关系。普通反映站内由于机组大量散热，夏季机器间内气温很高，一般在 40℃ 左右，有的站内温度竟高达 45℃ 以上。充分利用自然通风是效果显著又最经济易行的降温措施。据某些厂反映，自然通风的效果甚至比设天窗或装风扇都好。例如：某厂压缩空气站的机器间全长 54m，约有 34m 被电气间所挡，据夏季测定：有自然通风部分比无自然通风部分温度低 5℃。该站后来自行在被电气间所挡部分加设天窗，结果温度较前只降低 1℃，故本条文强调站的朝向，以利于夏季有自然通风的形成。

2.0.3 本条是原规范第 2.0.3 条的修订条文。

压缩空气站有下列特点：设备工作时散发热量大，应有良好的通风；吸气要求洁净，需远离有害物散发源；为适应生产发展，要留有扩建场地；用电和用水量较大，要考虑供电和供水的经济合理；有噪声和振动向外传播，应远离对噪声和振动要求较高的场所等。对于活塞空气压缩机和离心空气压缩机，上述特点更为突出。因此，站房为独立建筑较容易满足上述要求。

通过对 150 多个站的调查统计，有 32% 的站是与其他建筑物毗连或设在其内，除少数由于布置不合理互相有一定干扰外，大多数都能正常生产。特别是与某些生产工艺类似的站（如冷冻机站、氧气站和泵房等）以及作为生产工艺附属部分的站，毗连在主建筑物侧或设在其内，如在布置上处理较好，能合理地共用供电、供水设施等，则能节省投资、节省用地。

近年来，由于螺杆空气压缩机制造技术的进步，其噪声和效率问题得到了解决，噪声比活塞空气压缩机要低，效率接近活塞空气压缩机，同时，由于其集约化程度高、结构紧凑、基础简单、减震效果好、自动化程度高，因此，得到了广泛的采用，也为装有这种机型的站房与其他建筑物毗连或设在其内提供了有利条件。

据对 63 个压缩空气站的函调及现场了解，与其他建筑物毗连的站中，44% 安装了活塞空气压缩机，56% 安装了螺杆空气压缩机。设在其他建筑物内的站，全部安装了螺杆空气压缩机。

基于以上情况，本次规范修订提出"装有活塞空气压缩机或离心空气压缩机，或单机额定排气量大于等于 20m³/min 螺杆空气压缩机的压缩空气站宜为独立建筑"。至于安装排气量小于 20m³/min 螺杆空气压缩机的压缩空气站，可为独立建筑，也可与其他建筑物毗连或设在其内。据对 40 个螺杆空气压缩机站房的调查，50% 为独立建筑，25% 与其他建筑物毗连，25% 设在其内。

考虑空气压缩机吸气、通风和散热的要求，以及噪声和振动等对建筑物、设备和环境的影响，故规定当"与其他建筑物毗连或设在其内时，宜用墙隔开，空气压缩机宜靠外墙布置。设在多层建筑内的空气压缩机，宜布置在底层。"

3 工艺系统

3.0.1 本条是原规范第 3.0.1 条的修订条文。

目前，动力用不同压力等级的空气压缩机以及不同容量、压力的无油润滑空气压缩机都已生产，为压缩空气站不同品质、压力的供气系统的设备选型提供了条件。若单纯为简化供气系统而采用减压方式供应耗气量较大的低压压缩空气用户是不经济的，如排气量 40m³/min，排气压力 0.7MPa 的空气压缩机比功率为 5.1kW（m³·min），而排气压力为 0.3MPa 时比功率为 3.17kW/（m³·min），两者电功率消耗相差 1.93kW/（m³·min）。当然，压力系统的增加会引起建筑面积、设备和管道的增加，正确的设计应通过经济比较后确定压力系统。

新建压缩空气站，活塞空气压缩机和螺杆空气压缩机的台数以 3~6 台为宜，如站内只安装 1~2 台机组时，对确保供气、适应负荷变化以及备用容量等方面都较为不利，故下限推荐为 3 台。但空气压缩机台数过多，维护管理不便，建筑面积也增加。因此，当供气量大时，应采用大型机组。考虑到站房扩建的可能，新建站房初次装设机组上限推荐为 6 台。

离心空气压缩机组的台数以 2~5 台为宜。据对国内离心空气压缩机站的调研，多数站为 2~5 台，既能确保供气，也能适应负荷变化，维修管理较为方便。

空气压缩机的机组型号规定不宜超过两种，是从方便维护管理、减少备品备件品种和检修等方面考虑的。

对离心空气压缩机站最好选用同型号机组，这是因为同型号机组不仅工艺布置比较简洁，维修管理比较方便，而且，其技术特性基本相同，联合工作的稳定工况区域相对较大，从而提高站房的整体适应能力。

3.0.2 本条是原规范第3.0.2条的修订条文。

压缩空气站内的空气压缩机组需定期轮换停机进行检修，在运行中也可能发生故障需临时停机。当不能通过负荷调配来保证全厂（矿）生产用气时，就必须考虑设置备用容量。

备用容量如何确定？这与各行业所使用的压缩空气的负荷特点有关。据调查，各行业负荷情况大致如表1所示。从表中可知，前二类行业的压缩空气站，当最大机组检修时，其余机组的排气量应保证全厂（矿）生产所需气量；后一类行业的生产用气有调配的可能性，例如短期内将某些在第一、二班生产的用气户，调配在第二、三班工作，以此来平衡气量的供求；又如对某些间歇性的生产用气，可以调配用气负荷以满足空气压缩机检修要求。

表1 各行业负荷特点及备用容量要求

负荷特点	行业类别示例	主要生产班制	最大机组停机时要求保证全厂用气量（%）
生产和仪表要求连续供气	电力、石油、化工、轻工、农林、冶金冶炼部分、核工业的部分用气、兵器的火化工部分、航天的化工部分等	三班制	100
生产要求供气可靠，否则会造成较大损失	掘进工业（煤炭、冶金等）、核工业的部分用气	三班制	100
批量生产、间歇性生产、生产用气非连续性、部分连续性生产	机械、电子、航空、兵器、造船、航天、铁道、交通等	一、二班制或三班制	75～100

从统计和计算可得出，安装的机组数量小于等于5台的站房，以其中1台作为备用，大多数情况下均能满足生产和机组轮换检修的需要。

离心空气压缩机根据其自身结构的特点，易损件少，事故率低，能可靠连续运行100d以上，当企业的生产计划和设备大修组织得当时，可不设备用机组。

3.0.3 本条是原规范第3.0.3条的修订条文。

据调查反映，空气中含尘量多少，对活塞空气压缩机的使用寿命和维修周期影响很大。例如某压缩空气站，受锻工车间烟囱、平炉烟囱、锅炉房烟囱、3条铁路和铸造车间的粉尘影响，由于吸气过滤器是普

通网格式的，没有采取特殊除尘措施，因此，进入空气压缩机的尘量很大，使得气缸拉毛 $50～60\mu m$，气阀经常结焦 $3～5mm$ 厚，每两个月必须停车清洗一次，否则，各气阀就有全部焦成一体的危险。站址选择在环境洁净处或采取拉大压缩空气站与散发粉尘场所的距离是一种办法，但往往受到工厂占地面积或总图布置的限制，而以提高吸气过滤器效率来降低吸气空气含尘量则是积极措施。如某公司将部分机组的吸气过滤器改为油浴式吸气过滤器，即2台 $40m^3/min$ 机组和5台（同时运行4台）$20m^3/min$ 机组分别合用一个油浴式吸气过滤器，经运行650h后，对相同型号的机组的对比测定结果是：用普通钢刨花网格式吸气过滤器的机组，一个阀体上积灰46.3g；用油浴式吸气过滤器的机组，一个阀体上积灰仅9.1g，约为前者的1/5。各台空气压缩机改为油浴式吸气过滤后，检修周期普遍延长一倍以上。经验证明，提高吸气过滤器效率，减少尘埃对空气压缩机的影响，是一项行之有效的措施。

空气中的灰尘对离心压缩机的使用寿命和检修周期影响极大，尘埃易使叶片拉毛，降低运行效率及使用寿命；严重时，使压缩机转子失去动平衡。故规范明确提出空气压缩机的吸气系统，应设置相应有效的过滤器或过滤装置。

本条增加了在离心压缩机的驱动电机风冷系统的进口处，宜设置过滤器或过滤装置的规定，这是由于空气中的尘埃对被冷却的大型电动机的使用寿命和检修周期也有极大影响。

3.0.4 本条是原规范第3.0.4条的原条文

室内吸气将使室内温度降低，影响采暖；活塞空气压缩机气流有脉动，使操作人员感到不舒服；吸气口虽加消声器，但噪声仍在 $82～85dB$（A）左右。由于以上原因，吸气口宜装在室外。世界上许多空气压缩机制造厂也是这样推荐的，在夏热冬暖地区，室内吸气在夏季时可把热量排走，对降温有好处。但只有低噪声和气流脉动对站内环境影响不明显的螺杆空气压缩机和小型活塞空气压缩机方可放在室内。据调查，将不大于 $10m^3/min$ 的空气压缩机吸气口设在室内，操作人员无不适感觉。螺杆空气压缩机吸气口放在室内，一般无不适应感觉，但对大型空气压缩机应着重考虑吸气对降低室内温度的影响。

3.0.5 本条为新增条文。

风冷螺杆空气压缩机组和离心空气压缩机组在工作中所散发的热量如排在室内会严重恶化室内环境，甚至影响机组的正常工作，故其冷却排风宜排至室外。

3.0.6 本条为原规范第3.0.5条的修订条文。

从压缩空气站的事故来看，除超压、水击或机械事故外，凡燃烧爆炸无不与油有关，油是燃烧爆炸的内因；排气温度过高、空气中含粉尘、静电感应等是

外因。装设后冷却器既能清除部分油水，又能降低压缩空气的温度，对减少油垢和油在高温下形成积炭都有好处。因此，装设后冷却器对减少压缩空气系统发生燃爆事故的可能性，是一种积极的、较为有效的措施，从国内外一些燃爆事故来看，大都发生在未装后冷却器的压缩空气系统内，由此也说明了后冷却器在这方面具有较大的作用。《固定的空气压缩机安全规则和操作规程》（GB 10892）中有关条文也强调应装后冷却器。鉴于近几年来的一些事故，为了保证安全，规范规定活塞空气压缩机都应装设后冷却器。

气体经冷却可析出相当部分的油水，若后冷却器带有油水分离器结构，可减少管路、储气缸的油水聚积，有利于安全。目前，制造厂配套的后冷却器都带有此结构，因此，装设后冷却器后不必再设油水分离器。

关于离心空气压缩机是否配置后冷却器和储气罐，应根据用户的需要确定，有的用户要求压缩空气保持一定的温度，有的用户将其与空气压缩机组成一个工艺流程，是否配置以上设备需根据情况来考虑。一般情况下，因为离心空气压缩机末端排气温度达200℃以上，为了保证安全，降低室内温度和除去部分水分，在机组末端应装后冷却器。

据对 150 多个压缩空气站的调查，机组与供气总管之间，绝大多数采用单独的排气系统，即各机组之间不共用后冷却器和储气罐。普遍反映这种系统简单、管理方便、不会误操作。有个别站空气压缩机合用或轮用储气罐或后冷却器，从而使管道系统复杂化，带来误操作及管道振动等不良后果。

3.0.7 本条是原规范第 3.0.6 条的原条文。

常用的压缩空气干燥装置有冷冻式、无热再生吸附式和加热再生吸附式，三种方式各具特点和一定的使用范围。在工程设计中究竟选用哪一种？主要是根据用户对压缩空气干燥度的要求及处理空气量的多少，经技术经济比较后确定。

空气干燥装置系静置设备，操作维护得当，可连续长期运转，一般可不设备用。当用户有要求不能中断供气时，为防装置的温度控制或自动操作系统突然失灵，设置备用空气干燥装置是必要的。所以，本规范规定"当用户要求干燥压缩空气不能中断时，应选用不少于两套空气干燥装置，其中一套为备用"。

3.0.8 本条是原规范第 3.0.7 条的修订条文。

压缩空气中含有油将影响空气干燥装置的正常运行，导致吸附式干燥装置的吸附剂失效或冷冻式干燥装置的换热器效率下降。因此，选用有油润滑的空气压缩机时，对压缩空气必须有效地除油后方可进入空气干燥装置，通常可采用机械分离、超细纤维为主体滤材的高效除油装置。

3.0.9 本条是原规范第 3.0.8 条的修订条文。

压缩空气中的含尘量随所在地区的环境、空气压缩机型式不同而变化，据测定，压缩空气中大于 $0.5\mu m$ 的尘粒含量达每升几万到几十万粒，因此，应根据各行业的用气设备对压缩空气中的尘粒粒径和尘粒含量的要求，设置不同精度等级的过滤器。压缩空气用过滤器有初效、中效、高效三种。

粗过滤（初效）的过滤材料一般为焦炭、瓷环、毛毡、泡沫塑料、脱脂棉、金属丝网等，一般可将 $10\mu m$ 以上粒径的尘粒去除。

中效过滤的过滤材料一般为合成纤维滤芯、多孔陶瓷、多孔玻璃、普通多孔金属、普通滤膜和滤纸等，通常可将 $2\mu m$ 以上粒径的尘粒去除。

高效（高精度）过滤的过滤材料一般为微孔金属膜、高效滤纸和滤膜等，通常可将粒径大于或等于 $0.5\mu m$ 的尘粒去除。目前已能生产去除大于或等于 $0.1\mu m$ 的尘粒的过滤材料。

压缩空气输送管路及附件对已经由高精度过滤器过滤后的空气会有污染，据测定一只不锈钢阀门启闭时，可产生大于或等于 $0.5\mu m$ 的尘粒几个、几十个甚至更多。所以，为避免压缩空气输送管路的影响，应在用气设备处设置相应精度的过滤器，以确保用气质量。压缩空气站内一般仅设初、中效过滤器。

根据调查，压缩空气中的含油量和尘粒，对吸附剂的使用年限和吸附容量有着重大影响。当空气中或管路中的尘粒进入吸附剂内，在吸附剂再生时，部分尘粒残留在吸附剂内而不能排出，日积月累将会缩短吸附剂的使用年限。对于冷冻干燥装置，压缩空气中的尘粒沉积在换热器中易结垢，影响换热器效率。因此，增加了应在干燥装置前设置空气过滤器的条文。

过滤器为静置设备，一般可利用用户短暂停气时间进行过滤器反吹或更换滤芯。所以规定，除用户要求不能中断供气外，一般不设备用。

3.0.10 本条是原规范第 3.0.10 条的修订条文。

空气干燥装置设置在空气压缩机的储气罐之后，主要是为了去除压缩空气夹带的水滴，减轻空气干燥装置的负荷，以确保空气干燥装置的正常运行和降低能源消耗。

进入冷冻空气干燥装置的压缩空气温度，应根据装置的要求确定。根据调查，各冷冻干燥装置生产厂家要求的空气进口温度不尽相同，大约在 40～50℃ 之间，当空气进口温度发生变化，即空气实际进口温度超过设备要求的最高进口温度时，对额定处理气量有影响。鉴于上述情况，尚不宜对进入冷冻干燥器的压缩空气温度作出统一规定，可根据装置的要求确定进入装置的压缩空气温度，或根据压缩空气温度选择设备并复核实际处理的空气量。

3.0.11 本条是原规范第 3.0.11 条的修订条文。

为了使空气压缩机能在无背压情况下启动，以减小电动机的启动电流，在空气压缩机与储气罐（或排气母管）之间必须装设止回阀。

在无背压情况下，空气压缩机可以采用不同方式做到卸载启动。

对活塞空气压缩机，可以采用：（1）关闭减荷阀；（2）顶开吸气阀进行气量调节；（3）打开放空管。

对螺杆空气压缩机，可以采用：（1）关闭减荷阀；（2）一些用滑阀进行气量调节的空气压缩机，可将流量调至最小；（3）打开放空管。

对电动离心空气压缩机，可打开放空管实施卸载启动。

在以上启动方式中，以打开放空管的方式操作最简便，且空载负荷最小，在空气压缩机达到额定转速对机组加载时，此方法最平缓有效。故本规范规定：在空气压缩机与止回阀之间，应设放空管。

空气压缩机与储气罐之间装切断阀易发生误操作事故，因而，不应装设此阀门。如某厂由于检修时将储气罐与后冷却器之间闸阀关闭，试车前又忘记将此闸阀打开，以致启动空气压缩机后，压力很快升高，引起后冷却器的水路汇通造成铸铁盖板炸碎（后冷却器上无安全阀，后冷却器的芯子因泄漏已拿掉，致使该铸铁盖板由受水压变为受气压），造成严重人身伤亡和设备损坏事故。但也有的单位认为：目前一般使用的旋启式或升降式止回阀，在使用中有撞击声并易损坏，不如用闸阀方便，或在止回阀后再装闸阀以利于检修，但是，这些做法在安全上都存在隐患。因此，如果要装设切断阀，则在空气压缩机与切断阀门之间必须装安全阀，以保证安全运行。

离心空气压缩机因自身设计要求，其转子轴承只允许一个方向旋转，且轴承的润滑油进口有方向要求，即只允许一个方向进油。因此，条文中规定：离心空气压缩机与储气罐之间，应装止回阀和切断阀，以防止空气倒流。

离心空气压缩机和相应的管路构成了进、排气系统。离心空气压缩机在运转过程中，当流量不断减少并达到某一数值时，供气系统将会产生周期性的气流振荡现象，这种现象称为"喘振"。喘振现象对压缩机的运行十分有害。发生喘振时，噪声加剧，整个机组发生强烈振动，并可能损坏轴承、密封，进而造成严重事故。为了避免空气压缩机在运转中发生喘振现象，除设备本体设计时采取一系列必要措施外，管网及选型设计也要十分重视。因此，条文中作出了相应规定，即在排气管上必须设置放空管，放空管上应装调节阀门。放空管上设调节阀的作用是：在空气压缩机运转过程中，当用户的用气量发生变化，流量逐渐减少，将接近机组设定的最小流量值时，或压缩机与储气罐之间的切断阀门因误操作而未开启时，放空管上的调节阀门将自行开启，将压缩空气排向大气，避免该处管内压力升高，超出设计允许值，并确保空气压缩机在喘振流量以上运行，防止发生喘振现象。

3.0.12 本条是新增条文。

设置高位油箱或其他能够保证可靠供油的设施的目的，是为了保证在事故断电情况下，离心空气压缩机组能得到充分的润滑油，以免烧坏轴承，引发事故。

3.0.13 本条是新增条文。

润滑油系统是保证离心空气压缩机组安全运行的必备措施，为了确保安全，不至于因润滑油系统事故而影响整个站房的运行，故每台离心空气压缩机组宜相应配置润滑油站。

在停电事故时，为了保证高位油箱的油不经离心空气压缩机组直接返回润滑油站的油箱，要求在油站的出口总管上装设止回阀。

3.0.14 本条是原规范第 3.0.11 条最后两段原条文。

储气罐上装设安全阀，是为了当储气罐内压力超过额定值时泄压，防止爆炸。

储气罐与供气总管之间装设切断阀，是为了当机组停用检修时切断与总管系统的联系。

3.0.15 本条是原规范第 3.0.13 的修订条文。

对空气干燥度的检测，应根据不同生产工艺、各行业的不同要求，定期或连续检测空气干燥装置出口空气中的水蒸气量，除特殊要求外一般均采用定期检测，故宜设置分析取样阀，以便取样检测。若要求连续检测时，则宜设置连续指示或记录的微水分析仪或露点测定仪。上述要求也同样适用于空气含尘量的检测。鉴于目前干燥净化装置自动化程度和稳定性较以前有了很大提高，一些取样阀可省略不装，故将原条文中"应装"改为"宜装"。

3.0.16 本条是原规范第 3.0.14 条的修订条文。

吸排气管道支承在建筑物上可能对建筑物产生不良影响，因此，吸、排气管应尽量使用独立支架。若该管道要在建筑物上支承时，则应采取隔振套管、弹簧支、吊架或在管道与支承连接处加橡皮衬垫或弹簧等隔振元件。

离心空气压缩机及其他大型空气压缩机的排气放空管道管径较大，排气推力较大，使管道产生较大振动，为此，放空管道的布置应减少管道振动对建筑物的影响。

空气压缩机至后冷却器之间的管道，温度高容易积炭，有的站房因此管不易或不能拆卸，积炭增多而造成管路燃爆，因此，设计时，此段管路应考虑方便拆卸。例如某些压缩空气站为检修清除积炭，在这段管路上用法兰联接使拆卸方便。

3.0.17 本条是原规范第 3.0.15 条的修订条文。

据对水冷活塞空气压缩机组噪声的测定统计，一般在机组旁 0.5m 处为 83.0～99.8dB（A），1.0m 处为 82.4～98.5dB（A），吸气口无吸气消声器时为 93.0～110dB（A）。无隔声罩螺杆空气压缩机旁 1.0m 处为 92.0～104.0dB（A），机旁 0.5m 处为

92.0～106.0dB（A）、站中间为 88.2～99.5dB（A）。加隔声罩距设备 1.0m、高 1.2m 处四个方向测定平均 75.0～85.0dB（A）。总之，压缩空气站是高噪声场所，其噪声控制设计和治理应符合现行的《工业企业噪声控制设计规范》（GBJ 87）、《城市区域环境噪声标准》（GB 3096）等要求。

目前，国内活塞空气压缩机及离心空气压缩机已普遍装设吸气口消声器，有的采用吸气消声坑，有的在放散管上装设消声器，有的在储气罐内装设消声器或吸音材料，还有的在建筑上采取吸声处理等。螺杆空气压缩机加罩隔声、吸声后，其噪声可降到 85dB（A）以下。以上措施对降低压缩空气站内噪声声级、减少站内噪声对环境的影响，都取得了一定效果。

压缩空气站设置隔声值班室是普遍采用的措施。隔声室一般设置二层玻璃的观察窗和隔声门，其噪声级一般在 70dB（A）以下。

至于需连续长时间在机器间内工作的检修工人，则可使用防护棉、耳罩、耳塞等保护用品来防止噪声危害。

3.0.18 本条是原规范第 3.0.16 条的原条文。

4 压缩空气站的组成和设备布置

4.0.1 本条是原规范第 4.0.1 条的修订条文。

压缩空气站内宜设置辅助间，这是因为：

1 不论站的规模大小，均宜有专门房间作存放工具、备品备件、值班、开会或打电话等用；

2 压缩空气站机器间的特点是"一吵二热"。据实测，目前，国内装有活塞空气压缩机的机器间噪声级为 79.8～94.5dB（A），根据我国《工业企业噪声控制设计规范》（GBJ 87）的规定，大多数都已超标。又据实测，用普通木质门、双层玻璃窗和砖墙作隔声的值班室，其噪声级可降至 65.0～79.5dB（A），能起到防止噪声危害的作用。另外，站内机组又是大量散发热量的设备，机器间夏季室温很高，大多在 38～45℃，维护操作人员巡回检查机组的运行工况后，也需要有一个停歇房间，以减少噪声和高温对人体健康的危害；

3 目前，我国多数压缩空气站均设有辅助间，没有辅助间的后来也专门设了隔声值班室，这说明辅助间是需要的。

鉴于确定辅助间的具体内容涉及因素较多，如站的规模、厂（矿）机修协作体制、备品、备件和油料来源等均直接影响到生产用辅助间的设置，值班室、休息室、更衣室以及厕所等的设置，又与厂（矿）的建设标准、生活区的布置和生活习惯等因素有关，且各行各业均有其各自的特点，因此，条文中只推荐设置，而不作具体规定。

空气压缩机的型式对压缩空气站辅助间的组成及面积亦有一定影响。螺杆空气压缩机易损件少，备品备件较少，机组自带控制设备，其站房辅助间可简单一些；离心空气压缩机站房除设置一般压缩空气站所需辅助间外，还可设置储存间、机修间、吸气消声室及生活间等，其组成要复杂一些，面积相应也要大一些。

另外，关于辅助间所需面积，经对 90 多个压缩空气站进行统计和分析，得出辅助间面积约占机器间面积的 15%～20% 为宜。但考虑各行各业及各地区要求的水平不一致，规范中也未作具体规定。

4.0.2 本条是原规范第 4.0.2 条的条文。

机器间的设备、辅助间以及与机器间毗连的其他建筑物的布置对于机器间通风和采光影响极大。

大型压缩空气站及离心空气压缩机站房，由于辅助间组成复杂，建筑面积大，往往出现机器间的主要迎风面布置有辅助间，这不利于机器间的通风，应尽量避免。将辅助间布置在机器间的一端，尤其是固定端则比较有利。

4.0.3 本条为新增条文。

离心空气压缩机吸气过滤器的布置主要有以下两种方式：

1 布置在附设于机器间的过滤室内；

2 独立布置在室外或布置在室内的单独房间内。

前者因妨碍机器间的通风采光，目前新设计的站房已较少采用。后者既不影响通风采光，又便于安装检修，目前已普遍采用，但在冬季严寒地区，对油浸式吸气过滤器，应采取防冻防寒措施。

4.0.4 本条是原规范第 4.0.3 条的修订条文。

储气罐具有燃爆可能性，不少厂、矿都曾发生过爆炸事故。储气罐布置在室外，主要是从安全角度考虑，其次也可减少站内的散热量并节约站房的建筑面积，储气罐若能布置在北面，可减少日晒，也可减少其爆炸的外因。

储存含油量不大于 $1mg/m^3$ 的压缩空气的储气罐，虽不易产生积炭，燃爆可能性小，但仍有超压爆炸的可能，所以，正常情况下，仍应装在室外，布置有困难时才允许布置在室内。含油量不大于 $1mg/m^3$ 的标准，是根据国内除油装置性能及实际调查后确定的。

储气罐与墙之间净距的确定原则是不影响通风和采光。其下限净距 1.0m 是基于储气罐与墙基础不应相互干扰且按安装、检修需要最小距离而确定的。

4.0.5 本条是原规范第 4.0.4 条的修订条文。

空气压缩机组的散热量很大，据实测，其发出的热量约等于电机安装容量的 15% 折合成的热量。降低机器间室温的积极办法是减少这些热量散发在站房内。如：将二级排气管加隔热层至后冷却器或将后冷却器布置在室外，均能起到一定的降温效果。

4.0.6 本条是原规范第 4.0.5 条的修订条文

修订后保留了条文内容，但将适用范围限定于活塞空气压缩机组及螺杆空气压缩机组。

布置机组及其他设备时，在其周围必须留有一定的通道，以便对设备进行日常的操作，并保证设备安装检修时零部件拆装及运输的需要。而通道的宽度以后者要求为最大，因此，各种通道净距的确定，就以不同机组拆装后的最大零件运输所要求的"极限宽度"为基础，并能满足拆装空气压缩机的活塞杆与十字头连接的螺母的特殊需要。

各机组最大横向尺寸的零件和"极限宽度"见表2，机器间内各种运输方式及其所需的最小通道宽度见表3。分析归纳表2和表3，确定了条文中表4.0.6中机器间的主要通道的净距。

表2　各机组的最大横向尺寸的零件和"极限宽度"

机组型号	零件名称	横向尺寸（mm）	移动线上所需通道的"极限宽度"（mm）	加500mm余量后的通道宽度（mm）
7L—100/8	一级缸	1380×1380	1380	1880
L8—60/7	一级缸	1100×1100	1100	1600
5L—40/8	一级缸	1000×1000	1000	1500
4L—20/8	一级缸	800×720	720	1220
3L—10/8	一级缸	600×600	600	1100

表3　机器间内的几种运输方式及其所需通道的最小宽度

运输方式	载重量（t）	通道最小宽度（mm）	备注
滚杠	不限	"极限宽度"	
起重设备	起重设备吨位	"极限宽度"	
2DT型挂车（平板车）	2	1250	
2DB型蓄电池搬运车（电瓶车）	2	1250	
电瓶平衡重式叉式装卸车（铲车）	1～2	1200	最小转弯半径 $R=2300mm$
内燃机平衡重式叉式装卸式（铲车）	0.5～5	1100	最小转弯半径 $R=1800mm$

小于 $10m^3/min$ 的机组，据实测其零部件最大横向尺寸都不大于0.7m。因此考虑适当余量，将机组与墙之间的净距确定为0.8m。对机组之间和机组与辅助设备之间的通道，为了避免一台机组检修时影响邻近机组的工作，此净距适当加大为不小于1.0m，考虑运输工具的通过，机器间的主要通道净宽仍定为

不大于1.5m。

螺杆空气压缩机组的结构紧凑，主机和辅机集中在一个组装箱内。其布置方式可灵活随意，但最理想的方式仍为单排布置，其通道尺寸按活塞空气压缩机组要求虽略显宽裕，但仍在合理范围之内。

4.0.7　本条为新增条文。

关于离心空气压缩机组单层布置或双层布置问题，从调查的一些离心压缩机站房来看，两种布置方式都有，影响机组布置的主要因素在于机器的结构和安装现场的条件。就其结构而言，进气口下接，冷却分段级数多，冷却器独立布置者，宜双层布置；进气口侧接，冷却器与机组组合成一体者宜单层布置。安装现场条件对设备布置的影响主要是指扩建站房，一般原有机组为何种布置形式，扩建机组亦采用同样布置形式。扩建站房时，设备制造厂可根据业主提出的要求提供适合的机组或改进机组设计，以符合安装现场条件要求。新建站房则可根据设备自身的要求进行设备布置。

目前有的组装式离心空气压缩机组，其压缩机、电动机、冷却器、润滑油系统及吸气过滤器等均组合在一个底盘上，这种机组既可室内单层布置，也可露天布置。

由于离心空气压缩机组结构型式众多，安装现场条件各异，很难推荐出一种合理的布置形式，只能根据情况经技术经济比较后确定。

双层布置时，主要从以下几个方面考虑：

1　机器间运行层采用何种结构形式，对设备的运行和检修影响很大。从调查情况看，小型机组作双层布置时多数采用满铺运行层，其设备维护和检修都方便，因站房跨度不大，对底层采光影响亦不大。

一般动力用离心空气压缩机较少采用岛式布置形式。

目前还有一种小型机组，机旁附有钢制运行平台，应该说这种布置还是属于单层布置形式。

满铺运行层必将给设备安装、检修、起吊带来不便，故一般在机器间发展端留有吊物孔，其尺寸按最大起吊件包装箱的最大尺寸考虑，如站房只有一台压缩机，也可不留安装吊物孔，大型设备可从外墙孔吊入。

2　润滑油系统的布置是离心空气压缩机站设计的又一主要内容，润滑油系统的设计及设备供货均由主机制造厂提供，站房设计时主要考虑以下几个问题：

1）润滑油供油装置主要包括油泵、油过滤器及油冷却器等，一般组装在一个底盘上，既可布置在两机组之间，也可布置在毗邻屋内，机组双层布置时润滑油供油装置一般布置在底层；

2）有的机组主油泵由机组主轴带动，和机组布置在同一标高，此时，油箱与主油泵的高差应满足主

油泵的吸油高度的要求。

3 装有多台离心空气压缩机组机器间的运行平台，应有贯穿整个机器间的纵向通道以便于各台机组之间相互联系，其宽度是比照小型火电厂汽机间要求确定的。

确定离心空气压缩机站的通道净距是一个比较复杂的问题，它不同于活塞空气压缩机及螺杆空气压缩机站房，能列表给出推荐值，而必须综合多种因素考虑。影响机器间通道净距的主要因素有：

1）设备拆装距离。主要是指压缩机、电动机抽出转子、冷却器抽出芯子所需距离；

2）起重设备的起吊范围。起吊范围外，不宜布置大型设备、大型阀门及需拆卸的管道附件；

3）设备基础及建筑物基础之间所需的间距；

4）小型离心空气压缩机组的检修工作多数在机器近旁进行，因此必须考虑检修时零部件拆装、堆放、修理等工作所需面积。

从调查情况看，多数离心空气压缩机站机组之间的净距都比较大，超出表4.0.6所列数据甚多。

4 为了保证离心空气压缩机站房工作人员的出入或紧急状况时便于人员迅速离开现场，对机器间的出入口及安全梯作出了规定，其主要依据是《建筑设计防火规范》（GBJ 16），压缩空气站的生产火灾危险性为丁、戊类。该规范规定，当每层建筑面积不超过400m^{2}且同一时间生产人员不超过30人时，可只设一个出入口，考虑到压缩空气站一般长度比较长，室内、外联系比较多，参照《锅炉房设计规范》（GB 50041）及《小型火力发电厂设计规范》（GB 50049），规定其出入口不应少于两个。

4.0.8 本条为新增文。

高位油箱的作用是保证断电时机组能得到润滑油，以保证主机转子惯性转动时的安全，故有一定高度要求，一般箱底与机组中心线的高差不小于5m。

4.0.9 本条是原规范第4.0.6条的修订条文。

对空气净化装置设置分两种情况作出了规定。

多数情况下，压缩空气干燥、净化装置设在压缩空气站内，一般为集中设置，为便于压缩空气站的发展，设计时宜将空气干燥、净化装置布置在压缩空气站靠辅助间的一端，并应注意不影响隔声值班室对空气压缩机及其辅助设备运行状况的观察。

当用户要求压缩空气压力露点低于-40℃或含尘粒径小于1μm时，空气净化装置宜设在用户处，因为这种程度的净化压缩空气，在输送过程中易受到管道的污染，故干燥净化装置宜设在用户处，而其他空气干燥净化装置可设在压缩空气站内。

将压缩空气干燥净化装置按净化程度分别设置还可节约设备投资及运行费用，因为多数压缩空气用户只要求一般干燥净化即可，如将整个压缩空气系统按用户最高要求设置干燥净化设备必将造成浪费。

4.0.10 本条是原规范第4.0.7条的原条文。

经对活塞空气压缩机的检修面积进行调查，国产活塞空气压缩机（主要指L型机组）在站内的台位面积（即占地面积加上其运行所需的面积）、解体占地面积和检修占地面积见表4。

表4 L型机组的解体、检修和台位面积

面积名称	机 型					备 注
	3L-10/8	4L-20/8	5L-40/8	L8-60/7	7L-100/8	
机组解体占地面积（m^2）	9.35	19.93	24.95	29.25	34.4	实测或从设备图计算出来的
机组检修占地面积（m^2）	18.7	36	50	58.5	68.8	按解体面积两倍考虑
台位面积（m^2）	36	36	45	60	70	根据《压缩空气站设计手册》实例所列站房尺寸

从表4看出，机组检修占地面积与一台机组在站内的台位面积较接近，且在检修时邻近运行机组的通道仍可通行，故检修的场地留一台机组的台位面积已足够了。

螺杆空气压缩机所需检修的部件少于活塞空气压缩机，留一台机组的台位面积作检修场地亦足够。

离心空气压缩机组多数在机组旁检修，设备布置时应留有充分面积。

4.0.11 本条是原规范第4.0.8条的条文。

压缩空气站在什么情况下设置检修起重设备是一个标准问题。现根据调查情况剖析如下：

从表5中可以看出：由10m^3/min机组所组成的站，3L-10/8型机组的机顶高度仅1.77m，一级缸气阀的位置不高，重量也较轻，人站在地面上可以安全地进行拆装，且空气压缩机的最大部件也较轻（315kg），因此，不设起重设备在检修时采取临时措施是可行的。至于3～6m^3/min的机组就更容易解决。从表6的调查统计看，单机排气量等于或小于10m^3/min机组的站，设起重设备的甚少，仅占12%，在调查中也未反映有多少问题，据此，上述机组所组成的站可不设起重设备。

单机排气量等于或大于20m^3/min的空气压缩机组成的总安装容量等于或大于60m^3/min的站，有以下特点：

1 机组外型较大、较高，最大部件也较重（见表5），检修时起重难度相对要大些，因此，更需要起重设备；

2 从调查统计看（见表7），总安装容量等于或大于60m^3/min的130个站中装有起重设备的为90个站，占总数的69%。装设3台以上单机排气量大于等于20m^3/min机组的119个站中装有起重设备的就有 86 个站，占总数的 72%（见表 8）。

表 5　L 型机组检修起重统计数据

机型 数据名称	3L-10/8	4L-20/8	5L-40/8	L8-60/7	7L-100/8
机顶高度(m)	1.77	2.20	2.33	2.40	3.475
各级气阀个数(个)	8	8	8	12	12
一级气阀直径(mm)	162	200	300	260	240
立式气缸活塞起吊吊钩最低高度(m)	3.00	3.10	≈3.50	≈4.00	≈4.00
空气压缩机最大件重量(kg)	315	≈510	1000	1300	2300
电机最大部件重量(kg)	680～1100	1620	1370	≈2000	2000

表 6　由不同排气量机组组成的装设起重设备情况统计（共 154 个站）

最大单机排气量(m³/min)	总站数(个)	有起重设备		无起重设备	
		站数(个)	所占比例(%)	站数(个)	所占比例(%)
3	0	0	0	0	0
6	2	0	0	2	100
10	8	1	12	7	88
20	52	22	42	30	58
40	52	35	67	17	33
60	7	6	86	1	14
100	33	30	91	3	9

表 7　不同总安装容量的站装设起重设备情况统计（共 165 个站）

站的总安装容量(m³/min)	总站数(个)	有起重设备		无起重设备	
		站数(个)	所占比例(%)	站数(个)	所占比例(%)
<40	17	1	6	16	94
40～59	18	5	23	13	72
60～79	17	8	47	9	53
80～100	28	20	71	8	29
>100	85	62	73	23	27

表 8　3 台 20m³/min 以上及以下机组的站装设起重设备情况（共 154 个站）

站内机组台数及单机排气量	总站数(个)	有起重设备		无起重设备	
		站数(个)	所占比例(%)	站数(个)	所占比例(%)
3 台 20m³/min 及以上机组	119	86	72	33	28
3 台 20m³/min 以下机组	35	9	26	26	74

根据设备检修时起重难度大小，起重设备利用率高低，并结合过去已达到的设置水平，对单机排气量等于或大于 20m³/min 的空压机，总安装容量等于或大于 60m³/min 的站推荐设置起重设备。

4.0.12　本条是原规范第 4.0.9 条的条文。

空气压缩机组的联轴器和皮带传动部分装设安全防护设施，是为了避免机组高速转动部分外露，防止事故。

4.0.13　本条是原规范第 4.0.10 条的条文。

有些空气压缩机的立式气缸（一级缸）位置较高，日常维护和清洗气阀不方便，需设置维修平台。各机组维修平台设置现状见表 9。

表 9　各机组维修平台设置现状

机组型号	一级缸盖离地面高度(m)	维修平台设置现状
7L-100/8	3.39	一般都设置可拆卸平台
L8-60/7	2.40	除个别站设置移动式平台外，一般不设
5L-40/8	2.33	一般不设置平台
4L-20/8	2.20	一般不设置平台
3L-10/8	1.77	一般不设置平台

由表 9 可知，一级缸盖离地高度大于 3m 的机组一般都设置维修平台。

另外，为避免地沟内的电缆和管道等被水淹没及改善站中卫生条件，故要求地沟能排除积水。

5　土　建

5.0.1　本条是原规范第 5.0.1 条的修订条文。

据调查，国内绝大多数压缩空气站的屋架下弦或梁底的高度大于等于 4m（在调查的 195 个站中占 179 个）。站内夏季室温很高，屋架下弦或梁底高度低于 4m 不利于通风散热。

据调查反映，天窗能降低站内温度 1.5～4.0℃，实测数据显示，天窗能保持站内外温差 1.73～2.45℃。在目前压缩空气站所采用的多种通风降温措施中，天窗通风是效果较好且经济的一种，鉴于没有小跨度的天窗屋架标准图，故规定跨度等于或大于 9m 的机器间宜设天窗。

原条文对压缩空气站机器间高度的规定不够明确，故在修改条文中加上"屋架下弦或梁底"，以明确其高度的位置，即机器间地坪至屋架下弦或梁底的最小高度不宜小于 4m。

"炎热地区"一词不是规范用词，故建筑热工设计分区按《民用建筑热工设计规范》（GB 50176）的规定，改为"夏热冬冷和夏热冬暖地区"。

5.0.3　本条是原规范第 5.0.3 条的修订条文。

混凝土地面粘上油污后不易彻底清除，而水磨石地面则容易保持清洁，有利于文明生产和安全运行。故将原条文"机器间宜采用混凝土地面"改为"机器间宜采用水磨石地面"。

5.0.4 本条是原规范第5.0.5条的修订条文。

隔声值班室或控制室内操作工人因坐着进行监视，故规定窗台高度不大于0.8m。

5.0.5 本条是新增的条文。

空气压缩机在运转中有一定的振动，特别是活塞空气压缩机振动较大，不仅影响本站和防振要求较高的建筑物、构筑物，而且影响对防振要求较高的精密仪器和设备的正常工作。故规定"空气压缩机的基础应根据环境要求采取隔振或减振措施"。

离心空气压缩机双层布置时，由于机组较重，安装后其基础有一定的沉降，如基础不与运行平台脱开，将会造成运行平台与基础相互影响，故规定"离心空气压缩机的基础应与运行层脱开"。

5.0.6 本条是原规范第5.0.4条的修订条文。

有发展可能的压缩空气站，其机器间的扩建端，在建筑结构上采取一些便于接建的措施，以便扩建后的新旧机器间能共用值班室、控制室和起重设备，以达到占地少、投资省、操作维护方便的目的。在这些措施中普遍采用的是在扩建端预先设置屋架，必要时也可设置双柱基础。

6 电气、热工测量仪表和保护装置

6.0.1 本条是原规范第6.0.1条的修订条文。

现行的《供配电系统设计规范》（GB 50052）规定，电力负荷根据其重要性和中断供电在政治、经济上所造成的损失或影响的程度分为三级。

一般压缩空气站若中断供电不致于造成一、二级负荷所出现的情况，故宜属三级负荷。个别压缩空气站在工业企业中所占地位十分显要，如中断供应压缩空气将造成与中断一、二级用电负荷供电相同的后果，则这类压缩空气站的供电负荷等级相应为一级或二级。

6.0.2 本条是新增条文。

现行《通用用电设备配电设计规范》（GB 50055）明确规定了不同电压等级及不同容量电动机的控制和保护配置方式，空气压缩机组应以此规范中相关条文为依据，设计相应的控制和保护回路。

6.0.3 本条是原规范第6.0.2条的条文。

压缩空气站的设备检修时一般使用的手提灯的安全电压为36V。根据现行的《工业企业照明设计标准》（GB 50034）及《机械工厂电力设计规范》（JBJ 6）的规定，在储气罐内和金属平台上使用的手提灯，其电压不得超过12V。

6.0.4 本条是新增条文。

为满足压缩空气站检修的需要，应设置交流380V和220V专用检修电源，供电焊机或其他机具使用。

6.0.5 本条是新增条文。

压缩空气站根据其规模有分散就地控制、设隔音值班室方式，也有设集中控制室方式。

压缩空气站选择哪种控制方式是设计首先要确定的原则。为使压缩机安全可靠，有利于运行管理，改善劳动条件，提高自动化水平，由控制室集中控制是完善和提高控制水平的必然趋势。

控制室集中控制一般是指在压缩空气站内的集中控制。有的企业管理和自动化要求都高，也可由全厂中央控制室集中控制。

对供气可靠性要求不高，或受其他条件限制的压缩空气站，空气压缩机可采用就地分散控制方式。

控制室是压缩空气站的控制中心，故本条文规定了控制室位置及有关环境的设计要求，以保证控制室内配备的仪表和控制设备安全可靠运行，同时改善值班员的劳动条件。

6.0.6 本条是原规范第6.0.3条的修订条文。

鉴于目前电话装设较为方便且费用较低，故要求压缩空气站采用电话作为联系调度方式。

6.0.7 本条是新增条文。

本条文规定压缩空气站热工测量仪表的设置范围，以使值班员能及时了解压缩空气站运行工况，显示站内设备启、停和正常运行、异常事故时的各种参数。为便于压缩空气站设计时了解和确定不同机型空气压缩机所需的热工测量仪表，本规范在附录中作出具体规定。

6.0.8 本条是新增条文。

本条文规定了热工报警和自动保护控制装置的设置范围，以便当压缩空气站内的设备的某些参数偏离规定值或出现某些异常情况时，发出灯光和音响，引起值班员注意，从而及时采取相应的处理措施。当报警值仍继续越限时应自动紧急放空或停机。热工报警系统应具有闪光、重复音响、人工确认、试灯和试音等功能。为便于压缩空气站设计时了解和确定不同机型空气压缩机所需的热工报警和自动保护控制，本规范在附录中作出具体规定。

本条文所列热工报警和自动保护控制项目均取自空气压缩机及干燥净化装置制造厂。

6.0.9 本条是新增条文。

本条文所列控制项目都取自离心压缩机制造厂。一般情况下，制造厂配供相应的控制设备。

离心压缩机存在着特有的喘振问题。喘振是一种危险现象，会损坏压缩机的各部件，乃至产生轴向窜动，使压缩机遭受破坏。对于固定转速的离心压缩机，常见的控制方案是按流量来调节出口放空阀（或旁路阀）防止产生喘振，因为在一定转速下，产生喘振的流量临界值是一定的。同时喘振控制系统又和压缩机出口气压的恒压控制组成一个调节回路。

6.0.10 本条是新增条文。

随着自动化技术的发展,选用技术先进的自动化设备和评估其价值已成为设计工作中的重要问题。

本次初步调研了近 10 个压缩空气站,已有两个站采用了计算机控制系统,这说明计算机的应用是发展趋势。

计算机控制系统能实现数据采集和处理、热工控制和保护,提高压缩空气站的控制水平和管理水平。保证压缩机安全和经济运行是企业管理需要考虑的。同时,计算机的应用在各行各业中已趋成熟,技术上是完全可行的。据此,本条文作了相应的规定。

6.0.11 本条是新增条文。

当压缩空气站是独立的计算机控制系统,且企业不能提供不停电电源时,条文规定应配置互为冗余的电源以防止丢失计算机的检测数据。

6.0.12 本条是新增条文。

对空气干燥后的成品气干燥度(露点)的监测,是保证供气品质的重要检测项目。

本条文规定,对供气的干燥度有严格要求时宜配露点仪,露点仪配置可采用手动和在线分析检测两种方式。前者工艺方面已留有接口,定期由工人取样检测成品气干燥度,此方法简单可靠;后者则采用在线露点仪来检测成品干燥度。当工艺有此要求时,可选用在线露点仪。国内一些企业已能配套供应进口或国产的露点控制仪。

在空气干燥装置上配用露点控制仪并参与程度控制器的实时控制,能根据露点自动调整干燥器工作和再生的交替时间,减少再生气损耗,达到节能效果,并避免因管理不善或操作不当而使供气质量不符合工艺使用要求。

6.0.13 本条是新增条文。

条文规定压缩空气系统室外布置的热工测量仪表、控制设备和测量管路均应根据实际需要采取防水防冻措施,防止因此而造成事故。

7 给 水 和 排 水

7.0.1 本条是原规范第 7.0.1 条。

压缩空气站的生产供水,除中断供气会造成较大损失者(例如冶金、炼油企业)外,一般要求不高,故采用一路供水。

7.0.2 本条是原规范第 7.0.2 条的修订条文。

根据国家节约用水政策和城市供水日趋紧张的现状,许多地区都对压缩空气站采用直流水进行了限制。尤其北方地区,如北京市已明文禁止。目前,除靠近江、河、湖、海等水源丰富的部分工厂用直流水外,大多数工厂(矿)的压缩空气站冷却水都采用循环水。

采用循环水后,不仅节省了水利资源,工矿企业也节省了开支,循环水系统投资回收年限一般为 1~2 年。因此,除当地水资源丰富、允许采用直流水系统外,都不得采用直流水。

目前,国内循环水系统一般采用单泵循环系统或开式高位冷却塔循环系统,见图 1 和图 2。

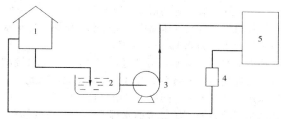

图 1 单泵循环系统
1—冷却塔;2—水池;3—水泵;4—水流观察器;
5—空气压缩机

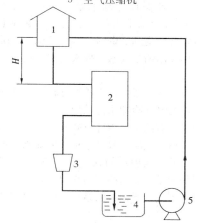

图 2 开式高位冷却塔循环系统
1—冷却塔;2—空气压缩机;3—排水
漏斗;4—水池;5—水泵

采用开式高位冷却塔循环系统时,冷却塔与空气压缩机的高差 H 应满足空气压缩机冷却水最低压力要求。

7.0.3 本条是原规范第 7.0.3 条的修订条文。

空气压缩机冷却水入口处的压力上限,对于活塞空气压缩机,根据国标《一般用固定式往复活塞空气压缩机技术条件》(GB/T 13279—91)规定,供水压力不得大于 0.4MPa,但目前有一些老式空气压缩机是按原部标 JB 770—85 的"技术条件"(该标准已作废)制造的,要求供水压力不得大于 0.3MPa,因此,在确定空气压缩机供水压力时,应把按新老标准制造的空气压缩机区别对待,这点在对老压缩空气站进行改造或在利用旧空气压缩机时要特别注意。

螺杆空气压缩机冷却水的供水压力,根据国标《一般用螺杆空气压缩机技术条件》(GB/T 13278—91)规定及工厂压缩空气站机组实行运行情况,其供水压力均不大于 0.4MPa。

离心空气压缩机冷却水的供水压力，按标准《离心压缩机》(JB/T 6443—92) 的规定及对几个离心压缩机站实际运行情况的调查了解，均不大于0.5MPa，一般为 0.4MPa。

至于空气压缩机冷却水的供水压力下限，应以保证机组所需冷却水能畅流来确定，除克服水路系统的阻力外，还应有一定的裕量。根据调查了解，活塞空气压缩机、螺杆空气压缩机及离心空气压缩机冷却水供水压力下限为 0.10～0.15MPa。

冷却水给、排水温差小于 10℃ 时，所需水量增大，流速增高，水路系统阻力也相应增大，因此，下限水压应适当加大。同样，采用单泵循环系统时，除克服机组阻力外，还应考虑水提升到冷却塔的扬程，下限供水压力也应加大。

7.0.4 本条是原规范第 7.0.4 条的修订条文。

鉴于《工业循环冷却水处理设计规范》(GB 50050) 对循环冷却水水质标准已有详细规定，且根据调查测定和收集到的资料，符合该标准有关参数的水质均适用于压缩空气站，故水质标准按该规范规定执行。

目前，在水源紧张、水质硬度较高的地区，有些工厂压缩站的循环冷却水已采用了软化处理。由于软水设备较贵，有的工厂内部有软水设备时，压缩空气站的软水就由其供应，收到了很好的效果。如某厂压缩空气站，采用锅炉房的软化水冷却空气压缩机后，再送入锅炉使用，既提高了给水温度，充分回收了热量，又解决了空气压缩机的结垢问题，收到了节能和降低成本的效果。

7.0.5 本条是原规范第 7.0.5 条的修订条文。

采用直流系统供水时，水的碳酸盐硬度要求说明如下：

在水质稳定性研究中，一般主要研究下列化学反应式中重碳酸钙、碳酸钙和二氧化碳三者的平衡关系：

$$Ca(HCO_3)_2 \longrightarrow CaCO_3 + CO_2 + H_2O$$

为便于实际运用，可进一步找出水结垢与水的碳酸盐硬度和水温三者的关系，见图 3。

从国内压缩空气站冷却水使用情况来看，如北京某厂老站，先后投产的 7 台 L-20/8 型空气压缩机使用碳酸盐硬度为 224mg/L 的直流冷却水，夏季排水温度35℃ 左右，使用 15 年，空气压缩机气缸中间冷却器未清洗过。又如洛阳某厂一个站（原为循环水，后因结垢严重改为直流水），水的碳酸盐硬度约为 148mg/L，夏季排水温度多在 45℃ 左右，半年清洗设备一次，未发现结垢。再如洛阳某厂压缩空气站，水的碳酸盐硬度约 132～137mg/L，夏季排水温度 26～45℃（多数时间为45℃），未发现结垢。又如北京某厂采用碳酸盐硬度 165mg/L 的井水，中间冷却器排水温度 34～

43℃，气缸排水温度 30℃ 左右，多年运行未见结垢。这些实践经验与图 3 中曲线 2 基本相符。

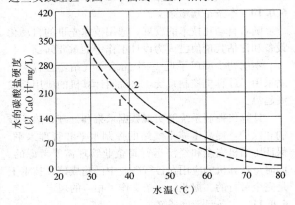

图 3　直流系统时，在不形成水垢的
要求下水的允许加热温度
1—水在设备中停留 2～3min；
2—水在盘管和管道中停留 1min

就冷却水化学变化而言，水在设备中受热升温后将发生碳酸盐分解，但其分解速度缓慢。国内空气压缩机组水路系统设计流速均大于 0.2m/s，而据实测及推算，亦都超过 0.2m/s，有的甚至超过 2m/s，即水在机组内停留时间远小于图 3 中曲线 2 的停留时间。因此，在直流系统中，水受热后，其重碳酸盐刚开始分解甚至尚未分解，水已流出机组，而不至于在机组内形成严重的结垢。也就是说，为防止直流系统产生水垢，可根据水的碳酸盐硬度按图 3 中曲线 2 来控制排水温度。规范中表 7.0.5 排水上限温度的确定，考虑到安全和可靠，留有一定的裕量，略低于图3 的相应数值。

水的碳酸盐硬度范围的确定：根据国内江、河水和地下水的水质资料，水的碳酸盐硬度绝大多数在280mg/L 以下，故以此来确定其上限值。

排水上限温度的确定：国内、外文献对空气压缩机组进、排水温度要求不尽相同，排水温度要求在35～50℃ 范围内，而大多数在 40℃ 左右。排水温度升高对机器性能的影响，主要是降低中间冷却器的冷却效果，使二级进气及排气温度升高，我们就提高排水温度可能造成的影响进行了测试，情况如下：

4L-20/8 型空气压缩机，当中间冷却器的排水温度由 25℃ 升至 45℃，即升高 20℃ 时，二级进气由38.5℃ 升至 48℃，升高 9.5℃。当中间冷却器排水温度为 25℃ 时，空气进口 115℃，出口 38.5℃，温差76.5℃；当排水温度为 45℃ 时，空气进口 122℃，出口 48℃，温差 74℃。后者比前者减少了 2.5℃。

5L-40/8 型机组，排水温度由 35℃ 升至 50℃，即升高 15℃ 时，二级进气温度升高 5.8℃（42℃ —36.2℃），中间冷却器进、出口气温差先为 90℃（126℃—36℃），后为 90℃（132℃—42℃），两者没有变化。

7L-100/8型机组，排水温度由25℃升至45℃，即提高了20℃，二级进气温度仅升高7℃（39℃－32℃），中间冷却器进、排气温差先后仅减少4℃。

实测中发现：提高排水温度与二级进气温度的升高有一定规律，即排水每升高5℃，二级进气温度约升高2℃。

由此可见，在一定范围内提高排水温度对机器冷却效果虽有影响但不显著。

在同一工况下，提高排水温度时，电动机的功耗变化见表10。

表10 排水温度对功耗的影响

排水温度 （℃）	功率表各组 读数中最大值 （kW）	功率表各组 读数中最小值 （kW）
35	227.5	225
40	220.5	220.5
45	229.5	222.7
50	229.5	220.5

从表中实测数据看出，提高排水温度对机组的功耗影响不大。

综上所述，在不影响空气压缩机安全运行的情况下，适当提高排水温度，可以节省冷却水量，经济上是合理的。

但当压缩空气站内装有空气干燥装置时，因为进入空气干燥装置的压缩空气温度不得超过40℃，所以，此时要求较低的冷却水温度。

7.0.7 本条为原规范第7.0.7条的修订条文。

为防止空压机组停用时冻结及便于检修，要求冷水排水管道内存水能够放尽，通常在各个最低点装设放水阀。

8 采暖和通风

8.0.1 本条是原规范第8.0.1条的条文。

机器间的采暖温度不低于15℃，是根据《工业企业设计卫生标准》（GBZ 1）的规定；值班采暖不低于5℃是防止冬季非工作时水冻结及空气压缩机因润滑油粘度过大而无法启动。

8.0.2 本条是原规范第8.0.2条的条文。

《工业企业设计卫生标准》（GBZ 1）规定机器间地面以上2m内的空间为作业地带；此外又规定：工作地点系指工人为观察和管理生产过程而经常或定时停留的地点，如生产操作在车间内许多不同地点进行，则整个车间均视为工作地点。结合压缩空气站运行特点，操作工人需定期巡回检查并记录各机组的运行工况，操作范围绝大多数在整个机器间地面以上

2m内的空间，因此，明确规定整个机器间的作业地带就是工作地点。

8.0.3 本条是新增条文。

螺杆空气压缩机吸气温度或机组冷却风吸气温度过高，将影响机器的正常运行，有关产品制造标准及一些制造厂产品资料均要求不得高于40℃，故设此条。

8.0.4 本条是新增条文。

空气压缩机在室内吸气时，如果机器间门窗紧闭，室内将出现负压，使工作人员产生不适感觉并影响空气压缩机的性能。所以，必须在机器间外墙设置通风口，其通流面积应满足压缩机吸气和设备冷却的要求。

8.0.5 本条是新增条文。

根据一些制造厂的资料，螺杆压缩机组自带冷却风扇允许通风系统静压降一般为30Pa左右，当通风系统压降大于30Pa时，须设置通风机才能保证机组正常通风。

一般生产厂房的机械通风系统中钢板通风管的风速，干管宜为6～14m/s，支管宜为2～8m/s；一些制造厂推荐流速为3～5m/s（无通风机时）及6～10m/s（有通风机时），考虑到压缩空气站的具体情况，以后者较妥。

8.0.6 本条是新增条文。

许多站房冷却螺杆压缩机组或离心压缩机组后的热风均采用通风管道排放，只需在排风管上装一个切换阀即可实现冬季采暖，从节能角度考虑，推荐采用。

9 压缩空气管道

9.0.1 本条是原规范第9.0.1条前段的修订条文。

为避免重复建设和节约投资，压缩空气管道考虑近期发展的需要是必要的。近期发展应包括对流量、压力及品质的要求。

9.0.2 本条是原规范第9.0.1条后段的修订条文。

压缩空气管道系统有辐射状、树枝状和环状三种形式。其中，厂（矿区）管道一般采用辐射状和树枝状系统，车间采用树枝状和环状系统。辐射状系统便于集中调节气量，压力和泄漏损失小，但一次性投资大，管网较复杂；树枝状系统的优缺点则与辐射状系统相反；环状系统的主要特点是供气可靠，压力稳定。由于各有优缺点，并且在不同的使用条件下均能获得较好的效益，所以，笼统地推荐一种系统是不合适的，特别是近年来，许多厂（矿）已经采用了树枝与辐射混合型的管网系统，其效益也是明显的。在设计管道系统时，可以根据当地的实际情况，因地制宜地选择合适的管道系统。

管道的三种敷设方式：架空、管沟和埋地，各有

其特点和使用条件。架空管道安装、维修方便、直观，也便于以后改造。这种敷设方式被夏热冬暖地区、温和地区、夏热冬冷地区和寒冷地区的大多数厂（矿）采用。管沟敷设如能与热力管道同沟，将是经济合理的。直接埋地敷设在寒冷地区及总平面布置不希望有架空管线的厂（矿）采用较多。

寒冷地区和严寒地区的饱和压缩空气管道架空敷设时，冻结的可能性比较大，尤其是严寒地区需采取严格的防冻措施。

9.0.3 本条是原规范第 9.0.2 条的修订条文。

管道设坡度有利于排放油水，但也有许多单位在管道设计时均不设坡度。多年来的使用证明，只要设有排除油水的装置，一般是没有问题的，尤其在不冻结地区，并且还有设计和施工方便的优点，因此，本条文对坡度设置问题未作规定，仅规定了管道应设置可排放油水的装置。如有坡度敷设时，推荐不小于 0.002。

条文中提到的"饱和压缩空气"是指未经干燥处理或干燥处理后其露点温度仍然高于当地极端环境最低温度的压缩空气，这样的压缩空气在架空管道中会析出水分，所以，架空敷设时需考虑防冻措施。

9.0.4 本条文是原规范第 9.0.3 条的修订条文。

干燥、净化压缩空气管道的管材和附件的选择，对于确保供应用气设备符合要求的干燥、净化压缩空气十分重要。若管材和附件选择不当，常会使已经干燥、净化的压缩空气受到污染。根据对各行业企业的调查，将压缩空气按干燥净化程度分为四档，分别推荐使用不同的管材，这样既节约了成本，又保证了压缩空气的品质。

对于近年来出现的 PVC 塑料管、铝塑管、不锈钢复合管等新材料，由于尚无使用的成熟经验，故这里未予列出。

9.0.5 本条是原规范第 9.0.4 的修订条文。

现在用于干燥和净化压缩空气管道的阀门和附件品种及材质较多，凡在强度、密封、抗腐蚀性方面满足要求者均可采用。

9.0.6 本条是原规范第 9.0.5 条的修订条文。

管道连接采用焊接，已有多年成熟的经验。焊接比法兰或螺纹连接更具有省料、施工快和严密性好等优点，故推荐采用。

干燥和净化压缩空气管道的焊接方式与一般压缩空气管道的焊接方式有所不同，这在《洁净厂房设计规范》（GB 50073）中已有明确的规定，因此，本条文要求遵照执行。

9.0.7 本条为新增条文。

为减少干燥和净化压缩空气在输送过程中受到管道、阀门和附件的污染，降低输送气体的干燥度和洁净度，故在安装前必须对管道、阀门、附件进行清洗、脱脂或钝化处理。系统投入运行前，还需进行彻

底吹洗，并进行露点和洁净度的检测。根据对空气的质量要求，吹洗介质可为所输送的空气或氮气。

9.0.9 本条是原规范第 9.0.7 条的条文。

压缩空气管道在建筑物入口处装设油水分离器可以减少压缩空气中的油水含量，提高气体品质，对用气设备正常工作有积极作用。

根据现行国家标准《企业能源计量器具配备和管理通则》（GB/T 17167）的有关要求，各用气车间应装设流量计，故本条文作相应的规定。

9.0.13 本条为原规范第 9.0.12 及第 9.0.13 条的合并修改条文。

管道埋深是根据载重车辆驶过时传到管顶上的压力不会损坏管道来确定的，本条文将距离路面不宜小于 0.7m 改为距路面结构底层净距不应小于 0.5m 更为科学，这是因路面结构种类较多，厚度相关较大之故。

加防护套管，一是为了减少管道承压，二是便于检修。

附　录

本规范的表格比较多，采用附录的方式放在规范条文后。

附录中分别列出了活塞空气压缩机站房、螺杆空气压缩机站房及离心空气压缩机站房的热工测量仪表、热工报警信号及自动保护控制的装设。

现以活塞空气压缩机站房为例，将测量仪表、热工报警及自动保护各项设置的意义分别说明如下：

1　温度测量。 一、二级缸排气和二级缸进气的温度测量是监视空气压缩机运行是否正常和监视中间冷却器效果所必需的，故都应装设。测量后冷却器排气温度可控制冷却后的空气温度，监察后冷却器的冷却效果，还可以据此调节后冷却器的水量，其必要性虽不如一、二级缸排气温度测量重要，但仍"应装"。

冷却水进水温度的高低，直接影响各级压缩空气的排气温度，在总进水管上装一个温度计可了解进水温度，调节机组冷却水量和检查冷却设施的运行效果，装设也方便，故为"应装"。

如一、二级缸水套和中间冷却器的冷却效果不良，会使一级排气和二级进、排气温度升高，从而对机组的排气量、比功率、润滑油安全性等产生不良影响。此外，为防止冷却水结垢也需要控制排水温度，故机组冷却水排水温度计为"应装"。

传动机构润滑油的工况，关系到空气压缩机的安全运行，油温过高会引起运动部件烧毁，《一般用固定式往复活塞空气压缩机技术条件》（GB/T 13279—91）规定：空气压缩机机身或曲轴箱内润滑油温度不应超过 70℃，因此，"应"装设油温计。

空气干燥装置进气、排气的温度计是为监视装置

运行是否正常或能否达到预期效果所必需的，所以规定为"应装"。

加热再生空气干燥装置加热器的温度计是监视加热器运行是否正常，以便调节或切断热源所必需的，对于电加热器还是确保其安全的手段，因此定为"应装"。

加热再生空气干燥装置再生进气温度测量是监视吸附器是否正常进行再生加热，并使吸附剂在规定温度下进行再生的手段，因此定为"应装"。

加热再生空气干燥装置再生气出气温度测量是监视吸附剂是否再生完全，确定停止再生加热的时刻，所以定为"应装"。

冷冻空气干燥装置蒸发器排气温度是判断其冷却效果及是否冻结的重要参数，故该温度测量"应装"。

2 压力测量。 压缩空气站供气母管上的压力计是用以测量其是否达到设计要求的供气压力，故"应装"。

一、二级气缸排气压力表与润滑油压力表一般都随机组带来，都应装设，但飞溅式润滑系统不装油压表。

储气罐的气压牵涉到压缩空气站的安全运行，同时也为了监察对用户的供气压力，故应装压力表并将该表引到站内。

为了方便每台机组的冷却水能调到允许的压力范围之内运行，在机组冷却水进水管的阀门之后（按流动方向）应装水压表。

空气吸附干燥装置进气、排气的压力表，是用以监视吸附器的正常运行状况和了解吸附剂层的阻力情况。冷冻干燥装置进气、排气压力表，是用以监视装置的正常运行状况和了解装置内热交换器的阻力情况。

各类过滤器的进气、排气的压力表，是用以监视过滤器的正常运行状况和了解过滤装置的失效情况，亦即阻力损失情况。

3 流量测量。 空气压缩机组出口流量测量是观察其是否达到设计要求的流量参数。由于以前流量测量装置较复杂，许多机组均未安装，由于流量测量技术的进步，安装已不成问题，但还有一个认识过程，故"宜装"。

压缩空气站供气母管流量是反映其产气能力的重要参数，故该流量计"应装"。

4 热工报警、自动停机。 经过综合分析后，提出几项最低要求的报警项目。这对减少空气压缩机组和干燥装置在油、水、气路方面可能发生的事故，提高运行的安全性是有利的，而且，这些报警装置所需的自控元件质量较稳定可靠，投资也不多。

1）机组气缸排气温度高。由于气缸或中间冷却器冷却效果变坏或排气阀出现泄漏等原因，都会引起一级或二级缸排气温度过高，致使润滑油性能恶化和氧化增快，加快积炭的形成，甚至产生燃烧爆炸。设此报警信号能使操作人员及时进行处理。

2）二级气缸排气压力高。二级气缸排气压力高有可能发生超压爆炸事故，故应设置报警信号及自动停车。

3）空气压缩机传动机构润滑油压力低。润滑油也是保护机组安全运行的重要条件之一，润滑油供应不足，会立即发生事故，应给予保护。油压过低或油温过高都会使润滑系统工作恶化，通常情况下，油温过高会使粘度下降，也必然反映到油压降低，油泵故障和油路系统泄漏也反映到油压降低。因此，规定设置油压过低声光信号并停车。

4）空气压缩机组冷却水流量低。冷却水是保证机组安全运行的条件之一，如果机组冷却水量减少到一定程度或断水，则空气压缩机的油温、气温和机温都将迅速升高，引起一系列事故。因此，应设自动报警信号并停车。

5）压缩空气站给水总管压力高。给水总管压力高，超过机组的允许供水压力，则可能导致气缸或中间冷却器破裂而渗水，发生气缸水击爆炸事故。因此，应设报警信号。

6）压缩空气站供气总管压力高、低。供气总管压力直接关系到用气点的压力是否满足要求，同时反映压缩空气站系统中减荷阀、安全阀是否正常。故应设压力过高、过低报警信号。

7）加热再生吸附式干燥装置的电加热器设超温报警信号，并设切断热源的保护系统，是为了防止当再生气量过小时，电加热器温度急剧上升，以致超温烧坏加热器。

8）加热再生吸附式干燥装置进气温度超温切断电源的保护系统，也是用以保护吸附剂不会由于进气温度超温过热以致烧损。控制温度随吸附剂种类而定，通常情况下，采用硅胶吸附剂时为200～250℃；分子筛为300～350℃；活性氧化铝为200℃左右。

9）当采用冷冻式空气干燥装置时，为防止冷冻干燥装置冻结，应设冷冻干燥装置蒸发器蒸发温度过低报警信号，并应设自动停止冷冻机工作的保护系统。

中华人民共和国国家标准

氧 气 站 设 计 规 范

GB 50030—91

条 文 说 明

前　言

根据国家计委计综〔1986〕250 号通知的要求，由机械电子工业部会同有关单位共同编制的《氧气站设计规范》GB 50030—91，经建设部 1991 年 11 月 15 日以建标〔1991〕816 号文批准发布。

为便于广大设计、施工、科研、学校等有关单位人员在使用本规范时能正确理解和执行条文规定，《氧气站设计规范》修订组根据国家计委关于编制标准、规范条文说明的统一要求，按《氧气站设计规范》的章、节、条顺序，编制了《氧气站设计规范条文说明》，供国内各有关部门和单位参考。在使用中如发现本条文说明有欠妥之处，请将意见直接函寄机械电子工业部设计研究院（地址：北京王府井大街 277 号）。

本《条文说明》仅供国内有关部门和单位执行本规范时使用，不得外传和翻印。

1991 年 11 月

目　次

第一章 总 则

第 1.0.1 条 本条文主要体现编制本规范的基本精神，说明氧气站等及氧气管道设计，必须认真贯彻各项方针政策，坚持综合利用，合理组织，集中生产，协作供应，充分利用现有空分产品资源，使设计既符合安全生产，保护环境，又要技术先进，经济合理。

为达到上述目的，除认真执行本规范各项规定外，还得依靠广大工人、设计人员的创造性劳动和实践中积累的经验来实施。

第 1.0.2 条 根据国内具体情况，除化工、冶金部门采用全低压流程的空分设备较多外，其他部门除个别情况外，基本上采用的为高、中压流程的空分设备，因而对高、中压流程的空分设备，在认识和实践上积累有较多的经验。同时，国内空分设备系列以 300m³/h 氧生产量作为全低压流程和高、中压流程的分界线。因此，根据上述情况，经呈请原国家建委设计局同意，原规范的适用范围定为单机氧气生产量不大于 300m³/h，用深冷空分法生产的氧气站。单机氧生产量大于 300m³/h 全低压流程空分设备的氧气站，根据原国家建委指示另作规定。

鉴于全低压空分设备的氧气站与高、中压流程的空分设备的氧气站设计虽有共同之处，但尚有不少差别，因此本规范适用范围仍定为高、中压流程的空分设备或单机氧产量不大于 300m³/h 的氧气站的设计，同时由于当前国内氧气管道以及液态气体供应有所发展，为此将本规范适用范围扩大至气化站房，并取消氧气管道的压力适用范围。

第 1.0.3 条、第 1.0.4 条 根据国家基本建设的方针政策和现行的国家标准《建筑设计防火规范》的规定，所作的具体规定。

第二章 氧气站的布置

第 2.0.2 条 关于空分设备吸风口处空气内的杂质允许极限含量，目前国内尚无统一标准。根据国外资料报道情况，苏联 60 年代除乙炔以外，尚无完整的统一标准，到 70 年代才逐渐完整。美国及日本也有规定标准。从空气中所含有害杂质的情况来看，最主要的危险杂质是乙炔，不论在何类企业中都有存在的可能。现将几个主要国家的空气中乙炔的允许极限含量规定列出：

日本	美国	苏联	德国
≤0.62~1ppm	1ppm	0.25ppm	0.5ppm

参照《СпрАВочник киСЛороДА 1973 年》规定，对不同空分工艺采取了不同的空气内乙炔的允许极限含量标准，对高、中压流程采取了三个标准（见表 2.0.2-1）。

表 2.0.2-1 吸入空气内乙炔允许极限含量表

空分工艺	吸附干燥空气	分子筛净化空气	催化法净化空气
乙炔的允许极限含量（mgC/m³）	0.27	1.1	4.65

对低压流程，根据不同空分设备（决定于蓄冷器填料型式）采取不同标准，其范围为：乙炔在空气内的允许极限含量 0.27~0.54mgC/m³。

乙炔在液氧内的溶解度，参照各国资料，在 90K 下，基本上为 5ppm 左右，但乙炔在液氧内的允许极限含量各国规定如表 2.0.2-2。

表 2.0.2-2 乙炔在液氧内的允许极限含量表

国 别	美国	法国	日本	英国及 1955 年苏联
液氧内乙炔允许极限含量 ppm	2	2	2	0.2

现取为 2ppm 计。又据 1956 年美国波士顿会议介绍，乙炔气液平衡 K 值为 1/15，乙炔吸附器效率按 95% 计，分子筛吸附净化吸附器效率，按杭氧 1973 年 9 月《乙炔吸附工业试验报告》中为 99.9% 以上，为安全起见，现按 99.5% 计算。乙炔在氧中浓缩按 5 倍计算。

根据上述数据经计算制订了吸风口在不同制氧工艺下的吸风口乙炔允许极限含量规定。

现计算如下：

当空分塔具有乙炔净化措施，且空分流程内具有硅胶、铝胶吸附干燥装置的空分工艺时，空分设备吸风口处空气内乙炔的允许极限含量为：

$$2ppm \times \frac{1}{15} \times \frac{1}{5} \times \frac{1}{1-0.95} \approx 0.5ppm$$

当空分流程内具有分子筛吸附净化装置的空分工艺时，空分设备吸风口处空气内乙炔的允许极限含量为：

$$2ppm \times \frac{1}{15} \times \frac{1}{5} \times \frac{1}{1-0.995} \approx 5ppm$$

将上列的允许极限含量单位 ppm，再换算成 mgC/m³ 后在数值上要略为大些，但为安全及方便使用起见，现仍按原数值取用，因此本规范规定空分设备吸风口处空气内乙炔的允许极限含量：当空分塔具有乙炔净化措施，且空分流程内具有硅胶、铝胶吸附干燥装置时为 0.5mgC/m³；当空分流程内具有分子筛吸附净化装置时为 5mgC/m³。

吸风口其他总碳氢化合物允许含量，美国规定为 ≤10ppm，苏联为 ≤10.35~14mgC/m³。根据上述数据，现等效采用苏联标准，除甲烷外其他总碳氢化合物允许极限含量为 10.35～14mgC/m³（因甲烷对空分塔来说无危险性）。

关于其他有害杂质如臭氧和氧化氮之类，也等效采用苏联标准。

利用吸风口处乙炔允许极限含量和不同规模容量的乙炔站可能散发的乙炔气数量，根据大气扩散机理确定出氧、乙炔站之间的间距。

大气内乙炔散发量，根据上海某化工厂 3350 制氧车间空气中乙炔含量测定报告（测定日期为 1966 年 3 月 18 日～5 月 17 日），该厂乙炔站有 3 台 10m³/h 电石入水式低压乙炔发生器，根据 2 个月的 25 次大气乙炔含量测定结果为：

乙炔站渣坑边：

乙炔含量平均为 14.8ppm

乙炔含量最大为 58ppm

30ppm 以上 占 16%

30ppm 以下 占 84%

如以 10ppm 来划分，则：

10ppm 以上 占 40%

10ppm 及以下 占 60%

距渣坑 100m 处的平台（取样高度 10m）：

乙炔含量平均为 0.216ppm

乙炔含量最大为 1.4ppm

1ppm 及以上 占 10%

痕迹 占 60%

2 台发生器的乙炔站渣坑边空气内乙炔平均含量取为 31ppm，其他容量乙炔站渣坑边空气内的乙炔含量按比例推算。

"水入电石式"乙炔发生器的乙炔站渣坑边空气内乙炔含量是从"电石入水"与"水入电石"式发生器的效率确定的，亦即为"电石入水"式的 3 倍。

按上述情况确定的不同规模容量的乙炔站可能散发的乙炔量以及空分设备吸风口处的乙炔允许极限含量作为确定间距的原始数据。关于其他烃类杂质散发源与吸风口的间距等效采用苏联标准。

吸风口的高度，是根据一般布置情况以及有利于减少吸风口处的杂质气体含量推荐的。

第 2.0.3 条 本条主要根据《建筑设计防火规范》修订。

第 2.0.4 条 因氧气本身的性质及其生产工艺具有一定的火灾危险性，按《建筑设计防火规范》规定属乙类生产，原则上要独立设置。但为考虑到具体生产上的要求，给予一定的灵活性，允许氧气站建于某些车间旁边，但为隔断火灾，将火灾局限于一定范围内以便于消防，因此提出一定的要求。

第 2.0.6 条 氧气汇流排间主要是为用户在一定条件下供氧方便而设置的（尤其是无氧气站企业的用户）。

本规范中规定最大输气能力不超过 60m³/h

（0.1MPa；20℃时）的氧气汇流排间，宜设在不低于三级耐火等级的车间内并靠外墙处（参见《建筑设计防火规范》），并应用高度不低于 2.5m，耐火极限不低于 1.5h 的非燃烧体墙与车间的其他部分隔开；最大输气能力超过 60m³/h 的氧气汇流排间，宜布置在不低于二级耐火等级的独立建筑物内，但考虑到车间外的地方可能狭小，布置不了独立汇流排建筑时，则允许氧气汇流排间设置在车间外墙的毗邻建筑物内，而这个披屋的耐火等级不应低于二级，并用无门、窗、洞的耐火极限不低于 1.5h 的非燃烧体墙与生产车间隔开。

第 2.0.7 条 见《乙炔站设计规范条文说明》第 2.0.7 条。

第 2.0.8 条 本条根据制氧站房等具有一定的危险性，为防止无关人员进入，宜设置围墙围护。

第三章　工艺设备的选择

第 3.0.1 条 氧气站除停车检修、热洗启动等时间外，系昼夜连续均匀生产气体，但一般情况下，用户昼夜三班消耗气体则是间断和不均匀的。因此氧气站设计容量在不造成气体放空浪费现象的原则下，当采取贮气手段时，应按用户的昼夜平均小时消耗量确定，但结合工作班耗氧量大，贮气手段不易解决情况下，则应按用户工作班小时平均用气量来确定站设计容量。

对于高海拔地区，因相对于海平面来说气压下降，甚至少数地区空气内氧含量下降，这将减小空压机的重量排气能力并减少了空分设备的产量，此时应考虑吸气增压等措施。

第 3.0.2 条 空分设备台数的确定，采取大容量、少机组、尽可能统一型号的原则，是从降低成本，便于维护管理、检修等出发考虑的。为提高空分设备的利用率，一般不设置备用空分设备，但对个别不能中断用气的用户，原则上推荐采用运动机组的局部备用，以及其他诸如事先贮存供应空分设备停运期间用户所需的这部分用气量的备用方法。

第 3.0.3 条 贮罐的选用原则，是根据工艺要求和经济合理性考虑的。根据一般经验并参考国外资料《СпрАВочник киСЛородА 1973》，作为调节用气与产气之间的不平衡或长期贮气，采用中、高压贮罐为宜。

湿式贮罐或贮气囊有效容积的选择，应根据压气能力与产气能力之间的差数，以及压缩设备运转的持续性，并在单台压缩设备情况下，因故短时间停机检修时，不致使空分产品放空等诸因素综合考虑。空分气态产品压缩机能力一般大于空分能力，但过大将影响贮罐或贮气囊的有效容积的增大，以及压缩设备本身运转的间断性。一般湿式贮罐与贮气囊的有效容积按有 1 台氧压机能停机 1h 左右而不致使空分产品放空考虑的。

第 3.0.4 条 气瓶数量根据现有氧气生产单位的生产实践证明，一般以一昼夜用户的用气瓶数的 3 倍即可满足生产要求，此 3 份气瓶考虑到一份在充灌，一份在运送，一份在用户处使用。

第 3.0.6 条 较小容量的空分设备，根据调查情况，氧气站安装容量为 50m³/h 及以下的氧气站制氧间基本上不设起重吊车，也无由于无吊车而严重影响检修工作的反映意见，因此在可有可无情况下，就不加考虑。但在空分设备台数较多或空分设备单机容量较大的情况下，因检修工作量大和检修零部件重量较重，所以为便于检修，设置吊车根据实际情况反映还是需要的。因此，推荐 150m³/h 氧气站设置起重吊车为宜。

第四章 工 艺 布 置

第 4.0.1 条、第 4.0.2 条 氧气站实际生产中制氧站房、灌氧站房有合建的，也有分建的，两者合建时，在一定情况下具有工艺联系方便，布置紧凑，节省占地面积等优点。本条的规定是根据既要便于生产又要考虑安全的原则，曾与《建筑设计防火规范》管理组协调，同意按《建筑设计防火规范》乙类库房采用一、二级耐火等级的建筑，其防火墙隔间最大允许占地面积原规定为 500m² 的 80%，现为 700m² 的 80%，即原规定为 400m²，现修改为 560m² 作为制氧站房和灌氧站房分建和合建的界线，每个气瓶的占地面积（包括通道面积）以 0.16m² 计，这样折合成气瓶的实瓶贮量现为：

$$560/(2 \times 0.16) \approx 1700 \text{ 瓶}$$

同时还规定两者合建时不能直接相通，要采用具有一定耐火极限的门和墙通过走道相通，以策安全，又方便生产。

同理，灌氧站房实瓶贮量的规定，是按现行《建筑设计防火规范》对乙类库房的规定考虑的，即按一、二级耐火等级的建筑的两个防火墙隔间最大允许占地面积的 80% 计，即 1120m²，每个气瓶的占地面积（包括通道面积）以 0.16m² 计，这样折合成气瓶的实瓶贮量为 3400 瓶。

第 4.0.3 条 目前国内氧气、氮气等灌瓶基本上有两种形式：

1. 设置每种产品的灌瓶间；

2. 在一个灌瓶间内分别设置每种产品的灌瓶台。也有个别工厂，当某一种副产品需要瓶装量很少的情况下，采用一个灌瓶台进行氧氮不同气体的充灌，此时在充灌另一种气体前，需要先进行充灌管道或压缩机吹除放空工作和化验气体纯度，合格后才能充灌，这样操作管理比较麻烦，气体质量不易保证，因此规

定了"宜设置每种产品的灌瓶台或灌瓶间"。

虽然各种气体的气瓶都有不同的漆色标志，但由于气瓶管理工作不严，曾发生过爆炸事故，如某氧气厂 1958 年 11 月用氧气瓶充灌氢气后又混入氧气瓶中，被操作工推至充氧台充氧而发生氢氧混合气爆炸，气瓶炸成碎片状，迫使停产半月，损失 2 万余元。每种气体的气瓶分开设置不仅有利于气瓶管理，而且可减少由于管理疏忽造成的事故。

空瓶间和实瓶间分开，不仅可防止气瓶发生事故时相互影响，而且也可防止气瓶混淆。上海某造船厂 1957 年和 1958 年曾发生二次将氧气实瓶误认为空瓶的事故，一次是瓶子直立时松动瓶阀，结果使瓶阀打穿屋顶飞上天，第二次是将瓶子横倒在地上，用链钳钳住瓶身拧瓶阀，刚松三扣，瓶阀即脱扣而飞出，瓶子也飞走并撞于墙上。

第 4.0.6 条 规定"氧气压缩机超过 2 台时，宜布置在单独的房间内"的理由是：

一、目前氧气站出事故多的部分为氧气压缩机，氧气压缩机发生不同程度的燃烧事故几乎每厂都有，比较严重的如哈尔滨某厂三台氧气压缩机布置在制氧间内，由于一台氧气压缩机断润滑水，三级缸发生燃烧，火焰顺着回气匣进到一级进气管从而蔓延到一墙相隔的有 6 个 50m³ 氧气贮气囊的贮气囊间和 5 个 50m³ 氮气贮气囊的贮气囊间，使贮气囊着火，11 个贮气囊全部烧光，气浪冲击把 36m 长制氧间端头的窗框全部震掉，损失严重；

二、与氧气压缩机工艺联系密切的是灌氧部分而不是制氧部分，制氧部分厂房都较高，台数多时占用高厂房的面积经济上不甚合理；

三、氧气禁油，检修与氧气接触的零部件和管道所用的工具，检修者的手和劳保用品都应严格脱脂；

四、在调查中，不少厂反映氧气压缩机不宜布置在制氧间内，这样有利于安全生产，同时认为当空分设备机组很少，氧气压缩机台数不多时（一般在两台情况下），布置在制氧间内是可以的，具有联系方便，便于相互照顾，节省操作工，设备布置也较紧凑等优点。

在钢铁企业中，氧气主要以管道送炼钢用，气焊切割等瓶装用量甚少，此时氧气压缩机压力较低，燃烧事故少，如北京某厂 6 台氧气压缩机全部供炼钢用，布置在制氧间内，据反映 1965 年运行至今未发生燃烧事故，但占用制氧间高厂房的面积，以及禁止氧气与油接触的问题仍存在，因此条文中未按氧气压缩机工作压力规定台数。

在 1955 年苏联《氧气工厂与氧气站设计标准》规定中只规定氧气压缩机间和灌瓶间是不得相通的，但与其他各间，在相通问题上无具体要求。有些厂经实践认为这样做会给生产带来不方便，在生产中自行开了门，个别厂以门洞直接相通，因此，本规范考虑

到既要安全又照顾到生产方便，在条文中具体规定了氧气压缩机间不宜与其他房间直接相通。

第 4.0.7 条 规定氧气实瓶贮存量，不宜超过站房 48h 的灌瓶量，主要是从安全出发，限制实瓶间面积不致过大，同时也可减少不必要的基建投资。在调查和征求意见中，如上海某船厂提出规定 72h，某船厂提出 48h，不少厂提出规定 48h 为宜，因为考虑厂休时氧站不停产，将充灌的气瓶存放供下星期用气，以减少放空浪费和机组停车时间。

氧气汇流排间实瓶存放量，苏联规定为 8h 的总需要量；美国为：(a) 包括使用及待用状态总容量不超过 368m³（相当于 40L 的瓶子共 61 瓶）；(b) 包括就地现有的备用容器在内不超过 703m³（相当 117 瓶），超过时则要求与汇流排间分开设在独立的建筑物内。本规范从我国生产情况出发，参照上述分类，实瓶量以不超过一昼夜的生产需要量为宜。

第 4.0.8 条 规定室内液氧的总贮存量，不应超过 10m³，主要是从安全出发。因液氧贮槽原则上应室外布置，尤其是大容量的贮槽，但对中、小容量的贮槽，在一定限量的情况下，可给予室内布置的灵活性。结合国内的实际情况，以国内贮槽产品系列中的中、小容量贮槽为界限，即以 10m³ 作为允许室内布置的总限量。

第 4.0.9 条 贮气囊工作压力为 500Pa，分馏塔上塔压力一般在 0.05～0.06MPa，为防止贮气囊内气体超过工作压力，而使贮气囊破裂，贮气囊应设防止超压的安全装置。新光某厂由于安全保护装置不完善，发生了贮气囊破裂事故。安全装置现有两种：一种是安全水封（水封器）；一种是电铃信号报警器。

贮气囊容易因超压而爆裂，易着火，易老化，因此需防阳光照射。由于安全保护装置不善，有些厂发生过超压爆破事件，如嘉兴某机修厂贮气囊因超压而爆破。

布置在单独房间内，可使贮气囊一旦出事故只局限于本身，同时也避免外界因素引起的事故而危及贮气囊。

氧气贮气囊间的火灾危险性更大，因此规定了与其他房间相通时，其门要有一定的耐火极限。

贮气囊因具有安装和管理方便，配套供应，上马快等优点，不少单位采用。为了给布置上保留一定灵活性，又考虑安全，因此布置在制氧间内时，一方面对贮气囊贮气容量加以限制，另一方面为防止设备检修时损坏贮气囊和防止贮气囊出事故而影响设备，规定距设备的水平距离不应小于 3m，并应有安全和防火围护措施，如有些厂氧气贮气囊，其周围用圆钢做成栏杆；氧气贮气囊用砖砌 2.5m 高的墙等。

氧气压缩机发生着火和顶缸事故比较多，如湖北某汽车厂 1973 年 5 月由于蒸馏水漏满气缸，启动前未充分盘车，结果氧气压缩机发生水击事故，使活塞杆裂纹，气缸盖顶弯；某钢厂因水槽式贮罐被抽空变形，水进入氧气压缩机将二级气缸盖顶坏；武汉某化工厂 1965 年夏季由于氧气压缩机断蒸馏水发生燃烧，使上部 4.5m 标高处木板上设置的氧气贮气囊着火引起火灾；某钢厂因氧气压缩机发生燃烧事故怕引起贮气囊燃烧，故将设置在氧气压缩机上部 4.5m 高木平台上的贮气囊移走。

根据这些情况规定了贮气囊不应直接布置在氧气压缩机顶部。

第 4.0.11 条 使用氢气进行产品（氩气）净化的催化反应炉，现采用的有两种：铜炉和钯炉。

铜炉：用活性铜脱除氩中氧杂质，氢氧间接化合成水，即氧首先与铜作用生成氧化铜，然后氧化铜被还原，生成水和铜。

钯炉：用活性氧化铝镀钯脱除氩中氧杂质，是借助催化剂的作用，使氢氧在较低温度的条件下，直接化合成水。从反应过程来看，铜炉比钯炉来得安全。

正是这个反应过程的不同，使用钯炉对氢比使用铜炉敏感，当粗氩中氧含量高于 5% 时，采用钯炉一次催化反应脱除氧杂质时，则存在爆炸危险。因此要求粗氩中氧浓度必须低于 5% 或氩浓度不高于 10%，如粗氩中氧浓度不能降低时，必须采用分级催化。

虽然铜炉对氢没有活性氧化铝镀钯那么敏感，但其设备体积大，反应温度高（300～400℃），控制条件恶劣。

从现有工厂布置来看，催化反应炉都设在单层建筑靠外墙处，有的厂还设在靠外墙的单独房间内。我们认为不论何种催化反应炉与其他房间隔开是有好处的。

第 4.0.12 条 氢气瓶存放实瓶数，已发布实施的《氢气使用安全技术规程》（GB 4962—85）中第 2.2 条规定："当实瓶数量不超过 60 瓶时，可与耐火等级不低于二级的用氢厂房或与耐火等级不低于二级的非明火作业的丁、戊类厂房毗连"。为此，本规范规定：氢气实瓶数量，不宜超过 60 瓶。

第 4.0.13 条 氧气压缩机间、净化间、氢气瓶间和贮罐间等一般发生火灾、爆炸事故的机会较多，设置安全出口，便于人员迅速的疏散和及时抢救。

第 4.0.15 条 国内发生倒瓶事故的工厂不少，有的因倒瓶碰伤了工人同志的脚，有的因一个气瓶倒下引起其他一连串气瓶的倾倒。如上海某厂实瓶间以往没有采取防止倒瓶的措施，曾发生过一个气瓶倒下，瓶阀打掉，随即气体从气瓶喷出，其气浪把 40 多个气瓶推倒的现象；某氧气厂 1973 年 11 月发生过一次倒实瓶几十个，最多达 300～400 个，同时还发生过倒瓶时把瓶阀打断飞出去的现象；北京某机车车辆厂曾发生一个实瓶倒下瓶阀打断，且飞出 3m 把墙打出一个窟窿，瓶子冲出 1m 多远；上海某造船厂曾因搬瓶时一个瓶倒下引起 80 多个空瓶一连串倒下的现象，因此规定了不论空瓶还是实瓶，应采取防止倒瓶的措施。

采取这些措施后可有以下几个优点：（1）气瓶有了固定的安放位置，使气瓶搬运工作可以有条不紊地进行，减少工伤事故；（2）可防止一个气瓶倒下而连累其他气瓶发生一连串倒下的现象；（3）有利于气瓶管理工作。

以往有些厂按苏联规定为每 20 个气瓶采用钢管制作成 1100mm×1300mm×1280mm（H），埋入地坪深度为 250mm 的隔间，在使用中工人普遍认为这样做太笨，运瓶不方便，因此都取消了。目前，有的厂按气瓶使用单位进行分隔，有的按气瓶数量分隔，做法都不统一，这要根据各厂情况决定。

第 4.0.17 条 化验是确保氧气站安全生产和产品质量的一项重要工作，有些厂由于违反操作规程，或未建立和健全化验制度而发生设备爆炸事故，因此规定了要进行化验工作。

化验项目由于氧气站所处的周围环境不同，空分工艺流程不同，产品质量要求不同，氧气站化验项目也有差异，同时有些化验项目如润滑油的闪点等分析工作，有些厂是在氧气站进行的，有些厂是在中心试验室进行的，因此条文中没有规定具体的化验项目，要根据具体条件而定，以保证安全生产和产品质量的要求。

第 4.0.18 条 放散管口应设于较高处，以利于气体扩散和不直接波及附近地面上的一切事物对象。在以往实际设计中，都以高出地面 4.5m 作为放散管口的布置要求，因此本规范特补充此规定。

第 4.0.20 条 根据现行《建筑设计防火规范》规定的库房最大允许占地面积的规定而规定的。由于氧气以高压瓶装贮存，除火灾危险性外还有由于压力引起的爆炸的可能，因此条文中规定的气瓶数与《建筑设计防火规范》管理组协调同意后，按现行《建筑设计防火规范》中规定的最大允许占面积的 80% 计算，每个气瓶的占地面积（包括通道面积）以 $0.16m^2$ 计，亦即每个防火墙隔间的气瓶的最大贮量为：

一、二级耐火等级的为 $700×0.8/0.16≈3400$ 个
三级耐火等级的为 $300×0.8/0.16≈1500$ 个
每座库房的气瓶的最大贮量：
一、二级耐火等级的为 $4×3400=13600$ 个
三级耐火等级的为 $3×1500=4500$ 个

第五章 建筑和结构

第 5.0.2 条 主要生产间地坪至屋架下弦的最小高度，规定不宜小于 4m，是从以下几方面考虑的：（1）减小辐射热，有些厂尤其是南方地区灌氧部分房高较低（+3.2～+3.5m），夏委室温太高，为降低室内温度，采用房顶淋水措施，如上海某化工厂，在调查中很多工厂也有这样的要求；（2）增强采光；（3）利于通风，降低室内气体浓度。氧气站属乙类生产，制氧部分操作仪表多，灌氧部分漏气机会多，适当将房高提高，这样光线好利于仪表的观察，通风好，不会积聚气体，对生产安全有利。

第 5.0.4 条 通过调查表明，灌氧站房和制氧站房有分开建造的，也有毗连的，毗连建造时，当灌瓶量不大，外协任务不多情况下，具有节省占地，联系方便等好处。现有两种做法：（1）两者通过走道相通；（2）在非燃烧体墙上通过门直接相通。多数工厂和设计单位采用第一种做法，第一种做法具有防火带的作用，符合于防火的要求，且在实践中设计单位和多数工厂都采用第一种做法。因此本规范规定应通过走道相通。门的耐火极限是与《建筑设计防火规范》管理组协调同意后规定的，一旦发生燃烧事故使之有一定的耐火度，不致使火势蔓延，影响面扩大。墙的耐火极限是根据现行的《建筑设计防火规范》的规定而定的。

第 5.0.5 条 根据现行的《建筑设计防火规范》的规定而定。在我们调查中发现，由于隔墙采用燃烧体材料发生燃烧事故的实例，如青岛某厂灌氧间与氧气压缩机间为钢屋架石棉瓦顶，下弦高度～5.5m，隔墙在屋架以下为砖墙，屋架以上为三合板，氧气压缩机间采用三合板吊顶并在石棉瓦与吊顶间用于海草保温，两者之间通过高～2.9m，顶棚用木条和三合板铺盖的充填操作室相通。1973 年 2 月 24 日充填操作室内的高压氧气水分离器放水阀起火燃烧，使充填操作室的顶棚和门窗烧光并延烧到三合板隔墙，致使 $100m^2$ 氧气压缩机间的三合板吊顶全部烧光，石棉瓦烧裂，烧伤一人，氧气站停产 28h。

第 5.0.6 条 门的耐火极限是与《建筑设计防火规范》管理组协调同意后确定的，目的是防止火灾事故的蔓延，减少损失。

第 5.0.7 条 氧气属乙类生产，灌氧部分又属高压，国内曾发生过分馏塔和气瓶等爆炸事故，为了使爆炸时的冲击波容易泄出和便于人员的疏散，规定门、窗应向外开启。

第 5.0.8 条 日光强烈时，气瓶受久晒以后，气瓶内气体的压力将随温度而升高，假定温度为 20℃，瓶内压力为 15MPa，被日光久晒后温度升到 75℃时，瓶内压力就会升到近乎 18MPa，一般气瓶上保险片就会在这种压力下爆破而泄出高压气体，倘若瓶阀无保险片或保险片失效，这将引起气瓶超压的不安全性。原劳动部公布试行的《气瓶安全监察规程》中对气瓶的贮存和运输也有"防止日光曝晒"的规定。

南京某车辆厂贮气囊曾用 100W 白炽灯照明，由于靠近贮气囊，致使贮气囊烤烘着火燃烧。因此我们规定了要防止阳光照射气瓶和气囊。广西某钢厂也反

映了在南方地区采用磨砂玻璃尤其需要。

第5.0.9条　关于灌瓶处设置防护墙在以往苏联设计和有关设计规范中并无此项要求。在调查中多数工厂认为需要设防护墙，有些原来没有防护墙的或设置的不是钢筋混凝土防护墙的单位，都已增加或改为钢筋混凝土结构。他们认为设置了防护墙可以减少由于检查不严或使用不注意而造成爆炸事故的损失，可缩小由爆炸引起的波及面，同时在安全保护上也有一定作用。若干厂操作规程规定，当气瓶充灌支管联接后操作人员走到防护墙外面来打开充气总阀进行充灌，直到气瓶充至3MPa时才再次进入防护墙里面检查有无"冷瓶"。

也有些单位认为管理水平不断提高，重视气瓶水压试验等工作，爆炸事故可杜绝。几年来未设防护墙的工厂从未发生过事故，他们提出可不必设防护墙。

实际上，近年来气瓶爆炸事故仍然有之，如贵阳某厂1968年11月充氧时，一个气瓶发生剧烈爆炸，炸裂成12块碎片，造成1人死亡，灌瓶台严重破坏，损失2万元；贵阳某厂1972年5月一只1957年出厂的法制氧气瓶充氧到12MPa时突然爆炸，瓶体从一侧炸开，由下至上撕开，但未形成破片飞出。重庆某厂1973年4月一个意大利进口氧气瓶，当灌到13.5MPa时突然发生爆炸，气瓶炸成一块曲形钢板，停产数天，当时在充灌台侧面（无防护墙）值班的同志耳膜被冲击波震伤。

鉴于上述情况，我们认为设置防护墙是能起到一定的作用的，可使一些事故的影响范围缩小，因此本规范规定了"应设置高度不小于2m的钢筋混凝土防护墙"。

第5.0.10条　因气瓶装卸平台上人员和气瓶来往频繁，设置雨篷可以遮阳和遮雨雪。支撑材料规定用非燃烧体材料制作，这与氧气本身的助燃性质有关，尽量减少可燃物以避免和减少火灾事故。氮气等惰性气体瓶的装卸平台一般和氧气瓶用一个平台，要求也应相同。

第六章　电气和热工测量仪表

第6.0.1条　根据《工业与民用供电系统设计规范》，对不同性质负荷的供电分类要求，并结合氧气站供气对象的负荷性质不同，决定氧气站供电负荷的分类，除不能中断用气的供气对象外（此时应根据用户的负荷性质决定），一般情况下氧气站可为三级负荷。

第6.0.2条　根据氧气站净化间、氢气瓶间的生产工艺和房间布置的情况，形成爆炸危险条件的可能情况和在事故情况下影响的大小，以及目前各使用单位的实际情况，并根据《爆炸和火灾危险环境电力装置设计规范》规定，明确为1区爆炸危险区。

氧气贮气囊间、氧气实瓶间内，因贮有大量的危险气体，易于发生着火事故，在实践中有之，如南京某车辆厂贮气囊间曾用100W白炽灯照明，由于靠近贮气囊，致使烤烘着火燃烧，又如某车辆厂氧气站，由于贮气囊间氧浓度较高，致使电线着火等。为此本规范规定氧气贮气囊间，应为22区火灾危险区。

第6.0.3条　根据氧气站实际生产需要反映，仪表集中处，如空分塔操作板等处宜设局部照明，以便操作过程中进行仪表的观察。

根据氧气站工艺，除用户不能中断用气时，一般照明在突然事故情况下，不致造成其他意外事故，只要处理停车即可。因此规定氧气站一般不设继续工作用的事故照明。

第6.0.4条　高压油开关具有一定的爆炸危险性，这类事故曾发生过，尤其是多油高压油开关，因而在制氧间内设置多油式高压油开关是不合适的。关于高压油开关油量限制问题，根据贫油式高压油开关的贮油量，一般不超过25kg，且1955年苏联《氧气工厂与氧气站设计标准》中也规定为不超过25kg，因此本规范规定高压油开关的贮油量不应超过25kg。

第6.0.7条　静电接地的目的，在于消除设备及管路内由于流体摩擦产生的静电积聚，至于接地电阻值，各国家无一致规定，现参照国内以往的要求取10Ω。

第七章　给水、排水和环境保护

第7.0.1条　各类工厂对气体供应可靠性的要求，具有不同的特点。因此除用户不能中断用气的特殊要求而不能中断供水外，一般按能暂时中断供水的方式供水。

第7.0.2条　根据一般要求规定，并符合现行《压缩空气站设计规范》的要求。

第7.0.4条　贯彻"三废处理"以及"环境保护"的精神，防止环境污染。

第7.0.5条　氧气生产的主要噪声源为：空气压缩机、鼓风机、膨胀机等。根据国家《工业企业噪声控制设计规范》规定为：工业企业的生产车间和作业场所的工作地点的噪声标准为不得超过85dB（A），现有工业企业经努力暂时达不到标准时可适当放宽，但不得超过90dB（A）（工人接触噪声连续8h/d计）。

对于工人每天接触噪声不足8h的场合，可根据实际接触噪声的时间，按接触时间减半，噪声限制值增加3dB（A）的原则确定其噪声限制值，因此必须根据标准的要求，对不同情况采取不同的对策进行噪声控制设计和治理。

第八章　采暖和通风

第8.0.1条　按现行的《建筑设计防火规范》规

定为"甲、乙类生产厂房不应采用明火采暖",因而各乙类生产火灾危险性建筑物,严禁用明火采暖。空瓶间与实瓶间采暖计算温度过去苏联规定为+5℃,根据国内氧气站空、实瓶间的实际操作情况,普遍反映集中采暖时空、实瓶间采暖计算温度采用+5℃过低,因大量气瓶往返运输,冬天气瓶由外入库时,由于瓶身温度较低,将大量吸热,当计算温度为+5℃时则实际上瓶间温度极难于维持+5℃,因此有必要提高采暖计算温度为+10℃。

第8.0.2条 为安全起见,尽量避免受压容器处于超压状态以及橡胶气囊老化的影响,特制订本条文。

第8.0.3条 催化反应炉部分、氢气瓶间为保证不积聚氢气,使其空间不致形成爆炸性混合气,惰性气体贮气囊间不致因气囊渗漏使房屋空间积聚过量惰性气而造成窒息事故,特制订本条文。

第九章 管　道

第9.0.1条 氧气在管道中的流速,许多国家长期都沿用压力 3.0MPa 下不超过 8m/s 的规定。随着管道输氧经验的积累以及通过试验研究的探索,特别是 1963 年德国材料试验所 W·Wegener 的"氧气在钢管中容许流速的研究"报告的发表,使人们认识到氧气流速超过 8m/s 不致妨碍安全。德国化学工业协会在其 1969 年制定的《氧气安全规程》中提出了新的流速限值,在此之后,美国、英国也作出各自的规定。再如苏联,在氧气流速方面,一直是较低的,但在 1984 年苏联氧气规范中对此已有较大的突破。现将以上各国(包括日本)目前采用的流速汇列于下表(见表9.0.1)。

表 9.0.1　各国氧气管道中采用的允许流速表

	压力 (MPa)	允许流速 (m/s)	备　注
德　国	0.1~4 >4	25 8	
美　国	1.4 2.1 2.8 3.5	61 36 24 20	
英　国	2.1 2.8 4.9	46 15 8	
新日铁	在允许的 压力下	15	新日本制铁
日　氧	<4.0	25	日本氧气公司

续表 9.0.1

	压力 (MPa)	允许流速 (m/s)	备　注
		I　II　III	
苏　联	到1.6 1.6~4.0 4.0~10 10~25	30 50 16 30 6 16 3 6	I—碳钢及合金钢管 II—耐蚀合金管 III—铜基合金管

注:除注明管道材质者外都为一般钢管。

我们注意到,各国提出的流速,指明是采用最低操作压力时的最大流量来计算的,因而可以防止工作压力波动较大的管道当压力降低时发生流速失控的危险。另外还注意到这些国家在提高流速的同时对管道的设计施工提出的要求,主要如清除管道中可能聚集的可燃物质、氧化铁皮、焊渣等物,避免剧急的弯折,另外对管道、阀门及管件选用合适的材料及结构。在上述条件下,由 W·Wegener 的试验结果可以证实各国现采用的流速是安全的。

我国氧气管道允许流速,设计中一直按原规范(指现行《氧气站设计规范》,以下同)的规定执行,例如 3.0MPa 压力管道,最大流速不超过 8m/s,而在实际生产中,由于输送压力常常低于设计压力或是输送量超过原设计流量等等原因,流速超过 8m/s 的情况普遍存在,未曾出现过管道在此情况下发生事故的事例,说明氧气管道设计流速是可以提高的。再从我国在氧气管道的设计、施工方面的现有技术水平及条件来看,提高氧气流速,是具备成熟条件的。参考各国情况,对不同工作压力范围内按管系最低工作压力时实际体积流量计算的流速作规定,见第9.0.1条。

对工作压力≤0.1MPa 的氧气管道,因用于低压输送,阻力损失是主要考虑的因素,故流速不予规定。

第9.0.2条 氧气管道材质的选用,根据国内外实践情况来看,原规范要求基本是适合的,个别修改及补充之处说明如下:

一、原用"水煤气输送钢管(YB234—63)"已被产品"低压流体输送用焊接钢管(GB 3092—82)"取代。

二、增加钢板卷焊管,主要是满足空分设备出来的低压氧气送至氧压机或其他用户,当现有焊接钢管等产品的管径不能满足要求时的需要。

三、氧气管路上的压力及流量调节阀,经常是处于节流工作状态,阀门出口处高速气流对管壁强烈撞击,当气流带有铁锈或可燃物时,它们之间的剧烈摩擦、撞击很易产生燃烧危险;又放散阀下游侧的管道因长期在空气中敞露,容易锈蚀及聚积杂质,在高速的放散气流推动及摩擦下,也易产生燃烧危险,为此,国内外目前对前一种情况都在阀组下游侧装设一段铜管或不锈钢管,对后一情况多采用不锈钢管以策安全。

除此之外,在工作压力1.6～3MPa范围的氧气管道的某些部位或某些管段,有些国家和国内某些工厂,从安全上考虑也有安装一段不锈钢管或铜基合金管作为阻火管段的,但这在国内外意见和作法上还不一致,所以本条文未作规定。

第9.0.3条 氧气管道中阀门的选用,是一个重要的问题,国内外许多技术文件(包括规程、规范等)对此作出法冷性的规定或建议,如德国《氧气安全规程》规定:压力>1.0～≤1.6MPa的阀门壳体及内部材料——灰口铸铁、球墨铸铁;>1.6～≤4.0MPa——高合金铬镍及铬硅钢。苏联1983年资料关于就地操作的截止阀,当氧气压力不大于1.6MPa时,阀外壳及切断装置零件可采用铸铁、碳素钢、中及低合金钢。

日本一些资料提出:阀体材质当压力<10MPa时采用铸钢,高于此压力的用铜合金或不锈钢,而阀内主要部件都应为铜、铜合金或不锈钢。美国《氧气输配管道系统的工业实践》提出:仅仅用于全开全闭而不作节流或调节用的阀门,阀体可用铁、铁合金或铜合金,而阀芯、阀座、密封件应为铜基合金。

在国内氧气生产及用户车间,多次发生过氧气阀门烧毁事故,除操作不当原因外,与阀门的材质及型式不合适很有关系。根据一些钢铁厂氧气生产厂的意见,参考前述国外资料并结合国内阀门生产情况,本规范对于闸阀由于其容易聚积脏杂物质(可能有铁锈及可燃粒子)构成隐患,故予限制用在0.1MPa压力以下,对其他工作压力下的阀门材质要求,规定如表9.0.3所示,较原规范有所提高。

第9.0.4条 氧气管道法兰用的垫片,除了应满足工作压力温度条件外,还要防止垫片老化或被气流冲裂成碎粒落入管内,随气流撞击管壁引起火灾。橡胶石棉垫片虽然价格便宜,制作方便,但因容易老化碎裂,故不宜用于0.6MPa工作压力以上。关于工作压力0.6～3MPa的法兰垫片,原规范规定采用的金属皱纹垫片是一种组合式垫片,兼有金属和非金属的优点,但因其在国内没有定型产品可供采购,现场制造又较困难,因此很少采用。本规范提出的缠绕式垫片和波形金属包石棉垫片,具有上述金属皱纹垫片的优点,日本、德国氧气管道法兰中早已采用,在我国,则多用于石油化工企业,并已有成熟使用经验,而且在国内有专业产品生产厂可以定购,因此认为是较为适合的。关于铝片、铜片,具有加工制作方便的条件,仍按原规范规定选用。

第9.0.5条

一、氧气管道中的弯头,许多资料提到它的危险性,诸如:在弯头部位气体的偏流,产生很高的流速,当气体中有铁锈及可燃杂质时将产生剧烈的摩擦、撞击导致燃烧;在弯头处由于气流的冲刷,使弯曲部管壁减薄并产生铁粉引起燃烧;折皱弯头会打乱层流气流,形成隐伏的危险,德国W·Wegener的试验,明确的证实前述危险的存在。因此各国对氧气管道弯头的选用甚是严格,多数意见是:碳钢管弯制的弯头,其弯曲半径,应不小于5倍管外径(5D外),以避免过度延伸使弯曲部管壁减薄或产生皱纹以及改善气流状况。当管道布置受到限制,弯头不能满足5D外要求时,有的主张采用不锈钢管弯头,有的只提出采用壁厚相等的变形管件。根据以上情况以及国内外实际作法,本条文明确禁止采用折皱弯头,对弯制碳钢管,弯曲半径宜尽量大些,最低应不小于5D外;当管道布置受限制不能采用上述弯头时,可以采用国内目前已能普遍订到货的弯曲半径≥1.0D外的不锈钢或铜基合金无缝或压制弯头。

对工作压力≤0.1MPa的钢板卷焊管,主要用于大口径管道,考虑到弯制困难或订购压制件的困难,允许采用多片焊接弯头并对制作条件提出了要求。

二、变径管是流速急剧变化的部分,希望变径部分断面要逐渐收缩并有平滑的内壁,国内以往施工设计中没有技术规定,施工中任意焊接制作,不符合安全要求。目前国内已能订购到无缝或压制焊件的变径管,变径部分长度大致为两端管外径差值的2.5～3倍,因其制作规整,故建议尽量采用。如必须现场焊接制作时,则应按照设计图纸的要求加工焊接,变径部分长度不宜小于两端直径差值的3倍。

三、管道的分岔头,和弯头一样具有容易燃烧的危险,有的资料主张分岔头不应作成90°相交而要以40°～60°相交,有的主张采用不锈钢或铜基合金制作的压制管件,国外设计中采用后一种的居多。目前我国生产无缝或压制分岔头管件是具备条件的,建议尽量采用这种。如无法取得时,则宜将分岔头作为管件在工厂或现场预制并进行精细加工,要求做到接口处圆滑无锐角、突出边缘及焊瘤,焊缝打磨平滑。不宜在现场临时开孔、插接。

第9.0.6条 为了便于焊接、安装、操作及维护,氧气管道宜架空敷设。由于氧气重度大于空气,易在低洼处聚积,只有在下列情况例如小管径管道、立支架困难或难以架空通过时,可采用不通行地沟或直接埋地敷设。

第9.0.7条 为了适应管道因温差变化引起的膨胀与收缩,应当考虑其热补偿问题。补偿方法宜尽量采用自然补偿。

第9.0.8条 对于干燥氧气及不作水压试验的管道,因无积水、排水问题,没有采用坡度敷设的必要。如是输送湿气体或要作水压试验的管道,应有3‰的坡度。

第9.0.9条 对氧气管道的连接,特别是高、中压氧气管道应采用焊接连接以防止产生泄漏,只有在与设备、阀门连接处方可用法兰或丝扣连接。从国外、国内氧气管道的敷设情况来看，几乎全是采用上述方法并被认为是严密性好及安全的方法。

第 9.0.10 条 氧气管道的静电接地，目的是消除管内由于气流摩擦产生的静电聚集。接地装置的作法，是参照 1983 年《化工企业静电接地设计技术规定》(CD90A3—83) 提出的。

根据《工业管道工程施工及验收规范——金属管道篇》(本说明中以下简称"施工规范")第五章第十二节要求，提出法兰或螺纹接头间应有跨接导线要求。

第 9.0.11 条 氧气管道的阀门出口处气流状态急骤变化，希望有一个直的管段以改善流动状态，不使产生涡流。本条文参照国外资料规定，宜有一个长度不小于 5 倍管外径的直管段。

第 9.0.12 条

一、为了防止氧气管道火灾扩大事故，故规定支架应用非燃烧体制作。

二、氧气管道有火灾危险，与国家标准《工业企业总平面设计规范》(以下简称"总平面设计规范")编制组协调后规定，只允许沿氧气生产车间（例如制氧、压氧、氧充瓶车间）及用户车间建筑物墙外或屋顶上敷设，不允许沿其他建筑物敷设。

三、与"总平面设计规范"编制组协调落实后修订。

四、架空氧气管道与其他管线共架敷设问题及彼此之间的净距，原规范有关条文及附录一的规定，是根据我国经验制定，施行以来证实是可行的。曾有一种意见主张扩大氧气管道与燃气、燃油管道之间的净距，如平行净距改为 1m，交叉距 0.5m，原因是某厂发生过一次氧气管道火灾波及煤气管道烧坏事故。我们认为从某些氧气火灾实况看来，载压的氧气管道万一发生火灾，其火焰喷射长度，远远超过 1m，因而靠扩大间距不起作用，反而造成布置（特别是车间内部管道）上的很多问题，难以执行。考虑到管道在正常情况下可能出现的缺陷是阀门、法兰等连接处发生泄漏，为了避免共架各种管道在一个地方同时发生泄漏，增加事故产生的几率，故本条在附录二附注中提出了氧气管道与燃气、燃油管道的阀门和管件彼此错开适当距离的规定。

五、为了防止氧气管道发生火灾，应避免电火花的产生，所以规定除氧气管道本身需用的，如自动控制的导线可与氧气管道在同一支架敷设外，其他导电线路不应同支架敷设。

六、为防止含湿氧气管道在寒冷地区冻塞，一般可采取管道保温方法，最好是加设干燥装置，脱除水分后再经管道送出。

第 9.0.13 条

一、埋地管道的深度，《城市煤气设计规范》(TJ 28—78) 对地下煤气管道的规定为：埋设在车行道下时，深度不得小于 0.8m；埋设在非车行道下时不得小于 0.6m。本条文中一般情况下，沿用原规范 0.7m 仍是合适的。

二、埋地氧气管道与建筑物、道路及其他埋地管线之间的间距，与《总平面设计规范》编制组协调落实后修订。

三、土壤腐蚀等级分为低、中、高三等，防腐层分别采用普通、加强及特加强三个等级，现将各级防腐层结构列如下表（见表 9.0.13）。一般情况下，埋地氧气管道采用加强级防腐层。

表 9.0.13　埋地管道防腐层结构表

防腐层等级	防腐层结构层次									总厚度 mm	适用于土壤腐蚀等级
	1	2	3	4	5	6	7	8	9		
普通	底漆一层	沥青~2mm	玻璃布一层	沥青~2mm	外包层					~4	低
加强	底漆一层	沥青~2mm	玻璃布一层	沥青~2mm	玻璃布一层	外包层				~6	中
特加强	底漆一层	沥青~2mm	玻璃布一层	沥青~2mm	玻璃布一层	沥青~2mm	外包层			~8	高

四、氧气管道采用地沟敷设时，沟上应有用非燃烧材料制作的盖板，防止火花、油料落入地沟，当在室外时，要防止雨水侵入。氧气管道在地沟敷设时，万一泄漏，氧气将沉积在沟内（氧的比重大于空气），如果导电线路同沟敷设，将增加火灾危险性。

氧气管道与同一使用目的的燃气管道同地沟敷设时，为防止气体泄漏时在沟内聚积形成爆炸性气体，故应将沟内填满砂子，不容气体有聚积的空间。

五、管路中的阀门或法兰接点是容易发生泄漏的地方，而泄漏的氧气由于比重较空气大，易聚积在注的地方，如操作人员抽烟或动火检修时都会引起危险，故此不宜装设阀门及用法兰连接。

第 9.0.14 条

一、厂房（无论是氧气站或是用户厂房）内氧气管道，为了便于操作维修，避免或减少泄漏时的不安全性，宜架空敷设。

二、用户车间氧气管道在车间入口处装设切断阀以及在适当位置装设放散管，主要是为了便于车间管道的检修。

三、为了防止管道中铁锈、焊渣或其他可燃物进入氧气压缩机引起磨损或摩擦燃烧事故，故在氧压机一级吸气管道上应装设过滤器；在装有流量调节阀、压力调节阀的管道上，由于氧气通过这些阀时，流速很高，当管道中有铁锈等杂质时，将伴随气流对内壁产生激烈冲击和摩擦从而导致燃烧，因此在阀的上游侧也要求装设过滤器。过滤器的滤网规格，国内外没有统一规定，据了解日本神钢在宝钢设计中采用的过滤器滤网为60目，可供参考。

四、为了便于进行经济核算，在主要氧气用户车间的氧气主管上宜装设流量记录、累计仪表。

五、通过高温作业以及火焰区域的氧气管道，为了防止受热使气流温度、压力及热膨胀等偏离原设计条件，故此要求在该管段作隔热措施。

六、管道穿过墙壁或楼板时，为使管道不受外力作用并能自由膨胀，故要求敷设在套管内。此外，为防止氧气漏入到其他房间引起意外危险，故在套管端头应用不燃材料将间隙堵塞。

七、当通过管道往切焊用户点供氧时，应当将每个供氧嘴头（连接软管用的管嘴）及其切断阀装设在金属保护箱内，只允许由经过批准的操作工或检修工使用或维修。这样可以防止其他人任意动用导致发生火灾或其他危险，另外也可防止被油脂污染或撞碰损坏。金属保护箱上应有能自然通风的孔隙，防止氧气在箱内聚集。

第9.0.16条 氧气管道能否确保安全运行，除了正确的设计、操作外，很大程度上决定于施工的条件及质量。氧气管道与一般工业管道相比，有它一定的特点，对施工有些特定的要求，而目前国内现行的"施工规范"及《现场设备、工业管道焊接工程施工及验收规范》（GBJ 236—82）是针对所有各种工业管道施工验收作出的基本规定，对氧气管道来说，须作局部的补充。本条文就是根据国内外经验提出的补充要求。

一、本说明中前面已经提到过，氧气管道中如有铁锈、焊渣等杂物时，被高速气流带动，与管壁发生摩擦，容易发生燃烧危险，特别是管内壁有毛刺或焊瘤突出物时，更增加撞碰起火的危险，故此较其他管道有严格要求。

二、氧气与油脂接触后，如碰上着火源，就很快引起燃烧事故，所以管道、阀门等等凡与氧气接触的部分，都必须严格脱脂。脱脂剂在我国长期以来是采用四氯化碳，这是一种易挥发的有毒的有机液体，容易引起工作人员中毒，使用时应当采取可靠的防护措施。在国外，早已采用其他溶剂取代四氯化碳。我国有些部门近年已开发出一种无毒害的无机溶剂可用于氧气管道的脱脂，并经有关单位试用获得满意效果，我们认为应当推广采用。脱脂后的检查方法及合格标

准，详见"施工规范"第七章第六节规定。

三、碳钢管道焊缝采用氩弧焊打底，这是为了防止焊渣进入管道内的一项重要技术措施。在国外以及国内大多数氧气管道建设工程中都已采用。

四、根据国内氧气管道安装的经验，管道、阀门及管件等虽然经过除锈脱脂并经检验合格，但在安装过程中，没有采取必要的措施来保持它们的洁净状态，而是任意放置在露天，因而可能受到油脂污染或有可燃物料等杂质进入，待到管道安装完毕再来检查或清除，就很困难。这关系到管道的安全进行，故应当提请严格注意。

五、氧气管道强度试验和严密性试验，是检验管道施工安装最终质量的重要手段，关于试验的方法及试验压力，目前还没有一个统一的标准，执行中容易发生争议。

一般管道的强度试验是做水压试验，但氧气管道的实践经验说明水压试验后除去水分很困难，易使管道内壁产生锈蚀，影响运行安全。因此，国外如英、美、日本等国都已采用气压强度试验代替水压强度试验，在我国一些建设单位也已采用这一作法。根据氧气管道防锈蚀这一特殊要求，并参照"施工规范"第6.1.2及第6.3.4条的规定，我们在本条文中规定≤3MPa的氧气管道做气压强度试验，试验压力见表9.0.16，对>10MPa的管道，为安全计，采用水压强度试验，试验压力取1.5倍工作压力，管道的严密性试验方法，同上原因采用气压试验，试验压力按工作压力进行。在做强度试验时，特别是气压强度试验时，应制定严密的安全措施。

六、强度试验及严密性试验的检验合格标准，国内以往没有统一标准，现按"施工规范"的有关规定，作为氧气管道的检验标准。

七、管道的吹扫，可根据具体情况分段进行，吹扫气体流速应不小于20m/s。吹扫检查，可在气体排出口用白布或涂有白漆的靶板检查，以靶板上无铁锈、尘土、水分及其他脏物为合格。

吹扫时其他注意事项，须按"施工规范"第七章第一节执行。

附录一～三

附录一、三的内容是与中国工业运输协会会同有关单位共同组成的中华人民共和国国家标准《工业企业总平面设计规范》编制组相互协调落实后制定的。

附录二是沿用原规范的规定。

中华人民共和国国家标准

乙 炔 站 设 计 规 范

GB 50031—91

条 文 说 明

前　言

根据国家计委计综〔1986〕250 号通知的要求，由机械电子工业部会同有关单位共同编制的《乙炔站设计规范》GB 50031—91，经建设部 1991 年 11 月 15 日以建标〔1991〕816 号文批准发布。

为便于广大设计、施工、科研、学校等有关单位人员在使用本规范时能正确理解和执行条文规定，《乙炔站设计规范》（修订）组根据国家计委关于编制标准、规范条文说明的统一要求，按《乙炔站设计规范》的章、节、条顺序，编制了《乙炔站设计规范条文说明》，供国内各有关部门和单位参考。在使用中如发现本条文说明有欠妥之处，请将意见直接函寄机械电子工业部设计研究院（地址：北京王府井大街 277 号）。

本《条文说明》仅供国内有关部门和单位执行本规范时使用，不得外传和翻印。

1991 年 11 月

目　次

第一章 总 则

第1.0.1条 本条在于说明制定本规范的目的和重要性，明确乙炔站等设计时必须认真贯彻各项方针政策，认真采取防火技术措施，使设计做到安全可靠、技术先进、经济合理、保护环境，对保证安全生产、保护职工的安全和健康、保卫社会主义财产、促进社会主义建设有着很重要的意义。

第1.0.5条 乙炔站设计规范虽属专业性较强的规范，但它与其他设计标准和规范的关系密切，有的部分还要按照有关标准和规范的规定执行。例如，在乙炔站、乙炔汇流排间布置时，乙炔站乙炔汇流排间与其他建筑物、铁路、道路、明火或散发火花的地点等等之间的防火间距，要按照《建筑设计防火规范》的规定执行。又如，在土建公用设计方面，本规范仅就乙炔站对土建公用设计的主要特点和设计要求作了规定，具体的设计原则和专业方面的设计规定要根据各有关专业设计规范、标准的规定执行。因此，设计时除应符合本规范的规定外，还应符合现行的有关国家设计标准、规范的规定。

第二章 乙炔站的布置

第2.0.1条 本条在于说明，在工厂总平面布置中确定乙炔站和电石库（包括站区外设置的独立的电石库）等的位置时的一些基本原则，在一般情况下，均应按此考虑。

一、在工厂厂区内的地势比较低洼的地方，容易积水，特别是在多雨地区，应注意不要把乙炔站和电石库布置在这些地方，因为中间电石库、电石库都存有电石，电石遇水或受潮能产生乙炔。

二、乙炔站和电石库、乙炔汇流排间易发生燃烧和爆炸，因此建议在布置时应远离人员密集区、重要的民用建筑和交通要道处，避免爆炸时产生较大的人员伤亡，造成政治影响和经济损失。

三、乙炔站、乙炔汇流排间靠近主要用户，其主要优点是能缩短厂区乙炔管道，减少管道的压力降，保证供气。

第2.0.4条 乙炔属可燃气体，其贮罐与建筑物、堆场、渣坑、铁路、道路、屋外变配电站、民用建筑等之间的防火间距，应按《建筑设计防火规范》的规定执行。但对规定"容积不超过20m³的可燃气体贮罐与所属厂房的防火间距不限"。在调查中，各地乙炔站工作人员认为这个规定不太适当，普遍认为仍然要有一定的限制，要求贮罐至少不能影响乙炔站的采光、通风要求，不影响安装检修。

调查中有7个室外布置的、容量等于小于20m³的湿式贮罐，其罐中心与乙炔站房的间距如表2.0.4。

表 2.0.4　贮罐的中心与乙炔站房外墙的间距

序号	厂　名	贮罐的容积（m³）	罐中心与乙炔站房外墙的间距（m）	工厂的反映意见
1	上海某造船厂	20	3.0	距离太近，要求有10m
2	上海某厂	20	7.0	
3	上海某造船厂	20	11.5	
4	沈阳某厂	20	4.0	距离小，但受站区面积限制
5	杭州某厂	15	8.0	
6	成都某厂	2×5	5.0	
7	某汽车厂	20	12.0	

从上表分析，序号1、4两站的间距偏小，希望远一些好，且实际情况多数在5m以上。因此，我们提出乙炔贮罐的外壁与乙炔站房的制气站房外墙之间的间距不宜小于5m的规定。

对固定容积式乙炔贮罐容量的限额问题，在《建筑设计防火规范》中规定"容积不超过20m³的可燃气体贮罐……"不仅指湿式，同时也指固定式。但在本规范中把固定容积式乙炔贮罐的容量限制在5m³以下主要是由于：①乙炔为易燃易爆气体，万一空气侵入或其他原因极易引起爆炸。尤其是固定容积式贮罐一般用于中压乙炔，其爆炸的威力比低压贮罐大，所以应尽可能把容量缩小；②苏联1958年乙炔站设计规范把5m³的固定容积式乙炔贮罐与20m³湿式乙炔贮罐同等对待；③目前国内采用的固定容积式乙炔贮罐的容量在1～2m³左右。因此，我们结合国内情况。也参照苏联的设计规范，把它定为5m³。

第2.0.5条 苏联乙炔站设计规范（1958年版）和国内一些设计单位编制的乙炔站设计参考资料都有这条的规定，但乙炔站的总安装容量规定为不超过20m³/h，在调查的一些工厂中毗连生产厂房建造的乙炔站大部分也在规定的范围内。如哈尔滨某机械厂、沈阳某机器厂、大连某厂、上海某容器厂、昆明某厂、云南某机器厂等乙炔站没有超过20m³/h，个别的如上海某厂、上海某机械厂则达30m³/h。我们认为允许乙炔站毗连生产厂房建造有利于中小型工厂，特别是县办工厂布置乙炔站。但是，1975年10月在苏州地区吴县的扩大院审会上提出总安装容量应减小到不超过10m³/h，因乙炔站经常发生燃烧爆炸事故，尤其毗连生产厂房的乙炔站，因其容量较小，有的是由所属乙炔用户负责管理，其规章制度要比独立的乙炔站松弛，事故比较多。如果乙炔站的生产容量太大，乙炔发生器的数量过多时，发生燃烧爆炸事故的可能性要多，危害性也要严重些；要防止乙炔站的规模增大，发生器的台数较多时，过多地影响相毗邻生产厂房的通风、采光等。根据扩大院审会的意见，将乙炔站的总安装容量改为不超过 10m³/h。

乙炔站在生产过程中经常散发乙炔气，在毗连的墙上有门、窗、洞时，乙炔气有可能进入生产厂房内的全部或局部地带形成乙炔空气混合气体。所以在本条中规定毗连的墙应为无门、窗、洞的防火墙。生产厂房外墙上无门、窗、洞的墙确定的原则为：

一、当乙炔站无室外乙炔设备时，制气站房从有门、窗、洞的外墙算起 4m 范围以内；

二、当乙炔站室外有乙炔设备时，应由乙炔设备的外壁算起 4m 范围以内；

三、当室外渣坑外边缘超过乙炔站的外墙或室外乙炔设备外壁时，从渣坑外边缘算起 4m 范围以内。以上理由包括乙炔汇流排间。

第 2.0.6 条 独立的乙炔瓶库系指：

一、工业企业内无乙炔站，所需乙炔是由外单位协作供应瓶装乙炔而设置的瓶库；

二、有溶解乙炔站的工业企业里为贮存乙炔气瓶而设置的独立性的瓶库。表中乙炔实瓶的贮量是根据《建筑设计防火规范》的规定换算得来的。每瓶乙炔气的重量按 6kg 计，1500 瓶相当于 9t 乙炔，本规范即以 1500 个实瓶分挡确定瓶库与其他建筑物之间的防火间距。在表中没有列出的项目（如铁路、道路、明火地点等），应按《建筑设计防火规范》的规定执行。

按《建筑设计防火规范》的规定，"屋外变、配电站，是指电力系统电压为 35～500kV 且每台变压器的容量在 10000kVA 以上的屋外变、配电站，以及工业企业的变压器总油量超过 5t 的屋外总降压变电站。"在此范围以外的变、配电站按工业与民用供电系统设计规范的规定执行。

第 2.0.7 条 在各设计院编制的乙炔站设计参考资料和苏联、美国等国家的乙炔站设计规范中，都有乙炔站或乙炔汇流排间和氧气汇流排间可布置在同一座建筑物内的规定，其规模没有限制。但我们分析，这个规定一般只适用于中小型或容量不大的企业。例如：某机修厂的乙炔站（一台 10m³/h 乙炔发生器）和氧气汇流排间（2×5 瓶组）就是合建成一个建筑物的。在原三机部、七机部的工厂里也有这种组合的型式，其规模：乙炔站生产量一般为 3～5m³/h，氧气汇流排间为 1×5～2×5 瓶组之间，有的还附有氧气瓶贮存间。在征求规范的意见中反映，乙炔站或乙炔汇流排间的建筑物内增加了氧气汇流排间，又增加了站房的危险性，应独立设置，不应毗连于其他生产厂房，生产规模也不应搞得太大。事实上规模大时，就会搞各自的独立的建筑，以策安全。为此，为适应中小型企业的需要，减少一些小型的独立的甲类生产建筑物，本规范仍保留了这条规定。

第 2.0.8 条 工厂用氧气是由外单位协作供应或该厂氧气站全为氧气瓶供氧的条件下，为了减少一些甲、乙类贮存物品的独立仓库，规定电石库或独立的

乙炔瓶库可以与氧气瓶库布置在同一座仓库内，如有必要时也可以与其他可燃、易燃物品布置在同一座仓库内。

根据《建筑设计防火规范》中规定，电石库和乙炔瓶库属甲类物品仓库，应采用一、二级耐火等级的建筑；氧气瓶库属乙类物品仓库，应采用不低于三级耐火等级的建筑。当两者组合成一个库房时，应按其中火灾危险性最大的物品确定。故在本条的情况时应采用耐火等级不低于二级的建筑。如其他可燃、易燃物品与电石库或独立的乙炔瓶库组合成一座仓库时，也应按上述原则确定仓库的建筑耐火等级。

由于电石、乙炔和氧气等属于不同物质的物品，在着火烧时所采取的灭火方法又有不同，并考虑到防火、安全和在事故时不致相互影响，所以各种物品应分开贮存，库房彼此之间应用无门、窗、洞的防火墙隔开，以便于在火灾爆炸事故时可以扑救，减少损失。

至于仓库的最大允许层数及其贮存量，应按其中火灾危险性最大的物品确定，并应符合《建筑设计防火规范》中对仓库的要求。

第 2.0.9 条 乙炔站是有火灾和爆炸危险的场所，也是工厂中比较重要的动力站房之一，是工厂重点安全保卫的场所之一。从调查的 63 个乙炔站中，有 40 个设有围墙，占总数的 63.5%。工厂普遍反映，为防止非乙炔站人员随便出入乙炔站，预防事故的发生，保证生产安全，乙炔站都应设置围墙，至少应设置栅栏。所以作了本规定。

第三章 工艺设备的选择

第 3.0.2 条 乙炔站由于乙炔发生器及其主要工艺附属设备结构不当、机构失灵而引起的事故为数较多。国外不少国家对乙炔发生器的设计与制造规定应由有关部门审查合格后才准使用（在国际上有国际乙炔协会，美国、瑞典、德国、苏联……等国都有专门机构管理）。

鉴于我国目前已有专业生产设计单位负责此项工作，为安全慎重起见，本规范规定应选用专业生产设计单位的产品。

为了防止设备的误操作，并便于设备的检修和减少备品备件的品种，宜选用同类型的乙炔发生器。鉴于选用的台数过多，不仅会增加设备投资，增加占地面积，又会增加操作次数和劳动量，从而增加了不安全因素。因此在规范中建议"……不宜超过 4 台"。

第 3.0.3 条 选用乙炔压缩机时，应根据乙炔的输送方式确定。用管道输送中压乙炔时，由于干乙炔大容量气相压缩时，容易产生分解爆炸，因此应选用水环式乙炔压缩机，使水与气态的乙炔同时进入中压乙炔压缩机进行压缩。这样有 2 个好处：①乙炔的压

缩热被水吸收，使压缩时的乙炔气温不易升高；②乙炔被水湿润后，不易发生分解爆炸，这样就较安全。为了使压缩后的乙炔与水分离，在压缩机后，应增设一个气水分离器。如需把乙炔加压到高压，把乙炔充灌入瓶时，应选用乙炔专用的压缩机。

压缩机的选用台数应根据工厂的负荷情况确定。由于乙炔站的供气会直接影响全厂气焊、切割的生产，为了提高供气的可靠性，在规范中规定"……不宜少于2台"。

第3.0.4条 本条为选用贮罐的原则。当低压乙炔发生器生产的乙炔采用乙炔压缩机增压时，由于发生器的发气速度很不稳定，一般发气速度都较慢，如与压缩机直接连接时，容易使低压乙炔管道和乙炔发生器本体产生负压，引起空气渗入而发生爆炸，因此必须在乙炔压缩机之前，设置平衡容器（即贮罐），平衡容器的乙炔贮量根据国内一些工厂的讨论意见，本规范规定，不应小于压缩机10min的排气量。

在无压缩机的情况下，贮罐的容积则应根据各使用工厂的实际负荷情况决定。

第3.0.5条 在1974年11月全国溶解乙炔站经验交流会上，曾对国内6个主要工厂拥有气瓶的数量作了统计，如表3.0.5。

表3.0.5 各厂拥有气瓶的数量

厂 名	每日充瓶数（个）	全厂共有气瓶数（个）	折合天数（天）	备 注
太原某厂	20	210	10.5	
沈阳某厂	50	450	9.0	
某汽车厂	90～100	800	8～9	
洛阳某厂	30	470	15.7	用户手中经常保持400瓶
上海某厂	80	1000	12.5	气焊用瓶 每个灯塔一个瓶
上海某化工厂	600	3000	5	有些用户每日更换瓶库瓶数为250个
南京某所	50	1500		

与会单位建议在规范中，把应备气瓶数量规定为一昼夜用气瓶数的8倍计算。根据分析，尽管乙炔瓶的周转速度没有氧气瓶那么快，但根据上海某化工厂的经验，如能组织好生产，加快气瓶的周转也完全是可能的。因此参照上海某化工厂的经验，又与氧气站有所区别，在本规范中规定："一般按用户一昼夜用气瓶数的5倍计算"（洛阳某厂除用户手中的400个气瓶外，周转量也仅为昼夜消耗量的2.3倍）。

第3.0.6条 乙炔的质量可随各厂工艺的要求而

定。作为航标灯用的乙炔和高压锅炉焊接所需的乙炔，对乙炔中的磷化氢和硫化氢都有严格的要求（苏联 ГОСТ5457—50 对溶解乙炔杂质的含量规定为：$pH_3 < 0.02\%$，$H_2S < 0.05\%$）。我国对溶解乙炔的杂质含量也已作出了规定，因此在乙炔站生产流程中就必须设置乙炔净化设备（净化标准可按各工艺需要决定），有些工厂需要连续供气时，净化设备应设置2套交替使用。

水分进入乙炔瓶会降低丙酮吸收乙炔的能力。因此，乙炔在充灌之前应设置干燥器对乙炔进行干燥。对乙炔气中允许最高含水量的问题在1974年11月全国溶解乙炔站经验交流会上曾作了讨论，一致认为，不应超过 $1.0g/m^3$。因此在实际设计中应尽可能采用高效率、低消耗的干燥剂，目前不少工厂都采用无水氯化钙对乙炔进行干燥，其优点是水分容易控制，与乙炔又不会发生化学反应。据文献介绍：苛性碱与加压乙炔会发生化学反应生成爆炸物质，因此在选用乙炔干燥剂时，不应采用苛性碱。

第3.0.7条 规范中所规定的乙炔灌瓶台的设置原则和计算方法是按国内目前各厂常用的方式推荐的。充灌时的容积流速是根据1974年11月全国溶解乙炔站经验交流会讨论推荐的数据。

汇流排乙炔瓶的输气容积流速，为了保证安全使用，不致引起静电火花等危险，所以不应超过1.5～2.0m³/h·瓶。

第3.0.9条 放散乙炔的放散管，其排放口如距屋檐太低，由于风的影响往往会使排放的乙炔倒灌到站房里就有造成站房爆炸的危险，因此在规范中规定需要高出屋脊1m及以上。

第3.0.10条 由于乙炔设备的油水分离器、干燥器在排污时，乙炔会随污一起排出，为了防止乙炔在站内积聚，本条规定应将排污管接至室外排放。

第3.0.11条 根据国内乙炔站事故调查报告分析，乙炔站约有55%的事故出于电石入水式乙炔发生器加料时，空气侵入电石加料斗形成乙炔空气混合气遇到电石撞击加料斗壁发生的火花而产生爆炸。目前国内外大部分工厂都已增设了冲氮（或二氧化碳）装置，在加电石前先把料斗中的乙炔置换掉，这样就较安全，我们总结了各厂的经验，把它列入了规范。

对水入电石式乙炔发生器，根据国内外产品的情况，由于结构的限制，一般容量都较小（在10m³/h以下），在国内虽也有个别工厂（如洛阳某厂）设置冲氮装置，但并不普遍，根据操作师傅反映，只要加料前把发气室用水吹扫干净，同时也起到降温作用，安全是可以保证的，因此在本条文中，就不作具体规定。

乙炔站内用作吹扫或作为气动装置气源用的氮或二氧化碳气中允许最高含氧量，各国的标准并不统一，经核算，对一个大气压的纯乙炔，如用含氧量的

3%的氮或二氧化碳气吹扫，当乙炔被稀释 C_2H_2 : $N_2(CO_2)=1:1$ 时，混合气体中氧含量将下降到 1.5%（按体积计），这样就比较安全，何况一般在操作时，基本上都能将乙炔置换掉，安全就更有保证。这个在数字在 1974 年 11 月的全国溶解乙炔站经验交流会上曾作过讨论，与会同志都认为较合适。

第四章 工 艺 布 置

第 4.0.1 条 根据现行的国家标准《爆炸和火灾危险环境电力装置设计规范》的规定所作的具体规定。

第 4.0.2 条 乙炔贮罐燃烧爆炸时的威力及其危害性较大。如某机修厂乙炔站的室外布置的一个中压乙炔贮罐，在 1973 年下半年发生爆炸，罐体的铁片飞出 1 公里多，靠近贮罐一侧的乙炔站的砖墙被炸裂；又如武汉某车辆厂设置在发生器间内的一个 $5m^3$ 湿式贮罐，在 1965 年的一次爆炸时，其钟罩飞上打断屋顶的一根工字钢梁，冲出石棉瓦的屋顶，然后又落到屋顶上，站房的玻璃震坏，此后新做了一个 $30m^3$ 的贮罐安装在单独的房间内。在所调查的乙炔站均反映，因乙炔生产中乙炔的气量经常有波动或有超压现象，湿式贮罐就有可能跑气，如为室内布置时会增加室内空气中的乙炔浓度。中压乙炔气罐的压力较高，爆炸时威力更大，室内设置的危害性也较大。同时乙炔贮罐设在室内还要增加站房面积，增加站房的造价。因此，根据我国的气象条件，并从安全生产方面着想，对不论容量大小的湿式或固定容积式乙炔贮罐规定均应室外布置，而对于总容量 $20m^3$ 以下的湿式贮罐或 $5m^3$ 以下的固定容积式贮罐，如采取防冻措施比较困难时，本规范提出了一定的灵活性，可以布置在单独的房间内。

第 4.0.3 条 在溶解乙炔站中设置的实瓶间只是作为生产过程中充灌好的实瓶的中间周转时的贮存手段，而不是作为较长时间的贮存手段用的。其贮存瓶数应从生产需要，不增加站房内的不安全性等因素考虑。本规定是在 1977 年 6 月部审会上出席会议的几个溶解乙炔站的代表和规范组等有关方面按照国内的生产水平和实际情况共同协商确定的。

第 4.0.4 条 乙炔气体属甲类火灾危险性物品。《建筑设计防火规范》修订组的意见："当溶解乙炔站的实瓶间必须与制气站房合并时，实瓶间应视为中间周转，不能视为贮存手段，实瓶的贮量和实瓶间的面积应有所限制，建议空、实瓶间的总面积不应超过 $250m^2$（相当于独立瓶库的一个防火墙隔间的面积），并应尽量减小其面积，增加其安全生产的因素"。根据上述意见，并结合我国目前溶解乙炔站的情况，空、实瓶间的允许面积确定为 $200m^2$，而每个气瓶的占地面积（包括通道面积）以 $0.2m^2$ 计算。这样，在

$200m^2$ 面积中可以贮存 1000 个气瓶。因此，本规范以 500 个实瓶作为制气站房与灌瓶站房合建或分建的界限线。在确定空瓶的贮存数量和占地面积时应与实瓶相同。

灌瓶站房中实瓶的最大贮量不应超过 1000 个是根据与《建筑设计防火规范》修订组协商意见（按《建筑设计防火规范》规定，$250m^2 \times 0.8 \div 0.2m^2/$瓶 $=1000$ 瓶）确定的。实瓶间的面积是按 $250m^2$ 乘 0.8 的系数折合成 $200m^2$ 确定的。空瓶间的允许占地面积和空瓶的最大贮量与实瓶相同。

第 4.0.5 条 按《建筑设计防火规范》的规定精神制定的。

第 4.0.6 条 空瓶间和实瓶间分开设置不仅有利于气瓶的管理，防止气瓶混淆。也可防止气瓶发生爆炸事故时互相影响。

灌瓶间或汇流排间与空、实瓶间之间的气瓶运输来往频繁，如彼此间设置门，在工作时间内门也是常开的，门的用处不大。在溶解乙炔站的布置现状也没有设置门的，反映也无必要。所以规定灌瓶间可通过门洞与空瓶间和实瓶间相通。

按美国防火标准 NFPA51—1983 年第 2.3.1 条规定，在建筑物内贮存的燃气气瓶，除正在使用或接上准备使用者外，乙炔及非液化气体的贮存量不应超过 $2500ft^3$（$70m^3$）。

按美国 NFPA50A—1978 年表 1 规定，氢系统总容量不超过 $15000ft^3$ 可设在专用房间内，$15000ft^3$ 相当于 $425m^3$，换算成 15MPa 的气瓶约 71 瓶。

按《氢气使用安全技术规程》第 2.2 条规定，当氢实瓶数量不超过 60 瓶可与耐火等级不低于二级的用氢厂房毗连。

按本《乙炔站设计规范》第 2.0.5 条规定，总安装容量或输气量不超过 $10m^3/h$ 的气态乙炔站或乙炔汇流排间，可与耐火等级不低于二级的其他生产厂房毗连建造，若一天 24h 连续生产乙炔气总量为 $240m^3$，相当 60 瓶乙炔。

第 4.0.8 条 规定乙炔汇流排应直线布置，主要考虑高压乙炔易发生分解爆炸，其入射波动压 $P=11(P_w+0.1)-0.1$（表压）；拐角布置时，其管段将承受反射波动压 $P=20(P_w+0.1)-0.1$（表压），为此，应避免拐角布置方式。

注：P_w 为乙炔最高工作压力（MPa）。

第 4.0.10 条 中间电石库的电石贮存量，按照过去各设计院编制的乙炔站设计参考资料和苏联乙炔站设计规范都是规定乙炔站一昼夜的电石消耗量，并不应超过 3t。但是普遍认为这一规定存在着安全与生产之间的矛盾。调查中发现部分乙炔站的实际贮存量超过了上述规定，如上海某厂、大连某厂的乙炔站中间电石库可贮存 20t 电石，成了变相的电石库。一些厂认为中间电石库的贮量不宜过大，好几天的用量都

放在中间电石库不安全，原规定的贮量还是可以的，如电石库布置在乙炔站区域内时，中间电石库的电石贮量更可以减少；也有的厂认为原规定的数量偏小，尤其是中、大型乙炔站，如贮量不超过3t，则电石搬运频繁，在一天内有可能运几次电石，如遇下雨天有可能出现电石供不应求的情况，因此要求有2~6d的消耗量，并不要有3t的限制。设计规范组的京、津、沪、杭调查专题小结"关于乙炔站房布置问题"一文中也指出：对生产量大的乙炔站，中间电石库的电石贮量在1~2昼夜耗量为宜，生产量小的乙炔站可适当增加（参见氧、乙炔站设计规范参考资料汇编第1期）。

中间电石库一般与发生器间相连通，电石有受潮遇水产生乙炔引起燃烧爆炸的可能，如天津工程机械厂的一个打开了盖的电石桶曾有过燃烧事故，上海某厂的一个空电石桶曾发生过爆炸事故等。

我们考虑到中间电石库是设在乙炔站的制气站房中，又是与发生器间毗连，中间电石库的电石贮量从安全方面看是愈少愈好，从生产操作方便看是愈多愈好，但必须看到生产必须安全，安全是为了生产，不能为了生产而不顾安全。电石是危险物品，中间电石库不应成为贮存手段，其贮量应有所限制，应尽量减少，在发生事故时便于抢救和减少损失。

综合既要利于生产，又要重视安全的意见，并经1977年6月本设计规范部审会议审查，对中间电石库的电石贮量规定为："不应超过三昼夜的设计消耗量。并不应超过5t"。即使按三昼夜计算出来的电石消耗量超过5t时，也只能贮存5t。

第4.0.11条 丙酮按火灾危险性分类属甲类物品，极易蒸发与空气组成爆炸性气体。苏联的乙炔站设计规范规定：在乙炔站内存放丙酮不应超过25kg。鉴于我国市场上供应的丙酮，一般为160kg一桶，乙炔站从仓库领用丙酮时也是以桶为单位。为便于生产，又策安全，规范中规定"不应超过一桶（包装桶）"，适当地放宽了苏联的规定。

第4.0.14条 气瓶或电石桶的装卸平台的高度主要是根据气瓶或电石桶的运输工具确定，一般是以电瓶车或载重汽车的车厢底板离地面的高度即0.4~1.1m确定的。平台宽度原规定为不宜小于2m，经实践后证明，应适当放宽些为宜，故现规定适当放宽为不宜超过3m。

中间电石库与发生器间之间一般是一墙之隔，且有门相通，为了防止发生器间的水（尤其是在冲洗地坪时）流入中间电石库，中间电石库的地坪应比发生器间的地坪高一些。在苏联的乙炔站设计规范（1958年版）第50条规定应高出0.15m，我国过去多数是采用这一数据的，但据乙炔站工人反映，地坪高低过大，行走不便，一般在0.05~0.10m为宜，故本规范规定应高出发生器间的地坪0.10m。

电石库的地坪，应比室外装卸平台面高出0.05m是防止平台面的雨水流入电石库内。

当电石库不设装卸平台时，为适当提高电石库的干燥度，减少地面的潮湿，故规定室内地坪应比室外地坪高出0.25m。

第4.0.15条 有火灾爆炸危险的生产房间和库房，一般发生火灾爆炸事故的机会较多，在万一发生事故时应能使操作人员迅速离开现场到达安全地带，因此，这些房间和库房应有安全出口。

电石入水式乙炔发生器，为了便于加料和维修要设置操作平台。部分的乙炔站制气站房是搞成多层建筑物，在操作平台或各层楼板面上也应设置安全出口，以便一旦有事故时能迅速向外疏散。某乙炔站为三层钢筋混凝土框架结构，有一次在三层的加料间加料时电动葫芦打出火花，引起乙炔混合气爆炸，瞬时烧成大火，门、窗被炸坏，出口被火焰阻挡，工人只得从附近的临时过桥上冲出，幸免伤亡，事故后该站房加了一个室外金属梯。辽宁某化工厂的乙炔站曾因乙炔发生器加料口着火，由于该操作层上没有安全出口，工人不能及时疏散造成烧伤事故，在事故后该厂在操作层加了一个安全出口，并做了一个供事故用滑梯（也有的是滑杆）。所以安全出口必须要有，其位置要适中，要靠近有火灾爆炸危险的地点。

第4.0.16条 蒸汽、凝结水、给水、排水等液体介质的管道，即使没有管接头、阀门等配件的管段，但管道在使用一段时期后有可能出现被腐蚀、损坏，引起漏水、漏气，或管道的外表面可能结露等情况。电石遇水（汽）能产生乙炔，与空气混合能形成爆炸性混合气体，天津某厂因暖汽片漏水掉到电石桶内，致使电石气化生成乙炔气，引起了燃烧事故。

为了减少电石库、电石破碎、中间电石库由于水（汽）或潮湿空气引起燃烧爆炸事故，这些房间应保持干燥，要防水，严禁敷设蒸汽、凝结水、给水、排水等管道，在苏联、美国的标准中，也有如此明确的规定。

第五章 建筑和结构

第5.0.1条 乙炔站有爆炸危险的生产间和电石库，在其生产过程中能散发可燃的乙炔和电石粉尘，电石在常温下受到水或空气中水蒸汽的作用能产生乙炔，乙炔气的性质属易燃易爆物品，容易发生火灾爆炸事故，燃烧扩散又快，发生事故时较难疏散的抢救，造成的伤亡和损失也较大。如为多层厂房，发生事故时更难疏散和抢救。因此，对于这类甲类生产厂房的设计必须从严要求，能搞一层的就不要搞多层建筑。根据以防为主，以消为辅的原则，对乙炔站限制厂房的层数采用一、二级耐火等级的厂房，选用合格的生产设备，遵守合理的规章制度，以减少火灾和爆炸的发生，是保障人民生命财产安全的重要措施。因此，在本条中规定在爆炸危险的生产间应设在单层建筑物内。对于电石库、独立的乙炔瓶气库等甲类物品库房，根据《建筑设计防火规范》的规定，应为单层建筑，所以根本不能搞多层建筑的库房。

但是，对于发生器间根据工艺需要设置操作平台或多层楼层的问题，目前国内生产和使用的中压乙炔发生器（如 Q_3-3、Q_4-5、Q_4-10 型）的乙炔站都是单层建筑，从生产上分析也无必要搞多层建筑；而低压乙炔发生器的乙炔站除化工厂均为多层建筑外，一般是单层建筑物，发生器间多数是设有加电石或维护检修乙炔发生器用的平台，这种操作平台不是整个的楼层结构，并不构成影响发生器间的通风，防爆所需的特殊要求。至于如上钢某厂、广州某厂、黄浦某厂的发生器间设置成三层建筑，成都机车厂为二层建筑的情况，根据《建筑设计防火规范》的规定是允许的。但是必须提出，在设计时应在第二、三层的楼板上设置必要的泄爆孔和通风孔，防止乙炔积聚形成爆炸性混合气体的"死角"，减少爆炸事故的发生和损失。

第 5.0.2 条 在各设计院编制的乙炔站设计参考资料中，苏联、美国等国家的设计规范或设计标准中都有这样的规定。国内各工厂的实际情况也大都如此。

固定式乙炔发生器及其水封等辅助设备，包括目前生产的 Q_3-3 型中压乙炔发生器在内，应布置在单独的房间内是为了能够对乙炔发生器加强操作管理，安全生产，减少事故的发生。

灌瓶乙炔压缩机的工作压力较高（达 2.5MPa），发生事故时的危害性要比水环式乙炔压缩机大。当灌瓶乙炔压缩机设置在单独房间内时，如有事故对其他房间的影响可以缩小。我国 70 年代有 11 个溶解乙炔站（投产的有 9 个站），其中有 9 个站的灌瓶乙炔压缩机是设在单独的房间内，有 1 个站是与水环式乙炔压缩机共间，还有 1 个站是某厂乙炔站的 7m³/h 灌瓶乙炔压缩机，原来是安装在灌瓶间内，但经过一段时间的运行后工人对这种布置总有不安全感，所以在乙炔压缩机的部位增加了隔墙，成为单独的房间（此站为苏联设计的。苏联 1958 年乙炔站设计规范第 95 条的规定：乙炔站中的压缩机应安装在单独的房间内，在压缩机间内也可放置干燥器、油水分离器和平衡器。此条的注：总生产量在 7m³/h 以下的乙炔压缩机也可设置在灌瓶间内）。因此，在总结我国的生产实际和参照苏联的规定，确定灌瓶乙炔压缩机及其辅助设备应布置在单独房间内。

第 5.0.3 条 电石破碎时会产生大量电石粉尘，会污染室内空气，电石粉尘如遇潮湿空气或水分又会生成乙炔气，增加空气中的乙炔浓度。如果电石破碎设在制气站房内将增加制气站房的不安全，所以电石破碎不宜设在制气站房内。当电石破碎毗连电石库

时，可以缩短电石在电石库与电石破碎之间的运输距离，有利于安全生产和操作管理。

如 60 年代建造的上海某化工厂、广州某厂聚氯乙烯车间乙炔站，70 年代建设的上海某船厂、原唐山某车辆厂乙炔站的电石破碎机安装在电石仓库内，破碎的电石直接装桶，供乙炔发生器使用。

又中国船舶工业总公司第九设计研究院从 70 年代初开始，设计某造船厂、某船厂、某厂（湛江）、上海某钢铁厂等 10 余个乙炔站的电石破碎，在征得当地消防部门的同意，电石破碎与电石仓库采用防火门相通，实践证明这种布置减少电石桶迂回运输，利于实现机械化输送，减少工人劳动强度，经过几十年运行，未发生燃烧事故，安全可靠（首要条件加强通风、防止乙炔积聚）。

第 5.0.4 条 ① Q_4-5、Q_4-10 型中压乙炔发生器贮气桶内胆检修时，用手动葫芦从筒体内吊出，需要一定的起吊高度。②乙炔发生器间要求一定数量泄压面积，泄压面一般采用轻质屋面，其材质多数为轻质石棉瓦。夏季时因太阳辐射热，室内温度较高，影响工人操作，根据上海地区经验，适当增加房高可减少辐射热量，降低室温。③《氢气使用安全技术规程》第 2.4 条规定，供氢站屋架下弦的高度不宜小于 4m。

第 5.0.5 条 根据《建筑设计防火规范》规定"有爆炸危险的甲、乙类生产厂房，应设置必要的泄压面积，泄压面积与厂房体积的比值（m²/m³）一般采用 0.05～0.22。爆炸介质的爆炸下限较低或爆炸压力较强以及体积较小的厂房，应尽量加大比值。"

当空气-乙炔混合气的含量爆炸下限较低（2.3% 乙炔），爆炸的压力较强（在乙炔含量为 12.7%）时，最大爆炸压力可达 1MPa，乙炔站的厂房容积一般都较小，因此应该尽量加大比值。美国资料为 >0.22m²/m³，日本资料为 >0.2m²/m³。由于我国的乙炔-空气混合物爆炸试验，目前还不能提供出具体数据，因此只能沿用已经国家批准的《建筑设计防火规范》的要求。对电石仓库是否需要设置泄压面积问题，《建筑设计防火规范》没有提出具体要求，经向《建筑设计防火规范》管理组了解，认为仓库内人员较少，生产设备少，发生爆炸的机率也较小，一旦发生爆炸，危害性也较少，因此在《建筑设计防火规范》中对仓库就没有具体规定。

第 5.0.6 条 空气-乙炔混合气体点燃爆炸的同时即形成热膨胀波，对房屋内壁产生推力，对房屋有破坏性，为了便于泄压及人员的疏散，本规范规定：有爆炸危险生产间的围护结构的门、窗应向外开启。

第 5.0.7 条 本条系根据《建筑设计防火规范》的规定精神制定的。

第 5.0.8 条 对有火灾和爆炸危险生产间之间的间隔墙按照《建筑设计防火规范》的要求应采用耐火

极限不低于 1.5h 的非燃烧体或难燃烧体墙隔开，隔墙上的门《建筑设计防火规范》规定应用能自动关闭的防火门，但乙炔站的火灾往往与爆炸分不开，一旦发生火灾还来使室温达到防火门融栓融解温度时，爆炸波即已形成并已开始泄压，火焰也已熄灭（根据一机部第一设计院的试验报告，乙炔-空气混合气体自点燃到熄火一般都在 50ms 以内），因此自动关闭的防火门的作用不大，现规定采用最低一级的非自动关闭的防火门（即 0.6h 的非燃烧体或难燃烧体门）。上述意见已得到《建筑设计防火规范》管理组的同意。

耐火极限不低于 0.6h 的非燃烧体或难燃烧体门，根据《建筑设计防火规范》规定系指薄壁型钢骨架，外包薄钢板，厚 6.0cm（其耐火极限为 0.6h）的门。

第 5.0.9 条 本条文是根据《建筑设计防火规范》的要求制订的，"供甲、乙类生产车间用的办公室、休息室等如贴邻车间设置，应用耐火极限不低于 3.0h 的非燃烧体墙隔开。"对墙上开门的问题，在《建筑设计防火规范》上没有明确规定。鉴于在乙炔站站房的习惯布置中有此类布置，为了确保值班室、生活室的安全，参照化工部门的习惯做法，规定了"应经由…双门斗通过走道相通。"对隔墙上门的耐火极限问题经与《建筑设计防火规范》管理组同志研究，为了与"有爆炸危险生产间的隔墙上的门的耐火极限不低于 0.6h"有所区别，应适当提高，现规范中规定为 0.9h。

对有爆炸危险房间与值班室之间的窥视窗的耐火极限问题，也参照隔墙上的门的耐火极限规定。

耐火极限不低于 0.9h 的门，根据《建筑设计防火规范》规定是指：木骨架、内填矿棉、外包镀锌铁皮、厚 5.0cm 的门。

耐火极限不低于 0.9h 的窗，根据《建筑设计防火规范》规定系指单层的钢窗或钢筋混凝土窗，装有用铁销销牢并用角铁加固窗扇，装有铅丝玻璃的窗。

第 5.0.10 条 有爆炸危险与非爆炸危险区之间有水管、暖气管和电线管穿过时，为了防止乙炔气从有爆炸危险的房间渗入无爆炸危险的房间，在穿墙处应用非燃烧材料堵塞。

第 5.0.11 条 灌瓶间、实瓶间、独立的乙炔瓶库和乙炔汇流排间贮存装满乙炔的气瓶，如受太阳光直射引起气瓶内气体升温会导致气瓶的爆炸。在苏联规范中规定应设置高窗或用毛玻璃以防止阳光直射。根据我国几十年的生产实践，防止阳光直射，不仅可用以上二种方法，还可在窗外设置遮阳篷……何况我国天气较苏联为热，需要较大的通风面积，采用高窗很不合理。因此在本规范文中，不作具体规定，只提出了目的和要求，这样更有利于采取适合当地情况的措施。

第 5.0.12 条 根据一些工厂反映，装卸平台上，如不设置雨篷，下雨下雪以后平台上装卸条件较差，再加上冬天结冰搬运气瓶电石极易发生事故，因此应设置雨篷。由于乙炔瓶库、电石库均为甲类生产，雨篷及支撑均需用非燃烧材料制成，雨篷的宽度为了更好地防止雨雪渗入，应大于平台宽度。

第六章 电气和热工测量仪表

第 6.0.2 条 本条是根据《爆炸和火灾危险环境电力装置设计规范》的规定并结合乙炔站各生产间的生产、通风等情况综合考虑的。

一、属 1 区的爆炸危险生产间，电力规范规定：在正常运行时可能出现爆炸性气体环境的区。乙炔站在连续生产和输送过程中，在正常运行情况时，以下各生产间有可能形成爆炸性气体环境。

1. 发生器间、净化间。按一般资料介绍，设备和管道附件等的乙炔泄漏量约为设备生产能力的百分之一；乙炔发生器排渣时从渣水中释放出来的乙炔量约为设备生产能力的 $1\% \sim 1.8\%$，即使后者都排放于室内（实际上是散发于排渣口到渣坑），总的泄漏量为设备生产能力的 $2\% \sim 2.8\%$。在保证室内每小时 3 次换气量时，室内的乙炔浓度相当于爆炸下限 2.3% 的 1/2。

根据 14 个工厂乙炔站发生器间的容积，假设以下不同的泄漏量做理论计算，当泄漏量为设备生产能力的 20% 时，室内空气中的乙炔浓度最高为 1.9%，一般为 $0.40\% \sim 0.98\%$，均低于乙炔空气混合气的爆炸下限，详见表 6.0.2-1。

表 6.0.2-1 发生器间在 3 次换气量时空气中乙炔的浓度计算

厂 名	台数和容积（台×m³/n）	厂房面积×高（m²×m）	在 3 次换气下，在不同泄漏量时，空气中乙炔的浓度（%）				
			1	2	10	20	100
北京某队	1×10	18×4=72	0.046	0.092	0.46	0.92	4.60
天津某机械厂	2×10	54×4.5=243	0.0275	0.055	0.275	0.55	2.75
上海某厂	2×10	36×4=144	0.046	0.092	0.46	0.92	4.60
上海某厂	3×10	82.6×4=330.4	0.03	0.06	0.30	0.60	3.00
华东某机械厂	3×10	30×3.5=105	0.095	0.19	0.95	1.90	9.50
上海某修造厂	3×10	72×3.5=252	0.025	0.05	0.25	0.50	2.50
抚顺某机厂	2×10	72×4=288	0.023	0.046	0.23	0.46	2.30

厂　　名	台数和容积 （台×m³/n）	厂房面积×高 （m²×m）	在 3 次换气量下，在不同泄漏量时， 空气中乙炔的浓度（%）				
			1	2	10	20	100
沪东某厂	3×35	131×7.5=982.5	0.036	0.072	0.36	0.72	3.60
江南某厂	3×35	96×7.5=720	0.049	0.098	0.49	0.98	4.90
上海某厂	3×20	80×7.5=600	0.033	0.066	0.33	0.66	3.33
上钢某厂	4×35	108×10.5=1134	0.041	0.082	0.41	0.82	4.10
杭州某厂	2×35	72×7.5=540	0.046	0.092	0.46	0.92	4.60
北京某车辆厂	2×35	84×7.5=630	0.048	0.096	0.48	0.96	4.80
沈阳某车辆工厂	4×35	147×8.4=1234.8	0.038	0.076	0.38	0.76	3.80

上海市卫生防疫站对上海某化工厂和上海某厂乙炔站的发生器加料口处的实测，在正常操作运行情况下，其空气中乙炔浓度为：

燎原化工厂　　　1192.3mg/m³　　即 0.1%
上海某厂　　　　600mg/m³　　　即 0.05%

通过现场调查和函调得知，乙炔站的大部分事故为工艺设备的误操作，设备维修不及时，室内通风不良（尤其是冬天门窗关闭时）……不正常情况下所引起的设备爆炸和空间的爆炸事故，例如北京某厂由于乙炔发生器的发气量太快，造成系统超压，乙炔气从安全阀排入室内，同时由于天气寒冷，门窗关闭，通风不良，以致室内形成了空气乙炔爆炸性混合气体，结果引起了室内空间爆炸事故。

2. 电石库和中间电石库。电石库内存放桶装电石，电石桶虽有封盖，但不严密，或因搬运而松动，容易造成桶内电石潮解。如上海某厂、嘉兴某机修厂等由于上述原因发生过多次的电石桶爆炸事故。另一方面，库内存在电石粉末，这些电石粉末与湿空气接触易潮解，生成乙炔气。在实地调查和函调中，虽尚未发现由此而发生空间爆炸事故，但其危险生依然存在。

中间电石库与电石库一样，但不同者一桶或几桶开了盖待用和一部分用完的空桶中存在有电石粉末。天津某机械厂、上海某厂等发生过电石桶或空电石桶燃烧或爆炸事故。

3. 电石破碎。有两种形式：一为人工破碎，一为机械破碎，都是敞开于室内操作，并且扬尘最大，进发火花，电石粉尘散发于室内吸潮产生乙炔，如通风不良，危险性较大。

4. 压缩时间。压缩机系统的运行处于高压之中，如操作不当，维修不力时，其漏气量及其危险性将比低压系统为大。例如，某拖拉机厂的乙炔站就由于对压缩机的高压部分检修时的误操作，使设备爆炸，压缩机间的砖墙和屋顶受破坏。

5. 灌瓶间、空瓶间、实瓶间、独立的乙炔瓶库和乙炔汇流排间。灌瓶工作是高压运行。尤其是灌瓶台上的气阀和气瓶上的瓶阀在长期使用且操作频繁下，漏气是不可避免，因而室内空气中的乙炔浓度一

般也较高。乙炔汇流排间与灌瓶间相似。

空瓶间和实瓶间按国内溶解乙炔站的情况均与灌瓶间共设于同一建筑物内，虽有隔墙隔开，但都有较宽大的门洞相通，室内气氛互为影响，工作条件基本相同。独立的乙炔瓶库气瓶的贮存量较多，瓶阀的漏气量也多，在不正常的情况下，其危险性也较大。

以上各间，尤其在冬季当门窗关闭，通风不良，气瓶头大量漏气时，室内空气中的乙炔就可能达到爆炸的浓度。

6. 贮罐间。湿式贮罐的密封是靠水封起作用，正常情况运行时乙炔的漏气量少，当用户的乙炔量减少，而乙炔发生器在继续发气，以致供求平衡受到破坏时，系统的压力会升高，水封被冲破而溢气于室内，可能使室内乙炔达到爆炸的浓度。因此，国内许多工厂为确保安全生产而采取加料、发气与输出管道系统的联锁装置，控制乙炔外溢或将湿式贮罐设于室外。

7. 露天设置的贮罐、电石渣坑。根据《爆炸和火灾危险环境电力装置设计规范》的规定，爆炸危险属 1 区的范围，一般为贮罐等以外 3m（垂直和水平）以内的空间。

二、属 2 区的爆炸危险生产间，是在正常情况下不可能出现爆炸性气体环境，或即使出现也仅可能是短时存在的区，例如：气瓶修理间、干渣堆场。

因为气瓶的修理是间断的，瓶数有限，故放散于室内的乙炔气是有限的。另一方面与气瓶修理设备的配置和修理的程序有关。据工厂提供的操作程序是：一般在修瓶之前将气瓶内的余气（瓶内余压为 0.05～0.4MPa，气量为 0.4～1.4m³/40L·瓶）回收，然后在修瓶前的一二天打开瓶阀置于室外放空，最后才拿到室内修理。表 6.0.2-2 为国内几个溶解乙炔站气瓶修理间的概况。

干渣堆场是由于电石渣内残留有乙炔气之故。

三、非爆炸危险区。

1. 化验室的任务主要是化验乙炔气的成分和电石的气化率等，化验时仅取少量样品，在正常情况下化验室内也仅有微量的乙炔存在，在室内不能形成爆炸性混合气体。

表 6.0.2-2　国内几个溶解乙炔站气瓶修理间的概况

厂　　名	修瓶间 长×宽×高 （m³）	每　年 修瓶量 （个）	每班最大 修瓶数 （个）	小时最大 修瓶数 （个）	修瓶前瓶内余气如何处理	放入室内 的气量 （m³/瓶）	室内乙炔浓度 （三次通风） （%）
沈阳某厂	3×6×5＝90	400	20	7	回贮气罐，压力至 0.05MPa	0.3	0.8
太原某厂	3×6×5＝90	200	10	2	高压回气，抽真空	0.1	0.08
洛阳某厂	7×4×4.5＝126	300	15～60	5～6	回贮气罐，压力至 0.07MPa 尚无回气设备，余气压力	0.3～0.4	0.6
南京某所	2×(3×6×4.5)＝162	600	20	2	0.05～0.3MPa 放散室外或 室内	0.2～0.3	0.123
吴淞某厂	60×8＝480	300	5～6	4	回贮气罐，压力至 0.01MPa	0.1	0.03

2. 其余的房间作为非爆炸危险区，主要是本身没有或不致形成爆炸性气氛，这是与其他环境有本质的差别，但为了防止受其他有爆炸危险环境气氛的影响，在整体布置时与 1 区、2 区爆炸危险环境应保持一定的距离或采取措施与之隔开。

第 6.0.3 条　磨擦产生静电电压的高低与皮带传动的线速度等有关，速度大电压高。灌瓶乙炔压缩机为皮带传动时，产生静电电压约在 40～50kV 之间，放电能量的大小与放电电容、电压和皮带的材质及其表面的质量有关。当放电能量达到 0.02mj 时，就可引起乙炔空气混合气的爆炸。如沈阳某厂，由于没有采取导电措施，经常可见静电火花，但由于静电火花的能量较小，未能引起爆炸事故。为了安全生产，导除静电的聚积是必要的。例如，加设电刷或在皮带上涂特殊的油膏以增加皮带的导电性能，消除静电的积聚。当采用革制皮带时，其油膏配料为：液体鱼胶100CC，甘油 80CC，炭黑 82g，2% 的氢氧化铵20CC；当采用皮带或胶带时，其油膏配料为：100 份重甘油，40 份重的炭黑。

静电接地的目的，在于消除设备及管路内由于流体摩擦产生的静电积聚，至于接地电阻值，各国各家无一致规定，现参照国内以往的要求取 10Ω。

第 6.0.4 条　乙炔是一种具有弱酸性的气体，它与铜盐、银盐、水银盐等作用后产生爆炸性的乙炔化合沉淀物，特别是含有水和氨的乙炔在长时间与紫铜作用后生成了具有强烈而易爆的乙炔铜，从东北某厂的试验可知，干燥的乙炔铜只要轻轻地摩擦就能引起爆炸。

目前在采用铜合金的零件、计器、阀门等时各国的标准也不同。如日本在 1972 年 11 月出版的乙炔危害预防规范第 3.3-1 之四中规定含铜量不大于 62%；美国在 1971 年《乙炔充瓶工厂防火标准，NFPA No51A—1971》之 10，1～2 规定含铜量不大于 65%；苏联规定为不大于 70%；国内所用铜合金的含铜量一般均未超过 70%，上海某焊接厂在乙炔发生器中采用的为 59%。从各厂多年生产实践中也未发生由于采用的零件、计器等含铜量高而造成事故，故本规范仍然规定其上限不超过 70% 的含铜量。

第 6.0.5 条　本条是保证安全生产的措施。湿式贮罐不论安装在室外或室内，都应设置控制信号和联锁装置。例如设置表示贮罐内乙炔量的标尺，在标尺的上下两端设置限位开关。联锁装置是当贮罐的钟罩下降到离水位一定距离时能停止乙炔压缩机的工作，防止贮罐被乙炔压缩机抽瘪，而当钟罩上升到上限高度时能停止向乙炔发生器加电石，防止贮罐的钟罩被鼓破，乙炔冲破水封槽向外溢出，以保证安全生产。

第 6.0.8 条　乙炔站的 1 区爆炸危险区，因自然通风条件差或乙炔容易积聚的地方，如北京地区冬季采暖，门窗紧闭，室内通风差，在这种情况下，局部地点可能达到爆炸浓度下限，因此适宜装置乙炔可燃气体测爆仪，并与通风机联锁，加强通风换气，使乙炔低于爆炸浓度下限，确保设备、人员安全。

第七章　给水、排水和环境保护

第 7.0.1 条　根据一些工厂（例如北京某焊轨队，天津某机械厂，上海某厂）乙炔站师傅们反映，如供水管网水压得不到保证，在用水高峰负荷时水压往往低于乙炔发生器的乙炔压力，使乙炔倒流至水内，造成用水地区的燃烧事故。为了防止乙炔倒流，确保用水地区的安全（又防止水质污染），本条规定："乙炔站给水水压应经常保持高出设备最高用水水压。"

对灌瓶用乙炔压缩机冷却用水的水质要求，《压缩空气设计规范》修订组对空气压缩机冷却水的水质做了不少试验工作，总结了国内外的实践经验，本规范就不再另行规定。

第 7.0.2 条　为了便于经常检查发生器间、乙炔压缩机间的给水水压，本规范规定在上述给水总管上应装设压力表。

为防止正在生产运行的乙炔发生器、水环式乙炔压缩机中的乙炔，通过水管倒灌到其他各处和未运行的乙炔发生器或乙炔压缩机内，与空气混合形成具有爆炸危险的混合气体，因此，在本规范中规定"在每台乙炔发生器、水环式乙炔压缩机的给水管上应装设止回阀。"

炎热地区（炎热地区的含义可根据现行的国家标准《采暖通风与空气调节设计规范》的规定划分）环境温度较高，不仅充灌压力高、充灌时间长，也不安全。根据国外和国内一些工厂的实践，在规范中规定充灌台上应设置喷淋气瓶用的冷却水管，以便充瓶时喷水，吸收乙炔的溶解热以保证生产的安全。

为防止气瓶充灌时因漏气发火而可能引起周围其他灌气瓶的加热起火爆炸灾害事故，特规定充灌台上应设置紧急喷淋水管装置。

第7.0.3条 根据大连某造船厂乙炔站师傅反映，该站电石渣（及澄清水）原排入海中，造成海水污染并影响鱼类生存，经大连市卫生部门通知，现已不再向海内排放。天津某厂等乙炔站也反映：该站原将电石渣直接排入排水管道内，不仅造成排水道淤塞，有一次因乙炔积聚造成了排水管道的爆炸，因此在规范中作了"电石渣应综合利用，严禁排入江、河、湖、海、农田和工厂区及城市排水管（沟）。澄清水应循环使用。"等规定。

第7.0.4条 根据工人师傅反映和一些工厂（例如上海某厂等）的测定，乙炔发生器排渣时有大量乙炔随渣排出，为了减少乙炔泄到站内并产生积聚，本规范推荐在站内的一段排渣管（沟）采用管道或加盖。

第7.0.5条 由于电石渣水中含有各种有害杂质，且硫化物、氰化物和碱度等一些杂质的含量，一般都超过国家标准规定的数值，为保护地下水源不受污染，根据《中华人民共和国环境保护法（试行）》、《建设项目环境保护设计规定》及《工业"三废"排放试行标准》等规定，严禁采用渗井、渗坑、裂隙或漫流等手段排放有害工业废水。

第7.0.6条 由于电石入水式乙炔发生器加料时，电石破碎时以及放料时，在乙炔发生器加料口、电石破碎处及放料口均有大量电石粉尘飞扬。

例如，上海第一钢铁厂于1986年12月6日测定如下：

在乙炔发生器加料口（距加料口约2m，无除尘设备）和电石破碎处（距破碎机料口约3m，有除尘设备）以及电石破碎机放料口（距放料口约2m，无除尘设备）空气中电石粉尘的平均含量分别为13.5、8.5、225mg/m³。

又例如，上海某造船厂于1986年12月22日测定如下：

在乙炔发生器加料口（有除尘设备）和电石破碎经布袋除尘器后管道内（单级除尘）空气中电石粉尘的平均含量分别为4.5、4.8mg/m³，而国家现行有关规范规定如下：

《工业"三废"排放试行标准》规定废气排出口

有害物质排放量（或浓度）不得超过如下规定：生产性粉尘第一类为100mg/m³；第二类为150mg/m³。

《工业企业设计卫生标准》规定车间空气中有害物质的最高容许浓度如下：

生产性粉尘其他类为10mg/m³。

由上述比较可见，当无除尘设备时，废气排出口有害物质的排放量及车间空气中有害物质的最高容许浓度均超过标准，而有除尘设备时，则室内有害物质浓度及废气排出口有害物质浓度均可符合现行有关标准的要求。

第7.0.7条 乙炔站内产生噪声的常用设备主要有：电磁振动加料器、水环式乙炔压缩机、颚式破碎机、活塞式乙炔压缩机等。

常用设备噪声的声级如下：

	A声级（dB）
1. 颚式破碎机	104
2. Z₂-0.67/25型活塞式 乙炔压缩机	72.5［按技术条件为 ≤85dB（A）］
3. 由磁振动加料器	
4. 水环式压缩机	
5. 2V0.42-1.33/1.5 乙炔压缩机	82

国家标准《工业企业噪声控制设计规范》规定为：

工业企业厂区内各类地点的噪声A声级，按照地点类别的不同，规定生产车间及作业场所（工人每天连续接触噪声8h）不得超过90dB。

对于工人每天接触不足8h的场合，可根据实际接触噪声的时间，按接触时间减半，噪声限制值增加3dB（A）的原则确定其噪声限制值。

由此可见乙炔站内个别设备产生的噪声超过标准。

第八章 采暖和通风

第8.0.1条 本条中规定的严禁明火采暖区内的各间也包括值班室、生活间、电气设备间等正常介质场所，这是根据现行的国家标准《建筑设计防火规范》规定的，此区间内有明火是危险的。如秦皇岛某厂的乙炔站用火墙采暖，由于火墙产生裂缝而引起发生器间内的乙炔空气混合气的爆炸；又如无锡北郊某厂聚氯乙烯车间由于设备检修时的疏忽大意，使聚乙烯漏入正常介质场所（休息室）因吸烟而引起爆炸事故。因此为了生产安全，这类房间与明火保持一定距离是必要的。

根据现行的国家标准《建筑设计防火规范》的规定，对于散发有机粉尘、可燃粉尘、可燃纤维的厂房，对采暖热媒的温度是有限制的，即热水采暖不应超过130℃，蒸汽采暖不应超过110℃，而乙炔站内各房间散发的主要是电石粉尘，属不可燃性粉尘，故乙炔站对采暖热媒的温度不作特殊的要求。

电石库、中间电石库和电石破碎间不采暖，一方面，主要考虑工业企业内集中采暖均以蒸汽或热水为热媒，采暖设备万一漏水而与电石化合会产生乙炔。另一方面，电石库除了搬运电石外，其余时间无人出入，且电石不怕冻；中间电石库为中转场所，人员仅1~2人，也不是专职工人，由发生器工兼，停留时间也很短；电石破碎间的工作时间也不长，因此为安全起见，规定不采暖。

第8.0.2条 集中采暖指由锅炉房集中供热的采暖，对于采用火炉、火盆、电炉等分散热媒采暖不属于集中采暖的范围。对于非集中采暖地区的工业企业，不受本条的限制。

乙炔站各房间采暖温度确定的原则如下：

一、乙炔压缩机间、灌瓶间、乙炔汇流排间等为高压生产系统。为保证生产的正常进行，在冬季必须保证室内有一定的温度，乙炔的水结晶体才不至于析出而堵塞管道。乙炔水结晶体析出时，其压力与温度的关系如表8.0.2。

表8.0.2 乙炔水结晶体在平衡状态时温度与压力的关系

压力(MPa)	1	1.5	2	2.5	3.2	在任何压力下都不出现结晶体
温度(℃)	5.5	9	12	13.5	15	16以上

灌瓶乙炔压缩机的工作压力为2.5MPa（即生产系统的最高工作压力），故本条规定15℃为采暖温度的要求，在生产上是安全的。

对于中、低压气态乙炔站生产系统的各房间，如发生器间，主要是考虑操作人员在此工作为改善劳动条件，采暖温度也同样规定为15℃。

二、此项房间的工作人员不多，停留时间短，但由于实瓶间、空瓶间共处于同一建筑物内，虽有墙隔开，但彼此之间有较大的门洞相通。为了保持灌瓶间的温度稳定，提高了空瓶间、实瓶间的采暖温度，以减少与灌瓶间之间的温度差是必要的。

三、此项各房间没有专职人员，其工作由其他工种兼管。由于人员少，停留时间短，其室内温度以不影响设备的正常运行即可，如贮气罐间的采暖温度仅为防止湿式贮罐水封不冻结和保护设备考虑的。

第8.0.3条 根据现行的国家标准《采暖通风与空气调节设计规范》的规定：对于放散大量粉尘或防尘要求较高的车间，应采用易于清除粉尘的散热器。乙炔站发生器间散发的主要是电石粉尘，可不受此限制，但为了不影响散热器的散热效果和防止在非采暖季节或雨季潮湿时减少室内乙炔的散发源，本规范作

了此规定。

第8.0.4条 本条规定的目的是防止气瓶的局部受热，使瓶内乙炔的压力升高发生事故。根据有关资料介绍，如气瓶温度升高到56℃时，瓶内的丙酮沸腾，乙炔从丙酮中大量释出，瓶内的乙炔压力急剧升高。如当温度升高到100℃时，瓶内压力为20MPa；当温度升高到200℃时，瓶内压力增到28MPa。乙炔瓶的水压试验压力仅为6MPa。为此，气瓶的受热温度一般不超过40℃。

第8.0.5条 沈阳某机械厂的乙炔水封间，因为没有通风设施，并且门窗关闭，使漏出的乙炔积聚而发生爆炸。又如北京某厂的乙炔发生器间，由于天冷门窗关闭，通风不良而引起爆炸事故。为此，对于乙炔站有爆炸危险的房间进行全面通风是保证安全生产的重要措施之一。本条提出的通风量的要求主要是考虑泄漏于室内的乙炔能及时地排放至室外，使室内不致形成爆炸性混合气体，保证安全生产。

乙炔生产系统中乙炔的泄漏量、室内的换气次数与室内乙炔浓度的情况见第6.0.2条说明。

乙炔的泄漏量为设备生产能力的10%～20%（在正常情况下仅为1%～2%）时，按3次通风量考虑，室内乙炔浓度仅为爆炸下限2.3%的1/4～1/2或更低。同时考虑要有一定的安全系数，即在室内外温度差小、风速低时，仍能保证室内有良好的通风。对于不同厂房由于泄漏量不同，可采用3次或更多次的通风，如发生器间和灌瓶间可提高通风换气次数，使之更好地保证生产的安全性。

第九章 乙 炔 管 道

第9.0.1条 乙炔管道的流速需要加以限制，以防止发生静电火花而引起乙炔的爆炸。引爆乙炔所需能量的大小与乙炔的压力有关。不同压力下，乙炔的允许流速也可不同。一般是压力愈高允许流速愈小。根据苏联1970年出版的《乙炔生产》一书称：乙炔在0.5MPa时，引爆能量为0.018mj；当管道输送0.5MPa以下的乙炔时，由于静电而引起的危险，实际上是没有的，但是为了安全起见，不论初压多大，都应防止静电的产生和积聚，对0.5MPa以上的则更应注意。

有关乙炔在管道内的流速，苏联1959年在《乙炔站》一书中表35的规定见表9.0.1。

表9.0.1 乙炔在管道内的流速

管道名称	压力范围（MPa）	允许流速（m/s）
外线管道	0.01到0.15	8
	0.01以下	4
站内管道	0.01到0.15	4
	0.01以下	2

表中站内乙炔管道的流速，所以比站外的低，是考虑到防止渣水从发生器内带出。

本规范规定的最大乙炔管径不超过$\phi80mm$，对中压乙炔在管内的流速修改为不宜$>8m/s$。

对高压乙炔在管内的流速修改为不宜$>4m/s$（原规定为"不应"），这主要考虑限制管径必须严而限制流速其次，允许稍有选择。根据是结合当前国内外一些实际情况而定，诸如瑞典AGA公司的高压乙炔管道的流速经核算为$6\sim10m/s$。

根据苏联《乙炔站》一书规定：高压乙炔管道的管径，不得超过20mm，流速为$2\sim4m/s$。

厂区及车间的乙炔管道（即外线管道）的上限流速$8m/s$是指车间管道末端（即压力最低处）的最高实际流速。鉴于乙炔在管内流动时有摩擦损失和因厂区管道爆晒或冬季伴随保温使乙炔升温，致使乙炔体积增大、流速增高，因此在厂区管道内的乙炔流速，就应取得低一些，另外在设计时，还应考虑到扩建和用户的增加，所以在设计时，不要采取上限流速，使管道的输送能力留有余量。

第9.0.2～9.0.4条

一、乙炔压力等级的划分：

低压≤0.02MPa；中压>0.02～≤0.15MPa；高压>0.15～2.5MPa。欧洲国家在1978年以后均统一为以上的压力等级，其他大多数国家均按以上等级划分，由于在0.02MPa以下的乙炔，不易产生分解，故定此压力作为低压等级。

各国乙炔压力分等如下：

苏联1978年标准≤0.02（低压）>0.02～0.15MPa（中压）>0.15MPa（高压）（ГОСТ5190—78）。

德国TRAC—82标准≤0.02MPa（低压）>0.02～0.15MPa（中压）>0.15MPa（高压），欧洲其他国家也相同。

二、乙炔气是一种易燃易爆的气体，它不但与空气或氧混合可产生氧化爆炸，而且纯乙炔在一定条件下，其自身还能产生分解爆炸。而爆炸又可分为爆燃和爆轰。爆燃的爆压一般可达其初压的13倍左右（绝对压力），而爆轰的爆压可达其初压的几十倍，其反射压力则更高，所以乙炔管道的管材选择，要考虑到其耐爆的强度。

苏联1950年出版《乙炔生产规范》第167条规定"除安装在乙炔站内的管道外，所有的乙炔管道都应用无缝钢管制造……"。第168条规定："高压管道应用不锈钢管"。

1951年苏联氧气工厂设计院《工厂焊接加工金属用的乙炔和氧气管道安装暂行技术规范》中第4条也规定："车间之间和主要车间的乙炔管道采取10号钢或20号钢的无缝钢管（按ГОСТ301—50）和采用瓦斯管（按ГОСТ3262—46），通向焊接台和切割台的管道分支管用$\phi\frac{1}{2}''$瓦斯管制造。"

在1954年苏联《各企业氧-乙炔制造及金属火焰加工的工业卫生及技术安全条件》第260条规定："所有乙炔管不论干管或车间的中压乙炔管都应用ГОСТ301—50的无缝钢管制造，其壁厚不小于4mm，而地下管道不小于5mm"。

1961年我国公安部七局编写的《乙炔站防火措施（草案）》第24条曾规定："乙炔管道应采用无缝钢管，工作压力超过0.15MPa的乙炔管，最好采用不锈钢管，0.01MPa以下的乙炔管如采用无缝钢管有困难，可用有缝钢管"。

我国在1956年国家建委颁发的《建筑安装工程施工及验收暂行技术规范》中，外部管道工程第9条规定"氧气和乙炔管道，一律使用无缝钢管"。

在这次编制《乙炔站设计规范》中，还参阅了美国和日本等国的资料（参见本规范组编《参考资料汇编》1974年第2期和第4期），并调查了我国国内乙炔管道的实际使用情况，除有个别乙炔站内的乙炔管道，用不锈钢管和部分低压乙炔管道用有缝钢管（即焊接钢管）外，其余高、中、低压乙炔管道均采用无缝钢管，管子强度高、完整性好、不易破裂和漏气，使用情况是较满意的。所以在这次规范中，推荐采用A_3号钢或20号钢的无缝钢管（YB 231—70）。

但是在无缝钢管供应困难的情况下，部分低压乙炔的管道或不大于$\phi\frac{1}{2}''$的支管，也可以采用焊接，但不要镀锌的焊接钢管（俗名白铁管），因锌与乙炔接触后起化学作用可生成易引爆的乙炔盐类物质。对管壁的厚度应考虑到有承爆的足够厚度。

三、中压乙炔管道的管径限制和管壁厚度。中压乙炔管道的管径，苏联、东欧和日本都限制为不超过50mm。如苏联《乙炔生产》一书及（日）数森敏郎著《高压瓦斯技术便览》一书，都是根据吕玛斯克（Rimarski）的试验结果（见表9.0.2.1）确定的。

这个试验结果引出乙炔分解爆炸的临界管径公式如下：

①爆燃分解的临界直径$D_1=157P^{-1.82}$。

②爆轰分解的临界直径$D_2=240P^{-1.82}$。

表9.0.2-1　乙炔管管径对分解爆炸的影响

管　径（mm）	有　无　爆　炸
50	乙炔压力在0.2MPa绝对压力下没有爆炸
100、200、300、400	乙炔压力在0.14～0.16MPa绝对压力下产生爆炸
430、450	乙炔压力在0.13MPa绝对压力下没有爆炸

注：这个试验是用30m长管子，水平放置的3根0.15mm的铂丝通过15A的电流点火，使管内的纯乙炔爆炸。

根据此公式计算，当乙炔压力 $P=0.2\text{MPa}$ 绝对压力，$D_1=44.5\text{mm}$，$D_2=68\text{mm}$，因此他们认为乙炔管道其内径在50mm以内时，不会产生爆轰，只能产生爆燃，其最大爆压为乙炔初压的11～13倍，以此作为设计乙炔管道强度的计算依据，并以此爆压为静压考虑。而对爆轰则不予考虑，认为若根据爆轰的爆压来计算管子的壁厚是没有经济价值的。所以苏、日将乙炔管道内径的临界值定为50mm。

从美国等一些国家的有关资料看，乙炔管径并不以 $\phi50\text{mm}$ 加以限制，而是在水压试验时，根据乙炔的初压，规定了不同的水压试验的压力。如1972年美国《国家防火标准》（氧、乙炔部分）。

从以上可知，国外对乙炔管道的管径选择并不是一致的。关键在于乙炔在管内爆炸的特性，我们认为Rimarski的试验是一个方面，仅是管内的纯乙炔由于热能引爆的情况。而我们使用乙炔是与氧混合燃烧作焊接、切割及金属的火焰加工，这就有一个回火的问题。回火时可能先使氧、乙炔混合气在管内首先爆炸，再引起管内后面的纯乙炔二次爆炸——即所谓的阶式爆炸，这种情况就与Rimarski的试验不一样了。为了掌握乙炔管道的阶式爆炸的特性，我们专门组成了一个"乙炔管道爆炸试验小组"，从1974年、1976年到1977年3年的试验中，对管径为DN32、50、65、80及100mm5种管子共作乙炔管道阶式纯乙炔分解爆炸172次，氧、乙炔混合气爆炸465次（数据见1978年6月一机部第一设计院"乙炔管道爆炸试验数据记录表"），取得数据1138个。

其中，当乙炔初压为0.15MPa表压时，其最大爆炸压力如表9.0.2-2：

为了掌握在快载（正压作用时间 $t_{\text{效}}=10-25\text{ms}$）情况下，钢管的破裂极限强度与水压试验时的破裂极限强度的差别，我们又分别作了试验，管材全用25#钢的DN80无缝钢管，管壁厚度为 $t\text{mm}$ 时，试验结果分别如下（见表9.0.2-3，表9.0.2-4）。

表 9.0.2-2　中压乙炔管道爆炸试验最大爆炸压力数据表

公称管径（mm）	管子外径（mm）	管壁厚度（mm）	氧、乙炔混合气爆炸压力 MPa				纯乙炔阶式分解爆炸压力 MPa			
			试验编号	入射压力	试验编号	反射压力	试验编号	入射压力	试验编号	反射压力
32	38	4	74245	11.9	74245	18.9	74255	9.0	74256	33.4
50	57	4	74238	12.5	74238	27.7	77176	11.7	77181	39.0*
65	76	4	74216	15.0	74281	32.6	74297	11.7	76044	174.8*
80	89	4	77157	20.4	74267	31.4	77335	17.4	77333	86.2
100	108	5	74269	15.6	74271	38.1	74288	9.9	74288	114.4*

注：上表中入射压力是30m试验管的当中部位所测得的爆压，反射压力是试验管末端端头处测得的压力。数据上有"＊"者为用BPR-10型50.0MPa的探头测得的数值乘上与YY1探头的对比系数后的数值（BPR-10型50.0MPa的探头有缺点）。

表 9.0.2-3　薄壁管爆破试验结果

试验编号	薄壁管号	壁厚 t（mm）	P_H（爆压）MPa	爆破情况	备 注
77149	4c	0.58	15.0	未破但有塑性变形	1. 一共作了8次试验，这是其中的2次结果
77213	4d	0.64	16.8	破	2. 经计算 σ_b 动 $=2100\text{N/mm}^2$

表 9.0.2-4　钢管水压试验破裂结果

薄壁管号	壁厚 t（mm）	P 静（MPa）	σ_b（N/mm²）	备 注
1A	1.06	7.0	283	1. 试验钢管的 σ_b 的平均值为310N/mm²
4C	1.6	13.5	337	2. 25#钢的 $\sigma_b=400\text{N/mm}^2$

从上面结果可知，爆压是一个冲击载荷，不能以爆压直接当静载来计算，而应用等效静载的方法来计算，根据上列试验数据计算出等效静载总系数 $f=0.67$，因此在乙炔管内爆炸冲击载荷作用下，钢管的安全壁厚 t 可按下式求之：

$$t=\frac{P_H D}{2\sigma_b}\times f\times A+c_1\ (\text{mm})$$

式中　P_H——冲击载荷作用的压力峰值（MPa）；
　　　　D——管内径（mm）；
　　　　A——安全系数；
　　　　c_1——裕量（mm）；
　　　　σ_b——管子材料的强度极限（N/mm²）；
　　　　f——等效静载总系数 $=0.67$。

式中 P_H 可取氧、乙炔混合气爆炸的入射压力（即爆压），见表9.0.2-2。

从试验的总数据中，可看出一般正常的反射力，氧、乙炔混合气爆炸时为入射压力的2～3倍，纯乙炔阶式分解爆炸时为入射压力的3～4倍，但纯乙炔阶式分解爆炸的反射压力有时出现特高压，甚至是入射压力的 10 多倍，所以反射压力不稳定，而且反射压力仅在管中的死端点上产生。所以用仅在死端点上产生的高反射压力来作为整个管道强度的计算数据是不合理的，而是应避免有死端点，不让高的反射压力产生。从试验的数据看，大管径的爆炸压力比小管径的爆炸压力要大些。反射压力衰减也比较快，例如特高反射压力在死端点出现时，在离死端点 13cm 处测得其压力已衰减与正常反射压力相近了。试验管道本身（薄壁管除外）虽经数百次的试验，承受了爆炸压力，并无破裂飞片的情况，只有 $D_N=65$ 和 $D_N=80$ 管子，当承受特高反射压力时，有几次管端的焊缝被爆裂（因为在现场用气焊焊的，质量较差）。所以我们认为 $\phi50$ 以上的乙炔管道应避免有死端点或盲板，而对乙炔管道的焊缝一定要保证优质。这样 P_H 取氧、乙炔混合气的爆压是比较合理的。

式中乙炔管径 D 的限制。从我们试验中看，由于乙炔管道是供氧乙炔陷加工金属，存在着回火情况，而回火首先是氧、乙炔混合气的氧化爆炸，并可能再引起管内纯乙炔的分解爆炸，这些爆炸一般为爆燃，但也可造成爆轰，例如在我们的试验中，多发生为爆轰，所以当管中乙炔产生阶式分解爆炸，一般均为爆轰，所以我们认为管子只要有足够的强度，能承受管内乙炔爆轰的冲击载荷就行。所以在这种情况下，临界管径 $\phi50mm$ 的限制不是绝对的，因为在我们的试验中，事实是经常出现爆轰。当然管径愈大爆轰压力比小管的要大些，所以大管的管子强度要求就更高些，即壁厚要厚些，这就要取一个比较经济合理的界限，由于我们的试验条件的限制，$\phi108\times5$ 的无缝钢管的数据不多，又考虑到供氧、乙炔焰于金属加工和乙炔的需要量，在现阶段暂取为不超过 $\phi80$ 的乙炔管道，是安全经济合理的。

式中安全系数 A 可取 2.5。因为公式中是以材料的强度极限来计算的。另外，在薄壁管的爆破试验中，如试验编号 77140、77143、77149 及 77150 次中，虽管壁没有破裂，但也产生了塑性变形，所以为了防止塑性变形应该有一安全系数。在试验中也可看出，30m 试验管子，虽经数百次爆炸试验，但基本完好。所以安全系数采用 2.5 是足够安全的。

式中管子壁厚裕度 c_1 是只考虑计算出的安全管壁厚度，在选择常用无缝钢管时的余量，这个余量在小管时较大，大管较小，约在 0.45～2mm 之间，因此当此管道架空敷设时，尚可作为腐蚀裕度，而当此管道埋地敷设时，作为腐蚀裕度就不够了，尤其是 $\phi50$ 以上的管子，所以应该根据土壤的腐蚀性增加管子的耐腐蚀的裕度，对于小管也至少加 0.5mm。所以本规范中所列的管子壁厚是最小壁厚。

四、中压乙炔管道上用的阀门附件，如 $\phi50mm$ 及其以下，以前选用旋塞（$P_N=1.0MPa$）和截止阀（$P_N=1.6MPa$）使用情况较好，所以本规范未予变动，但现在中压乙炔管道的管径放大到 $\phi65$ 和 $\phi80$ 后，阀门的公称压力如何选用，我们试验组也专门作了试验，试验是将阀门安装在 30m 长试验管的终端，首先用 3000V 高频振荡点火器点燃氧、乙炔混合气，产生氧化爆炸后使管内 0.15MPa 的纯乙炔产生阶式分解爆炸，阀门的型号为 $\phi80$ 的 J41T—16 和 J41T—25 两种，试验结果如表 9.0.4 所示。

表 9.0.4　阀门耐爆强度试验数据

试验编号	阀门型号	初压（MPa）	端点反射压力（MPa）	炸破情况
77221	J41T—16	0.145/0.145	43.2*	炸破
77222	J41T—16	0.15/0.08	24.0*	未破、冒火
77314	J41T—16	0.15/0.15	32.9	炸破
77335	J41T—25	0.125/0.15	48.8*	冒火、未破
77337	J41T—25	0.15/0.15	33.6*	无损
77339	J41T—25	0.12/0.15	26.8*	冒火

注：① 有"＊"者为 BPR—10，50MPa 的探头测出后乘以对比系数 4 的数据。第 77314 次的数据为 YD 型晶体探头测得的数据。
② 初压栏内分子为氧化爆炸的初压，分母为纯乙炔爆炸的初压。

从上表中可以看出 $D_N=80$ 的 $P_N=1.6MPa$ 的灰铸铁截止阀（J41T—16）被炸破两次，而 $P_N=2.5MPa$ 的可锻铸铁截止阀（J41T—25）虽经 3 次爆炸，并无损伤，所以根据这种情况，规范定为 $D_N=65$ 和 $D_N=80$ 的阀门应采用 $P_N=2.5MPa$ 的可锻铸铁阀门。

为了使盲板效应低一些和密闭性好，在乙炔管道上，不应采用水道上用的闸阀。

五、高压乙炔管道的管径限制和管壁厚度。苏联标准最大管径限制为 20mm，国外乙炔站设计中实际采用的高压管径基本近于 20mm，如瑞典 AGA 公司采用的最大高压管为 18mm，美国 REXARC 公司采用的 3/4″，本规范等效采用为 20mm。

高压乙炔管道的壁厚是根据德国 TRAG 法规及瑞典 AGA 公司等的资料的规定，即高压乙炔管道应能承受乙炔分解爆炸时的压力，实际管道水压试验压力采用为 30MPa。

管壁厚度是经如下计算后采用的，即：

$$壁厚\ S=S_Y+c=\frac{P\cdot W_s}{2[\sigma]+P}+c$$

式中　S_Y——管壁厚度（mm）；
　　　P——乙炔分解爆炸压力（MPa）（实际为水压试验压力为 30MPa）；
　　　W_s——管内径（mm）；

$[\sigma]$——许用应力（N/mm²）；

c——腐蚀裕度（mm），$c=0.11S_Y+1$。

10号钢管材额定许用应力$[\sigma]=120$N/mm²。

则 $S=\dfrac{30W_s}{2\times120+30}+c=\dfrac{3}{27}W_s+c=0.11W_s+c$

六、高压乙炔管道上用的阀门附件，根据德国TRAC法规，瑞典AGA公司以及美国NFPA法规都采用较高压力等级的阀件，因此根据承受强度试验压力为30MPa的基础上，本规范将高压管道的阀门附件的压力等级修改为25MPa（公称压力）。

第9.0.5条 乙炔管道的静电接地，目的是消除管内由于气流摩擦产生的静电聚集。接地装置的作法，是参照1983年《化工企业静电接地设计技术规定》（CD 90A3—83）提出的。

根据现行的国家标准《工业管道工程施工及验收规范—金属管道篇》（本说明中以下简称"施工规范"）第五章第十二节要求，提出法兰或螺纹接头间应有跨接导线要求。

第9.0.6条 排水坡度的作用主要是在气流不流动或很慢流动时，使气体中析出的水份能沿管壁流入集水器，防止管内积水造成水塞。日本和国内的一些设计院（例上海某设计院）有把管道设计成无坡度的，所以国内外的作法也不一样。管道的排水坡度，以前一般顺坡0.003，逆坡0.005，在实际施工时都很难准确。乙炔管道直径较小，横断面不大，设有坡度为好。对坡度的要求，为了方便施工，宜在0.003以上。

第9.0.7条 当架空乙炔管道必须靠近热源，敷设在温度超过70℃的地方时，应采取隔热措施。以前苏联的规定也不统一，如1951年苏联国立氧气工厂设计院《工厂焊接加工金属用乙炔和氧气管道安装暂行技术规范》中第66条规定："乙炔管道应与没有设防的火焰、烧红的物体和其他热源有一定的距离，以便使管壁的温度不超过35℃"。在我国南方，厂区架空的乙炔管道，由于太阳辐射热的照晒，管壁温度就可达到60℃左右，而且还不是局部的，所以不适合我国具体情况。1958年苏联《乙炔管道的试验及装置规定》一书第7条要求"乙炔管道可与低压蒸汽管（温度到150℃）伴随一道保温"。两者也不一致。日本"高压气体协会志"第21卷第6号（1957年8月）一期中转介了德国乙炔管理规则（3）第11条规定，着火源（2）、明火（无罩的灯火、焊接、切割一类的火焰、炉子）灼热的东西及225℃的以上的热物体（注：相当于乙炔着火温度335℃的2/3）是被禁止的。"当然乙炔在管中输送时，温度愈低愈安全，局部温度升高，不但降低了爆炸下限，而且增加了流速，对安全不利。最理想情况是乙炔管道在出站前先冷却到35℃，并一直保持此温度。但根据实际情况，夏天曝晒，冬天保温都达不到这个要求。我们参考了1974年全国溶解乙炔站经验交流会纪要规定："中压

乙炔发生器（水入电石式）内乙炔温度不应大于90℃，乙炔压缩机各级排气温度不应超过90℃。"为了安全起见，我们规定管壁严禁超过70℃，否则应采取隔热措施。

根据上述情况，乙炔管道一年之内温差还是变动不小的，所以应考虑热补偿的问题。

第9.0.8条 乙炔为易燃易爆气体，在空气中只要含有2.3%～80.7%的乙炔气，只要有一个很小的火花（0.02mj的能量）就会引爆，而且爆炸的威力很大，所以要特别注意。从我们调查了解的事故中（见《氧、乙炔站设计规范参考资料汇编》第11期《乙炔站包括瓶及管道爆炸事故及其分析专辑》），由于乙炔管漏泄乙炔，流入室内引起爆炸的事故还是比较多的，而且还非常严重，甚至有的还造成人身事故。如某重机厂铸钢清理车间生活间（设在厂房的披屋内），由于在其地面下的乙炔管道漏出乙炔，充满室内，在检修翻改时，焊渣落下引起爆炸，当场死去8人。所以一定要严格要求，严禁乙炔管道穿过生活间或办公室，并不应通过不使用乙炔的建筑物和房间。

第9.0.9条 架空敷设的乙炔管道，包括厂区及车间内的，除单独敷设外，允许与其他哪些管道共架的问题，在苏联规范中既不统一，也不明确。1951年苏联国立氧气工厂设计院《工厂焊接加工金属用的乙炔和氧气管道安装暂行技术规范》中第12条："乙炔管道在线路平面上，不能与其他管网和电缆一起敷设，其目的在于防止修理其中一条管道时，不致引起其他管道的损坏。"某机部某设计院当时的苏联专家写的《氧气站、乙炔站设计标准》，对乙炔管道敷设在车间内。要求氧、乙炔管道各有单独的支架；在厂区允许氧、乙炔管与其他管道共柱，而氧、乙炔管要敷设在其他管道之上，并有单独的托架。这与后来1970年苏联《乙炔生产》一书中厂区的乙炔管道可单独或与其他气体管道共一栈桥（支柱）敷设是一致的。在《乙炔生产》一书中提出，"乙炔管道应布置在支柱顶层，与氧、氢等有爆炸和易燃气体或与有腐蚀的液体管道应分别设置，与蒸汽和热力管道可敷设在同一栈桥上，但必须避免乙炔的局部过热。"上述各标准规范说法不完全统一。乙炔管道有其爆炸的特性，应从这个主要矛盾考虑其共架问题，例如氯气与乙炔气混合，则非常容易引起爆炸，所以禁止一起敷设。为了防止检修其他管道时，焊渣火花落在乙炔管道上发生危险，所以规定乙炔管道在其他管道上面敷设，并规定了与其他管道应有250mm的净距。除氯气以外的不燃气体管道、压力1.3MPa以下的蒸汽和热水管道，给水管道以及同一使用目的的氧气管道，无论是车间内或厂区的，可以共架敷设。有些工厂已是这样用了多年无问题，如沈阳某机器厂焊接车间的乙炔管与热水管和压缩空气管共架。沈阳某厂区氧、乙炔管道平行共架也用得很好。哈尔滨某厂焊

接车间内给水、蒸汽、凝结水、氧气、乙炔管和压缩空气管都上下共架，并无问题。所以，只要保证了净距，有单独的支座也保证了其牢固性，车间与厂区在上述条件下是可以共架的。但除上述条件以外的管线，厂区与车间也有不同之处，这体现在附录的距离中，可参见附录一、二、三。

第9.0.10条 乙炔站和使用乙炔的车间内的乙炔管道：

一、沿墙或柱子架空敷设，以前对其高度的要求不统一，有的规定不小于2m，有的为2.2m或2.5m。本规范只提出乙炔管道不应妨碍交通和维修的要求。与其他管道之间的净距可参照附录二。

如不能架空时，可单独或与供同一使用目的的氧气管道敷设在用非燃烧材料制成的不通行地沟内。盖板严禁用木制。为了防止氧、乙炔泄漏在地沟内聚集发生爆炸，所以在沟内必须填满砂子，砂子一定要填满到与盖板相接触，不要有空隙。而且地沟严禁与其他地沟、沟道相通，尤其是排水道等，因为乙炔漏入上述沟道往往引起严重爆炸事故（事故情况见本规范组编制的《氧、乙炔站设计规范参考资料汇编》第11期《乙炔站包括乙炔瓶、管道爆炸事故及其分析专辑》）。

二、岗位回火防止器应是每个焊割炬配置一个，以保证一个枪回火时，不影响或尽量减少影响别的使用点，以达到正常生产。尤其是有些用气点多，如船厂，往往一个用气点，甚至有20或40多个接头，这种情况宜将此用气点先装一个中央水封，而后每个接头上装一个回火防止器，以保证安全。

岗位回火防止器是否需要设保护箱的问题，看法是不一致的。因保护箱如通风不良，有时反而会出事故。但设有通风良好的保护箱，优点有：①防止上面掉下的焊接火花。②防止机械撞击。③防止非焊工乱开乙炔阀门。④在露天安装时防止雨雪和太阳曝晒等。尤其在室外的岗位回火防止器，更有需要。因此根据安装的具体地点在设计时考虑，规范中未作具体规定。

三、车间的乙炔管道进口处装设的中央回火防止器，以前按苏联规定为：当车间内有10个用气点以上时才装设。当然用气点愈多，回火爆炸的机会也愈多，但对每一把焊割炬来说，都有回火引爆的可能。例如上海某修造厂，1974年8月31日锻工车间一焊枪回火引起本车间3个岗位水封和另一船体车间内的4个岗位水封的防爆膜破裂，乙炔管道也有一小段$\phi 1\frac{1}{4}$"管炸裂，其他工厂也有类似情况发生。这就说明，若有中央回火防止器，则事故就可以限制在车间内，这样对减少损失和恢复生产都有好处。反之如厂区乙炔管道有了事故，车间入口若有中央回火防止器就可不影响到该车间内。这在美国C.E.P.1973年4

月号"乙炔爆炸分解事故"一文中介绍联碳公司在西佛吉尼亚州的一个化工厂的一次厂区乙炔管道大爆炸中也得到了证明。由于车间双向中央回火防止器的作用，免得影响到各车间，很快就恢复了生产。因此这对减少损失，迅速恢复生产都是有好处的，所以本规范规定：车间入口均应设有乙炔中央回火防止器。而这种中央回火防止器最好设计为两个方向都起止火作用的。

四、乙炔及其他管道穿过墙壁或楼板时，一般都应敷设在套管内，尤其对乙炔管道更应注意。在管道穿过墙壁或楼板时，不要使乙炔管道受到外加应力的作用，和严格防止乙炔漏入到其他房间。所以在乙炔管道与套管之间，应用柔性的非燃烧材料填塞，既能防止乙炔管道不受外力影响，又能提高密闭性。

埋地乙炔管道穿墙基或地坪时，在乙炔管道与套管之间要填以防水材料，以防渗水和漏气进入室内。

第9.0.11条 厂区乙炔管道架空敷设时：

一、对乙炔管道的支架，均应用非燃烧材料制作。乙炔管道有火灾危险，与国家标准《工业企业总平面设计规范》编制组协调后规定：只允许沿与乙炔生产或使用有关的车间建筑物外墙或屋顶上敷设，不允许沿其他建筑物敷设。

二、厂区架空敷设的含湿的乙炔管道，应不让其水份因冬季寒冷而冻塞，影响生产。防冻措施可依据具体情况而定，一般较寒冷的地区可采取保温措施。至于东北严寒地区甚至还要采取热力管伴随保温，苏联在1958年《对于金属火焰加工的乙炔生产》中第10条"乙炔管道可与低压蒸汽管道（温度不超过150℃）伴随一道保温。"并要求低压蒸汽管与乙炔管不要直接接触，其中留有间隙再一道保温。但对乙炔用温度近150℃的蒸汽管伴随保温是不够安全的，因蒸汽温度不易控制，容易造成乙炔过热。所以必要时必须用不超过70℃的热水管伴随保温或用干燥法将乙炔干燥后再输送比较安全。

三、为了防止乙炔管道上带电（感应电或短路）产生火花引起爆炸，电线一律不应与乙炔管道敷设在一起（乙炔管道专用的除外），应该分开支架敷设，其距离可参见附录一。

四、参照附录一。

第9.0.12条 厂区管道地下敷设分地沟敷设和直接埋地敷设两种，因为地沟敷设不够安全又不经济，所以本规范不推荐地沟敷设。本条的要求主要是对直接埋地而言。

一、管顶距地面的距离有的不小于0.6m（日本），有0.7m或0.8m的。我国在没有载重车辆经过的地方采用0.7m，实践也没有问题。所以在规范中采用一般不小于0.7m。如有重载的地面应进行负荷计算后再决定埋设深度。

二、乙炔管道敷设在冰冻层内时，应有防冻措施。同时还应考虑因地层温度变化会增加管道和附件的应力，而应考虑热补偿措施。

三、乙炔管道直接埋地敷设时，为了便于检漏，从沟底到管子上部高 300mm 的范围内不准回填冰土块、破砖乱瓦和石头等，避免形成空洞，积聚乙炔爆炸气，形成隐患。为了便于检漏，装设漏气检查点，所以沟内只能用松散的土或砂填平捣实直至管顶以上 300mm 后才可再一般回填。

四、阀门和附件宜直接埋地，是避免乙炔气漏入检查井内发生人身事故。如有必要设置检查井时，则应单独设置，并严禁其他管道直接穿过，以免乙炔气漏入到其他管内或沿其他管道外沿窜出，以保证安全。

五、土壤腐蚀等级分为五种，根据土壤最低比电阻（或电阻率）欧姆米来区分，苏联的分级方法如表 9.0.12-1（我国现分为低、中、高三级）。

表 9.0.12-1　土壤腐蚀的分级

土壤腐蚀等级	低	中	较高	高	特高
土壤最低比电阻（欧姆米）	>100	100～20	20～10	10～5	<5

不同土壤腐蚀等级选用不同类型的防腐绝缘层，见表 9.0.12-2。

表 9.0.12-2　防腐绝缘层的选用

土壤腐蚀等级	低和中（低）	较高和高（中）	特高（高）
防腐绝缘层类型	普通	强	特强

除上述情况下，还应考虑管道周围环境的情况（如杂散电流等）对管道的腐蚀。防腐绝缘层的材料和要求可参阅设计手册或标准图。

六、乙炔管道严禁通过烟道、通入地沟，是防止乙炔气漏入其中引起事故；靠近高于 50℃ 的热表面，不但使乙炔升温非常危险，而且防腐层也会被破坏。所以必须禁止乙炔管道敷设在这些地方。

在建筑物、构筑物和露天堆场下敷设乙炔管也是非常危险的，乙炔管漏气后不便及时修理，一旦有了火灾更是互相影响，所以必须预先避免。

附录一～附录三

附录一～三的内容是与国家标准《工业企业总平面设计规范》编制组相互协调落实后制定的。

中华人民共和国国家标准

锅 炉 房 设 计 规 范

GB 50041—2008

条 文 说 明

目　次

1 总 则

1.0.1 本条是原规范第1.0.1条的修订条文。

本条文阐明制定本规范的宗旨。其内容与原《锅炉房设计规范》GB 50041—92（以下简称"原规范"）第1.0.1条相同，仅将"贯彻执行国家的方针政策，符合安全规定"改写为"贯彻执行国家有关法律、法规和规定"。

1.0.2 本条是原规范第1.0.2条的修订条文。

本条主要叙述本规范适用范围，对原规范第1.0.2条的适用范围，按照国家最新锅炉产品参数系列予以调整：

1 以水为介质的蒸汽锅炉的锅炉房，其单台锅炉的额定蒸发量由原来1～65t/h，改为1～75t/h，压力及温度不变。

2 热水锅炉的锅炉房，其单台锅炉的额定热功率由原来0.7～58MW，改为0.7～70MW，其他参数不变。

3 符合本条第1、2款参数的室外蒸汽管道、凝结水管道和闭式循环热水系统。

1.0.3 本条是原规范第1.0.3条的修订条文。

本规范不适用余热锅炉、垃圾焚烧锅炉和其他特殊类型锅炉（如电热锅炉、导热油炉、直燃机炉等）的锅炉房和城市热力管道设计，特别要指出的是垃圾焚烧锅炉的锅炉房设计问题，近年来虽然垃圾焚烧锅炉的设计与应用发展较快，但因垃圾焚烧锅炉的锅炉房设计有其特殊要求，本规范难以适用，故不包括在内。

城市热力管道设计可按国家现行标准《城市热力网设计规范》CJJ 34的规定进行。

1.0.4 本条是原规范第1.0.4条的条文。

本条指出锅炉房设计，除应遵守本规范外，尚应符合国家现行的有关标准、规范的规定。主要内容有：

1 《城市热力网设计规范》CJJ 34—2002；

2 《建筑设计防火规范》GBJ 16；

3 《高层民用建筑设计防火规范》GB 50045；

4 《锅炉大气污染物排放标准》GB 13271；

5 《工业企业设计卫生标准》GBZ 1；

6 《湿陷性黄土地区建筑规范》GBJ 25；

7 《建筑抗震设计规范》GB 50011等。

3 基本规定

3.0.1 本条是原规范第2.0.2条第一部分的修订条文。

锅炉房设计首先应从城市（地区）或企业的总体规划和热力规划着手，以确定锅炉房供热范围、规模大小、发展容量及锅炉房位置等设计原则。本条为设计锅炉房的主要原则问题，所以列入基本规定第一条。

对于扩建和改建的锅炉房设计，需要收集的有关设计资料内容较多，本条文强调了应取得原有工艺设备和管道的原始资料，包括设备和管道的布置、原有建筑物和构筑物的土建及公用系统专业的设计图纸等有关资料。这样做可以使改、扩建的锅炉房设计既能充分利用原有工艺设施，又可与原有锅炉房协调一致和节约投资。

3.0.2 本条是原规范2.0.1条的修订条文。

锅炉房设计应该取得的设计基础资料与原规范条文一致，包括热负荷、燃料、水质资料和当地气象、地质、水文、电力和供水等有关基础资料。

3.0.3 本条是原规范第2.0.3条的修订条文。

原规范第2.0.3条条文内容限于当时形势，锅炉房燃料只能以煤为主。随着我国改革开放政策的不断深入，我国对环境保护政策的重视和不断加强环保执法力度，原条文已不适应当前形势发展的要求，锅炉房燃料选用要按新的环保要求和技术要求考虑。现在国内不少大、中城市对所属区域内使用的锅炉燃料作出许多限制，如不准使用燃煤作燃料等。随着我国"西气东输"政策的实施，以燃气、燃油作锅炉燃料得到快速发展。所以本条文对锅炉的燃料选用规定作了较大修改。同时本条文去除了"锅炉房设计应以煤为燃料，应落实煤的供应"等内容。

当燃气锅炉燃用密度比空气大的燃气时，由于燃气密度大，不利扩散，且随地势往下流动，安全性差，故不应设置在地下和半地下建、构筑物内。根据现行国家标准《城镇燃气设计规范》GB 50028规定气体燃料相对密度大于等于0.75时就不得设在地下、半地下或地下室，故本规范也采用此数据，以保证锅炉房安全运行。

对于燃气锅炉房的备用燃料选择，亦应按上述原则进行确定，并应根据供热系统的安全性、重要性、供气部门的保证程度和备用燃料的可能性等因素确定。

3.0.4 本条是原规范第2.0.4条的修订条文。

环境保护是我国的基本国策。锅炉房既是一个一次能源消耗大户，又是一个有害物排放、环境污染的源头。因此，锅炉房设计中对环境治理要求较高。锅炉房有害物除烟气中含有的烟尘、二氧化硫、氧化氮等有害气体外，尚有废水、排气（汽）、废渣和噪声等对环境造成的影响，必须对其进行积极的治理，以减少对周围环境的影响。同时对污染物的排放量也应加以治理，使其最终排放量符合国家和当地有关环境保护、劳动安全和工业企业卫生等方面的标准、规范的规定。

防治污染的工程还应贯彻和主体工程同时设计的

要求。

3.0.5 本条是原规范第 2.0.5 条的修订条文。

本条为设置锅炉房的基本条件，条文内容与原规范相比没有变化，仅对原条文"热电合产"一词改为"热电联产"。

热用户所需热负荷的供应，应根据当地的供热规划确定。首先应考虑由区域热电站、区域锅炉房或其他单位的锅炉房协作供应，在不具备上述条件之一时，才应考虑设置锅炉房。

3.0.6 本条是原规范第 2.0.6 条的修订条文。

采用集中供热时，究竟是建设热电站，还是区域性锅炉房，牵涉到各方面的因素，需要根据国家热电政策、城市供热规划和通过技术经济比较后确定。本条文为设置区域锅炉房的基本条件，与原规范条文没有太大变化，仅作个别词句上的改动。在一般情况下，建设区域锅炉房的条件为：

1 对居住区和公用建筑设施所需的采暖和生活负荷的供热，如其市区内无大型热电站或热用户离热电站较远，不属热电站的供热范围时，一般以建设区域锅炉房为宜。鉴于我国的地理环境状况，除东北、西北地区外，采暖期均较短，采用热电联产，以热定电方式集中供热，显然很不经济；即使在东北、西北寒冷地区，采暖时间虽然较长，但如采用热电联产，一般也难以发挥机组的效益。故在此情况下，以建设区域锅炉房进行供热为宜。

2 供各用户生产、采暖通风和生活用热，如本期热负荷不够大、负荷不稳定或年利用时数较低，则以建设区域锅炉房为宜。如果采用热电联产方式进行供热，将会导致发电困难，且经济性差。国务院 4 部委文件 急计基建（2000）1268 号文 关于印发《关于发展热电联产的规定》的通知中规定："供热锅炉单台容量 20t/h 及以上者，热负荷年利用大于 4000h，经技术经济论证具有明显经济效益的，应改造为热电联产"。根据这一规定精神，应该对本地区热负荷情况进行技术经济分析后再作确定。

3 根据城市供热规划，某些区域的企业（单位）虽属热电站的供热范围，但因热电站的建设有时与企业（单位）的建设不能同步进行，而用户又急需用热，在热电站建成前，必须先建锅炉房以满足该企业（单位）用热要求，当热电站建成后将改由热电站供热，所建锅炉房可作为热电站的调峰或备用的供热热源。

3.0.7 本条是原规范第 2.0.7 条的修订条文。

按照锅炉房设计程序，在设计外部条件确定后，即进行锅炉房总的容量和单台锅炉容量的确定、锅炉及附属设备的选型和工艺设计。而锅炉房总的容量和单台锅炉容量、锅炉选型和工艺设计的基础是设计热负荷，所以应高度重视设计热负荷的落实工作。实践证明，热负荷的正确与否，会直接影响到锅炉房今后

运行的经济性和安全性，而热负荷的核实工作设计单位应负有主要责任。

为正确确定锅炉房的设计热负荷，应取得热用户的热负荷曲线和热平衡系统图，并计入各项热损失、锅炉房自用热量和可供利用的余热后来确定设计热负荷。

当缺少热负荷曲线或热平衡系统图时，热负荷可根据生产、采暖通风和空调、生活小时最大耗热量，并分别计入各项热损失和同时使用系数后，再加上锅炉房自用热量和可供利用的余热量确定。

3.0.8 本条是原规范第 2.0.8 条的修订条文。

本条为锅炉房设置蓄热器的基本条件，锅炉房设置蓄热器是一项节能措施，在国内外运行的锅炉房中设置蓄热器的数量较多，它具有使锅炉负荷平稳，改善运行状态，提高锅炉运行的经济性与安全性。蓄热器用以平衡不均匀负荷时，外界热负荷低时可蓄热，热负荷高时可放热。所以，当热用户的热负荷变化较大且较频繁，或为周期性变化时，经技术经济比较后，在可能条件下，应首先考虑调整生产班次或错开热用户的用热时间等方法，使热负荷曲线趋于平稳。如在采用以上方法仍无法达到使热负荷平衡情况时，则经热平衡计算后确有需要才设置蒸汽蓄热器。设置蒸汽蓄热器的锅炉房，其设计容量应按平衡后的各项热负荷进行计算确定。

3.0.9 本条是原规范第 2.0.9 条的条文。

本条文与原规范第 2.0.9 条的条文相同，仅作个别名词的增改。

条文中规定，专供采暖通风用热的锅炉房，宜选用热水锅炉，以热水作为供热介质，这是就一般情况而言。但对于原有采暖为供汽系统的改扩建工程，或高大厂房的采暖通风以及剧院、娱乐场、学校等公共建筑设施，是否一律改为或采用热水采暖，需视具体情况，经过技术经济比较后确定，不能硬性规定均应改为热水采暖。

供生产用汽的锅炉房，应选用蒸汽锅炉，所生产的蒸汽，直接供生产上应用。

同时供生产用汽及采暖通风和生活用热的锅炉房，是选用蒸汽锅炉、汽水两用锅炉，还是蒸汽、热水两种类型的锅炉，需经技术经济比较后确定。一般的讲，对于主要为生产用汽而少量为热水的负荷，宜选用蒸汽锅炉，所需的少量热水，由换热器制备；主要为热水而少量为蒸汽的负荷，可选用蒸汽、热水锅炉或汽、水两用锅炉。如选用蒸汽锅炉时热水由换热器制备；如选用热水锅炉时，少量蒸汽可由蒸发器产生，但所产生的蒸汽应能满足用户用汽参数的要求；选用汽、水两用锅炉时，同时供应所需的蒸汽和热水。如生产用蒸汽与热水负荷均较大，或所需的两种热介质用一种类型的锅炉无法解决，或虽然解决但却不合理，也可选用蒸汽和热水两种类型的锅炉。

3.0.10 本条是原规范第2.0.10条的修订条文。

锅炉房的供热参数，以满足各用户用热参数的要求为原则。但在选择锅炉时，不宜使锅炉的额定出口压力和温度与用户使用的压力和温度相差过大，以免造成投资高、热效率低等情况。同时，在选择锅炉参数时，应视供热系统的情况，做到合理用热。因此在本条文中增加了"供生产用蒸汽压力和温度的选择应以能满足热用户生产工艺的要求为准"。热水热力网最佳设计供、回水温度应根据工程的具体条件，作技术经济比较后确定。

在锅炉房的设计中，当用户所需热负荷波动较大时，应采用蓄热器以平衡不均匀负荷，有条件时尽量做到从高参数到低参数热能的梯级利用，这是合理用能、节约能源的一种有效方法。

3.0.11 本条是原规范第2.0.11条的修订条文。

原规范对锅炉选择除上述第3.0.9条、第3.0.10条的条文规定外，尚应符合下列要求，即：应能有效地燃烧所采用的燃料、有较高的热效率、能适应热负荷变化、有利于环境保护、投资较低、能减少运行成本和提高机械化自动化水平等要求。

所谓不同容量与不同类型的锅炉不宜超过2种，是指在需要时，锅炉房内可设置同一类型的锅炉而有两种不同的容量，或是选用两种类型的锅炉，但每种类型只能是同一容量。这样的规定是为了尽量减少设备布置和维护管理的复杂性。本条规定是选择锅炉时应注意的问题，以便能满足热负荷、节能、环保和投资的要求。

近年来我国的燃油燃气锅炉制造技术、燃烧设备的配套水平、控制元件和系统设置等，现在都有了显著的进步，有些产品已可以替代进口，这给工程选用带来了方便条件。本条中的关键是全自动运行和可靠的燃烧安全保护。全自动可避免人为误操作，可靠的燃烧安全保护装置指启动、熄火、燃气压力、检漏、热力系统等保护性操作程序和执行的要求，必须准确可靠。

3.0.12 本条是原规范第2.0.12条和第2.0.13条的修订条文。

锅炉台数和容量的选择，原规范条文比较原则，本次修订时将锅炉台数和容量的选择作了更加明确与详细的规定，便于遵照执行。

本条文规定的锅炉房锅炉总台数：新建锅炉房一般不宜超过5台；扩建和改建锅炉房的锅炉总台数一般不宜超过7台，与原规范一致仍维持原条文没有变化。锅炉房的锅炉台数决定尚应根据热负荷的调度、锅炉检修和扩建可能性来确定。一般锅炉房的锅炉台数不宜少于2台，这里已考虑到备用因素在内。但在特殊情况下，如当1台锅炉能满足热负荷要求，同时又能满足检修需要时，尤其是当这台锅炉因停运而对外停止供汽（热）时，如不对生产造成影响，可只设置1台锅炉。

本条文增加了对非独立锅炉房锅炉台数的限制，规定不宜超过4台。这一方面可以控制锅炉房的面积，另一方面也是为安全的需要，台数越多，对安全措施要求越多。

3.0.13 本条是原规范第2.0.15条的条文。

在地震烈度为6度到9度地区设置锅炉房，锅炉及锅炉房均应考虑抗震设防，以减少地震对它的破坏。锅炉本体抗震措施由锅炉制造厂考虑，锅炉房建筑物和构筑物的抗震措施，按现行国家标准《建筑抗震设计规范》GB 50011执行，在锅炉房管道设计中，管道支座与管道间应加设管夹等防止管道从管架上脱落措施，同时在管道的连接处应采用橡胶柔性接头等抗震措施。

3.0.14 本条是原规范第2.0.17条的修订条文。

锅炉房（包括区域锅炉房）需设置必要的修理、运输和生活设施。锅炉房的规模越大，其必要性也越大，当所属企业或邻近企业有条件可协作时，为避免重复建设，可不单独设置。

4 锅炉房的布置

4.1 位置的选择

4.1.1 本条是原规范第5.1.1条、第5.1.2条和第5.1.3条合并后的修订条文。

原规范条文中锅炉房位置的选择应考虑的要求共8款，本次修订后改为10款，在内容上也作了修改，各款的主要修改内容如下：

1 为原规范第5.1.1条的第一、二款的合并条款，因热负荷及管道布置为一个统一的内容，即锅炉房位置的选择要考虑在热负荷中心，同时这样做可使热力管道的布置短捷，在技术、经济上比较合理。

2 为原规范第5.1.1条的第三款，锅炉房应尽可能位于交通便利的地方，以有利于燃料、灰渣的贮运和排送，并宜使人流、车流分开。

3 为原规范第5.1.2条的内容，为锅炉房扩建原则。

4 为原规范第5.1.1条的第四款内容。

5 为原规范第5.1.1条的第五款内容，目的是尽量避免地做特殊处理，保证锅炉房的安全和节省投资。

6 本款前半段与原规范第5.1.1条的第六款一致，去除后半段有关"全年最小频率风向的上风侧和盛行风向的下风侧"内容，改为"全年运行的锅炉房应设置于总体主导风向的下风侧，季节性运行的锅炉房应设置于该季节最大频率风向的下风侧，"以免引起误解。

7、8 与原规范第5.1.1条的第七、八款一致。

9 为原规范第 5.1.3 条的内容,为区域锅炉房位置选择的原则。

10 对易燃、易爆物品的生产企业,为确保安全,其所需建设的锅炉房位置,除应满足本条上述要求外,尚应符合有关专业规范的规定。

4.1.2 本条是原规范第 5.1.4 条的修订条文之一。

由于锅炉房是具有一定爆炸性危险的建筑,其对周围的危害性极大,因此对新建锅炉房的位置原则上规定宜设置在独立的建筑物内。

4.1.3 本条是原规范第 5.1.4 条的修订条文之一。

锅炉房作为独立的建筑物布置有困难,需要与其他建筑物相连或设置在其内部时,为确保安全,特规定不应布置在人员密集场所和重要部门(如公共浴室、教室、餐厅、影剧院的观众厅、会议室、候车室、档案室、商店、银行、候诊室)的上一层、下一层、贴邻位置和主要通道、疏散口的两旁。

锅炉房设置在首层、地下一层,对泄爆、安全和消防比较有利。

这里需要说明的是:锅炉房本身高度超过 1 层楼的高度,设在其他建筑物内时,可能要占 2 层楼的高度,对这样的锅炉房,只要本身是为 1 层布置,中间并没有楼板隔成 2 层,不论它是否已深入到该建筑物地下第二层或地面第二层,本规范仍将其作为地下一层或首层。

另外,对锅炉房必须要设置在其他建筑物内部时,本规范还规定了应靠建筑物外墙部位设置的规定,这是考虑到,如锅炉房发生事故,可使危害减少。

4.1.4 本条是原规范第 5.1.4 条的修订条文之一。

在住宅建筑物内设置锅炉房,不仅存在安全问题,而且还有环保问题,无论从大气污染还是噪声污染等方面看,都不宜将锅炉房设置在住宅建筑物内。

4.1.5 本条是原规范第 5.1.6 条的修订条文。

煤粉锅炉不适宜使用在居民区、风景名胜区和其他主要环境保护区内,因为这些地区对环保要求较高,煤粉锅炉房难以满足当地环保要求。在这些地区现在使用燃煤锅炉的数量已越来越少,使用煤粉锅炉的几乎没有,它们已逐步被油、气锅炉所代替。为此本规范对煤粉锅炉的使用作出一定的限制,这主要是从保护环境角度考虑。至于沸腾床锅炉目前在这类地区基本上已不再使用,所以在本规范中不再论述。

4.1.6 本条是新增的条文。

循环流化床(CFB)锅炉是近 10 多年发展起来的一种环保节能型锅炉,它采用低温燃烧,有利于炉内脱硫脱硝;由于该类型的锅炉燃烧完善和具有燃烧劣质煤的功能,因此能起到节约能源的作用。但是这种锅炉排烟含尘量高,对城市环境卫生带来一定影响。这种锅炉炉型虽然可以使用各种高效除尘设施,如静电除尘器或布袋除尘器等来进行除尘,使烟气排放的污染物浓度达到国家规定的要求,但这些设备价格较高。因此在本规范条文中规定,既要鼓励采用环保节能型锅炉,同时在使用上又要加以适当限制,规定居民区不宜使用循环流化床锅炉。

4.2 建筑物、构筑物和场地的布置

4.2.1 本条是新增的条文。

根据近年来国内锅炉房总体设计的发展趋势逐渐向简洁及空间组合相协调的方向发展。过去人们对锅炉房的概念,一般都与脏、乱、劳动强度大等联系在一起,在锅炉房的设计中往往会忽视其整洁的一面,把锅炉房选型和场地布置放在一个从属地位,因此以往不少锅炉房建筑造型简陋,场地紧张杂乱,安全运行和安装检修存在较多隐患。随着改革开放的深入,城市的扩大和供热工程的发展,对锅炉房设计提出了更新的理念,因此本条文结合目前国内锅炉房发展要求,增订了对锅炉房总体设计方面的规定。

4.2.2 本条是新增的条文。

新建区域锅炉房厂前区的规划应与所在地区的总体规划相协调,协调内容应包括交通、物料运输和人流、物流的出入口等。

根据国内外城市发展规划要求,锅炉房的辅助厂房与附属建筑物,宜尽量采用联合建筑物,并应注意锅炉房立面和朝向,使整体布局合理、美观,这也是适应城市和小区的发展而新增的条文。

4.2.3 本条是新增的条文。

本条为对锅炉房建筑造型和整体布局方面的要求,对工业锅炉房而言,其建筑造型应与所在企业(单位)的建筑风格相协调;对区域锅炉房而言,应与所在城市(区域)的建筑风格相协调。这也是适应城镇和工业企业的发展而新增的条文。

4.2.4 本条基本上是原规范第 5.2.1 条的条文,仅作个别文字修改。

本条提出充分利用地形,这可使挖方和填方量最小。在山区布置时,对规模和建筑面积较大的锅炉房,可采用阶梯式布置,以减少挖方和填方量。同时,锅炉房设计应注意排水顺畅,且应防止水流入地下室和管沟。

4.2.5 本条是原规范第 5.2.2 条的修订条文。

锅炉房、煤场、灰渣场、贮油罐、燃气调压站之间,以及和其他建筑物、构筑物之间的间距,因涉及安全和卫生方面的问题,在锅炉房的总体布置上应予以充分重视。在本条文中除列出主要的现行国家标准规范外,尚应执行当地的有关标准和规定。

4.2.6 本条是原规范第 5.2.3 条的条文。

对运煤量较大的输煤系统,一般采用皮带输送机居多,如能利用地形的自然高差,将煤场或煤库布置在较高的位置,可减少提升高度、缩短运输走廊和减少占地面积,节约投资。同时,煤场、灰场的布置应

注意风向，以减少煤、灰对主要建筑物的影响。

4.2.7 本条是新增的条文。

锅炉房建筑物和构筑物的室内底层标高应高出室外地坪或周围地坪 0.15m 及以上，这是建筑物防水和排水的需要，可避免大雨时室外雨水向锅炉房内部倾注或浸蚀构筑物，而造成不利影响。锅炉间和同层的辅助间地面标高则要求一致，以使操作行走安全。

4.3 锅炉间、辅助间和生活间的布置

4.3.1 本条是原规范第 5.3.1 条的修订条文。

锅炉间、辅助间和生活间布置在同一建筑物内或分别单独设置，应根据当地自然条件、锅炉间布置及通风采光要求等来确定，本条规定系根据目前国内锅炉房布置的现状，作推荐性的规定。

对于水处理、水泵间、热力站等设备可布置在锅炉间炉前底层，也可布置在辅助楼（间）底层，这要视工艺管道的布置是否便捷、噪声和振动等的影响来确定。

4.3.2 本条是原规范第 5.3.2 条的修订条文。

原规范对锅炉房为多层布置时，对仪表控制室的设置位置提出了要求。本次规范修订时，考虑到目前国内技术水平的发展，单层布置的锅炉房也有可能设置仪表控制室，故本次规范修订中不提出以锅炉房为多层布置作为设置仪表室设置的先决条件，而只提出仪表控制室设置中应考虑的问题。

仪表控制室的布置位置应根据锅炉房总的蒸发量（热功率）考虑，原则上宜布置在锅炉间运行层上。此时对仪表控制室的朝向、采光、布置地点及司炉人员的观察、操作有一定的要求。同时，应采取措施避免因振动（机械设备或除氧器等）而造成影响。

4.3.3 本条是原规范第 5.3.2 条的修订条文之一。

对容量大的水处理系统、热交换系统、运煤系统和油泵房，由于系统的仪表和电气表计和控制柜内容比较多，为保证这些设备的使用运行安全，故提出宜分别设置控制室。

当仪表控制室布置在热力除氧器和给水箱的下面时，应考虑到除氧器荷重和除氧器加热振动而造成对土建的安全性以及对建筑防水措施的影响，确保仪表控制室安全。

4.3.4 本条是原规范第 5.3.4 条的修订条文。

锅炉房对生产辅助间（修理间、仪表校验间、化验室等）和生活间（值班室、更衣室、浴室、厕所等）的设置问题，应根据国家现行职业卫生标准《工业企业设计卫生标准》GBZ 1 和当地的具体条件，因地制宜地加以设置。根据国内现行锅炉房大量调查统计，各单位的生产辅助间和生活间的设置情况不尽一致，难以统一。因此本内容仅为一般推荐性条文，供锅炉房设计时参考。

4.3.5 本条是原规范第 5.3.5 条的条文。

采光、噪声和振动对化验室的分析工作有较大影响，因此，在设置锅炉房化验室时，应考虑上述影响。同时，由于锅炉房的取样、化验工作比较频繁，因此，也尽量考虑其便利。

4.3.6 本条是原规范第 5.3.3 条的修改条文。

锅炉房一般都需考虑扩建，运煤系统应从锅炉房固定端，即设有辅助间的一端接入炉前，以免影响以后锅炉房的扩建。

4.3.7 本条是原规范第 5.3.6 条的修订条文。

本条的规定是为保证锅炉房工作人员出入的安全，或遇紧急状况时便于工作人员迅速离开现场。

4.3.8 本条是原规范第 5.3.7 条的条文。

锅炉房通向室外的门应向外开启，这是为了方便锅炉房工作人员的出入，同时当锅炉房发生事故时，便于人员疏散；锅炉房内部隔间门，应向锅炉间开启，这是当锅炉房发生事故时，使门趋向自动关闭，减少其他房间因锅炉爆炸而带来的损害，这也有利于其他房间的人员方便进入锅炉间抢险。

4.4 工艺布置

4.4.1 本条是原规范第 5.4.1 条的修订条文。

本条文是对锅炉房工艺设计的基本要求，是在锅炉房设计中应贯彻的原则。本条文所叙述的各种管线系包括输送汽、水、风、烟、油、气和灰渣等介质的管线，对这些管线应能合理、紧凑地予以布置。

4.4.2 本条是原规范第 5.4.6 条的修订条文。

锅炉露天、半露天布置或锅炉室内布置问题，经过多年的实践和大量事实的验证，对平均气温较高，常年雨水不多的地区，可以采用露天或半露天布置，至于露天或半露天布置锅炉房容量的划分，从气象条件来看，认为在建筑气候年日平均气温大于等于25℃的日数在 80d 以上，雨水相对较少的地区，锅炉可采用露天或半露天布置。从目前国内情况来看，一般以单台锅炉容量在35t/h 及以上为宜，尤其在我国南方地区，单台锅炉容量大于等于 35t/h 的锅炉房采用露天或半露天布置的较多。

当锅炉房采用露天或半露天布置时，要求锅炉制造厂在锅炉产品制造时，应提供适合于露天或半露天布置的设施，如锅炉应设置防护顶盖，有顶盖的锅炉钢架应考虑承受顶盖的承载力和当地台风风力的影响，并要考虑负载对锅炉基础设计的影响。锅炉房的仪表、阀门等附件应有防雨、防冻、防风、防腐等措施，在锅炉房的工艺布置中，仪表控制室应置于锅炉间室内操作层便于观察操作的地方。

4.4.3 本条是原规范第 5.4.7 条的条文。

据调查，在非严寒地区锅炉房的风机、水箱、除氧及加热装置、除尘装置、蓄热器、水处理设备等辅助设施和测量仪表，采用露天或半露天布置的较多，但一般都有较好的防护措施，且操作、检修方便，运

行安全可靠。对设在居住区内的风机，因噪声大，为防止噪声对居民休息造成影响，故不应露天布置，一般采取密闭小室或安装隔声罩以减轻噪声对周围的影响。

4.4.4 本条是原规范第5.4.5条的修订条文。

锅炉制造厂一般仅提供单台锅炉的平台和扶梯，而锅炉房往往是由多台同型锅炉组成，有时需要将相邻锅炉的平台加以连接；同样，对锅炉房辅助设施、监测和控制装置、主要阀门等需要操作、维修的场所，亦应设置平台和扶梯。如有可能，对管道阀门的开启亦可设置传动装置引至楼（地）面进行远距离操作。

4.4.5 本条是原规范第5.4.2条的条文。

锅炉操作地点和通道的净空高度，规定不应小于2m，这是为便于操作人员能安全通过。但要注意对于双层布置的锅炉房和单台锅炉容量较大（一般为大于等于10t/h）的锅炉房，需要在锅炉上部设起吊装置者，其净空高度应满足起吊设备操作高度的要求。在锅炉、省煤器及其他发热部位的上方，当不需操作和通行的地方，其净空高度可缩小为0.7m，这个高度已能使人低身通过。

4.4.6 本条是原规范第5.4.3条的修订条文。

根据规范总则的要求，本规范的适用范围，蒸汽锅炉的锅炉房，其单台锅炉额定蒸发量为1～75t/h；热水锅炉的锅炉房，其单台锅炉额定热功率为0.7～70MW，适用范围较广，所以需按不同类型的锅炉分档规定；这些数据系经大量调查后选取的，表4.4.6所列数据，都是最小值，采用时应以满足所选锅炉的操作、安装、检修等需要为准，设计者可根据锅炉房工艺特点，适当增加。当锅炉在操作、安装、检修等方面有特殊要求时，其通道净距应以能满足其实际需要为准。

5 燃煤系统

5.1 燃煤设施

5.1.1 本条是原规范第3.1.2条的条文。

节约能源，保护环境是我国的基本国策。锅炉房是主要耗能大户，而锅炉是主要用煤设备。据统计，我国环境污染的80%是来自燃料的燃烧，燃煤对环境的污染尤其严重。为此，本条文针对燃煤锅炉房，提出对锅炉燃烧设备选择的要求，首先应根据燃料的品种来确定，并应根据所选煤种来选择锅炉燃烧设备，使其达到对热负荷的适应性强、热效率高、燃烧完善、烟气污染物排放量少以及辅机耗电量低的目的。

5.1.2 本条是原规范第3.1.3条和第3.1.4条合并后的修订条文。

小型燃煤锅炉的锅炉房，一般选用层式燃烧设备的锅炉。层式燃烧设备锅炉排放的烟气通常较其他燃烧设备锅炉排放的烟气含尘量低，有利于环境保护。层式燃烧设备锅炉又以链条炉排锅炉的烟气含尘量为低，因此宜优先采用链条炉排锅炉。

由于结焦性强的煤会破坏链条炉排锅炉的正常运行，而碎焦末不能在链条炉排上正常燃烧，因此这两种燃料不应在链条炉排锅炉上使用。

5.1.3 本条是原规范第8.1.15条的条文。

燃煤块度不符合燃烧要求时，必须经过破碎，并在破碎之前将煤进行磁选和筛选，否则会使燃烧情况不良和损坏设备。当锅炉给煤装置、煤的制备实施和燃烧设备有要求时（如煤粉锅炉和循环流化床锅炉），宜设置煤的二次破碎和二次磁选装置。

5.1.4 本条为新增的条文。

不同型式的燃用固体燃料的锅炉，对入炉燃料的粒度要求是不一样的。本条列出了几种主要燃用固体燃料的锅炉炉型对入炉燃料粒径的要求。

煤粉炉的煤块粒度是考虑了磨煤机对进入煤块粒度的要求。

循环流化床锅炉对入炉燃料粒度规定是考虑到进入循环流化床锅炉的燃料需要在炉内经过多次循环，并在循环中烧透燃尽，整个燃烧系统，只有通过锅炉本体的精心设计，运行中控制流化速度、循环倍率、物料颗粒合理搭配才可能在总体性能上获得最佳效果。循环流化床锅炉的型式不同，燃料性质不同，所要求的燃料粒度也不相同，一般对入炉煤颗粒要求最大为10～13mm。因此，必须在设计中特别注意制造厂提出的对燃料颗粒的要求，以便合理确定破碎设备的型式。

5.1.5 本条是新增的条文。

磨煤机形式的选择对锅炉房安全运行和经济性影响较大，所以本条规定磨煤机的选型，首先应根据煤种、煤质来确定，同时对具体煤种的选择应符合下列要求：

1 当燃用无烟煤、低挥发分贫煤、磨损性很强的煤或煤种、煤质难固定的煤时，宜选用钢球磨煤机。

2 当燃用磨损性不强，水分较高，灰分较低，挥发分较高的褐煤时，宜选用风扇磨煤机。

3 当燃用较强磨损性以下的中、高挥发分（V_{daf}＝27%～40%）、高水分（M_{ad}≤15%）以下的烟煤或燃烧性能较好的贫煤时，宜采用中速磨煤机。中速磨煤机具有设备紧凑、金属耗量少、噪音较低、调节灵活和运行经济性高的优点，所以在煤质适宜时宜优先选用。

5.1.6 本条是新增的条文。

1 循环流化床锅炉给煤机是保证锅炉正常、安全运行的重要设备。给煤机的出力应能保证1台给煤机故障停运时，其他给煤机的能力应能满足锅炉额定蒸发量的 100% 的给煤量需要。

2 制粉系统给煤机的形式较多，有振动式、胶带式、埋刮板式和圆盘式等。其中圆盘式给煤机的容量较小，且输送距离小，目前已很少采用。胶带式给煤机在运行中易打滑、跑偏、漏煤和漏风。振动式给煤机在运行中漏煤、漏风较大，调节性能较差，当煤质较黏时易堵塞。埋刮板给煤机调节、密封性能均较好，且有较长的输送距离，故此种形式的给煤机使用较多。在工程设计中应根据制粉系统的形式、布置、调节性能和运行可靠性要求选择给煤机。

给煤机的形式应与磨煤机的形式相匹配。钢球磨煤机中间贮仓式制粉系统，可采用埋刮板式、刮板式、胶带式或振动式给煤机；直吹式制粉系统，要求给煤机有较好的密封和调节性能，以采用埋刮板给煤机为最合适。

3 给煤机的台数应与磨煤机的台数相同。为使给煤机具有一定的调节性能，给煤机出力应有一定的裕量。

5.1.7 本条是原规范第 3.1.9 条的条文。

运行经验表明，给粉机的台数与锅炉燃烧器一次风口数相同，可提高锅炉运行的可靠性。这样做也方便燃烧调节。给粉机的出力贮备（出力 130%）主要是考虑不使给粉机经常处于最高转速下运转。

5.1.8 本条是原规范第 3.1.7 条的修订条文。

本条文参照现行国家标准《小型火力发电厂设计规范》GB 50049—94 有关原煤仓、煤粉仓和落煤管的设计方面的条文，结合锅炉房设计特点，作局部补充修改。其中对煤粉仓的防潮问题，根据使用经验可考虑设置防潮管等措施。

5.1.9 本条是原规范第 3.1.8 条的条文。

在圆形双曲线金属小煤斗下部设置振动式给煤机，可使给煤系统运行正常，不会造成堵塞。该种给煤机结构简单、体积小、耗电省、维修方便。给煤机的计算出力不应小于磨煤机计算出力的 120%。

5.1.10 本条是原规范第 3.1.10 条的条文。

为使锅炉房各单元制粉系统能互相调节使用，增加锅炉运行的灵活性，应设置可逆式螺旋输粉机。由于螺旋输粉机是备用设备，故不考虑富裕出力。

5.1.11 本条是原规范第 3.1.11 条的修订条文。

本条文在原有条文基础上，根据现行国家标准《小型火力发电厂设计规范》GB 50049—94 有关章节要求作了调整。除当锅炉燃用的燃料全部是无烟煤以外，燃用其他煤种时，锅炉的制粉系统及设备都应设置防爆设施。

5.1.12 本条是原规范第 3.1.12 条的条文。

锅炉房磨煤机和排粉机的台数应是一一对应配置，风量与风压应留有一定的裕量。

5.2 煤、灰渣和石灰石的贮运

5.2.1 本条是原规范第 8.1.1 条的修订条文。

本条文是按原规范第 8.1.1 条并结合《小型火力发电厂设计规范》GB 50049—94 有关内容的修改条文。锅炉房煤场应有卸煤及转堆的设备，需根据锅炉房的规模和来煤的运输方式并结合当地条件，因地制宜地确定。

对大中型锅炉房的用煤，一般为火车或船舶运煤，其卸煤及转堆操作较为频繁，需采用机械化方式来卸煤、转运和堆高。主要设备有抓斗起重机、装载机和码头上煤机械等设备来完成这些作业。

对中小型锅炉房的用煤，一般由当地煤炭公司或附近煤矿供煤，用汽车运煤，中型锅炉房则采用自卸汽车，小型锅炉房采用人工卸煤。

不同的运煤方式，采用不同的卸煤及转堆设备，采用哪一种卸煤及转堆设备，应与当地运输部门协商确定，同时应根据当地具体条件，因地制宜地来选择卸煤方式。

5.2.2 本条是原规范第 8.1.2 条的条文。

铁路卸煤线的长度是根据运煤车皮数量而定。大型锅炉房一次进煤的车皮数量不会超过 8 节，车皮长度一般均小于 15m，以此可以决定卸煤线的长度。

铁路部门规定，卸车时间不宜超过 3h，如超过规定，则要处以罚款。

5.2.3 本条是原规范第 8.1.3 条的条文。

本条文基本与原规范条文相同，但对个别地区的煤场规模可结合气象条件和市场煤价影响等情况，适当增加贮煤量。本条文规定的两点系经过大量调查后的统计值，故在条文的用词上采用"宜按"，以留一定灵活性。锅炉房煤场贮煤量的大小，固然与运输方式有关，但从现实情况来看，锅炉房煤场贮煤量的大小，还与当地气象条件，如冰雪封路、航道冰冻、黄梅雨季及大风停航等影响有关；同时也与供煤季节（如旺季或淡季）、市场煤价、建设地点的基本条件（如旧城锅炉房改造，受条件所限，无地扩建）等因素有关，所以在条文制订时留有适当的灵活性。

5.2.4 本条是原规范第 8.1.4 条的修订条文。

锅炉房位于经常性多雨地区时，应根据煤的特性、燃烧系统、煤场设备形式等条件来设置一定贮量的干煤棚，以保证锅炉房正常、安全运行。干煤棚容量的确定，原规范为 3～5d 的锅炉房最大计算耗煤量，《小型火力发电厂设计规范》GB 50049—94 中规定采用 4～8d 总耗煤量，为使两个规范一致，本规范亦改为 4～8d 总耗煤量。

对环境要求高的燃煤锅炉房可设贮煤仓，如在市区建锅炉房可减少占地面积和防止煤尘飞扬。

5.2.5 本条是原规范第 8.1.5 条的内容。

为防止煤堆的自燃而造成煤场火险，本条规定对自燃性的煤堆，应有防止煤堆自燃的措施。其措施可为将贮煤压实、定期洒水或其他防止自燃措施，如留通风孔散热等。

5.2.6 本条是原规范第 8.1.6 条的内容。

贮煤场地坪应做必要的处理，一般为将地坪进行平整、垫石、压实或做混凝土地坪等处理。煤场应有一定坡度并应设置煤场的排水措施，这样可以避免日后煤场塌陷、积水流淌、贮煤流失而影响周围环境等问题。据调查，国内一些锅炉房较少采用这类措施，以致锅炉房周围的环境很差，给锅炉房用煤的贮存造成一定影响。

5.2.7 本条是原规范第 8.1.7 条的条文。

一般锅炉房用煤都是根据市场供应情况而变，无固定煤种，燃煤使用前需将几种来煤进行混合，以改善锅炉燃烧状况。所以在设计时需考虑设置混煤装置及必要的混煤场地。

5.2.8 本条是原规范第 8.1.8 条的内容。

运煤系统小时运煤量的计算应根据锅炉房昼夜最大计算耗煤量（应考虑扩建增加量）、运煤系统的昼夜作业时间和不平衡系数（1.1～1.2）等因素确定，其中运煤系统昼夜作业时间与工作班次有关，不同的工作班次，取用不同的工作时间。

5.2.9 本条是原规范第 8.1.9 的修订条文。

原规范两班运煤工作制与三班运煤工作制的昼夜作业时间分别为不宜大于 12h 和 18h。根据现行国家标准《小型火力发电厂设计规范》GB 50049—94 的规定，两班运煤工作制与三班运煤工作制的昼夜作业时间分别为不宜大于 11h 和 16h，为取得一致，取用后者，故改为不宜大于 11h 和 16h。

5.2.10 本条是原规范第 8.1.10 条的修订条文。

本条文为对锅炉房运煤设备选择的原则性规定：

1 总耗煤量小于 1t/h 时，采用人工装卸和手推车运煤方式。因为小于 1t/h 耗煤量的锅炉房，一般锅炉容量较小，采用人工方式进入炉前翻斗上煤形式，已能满足锅炉上煤要求。

2 总耗煤量为 1～6t/h 时，一般为中小型锅炉房（锅炉房总容量小于 40t/h），以采用间隙式机械化设备为主（斗式提升机或埋刮板机），亦可采用连续机械化运输设备（如带式输送机），可与用户商定。

3 总耗煤量为 6～15t/h 时，宜采用连续机械化运输设备（带式输送机）运煤。

4 总耗煤量为 15～60t/h 时，锅炉房容量较大（锅炉房总容量一般大于等于 100t/h），宜采用单路带式输送机运煤，驱动装置宜有备用。

5 总耗煤量在 60t/h 以上时，可采用双路运煤系统，因为这种锅炉房属大型锅炉房，本条文参照现行国家标准《小型火力发电厂设计规范》GB 50049—94 的规定确定，以便两个规范取得一致。

5.2.11 本条是原规范第 8.1.11 条的条文。

锅炉炉前煤仓，通常系指在锅炉本体炉前煤斗的前上方，设在锅炉房建筑物上的煤仓。

本条规定的锅炉炉前煤仓的贮存容量，是通过对各地锅炉房煤仓的贮量和常用运煤机械设备事故检修所需时间的调查和统计而制订出的，其内容与原规范条文一致。在制订炉前煤仓的容量时，已考虑到设备有 2～4h 的紧急检修时间。对目前使用的 1～4t/h 快装锅炉，在锅炉房设计时一般为单层建筑，锅炉房不设炉前煤仓，而锅炉本体炉前煤斗的贮量一般较小，考虑到这类锅炉可打开锅炉煤闸门后，用人工加煤，因此，将三班运煤的锅炉炉前煤仓（此处即为锅炉本体炉前煤斗）贮量改为 1～6h 锅炉额定耗煤量。

5.2.12 本条是原规范第 8.1.12 条的修订条文。

本条所述的锅炉房集中煤仓，系指对锅炉容量不大的锅炉房，此时锅炉台数也不多，为降低锅炉房建筑高度，节约土建费用，把每台锅炉分散设置的炉前煤仓取消，而在锅炉房外设置集中的锅炉房煤仓，该集中煤仓的贮量应按锅炉房额定耗煤量及运煤班次确定，并配备运煤设施。条文中所推荐的煤仓贮量系参照目前一般常用的数据，与原规范 8.1.12 条一致。

5.2.13 本条是原规范第 8.1.16 条的修订条文。

如运煤胶带宽度太窄，煤在运送过程中易溢出，造成安全事故，故规定带宽不宜小于 500mm。

带式输送机胶带倾角大于 16°时，使用中煤块容易滚落，易造成安全事故，故规定胶带倾角不宜大于 16°，但输送破碎后的煤时，其倾角可加大到 18°。

胶带倾角大于 12°时，在倾角段上不宜卸料，因有一定的带速，用刮板卸料，煤将从旁边溢出，故最好是从水平段上卸料。

5.2.14 本条文为原规范第 8.1.17 条的修订条文，主要参照《小型火力发电厂设计规范》GB 50049—94 中有关条文进行修改和补充，如封闭式栈桥和地下栈道的净高从原来的 2.2m 改为 2.5m；栈桥运行通道由原来的 0.8m 改为 1.0m；检修通道的净宽由原来的 0.6m 改为 0.7m，并增加在寒冷地区的栈桥内应有采暖设施的内容。

5.2.15 本条是原规范第 8.1.18 条的条文。

由于多斗提升机的链条与斗容易磨损，或因煤中没有清除出来的铁片等杂物卡住链条，造成链条断裂，从而造成设备停车抢修或清理。据调查，采用多斗提升机的锅炉房，都反映发生断链较难处理的问题，同时，链条断裂处理的时间较长，一般需要有 1 个班次的时间才能修复，如有条件能备用 1 台最好，故仍维持原条文内容。

5.2.16 本条是原规范第 8.1.19 条的条文。

从受煤斗卸料到带式输送机、多斗提升机或埋刮板输送机之间，极易发生燃料的卡、堵现象，因此，在受煤斗到输煤机之间需要设置均匀给料装置，以防止卡堵现象的发生。

5.2.17 本条是原规范第 8.1.20 条的条文。

运煤系统的地下构筑物如未采取防水措施或防水措施不好，或坑内没有排除积水的措施，都将造成地下构筑物积水和积水无法排除的问题，直接影响运煤设施的正常运行甚至带来无法工作的事故，因此，在运煤系统的地下构筑物必须要有防水和排除积水的措施，尤其在地下水位高和多雨地区。

5.2.18 本条是原规范第 8.1.22 条的修订条文。

为使锅炉房灰渣系统设计合理，经济效益好，应对灰渣系统有关资料如灰渣数量、灰渣特性、除尘器形式、输送距离、当地的地形地势、气象条件、交通运输、环保及综合利用等多种因素分析研究而定，较难具体划分各种系统的适用范围，故在本条文中仅作原则性的规定。

为使循环流化床锅炉排渣能更好地加以综合利用，一般排渣采用干式除渣，为方便输送此渣，应将该渣冷却到 200℃ 以下。故本条提出"循环流化床锅炉排出的高温渣，应经冷渣机冷却到 200℃ 以下后排除"。实际上循环流化床锅炉除渣系统均设有冷渣设备。

5.2.19 本条是原规范第 8.1.23 条的条文。

随着国家对环境保护和综合利用政策执法力度的加强，国内大多数锅炉房的灰渣都能得到不同程度的综合利用。据调查，多数锅炉房都留有可以贮存 3~5d 的灰渣堆场作为周转场地，故本条文仍保留原规范灰渣场的贮量。

5.2.20 本条文与原规范第 8.1.24 条基本相同，仅作局部修改，主要修改内容如下：

1 早期锅炉房规范对该倾角的规定为不宜小于 55°，1993 年版规范改为不宜小于 60°。灰渣的流通除与灰渣斗壁面倾角有关外，还与诸多因素有关，如灰渣的含水量、灰渣的粒度等。但也不是说倾角越大越好，因为这样会增加建筑高度，造成建筑造价的上升。经调查综合认为仍以维持内壁倾角不宜小于 60° 为好。同时，要求灰渣斗的内壁应光滑、耐磨，以尽量避免灰渣黏结在侧壁下不来，而造成所谓"搭桥"现象。

2 关于灰渣斗排出口与地面的净空高度问题。原规范为：汽车运灰渣时，灰渣斗排出口与地面的净高不应小于 2.1m。这是没有考虑运灰渣汽车驾驶室通过排灰渣口，利用倒车至受灰渣斗，再卸入车中。本次修订中将灰渣斗排出口与地面的净高改为不应小于 2.3m。主要原因是，据查核，解放牌国产 4t 自卸汽车（实际载重量为 3.5t）的全高（即驾驶室高度）为 2.18m，因此将高度改为 2.3m，这样常用的解放牌国产 4t 自卸汽车可以在灰渣斗下自由装卸。同时，考虑到其他型号车辆（如黄河牌 7t 自卸汽车的车身卸料部分高度为 2.1m），亦可利用汽车后退来卸运灰渣的灵活性。

5.2.21 本条是原规范第 8.1.25 条的条文。

本条文为按常规小时灰渣量的计算方法，其不平衡系数 1.1~1.2 亦维持原规范不做修改。

5.2.22 本条是原规范第 8.1.26 条的条文。

灰渣量大于等于 1t/h 的锅炉房，其锅炉房总容量约为 2 台额定蒸发量为 4t/h 及以上的锅炉房，为减轻劳动强度，改善环境条件，这类容量的锅炉房宜采用机械、气力除灰渣（如刮板或埋刮板输送机等）或水力除灰渣方式（如配置水磨除尘器及水力冲灰渣等）。这类形式的锅炉房国内较多，从实际运行情况来看，使用效果较好，予以保留。

5.2.23 本条是原规范第 8.1.27 条的条文。

除尘器排出的灰应采用密闭式输送系统，以防止二次污染，也可利用锅炉的水力除灰渣系统一起排除，这样既节约投资，又简化布置，在技术和经济上均较合理。但当除尘器排出的灰可以综合利用时（如制空心砖、加气混凝土等），则亦可分别排除，综合利用。

5.2.24 本条是原规范第 8.1.28 条的修订条文。

根据运行经验，常规装有激流喷嘴并敷设镶板的锅炉房灰渣沟，灰沟坡度不应小于 1%，渣沟不应小于 1.5%，液态排渣沟不应小于 2%，在运行中一般都能满足要求，故本条仍保留原规范这部分内容。对输送高浓度灰渣浆或不设激流喷嘴的灰渣沟，其坡度应适当加大。为了节约用水，冲灰沟的水应循环使用，尤其是从水膜除尘器下来的冲灰水，pH 值较低，未中和处理前不应排放，应循环使用，这也有利于防止污染。

灰渣沟的布置，应力求短而直，以节约灰渣沟的投资和减少灰渣沟沿途阻力，使灰渣流动顺畅。同时，在锅炉房设计时，必须要考虑到灰渣沟的布置，不影响锅炉房今后的扩建，尽量布置在锅炉房后面或布置在不影响锅炉房今后扩建的地方。

5.2.25 本条是新增的条文。

用于循环流化床锅炉炉内脱硫的石灰石粉，其化学成分和粒度一般按锅炉制造厂的技术要求从市场采购。

一些工厂的实践表明，厂内自制石灰石粉不仅增加了初投资，且厂内环境粉尘污染大，难以治理，因此，应尽量从市场采购成品粉。目前许多工厂采用了这一方式，证明是可行的。

5.2.26 本条是新增的条文。

循环流化床锅炉石灰石粉添加系统是保证锅炉烟气中 SO_2 排放量达标的一个重要系统，为保证运行中石灰石粉的正常供应，确保烟气脱硫效果，特规定有关石灰石贮仓的容量要求。对于厂内设仓的方法可以根据锅炉房的规模和用户的具体要求确定。一般可以按以下方法考虑。

1 中间仓/日用仓系统。本系统是利用石灰石粉密封罐车自带的风机将石灰石粉卸至全厂公用的中间仓，然后将中间仓内石灰石粉通过仓泵及正压密相气力输送系统送至每台锅炉的炉前日用仓，再通过炉前石灰石粉给料机及石灰石粉输送风机将石灰石粉送进每台锅炉的炉膛。该系统较正规，系统复杂，投资大，较适用于锅炉台数多，单炉容量大的场合。

2 中间仓直接进炉系统。该系统没有炉前日用仓系统，利用专用仓泵直接将中间仓的石灰石粉送至每台锅炉的炉膛。该系统相对简单，但由于受仓泵扬程限制，较合适于锅炉台数为1～2台的场合。

3 炉前直接与煤混合系统。该系统一般在每台锅炉的炉前煤仓附近设石灰石粉仓，厂外来的石灰石粉打包后由单轨吊卸至炉前石灰石粉仓，然后直接由给料机将石灰石粉随煤一起进入锅炉。该系统最简单，投资最省，但工人劳动强度大，脱硫效果最差，不推荐采用这一系统。

石灰石粉一般采用公路运输，故规定了中间仓为3d的容量。

5.2.27 本条是新增的条文。

石灰石粉的厂内输送，采用气力方式，可以保证石灰石粉的质量和防止对环境造成污染。

6 燃油系统

6.1 燃油设施

6.1.1 本条是原规范第3.2.8条的修订条文。

燃油锅炉燃烧器的选择应根据燃油特性和燃烧室的结构特点进行，同时要考虑燃烧的雾化性能好和对负荷变化的适应性，要考虑其燃烧烟气对大气污染及噪声对周围环境的影响。

6.1.2 本条是原规范第3.2.6条的条文。

重油温度低时，黏度大，用管道输送困难，更不能满足雾化燃烧要求。因此锅炉在冷炉启动点火时，必须把重油加热到满足输送和雾化燃烧所需的温度。当锅炉房缺乏加热汽源时，则需要采用其他加热重油的措施。现在常用电加热或轻油系统、燃气系统置换等作为辅助办法，待锅炉产汽后再切换成蒸汽加热。

6.1.3 本条是原规范第3.2.15条的条文。

燃油锅炉房采用蒸汽为热源，加热重油进行雾化燃烧，较为经济合理，适合国情。采用电热式油加热器作为锅炉房冷炉启动点火或临时性加热重油是可取的，但不应作为加热重油的常用设备。

6.1.4 本条是原规范第3.2.12条的修订条文。

供油泵是燃油锅炉房的心脏，若供油泵停止运行，锅炉房生产运行便会中断。因此供油泵在台数上应有备用，而且在容量上应有一定的富裕量。原条文扬程富裕量不够具体，此次修订中将扬程的富裕量具体为10%～20%。

6.1.5 本条是原规范第3.2.13条的条文。

燃油锅炉房中常用容积式供油泵和螺杆泵，泵体上一般都带有超压安全阀，但也有部分本体上不带安全阀。为避免因油泵出口阀门关闭而导致油泵超压，必须在出口阀前靠近油泵处的管道上另装设超压安全阀。由于各油泵厂生产的油泵产品结构不一致，为了供油管道系统的安全运行，当采用容积式供油泵时，必须在泵体和出口管段上装设超压安全阀。

6.1.6 本条是原规范第3.2.14条的修订条文。

根据以前对100多个单位的调查统计，约有2/3的燃油锅炉房油加热器不设置备用，仅有1/3的燃油锅炉房油加热器设置备用。不设置备用的锅炉房，利用停运和假期进行油加热器的清理和检修，而常年不间断供热的锅炉房没有清理和检修机会，一旦发生故障将会影响生产。为保证正常供热要求，对常年不间断供热的锅炉房，应装设备用油加热器。考虑到原条文加热面富裕量不够具体，此次修订中将加热面适当的富裕量具体为10%。

6.1.7 本条是原规范第3.2.22条的修订条文。本条在原条文的内容上增加了3点内容：

1 明确了日用油箱应安装在独立的房间内。

2 当锅炉房总蒸发量大于等于30t/h或总热功率大于等于21MW时，由于室内油箱容积不够，故应采用连续进油的自动控制装置。

3 当锅炉房发生火灾事故时，室内油箱应自动停止进油。

日用油箱油位，一般采用高低油位位式控制，但当锅炉房容量较大时，日用油箱低油位，贮油量不足锅炉房20min耗油量时，应采用油位连续自动控制，30t/h锅炉房耗油量约为2000kg/h，20min耗油量为670kg，因此本规范按锅炉房总蒸发量30t/h耗油量作为界线。

6.1.8 本条是原规范第6.2.23条的条文。

通过调查，燃油锅炉房装设在室外的中间油箱的容量，约有90%以上的锅炉房不超过1d的耗油量就可满足锅炉房正常运行的要求，而且设计上一般也按此执行，未发现不正常现象。

6.1.9 本条是原规范第3.2.20条的修订条文。

锅炉房内的油箱应采用闭式油箱，避免箱内逸出的油气散发到室内。否则，不但影响工人的身体健康，而且油气长期聚存在室内，有可能形成可燃爆炸性气体的危险。闭式油箱上应装设通气管接至室外。通气管的管口位置方向不应靠近有火星散发的部位。通气管上应设置阻火器和防止雨水从管口流入油箱的设施。

6.1.10 本条是原规范第3.2.18条的条文。

在布置油箱的时候，宜使油箱的高度高于油泵的吸入口，形成灌注头，使油能自流入油泵，避免油泵空转而不出油。

1.11 本条是原规范第 3.2.19 条的条文。

设在室内的油箱应有防火措施，当发生危急事故时，应把油箱内的油迅速排出，放到室外事故油箱或具有安全贮存的地方。

紧急排油管上的阀门，应设在安全的地点，当事故发生，采取紧急排放操作时，不应危急人身的安全。

从安全角度考虑，排油管上明确并列装设手动和自动紧急排油阀，同时结合民用建筑锅炉房的特点，自动紧急排油阀应有就地启动和防灾中心遥控启动的功能。

1.12 本条是新增的条文。

室外事故贮油罐的容积大于等于室内油箱的容积，可以保证在室内油箱需要放空时可以放空，保证安全。室外事故贮油罐采用埋地布置，可以使室内日用油箱事故排空方便，本身也安全和有利总图布置。

1.13 本条是原规范第 3.2.21 条的条文。

室内重油箱被加热的温度，按适合沉淀脱水和黏度的需要，60 号重油为 50～74℃；100 号重油为 57～81℃；200 号重油为 65～80℃。如超过 90℃易发生冒顶事故。

1.14 本条是原规范第 3.2.24 条的条文。

燃油锅炉房的锅炉点火用的液化气，如用罐装液化气，则贮罐不应设在锅炉间内，因液化气属于易燃易爆气体，应存放在用非燃烧体隔开的专用房间内。

1.15 本条是原规范第 3.2.25 条的条文。

根据用户反映，由于锅炉燃烧器雾化性能不良，未燃尽的油气可能逸到锅炉尾部，凝聚在受热面上成为油垢，当这种油气聚积到一定程度，即可着火燃烧，形成尾部二次燃烧现象。这种情况发生后，往往对装有空气预热器的锅炉，会把空气预热器烧坏；对未装空气预热器的锅炉，当二次燃烧发生时，亦影响锅炉的正常运行。为了解决二次燃烧问题，采用蒸汽吹灰或灭火是比较方便有效的防止措施。

1.16 本条是新增的条文。

煤粉锅炉和循环流化床锅炉一般采用燃油点火及助燃。如点火及助燃的总的燃油耗量不大，为简化系统，往往采用轻油点火及助燃。根据了解油罐的数量：当单台锅炉容量小于等于 35t/h 时，设置 1 个 20m³ 油罐即可满足要求；当单台锅炉容量大于 35t/h 时，设置 2 个 20m³ 油罐即可满足要求。

1.17 本条是新增的条文。

煤粉锅炉和循环流化床锅炉点火油系统供油泵的出力和台数，参照现行国家标准《小型火力发电厂设计规范》GB 50049—94 规定。

6.2 燃油的贮运

6.2.1 本条是原规范第 8.2.1 条的修订条文。

贮油罐的容量，主要取决于油源供应情况，应根据油源远近以及供油部门对用户贮油量要求等因素考虑，同时应根据不同的运输方式而有所差异。从以前对燃油锅炉房的调研中看，大部分的燃油锅炉房的贮油量符合本条的要求：铁路运输一般为 20～30d 锅炉房的最大计算耗油量；油驳运输考虑到热带风暴和其他停航原因以及装卸因素等，最大计算耗油量也是按 20～30d 锅炉房的最大计算耗油量考虑。

汽车油槽车运油，一般距油源供应点较近，运输比较方便，贮油量可以相应减少。但考虑到应有必要的库存及汽车检修和节日等情况，贮油罐考虑一定的贮存量是需要的。根据调查，在条件好的地区，采用 3～5d 的贮油量就可满足要求，而在一些地区则需要 1 个多星期的贮油量。为此，本条以前规定汽车运油一般为 5～10d 的锅炉房最大计算耗油量。但考虑到非独立的民用建筑锅炉房场地紧张的特点，且目前汽车油槽车供油方便，贮油罐从 5～10d 减少到 3～7d。

管道输油比较可靠，但也要考虑到设备和管道的检修要求，一般按 3～5d 的锅炉房最大计算耗油量确定贮油罐的容量。

6.2.2 本条是原规范第 8.2.2 条的条文。

对锅炉房燃用重油或柴油，应考虑在全厂总油库中统一贮存，以节约投资。当由总油库供油在技术、经济上不合理时，方宜设置锅炉房的专用油库。

6.2.3 本条是原规范第 8.2.3 条的修订条文。

燃油锅炉房的重油贮油罐一般均采用不少于 2 个，1 个沉淀脱水，1 个工作供油，互相交替使用，且便于倒换清理。本条在原来的条文上增加了轻油罐不宜少于 2 个的内容，其原因也是如此。

6.2.4 本条是原规范第 8.2.4 条的条文。

为了防止重油罐的冒顶事故，重油被加热后的温度应比当地大气压下水的沸点温度至少低 5℃；为了保证安全，且规定油温应低于罐内油的闪点 10℃。设计时应取这两者中的较低值作为油加热时应控制的温度指标。

6.2.5 本条是原规范第 8.2.5 条的条文。

防火堤的设计应符合现行国家标准《建筑设计防火规范》GB 50016 的要求。

根据现行国家标准《建筑设计防火规范》GB 50016 第 4.4.8 条的规定，沸溢性与非沸溢性液体贮罐或地下贮罐与地上、半地下贮罐，不应布置在同一防火堤范围内。沸溢性油品系含水率在 0.3%～4.0% 的原油、渣油、重油等的油品。重油的含水率均在 0.3%～4.0% 的范围内，属沸溢性油品；而轻柴油属非沸溢性油品，两者不应布置在同一防火堤内。

6.2.6 本条是原规范第 8.2.6 条的条文。

在以前调研中看到，有些单位在设置轻油罐的场所没有采取防止轻油滴、漏流失的措施，以致周围地面浸透轻油，房间油气浓厚，很不安全；而有些单位采用油槽或装砂油槽，定期清埋，效果很好。

6.2.7 本条是原规范第8.2.7条的条文。

按经验和常规做法，输油泵均应设置2台或2台以上，其中有1台备用。如果该油泵是总油库的输油泵，则不必设专用输油泵，但必须保证满足室内油箱耗油量的要求。

6.2.8 本条是原规范第8.2.8条的条文。

为了保证输油泵的安全正常运行，泵的吸入口的管段上应装设油过滤器。油过滤器应设置2台，清洗时可相互替换备用。滤网网孔的要求，按油泵的需要考虑，一般采用8~12目/cm。滤网的流通面积，一般为过滤器进口管截面积的8~10倍，便可满足油泵的使用要求。

6.2.9 本条是原规范第8.2.9条的条文。

油泵房至油罐的管道地沟必须隔断，以免油罐发生着火爆炸事故时，油品顺着地沟流至油泵房，造成火灾蔓延至油泵房的危险。以前在燃油锅炉房的运行中，曾出现过油罐爆炸起火，火随着燃油流动蔓延到油泵房，将油泵房也烧掉的实例，因此在地沟中应以非燃烧材料砌筑隔断或填砂隔断。

6.2.10 本条是原规范第8.2.10条的条文。

油管道采用地上敷设，维修管理方便，出现事故时，能及时发现，抢修快。

油管道采用地沟敷设时，在地沟进锅炉房建筑物处应填砂或设置耐火材料密封隔断，以防事故蔓延和发展。

7 燃 气 系 统

7.0.1 本条是原规范第3.3.4条的修订条文之一。

燃烧器型号规格由设计确定时，本条提出选择燃烧器的主要技术要求，同时还应考虑价格因素和环保要求。

7.0.2 本条是原规范第3.3.4条的修订条文之一。

考虑到锅炉房的备用燃料，与正常使用的燃料性质有所不同，为使锅炉燃烧系统在使用备用燃料时也能正常运行，规定对锅炉燃烧器的选用应能适应燃用相应的备用燃料是必要的。

7.0.3 本条是新增的条文。

由于液化石油气密度约是空气密度的2.5倍，为防止可能泄漏的气体随地面流入室外地道、管沟（井）等设施聚积而发生危险，增加此强制性条文规定。

7.0.4 本条是新增的条文。

现行国家标准《城镇燃气设计规范》GB 50028对燃气净化、调压箱（站）和计量装置设计等有明确规定，锅炉房设计遵照该规范进行。

7.0.5 本条是原规范第3.3.8条的修订条文。

调压箱露天布置或设置在通风良好的地上独立建构筑物内，即使系统有泄漏也较安全。东南亚地区小

型燃气调压箱设置在建筑物地下室比较普遍，其产品也已进入我国，但由于技术管理水平差异较大，放在地下建、构筑物内仍不适合我国国情。

8 锅炉烟风系统

8.0.1 本条是原规范第6.1.1条的条文。

单炉配置鼓风机、引风机有漏风少、省电、便于操作的优点。目前锅炉厂对单台额定蒸发量（热功率）大于等于1t/h（0.7MPa）的锅炉，都是单炉配置鼓风机、引风机。在某些情况下，也不排斥采用集中配置鼓风机、引风机的可能，但为了防止漏风量过大，在每台锅炉的风道、烟道与总风道、烟道的连接处，应装设严密性好的风道、烟道门。

这里要指出，因在使用循环流化床锅炉时，鼓风机往往由一、二次风机代替，抛煤机链条炉送风部分设有二次风机，对此本规范有关条文所指的鼓风机包含循环流化床锅炉使用的一、二次风机和抛煤机链条炉的二次风机。

8.0.2 本条是原规范第6.1.2条修订条文。

选用高效、节能和低噪声风机是锅炉房设计中体现国家有关节能、环境保护政策的最基本要求。国内新型风机产品的不断涌现，也为设计提供了选用的条件。

风机性能的选用，与所配置的锅炉出力、燃料品种、燃烧方式和烟风系统的阻力等因素有关，应进行设计校核计算确定，同时要计入当地的气压和空气、烟气的温度、密度的变化对所选风机性能的修正。

第3款是原规范第6.1.2条第三款的修订条文，原规范对风机的风量、风压的富裕量的规定是合适的，只是增加了近年来涌现的循环流化床锅炉配置风机的风量、风压富裕量规定，与炉排锅炉等同。

第4款是新增的条文。考虑到单台容量大于等于35t/h或29MW锅炉配置的风机其电机功率较大，采用调速风机可取得好的节电效果。如果技术经济分析的结果合理，小于等于35t/h或29MW锅炉的风机也可采用调速风机。

8.0.3 本条是新增的条文。

循环流化床锅炉的返料运行工况如何，是保证循环流化床锅炉能否维持正常运行的关键。为确保循环流化床锅炉的安全正常运行，对返料风机应配置2台，1台正常使用1台备用。

8.0.4 本条是原规范第6.1.3条的修订条文。

1 这是一般要求，这样可以使风道、烟道阻力小。

2 风道、烟道的阻力均衡可以使燃烧工况好。

3、4 多台锅炉合用1座烟囱或1个总烟道时，烟道设计应使各台锅炉引力均衡，并可防止各台锅炉在不同工况运行时，发生烟气回流和聚集情况。烟道

设计应按本条规定进行，以确保安全。

5 地下烟道清灰困难，容易积水。地上烟道有便于施工、易清灰等优点，故推荐采用地上烟道。

6 因烟道和热风道存在热膨胀，故应采取补偿措施。近10多年来非金属补偿器由于耐温性能和隔音性能等诸多优点，发展很快，推荐使用。

7 设计风道、烟道时，应在适当位置设置必要的测点，并满足测试仪表及测点对装设位置的技术要求。

8.0.5 本条是新增的条文。

1 燃油、燃气和煤粉锅炉的锅炉房发生爆炸的事故较多，需要注意防范。对燃油、燃气锅炉的烟囱宜单炉配置，以防止数台锅炉共用总烟道时，烟道死角积存的可燃气体爆炸和烟气系统互相影响。为了满足当地对烟囱数量的要求，多根烟囱可采用集束式或组合套筒的方式。为避免单台锅炉烟道爆炸影响到其他锅炉的正常运行故提出本款规定。

当锅炉容量较大、因布置限制或其他原因，几台炉只能集中设置1座烟囱时，必须在锅炉烟气出口处装设密封可靠的烟道门，以防烟气倒入停运的锅炉。烟道门应有可靠的固定装置，确保运行时，处于全开位置并不得自行关闭。

2 燃油、燃气和煤粉锅炉的未燃尽介质，往往会在烟道和烟囱中产生爆炸，为使这类爆炸造成的损失降到最小，故要求在烟气容易集聚的地方装设防爆装置。

3 砖砌烟囱或烟道会吸附一定量烟气，而燃油、燃气锅炉的烟气中往往有可燃气体存在，他们被砖砌烟囱或烟道吸附，在一定条件下可能会造成爆炸。砖砌烟囱或烟道的承压能力差，所以要求钢制或混凝土构筑。

由于燃气锅炉的烟气中水分含量较高，故提出在烟道和烟囱最低点，设置水封式冷凝水排水管道的要求。

4 使用固体燃料的锅炉，当停止使用时，烟道系统中可能有明火存在，所以它和燃油、燃气锅炉不得共用1个烟囱，以免烟气中夹带的可燃气体遇明火造成爆炸。

5 水平烟道长度过长，将增加烟气的流动阻力，应尽量缩短其长度。

6 烟气中的冷凝水宜排向锅炉，也可在适当位置设排水装置将冷凝水排出。

7 此条是考虑到钢制烟囱的腐蚀问题。

8.0.6 本条是原规范第6.1.4条的修订条文。

锅炉烟囱的高度除应符合现行国家标准《锅炉大气污染物排放标准》GB 13271规定外，还应符合当地政府颁布的锅炉排放地方标准的规定。

对机场附近的锅炉房烟囱高度还应征得航空管理部门和当地市政规划部门的同意。

9 锅炉给水设备和水处理

9.1 锅炉给水设备

9.1.1 本条是原规范第7.1.1条的条文。

锅炉房供汽的特点是负荷变化比较大，在选择电动给水泵时，应按热负荷变化的情况，对给水泵的单台容量和台数进行合理的配置，才能保证给水泵正常、经济地运行。

9.1.2 本条是原规范第7.1.2条的条文。

给水泵应有备用，以便在检修时，启动备用给水泵以保证锅炉房的正常供汽。在同一给水母管系统中，给水泵的总流量，应当在最大1台给水泵停止运行时，仍能满足所有运行锅炉在额定蒸发量时所需给水量的110%。给水量包括蒸发量和排污量。有些锅炉房采用减温装置或蓄热器设备，这些设备的用水量应予考虑，在给水泵的总流量中应计入其量。减温水耗量可根据热平衡计算确定。

9.1.3 本条是原规范第7.1.3条的条文。

对同类型的给水泵且扬程、流量的特性曲线相同或相似时，才允许并联运行，各个泵出水管段宜连接到同一给水母管上。对不同类型的给水泵（如电动给水泵与汽动往复式给水泵）及虽同类型但不同特性的给水泵均不能作并联运行，因此，应按不能并联运行的情况采用不同的给水母管。

9.1.4 本条是原规范第7.1.4条和第7.1.5条合并后的修订条文。

根据多年来锅炉房给水泵备用的实际使用情况，由于汽动给水泵的噪声和振动严重，且日常维护困难，已不再用汽动给水泵作为电动给水泵的工作备用泵，而采用同类型的电动给水泵为工作备用泵。只有当锅炉房为非一级电力负荷、停电后会造成锅炉事故时，才应采用汽动给水泵为电动给水泵的事故备用泵（一般为自备用），规定汽动给水泵的流量应满足所有运行锅炉在额定蒸发量时所需给水量的20%～40%，是为保证运行锅炉不缺水，不会造成安全事故。

9.1.5 本条是原规范第7.1.7条的修订条文。

条文将原条文中给水泵扬程计算中"适当的富裕量"作了具体的量化。

9.1.6 本条是原规范第7.1.8条的条文。

锅炉房一般设置1个给水箱，对常年不间断供热的锅炉房，应设置2个给水箱或除氧水箱，以便其中1个给水箱进行检修时，还有另1个水箱运行，不致影响锅炉的连续运行。根据以往调研给水箱或除氧水箱的总有效容量宜为所有运行锅炉在额定蒸发量时所需20～60min的给水量是合适的，小容量锅炉房可取上限值。

9.1.7 本条是原规范第7.1.9条的条文。

为防止锅炉给水泵产生汽蚀，必须保证锅炉给水泵有足够的灌注头，使给水泵进水口处的静压力高于此处给水的汽化压力。给水泵进水口处的静压与给水箱水位和给水泵中心标高差的代数和值有关，对于闭式给水系统的热力除氧器，还与给水箱的工作压力、给水泵的汽蚀余量、给水泵进水管段的压力损失有关。因此，灌注头不应小于条文中给出的各项代数和，其中包括 3~5kPa 的富裕量。

9.1.8 本条是新增的条文。

随着多种新型的低汽蚀余量的给水泵的研制成功，成套的低位布置的热力除氧设备获得应用。其热力除氧水箱的布置高度应符合设备的要求，以保证给水泵运行时进口处不发生汽化。

9.1.9 本条是原规范第 7.1.10 条的条文。

锅炉房用工业汽轮机驱动代替电力驱动锅炉给水泵，是降低能耗、合理利用热能的一种有效措施。结合我国目前工业汽轮机产品的供应情况，锅炉房的维修管理水平，以及实际的经济效果等因素考虑，对于单台锅炉额定蒸发量大于等于 35t/h，额定出口压力为 2.5~3.82MPa 表压、热负荷连续而稳定，且所采用蒸汽驱动的给水泵其排汽可作为除氧或原水加热等用途时，一般可考虑采用工业汽轮机驱动的给水泵作为常用给水泵，而用电力给水泵作为备用泵。对于其他情况的锅炉房，是否宜于采用工业汽轮机驱动的给水泵作为常用给水泵，应经技术经济比较确定。

9.2 水 处 理

9.2.1 本条是原规范第 7.2.1 条的条文。

本条对锅炉房水处理工艺设计提出明确的原则和要求。

9.2.2 本条是原规范第 7.2.2 条的修订条文。

额定出口压力小于等于 2.5MPa（表压）的蒸汽锅炉、热水锅炉的水质，应符合现行国家标谁《工业锅炉水质》GB 1576 的规定。

额定出口压力大于 2.5MPa（表压）、小于等于 3.82MPa（表压）的蒸汽锅炉，其汽水质量标准，国家未作统一规定。本次修订明确对这类锅炉的汽水质量，除应符合锅炉产品和用户对汽水质量的要求外，并应符合现行国家标准《火力发电机组及蒸汽动力设备汽水质量》GB/T 12145 的有关规定。

9.2.3 本条是原规范第 7.2.3 条的条文。

锅炉房原水悬浮物含量如果超过离子交换设备进水指标要求，会造成离子交换器内交换剂的污染，结块严重，致使交换剂失效而使水质恶化，出力降低。为此，条文规定当原水悬浮物含量大于 5mg/L 时，进入顺流再生固定床离子交换器前，应过滤；当原水悬浮物含量大于 2mg/L 时，进入逆流再生固定床离子交换器前，应过滤；对于原水悬浮物含量大于 20mg/L 或经石灰水处理的原水，需先经混凝、澄

清，再经过滤处理。

9.2.4 本条是原规范第 7.2.4 条的条文。

压力式机械过滤器是锅炉房原水过滤的常用设备，选择过滤器的要求是容易做到的。

9.2.5 本条是原规范第 7.2.5 条的条文。

原水水压不能满足水处理工艺系统要求时，应设置原水加压设施，具体做法要根据水处理系统的要求和现场情况确定。

9.2.6 本条是原规范第 7.2.6 条的修订条文。

根据现行国家标准《工业锅炉水质》GB 1576 的规定，对原条文作了相应修改。

除条文根据现行国家标准规定蒸汽锅炉、汽水两用锅炉和热水锅炉的给水应采用锅外化学水处理系统，第 1、2 款规定了可采用锅内加药水处理的蒸汽锅炉和热水锅炉的范围。不属于所述范围的蒸汽锅炉和热水锅炉，不应采用锅内加药水处理。凡采用锅内加药水处理的蒸汽锅炉和热水锅炉，应加强对其锅炉的结垢、腐蚀和水质的监督，做好运行操作工作。

9.2.7 本条是原规范第 7.2.7 条的修订条文。

根据现行国家标准《工业锅炉水质》GB 1576 的规定，采用锅内加药水处理除应符合本规范 9.2.6 条规定的锅炉范围外，还应符合本条规定。

本条第 1、2 款由原条文中的对"原水"悬浮物和总硬度的要求，改为对"给水"悬浮物和总硬度的要求，符合《工业锅炉水质》GB 1576 的要求。其中第 2 款相应改为蒸汽锅炉和热水锅炉的给水总硬度有不同的要求。

本条第 3、4 款是当采用锅内加药水处理时，应从设计上保证有使锅炉不结垢或少结垢的措施。

9.2.8 本条是原规范第 7.2.8 条的修订条文。

采用锅外化学水处理时，锅炉排污率主要是指蒸汽锅炉，而锅内加药水处理和热水锅炉的排污率可不受本条规定限制。

近年来，蒸汽锅炉已由单纯用于供热发展为用于中小型供热电厂。对于单纯供热和用于供热电厂的蒸汽锅炉。无论对汽水品质的标准和经济性的要求都是不同的。结合原规范条文的规定和现行国家标准《小型火力发电厂设计规范》GB 50049 有关条文的规定，将原条文对蒸汽锅炉排污率的规定由 2 款改为 3 款，前 2 款是对单纯供热的蒸汽锅炉，与原条文相同。第 3 款是对供热式汽轮机组的蒸汽锅炉，按不同的水处理方式规定了不同的排污率。

9.2.9 本条是原规范第 7.2.9 条的条文。

本条规定了蒸汽锅炉连续排污水的热量应合理利用，连续排污水的热量利用方法很多，这既能提高热能利用率，又可节省排污水降温的水耗。

9.2.10 本条是原规范第 7.2.10 条的条文。

本条文明确规定了计算化学水处理设备出力时应包括的各项损失和消耗量。

9.2.11 本条是原规范第 7.2.11 条的条文。

本条文将原条文中水硬度单位改为摩尔硬度单位。

本条所述化学软化水处理设备在锅炉房设计中均有选用，根据多年试验和运行总结如下：

固定床逆流再生离子交换器与顺流再生相比，由于再生条件好，效率高，故再生剂耗量和清洗水耗量低，且进水总硬度可以较高（一般为 6.5mmol/L 以下），出水质量好，可以达到标准要求。是当前锅炉房设计中应用的量大面广、可推荐的水处理设备。

固定床顺流再生离子交换器，由于再生条件差，故再生剂耗量和清洗水耗量均较大，且出水质量较差，要保证出水质量达到标准要求，进水的总硬度不宜过高（一般在 2mmol/L 以下），目前小容量锅炉房尚有应用，因此对固定床顺流再生离子交换器应有条件地使用。

浮动床、流动床或移动床离子交换器与固定床逆流再生相比，既具有再生剂、清洗水用量低的优点，又减小了操作阀门多的缺点，一次调整便可连续自动运行。但这类设备的选用条件是：进水总硬度一般不大于 4mmol/L，原水水质稳定，软化水出力变化不大，且连续不间断运行。上述条件中连续不间断、稳定出力运行是关键，符合条件时方可采用。

9.2.12 本条是原规范第 7.2.12 条的修订条文。

目前 10t/h 以下小型全自动软水装置的技术经济较优于一般手动操作的固定床离子交换器，因此本规范中予以推广。本条文对固定床离子交换器设置的台数、再生备用的要求以及再生周期作了规定。

9.2.13 本条是原规范第 7.2.13 条的修订条文。

钠离子交换法是锅炉房软化水处理的常用方法。钠离子交换软化水处理系统有一级（单级）和两级（双级）串联两种系统。本条规定了采用两级串联系统的摩尔硬度的界限。

9.2.14 本条是原规范第 7.2.16 条的修订条文。

本条文仅对原条文中软化水残余碱度单位改为摩尔碱度单位。

对于碳酸盐硬度也高的用水，采用钠离子交换后加酸水处理系统是除硬度降碱度的方法之一。其特点是设备简单、占地少、投资省。但加酸过量对锅炉不安全，为此，宜控制残余碱度为 1.0～1.4mmol/L。

加酸处理后的软化水中会产生二氧化碳，因此软化水应经除二氧化碳设施。

9.2.15 本条是原规范第 7.2.17 条的修订条文。

本条文仅对原条文中软化水残余碱度单位改为摩尔碱度单位。

氢—钠离子交换软化水处理系统也是除硬度降碱度的方法之一。氢—钠水处理有串联、并联、综合、不足量酸再生串联四种系统。理论酸量再生弱酸性阳离子交换树脂或不足量酸再生树脂交换剂的氢—钠串联系统是锅炉房常用的一种系统。该系统是将全部原水通过不足量酸再生氢离子交换器，除去水中的二氧化碳，再进入钠离子交换器。该系统的特点是操作、控制简单，再生废液不呈酸性，可不处理排放，软化水的残余碱度可降至 0.35～0.50mmol/L。因采用不足量酸再生，故氢离子交换器应用固定床顺流再生。氢离子交换器出水中含有二氧化碳，呈酸性，故出水应经除二氧化碳器，氢离子交换器及出水、排水管道应防腐。

9.2.16 本条是原规范第 7.2.18 条的条文。

本条文明确了选用或设计除二氧化碳器时需考虑的因素。

9.2.17 本条是原规范第 7.2.20 条的修订条文。

对于原水的含盐量很高，采用化学软化（包括软化降碱度）水处理工艺不能满足锅炉水质标准和汽水质量标准的要求时，除可采用原条文的离子交换化学除盐水处理系统外，还可采用电渗析和反渗透等方法除盐。

9.2.18 本条是原规范第 7.2.21 条的修订条文。

根据现行国家标准《工业锅炉水质》GB 1576 的规定，对全焊接结构的锅炉，锅水的相对碱度可不控制，本条文也作了相应的修订；对锅筒与锅炉管束为胀管连接的锅炉，化学水处理系统应能维持蒸汽锅炉锅水相对碱度小于 20%，以防止锅炉的苛性脆化。

9.2.19 本条是原规范第 7.2.22 条的修订条文。

大气式喷雾热力除氧器具有负荷适应性强、进水温度允许低、体积小、金属耗量少、除氧效果好等优点。因此锅炉房设计中，锅炉给水除氧设备大多采用大气式喷雾热力除氧器。现有的大气式喷雾热力除氧器产品中均带有沸腾蒸汽管，供启动和辅助加热，可保证除氧水箱的水温达到除氧温度。

9.2.20 本条是原规范第 7.2.23 条的修订条文。

真空除氧系统是利用蒸汽喷射器、水喷射器或真空泵抽真空，使系统达到除氧的效果。真空除氧系统的特点是除氧温度低，除氧水温一般不高于 60℃。此外，近年来又研制成功新一代解析除氧器和化学除氧装置（包括加药除氧和钢屑除氧），均属低温除氧系统。在锅炉给水需要除氧且给水温度不高于 60℃时，可采用这些低温除氧系统。

9.2.21 本条是原规范第 7.2.24 条的修订条文。

根据现行国家标准《工业锅炉水质》GB 1576 的规定，单台锅炉额定热功率大于等于 4.2MW 的承压热水锅炉给水应除氧，额定热功率小于 4.2MW 的承压热水锅炉和常压热水锅炉给水应尽量除氧。

热水系统如果没有蒸汽来源，采用热力除氧是不可行的，应采用本规范第 9.2.20 条的低温除氧系统，可达到除氧要求。当采用亚硫酸钠加药除氧时，应监测锅水中亚硫酸根的含量在规定的 10～30mg/L 范围内。

9.2.22 本条是原规范第7.2.26条的修订条文。

磷酸盐溶解器和溶液箱是磷酸溶液的制备设备，溶解器应设有搅拌和过滤设施。磷酸盐可采用干法贮存。配制磷酸盐溶液应用软化水或除盐水。

9.2.23 本条是原规范第7.2.27条的修订条文。

本条文规定了磷酸盐加药设备的选用和备用配置的原则，为便于运行人员的操作和管理，加药设备宜布置在锅炉间运转层。

9.2.24 本条是原规范第7.2.28条的修订条文。

本条文对凝结水箱、软化或除盐水箱及中间水箱等各类水箱的总有效容量和设置要求作了规定，可保证各类水箱均能安全运行。中间水箱一般贮存氢离子交换器或阳离子交换器的出水，该水呈酸性，有腐蚀性，故中间水箱的内壁应有防腐措施。

9.2.25 本条是原规范第7.2.29条的条文。

凝结水泵、软化或除盐水泵、中间水泵均为系统中间环节的加压水泵，其流量和扬程均应满足系统的要求。水泵容量和台数的配置和备用泵的设置均应保证系统的安全运行。除中间水泵输送的水是阳离子水外，其余水泵输送的水均呈酸性，有腐蚀性，故应选用耐腐蚀泵。

9.2.26 本条是原规范第7.2.30条的修订条文。

食盐是钠离子交换的再生剂，其贮存方式有干法和湿法两种。湿法贮存通常采用混凝土盐池，分为浓盐池和稀盐池。浓盐池是用来贮存食盐和配制饱和溶液的，其有效容积可按汽车运输条件考虑，一般为5～15d盐消耗量，因食盐中含有泥沙，故盐池下部应设置慢滤层或另设过滤器。稀盐液池的有效容积至少要满足最大1台离子交换器再生1次用的盐液量。由于食盐对混凝土有腐蚀性，故混凝土盐液池内壁应有防腐措施。

9.2.27 本条是原规范第7.2.31条的修订条文。

除盐或氢离子交换化学水处理系统，均应设有酸、碱再生系统。本条对酸、碱再生系统设计的8款规定，前面5款为原规范条文，均为设计中对设备和管道及附件的一般要求；后面3款为新增加的，是考虑职业安全卫生需要。

9.2.28 本条是原规范第7.2.32条的修订条文。

氨对铜和铜合金材料有腐蚀性，故制备氨溶液的设备管道及附件不应使用铜质材料制品。

9.2.29 本条是原规范第7.2.33条的修订条文。

汽水系统应装设必要的取样点，取样系统的取样冷却器宜相对集中布置，以便运行人员操作。为保证汽水样品的代表性，取样管路不宜过长，以免产生样品品质的变化，取样管路及设备应采用耐腐蚀的材质。汽水样品温度宜小于30℃，可保证样品的质量和取样的安全。

9.2.30 本条是原规范第7.2.34条的条文。

本条是水处理设备的布置原则。水处理设备按工艺流程顺序将离子交换器、水泵、贮槽等设备分区集中布置，除安装、操作和维修管理方便及噪声小以外，还具有管线短、减少投资和整齐美观的优点。

9.2.31 本条是原规范第7.2.35条的条文。

本条是水处理设备布置的具体要求。所规定的主操作通道和辅助设备间的最小净距，可满足操作、化验取样、检修管道阀门及更换补充树脂等工作的要求。

10 供热热水制备

10.1 热水锅炉及附属设施

10.1.1 本条是原规范第4.1.1条的条文。

热水锅炉运行时，当锅炉出力与外部热负荷不相适应，或因锅炉本身的热力或水力的不均匀性，都将使锅炉的出水温度或局部受热面中的水温超出设计的出水温度。运行实践证明，温度裕度低于20℃，锅炉就有汽化的危险，为防止汽化的发生，本条规定热水锅炉的温度裕度不应小于20℃。

利用自生蒸汽定压的热水锅炉（如锅筒内蒸汽定压）、汽水两用锅炉，因其炉水的温度始终是和蒸汽压力下的饱和温度相对应的，故不能满足20℃温度裕度的要求，因此本条不适用于锅炉自生蒸汽定压的热水锅炉。

10.1.2 本条是原规范第4.1.2条的条文。

当突然停电时，循环水泵停运，锅炉内的热水循环停止，此时锅内压力下降，锅水沸点降低，而锅水温度因炉膛余热加热而连续上升，将导致锅水产生汽化。对锅炉水容量大的，因突然停电造成锅水汽化，一般不会造成事故，但如处理不当，也会造成暖气片爆裂等情况。对于水容量小的锅炉，突然停电所造成的锅炉汽化情况比较严重。汽化时锅内会发生汽水撞击，锅炉进出水管和炉体剧烈震动，甚至把仪表震坏。

减轻和防止热水锅炉汽化的措施，国内多采用向锅内加自来水，并在锅炉出水管上的放汽管缓慢放汽，使锅水一面流动，一面降温，直至消除炉膛余热为止；此外，有的工厂安装了由内燃机带动的备用循环水泵，当突然停电时，使锅水连续循环；有的工厂设置备用电源或自备发电机组。这些措施各地都有实际运行经验，在设计时可根据具体情况，予以采用。

10.1.3 本条是原规范第4.1.3条的修订条文。

热水系统因停泵水击而被破坏的现象是存在的，循环水量在180t/h以下的低温热水系统基本上不会造成破坏事故；循环水量在500～800t/h的低温热水系统会造成破坏事故；高温热水系统中，即使循环水量不太大的，其停泵水击更具有破坏性。

停泵产生水击，属热水系统的安全问题，应认真待。现在常用的防止水击破坏的有效措施如下：

1 在循环水泵进、出口母管之间装设带止回阀的旁通管做法。实践证明，当这些旁通管的截面积达到母管截面积的1/2时，可有效防止循环水泵突然停运时产生水击现象。

2 在循环水泵进口母管上装设除污器和安全阀。本条将原规范第11.0.11条关于热水循环水泵进口侧的回水母管上应装设除污器的规定合并在本条内。为防止安全阀启闭时，热水系统中的污物堵在安全阀的阀芯和阀座之间，造成安全阀关闭不严而大量泄漏，因此规定安全阀宜安装在除污器的出水一侧。

3 当采用气体加压膨胀水箱作恒压装置时，其连通管宜接在循环水泵进口母管上。

4 在循环水泵进口母管上，装设高于系统静压的泄压放气管。

以上措施中前两种一般为应考虑的设施，后两种可根据个别条件选定。

0.1.4 本条是原规范第4.1.4条的修订条文。

1 国内集中质调的供热系统，大多处于小温差、大流量的工况下运行，在经济效益上是不合理的。流量过大的原因很多，但主要是由于设计上造成的。如采暖通风负荷计算偏大，循环水泵的流量是按采暖室外计算温度下用户的耗热量总和确定的，而整个采暖期内，室外气温达到采暖室外计算温度的时间很短，致使在大部分时间内水泵流量偏大。

2 供热系统的水力计算缺乏切合实际的资料，往往计算出的系统阻力偏高，设计时难以选到按计算的扬程流量完全一致的循环水泵，一般都选用大一号的。考虑到上述因素，因此对循环水泵的流量扬程不必另加富裕量。

3 对循环水泵的台数规定了不少于2台，且规定了当1台停止运行时，其余循环水泵的总流量应满足最大循环水量。对备用泵未作出明确规定。

4 为使循环水泵的运行效率较高，各并联运行的循环水泵的特性曲线要平缓，而且宜相同或近似。

5 本款是新增的条款。考虑到在某些情况下（例如高层建筑的高温热水系统），由于系统的定压压力会高出循环水泵扬程几倍，因此在选择循环水泵时，必须考虑其承压、耐温性能要与相应的热网系统参数相适应。

10.1.5 本条是原规范第4.1.5条的条文。

采用分阶段改变流量的质调节的运行方式，可大量节约循环水泵的耗电量。把整个采暖期按室外温度的高低分为若干阶段，当室外温度较高时开启小流量的泵；室外温度较低时开启大流量的泵。在每一阶段内维持一定流量不变，并采用热网供水温度的质调节，以满足供热需要。实际上这种运行方式很多单位都使用过，运行效果较好。

在中小型供热系统中，一般采用两种不同规格的循环水泵，如水泵的流量和扬程选择合适，能使循环水泵的运行电耗减少40%。

对大型供热系统，流量变化可分成3个或更多的阶段，不同阶段采用不同流量的泵，这样可使循环水泵的运行耗电量减少50%以上。

这种分阶段改变流量的质调节方式，网络的水力工况产生了等比失调，可采用平衡阀及时调整水力工况，不致影响用户要求。

为了分阶段运行的可靠性和调节方便，循环水泵的台数不宜少于3台。

10.1.6 本条是新增的条文。

随着程序控制的调速水泵的技术日益成熟，采用调速水泵实现连续改变流量的调节可最大限度地节约循环水泵的耗电量，但对热网水力平衡的自控水平要求很高，目前量调在我国基本还是作为辅助调节手段。

10.1.7 本条是原规范第4.1.6条的条文。

1 本条文对热水热力网中补给水泵的流量、扬程和备用补给水泵的设置作了规定。结合我国的实际情况，补给水泵的流量按热水网正常补给水量的4～5倍选择是够用的。

2 补给水泵的扬程应有补水点压力加30～50kPa的富裕量，以保证安全。

3 这是为补给水的安全供应考虑的。

4 补给水泵采用调速的方式，可以节能，也利于调节，保证系统的安全和稳定运行。因其功率一般不大，采用变频调速较好。

10.1.8 本条是原规范第4.1.7条的修订条文。

热水系统的小时泄漏量，与系统规模、供水温度和运行管理有密切关系。据对调查结果的分析，造成补水量大的原因主要是不合理的取水。规范对热水系统的小时泄漏量作出规定，对加强热网管理、减小补水量有促进作用。降低补给水量不但有节约意义，而且对热水锅炉及其系统的防腐有重要作用。

将系统的小时泄漏量定为小于系统循环水量的1%，实践证明也是可以达到的。

10.1.9 本条是原规范第4.1.8条的条文。

供水温度高于100℃的热水系统，要求恒压装置满足系统停运时不汽化的要求是必要的。其好处是：

1 避免用户最高点汽化冷凝后吸进空气，加剧管道腐蚀。

2 减少再次启动时的放气工作量。

3 避免汽化后因误操作造成暖气片爆破事故。

但是，要求系统在停运时不汽化将产生以下问题：

1 运行时系统各点压力相对较高，容易发生超压事故。

2 铸铁暖气片的使用范围受到限制。

3 采用补给水泵作恒压装置时，如遇突然停电，且没有其他补救措施时，往往无法保证系统停运时不汽化。

因此，硬性规定供水温度高于100℃的热水系统，都要确保停运时不汽化，只能采取其他在停电时能保持热水系统压力的措施，故采用了"宜"的说法。

采用氮气或蒸汽加压膨胀水箱作恒压装置不受停电的影响，在一般情况下均能满足系统停运时不汽化的要求。当此类恒压装置安装在循环水泵出口端时，设计是以系统运行时不汽化为出发点，系统停运时肯定不会汽化，故必须保证运行时不汽化。当此类恒压装置安装在循环水泵进口端时，设计是以系统停运时不汽化为出发点，则系统运行时肯定不会汽化，但对于"降压运行"的热水系统，仍需要求运行时不汽化。

10.1.10 本条是原规范第4.1.10条的条文。

供热系统的定压点和补水点均设在循环水泵的吸水侧，即进口母管上，在实际运行中采用最普遍。其优点是：压力波动较小，当循环水泵停止运行时，整个供热系统将处于较低的压力之下，如用电动水泵保持定压时，扬程较小，所耗电能较经济，如用气体压力箱定压时，则水箱所承受的压力较低。总之定压点设在循环水泵的进口母管上时，补水点亦宜设在循环水泵的同一进口母管上。

10.1.11 本条是原规范第4.1.11条的修订条文。

1 采用补给水泵作恒压装置时，一遇突然停电，就不能向系统补水。而在目前条件下突然停电很难避免，为此本条规定："除突然停电的情况外，应符合本规范第10.1.9条的要求"。

2 为了在有条件时弥补因停电造成的缺陷，当给水（自来水）压力高于系统静压线时，停运时宜用给水（自来水）保持静压，以避免系统汽化。

3 补给水泵用间歇补水时，热水系统在运行中的动压线是变化的，其变化范围在补水点最高压力和最低压力之间。间歇补水时，在补给水泵停止补水期间，热水系统出现过汽化现象，这是因为补水点最低压力（补给水泵启动时的补水点压力）定得太低或是电触点压力表灵敏度较差等原因造成的。为避免发生这种情况，本条规定在补给水泵停止运行期间系统的压力下降，不应导致系统汽化，即要求设计确定的补给水泵启动时的补水点压力，必须保证系统不发生汽化。

4 用补给水泵作恒压装置的热水系统，不具备吸收水容积膨胀的能力。因此，必须在系统中装设泄压装置，以防止水容积膨胀引起超压事故。

10.1.12 本条是原规范第4.1.12条的条文。

1 供水温度低于100℃的热水系统，国内多数采用高位膨胀水箱作恒压装置。这种恒压装置简单、可靠、稳定、省电，对低温热水系统比较适合。条件

许可时，高温热水系统也可以采用这种装置。

高位膨胀水箱与系统连接的位置是可以选择的，可以在循环水泵的进、出口母管上，也可以在锅炉出口。目前国内基本上是连接在循环水泵进口母管上，这样可以使水箱的安装高度低一些，在经济上是合理的。因此，本条规定，高位膨胀水箱与系统连接的位置，宜设在循环水泵进口母管上。

2 为防止热水系统停运时产生倒空，致使系统吸空气，加剧管道腐蚀，增加再次启动时的放气工作量，有必要规定高位膨胀水箱的最低水位，必须高于用户系统的最高点。目前国内高位膨胀水箱的安装高度，对供水温度低于100℃的热水系统，一般高于用户系统最高点1m以上。对供水温度高于100℃的热水系统，不仅必须要求水箱的安装高度高于用户系统最高点，而且还需要满足系统停运时最好能不汽化的要求。

3 为防止设置在露天的高位膨胀水箱被冻裂，故规定应有防冻措施。

4 为避免因误操作造成系统超压事故，规定高位膨胀水箱与热水系统的连接管上不应装设阀门。

10.1.13 本条是新增的条文。

隔膜式气压水罐是利用隔膜密闭技术，依靠罐内气体的压缩和膨胀，在补给水泵停运时，仍保持系统压力在允许的波动范围内，使系统不汽化，实现补给水泵间断运行。隔膜式气压水罐可落地布置。受该装置的罐体容积和热水系统补水量的限制，隔膜式气压水罐适用于系统总水容量小于500m³的小型热水系统。

选择隔膜式气压水罐作为热水系统定压补水装置时，仍应符合本规范第10.1.7条1、2款的要求。为防止占地过大，总台数不宜超过2台。

10.2 热水制备设施

10.2.1 本条是原规范第4.2.1条的条文。

换热器事故率较低，一般供应采暖及生活用热，有一定的检修时间，为了减少投资，可以不设置用。根据使用情况，为保证供热的可靠性，可采取几台换热器并联的办法，当其中1台停止运行时，其余换热器的换热量能满足75%总计算热负荷的需要。

10.2.2 本条是原规范第4.2.2条的条文。

管式换热器检修时需抽出管束，另外与换热器本体连接的管道阀门也较多，以及设备较笨重等原因，所以换热器间应有一定的检修场地、建筑高度以及具备吊装条件等，以保证维修的需要。

10.2.3 本条是原规范第4.2.3条的条文。

以蒸汽为加热介质的汽水换热系统中，推荐使用"过冷式"汽水换热器，可不串联水水换热器，系统简化。若汽水换热器排出的凝结水温超过80℃，为减少热损失，宜在汽水换热器之后，串联一级水水换

热器，以便把上一级的凝结水温度降低下来之后予以回收。水水换热器后的排水管应有一定的上反管段，以保证热交换介质充满整个容器，充分发挥设备的能力。

10.2.4 本条是原规范第 4.2.5 条的条文。

采用蒸汽喷射加热器和汽水混合加热器的热水系统，可以满足加热介质为蒸汽且热负荷较小的用户。

蒸汽喷射加热器代替了热水采暖系统中热交换器的循环水泵，它本身既能推动热水在采暖系统中的循环流动，同时又能将水加热。但采用蒸汽喷射器加热，必须具备一定的条件，供汽压力不能波动太大，应有一定的范围，否则就会使喷射器不能正常工作。

汽水混合加热器，具有体积小、制造简单、安装方便、调节灵敏和加热温差大等优点，但在系统中需设循环水泵。

以上两种加热设备都是用蒸汽与水直接混合加热的，正常运行时加入系统多少蒸汽量，应从系统中排出多少冷凝水量，这些水具有一定的热量且经过水质处理，故规定应予以回收。

淋水式加热器已基本不使用，因此不再推荐。

10.2.5 本条是原规范第 4.2.6 条的修订条文。

1 蒸汽压力保持稳定是蒸汽喷射加热器低噪声、稳定运行的主要保障条件。

2 蒸汽喷射加热器的开关和调节均需有人管理，设备的集中布置既可减少人员，又有利于系统溢流水的回收利用。

3 并联运行的蒸汽喷射加热器，为便于其中单个设备的启动和停运，防止造成倒灌现象，应在每个喷射器的出、入口装设闸阀，并在出口装设止回阀。

4 采用膨胀水箱控制喷射器入口水压，具有管理方便、压力稳定等优点，故推荐使用。

10.2.6 本条是新增的条文。

近年来小型全自动组合式换热机组是已实现工厂化生产的定型产品，是一种集热交换、热水循环、补给水和系统定压于一体的换热装置，可以根据用户热水系统的要求进行多种组合，适用于小型换热站选用，可缩短设计和施工周期，节约投资。但在选用小型全自动组合式换热机组时，应结合用户热力网的具体情况，对换热机组的换热量、热力网系统的水力工况、循环水泵和补给水泵的特性进行校核计算。

11 监测和控制

11.1 监 测

11.1.1 本条是原规范第 9.1.1 条的条文。

根据原规范条文结合目前国内锅炉房监测的现状，并按现行《蒸汽锅炉安全技术监察规程》的有关规定，为保证蒸汽锅炉机组的安全运行，必须装设监测下列主要参数的指示仪表：

1 锅筒蒸汽压力。

2 锅筒水位。

3 锅筒进口给水压力。

4 过热器出口的蒸汽压力和温度。

5 省煤器进、出口的水温和水压。

对于大于等于 20t/h 的蒸汽锅炉，除了应装设上列保证安全运行参数的指示仪表外，尚应装设记录其锅筒蒸汽压力、水位和过热器出口蒸汽压力和温度的仪表。

控制非沸腾式（铸铁）省煤器出口水温可防止汽化，确保省煤器安全运行；对沸腾式省煤器，需控制进口水温，以防止钢管外壁受含硫酸烟气的低温腐蚀。

此外，通过对省煤器进、出口水压的监测，可以及时发现省煤器的堵塞，及时清理，有利于省煤器的安全运行。

11.1.2 本条是原规范第 9.1.2 条的修订条文。

本条是在原条文的基础上，为了保证蒸汽锅炉能经济地运行，使对有关参数检测所需装设的仪表更直观清晰，将原条文按单台锅炉额定蒸发量和监测仪表的功能，予以分档表格化。

实现蒸汽锅炉经济运行对提高锅炉热效率，节约能源，有着重要的意义。近年来锅炉房仪表装设水平已有较大的提高，这给锅炉的经济运行和经济核算提供了可能和方便。

对于单台锅炉额定蒸发量大于 4t/h 而小于 20t/h 的火管锅炉或水火管组合锅炉，当不便装设烟风系统参数测点时，可不监测。

本次修订增加了给水调节阀开度指示和鼓、引风机进口挡板开度指示，以及给煤（粉）机转速和调速风机转速指示，使锅炉运行人员及时了解设备的运行状态并根据机组的负荷进行随机调节，保证锅炉机组处于最佳运行状态。

11.1.3 本条是原规范第 9.1.3 条的修订条文。

根据原规范条文，结合目前国内锅炉房监测的现状，为保证热水锅炉机组的安全、经济运行，必须装设监测锅炉进、出口水温和水压、循环水流量以及风、烟系统的各段的压力和温度参数等的指示仪表。对于单台额定热功率大于等于 14MW 的热水锅炉，尚应增加锅炉出口水温和循环水流量的记录仪表。

热水锅炉的燃料量和风、烟系统的压力和温度仪表，可按本规范表 11.1.2 中容量相应的蒸汽锅炉的监测项目设置。

11.1.4 本条是原规范第 9.1.4 条的修订条文。

本条规定了对不同类型锅炉所装仪表除应遵守本规范第 11.1.1 条、第 11.1.2 条和第 11.1.3 条的规定外，还必须装设监测有关参数的指示仪表。

1 循环流化床锅炉的正常运行，主要是通过对其炉床密相区和稀相区温度及料层差压的控制和调整，以保证燃烧的稳定；通过对炉床温度、分离器烟温和返料器温度的控制和调整，防止发生结渣和结焦；通过一次风量、二次风量、石灰石给料量及炉床温度的控制和调整，实现低氮氧化物和二氧化硫的排放，有利于环境保护。

2 煤粉锅炉为防止制粉系统自燃和爆炸，对制粉设备出口处煤粉和空气混合物的温度应予以控制，控制温度的高低主要与煤种有关。因此为了煤粉锅炉安全运行，必须对此参数进行监测。

3 对燃油锅炉，除了供油系统需监测一些必需的温度压力参数外，为了防止炉膛熄火，保证安全运行，雾化好，燃烧完全，还必须监测燃烧器前的油温和油压，带中间回油燃烧器的回油压、蒸汽或空气进雾化器前的压力，以及锅炉后或锅炉尾部受热面后的烟气温度。对锅炉或锅炉尾部受热面后的烟气温度的监测，也是为防止含硫烟气对设备的低温腐蚀和发生烟气再燃烧。

4 燃气锅炉运行中，燃烧器前的燃气压力如果过低，可能发生回火，导致燃气管道爆炸；燃气压力如果过高，可能发生脱火或炉膛熄火，导致炉膛爆炸。

11.1.5 本条是原规范第9.1.5条的修订条文。

为方便执行，本次修订以表格化形式将原条文按锅炉房辅助部分为泵、除氧（包括热力、真空、解析）、水处理（包括离子交换、反渗透）、减压减温、热交换、蓄热器、凝结水回收、制粉系统、石灰石制备、其他（包括箱罐容器、排污膨胀器、加压膨胀箱、燃油加热器等）分别订出具体的监测项目，所监测项目详细分类（指示、积算和记录）。与原规范相比，增加了解析除氧、反渗透水处理、循环流化床锅炉的石灰石制备等部分的监测项目。

11.1.6 本条是原规范第9.1.6条的条文。

实行经济核算是企业管理的一项重要内容，本条所列锅炉房应装设的蒸汽流量、燃料消耗量、原水消耗量、电耗量等计量仪表有利于加强锅炉房经济考核，杜绝浪费，节约成本，提高经济效益。

11.1.7 本条是原规范第9.1.7条的修订条文。

为了保证锅炉房的安全运行，必须装设必要的报警信号。本次修订增加了循环流化床锅炉的内容，并将竖井磨煤机竖井出口和风扇磨煤机分离出口改为煤粉锅炉制粉设备出口气、粉混合物温度的报警信号。为了方便执行，本次修改也将锅炉房必须装设的报警信号表格化，分项列出，报警信号分为设备故障停用和参数过高或过低，比较直观清晰。

1 锅筒水位在锅炉安全运行中至关重要，1～75t/h蒸汽锅炉均应设置高低水位报警信号。

2 锅筒均设有安全阀作超压保护，增加压力过

高报警信号，以便进一步提高安全性。

3 省煤器出口水温信号起到及时提醒运行人员调节省煤器旁路分流水量，以保护省煤器安全，尤其是对非沸腾式省煤器更为重要。

4 热水锅炉出口水温过高会导致锅炉汽化和热水系统汽化，酿成事故，应装设超温报警信号。

5 过热器出口装设温度信号，可及时提醒运行人员进行调整。

6、7 给水泵和炉排停运均应提醒运行人员及时处置故障。

8 给煤（粉）系统的故障停运，会造成燃烧中断，甚至熄火，影响锅炉的安全运行，应设报警信号，提醒运行人员采取相应措施。

9 运行中的循环流化床锅炉、燃油、燃气锅炉和煤粉锅炉，当风机的电机事故跳闸或故障停运时，可能导致锅炉事故。装设风机停运信号，可及时提醒运行人员尽早采取安全措施。

10 燃油、燃气锅炉和煤粉锅炉在运行中熄火，可能导致炉膛爆炸，"熄火爆炸"是油、气、煤粉锅炉常见的事故之一。所以该类锅炉熄火时，应立即切断燃料供应。为此需要及时地发现熄火，应该装设火焰监测装置。

11、12 在贮油罐和中间油罐上装设油位、油温信号，可及时提醒运行人员采取措施，尤其当贮油罐和中间油箱油温过高或油位过高可导致油罐（箱）冒顶。

13 燃气锅炉进气压力波动是造成燃烧器回火、炉膛熄火的常见原因，运行中的回火和熄火可能导致燃烧器或炉膛爆炸。在锅炉的燃气进气干管上装设压力信号装置，可以在燃气压力高于或低于允许值时发出警报，以便操作人员及早采取措施，防止炉膛熄火。

14 为防止制粉系统自燃和爆炸，对制粉设备出口处煤粉和空气混合物的温度应予以控制。装设温度过高信号，可以使操作人员及时发现，及时处理，避免煤粉爆炸。

15 煤粉锅炉炉膛负压是反映锅炉燃烧系统通风平衡状况，保持正常运行的重要数据。

16 循环流化床锅炉要保持稳定的运行，关键是控制炉床温度的稳定，炉床温度的过高或过低，会造成结焦或堵塞。装设温度过高和过低信号，可以使操作人员及时采取措施，维护锅炉的稳定燃烧。

17 控制循环流化床锅炉返料器处温度不应过高，这是为了防止锅炉返料口发生结焦，如在此处结焦现象未能得到及时处理，则将会造成返料器的堵塞，最终导致循环流化床锅炉停止运行。

18 循环流化床锅炉返料器如堵塞，则锅炉将要停运。

19 当热水系统的循环水泵因故障停运时，如不

及时处理会加重热水锅炉的汽化程度。特别是水容量较小的热水锅炉，更可能造成事故。因此，有必要在循环水泵停运时向司炉发出信号，以便及时处理。

20 热水系统中热交换器出水温度过高，将可能引起热水供水管在运行中产生汽化，造成管网水冲击，必须注意及时调整加热程度，以降低出水温度。

21 当热水系统的高位膨胀水箱水位大幅度降低时，必须及时补水，否则会危及系统运行的安全。当水位过高时，大量的溢流会造成水量和热量的损失。装设水位信号器不仅可以给出水位警报，而且可以通过电气控制回路控制补给水泵自动补水。

22 加压膨胀水箱工作压力过低或由于水位大幅度降低而引起系统压力下降，均可能导致系统汽化，从而危及系统运行的安全。相反，加压膨胀水箱工作压力过高，会使热水系统超压，危及系统安全。水箱水位过高时，将减少或失去吸收系统膨胀的能力。装设压力报警信号，可以保证系统的安全性。装设水位信号器不仅可以给出水位警报，而且可以通过电气控制回路控制补给水泵自动补水。

23 除氧水箱往往没有专门操作人员，一旦水箱缺水，将危及锅炉安全和影响锅炉房正常供汽；当水箱水位过高又会造成大量溢流，损失软化水和热量。因此，必须装设水位报警信号，以便及时进行处理。

24 自动保护装置动作意味着在设备运行的程序中出现了不适当的动作（例如误操作或有关设备跳闸和故障），或在运行中出现了危及设备及人身安全的条件。此时应给出信号，以表明可能导致事故的原因，并表明设备已经得到安全保护，使运行人员心中有数。

25 燃气调压间、燃气锅炉间和油泵间，由于油气和燃气可能泄漏，与空气混合达到爆炸浓度，遇明火会爆炸，这些房间均为可能发生火灾的场所，因此应装设可燃气体浓度报警装置，以防止火灾的发生。

11.2 控　　制

11.2.1 本条是原规范第 9.2.1 条的条文。

设置给水自动调节装置，是保护蒸汽锅炉机组安全运行、减轻操作人员劳动强度的重要措施之一。4t/h 及以下的小容量锅炉可设较为简便的位式给水自动调节装置；大于等于 6t/h 的锅炉应设调节性能好的连续给水自动调节装置，其信号可视锅炉容量大小采用双冲量或三冲量。

11.2.2 本条是原规范第 9.2.2 条的条文。

蒸汽锅炉运行压力和锅筒水位是涉及锅炉安全的两个重要参数，设置极限低水位保护和蒸汽超压保护能起到自动停炉的保护作用。水位和压力两个参数中以水位参数更为重要，故对于极限低水位保护不再划分锅炉容量界限。而对于蒸汽超压保护则以单台锅炉额定蒸发量大于等于 6t/h 的蒸汽锅炉为界限。

11.2.3 本条是原规范第 9.2.3 条的条文。

热水锅炉在运行中，当出现水温升高、压力降低或循环水泵突然停止运行等情况时，会出现锅水汽化现象。而这种汽化现象将危及锅炉安全，可能造成事故。因此，应设置自动切断燃料供应和自动切断鼓、引风机的保护装置，以防止热水锅炉发生汽化。

11.2.4 本条是原规范第 9.2.4 条的条文。

热水系统装设自动补水装置可以防止出现倒空和汽化现象，保证安全运行。

加压膨胀水箱的压力偏高，会造成系统超压，压力偏低会引起系统汽化。而水位偏低也会引起系统汽化，水位偏高则失去吸收膨胀的能力，均将危及系统安全运行。因此应装设加压膨胀水箱的压力、水位自动调节装置，保护系统安全运行。

11.2.5 本条是原规范第 9.2.5 条的修订条文。

热交换站装设加热介质流量自动调节装置，可保证供热介质的参数适应供热系统热负荷的变化，节约能源。调节装置可为电动、气动调节阀或自力式温度调节阀。

11.2.6 本条是原规范第 9.2.6 条的修订条文。

燃油、燃气锅炉实现燃烧过程自动调节，对于提高锅炉机组热效率、节约燃料和减轻劳动强度有很重要的意义。燃油、燃气锅炉较容易实现燃烧过程自动调节。

近年来随着微机控制在锅炉机组方面的应用日益广泛，更为其他燃烧方式的锅炉实现燃烧过程自动调节开辟了方便的途径。所以将原条文修改为"单台额定蒸发量大于等于 10t/h 的蒸汽锅炉或单台额定热功率大于等于 7MW 的热水锅炉，宜装设燃烧过程自动调节装置"。不但锅炉容量限值降低，而且由蒸汽锅炉扩大到相应容量的热水锅炉。

11.2.7 本条是新增的条文。

循环流化床锅炉的安全、经济运行，取决于对炉床温度的控制，只有将炉床温度控制在一个合理的范围内，才能稳定燃烧，避免结焦或熄火，也有利于炉内烟气脱硫和烟气的低氮氧化物的排放。作为另一个反映料层厚度的重要运行参数"料层压差"，可视锅炉采用排渣方式的不同，采用连续调节或间隙调节。

11.2.8 本条是原规范第 9.2.7 条的修订条文。

计算机控制技术应用日益广泛且价格越来越低，不仅能解决以往的单回路智能调节，也适用于整套锅炉的综合协调控制。特别是随着锅炉容量的增大和数量的增加，采用基于现场总线的集散控制系统，解决多台锅炉的协调、经济运行，是以往的运行模式所无法比拟的。

11.2.9 本条是原规范第 9.2.8 条的条文。

热力除氧器产品一般都配有水位自动调节阀（浮球自力式），基本上能满足运行要求。但由于浮球波动和破损，容易失误。装设蒸汽压力自动调节器对控制除氧器的工作压力，特别是在负荷波动的情况下，藉以使残余含氧量达到水质标准是很需要的。对大容量、要求高的除氧器亦可采用电动（气动）水位自动调节器。

11.2.10 本条是原规范第9.2.9条的条文。

鉴于真空除氧设备不用蒸汽加热的特点和低位布置真空除氧设备的优点，小型的真空除氧设备的应用日渐增多。除氧水箱水位关系到锅炉安全运行，除氧器进水温度关系到除氧效果，因此，应装设水位和进水温度自动调节装置。

11.2.11 本条是新增的条文。

由于解析除氧设备不需蒸汽加热和可低位布置等优点，小型的解析除氧设备的应用也日渐增多。解析除氧设备的喷射器进水压力和进水温度的控制，直接关系到除氧效果，因此，应装设喷射器进水压力和进水温度的自动调节装置。

11.2.12 本条是原规范第9.2.10条的条文。

熄火保护对用煤粉、油或气体作燃料的锅炉十分重要。实践证明，凡是装了熄火保护装置的锅炉未曾发生过熄火爆炸，凡是未设熄火保护装置的则炉膛爆炸事故较为频繁，损失严重。

熄火保护装置是由火焰监测装置和电磁阀等元件组成的，它的功能是：能够在锅炉运行的全部时间内不断地监视火焰的情况；当火焰熄灭或不稳定时，能够及时给出警报信号并自动快速切断燃料，有效地防止熄火爆炸。因此，对用煤粉、油、气体作燃料的锅炉装设熄火保护装置是必要的。

一个设计合理的点火程序控制系统，最低限度应具备如下的功能：

1 只有当风机完成清炉任务后，炉膛中方能建立点火火焰。

2 只有当点火火焰建立起来（经火焰监测装置证实）并经过预定的时间后，喷燃器的燃料控制阀门才能打开。

3 点火火焰保持预定的时间后应能自动熄灭。

4 当喷燃器未能在预定的时间内被点燃时，喷燃器的燃料控制阀门能够在点火火焰熄灭的同时自动快速关闭。

具备上述功能的点火程序控制系统，基本上可以保证点火的安全。因此，条文规定应装设点火程序控制和熄火保护装置。

点火程序控制系统由熄火保护装置、电气点火装置和程序控制器等元件组成。

11.2.13 本条是原规范第9.2.11条的条文。

层燃锅炉的引风机、鼓风机和抛煤机、炉排减速箱等设备之间应设电气联锁装置，以免操作失误。

层燃锅炉在启动时，应依次开启引风机、鼓风机、炉排减速箱和抛煤机；停炉时应依次关闭抛煤机、炉排减速箱、鼓风机和引风机。

11.2.14 本条是原规范第9.2.12条的修订条文。

1、2 严格地按照预定的程序控制风机的启停和燃料阀门的开关，是保证油、气、煤粉锅炉运行安全的关键。由于未开引风机（或鼓风机）而进行点火造成的爆炸事例很多。考虑到操作人员的疏忽、记忆差错等因素很难完全排除，锅炉运行中风机故障停运也很难完全避免，当锅炉装有控制燃料的自动快速切断阀时，设计应使鼓风机、引风机的电动机和控制燃料的自动快速切断阀之间有可靠的电气联锁。

3 当燃油压力低于规定值时，会影响雾化效果，甚至造成炉膛熄火；燃气压力低于规定值时，会引起回火事故，所以应装设当燃油、燃气压力低于规定值时自动切断燃油、燃气供应的联锁装置。

4 本条增加了当燃油、燃气压力高于规定值时自动切断燃油、燃气供应的联锁装置，燃油、燃气压力高于规定值时也同样影响燃烧工况和影响安全运行。本款是增加的条文，是防止引起爆炸事故的安全措施。

11.2.15 本条是原规范第9.2.13条的条文。

制粉系统中给煤机、磨煤机、一次风机和排粉机等设备之间，需设置启、停机及事故停机时的顺序联锁，以防止煤在设备内堆积堵塞。

11.2.16 本条是原规范第9.2.15条的条文。

连续机械化运煤系统、除灰渣系统中，各运煤、除灰渣设备之间均应设置设备启、停机的顺序联锁，以防止煤或渣在设备上堆积堵塞；并且设置停机延时联锁，以便在正常情况下，达到再启动时为空载启动，事故停机例外。

11.2.17 本条是原规范第9.2.16条的条文。

运煤和煤的制备设备（包括煤粉制备和煤的破碎、筛分设备）与局部排风和除尘装置设置联锁，启动时先开排风和除尘系统的风机，后启动煤和煤的制备机械，停止时顺序相反，以达到除尘效果，保护操作环境。

11.2.18 本条是原规范第9.2.17条的条文。

过热蒸汽温度为蒸汽锅炉运行时的重要参数之一，带喷水减温的过热器宜装设过热蒸汽温度自动调节装置，通过调节喷水量控制过热蒸汽温度。

11.2.19 本条是原规范第9.2.18条的条文。

经减温减压装置供汽的压力和温度参数随外界负荷而变化，需随时根据外界负荷进行调节。宜设置蒸汽压力和温度自动调节装置，以保证供汽质量。

11.2.20 本条是原规范第9.2.19条条文。

锅炉的操作值班地点，一般在炉前，主要的监测仪表也集中在这里。司炉根据仪表的指示和燃烧的情况进行操作。当锅炉为楼层布置时，风机一般布置在底层，操作风门不方便；当锅炉单层布置而风机远离炉前时，风门操作也不方便。在上述情况下均宜设置遥控风门，并指示风门的开度。远距离控制装置可以是电动、气动或液动的执行机构。

11.2.21 本条是原规范第9.2.20条的条文。

条文所指的电动设备、阀门和烟、风门,一般配置于单台容量较大的锅炉和总容量较大的锅炉房。此时,根据本规范的规定,这类锅炉或锅炉房均已设置了较完善的供安全运行和经济运行所需要的监测仪表和控制装置,并设置了集中仪表控制室。上述诸参数以外的电动设备、阀门和烟风门可按需要采用远距离控制装置,并统一设在有关的仪表控制室内。

11.2.22 本条是新增的条文。

随着我国近年来经济和技术的发展,对锅炉房的控制水平要求也相应提高,对单台蒸汽锅炉额定蒸发量大于等于10t/h或单台热水锅炉额定热功率大于等于7MW的锅炉房宜设置微机集中控制系统,有利于提高锅炉房的经济效益,减轻人员的劳动强度,改善操作环境。而采用微机集中控制系统的投资也与采用常规仪表的投资相当。

11.2.23 本条是新增的条文。

随着锅炉房控制系统大量采用计算机控制系统,为确保控制系统的可靠性,应设置不间断(UPS)电源供电方式,利用UPS的不间断供电特性,保证计算机控制系统在外部供电发生故障时,仍能进行部分操作,并将重要信息进行存贮、传输、打印,以便及时分析处理。

12 化验和检修

12.1 化 验

12.1.1 本条是原规范第10.1.1条的修订条文。

本条第1款是当额定蒸发量为2台4t/h或4台2t/h的蒸汽锅炉、额定热功率为2台2.8MW或4台1.4MW的热水锅炉锅炉房,均只需设置化验场地,而不设化验室。所谓化验场地是指在该处设置简易的化验设施和化验桌,以便进行简单的水质分析。但为了能保证锅炉在运行过程中,满足所需日常检测的其他项目(包括燃煤、灰渣和烟气分析等项目)的化验要求,在第2款中还规定在本单位需有协作化验及配置试剂的条件。这两点必须同时满足,才可不设化验室而仅设置化验场地。

12.1.2 本条是原规范第10.1.2条的修订条文。

条文中第1、2款均是根据现行国家标准《工业锅炉水质》GB 1576中第2条所列控制的项目。由于锅炉参数不同,水处理方法不同,所要求的化验项目也不同。

12.1.3 本条是原规范第10.1.3条和第10.1.4条的修订条文之一。

原规范两条条文都是燃料燃烧所需控制的项目,均是现行国家标准《评价企业合理用热技术导则》

GB 3486中有关条文规定的分析项目。但导则中未规定锅炉的容量、参数和检测的时间间隔要求。调研资料表明,小型燃煤锅炉房化验室一般都无燃料成分分析和灰渣含碳量分析的条件,大部分由中央实验室或其他单位协作解决。故本条文规定了不同规模的锅炉房,其化验室需具备的测定相应检测项目的能力。

12.1.4 本条是原规范第10.1.3条和第10.1.4条的修订条文之一。

本条是对本规范第12.1.3条条文的补充。对锅炉房总蒸发量大于等于60t/h或总热功率大于等于42MW的锅炉房的燃料分析提出更高的要求,以使锅炉房从设计开始到投入运行都能保证经济、安全可靠。

12.1.5 本条是原规范第10.1.5条的条文。

条文中的检测项目均为国家标准《评价企业合理用热技术导则》GB 3486中第1.2.2条所规定的测定项目。

12.2 检 修

12.2.1 本条是原规范第10.2.1条和第10.2.2条合并后的修订条文。

本条文规定了锅炉房检修间的工作范围和检修间、检修场地的设置原则。我国锅炉产品系列中额定蒸发量小于等于6t/h和额定热功率小于等于4.2MW的锅炉已实现了快装化、零部件标准化,部件通用程度很高,备品备件容易更换。因此将原条文规定的设置检修场地的条件适当放宽。当锅炉房只设置检修场地时,为便于检修工具和备品的管理和存放,仍需要设置工具室。

12.2.2 本条是原规范第10.2.3条的修订条文。

锅炉房检修间配备的基本机修设备包括钳工桌、砂轮机、台钻、洗管器、手动试压泵和焊割等。大型锅炉房检修用的机床设备(包括车床、钻床、刨床和小型移动式空压机等),是采取自行配置或地区协作,宜作技术经济比较确定。

12.2.3 本条是原规范第10.2.4条的条文。

总蒸发量大于等于60t/h或总热功率大于等于42MW的锅炉房,电气设备一般较多,需要有专人负责日常的维修保养,以便设备能正常运行。故条文中规定宜设置电气保养室,负责这项工作。但如本单位有集中的电工值班室时,则可不在锅炉房内设置电气保养室。

对电气设备的检修工作,原则上宜由本单位统一安排,或由本地区协作解决,但不排除大型锅炉房自行设置电气修理间,以对锅炉房电气设备进行中、小修工作。

12.2.4 本条是原规范第10.2.5条的条文。

单台蒸汽锅炉额定蒸发量大于等于10t/h或单台热水锅炉额定热功率大于或等于7MW的锅炉房,控制和检测仪表较齐全，且精密度高，应当有专人负责日常的维护保养，故条文规定宜设置仪表保养室。但有些单位设有集中的仪表维修部门，并有巡回仪表保养人员，则可以不在锅炉房设置仪表保养室。

对仪表的检修工作，原则上通过协作解决，但不排除大型锅炉或区域锅炉房自行设置仪表检修间，以对锅炉房仪表进行中、小修工作。

12.2.5 本条是原规范第10.2.6条的条文。

为便于锅炉房设备和管道阀件的搬运和检修，在双层布置锅炉房和单台蒸汽锅炉额定蒸发量大于等于10t/h、单台热水锅炉额定热功率大于等于7MW的单层布置锅炉房设计时，对吊装条件的考虑至关重要。但吊装方式及起吊荷载，应根据设备大小、起吊件质量、起吊的频繁程度，由设计人员确定。

12.2.6 本条为原规范第10.2.7条的修订条文。

对鼓风机、引风机、给水泵、磨煤机和煤处理设备等锅炉辅机，也需要考虑检修时的吊装条件。吊装方式及起吊荷载应根据设备大小、起吊件质量、起吊的频繁程度，由设计人员确定。如果场地条件允许，也可采取架设临时吊装措施。

13 锅炉房管道

13.1 汽水管道

13.1.1 本条是原规范第11.0.1条的修订条文。

锅炉房热力系统和工艺设备布置是汽水管道设计的依据，设计时据此进行。本条是对锅炉房汽水管道布置提出的一些具体要求，增加了对管道布置应短捷、整齐的要求。

13.1.2 本条是原规范第11.0.2条的条文。

对于多管供汽的锅炉房，各热用户的热负荷或因用汽（热）的季节不同或因一种用汽（热）时间的不同，宜用多管按不同负荷送汽（热），有利于控制和节省能源，因此宜设置分汽（分水）缸，便于接出多种供汽（热）管。对于用热时间相同，不需要分别控制的供热系统，如采暖系统，一般不宜设分汽（分水）缸。

13.1.3 本条是原规范第11.0.3条的条文。

装设蒸汽蓄热器作为一项有效的节能措施，已在负荷波动的供汽系统中推广应用。

1 设置蒸汽蓄热器旁通，是考虑蓄热器出现事故或进行检修时仍能保证锅炉房对外供汽。

2、3 与锅炉并联连接的蒸汽蓄热器，如出口不装设止回阀，会造成蓄热器充热不完善，达不到应有的蓄热效果；如进口不装设止回阀，会使蓄热器中热水倒流至供汽管中，造成水击事故。

4 蓄热器工作压力通常与用户的使用压力及送汽管网压力损失之和相适应，但往往低于锅炉的额定

工作压力。因此，当锅炉额定工作压力大于蒸汽蓄热器的额定工作压力时，为确保蓄热器安全运行，蓄热器上应装安全阀。

5 蓄热器运行时的充水，其水质应和锅炉给水相同，以保证供汽的品质和防止蓄热器结垢。其进水可利用锅炉给水系统，用调节阀进行水位调节。

6 饱和蒸汽系统中的蒸汽蓄热器，在运行过程中水位会逐渐增高，故需定期放水。这部分洁净的热水应予回收利用，因此放水应接至锅炉给水箱或除氧水箱。

13.1.4 本条是原规范第11.0.4条的修订条文。

为使系统简单，节省投资，锅炉房内连接相同参数锅炉的蒸汽（热水）母管一般宜采用单母管；但常年不间断供汽（热）的锅炉房宜采用双母管，以便当某一母管出现事故或进行检修时，另一母管仍可保证供汽。

13.1.5 本条是原规范第11.0.5条的条文。

每台蒸汽（热水）锅炉与蒸汽（热水）母管或分汽（分水）缸之间的各台锅炉主蒸汽（供水）管上应装设2个切断阀，是考虑到锅炉停业检修时，其1个阀门泄漏，另1个阀门还可关闭，避免母管或分汽（分水）缸中的蒸汽（热水）倒流，以确保安全。

13.1.6 本条是原规范第11.0.6条的条文。

当锅炉房装设的锅炉台数在3台及以下时，锅炉给水应采用单母管，也可采用单元制系统（即1泵对1炉，另加1台公共备用泵），比采用双母管方便。但当锅炉台数大于3台以上时，如仍采用单元制加公用备用泵的给水方式，则给水泵台数过多，故以采用双母管较为合理。对常年不间断供汽的蒸汽锅炉房和给水泵不能并联运行的锅炉房，锅炉给水母管宜采用双母管或采用单元制锅炉给水系统。

13.1.7 本条是原规范第11.0.7条的条文。

锅炉给水泵进水母管一般应采用不分段的单母管；但对常年不间断供汽的锅炉房，且除氧水箱大于等于2台时，则宜采用单母管分段制。当其中一段管道出现事故时，另一段仍可保证正常供水。

13.1.8 本条是原规范第11.0.8条的条文。

为了简化管道、节省投资，当除氧器大于等于2台时，除氧器加热用蒸汽管道推荐采用母管系统。

13.1.9 本条是原规范第11.0.9条的条文。

参照本规范第13.1.4条和第13.1.6条的规定，热水锅炉房内与热水锅炉、水加热装置和循环水泵相连接的供水和回水母管，应采用单母管制，对必须保证连续供热的热水锅炉房宜采用双母管。

13.1.10 本条是原规范第11.0.10条的条文。

本条是保证热水锅炉与热水系统之间的安全连接所必须的。当几台热水锅炉并联运行时，可保证每台锅炉正常安全地切换。

13.1.11 本条是原规范第11.0.12条的条文。

设置独立的定期排污管道，有利于锅炉安全运行。但当几台锅炉合用排污母管时，必须考虑安全措施：在接至排污母管的每台锅炉的排污干管上必须装设切断阀，以备锅炉停运检修时关闭，保证安全；装设止回阀可避免因合用排污母管在锅炉排污时相互干扰。

13.1.12 本条是原规范第 11.0.13 条的条文。

连续排污膨胀器的工作压力低于锅炉工作压力，为了防止连续排污膨胀器超压发生危险，在锅炉出口的连续排污管道上，必须装设节流减压阀。当数台锅炉合用 1 台连续排污膨胀器时，为安全起见，应在每台锅炉的连续排污管出口端和连续排污膨胀器进口端，各装设 1 个切断阀。连续排污膨胀器上必须装设安全阀。

考虑到投资和布置上的合理性，推荐 2～4 台锅炉合设 1 台连续排污膨胀器。

13.1.13 本条是原规范第 11.0.14 条的条文。

螺纹连接的阀门和管道容易产生泄漏，故规定不应采用螺纹连接。排污管道中的弯头，容易造成污物的积聚，导致排污管堵塞，故应减少弯头，保证管道的畅通。

13.1.14 本条是原规范第 11.0.15 条的条文。

蒸汽锅炉自动给水调节器上设手动控制给水装置，热水锅炉的自动补水装置上设手动控制装置，并设置在司炉便于操作的地点是考虑到运行的安全需要。

13.1.15 本条是原规范第 11.0.16 条的条文。

锅炉本体、除氧器和减压减温器的放汽管和安全阀的排汽管应独立接至室外安全处，可保证人员的安全，又避免排汽时污染室内环境，影响运行操作。2 个独立安全阀的排汽管不应相连，可避免串汽和易于识别超压排汽点。

13.1.16 本条是原规范第 11.0.17 条的条文。

为了保证安全运行，热力管道必须考虑热膨胀的补偿。从节省投资等角度着眼，应尽量利用管道的自然补偿。当自然补偿不能满足要求时，则应设置合适的补偿器，如方形或波纹管等补偿器。

13.1.17 本条是原规范第 11.0.18 条的修订条文。

管道支吊架荷载计算除应考虑管道自身重量外，还应考虑其他各种荷载，以保证安全。

13.1.18 本条是原规范第 11.0.19 条的条文。

本条是参考国家现行标准《火力发电厂汽水管道设计技术规定》DL/T 5054 制订的，并推荐出放水阀和放汽阀的公称通径。

13.2 燃油管道

13.2.1 本条是原规范第 3.2.2 条的修订条文。

锅炉房为常年不间断供热时，所采用的双母管当其中一根在检修时，另一根供油管可满足 75% 锅炉

房最大计算耗油量（包括回油量），在一般情况下可满足其负荷要求。根据调研，回油管目前设计有不采用母管制的，因此本次修订中，将"应采用单母管"改成"宜采用单母管"。

13.2.2 本条是原规范第 3.2.1 条的条文。

经锅炉燃烧器的循环系统，是指重油通过供油泵加压后，经油加热器送至锅炉燃烧器进行雾化燃烧，尚有部分重油通过循环回油管回到油箱的系统。这种系统在燃油锅炉房中被广泛采用，它具有油压稳定、调节方便的特点。在运行中能使整个管道系统保持重油流动通畅，避免因部分锅炉停运或局部管道滞流而发生重油凝固堵塞现象。在锅炉启动前，冷油可以通过循环迅速加热到雾化燃烧所需的油温，以利于燃烧。

13.2.3 本条是原规范第 3.2.3 条的条文。

重油凝固点较高，大部分在 20～40℃之间，当冬季气温较低时，容易在管道中凝固。为了保证管道内油的正常流动，供油管道应进行保温，如保温后仍不能保证油的正常流动时，尚应用蒸汽管伴热。

在锅炉房的重油回油管道系统中，如不保温则有可能发生烫伤事故。为此要求对可能引起人员烫伤的部位，应采取隔热或保温措施。

13.2.4 本条是原规范第 3.2.4 条的条文。

根据燃重油的经验，当重油油温较高，而管内流速较低时（0.5～0.7m/s），经长期运行后管道内会产生油垢沉积，使管道的阻力增加，影响油管正常运行。

13.2.5 本条是原规范第 3.2.5 条的条文。

油管道敷设一般都宜设置一定的坡度，而且多采用顺坡。轻柴油管道采用 0.3% 和重油管道采用 0.4% 的坡度是最小的坡度要求。但接入燃烧器的重油管道不宜坡向燃烧器，否则在点火启动前易于发生堵塞想象，或漏油流进锅炉燃烧室。

13.2.6 本条是原规范第 3.2.7 条的条文。

全自动燃油锅炉采用单机组配套装置，其整体性和独立性比较强。对这类燃油锅炉按其装备特点要求，配置燃油管道系统，便可满足锅炉房燃油的要求，不必调整其配套装置，以免产生不必要的混乱。

13.2.7 本条是原规范第 3.2.9 条的修订条文。

重油含蜡多，易凝固，当锅炉停运或检修时，需要把管道和设备中的存油吹扫干净，否则重油会在设备和管道中凝固而堵塞管道。

13.2.8 本条是原规范第 3.2.10 条的条文。

蒸汽吹扫采用固定接法时，吹扫口必须有防止重油倒灌的措施，常用带有支管检查阀的双阀连接装置，并在蒸汽吹扫管上装设止回阀。

13.2.9 本条是原规范第 3.2.11 条的条文。

燃油锅炉在点火和熄火时引起爆炸的事例颇多，原因是未能及时迅速地切断油源而造成的。如连接阀

门采用丝扣阀门，则有可能由于阀门关闭太慢，在关闭了第一个阀门后，第二个阀门还未来得及关闭便爆炸了。为此，规定每台锅炉供油干管上应装设快速切断阀。

2台或2台以上的锅炉，在每台锅炉的回油干管上装设止回阀，可防止回油倒窜至炉膛中，避免事故的发生。

13.2.10 本条是原规范第3.2.16条的条文。

供油泵进口母管上装设油过滤器，对除去油中杂质，防止油泵磨损和堵塞，保证安全正常运行都十分必要。油过滤器应设置2台，其中1台为备用。

离心油泵和蒸汽往复油泵，由于设备结构的特点，对油中杂质的颗粒度大小限制不严，其过滤器网孔一般采用8~12目/cm。

齿轮油泵对油中杂质的颗粒度大小限制比较严，但国内生产厂家尚无明确的要求，根据调查，如过滤器网孔采用16~32目/cm即可满足要求。

过滤器网的流通面积，按常用的规定，一般为油过滤器进口管截面积的8~10倍。

13.2.11 本条是原规范第3.2.17条的条文。

机械雾化燃烧器的雾化片槽孔较小，当油在加温后，析出的碳化物和沥青的固体颗粒，对燃烧器会造成堵塞，影响正常燃烧。凡燃油锅炉在机械雾化燃烧器前装设过滤器的，运行中燃烧器不易被堵塞。因此，在机械雾化燃烧器前，宜装设油过滤器。

油过滤器的滤网网孔要求，与燃烧器的结构型式有关。滤网的网孔，普遍采用不少于20目/cm。滤网的流通面积，一般不小于过滤器进口管截面积的2倍。

13.2.12 本条是新增的条文。

燃油管道泄漏易发生火灾，故应采用无缝钢管，并需保证焊接连接质量。

13.2.13 本条是新增的条文。

室内油箱间至锅炉燃烧器的供油管和回油管宜采用地沟敷设，避免操作人员脚碰和保证安全。

13.2.14 本条是新增的条文。

为保证燃油管道垂直穿越建筑物楼层时，对建筑物的防火不带来隐患，故要求建筑物设置管道井，燃油管道在管道井内沿靠外墙敷设，并设置相关的防火设施，这是确保安全所需要的。

13.2.15 本条是新增的条文。

油箱、油罐进油，从液面上进入时，易使液位扰动溅起油滴，从而可能发生火灾。故规定管口应位于油液面下，且应距箱（罐）底200mm。

13.2.16 本条是新增的条文。

日用油箱与贮油罐的油位高差，会导致产生虹吸使日用油箱倒空，故应防止虹吸产生。

13.2.17 本条是新增的条文。

燃油管道穿越楼板、隔墙时，应敷设在保护套管内，这是一种安全措施。

13.2.18 本条是新增的条文。

油滴落在蒸汽管上会引发火灾，故蒸汽管应布置在油管上方。

13.2.19 本条是新增的条文。

当油管采用法兰连接，应在其下方设挡油措施，避免发生火灾。

13.2.20 本条是新增的条文。

本条是考虑到，对煤粉锅炉和循环流化床锅炉的点火供油系统干管与一般的燃油系统干管应有同样的要求，才可以保证系统运行正常，所以提出此要求。

13.2.21 本条是新增的条文。

为保证燃油管道的使用安全和使用寿命，故提出此要求。

13.3 燃气管道

13.3.1 本条是原规范第3.3.3条的修订条文。

通常情况下，宜采用单母管，连续不间断供热的锅炉房可采用双调压箱或源于不同调压箱的双供气母管，以提高供气安全性。

13.3.2 本条是原规范第3.3.12条的修订条文。

进入锅炉房的燃气供气母管上，装设总切断阀是为了在事故状态下，迅速关闭气源而设置的，该切断阀还应与燃气浓度报警装置联动，阀后气体压力表便于就地观察供气压力和了解锅炉房内供气系统的压降。

13.3.3 本条是原规范第3.3.13条的修订条文。

锅炉房燃气管道应明装，按燃气密度大小，有高架和低架的区别，无特殊情况，锅炉房内燃气管道不允许暗设（直埋或在管沟和竖井内），使用燃气密度比空气大的燃气锅炉房还应考虑室内燃气管道泄漏时，避免燃气窜入地下管沟（井）等措施。

13.3.4 本条是原规范第3.3.16条的修订条文。

日常维修和停运时，燃气管道应进行吹扫放散，系统设置以吹净为目的，不留死角。密度比空气大的燃气一定采用火炬排放不实际，因此改为"应采用高空或火炬排放"。

13.3.5 本条是原规范第3.3.17条的条文。

吹扫量和吹扫时间是经验数据，工程实践中确认可以满足要求。

13.3.6 本条是原规范第3.3.11条的修订条文。

燃气管道一旦发生泄漏有可能造成灾害，所以作了严格规定。

13.3.7 本条是原规范第3.3.14条和第3.3.15条合并后的修订条文。

近年来，燃气管道系统阀组的配置已趋于完善和标准化，阀组规格、性能和燃气压力，应满足燃烧器在锅炉额定热负荷下稳定燃烧的要求。阀组的基本组成，应按本条规定配置，并应配备锅炉点火和熄火保护程序，以满足燃气压力保护、燃气流量自动调节和燃气检漏等功能要求。

13.3.8 本条是原规范第 3.3.5 条的修订条文。

本条文经技术经济比较后确定，进口燃气阀组与整体式燃烧器标准配置时，阀组接口处燃气供气压力要求在 12～15kPa 之间，分体式燃烧器要求 20kPa，如燃气压力偏低，阀组通径要放大，投资增加较多，2t/h 以下小锅炉的燃气供气压力可以低一些，但也不宜低于 5kPa。

本条文规定的前提是，燃气供气压力和流量应能满足燃烧器稳定燃烧要求，供气压力稍偏高一些为好，但超过 20kPa，泄漏可能性增加，不安全。

13.3.9 本条是新增的条文。

燃气锅炉耗气量折合约 80m³/t（蒸汽，标态）。耗气量相对较大，供气压力与民用也有差异，应从城市中压管道上铺设专用管道供给。民用燃气锅炉房大多采用露天布置的调压装置，经降压、稳压、过滤后使用。调压装置的设置和数量应根据锅炉房规模和供气要求确定。但单台调压装置低压侧供气量不宜太大，宜控制在能满足总容量 40t/h 锅炉房的规模，使供气母管管径不致过大。

13.3.10 本条是新增的条文。

现行国家标准《城镇燃气设计规范》GB 50028 和《工业金属管道设计规范》GB 50316，对燃气净化、调压箱（站）工艺设计，以及对燃气管道附件的选用和施工验收要求都有明确的规定，锅炉房设计应遵照相关要求进行。

13.3.11 本条是新增的条文。

锅炉房内的燃气管道必须采用焊接连接，氩弧焊打底是为了确保焊接质量。

13.3.12 本条是新增的条文。

燃气和燃油管道一样，在穿越楼板、隔墙时，应敷设在保护套管内，并应有封堵措施，以防燃气流窜其他区域。

13.3.13 本条是新增的条文。

燃气管道井应有一定量的自然通风条件，同时在火灾发生时，应能阻止管道井的引风作用。

13.3.14 本条是新增的条文。

由于阀门存在严密性问题，为确保管道井内的安全，防止有可燃气体从阀门处泄漏，从而带来事故，故规定在管道井内的燃气立管上，不应设置阀门。

13.3.15 本条是新增的条文。

因铸铁件相对强度较差，为保证管道与附件不致因碎裂造成泄漏，从而带来事故，故严禁燃气管道与附件使用铸铁件。为安全原因，本规范要求在防火区内使用的阀门，应具有耐火性能。

14 保温和防腐蚀

14.1 保 温

14.1.1 本条是原规范的第 12.1.1 条的修订条文。

凡外表面温度高于 50℃，或虽外表面温度低于等于 50℃，但需回收热量的锅炉房热力设备及热力管道为节约能源，均应保温。原条文第 1 款中设备和管道种类不再一一列出。原条文第 3 款"需要保温的凝结水管道"也属于"需要回收热量"的管道，故将原条文的第 2、3 款合并。

14.1.2 本条为原规范第 12.1.2 条的条文。

保温层厚度原则上应按经济厚度计算方法确定。但针对我国现状，能源价格中主要是各地的煤价、热价等波动幅度较大，如采用的热价偏高，计算出的保温层经济厚度就偏厚；如采用的热价偏低，计算出保温层经济厚度就偏薄。故当热损失超过允许值时，可按最大允许散热损失方法复核，当两者计算结果不相等时，取其最小值为保温层设计厚度。

14.1.3 本条为原规范第 12.1.3 条的条文。

外表面温度大于 60℃ 的锅炉房热力设备及热力管道，如排汽管、放空管、燃油、燃气锅炉和烟道的防爆门泄压导向管等，虽不需保温，但在操作人员可能触及的部分应设有防烫伤的隔热措施，以保护操作人员的安全。

14.1.4 本条为原规范第 12.1.4 条的修订条文。

鉴于国内保温材料及其制品日益丰富，供货渠道的市场化，采用就近保温材料已不是造成不合理的长途运输和影响保温工程经济性的主要因素，所以将原条文第 1 款取消。在各种不同的保温材料及其制品中，应优先采用性能良好、允许使用温度高于正常操作时设备及管道内介质的最高工作温度、价格便宜和施工方便的成型制品，这是使保温结构经久耐用，满足生产要求所必需的。

14.1.5 本条为原规范第 12.1.5 条的条文。

国内外实际工程中，保温材料的外保护层均是阻燃材料。用金属作外保护层一般采用 0.3～0.8mm 厚的铝板或镀锌薄钢板；用玻璃布作外保护层一般供室内使用，用玻璃布作外保护层时，在其施工完毕后必须涂刷油漆，并需经常维修。其他如石棉水泥、乳化再生胶等也可做保护层。

凡室外布置的热力设备及室外架空敷设的热力管道的保温层外表面应设防水层，是为了防止下雨时雨水渗入保温层。当保温层被浸湿后，不仅增大保温材料的导热系数，使设备和管道内介质的热损失增加，而且当设备和管道停止运行时，水分通过保温层进入到设备和管道外壁，引起锈蚀，所以室外布置的热力设备和架空敷设的热力管道的保温层外表面的保护层应具有防水性能。

14.1.6 本条为原规范第 12.1.6 条的修订条文。

当采用复合保温材料时，通常选用耐温高、导热系数低者做内保温层。内外层界面处温度应按外层保温材料最高使用温度的 0.9 倍计算。

14.1.7 本条为原规范第 12.1.7 条的条文。

软质或半硬质保温材料在施工捆扎时，由于受到压缩，厚度必然减小，密度增大，故应按压缩后的容重选取保温材料的导热系数，其设计厚度也应当是压缩后的保温材料厚度，这样才较为切合实际。

14.1.8 本条为原规范第12.1.8条的条文。

阀门及附件和经常需维修的设备和管道，宜采用可拆卸的保温结构，以便于维修阀门及附件，并使保温结构可重复使用。

14.1.9 本条为原规范12.1.9条的条文。

对于立式热力设备或夹角大于45°的热力管道，为了保护保温层，维持保温层厚度上下均匀一致，应按保温层质量，每隔一定高度设置支撑圈或其他支撑设施，避免管道使用一定时间后，由于保温材料的自重或其他附加重量引起的坍落，破坏保温结构。

14.1.10 本条为原第12.1.10条的修订条文。

经多年推广应用，供热管道的直埋敷设技术已经成熟，对其保温计算、保温层结构设计、保温材料的选择及敷设要求，都已在《城镇直埋供热管道工程技术规程》CJJ/T 81 和《城镇供热直埋蒸汽管道技术规程》CJJ 104 中作了规定，可遵照执行。

14.2 防 腐 蚀

14.2.1 本条为原规范第12.2.1条的条文。

设备及管道在敷设保温层前，应将其外表面的脏污、铁锈等清刷干净，然后涂刷红丹防锈漆或其他防腐涂料，以延长管道使用寿命，而且其防锈漆或防腐涂料的耐温性能应能满足介质设计温度的要求，以免失去防锈或防腐性能。这是一种常规而行之有效的做法。

14.2.2 本条为原规范第12.2.2条的修订条文。

介质温度低于120℃时，设备和管道表面所刷的防锈漆一般为红丹防锈漆。如介质温度超过120℃时，红丹防锈漆会被氧化成粉末状，不能再起防锈漆的作用，而应涂高温防锈漆。锅炉房内各种贮存锅炉给水的水箱，均应在其内壁刷防腐涂料，而且防腐涂料不会引起水质的品质变化，以保护水箱免于锈蚀和保证给水水质。

14.2.3 本条为原规范第12.2.3条的条文。

为了保护保护层，增加其耐腐蚀性能和延长使用寿命，当采用玻璃布或其他不耐腐蚀的材料做保护层时，其外表面应涂刷油漆或其他防腐蚀涂料。当采用薄铝板或镀锌薄钢板作保护层时，其外表面可不再涂刷油漆或防腐蚀涂料。

14.2.4 本条为新增的条文。

对锅炉房的埋地设备和管道应根据设备和管道的防腐要求和土壤的腐蚀性等级，进行相应等级的防腐处理，必要时可以对不便检查维修部分的设备和管道增加阴极保护措施。

14.2.5 本条为原规范第12.2.4条的修订条文。

在锅炉房设备和管道的表面或保温保护层的外表面应涂色或色环，并作出箭头标志，以区别内部介质种类和介质的流向，便于操作。涂色和标志应统一按有关国家标准和行业标准的规定执行。

15 土建、电气、采暖通风和给水排水

15.1 土 建

15.1.1 本条是原规范第13.1.1条的条文。

本条是按现行国家标准《建筑设计防火规范》GBJ 16 和《高层民用建筑设计防火规范》GB 50045 的有关规定，结合锅炉房的具体情况，将锅炉房的火灾危险性加以分类，并确定其耐火等级，以便在设计中贯彻执行。

1 本规范燃料可为煤、重油、轻油或天然气、城市煤气等，其锅炉间属于丁类生产厂房。对于非独立的锅炉房，为保护主体建筑不因锅炉房火灾而烧毁，故对其火灾危险性分类和耐火等级比独立的锅炉房的锅炉间提高要求，应均按不低于二级耐火等级设计。

2 用于锅炉燃料的燃油闪点应为60~120℃，它们的油箱间、油泵间和油加热器间属于丙类厂房。

3 天然气主要成分是甲烷（CH_4），其相对密度（与空气密度比值）为0.57，与空气混合的体积爆炸极限为5%，按规定爆炸下限小于10%的可燃气体的生产类别为甲类，故天然气调压间属甲类生产厂房。

15.1.2 本条是原规范第13.1.11条的修订条文。

锅炉房应考虑防爆问题，特别是对非独立锅炉房，要求有足够的泄压面积。泄压面积可利用对外墙、楼地面或屋面采取相应的防爆措施办法来解决，泄压地点也要确保安全。如泄压面积不能满足条文提出的要求时，可考虑在锅炉房的内墙和顶部（顶棚）敷设金属爆炸减压板。

15.1.3 本条是新增的条文。

燃油、燃气锅炉房的锅炉间是可能发生闪爆的场所，用甲级防火门隔开后，辅助间相对安全，可按非防爆环境对待。

考虑到燃油、燃气锅炉房的防火、防爆要求较高，为此对燃油、燃气锅炉房的控制室与锅炉间的隔墙要求应为防火墙，观察窗也应为具有一定防爆能力的固定玻璃窗。

15.1.4 本条是原规范第13.1.2条的条文。

本条主要考虑锅炉基础与锅炉房建筑基础沉降不一致时，避免楼地面产生裂缝。

15.1.5 本条是原规范第13.1.3条的条文。

锅炉房建筑的锅炉间、水处理间和水箱间均应考虑安装在其中的设备最大件的搬入问题，特别是设备

最大件大于门窗洞口的情况，应在墙、楼板上预留洞或结合承重墙先安装设备后砌墙。

15.1.6 本条是原规范第13.1.4条的条文。

本条主要考虑对钢筋混凝土烟囱和砖砌烟道的混凝土底板等内表面设计计算温度高于100℃的部位应采取隔热措施，以便减少高温烟气对混凝土和钢筋设计强度的影响，避免混凝土开裂形成混凝土底板漏水。

15.1.7 本条是原规范第13.1.5条的条文。

由于锅炉本体的外形尺寸不同，其四周的操作与通道尺寸有其具体的要求，因此锅炉房建筑设计要满足工艺设计这一前提。但为了使锅炉房的土建设计能够采用预制构件，主要尺寸能统一协调，故锅炉房的柱距、跨度、室内地坪至柱顶高度尚宜符合现行《建筑模数协调统一标准》GB 50006 的有关规定。

15.1.8 本条是原规范第13.1.6条的条文。

锅炉房近期的扩建一般是在锅炉间内预留锅炉台位及其基础，远期的扩建则锅炉房建筑宜预留扩建条件。如扩建端不设永久性楼梯和辅助间，生产、办公面积适当放宽；扩建端的墙和挡风柱考虑有拆除的可能性。

15.1.9 本条是原规范第13.1.7条的修订条文。

本条考虑当锅炉房内安装有振动较大的设备（如磨煤机、鼓风机、水泵等）时，其基础应与锅炉房基础脱开，并且在地坪与基础接缝处应填砂和浇灌沥青，以减少对锅炉房的振动影响。

15.1.10 本条是原规范第13.1.8条的条文。

本条中钢筋混凝土煤斗壁的内表面应光滑耐磨，壁交角处做成圆弧形，目的是为了保证落煤畅通。设置有盖人孔和爬梯是为了安全和方便检修。

15.1.11 本条是原规范第13.1.9条的条文。

本条是为了保护运行和维修人员的人身安全。

15.1.12 本条是原规范第13.1.10条的条文。

本条主要是为防止烟囱基础和烟道基础沉降不一致时拉裂烟道。

15.1.13 本条是原规范第13.1.11条的条文。

锅炉房的外墙开窗除要符合本规范第15.1.2条的防爆要求外，还应满足通风需要和Ⅴ级采光等级的需要。

15.1.14 本条是原规范第13.1.12条的修订条文。

锅炉房若必须与其他建筑相邻，为防火安全，应采用防火墙与相邻建筑隔开。

15.1.15 本条是原规范第13.1.13条的条文。

油泵房的地面一般有油腻，设计时应考虑地面防油和防滑措施。采用酸、碱还原的水处理间，其地面、地沟和中和池等均有可能受到酸碱的侵蚀，因此应考虑防酸、防碱措施。

15.1.16 本条是新增的条文。

锅炉房的化验室里的化学药品中的酸、碱性物质具有一定的腐蚀性，在操作过程中由于泄漏，会给建、构筑物带来腐蚀，为此需要进行相关的防腐蚀设计。防腐蚀设计应按现行国家标准《工业建筑防腐蚀设计规范》GB 50046 的规定执行。

另外，为有利于工作人员正常工作和安全、环保起见，故提出化验室的地面应有防滑措施，墙面应为白色、不反光，设洗涤设施，场地要求做防尘、防噪处理。

15.1.17 本条是新增的条文。

锅炉房的设计应执行国家现行职业卫生标准《工业企业设计卫生标准》GBZ 1。生活间的卫生设施应按该标准中有关规定执行。

15.1.18 本条是原规范第13.1.15条的修订条文。

本条是根据人员在巡视操作和检修时要求的最小宽度和净空高度尺寸而制定的，根据实际使用情况和用户反映，为确保安全，对经常使用的钢梯坡度不宜大于45°。

15.1.19 本条是原规范第13.1.16条的条文。

干煤棚的围护结构设计要求既要开敞又要挡雨，因此围护结构的上部开敞部分应采取挡雨措施，如设置挡雨板，但不应妨碍起吊设备通过。

15.1.20 本条是原规范第13.1.17的条文。

工艺要求指设备安装、检修的具体要求，经核定可按条文中表列的范围进行选用。荷载超过表列范围时，工艺设计应另行提出。

锅炉间的楼面荷载关键是考虑锅炉砌砖时砖堆积的高度（耐火砖及红砖等）和炉前堆放链条、炉排片的荷重。不同型号的锅炉，其用砖量不同。砖的堆放位置、堆放方法都影响楼板的荷载。因此，对楼板的荷载应区分对待，应由设计人员根据锅炉型号及安装、检修和操作要求来确定，但最低不宜小于6kN/m²，最大不宜超过12kN/m²。

15.2 电 气

15.2.1 本条是原规范第13.2.1条的条文。

锅炉房停电的直接后果是中断供热。因此，在本条中规定锅炉房用电设备的负荷级别，应按停电导致锅炉中断供热对生产造成的损失程度来确定，并相应决定其供电方式。

从以前调研情况分析，冶金、化工、机械、轻工等各部门不同规模的厂，其对供热要求保证程度不同，停止供热造成的损失差级很大，因而各厂对锅炉房电源的处理也不同。如炼油厂一旦中断供汽，将打乱正常的生产秩序，造成大量减产，大量废品，因而对电源作重要负荷处理，设有可靠的二回路电源供电……因此，对锅炉房用电设备的负荷级别不宜统一规定。

15.2.2 本条是原规范第13.2.2条的条文。

燃气中如天然气的主要成分为甲烷，与空气形成

5%～15%浓度的混合气体时易着火爆炸。因而天然气调压间属防爆建筑物。

燃油泵房、煤粉制备间、碎煤机间和运煤走廊等均属有火灾危险场所。而燃煤锅炉间则属于多尘环境，水泵房属于潮湿环境。

上述不同环境的建筑物和构筑物内所选用的电机和电气设备，均应与各个不同环境相适应。

15.2.3 本条是原规范第13.2.3条的条文。

由于这类容量的锅炉房，其电气设备容量约达100kW及以上，电机台数近10台，低压配电屏将在2屏以上，而且锅炉台数往往不止1台，如不将低压配电屏设于专门的低压配电室内，而直接安装在锅炉间，则环境条件较差，因此宜设专门的低压配电室。当单台锅炉额定蒸发量或热功率小于上述容量，且锅炉台数较少时，则可不设低压配电室。

当有6kV或10kV高压用电设备时，尚宜设立高压配电室。

15.2.4 本条是原规范第13.2.4条的条文。

按锅炉机组单元分组配电是指配电箱配电回路的布置应尽可能结合工艺要求，按锅炉机组分配，以减少电气线路和设备由于故障或检修对生产带来的影响。

15.2.5 本条是原规范第13.2.5条的条文。

考虑到锅炉厂成套供应电气控制屏的情况较多，对蒸汽锅炉单台额定蒸发量小于4t/h、热水锅炉单台额定热功率小于等于2.8MW的锅炉，配套控制箱较为成熟，成套供应是发展方向，应予推广，成套供应控制屏既可减少设计工作量，又有利于迅速安装。

15.2.6 本条是原规范第13.2.6条的修订条文。

经过调研，单台蒸汽锅炉额定蒸发量小于等于4t/h单层布置的锅炉房，当锅炉辅机采用集中控制时，就地均不设启动控制按钮，运行人员也无此要求。双层布置的锅炉房有鼓风机、引风机设就地停机按钮。电厂锅炉房典型设计规定就地无启动权，仅设紧急停机按钮。当锅炉辅机采用集中控制时，按操作规程规定，锅炉启动前由运行人员巡视，操作有关阀门，掌握全面情况，然后在操作屏集中控制。因此本条不规定设2套控制按钮。当集中控制辅机的电动机操作层不在同一层，距离较远时，为便于在运行中就地发现故障及时加以排除，在条文中规定，宜在电动机旁设置事故停机按钮。

15.2.7 本条是原规范第13.2.7条的条文。

锅炉房用电设备较少时，宜采用以放射式为主的配电方式；而如果锅炉热力和其他各种管道布置繁多，电力线路则不宜采用裸线或绝缘明敷。现在各厂的锅炉房电力线路基本上是采用穿金属管或电缆布置方式。因锅炉表面、烟道表面、热风道及热水箱等的表面温度在40～50℃或以上，为避免线路绝缘过热而加速绝缘损坏，电力线路应尽量避免沿上述表面敷设；当沿上述热表面敷设线路时，应采用支架使线路与热表面保持一定的距离，或采用其他隔热措施，不宜直敷布线。

在煤场下及构筑物内不宜有电缆通过是为了保证用电安全及维护方便。

15.2.8 本条是原规范第13.2.8条的条文。

控制室、变压器室及高低压配电室内均有较为集中的电气设备，为了防止水管或其他有腐蚀性介质管道的泄漏和损坏，从而影响电气设备的正常运行，特作此规定。

15.2.9 本条是原规范第13.2.9条的条文。

这是国家对照明规定的基本要求，应予以执行。

15.2.10 本条是原规范第13.2.10条的条文。

在锅炉房操作地点及水位表、压力表、温度计、流量计等处设置局部照明，有利于锅炉运行人员的监察。锅炉的平台扶梯处，当一般照明不能满足其照度要求时，也应设置局部照明。

15.2.11 本条是原规范第13.2.11条的条文。

当工作照明因故熄灭，为保证锅炉继续运行或操作停炉，必须严密注意水位、压力及操作有关阀门，启动事故备用汽动给水泵，以保持锅炉汽包一定的水位，因此宜设有事故照明。如因电源条件限制，锅炉房也应备有手电筒或其他照明设备作临时光源，以确保停电时对锅炉房的设备进行安全处理。

15.2.12 本条是原规范第13.2.12条的条文。

地下凝结水箱间的温度一般超过40℃，相对湿度超过95%，属高温高潮湿场所；热水箱、锅炉本体附近的温度一般超过40℃，属高温场所；出灰渣地点为高温多灰场所。这些地点的照明灯具如安装高度低于2.5m时，为安全起见，应考虑防触电措施或采用不超过36V的低电压。当在这些地点的狭窄处或在煤粉制备设备和锅炉锅筒内工作使用手提行灯时，则安全要求更高，照明电压不应超过12V。因此，锅炉房照明装置的电源应使用不同电压等级。

15.2.13 本条是原规范第13.2.13条的条文。

由于锅炉房烟囱往往是工厂或民用建筑中最高的构筑物，因而需与当地航空部门联系，确定是否装设飞行标志障碍灯。如需装设则应为红色，装在烟囱顶端，不应少于2盏，并应使其维修方便。

15.2.14 本条是原规范第13.2.14条的条文。

《建筑物防雷设计规范》GB 50057中，对烟囱的防雷保护明确规定："雷电活动较强的地区或郊区15m高的烟囱和雷电活动较弱的地区20m高的烟囱，按第Ⅲ类工业建筑物考虑防雷设施"，"高耸的砖砌烟囱、钢筋混凝土烟囱，应采用避雷针或避雷带保护。采用避雷针时，保护范围按有关规定执行，多根避雷针应连接于闭合环上，钢筋混凝土烟囱宜在其顶部和底部与引下线相连，金属烟囱应利用作为接闪器或引下线"。

15.2.15 本条是原规范第13.2.15条的修订条文。

燃气放散管的防雷设施，国家标准《建筑物防雷设计规范》GB 50057有明确规定，应遵照执行。

15.2.16 本条是原规范第13.2.16条的条文。

根据国际电工委员会（IEC）《建筑物防雷标准》规定，用作接闪器的钢铁金属板的最小厚度为4mm，与我国运行经验相同。埋设在地下的油罐，当覆土高于0.5m时，可不考虑防雷设施，当地下油罐有通气管引出地面时，该通气管应做防雷处理。

15.2.17 本条是原规范第13.2.17条的修订条文。

气体和液体燃料流动时产生的静电应有泄放通道，接地点间距应在30m以内，但条文不作规定，由工程设计确定。管道连接处如有绝缘体间隔时应设有导电跨接措施。在管道布置需要时，还应设避雷装置。

15.2.18 本条是原规范第13.2.18条的修订条文。

锅炉房一般均应有电话分机，以便与本单位各部门通信联系。

有些大型企业（单位）设有动力中心调度通信系统，则锅炉房也应纳入该调度通信系统，设置调度通信分机；而某些大、中型区域锅炉房有较多供汽用户，为联系方便，则宜设置1台调度通信总机。

锅炉房与其他某些供热用户之间有特殊需要时，可设置对讲电话。以便于锅炉房可以按该用户的特殊情况调度供汽和安排生产。

15.3 采暖通风

15.3.1 本条是原规范第13.3.1条的条文。

锅炉房的锅炉间、凝结水箱间、水泵间和油泵间等房间均有大量的余热。按锅炉房的散热量核算，不论锅炉房容量的大小，均大于23W/m²。因此工作区的空气温度，应根据设备散热量的大小，按国家现行职业卫生标准《工业企业设计卫生标准》GBZ 1确定。

15.3.2 本条是原规范第13.3.2条的条文。

对锅炉间、凝结水箱间、水泵间和油泵间等房间的自然通风，强调了"有组织"，以保证有效的排除余热和降低工作区的温度。在受工艺布置和建筑形式的限制，自然通风不能满足要求时，就应采用机械通风。

15.3.3 本条是原规范第13.3.3条的条文。

操作时间较长的工作地点，当其温度达不到卫生要求，或辐射照度大于350W/m²时，应设置局部通风。

15.3.4 本条是新增的条文。

对非独立锅炉房，当锅炉房设置在地下（室）、半地下（室）时，其锅炉房控制室和化验室的仪器分析间通风条件均较差，在夏天工作条件更差，为改善劳动条件，故提出设置空气调节装置的要求。对一般锅炉房的控制室和化验室的仪器分析间，为改善劳动条件，提出宜设空气调节装置。

15.3.5 本条是原规范第13.3.4条的条文。

本条规定了碎煤间及单独的煤粉制备装置间的温度为12℃，控制室、化验室、办公室为16～18℃，化学品库为5℃，更衣室为23℃，浴室为25～27℃等。这是为了满足劳动安全卫生的要求。

15.3.6 本条是原规范第13.3.5条的条文。

在有设备放热的房间，由于设备的放热特性、工艺布置和建筑形式不同，即使设备大量放热，且放热量大于建筑采暖热负荷，但由于空气流动上升，建筑维护结构下部又有从门窗等处渗入的冷空气，以致设备放散到工作区的热量尚不能保证工作区所需的采暖热负荷时，将会使工作区的温度偏低。在一些地区调查时，也有反映冬天炉前操作区的温度偏低的情况，因此规定要根据具体情况，对工作区的温度进行热平衡计算。必要时应在某些部位适当布置散热器。

15.3.7 本条是原规范第13.3.6条的修订条文。

设在其他建筑物内的燃气锅炉的锅炉间，往往受建筑条件限制，自然通风条件比独立的锅炉房和贴近其他建筑物的锅炉房要差，又难免有燃气自管路系统附件泄漏，通风不良时，易于聚积而产生爆炸危险。故本规范规定换气次数每小时不少于3次。为安全起见，通风装置应考虑防爆。

半地下（室）燃油燃气锅炉房由于进、排风条件比地上的条件差，锅炉房空间内可能存在可燃气体，换气量相应提高。

地下（室）燃油燃气锅炉房由于进、排风条件更差，必须设置强制送排风系统来满足燃烧所需空气量和操作人员正常需要，锅炉房空间内可能存在可燃气体，因此，送排风系统应与建筑物送排风系统分开独立设置，且送风量应略大于排风量，使锅炉房空间维持微正压条件。

15.3.8 本条是原规范第13.3.7条的条文。

燃气调压间内难免有燃气自管道附件泄漏出来，这容易产生爆炸或中毒危险，燃气调压间内气体的泄漏量尚无参考数据，参照现行国家标准《城镇燃气设计规范》GB 50028 "对有爆炸危险的房间的换气次数"的有关规定，本规范规定换气次数不少于每小时3次。

调压间室内余热，主要依靠自然通风排除，当限于条件自然通风不能满足要求时，应设置机械通风。

为防止燃气突然大量泄漏造成爆炸危险，应设置事故通风装置。根据现行国家标准《采暖通风与空气调节设计规范》GB 50019的规定，对可能突然产生大量有害气体或爆炸危险气体的生产厂房，应设置事故排风装置。事故排风的风量，应根据工艺设计所提供的资料通过计算确定。当工艺设计不能提供有关计算资料时，应按每小时不小于房间全部容积的12次换气量计算。通风装置应考虑防爆。

15.3.9 本条是原规范第13.3.8条的条文。

我国现行国家标准《石油库设计规范》GB 50074中规定:"易燃油品的泵房和油罐间,除采用自然通风外,尚应设置排风机组进行定期排风,其换气次数不应小于每小时10次。计算换气量按房高4m计算。输送易燃油品的地上泵房,当外墙下部设有百叶窗、花格墙等常开孔口时,可不设置排风机组"。本规范为协调一致,规定燃油泵房每小时换气12次(包括易燃油泵房),易燃油库每小时换气6次。同时采用了计算换气量的房高为4m,以及当地上设置的易燃油泵房、外墙下部有通风用常开孔口时,可不设机械通风的规定。

除35#以上柴油外,各种柴油闪点温度均大于65℃,各种重油闪点温度均大于80℃,他们均属丙类防火等级。一般油泵房内温度不会超出65℃,不致产生爆炸危险,故通风装置可不防爆。但易燃油品的闪点温度小于等于45℃,属乙类防火等级,有爆炸危险,故对输送和贮存易燃油品的泵房和油库,其通风装置应防爆。

15.3.10 本条是原规范第13.3.9条的条文。

燃气中液化石油气的密度较空气大,气体沉积在房间下部。煤气的密度较空气小,浮在房间上部。为有利于泄漏气体的排除,通风吸风口的位置应按照油气的密度大小,按现行国家标准《采暖通风与空气调节设计规范》GB 50019中的规定考虑吸风口的设置位置。

15.4 给水排水

15.4.1 本条是原规范第13.4.1条的条文。

在以前规范编制中调研了许多企业,情况表明:只设1根进水管的企业和设2根进水管的企业基本上一样多。仅有上海××厂曾因给水管故障发生过停水,其余均未发生过问题。据征求意见,认为进水管是1根还是2根不是主要问题,关键是供水的外部管网和水源要有保证。

本条文对采用1根进水管方案,提出应考虑为排除故障期间用水而设立水箱或水池的规定,并规定了有关水箱、水池的总容量。据统计,绝大部分锅炉房的水箱和水池总容量大于2h锅炉房的计算用水量。

15.4.2 本条是原规范第13.4.3条的条文。

为使煤场煤堆保持一定的湿度,在必要时需要适当加水,在装卸煤时,为防止煤粉飞扬,也宜适当加些水,故要求在煤场设置供洒水用的给水点。至于煤堆自燃问题,北方地区干燥,自燃较易发生;上海等南方地区,由于工业、民用及区域锅炉房一般贮煤量不大,周转快,且气候潮湿,故自燃现象很少。所以本规范规定,对贮煤量不大的锅炉房煤场,只需要设灭火降温的洒水给水点即可,不必要设消火栓。

15.4.3 本条是原规范第13.4.4条的条文。

从调研情况分析,对规模较大的水处理辅助设施常有酸碱贮存设备,而且有些已设有"冲洗"设施,以便发生人身和地面受到沾溅后,用大量水冲走酸碱和稀释酸碱液。为加强劳动保护,故作此规定。

15.4.4 本条是原规范第13.4.5条的条文。

单台蒸汽锅炉额定蒸发量为6~75t/h、单台热水锅炉额定热功率为4.2~70MW的引风机及炉排均有冷却水,为节约用水,建议这部分水可以用来作为锅炉除灰渣机用水或冲灰渣补充水,实现一水多用。

15.4.5 本条是原规范第13.4.6条的条文。

当单台蒸汽锅炉额定蒸发量大于等于20t/h、单台热水锅炉额定热功率大于等于14MW的锅炉房,多台锅炉工作时,其冷却水量大于等于8m³/h,8m³/h的玻璃钢冷却塔产品很普遍,为节约用水宜采用循环冷却系统。当为自备水源又是分质供水时,是否循环使用应经技术经济比较确定。

15.4.6 本条是原规范第13.4.10条的条文。

一般单位对锅炉房操作层楼面及出灰层地面多用水冲洗,而锅炉间出灰层及水泵间因设备渗漏均易使地坪积水。因此,各层地面需做成坡度,并安装地漏向室外排水。为防止操作层冲洗水从楼层孔洞向下层滴漏,对楼板上的开孔应做成翻口。

16 环 境 保 护

16.1 大气污染物防治

16.1.1 本条是原规范第6.2.1条的修订条文。

锅炉房排放的大气污染物包括燃料燃烧产生的烟尘、二氧化硫和氮氧化物等有害气体及非燃烧产生的工艺粉尘等,对这些污染物均应采取综合治理措施。经处理后的污染物排放除应符合现行国家标准《环境空气质量标准》GB 3095、《锅炉大气污染物排放标准》GB 13271、《大气污染物综合排放标准》GB 16297和国家现行职业卫生标准《工作场所有害因素职业接触限值》GBZ 2的规定外,尚应符合省、自治区、直辖市等地方政府颁布的地方标准的规定。

16.1.2 本条是原规范第6.2.2条的修订条文。

本条细化了对除尘器选型的具体要求,便于在设计中掌握。各种新增的除尘设备正在不断研制和生产。除旋风除尘器外,尚有布袋、除尘脱硫一体化装置和静电除尘器等可供选用。近年又有多种型号的多管旋风除尘器经过省、部、级鉴定通过,投入批量生产。为取得更好的环保效果,设计中应在高效、低阻、低钢耗和价廉等方面进行技术经济比较后择优选用。

16.1.3 本条是原规范第6.2.4条的修订条文。

为了延长使用寿命,除尘器及附属设施应有防止腐蚀和磨损的措施。

密封可靠的排灰机构，是保证除尘器正常运行的必要条件。

对于除尘器收集下的烟尘，应有密封排放，妥善存放和运输的设施，以避免烟尘的二次飞扬，影响环境卫生。除尘器收集的烟尘综合利用的工艺技术已较成熟，宜综合利用。

16.1.4 本条是新增的条文。

随着新型旋风除尘器的研制和开发应用，多管旋风除尘器从装置的除尘效率、对负荷的适应性、占地面积、运行管理、投资费用和对环境的影响等方面，对单台蒸汽锅炉额定蒸发量小于等于6t/h或单台热水锅炉额定热功率小于等于4.2MW的层式燃煤锅炉还是适宜的。

16.1.5 本条是新增的条文。

条文对其他容量和燃烧方式的燃煤锅炉，仍优先选用干式旋风除尘器，是基于技术经济上较适宜。当采用干式旋风除尘器仍达不到烟尘排放标准时，才应根据锅炉容量、环保要求、场地情况和投资费用等因素进行技术经济比较后确定采用其他除尘装置。

16.1.6 本条是原规范第6.2.3条的修订条文。

随着现行国家标准《锅炉大气污染物排放标准》GB 13271中对燃煤锅炉二氧化硫允许排放浓度的标准愈来愈严格，对燃煤锅炉烟气脱硫的要求也日益突出，原有的湿式除尘器也不能满足要求，被具备除尘和脱硫功能的一体化湿式除尘脱硫装置所代替。本条文规定了采用一体化湿式除尘脱硫装置的适用条件，并提出了对该装置的要求，保证装置的使用寿命和正常运行，防止污染物的二次转移，在装置中设置pH值、液气比和SO_2出口浓度的检测和自控装置可保证一体化湿式除尘脱硫装置的脱硫效果。

16.1.7 本条是新增的条文。

经多年运行研究，在循环流化床锅炉中采用炉内添加石灰石等固硫剂，降低烟气中SO_2的排放浓度，使排放烟气达到排放标准的规定，已是一项成熟的技术，应予推广使用。

16.1.8 本条是新增的条文。

近年来随着我国使用燃油、燃气锅炉日益增多，氮氧化物对大气环境质量造成的污染也逐渐引起重视，现行国家标准《锅炉大气污染物排放标准》GB 13271中对氮氧化物最高允许排放浓度作出了规定。因此，如果锅炉烟气排放中氮氧化物浓度超过标准规定时，应采取治理措施。

当锅炉烟气排放中氮氧化物浓度超过标准规定时，对于燃油、燃气锅炉，减少氮氧化物排放量的最佳途径是从源头上进行控制，其方法有选用低氮燃烧器、选用炉内带有烟气再循环方式进行低氮燃烧的锅炉、采用烟气再循环等，具体可根据锅炉房现状、环保要求及投资费用等因素进行技术经济比较后确定。

16.1.9 本条是新增的条文。

根据现行国家标准《锅炉大气污染物排放标准》GB 13271的规定，单台锅炉额定蒸发量大于等于1t/h或热功率大于等于0.7MW的锅炉应设置便于永久采样监测孔，单台锅炉额定蒸发量大于等于20t/h或热功率大于等于14MW的锅炉，必须安装固定的连续监测烟气中烟尘、SO_2排放浓度的仪器。为操作和检修方便，必要时可在采样监测孔处设置工作平台。

16.1.10 本条是原规范第13.3.10条的条文。

运煤系统的转运处、破碎筛选处和锅炉干式机械除灰渣处，在运行中均是严重产生粉尘的地点，应当设置防止粉尘扩散的封闭罩或局部抽风罩，以进行局部除尘。此装置与运煤系统应按本规范第11.2.16条要求实现联锁自动开停。

16.2 噪声与振动的防治

16.2.1 本条是原规范第6.3.1条的修订条文。

现行国家标准《城市区域环境噪声标准》GB 3096规定的城市各类环境噪声标准值列于表1。

表1 城市各类区域环境噪声标准值〔dB（A）〕

类　别	昼　间	夜　间
0	50	40
1	55	45
2	60	50
3	65	55
4	70	55

注：0类标准适用于疗养区、高级别墅区、高级宾馆区等特别需要安静的区域。位于城郊和乡村的这一类区域分别按0类标准50dB执行。1类标准适用于以居住、文教机关为主的区域。乡村居住环境可参照执行该类标准。2类标准适用于居住、商业、工业混杂区。3类标准适用工业区。4类标准适用于城市中的道路交通干线、道路两侧区域，穿越城区的内河航道两侧区域，穿越城区的铁路主、次干线两侧区域的背景噪声（指不通过列车时的噪声水平）限值也执行该类标准。

本条在原文基础上增加了锅炉房噪声对厂界的影响应符合现行国家标准《工业企业厂界噪声标准》GB 12348规定的锅炉房所处的工作单位厂外1m处的厂界噪声标准，见表2。该标准适用于工厂及其可能造成噪声污染的企事业单位的边界。

表2 厂界噪声标准限值〔dB（A）〕

类　别	昼　间	夜　间
Ⅰ	55	45
Ⅱ	60	50
Ⅲ	65	55
Ⅳ	70	55

注：Ⅰ类标准适用于居住、文教机关为主的区域；Ⅱ类标准适用于居住、商业、工业混杂区及商业中心区；Ⅲ类标准适用于工业区；Ⅳ类标准适用于交通干线道路两侧区域。

夜间频繁突发的噪声〔如排气噪声，其峰值不准超过标准值 10dB（A）〕，夜间偶然发出的噪声（如短促鸣笛声），其峰值不准超过标准值 15dB（A）。

16.2.2 本条是原规范第 6.3.2 条的修订条文。

在锅炉房设计时，为了防止工作场所的噪声对人员的损伤，改善劳动条件以保障职工的身体健康，应遵照国家现行职业卫生标准《工业企业设计卫生标准》GBZ 1 的规定，对生产过程中的噪声采取综合预防、治理措施，使设计符合标准的规定。

《工业企业设计卫生标准》GBZ 1 的 5.2.3.5 条规定：工作场所操作人员每天连续接触噪声 8h，噪声声级卫生限值为 85dB（A）。对于操作人员每天接触噪声不足 8h 的场所，可根据实际接触噪声的时间，按接触时间减半，噪声声级卫生限值增加 3dB（A）的原则，确定其噪声声级限值。但最高限值不得超过 115dB（A）。锅炉房操作层和水处理间操作地点属工作场所，应按此条规定执行。锅炉房的噪声由风机、水泵、电机等噪声源组成，要合理布置这些设备，并对噪声源采取一定的隔声、消声和隔振措施，锅炉房噪声就能得以有效地控制。从实际情况看，多数锅炉房能达到标准的规定，为此，条文中仍规定锅炉房操作层和水处理间操作地点的噪声不应大于 85dB（A）。

《工业企业设计卫生标准》GBZ 1 的 5.2.3.6 条规定：生产性噪声传播至非噪声作业地点的噪声声级的卫生限制不得超过表 3 的规定：

表 3　非噪声工作地点噪声声级的卫生限值〔dB（A）〕

地点名称	卫生限值
噪声车间办公室	75
非噪声车间办公室	60
会议室	60
计算机室、精密加工室	70

锅炉房仪表控制室和化验室的室内环境与表 3 中的计算机室、精密度加工室相似，也与原条文所依据的《工业企业噪声控制设计规范》第 2.0.1 条规定中的高噪声车间设置的值班室、观察室、休息室相似，所以条文仍规定锅炉房仪表控制室和化验室的噪声不应大于 70dB（A）。

16.2.3 本条是原规范第 6.3.3 条和第 6.3.4 条合并后的修订条文。

对于生产较强烈噪声的设备，采用一定措施以降低噪声，这对于改善锅炉房的工作环境，保证操作人员的身体健康，有着重大的意义。国内锅炉房常用的降低噪声的技术措施有：将噪声量大的设备布置在单独房间内或用转墙间隔的同一房间内；采用专门制作的设备隔声罩。隔声室和隔声罩均有较好的隔声效果，在锅炉房设计时，可根据具体情况采用。隔声罩可向生产厂订购或自行制作，隔声罩应便于设备的操作维修和通风散热。

降低噪声的技术措施中也包括采取设备的减振，可减少固体声传播，同样可以降低噪声，设计人员可根据实际情况采用。

16.2.4 本条是原规范第 6.3.5 条的修订条文。

锅炉房的钢球磨煤机是一种噪声大、体积大、工作温度高、粉尘多的设备，严重影响周围工作环境，为此，宜将磨煤机房建为隔声室。

由于球磨机隔声室内气温高、粉尘浓度大，应按照防爆要求设置通风设施，以便散热，并在隔声室的进排气口上装置消声器，以保证隔声室的隔声效果。

16.2.5 本条是原规范第 6.3.6 条的修订条文。

为降低不设在隔声室或隔声罩内的鼓风机吸风口的气流噪声，应在其吸风口装设消声器。同时，在各设备的隔声室或隔声罩的通风口上，应设置消声器，以防止噪声自通风口处向外传出。

消声器的额定风量应等于或稍大于风机的实际风量。通过消声器的气流速度应小于等于设计速度，以防止产生较高的再生噪声。消声器的消声量以 20dB（A）为宜。消声器的实际阻力应小于等于设备的允许阻力。

16.2.6 本条是原规范第 6.3.7 条的修订条文。

锅炉排汽噪声与排汽压力有关。压力越高，排汽时产生的噪声越大，影响的范围也越大。实测表明，当锅炉额定蒸汽压力为 3.82MPa（表压）时，未设排汽消声器，在距排汽口 8m 处噪声级高达 130dB（A）；当锅炉额定蒸汽压力为 1.27MPa（表压）时，未设排汽消声器，在距排汽口 10m 处噪声级也高达 121dB（A）。为减少对周围环境噪声的影响，将排汽消声器设置的压力等级扩大到 1.27～3.82MPa（表压）是必要的，考虑到蒸汽锅炉的启动排汽发生概率较高，且启动排汽时间也较长，将条文改为启动排汽管应设置消声器是适宜的。而安全阀排汽只是偶发事故，概率较低，且一旦发生也会很快采取措施，故条文仍维持原有的安全阀排汽管宜设置消声器。

16.2.7 本条是原规范第 6.3.8 条的修订条文。

原条文仅要求邻近宾馆、医院和精密仪器车间等处的锅炉房内宜设置设备隔振器、管道连接采用柔性接头和管道支承采用弹性支吊架。随着隔振器、柔性接头和弹性支吊架的应用日益普及，周围环境对降低锅炉房噪声的要求提高，扩大设备隔振器、管道柔性接头和弹性支吊架的使用范围是适宜的。

16.2.8 本条是新增的条文。

非独立锅炉房，其周围环境对噪声特别敏感。锅炉房内操作地点的噪声声级卫生限值为 85dB（A），如果锅炉房的墙、楼板、隔声门窗的隔声量不小于 35dB（A），锅炉房外界噪声可控制在 50dB（A）以内，可使锅炉房所处的楼宇夜间噪声达到《城市区域环境噪声标准》GB 3096 中规定的 2 类标准。如要达到 0 类或 1 类标准，还需详细计算锅炉房内部的噪声声级和隔声量。

对墙、楼板、隔声门窗的隔声效果，墙和楼板比较容易达到本条所提出的隔声量要求，而隔声门窗略有困难，故楼内设置的锅炉房设计时应减少门窗的使用。

16.3 废水治理

16.3.1 本条是新增的条文。

锅炉排放的各类废水应符合现行国家标准《污水综合排放标准》GB 8978 和《地表水环境质量标准》GB 3838 的规定，还要符合锅炉房所在地受纳水系的接纳要求。受纳水系可以是天然的江、河、湖、海水系，也可以是城市污水处理厂等。

16.3.2 本条是新增的条文。

水资源的合理开发、循环利用，减少污水排放，保护环境是必须遵循的设计原则。

16.3.3 本条是原规范第 13.4.7 条和第 13.4.9 条合并后的修订条文。

本条是指锅炉房水环境影响的主要废水污染源及其治理原则。

湿式除尘脱硫、水力冲灰渣和锅炉情况产生的废水中的污染因子有固体悬浮物和 pH 值，应经过沉淀、中和处理后排放；锅炉排污水会造成热污染，应降温后排放；化学水处理的废水污染因子为 pH 值，应采取中和处理后排放。

在一般情况下需将锅炉房的排水温度降至 40℃ 以下，但企业锅炉房如在所属企业范围内的排水上游且排水管材料及接口材质无温度要求时，可以略高于40℃，这样更符合使用情况。

16.3.4 本条是原规范第 13.4.9 条的修订条文。

油罐清洗的含油废水直接排放会造成严重的污染；液化石油气残液的直接排放会造成火灾危险，均应严禁直接排放。为防止含油废水的排放造成的污染，油罐区应设置汇水阴沟和隔油池。液化石油气残液处理的难度很大，不应自行处理，必须委托有资质的专业企业处理。

16.3.5 本条是原规范第 13.4.8 条的修订条文。

煤作为一种能源需要节约和因环保要求防止水体对周围的污染，故在坡地煤场和较大煤场的周围要求设置"防止煤屑冲走"的设施，如在四周设渗漏沟排水及沉煤屑池，将煤屑截留后，再对废水加以处理达标后排放。

当煤场、灰渣场位于饮用水源保护区范围附近时，应有防止贮灰场灰水渗漏时地下水饮用水源污染的措施。

16.4 固体废弃物治理

16.4.1 本条是新增的条文。

我国对燃煤锅炉的灰渣综合利用已有成熟的技术

和办法。灰渣被大量用于制作建筑材料和铺筑道路，各地都建立了灰渣的综合利用工厂。

烟气脱硫装置在建设时，应同时考虑其副产品的回收和综合利用，减少废弃物的产生量和排放量。脱硫副产品的利用不得产生有害影响。对不能回收利用的脱硫副产品应集中进行安全填埋处理，并达到相应的填埋污染控制标准。

16.4.2 本条是新增的条文。

根据《国家危险废物名录》，废树脂属危险废弃物。

16.5 绿　化

16.5.1 本条是原规范第 2.0.18 条的修订条文。

绿化是保护环境的一项重要措施，它有滤尘、吸收有害气体和调节局部小气候的作用，改善生产和生活条件，因此锅炉房周围的绿化应受到足够的重视。锅炉房地区的绿化程度要区别对待，对相对独立的区域锅炉房，其绿化系数应根据当地规划，一般宜为20%；对非区域锅炉房，其绿化面积应在总体设计时统一规划。

16.5.2 本条是新增的条文。

在锅炉房区域内，对环境条件较差的干煤棚和露天煤、渣场周围，应进行重点绿化，建立隔离缓冲带，以减少扬尘对周围环境的影响。

17　消　防

17.0.1 本条是新增的条文。

本条是消防政策，必须遵照执行。

17.0.2 本条是新增的条文。

目前在实践中，锅炉房的建筑物、构筑物和设备的灭火设施采用移动式灭火器及消火栓，是完全可行的。锅炉房内灭火器的配置，应按现行国家标准《建筑灭火器配置设计规范》GB 50140 执行。

17.0.3 本条是新增的条文。

本条是考虑到燃油泵房、燃油罐区的燃料特点而提出的消防措施，泡沫灭火系统的设计应符合现行国家标准《低倍数泡沫灭火系统设计规范》GB 50151 的有关规定。

17.0.4 本条是新增的条文。

燃油及燃气的非独立锅炉房，因其是设置在其他的建筑物内，为保证锅炉房及其他建筑物的安全，在有条件时，锅炉房的灭火系统应受建筑物的防灾中心集中监控。

17.0.5 本条是新增的条文。

非独立锅炉房，单台蒸汽锅炉额定蒸发量大于等于 10t/h 或总额定蒸发量大于等于 40t/h 及单台热水锅炉热功率大于等于 7MW 或总热功率大于等于

28MW 时，应在火灾易发生部位设置火灾探测和自动报警装置。火灾探测器的选择及设置位置，应符合现行国家标准《火灾自动报警系统设计规范》GB 50116 的有关规定。

17.0.6 本条是新增的条文。

锅炉房的操作指挥系统一般设在仪表控制室内，为方便管理，故要求消防集中控制盘也设在仪表控制室内。

17.0.7 本条是新增的条文。

由于防火的要求，对容量较大锅炉房需要采用栈桥输送燃料时，对锅炉房、运煤栈桥、转运站、碎煤机室相连接处，宜设置水幕防火隔离设施，这对防止火焰蔓延是很重要的。

18 室外热力管道

18.1 管道的设计参数

18.1.1 本条是原规范第 14.2.1 条的条文。

热力管道建成后，将运行数十年。在这期间，对于每一个企业来说，所需热负荷一般都在逐步地发展，因此，在热力管道设计时，除按当时的设计热负荷进行外，对于近期已明确的发展热负荷，包括其种类、数量、位置等，在设计中也应予以考虑。

18.1.2 本条是原规范第 14.2.2 条的修订条文。

在计算热水管网的设计流量时，应按采暖、通风负荷的小时最大耗热量计算。闭式热水管网，当采用中央质调节时，通风负荷的设计流量与采暖负荷一样，按其小时最大耗热量换算，因为通风机运行与否，热水工况是一样的，所以不考虑同时使用系数。由于计算中常有富裕量，此富裕量足以补偿管道热损失，因此支管和干管的设计流量不考虑同时使用系数和热损失，是较为简便和合理的。即使在只有采暖负荷的情况下也不必考虑热损失，因为中央质调节时供求温度是根据室外气温调节的。为考虑管道热损失，运行中适当提高供水温度就可以了。这样做，可不增加设计流量和由此而增加循环水泵的能耗，是符合节能原则的。

兼供生活热水干管的设计流量，其中生活热水负荷可按其小时平均耗热量计算。其理由：一是生活热水用户数量多，最大热负荷同时出现的可能性小；二是目前生活热水负荷占总热负荷的比例较小。而支管情况则不同，故支管设计流量应根据生活热水用户有无贮水箱，按实际可能出现的小时最大耗热量进行计算。

18.1.3 本条是原规范第 14.2.3 条的条文。

蒸汽管网的设计流量，干管是按各用户各种热负荷小时最大耗热量，分别乘以同时使用系数和管网热损失进行计算；支管则按用户的各种热负荷小时最大耗热量计算。

18.1.4 本条是原规范第 14.2.4 条的条文。

凝结水管道的设计流量，即为相应的蒸汽管道设计流量减去不回收的凝结水量。

18.1.5 本条是原规范第 14.1.4 条的条文。

锅炉的运行压力一般是按照热用户的蒸汽最大工作参数（压力、温度），再考虑管网压力损失和温度降而确定的，以这样来确定蒸汽管网的蒸汽起始参数是切合实际的。这样做，管道的直径可能会大一些，初次投资要大一些，但从长远看，可以适应较大热负荷的增长，从实际运行来说，一般情况下，可以满足用户的压力和温度要求，是较为节能的运行方式。

18.2 管道系统

18.2.1 本条是原规范第 14.3.1 条的修订条文。

生产、采暖、通风和生活多种用汽参数相差不大，或生产用汽无特殊要求时，采用单管系统可以节约投资，减少管网热损失。当生产用汽有特殊要求时，采用双管系统能确保供汽的可靠性。如多种用汽参数相差较大时，采用多管系统有利于用汽的分别控制和设备的安全，同时可做到合理用能。

18.2.2 本条是原规范第 14.3.2 条的条文。

蒸汽管网一般采用枝状系统。对于用汽点较少且管网较短、用汽量不大的企业，为满足生产用汽的不同要求（例如一些用汽用户要求汽压不同或生产工艺加热次序有先有后等情况）和为了便于控制，可采用由锅炉房直接通往各用户的辐射状管道系统。

18.2.3 本条是原规范第 14.3.3 条的条文。

以往国内一些高温热水系统运行不正常，大流量小温差的运行较普遍，水力工况失调。其原因之一是用户入口没有可靠、准确的减压措施，以致各用户的流量没有按设计应有的流量分配。于是有些单位采取了干管同程布置，取得了一定效果。这是由于各用户的供、回水温差是大体上是相等的。但这样做并不能完全消除水力失调，因为支管和支干管的压力损失以及每个用户内部的压力损失并不都是相等的。要完全解决水力失调，必须从各用户入口处采取减压措施。如采用同程布置方式，将相应增加管网投资，所以应采用正常的异程（逆流）式系统。

在双管热水系统的设计中，有的是为了将室内的采暖系统采取同程式系统，有的是为了将室内采暖系统的回水就近通向室外热水管网，甚至几路回水分别通向室外热水管网，以致供水管与回水管完全不对应。这不仅搞乱了正常的热水系统，也给热水系统的调试和运行管理带来很大的困难。例如室内采暖系统的入口装置上、供水和回水管上，均有压力表、温度计，这对了解运行工况和调试是方便的。如果供水管从用户一边进，而回水管却从用户另一边出，这样供、回水管上压力表和温度计将分设两处，给了解系统运行情况和调试均增加了困难。因此本条作了规定：通向热用户的供、回水支管宜为同一出入口。对于大的厂房，为避免室内采暖系统管线太长，可以分为几个系统，每个系统的供、回水管各为同一出入口。

18.2.4 本条是原规范第14.3.4条的条文。

1 当热水系统的循环水泵停止运行时，应有维持系统静压的措施。其静压线的确定一般为直接连接用户系统中的最高充水高度与供水温度相应的汽化压力之和，并应有10～30kPa的富裕量，以保证用户系统最高点的过热水不致汽化。如因条件所限或为了降低高度适应较低用户的设备所能承受的压力，也可将静压线定在不低于系统的最高充水高度，但将因此造成系统再次投入运行时的充水和放气工作量。

2 循环水泵运行时，系统中任何一处的压力不应低于该处水温下的汽化压力，以保证系统运行时不致产生汽化。

3 热水回水管的最大运行压力，以及循环水泵停运时所保持的静压，均不应超过用户设备的允许压力。回水管上任何一处的压力不应低于50kPa，是为了当回水管内水的压力波动时，不致产生负压而造成汽化。

4 供、回水管之间的压差应满足系统的正常运行，当用户入口处的分布压头大于用户系统的总阻力时，应采取消除剩余压头的可靠措施。如采用孔板、小口径管段、球阀、节流阀等。

18.2.5 本条是原规范第14.3.5条的条文。

在热力系统设计中，水压图能形象直观地反映水力工况。为了合理地确定与用户的连接方式（特别是在地形复杂的条件下），以及准确地确定用户入口装置供、回水管的减压值，宜在水力计算基础上绘制水压图。

18.2.6 本条是原规范第14.3.6条的修订条文。

要求蒸汽间接加热的凝结水应予以回收是节约能源和有效利用水资源的重要措施。也是国家相关法律、法规的基本要求。

加热有强腐蚀性物质的凝结水，可能会因渗漏使凝结水含有强腐蚀性物质，该水进入锅炉会使锅炉腐蚀，故不应回收。加热油槽和有毒物质的凝结水，也会对锅炉不利，即使锅炉不供生活用汽，不危及人身安全，出于安全的综合考虑，也不应回收。当锅炉供生活用汽时，为避免发生人身中毒事故，则加热有毒物质的凝结水严禁回收。

18.2.7 本条是原规范第14.3.7条的条文。

高温凝结水从用汽设备中经疏水阀排出时，压力会降低，和产生的二次汽混在凝结水中，从而增大凝结水管的阻力。二次汽最后又排入大气，造成热量损失。所以采取利用饱和凝结水或将二次汽引出利用，不仅直接利用了这部分热量，还有利于凝结水回收。

18.2.8 本条是原规范第14.3.8的条文。

为提高凝结水回收率，对可能被污染的凝结水，应设置水质监督仪器和净化设备，当回收的凝结水不符合锅炉给水水质标准时，需进行处理合格后才能作为锅炉给水使用。

18.2.9 本条是原规范第14.3.9条的条文。

凝结水回收系统现在绝大多数为开式系统，且运行不正常，二次汽和漏汽大量排放，热量和凝结水损失很大，并由于空气进入管道内，引起凝结水管内腐蚀，因此宜改为闭式系统，以有利于二次汽的利用，节约能源，也有利于延长凝结水管道的寿命。当输送距离较远或管道架空敷设时，因阻力较大，靠余压难以使凝结水返回时，则宜采用加压凝结水回收系统，借蒸汽或水泵将凝结水压回。

18.2.10 本条是原规范第14.3.10条的条文。

当采用闭式满管系统回收凝结水时，为使所有用户的凝结水能返回锅炉房，在进行凝结水管水力计算的基础上绘制水压图是必要的，以便根据各用户的室内地面标高、管道的阻力、锅炉房凝结水箱的标高及其中的汽压等因素，通过水压图以合理确定二次蒸发箱的安装高度及二次汽的压力等。

18.2.11 本条是原规范第14.3.11条的条文。

在余压凝结水系统的凝结水管内，饱和凝结水在流动过程中不断降低压力而产生二次汽，还有少量经疏水阀漏入的蒸汽。虽然因凝结水管的热损失而减少了一些蒸汽，但凝结水管内仍为水、汽两相流动，所以应按汽、水混合物计算。但两相流动有多种不同的流动状态，现尚无科学的计算方法。目前通用的方法是把汽水混合物假定为乳状混合物进行计算。至于含汽率大小因各种情况不同而不同，难以确定。

18.2.12 本条是原规范第14.3.12条的条文。

选择加压凝结水系统时，应首先根据用户分布的情况，分片合理地布置凝结水泵站。条文中是按自动启闭水泵的运行方式考虑水箱容积的。为避免水泵频繁的启闭，凝结水泵的流量不宜过大。根据目前凝结水回收率的水平，凝结水泵的流量按每小时最大凝结水量计算。当泵站并联运行时，凝结水泵的选择应符合并联运行的要求。

每一个凝结水泵站中，一般设置2台凝结水泵，其中1台备用，其扬程应能克服系统的阻力、泵出口至回收水箱的标高差以及回收水箱的压力。凝结水泵应能自动开停。每一个凝结水泵站，一般设置1个凝结水箱，但常年不间断供热的系统和凝结水有可能被污染的系统，则应设置2个凝结水箱，以便轮换检修和监测处理。

18.2.13 本条是原规范第14.3.13条的条文。

疏水加压器构造简单，不用电动机动力，自动启停，运行可靠，使用方便，有较好的节能效果。

当采用疏水加压器作为加压泵时，如该疏水加压器不具备阻汽作用时，则各用汽设备的凝结水管道在接入疏水泵加压器之前应分别安装疏水阀。如当疏水加压器兼有疏水阀和加压泵两种作用时，则用汽设备的凝结水管道上可不另安装疏水阀，但疏水加压器的设置位置应靠近用汽设备，并应使疏水加压器的上部水箱低于凝结水系统，以利用汽设备的凝结水顺畅地流入该疏水加压器的集水箱。

18.3 管道布置和敷设

18.3.1 本条是原规范第 14.4.1 条的条文。

热力管道的布置和敷设有着密切的关系。不同的敷设方式对布置的要求也不同。选择管道的敷设方式，应根据当地的气象、水文、地质和地形等因素考虑。管道的布置，应按用户分布情况、建筑物和构筑物的密集程度、用户对供热的要求，结合区域总平面布置等因素综合考虑。管道及其附件布置的不合理，对施工、生产、操作和维修都有影响，在设计中应予以注意。

1 主干管的布置，应使其既满足生产要求，又节约管材。

2 当采用架空敷设时，为减少支吊架数量和尽量减少其热损失，可穿越建筑物，但不应穿越配、变电所和危险品仓库等建筑物。这是由于介质散热和可能的泄漏，会使电气裸线短路，或使电石遇水产生乙炔气，以致发生爆炸事故。管道穿越建筑扩建地和永久性物料堆场会导致日后返工浪费或难于维修，一旦管道发生故障，将影响有关用户正常供热，故亦不宜穿越这些场地。此外，还应少穿越厂区主要干道，因为如架空敷设将影响美观，且因干道宽，布管的跨度大，造成支吊困难；如地下敷设，则因不宜开挖主干道而难于维修。

3 在山区敷设管道，应依山就势、因地制宜地布置管线。当管道通过山脚时，应考虑到地质滑坡的隐患；当跨越沟谷时，应考虑山洪对管架基础的冲击。

18.3.2 本条是原规范第 14.4.2 条的修订条文。

根据以前的调研，一些热力管道过去都采用地沟敷设，后因地沟泡水，管道受潮后腐蚀严重，现已全部改为架空敷设。

因此本规范建议在下列地区采用架空敷设：

1 对地下水位高或年降雨量大的地区。

2 土壤带有腐蚀性时。如采用地下敷设，则地下管线易受腐蚀。

3 在地下管线密集的地区。这可以避免管沟之间的相互交叉，尤其是改建和扩建的项目，如原有地下管线布置很复杂时，热力管道采用地下敷设更有困难。

4 地形复杂的地区。采用地下敷设难度大，投资也大。

架空敷设具有维修方便、造价低等优点，适宜于敷设热力管线。

本条有关管道敷设方式的建议是从困难一个方面考虑的。但在设计中也要考虑到现在直埋管道技术的发展现状，对地下水位高或年降雨量大以及土壤具有较强的腐蚀性的地区的管道，如采取一定的措施，也是可以采用地沟和直埋敷设的。为此本条要求，在居民区等对环境美观的要求越来越高地点，在人员密集的地点，同时也出于安全的考虑，宜采用地沟或直埋敷设方式。

18.3.3 本条是原规范第 14.4.3 条的条文。

本规范附录 A 的规定，是参照设计中普遍采用的规定编写的。其数据与压缩空气站、氧气站等设计规范是一致的，并与现行国家标准《工厂企业总平面设计规范》GB 50182 的规定相协调。

18.3.4 本条是原规范第 14.4.4 条的条文。

当管道沿建筑物和构筑物敷设时，加在其上的荷载（包括垂直荷重及热膨胀推力）应提出资料，由土建专业予以计算和校核，以确保建筑物或构筑物的安全。

18.3.5 本条是原规范第 14.4.5 条的修订条文。

架空热力管道与输送强腐蚀性介质的管道和易燃、易爆介质管道共架时，宜布置在腐蚀性介质管道和易燃、易爆介质管道的上方，或宜水平布置在腐蚀性介质管道和易燃、易爆介质管道的内（里）侧。这样能够保证腐蚀性介质和易燃、易爆介质不会滴漏到热力管道上，从而避免引起热力管道的腐蚀和发生火灾的危险，同时也可避免热力管道的散热量对其他管道的安全影响。热力管道与腐蚀性介质管道和易燃、易爆介质管道水平布置时，将腐蚀性介质管道和易燃、易爆介质管道布置在外侧是为了让最危险的管道更方便进行检修和维护。

18.3.6 本条是原规范第 14.4.6 条的条文。

多管共架敷设，当支架两侧的荷载不均衡时，将会引起支架荷载重心发生偏移，故设计时应考虑管架两侧荷载的均衡。热力管道宜与室外架空的工艺或动力管道共架敷设，这是为了节省管架投资和便于总图布置等。

18.3.7 本条是原规范第 14.4.7 条的条文。

在不妨碍交通的地段采用低支架敷设，可节约支架费用，又便于管理维修。对保温层与地面净空距离定为 0.5m，这不仅是为了避免雨季时地面积水有可能使管道保温层泡水，且方便在管道底部安装放水阀，还可避免支架低，行人在管道上行走，踩坏保温层。

中支架敷设时，管道保温层距地面净空距离不宜小于 2.5m，是为了便于人的通行。

高支架敷设的高度要求是为了保证车辆的通行。

18.3.8 本条是原规范第 14.4.8 条的条文。

地沟内部管道采用单排（行）布置是考虑维修方便。地沟型式应考虑经济合理及运行维修方便等因素。不通行地沟内部管道如发生事故时，必须挖开地面后方可进行检修。因此，在管道通过铁路线或主要交通要道等地面不允许开挖的地段处，即使管道的数量不多，管径也很小，也不宜采用不通行地沟敷设。对于仅在采暖期使用的低压、低温管道，当管道数量较多时，也可以采用半通行地沟敷设，这主要是考虑在非采暖期可以进行管道的检查和保温层的维修。

18.3.9 本条是原规范第14.4.9条的条文。

对半通行地沟及通行地沟的净空高度及通道宽度的规定，是根据工厂的实际使用情况和安装单位的建议，以及参考原苏联1967年编制的"热网工艺设计标准"中有关规定等制定的。

考虑到企业（单位）地下管线较多，避让困难，并从建造地沟的经济方面着眼，条文规定：半通行地沟的净空高宜为1.2～1.4m，通道净宽宜为0.5～0.6m；通行地沟的净高不宜小于1.8m，通道净宽不宜小于0.7m。

18.3.10 本条是原规范第14.4.10条的条文。

对通行及半通行地沟，自管道保温层外表面至地沟顶部距离，根据安装公司方便安装的意见、实际使用情况和大多数设计院的设计经验，本规范规定采用50～300mm。

18.3.11 本条是原规范第14.4.11条的条文。

重油管、润滑油管、压缩空气管和上水管都不是易挥发、易爆、易燃、有腐蚀性介质的管道，为了节约占地和投资，可以与热力管道共同敷设在同一地沟内。在地沟内，将给水管安排在热力管的下方，是为了避免因给水管在湿热的沟内空气中管外结露，使水滴在热力管道保温层上从而破坏保温。

18.3.12 本条是原规范第14.4.12条的条文。

为确保安全，热力管道不允许与易挥发、易爆、易燃、有害、有腐蚀性介质的管道共同敷设在同一地沟内。也不能与惰性气体敷设在同一地沟内，是为了避免造成检修人员窒息。

18.3.13 本条是新增的条文。

管道直埋技术在我国发展较快，目前基本可归纳为无补偿敷设方式和有补偿敷设方式。采用以弹性分析理论为基础的无补偿方式，按管道预热方式的不同又可分为敞开式和覆盖式，敞开式不设固定点，没有补偿器，投资较低；覆盖式需安装一次性管道补偿器。当热力管道的介质温度较高，或安装时无热源预热，可采用有补偿方式。有补偿方式中可分为有固定点方式和无固定点方式，无固定点方式计算要求高，但占地小，运行相对可靠，投资小而优于有固定点方式。根据国内外理论和实践的经验表明，无补偿方式优于有补偿方式，无补偿方式中敞开式优于覆盖式。

直埋管道品种较多，特别是外保护层的结构大不相同，采用玻璃钢等强度和抗老化性能较差的材料作外保护层时，管道（包括保温层）底外壁高于最高地下水位高度0.5m是较安全可靠的；采用高密度聚乙烯管和钢套管等作外保护层时允许在地下水位以下敷设，但将管道泡在水里会降低管道的安全性和经济性。

直埋管道的查漏是一个需高度重视的问题，如何及时准确地查找泄漏部位，防止盲目开挖，设计时考虑设置泄漏报警系统是可行的，也是必要的。

考虑阀门等可能暴露在外，在强电流地区，管道会引起电化学腐蚀，因此宜采取一定的措施。

18.3.14 本条是原规范第14.4.13条的修订条文。

直埋敷设管道外壳顶部埋深应在冰冻线以下，这是对直埋管道敷设的基本要求。直埋管道纵向稳定最小覆土深度在《城镇直埋供热管道工程技术规程》CJJ/T 81和《城镇供热直埋蒸汽管道技术规程》CJJ 104有详细规定，应遵照执行。为确保安全起见，直埋管道穿行车道时，应有必要的保护措施，若管道有足够的埋深距离，足以保证安全，可以不考虑防护措施，所以本规范规定"宜加套管或采用管沟进行防护，管沟上应设钢筋混凝土盖板"。

18.3.15 本条是原规范第14.4.14条的条文。

检查井的尺寸和技术要求是从便于操作和保证人员安全考虑的。检查井的净空高度不应小于1.8m，是保证操作人员能不碰到头部。设置2个人孔是为了采光、通风和人员安全的需要。检查井的人孔口高出地面0.15m，是为了防止地面水进入。要求积水坑设置在人孔之下，是为了打开人孔盖即可直接从人孔口抽除井内积水。

18.3.16 本条是原规范第14.4.15条的条文。

原苏联《热力网设计规范》规定，通行地沟上的人孔间距在有蒸汽管道的情况下为100m，在无蒸汽管道的情况下不大于200m；半通行地沟人孔间距在有蒸汽管道的情况下为60m，在无蒸汽管道的情况下不大于100m。人孔口高出地面不应小于0.15m是为了防止地面水流入地沟。

18.3.17 本条是原规范第14.4.16的条文。

由于热力管道散热，地沟内的温度一般比较高。在保温层损坏或阀门等附件有泄漏时，温度会更高。如地沟渗水，在较高温度下，水分蒸发，造成地沟内湿度增大，易使保温层损坏，甚至腐蚀管道和附件。因此，在设计地沟时，应尽可能防止地下水和地面水的渗入，并应考虑地沟有排水的坡度。如地面有高差，地沟坡度宜顺地面坡度，使地沟覆土均匀。

由于地沟内热力管道散热量较大，如不考虑通风，则其散发出的热量将会使地沟内的温度升高。对于通行和半通行地沟，如不考虑通风，在管网运行期间操作维修人员根本无法进入地沟内工作。根据使用单位的经验，在地沟或检查井上装设自然通风装置是降温的一个可靠措施，并可驱除沟内潮气，减少沟内管道及附件的锈蚀。

18.3.18 本条是新增的条文。

直埋管道敷设应开挖梯形沟槽，在沟槽内管道的四周应填满距管道外壁不小于200mm厚的细沙，以保证管道四周具有良好的透水层，同时也可减少管道与土壤的摩擦力，并使管道与土壤的摩擦力均匀分布。

18.3.19 本条是原规范第14.4.18条的条文。

为了尽量减少地下敷设热力管道与铁路或公路交叉管道的长度，以减少施工和日常维护的困难，其交叉角不宜小于45°。单管或小口径管与之交叉时，宜采用套管；多管或大口径管与之交叉时，则按具体情况可采用半通行或通行地沟。

18.3.20 本条是原规范第14.4.19条的条文。

中、高支架敷设的管道在干管和分支管上装有阀门和附件时，需要操作、维修，故应设置操作平台及栏杆。在只装疏水、放水和放气（汽）等附件时，可将这些附件降低安装，省去操作平台以节约投资。其引下管中积水，在寒冷地区应保温，以防管道因内部积水冻结而破坏。

18.3.21 本条是原规范第14.4.20条的修订条文。

为防止雨水和地面水进入地沟，避免地沟内湿度增高，甚至管道和保温层泡水，从而保证热力管道正常运行、维修和延长使用寿命。因此，在架空敷设管道与地沟敷设管道连接处，即管道穿入地沟的洞口应有防止雨水进入的措施，如使洞口高出地面0.3m，在管道进入洞口处设防雨罩等。直埋管道伸出地面处设竖井，是为了保护伸出地面垂直管道部分，同时也是要留有水平管道自由端热位移的空间。

18.4 管道和附件

18.4.1 本条是原规范第14.5.1条的修订条文。

根据热介质的参数、无缝钢管的生产供应情况以及热力管道不同敷设方式提出的选用原则。

18.4.2 本条是原规范第14.5.2条的条文。

管径太小的管道，运行时易为管内脏物堵塞，不易清理。设计中采用管道的最小公称直径一般为25mm。

18.4.3 本条是原规范第14.5.3条的条文。

在热力管道通向每一个用户的支管上，原则上均应装设关闭阀门。考虑到有些支管比较短（小于20m），发生破损事故的可能性比较小，故在这种较短的支管上，可不设关闭阀门。

18.4.4 本条是原规范第14.5.4条的条文。

热水、蒸汽和凝结水管道的最高点装设放气阀，用以排放管道中的空气。此放气阀在管道安装时可作为水压试验放气用；而在投运后此放气阀放气是为了保证正常运行及维修。热水、蒸汽和凝结水管道的最

低点装设放水阀，用以放水和排污，以保证正常运行和维修，或作为事故排水用。

18.4.5 本条是原规范第14.5.5条的条文。

蒸汽管道开始启动暖管时，会产生大量的凝结水，为了防止水击应及时疏水。在直线管段上，顺坡时蒸汽与凝结水流向相同，每隔400～500m应设启动疏水，逆坡时蒸汽与凝结水流向相反，每隔200～300m应设启动疏水。当蒸汽管道启动时，将启动疏水阀开启，启动结束后将此阀关闭。在蒸汽管道的低点和垂直升高之前，启动及正常运行时均有凝结水结集，为避免水击，需要连续地、及时地将凝结水排走，故应装设经常疏水附件。

18.4.6 本条是原规范第14.5.6条的条文。

本条主要考虑减少凝结水损失，以降低化学补充水的消耗量。

18.4.7 本条是原规范第14.5.7条的条文。

为了能检查疏水阀的正常工作情况，在疏水阀后安装检查阀是简单有效的办法，否则难于检查疏水阀是否运行正常。为保证疏水阀的正常运行，在不具备过滤装置的疏水阀前安装过滤器是必要的。

18.4.8 本条是原规范第14.5.8条的条文。

根据调研，在连续运行的条件下，在室外采暖计算温度为－10℃以下的地区架空敷设的灰铸铁阀门易发生冻裂事故，而室外采暖计算温度在－9℃及以上的地区未发现架空敷设的灰铸铁阀门冻裂的情况。但如不是连续运行情况，则室外采暖计算温度在－9℃及以上的地区也会发生灰铸铁阀门冻裂的情况，故对间断运行露天敷设管道灰铸铁放水阀的禁用界限划在室外采暖计算温度在－5℃以下地区。

18.5 管道热补偿和管道支架

18.5.1 本条是原规范第14.6.1条的修订条文。

自然补偿是最可靠的热补偿方式，但当管径较大时（一般指公称直径大于等于300mm），虽然采用自然补偿也能满足要求，但与采用补偿器补偿比较就可能不经济了。国内目前在补偿器的制造质量上已有较高的水平，补偿器的可靠性和使用寿命都大大提高，对大管径热力管道的布置推荐采用补偿器，可节约投资，占地小，同时也美观，敷设方便。

18.5.2 本条是新增的条文。

热力管道补偿器一般是管道系统中最薄弱环节之一，约束型补偿器结构简单、造价低，同时对管系不产生盲板推力。对架空敷设的管道而言，因有足够的横向位移空间，根据管道的自然走向或关系结构，优先采用约束型补偿器是合理的。当采用约束型补偿器不能满足要求时，可考虑局部采用非约束型补偿器。地沟敷设的管道因没有足够的横向位移空间，不宜采用约束型补偿器，但在设计中有条件的话，建议仍优先采用约束型补偿器。

18.5.3 本条是原规范第 14.6.2 条的条文。

在工程设计阶段，一般不知道其管道的安装温度，此时可以将室外计算温度作为管道的安装温度，虽然其实际安装温度较此为高，但即使安装温度与介质工作温度之差加大，也可以使热补偿留有富裕量。

18.5.4 本条是原规范第 14.6.3 条的条文。

本规范的适用范围，热介质温度小于等于 450℃。室外热力管道一般在非蠕变条件下工作（碳钢 380℃ 以下），管道的预拉伸一般按热伸长的 50% 计算。当输送热介质的温度大于 380℃ 而小于 450℃ 时预拉伸量取管道热伸长量的 70%。

18.5.5 本条是原规范第 14.6.4 条的修订条文。

套管补偿器运行时对两端管子的同心度有一定要求，如果偏移量超过一定范围，热胀冷缩时补偿器容易被卡住，并且还会泄漏。因此本条规定，应在套管补偿器的活动侧装设导向支架。

18.5.6 本条是原规范第 14.6.5 条的修订条文。

波形补偿器因其强度较差，补偿能力小，轴向推力大，因而在热力管道上不常使用。为了补偿管道径向、轴向的热伸长，可采用不同的布置方式。并根据波形补偿器的布置情况，在两侧装设导向支架。采用波形补偿器时，应计算其工作时的热补偿量，并应规定安装时的预拉伸量。

18.5.7 本条是原规范第 14.6.6 条的条文。

球形补偿器补偿能力大，由于直线管段长，为了降低管道对固定支座的推力，宜采用滚动支座或低摩擦系数材料的滑动支座，并应在补偿器处和管段中间设置导向支架，防止管道纵向失稳。

18.5.8 本条是原规范第 14.6.7 条的条文。

热压弯头质量有保证，造价便宜，而正常煨制的弯管，特别是大管径的管子，煨制工作量大，质量不容易保证。因此，在有条件的情况下应优先采用热压弯头。

18.5.9 本条是原规范第 14.6.8 条的条文。

管道的活动支座一般情况下宜采用滑动支座因为它制作简单，造价较低。在敷设于高支架、悬臂支架或通行地沟内的公称直径大于等于 300mm 的管道上，宜采用滚动（滚轮、滚架、滚柱）支座，或用低摩擦系数材料的滑动支座，这是为了减少摩擦力，从而减少对固定支架的推力，以利于减小支架土建结构的断面，从而降低造价。这对于高支架敷设的柱子尤为重要。

18.5.10 本条是原规范第 14.6.9 条的条文。

为了使热力管道的渗漏水以及外部进入地沟的水能够较通畅地顺地沟的坡向流至检查井，管子滑动支架的混凝土支墩应错开布置。

18.5.11 本条是原规范第 14.6.10 条的条文。

这种将管道敷设在另一管道上的敷设方式可节省投资和用地，但在计算管道支座尺寸和补偿器补偿能力时，应考虑上、下管道的位移所造成的影响，以免发生上面管道滑落的事故。

18.5.12 本条是原规范第 14.6.11 条的条文。

多管共架敷设时，由于管道数量、重量、布置方式和输送介质参数不同，以及投入运行的先后次序不一等原因，将使支架的实际受力情况受到一定程度的制约。因此，在计算作用于支架上的摩擦推力时，应充分考虑这些相互牵制的因素。牵制系数的采用，可通过分析计算或参照有关资料和手册的规定。

中华人民共和国国家标准

小型火力发电厂设计规范

GB 50049—94

条 文 说 明

修 订 说 明

本规范是根据国家计委计综〔1989〕30号文的要求，由电力工业部负责主编，具体由河南省电力勘测设计院会同湖南省电力勘测设计院、山东省电力设计院和浙江省电力设计院共同修订而成，经建设部1994年11月5日以建标〔1994〕670号文批准，并会同国家技术监督局联合发布。

在本规范的编制过程中，规范编制组进行了广泛的调查研究，认真总结了小型火力发电厂设计的实践经验，吸收了原规范执行以来发展的成熟的先进技术成果，并广泛征求了全国有关单位的意见，最后由我部会同有关部门审查定稿。

在执行本规范过程中，希望各单位结合工程实践和科学研究，认真总结经验，注意积累资料，如需要修改和补充之处，请将意见和有关资料寄交河南省电力勘测设计院（地址：郑州市中原西路212号，邮政编码：450007）《小型火力发电厂设计规范》管理组，并抄送电力工业部电力规划设计总院，以供今后修订时参考。

电力工业部
1994.11

目　　次

1 总　则

1.0.1 本条文是本规范修订的目的，也是最基本要求的综合性条文。

本次修订《小型火力发电厂设计规范》（以下简称"小火规"）条文的内容，必须充分体现和认真贯彻国家的基本建设方针、政策和有关小型火力发电厂（以下简称"发电厂"）建设的方针、政策。其中最基本的一条政策，就是发展建设小热电，实行热电联产、余热发电、裕压发电、集中供热、节约能源、限制小型纯凝汽式发电厂的发展。每小时供汽量大于10t，年运行超过4000h的小锅炉，都必须搞热电联产。原《小火规》条文的内容，偏重于凝汽式发电厂的设计。但是，随着电网供电能力的增长和电力供应情况的逐步好转，国家要求把电网内在缺电时期投入的那些耗能很大的小火电、小油机组停下来，以提高电网运行的经济性和可靠性。因此电力发展的客观形势要求，将由生产电力为主的小型发电厂改为以节约能源为中心、重点建设热电联产的小热电上来。

在建设小型热电厂中，应把讲求经济效益、社会效益和节约能源放在首位。根据"七五"期间发电厂建设的经验，应在节省工程投资、节约原材料、缩短建设周期上下功夫，以提高发电厂的经济效益。本条着重在这方面进行了补充。

发电厂是用水的大户，应注意节约用水，合理利用水资源，做到一水多用、重复使用，努力提高水资源利用率。与此同时，在发电厂建设中必须十分珍惜和合理利用每寸土地，切实保护耕地，节约用地，尽量利用劣地、荒地。

原规范要求"认真保护环境，努力改善劳动条件"。改善劳动条件与保护环境是现代发电厂文明生产必备的条件。为了满足工程建设项目劳动安全、工业卫生的需要，国务院、劳动部、卫生部、原城乡建设环境保护部、全国总工会、原水利电力部、原能源部等部门先后多次发文和召开专门会议研究制订加强劳动安全、改善劳动条件的规定、规程和标准，并明确要求在发电厂设计中做好劳动安全与工业卫生的设计，并按现行的火力发电厂劳动安全和工业卫生设计技术规程执行。在设计中贯彻"安全第一、预防为主"的基本指导思想，做到劳动安全、工业卫生的防范和防护措施安全可靠，保障健康，经济合理，技术可行。

关于建设标准问题，从我国国情出发和根据小型发电厂建设规模容量小的特点，应力求简化系统与布置，降低造价，讲求实效，企业自备发电厂的建设标准应与企业生产工艺的要求相协调。近几年来，经济较发达而本地无煤源的地区，一些小型发电厂为提高锅炉供汽品质和经济燃烧，采用了微机监控锅炉燃烧

系统，促进了生产技术进步，提高了锅炉运行效率。因此，在发电厂设计中应积极采用先进技术，降低能耗，降低成本，提高效益，从实际出发做到工程建设经济合理，运行安全可靠。

1.0.2 随着电力工业大容量机组的发展，对小型机组（主要指容量范围）的概念相应发生了变化。

（1）小型火力发电厂在现阶段是指单机容量25MW及以下，蒸汽压力：次高压4.9～5.88MPa、中压3.82MPa、次中压2.45MPa以下；蒸汽温度：次高温480℃、中温450℃、次中温400℃以下；锅炉容量130t/h及以下；电厂总装机容量在100MW及以下的火力发电厂。

（2）小型火力发电厂按供电区域范围划分，有地方区域性发电厂和企业自备发电厂。多数地方区域性发电厂，发电机电压由6.3kV或10.5kV升压至35kV或110kV向地区供电，而企业自备发电厂，则多以发电机额定电压6.3kV或10.5kV向企业生产车间供电。

（3）供热式发电厂分有区域性热电厂与企业自备热电厂两类。区域性热电厂向城乡工矿企业生产及采暖供热，有条件的地区可向城镇居民供采暖和生活热水。

根据国家能源政策，为节约能源，改善和提高环境质量，有条件的地区，应首先考虑实行集中供热，热电联产，建设区域性热电厂。区域性热电厂的供汽品质、可靠性和经济性，一般高于企业自备锅炉房的供汽。因此区域性热电厂的建设对地区工业的发展和社会经济效益的提高起着至关重要的作用。

企业自备热电厂作为企业的一个动力车间，负责向企业各生产车间供给合格参数的蒸汽和热水。热源和供热参数的稳定，对企业生产产品质量有着十分密切的关系。

（4）按供电的可靠性区分，有孤立发电厂与电网发电厂两种。孤立凝汽式发电厂向管辖区范围内工矿企业、城乡居民供电。这类发电厂往往是电网覆盖不到的地方，全厂停机将影响管辖区域的供电。对孤立发电厂，在全厂停机的情况下，将影响对外的供热和供电。供热式发电厂的出力往往受供热负荷的制约。

与电网相连接的小型发电厂，一般由地调部门进行调度和控制。与电网相连的供热式发电厂，充分体现了"以热定电"的原则，在满足供热的条件下，所发电功率除发电厂自身消耗部分电力外，多余的电力则向电网输送。企业自备热电厂发电功率不足以自给时，则由电网补充。这种并网的发电厂，即使在全厂停机的情况下，可由电网倒送电力，锅炉仍可继续运行，经减温减压装置向用户供热，以保证用热企业的连续正常生产。

（5）原规范适用于单台汽轮发电机的额定功率0.75～6MW和单台燃煤锅炉额定蒸发量6.5～35t/h的新建或扩建发电厂的设计。

规范的适用范围有两个含义：一是机组容量大小的适用范围；二是机组参数高低的适用范围。新修订的《小火规》的适用范围有一个与《火力发电厂设计技术规程》（简称《大火规》）衔接的问题。两个《火规》应相互衔接，不宜交叉，否则会出现不必要的重复规定或不协调。

原《小火规》压力参数包括了低压、次中压、中压三种压力档次，机组容量下限0.75MW、上限6MW。考虑到低压1.27MPa压力参数、容量1MW及以下的供热机组为数不多，80年代以后建设的地方小型发电厂及企业自备发电厂单机容量多数在3MW及以上（包括余热、裕压发电）。若修订后的《小火规》适用范围单机容量扩展到25MW，则供热式发电厂将出现低压、次中压、中压、次高压、高压五种压力档次。这样扩展的结果，压力档次显得太多，把高背压3.82~4.12MPa、12MW供热式机组和高压9.8MPa、25MW背压式、抽背式或抽凝式供热机组放在《小火规》中，将与《大火规》交叉相重。

修订后的《小火规》适用机组范围上限至12MW次高压供热式机组和25MW中压凝汽式机组。

关于适用机组容量的下限，1~3MW机组有两种压力参数。一般凝汽式机组为次中压参数（2.45MPa），供热式机组为中压参数（3.82MPa）。适用机组容量的下限，本规范规定为供热式机组1.5MW，凝汽式机组3MW。

1.0.3 本条是确定设计发电厂类型应符合的基本原则和要求。本规范的修订，已由原凝汽式发电厂为主的内容，改为以供热式发电厂为主。建设区域性供热式发电厂或企业自备热电厂，应根据城镇地区热力规划、热负荷大小和特性，或企业生产发展的规划和各生产车间规划的热电负荷，确定建设热电厂的规模、机组型式和装机容量。

当条件许可时，新建企业自备热电厂，可扩大供热范围，与邻近企业实行联片供热。在经济合理供热范围内，实行联片供热，就社会效益而言，可减少建设资金，减少环境污染，选用高效供热机组，提高供热的经济性和可靠性，从而避免出现在经济合理供热范围内建设多个供热式发电厂。

经济合理供热半径，应根据热负荷分布、特性、热价、一次投资等因素经技术经济比较后确定。一般生产用汽，经济供热半径为4km左右，采暖热水经济供热半径可达10km。

根据国家限制小型纯凝汽式发电厂发展的政策精神，为了节能降耗，在大电网覆盖的地区，一般不再建小型纯凝汽式发电厂（余热、裕压发电除外），只是在煤炭资源丰富而交通不便的缺电或无电地区，以及解决枯水期缺电的地区在具备煤炭来源条件时，允许建设适当规模容量的小型纯凝汽式发电厂，与小水电并网运行，以满足工农业生产和人民生活用电的需要。

1.0.4 在我国目前城市热化事业还不甚发达和普及时期，提出"以热定电"作为机组选型的原则，是基于在大电网覆盖的地区，有相对充足的电力可供的条件下，为满足供热负荷的需要，建设供热式发电厂，实行集中供热、热电联产，使发电厂获得最高的热效率，并节约大量的煤炭。为此，必须合理配置机组。至于单机容量大小和机型组合方式的选择，则取决于用热参数、热负荷量的大小和特性。所以，"以热定电"作为选择机型的原则是符合我国当前国情的。

1.0.5 发电厂的建设，应注意近期、远期结合和统一规划。小型热电厂热力系统一般采用母管制系统。近期、远期的汽轮机进汽参数，宜选择同一参数，以便在母管制的热力系统中，多台机炉交叉运行，互相调剂补缺，达到锅炉机组经济运行和提高发电厂供热的可靠性，当发电厂出现两种压力、温度参数的机组时，高参数的蒸汽母管，通过减温减压装置与低参数的蒸汽母管相连，提高了低压机组供汽和供热的可靠性。但高参数的机组只能依靠其对应的高参数的锅炉供汽。此种连接系统失去了两种温度、压力参数锅炉供汽的互补性。为了提高供热的可靠性，需设置两种不同压力的减温减压装置，这样就增加了系统的复杂性和设备投资及运行维护费用。故本条文规定同一发电厂内宜采用同一种参数的机组。

1.5MW、3MW及6MW以上三种容量范围的机组，分别规定选用次中压、中压及次高压参数，是从我国目前各汽轮机制造厂生产不同压力参数的机组来划分的。次高压参数是近期发展起来的一种压力参数，且多数用于6MW及以上的机组。对于3MW及以下的机组，采用次高压参数的经济性和合理性，尚需通过工程实践总结后才能作出结论。据调查，只有少数的3MW机组采用了次高压参数。

1.0.6 鉴于小型热电厂供热的特点和机型、参数选择的要求，供热式发电厂规划的机组台数，按不超过6台考虑。当热负荷需要且落实可靠，经技术经济论证认为选用容量较大的次高压机组或中压机组合适时，则应尽量少选或不选容量小、压力低的小机组，以减少发电厂的装机台数，从而减少发电厂的运行维护和检修费用。据调查17个小型热电厂机组装设台数多数在2~4台，个别达到5台。为考虑地区热负荷增长的需要，留有再扩建的条件，规定了规划装机台数不宜超过6台。对凝汽式发电厂，宜按4台进行规划。

不少地区建设热电厂的经验，初期工程设计采用的热负荷，即使在考虑同时率后，与实际热负荷仍有较大的差距，设计热负荷值偏大，热化系数取值偏高，以致造成机组投运带不满负荷。有的发电厂第一台采用背压机组，在50%以下负荷时的背压，低于调压器正常调整范围，致使调压器不能正常工作，进而导致机组无法稳定运行，不得不采用停机方式，经减温减压装置对外供热，或采用不停机对空排汽运行方式来满足用户少量的热负荷。这两种运行方式不仅浪费了能源，影响了热电厂的经济效益，也给环境造成了噪声污染。因此，确定初期工程机组型式、台数及装机容量时，应注意热负荷的核实，且单机容量不宜选得太大。

1.0.7 本条文强调，发电厂应按规划容量做好总体规划设计，注意全厂的整体一致性。发电厂在按规划容量进行总体规划时，应处理好按规划一次建成与分期建设的关系。公用系统设施和不宜分期建设的建筑物、构筑物，如主控制楼（室）和岸边水泵房的土建部分，则可按规划容量一次建成。扩建或改建的发电厂，应充分利用原有建筑物、构筑物、设备和管道，结合原有生产系统、设备布置、运行管理等特点统筹考虑。

1.0.8 作为企业的动力车间的企业自备发电厂，当其某些公用设施由企业统一建设规划时，发电厂不应再设置重复的公用系统、设备和设施。如原水预处理、起动电源、水源、修配设备、化水、热工试验仪器设备（发电厂现场化验与仪表检修除外）、生活运输车辆、消防设施等。发电厂的生活福利设施，包括居住用房，亦应由企业统筹规划安排。

当企业自备供热式发电厂补水量较大时，原水预处理系统，宜由发电厂进行规划设计。

1.0.9 根据城镇地区热力规划或电力规划和近期落实的热、电负荷，确实发电厂建设的规模、装机容量及台数。在确定机炉配置方案、主要辅机选型、主要生产工艺系统流程、主厂房布置时，应通过技术经济比较后推荐最佳方案。为节约工程投资，降低单位造价，在保证机组安全、经济、可靠运行的前提条件下，可适当简化系统和（或）布置。

1.0.10 为了防止污染环境、保障人民身体健康，我国已正式颁发了《中华人民共和国环境保护法》等法规、条例、标准和规定。故本条要求，在发电厂设计中必须严格执行。经过多年贯彻执行已取得了可贵的经验。在设计中防治环境污染的设施，必须与主体工程同时设计、同时施工、同时投产，以保证发电厂各项有害物质（如运煤系统的煤尘、烟气中的二氧化硫和飞灰、含有酸、碱、油的工业废水、灰渣浆等）的排放，应符合环境保护的有关规定。同时对发电厂的排汽噪声、机械噪声、温排水对环境的影响等，亦应引起重视。在设计中采取合理的治理和预防措施，以使环境得到保护，并符合劳动卫生和工业卫生的有关规定。

1.0.11 确保发电厂在地震时的安全，是发电厂设计中必须重视的一个重要问题。地震破坏力对发电厂的安全生产影响很大。我国是一个多地震的国家，国家计委在1989年10月明确提出：建国以来历次强震的

经验证明，凡是经过抗震设防的工程建设，都能抗御地震灾害。为了加强对新建工程抗震设防的管理，国家特制定了《新建工程抗震设防暂行规定》。《规定》中第一条："地震基本烈度六度和六度以上地区（以下简称抗震设防区）所有建设工程都必须进行抗震设防"。国家标准《建筑抗震设计规范》已于1990年颁布施行。

发电厂的重要电力设施的主要建筑物、构筑物，按国家标准《建筑抗震设计规范》划为乙类建筑物。电力设施主要建筑物、构筑物系指：主厂房、主体结构、锅炉炉架、烟囱、烟道、运煤栈桥、碎煤机室与转运站、主控制楼（集中控制楼）、屋内配电装置楼、不得中断通信的通信楼、网络控制楼等。

1.0.12 发电厂的设计，必须体现国家当前的技术经济政策，执行国家颁发的有关专业技术标准、规范的规定。因此，做好发电厂的设计，除应执行本规范的规定外，还应执行现行的国家有关的标准、规范的规定。

2 热、电负荷与厂址选择

2.1 热负荷和热介质

2.1.1 本条文强调了城镇地区热力规划，是确定区域性供热式发电厂热负荷的主要基础资料之一。城镇地区热力规划是在普查和预测该地区近期、远期热负荷的种类和数量的基础上，充分考虑了工业用汽和民用采暖等多种用热需要而制定的。作为发电厂的热负荷，必须对规划热负荷进行核实后才能确定。在合理的供汽（热水）范围内，一般只建设一个热源点（热电厂），不宜在区域性热电厂的供热范围内再建锅炉房（调峰锅炉除外）或企业自备热电站（余热利用除外）。

2.1.2 热负荷既是确定热电厂建设规模和机组选型的重要依据，又是热电厂投产后机组能否稳定生产、取得预期经济效益的保证。因此，热负荷的调查和核实，是热电厂建设前期最重要的基础工作。

对已建的热电厂的调查了解证明，凡是实事求是地提供热负荷资料、设计热负荷接近实际的，热电厂确定的建设规模和机组选型恰当、投产后热负荷落实和稳定的，这样的热电厂都取得了满意的节能效果和经济效益。他们的做法的可贵经验是：目前有多少热负荷就装多大容量的供热机组，以后热负荷发展了，热电厂再随之扩建，热电厂的效益有可靠的热负荷作保证。

有一些用户上报的热负荷资料夸大的因素较多，在确定设计热负荷时，又未作深入细致的调查核实工作，致使热电厂的规模建得过大。有的热负荷的特性没有摸清，峰谷差较大，却以其平均热负荷作为基本

热负荷选择了不恰当的机型，如造成背压式汽轮机因无常年稳定的热负荷，一年中大多数时间不能利用，甚至对空排汽发电。或抽汽式汽轮机常年纯凝汽发电，煤耗很大。这样的教训是极为深刻的。

2.1.3 据调查，一般蒸汽管网每 1km 压降约为 0.1MPa，温降约为 10～15℃。输送距离较远时，蒸汽的压力和温度的损失将增大，这就要求热电厂供热式机组的背压或抽汽参数要提高，显然提高供汽参数运行是不经济的。据调查分析，在热电厂周围 3km 以内的范围是蒸汽输送最为经济的距离。主要热负荷一般不宜超过 4km，少量热负荷最远不得超过 5～6km。

据调查资料统计，热水管网每 1km 温降一般不到 1℃。其输送距离，主要取决于：热网循环水泵的扬程、耗电量、管网的压力等级和造价等因素，一般不宜超过 10km。当热电厂供水温度较高时，中途装设中继泵站，可输送到较远的距离，但最远不宜超过 20km。

本条文规定符合国家标准《热电并供系统技术条件》4.1 条文的要求：一般蒸汽管网的输送距离不宜超过 4km；热水管网的输送距离不宜超过 10km。

2.1.4 本条文说明确定设计热负荷，应调查供热范围内的供热现状，即包括：

（1）供热范围内各用户工业用汽自备锅炉型号、台数、额定蒸发量、安装年月、目前状况、近期测试的锅炉效率、锅炉的月和年耗煤量、锅炉燃用煤种的低位发热量，以及供热范围内工业用汽锅炉的总台数、总蒸发量、总的月和年耗煤量。

（2）供热范围内采暖锅炉的情况，调查项目同工业用汽锅炉。

（3）供热范围内生活热水锅炉的情况，调查项目可参照工业用汽锅炉。

（4）现供工业用汽的蒸汽量、蒸汽参数、回水情况、调峰及备用炉的情况。

（5）现供采暖面积、热水量、热水参数、热指标、调峰及备用炉的情况。

（6）现供工业及生活热水的热水量、热水参数、供水时间等。

（7）现供空调、通风、制冷的热负荷情况。

2.1.4.1 本款规定蒸汽热负荷，应调查和收集的内容及要求。

（1）调查各热用户的热负荷的性质。热负荷的性质分为三类：一类热负荷指停汽后将发生人身或设备事故，或造成生产重大损失的；二类热负荷指停汽后将影响生产产品数量和质量的；三类热负荷指允许短时间停汽只影响产量而不影响质量的。

（2）调查各热用户的用汽参数。用汽参数指用户所需蒸汽的压力和温度。应弄清用户在生产过程中主要是需要蒸汽的压力还是温度，同时应了解用户厂区内的热网压降和保温情况，以便确定热用户实际所需

的蒸汽压力和温度。据调查，某印染厂的印染机铭牌要求提供 0.5MPa、158℃的饱和蒸汽作烘烤用，实际上热电厂供到该设备点的为 0.3MPa、180℃的过热蒸汽，车间操作人员反映比以前小锅炉供热好得多。可见该设备要求的主要是蒸汽的温度参数。考虑到该厂厂区管网的压降和散热损失，热电厂实际供给该厂的蒸汽压力为 0.4MPa、温度为 190℃。

（3）调查各热用户的用汽方式。用汽方式主要指：在一个生产班次中是连续用汽还是间断用汽，每天生产几班，全年中是否为季节性生产，每年的检修周期如何等。

（4）调查各热用户的用热方式。用热方式主要指：直接加热还是间接加热。

（5）调查各热用户的回水情况。主要了解生产工艺有无回水、回水数量、回水温度、回水水质等。

（6）除上述情况外，对一般用户应调查收集一年中每个月的平均用汽量和用汽小时数，以便与月耗煤量进行核对。在收集热用户在不同季节的典型日的小时用汽量的基础上，并考虑用户的规划和发展情况，确定该用户在冬季和夏季的最大、最小和平均的小时用汽量。对于主要热用户，应通过装设的计量仪表，绘制出不同季节的典型日的热负荷曲线，进而绘制年持续负荷曲线。

2.1.4.2 本款说明对采暖热负荷应调查收集的内容及要求。

采暖热负荷，应按近期、远期采暖用户不同的建筑物类型（住宅、居住区综合、学校或办公楼、医院或幼托、旅馆、商店、食堂或餐厅、影剧院或展览馆、大礼堂或体育馆等）分别统计采暖面积，根据不同类型建筑物的热工特性和使用性质分别选用不同的采暖热指标。

不同建筑物的采暖热指标，可按国家现行的标准《城市热力网设计规范》的有关规定执行。

2.1.4.3 本款中的生活热水的最大热负荷 $q_{s_{max}}$，可按平均热负荷的 2～3 倍考虑。

旅馆、医院、公共建筑等的生活热水热负荷按单位用水（每日人次数、床位数等）、用户单位的每日热水用量、生活热水温度、冷水计算温度和每日供水小时数等因素考虑，参见《城市热力网设计规范》和《建筑给排水设计规范》。

2.1.5 本条文说明在非采暖期宜发展制冷热负荷和影响计算制冷热负荷的要素。

在非采暖期发展制冷热负荷，可以填补非采暖期夏季热负荷的低谷，提高供热机组的年设备利用率。

《采暖通风与空气调节设计规范》规定："当有压力不低于 30kPa（0.3kgf/cm^2）的蒸汽或温度不低于 80℃的热水等适宜的热源可资利用，且制冷量大于或等于 350kW（30×10^4 kcal/h），所需冷水温度不低于 5℃时，应采用溴化锂吸收式制冷。""当制冷量大于

或等于 470kW（40×10^4 kcal/h），所需冷水温度为 10～15℃，且厂区有压力不低于 700kPa（7kgf/cm²）的高压蒸汽可资利用时，可采用蒸汽喷射式制冷。"

因此当采用热力制冷时，应根据制冷的要求和制冷工艺的需要，确定合适的热介质和参数。

建筑物的制冷量按制冷量指标与建筑物的面积的乘积求得。

制冷量指标，根据《小型节能热电项目可行性研究技术规定及附件》，可以以旅馆为基础取 252～288kJ/m²·h，其他建筑物则乘以修正系数。其他建筑物的修正系数参见《小型节能热电项目可行性研究技术规定及附件》。

生产车间的空调制冷量应根据生产车间的工艺设备产生热量的多少、建筑物的容积和结构特性等因素具体计算。

建筑物或生产车间的制冷量也是随着制冷期间室外气温的变化而变化的，因此与采暖相同，制冷量也应该考虑气象因素求出制冷期内的最大和平均制冷量，进而计算出最大和平均制冷热负荷。

2.1.6 对建设单位提供的热负荷资料应进行复查，并对主要用户进行重点调查分析核实。

可以通过测量蒸汽或给水流量的方法；通过了解年、月、日耗煤量；实测小时耗煤量；通过煤的低位发热量和锅炉效率来折算成供热量；以及通过产品平均单位能耗等方法进行核算。

为保证热负荷的准确可靠，经分析核算而落实的热负荷，必须占热负荷总量的 70%～80% 以上。

核实和重点调查热负荷时，应注意掌握下列情况：

（1）热用户的生产原料来源是否落实，产品是否运销对路，有无关、停、并、转的可能性，如果有，对热负荷的影响如何。

（2）新建项目的热负荷，必须有主管部门批准的设计任务书或已批准的可行性研究报告作依据。

（3）对技术改造、扩建生产线等需增加的热负荷，也必须有上级主管部门批准的改、扩建的设计任务书为依据。

（4）对发展热负荷的预测，一种是地区性的发展的热负荷，考虑该地区的经济实力、矿藏资源、农牧渔业资源、交通运输等可能发展的工业生产规模和建筑面积的增加；另一种是企业的自然增长的热负荷，必须是企业管理水平好、经济效益显著、原料来源充足、产品销售有市场的，可按照该地区工业增长情况和企业规划适当估算。

（5）热负荷不应根据企业现有小锅炉的铭牌蒸发量来统计。

（6）小锅炉对外的供汽量，应扣除小锅炉的自用汽量及损失热量。

因为各热用户的用汽参数不一，且多为饱和蒸汽，应按其热焓值考虑汽网的散热损失后折算成热电厂端所供过热蒸汽的用汽量或供热量。汽网损失一般为 5%～7%，小网取小值，大网取大值。

采暖和生活热水热指标中，已考虑了约 5%～10% 的热水管网的散热损失，故在归纳热电厂端热水负荷时，不应再计算热网损失。

2.1.7 本条文叙述热负荷叠加时如何考虑同时率的问题。

供热区域内有许多热用户，一个企业也有许多车间工段，他们的最大热负荷（指生产工艺热负荷）往往不是同时出现，在计算供热区域的最大热负荷时，必须考虑各用户的同时使用系数，即同时率 K_1。

$$K_1 = \frac{区域（企业）最大热负荷}{各用户（各车间）的最大热负荷之和}$$

对有稳定生产热负荷的主要热用户，要求收集到不同季节的典型日的日负荷曲线，它完全反映了热用户在每一小时内的用热实际情况。在进行热负荷叠加时，是将各用户在同一时间的负荷进行叠加，没有最大热负荷同时率的问题。

对一些生产热负荷量较小或无稳定生产热负荷的次要热用户，由于受到测量仪表记录和管理水平的限制，不一定能收集到较为齐全的典型日负荷记录，只能按耗煤量、产品单耗及用热时间等计算最大热负荷，在进行叠加时，应考虑同时率。同时率数值为 0.7～0.9。对热负荷较平稳的区域取大值，反之取小值。

采暖和生活制冷的热负荷，各用户都有同时随气温的变化而变化，不存在同时率。

生产热水热负荷大多同时随早、晚作息的变化而变化，也可不考虑同时率。

2.1.8 本条文要求绘制典型日热负荷曲线和总耗热量年负荷持续曲线作为供热机组选型和热电厂经济指标计算的依据。

（1）将采暖期各热用户的生产用汽热负荷全部叠加起来，绘制成采暖期的蒸汽典型日负荷曲线。

（2）将采暖期各热用户的生产热水负荷、采暖通风和空调热水负荷以及生活热水负荷全部叠加起来，绘制成采暖期的热水典型日负荷曲线。

（3）将非采暖期各热用户的生产用汽和制冷用汽热负荷全部叠加起来，绘制成非采暖期的蒸汽典型日负荷曲线。

（4）将非采暖期生产热水负荷、生活热水负荷以及制冷热水负荷全部叠加起来，绘制成非采暖期的热水典型日负荷曲线。

（5）将同一时间的各种热负荷的耗热量汇总起来，按耗热量由高到低排列，纵坐标表示耗热量，横坐标表示该耗热量所延续的小时数，绘制成总耗热量年持续曲线。

2.1.9 本条文叙述供热介质的确定原则，以便为供热机组的选型和热力系统的拟定提供依据。

当主要生产工艺热负荷必须采用蒸汽供热时，应采用蒸汽供热介质。

在很多情况下高温热水也可满足用户生产工艺的供热需要。即使少数生产工艺必须用的蒸汽供热介质，可由高温热水通过蒸汽发生器转换为蒸汽。这种情况宜统一采用高温热水供热介质。但应通过用户处将水转换为蒸汽需增加的设备投资和管理维护费用的技术经济比较，认为合理时方可采用。

采用高温热水供给采暖、通风、空调和生活热水用热，比采用蒸汽有较大的优越性。这是因为：

（1）热能利用率高，热水管网泄漏率低。

蒸汽管网常因疏水器性能不好、疏水不畅或管理不善造成漏汽损失增大、产生水击振动以及凝结水回收率低带来介质和热能的浪费，及影响管道的安全运行。

（2）便于按主要热负荷进行中央调节。

（3）热水热容量比蒸汽大，输送同样热量，热水网的管径小，投资省。

（4）由于水的热容量大，在水力工况短时失调时，不会引起显著的供热状况的改变。

（5）输送距离远，且压降和温降都较小，因而供热半径比蒸汽管网大。

（6）可充分利用热电厂汽轮机的低压抽汽或排汽等低品位热能，能量利用较为合理，经济效益较高。

只有必须用蒸汽供热介质供主要生产工艺热负荷，同时又供大量的民用建筑采暖、通风、空调及生活热水热负荷时，才同时采用蒸汽和热水两种供热介质。

2.1.10 本条文说明供热介质参数的确定原则。

对生产用汽，应根据生产工艺的要求，并考虑管网输送的热力损失（一般每 1km 压降为 0.1MPa，温降为 10～15℃），采用汽轮机最佳的排汽和抽汽参数，应避免常年将高品位的蒸汽经减压减温后供给热用户。

以热电厂为热源的热水热力网，热水由汽轮机的抽（排）汽在热网加热器中加热，因而最佳供、回水温度的确定，涉及热电联产的经济性问题。提高供水温度，就要相应提高汽轮机的抽（排）汽压力，蒸汽在汽轮机中的作功就要减少，使热化发电量降低，对节能不利。但提高供水温度，却减小了热力网的设计流量和相应管径，降低了热力网的投资、电耗以及热力站或用户的设备费用。因此存在一个最佳供、回水温度的选择问题。故本条文提出，应结合具体的工程条件，综合热电厂、管网、热力站或热用户供热系统几方面的因素，进行技术经济比较后确定热水热力网的最佳供、回水温度。

当不具备确定最佳供、回水温度的技术经济比较条件时，推荐采用的热水热力网供、回水温度，主要

考虑热水网的规模、与用户的连接方式、热水网加热器的型式和级数。

对供热规模较大或输送距离较远的热水热力网，热电厂与用户之间一般通过热力站间接连接，通常称为“三环制系统”。首站为汽轮机的背压排汽或抽汽经热网加热器换热产生高温热水，这是一环系统。首站一般布置在热电厂汽机房内或附近。首站至各小区的热力站，高温热水经水—水换热器产生采暖热水，这是二环系统。热力站至用户为三环系统。

间接连接的热水热力网的供、回水温度的确定，涉及供热机组的抽（排）汽参数、换热设备的级数、管网敷设方式以及保温材料的选用等因素。

热电厂通常采用汽轮机压力为 0.118～0.245MPa（绝对压力）的可调整抽汽作为基本热网加热器的汽源。当基本热网加热器中的蒸汽压力为 0.118MPa（绝对压力）时，热网水被加热的温度约为 95℃；当压力提高到 0.245MPa（绝对压力）时，可达 118℃。

在我国东北、内蒙、西北等严寒地区或供热规模较大、输送距离较远，经技术经济比较需要进一步提高水温的，可在基本热网加热器之后再装设尖峰加热器或串联尖峰锅炉。例如哈尔滨锅炉厂生产的 GR 型尖峰热网加热器，在加热蒸汽压力为 0.882MPa、温度为 179℃时，被加热的水温最高可达 155℃。无锡锅炉厂生产的 104.6GJ 热水锅炉，进锅炉水温 90℃时，出水温度为 150℃。

热水热力网的供水温度还与热网的敷设方式和选用的保温材料有关。当管网采用架空敷设时可取较高的水温，当管网采用直埋聚胺酯泡沫塑料保温时，供水温度不得超过 120℃。

热水热力网的供水温度也与建设进度有关。以采暖热负荷为主的热电厂和城市热水网一般是分散建设的，一期工程的供水温度不宜过高，最好选择 95～110℃，初期只上基本加热器。随着城市热网的扩大、热用户的增多，二、三期建设时通过技术经济比较后确定选择高背压式机组的排汽或抽汽式机组的抽汽作为尖峰加热器的汽源，或采用尖峰热水锅炉，最终把供水温度加热到 130～150℃，通过提高供水温度来扩大热电厂的供热能力。

热网的回水（指二环系统进基本加热器的回水）的水温与热力站所采用的水—水换热器的允许端差有关，即二环回水温度与三环回水温度（热用户回水至热力站）之差应大于热力站换热设备的允许端差。

表 2-1 常用换热设备的允许端差

序 号	设 备 名 称	允许端差（℃）
1	列管式换热器	15
2	螺旋板换热器	10
3	板式换热器	5
4	波节换热器	5

据资料统计表明：三环系统至热用户的供水温度取 75～80℃，供、回水温差 20℃，即回水温度取 55～60℃，较为适应原有城市的采暖系统的水力和热力工况。

近年来我国城市新建的热力站多数采用传热效率高、结构紧凑、适应性大、拆洗方便、节省材料的板式换热器，允许端差为 5℃，因此热网二环回水温度可取 60～70℃。

对中小城镇的热水网，总体供热规模不大、输送距离不远，在地形及建筑物高度许可的条件下，可采取与用户直接连接的方式。

为了与用户户内采暖系统设计参数一致，可采用 95℃ 左右的供水温度。

直接连接系统的供、回水温差不宜过大，过大时会产生垂直单管系统竖向热力工况失均（上下楼层室温失均），对水平串联系统会造成横向热力工况失均（前后室温失均）。据东北地区反映，户内系统的供、回水温差在 20～25℃ 左右较为合适。当供热规模较大时，为降低管网投资，宜扩大供回水温差。故回水温度可在 65～70℃ 之间选取。

对用于制冷的热介质参数，应根据各种不同的制冷工艺的技术要求来确定，并符合《采暖通风与空气调节设计规范》的有关规定内容。

2.1.11 本条采用国家标准《热电并供系统技术条件》的规定，"对蒸汽管网，间接加热时，凝结水回收率应达到 80% 以上"。

据调查，已投运的热电厂蒸汽热力网的凝结水回收率普遍较低，有的热用户凝结水水质污染严重；有的热用户加热设备或凝结水管道锈蚀严重，凝结水含铁量太大。此外，凝结水回收还存在管理不善的问题。

凝结水回收率低是供热系统热能和水资源利用率低的表现。对间接加热的用户规定较高的回收率，符合国家的能源政策和水资源政策，并可促进设计工作和生产管理的技术进步。例如采用性能优越的疏水器，加强设备技术改造，采用先进技术等，使我国热力网的节能技术和管理水平有较大的提高。

在凝结水回收的管理上，山西某热电厂做得较好，用户处间接加热的回水率实际达到 60%，对不回水的热用户则加收水费及水处理费。在凝结水回收中，若因某一户生产设备泄漏，水质不合格而污染了整根凝结水管道，需要逐户检查测试才能找出污染源，从而切除污染源。对被污染的回水，若进行水处理经济上不合算时，就放掉。因此需要热用户端定时对凝结水回水水质进行监测。热电厂端根据水质情况分别予以处理：不需处理的就直接进入热力系统；有处理价值的经处理后再进入热力系统；无法处理或处理费用太大不合算的，则排入下水道。

有些热用户因生产工艺过程的特殊性，有时很难

保证凝结水的回收质量和数量；有时凝结水数量不多，输送距离很远，建设凝结水管道投资较大；有时凝结水质较差，凝结水处理费用较高。在这些情况下，坚持凝结水回收是不经济的，没有实际意义。但为了节约能源和水资源，应在用户处对凝结水及其热量加以充分利用。

2.2 电力负荷

2.2.1 电力负荷是确定发电厂建设规模及总体规划的重要原始资料。电力负荷的调查、研究及分析是发电厂设计中的一项重要内容。电力负荷资料的内容及深度应满足发电厂接入系统设计的要求。远期是指设计年起 5～10 年；近期是指工程投产年左右年份。

2.2.2 为确保设计质量，核实电力负荷资料的准确性是十分必要的。尤其应对发电厂直供负荷作全面的了解分析。

2.2.3 通过电力平衡说明发电厂在所在地区和电力系统中的作用和地位，从而确定发电厂的供电范围。

2.3 厂 址 选 择

2.3.1 本条文是本章厂址选择最基本的一条，是厂址选择的基本原则。

2.3.2 本条分别叙述了不同性质的发电厂，在总体规划时，应考虑的协调问题。

2.3.3 发电厂的总体规划要结合厂址及其附近地区的自然条件和建设计划，并按批准的规划容量统筹安排，既要统筹厂区规划，也要处理好与厂外的关系，以便取得良好的技术经济效果。本条提出了发电厂总体规划设计的 6 条原则。

2.3.4 发电厂的生产离不开水源。本条强调供水水源水质、水量的可靠性的重要性。因此当采用地下水水源，现有资料不足的情况下，应进行水文地质勘探，并按现行国家标准《供水水文地质勘察规范》的要求，提供水文地质勘探评价报告。

2.3.5 厂址选择中，节约土地是一个十分重要的原则。本条首先着重强调节约用地，尽量利用荒地或劣地，然后提出"一次规划，分期征用"的原则。

2.3.6 本条对原规范中"厂址标准应高于 50 年一遇的洪水位 0.5m"，修改为"厂址标高应高于重现期 50 年一遇的洪水位"。并规定"主厂房周围的室外地坪设计标高应高于 50 年一遇的洪水位以上 0.5m"。作这样修改，主要考虑三个因素：一是与《火力发电厂设计技术规程》（即《大火规》）的提法相协调；二是重点保证主厂房不进水，所以其室外地坪加 0.5m 超高；三是对厂址的主要地段的防洪频率标准与主厂房周围的防洪频率标准区别对待。

本规范和《大火规》一样，都在主厂房周围室外地坪标高加 0.5m 超高，就不会产生《小火规》防洪频率标准高于《大火规》防洪频率标准的现象。厂址

标高《小火规》取 50 年一遇的洪水位，《大火规》取 100 年一遇，主要是区别大小电厂选取不同的防洪频率。

由于增加 0.5m 超高值，仅限于主厂房周围地坪，增加土石方工程量不多，既经济，又较安全。本条文对治内涝、防山洪及滨海的发电厂的防洪堤的堤顶标高作了明确的规定，是根据对许多发电厂的调查资料确定的。如果企业的防洪标准低于本规范的防洪标准时，则企业自备发电厂应执行本规范的规定。

据调查，在山区建设的发电厂，50 年一遇的洪水位与 100 年一遇的洪水位相差 4m 以上，按 50 年一遇防洪频率的标准设计确定的厂址标高，处于高洪水位以下的机遇将增加。为了防洪，需增加建设防洪围堤的工程量和投资。故规定在山区建设的发电厂的厂址标高，按 100 年一遇的洪水位加 0.5m 的安全超高确定。

2.3.9 本条文对不适合选为厂址的各种地区，分别不同情况，作出不同的规定，以便厂址选择更趋经济合理。

2.3.10 本条文提出了在选定贮灰场时应注意的问题。贮灰场的容量，考虑到供热式发电厂灰渣排除量一般较多，故把原规范第 2.0.8 条文中的贮灰场容量按电厂规划容量由原来 8 年增至 10 年。并明确满足初期容量 5 年的贮灰渣量。

2.3.11 在选厂中，居住区与厂区的距离，究竟多少合适，难以作具体数量上的规定，故只提出"有利生产，方便生活"的原则。并应符合国家现行的卫生标准的有关规定。

关于风向的问题，将原规范"发电厂不应位于附近生活区的全年最大频率风向的上风侧"改为"居住区宜设于厂区常年最小频率风向的下风侧"。这是由于生活区卫生条件的优劣，并不一定是决定厂址方案成立与否的决定性因素，不少发电厂的厂址，采用绿化措施，可以使厂址方案有更大的合理性和适应性，所以，从切合实际出发作了上述的修改。

2.3.12 本条一是强调按规划容量规划出线走廊，二是提出高压线不宜跨越建筑物，高压线之间宜避免或减少交叉，使出线布置更为合理。

2.3.13 为了突出本规范适用于以"热电为主"的精神，本条对厂区供热管线的布置原则提出了要求，使热管网的布置与厂区总平面布置相协调。

2.3.14 选择厂址时，发电厂的运输方式，应通过技术经济比较后确定采用铁路、公路或水路。

2.3.15 经调查，小型发电厂的施工用地较难确定一个合适的占地面积值。60 年代《火力发电厂工程施工组织设计导则》中曾对施工场地面积指标作了规定，该规定现已不宜采用，本条未提具体数值，只作了原则性的规定，具体工程应结合工程建设规模、施工工期、施工机具配置、施工场地等条件在施工组织

设计中确定。

2.3.16 在发电厂厂址选择中，应考虑发电厂排放的有害物质，经处理达标后排放。排放时应考虑对周围环境可能带来不利的影响。

3 厂区规划

3.1 基本规定

3.1.1 本条是本章中最基本的一条，也是本规范第 2.3.1 条的进一步具体化，即对发电厂厂区规划提出了基本要求。使厂区规划为发电和供热的安全可靠运行创造条件。

3.1.2 扩建发电厂在厂区规划时，应注意结合老厂现有生产系统和布置特点，统筹安排，尽量利用原有生产建筑物，以减少拆改费用。

本条着重提出建筑物、构筑物的平面布置和空间组合，应紧凑合理，功能分区明确。同时对厂区建筑造型提出了较高的要求，以适应时代发展技术进步的需要。据调查，南方发电厂厂前区规划做得较好，使厂区面貌大为改观，有利于生产运行。随着文明生产和人们对审美要求的提高，厂容厂貌的整洁美观显得十分重要，故本条明确提出，要求改变发电厂厂区规划零乱、简陋的面貌。

为了节省土地，提出有条件时宜采用联合建筑和多层建筑的规定。

企业自备发电厂和区域发电厂的建筑形式和布置，宜与所在企业或城镇的建筑风格相协调。

3.1.3 厂区规划应以主厂房为中心展开厂区平面布置，并应充分、合理利用地形，注意地质条件，并考虑地震的影响等问题。

3.1.4 本条文对原规范厂区绿化规划的要求作了调整和补充，确定了绿化系数，并提出企业自备发电厂的绿化布置应符合企业绿化规划的要求。

关于绿化系数的确定，根据资料，国外发达国家发电厂的绿化系数是 20%～25%；《环境保护技术政策要点》规定的工厂企业绿化系数是 15%～20%。另据调查资料，国内 30 个发电厂的绿化系数，有 19 个发电厂接近或超过 20%，因此，《发电厂总图运输设计技术规定》（以下简称《总规》）确定绿化系数为 15%～20%。小型发电厂的绿化系数可略低于《总规》，取 10%～15% 为宜。

3.1.5 在厂区规划中决定建筑物方位的不仅是日照、通风、采光条件，还有出线走廊、除灰管线、运输道路等技术经济合理性方面的要求，因此，用"宜"比较适宜。

3.1.7 根据目前实际情况，化学水处理等辅助厂房和构筑物的耐火等级，除空气压缩机室为三级外，其余由三级提高到二级。详见本规范附录 A。

3.2 主要建筑物和构筑物的布置

3.2.1 主厂房位置的确定，是做好厂区规划的首要因素，原规范没有明确提出要求。

发电厂降低供水扬程和缩短循环水管线的长度，对降低运行费用和工程造价均有重要意义，因此，尽量使主厂房靠近取水口，目的在于缩短供排水管、沟长度。

主厂房固定端朝向厂区主要出入口是使厂区具有良好的景观。

具备宽敞的出线走廊，是做好厂区规划方案的基本条件之一。因此，在确定主厂房方位时，就确定了厂外有无宽敞的出线走廊。至于炎热地区的汽机房，宜朝向夏季盛行风向的问题，这要视厂区布置条件而定。

根据山区发电厂总布置的特点，锅炉房布置在地形较高处有如下优点：

（1）便于利用地形。当厂区自然坡度较大时，形成厂房的一部分位于填土区，另一部分位于挖土区。把锅炉房布置在高处，可以使地下沟道较多、较深的汽机房处于填土区或挖土较浅的地段。

（2）便于烟囱作高位布置。当坡地标高高差较大时，可减少烟囱高度，节约投资。

（3）可使汽机房靠近水源。

（4）避免汽机房和屋外配电装置面对陡峻的山坡，高压输电线出线困难。

企业自备热电厂宜靠近热、电负荷中心，以减少管线投资，减少供热介质压力损失和热损失。

3.2.2 为了集中反映冷却塔和（或）喷水池的布置要求，把同一性质内容的条文集中在一条里叙述。

本条补充修改了原规范3处：一是提出了冷却塔群不宜交错排列；二是将原规范中"冷却塔和（或）喷水池不宜布置在屋外配电装置的冬季最大频率风向的上风侧"，改为"冬季盛行风向上风侧"；三是增列了对机力冷却塔的布置要求。

3.2.4 为与3.1.7条相对应，取消原规范附表中甲、乙类建筑耐火等级的数值。

3.2.6 发电厂围墙的设置，尚应考虑美观的要求。对围栅高度由原条文中1.5m改为1.2～1.5m，根据电厂设置围栅地点的具体情况选用。

3.3 交 通 运 输

3.3.2 本条文对道路设计标准提出了具体要求。

主干道由原规定6m改为6～7m，主要是与《总规》协调取得一致。

汽车运煤的发电厂道路宽度由原规定6m改为7m，主要考虑小型发电厂的运输特点，车辆来往频繁，应该适当加宽路面。单行车道和人行道的宽度也与《总规》相协调。

3.4 竖 向 布 置

3.4.1 规定厂区竖向布置形式和设计标高的确定原则，主要是为了达到生产联系方便、场地排水畅通、减少土石方量和确保边坡稳定的目的。

3.4.3 本条根据《总规》的提法，作了局部修改和补充。提出了阶梯式布置的发电厂排水要求，增加了高于设计地坪的沟道应有过水措施的内容。对贮煤场的排水沟应有煤灰水的澄清和清理煤灰防止堵塞的措施。

3.4.4 原条文规定"城市型道路路面排水槽至排水明沟的引水沟底宽度不应小于0.2m"，实践证明0.2m偏小，现改为"不应小于0.3m"。

3.4.6 修改原条文自然坡度3%以上采用阶梯式布置的规定，以控制土石方量确定采用阶梯式布置。小型发电厂的土石方量与大型发电厂不一样，但对工艺上运行方便的要求却并不降低。

据调查，采用阶梯式布置的发电厂，阶梯一般不超过3个，相邻两阶梯的高差最大不大于5m。原规范规定不宜大于6m，高差偏大，修订中改为不宜大于5m。

3.4.7 根据建筑物的重要性和地基情况，室内外地坪高差应该规定一个可变动的范围，故取0.15～0.30m。对主厂房重要建筑物宜取0.30m，如为软土地基，高差尚应根据沉降量加大。

3.5 管 线 布 置

3.5.2 发电厂厂区架空管线要求做到整齐美观，与厂区建筑物、构筑物群体协调。

3.5.4 本条对管线提出了"宜采用同沟或同架布置"。此外，增加了部分次要且介质温度低于130℃的管道，采用耐腐蚀防水性能好的保温材料，并有良好的热膨胀补偿措施时，可以采用直埋敷设的方法。

4 主 厂 房 布 置

4.1 基 本 规 定

4.1.1 发电厂的生产过程，主要在主厂房内完成。主厂房的布置必须符合工艺流程。本条文所规定的"设备布局紧凑、合理"就是指主厂房内的锅炉、汽机、发电机主机设备及辅助设备在工艺流程中的布置位置恰当、紧凑、合理，以节省建设投资。

本条文所指的"管线连接短捷、整齐"，是指热力管道、动力、控制电缆的布置整齐、合理。热力管线布置宜短捷，阻力小，同时又必须满足热力管道的应力和补偿要求。

本条文所指的"厂房布置简洁、明快"，是指主厂房内各车间根据机组容量大小、工艺系统的繁简做到配置合理、联系方便，给人以简洁、明快、舒畅的感觉。

4.1.2 本条文是从安全生产、运行维护的方便，对主厂房的布置提出了基本要求。安全运行不仅包括设备安全，要求环境条件符合防火、防爆、防冻、防腐、防毒等有关规定，预防发生设备损坏事故，保护人身安全。同时也包括人员工作场所的空气、温度、湿度、采光、照明、噪声等符合劳动保护的现行标准的要求，以给生产运行维护管理创造优良的环境。

4.1.3 本条文指出了影响主厂房布置的几个主要因素。由于主厂房布置的形式对发电厂的建设投资费用及机组的长期安全、经济运行影响很大，所以本条文规定主厂房布置应经技术经济比较后确定最合理的布置方案。

4.1.4 在进行主厂房各生产车间布置时，应根据厂区规划，综合考虑机、电、土、水、热控、暖通、运煤等专业对主厂房布置的要求，同时结合考虑扩建的条件，经技术经济比较确定合理的布置形式。分期建设的发电厂，主厂房布置应选择合适的厂房跨度尺寸和层高。如确定汽机采用纵向布置或横向布置，各生产车间的各楼层标高，尤其是汽机房行车轨顶标高、煤仓层标高，应结合扩建机组容量统筹考虑。供热式发电厂，大多为母管制系统，新老厂母管联系多，应于初期设计时，统一规划安排好。

4.2 主厂房布置

4.2.1 根据电力生产工艺特点，主厂房布置形式较多采用内煤仓，即各车间按锅炉房、煤仓间、除氧间（或合并除氧煤仓间）、汽机房的顺序排列。通常称为四列式（或三列式）。采用内煤仓布置形式，机炉控制、联系方便，燃烧系统设备布置比较紧凑，锅炉尾部烟道引出方便，并可压缩厂区横向尺寸，节省占地。该布置形式符合工艺流程。而外煤仓布置虽锅炉控制室天然采光通风条件好，制粉系统防爆门布置方便，但对扩建不同容量的锅炉机组在布置上难以处理，故较少采用。链条炉由于燃烧系统简单，通常采用内煤仓三列式布置。12MW及以上的供热式发电厂，锅炉燃烧制粉系统设备复杂、热力母管横向联系较多，主厂房布置通常采用四列式布置。据36个装有12MW供热机组的发电厂统计，其中7个三列式布置，29个四列式布置，即25个为内煤仓，采用外煤仓布置的仅4个。

对某些企业自备发电厂，受企业场地的限制，难以做到三列式或四列式布置，经过技术经济分析确认合理时，也可采用其他的布置形式。

4.2.3 本条文主要是对主厂房各层标高的设计做出规定。

4.2.3.1 为了便于主厂房机炉车间的相互联系，双层布置的锅炉房和汽机房的运转层标高应尽量一

致，这是正常运行和处理事故的需要。决定主厂房运转层标高的因素很多，在汽机方面有汽机本体抽汽管道布置、凝汽器及凝结水泵布置标高等要求；在锅炉方面则有锅炉燃烧器布置、锅炉底部出渣、放灰以及磨煤机布置等要求，在综合考虑这些因素后，机炉房运转层宜取同一标高。

对小容量快装式零米层布置的汽轮发电机组，不应强求与锅炉运转层一致而将其抬高布置。

4.2.3.2 为了保证给水泵向锅炉正常连续供水，使它入口在任何运行工况下不发生汽化，布置中应注意尽量减少给水泵进水管的沿程阻力和满足给水泵净正吸水头的要求。通常需将除氧器放在一定的高度。除氧层的标高就是根据除氧器要求的安装高度来确定的。

4.2.3.3 煤仓层的标高取决于原煤仓（煤粉炉包括煤粉仓）的有效容积的要求。而原煤仓的有效容积应与运煤系统的运行出力和班制相协调。两班工作制的运煤系统昼夜作业时间，不宜大于11h，故要求原煤仓的有效容积为12～14h。对于三班工作制的运煤系统昼夜作业时间，不宜大于16h，故要求原煤仓的有效容积为10～12h。这次修改，原煤仓的容积比原规范规定的容积大些，这主要考虑热电厂担负对外供热任务，比凝汽式发电厂只供电更重要，对供热的可靠性要求更高了。

原规范规定煤粉仓的贮粉量，应能满足锅炉额定蒸发量3h的耗煤量。这次修改为3～4h。这主要考虑本规范适用于130t/h锅炉，当燃烧制粉系统采用中间贮仓制时，通常只配一台磨煤机，适当地加大煤粉仓的容积，就可增加磨煤机的消除缺陷停用时间，从而也提高了对外供热的可靠性。

4.2.4 主厂房的柱距通常是根据锅炉、磨煤机等主要设备的尺寸和布置来决定的。为了有利土建构件的制作和施工的方便，主厂房的柱距应尽量统一。主厂房的柱距和各车间跨度尺寸宜符合建筑设计统一模数制。

主厂房各车间的跨度对主厂房土建造价影响很大，跨度加大，主厂房造价也增加。对汽机房而言，由于跨度增大，桥式起重机的设备费用也随之增加，因此合理确定主厂房各车间的跨度，使其既满足运行、检修的需要，又能尽量降低主厂房的造价。锅炉房、汽机房的跨度，主要决定于锅炉、汽机的容量、型式和布置。当汽机采用纵向布置时，汽机房纵向长度长而横向跨度小。当采用横向布置时，则汽机房纵向长度短而横向跨度大。采用什么布置型式，选用多大跨度合适，这应根据厂区的自然地形结合规划容量机组经技术经济比较后确定。

4.2.5 锅炉露天布置，随着制造、设计水平的提高，已越来越多被广泛采用。大容量锅炉，体积庞大，大都露天布置。对130t/h以下的中小型锅炉是否适宜

露天布置？据调查，25 个电厂和一些设计单位反映：当气候条件适宜并采取有效的防护措施时，中小型锅炉也宜推广采用露天布置。锅炉露天布置可以节省建设材料和资金，加快施工进度，改善通风、采光和运行条件，受到了运行人员的欢迎。故修改条文中强调了当气象条件适宜时，65t/h 及以上容量的锅炉，宜采用露天或半露天布置。至于 35t/h 及以下容量的锅炉，因其体积小，是否露天布置，可视供货条件并经技术经济比较后确定。

确定锅炉露天布置，必须选择露天型锅炉，设计单位应主动和制造厂配合，要求锅炉厂对汽包、联箱、汽水管道、仪表导管、炉墙、钢架、平台、楼梯等按露天布置的要求进行设计制造，采取有效的防护措施。

为了改善运行和检修条件，露天锅炉炉顶可设防雨盖加汽包小室。对于给水操作台、燃烧器等需经常监视、操作的部位：炉前或炉侧，可采用低封。锅炉运转层以下，一般为屋内式布置。

"气象条件适宜"是指年绝对最低气温高于 $-25℃$，年降雨量小于 1000mm 的地区。

4.2.6 汽轮机油为可燃物品，为了确保汽机房的生产安全，油系统的防火措施，应按发电厂和变电所设计防火规范有关规定执行。

布置主油箱、冷油器、油泵等设备时，要远离高温管道，油系统尽量减少法兰连接，防止漏油。当油管道需与蒸汽管道交叉时，蒸汽管道保温外表面应采用镀锌铁皮遮盖，以防漏油滴落于热管上着火。

4.2.7 减温减压器通常是作为热电厂向外供热的备用设备。当汽机故障停止向外供汽时，锅炉新蒸汽通过减温减压器直接向热用户供热。

热网加热器是热电厂加热热网循环水用。

由于减温减压器和热网加热器直接和热电厂的汽水系统相连，一般都将其布置在汽机房零米层，靠 A 列固定端侧。为了便于管理和减少减温减压器的噪声影响，可将其集中布置在固定端单独房间内。

4.2.8 原规范对原煤仓、煤粉仓壁面与水平面的交角作了"不宜小于 60 度"的规定。据调查，由于煤种、煤质不同，对含水分大、粘性大或易燃的煤种，壁面与水平面的交角应大于 60°，以免细小的煤粉粒挂贴壁面，影响煤流的畅通。因此，本次修订提高了要求，壁面与水平面的交角，将"不宜小于 60°"修改为"不应小于 60°"，并增补了对含水分大的褐煤及粘性大或易燃的烟煤，"壁面与水平面的交角，不应小于 70°"的规定。另增补了相邻两壁交线与水平面夹角，一般煤种不应小于 55°，对褐煤及粘性大或易燃的烟煤不应小于 65°的规定。

煤粉炉原煤仓下部设置的金属小煤斗，保留了原规范规定的"宜设置圆形双曲线金属小煤斗"的内容。据电厂使用的圆锥形金属小煤斗的情况反映，煤流通畅情况不亚于圆形双曲线金属小煤斗，故增加了设置圆锥形金属小煤斗的内容。无论采用哪一种形状的金属小煤斗，其出口截面不应过小。

对原煤落煤管的布置要求，原规范只对其作了"截面和倾斜角宜增大"的规定，未提出具体要求，修订中，补充了"原煤落煤管，宜垂直布置。当受条件限制时，其与水平面的倾斜角不宜小于 70°"的规定。

另增加了炉排炉落煤管布置设计的要求。由于布置条件的限制，一般不宜小于 60°。当布置难度大、受布置条件限制时，应根据煤种、煤质情况，采用消堵措施后，落煤管的倾斜角不应小于 55°。

关于煤粉仓的设计，吸取了国内发电厂煤粉仓爆炸事故的教训，除对形状、结构提出要求外，尚对防爆门的面积提出了具体要求。这是根据原水电部 1983 年 4 月"煤粉仓及制粉系统防爆会议"精神制订的。

4.3 检 修 设 施

4.3.1 由于汽机房采用岛式布置，机组检修时，运转层一般只能放置轴承、调速系统等小的部件，汽机大件如汽缸、隔板、转子等都需放到零米层专设的检修场地。其面积需满足翻缸的场地要求。为考虑扩建安装需要，可将检修场放在汽机房的扩建端。当机组台数较多时，为了减少桥式起重机来回行驶时间，以及减少对运行机组的干扰，宜将检修场地放在两机之间。

4.3.2 为了减轻劳动强度，提高工作效率，对于 3MW 及以上容量的机组，明确提出应设置一台电动单梁或双梁桥式起重机。对 3MW 及以下容量的机组，可设置手动单梁桥式起重机或其他型式的起重设备。

起重机的轨顶标高，应按起吊设备中最大的起吊高度来确定。

起重机的起重量和轨顶标高，尚应结合扩建机组统一考虑。小型发电厂机组台数少，主厂房规定只装一台起重机，所选择的起重机不仅应满足第一台机组的检修需要，还应考虑扩建较大容量机组检修起吊的需要。

4.3.3 为了改善劳动条件，提高检修工作效率，本条文规定了主厂房内主要设备附近，都需设有检修起吊措施。

锅炉顶部装有安全门、排汽门等阀门，检修时，需要拆下运至其他地方检修试压，同时还有大量的保温材料运送至炉顶使用，上下运输工作量较大，据调查的电厂反映：设置炉顶起吊装置很有必要。

随着锅炉容量增大，送风机、吸风机、磨煤机、排粉机的容量也加大，设备变重，为了减轻检修劳动强度，保障人身和设备安全，在其上方规定设起吊装置。

煤仓间的起吊孔和电动起吊装置，是供运煤胶带输送机驱动装置、输粉机检修以及供煤仓间运转层以上各层运送物品用。当煤仓间零米层至运转层的起吊孔设置有困难时，零米层至运转层的垂直运输可借助锅炉房电动起吊装置，然后水平运到煤仓间。

对于汽机房内电动桥式起重机无法吊到的一些设备或部件的上方应有起吊措施，为检修提供方便。这主要是指布置在汽机房零米层的凝结水泵、射水泵、油泵、凝汽器端盖等辅助设备和部件。

4.3.4 发电机大修时，通常要抽出转子进行吹扫和试验。主厂房布置不仅要考虑有适当的检修场地存放发电机转子，同时要考虑在发电机转子抽出方向预留一定的空间和场地。

检修规程规定，因泄漏而堵塞的凝汽器铜管超过规定比例后，应该更换这部分铜管，所以在凝汽器水室的某一侧，应留有更换铜管所需的空间。

4.3.5 管式空气预热器和省煤器，易磨损和腐蚀，运行较长时间后需整组更换。原规范已考虑了更换空气预热器所需预留的位置和运输通道。修订中，补充了省煤器更换拆装所需的检修空间和运输通道。

4.4 综 合 设 施

4.4.1 为了便于运行人员的巡回检查和操作，工艺对一些主要的阀门，都应布置在便于检查和操作的地方。条文中"人员难以到达的场所"，主要指需维护操作的主要阀门布置高度超过 2.2m 或者离开平台边缘较远，需增设维护操作平台和楼梯，或设置传动装置引至楼（地）面进行操作。

4.4.2 原规范已规定了主厂房零米层的纵向通道及其宽度要求。本次修订增加了运转层纵向通道及其宽度要求。在调查的 32 个发电厂中，都认为这是运行维护和检修所需要的。汽机房 B 列纵向通道宽度随机组容量增大可加大到 1.5m。锅炉房炉前底层通道，为满足检修需要，其宽度宜为 2.0～3.0m，考虑机动车辆通行的需要，在运转层，应满足链条炉检修抽炉排所需的场地要求。

为了便于在主厂房内巡回检查和检修需要，本条文还补充了设置横向通道和机炉上下楼梯的规定。煤粉炉，在煤仓间零米层布置有磨煤机、排粉机等制粉设备，锅炉运转层和零米层联系较多；65t/h 链条炉、送风机、二次风机容量大，出渣设备出力大，需经常检查，故规定每台锅炉需设上下联系楼梯。对汽轮机，由于其很多辅机、辅助设备，如冷油器、凝结水泵、油泵等布置在零米层，加热器布置在中间层，故规定双层布置的每台汽轮机，应设置运转层至零米层的联系楼梯。

4.4.3 据调查，大多数发电厂主厂房地下的管沟和电缆沟都积水。其原因：一方面是由于设计和施工对地下设施不重视，地下沟道排水坡度小，防水措施不完善。另一方面运行维护管理不善，到处乱凿、乱

接、乱放水。还有厂区排水系统不畅，雨水向主厂房倒灌。发电厂的设计必须十分重视地下沟道的防、排水设施的设计，采取有效的防堵、排水措施，沟底要有足够大的排水坡度，避免电缆沟与其他沟道交叉。当其交叉时，应有良好的防水措施，严禁将电缆沟作其他管沟的排水通路。工艺专业应与土建专业密切配合做好主厂房的沟道设计。

4.4.4 为了加强文明生产，为主厂房做好清洁卫生工作创造条件，本条保留了原规范设置清洗水池和厕所的内容。同时增加了各楼层地面水冲洗和清除垃圾的设施（如设置垃圾竖井）的规定。

4.4.5 为了及时排除着火变压器内贮存的油量，控制火灾蔓延扩大，本条文规定在离主变压器不远的汽机房外侧设置一个电气事故贮油池，并宜设有油水分离设施，防止事故排油流入下水道，污染环境。

由于汽轮机油系统事故排油也布置在汽机房外，当条件合适时，为节省投资，可将两个事故贮油池合并，容量按其排油量大的考虑。

5 运 煤 系 统

5.1 基 本 规 定

5.1.2 保留原规范条文全部内容，并补充通讯设施内容。不少电厂反映，运煤值班点应设电话，以便与运煤集控室或调度室联系。

5.1.3 由于本规范适用机组范围的扩大，运煤系统的控制方式亦随之改变，在保留就地控制方式的基础上，适当提高运煤系统机械化和控制水平，改善劳动条件，满足环境要求，提高劳动生产率，以达到安全经济运行的目的。条文中作了两种控制方式的原则规定。鉴于我国地域广阔，经济发展不平衡，发电厂的机组容量大小和规划容量不同，对控制水平的要求不一，从国情出发，小容量机组发电厂宜采用就地控制。对容量相对较大的机组，有条件时，可采用集中控制。

5.1.4 随着机组容量的增大，本条文对原规范运煤系统出力的规定作了调整。

运煤系统的出力，原规范规定："……在设计的作业时间内，应能满足规划容量时全部锅炉昼夜最大耗煤量的需要"，原条文未考虑设计机组容量增大后设备备用问题。据调查，有些发电厂反映，对装机容量相对较大的发电厂，运煤系统应考虑设备备用，故本条增加了双路系统的内容。

系统出力的裕度，对于双路系统，其中一路系统的出力采用 150%。对于单路系统的出力，有些电厂认为：1979 年电力设计规程按 200% 考虑，尚配有 16h 耗煤量的煤仓容积作备用。而在电厂实际运行中，因运煤设备出力小，不能充分发挥煤仓贮煤的作

目和满足设备事故时抢修时间的需要。有的厂反映，令接胶带需4～5h，如8h运煤量能在4h以内运完，可留出抢修时间，保证单路系统的安全运行。因此两班制运行的单路运煤系统，为满足抢修胶带故障时间的需要，应在两班8h内运完电厂一昼夜的耗煤量（24q），即24q/8=3q，就需要将单路运煤系统两班制工作的系统出力裕度提高至300%。单路系统仅对规划容量较小的发电厂而言，系统出力裕度按200%或300%考虑，在设备的选用上区别不大，但对不设置设备备用的单路系统，明显地增加了运行的安全可靠性。因此本规范修订时，对单路两班制运煤系统的出力裕度的规定有所提高。

5.1.5 由于机组容量增大，煤仓容积相应增大。煤仓容积大小、布置方式、层高选定均与锅炉房总体布置有关，经协调，将煤仓容积的规定划归本规范第4.2.3条叙述，运煤章节内容作相应配合。

原规范对三个班制的工作运行小时数作了规定。经过对南北方有代表性的热电厂和工业锅炉房的调查，没有一个厂采用一班制运行，其原因主要是煤仓存煤量满足不了一班制运行贮煤量的要求。有的厂虽然煤仓容量大，但由于煤湿、粘性大、下煤不畅等原因，仍采用两班或三班运行制度。结合我国国情，为降低基建投资，取消了一班工作制运行的规定；同时对单路运煤系统采用两班工作制运行时，规定昼夜作业时间不宜大于1h，并要求原煤仓和煤粉仓的有效总容积，不宜小于锅炉额定蒸发量12h的耗煤量。

5.2 卸煤装置及厂外运输

5.2.1 鉴于本规范修订后适用的机组容量范围扩大，各路来煤情况不一，本条文根据发电厂日来煤量，提出采用卸煤机械卸煤与人工卸煤的界限值，并规定了卸煤机械设置的原则。

5.2.2 原规范规定：铁路"卸车时间不宜超过3h"。据调查，各地允许卸车时间不一，最短的只允许2h，最长的可超过4h。具体允许卸车时间应与铁路部门商定，一般可按4h考虑。对一次进厂车辆数量，原规范规定为5～8节，适用于日耗煤量700t以下。本次修订，日耗煤量1000t以下，一次进厂车辆数为5～10节，日耗煤量1000t以上为10～16节。

5.2.3 据调查，华东地区靠水路来煤的发电厂，码头上装设的卸煤机械总额定出力，一般相当于全厂锅炉额定蒸发量时总耗煤量的250%～300%，有些发电厂还大于300%。卸煤机械出力大的原因是，水路来煤时，船舶靠岸，挂缆、揭仓盖、调挡、移船等操作，比火车卸煤需要的辅助时间长，致使卸煤机械作业时间内总出力下降。同时水运还受气象条件的影响。因此本条文规定，卸煤机械的总额定出力，除考虑航运部门要求外，应按泊位的通过能力一般不小于全厂总耗煤量的300%，卸煤机械的台数，不应少于

2台。

5.2.4 据调查，由汽车来煤的发电厂，有采用自卸汽车自营的，也有利用社会运输力量包运的，各厂的运输条件、运输方式、运距不同，其经济效益各异。但从综合效益考虑，社会运输一般优于自营。为此，条文中规定：汽车来煤时，应优先利用社会运力，以降低发电厂建设投资和减少运行维护费用。

当无条件利用社会运力而必须自备汽车时，相应的备用车辆、车库、油库及汽车维修设施均应给予考虑，故本条文规定应设置必要的辅助设施。为了控制投资及便于管理，对自备运煤汽车的数量，也作了明确的规定。

5.2.5 建在煤矿区或燃料公司煤场附近的发电厂，统称靠近煤源的发电厂。经技术经济比较合理时，厂外运输可采用单路带式输送机运煤方案、窄轨铁路斗车运煤方案，在山区可采用架空索道缆车运煤等方案。

5.3 运 煤 设 施

5.3.1 原规范规定"发电厂每小时耗煤量大于15t/h，宜采用胶带输送机，并宜为单路系统"。本规范修订后耗煤量已达80t/h以上，运煤量在120t/h以上，仅单路系统已不能满足发电厂的运煤需要和安全运行。1979电力设计规程第55条规定，"……容量在50000kW以上或耗煤量在50t/h以上者，一般采用双路皮带系统"。据调查，多数发电厂和设计院反映，胶带输送机运行的安全性和出力均有提高，故将单、双路运煤系统的划分标准，从总耗煤量50t/h适当提高到60t/h，比较符合当前的国情。

胶带输送机的驱动装置，是检修中费时费力的部件，油冷滚筒尤易损坏。单路系统为保证其运行间隙时间内，最快速地检修完毕，采用仓库存放备件，整体吊装更换驱动装置，是行之有效的办法。但不必为运煤机械设备逐条配备备用驱动装置，同一系统中相同型号的驱动装置，可共用仓库备件，这样既保证运行的需要，又节省了投资。故明确规定单路系统的驱动装置，宜有滚筒等备件。

其他运煤机械包括斗链提升机、埋刮板机等。当采用埋刮板机Z型布置方式时，应慎重考虑其运行的安全可靠性。

5.3.2 修改了原规范对胶带倾斜角的规定，并补充了胶带宽度的规定。据调查，现场反映，如胶带宽度太窄，煤在运输和中转时易造成散落现象，影响环境卫生，故规定胶带的宽度，不宜小于500mm。

对输送机的倾斜角是以普通胶带为前提的，不包括其他型式的胶带。本次修订将输送机倾斜角改小，以利运输和改善环境卫生。并对碎煤机前后的输送机的倾角作了不同的规定。

5.3.3 据调查，寒冷地区的发电厂，均要求运煤栈

桥内设采暖设施，如初期工程不能上，也希望设计时能考虑留出采暖设备安装的位置，故在条文中，对运煤栈桥作出应采用封闭式，并应有采暖设施的规定。对露天布置的运煤栈桥，作出了输送机胶带应设防护罩的规定。

5.3.4 不少发电厂反映，检修通道 0.6m 偏小，地下隧道净高 2.2m 不够，影响电缆布置和行走安全，因此将检修通道改为 0.7m，地下隧道净高修订为 2.5m。

5.3.5 据调查，在燃用褐煤及挥发分大于 37% 的易自燃煤种的发电厂中，有的贮煤场存煤 7d 后就产生自燃，故在条文中规定，运煤系统中的胶带，应采用难燃胶带，并设淋水设施，以防止原煤自燃蔓延扩大。

5.4 贮煤场及其设备

5.4.1 根据交通运输条件和来煤情况的不同，本条文对原规范作了部分修改。

(1) 经过国家铁路干线来煤和公路来煤的发电厂，贮煤量保持原规范规定不变。补充了对限值取用的原则规定。

(2) 原规范为由"煤矿直接来煤"，改为由"煤源直接来煤"。据调查，许多热电厂的燃煤，均由燃料公司供应，每个城市的燃料公司均有较大的贮煤场，为此，本规范将燃料公司贮煤场纳入煤源范围。

(3) 水路来煤的发电厂，原规范规定，贮煤量不宜小于 10~25d。我国由水路来煤的发电厂，多分布在华东地区和长江流域沿岸，华东地区反映贮煤量 10~15d 已能满足要求。内河航运系统规定 6 级以上大风才停航，因此，受气象影响水路运输的时间不长，不需建庞大的贮煤场，故将贮煤天数改为 10~15d。

5.4.2 原条文规定，在多雨地区，根据生产需要可设干煤棚，本条文补充了生产需要的具体内容。原规范规定干煤棚贮量，按 3~10d 全厂耗煤量确定。据调查，多数中小型发电厂的干煤棚容量均在 5d 以上，尤其是小窑煤和贫煤、无烟煤末，颗粒细、粉末多，遇水时粘性大，煤中含有泥质，下雨后不易干燥，脱水时间长，因此将干煤棚容量下限作了适当提高。但随发电厂容量的扩大，干煤棚的投资将随存煤天数的增加而有较大幅度的增加。为控制投资，干煤棚容量的上限值，相对于原条文又适当有所下降，规定为 4~8d 较为恰当。考虑利用停雨间隙，翻场露天煤场下部的干煤，以补充解决雨季燃用干煤的问题。

5.4.3 原规范规定"贮煤场设备的总出力应满足运煤系统出力的需要"。条文中所说运煤系统其含义不够明确，使人理解为运煤系统即上煤系统，容易忽视卸煤的需要，故条文中对堆煤和取煤分别作了规定。

原规范只对卸、运、贮、混煤等多种用途的桥式抓煤机数量作了规定，对其出力未作规定。根据各厂使用情况，煤场设备数量和出力与堆煤设备、取煤设备的出力有关，最终与运行班制和总耗煤量有关，故规定取三者上限值。

据调查，作为卸煤、运煤、贮煤、混煤等多种用途的门式或桥式抓煤机额定出力一般为 300%~700% 的耗煤量。对小容量发电厂甚至超过 700% 耗煤量。华东地区有一个发电厂装有 2 台龙门抓煤机（装卸桥），其额定出力为全厂耗煤量的 230% 左右，另设有 4 台抓煤机辅助作业，该厂抓煤机每天的运行时间达 18h 以上。故本条规定其额定出力不应小于总耗煤量的 250%，作为选择贮煤场设备出力的一个条件。

门式（或桥式）抓煤机的额定出力，系指煤堆中部的胶带输送机供煤时的出力。

当采用推煤机等机械作为煤场主要设备时，它不仅局限于进行辅助作业，故明确规定应设 1 台备用。

5.5 筛、碎煤设备

5.5.1 原规范条文内容有碎煤机设置条件和颗粒要求两部分，保留前段条文内容，后段条文内容另立新条。

5.5.2 运煤系统的筛碎设备，普遍存在堵煤和粉尘飞扬两个问题，煤湿时堵机，煤干时粉尘污染严重。多数发电厂反映设置的筛碎设备不好用，为了提高筛碎设备的投运率，本条文对筛碎设备的选型作了原则规定。

5.5.3 随着科学技术的发展和工业新产品的问世，近年来沸腾炉、循环流化床炉也有很大发展，为此，补充了沸腾炉、循环流化床炉经筛碎后的煤块粒度要求的内容。

送入循环流化床炉内的燃煤，除细小颗粒外，都必须经过多次循环，并在循环过程中烧透燃尽。整个燃烧系统，只有通过锅炉本体的精心设计，运行中控制流化速度、循环倍率、物料颗粒合理搭配才可能在总体性能上获得最佳。循环流化床锅炉的型式不同，所要求的物料尺寸也不相同。如：由中国科学院工程热物理研究所与济南锅炉厂合作生产的 35t/h 循环流化床锅炉采用分级循环燃烧系统，要求物料的粒度为 0~13mm；由北京巴威公司、哈工大共同研制的 35t/h 低倍率循环流化床锅炉，对入炉煤粒度要求最大不大于 10mm。若燃烧石灰石时，对入炉的石灰石的颗粒要求更细，约 0~2mm。因此，必须在设计中特别注意制造厂提出的对物料颗粒尺寸的要求，以便合理定破碎物料的设备型式或确定相应的物料制备设施。

5.5.4 据调查，有些发电厂未装碎煤机，运行一直正常；另一些发电厂装有碎煤机，但一直停用走旁路运行。据反映，前者原煤不需破碎即能满足锅炉运行的要求；后者因碎煤机在运行中存在堵煤、粉尘大，增加维修工作量等问题，让原煤走旁路。有的厂以除大块装置代替碎煤机。基于上述原因，增加了可不设碎煤机的条文内容，但原煤块的粒度，必须符合磨煤机或锅炉燃烧的要求。同时为考虑煤质变化较大的情况出现，增加了预留除大块装置位置的规定。

5.6 运煤辅助设施及附属建筑

5.6.1 原规范规定"当煤粉炉采用高速磨煤机时，在磨煤机前（碎煤机后）还应设置电磁分离器"。据调查，中、高速磨煤机对金属件杂物很敏感，常因金属硬件而损害磨煤机，因此将原规范条文改为"当煤粉炉采用中、高速磨煤机时，在碎煤机后应增设一级电磁分离器"。

5.6.2 随着发电厂经济管理工作的加强，计量装置愈显重要。据调查，从水路和公路来煤的发电厂，绝大多数设置了地磅和皮带秤等计量装置。从铁路来煤的发电厂，有条件的装设了轨道衡，没有条件的采用车箱量方计量。中小容量的发电厂，如采用轨道衡计量，增加基建投资太多，一般项目难以实现，对总耗煤量小于 15t/h 的发电厂，原则上推荐采用车箱量方计量法。其他运输方式入厂原煤均应设置计量装置。南方地区水路运煤的发电厂，多采用船只吃水线深浅计算入厂运煤量，由于船运部门在煤中掺水，难以准确计算，致使发电厂严重亏吨。为加强燃料管理，许多发电厂在转运 1 号带式输送机上增加了计量装置。

为保证计量装置计量的精确度，应定期对计量装置进行校验。

计量装置校验工作，应利用社会力量，委托管理部门或其他有资格的单位进行。

5.6.3 为了提高发电厂取煤样的效率和质量，加强燃料管理，逐步实现原煤取样机械化，以适应节能工作的需要。结合国内目前运行条件和机械取样装置设备尚不成熟的情况，在条文中只作了"留有装设机械取样装置"的规定，以便发电厂今后在条件成熟时自行装设。

5.6.4 原规范没有对矩形受煤斗相邻壁交角的内侧应做成圆弧形作出规定，本次修订作了补充。

为了防止落煤管和煤斗出口堵煤，补充了防堵措施。

根据各发电厂运行的经验，运煤转运站在不影响其功能的条件下，应设法降低层高和减少层次，其目的不仅为运煤系统防止堵煤、减少粉尘污染、延长落煤管使用寿命、降低噪声等改善运行条件，而且可以降低造价。因此在条文中作了"宜降低高差和减少层次"的规定。

5.6.5 装设必要的检修起吊设施和留出一定的检修场地，对保证安全运行和方便维护检修、减轻工人劳动强度、提高工作效率都是必要的。

5.6.6 运煤系统煤尘的综合治理，已到了刻不容缓的地步，各发电厂为文明生产、保护环境、改善工人劳动条件，强烈要求综合治理煤尘。据调查，运煤栈桥、转运站、碎煤机室地面采用水力冲洗、清扫，已于 10 年前在运行多年的老厂综合治理中得到应用，运行效果良好。因此，原能源部制定《火电厂输煤系统煤尘治理设计技术暂行规定》颁布执行。该规定贯彻"先防后治、经济实用、以水为主"的原则。

转运站和碎煤机室，除了清扫地面之外，对防止空气中的煤尘飞扬也作了原则规定。

（1）根据原能源部煤尘治理设计技术规定，对表面水分偏低、容易起尘的原煤进行加湿，加湿后的表面水分可按 8%～10% 计算。据中南工大对湖南某发电厂燃用无烟煤等 8 个煤种的物理特性试验，煤的表面水分在 8%～12% 之间，原煤最容易粘接堵塞。河南某火电厂在进行煤尘综合治理时，也反映原煤表面水分超过 8% 易粘堵。为此将加湿水分规定在 8% 以下。

（2）对于易自燃的原煤，可采取喷淋加湿或其他防自燃辅助措施。后者系指不常用煤堆，采用压实存放、定期翻烧等辅助措施。

（3）小热电厂多位于城镇，为防止煤尘影响居民生活区，规定煤场在与居民生活区相邻处设隔尘设施。

5.6.7 随着发电厂容量的扩大，运煤工人的人数也相应增多，多数发电厂均另设运煤车间。从组织生产，改善劳动条件，加强运行维护管理，需要设置车间办公室、交接班室、备品库、厕所、浴室等生产、生活设施。考虑到发电厂容量小时，可与其他系统设施公用。

6 锅炉设备及系统

6.1 锅 炉 设 备

6.1.1 据调查，35t/h 等级及以下的锅炉，广泛采用链条炉（顺转炉排）、抛煤炉（倒转炉排）、沸腾炉和循环流化床锅炉，因此，本条文对 35t/h 等级及以下的炉型的选型，作了相应的规定。

链条炉最适宜燃用 $V_{daf} > 15\%$、$M_{ar} < 10\%$、$30\% > A_{ar} > 10\%$、$Q_{net} = 18840 \sim 20934 kJ/kg$ 以上、灰熔点高于 1250℃、弱粘结、中等粒度的贫煤和烟煤，也可用于无烟煤。

抛煤炉可燃用高水分的褐煤、烟煤、无烟煤，燃料适应性较广。

沸腾炉对燃料的适应性很广。沸腾燃烧技术能解决节约能源和环境保护问题，其类型有：鼓泡式全沸腾炉、循环流化床锅炉。

循环流化床燃烧是一种高效、低污染燃煤新技术，其燃料适应性广，可以通过添加石灰石等进行比较简单的炉内脱硫处理，其 NO_x 排放低。

沸腾炉及循环流化床锅炉最大优点是适合于燃用

发热量低、灰分高、挥发分低的劣质煤。河南某煤矿发电厂 35t/h 沸腾炉，设计燃煤低位发热量为 11.958MJ/kg，实际经常燃用的扬山煤矿的煤矸石低位发热量为 5.86～7.54MJ/kg，不投油也能稳定燃烧。循环流化床锅炉已有山东某发电厂、包头某总厂自备热电站、河南某化肥厂自备热电站等先后投产。

65t/h 等级及以上的锅炉，在小型火力发电厂中，已是相对容量较大的锅炉，选用煤粉炉更易于实现机械化和自动化，燃烧调整、负荷调节更为灵活。因此，65t/h 等级以上的锅炉，宜选用煤粉炉。如辽宁某造纸厂自备热电站选用了 2 台 65t/h 和 2 台 130t/h 煤粉炉；丹东某公司热电厂选用了 2 台 75t/h 和 1 台 130t/h 煤粉炉。65t/h、75t/h 循环流化床锅炉，已在锦西某热电厂、鞍山某热电厂、大连某热电厂先后投入运行，机组的热效率可达 86%～87%，已接近煤粉炉的水平。

炉排层状燃烧和煤粉悬浮燃烧均是高温燃烧，NO_x 的排放量大，脱 SO_2 的系统复杂和昂贵。循环流化床燃煤技术，由于它具有炉床内物料的高热容强掺混和低温燃烧的特点，其燃料适应性广，并都可得到高效燃烧，以及可通过加石灰石进行炉内脱硫处理和低 NO_x 排放。据 1989 年由济南市环境保护监测站按照规范对中国科学院工程热物理所研制的 35t/h 循环流化床锅炉的脱硫、NO_x 和烟尘排放的试验测试表明：在钙硫比 Ca/S＝2，燃用含硫约 3% 燃煤时，脱硫效率约 82%，NO_x 排放浓度约 290ppm，烟尘排入浓度约 360mg/Nm^3。因此本条文燃用高硫煤时作了优先选用沸腾炉或循环流化床锅炉的规定。

为了减少锅炉的备品备件和方便运行、维修、管理，发电厂内同容量的锅炉机组，宜采用同一制造厂的同型设备。

小型发电厂当气象条件合适时，宜采用露天锅炉。锅炉露天布置不仅可节约投资，还可缩短建设周期，改善锅炉卫生条件，随着电力工业的发展，锅炉制造水平的提高，防护措施的逐步完善，露天锅炉得到了较快的发展，目前已遍布华东、中南、华北、西北、西南、东北等地区，有的分布在绝对最低气温为 −20～−25℃ 的地区。

6.1.2 供热式发电厂要结合热力规划、近期和远期热负荷以及季节性变化或昼夜峰谷差，合理配置锅炉的容量和台数。不同容量锅炉机组的搭配，可以提高锅炉机组运行的灵活性和经济性。

供热式发电厂在选择锅炉容量时，应核算在最小热负荷工况下，汽轮机进汽量不得低于锅炉无油助燃最低稳燃负荷。四川某热电厂设计热负荷为 108t/h，向造纸厂和纸浆厂供生产用汽，安装 2 台 75t/h 液态排渣旋风炉，2 台 6MW 次高压背压机，供汽压力 0.98MPa，汽温 264℃。1987 年底建成，1988 年投产。实际热负荷最高只有 57.5t/h，夜间负荷更小，

只有 35t/h，1 台机、炉运行已满足热负荷需要。旋风炉在负荷低于 75% 时，因炉膛温度低，不能流渣，为了维持旋风炉正常运行，背压机需长时间对空排汽，人为地加大热负荷，热电厂经济效益很差。

6.1.3 热电厂一期工程，在无其他热源的情况下，不宜将单台锅炉作为供热热源。其主要理由是：锅炉故障停运无法保障供热。

6.1.4 原规范规定"当最大一台额定蒸发量的锅炉停用时，其余锅炉的出力，应能满足冬季采暖、通风和生活用热量的 70%"。本次修改为 60%～75%，在严寒地区取上限 75%；在非严寒采暖地区取下限 60%，以保证平均室内温度达到 13℃ 的水平。这与修改前的全国平均供热标准一致。

6.1.5 在主蒸汽管道采用母管制系统的发电厂中，当装机台数较多时，可能会出现锅炉总的额定蒸发量多于汽轮机最大工况所需蒸汽量很多，此时，扩建机组锅炉容量的选择，应连同原有锅炉容量统一计算。

6.2 煤粉制备

6.2.1 根据煤种、煤质选择合适的磨煤机型式，对于发电厂的安全运行和经济性影响较大，故本条文规定磨煤机的选型，应根据煤种、煤质确定。

根据我国动力煤分类（草案），对无烟煤、烟煤、贫瘦煤、劣烟煤、褐煤的划分标准如下：

无烟煤（V_{daf}＜9%）

烟煤（V_{daf}＝19%～40%）

贫瘦煤（V_{daf}＝9%～19%）

劣烟煤（A_{ad}＞40%，低热值＜16.7MJ/kg 的烟煤和 A_{ad}＞32% 的洗中煤）

褐煤（V_{daf}＞40%）

根据电力部西安热工研究所对煤的磨损指数和磨损性的判别如下：

磨损指数	磨损性
K_e＜2	不强
K_e＝2～3.5	较强
K_e＝3.5～5	很强
K_e＞5	极强

无烟煤碳化程度高、质坚硬、K_e 高、挥发分低，不易着火、稳燃和燃尽，要求煤粉细度细才能保证稳定燃烧；低挥发分贫煤为燃烧稳定也应保证较细的煤粉细度。我国煤炭资源丰富，有很多发电厂煤质不固定，如江苏镇江、常州、无锡、苏州等地的发电厂的燃煤均是城市燃料公司统一供煤。辽宁某造纸厂自备热电厂、丹东某公司热电厂也都是来什么煤烧什么煤。钢球磨煤机的最大优点是煤种适应性广，无论何种劣质硬煤都能适用，都能获得较高的煤粉细度。其结构可靠性强，可以安全、可靠地长期连续工作。其缺点是设备庞大、金属耗量高、噪声大、运行耗电率高，低负荷时尤为突出，故在发电厂燃用无烟煤、低

挥发分贫煤磨损性很强（$K_e > 3.5 \sim 5$）的煤或煤种相固定时，均采用钢球磨煤机。

褐煤碳化程度低，质脆易碎，水分较多，挥发分很高，易于着火、燃烧。风扇磨煤机兼有磨煤和通风的作用，其优点是结构简单，布置紧凑，制造方便，占地少，金属消耗率低，初投资省，运行电耗率小，负荷变化时调节灵敏度高。缺点是：叶轮和机壳内护板磨损较严重，要求采用特种耐磨材料，运行周期短，检修工作量大，出粉较粗且不均匀，适用于磨制褐煤。特别指出的是，褐煤中有磨损指数 K_e 高的煤，如扎赉诺尔露天矿煤，K_e 达 5.03，以致使辽宁某发电厂风扇磨煤叶片寿命低于 500h，而不得不改造为中速磨煤机。辽宁另一某发电厂由风扇磨煤机改造为双进双出钢球磨煤机。实践证明，风扇磨煤机适用于磨损性不强（$K_e < 2$）的褐煤。

中速磨煤机单位电耗较少，分离器与磨煤机集一体，设备紧凑，金属耗量少，占地小，噪音较低，在负荷变化时单位电耗变化小，运行经济性高，调节也较灵敏。缺点是对原煤系统要求较高，要清除原煤中的木块、铁块和解决石子煤的问题。当磨制较强磨损性以下的中高挥发分（$V_{daf} = 27\% \sim 40\%$）、高水分以下（$M_f \leqslant 15\%$）的烟煤，或燃烧性能较好的贫煤时，宜采用中速磨煤机。

目前我国制造的中速磨煤机，主要有中速球式（ZQM 或 E 型）、中速碗式（ZWM 型或 RP 型）、中速辊轮式磨煤机（ZGM 或 MPS 磨煤机）。在煤的磨损性不强条件下，碾磨件的寿命 RP 磨煤机可大于6000h，MPS 磨煤机可大于 8000h。当煤的磨损性较强时，可选择 ZQM 型磨煤机。

6.2.2 根据钢球磨煤机的结构特点，磨煤单位电耗高，在低负荷运转时电耗降低却很少，采用中间贮仓式制粉系统，磨煤机可保持在经济工况下运行。因此，当选用钢球磨煤机时，宜采用中间贮仓式制粉系统。

钢球磨煤机直吹式制粉系统，具有系统简单、操作方便等优点，适用的煤种较广泛，对锅炉的各种运行工况也能满足，运行安全可靠，与中速磨煤机直吹式制粉系统相比，单位电耗大，尤其对于变负荷的发电厂，经济性差。如山东某发电厂采用钢球磨煤机直吹式制粉系统，磨煤电耗 23.74kW·h/t煤，通风电耗 10.27kW·h/t 煤，制粉系统总电耗达 33.67kW·h/t 煤，此外，还存在排粉机磨损较严重等问题。辽宁某热电厂采用钢球磨煤机直吹式制粉系统后，因排粉机检修周期短、负荷调节性能差，不得不对系统进行技术改造。因此，本条文规定，如有需要采用钢球磨煤机直吹式系统时，应经技术经济比较后确定。

高、中速磨煤机多采用直吹式系统。此种系统的优点主要有：系统简单、操作方便、易于实现自动化、单位电耗低（一般为 18~23kW·h/t 煤粉，而钢球磨煤机中间贮仓式制粉系统可达 28~38kW·h/t 煤粉）、节省投资等。高、中速磨煤机比钢球磨煤机对煤中的三块（石块、木块、铁块）敏感，将危及磨煤机的安全运行，因此必须在输煤系统中采取有效的除三块措施。有的发电厂对入厂煤先进行预破碎后进入运煤系统，有的发电厂在运煤胶带上设除木块器及采用三级除铁器。煤中含矸石多、磨煤机入口一次风压低、碾磨件磨损或加载压力低时，都会造成中速磨煤机的石子煤增多，因此，当采用中速磨煤机时，应有清除石子煤的措施。目前采用的办法有：人工清理配石子煤运输小车；采用带式输送机输送装车外运；也有排入锅炉除渣系统中。

对易燃易爆的煤种，宜采用直吹式制粉系统。一般挥发分含量 $V_{daf} < 10\%$ 的煤的煤粉是没有爆炸危险的，V_{daf} 在 10% 以上的煤，V_{daf} 数值越大，煤越易爆炸；尤其当 $V_{daf} > 19\%$ 时，爆炸的可能性大大增加。采用中间贮仓式制粉系统时，煤粉仓的安全性较差。发电厂的煤粉仓爆炸事故已发生多起，造成人身伤亡、煤粉仓结构破坏，危及安全生产。原能源部为此在南京召开了专业会议，并作出了纪要，明确对易燃易爆的煤种，宜选用直吹式制粉系统。

制粉系统的型式、设备选型，直接影响锅炉能否安全经济运行。近年来，节能型轴向型粗粉分离器已取代了旧式径向型粗粉分离器。消化吸收引进技术制造的煤粉分配器，煤粉不均匀性可控制在 18% 以下。该部件可在中速磨煤机、钢球磨煤机直吹式制粉系统中应用，对保证各燃烧器煤粉均匀、合理组织燃烧、避免结焦、确保锅炉经济燃烧，是一种有效的措施和手段。

6.2.3 对钢球磨煤机中间贮仓式制粉系统磨煤机的台数和出力的选择，明确以下列原则确定。65t/h 等级以下的锅炉均为链条炉，不考虑制粉系统。据调查的 20 多个发电厂，65t/h 等级的锅炉，均采用了钢球磨煤机中间贮仓式制粉系统，每台炉配 1 台磨煤机，运行正常，满足锅炉各种运行工况时的燃煤量，故规定应安设 1 台钢球磨煤机。

锅炉容量为 130t/h 等级时，每炉宜安设 1 台磨煤机。当煤质较差时，可装设 2 台磨煤机。一般煤质好，煤源稳定，130t/h 等级锅炉选配 1 台钢球磨煤机可满足锅炉额定蒸发量燃煤的需要。但煤源不稳定，来煤煤质时好时坏时，或设计煤种煤质较差时，选配 1 台出力较大的磨煤机，不如选配 2 台出力小的磨煤机来得灵活和可靠，经技术经济比较后也可装设 2 台磨煤机。因此本条文对 130t/h 等级的锅炉安设磨煤机的台数未作硬性规定，具体工程装设的台数应视煤源、煤种、煤质确定。

对于磨煤机的出力裕量取所需耗煤量的 115%，经多年运行实践表明是可行的。

磨煤机系列型谱已采用国际标准，一般是出力接近 20%递增跳档的，实际选用的磨煤机的出力总是大于计算的出力，总有 15%～35%的裕度。锅炉的额定蒸发量，已满足汽轮机额定工况下因制造偏差、设备老化、循环水温变化、管路汽水损失等因素附加 8%～10%的裕量，即汽轮机额定工况所需蒸汽量的 110%。而磨煤机出力又再按锅炉额定蒸发量时所需耗煤量的 115%裕量进行叠加，显得磨煤机实际裕度太大，不仅设备投资大、厂用电耗大，而且三次风量多，对锅炉燃烧不利，影响锅炉效率。

燃用低质煤当一台磨煤机停止运行时，其余磨煤机按设计煤种的计算出力，宜满足锅炉不投油稳定燃烧的负荷要求。对螺旋输粉机，要求定期使用，不仅可使钢球磨煤机运行经济，而且输粉机不易卡涩。

当采用钢球磨煤机直吹式制粉系统时，明确 130t/h 及以下的每台炉，应装设 2 台磨煤机，每台磨煤机的出力，应能供给锅炉 60%～70%额定蒸发量时所需的耗煤量。这主要是考虑钢球磨煤机低负荷运行时耗电率较大，经济性差，并考虑到即使一台磨煤机停止运行，另一台磨煤机也能保证锅炉不投油稳定燃烧。

当选用高、中速磨煤机时，每台 130t/h 及以下锅炉装设的磨煤机的台数，不应少于 2 台，其中 1 台为备用。

磨煤机的计算出力，应有备用容量。磨煤机的出力随运行时间的增长而下降，因此应保证在大修前的磨煤机出力能满足锅炉额定蒸发量时的耗煤量。如 RP 型中速磨煤机，当出力下降 15%时，磨煤机即需进行大修，调换易磨损的部件。风扇磨煤机，其出力是以磨煤机运行周期的一半左右时间为依据的。如运行周期为 2500h，则当磨煤机运行 1250h 后的出力作为磨煤机的额定出力。因此在运行 1250h 后，磨煤机的运行出力小于磨煤机的额定出力，这就要求运行的磨煤机的出力总和有一定的备用容量。

为了调节锅炉负荷，也需要磨煤机的出力有一定的裕量，以加快调节速度，缩短锅炉升负荷的滞延时间。

6.2.4 给煤机系发电厂锅炉制粉系统的主要辅机之一，因此增加本条内容。

国内采用的给煤机型式较多，有振动式、胶带式、埋刮板式、圆盘式等。其中，圆盘式给煤机的容量较小，且输送距离很小，目前已很少采用。胶带给煤机在运行中易打滑、跑偏、漏煤、漏风。振动式给煤机在运行中漏煤、漏风较大，调节性能较差，当煤质较粘时易堵塞。埋刮板给煤机调节、密封性能均较好，且有较长的输送距离，大容量的锅炉机组多采用此种型式的给煤机。

在工程设计中，应根据制粉系统的型式、布置、调节性能和运行可靠性要求选择给煤机。

给煤机的台数应与磨煤机的台数相同。

给煤机的型式应与磨煤机型式匹配。

钢球磨煤机中间贮仓式制粉系统，可采用埋刮板式、刮板式、胶带式或振动式给煤机，上述几种给煤机都有一定的输送距离，可以改善落煤条件。

直吹式制粉系统，要求给煤机有较好的密封和调节性能，采用埋刮板给煤机是最为合适的。

为了使给煤机具有一定的调节性能，给煤机出力应有一定的裕量。据调查，埋刮板式、刮板式、胶带式给煤机的计算出力，按不应小于磨煤机计算出力的 110%选择，振动式给煤机的计算出力，按不应小于磨煤机计算出力的 120%选择，均能满足磨煤机制粉系统出力和适应锅炉负荷变化的要求，故本条对给煤机的出力富裕系数作出这样的规定。

6.2.5 给粉机的台数，应与锅炉燃烧器一次风接口数相同。如果 1 台给粉机配 2 台燃烧器，则容易产生两条一次风管中煤粉浓度分配不均的问题。当锅炉设有马弗炉或其他型式预燃室时，则应另行配置相应数量的给粉机。

根据以往工程设计和投运机组运行经验，每台给粉机的最大出力，不宜小于与其连接的燃烧器最大设计出力的 130%的规定，是合适的。

6.2.6 为了增加制粉系统运行的灵活性和可靠性，要求几台锅炉制粉系统之间用输粉机相连通。

在运行中，螺旋输粉机的漏粉及卡涩，是两个较大的问题。漏粉污染周围的环境，而卡涩则使螺旋输粉机不能正常运行。在实际运行中，双端驱动的螺旋输粉机不易卡涩，且螺旋输粉机单台电动机功率不大。在产品规范中明确规定，螺旋输粉机最大允许长度为 70m。因此，本条文规定"螺旋输粉机长度在 40m 及以下时，宜单端驱动；长度在 40m 以上时，宜双端驱动，其最大长度不宜超过 70m"。

输粉机的容量，按相连磨煤机中的最大一台磨煤机的计算出力计算，既保证了磨煤机运行的灵活性，也充分发挥了螺旋输粉机的调剂作用。

为了防止输粉机内的煤粉外泄，输粉机的机壳，应具有良好的密封性，在每一节间及落粉管的连接部分，必须采取良好的密封措施，以减少煤仓间粉尘污染。

6.2.7 排粉机与磨煤机配套，其台数应与磨煤机的台数相同。

排粉机输送含有 6%～10%的煤粉的热风介质，其运行条件类似于吸风机，因此其风量、压头的裕量与吸风机相同。

直吹式制粉系统的排粉机，由于输送介质含粉浓度大，较中贮制系统排粉机磨损更为严重，因此，要求直吹式制粉系统的排粉机，应采用耐磨风机，以提高运行的可靠性和延长使用寿命。

6.2.8 当采用中速磨煤机正压直吹式制粉系统时，需要采用密封空气对磨煤机、给煤机等设备进行密封，以防止煤粉漏入轴承和周围空间，影响设备的安全运行及污染周围的环境。

由于密封风机的设置直接影响到磨煤机的安全运行，因此本条文规定：每台锅炉设置的密封风机，不应少于2台，其中1台备用。

密封风机的风量裕量为10%～20%。原北京电力设计院编写的"关于ZQM型中速磨煤机直吹系统设计的几点意见"中称：密封空气量应根据制造厂提供的磨煤机和给煤机的轴封空气量，并按10%～20%的裕量计算确定。

密封风机的压头裕量，一般为风量裕量的平方数，因此规定密封风机的压头裕量为20%～40%。

6.2.9 根据我国动力煤分类（草案），可燃基挥发分低于10%的煤属无烟煤。无烟煤不易着火，无爆炸的危险性。因此，对燃用无烟煤的发电厂，当煤的供应有保证时，可不设防爆措施。燃用其他煤种或掺烧无烟煤的发电厂，制粉系统应设防爆措施。

对煤粉仓和钢球磨煤机等制粉设备的灭火介质，本次修订补充了通蒸汽、二氧化碳或其他灭火介质设施的内容。

6.3 送风机、吸风机、二次风机与除尘设备

6.3.1 原规范规定"每台锅炉宜设置送风机和引风机各一台"系指35t/h以下的链条炉而言，本规范修订后机组容量增大，故需作相应修改。同时原规范对二次风机的选用未作规定。经验证明，根据锅炉设备运行要求设置二次风机以强化燃烧，是完全必要的。

由于吸风机运行条件差，事故停役率高，为保证锅炉机组安全可靠地运行，130t/h锅炉，宜装设2台吸风机。

6.3.2 本条规定了送风机、吸风机和二次风机的风量和压头裕量的要求。

对于煤粉炉，增补了在燃烧低热质煤或低挥发分煤时，应验算在单台吸风机运行工况下能满足锅炉不投油助燃最低稳燃负荷时的需要。

同时还增补了沸腾炉、循环流化床炉送风机、吸风机和二次风机的风量和压头的裕量要求。

6.3.3 随着环保要求的不断提高，对除尘器的效率也提出相应的要求。目前常用的干、湿式除尘器主要有：

（1）湿式除尘器：广为采用的是喷管湿式除尘器（又称文丘里水膜式除尘器）。喷管式除尘器效率可达95%，有的高达97%。其耗钢少，投资省，不受煤灰特性的使用限制。缺点是耗水量大，烟气温降大，不利于烟气扩散，烟气带水后形成飘落小灰团。

（2）干式除尘器：采用较多的是旋风除尘器。单个旋风子的效率可达96%，组合成旋风除尘器组后，由于烟气分配不均，效率一般在90%左右。近年来新型干式除尘器相继问世。一种是大连某研究所生产

的99高效陶瓷多管除尘器，在1991年2月通过原机械电子工业部和大连市科委联合组织的科技成果鉴定，在辽阳某热电厂75t/h旋风炉上使用，测定其效率为97.21%。该型除尘器的除尘效率可达95%～99%，用于沸腾炉的效率为97%～99%，阻力为1100～1400Pa；采用陶瓷材料耐磨损、无腐蚀、耐高温、不变形、处理烟气量大，适用于链条炉、沸腾炉、循环流化床炉、煤粉炉等。

另一种是河北省某市高效除尘环保设备制造厂生产的FOS复合式高效消烟除尘器，已于1992年1月通过了河北省建设委员会鉴定。该型除尘器Ⅰ型仅有主分离室，用于小容量链条炉，除尘效率可达92%～95%，阻力900～1100Pa；Ⅱ型带有预分离均流装置，不带灰斗抽气装置，除尘效率为92%～96%，阻力900～1200Pa，适用于链条炉、沸腾炉；Ⅲ型带有灰斗抽气装置，不带预分离均流室，除尘效率为92%～97%，阻力900～1100Pa，适用于煤粉炉、沸腾炉；Ⅳ型带有预分离均流室和灰斗抽气装置，除尘效率为93%～98%，阻力900～1300Pa，适用于煤粉炉、沸腾炉、循环流化床炉，一般使用寿命为6～9年。该型除尘器在发电厂中采用的有河北某发电厂35t/h炉、山东某发电厂220t/h炉。

6.3.4 除尘器前后烟道上采样孔的设置，应符合国家《环境监测技术规范》的有关规定。

6.4 点火及助燃油系统

6.4.1 根据供油情况，煤粉炉点火及助燃宜以轻柴油为主。发电厂附近如有钢铁厂高炉煤气、焦炉煤气或炼油厂、化工厂等排出的可燃气体时，也可以作发电厂锅炉点火及助燃用。

对缺油、少油的地区，煤粉炉可用预燃筒点火、助燃。马弗炉可视作预燃筒的一种。

6.4.2 本规范修订点火油罐的个数及容量，单独一条列出。点火及助燃用的油罐的容量与最大一台锅炉的容量、全厂锅炉的台数、点火方式及煤种等有关。

发电厂设置35t/h煤粉炉时，点火及助燃用油量较少，因此全厂宜设置一个20m³油罐。

发电厂设置65～130t/h煤粉炉时，全厂设置1～2个50～100m³油罐，即可满足全厂最大一台容量锅炉起动点火用油量的需要。

6.4.3 点火及助燃油的运输方式，主要由油源的远近、燃油量的多少及运输条件来决定。本规范规定，宜采用汽车运输方式。发电厂就近有油源时，也可采用管道输送。

当发电厂容量规模较大、耗油量大且采用铁路运输时，应设置卸油站台。其长度可按能容纳1～2节油槽车设计。

对于年耗油量较小的发电厂，采用汽车运输方式，不仅设施简易，投资节省，并且机动灵活，便于

管理。

6.4.4 点火油系统供油泵的出力，不考虑两台锅炉同时起动时的用油量，而是在一台锅炉起动结束后，再进行第二台锅炉起动，并且按厂内容量最大的一台锅炉在额定蒸发量时所需燃料的 20％～30％选择，这是由锅炉的燃烧稳定性及锅内的水动力特性所决定的。

点火油系统供油泵的出力，由于仅按容量最大的一台锅炉起动用油量选择，供油量不多，130t/h 锅炉供油量（包括回油量）仅 3t/h 左右，因此供油泵的台数设设 2 台即可，1 台运行，1 台备用。

当采用回油调节的油系统时，供油泵的出力应包括锅炉燃油量及回油量。考虑到电网周波降低、油泵老化、设计制造误差、油管积垢后阻力增加等因素，宜再增加 10％的出力裕量。

6.4.5 燃油泵房内，应设置必要的检修场地和值班室，同时要求燃油泵房应有良好的通风条件，以防止油泵房内可燃气体超过一定的浓度，具体通风设施要求参见本规范第 14.6.1 条的规定。

6.4.6 由于燃油仅作为锅炉点火和助燃用，供油、回油管路系统，可以利用机组停运的机会或锅炉负荷高于无需助燃稳燃负荷的间隙时间内进行检修，因此，本条文规定供、回油管道宜各采用 1 条。

为了考核锅炉燃烧的经济性，因此在供油和回油总管道上应装设计量装置。各台锅炉的供和回油管道上也可装设油量计量装置。

为确保锅炉运行的安全，本条文规定各台锅炉的供油管道上，应装设快速切断阀。

点火及助燃油以轻柴油为主，各种不同牌号的轻柴油凝固点不一样，因此本条文规定根据气象条件，供、回油管道，可设置蒸汽伴热管和蒸汽或压缩空气吹扫管。蒸汽吹扫系统，应有防止燃油倒灌的措施。

6.4.7 对地上或半地下式金属燃油罐的外壁，应设置淋水冷却装置，是为了在发生火灾时，起隔离防护冷却降温的作用，防止火势蔓延。

6.5 锅炉排污系统及其设备

6.5.1 本条系根据小型火力发电厂的运行要求制定的。当锅炉事故放水排入定期排污扩容器时，其容量应满足扩容减压的要求，否则会因容量不足而造成设备超压爆破事故发生。

7 除灰渣系统

7.1 基 本 规 定

7.1.1 选择除灰渣系统时，应掌握灰渣的化学与物理特性、水质等有关资料，如灰渣中有害物质的含量及氧化钙的含量、灰渣的颗粒组成等。

除灰渣系统的选择应考虑综合利用，既解决灰渣堆贮污染环境，又可将灰渣制作建筑材料、铺筑公路，变废为宝，是一项利国利民的措施。据调查的华东地区四个热电厂，都在市区，都没有灰场、渣场，都是定时由专人负责装船外运至综合利用厂。市政府十分重视发电厂灰渣的综合利用，发电厂在与市燃料公司签订供煤协议的同时就签订了灰渣回收协议，这样灰渣的出路解决了，还为发电厂节省了投资，是值得重视的好经验。

由于灰渣制品厂或其他厂用灰的规模不一定与发电厂排灰渣量相协调，有些灰渣的使用还受到季节及灰渣制品厂的生产设施定期检修等影响，因此，发电厂除灰渣系统的选择，除了考虑灰渣综合利用的要求外，还应设置必要的缓冲灰场，并根据除尘器的型式，灰渣场的距离、高差、地形等条件，正确选择厂外的输送系统，以保证发电厂的安全生产。

因热电厂多数建在工业区，实行热电厂联产和综合利用后，充分利用了能源和资源，做到了节约用水，保护了环境，改善了劳动条件。

基于上述情况，除灰渣系统的确定，要受多种因素、条件的影响和制约，较难具体划分各种系统的适用范围，故在条文中仅作了原则性的规定。

7.1.2 发电厂的灰渣综合利用，是我国经济建设中的一项基本政策。一般应另立专项，并应经技术经济比较确定。发电厂除灰渣系统的设计，应按干灰干排和灰渣分排的原则，积极为综合利用厂创造条件。当综合利用不落实时，设计应为其综合利用预留条件。

7.1.3 本条文对灰渣量等于或大于 1t/h 的锅炉，宜采用机械、气力或水力除灰渣装置。

如采用人力手推车运渣，投入劳力较多，并影响锅炉房内环境卫生。为了减轻劳动强度，提高机械化水平，故将灰渣量从原来规范规定的 2t/h 及以上提高为 1t/h。并与新修订的国家标准《锅炉房设计规范》相协调。

近几年来，采用气力、水力除灰渣的电厂逐渐增多，使用效果较好，应予提倡，但应注意其适用条件。

链条炉及液态排渣炉的渣，因其颗粒粗、坚硬，对泵磨损严重，故不宜采用灰渣泵输送。

当灰渣场距厂区较近，且高差及地形条件、环境条件等适合于沟道布置时，厂外输送应推荐采用自流沟排灰渣系统，因为其系统简单，节省投资和运行费用。陕西某电厂，虽然自流灰渣沟长达 2320m，但运行情况良好。

7.1.4 当采用湿式除尘器时，过去常用低浓度水力输送。但随着除灰设备的发展，现可选择不同浓度的水力除灰系统。根据国内发电厂运行情况表明，离心杂质泵可用于高浓度水力输送。在综合利用条件落实时，宜优先采用设沉灰（渣）池的灰渣分除系统。从调查中了解到许多发电厂，特别是靠江、河的发电厂多数采用沉灰（渣）池分除方式，灰、渣装船外运，并且沉灰（渣）池的排水循环使用，作灰（渣）沟的冲洗水，有利于保护环境，节约用水。

7.1.5 当采用干式除尘器并利用细灰作水泥掺合料、建筑材料时，宜直接供应干灰，这样可省掉脱水及烘干工艺，简化生产流程，提高产品质量和降低成本。外部采用水力输送时，宜采用干灰集中加水搅拌的高浓度水力输送系统，比灰沟集中低浓度输送或经浓缩后高浓度输送省水、省电且简单。

7.1.6 发电厂气力输送系统，一般只限于需用干灰或水力除灰严重结垢、缺水等条件下采用。采用负压气力输送或正压气力输送，应根据输送距离折算到管路当量长度确定。

7.1.7 从美国引进的发电厂设计技术，气力除灰的系统出力，是按8h的灰量在4h内送完这一原则确定的。系统一般为单元制，不设备用，剩下的作业时间供设备部件维修用，以确保气力除灰系统及其设备运行安全可靠。从国外采用气力除灰运行的发电厂来看，上述系统出力的裕度，已能满足发电厂的安全运行的需要。

参照国外除灰设计的经验，并结合我国目前设计、制造、运行及检修水平的实际情况，条文规定，气力除灰系统当不设其他备用措施时，系统的总出力，不应小于该系统排灰量的200%。

目前国内已运行的仓式泵的正压输送系统，多用于大、中型发电厂中供综合利用干灰时采用，大多还有其他除灰系统作备用，故其出力有不小于系统排灰量20%的裕量已能满足要求。国内设计的负压系统，一般多在小型发电厂中，如北京某焦化厂、山东某发电厂、云南某发电厂、广州某钢铁厂等，一般也有其他备用措施。但由于要求系统严密，需及时维修，故规定了系统出力有不小于系统排灰量50%的裕量。

7.1.8 本条提出机械除灰渣系统选择的条件及应考虑的因素。

7.2 水力除灰渣系统

7.2.1 目前国内生产多种可直接串联运行的灰渣泵，应用日趋增多。具有系统简单，布置集中，维修工作量小，有利于运行管理。故在一级泵扬程不能满足需要，而泵结构强度又不允许的条件下，宜优先采用离心式灰渣泵直接串联的多级泵的水力除灰系统。

当贮灰场距离较远或高差较大时，推荐优先采用离心式灰渣泵直接串联的方式，但不限制采用其他输送设备，如某电厂采用油隔离泵。

7.2.2 油隔离泵、水隔离泵、柱塞泵等容积式泵，往往配有干灰加水搅拌或湿灰浓缩制成高浓度灰浆设施，以实现节水、节能目的。湿灰浓缩应限制于高硫煤，并采用于湿式除尘器的系统中。

7.2.3 水力除灰系统中灰渣沟输送方式最简单，在水源和高差条件许可时应首先推荐选用。

根据运行经验，常规装有激流喷嘴并敷设镶板的厂内灰渣沟，灰沟坡度不应小于1%；渣沟不应小于1.5%；液态渣沟不应小于2%，在运行中一般都能满足要求，故本条保留了原规范这部分内容。

为了节约用水，在灰沟内不设或少设喷嘴，并将灰沟坡度加大，已在一些发电厂中实施，但其最佳坡度值的确定，尚需经进一步实践总结后再作规定。

为了保证安全运行，并节约厂用电，要求发电厂内任何污水、废水以及厂区雨水，均不得排入灰渣沟内。

7.2.4 原规范中对灰渣（浆）泵房内灰渣（浆）泵的备用台数，只考虑了单级泵运行情况，未规定串联灰渣（浆）泵和容积式灰浆泵的备用台数。鉴于目前国内有些小型发电厂已采用灰渣（浆）泵直接串联运行的方式，并已积累了一定的运行经验，故对串联灰渣（浆）泵的备用台数作了相应的规定，同时对容积式灰浆泵，参考已运行发电厂的经验亦作了相应的规定。

冲灰水泵、冲渣水泵和液态排渣的粒化水泵的设置要求，保持原条文不变。

7.2.5 沉灰（渣）池宜靠近锅炉房，并要求灰渣沟短而直，以减少沉灰（渣）池的深度。

沉灰（渣）池的几何尺寸，除与灰渣浆量、灰渣颗粒及沉降速度等有关外，还应根据厂外运输条件确定，如考虑公路、航运的可靠性，同时还应考虑沉灰（渣）池倒换使用的必要性，其有效总容积，宜按该除灰（渣）系统24~48h的排灰（渣）量考虑。

沉灰（渣）池的排水水质除与灰渣的物理、化学特性有关外，还与沉灰（渣）池的设计布置和运行管理有关。据调查有些发电厂的沉灰（渣）池的排水水质经加酸或碱中和处理过或过滤处理后，可自排或机排到下水道。为了节约用水，原则上这些排水应重复使用，用作冲灰、冲渣沟激流喷嘴水源。但水质必须满足除灰系统用水的要求。

沉灰（渣）池应设有抓取机械和排水设施。排水设施过去多使用卧式或立式排污泵。当排水含悬浮杂质较多时，对排水泵的磨损严重，并易堵塞底阀造成泵起动困难，故规定宜采用杂质泵。目前石家庄水泵厂生产的液下泵能较好地解决上述缺陷。据调查，较多发电厂已采用。排水泵应设置2台，其中1台备用。

7.2.6 据调查，采用灰渣混除系统的多数发电厂敷设了2条或2条以上的压力灰渣（浆）管，其中1条为备用管。有的灰渣（浆）管由于结垢，必须定期清理，每次需要15~30d或更长时间。有的灰渣（浆）管不结垢，但灰管底部磨损严重，需定期翻转一定角度，以延长使用寿命，故应敷设1条备用管。

灰渣分除系统，在满足灰渣输送的条件下，可设1条公共备用管。其条件主要是，灰场与渣场在同一方向，且排灰渣设备的扬程和灰渣管内灰渣水混合物的流速都能满足要求。不分别设置备用管，可以节约钢材和投资。

7.2.7 灰渣管一般采用钢管，对于磨损严重的可内衬铸石、橡胶。不少发电厂已采用，效果较好。

据调查，苏州某热电厂除灰采用高位真空沉灰池，回水重复使用，灰浆管原采用100mm厚的无缝钢管，仅1～2个月就需更换一次，一年耗钢材10t左右。究其原因，灰水呈酸性，pH值为4～5所致。该厂从1990年3月起改用聚氯乙烯管内涂环氧树脂，直到1991年3月调查时尚未换过。该厂并在除尘器附近建了碱池，引苏州印染厂的碱水，与灰水中和以减轻酸性腐蚀。苏州某化工厂自备发电厂原设计灰渣水回收循环使用，投入运行后发现沉渣池排水呈碱性（pH＝10.5～11），而沉灰池排水呈酸性（pH＝4.7），回水管的铸铁阀门与焊接钢管只能使用25d左右。该厂也准备采用塑料复合管。故对于酸碱性灰水、腐蚀严重的灰渣管，可试用塑料复合管。但在采用塑料复合管时，应注意其承压能力，并应特别重视其施工质量。

鉴于目前国内采用衬胶管、塑料复合管作灰渣管处于试验摸索阶段，积累的经验不多，故条文中未予列入。

7.3 气 力 除 灰 系 统

7.3.1 正压气力输送系统，发送器宜采用仓泵。

为保证输送空气的流量和压力，系统需设专用的空气压缩机，并根据实际运行经验，规定了压缩空气机的备用台数。

在潮湿地区，空气中含水分较多，易影响灰的输送，故需加强气水分离的措施。

灰管当量长度超过300m时，宜按变径配管设计，其目的是控制前段灰管流速不低于临界流速，防止灰在管中沉积堵管；后段灰管防止流速过高，阻力增大，影响灰管的正常安全运行。根据运行经验，灰管当量长度可达1000m左右。

7.3.2 每套负压气力除灰系统需设置专用的抽真空设备。为了在抽真空设备检修期间仍能保证负压气力除灰系统正常运行，应设置备用的抽真空设备，一般在1～2台同时运行时，应设1台备用。

7.3.3 空气斜槽，宜设专用输送气源，以保持送风的连续和稳定。若利用锅炉送风作气源时，则应考虑停炉时应有其他气源，以把灰斗或斜槽内的积灰全部除净。

斜槽坡度原用6%，运行证实，灰流动不良，加大到8%～10%后，则较顺畅，故规定坡度应大于8%。槽内灰层厚度也有要求，太薄则透气层上灰的

分布不匀，有厚有薄，甚至有的地方无灰，故透气也不均匀，影响灰的流动，一般灰层厚度50～100mm较好。

防潮，一般可采用热风输送，温度约120℃左右。

7.3.4 灰库的有效总容积取决于灰库的性质和转运方式。其总容积应能满足系统在各种运行工况下的最大贮灰量。对中转灰库作为缓冲容积，一般可取8～10h的系统最大灰量。如果灰库的容积选择过大，不但增加灰库本身的造价，同时还会造成灰库内有部分灰长期处于停滞状态，降低灰库的利用率，也会引起灰的结块现象。

对用车辆外运的贮运灰库，其容积可按贮存24～48h系统最大排灰量考虑。当有特殊需要时，也可适当增大容积。

7.3.5 据调查，灰库库底加设热风汽化装置，可防止起拱，有利于干灰的流动。为此明确规定，灰库要装设专用的汽化风机，并需考虑1台备用。

7.3.6 随着综合利用细灰的途径增加，外运细灰的方式要求也随之增多。当装运干灰时，应有防止干灰飞扬的装车（船）设施，以免污染环境和危害运行人员的健康。当调湿灰外运时，应设干灰加水搅拌调湿装置，使灰含水率控制在15%～30%。据经验介绍，这样加湿后的干灰，既不飞扬，也不会成团或板结。

气力除灰的排气，应符合有关排放标准。因此为保护环境，对气力输送设施的各个排气点，应增设除尘净化装置。

7.4 机械除灰渣系统

7.4.1 据调查，目前多数发电厂链条炉的排渣方式，一般是马丁除渣机或圆盘除渣机，配备人工手推车运至锅炉房外集中。华东地区的发电厂，多数由燃料供应公司下属的废品回收公司处理，从不为灰渣没有场地堆放感到为难。

明确规定其他运渣设施（带式输送机、刮板机等）可不设备用，但需有人工手推翻斗车、旁路管等应急措施。

7.4.2 螺旋输送机和刮板机都是简单、经济、适用的输灰设备，过去有些厂使用不好，主要是选型和系统设计不尽合理。总结起来，要注意以下问题：

（1）螺旋输送机和刮板机内灰的移动速度要比较慢，宜小于0.08m/s；

（2）螺旋输送机中的灰位，要保持在中间悬吊轴承以下，并选用密封轴承装置的结构；

（3）前后设备的出力，要和螺旋输送机和刮板机的出力相匹配，以保证顺利运输；

（4）机壳宜连接到负压系统，例如除尘器入口烟道，以保持飞灰不会外逸；

（5）排灰集中用的螺旋输送机、刮板机不设备用，但其驱动装置应有备件存仓库作备用。

7.4.3 当灰渣采用机械方式集中与输送时，其出力能满足在运行周期内输送的灰渣量。当采用船舶外运时，应考虑船舶的停运时间；若采用汽车外运，所选汽车载重量应与厂内外的道路、桥梁的通过能力相适应。并且每班汽车作业时间，应考虑工作时间利用系数，一班制可按 0.8～0.88，两班制可按 0.75～0.8。车辆的备用系数一般按 30%～40% 的备用量选取。

7.4.4 采用胶带输送机运送灰渣，是一个简便易行的运输方式。为了避免烧坏胶带和污染环境，规定渣应冷却、脱水，一般捞渣机都可满足此要求；细灰则要经加水搅拌和调湿后再送上胶带。输送胶带宜选用难燃型。

7.5 控制及检修设施

7.5.1 由于《小火规》适用机组范围的扩大，除灰系统的控制方式也有了新的要求。本条指出，系统的控制水平，对分散的设备，宜采用就地控制方式。为了改善劳动条件、提高劳动生产率，达到安全运行的目的，在设备集中的地方，应设置值班控制室，实现设备远方操作与联锁。

7.5.2 除灰渣设备集中布置处，如灰渣（浆）泵房、空压机房等，检修时，需要解体的组件或调换的部件较重，为便利检修、改善劳动条件、提高检修质量，规定在除灰渣设备集中布置处，应设置检修场地及起吊设施和检修工具、备品备件的存放场所。

8 汽轮机设备及系统

8.1 汽轮机设备

8.1.1 我国幅员辽阔，沿海和内地经济发展不平衡，有些地区仍存在着中、小规模的电力系统。增大机组容量和发电厂的规模是提高发电厂经济效益的主要措施之一，但对中、小规模的电力系统，其最大机组容量的选定又受到电网容量的限制。因此，凝汽式发电厂的机组容量，应根据当地电力系统规划容量、电力负荷增长的需要和电网结构等因素综合考虑，并尽可能选择较高参数和较大容量的机组以提高经济效益。

根据国家能源政策，大电网覆盖面以内的地区，一般不宜再建凝汽式小型发电厂。为了节约能源和煤炭资源，国家将建设煤耗低的大容量机组代替煤耗高的小容量机组。国家政策规定，只允许在煤炭资源丰富而交通不便的边远地区或无电地区，以及小水电供电地区考虑枯水期补充电力的需要，在有煤炭来源条件时，可建设适当规模容量的小型凝汽式发电厂，以保证工农业生产用电的需要。

对于边远地区或海岛上的孤立凝汽式发电厂，考虑到发电设备需要定期检修，或机组发生故障时，还

应满足用户用电量在允许调节范围内，因此发电厂装机容量中必须设有一定的备用容量，当停用一台机组时，其余机组应能满足基本电力负荷的需要。

在确定供热式机组容量和热电厂规模时，必须实事求是，坚持科学决策。有些地方上报热负荷宁大勿小，而将五年甚至十年规划的热负荷作为目前确定机组容量和热电厂规模的依据，盲目上大机组、大热电厂，而热网建设又往往不同步，结果因实际热负荷较小，机组无法经济运行，生产亏损严重。

据调研资料表明：电力部 1965 年对 1956～1960 年投产的 15 个供热式发电厂的调查统计，各厂热负荷的增长速度一般较慢，到 1963 年，最大热负荷仅占总供汽能力的 50.6%，最低的厂仅占该厂供汽能力的 24.2%。又据 1972～1973 年对 20 个供热式发电厂所作的调查，有些热电厂的热负荷仍未达到设计值，如东北地区某供热式发电厂的最大热负荷，仅占该厂实际供热能力的 84% 左右。西南地区某供热式发电厂的最大热负荷，也仅占该厂供热能力的 69%。热负荷低于设计值的原因，主要是由于热用户与热电厂的建设不够协调，设计经验不足，工业布局变化等原因，造成热用户用热量未达到设计值。

本次修订调查中了解到，东北电网的内蒙某热电厂，扩建 2 台 12MW 背压式汽轮机、3 台 130t/h 锅炉，运行以来只能维持一机一炉向市企业供热。设计热负荷冬季为 202t/h，夏季为 138t/h。实际运行冬季最大只有 130t/h，5 月份以后就下降到 40t/h 以下，背压式汽轮机的发电出力严重受到热负荷的限制，估算热、电生产仅能达到设计出力的 25%。

成都某热电厂设计工业用汽热负荷 108t/h，供造纸厂和纸浆厂。安装两台 6MW 高压背压机组、两台 75t/h 液态排渣旋风炉，供汽参数 0.9MPa、264℃。实际热负荷最高为 57.5 t/h，夜间为 35t/h，只有一台锅炉和一台背压式汽轮机运行。旋风炉在负荷低于 75% 时，因炉温低不能流渣，为了维持锅炉正常运行，背压式汽轮机长时间对空排气，人为加大热负荷。热电厂经济性很差，1988 年亏损 120 万元，1989 年亏损 170 万元，1990 年随着热负荷的增加亏损开始减少，但热负荷的增长速度较慢。

在热负荷可靠落实的前提下，选用容量较大、参数较高的机组，尽量少选容量较小、参数较低的小机组，这样有利于节约能源、提高热电厂的经济效益。同时减少了发电厂的装机台数，方便了维护管理，从而减少了发电厂的运行和检修费用。

8.1.2 以实际热负荷量来确定供热式汽轮机的容量和热电厂的规模。根据热负荷的变化特性来选择供热式机组的型式。

常年热负荷比较稳定的，可选用背压式汽轮机或抽汽背压式汽轮机；热负荷波动幅度较大的可选用抽凝式汽轮机。

背压式汽轮机排汽给热用户供热，没有冷源损失，发电煤耗很低，无疑是最节能的。但背压式汽轮机的运行受到热负荷的制约，在热负荷较低时，设备利用率低，发电量也较少，当热负荷低于调压器正常调整范围时，致使调压器不能正常工作，进而导致机组不能稳定运行。抽凝式汽轮机虽然抽汽量能适应变化的热负荷，热负荷较低时可以多发电，设备的利用率较高，但抽凝式机组的发电煤耗较高，抽凝式汽轮机作纯凝式运行时比同容量的凝汽式机组的煤耗还高。究竟选择什么机型，或者选用哪几种机型进行搭配，本条文规定应在调查核实热负荷的基础上，根据确定的设计热负荷曲线特性，经多方案的技术经济比较，推荐出最佳机型配置方案。

供热式机组选型恰当、搭配合理，可使热电厂设备利用率最高、机组年利用小时数最高，机组经常在较高负荷下运行，因而使热电厂的供电煤耗最低，热效率最高，经济效益最好。

关于机组年利用小时数，分为最大热负荷利用小时数 H_1 和发电设备利用小时数 H_2。若供热式机组以供最大设计热负荷的运行方式来完成全年热负荷的累计总量，所需的小时数称为最大热负荷利用小时数 H_1，即：

$$H_1 = \frac{全年热负荷累计总量}{最大设计热负荷} \quad (h) \quad (8 \cdot 1)$$

为衡量发电设备的利用程度，将热电厂的年发电量与各台发电机额定容量之和的比值称为发电设备年利用小时数 H_2，即：

$$H_2 = \frac{热电厂年发电量}{各台发电机组额定容量之和} \quad (h) \quad (8 \cdot 2)$$

在国家标准《热电并供系统技术条件》中规定："建设城市采暖热电厂，其供热时间应不少于 4 个月或最大热负荷利用小时数不低于 2000h"。"工业锅炉裕压发电，企业热负荷应较稳定，年运行时间在 4000h 以上"。这是从利用小时数方面来约束机组的选型和规定实行热电联产的基本条件之一。

全厂各类机组的综合年供电标准煤耗，应低于所在电力系统同期新建主力凝汽式机组的年供电标准煤耗。这是从节能的方面来约束机组选型的。目前我国电网以 200MW 和 300MW 机组作为主力发电机组，根据我国当前设备制造、运行水平，对大电网内的主力机组要求供电标准煤耗控制值分别为：200MW 凝汽式机组 394g/kW·h；300MW 凝汽式机组 360g/kW·h。调查了解，一些热负荷比较落实，机组容量和选型比较恰当，运行管理比较好的热电厂，其运行综合标准煤耗是可以达到或低于上述大机组控制值这个要求的。苏州某热电厂背压式机组的供电标准煤耗为 227g/kW·h，抽凝式机组为 649g/kW·h，全厂综合供电标准煤耗为 358g/kW·h。杭州某热电厂的综合供电标准煤耗为 351g/kW·h。

8.1.3 本条文阐明供热式机组如何根据热负荷的特性进行具体选型和搭配。

（1）选用背压式机组，特别强调必须具有常年持续稳定的热负荷。例如，一些化工企业，一年四季不分冬夏、不分昼夜，除按计划停产检修外，连续生产用汽热负荷非常稳定，这样的企业自备热电厂，非常适合选用背压式机组或抽汽背压式机组来承担全年中的基本热负荷。

背压式机组满负荷运行时，有很高的经济性。但低负荷时，效率降低很多。因此应让背压式汽轮机带足全年中的基本热负荷，这样节能效果显著。通常背压式汽轮机的最小热负荷，不得低于调压器正常工作允许的最小出力，为额定出力的 40% 左右。

（2）区域性热电厂各热用户或企业自备热电厂各车间的用汽量和用汽时间不均衡，在全年的热负荷仅有一部分是常年稳定的热负荷，另一部分是随季节和昼夜而波动的热负荷。在机组选型时，必须实事求是，有多少是常年稳定的基本热负荷，就选用多大容量的背压式汽轮机或抽汽背压式汽轮机，另设置抽凝式机组承担变化波动的热负荷。浙江某热电厂原来设计为 2 台背压式 3MW 机组，根据进一步核实的热负荷修改了设计，改为 1 台 6MW 抽凝式机组和 1 台 3MW 背压式机组联合供热。

前苏联《火力发电厂设计规范》（BHTII）（以下简称"苏联火规"）提出在背压式机组与抽凝式机组联合供热的热电厂系统中，"应考虑能减少抽凝式机组的抽汽量，以实现让背压式机组常年带最大负荷的可能性"。其目的在于充分发挥背压式机组在满负荷运行时最大的节能效果。

本条文提出了"区域性的热电厂的第一台机组，不宜设置背压式汽轮机"。这一点在我国是有经验教训的。热网建设牵涉到城市规划和各行各业，虽然强调与热电厂同时设计、同时施工、同时投产，但往往因经费不足等原因而滞后较长时间建设，热负荷稳定一般需要 1~2 年，甚至 2~3 年时间。在这种情况下，第一台机组选用了背压式汽轮机，常常因热负荷不足，而不能正常投运，不得不改为先安装抽凝式机组，后安装背压式机组。陕西某热电厂和浙江某热电厂都是在热电厂动工后将第一台机组修改为抽凝式机组的。所以，在区域性热电厂供热范围内，没有企业自备工业锅炉房，或集中供热锅炉房及相当数量的稳定的热负荷时，区域性的热电厂的第一台机组，不宜设置背压式汽轮机。

（3）对昼夜热负荷变化较大的热电厂，宜选用抽凝式机组来适应变化的热负荷。对近期热负荷总量较小且无明显持续稳定的热负荷，而远期热负荷较大的热电厂，也可考虑先装抽凝式机组，待热负荷发展后，根据热负荷的性质和增长情况，再确定第二台机组的机型。

在吸取不按热负荷的大小和特性一律全部选用背式机组的教训之后，如果从一个极端走向另一个极端，认为抽凝式机组可以灵活地调节热负荷，为解决当地用电紧张而将抽凝式机组的容量任意扩大，或以建热电厂为名行抽凝式机组纯凝汽发电之实，这些做法都是违反"以热定电"的原则、违反国家能源政策的。前苏联火规中提出"带有生产抽汽的汽轮机应按一年当中能长期使用这些抽汽进行选择"。这就说明，抽凝式汽轮机主要是为供应生产抽汽而不是为发电而选择的。

此外，在发展城市集中供热时，应优先考虑改造和扩建现有老电厂，将城市内的中、低压凝汽式机组逐步改造为供热式机组。这样做投资少、见效快，对推动热化事业有现实意义。

将 25MW 及以下的老凝汽式机组，在采暖季节降低真空运行，把凝汽器作为热网回水加热器，用循环水采暖，目前在东北一些城市和县镇已采用，并已取得成功的经验。这种供热方法节能效果显著，如不拆除末级叶片，改造工作较简单，但应对末级叶片强度进行核算，同时应进行低真空试验。

新建低真空供热的凝汽式机组，应取得汽轮机厂的同意。在非采暖期则应恢复正常发电。

凝汽式汽轮机低真空运行时，排汽压力一般保持在 0.04MPa（绝对压力）左右，凝汽器出口的循环水出水温度在 70℃ 左右，最高不超过 75℃。如果在严寒地区经技术经济比较需进一步提高水温时，在凝汽器出口热电厂端可增设尖峰加热器，或在热负荷中心用户端增设尖峰加热器（当用户端有蒸汽热网时或保留有集中供热锅炉房时）。

为解决城市集中供热的另一个办法是在凝汽式机组调节级后的汽缸上打孔抽汽供热。

我国已有不少老电厂采用凝汽机组打孔抽汽供热，它在技术上是可行的，节能效果也是明显的，但发电出力一般要降低 30% 左右。采用汽轮机低真空供热和打孔抽汽供热，一般仅限于老厂改造，故该部分内容未列入条文，而在条文说明中加以叙述。

8.1.4 本条文阐述供热式机组热化系数的确定原则。

调查表明，我国已建的热电厂普遍热化系数偏高，热电厂热能力利用率偏低，造成投资增加和能源损失。理论和实践都证明，合理选取热化系数，是用较少的投资取得较高的经济效益的有效措施。

热化系数 α 是指电厂汽轮机抽汽或排汽额定对外供热量与区域最大热负荷之比，即：

$$\alpha = \frac{汽轮机抽汽或背压排汽的额定对外供热量}{区域最大热负荷}$$

$$(8 \cdot 3)$$

式中分子"额定对外供热量"，是指热电厂汽轮机的额定抽汽或额定排汽扣除了自用汽之后的对外供热量，不包括锅炉直接经减温减压器对外的供热负荷。

热化系数越大，机组的供热量就大，需要的供热式机组的容量就大，投资就高；在外部年持续热负荷不变的条件下，供热式机组的满负荷率低，机组的年利用小时数就低。因此热化系数应该小于1。

有些已建的热电厂，根据区域最大热负荷考虑汽机的供热量，以此选择供热式机组的容量，其热化系数为1甚至大于1，这样就造成了设备容量和投资数额的增加及浪费。

为了使热电联产系统的经济性达到最佳状态，应该正确选择供热式汽轮机的型式、容量，并建设一定容量的尖峰锅炉实行联合供热。热化系数，就是标志热电联产系统经济性是否达到最佳状态的一个重要指标。在工程中具体取多少，必须因地制宜，论证确定。

影响热化系数的主要因素，有热负荷的种类、大小、特性和增长速度；地区气象特征；供热式机组的型式、容量、热电厂的扩建周期和综合造价；尖峰锅炉房的容量和综合造价；热网的参数、型式、规模和综合造价；热电厂的燃料和补水条件及费用；地区的煤价、热价、电价和热电厂在电网中的地位等。这些因素都是随时间和地点而变化的，同时也在一定程度上受到国家能源政策和经济政策的约束。因此合理选取热化系数是一个政策性强、涉及面广、较复杂的系统优化组合问题。

热化系数取值过小，满足了热电厂本身的经济效益，则可能使热电厂机组容量小、扩建周期短而新建尖峰锅炉房多；热化系数取值过大，则设备投资和热电厂的运行经济效益受热负荷的增长速度的严重制约。关于热电联产工程热化系数最优值的计算，我国已开展许多课题研究。例如东北电力学院对"三北"地区 20 个主要城市的大中型采暖热电厂的热化系数的最优值，进行了计算机优化计算，热化系数最优值的变化范围为 0.51～0.83，其中东北地区为 0.64～0.83，华北地区为 0.51～0.75，西北地区为 0.52～0.80。

本条文所推荐的热化系数，采用了国家标准《热电并供系统技术条件》的规定。

8.1.5 本条文阐述了满足尖峰热负荷供热的几种选择方式。

由于热化系数小于1，供热式机组的额定供热量小于区域最大热负荷，就会出现供热式机组满足不了的尖峰热负荷的情况。

对尖峰热负荷，首先应加强用热调度，使各热用户尽量避开用热高峰，调整热负荷的峰谷值。有些地方实行峰谷不同的热价是调整峰谷差距的一个好办法。对无法避开的尖峰热负荷，可有两种解决方案：一是利用锅炉的裕量或备用容量的方案，由新蒸汽经减温减压器向热网补供汽。二是考虑供热式机组与兴建尖峰锅炉房协调供热，或选热用户中容量较大、使用时间较短、热效率较高的燃煤锅炉，作为热电厂的尖峰锅炉或备用炉的补充供热方案。采用哪种方案，应通过技术经济比较确定。

与建设热电厂相比，集中供热的区域热水锅炉房造价较低，建设周期较短，供热范围大小灵活，分期规划建设容易，可考虑与城市小区建设相配套，因地制宜地发展一些不同规模的区域热水锅炉房，就近实现集中供热。待热电厂和热网建成时，再与热网串联。对热电厂送出的热网水进行中间再加热，成为热电厂的尖峰锅炉房。

前苏联是世界上发展集中供热规模最大的国家，莫斯科是世界上实行城市集中供热历史较长和规模最大的城市。据北京城市规划管理局市政处1981年赴苏联考察的资料介绍，1978年莫斯科的集中供热率已达90％以上，全市有14个热电厂的78台供热机组和建于热电厂内的71台尖峰热水锅炉联网供热。热负荷中工业用汽仅占10％，90％为民用热负荷。民用热负荷中采暖占57％，通风空调占20％，生活热水占18％。为了发挥热电厂的最大经济效益，14个热电厂的供热机组的热化系数仅为0.524。除了热电厂外，全市还有联网供热的20个区域锅炉房和24个小区锅炉房，占全市供热能力20％，在夏季停运。

前西德集中供热，实行由背压式机组担负基本热负荷，由区域锅炉房承担尖峰热负荷，使热电厂的热化系数处于最佳值，既避免了装机容量过大，又保证了热电厂的经济运行。

从上述资料看，国外也并非靠热电厂承担全部热负荷。为了合理选取热电厂的热化系数，使热电厂获得最好的经济效益，以最少的建设投资来满足城市热网供热的需要，采用有计划地配套兴建尖峰热水锅炉房或区域锅炉房的措施是必要的，也是可行的。

至于保留热用户中容量较大、使用时间较短、热效率较高、管理较好的锅炉，作为热电厂的尖峰锅炉或备用炉，是节省投资的一个好办法。关键是要解决好管理体制。热用户中保留的锅炉设备，平时处于备用状态，需交付维护保养费用。通过城市供热调度机构，调度热电厂与尖峰锅炉房或备用锅炉房进行协调供热。

8.2　主蒸汽及供热蒸汽系统

8.2.1　主蒸汽管道设计应符合安全、灵活、可靠的要求。在机组发生事故需切换管路时，对供热和发电的影响应降低到最低限度。

切换母管制的特点，为每台锅炉与其对应的汽轮机用两只串联的切换阀门组成一个单元，在两只串联的切换阀门之间再通过第三只切换阀门与母管相连。锅炉产生的蒸汽，既可以直接供应相对应的汽轮机，也可以通过切换母管向其他汽轮机供汽，即汽轮机既可以从相对应的锅炉受汽，也可以切换从母管受汽。

由于热电厂对外承担着供热和供电的双重任务，并以供热为主，其中一类热负荷是必须保证的。主蒸汽系统采用切换母管制，可以增加机组运行调度的灵活性和可靠性。并便于减温减压装置的一次汽源从主蒸汽母管上接引。

对于小容量的凝汽式发电厂，多数安装于中、小容量的电力系统中，也应有较高的调度灵活性和供电安全可靠性，因此也宜采用切换母管制。这比原规范规定的"单母管制系统"提高了标准。

在切换母管制中，为了便于母管检修或电厂扩建，需要时，母管可以用阀门分段。母管管径一般按能通过一台最大容量的锅炉的蒸发量来确定。正常运行时切换母管应为热备用，并设置经常疏水点。

8.2.2　热电厂汽机房A列固定端处或室外单独小间内，一般设有供热集汽联筒（有称分汽缸）的管线走廊。

对外供汽管用几根管道供汽，可有各种不同的设置方案。它对蒸汽供热系统的投资、运行和维护管理费用有很大的影响。

当热用户所需供汽参数相差较大，经技术经济比较，用较高参数的蒸汽输送到低参数用户处再减温减压不合理时，可采用双管制或多管制系统。季节性负荷较大（占总用汽量的1/2以上），在低负荷时蒸汽的温降较大时，经技术经济比较也可采用双管或多管制系统。将常年用汽、季节性用汽分管输送，可提高生产供汽的可靠性，便于管理和调节，也减少了非季节性用汽期间的管道散热损失。

对特别重要的热用户，以往工程常设双管输送，近年从国内城市蒸汽热力网多年的运行经验看，因管道发生故障而停止供热的几率比热源设备和用户设备发生故障的几率要小得多。从国外引进的装置看，供热管道也不设备用。故本条文提出"可设双管输送"，而不强调一定要用双管输送。有条件时，可由两个热源供热或者自备热源。

当热用户分期建设时，热网随热负荷的发展，可采用双管或多管，这样可避免初期单管采用较大管径带来管网初期投资增加和管网热损失的增大。

8.3　给水系统及给水泵

8.3.1　为了提高系统运行的灵活、可靠性，给水系统与主蒸汽系统一样，应采用母管制系统。

给水泵吸水侧的低压给水母管管径的选择，当采用分段母管时，其管径比给水箱出水管径大1～2级，与原规范相同。至于给水箱之间是否设置水平衡管，应视具体情况而定。一般机组台数不多，几台给水箱之间距离不远时，可用低压给水母管兼作水平衡管。当机组台数较多、多台给水箱之间距离较远、低压给水母管难以平衡各给水箱的水位时，应单独设置水平衡管。

原规范规定给水泵出口压力母管，宜采用分段母管制系统，已不适用于本规范的使用范围，这次修订分别给水泵出力与锅炉容量匹配或不匹配区别对待。

当给水泵出力与锅炉容量不匹配时，所有给水泵产生的高压给水先送往给水泵出口压力母管集中后，再由该母管送往各机组的高压加热器。为提高系统的可靠性，用闸阀将母管分为两个或以上的区段。正常运行时，分段阀门开启；发生事故或分段检修时，将分段阀门关闭，其他母段及设备仍能继续运行。

当给水泵出力与锅炉容量相匹配时，给水泵与高压加热器之间的压力给水管的连接，宜采用切换母管制系统，该系统灵活可靠。

为了防止给水泵在启动和低负荷时产生汽化，在给水泵出口处应设置给水再循环管和再循环母管，把给水送回给水箱。

备用给水泵位于低压给水母管和压力分段母管的两个分段阀门之间，便于分段阀门任何一侧的给水泵停运检修时，备用泵接替其工作。

对凝汽式发电厂，一机配一炉，高加的加热能力总是与锅炉的容量相匹配的。高加后的锅炉给水热母管，宜采用切换母管制系统，系统灵活可靠。

对供热式发电厂，机炉容量不一定相匹配。例如一台供热式汽轮机的额定进汽量比同容量的凝汽式汽轮机的额定进汽量大，需要同容量凝汽式机组所配的1.5台或2台锅炉供汽量，全厂需设置3台或4台炉配2台供热机组。按汽机热平衡图选择的高压加热器，可加热1.5台或2台锅炉的给水量，这时高加的加热能力与锅炉的容量不匹配，高加出水先送往锅炉给水热母管集中后，再由该母管分配送往各台锅炉。因此，宜采用分段单母管制系统。

8.3.2 关于给水泵的备用台数，仍与原规范相同，即应设置1台备用给水泵。

据调查，装设机组台数较多的发电厂反映，对母管制给水系统，当给水泵台数较多时，除应有运行备用泵外，还要求设置检修备用泵。关于检修备用泵，调查表明：

(1) 给水泵台数较多时，检修较为频繁，往往不能与主机检修同时进行，有时甚至需要同时检修2台泵。

(2) 在调查的42个采用母管制给水系统的发电厂中，设计时即考虑装设检修备用泵的厂不多，而实际已有检修备用泵的厂较多，约占69%（装设台数均在3台及以上）。没有检修备用泵的13个厂的装设台数均为2台。这种情况的出现，是由于给水泵的容量和扬程均有一定的裕度，当按铭牌数据选用，且装设的台数较多时，一般可多余2台泵的出力，实际上解决了检修备用泵的问题。所以，随着机组台数增多，给水泵检修备用裕量也增大，此时如仍按铭牌选用，备用泵就太多了，显然不合理。

(3) 为了避免产生上述不合理现象，可考虑按水泵特性曲线结合管道的阻力特性进行选择。

原规范未规定锅炉额定蒸发量时所需的给水量为多少，本次修订根据已建发电厂的运行经验，规定为锅炉额定蒸发量的110%。这是因为给水泵出口流量，除应满足锅炉额定蒸发量时的主蒸汽流量外，还应考虑给水泵的老化、汽包炉水位调节的需要，锅炉连续排污量、锅炉本体吹灰及汽水损失量、备用给水泵暖泵流量等因素。

原规范未规定单台给水泵的容量。对小型发电厂，一般每台炉配置一台100%容量的给水泵，即按锅炉额定蒸发量的110%选配。

8.3.3 不与电网连接或电网供电不可靠的发电厂，为了保证锅炉的安全及满足自起动的要求，宜设置一台汽动给水泵。

据调查，位于边远地区的某国防工厂自备热电厂，5台锅炉配有5台电动给水泵和1台汽动给水泵。汽动给水泵的驱动功率300kW，进汽为锅炉新蒸汽，参数为3.43MPa（绝对压力）、435℃。汽动给水泵的排汽压力为0.12MPa（绝对压力），用于除氧器加热后进入低压回热系统。

汽动给水泵的型式除了小型背压式汽轮机带动给水泵外，在早期设计的小型发电厂中也广泛采用过蒸汽往复泵。

对冬、夏或周期性的热负荷峰谷差较大的热电厂，经过供热量平衡和技术经济比较，可利用汽动给水泵增加低谷时的热负荷，一方面起了热负荷的调峰填谷作用，一方面降低了厂用电率。

背压式机组的背压有0.294、0.392、0.49、0.588、0.686、0.985、0.981、1.27MPa（绝对压力）等多种。除氧器通常为大气式除氧器，加热蒸汽常年需要从背压机组排汽经减温减压器或减压阀供给。利用这些较高品位的蒸汽驱动给水泵作功后再供给除氧器，将是一项非常有益的节能措施。

江苏某热电厂，一期工程装有2台B3-49/8型的次高压3MW背压式机组，二期装有2台6MW抽凝式机组。一期除氧器的加热蒸汽就是靠汽动给水泵的排汽（0.118MPa绝对压力）作为汽源的，取得了较好的经济效益。该厂计划在今后有条件时再增设1台汽动给水泵，帮助背压式机组提高在低谷时的热负荷，更有效地利用能量。

用背压式汽轮机的排汽经汽动给水泵作功后供低压回热用汽，尚存在以下缺点：

(1) 在运行方式上，汽动泵进汽量按锅炉给水进行调节，而回热用汽量随补给水量、水温等变化，两者不可能完全同步，仍需以减压阀供汽来调节。热力系统较复杂，操作控制较繁琐。

(2) 汽动泵投资比电动泵大，小汽轮机的运行、维护和检修的工作量也比较大。

所以当采用汽动给水泵时，应经过技术经济比较后确定。

8.3.4 原规范缺少对给水泵扬程计算的条文规定，本次修订予以增补。

计算从除氧器给水箱出口至省煤器进口的给水流动总阻力时，取用的流量为锅炉额定蒸发量时的给水流量，采用母管制给水系统包括母管的阻力，按此计算不加流量裕量。而由此计算出的给水流动总阻力，另加20％的裕量。这是与本规范第8.3.2条相对应的，即给水泵容量的裕量为10％，相当于本条文中给水流动阻力增加20％。

8.4 除氧器及给水箱

8.4.1 热网补给水，应为除过氧的软化水。当热力系统补水为软化水时，可利用热力系统的大气式除氧器，作为热网的补水和定压设备。因此本次修订除氧器的总出力，增加了"当利用除氧器作热网补水定压设备时，应加热网补水量"。

对凝汽式发电厂，一般是一机配一炉，每台机组按照锅炉额定蒸发量的给水量配置一台除氧器。对供热式发电厂不一定是一机配一炉。汽轮机厂进行热平衡计算，按汽轮机额定工况计算了用于除氧器加热的抽汽量，但其抽汽量有富裕。目前国产除氧器的容量一般与锅炉容量相匹配，按锅炉额定蒸发量每台锅炉选择一台除氧器。因此，本条文规定"每台机组宜设置一台除氧器"。

8.4.2 原规范适用于35t/h及以下的锅炉，规定"给水箱的总容量，宜按满足全部锅炉额定蒸发量20～30min的给水量确定"。这次修订对于35t/h及以下的锅炉，给水箱容量不变。将原来"给水箱的总有效容积"改为"给水箱的总容量"。

对于65t/h及以上的锅炉，本次修订为10～15min。

给水箱是凝结水泵、化学补给水泵与给水泵之间的缓冲容器，在锅炉爆管、机组启动、负荷大幅度变化以及凝结水系统或化学补给水系统故障造成除氧器进水中断时，可保证在一定时间内不间断地满足锅炉给水的需要。

考虑到小型发电厂的热控水平及操作水平、热电厂的负荷变化较大等因素，对35t/h及以下的锅炉的给水箱容量，仍规定与原规范相同。随机组容量的增大，热控水平有所提高，适当减小给水箱容量，对设备布置和节约投资均有利，故对65t/h及以上的锅炉规定给水箱的总容量为10～15min全部锅炉额定蒸发量时的给水消耗量。

给水箱的总容量是指给水箱正常水位至出水管顶部水位之间的贮水量。

8.4.3 补水进入凝汽器，进行初级真空除氧，并与凝结水一道接受各低品位抽汽的回热加热，一方面可

提高热力系统的热效率，另一方面经过初级除氧和升温后的补水，有利于在除氧器中进一步除氧。因此本次修订，提出了凝汽式发电厂及补水量少的供热式发电厂，补水宜进入凝汽器进行初级真空除氧的规定。

8.4.4 供工业用汽的热电厂，一般凝结水量回收较少，补给水量较大。目前国产机组中只有高压50MW抽凝式机组凝汽器带鼓泡式除氧装置，允许补水进入凝汽器进行初级除氧。本规范适用范围为25MW及以下的抽凝式机组，所配凝汽器无鼓泡除氧装置，补水只能补入除氧器。另外，背压式机组无凝汽器，补水也只能补入除氧器。

目前，中小型热电厂采用的大气式除氧器，允许全部补入40℃的补给水，或者允许补入少量的常温（20℃）补水。

如果抽凝式机组的常温补水占70％～80％，或者背压式机组需补入100％的常温补给水，为了达到理想的除氧效果，在有合适的热源可利用时，应在补水进入除氧器之前预热到70～80℃。

据调查，较多的发电厂利用锅炉排污水加热器、轴封加热器、蒸汽抽气器加热器、补给水加热器，将补给水预热到70～80℃，一方面提高了热效率，另一方面又保证了除氧效果。

当无合适的热源可利用时，应采用允许大量补给常温20℃水的除氧器。目前无锡县电站锅炉辅机厂、无锡市电站锅炉辅机厂、无锡锅炉厂等厂家已生产全补常温水的除氧器。东北电网技改局设计的膜式除氧器，对负荷和进水温度适应性很大，运行稳定，除氧效果优于一般的除氧器，已在东北地区的发电厂技术改造中采用，收到满意的效果。

8.4.5 在以供采暖为主的热电厂中，当热网加热器的大量高温疏水和高压加热器的疏水进入大气式除氧器时，其扩容汽化的蒸汽量超过除氧器的用汽需要，使进入除氧器的给水不需要回热抽汽加热就自生沸腾，产生这种自生沸腾的不良后果是：

（1）除氧器内压力升高，对空排汽量加大，汽水损失增加；

（2）破坏除氧器内的汽水逆向流动，除氧效果恶化；

（3）影响给水泵的安全运行。

在设计除氧器热力系统作热平衡计算时，应保证除氧器不发生自生沸腾。为此必须使回热抽汽量有一定的正值，必要时还要对除氧器进行低负荷热平衡校核计算。如果计算的结果是回热抽汽量为较小的正值，甚至负值时，就必须把大量的热网高温疏水通过疏水冷却器降温后再进入除氧器。疏水冷却器可以用来预热热网水、生水或化学补给水。解决除氧器自生沸腾的另一方法是提高除氧器的工作压力，采用绝对压力为0.25～0.412MPa，饱和温度为120～145℃的中压除氧器。

8.4.6 在中小型发电厂中，相同参数的除氧器一般都并列运行。为了使运行工况一致，除氧器给水箱的汽空间和水空间分别设有汽、水平衡管相连。连续排污扩容器分离出来的蒸汽，一般送入汽平衡管。水平衡管可以用给水泵入口的低压给水母管来代替，也可以单独设置。为了适应各种运行工况，多台机组的加热蒸汽、化学补给水、主凝结水、高加疏水、给水再循环管、疏水箱来水管等都设有母管相连。

8.4.7 除氧器的布置高度主要考虑除氧器在加热蒸汽中断，除氧器内压力降低时，给水泵进口不发生汽化，因此除氧器给水箱最低水位面到给水泵中心线间水柱所产生的水柱静压力，除了克服流阻引起的压力损失，并满足给水泵汽蚀余量的要求外，尚应有安全富裕量。根据计算和实际运行经验，大气式除氧器的布置高度不低于 6～7m，中压除氧器的高度不低于 11～13m。

8.4.8 本条文提出除氧器和给水箱，应有防止过压爆炸的措施，在其超压时，以保护设备和人身的安全。

8.5 凝结水系统及凝结水泵

8.5.2 原规范规定，凝汽式机组每台凝结水泵的容量应为汽轮机额定功率时凝结水量的 120%。本次修订，机组容量是以锅炉额定蒸发量和汽机最大进汽工况为基准的，因此，凝结水泵的容量，相应改为按"最大凝结水量"为基准。

关于裕量的百分数，本次修订取汽机最大进汽工况下最大凝结水量的 110%，相当于原规范取汽机额定功率下凝结水量的 120%。

裕量 10%，主要考虑除氧器水位调节需要、凝结水泵老化和其他未估计到的因素。

8.5.3 说明如下：

（1）目前国产的 25MW 及以下的工业抽汽式机组和工业、采暖双抽汽式机组，因凝汽器中尚无鼓泡除氧装置，机组在抽汽工况运行时，一般补给水不补入凝汽器。所以机组在纯凝汽工况时凝结水量应为最大。

在既装有抽汽式机组又装有背压式机组的热电厂中，为充分发挥背压式机组的经济效益，在设计热负荷分配时，让背压式机组首先带足热负荷，而让抽汽式机组带调节热负荷。所以抽汽式机组的设计热负荷抽汽量可能为机组的额定抽汽量，也可能为机组的部分抽汽量。

根据武汉汽轮电机厂和南京汽轮电机厂生产的 18 台抽汽式机组（3～25MW）的热平衡计算结果统计，有 5 台机组（占总数的 27.8%）在额定抽汽工况下的凝结水量相当于纯凝汽工况下的凝结水量（即最大凝结水量）的 41.3%～49.7%，有 6 台机组（占总数的 33.3%）相当于 55%～60%，有 4 台机组（占

总数的 22.2%）相当于 61%～67.8%，有 3 台机组（占总数的 16.7%）相当于 76%～78.5%，因此难以给凝结水泵的容量规定一个具体的数据。

又根据武汉汽轮电机厂 6 台抽汽式机组 75%、50%、25% 三种抽汽工况的热平衡计算结果统计，部分抽汽工况下的凝结水量相当于最大凝结水量的 63%～88.6%，也难以给凝结水泵的容量规定一个具体的数据。

因此本条文规定，机组投产后无论是以汽轮机的额定抽汽量还是以汽轮机的部分抽汽量对外供热，均按设计热负荷工况下的凝结水量考虑，另加 10% 的余量。

考虑到有些机组在额定抽汽工况下的凝结水量，仅占纯凝汽工况下的凝结水量的 41.3%～49.7%，机组若需短时间纯凝汽运行，按额定抽汽工况下的凝结水量选择的 2 台凝结水泵全部投入运行，还达不到纯凝汽工况下的凝结水量（即最大凝结水量），所以本条文规定，抽汽工况下的凝结水量不足最大凝结水量 50% 的，按最大凝结水量的 50% 考虑。

这样，当机组对外供热时，只开一台凝结水泵，另一台作备用。若机组在短期内作纯凝汽运行，则开两台泵，无备用泵。这对长期供热运行的机组是有利的。

对容量较大的供热式机组，由于热网建设速度慢或用户生产用汽不协调等多种原因，在机组投产初期，热负荷一下子上不来，机组不得不在近期作纯凝汽工况或低热负荷工况运行。这种情况是不正常的，据调查各地时有发生。因为城市集中供热，特别是采暖热网，牵涉到各行各业、千家万户，是一个复杂的系统工程。热网投资除地方政府投资一部分外，各用户尚需集资分摊，常会遇到资金不足的困难。例如以供城市采暖为主的新建兰州某热电厂，设计热负荷为 1254×10^6 kJ/h（300×10^6 kcal/h），2 台打孔抽汽机组已于 1989 年和 1990 年先后投产。因热网建设跟不上，到 1991 年底预计仅可给 20×10^4 m² 的建筑物采暖，热负荷仅为 50.2×10^6 kJ/h（12×10^6 kcal/h）。

机组投产后需作较长时间纯凝汽或低热负荷工况运行时，凝结水泵宜装设 3 台。

考虑到随着城市热网建设，热负荷逐步跟上来的实际情况，抽汽式机组将从纯凝汽工况或少量抽汽工况运行逐步过渡到设计热负荷的抽汽工况运行。因此本条文规定，每台凝结水泵的容量按设计热负荷抽汽工况下的凝结水量确定，另加 10% 的裕量。在过渡时期机组作纯凝汽工况或少量抽汽工况运行，因凝结水量较大，需开 2 台泵，第三台泵作备用。最终机组达到设计热负荷的抽汽工况运行后，只需开 1 台泵，另 2 台泵均为备用泵。

（2）对采暖抽汽式机组的凝结水泵，考虑到机组运行方式随季节变化，在采暖初期和末期，气温相对

较高，采暖抽汽量较小，因而凝结水量较大。在采暖中期，气温较低，采暖抽汽量较大，因而凝结水量较小。在非采暖季节，机组纯凝汽运行，此时凝结水量最大。

为了便于运行调度和提高运行的经济性，规定每台采暖抽汽式机组，宜装设3台凝结水泵。

根据武汉汽轮电机厂采暖抽汽机组 C12—4.9/0.294 的热平衡图，纯凝汽工况时的凝结水量为18t/h，最大采暖抽汽工况时的凝结水量为16.28t/h，两者分别为最大凝结水量的36.4%和32.9%，均不足最大凝结水量的50%。故条文规定，考虑泵老化等因素影响，每台凝结水泵的容量为最大凝结水量的55%。这样在采暖期，抽汽工况运行1台泵，在非采暖期，纯凝汽工况运行2台泵。设3台凝结水泵，其中1台为备用泵。

(3) 供热式机组在设计热负荷工况下的凝结水量由下列几项组成：

1) 若机组投产后即以设计热负荷抽汽量供热，则第一项应为机组在设计热负荷抽汽工况下的凝汽量。若机组投产初期因热网建设或热用户用热迟后原因，需作一段时期纯凝汽工况或少量抽汽工况运行，但最终将达到设计热负荷的抽汽工况运行，所以第一项亦应考虑机组在设计热负荷抽汽工况下的凝汽量。

2) 25MW 及以下的工业抽汽机组和工业、采暖双抽汽式机组，凝汽器中未设置鼓泡除氧装置。在大多数热电厂中，工业抽汽的凝结水回收率相当低，有回水，往往水质不合格，因而按回水为零即100%补水量设计。机组在抽汽工况运行时，大量补给水正常补入除氧器而不补入凝汽器。对采暖抽汽式机组，用于采暖的抽汽在热网加热器中产生大量的凝结水，补入除氧器而不补入凝汽器。因此计算抽汽工况下的凝结水量无此项内容。

3) 与凝汽式机组相同，应计入各级低压回热系统回流入凝汽器的经常疏水量。

4) 12MW 及以下的供热式机组一般不设低压加热器疏水泵。因此，当机组设有低加疏水泵而无备用时，应计入可能进入凝汽器的事故疏水量。

(4) 供热式机组的最大凝结水量，系指机组按纯凝汽运行，在最大进汽工况下的凝结水量。它由下列几项组成：

1) 机组按纯凝汽运行时，在最大进汽工况下的凝汽量。

2) 供热式机组（包括工业抽汽式，工业、采暖双抽汽式和采暖抽汽式三种机组）在纯凝汽工况下，与凝汽式机组相同，补水量也比较小，可正常补入凝汽器，通过喷雾进行初级真空除氧。因此，在计算最大凝结水量时，应考虑在纯凝汽工况下正常进入凝汽器的经常补水量。

3) 此外，也应考虑纯凝汽工况下各级低压回热

系统回流入凝汽器的经常疏水量，和设有低加疏水泵而无备用时可能进入凝汽器的事故疏水量。

8.5.4 原规范缺少对凝结水泵扬程计算的条文，本次修订予以增补。

与8.3.4给水泵扬程要求相似，计算凝结水流动阻力时，流量取最大凝结水量，不加裕量，但对凝结水流动阻力，另加20%裕量。这是与第8.5.2条和第8.5.3条凝结水泵容量裕量为10%相对应的，相当于凝结水流动阻力增加20%。

计算从凝汽器热井到除氧器凝结水入口（包括喷雾头）的凝结水流动阻力，采用的凝结水量，分两段计算，即在装有低加疏水泵时，在低加疏水并入主凝结水管道并入点之前的，按最大凝结水量计算；在并入点之后的，应加上低加疏水量。这样更符合实际。

8.6 低压加热器疏水泵

8.6.1 原规范没有低加疏水泵选择的条文。考虑到25MW 凝汽式机组一般设有低加疏水泵，而 12MW 及以下的机组一般不设低加疏水泵，故本次修订作了相应规定。

8.6.2、8.6.3 低加疏水泵的容量与扬程裕量，与凝结水泵一致，取汽机最大进汽工况时的疏水量为基准，容量加 10%裕量，扬程加 20%裕量。

在小型发电厂中，低加疏水泵宜设 1台，不设备用。泵故障时低加疏水回流到凝汽器，由凝结水泵一并打出。

在计算低加疏水泵扬程时，将低压加热器到除氧器凝结水入口的管道分为两段，分别采用不同的流量计算。低加疏水泵至主凝结水管道并入点一段，采用对应汽轮机最大进汽量工况时的低加疏水量计算；从并入点到除氧器凝结水入口段，按上述水量与最大凝结水量之和计算。

实际上低加疏水泵与凝结水泵是并列运行的泵，虽然低加疏水量远小于凝结水量，但两泵在汇合点上的压力应是相等的。

两种泵的扬程计算中，均包括了从汇合点到除氧器凝结水入口这一管段中，低加疏水与凝结水合并后总流量的流动阻力，也包括了两种泵输送介质的终端（除氧器）的工作压力，因而保证了两种泵在介质汇合点上的压力相等。

按计算出的容量和扬程选用凝结水泵和低加疏水泵（并列运行的泵，应尽量采用具有稳定特性曲线的泵）后，应按两种泵各自的特性曲线绘制并列运行特性曲线，并找出与管道阻力曲线相交的运行工作点，使两种泵都工作在各自特性曲线的稳定区段上。

8.7 疏水扩容器、疏水箱、疏水泵与低位水箱、低位水泵

8.7.1 原规范未规定疏水扩容器的容量和数量，本

次修订予以增补。

小型发电厂的主蒸汽、供热蒸汽和厂用低压蒸汽等均采用母管制系统。其他各类母管也较多，起动和经常疏放水也较多，为回收工质和热量，宜设疏水扩容器、疏水箱和疏水泵。

经调查，多数发电厂设疏水箱和疏水泵。运行中锅炉停炉及水压试验后的放水，常因水质差，回收一部分或不回收。除氧器给水箱的放水，多数发电厂均采用先放至疏水箱，再用疏水泵打至其他除氧器给水箱后，再放去部分水质差的剩水。实际放入疏水箱的主要是各母管的经常疏水，故本次修订维持原规范对装设 20t/h 和 35t/h 锅炉的发电厂的疏水箱和疏水泵的容量和台数不变。对装设 65t/h 及以上锅炉的发电厂，根据发电厂的使用情况作了相应的规定。

第二组疏水系统的设置，可根据机组台数、主厂房长度等因素综合考虑决定。一般机组超过 4 台时，根据需要可设置第二组疏水设施。

8.7.2 据调查，在 13 个发电厂中有 5 个厂设有 1 台 5m³ 容积的低位水箱，这 5 个厂中有老厂也有新厂。一般发电厂放入低位水箱的低位疏放水量较少，且水质较差。故规定当低位疏放水量较大、水质好、有回收价值时，可考虑装设低位水箱和低位水泵。当疏水箱低位布置，可接纳低位设备和管道的疏放水时，可不设低位水箱。

8.8 工 业 水 系 统

8.8.1 本条文明确了发电厂应设工业水系统及其供水范围、供水方式。

采用循环水作工业水水源的工业水系统，凡循环水水压能达到的各用水点，如汽机房底层、锅炉房底层和邻近区域锅炉房外侧尾部等需工业水的设备，均应采用循环水直接供水，以减少厂用电。

循环水水压无法到达的供水点，应设升压泵供水。

8.8.2 据调查，有些发电厂把工业水、冲灰水、消防水和生活水等系统连在一起，系统紊乱，互相影响。为避免出现各种用水相混的情况发生和保证工业用水的可靠性，要求工业水具有独立的供、排水系统。供水系统不应与厂内消防水、冲灰用水、生活水等系统合并，排水系统也不应与厂内生活污水系统合并。

对工业水水质的要求，本次修订作了规定。

8.8.3 工业水系统一般可分为开式、闭式或开式与闭式相结合的系统。开式系统较为常见，这种系统简单，如淡水水源充足，循环水作工业水且无需处理、不回收时，宜采用开式系统。如淡水水源不足或水质较差需要进行澄清、过滤或化学处理时，可选用闭式系统，回收重复利用。

在开式系统中是否设置工业水箱？据调查，绝大多数发电厂都设有工业水箱，作为事故备用。不少发电厂提出应解决好工业水箱的水位控制，在事故情况下，有关阀门应能实现远方操作，以及水箱的定期排污清洗问题，否则因控制不好或水箱淤塞而造成水箱停运。因此在开式工业水系统中，应根据工业水箱的作用和实际使用情况，考虑是否设工业水箱。

8.8.4 工业水供水采用母管制系统，以供 2～3 台机组为宜，机组过多，管道末端水压过低、水量不足，将出现缺水现象。

8.8.5 本条提出工业水泵的容量裕度为 10%，是考虑到工业用水点多而杂，设备所需的冷却水量制造厂一般提供不准；在操作上，每台设备的冷却水阀门开度很少根据设备出水温度进行调节（出水管均未装测温计）。常常是阀门全开，一些备用设备的冷却水入口阀门，即使在设备停运期间，也往往是常开的。因此工业水泵的容量，应考虑有一定的裕量，按运行经验取用 10%。

8.8.6 采用母管制的工业水系统，以供应 2～3 台机组为宜。工业水泵一般采用 2 台，其中 1 台备用。当机组台数为 4 台及以上，供水管道较长，需设环形管网时，宜选用 3 台工业水泵，两运一备。为使配水均匀合理和便于分段检修，集中布置的工业水泵的出水压力水管，宜从环网两端接入，以均衡管网两侧的供水量。但供水管径的选择应按一端最大供水量考虑。

8.8.7 确定工业水泵的扬程，按第 8.8.7.1 款和第 8.8.7.3 款两项可以较准确地进行计算。第 8.8.7.2 款工业水流动阻力计算，因运行中泵老化、管道和阀门结垢、腐蚀等因素的影响，阻力发生变化，故工业水泵的扬程应有一定的裕量，按计算阻力另加 20% 的裕量。

8.8.8 近年来，国家加强了对水资源利用的管理，不少地方发电厂从江河湖泊中取水需付水资源费，向取水源排水，即使符合排放标准也要付过水费。因此，应提倡节约用水，循环使用，一水多用。工业水排水，可回收作为其他对水质要求不高的用户的水源，例如作冲灰水、除尘水等，也可以经过冷却后再作工业水循环使用。

8.8.9 本条文提出了对工业水排水系统的有关要求。

对自流排水引入无压排水母管点的压力，要注意均衡。高位点工业排水，需要时，应设上下各一只排水漏斗，以消除静水柱高度产生的水柱压力，使下部漏斗处排水压力与低位排水压力相同，以免漏斗处外溢和排水不畅。

对背压式供热机组的汽轮机冷油器和发电机空气冷却器的开式系统压力排水，因无凝汽器循环冷却水，应将其排入工业冷却水压力排水系统。

8.9 热网加热器及其系统

8.9.1 本条文阐明热水网采用闭式双管制或多管制

的技术条件。

（1）闭式双管制系统，只供应热用户所需的热量，热水作为供热介质在闭式双管系统内循环。因此热水网补水量很小，可减少水处理设备的投资和运行费用。同时水质容易保证，供热管网系统严密性好，也便于检测。如果用户还有生活热水负荷，则在其引入口需要设置生活热水加热设备，以形成发电厂供热的二环热水网闭式系统和热用户处用热水的开式系统。

（2）需要高位能供热介质供给生产工艺热负荷的系统中，如果采用同一根管道供采暖通风、空调等热负荷，这样势必提高了后者热负荷的供热参数。这对热电联产的经济性不利，同时在非采暖期管网热损失也加大。采用分管供热的多管制系统，可根据不同负荷的需要，采用不同的供热介质参数和输送管道根数，以提高热电厂和热网的经济性。

8.9.2 根据采暖通风和生活热负荷的大小，以及选定的热网供、回水温度，确定向热用户提供的热水流量，再根据汽轮机采暖抽汽压力、温度、流量和疏水温度，通过传热计算，确定热网加热器的换热面积，以此来选择合适的热网加热器。其承压能力应能适应热网系统的工作压力。

调查表明，据各供热式发电厂反映，热网加热器可安排在非采暖期进行检修，采暖期内故障一般不多，即使发生热网加热器铜管泄漏，一般 8～24h 就可检修完毕。本条文规定，任何一台热网加热器停运检修时，其余设备应能满足 60%～75%（严寒地区取上限）热负荷的需要，这意味着在采暖区，不论北方，一般均可使室温维持在 13℃ 左右，故规定热网加热器不设备用。

城市热网建设一般是分期进行的，采暖面积也是逐步扩大的，根据汽轮机采暖抽（排）汽的供热能力，可通过增装基本热网加热器来增加供水量，或增装尖峰热网加热器，提高供水温度来扩大供热规模。因此，在设计时，应根据热负荷增长的情况和汽轮机采暖抽（排）汽的供汽能力，确定是否预留加装热网加热器（基本或尖峰）的位置。

采用 0.118～0.245MPa 汽轮机抽（排）汽的基本热网加热器，一般可将热网水加热到 95～110℃。根据当地严寒季节时间长短、热负荷大小、输送距离、热网规模、与热用户的连接方式和管网的敷设方式，以及保温材料的选用等因素，经技术经济比较，需要采用 110～150℃ 高温热水时（参见第 2.1.10 条供热介质参数的确定），可考虑装设尖峰热网加热器。

据调查，我国东北、华北和西北地区的热电厂的尖峰加热器投运很少，即使投运，供热期内出现最大热负荷的天数不多，大部分时间均处于备用状态。热网实际供水温度较低（一般为 90～100℃），供回水温差较小（回水温度一般为 60～70℃）。即使在我国

较寒冷的东北地区，冬季最冷月份的供水温度也只达到 110℃ 左右。普遍反映造成这种情况的原因主要是：设计时选用的热指标偏高，计算出的耗热量偏大，热网运行管理不善，系统水平失调等。随着城市热网设计、管理水平的提高，供水温度和供、回水温差将有所提高。

近年来随着城市集中供热事业的发展和供热规模的扩大，许多热网采用向用户间接供热的方式，设有中间热力交换站，要求热电厂供给高温热水。即使在我国中部采暖区黄河沿岸城市，为适应城市供热规模的扩大的需要，设计中将供水温度提高到 130℃，这样，在热电厂中就需要安装尖峰加热器。

8.9.3 当热网系统采用中央质调节时，即采用不改变供水量而改变供水温度来调节热负荷时，热网循环水泵的总容量应按管网向用户提供热水负荷的总流量另加 10% 的裕量来选择。当热网加热器（或尖峰热水锅炉）出口至热网循环水泵的吸入口装有旁通管时，尚应计入流经旁通管的流量。

热网循环水泵不应少于 2 台，其中有 1 台备用。据调查，在采暖期间，热网循环水泵需要调换盘根，轴承也易损坏，为保证供热连续可靠，热网循环水泵应设备用。

并列运行的热网循环水泵，应具有工作点附近平缓的流量—扬程特性曲线，型号宜相同。

热网循环水泵的承压、耐温能力，应与热水网的供回水压力和温度相适应。

热网循环水泵的扬程根据阻力计算，另增加 20% 的裕量。

8.9.4 热水热力网要求有较高水平的调节系统。据调查，近年来新建的城市热水网有不少采用微机控制的调速水泵或大、小泵组。调速水泵适用于采用中央质—量调节的热水网，用以连续改变流量的质调节；而流量和扬程不等的泵组则适用于分阶段改变流量的质调节方式。分阶段改变流量，即根据采暖期气候条件将采暖期内的热水循环流量分成若干阶梯，以此来配置循环水泵。在大型热水网中可以采用三个流量阶梯，其循环水量分别为计算流量的 60%、80% 及 100%，循环水泵的扬程将分别为 36%、64% 和 100%，据此选用的循环水泵的功率相应为 22%、51% 和 100%。在中小型热水网中，一般可选用两种不同规格的循环水泵，一台流量按 75%、扬程按 56%、功率按 42% 选择，用于采暖初期和末期；另一台流量、扬程和功率均按计算值的 100% 选择，用于采暖中期。

在采用分阶段改变流量的质调节热水网中，可以不设备用循环水泵。

8.9.5 本条文对热网凝结水泵容量、台数和扬程的选取与确定作了原则性的规定。

热网凝结水泵的容量，按包括尖峰加热器投用时

逐级回流到基本加热器内共需送出的最大凝结水量计算。而尖峰加热器的整个采暖期内投用的时间较短，在采暖期的其他时间内，热网凝结水泵则有较大的富裕量，故规定热网凝结水泵的容量不再增加裕量。

为保证热网正常运行，在热网凝结水泵故障时，不致影响采暖热用户正常的生产和生活，故规定热网凝结水泵不应少于2台，其中1台备用。

热网凝结水泵将包括尖峰加热器投用时逐级回流到基本加热器内的总凝结水量送往除氧器加以回收利用，水泵扬程规定中第（2）、（3）、（4）、（5）项可以较准确地计算出来，第（1）项阻力计算往往有一定的出入，故应有一定的裕量。因采暖期内仅有较短时间投用尖峰加热器，大部分时间热网凝结水泵的水量有富裕，因而水压也有富裕，故规定计算阻力时另加10%～20%的裕量，而不是如其他泵那样加20%的裕量。

热网凝结水泵应采用热水水泵，而普通清水泵最高耐温为80℃，故对泵的选型提出了要求。

8.9.6 闭式热水网在正常运行时泄漏损失一部分水量，在起动或事故时还会增加额外的水量损失。对损失的水量应及时进行补充。

从目前热电厂的运行情况看，热网管理得比较好的，补水率可以控制在1%～2%。据调查，齐齐哈尔市富拉尔基某热电厂，80年代供热总采暖面积达170×10⁴m²，总热网供水量4900t/h，热网补水率小于2%，且补水为除过氧的化学软化水和锅炉排污水。20多年来，为了保证热网水水质，延长热网设备、管道使用寿命，保证良好的热交换，减少热网的检修维护工作量，从未向热网内补过工业水。老用户在检修管道时，内壁光滑无垢、无腐蚀，很受用户欢迎。鸡西某发电厂和热力公司，到1994年6月供热面积可达180×10⁴m²，热网管线长约160km，供热方式为中央质调节直供到用户散热器，热网失水率为1.93%，是继沈阳市、吉林市之后成为供热企业中第三家国家二级企业（建设部规定达到国家二级企业的若干指标中热网失水率应控制在2.3%以下）。近年来新建的城市热水网，随着规模的扩大和供水温度的提高（大于、等于130℃），热水网与热用户之间往往通过热力站进行间接连接。热用户采暖系统的水量损失由热力站补充，而不需要由热电厂补充。对这样的热水网，正常补水量可控制在1%及以下。

据调查，有一些热电厂和热网（采用热网与热用户直接连接的方式）管理不善，用户从热网中取水作生活用水，热网水损失过多，补水率达6%～8%。因补水设备容量所限，大量补江水（生水）。这样不仅补水硬度大，而且还常常带入泥沙和水草，造成热网加热器与采暖设备的结垢、腐蚀和阻塞，增加了检修维护工作量，缩短了管网的使用寿命。此外，传热差，浪费热能。

因此本条文规定对闭式热网，正常补水量为热网循环水量的1%～2%，与用户间接连接的可取1%及以下。因考虑到起动和事故时需大量补水，故规定补水设备的容量按循环水量的4%考虑。

8.9.7 本条文叙述了热水网的不同补水方式，以及确定补给水泵的容量和台数的原则。

锅炉汽包压力一般均比热网回水压力高出很多，锅炉连续排污水经扩容后可以直接补入热网，这样一方面利用了排污水的水量，一方面又利用了排污水的热量。

热网规模较小，且热力系统的补水为软化水时，可利用热力系统的除氧器水箱兼作热网的补水设备。当热网规模较大，所需补水较多或热力系统除氧器的补水为除盐水时，热网需设置专用的软化水补水除氧器及水箱。除氧器水箱一般为高位布置，加上除氧器的压力，可以直接补入热网。

按第8.9.6条规定，上述两项直接补水量的容量应能满足热网循环水量的2%，对闭式热水网来说，2%的补水量能够满足热网正常补水量。因此只设1台热网补给水泵用于除氧器补水系统故障时紧急补入工业水或生活水；或者在管网因事故大量失水时，靠除氧器补水不能维持管网压力，还需开启补给水泵补入工业水或生活水进行管网定压。

当除氧器水箱的补水虽能直接补入热网，但在热网循环水泵停用时，不能维持热网所需的静压，热网系统的高温水将在系统的最高点产生汽化，这时需要热网补给水泵帮助定压，因此可设1台热网补给水泵，其容量按热网循环水量的2%选取。在热网循环水泵正常运行时，除氧器水箱补水能直接补入，无需补给水泵定压，此时不需要开启补给水泵。故本条文规定只设1台补给水泵，不考虑这台补给水泵与热网循环水泵同时故障停泵的情况。

当热网回水压力较高、除氧器水箱的补水不能压入热网时，按热网循环水量的2%的正常补水量选择2台热网补给水泵，实行一运一备。当管网发生事故需要大量补水时，短时间内可以两泵同时开启，分别补入除过氧的软化水和工业水或生活水。

8.9.8 为了防止高温热网水汽化，必须对热网水系统定压。定压的方式与热水网的供水温度、热网规模大小、地形高差和与用户的连接方式有关，应经技术经济比较后确定。热电厂中因供电可靠，最简便而常用的是采用水泵定压，也就是把补给水泵兼作定压水泵。因在热网中循环水泵入口处压力最低，故将定压点选在循环水泵入口处。

8.9.9 兼作定压用的热网补给水泵，应保证当热网循环水泵停止运行时，热网系统中的高温水在热网系统的最高点不产生汽化。扬程中除第8.9.9.4和8.9.9.5款的阻力计算有一定出入需加20%的裕量外，其余各项均能准确计算。第8.9.9.6款中的补给水箱压力，对通大气的开式补给水箱，压力为0；对除氧器水箱，压力等于除氧器工作压力。

根据上述各项确定的热网补给水泵的扬程，还要用热水网水力工况计算后的定压点的回水压力来校验。

8.9.10 为了保证热网运行的安全可靠，本条文提出热网循环水泵和补给水泵均应由彼此独立的双电源供电。

8.9.11 在热网回水总管上一般应装设除污器，以拦阻网路中的杂质。在除污器顶部装有放气管，底部装有排污管。

在热网循环水泵事故停泵时，由于热网回水突然受阻，流体的动能转变为压力能，使水泵吸水管路中水压急剧升高，产生了水击现象。为防止水击采取的措施，可在循环水泵后的压力水管和吸水管路之间装设带有逆止阀的旁通管作为泄压管，管径一般与回水总管相同，逆止阀宜选用旋启式，阻力较小。当热网循环水泵正常运行时，压力管路中的压力大于吸水管路中的压力，逆止阀关闭，循环水泵的出水不能在旁通管中通过。突然停泵时，吸水管路中水压突然升高，而压力管路中水压降低，吸水管路中的水压大于压力管路中的水压，逆止阀开启，吸水管中的循环水从旁通管中通过，从而减轻水击现象。

据调查，也有热电厂通过回水管上的放气管来减少水击力的。如呼和浩特某发电厂采用循环水低真空供热的机组，在回水管上竖有一根 $\phi400$、高度为20多米（根据管网定压压力确定水柱的高度）的放气管，以保护汽轮机凝汽器铜管不受水冲击力的作用而被损坏。当产生水击时，回水总管上的水压通过放气管泄压，此时有少量的回水冲击放气管。

8.10 减温减压装置

8.10.1 在所调查的13个热电厂中，设计都按原规范执行装有供生产抽（排）汽的备用减温减压装置，以保证可靠地供给热用户生产用汽。

减温减压装置在正常情况下，作为汽轮机事故时的备用供热装置。在尖峰热负荷时，热化供热不能完全满足蒸汽热力网的需要，其不足部分直接从锅炉新汽（供热式发电厂的机炉容量不一定完全匹配，此时可利用全厂锅炉富裕量）经减温减压后补充供热。因此，热电厂设置的备用减温减压装置可补偿汽轮机热化供热的不足，满足尖峰热负荷的需要。

8.10.2 在所调查的13个热电厂中，仅有1个热电厂因属地处边远地区国防单位的孤立自备热电厂，装置有供采暖通风和生活用热的备用减温减压装置，兼作大气式除氧器的备用汽源。据其他兼供采暖用热的热电厂反映，当一台供热机组检修时，可适当调整其他供热机组生产和采暖抽（排）汽量，必要时，可开启生产抽汽的备用减温减压装置，以减少双抽汽机组或

抽背机组的生产抽汽量而加大采暖抽（排）汽量。因此，可不装设采暖抽（排）汽的备用减温减压装置。

条文中"其余汽轮机如能供给采暖、通风和生活用热的 $60\%\sim75\%$（严寒地区取上限）"时，此用热量保证值的含义，与本规范第8.9.2条相同。

8.10.3 某些供热机组无适合于发电厂厂用汽的抽汽或排汽参数时，可采用减温减压装置或减压阀，将较高参数的抽汽或排汽降至所需要的参数作为厂用汽源，如供给除氧器加热、燃油加热、厂内采暖等。此类减温减压装置或减压阀，在热电厂厂用汽系统中使用十分普遍。

8.10.4 据调查，少数热用户所需的蒸汽参数与绝大多数热用户的参数相差较大，汽轮机的正常抽（排）汽的参数无法满足，而这些少数热用户的用汽量又不大，只能从锅炉新汽经减温减压装置供给。为保证供汽的可靠，这些常年使用的减温减压装置应设备用。

8.11 蒸汽热力网的凝结水回收设备

8.11.1 据以往对东北、华北、西北、华东、中南、西南地区 16 个供热式发电厂的调查，没有生产回水的有 7 个厂，有少量生产回水的有 8 个厂，只有 1 个厂的生产回水比较正常。而且回水水质一般均难保证。如东北地区某厂由于生产回水水质不能保证，污染严重，必须进行化学处理才能利用，而处理费用比补给水成本还高，故未予回收，以致回水设备长期不用，造成浪费。目前这种情况比较普遍。

本次修订所调查的 19 个供生产用汽的热电厂中，大多数回水率较低，甚至回收率为零。其中只有 2 个厂回收较好，一个是兰州某热电站回水率达 50%，另一个是大同某热电厂回水率达 60%。

凝结水回收率低的原因很多，其中有些热用户就地将凝结水利用了，而大多数是凝结水水质污染严重，回收后水处理代价太大，不合算。例如 50 年代建设的兰州某热电厂，主要向炼油厂和化工厂供热，设计回水率为 25%，实际不到 $5\%\sim6\%$，炼油厂的凝结水含油多，就地排放了。化工厂距离较远的分厂将凝结水作为优质热水利用了，或作为采暖热网的补水。凝结水回收还存在管理上的一些问题。为提高回水率，促进回水的利用，如大同某热电厂对不回水的热用户加收水资源费及水处理费。

因此本条文规定回水收集设备的装设，应经技术经济比较确定。对回水水质的要求，参见本规范第10.5.4条的条文说明。

为了监视回水水质，回水收集系统，宜在回水总管上设置水质监督仪表，根据水质情况自动或人工将回水分别送入：

（1）回水不需要处理即可送回热力系统的回水箱；

（2）回水需要处理的回水箱；

（3）回水无处理价值的回水箱。

因此，发电厂的回收水箱，宜设置 3 个。其中一个为合格的回水用的；一个为有回收价值需处理用的；另一个为经监测回水无处理价值用的，符合排放标准的，直接排放，不符合排放标准的，经处理后再排放。若在用户处已将不合格的回水排放，不进入回水收集系统，发电厂可设 2 个回收水箱。

回水箱的容量，应根据回水量的多少而定。

8.11.2 本条文增加了回水泵扬程的要求。对不需要处理的回水，用回水泵送往除氧器；对需要处理的回水，则送往化学水处理车间处理后送回热力系统。按送往除氧器选择扬程的回水泵，也可将回水送往化学水处理车间。

8.12 凝汽器及其辅助设施

8.12.1 冷却水水质是选择凝汽器管材的重要依据。

根据《火力发电厂凝汽器管选材导则》，目前供凝汽器选用的国产管材，主要有含砷的普通黄铜管、锡黄铜管、白铜管、钛管等，各种管材的适用范围如表 8.1 所示。

表 8.1 凝汽器管材选用表

管材	牌号	冷 却 水 质			其 它 条 件
		溶解固形物 (mg/l)	[Cl⁻] (mg/l)	悬浮物和含砂量 (mg/l)	
普通黄铜	H68A	<300 短期 <500	<50 短期 <100	<100	采用硫酸亚铁处理时，悬浮物允许含量可达 500～1000mg/l
锡黄铜	HSn70-1A	<1000 短期 <2500	<150 短期 <400	<300	采用硫酸亚铁处理时，允许溶解固形物 <1500mg/l，[Cl⁻] <200mg/l，悬浮物的允许含量可达 500～1000mg/l
铝黄铜	HAl77-2A	1500、海水		<50	
白铜	B30	海水		500～1000 短期 >1000	

目前国产凝汽器管材，一般只适用于下述清洁程度的水中：

$[S^{2-}]<0.02m/l$

$[NH_3]<1mg/l$

$[O_2]>4mg/l$

$COD<4mg/l$

当水质污染程度超过此限时，应根据实际情况采用加氯处理、海绵球清洗、硫酸亚铁处理等措施，以减少其影响。

此外白铜 B10 管在清洁的海水中也较耐蚀，但缺乏耐冲击腐蚀的使用经验，选用时应通过专门的试验确定。

钛管对氯化物、硫化物和氨具有较好的耐蚀性，耐冲击腐蚀的性能也较强，可在受污染的海水、悬浮物含量高的水中及较高流速下使用，但价格较高。选用时应作技术经济比较。

凝汽器管板根据不同水质可选用下列材质：

对溶解固形物 <2000mg/l 的冷却水，可选用碳钢板，但应有防腐涂层。

对海水，可选用 HSn62-1 板或采用和凝汽器管材材质相同的管板。

对咸水，根据条件可选用上述任一种材质的管板。

8.12.2 凝汽器胶球清洗装置，能在运行中对凝汽器铜管内壁进行自动清洗，是提高凝汽器真空、延长铜管使用寿命、减少人工清洗、检修工作量、提高机组运行经济性、节能降低煤耗的有效措施。对水质条件差、受季节性变化影响大的开式循环水供水系统的机组尤为必要。据调查，不仅大容量机组一般均装设凝汽器胶球清洗装置，而且 6～25MW 机组，在生产改进中或发电厂设计时，也装有凝汽器胶球清洗装置。因此除了采用开式循环水系统水质好、水中悬浮物较少、并证明凝汽器铜管不结垢的除外，一般应装设胶球清洗装置。

9 水工系统及设施

9.1 供 水 系 统

9.1.1 随着国民经济的发展和人民生活水平的提高，工农业生产和人民生活用水需求量日益增多，但我国不少地区水资源紧缺，难于满足不断增长的用水需求，即使在一些水资源较为丰富的地区，城市缺水问题也很突出，已经成为影响经济发展和人民生活的一个重要因素。因此，充分、合理、有效地利用水资源，节约用水，是国家当前的一项重要的产业政策。在我国不少地区已相继开始征收水资源费，以促进水资源的合理利用和节约用水。发电厂靠近城镇或工业区，用水量较大，节约用水不容忽视，因此，新增本条文作出原则要求，以引起各方面的重视。在发电厂设计中，应对水资源合理利用作全面规划，做好水量的综合平衡，积极地采用节水新技术、新设备，采取各种合理、有效的回收措施，搞好水资源的综合利用和重复使用。

9.1.2 因供热式机组型式多样，这次修订增加了供水系统选择时应考虑的要求。从调查情况看，大多数发电厂供水系统的选择是合理的，但有些热电厂在二期扩建时，往往改变了原一期工程所作的规划，如机组容量增大、背压式机组改抽汽式机组，甚至出现凝汽式机组，致使按原规划容量和机组型式设计的供水系统，不能满足续建机组用水的需要。因此出现了多种供水方式并存，造成运行管理复杂。在选择供水系统时，必须考虑地区水资源利用规划，处理好发电厂近期与长远、本厂与农业及其他工业企业用水量的平衡、合理分配的关系；对水源条件、规划容量和机组型式可能出现的变化给予充分的注意。根据当前各地相继征收水资源费的情况，部分地区即使水源条件允许，而经济比较上不明显地占优势，亦可不采用直流供水系统。对企业自备发电厂，供水系统的选择，应由企业根据供水水源条件统筹规划确定。

9.1.3 据调查，采用地表水源的发电厂，没有发现因枯水流量设计频率不当而影响发电厂满发的。已建的 1.5～25MW 中压机组的发电厂，原分别按《小型火力发电厂设计规范》GBJ 49—83 和《火力发电厂设计技术规程》SDJ 1—79 设计的，枯水流量设计频率依次为 95%、97%。这次修订中，枯水流量设计频率按机组容量档次分为两个或是取为一个，是本条文修订的重点。随着我国电力工业的发展，主力机组容量不断加大，12MW 和 25MW 机组在电网中的地位逐渐下降，主要为工矿企业生产供热和城镇采暖供热服务。枯水流量设计频率，宜与城市和工矿企业供水标准一致。至于建设在煤炭资源丰富而交通不便的缺电或无电地区，以及以小水电为主的地区的小型发电厂，其建设标准亦应与这些地区相适应。综上分析，将枯水流量设计频率定为 95%。

由于不同等级的水库，设计标准有高低之分，设计最小放流量频率也不相同。在这次修订中，补充了水库最小放流量频率按 95% 考虑的规定。但水库设计文件中的最小放流量的数据，不能简单地套用，应核实其参加频率分析的枯水流量的资料，是否符合《电力工程水文技术规定》的有关规定，以保证发电厂的供水的可靠性。

不少地区的发电厂，采用地下水作为补充水源，所以，在本条文中增加了取用地下水时，不应超过枯水年或连续枯水年允许开采量的规定。

9.1.4 原规范仅适用于直流供水系统，这次修订中增加了循环供水系统或混合供水系统的规定。

各种供水系统确定冷却水量时，应综合考虑水工构筑物和设备的合理选型。小型机组，难以要求制造厂对汽轮机冷端作较大的改变，而且供热机组冷端工况变化复杂，所以不宜强调进行优化设计，仅要求进行方案比较。

选定的冷却水量，在最高计算水温条件下，应保证汽轮机满负荷安全运行。为满足这一要求，在某种

情况下就不能取用已经确定的合理配置，而使全厂运行经济性有所下降。但综合我国电力供需矛盾的情况，目前暂时以此作为冷却水量的校核条件，还是适宜的。对以小水电为主的地区，为解决枯水季节电源问题而建设的小型凝汽式机组，由于最高计算水温均出现在丰水季节，选定的冷却水量不必再按此规定进行校核。少数电力供需矛盾缓和的地区的抽汽式机组，也可不作最高计算水温条件下的冷却水量校核。

9.1.5 按照"以热定电"的原则，供热式发电厂的建设必须以热负荷为根据，其规划、设计和运行，应从宏观上求得年节能量和年计算费用的最佳综合效益。对抽汽式机组，冷凝发电的比例越大，节能效果越差，所以，应对其冷凝发电能力作出限制，不以纯凝汽工况作为确定冷却水量的依据。原规范规定体现了这一原则，是符合国家节能政策的。据调查，抽汽式机组出现纯凝汽工况运行的原因及相应解决办法有以下几种：

（1）热网建设滞后于发电厂建设，建成初期无法供热，这应从抓好热网与发电厂同步建设来解决。

（2）热网内用户非计划全部停运或单一热用户全停检修，这些均属不正常情况，且出现时间较短，不能作为供水设计的依据。若以此要求按纯凝汽工况凝汽量计算冷却水量，会使供水系统容量过大，供水能力得不到有效利用。遇到个别热用户全停，在不超过抽汽式机组允许最高排汽背压条件下，应允许机组欠出力运行。

（3）为季节性供热，非供热季节无热用户。仅在这样的供热系统中，可视最小热负荷为零，冷却水量应按纯凝汽工况凝汽量计算。但应积极开发常年热用户，如城市采暖供热的热电厂吸收非采暖期工业热用户；在季节性生产企业的自备发电厂中，可从企业开展原料、产品、副产品综合加工或深度加工中获得常年热负荷。总之，可通过各种途径进一步节能降耗。

采用凝汽器低真空循环水供热的机组，应按停止供热时纯凝汽工况凝汽量计算冷却水量。

9.1.6、9.1.7 这两条对各种供水系统冷却水的最高计算温度作了规定，它是与第 9.1.4 条中规定的冷却水量校核条件同时存在的，今后将随着校核条件的取消而从规范中取消。原规范条文中的频率标准为 10%～15%，但在工程应用中一般均取 10%，这次修订中把频率标准定为 10%。

第 9.1.7 条中明确规定了在确定循环供水系统的最高冷却水温时，气象条件频率应按湿球温度频率统计方法求得。查出设计频率下的湿球温度值后，再从原始资料中找出与此湿球温度相对应的干球温度、相对湿度和大气压力的昼夜平均值。由于某一湿球温度一般有数个出现日期，相应的干球温度、相对湿度和大气压力则有所不同，设计中宜选用其中相对湿度最高一天的各气象要素。另外，在第 9.1.7 条中还补充

了混合供水系统冷却水的最高计算温度，宜按各地枯水时段的气象条件确定的原则，由于我国幅员辽阔，各地河流出现枯水的时间各不相同，故作了这样的规定。

9.1.8 附属设备冷却用水的水质和水温，应能满足设备生产厂的有关技术要求，否则不利于机组的安全运行。当现有水源的水质或水温不能满足要求时，可采取相应处理措施或使用其他水源。相应处理措施为除去水中杂物及水草；当水中含沙量较大，且沙粒较粗、较硬时，宜对冷却用水进行沉沙处理；采用海水作凝汽器冷却水的发电厂，附属设备冷却用水可使用深井水或城市给水，也可在主厂房顶部设冷却塔循环使用；若水温过高，宜补充深井水降低水温。附属设备冷却用水水质一般要求为：悬浮物含量不宜大于100mg/l，碳酸盐硬度宜小于 2.5ml/m³（5mg·eq/l），pH 值不应小于 6.5 且不宜大于 9.5。

有些发电厂反映，补充水带入的悬浮物在循环供水系统中沉积，冷却塔淋水装置和集水池里都有不少污垢，给发电厂的安全运行和检修带来麻烦。冷却塔广泛使用玻璃钢和塑料淋水填料后，对水质的要求相应提高。当采用地表水作循环供水系统的补充水时，如水中悬浮物含量超过规定值时，宜作预处理。

本条文还对水力除灰用水作了应利用各种排水的规定，以落实节约用水的措施。各种排水主要包括：附属设备和水汽取样装置排出的不需处理的工业废水、循环供水系统的排污水，在水资源紧缺的地区还包括经处理后的工业污水和生活污水。水力除灰用水不足部分，可由凝汽器后排水或其他水源补充。

9.1.9 本条文属水工设施总布置的主要规定。

对采用直流或混合供水系统的发电厂，其进水口、排水口的位置和型式的选定正确与否，直接关系到发电厂的投资、运行的安全性和经济性，以及对水域生态的影响。所以，应根据河流的水文特性和河床地形、环境保护的具体要求，以及施工条件，通过技术经济比较确定进水口、排水口的合理布置和型式。实践证明，在工程条件比较复杂的情况下，利用模型试验是达到电厂进水口、排水口的合理布置和提高经济效益的有效手段。但从小型发电厂的特点考虑，条文中不宜提出"必要时应进行模型试验"的要求，主要参照已有工程实例进行设计。当确有必要进行模型试验，且时间充裕、经费有保障时，可委托有经验的研究单位承担试验工作。

9.1.10 为减轻劳动强度，提高机械化水平，本条文对采用电动阀门的标准作了规定。

9.1.11、9.1.12 原规范条文适用于 6MW 及以下的机组，根据调查，所作规定基本适用于机组规模，这次修订中予以保留。但对补给水部分增加了要考虑蓄水或其他供水措施作备用的要求，以提高供水的可靠性。一般可采用城市给水或相邻企业供水作为备用水

源，但应落实具体措施。当设置蓄水池时，其容量应按补给水管事故所必需的抢修时间计算，抢修时间宜按 8～12h（参考原苏联给水设计规范（78）中的数据，管径小于 400mm）考虑，管顶埋深小于等于 2m 时，取小值，大于 2m 时，取大值。

对于 12MW 及以上的机组，因容量加大，可靠性要求相应有所提高，从调查情况看，这类容量已建的发电厂达到规划容量时，绝大多数发电厂为 2 条或 2 条以上的循环水进、排水管（沟）；采用循环供水系统的大多数发电厂为 2 条补给水管。为节省初期建设费用，根据工程具体情况，尽可能实行分期建设。若发电厂规划容量较小，可采用 1 条循环水管（沟）。当采用 2 条循环供水管（沟）时，且有一定容量的蓄水池或其他供水措施作备用时，也可采用 1 条补给水管。另外，条文还对采用 2 条补给水管时的单管通流能力作了规定。当每条补给水管不能保证通过 60%～75%补给水量时，则补给水管之间每隔一定距离需设置联络管和阀门，以便当其中 1 条补给水管局部发生事故时，可利用联络管和阀门进行切换，实现事故管的分段运行，以确保补给水量不少于 60%～75%。

为了促进节约用水和考核用水指标，条文中规定在补给水总管上及厂内主要用户的接管上应装设水量计量装置。

9.1.13 从明渠的施工和运行特点出发，供水明渠应按规划容量一次建成。设计中应重视原有地面排水系统的改变和地下水位上升对邻近地区农田和建筑物的影响。

9.2 取水构筑物和水泵房

9.2.1 与第 9.1.3 条中规定相对应，取用地表水的取水构筑物和水泵房，应按频率为 95%的低水位设计。对 12MW 及以上的机组，设计标准应有所提高，故又规定了以频率为 97%的低水位校核。当出现校核低水位时，允许减少取水量，减少的幅度，应根据工程和水源的具体情况确定。

9.2.2 实践证明，取用地表水的取水构筑物的进水间或吸水井分隔成若干单间，为清污、清淤、设备检修提供了方便，故保留了原规范的规定。

这次修订中补充了对冰凌、大量泥沙或大量漂浮物应采取相应措施的规定。遇有这些不利条件，不宜采用淹没式取水口。在有冰凌的河、湖、海水域，宜在取水口前设置拦冰设施或采取排水回流措施提高取水口处的水温。在有大量泥沙的河道、海湾取水时，取水口应避开回流区，并根据取水口处含沙量垂线分布的情况，采取减少悬移质及防止推移质进入的措施。当水源中漂浮物较多时，取口进口的流速，宜小于该区域天然流速，但不宜小于 0.2m/s，以免使取水口的造价太高。一般不宜设置清污机械。从现有运行的发电厂情况看，采用格栅和平板滤网清污，是

能适应本规范适用机组范围要求的。

9.2.3 岸边水泵房的防洪标准，应与小型发电厂建设标准相协调，并与大型发电厂加以区别。水泵房入口地面的设计标高，修订为50年一遇高水位加50年一遇的波高的0.6～0.7再加0.5m。由于这方面经验较少，通过工程经验的积累，今后再作进一步修订。在几乎没有风浪的江河上取水时，波高可取零值。至于超高的标准，现已明确再加0.5m。对12MW及以上的机组，确定水泵房入口的地面标高，要求按100年一遇的高水位校核，如不能满足要求时，应有防洪措施，且其结构的安全仍应以上述标准校核。对6MW及以下的机组，不再提校核的要求。建设在重要城市中的发电厂，若城市防洪标准高于本条文规定的标准，应按城市防洪标准确定水泵房入口地面的设计标高。

9.2.4 有条件时，采用浮船或缆车式简易取水设施，可节省取水构筑物的建设费用。这次修订，对适用条件增加了水位涨落幅度大的规定。

9.2.5 本条文适用于集中泵房母管制供水系统，考虑到机组容量等级及型式的差别和运行上的灵活性，设置在水泵房中的循环水泵的台数，不作单一的规定，视发电厂具体情况，宜按规划容量设置3～4台，并要求根据工程建设进度分期安装。一般6MW及以下的机组，采用单母管供水，循环水泵宜设置3台；12MW及以上的机组，采用双母管供水，循环水泵宜设置4台，水泵总出力应等于全厂最大工况计算用水量。实际运行中可依据机组运行负荷情况和水温高低确定投运泵的台数。

9.2.6 在循环供水系统中有条件时，循环水泵应优先考虑设置在汽机房或其披屋内，以减少泵房建筑费用和占地，降低工程造价，还可减少运行值班人员。

3MW抽汽式机组，如热负荷变化较大，可每台汽轮机设置2台循环水泵，根据凝汽量的多少确定投运水泵的台数。

9.2.7 原规范规定采用海水作冷却水源时，循环水泵应设备用泵。这样虽使发电厂安全运行有一定的保障，但没有解决海水对设备的腐蚀问题，在运行和检修中仍存在不少问题。鉴于耐海水腐蚀材料在大型发电厂循环水泵上应用已有不少经验，为从根本上解决运行和检修中存在的困难问题，故规定当采用海水作冷却水源时，应选用耐海水腐蚀的循环水泵，且不设备用泵。

有条件时，清污设备、冲洗泵、排水泵和阀门等与海水直接接触的部件，也应选用耐海水腐蚀的材料。

由于泵和阀门属于通用机械产品，当选用耐海水腐蚀材料时，应与制造厂签订技术协议予以明确。

当不采用耐海水腐蚀材料时，循环水泵应设1台备用泵。

9.2.8 原规范规定，集中取水的补给水泵，宜设置2台，不设备用。由于补给水泵检修时间较长，当一台泵停运后，另一台泵出力难以满足补水需求，特别是在一台补给水泵突然发生严重故障时，对发电厂的安全运行威胁很大。这次修订，根据补给水在循环供水系统中的重要地位，以及补给水泵检修工作量大于管道检修的特点，规定了集中取水的补给水泵，宜设置3台，其中1台备用。这样使补给水泵运行更具灵活性，增加的费用有限，有利于发电厂的安全运行。

9.2.9 以地下水为补给水源的发电厂，管井数量和各管井的供水量都是不相同的，这次修订中作了生产井数备用率的规定，当单井供水能力较大，管井数量很少时，不论实际备用率超过20％多少，至少设置1口备用井。

9.2.10 本条文从保障水泵房安全运行、提供必需的劳动安全卫生条件、减轻工人劳动强度等方面考虑，对水泵房设备的安装、运行、检修条件作出了规定，并要求阀门切换间宜有简易的起吊设施。

9.3 冷 却 设 施

9.3.1 冷却设施的选择受诸多因素的影响，是一个复杂的问题，各种冷却设施都有一定的适用范围，但又受其自身特点的限制，除应满足使用要求外，还应结合水文、气象、地形、地质等自然条件，材料、设备、电能、补给水的供应情况，场地布置和施工条件，运行的经济性，冷却设施与周围环境的相互影响，通过技术经济比较确定合适的冷却设施。

目前发电厂应用最广泛的冷却设施是冷却塔。

9.3.2 冷却塔塔型的选择，涉及到气象条件、使用要求、运行经济性、场地布置和施工条件等因素，在城镇中的发电厂，还应注意对周围环境的影响。

机力通风冷却塔初期投资小、建设工期短、布置紧凑占地少、冷却后水温较低、冷却效果稳定，适宜在空气湿度大、气温高、要求冷却后水温比较低的情况下采用，也更适应于小型发电厂建设投资少、速度快的特点。但是机力通风冷却塔需要风机设备，运行中要消耗电能，增加了检修维护工作量及运行费。玻璃钢冷却塔也属机力通风冷却塔的一种型式，由于其设计、制造和运行经验日渐成熟，近年来已在一些小型发电厂中使用。据调查，其运行方式及布置较灵活，但在经济比较中应考虑其使用寿命较短的问题，设计中应注意制造厂的选择，防止因冷却塔制造质量问题影响发电厂的安全运行。对大型玻璃钢冷却塔，目前各方面经验还不够成熟，设备价格也较高，选用时应持慎重态度，认真做好调研工作和技术经济比较。

自然通风冷却塔初期投资较大、施工期较长、占地多，但运行维护工作量少，冷却效果稳定，适用于冷却水量较大、冷却水温降不小于6～7℃、冷却水温与空气湿球温度差大于 5~7℃ 的情况。

考虑到发电厂的建设特别是小热电生产运行的特点，机力通风冷却塔可通过运行台数变化而具有更好的灵活适应性，故不强调采用自然通风冷却塔。6MW 及以下的机组推荐采用机力通风冷却塔。12MW 及以上的机组，可视具体情况采用自然通风冷却塔或机力通风冷却塔。但地处高温高湿地区或采用混合供水系统，以及在其他特殊情况下，宜采用机力通风冷却塔。

当采用自然通风冷却塔时，12MW 的抽汽式机组或凝汽式机组，宜按 1 机 1 塔配置；若按 2 机 1 塔配置，应注意在冷却塔配水设计中解决好 1 机如何运行的问题，且在发电厂达到规划容量时，自然通风冷却塔不应少于 2 座，以提供必要的检修条件。

每台机组配用 1 台、2 台或多台机力通风冷却塔，应视机组容量、冷却水量、机力通风冷却塔的型式等条件经计算后确定。

9.3.3 冷却塔布置时，应考虑通风、检修、管（沟）布置、空气动力干扰，以及山区和丘陵地带湿热空气回流的影响，上述一些影响因素还需今后不断摸索总结经验，为设计提供更多的科学实践依据。本条文对冷却塔布置应遵循的原则要求，应按本规范的有关规定执行。

9.3.4 淋水填料是在塔内造成水和空气充分接触进行热交换的关键元件，不同的塔型、不同的冷却要求、不同的水温和水质，要求的淋水填料也不同。条文规定了选择淋水填料时，应当考虑的一些主要因素。近年来新型淋水填料发展较快，国内不少单位已研制出性能好的品种，应用结果表明，可明显地提高冷却效率。淋水填料发展的方向是轻型化，各种塑料材质的淋水填料必然得到更广泛的应用。但各种淋水填料各有其优缺点，选用时应注意扬长避短，从节能考虑，在条件许可时，宜优先采用高效轻型淋水填料。

9.3.5 从节约用水、改善厂区和邻近地区环境条件、缩小冷却与附近建筑物的间距以减少厂区占地和降低循环水管（沟）造价等方面考虑，新建的自然通风冷却塔或机力通风冷却塔，宜装设除水器。在水资源丰富的地区，如冷却塔位于开阔地带，其飘滴对环境影响不严重时，或混合供水系统中的冷却塔仅在夏季直流供水量不足的情况下使用时，为节约设备费用也可不装设除水器。

9.3.6 在寒冷地区，冷却塔冬季运行中的最大隐患和危害是结冰。冷却塔结冰后，不仅影响塔的通风、降低冷却效率，严重时还会造成淋水填料塌落、塔体结构和设备的损坏。为保证发电厂安全经济运行，设计中应结合具体情况采用合适的防冻措施。通常采用的防冻措施，应符合现行的国家标准《工业循环水冷却设计规范》的有关规定。

9.3.7 水库、湖泊或河道水体，一般具有较丰沛的天然来水量，或者水体本身提供了调蓄水量的作用，成为发电厂的可靠水源。利用这些水体作为发电厂的冷却池，可减少水工设施占地和循环水系统的总损失量，能获得较低的冷却水温度。当自然条件合适时，尚可减少水工设施的施工工程量。因此，为了综合利用水利资源，发展水利工程的综合效益，在条件许可时，利用水库、湖泊或河道的自然水面冷却循环水是适宜的。

利用水库、湖泊或河道作为冷却池后，将使自然环境条件发生变化，并对社会的其他生产活动带来一定的影响。在冷却池设计中，应根据国家的有关标准和规定，充分考虑取水、排水及其建筑物对工农业、渔业、航运和环境等带来的影响，并应同有关方面充分协商，提出解决有关问题的措施方案，取得有关部门同意的书面协议文件。

《工业循环水冷却设计规范》对冷却池设计，作了较详尽的规定，故本条文明确应按此规范进行设计。

9.3.8 喷水池冷却效果差、占地面积大、水量损失多，在发电厂中使用已较少。在目前各种塔型的冷却塔广泛应用的情况下，喷水池的实用价值更低，一般宜作为辅助冷却设施在特殊情况下使用。当循环水量较小，且场地开阔、环境允许时，也可作为主要冷却设施使用。但在大风、多沙地区不宜采用喷水池。

本条文主要对喷水池的分格原则作了规定，喷水池其他设计要求，应按《工业循环水冷却设计规范》有关规定执行。

9.4 厂外灰渣管和贮灰场

9.4.1 目前发电厂厂区外的灰渣管大部沿地面敷设，运行情况良好。有些发电厂将灰渣管浅埋于地下，其优点是：施工简单，节省支墩、支架和固定金属件费用；管材选用自应力水泥管，管顶覆土 0.3~0.6m，有利于保护管子；同一管道穿越农田，不影响耕种，埋置在耕种深度以下。已有埋管道运行情况表明：除了因管材或施工质量不好而发生事故外，总的运行情况良好。对直埋管道，运行中应注意掌握和控制灰浆的 pH 值，以防结垢；安装前应采取防磨措施，如采取内衬铸石防磨措施。对煤源不稳定的发电厂，不宜将灰渣管直埋，以免灰浆物理化学特性改变，给今后运行维护管理带来不利影响。

条文中补充了厂区外的灰渣管宜靠近原有道路敷设，立足于利用现有道路提供施工和运行维护条件，以节省工程投资，少占或不占农田。

厂区内的灰渣管，现绝大多数发电厂敷设在有活动盖板的不通行地沟内，只有极少数发电厂沿地面敷设。

保留原规范中灰渣管坡度和应有放空措施的规

定。在严寒地区，坡度还宜适当加大，使灰管停运冲洗后能尽快放空，以防冻结。放空措施包括管道上每一最低点设放水装置和每一最高点设排气装置。排气装置除在灰管投运时，应能及时排除管内气体外，还应在灰管停运放空时，能有效地向灰管补气。

9.4.2 山谷灰场考虑调洪作用，可以减小泄洪建筑物，但要占用库容，且造成坝前积水，不利于坝体稳定。因此，是否考虑调洪作用，应通过技术经济比较确定，而且还要进行各运行阶段的调洪演算，以保证坝顶安全超高和坝体稳定。

贮灰场排水系排灰场澄清水，泄洪系排泄山谷灰场径流面积内的山洪水。这两种排泄建筑物分设或合并的方案选择，应视具体情况通过技术经济比较确定。当合并设置而灰场澄清水又需回收或经处理后排放时，应有排水期与泄洪期切换运行的措施。

9.4.3 是否回收贮灰场澄清水，主要应根据环保、节水等要求确定。近几年来的新建工程，在进行环境影响评价审查时，各地环保部门都提出贮灰场澄清水回收利用的要求。个别工程甚至提出实现灰水"零排放"的要求。从我国国情来看，要实现灰水"零排放"还有不少困难，但部分回收利用还是切合实际的。回收贮灰场澄清水，根据水质等条件，一般可作为除灰水重复使用，这是发电厂的一项重要节水措施。一般情况下，回收水量可达 60%～70%，并要求在投运之后较短时间内达到预期的回收水量。在确定回收时，其回收系统方案在技术经济比较中，应考虑影响回收的主要因素。

目前运行的贮灰场澄清水回收系统存在的问题中，既有腐蚀也有结垢问题，如不作适当的处理必将不同程度地影响发电厂的正常运行。设计中应通过类比调查或试验，掌握澄清水水质资料，根据不同条件采取相应的处理措施。

9.4.4 为了少占耕地，节约建设费用和便于运行管理，贮灰场的回收水管，宜与灰渣管同时敷设。在寒冷地区，回收水管宜直埋敷设，但应注意回收水管结垢时，相应采取必要的防结垢措施。

9.4.5 小型发电厂一般靠近城镇或工业区，由于区域现状条件的限制和环境保护、城市规划等方面的要求，贮灰场距离发电厂较远。根据对十几个贮灰场发生的溃坝事故分析，贮灰场运行无人监视和出现险情后没有及时处理是造成溃坝的重要原因。因此，贮灰场必须专设运行管理人员，负责进行日常的监督及必要的测试工作，一旦出现险情及时报告，采取有效的防范措施。在贮灰场设计中，一般应设置值班室以及相应的通讯、照明等运行管理设施，提供必要的交通工具。有条件时，还可设置工具间和生活间。贮灰场澄清水回收设施，宜与贮灰场运行管理设施合并设置。当采用灰渣筑坝时，贮灰场与厂区的通信联络更显重要。故在条文中作了明确规定。

9.5 生活、消防给水和排水

9.5.1 发电厂靠近城镇或工业区，应尽量利用城市、工业区公用给水和排水设施，或与相邻企业给水和排水系统相连接，这样发电厂可节省建设费用，减少运行和维修人员。采取这种连接方式的发电厂，使用情况良好。在新兴工业区建设的发电厂，应注意发电厂投运时间和工业区新建给、排水工程投入使用时间的协调，并取得必要的协议文件。

9.5.2 少数发电厂自备生活饮用水系统的水质还存在着一些问题。本条文对水源选择、水源卫生防护及水质标准作了相应的规定，以保证饮用水质合格。

9.5.3 据调查，小型发电厂的外部给水供应条件差别很大，生活、消防给水系统的配置出现了多种形式，一般均能满足发电厂安全运行的要求。有的发电厂自备生活饮用水或由城市给水管网供给生活饮用水，当城市给水能满足消防水池补水要求时，均将生活水和消防水管网合并。有的发电厂由城市给水仅能满足饮用水的需要，而发电厂未设自备生活饮用水系统，在这种情况下，发电厂的消防水可与厂区工业水管网合并，也有的发电厂选择了独立的消防给水系统。当采用独立的消防给水系统时，其水源一般取自循环水系统。

9.5.4 根据消防水与生活、工业水系统不同的合并方式，消防水池的合并方式也不同，条文对此作了规定。但不论消防水池如何设置，均应有确保消防用水的可靠措施。

9.5.5 本条文对消防水泵设备用、应有 2 个动力源和消防水泵的启动方式作了明确规定。备用泵的容量不应小于最大一台消防水泵的容量。消防水泵的启动，除采用就地操作方式外，还应在日夜有人值班的主控制室内设置远距离启动消防水泵的装置。煤仓层为易燃部位，位置高易出现水压不足，上下联系也不方便，如有条件，在这些部位也宜考虑设置远距离启动消防水泵的装置。

9.5.6 主厂房、贮煤场、油罐区是发电厂的重点防火区，为了安全可靠供给消防水，应在其周围敷设环状管网。发电厂多年运行实践表明，这是一项可靠的消防供水措施。条文还规定了进环状管网的输水管条数，以及其中一条输水管发生故障时，其余输水管的供水能力，应能通过 100% 的消防水总量。

9.5.7 原规范规定了主厂房和运煤建筑物应设置室内消火栓。这次修订，对主厂房内煤仓间、除氧间室内消火栓的设置部位作了明确规定，并新增了其他建筑物的室内消火栓的设置要求，应按现行的发电厂和变电所设计防火规范、《建筑设计防火规范》等有关规定执行。

9.5.8 分流制指用不同管（沟）分别收纳污水（包括生产废水）和雨水的排水方式。合流指用同一管

（沟）收纳污水、工业废水和雨水的排水方式。发电厂生产排水是由两部分组成：污染较严重、需经处理后方可排放的部分称作生产污水；轻度污染或水温不高，不需处理即可排放的部分则为生产废水。

靠近城市或工业区的发电厂，排水系统采用分流制还是合流制，应根据城市和工业区规划、当地降雨情况和排放标准、原有排水设施、污水处理和利用情况、地形和水体等条件，综合考虑确定。

发电厂过去大都采用生活污水、生产污水和生产废水合流系统，雨水单独排放。这种排水方式严格说来，既不是合流制也不是分流制；它既有雨水就近排入水体、建设费用少、环境效益高的优点，又有生活污水和生产污水混杂、各种污水水质不同而难于处理的缺点。随着对环境保护的日益重视，为消除或减少污染，需对生活污水、生产污水进行必要的处理后方可排放。近年来发电厂多采用分散治理的方式，对各种生产污水进行处理，达到《污水综合排放标准》的要求后排放。处理达标后的生产污水可视作生产废水，将其引入雨水管（沟）直接排放是适宜的。因此，本条文对厂区排水作了宜将生活污水与生产废水和雨水分流的规定。同时还要求各种生产污水处理达标、温度高于 40℃ 的生产废水降温后，方可排入生产废水和雨水排放系统。

当厂区排水系统与城市或其他工业企业排水系统连接时，排水方式应与受纳系统一致，但应充分注意与当地排水系统发展规划相协调。

9.5.9 供热式发电厂厂址的选择受供热半径的限制，并往往受其诸多条件的约束，有可能需要设置治涝设施，其设计应符合现行的国家标准《室外排水设计规范》的有关规定。

9.6 水 工 建 筑 物

9.6.1 水工建筑物要因地制宜地进行设计，并与地形、地质、水文、气象、施工条件以及建筑材料供应等有密切的关系。因此，条文规定应通过技术经济比较后，选择经济、合理的设计方案。

9.6.2 本规范第 15 章"建筑和结构"中，有关发电厂土建设计的基本规定，在水工建筑设计中亦应遵照执行。

9.6.3 强调在进行水工建筑物、构筑物设计中，其建筑立面、造型、色彩等建筑处理，应与主厂房周围的建筑群体或环境相协调。

9.6.4 根据运行实践，当水泵房离厂区较远时，应有必要的生产和生活设施，如通讯、交通、工具间、值班休息室、厕所等，以方便管理和安全运行。

9.6.5 为改善发电厂运行的工作环境，循环水泵房电气运行层，采用水磨石地面较好。调查中不少发电厂反映有此要求，故作此规定。其他层地面可采用水泥地面。

9.6.6 本条明确了设备进出口的大门，可根据具体情况选用钢架木门或钢门。

9.6.7 位于海水中的水工建构筑物，应采用防海水腐蚀的建筑材料，或采用其他防腐蚀措施，以防海水腐蚀，延长使用寿命。

交通部现行的《混凝土和钢筋混凝土设计》规范和《海港钢筋混凝土结构防腐蚀》规范，对海水港（或淡水港）混凝土部位，提出了大气区、浪溅区、水位变动区、水下区四个区的海港混凝土设计的具体规定。故本次修订明确，与海水接触的水工钢筋混凝土结构设计，应符合上述规范的有关规定的要求。

9.6.8 修建在软弱地基上的水工建筑物，在设计时，应考虑地基的变形和稳定，并在基础四周设置沉降观测点。软弱地基系指压缩层主要由淤泥、淤泥质土、冲填土、杂填土或其他高压缩性土层构成的地基。

9.6.9 取水建筑物和水泵房的施工，受自然条件影响较大，施工条件差，施工难度大。因此，应按规划容量统一规划和布置。为了节约初期投资及降低造价，条件允许时，可分期建设。当分期建设施工条件困难，且在布置上又受到限制、在经济上不合理时，通过论证可按规划容量一次建成。

9.6.10 考虑到厂区内地下管道较多，尤其汽机房 A 列柱外侧地下循环水管道与其他管道纵横交叉多，应提高循环水管道运行的可靠性，否则一旦出现泄漏难以处理。在目前情况下，钢管质量较易保证，故条文中明确在主厂房前循环水压力管宜采用钢管或钢套管预应力钢筋混凝土管。

预应力钢筋混凝土管具有节省钢材和耐腐蚀等优点，其中 $\phi600 \sim \phi1200$ 预应力钢筋混凝土管在很多地区供水工程中得到广泛采用，在发电厂给水工程中采用较普遍。调研中，发电厂反映，钢筋混凝土管运行情况基本良好，并提出其他地段宜采用工厂预制的预应力钢筋混凝土管。

9.6.11 贮灰场的灰坝投资、工程量和占地都很大，考虑节省投资，应按规划容量统一规划，分散、分块建设。初期规模以能存放 5a 的灰量。

贮灰场的灰坝，视具体情况通过技术经济比较，可以一次建成，也可分期建设。据调查，山谷灰场设计已普遍采用分期筑坝方案，取得了较好的经济效益。

9.6.12 贮灰场的灰坝设计洪水频率标准，应根据库容大小、灰坝的高度和灰坝溃坝后对下游危害程度综合考虑确定。在国家现行的《火力发电厂设计技术规程》中对山谷灰场灰坝及江、河、湖、海滩（涂）灰场灰堤设计标准，根据工程实践作了较详细的规定。本规范原条文规定泄洪频率不应低于 10% 是偏低的。

小型发电厂规划容量较小，灰渣量不大，按标准其等级为三级，总库容 V 大于 $0.01 \times 10^8 m^3$，小于、等于 $0.1 \times 10^8 m^3$，最终坝高 H 大于 30m，小于、等于 50m，其设计的洪水频率为 5％。故规定灰坝设计洪水频率标准不应低于 5％，其校核洪水频率为 1％。

其坝顶超高，抗滑安全系数按有关规定执行。

9.6.13 根据工程实践，筑坝材料以就地取材为原则，充分利用当地建筑材料。其坝型可采用堆石坝、石渣坝、土石混合坝或均质土坝。结合环保要求，通过技术经济比较，选用安全、经济、合理的坝型。

采用灰渣分期筑坝和初期修建透水坝，对灰坝的分级加高和坝体稳定有利，是确保灰渣坝安全的重要措施。

9.6.14 在地震基本烈度为 6 度及以上地区修筑灰坝时，应进行充分论证，采取有效措施防止坝体和地基液化。

由于粉煤灰是一种极易液化的土，在地震高烈度区采用灰渣筑坝实践经验不多，宜慎重对待。

9.6.15 1985 年原水利电力部基建司组织有关专家对国内采用干贮灰场的几个电厂进行了调查。从调查情况看，这几个电厂除灰系统不够完善，干贮灰场未经压实、无防尘等措施，污染严重，不能满足环保和生产要求。1987 年原水电部决定，在北京某发电厂进行干除灰的试验研究。试验研究结果表明：当灰场有汇水流量时，应将汇水流量截流引至灰场下游。灰场应配备必需的运输、铲运、碾压施工机具和移动式喷洒设备。这是干灰场贮存、运行和环境保护必不可少的。干灰经调湿碾压后密实度得到提高，可增大灰场库容 30％。同时灰场应分块使用。当填灰至设计标高后，<u>应立即覆土造地还田</u>。这对保护环境和发展农业生产都是有利的。

9.6.16 当灰渣全部综合利用时，应充分利用厂区附近的洼地、荒地作调节用的贮灰场。据调查，有些发电厂未设调节用的贮灰场，在厂区空地或沉渣池附近存放，灰渣及灰水严重污染环境，不能满足环境保护和文明生产的要求。

本条文对调节用的贮灰场的排水等设计作了相应的规定。其中排水包括地面雨水和水力输送灰渣的灰水。当选用山谷作调节用贮灰场时，还应考虑排洪设施。

10 水处理设备及系统

10.1 原水预处理

10.1.1 原水水质资料对水处理系统的选择十分重要。目前，以江河、水库地表水作为锅炉补给水水源的新建发电厂，水质分析资料一般较为齐全，而采用地下水时，因需定期地进行地质钻孔取样分析，往往难以保证准确地提供所需的水质资料。另外对水源应关注的是，上游排水对江河、水库水和附近环境对浅层地下水的污染。据个别发电厂反映，由于工程要求

上马快，工期紧，作为设计依据的水质分析资料不齐全，缺乏长期使用的代表性，运行一段时间后不得不对原设计系统进行改造和完善。因此，除了必须收集完整的水分析资料外，还应注意周围环境对水源水质的影响因素，掌握其变化的规律，并了解历年洪水期和枯水期的水质，以便合理拟定处理系统及设备选型。

提供全年水质分析的资料，宜符合下列要求：

（1）当原水为地表水时，每个月 1 份，全年共 12 份；

（2）当原水为地下水时，每季度 1 份，全年共 4 份。

当有数个水源可供选用时，应与水工专业配合，经过分析或试验，选择经济可靠的水源。

10.1.2 鉴于近年来新型水处理设备相继投运，如膜处理技术的开发应用，对进水要求很高，为此提出了原水经预处理后，其水质标准应满足下一级设备进水要求的规定。同时取消了原规范中原水悬浮物含量 5mg/l 的低限，以适应技术发展的需要。对原水悬浮物的高限，不宜做出规定。当悬浮物含量超过所选用澄清器（池）的进水标准或原水受季节性恶化影响时，应在供水系统中设置预沉淀设施或另设备用水源。

下一级设备的进水水质标准，应按现行的国家标准《工业用水软化除盐设计规范》有关规定执行。

当原水有机物含量超过设备进水标准时，可在凝聚过滤预处理时加液氯、次氯酸钠，必要时可同时采用活性炭过滤等有机物清除措施。当存在游离氯不能满足设备进水要求时，宜采用活性炭过滤或加亚硫酸钠等方法去除。

原水碳酸盐硬度较高时，可采用石灰预处理。一些设计单位认为，石灰处理方式是 70 年代初根据技术发展的具体条件制定的预处理措施，现已很少采用。由于国产的石灰纯度低，沉渣处理困难，设备及设计不够完善，运行中劳动强度大，卫生条件差等原因，在使用上受到了一定影响。然而，在条件合适时，无论在技术上还是在经济上采用石灰预处理都是可行的。通过对一些中、小型热电厂的调查，这些发电厂投资少，水处理出力大，要求降低运行费用，希望能采用石灰处理。如西南地区某热电厂采用石灰处理，改善了水质，降低了原水的碱度、碳酸盐硬度，较大程度去除了水中的铁、硅化合物以及有机物等，从而大大降低了除盐系统的酸、碱耗量，经济效益显著。

由于近年来敞开式循环冷却系统补充水的石灰处理和石灰乳烟气脱硫技术得到推广应用，其石灰消化设施，可与原水石灰预处理统一设置，从而降低了综合造价。因此，碳酸盐硬度较高的原水，采用石灰预处理无疑仍然是运行费用低、预处理效果好的一种措

施方案，不应被淘汰。

除采用石灰处理外，弱型阳树脂、电渗析、反渗透等也是可行的处理方式。电渗析、反渗透要求进水浊度很低，原水预处理设施必须与之相适应。

几种处理方式如何选用，应结合工程具体情况，经技术经济比较后确定。

本规范的适用范围为次中压、中压、次高压三种压力参数的锅炉。锅炉一般无蒸汽清洗装置。现行的《火力发电厂水汽质量标准》中对中压、次高压锅炉蒸汽中 SiO_2 含量有一定的要求。故增加对含胶体硅较多的原水，经核算锅炉蒸汽品质不能满足要求时，应采取相应处理措施的规定。

胶体硅去除的方法，主要有凝聚、澄清（或接触混凝）；镁剂除硅；活性炭、覆盖过滤；强碱阴离子交换树脂也能除去一部分。用于除硅的强碱阴离子交换树脂，其再生碱液宜加热至 $35\sim40^{\circ}C$，以利于提高阴树脂的 SiO_2 洗脱率，减少出水中的 SiO_2 含量。

10.1.3 本条对澄清器（池）、过滤器（池）选型作了原则性的规定。

规定澄清器（池）不宜少于 2 台，是基于给澄清器（池）提供一定的维修条件。原则规定可不设备用，但当有 1 台检修时，其余的澄清器（池）出力，应满足正常供水量及水处理自用水量的要求。

当过滤器（池）有 1 台（格）检修时，其余台（格）的出力，应保证正常的供水量，且滤速不宜超过规定的高限值。为提高反洗效果，保持滤料经常处于清洁状态，节省水耗，过滤器（池）宜采用空气和水合洗的反洗方式。

原规范对清水箱的总容量，宜按 1h 的清水耗用量的规定，一些发电厂反映容量偏小。为使预处理设备能稳定地运行，适当增加了清水箱的容量，其有效容量可按 $1\sim2h$ 清水耗用量设计。对供热式发电厂，宜取低限 1h 的清水耗用量。

清水池格数，在扩建过程中根据供水量逐步增加。一些发电厂初期往往仅设一格清水池，当清水池为一格时，宜设旁路。

规定了清水泵应设 1 台备用，是为了保证供水的可靠。

10.2 锅炉补给水处理

10.2.1 基于环境保护的需要，减少废液的排放，应作为水处理系统选择时的考虑因素之一，并应对废液采取处理和处置措施。

次中压、中压锅炉的补给水处理，可根据原水水质及补水率采用软化系统或除盐系统。

次高压锅炉补给水处理系统的选择，可按锅内盐平衡公式计算确定。一般采用一级除盐系统。当过热蒸汽采用喷给水减温或补给水率大，经计算给水质量达不到要求时，可考虑采用一级除盐加混床系统。

从对部分发电厂的调查情况来看，蒸发器由于汽耗大，基本上不予采用。有一些发电厂初期上软化系统，后因扩建锅炉压力等级提高而增设蒸发器，现大都被新建的除盐系统所代替，蒸发器仅作为原水水质差时的临时补充处理措施。选用蒸发器除应对水处理本身的运行、投资费用进行分析外，还应结合热电厂的实际运行工况和按负荷曲线计算的供汽能力和煤耗，通过综合技术经济比较后确定。

目前，供热式发电厂以化学除盐水为补给水的较为普遍。设计计算锅炉正常排污率往往取 1%，但实际运行中均偏大。其原因主要是一些热电厂生产回水水质时好时差，稍不注意便会将油类或悬浮物质带入锅内，从而导致排污率增大。也有一些热电厂，将锅炉排污水作为热网补充水，而对排污率没有进行严格控制。根据实际运行情况，热电厂的排污水的热量能得到充分利用。因此，供热式发电厂以化学除盐水为补给水时，锅炉正常排污率宜定为 2%。

10.2.2 据了解次中压锅炉布置了大量的对流管束，为了方便安装和检修汽包，大都采用胀接连管方式，部分中压锅炉也有胀接连管的，胀接的汽包接口处局部应力集中，为防止苛性脆化，故保留原规范条文。当炉水相对碱度大于 20% 时，可采用向炉水中投加 $NaHPO_4$ 来解决。

10.2.3 厂内各项水汽损失率，是参照现行的有关法规、规范并结合实际调查结果制定的。厂内水汽循环正常损失的百分数有一定范围（3%～5%），其选用原则为：机组台数较少的厂采用高限，台数多的厂采用低限。

据一些单位反映，闭式热水网正常损失为热水网循环水量的 1% 不够。分析其原因，大都属于用户放热水使用引起的，是管理上的问题，应通过加强管理来解决。因此，本规范规定闭式热水网正常损失为 1%～2%，以便在计算和确定化学水处理系统出力时，留有适当的余地。

10.2.4 据调查，新建发电厂补给水水源的水质有普遍下降的趋势，增加再生次数有利于提高经济性和设备利用率，故规定每台每昼夜正常再生次数宜为 1～2 次；在采用程序控制时，可按 2～3 次考虑。

10.2.5 中间水箱的容量，按单元制和母管制系统分别做出规定，以便于选用。对单元制系统，明确规定最小不宜少于 $2m^3$，以保证中间水泵抽吸时的最低贮水量。一些设计单位提出，单元制系统中间水箱的容量应放大。但单元制系统中间水箱过大，将引起水质变化的延迟性。据调查，按条文规定的中间水箱容量选择能满足运行要求。如西南地区某热电厂化水系统单元布置，中间水箱通过浮子阀控制，容量接近 $2m^3$，时间仅为 2min 贮水量，运行情况良好。

对中间水箱贮水量高、低限的取值，可按手动操作时，取较大值，自动操作时，取较小值考虑。

对凝汽式发电厂的除盐（软化）水箱的总容量的大小，意见不一致，有的认为原规范规定已够，也有的认为偏小。考虑到增加除盐（软化）水箱容量，可压缩离子交换水处理设备的投资，故较原规范条文规定稍为增大。

供热式发电厂的除盐（软化）水箱容量，大多数单位认为偏小。本次修订适当放大，以满足机组启动时的需要。对补水率大的热电厂，宜取低限。

10.2.6 为确保供水可靠，对除盐（软化）水管道的输送能力作了规定。至于补给水管条数，可视发电厂的重要性、补给水量大小、扩建情况等因地制宜予以确定。

10.2.7 由于化学水处理车间的设备再生系统使用的是有腐蚀性的酸、碱、盐液，故不宜布置在主厂房内。

设备、管道的布置原则，应符合现行的国家标准《工业用水软化除盐设计规范》中"水处理站"的有关规定。

在无垫层的阳离子交换器和离子交换除盐系统的出口，应装设树脂捕捉器，以免树脂泄漏到阴离子交换器影响出水水质，或进入热力系统而影响锅炉安全运行。

水处理生产过程中，因腐蚀、磨损等原因，带来设备检修工作量较大，故应设有检修场地和维修间。当小容量发电厂或企业自备发电厂，全厂设有统一的检修车间时，化学水处理室内可不设维修间。

10.2.8 通过对一些设计、运行单位的征求意见，认为操作方式原则上宜为手动。这是因为目前除程控、遥控及其配套的国产设备不十分可靠外，尚存在小型发电厂运行人员的素质问题。

为改善运行条件，提高设备的利用率，对交换器台数超过4台或单套（台）设备出力在100t/h以上且有条件的热电厂，可采用远方操作或程控操作方式。

化学监督仪表的配备，应以简单、可靠、价廉、实用为原则。

10.3 给水、炉水校正处理及热力系统水汽取样

10.3.1 调查中，一些发电厂炉水磷酸盐的加药泵是一炉配一泵，加旁路通过阀门切换互为备用。该系统存在的问题是，若一台泵故障时，炉水加药只能间断运行，无法同时加药，磷酸盐浓度不易控制。也有一些发电厂利用加药箱随给水送入锅内作为备用的，同样难以控制磷酸盐浓度。为了锅炉的安全运行，故提出几台锅炉布置在一起的加药泵，宜设一台公共备用泵。当锅炉压力等级不一致时，公共备用泵及其阀门等附件的压力等级，应按最高压力参数的锅炉选取。

磷酸盐宜就地配制。

鉴于凝结水系统压力较高，且启动初期无凝结水供应，磷酸盐溶液的配制，宜用除盐水。

10.3.2 采用除盐水作为补给水时，应加挥发性中和试剂（如氨）来维持 pH 值。在使用钠离子软化水或石灰——钠离子软化水作为补给水时，虽然 pH 值一般可维持在9.0左右，但其主要成分是碳酸盐，在锅内则分解为碱性氢氧化钠和二氧化碳，二氧化碳溶于水生成碳酸，会造成酸性腐蚀，故也宜考虑给水氨化处理。

本规范的适用范围包括次高压锅炉，次高压锅炉是否采用联氨处理看法不一。联氨虽有毒，但在500℃高温下能全部分解为氮及氨等无害气体，而次高压锅炉的蒸汽温度达不到500℃；另外，次高压锅炉配置的除氧器出口水质，在正常情况下已符合水质标准要求，因此很少采用。在所调查的发电厂中，仅西南某热电厂有加联氨措施处理的。从劳动保护安全考虑，如果确有必要，可加无毒或低毒的化学除氧药剂。

10.3.3 本条文规定是为了便于运行人员的操作、管理。发电厂的给水、炉水校正处理大多布置于主厂房的运转层或零米层。如果布置在运转层，应考虑药品搬运措施。

10.3.4 水汽取样冷却器宜相对集中，便于运行人员操作。

为了保证水汽样品的代表性，取样管不宜过长，以免温度及压力沿着取样管路系统改变，蒸汽中的杂质可能沉积。取样管路及设备应采用耐腐蚀的材质。

露天布置的锅炉，水汽取样冷却器应有防雨措施，或布置于室内。

10.4 循环冷却水处理

10.4.1 据调查，循环冷却水系统在防垢处理方面，所采用的措施，有石灰处理、加酸处理、炉烟处理等，但均未能做到尽善尽美。特别是炉烟处理，不仅设备本身易腐蚀、堵灰，还存在结垢后移的问题，使冷却塔淋水装置上结出碳酸盐垢，现在工程中已不多采用，原有的也处于闲置状态。近年来，采用添加阻垢剂处理的电厂越来越多，并取得了一定的效果。阻垢剂若采用聚磷酸盐处理时，菌、藻繁殖较快，故宜同时进行加氯处理。

加氯可阻止冷却水系统内的生物滋长，并能防止管材和硫化氢起作用。但氯是一种极毒物质，不利于环境保护，余氯排放应符合有关标准规定。氯化作用对苔藓虫和藤壶一般不起作用。因此，发电厂也有采用其他种类的氧化型防除剂，或在管内壁加衬里等措施的。

鉴于上述种种原因，处理方式可根据冷却水水质、药品供应等情况确定，故本条只提出原则要求未作具体规定。

10.4.2 凝汽器铜管内壁采用硫酸亚铁处理，使铜管表面形成碱性氧化铁膜，能有效地减缓铜管的腐蚀。

涂膜工艺有：运行中，间断加药；停用时，一次成膜以及新铜管通水或通碱水后，进行一次成膜等方式。

据有关资料介绍，采用聚磷酸盐处理的冷却水闭式循环系统，不宜采用硫酸亚铁涂膜。因聚磷酸盐在水中易产生粘着物，而硫酸亚铁正起着助凝作用，致使粘着物附于管壁，影响传热效果。

10.5 热网补给水及生产回水处理

10.5.1 为保证热网的安全运行及换热器的传热效率，热网补给水应进行处理，并规定了其水质标准，应符合现行的国家标准《低压锅炉水质》的有关规定。

10.5.2 通过调查，锅炉排污扩容器后的排污水，作为热网补给水，其水质符合要求，是可行的。

10.5.3 目前，供热式发电厂的特点是：地方性强、热负荷随季节及昼夜变化大、机组型式多样。作为设计依据的回水原始资料很难掌握，这给生产回水处理方案的选择和容量的确定带来了困难。通过对一些热电厂的实际运行情况了解，回水率一般为 0～30%。除一些水资源紧张的地区外，设计生产回水处理的不多，并普遍存在回水数量和质量不稳定的问题。因此，设计热电厂时，应掌握可靠的供热负荷、回水量及回水水质等资料。若无确切的资料，在系统和具体布置上宜留有接收合格回水的条件。

10.5.5 以生产回水作为锅炉或热网补给水时，其水质标准以不影响给水质量为原则。符合给水标准的生产回水即为不需要处理的清洁回水，可进入热力系统中设置的回水箱。符合上述生产回水水质标准，而不能满足给水水质要求的则需要处理。生产回水水质指标超标的，经技术经济比较确无回收价值的则不考虑回收处理。

为解决回水水质时好时差，回水收集系统宜设清洁回水箱和污染回水箱。回水母管上，应装水质监督仪表，根据水质情况自动或人工将回水分别送入清洁回水箱或污染回水箱。

回水除油一般采用的方法有：机械分离法、化学凝聚法、过滤法等。过滤法中采用较多的为覆盖过滤器，其助滤剂有硅藻土粉、活性炭粉和焦炭粉等多孔隙和化学稳定性好的过滤材料。西北地区某热电厂，原采用锯木作为覆盖过滤器的滤料，后改用电厂的煤粉，不仅材料来源方便，且处理后出水也有所改善。

如果要求出水含油量低于 1mg/L，则有必要采用聚结器，利用亲油基的阳离子交换树脂吸附微量油，然后在油滴增大后再释出。

回水除铁，可采用覆盖过滤器和电磁过滤器等去铁措施。用阳离子交换器除铁也是一种有效的处理方式。

10.6 防 腐

10.6.1 防腐层的涂衬和耐腐蚀材料的选用应注意工作环境以及所接触的介质等使用条件的要求。

10.7 药品贮存和计量、化验室及化验设备

10.7.1 本条文补充了由铁路运输时药品库存量的规定。

10.7.2 各种溶液箱配药通常为每班一次，故其容量应满足 8h 的药品耗用量。

离子交换器再生用药量与离子交换剂品种、运行条件等因素有关，故规定了计量箱的容量，应按一次再生最大用药量选择。混合离子交换器的计量箱宜单独设置。

计量箱结构简单，又处于间断运行状态，因此不考虑备用。

10.7.3 酸、碱及其强腐蚀性凝聚剂等的贮存计量间的地面、墙裙、沟道应防腐，地面应有冲洗排水设施。

酸贮存计量间的墙壁、顶棚及其钢平台扶梯、设备管道外表面，应考虑防腐。

过去，有的采用地下式酸、碱贮存池，由于防腐层的质量不好，曾发生酸、碱泄漏事故，并危及附近建筑物的基础。因此，不宜采用地下混凝土（内壁衬玻璃钢）制的浓酸、浓碱池。

为加强劳动保护，石灰库应考虑有除尘、通风等措施。

为防止浓硫酸吸收空气中的水分，在贮存槽的通气口，可设置除湿器。

对纸粉贮存间，应有防火、防爆措施。

为减轻劳动强度，药品库内宜设置必要的装卸设施。

10.7.4 为防止酸、碱溢流事故的发生，设在地上的酸、碱贮存槽的周围，应设防护围堤。围堤内侧设排泄沟槽，将外溢酸、碱液引至中和池。

为保证设备和人身的安全，酸、碱装卸及贮存设备附近，应设有防护及冲洗设施。

为防止盐酸酸雾逸散，可采用液体表面密封措施。

为防止氯瓶泄漏扩散，加氯间应考虑设置安全措施。

10.7.5 对企业自备发电厂，化验室的设置及仪器的配备，宜由总厂统筹规划设中心试验室，以节约发电厂的投资。

11 电 力 系 统

11.1 发电厂与电力网的连接

11.1.1 发电厂以何级电压接入地区电力网不宜作硬性规定，应根据地区电力网具体情况，通过技术经济比较后确定。

按照电网应"统一规划、统一调度、统一管网"的原则，发电厂的设计，应有接入系统设计或章节，接入系统的方案应征得地区电业部门的同意，并取得并网协议和经主管部门审定。

11.1.2 原规范对接在发电机电压母线上的主变器台数作了如下规定："接在发电机电压母线上的主变压器，宜设置1台。当发电厂设置2台主变压器时，应通过技术经济比较确定"。

经过多年的运行实践，此规定已不适宜。调查中，多数单位均不同意这样的规定；有些单位则赞成设置2台主变压器。故本次修订时，对主变压器的容量、台数未做硬性规定，应根据发电厂的装机容量、台数、发电机电压母线负荷及地区电力网供电负荷、输送距离等情况通过技术经济比较确定。

11.1.3 主变压器总容量，应按发电厂投产后5年内电力负荷的发展规划确定。

供热式发电厂主变压器容量的确定，还应满足因供热负荷变动而限制发电出力需从地区电力网受电的情况。故增加了"或因供热负荷变动"的内容。

11.1.4 一般情况下，发电厂的主变压器应采用双绕组变压器，以减少发电厂出现的电压等级，便于运行管理。

经技术经济比较论证，确需出现两种升高电压等级，而且建厂初期每种电压侧的通过功率达到该变压器任一个绕组容量的15％以上时，才可选用三绕组变压器。

11.1.5 正常情况下，发电厂与地区电力网间的交换功率不会有太大的变化；地区电力网的电压也不应有太大的波动，故发电厂的主变压器采用有载调压变压器的必要性不大，因此，为了提高运行的可靠性，不宜采用有载调压变压器。

对某些容量较大（装机总容量在100MW及以上），且当地电业部门又要求承担调频调相任务的发电厂，及单机容量大、机组台数少，且停一台机组引起倒送电的发电厂，也可以采用有载调压变压器，但需经过调相调压计算论证。

11.2 系统保护

本节内容按现行的国家标准《电力装置的继电保护和自动装置设计规范》的有关规定执行。

11.3 系统通信

11.3.2 通过调查研究，发电厂与调度所之间，设1个可靠的调度通道是合适的（所需远动通道在11.4节中说明）。

11.3.3 发电厂的系统通信，采用电力线载波方式经济可靠，是比较合适的一种通信方式，其他的通信方式可根据实际情况选定。

11.3.4 通信电源是保证通信畅通的重要环节，本条

文对电源的要求，较原规范规定有所提高。提出通信直流电源，宜采用整流器同蓄电池组浮充供电方式。

11.3.5 一般情况下，小型发电厂系统通信装置数量少，可与厂内通信装置合用机房。

11.4 系统远动

11.4.1 发电厂6～25MW机组由地区调度所调度，6MW以下的机组一般由县调度所调度。在发电厂没有装微机远动设备的情况下，调度需要的远动信息，由发电厂对侧的变电所或发电厂（电力系统的厂、所）中的远动设备向调度所传送远动信息。所以，发电厂上不上远动设备主要应由调度所决定，以地区电网调度自动化系统规划设计为依据。

目前远动装置全部为微机远动装置，均带有一定的当地功能。当发电厂没有当地计算机时，远动装置有条件时，可适当兼顾发电厂电气自动化监测的功能。

11.4.2 发电厂的信息传送给调度所，主要是为调度能及时了解电厂的运行情况提供数据，所以发电厂的具体信息内容应由调度提出要求，可参照《地区电网调度自动化设计规定》的有关内容确定。

11.4.3 小型发电厂不宜设置专用的远动机房，故只提出对远动装置的安装地点，应防尘、运行方便，并应缩短电缆连接长度等要求。

11.4.4 远动装置用的电源，对小型发电厂没有必要设专用不停电电源，可与其他装置合用。

11.4.5 小型发电厂至调度所的远动通道，不强调要有2条独立的通道，本条规定"应有1条可靠的远动通道"。

12 电气设备及系统

12.1 电气主接线

12.1.1 小型发电厂多数为热电厂，一般靠近负荷中心，常由发电机电压配电装置供电。发电机电压的选择，可根据各地区电力网的电压情况，经技术经济比较后选定。

当发电机与主变压器单元连接，且有厂用分支线引出时，发电机额定电压，采用6.3kV是恰当的，可以节省高压厂用变压器的费用，并可直接向6kV厂用负荷供电。

12.1.2 本条明确了发电机电压母线的接线方式，对连接母线上的不同容量机组规定了不同要求。当每段母线容量在24MW及以上，负荷较大，出线较多且有重要负荷时，为保证对用户安全供电、灵活运行，采用双母线或双母线分段是必要的。

12.1.3 原规范的规定只限于6MW及以下容量的机组，无法适应本规范修订的需要。

SN$_{10}$-10 型轻型少油断路器，体积小、重量轻、价格便宜，可放在成套柜中，便于安装，应尽量将短路电流水平限制在其允许范围内。

SN$_4$-$\frac{10}{20}$ 型少油断路器，笨重、体积大、安装不便、价格昂贵、开断电流仅能达到 58kA，应尽量不予采用。

据调查，有发电机直配线的发电厂，其限流电抗器的设置位置有下列几种情况：

（1）当每段母线上发电机容量为 24MW 及以上时，需在发电机电压母线分段上和直配线上安装电抗器来限制短路电流。

（2）当每段母线上发电机容量为 12MW 及以下时，宜在母线分段上安装电抗器。

通过实例，进行短路电流计算的结果，与调查的实际情况是相符的。

（3）实例测算，限流电抗器安装在不同地点，其效果是有差异的。以限流电抗器装在母线分段上的效果最为显著，最为经济。

本规范不提装设分裂电抗器的原因是：分裂电抗器虽然在正常运行时电压损失小的优点，但也有其缺点，一是不好订货，二是灵活性差，两臂负荷不易维持平衡等。

12.1.4 原规范规定："母线分段电抗器的额定电流，宜按最大一台发电机的额定电流 80％ 计算"。此规定太死，因此本次修订改为：宜为最大的一台发电机额定电流的 50％～80％。

12.1.6 发电机与双绕组变压器为单元连接时，对供热式机组，在发电机与变压器之间是否装设断路器的问题，存在意见分歧。多数意见主张装设断路器。因供热式机组，经常有停机不停炉的运行方式，此时需要主变压器向锅炉辅机供电，以保证厂用电的可靠性。如果没有这台断路器，势必启动备用电源，经常启动备用电源，这将降低厂用备用电源的可靠性。因此，希望对供热式机组在发电机与双绕组变压器之间装设断路器，以提高供热机组运行的可靠性和灵活性。而对凝汽式机组来说，机、炉同时检修，因此不需装设断路器。

另外一种意见认为不装设断路器，供热式机组即使在停机的情况下，也可启动备用变压器向锅炉辅机供电，从而保证锅炉对外供热。

本次修订按前一种意见进行了修改。

12.1.7 本规范适用的发电机单机容量最大为 25MW，可能出现的最高电压是 110kV，因此对接线方式的规定只限于 110kV 及以下（包括 35kV、63kV）的电压等级。

12.1.8 对于 25MW 及以下的机组，当采用发电机变压器组接线方式时，由于与发电机直接联系的电路距离较短，其单相接地故障电流很小，不会超过规定的允许值，因此采用发电机变压器组接线的发电机的中性点，不应采用接地方式。

当有发电机电压母线时，尤其是当有电缆引出线时，发电机电压回路中的单相接地故障电流有超过允许值的可能，为了保护发电机和运行回路的安全供电，应以消弧线圈进行补偿。

至于消弧线圈的装设地点，据某热电厂实践经验证明，消弧线圈装在高压厂用变压器中性点比装在发电机中性点较为合理。

据调查，当消弧线圈装在发电机中性点时，一旦发生严重的过补偿的情况，且消弧线圈的电感电流等于网络电容电流的 9 倍时，发电机中性点三次谐波电压分量会出现最大值，高达上万伏，这种性质的过电压出现概率虽小，但一旦出现，将对发电机和电缆绝缘产生危害。河北某热电厂在 1983 年的一次事故就证明了这一点。

因此，在工程设计中，应优先考虑将消弧线圈装在厂用变压器的中性点。

一般情况下，不采用专用接地变压器作为补偿方式，其缺点：一是增加投资；二是接地变压器检修时，将使消弧线圈退出运行，这是不可靠的。

12.1.9 发电厂主变压器的接地方式，决定于电力网中性点的接地方式，因此本条不作具体规定，应按系统规划专业提供的接地方式而定。

12.2 厂用电系统

12.2.1 原规范适用的发电机容量范围较小，本次修改单机容量增大到 25MW，将出现高压厂用电系统，所以增加了高压厂用电系统的规定。

以往的规范规程中，其电压等级均有 3kV 这一级电压。这次修订，据调查的 32 个发电厂中，仅湖北 3 个电厂（单机容量均为 12MW）采用了 3kV 高压厂用电系统。有些单位反映，3kV 电压等级的设备系列不全，订货困难，且电压质量不好，自启动条件差，因此本次修改取消了采用 3kV 高压厂用电系统的电压等级。如果扩建的发电厂，为了与老厂取得一致，也可采用 3kV。但本规范不作规定。

12.2.2 高压厂用工作变压器不应采用有载调压变压器。该条所述的变压器包括：发电机出口引接的高压厂用工作变压器和从发电机电压母线引接的高压厂用工作变压器。

随着电网频率和电压质量的提高，绝大多数发电机的端电压波动范围都在额定电压的 ±5％ 范围以内，相应的高压厂用母线电压偏移的绝对值不超过额定电压的 10％。因此只要合理选择高压厂用工作变压器的固定分接头，就可保证高压厂用母线的电压偏移控制在额定电压的 ±5％ 范围以内。另外有载调压变压器的质量尚存在不少问题，运行中发生过不少事故，是高压厂用电系统运行中的薄弱环节。为了提高高压厂用工作变压器的运行可靠性，所以高压厂用工作变压器，不应采用有载调压变压器。

高压厂用工作变压器不采用有载调压变压器，而又要求厂用母线上的电压偏移在±5%以内，必须具备两个条件：一是发电机出口电压波动不应超过±5%；二是高压厂用工作变压器的阻抗电压不应大于10.5%。这两条是由华东电力设计院经过大量工程计算和实际运行情况调查所证实的。因此，高压厂用工作变压器的阻抗电压，不应大于10.5%，目前已被公认是选择变压器阻抗的一个必要条件。

12.2.3 由于高压厂用备用变压器运行时间短，所以对运行可靠性的要求可以低一点。另外，考虑到高压厂用备用变压器，有从升高电压母线引接的可能，该母线电压受电力系统的影响比较大，为了考虑全厂停电后满足机组启动的要求，必须保证高压厂用母线的电压波动不超过±5%。所以当高压厂用备用变压器的阻抗电压为10.5%以上时，应采用有载调压变压器。

12.2.4 为了便于检修，强调了高压厂用工作电源与机组对应引接的原则。我国绝大多数发电厂是按此原则引接的，并已有丰富的运行经验。

12.2.5 对高压厂用变压器的容量考虑留有10%的裕度，一是为了满足负荷发展的需要；二是为了使变压器的绕组能在较低的温升状态下运行，以提高变压器运行的可靠性和经济性。这是借鉴了国外的设计经验。

对低压厂用变压器容量的选择留有10%左右的裕度，也是考虑今后负荷发展和临时用电的需要。

12.2.6 由发电机电压母线引接的备用电源，可靠性差，但运行经验表明，发生故障的几率很少。如在运行方式上预先采取一些措施，可以避免扩大事故。这种引接方式具有投资省的优点，因此，当有发电机电压母线时，可从该母线引接一个备用电源，而第二个备用电源则不宜再从该发电机电压母线引接。

"电源可靠"的含义，是容量应能满足备用电源自启动和连续运行的要求，电源数量应在2个以上（包括本厂的发电机电源）。"从电力系统取得足够的电源"是指，在发电厂全厂停电后能满足启动机组的需要，包括三绕组变压器的中压侧从高压侧取得足够的电源。此时应注意由于负荷潮流变化引起母线电压降低的不利因素，并应满足发电厂重要的大容量电动机正常启动电压的要求。

"由外部电网引接专用线路"作为高压厂用备用电源是指，发电厂中仅有1～2级升高电压向电网送电，而发电厂附近有较低电压级的电网，且在发电厂停电时能提供可靠的电源，在这种情况下，可从该电网引接专用线路作为备用电源。

"两个相对独立的电源"是指，接于同一升高电压等级的不同母线段上（包括通过母联或分段断路器连接的不同母线），也就是说2个及以上的高压厂用备用电源，可全部引自具有2个及以上电源的双母线接线的配电装置，或单母线分段接线的配电装置。当技术经济合理时，也可从不同电压等级的配电装置母线上引接。

12.2.7 高、低压厂用备用变压器的容量选择，均应满足最大的一台厂用工作变压器所带的负荷的要求，不考虑"带一投一"的运行方式。因为两个工作电源同时故障的概率是很小的，即使设计时按"带一投一"的要求选择备用电源的容量，但因自启动电压很低，对第一台机组的运行带来很大的影响，更严重的是，当带一台机组厂用负荷的高压备用电源，再行自投到有永久性故障点的第二个工作电源时，若继电保护动作不正确或断路器拒动，则有可能造成该备用电源跳闸，造成两台机组都失去厂用电源，而扩大了事故。

12.2.8 对25MW及以下发电机的厂用分支线上装设断路器，已有成熟的运行经验，其优点是，当厂用分支回路发生故障时，仅将高压厂用变压器切除，而不影响整个机组的正常运行。

12.2.9 条文中的Ⅰ类负荷，系指短时停电（包括手动切换恢复供电）可能影响人身和设备安全，使生产停顿或导致发电量大幅度下降的负荷，如给水泵、凝结水泵、送风机、引风机等。Ⅱ类负荷，系指允许短时停电，但停电时间过长有可能损坏设备或影响正常生产的负荷，如输煤设备、工业水泵、疏水泵等。Ⅲ类负荷为长时间停电不会直接影响生产的负荷，如试验室和中心修配厂的用电设备。

本条文中所指的备用电源，是专用的备用电源，不包括互为备用的备用电源。

12.2.10 在工作电源较多的情况下，为了对工作电源提供可靠的备用电源，需设置第二备用电源，以满足厂用电源供电的可靠性。对过去规定的高压厂用工作电源在6台及以上和低压厂用工作电源在8台及以上时需设第二备用电源，调查结果无异议，因此本次修订按此规定执行。

12.2.11 高压厂用电系统，不管锅炉的容量大小，均采用单母线按炉分段的原则。这种接线方式已积累了成熟而丰富的运行经验，运行操作方便，可靠性高，检修方便。据调查，尤其是供热机组，虽然锅炉容量不大，但由于其运行起、停频繁，很需要采用独立性比较强的按炉分段的单母线接线。这种接线既灵活、又可靠，运行人员反映，采用这种接线方式是适宜的。

12.2.12 发电厂内设置固定的交流低压检修供电网络，所增加的投资不多，但可减少检修、试验的准备工作，提高工效，生产单位较满意。

在各检修现场装设检修电源箱，是为了供电焊机、电动工具和试验设备等使用。

12.2.13 厂用变压器接线组别的选择，应使厂用工作电源与备用电源之间相位一致，原因是以便厂用电源可采用并联切换方式。

低压厂用变压器采用 D、yn 接线组别方式，可使变压器的零序阻抗大大减小，减小各种类型的短路电流差异，提高承受三相不平衡负载的能力，并可简化保护方式。所以本条规定宜采用 D、yn 接线组别。为了照顾过去的习惯，也可采用 Y、yn 接线组别。

12.2.14 对小机组厂用配电装置的位置，我国传统习惯是将其布置在除氧间底层或运转层，这种布置接近于负荷中心，是经济、合理的，应予优先采用。

12.3 高压配电装置

12.3.1 关于配电装置的型式的选择，在《3～110kV 配电装置设计规范》中只作了原则性的规定。为了设计中便于选型，故作了本条规定。

35kV 屋内配电装置，具有节约土地、便于运行维护、防污性能好等优点，投资也不高于屋外型，所以宜采用屋内配电装置。

63～110kV 配电装置，在 2 级及以上污秽地区的屋外配电装置，需采用相应防污型的电气设备，与在屋内采用一级防污型设备时的综合造价基本相近，从经济、技术全面衡量，2 级及以上污秽地区的 63～110kV 配电装置，宜采用屋内配电装置。

SF$_6$ 全封闭组合电器是目前比较先进的电气设备，它具有安全可靠、检修周期长、可以简化土建设计、大量节约占地等优点，但目前价格太贵。所以本规范规定，对土地少，而又必须在该地区建厂的情况下，经技术经济比较方可采用。

63～110kV 配电装置采用屋外中型布置时，因其占地面积大，对人均占地面积少的地区，不推荐采用，而应采用高型或半高型布置。对人均耕地面积多，土地贫脊和高地震烈度地区，可采用中型布置，并根据大气污染情况提高外绝缘水平。

12.4 电气建筑物、构筑物总布置

12.4.1 电气建筑物、构筑物的布置，应与发电厂总体规划相协调，总体布置要尽量满足电气生产工艺流程要求，使其布置紧凑，节约占地面积，节约投资。

发电厂的电气设施，主要是高压配电装置、主变压器、厂用变压器及主控制楼（室）。各部分电气设备的布置，既满足电气工艺流程的要求，又布置紧凑，使进出线方便，缩短导线路径和电缆走径，做到技术合理，造价降低。

12.4.2 高压配电装置占地面积大，其方位的确定合理与否，直接影响到高压进线、出线的布置，关系到整个发电厂厂址的有利条件能否得到充分利用，同时也涉及到主要建筑物和辅助建筑物在厂区的布局是否合理。

我国大多数发电厂，特别是小型发电厂的高压配电装置，均布置在汽机房的前方，背向汽机房出线。主厂房方位的选择，应考虑高压输电线出线方便。当发电厂位于城镇或工业区时，主厂房的方位，应与城镇或工业区规划的发电厂出线走廊相协调。厂址紧邻江、河、湖、海和高山时，高压输电线的出线方向，不宜紧邻面向水面和高山，应留有侧向出线的走廊，以利高压输电线出线。

高压配电装置的布置，体现了发电厂厂区规划布置的综合水平，电气专业必须与有关专业协调好，做到合理布置，达到走线方便，布置紧凑，节省占地。

关于发电机电压母线配电装置的位置，应视发电厂单机容量的大小而定。单机容量为 6MW 及以下的发电厂，因机组容量小，发电机电压母线短路电流较小，不需加限流电抗器，因而接线简单，可采用成套开关柜，这样可使配电装置建筑物垮度缩小，总占地面积减小，有条件布置在与主厂房 A 列相毗邻的位置上。这样布置，也大大缩短了发电机引出线的距离和发电机电压配电装置与厂用配电装置间的距离。

单机容量为 12～25MW 的发电厂，为了限制短路电流，一般在发电机电压配电装置中加装母线分段电抗器或同时加装线路电抗器，这将使配电装置的布置复杂化，不可能完全采用成套开关柜，需要采用两层或三层的多层布置，占地面积和高度将大大增加，无条件毗邻于主厂房的 A 列布置，只能是脱开主厂房布置于主厂房环形通道的外侧场地上。

12.4.3 主变压器及高压厂用变压器的布置，一般有以下两种方式：

主变压器及高压厂用变压器紧靠汽机房 A 列柱布置。这种布置可缩短发电机至主变压器和高压厂用变压器的距离，也可以缩短高压厂用变压器至厂用配电装置的距离。这种布置方式对凝汽式机组是可行的，而对热力管道比较多的供热式机组，则布置有困难。

主变压器布置在主厂房环形通道外侧高压配电装置的场地内，避开汽机房前管道走廊。供热式机组一般采用这种布置方式。

12.4.4 主控制楼（室）是全厂电气设备的控制中心，其主要任务是对全厂电气设备进行监视、控制，保证电气设备的安全运行。因此，其位置的选择，不仅要考虑到使控制电缆最短，而且要考虑运行人员联系工作的方便。主控制楼（室）的方位，应有良好的朝向、通风和采光。

为了运行维护方便，主控制楼（室）应与配电装置相毗邻，因此主控楼（室）布置的位置决定于配电装置的位置。当主控制楼与主厂房脱开布置时，为了便于主控制楼与主厂房运行人员的联系，应设天桥。

据调查，一般 6MW 及以下机组的主控制楼（室）与主厂房相毗邻布置；当机组容量为 12MW 及以上时，主控制楼与主厂房脱开布置。

12.5 电气主控制楼（室）

12.5.1 为了对发电厂的电气设备进行监视、控制，使发电厂能安全运行，必须单独设置电气主控制楼（室）。

主控制楼（室）建起来以后，再行扩建是比较困难的。主环控制屏已按规划容量布置好，若再行扩建，原有电气屏盘无法移动，难以重新布置，同时，势必将影响已建机组的正常的运行。所以主控制楼（室）应按规划容量一次建成。

据调查，近年来，由于电力事业的迅速发展，往往对规划容量估计不足，给后来的继续扩建带来了困难。因此，在第一期工程前期工作中，应做好规划容量论证工作。当规划容量一时难以最终确认时，可在规划容量的基础上，适当留有余地，以免给继续扩建造成被动。

12.5.2 对控制室的屏间距离与通道宽度，应满足运行维护和调试便利的要求。

在布置上应为方便分期建设创造条件。

12.6 直 流 系 统

12.6.1 据调查，全厂停电事故的概率虽不算多，但仍时有发生。为了使机组安全停机，必须保证对重要直流负荷供电。运行实践证明，蓄电池是比较可靠的直流电源，并有成熟的运行经验。其他类型的直流电源可靠性差，无成熟的运行经验，一般不予采用。

12.6.2 关于蓄电池组数的规定。考虑到装机台数在3台及以下，且总容量不到100MW的发电厂，在电力系统中重要性较低，适当降低蓄电池的设置标准，以节省投资。蓄电池是比较可靠的直流电源。对需要维护的酸性或碱性蓄电池，只要平时加强维护，在全厂停电时，一般是不会发生由于蓄电池本身问题而影响对重要直流负荷的供电，因此设一组蓄电池就可以了。当蓄电池需要检修时，只要采取相应的安全措施，还是有条件检修的。

对3台以上，且总容量在100MW及以上的发电厂，在电网中占有一定的地位。为提高发电厂供电和供热的可靠性，宜提高蓄电池的装设标准，可设2组蓄电池，以提高运行的可靠性和灵活性。

12.6.3 关于发电厂的直流系统电压采用220V的问题，考虑到发电厂中的控制、合闸等回路较长，电压降较大，另外直流油泵需要220V直流电源，小型发电厂的控制、动力合用一组蓄电池，所以规定，发电厂的蓄电池直流电压，宜采用220V。据对32个发电厂的调查，其中有30个发电厂蓄电池的电压采用220V，2个发电厂采用110V，而这两个电厂均为6MW和3MW机组，没有直流油泵，仅作为控制电源和事故照明。

事故照明在发电厂中所占比例较大，如果采用110V，则将使电缆和导线截面加大，这是不经济的。因此本规范规定，蓄电池组的电压，宜采用220V。

关于小机组直流系统设不设端电池的问题，我国传统的做法是，当只有一组蓄电池时，为了安全运行，一般都带端电池，这样无论在正常运行和事故状态下，均可通过调节端电池来维持各种运行方式下直流母线电压在允许的范围内，即使在均衡充电或核对性充放电时，也可以维持直流母线电压在较高的水平。据调查，21个发电厂装有一组蓄电池，均带有端电池。但端电池在正常运行时，一般都不接在直流母线上，这样往往由于其自放电和维护不良而导致硫化严重。大部分发电厂采用专用的小型整流器，通过浮充或定期对端电池补充充电的方法，来防止硫化和老化，但其使用寿命仍然不如经常使用的电池。

当发电厂设有两组蓄电池，其中一组蓄电池需进行核对性充放电时，可以暂时退出运行。因此当设两组蓄电池时，可不设端电池。

12.6.4 发电厂蓄电池供电的负荷统计法，已是多年来遵循的方法，对此方法调查中并未反映有不同的意见，所以仍按以往的统计法设计蓄电池组的容量。

12.6.5 据调查，多数发电厂全厂事故时，厂用电的停电时间按30min计算设计蓄电池容量是可以满足要求的。但是也有的发电厂厂用电事故停电时间超过30min，为了保证发电厂的安全运行，计算蓄电池容量时，应留有裕度，所以规定与电力系统连接的发电厂，交流厂用电事故停电时间应按1h计算。对于直流润滑油泵供电的计算时间，鉴于机组惰走期间供油量的逐渐减少，按0.5h满负荷计算供电量，是可以满足要求的。

12.6.6 近年来，在我国的发电厂中，已广泛采用硅整流装置作为蓄电池组的充电和浮充电设备。在新建的发电厂中，已不再装设电动发电机组。有些发电厂已将原装设的电动发电机组拆除，改用硅整流装置。运行证明，硅整流装置与电动发电机组比较，具有运行可靠，维护方便，效率高和无噪声等优点。目前各种规格的硅整流装置，制造厂已能配套供应。因此规定发电厂蓄电池组的充电、浮充电设备，宜采用硅整流装置。同一组蓄电池的充电和浮充电运行不是同时进行的，为了提高硅整流装置的利用率，充电设备宜能相互兼顾。

当一组充电设备检修时，相应的蓄电池组就无法进行充电或浮充电运行。为了提高直流系统供电的可靠性，规定1组蓄电池应装设2套充电设备；2组蓄电池可设3套充电设备，其中一套作为公共备用。

12.6.7 原规范对直流系统的接线方式未做规定。过去有些发电厂采用双母线的接线方式，它具有运行方式灵活、检查接地方便等优点，但也存在接线复杂、可靠性较低等缺点。如华北和华东地区的两个发电厂，曾发生过因刀闸开关误操作而造成部分端电池短路，导致蓄电池损坏的事故。此外，由于在同一块直流屏上有两组母线，布置拥挤，即使一组母线全停电，也无法对该组母线进行清扫、维护，运行检修人员认为，这是两组母线的最大的弊病。

为了克服以上弊病，简化接线，本规范规定"发电厂的直流系统，宜采用单母线或单母线分段的接线方式"。

采用上述接线方式时，每一段母线上接有一组蓄电池和相应的充电设备。当相同电压的两组蓄电池设有公共备用充电设备时，在接线上还应能将这套备用的充电设备切换到两组蓄电池的母线上，但要采取措施，防止两组蓄电池并列运行。

12.6.8 发电厂中一些允许短时停电的直流负荷，如运煤系统的电磁除铁器所处的环境条件比较恶劣，当采用厂用蓄电池组作为直流电源时，将使直流系统的供电范围过大，容易发生接地故障而影响直流系统的安全运行。为了提高对重要直流负荷供电的可靠性，规定了对允许短时停电的直流负荷，应由单独的硅整流设备供电。

12.6.9 25MW 及以下的机组，一般均为直流励磁机系统。由于同轴直流励磁机故障的机会多（如整流子冒火、接地等），为避免因励磁机发生故障而影响发电厂的连续运行，装设备用励磁装置是必要的。

据调查，一个发电厂因 2 台励磁机同时发生故障，需投入 2 台备用励磁装置的情况从未出现过。因此，规定地区重要的发电厂或发电机台数为 3 台及以上的发电厂，可装设一套备用励磁装置。其设计参数，应能满足以后扩建机组的要求。当规划扩建机组容量变更，第一套备用励磁装置不能满足扩建机组要求时，才允许装设第二套备用励磁装置。

近几年来，有些制造厂对小机组也采用了交流励磁方式，但这种励磁方式应由制造厂设置备用措施，所以发电厂不应再设备用励磁装置。

12.7 二 次 接 线

12.7.3 在主控制室控制的设备中增加了备用励磁装置、消防水泵和系统联络线。

备用励磁装置虽然不经常投入运行，但其属于重要设备，目前发电厂的备用励磁机都在主控制室控制。

发电厂的消防水泵具有特殊的重要性，并且台数不多，在主控制室控制，对控制屏台布置的影响不大。

系统联络线，是发电厂与系统联络的重要线路，主控制室应随时掌握其运行情况，并对其进行控制。

12.7.4 本条规定，主控制室控制的设备和元件的继电保护装置和电度表，宜装设在主控制室内。但备用励磁装置的继电保护装置，应放在厂用配电装置室内。低压厂用变压器的继电保护和电度表，也可以放在厂用配电装置室内。

12.7.5 本条增加了"供辅助车间用的厂用变压器，宜采用就地控制"的内容。

关于 6～10kV 用户线路在主控制室控制，或是就地控制，调查结果意见不一致，而实际上，热电厂在主控制室控制的居多。从经济上考虑，就地控制投资省；从运行上考虑，在主控制室方便。因此，本规定未作硬性规定。

关于辅助车间用的变压器，均就地布置，为了节省电缆和便于运行，所以规定在就地控制，但要给主控制室打个信号。

12.7.6 在主控制室内，宜装设能重复动作并延时启动消除音响的事故信号和预告信号装置，已有成熟的运行经验，使用效果也较好，在发电厂中普遍采用。原规范的规定不够明确，本次修订加以明确。

以往小机组的断路器控制回路，均采用灯光监视，这种运行方式比较直观、清晰，已为运行人员所习惯，因此规定可采用灯光监视。

12.7.7 以往 25MW 及以下的机组的发电机远方测温装置，均装在汽轮机控制屏上，运行单位未反映不同意见。

关于变压器远方测温，可装在控制其元件的控制屏上。

过去，采用主控制室控制方式的发电厂，其变压器的远方测温，绝大多数是采用集中方式，具有布置紧凑、检测方便等优点。但一些运行单位反映，由于转换开关质量存在缺陷，反而影响正常测量，希望采用分散的方式，因此本条文不作硬性规定。

12.7.8 闭锁装置可由机械的、电磁的或电气回路的闭锁构成。

原能源部能源安保［1990］1110 号文《防止电气误操作装置管理规定》（试行）中第十六条规定："高压开关柜及间隔式配电装置（间隔）有网门时，应满足"五防"功能的要求"，即高压成套开关柜应具备防止误分、误合断路器，防止带负荷拉、合隔离开关，防止带电挂（合）接地线（开关），防止带接地线（开关）合断路器（隔离开关），防止误入带电间隔等"五防"功能。对间隔式（装配式）配电装置的网门，由于实现"五防"要求的配套元器件的制造质量、品种尚有待进一步完善、改进，因此，有条件时，也应满足上述"五防"功能的要求。

12.8 电气测量仪表

本节内容按现行的国家标准《电力装置的电测量仪表装置设计规范》的有关规定执行。

12.9 继电保护和安全自动装置

本节内容按现行的国家标准《电力装置的继电保护和自动装置设计规范》的有关规定执行。

12.10 照 明 系 统

12.10.1 目前，我国绝大多数发电厂的低压厂用变压器，采用中性点直接接地系统。正常照明，基本上是由动力和照明网络共用的低压厂用电系统供电的。采用这种供电方式，大多数运行单位认为是可行的，它具有节省基建投资和减少维护检修工作量等优点。因此规定"正常照明的电源，应由动力和照明网络共用的中性点直接接地的低压厂用变压器供电"。但在某些特殊情况下，当发电厂处于电力系统末端，且负荷变化大，电压偏移幅度大时，照明电压的质量就不能得到保证。低压厂用电系统的电压高时，灯泡损坏快；电压低时，一旦在大电动机启动时，可能引起灯光变暗，荧光灯打闪，甚至熄灭，造成值班人员精神紧张，影响正常监盘。因此，当电压质量不能满足照明要求，且技术经济合理时，也可采用专设的照明变压器供电。

25MW 及以下机组事故照明的唯一电源由蓄电池提供。

当采用镉镍蓄电池作为直流电源时，为了不使镉镍蓄电池容量选择的太大，经技术经济比较合理时，在主厂房的主要出入口、通道、楼梯间以及远离主厂房的重要工作场所的事故照明，可采用应急灯。

12.10.2 36V、24V、12V 均为国家标准的安全电压。鉴于携带式作业灯和隧道照明均容易触电，为了人身安全，应采用 36V 电压。如隧道采用 220V 电压时，应在线路敷设和灯具上采取防触电措施。在锅炉本体以及金属容器内检修时，由于其空间有限，人的工作活动不方便，更易触电，因此规定携带式作业灯的电压为 12V。为了确保人身安全，降压变压器必须采用全隔离式，不应采用自耦变压器。

12.10.3 过去规定，易触及而又无防止触电措施的固定式或移动式照明器，其安装高度距地面 2.2m 及以下，且又是容易导电的场所，为了人身安全，其电压限制在 24V 以内，实际使用证明是安全可靠的。故补充增订此条文。

12.10.4 发电厂的照明系统，应根据各个工作场所的环境条件和使用要求选择合适的照明器，并尽可能采用发光效率高、寿命长和维修方便的照明器。发电厂的事故照明，一般采用直流供电，因此应采用能瞬时可靠点燃的照明器。据调查，过去有的发电厂采用荧光灯作为事故照明，但未经受事故考验。也有的发电厂的事故照明，经逆变器接入荧光灯，但由于逆变器不过关，仍然不能使荧光灯可靠点燃。根据当前照明器质量情况，白炽灯是比较可靠的。

屋内、屋外照明器的布置，除需考虑工作场所对照明的要求外，还应结合该场所主要设备布置情况，选择合适的安装位置，满足照度要求，方便维修。过去设计的一些发电厂，由于对此考虑不周，照明线路的布置和照明器的安装位置选择不当，给维修工作带来困难。

在屋内、屋外配电装置中，照明器的安装位置，还应考虑与带电设备有足够的安全距离，以便在电气设备带电的情况下，能安全地对照明器进行维修。

12.10.5 发电厂的高耸构筑物，如烟囱、水塔、微波塔等，为了航空运输与发电厂运行的安全，应严格执行各地航空或交通部门的规定，装设障碍照明。

12.11 电缆选择与敷设

本节内容按现行的国家标准《电力工程电缆设计规范》的有关规定执行。

12.12 过电压保护和接地

本节内容按现行的国家标准《3～220kV 交流电力工程过电压保护设计规范》和《交流电力工程接地设计规范》的有关规定执行。

12.13 厂 内 通 信

12.13.2 本条文对生产管理通信交换机的容量及型式提出了具体要求。通过调查，大部分发电厂的生产管理通信交换机及调度总机容量，均超过了原规范规定的范围和数量。电力工业的迅速发展，要求加强通信建设，提高通信水平，故本条文提出按发电厂装机容量及机组台数选取交换机容量的原则。发电厂生产管理通信电话交换机的容量中，不包括生活区所需的交换机的容量。

由于现代通信技术发展十分迅速，用户程控小交换机已大量生产，这种交换机运行可靠，功能齐全，价格日趋降低。生产管理通信，宜选用程控交换机，亦可根据当地通信设施情况选用纵横制交换机。

12.13.3 据调查，大多数发电厂调度总机容量都超过了原规范规定的 12～20 门的标准，本条文将调度总机容量修订为 20～60 门。

12.13.4 发电厂同电信局交换机间中继线的数量，未作硬性规定，但提出应设置中继线。

12.14 修 理 与 试 验

12.14.1 据调查，我国目前已投运的发电厂中，绝大多数不设置变压器检修间。这些发电厂的大容量变压器，是在就地检修或在汽机房内检修的，均已取得了一定的检修经验。只有很少早期建设的发电厂设置了变压器检修间，但利用率很低。变压器的检修计划可安排在天气晴朗、干燥的日子进行。只要采用适当措施，在就地进行定期检查维护还是比较适宜的。因此当变压器采用就地检修方式时，应考虑在变压器附近留有必需的检修场地和车辆进出口的道路，以及设置必要的起吊设施。

变压器事故大修时，由于检修周期长，并需要有较好的环境条件，可考虑在汽机房内进行检修。部分发电厂反映，当机组与变压器同时检修时，往往出现争用场地的情况，认为不宜在汽机房内检修变压器。变压器事故概率很小，确实需要检修时，只要合理安排，占用汽机房检修场地是不难解决的。同时，也不应强调为检修变压器而不适当地增大汽机房检修场的面积。在设计时，还应与有关专业协调，在汽机房内合适的位置设置供变压器进出的大门和保证变压器安全运输的道路。

如果设置变压器检修间，对变压器的检修是方便些，但其利用率太低，投资大，不合算，因此发电厂不应设变压器检修间。

12.14.2 为了加强对电气设备绝缘监察的能力，将小型发电厂高压试验电压定为 35kV。35kV 电缆的直流耐压试验，可采用倍压法进行。

对 110kV 电容式套管，进行局部放电试验能及时发现问题。

对企业内的自备发电厂，当企业已经设置了电气试验室时，企业自备发电厂不应重复设置电气试验室。当企业电气试验室不能满足发电厂电气设备的高压试验项目要求时，应按发电厂电气设备试验要求给予配备。

12.15 爆炸火灾危险环境的电气装置

本节内容按现行的国家标准《爆炸和火灾危险环境电力装置设计规范》和发电厂与变电所设计防火规范的有关规定执行。

13 热工自动化

13.1 基本规定

13.1.1 热工自动化是火力发电厂运行控制的重要手段，它包括热工检测、热工报警、热工保护、热工控制以及热工自动化试验室等方面的内容：

热工检测：包括各种一次测量元件：变送器、显示仪表、巡回检测仪、积算器、CRT 屏幕显示、自动打印等仪表设备。

热工报警：包括参数越限和重要设备故障的热工报警信号，重要的热工保护动作和自动调节设备故障信号，控制室与就地联系信号等。

热工保护：包括对主辅机设备故障时的保护和操作连锁。

热工控制：包括主辅机设备运行工况的自动调节、主辅机设备的程序控制、联动操作和远方操作等。

13.1.2 条文要求在发电厂分期建设时，对控制方式、设备选型、热工自动化试验室、公共辅助生产系统等有关设施，应通盘规划、合理安排，注意兼顾全厂整体的协调和一致性。

13.1.3 条文规定设计应采用成熟的控制技术和可靠性高、性能良好的设备，其目的是为了确保和提高发电厂的安全、经济运行水平。所以机组的热工自动化装置系统的设计和设备的选型工作，应贯彻积极稳妥的方针，凡设计采用的设备和系统，在安装调试后，应能可靠地应用于生产中，并发挥效益。凡未经生产工艺运行考验并取得鉴定合格证的热工自动化设备，不得在工程设计中选用。

13.2 控制方式

13.2.1、13.2.2 就地控制方式，分就地分散控制方式和就地联合控制方式两种，前者是对单一对象进行就地控制；后者是对 2 台或 2 台以上同一类型设备进行就地联合控制。

容量为 25MW 及以下的小型机组的热力系统，一般为母管制，机、炉采用并列运行的方式，负荷分配以车间为主，因此机与机、炉与炉之间的横向关系密切。母管制除氧给水系统，是保证给水品质、维持给水压力稳定的独立运行系统，因此母管制的炉、机、除氧给水系统三者分别就地控制，并设控制室。

辅助车间，包括化学水处理室、水泵房、厂内外除灰泵房、燃油泵房、空压机站等，它服务于主设备，且和机、炉一起构成完整的生产系统。这些辅助车间设备的安全经济运行和全厂的安全生产有着密切的关系，因此必须对它们进行有效的检测和控制。由于各车间的生产是相对独立的，所以规定，宜在该车间内控制。控制方式分为：不设控制盘的就地控制和车间内设控制盘的就地控制。其中水处理容量较大，设备较多，自动化水平可以高一些，也可考虑车间集中控制方式。

13.2.3 条文规定宜 2 台炉设 1 个控制室。主要优点是，便于两炉之间的联系配合，协调操作。控制室位于两炉之间的适中位置，对两台炉运行操作均较方便，且其下部空间较大，便于设置电缆夹层或吊笼或电缆主通道，环境较好。

母管制煤粉锅炉，应设总测量控制设备，宜单独设总测量盘或布置在 2# 锅炉控制盘上。当布置在 2# 锅炉控制盘上时，由于 2# 炉检修时，总控制测量设备仍有电，因此，应考虑必要的安全措施。

13.2.4 汽机就地控制方式，分单机就地控制和双机就地联合控制。后者能减少汽机控制点，两机值班人员可互相协作，减少副值人员的配备，便于运行管理和统一指挥。因此条文规定：当汽机横向布置或纵向头对头布置时，宜 2 台机联合设 1 个控制室。

13.2.5 条文规定在汽机房零米层数台给水泵之间的适中位置布置除氧给水系统控制室。母管制除氧给水系统的控制盘，一般采取合并布置方式，以利于电厂安全经济运行。除氧给水控制室的设计，宜按电厂最终容量一次建成；当分期建设时，除氧给水控制室，应布置在一期工程的扩建端零米层，并在已建的控制室内预留扩建机组除氧给水盘的位置。

13.2.6 供热机组对外供热系统的备用减压减温器控制盘，及发电厂生产自用汽的减压减温器控制盘，一般与所在车间的主设备控制盘布置在一起，由主机值班员兼管，其目的是为了安全经济供热，确保热用户用热质量。同时，也减少了管理点和值班人员。

13.3 热 工 检 测

13.3.1 热工检测设计的任务，是对热力生产过程中的各种参数进行检测，使值班人员能及时了解主辅设备及主辅系统的运行情况，显示机组启、停和正常运行、异常事故时的主要技术参数。因此，热工检测项目的确定，应满足机组安全、经济运行的基本要求。

锅炉、汽轮发电机组主机及辅机设备、汽水系统、燃烧系统等所需测量参数分类如下：

主要参数：经济运行或安全运行必不可少的参数（设主要测量仪表）；

重要参数：为经济分析或核收费用的参数（设重要测量仪表）；

辅助参数：为分析以上两类参数中的问题需要检测的相关参数（设辅助测量仪表）；

启动参数：仅为启动过程中特别需要监视的参数（设启动测量仪表）。

13.3.2 微机监视系统是目前发电厂一种先进的检测系统，具有工艺参数数据采集、处理、显示、报警、性能计算、制表打印等功能。国内已有部分小型发电厂采用价格低廉、小型化微机监视系统，减少了显示仪表和记录仪表的数量，减轻了值班人员的劳动强度，改善了劳动条件，提高了机组的效率和供热质量，在保证发电厂安全、经济运行和节约能源等方面，取得了显著效果。因此，本规范规定，在投资增加不多的情况下，经技术经济比较合理时，可采用小型化微机监视系统。

13.3.4 本条文规定指示仪表的装设原则，强调主要参数和经常监视的一般参数应设指示仪表。但只需越限报警的一般参数不重设指示仪表。为减少表计，强调同类型参数，宜采用多点切换单点指示仪表。

据调研，大多数小型热电厂的锅炉加装的微机监控装置或小型巡回检测装置，可靠性比较高，并取得了显著的节能效果和经济效益。为此，本条文规定，凡设有微机或巡测装置进行处理的一般参数，不应重设指示仪表。

13.3.6 流量参数采用积算装置后，便于经济核算和经济分析。当采用智能流量计或热量计已对流量或热量进行积算时，不应重设积算装置。

13.3.7 由于微机监视系统，具有打印记录和累积功能，故本条文规定，当采用微机监视系统时，记录

仪表及流量积算器，不应重复设置。

13.4 自 动 调 节

13.4.3 燃烧自动调节系统，包括锅炉燃料、送风、炉膛负压三个自动调节系统。根据运行经验表明，煤粉锅炉采用燃烧过程自动调节系统，对提高锅炉机组的热效率、节约燃料、减少电耗、确保机组安全运行、减轻劳动强度，能够取得明显的效果。因此规定："煤粉锅炉可装设燃烧自动调节"。

13.4.4 蒸汽母管压力恒定，是锅炉供汽量与汽耗汽量平衡的标志，运行中维持蒸汽母管压力恒定不变，是保证机炉安全、经济运行的必要条件。以主压力调节器维持母管压力为定值，主压力调节器担负着统一指挥并列运行各台锅炉加减负荷的任务，来适应供热负荷、发电功率的变化，即耗汽量的变化，达到保持母管蒸汽压力一定的目的。因此，母管制系统的机组，采用蒸汽母管给定压力的锅炉负荷自动调节系统是最佳方案。

13.4.5 规定风扇磨直吹系统，宜设磨煤机风量自动调节。风扇磨入口风量起着入磨煤干燥和输送煤粉的作用。入磨煤量随锅炉负荷的变化而变化，而入磨的风量则随入磨煤量的变化而变化。为使锅炉安全、经济运行，风扇磨直吹系统，宜设置磨煤机风量自动调节。

13.4.6 带有微处理器的控制器，具有加减运算、比例、积分、微分、逻辑判断、延时等数十种功能，加上微机控制有很高的可靠性，组态方便，接线简单，有自诊断和自动跟踪等其他特殊功能，能组成较复杂的自动调节系统，可以代替目前功能不完善、技术性能不理想的DDZ—Ⅱ、DDZ—Ⅲ电动单元组合仪表。故本规范规定锅炉自动调节可采用微机控制器。当条件许可时，也可和微机监视系统合并，组成一个完整的小型化的微机监控系统，以实现自动调节和热工检测的统一。

13.4.7 本条规定了汽轮发电机组主、辅机装设自动调节项目的原则。汽机工艺系统主辅设备，一般设有轴封压力、抽汽式机组的抽汽压力、背压式机组的排汽压力和凝汽器、加热器、蒸发器的水位等自动调节项目。

13.4.9 原规范为减压减温器"宜设"蒸汽压力和温度自动调节装置，本次修订改为"应设"，其目的是为了保证对外供汽的质量。

13.4.10 除第13.4.7条、第13.4.8条规定的汽轮机主辅机设备应设有液位自动调节装置外，本条文规定了其他辅助工艺系统，有关需要保持液位运行的容器，亦宜装设自动调节的原则。

13.4.11 气动执行机构，要求有可靠的符合一定品质的气源，为此需设专用无油空压机和一套干燥过滤装置，其价格相当昂贵。小型发电厂中自动调节项目

不多，采用气动执行机构，需设专用的气源，经济上不合理。如果某些企业本身已有合适可靠的气源，可供企业自备发电厂气动执行机构使用时，可选用气动执行机构。一般发电厂无此条件，宜选用电动执行机构，以节约投资。

13.5 远方控制

13.5.1～13.5.5 条文内容除远方控制外，还补充了联动控制、成组控制、选线控制以及程序控制的原则和对象。

13.6 热工报警

13.6.1 随着发电厂热工自动化水平的提高，热工报警信号的范围和数量都有显著扩大和增加。当某些热工参数偏离规定值，或出现某些异常情况时，发出灯光和音响信号，以引起值班员注意，以便及时采取相应的处理措施。

13.6.2 汽机控制室与电气主控制室之间，经常联系配合，便于及时操作增减负荷和处理事故。故规定两控制室之间即机与电之间应设联系信号。

13.7 热工保护

13.7.1 热工保护的作用，是当工艺系统的某个部位在运行中出现异常情况或事故时，根据故障的性质程度，按照一定的规律和要求，自动地对个别或一部分设备，以至一系列的设备进行操作，以消除异常或防止事故发生和扩大，保证工艺系统中有关设备，特别是主要设备及人身的安全。因此，热工保护的设计，应稳妥可靠。按保护作用的程度和保护范围，设计可分下列三种保护：即①停机保护；②改变机组运行方式的保护；③进行局部操作的保护。

热工保护用的接点信号的一次元件至关重要，设计应慎重选用可靠的产品。因此，规定保护信号源宜取自专用的无源一次仪表。

13.7.2～13.7.4 锅炉、汽机、发电机的保护项目内容，主要根据主机设备要求、工艺系统的特点、安全运行要求、自动化设备的配置和技术性能确定。

65t/h 及以上的锅炉汽包，水位高至规定值时，其水位接点信号打开汽包高水位事故电动放水门，以防过热器进水。事故电动放水门一般应由锅炉制造厂配供。

煤粉锅炉炉膛压力保护，应按原能源部《火力发电厂煤粉锅炉燃烧室防爆规程》及有关的规定执行。

由于国内煤粉锅炉炉膛爆炸事故多次发生，为保证锅炉安全运行，增加了炉膛压力保护，防止锅炉内爆、外爆及加强火焰监测装置的内容。

13.8 连 锁

13.8.1 由于连锁条件是由工艺系统根据主辅机设备的要求结合工艺系统设计的运行方式提出来的，所以条文规定连锁条件应根据主辅机设备的要求及工艺系统运行的要求来确定。

13.8.2 本条文补充了热力系统及煤粉炉制粉燃烧系统各设备之间的连锁要求。

13.9 电源和气源

13.9.1 热工控制盘台，是机炉设备的控制中心，热工仪表和控制应从厂用低压配电装置及直流网络取得可靠的交流与直流电源，并构成独立的配电回路。本次修订补充了微机监控装置，应设不停电电源。

13.9.2、13.9.3 补充规定了微机监控装置及控制盘台、热控配电箱用交流 380V、220V 和直流 220V（或直流 110V）电源的设计原则。

13.9.4～13.9.6 补充规定了有关热控专用气源的设置标准及质量要求。

13.10 控 制 室

13.10.1 控制室是锅炉、汽轮发电机组的控制中心。热控设计人员要积极主动配合主体专业统一规划布置控制室，主体专业要像对待主体设备布置一样重视将控制室纳入主厂房规划布置。本条规定了确定控制室位置及其面积的基本原则。

13.10.2 规定了控制室内盘台布置和环境设施的基本要求。

13.10.3 规定了控制室内不应有任何工艺管道通过，控制室下面的电缆夹层和电缆主通道，不应有高温汽、水管道和热风道、油管道穿行通过，其目的是为了确保控制室内热工仪表和控制设备安全、可靠地运行，杜绝一切干扰或影响安全、可靠运行的危害因素的发生。

13.11 电缆、导管和就地设备布置

13.11.1～13.11.5 原能源部颁发的《发电厂和变电所电缆选择与敷设设计技术规程》中，对热控用的电缆的选择与敷设设计已作了详细的规定。根据热工仪表和控制用电缆的特点，将该规范中有关部分作了补充修改用于本规范中。

13.11.6 热工检测点定位和变送器布置的原则，应是满足和保证被测介质检测参数精度的要求，在此基础上，适当集中布置，以方便安装维修。

13.11.7 某些发电厂热控设备及部件的设计，因露天防护措施不力，而造成不少事故。为此规定，凡露天布置的热控设备、导管及阀门，均应注意采取防尘、防雨、防冻、防高温、防震、防止机械损伤等措施。

13.11.8 执行机构的定位，对运行、维护均有很大的影响，因此要求，一是生根要牢；二是布置恰当，给运行操作带来方便，同时也不影响人行通道；三是

设备或管道有热位移时,连杆不应产生附加动作。设计时应与主设备、管道、阀门、挡板等部件的布置密切配合。

13.12 热工自动化试验室

13.12.1 发电厂的热工自动化试验室,是国家计量系统中的一个部分,根据我国计量管理有关规定:火力发电厂热工自动化试验室建设标准,应根据国家三级计量标准设计,并应符合《火电厂热工自动化设计标准》。

13.12.2 为节约电厂工程投资,充分发挥企业本身热工试验室的作用,本规范规定,当企业热工试验室能满足自备发电厂热工自动化试验室要求时,企业发电厂可不单独设热工自动化试验室。

13.12.3 本条规定主要是确定热工自动化试验室建设规模的基本原则。

13.12.4 本条规定热工自动化试验室工作间划分的原则。

13.12.5 凡比较难以搬运的重而大的热控设备,如执行机构、变送器等,一般在主厂房内设现场热工维修间。其余所有热控设备维修、调校等各工作室,均宜布置在与主厂房运转层有天桥连通的生产办公楼同一标高的楼层上,而热工修配间如钳工间等,由于工作时振动、噪声大,故应将其设置在生产办公楼的零米层。

13.12.6 发电厂热工自动化试验室的土建部分,应按发电厂的规划容量一次建成,但设备可分期购置。

13.12.7 本条规定了热工自动化试验室布置、建造及工作场所环境和工作条件所必需的基本要求。

14 采暖通风与空气调节

14.1 基本规定

14.1.1 条文给出了集中采暖地区的气象条件及设置采暖的原则。关于采暖地区的划分问题,取决于人民生活水平和需要。同时也受到国家财力和物力的制约,是政策性很强的问题。

我国集中采暖地区的面积约占全国陆地面积的70%。

对集中采暖地区的生产及辅助、附属建筑物,只要室内经常有人停留或工作,或者工艺对室内温度有一定的要求时,均应设置集中采暖。

14.1.2 本条文规定,发电厂厂区以外的生活福利建筑物的采暖标准,应与当地标准一致,不执行厂区建筑物的采暖标准。

14.1.3 本条文明确:现行的国家标准《采暖通风与空气调节设计规范》,为设计确定发电厂采暖通风和空气调节室外空气计算参数、计算方法和方案等的

依据。

14.1.4 本规范附录H中列出了发电厂的各建筑物冬季采暖室内计算温度数据,便于设计时选用。它是根据现行的国家标准《采暖通风与空气调节设计规范》以及参照《火力发电厂设计技术规程》而制定的。

14.1.5 本条文增加了采暖热媒采用热水的内容,原规范只规定蒸汽采暖热媒。原规范蒸汽采暖热媒压力0.3MPa或以下的饱和蒸汽,本次修订,根据各型机组抽汽参数确定蒸汽热媒,采用0.2~0.5MPa表压的饱和蒸汽。

发电厂采用蒸汽采暖系统时,由于返回的凝结水含铁量大,水质常常不合格,且蒸汽采暖点分散,凝结水回收较困难。

蒸汽采暖和热水采暖的耗汽量,在理论上应该是相差不大的,但在实际运行中,蒸汽采暖耗汽量往往要比设计耗汽量大一倍或更多些。

热水采暖的设备投资比蒸汽采暖要多,而蒸汽采暖因凝结水较难回收使用,运行费用大。

综上所述,发电厂的采暖热媒,除运煤系统建筑物可采用蒸汽采暖外,其余建筑物宜采用热水采暖。

14.1.8 本条文规定,主要是考虑单台汽轮机一旦发生故障时,为了满足设备维护、检修时的采暖热负荷,应设有备用汽源。

14.1.9 当工艺无特殊要求时,发电厂车间内经常有人工作的地点,夏季空气温度不应超过本规范附录J的要求。这是根据现行的《工业企业设计卫生标准》,并参照《火力发电厂设计技术规程》而制定的。

14.1.10 本条文是根据现行的国家标准《采暖通风与空气调节设计规范》、《建筑设计防火规范》及发电厂和变电所设计防火规范的有关内容的规定而制订的。

14.2 主 厂 房

14.2.1 主厂房采暖系统,按在机、炉停止运行时维持室内温度+5℃进行设计。冬季计算采暖热负荷时,不考虑锅炉、汽机、管道等设备的散热量。其中一个设计原则,即不用热平衡法而是按"冷态"方法设计采暖。所谓"冷态",实际上相当于值班采暖。在机、炉停止运行时起到防冻作用,保持室温维持+5℃,保护设备和冷水管不被冻坏。根据目前调查情况,各电力设计院在设计主厂房采暖时,均按上述方法做的,实践证明是可行的,符合发电厂的实际情况。所以主厂房采暖仍按"冷态"计算热负荷。

14.2.2 锅炉送风机冬季在吸收锅炉上部的热空气时,应根据吸取余热量的条件来决定。东北、西北地区的发电厂,冬季室外气温很低,故在冬季必须限制锅炉送风机从锅炉上部吸取热空气,否则大量冷空气补入,会造成锅炉房室内底层温度过低。因此,应通过热平衡计算确定吸取锅炉房的余热量。

14.2.3 主厂房的通风方式，应以自然通风为主，排除室内的余热量和余湿量。自然通风具有运行费用低、管理方便、对人体有舒适感等优点。故在设计主厂房通风时，首先应以自然通风为主。

据调查，无论是南方的发电厂或是北方的发电厂，主厂房都采用了自然通风，只要通风的气流组织好，其通风效果都明显，能起到排除主厂房内余热、余湿的作用。

关于主厂房通风窗型式的确定，按现行的国家标准《采暖通风与空气调节设计规范》的有关规定，汽机房和锅炉房的通风，宜设避风天窗。这主要是为了防止气流倒灌，保证排风效果。

关于利用除氧间高侧窗排除汽机房余热的通风设施，从调查的发电厂的情况来看，气流组织得好，排风效果就好。

利用除氧间高侧窗排风时，应满足下列要求：

（1）保证有足够的排风面积，当高侧窗采用平开窗时，应有防雨措施。

（2）排风窗应处于负压区，高侧窗外面加挡风板（当高侧窗对面是煤仓间或锅炉房C列墙，墙高能满足要求时，可不设挡风板），挡风板两侧应有端板封堵。沿挡风板长度方向，每隔一定距离，应设横向隔板；挡风板的高度和挡风板的下边离开屋面的距离应满足工艺的要求。

（3）高侧窗应有足够的喉口面积。

（4）汽机房的屋面，宜做成单坡，由B列坡向A列。

（5）除氧间与煤仓间的隔墙上，不应设窗户，以防止煤粉进入汽机房。当生产需要采光开窗时，应设固定窗。

14.2.4 本条文规定了主厂房自然通风量的计算原则。在计算主厂房的通风量时，由于太阳辐射热的热量要比设备散热量少得多，故可忽略不计。在计算其他建筑物通风换气量时，是否计算太阳的辐射热，要根据实际情况而定。

14.2.5 本条文是根据现行的国家标准《采暖通风与空气调节设计规范》中关于"热车间"自然通风的规定编写的。主厂房是属于热车间，其热强度远远大于 $83.7 kJ/m^3 \cdot h$。

主厂房的自然通风设计时，仅按热压考虑，主要是热压计算比较可靠；而风压变化较大，即使在同一天里也不稳定。有些地区在炎热的天气里，往往风速较低，故在设计主厂房的通风时，可不计入风压，而把它作为实际使用中的安全因素。国外文献资料介绍及国内各电力设计单位，均按热压计算主厂房的自然通风。

14.2.6 在调查的16个发电厂中，汽机、锅炉及除氧给水等值班地点均设计有控制室，并且控制室里大部分都安装了空气调节装置，特别是当锅炉控制室装

有微机控制装置时，为了满足室内温、湿度的要求，均设置了空气调节装置。只有极个别发电厂的锅炉、汽机控制室，采用机械通风装置，夏季室内气温仍然很高。为了提高通风装置的水平，故将原规范中"宜"字改成"应"字。当通风装置不能满足工艺或卫生要求时，"应"设置空气调节装置。

14.3 电气建筑与电气设备

14.3.1 据调查，主控制室、通信室、不停电电源室等这些工作场所环境的温、湿度，均需要满足工艺和卫生的要求，当机械通风装置不能满足要求时，应设计空气调节装置。

14.3.2 原规范条文符合现行的国家标准《采暖通风与空气调节设计规范》的有关规定，故仍保留此条文的内容。

目前各设计单位按本条文的要求进行设计，在运行中没有反映什么意见。据调查的发电厂，大部分采用防酸隔爆式蓄电池，室内酸气很少，但运行中仍有氢气释放出来。有爆炸危险的车间，将空气循环使用，会使室内氢气浓度逐渐增高，当达到爆炸的极限浓度时，遇到火花可能引起爆炸事故。因此，对蓄电池室进行机械通风时，室内空气严禁再循环。我国东北、西北、华北等地区气候干燥，室外空气中含尘量较大，有的发电厂位于冶金、化工企业附近，室外空气含尘浓度更大。这些地区发电厂的蓄电池室设计进风系统，均装有滤尘设备。

14.3.3 本条文对原规范条文作如下修改：

（1）将固定开口式蓄电池室的通风量的计算方法取消，是因为这种蓄电池属淘汰产品，目前已不采用，故不需再作规定。

（2）蓄电池室通风量的计算，增加了按允许含氢量（按体积计）计算的方法。由于蓄电池在运行和充、放电化学反应过程中，会有氢气溢出，当室内含氢量达到一定的浓度，就有爆炸的危险。为保证蓄电池安全运行的需要，必须增加按含氢量计算蓄电池室的通风量。按空气中允许的最大含氢量不超过0.7%（按体积计）计算，是考虑防爆的要求，保证室内含氢浓度处于安全范围之内。

（3）为防止蓄电池室内酸气溢出污染相邻房间，要求蓄电池室内保持一定的负压。当蓄电池室采用机械送风和排风系统时，其排风量应大于送风量10%。

14.3.4 为排除调酸间酸气，对调酸间规定要有通风换气的措施。目前各设计单位均按本规定执行，故保留原规范的规定。

14.3.5 目前，设计蓄电池室及调酸间的通风时，其通风机和电动机均采用防爆型，并直接连接，这完全符合现行的国家标准《采暖通风与空气调节设计规范》的有关的规定，故保留原条文内容。

14.3.6 本条文规定了厂用变压器间的通风设计原

则。目前，国产变压器允许周围温度最高为 40℃，为了保证不超过此温度，因此，必须对排风温度加以限制。

14.3.7 发电厂的厂用配电间大部分布置在主厂房 B～C 列柱之间，其上面及两侧一般都装有热力管道和设备，周围通风条件较差，温度较高。为了改善室内工作条件，规定了每小时不少于 10 次的通风换气。

14.3.8 本条文主要是针对电抗器运行中散发热量，为了保证电抗器的正常运行，规定了电抗器间夏季排风温度不超过 55℃，进、排风温差不超过 30℃。这是根据多数电力设计单位的经验数据，多年来，在实际运行中没有发现问题。

14.3.9 本条文规定了电缆隧道的通风设计原则。考虑到电缆隧道较长、通风系统阻力较大或隧道内电缆根数较多、发热量较大等实际情况，必要时，可采用自然进风和机械排风。

为考虑防火，电缆隧道严禁作为通风系统的吸风地点或通风道。

14.3.10 油断路器室，应设有事故排风的装置。当油断路器发生着火事故时，室内烟雾弥漫，如果不及时排除，将影响灭火抢修工作的进行。

14.3.11 本条文规定了发电机出线小室的通风设计原则。发电机励磁用的整流柜内有硅整流元件、快速熔断器、变压器、电阻、电容等发热体，其中以硅整流元件发热量最大。整流柜的最高允许周围温度为 40℃。为保证室内不超过这一温度，应将硅整流装置的散热量及时排出室外，故必须有自然进风、机械排风的设施。同时规定发电机出线小室，按布置不同的设备，采用不同的通风方式。

14.3.12 本条文规定了母线室通风的设计原则。由于母线室内的电气设备及母线均要散发热量，如果不考虑通风设施，夏季室内温度就很高。目前发电厂母线室均考虑了通风换气，为了控制夏季母线室内温度，母线室的通风设计，应按夏季排风温度不超过 45℃，进风和排风温度差不超过 15℃计算。

14.3.13 由于六氟化硫比空气重 5 倍，故正常运行时，在车间的下部排风。由于在电弧作用下会产生多种有腐蚀性、刺激性和毒性物质，且比重各不相同，故检修时，车间上、下部同时通风，以保证运行检修人员的安全和健康。

本条文规定是依据卫生部（88）卫防字第 12 号文发布的中华人民共和国国家标准 GB 8777—88 关于车间空气中六氟化硫卫生标准，即空气中六氟化硫最高允许浓度为 $6000mg/m^3$ 的规定而制订的。

通风换气次数，引自《火力发电厂采暖通风与空气调节技术规定》、《火力发电厂设计技术规程》和火力发电厂劳动安全和工业卫生设计规程修订中，关于六氟化硫电气设备室及检修室的通风设计问题，共同商研确定的数据。

正常运行时，只开下边的通风装置；事故时，上、下通风装置均开。

14.3.14 本条文规定锅炉制粉系统中的磨煤机、排粉风机等配用的电动机的通风设计原则。

锅炉制粉系统磨煤机、排粉风机配用的电动机，当其周围空气温度超过 40℃，且空气中含尘浓度较大或含有爆炸性气体时，宜采用管道式通风，这完全是从保证电动机的正常运行的需要考虑的。如果周围温度超过 40℃时，则电动机的输出功率将会降低。在调查中，有的发电厂的磨煤机、排粉风机配用的电动机，曾发生短路现象，电动机的绝缘烧坏，影响了电动机的正常运行。其主要原因是周围环境温度高，而且空气中含尘浓度大，造成绝缘老化引起短路，必须对磨煤机、排粉风机的电动机的冷却通风方式要求作出明确规定。

14.4 运 煤 建 筑

14.4.1 目前发电厂运煤系统采暖热媒大部分采用蒸汽，蒸汽温度应按现行的国家标准《建筑设计防火规范》的有关规定予以限制。这主要是从卫生、安全和防火的角度考虑的。

在一些采暖地区，运煤建筑物内有可能出现冰冻，使胶带打滑。为了保证胶带正常运行，节省投资，可采用局部采暖。

14.4.2 本条文规定碎煤机室及落差较大有人值班的转运站等局部扬尘点，应采取除尘措施，以减少室内空气中含尘浓度和改善工人工作环境条件。这是依据工业企业卫生标准和室外排放标准的要求制定的。

对 16 个发电厂的运煤系统调查，普遍反映煤尘严重，尤其是碎煤机室落煤管导煤槽出口处及落差较大的转运站等处，煤尘飞扬严重，运煤系统的运行工人在那样环境下长期工作，煤尘职业病较多，严重影响工人的身体健康。为了保障工人的身体健康，改善劳动卫生环境，必须对运煤系统室内空气含尘浓度及向室外排放的浓度加以控制，进行综合治理。

根据调查情况表明，对运煤系统煤尘的治理，必须采用综合治理的措施，首先强调从改革工艺着手，设备要密闭好，除采用喷水抑尘和水冲洗地面落尘措施外，对碎煤机室或落差较大（一般大于 4m）转运站的落煤管上应设置缓冲锁气器，安装除尘设施，使之不产生或少产生煤尘飞扬。并且运煤、暖通、土建、热机、供水等专业密切配合，采取综合治理措施，才能使运煤系统的煤尘治理收到较好的效果，达到室内含尘浓度标准和向室外排放标准。

14.4.3 本条文规定了主厂房煤仓层原煤斗上口处煤尘治理的原则，其要求与第 14.4.2 条相同。

14.4.4 本条文规定运煤系统地下部分建筑物的通风换气设计原则。

在调查的 10 多个发电厂中，除个别的发电厂外，大部分发电厂运煤系统的地下部分建筑物：地下卸煤沟、运煤隧道、转运站等都设有排风装置。夏季地下运煤建筑部分，潮湿、有霉味，运行时煤尘飞扬，工人的劳动条件差。为了改善劳动条件，运煤系统的地下部分必须有通风设施。

14.4.5 运煤集中控制室是运煤系统的控制中心。为改善运煤集中控制室的运行条件，保证运煤系统设备的正常运行，必须使运煤集中控制室的温、湿度满足工艺的要求。故规定了设置通风装置或空气调节装置的设计原则。当机械通风不能满足工艺要求时，应设空气调节装置。

14.5 化学建筑

14.5.1 本条文规定了水处理室的电渗析室、反渗透间、过滤器及离子交换器间采暖通风的设计原则。由于水处理室的过滤器、离子交换器、管道及电动机等设备散热，而过滤器、离子交换器内的水温一般在 40℃ 左右，且散热面积大，又不保温，因此在设计采暖和通风时，宜考虑这些设备的散热量。

14.5.2 本条文规定酸库和酸计量间通风的设计原则。在调查的发电厂中，酸库和酸计量间室内酸味都比较大，有的虽然设置排风装置，但风量偏小。因此，除酸库、酸计量设备及酸的回收装置应密封好外，还必须设置排风量每小时不少于 15 次的通风换气装置，并且室内空气严禁再循环。控制酸气浓度要求达到：盐酸气体不超过 $15mg/m^3$；硫酸气体不超过 $2mg/m^3$。这完全是从保障工人身体健康出发的一项劳动保护措施。

14.5.3 本条文规定碱库和碱计量间以及酸、碱共库时采暖通风的设计原则。

通过调查了解，酸、碱计量间的酸碱容器与计量器具等打开时，液体表面挥发出酸、碱等有害气体。这需要一方面加强管理工作，把酸、碱设备密封好；另一方面按酸、碱的特性设置采暖和通风设施，以达到改善工作环境、保障工人身体健康的目的，从而做到文明生产。

14.5.4 据调查，发电厂的化学水处理车间，都认为化验室需要设置通风柜，这样可以有效地将化验时扩散的有害气体控制住，直接排出室外。

另外化验室的化验工作不可能全部在通风柜内进行，有害气体可能部分扩散到化验室内，故化验室及药品贮存室也应设置通风换气装置，其通风量按每小时不少于 6 次计算。

14.5.5 本条文规定了加氯间及充氯瓶间的通风设计原则。氯气是有害气体，为了冲淡室内氯气有害气体的浓度，各电力设计院均采用了每小时不少于 15 次的通风换气次数。故本条文采用此数值。

根据现行的国家标准《采暖通风与空气调节设计规范》的有关规定，室内吸风口距地面 0.2m 以上；

室外排风口应高出屋面 1.5m 以上。

14.5.6 氨是爆炸性气性，当空气中含有 5%～27.4%（按体积计算）的氨时，就会引起爆炸。当空气中氨的浓度达到 0.5%（按体积计算）时，人在室内停留 30min 就会严重中毒。空气中氨的允许浓度为 $30mg/m^3$。为了保证不超过这数值，规定每小时的换气次数，不应少于 15 次是完全必要的。

因此，氨、联氨仓库及加药间设置的通风机及电动机均应考虑防爆型。

14.5.7 调查中各发电厂反映，化学水处理车间的天平室、精密仪器室、热计量室等车间都要设置通风或空气调节装置，以满足工艺的要求。故对这些车间工作室规定设置通风装置或空气调节装置。

14.5.8 本条文规定化学水处理控制室设置通风装置或空气调节装置的设计原则。

化学水处理控制室中的仪表元件不断发展更新，且散热量较大，为了改善控制室的运行条件，必须设置通风装置，或者以降温为主的空气调节装置，使室内保持一定温、湿度。冷却空气所需要的冷源，在有条件地区，应尽量采用天然冷源。

14.6 其他辅助及附属建筑

14.6.1 建造在地上的供油、卸油泵房，一般跨度不大，如果气流组织合理，自然通风可以排除余热和油气。但全地下式或半地下式供油、卸油泵房室内余热及油气往往排不出来，夏季室内温度高，故需要采用机械通风。室内空气严禁再循环。

另外，小型发电厂的燃油多数为轻柴油，根据防爆要求，规定供油、卸油泵房的通风机和电动机应选择防爆型，并要求直接连接。

14.6.2 循环水泵房或岸边水泵房中的水泵，大多数为地下或半地下布置，水泵配用的电动机容量越大，则设备散热量越多。水泵房地下部分较潮湿，调查表明，地下式水泵房或者岸边水泵房一般都考虑机械通风设施，将电动机的散热量排至室外。故保留此部分的条文内容。

另外增加了水泵配用的电动机在地上布置时，宜采用自然通风排除室内余热的规定。

14.6.3 在发电厂中，灰浆泵房一般为地下建筑。当灰浆泵布置在地下时，电动机的散热量全部散在灰浆泵房内。夏季灰浆泵房内室温较高，空气又潮湿，为了改善运行和检修工人的劳动条件，采用机械送风、自然排风，通风效果明显。故新增此条文。

14.6.4 本条文规定材料库内的电气及热工设备库、化学药品库和特别材料库，应按工艺要求设置通风换气装置，保证库存设备在通风、干燥条件下，可以长期保存，且不影响设备使用性能。

14.6.5 发电厂的修配车间，一般按自然通风设计。为改善工人的劳动条件，根据所在地区的室外夏季气温情况和工艺要求，可设置局部送风装置。

14.7 厂区采暖热网及加热站

14.7.1 根据本规范第14.1.5条的规定，对凝汽式发电厂或只供生产用汽的供热式发电厂，当厂区采暖热媒采用热水时，应设置采暖热网加热器。只有当集中供热的供热式发电厂向外供应的热水的温度、压力符合厂区采暖参数要求时，厂区采暖热网可不另设采暖热网加热器。

14.7.2 本条文对采暖热网加热器的容量及台数的设计原则作了明确规定。根据东北地区热电厂采暖热网调查总结，并与本规范第8.9.2条热网加热器容量及台数选择要求相协调，当任何一台加热器停止运行时，其余的加热器，应能满足60%～75%采暖热负荷的需要。在严寒地区取上限，此时允许室内温度暂时降低，维持室温在13℃左右。

14.7.3 厂区采暖的热网循环水泵，不应少于2台，其中1台备用。这主要是为了保证采暖系统安全可靠地运行。

循环水泵的流量和扬程的富裕量，与本规范第8.9.2条选用的原则相协调，使厂区采暖热网系统设计更加符合实际，满足用户要求。

14.7.4 本条文规定厂区采暖热网加热器的凝结水，应回收至除氧器或疏水箱加以利用，以减少化学水处理量。并且规定凝结水水泵不应少于2台，其中1台备用。目的是确保采暖热网系统的正常运行。

14.7.5 厂区采暖热网系统的补给水，主要是补充采暖热水管网的损失。热网系统定压，主要是维持采暖热网水泵入口处给定压力一定，以保证采暖热网系统安全可靠地运行。

采暖热网系统的正常补给水量，一般规定为采暖系统循环水量的1%～2%。据调查，东北地区的热电厂采暖热网系统运行管理得好的，系统补给水率可以控制在系统循环水量的1%～2%范围之内。但也有些热电厂，由于管理不善，用户取热网水作生活用水，结果超过正常补水率好几倍，这属非正常现象。为了节约能源和水资源，并保证采暖热网正常运行，对采暖热网补给水量和定压方式作了规定。

14.7.6 本条文规定厂区采暖热水管网，应采用双管闭式循环系统。主要是考虑到单管开式热水网系统的补给水量大大超过双管闭式系统。

采暖系统的补给水，应采用经化学处理过的软化水。补水率增加势必增加水处理设备的投资。如果补充水不经过处理，则因水质差，易造成采暖管道腐蚀与结垢，缩短采暖管网使用寿命。目前发电厂厂区采暖热水管网，均采用双管闭式系统。

厂区采暖热网当采用蒸汽管网时，宜采用开式系统。这是目前各电力设计院常用的一种做法。主干管只有一根，系统比较简单，运行维护管理方便，但需

消耗热值较高的蒸汽，且凝结水分散难以回收。

关于蒸汽采暖系统凝结水是否回收利用的问题，应根据凝结水水质、回水率以及凝结水管网投资等因素，进行综合技术经济比较确定。

调查表明，一些采暖区的热电厂，厂区采暖热媒为蒸汽时，有些厂的凝结水没有回收，其原因是蒸汽采暖的热负荷不大，凝结水量少，难以回收利用。在东北地区的发电厂，蒸汽采暖系统的凝结水回收后，一般可作为热水采暖系统的补给水，或者作为其他用水。

根据目前热电厂中蒸汽采暖凝结水回收的情况，为了节约能源，蒸汽采暖系统的凝结水宜回收利用。

14.7.7 采暖热网的主干管，应通风采暖热负荷集中地区。这主要是考虑采暖管道布置时，要求管道尽量直和短，靠近热负荷，并且留有余量，以满足新增负荷的需要。这样可以降低采暖热网管道的造价和提高采暖热网的经济性。

14.7.8 对于厂区采暖热网管道的敷设方式，视当地气象条件、水文地质、地形、建筑物及交通密集程度等进行综合考虑，并与总平面布置相协调。同时还应根据技术经济合理性、维修方便等因素，经综合比较，确定采用架空、地沟（不通行、半通行）等常用的敷设方式。

经调查，发电厂厂区采暖管道，无论是热水或蒸汽，大多数采用不通行地沟或半通行地沟敷设方式，也有部分采用架空敷设。故本次修订对厂区采暖管网的敷设方式，规定了常用的两种敷设方式。

14.7.9 本条文规定检查井设置的原则和要求。

15 建筑和结构

15.1 基本规定

15.1.1 随着我国经济的繁荣、社会的发展和人民生活水平及审美要求的提高，建筑产品已不再只是满足人们物质生活的需要，同时还需满足人们精神生活方面的要求。

"适用、经济、美观"是建筑的三要素，三者缺一不可。在科学进步的今天，不应忽视人们对美的追求，更不能置美观于不顾。完美的个体建筑形象和群体建筑的艺术效果，应是我们追求的目标。为此，将原规范限制美观的八个字"在可能条件下注意"删去，改写成"必须贯彻'安全、适用、经济、美观'的方针"。

15.1.2 节约能源是我们国家的一项国策。建筑物节能设计，关键在于充分利用太阳能（光能和热能）与风能等自然能源。因此，要求建筑形式（平面与体型设计）应适合当地气候，使建筑具有自身调节气候的能力，创造宜人的小气候，这是建筑物节能设计的

根本要求。同时还要求运用建筑物理的原理，合理组织各种建筑要素，建筑围护结构采用高效保温隔热材料，优化构造方法，提高建筑热环境性能，创造良好的生产、工作和生活环境。

在进行建筑物围护结构设计时，除满足结构设计的基本要求外，还应满足所在地区要求具备的基本隔热、保温等性能。

充分合理的利用自然风源，这不仅对改善室内热环境具有明显的效果，并具有经济意义。

因此开窗面积，应符合节能的要求。

有日照要求的建筑物，系指托儿所、幼儿园、医务所和宿舍等建筑物，因为这些建筑物室内每日均有满窗日照 1h 的要求，这是环境卫生质量的保障。但对提高室内光、热环境也具有重要意义。由于冬季太阳光通过窗户授光、热于室内，使室温升温较采暖升温快，使热效率增高，这对节能降耗具有较高的经济价值。

15.1.3 采用建筑模数设计，可促进发电厂的建设标准化、通用化，有利于发电厂施工机械化。与此同时，应注意建筑造型的多样化。

15.1.4 发电厂需经多次扩建方能建成最终规模容量，故在满足每期建设需要的同时，应留有再扩建的条件。

15.1.9 对主厂房、烟囱、汽轮发电机基座与锅炉基座等建筑形体大，且承载力高的建筑物、构筑物，应设沉降观测点，以便校验设计荷载与实际荷载之间的差异对地基承载力的影响，以及根据沉降变形的速率，控制和调整工艺设备、管道及吊车轨顶标高的偏差值在允许范围以内，从而保证设备运行和土建结构使用的安全和可靠。

15.1.10 本条规定是结构必须满足的基本要求。条文内容与国家现行的标准《火力发电厂设计技术规程》相协调。结构构件必须满足承载力、变形、耐久性等要求，对稳定、抗裂度、裂缝宽度有要求的结构，应进行以上内容的验算。

15.1.11 根据发电厂的工艺特点，不少动力设备的支承结构，由于结构设计时，未考虑设备振动而造成构件开裂、破坏，或者因煤粉着火爆炸，造成结构破坏及人身伤亡事故，导致生产停顿。为避免构件破坏的事故发生，必要时应进行抗爆、抗振的验算，故制定本条文。

根据事故案例分析，筒仓爆炸内压一般取值为 9.8kPa（表压），如工艺专业能提供煤粉仓爆炸力设计值时，可按工艺提出的压力值进行结构计算。

15.1.12 据调查，多数发电厂的主要承重结构，采用现浇或预制钢筋混凝土结构，故本规范规定，宜用钢筋混凝土结构。设计中应根据工程的具体情况，进行技术经济比较后，确定采用钢筋混凝土结构或者砖混结构。如工期紧、型钢供应有保证的情况下，也

可采用组合结构。组合结构兼有钢结构和混凝土结构的优点，根据具体情况采用，符合我国国情。

15.1.13 地基与基础设计，对不良地基、荷载差异大、建筑结构体形复杂等情况，应计算地基的沉降和稳定。

15.1.14 发电厂中的次要建筑物、构筑物的抗震设防烈度的确定，是根据《建筑抗震设计规范》，结合发电厂的实际情况，并参考国家现行的标准《火力发电厂土建结构设计技术规定》制定的。

15.1.15 保留了原规范第 8.2.15 条部分内容，并增加了防腐、防冻和沟盖板双面配筋的要求。对电缆沟的防火隔墙，按电气专业的要求设置。

主厂房各层楼（地）面，为防止积水，应按有关规范规定设计排水坡度，并设置排水地漏和管道。

15.1.16 本条系指储油罐置于地面上，砂垫层基本在地面以下或露出地面不高的情况。如油罐置于地面上有一定的高度时，宜设钢筋混凝土环形挡墙于砂垫层周围。

15.1.17 对发电厂有液相腐蚀及气相腐蚀的构筑物，提出应采取防腐蚀的措施，并应符合现行的国家标准《工业建筑防腐蚀设计规范》的有关规定。

15.2 防火、防爆与安全疏散

15.2.1 本条规定了发电厂各建筑物的防火设计，应当遵循的有关标准规范。

15.2.2 为防止煤粉制备系统与充油电气设备火灾事故蔓延扩大，殃及主厂房内的生产设备与人员安全，故制定本条文。

15.2.3 本条系针对燃油泵房和充油电气设备间，以及其他存用易燃物品的建筑物而制订的。

为防止爆炸事故发生时，危及其他生产建筑物和人员的安全，故要求有爆炸危险的厂房宜独立、单层布置。当受条件限制，不能独立、单层布置（如厂用变压器间等）时，应采取有效的防护措施。

为确保人员的人身安全，规定采用防护墙，将有爆炸危险的生产厂房与其值班控制室（包括办公室、休息室等）隔离开，并可毗邻外墙布置。

为避免发生火灾、爆炸事故时殃及相邻厂房，所以，规定地下管、沟不应与相邻厂房相通，下水管道应设有水封或隔油设施。

15.2.4 本条系参照《火力发电厂建筑设计技术规定》、《高层民用建筑设计防火规范》和《火力发电厂设计技术规程》增订的。

15.2.5 本条文系参照《建筑设计防火规范》有关内容增订的。

15.2.6 为了防止天桥、栈桥与建筑物之间，发生火灾时出现火势蔓延和灾害扩大的危险，应该在与建筑物连接处设置防火隔断措施。

15.2.7 为充分发挥防火门的阻火作用和使用方便，

故对防火门的开启形式作了明确的规定。

为防止灾害扩大和火势蔓延，电缆间、电缆隧道与电缆竖井的检查门，应采用耐火极限不低于 0.6h 的防火门。

15.2.8 厂房的安全疏散口设置的位置和距离，是以疏散人员安全到达安全出口或安全地带为前提的。直通室外的出口和安全疏散楼梯，均称为安全出口。

为使人员在火灾事故发生时，能畅通无阻地疏散至安全地带或出口处。因此，规定厂房疏散出口不应少于 2 个。只有当厂房面积小，同一时间内的生产人员又较少时，可以少设 1 个疏散口。安全疏散的距离，应符合发电厂与变电所设计防火规范和《建筑设计防火规范》的要求。

因地下隧道不能直接天然采光与自然通风，排烟很困难。为保证人员的安全，避免一个出口被堵塞无法通行的状况，故要求设置 2 个出口。当每个防火区段都设 2 个直通地面的出口有困难时，也可设 1 个直通地面的出口，而另 1 个出口则可通向相邻防火区段。

在火灾发生时，为使人员能尽快地疏散至安全地带或室外，凡长度超过 100m 的厂房，应设置中间安全出口和中间楼梯，其与厂房端部安全出口间距不宜大于 100m。

为解决主厂房各层和到达屋面的垂直交通，满足安全疏散、消防与检修的需要，主厂房固定端封闭式的主楼梯，应采用宽度不小于 1.2m 的钢筋混凝土楼梯。主厂房扩建端室外安全楼梯，可采用宽度不小于 0.8m 的金属梯。

15.3　室内环境

15.3.5 为防止工业噪声的危害，保障职工身体健康、确保生产安全与正常工作，保证室内具有良好的声环境，特制订本条规定。

降低以直达声源为主的噪声，应采用隔声降噪为主要手段的控制措施；当采用隔声降噪措施后，室内混响声仍较强时，方可辅以吸声降噪措施。采取不同处理措施的目的是为了降低造价，提高效能，力求获得较好的环境效益和经济效益。

发电厂主厂房内的控制室，一般都处于强噪声环境中，对室内语言清晰度又有较高的要求，因此，规定要求对室内混响时间作概略计算，而其他场所的控制室可不作混响时间的计算。

处于高噪声设备附近的值班控制室，过去系由发电厂现场加工制作，根据实测资料表明，均未达到《工业企业噪声控制设计规范》规定的标准，故应采用隔声室。其噪声限制值应符合本规范表 M 规定的要求。

15.4　建筑构造与装修

15.4.1 一般屋面常用的坡度为 1:50 和 1:10，系

参照《厂房建筑模数协调标准》的有关条文制订的。

刚性防水（包括自防水）屋面，应有抗裂、抗风化和防腐蚀的措施；而卷材防水屋面应有牢固的措施。

规定采用非燃烧体屋面结构层与保温（隔热）层，系参照《建筑设计防火规范》有关条文制订的。对保温（隔热）屋面，应经过热工验算确定其材料厚度，并应有防止结露和蒸汽渗透的措施。

15.4.2 楼面、地面的设计，必须满足基本使用功能：平整和易于清洁的要求。一般采用水泥面层或水磨石面层及陶板等块料面层。而要求较高的房间，宜采用防静电的活动地板，或其他新型地面材料。

为了防止楼面、地面漏水、积水影响设备运转和安全生产，对有可能浸水或积水的楼面、地面，应有可靠的防水、排水措施。

因主厂房内检修场与仓库地面均承受较大荷载与冲击力作用，故应选用易于修复的材料构造，如铺水磨石板、陶瓷板块料等。

15.4.3 根据使用功能要求确定门的高宽尺寸，并应采用标准图集。

外门构造要求坚固耐用、开启灵活方便，并应设置雨篷。

为确保大门使用安全，凡手动开启的大门门扇，应设有制动装置；推拉门，则应有防止门扇脱轨的设施。

为保证通行安全，凡采用双面弹簧门的，均应在可视高度部位装设可通视的透明材料。

门扇的大小与开启的方向，应以不影响安全通行宽度为原则。

15.4.4 窗户的设置，除了满足日照、采光与自然通风要求外，尚应满足开启方便、安全和易于维修与清洁。

外开高侧窗，应有防止窗扇脱落和便于开关的措施，并为擦窗与维修提供便利条件。同时，窗的开启，不应影响通道内人员的疏散和生产设备的维修。

15.4.5 墙体的厚度是根据结构设计、热工设计等综合考虑确定。

为防止液体物质对墙体内表面的浸蚀与污损，故要求设适当高度的墙裙。

15.4.6 为改善发电厂厂区面貌与满足当地城、镇规划建筑设计的要求，外装修标准应适当，并达到厂区建筑造型简洁明快、朴素大方、色彩协调统一的要求。

建筑物的内装修，应根据使用功能选用不同的饰面材料，做到表面平整、光滑和易于清洁、色调和谐。

15.5　生活与卫生设施

15.5.1 根据发电厂各生产车间生产工作特点、实

际需要和使用方便的原则，在主要作业区和人员密集的建筑物内，应设置值班休息室、更衣室、盥洗室和厕所间等生活用室与卫生用室。

15.5.2 本条规定，发电厂应设置厂区食堂、浴室、值班宿舍、招待所、医务室等生活建筑。企业自备发电厂，当企业设有食堂、浴室、招待所、医务室等生活建筑和设施时，为避免重复设置和节约投资，发电厂可不单独设置。

15.5.3 发电厂的厂区生活与卫生设施，应符合国家现行的《工业企业设计卫生标准》和其他有关标准的规定。

15.6 构 筑 物

15.6.1 根据汽轮发电机和转动附属设备运行的特点，防止动力设备基础运行时振动超标，导致停产、设备损坏等事故情况发生，因此设计除满足设备及工艺的要求外，尚应符合国家现行的《动力机器基础设计规范》的有关规定。

15.6.2 钢结构采用镀锌防腐，既耐久又可减少维修工作。

15.6.3 发电厂的热网管道长、支架类型多、施工复杂，因此，应力求做到支架类型少、外形协调。

15.6.4 发电厂已建的烟囱，在使用过程中出现的问题，主要是由于热应力的长期作用的影响及防腐措施差等原因，导致烟囱严重腐蚀、裂缝，部分烟囱不得不进行加固维修。

通过对十几个发电厂烟囱的实地调查，以及西北、华东电力设计院有关烟囱裂缝、腐蚀情况的调查报告中分析的几十座烟囱产生裂缝、腐蚀的原因，均属热应力的长期作用及烟气含硫腐蚀所致。

对存在的上述问题可从两方面解决：一是与工艺配合，设计全负压烟囱；二是采用耐高温、耐酸腐蚀的烟囱内衬材料及砌筑胶泥。

现全国发电厂已有 30 多座烟囱内衬使用了耐酸陶砖和耐酸胶泥砌筑。耐酸胶泥具有耐酸、耐高温、不需酸化处理、和易性好、横竖缝密实及便于施工等优点。

据西北电力设计院烟囱开裂的调查报告中介绍，筒身内壁（包括挑头）全高范围内涂石棉沥青两道5mm 厚（软化点不低于 70℃），亦可延缓筒身腐蚀开裂。

15.6.5 本条总结了多年来运煤栈桥与厂房连接端部的处理方式的经验，避免由于温度应力、风荷载等产生的水平力对端部建筑物（碎煤机室或转运站）产生不良的影响。考虑地震力的影响，应按现行的国家标准《构筑物抗震设计规范》的有关条文执行。

为确保发电厂的安全运行，防止地面水及地下水浸入地下运煤隧道，补充了运煤系统地下构筑物的防渗、防潮、防冻的要求。

15.6.6 本条文是对发电厂的几类主要构筑物的抗震设计，应符合现行的国家标准《电力设计抗震设计规范》和《构筑物抗震设计规范》和国家现行的《电力设施抗震设计规范》的有关规定。

15.7 活 荷 载

15.7.1 发电厂土建结构设计的各种荷载，除工艺荷载和结构自重外，尚应计入工艺在检修、安装时产生的各种活荷载。土建专业根据工艺资料，取其中大的活荷载进行结构设计。

15.7.2 活荷载附录 N 中表 N.0.1～表 N.0.3，是参照 1959～1991 年电力系统多年来使用的活荷载取值，结合小型发电厂的情况取其下限值而制定的。50年代规定的荷载值，与 90 年代的活荷载取值基本无大的变化。

15.7.3 本条文规定发电厂设置桥式吊车的车间，根据其使用吊车的作业运行时间和频率，确定吊车梁按重级工作制设计或轻级工作制设计。

运煤建筑，指煤场设施（包括干煤棚）；除灰建筑，指沉灰渣池。它们的桥式吊车梁，应按重级工作制设计。

15.7.4 本条是对变电构架活荷载的规定。对变电构架进行计算时，应按国家现行的标准《变电所建筑结构设计技术规定》中的有关规定进行设计，即除计算基本荷载外，还应计算其在生产或检修过程中产生的活荷载。

16 辅助及附属设施

16.0.1 发电厂修配设施装备水平及规模，应根据机组型式、台数、设备检修方式、地区协作和交通运输等不同条件考虑。为节省建设投资，小型发电厂的修配设施，不应追求"小而全"，应提倡地区协作，充分利用社会加工能力。

本次修订删去了原规范中"不宜设铸工车间"的内容。铸工工艺复杂、专业性强，设备利用率不高，应通过社会协作加工来解决。目前大型发电厂一般都不设铸工车间。调查的 32 个发电厂中，仅某电厂设置了铸工车间。该厂地处偏僻，附近加工能力差，设置铸工车间同时解决了该厂所在县城的铸件生产和劳动力的安排。鉴于绝大部分发电厂已不再设置铸工车间的现实，故删去了"不宜设铸工车间"的内容。

明确大修外包或地区集中检修的发电厂，只需按维修或小修设置修配设施。

近些年来，全国各地建起来的小型发电厂中，一般装机台数不多，机组容量也较接近，人员编制和修配设备的配置上，都只按小修和日常维修考虑，大修时，向邻近较大的老电厂借用检修力量，形成松散联合型的集中检修模式。有些老电厂技术力量较雄厚，人员和设备富裕，厂里组织检修队承包附近小厂的大修任务。对这些有条件大修外包的发电厂，明确只按小修设置修配设施，以减少修配设备和检修定员，节省建设投资。

企业自备发电厂，当企业能满足发电厂检修任务要求时，不另设修配设施，避免修配设备重复设置。据调查，大部分企业自备发电厂属于车间编制，不单独设修配设施，修配工作由总厂中心修配厂承担。但对有些大中企业，如化工公司、钢铁公司企业所辖单位多，电厂属二级分厂性质。当发电厂机组台数多，容量大，修配工作量大，靠总厂安排修配计划难以满足发电厂生产需要时，企业自备发电厂也配置了车、刨、铣、磨、钻等机床设备。

16.0.2 为满足日常维修需要，发电厂应设锅炉、汽机、电气、燃料、化学等检修间。据调查，所有的发电厂均设有各专业工种的检修间。有的在设计中作了安排和布置，纳入厂区规则。有的设计中没有考虑，如某发电厂机组投产后，根据维修需要，自行加盖了一幢检修楼，离主厂房远，工作联系不方便。故本条文仍保留了原规范条文的内容。并补充了需配置常用的机具和工具，主要是指砂轮机、千斤顶、台钻、钳工台以及电焊机等。

16.0.3 根据发电厂供热、发电连续生产的特点，为了保证运行生产和检修用料的供应，发电厂需设置堆放材料的库房，包括一般常用材料库、精密器材库、危险品库、油库、棚库以及备品、配件库。各库的布置，应符合消防规范的有关要求。

16.0.4 原规范中有关检修用的空气压缩机的选择，是以锅炉容量来划分的。本次修订改为，以锅炉燃烧方式来划分。调查的 5 个装有 35t/h 链条炉的发电厂，均采用了移动式空气压缩机。电厂反映移动式设备简单，无需设专门的安装场地，使用很方便。由于煤粉炉有复杂的制粉系统，检修用的压缩空气量比链条炉要多。同时，空气压缩机的零件易磨损，故宜选用 2 台固定式的空气压缩机，1 台运行，1 台备用，并配备贮气罐。

16.0.5 发电厂设备和管道的保温是一项重要的节能措施。保温好坏直接影响到年运行费用。保温投资费用约占发电厂总投资的 1%～2%。故本次修订强调，应重视保温设计，并明确了应遵守的有关技术标准和设计导则。

本条文对发电厂设备、管道的保温及其计算方法作了规定。

为了减少散热损失和保持良好的环境温度，并防止烫伤人员，当介质温度超过 50℃，经常运行的设备、管道，应进行保温，使保温层外表面温度控制在 50℃ 以下。一些不经常运行的设备、管道，如排汽管运行时，管壁温度高于 50℃，在人员有可能接触到的高度部位，也应进行保温。

为了减小能源损失，又经济合理地进行保温，应采用经济厚度法计算保温厚度，使热损失年费用与保温结构投资年费用之和即年总费用为最少。

保温材料好坏直接影响到保温效果，设计中应优先选用导热系数低、密度小、强度高、价格便宜的保温材料。本规范同时规定了选用时应掌握的一些主要技术性能指标。

16.0.6 主厂房内工艺系统复杂，管道繁多，应清晰标出管内介质的名称和流动方向，减少误操作。管道保护层外表面应用文字、箭头和色环区别介质名称和流向。不需整体涂刷面漆，以节省材料和投资。文字、箭头和色环表示方法，可参见原电力部颁发的《火力发电厂热力设备和管道保温油漆设计技术规定》。

16.0.7 随着发电厂运行管理水平的提高，机组的透平油使用年限普遍延长。透平油和绝缘油在机组大小修中，应经过滤处理，去除杂质和水分。一般油处理在现场进行。在所调查的发电厂中，均未设集中油处理室，故保留原规范条文的内容。

17 环 境 保 护

17.1 基 本 规 定

17.1.1 自 1978 年以来，国家颁发了一系列环境保护方面的法令、法规、政策、标准和规定。各省、自治区、直辖市也相继颁发了结合本地区情况制定的法规和政策。发电厂的设计，必须遵循"保护环境、造福人民"的指导思想，贯彻国家环境保护的方针以及地方制订的有关规定。

现行建设项目环境保护的有关法规、标准和政策主要有：

(1)《中华人民共和国环境保护法》；
(2)《中华人民共和国大气污染防治法》；
(3)《中华人民共和国水污染防治法》；
(4)《中华人民共和国环境噪声污染防治条例》；
(5)《建设项目环境保护管理办法》；
(6)《建设项目环境保护设计规定》；
(7)《大气环境质量标准》；
(8)《地面水环境质量标准》；
(9)《污水综合排放标准》；
(10)《制订地方大气污染物排放标准的技术方法》；
(11)《制订地方水污染物排放标准的技术原则与方法》；
(12)《燃煤电厂大气污染物排放标准》；
(13)《工业企业厂界噪声标准及其测量方法》。

国务院环境保护行政主管部门，根据国家环境质量标准和国家经济、技术条件，制定了国家污染物排放标准。

各省、自治区、直辖市地方政府对国家污染物排放标准中未作规定的项目，可以制定地方污染物排放标准；对国家污染物排放标准中已作规定的项目，也可根据本地环境质量要求，制定严于国家污染物排放标准的地方污染物排放标准。

凡是在已有地方污染物排放标准的区域内建设的发电厂，应当执行地方污染物排放标准。

17.1.2　《中华人民共和国环境保护法》规定："产生环境污染和其他公害的单位，必须把环境保护工作纳入计划，建立环境保护责任制度；采取有效措施，防治在生产建设或者其他活动中产生的废气、废水、废渣、粉尘、恶臭气体、放射性物质以及噪声、振动、电磁波辐射等对环境的污染和危害"。

发电厂对环境的影响因素，主要是废气、废水、废渣和噪声。设计中应结合小型发电厂的特点，重点做好污染防治工程，采用成熟、先进、可靠的技术，使小型发电厂的污染源得到控制，满足国家标准和地方标准的要求，切实做到经济效益、社会效益和环境效益的统一。

17.1.3　1989 年，国家计划委员会颁发计资源〔1989〕1411 号文件《关于资源综合利用项目与新建和扩建工程实行"三同时"的若干规定》，强调"企业新建和扩建的基本建设项目，必须认真执行治理污染与资源综合利用相结合的方针，凡是有条件的项目，都应考虑合理利用资源、能源和原材料"。"对于确有经济效益的综合利用项目，应当同治理环境污染一样，与主体工程同时设计、同时施工、同时投产"。

在当地有已投产或开工的灰渣综合利用项目，且有一定的灰渣用量时，电厂的除灰渣系统应按综合利用要求设计。

在当地综合利用项目新建、扩建、改造后，有一定灰渣用量时，综合利用项目，应与电厂同期完成立项、可行性研究工作，经其行业部门审批后，电厂的除灰渣系统应按综合利用要求设计。

17.1.4　根据国务院环保委、国家计委、国家经委(86)国环字第 003 号文规定："凡改建、扩建和进行技术改造的工程，都必须对与建设项目有关的原有污染，在经济合理的条件下同时进行治理"。与环境保护设施有关的公用系统的设计，应采取新老厂统一规划、综合治理的措施，有利于节约资金，加快施工进度，促使全厂综合治理早日实施。

17.2　环境保护设计要求

17.2.1　国家规定，环境影响评价，应在可行性研究阶段完成环境影响报告书，以便在发电厂设计中满足环境保护要求，并落实环境影响报告书确定的各项治理措施，避免项目建成后对环境造成新的污染。

环境影响报告书分为详细评价、一般评价、简单叙述分析三个等级。50MW 以下容量机组，进行一般评价或简单叙述分析，已能满足环境评价要求。

环境影响报告书，应按下列有关"规定"进行编制：

（1）《火力发电厂环境影响评价技术规定》；

（2）《火力发电厂水环境影响评价技术规定》；

（3）《火力发电厂大气环境影响评价技术规定》；

（4）《火力发电厂污染气象测试技术规定》。

17.2.2、17.2.3　这两条系根据《建设项目环境保护设计规定》，结合小型发电厂的特点，提出可行性研究与初步设计文件关于环境保护篇章的内容深度。

17.3　污染防治

17.3.1　发电厂排放的大气污染物，应满足《燃煤电厂大气污染物排放标准》和《锅炉大气污染物排放标准》的有关规定要求及《大气环境质量标准》的相关要求。

17.3.2　我国是发展中国家，经济还比较落后，从我国国情出发，小型发电厂用大量的财力和物力来建设脱硫装置，是不现实的。对地理位置和气象条件不利于含硫烟气扩散稀释的人口稠密、工业集中、污染严重的地区，可采取合理选择厂址、限制发电厂装机容量、调整煤种煤质以及合理选择除尘方式等措施来解决。在目前，国务院环保委员会关于防治煤烟型污染技术政策规定提出的"在保证大气环境质量条件下，火电厂的含硫烟气可利用大气的扩散稀释能力，采用高烟囱排放"是符合我国国情的。

17.3.3　发电厂烟囱高度的确定，应满足《燃煤电厂大气污染物排放标准》和《锅炉大气污染物排放标准》以及《大气环境质量标准》的要求。同时，为避免在不利气象条件下烟气下洗造成局部地面污染，烟囱高度还应高于锅炉房或露天锅炉炉顶高度的 2～2.5 倍。

当发电厂邻近机场对飞行安全要求限制烟囱高度时，应采用合并烟囱，增加热释效率，提高烟气抬升高度的方式，达到环境质量标准和排放标准。

17.3.4　为避免烟尘对大气环境的污染，发电厂锅炉必须装设除尘器，除尘效率应满足《燃煤电厂大气污染物排放标准》和《锅炉大气污染物排放标准》的规定。

17.3.6　为节约基建投资，避免重复建设，企业自备发电厂的生产废水和生活污水，宜由企业的污水处理场集中处理后达标排放。但当企业没有污水集中处理场时，或有集中处理场由于距离太远，管道穿越厂区难以布置时，发电厂废水可采用就地分散处理、达标排放的治理措施。

17.3.7　本条规定发电厂废水在排出厂区时，应达到国家有关标准。为便于监督管理，发电厂废水总排口，应设置采样点及计量装置。

17.3.8 发电厂生产废水、污水主要有以下几类:

(1) 冲灰渣水;

(2) 闭式循环冷却水的排污水;

(3) 直流冷却水的温排水;

(4) 化学水处理设备的再生冲洗酸、碱废水;

(5) 含油污水;

(6) 输煤系统地面冲洗废水和煤场雨水排水;

(7) 生活污水。

其中化学酸、碱废水和冲灰渣水,是发电厂对水环境影响的主要污染源。酸、碱废水的主要超标因子是 pH 值,可采用中和处理使其符合排放标准。而冲灰渣水水量较大,可能超标的污染因子有 pH、SS、F 等。设计采用沉灰池系统时,应有足够的沉灰池容积,或设置真空脱水系统,使灰水中的悬浮物达到排放标准。同时,应尽量回收重复利用。其他含油污水,由于量很小且为不定期排放,可采用油水分离器,将油分离达标后排放或回收重复使用。

17.3.9 位于城市地区的发电厂的生活污水,为避免重复投资,可引入城市污水系统统一处理。

17.3.10 本条是根据国家计委、国务院环保委 (87) 国环字第 002 号文件有关规定而制订的。发电厂即使灰渣有综合利用的途径,也应考虑当综合利用厂停产检修或节假日,以及由于雷雨等天气不能运输灰渣时,应设临时堆放场或缓冲贮渣场。不得采取任何方式排入自然水体或任意抛弃堆放。发电厂的贮灰场,应有防止干灰飞扬而定期喷洒水加湿的措施。当贮灰场位于饮用水源保护区范围附近时,应有防止贮灰场灰水渗漏对地下水饮用水源的污染的措施。

17.3.11 国家规定:凡是有条件的项目,都应考虑合理利用资源、能源和原材料。对筑路、填坑、填海等用量大、投资少的项目,应在可行性研究阶段落实用户。对生产产品需投资设备的项目,应与发电厂同时作可行性研究,同时申请立项。对已经批准的与发电厂配套建设的综合利用"三同时"项目,应根据发电厂的条件和用户情况,按照干灰干排和灰渣分排的原则,设计灰渣的输送系统和贮运系统,并适当配备装灰机具和运灰车辆,积极为综合利用创造条件。

17.3.12 发电厂的噪声源主要是设备高速运转产生的机械噪声、流体在管道内高速运动产生的动力噪声、车辆交通噪声等。发电厂的噪声源绝大部分发生在主厂房以内,因而使主厂房成为一个巨大的立体噪声源。噪声治理,首先应从发电厂选址上考虑远离居民区及其他保护目标。厂址选定后,在设计时,应从声源上进行控制,选择低噪声设备或加装隔声罩以降低噪声等,同时应对设备制造部门提出要求,采取综合防治措施,以便有效地降低主厂房的强噪声源。

17.3.13 发电厂主厂房噪声经过综合防治处理及距离衰减,到厂界处一般可以控制在 60dB (A) 以下。对环境影响较大的主要是锅炉起停过程中的排汽噪声和安全门动作时排汽噪声,它强度大,排放位置高,周围无遮挡,传递距离远。对位于城区或近郊区的发电厂排汽噪声污染尤为严重,所以本条规定要求锅炉点火排汽管及安全门排汽管应安装消声器。

17.4 环境管理和监测

17.4.1 根据国家精简机构的精神和调研情况,小型发电厂可以不单独设置环保管理机构,但应在生产管理科室中设 1 名专职管理人员。

17.4.2 本条是为了避免企业自备发电厂重复设置环境监测机构,并为节约建设资金而制订的。

17.4.3 在调研的总装机容量均在 50MW 以下的 10 个小型发电厂中,全部没有设环境监测站,环境监测工作基本上由当地环保部门定期或不定期抽查。有些厂是化学试验室代管,监测废水的 pH、SS 等,项目很少。当地环保部门也没有要求发电厂设置环境监测站。发电厂领导认为,小型发电厂不宜搞小而全。原能源部已经颁发《火电厂环境监测条例》,适用于装机容量 50MW 以上的大中型发电厂。所以,根据我国目前机构定员、管理水平和投资情况,本条提出总装机容量 50MW 及以上的发电厂,根据情况可以设置环境监测站。对总装机容量 50MW 以下的发电厂,不单独设置监测站,只配置必要的监测仪器,由生产职能科室或车间负责环境监测工作。

17.5 环境保护设施

17.5.1、17.5.2 这两条是根据国家计委、国务院环保委(87)国环字第 002 号文有关规定,结合发电厂行业特点而制订的。

18 劳动安全与工业卫生

18.1 防火、防爆

18.1.1 现行的国家标准《建筑设计防火规范》是一个综合性的防火技术规范,政策性和技术性强,涉及面广。为使发电厂设计中防火标准更具体明确,结合电力行业的特点,电力设计在今后的工程设计中,厂区各建筑物防火设计均应符合现行的国家标准《建筑设计防火规范》和发电厂与变电所设计防火规范的有关规定。

18.1.3 发电厂有爆炸危险的场所与设备,有:电气系统、蓄电池室、运煤系统、制粉系统、锅炉汽水系统、汽机油系统、除氧给水系统等各类压力容器和电气设备。各专业应根据不同的爆炸源和危险因素,切实做好防爆设计工作,以保障设备的安全运行。防爆设计,应符合现行的《建筑设计防火规范》、《爆炸和火灾危险环境电力装置设计规范》、《压力容器安全技术监察规程》、《电力工业锅炉监察规程》、《电站压力式除氧器安全技术规定》等有关标准规范的要求。

18.2 防电伤、防机械伤害、防坠落和其他伤害

18.2.1 屋内、外配电装置是发电厂中易发生触电伤害事故的区域，应切实做好防护工作。发电厂内的高层建筑和易燃、易爆建筑物和易受雷击而造成人身和设备伤害事故的，要装设相应的直击雷保护装置。带电设备防护距离设计及防电伤、防直击雷设计要符合现行的《3～110kV 配电装置设计规范》、《电力装置接地设计规范》、《高压配电装置设计技术规程》、《电气设备安全设计导则》、《电业安全工作规程》、《建筑防雷设计规范》等及其他有关标准、规范的规定。

18.2.2～18.2.4 发电厂有许多传动设备。机械伤害是一种常见的人身伤害事故，为保护运行人员的安全，应切实做好这方面的防护工作。机、炉、煤、灰、水、化各车间机械设备传动装置的联轴器部分，运煤系统的皮带转动部件、送风机、吸风机靠背轮都要装设防护罩。为防止运行人员接触运煤胶带，输送机的运行通道侧应加设防护栏杆，跨越胶带处设人行过桥。在输送机头部、尾部、中部每隔 20m 可装设事故按钮，并应沿胶带全长设紧急事故拉线开关及报警装置。

18.2.5 起重伤害，主要是指起吊设备在操作运行时碰伤、砸伤人体。为避免这类伤害事故的发生，在汽机房、锅炉房、吸风机间等装有起吊设施的地方，布置中要考虑检修时的方便，留有足够的检修场地和起吊空间。

18.2.6 本条规定主要是为了防止坠落、磕、碰、跌伤等意外伤害事故发生，保护工作人员的安全。在井、坑、孔、洞等处，应设栏杆或盖板。

18.2.7 根据《火力发电厂热力设备和管道保温油漆设计技术规定》，防止烫伤运行维护人员的温度界限为 60℃。在发电厂中，为了节能和保证良好的工作环境，外表面温度高于 50℃的设备和管道应进行保温。

18.3 防尘、防毒及防化学伤害

18.3.1 发电厂各扬尘的作业场所，都要采取粉尘的综合治理措施，控制粉尘浓度在允许范围以内。煤尘治理的设计采取"以水为主、综合治理"的原则。运煤、暖通、土建、热机、供水等专业要密切配合。原煤表面水分偏低，是产生煤尘飞扬的主要原因，运煤系统可采用喷雾除尘、真空除尘设施和地面水力清扫设施，以控制煤尘浓度。运煤系统的工艺设计，应减少转运环节，降低煤流落差，并采取密封、防尘和防止撒煤的措施。

18.3.2 为了保护运行人员的健康，制定煤尘室内

的允许浓度与室外的允许排放浓度。

18.3.3 水处理室、药品仓库、铅酸蓄电池室、六氟化硫开关室及其试验检修室、化验间等贮存和产生有害气体或腐蚀性介质的场所，应根据不同的化学药品（如氢氧化钠、盐酸、氨、联氨和亚硝酸钠等）采取相应的防护措施，在工艺设计上要考虑防止药品挥发，保证工作人员的安全，避免药品与人体直接接触。对上述易产生有害气体的场所，都应按照暖通专业的有关规定，采取通风换气的防毒措施，避免发生人身伤害事故。

对六氟化硫开关室及其试验检修室，尚应设置含氧量报警装置和六氟化硫泄漏报警仪等安全防护设施。

18.4 防暑、防寒、防潮

18.4.1 发电厂的防暑、防寒、防潮的技术措施，应由工艺专业和土建专业相互密切配合，按有关标准、规范的规定要求进行设计。

18.4.2 发电厂的地下卸煤沟、运煤隧道及地下转运站等地下建筑物内部，一般较阴冷、潮湿，故应采取防潮设施，以改善劳动条件，保护工人身体健康。

18.5 防噪声及防振动

18.5.1 发电厂的高噪声设备主要集中在主厂房内及运煤系统的转动、传动部件和筛碎设备。应从声源上进行控制，选用噪声低、振动小的设备。对不能根除的生产噪声，可采取有效的隔声、消声、吸声等控制措施，以降低噪声危害。

18.5.2 振动不仅产生噪声，并会造成设备和人身的伤害事故，故应按有关规范的要求，做好设备的防振动设计。

18.6 劳动安全与工业卫生设施

18.6.1 原能源部安保综〔1992〕59 号文《关于火电厂劳动保护基层监测站和安全教育室仪器设备等设置意见的通知》，对发电厂劳动安全工业卫生监测站、安全教育室的建筑面积、仪器配备及定员作了规定。在国家有关部门没有作出新规定之前，发电厂的劳动安全与工业卫生机构设施，可参照该文件要求执行。医疗机构及救护设施，可根据职工人数及距离城市远近，按照有关标准执行。

18.6.2 根据《工业企业设计卫生标准》规定，工业企业卫生用室包括生产卫生室、生活卫生室、妇幼卫生室和卫生医疗机构。本章的劳动安全与工业卫生，主要是指对生产过程中人员的人身安全与健康的保护，所以，本条规定应设置生产卫生用室、女工卫生室等。

中华人民共和国国家标准

小型水力发电站设计规范

GB 50071—2002

条 文 说 明

目　次

1 总　　则

1.0.2 关于规范适用的装机容量范围，原《小型水力发电站设计规范》GBJ 71—84 为 25MW 以下，机组容量为 0.5~6MW；《小型水电站施工技术规范》SL 172—96 为 50~0.5MW；《小型水力发电站水文设计规范》SL 77—94，《小水电水能设计规程》SL 76—94，《小水电建设项目经济评价规程》SL 16—95 均为 25MW 以下；《小型水力发电站自动化设计规定》SDJ 33—89 为 25MW，单机容量为 0.5~6MW；《防洪标准》GB 50201—94 中，小（Ⅰ）型水电站为 50~10MW，小（Ⅱ）型水电站为 10MW 以下；《小型水电站初步设计编制规程》SL/T 179—96 为 50~10MW。上述标准适用的装机容量范围各不相同。本次修编 GBJ 71—84 规范，考虑到我国小水电站建设已具一定规模，单机容量增大，低水头贯流式水轮发电机组的普遍运用等因素，对装机容量的适用范围定为 50~5MW 是合适的。

本规范所指小水电站设计，包括国家现行基本建设程序规定的项目建议书、可行性研究报告、初步设计等各阶段设计的技术要求。不同设计阶段的工作内容和深度要求，应符合国家现行的有关编制规程的规定。

2 水　　文

2.1 一 般 规 定

2.1.1 区域水文气象综合分析研究成果是指流域所在地区已刊布的《水文手册》、《水文图集》、《降雨径流查算图表》、《水资源评价》、《中小流域暴雨洪水计算手册》、《历史洪水调查资料》等。

2.2 径　　流

2.2.2 小水电站多建在中小河流上，这些河流在 20 世纪 60~70 年代相继建立了水文站、雨量站，进行水位、流量及雨量观测，目前已有 20 年以上的流量和降雨量实测资料，少数电站设计依据的水文站径流系列不足 20 年时，可通过相关插补延长达到 20 年。因此，本条规定频率分析计算的径流系列要求不少于 20 年。

2.2.3 还原水量包括：上游工农业用水量、蓄水工程蓄水变量、跨流域引入和引出水量等。

当还原水量资料短缺时，可通过分析直接统计受人类活动影响后的实测径流系列或按资料短缺的径流计算方法，进行设计径流计算。

2.2.8 特殊水文地质条件，主要指岩溶地区形成的不闭合流域对正常径流量的影响。

2.3 洪　　水

2.3.5 经审定的暴雨径流查算图表是指：全国暴雨洪水分析计算协作小组办公室编印的《编制全国暴雨径流查算图表》技术报告及各省（自治区、直辖市）主要成果《产流汇流计算部分》；各省（自治区、直辖市）编制的《暴雨图集》、《可能最大暴雨图集》、《暴雨径流查算图表》、《中小流域暴雨洪水计算手册》、《水文图集》、《水文手册》等。

2.3.7 分期设计洪水可跨期使用是指定期选样计算的分期设计洪水可跨期使用，跨期 5~10d，但不得超过 10d。

3 工程地质勘察

3.1 一 般 规 定

3.1.2 地质勘察任务应由设计单位提出，在勘察过程中如发现对设计方案有重大影响的工程地质问题时，应及时与设计单位联系，必要时调整勘察任务。

3.1.3 目前，1/200000 区域地质图已覆盖全国，很多省（自治区、直辖市）已有 1/50000 区域地质图，同时已建和在建的数以万计的水利水电工程也积累了大量的勘察经验和资料，小水电站勘察应充分搜集和利用这些资料，采用工程类比和经验分析法。

勘察方法强调以工程地质测绘、轻型勘探和现场简易试验为主，必要时采用重型勘探。这是根据我国小水电站勘察经验提出的。轻型勘探主要包括物探、坑槽探，宜广泛采用。岩心钻探、平硐、竖井等重型勘探手段，在规模较大的工程，重要的工程部位如混凝土重力坝、拱坝、软基建坝（厂）等和对不良地质问题勘察时应适量采用，并做到综合利用。

3.4 水工建筑物工程地质

3.4.1 混凝土坝和砌石坝重点强调勘察对坝基抗滑稳定具有控制作用的各类软弱夹层，这是因为近年来有些小水电站混凝土坝在坝基（肩）开挖中揭示有较多软弱夹层和泥化层而在勘察中未予发现，给设计、施工造成被动。

3.4.2 土石坝对地基要求较低，一般不全部清除覆盖层，而将坝壳基础置于软基上，如基岩埋藏较浅，防渗体宜直接衔接在岩基上。鉴于一些小水电站清基时，常发现古河床，其埋深远大于现河床，古河床内冲积层成分复杂；另一些土石坝由于坝基勘察深度不够，未发现存在的淤泥层，致使坝坡产生塌滑，因此，规范强调了对土石坝应重点勘察古河床切割深度、淤泥软土层、细粉沙层及其地震液化条件。

3.4.3 工程实践表明，泄水建筑物下游冲刷破坏严重，有时引起岸坡边坡失稳，因此强调勘察下游受冲部位岩（土）体坑冲刷性能。

3.4.4 小水电站地下建筑物施工的经验表明,影响洞室稳定条件的主要因素是进出口岩（土）体的完整和风化卸荷程度、边坡稳定条件、断层破碎带性状及其走向与洞室轴线的交角、洞室地下水活动情况、强透水带的分布、与地表连通情况、形成的外水压力等。当前小型工程洞室设计仍采用传统的普氏理论,要求勘察单位分段提供 K_0、f 值,由于小型工程洞室不可能做很多勘探测试工作,因此围岩分类以定性为主,可采用《中小型水利水电工程地质勘察规范》SL 55—93 中,附录 B 中小型水利水电工程围岩工程地质分类。

3.4.5 压力管道地基最常见的不良地质问题,是管线布置地段山体整体稳定问题。以往由于前期勘察工作深度不够,时有发现管路布置于滑坡体或卸荷变形体上给工程造成不利影响,因此强调勘察压力管道山体的稳定性。

3.4.6 引水明渠的边坡稳定是常见的病害。以往由于勘察工作深度不够,渠线通过基岩顺向坡、滑坡、泥石流体,致使渠道改线或增加处理难度。因此强调对渠线的不良地质问题要进行勘察。

3.5 天然建筑材料

3.5.1 不同设计阶段,天然建筑材料的勘察应参照《水利水电工程天然建筑材料勘测规程》SDJ 17 和《中小型水利水电工程地质勘察规范》SL 55—93 中有关规定。

3.5.2 人工骨料料源的调查应尽量利用天然及人工揭示的露头（如采石场）,减少勘探工作量。当利用灰岩、白云岩作料源时,尚应注意岩溶洞穴发育程度及其充填物对质量的影响。

4 水利及动能计算

4.1 一般规定

4.1.1 电力系统中的负荷增长及其负荷特性变化、系统中水电站与火电站的容量及特性等对设计水电站特征值的影响较大,因此水能设计还应以电力规划为基础。

4.2 径流调节计算

4.2.2 在进行水量平衡时,入库径流计算应分析设计水平年内人类活动的影响因素。对某一些电站,可不强调计算保证出力。对有调节性能的电站,多年平均发电量中尚需反映丰、枯及峰、谷电量。

4.2.3 系统中小水电站容量比重较大或调节性能较好时,设计的水电站取较大的设计保证率。反之,取较小的设计保证率。

4.2.5 当设计水电站上游有调节水库或当设计水电站为调节水库,其下游有已建或在设计水平年内拟建的水利水电工程时,应进行梯级水电站径流调节计算。

4.2.6 对于多年调节或年调节水库电站,应根据系列年枯水期平均出力计算保证出力;对于日调节或无调节电站,应根据典型年逐日出力过程计算其保证出力。

4.4 正常蓄水位和死水位选择

4.4.2 在满足用水要求和泥沙淤积等条件下,若电站取水口投资增加不多时,死水位可取其下限,以留有余地。

4.5 装机容量及机组机型选择

4.5.2 设计水平年一般是通过逐年电力电量平衡和经济比较,在选择装机容量的同时一并选定。这种方法虽符合电力系统动态发展和资金时间价值的实际,但工作量较大,不确定因素较多,因此在小水电站设计中不宜采用。本条推荐采用的简化方法,可满足小水电站设计要求。

4.5.8 对于高水头引水式电站,由于引用流量对水头损失影响较大,装机容量、流量、水头三者存在一定关系。当流量为设计引用流量、机组为额定出力时,水头损失最大,发电水头最小。因此,最小水头即为设计水头。

其他型式电站,设计水头宜不高于汛期加权平均水头,以尽量减少汛期水头受阻。

4.5.10 对于没有进行电力电量平衡的小水电站,其有效电量系数可参照现行《小水电建设项目经济评价规程》SL 16—95 选择,也可根据经验确定。

4.6 引水道尺寸及日调节容积选择

4.6.1 引水道尺寸是指引水道的纵坡和横断面。

4.7 水库泥沙淤积分析及回水计算

4.7.1 库容和年输沙量之比为体积比。

4.7.5 水库回水计算应为确定水库淹没、浸没范围,分析回水对上一级电站的影响,合理选择水库特征水位等提供依据。洪水水面线指一次洪水的实测水面线或历史洪水的水面线。在河道中淹没对象有大片集中耕地、密集居民点或其他重要建筑物时,应在相应的位置设置计算断面。

5 工程布置及建筑物

5.1 一般规定

5.1.1 工程等别及建筑物级别主要是参照国家《防洪标准》GB 50201—94 制订的。

5.1.2 挡水高度系指挡水建筑物在河床平均高程以上的高度。

5.1.3 非挡水厂房的防洪标准应低于同类挡水建筑物防洪标准，故在国家《防洪标准》GB 50201—94 的基础上作了适当的修改。

5.2 工程布置

5.2.2 在有通航要求的河流上，电站的梯级开发应尽量与航运梯级规划相一致。

5.2.4 当受条件限制枢纽只能布置于弯曲河段上时，主厂房宜布置于凹岸弯道顶点偏下游的稳定河岸处，并采取有效的取水、防沙措施。

5.3 挡水建筑物

5.3.2～5.3.10 重力坝、拱坝、土石坝和橡胶坝的设计应参照国家现行的相应坝型的设计规范。

5.4 泄水建筑物

5.4.1 小水电站泄水建筑物包括泄洪建筑物和动力渠道及前池上的溢水建筑物。其型式主要有溢洪道、泄水隧洞、泄洪（水）闸、泄水孔。

5.4.3 土石坝一般不允许漫顶过水，因此要求其泄水建筑物具有一定的超泄能力，在有条件时，应优先选用开敞式溢洪道。

5.4.7 常用消能方式有底流消能、挑流消能、面流消能、消力戽消能。小水电站多采用底流消能和挑流消能。

5.4.10 按明流方式设计的低流速无压隧洞，允许在非正常运用洪水时出现明满交替的工作状态。

5.5 引水建筑物

5.5.1 小水电站引水建筑物一般包括进水口、动力渠道、有（无）压引水隧洞、调压室或前池、压力管道。

5.5.2 进水口的型式按照水流条件可分为开敞式、浅孔式、深孔式；按进水口位置和引水管位置可分为坝式、岸式（岸塔式、竖井式、岸坡式）、塔式进水口。

5.5.3 在多泥沙河流上，为了解决泄洪排沙与取水的矛盾，在采取有效的防沙、排沙措施后，进水口也可布置在河流淤积积岸（凸岸）。

5.5.4 有压进水口的最小淹没深度计算，建议参照现行的水电站进水口设计规范。对引用流量小、隧洞流速小的小水电站，经过论证，进水口顶缘的最小淹没深度可适当降低。

5.5.10 对高压隧洞，围岩的最小厚度计入围岩劈裂的影响，建议按挪威公式判别。

5.5.18 回填灌浆和固结灌浆的参数在未进行试验之前，可参照现行水工隧洞设计规范的规定和工程的实践经验初步确定。回填灌浆的范围一般在顶拱中心角 90°～120° 以内，孔距和排距一般采用 2.0～6.0m，灌浆压力一般采用 0.1～0.3MPa。固结灌浆排距一般 2.0～4.0m，每排不宜少于 6 孔，对称布置，深入围岩的孔深宜为 0.5 倍洞径，灌浆压力宜为 1.5～2.0 倍内水压力。

5.5.20 本规范所指调压室均为上游调压室。压力水道中水流惯性时间常数的计算，可参见现行的水电站调压室设计规范。

5.5.22 调压室的基本型式有简单式、阻抗式、水室式、溢流式、差动式、气垫式。选型的基本原则如下：

　1　能有效地反射由压力管道传来的水击波；

　2　在无限小负荷变化时，能保持稳定；

　3　大负荷变化时，水面振幅小，波动衰减快；

　4　正常运行时，经过调压室与压力水道连接处的水头损失较小；

　5　结构简单、经济合理、施工方便。

5.5.23 调压室的稳定断面面积计算，可参见现行水电站调压室设计规范。

5.5.32 当引水渠道较长或设计流量大时，一般采用非自动调节渠道；当引水渠道进水口水位变幅不大、渠线较短、地形条件较好时，一般采用自动调渠道。

5.5.33 引水渠道水力计算可参照现行的水电站引水渠道及前池设计规范。

5.5.37 引水渠道衬砌和护面的作用除减小渗漏和降低渠道糙率外，尚可提高渠道的抗冲能力和边坡稳定性，避免渠道两侧土地盐碱化和沼泽化，防止渠坡长草和穴居动物破坏。浆砌块（卵）石衬砌，一般厚度 0.2～0.3m，下面铺设 0.10～0.15m 厚的砾石或碎石垫层。

5.5.38 根据浙江省的经验，前池有效容积不宜小于 2.5～3min 的单机引用流量的水量。

5.5.40 前池涌波计算参照现行的水电站引水渠道及前池设计规范。

5.5.49 压力水管伸缩节的滑动区应光滑、无锈，压环与管壁之间的间隙小，水封材料耐磨性和弹性好，摩擦系数小，以及钢管的椭圆度和同心度符合要求。广西桂林天湖水电站（水头 1074m）的钢管伸缩节，将滑动区管壁喷锌并抛光至表面粗糙度 $R_a = 6.3$ 左右，水封压环与管壁间的间隙为 1.0mm。止水填料在水头 617～1074m 段试验了橡胶石棉盘根和聚四氟乙烯石棉盘根，结果前者漏水，后者完全成功。因此，推荐在水头大于 500m 时，采用聚四氟乙烯石棉盘根。

5.5.50 小水电站压力钢管的支承结构型式应结构简单、受力明确、施工方便、造价低。根据天湖水电站的经验，可采用分离式支承滚轮结构。该型式结构简单、受力明确、计算简便、节省材料和制造、运输、安装、管理、维修方便，运行安全，其结构见图 1。

5.5.52 小水电站压力钢管的水压试验，因受条件限制，实施上确有困难时，经上级主管部门批准，可不

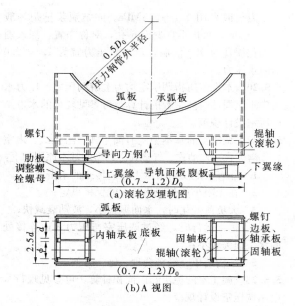

图1 分离式支承滚轮结构图
(a)滚轮及埋轨图；(b)A视图

进行水压试验，但应采用性能优良、低温韧性高的钢材，严格按焊接工艺要求施焊，需焊后热处理的焊缝必须热处理，并对纵、环缝按100%无损探伤，或对整个钢管进行100%无损探伤。

5.6 厂房及开关站

5.6.2、5.6.3 傍山厂房边坡必须具有足够的稳定性，当边坡地质条件较差时，应采取必要的工程措施，以确保厂房的安全，特别应注意调压井和引水道的结构，避免引水建筑物可能渗水而影响边坡的稳定性。

位于冲沟口附近的厂房应仔细研究山洪的影响，根据洪量和泥石流量采取相应防御设施。

岸边式地面厂房位置选择与引水方式密切相关，应综合考虑。为了预防压力管道或高压闸阀发生破裂事故而危及厂房安全，可将厂房位置避开压力管道事故水流的主要方向，或修筑能将事故水流导离厂房的围护建筑物，或提高管道及高压闸阀的安全储备，或其他安全措施。

5.6.6、5.6.7 决定主厂房尺寸时应注意的事项：

1 尾水管和蜗壳一般均应按厂家提供的尺寸进行布置，如确有必要时，征得厂家同意后可作某些修改。例如，尾水管可作如下修改：

1）水平扩散段采用窄高型尾水管，以减小机组间距；

2）高水头电站尾水管用圆形断面，也可减小机组间距；

3）水平扩散段底板，在满足尾水管出口顶部有足够淹没深度下可适当上翘，以减少厂房基础部分的开挖；

4）适当加长尾水管，以便在其上布置变压器或副厂房；

5）改变高度及扩散角，以适应厂房布置；

6）平面上尾水管中心线与机组中心线成夹角布置或偏离布置，以适应河道流向，便于尾水衔接。

2 在一般情况下，混流式或轴流式水轮机机组间距由蜗壳平面尺寸加混凝土厚度尺寸决定；高水头电站由于单机引用流量小，机组间距由定子尺寸或发电机周围电气设备布置尺寸决定。

3 坝后式厂房机组间距主要由蜗壳平面投影尺寸控制，据不完全统计，机组间距与水轮机转轮直径的比值约4.0左右，其机组段长度一般与坝体分缝相对应。

4 河床式厂房，蜗壳平面投影尺寸不完全是控制尺寸，这和选用水轮机混凝土蜗壳包角有关（一般选用包角180°）。从蜗壳混凝土厚度来看，差别较大，这和蜗壳内壁有无钢板衬砌关系较大，如有钢衬，钢筋混凝土结构即可考虑放宽限裂要求，混凝土壁厚可以减小，反之要增大；河床式厂房机组间距与水轮机转轮直径的比值约在3.0～3.8之间。当机组段设有泄流排沙孔时，机组间距离尚应结合泄流排沙孔的布置确定。

5.6.8 混流式、轴流式机组1台机扩大检修部件如表1。

表1 安装间放置的机组大件

机组型式 大件名称	混流悬式 机组	轴流悬式 机组	轴流伞式 机组
发电机转子	√	√	√
发电机上机架	√	√	√
水轮机转轮	√	√	√
水轮机顶盖	√	√	√
水轮机支持盖		√	√
推力轴承支架		√	√

贯流式机组1台机扩大检修部件为发电机转子、发电机定子、水轮机转轮、导水机构；水斗式卧式机组1台机扩大检修部件为发电机转子、水轮机转轮、发电机定子、水轮机机壳；水斗式立式机组1台机扩大检修部件为发电机转子、发电机上机架、水轮机转轮。一般不考虑机组与变压器同时检修。

5.6.11 当边机组段及安装间段有侧向水压力作用时，应计算上下游及左右侧向的水压力等共同作用下的稳定和地基应力。

厂房基础面由于厂房布置需要，往往做成台阶式或其他不规则形状，一般可将其投影为某一高程的计算平面进行简化计算。

厂房承受的荷载组合情况分为基本组合及特殊组

合两种。基本组合是厂房在正常运行情况下的荷载组合；特殊组合是厂房在非常运行情况下的荷载组合。

荷载组合一般应按表2的规定，必要时考虑其他可能的不利组合。

表 2　荷 载 组 合

荷载组合	计算情况	上下游水位	结构自重	永久设备重	水重	回填土石重	静水压力	扬压力	浪压力	泥沙压力	土压力	冰压力	地震力	附注
基本组合	正常运行	a1 上游正常蓄水位／下游最低水位	√	√	√	√	√	√	√	√	√	√		土压力需根据厂房外是否填有土、石而定（下同）
		a2 上游设计洪水位／下游相应水位	√	√	√	√	√	√	√	√	√			
		b 下游设计洪水位	√	√	√	√	√	√		√				
特殊组合	机组检修	a 上游正常蓄水位／下游检修水位	√	√	√	√	√	√	√	√	√			水重应根据实际情况扣除
		b 下游检修水位	√	√	√	√	√	√		√				
	机组未安装	a 上游正常蓄水位或设计洪水位／下游相应水位	√		√	√	√	√	√	√	√			①蜗壳二期混凝土未浇；②水重应根据实际情况扣除
		b 下游设计洪水位	√		√	√	√	√		√				
特殊组合	非常运行	a 上游校核洪水位／下游校核洪水位	√	√	√	√	√	√	√	√	√			
		b 下游校核洪水位	√	√	√	√	√	√		√				
	地震情况	a 上游正常蓄水位／下游最低水位	√	√	√	√	√	√	√	√	√		√	上、下游水位，若有其他论证时，可另作规定
		b 下游满载运行水位	√	√	√	√	√	√		√			√	

注：1　表中 a 适用于河床式厂房，b 适用于坝后式及岸边式厂房。

　　2　浪压力与冰压力非同时存在，可根据实际情况，选择一种计算，其他荷载按实际作用的可能性进行组合。

　　3　施工期的情况应作必要的核算，可作为特殊组合。

　　4　厂房基础没有排水孔时，如考虑排水失效情况，可作为特殊组合。

　　5　正常运行 a2 及机组未安装 a 中的下游相应水位，是指当上游发生正常蓄水位或设计洪水位时可能出现的对厂房建筑物最不利的水位（包括枢纽溢洪或不溢洪情况）。

　　6　非常运行 a 的下游校核洪水位，是指当上游发生校核洪水位时，下游可能出现对厂房建筑物最不利的水位（包括枢纽溢洪或不溢洪情况）。

5.6.13　直接承受水压力的厂房下部结构构件，如钢筋混凝土蜗壳、挡水墙、尾水管等，除应进行结构强度设计外，还应满足限裂要求。根据以往工程的设计经验，要同时满足抗裂和限裂（即双控）是比较困难的，且这些构件由于温度变化等因素，难于保证不开裂，故本规范仅提限裂要求。

动力作用引起的结构内力和变形往往比相应静力荷载引起的内力和变形大。故直接承受动荷载作用的结构，在进行静力计算时应考虑动力系数。

5.6.14　地下厂房的布置型式选择，要考虑山岩厚度、岩层产状、地质构造、裂隙和断层的走向及规模、地应力方向及大小等综合因素。

地下厂房厂区枢纽布置洞室较多，要有足够的岩体厚度布置众多的洞室。

通风的目的是要解决发电机层及中控室等的闷热和水轮机层、水泵室等的潮湿问题，潮湿常引起设备表面的"结露"现象，电气绝缘因而失效发生短路；运行人员长期在这种不良条件下工作，对身心健康影响很大，必须予以重视。为减少洞室数量，通风洞可与其他附属洞以及地质探洞、施工支洞等结合。由于风机噪声影响较大，所以主要风机宜远离主、副厂房布置。

5.6.15　一般情况下主洞室纵轴线与软弱结构面正交对围岩稳定最为有利，但是围岩软弱结构面往往是多组的，因此提出选择洞室纵轴线时，不仅要考虑主要软弱结构面方向，而且要兼顾次要的结构面的影响，减少软弱结构面的裸露，有利于围岩的稳定和支护。评价软弱结构面的影响时，应考虑其数量、产状及性质。

洞室开挖使洞壁原来法向地应力释放，围岩应力重分布，在应力超过岩体极限强度的区域，岩体发生塑性屈服变形滑移塌落，因此在高地应力地区，应考虑地应力方向问题，使洞室纵轴线走向与最大主应力方向平行或呈较小夹角，有利于边壁稳定，减少侧向压力或变形。

5.6.16　地下工程的设计理论和方法，在60年代后有较大的发展，即由过去将岩体视为外荷转向将岩体当作承载结构，采取锚喷支护结构型式。地下结构设计的基本指导思想是充分发挥围岩自身承载能力，因地制宜地搞好地下洞室的开挖和支护。

5.7　通航建筑物

5.7.1～5.7.4　通航建筑物设计应参照国家现行的有关标准执行。

5.8　水工建筑物安全监测设计

5.8.1　设置观测设施的目的是：

　1　监视水工建筑物的安全运行；

　2　掌握施工、安装期水工建筑物的状况；

　3　校核设计计算及试验。

5.8.2　观测断面选择及测点布置应从整个枢纽工程统盘考虑，能反映各建筑物及结构的实际工况，在满足精度要求的前提下，力求少而精。各观测值能互相校核，尽量排除和避免影响精度的因素（如基点变位、测点局部变形、折光气流等)。

6 水力机械及采暖通风

6.1 水轮发电机组选择

6.1.1 电站水轮机型式的选择必须充分考虑电站的特点,根据电站开发方式、动能计算、水工建筑物布置、电力系统的要求,参照国内外已生产的水轮机参数及制造厂生产水平,并与制造厂密切联系和协商,初选若干方案进行技术经济比较确定。

在某一水头段范围内,可能有两种适用的水轮机型式可供选择时,应结合电站具体条件,对不同型式的水轮机进行技术经济比较。

6.1.2 水轮机的转轮直径可按转轮尺寸系列规定选取。也可以与制造厂协商采用非标准直径系列的转轮直径,在选择转轮直径时,应考虑泥沙、水质及机组允许安装高程的影响。在多泥沙河流和基础开挖受限时,可要求制造厂对机组提出相应的保护措施。

6.1.3 导叶最大可能开度,即被限位块限定的导叶最大开度。

6.1.4 由于厂房布置和其他方面的要求,可使尾水管出口扩散段偏转一个角度、上翘某一高度或中间加隔墩等,但应与制造厂协商,征得制造厂的同意。

6.1.5 当水头高于150m时,由于尾水管中水流流速大,为防止混凝土肘管因水流冲刷而破坏,肘管需加设钢板里衬。当工作水头小于150m时,考虑到施工进度、施工难度,经技术经济比较后也可加设金属里衬。

6.1.6 发电机参数的选择,可根据国家有关规范和标准,并与制造厂密切联系和协商选取,功率因数可按0.8~0.85选取,灯泡贯流式机组可按0.9~0.95选取。飞轮力矩可根据调节保证要求与制造厂协商确定。

6.2 调速系统和调节保证计算

6.2.2 灯泡贯流式机组的转速上升率可适当放宽。

6.3 技术供、排水系统

6.3.1 采用自流供水,且装机2台的电站,一般每台机设一取水口,装机多于2台时,每一取水口至少能保证通过2台机组所需的流量。

取水口水管上的第一个阀门应有便于检修和更换的措施。

6.3.2 技术供水水源含沙量大时,应合理确定供水系统的管内流速,并在管路系统中采取排除泥沙的措施。

6.4 压缩空气系统

6.4.1 电站压缩空气系统的主要服务对象是机组制动用气、密封用气、调相压水用气、机组检修吹扫用气及调速器油压装置充气。

工作压力在0.8MPa以下为低压系统,工作压力在2.5~6.4MPa为中压系统。

各用气设备需要的耗气量,除机组检修用气外,应由设备生产厂家提供。

6.4.2 供油压装置压力油罐充气的中压压缩空气系统的压力,可以根据油压装置额定工作压力确定,一般为2.5MPa、4.0MPa或6.4MPa。

贮气罐的工作压力宜高于压力油罐工作压力,尤其是装机两台以上的电站,1台压力油罐充气后,贮气罐压力仍宜高于油压装置充气后的压力,以降低压缩空气的相对湿度。

6.4.3 同时制动的机组台数和电站主接线方式有关,应根据主接线方式按发生重大事故同时制动的机组台数确定。

电站设有调相压水用压缩空气系统时,制动用气可以使用调相贮气罐的气源作为备用气源,但其系统仍应分开设置,并有防止制动用气系统向调相用气系统倒流的措施。

6.4.4 对于需作调相运行的电站,其调相运行时首次充气成功与否,决定调相空气压缩机和贮气罐的容量、导叶的漏气量。对于调相运行的机组,应向制造厂提出改进排水叶止水结构的要求,并取得制造厂提供的导水叶的漏气量资料。

6.6 水力监视测量系统

6.6.2 以往水力监视测量系统的设计,均根据测量项目分别设置单一的监视测量仪表。随着新技术的发展以及电站运行水平要求的提高,国内已研制出若干具有测量水轮机效率等多功能综合性测量装置,功能可根据用户的需要和要求选择,并可适应计算机监控要求,这些装置有的取得了成功的运行经验,效果良好,对容量较大的电站,特别是对具有计算机监控和经济运行要求的电站,可优先加以选用。

6.7 采暖通风

6.7.1 电站的采暖通风设计以确保机电设备安全运行,改善电站工作条件为目的,应做到经济合理、技术先进、符合工业卫生和环境保护要求。

6.7.2、6.7.3 电站采用空气调节方式时,应尽量减少空气调节房间的面积。当采用局部空气调节或局部区域空气调节不能满足要求时,可采用全室性空气调节。

6.7.4~6.7.8 换气次数标准的确定,已考虑了正常排风和事故排风的需要。排风系统应独立设置。室内应保持负压。

主厂房除有条件利用发电机组排放热风采暖的厂房外,一般不设置全面采暖系统,仅在工作地点和休息地点设置局部采暖装置。

当厂房设置全面采暖时，其外围护结构应根据技术经济比较确定，且符合国家有关节能标准的要求。

6.8　主厂房起重机

6.8.1　主厂房采用单小车或双小车单主钩、双主钩桥式起重机，主要取决于主厂房的允许高度和起重量，可经技术经济比较确定。当主厂房上部高度受限时，可以选择双小车桥式起重机。当采用单小车起重机时，应考虑设备吊运、翻身用副钩的荷载问题。

为满足机组安装期间零星小件频繁吊运，可与制造厂联系在大梁下装设一移动式电动葫芦。

根据灯泡贯流式机组安装检修的特殊要求，可选用主钩和小车具有调速功能的起重机。

6.9　水力机械布置

6.9.2　低水头大流量的电站主厂房机组段的平面尺寸，应首先考虑进水流道和尾水流道的平面尺寸及满足土建对流道混凝土壁厚的要求。

6.9.5　安装场长度可根据机组容量的大小按 1.5～2.0 倍的机组长度初选。灯泡贯流式机组电站宜取大值，小容量的卧式机组电站可小于 1.5 倍。

7　电　气

7.1　电站与电网连接

7.1.1、7.1.2　电站与电网的连接是在电力系统规划设计基础上进行的。小水电站与大系统连接时，由于装机容量较小，可不考虑系统的稳定性。但与小系统连接时，应充分注意系统的稳定性。电站在满足全部容量送入电力系统的前提下，应简化电气主接线，不宜出现过多的电压等级。

7.1.3　对短时间内确有可能相继开发的几个梯级水电站群，应统一规划梯级水电站之间的连接方式及与电力系统的联网方式。如梯级水电站群的装机容量都不大，距离负荷点又较远时，为了简化梯级水电站的主接线，可将水电站群的容量集中起来，以 110kV 电压送入电力系统，比分散送电节约投资，便于梯级调度管理。因此，可在适当的地址或电站群中的一个电站，设置联合开关站。

7.2　电气主接线

7.2.1　设计电气主接线时，应考虑电站的分期建设和分期安装机组的情况。特别是对单机容量比较大或机组台数较多的电站，从第一台机组投产到全部机组投入电力系统运行，可能要经过比较长的时间。因此，要认真研究主接线适合分期过渡安装的方式，以减少电站投产后停电次数。

7.2.2　调查表明，电站升高电压侧采用单母线和单母线分段比较广泛。桥形接线适用于进出线各两回的电站，桥形接线分内桥和外桥接线。外桥接线适用于电站利用小时数较低，担任调峰任务、变压器切合频繁、线路较短、有穿越功率经过的情况。内桥接线适用于利用小时数较高，主变压器不经常切合或线路较长、故障率较高的电站。桥形接线所需断路器最少。小水电站角形接线应用较少，一般只采用三角形。

7.2.5　调查表明，运行单位大都希望装设发电机出口断路器，以减少电站在调峰、开机、停机以及退出检修时，高压断路的操作次数，提高对电力系统供电的可靠性。

7.3　厂用电及坝区供电

7.3.2　调查表明，近几年来，电站厂用变压器广泛选用干式变压器，尤其是环氧树脂干式变压器。

7.3.3　调查表明，运行单位认为断路器与熔断器价差不大，且断路器运行操作方便，并有利于厂用备用电源自动投入。

7.3.4　小水电站一般无大容量的电动机，通常采用 380V/220V、三相四线制供电系统。由于厂变中性点直接接地，还可以实现接零保护。

小水电站单机容量小，机组台数少，机组自用电容量较小，一般采用自用电与公用厂用电共用的混合供电方式。

7.3.5　坝区用电一般由专设的坝区用电变压器供电，若坝区与电站相距较近，也可由厂用电直接供电。

对坝后式水电站，若无专用坝区变压器时，可由厂用电直接供电。对引水式电站，取水口距厂房较远时，闸坝用电宜从厂房架设专用的线路供电。取水口附近如有地区或其他水电站的电源，可以作为取水口的备用电源。

对影响水工建筑物安全的泄洪设施，应有两个独立的电源供电。若有困难，可装设柴油发电机组作为备用电源。

7.4　过电压保护及接地装置

7.4.1　避雷针或避雷线的设置，应充分利用电站所处的地形条件。避雷针与避雷线保护范围的计算方法，可按电力设备过电压保护设计技术规程的有关规定执行。

7.4.5　电站接地电阻测量中，应能测量人工接地网、自然接地网及屋外配电装置接地网的电阻。

7.5　照　明

7.5.1、7.5.2　工作照明是满足规定照度的一种照明装置。因此，在主、副厂房及车间、办公室、通道等处均应装设工作照明。屋外开关站由于没有经常值班人员，可不装设事故照明。

7.5.3　水轮机层以下的蜗壳层或贯流式机组的漏油

装置层的潮湿场所，工作照明应尽可能采用 36V 安全电压供电。

7.6 厂内外主要电气设备布置

7.6.1 升压变压器应尽可能靠近主厂房布置，可缩短发电机电压母线及母线廊道的长度，既节省投资，又减少电能损耗，同时也给安装、维护、检修带来方便。但在布置时应满足防火规范规定的要求。

7.6.2 高压配电室的窗户，应设置防止鼠雀等小动物钻入及雨雪飘进室内的设施。

7.6.3 近年来，由于我国 35kV 设备的生产能力和生产规模较完善。经调查，选用的 35kV 户内开关设备的运行较可靠，维护方便，投资不高，对 35kV 开关设备选型推荐采用户内式布置方案。110kV 户内全封闭组合电器造价较高，设计中多采用户外式。但在地形狭窄和有腐蚀气体的场所，经济条件允许时，也可采用户内式组合电器布置。

7.7 电缆选型及敷设

7.7.1 由于水电站消防要求不断提高，在电缆选型中，已广泛采用阻燃电缆。阻燃电缆可节省防火涂料、减少消防投资。

7.8 继电保护及系统安全自动装置

7.8.2 继电保护装置的灵敏系数，应按照《继电保护和安全装置技术规程》GB 14285—93 的规定选取。

7.8.6 对常规继电器构成的继电保护装置，保护动作后，相应的报警接点应点亮光字牌，并起动中央音响信号装置报警，对应的信号继电器应掉牌。对于微机继电保护装置，保护动作后，保护屏上应标有相应文字或代码的 LED 点亮，并送出报警接点。

7.8.7 重合闸的配置原则和启动方式，应按照 GB 14285—93 执行。

7.9 自 动 控 制

7.9.3、7.9.4 计算机监控系统在国内小水电站已得到较多的运用，见表 3。

表 3 国内小水电站计算机监控系统部分用户一览表

序号	用 户 名 称	装机容量（MW）	投运日期
1	福建范厝水电厂	3×12＝36	1989.12
2	福建良浅水电厂	3×10＝30	1991.09
3	福建连江山仔水电站	3×15＝45	1995.01
4	福建车岭水电站	2×7.5＝15	1995.01
5	宁夏青铜峡唐渠水电站	1×30＝30	1995.04
6	福建顺昌谟武水电站	3×10＝30	1995.03

续表 3

序号	用 户 名 称	装机容量（MW）	投运日期
7	吉林满台城水电站	1×6＝6	1995.03
8	福建山美水电站	1×30＝30	1995.10
9	江西洪门水电厂	5×7.5＝37.5	1996.10
10	湖南贺龙水电厂	3×8＝24	1997.01
11	江西大坳水电站	2×20＝40	1999.03
12	四川磨房沟水电厂	3×12.5＝37.5	1998.05
13	四川雅安丁村坝水电站	3×10＝30	1998.06
14	西藏沃卡水电站	4×8＝32	1998.07
15	陕西魏家堡水电站	3×6.3＝18.9	1998.09
16	四川射洪金华电站	3×15＝45	1998.12

采用计算机监控系统的小水电站，计算机监控系统的设计，应符合《水力发电厂计算机监控系统设计规定》DL/T 5065—1996 的要求。

7.9.6 采用计算机监控系统的小水电站，宜采用带微机调节器的励磁装置。

7.9.9 当电站设备发生故障时，信号装置应发出区别不同故障性质的音响信号。

7.9.10 自动准同步装置目前使用较多的有两种：一种为 ZZQ-3 和 ZZQ-5 型；另一种为微机型。

7.10 电气测量仪表装置

7.10.1 国家现行的有关标准是指国家现行的《电气测量仪表装置设计技术规程》SDJ 6。

7.10.2 电测量仪表简化的程度，视工程实际情况或参照 DL/T 5065—1996 确定。电能计量装置一般均需设置。设有计算机监控系统电站，可不在另设遥测装置，以减少投资和避免设备重复设置。

7.11 操 作 电 源

7.11.5 直流装置的控制功能，多由工控微机完成。若采用由模拟电路构成的直流电源装置，其电池容量检测、直流母线绝缘监测等需另由专功能装置完成。

7.12 通 信

7.12.1 厂内生产调度通信和行政通信以前大多数电站采用分开设置的方式。随着科学技术的进步，特别是数字技术在调度总机上的应用，交换速度和可靠性大大提高，数字式调度总机既有调度总机的功能，又有交换机的功能。规范规定采用调度通信和行政通信合用一台调度总机，可以满足水电站运行的要求。

8 金属结构

8.1 一般规定

8.1.1 电站的工作闸门,系指承担主要工作并能在动水中启闭的闸门;事故闸门系指当闸门的下游(或上游)发生事故能在动水中关闭的闸门,当需快速关闭时也称快速闸门,这种闸门宜在静水中开启;检修闸门系指水工建筑物机械设备检修时用以挡水的闸门,这种闸门宜在静水中启闭。

8.1.2 影响闸门选型的各项条件,应综合考虑:

1 运行要求决定闸门工作性质,如静水或动水启闭,动闭静启,需要局部开启或快速关闭等,对门型选择有很大关系,是选型的主要因素,所选门型必须满足运行要求。

2 闸门设置位置,可在进口、中部或出口。在出口时选择弧门有利;在中部或进口,选弧门要设较大的闸室是不利因素,用平面闸门则可简化布置。

3 当操作水头较高时,考虑到水流条件以选弧门为宜。若下游水位较高,设弧门可能使支铰浸水,则选平面闸门有利。

4 对排沙和过推移质的闸门以选用弧门有利,对排漂浮物则可选下沉式或舌瓣式闸门。

5 为避免启闭力过大可选弧门。

8.1.3 本条提出的应满足两道闸门之间及闸门与拦污栅之间的最小距离的要求,是为了避免由于设计不慎,给运行和维修带来不便,造成不良后果。其中满足门槽水力学条件只对中、高水头闸门有意义。两道门槽相距太近,对门槽空蚀不利,据调查其最小距离不宜小于1.5m,具体要求也可参照《水工闸门门槽的水力设计》一书(1990年4月、水利水电科学研究院水力学研究所编)。

8.1.5 关于闸门平压设施,在水头不高的小型孔口,有时采用闸门提升小开度充水平压,仅需适当增大启闭设备容量和设置小开度行程开关,简化了闸门结构,这种方法只要充水时的闸下出流不会造成不利影响也是可行的,因此不规定必须设置。

充水平压设施可采用旁道管、门上设充水阀、门叶节间充水等方式。在小水电站常采用充水阀并与启闭机联动,此时必须在启闭机上设置小开度行程开关,以保证操作安全可靠,并保护启闭设备。

8.1.6 露顶闸门的超高,是保证闸门正常运行的安全值,不能作为水库调蓄或超蓄用,否则将降低建筑物的安全保障。

8.1.10 由于各工程的自然条件、水工建筑物的运用条件不完全相同,因此,在启闭机选型时需进行全面的技术经济比较。在经济比较中,除计入启闭设备的制造、安装、运输等费用外,尚应计入相应的水工建筑物和其他辅助设施的费用。

8.2 泄水闸门及启闭设备

8.2.1 当下游水位经常淹没底槛时,应研究论证是否设置下游检修闸门,以保证闸室、闸门槽能有足够的检修时间。这种情况在平原和浅丘地区的拦河闸中较常出现。如设置检修闸门投资较高且枯水期下游水深不大时,应视具体情况,可采取临时修筑土石围堰或采用叠梁闸门等方法解决。

8.2.2 对高水头泄水洞,在事故门前是否需要再设一道检修闸门,应视水头高低、事故门前洞身长短、洞身地质情况和检修条件等研究决定。

8.2.4 建国以来,我国不少中、小型水利水电工程在泄水孔出口设置锥形阀作为工作闸门,其特点是泄流能力高,阀体受力均匀,启闭力小,泄流消能防冲设施可大大简化,但应采取措施解决开阀时喷射水雾对附近建筑物特别是对电气设备的影响。

8.2.5 对泥沙淤积较严重的情况,建议平时利用工作门前的事故门关闭挡沙,以免洞中淤沙难以处理,同时也改善了工作闸门的运行条件。事故闸门常为静水开启,门前淤沙对闸门操作影响较小,也较易采取措施解决。

8.2.6 施工导流孔的封堵门虽属一次性使用,但由于闸门门槽需经历多个汛期,常年通过泥沙,因此导流孔门槽段的空蚀和磨损应认真对待。

永久性闸门若能够满足下闸封堵的要求,且门叶回收利用经济可行,可以将永久性闸门在封堵导流孔时使用,以节省工程投资。

8.2.7 据调查,我国近30年来,有20余座低水头弧形闸门发生支臂失稳事故,这个问题具有一定的普遍性,应在总体布置、设计计算和构造上采取措施。

8.2.8 备用动力的设置,应根据供电电源的可靠性决定。通常如采用双回路供电可满足要求。只有在双回路供电仍不可靠时才考虑备用柴油发电机。如启闭机有备用手摇装置,也不需再设备用动力。

8.3 引水发电系统闸门、拦污栅及启闭设备

8.3.1 检修闸门、事故闸门、快速闸门等在什么条件下设置,主要根据实践经验确定。对国内14个省的初步调查,大至可分为三类:

1 坝后式电站,大多数都设有检修闸门和快速闸门,运行较好。一些没有设置检修闸门的电站在正常发电时,快速闸门吊在孔口,不能维修;在机组检修时,快速闸门又要挡水,也不能检修。因此,设置检修门是必要的。

2 河床式电站,大多数为低水头、大流量机组,一般都设置有检修闸门和事故闸门。

3 引水式电站的布置形式很多,除了设置快速

闸门（或蝴蝶阀）外，在进水口处设置事故闸门或检修闸门的也不乏实例。当引水洞较长时，设置事故闸门较为有利，一旦引水隧洞发生事故，事故闸门可迅速截断水流，防止事故扩大。

8.3.3 坝后式和河床式电站，进水口检修闸门主要用在进口快速闸门或事故闸门检修时挡水。实践表明，4台机组以内共用1套检修闸门，可以满足正常运行时的维修要求。

8.3.4 调压室中的事故闸门，因事故保护要求常停放于调压室内的门槽中，由于井内水位经常波动和导叶关闭产生涌浪，所以要注意闸门停放和下降的平稳性。据国内调查，有些电站的调压井快速闸门曾发生过停放和下降过程中不稳定现象，影响正常运行，因此应注意机组甩负荷产生的强烈涌浪对闸门稳定性的影响，必要时可进行专门的模型试验和研究。

8.3.6 根据贯流式机组的运行经验，机组自身的防飞逸装置比较可靠，不需要设置快速闸门。由于低水头小水电站水头十分宝贵，因此应优选栅条型式和清污措施，尽量减小过栅水头损失。

8.3.7 拦污栅及清污设施的布置和选型，对污物较少的河流，可只设置一道拦污栅，用人工清污即可；对污物较多的河段，应以排为主，对表面漂浮物采用拦污排或浮栅将污物挡截，再由人工清捞或引导至泄水闸排泄，效果较好；对于全断面均有较多污物的河段，用两道拦污栅或活动拦污栅以及各机组采用连通式布置也是一种办法，宜根据其污物的具体情况决定。

拦污栅应有足够的过水断面，其过栅流速：当采用人工清污时，可采用0.6～0.8m/s；机械清污可采用1～1.25m/s不考虑清污时，可采用0.5m/s。

拦污栅栅条间距应根据水轮机的类型和尺寸以及河段的污物性质、数量选择最大允许极限值，既能防止有害杂物进入机组损坏设备，又能减小水头损失和清污量。

8.3.10 拦污栅倾斜布置时的倾斜角与取水口的型式和地形地质条件关系密切，应结合水工建筑物布置综合考虑确定。根据国内已建小水电站资料，拦污栅倾斜布置时，其倾斜角变幅很大，不宜划定范围，因此取消原规范"宜取60°～75°"的规定。

8.3.11 根据国内小水电站清污机的应用情况，对低水头小水电站倾斜布置的拦污栅，推荐了几种在湖北、湖南、山东、新疆等地应用效果较好的清污机，可根据具体的污物情况和清污要求选用。

9 消 防

9.2 工程消防

9.2.2 消防车道按单车道考虑，宽度应不小于

3.5m，如不是环形消防车道，还应有不小于12m×12m的回车场，车道上空净距根据一般消防车的高度不能小于4m。

9.2.3 主厂房虽然体积较大，但其空间大，耐火等级又多为一、二级，其内部设备产生火灾的危险性较小，因此不予分区。

9.2.4 地面厂房的发电机层，其安全出口不少于两个，且有一个直通屋外地面。地下厂房的发电机层设两个通至屋外地面的安全出口，并至少有一个直通屋外地面；进厂交通隧道的出口可作为直通屋外地面的安全出口；厂房出线或通风用的隧道及竖井出口可作为通至屋外地面的安全出口。

9.2.7 电缆隧道及沟道中的电缆无论是非阻燃性电缆或是阻燃性电缆都应设置防火分隔设施。

9.2.9 若厂房的排烟系统与厂内通风系统相结合，必须采取控制措施，即发生火灾时通风系统应关闭，待火情解除后再进行排烟。

9.2.10 在有条件的地方，应采用常高压系统供应消防用水；如消防用水系统与生产、生活供水系统合用，应采取措施保证消防用水不作它用。

9.2.15 由于水电站的中央控制室一般有人值班（值守），把火灾报警控制装置设在此处易于处理事故。

采用消防水泵供水时，消火栓箱中设消防水泵启动装置，便于供水操作。

10 施 工

10.2 施 工 导 流

10.2.1 坝体施工期拦洪度汛与导流建筑物封堵后，坝体度汛洪水标准系根据小水电站特点和施工实践，并参照《水利水电工程施工组织设计规范》SDJ 338—89和《防洪标准》GB 50201—94拟定的。本规定与上述规范的洪水标准比较列于表4。

表4 坝体施工期拦洪度汛标准〔重现期（年）〕

建筑物	施工期坝体拦洪度汛		封堵后坝体度汛		《防洪标准》GB 50201—94	
	SDJ 338—89	本规范	SDJ 338—89	本规范	4级建筑物	5级建筑物
土石坝	50～20	20～10	4、5级无规定	30～20	50～30	30～20
混凝土坝或浆砌石坝	20～10	10～5	4、5级无规定	20～10	50～30	30～20

SDJ 338—89中过水围堰的挡水标准，重现期为3～20年范围太宽，设计不易遵循。本规范定为：土石围堰的挡水标准采用其挡水时段5～10年重现期洪

水；混凝土和砌石围堰的挡水标准采用挡水时段3～5年重现期洪水。上述规定符合围堰的实际运用情况，并便于设计使用。

根据国内小水电站施工实践，本规范提出的截流标准采用截流时段重现期3～5年的月或旬平均流量。

10.2.2、10.2.3 施工导流不能只重视初期导、截流，而应同时考虑后期导流，包括坝体度汛、下闸蓄水等。导流建筑物应考虑各期导流要求，并研究与永久性建筑物相结合的合理性。导流建筑物的设计可参照本规范"5 工程布置及建筑物"的有关规定。

10.3 料场选择及开采

10.3.1 土石坝坝料损耗大小与施工条件、施工方法和施工工艺关系密切，差别较大，可根据具体条件参考表5确定。

表5 筑坝材料施工损耗（%）

料种	开采制备		汽车运输	堆存中转	坝面作业
	较陡山坡	地形平缓			
堆石料	10～20	5～10	0.2～0.5	5～10	4～8
砂砾料	—	3～5	0.2～0.5	3～6	1.0～1.5
土料	—	3～10	0.5～1.0	5～10	—

混凝土砂石骨料运输加工损耗补偿系数，可参考下列经验数据：人工骨料（1.13～1.30）K；天然骨料中无级配调整设施时为（1.10～1.27）K，有级配调整设施时为（1.14～1.25）K；其中K为级配平衡的弃料补偿系数，视工程条件由级配平衡计算确定，一般不应超过1.2，级配偏粗采取调整措施时可取1.0。

混凝土砂石料开采损耗系数可参照表6选用。

表6 砂石料开采损耗系数

开采条件	采石场	砂砾石料场
水 上	1.02～1.05	1.02～1.05
水 下	—	1.05～1.10

10.3.3 根据国内外施工实践，人工骨料石料场宜选择灰岩、可采储量为需用量2倍以上、运距在5km以内、剥采比在0.4以下、有用层厚度在15m以上，且开采、加工、运输及水电供应条件好的料场。

10.5 场内外交通

10.5.1 选择对外交通运输方案、线路与标准时，应分析计算外来物资和设备的总运输量、分年度运输量及运输强度。重大件设备运输方案，应了解现有运输道路的路况、建筑物技术标准及通行条件，

拟定相应的改善措施，并与有关单位取得协议后确定。

10.5.2 场内交通干线及其主要建筑物设计标准，可参考国家现行的有关标准的规定。

10.6 施工工厂设施

10.6.3 电站施工工厂可分为：砂石加工系统，混凝土生产系统，压缩空气、供水、供电和通信系统，机械修配、加工厂等。

10.7 施工总布置

10.7.1 施工场地选择和布置，首先应根据枢纽布置特点，以及附近场地的相对位置、高程、面积和征地范围等主要指标，研究对外交通进入施工场地与内部交通的衔接条件和高程、场地内部地形条件、各种设施及货流方向，选择场内交通的主要运输道路。并以交通道路为纽带，结合地形条件，设置临时设施，研究分区规划，使之布局合理、相互协调。

主要施工场地、施工工厂和临时设施的防洪标准采用5～10年重现期洪水，是根据小水电工程特点结合地方工程实践拟定的。

10.7.2 以混凝土建筑物为主的电站工程，施工工区布置宜以砂、石料开采、加工、混凝土拌和、浇筑系统为主。以当地材料坝为主的电站工程布置，宜以土石料采挖、加工、堆料场和上坝运输线路为主。两种坝型的施工布置，均应优先保证主要生产系统设置的位置。

10.8 施工总进度

10.8.1 为统一施工总工期的划分标准，本规范按SDJ 338—89和《小型水电站初步设计编制规程》SL/T 179—96规定，将工程建设工期划分为四个阶段。

工程筹建期可作为工程准备期的第一阶段，由建设单位负责进行，如对外交通、施工用电、通讯、施工征地与移民，以及招标评标、签约等涉及对外协作的筹建工程。工程筹建期的长短视具体情况而定，不包括在准备工期之内，但应在设计文件中阐明。

第二阶段为工程准备期，即按合同规定由土建承包商所做的准备工作期。在推广招标承包制之后，承包单位为提高经济效益及加快工程进度，准备工期可缩短，在安排施工总进度时应予以考虑。

10.8.2 单项工程施工进度既是施工总进度的构成部分，又是编制施工总进度的基础；既应服从总进度的整体安排，通过各单项工程施工方法研究，又为合理调整施工总进度提供依据。设计中两者必须紧密配合，才能编制出整体较优的施工总进度方案。

11 水库淹没处理及工程占地

11.1 水库淹没处理范围及标准

11.1.1 经常淹没区系指水库正常蓄水位以下受淹没的地区；临时淹没区系指正常蓄水位以上受水库洪水回水、风浪、船行波、冰塞壅水的地区；其他受水库蓄水影响区主要指水库蓄水使岩溶、洼地出现库水倒灌区或滞洪区以及失去生产、生活条件而必须采取处理措施的孤岛等。

浸没范围应根据水文地质资料所提的浸没高程确定。浸没所依据的水位一般采用正常蓄水位，也可采用库水位在1年内持续时间在2个月以上的运行水位。

对可能发生坍岸、滑坡的地段，应根据工程地质和水文地质资料，按预测5年可能达到的范围确定。

风浪影响区按在正常蓄水位时发生5年一遇风速计算的浪高值确定，其计算公式参见《水电工程水库淹没处理规划设计规范》DL/T 5064—1996附录A。

冰塞壅水区，按冰花大量出现时的水库平均水位和平均入库流量及通过的冰花量计算的水位确定。

11.1.2 因牧区牧草地是牧民的重要生产资料，其洪水标准应与耕地、园地相同。水库淹没涉及重要集镇和特殊工矿企业，其水库淹没处理的洪水标准可取本规定的上限，若需提高标准时应经上级主管部门批准。

当水库淹没涉及公路、桥梁、输变电、通讯、文物古迹、旅游等重要设施，其淹没处理的设计洪水标准，除应符合《防洪标准》GB 50201—94的规定外，尚应符合国家现行有关标准的规定。

11.1.3 为合理确定水库淹没处理范围，除应有干流洪水的回水曲线外，还应有主要支流与干流同频率洪水的回水资料。关于回水末端设计终点是采取水平延伸还是垂直封闭，应结合当地地形、淹没对象重要性及特点等具体情况，综合分析确定，避免造成高淹低不淹的不合理现象。

对已垦殖利用的河滩地的洪水标准，宜区别对待：连续耕种3年以上河滩地的洪水标准可与常耕地相同；垦殖不到3年或间断耕种的河滩地，可采用正常蓄水位作为淹没处理的标准。

当水库淹没涉及公路、桥梁、输变电、通讯、文物古迹、旅游等专用设施，其淹没处理的设计水标准，应按GB 50201—94的规定和参照国家有关标准的规定，会同有关部门协商确定。

11.2 水库淹没实物指标调查

11.2.1 水库淹没影响除调查实物指标的数量及影响程度外，还应调查淹没影响对象的质量，例如：淹没

工厂的规模、公路及桥梁的等级、房屋结构等。对于采取防护工程措施的地段，应分别调查统计防护与不防护的水库淹没影响实物指标，以便进行比较。

土地面积一律按国家规定的标准亩计量。目前，还在使用习惯亩的地方，应通过实地丈量找出两者的折算系数，并加以说明。

11.3 农村移民安置

11.3.4 由于农村移民安置规划是实现农村移民安置的重要依据，所拟定的农村移民安置规划方案，要提出不低于搬迁前生活水平和为搬迁后提供发展的目标。其编制办法应参照国家现行的有关标准执行。

移民安置要认真进行移民安置区的环境容量分析研究。移民环境容量可采用土地资源容量法或土地可承载人口数量法计算，前者按土地生产力除以安置标准，后者按安置区总产量除以人均生活标准。

11.5 防护工程

11.5.2 由于受小水电站水库淹没影响的集镇，其人口规模远小于20万人，一般也没有重要的工矿企业，集中成片的农田面积也远小于30万亩。故本条在GB 50201标准规定的基础上，拟定了防护工程的防洪标准，但对于重要集镇，可适当提高防洪标准。

11.8 工 程 占 地

11.8.1～11.8.4 根据实践经验，工程永久占地与水库淹没处理的移民安置同样重要，工程永久占地的移民安置也应编制规划，但应注意，属于水库区的工程占地，不应在水库淹没调查中重复统计。工程永久占地的补偿标准、单价和计算办法，宜与水库淹没处理一致，以避免造成矛盾。

工程占地费用在枢纽建筑工程项目中计列。

12 环 境 保 护

12.1.1 根据1998年11月国务院发布的《建设项目环境保护管理条例》规定，对建设项目实行环境影响评价。该条例对建设项目和环境保护实行分类管理：建设项目对环境可能造成重大影响的，应当编制环境影响报告书；建设项目对环境可能造成轻度影响的，应当编制环境影响报告表；建设项目对环境影响很小，不需要进行环境影响评价的，应当填报环境影响登记表。

12.1.3 小水电站主要环境问题是水库淹没及移民安置，和工程下游河段水文情势改变及工程施工等对生态环境的影响。

12.1.4 小水电站工程规模小，对环境的影响一般较小，加之设计周期短，通常难以取得足够的参数和数据，因此环境影响预测方法宜采用类比调查法或专业

判断法。

13 工 程 管 理

13.1.1 随着基本建设业主责任制的推广和多渠道集资办电的发展，将业主的要求也作为确定管理机构的因素之一。

13.1.2 水电站多数建设在山区，管理机构选址以城市为依托，或在就近城镇建立后方生活基地，避免了企业办社会，既节约工程投资，又解决了职工生产、生活中的实际困难。

14 工程概（估）算

14.0.1~14.0.5 设计概（估）算编制涉及国家政策和投资渠道等多种因素，其编制方法、定额、标准、费率和价格等规定时效性极强，难以作出具体规定。因此，本规范仅规定了编制原则。

中华人民共和国国家标准

冷库设计规范

GB 50072—2001

条 文 说 明

目　次

1 总 则

1.0.2 本规范的适用范围由以下几个方面组成:

1 按规模划分:本规范适用于公称体积为500m³及以上的冷库,相当于存放100t冻结物的冷库。因为几吨、几十吨冷藏量的冷库,其净高、体积利用系数、围护结构做法、温度要求和冷负荷情况等差别较大,且这些容量很小的冷库往往不以氨为制冷剂,而是以氟为制冷剂。

2 按基建性质划分:它适用于新建、改建、扩建的冷库。至于改建维修的冷库,因受原有条件限制,在某些方面不一定能符合本规范要求,但规范中的一些原则,在改建或维修工程时仍可适用,如有特殊情况,应因地制宜。

3 按冷库形式划分:本规范不适用于夹芯隔热板冷库、气调库、山洞冷库、石拱覆土冷库。因为这些形式的冷库其构造做法、冷负荷计算等与普通形式的冷库不同,而且这方面的生产实践经验和科研数据还不多,有待积累。

4 按制冷剂划分:本规范制冷部分只适用于以氨为制冷剂的制冷系统。因为氨用于公称体积为500m³及以上的冷库较经济,且不会破坏大气臭氧层。

1.0.4 根据国家对编制全国通用设计标准规范的规定,为了精简规范的内容,避免重复,凡引用或参见其他全国通用的设计标准、规范和其他有关规定的内容,除必要的以外,本规范不再另立条文,故在本条中统一作了交待。

2 术语、符号

本规范所用的量和单位系根据现行国家标准《量和单位》。

3 基 本 规 定

3.0.1 本规范规定冷库的设计规模,应以冷藏间或冰库的公称体积作为计算标准。公称体积为冷藏间或冰库的净面积(不扣除柱、门斗和制冷设备所占的面积)乘以房间净高。过去冷库的设计规模多以冷藏间或冰库的公称贮藏吨位计算。这种计算方法有许多缺点,主要表现在它的计算公式对冷库工程建设不能起到规范的作用。其计算公式为:公称贮藏吨位=堆装面积×堆装高度×食品计算密度。公式中堆装面积和堆装高度虽有若干规定,但漏洞很多。因此常常出现几个贮藏同一类食品,公称贮藏吨位也相同的冷库,其建筑面积、内净体积和基建投资却相差很大,难于对设计质量进行评比,且国际上久已以"体积"衡量冷库规模的大小。使用公称体积有以下优点:

1 可以避免对"堆装面积"等因素解释不一而出现许多矛盾,也便于控制冷库规模和基建投资。

2 可以促使设计人员充分利用冷藏空间,提高体积的利用系数,作出更为经济实用的设计,也便于评定设计的优劣。

3 促使使用单位通过改革工艺、改进包装和堆码技术,挖掘冷库贮藏的潜力。

3.0.2 由于改用"公称体积"代替我国长期以来使用的"公称吨位"作为衡量冷库规模的标准,在设计和经营、管理等部门必然要求能有一个简便的将"公称体积"换算成吨位的方法,因此我们在本条给了一个换算公式,并引用了一个"计算吨位"量称。

3.0.3 是有关冷藏间的体积利用系数"η"值的说明。

1 我们最初分析了商业、外贸、水产等33座不同规模、贮存不同食品的冷库,按原设计贮存量和原设计采用的食品计算密度,换算出堆货体积,它与冷藏间内净体积之比即为体积利用系数。按照冷库规模大小我们初步提出4种体积利用系数"η"值。

2 又对另外17座规模大小不等的冷库进行了验算,第一步按各库原设计的冷藏吨位等求出其体积利用系数"η_1"值,并将它与按我们初步提出的4种"η"值计算的冷藏吨位等进行比较;第二步按原设计图及有关贮藏规定(走道宽度,货物距墙、顶距离,有无门斗等)求出按手推车运货留走道的体积利用系数"η_2"值和按电瓶车运货留走道的体积利用系数"η_3"值,同时求出其相应的冷藏吨位。将"η"、"η_1"、"η_2"、"η_3"比较,提出了本规范中5种不同公称体积的体积利用系数。其间我们还对天津商业、外贸、水产5座冷库的体积利用系数作了测定和比较。

3 1982年审查会对规范提出的体积利用系数作了审查,提出公称体积<1000m³的冷库体积利用系数0.45偏大,最好改为0.4。

审查会后,我们又到辽宁、山东、北京、上海、浙江调查了54座冷库的体积利用情况(见表1)。其中北京、上海、辽宁6座蔬菜冷库的体积利用情况说明,除周水子冷库拱屋面空间浪费大,堆装时留的空地太多,造成体积利用系数太小外,其他蔬菜冷库的实测体积利用系数比规范值小13%~23%。因此,鉴于我国目前贮存蔬菜情况(例如某些蔬菜要搭架子挂存),我们提出了蔬菜冷库的体积利用系数,应按本规范表3.0.3规定值乘以0.8的修正系数。

4 有的反映贮存水果、鸡蛋的实际体积利用系数与规范值相差较大。为此我们又于1983年11月到河南、武汉对鲜蛋、水果冷库进行了测定(见表2中序号22~26),证明贮存鲜蛋、鲜水果的实际体积利用系数与本规范值相差上下均不到5%,本规范值基本可用。

5 过去冷库设计没有国家的统一规范，同样的 10000t 冷库，有的设计冷藏间内净体积为 39717m³，有的却达 43265m³，后者大 9%。同样 5000t 鲜蛋冷库，有的冷藏间建筑面积为 6849m³，有的却达 11637m³，较前者大 70%；冷藏间净体积前者为 31984m³，后者为 47632m³，较前者大 49%；每吨鲜蛋同样的木箱，实测其占用建筑面积和冷藏间净体积分别为 1.4～1.71m² 和 6.28～7.03m³，相差都不小。因此规范有必要作出统一规定。过去各单位是按照自己掌握的数据进行设计，各系统冷库因用途不同，包装、运输、堆码方法、形式以及管理等也各不相同。现在本规范按 5 种不同规模的公称体积划分，确定了体积利用系数值，对某些冷库可能还不尽合理，有待在今后试行中积累资料后再进行修订和补充。

表 3.0.3 中公称体积是指一座冷库各冷藏间公称体积之和，请注意该表注 1。

6 实行新规范就要合理地考虑堆装设备、容器、合理的堆装高度和房间净高等，如果设计不考虑生产实际，盲目提高房间净高，其体积利用系数就可能达不到规范要求，实践中必然浪费资金和能源。

有人建议：公称体积在 1001～2000m³、2001～10000m³、10001～15000m³ 的冷藏间，其相应的体积利用系数分别为 0.40～0.50、0.50～0.55、0.55～0.60 较为合理。此次修订，我们未采纳。因为这样可使同一公称体积的冷库计算吨位结果相同。

3.0.4 冰库的利用系数"η"值，随房间净高而异。从表 3 调查可看出：

1 体积利用系数"η"与面积虽有关系，但当冰库内净面积分别为 246、540、680m² 时，其 η 值则分别为 0.53、0.57、0.61，互相间仅差 4%。但由表 2 可看出，η 值受净高的影响却比较大。如上述相同面积的冰库，当净高不同时，η 相差达 13%～22%（即净高越高，体积利用系数越大）。

2 从内净体积的大小方面也很难定 η 值。例如，内净体积相近分别为 2406m³、2432m³ 时，其 η 值分别为 0.6、0.43，相差很大；若内净体积接近，如分别为 3243m³ 和 3060m³ 的两个房间，则 η 值分别为 0.57、0.47，相差也很大。

表 1　冷库体积利用系数及食品密度调查表

序号	冷库名称	贮存货物名称	冷藏温度(℃)	冷库公称体积(m³)	F_1净面积(m²)	h_1净高度(m)	V_1净体积(m³)	F_2堆装面积(m²)	h_2堆装高度(m)	V_2堆装体积(m³)	η测定的体积利用系数V_2/V_1	η本规范定体积利用系数	η测定的/η本规范	货物名称	存放形式	包装形式	ρ_1测定值(t/m²)	ρ_s本规范值(t/m³)	ρ_1/ρ_s
1	营口食品公司冷库（二期）	牛、羊肉	−15	2240	197.5	4.07	803.0	133.0	3.40	452.0	0.560	0.55	1.010	牛羊肉	码白条	无	0.409	0.33	1.24
2	上海哈尔滨路冷库	牛肉、羊腔	−17～18	3965	1160.0	2.85～4.05	3965.0	862.0	2.18～3.46	2412.0	0.608	0.55	1.100	—			—		
3	大连食品公司冷冻厂	猪肉	−17～18	21507	587.0	4.58	2688.0	467.0	3.70	1727.0	0.640	0.62	1.036	猪肉	码垛	无	700/1727＝0.405	0.40	1.01
4	烟台肉联厂 1500t 冷库	猪肉	−17～18	6235	354.0	5.00	1770.0	287.0	4.25	1219.0	0.688	0.55	1.250	猪白条	码垛	无	460/1219＝0.377	0.40	0.94
5	青岛肉联厂老库	猪肉	−17～18	6077	237.0	3.69	877.0	192.0	2.98	571.0	0.650		1.80	猪白条	码垛	无	700/1786＝0.391	0.40	0.98
6	新库	猪肉	−17～18	10694	588.0	4.56	2681.0	475.0	3.76	1786.0	0.666		1.110	猪白条	码垛	无	700/1786＝0.391	0.40	0.98
7	北京市西南郊食品冷冻厂	猪肉	−17～18	64828	572.0	4.54	2596.0	454.0	3.84	1742.0	0.670		1.080	猪白条	码垛	无	768/1742＝0.441	0.40	1.10
8	上海薛家浜冷库	冻肉	−17～18	55341	12136.0	4.56	55341.0	10233.0	3.75	38375.0	0.690	0.62	1.110	—			—		
9	上海沪南冷库（二库）	冻肉	−16～18	11601	—		—			平均0.603		0.60	1.004	—			—		
10	杭州罐头食品厂 3000t 冷库	猪肉、禽	−18	6435	—		1251.3			736.0	0.590	0.55	1.060	—			—		
11	宁波食品公司 500t 冷库	猪肉	−18	1829	—		1829.0			941.0	0.514	0.50	1.030	—			—		
12	营口食品公司 150t 蛋库	鲜蛋	±0	1006	129.0	3.90	503.0	77.6	3.10	240.0	0.480		0.960	鲜鸡蛋	箱堆	木箱	75/240＝0.312	0.26	1.19

续表1

| 序号 | 冷库名称 | 贮存货物名称 | 冷藏温度(℃) | 冷库公称体积(m³) | 体积利用系数(一间或数间冷藏间) | | | | | | | | | | 食品密度 | | | | | |
					F₁净面积(m²)	h₁净高度(m)	V₁净体积(m³)	F₂堆装面积(m²)	h₂堆装高度(m)	V₂堆装体积(m³)	η测定的体积利用系数 V₂/V₁	η本规范值体积利用系数	η₁/η	货物名称	存放形式	包装形式	ρ₁测定值(t/m²)	ρs本规范值(t/m³)	ρ₁/ρs
13	大连食品公司冻冷厂	鲜蛋	±0	13296	351.0	4.00	1404.0	264.0	3.10	818.0	0.580	0.60	0.967	鲜鸡蛋	箱堆	木箱	225/818=0.275	0.26	1.04
14	北京市食品公司肉联厂蛋库	鲜蛋	±0	3328	475.0	3.20	1520.0	392.0	2.62	1009.0	0.660	0.55	1.200	鲜鸡蛋	箱堆	木箱	0.243	0.26	0.93
15	北京市西南郊食品冻冻厂	鲜蛋	±0	6949	432.0	3.70	1600.0	338.0	2.60	878.0	0.548	0.55	0.996	鲜鸡蛋	堆垛	木箱	0.262	0.26	1.01
16	上海禽蛋二厂冷库	鲜蛋	±0	6948	—	—	—	—	—	—	平均 0.603	0.55	1.100	—	—	—	平均 0.190	0.26	0.73
17	上海光复路蛋品批发部	鲜蛋	±0	7113	—						平均 0.524	0.55	0.950				0.245	0.26	0.94
18	杭州食品公司禽蛋批发部 500t蛋库	鲜蛋	+2~-2	3960	264.0	5.00	1320.0	158.0	3.65	574.0	0.430	0.55	0.780	—	堆垛	木箱	0.251	0.26	0.96
19	宁波蛋品批发部 100t蛋库	鲜蛋	+2~-2	417.6	87.0	4.80	417.6	69.0	2.50	172.5	0.413	未规定 >0.40	1.030						
20	北京市左安门菜站三期库	鲜蛋	—	—	—	—	—	333.0	箱装 3.66	1220.0	0.540	0.60	0.900	鲜蛋	堆垛	木箱	262/1220=0.214	0.26	0.82
21	上海新闸桥新冷库	鲜蛋	0~5	9194	382.5	4.10	1568.0	286.0	3.50	1001.0	0.638	0.55	1.60						
22	上海光复路蛋品冷库	冰蛋	-17~-20	1267							0.568	0.50	1.130						
23	沈阳和平菜站冷库	蔬菜	±0	10291	302.0	3.40	1029.0	171.0	3.10	530.0	0.510	0.60	0.850	蒜薹	架存	挂、有的装塑料袋	70/530=0.132	0.23	0.57
24	大连周水子菜库	蔬菜	±0	18656	212.0	4.40	933.0	—	—	298.0 (走道宽)	0.320	0.62	0.530	蒜薹	架存	—	60/298=0.201	0.23	0.87
25	营口蔬菜公司第二菜库(北)	蔬菜	±0	7564	210.0		945.0	102.0		418.0	0.440	0.55	0.800	蒜薹	架存	挂塑料袋	40/418=0.095	0.23	0.41
26	营口蔬菜公司第二菜库(南)	蔬菜	±0	8187	413.0	4.95	2046.0	189.0	4.60	870.0	0.424	0.55	0.770	蒜薹	架存	挂塑料袋	90/870=0.103	0.23	0.45
27	北京左安门菜站二期库	蔬菜	±0	13512	420.0	5.36	2252.0	307.0	3.84	1181.0	0.520	0.60	0.870	大白菜	—	—	140/1181=0.119	0.23	0.52
28	上海国庆路蔬菜库	蔬菜	0~2	5547	1440.0	3.80~4.00	5547.0	859.0	3.00	2578.0	0.465	0.55	0.850	—					
29	沈阳果品公司沈东批发站	水果	±0	7599	357.0	4.26	1520.0	249.0	3.50	872.0	0.570	0.55	1.036	水果	堆筐7个高	筐装	185/872=0.213	0.23	0.93
30	北京市果品公司四道口5000t冷库	水果	±0	33432	342.0	4.00	1368.0	269.0	箱装 3.33	896.0	0.655	0.62	1.050						
	北京市果品公司四道口5000t冷库	水果	±0						筐装 3.22	866.0	0.633	0.62	1.020	水果	—	筐	0.235	0.23	1.02
31	上海果品公司冷库	水果	±0	34230	360.3	4.00	1441.0	277.0	3.15	872.5	0.606	0.62	0.980	—					
32	上海果品公司新闸桥(老库)	水果	0~5	12823	262.0	5.00	1310.0	201.0	3.60	724.0	0.550	0.60	0.910	水果	—	—	0.250	0.23	1.08
33	上海果品公司新闸桥(新库)	水果	0~5	32862					篓装 3.15	901.0	0.575	0.62	0.930	水果			0.200	0.23	0.86
34	上海泰康食品厂冷库	苹果	0~2	2158	239.8	4.50	1079.0	180.7	3.15	569.2	0.530	0.55	0.960						

序号	冷库名称	贮存货物名称	冷藏温度(℃)	冷库公称体积(m³)	体积利用系数（一间或数间冷藏间）									食品密度					
					F_1 净面积(m²)	h_1 净高度(m)	V_1 净体积(m³)	F_2 堆装面积(m²)	h_2 堆装高度(m)	V_2 堆装体积(m³)	η 测定的体积利用系数 V_2/V_1	η 本规范值	η_1/η	货物名称	存放形式	包装形式	ρ_1 测定值(t/m²)	ρ_s 本规范值(t/m³)	ρ_1/ρ_s
35	上海禽蛋一厂冷库	冻鸡	−21	3348	343.0	4.86	1667.0	248.4	3.62	899.0	0.540	0.55	0.980	冻鸡	—		0.500	0.40	1.25
36	上海北宝兴路冷库（新库）	盘冻鸭	−15~−18	5800	—	—	—	—	—	平均 0.610		0.55	1.110	—			—	—	—
37	上海北宝兴路冷库（老库）	鸡鹅	−15~−18	1321						0.630		0.50	1.260				—	—	—
38	宁波市家禽 500t 冷库	禽	−18	1944	432.0	4.50	1944.0	336.0	3.50	1176.0	0.604	0.50	1.210	禽			0.440	0.40	1.10
39	营口水产公司冷库	水产	−18	3159	187.0	6.50 太高	1215.0	127.4	4.50	开两个门 573.0	0.470	0.55	0.850	水产	码垛	无	280/573＝0.488	0.47	1.02
40	大连海洋渔业公司万吨库	水产	−189	25914	442.0	3.74	1653.0	358.0	3.24	1160.0	0.700	0.62	1.130	—	托板上 13 层 13 层纸箱高托板码堆	无纸箱		0.47	
41	大连市水产公司制品厂冷库	水产	−20	8162	626.0	4.25	2660.0	564.0	3.20	1804.0	0.670	0.55	1.210	水产			0.975/1.45＝0.672 1.56/3.66＝0.426	0.47 0.47	1.42 0.90
42	烟台海洋渔业公司冷冻厂 3800t 新鲜	水产	−18	12621	826.0	3.67	3032.0	664.0	2.80	1859.0	0.613	0.60	1.02	水产	—	无	620/1859＝0.333 1/1.54＝0.649	0.47 0.47	0.71 1.38
43	青岛海洋渔业公司中港冷库一期库	水产	−18	21972	246.0	3.38 太低	831.0	209.0	2.40	501.0	0.600	0.62	0.79	水产	堆块	无	224/501＝0.447	0.47	0.95
44	北京四路通水产 5000t 冷库	水产	−18	19679	1371.0	3.98	5456.0	1070.0	3.41	3648.0	0.668	0.62	1.07	水产	放 1400t 时 放 1684t 时		0.380 0.460	0.47 0.47	0.81 0.98
45	上海水产供销站冷库	水产	−18	24000	1669.0	3.64	6074.0	1454.0	3.12	4536.0	0.750	0.62	1.2	水产					
46	上海泰康食品厂冷库	马面鱼	−18	7174	239.8	4.00	959.0			569.0	0.590	0.55	1.07						
47	上海梅林食品冷库	鱼肉 番茄 土豆	−18	4587	468.0	3.20	1530.0	403.0	2.50	1037.0	0.677	0.55	1.23						
48	杭州卖鱼桥水产 1000t 冷库	水产	−18	4895	1009.3	4.85	4895.0		3.00	2612.0	0.533	0.55	0.97				0.430	0.47	0.91
49	宁波 3000t 中转水产冷库	水产	−18	12972	1435.0	4.52	6486.0	1045.0	3.00	3135.0	0.483	0.60	0.80						
50	舟山海洋渔业公司大干冷库	水产	−18	37990	1681.0	4.52	7598.0	1541.0	3.00	4623.0	0.608	0.62	0.98						
51	烟台海洋渔业公司 3000t 冷库	冰	−6	5227	378.0	13.83	5227.0	378.0		3949.0	0.750	0.65	1.15						
52	青岛海洋渔业公司中港一期库	冰	−4	14861	547.0	11.56	6372.0	547.0	—	5117.0	0.800	0.65	1.23	冰	堆块	无	4000/5117＝0.782	0.75	1.04

续表1

序号	冷库名称	贮存货物名称	冷藏温度(℃)	冷库公称体积(m³)	体积利用系数（一间或数间冷藏间）									食品密度					
					F_1净面积(m²)	h_1净高度(m)	V_1净体积(m³)	F_2堆装面积(m²)	h_2堆装高度(m)	V_2堆装体积(m³)	η测定的体积利用系数 V_2/V_1	η本规范值体积利用系数	η_1/η	货物名称	存放形式	包装形式	ρ_1测定值(t/m²)	ρ_s本规范值(t/m³)	ρ_1/ρ_s
53	宁波冷藏公司冷库	冰棒等	−18	996	83.0	4.00	332.0	46.0	3.00	138.0	0.410	0.40	1.03	—	—	—	—	—	—
54	大连南关岭外贸冷库	虾肉食	−18	34658	520.0	6.25	3253.0	371.0	5.06	1877.0	0.577	0.62	0.93						
55	北京外贸饮料食品厂700t冷库	冻肉食	−20	3566	673.0	5.30	3566.0	479.0	4.47	2141.0	0.600	0.55	1.09	冻肉食	托板	纸箱	800/2141=0.373	0.40	0.93
56	上海外贸冷冻三厂10000t冷库	冻肉、分割	−18	36502	9156.0	3.50~4.30	36502.0	6505.0	3.24~3.60	21829.0	0.60	0.62	0.97	分割肉	—	—	—	—	—
57	上海外贸冷冻三厂7000t冷库	肉兔、冰蛋等	−18~−20	32862	8365.0	3.80~4.25	32862.0	5907.0	3.24~3.60	19710.0	0.600	0.62	0.97	兔、冰蛋	—	纸盒	0.376	0.40	0.94

表2 冷藏间体积利用系数 η 验算情况
（序号1～17为按图计算，18～27为现场实测）

序号	设计号或冷库名称	原设计吨位(t)	贮存货物名称	冷藏间总净面积(m²)	冷藏间净高(m)	冷藏间总净体积(m²)	按原设计计算			按本规范计算			与原设计冷藏量比(±%)	备注
							密度(kg/m²)	冷藏量(t)	求得的η值	密度(kg/m³)	η值	冷藏量(t)		
1	"冷90"	100	冷却物	39	4.00	156	320	26.5	0.53	260	0.4	16.20	−38	原设计容量偏大、平面尺寸小净高5.41m堆高5m堆不了
			冻结物	118.7	4.00	474	375	75	0.42	400	0.4	75.8	+1	
2	"冷101"	170	冻肉	138.3	5.41	748	375	170	0.62	400	0.4	119	−30	
3	"冷88"	500	冻肉	470	5.00	2350	375	500	0.57	400	0.55	517	+3.4	原设计房间宽11m减去电瓶车走道货垛宽4.3m,堆高4.7m不合理
4	"冷55"	1000	冻肉	666	5.70	3796	375	976	0.70	400	0.55	835	−14.4	
5	"冷109"	1900	西红柿	3873	4.80	18590	175	1900	0.65	230	0.62	2120	−11.6	原设计净高7.55m堆高只5m空间浪费
6	"冷117"	2300	冻肉	1581	7.55	11935	375	2356	0.53	400	0.62	2864	+21.6	
7	"冷84"	3000	冻肉	2513	4.56	11458	375	2860	0.67	400	0.62	2750	−3.8	
8	"冷106"	5000	冻肉	4380	4.56	19976	375	5140	0.69	400	0.62	4954	−3.6	
9	"冷97"	—	牛羊猪肉鱼	2105	6.64	13977	375	4284	0.73	400	0.62	3466	—	净高有问题,肉鱼堆不了5.8m高鲜蛋更堆不了这么高,故实际冷藏量达不到规范值
		5000		695	6.64	4375	450	—	—	470	0.62	1275	+10	
		—	鲜蛋	942	6.64	6253	320	1170	0.58	260	0.55	894	—	
10	"冷113"	6500	冻肉	5693	4.56	25960	375	6500	0.67	400	0.62	6438	−1	
11	"冷111"	9000	冻肉	7136	4.76	33967	375	8800	0.69	400	0.62	8424	−4.2	
12	"冷105"	10000	冻肉	9488	4.56	43265	375	10176	0.63	400	0.62	10729	+5.4	
13	"冷110"	10000	冻肉	8344	4.76	39717	375	10200	0.68	400	0.62	9850	−4.3	
14	"冷87"	10000	冻肉	9468	4.56	43174	375	10174	0.67	400	0.62	10707	+5.2	
15	柳州万吨库	10000	冻肉	9109	4.46~4.65	41519	375	10701	0.68	400	0.62	10296	−3.8	
16	"冷114"	20000	冻肉	17912	4.76	85262	375	20855	0.65	400	0.62	21145	+1.4	

续表2

序号	设计号或冷库名称	原设计吨位(t)	贮存货物名称	冷藏间总净面积(m²)	冷藏间净高(m)	冷藏间总净体积(m²)	按原设计计算			按本规范计算			与原设计冷藏量比(±%)	备注
							密度(kg/m²)	冷藏量(t)	求得的η值	密度(kg/m³)	η值	冷藏量(t)		
17	龙华果品库	6000	果蔬	8501	4.02	34174	(295)	(6000)	0.60	230	0.62	4873	−18.8	按该库标准间实际堆仓板及木箱计实际 η=0.54 上海堆装密度大
18	天津第一食品厂	1700	鲜蛋	2768	4.00	11070	—	(1700)	0.59	260	0.6	1726	+1.6	
19	天津食品公司第二冷冻厂	7000	冻肉	7460	4.00	29840	320	实测 6948	0.54	400	0.62	7400	与实际比+6.5	
		1200	水果	1865	4.00	7459	375	实测 1000	0.5	230	0.55	943	与实际比−5.7	
20	天津水产供销公司冷库	2000	冻鱼	1677	6.00	10060	320	2752	堆高 4.8m 0.608	470	0.60	2836	与实际比+3	
21	天津外贸食品公司冷冻厂冷库	10000	冻食品	7889	3.85	30372	(450)	剔骨肉实存 7141	0.619	400	0.62	7532	与实际比+5.5	原设计面积净高均小
22	武汉第六冷冻厂	5000	鲜蛋	7509	底层 4.58—五层 4.28 二三四层 4.18	32125	320	实测 5118	0.59	260	0.62	5178	+1.2	
23	郑州市蛋库	5000	鲜蛋	6691	4.78	31984	300	5000	0.59	260	0.62	5155	+3.1	原设计面积偏小
24	郑州果品冷库	5000	水果	6134	6.00	36814	(185)	5000	0.605	230	0.62	5249	+5	箱间留孔隙堆装密度小
25	武汉徐家棚水果库	5000	鲜蛋	10402	4.58	47641	(233)	实测 6768	0.61	260	0.62	7680	+13.5	原设计面积太大
26	武汉禽蛋加工厂冷库	600	鲜蛋	319	4.50	4107	(233)	600	0.56	260	0.55	587	−2	实测箱间留空隙时534t
27	汉口水果库	500	水果	660	4.80	3168	—	实测 400	—	230	0.55	401	+0.3	原设计面积小达不到500t

3 用吊车吊冰时,因吊车占空间大,故净高要高一些才经济。水产系统冰库趋向于做 12m 净高,η 值可达 0.7。例如,冰库内净面积为 680m²,净高 6m,无吊车时,η＝0.61;而有吊车时,房间净高分别为 9m、8m、7m 时,η 值则分别为 0.64、0.59、0.52,显然低于 9m 时就不经济了。

以水产系统两套定型图纸验证:200t 冰库内净面积为 68.86m²(11m×6.26m),净高 6m,内净体积 413m³,η 值取 0.6,以计算密度为 750kg/m³ 计,则能储冰 186t。又如,500t 冰库,内净面积为 191m²(16.9m×11.35m),净高 6.05m,内净体积 1160m³;η 值按 0.6 计,则可储冰 522t。

3.0.5 是有关冷库贮藏食品的计算密度值的说明。

表3 冰库体积利用系数表

型式	内净面积(m²)	净高(m)	内净体积(m³)	堆冰面积(m²)	堆冰高度(m)	堆冰体积(m³)	堆冰质量(t)	体积利用系数
单层	246	6.00	1476	204	3.85	785	589	0.53
单层或多层	246	5.00	1232	204	2.75	560	420	0.45
	246	4.45	1094	204	2.20	448	336	0.40
单层	400	6.00	2406	377	3.85	1451	1088	0.60
单层或多层	400	5.00	2000	377	2.75	1036	777	0.52
	400	4.45	1780	377	2.20	829	621	0.46
单层	540	12.00	6480	484	8.80	4259	3194	0.66
单层	540	6.00	3243	484	3.85	1863	1397	0.57
单层或多层	540	5.00	2700	484	2.75	1331	998	0.49
	540	4.50	2432	484	2.20	1064	798	0.43
单层	680	12.00	8160	649	8.80	5711	4283	0.70
单层	680	6.00	4080	649	3.85	2498	1873	0.61
单层或多层	680	4.50	3060	649	2.20	1460	1095	0.47

1 最初确定食品的计算密度（即实际的堆装密度），系根据在河南、陕西、四川、广东、广西、湖北、湖南、江苏和内蒙九个省、自治区42座冷库中测定的数据加以整理、归纳得出的。第一步整理出8类73种商品的密度，再归纳为25种食品的密度（不包括装载用具的质量），并同原商业部设计院1975年编《冷藏库制冷设计手册》（以下简称《手册》）的数据作了比较，见表4。在本规范初稿中，我们提出41种食品的堆装密度，后来在本规范的报审稿中，我们根据国内食品冷库贮存货物的类别归纳提出八种计算密度，提供审查会审定。这类数值与过去《手册》规定相比，肉类、鱼类冷库略有增加，分别增加6.6%和4.4%，鲜蛋冷库略有减少，减少6.2%，而水果减少比例较大为26%。

2 审查会中，大家对猪肉、鱼、冰和冰蛋的计算密度认为可以。

3 审查会中，认为牛羊库的计算密度采用400kg/m³ 偏大，特别是羊腔达不到此密度。如贵州省1981年10月测定羊腔密度只有207～241kg/m³。我们于1981年10月在海拉尔肉联厂测定了几垛牛、羊肉，其密度：带骨牛肉为362.94kg/m³，羊腔为216.97kg/m³（这批羊较小），纸箱装剔骨牛、羊块肉为824.3kg/m³。同时在乌鲁木齐肉联厂也作了测定：羊腔为300～320kg/m³，劈半羊为375～400kg/m³。因此我们对表3.0.5加了附注，规定冻肉冷库如同时存放猪、牛、羊肉时，其密度均按400kg/m³计；当只存冻羊腔时，密度按250kg/m³计，只存冻牛、羊肉时，密度按330kg/m³计。这类数值不宜再少，因为今后总会有一部分作剔骨块肉存放。

4 审查会还确定食品计算密度中的鲜蛋由300kg/m³降低为260kg/m³较宜；鲜水果由250kg/m³改为230kg/m³。对蔬菜的密度认为250kg/m³也大了一点。

表4 冷藏食品计算密度比较（kg/m³）

序号	名　称	密度	
		1975年《手册》	规范归纳后意见
1	冻猪白条肉	375	400
2	冻牛白条肉	400	330
3	冻羊腔	300	250
4	块装冻剔骨肉或副产品	650	600
5	块装冻鱼	450	470
6	冻猪大油（冻动物油）	540（桶装）630（箱装）	650
7	块装冻冰蛋	—	730
8	听装冰蛋	550	700
9	箱装冻家禽	350	550（盒装）
10	盘冻鸡	—	350

续表4

序号	名　称	密度	
		1975年《手册》	规范归纳后意见
11	冻鸭	—	450
12	冻蛇（盘装）		800
13	冻蛇（纸箱）		450
14	冻兔（带骨）		500
15	冻兔（去骨）		650
16	木箱装鲜鸡蛋	320	300
17	篓装鲜鸡蛋		230
18	篓装鸭蛋		250
19	筐装新鲜水果		220（200～230）
20	箱装新鲜水果	340	300（270～330）
21	托板式活动货架存菜		250
22	木杆搭固定货架存蔬菜（不包括架间距离）		220
23	篓装蔬菜		250（170～340）
24	木箱装蔬菜		250（170～350）
25	其他食品	300	370

审查会后我们又到54个冷库作了调查，证明审查会提出的意见基本可行，但蔬菜的密度过去国内没有统一规定，《手册》也没有提供数据，从调查中得知存货方法对密度影响很大。目前北方一些蔬菜冷库用搭架子存蒜薹，走道多，架间空隙多，堆装密度也就很小。同样存大白菜，北京左安门菜站有的篓装只有119kg/m³，而上海国庆路菜站用托板式活动货架存大白菜则可达233kg/m³。从北京蔬菜公司提供的表5看，不同品种的蔬菜其密度相差一倍多。现在北京蔬菜公司计算标准只好按建筑面积每平方米250kg计。我们调查冷藏间按每平方米净面积计贮菜量：存蒜薹190kg（营口第二菜库）至283kg（大连周水子菜库），存葱头可达800kg（周水子菜库），相差也很大。我们认为蔬菜库计算密度取值可与水果冷库同，也定为230kg/m³，不宜太低；上海、湖北等有关单位认为这个数字可以。过去一些蔬菜冷库不考虑如何提高体积利用和堆装密度，空间浪费较大。

我们于1983年11月又到河南、武汉几个鲜蛋、水果冷库作了调查。木箱装鲜蛋堆装密度，四座冷库分别为304kg/m³、233kg/m³、266kg/m³ 和233kg/m³，平均为259kg/m³。三座冷库的篓装水果的堆装密度分别为195kg/m³、235kg/m³ 和242kg/m³，平均为224kg/m³。以上调查的有关数字见表1、表5和表6。

表5　北京蔬菜公司提供的不同品种蔬菜的堆装密度表（kg/m³）

蔬菜名称	包装形式	堆装密度
甘兰（元白菜）	堆垛	300
大白菜	木箱装	150～170
葱 头	木箱装	260
葱 头	篓装	340
土 豆	木箱装	300～350
柿子椒	篓装	170
蒜薹（蒜苗）	散装	200
大 蒜	篓装	260
鲜 姜	篓装	260

表6　四种室外计算温度值比较表

地名	夏季室外计算温度（℃）			
	t_{wq}	t_{wj}	t_w	t_{wp}
北京	34.1	31	32.8	29
上海	34.2	31	34	30
哈尔滨	31	29	30.3	25
沈阳	32.8	29	31.3	27
乌鲁木齐	32.1	31	33.6	30
西安	35.2	32	35.6	31
兰州	32.6	27	30.6	26
武汉	34.4	33	35.2	32
成都	32.1	30	31.6	28
贵阳	32.2	28	29.9	26
昆明	25.2	23	26.8	22
南宁	33.6	31	34.5	30
广州	33.6	31	33.6	30
西宁	25.2	22	25.4	20
拉萨	24.0	20	22.7	18
郑州	35.2	33	36.3	31

注：1　t_{wq}摘自《冷藏库制冷工艺设计手册》（1968年版）；t_{wj}摘自《空气调节与制冷设计手册》；t_w、t_{wp}摘自《暖通规范》（TJ 19—75）。

　　2　由于所引气候统计资料年代不同，用以比较不够精确。

3.0.6　过去国内冷库设计用的气象参数，没有统一规定。这次确定均采用现行国家标准《采暖通风与空气调节设计规范》GDJ 19（以下简称《暖通规范》）中室外气象参数。

　　1　库房外围护结构的传热计算（包括热阻、热流量）。本规范规定其室外温度采用夏季空气调节日平均温度t_{wp}。对于采用t_{wp}值的理由，原商业部设计院1974年23期《技术资料》和1978年冷藏01号内部参考资料曾有两篇文章加以论述，目前各设计单位在这个参数上仍未能统一。

过去库房外围护结构传热计算采用的室外计算温度曾有以下几种：

　　1）按照卡普林公式求室外计算温度t_{wq}

$$t_{wq}=0.42t_{rp}+0.6t_{w.max} \qquad (1)$$

式中　　t_{rp}——历年最热月平均温度（℃）；

　　　　$t_{w.max}$——历年极端最高温度（℃）。

　　2）选用历年中每年最热一昼夜平均温度的平均值t_{wj}。《空气调节与制冷设计手册》（原四机部十院等编）与《空气调节》（清华大学编）都主张用近5～10年的t_{wj}作围护结构夏季室外计算温度。

　　3）按《暖通规范》中"夏季空气调节室外计算干球温度"t_w值，即历年平均每年不保证50h的干球温度。

　　4）按《暖通规范》中"夏季空气调节日平均温度"t_{wp}值即历年平均每年不保证5d的日平均温度。

我国部分城市按上面四种方法取得的室外计算温度值，见表6。

从表6中可看出同一地点采用不同方法有一定差别：

$$t_{wq}-t_{wp}=2～6.6℃$$

$$t_{wj}-t_{wp}=1～2℃ \quad 哈尔滨有4℃$$

$$t_w-t_{wp}=3.2～5.4℃$$

有些城市t_{wq}与t_w值很接近。

我们为什么选用t_{wp}值作室外计算温度，有以下几点原因：

　　1）t_{wq}和t_{wj}不能确切表明它不保证的温度的天数。

t_{wq}与t_w值比较接近，t_{wj}与t_{wp}值也比较接近，t_w与t_{wp}又均可从《暖通规范》直接查出，故可从t_w和t_{wp}中经过比较选用一种温度。

t_w平均每年不保证50h，10年累计数为500h，对于t_w来说不保证几率为$\dfrac{500}{24×（365×10+2）}=0.0057$即0.57%，其保证几率为99.43%。

而t_{wp}的不保证几率为$\dfrac{50}{365×10+2}=0.0137$即1.37%，保证几率为98.63%。

虽然t_w的不保证条件是按照某一定限温度的累计小时计，其标准比t_{wp}更为精确。但在选用t_w或t_{wp}时，首先要考虑到贮藏温度允许波动的范围、不同结构的热工特点、当室外温度出现高于t_{wp}值时对室内温度波动的影响程度以及费用等情况。

冷库主要贮藏肉、鱼、蛋、果、蔬等，除了少数果蔬贮藏温度允许波动的范围希望控制在0.5～1℃外，其他食品贮藏温度允许波动的范围约在1～2℃内。

我国目前建设的冷库，外围护结构有它自己的特点，大多数为热惰性指标 $D>6$ 的重型结构，其衰减度 v_0 很大，延迟时间 ξ_0 很长，可以从表7几种围护结构做法的 D、v_0、ξ_0 比较表看出。

表7　几种围护结构的 D、v_0、ξ_0 比较

部位及做法	热惰性指标 D	总衰减度 v_0	延迟时间 ξ_0（h）
外墙 240mm 厚砖墙 200mm 厚软木	7.669	686.00	20.30
外墙 240mm 厚砖墙 600mm 厚稻壳	9.964	339.30	26.50
外墙 240mm 厚砖墙 200mm 厚聚苯乙烯泡沫塑料	4.750	353.00	12.40
外墙 150mm 厚钢筋混凝土 200mm 厚聚苯乙烯泡沫塑料	3.350	135.00	8.60
外墙 160mm 厚聚氨酯泡沫塑料板墙	1.777	37.53	4.40
屋顶 150mm 厚无梁楼盖上铺 900mm 厚稻壳	10.240	4325.00	27.20
屋顶 150mm 厚无梁楼盖上铺 250mm 厚软木	7.573	561.00	20.05

常见的重型结构一般采用稻壳或软木作隔热层的外墙或屋顶，其 D 值都大于7，有的超过10，衰减度都在数百倍至数千倍。较热的武汉地区室外空气温度振幅（日最高温度和日平均温度之差）经围护结构衰减后，传至内表面就很小了，约在 $0.2℃$ 以下，采用 t_w 比 t_{wp} 增加的温度对内表面温度影响就更小了。我们常见的外围护结构作法，其延迟时间也在 19h 以上，有的超过一个温度波动周期（24h），达 26.5h，说明白天围护结构吸收的一部分热量会随着夜晚室外温度的降低而反传到室外。中型结构（$6>D>4$）其衰减度也很大，延迟时间也在 10h 以上。从以上情况看，采用重型结构或中型结构时，采用 t_{wp} 对库内温度波动影响很小，能满足食品的贮藏要求。至于轻型结构（$4>D>1.5$）因其造价很高、蓄热系数小、总衰减度较小，延迟时间只有 3～4h，停机后库内温升很快，消耗能源大，目前在我国建库中所占比例还不大。但这种型式的库，建筑构件可以工厂生产，具有施工快、投产快等优点，今后将会有较大发展。这类冷库室外计算温度仍采用 t_{wp} 值，但室内外温差所乘的修正系数 a 值，是按不稳定传热计算得来的。

2）采用 t_{wp} 可适当减少投资，以一个 900t 冷库为例，采用软木隔热设计，允许屋顶或外墙每平方米进入的热流量均为 12.8W，采用 $t_w=33.8℃$ 比采用 $t_{wp}=29℃$ 时，软木需增厚 30mm，即每平方米增加投资 12 元，全库屋顶和外墙增加投资 17000 元。

2　校核库房外围护结构高温侧是否会结露以及根据两侧空气水蒸气分压力计算隔汽层时需用的室外

相对湿度。因《暖通规范》没有与 t_{wp} 相对应的相对湿度。故我们选用"最热月月平均相对湿度"比较可靠。

3　冷间通风换气一般在早晚进行，采用"夏季通风"温度偏高，但目前缺乏需要的统计资料，故采用"夏季通风"温度。计算开门热量时，室外温度也采用"夏季通风"温度。其相对湿度采用夏季通风室外计算相对湿度。

3.0.7 本规范附录 A 表 A "冷间设计温度和相对湿度"中的数据系经过大量调查、分析后得出的，并吸收了 1982 年 8 月中国制冷学会在沈阳召开的冷藏鲜菜技术交流会的意见。对某些食品的贮藏温度范围定得较大，主要原因是贮藏温度和冷库性质、冷库大小、食品品种、产地、成熟度、贮藏时间长短等有关，某些食品贮藏温度不宜定死。

4　建　筑

将原"库址选择及库区布置"名称改为"库址选择"和"总平面"两部分，相应内容根据现行国家标准《肉类加工厂卫生规范》GB 12694 中的有关内容作了统一协调和增加，对厂区路面、排水和绿化等均提出了要求。

4.1　库　址　选　择

4.1.1 冷库是贮藏冷冻食品的仓库，故库址的选择除应满足一般工程选址的条件外，必须考虑避开对食品有污染的特殊要求，若是附属于肉类联合加工厂或水产加工厂的冷库还必须综合考虑其建厂条件。因为肉类、水产加工厂的原料区、加工车间、污水废弃物处理场等都有异味，一般不宜建于市区中心地带。单一冷库可根据供销方便选址于市区内适当地点。

4.2　总　平　面

4.2.1 根据多年来建设冷库的经验，本条规定了冷库厂区总平面设计中应注意的问题。这些问题对冷库建设的投资，投产后生产管理等都有很大影响。同时也提出了设计应贯彻近远期结合，以近期为主，适当考虑扩建的可能性。

4.2.2 库房与有关建（构）筑物的卫生防护最小距离，本次修订原规范条文是依据原商业部设计院和原水产总局水产科学研究院调查材料所提供的，拟延用。但审查会认为难以执行，故改为"应符合当地环保部门有关规定"。

4.3　库　房　的　要　求

4.3.1 过去有的设计，只考虑货物包装尺寸、堆码方式，而柱网尺寸或层高则不符合建筑模数；有的设计又不考虑货物包装尺寸和堆码的实际情况，因而浪费了空间。

库房的平面设计和竖向布置，应对不同温度的冷间进行合理安排，如将温度相同或温度接近的冷间布置在同一层或相邻几层中，这样可以收到库温稳定、节省隔热费用、延长使用寿命等良好效果。反之，就会造成很多不易补救的缺陷，例如：有的冷库冻结物冷藏间与冷却间或冷却物冷藏间混杂布置在同一层，使用几年后，泡沫混凝土隔墙已酥成粉状，并造成顶棚和穿堂滴水，不能存放食品。后来大维修时按温度分区布置，情况就有所改善。又如某定型设计的多层冷库平面布置中将冷却间、冻结间、冷藏间放在一起，进热货、出冷货共用一个穿堂，结果造成围护结构很快损坏。该库在大维修时，将冷却间和冻结间挪出另建，原有库房全部改为冻结物冷藏间，状况就完全改变，效果很好。

4.3.2 本规范表 4.3.2 中库房的耐火等级、层数和面积是总结我国 30 年建库经验得出的。从 50 年代建的库看，单层库房占地面积有的达 7600m²，多层库房占地面积有的大于 5500m²，单层冷库防火墙隔间占地面积最大达 5760m²。从调查的 380000t 多层冷库看，防火墙隔间占地面积大于 2000m² 的占 50.7%，大于 2500m² 的占 22.7%。我国冷库多为一、二级耐火建筑，只有少数较小的冷库系用承重木屋架、木吊顶的三级耐火建筑。本次修订经与公安部消防局会商，对一、二级单层冷库最大允许占地面积作了适当增加，即"冷间建筑"由 6000m² 增至 7000m²；"防火分区"由 3000m² 增至 3500m²

4.3.3 冷藏间的分间对于贮存食品的质量及经营管理都有很大的影响。贮存期较长的食品要定期给以翻仓，如冷藏间太大，则有些食品压在里面往往得不到及时翻仓，也易造成食品先进后出，甚至长期出不了库，影响食品质量。反之冷藏间小了，虽然翻仓工作容易，但隔墙增加，冷藏间的利用系数也降低。果品、蔬菜的冷藏间由于品种繁多、要求各异，宜根据具体情况考虑分间，每间面积不宜过大，大小房间搭配布置。这样，有利于管理和进行科学试验。一些地方反映鲜蛋冷藏间一般以每间 300t 为宜，蔬菜冷藏间南方一般以每间存放 100～150t 为宜，北方每间净面积多在 200～400m²。冷藏间的大小还关系到库温的稳定，房间大的比小的库温要稳定。如大连外贸单层库，每间库容 1100t，开门 2h 库温升高不到 1℃，而每间 200t 的冷藏间，开门 2h 库温升高为 1～2℃。

这次修订本规范条文沿用了原规范的内容，但根据审查会意见，认为在社会主义市场经济条件下，不宜限制过死，要求删去。为了借鉴多年来冷库建设和使用管理的经验，仍保留了原规范条文说明。

4.3.4 50 年代和 60 年代初建成的冷库，大都采用温度在 0℃ 或以下不设空气冷却器的内穿堂，用以联系各冷却间、冻结间、冷藏间等。由于冷热货共同使

用该穿堂，致使穿堂内冷热空气互相交混，产生大量雾气和凝结水。当穿堂门关闭后，温度下降、墙面、顶板、地面出现结霜、结冰现象，严重时则影响工人操作。穿堂处在反复冻融循环下，围护结构遭到破坏。另外此种内穿堂占用造价较高的冷间面积，从而增加投资。60 年代后期开始通过总结及改进，平面布置有了较大的突破，出现目前常用的常温穿堂。冷加工间与冷藏间也分开布置，采用了空气幕，使冷藏间内外冷热空气交换减少到一定程度。冷藏间的出口不必像以前那样要通过较大的缓冲地带，而是直接通向常温穿堂或站台。采用常温穿堂后，造价较高的冷间面积得到充分利用，发挥了投资效果，缩短了运距，避免了以往穿堂滴水、结霜、结冰等现象，减少了穿堂冻融循环，延长了冷库使用寿命，同时也改善了冷库工人操作条件。

4.3.5 本条除原规范条文对站台宽度等作了规定外，修订时根据近几年各地使用的需要和国外经验，增加了有关封闭站台等的规定。

公路站台的宽度和长度主要是根据吞吐货运量的多少来确定。站台宽度要考虑机械搬运的运行方便，如有一台铲车发生故障停在站台上时，仍能保证来往铲车畅通。

公路站台的长度则要考虑货运量吞吐高峰时（如节日）汽车等停车数量，还要同回车场地结合起来研究确定。故本规范未规定公路站台长度。

公路站台的高度主要是考虑搬运装卸的方便，过高过低都不方便。过去有的站台过高，致使冷藏车门不能开启。因此，站台高度要结合车辆有关尺寸确定，高度一般在 0.9～1.4m。

4.3.6 铁路站台的长度一般应按 12 节车厢的 B17 型机械保温列车的长度 220m 来考虑，至于 B16 型的机械保温列车因它太长，过去一般是解体后装卸的，现在铁道部已将它改型。新 B16 型车的保温车厢改为10 节。在用地紧张的情况下，铁路站台按采用停靠半列 B17 型机械保温列车（5 节保温车加两节机械和值班车）的长度计，有 1.28m 长的站台，即可满足要求。

表 8 几种常用机械保温列车长度、吨位

列车型号	保温车厢数（个）	冷冻机车、发电机车及乘务员用车厢数（个）	列车公称冷藏吨位（t）	列车长度（不包括机车）（m）
B16（新）	10	3	300	209.54
B17	10	2	400	218.18
B18	9	1	315	179.32
B20	8	1	320	217.32
B21	4	1	160	107.69

当站台高度高出轨顶不大于 1.1m 时，直线段的站台边缘距相邻铁路中心水平距离为 1.75m。

站台柱子距站台边缘不宜小于 2m，主要考虑当车厢门与站台柱相对时仍可装卸，另外也考虑到柱子外侧可以安全地通过一辆电瓶车。

4.3.7 选择电梯的轿厢尺寸，应考虑食品装载运输工具（手推车或电瓶车）的尺寸和其装载总质量，以充分利用电梯的起重能力。过去有的设计选用 3t 电梯，但因手推车占地大、载重小，轿厢装不满 3t（车和货），不能充分利用 3t 起重能力。天津、上海、重庆、西安、广州、沈阳等电梯厂的 2t 或 3t 型电梯，都有几种轿厢尺寸，应选用大一些的。

4.3.8 电梯每小时运输食品能力 G_t 的计算为：
$$G_t = 0.7T \times 10 \qquad (2)$$
式中　G_t——电梯每小时运输食品的能力（t）；
　　　0.7——装载系数，即电梯装载吨位减去运输食品工具后能装载净食品质量的比例；
　　　T——装载吨位；
　　　10——电梯每小时升降运货次数，系根据我国六层左右冷库调查而定的。

电梯装载吨位 3t，每小时运输食品能力计算为 21t，规范定为 20t；电梯装载吨位 2t，每小时运输食品能力计算为 14t，规范定为 13t。

本规范只对如何确定电梯数量作了一些原则规定，没有具体规定台数。

港口中转性冷库，主要从国内铁路进货暂存后中转出口或水路运至国内沿海城市。它的进出库数量需看港口停泊能力、船舶装卸允许时间等来确定。这类冷库电梯设置主要考虑铁路进货和向码头运货两个方面的要求，至于公路进出货一般都与向码头运输货物共用电梯，不再另设。靠内河码头的冷库，接受冷藏船运进已冷加工的货物，因大多是数百吨小型冷藏船，船只也属本系统，故电梯台数可与铁路进出货时同样考虑。

如已为铁路等进出货设置了电梯，一般不再为本库冷加工后的货物入库或公路进出货再增设电梯，可利用已有的电梯，以节约投资。对本厂冷加工量大或公路进出货经常繁忙的，则可按实际需要增设电梯，但要严格控制数量。近年来，一些冷库集中设置电梯，同时供作铁路、码头、公路等进出货用，效果较好。

4.3.9 楼梯的设置是根据国内建库的经验并与公安消防部门商订而制定的。修订时，对文字表达的确切性作了修改。

4.3.10 冷库一般不应将温度高、湿度大的房间与冻结物冷藏间紧靠连通。这样，可以防止大量热湿空气与冷湿空气经常交流，避免围护结构表面结露、结冰，经常冻融，遭受破坏。

4.3.11 表 9 为我们分析的几个冷库冷藏间设门数量情况，从中可看出冷藏间净面积 1000m² 以内的只需开一个门，大于 1000m² 的则宜开 2～4 个门。从便于进出货和发生火灾时抢救物资看，面积大于 1000m² 应开两个以上门，面积 1000m² 以下允许只开一个门。这样可节约走道面积，增加库容量。

表 9　冷库冷藏间设门数量

冷库名称	冷藏间每间净面积（m²）	开门数（个）
营口 2300t 装配式冷库	404	1
北京石化冷库	693	1
桂林 5000t 冷库	547	1
北京蔬菜冷库（定型图）	384	1
成都 9000t 冷库	882	1
衡阳 6500t 冷库	569	1
柳州万吨冷库	912	1
武汉万吨冷库	1186	2
天津食品二厂万吨冷库	2086	2
济南万吨冷库	691	1
	1190	2
天津食品二厂 20000t 冷库	1114	2
	2230	4

4.3.12、4.3.13 该 2 条将原规范第 4.2.13 条内容分述，并对冷库卫生间的设置作了具体规定，主要是从使用方便和卫生管理两方面考虑。

4.4　库房的隔热

4.4.1 地面、楼面使用的隔热材料要有一定的抗压强度，我们测了几种电瓶叉车的空车和载重后的前、后轮承受质量情况（详见表 10），并作了简单分析，以求得满载时隔热层承受压力（见图 1）。从表 10 可看出，空车时前轮承受质量占总质量的 40%～50%，而当满载货物时，两个前轮要承受全部质量的 89%。根据测定并考虑到隔热层上一般有不小于 100mm 厚的保护层和面层，因此，我们提出了地面、楼面用的隔热材料抗压强度不小于 0.25MPa。

根据消防部门意见并从发展考虑，我们规定了宜选择难燃或非燃材料。

表 10　几种电瓶叉车技术数据

序　号			1	2	3	4
电瓶叉车型号、产地			QDC-1 常州	QDC-1 常州	上海（机器同前）	沈阳
自身质量（kg）			2386	2400	2515	2860
提升质量（kg）			1000	1000	1000	1500
胎型			硬胶	硬胶	充气	充气
实测提升质量（kg）			1073	696	696	1073
前轮	直径（mm）		430	430	520	550
	轮宽（mm）		150	150	150	130
	实称质量（kg）	空车	1095	1190	1043	1190
		载货	3140	2488	2289	超过地磅秤重能力
	接触地面长度		50	50	170	150
后轮	直径（mm）		290	290	450	440
	轮宽（mm）		125	125	130	110
	实称质量（kg）	空车	1400	1214	1468	1770
		载货	379	596	901	—
	接触地面长度		50	50	90	130
前轮距（mm）			760	760	870	860
后轮距（mm）			670	670	790	800
前后轴距（mm）			1100	1100	1200	1280
车宽（mm）			910	910	1000	950
车长（mm）			1700	1700	1800	1800
铲长（mm）			1250	1250	1120	—
外侧转弯半径（mm）			1650	1650	1700	1850
功率（kW）			4	4	4	4
电压（V）			30	30	30	
每个前轮接触地面面积（cm²）			75	75	255	195
每个前轮下隔热层表面受力面积 $a \times b$（cm²）			(25×35) 875	(25×35) 875	(37×35) 1295	(35×33) 1155
每个前轮承受质量占总质量的比例（%）	空车		44÷2 =22	50÷2 =25	41÷2 =20.5	40÷2 =20
	重车		89÷2 =44.5	81÷2 =40.5	72÷2 =36	(89÷2 =44.5)
满载时隔热层承受压力（kN/m²）			176.52	156.91	98.07	(166.71)

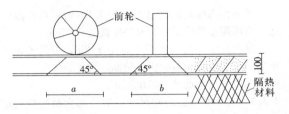

图 1　叉车前轮轮压分布示意图

4.4.3、4.4.4 冷库常用的建筑材料的热物理系数，我国过去仅作过分散零星的测定，一般均沿用国外数据。本规范编制中委托建筑科学研究院建筑物理研究所对一批建筑材料的热物理性能进行了测定。我们把这批测定数据又与我国过去测定的资料和国外有关资料作了对比研究。除少量的数据由于我们测定手段等尚存在困难外，大多数的数据我们认为均可以作为本规范用的标准。考虑各地建材标准尚未统一，因此我们将它编入本说明，供设计单位参考，而在规范中只编入"隔热材料热导率的修正系数 b 值"（见本规范表4.4.4）。现对"冷库常用建筑材料热物理系数"（见表11）、"冷库常用防潮、隔汽材料的热物理系数"（见表12）和本规范表4.4.4统一作几点说明：

1 本次测定的矿渣制品、聚苯乙烯泡沫塑料和岩棉制品分别采用太原矿棉厂、北京泡沫塑料厂和北京新型建筑材料厂等我国主要建筑材料厂的产品。其中一部分按比例配制加工的材料系由本规范编制小组和有关厂配合制作的。

2 表11中一部分常用建筑材料的热物理性能，国内外多年来均有较多的测定，数据基本相近，因此本次未再测定。如砖砌体、混凝土、钢筋混凝土、岩石、土壤、混合砂浆、白灰砂浆、建筑钢、铝等的热物理系数采用建研院物理所编《建筑材料热物理性能》中的数据。这些材料的蒸汽渗透系数参考原苏联《房屋围护部分的建筑热工学》（福庚著，1964 年版）和原苏联《冷冻设施设计》（1978 年版）的有关数据。矿渣混凝土、干砂填料、胶合板、纤维板、刨花板、油毛毡和沥青的蒸汽渗透系数也参考上述原苏联资料中数据。岩棉板蒸汽渗透系数系建研院物理所为新型建筑材料厂测定数据。聚乙烯塑料薄膜的蒸汽渗透系数参考原苏联《冷藏库设计》（1972 年版）中数据。膨胀珍珠岩为本次测定值。

3 表11中"设计采用热导率"一栏的数据是考虑到隔热材料用于冷库中，长期受潮湿环境及水蒸气渗透的影响，含湿量将会加大，在低于 0℃ 环境中，其热导率将会有所提高，为了保证若干年内，冷库能正常使用，热导率作了修正，以便设计使用。此设计采用热导率比测定的热导率增加的比值称作修正系数 b 值。

1）稻壳：这次测定的热导率为 $\lambda = 0.058 \sim 0.070$W/（m·℃）。原建工部北京工业院编《建筑设计资料集》第1册中热工部分建筑材料热工指标表内稻壳的热导率为 0.21W/（m·℃）砻糠的热导率为 0.084W/（m·℃），过去我们测定稻壳的热导率 在 0.070～0.093W/（m·℃）之间，设计采用 λ＝0.093×1.7 即 0.158W/（m·℃）。

表 11 冷库常用建筑材料热物理系数

序号	材料名称	规格	密度 ρ (kg/m³)	测定时质量湿度 Wz(%)	热导率测定值 λ [W/(m·℃)]	设计采用热导率 λ [W/(m·℃)]	热扩散率 a×10³ (m²/h)	比热容 C [J/(kg·℃)]	蓄热系数 S₂₄ [W/(m²·℃)]	蒸汽渗透系数系数 μ [g/(m·h·Pa)]
1	2	3	4	5	6	7	8	9	10	11
1	碎石混凝土		2280	0	1.510	1.510	3.33	711.76	13.36	4.5×10⁻⁵
2	钢筋混凝土		2400	—	1.550	1.550	2.77	837.36	14.94	3.0×10⁻⁵
3	石料:									
	大理石、花岗岩、玄武岩		2800	—	3.490	3.490	4.87	921.10	25.47	2.1×10⁻⁵
	石灰岩		2000	—	1.160	1.160	2.27	921.10	12.56	6.45×10⁻⁵
4	实心重砂浆、普通粘土砖砌体		1800	—	0.810	0.810	1.85	879.23	9.65	1.05×10⁻⁴
5	土壤、砂、碎石:									
	亚粘土		1980	10.0	1.170	1.170	1.87	1130.44	13.78	9.75×10⁻⁵
	亚粘土		1840	15.0	1.120	1.120	1.72	1256.04	13.65	
6	干砂填料	中砂	1460	0	0.260	0.580	0.82	753.62	4.52	1.65×10⁻⁴
		粗砂	1400	0	0.240	0.580	0.77	753.62	4.08	1.65×10⁻⁴
7	水泥砂浆	1:2.5	2030	0	0.930	0.930	2.07	795.49	10.35	9.00×10⁻⁵
8	混合砂浆		1700	—	0.870	0.870	2.21	837.36	9.47	9.75×10⁻⁵
9	石灰砂浆		1600	—	0.810	0.810	2.19	837.36	8.87	1.20×10⁻⁴
10	建筑钢材		7800	0	58.150	58.150	58.28	460.55	120.95	0
11	铝		2710	0	202.940	202.940	309.00	837.36	182.59	0
12	红松	热流方向顺木纹	510	—	0.440	0.440	1.40	2219.00	6.05	3.00×10⁻⁵
	红松	热流方向垂直木纹	420	—	0.110	0.120	0.53	1800.32	2.44	1.68×10⁻⁴
13	炉渣		660	0	0.170	0.290	1.00	837.36	2.48	2.18×10⁻⁴
			900	—	0.240	0.350	0.91	1088.57	4.12	2.03×10⁻⁴
			1000	—	0.290	0.410	1.25	837.36	4.22	1.95×10⁻⁴
14	炉渣混凝土:	1:1:8	1280	0	0.420	0.580	1.44	837.36	5.70	1.05×10⁻⁴
		1:1:10	1150	0	0.370	0.520	1.45	795.49	4.65	1.05×10⁻⁴
15	胶合板	三合板	540	—	0.150～0.170	0.170	0.46	1549.12	2.56	1.05×10⁻⁴
16	纤维板		945	—	0.270	0.270	0.30	1507.25	3.49	1.05×10⁻⁴
17	刨花板		650	—	0.220	0.220	0.42	1632.85	3.02	1.05×10⁻⁴
18	聚本乙烯泡沫塑料	普通型、自发性	18	—	0.036	0.047	6.23	1172.30	0.23	2.78×10⁻⁵
		自熄型、可发性	19	—	0.035	0.047	5.52	1214.17	0.23	2.55×10⁻⁵
19	乳液聚苯乙烯泡沫塑料		37	—	0.034	0.044	3.06	1088.57	0.31	
20	聚氨酯泡沫塑料	硬质、聚醚型	40	—	0.022	0.031	1.65	1256.04	0.28	2.55×10⁻⁵
21	岩棉半硬板		186	—	0.038	0.076	0.90	837.36	0.65	4.88×10⁻⁴
			100	—	0.036	0.076	1.35	962.96	0.50	—
22	膨胀珍珠岩	Ⅰ类	70	5.8	0.052	0.087	2.11	1297.91	0.58	—
		Ⅱ类	150	0.6	0.056	0.087～0.105	1.18	1046.70	0.81	—
		Ⅲ类	150～250		0.064～0.076	0.105～0.128	—	—	—	—

序号	材料名称	规格	密度ρ(kg/m³)	测定时质量湿度Wz(%)	热导率测定值λ[W/(m·℃)]	设计采用热导率λ[W/(m·℃)]	热扩散率a×10³(m²/h)	比热容C[J/(kg·℃)]	蓄热系数S24[W/(m²·℃)]	蒸汽渗透系数μ[g/(m·Pa)]
1	2	3	4	5	6	7	8	9	10	11
23	水泥珍珠岩	1:12:1.6	380	0	0.086	沥青铺砌 0.116	0.91	879.23	1.51	9.00×10⁻⁵
		1:8:1.45	540	0	0.116	沥青铺砌 0.150	0.92	879.23	2.04	—
24	水玻璃珍珠岩		300	0	0.078	沥青铺砌 0.100	1.12	837.36	1.28	1.5×10⁻⁴
25	沥青珍珠岩	珍珠岩:沥青(压比)								
		1m³:75kg (2:1)	260		0.077	0.093	0.75	1381.64	1.42	6.00×10⁻⁵
		1m³:100kg (2:1)	380		0.095	0.116	0.55	1632.85	2.06	—
		1m³:60kg (1.5:1)	220		0.062	0.076	0.81	1256.04	1.12	—
26	乳化沥青膨胀珍珠岩	乳化沥青:珍珠岩=4:1 压比1.8:1	350		0.091	0.111	0.71	1339.78	1.73	6.90×10⁻⁵
27	加气混凝土	蒸汽养护	500	0	0.116	沥青铺砌 0.152	0.93	962.96	2.02	9.98×10⁻⁵
28	泡沫混凝土		370	0	0.098	沥青铺砌 0.128	0.89	837.36	1.33	1.8×10⁻⁴
29	软木		170		0.058	0.069	0.62	2051.53	1.19	2.55×10⁻⁵
30	稻壳		120	5.9	0.061	0.151	1.09	1674.72	0.94	4.5×10⁻⁴

注:水泥珍珠岩、水玻璃珍珠岩、加气混凝土、泡沫混凝土设计采用的热导率为用沥青铺砌时的数值。

表 12　冷库常用防潮、隔汽材料的热物理系数

序号	材料名称	密度ρ(kg/m³)	厚度δ(mm)	热导率λ[W/(m·℃)]	热阻R(m²·℃/W)	热扩散率a×10³(m²/h)	比热容C[J/(kg·℃)]	蓄热系数S24[W/(m²·℃)]	蒸汽渗透系数μ[g/(m·h·Pa)]	蒸汽渗透阻H(m²·h·Pa/g)
1	石油沥青油毛毡(350号)	1130	1.5	0.27	0.0050	0.32	1590.98	4.59	1.35×10⁻⁶	1106.57
2	石油沥青或玛碲脂一道	980	2.0	0.20	0.0100	0.33	2135.27	5.41	7.5×10⁻⁶	226.64
3	一毡二油	—	5.5	—	0.0260					1639.86
4	二毡三油	—	9.0		0.0410					3013.08
5	聚乙烯塑料薄膜	1200	0.07	0.16	0.0017	0.28	1423.51	3.98	2.03×10⁻⁸	3466.37

根据 240mm 厚砖墙内贴二毡三油,里面为 650mm 厚稻壳的这种构造,以上海为例每平方米墙面夏季和冬季自室外进入稻壳的月平均水分为 0.165kg/m²,10 年进入水量为 19.8kg/m²,稻壳密度为 120kg/m³,开始装入墙体时,自然含湿的质量湿度为 11%,加在一起 10 年后换算成体积湿度为 4.33%。这样,如果测定值按 λ=0.07W/(m·℃)计,在低于 0℃环境中,其热导率也不大于 0.12W/(m·℃),目前我国许多冷库在阁楼和外墙内大量采用稻壳隔热,由于投资和材料所限,在阁楼内隔热层水蒸气分压力高的一侧很难做到可靠的密闭式隔汽层,因此在顶棚和外墙、特别是顶部常会出现一定厚度的冰霜层,使稻壳的热导率大为增高(冰的热导率为 2.79W/(m·℃)。另外,稻壳价格便宜,考虑到墙内稻壳的填充及更换等需要一定宽度。故我们仍沿用 λ=0.15W/(m·℃)这个值。

2) 炉渣测定时质量湿度为 0%，考虑其体积湿度 5% 比 0% 时的增加值，故设计采用的热导率按测定值乘以 1.6。如测定时为自然含湿情况，则可按测定值乘以 1.4 取值。

膨胀珍珠岩（散料）的设计，采用热导率同样的是按测定值乘以 1.7 的系数。

3) 软木是用沥青粘结，沥青珍珠岩、乳化沥青珍珠岩（烘干的）吸水性小，它们的热导率均乘以 1.2 修正系数。

4) 计算泡沫混凝土（烘干）10 年后体积含湿量将达 4.6%，按参考资料，泡沫混凝土在 0℃ 以下，体积湿度 5% 比 0% 时热导率将提高一倍。考虑到现在已改用沥青铺砌，故乘以 1.3 修正系数。烘干的水玻璃膨胀珍珠岩、水泥膨胀珍珠岩和加气混凝土用沥青铺砌，其热导率修正值也均采用 1.3。

5) 塑料类隔热材料，其表面有一层很好的防水薄膜，又均用无水材料粘结，故热导率乘以 1.3 修正系数。聚氨酯泡沫塑料，这次测定的热导率很小，过去测定值较大，考虑各地产品质量不一，一些厂质量也不稳定，故乘以 1.4 修正系数。其设计采用值与国外标准相近。

4.4.5 本规范附录 B 为冷库围护结构总热阻 R_o 的确定方法。过去冷库传热计算过于繁琐，为了简化计算，便于设计人员应用，本规范除了将一些数据表格化外，对库房外围护结构不同部位的室内外温差值，提出了一个修正系数 a（见本规范附录 B 表 B.0.1-1），以 t_{wp} 与室内设计温度的温差值为基数乘以不同 a 值即为计算不同部位传热时的内外温差值。然后即可根据这个温差值查表（见本规范附录 B 表 B.0.1-1）求出不同部位需要的热阻。

1 关于确定 a 值的几点说明：

1) 为了取得合理的 a 值，除作了一些必要的温度测定外，我们对不同部位、不同的做法均作了热工计算。在稳定传热中，室外温度采用综合温度 t_{zp} 即 $t_{wp} + t_{dp}$（t_{dp} 为太阳辐射的当量温度）。在不稳定传热中考虑了围护结构的衰减度、内表面的传热系数和综合温度昼夜波动振幅的影响。

2) 在计算热惰性指标 $D>6$ 的重型结构时，因其衰减度 v_o 很大，延迟时间 ξ_o 很长，我们按稳定传热计算，对于 $6>D>4$ 的中型结构，现在采用较少。其衰减度也较大，比一般内外抹面的 240mm 砖墙衰减度大 10～30 倍，所以我们也与重型结构同样计算。

对于 $D≤4$ 的轻型结构，本应规定按不稳定传热计算，但这种计算较繁琐，因此本规范除规定其外墙和屋顶的外侧宜加通风空气间层，不使阳光直接照射到隔热板上，以降低隔热板外表面温度外，编制本规范时按不稳定传热计算以后，它比（$t_{wp} - t_n$）增加的热量折算成 a 值，设计人员计算时，仍可按稳定传热计算。

3) 外墙太阳总辐射强度昼夜平均值 J_p 采用《暖通规范》中八个不同纬度城市各朝向的 J_p 平均值。

4) 我们所以定 a 为内外温差修正系数，而不定为室外温度修正系数，主要原因是定 a 值时考虑了许多影响内外传热的因素，不仅是对室外气温的修正。比如风速、围护结构外侧相邻有房间还是露天、是不通风阁楼还是通风阁楼、地面是直接铺于土壤上还是架空，以及围护结构的热惰性指标等的影响。

5) $D>4$ 的外墙，未注明相邻有房间的指外墙外侧无遮阳设施，其 a 值考虑了外侧石灰粉刷和水泥本色两种吸收系数，也考虑了室外温度与冻结间、冻结物冷藏间（$-18～-23℃$）及冷却间、冷却物冷藏间（$0℃$）的不同温差情况。冻结物冷藏间、冻结间的外墙，由于太阳辐射热的平均强度照射所引起的靠近围护结构外部空气温度值的升高值 Δt_s 为（$t_{wp} - t_n$）值的 5.4%～6.3%。冷却间、冷却物冷藏间的外墙 Δt_s 值为（$t_{wp} - t_n$）值的 8.8%～12%，其 a 值分别定为 1.05 和 1.1。外墙外侧不是常温房间，而是站台时，其罩棚虽然遮挡了一部分墙面，但太阳的热量仍会从外地坪辐射到外墙上，此外墙 a 值我们也用 1.05 和 1.1。因此，对外墙 a 值只分两种：一种是外面相邻常温房间的，另一种只是外墙，不写外侧有无遮阳设施。

6) 外墙 $D>4$ 相邻有常温房间时的 a 值。根据《暖通规范》规定邻室散热量很少时，$\Delta t_{1s} = -2～+2℃$。我们按 $\Delta t_{1s} = 0℃$ 计算。因此冻结间、冻结物冷藏间和冷却间、冷却物冷藏间的外墙外侧相邻有常温房间时，a 值均为 1。

7) 外墙外侧无遮阳设施 $D≤4$ 的轻型结构外墙的 a 值。冻结物冷藏间室内考虑送风冷却装置，内表面的传热系数 $\alpha_n = 12W/（m^3 \cdot ℃）$ 时，根据计算，由于太阳辐射的当量温度和不稳定传热造成的热量分别比由于 t_{wp} 造成的热量增加比例：外墙为 0.08 和 0.45，屋顶为 0.17 和 0.70。本来 a 值应分别取 1.53 和 1.87，但考虑到已规定应在轻型围护结构的外侧加设通风空气层，a 值可适当减小，故将 a 值乘以 0.85 修正值，即外墙 $a=1.3$，屋顶 $a=1.6$。

因为这种结构蓄热系数小，停机后室温回升快，而我国一些地方电力尚不能保证 24h 不停电，对于贮藏温度波动要求很小的 0℃ 冷藏水果库等，这种结构有它不利的因素，如采用时，其 a 值应适当加大。

8) 冷间顶棚的 a 值。冷间上为通风阁楼时，广东省食品公司冷冻厂 1980 年 8 月测得的阁楼内气温比同时室外气温高 7.2℃，比 t_{wp} 高 6.2℃。冷间上为不通风阁楼时，1980 年广东测得的阁楼内气温可比室外气温高 10℃（一般都小于此值）。《空气调节与制冷设计手册》中对通风顶棚和不通风顶棚内气温分别为 $t_{wp} + 7～+9℃$ 及 $t_{wp} + 9℃$。因此冷间顶棚上为通风阁楼时：冻结间和冻结物冷藏间 $a=1.15$，冷却

间和冷却物冷藏间 $a=1.20$；冷间顶棚上为不通风阁楼时：冻结间和冻结物冷藏间 $a=1.20$，冷却间和冷却物冷藏间 $a=1.30$。

无阁楼屋顶（上有大阶砖等架空通风层）的 a 值与不通风阁楼取值相同。

9）冷间的隔热地面下有加热的通风管、油管或电热网时的 a 值。加热层平均温度考虑 5℃，$(5℃-t_n)$ 与 $(t_{wp}-t_n)$ 的比值为 $0.48\sim0.66$，a 值选用 0.6。

10）库房架空地面的 a 值。《暖通规范》规定不采暖地下室楼板（在外地坪上超过 1m）外墙上有窗，其 a 值为 0.7。我们了解的资料：广东 1980 年 9 月测定的架空层下气温为 21℃，比室外温度低 7℃；而天津东沽冷冻厂反映架空层下气温只有 $4\sim8℃$，可用来贮存海带。架空层下气温与架空层平面尺寸、高度，及其上楼面的隔热做法以及所在地理位置都有关系，在进一步取得科研数据之前，拟用《暖通规范》的规定值，$a=0.7$。

11）冷却间、冷却物冷藏间的地面直接铺设于土壤上，隔热层下部无通风管道或电器、油管等加热装置时的 a 值。根据本规范附录 B 表 B.0.4 规定其 R_0 值为 $1.72m^2\cdot℃/W$，在这种情况下的 a 值和地面隔热层下温度值有关。我们按以下方法求得：

用《手册》中直接铺设在土壤上的隔热地面传热计算公式：

$$q_d = (t_w-t_n)\sum K_{df}Fm \qquad (3)$$

假定其与一般平壁传热计算公式 $q_d=KF(t'_{wp}-t_n)$ 的传热是等效的。式中 t'_{wp} 为地面隔热层下计算温度。于是令上述二式相等，即可解出 t'_{wp} 值，然后再以此值计算 a 值。经过这样换算，实质是把《手册》计算公式以本规范中 $q_d=KFa(t_{wp}-t_n)$ 的形式表示出来，其准确程度与《手册》公式是等同的。根据这个方法导出的地面隔热层下表面计算温度和计算温差修正系数的公式为：

$$t'_{wp} = \frac{(t_{wp}-t_n)\sum K_{df}m}{K}+t_n \qquad (4)$$

$$a = \frac{\sum K_{kf}m}{K} \qquad (5)$$

由上面公式可看出地面隔热层下表面的计算温度与室内外计算温度，地面面积（$\sum K_{df}$ 与地坪面积大小有关）和隔热结构的 K 值有关。但 a 值仅与地面面积和 K 值有关，与室内外计算温度无关。因此 a 值不受地区性限制。

经计算地面面积 $\leqslant100m^2$，$a=0.172$；

$\qquad\qquad\quad <800m^2$，$a=0.114$；

$\qquad\qquad\quad \geqslant800m^2$，$a=0.084$。

我们一律采用 $a=0.2$ 值。按北京地区 $t_{wp}=29℃$ 室内 0℃ 时隔热层下温度等于 5.8℃。

2 关于围护结构总热阻的取值。总热阻 R_0 取决于围护结构每平方米面积每小时允许进入库内的热量

（$K\Delta$ 值），此值应根据隔热材料的贵贱，经常生产费用的大小等比较后确定。过去国外一般用 $K\Delta=11.63W/m^2$ 左右，近年为了节约能源，此值日趋改小。有的还小于 $8.14W/m^2$（轻型结构除外）。过去我国设计中用廉价稻壳时按 $K\Delta f=10.47W/m^2$，用聚苯乙烯泡沫塑料也近似此值，用软木或聚氨酯泡沫塑料时，一般用到 $K\Delta=12.79W/m^2$。对外围护结构中外墙、屋顶，我们增加了 $K\Delta=8.14\sim9.30W/m^2$ 的 K 值和 R_0 值，供设计采用廉价材料时选用。但是 Δt 相同时，$K\Delta$ 值越小，造价愈高，围护结构愈厚，占地面积愈多。例如用稻壳作隔热材料时，内外温差 $\Delta t=50℃$，外墙用 $K\Delta=8.14W/m^2$ 比 $K\Delta=10.47W/m^2$ 的厚度增加 200mm，每米长外墙要多占 $0.2m^2$ 面积。

本规范确定 K 值和 R_0 值时，作了以下比较：

1）同国外和国内过去采用的标准比较：冷库围护结构热阻指标，国外作为国家标准颁布的很少，大多是各企业自己制订的。有些国家近年的国家规范我们买不到，只能从该国其他有关规定、论文、设计的引用中了解其指标。从下面的比较表（见表 13、14、15、16、17、18）看，本规范规定值和国外数字或国内过去采用数字比较接近。我们用稻壳作隔热材料的，R_0 稍大一点。0℃ 房间地面过去多数库不作隔热层，耗冷增加，靠近地表的货物温升快，不少冷库反映地面应设隔热层，故这次对 0℃ 房间地面也规定了总热阻值，要求做隔热层。

2）作了一些经济比较：按北京、重庆两地区的室外参数对常用的几种型式的外墙作了比较，包括采用稻壳、聚苯乙烯泡沫塑料、软木和聚氨酯泡沫塑料等几种隔热材料，按 $K\Delta t$ 的几种不同标准计算其不同的需要厚度、单位造价，$K\Delta t$ 值每增减 $1.16W/m^2$ 要减增的造价和面积，也计算了不同厚度时的热惰性指标。但是我国生产费用的科学统计数字很难找到，无法作出经常费用的比较。

3）我们对本次制定的 a 值和外墙、屋顶、隔墙采用的 R_0 值进行了验算，按不同围护结构求出不同隔热材料厚度，见"验算外墙、屋顶不同隔热材料的厚度表"（表 13）和"验算隔墙不同隔热材料的厚度表"（表 15）。从表中看出，它与我们过去常用的厚度是相近的，也是可靠的。从"楼板的传热系数、总热阻值比较表"（表 16）、"铺设在架空层上的冷间地面传热系数和总热阻比较表"（表 17）和"直接铺设在土壤上的冷间地面传热系数、总热阻比较表"（表 18）看，按规范计算的楼、地面隔热材料采用厚度与过去常用的厚度基本相同，也是可靠的。例如楼下为 0℃ 房间，确定其顶板 R_0 值时，考虑了楼下房间温度为 $0\sim13℃$，相对湿度 95% 以下时，顶板不会结霜。我们还与过去国内和国外采用的 R_0 值作了比较验算，详见下面几个表：

表 13 验算外墙、屋顶不同隔热材料的厚度表；

表13 验算外墙、屋顶不同隔热材料的厚度表

部 位	室外计算温度（℃）	室内温度（℃）	D值	a值	温差（℃）	一砖厚外墙、35mm厚钢筋混凝土插板内衬墙			一砖厚外墙、内贴软木			一砖厚外墙、内贴聚苯乙烯泡沫塑料		
						面积热流量（W/m²）	按本规范计算稻壳厚度（m）	过去一般采用稻壳厚度（m）	面积热流量（W/m²）	按本规范计算软木厚度（m）	过去一般采用软木厚度（m）	面积热流量（W/m²）	按本规范计算塑料厚度（m）	过去一般采用塑料厚度（m）
北京地区：														
冻结间外墙	29	-23	>4	1.05	54.60	10	0.70	0.60~0.70	12	0.26	0.25	10	0.220	0.20
冷藏间外墙	29	-20	>4	1.05	51.45	10	0.66	0.60~0.65	12	0.24	0.20~0.25	10	0.202	0.20
冷藏间外墙	29	-18	>4	1.05	49.35	10	0.63	0.60	12	0.23	0.20	10	0.192	0.20
冷藏间外墙	29	0	>4	1.10	31.90	10	0.38	0.40	12	0.13	0.10~0.15	10	0.120	0.10
冷藏间外墙	29	-20	<4	1.30	63.70									
冷藏间外墙	29	-18	<4	1.30	61.10									
冷藏间外墙	29	-18	>4	1.05	49.35	8	0.83	0.80						
冷藏间外墙	29	0	>4	1.10	31.90	8	0.51	0.50						
重庆地区：														
冻结间外墙	32	-23	>4	1.05	57.75	10	0.75	0.60~0.70	12	0.28	0.25	10	0.23	0.20
冻藏间外墙	32	-20	>4	1.05	54.60	10	0.70	0.60~0.70	12	0.26	0.20~0.25	10	0.22	0.20
冻藏间外墙	32	-18	>4	1.05	52.50	10	0.67	0.60~0.70	12	0.25	0.20~0.25	10	0.21	0.20
冷藏间外墙	32	0	>4	1.10	35.20	10	0.42	0.40~0.45	12	0.15	0.15	10	0.13	0.10~0.15
冷藏间外墙	32	-20	<4	1.30	67.60									
冷藏间外墙	32	-18	<4	1.30	65.00									
冷藏间外墙	32	-18	>4	1.05	52.50	8	0.88	0.90						
冷藏间外墙	32	0	>4	1.10	35.20	8	0.56	0.55						

部 位	室外计算温度（℃）	室内温度（℃）	D值	a值	温差（℃）	无梁板上铺稻壳			无梁板上铺软木		
						面积热流量（W/m²）	按本规范计算厚度（m）	过去一般采用厚度（m）	面积热流量（W/m²）	按本规范计算厚度（m）	过去一般采用厚度（m）
北京地区：											
屋顶通风阁楼	29	-20	>4	1.15	56.35	8	0.99	0.9~1.0	—	—	—
屋顶通风阁楼	29	-20	>4	1.15	56.35	10	0.78	0.9	—	—	—
屋顶通风阁楼	29	0	>4	1.20	34.80	10	0.46	0.5	—	—	—
屋顶不通风阁楼	29	-20	>4	1.20	58.80	8	1.03	0.9~1.0	—	—	—
屋顶不通风阁楼	29	-20	>4	1.20	58.80	10	0.81	0.9	—	—	—
屋顶不通风阁楼	29	0	>4	1.30	37.7	10	0.50	0.5	—	—	—
屋顶无阁楼	29	-20	>4	1.20	58.8	—	—	—	12	0.31	0.30
屋顶无阁楼	29	-20	<4	1.60	78.4	—	—	—			
屋顶无阁楼	29	0	>4	1.30	37.7	—	—	—	12	0.19	0.20

部　位	室外计算温度(℃)	室内温度(℃)	D值	a值	温差(℃)	无梁板上铺稻壳 面积热流量(W/m²)	无梁板上铺稻壳 按本规范计算厚度(m)	无梁板上铺稻壳 过去一般采用厚度(m)	无梁板上铺软木 面积热流量(W/m²)	无梁板上铺软木 按本规范计算厚度(m)	无梁板上铺软木 过去一般采用厚度(m)
重庆地区：											
屋顶通风阁楼	32	−20	>4	1.15	59.8	8	1.05	0.9~1.2	—	—	—
屋顶通风阁楼	32	−20	>4	1.15	59.8	10	0.83	0.9~1.0	—	—	—
屋顶通风阁楼	32	0	>4	1.20	38.4	10	0.51	0.5	—	—	—
屋顶通风阁楼	32	−20	>4	1.20	62.4	8	1.10	0.9~1.2	—	—	—
屋顶通风阁楼	32	−20	>4	1.20	62.4	10	0.86	0.9~1.0	—	—	—
屋顶通风阁楼	32	0	>4	1.30	41.6	10	0.56	0.5	—	—	—
屋顶无阁楼	32	−20	>4	1.20	62.4	—	—	—	12	0.33	0.30~0.35
屋顶无阁楼	32	−20	<4	1.60	83.2	—	—	—			
屋顶无阁楼	32	0	>4	1.30	41.6	—	—	—	12	0.21	0.20

注：热导率采用：稻壳为 0.15W/(m²·℃)；软木为 0.07W/(m²·℃)；聚苯乙烯泡沫塑料为 0.05W/(m²·℃)。

表 14　外墙、屋顶的传热系数 $K[W/(m^2 \cdot ℃)]$ 值和总热阻 $R[m^2 \cdot ℃/W]$ 值比较表

两侧温差(℃)	部　位	日本 K	日本 R_0	原苏联 K	原苏联 R_0	原商业部设计院过去标准 K	原商业部设计院过去标准 R_0	本规范选用值 K	本规范选用值 R_0
60	外墙、顶	0.202	4.95	—	—	0.19~0.20	5.26~5.00	0.14~0.21	7.14~4.76
	外墙			0.21	4.76				
	顶			0.19	5.26				
50	外墙、顶	0.233	4.29	—	—	0.21~0.23	4.76~4.35	0.16~0.26	6.25~3.85
	外墙			0.22	4.55				
	顶			0.20	5.00				
40	外墙、顶	0.291	3.44	—	—	0.27~0.29	3.70~3.45	0.21~0.33	4.76~3.03
	外墙			0.24	4.17				
	顶			0.21	4.76				
30	外墙、顶	0.407	2.46	—	—	0.35~0.47	2.86~2.13	0.27~0.43	3.70~2.33
	外墙			0.35	2.86				
	顶			0.29	3.45				
20	外墙、顶	0.582	1.72	—	—	0.41~0.47	2.44~2.13	0.41~0.64	2.44~1.56
	外墙			0.47	2.13				
	顶			0.41	2.44				

注：本规范选用数字中～范围号前的数字为 $K\Delta t=8W/m^2$ 时的标准；～范围号后的数字为 $K\Delta t=12W/m^2$ 时的标准。

表 15　验算隔墙不同隔热材料的厚度表

隔墙两侧室名及设计室温(℃)	两侧计算温差(℃)	两侧35mm厚钢筋混凝土板中夹稻壳 面积热流量(W/m²)	两侧35mm厚钢筋混凝土板中夹稻壳 按本规范计算稻壳厚度(m)	两侧35mm厚钢筋混凝土板中夹稻壳 过去一般采用稻壳厚度(m)	软木两侧抹面 面积热流量(W/m²)	软木两侧抹面 按本规范计算软木厚度(m)	软木两侧抹面 过去一般采用软木厚度(m)	聚苯乙烯泡沫塑料两侧抹面 面积热流量(W/m²)	聚苯乙烯泡沫塑料两侧抹面 按本规范计算塑料厚度(m)	聚苯乙烯泡沫塑料两侧抹面 过去一般采用塑料厚度(m)
冻结间(−23)~冷却间(0)	38(−23~+15)	10	0.53	0.40~0.50	12	0.20	0.20	10	0.16	0.15
冻结间(−23)~冻结间(−23)	28(−23~+5)	10	0.39	0.40	12	0.15	0.15~0.20	10	0.12	0.10~0.15

隔墙两侧室名及设计室温(℃)	两侧计算温差(℃)	两侧35mm厚钢筋混凝土板中夹稻壳			软木两侧抹面			聚苯乙烯泡沫塑料两侧抹面		
		面积热流量(W/m²)	按本规范计算稻壳厚度(m)	过去一般采用稻壳厚度(m)	面积热流量(W/m²)	按本规范计算软木厚度(m)	过去一般采用软木厚度(m)	面积热流量(W/m²)	按本规范计算塑料厚度(m)	过去一般采用塑料厚度(m)
冻结间(—23)~穿堂(+4)	27(—23~+4)	10	0.37	0.35~0.40	12	0.14	0.15	10	0.11	0.10~0.15
冻结间(—23)~穿堂(—10)	20(—23~—3)	10	0.30	0.30~0.35	12	0.10	0.10~0.15	10	0.09	0.10
冻结物冷藏间(—18~—20)~冷却物冷藏间(0)	33(—20~+13)	10	0.46	0.40	12	0.17	0.15~0.20	10	0.14	0.15
冻结物冷藏间(—18~—20)~冰库(—4)	28(—20~+8)	10	0.39	0.35~0.40	12	0.15	0.15	10	0.12	0.10 加砖墙
冻结物冷藏间(—18~—20)~穿堂(+4)	28(—20~+8)	10	0.39	0.40	12	0.15	0.15	10	0.12	0.10~0.15
冷却物冷藏间(0)~冷却物冷藏间(0)	—	10	0.30	0.30~0.35 或不作	12	0.10	0.10 或不作	10	0.09	0.10 或不作

表 16　楼板的传热系数、总热阻值比较表

楼板上下冷间设计温差(℃)	原苏联标准		原商业部设计院过去标准		本规范选用值		按本规范计算楼面软木时厚度(m)	过去一般采用软木厚度(m)
	K [W/(m²·℃)]	R_o (m²·℃/W)	K [W/(m²·℃)]	R_o (m²·℃/W)	K [W/(m²·℃)]	R_o (m²·℃/W)		
35	0.23	4.30	—	—	0.21	4.77	0.31	(0.30)
23~25	0.29	3.44	—	—	—	—	—	—
23~28	—	—	0.23	4.30	0.24	4.04	0.26	0.25
15~20	0.35~0.33	2.86~3.07	0.29	3.44	0.30	3.31	0.21	0.20
8~12	0.47	2.15	0.37	2.68	0.38	2.58	0.15	0.15
4	0.52	1.91	—	—	—	—	—	—
5	—	—	0.52	1.89	0.52	1.89	0.11	0.10

表 17　铺设在架空层上的冷间地面传热系数和总热阻值比较表

冷间设计温度(℃)	传热系数 K [W/(m²·℃)]	总热阻 R_o (m²·℃/W)	按本规范计算软木厚度(m)	过去一般采用软木厚度(m)
—35	0.21	4.77	0.30	—
—23~—28	0.24	4.08	0.25	0.25
—15~—20	0.29	3.44	0.21	0.20
—5~—10	0.36	2.71	0.16	0.15
0~—2	0.47	2.15	0.12	不作或0.10

表18 直接铺设在土壤上的冷间地面传热系数、总热阻值比较表

冷间设计温度(℃)	原苏联标准		原商业部设计院过去标准		本规范选用值			按本规范计算软木厚度(m)	过去一般采用软木厚度(m)	按本规范计算炉渣厚度(m)	过去一般采用炉渣厚度(m)
	K [W/(m²·℃)]	R_0 (m²·℃/W)	K [W/(m²·℃)]	R_0 (m²·℃/W)	K [W/(m²·℃)]	R_0(m²·℃/W) 采用软木时	采用炉渣时				
−30~−40	0.20	5.00	—	—							
−35					0.21	4.76	(3.82)	0.306	—	0.97	—
−28			0.27	3.70							
−23~−28					0.26	3.85	(3.13)	0.246		0.25	0.76
−18~−23	0.27	3.70	0.31	3.23							
−15~−20					0.31	3.23	(2.55)	0.196	0.20~0.25	0.60	0.60
−10~−15			0.43	2.33							
−10	0.34	2.94									
−5			0.58	1.72							
−5~−10					0.40	2.50	(2.03)	0.151	0.15	0.45	0.40~0.50
−4	0.48	2.08									
0~−2					0.58	1.72	(1.38)	0.094	0.10	0.26	不作或0.30

注:炉渣按其密度660kg/m³,热导率0.29W/(m²·℃)计算。

4.4.6 库房围护结构的表面传热系数(α_w或α_n)是依据下列情况确定的:

1 无防风设施的屋面、外墙的外表面:根据我国111个城市的夏季室外平均风速为2.18m/s,表面传热系数α_w可用21W/(m²·℃),考虑沿海及牧区建库较多,其风速略大,因此选用α_w=23W/(m²·℃)。

2 顶棚上为阁楼或有房屋和外墙紧邻其他建筑物的外表面,外侧风速小于0.5m/s,α_w取12W/(m²·℃)。

3 外墙和顶棚的内表面、隔墙和楼板的表面、地面的上表面:

1)冻结间、冷却间有强力鼓风装置时,围护结构表面风速按4m/s计,α_n采用29W/(m²·℃);

2)冷却物冷藏间有强力鼓风时,按南京肉联厂18号库201室测定,吹到距风道中心8.45m墙面的上、中、下部时,其风速分别为1.22m/s、1.33m/s、1.36m/s,按1.5m/s计,α_n采用18W/(m²·℃);

3)冻结物冷藏间设有鼓风装置时,墙面风速按0.2~0.3m/s考虑,过去测定某冷库风道出风口处风速4m/s,距出风口3m处,均在0.2~0.6m/s,库内货间风速0.1~0.2m/s,因此α_n采用12W/(m²·℃);

4)冷间无机械鼓风装置时,α_n采用8W/(m²·℃)。

4 地面下为通风架空层时,其地面外表面α_w采用8W/(m²·℃)。

4.4.7 按本规范附录B表B.0.1-1确定的重型(热惰性指标$D>6$)或中型($6>D\geqslant4$)结构的外围护结构总热阻,一般都比按本条求得的最小总热阻大得多,不会有外表面结露情况。验算最小总热阻,主要

是为了防止有热桥的部位和轻型装配式结构冷库外围护结构的板缝处等表面结露。

4.4.9 这里只规定了同温冻结物冷藏间之间的隔墙和楼板可不设隔热层。对设计中均为0℃的冷却物冷藏间,其隔墙和楼板则没有讲可以不作隔热层,相反地在本规范附录B表B.0.2中,对两侧均设计为0℃的冷却物冷藏间之间的隔墙却规定了一定的总热阻。因为从我们调查情况看,不同种类的水果、蔬菜贮存温度差别很大。如同是0℃冷藏间,生产中隔墙的一侧可能为0℃,另一侧则可能为13℃,如其间隔墙无隔热层,则互有影响,不利于食品贮存。至于两设计温度为0℃的冷却物冷藏间之间的楼板要否作隔热层,也应按各个设计的具体情况而定。如有的库常年贮存货物为鸡蛋及苹果、鸭梨等,生产室温均要求0℃,则楼板不一定作隔热层;但如有的库也可能从经济效益考虑,在某段时间内要贮存一部分房间温度要求为7~16℃的货物(如黄瓜、柿子椒、番茄、菠萝、香蕉等)时,则楼板(或只在某一层楼板)上应设隔热层。

4.4.10 自50年代末以来,冷库地面不断有冻鼓,甚而有破坏结构的情况发生。有的库设置了地下机械通风加温防冻装置,但因管理不善(如长期不开风机等)或因没有监测装置,盲目认为没有问题,但地面下部已开始冻鼓,等到发现时,已造成难以修复的破坏。

4.4.11 过去0℃房间地面不设隔热层,调研中,各地反映如不做隔热层,传热量大,停机后升温快,室

内温度波动大，不利于商品贮存，不符合节约能源的方针。因此要求0℃冷藏间等地面设隔热层。空气冷却器下地面总热阻系按空气冷却器内蒸发温度为—15℃考虑后确定的。

1.4.13 本规范规定了"库房屋面及外墙外侧宜涂白色或浅色。"主要是利用它的反射来辐射热量。

夏季太阳高度角很高的情况下，太阳辐射到地面的太阳辐射能量约在 1046.7W/m² 左右。太阳辐射能主要分布在波长 0.3～3.0μm 的短波段内，这个波段内的紫外线区、可见光区、红外线区的波长分别为0.3～0.4/μm、0.4～0.7/μm、0.7～3.0/μm；各区所占有太阳辐射能量分别为 5%、52% 和 43%。建筑物材料表面吸收或反射太阳辐射能力的大小，主要取决于材料的化学成分、表面光滑状况和表面颜色。而表面颜色又是影响反射率的主要因素。表面颜色越浅，反射太阳辐射热的能力就越大。如白色表面对太阳辐射的反射率可达 0.8，而黑色表面的反射率只有 0.1。因此，夏季在强烈的太阳照射下，白色表面的温度可比黑色表面低 25～30℃。

根据建筑科学研究院物理所介绍：在常州自行车三轴车间，测定两座建筑做法相同的厂房的屋面温度，厂房净高为 7.2m，15m 跨度，82m 长。大型屋面板上均无保温层。一座厂房面层为水泥本色，屋面南、北坡外表面温度分别为 67℃、62.4℃，内表面温度分别为 59.4℃、56.6℃。另一座厂房屋面上喷石灰水，南、北坡表面分别为 42.2℃、43.4℃；内表面温度分别为 40.4℃、40.2℃，内表面温度比面层为水泥本色的屋面下降 16.4～19℃。另据介绍：广东某院校宿舍屋面外表面温度不刷白时为 66.7℃，刷白时为 40℃；外表面全天平均温度，不刷白时为37℃，刷白时为 27.7℃。屋面做法上为通风层，下为 80mm 厚钢筋混凝土板，板下部温度：屋面不刷白时为 34.3℃，刷白时为 27.9℃。板下部全天平均温度：屋面不刷白时为 30.4℃，刷白时为 26.3℃。

4.5 库房的隔汽和防潮

4.5.2 过去即用此围护结构蒸汽渗透阻经验公式[见本规范公式（4.5.2）]。原苏联《冷冻设施手册》（1978 年版）仍用此式，他们的 H。值是指围护结构隔汽层必需的蒸汽渗透阻，而我们系指围护结构隔热层高温测各层材料（不包括隔热层）的蒸汽渗透阻之和。按上海夏季室外温度 $t_{wp}=30℃$、$\varphi=95\%$，冷间温度 $t_n=-20℃$、$\varphi=95\%$ 计算：$H_o=1.6(e_w-e_n)$ $=5476.868m² \cdot h \cdot Pa/g$，实际外墙稻壳外侧做240mm 厚砖墙、二毡三油时的蒸汽渗透阻为 $H_o=5750.178m² \cdot h \cdot Pa/g$，5750.178＞5476.868 设计用二毡三油隔汽层可以满足要求。

应当说明，在北方某些地区 0℃库如用此公式[见本规范公式（4.5.2）]验算，可能不作隔汽层也

能满足要求，但考虑到砖墙等施工条件，从安全出发还是应专设隔汽层为宜。

4.6 构 造 要 求

4.6.1 库房屋面要求加通风间层和隔热层的主要原因是：

1 可以降低阁楼内气温，减少冷间顶棚传入的热量；

2 可缩小屋面板与阁楼板的温差，减少其由于温差产生相对位移引起的对结构和防水层的破坏；

3 可避免屋面结构板露天暴晒后，由于天气变化，突降暴雨，造成屋面板急剧收缩引起防水层的破坏。

4.6.2 根据多年建设冷库的经验，库房屋顶增设阁楼层，主要是因采用松散隔热材料时，施工和维修等的需要。增设阁楼会使投资增加较多，但采用块状隔热材料时，做好施工组织和构造处理，不做阁楼层是完全可以保证施工质量和使用要求的。因此，这次修订增加了本条。

4.6.3 本条说明如下：

1 铺设松散隔热材料的阁楼，阁楼板采用预制构件时，如不将板与板，板与梁之间缝隙填实，由于空气渗透等影响，缝隙上的稻壳等松散隔热材料将很快受潮、凝水或结冰，如某鲜蛋冷库因阁楼板缝滴水不能存货。

2 据调查，阁楼内稻壳上部通常有下面几种做法：

1）稻壳上部做牢固的基层，如做木板层再加隔汽层密闭，防止稻壳受潮的效果较好，但一次投资大，靠近外墙处稻壳下沉后不宜发现和填充；

2）稻壳上部干铺塑料薄膜，上面再压少量稻壳。但这种做法，稻壳下部受潮很严重，效果不好；

3）稻壳上不作隔汽层，一般稻壳下部受潮达到一定厚度后，往往出现湿平衡，受潮的厚度稳定在一定范围内。近年许多冷库将稻壳加厚至 1.2～1.5m，其下部潮湿结冰情况则大为减少，有的只有 10～30mm 厚冰霜或潮湿。

3 有的冷库阁楼柱包块状隔热材料不从楼面开始，而从距楼面一段距离处向上包，结果靠柱根部稻壳受潮仍很严重。有的设计在包柱的块状隔热材料外面又加抹砂浆，既浪费又造成新的冷桥很不妥当。

4.6.4 本条中所述"适当增铺隔热层的构造措施"即指根据不同的冷桥部位，采取在热传导表面一定范围内增设隔热层和隔汽层的构造措施，以减少热交换，使其避免结露和结霜以及减少冷耗。

4.6.5 块状隔热材料如用含水材料粘结，水分很难蒸发，投产降温后即冻成冰层，迅速破坏隔热层。

4.6.6 如水产冷库的冻结间，冻结过程中向货盘加水，地面经常结成冰坨，敲冰时极易将楼、地面面层

破坏，甚至破坏防潮层和隔热层。现在多在地面上铺钢板。

4.6.8 过去规定库房不应做女儿墙、内天沟、内落水，也是为了防止屋面漏水破坏隔热层，而人们一时发现不了。有的冷库的冷藏间、穿堂等屋面上采用女儿墙、冬季雪溶结冰、沿外墙的屋面防水层、隔热层均遭破坏。

4.6.10 关于冷库防火和火灾情况，编制本规范时，我们做过两次调查。第一次调查了上海、浙江、广东、天津、辽宁、陕西 6 个省市，从 1968～1980 年间发生火灾的 17 个冷库，其中 16 个冷库是在施工中失火，另有一个冷库是在投产后发生的，而且系由于设计不当，将接线盒放在可燃的稻壳隔热层内，电线发生短路引起火灾。1982 年我们又了解了辽宁、烟台、青岛、北京、上海、浙江部分地区的商业（肉类、蔬菜、水果、蛋品等）、外贸、水产、轻工各系统总冷藏量达 513924t 的 277 座冷库的情况。这 277 座冷库，按每座冷库投产使用年限统计为 3175 座年，共发生火灾 21 起，造成损失 163.33 万元。21 起火灾中属于施工中发生的有 19 起，造成万元以上损失的计 5 起，共损失 160 万元，占 21 起火灾损失的 98％。

$$施工中发生火灾几率 = \frac{发生火灾数}{座年} = \frac{19}{3175}$$

$$= 0.6 \text{ 次}/100 \text{ 座年}$$

$$生产中发生火灾机率 = \frac{2}{3175} = 0.06 \text{ 次}/100 \text{ 座年}。$$

施工中发生火灾造成损失与 277 座冷库的原基建设资之比为 1∶100，生产中发生火灾造成损失与 277 座冷库的原基建设资之比为 1∶5000；21 起火灾中，由于电焊、电线、电热丝、灯泡等引起的计 14 起占 56％，由于包隔热材料等引起的计 4 起、占 19％。因此，我们认为防火重点应放在施工组织预防措施方面。但鉴于我国大多数冷库采用易燃材料稻壳做外墙、屋面的隔热层，不能排除其失火危险。1984 年我们了解到在 1963 年时长春蛋禽厂 1200t 冷库生产中曾发生火灾，自阁楼稻壳燃烧起，波及外墙，软木亦大部烧毁，损失近百万元（货物 45 万元、冷库维修费用达 50 万元）。为了防止火灾造成损失，除应加强投产后的安全保卫工作外，我们同意了公安部坚持提出的，外墙与阁楼楼面均采用松散可燃隔热材料时，其相交处宜设防火带。本条删去了原规范中"外墙内每层楼面处宜用非燃烧隔热材料作水平防火带"的规定，主要是从来没有按此规定设计和建造过冷库，实属技术上尚无法解决。

4.6.11 近年来多层冷库库房外墙与檐口及穿堂与库房连接部分的变形缝部位漏雨和漏水的问题常有出现。因此，本次修订规范时增加该条，提示设计中注意。

4.7 氨压缩机房、变配电室和控制室

4.7.1 按现行国家标准《建筑设计防火规范》GBJ 16 的规定，氨压缩机房的火灾危险性分类应属乙类，因此机房的耐火等级、层数、面积、防火间距、防爆、安全疏散等要求，均需按照该规范中对乙类生产厂房的规定。

4.7.4 氨压缩机房的噪声从在沈阳市食品公司冷冻厂，上海光复路冷库、江浦路水产冷库、外贸冷冻三厂和上海水产供销站冷库进行的测定情况看：

　1 机器内噪声（室内中央、四角、机器或噪声源旁）除同时开 1～2 台噪声小的氨压缩机时噪声在 82～85dB（A）之间外，绝大多数情况下噪声都在 85～100dB（A）之间。主要原因是机器制造厂生产氨压缩机和配用的电机没有消音设施和噪声指标，噪声大；

　2 机器间内的自控室，虽然与机器间只隔有一层或两层玻璃，而噪声却降至 70dB（A）以下；

　3 即使开动多台机器（上海水产供销站冷库同时开 10 台氨压缩机），机器间门外 4m 处噪声一般可降至 80dB（A）以下；

　4 正常运转情况时，氨泵噪声在 80dB（A）以下，水泵噪声一般在 68～93dB（A），噪声比较大。

现行国家标准《工业企业噪声测量标准》GBJ 122 确定的车间内允许噪声分贝量是按工人每个工作日接触噪声时间来确定。在目前机器制造尚未能将噪声降低的情况下，可以采取措施减少工人接触噪声的时间，比如在机器间内隔间设值班室或自动控制室。当然也可用悬挂吸声板等其他措施减小噪声。值班室或自动控制室应视作氨压缩机房本身的一个组成部分，与现行国家标准《建筑设计防火规范》GBJ 16 中的规定不抵触。

4.7.6、4.7.7 氨压缩机房中有氨压缩机和贮氨的设备，但氨的爆炸下限较高（16％），并有强烈气味。因此，氨压缩机房为在不正常情况下形成爆炸混合物的可能性较小的场所。为了安全，参照有关规范，作了一些规定。

5 结 构

5.1 一 般 规 定

5.1.1 考虑冷库 0℃ 及 0℃ 以下冻融循环对结构的影响，本条对冷库结构形式提出了建议。承重结构采用钢筋混凝土结构及钢结构，冻融循环对结构影响较小，局部损坏也易修复。

5.1.2 从经济上和冷库内便于用叉车运输考虑，虽然目前用手推车较多，但以后有可能采用叉车，提出冷库柱网尺寸不宜小于 6m×6m。

5.1.3 冷库建筑结构在冷间降温以后，由于材料热胀冷缩，引起垂直及水平方向收缩变形，在构件之间相互约束作用下产生温度应力。如果设计不当就会使结构产生裂缝。通过合理的结构设计可以减少温度变化引起的内力及变形，并防止产生裂缝。

目前国内外对 0℃ 以下环境中混凝土线膨胀系数及弹性模量尚无法提出供计算用的精确数值。另外钢筋混凝土收缩徐变对温度应力的松弛程度也缺乏定量的研究资料。因此，本次规范修订也只能按过去经验做法提出冷库结构设计的一般规定。

5.1.4～5.1.8 冷库结构温度应力是客观存在的，经调查观测，其最常见发生裂缝的部位在冷库外墙四角及檐口、顶层与底层柱上下两端。本着改善支承条件，减少内外结构相互影响的原则，若将屋面板适当分块，阁楼屋面采用装配式结构及底层采用预制梁板架空层等措施，可使温度应力显著减少，特别是阁楼层柱顶采用铰接时，可以消除柱端弯距。屋面采用装配式结构应注意做好屋面防水处理。

5.1.9 钢筋混凝土构件除应保证结构上的安全使用外，尚应考虑耐久性的要求，在预期使用年限内，不致因受冻融、炭化、风化和化学侵蚀等影响，产生钢筋锈蚀而降低结构的安全度。

调查与实验研究表明，正常条件下的钢筋混凝土构件的耐久性，主要取决于混凝土保护层的质量、厚度和使用环境。耐久性要求的混凝土保护层最小厚度是按照构件 50 年内能保证混凝土保护层内的钢筋不发生危及结构安全的锈蚀来确定的。

5.1.10 考虑冷库温度收缩影响，减少收缩裂缝，本次规范修订提出冷间钢筋混凝土板二个方向全截面温度配筋率皆不应小于 0.3%。温度配筋应为板受弯钢筋的一部分。

5.1.11 多次冷库维修情况表明，零度以下低温冷藏间常因使用及管理不当引起冷库地坪发生冻胀，造成冷库上部结构严重损坏，为减少冷库墙柱基础下地基发生冻胀，除设计中设置架空地坪、加热地坪等防冻胀措施外，墙柱基础埋置深度不宜过浅，本次规范修订提出墙柱基础埋深自室外地坪向下不宜小于 1.5m，一般冷库室内地坪高于室外地面约 1.1m，墙柱基础埋深自冷库室内地坪起不宜小于 2.6m。

5.1.12 冷库一层地面长时间堆货，对软土地基易产生较大的不均匀变形，而影响冷库正常使用，本规范提出应予考虑。

5.1.13 根据冷库震害调查资料，多层冷库无梁楼盖结构有一定的抗震能力，地震区冷库采用无梁楼盖结构应符合现行国家标准《建筑抗震设计规范》GBJ 11 的要求，无梁楼盖结构可按等代框架法计算内力和位移。针对冷库结构形式特点，提出冷库无梁楼盖结构主要抗震构造的要求。

5.1.14 库房逐步降温使建筑及结构构件逐步收缩，减少因激烈降温而产生温度裂缝。逐步降温也有利于建筑及结构构件中的水分逐步得到蒸发。

5.2 荷 载

5.2.1 本次修订规范时，对库房楼面、地面均布荷载标准值仍采用原规范均布活荷载值。根据冷库正常使用情况，提出荷载准永久值系数。

冷库贮存品种随市场需要而变化，各种商品的密度不同，为适应这一变化，要求冷库能适应变更用途时应有较大的活荷载。

5.2.2 原规范牛胴体吊运轨道活荷载取 450kg/m 偏小，本次修订按牛两分胴体及四分胴体列出不同荷载标准值。

5.2.3 多层冷库的穿堂主要考虑临时堆货与叉车运行同时作用，其楼板一般为简支板，可能叉车重量由一块板承担，因此考虑活荷载为 15kN/m²。但计算梁板基础时，不可能每层都满载。冷库进出货时，同时工作的层数一般只有二层，因此，四层及四层以上穿堂应考虑活荷载的折减，梁柱活荷载宜乘以 0.7 折减系数，基础活荷载宜乘以 0.5 折减系数。

库房内仅对某一层楼板而言，其局部或全部都可能满载，故梁板活荷载不能折减。就冷库一般满载的情况而言，扣去通道后，库内地面只有 70%～80% 的面积上堆货。一般说，一座 10000m² 的猪肉冷库，满载时只能存 10000t 冻肉，其楼板计算活荷载虽为 20kN/m²，而实际平均活荷载每平方米仅 1t。因此，四层及四层以上的库房计算柱及基础时活荷载乘以 0.8 折减系数。

5.3 材 料

5.3.1 冷间内使用水泥的规定说明如下：

1 规范组做过四种水泥的抗冻性能实验，结果证明，矿渣水泥抗冻融性能与普通硅酸盐水泥相近，故确定矿渣水泥可以用于冷库结构。实验结果证明火山灰水泥抗冻融性能不好，故不能用于冷间结构。粉煤灰水泥虽然抗冻性能指标尚好，但试验所用的样品是试验室小批量配制的，还有待于对成批生产的水泥作进一步实验，本规范中没有列入。

过去冷库内只允许使用普通硅酸盐水泥，多年实践证明，普通硅酸盐水泥用于冷库建设是可靠的，故本规范规定冻结间和负温房间应优先使用普通硅酸盐水泥，矿渣水泥也可使用。对冷却间及冷却物冷藏间，因一般无冻融现象，故两种水泥均可使用，没有优先之分。

2 普通水泥与矿渣水泥相比，早期强度高，凝结时间快，需水量少，如果两种水泥混合使用，因收缩时间不同，将会产生裂缝。故规定两种水泥不得混用，也不允许同一构件中使用两种不同的水泥。

3 水灰比越大，混凝土孔隙就越多，相对充水也多，抗冻融性能就差。但是水灰比过小，则施工困难，成型性差，不易密实，孔隙多，充水也多，抗冻融性能也差。试验结果证明，水灰比为 0.55～0.6 的混凝土抗冻融性能最佳，而施工也容易保证质量。因此规范规定冷间用混凝土强度等级不能低于 C20，水灰比不得大于 0.6；冻结间混凝土强度等级不得低于 C30，水灰比不得大于 0.60。如果减小水灰比应采取相应措施，添加外加剂，增加混凝土和易性，保证振捣密实。至于 C20 和 C30 混凝土水泥用量分别规定为不得少于 275kg/m³ 和 300kg/m³，是最低要求，与现行国家标准《混凝土结构工程施工及验收规范》GB 50204 规定值是一致的。

5.3.2 冷库公称体积为 4500m³ 的中型以上冷库，其主要承重结构的安全使用年限，宜符合 30～50 年的使用要求。估计在这期间可能发生的冻融循环次数为 50 次。库房或冻结间门口等个别部位发生冻融循环次数还要多些，冻坏的可能性大些，但要求大部分结构都满足个别部位的要求是不合理的。除了可以采取措施加强管理，防止个别部位冻坏外，还可以用局部维修手段补救，以保证整个结构的安全使用。故本规范规定混凝土抗冻标号为 D50 级。

近年来各种混凝土外加剂发展较快，在不增加太多成本的前提下，掺适量外加剂可以大大提高混凝土抗冻融性能。如 FS 型混凝土膨胀剂掺量为水泥重量的 10%，经试验混凝土抗冻融循环次数可达 400 次，这样冷库的使用年限可延长很多。

5.3.4 当前混凝土外加剂种类很多，但外加剂中如果含有氯离子，则能使混凝土碱度降低，破坏钢筋的钝化状态，钢筋容易腐蚀，故本规范规定不得使用对钢筋有腐蚀作用的外加剂。

5.3.5 钢筋混凝土结构中的钢筋一般是单根或成束分散配置于混凝土中，其在低温条件下的工作情况与钢结构不同，存在着较为有利的因素。根据调查，除原标准图"结 109"薄腹梁因采用排筋和密焊接头不合理而发生过低温脆断事故外，在冬季严寒地区使用的其他钢筋混凝土和预应力混凝土构件，尚未发现低温脆断现象。试验研究表明，钢筋低温脆断除同材质和温度有关外，还同结构构造和施工工艺密切相关。黑龙江省低温建筑科学研究所对钢材低温选用问题进行了大量的实验研究，在《钢筋混凝土结构在负温下应用的几个问题》一文中提出：

1 "结 109"T 型截面薄腹梁在负温下发生脆断的主要原因，是由于采用了上附绑条下带缺口的排筋密焊接头。这种接头构造不合理，易在接头缺口处产生应力高度集中和焊接缺陷，因而在负温下发生脆断。后来的标准图改用工字型截面分散配筋的薄腹梁，迄今为止，再没有发生过负温脆断的事例。

2 钢筋混凝土结构中的钢筋，分散在混凝土中，接头少，产生应力集中和焊接缺陷的可能性小，即使个别钢筋断裂，也不会扩展到其他钢筋上去，加之钢筋受力状态简单，它同混凝土有一定粘结力。因此，在负温下，钢筋混凝土结构发生脆断的可能性极小。

3 通过大量调查、研究、试验证明（最低气温为－45℃），采用Ⅰ、Ⅱ、Ⅲ、Ⅳ级钢筋及冷拔低碳钢丝共 10 个钢种配筋，构件破坏时，钢筋（钢丝）应力可达到或超过屈服点，达到抗拉强度，在负温下均未发生脆断现象。国外有关资料也证明了这一点。

建国以来，在冷库建设中亦从未发生过钢筋混凝土构件冷脆断裂的情况。

黑龙江低温建筑科学研究所建议，编写《冷库设计规范》时，可考虑该所的《在负温条件下应用钢筋混凝土结构设计与施工的建议》一文有关内容。但冷库工程中过去和现在一般采用Ⅰ、Ⅱ级钢筋。为慎重起见，本规范只提"宜"采用Ⅰ、Ⅱ级热轧钢筋。

修订《钢结构设计规范》时提出钢结构的温度划线问题，给冷库负温环境钢结构构件指明了选用钢材的范围。钢结构构件分为四个工作温度，即计算温度划线分为－15℃、－20℃、－30℃、－40℃四种。对于承受动力荷载的结构，计算温度高于－20℃时，以＋20℃的缺口冲击试验值为保证条件；等于或低于－20℃～－40℃时，以－20℃的缺口试验值为保证条件。对于承受静力荷载的结构或间接承受动力荷载的结构，以－30℃划线，高于－30℃的构件采用沸腾钢；等于或低于－30℃时，则采用镇静钢。

按冷库内钢结构的受力特点及工作温度，可以认为是承受静力荷载的结构，故冷库内钢结构均可按最低工作温度高于－30℃条件来选用钢材。

6 制 冷

6.1 冷却设备负荷和机械负荷的计算

冷负荷计算方法，基本上沿用《手册》的计算方法，我们调查结果认为，这个计算方法存在计算繁琐，机械负荷偏大的问题。但目前还缺少充足的实验数据作为改进计算方法的依据。因此，本节的编写仍以《手册》为基础，根据调研和苏州、上海两次技术讨论会关于"在冷库冷负荷方面，适当地减少机械负荷，保持或稍增库房冷却设备负荷这一主导思想，参考了国内外的有关资料，力求简化计算，并通过必要的验算而编写成的。编写中着眼于现实生产状况，适当考虑将来的发展方向。对目前尚提不出具体数值而又比较重要的系数和数据，这里只提出原则和概念，由设计者根据具体情况计算取值，待今后条件成熟时再予增补。

"冷却设备负荷"计算是对所有冷间逐间进行计算。分别把各冷间的各项"计算热流量"汇总，即为各冷间"冷却设备负荷"值。冷却间、冻结间和货物不经冷却而进入冷却物冷藏间的货物热流量尚需乘以1.3的货物热流量系数。

"机械负荷"计算，是分别把相同蒸发温度所属冷间的各项"计算热流量"乘以系数后汇总，即得各蒸发温度系统的"机械负荷"值。

此次修订，本节仍沿用原规范的计算方法，仅对某些系数的取值作一些修正。

6.1.1、6.1.2 根据过去冷库使用经验，冷间冷却设备的配置尚符合使用要求。冷却间、冻结间的冷却设备热流量仍按《手册》中规定的方法，乘以货物热流量系数 $P = 1.3$ 计算。国外大多把果蔬及鲜蛋经冷却后再进入冷却物冷藏间，而我国大多不经冷却就把果蔬及鲜蛋进入冷却物冷藏间。据反映，有些冷却物冷藏间，货物进入后需 2 周左右的时间，库温才能稳定，所以此次修订本规范时，把货物不经冷却而进入冷却物冷藏间的货物热流量系数 P 也取 1.3。对冻结物冷藏间的冷却设备热流量，规定了进货温度、进货质量等，使进货温度、进货质量更接近于实际调研情况，一般较《手册》的规定值有所提高。

在"冷却设备负荷"计算中，规定冷却间、冻结间不计算换气热流量 Φ_3、操作热流量 Φ_5，这部分热流量归在该类冷间的货物热流量系数 P 内考虑。

6.1.3～6.1.5 规定的各条，是把属于同一蒸发温度的冷间各项计算热流量分别乘以各种修正系数之和作为"机械负荷"的。其计算公式见本规范公式（6.1.3）。

关于季节修正系数 n_1《手册》中系按生产旺季不在夏季而根据不同库温加以修正的，不能确切体现生产旺季所在的不同月份的差别。原规范季节修正系数 n_1 值，是参照湖北工业建筑设计院所编的《冷藏库设计》（1980）一书中的季节修正系数计算原则，并按我国纬度的高低划分为五个区域，而制定了原规范中附录三季节修正系数 n_1 值表。正如原规范条文说明中所述："由于我国幅员辽阔，区域差别较大，该表所列数值还是有它局限性的。"根据近年来原商业部设计院及中国水产科学研究院水产规划设计所设计的冷库，n_1 大多采用 1。其次是现在的冷库都是多种经营，淡旺季并不明显。所以，这次修订，n_1 宜取 1。

由于 Φ_1 的运算中已由"a"值考虑了太阳辐射，为简化运算，这个季节修正系数值不再考虑太阳辐射的因素。

货物热流量折减系数 n_2，《手册》中未予考虑，这是造成以往配机过大的一个主要原因。本条加了修正值。其 n_2 值：当冷库中冷却物冷藏间的公称体积（见本规范 3.0.3 条的公称体积，下同）为大值时，取小值；公称体积为小值时，取大值。当冷库中冻结物冷藏间的公称体积为大值时，取大值；公称体积为小值时，取小值。冷加工间和其他冷间 n_2 取 1。

在冷却物冷藏间蒸发系统的"机械负荷"计算中，货物热流量 Φ_2 计算公式［见本规范公式（6.1.9）］中的第 4 项 Φ_{2d}（即货物冷藏时的呼吸热流量），不存在货物机械负荷折减问题，应不乘以该系数 n_2。本规范为计算方便计，仍与 Φ_2 公式［见本规范公式（6.1.9）］中其他 3 项一同乘以该系数；但差值不多，这样处理是可以的。

通风换气热流量 Φ_3 的同期换气系数 n_3，过去《手册》中未予考虑，本规范取值修正。其 n_3，当"同时最大换气量与全库每日总换气量的比数"大时，取大值。

冷间用的电动机运转热流量 Φ_4 的同期运转系数 n_4，《手册》中将电动机运转热流量归入经营操作热流量内，分类混淆。本规范按用电的不同情况，特设置了电动机同期运转系数。

操作热流量 Φ_5 的同期操作系数 n_5《手册》中按冷间性能和冷间面积考虑，体现不出不同条件的区别。因而本规范按不同操作情况下同期操作最多时的冷间考虑。贮存冷却物和冻结物两类不同的冷藏间，总间数应分别计算。冰库总间数也应单独计算。

计算机械负荷中，冷却间和冻结间的 Φ_3 和 Φ_5 不计。

制冷装置和管道等冷损耗补偿系数 R 仍按《手册》数值。

6.1.6 本条将《手册》中 10 个计算公式归纳为 1 个。即以室内外计算温度差 $\theta_w - \theta_n$ 乘以温差修正系数 a（见本规范附录 B 表 B.0.1-1）和围护结构的传热系数 K_w、围护结构的传热面积 A_w 组成的稳定传热公式［见本规范公式（6.1.6）］，以简化计算。

6.1.7 围护结构的传热面积 A_w，其计算法在《手册》上规定得太细。我们对此作了简化。但外墙、屋顶和地面等仍以该外表面积为准。

此次修订，在原规范图示的基础上，增加了文字叙述。

6.1.9 本条将冷却间、冻结间、冷却物冷藏间和冻结物冷藏间等冷间中与货物冷却、冻结及冷藏有关的各种热流量归纳为一个具有 4 项的通用公式，见本规范公式（6.1.9）。

货物冷加工、冷藏的时间 t，已与进货质量一起综合考虑；在本规范 6.1.10 条规定的进货质量下，冷藏间一律为 24h，冷却间、冻结间则按设计要求的冷却或冻结时间计算。

本规范公式 6.1.9 中第 4 项（即 Φ_{2d}）的热流量只有在果蔬冷藏间内才有。因鲜蛋的呼吸热流量甚微，且缺乏该类数据，故鲜蛋贮存期的呼吸热流量暂忽略不计，待今后有具体数值时再予充实。

6.1.10 各种冷藏间的允许进货质量，根据实地调研情况以每间库容量的比例而定。对水产冷库往往因其"日冻结质量"很大，都进入一个冷藏间则负荷过大。

此时，可根据具体情况分摊到几个冷藏间内。

6.1.11 包装材料和运载工具的质量，具体计算比较麻烦。现按各种包装材料和运载工具占其容纳货物质量的比值算出质量系数 B_b，计算时，以 B_b 值乘进货质量 m 即可得出包装材料和运载工具的质量。本规范表 6.1.11 的 B_b 值系按表 19 的调查数据计算并归纳简化后得出的。

当包装材料和运载工具的材质不同时，由于其比热容的不同，则应分别列项计算。

表 19　质量系数 B_b 值调查表

名　称	包装（运载工具）	单位体积（长度）货物质量（kg/m³，kg/m）	单位体积（长度）材料和工具质量（kg/m³，kg/m）	质量系数 B_b
鲜蛋	木箱	333.85	83.39	0.250
	篓装	242.60	43.10	0.178
	纸箱	299.80	30.00	0.100
苹果	纸箱	323.30	30.80	0.095
	篓装	220.80	36.80	0.167
四季豆	木箱	192.80	47.10	0.244
白菜	木箱	104.50	52.30	0.499
	竹筐	222.20	22.20	0.100
洋葱	木箱	261.90	52.40	0.200
	篓装	341.80	19.50	0.057
冻白条肉	滚轮	(200.00)	(15.00)	0.075
冻鱼	鱼盘及吊笼	(300.00)	(190.00)	0.633
冷藏白条肉	托板（木制）	400.00	35.00	0.088
冷藏冻鱼	托板（木制）	569.00	35.00	0.062

6.1.13 本条 2 款所提到的冻结货物温度仅作为计算货物热流量的依据，不能作为冻结货物贮藏或运输过程中的依据。

由于有些货物冻结后需包冰衣或包装后再进入冻结物冷藏间，此次修订，把原规范第 5.1.14 条的三款改为"无外库调入的冷库，进入冻结物冷藏间的货物温度按该冷库冻结间终止降温时或包冰衣后或包装后的货物温度计算"作为本条 3 款。

肉、鱼的进货温度按以往各设计单位习惯采用的数字，经实践证明比较合理。果蔬、鲜蛋的进货温度，过去有的按收获季节昼夜平均气温；有的按每日最高和最低气温的平均值；还有的采用平均气温，但上午进货减 2℃，下午进货加 2℃。几种方法的共同点是与收获季节气温联系在一起。现为统一起见，本条 6 款规定果、菜、蛋进货温度用当地该食品进库旺月的月平均温度。

6.1.14 通风换气热流量分为两项：一项是货物换气热流量；另一项是长时期停留在加工间、包装间等操作人员需要更换新鲜空气所带进的热流量。为了节省能源和减少库温波动，通风换气时间一般应在早晚气温较低的时候进行。长时间在冷间内，操作人员的换气应按现行国家标准《工业企业设计卫生标准》TJ36 要求，更换新鲜空气。

6.1.15 电动机运行热流量，应根据不同情况按电动机的额定功率乘以安装系数、负荷系数、同期使用系数、热转化系数及低温下空气密度修正系数。但因目前缺少这方面具体数值，所以暂定按 $\Phi_4 = 1000\sum P_d \xi_b$ 公式计算，待今后有上述具体数值时再作修改补充。

6.1.16 操作热流量包括与操作有关的照明、开门和操作人员三项热流量。

原规范第 6.0.12 条"冷却间、冻结间、冷藏间、储冰间和冷间内穿堂的照明照度可采用 10～20lx；加工间、包装间等的照明照度可采用 30～50lx。"据反映这样的照明照度不够，因此这次将原规范第 6.0.12 条修订为本规范 7.3.4 条："冷却间、冻结间、冷藏间、冰库和穿堂等处照明的照度不宜低于 20lx；加工间、包装间等处照明的照度不宜低于 50lx。"根据原苏联国家制冷设计院编制的《分配性冷库工艺设计部门规范》BHTⅡ03—86，照度 20lx，50lx，折合到库房每平方米面积的热流量分别为 2.3W/m²、4.7W/m²。据此，本条作了相应的修改。

开门热流量，参考美国和日本的每昼夜换气次数的数据，算得开门热流量。美国和日本的计算公式相同，换气次数则分为 0℃ 以上和 0℃ 以下两种情况分别列表。日本的比美国的简单，只给一个低于 0℃ 的换气次数表。该表与美国 0℃ 以下的数值相同，空气密度作为定数 0.83kg/m³，空气冷比焓差按库温出几个定值。我们认为日本的虽然简单，但对我们这样一个幅员广阔的国家是不够准确的。故空气密度仍按库温下的密度，比焓差则按各地各种库温具体计算，并根据我国目前多数冷库都设有空气幕的实际情况，加了空气幕修正系数。为可靠起见，空气幕修正系数 M 值不分电动门或手动门，一律取 0.5。

这个计算公式中，没有考虑门扇形状和大小，这对开门热流量的影响，是会有一定误差的。但为计算上简化起见，该类差值，本规范暂不予计算。

此次修订，对原规范中对开门热流量的说明，"当每间的冷藏门超过两樘时，应按两樘门的开门热流量计算"，说得含糊，现改为 Φ_{5b}——每扇门的开门热流量，较为明白。另外，每日换气次数，对进出频繁的冷间来说，按本规范图 6.1.16 取值，显得不够。此次修订，本规范对 n_k 的说明改成"n_k——每日开门换气次数，可按图 6.1.16 取值。对需经常开门的冷间，每日开门换气次数，可按实际情况采用"。

《手册》中操作人员热流量为 $n_\text{r}\Phi_\text{r}$（n_r 为操作人数，Φ_r 为每个操作人员产生的热流量），但没有规定每天操作时间。日本的算法简单，$\Phi_{5\text{c}}=\dfrac{3}{24}n_\text{r}300$。本规范参考日本计算方法，改为 $\dfrac{3}{24}n_\text{r}\Phi_\text{r}$；每个操作人员产生的热流量 Φ_r 仍按不同冷间温度给出不同数值。为简化起见，我们只给出高于－5℃时 $\Phi_\text{r}=279\text{W}$，低于－5℃时 $\Phi_\text{r}=395\text{W}$ 数值。至于操作人数多少，随不同类别的冷库以及机械化程度不同而异，可由设计人员结合具体设计取值。操作时间每天取 3h。

冷却间和冻结间不计算 Φ_5 这项热流量。

6.2 库　　房

6.2.1～6.2.4 这几条说明如下：

单位长度吊轨载货质量的取值：

1 肉类，有几种意见：

1)《手册》(1975 年) 为 225～280kg/m。

2) 原商业部设计院《商业冷藏库设计技术规定》(征求意见稿) 为 200～250kg/m。

3) 原商业部冷藏加工企业管理局编的《冷库制冷技术》(1980 年) 规定，一般的吊运轨道每米长度的负荷为 250～280kg/m，可以吊挂 2～3 个牛的 1/4 片肉体或 3～4 个猪的半片肉体；吊挂羊肉时，为了提高冷却间的利用率，可以采取特制的挂笼双层挂法或三钩挂法，使在每米长的轨道上能够挂 10～15 个羊腔。

4) 1981 年 5 月《冷库设计规范》(初稿) 上海座谈会意见，猪白条：手动时 (悬挂 4 头，每头 50kg) 200kg/m；机械传动时 (悬挂 3.5 头，每头 50kg) 175kg/m。

5)《牛羊屠宰与分割车间设计规范》SBJ 08 规定：冷却间轨道上悬挂劈半后的牛二分胴体每米按 1.5 头计算；羊胴体（每叉挡挂 3 只）每米按 9 只计算。每头牛胴体按 300kg 计，每只羊胴体按 25kg 计。这样算来，牛胴体为 450kg/m，羊胴体为 225kg/m。

6)《上海农村经济》(1996 年第 2 期) 报道：世界平均每头牛胴体重 206kg，日本产肉量最高，平均每头重达 392kg；我国每头牛平均 130kg。世界平均水平每头猪胴体重 76kg，以捷克产肉量最高，平均每头胴体重达 140kg，我国猪与世界平均水平相仿。

7)《快速冻结》(中国商业出版社 1996 年) 一书对各种牲畜屠宰前每头的质量情况分列如下：

牛　　250～370kg

公牛　350～530kg

小牛　45kg

猪　　80～100kg

母猪　200～250kg

羊　　25～35kg

各种牲畜的出肉率：

阉公牛　瘦 46％～50％中等 50％～52％肥 52％～

60％

母牛和牛　瘦 42％～48％中等 48％～50％肥 52％～55％

小牛　瘦 52％～56％中等 56％～60％肥 60％～65％

猪　瘦 63％～71％中等 71％～78％肥 78％～86％

羊　瘦 43％～47％中等 47％～49％肥 49％～53％

羊羔　51％～53％

我国幅员广大，各地猪种不一，质量相差悬殊。如猪体较小的有浙江省每吨约 28 头。猪体较大的如辽宁省每吨约 15 头。据东北地区反映最大的猪其毛重平均约 108kg，按出肉率为 67％计则每头胴体为 72kg。但考虑到猪体小的吊轨每米所挂头数有所增加，猪体大的所挂头数相应减少。因此拟采纳上海座谈会的建议，即上述第 4) 项的取值为下限，并分别增加上限值：猪胴体，手动（悬挂 3.5 头/m，每头 76kg）为 265kg/m，机械传动（悬挂 3.3 头/m，每头 76kg）为 250kg/m。

牛的品种不一样，每头胴体质量也不一样，有的仅 150kg（兖州及贵阳），有的达 200kg 以上，甚至达 300kg。其次吊挂形式也不一样：有的每米挂 3～4 个 1/4 胴体，有的以 1/2 胴体吊挂，每米挂 1 头或 1.5 头。我们取用每头牛胴体质量为 130～265kg，以 1/2 胴体吊挂每米挂 1.5 头，则 $m'_\text{d}=195\sim400\text{kg/m}$。以 1/4 胴体吊挂，每米挂 1 头，则 $m'_\text{d}=130\sim265\text{kg/m}$。

羊胴体的质量也大小不一，有的 10kg/个（贵阳），有的 14kg/个（海拉尔），有的 16kg/个（北京清真食品公司），大的可达 20kg/个以上。吊挂的方式有双层羊笼法或三钩叉挡法，一般可挂 10～15 个羊胴体。我们取用每米挂 12 个羊胴体，每个羊胴体质量 14～20kg 计，则 $m'_\text{d}=170\sim240\text{kg/m}$。

2 鱼类：冻鱼类目前国内多为盘装，用冻鱼车运载悬挂。各水产冷库对鱼盘和冻鱼车的尺寸均趋向统一，已制订了《水产品冻结盘》GB 4602 及《冻鱼车车体》SC140.1 标准。冻鱼车车体分 A、B、C 三种型式。A 型为 9 层与 DJP20 冻结盘配套，每层可放 2 盘，所以每一冻鱼车的装载量为 20×2×9＝360kg，每米吊轨可放 1.35 个冻鱼车（长度方向与吊轨垂直，得 20kg 盘 $m'_\text{d}=486\text{kg/m}$。B 型为 10 层与 DJP10、15 冻结盘配套，每层可放 2 盘，所以每一冻鱼车的装载量为 15×2×10＝300kg（以 15kg 盘为例），每米吊轨可放 1.35 个冻鱼车（长度方向与吊轨垂直），得 15kg 盘 $m'_\text{d}=405\text{kg/m}$。

3 虾：目前生产冻虾，大多用 2kg 盘，每个冻鱼车可放 80 盘（每层放 8 盘共 10 层），则每个冻鱼车的装载量为 160kg，每米吊轨可放 1.35 个冻鱼车（长度方向与吊轨垂直），得 $m'_\text{d}=216\text{kg/m}$。

此次修订增加了牛羊单位长度吊轨净载货质量并对猪及鱼虾的取值作了调整。但由于我国幅员广大，各地品种及吊挂方式与本条所述的不尽相同时，设计者可按实情调整取值。

吊轨轨距和轨面高度的取值，经调研了解到的吊轨轨距和轨面高度情况，见下表。

表 20 吊轨轨距和轨面高度调查表（mm）

资料来源	猪 肉			鱼	
	轨 距		轨面高度	轨距	轨面高度
	人工推动	机械传动			
《冷库制冷技术》	700～850	950～1000	—	1000	2900
《冷藏库设计》（湖北工业建筑设计院）	750～820	950～1000	2300～2450	830～1000	—
水产总局上海供应站	—	—	—	1000	2300
杭州肉联厂	800		2300		
舟山冷冻加工厂				1050	2250
宁波海洋渔业公司				1050	—
宁波水产供销公司				1050	2250
沈阳市食品公司			2400		
原商业部设计院《技术规定》（征求意见稿）	≮750	≮850	2400		

此次修订，根据《牛羊屠宰与分割车间设计规范》SBJ 08，新增了牛羊胴体吊轨轨距及高度。

此次修订，对搁架式冻结间每日冷加工能力的计算公式作了修改，把原公式中的 $\frac{nF}{f}$ 归结为一个数 N——搁架式冻结设备设计摆放冻结食品容器的件数，由设计者自定，以适应各种不同容器。并相应取消原规范的第 5.2.5 条。

6.2.5 随着速冻食品的发展，各种成套的冷却或冻结设备也多起来了，所以本规范新增此条。

6.2.6 在原规范第 5.2.6 条的基础上，此次修订增加了 1 和 6 两款，增加 1 款的目的是现在制造制冷设备的厂家很多，并由有关单位制订了相应的标准，为控制产品质量加了 1 款。对原规范第 5.2.6 条的二款也作了修改，修订为本条的 3 款。

6.2.9 本条采用的冷却设备传热系数是以理论计算值为母体，将现场测试结果和我国长期沿用的数据作为比较依据，并在各地冷库设计和生产实践的基础上综合归纳，经有关专业会议讨论同意后而制定的低限标准。

1 排管传热系数的确定和取值依据。本条中述及本规范附录 C 表 C.0.1～C.0.4 所列墙排管和顶排管的传热系数，是以湖北工业建筑设计院《冷藏库设计》（1980）一书的表 7-2-8 至 7-2-18 为蓝本，引进 6mm 霜层这一影响因素，经修正换算编制的。

2 本规范 K 值可靠性分析。本规范的排管传热系数，虽然脱胎于理论计算值，但与生产实践中沿用已久、且被证明是切实可靠、稍偏保守的一套数据比较，不仅具有同等的实用性，而且有更广泛的适用条件和工况范围。在考虑了供液方式影响之后的修正值，与我国现有的实测数据基本一致。

1）本规范中所采用的 K 值与《手册》中采用的 K 值比较。

在 $\Delta t=6～14℃$，高度方向上的管子数 $n=6～18$ 根的条件下，当采用重力供液方式时，本规范值略有下降（氨单排光滑蛇形墙排管平均降低 3% 左右；氨单层光滑蛇形顶排管平均降低 7% 左右；氨双层光滑顶排管平均降低 6% 左右），当采用氨泵强制循环供液方式时，本规范 K 值则略有提高（氨单排光滑蛇形墙排管平均提高 6%；氨单层光滑蛇形顶排管平均提高 3%；氨双层光滑顶排管平均提高 5%）。

《手册》（1975）的 K 值表来源于原苏联资料。在数值上，它比美、日等国的要小，但美、日等国的计算温度差取值一般较小，而且用对数平均温度差，因此，所选配的冷却设备传热面积两者出入并不大。经过我国 20 多年的使用，证明这些数据是切实可行的，可以作为比较的依据。

2）本规范 K 值与实测 K 值比较。

由上海水产学院、上海民用建筑设计院、上海市二商局、上海市食品公司等单位组成的传热系数测试组，于 1979 年 5 月及 8 月在江苏省浏河海洋渔业公司 3000t 水产冷库冻结物冷藏间内进行测试，实地测定了在生产时氨泵强制循环供液的几种光滑顶排管的传热系数。测试结果如下所示：

表 21 氨泵强制循环供液的光滑顶排管的传热系数

排管型式	库温（℃）	相对湿度（%）	计算温度差（℃）	霜层厚度（mm）	K 值 [W/（m²·℃）]
氨单层光滑顶排管	−16.5	79	12.5	8	8.49
氨双层光滑顶排管	−17.2	75	10.7	6	8.14
氨 U 形顶排管	−16.7	76	12.0	7	6.86

用本规范 K 值与之比较，单层光滑蛇形顶排管和双层光滑蛇形顶排管的 K 值略有降低（约 $1\%\sim3\%$），而对 U 形顶排管则有所提高（约 5%）。

3 有关学术会议的结论。1980 年 12 月和 1981 年 5 月的苏州、上海讨论会，对蒸发器传热系数取值问题，进行了反复的讨论。认为：由于我国目前仍然采用较大的计算温度差，冷间进货量也难以进行有效的控制，所以采用这种低限标准比较符合我国的国情。它既能保证足够冷却设备的蒸发面积，又能在热负荷较大的不利条件下维持库温，同时在采用氨泵强制循环供液时，经过修正的 K 值也不过分保守，从而确认了本规范这种取值方法和标准。

4 关于空气冷却器传热系数的确定。空气冷却器属工厂产品，其传热系数已由有关标准规定。

6.2.10 搁架式冻结设备传热系数的确定，由于我国目前尚缺少氨搁架式冻结设备传热系数的理论计算公式，也未进行过实地测试工作。因此，我们一向沿用国外文献中所提供的数值。

原苏联米高扬全苏制冷工业科学研究院公布的氨搁架式冻结设备的传热系数，在 $\Delta t=10℃$ 和空气自然对流条件，$K=17.445W/（m^2\cdot℃）$。日本《实用冷冻空调便览》第 9.11 表中，用直径 42.7mm 无缝钢管制作的氨搁架式冻结设备。当空气自然对流时，$K=11.63W/（m^2\cdot℃）$；半鼓风时，$K=11.63+6.978W$；式中，W——空气流速（m/s）；当 $W=1.5m/s$ 时，$K=22.097W/（m^2\cdot℃）$；$W=2m/s$ 时，$K=25.586W/（m^2\cdot℃）$；当采用氨泵强制循环供液时，上列数值增加 15%。日本《冷冻空调技术》载文对管间距为 100mm，层间距为 250mm 的氨搁架式冻结设备，在计算温度差 $\Delta t=10℃$ 横向吹风的条件下，$K=24.423W/（m^2\cdot℃）$；搅拌鼓风的条件下，$K=20.934W/（m^2\cdot℃）$。

根据我国多年的生产经验，也证明空气自然对流的氨搁架式冻结设备，$K=17.4W/（m^2\cdot℃）$；风速 1.5m/s 时，$K=20.9W/（m^2\cdot℃）$；风速 2.0m/s 时，$K=23.3W/（m^2\cdot℃）$ 是切实可行的。

6.2.11 根据美国专家 G.F.Sainsbury 在京讲学的《冷库设计资料》，"蒸发温度与进入蒸发器的冷却介质（空气或水）之间的温差在 $5\sim8℃$ 范围内。"另据国际制冷学会出版的《热带发展中国家冷藏手册》推荐为 $4\sim5℃$。原苏联国家制冷设计院编制的《分配性冷库工艺设计部门规范》——BHTⅡ06—86 为 $7\sim11℃$。此次修订把本条 2 款叙述为"空气冷却器的计算温度差，应按对数平均温度差确定。可取 $7\sim10℃$，冷却物冷藏间也可采用更小的温度差。"

6.2.13～6.2.15 冷藏间使用空气冷却器作为冷却设备，具有明显优点。国外冷库由于贮存货物多为包装食品，早已广泛采用。国内冷却物冷藏间普遍采用空气冷却器送风系统，冻结物冷藏间使用空气冷却器的

情况也逐渐增多。此次修订本规范新增的 6.2.13～6.2.15 条是根据原苏联国家制冷设计院编制的《分配性冷库工艺设计部门规范》——BHTⅡ03—86 相关内容编写的。

6.2.16 冷却间、冻结间的气流组织方式有各种各样，有的设导风板，有的设风管。不管哪种形式，都需做到均匀及在货物间要保持一定的风速。对冷却白条肉的冷却间来说，意大利出版的《冷冻食品工业》为 $0.5\sim1.0m/s$（采用二阶段冷却工艺的第一阶段的风速是 $1.5\sim2m/s$）；原商业部冷藏加工企业管理局编的《冷库制冷技术》（1980）为 $0.5\sim1.5m/s$（采用二阶段冷却工艺的，第一阶段的风速为 $1.5\sim3m/s$）。为减少干耗，我们采用意大利出版的《冷冻食品工业》的数据，成为本条新增的 1 款。

根据我国大多数肉联厂冻白条肉的经验和原商业部测定资料介绍，影响白条肉冻结质量和冻结时间的因素较多，其中很重要的条件是采用较低的蒸发温度和保持一定的均匀的温度场、速度场。普遍认为通过白条肉的表面风速以 $1.5\sim2.0m/s$ 为宜。风速过低对冻结速度有明显的影响；若速度过大，对冻结速度的提高并不明显，反而风机电能消耗增加。

水产品冷冻加工，国内多采用盘装冻鱼车吹风冻结间。根据辽宁省建筑设计院的试验和测定资料介绍，水产品冻结间内气流组织情况对鱼品冻结速度和质量有十分明显的影响。实践证明，盘装冻鱼车的冻结间内，其气流必须尽可能防止出现死角、短路，保证气流能均匀的以 $1\sim3m/s$ 速度横向吹过盘间进行冻结，则具有较佳效果。

6.2.17 冷藏间内货间的风速，原规范为不宜大于 0.3m/s。原苏联国家制冷设计院编制的《分配性冷库工艺设计部门规范》BHTⅡ03—86 为不高于 $0.1\sim0.15m/s$。原商业部设计院编著的《冷库制冷设计手册》（1991）为 0.25m/s。原商业部冷藏加工企业管理局编的《冷库制冷技术》（1980），冷却物冷藏间货垛间的气流速度一般为 $0.3\sim0.5m/s$，冻结物冷藏间要求货垛间风速不大于 0.25m/s。根据美国专家 G.F.Sainsbury《冷库设计资料》介绍，"果蔬都是以框装、篓装、木箱或纸箱装形式贮存于库内，因此要保持一定的气流速度，才能把货堆间的热量带走，气流速度过低就不能充分地移走货堆间的热量，气流速度过高，不仅增加了电耗，而且会增加商品干耗，因此选择合适的气流速度，以及使货堆间的气流均匀分布，对果蔬冷库来讲是十分重要的。""气流速度又与库内热负荷情况和货堆情况密切有关，一般来讲，刚进货时，热负荷大，货间风速就要大一些，以便把产品热量很快移去，贮存期产品温度已经降低，热负荷减少，货间风速也要相应降低。设计时可按进货情况考虑，货间风速一般可以取 100ft/min（0.51m/s），贮存期风速应适当降低，因此最好采用双速风机，进

货时全速，贮存期半速，这样就基本上能适应进货期和贮存期的不同要求。"

据此，我们把本条规定为"冷却物冷藏间内，货垛间平均风速应为 0.3～0.5m/s，冻结物冷藏间内，货垛间平均风速不宜大于 0.25m/s。"

6.2.18 调研中发现，对水果、蔬菜冷库是否需要通风换气存在两种意见。一种意见认为通风换气作用不大，可以不设。如上海、浙江地区许多冷库，虽然设有通风换气装置，但大多数是设而不用；冷库有关人员反映，从直观感觉上没有发现因未进行通风换气而受到严重损害的情况。另一种意见认为，通风换气作用很大，非设不可。从北京、广东、广西等地区来看，许多设置了通风换气装置的冷库都坚持使用，有的冷库把通风换气列为冷库科学管理的一项重要内容。从果蔬、鲜蛋贮藏工艺要求，保证食品质量和安全生产等方面考虑，本规范作了肯定。

通风换气量的要求，根据国内实践经验，可按每天不宜少于 2 次换气考虑。果蔬贮藏间，可根据二氧化碳的呼出量和允许浓度按下式计算确定：

$$L_w = \frac{K_c}{1000\rho_c\,(P_c - a_c)} = \frac{K_c}{4.7\rho_c} \quad (6)$$

式中　L_w——新鲜空气量，m²/（t·h）；

　　　K_c——水果、蔬菜二氧化碳呼出量，mg/（kg·h）或 g/（t·h）；

　　　P_c——冷藏间内二氧化碳允许的（体积）浓度，$P_c = 0.5\%$；

　　　a_c——新鲜空气中二氧化碳的（体积）浓度，$a_c = 0.03\%$；

　　　ρ_c——二氧化碳密度，kg/m³。

公式（6）来源于湖北工业建筑设计院《冷藏库设计》（1980）。

利用库门开启达到通风换气的办法，只适用于非地下室面积较小的冷藏间。据实践经验，当平面尺寸大于 12m×12m 时或地下室、半地下室、不经常开门的冷却物冷藏间，宜采用机械通风换气装置，以保证通风换气效果。此次修订，把原规范第 5.2.15 条二款，按上述内容修改，修订为本条 2 款。

原规范没有提及新鲜空气的进风口的要求，此次修订加上，修订为本条 3 款。

6.2.19 调查中发现，有些冷库通风换气系统的管道未作保温，没有关闭装置或关闭装置不严密，且管道敷设时又未坡向库外，而导致库外空气通过管道进入库内，使产生的凝结水滴在食品表面上，引起食品发霉、腐烂、变质。因此，本条对通风换气系统的设计和安装提出了要求。

6.3　氨压缩机和辅助设备

6.3.1　随着国民经济及制冷行业的发展，氨压缩机及辅助设备的制造厂家也逐渐增多。有关部门制订和颁发了一系列相关的标准，设计人员所选用的氨压缩机和辅助设备的使用条件和技术条件应符合这些标准的要求，以保证氨压缩机和辅助设备在运转中的可靠性和安全性。据此新增本条。

6.3.2　据对 50 多个冷库的现场普查和使用单位的反映，同一氨压缩机房内的压缩机，能量方面应有大有小，互相搭配，以免食品冻结或制冰等局部生产时，发生大马拉小车的不合理现象，造成能源浪费。例如一个冷库有 4 间相同能量的冻结间，设计时不宜选用 2 台（或 2 套）能量相等的机器，而应选择 3 台（或 3 套）机器，即 2 台能量相等，各能满足任何一个冻结间生产的需要，另 1 台可以满足 2 个冻结间的需要。单级氨压缩机的电动机功率，以前是按"标准工况"或"空调工况"来配的，现在是按"中温"、"低温"工况配的。在冷库氨制冷系统设计中，有的压缩机并不在这种工况下运行，有的用 2 个单级机组成配组式双级机组，此时所配的电动机功率要按实际工况核实，并由制造厂选配适宜的电机。这样可达到节约能源的目的。据此，此次修订，增加了本条 5 款。

6.3.4　本条列出了各制冷设备灌氨量的体积百分比，其数值是按照 20 多年设计冷库采用的数值编制的。并参考了《手册》、原商业部冷藏加工企业管理局编的《冷库制冷技术》（1980）等资料。其中"氨泵强制供液"方式各冷却设备的灌氨量（以前《手册》等资料中刊载较少），除依据我国近 20 年设计中取用的数值外，还参考了国外有关冷藏设计书刊的数据。此次还根据原商业部设计院编著的《冷库制冷设计手册》（1991）的资料，对部分数据加以补充和修改。

6.3.9　油分离器断面的计算，这里列出了计算公式及填料式和其他型式油分离器中允许的气体速度。某些手册资料中也有以计算进气管道直径（以进气管道的气体速度计算）选定油分离器规格的。现摘录这类书刊中的数据（见表 22），供参考。

表 22　油分离器中允许的气体速度（m/s）

书　刊　名　称	油分离器断面流速
1968、1975 年版《冷藏库制冷设计手册》	0.8
1978 年版《空调实用制冷技术》*（清华大学教材）	0.8～1.0（填料式≯0.5）
1975 年版《船舶设计实用手册》	≤0.75
1978 年版《制冷工程设计手册》*	0.8～1.0（填料式<0.5）
1980 年版《冷藏库设计》	≤0.8～1.0
1980 年版《冷库制冷技术》	0.8
1980 年版《机械工程手册》*	0.8～1.0（填料式<0.5）
俄文版《冷冻技术》第二版	≯0.7

续表 22

书 刊 名 称	油分离器断面流速
1975 年〔日〕《渔船制冷设备设计基准》	0.5～1.0
俄文版《制冷百科全书》	0.5

注：有＊的书刊中，同时列出了以油分离器进出气管的流速（一般为 10～25m/s）计算进气管的直径来选定的方法。

油分离的分离断面积，按理论应为 $d_y = \sqrt{\dfrac{4\lambda \cdot V \cdot v_p}{3600\pi \cdot W_y v_x}}$。但由于压缩机排出氨气比体积 v_p 与压缩机吸入氨气比体积 v_x 的比值 v_p/v_x 值小于 1，以致形成油分离器的直径更小；而当前不乘以 v_p/v_x 值算出的油分离器直径，常在实际生产中认为偏小。为此我们在条文中仍采用了《手册》的算法。

6.3.11 对于冷凝器的选用，除本规范条文中列出的进出水温差和冷凝温度外（这类数据系我国冷库设计常用的经验数据），还取决于该设备的传热系数和热流密度。因冷凝器属标准产品，这些数据应按有关标准或制造厂提供的为准。设计时还应考虑投产后产生水垢、油污等的影响。

冷凝器冷却水进出口的温差，据某些设计单位的反映，在南方的炎热地区，如在长江以南气温较高的杭州、南昌、福建等地，由于冷却水进水温度较高，其立式壳管式冷凝器的进出水温差极小。为此，本规范条文中降低了以往冷却水温差的下限值，以符合生产的需要。冷却水水温与温升、冷凝温度的关系，一般为冷却水进水温度与进出水温升成反比，与冷凝温度成正比。表 23 数值，供参考。

表 23　冷却水水温与温升、冷凝温度的关系（℃）

冷却水进水温度	+10	+15	+20	+25	+30	>+35
冷却水的温升	8	6	4	3	2	1
氨液与出水的水温差	7	6.5	6	5.5	5	<4
冷凝温度	25	27.5	30	33.5	37	40
蒸发温度	−29	−27	−25.7	−23	−20	−19.5

注：当冷却水水温高于 +25℃ 或冷却水采取一次用水方式时，可不必用"再冷却器"。

6.3.12 按照我们以往的设计和对冷库的普查来看，使用单位普遍认为贮液器的体积不够。尤其是规模较小的冷库和淡季常需抽空的水产冷库，反映更多。查其原因，规模较小的冷库，往往地处县城或自治州，距供应制冷剂（99.8% 以上的纯氨）的化工厂甚远，供应上有困难且在建设时一般没有专用的氨库。水产冷库由于淡旺季明显，淡季时其冻结间、制冰设备的蒸发器需要抽空，致氨液无设备贮存。因此本规范对

贮液器的容量，较以往的设计略予增大，以利生产。

贮液器的氨液充满度，以往各设计单位无一致的数据。一般采用 70% 和 80% 的两种。原商业部设计院 1964 年编的《冷藏库设计标准〈讨论稿〉》、1968 年版的《手册》、1979 年《商业冷藏库设计技术规定〈征求意见稿〉》和 1980 年湖北工业建筑设计院编的《冷藏库设计》，对贮液器充满度都采用 70%；原商业部设计院 1975 年《手册》、原商业部冷藏加工企业管理局编的《冷库制冷技术》（1980）等书，以及机械行业标准《氨制冷装置用贮液器》JB/T7658.8—95，贮液器充满度都采用 80%，本规范采用 70%。

6.3.15～6.3.17 几年来，对低压循环贮液器体积的选用各不相同，看法不一，国内外有关资料所列的计算公式也各不相同。当库房冷却设备用翅片管空气冷却器时，计算所得的结果差别不太显著，但当库房冷却设备为光滑排管时，计算所得的结果相差悬殊，一般都偏大。目前国内冷库采用光滑排管下进上出供液系统还很普遍，为此不加分析地采用某些计算公式和数据，显然是不合适的。

根据国内 20 多年氨泵强制循环系统运行的实际情况，低压循环贮液器的体积应根据它的功能来计算较为合理。

低压循环贮液器的体积，有以下三个方面的功能：

1 保证气体分离的体积 V_1。

2 氨泵停止运行后，冷却设备的蒸发器和管道回液的体积 V_2。该体积在正常运行时，可作为负荷波动引起的回液体积。

3 保证氨泵运行时不断液的体积 V_3。

V_1：它与低压循环贮液器的型式（立式或卧式）有关。立式低压循环贮液器除了控制其气体流速 0.5m/s 要求有一定的截面积外，还应使气体进出口之间的距离不小于 600mm。该体积根据国内立式低压循环贮液器的规格小于最大允许充满度所剩的体积，即 $0.6F_d < (1-\beta_d) V_d$。

卧式低压循环贮液器，由于液面波动对桶身截面有影响，气体流速也随之变化。为了保证在接近最大允许充满度时亦能很好地分离，必须使该断面的气体流速不大于 0.8m/s。即使最大允许充满度所剩的体积等于保证气体分离的体积。

因此，不论立式还是卧式低压循环贮液器，V_1 实际上可等于低压循环贮液器最大允许充满度所剩的体积。即：

$$V_1 = (1-\beta_d) V_d = (1-0.7) V_d = 0.3V_d \quad (7)$$

V_2：它的大小与系统的供液方式有关。在上进下出供液系统，当氨泵停止运行时冷却设备的蒸发器和回气管的液体将全部流回低压循环贮液器，因此必须计算这部分的回液量，而供液管的液体一般不会流回来。所以

$$V_2 = \theta_q V_q + \theta_h V_h \qquad (8)$$

在下进上出供液系统，回气管一般高于顶管，因此顶管的液体在停泵后不能从回气管流回低压循环贮液器。在单层和自动供液的多层冷库，由于供液管上设有止回阀，液体也不能从供液管流回低压循环贮液器。为了简化计算，在设计多层冷库手动操作时，系统管道设计应考虑停泵时液体不致通过液体管倒流。这样，冷却设备的回液量可以不计算，但墙、顶排管内的充满度随负荷变化而增减，因此要考虑负荷波动引起的回液体积。由于各库房负荷波动不在同一时间出现，并能起到互补作用，因此负荷波动的回液体积可按冷却设备最大一间的蒸发器体积的 20% 计算。在下进上出供液系统中

$$V_2 = 0.2 V'_q + \theta_h V_h \qquad (9)$$

V_3：它的大小与系统的供液形式有关。在上进下出供液系统，氨泵启动时低压循环贮液器内已有足够的氨液供泵使用，可以不计算氨泵启动时保证不断液所需的液体体积，只考虑正常运行时保证低压循环贮液器出口处不产生气化的液柱高度 300mm 所需体积就行了。该体积约为立式低压循环贮液器体积的 20%，因此 $V_3 = 0.2 V_d$。

在下进上出系统中，当氨泵停止运行后，冷却设备蒸发器内的液体没有流回低压循环贮液器，在氨泵启动时就没有足够的液体供泵使用，故必须计算在氨泵启动时保证不断液所需的液体体积。它与氨泵每小时流量和氨泵启动到液体流回低压循环贮液器的时间有关。由于该体积大于正常运行时保证低压循环贮液器出液口不气化所需的体积，故后者可不计算。即

$$V_3 = t_b V_b \qquad (10)$$

这样，低压循环贮液器体积的计算公式按供液形式分别为：

上进下出供液系统

$V_d = 0.3 V_d + \theta_q V_q + \theta_h V_h + 0.2 V_d$，移项得

$$V_d = \frac{1}{0.5}(\theta_q V_q + \theta_h V_h) \qquad (11)$$

下进上出供液系统

$V_d = 0.3 V_d + 0.2 V'_q + \theta_h V_h + t_b V_b$ 移项得

$$V_d = \frac{1}{0.7}(0.2 V'_q + \theta_h V_h + t_b V_b) \qquad (12)$$

式中　V_d——低压循环贮液器的体积（m³）；

β_d——低压循环贮液器氨液最大允许充满度，一般取 70%；

V_q——冷却设备蒸发器的体积（m³）；

θ_q——冷却设备蒸发器的设计灌氨量体积百分比（%）；

V'_q——各冷间中，冷却设备灌氨量最大一间蒸发器的体积（m³）；

V_h——回气管体积（m³）；

θ_h——回气管的灌氨量，一般按 60% 计；

V_b——一台氨泵的体积流量（m³/h）；

t_b——氨泵由启动到液体自系统返回低压循环贮液器的时间，一般可采用 0.15 ～ 0.2h。

6.3.18　把原规范的第 5.3.17 条二及一款经修改后修订为本条 1 及 3 款。原规范对氨泵的排出压力没有提出要求，此次新增为本条 2 款。由于某些氨泵产品样本中，对低压循环贮液器正常液面至氨泵轴中心线的液柱高度有规定，此时可按样本规定采用。

6.3.19　本条将原规范第 5.3.18 条的一、二、三款内容合并。

6.3.22　将原规范第 5.3.21 条、5.3.22 条的内容合并，并根据原商业部设计院编著的《冷库制冷设计手册》（1991）有关内容，编写为本条。

6.4　安全保护和自动控制

6.4.1～6.4.3　此次修订，将原规范第 5.4.1 条的一、二、三款内容，按氨压缩机、冷凝器及氨泵的安全保护分条编写，并根据现今的设计情况增加了一些内容。

6.4.4　此条主要根据原苏联制冷工业科学研究设计院编制的《氨制冷装置和安全管理规范》（第 7 版）有关内容编写。

6.4.5　本条在原规范第 5.5.3 条内容的基础上，根据原商业部设计院编著的《冷库制冷设计手册》（1991）有关采用的氨压力表"带压力和温度刻度"，此次修订，本条增加了"宜带饱和温度刻度"字句，以便用同一块表可测得压力和饱和温度；原规范第 5.5.3 条有关压力表"量程不得小于工作压力的 1.5 倍"，此次修订根据原商业部《冷藏库氨制冷装置安全规程》（1985）有关内容，增加"不得大于工作压力的 3 倍"；另外，根据原苏联制冷工业科学研究设计院编制的《氨制冷装置安装和安全管理规范》（第 7 版）有关内容，增加了距观察地面多高，选用多大直径的压力表。

6.4.6　根据目前的设计情况，低压循环贮液器、氨液分离器和中间冷却器设有超高液位报警装置外，还设有正常液位自控装置，此次修订把它列上。本条替代原规范第 5.4.1 条五款。

6.4.7　本条主要根据原商业部《冷藏库氨制冷装置安全技术规程》（1985）及原劳动部《压力容器安全技术监察规程》（1990）有关内容编写。为此次修订新增。

6.4.8　冷库制冷系统中的压力容器，有的处于低压侧，有的处于高压侧。处于低压侧的压力容器，其安全阀必须校正在 1.25MPa（表压）开启；处于高压侧的压力容器，其安全阀必须校正在 1.85MPa（表压）开启。

根据美国和原苏联的资料，压力容器应设带有专

用三通截止阀的双安全阀，如图2。以便在一个安全阀检修时，另一个安全阀与容器（设备）相通。每个安全阀的通径应从整个容器（设备）的泄压考虑。

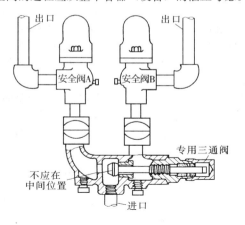

图2 带有专用三通阀的双安全阀示意图

鉴于目前专用三通截止阀国内尚未生产，近期仍可采用单个安全阀，为便于更换，可在容器（设备）与安全阀之间装截止阀，此阀的通径应不妨碍安全阀的正常泄放。压力容器（设备）正常运行时截止阀必须保持全开，并加铅封。本条替代原规范第5.4.1条四款。

6.4.9 本条根据现行国家标准《采暖通风与空气调节设计规范》GBJ 19的相关条文编写。替代原规范第5.5.5条七款。

6.4.10 为了观察气体、液体、热氨分配站及中间冷却器盘管进出口处的温度，所以新增本条。

6.4.11 有的冷库对设在室外的冷凝器、油分离器等设备，没有设围栏，对设在室外的贮液器也不设遮阳棚。为保障安全增设本条。

6.4.13～6.4.18 替代原规范第5.4.2～5.4.4条。在70年代中期，我国建设的冷库工程中，已逐步使用了我国自行设计和制造的氨制冷自控元件，使冷库在制冷的操作方面逐步地实现了自动化。但由于：需增加投资约10%～15%；需培训和提高管理人员及维修人员的技术水平；电压不稳；元件质量等原因，因此每个冷库的自动化程度要根据生产需要、投资条件和维修人员的技术力量等实际情况来确定。

6.4.19 根据国家现行标准《氨制冷装置用紧急泄氨器》JB/T7658.12及美国采暖、制冷、空调工程师学会编制的《机械制冷安全规范》ANSI/ASHRAE15—1994的有关内容编写。此条系新增。

6.5 管　　道

6.5.3 氨管的管径计算已见于书刊手册者有原苏联和美、英、日等国外资料，其控制指标一般以允许压力降或允许速度为准。我们采用的控制指标已在本条

文中阐明。此次修订，对制冷管道允许速度，根据《手册》给予补充。

6.5.4 本条1款为原规范5.5.1条一款。此次修订，根据原苏联国家制冷设计院编制的《分配性冷库工艺设计部门规范》——BHΠ03—86把原规范的"各种管道的挠度不宜大于1/350"，改为"各种管道的挠度不应大于1/400"；本条4、5款为原规范5.5.5条五、六款；其他各款系根据原苏联制冷工业科学研究院编制的《氨制冷装置安装和安全规范》（第7版）及原商业部设计院编著的《冷库制冷设计手册》（1991）等资料的有关内容编写。

6.5.5 根据国家现行标准《制冷装置用压力容器》JB 6917及各制造厂的样本，目前制冷压力容器的设计压力：高压侧为2.0MPa、中低压侧为1.4MPa。所以本规范规定气密性试验压力：高压侧为1.8MPa（表压）、中低压侧为1.2MPa（表压）。

6.6 管道和设备的保冷、保温与刷漆

6.6.1 本条为原规范第5.6.1条的部分内容，指出了需保冷的部位。6.6.2 现行国家标准《设备及管道保冷技术通则》GB 11790及《设备及管道保冷设计导则》GB/T 15586（以下简称《通则》及《导则》）。有关设备及管道保冷的计算公式和原规范第5.6.1条是一样的。不同的是原规范周围环境温度采用夏季空气调节日平均温度，而《通则》及《导则》是采用夏季室外空调计算温度。相对湿度原规范没有提到，而《通则》及《导则》采用最热月月平均相对湿度。另外，《实用制冷工程设计手册》（1994），也是采用与《通则》、《导则》相同的环境参数，所以此次修订以《通则》、《导则》为准。

保冷层的厚度计算是根据保冷层外表面不凝露作为计算原则的。对干燥地区计算出的保冷层厚度，虽可保持保冷层外表面不凝露，但冷损失量可能超过要求。此时，可按允许冷损失量对保冷层厚度进行核算。

6.6.3 在某些设计中，需保冷的管道在穿过墙体或楼板时，图省事而中断保冷结构，这是不对的，所以增加此条并取消原规范第5.6.5条。

6.6.5 为这次修订时新增的条文。

6.7 盐水制冰和储冰

冷库中设制冰间和冰库有以下几个方面的用途：

1　通过铁路用普通加冰保温车调出食品；

2　为出海捕鱼保鲜用；

3　为过路的普通加冰保温列车补充冰量；

4　供应当地零售用冰。

在沿海水产加工厂的冷库和铁路加冰站中制冰、储冰的生产能力是很大的，许多水产品加工厂中一般储冰量和冷藏量往往相同；考虑到制冰、储冰有它独

特的要求，故单写一节，便于设计使用。

制冰的方式有好几种：冰桶制冰（盐水制冰）、接触式制冰、砖状冰、片状冰、管状冰等。由于目前冰桶制冰用得较多，再加上其他制冰方式资料不多，因此，本节仅写盐水制冰。

6.7.2 本条所列计算结冰时间公式为美国通用的经验公式，一般用于厚度在 250mm 以上的大型冰块较为适宜。该经验公式，厚度原为厘米，本规范为统一起见，现已折成为毫米。根据日本资料介绍，当厚度 250mm 以下的冰块采用 Plank 公式为宜，算式为：

$$t_j = \frac{A'}{-\theta_b} l_b (l_b + B') \tag{13}$$

式中　t_j——结冰时间（h）；

　　　θ_b——制冰池内盐水平均温度，取 $\theta_b = -10℃$；

　　　l_b——冰块顶端横断面短边的长度（m）；

　　　A'——系数，（$A' = 4540$）；

　　　B'——系数，（$B' = 0.026$）。

厚度 250mm 以下的冰块用本规范 6.7.2 条计算公式（6.7.2）计算时，比用 Plank 公式算出的时间多 1～3h。本规范统一选用本规范公式（6.7.2）计算。

6.7.4 每日生产 1t 冰的热流量为 7000W/t，这已为大家公认数据，如要详细计算可按有关资料计算。

7 电　　气

7.1　变配电室

7.1.1 冷库的正常运行，关系到广大人民的日常生活和食品卫生，如供电不能保证，一旦停电，势必会使库温升高，导致食品变质，从而造成较大的经济损失，因此从对供电可靠性的要求看，冷库应属二级负荷。对小型冷库因停电造成的损失较小，可按三级负荷供电。

7.1.2 当对冷库难以实现专用回路供电要求时，许多冷库为了保持正常运行，都希望有第二路电源供电，因此可以考虑采用自备电源的方法取得第二电源。

7.1.3 根据对 110 个冷库与肉联厂的统计资料进行分析，冷库总电力负荷需要系数采用 0.55～0.70 是合适的。

7.1.4 一般冷库的运行均有淡旺季之分，因此为了调节负荷，做到经济运行，宜选用 2 台变压器。由于我国大部分地区的供电部门是采用二步价计费方式，为了减少初投资及运行费用，同时又兼顾到变压器的运行效率并有一定的裕度，因此变压器的负荷率可采用 0.8～0.9。

7.1.5 冷库的主要用电设备在氨压缩机房，约占全库总用电负荷的 50% 以上，因此机房是冷库的负荷

中心，变配电室应尽量靠近机房设置。

7.1.6 冷库的自然功率因数较低，而且用电负荷大部分集中在氨压缩机房，且冷库一般没有高压负荷，因此应在低压配电室集中设置补偿装置。对远离配电室且负荷又相对集中的污水处理厂、屠宰加工车间、分割肉加工车间等，为了提高补偿效果，减少线路上的电能损失，可分别在这些场所的配电室设置补偿装置。

7.1.7 一旦突然停电，为了及时地进行必要的倒闸操作，在高、低压配电室宜设置应急照明。

当应急照明电源取自直流电源屏时，应对电源屏的容量进行校核。

7.2　氨压缩机房

7.2.1 氨气比空气轻，有强烈的刺激气味，爆炸极限为 15.5%～27%，根据现行国家标准《爆炸和火灾危险环境电力装置设计规范》GB 50058 中关于爆炸危险区域的划分应按释放级别和通风条件确定的规定，氨压缩机房可划为 2 区，并应根据通风条件调整区域划分。

原规范考虑到氨压缩机房一般通风良好，且必须有人值班，因氨气具有强烈的刺激气味，爆炸下限较高（15.5%），当出现漏氨时，远未达到爆炸下限就已被发现，又根据商业冷库多年的运行经验，尚未发生过氨压缩机房当出现漏氨时因电气火花引起爆炸事故的例子，因此没有要求氨压缩机房按爆炸危险区域进行电气设计。

本次修订原规范工作，根据现行国家标准《爆炸和火灾危险环境电力装置设计规范》GB 50058 中关于符合易燃物质可能出现的最高浓度不超过爆炸下限值的 10% 时，可划为非爆炸危险区域的规定，在本规范（送审稿）审查会上，与会专家要求增加本条内容，以保证氨压缩机房的运行安全。

7.2.2 为了进一步提高氨压缩机房的运行安全，在运行中会产生强烈电气火花的启动控制设备不应布置在氨压缩机房中。

因为氨气对温度测量和记录仪表的铜接点有腐蚀作用，因此不宜将该仪表布置在氨压缩机房中。

7.2.3 装设电流表除可监视电机运行情况外，还可用于监视制冷设备的运行情况，例如氨压缩机的制冷量，氨泵的上液量以及空气冷却器（冷风机）的结霜情况。

空气冷却器（冷风机）的电机台数多而容量小，属于同一台空气冷却器（冷风机）的数台电动机由于同时启停，工作环境和工作状态相同，因此可共用一块电流表，共用一套控制电器和短路保护电器。

7.2.4 氨压缩机在运行中会出现一些意外情况，如机械故障等，因此要紧急停车进行处理，以免事故扩大。

7.2.5 事故排风机虽然台数少、容量小，但其要在机房出现漏氨事故的情况下进行工作，因此对供电可靠性要求高，属于冷库的二级负荷，因此在供配电设计上，应在机房电源被切断的情况下保证事故通风机的可靠供电。

在机房漏氨的情况下，事故排风机如过载停止运行，会使事故进一步扩大，因此当排风机过载时，宜发出报警信号提醒值班人员注意观察，而不适宜直接作用于停机。

7.2.6 因为氨气比空气轻，为了安全起见动力配线宜在地下敷设。

7.2.7 在发生漏氨时，氨气会聚集在氨压缩机房的上部，为了进一步提高氨压缩机房的运行安全，应选用防爆型灯具，照明线路宜穿管明敷。

7.2.8 当突然停电时，值班人员为了安全要对制冷设备的有关阀门进行必要的操作，因此氨压缩机房宜设应急照明。

7.3 库　　房

7.3.1 冷库电气设计的一般要求。

7.3.2 由于冷间属于低温潮湿场所，电气设备易受潮损坏，且检修困难，因此如无特殊要求应将电气设备布置于干燥场所。

7.3.3 根据现行国家标准《肉类加工厂卫生规范》GB 12694 中对吊挂在肉品上方的灯具的要求，又考虑到冷间内属潮湿场所，因此规定冷间内照明灯具应采用具有防护罩的防潮型白炽灯具。

7.3.4 原规范规定冷却间等照明照度可采用 10～20lx，通过调查，一般冷库设计多为每 6m×6m 布置一盏 60～100W 白炽灯具，实际照度仅为 10lx 左右，操作工人反映亮度不够，因此本次规范修改，将冷却间等设计照度适当提高定为不宜低于 20lx。

原苏联国家制冷设计院 1989 年编制的《分配性冷库工艺设计部门规范》中亦规定冷却物和冻结物冷藏间的设计照度为 20lx。

7.3.5 当冷间内布置有顶排管时，由于顶排管要定期融霜和人工扫霜，为防止损坏灯具和保障工人安全，故不应将灯具布置在顶排管下面，而应沿顶排管二侧布置。

7.3.6 一般说来，冷间外多为穿堂，对电气设备而言环境条件远较冷间内为好，因此为了操作与检修的安全与方便，照明开关应集中布置在冷间外。

当冷库进出货时，冷库门要打开较长的时间，由于库内外冷热空气的交换，库门外附近的墙面会因湿度大而凝水，对电气设备不利，因此照明开关宜远离门口布置。

7.3.7 为提高冷间内的照明可靠性而制定本条。

7.3.8 库房低温潮湿，属于有特殊触电危险的用电场所，为提高用电的安全性，对冷库部分的供电，宜采用带有专用保护线（PE 线）的 TN—S 或 TN—C—S 系统，灯具金属外壳应与保护线可靠连接。

根据现行国家标准《工业企业照明设计标准》GB 50034 中的规定，当冷间内灯具安装高度≤2.2m 时，供电电源应采用 AC24V 安全电压。

7.3.9 原规范规定"低于 0℃ 的冷间电气线路应采用铜芯耐低温绝缘电线或电缆，并宜明敷"。通过调查，目前国内仅橡皮绝缘电力电缆具有较好的耐低温性能，考虑到绝缘电线仅一层绝缘，且不适于桥架明敷，因此本规范修订时，取消了原规范规定在冷间内使用绝缘电线，明确指出在 0℃ 以下的冷间只允许使用铜芯橡皮绝缘电力电缆。

7.3.10 根据冷库的特点制定本条。

7.3.11 自限温电热带是新型的电加热材料，与电热线相比优点很多，安装方便，维修容易，安全可靠，故推广使用。

7.3.12 为了冷库的安全，阁楼层不得挪作它用，平时也不能上人，因此规定阁楼层内不应敷设电气线路，以防发生意外电气事故而引起火灾。

7.3.13 本条是为保障人身安全，防止人员被误关在冷间里面而规定的。由于现在冷藏门开门机构较前已大有改进，在库内可以较容易的将门开启，因此可根据需要装设。

7.3.14 电梯属于冷库中的二级负荷，供电应予以保证，不应与其他负荷共用一路电源。考虑到冷库一般采用 3t 货梯，电机容量较小，故多台电梯可共用一路电源。

7.3.15 消防水泵属于冷库中的二级负荷，供电应予以保证，不应与其他负荷共用同一路电源。

7.3.16 当某层冷库发生火警时，不仅可由该层消火栓箱处自动启动消防水泵，而且在控制室应发出该层火警的报警信号，以通知值班人员。

7.3.17 对冷库而言，地下土壤防冻是保证冷库正常运行的重要措施，因此当采用地下机械通风的方案时，除有温度显示外，通风机应能自动运行。

7.3.18 根据现行国家标准《建筑物防雷设计规范》GB 50057 的规定，冷库宜按三类防雷建筑物设计。

7.4 制冷工艺自动控制

7.4.1 对一般冷库而言首先应该要求做到安全生产、改善工人劳动条件、提高制冷系统运行的稳定性和节能，为此目的制定了本条。

7.4.2 对有条件的冷库，可提高制冷工艺的自控水平，根据不同冷库的需要，制冷自控系统可设计成半自动运行和全自动运行二类。

7.4.3 实现冷库微机管理和微机自动控制是今后的发展方向，目前在国内个别地区的冷库做到了，并取得了很好的效果，因此对有条件地区的冷库，可根据需要推广采用这项新技术。

8 给 水 和 排 水

8.1 给 水

8.1.1 对本条说明如下：

1 本条中对冷凝器进出水温差未作规定。由于冷凝器设备的选用、温差的要求等均属制冷范围，因此由制冷专业提供设计数据。

2 冲霜水水温只作下限的规定，根据1968年集宁肉联厂冷库上、下水管道的测定资料，当水温不低于+10℃，冷库管道长度在40m内流动的水不会产生冰冻现象。

冲霜水水温的上限，根据日本、原苏联资料可为30～50℃，当水温较高时，可缩短冲霜时间，减少冲霜水量。冲霜时间与水量水温成反比。考虑到目前国内情况及今后发展趋势，有条件时，可适当提高水温，以缩短冲霜时间和减少冲霜水量。

8.1.2 条文中所采用的冷却水浑浊度标准，根据广州市西村冷库所用增步河水浊度平均为52mg/L，最高450mg/L（持续2h）。当直接取用时，在冷凝器管壁形成的泥垢可用高压水冲洗，在气温高时增加用刷子清洗，就能冲掉，即能满足生产需要而不必作其他处理。广东、广西地区和其他地区某些冷库用河水为水源的情况也如此。

8.1.4 从节能节水角度考虑应提倡循环用水，但南方地区靠近江河的冷库，若水源充沛，水质又可直接使用，当冷凝器进出水温差较小时，略增大些冷凝器面积还是比增加一套冷却塔装置的一次投资及经常运转费用要省些，故仍可考虑一次用水。

8.1.6 国务院办公厅国办发〔1991〕6号通知中提出，将直流排放的冷却水、洗涤水等尽可能合理地利用起来，推广循环用水一水多用。

过去在冷库设计中有采用自然通风冷却塔、喷水池等冷却构筑物，由于其冷却效率低，占地面积大，目前已很少采用。近年来小型玻璃钢机械通风冷却塔已工厂化生产，正趋向定型化、系列化，已被广泛采用。

8.1.7 本条提出对冷却塔的选用原则。目前，生产小型玻璃钢冷却塔的厂家有上百家，这些厂多数都有设计单位为技术指导，一般都有较完整的设计文件和较好的工艺管理措施及不同级别的鉴定，且取得了在某些市销售产品的证书。但也有些厂的产品存在较多的问题，质量差，缺少完整的设计技术资料和检测资料，依靠"灵活"的推销手段销售产品，设计选用时应当注意。

8.1.8 本条规定按湿球温度频率统计方法计算的频率为10%的日平均气象条件，在冷库工程设计中是恰当的。我国其他工业部门如火力发电厂设计技术规程（1985年版）规定：冷却水的最高计算温度宜按历年最炎热时期（一般以3个月计）频率为10%的日平均气象条件计算。

我国石油、化工和机械部门选用的频率为5%。

英国冷却塔规范BS—4485（1977版）规定：根据不同工艺过程的需要，选择历年炎热时期（一般以4个月计）频率为1%～5%。

原苏联给水设计规范（1976年版）规定：按工艺对冷却水温的要求程度和由于冷却水温超过而引起的破坏选择设计保证率。如设计保证率为90%时，整个工艺过程和个别装置的经济性暂时降低。

根据冷库的实际运行情况，有些地区存在定期不定期的停电若干小时，亦有的地区在用电高峰期电价与平常时期的电价差别较大。因而有些厂在用电高峰期停机，错过用电高峰期后再开动机器制冷降温。这样运行操作既满足工艺过程在较长的时间内不受破坏，保证存储商品的质量，又能在常年运行中得到较好的经济效益。在冷库工程设计中采用近期连续不少于5年，每年最热3个月频率为10%时的空气干球温度及相应的相对湿度作为计算依据，可以满足工艺对水温的要求。

8.1.9 这是新增的条文。目前多数冷库运行中未采取水质稳定处理措施。有的地区水的硬度较高，冷凝器结垢较严重，因而须采取水质稳定处理措施，但由于地域不同，水质各异，可根据各地具体情况确定，本条未作硬性规定。循环水稳定处理的任务在于防止结垢和防腐蚀性，其方法有排污法、化学法、物理法（如电子除垢器、静电除垢器）等，至于选择哪种方法应进行技术经济比较，便于操作管理而定。

8.1.10 冷却塔的水量损失包括蒸发损失、风吹损失、渗漏损失、排污损失。

蒸发损失：根据现行国家标准《工业循环水冷却设计规范》GBJ102中冷却塔蒸发损失水量公式计算，当气温30℃，冷却塔进出水温差2℃时，蒸发损失率为0.3%。

风吹损失：现行国家标准《工业循环水冷却设计规范》GBJ102中规定，机械通风冷却塔（有除水器）的风吹损失率为0.2%～0.3%，有的资料规定为0.2%～0.5%，对于冷库设计中常用的中小型机械通风冷却塔一般均未装除水器，尚无风吹损失水量资料。考虑到无除水器水量损失会增加，其风吹损失率按大于1%计。

渗漏损失：具有防水层护面的冷却塔的集水池中的渗漏，一般可忽略不计。

排污损失：损失水量占循环水量的0.5%～1.0%或更大。

根据冷库设计多年的实践和各项损失累计，本条规定补充水量为冷却塔循环水量的2%～3%。

8.1.11 作为防结冰措施，在冷却塔进水干管上设旁路水管，能通过全部循环水量，使循环水不经过冷却塔布水系统及填料，直接进入冷却塔水盘或集水池。这项措施已在我国及美、英等国作为成熟经验普遍实施。

从循环水泵至冷却塔的进水管道一般系明敷，在管道上应安装泄空管，当冬季冷却塔停止运转时，将管道内水放空，以免结冰。

8.1.14 制冷机厂对空气冷却器（冷风机）冲霜用水量有规定，从调查各冷库的冲霜时间看，一般一冻或两冻冲一次时，20min左右即能将霜冲净。

冷库用冷却水、冲霜水调查表，见表24。

表24　冷库用冷却水、冲霜水调查表

序号	冷库名称	水源和水温（℃）	一次用水或循环用水	冷凝器			冷风机冲霜		
				型式	进水温度（℃）	出水温度（℃）	型式	周期	时间（min）
1	北京西郊食品冷冻厂	深井水 14	一次	立式	14	17.5	混合	1冻1次	20
2	北京四道口果品公司冷冻厂	深井水 13～15	一次	立式	15	17	混合	72h1次	40
3	北京市永外水产冷冻厂	深井水 14	一次	立式	15	17	混合	2冻1次	20
4	保定食品公司肉联厂	—	自然冷 20℃	立式	18	19	混合	2～3冻1次	30
5	石家庄市冷冻厂	深井水 15.5	一次	立式	16	17	混合	1冻1次	15
6	大同市食品公司肉联厂	深井水 12	斜波冷却塔 20℃	卧式	22	25	混合	1冻1次	15
7	包头市青山肉联厂	深井水 13	逆流冷却塔 26℃	大气式	26	27.5	混合	1冻1次	15～20
8	内蒙集宁肉联厂	11	一次及循环 20℃	大气、立式	19	21	混合	1冻1次	20～30
9	邢台食品公司冷冻厂	深井水 17	一次及循环 20℃	立式	20	23	混合	每日1次	15
10	哈尔滨蛋禽冷库	深井水 10	循环 15℃	立式	10	—	水冲霜	12冻1次	20
11	海拉尔肉联厂	深井水 6～15	循环 18℃	淋水式	11	15	混合	8h1次	20
12	长春肉联厂	深井水 9.8	循环 25℃	立式	23	25	混合	1冻1次	15～20
13	四平肉联厂	深井水自来水 8	凉水池 18℃	立式	20	24	—	1冻1次	20
14	大连台山冷冻厂	深井水自来水 25	循环 30℃	立式	29	31	混合	24h1次	20
15	大连水产公司冷冻加工厂	深井水自来水 22	一次	立式	22	23.5	混合	3～4冻1次	40
16	沈阳食品公司冷冻厂	自来水 13	凉水池 20℃	立式	30	32	混合	1冻1次	20～30
17	辽宁省食品进出口公司冷冻厂	自来水 15	凉水池 25℃	立式	28	31	混合	2冻1次	30
18	陕西（临潼）冷冻厂	深井水 17	—	立式	23	25	混合	1冻1次	10
19	宁夏中卫冷库	深井水 20	循环用水 28℃	立式	28	31	混合	1冻1次	30
20	宁夏银川肉联厂	深井水 14	敞式冷却塔 29℃	立式	27	30	混合	1冻1次	30
21	新疆和田肉联厂	13	凉水池 20℃	卧式	25	30	混合	1冻1次	20
22	青海令哈冷库	自来水 15	一次及循环 25℃	立式	20～22	23～25	混合	1冻1次	30
23	昆明冷冻厂	—	喷洒自然通风 24℃	立式	24	27	混合	1冻1次	20
24	云南省个旧市肉联厂	自来水 21	循环 30℃	立式	25	28	混合	1冻1次	20
25	重庆李家沱（山洞）冷库	江河水	淋浇 冬18℃ 夏22℃	立式	34	36	混合	1冻1次	20
26	上海大场肉联厂	深井水		卧式	26	35	水冲	1冻1次	20
27	上海张家浜冷冻厂	自来水 25	斜交错冷却塔 26℃	卧式	31	33.5	水冲	1冻1次	20
28	上海禽蛋五厂	江河水 30	点滴式 33℃	立、卧	30	33	水冲	2冻1次	60
29	上海水产供销站	江河水	一次	立式	30	31～32	混合	4冻1次	20
30	上海食品进出口公司冷冻三厂	自来水 30	凉水塔 31℃	淋水式	31	33	水冲	1冻1次	15

序号	冷库名称	水源和水温（℃）	一次用水或循环用水	冷凝器 型式	进水温度（℃）	出水温度（℃）	冷风机冲霜 型式	周期	时间（min）
31	上海食品进出口公司冷冻五厂（日本进口库）	自来水	点波 28～33℃	卧式	28～33	30～35	水冲	10～20d	15～20
32	江苏盐城肉联厂	江河水 26	一次	立式	26	28	见注①	1冻1次	10～15 60
33	江苏高邮肉联厂	江河水	循环	立式	32	34	混合	1冻1次	25
34	江苏清江禽兔加工厂	江河水 30	一次	立式	30	32	混合	1冻1次	20
35	苏州肉联厂	深井水、自来水 24	一次	立式	24	30	混合	1冻1次	15
36	江苏徐州肉联厂	19	一次、循环 点波 27℃	淋水式	28	29	混合	1冻1次	15
37	宁波水产中转冷库	江河水、井水 25	冷却塔 30℃	淋水式	30	32.5	水冲	3冻1次	30
38	舟山水产冷冻加工厂	自来水 30	冷却塔 30℃	淋水式	—	—	混合	2冻1次	15
39	安徽省阜阳肉联厂	深井水 20	循环 30℃	立式	30	32	水冲为主	12～24h	15～20
40	安徽省太湖冷库	15	循环 17℃	立式	30	32	混合	1冻1次	15
41	福建水产冷冻厂旧冷库	江河水	一次	立式	32	35	混合	3冻1次	40
42	南昌市肉联厂新库	自来水 30	点波式 29℃	立式	30	32	混合	1冻1次	20
43	上饶肉联厂	江河水、土井 28	点波式 30℃	立式	32	35	混合	1天2次	20
44	山东烟台地区莱阳肉联厂	江河水 18	一次	立式	22	25	混合	1冻1次	15～20
45	河南洛阳冷库	深井水 18	冷却塔 25℃	立式	25	27	混合	1冻1次	15～20
46	安阳外贸冷冻厂	深井水 20	混合 27℃	立式	27	29	混合	1冻1次	20
47	湖南湘阴冷库	深井水	一次	立式	21	23	混合	1冻1次	20
48	广东珠海水立供销公司冷冻厂	—	点滴式自然通风 31℃	立式	31	33	混合	1冻1次	20
49	广东深圳水产冷冻厂	—	自然冷却	卧式	28	32	混合	1冻1次	15～20
50	广州白云冷冻厂	井水	—	立式	32	35	混合	1冻1次	15～20②
51	广西柳州肉联厂	井水 25	循环 27℃	立式	27	30	混合	1冻1次	15
52	广西北海捕捞公司冷冻厂	井水 26	自然通风凉水塔 28℃	立式	28	30	热氨	1冻1次	20～30
53	广西百色地区冷冻厂	—		立式	32	34	混合	1冻1次	20

注：1. 氨泵系统水冲 15～20min；重力系统热氨 60min。

2. 热氨冲 30min。

8.1.15 本条规定空气冷却器（冷风机）冲霜配水装置前的自由水头不应小于 5m，可以满足使用要求。

8.1.17 我们调研中了解到过去许多冷库即使在穿堂或楼梯间设了消火栓，也没有用过。但考虑冷库内大部分隔热材料和包装材料为可燃物，以往消火栓没有使用，并非其本身不起作用。为此，多层冷库还应在穿堂或楼梯间设消火栓，这样，一旦发生火灾，就能迅速扑救，及时阻止火势蔓延。单层冷库则利用室外消火栓扑救灭火。

氨压缩机房门外设室外消火栓，一是为救火；二是当机房大量漏氨时，可作水幕以保护抢救人员进入室内关闭阀门等。

9 采暖通风和地面防冻

9.0.2 事故排风是保证安全生产和保障工人生命安全的一项必要措施。对在事故发生过程中可能突然散发有害气体的氨压缩机房，在设计中均设置了事故排风系统。有些工厂虽然没有使用，但并不等于可以不设，应以预防为主，防止因设备管道大量逸出氨气而造成危害。

关于事故排风的排风量，根据现行国家标准《采暖通风与空气调节设计规范》GBJ 19 中的规定，"事故排风的风量，应根据工艺设计所提供的资料通过计算确定。当工艺设计不能提供有关计算资料时，应按每小时不小于房间全部容积的 8 次换气量确定。"因此本规范事故排风的换气次数定为不应小于 8 次/h。

9.0.4 根据建国以来的经验，体积在 2250m³（500t）以下的冷库大多采用自然通风管地面防冻的方法。穿越冷间的通风管长度为 24m，加上站台宽 6m，每根通风管总长度为 30m。使用情况表明，此种直通管自然通风地面防冻的方法，只要管路畅通是安全可靠的，均未出现问题。

据调查，辽宁、广东有几个冷库，由于设计时自然通风管进出风口未加网栅及使用管理不当，进出风口被垃圾等污物堵塞，有的还造成地面局部冻鼓，影响使用，因此本条指出应在进出风口设置网栅。

9.0.5 机械通风地面防冻装置虽然运转费用稍高，但目前尚有不少冷库使用。本规范中对支管风速规定了下限。

若风速低于 1m/s，则表面传热系数值下降很多，传热效果就差了。总风道尺寸定为不宜小于 0.8m×1.2m，目的是便于进入调整和检查，有利于保证各支风道布风均匀。

采暖地区的机械通风地面防冻设施强调设置空气加热装置，在整个采暖季节甚至过渡季都要每天定时运转。

9.0.6～9.0.11 过去进行地面防冻通风系统计算时，采用的理论公式要经过繁杂的计算，而实际施工时，往往不可能按理论计算结果来布置，所以按不等距离布置实际意义并不大。我国近年冷库地面防冻设计中，通风加热管按等距和不等距布置的都有。实践也证明，冷库地面冻鼓并非由于通风管的等距或不等距布置造成。采用等距布置既满足需要又简化了计算。

采暖地区地面防冻的加热计算，采用稳定传热计算公式。其中土壤传给地面加热层的热流量计算中，土壤厚度和土壤温度是按我国气候资料和有关测定并参阅国外资料确定，基本上是合理的。土壤有关资料见表25：

表25 部分土壤热物理系数

土壤名称	密度（kg/m³）	热导率[W/(m·℃)]	土壤条件	
			质量湿度（%）	温度（℃）
亚粘土	1610	0.84	15	融土
碎石亚粘土	1980	1.17	10	融土
砂土	1975	1.38	28	8.8

土壤名称	密度（kg/m³）	热导率[W/(m·℃)]	土壤条件	
			质量湿度（%）	温度（℃）
砂土	1755	1.50	42	11.7
粘土	1850	1.41	32	9.4
粘土	1970	1.47	29	7.7
粘土	2055	1.38	24	8.8
粘土夹砂	1890	1.27	23	9.7
粘土夹砂	1920	1.30	27	10.6

注：本表摘自《建筑材料热物理性能》中国建筑工业出版社。

冷库地面的加热防冻措施，由于埋设在冷间地面隔热层（指地面隔热层下面的混凝土板）的下方，对其效果不易直接地观察到，为保证冷库的安全运行和使用寿命，装设温度监控装置是必要的。

通过调查，一般认为加热层的平均温度取 1～3℃。有的冷库根据投产 10 多年的经验，取 +3℃ 或更高的温度对冻结物冷藏间中靠近地面的货物的贮藏质量是有影响的，建议以取 1～2℃ 为宜。因此本规范取 1～2℃，既满足要求，又可节约加热能量。原苏联资料，也规定为 1℃。

9.0.13 架空地面自然通风防冻方法具有效果好、维护简单等优点，普遍受到各类冷库的欢迎，尤其是多层冷库。这种方法能否适合我国所有的地区，在调查过程中，据辽宁省介绍，架空地面在东北地区现在也在大量采用，他们仅在冬季用保温门将进出风口关（堵）好。在东北的某些寒冷气候条件下，只要能防止架空层内土壤冻结到基础埋深以下，俟来年气温升高的季节开启进出风口的保温门后，能使已冻结的土壤融化解冻，即不会发生由于土壤冻结过深造成柱基础冻鼓、结构损坏的现象。但在某些特别严寒、寒冷季节时间很长的地方，则要另行考虑。应该指出，目前有些冷库架空地面下架空高度过小，进风口小，通风不畅，且无排水沟，内存积水，影响效果。使用本条时，应结合本规范的 4.6.9 条同时考虑。

9.0.14 加热地面防冻设施的加热介质有润滑油、乙二醇、热氨等。液体加热系统设备布置较为灵活，无需设立专用的房间，可直接设在设备间内，由氨压缩机房值班工人随时观察和操作控制。

由于加热管浇筑在混凝土板内，不便维护和检查，因此施工时必须严格要求，做好清污、除锈、试压、试漏工作，并在施工过程中加强管理，确保不堵不漏。

若加热设施以热氨气为介质或加热热源时，应以氨压缩机的最小运行负荷为计算依据，否则地面加热系统就会出现加热量不足，影响使用。

中华人民共和国国家标准

洁 净 厂 房 设 计 规 范

GB 50073—2001

条 文 说 明

目 次

1 总　　则

本规范是全国通用的洁净厂房设计的国家标准，适用于各种类型工业企业新建、扩建和改建的洁净厂房设计。由于各类工业企业的洁净厂房内生产的产品及其生产工艺各不相同，它们对生产环境控制会有一些特殊要求，本规范不可能将这些要求逐一地进行规定，因此各行业可依据本规范，按各自的特点制定必要的本行业的标准、规定，以利于准确、完整地执行洁净厂房设计规范的各项规定。

3 空气洁净度等级

本规范修订过程中，涉及洁净技术的各有关单位、科技人员和专家们都强烈希望"规范应与国际接轨"，为此，本规范修订稿的第 3 章"空气洁净度等级"拟等效采用国际标准 ISO 14644-1——"洁净室及相关被控环境——第一部分，空气洁净度的分级"，现将该标准中的有关部分摘录如下：

3.2 等级级别

空气中悬浮粒子洁净度以等级序数 N 命名。每一被考虑的粒径 D 的最大允许粒子浓度按下式确定：

$$C_n = 10^N \times \left(\frac{0.1}{D}\right)^{2.08} \quad (1)$$

式中　C_n——被考虑粒径的空气悬浮粒子最大允许浓度（pc/m³·空气）。C_n 是以四舍五入至相近的整数，通常有效位数不超过三位数。

N——ISO 等级级别，数字不超过 9，ISO 等级级别 N 之间的中间数可以按 0.1 为最小允许增量进行规定。

D——被考虑的粒径（μm）。

0.1——常数，其量纲为 μm。

表 1 列出的空气中悬浮粒子洁净度等级及其相应的大于或等于被考虑的粒径的粒子浓度。在有争议的情形下，从公式（1）得出的浓度 C_n 可作为标准值。

表 1　洁净室及洁净区空气中悬浮粒子洁净度等级

ISO 等级序数（N）	大于或等于表中粒径的最大浓度限值（pc/m³—空气浓度限值按公式（1）计算）					
	$0.1\mu m$	$0.2\mu m$	$0.3\mu m$	$0.5\mu m$	$1\mu m$	$5\mu m$
ISO Class1	10	2				
ISO Class2	100	24	10	4		
ISO Class3	1000	237	102	35	8	
ISO Class4	10000	2370	1020	352	83	
ISO Class5	100000	23700	10200	3520	832	29
ISO Class6	1000000	237000	102000	35200	8320	293
ISO Class7				352000	83200	2930
ISO Class8				3520000	832000	29300
ISO Class9				35200000	8320000	293000

注：由于涉及测量过程的不确定性，故要求用三个有效的数据来确定浓度等级水平。

3.3 命名

对洁净室或洁净区空气悬浮粒子洁净度的命名应包括：

a　等级级别，以"ISO Class$N$"表示；

b　分级时占用状态；

c　由分级公式（1）确定的，被考虑的粒径（含多种尺寸）及相应浓度，被考虑的各粒径在 0.1～5μm 范围内。

如进行一个以上被考虑粒径的测量时，其较大的粒径（如 D_2）至少 1.5 倍于下一较小粒径（如 D_1）。

即：　　　　　$D_2 \geqslant 1.5 D_1$"

4 总　体　设　计

4.1 洁净厂房位置选择和总平面布置

4.1.1 洁净厂房与其他工业厂房的区别在于洁净厂房内的生产工艺有空气洁净度要求。因此，设有洁净厂房的工厂厂址宜选在大气含尘浓度较低的地区，如农村、城市远郊、水域之滨等，不宜选择在气候干旱、多风沙地区或有严重空气污染的城市工业区。

根据国内外测试资料，农村空气污染程度较低，其含尘浓度一般只相当于城市含尘浓度的几分之一，甚至低一个数量级。而城市工业区的含尘浓度又远高于城市市区及市郊。不同地区含尘浓度也不同，如表 2～表 4 所示。不同季节的含尘浓度也不相同，表 5 所列是天津市某地段不同季节室外含尘浓度的实测值。

表 2　大气中含尘浓度

场所	计重浓度（mg/m³）	≥0.5μm 计数浓度（pc/m³）
市中心	0.1～0.35	$5.3 \times 10^7 \sim 2.5 \times 10^8$
市郊	0.05～0.3	$3.5 \times 10^7 \sim 1.1 \times 10^8$
田野	0.01～0.1	$1.1 \times 10^7 \sim 3.5 \times 10^7$
大洋		$1.1 \times 10^5 \sim 2.5 \times 10^6$

表 3　天津地区的大气含尘计重浓度

场　所	大气计重浓度（mg/m³）	
	测值范围	平均值
校园、住宅区	0.18～0.32	0.206
商业街区	0.23～0.41	0.291
工业区	0.27～0.59	0.437

从表 2、表 3 中可以看出，各地区、场所大气环境质量差别较大，若在环境质量较差的地区建厂，设计中应采取有效的技术措施，以确保洁净厂房的技术要求。

表 4　大气含尘浓度平均值
（大于或等于 0.5μm，pc/L）

地　区	年平均	月平均最大值	月平均最小值
北京（市区）	190956	293481	9274
北京（昌平农村）	35643	156620	4591
上海（市区）	128052	365103	34327
西安（市区）	131644	317561	29738

表 5　不同季节室外大气含尘浓度的实测值

季节	时间	环境温湿度		含尘浓度（pc/m³）	
		t（℃）	cb（%）	$\geqslant 0.5\mu m$	$\geqslant 5.0\mu m$
夏（阴、雨后）	9：00	26.1	89	8.20×10^7	3.23×10^5
	10：00	27.0	86	8.35×10^7	3.58×10^5
	11：00	27.4	82	8.35×10^7	4.20×10^5
	12：00	28.8	79	7.25×10^7	2.95×10^5
	13：00	29.8	73	7.21×10^7	2.81×10^5
	14：00	29.6	73	7.42×10^7	3.36×10^5
	15：00	30.6	70	7.60×10^7	4.82×10^5
	16：00	30.2	70	6.81×10^7	4.81×10^5
	17：00	30.2	76	8.30×10^7	5.50×10^5
秋（晴、无风）	8：00	14.0	64	1.21×10^8	2.21×10^6
	9：00	16.2	54	1.32×10^8	2.03×10^6
	10：00	19.0	42	1.31×10^8	1.80×10^6
	11：00	21.1	39	1.23×10^8	2.01×10^6
	12：00	22.4	34	1.43×10^8	1.83×10^6
	13：00	23.0	29	7.94×10^7	8.70×10^5
	14：00	24.2	37	1.03×10^8	1.04×10^6
	15：00	23.5	39	1.12×10^8	2.01×10^6
冬（晴）	8：00	−6.1	51	5.4×10^7	3.9×10^5
	9：00	−4.5	44	6.6×10^7	4.0×10^5
	10：00	−2.8	40	7.5×10^7	7.7×10^5
	11：00	−0.8	28	5.9×10^7	4.1×10^5
	12：00	1.2	24	3.7×10^7	4.1×10^5
	13：00	2.3	16	2.4×10^7	4.3×10^5
	14：00	3.6	14	2.9×10^7	4.6×10^5
	15：00	3.6	14	2.7×10^7	5.1×10^5
	16：00	3.5	22	3.2×10^7	9.3×10^5
	17：00	3.0	25	5.3×10^7	12.4×10^5

4.1.2　洁净厂房内当布置有精密设备和精密仪表，若它们有防微振要求时，为解决防微振问题，在厂址选择或已建工厂内的洁净厂房场地选择过程中，需要对周围振源的振动影响作出评价，以确定该厂址或场地是否适宜建设。

周围振源对精密设备、精密仪器仪表的振动影响，是若干个振源振动的叠加结果。这种叠加，目前还没有系统的参考数据及实用的计算方法。因此，应立足于实测。过去有的工厂，由于在建厂前没有对周围各类振源的振动影响进行实测，建成后发现对精密设备、精密仪器仪表影响很大，有的甚至难以工作，给生产、试验带来很大困难，这说明实测振源振动影响是非常必要的。

4.1.3　本条规定仍以规范编制组的科研成果报告《环境尘源影响范围研究》为依据。根据上述报告，道路灰尘"严重污染区"位于道路下风侧 50m 范围之内，100m 以外为"轻污染区"。洁净厂房最好离开车辆频繁的干道 100m 以外，但考虑到厂区总平面布置的可能性以及厂区围墙或厂内路沿绿化的阻尘作用等因素，本条规定洁净厂房与车辆频繁的干道之间的距离宜大于 50m。

4.1.6　绿化有良好的吸尘、阻尘作用。洁净厂房周围场地绿化应以种植草坪为主，小灌木为辅，不宜种植观赏花卉及高大乔木。因为观赏花卉多为季节性一年生植物，需经常翻土、播种、移植，从而破坏植被，使尘土飞扬；而高大乔木树冠覆盖面积大，其下部难以植被，亦易产生扬尘。

洁净厂房外围宜种植枝叶茂盛的常绿树种。洁净厂房周围绿化树种应选用不产生花絮、绒毛、粉尘等对大气有不良影响的树种。

4.2　工艺平面布置和设计综合协调

4.2.2　随生产工艺的不同，洁净厂房内常有多种气体、液体供应管道，如氢、氧、氮、氩、压缩空气和纯水、上水等管道，以及电气管线、净化空调系统的送回风管和局部排风管等，管线交叉复杂。因此，在进行管线综合布置时，必须在平面和标高上密切配合，综合考虑，才能做到安装、调试、清扫、使用和维修的方便及整齐美观。

对国内已建成的洁净厂房调研中了解到为布置各种管道和高效过滤器等，一般均设置了技术夹层或技术夹道，大多使用效果良好，但有的新建工程把技术夹层设计得过高是不经济的。改建工程由于空间较小，管线布置比较紧凑，但布置得合理，效果也是不错的。因此，在进行管线综合布置设计和确定技术夹层层高时，应进行技术经济比较，做到技术上可靠，经济上合理。

4.2.3　随着工艺生产技术的发展，生产自动化程度的提高和改进，近年来洁净厂房建设中大都采用大开间，以满足生产工艺要求。

洁净厂房内除去考虑生产安全性需增设隔断外，一般不隔断。因此，本次规范修订中仅作两款的规定。

4.3 人员净化和物料净化

4.3.1、4.3.2 人员与物料进入洁净室会把外部污染物带入室内,特别是人员本身就是一个重要的污染源,不同衣着、不同动作时人体产尘量见表6,从表中数据可见身着普通服装的人走动时的产尘量可达约(≥0.5μm)近$300×10^4$ pc/min·P。国外有关资料报导,洁净室中的灰尘来源分析见表7,来源于人员因素的占35%。对洁净室空气抽样分析也发现,主要的污染物有人的皮肤微屑、衣服织物的纤维与室外大气中同样性质的微粒。由此可见,要获得生产环境所需要的空气洁净度,人员与物料的净化是十分必要的。

雨具存放、换鞋、管理、存外衣、更洁净工作服是人员净化用室的基本组成部分,也是人员净化必须的。生活用室及其他用室应视车间所在地区的自然条件、车间规模及工艺特征等具体情况,根据实际需要设置。例如:车间规模较大、人员集中或工艺为暗室操作的洁净室应设必要的休息室。

表6 不同衣着、不同动作时的人体产尘

衣着状态 \ 产尘	≥0.5μm 颗粒数(pc/min·P)		
	一般工作服	白色无菌工作服	全包式洁净工作服
静 站	$339×10^3$	$113×10^3$	$5.6×10^3$
静 坐	$302×10^3$	$112×10^3$	$7.45×10^3$
腕上下运动	$2980×10^3$	$300×10^3$	$18.7×10^3$
上身前屈	$2240×10^3$	$540×10^3$	$24.2×10^3$
腕自由运动	$2240×10^3$	$289×10^3$	$20.5×10^3$
脱 帽	$1310×10^3$	—	—
头上下左右	$631×10^3$	$151×10^3$	$11.2×10^3$
上身扭动	$850×10^3$	$267×10^3$	$14.9×10^3$
屈 身	$3120×10^3$	$605×10^3$	$37.3×10^3$
踏 步	$2300×10^3$	$860×10^3$	$44.8×10^3$
步 行	$2920×10^3$	$1010×10^3$	$56×10^3$

表7 洁净室内粒子来源分析

发生源	占百分比(%)	发生源	占百分比(%)
从空气中漏入	7	从生产过程中产生	25
从源料中带入	8	由人员因素造成	35
从设备运转中产生	25		

4.3.3

1 净鞋的目的在于保护人员净化用室入口处不致受到严重污染。国内多数洁净厂房人员入口前设有擦鞋、水洗净鞋、粘鞋垫、换鞋、套鞋等净鞋措施。

为了保护人员净化用室的清洁,最彻底的办法是在更衣前将外出鞋脱去,换上清洁鞋或鞋套。现有洁净厂房工作人员都执行更衣前换鞋的制度,其中不少洁净厂房对换鞋方式作了周密考虑,换鞋设施的布置考虑了外出鞋与清洁鞋接触的地面有明确的区分,避免了清洁鞋被外出鞋污染,例如跨越鞋柜式换鞋,清洁平台上换鞋等都有很好的效果。

2 外出服在家庭生活及户外活动中积有大量微尘和不洁物,服装本身也会散发纤维屑,更衣室将外出服及随身携带的其他物品存放于专用的存衣柜内,避免外出服污染洁净工作服。

关于衣柜的数量,考虑到国内洁净厂房当前的管理方式和习惯,外出服一般由个人闭锁使用,按在册人数每人一柜计算是必要的;洁净工作服一般也可按每人一柜设计,但也有集中将洁净工作服存放于洁净柜中的,置于洁净柜中更为理想,条文中按置于洁净柜中规定。

3 手是交叉污染的媒介,人员在接触工作服之前洗手十分必要。操作中直接用手接触洁净零件、材料的人员可以戴洁净手套或在洁净室内洗手。

洗净的手不可用普通毛巾擦抹,因为普通毛巾易产生纤维尘,最好的办法是热风吹干,电热自动烘手器就是一种较好的选择。

考虑到进入洁净室的人员,要在较短的时间内完成一系列人净程序,每道程序耗费的时间必须加以控制。因此,对于每个设备使用人数,在参考《工业企业设计卫生标准》(TJ 36)中有关规定的基础上,根据洁净厂房上述使用特点,适当提高了标准。

4 洁净区内设置厕所不仅容易使洁净室受到污染,还会影响洁净区的压力控制。条文中规定洁净区内不宜设厕所。

人员净化用室内的厕所应设在盥洗室之前,厕所设前室作为缓冲,前室还应放置供人员入厕穿用的套鞋。

5 工业洁净室设置空气吹淋室的理由是:

1)在一定风速、一定吹淋时间的条件下,空气吹淋室对清除人员身上的灰尘有明显效果。

规范编制组关于"吹淋室效果的测定"科研成果,对于经吹淋与不经吹淋两种情况的人员散尘量作了大量的测试对比。结果表明吹淋室的吹淋效果,对于大于等于0.5μm的尘粒约为10%～30%,对于大于等于5μm的尘粒约为15%～35%。

2)吹淋室具有气闸的作用,能防止外部空气进入洁净室,并使洁净室维持正压状态。

3)吹淋室除了有一定净化效果外,它作为人员进入洁净区的一个分界,还具有警示性的心理作用,有利于规范洁净室人员在洁净室内的活动。

4)国内洁净厂房的现状是:在统计的38个洁净厂房中,约80%设有空气吹淋室。

关于吹淋室的使用人数，主要取决于每人吹淋所需时间和上班前人净的总时间。参考计算方法：假定洁净室自净时间为30min，换鞋、更衣占去10min，上班人员总吹淋时间为20min。设每人吹淋30s，另加准备时间10s，则一个单人吹淋室可供30人使用。

当最大班使用人数超过30人时，可将2个或多个单人吹淋室并联布置。

垂直层流洁净室由于自净能力强，无素流影响，人员散尘能迅速被回风带走而不致污染产品，鉴于这种有利条件，也可不设吹淋室而改设气闸室。

吹淋室旁设通道，可使下班人员和卫生清扫或检修人员的进出不必通过吹淋室，起到保护吹淋设备的作用，同时也方便检修期间设备、工具等进出。

4.3.4 人员净化应当循序渐进，有一个合理的程序，在净化过程中，避免已清洁部分被脏的部分所污染。根据目前国内洁净厂房常用的人员净化程序，本规范提出了一次更衣（盥洗前存外衣）、一次吹淋的人净程序。

4.3.5 关于人净用室建筑面积控制指标，主要是参考了有关资料提出的面积指标和部分洁净厂房实际采用的指标，进行统计后得出的。原规范提出的人净用室面积可控制在5～6m²/P之内。规范修编组通过对主要人员净化用室、设施在几种柱网不同面积房间内进行设备的排列布置所推算出的面积指标，其上下值大致与上述资料分析所得出的指标相接近。但根据近年实践发现原规范面积指标偏大，本次修订规范改为2～4m²/P计算。当人员较多时，面积指标采用下限；人员较少时，面积指标采用上限。

国内现有的洁净厂房，一些洁净工作服更衣室够不上空气洁净度等级，也没有为工作服配带洁净送风的衣柜；还有一些洁净厂房虽然没有对洁净工作服更衣室提出空气洁净度等级要求，但室内采用空气高效过滤送风系统，或将洁净室内的净化空气部分地引入更衣室。本次规范修订时对洁净工作服更衣室的空气洁净度等级提出了"宜低于相邻洁净区1～2级"的要求。

4.3.6 鉴于我国当前的实际情况，本次修订规范中明确规定了洁净工作服洗涤室的室内空气洁净度等级不宜低于8级。

4.4 噪 声 控 制

4.4.1 洁净室的噪声一般不算高，但调查数据差异较大，相差近10dB（A）。国内关于噪声对健康影响的研究表明，低于80dB（A）的一般工业噪声，对健康的影响不太大。因此，洁净室噪声标准的制订主要考虑噪声的烦恼效应、语言通讯干扰和对工作效率的影响。

国外洁净室噪声标准的研究工作开始于20世纪60年代。1966年制定的美国联邦标准209a和1974

修订的209b规定："洁净室的噪声控制在可能进行必要的通话，满足操作或产品的要求，并使人员保持在舒适和安全的范围内"。

在ISO/DIS14644-4标准（草案）中规定："应依据洁净室内人的舒适和安全要求及环境（如其他设备）的背景声压级来选择适宜的声压级。洁净室的声压级范围为40～65dB（A）"。

从收集的国内外洁净室噪声标准来看，有以下几个特点：洁净室的噪声标准一般均严于保护健康的标准。在洁净室的环境下，噪声条件主要在于保障正常操作运行，满足必要的谈话联系，提供舒适的工作环境。绝大多数标准给出的允许值在65～70dB（A）范围，医疗行业则更低。现行的大多数标准均以A声压级作为评价指标，也有少数标准对各频带声压级提出了限制。少数标准按不同的空气洁净度等级分别给出了噪声容许值，而大多数标准对不同的空气洁净度等级洁净室提出了一个统一的容许值。

根据"洁净厂房噪声评价与标准的研究"所得到的成果，我国59个洁净厂房平均噪声级的分布，电子工业216个洁净室的噪声分布状况和不同声级下各种效应的主观评价指标如图1所示。

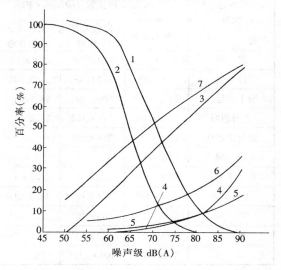

图1 洁净厂房噪声分布与评价图

1—59个洁净厂房超过某一声级的百分率；2—电子工业216个洁净室超过某一声级的百分率；3—高烦恼率；4—准确性高影响率；5—工作速度高影响率；6—集中精神高影响率；7—交谈及电话通讯高干扰率

由图1可见，若以65dB（A）作为洁净室噪声允许值标准，工人感到高烦恼的百分率低于30%，对集中精神感到有较高影响的百分率不到10%，而对工作速度、动作准确性的影响则可忽略，从主观评价调查看，语言通讯干扰可以属于轻微的等级。如按这一限值来衡量现有洁净室的噪声，则有75%超过标准，就电子工业而言，也有47%的洁净室超过标准。

近年来我国的洁净室环境技术有了一定的发展，

但对噪声的控制技术还相对滞后，从 1996～1997 年对国内部分行业的部分洁净室进行的调研还有相当一部分的洁净室噪声在 65dB（A）以上，就电子工业而言，还有约 35％的洁净室超过标准。

同样由图 1 得知，若以 70dB（A）为噪声允许值标准，工人感到高烦恼的百分率将达到 39％，对于集中精神感到有较高影响的百分率为 12.4％，对工作速度和动作准确性影响仍不显著，对语言通讯的干扰则属于较高的等级。如按 70dB（A）的限值来衡量现有洁净厂房的噪声，则多数可以满足标准。

目前国内的相当一部分洁净室的隔墙使用的是进口或国产的金属壁板，由于壁板的隔声量存在着某些薄弱环节而造成隔声不理想，且室内的噪声仍过高，例如上海某公司使用的是进口壁板，其室内噪声平均值达 69dB（A）；上海某公司使用的也是进口壁板光刻间测得其室内平均噪声值为 70dB（A），其他的一些洁净室的生产环境的噪声也是偏高，也就是说从噪声的效应来看，标准低于 65dB（A）为好。

对国内几个行业不同气流流型洁净室的静态和动态噪声所进行的分析表明，不同气流流型的静态噪声有较大差异。非单向流洁净室的静态噪声实测值在 41～64dB（A）范围内，平均为 54dB（A）；单向流、混合流洁净室的静态噪声实测值在 51～75dB（A）范围内，平均为 65dB（A）。非单向流洁净室较之单向流洁净室的静态噪声平均值约低 11dB（A）。

非单向流洁净室和单向流、混合流洁净室静态噪声的差异与其送风量（或换气次数）和净化空调系统的特征有关。

4.4.4～4.4.6 控制设备噪声首先应从声源上着手。设计时应选用低噪声设备。在某些情况下，由于技术或经济上的原因而难于做到时，则应从噪声传播途径上采取降噪措施，例如把高噪声工艺设备迁出洁净室或隔离布置于隔声间内。有些由于与生产联系密切，必须置于洁净区内的高噪声设备，亦可采用隔声罩隔绝噪声。

国内现有洁净厂房中，不少洁净室将机械泵一类高噪声设备置于洁净室外套间或技术夹道或服务区内，洁净室内噪声有明显降低。

洁净室的静态噪声主要来源于净化空调系统和局部净化设备运行噪声，静态噪声的大小与洁净室气流流型、换气次数等因素有关。但关键在于净化空调系统的布置及合理的降噪措施，不合理的设计方案必然导致较高的静态噪声。

关于降低洁净室净化空调系统噪声的措施，国内外有关资料提出了一些有效的措施：

如《现代洁净室概念》一文中强调"选择那种能满足气流要求的噪声最低的风机，还应该采用弹性减振基础"。关于消声器的使用，文中说："管道消声器在中频和高频范围内降低噪声是有效的，当风管敷设长度在 15m 以内时，就应考虑采用消声器"。关于风管的连接，文中又说："通风机和送风管道与回风管道之间，应采用柔性连接管隔开"。还要求"将通风机外壳、静压箱和管道等加上衬里"。如北京某大学微电子研究所回风管道在未处理前噪声高达 83.5dB（A），经过加设衬垫处理后噪声降到 66.2dB（A），使光刻间的室内环境噪声平均下降了 7～9dB（A）左右。由此可见，只要对风道系统采取消声和防止管道固体传声等措施，洁净室噪声可以大幅度地降低。

国内还有不少洁净室，由于系统设计合理，并采取了降噪措施，室内噪声得到有效控制。

排风系统噪声对洁净室影响极大。以集成电路生产为例，在生产过程中，外延、扩散、腐蚀、清洗等多种工序都需设排风系统，近年来，对于洁净厂房排风系统噪声治理日益受到重视，注意选用低噪声风机等。

由于洁净室内的工作环境要求比较安静。洁净室的密封性能较好，噪声不易衰减。按规定限制风管风速，既减小了净化空调系统的阻力，降低风机压头和转速，减弱了风机的噪声，又防止风速过大而产生附加噪声。

4.5 微振控制

4.5.1 有微振控制要求的洁净厂房，设计应考虑建筑结构的选型及地面（楼面）的构造做法，如增加基础及上部结构垂直及横向刚度，增加地面（楼面）刚度，能有效减小振动影响。此外，还应考虑隔振缝设置及其有效的构造措施，壁板与地面及顶棚采用柔性连接等，均能减小振动传递。即减小了对精密设备、仪器仪表的振动影响。

在洁净厂房设计中，应首先考虑对强振源采取隔振措施，以减小强振源对精密设备、仪器仪表的振动影响，在此基础上，精密设备、仪器仪表再根据各自的容许振动值采取被动隔振措施，就比较能够达到预定目的。

4.5.4 精密设备、仪器仪表的被动隔振措施，由隔振台座及隔振器（或隔振装置）组成。根据隔振设计计算需要，设定隔振台座为不变形刚体，为此应对隔振台座的形状、几何尺寸及材质选用等方面加以考虑，使之具有足够的刚度。

某些精密设备、仪器仪表在运行时，由于移动部件位置变化或加工、测试件的质量及质心位置变化，使各隔振器的变形量不相等，隔振台座发生倾斜，导致精密设备、仪器仪表难以正常工作。为此，应设置校正倾斜装置，使隔振台座保持原有的水平度，以保证精密设备、仪器仪表的正常运行。

隔振系统阻尼过小，会产生较大的自振，以及受外界突发干扰（如对隔振台座的冲击、室内气流的扰动影响等），造成隔振台座幌动，这种振动值有时会大于精密设备、仪器仪表的容许振动值，影响其正常运行。为此应增大隔振系统阻尼值，才能减小此类振动。通过多项工程实践，认为隔振系统阻尼比不小于0.15，是比较恰当的。

4.5.5 空气弹簧的垂直向、横向刚度很低，使隔振系统具有很低的固有振动频率，同时它具有可调节阻尼值的特性，隔振系统可获得需要的阻尼，因此，隔振系统具有良好的隔振效果。当配用高精度控制阀时，可自动校正隔振台座的倾斜。由于空气弹簧具有其他隔振材料及隔振器不可替代的优越性，已被我国及国际工程界普遍采用作为精密设备、仪器仪表的隔振元件。

用于被动隔振措施的空气弹簧隔振装置由空气弹簧隔振器、高精度控制阀、仪表箱及气源组成。由于空气弹簧隔振装置在校正隔振台座倾斜时，会排出气体（如压缩空气、氮气等）。因此对气源应进行净化处理，使其达到洁净室的空气洁净度等级，才能保证排出的气体不致对洁净室造成污染。

5 建 筑

5.1 一 般 规 定

5.1.1 洁净厂房的建筑平面和空间布局应具有适当的灵活性，为生产工艺的调整创造条件。本条文是指在不增加面积、高度的情况下，进行局部的工艺和生产设备调整，在这种情况下，厂房内墙的可变性就是一个重要的措施，为此，本条规定不宜采用内墙承重体系。

5.1.3 主体结构要具备同建筑处理及其室内装备和装修水平相适应的等级水平。若室内装备与装修水平高，而主体结构为临时性，就会形成严重的浪费。本条规定着重于使洁净厂房在耐久性、装修与装备水平、耐火能力等几个方面相互协调，使投资长期发挥作用。此外，温度或沉陷不但可能影响安全，而且还会破坏建筑装修的完整性及围护结构的气密性，故须对主体结构采用相应措施。

5.1.5 对兼有一般生产和洁净生产的综合性厂房，在考虑其平面布局和构造处理时，应合理组织人流、物流运输及消防疏散线路，避免一般生产对洁净生产带来不利的影响。当防火方面与洁净生产要求有冲突时，应采取措施，在确保消防疏散的前提下，减少对洁净生产的不利影响。

5.2 防火和疏散

洁净厂房虽不同于一般工业厂房，但在材料与构造的耐火性能以及火灾的火势形成、发展与扩散等基本特性方面，两者都基本一致。所以《建筑设计防火规范》（GBJ 16）（以下简称防火规范）中不少条文同

样适用于洁净厂房。本节主要结合洁净厂房的下列特点，对于防火规范尚未包括或者不全适合的部分作必要的补充。

1 空间密闭，火灾发生后，烟量特大，对于疏散和扑救极为不利。同时由于热量无处泄漏，火源的热辐射经四壁反射室内迅速升温，大大缩短全室各部位材料达到燃点的时间。

当厂房外墙无窗时，室内发生的火灾往往一时不容易被外界发现，发现后也不容易选定扑救突破口。

2 平面布置曲折，增加了疏散路线上的障碍，延长了安全疏散的距离和时间。

3 若干洁净室通过风管彼此串通，当火灾发生，特别是火势初起未被发现而又继续送风的情况下，风管成为烟、火迅速外窜，殃及其余房间的重要通道。

4 室内装修使用了一些高分子合成材料，这些材料在燃烧时产生浓烟，散发毒气，有的燃烧速度极快。

5 某些生产过程使用易燃易爆物质，火灾危险性高。例如：甲醇、甲苯、丙酮、丁酮、乙酸乙脂、乙醇、甲烷、二氯甲烷、硅烷、异丙醇、氢等，都是甲、乙类易燃易爆物质，对洁净厂房构成潜在的火灾威胁。

此外，洁净厂房内往往有不少极为精密、贵重的设备，建设投资十分昂贵，一旦失火，损失极大。

鉴于以上几方面的特点，为了保障生命、财产的安全，尽量减少火灾中的损失，本规范分别从防止起火与燃烧，便利疏散与抢救这两个方面补充提出若干条文，强调了建筑耐火等级与防火分隔，对于防火墙间占地面积与疏散路线提出较严格的要求。

这部分规范编制工作在公安部有关部门指导下进行。本部分规定不包括防爆措施。

5.2.1 分析洁净厂房火灾实例可以发现，严格控制建筑物的耐火等级十分必要。本规定将洁净厂房耐火等级定为二级及二级以上，使建筑构配件耐火性能与甲、乙类生产相适应，从而减少成灾的可能性。

5.2.3

1 限制防火墙间的面积，一是可以控制火灾蔓延，减少损失；二是便于扑救，使消防人员既容易在现场寻找火源，也容易安全撤离。防火墙间允许面积的大小，应视厂房的情况与生产火灾危险性确定。

2 据调查统计，甲、乙类洁净厂房多数情况下，其占地面积，单层厂房在 2500m² 以下，多层厂房不超过 1500m²。考虑略留余地，则将防火墙间允许占地面积上限宜为 3000m²（单层）和 2000m²（多层）；与防火规范甲类生产的二级耐火建筑物允许占地面积相吻合。由于甲、乙类生产往往混杂一处，故本规定不再予以严格区分。本条规定为"宜为3000m²（单层）和 2000m²（多层）"，此规定既考虑洁净厂房的特点作了较严格的规定，又为执行中因具

体情况确有困难时，应在确保疏散距离的前提下仍可放宽按现行《建筑设计防火规范》（GBJ 16）的规定执行。

3 丙、丁、戊类洁净厂房的防火分区最大允许面积，本次修订中规定应符合现行国家标准《建筑设计防火规范》（GBJ 16），不再作较严格的规定，这是因为：①本规范第5.2.1条规定"洁净厂房耐火等级不应低于二级"。已作了较严格的规定，可减少成灾的可能性。②近年来，随着科学技术的发展，一些生产高新技术产品的洁净厂房，为了提高生产效率、产品质量，采用了大体量、大跨度的厂房布局，虽然其厂房占地面积时有接近或超过规范规定的"防火分区最大允许面积"的情况发生，但是，规范修编组认为，目前，突破现行国家标准《建筑设计防火规范》（GBJ 16）的有关规定的理由尚不充分，今后应不断总结经验，为作出新规定做好准备。

对于与洁净生产区空间连通的下夹层（主要作为回风空间），其面积可不计入洁净生产区防火分区面积。

5.2.4 洁净室的顶棚和壁板，为避免因室内或室外一方发生火灾殃及另外一方，须规定其燃烧性能，即虽不能要求它与土建式顶棚或隔墙具有同样耐火极限，至少也须要求它的燃烧性能同建筑物相一致，即采用不燃烧体，且不得采用有机复合材料，以避免燃烧时产生窒息性气体、有害气体等。目前国内外制造厂家生产的洁净室用金属壁板，大部分均能满足上述要求。

5.2.5 控制了防火墙间占地面积后，还需要在一个防火分区内洁净区与非洁净区之间设防火分隔，本条规定防火分隔应为不燃烧体，并规定了耐火极限，主要是从保护洁净区的财产安全出发。

5.2.7 对于设置一个安全出口的条件，同防火规范中的100m²相比，本规定削减面积一半。这是考虑即便50m²的洁净室也不算小，已能容纳相当数量的贵重装置，须有良好的疏散条件。

5.2.8 人员净化程序多，连同生活用室在内，包括有换鞋、更衣、盥洗、吹淋等用室。布置上要避免路线交叉，于是往往形成从人员入口到生产地点的曲折迂回路线。因此，一旦发生火灾，把这样曲折的人净路线当作安全出口是不恰当的。

5.2.10 洁净厂房空间密闭，火灾发生后，扑救极为不利。洁净厂房同层外墙设通往洁净区的门窗或专用消防口后，方可方便消防人员的进入及扑救。

5.3 室内装修

5.3.1 材料在温、湿度变化时易引起变形而导致缝隙泄漏或发尘，不利于确保室内洁净环境。为此，本条规定，应选用气密性良好，且在温度和湿度变化时变形小的材料。

5.3.2 制定本条的目的主要在于尽量减少洁净室内

积尘面（特别是水平凹凸面），以免在室内气流作用下引起积尘的二次飞扬，污染室内洁净环境。"高级抹灰"应按现行国家标准《装饰工程施工及验收规范》（GBJ 210）执行。

5.3.6 洁净室内门开启方向的规定是鉴于洁净区内各房间空气洁净度要求，及其室内送风量与风压有所不同，高洁净度房间相对于低洁净度房间（或走廊）保持一定压差值，为使门扇能关闭紧密，故门扇宜朝向洁净度高的房间开启。条文中所引用"宜"而不用"应"是考虑某些洁净生产房间的生产工艺存在火灾危险，为安全疏散要求，其门扇需应向外开。

5.3.7 本条中所指密闭措施包括：密封胶嵌缝、压缝条压缝、纤维布条粘贴压缝、加穿墙套管等。

5.3.8 洁净室采光多需借助人工照明，再加上室内空气循环使用，因此，从人体卫生角度分析，其环境条件是较差的。为了改善环境，减少室内员工疲劳，故应特别注意室内建筑装修的色彩。

本条中有关室内表面材料的光反射系数的规定是根据现行国家标准《工业企业采光设计标准》（GBJ 50033）以及参考国外有关室内表面推荐光反射系数资料制定。室内表面反射率的大小，不但直接影响到工作面上的照度水平，同时对整个室内亮度分布起决定性的作用。考虑到洁净厂房一般工作精度较高，为减少视觉疲劳，改善室内的光照环境，因而需要有一个明亮的室内空间。为此，洁净室的墙面与顶棚需采用较高的光反射系数。

5.3.9 空气洁净度等级要求较高的洁净室，其墙板和顶棚宜采用轻质壁板构造。轻质壁板连接构造的整体性和气密性是很重要的，整体性除靠板与板之间的雌雄槽紧密的组合外，还靠上下马槽和板之间的严密结合，使洁净室形成一个完整的匣体。板壁之间的接缝应以硅橡胶等密封材料嵌缝密封，它的作用是防止灰尘在停机时由此进入室内，同时使洁净室在正常工作时易于保持正压，减少能量的损耗。此外，洁净室的关键密封部位是高效过滤器之间或高效过滤器与其安装骨架之间的缝隙，一定要绝对密封。目前国内使用的密封方法很多，如液槽密封、机械压垫密封等，但必须做到涂抹或填嵌方便，操作简单，而且还要考虑更换高效过滤器时方便拆装。总之没有经过高效过滤器过滤的空气绝对不允许直接进入洁净室内。洁净室顶棚用轻质壁板应具有一定的承重能力，以便施工、运行时人员行走。

6 空气净化

6.1 一般规定

6.1.1 洁净的生产环境是生产工艺的需要，是确保产品的成品率和产品质量的可靠性、长寿命所必须的。随着我国国民经济的发展，各行各业对生产环境的温度、相对湿度和洁净度的要求也越来越高。例如：大规模和超大规模集成电路的发展很快，在1980年时其集成度只有64KB，而到目前集成度已提高到1GB或更高；64KB集成电路前工序生产所要求生产环境的空气洁净度等级只有4级和5级，而1GB集成电路前工序生产对生产环境洁净度等级的要求提高到1级和2级（0.1/μm）。

不同的生产工艺、不同的生产工序对生产环境的要求也是不相同的，因此，确定洁净室的空气洁净度等级时应根据不同工艺、不同工序对环境的洁净度要求而定。

根据不同生产工艺、不同生产工序对环境洁净度的不同要求，该高则高，该低则低，尽量缩小高洁净度等级部分的面积，以局部高等级净化和全室较低等级净化的洁净室系统代替全室高等级净化的洁净室系统。既能确保不同生产工艺对生产环境的要求，又能大幅度地降低初投资和运行费用。

例如：对于生产1GB超大规模集成电路前工序的洁净室来说，在整个生产过程中只有少数工序（制版、光刻等）对生产环境的空气洁净度等级要求最高为1级或2级，而其他大部分工序只要求5级、6级，甚至只有7级。不需将全部洁净室都设计为1级或2级。

6.1.4 人是洁净室内主要的发尘源，作业人员进入洁净室必须穿着与洁净室的空气洁净度等级相适应的洁净工作服。由于洁净工作服的透气性较差，为了保证作业人员的工作环境提高劳动生产率，在洁净室生产工艺对环境的温、湿度没有特殊要求时，洁净室内的温度主要是为了作业人员的舒适。因此，洁净室温度：冬季20～22℃；夏季24～26℃，湿度：冬季30%～50%，夏季50%～70%较为适宜。

6.1.5 关于洁净室新鲜空气量的标准问题。《工业企业设计卫生标准》（TJ 36）规定："每名工人所占容积小于20m³的车间，应保证每人每小时不少于30m³的新鲜空气量……"。《采暖通风与空气调节设计规范》（GBJ 19）规定："空气调节系统的新风量应符合下列规定：生产厂房应按补偿排风、保持室内正压或保证每人不小于30m³/h的新风量的最大值确定"。

按每人、每小时所需新鲜空气量统计：美国为30m³；英国为42m³；日本为35m³。

本规范在执行过程中，由于洁净室的净高、换气次数取值不同等因素，使得总送风量相差较大，原规范把"乱流洁净室总送风量的10%～30%；层流洁净室总送风量的2%～4%"作为新风量取值标准是不严格的。故本次修订中的新鲜空气量规定为应取下列二项中的最大值：

1 补偿室内排风量和保持室内正压值所需新鲜

空气量之和。

2 保证供给洁净室内每人每小时的新鲜空气量不小于40m³。

6.2 洁净室压差控制

6.2.1、6.2.2 为了保证洁净室在正常工作或空气平衡暂时受到破坏时，气流都能从空气洁净度高的区域流向空气洁净度低的区域，使洁净室的洁净度不会受到污染空气的干扰，所以洁净室必须保持一定的压差。

在国内外洁净室标准和空气洁净度等级中，对洁净室内压差值的大小都做了明确的规定。

压差值的大小应选择适当。压差值选择过小，洁净室的压差很容易破坏，洁净室的洁净度就会受到影响。压差值选择过大，就会使净化空调系统的新风量增大，空调负荷增加，同时使中效、高效过滤器使用寿命缩短，故很不经济。另外，当室内压差值高于50Pa时，门的开关就会受到影响，因此，洁净室压差值的大小应根据我国现有洁净室的建设经验，参照国内外有关标准和试验研究的结果合理地确定。

1 我国的建设经验。自《洁净厂房设计规范》（GBJ 73—84）在1985年颁布以来，我国按规范设计、建造了数百万平方米的各种洁净级别的洁净室，并且都经过了数年的运行考验，满足了工艺的要求。实践经验证明，《洁净厂房设计规范》（GBJ 73—84）中有关洁净室内正压值的选择是正确的可行的。

2 国内外标准中对压差值的规定。最新颁布发行的国际标准 ISO14644-1、美国联邦标准 FS209E、日本工业标准 JIS9920、俄罗斯国家标准 ГОСТР50766—95 等有关现行的洁净室标准中都明确地规定，为了保持洁净室的洁净度等级免受外界的干扰，对于不同等级的洁净室之间、洁净室与相邻的无洁净度级别的房间之间都必须维持一定的压差。虽然各个国家规定的最小压差值不尽相同，但最小压差值都在5Pa以上。

3 试验研究的结果。通过试验得出，洁净室内正压值受室外风速的影响，室内正压值要高于室外风速产生的风压力。当室外风速大于3m/s时，产生的风压力接近5Pa，若洁净室内正压值为5Pa时，室外的污染空气就有可能渗漏到室内。但根据我国现行《采暖通风和空气调节设计规范》（GBJ 19）编制组提供的全国气象资料统计，全国203个城市中有74个城市的冬夏平均风速大于3m/s，占总数的36.4%。这样如果洁净室与室外相邻时其最小的正压值应该大于5Pa。因此，规定洁净室与室外的最小压差为10Pa。

6.2.3 国内外洁净室压差风量的确定，多数是采用房间换气次数估算的。因为压差风量的大小是与洁净室围护结构的气密性及维持的压差值大小有关，对于相同大小的房间，由于门窗的数量及型式的不同，气密性不同，导致渗漏风量也不同，故维持同样大小的压差值所需压差风量就有所差异。因此，在选取换气次数时，对于气密性差的房间取上限，气密性较好的房间可取的小一些。

1 采用缝隙法来计算渗漏风量，既考虑了洁净室围护结构的气密性，又考虑了室内维持不同的压差值所需的正压风量。因此，缝隙法比按房间的换气次数估算法较为合理和精确。

单位长度缝隙渗漏空气量用公式计算是比较困难的，一般是通过不同型式的门、窗进行多次试验的数据统计后得出的。表8是对国内洁净室的20多种常用的门、窗在实验室进行了大量的试验，取得的数据，虽然近年来洁净室门窗的材料和型式有很大的发展，但目前还有部分洁净室仍然采用钢制密封门窗。故表中数据仍可供设计时参考。

表8　围护结构单位长度缝隙的渗漏风量

压差 （Pa）	门窗形式 漏风量 （m³/h·m） 非密闭门	密闭门	单层固定密闭钢窗	单层开启式密闭钢窗	传递窗	壁板
5	17	4	0.7	3.5	2.0	0.3
10	24	6	1.0	4.5	3.0	0.6
15	30	8	1.3	6.0	4.0	0.8
20	36	9	1.5	7.0	5.0	1.0
25	40	10	1.7	8.0	5.5	1.2
30	44	11	1.9	8.5	6.0	1.4
35	48	12	2.1	9.0	7.0	1.5
40	52	13	2.3	10.0	7.5	1.7
45	55	15	2.5	10.5	8.0	1.9
50	60	16	2.6	11.5	9.0	2.0

缝隙法宜按下式计算：

$$Q = a \cdot \Sigma(q \cdot L)$$

式中　Q——维持洁净室压差值所需的压差风量（m³/h）；

　　　a——根据围护结构气密性确定的安全系数，可取 1.1～1.2；

　　　q——当洁净室为某一压差值时，其围护结构单位长度缝隙的渗漏风量（m³/h·m）；

　　　L——围护结构的缝隙长度（m）。

2 换气次数法，宜按下列数据选用：

压差 5Pa 时，$1\sim2h^{-1}$。

压差 10Pa 时，$2\sim4h^{-1}$。

6.2.5 根据对国内洁净室的调查表明，有一部分洁净室设置了值班风机，但多数洁净室没有设置值班风机，而是采用上班前提前半小时运行净化空调系统达到洁净室自净的方法。

非连续性运行的洁净室设置值班送风的问题，应根据生产工艺具体情况而定。如果生产工艺要求严格，在净化空调系统停止运行时，会污染室内放置的半成品，又不能采用局部处理时最好设置值班送风，值班送风系统必须送出经过净化空调处理的空气以避免洁净室内产品或设备结露。

6.3　气流流型和送风量

6.3.1 洁净室的气流流型应考虑避免或减少涡流。这样，可以减少二次气流，有利于迅速有效地排除粒子。

对于空气洁净度要求不同的洁净区，所采用的气流流型亦应不同。本条1款的规定是参照国际标准（草案）ISO/DIS14644-4 中表 B.2 而编制的。

6.3.3 洁净室送风量计算所用的数据是参照国际标准（草案）ISO/DIS14644-4 中表 B.2 而编制的。其中，换气次数系根据我国实际情况确定的。

1 表 6.3.3 空气洁净度等级系指静态而言。其编制理由如下：

1）工程施工后的空气洁净度测试，一般都是在空态或静态下进行的。

2）国内外标准中大多已明确地规定按静态进行空气洁净度测试。

如果设计时业主提出须按动态进行验收时，则另行处理。

2 对于《洁净厂房设计规范》（GBJ 73—84）表 5.3.2 中送风主要方式、回风主要方式、送风口风速、回风口风速等在本次修订中未列入，主要理由如下：

1）为了与国际标准 ISO 接轨。

2）根据我国实际情况，在这方面已经积累较多的经验，并有许多资料可供参考。在规范中如规定的过多、过死将不利于洁净技术的发展。

现将国际标准（草案）ISO/DIS14644-4 中的表 B.2 摘录于表9所示。

表9（表 B.2）微电子洁净室实例

洁净度等级 ISO 等级	气流流型	平均风速（m/s）	单位面积送风量（m³/m²·h）	应用实例
2	U	0.3～0.5	—	光刻、半导体工艺区
3	U	0.3～0.5	—	工作区，半导体工艺区
4	U	0.3～0.5	—	工作区，多层掩膜工艺、密盘制造、半导体服务区
5	U	0.2～0.5	—	工作区，半导体服务区、动力区

洁净度等级 ISO 等级	气流流型	平均风速 (m/s)	单位面积送风量 (m³/m²·h)	应用实例
6	M	0.1～0.3	—	动力区、多层工艺、半导体服务区
	N 或 M		70～160	
7	N 或 M		30～70	服务区、表面处理
8	N 或 M		10～20	服务区

注：①制定最佳设计条件之前，首先应明确使用环境的 ISO 级别。

②表示气流流型符号的意义：

U—单向流流型；N—非单向流流型；M—混合流流型（单向流和非单向流的组合流型）。

③平均风速通常适用于单向流流型。单向流平均流速大小与被控制空间的形状和热气流温度有关。单向流流速不是指过滤器正面风速。

④单位面积送风量适用于非单向流流型和混合流流型。单位面积送风量的推荐值适用于层高为 3.0m 的洁净室。

⑤在洁净室设计中须考虑密封措施。

⑥对于污染源以及污染区可用隔板或空气幕予以有效分隔。

6.4 空气净化处理

6.4.1

1 净化空调系统所采用的空气过滤器的分类、性能指标参照现行国家标准《空气过滤器》（GB/T 14295）和《高效过滤器》（GB 13554），现将该标准的空气过滤器分类摘要于表 10。

表 10 空气过滤器分类

性能指标 类别	额定风量下的效率 (%)	额定风量下的初阻力 (Pa)	备 注
粗效	粒径≥5µm，80>η≥20	≤50	效率为大气尘计数效率
中效	粒径≥1µm，70>η≥20	≤80	
高中效	粒径≥1µm，99>η≥70	≤100	
亚高效	粒径≥0.5µm，99.9>η≥95	≤120	
高效 A	≥99.9	≤190	A，B，C 三类效率为钠焰法效率；D 类效率为计数效率；C，D 类出厂要检漏
高效 B	≥99.99	≤220	
高效 C	≥99.99	≤250	
高效 D	粒径≥0.1µm，≥99.999	≤280	

注：根据目前情况，高效 B 类出厂也要检测，高效过滤器 D 类其效率以过滤 0.12µm 为准。

粗效空气过滤器：一般采用易于清洗和更换的粗、中孔泡沫塑料或其他滤料。用于新风过滤。过滤对象是大于 10µm 的尘粒。严禁选用油浸过滤器。

中效空气过滤器：一般采用中、细孔泡沫塑料或其他纤维滤料的过滤器。用于过滤新风及回风，延长高效空气过滤器使用年限。过滤对象是 1～10µm 的尘粒。

亚高效空气过滤器：国内已生产的有玻璃纤维滤纸和棉短纤维滤纸的过滤器。主要用于过滤小于 5µm 的尘粒。静电过滤器也应属于亚高效空气过滤器类。

高效空气过滤器：国内已生产的有玻璃纤维滤纸、石绵纤维滤纸和合成纤维滤纸等三类滤料的过滤器。主要用于过滤小于 1µm 的尘粒。

由于各地区大气含尘浓度、大气中有害物不同和生产工艺的不同要求，新风预过滤只经过粗效过滤器处理是不够的。新风脏，首先使空调器内换热器盘管等堵塞、继之使中效过滤器寿命大为缩短。若由于经济、管理等原因，不能及时更换，将使系统内空气品质受到很大影响。所以近年来有的洁净室新风处理不仅采用粗、中效二级过滤，甚至还采用粗效、中效、亚高效（或高效）等过滤装置。例如：上海某半导体公司的净化空调系统中新风经过三级过滤，其新风空调箱的粗、中效过滤情况为：

粗效　无纺布袋式

中效　无纺布袋式

中效　超细聚丙烯纤维滤料

又如，某些公司洁净室由于生产工艺要求不含某些化学物质，因此在预过滤器段还设有淋水处理或化学吸附器过滤。

2 过滤器的额定风量是过滤器在一定的滤速下，使其效率和阻力最合理时的风量。因此，各类过滤器一般按额定风量选用。

3 中效空气过滤器宜集中设置在系统的正压段，这是因为考虑到负压段易漏气。如果把中效空气过滤器设置在负压段，则易使没有经过中效空气过滤器过滤的污染空气进入系统，使高效空气过滤器的使用年限缩短。因此，要求把中效空气过滤器设置在系统的正压段，同时中效空气过滤器宜集中设置，以便于更换及清洗。

4 对可能产生有害气体或有害微生物的洁净室，其高效过滤器应尽量靠近洁净室，以防污染管道或由于管道漏风使未经过滤的污染空气污染环境。

5 将阻力、效率相近的高效空气过滤器安装在同一洁净区，使阻力容易平衡，便于风量分配及室内平面风速场的调整。

6.4.3 在工艺生产过程不产生有害物时，净化空调系统在保证新鲜空气量和保持洁净室压差的条件下，为了节约能源，应尽量利用回风。而单向流洁净室的换气次数大，当机房距单向流洁净室较远时，可以使一部分空气不回机房而直接循环使用。近年来一些高洁净等级的单向流洁净室采用新风集中处理＋FFU净化空调系统，它是由多台风机过滤器单元设备组成实现洁净室回风的直接循环，如图2所示。

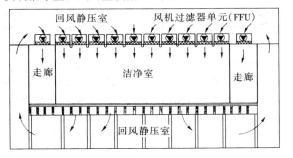

图2 风机过滤器单元送风方式（FFU）示意图

当生产工艺过程产生大量有害物质，局部排风又不能满足卫生要求，并对其他工序有影响时，才能采用直流式净化空调系统。因为当车间内的有害物质不能全部排除时，如再使其循环使用，则会造成车间内的有害物浓度越来越大，对人员健康及生产有影响，故应采用直流式净化空调系统。

6.4.4 在净化空调系统中，考虑到系统的阻力变化影响其风量等因素，风机采用变频调速装置作恒定风量或定压控制，通常由高效过滤器的压差变化控制变频装置。一些单位的实践说明，使用后有着明显节能效果。

6.5 采暖通风、防排烟

6.5.1 对国内现有洁净室的调研看到，除少数改建工程仍采用原有散热器作洁净室采暖外，新建洁净室没有采用散热器采暖的，考虑到技术的发展本条规定了"8级以上洁净室不应采用散热器采暖"。

6.5.3 对于局部排风系统单独分开设置的规定主要是参照现行国家标准《采暖通风和空气调节设计规范》（GBJ 19）制定的。

6.5.4 国内大部分洁净室的排风装置都设置了防倒灌措施，防止净化空调系统停止运行时，室外空气倒流入洁净室，引起污染或积尘。工程中常采取的防倒灌措施：一是采用中效过滤器，其结构比较简单，维护管理方便；二是采用止回阀，使用方便无须经常维修管理，但密封性较差；三是采用密闭阀，其密封性好，但结构复杂，要人工经常操作管理；四是采用自动控制装置。

6.5.5 厕所、换鞋、存外衣、盥洗和淋浴等辅助房间是产生灰尘、臭气和水蒸气的地方，紧靠洁净区，若处理不当，将会使这些有害物渗入洁净室，污染洁净室，所以均应设置通风措施。通风措施的具体做法有：

　　1 送入经过中效过滤器过滤后的洁净空气。

　　2 送入洁净室多余的回风或正压排风。

　　3 在厕所或浴室内采用机械排风。

6.5.6 鉴于事故排风是保证生产安全和员工安全的一项必要的措施，所以按照现行国家标准《采暖通风和空气调节设计规范》（GBJ 19）规定，应设计事故排风装置。

6.5.7 从近年来国内建造的洁净厂房的调研资料可以看出，一部分洁净厂房为确保人员疏散的安全性，一般在疏散走廊设置了加压送风消防排烟或加压送风系统，如：三星视界有限公司、深圳大学实验楼、赛格日立等，均在疏散走廊设计建造了排烟系统。为此，本条规定在疏散走廊设置防排烟系统，排烟系统设计参照现行国家标准《建筑设计防火规范》（GBJ 16）。洁净厂房内管线种类较多，若增加一套排烟管道有很大难度，所以本条规定洁净室机械排烟系统可与通风、净化空调系统合用，但必须按现行国家标准《建筑设计防火规范》（GBJ 16）采取可靠的防火安全措施。

6.6 风管和附件

6.6.1 新风管上的调节阀用于调节新风比；电动密闭阀用于空调机停止运行时关闭新风。回风总管上的调节阀用于调节回风比。送风支管上的调节阀用于调节洁净室的送风量。回风支管上的调节阀用于调节洁净室内的正压值。空调机出风口处的密闭调节阀用于并联空调机停运时的关闭切断，也可用于单台空调机的总送风量调节。排风系统吸风管段上的调节阀用于调节局部排风量，排风管段上的止回阀或电动密闭阀等用于防止室外空气倒灌。

6.6.2 本条是参照现行国家标准《建筑设计防火规范》（GBJ 16）的有关条文，结合洁净室情况作出的。风管穿过变形缝有三种情况：一是变形缝两侧有防火隔断墙；二是变形缝一侧有防火隔断墙；三是变形缝两侧没有防火隔断墙。规范条文是按第一种情况二侧设置防火阀。

6.6.3 从不影响空气净化效果及经济两个方面考虑，净化空调系统风管与附件的制作材料是随着输送空气净化程度的高低而定。洁净度高选用不易产尘的材料，洁净度低选用产尘少的材料。

排风系统风管与附件的制作材料是随着输送气体腐蚀性程度的强弱而定。

6.6.5 在各级空气过滤器的前后，设测压孔或安装压差计，便于运行中随时了解各级空气过滤器的阻力变化情况，以便及时清洗或更换。

6.6.6 风管及附件的不燃材料是指各种金属板材；难燃材料是指氧指数大于等于32的玻璃钢。风管保温和消声的不燃材料是指岩棉、玻璃棉等；难燃材料是指氧指数大于等于32的聚氨酯（聚苯乙烯）泡沫塑料、橡塑海棉等。穿越防火墙及变形缝防火隔断墙两侧各 2000mm 范围内的风管和电加热器前后 800mm 范围内的风管的保温材料和垫片、粘结剂等，均必须采用不燃材料。

7 给水排水

7.1 一般规定

7.1.1 洁净厂房内管道的敷设方式直接影响洁净室的空气洁净度，因此，条文中首先要求管道尽量在洁净室外敷设，以最大限度地减少洁净室内的管道。目前，洁净厂房的管道布置形式有：

1 各种干管布置在技术夹层、技术夹道、技术竖井内。特别是有上下夹层的洁净厂房，给水排水干管大都设在下夹层内。

2 暗装立管可布置在墙板、异型砖、管槽或技术夹道内。

3 支管由干管或立管引入洁净室，最好从上、下夹层引入 20～30cm 与设备二次接管相连。

4 安装在技术夹道内的管道及阀件，可明装也可暗装在壁柜内。壁柜上适当加设活动板，便于检修。

7.1.2 洁净厂房均为恒温恒湿房间，而生产工艺需要的给水排水管道又有不同的水温要求，管内外的温差使管外壁结露，影响室内温湿度。因此，对于有可能结露的管道应采取防结露措施是必要的。

对于防结露层外表面，可以采用镀锌铁皮或铝皮作外壳，便于清洗并不产生灰尘。

7.1.3 穿管处的密封是保证洁净室空气洁净度的重要一环。本条文主要是防止洁净室外未净化空气渗入室内；洁净室内的洁净空气向外渗漏也会造成能量的浪费，甚至影响室内的洁净度。实践证明采用套管方式是行之有效的。当实在无法做套管的部位也必须采取严格的密封措施。主要的密封方法有微孔海绵、有机硅橡胶、橡胶圈及环氧树脂冷胶等。

7.2 给 水

7.2.1 洁净厂房内的生产工艺一般为超精细加工或要求无菌无尘，对给水系统要求较为严格，如大规模集成电路的超纯水、医药工业的无菌水等。而且有的水系统的造价高、管理要求严格，因此应该根据不同的要求设置系统（如纯水的不同水质要求，冷却水的不同水温、水质要求等），以便重点保证要求严格的系统，也利于管理和节省运转费用。

目前设在洁净厂房中的生产工艺大都为技术发展迅速的工业，如大规模集成电路、生物制药等。这些生产部门产品升级换代快，生产工艺变化多。因此，在管道设计中应留有充分的余量。

7.2.2、7.2.3 此两条都是为了保证工艺所要求水

质的措施。

随着生产工艺对纯水水质的不断提高，甚至到了理论纯水的程度，尤其是集成电路的发展不但对水中电解质的含量要求极其严格，而且对细菌、微粒、有机物及溶解氧等都有极其严格的要求；医药工业中要求供应的注射用水，对水中含菌量、热源均有严格要求。除了严格的纯水制造过程外，纯水输送管道的管材选择和管网设计是保证使用点水质的关键。

实践证明采用循环供水方式是行之有效的。主要是基于保证输水管道内的流速和尽量减少不循环段的死水区，以减少纯水在管道内的停留时间，减小管道材料微量溶出物（即使目前质量最好的管道也会有微量物质溶出）对超纯水水质的影响，同时，基于流水不腐的道理，高的流速也可以防止细菌微生物的滋生。

条文中有关要求及数据系根据国内外有关资料并结合近年设计、运行经验提出的。

在纯水管材选择方面，主要应考虑三方面的因素：

1 材料的化学稳定性：纯水是一种极好的溶剂，为了保证在输送过程中纯水水质下降最小，必须选择化学稳定性极好的管材，也就是在所要求的纯水中的溶出物最小。溶出物的多少应由材料的溶出试验确定，其中包括金属离子、有机物的溶出。

2 管道内壁的光洁度：若管道内壁有微小的凹凸，会造成微粒的沉积和微生物的繁殖，导致微粒和细菌两项指标的不合格。目前 PVDF 管道内壁粗糙度可达小于 $1\mu m$，而不锈钢管约为几十微米。

3 管道及管件的接头处的平整度：对于防止产生流水的涡流区是非常重要的。

7.2.4 定期清洗是保证管道内水质的重要手段，主要是防止长期运行后，内壁产生沉积物及微生物积聚使水质下降。

7.3 排 水

7.3.2、7.3.3 洁净室内重力排水系统的水封和透气装置对于维持洁净室内各项技术指标是极其重要的。除了对于一般厂房防止臭气逸入外，对于洁净室若不能保持水封会产生室内外的空气对流。在正常工作时，室内洁净空气会通过排水管向外渗漏；当通风系统停止工作时，室外非洁净空气会向室内倒灌，影响洁净室的洁净度、温湿度，并消耗洁净室的能量。

对于 6 级以上的洁净室原规定不宜设地漏，根据调研情况改为不应设地漏。

7.3.4 此条文是为了从各个方面维护洁净厂房的洁净度而制定的。一般洁净厂房内的卫生器具均采用白陶瓷或不锈钢制品，而不用水磨石或水泥制作。明露的卫生器具和工艺设备配件尽量选用高档的镀铬或工程塑料制品等表面光滑易于清洗的设备、附件。地漏

采用专用洁净室地漏。

7.3.5 考虑到洁净厂房内设备、仪器贵重，或其制成品价值昂贵，消防后应尽快排除积水，特别是仓库、夹层等场所更应避免积水浸泡，减少损失。

7.4 消防给水和灭火设备

7.4.1 本条文为洁净厂房设计的一条原则规定。消防设施是洁净厂房一个重要组成部分。其重要性不但因为其工艺设备及建筑工程造价昂贵，更由于洁净厂房是相对密闭的建筑，有的甚至为无窗厂房。洁净室内通道窄而曲折，致使人员疏散和救火都较困难。为了确保人员生命财产的安全，在设计中应贯彻"以防为主，防消结合"的消防工作方针，在设计中除了采取有效的防火措施外，还必须设置必要的灭火设施。实践证明水消防是最有效、最经济的消防手段，因此条文中提出"必须设置消防给水设施"。

从国内外的资料来看，洁净厂房火灾事故不少。上海、沈阳及台湾等地都发生过洁净厂房火灾事故。由于厂房内有大量的化学物质（包括建筑材料），失火后产生大量有害气体，甚至有毒气体，人员很难进入，教训是极其深刻的。因此，洁净厂房的火灾危险性是很大的，必须认真地进行消防设计，并得到当地消防主管部门的严格审查。

洁净厂房与一般厂房不同，设置消防系统时应根据其生产工艺的特点、对洁净度的不同要求以及生产的火灾危险性分类、建筑耐火等级、建筑物体积、当地经济技术条件等因素确定。除了水消防外还应设置必要的灭火设备。

7.4.2 本条为新增加条文。由于我国经济的高速发展，新建改建的工业民用建筑大量增加，火灾危险性逐年增大，消防技术也在不断发展。1987年颁布的《建筑设计防火规范》（GBJ 16）于1995、1997和2001年做了3次修订。而本规范的修订周期较长，故必须强调洁净厂房的消防设计首先要符合现行国家标准《建筑设计防火规范》（GBJ 16）的规定。并强调洁净厂房应包括消防给水和灭火设备两大部分。

7.4.3 本条文是根据国内洁净厂房设计的实际情况编写的。根据《建筑设计防火规范》（GBJ 16）关于室内消火栓用水量的规定，高度小于等于24m、体积小于等于1000m³的厂房，其消防用水量为5L/s。根据洁净厂房的特点此值偏小，故制定了室内消火栓给水的最低限制参数。

7.4.4 设置灭火器是扑救初期火灾最有效的手段，据统计，60%～80%的建筑初期火灾，在消防队到达之前是靠灭火器扑火。洁净厂房各层、各场所均应按照现行国家标准《建筑灭火器配置设计规范》（GBJ 140）的要求，配置灭火器。

7.4.5 本次修订将原条文要求"同时设置卤代烷或二氧化碳等灭火设施和消防给水系统"的部分修订为

"洁净厂房内设有贵重设备、仪器的房间设置固定灭火设施时，除应符合《建筑设计防火规范》（GBJ 16）的规定外"，还规定："当设置自动喷水灭火系统时，宜采用预作用式；当设置气体灭火系统时，不应采用卤代烷1211以及能导致人员窒息和对保护对象产生二次损害的灭火剂。"主要是根据近年来灭火技术的发展和洁净厂房的消防特点制定的。

洁净厂房的生产特点：

1 有很多精密设备和仪器，并且使用多种易燃、易爆、有腐蚀性、有毒的气体和液体。其中一些生产部位的火灾危险性属于丙类（如氧化扩散、光刻、离子注入和打印包装等），也有些属于甲类（如外延、化学气相沉积等）。

2 洁净厂房密闭性强，一旦失火人员疏散和扑救都较困难。

3 洁净厂房造价高、设备仪器贵重，一旦失火经济损失巨大。

基于上述特点，洁净厂房对消防的要求很高，除了必须设置消防给水系统及灭火器外，还应根据《建筑设计防火规范》（GBJ 16）的规定设置固定灭火装置，特别是设有贵重设备、仪器的房间更需认真确定。

在固定灭火设施的系统选择上，条文也作了原则规定。

8 气体管道

8.1 一般规定

8.1.1 国内现有洁净厂房内气体管道的干管、支干管与水管、电缆等基本上是敷设在技术夹道、管廊、上下技术夹层内，符合洁净室生产工艺和美观的要求，也便于各种管道的安装和维修。

本条的规定与水、电管线尽量共架，是从节省管架的钢材耗量，少占空间，降低厂房层高，并考虑到气体管道的特性，一旦产生泄漏易于发现和排除，为此规定共架时应设在其他管道的上部。

8.1.2 本条的规定引入洁净室气体管道及管架设装饰面板，这种做法既满足生产工艺的要求，又保持洁净室的整洁美观，面板的颜色通常与洁净室内的环境相协调；也可与水管道等的装饰面板统一设置。

为了安全，防止可燃气体泄漏时积聚，本条明确规定可燃气体管道应敷设在装饰面板的外侧，水平敷设时应在其顶部便于向上扩散，通过报警探测器予以发现和排除。

8.1.3 气体管道的管径通常应按气体流量、压力和流速确定。本条的规定考虑了高纯气体使用场所的特殊性：一是生产工艺复杂，加工精细，技术更新换代快，生产工艺随时调整；二是，有些生产设备用气量很小，为此管径要考虑并能适应生产调整的需要，如气体干管不一定要按流量计算逐级设变径，同时还应注意到管径过大，不仅浪费材料而且对高纯气体管道初次吹扫，放空时间长，气体消耗量大。尤其当间断用气，由于气体流速小，要达到规定的气体质量较困难或者需要很长的时间。

各种高纯气体在输送过程中应尽量减少污染，同时考虑管道系统易于吹除，因此管道系统应尽量短，不应出现"盲管"等不易吹除的死角。

为便于在高纯气体管道投入使用前或检修前后或当气体纯度不符合要求时进行吹除，管道系统应设必要的吹除口。为验证吹除效果，吹除后是否符合要求和检测气体在输送过程中的纯度是否发生变化，管道系统设置取样口是十分必要的。

8.1.4 本条规定气体管道穿过洁净室墙壁或楼板处的管段不应有焊缝，是便于检查焊缝的焊接质量。为保持洁净室的空气洁净度和室内正压规定，管道与墙壁或楼板之间应采取可靠的密封措施，密封材料常用硅橡胶等填堵。

8.1.5 可燃气体和氧气管道系统发生事故或气体纯度不符合要求时，需吹除置换，这些气体吹除置换时不能排入室内，所以在管道末端或最高点应设放散管，以便将气体排入大气。放散管的排放口应高出屋脊 1m，以防止由于风向的影响使排放的气体倒灌回室内。

8.1.6 对气体纯度要求严格的生产工艺，如电子工业中高真空器件、半导体器件、特种半导体器件、集成电路等生产工艺，从材料制备到器件制造、封装、性能测试等工艺过程中各种高纯气中的杂质含量将直接影响产品的合格率，如氢气用于硅外延时，在高温下氢中的微量氧和水汽易与硅作用生成二氧化硅而影响完整结晶生长，致使外延片的堆垛层错密度高，甚至变成多晶。

氮气在扩散过程中作运载气时，如氮气中含有氧和水汽使硅片表面氧化。故对净化装置的设置应根据气源和生产工艺对气体纯度的要求，选择相应的气体净化装置。

为保证使用点气体纯度符合要求，规定气体终端净化装置宜设在邻近用气点处以缩短高纯气体管道的长度，避免污染，气体终端净化装置应该是距离用气点越近越好，但往往受各种条件限制，难以实现，为此条文规定采用"宜"。

8.1.7 在各种生产工艺过程中不仅对各种气体纯度要求十分严格，而且对气体中含尘量也有相应严格的要求，有关专家指出，高纯气体中含尘量比其纯度在一定意义上显得更为重要，因此规定了根据不同的生产工艺要求设置相应精度的气体终端过滤器，并规定应设在靠近用气点。

在洁净厂房内一般设置预过滤器和高精度终端气体过滤器。预过滤器是设在洁净厂房气体入口室的干管上，作为预过滤，以减轻终端过滤器的负担，并延长其使用寿命。

预过滤器的滤材通常采用多孔陶瓷管、多孔钢玉管、微孔玻璃制品、微孔泡沫塑料、粉末冶金管、聚丙腈纤维等。

高精度终端气体过滤器是设在靠近用气设备的支管上。其滤材采用超细玻璃棉高效滤纸、醋酸纤维素滤膜、粉末金属材料等。

8.1.8 进入洁净厂房的气体管道其种类依生产工艺的不同而定，通常有不同压力的干燥压缩空气、氮气、氧气、氩气、氢气、氦气、氮氢混合气以及真空等管道，一般各种管道上均设有总控制阀门、压力表（或真空表）、流量计、过滤器、减压装置、在线分析仪等，规定集中设在气体入口室内，是便于多种气体管道统一管理和控制，以利安全生产。

8.1.9 气体入口室内有可燃气体管道如氢气、氮氢混合气等时，按现行国家标准《建筑设计防火规范》（GBJ 16）的规定，其生产类别属于甲类火灾危险生产，其设置的位置和泄压面积应符合现行国家标准《建筑设计防火规范》（GBJ 16）的规定。电气防爆按现行国家标准《爆炸和火灾危险环境电力装置设计规范》（GB 50058）的规定为 1 区爆炸危险环境，为此应按现行规范的要求执行。

8.2 管道材料和阀门

8.2.1 气体管道的材料、内壁处理和阀门的选用是根据不同的生产工艺对气体纯度、露点和洁净度的不同要求而异。以集成电路生产为例，其生产工艺复杂，加工精细，是高精密的工艺技术，不但要求有洁净的生产环境，而且对生产中的水、气体、化学试剂等方面都提出了特殊和严格的要求。集成电路通常分为前工序——芯片制造工艺，后工序——芯片封装测试工艺。前工序决定了电路的性能，后工序将前工序加工的芯片，经过划片、封装、测试等一系列加工成为实用性的单块集成电路，可见，前工序对气体纯度、杂质含量等要求要比后工序对气体纯度的要求更高和更严格，相应的输送管道的材料和对管道材料内壁处理要求、阀门的选用也就不尽相同。即使集成电路生产，随着生产技术的发展，从微米技术进入到亚微米（小于 $1\mu m$）和深亚微米（小于 $0.35\mu m$）生产，对气体中杂质和露点要求极为严格，需要达到 ppb、ppt 级，尘埃粒径要控制小于 $0.1\sim0.05\mu m$ 的粒子，因此需要相应高质量的输送管道和阀门。

不同材质或同一材质管道内壁处理方法不同价格相差甚大，如某工程拟引进 316L 材质的不锈钢管，内壁电抛光处理要比未经处理的价格高出 $1.6\sim2.1$ 倍。同一材质内壁处理后达到的粗糙度不同，价格相差也达 $1.3\sim1.6$ 倍。对接焊形式不锈钢隔膜阀与球阀价格比较，隔膜阀比球阀高 1.9～2 倍。

因此管道材料、内壁处理和阀门的型式的选用要根据具体的生产工艺区别对待，这样才能做到既满足生产工艺要求又经济合理。

8.2.2 根据对国内洁净厂房使用情况的调查，大多数工厂高纯气体管道是采用不锈钢管，因为它具有化学稳定性好，渗透性小，吸附性差等特性，输送的气体质量能满足生产工艺的要求。

阀门的严密性好坏是影响气体纯度的重要因素之一。国内多数洁净厂房和某些引进或合资项目的高纯气体管道阀门基本上都是采用不锈钢材质，阀门类型有隔膜阀、波纹管阀和球阀。波纹管阀比球阀严密性好，隔膜阀除严密性好外还具有阀体死体积小，易吹除，因此适用于气体纯度要求极高，而且严格的生产工艺或危险性大的气体。

例如上海某集成电路厂前工序（0.35μm）技术，芯片直径 203mm，要求高纯气体中杂质含量均要小于 10ppb，氮、氢、氧、氩气体管道采用进口 SS316L 内壁电抛光处理（通称 EP 管）。316L 是低碳不锈钢管，其使用原因是防止钢材中碳组分的析出及吸附或释放杂质气体，影响气体纯度并导致产品成品率下降。阀门是隔膜阀 Cajon VCR 密封连接形式。又如深圳某公司集成电路后工序，气体纯度要求99.999%、露点−70℃，氮气、氮氢混合气、氧气管道均采用 SS304 不锈钢管，国内合资企业进行电抛光处理，阀门为进口球阀，双卡套连接。

为此，本条规定按生产工艺和对气体纯度要求选用合适的不锈钢管材和阀门。

8.2.3 本条规定干燥压缩空气露点低于−70℃时，应采用不锈钢管内壁经抛光处理，并非规定要进行电抛光，而是可以采用机械抛光，化学抛光俗称光亮抛光，因为表面光亮水分不易被吸附、滞留在管道表面，而且极易被吹除干燥，对输送低露点的气体是十分必要的。SS304 相当于国内钢牌号为 0Cr18Ni9。如上海某工程集成电路厂干燥压缩空气露点要求−73℃采用管材为 SS304，内壁光亮抛光（通称 BA 管），阀门采用波纹管阀双卡套连接；深圳某公司集成电路后工序干燥压缩空气露点要求−70℃，采用国内合资企业进行电抛光处理，阀门为进口球阀，双卡套连接。

对于干燥压缩空气露点低于−40℃，可以采用0Cr18Ni9 不锈钢管（304）或镀锌无缝钢管，这在国内已有多年运行经验证明是可以满足此类压缩空气的输送要求。

8.3 管道连接

8.3.1 气体管道的连接目前都是采用焊接，主要是能确保管道连接的严密性。镀锌钢管一般是螺纹连接，由于施工较麻烦且严密性比焊接要难以保证，有少数单位采用焊接，它带来的问题是破坏了管道原有的镀锌层，容易生锈，焊接时出现有刺激性的异味对人体有害，而且管道内壁有脱落的镀层给吹扫带来困难并污染气体，为此本条规定镀锌钢管采用螺纹连接。

不锈钢管承插焊连接的好处是便于管道对中，方便焊接，缺点是由于管道与承插件之间有间隙，产生死角，吹扫时不易吹除干净。对高纯气体要求高和严格的生产工艺会影响其产品质量，为此规定采用对接焊并要求内壁无焊缝，它是氩弧焊接时不施加不锈钢焊丝，利用焊件本身熔化填满焊缝。

8.3.2 管道与设备采用软管连接时规定采用金属软管，以往有些单位采用非金属软管两端加卡箍固定，优点是软管连接管道柔软，长度随意，连接方便，但由于非金属管道对气体和水的渗透性和吸附性都比金属管道差，而且易老化变形，极易造成气体渗漏影响气体质量。现在不锈钢金属软管品种多、规格全、连接方式多样、使用寿命长，尤其对高纯气体不造成污染等优点，但价格较贵，综合比较是合适的，为此本次修改时推荐宜采用金属软管。

不同材料的管道对气体和水的渗透、吸附能力见表 11。

表 11　不同管道材料渗透性、吸附性比较

管道材料	渗透性	吸附性
不锈钢	无	弱
紫铜	无	对水吸附性强
聚四氟乙烯	很小	弱
真空橡胶	较小	强
乳胶	大	强

8.3.3 本条规定高纯气体管道与阀门连接的密封材料采用金属垫或双卡套。具体选择要随生产工艺对高纯气体质量的要求和气体本身特性决定。金属垫的密封型式（国外称 Cajon VCR 形式）严密性好、气体不渗漏和污染，通常用于高纯氢或氢氢混合气系统以及要求气体杂质十分严格的生产工艺，如集成电路亚微米技术的前工序的各种气体管道；而干燥压缩空气管道则是采用双卡套形式。

目前，国内气体管道的螺纹和法兰连接的密封材料已较普遍采用聚四氟乙烯制作；铅油麻丝类作为螺纹连接密封材料对高纯气体管道是严禁使用的。

8.4 安全技术

8.4.1 可燃气体易燃易爆，危险性大，可能发生燃烧爆炸事故，而且发生事故波及面广，危害性大，造成的损失严重，为此本条规定的目的是对可能发生可燃气体泄漏的可燃气体管道敷设或使用的部位设置报警探头，一旦出现可燃气体泄漏达到报警浓度时，便及时发出报警信号并自动开启事故排风系统，及时将可燃气体排除，降低其浓度不至于达到爆炸极限，防止燃烧爆炸事故的发生，避免国家财产损失和人员伤亡。

8.4.2 为了防止可燃气体管道系统与明火直接接触以及管道系统中压力突然降低，造成倒流形成回火，故在接有明火源的每台或每组使用可燃气体的设备接管上和放散管上应设置阻火器，制止火焰蔓延至管道系统，保证安全运行。

可燃气体管道的静电接地，是根据现行国家标准《建筑防雷设计规范》（GB 50057）的规定，对金属管道防止雷电感应的高压电被引入车间，而应有接地措施。车间内可燃气体管道可根据具体情况，在适当的管道上作一接地线，其接地线可与车间建筑物的接地网相联接。在有钢支架或钢筋混凝土支架时，如条件合适，也可利用软金属线将管道与钢支架或钢筋混凝土支架的钢筋联通，作为接地装置，但接地电阻应符合有关规定。

8.4.3 氧气是助燃性气体，在氧气中任何可燃物质的引燃温度均要大大降低，极易发生燃烧事故，为此规定了氧气管道设导除静电接地措施，以防止由于静电产生的火花而发生燃烧事故，接地说明见本规范第8.4.2条说明。

8.4.4 气体管道按不同介质设明显的标识是从安全角度考虑，便于识别避免误操作引发事故。

8.4.5 各类气瓶均有产生爆炸的危险性。洁净厂房大部分是密闭厂房，造价高，人员集中，精密设备和仪器多，为了确保安全，气瓶应集中设置在洁净厂房外，但考虑到有些洁净室用气量很少，为便于管理，故规定日用气量不超过一瓶时可设置在洁净室内，但为保持洁净室内的洁净度，设在洁净室内的钢瓶必须采取不积尘和易于清洁的措施。

9 电 气

9.1 配 电

9.1.1 洁净厂房内有较多的电子设备系单相负荷，存在不平衡电流。而且环境中有荧光灯、晶体管、数据处理以及其他非线性负荷存在，配电线路中存在高次谐波电流，致使中线性流有较大的电流。而 TN-S 或 TN-C-S 接地系统中有专用不带电的保护接地线（PE），因此安全性好。

9.1.2 在洁净厂房中，工艺设备用电的负荷等级应由它对供电可靠性的要求来确定。同时，它又与为净化空调系统正常运行的用电负荷，如送风机、回风机、排风机等有密切的联系。对这些用电设备的可靠供电是保证生产的前提。在确定供电可靠性方面，下列几个因素应予以考虑：

1 洁净厂房是现代科学技术发展的产物。随着科学技术的日新月异，新技术、新工艺、新产品不断出现，产品精密度的日益提高，对无尘提出了越来越高的要求。目前，洁净厂房已广泛应用于电子、生物制药、宇航、精密仪器制造等重要部门。

2 洁净厂的空气洁净度对有净化要求的产品质量有很大影响。因此，必须保持净化空调系统的正常运行。据了解，在规定的空气洁净度下生产的产品合格率可提高约 10%～30%。一旦停电，室内空气会很快污染，影响产品质量。

3 洁净厂房是个相对的密闭体，由于停电造成送风中断，室内的新鲜空气得不到补充，有害气体不能排出，对工作人员的健康是不利的。

洁净厂房内对供电有特殊要求的用电设备宜设置不间断电源（UPS）供电。对供电有特殊要求的用电设备是指采用备用电源自动投入方式或柴油发电机组应急自启动方式仍不能满足要求者；一般稳压稳频设备不能满足要求者；计算机实时控制系统和通信网络监控系统等。

近年来，国内外一些洁净厂房中一级用电负荷因雷击及电源瞬时变动而引起停电事故频繁发生，造成了较大的经济损失，其原因不是主电源断电，而是控制电源失电造成保护系统失灵而造成事故。在本次修订时增加了"有特殊要求的工作电源宜设置不间断电源（UPS）"的规定。

电气照明在洁净厂房设计中也很重要。从工艺性质来看，洁净厂房内一般从事精密视觉工作，需要高照度高质量照明。为了获得良好和稳定的照明条件，除了解决好照明形式、光源、照度等一系列问题外，最重要的是保证供电电源的可靠性和稳定性。

洁净厂房照明电源直接由变电所低压照明盘专线供电，把它与动力供电线分开，避免引起照明电源电压频繁的和较大的波动，同时增加供电的可靠性。根据对荧光灯供电电压与照度关系的现场测定，电压由 226V 降到 208V 时，相应的照度由 530lx 降到 435lx，可见，电压波动对荧光灯的照度影响较大。

鉴于上述原因，我们认为洁净厂房净化空调系统用电负荷、照明负荷应由专用低压馈电线路供电。

9.1.3 消防用电设备供配电设计有严格要求，这些要求已在现行国家标准《建筑设计防火规范》（GBJ 16）中作了明确规定。洁净厂房从工程投资规模和厂房的密封结构等方面考虑，防火设计更显重要，故把消防用电设备的供配电设计作为单独一条提出。

9.1.4 从调研资料表明，洁净厂房曾发生过多次火灾事故，而电气原因引起的火灾事故占很大比例。为了防止洁净厂房或单独洁净室，在节假日停止工作或无人值班时的电气火灾，以及当火灾发生时便于可靠地切断电源，所以，电源进线保护应设置切断装置。

为了方便管理，切断装置宜设在非洁净区便于操作的地点。

9.1.5 据调查，国内大部分洁净室内的配电设备为暗装，这主要是防止积尘，便于清扫。另外，洁净室建筑装修标准比较高，应与室内墙体颜色、美观整齐相协调。对于大型配电设备，如落地式动力配电箱，暗装比较困难，为了减少积尘，宜放在非洁净区，如技术夹层或技术夹道等。

9.1.6 管线暗敷原因见 9.1.5 条。

考虑防火要求，管材应采用不燃材料。

当净化空调系统停止运行，该系统又未设值班送风时，为防止由于压差而使尘粒通过管线空隙渗入洁净室，所以，由非洁净区进入洁净区；不同级别洁净室之间电气管线口应作密封处理。

9.2 照 明

9.2.1 洁净室的照明一般要求照度高。但灯具安装的数量受到送风风口数量和位置等条件的限制，这就要求在达到同一照度值情况下，安装灯具的个数最少。荧光灯的发光效率一般是白炽灯的 3～4 倍，而且发热量小，有利于空调节能。此外，洁净室天然采光少，在选用光源时还需考虑它的光谱分布尽量接近于自然光，荧光灯基本能满足这一要求。因此，目前国内外洁净室一般均采用荧光灯作为照明光源。当有些洁净室层高较高，采用一般荧光灯照明很难达到设计照度值，在此情况下，可采用其他光色好、光效更高的光源。由于某些生产工艺对光源光色有特殊要求，或荧光灯对生产工艺和测试设备有干扰时，也可采用其他形式光源。

9.2.2 照明灯具的安装方式是洁净室照明设计的重要课题之一。随着洁净技术的发展普遍认为要保持洁净室内的洁净度关键有 3 个要素：

1 使用合适的高效过滤器。

2 解决好气流流型，维持室内外压差。

3 保持室内免受污染。

因此，能否保持洁净度主要取决于净化空调系统及选用的设备，当然也要消除工作人员及其他物体的尘源。众所周知，照明灯具并不是主要尘源，但如果安装不妥，将会通过灯具缝隙渗入尘粒。实践证明，灯具嵌入顶棚暗装，在施工中往往与建筑配合误差较大，造成密封不严，不能达到预期效果，而且投资大，发光效率低。实践和测试结果表明，在非单向流洁净室中，照明灯具明装并不会使洁净度等级有所下降。

鉴于以上原因，我们认为，在洁净室中灯具安装应以吸顶明装为好。但是，若灯具安装受到层高限制及工艺特殊要求暗装时，一定要做好密封处理，以防尘粒渗入洁净室，灯具结构应便于清扫和更换灯管。

带格栅的灯具易积尘，不应在洁净室中采用。

9.2.3 本条文中的无采光窗洁净区是指在建筑物的围护结构上不设置窗，或有窗而被全部遮挡，或窗面积很小起不到采光窗作用的洁净厂房。

表 9.2.3 "无采光窗洁净区工作面上的最低照度值"是根据对电子、冶金、邮电等 100 多个洁净车间的现场调查和照度实测而得出的结果。洁净车间的最低照度值的峰值出现在 150～200lx 附近，见图 3。平

均值的峰值出现在 250lx 附近，见图 4。

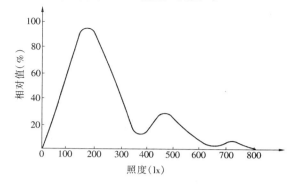

图 3 洁净车间工作面上的最低照度

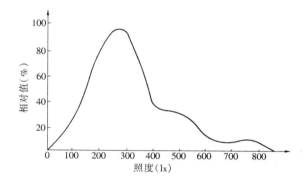

图 4 洁净车间工作面上的平均照度

调查中对工作人员认为比较合适的最低照度作了统计，其结果略高于 150lx。国际照明委员会（CIE）"室内照明指南"规定，无窗厂房的照度最低不能小于 500lx。根据我国现有的电力水平，应以满足对照明的基本要求为依据，最低照度为 150lx 时基本上能满足工人生理、心理上的要求。

又根据在洁净室内改变荧光灯照明的照度，测定工人的生产效率，对于Ⅱ等（挑片）视觉工作，当照度达到 300lx 时，有较高的生产效率，见图 5。工人主观评价意见也认为 300lx 比较合适。

根据以上实验结果，又考虑到经济合理，该等级视觉工作照度可定为 300lx。即比国家标准《工业企业照明设计标准》（GB 50034）中的Ⅱ等视觉工作的照度值提高了一级。目前，国际上许多国家对无窗洁净室的照明一般也是采用提高一级照度标准的方式。我国人工照明照度标准普遍偏低，考虑到节约电能，又考虑到无窗密闭对人的心理和生理上产生的不利影响，其照度标准比同类视觉工作的车间提高一级还是合适的。

本规范的上述规定经过 10 多年实践，基本上能满足生产需求，但也有的单位反映最低照度为 150lx 偏低的情况，鉴于我国当前经济发展水平，电力供应紧张情况缓解，并考虑到洁净厂房对人心理和生理上的因素，将原"无采光窗洁净区工作面上最低照度

值"表中最低照度由 150lx 提高到 200lx。

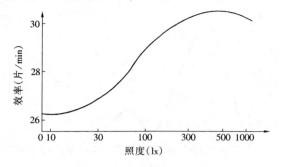

图 5　不同荧光灯照度下的挑片效率

洁净厂房的走道、休息室，考虑到与生产车间的明暗适应问题，其照度值不低于 100lx。

有窗洁净厂房的照度标准可按现行国家标准《工业企业照明设计标准》(GB 50034) 执行。

9.2.4　在无采光窗洁净区工作时，人的生理和心理上会产生一种沉闷关闭的感觉。照明设计时应使室内空间尽量开阔明朗，对空间照度的要求比一般车间应有所提高。加大混合照明中一般照明的比例，则是提高空间照度的一项有效办法。参考国外无窗厂房一般照明照度占混合照明照度的 20%～30%，为节约电能，本标准的规定略降低一些，一般照明占混合照明照度的 10%～15%。

9.2.5　根据对现有洁净厂房的照明调查，一般生产车间的照度均匀度都能达到 0.7。经征求使用者意见，认为此值能满足要求。

9.2.6　洁净厂房的正常照明因电源故障而熄灭，不能进行必要的操作处置可能导致生产流程混乱，加工处理的贵重零部件损坏；或由于不能进行必要的操作处置而可能引起火灾、爆炸和中毒等事故，本条规定应设置备用照明，以防止上述事故和情况发生。

备用照明应满足所需要的场所或部位进行各项活动和工作所需的最低照度值。一般场所备用照明的照度不应低于正常照明照度标准的 1/10。消防控制室、应急发电机室、配电室及电话机房等房间的主要工作面上，备用照明的照度不宜低于正常照明的照度值。为减少灯具重复设置，节省投资，并对提高洁净室的洁净度有利，备用照明作为正常照明的一部分。

9.2.7　洁净厂房是一个相对的密闭体，室内人员流动路线复杂，出入通道迂回，为便于事故情况下人员的疏散，及火灾时能救灾灭火，所以，洁净厂房应设置供人员疏散用的应急照明。

在安全出口、疏散口和疏散通道转角处设置标志灯以便于疏散人员辨认通行方向，迅速撤离事故现场。在专用消防口设红色应急灯，以便于消防人员及时进入厂房进行灭火。

9.3　通　信

9.3.1　洁净厂房设置电话、对讲电话等是与内外部联系的装置，它有如下作用：

1　作为正常的工作联系。

2　发生火灾时与外部联系，积极采取有效的灭火措施。

3　洁净室内的工作人员是一个重要的尘源，人走动时的发尘量是静止时的 5～10 倍，所以减少人员在洁净室内的走动，对保证洁净度有很重要的作用。

9.3.3　洁净厂房广泛应用于电子、生物制药、宇航、精密仪器制造及科研各个行业中，它的重要性越来越多地被人们所认识。新建和改建的洁净厂房数量不断增加，大多数洁净厂房内设有贵重设备、仪器、且建造费用昂贵，一旦着火损失巨大。同时洁净厂房内人员进出迂回曲折，人员疏散比较困难，火情不易被外部发现，消防人员难以接近，防火有一定困难，因此设置火灾自动报警装置的确十分重要。

对近年设计、建成的 25 个洁净厂房的调查中，有约 90% 以上的洁净厂房装有火灾自动报警装置，这是由于本规范颁布实施以来洁净厂房装设火灾报警装置已得到各方面的重视和认同，消防意识不断提高，随着产品质量提高、价格合理，各种型式的报警装置正得到广泛的应用，因此作了本条的规定。

目前我国生产的火灾报警探测器的种类较多，常用的有感烟式、紫外线感光式、红外线感光式、定温感温式、差定温复合式等。

9.3.5　本条规定探测器报警后，强调人工核实和控制，当确认是真正发生火灾后，按规定设置的联动控制设备进行操作并反馈信号，目的是减少损失。因为洁净厂房内的生产要求与普通厂房不同，对于洁净度要求严格的厂房，若一旦关断净化空调系统即使再恢复也会影响洁净度。使之达不到工艺生产要求而造成损失。

9.4　自 动 控 制

9.4.1　洁净厂房是密闭的建筑，为确保洁净厂房的正常生产和工作，应设置一套较完整的自动控制装置，如洁净室空气洁净度、温度和湿度的监控；洁净室的压差监控；高纯气体、纯水和循环冷却水的温度、压力、流量监控，气体纯度、纯水水质的监测等。这些监控装置视工程具体情况，可设计成单个系统的测量、控制系统，也可设计成集散式计算机控制和管理系统。

9.4.2　净化空调系统的空气过滤器随运行时间的增加，阻力逐渐增大，为保持送风风量，经常手动调节系统中的风阀，以增加风量，调整很麻烦；在空气调节系统调试中，系统起动时为使风机空载启动，首先将风机出口处风阀关闭，风机启动后，由于风阀上受压力很大，打开十分困难。当采用空气过滤器前后压力差的变化控制送风机的变频调速装置后，送风量的调节变得十分容易，送风压力稳定。同时洁净室净化空调系统的送风机采用变频调速后节能十分显著。

9.4.3 为避免净化空调系统因风机停转无风或超温时，电加热器继续送电加热会造成设备损坏甚至发生火灾，本条规定应设置无风、超温断电保护。

本条规定所指的寒冷地区是处于建筑气候区划一级区中Ⅰ区（1月平均气温小于等于－10℃）和Ⅱ区（1月平均气温－10~0℃）的地区，在此类地区的新风系统采用防冻措施，是为了防止新风机组表冷器冻裂。

9.5 静电防护及接地

9.5.1 洁净厂房的室内环境中许多场合存在着静电危害，从而导致电子器件、电子仪器和电子设备损坏或性能下降或导致人体遭受电击伤害或导致爆炸、火灾危险场所引燃、引爆或导致尘埃吸附影响环境洁净度。因此，洁净厂房工程设计中要十分重视防静电环境设计。

9.5.2 防静电地面材料采用具有导静电性能的材料是防静电环境设计的基本要求。目前国内生产的防静电材料及制品有长效型和短效型，长效型必须是长时间持久地保持静电耗散性能，其时间界限为10年以上，而短效型能维持静电耗散性能3年以内，还有介于3年以上和10年以下的为中效型。洁净厂房一般为永久性建筑，因此条文规定防静电地面应选用具有长时间保持稳定静电耗散性能的材料。

本条第2、3款中规定了防静电地面的表面电阻率、体积电阻率和地面对地泄放电阻值，这些规定是参照电子行业标准《电子产品和制造防静电系统测试方法》（SJ/T 10694）制定的。

9.5.3 净化空调系统的送回风口、风管和排风系统的排风管是易于产生静电的部位，因而规定了风口、风管的防静电接地的要求。

9.5.4 洁净厂房内可能产生静电的生产设备（包括防静电安全工作台）和容易产生静电的流动液体、气体或粉体的管道，应采取防静电接地措施，将静电导除。当这些设备与管道处在爆炸和火灾危险环境中时，设备和管道的连接安装要求更加严格，以防发生严重灾害。因此，强调执行现行国家标准《爆炸和火灾危险环境电力装置设计规范》（GB 50058）的规定。

9.5.5 本条规定了防静电接地系统的做法，整个系统构成故障电流和静电泄放电气通路。

接地导线的横截面除了满足低电阻的要求外，还必须有足够的机械强度。电子、航天行业标准规定了接地主干线铜导体截面积不应小于100mm²，本规范根据我国导线、电缆的标准截面的规格，接地主干线截面规定不应小于95mm²。

9.5.6 洁净厂房中除防静电接地系统外，还有建筑物的防雷接地、工作（交流工作）接地、保护（故障保护）接地、直流工作接地、屏蔽接地、功率接地等。这里强调直流接地系统与交流接地系统不能混接，它是电子设

备抑制电磁干扰的一项重要措施。直流接地导线截面应计算确定，使系统中任何两点间的直流电阻值在此期间应为0.02Ω以下。不同功能的接地系统应作等电位联结是防止电击、保护人身和财产安全。

9.5.7 为了解决好各个接地系统之间的相互关系，接地系统设计时，必须以防雷接地系统设计为基础。由于在大多数情况下各种功能接地系统采用综合接地方式，因此，首先必须考虑防雷接地系统，使其他功能接地系统都应包括防雷接地系统的保护范围之内。

附录C 洁净室或洁净区性能测试和认证

C1 通 则

本附录编写的指导思想是与国际接轨，依据ISO-14644、14698等的内容进行编制。

C1.1 洁净室或洁净区在设计、施工验收后，应进行综合性能评价。洁净室交付使用后，由于洁净室维护管理不当，洁净室工作人员误操作以及净化空调系统长期运行使空气过滤器性能变化、洁净室周围环境的突发事件，如沙尘暴等，以及洁净室工艺变化诸因素均会影响洁净室综合性能，因而洁净室经常监测或定期的性能测试是必要的，以证实洁净室或洁净区的性能符合本规范的要求。

C2 洁净室或洁净区性能测试要求

C2.1、C2.2 等同采用国际标准（草案）ISO/DIS 14644-2《洁净室及相应被控空气洁净度的测试和监控》相关条文。

最长测试时间间隔是根据近年来我国一些合资企业的内部质量管理条款以及ISO 14644-2的空气洁净度认证测试要求而编制的。

C3 洁净室测试方法

C3.1 测试平面在离高效过滤器0.3m是过滤器出口气流较均匀稳定处，无人员及工艺设备干扰，测定气流风速接近真实风速。测点间距0.6m是参照美国、日本相关测试方法制定的。

C3.2 参照《洁净室施工及验收规范》（JGJ 71）相关条文编写。

C3.3 参照国际标准（草案）ISO/DIS 14644-4 有关条文编写。

C3.5 等同采用国际标准（草案）ISO/DIS 14644-1附录B相关条文规定的采样点的最少数量 $N_L = A^{0.5}$。本条规定与209E有较大的不同，尤其对大面积的洁净室测试，大大减少了采样点，从而在不影响空气洁净度等级质量下，节省了测试时间及成本。

中华人民共和国国家标准

石 油 库 设 计 规 范

GB 50074—2002

条 文 说 明

目　　次

1 总　　则

1.0.1 本条规定了设计石油库应遵循的原则要求。

石油库属爆炸和火灾危险性设施，所以必须做到安全可靠。技术先进是安全的有效保证，在保证安全的前提下也要兼顾经济效益。本条提出的各项要求是对石油库设计提出的原则要求，设计单位和具体设计人员在设计石油库时，应严格执行本规范的具体规定，采取各种有效措施，达到条文中提出的要求。

1.0.2 本条规定了《石油库设计规范》的适用范围和不适用范围。

1 本次修订对《石油库设计规范》的适用范围做了如下改变：

1）增加了"改建石油库"的设计，也应遵循本规范的规定；

2）把总容量小于 500m³ 的小型石油库纳入到本规范适用范围之中。

2 与 1984 年版《石油库设计规范》相比，本规范不适用范围有如下变化：

1）取消了使用期限少于 5 年的临时性石油库和生产装置内部的储油设施的设计不适用范围的规定；

2）增加了石油化工厂厂区内、长距离输油管道和油气田油品储运设施的设计为不适用范围。

3 上述变化有以下情况或理由：

1）建设部关于本次对《石油库设计规范》、《小型石油库及汽车加油站设计规范》的修订文件中，同意把小型石油库的有关内容并入《石油库设计规范》中，这样既完善了《石油库设计规范》标准的内容，方便使用，也避免了大小油库两个标准的不协调、不一致之处；

2）使石油库改建部分工程也有规范可以遵循；

3）相关部门或行业的标准逐步健全，使得这些部门和行业的工程建设有了可遵循的国家标准规范。这样，石油化工厂厂区内、长距离输油管道和油气田的油品储运设施的设计不再使用本规范；

4）出于对安全的考虑，使用期限少于 5 年的临时性石油库也应该受标准规范的制约；

5）本规范已不再适用于石油化工厂厂区内油品储运设施的设计，生产装置内部储油设施的设计使用规范的问题已不是本规范应该提及的问题了。

1.0.3 这一条规定有两方面的含义：

其一，《石油库设计规范》是专业性技术规范，其适用范围和它规定的技术内容，就是针对石油库设计而制定的，因此设计石油库应该执行《石油库设计规范》的规定。在设计石油库时，如遇到其他标准与本规范在同一问题上作出的规定不一致的情况，执行本规范的规定。

其二，石油库设计涉及的专业较多，接触的面也广，本规范只能规定石油库特有的问题。对于其他专业性较强、且已有国家或行业标准规范作出规定的问题，本规范不便再作规定，以免产生矛盾，造成混乱。本规范明确规定者，按本规范执行；本规范未作规定者，可执行国家现行有关强制性标准的规定。

3　一　般　规　定

3.0.1 关于石油库的等级划分，本次规范修订时作了调整，且与原规范的等级划分有了比较大的改变。一级石油库从 50000m³ 及以上改为 100000m³ 及以上；五级石油库从 500m³ 以下改为 1000m³ 以下；二、三、四级石油库也都适当增加、调整了容量。调整的理由主要是：

随着我国国民经济建设的迅速发展，各地方各部门的用油量都有了很大程度的增长，油罐的单罐容量也在不断地加大，目前最大单罐容量已达到 100000m³。炼油厂的原油处理能力 20 世纪 70 年代 250 万吨/年处理量已是较大的，现在新建炼油厂提出达到 1000 万吨/年处理能力的要求。国内几十万吨的原油库已不少见，一个县级石油库也可以达到几千吨到上万吨的容量。国外的大石油库也有相当可观的容量，如日本鹿岛原油储备库，库容量为 694 万 m³。石油库容量增大了，石油库的等级划分也应随之作适当的调整，以使各级石油库的容量梯度更为合理，更便于对不同库容的石油库提出不同的技术和安全要求。例如，本规范对单罐容量和总容量在 50000m³ 及以上的油库提出了更为严格的安全要求。

3.0.2 石油库储存油品的火灾危险性分类没有根本性变化，只是对乙类油品细化为乙 A、乙 B 类，这是为了适应规范中新增条文的要求而提出的。如要求喷气燃料、灯用煤油等油品应选用浮顶或内浮顶油罐，就有必要把乙类油品划分为乙 A、乙 B 类。在条文中的写法是"储存甲类和乙 A 类油品的地上油罐，应采用浮顶油罐或内浮顶油罐"。

3.0.3 石油库内生产性建筑物和构筑物的耐火等级部分作了调整。如铁路油品装卸栈桥和汽车油品装卸站台可以采用三级耐火等级，主要是针对铁路油品装卸栈桥和汽车油品装卸站台目前有相当多采用钢质结构的现状而提出的。钢栈桥轻便美观，易于制作，但达不到二级耐火等级的要求；另一方面油品装卸栈桥（或站台）发生火灾造成严重损失的情况很少，故允许铁路油品装卸栈桥和汽车油品装卸站台耐火等级为三级是合理的。

3.0.4 考虑到现在一些石油库有经营少量民用和车用液化石油气的需求，本规范在修订时增加了允许石油库储存少量液化石油气的条文。需要说明的是，允许石油库经营的仅仅是作为民用和车用燃料的液化石油气，不能扩大范围到其他石油化工产品。

3.0.5 本规范没对液化石油气的储存、装卸设施作出具体规定，而是要求执行现行国家标准《石油化工企业设计防火规范》GB 50160的有关规定，因为该规范对液化石油气储运设施的设计已有详细规定，且适用于石油库储存液化石油气这种情况。

4 库 址 选 择

4.0.1 本条原则性规定了石油库库址选择的要求。

由于大部分石油库是位于或靠近城镇，所以石油库建设应符合当地城镇的总体规划，包括地区交通运输规划及公用工程设施的规划等要求。

考虑到石油库的油品在储运及装卸作业中对大气的环境污染以及可能产生油品渗漏、污水排放等对地下水源的污染，所以本条规定了石油库库址应符合环境保护的要求。

4.0.2 由于过去有些企业未经城市规划的同意，在企业内部任意扩大库容或新建油库，因不注意防火，发生重大火灾，不但损失严重，而且危及相邻企业和居住区的安全。为此本条规定了企业附属石油库，应结合该企业主体工程统一考虑，并应符合城镇或工业规划、环境保护与防火安全的要求。

4.0.4 在地震烈度9度及以上的地区不得建造一、二、三级石油库的规定，主要是考虑在这类地区建库如发生强烈地震，油罐破裂的可能性大，对附近工矿企业的安全威胁大，经济损失严重。

4.0.5 现行国家标准《防洪标准》GB 50201—94中第4.0.1条，关于工矿企业的等级和防洪标准是这样规定的：中型规模工矿企业的防洪标准（重现期）为50～20年，小型规模的工矿企业的防洪标准（重现期）为20～10年。因此本条规定一、二、三级石油库的洪水重现期为50年，四、五级石油库的洪水重现期为25年。

另外参照交通部行业标准《海湾总平面设计规范》JTJ 211—99中第4.3.3条，本条增加了沿海等地段石油库库区场地最低设计标准的规定："库区场地的最低设计标高，应高于计算水位1m及以上。在无掩护海岸，还应考虑波浪超高。计算水位应采用高潮累积频率10%的潮位。"因为我国沿海各港因潮型和潮差特点不同，南北方港口遭受台风涌水程度差异较大。南方港口特别是汕头、珠江、湛江和海南岛地区直接遭受台风，涌水增高显著，涌水高度在设计水位以上约1.5～2.0m；而北方沿海港口受台风风力影响较弱，涌水高度较弱，一般涌水高度在设计水位以上1.0m左右，不超过1.3m。所以，库区场地的最低设计标高要结合当地情况确定。

4.0.7 为了减少石油库与周围居住区、工矿企业和交通线在火灾事故中的相互影响，防止油品污染环境，节约用地等，对石油库与周围居住区、工矿企业、交通线等处的安全距离作了规定。表4.0.7中所列安全距离与本规范1984年版的相关规定基本相同。现对表4.0.7说明如下：

1 本次修订，安全距离按油库等级划分为五个档次，虽然各个级别的石油库的库容增大了，但考虑到本次修订提高了安全和消防标准，如本规范1984年版规定："储存甲类油品的地上油罐，宜采用浮顶油罐或内浮顶油罐。"本次修订改为："储存甲类和乙A类油品的地上油罐，应采用浮顶油罐或内浮顶油罐。"此外，还增加了许多保障石油库安全的规定，所以表4.0.7保留本规范1984年版各级石油库的对外安全距离是合适的。这样做还有利于现有石油库进行增容改造。

2 石油库与居住区及公共建筑物的安全距离除了考虑火灾事故的相互影响外，还考虑到石油库储存和装卸油品作业时排出的油气对居住区的空气污染。根据多年实践经验，规定五级油库与居住区及公共建筑物的安全距离为50m是合适的。而随着石油库容量的加大，火灾相互影响也加大，其他级别石油库与居住区及公共建筑物的安全距离依次增为70、80、90和100m。

居住区的规模有大有小，当居住区规模小到一定程度，其与石油库的相互影响就很有限了，所以制定了二、三、四、五级石油库与小规模居住区之间的安全距离可以折减的规定。一级石油库库容没有上限，规模可能很大，与小规模居住区之间的安全距离不宜折减。

3 石油库与工矿企业的安全距离，因各企业生产特点和火灾危险性千差万别，不可能分别规定。本条所作规定，与同级国家标准对比协调，大致相同或相近。

4 对于石油库与国家铁路线及工业企业铁路线的安全距离，由于国家铁路线的重要性和行驶速度、运输量等远大于工业企业铁路线，因此其安全距离也较大，本条按石油库一、二、三、四、五等级依次规定为60、55、50、50、50m。工业企业铁路线的安全距离参照现行国家标准《建筑设计防火规范》GBJ 16—87（2001年版）第4.8.3条中甲、乙类液体储罐距厂外铁路中心线35m，距厂内铁路中心线25m。因此，本条规定石油库与工业企业铁路线的安全距离按石油库一、二、三、四、五等级依次为35、30、25、25、25m。

5 对于石油库与公路的安全距离，由于油罐和油罐车在作业时都散发油气，油罐区和装卸区都属于爆炸和火灾危险场所，公路上可能有明火，为避免它们之间的相互影响，按油库一、二、三、四、五等级分别规定安全距离为25、20、15、15、15m。

6 对于石油库与架空通信线路的安全距离，主要考虑油罐发生火灾时，火焰可高达几十米，对库外通信线路正常通话威胁较大，参照有关部门规定，确定其安全距离不小于40m。

7 对于石油库与架空电力线路和不属于国家一、二级的架空通信线路的安全距离，主要是考虑倒杆事故。据15次倒杆事故统计，倒杆后偏移距离在1m以内的6起，偏移距离在2～3m的4起，偏移距离为半杆高的2起，偏移距离为一杆高的2起，偏移距离大于1倍半杆高的1起。

8 对于石油库与爆破作业场地安全距离，主要考虑爆破石块飞行的距离。

9 石油库的油品装卸区与油罐区相比危险性要小一些，所以规定其与居住区、工矿企业、交通线等的安全距离可以减少25%。石油库的油品装卸区在仅用于卸油作业时，油气散发量很小，与装油作业相比安全得多；单罐容量等于或小于100m³的埋地卧式油罐，容量小，受外界影响小，与油罐区相比也安全得多，发生火灾及火灾造成的损失也小得多，故这两者与居住区、工矿企业、交通线等之间的安全距离减少50%，是合理的也是安全的。

10 因为石油库内或工矿企业的油罐区、储存、输送的油品均为易燃或可燃油品，性质相同或相近，且各自均有独立的消防系统，故当两个石油库或油库与工矿企业的油罐区相毗邻建设时，它们之间的安全距离可比石油库与工矿企业的安全距离适当减小。"其相邻油罐之间的防火距离不应小于相邻油罐中较大罐直径的1.5倍"的规定，是根据本规范第12.2.7条第1款的规定制定的；"其他建筑物、构筑物之间的防火距离应按本规范表5.0.3的规定增加50%"是可行的。这样做可减少不必要的占地，为石油库选址提供有利条件。

4.0.8 本条部分参考了现行国家标准《建筑设计防火规范》GBJ 16—87（2001年版）及原来小型石油库设计规范，并适当作了补充。

4.0.9 各级机场对周围空间有特殊的安全要求，故制定本条规定。

5　总平面布置

5.0.1 石油库内各种建、构筑物，火灾危险程度、散发油气量的多少、生产操作的方式等差别较大，有必要按生产操作、火灾危险程度、经营管理等特点进行分区布置。把特殊的区域加以隔离，限制一定人员的出入，有利于安全管理，并便于采取有效的消防措施。

5.0.2 石油库建筑物及构筑物的面积都不大，在符合生产使用和安全条件下，将石油库内的建筑物及构筑物合并建造，既可减少油库用地，节约投资，又便于生产操作和管理，这是石油库总图设计的一个主要原则。

石油库内可以合建的建筑物、构筑物很多，如润滑油调配间可与润滑油泵房、润滑油灌油间合建；润滑油预热间可与桶装润滑油品库房合建；甲、乙、丙类油品泵房可以合建；油品泵房可与其相应的配电间、仪表间和控制室合建；消防泵房可与消防器材间、值班室合建等。

5.0.3 石油库内各建筑物、构筑物之间防火距离的确定，主要是考虑到发生火灾时，它们之间的相互影响。石油库内经常散发油气的油罐和铁路、公路、水运等油品装卸设施同其他建筑物、构筑物之间的距离应该大些。

1 油罐与其他建筑物、构筑物之间的防火距离的确定。

1）确定防火距离的原则。

a 避免或减少发生火灾的可能性。火灾的发生必须具备可燃物质、空气和火源等三个条件。因此，散发可燃气体的油罐与明火的距离应大于在正常生产情况下油气扩散所能达到的最大距离；

b 尽量减少火灾可能造成的影响和损失。对于散发油气、容易着火、一经着火即不易扑灭且影响油库生产的建筑物和构筑物，其与油罐的距离应大些，其他的可以小些；

c 按油罐容量及油品危险性的大小规定不同的防火距离；

d 在相互不影响的情况下，尽量缩小建筑物、构筑物之间的防火距离。

e 在确定防火距离时，应考虑操作安全和管理方便。

2）油罐火灾情况。根据调查材料统计，绝大部分火灾是由明火引起的（炼厂的统计为67%，商业油库比例更大），而以外来明火引起的较多。如油品经排水沟流至库外水沟，库外点火，火势回窜引起火灾。这种情况以商业库为多。其他原因则有雷击、静电等。

3）油罐散发油气的扩散距离。

a 清洗油罐时油气扩散的水平距离，一般为18～30m；

b 油罐进油时排放的油气扩散范围：水平距离约为11m；垂直距离约为1.3m。

4）油罐火灾的特点。

a 油罐火灾几率低；

b 起火原因多为操作、管理不当；

c 如有防火堤，其影响范围可以控制。

5）油罐与各建筑物、构筑物的防火距离。决定油罐与各建筑物、构筑物的防火距离，首先应考虑油罐扩散的油气不被明火引燃，以及油罐失火后不致影响其他建筑物和构筑物。据国外资料介绍，石油库内油罐与各建筑物、构筑物的防火距离均趋于缩小。英国石油学会《销售安全规范》规定，油罐与明火和散发火花的建筑物、构筑物的距离为15m。日本丸善石油公司的油库管理手册，是以油罐内油品的静止状态和使用状态分别规定油罐区内动火的安全距离，其最大距离为20m。苏联1970年修订的规范也比1956年的规范规定的距离缩小了。油罐着火后对附近建筑物和构筑物的影响、扑灭火灾的难易，随罐容的大小、油罐的型式及所储油品性质的不同而有所区别。表5.0.3中的距离是以储存甲、乙类油品的浮顶油罐或内浮顶油罐、储存丙类油品的立式固定顶油罐等为基准，按罐容的大小而制定的。详见备注中说明。

a 油罐与油泵房的距离。油罐与油泵房的距离，主要考虑油罐着火时对泵房的影响，防止油泵损坏，影响生产。油泵房内没有明火，对油罐影响很小。从泵的操作需要考虑，应减少油泵吸入管道的摩阻损失，保证两者之间的距离尽可能小，规定不同容量的油罐与甲、乙类油品泵房的距离分别为19、15、11.5、9m；与丙类油品泵房的距离分别为14.5、11.5、9、7.5m。

b 油罐与灌油间、汽车灌油鹤管、铁路油品装卸线的距离。三者任一处发生火灾，火势都较易控制，对油罐的影响不大。该三处在操作时散发油气较多，应考虑油罐着火后对它们的影响，故其距离较油罐与油泵之间的距离要适当增大些。

c 油罐与油品装卸码头的距离。油罐或油船着火后，彼此之间影响较大，油船着火后往往难以扑灭，影响范围更大。油码头所临水域来往船只较多，明火不易控制，油罐与码头的距离应适当增大。

d 油罐与桶装油品库房、隔油池的距离。桶装油品库房一般不散发油气，其着火几率较小，但库房内储存的油品一经着火即难以扑灭，影响范围也很大，故应与灌油间等同对待。隔油池着火几率较桶装油品库房为大，着火后火势较猛，故大于150m³的隔油池与油罐的距离应较桶装油品库房与油罐的距离为大。

e 油罐与消防泵房、消防车库的距离。消防泵房和消防车库为石油库中的主要消防设施，一旦油罐发生火灾，消防泵和消防车应立即发挥作用且不受火灾威胁。它们与油罐的距离应保证油罐发生火灾时不影响其运转和出车，且油罐散发的油气不致蔓延到消防泵房和消防车库，距离要适当增大，故按油罐大小分别规定为33、26.5、22.5、19m。

f 油罐与有明火或散发火花的地点的距离。主要考虑油气不致蔓延到有明火或散发火花的地点引起爆炸或燃烧，也考虑明火设施产生的飞火不致落到油罐附近。

2 其他各种建筑物、构筑物之间的防火距离的确定。

1）油气扩散的情况。

a 据英国有关资料介绍，装车时的油气扩散范围不大，在7.6m以外可安装非防爆电气设备。

b 向油船装汽油，当泵流量为250m³/h，在人孔下风侧6.1m处测得油气；

2）从上述情况看，装车、装船和灌桶作业时，油气扩散的范围不大，考虑到建筑物、构筑物之间车辆运行、操作要求，以及建筑物、构筑物着火时相互之间的影响、灭火操作的要求等因素，相互间应有适当的距离。

3）容量等于或小于50m³的卧式油罐着火后易于扑灭，危险性较小，故规定容量等于或小于50m³的卧式油罐与各项建筑物、构筑物的距离可减少30%。四、五级石油库容量相对较小，操作简单，故规定各建筑物、构筑物之间的防火距离可减少25%。

3 本次修订增加了储油区油泵采用露天布置的规定，主要参照现行国家标准《石油化工企业设计防火规范》GB 50160—92确定的。

5.0.4 油罐区比灌油点高的优点是：有利于泵的吸入，不需再把泵房的标高降得很低或建地下泵房；有条件时，还可实现自流作业，节约能量；在停电情况下仍能维持自流发油，不影响石油库发油作业。油罐区都设有防火堤，万一油罐破裂，也不致使油品流出堤外影响其他。

5.0.5 提出洞口不宜少于2处，主要是为了生产安全，还考虑了施工排渣和投产后便于通风。如东北某人工洞石油库发生爆炸时把一个洞口堵塞，如无第二个洞口就无法进入洞中进行扑救。

主巷道内容易积聚油气，形成爆炸危险场所，而变配电间、空气压缩机间、发电间是容易散发火花的地点，故不应设在主巷道内。如果必须进洞，应另辟洞室，并单设出入口，这样可以互不影响。布置在洞外时，因罐室主巷道洞口可能排出油气并有呼吸管和排风管出口，故按地上油罐与变配电间的距离考虑，采用15m的距离。

油泵间、通风机室不散发火花，从防护要求考虑，设在洞内比较安全。在调查中，尚未发现由于洞内油泵间和通风机室而引起的洞内火灾，所以允许油泵间和通风机室与罐室布置在同一主巷道内。

5.0.6 铁路装卸区布置在石油库的边缘地带，不致因铁路罐车进出而影响其他各区的操作管理，也减少铁路与库区道路的交叉，有利于安全和消防。但有可能受地形或其他条件的限制，不能在边缘地带布置时，可全面综合考虑进行合理布置。

铁路线如与石油库出入口处的道路相交叉，常因铁路调车作业影响石油库正常车辆出入，平时也易发生事故，尤以在发生火灾时，可能妨碍外来救护车辆的顺利通过。

5.0.7 石油库的公路装卸区是外来人员和车辆往来较多的区域，业务比较繁忙。将该区布置在面向公路的一侧，设单独的出入口，外来的车辆可不驶入其他各区，出入方便，比较安全。若设围墙与其他各区隔开，并设业务室、休息室等，外来人员只限在该区活动，更有利于安全管理。出入口外设停车场，待装车辆在此等候，有秩序地进库装油，不致使库内秩序混乱，也不致由于待装车辆停在公路上影响公共交通。

5.0.8 本条规定主要考虑防止和减少外来人员进入或通过生产作业区，以利于安全。

5.0.9 石油库内的油罐区是火灾危险性最大的场所，油罐区的周围设环行道路，油罐组之间留有宽度不小于7m的消防通道，有利于消防车辆的通行和调度，能及时转移到有利的扑救地点。

有回车场的尽头式道路，车辆行驶及调动均不如环行道路灵活，一般不宜采用。但在山区的油罐区或小型石油库的油罐区，因地形或面积的限制，建环行道确有困难时，可以设有回车场的尽头式道路。

铁路装卸区着火的几率虽小，着火后也较易扑灭，但仍需要及时扑救，故规定应设消防道路，并宜与库内道路相连形成环行道路，以利于消防车的通行和调动。考虑到有些石油库受地形或面积的限制，故规定可设有回车场的尽头式道路。

5.0.10 石油库的出入口如只有1个，在发生事故或进行维护时就可能阻碍交通。尤以库内发生火灾时，外界支援的消防车、救护车、消防器材及人员的进出较多，设2个出入口就比较方便。

5.0.11 石油库应尽可能与一般火种隔绝，禁止无关人员进入库内，建造围墙有利于防火和安全，也易做好保卫工作。在调查中，普遍反映石油库应设围墙。石油库的围墙应比一般围墙高，故规定不应低于2.5m。

建在山区的石油库面积较大，地形复杂，建实体围墙确有困难时，可以设镀锌铁丝围墙。但装卸区和行政管理区有条件时仍应设实体围墙。

5.0.12 石油库内进行绿化，可以美化和改善库内环境。油性大的树种易燃烧，除行政管理区外不应栽植。防火堤内如栽树，万一着火对油罐威胁较大，也不利于消防，故不应栽树。

6 油 罐 区

6.0.1 油罐建成地上式，具有施工速度快、施工方便、土方工程量小、工程造价低等优点。另外，与之相配套的管道、泵站等也可建成地上式，从而也降低了配套建设费，管理也较方便。但由于地上油罐目标暴露、防护能力差，受温度影响大的呼吸损耗大，在军事油库和战略储备油库等有特殊要求时，油罐可采用覆土式、人工洞式或埋地式。

6.0.2 钢制油罐与非金属油罐比较具有造价低、施工快、防渗防漏性好、检修容易、占地小等优点，故要求油库采用钢制油罐。

甲类和乙A类油品易挥发，采用浮顶或内浮顶油罐储存甲类和乙A类油品可以减少油品蒸发损耗85%以上，从而减少油气对空气的污染，还减少了空气对油品的氧化，保证油品质量，此外对保证安全也非常有利。浮顶油罐比固定顶油罐投资多，但减少的油气损耗约1年即可收回投资。由于覆土油罐和人工洞罐受温度影响很小，又多为部队所采用，周转次数很少，所以可不采用浮顶油罐或内浮顶油罐。

6.0.3 本条为石油库的地上油罐和覆土油罐成组布置的规定。

1 甲、乙和丙A类油品的火灾危险性相同或相近，布置在一个油罐组内有利于油罐之间互相调配和统一考虑消防设施，既可节省输油管道和消防管道，也便于管理。而丙B类油品性质与它们相差较大，消防要求不同，所以不宜建在一个油罐组内。

2 沸溢性油品在发生火灾等事故时容易从油罐中溢出，导致火灾流散，影响非沸溢性油品安全，故沸溢性油品储罐不应与非沸溢性油品储罐布置在同一油罐组内。

3 地上油罐、覆土油罐、高架油罐、卧式油罐的罐底标高、管道标高等各不相同，消防要求也不相同，布置在一起对操作、管理、设计和施工等均不便。故地上油罐、覆土油罐、高架油罐、卧式油罐不宜布置在同一油罐组内。

4 随着石化工业的发展，油罐的容量越来越大，浮顶油罐单体容量已达100000m³，固定顶油罐也做到了20000m³。所以适当提高油罐组总容量有利于采用大容量罐，以减少占地。

5 一个油罐组内油罐座数越多，发生火灾事故的机会就越多；单体油罐容量越大，火灾损失及危害就越大。为了控制一定的火灾范围和火灾损失，故根据油罐容量大小规定了最多油罐数量。由于丙B类油品储罐不易发生火灾；而油罐容量小于1000m³时，发生火灾容易扑救，故对这两种情况不加限制。

6.0.4 油罐布置不允许超过两排，主要是考虑油罐失火时便于扑救。如果布置超过两排，当中间一排油罐发生火灾时，因四周都有油罐会给扑救工作带来一些困难，也可能会导致火灾的扩大。

储存丙B类油品的油罐（尤其是储存润滑油的油罐），在独立石油库中发生火灾事故的几率极小，至今没有发生过着火事故。所以规定这种油罐可以布置成四排，以节约用地和投资。

为便于扑救卧式油罐的火灾，规定排与排之间的净距不应小于3m。

6.0.5 油罐的间距主要是根据下列因素确定：

1 油罐区约占石油库总面积的1/3~1/2。缩小油罐间距，可以有效地缩小石油库的占地面积；

2 节约用地是基本国策之一。因此在保证操作方便和生产安全的前提下应尽量减少油罐间距，以达

到减少占地从而减少投资的目的;

3 根据 1982 年 2 月调查材料的统计,油罐着火几率很低,年平均着火几率为 0.448‰,而多数火灾事故是由于操作时不遵守安全防火规定或违反操作规程造成的。绝大多数石油库安全生产几十年没有发生火灾事故。因此,只要遵守各项安全制度和操作规程,提高管理水平,油罐火灾事故是可以避免的。绝不能因为以前曾发生过若干次油罐火灾事故而将油罐间距增大。

4 着火油罐能否引起相邻油罐爆炸起火,主要决定于油罐周围的情况。如某炼油厂添加剂车间的20 号罐起火,罐底破裂油品大量流出,周围没有防火堤,形成一片大火。同时对火灾又不能及时进行扑救,火焰长时间烘烤邻近油罐,相邻油罐又多是敞口的,因而被引燃。而与着火罐相距 7m 的酒精罐,因处在较高的台阶上,着火油品没有流到酒精罐前,酒精罐就没有起火。再如上海某厂油罐起火后烧了20min,与其相距 2.3m 的油罐也没有被引燃起火。如果油罐起火后就对着火罐和相邻罐进行冷却,油罐上又装有阻火器,相邻油罐是很难被引燃的。根据油罐着火实际情况的调查,可以看到真正由于着火罐烘烤而引燃相邻油罐的事例极少。因此,没有必要加大油罐的间距。

5 油罐间距也不能太小,因为油罐发生火灾后,必须有一个扑救和冷却的操作场地。消防操作场地要求有二:一是消防人员用水枪冷却油罐,水枪喷射仰角一般为 50°~60°,故需考虑水枪操作人员至被冷却油罐的距离;二是要考虑泡沫产生器破坏时,消防人员要有一个往着火油罐上挂泡沫钩管的场地。对于石油库中常用的 1000~5000m³ 钢制油罐,0.4~0.6D 的距离基本上可以满足上述两项要求;小于 1000m³ 的钢制油罐,如果操作人员站的位置避开两个罐之间最小间距的地方,0.4~0.6D 的距离也能满足上述两项操作要求。但是考虑到当前实际的消防操作水平,故对不大于 1000m³ 的钢制油罐,当采用移动式消防冷却时,油罐间距可增加到 0.75D。

6 我国有些炼油厂和石油库在布置油罐时,采用的油罐间距已为油罐直径的 0.5~0.7 倍。这些单位把油罐间距缩小后至今没有出现问题,足以证明缩小油罐间距是可行的。

7 许多国家过去都规定油罐间距为一个 D,近30 年都作了不同程度的缩小。美国把油罐间距减到 1/6~1/4(D_1+D_2),前苏联的新规定已把油罐间距减到 0.75D,英国油罐间距为 0.5D,法国油罐间距为 1/4~1/2D。与国外大多数规范比较,本规范规定的油罐间距还是偏于安全的。

8 浮顶油罐和内浮顶油罐的浮盘直接浮在油面上,抑制了油气挥发,很少发生火灾;即使发生火灾,基本上只在浮盘周围密封圈处燃烧,比较易于扑

灭,也不需要冷却相邻油罐,其间距可缩至 0.4D。对于覆土油罐,虽然着火的几率不一定低,但不需要对着火罐的相邻罐进行冷却,场地可以小一些。同时,这种类型的油罐直径大,而高度相对较小,故将间距定为 0.4D。

9 表 6.0.5 注 5 规定:"浮顶油罐、内浮顶油罐之间的防火距离按 0.4D 计算大于 20m 时,特殊情况下最小可取 20m。"其"特殊情况"是指储罐区总图布置受地理、地质条件或土地规划的限制,按 0.4D 的罐间距布置油罐会大幅度增加工程投资等情况。该规定主要是针对直径大于 50m 的大型浮顶油罐而制定的,该规定允许大型浮顶油罐之间的防火距离小于 0.4D,但只要不小于 20m,安全是有保障的。理由如下:

1) 就 100000m³ 浮顶油罐来说,其可燃面积(罐顶密封圈处)大约为 250m²,而 10000m³ 固定顶油罐可燃面积约为 615m²。就罐本身火灾危险性而言,100000m³ 浮顶油罐不比 10000m³ 固定顶油罐更危险,而 10000m³ 的固定顶罐储存乙类油品时,最小罐间距取 0.6D,为 16.8m;储存丙 A 类油品时最小罐间距取 0.4D,为 11.2m。均小于 20m。

2) 浮顶油罐和内浮顶油罐发生整个罐内表面火灾事故的几率极小,据国外有关机构统计,浮顶油罐和内浮顶油罐发生整个罐内表面火灾事故的频率为 1.2×10^{-4}/罐·年。即使发生整个罐内表面火灾事故,也不一定能引燃相距 20m 外的邻近浮顶油罐或内浮顶油罐,到目前为止还没有着火的浮顶油罐或内浮顶油罐引燃邻近浮顶油罐或内浮顶油罐的案例。

3) 国外标准也有类似的规定,如英国石油学会《石油工业安全操作标准规范》第二部分《销售安全规范》(第三版)关于浮顶油罐的间距是这样规定的:对直径小于和等于 45m 的罐,建议罐间距为 10m;对直径大于 45m 的罐,建议罐间距为 15m。法国石油企业安全委员会编制的石油库管理规则关于浮顶油罐的间距是这样规定的:两座浮顶油罐中,其中一座的直径大于 40m 时,最小间距可为 20m。

4) 为了解着火油罐火焰辐射热对邻近罐的影响,我们运用国际上比较权威的 DNV Technical 公司的安全计算软件(PHAST Professional 5.2 版),对浮顶油罐 20m 防火间距作出安全评价。评价结果(按油罐着火时形成全面积池火做的计算)表明,距着火罐越远的地方,火灾辐射热强度越小;在距着火罐相同距离处,着火罐直径越大,火灾辐射热强度也越大,这符合火灾辐射热强度规律。但火灾辐射热强度并未随着火罐直径的增加而成比例增加,即着火罐直径增加的大,而火灾辐射热强度增加的小,这也符合火灾辐射热强度规律。距 100000m³ 着火罐(D=80m)罐壁 20m 处的火灾辐射热强度为 7.685kW/m²,距 10000m³ 着火罐(D=28m)罐壁 0.4D(11.2m)处

的火灾辐射热强度为 8.72kW/m²，前者小于后者。这一计算结果说明，既然规范允许 10000m³ 浮顶油罐间距为 0.4D，并经多年实践证明是安全的，那么 100000m³ 浮顶油罐间距为 0.2D 也是安全的。

5）表 6.0.5 注 5 的规定有利于减少占地，节省工程投资。例如，对一个有 6 座 100000m³ 浮顶原油储罐的罐区来说，罐间距采用 20m 将比采用 0.4D 罐区占地减少 15 亩，管道减少 19%，防火堤减少 7%，消防道路减少 7%。

6.0.6 本条为地上油罐组设防火堤的规定。

1 地上油罐一旦发生爆炸破裂事故，油品会流出油罐外，如果没有防火堤，油品就到处流淌。如大连某厂一个罐区没有防火堤，一个罐爆炸破裂后油品流到哪里就烧到哪里。河北省某石油化工厂燃料油罐爆炸后，因无防火堤，油品崩到汽油罐区，将汽油罐引燃。为避免此类事故，规定地上油罐应设防火堤。

2 防火堤内有效容积对应的防火堤高度刚好容易使油品漫溢，故防火堤实际高度应高出计算高度 0.2m。另外，考虑防火堤内油品着火时用泡沫枪灭火易冲击造成喷洒，故防火堤最好不低于 1m；为了消防方便，又不宜高于 2.2m。为防止计算高度的参考点发生误会，特意规定了高度的起算点。最低高度限制主要是为了防范泡沫喷洒，故从防火堤内侧设计地坪起算；最高高度限制主要是为了方便消防操作，故从防火堤外侧道路路面起算。

3 管道穿越防火堤必须保证严密，且严禁在防火堤上开洞，以防事故状态下油品到处流散。防火堤内雨水可以排出堤外，但事故溢出的油不应排走，故必须要采取排水阻油措施，可以采用安装有切断阀的排水井，也可采用排水阻油器。

4 防火堤内人行踏步是供工作人员进出防火堤之用，考虑平时工作方便和事故时能及时逃生，故不应少于 2 处，且应处于不同方位上。

6.0.7 据调查，很多覆土油罐带有水平通道，为防止油罐底部破裂时油品顺水平通道外流，所以规定必须设密闭门。竖直通道不会溢油，故可不设密闭门。

6.0.9 防火堤有效容量的规定的主要出发点是：

1 装满半罐油品的油罐如果发生爆炸，大部分只是炸开罐顶。如上海某厂 1981 年一个罐在满罐时爆炸，只把罐顶炸开 2m 长的一个裂口。大连某厂 1978 年一个罐爆炸，也是罐顶被炸开，油品未流出油罐。

2 油罐油位低时发生爆炸，有的将罐底炸裂，如前面提到的某炼油厂的 20 号罐，着火时油位为 1.9m。而该厂 1972 年爆炸的另一个罐，当时油位为 0.75m，爆炸时只把罐顶炸裂，而没有炸裂罐底。

3 油罐冒油或漏失的油量都不会大于一个罐的容量。所以本条规定防火堤内有效容量不小于最大油罐的容量是安全的。

对于浮顶油罐或内浮顶油罐，因浮顶下面基本上没有气体空间，不易发生爆炸。即使爆炸，也只是将浮盘掀掉，不会炸破油罐下部，所以油品流出油罐的可能性很小，故防火堤的有效容量规定不小于最大浮顶罐或内浮顶油罐容量的一半是安全的。

6.0.10 油罐除了有可能发生破裂事故外，在使用过程中冒罐、漏油等事故时有发生。为了把油罐事故控制在最小的范围内，把一定数量的油罐用隔堤分开是非常必要的。沸溢性油品储存在着火时易向罐外沸溢出泡沫状的油品，为了限制其影响范围，不管油罐容量大小，规定其两个罐一隔。为了限制着火油品漫过防火堤，故规定隔堤比防火堤要低。

6.0.11 油罐进油管要求从油罐下部接入，主要是为了安全和减少油品损耗。油品从上部进入油罐，如不采取有效措施，就会使油品喷溅，这样除增加油品大呼吸损耗外，同时还增加了油品因摩擦产生大量静电，达到一定电位，就会在气相空间放电而引发爆炸的危险。如 1977 年上海某厂一个油罐发生爆炸事故，就是因进油管从罐壁上部接入，当时罐内液位高 1.8m，油品落差约 4m，当油品流速增加到 7.5m/s 时，大量静电积聚并放电，引起爆炸。1978 年大连某厂的一个 5000m³ 的柴油罐，因为油品从扫线管进入油罐，落差 5m，因静电放电引起爆炸。1980 年该厂添加剂车间 400 m³ 的煤油罐，也是因为进油管从上部接入，油品落差 6.1m，进油时产生大量静电引起爆炸，并引燃周围油罐和其他设备。所以要求油管从油罐下部接入。当工艺安装需要从上部接入时，就应将其延伸到油罐下部。由于立式油罐比卧式油罐高度要高，从上部接管更不利，所以对立式罐要求严，而对卧式罐要求宜从下部接入，但从上部进管时均要求延伸到底。

6.0.12 对各种油罐而言，油罐基本附件应是一样的。但储存丙 A 类油品的罐因呼吸损耗很小，可不设呼吸阀；储存丙 B 类油品的罐因基本无油气排放，可不设呼吸阀和阻火器。

6.0.14 为随时掌握罐内液位，进行自动控制，也为防止油罐溢油引起火灾、爆炸，在油罐上应设液位计和高液位报警器。由于大型油罐危害性也大，所以对等于和大于 50000m³ 的油罐的要求更高些。

6.0.15 立式油罐最近几年出现过不均匀下沉和结构裂缝，直接影响油罐安全。油罐基础有很多情况是凭经验建造的，故要求作结构设计。卧式油罐双支座比三支座的受力性好，即使一个支座沉降也不影响使用。而三支或多支座若发生某一个支座沉降，则会引起油罐局部应力过大遭破坏。

6.0.16 油罐在地震作用下，由于罐壁发生翘离或罐基础发生不均匀沉降、倾斜，使油罐和配管连接处遭到破坏是常见的震害之一。例如，1989 年 10 月 17 日美国加州 Loma Prieta 地震，位于地震区域的炼油厂所有遭到破坏的油罐都与罐壁的翘离有关。此外，由于罐基础处理不当，有一些油罐在投入使用后其基础仍会发生较大幅度的沉降，致使管道和罐壁遭到破坏。为防止上述破坏情况的发生，可采取一定措施，增加油罐配管的柔性来消除相对位移的影响，如可在与罐壁连接的管道上设置金属软管或使管道的形状具有足够的柔性。此外，油罐进出口管道采用挠性或柔性连接方式，还可吸收管道的热伸缩变位，降低管道的热应力。

6.0.17 一个人工洞内的油罐的总容量和座数不应过大或过多，这和在一个地上油罐组内限制油罐总容量和座数的理由一样，在洞内发生爆炸或火灾事故时，使其影响范围尽可能小。如东北某人工洞石油库主巷道发生一次爆炸，洞内18座罐都有不同程度的变形。西南某人工洞石油库一个罐室的支巷道发生爆炸，洞内5座油罐有4座报废。如果一个洞内油罐座数少些，损失就不会那么大。此外，一个洞内油罐座数过多，主巷道必然很长，不利于通风，也不利于呼吸管道排气和吸气，且容易积聚油气，发生事故的可能性就增大。

6.0.18 洞内油罐的间距主要是根据石质和油罐直径而定。现在一般是采用相邻较大油罐室毛洞的直径作为间距。如西南某人工洞石油库的油罐与油罐之间的距离是一个油罐室毛洞直径，1980年在一个油罐室的支巷道内发生爆炸，导致了油罐室内的油罐发生连续爆炸，把油罐室的钢密封门崩出支巷道70多米远，洞内四座油罐都被炸坏而报废，但油罐室与油罐室之间的岩体仍然完好无损，这说明这样一个距离可以保证油罐洞室的安全。

6.0.19 本条规定的几个尺寸主要是考虑施工、生产和维修操作方便。洞内的油罐锈蚀比较严重，必须经常检查和涂刷油漆，需要一定的活动空间。现在有些油罐的上方仅有0.5~0.8m高的空间，工人到罐顶检查时需要在顶上爬行，当工人上罐量油、取样和刷油漆时还要携带工具，在罐顶工作既不方便也不安全。有的罐壁周围的环行通道宽度只有0.6m，单人行走已显狭窄，当油罐需要维修时，无法搭脚手架。因此，规定环行通道的最小宽度为0.8m，为维修提供方便。

6.0.20 规定主巷道的净宽主要是考虑施工时出石渣和生产操作方便。施工时，不论是用小矿车出渣或是用自卸汽车出渣，其宽度都不能小于3m，高度也不能小于2.2m，安装和操作也需要这样的尺寸。如某省的一个人工洞石油库的主巷道太窄，只得将管道安装在走道下面的管沟里，检查维修很不方便，而且容易锈蚀漏油。某军区一个人工洞石油库的主巷道坡度太小，夏季洞里的水排不出去，积水浸没了管道和罐底，所以这里规定主巷道的纵向坡度不宜小于5‰。

6.0.21 对人工洞石油库主巷道口部的抗爆等级各部门要求不一致，暂时难以统一规定。但都必须设防护门，防护门必须与要求的抗爆等级相适应。

罐室的密封门的作用，主要是防止油罐破裂时油品流出罐室，以减少油品的损失和对其他油罐的影响。

6.0.22 人工洞内的油罐呼吸不能在洞内进行，否则油气无法扩散，造成油气积聚。可用通气管将大小呼吸的油气引出洞外。近几年有的通气管采用非金属管，不利于导走静电；也有的虽为钢管，但直径比出油管直径小，造成呼吸不畅。另外，管道式呼吸阀因呼吸均通过通气管从而避免了油气外泄。有些通气管内积聚了不少水、油冷凝液，减少了通气管通道面积，故要求安装放液阀。

7 油 泵 站

7.0.1 在以往的泵站设计中，采用地下泵房相当普遍，其地坪标高低于轨顶或泵站外地坪2~3m，也有的深达5~6m。由于标高太低不便于解决防排水问题，同时增加了土方工程量，也容易积聚油气，给建筑施工、设备安装、操作使用，特别是安全管理带来很多问题，所以推荐油泵站建成地上式。从建筑形式看，泵房虽有利于设备和操作环境，但一方面增大了建房、通风等的投资，另一方面容易积聚油气，于安全不利；露天泵站造价低、设备简单、油气不容易积聚，但设备和操作人员易受环境气候影响；泵棚则介于泵房与露天泵站之间，应当说是一种较好的泵站形式。

7.0.2 本条为泵房（棚）的设置要求。

1 规定油泵房设2个向外开的门，主要是考虑发生火灾、爆炸事故时便于操作人员安全疏散。小于60m²的油泵房，因泵的台数少，发生事故的机会也少，即使发生事故也易于疏散，故允许设1个外开门。

2 泵房和泵棚净空不低于3.5m，主要考虑设备竖向布置和有利于油气扩散。

7.0.3 本条为输油泵的设置要求。

1 为保证特殊油品（如航空喷气燃料等）的质量，规定了专泵专用，且专设备用泵，不得与其他油品油泵共用。

2 通过调查发现，多数油库普遍存在着油泵的备用台数过多，油泵的利用率低的现象，特别是自行设计的石油库更是随意增设备用泵。

一些油泵常年不用或很少使用，造成设备和建筑面积的严重浪费。现在国产油泵和电动机质量不断提高，只要操作管理得当设备很少出故障。因此，根据石油库油泵的运行特点，在满足生产需要的前提下，制定合理的油泵备用原则是必要的。

连续输送的油泵是指生产装置或工厂开工周期内

不能停用的泵，如炼油厂从油罐区供给工艺装置的原料油泵、长距离输油管道的输油泵、发电厂锅炉的供油泵等。这些油泵在发生故障时，如没有备用泵，则无法保证连续供油，必然造成各种事故或较大的经济损失。所以规定连续输送的油泵应设备用油泵。

3 经常操作但不连续运转的油泵，根据生产需要时开时停，作业时间长短不一，石油库的输油泵大多属于此类，如油品装卸和输转等作业所用的泵。这些油泵发生故障时，一般不致造成重大的损失，客观上也有一定检修时间，各种类型的油泵采用互为备用或共设1台备用油泵是可以满足生产需要的。

4 不经常操作的油泵是指平时操作次数很少且不属于关键性生产的泵，如油泵房的排污泵、抽罐底残油的泵等。这种泵停运的时间比较长，有足够的时间进行检修，即使在运行时损坏，对生产影响也不大。故这种泵没有必要设备用油泵。

7.0.4 离心泵工作前必须灌泵，以往多采用真空泵给离心泵灌泵。由于真空泵工作中常常漏水，造成泵站集水，冬天还会冻，而且必须采用真空罐，真空罐是一个危险源。另外，真空泵排出的油气易造成污染、能源浪费，并有可能引发火灾事故，所以不宜采用真空泵。现在有些容积泵（如滑片泵）完全可以替代真空泵，且无真空泵上述缺点，故本条推荐采用容积泵给离心泵灌泵。

7.0.6 调查的十六起油泵房事故中，有五起是容积泵引起的，占油泵房事故的31%，主要是由于没有安装安全阀。当油泵出口管道堵塞或在操作时没有打开油泵出口管道上的阀门时，泵的出口压力超过了泵体或管道所能承受的压力，把泵盖或管件崩开而喷油，有的遇到明火还发生火灾、爆炸事故，造成人身伤亡及经济损失。为避免这种事故的发生，故做本条规定。

7.0.7 在调查中看到不少石油库油泵房内油泵、阀门和管道布置比较零乱，间距不是过大就是过小。间距过大占地面积大，不经济；间距过小既不安全，又影响操作。所以做了本条规定。

1 电动机端部至墙壁（柱）这一地带，一般应满足行人、泵和电动机的搬运和安装以及电动机在检修时抽芯的要求。故规定此距离不小于1.5m。

2 油泵的间距是从满足操作、通行和放置拆卸下来的油泵所需的地方提出的，现在的规定基本上能够适应大泵间距大、小泵间距小的要求。

7.0.8 油泵站可实行集中布置，但由于集中泵站造成管道多、阀门多、油泵吸程大等问题，许多油品装卸区将铁路装卸栈桥或汽车油罐车装卸站台当作泵棚，直接将泵分散布置在栈桥或站台下，以节省建站费用，同时减小了油泵吸程。规定"油泵四周应是开敞的，且油泵基础标高不应低于周围地坪。"是为了使油气能迅速扩散，增强安全可靠性。需要注意的

是，设置在栈桥或站台下的泵要满足防爆要求和铁路油品装卸区安全限界的要求。

8 油品装卸设施

8.1 铁路油品装卸设施

8.1.1 本条为铁路油品装卸设置的要求。

1 按照油品运输量确定装卸线的车位数，以使装卸油品设施能力与石油库的周转、储存油品能力相匹配，从而提高油品装卸设施的利用率，发挥其效益。

2 由于油品装卸区属于爆炸和火灾危险场所，为了安全防火，送取油罐车的机车采取推车进库、拉车出库的作业方式，即机车一般不需进入装卸区内。所以，无须将油品装卸线建成贯通式。

在调查中发现，有部分石油库将油品装卸线建成贯通式。虽然采取了安全防范措施，增加了严格的油品装卸安全规定和操作规程。但是，装卸设施工程和送取机车走行距离的增加，使石油库的建设资金和日常运营费用均有所增加。而且，油品装卸操作的复杂化，也增加了不安全因素。

3 油品装卸线为平直线，既便于装卸油品栈桥的修建和输油管道的敷设与维修，又便于油罐车的安全停放，防止溜车事故的发生，以及油品的准确计量和装卸彻底。

装卸线设在平直线上确有困难时，设在半径不小于600m的曲线上也能进行作业。但这样设置，由于车辆距栈桥的空隙较大，使油品装卸作业既不方便，又不很安全；同时，油罐车列相邻的车钩中心线相互错开，车辆的摘挂作业困难。而且，也不便于装卸栈桥的修建和输油管道的敷设与维修。

如果装卸线直线段始端至栈桥第一鹤位的距离小于采用油罐车长度的1/2时，由于第一鹤位的油罐车部分停在曲线上，不利于此油罐车的对位和插取鹤管操作。

4 每条油品装卸线的有效长度可按下式计算：

$$L = L_1 + L_2 + L_3 + L_4$$

式中 L——装卸线有效长度（m）；

L_1——机车至警冲标的距离，取 $L_1 = 9m$；

L_2——机车长度（m），取常用大型调车机车长度值为22m；

L_3——油罐车列的总长度（m）；

L_4——装卸线终端安全距离，取 $L_4 = 20m$。

对于有一条以上装卸线的油库装卸区，机车在送取、摘挂油罐车后，其前端至前方警冲标应留有供机车司机向前方及邻线瞭望的9m距离，以保证机车安全地退出。

终端车位钩中心线至装卸线车档间20m的安全

距离，是考虑在装卸过程中发生油罐车着火时，为规避着火油罐车，将其后部的油罐车后移所必需的安全距离。同时有此段缓冲距离，也利于油罐车列的调车对位，以及避免发生油罐车冲出车挡的事故。

8.1.2 本条为油品装卸线中心线至非罐车装卸线中心线的安全距离要求。

1 装甲、乙类油品的股道中心线两侧各 15m 范围内为爆炸危险区域 2 区，一切可能产生火花的操作均不得侵入该区域。所以，规定其距非罐车装卸线中心线不应小于 20m。

2 卸甲、乙类油品的股道中心线两侧各 3m 范围内为爆炸和火灾危险区域 2 区，一切可能产生火花的操作均不得侵入该区域。所以，规定其距非罐车装卸线中心线不应小于 15m。

3 丙类油品的火灾危险性等级较低，而且在常温下无爆炸危险。所以，规定其装卸线中心线距非罐车装卸线中心线不应小于 10m。

8.1.8 本条的规定是与现行国家标准《铁路车站及枢纽设计规范》GB 50091—99 相协调的。该规范规定：普通货物站台应高出轨面 1.10m，其边缘至线路中心线的距离应为 1.75m；高出轨面距离大于 1.10m、等于小于 4.80m 的货物高站台，其边缘至线路中心线的距离应为 1.85m。

8.1.9 零位罐在卸油品过程中主要起暂时储存或缓冲作用，罐中油品处于过渡储存或输送流动状态，而非长期储存于此。因此，规定零位罐的总容量不应大于一次所卸油品的总量。

8.1.10 规定从下部接卸铁路油罐车油品的卸油系统应采用密闭管道系统，既防止接卸过程中的油品泄漏、污染环境，又消除油品蒸发气体的外泄发生，确保接卸操作安全。

本条规定装卸车流速不应大于 4.5m/s，是为了防止静电危害，便于装车量的控制，减少油气挥发，减少管道振动和减小管道水击力。

国外有关标准对油品灌装流速也有严格限制。例如，美国 API 标准规定，不论管径如何流速限值为 4.5～6.0m/s；美国 Mobil 公司标准规定，DN100 鹤管最大装车流量不应大于 125 m^3/h，折算流速为 4.4m/s。

8.1.11 如果在一条装卸线两侧同时修建油品装卸栈桥，不仅不能发挥双栈桥的作用，反而会造成工程投资的浪费，而且妨碍油罐车列的调车作业，很不安全。

8.1.13 现行国家标准《标准轨距铁路机车车辆限界》GB 146.1—83、《标准轨距铁路建筑限界》GB 146.2—83、《铁路车站及枢纽设计规范》GB 50091—99 以及铁道部部令《中华人民共和国铁路技术管理规程》中，对标准轨距铁路中心线距两侧建、构筑物边缘的距离作了明确规定。本规范 8.1.5～8.1.7 条

和 8.1.13 条的规定内容都符合上述标准、规程的有关规定。

对油品装卸栈桥边缘与铁路油品装卸线的中心线的距离，本规范 1984 年版是这样规定的：自轨面算起 3m 以下不应小于 2m，3m 以上不应小于 1.75m。此规定与上述铁路的标准和规程的有关规定有所不同，在实际执行中铁路部门往往要求执行上述铁路的标准和规程的规定，这样一来会给建设单位造成不必要的麻烦。本次修订时就此问题与铁道部建设管理司进行了协调，8.1.13 条的"新建和扩建的铁路油品装卸栈桥边缘与铁路油品装卸线的中心线的距离，自轨面算起 3m 及以下不应小于 2m，3m 以上不应小于 1.85m"的规定是协调的结果。这样修改对铁路油罐车装卸车作业影响不大，且能解决与铁路部门的矛盾，因此，本次修订作了这样的修改。"新建和扩建的"意为本规范本次修订版发布之前即已存在的铁路油品装卸栈桥可不按 8.1.13 条的规定进行改造。

8.2 汽车油罐车装卸设施

8.2.1 甲、乙、丙 A 类油品在室内灌装易积聚油气，有形成爆炸气体的危险，在露天场地灌装又受雨雪和日晒的影响，故宜在灌油棚（亭）内灌装。

灌油棚（亭）具备半露天条件，进行灌装作业时有通风良好、油气不易积聚的优点，比较安全，故允许甲、乙、丙 A 类油品可在同一座灌油棚（亭）内灌装。

8.2.2 石油库的油品装车应充分利用自然地形高差从储油罐中直接自流灌装作业，以节省能耗。采用泵送装车方式，可省去高架罐这一中间环节，这样既可节省建筑高架罐的用地和费用、简化工艺流程和操作工序、便于安全管理，又可消除通过高架罐灌油时的大呼吸损耗。

8.2.4 "定量装车控制方式"是一种先进的装车工艺，对防止装车溢流，保障装车安全大有好处，故推荐采用这种装车控制方式。

8.2.5 有些小型石油库可能建有卧式汽油罐，由于卧式汽油罐没有内浮盘，油罐车向其卸油时会挥发出大量油气，如果采用敞口卸油方式，油气将从进油口向周围扩散，这样即损害操作工的健康，又不利于安全。因此，推荐汽车油罐车向卧式容器卸汽油时采用密闭管道系统，将油气引至安全地点集中排放或回收再利用。

8.2.6 现在汽车油罐车的容量多为 8m³ 以上，如果每辆汽车油罐车的设计装车流量小于 30m³/h，则装车时间过长，设计不够合理。

8.2.7 汽油是一种易挥发性油品，汽油在灌装过程中由于液流的机械搅动作用，会大量挥发油气。这些油气扩散到大气中去既污染了环境，又浪费了宝贵的能源，还对安全构成严重威胁。随着社会的进步，环

境保护工作日益受到人们的重视。目前，发达国家的石油库已普遍采取了油气回收措施；我国北京、上海等大城市也已开始开展油气污染治理工作。有理由相信，在不远的将来这一工作会在全国各地展开。在现阶段，油气回收设备尚需从国外进口，进口油气回收设备价格昂贵，小型石油库用不起。根据技术经济分析，油库的汽油装车量大于 20 万吨/年时，回收油气才有经济价值。从环保、安全和经济三方面考虑，推荐汽油装车量大于 20 万吨/年的油库设置油气回收设施。

8.2.8 据实际检测，采用将鹤管插到油罐车底部的浸没式灌装方式，比采用喷溅式灌装方式灌装轻质油品，可减少油气损失 50% 以上。此外，采用喷溅灌装方式鹤管出口处易于积聚静电，一旦静电放电，则极易引发火灾事故。将灌油鹤管插到油罐车底部，既可减少油气损失，还可防止静电危害。

8.3 油品装卸码头

8.3.1 油品是易燃和可燃液体，从安全角度出发，装卸油品码头宜远离其他码头和建筑物，最好在同一城市其他码头的下游。

8.3.2 由于油品具有易燃或可燃的性质，故油品装卸油船作业不宜与其他货物装卸船作业在同一码头和作业区混杂进行。

8.3.3 公路桥梁和铁路桥梁是关系国计民生的重要构筑物，石油码头与公路桥梁和铁路桥梁的安全距离应该比石油库与一般公共建筑物的安全距离大。为减小油船失火时流淌火对桥梁的影响，增加了油品码头位于公路桥梁和铁路桥梁上游时的安全距离。

内河大型船队锚地、固定停泊所、城市水源取水口是河道中的重要场所，石油码头位于这些场所上游时，应远离这些场所。

500 吨位以下的油船绝大多数为中、高速柴油机船，船身小，操纵比较灵活，所载油品数量不多，其危险性相对较小，故其与桥梁等的安全距离可以适当减少。

本条所规定的油品装卸码头与公路桥梁、铁路桥梁、内河大型船队锚地、固定停泊所、城市水源取水口的安全距离与 1984 年版《石油库设计规范》相同。实践证明，这一规定是安全的、合理的。

8.3.4 1984 年版《石油库设计规范》规定油品装卸码头相邻两泊位间的安全距离根据船长乘系数（船长≤150m，系数为 0.2；船长>150m，系数为 0.3）确定。为便于执行，本次修订改为与现行国家标准《石油化工企业设计防火规范》GB 50160—92 和现行行业标准《装卸油品码头防火设计规范》JTJ 237—99 的相关规定一致。修订后的安全距离与原规定基本相当。

8.3.5 1984 年版《石油库设计规范》没有规定装卸油品码头与相邻货运码头的安全距离，考虑到油品码

头与货运码头有可能相互影响安全，故本次修订特增加本条规定。本条规定是参照《装卸油品码头防火设计规范》JTJ 237—99 的相关内容制定的。

8.3.6 随着社会的进步，人身安全越来越受到重视，本着以人为本的原则，本次修订加大了油品装卸码头与客运码头的安全距离。现行国家标准《河港工程设计规范》GB 50192—93 将国内港口客运站按规模划分四个等级，见表 1。

表 1　客运站等级划分

等级划分	设计旅客聚集量（人）
一级站	≥2500
二级站	1500～2499
三级站	500～1499
四级站	100～499

客运站级别不同，说明其重要性不同，油品码头与各级客运站的安全距离也应有所不同。据调查，内河港口客运站一般设在城市中心区，而油品码头一般布置在城区之外，且大多数位于客运码头下游。表 2 列举了一些内河城市港口客运码头与石油公司油品码头相对关系的情况。

**表 2　内河城市港口客运码头与
石油公司油品码头相对关系**

城市	油品码头	油品码头位置	两者之间距离（km）	备注
重庆	黄花园水上加油站	客运码头上游	2	停靠小于 100t 油船
	伏牛溪油库码头	客运码头上游	>10	
涪陵	石油公司码头	客运码头下游	8～10	
万州	石油公司码头	客运码头下游	5～6	
宜昌	石油公司码头	客运码头下游	>3	
武汉	石油公司码头 1	客运码头下游	8～9	
	石油公司码头 2	客运码头下游	>10	
巴东	石油公司码头	客运码头上游	3	
九江	石油公司码头	客运码头下游	>3	
安庆	石油公司码头	客运码头下游	1～2	
铜陵	石油公司码头	客运码头下游	2～3	
芜湖	石油公司码头	客运码头下游	2～3	
南京	石油公司码头	客运码头下游	>3	
镇江	石油公司码头	客运码头下游	>3	
上海	石油公司码头	客运码头下游	>3	
南昌	石油公司码头	客运码头下游	5	

由于油船发生火灾事故往往形成流淌火，为保证客运码头的安全，本规范鼓励油品码头建于客运码头下游，对油品码头建于客运码头上游的情况则大幅度

提高了安全距离限制。根据实际调查，本条规定是不难实现的。

8.3.8 根据国家有关环保法规，达不到国家污水排放标准的污水不能对外排放。因此含油的压舱水和洗舱水必须上岸处理。

8.3.10 规定输油管道在岸边适当位置设紧急关闭阀，是为了及时制止爆管跑油事故，避免事故扩大。

8.3.11 油品为火灾危险品，为保证安全，栈桥式油品码头不宜与其他货运码头共用一座栈桥。

9 输油及热力管道

9.0.1 设计条件主要包括流量、压力和温度等参数，根据这些设计条件进行计算并经技术经济比较后选择管径和壁厚，是管道设计的基本原则。

9.0.2 本条为管道敷设的要求。

1 相对管沟和埋地敷设方式，输油管道地上敷设方式有不易腐蚀、便于检查维修、施工简便、有利于安全生产等优点；缺点是不够整齐美观。管道埋地敷设易于腐蚀，不便维修；输油管道管沟敷设管沟内易积聚油气，安全性差，且造价较高。石油库建设应重点考虑安全和便于维护，因此，本款推荐石油库围墙以内的输油管道采用地上敷设方式。对需穿越道路或有特殊要求的地段，允许采用埋地或管沟敷设方式。

2 管道如果直接敷设于地面或管沟底，仍然容易腐蚀，所以规定地上或管沟内的管道应敷设在管墩或管架上。

保温管道在管墩或管架处设置管托的作用，是使管道在滑动时保温层不致受到破坏，同时还可使管托处的保温层较为严密，以减少热损失。

3 管沟内容易积聚油气，是发生火灾事故的原因之一，一旦管沟内爆炸起火，火将沿管沟蔓延。故管沟在进入油泵房、灌油间和油罐组防火堤处必须设隔断墙。

4 管道的埋设深度应根据管材的强度、外部负荷、土壤的冰冻深度以及地下水位等情况，并结合当地埋管经验确定。生产有特殊要求的地方，还要从技术经济方面确定合理的埋深。由于情况比较复杂，本款规定仅从防止管道遭受地面上机械破坏所需要的最小埋深考虑。根据《公路设计手册——涵洞》介绍："当路堤填土高度在0.5m以上时，土层削弱车辆荷载对涵洞的动力影响，故不计冲击力量。同时涵洞（明涵除外）还可以同周围的土质发生作用，以提高承载能力"。因此，本款规定管道埋设深度（从管顶到地面的距离），在耕种地段不应小于0.8m，在其他地段不应小于0.5m。

国内有关规范对管道埋地深度的规定，分不同情况，一般都在0.5～1.0m之间。

9.0.3 在生产实践中，常有管道因热应力超出限值而破损的事故发生，这是由于管道设置未采取热补偿措施而造成的。所以本条强调管道敷设应进行热应力计算并采取相应的补偿和锚固措施。

9.0.4 本条为管道穿越、跨越库内铁路和道路的要求。

1 管道穿越铁路和道路时，要求交角不宜小于60°，是为了尽量缩短穿越部分的长度，便于施工和减少对路基的破坏；要求敷设在涵洞或套管内，一是为了方便管道的施工与维修，二是为使管道不直接承受车辆及上部土压荷载，管道不致压坏。当然也可采取其他有效的防护措施。

套管在铁路下的埋设深度，参考了北京铁路局等十三个铁路局所属车辆段的检修实践经验和建国以来铁路建设积累的资料，即"埋地敷设管道与铁路交叉时，其净距不小于0.7m"而制定的。

套管在管道下面的埋设深度，根据本规范9.0.2条对埋设深度的规定，又考虑到管道上面要通过车辆，但石油库内来往车辆很少的情况，采用从路面至套管顶的距离为0.6m。美国石油学会的《散装油库设计导则》中也规定行车道下管道最小覆盖层为18～24英寸（即0.45～0.60m）。

2 "管道跨越电气化铁路时，轨面以上的净空高度不应小于6.6m"的规定，是根据国标《工业金属管道设计规范》GB 50316—2000的有关规定制定的。

"管道跨越非电气化铁路时，轨面以上的净空高度不应小于5.5m"的规定，是根据现行国家标准《标准轨距铁路建筑限界》GB 146.2—83的有关规定制定的。

考虑到现在的大型消防车高度已超过4m，故本款增加了"管道跨越消防道时，路面以上的净空高度不应小于5m"的规定。

跨越车行道路时的净空高度4.5m，是参照现行国家标准《厂矿道路设计规范》GBJ 22—87制定的。

"管架立柱边缘距铁路不应小于3m"的规定，是参照现行国家标准《工业企业标准轨距铁路设计规范》GBJ 12—87制定的。

"管架立柱边缘距道路不小于1m"的规定，是为了充分利用路肩，节约用地。在石油库内，跨越道路的桁架立柱、照明电杆、消火栓和行道树等设置在路肩上的情况不少，车辆正常行驶是不会撞倒支柱或电杆的。

3 管道穿、跨越段上，不应安装阀门和其他附件，既是为了避免这些附件渗漏而影响铁路或道路的正常使用，也是为了便于检修和维护这些附件。

9.0.5 管道与铁路平行布置时，距离大了要多占地；距离小了，不利于安全生产。考虑到管道与铁路和道路平行布置时是"线接触"，因而互相影响的机会更多一些，所以应比 9.0.4 条规定的距离适当大些。

9.0.6 管道采取焊接方式可节省材料，而采用法兰连接则费用较高。

焊接的管道不易渗漏，而法兰连接的管道渗漏机会多，需定期更换垫片，维护费用高。

多一对法兰，就多一处漏油隐患。为安全着想，管道还是焊接连接为好。

9.0.7 钢阀的抗拉强度、韧性等性能均优于铸铁阀。采用钢阀在防止阀门冻裂、拉裂、水击及其他外来机械损伤等方面比采用铸铁阀安全得多。为保证油品管道的安全，目前在石油化工行业，油品管道已普遍采用钢阀。在价格上，钢阀并不比铸铁阀贵很多。有鉴于此，本条规定"输油管道上的阀门应采用钢制阀门"。

9.0.8 本条为管道防护的要求。

2 规定采取泄压措施，是为了地上不放空、不保温的管道中的油品受热膨胀后能及时泄压，不至于使管子或配件因油品受热膨胀，压力升高而破裂，发生跑油事故。

3 所谓防凝措施，系指保温、伴热、扫线和自流放空等，设计时可根据实际情况采取一种或几种措施。规定应有良好的防水层是针对有些管道由于防水层不好，致使保温层受潮而起不到保温作用提出的。

9.0.9 有些油品（如喷气燃料）对质量要求很高，为保证油品质量，输送这样的油品就应专管专用。

10 油桶灌装设施

10.1 油桶灌装设施组成和平面布置

10.1.4 甲、乙类油品属易挥发性油品，在油泵与灌油栓之间设防火隔墙，将油气与用电设备隔开，有利于防止火灾发生。灌桶间操作较为频繁，灌桶时会挥发油气，为保证重桶安全，在重桶库房与灌桶间之间有必要设置无门、窗、孔洞的隔墙。

10.2 油桶灌装

10.2.2 本条为油桶灌装场所的设计要求。

1 条文说明与 8.2.1 相同。

2 为保证润滑油品质量，防止风沙、雨、雪等机械杂质污染油品，故宜在室内进行灌装作业。

10.2.3 本条为灌装 200L 油桶的时间要求。

1 对于灌装 200L 甲、乙、丙 A 类油桶的时间控制在 1min（流量约为 3L/s）较合适。如果灌桶时间再缩短，即流量再加大，而灌油栓（枪）直径受桶口限制不能再加大（一般不超过 32mm），则灌桶流速将超过 8.2.6 条规定的安全流速。对轻柴油还会因灌桶速度太快而冒沫，影响灌装作业，操作工人也显

得太紧张。如果灌装时间定得过长，就会影响灌装效率，不能充分发挥灌装设备的效益。

2 润滑油粘度高，在管道中输送阻力大，流速比较慢，因此灌装 200L 润滑油油桶的时间应适当延长，规定为 3min（流量约为 1L/s）比较适宜。

10.3 桶装油品库房

10.3.1 本条为空、重桶的堆放量要求。

1 空桶可以随时来随时灌装，其堆放量为 1d 的灌装量也就够了。

2 根据实际调查，为便于及时向用户供油，重桶堆放量宜为 3d 的灌装量。

10.3.3 为防止重桶遭受人为损坏，以及防止因日晒而升温，重桶应堆放在室内或棚内。

1 甲、乙类油品重桶如与丙类油品重桶储存在同一栋库房内时，从安全和经济两方面考虑，有必要用防火隔墙将两者隔开。

2 甲、乙类油品重桶库房若建成地下或半地下式，油桶一旦漏油，房间内容易积存油气，存在发生火灾、爆炸的不安全因素。

3 甲、乙类油品安全防火要求严格，为避免摔、撞甲、乙类油品重桶，其重桶库房应单层建造。丙类油品火灾危险性较小，为节省占地，其重桶库房可双层建造，但必须采用二级耐火等级。

4 油品重桶库房设外开门，有利于发生火灾事故时人员和油桶疏散。根据现行国家标准《建筑设计防火规范》GBJ 16—87（2001 年版）的要求，建筑面积大于或等于 100m² 的重桶堆放间，门的数量不得少于 2 个。对油品重桶堆放间要求设置高于室内地坪 0.15m 的非燃烧材料造的斜坡式门槛，主要是为了在油品重桶堆放间发生火灾、爆炸事故时，防止油品流散到室外，使火灾蔓延。斜坡式门槛也不宜过高，过高将给平时作业造成不便。

5 本款重桶库房的单栋建筑面积的规定，与现行国家标准《建筑设计防火规范》GBJ 16—87（2001 年版）的相关规定是一致的。

10.3.4 为方便油桶的检查、取样、搬运和堆码时的安全操作以及考虑油品性质等因素，本条规定了堆码层数和有关通道宽度。这一规定是在调查研究的基础上作出的。

11 车间供油站

11.0.1 本条为设置在企业厂房内的车间供油站的要求。

1、2 此二款是参照国内外有关规范制定的。

苏联的《石油和石油制品仓库设计标准》规定在一、二级耐火等级的生产性建筑物内允许存放油品的数量如表 3 所示。

表3　生产性建筑物内允许存放油品的数量

序号	储存方法	油品数量（m³）	
		易燃油品	可燃油品
1	桶装，储存于用不燃的墙和相邻的房间隔开并有直接向外出口的专设房间内者	20	100
2	桶装，储存于丁、戊类生产性建筑物内未隔成专设房间者	0.1	0.5
3	储罐，设在用不燃的墙和相邻的房间隔开并有直接向外出口的专设房间内者	车间 1d 的需要量，但不超过 30	车间 1d 的需要量，但不超过 150
4	储罐，设在地下室者	不允许	300
5	储罐，设在丁、戊类生产性建筑不燃性支柱、托座和场地上者	1	5

《建筑设计防火规范》GBJ 16—87（2001 年版）第3.2.10 条规定：厂房内设置甲、乙类物品的中间仓库时，其储量不宜超过 1d 的需用量。中间仓库应靠外墙布置并应采用耐火极限不低于 3h 的非燃烧体楼板与其他部分隔开。

参照以上资料，并根据国内大、中、小型企业厂房内车间供油站的具体现状，本款规定车间甲、乙类油品存油量为 2d 的需用量。由于工厂规模不同，产品不同，车间用油量有大有小，对于需用量较大的车间，本条还规定了甲、乙类油品的最大储存量不宜大于 2m³。

3 为防止和减少厂房内的车间供油站爆炸事故对其他生产部分的破坏，减少人员伤亡，本款规定车间供油站应靠外墙布置，并对分隔构造也做了具体规定。

4 本款的规定，主要是考虑到桶装或罐（箱）装油操作时如发生跑、冒、滴、漏或起火爆炸时，要防止油品流散到站外，以控制火势蔓延，便于扑救和疏散，减少损失。可考虑在门口设置斜坡式门槛来防止油品流散。

5 与甲、乙类油品相比，丙类油品的危险性要小得多，故作本款规定。

6 甲、乙类油品容易挥发，油气与空气混合极易形成爆炸性的气体混合物，不仅火灾危险性较大，而且也不符合工业卫生标准的要求。据调查，不论在商业系统还是企业单位，将油罐（箱）内的油气直接排入室内的情况较为多见，由此而引发的火灾、人身

中毒案例也不少。针对上述问题，本款规定油罐通气管应引至室外，以便于油气扩散，并防止油气通过门窗进入其他房间，发生爆炸和火灾事故。按照爆炸危险场所的划分范围，要求排气口的位置应高出屋面 1m，与毗邻房间门、窗之间的距离不应小于 4m。

7 因厂房内车间供油站受厂房面积的限制，油罐和油泵较难分开布置在单独房间内。考虑到油罐（箱）容量较小、设备简单、业务单纯等特点，为便于操作，本款规定车间供油站的油罐和油泵可一起布置。

11.0.2 有些企业的厂房距离企业油库较远，或企业无油库。当设置在厂房内的供油站其储油量和设施不可能满足生产要求时，本规范允许在厂房外设置车间供油站。

1 设置在厂房外的车间供油站，其性质等同于企业附属油库。

2 车间供油站与燃油设备或零星用油点有密切的关系，因此，在总图布置上在满足防火距离要求的前提下，应尽量靠近厂房，以使系统简单、操作管理方便。为此，本款对甲、乙类油品的储存量不大于 20m³ 且油罐为埋地卧式油罐，或丙类油品的储存量不大于 100 m³ 的车间供油站，其油罐、油泵房与本厂房、本厂房明火或散发火花地点、站区围墙、厂内道路等的距离，放宽了要求。

4 厂房外的车间供油站，与本厂房的关系十分密切，其油泵房在厂房外布置受到限制时，可以设置在厂房内，这方便了操作和管理。但由于油泵房属火灾危险场所，故对油泵房与其相邻间提出了分隔构造的要求。特别是甲、乙类油品的油泵房，存在爆炸危险性，本款作了出入口直接向外的规定。

12　消　防　设　施

12.1　一　般　规　定

12.1.1 石油库是储存爆炸危险品的场所，所以石油库应设灭火系统。

12.1.2、12.1.3 石油库最常用的灭火手段是用泡沫液产生空气泡沫进行灭火，空气泡沫可扑救各种形式的油品火灾。目前，我国有蛋白型和合成型两种型式泡沫液，蛋白型泡沫液和合成型泡沫液各有自身的优势和不足。蛋白型泡沫液售价低，泡沫的抗烧性强，但泡沫液易氧化腐败，储存时间短；合成型泡沫液泡沫的流动性好，泡沫液抗氧化性能强，储存时间较长，但泡沫的抗烧性欠佳，泡沫液的售价较贵。蛋白型泡沫液有中倍数、低倍数泡沫液两种类型；合成型泡沫液有高倍数、中倍数、低倍数泡沫液三种类型。所以灭火系统也相应有高倍数、中倍数、低倍数泡沫灭火系统。其使用情况分述如下：

1 高倍数泡沫灭火系统是能产生200倍以上泡沫的发泡灭火系统。这种灭火系统一般用于扑救密闭空间的火灾，如覆土油罐、电缆沟、管沟等建、构筑物内的火灾。

2 中倍数泡沫灭火系统是能产生21～200倍泡沫的发泡灭火系统。这种灭火系统分为两种情况，50倍以下（30～40倍最好）的中倍数泡沫适用于地上油罐的液上灭火；50倍以上的中倍数泡沫适用于流淌火灾的扑救（如建、构筑物内的泡沫喷淋）。

3 低倍数泡沫灭火系统是能产生20倍以下的泡沫发泡灭火系统，这种灭火系统适用于开放性的火灾灭火。

中倍数泡沫灭火系统和低倍数泡沫灭火系统由于自身的特性，各有自己的优点和缺点：

低倍数泡沫灭火系统是常用的泡沫灭火系统，使用范围广，泡沫可以远距离喷射，抗风干扰比中倍数泡沫强，在浮顶油罐的液上泡沫喷放中，由于比重大，具有较大的优越性，在扑救浮顶油罐的实际火灾中，已有很多成功案例。

中倍数泡沫灭火系统是我国20世纪70年代研究开发的用于油罐液上喷放的新型灭火系统。由于蛋白型中倍数泡沫液性能的改进和中倍数泡沫质量比低倍数泡沫质量轻，在油罐的液上喷放灭火时，比低倍数泡沫灭火系统有一定的优势，表现为油面上流动速度快，可直接喷放在油面上，受油品污染少，抗烧性好，所以灭火速度快，这已经被实验室研究和现场灭火试验所证实。据《低倍数泡沫灭火系统设计规范》专题报告汇编（1989年9月编制）和1992年10月原商业部设计院编制的中倍数泡沫灭火系统资料介绍：

低倍数泡沫混合液在供给强度为5～7 L/min·m²、混合比为3%～6%、预燃时间为60～120s的情况下，灭火时间为3～5min；中倍数泡沫混合液在供给强度为4～4.4 L/min·m²、混合比为8%、预燃时间为60～90s的情况下，灭火时间为1～2min。在供给强度同为4 L/min·m²时，中倍数蛋白泡沫混合液灭火时间为124s；低倍数蛋白泡沫混合液灭火时间为459s；低倍数氟蛋白泡沫混合液灭火时间为270s。

烟雾灭火技术也称气溶胶灭火技术，是我国自己研制发展起来的新型灭火技术。它适用于油罐的初期火灾，但不能用于流淌火灾，且不能阻止火灾的复燃。烟雾灭火技术在石油公司、金属机械加工厂、列车机务段等单位得到推广应用。安装烟雾装置的轻柴油罐容量最大到5000m³，汽油罐容量最大到1000m³，并已有四次自动扑灭油罐初期火灾的成功案例。由于它有不能抗复燃的致命弱点，故本规范只允许其在缺水少电及偏远地区的四、五级石油库的油罐上使用。当油库油罐的数量较多，水源方便时，使用烟雾灭火装置，在安全和经济上都是不合算的。

12.1.4 本条为油罐消防冷却水系统的设置要求。

1 据调查，大部分独立石油库采用固定式泡沫灭火系统，并设临时高压给水系统。也有个别山区石油库，利用高位水池的高压给水系统供水。独立石油库的油罐一般比较集中，消防管道数量不多，采用这种灭火方式，整个系统经常处于战备状态，启动快、操作简单、可节省人力。故本规范规定单罐容量大于1000m³的油罐应采用固定式泡沫灭火系统。

2 单罐容量小于或等于1000m³的油罐相对来说危险性要小一些，采用半固定式泡沫灭火系统，可节省消防设备投资。

3 移动式泡沫灭火系统，具有机动灵活、维护管理方便、不需在油罐上安装泡沫发生器等设备的特点。

卧式油罐和离壁式覆土油罐，安装空气泡沫发生器比较困难。卧式油罐的着火一般只发生在面积很小的罐口，容易处理，采用移动式泡沫灭火系统较好。覆土油罐较为隐蔽，在没有发生掀顶的情况下，只要密闭洞口和通气口，就能达到灭火的目的；

丙B类润滑油罐火灾机率很小，且油罐容量不大，没有必要在消防设备上大量投资，发生火灾时，可依靠泡沫钩管或泡沫车扑救。

容量不大于200m³的地上油罐，燃烧面积小，需要的泡沫量少，罐壁高度小于6.5m，此类油罐的火灾可用泡沫钩管扑救。

4 企业附属石油库的灭火系统应根据企业情况全面考虑，当企业有较强的机动消防力量时，其附属石油库采用半固定式或移动式泡沫灭火系统较为经济合理。

12.1.5 消防冷却水在扑救油罐火灾中，占有特别重要的地位。水的供应及时与否，决定着灭火的成败，这已为大量的火灾案例所证实。所以，保证充足的水源是灭火成功的关键。

1 单罐容量不小于5000m³的油罐若采用移动式冷却水系统，所需要的水枪和人员很多。对于罐壁高度不小于17m的油罐冷却，移动水枪要满足灭火充实水柱的要求，水枪后坐力很大，操作人员不易控制，所以推荐采用固定式冷却水系统。

2 单罐容量小于5000m³且罐壁高度小于17m的油罐，使用移动冷却水枪数量相对较少，所需人员也较少，操作水枪较为容易。与固定冷却水系统相比，采用移动式冷却水系统可节省工程投资。

12.1.6 石油库所属的油码头消防设施的主要保护对象是码头的装卸区，即用于扑救装卸区油品泄漏的火灾和阻止停靠码头船只火灾热辐射，对码头及装卸设施实施保护，采用的水枪和水炮应是水幕和直流两用的设备。

在码头上发生的流散油品火灾，可用推车式压力比例混合泡沫装置进行灭火，用水枪和水炮进行灭火掩护和码头保护。

油码头的消防给水，一般由油库区引一根水管道至油码头，且在水管道上设置消火栓或快速接头，以为水炮、水枪、泡沫装置提供水源；当油库和码头距离较远时，可在码头上直接取水。

现行国家标准《石油化工企业设计防火规范》GB 50160 对 5000t 级以上的油码头消防已有规定，故本规范不再作规定。

12.2 消防给水

12.2.1 消防给水系统与生产、生活给水系统分开设置的理由如下：

石油库的生产、生活给水水量较小，而消防用水量较大却不常使用，合用一条管道造成大管道输送很小流量，水质易变坏。

石油库的消防给水对水质无特殊要求，生活给水对水质要求较为严格。

消防给水与生产、生活给水压力差别较大。石油库区的生产、生活给水压力较低，与消防给水合用一个系统，生产、生活给水的管道需提高压力等级，这是不经济的。

12.2.2 五级石油库一般靠近城镇，消防用水量较小，城镇给水管网既是油库的水源，又是石油库的消防备用水管网，所以规定五级石油库的消防、生产、生活给水管道可合用一个系统。

缺水、少电的山区油库，水源困难，人畜生活靠车从山下运水或地窖内存雨水解决用水，这些地区周围空旷，油罐着火后一般也不会造成重大的危害，所以规定立式油罐可只采用烟雾灭火，不用考虑水冷却。

12.2.3 关于消防给水系统压力的规定，说明如下：

石油库高压消防给水系统的压力是根据最不利点的保护对象及消防给水设备的类型等因素确定的。当采用移动式水枪冷却油罐时，则消防给水管道最不利点的压力是根据系统达到设计消防水量时，由油罐高度、水枪喷嘴处所要求的压力及水带压力损失综合确定的。

石油库低压消防给水系统主要用于为消防车供水。消防车从消火栓取水有两种方式，一种是用水带从消火栓向消防车的水罐里注水，另一种是消防车的水泵吸水管直接接在消火栓上吸水（包括手抬机动泵从管网上取水）。前一种取水方式较为普遍，消火栓出水量最少为 10L/s。直径为 65mm、长度为 20m 的帆布水带，在流量为 10L/s 时的压力损失为 8.6m，本规范 1984 年版规定消火栓最低压力为 0.1MPa，消防车实际操作供水不畅，故本次修订改为应保证每个消火栓的给水压力不小于 0.15MPa。

12.2.4 消防给水系统应保持充水状态，是为了减少消防水到火场的时间。油库消防给水系统最好维持在低压状态，以便发生小规模火灾时能随时取水，将消

防给水系统与生产、生活给水系统连通可较方便地做到这一点。

12.2.5 油罐区的消防给水管道应采用环状敷设，主要考虑油罐区是油库的防火重点，环状管网可以从两侧向用水点供水，较为可靠。

四、五级石油库油罐容量较小，一般靠近城镇，油库区面积不大，发生火灾时影响范围亦较小，所以规定消防给水管道可枝状敷设。

建在山区或丘陵地带的石油库，地形复杂，环状敷设管网比较困难，因此本规范规定：山区石油库的单罐容量小于或等于 5000m³ 且油罐单排布置的油罐区，其消防给水管道可枝状敷设。

12.2.6 四级以上的石油库一次最大消防用水量是在油罐区，其他设施的消防用水量都比油罐区小。故规定石油库的消防用水量应按油罐区的消防用水量计算决定。

五级石油库中，有些油库油罐区全是由卧式罐组成的，罐区计算消防用水量可能比库区内建、构筑物的计算消防用水量还要低，所以，规范规定取两者计算的较大值。

12.2.7 油罐冷却范围规定的理由如下：

1 地上固定顶着火油罐的罐壁直接接触火焰，需要在短时间内加以冷却。为了保护罐体、控制火灾蔓延、减少辐射热影响、保障邻近罐的安全，地上固定顶着火油罐应进行冷却。

关于固定顶油罐着火时，相邻油罐冷却范围的规定依据是：

1) 天津消防研究所 1974 年对 5000m³ 汽油罐低液面敞口油罐着火后的辐射热进行了测定。在距着火油罐罐壁 1.5D（D 为着火油罐直径）处，当测点高度等于着火油罐罐壁高时，辐射热强度平均值为 7817kJ/m² · h，四个方向平均最大值为 8637 kJ/m² · h，绝对最大值为 16010kJ/m² · h。

1976 年 5000m³ 汽油罐氟蛋白泡沫液下喷射灭火试验中，当液面高为 11.3m，在距着火油罐罐壁 1.5D 处，测点高度等于着火油罐罐壁高时，辐射热强度四个方向平均最大值为 17794 kJ/m² · h，绝对最大值为 20934kJ/m² · h。

由上述试验可知，在距着火油罐罐壁 1.5D 范围内，火焰辐射热强度是比较大的。为确保相邻油罐的安全，应对距着火油罐罐壁 1.5D 范围内的相邻油罐予以冷却。

2) 在火场上，着火油罐下风向的相邻油罐接受辐射热最大，其次是侧风向，上风向最小。所以本条规定当冷却范围内的油罐超过 3 座时，按 3 座较大相邻油罐计算冷却水量。

2 浮顶油罐、内浮顶油罐着火时，基本上只在浮盘周边燃烧，火势较小。例如，某厂一座 10000m³ 浮顶油罐（内装轻柴油）着火，15min 扑灭，浮盘周

边三处着火，最大一处着火长才 7m。故本款规定着火的浮顶油罐、内浮顶油罐的相邻油罐可不冷却。

3 本款规定"距着火的浮顶油罐、内浮顶油罐罐壁距离小于 0.4D（D 为着火油罐与相邻油罐两者中较大油罐的直径）范围内的相邻油罐受火焰辐射热影响比较大的局部应冷却"，是为了提高大型浮顶油罐和内浮顶油罐（容量≥50000m³）的安全可靠性。

4 覆土油罐都是地下隐蔽罐，覆土厚度至少有 0.5m，着火的和相邻的覆土油罐均可不冷却。但火灾时，辐射热较强，四周地面温度较高，消防人员必须在喷雾（开花）水枪掩护下进行灭火。故应考虑灭火时的人身掩护和冷却四周地面及油罐附件的用水量。

5 卧式罐是圆筒形结构常压罐，结构稳定性好，发生火灾一般在罐人孔口燃烧，根据调查资料，火灾容易扑救。一般用石棉被就能扑灭发生的火灾，在有流淌火灾时，仍需考虑着火罐和邻近罐的冷却水量。

12.2.8 油罐的消防冷却水和保护用水的供给强度规定的依据如下：

1 移动冷却方式。移动冷却方式采用直流水枪冷却，受风向、消防队员操作水平影响，冷却水不可能完全喷淋到罐壁上。故移动式冷却水供给强度比固定冷却方式大。

1）固定顶油罐着火时，水枪冷却水供给强度的依据为：1962 年公安部、石油部、商业部在天津消防研究所进行泡沫灭火试验时，曾对 400m³ 固定顶油罐进行了冷却水量的测定。第一次试验结果为每米罐壁周长耗水量为 0.635 L/s·m，未发现罐壁有冷却不到的空白点；第二次试验结果为每米罐壁周长耗水量为 0.478 L/s·m，发现罐壁有冷却不到的空白点，感到水量不足。试验组根据两次测定，建议用 φ16mm 水枪冷却时，冷却水供给强度不应小于 0.6L/s·m；用 φ19mm 水枪冷却时，冷却水供给强度不应小于 0.8 L/s·m。

2）浮顶油罐、内浮顶油罐着火时，火势不大，且不是罐壁四周都着火，冷却水供给强度可小些。故规定用 φ16mm 水枪冷却时，冷却水供给强度不应小于 0.45L/s·m；用 φ19mm 水枪冷却时，冷却水供给强度不应小于 0.6 L/s·m。

3）着火油罐的相邻不保温油罐水枪冷却水供给强度的依据为：据《5000m³ 汽油罐氟蛋白泡沫液下喷射灭火系统试验报告》介绍，距着火油罐壁 0.5 倍着火油罐直径处辐射热强度绝对最大值为 85829 kJ/m²·h。在这种辐射热强度下，相邻的油罐会挥发出来大量油气，有可能被引燃。因此，相邻油罐需要冷却罐壁和呼吸阀、量油孔所在的罐顶部位。

相邻油罐的冷却水供给强度，没有做过试验，是根据测定的辐射热强度进行推算确定的：条件为实测辐射热强度 85829kJ/m²·h，用 20℃ 水冷却时，水的汽化率按 50% 计算（考虑油罐在着火油罐辐射热影响下，有时会超过 100℃ 也有不超过 100℃ 的）；20℃ 的水 50% 水汽化时吸收的热量为 1465kJ/L。

按此条件计算，冷却水供给强度为：$q = 20500 \div 350 \div 60 = 0.98 L/min·m²$。按罐壁周长计算的冷却水供给强度为 0.177L/s·m。考虑各种不利因素和富裕量，故推荐冷却水供给强度：φ16mm 水枪不小于 0.35 L/s·m；φ19mm 水枪不小于 0.5L/s·m。

4）着火油罐的相邻油罐如为保温油罐，保温层有隔热作用，冷却水供给强度可适当减小。

5）地上卧式油罐的冷却水供给强度是和相关规范协调后制定的。

2 固定冷却方式。固定冷却方式冷却水供给强度是根据过去天津消防科研所在 5000m³ 固定顶油罐所做灭火试验得出的数据反算推出的。试验中冷却水供给强度以周长计算为 0.5 L/s·m，此时单位罐壁表面积的冷却水供给强度为 2.3L/min·m²，条文中取 2.5L/min·m²，试验表明这一冷却水供给强度可以保证罐壁在火灾中不变形。对相邻油罐计算出来的冷却水供给强度为 0.92 L/min·m²，由于冷却水喷头的工作压力不能低于 0.1MPa，按此压力计算出来的冷却水供给强度接近 2.0L/min·m²，故本规范规定邻近罐冷却水供给强度为 2.0L/min·m²。

在设计时，为节省水量，可将固定冷却环管分成两个圆弧形管或四个圆弧形管。着火时由阀门控制罐的冷却范围，对着火油罐整圈圆形喷淋管全开，而相邻油罐仅开靠近着火油罐的一个圆弧形喷水管或两个圆弧形喷淋管，这样虽增加阀门，但设计用水量可大大减少。

3 与国外标准中油罐冷却水供给强度比较（见表 4）。

表 4 我国和国外油罐消防冷却水供给强度比较表

序号	国名	规范名称或单位名称	冷却水供给强度				备注
			固定式冷却 (L/min·m²)		移动式冷却 (L/s·m)		
			着火罐	相邻罐	着火罐	相邻罐	
1	中国	石油库设计规范	2.50	2.00	≥0.60	≥0.35	
2	前苏联	石油和石油制品仓库设计标准	2.80	1.10	0.50	0.20	
3	美国	防火协会	8.15		1.44		
4	美国	埃索工程公司	3.60		0.64		
5	英国	防火协会	9.80		1.74		

序号	国名	规范名称或单位名称	冷却水供给强度				备注
			固定式冷却 (L/min·m²)		移动式冷却 (L/s·m)		
			着火罐	相邻罐	着火罐	相邻罐	
6	法国	卜劳士公司	5.00~15.00	—		0.89~2.66	
7	法国	司贝西姆公司安全规范和劳动保护规范	3.00	—		0.53	
8	日本	保险公司消防标准	10.00	—		1.77	
9	日本	火灾协会	2.00	—		0.35	
10	西德	国家规范	6.60	—		1.18	1966年

从表4可以看出，本规范规定的冷却水供给强度居中间值。

本条规定的移动式冷却水供给强度是根据试验数据和理论计算再附加一个安全系数得出的。设计时，还应根据我国当前可供使用的消防设备（按水枪、水喷淋头的实际数量和水量），加以复核。

4 移动式冷却选用水枪要注意的问题。表12.2.8注中的水枪保护范围是按水枪压力为0.35MPa确定的，在此压力下 $\phi16mm$ 水枪的流量为5.3L/s，$\phi19mm$ 水枪的流量为7.5L/s。若实际设计水枪压力与0.35MPa相差较大，水枪保护范围需做适当调整。计算水枪数量时，不保温相邻油罐水枪保护范围用低值，保温相邻油罐水枪保护范围用高值，并和规定的冷却水强度计算的水量进行比较，复核水枪数量。

本条第4款规定的所有相邻油罐冷却水量总合，主要是用于冷却相邻油罐距着火罐较近的部位或受辐射热影响较大的部位。规定冷却水量总合不小于45L/s是考虑最少6支水枪的使用量，按每支水枪的保护周长15~25m计算，可以保护90~150m的油罐周长。若采用固定冷却方式，供水强度按2.0L/min·m²计算，可冷却1350m²油罐表面积。

12.2.9 本条为油罐采用固定消防冷却方式时，冷却水管安装的要求。

1 油罐抗风圈或加强圈若没有设置导流设施，冷却水便不能均匀地覆盖整个罐壁，所以要求其下面设冷却喷水环管。

2 国内的固定喷淋方式以前都是采用穿孔管，穿孔管易锈蚀堵塞，达不到应有的效果。膜式喷头一般是用耐腐蚀材料制作的，且能方便地拆下检修，所以本规范推荐采用膜式喷头。

3、4 设置锈渣清扫口、控制阀、放空阀，是为了清扫管道和定期检查。在用地面水作为水源时，因水质变化较大，管道最好加设过滤器，以免杂质堵塞喷头。

12.2.10 关于冷却水供给时间的确定，说明如下：

1 油罐冷却水供给时间系指从油罐着火开始进行冷却，直至油罐火焰被扑灭，并使油罐罐壁的温度下降到不致引起复燃为止的一段时间。一般来说，油罐直径越小，火场组织简单，扑灭时间短，相应的冷却时间也短。冷却水供给时间与燃烧时间有直接关系，从14个地上钢油罐火灾扑救记录分析，燃烧时间最长的一般为4.5h，见表5。

表5　地上钢油罐火灾扑救记录

序号	容量 (m³)	油品	扑救时间 (min)	燃烧时间 (min)	扑救手段	备注
1	200	汽油	8	9	水和灭火器	某石化厂外部明火引燃，罐未破坏
2	200	原油	30	40	黄河泡沫车	某石化厂外部明火引燃，顶盖掀掉
3	400	汽油	1	5	泡沫钩管	某厂外部明火引燃，周边炸开1/6
4	100	原油	—	25	泡沫	某油田雷击引燃，罐未破坏
5	5000	渣油	10	30	蒸汽	某石化厂超温自燃，罐炸开1/6
6	5000	轻柴油	—	270	烧光	某石化厂装仪表发生火花，罐炸开
7	500	燃料油	不详		蒸汽	某石化厂雷击通风管，罐未破坏
8	10000	裂化油	—	自灭		某石化厂超温、明火，炸开3个口
9	400	原油	15	25	泡沫	某石化厂罐顶全炸开
10	1000	汽油	1	5	泡沫枪	某石化厂取样口静电，罐未破坏

序号	容量（m³）	油品	扑救时间（min）	燃烧时间（min）	扑救手段	备注
11	500	污油	—	30	泡沫	某石化厂焊保温灯，3个通风孔着火，罐底裂开
12	5000	渣油	3	8	泡沫	某石化厂超温自燃，罐顶裂开1/3，泡沫管道完好
13	2000	苯	—	—	泡沫钩管	某厂取样器碰扁钢，罐顶开口2m
14	1000	0#柴油	3	101	黄河泡沫车	某县公司雷击，掀顶着火

根据火场实际经验并参考有关规范，规定了直径大于20m的地上固定顶油罐（包括直径大于20m的浮盘为浅盘和浮舱用易熔材料制作的内浮顶油罐）冷却水供给时间应为6h，直径等于或小于20m的地上油罐冷却水供给时间为4h。

覆土油罐火灾扑救记录分析见表6。一般燃烧时间在1~2h；个别长达8.5h。时间长的原因，多是本身不具有控制火灾的基本消防力量；个别油库虽有控制火灾的基本消防力量，但油罐破裂，火灾蔓延，致使时间延长。现在高倍数泡沫采用灌入的办法，是容易扑灭隐蔽性火灾的。故规定覆土油罐的冷却水供给时间为4h。

浮顶油罐着火时，火势较小，故规定浮顶油罐的冷却水供给时间为4h。

表6 覆土油罐火灾扑救记录表

序号	容量（m³）	油品	扑救时间（min）	燃烧时间（min）	扑救手段	备注
1	15000	原油	20	63	泡沫	某炼厂雷击引燃，罐顶全部塌入
2	3000	原油	20	60	泡沫	某厂外部明火引燃，罐顶全部塌入
3	3000	原油	15	120	泡沫	某厂外部明火引燃，罐顶全部塌入
4	4000	原油	—	2200	泡沫	某电厂外部明火引燃，罐顶全部塌入，罐壁破裂

序号	容量（m³）	油品	扑救时间（min）	燃烧时间（min）	扑救手段	备注
5	2100	汽油	—	5100	泡沫	某油库雷击，罐顶全塌，罐壁破裂
6	15000	原油	40	300	泡沫	某炼厂雷击，罐顶全塌，罐壁破裂
7	5000	原油	80	360	化学泡沫	某炼厂电焊切割着火，引燃油罐
8	4000	原油	—	960	泡沫	某机械厂用打火机看液面着火，罐顶全部塌入，蔓延其他油罐
9	600	原油	5	60	蒸汽、泡沫	某石化厂检修动火，油罐着火，罐顶全部塌入
10	200	原油	15	25	泡沫	某石化厂1961年火灾，罐顶塌入
11	2000	成品油			空罐自灭火	某军区洞库1980年电灯开关引爆，巷道、密闭门炸坏，洞口罐炸瘪

2 地上卧式油罐着火多在人孔处燃烧，油罐本体不易发生爆炸，扑救容易，油罐灭火用水较少，所以只要求有不小于1h的供水时间。

12.2.11 本条为石油库的消防泵设置要求。

1 可靠的动力源是石油库安全供水的关键。一、二、三级石油库的消防泵房设两个动力源，可保证消防泵能随时启动。两个动力源可以是双电源，也可以是一个电源、一个柴油机或汽油机驱动泵，也可以两个都采用柴油机或汽油机驱动泵。双电源可以都来自库外，也可以一个来自库外，一个采用柴油机或汽油机带动发电机发电。具体的选用应根据实际情况确定。

2 本款要求的自吸启动，系指消防泵本身具有自吸液体进泵的功能。利用真空泵灌泵的方式，不属自吸启动，采用这种启动方式，很难在45s内启动消防泵。

3 一、二、三级石油库消防泵房一般情况下，泡沫混合液泵和冷却水泵各设一台备用泵。当泡沫混合液泵和消防水泵在流量、扬程接近时，为节省投资，冷却水泵可与泡沫混合液泵共用一台备用泵。四、五级石油库容量较小，其火灾危害性较小，这些油库距城镇较近，社会力量支援方便，故对这类油库的消防设施适当放宽要求。

12.2.12　多台消防水泵共用 1 条泵前吸水主管时，如只用 1 条支管道通入水池，则消防水管网供水的可靠性不高，所以作出本条规定。

12.2.13　石油库着火机率小，发生一次火灾后，会特别注意安全防火，一般不会在 4d 内（96 h）又发生火灾，实际情况也是如此。参考苏联 1970 年《石油和石油制品仓库设计标准》消防水池补水时间 96 h 的规定，本规范规定水池的补水时间不应超过96h。

当水池容量超过 1000m³ 时，容量大，检修和清扫一次时间长，因面积大，不易清扫干净，为保证消防用水安全，所以规定将池子分隔成两个，以便一个水池检修时，另一个水池能保存必要的应急用水。

12.2.14　消火栓在固定冷却和移动冷却水系统中都需要设置。

1　移动冷却水系统中，消火栓设置总数根据消防水的计算用水量计算确定，一定要保证设计水枪数量有足够出水量。

2　固定冷却水系统中，按 60m 间距布置消火栓，可保证消防时的人员掩护、消防车的补水、移动消防设施的供水。

3　寒冷地区的消火栓需考虑冬天容易冻坏问题，可采取放空措施或采用防冻消火栓。

12.3　油罐的泡沫灭火系统

12.3.1　我国的泡沫混合流程常用环泵式混合流程，它本身具有一些缺点，如流程长，不容易实现自动化，最大的问题是由于管网的压力、流量变化、取水水池的水位变化，使需要的混合比难以得到保证。而压力比例混合和平衡比例混合流程可以适应几何高差、压力、流量的变化，输送混合液的混合比比较稳定。所以本规范推荐采用压力比例混合或平衡比例混合流程。

压力比例泡沫混合装置具有操作简单，泵可以采用高位自灌启动，泵发生事故不能运转时，也可靠外来消防车送入消防水为泡沫混合装置提供水源产生合格的泡沫混合液，提高了泡沫系统消防的可靠性。

12.3.2　内浮顶油罐爆炸着火时，有可能因浮盘变形把液面分成两个部分，在运转中多次发生过卡盘沉盘事故，所以对称布置不少于 2 个泡沫发生器，对于内浮顶油罐是合理的。

12.3.5　由于在现行国家标准《高倍数、中倍数泡沫灭火系统设计规范》GB 50196 中，对地上式油罐中倍数泡沫系统的设计规定的不具体，选取数据有困难，故本条根据地上式油罐低倍数泡沫灭火系统的设计模式，特作出一些补充规定。

混合液供给强度和连续供给时间是参照《高倍数、中倍数泡沫灭火系统设计规范》中的中倍数泡沫灭火系统数据制定的。

中倍数泡沫液是在低倍数蛋白泡沫液基础上发展起来的，中倍数泡沫液在低倍数泡沫发泡设备上使用，其灭火效果是等同的。

12.3.7　灭火药剂现在有很多种，正确选择药剂是很重要的，一般合成泡沫发泡性能好，但抗烧性较差。

在地上油罐的火灾中，选择接近低倍数系统发泡倍数的蛋白型中倍数泡沫液就能收到很好的效果。

12.3.8　高倍数泡沫系统最大的特点是发泡量大，靠堆积泡沫厚度的覆盖来隔绝空气，冷却火焰，达到灭火的目的。通过鄂城油库 5000m³ 覆土油罐的冷试可知，1300m³ 的夹壁道容积，使用一台高倍数泡沫发生器（PFS3 型），在压力为 0.5～0.6MPa 时，工作 15～16 min，就能全部充满覆土油罐（罐容 5000m³）的夹壁道容积，耗费泡沫液只有 90～100L。像江西某油库 5000m³ 覆土油罐发生火灾事故时，若用高倍数泡沫灭火，充填泡沫体积大约为 2000m³，则计算只需要泡沫液 150 L 左右。考虑到火灾时的损耗，推荐储存泡沫液不小于 500～1000 L。

目前的覆土罐油库大部分都配备有消防车和水池，只需要配齐高倍数泡沫发生器和高倍数泡沫液，就能满足规范要求，不会使油库增加太大负担。

在覆土罐油库中未配备消防车的，一般油罐的容量不会大于 5000m³，库容量较小，配备简单的移动消防设备就能解决油库内发生的火灾。

石棉毯、砂袋是消防的良好器材，即经济，又方便，是灭火的极好工具，所以本规范规定应配备。

12.4　灭火器材配置

12.4.1、12.4.2　灭火器材对于油库的零星火灾扑救是很有效的。干粉或泡沫适用于油品火灾。由于干粉和泡沫具有导电性能，所以控制室、电话间、化验室宜选用二氧化碳等气体灭火装置和器材。

12.4.3　油罐组配置灭火器材主要是为了扑救初期或零星火灾。石油库的油罐灭火以泡沫灭火系统为主，而灭火器材只是辅助灭火手段。灭火毯和沙子使用方便，取材容易，价格便宜，管理人员必须充分重视，按规范配置，以保障油库安全。

12.5　消防车设置

12.5.1　本条为消防车辆数量确定的要求。

3　设有固定消防系统时，机动消防力量只是固定系统的补充，对于库容大的一级石油库，配备一定数量的泡沫消防车或机动泡沫设备，加强消防力量是非常必要的。机动泡沫设备是由一种带囊的泡沫液罐和压力比例混合器组成的供应泡沫混合液的移动设备，它只在油库内使用，可配备一个司机和两个操作员。这种设备具有泡沫泵站和消防车的共同特点，使用起来简单方便。

4 消防车的数量可考虑协作单位可供使用的车辆。关于协作单位可供使用的车辆，是指适用于冷却和扑灭油罐火灾的消防车辆。具备协作条件的单位，首先应保证本单位应有的基本消防力量；援外车辆，具体出多少消防车，需协商解决。

为了有效利用协作条件，对于协作单位可供使用的车辆到达火场的时间分不同情况作出规定的理由如下：

    1）协作单位的消防车辆在接到火灾报警后5min 内到达着火油罐现场，就可及时对着火油罐进行冷却，保证其不发生严重变形或破裂；

    2）协作单位的消防车辆在接到火灾报警后10min 内到达相邻油罐现场，对相邻油罐进行冷却，就能保证其安全；

    3）着火油罐和相邻油罐的冷却得到保证时，就可以控制火势，协作单位的泡沫消防车辆在接到火灾报警后 20min 内到达火场进行灭火是合适的。

12.5.2 消防车的主要消防对象是油罐区。因为油罐一旦着火，蔓延很快，扑救困难，辐射热对邻近油罐的威胁大。地上钢油罐被火烧 5min 就可使罐壁温度升到 500℃，钢板强度降低一半；10min 可使罐壁温度升到 700℃，钢板强度降低 80% 以上，此时油罐将严重变形乃致破坏。所以油罐一旦发生火灾，必须在短时间内进行冷却和灭火。为此，规定了消防车至油罐区的行车时间不得超过 5min，以保证消防车辆到达火场扑救火灾。

据调查，消防车在油库内的行车速度一般为 30km/h，这样在 5min 内，其最远点可达 2.5km。实际上石油库内消防车至油罐区的行车距离大都可以满足 5min 到达火场的要求。

12.6 其 他

12.6.1、12.6.2 这两条规定是为了及时将火警传达给有关部门，以便迅速组织灭火战斗。

12.6.3 石油库的火灾报警如果采用库区集中的警笛和电话报警，对于油库的安全是很不够的，油库内的安全巡回检查不能做到随时发现火情随时报警，所以本条规定在油罐区、装卸区、辅助生产区值班室内应设火灾报警电话。

12.6.4 在油罐区、装卸区的外面设手动按钮火灾报警系统，以增加报警速度，减少火灾损失。

浮顶油罐初期火灾不大，尤其是低液面时难于及时发现，所以要求单罐容量等于或大于 50000m³ 的浮顶油罐设自动报警系统，以便能尽快探知火情。

12.6.6 烟雾灭火技术也称气溶胶灭火技术，是我国自己研制发展起来的新型灭火技术。它适用于油罐的初期火灾，但不能用于流淌火灾，且不能阻止火灾的

复燃。天津消防研究所和湖南长沙消防器材厂经过多年研究和试验，现在已经具备烟雾灭火的理论知识和相当的实践经验。在缺水少电地区及偏远地区，要求油库安装泡沫灭火系统确实比较困难，维护也不方便。如果安装半固定式泡沫灭火系统，灭火时需要泡沫消防车，缺水少电地区及偏远地区往往也难以提供。如果安装固定式泡沫灭火系统，一次性投资费用高，维护费用也相当高。而且，四、五油库的火灾规模相比之下也较小，有烟雾灭火设施总比没有其他灭火系统要好。

1 规定油罐个数是因为万一烟雾灭火设施没有将火扑灭，也不会引发更大的火灾事故。汽柴油罐的容积来自于天津消防研究的实际消防试验。

2 多个发烟器安装在一个罐上时，发烟器若不同时工作，直接影响灭火效果，所以规定必须联动，保证同时启动。

3 由于没有烟雾灭火药剂的国家标准，烟雾灭火系统设置也没有相应的标准，因此烟雾灭火的药剂强度应符合药剂生产厂家的要求。烟雾灭火的设备选用、安装方式也应在厂家推荐的基础上进行。长沙消防器材厂和天津消防研究所在进行多次烟雾灭火试验的基础上，结合全国的烟雾灭火装置应用情况推荐了下面的可供参考的药剂供应强度：

    1）当发烟器安装在罐外时，汽油罐不小于 0.95kg/m²，柴油罐不小于 0.70kg/m²；

    2）当发烟器安装在罐内时，汽油罐不小于 0.75kg/m²，柴油罐不小于 0.55kg/m²；

    4 药剂损失系数是考虑工程使用和试验之间的差距，根据一般气体灭火所用系数规定的。

12.6.7 气溶胶是一种液体或固体微粒悬浮于气体介质中所组成的稳定或准稳定物质系统，目前是替代卤代烷的理想产品，使用中可以自动喷放，也可人工控制喷放，在气体灭火的场所比二氧化碳便宜得多，其喷放方式比二氧化碳装置也安全简单得多。

气溶胶装置生产厂家很多，在选用时一定要了解产品性能，有的产品由于喷放温度高，误喷后发生过烧死人的事故，所以本条规定气溶胶喷放出口温度不得大于 80℃。

13 给水、排水及含油污水处理

13.1 给 水

13.1.2 石油库的生产用水量不大，一般石油库的生活用水量也不大，两者合建可以节约建设资金，也便于操作和管理。

特殊情况也可以分别建设，例如沿海地区，用量很大的消防用水可采用海水做水源。

13.1.3 石油库生产区的生活用水量和工作人员洗

浴用水量引自现行国家标准《室外给水设计规范》GBJ 13—97。

在石油库的各项用水量中，消防用水量远大于生产用水量和生活用水量，所以当消防用水与生产、生活用水使用同一水源时，按 1.2 倍消防水量作为水源工程的供水量是可行的。

13.2 排　　水

13.2.1 为了防止污染、保护环境，石油库排水必须清、污分流，这样可以减少含油污水的处理量。

含油污水若明渠排放时，一处发生火灾，很可能蔓延全系统，因此规定含油污水应采用管道排放。未被油品污染的雨水和生产废水采用明渠排放，可减少基建费用。为防止事故时油气外逸或库外火源蔓延到墙内，在围墙处增设水封和暗管是必须的。

13.2.2 本条是为了在油罐发生破裂事故或火灾时，防止油品外流和火灾蔓延。

13.2.4 本条规定设置水封井的位置，是考虑一旦发生火灾时，互相间予以隔绝，使火灾不致蔓延。

13.3 含油污水处理

13.3.2 本条的规定是为了安全防火，减少大气污染，保护工人健康，减少气温和雨雪的影响，提高处理效果。

13.3.3 石油库的含油污水情况比较复杂。有些油库由于有压仓水需要处理，含油污水处理的流程较长，从隔油、粗粒化、浮选一直到生化，直至污水处理合格后排放；有的油库含油污水极少，甚至有的油库除了油罐清洗时有一些泥外，平时就没有含油污水的产生，这样的污水处理仅隔油、沉淀之后就可以达标排放。油罐的切水情况也是各不相同，有的油库的油罐需要经常切水，以保证油品的质量；有的油库，特别是一些军队的储备库，几年也不会切一次水。因此，对于石油库的含油污水处理，只能笼统规定达到排放标准后再排放的要求。至于如何处理，应根据具体的情况，具体进行设计。

当油库经常有少量含油污水排放时，可进行连续的隔油、浮选等处理方法进行处理；也可以设一个池子集中一段时间的污水进行间断的处理。当油库的污水排放不均匀，如有压仓水的处理，可设置调节池（罐），污水处理的设计流量可以降低，以达到较好的处理效果。

当油库的污水排放量极少，甚至可以集中起来送至相关的污水处理场进行处理，油库本身可不设污水处理设施。

处理含油污水的池子或设备应有盖或密闭式，以减少油气的散发。现在用于油库含油污水处理的设备较多，在条件许可时可优先选用。使用含油污水处理设备可以减少污水处理的占地面积，也可以改善污水

处理的环境。

13.3.4 处理后的污水在排出库外处设置取样点和计量设施，是为了有利于环保部门的检查和监测。

14　电气装置

14.1 供 配 电

14.1.1 石油库的电力负荷多为装卸油作业用电。突然停电，一般不会造成人员伤亡或重大经济损失。根据电力负荷分类标准，定为三级负荷。不能中断输油作业的石油库为二级，如长距离输油的首末端中转库、炼油厂的储油库等周转频繁，如突然停电，会给输送油作业带来影响。目前国内石油库自动化水平越来越高，火灾自动报警、温度和液位自动检测等信息系统，在一、二、三级石油库应用较为广泛，若油库突然停电，这些系统就不能正常工作，因此信息系统供电应设应急电源。

14.1.2 石油库采用外接电源供电，具有建设投资少、经营费用低、维护管理方便等优点，故应尽量采用外接电源。但有些石油库位于偏僻的山区，距外电源太远，采用外接电源在技术和经济方面均不合理，在此情况下，也可采用自备电源。

14.1.3 一、二、三级石油库的消防泵站是比较重要的场所，如不设事故照明电源，照明电源突然停电，会给消防泵的操作带来困难。因此本条规定应设不少于 20min 的事故照明电源。

14.1.4 10kV 以上的变配装置一般均设在露天，独立设置较为安全。油泵是石油库的主要用电设备，电压为 10kV 及以下的变配装置的变配电间与油品泵房（棚）相毗邻布置，于油泵配电较为方便、经济。由于变配电间的电器设备是非防爆型的，操作时容易产生电弧，而易燃油品泵房又属于爆炸和火灾危险场所，故它们相毗邻时，应符合一定要求。

　1 本款规定是为了防止油泵房（棚）的油气通过隔墙孔洞、沟道窜入变配电间而发生爆炸火灾事故；且当油泵发生火灾时，也可防止其蔓延到变配电间。

　2 本款规定变配电间的门窗应向外开，是为了发生事故时便于工作人员撤离现场。变配电间的门窗应设在爆炸危险区以外的规定，是为了防止油泵房的油气通过门窗进入变配电间。

　3 油气一般比空气重，易于在低注处流动和积聚，故规定变配电间的地坪应高出油泵房的室外地坪0.6m。

14.1.5 电缆的埋设深度主要考虑电缆在地面机械力作用下不致受损伤，一般平地埋设 0.7m 就能满足要求；在农田耕种地段因怕机械耕地损伤电缆，故要求埋设深度为 1.0m；对于岩石地段，因石质坚硬，施

工困难，地面机械力的作用也较弱，可以埋浅一些。

电缆与地上输油管道同架敷设时，规定它们之间的净距不应小于 0.2m，是为了便于安装和维修。选阻燃电缆或耐火型电缆，是为了避免火灾事故扩大。

14.1.6 电缆若与热力管道同沟敷设，会受到热力管道的温度影响，对电缆散热不利，会使电缆温度升高，缩短电缆的使用寿命。另外输油管道管沟内常有油气积聚，易形成爆炸混合气体，电缆若敷设在里面，一旦电缆破坏，产生短路电弧火花，就会引起爆炸。故规定电缆不得和输油管道、热力管道敷设在同一管沟内。

14.1.7 现行国家标准《爆炸和火灾危险环境电力装置设计规范》GB 50058—92 第 2.3.2 条明确指出，该规范不包含石油库的爆炸危险区域范围的确定。所以本规范附录 B 制定了石油库内建筑物、构筑物爆炸危险区域的等级范围划分规定。

14.1.8 人工洞石油库的主巷道、支巷道、油罐操作间、油泵房和通风机房内常常渗水漏水，尤其是夏季，湿度很大。这些地方的灯具等当无防爆要求时，采用防护等级不低于 IP44 的防水防尘型，可保证灯具不会因受潮漏电而危及操作人员的安全。

14.2 防　雷

14.2.1 在钢油罐的防雷措施中，油罐良好接地很重要，它可以降低雷击点的电位、反击电位和跨步电压。

14.2.2 规定防雷接地装置的接地电阻不宜大于 10Ω，是根据国内各部规程的推荐值。经调查，20 多年来这样的接地电阻运行情况良好。

14.2.3 储存易燃油品的油罐的防雷规定说明如下：

1 装有阻火器的固定顶钢油罐在导电性能上是连续的，当罐顶钢板厚度大于或等于 4mm 时，对雷电有自身保护能力，不需要装设避雷针（线）保护。当钢板厚度小于 4mm 时，为防止直接雷电击穿油罐钢板引起事故，故需要装设避雷针（网）保护整个油罐。

编制组曾于 1980 年 8 月和 1981 年 3 月，与中国科学院电工研究所合作，进行了石油储罐雷击模拟试验。模拟雷电流的幅值为 146.6～220kA（能量为 133.4～201.8J），钢板熔化深度为 0.076～0.352mm。考虑到实际上的各种不利因素（如材料的不均匀性、使用后的钢板腐蚀等）及富裕量，规定钢板厚度大于或等于 4mm，对防雷是足够安全的。

我国解放前建的钢油罐，都没有装设避雷针（网）保护。解放后根据苏联专家的意见，有的补加了避雷针（网），有些石油库的钢油罐至今没有装设避雷针（网）（如解放前建的上海 916 石油库和广州市第三石油库等）。浙江省所有的商业石油库都没有装避雷针（网）。因为油罐钢板厚度都大于 4mm，且

装有阻火器，接地装置良好，投产使用几十年，从未发生过油罐被雷击坏着火的事故。

由此可见，钢板厚度不小于 4mm 的钢油罐，装有阻火器，做好接地，完全可以不装设避雷针（网）保护。

2 浮顶油罐由于浮顶上的密封严密，浮顶上面的油气较少，一般都达不到爆炸下限，即使雷击着火，也只发生在密封圈不严处，容易扑灭，故不需装设避雷针（网）。

浮顶油罐采用 2 根横截面不小于 25mm² 的软铜复绞线将金属浮顶与罐体进行的电气连接，是为了导走浮盘上的感应雷电荷和油品传到金属浮盘上的静电荷。

对于内浮顶油罐，浮盘上没有感应雷电荷，只需导走油品传到金属浮盘上的静电荷。因此，钢质浮盘油罐连接导线用横截面不小于 16mm² 的软铜复绞线、铝质浮盘油罐连接导线用直径不小于 1.8mm 的不锈钢钢丝绳就可以了。铝质浮盘用不锈钢钢丝绳，主要是为了防止接触点发生电化学腐蚀，影响接触效果，造成火花隐患。

3 对于覆土油罐，国内外不少资料都写明“凡覆土厚度在 0.5m 以上者，可以不考虑防雷措施”。特别是德国规范，经过几次修改，还是规定覆土油罐不需要进行任何的专门防雷。这是因为油罐埋在土里，受到土壤的屏蔽作用。当雷击油罐顶部的土层时，土层可将雷电流疏散导走，起到保护作用，故可不再装设避雷针（网）。但其呼吸阀、阻火器、量油孔、采光孔等，一般都没有覆土层，故应做良好的电气连接并接地。

14.2.4 储存可燃油品的油罐的气体空间，油气浓度一般都达不到爆炸极限下限，又因油品闪点高，雷电作用的时间很短（一般在几十 μs 以内），雷电火花不能点燃油品而造成火灾事故。故储存可燃油品的金属油罐不需装设避雷针（网）。

14.2.5 本条规定是为了使钢管对电缆产生电磁封锁，减少雷电波沿配线电缆传输到控制室，将信息系统装置击坏。

14.2.6 本条规定主要是为了防雷电电磁脉冲过电压损坏信息装置的电子器件。

14.2.7 本条规定是为了尽可能减少雷电波的侵入，避免建筑物内发生雷电火花、发生火灾事故。建筑内电气设备保护接地与防感应雷接地公用，主要是为了等电位连接，防止雷电过电压火花。

14.2.8 本条规定是为了信息系统装置与油罐罐体做等电位连接，防止信息装置被雷电过电压损坏。

14.2.9 因信息系统连线存在电阻和电抗。若连线过长，在其上的压降过大，会产生反击，将信息系统装置的电子元件损坏。

14.2.10 储存易燃油品的人工洞石油库需要设置防

止高电位引入的理由如下：

    1 地上或管沟敷设的金属管道，当受雷击或雷电感应时，会将高电位引入洞内，故应将金属管道埋地敷设进洞或进行多点接触。根据试验和实践，金属管道在洞外埋地长度超过 $2\sqrt{\rho}$ m 或在洞外 100m 之内的地上或管沟敷设的金属管道做两处接地，其接地电阻不大于 20Ω 时，引入洞内的电位可大大降低，雷害事故就可避免。

    2 雷击时高电位可能沿低压架空线侵入洞内发生事故，因此，要求电力和通信线采用铠装电缆埋地入洞。当从架空线上转换一段电缆埋地进洞时，有必要采取本款所规定的保护措施。当高电位到达电缆首端时，过电压保护器动作，电缆外皮与芯线短路，由于集肤效应，电流被排挤到电缆外皮上，电缆外皮上的雷电流在互感作用下，在芯线中产生感应电势，使电缆芯线中的电流减少。如果埋地电缆的长度大于或等于 $2\sqrt{\rho}$ m，且其接地电阻不大于 10Ω 时，绝大部分雷电流经电缆首端的接地装置及电缆外皮泄入大地，残余电流也经洞口电缆的接地装置泄入大地。这时侵入洞内的电位可以降低到首端的 17.6% 以下。

    3 人工洞石油库油罐的金属呼吸管与金属通风管暴露在洞外，当直击雷或感应雷的高电位通过这些管道引到洞内时，就有可能在某一间隙处放电引燃油气而造成爆炸火灾事故。因此，露出洞外的金属呼吸管与金属通风管应装设独立避雷针保护。

14.2.11 易燃油品泵站（棚）的防雷：

    1 易燃油品泵站（棚）属爆炸和火灾危险场所，故应设置避雷带（网）防直击雷。网格是为均压分流，降低反击电压，将雷电流顺利泄入大地。

    2 若雷直接击在金属管道及电缆金属外皮或架空槽上，或其附近发生雷击，都会在其上产生雷电过电压。为防止过电压进入易燃油品泵站（棚），所以在其外侧应接地，使雷电流在其外侧就泄入地下，降低或减少过电压进入泵站（棚）内。接地装置与保护及防感应雷接地装置合用，是为了均压等电位，防止反击雷电火花发生。

14.2.12 可燃油品泵站（棚）的防雷：

    1 可燃油品泵站（棚）属火灾危险场所，防雷要比易燃油品泵站（棚）的防雷要求宽一些。在雷暴日大于 40d/a 的地区才设置避雷带（网）防直击雷。

    2 本款条文说明与 14.2.10 条第 2 款相同。

14.2.13 装卸易燃油品的鹤管、装卸油栈桥的防雷：

    1 露天进行装卸油作业的，雷雨天不应也不能进行装卸油作业，不进行装卸油作业，爆炸危险区域不存在，所以不装设避雷针（带）防直击雷。

    2 当在棚内进行装卸油作业时，雷雨天可能要进行装卸油作业，这样就存在爆炸危险区，所以要安装避雷针（带）防直击雷。雷击中棚是有概率的，爆炸危险区域内存在爆炸危险混合物也是有概率的。1

区存在的概率相对 2 区存在的概率要高些，所以避雷针（带）只保护 1 区。

    3 装卸油作业区属爆炸危险场所，进入装卸油作业区的输油（油气）管道在进入点接地，可将沿管道传输过来的雷电流泄入地中，减少作业区雷电流的浸入，防止反击雷电火花。

14.2.14 在爆炸危险区域内的输油（油气）管道采取防雷措施的理由如下：

    1 根据有关规范规定，法兰盘做跨接主要是防止在法兰连接处发生雷击火花。

    2 本款规定是防止在管道之间产生雷电反击火花，将其跨接后，使管道之间形成等电位，反击火花就不会产生了。

14.2.15 本条规定的理由如下：

    1 当电源采用 TN 系统时，在建筑物内总配电盘（箱）开始引出的配电线路和分支线路，PE 线与 N 线必须分开。使各用电设备形成等电位连接，对人身、设备安全都有好处。

    2 在建筑物的防雷区，所有进出建筑物的金属管道、配电线路的金属外壳（保护层或屏蔽层），在各防雷区介面做等电位连接，主要是为均压各金属管道电位，防止雷电火花。在各被保护设备处，安装过电压（电涌）保护器，是为箝制过电压，使其过电压限制在设备所能耐受的数值内，使设备受到保护，避免雷电损坏设备。

14.3　防　静　电

14.3.1 输送甲、乙、丙 A 类油品时，由于油品与管道及过滤器的摩擦会产生大量静电荷，若不通过接地装置把电荷导走就会聚集在油罐上，形成很高的电位，当此电位达到某一间隙放电电位时，可能发生放电火花，引起爆炸着火事故。因此本条规定，储存甲、乙、丙 A 类成品油的油罐要做防静电接地。

14.3.3 为使鹤管和油罐车形成等电位，避免鹤管与油罐车之间产生电火花，故铁路装卸油品设施的钢轨、油管、鹤管和金属栈桥等应互相做电气连接并接地。

14.3.4 石油库专用铁路线与电气化铁路接轨时，电气化铁路高压接触网电压高（27.5kV），会对石油库的装卸油作业产生危险影响，在设计时应首先考虑电气化铁路的高压接触网不进入石油库装卸油作业区。当确有困难必须进入时，应采取相应的安全措施。

14.3.5 石油库专用铁路线与电气化铁路接轨，铁路高压接触网不进入石油库专用铁路线时，铁路信号及铁路高压接触网仍会对石油库产生一定危险影响。本条的三款规定，是为了消除这种危险影响。

    1 在石油库专用铁路线上，设置两组绝缘轨缝，是为了防止铁路信号及铁路高压接触网的回流电流进入石油库装卸作业区。要求两组绝缘轨缝的距离要大于取送列车的总长度，是为了防止在装卸油作业时，列车短接绝缘轨缝，使绝缘轨缝失去隔离作用；

2 在每组绝缘轨缝的电气化铁路侧，装设一组向电气化铁路所在方向延伸的接地装置，是为了将铁路高压接触网的回流电流引回电气化铁路，减少或消除回流电流进入石油库装卸油作业区，确保石油库装卸油作业的安全。

3 跨接是使钢轨、输油管道、鹤管、钢栈桥等形成等电位，防止相互之间存在电位差而产生火花放电，危及石油库装卸油的安全。

14.3.6 石油库专用铁路线与电气化铁路接轨，铁路高压接触网进入石油库专用铁路线时，铁路信号及铁路高压接触网会威胁石油库的安全。本规范不赞成这样设置，当不得不这样做时，一定要采取本条第5款规定的防范措施。

1 设两组隔离开关的主要作用，是保证装卸油作业时，石油库内高压接触网不带电。距作业区近的一组开关除调车作业外，均处于常开状态，避雷器是保护开关用的。距作业区远的一组（与铁路起始点15m以内），除装卸油作业外，一般处于常闭状态。

2 石油库专用铁路线上，设两组绝缘轨缝与回流开关，是为了保证在调车作业时高压接触网电流畅通，在装卸油作业时，装卸油作业区不受高压接触网影响。使铁路信号电、感应电通过绝缘轨缝隔离，不致于侵入装卸油作业区，确保装卸作业安全。

3 在绝缘轨缝的电气化铁路侧安装向电气化铁路所在方向延伸的接地装置，主要是为了将铁路信号及高压接触网的回流电流引回铁路专用线，确保装卸油作业区安全。

4 在第二组隔离开关断开的情况下，石油库内的高压接触网上，由于铁路高压接触网的电磁感应关系，仍会带上较高的电压。设置供搭接的接地装置，可消除接触网的感应电压，确保人身安全。

5 本款规定的目的是防止因电位差而发生雷电或杂散电流闪击火花。

14.3.7 本条规定是为了导走汽车油罐车和油桶上的静电。

14.3.8 为消除油船在装卸油品过程中产生的静电积聚，需在油品装卸码头上设置跨接油船的防静电接地装置。此接地装置与码头上的油品装卸设备的静电接地装置合用，可避免装卸设备连接时产生火花。

14.3.9 输油管道在输油过程中由于油的流动和油品与管壁的摩擦，将产生大量静电。本条规定可防止静电的积聚，并保证静电接地电阻不超过安全值（不大于100Ω）。

14.3.10 当输油管道的静电接地装置与防感雷接地装置合用时，接地电阻不宜大于30Ω是按防感应雷的接地装置设置的。接地点设在固定管墩（架）处，是为了防止机械或外力对接地装置的损害。

14.3.11 油品装卸设施静电接地装置，是防止静电事故很重要的措施，因此要求专为油品装卸设施跨接的静电接地仪，具有能检测接地线和接地装置是否完好、接地装置接地电阻值是否符合规范要求的功能。油品装卸设施静电跨接线连接牢固、静电消除通路已经形成后才允许装卸油品；油品灌装完毕，经过必须的静置时间才可抽动鹤管，这样做可有效防止静电事故。

14.3.12 移动式的接地连接线，在与油品装卸设施相连的瞬间，若油品装卸设施上积聚有静电荷，就会发生静电火花。若通过防爆开关连接，火花在防爆开关内形成，就可以避免或消除因此而产生的静电事故。

14.3.13 由于人们穿着人造织物衣服极为普遍，人造织物极易产生静电，往往积聚在人体上。为防静电可能产生的火花，需对进入轻油泵房、轻油罐顶上、轻油作业区的操作平台，以及爆炸危险区域等处的扶梯上或入口处设置消除人体静电的装置。此消除静电装置是指用金属管做成的扶手，在进入这些场所之前人体应抚摸此扶手以消除人体静电。

14.3.14 甲、乙类油品经过输送管道上的精密过滤器时，由于油品与精密过滤器的摩擦会产生大量静电积聚，有可能出现危险的高电位。试验证明，油品经精密过滤器时产生的静电高电位需有30s时间才能消除，故制定本条规定。

14.3.15 因静电的电压较高，电流较小，故其接地电阻值一般不大于100Ω即可，国外也有资料介绍不大于1000Ω。

15 采暖通风

15.1 采　　暖

15.1.1 石油库内有些建筑物比较分散而采暖热负荷又小，因此采暖热媒直接采用生产用的蒸汽比较方便经济。所以规定了"特殊情况下可采用低压蒸汽"的条文。

15.1.2 表15.1.2序号1中的温度是根据《工业企业设计卫生标准》TJ 36—87第55条，结合石油库泵房等房间每名工人占用面积都在50m²以上，又是间断操作等特点，采用5℃设计采暖温度是可行的。

15.2 通　　风

15.2.1 本条规定了石油库内建筑物通风换气的基本原则。这些建筑物一般均为两面开窗开门，且跨度小，具备实现自然通风的良好条件。自然通风可有效地消防余热和冲淡油气浓度，故强调了自然通风作为换气的主要方式。

15.2.2 中国石化集团北京设计院、《石油库设计规范》编制组等单位，曾对兰州炼油厂、大庆炼油厂、石油二厂、上海炼油厂以及上海石油站的数十个油泵房在自然通风条件下进行过油气浓度的测定。测定结果表明，绝大多数测点的油气蒸汽浓度在卫生允许浓度以下，有一小部分测点稍高于卫生允许浓度。在测定中获得的一次最高浓度为 2.26mg/L，是检修汽油泵将残油放入室内管沟的特殊情况下测得的。现行《工业企业设计卫生标准》TJ 36—87 规定的工作地带空气中汽油蒸汽允许浓度为 0.35mg/L，系指工人每日连续操作 8h 的环境要求。石油库的油泵房操作是间断的，工人在泵房内只间断停留。国内长期生产中未曾发现此类泵房操作人员有职业中毒事例，汽油蒸汽的爆炸下限浓度为 37.2mg/L，为卫生允许浓度的 106 倍。

根据以上分析，结合国内此类泵房以自然通风为主的长期生产经验，本条的规定是可行的。

15.2.4 条文中规定了人工洞石油库的洞内应设置固定式机械通风。其中"固定"二字是指机组不是移动的，如装设通风管道也应是固定的（洗灌通风的接头部分除外），以利洞内安全生产。对换气次数有如下的取法：灌室（以净空间计）3 次/h，油泵房大于 10 次/h，操作间 6 次/h，风机房 3 次/h。

15.2.5 关于清洗油罐的通风量，因为清洗油罐的方法和要求的换气时间各不相同，又缺乏更多的测定数据，很难统一计算方法。现在清洗油罐一般工序是：操作人员先戴氧气呼吸面罩进入灌内清除底油，用水龙带清洗灌壁底，放空含油污水，然后接通排风系统通风。当通风量达到油罐容积的 30 倍后，一般就可以允许操作人员进入。当用灌内充水的办法将油气从呼吸管顶出时，其换气量可相应减少。

15.2.9～15.2.11 这三条是根据《石油库设计规范》编制组对石油库事故案例调查及分析而新增的条文。

中华人民共和国国家标准

民用爆破器材工程设计安全规范

GB 50089—2007

条 文 说 明

目　录

1 总 则

1.0.1 本条主要说明制定本规范的目的。民用爆破器材属易燃易爆品，在生产和贮存中，一旦发生火灾或爆炸事故，往往造成人员伤亡和经济的重大损失。在民用爆破器材工厂设计中，必须全面贯彻执行安全标准和法规，以便使新建工厂符合安全要求，预防事故，尽量减少事故损失，保障人民生命和国家财产的安全。

1.0.2 本条规定了本规范的适用范围。对在本规范修订颁布实施前已建成的老厂，如不符合本规范要求的，可根据实际情况创造条件，逐步进行安全技术改造。

3 危险等级和计算药量

3.1 危险品的危险等级

本节为新增条款，主要是考虑了与国家及国际相关的爆炸、燃烧危险品分类的衔接和一致。危险品的危险等级是根据危险品本身所具有的及其对周围环境可能造成的危险作用而定义的。即分为 1.1、1.2、1.3 和 1.4 四级。

危险品的危险等级与国际标准靠近，可以与国际产品接轨，方便使用，便于交流。

3.2 建筑物的危险等级

3.2.1 对生产或贮存危险品的建筑物划分危险等级的目的，主要是为了确定建筑物的内、外部距离和建筑物的结构形式，以及其他各种相关的安全技术措施。

《民用爆破器材工厂设计安全规范》GB 50089—98（以下简称原规范）对建筑物危险等级的划分方法主要是根据危险品发生爆炸事故时所产生的破坏能力，其次是考虑危险品的感度、生产工艺方法，以及建筑物本身抗爆、泄爆的措施而确定的，是一种以产品生产工序为主要依据的危险等级划分方法，基本上是沿用前苏联 20 世纪 60 年代初期的设计安全规范做法。这种分类方法对危险品生产工序、工艺方法的依赖性较大，每当有新产品出现时，就不容易确切划分建筑物危险等级，甚至发生对建筑物危险等级划分的歧义。目前世界上欧洲一些国家的类似规范对建筑物危险等级划分，主要是根据建筑物内危险品的爆炸、燃烧特性来确定的，基本不涉及危险品的生产工序或工艺方法。每当有新产品问世，只要性能确定了，危险等级所需的相应防护措施即可基本确定。应当说这是一个较好的建筑物危险等级划分方法，可以避免某些不确定性，从而提高了适用性。

修订的规范，在建筑物危险等级分类中，考虑到上述情况，同时考虑到我国民用爆破器材生产的历史及现状，确定主要是以建筑物内所含有的危险品危险等级并结合生产工序的危险程度来划分建筑物危险等级。应当指出的是，这里的危险品并非单纯指成品，还包括制造、加工过程中的半成品、在制品、原材料和制造、加工后的成品等。

3.2.2 本条具体给出了典型的、有代表性的生产、加工、研制危险品的建筑物危险等级。具体应用时可以比照。

这里需要指出的是，由国防科工委发布的《民用爆破器材分类与代码》WJ/T 9041—2004 中已无铵梯黑炸药品目，本规范修订时不再将其列入。

3.3 计算药量

3.3.6 已有的技术资料和国内外燃烧、爆炸事故表明，硝酸铵在外界一定激发条件下是可以发生爆炸的。在炸药生产厂房内，规定当硝酸铵与炸药同在一个工作间时，应将硝酸铵重量的一半与爆炸物重量之和作为本建筑物的计算药量。例如，计算粉状铵梯炸药混药工房内的药量时，其计算药量等于正在混制的炸药量加上已混制完成的炸药量，再加上备料物中的梯恩梯药量及硝酸铵重量的一半。又如，多孔粒状铵油炸药生产工房内的计算药量，等于正在混制及混制完成的药量之和，再加上贮存的硝酸铵重量的一半。

国内多次爆炸事故资料表明，在炸药生产工房内，如果硝酸铵贮存在单独的隔间内，炸药发生爆炸时，硝酸铵未被殉爆。美国专门就此做过大规模试验并纳入安全规范。利用美国有关规范并结合我国国情，确定了表 3.3.6 "炸药生产厂房内硝酸铵存放间与炸药的间隔及隔墙厚度"，从实践上看还是可行的。表中规定的炸药量最大为 5t，也是适合目前实际生产状况的。

值得强调的是，表 3.3.6 中虽未对硝酸铵限量，但为安全计，硝酸铵在厂房内的贮存量应以满足班产或日产的需要量为宜，不应随意超量贮存。

硝酸铵存放间与炸药的间隔，是指二者平面布置而言，如利用地形位差建厂，将硝酸铵存放间布置在炸药工作间的侧上方是允许的，但不能将硝酸铵存放间直接布置在炸药工作间楼板的上面。

表 3.3.6 中规定的隔墙厚度，无论是硝酸铵存放间与炸药工作间相邻，还是其间有其他房间（不存放炸药）相隔，均指硝酸铵存放间靠近炸药工作间一侧的墙厚。

4 企业规划和外部距离

4.1 企 业 规 划

4.1.1 本条为新增条款。民用爆破器材生产、流通企业厂（库）址选择，从工程建设的角度来讲，应考虑工程地质、地震基本烈度、水文条件、洪水情况，避免选择在不良地质等有直接危害的地段。

4.1.2 根据民用爆破器材企业的特点、多年生产实践和事故教训，本条明确规定了在企业规划时，要从整体布局上将企业进行分区。分区布置，其目的是有利于安全，同时也便于企业管理。

本规范修订时，把殉爆试验场改为性能试验场。

4.1.3 本条具体规定了在进行企业各区规划时，应遵循的基本原则和应考虑的主要问题。

1 本款强调在确定各区相互位置时，必须全面考虑企业生产、生活、运输和管理等多方面的因素。根据实践经验，在总体布局上首先应将危险品生产区的位置安排好，因为危险品生产区是工厂的主要部分，它与各区都有密切的联系，因此，首先合理确定其位置，将它布置在工厂的适中部位，有利于合理组织生产和方便生活。危险品总仓库区是工厂集中存放危险品的地方，从安全和保卫上考虑，宜设在有自然屏障遮挡或其他有利于安全的地带。为满足国家噪声的有关标准要求以及从安全角度考虑，性能试验场和销毁场，也宜设在工厂的偏僻地带或边缘地带。

2 本款从人流和物流安全的角度，规定企业各区不应规划在国家铁路线、一级公路的两侧，避免与国家主要运输线路交叉，以利于安全。

3 从试验和事故教训中得知，在山坡陡峻的狭窄沟谷中，山体对爆炸空气冲击波反射的影响要比开阔地形大很多，一旦发生爆炸事故，将会增大危害程度。同时，此种地形也不利于人员的安全疏散和有害气体的扩散。

4 辅助生产部分是为危险品生产区服务的，而其作业均是非危险性的，靠近生活区方向布置，可缩短职工上下班的距离。

5 本款主要是考虑安全性。无关的人流和物流不允许通过危险品生产区和危险品总仓库区，可减少对危险品生产区和危险品总仓库区的影响，同时也避免不必要的威胁。

规定危险品的运输不应通过生活区，是考虑生活区人员密集，而工厂的危险品运输每天都在进行，势必增加危险性。

4.1.4 本条规定了民用爆破器材流通企业，当需设置危险品仓库区时，库址选择的原则。

4.2 危险品生产区外部距离

4.2.1 危险品生产区内，各危险性建筑物的危险等级及其计算药量不尽相同，因而所需外部距离也不一样，因此在确定外部距离时，应根据危险品生产区内1.1级、1.2级、1.4级建筑物的各自要求，经分别计算后确定。

4.2.2 本条规定了1.1级建筑物的外部距离。1.1级建筑物是指贮存不同梯恩梯当量的整体爆炸危险品的建筑物的总称。

表4.2.2中外部距离是按爆心设有防护屏障，而被保护对象不设防护屏障，且建筑物以砖混结构为标准确定的。外部距离只考虑爆炸空气冲击波的破坏效应，没有考虑飞散物的影响。

表4.2.2中项目较原规范增加两项：人数大于500人且小于等于5000人的居民点边缘、职工总数小于等于5000人的工厂企业围墙和人数小于等于2万人的乡镇规划边缘。主要是考虑乡镇发展很快，目前1万人左右的乡镇很多，为节省土地，方便使用，故增加此两项外部距离。在最小计算药量方面由小于或等于100kg降至10kg。

建筑物的破坏等级划分见表1。

表1 建筑物的破坏等级

| 破坏等级 | 破坏程度 | 破坏特征描述 | | | | | | | | 备注 |
		玻璃	木门窗	砖外墙	木屋盖	钢筋混凝土屋盖	瓦屋面	顶棚	内墙	钢筋混凝土柱	超压 ΔP（$\times 10^5$ Pa）
一	基本无破坏	偶然破坏	无损坏	无损坏	无损坏	无损坏	无损坏	无损坏	无损坏	无损坏	$\Delta P < 0.02$
二	次轻度破坏	少部分到大部分呈大块条状或小块破坏	窗扇少量破坏	无损坏	无损坏	无损坏	少量移动	抹灰少量掉落	板条墙抹灰少量掉落	无损坏	$\Delta P = 0.09 \sim 0.02$
三	轻度破坏	大部分呈小块破坏到粉碎	窗扇大量破坏，窗框门扇破坏	出现较小裂缝，最大宽度≤5mm，稍有倾斜	木屋面板变形、偶然折裂	无损坏	大量移动	抹灰大量掉落	板条墙抹灰大量掉落	无损坏	$\Delta P = 0.25 \sim 0.09$
四	中等破坏	粉碎	窗扇掉落、内倒、窗框门扇大量破坏	出现较大裂缝，最大宽度在5～50mm，明显倾斜，砖垛出现较小裂缝	木屋面板、木屋檩条折裂，木屋架支座松动	出现微小裂缝，最大宽度≤1mm	大量移动到全部掀掉	木龙骨部分破坏、下垂	砖内墙出现小裂缝	无损坏	$\Delta P = 0.40 \sim 0.25$

破坏等级	破坏程度	破坏特征描述									备注
		玻璃	木门窗	砖外墙	木屋盖	钢筋混凝土屋盖	瓦屋面	顶棚	内墙	钢筋混凝土柱	超压 ΔP（$\times 10^5$Pa）
五	次严重破坏		门窗扇摧毁、窗框掉落	出现严重裂缝、最大宽度>50mm，严重倾斜，砖垛出现较大裂缝	木檩条折断，木屋架杆件偶然折裂，支座错位	出现明显裂缝、最大宽度在1～2mm，修理后能继续使用		塌落	砖内墙出现较大裂缝	无损坏	$\Delta P=$0.55～0.40
六	严重破坏			部分倒塌	部分倒塌	出现较宽裂缝、最大宽度>2mm			砖内墙出现严重裂缝到部分倒塌	有倾斜	$\Delta P=$0.76～0.55

现将各项外部距离可能产生的破坏情况简要说明如下：

1 对人数小于等于50人或户数小于等于10户的零散住户边缘、职工总数小于50人的工厂企业围墙、危险品总仓库区，加油站考虑该项人员相对较少，因此对该项的外部距离，按轻度破坏标准的下限到次轻度破坏标准的上限考虑。需要指出的是，由于个别震落物及玻璃破碎对人员的偶然伤害是不可避免的。

2 对人数大于50人且小于等于500人的居民点边缘、职工总数小于500人的工厂企业围墙、有摘挂作业的铁路中间站站界或建筑物边缘，考虑该项人员相对较多，因此对该项的外部距离，按次轻度破坏标准考虑。

3 对人数大于500人且小于等于5000人的居民点边缘、职工总数小于5000人的工厂企业围墙，根据该项的重要性，对其外部距离，按次轻度破坏标准的中偏下标准考虑。

4 对人数小于等于2万人的乡镇规划边缘，其外部距离，按次轻度破坏标准的偏下标准考虑。

5 对人数小于等于10万人的城镇规划边缘，考虑该项居住和活动人员比较多，其外部距离，按次轻度破坏标准的下限标准考虑。

6 对人数大于10万人的城市市区规划边缘，其外部距离，按基本无破坏标准考虑。但偶然也会有少量的玻璃破坏。

7 对国家铁路线、二级以上公路等，考虑为重要的运输系统，昼夜行车量很大，但无论铁路列车或汽车，都是行进状态，在较短时间内即可通过危险区，而发生事故的可能有一定的偶然性。据此，规定其外部距离按次轻度破坏标准的上限标准考虑是可行的。

8 对非本厂的工厂铁路支线、三级以下公路等，考虑到这些项目是活动目标，工厂一旦发生事故恰遇

有车辆通过，有一定的偶然性，据此，规定其外部距离按轻度破坏标准考虑，不会因爆炸空气冲击波的超压而使正常行驶的车辆发生事故，但偶然飞散物的伤害有可能发生，因其有很大的随机性，故这样的破坏标准是可以接受的。

9 对35kV、110kV、220kV以上的架空输电线路，考虑其重要程度、服务范围、经济效益以及一旦遭受破坏所造成的损失的大小，规范采用了不同的破坏标准。

对35kV、110kV的架空输电线路，考虑其服务范围有一定局限性，一旦遭受破坏其影响面不大的特点，因此规范中采用了轻度破坏标准。一般情况下由于架空线路呈细圆形截面，有利于冲击波的绕流，但对于个别飞散物的破坏影响，由于有很大的随机性，则很难防范。

对220kV的架空输电线路，考虑其服务范围比较广，一旦遭受破坏其影响面比较大、经济损失严重的特点，因此采用次轻度破坏标准。但尽管如此，仍不能避免个别飞散物的影响，但几率将是很低的。

对220kV以上的架空输电线路，目前有330kV、500kV、750kV，考虑它们是跨省输电，一旦遭受破坏其影响面非常大、经济损失非常严重的特点，因此，规范采用次轻度破坏标准的下限。

10 对110kV、220kV及以上的区域变电站，考虑其重要程度、服务范围、经济效益以及一旦遭受破坏所造成的损失的大小，规范采用了不同的破坏标准。

对110kV区域变电站，采用次轻度破坏标准。

对220kV及以上的区域变电站，采用次轻度破坏标准的下限。

本条还规定了1.1*级建筑物的外部距离按1.1级建筑物的外部距离的规定执行。

4.2.3 本条规定了1.2级建筑物的外部距离。1.2级建筑物内计算药量一般不大于200kg，原规范规定

其外部距离均按表4.2.2中存药量大于100kg及小于等于200kg一档的外部距离确定。本次规范修订，规定了这类建筑物的外部距离按建筑物内计算药量对应表4.2.2中的距离确定。

4.2.4 1.4级建筑物的外部距离，主要是根据建筑物内的危险品能燃烧和在外界一定的引爆条件下也可能爆炸的特点而制定的。

1.4级建筑物中，除硝酸铵仓库外，其余1.4级建筑物的外部距离，保留原规范不应小于50m的规定。

硝酸铵仓库允许最大计算药量可达500t，而且又允许布置在危险品生产区内，如果一旦发生爆炸事故，对周围的影响后果是极其严重的。但考虑到原规范执行10年来在这个问题上未发生严重后果，故本条在修订时，仍保留原规范的规定。

4.3 危险品总仓库区外部距离

4.3.1 危险品总仓库区与其周围居住区、公路、铁路、城镇规划边缘等的距离，均属外部距离。由于总仓库区内各危险品仓库的危险等级和计算药量不尽相同，所要求的外部距离也不一样，为此，在确定总仓库区外部距离时，应分别按总仓库区内各个仓库的危险等级和计算药量计算后确定。

4.3.2 本条要说明的问题与第4.2.2条基本相同。鉴于危险品总仓库区发生爆炸事故的几率很低，又考虑到节省土地、少迁居民和节省投资等因素，1.1级总仓库距各类项目的外部距离，采用比危险品生产区1.1级建筑物的要求略小、破坏程度稍重一点的标准，总的比危险品生产区1.1级建筑物外部距离的破坏标准重半级左右。原规范也是这样定的，经过十多年的实践，证明也是可行的。

与原规范相比，在项目方面增加两项：人数大于500人且小于等于5000人的居民点边缘、职工总数小于5000人的工厂企业围墙和人数小于等于2万人的乡镇规划边缘；在最小计算药量方面由小于或等于1000kg降至100kg。

4.3.3 根据1.4级总仓库区内所贮存的危险品品种，一类为只燃烧，一类为氧化剂，故采用原规范标准，对只燃烧不会爆炸者，规定其外部距离不应小于100m；对硝酸铵仓库，由于存量较大，采用与危险品生产区相同的外部距离标准，规定其外部距离不应小于200m。

5 总平面布置和内部最小允许距离

5.1 总平面布置

5.1.1 本条规定了危险品生产区和总仓库区总平面布置的一般原则和基本要求。

1 将危险性建筑物与非危险性建筑物分开布置是最基本的原则。危险性建筑物相对集中布置，以与非危险性建筑物分开，可减少危险性建筑物对非危险性建筑物的影响，有利于安全。

2 危险品生产区总平面布置应符合生产工艺流程，避免危险品的往返或交叉运输，是从安全角度考虑而制定的。

3 本款所提出的建筑物之间要满足最小允许距离的要求，是基于危险性建筑物一旦发生意外爆炸事故时，对周围建筑物的影响不应超过所允许的破坏标准。

4 同类危险性建筑物集中布置可以减少影响面，有利于安全。

5 危险性或存药量较大的建筑物，不宜布置在出入口附近，主要考虑出入口附近非危险性的辅助建筑物和设施比较多，且人员比较集中，故规定不宜布置在出入口附近。

6 根据试验和爆炸事故证明，在一定范围内，建筑物的长面方向比山墙方向破坏力要大，因此规定了不宜长面相对布置的要求。

7 当危险性生产厂房靠山体布置太近时，由于山体对爆炸空气冲击波的反射作用，使邻近工序产生次生灾害，工厂的爆炸事故证明了这点。但具体在多少药量情况下距山体多少距离为宜，应视药量的大小和品种情况、山的坡度及植被分布情况而定。

8 从有利于安全的角度考虑，规定了运输道路不应在各危险性建筑物的防护屏障内穿行通过，这样从道路布置设计上就保证运输车辆不会在其他危险性建筑物的防护屏障内穿越。非危险性生产部分的人流、物流不宜通过危险品生产地带。

9 无论危险品生产区还是危险品总仓库区内，凡未经铺砌的场地均宜种植阔叶树，特别是在危险性建筑物周围25m范围内，不应种植针叶树或竹子。本款新增了危险性建筑物周围的防火隔离带的宽度。

10 围墙与危险性建筑物的距离，考虑公安部有关防火隔离带的规定和林业部强调生态防火距离的要求，以及参考国外若干国家对危险性建筑物周围防火隔离带的具体规定，本款保留原规范规定15m的要求。

5.1.2 由于危险品生产厂房抗爆间室的轻型面，实际上是爆炸时的泄压面，为了安全起见，在总平面布置时，应注意避免将抗爆间室的泄爆方向面对人多、车辆多的主干道和主要厂房。

5.1.3 本条为新增条款，主要是避免生产线之间人员、运输的交叉，使生产线相对独立。同时考虑一旦发生事故，相邻生产线的建筑物的破坏标准将降低一级，以减少生产线相互影响。

不同性质产品的生产线是指炸药及其制品生产线、黑火药生产线、起爆器材生产线等。不同品种的炸药生产线不在此规定的范围内。

本条规定雷管生产线宜独立成区布置，即要求雷管生产线布置在独立的场地上，且设置独立的围墙，不应与其他生产线混线布置。

5.2 危险品生产区内最小允许距离

5.2.1 危险品生产区内最小允许距离是指危险品生产区内各建筑物之间的最小允许距离。由于危险品生产区内不仅有 1.1 级、1.2 级、1.4 级建筑物，还有为生产服务的公用建筑物、构筑物，如锅炉房、变电所、水池、高位水塔、办公室等。对这些不同危险等级和不同用途的公用建筑物、构筑物，都规定有各自不同的最小允许距离要求。在确定各建筑物之间的距离时，要全面考虑到彼此各方的要求，从中取其最大值，即为所确定的符合要求的距离。

5.2.2 本条修改了双无防护屏障的距离系数，主要是考虑防护屏障对爆炸空气冲击波减弱作用没有原规范规定的那么大。同时最小允许距离由 35m 降至 30m，突破最小允许距离 35m 的界线。

当相邻生产性建筑物采用轻钢刚架结构时，其最小允许距离应按规范表 5.2.2 的规定数值增加 50%，该数值是经过计算分析而得到的。计算分析表明，一旦相邻建筑物发生爆炸，轻钢刚架结构的屋盖、墙面维护结构有可能造成塌落，但没有试验验证。对此在下阶段工作中还将进一步落实修订。

1 根据本款计算出的距离，是指 1.1 级建筑物一旦发生爆炸事故，对相邻砖混结构建筑物将产生次严重破坏，但不致倒塌，同时由于爆炸飞散物和震落物所造成的伤害和损失将是无法避免的。

2 本款的包装箱中转库是指专为单个 1.1 级装药包装建筑物服务的无固定人员的包装箱中转库。

5 1.1* 级建筑物可以不设防护屏障，但它有爆炸的危险，故规定最小允许距离不小于 50m。

7 本款规定了 1.1 级建筑物与各类公用建筑物、构筑物之间的最小允许距离。鉴于公用建筑物的功能不同，服务范围也不同，因此针对不同的公用建筑物、构筑物，分别确定了不同的允许破坏标准。

1）锅炉房是全厂的热力供应中心，一旦遭到破坏将直接影响到全厂的生产，而且锅炉房本身一旦遭受破坏，复建周期长，恢复生产困难，因此，锅炉房的破坏以越轻越好，但锅炉房的热力管线要加长，热损失将增大，技术经济不合理。经全面考虑后，本款保留原规范的规定，锅炉房的破坏标准以不超过中等破坏为准。本项规定的 1.1 级建筑物与锅炉房的距离除按计算外，且不应小于 100m，是考虑烟囱的火星和灰尘对 1.1 级建筑物的影响；对无火星的锅炉房是指有可靠的除尘装置不产生火星的，其距离可适当减少。

2）总降压变电所、总配电所是全厂的供电中心，一旦遭到破坏将影响全厂，甚至产生相应的次生灾害，因此采用轻度破坏标准。

3）10kV 及以下单建变电所服务范围有限，与所服务的对象距离太远，不仅线路长，管理也不便，为此采用次严重破坏标准。

4）钢筋混凝土水塔是全厂的供水主要来源，一旦遭受破坏不仅直接影响生产，还有可能影响消防用水的来源，因此颇为重要。本项规定的破坏标准为中等破坏标准。

5）地下或半地下高位水池覆土后，抗冲击波荷载的能力提高，且多数高位水池为圆形结构，其刚度大，较为有利。但地下、半地下高位水池要求承受来自于爆炸源的地震波应力。鉴于工厂的爆炸源均产生于地面以上，经地表再经地下传至高位水池，其能量远比地下爆炸源减少许多，而且高位水池所在地由于地质条件不同也有很大差别。根据原规范 10 年来的执行情况，在这方面尚未发现有何问题，因此仍维持原规范的标准。但危险品生产区内 1.1 级建筑物的存药量变化幅度很大，原规范所规定的距离仅能保持在小药量情况下，高位水池不裂，药量大到一定程度，高位水池仍会出现裂缝等破坏情况。

6）火花在风的吹动下影响范围较大，在这个范围内散落的裸露易燃易爆品有可能因火花引燃而引发事故，故规定为不应小于 50m。

7）考虑到车间办公室、辅助生产建筑物等距生产车间不宜太远，但也不宜一旦发生事故就遭受与生产工房一样的次严重破坏，因此本项采用中等破坏标准。本项保留了原规范的规定，与车间办公室、车间食堂（无明火）、辅助生产建筑物的距离，应按表 5.2.2 要求的计算值再增加 50%，且不应小于 50m。

8）全厂性公共建筑物，如厂部办公室是工厂的指挥中心，也是机要所在。食堂是工人集中的场所，消防车库是保护工厂安全的组成部分，从保护人身安全和减少事故损失考虑，其距离不宜太远，因此本项确定为轻度破坏标准。原规范要求最小允许距离不得小于 150m，能满足轻度破坏标准，故保留 150m 的规定。

5.2.3 1.2 级建筑物与其邻近建筑物的最小允许距离，是按下列原则确定的：

1 对 1.2 级建筑物的最小允许距离，改为按生产工房药量确定的距离。这是为防止工房药量大，一旦发生爆炸事故，对周围会加大影响而定的。

2 本款增加了为 1.2 级装药包装建筑物服务的包装箱中转库（无固定人员）与该装药包装建筑物的距离，按现行国家标准《建筑设计防火规范》GB 50016 中防火间距执行的规定。

3 1.2 级建筑物与公共建筑物、构筑物的最小允许距离，其确定原则基本与 1.1 级建筑物相同。只是由于危险作业在抗爆间室内，有破坏影响范围小的具体情况，因此，在确定其与公共建筑物、构筑物的最小允许距离时，比1.1级建筑物的要求略小。

5.2.4 1.4级建筑物与其邻近建筑物的最小允许距离，是按下列原则确定的：

1 危险品生产区内1.4级建筑物中的产品有燃烧危险，在一定条件下也可能发生爆炸，故根据1.4级建筑物中危险品存量的多少和周围建筑物的重要程度，分别规定了不同的距离。

1.4级建筑物中，需要指出的是硝酸铵仓库，其允许存量最大可达500t，混装炸药车地面辅助设施可达600t，按原规范规定，其与任何建筑物的距离均不应小于50m，考虑十余年来既无重大事故又无新的可供依据的数据，不好轻易变动，本次修订仍保留原规定。

需要指出的是，由于硝酸铵仓库存量很大，当硝酸铵仓库一旦发生事故时，其对周围建筑物的破坏，将会大大超过所允许的次严重破坏标准。

2 1.4级建筑物与公共建筑物、构筑物的最小允许距离，其确定原则基本与1.1级、1.2级建筑物相同，只是在多数情况下可能产生的是燃烧危险，在一定条件下也可能发生爆炸。据此，制定了与公共建筑物、构筑物的最小允许距离。必须指出的是，万一发生爆炸事故，对周围建筑物的破坏将是严重的，但几率是很低的。

5.3 危险品总仓库区内最小允许距离

5.3.1 危险品总仓库区内各建筑物之间的距离，属于内部最小允许距离。由于危险品总仓库区只有1.1级和1.4级危险品仓库，为了便于使用，已将1.1级仓库与其邻近建筑物的最小允许距离，列于表5.3.2-1中，使用时可直接查出。必须指出的是，使用时应将相互间要求的距离均查出，然后取其最大值作为建筑物间的最小允许距离。

5.3.2 本条规定了1.1级危险品总仓库区应设置防护屏障。

1 本款规定了1.1级仓库与其邻近建筑物的最小允许距离。其破坏标准是，当某个1.1级仓库一旦发生爆炸事故时，对邻近仓库内的危险品不产生殉爆而建筑物却全部倒塌。不仅相邻仓库倒塌，就是再远一点的仓库，也将随着爆炸事故仓库药量及距离的大小而产生不同的破坏后果。

危险品总仓库区内最小允许距离较原规范有所降低，主要是考虑相邻库房不被殉爆即可。

2 本款增加了有防护屏障的1.1级库房与相邻无防护屏障库房的最小允许距离应按双有防护屏障的距离增加1倍的规定。

5 总仓库区的值班室是仓库管理人员和保卫人员值班的地方。为有利于值班人员的安全，本款强调宜结合地形将其布置在有自然屏障的地方。考虑到值班室与1.1级仓库的距离远了，管理上不方便，近了又不利于安全，为此，值班室与1.1级仓库的距离，基本是按次严重破坏标准考虑的，并根据值班室是否设有防护屏障而分成几个档次确定。由于总仓库区内的库房存药量差别很大，当大药量仓库一旦发生爆炸事故，对值班室有可能产生超过次严重破坏标准的情况。

本款细化了1.1级库房与值班室的最小允许距离，库房计算药量由原来限定的30t，对应有防护屏障值班室需150m，调至库房计算药量20t、10t、5t、1t、0.5t，对应有防护屏障值班室需130m、110m、90m、70m、50m，主要是考虑在库房计算药量小时，减少库房与值班室的最小允许距离。

5.3.3 由于1.4级仓库在一定条件下也会爆炸，为减少发生事故的可能性，本条提出，1.4级仓库分一般1.4级和硝酸铵仓库两种办法处理其最小允许距离。当具有爆炸危险的1.4级仓库与1.1级仓库邻近时，其与1.1级仓库相对面的一侧，推荐设置防护屏障；否则，最小允许距离应按表5.3.2-1的规定数值增加1倍，且不小于本条规定。

除上述与原规范相比有补充外，其余无改变。

5.3.4 当危险品总仓库区设置岗哨时，岗哨与仓库的距离，在条文中未提出明确要求，因为岗哨是为仓库警卫用的，将根据保卫需要设置岗哨位置。因此，一旦仓库发生事故，岗哨上的警卫人员将不可避免地产生伤亡。

5.4 防护屏障

5.4.1 防护屏障可以有多种形式，例如钢筋混凝土挡墙、防护土堤等。不论采用何种形式，都应能起到防护作用。本条以防护土堤为例，绘出防护土堤的有防护作用范围和无防护作用范围。

5.4.2 本条所规定的防护屏障的高度是最低要求高度，如有条件能做到高出屋檐高度，则对削弱爆炸空气冲击波和阻拦低角度飞散物更有好处。当防护屏障内建筑物较高，例如高度大于6m时，本条亦规定了防护屏障高度可按高出爆炸物顶面1m设置。但是，建筑物之间的最小允许距离计算应符合表5.2.2注3的规定。应该指出，适当增高防护屏障的高度，对安全有利。

5.4.3 本条分别对防护土堤和钢筋混凝土挡墙的防护屏障顶宽提出要求，其他防护屏障可按此原则处理。

5.4.4 防护屏障的边坡应稳定（主要指土堤），否则易塌落，将达不到规范标准，减弱了安全防护的作用。

5.4.5 建筑物的外墙与防护屏障内坡脚的水平距离越小，防护作用越好。但从生产、运输、采光和地面排水等多方面要求，两者必须保持一定距离。本条规定除运输或工艺方面有特殊要求的地段外，应尽量减少该段距离，以使防护屏障起到防护作用。

5.4.6 本条主要是对生产运输通道或运输隧道在穿越或通过防护屏障时的一些技术要求。同时对通过防护屏障的安全疏散隧道也提出了一些具体技术要求。

5.4.7 本条提出了当防护屏障采用防护土堤构造而取土又较为困难时，各种减少土方量的具体技术措施。

5.4.8 根据我国的具体情况，应尽可能减少占地面积，而又要保证安全，为此本条提出在危险品生产区，对两个危险品仓库可以组合在联合的防护土堤内的具体技术要求。

本次修订放宽对了联合土围的规定，不再限定仅用于起爆器材，而不能用于火药、炸药。

6 工艺与布置

6.0.1 工艺设计中坚持减少厂房计算药量和操作人员，是一个极为重要的原则，也可以说是通过血的教训得来的经验总结。从历次事故中可以看出，往往原发事故点并不严重，但由于厂房计算药量大、操作人员多，甚至严重超量、超员，酿成了极为惨烈的后果。

要求对于有燃烧、爆炸危险的作业应采用隔离操作、自动监控等可靠的先进技术，这是从技术上保障安全的基本要求。

6.0.2 本条是危险品生产厂房和仓库平面布置的规定。

1 本款规定是为在进行危险品生产厂房平面设计时应有利于人员的疏散。

囗字形、冂字形厂房都不利于人员疏散，并且当厂房的一面发生爆燃时会影响到其他面。因山体地形原因而设计为L形厂房，如内部布置合理，亦可这样设计。

4 本款规定在布置工艺设备、管道及操作岗位时，应有利于人员的疏散。传送皮带挡住操作者的疏散道路，工作面太小，人员交错等情况，在发生事故时均不利于人员的迅速疏散。

5 危险品生产厂房的底层，除了门作为疏散出口外，对距门较远或不能迅速到达疏散口的固定工位，应根据需要设置符合本规范第8.6.4条要求的安全窗，但应注意安全窗外要能便于疏散。

6 起爆器材生产厂房宜设计成一边为工作间，另一侧为通道，尤其是雷管生产中装药、压药工序，在条件允许的条件下首先应该这样设计。当设计成中间为通道，两侧为工作间时（如电雷管装配工序），如发生偶然事故，人员需经过中间通道才能向外疏散，在人员多的工序会拖延时间，甚至发生人员相互碰撞。所以规定这种情况下，上述工作间应有直通室外的安全出口。对于固定工位设置直通室外的安全出口则可以是门，也可以是安全窗。

7 厂房内危险品暂存间存药量相对集中，若发生爆炸事故，爆源附近遭受的破坏更加严重，所以危险品暂存间宜布置在厂房的端部，并不宜靠近厂房出入口和生活间，以减少事故损失。

雷管等起爆器材生产厂房中人员较多，提倡炸药、起爆药和火工品宜暂存在抗爆间室或防护装甲（如防爆箱）内，以达到不能发生殉爆的目的。但有时因工艺流程的需要，危险品暂存间布置在端部对组织生产不便时，也可以沿外墙布置成突出的贮存间。但贮存间不应靠近人员的出入口，以防止危险品与人流交叉，避免发生偶然事故时造成很多人员的伤亡。

9 危险性建筑物不可避免地存在火药、炸药粉尘，由于厂房中辅助间（如通风室、配电室、泵房等）内的操作不必和生产厂房随时保持联系，辅助间和生产工作间之间宜设隔墙，隔墙上不用门相通，辅助间的出入口不宜经过危险性生产工作间，而宜直通室外。

6.0.3 本条是危险品运输通廊的规定。

1 某厂乳化炸药生产线发生爆炸事故时，爆源在装药包装工房。由于装药工房与卷纸管工房之间有密封式通廊相连，通廊结构为预制板重型屋盖，两侧为石头砌墙，窗面积很小，通廊呈直线形式，这样，爆炸冲击波沿通廊直抵卷纸管工房，使该工房遭受严重破坏，工人伤亡。如果通廊为敞开式，或通廊虽为封闭式，但为易泄爆的轻型结构，则损失远不会如此严重。

地下通廊连接两个厂房时，发生事故时将给相邻厂房造成更严重的破坏，处于其间的人员也不易疏散，故本规范不推荐使用地下通廊。对于个别工厂的厂房之间需穿过局部山体而设的通道，可不视为地下通廊。

2 在前述某厂乳化炸药生产线中，乳化厂房利用悬挂式输送机输送药坯。原设计根据殉爆试验，对于每个药坯限重2.7kg，药坯间距则限定为900mm。事故发生时，每个药坯实际重量达20kg，而药坯间距又仅为500mm。装药厂房爆炸后，沿该药坯输送机殉爆至乳化厂房的制坯部分，造成乳化厂房严重破坏，死伤多人。

有鉴于此，采用机械化连续输送危险品时，输送设备上的危险品间距应能保证危险品爆炸时不发生殉爆。危险品殉爆距离应有可靠的依据，也可以模拟生产条件进行试验确定。

3 在条件允许的情况下，与危险性建筑物相连的通廊宜设计成折线形式。实践证明，在危险性建筑物内危险品发生爆炸事故时，与直线形通廊相比，折线形通廊可减少爆炸冲击波的破坏范围，降低相邻厂房的损失。折线的角度要适当，且应保证通廊内人员运输的安全与方便。

4 危险品成品中转库存药量较大，发生事故时影响范围大且严重，故作此规定。

6.0.4 雷管、导爆索等起爆器材生产中操作人员较多，有些工序（如雷管装、压药）易发生事故，而这些工序一般药量比较小，因此可把事故破坏限制在抗爆间室内，以减少事故的损失。采用钢板防护是为了防止传爆。

6.0.6 本条是危险品生产厂房各工序的联建问题。

1 有固定操作人员的非危险性生产厂房，是指炸药生产中的卷纸管、导火索生产中的缠线等生产厂房。

7 本款涉及对自动化、连续化生产的认识，有必要对"自动化"、"连续化"给予定义。自动化是指采用能自动调节、检查、加工和控制的机器设备进行生产作业，以代替人工直接操作。如果整个生产过程从进料、加工、传送、检查以至完成产品，能自动按人们预定的程序和要求进行，而启动、调整、停车以及排除故障等仍由人工操作，称"综合自动化"。如果启动、停车与排除故障等操作也都能自动实现，称为"全自动化"。

就目前我国的自动化、连续化工业炸药（如乳化炸药）生产线来讲，应当说还是处于"初级阶段"意义上的自动线，距真正意义上的自动化、连续化，并从本质上提高生产的安全程度尚有许多工作要做。尤其是真正与自动化、连续化生产线相匹配的各种设备更是关键性的问题。现在的情况是，制药部分的设备尚属规范，装药设备则急待完善，包装设备尚待继续生产实践检验。故本规范规定，工业炸药制造在一个厂房内联建的条件是：工艺技术与设备匹配，制药至成品包装实现自动化、连续化，有可靠的防止传爆和殉爆的措施，这三个条件缺一不可。

对于生产线在一个工房内联建的定员定量问题，是结合国防科工委乳化炸药安全生产研讨会议纪要及有关文件要求的精神，给出的具体规定和要求。

原规范中曾规定有对手工间断操作的无雷管感度乳化炸药生产工艺的要求，现已不再审批新建。对此，本次修订时予以取消。

8 工业炸药生产厂房单个厂房一般布置单条生产线。目前国内的情况是，工业炸药同类产品如胶状和粉状乳化炸药往往布置在一个生产厂房中，利用同一组乳化设备制造乳化基质。由于各自配方不同而采取轮换生产方式进行。当一条线停工，彻底清理完成后才开始另一条线的生产，实际上在厂房内仍是一条线在运行。考虑到国内生产实际及现状，作了本条规定。这里一定要注意满足该条的条文要求，不能勉强凑合，降低要求。同时应指出，这种情况下，一旦发生偶然的燃烧、爆炸事故时，该厂房内的两条生产线设备设施可能会遭到破坏，从客观上存在增大设备设

施财产损失的可能，进而提高了对事故破坏等级的判定。

9 考虑到目前国内两条工业炸药同类产品自动化、连续化生产线进行同时生产的情况尚无先例和成功的实践，为慎重起见，"具备同时生产条件"的问题应经过相关的专家论证和主管部门审批同意。

10 自动化、连续化工业炸药生产线或间断式生产线，由于各种条件限制，不能在一个厂房内联建时，还是将制药工序与装药包装工序分别建设厂房为好，这样做既方便生产、有利于安全，又便于产品的升级换代、产能产量的调节和设施的技术改造。本款还结合国防科工委乳化炸药安全生产研讨会议纪要及有关文件要求的精神，给出了具体的定员定量规定。

12 此款是针对目前雷管等起爆器材连续化生产线的出现而定的要求。强调对于贯穿各抗爆间室或钢板防护装置的传输应有可靠的隔爆措施。

6.0.7 原规范特别对粉状铵梯炸药生产的轮碾机设置台数规定为不应超过2台。根据民爆生产安全管理规定，轮碾机的砲重不应超过500kg，混药时的药温不应超过70℃。考虑到制造其他工业炸药时，也会采用轮碾机工艺进行混药，故本次修订作此规定。

6.0.9 本条是对危险品生产或输送用的设备和装置的要求。

8 这一款是新增加的，目的是强调对于输送易燃、易爆危险品的设备来讲，应注意所输送的危险品厚度要满足不引起燃烧爆炸的安全要求。

6.0.11 此条提出了除传统的人力运送起爆药方式外，还可以利用球形防爆车推送。

7 危险品贮存和运输

7.1 危险品贮存

7.1.1 危险品生产区内单个危险品中转库允许的最大存药量应符合表7.1.1的规定，当中转库需贮存的药量超过表7.1.1规定的数量时，可以增加库房的个数。

7.1.2 关于危险品生产区内炸药的总存药量的规定。

1 危险品生产区内梯恩梯中转库的存药量除应符合本规范第7.1.1条的规定外，其总存量不应超过3d的生产需要量。例如对于每天需要梯恩梯为4t的工厂，梯恩梯中转库总存量不应超过12t。可设计5t的梯恩梯中转库房2幢。在满足生产的前提下，生产区的危险品存量应尽量减少。

2 对于炸药成品中转库，除应符合本规范第7.1.1条的规定外，还不应大于1d的炸药生产量。例如日产铵梯炸药40t的工厂，其中转库总存药量不应超过40t，如设计为存药量20t的库房，则库房不应超过2幢。但对于生产量较小的工厂，例如当炸药

日产量为3t时，其存药量允许稍大于1d的生产量，其中转库的总存量可为5t，这样规定可避免频繁运输，既保证生产安全，又便于组织生产。

7.1.3 本条是对危险品总仓库区内单个危险品仓库允许最大存药量的规定。

对硝酸铵仓库贮存量保留原规范规定的500t，国内民用爆破器材工厂中未发生过硝酸铵仓库的燃烧爆炸事故，说明硝酸铵在管理好的情况下，是比较安定的，但一旦发生爆炸事故则破坏非常严重。1993年深圳清水河化学危险品仓库大爆炸中，硝酸铵发生爆炸，因硝酸铵与其他多种化学品混放在一个库内。硝酸铵的爆炸可能是由其他化学品燃烧着火而引起的，其爆炸后果是相当严重的。以其中4号库为例，硝酸铵约数十吨，其爆炸后的爆坑直径23m，深7m，因仓库是互相连接的，并均存有易燃易爆物品，故引起邻近几百米范围内的大火。在国外文献的报道中，美国俄克拉荷马州皮罗尔的一个散装硝酸铵仓库发生着火，着火25min后，发生了爆炸。在弗吉尼亚州，一座混合工房内有铵油炸药30t，硝酸铵20t，在燃烧30min后发生强烈的爆炸。2001年9月21日法国南部城市Toulouse郊外AZF GP（Azote De France）化肥厂仓储的400t硝酸铵爆炸，形成了一个长65m、宽54m、深10m以上的弹坑，爆炸冲击波影响到3km以外的市中心。事故造成30人死亡，近4000人受伤，50所学校及10000幢建筑物受损。上述这些事故说明，硝酸铵在特定条件下是会燃烧爆炸的。

美国防火协会规定的硝酸铵贮量比较大，可达2268t。超过此量时必须配备完整的、强大的自动防火系统。

虽然硝酸铵在平时只是一种肥料，并无多大危险，但考虑到硝酸铵仓库设在生产区或库区，其周围有1.1级、1.2级危险厂房或库区，贮量不宜太大，故作了上述规定。

表7.1.3是对单个库房允许最大存药量的规定，当需要贮存量超过表中规定值时，可增加库房的幢数。

7.1.4 由于硝酸铵用量大，为便于生产和减少运输，硝酸铵仓库可以设在危险品生产区，其单库允许最大存药量应符合表7.1.3的规定。众所周知，硝酸铵在一定强度的外部作用下是可以发生燃烧爆炸的，所以在消防和建筑结构上应采取相应措施。一旦硝酸铵库发生爆炸事故，对生产区的破坏将是极其严重的。同样，根据生产需要，可在生产区设置多个硝酸铵库房。

7.1.6 本条是不同品种危险品同库存放的规定。

1 尽管危险品单品种专库存放有利于安全和管理，但当受条件限制时，在不增大事故可能性的前提下，不同品种包装完好的危险品是可以同库存放的。需要强调的是，危险品必须包装完整无损、无泄漏，分堆存放，避免互相混淆，并应符合表7.1.6的规定。

为便于掌握危险品同库存放的原则，将危险品分成六大类，危险品分类的原则和说明详见表7.1.6的注释。对于未列入规范的危险品，可参照分类和共存原则研究确定。

2 关于不同品种危险品同库存放的存药量的规定举例如下：如总仓库的梯恩梯和苦味酸同库存放，二者为同一危险等级，苦味酸不应超过表7.1.3中的30t，梯恩梯和苦味酸存放的总药量不应超过表7.1.3中梯恩梯允许最大存药量150t。又如梯恩梯和黑索今同库存放，二者为不同危险等级，梯恩梯和黑索今存放总药量不应超过表7.1.3中黑索今存药量50t，且库房应作为1.1级考虑。再如硝酸铵类炸药与梯恩梯，因是不同危险等级，同库存放总药量不是200t，而应是150t，且库房应按梯恩梯1.1级考虑。

3 硝酸铵仓库贮量大，且在一定条件下硝酸铵有燃烧爆炸危险，所以硝酸铵应专库存放，不应与任何物品同库存放。

4 危险品的废品和不合格品，由于其安定性较差，且不会有良好的包装，所以不应与成品同库贮存。

5 符合同库存放的不同品种危险品贮存在危险品生产区中的中转库内时，应存放在以隔墙互相隔开的贮存间内。这是由于中转库人员、物品出入频繁，危险品洒落的可能性大，为避免危险品相互混淆，作此规定。所以中转库除应符合同库存放的规定外，还应符合本款规定。

7.1.7 仓库内危险品堆放过密，会造成通风不良，堆垛过高也会对危险品存放和操作人员的安全产生不安全因素，所以特别制定危险品堆放的两款规定。

与原规范相比，增加了检查通道和装运通道的尺寸要求。

7.2 危险品运输

7.2.1 为满足危险品运输的要求，本条规定宜采用汽车运输。由于翻斗车的车厢形式不利于装载危险品，万一翻斗机构失灵就更加危险。挂车因刹车等因素易产生车辆碰撞，故禁止使用。用三轮车和畜力车运输危险品也有不安全因素，因此不应使用。

7.2.2 本条第1、2两款的规定是考虑到有可能在生产和运输过程中，在1.1级、1.2级、1.4级建筑物附近洒落危险品及其粉尘，所以要求车辆与建筑物保持一定距离，以避免行驶的车辆碾压危险品而发生意外事故。另外，在危险品生产建筑物靠近处，汽车经常往返行驶对建筑物内的生产会产生干扰，不利于生产。因此，要求必须有一定的距离。

第3款的规定是防止有火星飞散到运输危险品的

车上而造成意外事故。

7.2.3 增加危险品总仓库区运输危险品的主干道中心线与各类建筑物的距离不应小于 10m 的规定。原规范只对危险品生产区有规定，而危险品总仓库区没有相应规定，这次修订，考虑危险品总仓库区运输的危险品主要是包装好的、无散落的危险品粉尘，故危险品总仓库区运输危险品的主干道中心线，与各类建筑物的距离较危险品生产区的规定有所减小。

7.2.4 根据现行国家标准《厂矿道路设计规范》GBJ 22 的规定，提出经常运输易燃、易爆危险品专用道路的最大纵坡不得大于 6％的规定，以及参照其他相应规定，提出本条的各项要求。

7.2.5 本条的规定，主要考虑机动车如果在紧靠危险性建筑物的门前进行装卸作业，一旦建筑物内发生危险情况，不利于建筑物内的人员疏散，从而增加不必要的事故损失。当机动车采取防爆措施后，参照国外同类行业的做法，允许防爆机动车辆进入库房内进行装卸作业。

7.2.6 起爆药是比较敏感的，为了防止人工提送中与其他行人或车辆碰撞而出现事故，为此规定用人工提送起爆药时，应设专用人行道。

7.2.7 为提高装卸效率，减少危险品的倒运，并有利于安全，在有条件时应尽量将铁路通到每个仓库旁边。

对必须在危险品总仓库区以外的地方设置危险品转运站台时，本条提出了两种情况，即站台上的危险品可在 24h 内全部运走时和在 48h 内全部运走时的外部距离折减系数。目的在于鼓励尽快运走。

8 建筑与结构

8.1 一般规定

8.1.1 根据民用爆破器材工厂各类危险品的生产厂房性质分析，1.1 级、1.2 级厂房是炸药、起爆药的制造、加工厂房，都具有爆炸、燃烧的危险；1.4 级厂房基本是氧化剂、燃烧剂一类的生产厂房，且厂房周围多有爆炸源，也具有燃烧、爆炸危险。所以，1.1 级、1.2 级、1.4 级生产厂房的危险程度要比现行国家标准《建筑设计防火规范》GB 50016 中甲类生产厂房大得多。现行国家标准《建筑设计防火规范》GB 50016 厂房、库房的耐火等级规定，甲类厂房、库房的耐火等级为一、二级，所以本规范提出 1.1 级、1.2 级、1.4 级厂房和库房的耐火等级应符合现行国家标准《建筑设计防火规范》GB 50016 中二级耐火等级的规定。

8.1.2 为了设计使用的方便，将现行各类生产中的各类危险品生产工序，按现行国家标准《工业企业设计卫生标准》GBZ 1 的车间卫生特征分级的原则做了

分级。主要考虑原则是，凡生产或使用的物质极易经皮肤吸收引起中毒的，定为 1 级，如梯恩梯、二硝基重氮酚。其他按情况定为 2 级。

卫生特征分级为 1 级的应设通过式淋浴。

8.1.3 民用爆破器材工厂中辅助用室的设置是一个很重要的问题，因为在这种工厂中，危险生产厂房有爆炸的危险，因此，除了在生产中不能离开操作岗位的人员外，其他人员都应尽量远离危险品生产厂房，避免发生事故时造成不必要的伤亡。确保人员的安全是设计辅助用室的指导思想。

1 1.1 级厂房是具有爆炸危险的厂房，发生爆炸时威力比较大，影响面也比较宽，从安全上考虑，规定不允许在这类厂房内设置辅助用室，而应将它们布置在远离危险品生产厂房的安全地带，这样，在发生事故时人员的安全才能得到保证。但考虑到生活上的方便和生产上的需要，不允许操作人员长时间离开工作岗位，因此允许在厂房内设置厕所，但对于敏感度特别高的黑火药、二硝基重氮酚等极易发生事故的生产厂房，连厕所也不允许设置。

2 1.1 级厂房的辅助用室，应单建或设在附近其他非危险性的建筑物中。辅助用室可近一些布置，但应符合安全要求。

3 1.2 级厂房，原则上不宜设置辅助用室。当存药量比较小，危险生产工序设在抗爆间室内或用钢板防护装置隔开时，一旦发生事故，一般只局限于抗爆间室内，危险程度大大降低，事故的影响面比较小。在这种火工品生产厂房内，如果必须设置，应符合条文中的规定。

8.2 危险性建筑物的结构选型

8.2.1 危险品生产厂房的承重结构首先推荐采用钢筋混凝土框架结构，其主要优点是整体性好、抗侧力强。现在钢模问世，大型预制构件隐退，大量采用现浇钢筋混凝土，这样框架结构优于铰接排架结构，由柱、梁连接成为一个空间的整体，因而具有较强的抗爆能力。当厂房发生局部爆炸时，整个厂房全部倒塌的可能性较小，有望减少人员伤亡和财产损失。钢筋混凝土柱、梁连接的铰接排架，预制屋面板结构，当发生局部爆炸时，容易产生梁、板倒塌。砖混结构厂房，当发生局部爆炸时，容易产生墙倒屋塌。为此，本次修订，不论单层或多层的 1.1 级、1.2 级厂房和多层的 1.4 级厂房，都推荐采用钢筋混凝土框架结构承重。这主要是考虑到厂房中某一部分发生事故时，不致因承重结构整体性差或承载能力不足而导致楼板或屋盖倒塌，使整个厂房受到严重破坏，造成更多人员的不必要伤亡和设备的不必要损坏。

考虑到民用爆破器材工厂的实际生产情况，在符合特定条件下，可采用砖墙承重：

1 对于单层的 1.1 级、1.2 级厂房，在厂房面

积小、层高低、操作人员较少的条件下允许采用砖墙承重。这主要考虑到这类厂房面积小，操作人员距爆炸中心一般都比较近，一旦发生事故，势必房毁人亡。故本规范对这类厂房提出了跨度、长度和高度以及人员的限制，凡符合条件的，可采用砖墙承重。

3 对于危险品生产工序全部布置在抗爆间室内，且间室外不存放或存放少量危险品时，一旦发生爆炸，则不会影响主体厂房。所以砖墙承重部分不存在因本厂房局部爆炸而倒塌的危险，允许采用砖墙承重。

4 梯恩梯球磨机粉碎厂房、轮碾机混药厂房的存药量较大，且药量又集中，操作人员距药心近，厂房面积小，一旦爆炸事故发生，不论是否采用钢筋混凝土结构，都势必是房毁人亡。所以对这种厂房提出可采用砖墙承重。

5 承重横隔墙较密的厂房，刚度大，厂房存药量小，且又分散，当厂房内局部发生爆炸时，对相邻工作间的影响小，所以可采用砖墙承重。

6 对无人操作的厂房，由于不存在操作人员的伤亡问题，采用砖墙承重就可以满足要求。

8.2.2 钢刚架结构易于积尘，且为金属，故而要求没有炸药粉尘的或采取措施能防止积尘的危险品生产厂房，或与金属反应不产生敏感爆炸危险物的厂房，方可采用钢刚架结构，但必须符合现行国家标准《建筑设计防火规范》GB 50016 中二级耐火等级的要求。

8.2.3 危险品仓库允许采用砖墙承重，主要是考虑到仓库无固定人员、较厂房重要性低，且因仓库面积小，存药量集中，药量一般较大，一旦发生爆炸事故，出事仓库被摧毁，相邻库房允许破坏。因此，允许采用砖墙承重和符合防火要求的钢刚架结构。

8.2.4 小于 240mm 的砖墙、空斗墙、毛石墙等的抗震能力差，容易倒塌，不予采用。

8.2.5 危险品生产厂房的屋盖首先推荐采用现浇钢筋混凝土屋盖，它可与钢筋混凝土框架构成整体，当发生局部爆炸时，现浇屋面板倒塌面积较小，可减轻事故时屋盖下塌而造成的伤亡；从抗外爆角度来讲，钢筋混凝土屋面板抗外来飞散物是很有效的。预制屋面板容易产生梁、板倒塌而造成伤亡，故不推荐采用。

8.2.6 对厂房面积小，事故频率高的粉状铵梯炸药生产的轮碾机混药厂房、本身有泄压要求的黑火药生产厂房及梯恩梯球磨机粉碎厂房，条文中规定应采用轻质易碎屋盖或轻型泄压屋盖。目的是一旦发生燃爆或爆炸事故，易泄压，可减轻飞散物对周边的危害。但厂房刚度差，抗外来飞散物的防护能力差。

8.3 危险性建筑物的结构构造

8.3.1 易燃易爆粉尘是指各种爆炸物如粉状铵梯药、黑火药、起爆药等的粉尘，这些粉尘的积聚，不

但增加了日常清扫工作，而且可能引起自燃，导致事故。所以，对危险品生产厂房的构件要求采用外形平整、不易积尘，易于清扫的结构构件和构造措施。特别是屋盖的选型，首先要考虑采用无檩、平板体系，不宜采用有檩体系，更不宜采用易于积尘的构件。如果必须采用易积尘的结构构件，就要设置吊顶，但设置吊顶也易积尘，在一定程度上也增加了不安全的因素。

8.3.2～8.3.4 从事故调查和一些国内外试验资料来看，对具有爆炸危险的 1.1 级、1.2 级、1.4 级厂房，当采取一定的构造措施后，对提高建筑物的抗震能力是有一定效果的。

本规范提出了几项主要的构造措施，着重在墙体方面、构件和墙体连接方面加强，以增强工房的整体性。

8.3.5、8.3.6 为了增强钢刚架结构的整体性和抗震能力，参考钢结构抗震构造措施而规定。

8.3.7 根据轻钢结构常规设计所采用的一般规格，经抗爆验算，提出与双无防护屏障内部最小允许距离（增大 50%）相应的结构构造最低要求。否则宜按抗爆炸荷载进行验算。

8.3.8 轻钢刚架结构的檩条按常规设计所采用的规格，其抗冲击波强度还是不足的。因此，作此规定，以达到提高檩条的抗冲击波作用的能力，防止发生外爆事故时，围护构件不致塌落伤人。

8.3.9 轻钢刚架结构的彩色钢板在爆炸冲击波作用下，回弹力较大，彩色钢板容易被撕裂，因此，在连接方法上要加强，这是参考美国抗爆钢结构的节点构造方法而规定的。

8.4 抗爆间室和抗爆屏院

8.4.1、8.4.2 这两条主要是对抗爆间室的结构作了规定。

抗爆间室，一般情况下应采用钢筋混凝土结构。目前国内广泛采用矩形钢筋混凝土抗爆间室，使用效果较好。钢筋混凝土是弹塑性材料，具有一定的延性，可经受爆炸荷载的多次反复作用，又具有抵抗破片穿透和爆炸震塌的局部破坏的性能。

抗爆间室的屋盖做成现浇钢筋混凝土的较好，其整体性强，可使间室的空气冲击波和破片对相邻部分不产生破坏作用，与轻质易碎屋盖相比，在爆炸事故后具有不需修理即可继续使用的优点。所以，在一般情况下，抗爆间室宜做成现浇钢筋混凝土屋盖。本次修改，取消了装配整体式屋盖，增加了钢结构。这一是工程需要，二是有了方法，至于装配整体式屋盖，随着钢模发展，已无需要，故而取消。

8.4.3、8.4.4 这两条是对抗爆间室提出具体的设防标准和要求，对原条文进行了修改。明确了在设计药量爆炸的局部作用下，不能震塌、飞散和穿透。

根据可能发生爆炸事故的多少，分别采用不同的控制延性比，达到控制抗爆间室的残余变形，可以与结构的计算联系起来，使概念清楚。

本次修订，取消了观察孔玻璃的规定，主要考虑采用摄像监视技术可替代人工观察，且有利于安全。

8.4.5 抗爆间室朝向室外的一面应设置轻型窗，这是为了保证抗爆间室至少有一个泄爆面，以减少冲击波反射产生的附加荷载。规定了窗台的高度，为了防止室外雨水的侵入，又要尽可能扩大泄爆面。

8.4.6 本条提出了抗爆间室与相邻主厂房的构造处理。

抗爆间室采用轻质易碎屋盖时，一旦发生事故，大部分冲击波和破片将从屋盖泄出。为尽可能减少对相邻屋盖的影响以及构造上的需要，当与间室相邻的主厂房的屋盖低于间室屋盖或与间室屋盖等高时，可采用轻质易碎屋盖，应按第 2 款采取措施；当与间室相邻的主厂房的屋盖高出间室屋盖时，应采用钢筋混凝土屋盖。

抗爆间室与相邻主厂房间宜设抗震缝，这主要是从生产实践和事故中总结出来的。以往抗爆间室与主厂房之间不设抗震缝，当间室内爆炸后，发现由于间室墙体产生变位，连结松动，造成裂缝等不利于结构的影响。条文中针对药量较小时，爆炸荷载作用下变位不大的特点，确定可不设抗震缝，这是根据一定的实践经验和理论计算而决定的。规定轻盖设计药量小于5kg，重盖小于20kg时不设抗震缝，是使间室顶部的相对变位控制在较小范围以内。

8.4.7 抗爆间室轻型窗的外面设置抗爆屏院，这主要是从安全角度提出来的要求。抗爆屏院是为了承受抗爆间室内爆炸后泄出的空气冲击波和爆炸飞散物所产生的两类破坏作用，一是空气冲击波对屏院墙面的整体破坏作用，二是飞散物对屏院墙面造成的震塌和穿透的局部破坏作用。一般情况下，要求从屏院泄出的冲击波和飞散物不致对周围建筑物产生较大的破坏，因此，必须确保在空气冲击波作用下，屏院不致倒塌或成碎块飞出。当抗爆间室是多室时，屏院还应阻挡经间室轻型窗泄出的空气冲击波传至相邻的另一间室，防止发生殉爆。为了保证抗爆屏院的作用，提出了抗爆屏院的高度要求。本次修订，还增加了抗爆屏院的构造、平面形式和最小进深要求。

8.5 安 全 疏 散

8.5.1 本条对安全出口的设置作了规定。

1 安全出口数量的规定。安全出口对厂房里人员的疏散起到重要作用，规定安全出口数量，是为了一旦发生事故，能确保操作人员迅速离开，减少人员伤亡。对面积小、人员少的厂房，一个安全出口可以满足疏散需要的，条文中作了适当的放宽。

3 防护屏障内厂房的安全出口，应布置在防护屏障的开口方向或防护屏障内安全疏散隧道的附近，其目的是便于操作人员能够迅速跑出危险区，而不会出了厂房又被困在防护屏障内受到伤害。

8.5.3 安全窗是根据危险品生产要求设置的，布置在外墙上，兼有采光和逃生功能。当发生事故时，安全窗可作为靠近该窗口人员的逃生口，它不同于一般疏散用门（可供众人逃生），所以，不能列入安全出口的数目中。

8.5.5 厂房疏散以安全到达安全出口为前提。安全出口包括直接通向室外的出口和安全疏散的楼梯。规定厂房安全疏散距离，是为了当发生事故时，人员能以极快的速度用最短的时间跑出，并到达安全地带。

8.6 危险性建筑物的建筑构造

8.6.1 各级危险品生产厂房都有不同程度的危险性，为了在发生事故时，操作人员能够迅速离开，防止堵塞或绊倒，所以危险品生产厂房的门应平开，不允许设置门槛，不应采用侧拉门、吊门。

弹簧门在危险品生产厂房的来往运输中，容易发生碰撞而造成事故，所以不允许采用弹簧门。但对疏散用的封闭楼梯间可以采用弹簧门，是为了防止事故时烟雾进入，影响疏散。

8.6.2 黑火药对机械碰撞和摩擦起火特别敏感，生产时药粉粉尘较大，事故频率比较高，所以规定了黑火药生产厂房的门窗应采用木质的，门窗配件应采用不发生火花的材料，对其他厂房的门窗材质和门窗配件材料，规范中不作限制性的规定。

8.6.3 疏散用门均应向外开启，室内的门应向疏散方向开启，主要是有利于疏散。

危险工作间的门不应与其他工作间的门直对设置，主要是从安全上考虑，尽量避免当一个工作间发生事故时，波及对面的工作间。

设置门斗时，一定要设计成外门斗，因为内门斗突出室内，对疏散不利，门斗的门应与房门的朝向一致，也是为了方便疏散。

8.6.4 本条是对安全窗的要求。安全窗的设置是为了发生事故时，操作人员能够利用靠近操作岗位的窗迅速跑出去，因此，窗洞口不能太小，否则人员不易疏散；窗口不能太低，以免碰着人的头部；窗台不能太高，否则人员迈不过去；双层安全窗应能同时向外开启，是为了开启方便，达到迅速疏散的目的。

8.6.6 有危险品粉尘的 1.1 级、1.2 级生产厂房不应设置天窗，主要是从安全角度考虑的。天窗的构造比较复杂，易于积聚药粉，不易清扫，存在隐患。另外，现在民用爆破器材工厂的生产厂房的规模也没有必要设置天窗。

8.6.7 本条是对危险品生产间地面的规定。

1 不发生火花地面，主要防止撞击产生火花而引起事故。

塑料类材料地面，大多为不良导体，经摩擦易产生高压静电，易产生火花，所以这类材料不得作为不发生火花的地面使用。

2 柔性地面，一般指橡胶地面、沥青地面。橡胶地面不应浮铺，应铺贴平整，接缝严密。防止缝中积存药粉或橡胶滑动，确保安全。

3 近几年来，在一些生产中，静电已成为一个特别值得注意的问题。从分析许多事故资料来看，由于静电而引起的事故是很多的，人在走动或工作时的动作，将会产生静电荷并在一定条件下积聚，并表现出很高的静电电位，通过采用防静电地面，可以将人体上的静电荷导走。

8.6.8 有危险品粉尘的工作间，墙面、顶棚一般都要抹灰、粉刷。对经常需用水冲洗和设有雨淋装置的工作间，一般都应刷油漆，是为了便于冲洗。油漆颜色应区别于危险品的颜色，这样易于发现粉尘，便于彻底清洗。

8.6.9 在有易燃、易爆粉尘的工作间，规定不宜设置吊顶，是由于普通吊顶的密闭性一般不易保证，有可能积聚粉尘，在一定程度上增加了不安全的因素。

若必须设置吊顶时，吊顶设置孔洞时要有密封措施，主要是为了防止粉尘从这些薄弱环节进入吊顶，形成隐患。有吊顶的危险品工作间，要求隔墙砌至屋面板（梁）底部，是防止事故从吊顶上蔓延到另一个工作间，产生新的事故。

8.7 嵌入式建筑物

8.7.1、8.7.2 嵌入式建筑物是指非危险性建筑物嵌入在 1.1 级厂房防护土堤的外侧。这类建筑物，既要考虑 1.1 级厂房事故爆炸时空气冲击波对它的影响，也要考虑室内的防水、防潮问题。所以，对嵌入土中的墙和顶盖应采用钢筋混凝土。未覆土一面的墙，以往由于多采用砖砌结构，在爆炸事故中，破坏比较严重，有倒塌现象，所以，应根据 1.1 级厂房内计算药量，按抗爆设计确定采用钢筋混凝土或砖墙结构。当采用砖墙围护时，承重结构应采用钢筋混凝土。

8.7.3 本条是嵌入式建筑物的构造要求。

未覆土一面墙应尽量减少开窗面积，是防止在药量较大的情况下，土堤内爆炸所形成的空气冲击波经过土堤顶部绕流，有可能透过门窗洞口进入室内，从而对室内人员造成伤害。

8.7.4 采用塑性玻璃是为了减少玻璃片对人员的伤害。

8.8 通廊和隧道

8.8.1、8.8.2 室外通廊与厂房相比，属于次要建筑物。但由于通廊与生产厂房直接连接，为了防止火灾通过通廊蔓延，故对通廊建筑物结构的材料提出要求。考虑到施工、安装的方便、快速以及工厂现状，

规定通廊的承重及围护结构的防火性能不应低于非燃烧体。

当采用封闭式通廊时，由于通廊一端的厂房一旦发生爆炸，进入通廊的冲击波如果没有足够的泄爆面积，通廊会形成冲击波的传播渠道以致危及通廊另一端厂房的安全。为此，要求其屋盖与墙应采用轻质易碎屋盖，以便泄压。

本次修订，增加了轻型泄压屋盖和墙体，同时，要求增设隔爆墙。事故证明：封闭式通廊虽然采用了轻质易碎和轻型泄压的屋盖和墙体，但还是起到了一定程度的传爆作用。将隔爆墙设在通廊穿土围处，隔爆墙上虽有洞口，但比通廊的断面大大减小，爆炸冲击波在隔爆墙处受阻，土围里面的通廊的屋盖和墙体破坏，起了一定的泄爆作用，部分爆炸冲击波继而通过洞口进入土围外通廊时，通廊的断面又扩大，爆炸冲击波又经过再一次扩大，压力衰减，起到了一定程度的消波作用。

8.8.3 本条是对穿过防护土堤的疏散隧道、运输隧道结构的具体规定。

8.9 危险品仓库的建筑构造

8.9.1 本条对安全出口的数量作了规定。确定足够的安全出口数量，对保证安全疏散将起到重要作用。

8.9.2 危险品总仓库的门宜采用双层门，内层为格栅门。这样做的目的，首先是考虑库房的通风，其次是考虑管理上的方便。

8.9.3 危险品总仓库的窗要求配铁栏杆和金属网，并在勒脚处设置进风窗。加铁栏杆是考虑安全，加金属网是防止虫、鸟、鼠进入库内，设进风窗则可满足自然通风的需要。对于严寒地区，进风窗最好能启闭。

9 消防给水

9.0.1 民用爆破器材生产、使用、运输过程中极易发生燃烧、爆炸事故，无论在起火时或爆炸后引起火灾时，都需要有足够的水来进行扑救，以防小火烧成大火，燃烧导致爆炸。这里强调能供给足够消防用水的消防给水系统，是指不但要有足够水量的消防水源，还应有能够供给足够消防用水的管网和供水设备。

9.0.2 本规范针对民用爆破器材工程设计，规定了消防给水的一些特殊要求，而对工程设计的一般要求，如非危险性建筑物以及总体设计方面的消防给水水量、水力计算、耐火等级、生产危险性分类、泵房布置等，不可能详细阐述。因此在进行民用爆破器材工程设计时，还应遵守现行国家标准《建筑设计防火规范》GB 50016、《自动喷水灭火系统设计规范》GB 50084等的有关规定。

9.0.3 根据现行国家标准《建筑设计防火规范》GB 50016的要求，室外消防给水管网应采用环状管网。但是结合民用爆破器材工程领域的具体情况，有的厂房沿山沟设置，受地形限制，不易敷设成环状管网。为保证工厂消防给水不中断，提出在生产上无不间断供水要求，并在设有对置高位水池，可由两个相对方向向生产区供水的情况下，采用枝状管网。

9.0.4 本条规定了危险品生产区两种不同情况下的消防储备水量的计算方法。根据某些工厂发生火灾时，发现消防贮水池中的水因平时被动用而无水的情况，故在附注中注明：消防储备水量应采取平时不被动用的措施。

由于现行国家标准《建筑设计防火规范》GB 50016对甲、乙、丙类生产厂房的供水要求有所提高，即将火灾延续时间由2h改为3h。本规范从国家标准规范之间宜相协调的原则出发，同时考虑避免引起工程消防审查验收标准不一致的情况出现，故本规范采用3h。

9.0.5 为在发生事故时便于使用，减少对使用人员和设备的伤害，规定室外消火栓不得设在防护屏障围绕的范围内和防护屏障的开口处。应设在有防护屏障防护的范围内。

9.0.6 本条规定了室外消防用水量的下限不小于20L/s，是根据民用爆破器材工程领域的工房体积较小，并考虑到一辆消防车的供水能力等而确定的。对体积大的工房仍应按现行国家标准《建筑设计防火规范》GB 50016 的规定计算确定，不受20L/s的限制。

9.0.7 消防雨淋系统任何时候都需要处于准工作状态，也就是平时一直都需要保持有足够的压力，一旦发生火情，就能立即喷水，扑灭火灾，因此消防给水管网宜为常高压给水系统。同时，室内、外消火栓也可以不需要使用消防车或消防水泵加压，直接由消火栓接出水带、水枪灭火。在有可能利用地势设置高位水池时，应尽可能这样做。

在地形不具备设置高位水池的条件时，消防给水的水量和压力需要由固定设置的消防水泵来加压供给，这是临时高压给水系统。这时，在消防加压设备启动供水前的头10min灭火用水，应当设置水塔或气压给水设备来保持。

9.0.8 本条为新增条文，主要针对民用爆破器材易燃烧、爆炸的特点，提出当采用临时高压给水系统时消防水泵的设置要求，目的是为了在起火时或爆炸后引起火灾时，能及时、有效地启动消防水泵，保证灭火不中断供水和所必需的水量。

9.0.9 本条提出在危险品生产厂房中应设置室内消火栓的要求和一些具体规定。考虑到消防水带有一定长度，并且必须伸展开，不能打褶，才能顺利通水，因此提出在室内开间较小的厂房可将室内消火栓安装在室外墙面上。使用时，在室外展开水带，通水后，

通过门、窗向室内或拉进室内喷射。但在寒冷地区，有结冰可能时，应采取防冻措施。

9.0.10 本条中所列应设置消防雨淋系统的生产工序，仅为当前生产民用爆破器材的品种和工艺，将来有新的品种和工序增加时，应参照所列生产工序的燃烧、爆炸特性，设置自动喷水雨淋灭火系统。

随着工厂生产能力的增加，设置消防雨淋系统的生产工序的面积亦不断扩大，并且现行国家标准《自动喷水灭火系统设计规范》GB 50084 中自动喷水灭火系统的设计喷水强度也有所提高，为避免由于消防雨淋面积的大幅增加导致消防储水量的成倍增长，出现消防系统庞大、难于实现的情况，可由工艺设置消防雨淋系统的生产工序，根据炸药的燃烧特性及生产过程中炸药的存在位置，确定设置消防雨淋系统的具体位置，并在工艺图上明确表示。

9.0.11 本条规定了药量比较集中的设备内部、上方或周围应设雨淋喷头、闭式喷头或水幕管。

9.0.12 消防雨淋系统是扑救易燃、易爆危险物品火灾的有效手段，本条对设置雨淋系统的要求作了明确规定。

为了防止自控失灵，在设置感温或感光探测自动控制启动雨淋系统的设施时，还应设置手动控制启动雨淋系统的设施。

对于存药量很少，且有人在现场工作，工作人员操作手动开关更方便的场所，也可设只有手动控制的雨淋系统。

本条中对雨淋管网要求的压力和作用延续时间也作了规定，提出了最低压力的要求。必须指出，雨淋管网设计中，应通过计算确定厂房给水管道入口处所需的压力，如经计算所需压力低于0.2MPa时，应按0.2MPa设计；如经计算高于 0.2MPa 时，必须按计算值供给消防用水。

雨淋系统设置试验试水装置，是为了在不影响生产的情况下，能定期对雨淋系统进行试验和检测，以确保雨淋系统处于正常状态。

9.0.13 本条对工作间、生产工序间的门洞有可能导致火灾蔓延的场所提出了应设置阻火水幕，并强调了应与厂房中的雨淋系统同时动作。为了合理减少消防用水量，对设有同时动作的雨淋系统的相邻工作间，其中间的门窗、洞口可不设阻火水幕。

9.0.14 本条为新增条文，对危险品生产区的中转库、硝酸铵库的消防要求提出了明确的规定。

9.0.15 本条是针对民用爆破器材工程中危险品总仓库区的消防给水设计提出的要求。条文中的数据是参照现行国家标准《建筑设计防火规范》GB 50016 等有关资料而确定的。

库区水池的补水源，可为生产区接来的管道，或利用就近的天然水源（山溪、蓄水塘、蓄水库等）。在没有就近的、经济的水源可利用时，也可利用水槽

车等运水供给。

当危险品总仓库区总库存量不超过 100t 时，其消防用水量可按 15L/s 计算（原规范为 20L/s），并不应低于现行国家标准《建筑设计防火规范》GB 50016中甲类物品仓库的要求。此条为增加内容。

9.0.16　本条为新增条文，增加了民用爆破器材工程设计应按现行国家标准《建筑灭火器配置设计规范》GB 50140 的有关规定配备灭火器的要求。

10　废 水 处 理

10.0.1　本条是为满足环保要求而作出的规定。为了避免将不需处理的近似清洁生产废水混入，增加废水处理量，特别强调了排水应做到清污分流。

10.0.2、10.0.3　规定含有起爆药的废水，应采取有效的方法消除其爆炸危险性后才能排出，不允许不经处理直接排入下水道内，造成隐患。含有能相互发生化学反应而生成易爆物质的不同废水，也不应排入同一下水道，以防相互作用形成隐患，例如氮化钠废水和硝酸铅废水。

10.0.5　用水冲洗地面，用水量很大，带出的有害、有毒物质也多，为加强操作管理，及时清除洒落在地面上的药粒粉尘，改冲洗为拖布擦洗地面，水量减少很多，带出的有害、有毒物质也大为降低。因此尽量不用大量水冲洗地面，并规定在设计中应考虑设置有洗拖布的水池。

11　采暖、通风和空气调节

11.1　一 般 规 定

11.1.1　本章根据民用爆破器材工程的特点规定了采暖通风与空气调节设计安全方面的特殊要求，并且还应符合现行国家标准《建筑设计防火规范》GB 50016和《采暖通风与空气调节设计规范》GB 50019 等的规定。

11.1.2　同样是防爆设备，如防爆电动机，在不同的电气危险区域，其防护等级要求是不一致的，本条是为了使通风、空调设备的选用与电气对危险场所电气设备的安全要求保持一致而作出的规定。

11.1.3　本条为新增条文，增加了对危险性建筑物室内温、湿度的要求。在无特殊要求时，按国家相关的标准和规定执行。当产品技术条件有特殊要求时，以满足产品的技术条件为主。

11.2　采　　暖

11.2.1　火药、炸药对火焰的敏感度都比较高，如与明火接触便会剧烈燃烧或爆炸，因此，在危险性建筑物中严禁用明火采暖。

火药、炸药除了对火焰的敏感度较高以外，对温度的敏感度也较高，它与高温物体接触也能引起燃烧、爆炸事故。火药、炸药发生燃烧、爆炸危险的大小与接触物体表面温度的高低成正比。温度愈高，发生燃烧、爆炸危险的可能性愈大；温度愈低，发生燃烧、爆炸危险的可能性愈小。

火药、炸药的品种不同，对火焰、温度的敏感程度也不一样。即使是同一种火药、炸药，由于其状态和所处生产工段的不同，以及厂房中存药量多少的不同，发生燃烧、爆炸危险性的大小也不同。

根据上述情况，为确保安全，在本规范中对各生产厂房中各工段的采暖方式、热媒及其温度作了必要的规定。

11.2.2　本条是危险性建筑物采暖系统设计的有关规定。

1　在火药、炸药生产厂房内，生产过程中散发的燃烧、爆炸危险性粉尘会沉积在散热器的表面，因此需要将它经常擦洗干净，以免引起事故。采用光面管散热器或其他易于擦洗的散热器，是为了方便清扫和擦洗。凡是带肋片的散热器或柱型散热器，由于不便擦洗，不应采用。

2　在火药、炸药生产厂房中，为了易于发现散热器和采暖管道表面所积存的燃烧、爆炸危险性粉尘，以便及时擦洗，规定了散热器和采暖管道外表面涂漆的颜色应与燃烧、爆炸危险性粉尘的颜色相区别。

3　规定散热器外表面距墙内表面的距离不应小于 60mm，距地面不宜小于 100mm，散热器不应装在壁龛内，这些规定都是为了留出必要的操作空间，以便能将散热器和采暖管道上积存的燃烧、爆炸危险性粉尘擦洗干净。

4　抗爆间室的轻型面是用轻质材料做成的，它是作为泄压用的。不应将散热器安装在轻型面上，是为了当发生爆炸事故时，避免散热器被气浪掀出，防止事故扩大。

采暖干管不应穿过抗爆间室的墙，是避免当抗爆间室炸毁时，采暖干管受到破坏而可能引起的传爆。

把散热器支管上的阀门装在操作走廊内，是考虑当抗爆间室内发生爆炸，散热器及其管道受到破坏时，能及时将阀门关闭。

5　散发火药、炸药粉尘的厂房内，由于冲洗地面，燃烧、爆炸危险性粉尘会被冲入地沟内，时间长了，这些危险性粉尘就会在地沟内积存起来，形成隐患，所以采暖管道不应设在地沟内。

6　蒸气、高温水管道的入口装置和换热装置所使用的热媒压力和温度都比较高，超过了第 11.2.1 条关于危险品厂房采暖热媒及其参数的规定，为避免发生事故，规定了蒸气管道、高温水管道的入口装置及换热装置不应设在危险工作间内。

11.2.3 此条是新增条款，考虑到有的生产厂仅一或两个工房用汽或热水，且用量较少，而生产区又无热源，电热锅炉又较方便，故从经济和安全的角度出发作出本条规定。

11.3 通风和空气调节

11.3.1 在危险性生产厂房中有一些生产设备或操作岗位散发出大量的火药、炸药粉尘或气体，如不及时处理，不仅危害操作人员的身体健康，更重要的是增加了发生事故的可能性。为了避免或减少事故的发生，规定了在这些设备或操作岗位处，必须设计局部排风。

11.3.2 本条是机械排风系统设计时的一些具体规定，设计中应遵守。

1 确定合适的排风口位置和风速是为了提高排风效果，以有效地排除危险性粉尘。

2 含火药、炸药粉尘的空气，如果没有经过净化处理而直接排至室外，火药、炸药粉尘将会沉降下来，日积月累，在工房的屋面及周围地面上会形成火药、炸药药层，一旦发生事故，将会造成严重的后果。因此规定了含有火药、炸药粉尘的空气必须经过净化装置处理才允许排至大气。

3 考虑到以往的爆炸事故，对于含有火药、炸药粉尘的排风系统，推荐采用湿式除尘器除尘。目前常用的湿式除尘器为水浴除尘器，因为水浴除尘器使药粉处于水中，不易发生爆炸。同时将除尘器置于排风机的负压段上，其目的是为使粉尘经过净化后，再进入排风机，减少事故的发生。

4 如果水平风管内的风速过低，火药、炸药粉尘就会沉积在管壁上，一旦发生事故时，它就向导火索、导爆索一样起着传火导爆的作用。

5 总结事故的经验和教训，提出了排风系统的布置要符合"小、专、短"的原则。

排除含有燃烧、爆炸危险性粉尘的局部排风系统，应按每个危险品生产间分别设置。主要是考虑到生产的安全和减少事故的蔓延扩大，把危害程度减少到最低限度。

排风管道不宜穿过与本排风系统无关的房间，是为了避免发生事故时，火焰及冲击波通过风管而扩大到无关的房间。

排气系统主要是指排除沥青、蜡蒸气的系统，如果排气系统与排尘系统合为一个系统，会使炸药粉尘和沥青、蜡蒸气一起凝固在风管内壁，不易清除，增加了发生事故的可能性。

对于易发生事故的生产设备，局部排风应按每台生产设备单独设置，主要是考虑风管的传爆而引起事故的扩大。如粉状铵梯炸药混药厂房内的每台轮碾机应单独设置排风系统。

6 排风管道不宜设在地沟或吊顶内，也不应利用建筑物构件作排风道，主要是从安全角度出发，减少事故的危害程度。

7 设置风管清扫孔及冲洗接管等也是从安全角度出发，及时将留在风管内的火药、炸药粉尘清理干净。

11.3.3 凡散发燃烧、爆炸危险性粉尘和气体的厂房，原则上规定了这类厂房的通风和空气调节系统只能用直流式，不允许回风。若将其含有火药、炸药粉尘的空气循环使用，会使粉尘浓度逐渐增高，当遇到火花时就会发生燃烧、爆炸，因此，空气不应再循环。

在送风机和空气调节机的出口处安装止回阀是防止当风机停止运转时，含有火药、炸药粉尘的空气会倒流入通风机或空气调节机内。

11.3.4 考虑到生产厂房各工段（工作间）散发的燃烧、爆炸危险性粉尘的量是不同的，有的工段（工作间）散发的量多，有的工段（工作间）散发的量少，有的工段（工作间）只散发微量粉尘。根据不同情况区别对待的原则，规定了雷管装配、包装厂房可以回风；雷管装药、压药厂房在采用喷水式空气处理装置的条件下，可以回风。

黑火药的摩擦感度和火焰感度都比较高。特别是含有黑火药粉尘的空气在风管内流动时，会产生电压很高的静电火花，引起事故。为安全起见，规定了黑火药生产厂房内不应设计机械通风。

11.3.5 通风设备的选型主要是考虑安全。

1 因进风系统的风机是布置在单独隔开的送风机室内，由于所输送的空气比较清洁，送风机室内的空气质量也比较好，所以规定了当通风系统的风管上设有止回阀时，通风机可采用非防爆型。

2 排除含有火药、炸药粉尘或气体的排风系统，由于系统内、外的空气中均含有火药、炸药粉尘或气体，遇火花即可能引起燃烧或爆炸，为此，规定了其排风机及电机均为防爆型。通风机和电机应为直联，因为采用三角胶带或联轴器传动会由于摩擦产生静电而易发生爆炸事故。

3 经过净化处理后的空气中，仍会含有少量的火药、炸药粉尘，所以置于湿式除尘器后的排风机应采用防爆型。

4 散发燃烧、爆炸危险性粉尘的厂房，其通风、空气调节风管上的调节阀应采用防爆阀门，是因为防爆阀门在调节风量、转动阀板时不会产生火花。

11.3.6 危险性建筑物均应设置单独的通风机室及空气调节机室，且不应有门、窗和危险工作间相通，而应设置单独的外门。其目的是为了当危险性建筑物发生事故时，通风机室和空气调节机室内的人员和设备免遭伤害和损坏。

11.3.7 抗爆间室发生的爆炸事故比较多，发生事故时，风管将成为传爆管道。为了避免一个抗爆间室发生爆炸时波及到另一个抗爆间室或操作走廊而引起连锁爆炸，因此规定了抗爆间室之间或抗爆间室与操作走廊之间不允许有风管、风口相连通。

11.3.8 采用圆形风管主要是为了减少火药、炸药粉尘在其外表面的聚集，且便于清洗。规定风管架空敷设的目的，是为了防止一旦风管爆炸时减少对建筑物的危害程度，并便于检修。

风管涂漆颜色应与燃烧、爆炸危险性粉尘的颜色易于分辨，其目的是在火药、炸药生产厂房中，易于发现风管外表面所存积的燃烧、爆炸危险性粉尘，便于及时擦洗。

11.3.9 本条是新增条款。通风、空调系统的风管是火灾蔓延的通道。为了避免火灾通过通风、空调系统的风管进一步扩大，规定了风管及风管和设备的保温材料应采用非燃烧材料制作。

12 电 气

12.1 电气危险场所分类

12.1.1 为防止由于电气设备和电气线路在运行中产生电火花及高温引起燃烧爆炸事故，根据民用爆破器材工厂生产状况及贮存情况，发生事故几率和事故后造成的破坏程度以及工厂多年运行的经验，将电气危险场所划分为三类。电气危险场所划分是根据危险品与电气设备有关的因素确定的：

1 危险品电火花感度及热感度。

危险场所中电气设备可能产生电火花及表面发热产生高温均是引燃引爆火药、炸药的主要因素，不同的产品对电火花感度及热感度是不一样的，因此分类时应考虑危险品电火花和热感度性能的因素，如黑火药的电火花感度高，危险场所分类就划分的较高。

2 粉尘的浓度与积聚程度。

火药、炸药是以粉尘扩散到空气中，有可能积聚在电气设备上或进入电气设备内部，从而接触到火源，所以危险品粉尘浓度与积聚程度和电气危险场所的分类关系最密切，粉尘浓度大、积聚程度严重，与电气设备点火源接触机会多，发生事故的可能性就大，因此必须考虑。

3 危险品的存量。

工作间（或建筑物）存药量大，一旦发生事故后果严重，所以危险品库房划分的类别较生产厂房高。

4 危险品的干湿度。

火药、炸药的干湿度不同，其危险性是不同的，如火药、炸药及起爆药生产过程中，处在水中或酸中时比较安全，电气设备和电气线路引起爆燃事故的可能性较小，安全措施可降低些。

根据电气危险场所分类划分原则，在表12.1.1-1及表12.1.1-2中将常用危险品工作间及总仓库列出。

但划分危险场所的因素很多，如生产过程中火药、炸药的散露程度、存药量、空气中散发的粉尘浓度及电气设备表面粉尘的积聚程度、干湿程度、空气流通程度等都与生产管理有着密切关系，在设计时应根据生产情况采取合理的安全措施。

电气危险场所的分类与建筑物危险等级不同，前者以工作间为单位，后者以整个建筑物为单位。

12.1.2 考虑防止火药、炸药物质（含粉尘）进入正常介质的工作间，特别是配电室、电源室等工作间安装的电气设备及元器件均为非防爆产品，操作时易产生火花，所以配电室等工作间不应采用本条的规定。

12.1.3 此条是借鉴了乌克兰有关规范的规定。

12.1.6 危险场所既有火药、炸药，又有易燃液体及爆炸性气体时，为了保证安全，应根据本规范和现行国家标准《爆炸和火灾危险环境电力装置设计规范》GB 50058中安全措施较高者设防。

12.1.7 运输危险品的通廊存在危险性，应根据其构造形式采取相应的安全措施。

12.2 电 气 设 备

12.2.1 近年来我国防爆电气设备品种有所增加，但目前生产的防爆电气设备没有完全适合火药、炸药危险场所使用的产品。火药、炸药危险场所设计时，电气设备及线路尽量布置在爆炸危险场所以外或危险性较小的场所，目的是为了安全。

本条第7、8款，火药、炸药危险场所电气设备的最高表面温度确定，是借鉴了现行国家标准《可燃性粉尘环境用电气设备 第1部分：用外壳和限制表面温度保护的电气设备 第1节：电气设备的技术要求》GB 12476.1、《可燃性粉尘环境用电气设备 第1部分：用外壳和限制表面温度保护的电气设备 第2节：电气设备的选择、安装和维护》GB 12476.2和《爆炸性气体环境用电气设备第1部分：通用要求》GB 3836.1确定的。

本条第9款电气设备的安装位置除考虑电气危险场所外，还应考虑防腐、海拔高度等环境因素。

12.2.2 F0类危险场所，由于生产时工作间粉尘比较多，且电火花感度高或存药量大，危险性高，发生事故后果严重，必须采取最安全的措施。工艺要求在该场所必须安装检测仪表（黑火药电火花感度比较高，因此除外）时，其外壳防护等级应能完全阻止火药、炸药粉尘进入仪表内。该内容是借鉴了瑞典国家电气检验局的规定。

由于火药、炸药危险场所专用的防爆电气设备没有解决，因此电动机采用隔墙传动，照明采用可燃性粉尘环境用防爆灯具（IP65）安装在固定窗外，这些措施是防止由于电气设备产生火花及高温引起事故。

12.2.3 根据火药、炸药生产过程及产品的特点，F1类危险场所中，粉尘较多的工作间电气设备采用尘密外壳防爆产品比较合适。目前我国已有等同于国际电工委员会标准生产的可燃性粉尘环境用电气设备可以选用。Ⅱ类B级隔爆型防爆电气设备，已使用几十年而未发生过事故，实践证明是可以采用的。

12.2.4 目前我国已有等同于国际电工委员会标准的现行国家标准《可燃性粉尘环境用电气设备 第1部分：用外壳和限制表面温度保护的电气设备 第1节：电气设备的技术要求》GB 12476.1 的 DIP A22 或 DIP B22（IP54）电气设备（含电动机）适用于 F2 类危险场所选用。

12.3 室内电气线路

12.3.1 第2款增加了插座回路上应设置动作电流不大于30mA、能瞬时切断电路的剩余电路保护器，是为了避免操作者受到电击，保护人身安全。

12.3.2 危险场所尽量不采用电缆敷设在电缆沟内，因为火药、炸药危险场所经常用水冲洗地面，电缆沟内容易沉积危险物质，又不易清除，容易造成安全隐患。

12.3.4 F0 类危险场所除增加敷设控制按钮及检测仪表线路外，不允许安装电气设备，无需敷设电气线路。

12.3.5 第2款鼠笼型感应电动机有一定的过载能力，因此电动机配电线路导线长期允许的载流量应为电动机额定电流的1.25倍。

第4款主要考虑移动电缆应满足的机械强度，故规定需选用不小于 2.5mm² 的铜芯重型橡套电缆。

12.4 照 明

12.4.2 为保证在停电事故情况下，危险场所的操作人员能迅速安全疏散，因此危险场所应设置应急照明。当应急照明作为正常照明的一部分同时使用时，两者的电源、线路及控制开关应分开设置；应急照明灯具自带蓄电池时，照明控制开关及其线路可共用。

12.5 10kV 及以下变（配）电所和配电室

12.5.1 民用爆破器材工厂生产时，因突然停电一般不会引起事故，故规定供电负荷为三级。随着科学技术发展，民爆器材生产工艺采用了自动控制的连续化生产线，如果该类生产线因突然停电会影响产品质量，造成一定的经济损失时，供电负荷可高于三级。按照现行国家有关规范规定，消防及安防系统应设应急电源，应急电源的类型可按现行国家标准《供配电系统设计规范》GB 50052 和工厂的具体情况确定。

12.5.4 民用爆破器材工厂的 1.1（1.1*）级建筑物存药量大，万一发生事故影响供电范围大，故车间变电所不应附建于 1.1（1.1*）级建筑物。当附建于 1.2 级、1.4 级建筑物时，采取本规范所列的措施后，可以满足安全供电。

12.5.5 附建于各类危险性建筑物内的配电室等，均安装非防爆电气设备（含非防爆电气设备、电子元器件），因此，必须采取措施防止危险物质及粉尘进入配电室与易产生火花和高温的电气设备接触。

12.6 室外电气线路

12.6.1 为了防止雷击电气线路时，高电位侵入危险性建筑物内，引起爆炸事故，低压供电线路宜采用从配电端到受电端埋地引入，不得将架空线路直接引入建筑物内。全线埋地有困难时，允许架空线路换接一段金属铠装电缆或护套电缆穿钢管埋地引入。应特别强调，在架空线与电缆换接处和进建筑物时，必须采取本条规定的安全措施，这样电缆进户端的高电位就可以降低很多，起到了保护作用。

12.6.2 我国目前黑火药生产工艺一般采用干法生产，生产过程中粉尘很多，且电火花感度高，为避免由于电气线路引入高电位引发燃爆事故，所以要求低压供电线路全长采用铠装电缆埋地引入。

12.6.6 无线电通信系统是以电磁波方式传播，在一定情况下，这种电磁波产生的磁场电能，能引起危险品（如工业电雷管）爆炸，为防止引发事故，制定本条。

12.7 防雷和接地

12.7.1 各类危险性建筑物的防雷类别见表 12.1.1-1 和表12.1.1-2，防雷实施的设计应按现行国家标准《建筑物防雷设计规范》GB 50057 的规定进行。

12.7.2、12.7.3 危险性建筑物的低压供电系统采用 TN-S 接地形式比较安全。因为该系统中 PE 线不通过工作电流，不产生电位差。等电位联结能使电气装置内的电位差减少或消除，在爆炸和火灾危险场所电气装置中可有效地避免电火花发生。总等电位联结消除 TN-C-S 系统电源线路中 PEN 线电压降在建筑物内引起的电位差，因此，各类危险性建筑物内实施等电位联结后，可采用 TN-C-S 接地形式，但 PE 线和 N 线必须在总配电箱开始分开后严禁再混接。

12.7.6 安装过电压保护器，是为了钳制过电压，使过电压限制在设备所能耐受的数值内，因而能保护设备，避免雷电损坏设备。

12.8 防 静 电

12.8.2 一般危险场所防静电接地、防雷（一类防雷建筑物的防直击雷除外）、防止高电位引入、工作接地、电气装置内不带电金属部分接地等共用同一接地装置，接地装置的电阻值应取其中最小值。

12.8.4 危险场所中防静电地面、工作台面泄漏电阻，应根据危险场所危险品类别确定，因为危险品不同，其防静电地面泄漏电阻值也不同。

12.8.6 危险场所中湿度对静电影响很大。美国《兵工安全规范》DAR COM-R385-100 中规定危险场所内相对湿度大于 65%，在澳大利亚《The control of undesitable static electricity》AS 1020-1984 中规定，起爆药感度高的危险环境相对湿度不低于 70%，对不敏感环境相对湿度要求在 50% 及以上，本规范参考了上述标准，作适当的调整后确定为一般危险场所相对湿度控制在 60% 以上，黑火药静电感度高，相对湿度要求高些。

13 危险品性能试验场和销毁场

13.1 危险品性能试验场

13.1.1 危险品性能试验场的选址原则。危险品性能试验场是工厂经常做产品性能试验的地方，因此宜布置在相对独立偏僻的地带，如厂区后面丘陵洼谷中，以利于安全。

13.1.2 危险品性能试验场的外部距离规定。危险品性能试验一次爆炸最大药量一般不超过 2kg，但震源药柱性能试验由于用户的不同要求，一次爆炸的药量有 12kg、20kg 等，对此情况，本条进行了原则规定，应布置在厂区以外符合安全要求的偏僻地带。

13.1.3 为了节省土地，便于保卫管理及使用方便，对危险品性能试验，国内已有部分工厂采用封闭式爆炸试验塔（罐）来做殉爆等性能试验。当采用封闭式爆炸试验塔（罐）时，其可布置在厂区内有利于安全的边缘地带。本条规定了其要求的内部距离。

13.1.5 当受条件限制时，可以将危险品性能试验与销毁场设置在同一场地内，两个作业地点之间需设置不应低于 3m 高度的防护屏障。重要的一点是，为了安全，这两个作业地点不能同时使用。

13.1.6 危险品性能试验场、封闭式爆炸试验塔（罐），由于试验时噪声较大，故工程建设和使用时应考虑噪声对周围的影响，且应满足国家现行有关标准的规定。

13.2 危险品销毁场

13.2.1 销毁场是工厂不定期销毁危险品的地方，为了不影响工厂安全，故规定销毁场应布置在厂区以外有利于安全的偏僻地带。

13.2.2 为了有利于安全，当用爆炸法销毁炸药时，最好是在有自然屏障遮挡处进行，当无自然屏障可利用时，宜在爆炸点周围设置防护屏障。一次最大销毁量不超过 2kg，是指每次一炮的最大药量。

13.2.3 为防止在销毁作业中发生意外爆炸事故对周围的影响，特规定销毁场边缘与周围建筑物、公路、铁路等应保持一定的距离。

13.2.4 根据生产实践，销毁场一般无人值班，故本条规定销毁场不应设待销毁的危险品贮存库。但由于供销毁时使用的点火件或起爆件放在露天不利于安全，所以允许设置销毁时使用的点火件或起爆件掩体。考虑到销毁人员的安全，规定设人身掩体，掩体应具有一定的防护强度，如采用钢筋混凝土结构等。

13.2.5 根据以往的事故教训，销毁场宜设围墙，以防无关人员进入，造成意外事故。

13.2.6 为了节省土地，节约资金，便于管理及使用方便，可以采用销毁塔来炸毁处理火工品及其药剂，该销毁塔可以布置在厂区内有利于安全的边缘地带。根据试验数据，确定不同销毁药量的销毁塔采用不同的最小允许距离，以利安全。

14 混装炸药车地面辅助设施

14.1 固定式辅助设施

本节规定了现场混装炸药车固定式地面辅助设施的具体要求。明确地面辅助设施内附建有起爆器材或炸药仓库时，应执行本规范的有关规定。实践中，不少固定式地面辅助设施不附建有起爆器材和炸药仓库，而仅有原材料贮存及氧化剂溶液、油相、乳化液（乳胶基质）等制备工作，对这样的固定式地面辅助设施，本规范规定执行现行国家标准《建筑设计防火规范》GB 50016 即可，这样规定与国外规定一致。但应注意，这里的乳化液（乳胶基质）不应有雷管感度。

条文中提出的联建原则为指导性要求，条件许可时，还是单建为宜。硝酸铵溶解、油相配置危险性不大，如单独设置厂房，则可不列入危险等级。

危险品发放间的设立是为避免在库房内开箱作业，以保证安全。

14.2 移动式辅助设施

此节为修订新增的内容，规定了移动式辅助设施的具体要求。明确移动式辅助设施应根据使用功能进行分设，且不应附建有起爆器材和炸药仓库；移动式辅助设施的内、外距离执行现行国家标准《建筑设计防火规范》GB 50016 规定的防火间距；消防、电气、防雷执行国家现行有关标准的规定。

但应注意，这里的乳化液（乳胶基质）不应有雷管感度。

·15 自 动 控 制

15.1 一 般 规 定

15.1.1、15.1.2 自动控制设计中，所选用的仪表和控制装置一般属于电气设备，因此，危险场所自动控制设计时，除符合本专业技术规定外，对自控专业未作规定的内容，应符合本规范第 12 章电气专业的有关规定。同时还应符合现行国家标准《自动化仪表工程施工及验收规范》GB 50093 第 9 部分"电气防爆和接地"和《爆炸和火灾危险环境电力装置设计规范》GB 50058 中的有关规定。

15.2 检测、控制和联锁装置

15.2.5 为防止自动控制系统突然停气而引发事故，必须设置预先报警信号，可避免事故发生。

15.2.6 本条是自动控制系统安全设计的基本要求，规定在确定调节系统中对执行机构和调节器的选型应满足本条的要求。例如，有一用于物料烘干的温度调节系统，加热介质为蒸汽或热风，即调节系统通过改变蒸汽或热风量来保证物料烘干温度在规定范围内。对于这样的温度调节系统，其调节器应选用"反作用"形式的，调节阀的执行机构应选"气（电）开"式的，当突然停气或停电时阀门关闭，即切断蒸汽或热风，保证温度不升高，不会发生危险事故。

15.3 仪表设备及线路

15.3.1 自动控制系统的设备大多为电气设备，因此，其选型应按本规范第 12.2 节的规定确定。

15.3.2 本条强调了用在危险场所中仪器仪表的质量要求，目的是为了安全。

15.3.3 防止误操作的安全措施。

15.3.4 F1 类、F2 类危险场所不允许安装非防爆仪表箱、控制箱（柜）等，因此，原规范规定采用正压型控制箱（柜），但实施比较困难。随着技术的进步，我国已能生产可燃性粉尘环境用电气设备（IP65级）。应该说明的是，F1 类、F2 类危险场所用电设备专用的控制箱（柜）属非标准设备，其控制原理图、箱体布置图、防爆等级等应由设计单位向制造厂家提出要求。

15.3.5 从控制室到现场仪表的信号线，具有一定的分布电容和电感，储有一定的能量。对于本质安全线路，为了限制它们的储能，确保整个回路的安全火花性能，因而本质安全型仪表制造厂对信号线的分布电容和分布电感有一定的限制，一般在其仪表使用说明书中提出它们的最大允许值。因此在进行工程设计时，为使线路的分布电容和分布电感不超过仪表使用说明书中规定的数值，应从本质安全线路的敷设长度上来满足其规定。

15.3.6 为防止高电位引入危险场所而作的规定。

15.4 控 制 室

15.4.1 为 1.1（1.1*）级生产工房设置有人值班的控制室，原规范中规定宜嵌入防护屏障外侧，修订后变为 1.1（1.1*）级工房服务的控制室应嵌入防护屏障外侧或选择在符合规范规定的安全距离的地方建

造，目的是为了人员安全。

15.4.2 1.2 级生产工房设置的控制室，均安装非防爆电气设备仪器及仪表，为防止危险物质进入控制室引起燃爆事故，因此，要求控制室采用密实墙与危险场所隔开，门应通向安全场所。

15.4.4 控制室一般安装有电子仪器、仪表、工控机及计算机等设备，为保证电子仪器设备正常运行，控制室应布置在无振动源和电磁干扰的环境。

15.6 火灾报警系统

15.6.1、15.6.2 民用爆破器材属于易燃易爆物品，一旦发生爆炸或由此引发爆炸事故造成的后果是很严重的。为了及时监测和发现火情，以便及时采取措施防止酿成重大损失，要求在危险场所设置火灾报警信号。有条件的时候，最好设置火灾自动报警系统。安装在危险场所的火灾检测设备及线路要求应符合本规范第 12 章的有关规定；对于系统的控制则可按现行国家标准《火灾自动报警系统设计规范》GB 50116 的有关规定进行设计。

15.7 工业电雷管射频辐射安全防护

随着电子科学技术的发展，无线电业务日益扩展，发射功率不断增大，电磁环境（存在的所有电磁现象的总和）日趋恶化。工业电雷管在电磁环境中为敏感器材，民爆行业电雷管生产或流通企业对此非常关注。为此，本次规范修订特委托兵器工业第二一三研究所进行了"工业电雷管射频感度试验"。试验结果证明，工业电雷管在电磁环境中摄取足够射频能量会发火引爆。在试验数据的基础上，参考了美国商用电雷管有关安全的规定，以及现行国家标准《爆破安全规程》GB 6722—2003 和《中华人民共和国无线电频率划分规定》、《国家电磁兼容标准指南》等资料编制了本节内容。

15.7.1 为了防止工业电雷管生产、贮存过程中因电磁辐射（任何源的能量流以无线电波的形式向外发出）造成危险，应根据生产和贮存建筑物周围射频源（存源向外发出电磁能的装置）的频率范围及发射天线功率确定最小允许距离。

15.7.2 据美国有关资料介绍，工业电雷管在中频（0.535～1.60MHz）频段是比较危险的。这是因为有大的功率，且同时有很低的频率，使得射频能量衰减比较小。

15.7.3、15.7.5 据美国有关资料介绍，调频 FM 和 TV 发射机虽然其功率很大，且天线是水平极化，但产生危险性的可能性比较小，因为在工业电雷管中高频电流会迅速衰减。

15.7.4 本条包括的范围比较广，如无线电信号、远程目标或设备控制的固定站（在特定固定点间使用的无线电通信站）、地面站（运动状态下移动设备不能

使用的站）、基站（用于陆地移动业务或陆地电台）、无线电定位（不在移动时使用）的电台、无线对讲（运动时使用的通信设备）等。

15.7.6 当受条件限制，工业电雷管生产、贮存建筑物不能满足相关表中规定的最小允许距离时，应采用无源电磁屏蔽防护，并请有资质的单位按照国家有关标准检测确认。民用爆破器材生产企业内运输，应采用金属或与金属同等效果的材料进行防护。

中华人民共和国国家标准

汽车加油加气站设计与施工规范

GB 50156—2002

条 文 说 明

目　　次

1 总 则

1.0.1 汽车加油加气站属危险性设施,又主要建在人员稠密地区,所以必须做到安全可靠。技术先进是安全的有效保证,在保证安全的前提下也要兼顾经济效益。本条提出的各项要求是对设计提出的原则要求,设计单位和具体设计人员在设计汽车加油加气站时,还要严格执行本规范的具体规定,采取各种有效措施,达到条文中提出的要求。

1.0.2 考虑到在已建加油站内增加加气站的可能性,故本规范适用范围除包括新建外还包括加油加气站的扩建和改建工程及加油站和加气站合建的工程设计。

新增条文说明:需要说明的是,建设规模不变、布局和功能不变、地址不变的设施和设备更新不属改建,而是正常检修维修范围的工作。

1.0.3 加油加气站设计涉及的专业较多,接触的面也广,本规范只能规定加油加气站特有的问题。对于其他专业性较强、且已有国家或行业标准规范作出规定的问题,本规范不便再做规定,以免产生矛盾,造成混乱。本规范明确规定者,按本规范执行;本规范未做规定者执行国家现行有关强制性标准的规定。

3 一般规定

3.0.1 压缩天然气加气站(加气母站)所用天然气现在基本上是采用管道供气方式,利用市区已建供气管网时,由于压缩天然气加气站用气量较大,且是间断用气,所以要求设或引气时不要影响管网其他用户正常使用。

3.0.2 本规范允许汽车加油站和汽车加气(LPG、CNG)站合建。这样做有利于节省城市用地、有利于经营管理,也有利于燃气汽车的发展。只要采取适当的安全措施,加油站和加气站合建是可以做到安全可靠的。国外燃气汽车发展比较快的国家普遍采用加油站和加气站合建方式。

从对国内外LPG加气站和CNG加气站的考察来看,LPG加气站与CNG加气站联合建站的需求很少,所以本规范没有制定LPG加气站与CNG加气站联合建站的规定。

3.0.3 加油站内油罐容积一般是依其业务量确定。油罐容积越大,其危险性也越大,对周围建、构筑物的影响程度也越高。为区别对待不同油罐容积的加油站,本条按油罐总容积大小,将加油站划分为三个等级。

与1992年版《小型石油库及汽车加油站设计规范》相比,本规范增加了各级加油站的油储罐总容积,这是根据形势发展和实际需要所做的调整。目前城市的汽车保有量较80年代末、90年代初已有大幅度增加,加油站的营业也随之大幅度提高,现在城市加油站销售量超过5000t/年的已有很多,地理位置好的甚至超过10000t/年。加油站油源的供应渠道是否固定、距离远近、道路状况、运输条件等都会影响加油站供油的及时性和保证率,从而影响加油站油罐的容积大小。一般来说,加油站油罐容积宜为3~5天的销售量,照此推算,销售量为5000t/年的加油站油罐总容积需达到65~110m³。事实上许多城市加油站油罐总容积已经突破了原规范对二级站的油罐总容积限制,达到了120m³。所以,本规范将二级加油站的允许油罐总容积调整到120m³。

对于加油站来说,油罐总容积越大,其适应市场的能力也越强。建于城市郊区或公路两侧等开阔地带的加油站可以允许其油罐总容积比城市建成区内的加油站油罐总容积大些,故本规范将

油罐总容积为121~180m³的加油站划为一级加油站。

三级加油站是从二级加油站派生出来的。在城市建成区内,建、构筑物的布置比较密集,按二级加油站建站有时不能满足防火距离要求,这就需要减少油罐总容积,降低加油站的风险值,以达到缩小防火距离、满足建站条件的目的。本规范将三级加油站的油罐总容积规定为等于或小于60m³,既放宽了建站条件,又能保持较好的运营条件。

油罐容积越大,其危险度也越大,故需对各级加油站的单罐最大容积做出限制。本条规定的单罐容积上限,既考虑了安全因素,又考虑了加油站运营需要。

柴油的闪点较高,其危险性远不如汽油,故规定柴油罐容积可折半计入油罐总容积。

3.0.4 液化石油气罐是压力储罐,其危险程度比汽油罐高,控制液化石油气加气站储罐的容积小于加油站油品储罐的容积是应该的。从需求方面来看,液化石油气加气站主要建在城市里,而在城市郊区一般皆建有液化石油气储存站,供气条件好,液化石油气加气站储罐的储存天数宜为2~3天。据了解,国外液化石油气加气站和国内已建成并投入使用的液化石油气加气站日加气车次范围为100~550车次。根据国内车载液化石油气瓶使用情况,平均每车次加气量按40L计算,则日加气数量范围为4~22m³。对应2天的储存天数,液化石油气加气站所需储罐容积范围为9~52m³;对应3天的储存天数,液化石油气加气站所需储罐容积范围为14~78m³。北京和上海是我国液化石油气汽车使用较早也是较多的地区,在这两地,无论是单建站还是加油加气合建站,液化石油气储罐容积都在30~60m³之间,基本能满足运营需要。据了解,目前运送液化石油气的主要车型为10t车。为了能一次卸尽10t液化石油气,液化石油气的储罐容积最好不小于30m³(包括罐底残留量和0.1~0.15倍储罐容积的气相空间)。故本规范规定一级液化石油气加气站储罐容积的上限为60m³,三级液化石油气加气站储罐容积的上限为30m³,二级液化石油气加气站储罐容积范围31~45m³是对一级站和三级站储罐容积的折中。规定一级液化石油气加气站储罐容积的上限为60m³,也是与相关规范及公安部消防局协调的结果。

对单罐容量的限制,是为了降低液化石油气加气站的风险度。

3.0.5 压缩天然气的储气设施主要是起缓冲作用的,储气设施容量大,天然气压缩机的排气量就可小些,压缩工作的时间可长些,压缩机利用率可以得到提高,购置费可以降低。四川和重庆地区是我国使用压缩天然气汽车较早也是较多的地区,这两个地方的压缩天然气加气站的储气设施容积都比较大,一般为12~16m³。当地燃气公司认为选择大容量储气设备,配置小规格压缩机是较经济的做法,操作管理也方便。据调查,四川和重庆地区的压缩天然气加气站日加气量一般为10000~15000m³(基准状态),最多的日加气量达到20000m³(基准状态),日加气车辆为200~300辆。据当地燃气公司反映,部分压缩天然气加气站主要为公交车加气,公交车加气时间比较集中,16m³的储气容积比较紧张。他们认为,加气时间比较集中的压缩天然气加气站,储气量宜为日加气量的1/2,加气时间不很集中的压缩天然气加气站,储气量宜为日加气量的1/3。照此计算,加气时间比较集中、日加气量为10000~15000m³(基准状态)的压缩天然气加气站的储气设施容积,宜为20~30m³。但为了控制压缩天然气加气站风险度,节省投资,储气设施容积也不宜过大。经过多方讨论、协调,本规范规定压缩天然气加气站储气设施的总容积在城市建成区内不应超过16m³。

修订内容说明:天然气是国家大力推广的清洁燃料,天然气汽车正在蓬勃发展,社会对天然气加气站的需求也就越来越多。但在有些地区,管道供气条件不够成熟,建设CNG加气站较为困难。近年来,我国开始引进机动CNG拖瓶车,此种车专门用于向CNG

加气子站供气，大大方便了 CNG 加气站的建设。CNG 加气子站由于建站条件相对简单，受到越来越多用户的欢迎，对气瓶拖车的需求也越来越大。从国外进口或国内企业按国外标准建造的气瓶拖车气瓶总容量都接近 18m³。为了适应 CNG 子站的建设需求，本条做此修改。

3.0.6 加油和液化石油气加气合建站的级别划分，宜与加油站和液化石油气加气站的级别划分相对应，使某一级别的加油和液化石油气加气合建站与同级别的加油站、液化石油气加气站的危险程度基本相当，且能分别满足加油和液化石油气加气的运营需要。这样划分清晰明了，便于掌握和管理。本条正是根据这一原则划分加油和液化石油气加气合建站级别的。

3.0.7 加油和压缩天然气加气合建站的级别划分原则与 3.0.6 条基本相同。

修订内容说明："加气子站储气设施"包括车载储气瓶和站内固定储气瓶（或储气井）。

3.0.8 本条为新增条文。近几年，在国外加油站市场上出现了一种集地面防火防爆储罐、加油机、自动灭火器于一体的橇装式加油装置，这种装置固定在一个基座上，安放地面，具有体积小、占地少、安装简便的优点。为确保安全，这种橇装式加油装置采取了比埋地油罐更为严格的安全措施，如设置有自动灭火装置、紧急泄压装置、防溢流装置、高温自动断油保护阀、防爆装置等埋地油罐一般不采用的装置。目前国内已开始试用这种装置，从了解到的情况看，这种装置有较好的应用前景。由于橇装式加油装置所配置的油罐与一般地面油罐相比大大增强了安全措施，故本次修订增加了有关橇装式加油装置的规定。

3.0.9 本条为新增条文。为了适应乙醇汽油的推广应用，增加此条。乙醇汽油是国家政策大力推广的清洁燃料，乙醇汽油已在河南、黑龙江、吉林、安徽等地得到应用。乙醇汽油是乙醇和汽油以一定比例混合后形成的汽车用燃料，这种汽油性能不同于一般汽油，有其特殊的储运要求。为此，建设部正在组织编制国家标准《车用乙醇汽油储运设计规范》。该规范主要内容如下：

针对乙醇的亲水性，与水任意比例互溶；乙醇汽油的吸水性，其水含量超过一定数值时，会导致乙醇汽油产生相分离的特点，规定了变性燃料乙醇及车用乙醇汽油在储存、装卸、调和、输送过程中要严格控制水进入的内容。

针对乙醇及乙醇汽油对橡胶具有一定的溶涨性的特点，对选用接触乙醇及乙醇汽油的橡胶材料提出了更严格的要求。

针对乙醇汽油对某些材料具有一定腐蚀性的特点，对储存、输送乙醇汽油的设备和油路系统材料的选用提出了更严格的要求。

针对乙醇汽油对防腐涂料具有一定的溶解性，对储存、输送乙醇汽油的设备和油路系统内防腐涂料的选用提出了特殊要求。

由于乙醇与水互溶，对变性燃料乙醇的消防做出了规定。

正文中的"现行国家有关标准"主要是指正在组织编制的国家标准《车用乙醇汽油储运设计规范》。

鉴于《车用乙醇汽油储运设计规范》对乙醇汽油储运设施设计已有详细要求，本规范此次修订不再做具体规定。

4 站 址 选 择

4.0.1 在进行城市加油加气站网点布局和选址定点时，首先应符合当地的城镇规划、环境保护和防火安全的要求，同时，应处理好方便加油、加气和不影响交通这样一个关系。

4.0.2 因为一级站储罐容积大，加油、加气量大，对周围建、构筑物及人群的安全和环保方面的有害影响也较大，还易因站前车流量大造成交通堵塞等问题，所以本条规定"在城市建成区内不应建一级加油站、一级液化石油气加气站和一级加油加气合建

站"。

4.0.3 加油加气站建在交叉路口附近，容易造成车辆堵塞，会减少路口的通行能力，因而做出本条规定。

4.0.4 本规范 6.1.2 条明确规定"加油站的汽油罐和柴油罐应埋地设置"。据我们调查几起地下油罐着火的事故证明，地下油罐一旦着火，火势较小，容易扑灭，对周围影响较小，比较安全。参考《建筑设计防火规范》GBJ 16—87（2001 年修订版）等现行国家标准，制定了油罐、加油机与站外建、构筑物的防火距离，现分述如下：

1 站外建筑物分为：重要公共建筑物、民用建筑物及甲、乙类物品的生产厂房。国家标准《建筑设计防火规范》对重要公共建筑物、明火或散发火花地点和甲、乙类物品及甲、乙类液体已做定义，本规范不再定义。重要公共建筑物性质最为重要，加油加气站与重要公共建筑物的防火距离应远于其他建筑物。本条规定加油站的埋地油罐和加油机与重要公共建筑物的防火距离不论级别均为 50m，基本上在加油站事故影响范围之外。

本规范按照民用建筑物的使用性质、重要程度和人员密集的程度，并参考国内外的有关规范，将将民用建筑物划分为三个保护类别，并分别确定了加油加气站与各类民用建筑物的防火距离。参考《建筑设计防火规范》GBJ 16—87（2001 年修订版）第 4.4.2 条中规定的甲、乙类液体总储量 51～100m³ 与不同耐火等级的建筑物的防火距离分别为 15m、20m、25m，浮顶储罐在此基础上还减少 25%。加油站的油品储罐埋地敷设，其安全性比地上的油罐好得多，故防火距离可以适当减小。考虑到一类保护物重要程度高，建筑面积大，人员较多，虽然建筑物材料多数为一、二级耐火等级，但仍然有必要保持较大的防火距离，所以确定三个级别加油站与一类保护物的防火距离分别为 25m、20m 和 16m，而与二类保护物、三类保护物的防火距离依其重要程度的降低分别递减为 20m、16m、12m 和 16m、12m、10m。

站外甲、乙类物品生产厂房火灾危险性大，加油站与这类设施应有较大的防火距离，本规范按三个级别分别定为 25m、22m 和 18m。

2 油罐与明火的距离：一级站规定为 30m，符合《建筑设计防火规范》GBJ 16—87（2001 年修订版）的规定，二级、三级站考虑油罐是埋地敷设，且罐容减小，风险度降低，相应防火距离相应减少为 25m 和 18m。

3 油罐与室外变配电站的距离：《建筑设计防火规范》GBJ 16—87（2001 年修订版）中相应规定为：甲、乙类液体储罐与室外变配电站的间距当储罐总容量为 1～50m³ 时，为 25m，当储罐总容量为 51～200m³ 时，为 30m。考虑到加油站的油品储罐埋地敷设等有利因素，因此，本条规定一、二、三级站的埋地卧式油罐与室外变配电站的防火距离分别为 25m、22m 和 18m。另外，对于站外小于或等于 1000kV·A 箱式变压器、杆装变压器，由于其电压等级较低，防火距离按室外变配电站的防火距离减少 20% 是合适的。

4 站外铁路、道路与油罐的防火距离参照《建筑设计防火规范》GBJ 16—87（2001 年修订版）及建设部行业标准《汽车用燃气加气站技术规范》CJJ 84—2000 确定的。

5 对于架空通信线，按照其重要性分别确定防火距离是合理的。根据实践经验，国家一、二级架空通信线与一级加油站油罐的防火距离为 1.5 倍杆高是安全可靠的，与二、三级加油站油罐的防火距离可适当减少。一般架空通信线若受到加油站火灾影响，危害程度较小，为便于建站，只要求其不跨越加油站即可。根据实践经验，架空电力线与一级加油站油罐的防火距离为 1.5 倍杆高是安全可靠的，与二、三级加油站油罐的防火距离视危险程度的降低而依次减少是合适的。

6 设有卸油油气回收系统的加油站或加油加气合建站，汽车

油罐车卸油时，油气被控制在密闭系统内，不向外界排放，对环境卫生和防火安全都有利，故其防火距离可减少20%；同时设有卸油和加油油气回收系统的加油站或加油加气合建站，不但汽车油罐车卸油时，不向外界排放油气，给汽车加油时也很少向外界排放油气（据国外资料介绍，油气回收率能达到90%以上），安全性更好，故其防火距离可减少30%。

修订内容说明：从了解到的情况看，很少有通信线倒杆而影响加油站安全的事故发生。加油站油罐埋地设置，加油机有罩棚保护，即使发生倒杆事故也不至于造成严重事故。适当减少距离，可为加油站建设创造有利条件。

"不应跨越加油站"是指不应从加油站界区上方跨越。

"不应小于1倍杆高"和"不应小于5m"分别指可从加油站界区上方跨越，但与埋地油罐、通气管管口和加油机的距离不应小于1倍杆高和不应小于5m。

4.0.4A 《汽车加油加气站设计与施工规范》GB 50156—2002是于2002年7月1日发布实施的，在此之前全国已建有8万余座加油站，这些加油站绝大多数是符合本规范GB 50156—92版的规定的。由于GB 50156—2002与GB 50156—92相比，保护物体系有很大改变，使得为数不少的按GB 50156—92建设的加油站不符合GB 50156—2002的规定，尤其是防火间距方面是无法更改的。由此便判定这些加油站不满足现行规范要求而予以关停显然是不合适的，因为法规是没有追溯效力的。原则上GB 50156—2002不适用于2002年7月1日前建设的加油站，但可依据GB 50156—2002的规定进行力所能及的改造。GB 50156—2002提高了对性质重要的建筑物、人员密集的建筑物和弱势群体设施的保护标准，使保护物体系划分更为科学合理，但这并不意味着按原规范建设的加油站就不安全了。事实上按原规范建设的加油站火灾事故的发生率非常低，造成的损害也很小，那些较大的加油站伤亡事故都是违规建造成的。增加本条规定，是为了增强老加油站的安全可靠性。

油罐防爆装置有多种类型，本条重点介绍阻隔防爆装置。阻隔防爆装置是由防爆材料和支撑构件等组成的装置，防爆材料是用特种合金制成的网状或其他形状的材料。这种装置安装在易燃液体和易燃气体储罐内，能阻隔火焰的传播，可预防罐体内因静电、明火、焊接、枪击、碰撞和误操作等意外事故引发的爆炸。阻隔防爆装置已在北京、上海、南昌、汕头等地加油站及部队加油站得到应用，并受到国家有关部门的肯定。

4.0.5、4.0.6 加气站及加油加气合建站的液化石油气储罐与站外建、构筑物的防火距离是按照储罐设置形式、加气站等级以及站外建、构筑物的类别，并参考国内外相关规范分别确定的。表1列出国内外相关规范的防火距离。

本规范制定的液化石油气加气站技术和设备要求，基本上与澳大利亚、荷兰等发达国家相当，并规定了一系列防范各类事故的措施。参考表1及《建筑设计防火规范》GBJ 16—87（2001年修订版）等现行国家标准，制定了液化石油气储罐、加气机等与站外建、构筑物的防火距离，现分述如下：

表1　各种LPG加气站设计标准防火间距对照表（m³）

建、构筑物 ＼ LPG设备 ＼ 标准	石油天然气行业标准 埋地储罐			建设部行业标准 埋地储罐			卸车点放散管	加气机	上海市地方标准 埋地储罐			广东省地方标准 埋地储罐		
	一级	二级	三级	一级	二级	三级			一级	二级	三级	一级	二级	三级
储罐总容积（m³）	61~150	21~60	≤20	41~60	21~40	≤20			41~60	21~40	≤20	51~150	31~50	≤30
单罐容积（m³）	≤50	≤30	≤20	≤30	≤30	≤20			≤30	≤30	≤20	≤50	≤25	≤15
重要公共建筑物	40	30	20	100	100	100			60	60	60	35	25	20
明火或散发火花地点	25	20	15	20	18	16	25	20	20	20	20			
民用建筑物保护类别　一类保护物				25	20	16	30	20	10	10	10			
民用建筑物保护类别　二类保护物	23	20	18	18	15	12	30	16	10	10	10	22.5	12.5	10
民用建筑物保护类别　三类保护物				15	12			12	10	10	10			
站外甲、乙类液体储罐	23	20	18	22	22	22			20	20	20			
室外变配电站	25	20	15	22	22	22	30	20	22	22	18	25	20	15
铁路（中心线）				22	22	22	30	25	22	22	22			
电缆沟、暖气沟、下水道				6	5	5			6	5	5			
城市道路　快速路、主干路	15	15	15	10	8	8	10	6	11	11	11	12.5	10	8
城市道路　次干路、支路	10	10	10	8	6	6	8	5	9	9	9	10	7.5	5

标准\建、构筑物	荷兰标准			澳大利亚标准			
LPG设备	埋地储罐	卸车点	加气机	埋地储罐	卸车点	地上泵	加气机
储罐总容积(m³)	不限			不限			
单罐容积(m³)	≤50			≤65			
重要公共建筑物							
明火或散发火花地点							
民用建筑物保护类别 一类保护物	40	60	20	55	55	55	15
民用建筑物保护类别 二类保护物	20	30	20	15	15	15	15
民用建筑物保护类别 三类保护物	15	5	7	10	10	10	15
站外甲、乙类液体储罐							
室外变配电站							
铁路(中心线)							
电缆沟、暖气管沟、下水道							
城市道路 快速路、主干路							
城市道路 次干路、支路							

1 重要公共建筑物性质重要、人员密集,加气站发生火灾可能会对其产生较大影响和损失,因此,不分级别,防火间距均规定为不小于100m,基本上在加气站事故影响区外。民用建筑物按照其使用性质、重要程度和人员密集程度分为三个保护类别,并分别确定其防火距离。在参照建设部行业标准《汽车用燃气加气站技术规范》CJJ 84—2000的基础上,对防火距离略有调整。另外,从表1可以看出,本规范的防火距离多数情况大于国外规范的相应防火距离。甲、乙类物品生产厂房与地上液化石油气储罐的间距与《建筑设计防火规范》GBJ 16—87(2001年修订版)第4.6.2条基本一致,而地下储罐按地上储罐的50%确定。

2 明火或散发火花地点的防火距离参照《建筑设计防火规范》GBJ 16—87(2001年修订版)确定。

3 与铁路的防火距离参照《建筑设计防火规范》GBJ 16—87(2001年修订版)第4.8.3条确定地上罐的防火间距为45m,地下罐按照地上储罐的50%确定防火间距为22m。

4 对与公路的防火间距,考虑到加气站主要为之服务,且公路上的车辆和人员易疏散的特点,故本规范的防火距离比《建筑设计防火规范》GBJ 16—87(2001年修订版)的规定值有所减少。

5 与架空电力线及架空通信线的防火间距,按照其重要性及电压等级高低分别确定防火距离是合理的。由于一般通信线路或小于等于380V的电力线路即使发生事故,其影响也较小,故防火距离可略有减少。

6 液化石油气储罐与室外变配电站的防火距离基本与《建筑设计防火规范》GBJ 16—87(2001年修订版)第3.3.10条一致。对于站外小于或等于1000kV·A箱式变压器、杆装变压器由于其电压等级较低,防火距离可按室外变电站的防火距离减少20%。

4.0.7 压缩天然气加气站和加油加气合建站的压缩天然气工艺设施与站外建、构筑物的防火距离,主要是根据现行国家标准《原油和天然气工程设计防火规范》GB 50183—93第3.0.3条、第3.0.4条、第3.0.5条并参照《汽车用压缩天然气加气站设计规范》SY 0092—98和《汽车用燃气加气站技术规范》CJJ 84—2000等行业标准的有关规定编制的。

修订内容说明:车载储气瓶与站内储气瓶组同属于储气设施,性质相同。

5 总平面布置

5.0.1 加油加气站的工艺设施与站外建、构筑物之间的距离小于或等于25m以及小于或等于表4.0.4至表4.0.7中的防火距离的1.5倍时,相邻一侧应设置高度不低于2.2m的非燃烧实体围墙,可隔绝一般火种及禁止无关人员进入,以保障站内安全。加油加气站的工艺设施与站外建、构筑物之间的距离大于表4.0.4至表4.0.7中的防火距离的1.5倍,且大于25m时,安全性要好得多,相邻一侧应设置隔离墙,主要是禁止无关人员进入,隔离墙为非实体围墙即可。加油加气站面向进、出口的一侧,可建非实体墙,主要是为了进、出站内的车辆视野开阔,行车安全,方便操作人员对加油、加气车辆进行管理,同时,在城市建站还能满足城市景观美化的要求。

5.0.2 本条规定是为了保证在发生事故时汽车槽车能迅速离开。在运营管理中还应注意避免加油、加气车辆堵塞汽车槽车驶离车道,以防止事故时阻碍汽车槽车迅速驶离。

5.0.3 本条规定了站区内停车场和道路的布置要求。

1 根据加油、加气业务操作方便和安全管理方面的要求,并通过对全国部分加油加气站的调查,一般单车道宽度需不小于3.5m,双车道宽度不小于6.0m。

2 站内道路转弯半径按主流车型确定,不宜小于9.0m。汽车槽车卸车停车位宜按平坡设计,主要考虑尽量避免溜车。

3 站内停车场和道路路面采用沥青路面,容易受到泄露油品的侵蚀,沥青层易于破坏。此外,发生火灾事故时沥青将发生溶融而影响车辆撤离和消防工作正常进行,故规定不应采用沥青路面。

5.0.4 加油岛、加气岛及加油、加气场地系机动车辆加油、加气的固定场所,为避免操作人员和加油、加气设备长期处于雨淋和日晒状态,故规定此条。对于罩棚高度,主要是考虑能顺利通过各种加油、加气车辆。除少数超大型集装箱车辆外,结合我国实际情况和国家现行的有关标准规范要求,规定罩棚有效高度不应小于4.5m。

5.0.5 加油岛、加气岛为安装加油机、加气机的平台,又称安全岛。为使汽车加油、加气时,加油机、加气机和罩棚柱不受汽车碰撞和确保操作人员人身安全,根据实际需要,对加油岛、加气岛的高度、宽度及其突出罩棚柱外的距离做了规定。

5.0.6 本条规定了液化石油气储罐和罐区的布置要求。

1 地上储罐集中单排布置,方便管理,有利于消防。储罐间净距不应小于相邻较大罐的直径,系根据《城镇燃气设计规范》GB 50028—93而确定的。

2 储罐四周设置高度为1.0m的防火堤(非燃烧防护墙),以防止发生液化石油气发生泄露事故,外溢堤外。

3 地下储罐间应采用防渗混凝土墙隔开,以防止事故时串漏。规定罐与罐池内壁之间的净距不应小于1.0m,是为了储罐开罐检查时,安装X射线照相设备。

5.0.7 柴油闪点高于汽油,本条规定有利于安全。

5.0.8 本条根据加油加气站内各设施的特点和附录B所划分的爆炸危险区域规定了各设施间的防火距离。分述如下:

1 加油站油品储罐与站内建、构筑物之间的防火距离。加油站使用埋地卧式油罐的安全性好,油罐着火率小。从调查情况分析,过去曾发生的几次加油站油罐人孔处着火事故多为因敞口卸油产生静电而发生的。只要严格按本规范的规定采用密闭卸油方式卸油,油罐发生火灾的可能性很小。由于油罐埋地敷设,即使油罐着火,也不会发生油品流淌到地面形成流淌火灾,火灾规模会很有限。所以,加油站卧式油罐与站内建、构筑物的距离可以适当小些。

2 加油机与站房、油品储罐之间的防火距离。本表规定站房与加油机之间的距离为5m,既把站房设在爆炸危险区域之外,又考虑二者之间可停一辆汽车加油,如此规定较合理。加油机与埋地油罐属同一类火灾等级设备,故其距离不限。

3 燃煤锅炉房与油品储罐、加油机、密闭卸油点之间的防火距离。国家标准《石油库设计规范》GB 50074规定,石油库内容量≤50m³的卧式油罐与明火或散发火花地点的距离为18.5m。参照这一规定,本表规定站内燃煤锅炉房与埋地油罐距离为18.5m是可靠的。

与油罐相比,加油机、密闭卸油点的火灾危险性较小,其爆炸危险区域也较小,因此,规定此二处与站内锅炉房距离为15m是合理的。

4 锅炉房与站房之间的距离。二者均属非爆炸危险场所。二者距离定为6m,同《建筑设计防火规范》GBJ 16—87(1997年修订版)相协调。

5 燃气(油)热水炉与其他设施之间的防火距离。采用燃气(油)热水炉供暖,炉子燃料来源容易解决,环保性好,其烟囱发生火花飞溅的几率极低,安全性能可靠。故本表规定燃气(油)热水炉间与其他设施的间距小于锅炉房与其他设施的间距是合理的。

6 液化石油气储罐与站内其他设施之间的防火距离。

1)关于合建站内油品储罐与液化石油气储罐的防火间距,澳大利亚规范规定两类储罐之间的防火间距为3m,荷兰规范规定两类储罐之间的防火间距为1m。在加油加气合建站内重点防止液化石油气积聚在汽、柴油储罐及其操作井内。为此,液化石油

气储罐与汽、柴油储罐的距离要较油罐与油罐之间、气罐与气罐之间的距离适当增加。

2)液化石油气储罐与卸车点、加气机的距离,由于采用了紧急切断阀和拉断阀等安全装置,且在卸车、加气过程中皆有操作人员,一旦发生事故能及时处理。与《城镇燃气设计规范》GB 50028—93相比,适当减少了防火间距。与荷兰规范要求的5m相比,又适当增加了间距。

3)液化石油气储罐与站房的防火间距与现行的行业标准《汽车用燃气加气站技术规范》CJJ 84—2000基本一致,比荷兰规范要求的距离略有增加。

4)液化石油气储罐与消防泵房及消防水池取水口的距离主要是参照《城镇燃气设计规范》GB 50028—98确定的。

5)1台小于或等于10m³的地上液化石油气储罐整体装配式加气站,具有投资省、占地小、使用方便等特点,目前在日本使用较多。由于采用整体装配,系统简单,事故危险性小,为便于采用,本表规定其相关防火距离可按本表中三级站的地上储罐减少20%。

6)橇装式压缩天然气加气站具有投资省、占地小、使用方便等特点,目前在欧洲国家使用较多,我国尚未成套生产,有些加气站已采用进口橇装设备。根据天然气的特点,规定橇装设备与站内其他设施的防火距离与本表的相应设备的防火距离相同。

7 液化石油气卸车点(车载卸车泵)与站内道路之间的防火距离。规定两者之间的防火距离不小于2m,主要是考虑减少站内行驶车辆对卸车点(车载卸车泵)的干扰。

8 压缩天然气站内储气设施与站内其他设施之间的防火距离。在参考美国、新西兰规范的基础上,根据我国使用的天然气质量,分析站内各部位可能会发生的事故及其对周围的影响程度后,适当加大防火距离。

9 压缩天然气加气站、加油加气(CNG)合建站内设施之间的防火距离。是根据现行国家标准《原油和天然气工程设计防火规范》GB 50183—93第5.2.3条,并参照美国消防协会规范NFPA 52的有关规定(该规范规定:压缩天然气车辆燃料系统室外压缩、储存及销售设备距火源、建筑物或电力线不小于3m;距最近铁路铁轨不小于15m;储气瓶库罐装有易燃液体的地上储罐不小于6m。),结合我国CNG加气站的建设和运行经验确定的。

5.0.9 本条是新增条文。车载储气瓶与站内储气瓶组同属于储气设施,性质相同。

5.0.10 本条为新增条文。卸气端是车载储气瓶的薄弱点,故采取此项防范措施。

6 加油工艺及设施

6.1 油 罐

6.1.1 国外加油站已广泛使用玻璃钢等非金属材料制作的双层油罐。这种油罐防腐蚀性能好,强度能满足使用要求,安全性能好于钢制油罐。本条规定另一层含义是,加油站采用的油罐不限于钢制油罐。

6.1.2 加油站的卧式油罐埋地设置比较安全。从国内外的有关调查资料统计来看,油罐埋地设置,发生火灾的几率很小,即使油罐发生着火,也容易扑救。例如,1987年2月4日,北京市和平里加油站油罐进油着火,用干粉灭火器很快被扑灭,没有影响其他设施;1986年5月2日,郑州市人民路加油站的油罐人孔处着火,用干粉灭火器及时扑灭,广州、天津也曾发生过加油站埋地罐口着火情况,也都用干粉灭火器很快被扑灭,均未造成灾害。英国石油学会《销售安全规范》讲到,Ⅰ类石油(即汽油类)只要液体储存在埋地罐内,就没有发生火灾的可能性。事实上,国内、国外目前也

没有发现加油站有大的埋地罐火灾。

另外，埋地油罐与地上油罐比较，占地面积较小。因为它不需要设置防火堤，省去了防火堤的占地面积。必要时还可将油罐埋设在加油场地及车道之下，不占或少量占地。加上因埋地罐较安全，与其他建、构筑物的要求距离也小，也可减少加油站的占地面积。这对于用地紧张的城市建设意义很大。另一方面，也避免了地面罐必须设置冷却水，以及油罐受紫外线照射、气温变化大，带来的油品蒸发和损耗大等不安全问题。

油罐设在室内发生的爆炸火灾事例较多，造成的损失也较大。其主要原因是室内必须安装一些阀门等附件，他们是产生爆炸危险气体的释放源。泄漏挥发出的油气，由于通风不良而积聚在室内，易于发生爆炸火灾事故。例如，开封市宋门加油站的油罐安装在地下罐室内，1983年10月18日下午发生一次爆炸；陕西省户县宁西林场汽车队加油站的地上罐室，1976年6月7日也因油气积聚而发生爆炸起火；贵阳铁路分局工务段大修队的地上罐间，起火后无法扑救，烧了4小时；唐山某加油站的地下罐室，1970年7月9日因雷击，引起罐室爆炸，将上部的房子炸塌；石家庄某企业附属加油站，也是汽油罐室，发生一次跑油着火事故，烧死16人，烧伤39人；西安有两个加油站的地下罐室，因室内油气浓度太高，操作人员曾中毒昏倒。近些年也曾有过同类事故的发生。其次，罐室还有造价高、占地面积大和不利于安全操作与管理等缺点。故本规范除强调油罐应地下直埋外，还特别提出严禁将油罐设在室内或地下室内。

6.1.2A 地上油罐的危险性大于埋地罐，要求采用橇装式加油装置的汽车加油站的油罐内应安装防爆装置，是为了增强地上油罐的安全性。

6.1.3 埋地油罐的防腐好坏，直接影响到油罐的使用寿命，故本条做如此规定。

6.1.4 当油罐埋在地下水位较高的地带时，在空罐情况下，会有漂浮的危险。有可能将与其连接的管道拉断，造成跑油甚至发生火灾事故。故规定当油罐受到地下水或雨水作用有上浮的可能时，应采取防止油罐上浮的措施。

6.1.5 油罐的出油接合管、量油孔、液位计、潜油泵等一般都设在人孔盖上，这些附件需要经常操作和维护，故需设人孔操作井。当油罐设在行车道下面时，规定人孔操作井宜设在行车道以外，主要是为防止加油不慎可能出现的溢油进入井内，引发火灾事故。另外，人孔操作井设在行车道以外，也便于油罐人孔井内附件的管理与维修。

6.1.6 本条规定油罐顶部覆土厚度不小于0.5m，是油罐的最小保护厚度。特别是有栽植一般花卉和草坪的要求时，如果深度太小，不但不能满足栽植要求，而且花草的根部容易破坏罐外防腐层，降低油罐使用寿命。规定油罐的周围应回填厚度不小于0.3m的干净砂子或细土，主要是为避免采用石块、冻土块等硬物回填，造成油罐防腐层被破伤，影响防腐效果。同时也要防止回填含酸碱的废渣，对油罐加剧腐蚀。

6.1.7 防止加油站油罐对地下水源和附近江河海岸的污染，是我国治理和保护环境的一部分。加油对地下的主要污染源是油罐。目前各个国家对加油站的油罐所采取的防渗漏扩散的保护措施要求和做法各异。例如，美国等西方国家目前多采用复合式双壁罐，并自身带有能够发现渗漏油的检测装置。我国现在也着手进行这方面的技术探索。目前，对油罐常采用防水混凝土箱式内填土(砂)埋设方法，箱底及内壁一定高度范围内贴做玻璃防渗层，并在箱内设供人工或仪器能够发现油罐是否渗漏油的检测装置。此种做法已在北京市强制推行。

6.1.8 规定油罐的各接合管应设在油罐的顶部，既是功能上的常规要求，也是安全上的基本要求，目的是不损伤装油部分的罐身，便于平时的检修与管理，避免现场安装开孔可能出现焊接不良而接管受力大，容易发生断裂而造成的跑油渗油等不安全事故。规定油罐的出油接合管宜设在人孔盖上，主要是为了使该接合管上的底阀或潜油泵拆卸检修方便。

6.1.9 本条规定主要是为了避免油品出现喷溅产生静电，发生火花，引起着火。由于喷溅加油产生静电，引起的着火事例很多。例如：北京市和平里加油站、郑州市人民路加油站都曾在卸油时，进油管未插到罐底，造成油品喷溅，产生静电火花，引起卸油口起火。

6.1.10 采用自吸式加油机时，油罐内的油品要靠加油机自身吸出油品加油。要求罐内出油管的底端应装设底阀的目的，是为了使每次加油停止时，不使油品倒流到油罐内和管道进气，以免下次加油时还要再抽真空才能加油，影响加油精度。底阀入油口距罐底的距离不能太高也不能太低，太高会有大量的油品不能被抽出，降低了油罐的使用容积，太低又容易将罐底的积水和污物吸入加油机而加给汽车油箱。故规定底阀入油口距罐底宜为0.15～0.20m。

6.1.11 量油帽带锁，有利于加油站的防盗和安全管理。其接合管伸至罐内距罐底0.2m的高度，一般情况下，接合管的底端口部都会被罐内余油浸没形成液封，使罐内空间与量油接合管内空间没有直接联系，可使平时或卸油时，罐内空间的油气不会由于量油孔关闭不严或打开，而从量油孔释放。这样规定，有利于加油站的正常安全管理，也可避免人工量油时发生由静电引起的着火事故。

6.2 工艺系统

6.2.1 密闭卸油的主要优点是可以减少油品挥发损耗，避免敞口卸油时出现油气沿地面扩散，加重对空气的污染，发生不安全事故。例如，广州某加油站和天津市某加油站曾发生过两次火灾；北京市昌平县某加油站也曾发生过一次火灾，都是由于敞口式卸油（即将卸油胶管插入量油孔内）发生的着火事故。油气从卸油口排出，有些油气中夹带有油珠油雾，极不安全。还有的加油站将油品先倒入敞口的油槽内，经过计量再流入油罐，这种方式不仅损耗更大，同时也更不安全，有的还发生过火灾。所以，本条规定必须采用密闭卸油方式十分必要。其含义包括加油站的油罐必须设置专用进油管道，采用快速接头连接进行卸油。相反的含意是严禁采用敞口卸油方式。

6.2.2 汽油属易挥发性油品，从保护环境和节能的角度上讲，汽油油罐车的卸油采用密闭油气回收系统，使加油站油罐内的油气在卸油的同时，回收到油罐车内，不向大气中排放，其意义十分重大。这种卸油方式已在发达国家的城市普遍使用，我国的北京市也在2000年开始全面实施。

6.2.3 卸油油气回收与密闭卸油，工艺上的主要不同之处是油罐车与地下油罐之间加设了一条油气回收连通管道和地下油罐的通气管管口需安装机械呼吸阀。故系统相应具备的条件也需符合一定的要求。

1 卸油采用油气回收，油罐车的油罐必须设置供油气回收连接软管用的油气连接口，否则，无法使地下油罐排出的油气回到油罐车的油罐中。装设手动阀门(宜用球阀)是为了使卸油后，拆除油气连通软管之前关闭此阀，使油罐车油罐内的油气不泄漏。

2 密闭卸油管道的各操作接口处设快速接头是为了方便管道连接，闷盖可对快速接头的口部起保护和密闭作用。站内油气回收管道接口（指由地下油罐直接接出的油气管道端部快速接头）前装设手动阀门，是为了使卸油后拆除油气回收连通软管前关闭此阀，使地下油罐内的油气不泄漏。

3 加油站内的卸油管道接口、油气回收管道接口设在地面以上，便于操作和油气扩散，比较安全。

4 汽油油罐车的卸油采用密闭油气回收系统时，由于油处于密闭状态，卸油过程中不便人工直接观测油罐中的实际液位，为及时反映罐内的液位高度和防止罐内液位超过安全高度，故规定地下油罐应设带有高液位报警功能的液位计。

6.2.4 加油机设在室内,容易在室内形成爆炸混合气体。目前,国内外生产的加油机其顶部的显示器和程控件均为非防爆产品,如果将加油机设在室内,则易引发爆炸和火灾事故。故做此条规定。

6.2.5 本条所推荐采用的加油工艺,是我国加油站的技术发展趋势,与采用自吸式加油相比,其最大特点是:油罐正压出油、技术先进、加油噪音低、工艺简单,一般不受罐底低和管道长等条件的限制。

6.2.6 本条是从保证加油工况的角度上制定的。如果几台加油机共用一根接自油罐的进油管(即油罐的出油管),会造成互相影响,流量不均。当一台加油机停泵时,还有抽入空气的可能,影响计量的准确度,甚至出现断流现象。故规定采用自吸式加油机时,每台加油机应单独设置进油管。

6.2.7 使用自封式加油枪加油能对汽车的油箱起到冒油防溢作用,避免浪费及着火,对安全有利。本条规定的流量限制是为选择加油机和对加油机厂家提出的要求,现在采用的加油枪口径一般都是19mm,当流量为60L/min时,管中流速可达3.54m/s,接近限制流速。而且流速越大,在油箱内产生油沫子也越多,往往油箱还未加满,油沫子就溢出油箱。同时也容易发生静电着火事故。另外,现在规定的加油机爆炸危险场所的范围,也是按流量为60L/min时测定的,油气的扩散范围也会相应扩大,与本规范所规定的范围不符合。故规定加油枪的流量不应大于60L/min。

6.2.8 本条对加油站的工艺管道即油品管道、油气管道的规定有以下几方面的目的:

1 采用无缝钢管焊缝少,比较严密可靠。石油化工企业的油品和油气管道一般也都是采用无缝钢管。

2 埋地钢管的连接采用焊接方式是钢管埋地敷设的基本要求,其优点是:施工速度快,省材省工,便于防腐,不容易出现渗漏隐患。

3 复合管材的最大优点是抗腐蚀能力强,目前,在国内外已逐步开始应用,但由于此类管材必须具备耐油、耐腐蚀、导静电等基本性能,还需采用配套的专用连接管件,因此存在着强度较低,费用较高,施工难度大等不足之处。加之,国内又是才开始应用,不宜全面展开。但又不能对此进行限制,故本规范规定在有严重腐蚀的土壤地段,可采用此类管材。

6.2.9 卸油用的连通软管要求选用耐油和导静电软管,是石油化工行业的通用要求。其中软管的导静电要求,是为了在卸油过程中预防软管聚集静电荷,使操作中不发生静电起火问题。

连通软管的直径太小,阻力就大,会影响卸油速度。故规定连通软管的公称直径不应小于50mm。

6.2.10 加油站内多是道路或加油场地,工艺管道不便地上敷设。采用管沟敷设的缺点也很多,如工程量大、投资多,特别是管沟容易积聚爆炸气,形成爆炸危险场所。管沟发生的事故也很多,如陕西省户县某一企业加油站,加油间内着火,火焰顺管沟引到油罐室,将罐室内的油罐口引燃;山西省太原市某加油站在修加油机时产生火花,通过管沟传到地下罐室,引起罐室爆炸。故本条规定加油站的工艺管道应埋地敷设。对于管沟用砂或细土填实的敷设方式也符合本规定的埋地要求。为了便于检修,防止由于管道渗漏带来的不安全问题,本条还规定工艺管道不得穿过站房等建、构筑物。当油品管道与管沟、电缆沟和排水沟相交时,应采取相应的防渗漏措施。

6.2.11 本条规定主要是从管道的放空方面考虑的,油罐的进油卸油后,应保证管内油品自流入罐,有利于安全。通气管横管,以及油气回收管,因容易产生冷结油,影响管道气体流通,必须有一定的坡度,坡向油罐使管道处于畅通状况。规定2‰坡

度是最低要求,否则油品放不干净。对于供加油机的油罐出油管道,本条虽未做规定,但在有条件时,也最好坡向油罐,具备放空条件,便于今后检修。

6.2.13 埋地管线与埋地油罐一样,如果不做防腐保护或防腐等级太低,少则几年,多则十来年,很快就会被腐蚀穿孔漏油。目前,常采用的防腐材料多为环氧煤沥青和防腐沥青,其做法和要求,国家都有相应的标准。

6.2.14 本条规定说明如下:

1 汽油罐与柴油罐的通气管,应分开设置,主要是为了防止这两种不同种类的油品罐互相连通,避免一旦出现冒罐时,油品经通气管流到另一个罐造成混油事故,使得油品不能应用。对于同类油品(如:汽油90#、93#、97#)储罐的通气管,本条含义着允许互相连通,共用一根通气立管。可使同类油品储罐气路系统的工艺变得简单,省工、省料,便于改造。即使出现冒罐混油问题,也不至于油品不能应用。国外也有不少国家采取此种做法。但在设计时,应考虑便于以后各罐在洗罐和检修时气路管道的拆装与封堵问题。

2 对通气管的管口高度,英国《销售安全规范》规定不小于3.75m,美国规定不小于3.66m,我国的《建筑设计防火规范》GBJ 16—87(2001年修订版)中规定不小于4m。为与我国相关标准取得一致,故规定通气管的管口应高出地面至少4m。

3 规定沿建筑物的墙(柱)向上敷设的通气管管口,应高出建筑物的顶面至少1.5m,主要是为了使油气易于扩散,不积聚于屋顶,同时1.5m也是本规范对通气管管口爆炸危险区域划为1区的半径。

4 由于卸油采用油气回收,通气管管口的油气泄漏量较小,相应的爆炸危险区域划分的2区半径为2m,比不采用油气回收卸油减少了1m。但因围墙以外的火源不好管理,难以控制,为避免其爆炸区域的范围扩延到围墙之外,故规定通气管管口与围墙的距离不得小于2m。

5 关于油罐通气管的直径,英国《销售安全规范》规定通气管的直径不应小于40mm,美国规定通气管的直径应根据油罐进油流量确定。北京市某些加油站的油罐通气管曾采用过直径25mm的管子,因阻力太大,导致卸油时间较长。有的加油站为了加快卸油速度,还将通气管拆掉,卸油时打开量油孔排气,这样做极不安全。国内汽车油罐车卸油口的直径一般为80mm,多年实践经验证明,规定油罐通气管的直径不应小于50mm是合理的。

6 规定通气管管口应安装阻火器,是为了防止外部的火源通过通气管引入罐内,造成事故。

7 采用卸油油气回收系统和加油油气回收系统时,汽油通气管管口尚应安装机械呼吸阀的目的是为了减少油气向大气排放。从采用油气回收的多座加油站的应用情况看,如果通气管口不加控制,气路系统处于常压状态,就无法完全实现卸油密闭油气回收和加油油气回收。特别是卸油时,由于油罐车与地下油罐的液面不断变化,气体的吸入与呼出,造成的挠动蒸发,以及随着油罐车油罐的液面下降,蒸发面积的扩大(指罐壁),外部气温高对其罐壁和空间的影响造成的蒸发等,都会使系统失去平衡,大量的油气仍会从通气管口排掉。如果将通气管关闭,使油气不外泄,则气路系统就会产生一定的压力,同时也抑制了油品的蒸发量和速度。对加油来讲,通气管口加以一定量的吸气控制,才能实现加油油气回收。因此,安装呼吸阀不仅可以起到保护设备的安全作用,而且也是实现油气回收的关键设备。国外对油罐通气管口的控制也是采取安装呼吸阀的方法实现油气回收的。

某单位曾在夏季,对卸油采用油气回收的加油站进行过一次测试,在通气管口完全关闭的情况下,卸油过程中的气路系统的稳定压力约为2500Pa,可以做到油气完全不泄漏,效果非常明显。考虑到油罐的承压能力,本条规定呼吸阀的工作正压宜为2000~

3000Pa。

对于表中两种设计使用状态下的呼吸阀的工作负压规定，主要是基于以下两方面的考虑：

1）仅卸油采用油气回收系统时，呼吸阀的负压阀（盖）只起阻止系统油气外泄的作用，规定其工作负压为200～500Pa，对卸油和加油操作都不会有什么影响。

2）当加油也采用油气回收系统时，油罐在出油的同时，如果机械呼吸阀的负压值定的太小，油罐出现的负压也就越小，从汽车油箱排出的油气就很难通过加油机及回收管道回收到油罐中。如果此负压值定的偏大，就会增加埋地油罐的强度负荷，同时采用自吸式加油机在油罐低液位时的抽油也很不利。故规定此情况下的机械呼吸阀的工作负压宜为1500～2000Pa。

7 液化石油气加气工艺及设施

7.1 液化石油气质量和储罐

7.1.2 关于压力容器的设计和制造，现行国家标准《钢制压力容器》GB 150、《钢制卧式容器》JB 4731和原国家质量技术监督局颁发的《压力容器安全技术监察规程》已有详细规定和要求，故本规范不再做具体规定。

《压力容器安全技术监察规程》（1999年版）第34条规定：固定式液化石油气储罐的设计压力应不低于50℃丙烷的饱和蒸汽压力（为1.623MPa）；行业标准《石油化工钢制压力容器》SH 3074—95规定：钢制压力容器储存介质为液态丙烷时，设计压力取1.77MPa。根据这些规定，本款规定"储罐的设计压力不应小于1.77MPa"。

液化石油气充装泵有多种形式，储罐出液必须适应充装泵的要求。进液管道和液相回流管道接入储罐内的气相空间的优点是：一旦管道发生泄漏事故直接泄漏出去的是气体，其质量比直接泄漏出液体小得多，危害性也小得多。

7.1.3 止回阀和过流阀有自动关闭功能。进液管、液相回流管和气相回流管上设止回阀，出液管和卸车用的气相平衡管上设过流阀可有效防止LPG管道发生意外泄漏事故。止回阀和过流阀设在储罐内，增强了储罐首级关闭阀的安全可靠性。

7.1.4 本条是对储罐的管路系统和附属设备的设置提出的要求。

1 因为7.1.2条规定液化石油气储罐的设计压力不应小于1.77MPa，再考虑泵的提升压力，故规定阀门及附件系统的设计压力不应小于2.5MPa。

2 根据《压力容器安全技术监察规程》的有关规定，压力容器必须安装安全阀。规定"安全阀与储罐之间的管道上应装设切断阀"，是为了便于安全阀检修和调试。对放散管管口的安装高度的要求，主要是防止液化石油气放散操作人员受到伤害。

修订内容说明：规定"切断阀在正常操作时应处于铅封开状态"，是为了防止发生误操作事故。在设计文件上应对安全阀与储罐之间的管道上安装的切断阀注明铅封开。

3 要求在排污管上设置两道切断阀，是为了确保安全。排污管内可能会有水分，故在寒冷和严寒地区，应对从储罐底部引出的排污管的根部管道加装伴热或保温装置，以防止排污管阀门及其法兰垫片冻裂。

4 储罐内未设置控制阀门的出液管道和排污管道，最危险点在储罐的第一道法兰处。本款的规定，是为了确保安全。

5 储罐设置检修用的放散管，便于检修储罐时将储罐内液化石油气体放散干净。要求该放散管与安全阀接管共用一个开孔，是为了减少储罐开口。

6 为防止在加气瞬间的过流造成关闭，故要求过流阀的关闭

流量宜为最大工作流量的1.6～1.8倍。

7.1.5 液化石油气储罐是一种密闭性容器，准确测量其温度、压力，尤其是液位，对安全操作非常重要，故本条规定了液化石油气储罐测量仪表设置要求。

1 要求液化石油气储罐设置就地指示的液位计、压力表和温度计，这是因为一次仪表的可靠性高以及便于就地观察罐内情况。要求设置液位上、下限报警装置，是为了能及时发现液位达到极限，防止超装事故发生。

2 要求设置液位上限限位控制和压力上限报警装置，是为了能及时对超压情况采取处理措施。

3 对液化石油气储罐来说，最重要的参数是液位和压力，要求在一、二级站内对这两个参数的测量设二次仪表。二次仪表一般设在站房的控制室内，这样便于对储罐进行监测。

7.1.6 由于液化石油气的气体比重比空气大，液化石油气储罐在室内或地下室内，泄漏出来液化石油气体易于在室内积聚，形成爆炸危险气体，故规定液化石油气储罐严禁设在室内或地下室内。液化石油气储罐埋地设置受外界影响（主要是温度方面的影响）比较小，罐内压力相对比较稳定。一旦某个埋地储罐或其他设施发生火灾，基本上不会对另外的埋地储罐构成严重威胁，比地上设置要安全得多。故本条规定，在加油加气合建站和城市建成区内的加气站，液化石油气储罐应埋地设置。需要指出的是，根据本条的规定，地上液化石油气储罐整体装配式的加气站不能建在城市建成区内。

7.1.7 建于水源保护地的液化石油气埋地储罐，一般都要求设置罐池。本条对罐池设置提出了具体要求。填沙的作用与埋地油罐填沙作用相同。

7.1.8 参见第6.1.6条说明。

7.1.9 液化石油气储罐基础在使用过程中一旦发生较大幅度的沉降，有可能拉裂储罐与管道的连接件，造成液化石油气泄露事故，所以本条规定"应限制基础沉降"。规定"储罐应坡向排污端，坡度应为3‰～5‰"，是为了便于清污。

7.1.10 液化石油气储罐是压力储罐，一旦发生腐蚀穿孔事故，后果将十分严重。所以，为了延长埋地液化石油气储罐的使用寿命，本条规定要采用严格的防腐措施。

7.2 泵和压缩机

7.2.1 用液化石油气压缩机卸车，可加快卸车速度。由于一、二级站卸车量大，所以本条推荐在一、二级站选用压缩机卸车。本条提出在二、三级加气站内可不设卸车泵，具有节省投资、减少用地等优点。槽车上泵的动力由站内供电比由槽车上的柴油机带动安全，且能减少噪声和油气污染。

7.2.3 加气站内所设卸车泵流量若低于300L/min，则槽车在站内停留时间太长，影响运营。

7.2.4 为地面上的泵和压缩机设置防晒罩棚或泵房（压缩机间），可防止泵和压缩机因日晒而升温升压，这样有利于泵和压缩机的安全运行。

7.2.5 本条规定了一般地面泵的管路系统设计要求。

1 本款措施，是为了避免因泵的振动造成管件等损坏。

2 管路坡向泵进口，可避免泵产生气蚀。

3 泵的出口阀门前的旁通管上设置回流阀，可以确保输出的液化石油气压力稳定，并保护泵在出口阀门未打开时的运行安全。

7.2.7 本条规定在安装潜液泵的筒体下部设置切断阀，便于潜液泵拆卸、更换和维修；安装过流阀是为了能在储罐外系统发生大量泄漏时，自动关闭管路。

7.2.8 本条的规定，是为了防止潜液泵电机超温运行造成损坏和事故。

7.2.9 本条规定了压缩机进、出口管道阀门及附件的设置要求。规定在压缩机的进口和储罐的气相之间设置旁通阀，目的在于降低压缩机的运行温度。

7.3 液化石油气加气机

7.3.2 根据国外资料以及实践经验，计算加气机数量时，每辆汽车加气时间按 3～5min 计算比较合适。

7.3.3 同第7.1.4条第1款的说明。

限制加气枪流量，是为了便于控制加气操作和减少静电危险。

加气软管设拉断阀是为了防止加气汽车在加气时因意外启动而拉断加气软管或拉倒加气机，造成液化石油气外泄事故发生。拉断阀在外力作用下分开后，两端能自行密封。分离拉力范围是参照国外标准制定的。

本款的规定是为了提高计量精度。

加气嘴配置自密封阀，可使加气操作既简便、又安全。

7.3.5 此条规定是为了防止因加气车辆意外失控而撞毁加气机，造成大量液化石油气泄漏。

7.4 液化石油气管道系统

7.4.1 10号、20号钢是优质碳素钢，液化石油气管道采用这种管材较为安全。

7.4.3 同第7.1.4条第1款的说明。

7.4.4 与其他连接方式相比，焊接方式防泄漏性能更好，所以本条要求液化石油气管道应采用焊接连接方式。

7.4.5 为了安装和拆卸检修方便，液化石油气管道与储罐、容器、设备及阀门的连接，推荐采用法兰连接方式。

7.4.6 一般耐油胶管并不能耐液化石油气腐蚀，所以本条规定管道系统上的胶管应采用耐液化石油气腐蚀的钢丝缠绕高压胶管。

7.4.7 液化石油气管道埋地敷设占地少，美观，且能避免人为损坏和受环境温度影响。规定采用管沟敷设时，应充填中性沙，是为了防止管沟内积聚可燃气体。

7.4.8 本条的规定内容是为了防止管道受冻土变形影响而损坏或被行车压坏。

7.4.9 液化石油气是一种非常危险的介质，一旦泄漏可能引起严重后果。为安全起见，本条要求埋地敷设的液化石油气管道采用最高等级的防腐绝缘保护层。

7.4.10 限制液化石油气管道流速，是减少静电危害的重要措施。

7.5 紧急切断系统

7.5.1 加气站设置紧急切断系统，可在紧急事故状态下迅速切断物流，避免液化石油气大量外泄，阻止事态扩大，是一项重要的安全防护措施。

经人工或紧急切断系统切断电源的液化石油气泵和压缩机，采用人工复位供电，可确保重新启动的安全。

7.5.2 液化石油气储罐的出液管道和连接槽车的液相管道是液化石油气加气站的重要工艺管道，也是最危险的管道，在这些管道上设紧急切断阀，对保障安全是十分必要的。

7.5.4 本条规定是为了避免控制系统误动作。

7.5.5 为了保证在加气站发生意外事故时，工作人员能够迅速启动紧急切断系统，本条规定在三处工作人员经常出现的地点能启动紧急切断系统，即在此三处安装启动按钮或装置。

7.6 槽车卸车点

7.6.1 本条对设置拉断阀的规定有两个目的，一是为了防止槽车卸车时意外启动或溜车而拉断管道；二是为了一旦站内发生火灾事故槽车能迅速离开。

7.6.3 本条的规定，是为了防止杂质进入储罐影响充装泵的运行。

8 压缩天然气加气工艺及设施

8.1 天然气的质量、调压、计量、脱硫和脱水

8.1.1 CNG加气站多以输气干线内天然气为气源，其气质可达到现行国家标准《天然气》GB 17820—1999中的Ⅱ类气质指标，但与《车用压缩天然气》GB 18047—2000相比，水露点及硫化氢含量均达不到要求，所以还要进行脱硫脱水。

修订内容说明：要求脱硫装置设置在室外是出于安全需要。

8.1.2 进站管道设置调压装置以适应压缩机工况变化需要，满足压缩机的吸入压力，平稳供气，并防止超压，保证运行安全。

8.1.4 压力容器与压力表连接短管设泄压孔（一般为 φ1.4mm），是保证拆卸压力表时排放管内余压，确保操作安全。

8.2 天然气增压

8.2.1 加气母站内压缩机一般运行时间较长，设一台备用压缩机可保证加气站不间断经营。加气子站设一小型压缩机协助卸气及子站内输气，可提高输气效率。

8.2.2 加气站内压缩机动力选用电动机，具有投资低、占地少、运行可靠、操作维修方便、对周围影响小的优点，因此市内有条件的地方宜优先选用电动力。不具备供电条件的地方也可选用天然气发动机。

8.2.3 压缩机前设置缓冲罐可保证压缩机工作平稳。

8.2.4 压缩机进出口管道的振动如果引起压缩机房共振，会对压缩机房产生破坏作用。所以，需采取措施予以避免。控制管道流速（如压缩机前进气总管天然气流速不大于20m/s，压缩机后出气总管天然气流速不大于5m/s）是减少管道振动的一项有效措施。

8.2.5 压缩机单排布置主要考虑水、电、气、汽的管路和地沟可在同一方向设置，工艺布置合理。通道留有足够的宽度方便安装、维修、操作和通风。

8.2.6 压缩机组运行管理采用计算机集中控制，可提高机组的安全可靠程度。

8.2.7 本条第1款的要求是对压缩机实施超压保护，是保证压缩机安全运行不可缺少的措施。本条第2款～第4款是对压缩机运行的安全保护，保护装置需由压缩机制造厂配套提供。

8.2.8 压缩机卸载排气是满足压缩机空载启动的特定要求。泄压部分主要指工作的活塞顶部及高压管汇系统的高压气体，当压缩机停机后，这部分气体应及时泄压放掉以待第二次启动。由于泄压的天然气量大，压力高又在室内，因此应将泄放的天然气回收再用，这样既经济又安全。采用缓冲罐回收卸载时，缓冲罐设安全泄放装置，是为保证回收气体时不超压。

8.2.9 压缩机排出的冷凝液中含有凝析油等污物，有一定危险，所以应集中处理，达到排放标准后才能排放。

8.3 压缩天然气的储存

8.3.1 目前加气站的压缩天然气储存主要用储气瓶。储气瓶有易于制造，维护方便的优点。

加气站内采用储气井储存压缩天然气已有近10年的历史，先后在四川、上海、新疆、青海等40余个加气站内建成200余口地下储气井，全部投产一次成功，至今无一出现安全事故。

储气井具有占地面积小、运行费用低、安全可靠、操作维护简便和事故影响范围小等优点。

目前已建成并运行的储气井规模是：储气井井筒直径：

φ177.8mm～φ298.4mm；井深：80～200m；储气井水容积：2～4m³；最大工作压力：25MPa。

8.3.2 储气设施 25MPa 的工作压力是目前我国加气站统一的运行压力。储气设施的设计温度需考虑当地环境温度的影响。

8.3.3 目前，加气站用的储气瓶的设计、制造、检验尚没有国家标准可依，在国家标准颁布之前，可采用国家质量监督检验检疫总局授权的全国气瓶标准化技术委员会评审备案的企业标准。

8.3.4 采用大容积储气瓶具有瓶阀少、接口少、安全性高等优点，所以推荐加气站选用同一种规格型号的大容积储气瓶。目前我国加气站采用较多的是国产 60L 钢瓶，每组储气瓶总容积约为 4m³（约储天然气 1000Nm³），60L 瓶 66 个。限量是为了减少事故风险度。

8.3.5 储气瓶编组是根据汽车加气的工艺程序确定的，加气方法是利用储气瓶的压力与汽车气瓶的压力平衡进行加气。汽车加气的最高压力限定在 20MPa，站内储气瓶的压力限定在 25MPa，通过编组方法提高加气效率，满足快速加气的要求。

8.3.6 储气瓶组的安装：

1 储气瓶组及储气瓶的安装间距是根据安装、检修、保养、操作等工作需要确定的。

2 储气瓶采用卧式排列便于布置管道及阀件，方便操作保养，当瓶内有沉积液时易于外排。

8.3.7 删除不适用内容。

8.3.8 设安全防撞栏主要为了防止进站加气汽车控制失误撞上储气设施造成事故。

8.4 压缩天然气加气机

8.4.2 根据实践经验，每辆汽车加气时间平均为 5min（4～6min），加气机的数量要根据加气站设计规模（每日加气车辆）测算。

8.4.3 本条规定了加气机的选用要求：

1 我国汽车用压缩天然气钢瓶的运行压力为 16～20MPa。因此要求加气机额定工作压力与之相对应为 20MPa。

2 控制加气速度，是为了确保运行安全。本款规定的加气流量是参照美国天然气汽车加气标准的限速值制定的。

第 6 款要求天然气按基准状态的体积量作为交接计量值，符合我国关于天然气交接计量的相关规定。

8.4.4 同第 7.3.3 条第 3 款的说明。

8.4.5 天然气中含有微量 H_2S、CO_2 等成分，因此加气软管应具有抗腐蚀能力。

8.4.6 加气机附近应设防撞柱（栏）是防止进站汽车失控撞上加气机的安全措施。

8.5 加气工艺设施的安全保护

8.5.1 在远离作业区的天然气进站管道上安装紧急手动截断阀，是为了一旦发生火灾或其他事故，自控系统失灵时，操作人员仍可以靠近并关闭截断阀，切断气源，防止事故扩大。

8.5.2 储气设施进口设置安全装置及出口设置截断阀，均为保证储气设施的安全运行及事故时能及时切断气源之用。

8.5.3 站内截断阀的设置：

1 高压系统的管道主要按工艺段设置储气瓶组截断阀、主截断阀、紧急截断阀和加气截断阀。

各储气瓶组的截断阀设置是为了检查、保养、维修气瓶。如个别地方渗漏或堵塞不通时，即可分段关闭进行检修。

储气瓶组输出管设置主截断阀是为了储气区的维修、操作和安全需要。

紧急截断阀主要是截断加气区与储气区、压缩机之间的通道，以便于维修和发生事故紧急切断。

加气截断阀主要用于加气机的加气操作。

2 目前加气站内的各类高压阀门多选用专用高压球阀，工作压力为 25MPa，要求密封性能好，高压操作安全可靠。

8.5.5 设置泄压保护装置，以便迅速排放天然气管道和储气瓶组中需泄放的天然气，是防止加气站火灾事故的重要措施。一次泄放量大于 500m³（基准状态）的高压气体（如储气瓶组事故时紧急排放的气体、火灾或紧急检修设备时排放系统气体），很难予以回收，只能通过放散管迅速排放。出于安全和经济考虑，压缩机停机卸载的天然气量［一般大于 2m³（基准状态）］排放到回收罐较为妥当。因为天然气比重小于空气，能很快扩散，故允许拆修仪表或加气作业时泄放的少量天然气就地排入大气。

8.5.6 加气站放散管的设置是根据现行国家标准《原油和天然气工程设计防火规范》GB 50183—93 制定的，该规范要求放散管必须保持畅通。

8.6 压缩天然气管道系统

8.6.1 加气站用输气管道的选择除应根据增压前后的压力选用符合条文规定的管材外，对严寒地区的室外架空管道选材还需考虑环境温度的影响。

8.6.2 本条是参照美国内务部民用消防局技术标准《汽车用天然气加气站》制定的。该标准规定：天然气设备包括所有的管道、截止阀及安全阀，还有组成供气、加气、缓冲及售气网络的设备，设计压力比最大的工作压力高 10%，并且在任何情况下不低于安全阀的起始工作压力。

8.6.3 加气站用天然气允许含有微量 H_2S、CO_2，有时还会残存少量凝析油等腐蚀性介质。故要求所有与天然气接触的设备材料都应具备抗腐蚀、耐老化等能力。

8.6.4、8.6.5 加气站内管道埋地敷设，受外界干扰小，较安全。室内管沟敷设，沟内填充干沙可防泄漏天然气聚集形成爆炸危险空间。

9 消防设施及给排水

9.0.1 本条是参照现行国家标准《城镇燃气设计规范》GB 50028—93 的有关规定编制的。

9.0.2 加油站的火灾危险主要源于油罐，由于油罐埋地设置，加油站的火灾危险就相当低了，而且，埋地油罐的着火主要在检修人孔处，火灾时用灭火毯覆盖能有效地扑灭火灾；压缩天然气的火灾特点是爆炸后从泄漏点着火，只要关闭相关气阀，就能很快熄灭火灾。因此，规定加油站和压缩天然气加气站可以不设消防给水系统。

9.0.3 当有可以利用的给水系统时，应加以利用，以节省投资。

9.0.5 第 1 款内容是参照《城镇燃气设计规范》GB 50028—93 的有关规定编制的。

液化石油气储罐埋地设置时，罐体本身并不需要冷却水，消防水主要用于加气站火灾时对地面上的液化石油气泵、加气设备、管道、阀门等进行冷却。规定一级站消防冷却水不应小于 15L/s，二、三级站消防冷却水不应小于 10L/s 可以满足消防时的冷却保护要求。

地上罐的消防时间是参照《城镇燃气设计规范》GB 50028—93 规定的。当液化石油气储罐埋地设置时，加气站消防冷却的主要对象都比较小，规定 1h 的消防给水时间是合适的。

9.0.7 消防水泵设二台，在其中一台不能使用时，至少还可以有一半的消防水能力，不设备用泵，可以减少投资。当计算消防用水量超过 35L/s 时设 2 个动力源是按《建筑设计防火规范》

GBJ 16—87(2001 年修订版)确定的。2 个动力源可以是双回路电源，也可以是 1 个电源，1 个内燃机，也可以 2 个都是内燃机。

9.0.8 《建筑设计防火规范》GBJ 16—87(2001 年修订版)规定：消火栓的保护半径不应超过 150m；市政消火栓保护半径 150m 以内，如消防用水量不超过 15L/s 时，可不设室外消火栓。本条的规定更为严格，这样规定是为了提高液化石油气加气站的安全可靠程度。

9.0.9 喷头出水压力太低，喷头喷水效果不好，规定喷头出水最低压力是为了喷头能正常工作；水枪出水压力太低不能保证水枪的充实水柱。采用多功能水枪（即开花——直流水枪），在实际使用中比较方便，既可以远射，也可以喷雾使用。

9.0.10 小型灭火器材是控制初期火灾和扑灭小型火灾的最有效设备，因此规定了小型灭火器的选用型号及数量。其中灭火毯和沙子是扑灭油罐罐口火灾和地面油类火灾的有效设备，且花费不多。本条规定是参照原有规定和《建筑灭火器配置设计规范》GBJ 140 并结合实际情况，经多方征求意见后制定的。

9.0.12 水封设施是隔绝油气串通的有效做法。

1 设置水封井是为了防止可能的地面污油和受油品污染的雨水通过排水沟排出站时，站内外积聚在沟中的油气互相串通，引发火灾。

2 此款规定是为了防止可能混入室外污水管道中的油气和室内污水管道相通，或和站外的污水管道中直接气相相通，引发火灾。

3 清洗油罐的污水含油量较大，故须专门收集处理。液化石油气储罐的污水中可能含有一些液化石油气凝液，且挥发性很高，故严禁直接排入下水道，以确保安全。

5 暗沟跑油不易被发现，易引发火灾事故，这样的火灾事故已发生多起。

10 电气装置

10.1 供配电

10.1.1 加油加气站的供电负荷，主要是加油机、加气机、压缩机、机泵等用电，突然停电，一般不会造成人员伤亡或大的经济损失。根据电力负荷分类标准，定为三级负荷。目前国内的加油加气站的自动化水平越来越高，如自动温度及液位检测、可燃气体检测报警系统、电脑控制的加油加气机等信息系统，若突然停电，这些系统就不能正常工作，给加油加气站的运营和安全带来危害，故规定信息系统的供电应设置应急供电电源。

10.1.2 加油站、液化石油气加气站、加油和液化石油气加气合建站供电负荷的额定电压一般是 380/220V，用 380/200V 的外接电源是最经济合理的。压缩天然气加气站、加油和压缩天然气加气合建站，其压缩机的供电负荷，额定电压大多用 6kV，采用6/10kV 外接电源是最经济的，故推荐用 6/10kV 外接电源。由于要独立核算，自负盈亏，所以加油加气站的供电系统，都需建立独立的计量装置。

10.1.3 一、二级加油站、加气站及加油加气合建站，是人员流动比较频繁的地方，如不设事故照明，照明电源突然停电，给经营操作或人员撤离危险场所带来困难。因此应在消防泵房、营业室、罩棚、液化石油气泵房、压缩机间等处设置事故照明。

10.1.4 采用外接电源具有投资小、经营费用低、维护管理方便等优点，故应首先考虑选用外接电源。当采用外接电源有困难时，采用小型内燃发电机组解决加油加气站的供电问题，是可行的。

内燃发电机组属非防爆电气设备，其废气排出口安装排气阻火器，可以防止或减少火星排出，避免火星引燃爆炸性混合物，发生爆炸火灾事故。排烟口至各爆炸危险区域边界水平距离具体数值的规定，主要是引用英国石油协会《商业石油库安全规范》(1965年版)的数据并根据国内运行经验确定的。

10.1.5 按本规范的平面布置要求，加油加气站的站房都在爆炸危险区域之外，因此低压配电间可设在站房内。

10.1.6 加油加气站的供电电缆，采用直埋敷设是较安全的。穿越行车道部分穿钢管保护，是为了防止汽车压坏电缆。

10.1.7 当加油加气站的配电电缆较多时，采用电缆沟敷设便于检修。为了防止电缆沟进入爆炸性气体混合物，引起爆炸火灾事故，电缆沟有必要砂填实。电缆不得与油品、液化石油气和天然气管道、热力管道敷设在同一沟内，是为了避免电缆与管道相互影响。

10.1.8 现行国家标准《爆炸和火灾危险环境电力装置设计规范》GB 50058 对爆炸危险区域内的电气设备选型、安装、电力线路敷设都做了详细规定，但对加油加气站内的典型设备的防爆区域划分没有具体规定，所以本规范根据加油加气站内的特点，在附录 B 对加油加气站内的爆炸危险区域划分做出了规定。

10.1.9 爆炸危险区域以外的电气设备允许选非防爆型。考虑到罩棚下的灯，经常处在多尘土、雨水有可能溅淋其上的环境中，因此规定应选用防护等级不低于 IP 44 级的节能型照明灯具。

10.2 防雷

10.2.1 在钢油罐的防雷措施中，油罐的良好接地很重要，它可以降低雷击点的电位、反击电位和跨步电压。规定接地点不应少于两处，是为了提高其接地的可靠性。

10.2.2 加油加气站的面积一般都不大，各类接地共用一个接地装置既经济又安全，但接地电阻需按要求最小的(保护接地)确定为 4Ω。当单独设置接地装置时，各接地装置之间要保持一定距离(地下大于 3m)，否则是分不开的。当分不开时，只好合并在一起设置，但接地电阻要按最小要求值设置。

10.2.3 液化石油气储罐采用牺牲阳极法做阴极防腐时，只要牺牲阳极的接地电阻不大于 10Ω，阳极与储罐的铜芯连线横截面不小于 16mm² 就能满足将雷电流顺利泄入大地，降低反击电位和跨步电压的要求；液化石油气储罐采用强制电流法进行阴极防腐时，若储罐的防雷和防静电接地极用钢质材料，必将造成保护电流大量流失。而锌或镁锌复合材料在土壤中的开路电位为 -1.1V(相对饱和硫酸铜电极)，这一电位与储罐阴极保护所要求的电位基本相等，因此，接地电极采用锌棒或镁锌复合棒，保护电流就不会从这里流失了。锌棒或镁锌复合棒接地电极比钢质接地极导电能力还好，只要强制电流法阴极防腐系统的阳极采用锌棒或镁锌复合棒，并使其接地电阻不大于 10Ω，用锌棒或镁锌复合棒兼做防雷和防静电接地极，可以保证储罐有良好的防雷和防静电接地保护，是完全可行的。

10.2.4 由于埋地油品储罐、液化石油气储罐埋在土里，受到土层的屏蔽保护，当雷击储罐顶部的土层时，土层可将雷电流疏散导走，起到保护作用，故不再需安装避雷针(线)防雷。但其高出地面的量油孔、通气管、放散管及阻火器等附件，有可能遭受直击雷或感应雷的侵害，故应相互做良好的电气连接并应与储罐的接地共用一个接地装置，给雷电提供一个泄入大地的良好通道，防止雷电反击火花造成雷害事故。

10.2.5 加油加气站的站房(罩棚)的防雷，经调查都按建筑物、构筑物的防雷考虑，一般都采用避雷带保护，这样比较经济可靠。

10.2.6 要求加油加气站的信息系统(通讯、液位、计算机系统等)采用铠装电缆或导线穿钢管配线，是为了对电缆实施良好的保护。规定配线电缆外皮两端、保护钢管两端均应接地，是为了产生电磁封锁效应，尽量减少雷电波的侵入，减少或消除雷电事故。

10.2.7 加油加气站信息系统的配电线路首、末端装设过电压(电涌)保护器,主要是为了防止雷电电磁脉冲过电压损坏信息系统的电子器件。

10.2.8 加油加气站的380/220V供配电系统,采用TN-S系统,即在总配电盘(箱)开始引出的配电线路和分支线路,PE线与N线必须分开设置,使各用电设备形成等电位连接,PE线正常时不走电流,这在防爆场所是很必要的,对人身和设备安全都有好处。

在供配电系统的电源端,安装过电压(电涌)保护器,是为箝制雷电电磁脉冲产生的过电压,使其过电压限制在设备所能耐受的数值内,避免雷电损坏用电设备。

10.3 防 静 电

10.3.1 地上或管沟敷设的油品、液化石油气和天然气管道的始端、末端和分支处,应设防静电和防感应雷的联合接地装置,主要是为了将油品、液化石油气和天然气在输送过程中产生的静电泄入大地,避免管道上聚集大量的静电荷而发生静电事故。设防感应雷接地,主要是让地上或管沟敷设的输油输气管道的感应雷通过接地装置泄入大地,避免雷害事故的发生。

10.3.2 加油加气站设用于汽油和液化石油气罐车卸车时用的防静电接地装置,是防止静电事故的重要措施。因此要求专为汽油和液化石油气罐车卸车跨接的静电接地仪,具有能检测接地线和接地装置是否完好、接地装置接地电阻值是否符合规范要求、跨接线是否连接牢固、静电消除通路是否已经形成等功能。实际操作时上述检查合格后,才允许卸油和卸液化石油气。使用具有以上功能的静电接地仪,就能防止罐车卸车时发生静电事故。

10.3.3 在爆炸危险区域内的油品、液化石油气和天然气管道上的法兰及胶管两端连接处应有金属线跨接,主要是为了防止法兰及胶管两端连接处由于连接不良(接触电阻大于0.03Ω)而发生静电或雷电火花,继而发生爆炸火灾事故。有不少于5根螺栓连接的法兰,在非腐蚀环境下,法兰连接处的连接是良好的,故可不做金属线跨接。

10.3.4 防静电接地装置单独设置时,只要接地电阻不大于100Ω,就可以消除静电荷积聚,防止静电火花。

10.4 报 警 系 统

10.4.1 本条规定是为了能及时检测到可燃气体非正常超量泄漏,以便工作人员尽快进行泄漏处理,防止或消除爆炸事故隐患。

10.4.2 因为这些区域是可燃气体储存、灌输作业的重点区域,最有可能泄漏并聚集可燃气体,所以要求在这些区域设置可燃气体检测器。

10.4.3 本条规定是参照行业标准《石油化工企业可燃气体和有毒气体检测报警设计规范》SH 3063的有关规定制定的。

10.4.4 因为值班室或控制室内经常有人员在进行营业,报警器设在这里,操作人员能及时得到报警。

10.4.5 可燃气体检测器和报警器的选用和安装,在《石油化工企业可燃气体和有毒气体检测报警设计规范》SH 3063中有详细规定,所以本规范不再另做规定。

11 采暖通风、建筑物、绿化

11.1 采 暖 通 风

11.1.1 本条是根据建筑采暖一般要求,确定加油加气站内需采暖建筑物的室内计算温度的。

11.1.2 取消此条说明。

11.1.3 本条仅对设置在站房内的热水锅炉间,提出具体要求。对本规范表5.0.8中有关安全距离已有要求的内容,本条不再赘述。

述。

11.1.4 本条规定了加油加气站内爆炸危险区域内的房间应采取通风措施,以防止发生中毒和爆炸事故。

采用自然通风时,通风口的设置,除满足面积和个数外,还需要考虑通风口的位置。对于可能泄漏液化石油气的建筑物,以下排风为主;对于可能泄漏天然气的建筑物,以上排风为主。排风口布置时,尽可能均匀,不留死角,以便于可燃气体的迅速扩散。

11.1.5 加油加气站室内外采暖管道采用直埋方式有利于美观和安全。对采用管沟敷设提出的要求,是为了避免可燃气体积聚和串入室内,消除爆炸和火灾危险。

11.2 建 筑 物

11.2.1 本条规定"加油加气站内的站房及其他附属建筑物的耐火等级不应低于二级",是为了降低火灾危险性,降低发生灾害。罩棚四周(或三面)开敞,有利于可燃气体扩散、人员撤离和消防,其安全性优于房间式建筑物,因此规定"当罩棚顶棚的承重构件为钢结构时,其耐火极限可为0.25h"。

11.2.2 对加油站、加油加气合建站内建筑物的门、窗向外开的要求,有利于可燃气体扩散、防爆泄压和人员逃生。现行国家标准《建筑设计防火规范》GBJ 16—87(2001年修订版)对有爆炸危险的建筑物已有详细的设计规定,所以本规范不再另做规定。

11.2.3 本条规定了液化石油气加气站地下储罐池的池底和侧壁的设计要求,以防储罐发生泄漏对邻罐的影响;对地上储罐的支座耐火极限要求不应低于5h,是为了避免储罐塌陷所引起的重大事故。

11.2.5 压缩天然气加气站的储气瓶(储气井)间,采用开敞式或半开敞式厂房,有利于可燃气体扩散和通风,并增大建筑物的泄压比。

11.2.6 储气瓶组(储气井)与压缩机房、调压器间、变配电间,在不满足相应间距要求时,采用钢筋混凝土防火隔墙隔开,可防止事故时相互影响。防火隔墙应能抵抗一定的爆炸压力。

11.2.7 本条规定是为了便于压缩天然气加气站的压缩机房通风泄压以及便于检修和安装。天然气压缩机房的高度应满足设备拆装、起吊及通风要求,一般简易的起吊工作作业高度不应低于设备高度的2~3倍。

11.2.8 本条规定,主要是为了保证值班人员的安全和改善操作环境、减少噪声影响。

11.2.11 本条为新增条文。允许燃煤锅炉房、燃煤厨房与站房合建,可减少加油站占地。提出"应单独设出入口,与站房之间的隔墙应为防火墙",可使相互间的影响降低到最低程度。

11.2.12 本条为新增条文。地下建筑物易积聚油气,为保证安全,在加油加气站内限制建地下建筑物、构筑物是必要的。

11.2.13 本条为新增条文。本条规定旨在增加安全措施。

11.3 绿 化

11.3.1 因油性植物易引起火灾,故做本条规定。

11.3.2 本条规定是为了防止液化石油气气体积聚在树木和其他植物中,引发火灾。

12 工 程 施 工

为规范加油加气站的施工,保证加油加气站的建设质量,故制定本章规定。本章规定的内容,是依据国家现行有关工程施工标准和我国石化工程的建设经验制定的。

12.1 一 般 规 定

12.1.1~12.1.4 此4条是根据国家有关管理部门的规定制定的。

其中第 12.1.1 条、第 12.1.2 条此次修订改为非强制性条文。

12.2 材料和设备检验

12.2.10 取消此条说明。

12.2.11 本条为强制性条文。建设单位、监理和施工单位对工程所用材料和设备要按相关标准和本节的规定进行质量检验，对发现的不合格品进行处置，以保证工程质量。

12.3 土 建 工 程

本节中所引用的相关国家、行业标准是加油加气站的土建工程施工应执行的基本要求，此外，根据加油加气站的具体特点和要求，为便于加油加气站施工和检验，提高规范的可操作性，本规范有针对性地制定了一些具体规定。

12.5 管 道 工 程

12.5.2 如果在油罐基础沉降稳定前连接管道，随着油罐使用过程中基础的沉降，管道有被拉断的危险。

12.5.3 改为非强制性条文。

12.5.4 此条为强制性条文。加油加气站工艺管道中输送的均为可燃介质，尤其是加气站管道的压力较高，因此本条对管道焊接质量做了严格规定。

12.5.6 改为非强制性条文。

12.5.8 本条为强制性条文。由于气压试验具有一定的危险性，所以要求试压前应事先制定可靠的安全措施并经本单位技术总负责人批准。在温度降至一定程度时，金属可能会发生冷脆，因此压力试验时环境温度不宜过低，本条对此做了最低温度规定。

12.5.9 本条为强制性条文，压力试验过程中一旦出现问题，如果带压操作极易引起事故，应泄压后才能处理。本条是压力试验中的基本安全规定。

12.8 交 工 文 件

交工文件是落实建设工程质量终身负责制的需要，是工程质量监理和检测结果的验证资料。

本节条文是对交工文件的一般规定。有关交工文件整理、汇编的具体内容、格式、份数和其他要求，可在开工前由建设/监理单位和施工单位根据工程内容协商确定。

本章引用了大量相关管理规定和标准，为便于查找，集中归列所引用的规定和标准如下：

1. 有关设备和管道安装施工的管理规定和标准：

《锅炉压力容器压力管道焊工考试规则》

《锅炉压力容器无损检测人员资格考核规则》

《压力容器安全技术监察规程》

《气瓶安全监察规程》

《钢制压力容器》GB 150

《钢制焊接常压容器》JB/T 4735

《压缩机、风机、泵安装工程施工及验收规范》GB 50275

《压力容器无损检测》JB 4730

《阀门的检验与试验》JB/T 9092

《阀门受压铸钢件射线照相检验》JB/T 6440

《压力容器用碳素钢和低合金钢锻件》JB 4726

《压力容器用不锈钢锻件》JB 4728

《石油化工设备和管道防腐蚀涂料技术规范》SH 3022

《石油化工钢制通用阀门选用、检验及验收》SH 3064

《石油化工有毒、可燃介质管道工程施工及验收规范》SH 3501

《石油化工施工安全技术规程》SH 3505

《高压气地下储气井》SY/T 6535

2. 有关土建工程的标准：

《工程测量规范》GB 50026

《地下工程防水技术规范》GB 50108

《建筑地基基础工程施工质量验收规范》GB 50202

《砌体工程施工质量验收规范》GB 50203

《混凝土结构工程施工质量验收规范》GB 50204

《钢结构工程施工质量验收规范》GB 50205

《屋面工程施工质量验收规范》GB 50207

《建筑地面工程施工质量验收规范》GB 50209

《建筑装饰装修工程施工质量验收规范》GB 50210

《建筑给水排水及采暖工程施工质量验收规范》GB 50242

《土方与爆破工程施工及验收规范》GBJ 201

《石油化工设备混凝土基础工程施工及验收规范》SH 3510

《路基施工及验收规范》JTJ 033

《路面基层施工及验收规范》JTJ 034

《水泥混凝土路面施工及验收规范》GBJ 97

3. 有关电气仪表施工的标准：

《电气装置安装工程　电缆线路施工及验收规范》GB 50168

《电气装置安装工程　接地装置施工及验收规范》GB 50169

《电气装置安装工程　盘、柜及二次回路结线施工及验收规范》GB 50171

《电气装置安装工程　爆炸和火灾危险环境电气装置施工及验收规范》GB 50257

《电气装置安装工程　电气照明装置施工及验收规范》GB 50259

《石油化工仪表工程施工技术规程》SH 3521

《建筑电气工程施工质量验收规范》GB 50303

中华人民共和国国家标准

烟花爆竹工厂设计安全规范

GB 50161—92

条 文 说 明

前　言

根据原国家计委计综〔1987〕2390号文的要求，由轻工业部负责主编，具体由江西烟花爆竹质量督监检验站与机电部安全技术研究所共同编制的《烟花爆竹工厂设计安全规范》（GB 50161—92），经建设部1992年9月29日以建标〔1992〕666号文批准发布。

为便于广大设计、施工、科研、学校等有关单位人员在使用本规范时能正确理解和执行条文规定，《烟花爆竹工厂设计安全规范》编制组根据原国家计委关于编制标准、规范条文说明的统一要求，按《烟花爆竹工厂设计安全规范》的章、节、条的顺序，编制了《规范条文说明》，供国内有关部门和单位参考。在使用中如发现本条文说明有欠妥之处，请将意见函寄中国兵器工业总公司第二一七研究所《烟花爆竹工厂设计安全规范》国标管理组。

轻工业部
一九九二年八月

目　　录

第一章 总 则

第1.0.1条 本条强调了烟花爆竹工厂设计必须贯彻的安全方针,以及制订本规范的目的,使所建工厂从本质上符合安全要求,以利投产后对国家和人民生命财产安全有一定保障。

第1.0.2条 本条规定了本规范的适用范围和不适用范围。

对新建、扩建工程,应按规范要求建成一个本质安全型的工厂。对现有工厂,由于历史原因,存在着不少不符合安全的事故隐患,在改建时,为了消除这些不安全因素,防止事故发生,以及限制事故波及范围,所以,亦应遵守本规范,使改建部分达到规范要求。

对零售烟花爆竹的贮存,以及军用烟火的制造、运输和贮存,因其条件不同,应另行规定,本规范不适用。

第1.0.3条 本规范主要规定了烟花爆竹工厂在安全上的独特之处,不能包括工厂设计中的所有问题,因此,其他问题就应执行其他的标准和规范,如《建筑设计防火规范》、《工业企业设计卫生标准》、《工业"三废"排放试行标准》以及土建、供排水、电气设计等一系列的标准规范。

第二章 建筑物危险等级分类和计算药量

第一节 建筑物危险等级分类

第2.1.1条 对烟花爆竹工厂的建筑物划分危险等级,主要是为了便于确定该建筑物与相邻的建筑物、构筑物、设施及场所的安全距离,其次是为了确定该建筑物的结构形式和应采取的安全措施。

安全距离,是在建筑物内存放、加工的危险品万一发生事故时,使相邻的、要保护的对象,不受到破坏或防止事故进一步恶化所允许的最小距离,以便减少损失。因此,建筑物的危险等级应以其内存放、加工的危险品发生最严重事故时,对外界的破坏力为主要依据。本规范中的危险品指烟花、爆竹成品、已装药的半成品及其药剂;事故指涉及烟花、爆竹成品、已装药的半成品及其药剂的燃烧、爆炸(包括先烧后炸)事故。

实践证明,烟花爆竹厂的事故有两种形式,即爆炸和燃烧,这两种情况下,对外界破坏遵循的规律不一样,须分别处理。因此,本规范中将危险等级分为两级:"具有爆炸危险的"A级;"具有燃烧危险的"C级。

A级厂房主要特点是其中的危险品会发生爆炸事故,事故发生后,主要以爆炸冲击波和爆炸破片的形式,对外界产生破坏,且这种破坏不局限于本建筑物中,周围的建筑物及附近的人员也会受到严重的破坏和伤害,尤其是冲击波和破片的速度非常快,来不及疏散或采取相应的补救措施,一般多采用安全距离来防范对周围的危害。

C级厂房的特点是其中的危险品具有爆炸危险性,但一般只发生燃烧事故,事故对外的破坏主要是靠火焰以及辐射出的热量烧伤人员和引燃其他财产,但考虑到其中的危险品多数是爆炸危险品,因此,不能笼统的按防火规范处理,需在本规范中单独列为一个等级以考虑它的特殊性。如:烟花产品的包装厂房,所包装的对象中含有烟火药、爆竹药这样一些爆炸品,但加工方式(加工时不涉及药剂)和这些爆炸品存在的状态(分散在各个产品中),使之不易发生爆炸事故,只发生燃烧事故,故将其定为C级厂房。

C级厂房还包括一种情况,即:建筑物内的危险品偶尔有经微爆炸,但这种爆炸轻微到破坏效应只局限于本建筑物内。同样以包装厂房为例,在包装厂房中发生火灾事故时,其中的爆竹会发生爆炸,但其威力不会波及到厂房以外,因此,包装厂房在包装某些产品时,也是属于偶尔有轻微爆炸,但其破坏效应只局限于本建筑物内的厂房。

本条中的制造、贮存、运输均指发生在要确定危险等级的厂房中,正常生产运行时所发生的制造、贮存、运输。

通过我们对典型烟花爆竹药的TNT当量试验和全国范围的调研发现,烟火药、爆竹药爆炸时,其破坏威力变化很大,有的不小于TNT炸药,有的比黑火药还小。对每种威力的药都定一个档次,既不可能,也不必要。经过反复的考虑和比较,及借鉴《火药、炸药、弹药及火工品工厂设计安全规范》(以下简称《火炸药规范》)、《民用爆破器材工厂设计安全规范》(以下简称《民爆规范》)的经验,考虑到管理上方便,与以上两规范的划级相一致,本规范没有A₁级。而将A级再细分为:破坏力与TNT相当的为A₂级;破坏力与黑火药相当的为A₃级。这两级主要区别在破坏力不同,因此在处理上的差别,也只限于安全距离不同。

第2.1.3条 本条是上一条的具体应用。通过81个典型配方的5000多次的冲击和摩擦感度试验和9个代表性配方的49次TNT当量试验,结果表明:含氯酸盐、高氯酸盐的药剂的TNT当量均大于黑火药。

因此,分级的原则主要是:把含氯酸盐、高氯酸盐的药剂、笛音剂、爆炸音剂划为A₂级药剂;摩擦类药剂,其感度很高,事故频率大,因此也划在A₂级中;对A₂级药剂进行加工的工序,就是A₂级工序。其他药剂则为 A₃ 级药剂，对 A₃ 级药剂进行加工的工序，就是 A₃ 级工序。因烟火药一般包括了烟幕剂，故取消烟幕剂。亮珠也包括在烟火药里。本规范表 2.1.3-1 和表 2.1.3-2 就是依据上述原则，再考虑危险品的感度、生产工艺的危险程度、事故频率等因素，对库房和生产工序，划分危险等级。厂房的危险等级，由其中的生产工序的危险等级确定。

表 2.1.3-1 中所列工序，是综合全国大部分地区的实际情况得出的，基本上能概括烟花爆竹生产的危险工序。由于各地各厂的工艺流程不同、产品不同、生产习惯不同，因此难于把全国各地所有的烟花爆竹厂的工序一一列出（也没必要这样做），对于那些没列出的品种和工序，可参照本表确定危险等级。

称原料工序，定义为：只有称量这一操作，称量的物质没有爆炸或自燃性质。这样的厂房称为原料厂房，作 C 级处理。称量的物质有爆炸或自燃性质或有混合这一操作的作为混合厂房。

称原料、氧化剂、可燃剂的粉碎和筛选厂房还没形成爆炸品，较少发生能波及到建筑物以外的爆炸事故，因此作 C 级厂房，但其粉尘很大，事故机率相对大一些。同时，其对周围环境污染也很大，选样，一是影响周围厂房的工人健康，二是易将火灾传播出去，故要求称原料、氧化剂、可燃剂的粉碎和筛选厂房单独建设不与其他厂房联建，这在本规范 5.0.4 条中有规定。这三类厂房包括所需原料和成品的暂存库。粉碎厂房还可和筛选厂房联建。湿法粉碎厂房不作为危险厂房。

已装药的钻孔、切引时，因没有集中在一起的裸露药，药都分散在纸筒、引线中，不易发生波及到建筑物以外的爆炸事故，但该两工序事故频率较高，因此，爆竹和烟花制造中这两工序都放在 A₃ 级，以强调它的危险性，并采用相应的措施，如单独建设。从全国南、北方调研的情况看，各厂对这两厂房一般都是单独建设的，这样要求大家也能接受。

筑药，药剂已分散在各个纸筒中，且按规定一般存药量不大，不易发生大的爆炸事故，故不含高氯酸盐、氯酸盐的爆竹药筑药就定为 C 级。含高氯酸盐、氯酸盐的爆竹药一般不筑药，所以就没提，若有则应定为 A₃ 级。

烟花和礼花弹制造中，同一工序往往 A₂ 级和 A₃ 级的药剂都存在，如：喷花类烟花，其药剂中就有多种色药和黑火药同时存在，装药时，药剂难分 A₂ 级还是 A₃ 级；礼花弹装药也如此，一个礼花弹中既有色药又有叫药，还有黑火药。因此，在烟花、礼花弹制造中没再按药剂的威力分成 A₂ 级和 A₃ 级厂房，而按最危险的情况处理。

烟花制造中筒子单发装药，主要指与"吐珠类烟花"类似的产品装药，装药的工作量大，多是逐筒装药，存药量不大。所装药中，一般一半以上是黑火药，发生事故时，危险性要比筒子并装药小，定为 A₃ 级，可减少些限制，节约土地，便于厂家执行，安全上也已足够了。

礼花弹制造中，上发射药、上引线时，裸露在外的主要是黑火药，首先发生事故的也是黑火药，其他药剂在纸壳中，即使爆炸了也因有纸壳的约束，将降低爆炸威力，因此将这两工序定为 A₃ 级。

礼花弹制造中的油球、打皮、皮色、包装厂房不易发生事故，即使发生了事故，只要不严重违反技安规程，大量存放成品或待加工品，是不会酿成波及本建筑物以外的爆炸事故的，故可将这几道工序定为 C 级。

引线制造基本上按药剂定危险等级。

表 2.1.3-2 包括中转库，中转库是指准备进入下一道工序的待加工品，在厂区内集中存放的库房。

半成品的面很广，有很危险的也有危险性小的，这与产品的品种和加工工艺有关。每个厂的产品品种和工艺均会改变，而半成品中转库建好后不易改变，故要按最危险情况考虑。

半成品的引火线和烟火药常暴露在外，事故机率相对增加，产生同时爆炸的可能性也大，加之半成品库中存药量大，因此，发生爆炸事故后不易仅局限在本库房内，如：1988 年 1 月 4 日，山西某爆竹厂，在中转库领爆竹并编爆竹，整房爆竹半成品（已制好，待编鞭）爆炸，炸死几人，并抛到几十米外；四川某县也有一次类似事故。因此半成品中转库不能算 C 级。但半成品的药剂有纸壳约束，使爆炸时威力有所削弱，故将其定为 A₃ 级。

大爆竹和单个产品装药在 40g 及以上的烟花或礼花弹，每个装药量都很大，单个威力不小，在库房中又是集中堆放，一旦发生事故，殉爆的可能性很大，即会酿成爆炸事故，但药剂又有纸壳约束，使爆炸威力有所削弱，故其仓库定为 A₃ 级较合适。

在中转库、总仓库中将单个产品装药在 40g 以下的烟花和中小爆竹成品，定为 C 级的依据，是参考了美国烟花爆竹规范，美国规范中规定为燃烧级，并结合我国的分级办法和事故经验确定的，如对中、小爆竹成品库定为 C 级，就借鉴了一例事故的经验，1983 年广西合浦某爆竹厂，因装卸时擦着引线，燃爆满屋的爆竹，事后爆竹的碎纸近半米厚，可是爆炸仅局限在这一厂房内，甚至该厂房都没受到损坏，也没产生火灾。

第二节 计 算 药 量

第 2.2.1 条 计算药量是确定安全距离的重要根据，它考虑建筑物中发生事故时，对外界可能造成的最严重破坏，这就要计算厂房正常运转中所可能有的能同时爆炸或燃烧的最大药量。许多实验和事故证明，一次爆炸（燃烧）的药量若分几次爆炸（燃烧），其威力就小多了。因此，求计算药量的原则是：能同时爆炸（燃烧）或殉爆（燃）的药量，就要合起来算；不致引起殉爆（燃）或同时爆炸（燃烧）的药量可分别计算，取最大者。因各厂情况千差万别，很难再定的很细，作为规范也没必要很细，故这一节只定几个原则，没有再具体化。

存药量是建筑物中所有的药量之和，而计算药量是存药量中那些能同时爆炸（燃烧）的药量之和，两者是不同的。但在实践中由于难确定存药量中哪些能同时爆（燃），哪些不能同时爆（燃），故常把存药量作为计算药量。

第2.2.2条 防护屏障内的危险品药量及运输工具内的药量，与危险性建筑物同处在一个防护屏障内，同时殉爆（燃）的可能性很大，所以应该计入危险性建筑物的计算药量内。

第2.2.3条 抗爆间室及装甲防护装置内的存药量，因结构考虑了防护作用，该部分药量不应殉爆厂房内的存药，厂房内的存药一旦发生事故，也不会引起防护装置内药量爆炸（燃烧），为此，可不计入厂房的计算药量。

第2.2.4条 当厂房内几处存药，采取防护措施分隔开的，不会相互引起爆炸或燃烧，则可以分别计算，取其中最大值。这是第2.2.1条的延伸。

第三章 工厂规划和外部距离

第一节 工 厂 规 划

第3.1.1条 烟花爆竹生产属于危险性行业，有发生爆炸事故的危险，一旦爆炸事故发生，将波及到周围，并有一定的破坏性。所以，在选择厂址时，作此规定。

针对不断有新的建筑向厂区发展，造成工厂的外部距离不够，故规定此条，但不包括无人的小建筑物。

第3.1.2条 总结现代生产、建设的实践经验和过去的事故教训，工厂规划时，应从整体布局上考虑，根据组成工厂的各区性能，做到分开布置，这不仅有利于安全，而且便于工厂管理。

第3.1.3条 本条具体规定了在进行分区规划时，应遵循的基本原则和应考虑的主要问题。

一、本款强调在分区规划，确定各区位置时，应该全面考虑条文中所说的各种因素，同时提出危险品生产区宜设在适当位置。一个工厂，最主要，也是最重要的部分是生产区，其他部分是对它的辅助，是为它服务的。因而，布局是否合理、安全，决定于危险品生产区的布置。历来的经验表明，在总体布局上合理布置，确定危险品生产区的位置，是工厂安全的保证，同时，有助于各区的联系，合理组织生产、方便职工生活。

危险品总仓库区，是集中存放危险品的地方，药量比较大，从安全角度上考虑，宜设在有自然屏障或有利于安全的地带。

销毁场和燃放试验场，都是散发火星的地方，而且也容易出事，为不影响危险品生产区，故宜单独布置，且设在有利于安全的偏僻地带。

二、非危险品生产区，系指不涉及烟火药和爆竹药的生产区，对内外不存在危险，所以，在满足生产的原则上，宜将非危险品生产区靠近住宅区方向布置，以方便职工。

三、为了确保安全，减少不安全因素，本款强调不应使无关人员和货流通过危险品生产区和危险品总仓库区，同时考虑到住宅区人员密集，从人对危险品运输的影响，和危险品运输一旦出事对人员的影响两方面考虑，强调提出危险品货物运输不宜通过住宅区。这里住宅区是指本厂的住宅区。

第3.1.4条 在山区建厂，充分利用有利地形，布置危险性建筑物，既有利于安全，又可减少占地，并能减少基建投资。但本款规定不应将危险品生产区布置在山坡陡峭的狭窄沟谷中。对于狭窄沟谷，首先人员疏散困难；第二，一旦发生爆炸，产生的有害气体不易扩散；第三，山体对爆炸冲击波还有反射作用，将加剧破坏，鉴于这三点规定此条。

第二条 危险品生产区的外部距离

第3.2.1条 危险品生产区内的危险性建筑物与其周围村庄、工厂、公路、铁路、城镇和本厂生活区等之间的距离，均属外部距离。由于危险品生产区内各危险性建筑物的危险等级及其计算药量不尽相同，因而所需外部距离也不一样。所以在确定外部距离时，应根据危险品生产区内 A_2、A_3、C 级建筑物的各自要求，分别计算，取最大值。

第3.2.2条 本规范中，A_2 级和 A_3 级都是具有集中爆炸的危险品。实验表明，不同性质的爆炸物品爆炸后，所形成的空气冲击波峰值超压，在较远处差别不太明显，另外，在 A_2 级建筑物中存药量都比较少，为此，根据试验资料、事故调查和国内外有关文献，经分析整理后，不再区分 A_2 级和 A_3 级建筑物，提出用表 3.2.2 来确定 A 级建筑物的外部距离。

一、对本厂住宅区、村庄、中小型工厂，考虑人员较多，区域变电站属于地区性，一旦出事影响面较广，所以，以上各项均按次轻度破坏标准考虑，即：玻璃少部分到大部分破碎，木窗扇少量破坏，板条内墙抹灰少量掉落，钢筋混凝土结构和砖混结构均无损坏。

二、对零散住户和本厂总仓库区，考虑到人员较少，按比本厂住宅区略重一点的轻度破坏标准考虑。

即：玻璃大部分粉碎、木窗扇大量破坏、木窗框和木门扇破坏，板条内墙抹灰大量掉落，砖外墙出现较小裂缝，钢筋混凝土结构无损坏。

三、对铁路、公路、通航河道和架空输电线等，考虑是活动目标和线形目标，参照住宅区外部距离确定；三级公路按一般规定执行。

四、对于城镇规划边缘，考虑人员较多，各种设施也多，按次轻度破坏标准下限确定外部距离，破坏程度比本厂生活区轻些。

从爆炸产生冲击波的峰值超压，爆炸飞散物密度，防火等因素考虑，规定当单个建筑物计算药量小于等于20kg时，距本厂住宅区边缘、村庄边缘不小于70m，距本厂独立仓库区不小于65m，距铁路、公路不小于65m。

第3.2.3条　C级建筑物外部距离，在参照了国内外同类标准后，主要考虑的是防火，既防止外来的火引燃危险品，又防止一旦出事，明火传到外界，波及外部；再考虑安全系数，规定当单个建筑物计算药量小于500kg时，距本厂住宅区边缘、村庄边缘、铁路不小于40m，距公路、通航河流边缘不小于35m。

第三节　危险品总仓库区的外部距离

第3.3.1条　烟花爆竹危险品总仓库区与其周围村庄、工厂、铁路、公路、城镇和本厂住宅区等之间的距离，均属于外部距离，由于总仓库区内各危险品仓库的危险等级和计算药量不尽相同，所以要求的外部距离也不一样。故在确定总仓库区的外部距离时，应分别按总仓库区内各个仓库的危险等级和计算药量计算，取大值。

第3.3.2条　本条问题与第3.2.2条基本相同，鉴于危险品总仓库区发生爆炸事故的机率很少，本着节约土地，节省投资等原则，A_2级、A_3级集中爆炸危险的建筑物，按次轻度破坏标准偏上限来确定与本厂住宅区、村庄、中小型企业的外部距离。

第3.3.3条　C级建筑物，主要考虑防火，为此规定最小防火星距为35m。同时参照了国外同一类别烟火安全距离的标准，制定了本规范表3.3.3。

第四节　销毁场和燃放试验场的外部距离

第3.4.1条　为了使烟花爆竹规范科学、完整，本条规定了燃放试验场的外部距离，引用了现行国家标准《烟花爆竹劳动安全技术规程》。

第3.4.2条　危险品的销毁可以采用多种方式，当采用烧毁法时，有可能发生爆炸的危险，所以本条规定了一次烧毁药量不应超过20kg，以控制一旦爆炸对外界的影响，同时规定外部距离不应小于65m，按次轻度破坏标准的下限确定。

第四章　总平面布置和内部距离

第一节　总平面布置

第4.1.1条　总结多年来的生产、建设实践经验，为使厂区布置更加科学、合理，确保安全，本条提出了对危险品生产区总平面布置的一般原则和基本要求。

一、根据多年的生产、建设经验，工厂根据生产的品种，建立生产线，做到分小区布置，不仅方便管理，也有利于安全。

二、本款提出生产线的布置，应符合工艺流程，避免危险品往返和交叉运输，是从方便生产，减少危险品的运输环节和相互影响而考虑的。建筑物之间要满足内部距离的要求，是为了控制一旦发生事故，对周围建筑物的影响不得超过允许的破坏标准。

三、本款提出同一等级的厂房应集中布置，是指同一生产线上的同类厂房，目的是为了减少较危险的厂房对轻危险厂房的影响，使整个厂区危险性降低，这样不仅可以减少厂区的占地面积，还有利于安全。

四、本款强调了危险品生产区厂房布置的总原则，小型、分散、留有防护距离。这对于机械化程度不高，大量手工操作的烟花爆竹行业的生产是非常必要的，是多年来烟花爆竹生产经验和事故教训的总结。

五、大量爆炸事故和多次爆炸试验证明，建筑物的长面方向比山墙方向抗冲击波和飞片能力差，被破坏范围大，故规定了不宜将危险性建筑物长面相对布置。

六、当危险品生产厂房靠山布置时，要考虑到山体的稳定，防洪以及山体对空气冲击波阻挡而产生的反射波，使邻近厂房产生次生灾害，所以不宜太近，具体要多少距离，要综合考虑。

对于危险品生产厂房布置在山凹中，从利用地形因素上讲是合适的，但不利于人员的安全疏散和有害气体的扩散，所以，提出要考虑人员安全疏散问题。

第4.1.2条　本条提出了对危险品总仓库区的总平面布置的一般原则。

一、一般危险品的总仓库存药量都较大，发生爆炸事故时破坏性都较强，所以，结合地形，充分利用，布置不同等级的危险品仓库，不仅可以减少占地，而且有利于安全。

二、比较危险的或计算药量大的危险品仓库，一般容易发生爆炸事故，或者一旦出事破坏性较大，考虑到库区的值班室，一般都设在库区出入口附近，而且，车辆、人员都必须经过出入口，故本条提出不宜布置在库区出入口附近。

三、从建筑结构考虑及总结许多事故教训，建筑物山墙抗冲击波较长面好，一旦出事，相对的长面方向破坏范围比较大，因此避开长面相对布置有利于安全。

四、本款规定运输危险品的车辆，不应在其他的防护屏障内通过，是为了安全起见。因为，车辆通过其他防护屏障内，增加了车和人与危险品仓库的接触，增加了不安全因素，提高了发生事故的机率。

第4.1.3条 为确保危险品生产区和总仓库区的安全，方便管理，也为了能真正起到防护作用，本条强调应分别设置密砌块围墙。

对于围墙与危险性建筑物的距离，提出不宜小于5m，是为了防止从围墙外无意中扬进火星把危险性建筑物引燃，同时是根据《建筑设计防火规范》确定的。

第4.1.4条 厂区和库区的绿化不仅可以美化环境，调节气温，改善工人工作条件，而且还有助于削弱爆炸产生的冲击波，同时，还能阻挡爆炸产生的飞片，从而达到减少对周围建筑物的破坏。本条提出宜种植阔叶树，是因为它不易引燃，在此强调，选择树种时，不应选用易引燃的针叶树或竹子。

第二节 危险品生产区的内部距离

第4.2.1条 危险品生产区内各建筑物之间距离，属于内部距离，由于危险品生产区内，有着不同等级的危险性厂房，还有为危险品生产区服务的车间办公室，公用建、构筑物，如锅炉房、水塔等，而且，各危险性厂房的存药量又不尽相同，对这些不同危险等级，不同药量和不同用途的各公用建筑物、构筑物，都有自己各自不同的内部距离要求，在确定各建筑物之间的内部距离时，要全面考虑彼此各方的要求，综合结果，取大值。根据危险性建筑物的耐火等级，还应符合现行国家标准《建筑设计防火规范》的要求。

第4.2.2条 本条规定了危险品生产区内，A₂、A₃级建筑物的内部距离。这是根据国内多年爆炸危险品生产的实践，试验资料的总结，事故材料的统计结果，并参考了《火炸药规范》、《民爆规范》和美国的《烟火规范》确定的。

一、本款表4.2.2-1规定的距离，是按一旦厂房爆炸，周围邻近砖混建筑物按次严重破坏的标准考虑，即：玻璃粉碎、木门窗扇摧毁、窗框掉落、砖外墙出现严重裂缝并有严重倾斜，砖内墙也出现较大裂缝。在制定表4.2.2-1时，主要考虑冲击波破坏，不考虑偶尔飞片的破坏和杀伤。

在全国普查中，绝大多数烟花爆竹厂的厂房都是砖木结构，结构整体性较砖混结构差，所以，本规范确定的次严重破坏的标准，较《民爆规范》A级厂房砖混结构的次严重破坏标准所规定的距离大2～6m。

二、本款表4.2.2-2计算出的距离，是按砖混结构次严重破坏的标准考虑的，破坏特征同上。

第4.2.3条 本条专门规定了A₂、A₃级建筑物与公用建、构筑物之间的内部距离。鉴于公用建筑物服务面广，牵涉范围大，所以根据不同的公用建、构筑物，采用不同的允许破坏标准，来确定距离。

一、锅炉房、水塔、单建变电站和高位水池，考虑到它们是全厂供热、供水、供电的中心，一旦遭破坏，直接影响整个工厂，为此，距离按砖混结构轻度破坏标准计算，破坏特征同第3.2.2条第二款说明。

二、厂部办公室，辅助部分建筑物，考虑到人员密集，为此，距离按砖混结构轻度破坏标准下限计算。

第4.2.4条 C级建筑物，主要是集中燃烧的危险，着重从防火的角度确定与邻近建筑物的允许最小距离，同时考虑了偶尔有爆炸的危险。表4.2.4所列距离，是总结了国内外，军工、烟花爆竹标准中集中燃烧级的规定而制定的。

第4.2.5条 本条专门规定了C级建筑物与公用建、构筑物的距离，主要还是考虑了防止火灾。

第三节 危险品总仓库区的内部距离

第4.3.1条 危险品总仓库区内各建筑物之间的距离，属于危险品总仓库区的内部距离。由于危险品总仓库区内，各仓库的危险等级不一，计算药量不相同，所以，要求也不一样。在确定危险性仓库之间的距离时，应根据各仓库危险等级，计算药量分别计算，取大值。

第4.3.2条 表4.3.2中列出的单有、双有屏障的距离，是参考了国内外有关资料，按一旦一方爆炸，另一方允许次严重破坏标准而定的，即：门窗框掉落、门窗扇摧毁，砖外墙出现严重裂缝，木屋架杆件偶然折裂，木檩条折断，支坐错位，钢筋混凝土屋盖出现明显裂缝，砖内墙出现较大裂缝，但不至于倒塌。

第4.3.3条 对于总仓库区的A₃级仓库之间的距离按次严重破坏标准而定，破坏特征同上。

第4.3.4条 对总仓库区的C级仓库，根据燃烧实验和美国有关烟火库的标准，制定了表4.3.4。

第4.3.5条 库区值班室，是昼夜有固定人员的地方，为保证安全，本条强调宜结合地形，布置在有自然屏障的地方，既方便管理，又确保安全。值班室与A₂级仓库的距离基本按中等破坏标准确定。

第4.3.6条 库区值班室与A₃级仓库的距离，基本按中等破坏标准确定。

第4.3.7条 库区值班室与C级仓库的内部距离，按防火要求确定。

第四节 防护屏障

第4.4.1条 本条强调了对于有集中爆炸危险的

A_2、A_3级的建筑物应设置防护屏障,以阻挡爆炸产生的飞散物,削弱爆炸产生的冲击波,达到减少对周围的影响。

当A_2级建筑物存药量小于20kg、A_3级建筑物存药量小于30kg,可不设防护屏障,这是针对取土困难、条件限制而言的。但由于不设防护屏障,爆炸飞散物明显增多,而且有一定的杀伤能力,这对安全不利,建议最好还是设置防护屏障为宜。

第4.4.2条 本条指出,防护屏障有多种形式,可以根据需要采用不同的形式。同时强调,设置的防护屏障,要能真正起到对建筑物的防护作用。

第4.4.3条 根据实验,对于存药量小的建筑物,采用简易的夯土防护墙,就可起到防护作用。

第4.4.4条 防护屏障,从阻挡空气冲击波和阻拦飞散物方面来讲,与建筑物距离越小防护作用越好,但考虑到施工、使用、采光、排水等因素,两者之间还应有一定距离。

第4.4.5条 本条为阻挡飞散物专门强调了防护屏障的高度。参照《民爆规范》的规定,不应低于屋檐高度,这样才能真正阻拦大部分飞散物,起到防护作用。

第4.4.6条 本条规定了防护土堤的做法。实践表明,这样的防护土堤,才能有真正的防护作用。

防护土堤的坡度,应根据不同土质材料确定,因为土堤底宽为高度的1.5倍,这样的坡度很陡。

第4.4.7条 本条参照《火炸药规范》,规定了夯土防护挡墙的具体做法。

第4.4.8条 当采用钢筋混凝土防护挡墙时,应通过计算爆炸作用荷载,来确定钢筋混凝土防护挡墙的厚度和配筋。

第五章 工艺布置

第5.0.1条 鼓励采用隔离操作工艺,有利于提高生产率,减少事故对人员的伤亡。减少存药量和人员,做到小型分散,是在我国的国情基础上,烟花爆竹行业长期实践中总结出来的、减少事故损失的经验,应推广。

第5.0.2条 中转库允许最大存药量,应尽量少,满足生产要求即可。考虑到有利于生产辗转故限定不超过二天生产需要量。因各厂相差较大,难定最大存量,故由安全距离来保证安全。

第5.0.3条 单层厂房比两层的厂房事故机率和危害均小,因此损失也少一半,加之发生事故时,楼上的人员不好疏散,因此,危险厂房都应建单层。矩形厂房中任一点发生事故,对本厂中其余部分的影响,比其他形式的厂房要小,所以危险厂房都宜采用矩形。

第5.0.4条 A级厂房危险性大,事故率高,历

年来烟花爆竹工厂的事故多集中在这一类厂房。单机单间、独立建设,可减少损失,避免引起连锁反应,使事故恶化。但若采取措施,如:防护墙、抗爆间室等,使在一个厂房内的事故不会影响另外一个厂房时,则可以联建,以减少占地面积。如:A_3级筑药厂房若采用相应的防护墙,使得一厂房内的事故,不会影响到另一厂房,则可联建。

称原料,氧化剂、可燃剂的粉碎和筛选这样的C级厂房,粉尘很多,这些粉尘又都是可燃剂和氧化剂,容易产生燃烧甚于粉尘爆炸,和其他C级厂房比事故率高;加上2.1.3条条文说明中讲到的几条理由,并结合我国烟花爆竹工厂的实际情况,得出以上几个厂房应独立建设。

第5.0.5条 中转库存药量大,生产厂房事故率高,两者联建容易产生恶性事故。

第5.0.6条 本条规定主要考虑危险品厂房有可能发生燃爆事故,如与非危险品厂房联建,将波及该厂房,扩大事故的灾害。所以不允许联建。

第5.0.7条 本条规定考虑,一旦发生事故能及时疏散或抢救受伤人员,以及扑灭灾害。

第5.0.8条 规定人均最少面积,以利减少作业场地小互相干扰而引起的事故。还可控制人员密度,减少事故的伤亡。人均3.5m²,这一指标在有的省已执行多年,我们认为尚可以,故采用之。

第5.0.9条 采用日光,以节约能源、减少投资。本条中热水不超过90℃,低压蒸汽压力不大于0.07MPa,经军用烟火行业实践证明,这样可保证药粉掉在散热器上不至于马上引燃。用明火,温度不好控制,易直接引燃药物。严禁用明火烘烤,包括火坑、在锅上烘烤等间接的形式。

第5.0.10条 离热源不小于0.3m,以防热源失控时引起事故,也是为便于通风散热。堆垛高不大于1.2m是为方便装卸,堆垛离地面不小于0.2m。便于通风和清扫。

本条中用堆垛,不用堆垛架,是指明不管采用什么方法放产品,产品最高不能放到1.2m。若用堆垛架的高度,则限制不住产品最终可堆多高。

第六章 危险品的储存和运输

第一节 危险品的储存

第6.1.1条 危险品应分类分级分库存放,防止相互影响,酿成事故。

第6.1.2条 定出0.7m的垛间距,是为了便于通风和人员检查,按一般人体肩宽0.5m左右计算。1.5m的运输通道宽,主要考虑小推车在库内运输的情况。成箱成品的堆垛高度,主要从不压坏最底层包装箱和便于装卸考虑。成品、半成品因是散件。人员

不能踩靠，堆高了装卸不方便也不安全。

第二节　危险品的运输

第6.2.1条　危险品运输有特殊的要求，本条规定宜采用带有防火罩装置的汽车运输。三轮车不易控制，不宜用于危险品运输；畜力车、翻斗车和挂斗车，更由于有失控和不灵活等不安全因素，故而严禁使用。

第6.2.2条　本条一、二款的规定，是考虑到生产和运输过程中，药粉有可能散落在 A_2、A_3 和 C 级建筑物的附近，保持一定距离，可以避免行驶车辆碾压危险品而发生事故。第三款的规定是防止火星飞到运输的危险品车上，造成事故。

第6.2.3条　根据现行国家标准《厂矿道路设计规范》的规定，厂内各类道路的最大纵坡，在平原微丘区主干道为 6%，在山岭重丘区主干道为 8%。考虑到危险品生产区和危险品总仓库区运输危险品的特殊要求，故对主干道纵坡规定不宜大于 6%，用于推车运输的道路纵坡不宜大于 2%，以防止重车上、下坡停不住，而发生意外。

第6.2.4条　本条规定机动车应在建筑物门前 2.5m 以外进行作业，是考虑一旦建筑物内出事，机动车不会堵住门口，有利于人员疏散。

第七章　危险性建筑物的建筑结构

第一节　一般规定

第7.1.1条　《建筑设计防火规范》规定，甲类生产厂房或库房均要求不低于二级耐火等级。而烟花爆竹生产均含有甲类第五款物质，理应遵守该规定。但鉴于烟花爆竹生产的作业做到少量、分散，有的建筑物很小，有的分隔成很多小间，为此，按生产特点和《建筑设计防火规范》的规定，适当放宽，可不低于三级耐火等级。

第7.1.2条　在危险品生产区内设置办公和辅助用室，一是直接指挥生产和紧急处理事故；二是工人卫生保健，不带粉尘离开危险品生产区，宜在危险品生产区内更换洁净后方可离开。

第7.1.3条　辅助用室系指洗涤、更衣室、浴室、厕所等，考虑到 A 级厂房具有爆炸危险不应设置，防止扩大危害；而 C 级厂房则主要为燃烧危险，可以设置，但应布置在较安全一端，并用防火墙分隔，万一出事，可以及时疏散。同时，规定门窗不宜面对相邻厂房的泄爆面，主要避免波及到辅助用室。

办公室系指车间办公室、值班室，一般为生产指挥首脑机构，不应在发生事故时一起摧毁，而失去紧急指挥，所以它的设置与辅助用室的要求相同。

第二节　危险品厂房的结构造型和构造

第7.2.1条　A 级厂房有爆炸危险，为防止墙倒屋塌，所以对墙体有一定要求。砖墙承受爆炸波的能力较低，容易倒塌，所以宜采用钢筋混凝土柱作为承重结构，墙即使倒塌，柱仍能支持屋盖。但鉴于有些厂房不大、人员也少，或室内无人的厂房，允许采用砖墙承重。

第7.2.2条　独立砖柱、180 墙、空斗墙、毛石墙，强度不高，较容易为气浪摧毁，所以独立砖柱、180 墙不应使用。空斗墙在南方普遍使用，考虑到新建、改建或扩建时不要采用，所以还是规定不应采用。

第7.2.3条　对易燃易爆建筑物应采用轻质易碎或轻质泄压屋盖。现在南方普遍采用小青瓦屋盖，该屋盖总重量可能符合要求，但不属于轻质，每一片瓦成为一块破片，易于积尘掉灰。钢筋混凝土屋盖容易做到平整光滑，但一旦发生事故，将会造成重大伤亡。

第7.2.4条　主要有利于清洗，防止积尘，以免留下隐患，扩大事故危害。

第7.2.5条　加强建筑物整体刚度，防止局部墙体倒塌，而造成屋盖垮塌。

第三节　危险品厂房的安全疏散

第7.3.1条　安全出口是保障人员快速疏散到屋外的有效措施，一般情况下不少于二个，防止有一个被堵住，尚有另一出口可通向室外。但当生产间很小且人员很少时，要设两个出口一无可能，二无必要，因此，对厂房分别规定不同的限额，可设一个，不等于一定设一个，在南方有条件多设更好。在北方由于气候关系而允许设一个，同时另有安全窗可作为逃脱口。

第7.3.2条　穿过危险工作间到达外部的出口，有可能被阻而失去疏散作用，故而不应作为本工作间的安全出口。

防护土堤内厂房的安全出口，应布置在防护土堤的开口方向，以避免被堵在土堤内。

第7.3.3条　为便于岗位操作工人疏散，一般在岗位附近墙上设安全窗，以便于疏散，但它不是专门用作厂房内所有工人疏散，因此不计入安全出口数目。

第7.3.4条　本规定是为了既能迅速疏散人员到室外，又能满足生产上的要求。该距离是根据现有厂房估算的。

第7.3.5条　本规定保证通道通畅，而不致影响操作岗位上的工人；通道上是不允许堆放杂物，以保证厂房内比较宽畅，不致过于窄小。

第7.3.6条　对疏散门的设置提出具体规定，门向外开启适合人向外疏散，不许设室内插销，为防止万一发生事故人员疏散受阻。寒冷风沙地区可设门斗，应采用外门斗；门开启方向与疏散间一致，易于人员疏散；外门口不应设台阶，为防止疏散时人员摔倒。

第四节 危险品厂房的建筑构造

第 7.4.1 条 A、C 级厂房门的设置要求：一是向外开，便于人流出室内顺利向室外疏散；二是宽度不小于通道宽度，不致在出口时造成拥塞。

第 7.4.2 条 生产厂房要求采用木门窗，钢门窗易碰撞冒火星，对黑火药、烟火药都是危险的。故而作此规定。

第 7.4.3 条 本规定是为便于一定身高的人员能快速顺利地从安全窗疏散出去。

第 7.4.4 条 本条对地面作原则规定，材料可以自选。总的目标是不允许产生火花。常用的有不发火水磨石地面、不发火沥青地面、不发火导电沥青地面以及导静电地面。目前烟花爆竹行业大多采用大方砖地面，缺点是表面不光滑、拼缝较多，易积粉尘，不易清扫，更有甚者是土地面，时间长了，药尘和土混合在一起，存有隐患，这是不适宜的。

第 7.4.5 条 对有易燃易爆粉尘的工作间，一般不允许设吊顶，目的是为了防止粉尘飞扬，积存在吊顶内。而现在大多为冷摊小青瓦屋顶，粉尘便积存到小青瓦上了，也有不利的。所以，有的就设置吊顶。因此，规定当设置吊顶时不允许设人孔，即要求密闭；且隔墙砌到板底，起隔火墙的作用。

第 7.4.6 条 规定危险性工作间的内墙要粉刷，有利于清扫墙面上积存的粉尘。对粉尘较多的工作间，要求油漆，便于用水冲洗；对粉尘较少的工作间，采用油漆墙裙，可用湿布擦洗。总之，不能让药粉长期积存在墙面上而留下隐患。

第五节 危险品仓库的建筑结构

第 7.5.1 条 为危险品仓库总的原则规定，考虑到当地气候条件以及防小动物的措施。

第 7.5.2 条 该条规定可采用砖墙承重即库房允许墙倒屋塌，因为室内无人。屋盖宜采用轻质易碎结构，不致造成更严重的后果并易于清理；当无条件时，可以采用钢筋混凝土结构，在某种程度上它比轻质易碎屋盖有利。

黑火药较敏感，易着火燃烧，黑火药的总仓库采用轻质易碎屋盖，主要考虑在低压力条件即可泄压，避免由燃烧转为爆轰。

第 7.5.3 条 危险品仓库安全出口数目不应少于二个，以便于快速疏散和互为备用。当仓库小时，设两个出口，将使库房堆放面积减少，为此，规定在仓库面积小于 150m² 且长度小于 18m 时，可设一个。

考虑到 3 个柱距内至少设一个门，并考虑到从库内最远点到安全出口的距离不大于 15m。该距离大了，不安全；小了，库房设计将增加不少门，库房的利用面积太小。

第 7.5.4 条 门向外开且不设门槛，易于疏散，门宽不小于 1.2m 既方便运输也利于疏散。

贮存期长的总仓库为双层门，主要定期开门通风，内层门为通风门，可不打开利于防盗。

第 7.5.5 条 危险品总仓库的窗，既要采光，又要通风，且能防盗、防小动物。故而宜配置铁栅、金属网，在勒脚处设进风小窗。

第 7.5.6 条 危险品仓库的地面应和相应生产间一样，主要考虑有撒药的可能性。如果都以成品包装箱存放并不在库内开箱作业时，没有撒药的可能，则可采用一般地面。

第八章 消 防

第 8.0.1 条 烟花爆竹工厂具有燃烧爆炸危险性，消防是防止事态扩大的重要措施之一，因此必须设有消防设施。考虑到工厂的特点，在一般情况都宜有消火栓系统，一旦发生火灾，接上消防水龙带即可扑救。如厂房分散、有天然河湖或池塘利用，或建一蓄水池，采用消防泵站或手摇机动泵加压救火，也是可以的。或者用气压水罐固定式的灭火装置，该装置水量小、消防持续时间也短，仅用于没有管网的分散独立的厂房或库房。对一些分散独立的小型危险性建筑物，如：面积仅几平方米，生产工人仅一人，药量不超过 1kg，易燃物仅几根椽条的筑药间，又处于山上，消防水无法达到，考虑其万一发生火险，燃烧面积小，可用简易消防器材（如灭火器、砂、太平水桶等）扑救，且影响不大，损失较小，故而予以放宽。

第 8.0.2 条 烟花爆竹工厂必须有充足的消防水源。否则，无法扑救火灾。设计成环状管网，主要保证给水，避免正要用水时，发生故障、断水，以致无法扑灭火灾。

第 8.0.3 条 一般烟花爆竹工厂远离市镇，无法接引市镇给水管网，只能自备水源，如水源井、水池、水塔等，利用消防泵站或手摇机动泵加压灭火。这是最起码的消防系统。

第 8.0.4 条 本条规定的消防用水量，应按现行国家标准《建筑设计防火规范》的规定执行。又结合到烟花爆竹工厂的特点，即建筑物小且分散，又有防护距离要求，适当予以放宽。

第 8.0.5 条 对易燃厂房设置自动喷水灭火设施作了规定。目前有些厂已考虑这个问题，采用了一些土办法。对一些有条件的工厂应该提高完善，如某厂事故，如设有水喷淋灭火装置，就可扑灭火灾，避免更多的人员烧伤致死。

第8.0.6条 对遇水可能引起火灾的金属粉作此规定。

第8.0.7条 对危险品仓库区的消防作此规定。考虑到仓库较厂房大，存药量集中，所以消防用水量和消防延续时间稍有提高。

第8.0.8条 为保证发生事故时所需的消防给水，所以规定平时不能被动用。使用后，储水量的恢复时间也作了明确规定。

第九章 废水处理

第9.0.1条 对废水排放作原则规定，要求对废水进行治理，排出厂外的废水应符合国家现行的废水排放标准的要求。

第9.0.2条 有易燃易爆粉尘的工作间，建议用湿拖布擦洗，而后在污水池内洗拖布，目的是减少废水量。

当用水冲洗，废水较多，不宜用明沟排放，宜用管道排放，集中处理。否则，悬浮物飘附在地面、沟壁，将留下隐患。

第十章 危险性建筑物的采暖通风

第一节 采 暖

第10.1.1条 在采暖地区，在采暖期生产时必须符合本条规定。

黑火药和烟火药对火焰的敏感度都比较高，与明火接触便会剧烈燃烧或爆炸，因此，在A、C级厂房内禁止用火炉或其他明火采暖。

黑火药和烟火药对温度的敏感度也较高，与高温物体接触也能引起燃烧、爆炸事故。其危险性的大小与接触物体表面温度的高低成正比。散状药危险性比压制品大，所以分别作出不同的规定。

条文中的定量数据，是参照《火炸药规范》的规定而制订的。

第10.1.2条 本条包括以下内容：

一、散热器采用易于擦洗的散热器是为了方便清扫和擦洗，清除沉积于散热器表面的危险性粉尘。为了易于识别散热器和采暖管道表面有否积存危险性粉尘，所以规定了散热器和管道外表面涂刷油漆的颜色应与危险性粉尘的颜色相区别。

二、该规定是为了留出必要的操作空间，以便能将散热器和采暖管道上积存的危险性粉尘擦洗干净。

三、防止危险性粉尘进入地沟，留下隐患。

四、蒸汽管道、高温水管道的入口装置和换热装置所使用的热媒的压力和温度都可能超过第10.1.1条规定，为避免发生事故，所以规定了不应设在危险

工作间内。

第二节 通 风

第10.2.1条 散发易燃易爆危险性粉尘大的厂房，为了工人的健康，应设有通风系统。但又为了工人的安全，不允许回风，应采用直流式；调节阀应考虑必要的防爆措施，采用防爆阀门。黑火药生产厂房内，含有黑火药粉尘的空气在风管内流动时，会产生电压很高的静电，在一定条件下会放电产生火花，引起事故。为安全起见，规定了黑火药生产厂房内不应设计机械通风。

第10.2.2条 散发危险性粉尘的厂房，如不及时处理，不仅危害工人的身体健康，且也危及工人安全。为此，规定在这些设备和岗位上宜设局部排风，并且应分别单独设置。

第10.2.3条 本条包括如下内容：

一、为了提高排风效率，有效地排除易燃易爆危险性粉尘。

二、如没有经过净化处理即排放，一会污染环境，二会留下隐患。所以规定必须经过净化处理后方允许排入大气。净化装置应采用湿法除尘，经过净化处理后的空气，也还会有少量的危险性粉尘，所以置于净化装置后的排风机仍然要求采用防爆型的。

三、防止风速过低，危险性粉尘沉积在管底，留下隐患。设有一定坡度，为了便于清理。

四、为了避免当发生事故时，火焰和冲击波通过风管波及到无关房间。

五、圆形截面风管有利于减少危险性粉尘在其外表面聚集，同时也便于擦洗。设置检查孔，为便于检查、清洗管内粉尘。

第10.2.4条 目的是为了当危险工作间发生事故时，通风机室内的人员和设备可免受伤害和损坏。

第10.2.5条 是为了当送风机停止运转时，防止含有危险性粉尘或气体倒流入送风机内。

第十一章 危险场所的电气

第一节 危险场所类别的划分

第11.1.1条 烟火药和黑火药危险场所的划分，与危险气体、蒸气爆炸性混合物的危险场所的分级不同，因烟火药和黑火药爆炸不需依赖空气中的氧，不像危险气体、蒸气需要与一定比例的空气混合后才能形成爆炸性混合物。

黑火药、烟火药，与点火源相遇都有可能发生燃烧和爆炸，但是其危险程度则不同，是有所区别的。在制定本条时，参照了《火炸药规范》的规定，考虑了以下几方面：

一、危险品电火花感度和热感度。因烟火药和黑火药的火花感度很敏感，电气设备电火花及表面高温是引燃引爆烟火药和黑火药的主要危险因素。因此，在划分危险场所类别时必须首先考虑这些因素。

二、危险品的粉尘浓度及存药量。本规范中所说的粉尘浓度与危险气体、蒸气或一般工业粉尘浓度的性质有所不同，因这些粉尘浓度有爆炸上限值和下限值，当浓度不在爆炸极限范围内就不可能发生爆炸，而烟火药、黑火药则不然，但是危险场所划分时要考虑到烟火药、黑火药的粉尘浓度以及计算药量。这里有两个因素要考虑，一是发生事故的机率与烟火药、黑火药粉尘的浓度有关，其次是发生事故时的破坏程度与烟火药、黑火药计算药量有关。

三、危险品的干湿程度。烟火药、黑火药的干湿程度对危险性关系很大，如烘干后的烟火药危险性比湿药大。

本条所列各种危险场所类别的划分原则，不可能概括的很全面，但是划分类别的各种因素，如生产过程中烟火药、黑火药的散落程度、计算药量、空气中散发的粉尘浓度及积聚程度、干湿程度等都与生产工艺、卫生通风，特别是生产管理有密切的关系。该类工厂在生产中，危险场所的卫生通风及生产条件应严格管理。

本章的危险场所类别与建筑物危险等级不同，前者是以工作间为单位，后者是以整个建筑物为单位。

规范中粉尘大量与少量的理解：工作间内在生产过程中产生粉尘多的工序可为粉尘量大者，如装药；工作间内在生产过程中仅散落出少许粉尘的工序可为粉尘量小者，如切引。

第11.1.2条　参照《爆炸危险场所电气安全规程》(以下简称《安全规程》，为了防止爆炸危险场所的危险粉尘、气体进入相毗邻房间，故与毗邻房间的隔墙应是密封的，墙上不允许有孔洞，通行的门除出入时打开外，其余时间均应关闭。在这种情况下与危险场所相毗邻的场所的危险等级可按表11.1.2确定。如果不能满足上述要求，则两个相邻的工作间的场所类别应该相同，且以级别最高者为准。

第11.1.3条　为Ⅰ类危险场所服务的排风室，因危险程度有所降低，故可划为Ⅱ类危险场所。当排风设备采用湿式净化装置时，由于排出的危险物质已用水过滤，排风室内粉尘较少，故可划为Ⅲ类危险场所。

第二节　电气设备

第11.2.1条　按《安全规程》和国家有关规定制订。必须采用按国家标准生产并经检验合格的定型产品，才能从设备上确保安全。

第11.2.2条　将正常运行和操作时能发生电火花或产生高温的电气设备安装在危险场所以外，有利于安全而且经济。习惯做法是在危险工作间附设专用的配电室，以便安装配电、启动及控制设备。

第11.2.3条　危险场所应采用什么样的防爆电气设备的问题，分别说明如下：

一、Ⅰ类危险场所。在这类危险场所不安装任何电气设备及电气线路，不致因电气而引起燃爆事故，所以是最安全的。采取这种办法的主要原因是：

1. Ⅰ类危险场所危险程度大，或者发生事故后的后果严重，必须采取最安全的措施。

2. 烟火药和黑火药场所专用的防爆电气设备还没有解决，目前国内所生产供应的防爆电气设备不符合烟火药及其类似场所使用。

二、Ⅱ类危险场所。根据烟火药、黑火药的特点，最好选用密封防爆型电气设备，但是我国目前尚未生产这种设备。国际电工委员会对可燃粉尘及爆炸粉尘场所使用的防爆电气设备，还没有制定标准，各国亦不一致。

根据烟火药和黑火药的特点，所采用的密封防爆型电气设备，其性能应满足：

1. 密封防尘，不宜低于 IP55(外壳防护等级标准)；

2. 外壳表面温度不超过允许值；

3. 其他电气，机械性能较高于普通型。但是我国目前尚未生产这种防爆电气设备，而目前的防水防尘更不能满足上述要求，在这种情况下，本规范规定可以采用Ⅱ类B级隔爆型的设备，选用其他的温度组别时，应能满足本规范表11.2.3的要求。

第11.2.4条　参照第11.2.3条。

第11.2.5条　电动机等旋转机械有过负荷的可能，电热、电灯等静止电气设备，过负荷的可能性很小。在目前的情况下，可靠的过负荷保护一般采用热继电器、自动开关的长延时过电流脱扣器或继电器保护系统。

第11.2.6条　这一条的要求有一个前提，是指生产时不允许工作人员入内的危险生产间，如烟火药配制、造粒、装药，黑火药的三成分混合间。反过来说，这类生产间有人时就不允许开动生产设备。设置了电源与门的联锁，可以避免当有人入内后，外面的人因疏忽而开动电力驱动的机器设备。

第三节　室内线路

第11.3.1条　关于铜芯线与铝芯线的应用问题，铜芯线在电气物理性能和机械强度方面比铝芯线要好。在Ⅰ类危险场所中，为了提高可靠性，防止因线路事故中断供电，或引起燃爆事故；所以规定要采用铜芯线。为了节约用铜，对Ⅱ类、Ⅲ类危险场所及沿外墙敷设的线路，可以采用铝芯线。

第11.3.3条

一、关于导线最小允许截面的具体规定是参照《民爆规范》制订的。

二、熔丝电流与被保护线段载流量要互相配合好，因为用熔丝和长延时动作脱扣器来保护过负荷时，动作不是瞬时的，切断过负荷线路需要一定的时间，这个规定是为了避免线路在此段时间内温升过高。

三、鼠笼型感应电动机的启动电流为额定电流的5～7倍，为避免电动机的频繁启动而造成电动机支线过热，故规定其支线的长期允许载流量，不应小于电动机额定电流的1.25倍。

第11.3.4条 本条参照《火炸药规范》制订。

一、关于穿线钢管规定。危险场所的穿线钢管，要求机械强度高，防止松动脱落，达到保护导线的目的，条文中规定了采用水煤气钢管；管子连接处螺纹啮合不得少于6扣；在有振动的地方应有防松动装置或采取挠性连接措施，这样基本达到密封。

二、关于隔离密封装置的装设问题。隔爆型电气设备本身不密封，为了避免危险物质或燃爆火焰通过隔爆型电气设备侵入电线管，再从电线管扩散到另外的场所或其他电气设备，所以规定穿电线钢管在引入隔爆型电气设备前，要设置隔离密封装置。

隔离密封装置一般为铁壳，内部填充阻燃性填料，密封盒填料有密封胶泥或粉剂填料。

第11.3.5条 本条是参照《火炸药规范》制订的。要求电缆沿墙或沿支架敷设，不提倡敷设在电缆沟中，原因是这些场所地面上的烟火药、黑火药及其粉尘需要经常用水冲洗，很容易在电缆沟内积聚而又不易清除，留下隐患。

第四节　10kV及以下变电所和厂房配电室

第11.4.1条 参照《火炸药规范》规定，在危险品生产区和危险品总仓库区内不能有火花发生，所以在该区内的10kV及以下变电所应是户内式的，将火花源包在室内。

第11.4.2条 危险建筑物发生燃爆事故时，对周围建筑物及设备有一定的破坏力，为了保证不中断供电，10kV及以下变电所应与危险建筑物有一定距离，其距离要求应按本规范第四章的规定。必要时，仅为本车间服务的变电所允许附建于C级建筑物内，但要符合本条规定。

第11.4.3条 与危险场所相毗邻的配电室，如要安装非防爆电气设备，必须保证具有正常介质的环境，本条一、二款的规定可以确保配电室为正常介质。

第五节　室　外　线　路

第11.5.1条 35kV线路一般为区域性或全厂的总电源线路，如受到破坏而中断供电，影响很大，所以与危险建筑物的距离，要求较远，并严禁穿越危险品生产区和危险品总仓库区。属于区域性的35kV及以上的线路与危险建筑物的外部距离按本规范第三章的规定。

第11.5.2条、第11.5.3条 根据《民爆规范》规定，结合多年来的实践经验，厂区室外线路，最好采用电缆，因其安全可靠，维护方便。考虑到某些工厂，地形复杂，允许采用架空线路，但必须满足与危险建筑物的距离，因为：

一、要防止架空线路由于倒杆、断线等事故，影响危险厂房的安全。

二、要防止由于危险建筑物发生燃爆事故时，使供电中断。

三、由于生产烟火药、黑火药及其制品粉尘较大，烟火药和黑火药的电火花感度又很高，所以规定较为严格。

第六节　防雷与接地

第11.6.1条 现行国家标准《建筑防雷设计规范》已包括火药、炸药及火工品等爆炸物质的建筑物防雷要求，因此本规范根据以上规范规定，参照《火炸药规范》，对各工序进行具体划分，制订出表11.1.1。

第11.6.2条 根据《烟火药生产防静电安全规程》和《黑火药生产防静电安全规程》，防静电危害的措施很多，接地是防静电聚集的最基本、最有效的措施。

第11.6.3条 根据《建筑防雷设计规范》，规定了在Ⅰ级、Ⅱ级危险场所中，除控制按钮、灯具及其开关外，各种用电设备必须采用专用的接零线，穿电线的钢管及电缆金属外皮应与接地线连接，并作为接零线的辅助线。

第11.6.4条 根据《建筑电气设计技术规程》，规定接地电阻值不大于4Ω。

中性点不接地的供电系统，应有较完善的检漏装置，做法可以根据具体情况决定。

第11.6.5条 关于在有燃爆危险场所共用一个接地系统的问题，看法不统一，就是防静电接地与防雷电感应接地装置，是否可以共用。本规范参照《民爆规范》的规定采取共用接地的做法，原因是：

一、在有燃爆危险的场所中，需要进行防静电接地的金属设备，也需要进行防雷电感应接地，如果不是采用共用接地装置，只不过是一个接地点拥有两个接地装置而已，实际上仍属于一个接地系统。

二、如果分成两个接地系统，这两个接地系统之间，如果处理不好，出现危险的电位差，反而不安全。

对接地有特殊要求的设备，应符合有关规范的规定，如有关规范规定该设备必须有单独接地时，一定要处理好该设备本身的各种接地之间，及该设备的各种接地与毗邻的接地系统之间的关系，要采取有效的措施，以保障安全。

接地极的做法很多，我们推荐采用闭合回路的接地装置，对消除危险的电位差是有利的。

第 11.6.6 条 为了防止静电的危害，在危险生产间的主要出入口附近，设置消除人身积聚静电的接地位置。其接地电阻值不大于 100Ω。

第七节 通 讯

第 11.7.1 条 烟花、爆竹生产过程中，原料及制品的各种敏感性较高，易发生燃爆事故，为了及时与消防部门取得联系和向上级有关部门报告，因此应设置通讯系统。

第 11.7.2 条 通讯设备的选型、导线选择和线路设计，是参照《安全规程》制订的。

中华人民共和国国家标准

氢 气 站 设 计 规 范

GB 50177—2005

条 文 说 明

目　次

1 总 则

1.0.1 本条是本规范的宗旨。鉴于氢气是可燃气体，且着火、爆炸范围宽，下限低，氢气站的安全生产十分重要。各种制氢方法均需消耗一定数量的能量，有的制氢方法需消耗比较多的一次能源或二次能源，如水电解制氢需消耗较多的电能，因此，应十分注意降低能量消耗，节约能源。氢目前主要广泛应用于冶金、电子、化工、电力、轻工、玻璃等行业，用作保护气体、还原气体、原料气体等，由于在生产过程中的作用不同，对氢气的质量要求也各不相同，应充分满足生产对氢气质量的要求。氢能被誉为 21 世纪的"清洁能源"，随着科学技术的发展，氢能的应用将会逐步得到推广。因此，氢气站、供氢站设计，必须认真贯彻各项方针政策，切实采取防火、防爆安全技术措施；认真分析比较，采用先进、合理的氢气生产流程和设备；认真执行本规范的各项规定，使设计做到安全可靠、节约能源、保护环境、满足生产要求，达到技术先进，经济上合理。

1 近年来，国内工业氢气制取方法主要有：水电解制氢、含氢气体为原料的变压吸附法提纯氢气、甲醇蒸气转化制氢以及各种副产氢气的回收利用等。各种制氢方法因工作原理、工艺流程、单体设备的不同，各具特色和不同的优势，各地区、行业和企业应根据自身的实际情况和具体条件，经技术经济比较后合理选择氢气制取方法。如上海××钢铁公司，在一期工程时，采用水电解制氢方法，装设 2 台氢气产量为 200Nm³/h 的水电解制氢装置，由于生产发展的需要，氢气需求量大幅度增加，该公司在扩建工程中采用了利用公司内焦化厂的副产焦炉煤气（含氢气 50%～60%）为原料气的变压吸附提纯氢气系统，氢气产量为 2000Nm³/h，氢气纯度大于 99.99%。变压吸附提纯氢气技术及装置已在我国石化、冶金、电子等行业推广应用，取得了良好的能源效益、经济效益。甲醇蒸气转化制氢也在国内外得到积极应用，据了解国内有多家制造单位已商品化生产，仅北京、天津就有多套500Nm³/h 左右的甲醇蒸气转化制氢系统正在运行中。

各种制氢方法以不同的规模在各行业设计、建造、运行，积累了丰富的经验，制氢以及氢气纯化、压缩、灌装技术日臻完善。据了解，国内设计、制造、运行中的产氢量 15 万 Nm³/h 的变压吸附提纯氢气系统、产氢量 350Nm³/h 的水电解制氢系统等正在良好地运转中。实践证明，采用各种制氢方法的氢气站在我国已有成熟的设计、建造和运营经验，为此本规范应该适应这种实际情况和需求，从只适用于水电解制氢的氢气站扩大为适用于各种制氢方法的氢气站，并按此要求将各章、节和条文作相应的修改和补充。

2 本条所指的供氢站是不含氢气发生设备，以氢气钢瓶或氢气长管钢瓶拖车或管道输送供应氢气的建筑物、构筑物的统称。本条所指的氢气，应符合现行国家标准《工业氢》、《纯氢、高纯氢和超纯氢》中规定的各项技术指标及要求。据调查，目前国内电子、冶金、石化、电力、机械、轻工等行业使用的氢气，除了工厂自建氢气站外，瓶装或邻近工厂用管道输送供应的氢气，均符合现行国家标准的规定。国家标准的主要技术指标如表 1。

表 1 工业氢、超纯氢、高纯氢、纯氢

项目	GB/T 3634—1995	GB/T 7445—1995		
	工业氢	超纯氢	高纯氢	纯氢
氢纯度(10⁻²)≥	99.0～99.9	99.9999	99.999	99.99
氧含量(10⁻⁶)≤	4000～100	0.2	1	5
氮含量(10⁻⁶)≤	6000～400	0.4	5	60
CO 含量(10⁻⁶)≤	无规定	0.1	1	5
CO₂ 含量(10⁻⁶)≤	无规定	0.1	1	5
CH₄ 含量(10⁻⁶)≤	—	0.2	1	10
水分(10⁻⁶)≤	游离水 100mL/瓶(合格品)	1	3	30

供氢站根据氢气来源、规模、技术参数的不同，可包括：氢气汇流排间、实瓶间、空瓶间、氢气纯化间、氢气加压间等。

1.0.3 本条规定的依据为：

1 氢气的主要特性。

（1）主要特征数据：

比重：20℃时（空气＝1）为 0.06953；

燃烧温度：在空气中为 574℃，在氧气中为 560℃；

燃烧界限：在空气中为 4%～75%（体积），在氧气中为 4.5%～94%（体积）；

爆轰界限：在空气中为 18.3%～59%（体积），在氧气中为 15%～90%（体积）；

不燃范围：空气-氢-二氧化碳 O_2<8%，空气-氢-氧中 O_2<5%；

最大点火能量（大气压力）：在空气中为 0.000019 J，在氧气中为 0.000007 J；

最高燃烧温度（氢气与空气的体积比为 0.462）为 2129℃。

（2）氢气无色无嗅，人们不能凭感觉发现。

（3）氢气比空气轻，呈上升趋势。

（4）当氢气与空气或氧气混合时，形成一种混合比范围很宽的易燃易爆混合物。

（5）点燃爆炸混合物所需能量低，仅为汽油-空气混合物点火能的 1/10。一个看不见的小火花就能引燃。

（6）氢气易扩散，约比空气扩散快 3.8 倍。

（7）氢气易泄漏，由于分子量小和粘度低，氢的泄漏约为空气的 2 倍。

2 按现行国家标准《建筑设计防火规范》的规定，氢气站、供氢站属于甲类生产。

3 按《爆炸和火灾危险环境电力装置设计规范》中的有关条款规定，确定氢气站、供氢站内爆炸危险区域为 1 区或 2 区的主要依据是：

（1）有爆炸危险的制氢间、氢气纯化间、氢气压缩机间等的空间都不大，设备布置间距最大仅 4m，因此本规范规定，建筑物内部的爆炸危险区域范围，一般以房间为单位。

（2）规范规定，"1 区：在正常运行时可能出现爆炸性气体混合物的环境；"并在注中明确："正常运行是指正常的开车、运转、停车，易燃物质产品的装卸，密闭容器盖的开闭，安全阀、排放阀以及所有工厂设备都在其设计参数范围内工作的状态。"氢气站内有爆炸危险的房间内的生产设备在开车、停车时，均有可能出现爆炸性混合气体环境。

（3）对"第一级释放源"的规定是："预计正常运行时周期或偶尔释放的释放源……在正常运行时会释放易燃物质的泵、压缩机和阀门等的密封处……"鉴于目前阀门等附件的密封性能难以保证易于泄漏的氢气不外泄，所以，氢气站有爆炸危险房间内，在正常运行时，存在着周期或偶尔释放的释放源，即属于第一级释放源。

（4）根据规定，释放源级别和通风方式与爆炸危险区域划分和范围之间的关系是：在自然通风和一般机械通风的情况下，第一级释放源可划为 1 区；当通风良好时，应降低爆炸危险区域等级；局部机械通风，在降低爆炸性气体混合物浓度方面比自然通风和一般机械通风更为有效时，可采用局部机械通风使等级降低。根据对各种类型氢气站的调查了解，有爆炸危险房间内均设置自然通风和一般的机械通风，未设局部通风。因此，在氢气站的制氢间、氢气纯化间、氢气压缩机间、氢气灌装间等房间内爆炸危险物质的释放属于第一级释放源，其爆炸危险区域的划分应定为 1 区。

（5）按照《爆炸和火灾危险环境电力装置设计规范》中的有关条款的规定和对现有氢气站的调查了解，本次规范修订中，将将爆炸危险为 1 区的各类房间的相邻区域、空间和氢气排气口周围空间等规定为 2 区有爆炸危险场所。氢气站室外制氢设备、氢气罐的周围空间和氢气放空管周围空间规定为 2 区有爆炸危险场所。

（6）本规范附录 A 是根据前面的叙述和现行国家标准《爆炸和火灾危险环境电力装置设计规范》中的有关规定，对氢气站爆炸危险区域的等级范围划分作了规定，并附图说明。

1.0.4 与本规范有关的标准、规范主要有：《建筑设计防火规范》、《爆炸和火灾危险环境电力装置设计规范》、《供配电系统设计规范》、《电力工程电缆设计规范》、《建筑物防雷设计规范》、《气瓶安全监察规程》、《10kV 及以下变电所设计规范》、《低压配电设计规范》、《工矿企业总平面设计规范》、《氧气站设计规范》、《氢气使用安全技术规程》、《压缩空气站设计规范》、《工业企业设计卫生标准》等。

3 总平面布置

3.0.1 本条规定是在工厂总平面布置时，确定氢气站、供氢站、氢气罐及其附属构筑物等的位置的基本原则。确定这些原则的目的，是为了确保安全生产，保障国家财产和人身安全。

1 根据现行国家标准《工矿企业总平面设计规范》规定："煤气站和天然气配气站宜布置在主要用户的常年最小风向频率的下风侧，并应远离有明火或散发火花的地点"，"乙炔站应位于明火或散发火花地点常年最小风向频率的下风侧"。

氢气与煤气、天然气、乙炔均属可燃气体。为确保工厂的生产安全，所以作本条规定。

2 按现行国家标准《建筑设计防火规范》规定："有爆炸危险的甲、乙类厂房宜独立设置"。

对运行中的各类制氢方法的氢气站的调查了解，基本上为独立建筑；另对电力部门作为发电机氢冷用氢，装设的水电解槽的小型氢氧站的调查，也都采用独立建筑，因此，本条的规定是必要的，也是基本符合实际情况的。

3 《工矿企业总平面设计规范》中规定："易燃、易爆、危险品生产设施，应布置在企业的偏僻地带"。

《火力发电厂总图布置及交通运输设计规定》中规定："生产过程中有爆炸危险的建筑物、构筑物……一般布置在厂区的边缘地段"。

氢气站、供氢站、氢气罐可能发生燃烧和爆炸，为了尽量减少事故的发生以及避免发生爆炸等事故造成较大的人身伤亡及经济损失，因此规定不宜布置在人员密集地段和主要交通要道近处。

4 氢气站属于有爆炸和火灾危险的场所，是企业的重要能源供应站之一。有的单位若中断供氢会造成较大的经济损失或工厂停产。因此，应作为工厂的重要安全保卫场所。据调查，设有围墙者占有较大比例，有的单位在建设过程中未设围墙，投产运行后，为防止事故的发生，确保安全生产，后增设了围墙。为此，制定本条规定。

3.0.2～3.0.4 为明确氢气站、供氢站、氢气罐与建筑物、构筑物的防火间距，将现行国家标准《建筑设计防火规范》中的有关规定具体化。

表 3.0.2 的注 2 规定：固定容积的氢气罐，总容积按其水容量（m³）和工作压力（绝对压力）的乘积计算。氢气罐总容积计算时，工作压力的单位为（kg/cm²），如某氢气罐的水容量为 4m³、工作压力为 1.5 MPa（绝对压力），则氢气罐总容积为≈4×15≈60m³。

3.0.5 在氢气站设计中，有时受占地面积和具体用地条件的限制，使氢气站的站区布置较为困难；有时为了氢气供应方便，与用氢车间毗连布置。为此，在遵守现行国家标准《建筑设计防火规范》的前提下，且符合本条各款的规定时，允许氢气站与其他车间呈 L 形、Π 形、Ⅲ 形毗连布置。

1 按现行国家标准《建筑设计防火规范》的规定，甲类生产类

别、单层厂房、二级耐火等级时，防火分区的最大允许占地面积为 3000m²。考虑到氢气的爆炸着火范围宽，点火能低，爆炸威力大，为了保证氢气生产的安全和一旦发生事故后减少损失，本条规定毗连的氢气站站房面积不应超过 1000m²，为防火分区最大允许占地面积的 1/3。

2 氢气生产过程中，有氢气泄漏的可能，为确保安全生产，氢气站不得同明火或散发火花的生产车间、场所布置在同一建筑物内，如：热处理车间、焊接车间、锻压车间、汽车库、锅炉房等。

与氢气站毗连的其他车间的建筑耐火等级，应与氢气站一致，不应低于二级。

3 据对国内已经建成投产的氢气站的调查，一些单位为了减少占地面积，方便运行和管理，降低基本建设投资，在符合现行国家标准《建筑设计防火规范》的规定的前提下，经有关部门的审查批准，将氢气站与冷冻站、压缩空气站、氮氧站等动力站或其他车间以 L 形、Π 形、Ⅲ 形毗连布置。

3.0.6 制定本条的依据是：

1 按现行国家标准《氢气使用安全技术规程》中规定：当氢气实瓶数量不超过 60 瓶时，可与耐火等级不低于二级的用氢厂房毗连；

2 美国防火标准 NFPA51 中规定：在建筑物内储存的燃气瓶，除正在使用或连接后准备使用者外，乙炔及非液化气体的储存量不应超过 2500 立方英尺（约 70m³）；

3 根据对一些用氢量较小的用氢单位的调查，许多单位在用氢车间设有氢气汇流排和储存少量氢气钢瓶，其布置方式是设在厂房端部和靠外墙或与用氢车间毗连的专用房间内。

当使用氢气的工厂采用邻近工厂管道输送氢气供应时，是按供应氢气和使用氢气的技术参数，在供氢站内设置必要的增压、储存、纯化装置。若供氢站的占地面积不超过 500m² 时，为了方便管理，减少占地面积，可与耐火等级不低于二级的用氢车间或其他非明火作业的丁、戊类车间毗连。

由于此类供氢站内设备布置较紧凑，厂房不高，一般通风条件较制氢间差，为从严控制，本条规定毗连布置的站房面积不得超过 500m²，比本规范第 3.0.5 条减少 1/2。据调查，国内此类供氢站运行中采取如下做法：南京某厂使用邻近的某化肥厂用管道输送的氢气，在厂内的用氢车间内设有稳压装置和氢气压缩机；自贡某厂从邻近氯碱厂用管道输送氢气，在厂内用氢车间设有增压、净化装置的供氢站；北京某厂从邻近工厂用管道输送的氢气，在厂内有氢气纯化装置等的供氢站。这些供氢站的占地面积均未超过 500m²。

4 工艺系统

4.0.1 本条规定了确定氢气站制氢系统类型的主要因素。

1 氢气广泛用于电子、冶金、电力、建材、石油化工等行业，由于用途不同，要求供应的氢气纯度、压力等技术参数均不相同，表 2 是各行业使用氢气的主要技术参数。

表 2 各行业所需氢气主要技术参数

行业	用途	技术参数	用氢特点
电子	电真空器件生产	纯度：>99.99% 含氧量：<5×10⁻⁶ D.P. −60℃ 压力：≥0.02 MPa	昼夜连续或班连续使用
	半导体器件	纯度：>99.99% 含氧量：<1×10⁻⁶ D.P. −60～−80℃ 压力：≥0.2 MPa	

行业	用途	技术参数	用氢特点
电子	大规模、超大规模集成电路	纯度：>99.99999% 含氧量：5×10⁻⁹ D.P. −80℃或更严 压力：≥0.2MPa	昼夜连续或班连续使用
	电子材料	纯度：>99.99% 含氧量：<5×10⁻⁶ D.P. −40～−60℃ 压力：≥0.02 MPa	
冶金	有色金属生产	纯度：>99.99% 含氧量：<5×10⁻⁶ D.P. −50～−70℃ 压力：≥0.02 MPa	昼夜连续使用
	钢材加工（薄板、特殊钢管生产等）	纯度：>99.99% 含氧量：<5×10⁻⁶ D.P. −50～−70℃ 压力：≥0.02 MPa	—
石油化工	催化重整加氢渣油脱硫加氢石脑油加氢精制等	纯度：>99.9% 压力：1.0～2.0 MPa	连续使用
电力	发电机氢气冷却	纯度：>99.5% 压力：0.03～0.5 MPa	一次充氢和经常补充氢
建材	浮法玻璃生产	纯度：>99.995% 含氧量：<5×10⁻⁶ D.P. −60℃ 压力：≥0.02 MPa	昼夜连续使用
轻化工	油脂化学、醇类加氢	纯度：>99.95% 压力：1.0～7.0 MPa	
	人造宝石	纯度：>99.5% 压力：≥0.02 MPa	昼夜连续或班连续使用

2 各行各业使用氢气的企业，由于产品品种、产能规模的不同和电力供应、含氢原料气供应的差异，需要经过比较选择合适的制氢方法和适用的制氢工艺系统，所以本条提供了确定制氢工艺系统类型的基本因素，供氢气站设计人员参照执行。如：某用氢企业地处水力发电十分丰富的地区或者当地电网谷段电价低廉，而该单位的氢气用量不大，若自建氢气站时，可选用比小时用氢量大的压力型水电解制氢系统，在电网谷段生产氢气储存在压力氢气罐内，利用水电价廉或峰谷电价差，降低氢气成本，经技术经济比较可在较短时间回收所增加的建设投资时，宜选用工作压力大于1.6MPa的压力型水电解制氢装置。同上一例，若该用氢企业邻近处有丰富、低廉的副产氢气（焦炉煤气、氯碱厂副产氢气等）时，经技术经济比较，也可采用变压吸附法提纯氢获得所需的氢气。

目前国内商业化的制氢系统主要有两大类，一是水电解制氢系统，这是采用水电解法提取氢气、氧气。此类系统按操作压力划分为常压型、压力型，按产品氢气纯度划分为普型、纯型。目前水电解制氢系统氢产量最大为350Nm³/h，但氢气能力可达500Nm³/h。水电解制氢系统具有氢气纯度高、维护操作方便，但电能消耗较大；二是变压吸附法（简称PSA法）提纯氢系统，这类系统因原料气的不同，其提纯氢系统有不同的设备配置。PSA提纯氢系统有普型、纯型，国产PSA提纯氢系统的最大处理能力达20万～30万Nm³/h。只要需用氢气的企业、地区有合适的原料气，如煤制合成气、天然气、煤层气、焦炉煤气、氯碱厂副产气、石油炼厂含氢气体和甲醇转化气等，且氢气用量较大，均以采用PSA提纯氢系统为宜。

鉴于上述两大类制氢系统的特点，本条规定：氢气站的制氢系

统类型的选择，应按氢气站的规模；当地的资源或含氢原料气状况；产品氢的纯度、杂质含量和压力等要求。经技术经济比较后确定。

4.0.2 本条是水电解制氢系统应有的装置要求。

1 水电解制氢过程中，目前还主要采用石棉隔膜布将氢电解小室和氧电解小室分别提取的氢气、氧气分隔，使水电解制氢装置不会发生氢气、氧气相互掺混形成爆鸣气。但石棉布必须浸泡在电解液中，呈现湿润状态方能起到分隔氢气、氧气的作用。因此，在水电解制氢装置运行中，必须确保氢、氧侧（阴极、阳极侧）的压力差不能过大，若超过某一设定值后，就会造成某一电解小室或多个电解小室的"干槽"现象，从而使氢气、氧气相互掺混，降低氢气或氧气的纯度，严重时形成爆炸混合气。这是十分危险的，极易引起事故的发生。所以本款规定：应设置压力调节装置，以确保氢气、氧气之间的压差设定值。

氢、氧气之间的压差值的规定，与水电解制氢装置的气道与隔膜框的结构尺寸有关。我们在调查统计国内外商品化生产的水电解槽有关结构尺寸的基础上，在本款中规定水电解槽出口氢气、氧气之间的压差值宜小于0.5kPa。此值均小于现有水电解槽气道至隔膜框上石棉布的距离，并有一定的富裕度。

2 鉴于水电解制氢装置在开车、停车或发生事故时，都应将纯度不合格的气体或置换气体排入大气，只有在经过取样分析，气体纯度符合规定后，才能把气体送入气体总管。为此，本款规定：每套水电解制氢装置的氢气、氧气出气管与氢气、氧气总管之间，应设置放空管、切断阀和取样分析管。

3 本款规定：在水电解制氢系统中，应设有原料水制备装置，包括原料水箱、原料水泵。水电解制氢的原料水系统与其工作压力有关，常压水电解制氢系统的原料水是定期用原料水泵注入高位水箱，再由高位水箱定期或连续地流入水电解槽，补充原料水；压力型水电解制氢系统的原料水是定期或连续（手动或自动）地用原料水泵直接注入或注入平衡水箱，在平衡水箱内接有气体平衡管，使平衡水箱内的压力与制氢系统内气体压力一致，确保原料水顺利流入水电解槽。至于原料水箱中的原料水从何处引入，则与各企业的具体条件有关，各行各业的用氢企业差异较大，所以本规范对原料水来源不作规定。但是无论是何种情况、何种水电解制氢装置，均需设有原料水箱、原料水泵，而原料水泵出口压力只与水电解制氢系统的工作压力有关，为此本条对原料水供应只作基本内容的规定。

4 水电解制氢系统所需碱液（电解液）都是在氢气站内进行配制；在水电解槽检修时，为减少消耗和改善环境，都是将水电解槽中的碱液回收后重复使用，因此，本款规定：水电解制氢系统应设有碱液配制、回收装置。

水电解槽运行时，电解液（碱液）在水电解槽、分离器、冷却器之间不断循环，带走水电解过程产生的热量。为避免电解液中过多的杂质堵塞进液孔或出气孔或在电解小室内沉积机械杂质，为提高水电解槽使用寿命和电能效率，在水电解制氢系统的碱液循环管道上，均设有碱液过滤器。为确保水电解槽的正常运行，本款规定："水电解槽入口应设碱液过滤器"。在一些企业的水电解制氢系统的碱液制备、循环管路上，不仅在水电解槽入口设有碱液过滤器，还在碱液配制箱出口管路等处设有碱液过滤器。

4.0.3 制定本条的依据是：

1 水电解制氢系统在制取氢气的同时也产生氧气，产量为氢气量的一半。氧气若回收使用，可提高氢气站的经济效益，节约电能，相应降低氢气的单位能耗。当氢气站所在单位使用氧气时，可采用中压或低压氧气管道输送；当所在单位不使用或少量使用氧气时，则需将氧气加压灌瓶外销。据调查了解，近年来许多采用水电解制氢的氢气站都回收氧气使用或灌瓶外销。如：上海某厂氢气站，氢气生产能力为150m³/h，氧气生产能力为75m³/h，在进行氢气站技术改造时，增加了氧气回收灌瓶系统，增加建筑面积300m²和

600m³ 氧气罐 1 只、氧气压缩机 2 台，每天可提供 360 瓶氧气，既增加了收入，每年又可节约电能 75 万 kW·h。江苏××化工厂氢气站副产氧气回收灌瓶多年，氧气灌瓶可达 1500 瓶/d，取得了较好的社会效益和经济效益。为此本条规定，可根据工厂的具体情况，采用不同方式回收利用。

2 目前许多工厂已将氧气灌瓶外销，并积累了许多有益的经验。但严格控制水电解氧气的纯度至关重要，若纯度降低或不稳定，将使瓶装氧气质量下降。严重时，还可能造成氧气纯度较大幅度降低，以至形成爆炸混合气，将会发生爆炸事故。据了解，与电解氧回收利用相关的爆炸事故时有发生。为防止电解氧灌瓶及使用中爆炸事故的发生，本条规定：当回收电解氧气时，必须设置氧中氢自动分析和手工分析仪表装置。之所以还须设手工分析装置，是为了更为严格地、可靠地确保安全；定期采用手工分析，既能校核自动仪表可靠性，又可提高操作人员的安全生产意识。同时，还应设氧中氢含量报警装置。

3 若氧气不回收直接排入大气时，对常压型水电解制氢系统需设置氧气调节水封；利用水封高度，保持氢侧、氧侧的压力平衡；压力型水电解制氢系统可设氧气排空水封，以便压力调节装置的正常运行，保持氢侧、氧侧压力平衡。水封高度约为 1500mm。如：在电力系统用于氢冷火力发电机组供应氢气的氢气站，通常装设产氢量 5～10Nm³/h 水电解制氢装置制取氢气；氧气产量较小，各发电厂氢气站都不回收电解氧气，均设有氧气排空水封，其水封高度约 1500mm。

4.0.4 变压吸附提纯氢系统设置通常应根据下列因素确定：

1 变压吸附的原理是基于不同的气体组分在相同的压力下在吸附剂上的吸附能力有差异，同一气体组分在不同的压力下在吸附剂上的吸附能力亦有差异的特性。通常周期性的压力变化，实现气体的分离提纯和被吸附气体的解吸。原料气组成的差异直接影响系统的配置，组成复杂的原料气，根据其杂质的成分及含量应增设预处理设施，且杂质组成将直接影响产品氢的收率。原料气的压力、组成决定选用吸附剂的类型、配比及用量。

2 产品氢气的压力取决于吸附压力的选择，若超出吸附压力，需增设产品增压系统。氢气的纯度决定系统设置，一般氢气纯度要求可通过变压吸附分离直接得到满足，对杂质含量有特殊要求者还应增设产品氢纯化系统。如焦炉煤气变压吸附制氢装置的脱氧及干燥系统。

3 氢气使用的连续性决定设备的配置，连续性较强的变压吸附提纯氢气系统中配置的活塞式压缩机、真空泵等配套设备均应设备用，吸附器及阀门的配置应实现程序控制阀及仪表等的在线维修。氢气负荷变化可通过多床层吸附器的切换及调整吸附时间来实现。

4 变压吸附提纯氢系统的配置和压力的选择，在一定的范围内吸附压力高有利于吸附过程向正方向进行，可减少吸附剂的用量，但是增加了设备的成本及能耗。采用抽真空解吸的变压提氢工艺与常压解吸工艺比较，前者可增加氢气的回收率，但又增加设备的投资及能耗。所以，变压吸附提纯氢工艺的设置在满足工艺要求的同时应考虑技术经济因素。

4.0.5 变压吸附提纯氢系统，通常应设下列装置：

1 原料气中一些在变压吸附系统吸附剂上通过常规降压手段难于解吸或可使吸附剂中毒失效的杂质组分，必须在变压吸附前增设预处理系统。如通过在变压吸附前设变温吸附预处理装置可脱除高碳烃类的杂质；增加脱硫工序可脱除原料气中的硫化物等。

2 变压吸附提纯氢气的吸附压力通常为 0.7～3.0 MPa，若低于 0.7 MPa，吸附剂吸附杂质的能力降低，不能保证提纯氢气的纯度及装置的处理能力，对提高氢气收率也不利。需增加原料气增压设施，以保证吸附压力，或满足用户对氢气压力的需求。

3 变压吸附提纯氢气装置包括吸附器组、吸附剂、程序控制阀及控制系统。吸附器组及程序控制阀是变压吸附提纯氢装置的主要组成部分。

4 变压吸附提纯氢装置氢气的输出虽然是连续的，但随着时序的变化，每个周期输出的氢气气量和压力均有一定的波动，故增设氢气缓冲罐可使输出氢气的压力波动减少、流量稳定。每个周期内输出的解吸气是不连续的，如果对解吸有连续性和稳定性的要求，则应增设解吸气缓冲罐。

5 视原料气的组成情况，通常提纯氢气后的解吸气热值增高，可通过增压返回到厂区燃料气管网作气体燃料，回收能量。

4.0.6 甲醇制氢系统，通常应设有下列装置：

1 原料甲醇及脱盐水的储存、输送装置。甲醇裂解制氢的原料是甲醇和脱盐水，甲醇储罐是必不可少的设备。甲醇裂解反应在 1.0 MPa，220～280℃下，在专用催化剂上进行，所以甲醇或脱盐水均需通过泵输送到反应器中；

2 甲醇裂解装置的主要设备是甲醇转化反应器，甲醇转化反应在此进行。根据反应温度的要求，外部供热一般采用加热导热油为反应器提供热量；通过增设换热器回收转化器的热量，以达到热量的合理利用。因此，甲醇转化制氢系统应设有甲醇转化反应器及其辅助装置，如加热炉或加热器、热回收设备等；

3 甲醇转化反应的转化气组成：H_2 为 73%～74%，CO_2 为 23%～24.5%，CO 为 0～1.0%，其余为甲醇及饱和水。为获得纯氢产品应设置变压吸附装置，经分离可获得 99%～99.999% 纯度的氢气。

4.0.7 为防止氢气压缩机的吸气管道产生负压和制氢装置出口氢气压力波动，并由此引起制氢装置不能正常运行或发生空气渗入氢气系统形成爆炸混合气。为此，本条规定氢气压缩机前设氢气缓冲罐。

据调查了解，氢气站内设有多台氢气压缩机时，许多单位都是采用从同一氢气管道吸气，所以本条作了"数台氢气压缩机可并联从同一氢气管道吸气"的规定。同时为确保安全生产，本条还规定凡数台氢气压缩机经一根吸气管吸气时，应装设确保氢气保持正压的措施，如设氢气压力报警、回流调节装置、氢气压缩机的进气管与排气管之间设容旁通管等措施。

为了使中、低压氢气压缩机在开车、调节负荷时，不会发生大量氢气排入大气，提高运行安全度，减少氢气排放量，节约电能。本条规定在中、低压氢气压缩机的进气、排气管之间，应设回流旁通管。回流旁通管上的调节阀在氢气压缩机正常运转时，一般适当开启，氢气回流以减少氢气压缩机的开停次数，有利于氢气站的安全运行。回流旁通管上的调节阀一般采用手动、气动、自力式等。

4.0.8 氢气压缩机的安全保护装置的设置，是确保其安全、稳定、可靠运行的重要保证，也是确保氢气站安全运行的重要条件，因此本条为强制性条文。

本条第 1 款的规定，是对氢气压缩机进行超压保护，确保安全、可靠运行的必须具备措施之一。第 2 款至第 5 款都是氢气压缩机的安全保护措施。这里特别要强调说明的是：氢气压缩机的进气氢气管应设低压报警和超限停机装置，由于氢气为可燃气体，不允许氢气压缩机进口氢气压力的不正常降低，若因操作不慎进口压力低以致吸入空气，形成爆炸混合气，将可能造成严重人身伤亡、设备损坏的事故，所以本条作为强制性条文的规定，设计时必须遵守。第 5 款规定的进口、出口氢气管路应设有置换吹扫口，这是确保初次投产或氢气压缩机检修前、后的安全保护措施。

本条的第 2 款至第 4 款的安全保护装置一般是由氢气压缩机制造厂配套提供。

4.0.9 本条是对氢气站、供氢站的储气设施提出的要求。

1 氢气站、供氢站一般设有一定储量的储气设施，目前氢气储气设施主要有两类：一是高、中、低压氢气罐，氢气罐的储氢压力、储氢能力应按制氢设备（或供氢装置）的压力、氢气用户的用压力、用氢量及其负荷变化状况等因素确定。高压氢气罐（压力大于 15 MPa），具有储氢能力大、能满足各类用户的需求；中压

（压力大于 1.6 MPa）、低压（压力小于或等于 1.6 MPa）氢气罐的储氢能力主要根据制氢或供氢压力、用氢压力和均衡连续供氢要求确定。二是金属氢化物储氢材料，它是依据金属氢化物在不同压力、不同温度下的吸氢、放氢特性储存氢气。目前一些科研单位正研制储氢性能优良的储氢材料和装置，但由于储氢能力尚不理想，还不能满足实际应用的要求，但是这种储氢方法将是未来氢能应用中具有巨大竞争力的储氢方法。

2 在供氢站或燃料电池汽车加氢站中，为了满足灌充高压氢气或汽车加氢的需要，一般应设置高压（如压力大于 40 MPa）氢气罐。对这种高压氢气罐升压充氢或接收外部供应的氢气进行升压，需设置增压用氢气压缩机；这种增压氢气压缩机可采用膜式压缩机或气动/液动增压机。

4.0.10 本条第 1 款是氢气罐的超压保护装置，是确保氢气罐安全、可靠运行必须具备的基本技术措施。第 2 款的规定是氢气站设计、运行的经验教训总结，由于氢气比重仅为 0.069（空气为 1.0 时），在使用氮气吹扫置换时，若系统的最高点或氢气罐的最高点未设放空管，则很难将系统内的氢气吹扫置换干净，有时甚至吹扫数天也不能达到规定值。如某研究所的一座湿式氢气罐，为检修动火，打开氢气罐放空管排放氢气达 7d，因未用氮气吹扫置换，仍发生了氢气罐爆炸事故，造成设备损坏，3 人死亡。为此，本条规定，在氢气罐顶部最高点必须装设放空管。

4.0.11 各种制氢系统的氢气中冷凝水排放过程中将不可避免地有少量氢气同时排出，若操作不当或操作人员未及时好冷凝水排放阀，使氢气排入房间内或在排水管（沟）中形成爆炸混合物，将会造成爆炸事故等严重后果。据调查，曾在一些工厂多次发生此类事故。如：上海某厂氢气管道积水，在气水分离器处向房间内直接排水，曾在一次排放冷凝水过程中，操作人员违章离开现场，致使氢气排入房间内，氢气浓度达到了爆炸极限，当操作人员开灯时，发生爆炸，塌房 2 间，烧伤 2 人；另一工厂，在排放氢气管道积水时，用胶管接至室外，因胶管脱落，氢气泄漏于房间内，形成了爆炸混合气，在操作人员下班关灯时，发生爆炸，炸坏房屋，2 人轻伤。鉴于上述情况，为杜绝此类事故的发生，本条规定冷凝水应经疏水装置或排水水封排至室外。这样的装置已在许多工厂使用，做到了在氢气设备及管道内的冷凝水排放过程中，没有氢气泄漏到房间内。

水电解制氢系统中的氧气中冷凝水排出时，与氢气一样也有氧气泄漏到房间内的情况，氧气比空气重，又为助燃气体，为了确保安全生产，防止因氧气泄漏、积存引起的着火事故的发生，氧气设备及管道内的冷凝水排放也应经单独设置的疏水装置或氧气排水水封排至室外。这里要强调的是氢气、氧气中冷凝水疏水装置或排水水封应各自设置，不得合用一个疏水装置或排水水封，这是为了避免形成氢气、氧气爆炸混合气。所以，本条规定："应经各自的专用疏水装置或排水水封排至室外"。

4.0.12 按表 2 所列，各行业对氢气纯度和杂质含量的要求是不相同的。为此采用技术先进、经济合理、操作管理方便、建设投资少的氢气纯化方法和装置，应根据具体工程原料氢气的条件、技术参数和用氢设备对产品氢气所需的纯度和杂质含量，进行技术经济比较后选用合适的氢气纯化系统。如：常压型水电解制氢装置制取的氢气经加压后，可采用加热再生或无热再生的氢气纯化系统；压力型水电解制氢装置制取的氢气，可采用自身工作压力再生或两级氢气纯化系统。对半导体集成电路工厂为制取高纯氢气，可采用催化吸附净化装置作为初级纯化，而以低温吸附或吸气剂型纯化装置为末端氢气纯化。

4.0.13 为确保氢气灌装系统安全、可靠的运行，应设置相应的安全装置，这是因为：一是氢气为易燃、易爆和易泄漏的气体；二是灌装系统为高压运行，一般氢气灌装压力大于 15 MPa；三是氢气灌装容器均为高压气瓶。本条规定，氢气灌装系统应设超压泄放用安全阀、分组切断阀、压力显示仪表，避免发生超压事故和分组

管理灌装气瓶；应设有氢气回流阀、吹扫放空阀；氢气放空管接至室外安全处，正常情况下，氢气回流利用，减少排放大气的氢气量，既有利安全也减少浪费，但在不正常情况或开车、停车时，则应对系统进行放空和吹扫置换。

4.0.14 氢气系统中的含尘量与制氢系统的设备选型、设备和管道的材质、氢气纯度等因素有关。据调查测定，未经过滤的氢气系统中粒径大于 0.5μm 的尘粒含量达每升数千到数万粒，因此当用户对氢气中的尘粒粒径和尘粒浓度有要求时，应设置不同过滤精度的过滤器。

4.0.15 各类制氢系统在检修、开车、停车时，都应进行吹扫置换，将系统中的残留氢气或空气吹除干净，尤要注意死角末端残留气，并分析系统内氢气中氧的含量，达到规定值，方可进行检修动火、开车、停车。按现行国家标准《氢气使用安全技术规程》规定，置换氮气中含氧量不得超过 0.5%。

5 设备选择

5.0.1 氢气站设计容量通常是根据用户氢气耗量和使用氢气的特点确定，当氢气用户为三班均匀使用氢气时，设计容量按班平均小时耗量计算。若氢气用户为三班使用氢气，且各班用氢负荷差异较大，或者一班（二班）用氢，可按昼夜平均小时耗量计算。在用氢量高于或低于昼夜平均小时耗量时，可以用氢气罐储气进行调节。但是电力部门计算设计容量是按全部氢冷发电机的正常消耗量，以及能在大约 7d 的时间内积累起相当于最大一台氢冷发电机的一次启动充氢量之和考虑。本条第 3 款是对外销的商用型氢气站的设计容量的规定，应十分重视对市场需求的调查分析，否则将会因设计容量过大，设备得不到发挥，造成亏损。

5.0.2 水电解制氢过程要消耗较多的电能，所以人们都以水电解制氢装置的单位氢气电能消耗（kW·h/Nm³·H₂）作为此类设备的性能参数、产品质量的主要体现，也是评价这类装置先进性的主要标志。近年来各国的科技工作者、制造厂经过研究开发，改进制造工艺或槽体结构，使水电解制氢装置的单位氢气电能消耗得到了降低。日本研制的离子膜水电解制氢装置（实验型），单位氢气电能消耗仅 3.8 kW·h/Nm³·H₂；国内研制的新型压力水电解制氢装置可达 4.2～4.5 kW·h/Nm³·H₂。表 3 列出文献报道的国内外一些水电解制氢装置的主要性能参数。

表 3　国内外一些制造厂家的碱性水电解槽的性能参数

特性	制造公司								
	Electrolyser Corp	Brown Boveri & Cie	Norsk Hydro	De Nora	Lurgi	Sunshine project	Hydrotechnik	Krebskosmo	国内某公司
电解池结构	单极箱式	双极压滤机式	双极压滤机式	双极压滤机式	双极压滤机式	双极压滤机式	双极压滤机式	双极压滤机式	双极压滤机式
压力（MPa）	常压	常压	常压	常压	3	2	常压	常压	3
温度（℃）	70	80	80	80	90	90～120	80	80	80～90
电解液	KOH	KOH	KOH	KOH	KOH	KOH	KOH	KOH	KOH
电解液的浓度（wt%）	28	25	25	29	25	30	25	28	28～30
电流密度（A/m²）	1340	2000	1750	1500	2000	4000	1500～2500	1000～3000	3000
电解小室电压（V）	1.90	2.04	1.75	1.85～1.95	1.86	1.65	1.9	1.65～1.9	1.85～1.92
电流效率（%）	99.9	99.9	98	98.5	98.75	98	99	98.5	99
能量效率（%）	78	73	83	75～80	80	89	77	77～89	78～85
耗电量（kW·h/Nm³·H₂）	4.9	4.9	4.6	4.6	4.3	4.2	4.9	3.9～4.6	4.2～4.5

鉴于以上情况,在本条中规定:"选用电耗小、电解小室电压低、价格合理、性能可靠的水电解制氢装置。"

新建氢气站设置2台及以上水电解制氢装置时,宜选用同一型号、同一规格的水电解制氢装置,以便于操作管理及备品、备件的统一。

水电解制氢装置是否设备用,根据用户的用气情况而定。因为水电解槽体不易损坏,根据生产实践,常压型一般4年以上才需对槽体进行大修,检修时间根据设备的复杂程度、用户的检修水平和能力确定;压力型水电解制氢装置使用年限20~30年。又因各厂在停产后对全厂的经济效益影响也不一样,因此本条规定宜设备用。但当水电解制氢装置检修能与用户检修同步进行,或利用节、假日进行检修,不间断供气,或用户有其他临时氢气源能满足用氢设备的用气,或氢气站内设置有足够大容量的氢气罐储存氢气而不影响用户使用氢气时,则可不设备用。如电力部门采用氢气罐储存氢气,可以满足水电解制氢装置检修时用氢,一般都不设备用。

5.0.3 制定本条的依据是:

1 水电解制氢所需的原料水实际耗量一般按850~1000 g/Nm³·H₂ 计,即0.85~1.00L/Nm³·H₂。规定原料水制备能力不宜小于4h原料水耗量是能满足生产需要的。规定储水箱容积不宜小于8h原料水消耗量,是考虑制水装置一班或两班生产,供全天使用。

2 原料水制取装置、储水箱及其水泵的材质,应采用不污染原料水质和耐腐蚀的材料制作;目前国内采用如下几种:不锈钢、钢板内衬聚乙烯、钢板内涂耐腐蚀漆或全部为聚氯乙烯塑料板。设计时可根据水箱容积、制作条件和经济条件等因素确定。

3 据调查,水电解制氢装置是根据水电解槽槽体寿命和实际使用状况,逐台进行检修。检修时都是将水电解槽及其附属设备内的电解液全部返回至碱液收集箱内,待设备检修任务完成后重复使用,所以碱液收集箱的容积应大于每套水电解制氢装置及碱液管道的全部体积之和。目前国内各种水电解制氢装置电解液充装量差别较大,表4为部分水电解槽电解液充装量。

表4 部分水电解槽电解液充装量

电解液体积(m³)	水电解槽型号						
	DQ-4	DQ-10	DDQ-10/40	THE 100	THE 150	THE 200	DY-125
水电解槽电解液体积	0.30	0.50	0.80	1.25	1.82	2.46	9.50
氢、氧分离器等电解液体积	0.10	0.10	0.70	1.25	1.63	1.64	5.50
合计	0.40	0.60	1.50	2.60	3.45	4.10	15.00

5.0.4 吸附器组是变压吸附提纯氢系统的主体设备,吸附器的性能参数决定PSA系统的技术性能——处理能力、产品氢气纯度和杂质含量、产品氢气产量等。我国在PSA制氢技术的研究开发和设计、制造、实际运行方面的经验表明:吸附器组的规格尺寸、内部构件应以提高氢回收率、减少制造成本为基本原则。吸附器组的吸附器数量,应根据变压吸附提纯氢系统的原料气组成、压力(即吸附压力)、吸附剂的吸附容量、产品氢气的产量和纯度、氢回收率等因素确定。在一定的范围内吸附压力高对吸附有利,吸附剂用量减少;原料气组成不同,吸附剂类型及用量亦不相同,吸附塔数量与工艺时序和氢回收率有关,为满足较高的氢回收率,应增加工艺过程的均质次数,多次均压需要通过数台吸附器来完成;对用氢要求连续供应的装置,应多床吸附,以实现在线切换。所以,本条规定,变压吸附提纯氢系统的吸附器组的容量和吸附器数量,应按条文列出的各种因素,经技术经济比较后确定。

5.0.5 甲醇转化制氢系统的容量和配置与氢气的纯度及消耗量有关,根据用户用氢量的要求,甲醇转化制氢系统的容量可以从几十标方到几千标方。氢气的纯度越高,同样产氢量装置的容量就越小。

甲醇转化制氢反应的压力通常为1.0 MPa,若用氢压力超出1.0 MPa,则必须设置氢气增压系统。如氢气用于灌充钢瓶,则需在变压吸附装置后面设氢气压缩机。

甲醇转化制氢系统所需热量与现场工作条件有关,如现场有中压蒸气供应可直接用于加热。对没有热源的场合可通过设置加热炉进行加热,视现场条件选择油、煤、天然气作为燃料来加热热载体导热油。

甲醇转化制氢系统的容量确定时,还应根据现场工作条件,拟建中的甲醇转化制氢系统及其甲醇的储存、输送应符合相关的国家标准,如《建筑设计防火规范》《石油化工设计防火规范》等。

5.0.7 氢气罐的形式有湿式和固定容积两种,根据所储存氢气压力和所需储存容量选择。常压水电解制氢装置供氢压力都小于6 kPa,一般采用湿式氢气罐。固定容积氢气罐有筒形、球形和长管钢瓶三类,由于球形储罐最小结构容积为300m³,储存压力为1.6 MPa,储存容量为5000Nm³,所以氢气压力为中、低压,容量大于或等于5000Nm³,宜采用球形储罐。氢气压力为高压(压力大于20 MPa)时,一般可采用长管钢瓶来储存高压氢气。

5.0.8 中、低压氢气压缩机的选择是根据进气压力、工艺用氢压力、氢气纯度要求和最大小时量确定的。若对要求不中断供氢设保安储气者,则根据储气压力、吸气压力选择压缩机。纯化后的氢气压缩要考虑压缩后气体不受油的污染和避免纯度降低等因素,应采用无油润滑压缩机或膜式压缩机。如某厂纯化后氢气设保安储气,氢气压缩机采用无油润滑氢气压缩机,吸气压力0.15 MPa,储气压力1.2 MPa。

由于活塞式压缩机运动部件易出故障,设置备用是目前常用的习惯做法,以保证不中断供气。

5.0.9 高压氢气压缩机作为氢气灌瓶用,因瓶装费主要为外供,因此,一般不设备用。据调查,各单位亦是这样配置的。但专业气体厂,为保证连续对外供气,均设备用机组。

5.0.10 纯化氢气灌瓶,为防止压缩过程中对氢气的污染,规定采用膜式压缩机。据调查,各单位亦是这样配置的。

设置空钢瓶抽真空设备和钢瓶加热装置,在灌充纯化氢气时是对钢瓶灌充前的预处理,以确保纯化氢气在钢瓶中纯度不会降低;对普氢钢瓶的空钢瓶进行抽真空,则是从安全生产出发,避免空钢瓶余气压力过低或余气不纯时的一种安全措施,并应认真进行余气纯度的分析。

5.0.11 氢气灌装用充装台的氢气充装过程包括钢瓶倒换(卸下、装上空瓶)、充装氢气,由于钢瓶倒换时间因具体条件、操作人员的熟练程度不同而不同,一般氢气钢瓶充装时间为5~15min(仅为充装氢气的时间,不包括钢瓶倒换时间)。长管钢瓶拖车的充装时间与此类似,一般长管钢瓶拖车的充装时间不少于30min,也没有包括更换拖车充装用卡具和吹扫置换时间。

5.0.13 氢气站设置起重设施是为了便于站内需要吊装重量重或外形尺寸大的设备安装、维修时使用。另据调查,采用钢瓶集装格进行氢气灌充、储运的氢气站,供氢气站内均设有起吊设施。为此本条规定,具有两种情况之一的宜设起吊设施。

6 工艺布置

6.0.1、6.0.2 这两条制定的依据是:

1 设有各类制氢装置的氢气站的生产过程、化工单元设备与各种化工产品生产过程相似,因此参照国家标准《石油化工企业设计防火规范》的规定,当氢气站内的制氢装置、储氢装置等设备室外布置时,可将氢气站内的建筑物、构筑物和室外布置的单元设备视为一套工艺装置。

2 在氢气站工艺装置内的设备、建筑物平面布置的防火间距,是参照国家标准《石油化工企业设计防火规范》GB 50160 中表4.2.1 的有关规定,并结合氢气站的特点制定的。现将该标准的表4.2.1 摘录于表5。

表5　设备、建筑物平面布置的防火间距(m)

项目	控室、变配电室、化验间办公生活间	明火设备	介质温度低于自燃点的工艺设备			介质温度等于或高于自燃点的工艺设备	
			可燃气体压缩机或压缩机房	装置储罐	其他工艺设备或其房间	内隔热衬里反应应设备	其他工艺设备及其房间
	一	一	甲A,乙B、丙A	甲A,乙B、丙A	甲,乙B、丙A	甲A,乙B、丙A	其
			甲 乙	甲 乙	甲 乙	甲	
控制室、变配电室、化验室、办公室、生活间							
明火设备		15					
可燃气体压缩机或压缩机房　甲			15	22.5			
可燃气体压缩机或压缩机房　乙			9	9			
装置储罐　甲A			22.5	22.5 15	9		
装置储罐　甲B、乙A(甲)			15	15 15	7.5		
装置储罐　乙B、丙A(乙)				7.5 7.5	9		
其他工艺设备或其房间　甲			15	15 15	9		
其他工艺设备或其房间　甲B、乙A(甲)			15	15 15	9 7.5		
其他工艺设备或其房间　乙B、丙A(乙)				7.5	7.5		

6.0.5　制定本条的依据是:

1　在现行国家标准《建筑设计防火规范》中规定有爆炸危险的甲、乙类生产部位,宜设在单层厂房靠外墙处或多层厂房的最上一层靠外墙处。若必须在甲、乙类厂房内毗邻设置办公、休息室、控制室时,应采用耐火极限不低于3h的非燃烧体护墙隔开。为此,本条规定,有爆炸危险房间不应与无爆炸危险房间直接相通。

根据既要确保安全,又要适应生产要求的原则,若工艺布置确实需要时,有爆炸危险房间与无爆炸危险房间之间,应以走廊相连或设置双门斗隔开。实际使用中,经常保持一樘门处于关闭状态,避免氢气窜入无爆炸危险房间。

2　据调查,现正运行的各种规模的氢气站中,有爆炸危险房间——水电解制氢间、氢气纯化间、氢气压缩机间等,与无爆炸危险房间——碱液间、储存间、配电间、控制室、直流电源室及其变电站等均布置在同一建筑物内,有爆炸危险房间与无爆炸危险房间之间不直接相通,以护墙相隔或经走廊或以双门斗相通。经多年的实际生产运行,证明这是可行的。

6.0.7　制定本条的依据是:

1　氢气灌瓶间、实瓶间、空瓶间与氧气灌瓶间、实瓶间、空瓶间鉴于下列因素应分别设置:

(1)氢气灌瓶间、实瓶间、空瓶间属于有爆炸危险房间;

(2)采用水电解制氢的氢气站灌充的电解氢气钢瓶或电解氧气钢瓶在使用中,时有事故发生。为确保安全生产,严格管理,避免氢气钢瓶、氧气钢瓶的错灌和实瓶、空瓶的混杂,防止事故式的发生;

(3)氢气、氧气灌充过程中,时有事故发生。例如,北京某厂高压高纯氢气管破裂,发生着火事故,将铝板地面烧毁;宝鸡某厂,氢气灌瓶时,瓶阀漏气、着火,将其铜管烧毁,灌瓶间的窗玻璃震碎;

2　灌瓶间与实瓶间、空瓶间之间的气瓶运输频繁,为方便操作、运输,运行中的氢气灌瓶间与实瓶间、空瓶间大部分是以门

洞相通。所以规定灌瓶间可通过门洞与实瓶间、空瓶间相通。

6.0.8　按美国NFPA50A(1999年版)中表3.2.1规定,氢系统总容量不超过15000ft³(425m³)可设在专用房内,相当于压力为15 MPa的气瓶71瓶。

按现行国家标准《氢气使用安全技术规程》的规定,氢气实瓶数量不超过60瓶的可与耐火等级不低于二级的用氢厂房毗连。

现行国家标准《乙炔站设计规范》中规定,当实瓶数量不超过60瓶时,空、实瓶和灌充架(汇流排)可布置在同一房间内。

鉴于上述各标准、规范的规定,特作本条规定。

6.0.10　本条制定的依据是:

1　氢气压缩机间为有爆炸危险房间,电气设施均按1区爆炸危险环境进行设防;

2　据调查,氢气压缩机、高压氢气管道及氧气压缩机都是氢气站易发生事故的部位。如:某厂氢气压缩机,因高压压力表堵塞,清理不当,发生高压氢气着火事故;北京某厂氢气站,氢气压缩机三级排气安全阀动作,氢气外溢,室内发生燃烧着火;某厂氢气站,氧气压缩机的润滑用水中断,汽缸发生燃烧,引起着火事故。

鉴于上述情况,本条规定:不得将氧气压缩机与氢气压缩机设置在同一房间内。

6.0.11　本条是在对正在运行中部分采用水电解制氢的氢气站进行调查分析的基础上制定的。近年来,国内已有多种压力型水电解槽投入生产运行,由于此类水电解槽体积较小,目前容量最大的压力型水电解槽直径小于2.0m,并在制造厂出厂前已将各电解小室组装为整体,在现场进行整体安装。水电解槽检修时,可将槽体运送至检修场所进行检修。为此,本条规定:水电解制氢间的主要通道不宜小于2.5m;水电解槽之间的净距不宜小于2.0m,已能满足需要。

由于常压水电解制氢装置仍在使用,对此本条建议"视规格、尺寸和检修要求确定"。

6.0.14　氢气钢瓶在储存、运输过程中发生瓶倒事故。不仅会造成操作人员受伤,而且还会诱发着火、爆炸,损坏房屋等严重后果。如:北京某厂曾发生一个氢气实瓶倒下,瓶阀被断折并飞出3m左右把墙打坏,钢瓶冲出1m多远;上海某厂曾发生氢气钢瓶倒事故,瓶阀损坏漏出氢气,发生氢气着火;咸阳某厂在氢气灌充时,未将钢瓶固定,引起瓶倒,发生氢气着火事故;宝鸡某厂因氢气钢瓶倒下,瓶嘴漏气,发生着火爆炸,玻璃窗被震碎。为此,为确保氢气钢瓶灌充、储存、运输中的安全,本条规定应有防止瓶倒的措施。

6.0.15　制定本条的依据是:

1　国家标准《石油化工企业设计防火规范》中规定:输送可燃气体、易燃和可燃液体的压缩机和泵,不得使用平皮带或三角皮带传动,若在特殊情况下需要使用皮带传动,应采取防止静电火花的安全措施。

2　据调查,国内氢气站中氢气灌瓶用的高压氢气压缩大部分采用3JY-0.75/150型压缩机,该设备为皮带传动,均采取了防静电接地措施。例如:北京某厂3JY-0.75/150型氢压机采取了压缩机与压缩机用电机分别接地,在压缩机旁打入2.5m长的3根相连的钢管与压缩机连接;另一工厂则采用室外埋设接地板和厂房内铝板相连,铝板与氢压机相连接的措施。

为此,制定本条规定是必要的,也是可以做到的。

6.0.16　制定本条的目的是为了确保氢气站的安全生产。

1　氢罐,不论是湿式或固定容积式都用作制氢系统的负荷调节和储存,一旦发生事故,将会造成严重后果。如北京某研究所150m³湿式氢气罐,检修时发生爆炸事故,其钟罩整体冲上空中然后落到离原地数米处,部分金属、混凝土配重飞至数百米处。又如天津某电厂设有6台容积为10m³、压力为小于等于0.8 MPa的固定容积氢气罐,1989年9月在倒罐操作过程中因氢气纯度不合格,1号罐发生爆炸事故,罐体炸成3块,底部一块重约1000kg,飞

到 29m 处,上半部就地倒下,另一块重约 260kg,爆炸后破邻近水塔,落入 150m 远的燃油车间罐区,当场炸死值班人员 1 名。再如某厂 8m³ 氢气罐,检修时发生爆炸事故,大碎片飞出 20m,小碎片飞出 40m 以外。

鉴于以上实例,为了确保氢气站的安全生产,本条规定:"氢气罐不应设在厂房内。

2 为防止湿式氢气罐的水槽内水结冻,引起钟罩升降不畅,以至卡死,造成氢气罐损坏,应设有防冻措施。据调查,在我国采暖计算温度低于 0℃ 的地区,湿式氢气罐均设有防冻措施,通常是采用蒸汽通入水槽内进行保温防冻。

3 《火力发电厂建筑设计技术规定》中规定:"制氢站的储气罐应设在室外,在寒冷地区为防止阀门冻结,可将储气罐的下半部做成封闭式,室内净高不低于 2.6m,其防爆要求同电解间"。如吉林某厂,设有 12 只 10m³ 氢气罐,罐下部 2.8m 以下全封闭,做成阀门室。

7 建筑结构

7.0.1 氢气站、供氢站有爆炸危险房间,在生产过程中散发、泄漏氢气,易形成爆炸混合气,发生火灾和爆炸事故。爆炸混合气的燃烧、爆炸扩散速度快,发生事故时疏散和抢救较困难,将会造成较大的伤亡和损失。据调查大部分的氢气站均为单层建筑。为减少发生事故时的损失和伤亡,故本条规定氢气站宜为单层建筑。

7.0.2～7.0.4 这三条是按现行国家标准《建筑设计防火规范》中有关甲类生产和厂房防爆的规定制定的。

1 国家标准《建筑设计防火规范》正在修订中,据了解该规范的修订的"报批稿"已完成,在这修订稿中对甲类生产建筑防爆泄压面积的规定和计算方法作了修改,因此本规范规定:氢气站、供氢站有爆炸危险房间泄压面积的计算应符合现行国家标准《建筑设计防火规范》的规定。

2 我国南方地区,冬季最低室外气温也在 0℃ 以上,对采用变压吸附提纯氢的氢气站中的氢气压缩机间,由于面积不大,推荐采用半敞开式或敞开式的建筑物。

7.0.6 按现行国家标准《建筑设计防火规范》的规定,凡必须贴邻设置车间办公室、休息室等,应以耐火极限不低于 3.0h 的非燃烧体墙隔开。按此要求,本条规定有爆炸危险房间与无爆炸危险房间之间采用耐火极限不低于 3.0h 的非燃烧体墙分隔。若当设置双门斗相通时,应采用甲级防火门窗。为此本条规定门的耐火极限不低于 1.2h。

7.0.7 为防止爆炸着火事故的发生,本条规定在有爆炸危险房间的门窗宜采用撞击时不起火花的材料制作。撞击时不起火花的门窗材料有木材、铝、橡胶、塑料等。亦可以仅在门窗经常开启部分采用不起火花材料制作,以防止铁制窗框直接撞击。

7.0.8 为方便氢气钢瓶的装卸,减少劳动强度,应设气瓶装卸平台。因平台上来往操作和气瓶运输频繁,应设置大于平台宽度的雨篷,用以遮阳和遮雨雪。由于氢气属甲类生产,雨篷及其支撑材料应为不燃材料。

7.0.9 氢气灌瓶间设置防护墙,是为减少灌瓶过程中由于管理不严和操作失误造成的爆炸事故所带来的损失和影响,保护操作人员人身安全。一些工厂氢气站在操作规程中规定,当气瓶灌充支管、夹子连接后,操作人员走到防护墙外面打开充气总阀进行灌充。为此,本条规定应设 2m 高的防护墙,其墙体材料宜采用钢筋混凝土。

气瓶受日光强烈直射后,瓶内气体压力随温度升高而升高,会引起超压的不安全性,为此规定应采取防止阳光直射气瓶的措施,一般采用窗玻璃涂白、磨砂玻璃以及遮阳板等方法。

7.0.10 氢气轻,易聚积在房屋上方。屋盖下表面的构造要有利于氢气的排出,屋盖顶部一般设自然通风帽、通风屋脊、天窗或老虎窗等,以保持通风良好,使氢气能从最高通风装置导出。为此,本条规定有爆炸危险房间上部空间应自然通风良好,顶棚平整,避免死角。

7.0.11 氢气站的水电解制氢间室温较高,设置天窗不但通风好且利于排热,当跨度大于 9m 时,宜设天窗。为排净氢气,天窗、排气孔应设在最高处。

7.0.12 据调查,即使在我国北方,氢气站的水电解制氢间内如果自然通风不好,室温也可达 40～50℃。为改善通风,加强排热,对水电解制氢的屋架下弦高度作了不得低于 5.0m 的规定。此规定与目前各行业正运行中的氢气站的水电解制氢间的屋架下弦高度基本一致;氢气站采用变压吸附提纯氢装置设在室内的制氢间,一般均为小型的 PSA 装置,此类制氢间的屋架下弦高度不得低于 5.0m,可满足要求。

对氢气压缩机间、氢气纯化间、氢气灌瓶间、氢气集装瓶间等的屋架下弦高度均规定了下限值,具体执行中应视设备外形尺寸和设备检修需要确定。

8 电气及仪表控制

8.0.1 氢气站、供氢站的各类设备,停电后自身不致损坏,按现行国家标准《供配电系统设计规范》规定的负荷分级,为三级负荷。

发电厂氢气站生产的氢气是供冷却发电机使用,如停止供应氢气将使发电机不能正常运行,但其氢气罐储量大,设计储存期达 7～10d,制氢设备短时中断供电,对发电机运行不致产生较大影响。当氢气站、供氢站作为工业产品生产的动力供应源时,其负荷等级与中断供氢所造成的损失直接有关。如浮法玻璃生产线,用氢量小,而氢气罐储量小,有的工厂甚至未设氢气罐,一旦停止供气,将造成玻璃和锡槽上层锡液报废,经济损失较大。而熔炼玻璃的窑炉又属一级负荷,此类氢气站供电负荷等级要相应提高。所以本条规定,除中断供氢将造成较大损失者外,宜为三级负荷。

8.0.4 氢气是易燃易爆气体,爆炸范围宽、点火能量低,比重又小,极易向上扩散。为了安全,规定灯具宜在低处安装,并不得在氢气释放源正上方布灯。

在相同照度下,采用荧光灯等高效光源,可以减少灯数,降低造价。此外,荧光灯等高效光源使用寿命长,灯具表面温度低,受电压波动影响小,维修工作量少。

制氢间等是有爆炸危险的生产过程,多为三班制运行,一旦中断照明,影响较大。因此,氢气站内一般宜设应急照明。

8.0.5 氢气站内有爆炸危险环境内的电缆及电缆敷设应符合现行国家标准。敷设的导线和电缆用钢管保护时,应按本条规定进行隔离密封。

8.0.6 为保证在有爆炸危险房间内的生产设备及人身安全,应设氢气检漏报警装置。目前国内生产的氢气检漏报警装置,按检测原理划分有接触燃烧式、热元件式、气敏半导体式和钯栅场效应晶体式 4 种。这 4 种各有优缺点,其中,钯栅场效应晶体式应用的较多。据调查,使用该产品的用户均表示满意。其优点是灵敏度和选择性好,只对氢气报警,探头使用寿命约 10000h。

将超限报警触点接入事故排风机控制回路进行联锁后,当氢气超量形成隐患或事故发生时,能及时自动开启风机进行排除。

8.0.7 制定本条的依据:

1 为确保氢气站生产的氢气质量和纯度以及生产安全,在运行中应按规定进行纯度分析,因此要配置氢气纯度分析仪、高纯氢气中杂质含量分析仪。据调查,现在运行中的氢气站一般采用人工分析和自动分析。人工分析所用仪器简单,价格低。自动分析仪器,国内已有定型产品生产。已在一些制氢装置中成套供应,提供自动分析仪表。对变压吸附提纯氢系统,为使系统稳定运行,还应对原料气纯度或组分进行分析。

2 在水电解制氢系统生产氢气的同时,有副产品氧。氧气回收利用,相应降低氢气的单位能耗,以取得较好的社会效益和经济效益。为确保安全,此类水电解制氢装置,应设置本条规定的分析仪器和报警装置,可参见本规范第4.0.3条的说明。

8.0.9 制定本条的依据是:

1 水电解槽是以电阻为主的非线性负荷,水电解槽常温状态开车时,需要调节电压,使电流逐步升高,直至达到额定电流,历时数小时。正常生产时,为控制产气量,也要调节电解电压。停车时有一定的反电势,停车电压高,反电势也高,停车电压低,反电势低。因此,停车时要适时调节电压,缓慢降低电流到额定电流的20%~30%时,再切断电源。由于每台水电解槽的参数不同,开、停车和正常生产时需要调压的高低有差异,因此每台水电解槽应配置单独整流设备供电,以便按照需要进行调节。更重要的是,采用单独整流设备供电,可以防止多台水电解槽共用同一直流电源可能产生的环流现象,有利于保证水电解制氢系统安全运行和延长水电解槽使用寿命。

目前,可供水电解槽使用的性能优良的直流电源是晶闸管整流器和硅整流器。

晶闸管整流器具有体积小、效率高、调节方便和易于实现自动稳流、稳压等优点。随着晶闸管质量和容量的提高,触发线路抗干扰性能和保护环节的不断改善,使用范围正逐步扩大。不足之处是选用或运行不当时,回路中出现高次谐波,引起损耗加大,甚至使网络波形畸变。

硅整流器具有输出波形好、工作可靠和维修方便,可自动稳定电流等优点,使用比较广泛,但采用饱和电抗器调压和自动稳流噪声大,整流效率低。

2 整流器配置专用整流变压器后,可防止环流和整流器输出的偏流现象,起到电气隔离作用,有利于保证生产安全、节能和延长水电解槽使用寿命。

将三相整流变压器绕组中的一侧按三角形(△)接线,可消除三次谐波电流对电网的干扰。

3 晶闸管和硅整流设备是谐波发生源,能向电网注入谐波电流,造成电网电压正弦波畸变,电能质量下降。按原电力部颁发的《电力系统谐波管理暂行规定》,整流装置对电网的谐波干扰应限制在允许的范围内,方能接电运行。

8.0.10 本条制定的依据是:

1 高压整流变压器室的设计要求与配电变压器相同。因此设计时,应按《10kV及以下变电所设计规范》执行。

2 当整流变压器室远离高压配电室时,为了保证维修人员的安全,在高压侧要有直观的断电点。为此,规定在高压进线侧宜设负荷开关或隔离开关。

3 采用水电解制氢的氢气站电解间应为爆炸危险房间,但由于设备特点,当采用裸母线时,应防止因金属导体短路、撞击或母线连接不良而产生火花,一般应采用以下措施:

(1)母线在地沟内敷设,且地沟设盖板;

(2)母线明敷时要有保护网罩,如金属网罩等;

(3)母线连接采用焊接;

(4)螺栓连接(母线与设备间)时,母线连接处应蘸锡,连接要可靠,并防止自动松脱。

8.0.11 氢气压缩和灌瓶操作的关系十分密切,两处又都是爆炸危险环境,为便于协调生产,规定应设置联系信号。

8.0.12、8.0.13 这两条是规定氢气站、供氢站在通常情况下,为了安全、稳定的运行和方便进行管理,应设置的压力检测、温度检测项目。

8.0.14 氢气站、供氢站通常情况下均应设自动控制系统,近年来建设的站房都是这样做的,只不过自控范围、内容有所不同。氢气站无人值守的全自动控制系统,国内已有实例,但因造价较高,应按业主需要确定。

9 防雷及接地

9.0.2 根据现行国家标准《爆炸和火灾危险环境电力装置设计规范》及本规范第1.0.3条的规定,氢气站、供氢站内部分房间以及氢气罐为1区爆炸危险环境。按现行国家标准《建筑物防雷设计规范》规定,凡属于1区爆炸危险环境为第一或第二类防雷建筑,因此本条规定:"氢气站、供氢站的防雷分类不应低于第二类防雷建筑。"应设有防直击雷、防雷电感应和防雷电波侵入的措施。通风风帽、氢气放散管等突出屋面的物体均应按现行国家标准《建筑物防雷设计规范》的有关规定执行。

9.0.3 Ⅰ类防雷建筑物应设独立避雷针、架空避雷线或架空避雷网,并应有独立的接地装置。除此类建筑外的不同用途接地可共用一个总的接地装置,其接地电阻应符合其中最小值。因此,作了本条的规定。

9.0.4 有爆炸危险房间内的较大型金属物(如设备、管道、构架等)应进行良好的接地处理,是防雷电感应的主要措施。在正常环境无锈的情况下,管道接头、阀门、法兰盘等接触电阻一般均在0.03Ω以下。但若管道接头生锈,会使接触电阻增大。根据试验,螺栓连接的法兰盘之间如生锈腐蚀,在雷电流幅值相当低(10.7kA)的情况下,法兰盘间也能发生火花。氢气站如不注意经常检查并测试管道接头等的过渡电阻,一旦接头处生锈,则十分危险。为此,规定所有管道,包括暖气管及水管法兰盘、阀门接头均应采用金属线跨接。

9.0.5 本条是参照现行国家标准《建筑物防雷设计规范》中有关第一类防雷建筑物防止雷电波侵入措施"架空金属管道,在进出建筑物处应与防雷感应的接地装置相连。距离建筑物100m内的管道,应每隔25m左右接地一次,其冲击接地电阻不应大于20Ω"等规定制定。

9.0.6 为加速管道上静电荷释放而制定,并参考《化工企业静电接地设计规程》中的有关规定和要求制定本条。

9.0.7 本条的制定根据是:多年来大部分室外氢气罐等封闭式容器的防雷均采用容器外壁作为"接闪器"保护方式,已有多年的运行实践经验。

9.0.8 凡需接地的设备、管道设接地端子,接地端子与接地线之间采用螺栓紧固连接以便于平时检修。为了接地连接可靠,对有振动、位移的设备和管道采用挠性过渡连接是必要的。

10 给水排水及消防

10.0.1 电子、冶金、电力、石油化工等行业的氢气站均设有一定容积的氢气罐,当暂时中断供水,各类制氢装置停止运行,也不会影响供氢及制氢设备的安全,氢气站用水采用一路供水。但玻璃等行业部分氢气站无氢气罐,若制氢设备停止运行,中断供氢,使浮法玻璃生产用锡槽的锡液氧化,将会造成较大损失,该类工厂冷却水均为两路供水。

10.0.2 制定本条的依据是:

1 根据国家节约用水政策及供水日趋紧张的状况,应对直流供水进行限制,所以规定冷却水宜为循环水。

氢气站、供氢站冷却水宜与全厂循环冷却水统一考虑,有的站自行设置时，宜采用闭式循环系统。

2 据调查，现有氢气站冷却水水压一般在 0.15～0.35 MPa 范围内，已满足需要。冷却水水质及排水温度按《压缩空气站设计规范》的有关要求确定。对冷却水的热稳定性的要求是防止结垢，部分工厂采用软水复用或循环。

3 氢气站、供氢站装设断水保护装置是十分必要的，否则水压不够，造成制氢设备、氢气压缩机等运行不正常，甚至发生事故。冷却水中断后还会使气体温度升高，影响制氢、供氢系统正常运行。因此，本条规定应设断水保护装置。

10.0.5 已调查的氢气站、供氢站有爆炸危险房间及电气设备房间，如变压器间、直流电源室、配电间、控制室，均设有二氧化碳、"干粉"等灭火装置；电气设备房间不得采用水消防。

11 采暖通风

11.0.1 可燃气体燃烧、爆炸的条件：一是达到一定的浓度范围，二是有明火。所以"严禁明火"是氢气站、供氢站至关重要的安全措施之一，而且，不得采用电炉、火炉等明火取暖。

要求选用易于清除灰尘的散热器，如柱型、光管、钢制板式换热器等，是为了保持清洁，防止因积灰扬尘而引起爆炸，以确保安全。

11.0.2 生产房间采暖计算温度不低于 15℃ 是按照《工业企业设计卫生标准》的规定。空、实瓶间内不是经常有人值班、作业，所以将采暖计算温度降为 10℃。

氢气罐阀门室温度要求不低于 5℃，是为了防止室内结冰，冻裂管道、阀门而泄漏氢气。

11.0.3、11.0.4 由于氢气钢瓶是灌充氢气（压力大于或等于 15 MPa）的高压容器，为防止氢气钢瓶受热超压，所以制定本条规定。对条文中规定的房间内的散热器，应采取隔热措施。

11.0.5 制定本条的依据是：

1 如果室内通风不良，外泄的氢气积聚到爆炸极限范围时，一旦遇火源，就会立即引起爆炸事故。氢气比重仅为空气的 1/14，极易扩散，所以只要厂房高处设通风帽或天窗，靠自然风力或温差的作用，新鲜空气置换含氢空气，氢气浓度就会大大低于爆炸极限。自然通风，无疑是安全防爆的有效措施之一。

现行国家标准《爆炸和火灾危险环境电力装置设计规范》中规定："当通风良好时，应降低爆炸危险区域等级；当通风不良时，应提高爆炸危险区域等级。"

事故排风装置，是针对制氢系统一旦发生大量氢气泄漏事故时，自然通风的换气次数不能适应紧急换气、氢气扩散的要求而设置并即时启动。

2 据调查，现运行中的氢气站内有爆炸危险房间每小时自然换气次数和事故排风换气次数，均分别按 3 次和小于 12 次设计，已安全运行几十年，未曾发现因换气次数选用不当而酿成事故。

12 氢气管道

12.0.1 气体的流速有经济流速和安全流速之分，对可燃性气体主要应着眼于安全流速。氢气具有着火能量低，与空气、氧混合燃烧和爆炸极限宽，燃烧速度快等特点，所以在生产和使用过程中的燃烧、爆炸问题应特别注意。氢与空气或与氧混合形成处于爆炸极限范围内的可燃性混合物和着火源同时存在，是燃烧和爆炸的两个基本条件。为此，应管理好可燃烧性物质，防止氢气泄漏、逸出和积累，注意系统的密封、抑制和监视爆炸性混合物的形成。同

时要管理好着火源。着火源分自燃和外因点燃两大类。火源的形成和性质见表6。

表6　火源的形成和性质

着火源分类	内　容
机械着火源	冲击和摩擦、绝热压缩
热着火源	高温表面、热辐射
电着火源	电火花、静电火花
化学着火源	明火、自然发热

氢气在管道内流动，当流速大，与管壁摩擦增强，特别是管道内含有铁锈杂质时，形成静电火花。据美国宇航局统计的 96 次氢气事故中，氢气释放到大气与空气混合后着火事故占 62%，静电引起的着火事故占 17.2%。多年以来，在氢气管道设计中控制流速为 8m/s，本规范修订前，规定碳钢管中氢气最大流速：当压力大于 1.6 MPa 时为 8m/s，0.1～1.6 MPa 为 12m/s；不锈钢管为 15m/s。原规范执行中一些单位询问和提供超过规定最大流速的有关问题和情况，如扬子石化—巴斯夫公司提供，该公司相关石化装置的氢气流速采用小于 20m/s。近年来，随着我国引进技术、设备和技术交往，许多单位实际又突破原规范的规定流速。国内已建部分氢气管道流速见表7。

表7　国内部分单位氢气管道流速

单位	技术参数			流速 (m/s)	备注
	流量 (m³/h)	压力 (MPa)	管径 (mm)		
上海某厂	60	0.3	D27.2×2.1	10.0	碳钢管
某　　所	40	0.3	D27.2×2.1	11.5	
武汉某厂	750	0.2	D89.1×4.2	13.6	
无锡某厂	140	0.4	D34×2.8	15.8	
上海某钢厂	160	0.5	D32×3	13.9	不锈钢管

从表7可见，氢气流速比修订前规定流速有所提高是可行的。为确保安全生产，应在接地、防泄漏方面加强技术措施。随着技术、材料及施工管理水平的提高，这是完全可以做到的，如：管道内壁除锈至本色；碳钢管氩弧焊作底焊，防焊渣落入管道中；安装过程中和安装后防止焊渣、铁锈滞留在管内并进行吹扫；泄漏量试验要求泄漏率以小于 0.5% 为合格；室外管道接地，阀门、法兰金属线跨接，设备、管道设接地端头等。

在国家标准《氧气及相关气体安全技术规程》GB 16912—1997 中规定管道中氧气的最高允许流速为：工作压力大于 0.1 小于或等于 3.0 MPa 时，碳钢 15m/s，不锈钢 25m/s；工作压力大于 3.0 小于 10 MPa 时，不锈钢 10m/s。本次修订参考此规定对氢气最大流速作了适当修改。

12.0.2 为避免因氢气泄漏造成燃烧和爆炸事故的发生，规定氢气管道的管材应采用无缝钢管，不采用具有焊缝的焊接钢管、电焊钢管等。

12.0.4 法兰和垫片的选用按工作介质的压力、温度和需要密封程度确定。由于氢气易泄漏，密封程度要求高，规定压力大于 2.5 MPa 采用凹凸式或榫槽式或梯形槽法兰。

根据实际使用情况和保证氢气管道连接部位的密封，规定工作压力小于 10 MPa，氢气管道垫片采用聚四氟乙烯或金属缠绕式垫片；压力大于等于 10 MPa，垫片采用硬质纸板或退火紫铜板。

12.0.5 氢气是易燃易爆气体，管道应采用焊接，以防止产生泄漏。与设备、阀门连接处允许采用法兰或丝扣连接，是因受阀门、设备本身连接方式的限制，从国内外氢气管道敷设情况看，几乎都是采用这种方法。

丝扣连接处采用聚四氟乙烯薄膜作填料，具有清洁、施工方便，安全性、密封性好的优点，目前国内外应用较为普遍，可以替代以往常用的涂铅油的麻或棉丝。

12.0.6 管道穿过墙壁或楼板时，为使管道不承受外力作用并能自由膨胀及施工检修方便，故要求敷设在套管内；套管内的管段不得有焊缝，是为了避免因有焊缝不便检查而无法发现泄漏氢气所带来的不安全性。此外，为防止氢气漏到其他房间引起意外事故，故要求在管道与套管的间隙应用不燃材料填堵。

12.0.7 为防止检修其他管道时，焊渣火花落在氢气管道上发生危险，也为了防止氢气管道发生事故时影响其他管道；又因氢气轻，极易向上扩散，所以规定氢气管道布置在其他管道外侧和上层。

12.0.8 输送湿氢及需做水压试验的管道，因有积水、排水问题，规定管道坡度不小于3‰，并在最低点处设排水装置排水，防止排水时氢气泄漏。

12.0.9 氢气放空管设阻火器，是为了在氢气放空时，一旦雷击引起燃烧爆炸事故时起阻止事故蔓延作用。阻火器位置以往有的设在室内，以便于维修；也有的设在室外，利于防雷击。本条规定，应设在管口处。氢气放空管高出屋脊1m是为使氢气排空时，不倒灌入室内。

压力大于0.1MPa氢气放空管，为防止氢气放空时流速过大，并考虑放空管设在室外被雨水、湿空气腐蚀产生铁锈引起放空时氢气的燃烧、爆炸事故，本条规定放空管在阻火器后的管材应采用不锈钢管。

12.0.10 本条制定的依据是：

1 氢气站、供氢站及车间内氢气管道，为便于施工和操作维修，避免或减少泄漏的不安全性，规定宜沿墙、柱架空敷设。

2 为避免因氢气泄漏造成不必要的人身和国家财产的损失，规定氢气管道不准穿过生活间、办公室和穿过不使用氢气的房间。

3 进入用户车间设切断阀，是为便于车间管理，安全生产。一旦事故发生时，切断气源。设流量记录累计仪表，便于车间独立经济核算。

4 氢气系统在投入使用前或者需要动火检修时，均需以氢气或其他惰性气体进行系统的吹扫置换，因此规定管道末端设放空管。

5 氢气的火焰传播速度快，一旦回火便迅速传至整个系统，后果严重。接至有明火的用氢设备的支管上装设阻火器，是为了在一台用氢设备出事故产生回火时不影响或尽量减少影响其他使用点的一项安全措施，以达到安全生产。

12.0.11 本条制定的依据是：

1 氢气为易燃易爆气体，为防止氢气管道火灾事故扩大，故规定支架采用不燃材料制作；

2 为防止湿氢管道在寒冷地区结冻堵塞，规定采取防冻措施。一般采取管道保温或采用不超过70℃的热水管伴随保温。

12.0.12 本条制定的依据是：

1 埋地敷设深度，按现行国家标准《工矿企业总平面设计规范》规定。

2 土壤腐蚀性等级分为低、中、高三级，防腐层分别采用普通、加强和特加强三个等级。各级防腐层结构见表8。

表8 防腐层结构

防腐层等级	防腐层结构层次									总厚度(mm)	适用土壤腐蚀等级
	1	2	3	4	5	6	7	8	9		
普通	底漆一层	沥青2mm	玻璃布一层	沥青2mm	外包层	—	—	—	—	4	低
加强	底漆一层	沥青2mm	玻璃布一层	沥青2mm	玻璃布一层	沥青2mm	外包层	—	—	6	中
特加强	底漆一层	沥青2mm	玻璃布一层	沥青2mm	玻璃布一层	沥青2mm	玻璃布一层	沥青2mm	外包层	8	高

一般情况下埋地氢气管道采用加强级防腐层。

3 按现行国家标准《工矿企业总平面设计规范》中有关管线综合和绿化布置的规定。当必须穿过热力地沟时，加设套管。规定套管和套管内的管段不应有焊缝，是为了防止氢气泄漏进入地沟甚至窜入建筑物、构筑物内，形成氢气爆炸混合物，引起事故的发生。

4 敷设在铁路和不便开挖的道路下面的管道设套管，主要考虑到便于氢气管检修，同时避免使氢气管道承受外力作用。套管内的管段应是无焊缝的。

5 为防止从管底到管子上部以上300mm范围内回填土块、石头等杂物形成空洞，一旦氢气泄漏时，积聚形成爆炸性气体，故回填土前应在管子上部300mm范围内，用松散土填平夯实或填满砂子后才可再回填土。

12.0.13 明沟敷设在电力部门应用较多，实质上是一种低架空敷设，其要求与架空敷设相同。为确保安全，本条作了较严格的规定。

12.0.14 氢气管道能否安全运行，施工条件和施工质量起着很重要的作用，必须引起重视。目前国内现行国家标准对所有各种工业管道作出的规定具有通用性、普遍性。对氢气管道来说，因它是易燃易爆气体，具有危险性，从安全角度需要作补充规定。本条就是根据国内经验提出的氢气管道设计对施工及验收的要求。

1 氢气管道引起燃烧爆炸的条件有两个：一是形成氢气与空气或氧气的爆炸混合气；二是有火源。为防止氢气事故的发生，必须要千方百计地消除或防止产生上述两个条件。根据这一基本点，氢气管道中如有铁锈、焊渣等杂物时，被高速氢气流带动与管壁摩擦容易产生火源，特别是管道内壁有毛刺、焊渣突出物时更增加碰撞起火的危险，所以应比其他管道要求严格。

2 碳钢管焊接采用氩弧焊作底焊，是为防止焊渣进入管道内的一项安全技术措施，但施工费用增加，以往氢气管道并未这样做，为此，本条规定宜采用氩弧焊作底焊。

3 为确保氢气管道系统安全运行，在安装过程中每个环节每个步骤均要采取措施防止焊渣、铁屑、可燃物等进入，否则在管道安装完毕再来检查和消除是十分麻烦、十分困难的，不易彻底清除干净。为此，规定应采取措施，防止焊渣等进入管内。

4 氢气管道强度试验、气密性试验和泄漏量试验是检验施工安装最终质量的重要手段，为统一标准制定本条。

一般管道强度试验以液压进行，考虑到液压试验后，水分除去很困难，易使管道内壁产生锈蚀，影响安全运行。为此，规定对压力小于3.0MPa的氢气管道做气压强度试验；对压力大于等于3.0MPa的管道，为了安全，采用水压强度试验。以气压做强度试验时，应制定严密的安全措施，防止意外事故的发生。

气密性试验一般管道按工作压力进行，考虑到氢气渗透性强，为防止泄漏，按照现行国家标准《钢制压力容器》规定的气密性试验压力，规定为1.05P。

对泄漏量试验合格的泄漏率规定，是根据氢气渗透性强的特性，经国内多年实践证明可行，并符合安全要求。泄漏率可按下列计算方法进行：

当氢气管道公称直径小于或等于300mm时：

$$A = \left[1 - \frac{(273+t_1)P_2}{(273+t_2)P_1}\right] \times \frac{100}{24}$$

当氢气管道公称直径大于300mm时：

$$A = \left[1 - \frac{(273+t_1)P_2}{(273+t_2)P_1}\right] \times \frac{100}{24} \times \frac{D_N}{0.3}$$

式中 A——泄漏率(%/h)；

P_1、P_2——试验开始、终了时的绝对压力(MPa)；

t_1、t_2——试验开始、终了时的温度(℃)；

D_N——氢气管道公称直径(m)。

附录 A 氢气站爆炸危险区域的
等级范围划分

A.0.1 氢气站爆炸危险区域的等级范围划分，是以现行国家标准《爆炸和火灾危险环境电力装置设计规范》GB 50058 中的有关

规定和氢气站设计的特点制定。

A.0.2 氢气密度小、易扩散，参照 GB 50058 中对比空气轻的可燃气体的生产、储存、使用场所的有关规定，本标准规定：氢气站内制氢间等有爆炸危险房间为 1 区；从这类房间的门窗边沿计算的房间外，半径为 4.5mm 的地面、空间区域为 2 区；氢气站的室外制氢设备、氢气罐等，从设备边沿计算，距离为 4.5m，顶部距离为 7.5m 的区域为 2 区；对氢气排放口，从排放口计算，半径为 4.5m 的空间和顶部距离为 7.5m 的区域为 2 区。

中华人民共和国国家标准

发生炉煤气站设计规范

GB 50195—94

条 文 说 明

制 订 说 明

《发生炉煤气站设计规范》是根据国家计委计综 [1987] 2390 号文和建设部建标 [1991] 727 号文的要求,由机械工业部负责主编,具体由机械工业部设计研究院会同冶金工业部北京钢铁设计研究总院、国家建筑材料工业局秦皇岛玻璃工业设计研究院、建设部中国市政工程华北设计院等单位共同编制而成。经建设部 1994 年 1 月 14 日以建标 [1994] 35 号文批准,并会同国家技术监督局联合发布。

在本规范的编制过程中,规范编制组进行了广泛的调查研究,认真总结了我国发生炉煤气站的运行情况和使用经验,并广泛征求了我国有关单位的意见。最后由我部会同有关部门审查定稿。

鉴于本规范系初次编制,在执行过程中,希望各单位结合工程实践和科学研究,认真总结经验,注意积累资料,如发现需要修改和补充之处,请将意见和有关资料寄交机械工业部设计研究院《发生炉煤气站设计规范》管理组(北京市王府井 277 号,邮政编码:100740),并抄送机械工业部,以供今后修订时参考。

本条文说明仅供国内使用,不得外传和翻印。

机械工业部
一九九四年一月

目　次

1 总　则

1.0.1 说明本规范的制订目的和重要性，明确设计时必须认真贯彻各项方针政策；设计中要对安全设施周密考虑，保证安全生产，做到安全可靠；要认真合理地节约能源，提高设计质量，使其能在日常生产中发挥经济效益和社会效益；同时要重视对周围环境的保护，以保障人民身体的健康。

1.0.2 说明本规范适用于工业企业新建、扩建和改建的以煤为气化燃料、在常压下鼓风的固定床气化的发生炉煤气站和煤气管道的设计，不适用于高压气化、粉煤气化的发生炉和熔渣发生炉装备的煤气站。

水煤气站也是采用固定床的煤气发生炉，也有一段水煤气发生炉和两段水煤气发生炉之分，但生产的均是水煤气，其工艺生产方法及煤气的性质均与发生炉煤气有所不同，为了避免误解，故本条作出规定。

1.0.3 根据1979年9月全国人大常委会通过的《中华人民共和国环境保护法（试行）》的规定："对新建、扩建改建的工矿企业，要从基建选址起，就贯彻'预防为主'，做到环境保护措施和主体工程同时设计，同时施工，同时投产，各级主管部门要会同环境保护等部门严格把关。"故作出本条的规定。

1.0.4 发生炉煤气站和煤气管道的设计除应执行本规范的规定外，还应符合国家现行的标准、规范和规程的要求。有关的标准规范和规程列举如下：

（1）《工业企业设计卫生标准》；
（2）《建筑设计防火规范》；
（3）《工业企业煤气安全规程》；
（4）《爆炸和火灾危险环境电力装置设计规范》；
（5）《室外给水设计规范》；
（6）《工业"三废"排水试行标准》；
（7）《大气环境质量标准》；
（8）《压力容器安全技术监察规程》；
（9）《低压锅炉水质标准》；
（10）《工业企业噪声控制设计规范》；
（11）《工业与民用35千伏及以下架空电力线路设计规范》；
（12）《工业企业采暖通风和空气调节设计规范》；
（13）《供配电系统设计规范》；
（14）《建筑防雷设计规范》；
（15）《湿陷性黄土地区建筑规范》；
（16）《工业企业总平面设计规范》；
（17）《工业循环水冷却设计规范》；
（18）《小型火力发电厂设计规范》；
（19）《工厂电力设计技术规程》；
（20）《电气装置安装工程施工及验收规范》；
（21）《石油化工企业设计防火规范》；
（22）《氧气站设计规范》；
（23）《乙炔站设计规范》。

3 煤 种 选 择

3.0.1 初步设计前，应由使用单位与承担设计的单位共同协商后，按本规范第3.0.2、3.0.3、3.0.4条的要求确定煤种，并由使用单位将申请供煤报告送有关部门审批，取得批准文件或协议后，才能进行施工图的设计。

3.0.2 气化用煤的选择与用户对煤气发热量和硫化氢含量的要求有关。在初步设计前，应由使用单位按照煤炭供应关系提出申请。在设计中，要本着就地就近的原则选择煤种、矿别。

根据国家计委文件精神，条文中规定："气化的煤种应根据用户对煤气质量的要求和就地就近供应的原则，经技术经济比较后选择确定。"

3.0.3 国家标准局1988年4月29日发布《常压固定床煤气发生炉用煤质量标准》GB 9143—88，1989年2月1日实施。标准中规定：

（1）常压固定床煤气发生炉用煤的类别为：长焰煤、不粘煤、弱粘煤、1/2中粘煤、气煤、1/3焦煤、贫煤和无烟煤。

（2）常压固定床煤气发生炉用煤质量必须符合表1要求：

表1　常压固定床煤气发生炉用煤质量要求

项 目	技 术 要 求	试验方法
粒度分级	烟煤：13～25mm，25～50mm，50～100mm，25～80mm 无烟煤：6～13mm，13～25mm，25～50mm	GB 189
块煤限下率	50～100mm 粒度级≤15% 25～50mm 粒度级≤18% 25～80mm 粒度级≤18%	MT1
含矸率	一级＜2.0% 二级 2.0%～3.0%	MT1
灰分（A_d）	一级 A_d≤18.0% 二级 18.0%＜A_d≤24.0%	GB 212
全硫（$S_{t,d}$）	$S_{t,d}$≤2.0%	GB 214
煤灰软化温度（ST）	ST≥1250℃ 但当 A_d≤18.0%时，ST≥1150℃	GB 219
热稳定性（TS_{+6}）	TS_{+6}≥60.0%	GB 1573
抗碎强度（＞25mm）	＞60.0%	GB 7561

项　目	技　术　要　求	试验方法
胶质层厚度 (Y)	发生炉无搅拌装置，$Y<$ 12mm 发生炉有搅拌装置，$Y<$ 16mm	GB 479
发热量 ($Q_{net \cdot ar}$)	无烟煤 $Q_{net \cdot at}>23.0MJ/kg$ 烟煤 $Q_{net \cdot ar}>21.0MJ/kg$	GB 213

（3）煤样应按 GB 475 采取，按 GB 474 缩制。

3.0.4 为了保证燃料在两段煤气发生炉内正常干馏和气化，要求入炉煤的粒度尽量均匀，根据国内外两段煤气发生炉操作数据，入炉煤的最佳粒度为20～40mm。考虑到我国目前的实际情况，条文中规定两段煤气发生炉煤的粒度为 20～40mm，25～50mm，30～60mm，限使用其中的一级，如果炉内煤块大小相差悬殊，会使大块煤中挥发分残留过多，影响干馏和气化效果。因此，条文中还规定最大粒度与最小粒度之比不大于2。为使整个炉床透气性均匀，并减少煤层阻力，又规定入炉煤的块煤限下率不大于10%。

两段煤气发生炉的原料主要是弱粘结性烟煤，这种煤的挥发分范围是 20%～37%。淄博建筑陶瓷厂引进的两段煤气发生炉，其合同规定干基挥发分为20%～25%。目前我国引进和自建的两段煤气发生炉，使用的原料多数为大同煤，干基挥发分约25%；其次是阜新煤，干基挥发分约35%。为扩大两段煤气发生炉原料，本条文规定干基挥发分大于、等于20%。

在两段煤气发生炉内，半焦产率约75%～80%。当入炉煤的干基灰分为18%时，气化段中半焦的干基灰分约22.5%～24%，这个数据符合一段煤气发生炉对入炉煤干基灰分小于、等于24%的要求。但若入炉煤干基挥发分超过25%、达到35%时，则半焦产率将减少到65%。为使气化段中半焦的干基灰分不大于24%，入炉煤的干基灰分不应大于15.6%。实际上这个指标超过一些，仍可正常气化，本条的规定并不严格，执行时应从实际出发，综合考虑。

国际硬煤分类中，以自由膨胀序数和罗加指数代表的粘结性划分成0～3四个组别，如表2。

表2　煤的粘结性分组

组别	自由膨胀序数	罗加指数	粘结程度
0	0～1/2	0～5	不粘结至微粘结
1	1～2	>5～20	弱粘结
2	$2\frac{1}{2}$～4	>22～45	中等粘结
3	>4	>45	中等至强粘结

自由膨胀序数是干馏段内炭化用煤的安全指标，如果自由膨胀序数过高，煤熔融的膨胀量超过干馏段锥形扩大幅度，会使煤层与炉壁粘附而不能均匀下

降，必须进行打钎，这时又可能造成煤层大幅度下降。同时，过量的炉顶打钎作业易使干馏段炉壁损坏，降低炉体寿命。意大利、法国和美国的厂商要求两段煤气发生炉入炉煤的自由膨胀序数小于、等于2.5。波兰的厂商要求罗加指数小于、等于20。我国目前用于两段煤气发生炉的煤种只有大同煤和阜新煤，这两种煤的自由膨胀序数都小于1.5，阜新煤的罗加指数小于12。根据国内外的生产情况，并对照表2中对粘结程度的划分，自由膨胀序数达到2.5时，属于中等粘结程度。两段煤气发生炉内不设破粘装置，只能使用弱粘结性煤。故本条文中规定自由膨胀序数小于、等于2，罗加指数小于、等于20。

由于两段煤气发生炉炉身高，煤层顶部和上段出口煤气温度均低，煤入炉后有一个预热阶段，可以改善煤的热稳定性，因此，两段煤气发生炉对煤的热稳定性要求，可以比一段煤气发生炉放宽一些。鉴于目前国内还缺乏这方面的数据，究竟放宽到何种尺度尚不能定论，所以，本条文暂定热稳定性指标大于60%，与一段煤气发生炉的指标相同。两段煤气发生炉主要使用烟煤为原料，其热稳定性优于无烟煤，大多数烟煤的热稳定性指标是可以达到这个要求的。

两段煤气发生炉加煤时，煤的落差比一段煤气发生炉小得多。但另一方面，两段煤气发生炉厂房贮煤层的标高比一段煤气发生炉高得多，煤的提升距离大，因此，对两段煤气发生炉用煤的抗碎强度的规定不应低于一段煤气发生炉。由于目前尚无实际操作数据，故本条文按一段煤气发生炉的数据，规定两段煤气发生炉用煤的抗碎强度大于60%。

两段煤气发生炉干馏段的最佳操作温度为500～550℃，要求下段煤气出口温度600～650℃，此时气化段操作温度应为 1200～1250℃。所以煤灰熔融性软化温度应大于、等于1250℃。结合我国煤资源情况，对煤灰熔融性软化温度要求达到1300℃是不现实的，但要求其达到1250℃还是可行的。因此，条文中规定两段煤气发生炉入炉煤的灰熔融性软化温度大于、等于1250℃。

3.0.5 煤的气化指标和选用煤气发生炉炉型有关。如采用无烟煤气化的煤气发生炉，同样是3m直径，W-G型炉的产气量比D型炉的产气量要高，甚至高50%以上。煤的质量与气化率、气化强度也有密切的关系。如大同煤比其他烟煤的气化强度要高；鹤岗煤的气化率要比大同煤低。煤的粒度大小与均匀性也直接影响煤气发生炉的产气量，所以，本条文写明要把各种因素综合加以考虑。

对已用于煤气站气化的煤种，应采用平均指标。平均指标是指煤气站在正常操作情况下能稳定生产所达到的指标，如灰渣含碳量、煤气的成分等。由于各工厂的操作水平不同，或用户负荷不同，就是使用同一煤种和同一炉型，气化强度也有高低之分。因此，本条文中的

平均指标是在上述条件下较先进的平均指标。

3.0.6 煤的气化指标对煤气站设计时确定煤种、炉型和炉子台数、工艺流程均有密切关系。我国在第一个五年计划期间设计的大型煤气站都有气化资料，今后更有必要进行新燃料的气化试验。

小型煤气站应予以区别对待，但仍需要按本规范第3.0.3条或第3.0.4条煤种的技术指标来分析煤种的气化可能性。

4 设计产量和质量

4.0.1 煤气站的设计产量决定煤气站的建设规模，应根据资料认真核算，力求均衡生产。

车间之间的同时使用系数以 K_1 表示，车间内各设备之间的同时使用系数以 K_2 表示，全厂煤气同时使用系数以 $K_1 \cdot K_2$ 表示，所有系数与工厂的类型、规模、用煤气设备的数量、全厂用煤气车间的个数等因素有关，规范不作具体规定。

（1）大、中型钢铁联合企业一般都有副产的高炉煤气、焦炉煤气和转炉煤气，很少设置发生炉煤气站。但是在冶金企业中，也有专门用发生炉煤气作燃料的，例如特殊钢厂。这些厂一般都是三班连续生产，车间较多（一般多于3～5个），而且随着轧制钢材品种和产量的不同而异，没有一定的同时系数可循，因此，煤气发生站的设计产量一般都采用1～2个车间的小时最大耗量（车间少于4个的取1个最大值，大于或等于4个的取2个最大值），加上其余各车间的平均值而得；一个车间的最大煤气耗量的计算方法也和全厂相同，即采用1～2个加热炉的最大耗量（取法同上），加上其余各加热炉的平均耗量而定。

（2）砂轮厂、彩釉砖厂往往只有一个用煤气车间，且车间内用煤气设备往往也只有一二个，则 K_2 取1.0或0.9。

根据调查，砂轮厂、彩釉砖厂历年来的负荷稳定，产品定型，各厂每吨产品耗用煤气量的指标比较一致。因此，煤气站的设计产量，宜按工厂产品的年产量求得的每小时平均煤气消耗量核算。

（3）重型机械、矿山机械厂往往有四五个用煤气车间，而且每个车间内用煤气的设备有5台、10台甚至有20台的，各厂车间之间的同时使用系数或车间内各设备之间的同时使用系数都不一致。根据1972年调查的资料列举实际情况如下：

洛阳Q厂有5个用煤气车间，共有用煤气设备55台。全厂各车间实际最大耗煤气量在标准状态下的总和为20800m³/h（表3），而全厂实际最大用煤气量在标准状态下为15000m³/h，故 K_1 为 $\frac{15000}{20800}=0.72$。各车间内设备之间的同时使用系数 K_2，按车间实际每小时最大耗煤气量与各设备每小时最大耗煤气量之总和的比值计算为0.6或0.7。

表3 洛阳Q厂1972年煤气耗量表

车间名称	用煤气设备数（台）	设备最大耗煤气量的和在标准状态下计算（m³/h）	车间实际最大耗煤气量在标准状态下计算（m³/h）	车间同时使用系数
锻工车间	16	11220	7850	0.7
热处理车间	7	1670	1170	0.7
铸钢车间	12	9900	5940	0.6
铸铁车间	10	6400	3840	0.6
金属结构车间		2000	2000	
合 计	55	31190	20800	

沈阳H厂铸钢、铸铁、锻工等车间共有用煤气设备51台，1971年煤气站的最大小时产量在标准状态下为32500m³/h，而各用煤气设备每小时最大用煤气量的总和在标准状态下为52433m³/h。按此计算，

$$K_1 \cdot K_2 = \frac{32500}{52433} = 0.62$$

表4为一些机械工厂锻、铸、热处理件煤气耗用量指标。各厂指标相差较大，设计要结合具体情况选用适当指标。按照工厂全厂的铸、锻、热处理件的任务及煤气消耗量指标，可以求得全年的煤气消耗量，并按全年工作小时数，求得每小时平均煤气消耗量。这一数值与煤气站的设计产量愈接近，愈表示生产均衡。

表4 锻、铸、热处理件煤气耗用量指标统计表

厂 名	每吨热加工件的煤气消耗指标在标准状态下（m³/t）								煤气发热量（kJ/m³）	指标统计年份（平均指标）
	锻 件		铸钢件	铸 件		热处理件	炼 钢			
	水压机	锻锤		铸铁	有色		钢水	平炉		
齐齐哈尔E厂	8400	9800	4600	2130	3980	1300	620	2100	6280	1964
沈阳H厂		1975	2807	1919		2064	161		6280	1963～1966
北京U厂		7840	2354	2449		2663	1910		6280	1978～1979
武汉R厂		6375		3731					5230	1959～1964
吉林S厂		3746	529			177			6280	1974～1978
洛阳T厂		4514							5230	1977～1978

4.0.3 煤气发热量应按照本规范第3.0.5条的规定确定，本条所规定的指标是蒸汽空气混合煤气一般可能达到的指标。如果用户有较高的要求时，可采取富氧等其他方法提高煤气发热量。

当煤气发生炉直径较小或负荷较低时，热损失较大，煤气的发热量偏低，故本条规定的指标偏低。

4.0.4 两段煤气发生炉以干基挥发分24%的大同煤和干基挥发分35%的阜新煤为原料时，上段煤气发热量可达7120～7540kJ/m³。在本规范第3.0.4条中规定干基挥发分大于、等于20%，根据大同煤与阜新煤的干基挥发分推算，当干基挥发分接近20%时，上段煤气发热量约6780kJ/m³，所以条文中规定上段煤气发热量不低于6700kJ/m³。

4.0.5 冷煤气温度不宜高于35℃，温度增高的影响如表5。

表5 冷煤气温度增高的影响

煤气温度	35	40	45	50	55	60	65
饱和含湿度(g/m³)(干)	47.45	63.27	84.10	111.8	148.1	197.5	264.9
煤气排送机输送能力降低率(%)	0	3.34	7.10	11.4	16.1	21.3	27.4
煤气排送机压力降低率(%)	0	1.76	4.04	6.42	8.49	10.9	13.5
每立方米湿煤气总热量降低率(%)①	0	2.1	5.2	8.6	12.0	15.7	19.8
热量利用率降低百分数(%)②	0	0	0.7	2.0	2.9	4.6	6.5

注：①按标准状态下煤气低发热量5994kJ/m³（干）计算。
②设加热炉烟气温度1200℃，除去烟气带走的热量，余下的热量为加热炉所利用的热量。

由表5可见冷煤气温度增高，将影响煤气加压机的输送能力和煤气热量的利用，同时煤气加热炉的生产率也要降低。按煤气在标准状态下的低发热量为5994kJ/m³，空气过剩系数等于1.1，燃烧室的效率按85%计算，煤气温度35℃时，煤气的燃烧温度为1455℃；而煤气温度65℃时，煤气的燃烧温度则为1402℃，两者相差53℃，钢件的加热周期必然加长，其结果将造成燃料的浪费。故煤气温度不宜过高，考虑到某些地区，如上海、杭州、南昌、南京等地夏季气温较高，煤气温度要求不大于35℃，有一定困难，故允许夏季最高不超过45℃。

4.0.6 为了充分利用烟煤热煤气的显热和焦油的潜热，在煤气输送过程中应进行保温。根据资料，当煤气温度低于350℃时，则有煤焦油析出，不仅损失热能，而且污染输送管道及阀门。对熔化玻璃的熔窑、

炼钢平炉来说，热煤气的温度更为重要，低了满足不了生产要求，故规定不低于350℃。

小型煤气站的热煤气温度，考虑焦油析出问题，也不宜低于350℃，可是当煤气生产量较低时，在煤气生产和输送过程中，热损失相对较大，要控制在350℃以上，即使保温也难达到，故可适当降低。

4.0.7 1962～1963年曾对国内10个无烟煤煤气站出口煤气中杂质含量进行测定，其结果，多数在50mg/m³以下，仅个别达100mg/m³。在洗涤塔后有电气滤清器装置的，仅为2mg/m³。1980年曾对几个烟煤煤气站出口煤气中杂质含量进行测定，如煤厂的平均值为57mg/m³，辽宁ξ厂的平均值为79.7mg/m³。

从实际使用情况看，烟煤煤气站采取电气滤清器、洗涤塔的净化流程，煤气中的杂质可以达到规定的指标，而且各厂都认为煤气中杂质的含量对生产没有影响。无烟煤煤气站不采取电气滤清器净化时，煤气中的杂质一般也可达到规范规定的指标，但各厂反映煤气设备有堵塞情况，需要定期清理：如煤气排送机容易被堵塞，一般每月需清理一次，有的每半月或一月用蒸汽加热一次，每半年拆开清理一次，加热炉前的煤气预热器中煤气通过的管径大于40mm时，堵塞情况不严重，每三个月需清理一次；高压燃烧器喷嘴直径很小（如6mm）时，堵塞较严重，每周要通扫2～3次。本条文规定的指标是一般煤气净化流程所能达到的指标。

煤气中杂质含量的测定方法为"内部过滤法"，即用过滤筒在煤气管道内的中心取样，所得的数据含灰尘和液态焦油，不含气态焦油的量。

4.0.8 对含硫量一定的某一煤种来说，煤气中硫化氢的含量基本上是一定值。煤气站的设计是否需要脱硫，应视用户及环境保护的要求而定。用户的要求因生产工艺条件不同而异，环境保护的要求与工业炉用煤气的燃烧废气的排放量及排烟方式有关，不能统一规定脱硫的指标，故作本条的规定。至于是否应根据煤气站设备及管道腐蚀的要求来规定脱硫的指标，根据调查，无烟煤系统的设备及管道比烟煤系统易于腐蚀，但一般使用寿命都在10年以上，为此而规定脱硫指标意义不大。

5 站区布置

5.0.1 煤气站区位置的确定，涉及现行国家标准《工业企业总平面设计规范》的规定较多，所以本条仅对与煤气站有关的几项主要因素分述如下：

5.0.1.1 考虑到煤气站散发到大气中的有害气体经风的传播会影响工厂主要生产厂房，应将站区布置在工厂主要建筑物和构筑物全年最小频率风向的上风侧，故作此规定。

5.0.1.2 靠近煤气负荷比较集中的地区设立煤气站，可节省供应煤气管道的投资。

5.0.1.3 煤气站的煤、灰渣、末煤、焦油和焦油渣等的贮运数量较大。站区位置的确定，应考虑火车运输的厂内外铁路接轨铺设的方便，汽车运输的厂内外主要公路连接的方便。站区内应考虑有足够的场地便于煤、末煤、灰渣贮斗的布置；冷、热循环水系统的建筑物和构筑物，如水泵房、水沟、沉淀池、冷却塔、焦油池等的布置以及循环水水质处理设施的布置。

5.0.1.4 煤气站的位置宜尽量靠近锅炉房，便于与锅炉房共同采用煤及灰渣的贮运设施，同时可减少末煤在沿途运输的损失，并节约投资。

5.0.1.5 在确定站区的位置时，应根据用户发展情况留有扩建的余地。

5.0.1.6 过去在煤气站设计中不重视区域内环境的绿化，故作本条的规定。

5.0.2 对国内煤气站的调查表明：大多数冷、热煤气站的厂房是与其他生产厂房分开布置的。

煤气站的布置应符合现行国家标准《建筑设计防火规范》、《工业企业设计卫生标准》的有关规定。有少数小型热煤气站的厂房毗连于用煤气车间的厂房，但有防火墙隔开。如北京 W 厂 φ2.4m 煤气发生炉一台的热煤气站是毗连于用煤气的锻工车间的厂房。

5.0.3 煤气站主厂房是散发焦油蒸汽、煤气、煤尘、灰尘的地方，而煤气发生炉、汽包、旋风除尘器、竖管等又是散热的设备，因此，主厂房室内的环境较差，操作层温度很高。根据调查，夏季一般在 40～43℃之间，炎热地区如中南地区某厂煤气站主厂房操作层的温度竟高达 45℃以上。

为了充分利用自然通风的穿堂风，排除室内的余热，改善工人操作环境，故煤气站主厂房的正面宜垂直于夏季最大频率风向。考虑到室外煤气净化设备如竖管、电气滤清器、洗涤塔等的冷、热循环水和焦油系统都是污染源，为减少水沟、焦油沟散发的有害气体对主厂房操作工人的影响，故条文作此规定。

5.0.4 根据对国内 31 个工厂煤气站的煤气排送机间、空气鼓风机间的调查统计，与主厂房分开布置的有 25 个，占 80.6%。与主厂房毗连布置的有 6 个，占 19.4%，其中多数属于小型煤气站。煤气排送机、空气鼓风机的振动和噪声，对附设在主厂房的生产辅助间内有防震要求的化验室、仪表室、仪表维修室设备有影响，且噪声对主厂房及生产辅助间内的工作

人员不利。故作本条的规定。

5.0.5 循环水系统、焦油系统和煤场等的建筑物和构筑物如沉淀池、调节池、水沟、焦油池、焦油沟、焦油库、冷却塔、水泵房等会散发出有害气体，煤场会散发出煤粉尘。为了保护煤气站主厂房、煤气排送机间、空气鼓风机间等的室内环境卫生，故作本条的规定。

煤气站的冷却塔散发的水雾中含有酚和氰化物等有害物质。由于《工业企业总平面设计规范》对循环水设置的冷却塔与相邻建筑物和构筑物的最小水平间距未考虑其有害物质对周围的影响，针对煤气站循环水的特点，本规范规定应防止冷却塔散发的水雾对周围环境的影响。要求设计人员在布置冷却塔时，应结合冷却塔型式的大小及水质等具体情况，确定冷却塔的防护间距。

5.0.6 煤气站生产的火灾危险性属于乙类，对消防有较高的要求。站区内的消防车道应与站内其他车道统一布置，并应符合现行国家标准《建筑设计防火规范》GBJ 16—87 第六章中的有关规定。

6 设 备 选 择

6.0.1 煤气发生炉的备用台数，是考虑在正常工作制度的情况下，设备检修时煤气站能正常运行达到设计产量，满足用户的需要。

根据原苏联资料，φ3.0m 的煤气发生炉全年停工修理时间为 1224h，检修率为 15%，φ2～2.2m 的煤气发生炉全年停工修理时间为 864h，检修率为 11%，说明直径较小的煤气发生炉检修率较低。故本条文对小型煤气发生炉的备用率不另作规定。

不同企业部门所属工厂的煤气站情况不同，对备用炉的台数可区别对待。机械工厂的煤气站一般非终年连续高负荷生产，所以煤气发生炉检修率低，而冶金系统和城市煤气系统终年连续生产，特别是钢厂单台煤气发生炉产气量高，配件容易损坏，检修率高。玻璃工业的热煤气站也是终年连续生产，但负荷均匀，且全站所需炉子台数只有几台，不影响其备用台数的规定。

根据《工业煤气》杂志 1990 年第 1 期刊载的"1988 年煤气站生产技术经济指标"一文的介绍，将不同行业的 16 个煤气站于 1988 年生产技术经济指标中对本题分析的有关部分重新整理如下（见表6）：

表6 1988 年 16 个煤气站生产技术经济指标

地区	厂名	台数	煤气年产量 （10⁴m³/a）	平均单台 年产量 （10⁴m³/a）	平均小时 单台产量 （m³/h）	开炉率 （%）	检修率 （%）	工作 台数	气化强度 （kg/m²·h）
上海	A厂	12	57696	5770	8000	83.3	16.7	10	380
黄石	B厂	17	73555	6130	8500	68.3	31.7	12	350
上海	C厂	14	41104	3740	5200	77.14	22.96	11	178

地区	厂名	台数	煤气年产量 (10⁴m³/a)	平均单台年产量 (10⁴m³/a)	平均小时单台产量 (m³/h)	开炉率 (%)	检修率 (%)	工作台数	气化强度 (kg/m²·h)
齐齐哈尔	D厂	17	47180	4718	6550	56.86		10	
	E厂	19	47710	4770	6630			10	312
陕西	F厂	7	15000	3000	4170	71.5	28.5	5	210
大连	G厂	10	20933	5240	7280	40		4	
沈阳	H厂	9	18600	4650	6460	44.4		4	305
洛阳	I厂	18	36897	3074	4300	66.67	33.33	12	245
韶关	J厂	9	17385	2900	4030	66.67	33.33	6	167
太原	K厂	12	22734	3789	5260	50		6	200
南京	L厂	3	5567	2290	3180	80	20	2	150
哈尔滨	M厂	7	10722	2144	3000	71.4	28.6	2	141
西安	N厂	4	6063	3032	4200	50		2	200
兰州	O厂	8	11089	3696	5140	37.5		3	242
郑州	P厂	5	5635	1876	2600	60		3	120

从上表中所列分析：

(1)16个煤气站没有一个站的开炉率达到85.7%的（即6台工作1台备用）。

(2)上海A厂全站12台炉，其中2台备用（即5台工作1台备用），以大同煤为燃料，单台炉气化强度为380kg/m³·h已达到上限，认为每6台中有1台备用很紧张，因此，该厂对备用台数反应很强烈。

(3)煤气厂的特点是终年连续供气。上海C厂是11台炉子工作，另设3台备用。也就是3.7台炉工作另有1台作备用。该厂用本厂的焦炭气化，用ϕ3mW-G炉的气化强度是178kg/m²·h，接近200kg/m²·h的平均指标。上海X厂认为每5台中有1台备用较为恰当。

(4)机械系统工厂煤气站设计规模过大，由于生产任务不饱满，开炉率很低，显得非常不合理。

(5)上表中统计说明，单台发生炉产气量最高的是冶金系统的上海A厂和黄石B厂，均用大同煤。其单台炉产气量在8000m²/h以上，而平均指标为6000m³/h。上海A厂是管理较好的大型煤气站。目前该站经常开炉10台，每小时全站产气量达80000m³/h，这显然已超过原设计指标。迫于用户车间的产品生产任务不断增加。要求煤气站超负荷连续运行，因而对设备的检修时间非常紧张，按平均气化强度计算，其工作台数应是：$\frac{80000}{6000}=13.3$台。如按5台工作1台备用计算，则$\frac{13.3}{5}=2.7$台备用，全站则需13.3＋2.7＝16台。按4台工作1台备用计算，则$\frac{13.3}{4}=3.3$台备用，全站则需13.3＋3.3＝16.6台。由此可以看出，如果以平均气化强度计算，当前该厂应有16台或17台ϕ3m发生炉。

所以按照本规范第3.0.5条采用的气化指标设计的煤气站，每5台及5台以下工作应另设1台备用较

为恰当，考虑对冶金系统或城建系统的煤气站终年连续高负荷生产的特殊情况，规定每4台及4台以下宜另设1台备用，与国家标准《城镇燃气设计规范》GB 50028—93协调一致，该规范第3.3.9条规定"煤气站的气化炉工作台数每1～4台，宜另设1台备用"。在该规范的编制说明中提出的理由是：1.主要是煤气厂供气不允许间断。2.上海X厂对发生炉的检修率约25%。

本规范1989年征求意见稿在东北、华北、中南、华东4地区的征求意见有下列几点：

(1)规范征求意见稿（1989年）规定6台工作另有1台备用（即开炉率85.7%），目前我国所有企业是达不到的。

(2)用于冶金、城市煤气的发生炉备用台数应多一些，因为是终年连续供气的单位。

从征求意见与上述的分析，将征求意见稿"6台工作另设1台备用"的规定，改为"每5台工作及以下应另设1台备用"，另外对某些行业的特殊情况作了不同的规定，当用户终年连续高负荷生产时，每4台工作及以下宜另设1台备用，在煤气发生炉检修时，煤气用户的车间允许减少或停止供应煤气的情况下，可不设备用。

对两段煤气发生炉的备用台数问题，当前尚缺少实践经验，暂不作规定。

6.0.3 竖管底部的焦油渣或带出物宜采用水力排除，不宜用人工清理，因为人工清理劳动条件差，劳动强度大。实践经验证明，竖管的煤气冷却水排水量大时流速高，水流可以带走焦油渣。有的在竖管底部安装高压水冲洗装置，定期用高压水冲洗排除，效果也好。

6.0.4 用无烟煤和焦炭为燃料的发生炉煤气站应用余热锅炉在技术上是可行的，在经济上是合理的，对节能与环保治理均有明显的效果。一些厂的经验认

为，如果在设计时能注意下列几点要求，将会得到满意结果。

（1）余热锅炉的型式结构，应是火管垂直排列稍有倾角的立式余热锅炉，其目的是能使热煤气中的杂质沿火管内流入下部沉灰箱，当管子内壁被污染积灰时，可以从顶部清理。管子之间是软化水，经过热交换后蒸发为饱和蒸汽，设计时要考虑经常排污以减少水垢积累。

（2）火管与管板的联接应采用翻边胀接工艺，以防联接点受冷热应力的影响而漏水漏汽。

（3）整个炉体结构为受压蒸汽锅炉，设计应符合国家劳动部颁布的《压力容器安全技术监察规程》的规定。

（4）余热锅炉顶部便于拆卸安装，以便清理火管。顶部侧面应设有放散管接管。下部设有吹扫管接头。

（5）沉灰箱须有足够容积以便沉灰，并应设有中间灰斗以便生产时仍能进行排灰。

（6）在余热锅炉的煤气进口与出口之间，设有旁通管与阀门。万一余热锅炉需维修时，尚可通过旁通管维持生产。

根据某煤气公司提供的材料表明，该公司在 $\phi 3m3A_д-21$ 型发生炉的后系统中采用余热锅炉，已有8年的实践经验，并总结了有关排除故障的有效措施，从而可推论在 W-G 型和 T-G 型炉的后系统中亦可使用余热锅炉。

编制组经过多方面的调研和广泛征求意见，认为在以无烟煤、焦炭发生炉煤气站工艺系统中应用余热锅炉，技术上存在的问题可以克服，国内外的实例证明是可行的。采用此设备后，将使煤气站的热效率提高 3%～4%，同时还可以减少煤气站循环水量 25%～40% 的处理量。但各行业煤气站的余热资源量有大有小，经济效益有好有坏，要求每个煤气站都设余热锅炉是不适宜的。因此，本条规定"余热锅炉的设置应满足工艺系统压力降的要求，并应经技术经济比较后确定。"

6.0.6 电气滤清器用于煤气净化系统的型式有两种：一是用于烟煤系统的，焦油流动性比较好，采用自流排除的型式；另一是用于无烟煤系统的，煤气中的杂质以灰为主，且含有微量重质焦油不能自流，采用有热水冲洗装置的型式。

煤气通过管式电气滤清器的净化效率与实际流速有关。根据工厂运行的经验，C-140 型电气滤清器，煤气通过量在标准状态下为 10000m³/h，煤气的实际流速相当于 0.73m/s。其效率较佳。所以本条规定煤气的实际流速不宜大于 0.8m/s，但只适合于管式电气滤清器。

6.0.7 洗涤塔的结构简单，不易损坏，一般可以定期计划清理或检修。如齐齐哈尔 D 厂煤气站洗涤塔

内有木格填料，每年清理两次，用蒸汽吹扫塔体 72h，清除填料上沉积的焦油，最后打开人孔通风，检查和清理喷头，前后共 5d。按此计算，洗涤塔每年停工检修清理时间为 10d 左右，故规定洗涤塔不应设备用。当洗涤塔与煤气发生炉成对（即一对一）配置时，可与煤气发生炉同时清理检修。

当洗涤塔集中设置或与电气滤清器成对（即一对一）设置，其中一台清理或检修而煤气站的产量不变时，通过其余洗涤塔的实际流量必然较平时为大，相应的设备阻力增高，设备内的喷水量也应相应地增大。设计应考虑在此情况下，仍能正常工作，以满足煤气净化和冷却的要求。

6.0.8 炉内的压力损失指炉底进风口至炉出口的压力损失，为炉体及炉内渣层及燃料层的压力损失的总和。

6.0.10 每个型号的空气鼓风机或煤气排送机，均有一个特性曲线，在额定参数运行时，其效率最高，因此，应选择额定参数符合设计要求的设备，此外还应选用具有低噪声的节能产品。

当采用离心式时应符合下列要求：

6.0.10.1 煤气排送机、空气鼓风机的流量和压力均应留有余量。富裕量指标与国家标准《工业锅炉房设计规范》（试行）GBJ 41—75 第66条的规定一致。2台或3台风机并联运行的富裕量与风机性能和管网特性有关，情况复杂，目前生产上述没有经验总结。《透平压缩机械》1977年2期"通风机关联工作时合成性能曲线的作法"一文指出："当通风机并联工作时，应该首先根据通风机的全性能曲线（不仅是稳定段的一部分）细心地作出合成性能曲线，而后作出管路性能曲线，这样才能判定并联工作的通风机是否稳定。"这是理论的分析，实际使用有一定困难，规范也无法规定具体数字，仅提出应适当加大富裕量。

6.0.10.2 选用空气鼓风机、煤气排送机的全压和流量，应按公式（1）、（2）进行换算：

$$H_1 = H \times \frac{\rho_1}{\rho} \tag{1}$$

式中 H_1、ρ_1——空气鼓风机、煤气排送机设计条件下的全压（Pa）、输送气体的密度（kg/m³）；

H、ρ——在使用条件下，需要的实际风压（Pa）（含风压的富裕量）、输送气体的密度（kg/m³）。

输送气体的密度与地区大气压力、气体的温度、湿度有关。

空气鼓风机的设计条件，一般是气体温度 $t＝20℃$，气体绝对压力 $B＝101325Pa$，此条件下空气的密度为 1.2kg/m³，空气的湿度一般忽略不计。

$$Q_1 = Q \cdot \frac{273+t}{273+20} \times \frac{101325}{B} \times \frac{0.804+d}{0.804} \tag{2}$$

式中 Q_1——空气鼓风机、煤气排送机设计条件下的流量（m^3/h）；

Q——在使用条件下，需要的实际流量（含流量的富裕量）（m^3/h）；

t、B、d——在使用条件下，输送空气（或煤气）的温度（℃）、绝对压力（Pa）、湿度（kg/m^3）。

6.0.10.3 日本为宝山钢厂设计的煤气加压站都是采用 3 台煤气加压机，其中有 1 台备用。其加压机的容量与压力都是根据设计需要制造的，而国内设计是根据国内已有产品的规格选用。并联工作台数过多。不稳定因素增加，从国内实际情况考虑，规定并联工作台数不宜超过 3 台。

机械工厂煤气负荷不均衡，往往第三班用量很小，故当煤气站负荷较低时，所选的空气鼓风机或煤气排送机在低负荷运转时不适应且不经济时，可另设 1 台较小容量的设备。

7 设备的安全要求

7.0.1 煤气净化设备或余热锅炉在开始送煤气时，应将设备内的空气吹扫干净，当设备停用后进入检修时，必须将设备内的煤气吹扫干净，以确保安全运行或检修。因此，应设有放散管以便进行上述工作。放散管装设的位置，要避免在设备内气流有死角。当净化设备相联处无隔断装置时，可仅在较高的设备上装设放散管。例如电气滤清器与洗涤塔之间无隔断装置时，一般洗涤塔高于电气滤清器，可以只在洗涤塔上装设放散管。又如联结两设备的煤气管段高于设备时，则可在此管道的较高处装设放散管。

7.0.2 为便于取样化验设备和煤气管道内的介质成分，以保证安全检修或安全运行，故作本条规定。

7.0.3 放散管的直径太小会使吹扫时间太长，且易被煤气中含有的水分及杂质堵塞。当设备检修时，还须开启放散管作自然通风用，因此规定放散管的直径不应小于 100mm。

设备容积小，放散煤气量少，可以适当缩小放散管管径，故规定在容积小于 $1m^3$ 的煤气设备上装设的放散管直径可不小于 50mm。

7.0.4 电气滤清器内易发生火花，操作上稍有不慎即有爆炸的危险。根据调查（见表 7），电气滤清器均设有爆破阀，生产工厂也确认电气滤清器的爆破阀在爆炸时起到了保护设备的作用。所以本条文规定电气滤清器必须装设爆破阀。

表 7 中多数工厂单级洗涤塔没有爆破阀，但在某些工厂已发生几起由于误操作或动火时不遵守规定造成严重爆炸事故，有些工厂如果做到遵守安全操作规程，也可避免事故的发生，所以在条文中不作硬性规定，定为"宜装有爆破阀"。

表 7 国内各主要煤气站中爆破阀的采用情况

设备或管道名称	统计总数	其中采用爆破阀	其中不采用爆破阀
电气滤清器	65	65	
洗涤塔（单级）	221		221
洗涤塔（二级或三级）	34	34	
除滴器	56	18	38
竖管	338		338
旋风除尘器	179	7	172
竖管后半净煤气总管	24	14	10
洗涤塔后或排送机前煤气总管	51	23	28

7.0.5 爆破阀薄膜的材料，原苏联的设计资料规定使用铝板，我国煤气站长期以来也习惯于使用铝板。参考化学工业部设备设计技术中心站出版的《化工设备设计》1980 年第 4 期刊载的"爆破膜的爆破压力计算"一文，对不锈钢、铜、铝、镍材料制成的膜片性能试验的介绍，该铝片膜采用退火状态的工业纯铝板，比较适用，这种铝板的抗拉强度 $\sigma_b \leqslant 11kg/mm^2$，延伸率 $\delta_{10} \geqslant 20\%$。

7.0.6 竖管、旋风除尘器的安装位置紧靠煤气发生炉，而且一般均装设有最大阀和下部出灰的水封，根据调查，绝大部分不设爆破阀，当发生爆炸时，可在最大阀和下部出灰水封处泄压。

7.0.7 煤气设备水封的有效高度，不应小于本规范表 7.0.7 的规定，说明如下：

（1）最大工作压力小于 3000Pa 的煤气设备或煤气管道的水封有效高度为其最大工作压力 Pa 乘 0.1 系数后，加 150mm，但不小于 250mm。此规定适用于煤气排送机前或热煤气系统的煤气设备与煤气管道的水封。例如：煤气发生炉出口煤气最大工作压力为 1000Pa，则该系统中设备与管道的水封高度应为 1000×0.1＋150＝250mm。发生炉煤气未经净化以前的脏煤气中含有数量较多的杂质，其中一部分沉淀于水封槽内必须经常进行清理。如果水封高度太高，将给清理工作带来困难，因此在确保安全的前提下，尚须满足清理工作的顺利进行，该规定在我国发生炉煤气站 30 多年的生产实践中证明是可行的。

（2）一般发生炉煤气站使用高压煤气排送机后至用户的煤气压力往往均超过 10000Pa，当计算其水封有效高度时，应按煤气排送机后的最大工作压力 Pa 乘 0.1 系数后加 500mm 才是其水封的有效高度，但必须注意煤气排送机后的煤气最大工作压力，应等于煤气排送机前可能达到的最大工作压力与煤气排送机的最大升压之总和，以此计算才能确保其有效水封高度不会突破。

（3）对最大工作压力 3000～10000Pa 的煤气设备或煤气管道的水封有效高度的规定乘以 1.5 系数，其结果介于上述两种情况之间，在低限时与第一项吻合，在高限时与第二项吻合。

注：1mmH₂O＝9.806375Pa，1Pa＝$\frac{1}{9.806375}$mmH₂O ＝0.10197mmH₂O。

因工作压力以 Pa 为单位，转换为 mmH₂O 应乘以 0.102 系数，为计算简便，本规范表 7.0.7 规定乘以 0.1 系数。

7.0.9 钟罩阀的结构特点是当煤气发生炉出口煤气压力达到设计最大工作压力时，阀体内的钟罩重量与悬挂在阀体外的砝码或重量应平衡，当炉出口煤气压力大于设计最大工作压力时，钟罩被自动顶起使煤气得以放散，但当机械机构发生故障时，由于阀体内的放散水封被煤气压力冲破得以放散而保持其安全的作用。所以，放散水封的高度，应等于煤气发生炉出口设计最大工作压力的水柱高度加 50mm。

但是钟罩阀还有一个清理水封，当煤气放散时，这个水封是防止阀内煤气外逸至阀体外，此水封的高度应遵照本规范表 7.0.7 的规定。

7.0.10 煤气设备的水封应保持其固定水位以确保水封的安全有效高度，一般使水封液面处于溢流状态，也可以采用其他措施保持其水位，故作出本条的规定。

7.0.11 为了适应煤气净化设备和煤气排送机检修的需要，应在煤气站工艺系统中采取可靠隔断煤气的措施，以防止煤气漏入检修的设备而发生中毒事故，所以在条文中作出了这方面规定。但在具体方法上各有不同，如设置盲板、眼镜阀均可达到隔断煤气的目的。

7.0.12 安装在离操作层或地面 2m 以上的爆破阀、人孔、阀门等处均需要一个平台，以便工人在平台上进行检修或操作。

8 工艺布置

8.0.1 煤气发生炉单排布置的分析。

（1）煤气发生炉单排布置操作环境好。在同一地区相同气候的条件下，室内温度单排比双排布置要低 2～5℃，因为单排布置室内有良好自然通风，"热空气"易于排除，而双排布置在两排煤气发生炉的中间地带聚积的"热空气"受到两侧设备（煤气发生炉、双竖管或旋风除尘器）的阻挡，难以排除，故室内温度较高。例如包头两个厂的煤气站，主厂房内安装的是同一类型的煤气发生炉，一个是 12 台炉的单排布置，操作层室内温度夏季实测为 40～41℃；而另一个是 14 台炉的双排布置，室内温度为 43℃。又如在武汉地区，一个煤气站是 19 台炉的双排布置，室内温度为 45℃，而另一个单排布置为 41～42℃。单排比双排布置的自然通风（穿堂风）条件较好，单排布置时，不论从哪一边吹来的"穿堂风"，都可以改善室内环境，而双排布置时，两排煤气发生炉的中间地带，经常处于较恶劣的环境，封闭式厂房建筑在机力通风设施失灵时，双排布置的环境将更恶劣。

（2）设备检修方面。单排布置比双排布置便于设备检修，以更换发生炉水套为例，单排布置时，水套可从煤气发生炉的出灰一侧墙上预留的门洞进出；而双排布置时，必须从两排炉的中间通道运输，颇不方便。

（3）设备布置方面。单排布置比双排布置简单。净化设备可集中布置在主厂房的一侧，管道短；而双排布置时，设备及管道需布置在主厂房的两侧，比较复杂。

（4）根据调查，国内煤气站煤气发生炉不超过 12 台的，多数是单排布置，超过 12 台的多数是双排布置，有个别厂如西宁 V 厂安装 14 台采用单排布置。在煤气发生炉台数过多的情况下，采用单排布置会使主厂房过长，管理不便，站区占地面积大。现有双排布置的煤气站如齐齐哈尔 E 厂（安装有 25 台炉），操作工人反映双排布置缺点较多；又如上海 A 厂（安装有 12 台炉）认为双排布置劳动条件不好，设备检修困难，检修的条件比操作更为重要。

综合上述分析，单排布置具有操作环境好、设备检修方便、布置简单、便于操作等优点。即使个别工厂需要装设的煤气发生炉台数较多，在站区布置面积允许的情况下，还以单排布置为宜。

8.0.2 确定主厂房层高的因素很多，现将层数和层高的情况分述如下：

8.0.2.1 层数。

（1）装设 φ2.4、φ3.0、φ3.6mD 型煤气发生炉的主厂房一般为三层，即底层、操作层、贮煤层。

（2）装设 φ3.0、φ2.4mW-G 型煤气发生炉的主厂房一般为五层，即底层（出灰层）、二层（炉算机构层）、三层（操作层）、四层（中间煤仓层）、五层（贮煤层）。

（3）装设小于 φ2m 煤气发生炉的主厂房，一般为二层，个别情况采用单层建筑，仅在煤气发生炉炉身周围操作面另加一个简易操作平台。

8.0.2.2 D 型炉的主厂房层高。

（1）底层高度当安装 φ2.4m 煤气发生炉的为 6m，φ3.0m 的为 6.5m，φ3.6m 的为 6.8m。

（2）操作层的高度，根据发生炉打钎的需要及加煤机贮煤斗的高度来确定。

（3）贮煤层的高度与采用的运煤方式有关。胶带运煤用犁式铲卸料时，一般定为 3m；如采用多斗或斜桥单斗运煤，则运煤的一端可局部提高。

8.0.2.3 W-G 型炉的主厂房层高。

(1) 底层高度与出灰渣方式、炉体渣斗高度有关，对于不同出渣方式的渣斗下净空高度宜为：
①翻斗汽车出渣　2.0～2.4m；
②三轮汽车出渣　1.8～2.0m；
③人工小车出渣　不小于1.8m；
④胶带出渣根据胶带及给料机尺寸决定。

(2) 二层（炉算机构层）高度，主要决定于炉体的尺寸，采用 ϕ3mW-G 型煤气发生炉时，二层高度一般为 4.5m。

(3) 三层（操作层）高度，应考虑发生炉打钎的需要，一般决定于中间煤仓下煤柱的高度。

(4) 四层（中间煤仓层）高度，决定于中间煤仓与贮煤斗（即大煤仓）的高度以及二者之间的净距（即百叶窗高度），其净距一般为 600～700mm。经调查，上海 λ 厂为 400mm，上海 μ 厂和上海 ν 厂为 600mm 左右。适当加大百叶窗的高度，有利于中间煤仓进煤扇形阀的检修，便于排除下煤时的阻塞。

(5) 五层（即贮煤层）高度与运煤方式有关。

8.0.3 主厂房内设备之间、设备与墙之间的净距，与主厂房建筑设计采用封闭、半敞开或全敞开有关，而且由于发生炉型号及其他设备的布置情况变化较大，本规范未作具体规定，设计时根据具体情况确定，但应满足设备日常操作和安装检修时零部件拆装及运输的需要。国家标准《建筑设计防火规范》GBJ 16—87 第 3.5.4 条规定，疏散走道宽度不宜小于1.4m，因此，本条规定用作一般通道不宜小于1.5m。

8.0.4 主厂房为封闭建筑时，底层应考虑对设备的最大部件（如发生炉水套）在安装或检修时能进出主厂房，因此，应留有安装孔或门洞。对二层以上的各楼层，也要根据所在楼层的设备最大部件尺寸留有安装孔或吊装孔，并对这些最大件设置必要的起重设施，留有检修的场地。

8.0.5 烟煤煤种气化的煤气发生炉出口管道易于积灰，且难于清理，其严重程度与炉出口管长短、有无清除积灰措施和清灰周期长短等因素有关。例如：

(1) 沈阳 H 厂过去煤气发生炉每运行半年，炉出口管因积灰只剩下 ϕ300～400mm 的通道，被迫停炉，经在竖管手孔处进行通灰后才恢复正常。

(2) 内蒙 r 厂单竖管、旋风除尘器均布置在室外，炉出口管较长易积灰，但他们勤于清灰，在煤气发生炉热备用时每个月清理 2 次。

(3) 吉林 S 厂出口管堵塞严重，每 3 个月需停炉清理。

至于清灰措施，多数工厂在一联竖管（或单竖管）对准炉出口短管处开小孔进行捅灰，有的在该处安装了电动偏心清灰器，有的在一联竖管管顶上，安

一个有汽封的孔经常捅灰。以上各种清除积灰的措施均有一定的效果。

8.0.6 鉴于环境卫生的要求，煤气净化设备应设置在室外，根据调查，即使在采暖计算温度为－25℃的严寒地区，如齐齐哈尔、哈尔滨等地的煤气站，其净化设备采取保温措施后均设在室外，已正常运行 30 多年，在南方地区气候暖和更应设在室外。根据调查，近年引进的厦门××瓷器有限公司的煤气站将洗涤塔、间接冷却器等净化设备设在全封闭的厂房内，这些散热设备使室内温度过高，恶化了操作工人的环境，并且发生过由于设备上防爆膜开裂，使大量煤气充满了厂房，险些发生重大事故。这就表明了其缺点之所在。但是对竖管和旋风除尘器，为了缩短与发生炉出口接管的距离，允许其设在厂房内。

8.0.7 煤气排送机与空气鼓风机间分开布置的分析：

(1) 国家标准《工业企业噪声控制设计规范》GBJ 87—85 的第 2.0.1 条规定"工业企业厂区内各类地点的噪声 A 声级，按照地点类别的不同，不得超过表 2.0.1 所列的噪声限制值。"该表序号 1 生产车间及作业场所（工人每天连续接触噪声 8h）噪声限制值 90dB。

(2) 煤气站的离心式煤气排送机和空气鼓风机在运转时发出较大噪声，经对现有 14 个工厂的煤气站在机组旁半米距离处的测定表明，各种类型煤气排送机的噪声 A 声级一般在 83～99dB，平均在 93dB；而空气鼓风机的噪声大于煤气排送机的噪声，一般在 90～104.5dB，多数超过 100dB。

(3) 煤气排送机间属于防爆危险场所，必须考虑防爆，而空气鼓风机间不必防爆，两者分开可减少防爆设备及其他防爆措施和投资费用。

综合上述情况分析，本条规定了分开布置的原则，目的是为了减少噪声的影响，但小型煤气站的煤气排送机和空气鼓风机容量小，结构简单，机组台数少，布置容易处理，故又规定小型煤气站的煤气排送机和空气鼓风机可布置在同一房间内。

8.0.8 煤气排送机和空气鼓风机各自单排布置，宏观上整齐，又便于管线的布置，在正常情况下均应这样做。

8.0.9 煤气排送机间、空气鼓风机间内设备之间的净距、一般通道、主要通道的说明：

(1) 设备之间的净距系指相邻设备凸出部分（如电动机的基础）之间的水平距离；设备与墙之间的净距系指设备靠墙一侧的凸出部分与墙、柱之间的水平距离。

(2) 一般通道的宽度，应根据设备操作和检查工作人员来往频繁程度的具体情况确定。按本规范编制说明第 8.0.3 条说明，本条文规定用作一般通道不宜小于1.5m。

(3) 主要通道的宽度，应满足机组拆装时最大零

部件的运输及同时通过行人的需要，并适当留有余量。故规定用作主要通道不宜小于2m。

8.0.10 煤气排送机间的层数和层高的确定，应考虑下列各因素：

（1）机组结构型式。如煤气排送机出口向下，为使气流直顺，减小压力损失，当必须将机组抬高以利管道敷设时，采用二层建筑较好。反之，当机组结构上无特殊要求时，一般采用单层建筑，可节约建筑投资。

（2）排水器布置方式。经调查，煤气排送机间在冶金工厂采用二层建筑较多，排水器布置在室内底层地面上，一般底层的层高不低于3m。在机械工厂，仅有个别采用二层建筑，大多数采用单层建筑，排水器布置在室外地下深坑内。

（3）操作层的层高与机组外形尺寸（高度）、选用的起重设备型式、机组设备安装检修最小起吊高度以及管道的布置方式等有关。根据一般要求，采用单层厂房层高不应小于3.5m。

8.0.11 煤气排送机间、空气鼓风机间的操作层（单层厂房指地面层，双层厂房指第二层），应根据设备的最大件尺寸设置门洞或安装孔（吊装孔），且留有安装拆卸部件的检修场地，其起重设施应根据设备最重部件考虑，大致有三种方式：

（1）单梁或桥式手动（或电动）起重机。

（2）单轨手动葫芦或电动葫芦。

（3）房顶上留有起吊钩子以便临时悬挂葫芦。

8.0.12 空气鼓风机吸风口处的噪声，一般有95dB，个别的高达108dB，为了减少空气鼓风机吸风口噪声对室外环境的影响，规定应采用降低噪声的措施（如安装消声器、砖砌风道等）。

空气鼓风机吸风不应影响室内的环境，如室内同时还有煤气排送机也在运转，防止万一煤气外泄将爆炸性混合气吸入空气系统中，所以规定空气鼓风机吸风口应布置在室外，吸风口应设有防护网和防雨设施，以防止杂物、鸟类和雨水吸入空气系统，还规定应设降低噪声的设施。

9 空气管道

9.0.1 空气管道系统应设有下列安全设施：

9.0.1.1 在煤气发生炉的进口空气管道上，应设有控制风量开闭和调节的阀门，这种阀门应选用明杆式或指示式，以便操作工人能判断其开闭及调节的程度；止逆阀的作用是在停电或鼓风突然终止时，防止发生炉内煤气从炉底倒流进入空气管道；当煤气发生炉在停炉压火时，炉内仍需少量空气以保持其不熄火，这就需有自然吸风装置。

9.0.1.2 爆破膜作为空气管道爆炸时泄压之用，材料可用铝板或橡胶膜，其安装位置应在空气流动方向

的管道末端，因管道末端是薄弱环节，爆破时所受冲击力较大。

9.0.1.3 空气流动方向的总管末端应设有放散管，其作用是当停电或停空气后，再起动发生炉之前，为防止煤气已渗漏至空气总管内形成爆炸性混合气体，需进行吹扫，以确保安全，防止爆炸事故的发生。放散管接至室外的目的是将吹扫的混合气体导至室外排放。

9.0.2 饱和空气管道输送的空气中含有饱和水蒸气，因此在管道外缘应设保温层以防止温度降低，减少蒸汽冷凝的损失，为了使凝结水能顺利排出，故规定在管道最低点要设排水装置。

10 辅 助 设 施

10.0.1 煤气站经常化验的项目如下：

（1）煤气成分的全分析和单项分析；

（2）煤的工业分析和筛分分析；

（3）灰渣中含碳量的分析；

（4）煤气中杂质含量的测量；

（5）循环水中悬浮物、pH值的测定。

煤气站不经常化验的项目如下：

（1）煤的元素分析和发热量的测定；

（2）循环水中的酚、氰化物含量等的测定；

（3）其他测定。

10.0.3 大型煤气站的仪表及自控装置较复杂，需要设仪表维修间，加强仪表装置的维护管理。

10.0.4 煤气的安全防护组织一般应由企业安全部门领导，其承担的任务、权力和设施配置等，应遵照国家标准《工业企业煤气安全规程》GB 6222—86的第9.2条有关规定执行。

11 煤和灰渣的贮运

11.0.1 煤的设计运输量系根据一昼夜入炉煤需用量，按煤气站的工作制度和运煤系统工作班次、运煤设备有效工作时间、原煤的含末百分比、运输的不平衡系数计算而得。

11.0.2 煤和灰渣采用机械化或半机械化装卸和运输，是减轻繁重的体力劳动、改善劳动条件、保护环境卫生和工人健康、提高劳动生产率的重要技术政策。根据生产上的需要和设备供应的可能性，结合当地的条件和经验，应积极采用机械化或半机械化装卸和运输。

机械化运输是指胶带输送机、多斗提升机、刮板机、水力除灰渣等。半机械化运输是指单轨电葫芦、单斗提升机、电动牵引小车、简易运煤机械等。小型煤气站灰渣排送量一般小于1t/h，运煤量一般小于3t/h，因此，本条规定小型煤气站宜采用机械化或半

机械化装卸和运输。

11.0.3 确定煤气站煤场贮煤量的因素较多，主要与煤源远近、供应的均衡性和交通运输方式等条件有关，有些地区要考虑冰雪封路、航道冻结、大风停航等气候条件对交通运输的影响，还与煤气站的规模大小、用地紧张程度等因素有关。设计时应根据具体情况确定，以满足生产的要求。

经调查，煤气站用火车运输的煤场设计贮煤量大多数不超过 1 个月。如沈阳 H 厂、兰州 O 厂、抚顺 Z 厂、郑州 P 厂等，实际上没有超过半个月的贮煤量，有的每隔 2～3d 就来煤一次。用汽车运输的，如上海 A 厂集中煤场的贮煤量约按半个月考虑，实际上 3～5d 就来煤一次，而煤气站煤库贮煤量不到 1 天，一座铁板制立式煤仓可贮 400t 煤，该煤气站安装 ϕ3m 煤气发生炉 12 台，经常运行 8 台。又如上海 δ 厂气站安装 ϕ3m 煤气发生炉 2 台，煤场只有 1 天的贮煤量。上海 η 厂煤气站安装 ϕ3m 煤气发生炉 10 台，每天使用汽车从站外运煤直接送入站胶带输送机的受煤斗，没有设立煤场。

烟煤露天贮存期过长，因温度上升引起自燃，据日本电源开发公司资料介绍，露天贮存煤 1 个月，煤温上升到 90℃，3～4 个月上升到约 500℃，会引起自燃，从安全生产考虑，煤场贮存煤的天数不宜过多。

国家标准《工业锅炉房设计规范》（试行）GBJ 41—79 第 97 条规定："一、火车和船舶运煤——10～25 昼夜的锅炉房最大耗煤量；二、汽车运输——5～10 昼夜的锅炉房最大耗煤量。"前苏联无线电技术工业部国立专业设计院编《煤气发生站工艺设计暂行规范草案（1956 年）》第 40 条规定："燃料仓库应为露天式的，仓库之容积：铁路运输燃料时，对于当地燃料应有两周贮备量，对远方来时应有一个月贮量。"

国家标准《小型火力发电厂设计规范》GBJ 49—83（试行）第 4.1.3 条规定："一、发电厂经过国家铁路干线来煤时，宜按 10～25d 的全厂耗煤量确定；二、发电厂不经过国家铁路干线而由煤矿直接来煤时，宜按 10d 以下的全厂耗煤量确定；三、发电厂经过公路来煤时，宜按 5～10d 的全厂耗煤量确定，个别地区还应考虑气象条件的影响；四、发电厂水路来煤时，按水路可能中断运输的最长持续时间来考虑，但不宜小于 10～25d 的全厂耗煤量。"

末煤占进厂煤的百分数，往往达 30% 以上，原则上应及时处理，尽量减少在厂内堆放末煤量，应根据实际情况适当考虑末煤堆放场地。

综上所述，参照有关规范，从节约用地的原则出发，并考虑到生产上的要求，作本条的规定。

11.0.4 煤场露天堆煤，如经雨、雪淋湿，将造成筛选的困难。湿末煤过筛不净，附在煤块表面，一并进入煤气发生炉中，使煤气带出物增加。而且由于煤含水分过大，在气化过程中，势必影响干馏层以至还原层的温度，使煤气质量变坏甚至无法生产。因此规定，在经常性的连续降雨、雪地区，煤场的一部分宜设防雨、防雪设施，以尽量减少雨季入炉煤的表面水分。

煤气站煤场采用防雨、防雪设施的方式，总的精神是要从实际出发，采用简而易行的方式，达到防雨、防雪的目的。

确定防雨、防雪设施的一部分煤场的贮煤量，牵涉到的因素较多，不宜作硬性规定。故仅在本条文中提出确定贮煤量时应掌握的原则。

11.0.5 考虑到运煤机械在运行前工人有一定的准备工作时间，而在发生事故时需要紧急检修的时间一般为 1～2h，征求意见会上，一致认为设备每班计算运转时间不宜大于 6h，故作出本条的规定。

11.0.6 本条文是按煤气发生炉为三班连续运行规定的，否则贮煤斗中的有效贮量可相应减小。

运煤设备事故紧急检修时间，对电动葫芦、单斗提升机等简易运煤机械如调换钢丝绳、行走传动齿轮等，在有条件的情况下，一般只需 1～2h；对胶带运输机、多斗提升机、刮板机等运煤机械，接皮带、换链板及传动齿轮，一般需 2～4h。

11.0.7 贮煤斗供排放泄漏煤气用的放散管直径不宜过小，烟煤煤气中的焦油灰尘往往会堵塞管道，故要考虑清理方便。放散管直径过大，将影响煤斗内煤的下落通道。本条文规定的为最小直径，设计上有一定的灵活性。

11.0.9 为使气化用煤的粒度符合设计要求，必须设有筛分设施。当供煤的煤种未能满足设计入炉煤的粒度时，必须设有破碎设施。为确保煤气发生炉给煤机械正常运行和防止设备的磨损，必须设有铁件分离设施，如悬吊式磁铁分离器、电磁胶带轮、电磁滚筒等。

11.0.10 煤是煤气生产的主要原料，关系着能耗指标。煤的计量是煤气站经济核算的一个重要手段，设计中应予考虑。对于小型煤气站可以用煤斗容积计量。

11.0.11 根据调查，国内煤气站末煤的总贮量一般都能贮存一昼夜的末煤产生量，如上钢某厂煤气站有 ϕ3m 煤气发生炉 12 台，设有末煤斗 4 个，每个容积约可贮末煤 50t；齐齐哈尔 E 厂有 ϕ3m 煤气发生炉 25 台，设有 3 个大末煤斗，总贮量约为煤气站一昼夜的末煤产生量。通常末煤用火车或汽车运出厂外时，采用一班工作制，故本条文规定，末煤斗的总贮量不小于煤气站的一昼夜末煤产生量。

当末煤供厂内锅炉房或其他末煤用户使用时，因是短距离运输，其总贮量可以酌情减少。末煤斗和溜管的侧壁倾角，系按钢筋混凝土制作，斗内壁较光滑考虑，规定不应小于 60°。

为防止末煤冻结，规定在寒冷地区的末煤斗应设有防冻设施。根据齐齐哈尔 E 厂、沈阳 H 厂、内蒙 r 厂、齐齐哈尔 D 厂等经验，在末煤斗内加装蒸汽管道，防冻效果较好，在未受取该措施前，遇到严寒季节，如室外温度在 -20℃ 左右时末煤受冻结。

11.0.12 根据调查，煤气站的灰渣采用汽车运出时，一般设置灰渣斗的总贮量均超过一昼夜灰渣排除量。采用火车运输时，如哈尔滨 M 厂、沈阳 H 厂，利用火车车箱贮存灰渣，所设中间灰渣斗的贮量均小于一昼夜灰渣排除量；吉林 S 厂将灰渣由胶带输送机直接排入火车车箱，不设中间灰渣斗。灰渣斗及溜管的侧壁倾角，机械工业部部标准《发生炉煤气站设计规范》JBJ 11—82（试行）规定不宜小于 55°，认为太小，采取与末煤斗和溜管的侧壁倾角相同的数值，定为不应小于 60°。

11.0.13 某厂煤气站曾因没有安全防护设施发生过事故。为保障操作人员行走的安全，特作本条的规定，据了解，其他行业在运煤栈桥行走的一侧地面设有防滑台阶，有扶手没有栏杆。本条规定为"宜"，设计者可以根据实际情况考虑以保安全。

11.0.14 煤气站主厂房贮煤层因煤灰飞扬，经常需要冲水清扫。宜设有防止水侵入贮煤斗的设施。如兰州 O 厂煤气站主厂房贮煤斗的斗口四周，筑有高出楼板约 20cm 高的混凝土凸台以防止冲水侵入贮煤斗。在正常生产时，贮煤斗内有从煤气炉加煤机漏入煤气者，必须严禁操作人员进入贮煤斗。为防止意外，应设有防止操作人员落入贮煤斗的设施，如盖板、栏杆等。

11.0.15 煤气发生炉内末煤过多，气化不能正常运行，胶带输送机送煤用胶带小车，可以避免未煤集中到胶带的端头，如果用刮板，由于刮板与胶带之间留有间隙，致使未煤集中到胶带端头落下。设计应使端头落下的末煤集中到一个专门设置的溜管排出。

11.0.16 国家标准《小型火力发电厂设计规范》GBJ 49—83（试行）第 4.1.9 条规定："胶带输送机的普通胶带的倾斜角，运送原煤时，不应大于 18°；运送碎煤后的细煤时，不应大于 20°。"本条文根据煤气站的实际情况，参照上述规定确定。

11.0.17、11.0.18 本条文根据煤气站的实际情况，并参照国家标准《小型火力发电厂设计规范》GBJ 49—83（试行）第 4.1.12 条的规定确定。上述规范第 4.1.12 条规定如下："运煤栈桥宜采用半封闭式或封闭式。气候适宜时，宜采用露天式。在寒冷地区，宜采用封闭式。运煤栈桥及地下栈道的通道，应符合下列要求：一、运行通道的净宽不应小于 1m，检修通道的净宽不应小于 0.6m。二、运煤栈桥和地下栈道的垂直净高不应小于 2.2m"。

11.0.20 《工业企业设计卫生标准》TJ 36—79 第 36 条规定，含有 10% 以下游离二氧化硅的煤尘最高

容许浓度为 10mg/m³，本条规定的目的在于减少煤尘对环境的污染。

12 给水、排水和循环水

12.0.1 煤气发生炉水套的给水水质，应符合下列规定：

12.0.1.1 煤气发生炉水套中水温超过 100℃ 时，与低压锅炉相类似，故给水水质应符合现行的国家标准《低压锅炉水质标准》GB 1576—85 关于锅壳锅炉的规定，其规定见表 8。此规定的水质要求较高，故应采用软化水。

表 8　燃用固体燃料的锅壳锅炉的水质标准

项　目	给　水		炉　水	
	锅内加药处理	锅外化学处理	锅内加药处理	锅外化学处理
悬浮物（mg/L）	≤20	≤5		
总硬度（mg/L）(注)	≤3.5	≤0.03		
总碱度（me/L）(注)			10~22	≤22
pH（25℃）	≥7	≥7	10~12	10~12
溶解固形物（mg/L）			<5000	<5000
相对碱度$\left(\dfrac{\text{游离 NaOH}}{\text{溶解固形物}}\right)$			<0.2	0.2

注：me/L 为非法定计量单位，1me/L＝50mg/L，以 CaCO₃ 表示。

12.0.1.2 W-G 型煤气发生炉的水套，类似于常压容器，水温不大，故给水水质应符合现行国家标准《低压锅炉水质标准》关于热水锅炉水质标准的规定，其规定见表 9。

据了解，上海 λ 厂 W-G 型煤气发生炉水套用水的总硬度为 135mg/L（以 CaCO₃ 表示），水套每年清理一次。

表 9　水锅炉水质标准

项　目	供　水　温　度			
	≤95℃采用锅内加药处理①		>95℃采用锅外化学处理	
	补给水	循环水	补给水	循环水
悬浮物（mg/L）	≤20		≤5	
总硬度（me/L）②	≤3.5		≤0.6	
pH（25℃）	≥7	10~12	≥7	8.5~10
溶解氧（mg/L）			≤0.1	≤0.1
含油量（mg/L）			≤2	≤2

注：①如采用锅外化学处理时，应符合供水温度大于 95℃ 的水质指标。
②me/L 为非法定计量单位，1me/L＝50mg/L，以 CaCO₃ 表示。

12.0.2 设备冷却水有：煤气发生炉搅棒、炉顶、散煤锥、人孔、煤气排送机轴承及油冷却器等的冷却水。上述冷却水，可以根据水的硬度，控制其排水温

度。

水质稳定研究中，一般主要研究下列化学反应式中重碳酸钙、碳酸钙和二氧化碳三者的平衡关系。

$$Ca(HCO_3)_2 \rightleftharpoons CaCO_3 + CO_2 + H_2O$$

为便于实际应用，可进一步找出水结垢与水的碳酸盐硬度和水温三者的关系，见图1。

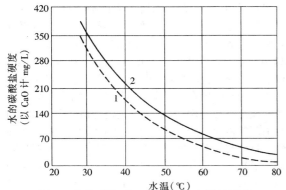

图1 直流系统时，在不形成水垢的要求
下水的允许加热温度
1—水在设备中停留2～3min；
2—水在盘管和管道中停留1min

12.0.4 煤气净化设备与接触煤气的循环水水质、水压、水温应符合下列要求：

12.0.4.1 无烟煤系统煤气冷却用的循环水水质，总结现有煤气站的生产情况，灰尘和液态焦油的含量基本符合本规范规定的200mg/L的指标，并可以满足生产的要求。但太原K厂、天津ζ厂的循环水水质较差。几个工厂的煤气站实测数据如下：

①太原K厂170～214mg/L；
②天津ζ厂（1979年10月测）206mg/L；
③上海λ厂（1980年测）130.5mg/L；
④上海η厂（1980年测）118mg/L。

12.0.4.2 烟煤系统煤气冷却用的循环水分冷、热两个循环水系统。

冷循环水供煤气的最终冷却用，其水质的好坏对生产过程的影响尤为重要。由于水质恶化将引起洗涤塔的填料、冷却塔的配水系统和煤气净化冷却系统不能正常运行，煤气净化冷却效果差。参照无烟煤系统循环水水质要求，并考虑到目前水处理的方法很多且均未定型，为了进一步总结经验，寻求经济合理的方案，本规范规定烟煤系统冷循环水灰尘和液态焦油的含量不宜大于200mg/L。

热循环水是供给竖管、三级洗涤塔热段初步冷却净化煤气用。热循环水的水温较冷循环水高，焦油在较高温度下粘度较小，故规定水的灰尘和液态焦油的含量的指标较大。因为洗涤塔热段或空气饱和塔（利用热循环水增湿气化用空气的设备）也有木格填料，为了防止填料的堵塞和输送水的管道及喷头堵塞，指标也不宜过大。故规定烟煤系统热循环水灰尘和液态

焦油的含量不应大于500mg/L。根据各厂水处理的试验资料，达到本规范规定的指标是可行的，例如：

①抚顺Z厂的实践经验是标准状况下每生产1000m³煤气，处理水量为0.85～0.9t，即可使全站总循环水胶体含量（见注）稳定，接近原补水开放排放时的胶体含量。其开放排放胶体含量以1979年为例，月平均为：5月份530mg/L，9月份445mg/L，11月份439mg/L（相当于184mg/L，见注）。

注：该厂水中胶体含量的分析方法为在100ml酚水中加入Fe^{+2}14.3mg/L，调pH=3.5，加温至60℃凝聚，然后过滤、烘干、称重、去掉铁的重量。此法称为凝聚法，分析结果以胶体含量表示。常规法分析结果以灰尘和液态焦油含量表示。该厂曾做两种方法的对比分析，凝聚法分析的结果分别为439、430、135mg/L，常规法分析的结果分别为184、161、47mg/L，即灰尘和液态焦油含量分别为胶体含量的41.9%、37.4%、34.8%。

②西宁V厂经过试验确定的循环水治理方案，要求水质如下：灰尘200mg/L，油50mg/L。根据西安冶金建筑学院的分析，该厂每立方米煤气将产生225mg的灰尘和焦油进入水系统。工业装置的设计按此数值进行平衡。

③大连G厂冷循环水采用溶气浮选加硫酸、硫酸亚铁混凝沉淀处理后，水中灰尘和液态焦油为68～187mg/L，热循环水采取酸化油泥吸附法，每天处理160m³，占全部水量的1/3，水中灰尘和液态焦油为106～414mg/L，平均275mg/L。

④兰州O厂1981年坚持200d的水质净化工作，共处理水17500t 1981年8月份水中灰尘和液态焦油的含量已稳定在600mg/L，基本接近本规范规定的指标。在进一步净化以后达到本规范要求是有可能的。

⑤齐齐哈尔D厂冷循环水每两个月换水一次，水中灰尘和液态焦油平均为325mg/L。如再采取混凝沉淀，溶气浮选等处理，其水质将可达到本规范要求。

12.0.4.3 pH值低于6.5时，水泵、水管易于腐蚀。根据一些试验资料 pH=2.2的水与 pH=7.7的水，按1：7混合得 pH=7（上海A厂资料）。pH=3.5的水与 pH=8.3的水，按1：3比例混合得 pH=7.1，按1：4混合得 pH=7.8（抚顺Z厂资料）。

12.0.4.4 供水点压力过高浪费能源，过低则喷洒性能差，满足不了工艺要求。有填料的清洗设备，填料有布水的作用，常采用阻损较小、结构简单的喷头，故供水点压力比无填料清洗设备为低。

供水点压力应考虑喷嘴前的压力、供水点至喷嘴的几何高度、供水管路的摩擦阻力与局部阻力。确定喷嘴前压力时，应根据设备的喷嘴数量及单个喷嘴的出水量核算总水量是否合乎设计要求。

12.0.4.5、12.0.4.6 考虑到夏季气温较高，对烟煤系统的冷循环水或无烟煤系统的循环水水温的要求过低，将不经济。全国南北各地夏季气温差异也很大。

根据全国主要城市平均每年最高温度超过 5～20d 的干、湿球温度统计资料，以南昌、杭州的气温最高，每年最高温度超过 10d 的日平均干球温度分别为 33.8℃、32.8℃，日平均湿球温度均为 28.3℃。按一般冷却塔的设计要求，水温不超过 35℃ 是可行的。其余季节气温较低，多数情况下，应不超过 28℃。

烟煤系统的热循环水主要是供竖管中净化冷却煤气用，水温高时，水的蒸发系数大，水中焦油粘度小，水系统堵塞的机会少，故规定热循环水温度不应低于 55℃。热循环水系统除了由冷循环水补充的部分冷水及自然冷却降温外，没有冷却的设备，故在正常情况下，热平衡的温度均不小于 55℃。例如：

（1）上海 A 厂煤气站 1980 年 3 月 21 日热循环水沉淀池进口水温为 68℃，出口水温为 65℃。

（2）北京 U 厂煤气站 1981 年 1～10 月份热循环水每班最高温度的平均值为 62℃。10 月份因检修停气 3 天，水温较低，平均值为 57℃。

12.0.5 接触煤气的循环水中的有害物质如酚、氰化物、硫化物、油的浓度及化学需氧量等均较高，一般都不符合国家或地方规定的排放标准。设计要使循环水系统做到亏水不排放，故不应把本条文所指的其他基本上不含有害物质的用水排入循环水系统。但可以利用作为循环水系统的补充水。

12.0.6 煤气排水器、隔离水封等用水都接触煤气，其中有不少有害物质不能排放，如果采用自来水，其排水排入循环水系统，势必增加了循环水系统的水量，使系统难以达到亏水，故规定必须封闭循环使用。

12.0.7 热煤气站一般均以烟煤为气化原料，煤气中含有焦油和酚，当煤气温度降低时，将会有部分焦油、酚等有害物质混入水封用水。因此这部分用水不应直接排放，至于如何处理，未作具体规定，如果能够控制水封给水量，保持稳定的水位，可以做到不排放。

12.0.8 厂区和车间煤气管道排水器的排水含有不少有害物质，应集中处理。目前，不少工厂都是集中到煤气站的循环水系统。集中方式有的用汽车运回，也有的用管道送回。

12.0.9 接触煤气的循环水中含有焦油、酚等有害物质，根据多年的实践，采用风筒自然通风式冷却塔可借高风筒对排出气进行大气扩散，与开放点滴式、鼓风逆流式相比，可减少对环境的污染。

采用风筒自然通风式冷却塔与鼓风式冷却塔相比可以节省能源，而且也不存在风机被腐蚀的问题，但风筒自然通风式冷却塔的基建费用高。本条文规定为"宜"，有一定的灵活性。

12.0.10 如果烟煤系统的冷、热循环水相混合，则煤气最终冷却用水的温度升高，水质变差，同时竖管用水的温度降低，水中焦油粘度大，不符合工艺要

求，故作此条规定。

12.0.11 沉淀池的沉渣应定期清理，以保持沉淀池的有效容积，故应设有清理沉淀池的设施。总结现场生产经验，单轨抓斗吊不宜采用。调节池是作临时蓄水或清理沉淀池周转之用。

12.0.12 接触煤气的循环水沉淀池、水沟等构筑物，一般均采用钢筋混凝土结构并要求结构设计有较好的防渗漏措施。为保持亏水循环，不使地面水渗入循环水系统，故规定水沟之间必须有排除地面水的管渠。

12.0.13 国家标准《工业循环水冷却设计规范》GBJ 102—87 第 2.1.4 条规定："冷却塔一般可不设备用。冷却塔检修时，应有不影响生产的措施。"本条文规定与之一致，为了能定期清理检修冷却塔，而且清理检修时仍可正常生产，可设计成分隔的冷却塔，且可与其系统分开。根据齐齐哈尔 D 厂的经验，冷却塔每 3 个月需清理 1 次，4 至 5 人 2 天便可清理完，大修 10 年 1 次，修理时间 1 至 2 个月。

12.0.14 循环水沟应有盖板以防止或减少水中有害物质挥发污染煤气站环境。

12.0.15 煤焦油在高温时有焦油蒸汽产生，为防止污染煤气站环境，应采用封闭式输送系统。焦油沟与蒸汽保温管道相比，后者更严密一些，故规定宜采用蒸汽保温管道。

12.0.16 循环水泵房的吸水井设有水位标尺，可以定期观测水位，控制循环水水量的增长，控制补水量，保持循环水系统处于亏水状态。

12.0.17 煤焦油和沉渣是煤气站的废物，不及时处理将泛滥成灾，污染环境。用作燃料是一个较好的方法，既消除污染又节约能源，一些工厂已有运行经验。煤焦油中有 60% 的沥青基因，也可以利用作为化工原料生产优质化工产品。上海 ω 厂研究利用它生产再生胶多年，取得成功。在煤气站的工程设计中，应根据其处理的要求设置贮运设施。

12.0.19 运煤系统建筑物的地面与楼面粉尘较多，用水冲洗可防止粉尘飞扬，便于清洗地面，但冲洗的污水中含有煤粉，如何排除，在排水设计中应同时考虑。

13 热工测量和控制

13.0.3 控制室内采用二次仪表的目的，是防止煤气串入室内，发生中毒事故。天津某厂煤气站曾经发生过一起中毒事故。原因是接仪表的煤气胶皮管脱落，煤气漏入室内。

13.0.6 煤气净化设备包括竖管、旋风除尘器、电气滤清器、洗涤塔、除滴器等。间接冷却器、余热锅炉均列在煤气净化系统中，故均应按煤气净化设备处理。在各设备之间装设压力表、温度表，便于检查设备的运行情况。其安装位置未作具体规定，一般可就

地安装。

13.0.7 一般低压煤气总管的煤气压力表、煤气排送机、空气鼓风机出口的压力表均就地安装，便于操作时观察。空气总管的空气压力、煤气站出口的煤气压力和温度及煤气流量仪表可安装在控制室内。当煤气供应几个车间，需要分别核算时，应该分别计量。供应煤气的质量，如发热量或压力不同时，也应分别检测计量。

13.0.9 本条所列的各项测量项目是煤气站实行经济核算、经济运行所需要的。小型煤气站水、蒸汽、软化水的用量较少，水和蒸汽等往往和用煤气车间统一核算，煤气站不单独经济核算。

13.0.10 煤气的热量自动测定记录仪，可以连续检测煤气站的供气质量，有利于管理。但因其价格过高，对管理人员的水平要求也高，故仅规定大型煤气站宜装设。

据北京冶金仪表厂介绍，该厂现有带微机的RZB-Ⅱ型气体热量仪，已经增加了煤气净化过滤器，可连续测量记录调节，已在鞍山ξ厂、太原π厂使用。

哈尔滨β厂动力分厂1983年从北京冶金仪表厂购置了1台RLB-Ⅰ型气体热量仪，按热量范围修改燃烧喷嘴口径，配上二次计量仪表，经过调试达到单台炉或总煤气出口煤气热量的连续检测，记录与校验值达到一致，证明此仪表符合要求。但此仪表维护要求极严，特别是要求煤气含尘量极低。由于喷嘴易堵，而清理工作又费时费力，权衡利弊，该厂最近没有采用。

上海C厂用在出厂煤气热值控制上，所有仪器为英国西格玛公司生产的δ型煤气热值自动分析仪。

13.0.11 经调查，大多数煤气站均有空气饱和温度自动调节装置，也有个别站采用手动调节，征求意见会上认为应有自动调节，其理由是：

（1）空气饱和温度是发生炉气化的重要参数，采用自动调节可以保证饱和温度的稳定，使其能控制在±0.5℃范围内，从而保证了煤气的质量。

（2）用自动调节可减轻工人操作，有利于煤气发生炉的正常运行。特别是在煤气发生炉负荷变化较大时，效果更为显著。

因此本条规定应装空气饱和温度自动调节装置。

鉴于小型煤气站规模较小，煤气发生炉的负荷一般较稳定，采用手动调节可以满足要求，且受到建设投资和仪表的维护与修理的技术条件等的限制，故可采用手动调节。

13.0.12 煤气站宜设置下列自动控制调节装置：

13.0.12.1 经调查，冷煤气站多数装有生产负荷自动调节装置，少数采用手动调节。征求意见会上，均认为宜有生产负荷自动调节装置。其理由是：

（1）手动调节时，出现负压的可能性比自动调节

时大。自动调节在一定程度上能防止煤气站内低压煤气总管出现负压，从而提高了煤气站生产的安全性。

（2）自动调节能准确地根据用户用煤气量变动的情况调节煤气站的生产能力，使煤气压力稳定，而采用手动调节很难达到压力稳定。

（3）用手动调节时，需由专人集中精力注视着压力表的指针来操作进入煤气发生炉的空气阀门，工人容易疲劳。自动调节能节省劳动力并减轻工人劳动强度。

13.0.12.2 手动调节汽包水位，一有疏忽便会发生缺水或满水。缺水易造成水套烧坏变形事故（如齐齐哈尔D厂因煤气发生炉水套缺水，烧坏5个水套，需进行大、中修理；P厂因煤气发生炉水套缺水烧坏，已换水套3个）；满水易造成水倒入风管事故。因此，本条规定汽包宜设有水位自动调节装置。

13.0.12.3 煤气发生炉出灰的时间和速度与炉内的火层状况有关，一般由操作工人掌握。目前还没有能够自动探测火层控制出灰的装置，只有人为根据炉内状况设定出灰制度，定期执行出灰。

13.0.12.4 煤气发生炉加煤的自动控制方式有以下几种：

（1）保持煤气发生炉内煤位的高度，当煤位降到预定高度时，就自动加入一定量的煤。

（2）根据煤气发生炉出口的温度控制加煤，当炉出口温度达到预定值时，就自动加入一定量的煤。

（3）煤气发生炉本身为连续加煤，根据人工探测炉内火层的情况，控制煤的落煤点，以保持炉内煤层稳定，实为半自动。

13.0.12.5 两段煤气发生炉的上段出口煤气的温度，一般控制在120℃左右。控制方式是调节煤气发生炉下段出口的煤气量。

13.0.13 煤气站的信号，应符合下列要求：

13.0.13.1 当煤气排送机在运行时遇到空气鼓风机和空气系统的突然故障不能送风时，如果煤气排送机不立即停止运转，会导致排送机前系统内产生严重负压而使大量空气吸入，形成爆炸性混合气体，因此在设计时要考虑确保安全的措施。为此作了这一规定。

13.0.13.2 低压煤气总管的压力过低时，使煤气排送机停车，可以保证煤气站内煤气系统正压安全运行。考虑到有些工厂用户负荷变化较大，煤气压力往往也有较大的波动，如果煤气排送机停车并中断送气次数过多，对用户不利，且恢复送气操作麻烦。多数操作工人不主张自动停止煤气排送机，认为仅在煤气压力降低到设计值时发出警告信号就可以了。但本条文规定煤气压力降低到设计值时，应发出声、光信号，目的是使操作人员注意控制调节，不使压力继续下降，造成停车，但压力继续下降到允许值时，则应停止煤气排送机的运行，并发出声、光信号，通知操作工人进行紧急处理以确保安全生产。设计值和允许

值应根据工艺系统的具体要求确定。沈阳 H 厂规定低于 300Pa 时发信号，低于 70Pa 时停止煤气排送机。吉林 S 厂规定低于 100Pa 时停止煤气排送机。

13.0.13.3 为了防止在电气滤清器内形成负压时从外面吸入空气，引起爆炸事故，故当电滤器出口的煤气压力下降到设计值时，应发出声、光信号，操作工人可根据情况切断该电滤器的高压电源，此设计值各厂规定不同，设计时应根据采用工艺系统具体要求来定。齐齐哈尔 E 厂定为 150Pa，吉林 S 厂、沈阳 H 厂定为 200Pa，现行国家标准《工业企业煤气安全规程》规定煤气压力低于 50Pa 时，即切断电气滤清器的电源。

13.0.13.4 电气滤清器绝缘子箱内的温度过低，煤气温度达到露点时，会析出水分而在瓷瓶表面凝结，致使瓷瓶耐压性能降低，易于发生击穿事故。温度设计值的高低与煤气的露点温度有关，一般煤气的露点温度为 63～67℃。吉林 S 厂将设计值定为 98℃，沈阳 H 厂定为 95℃。

13.0.13.5 国家标准《工业企业煤气安全规程》GB 6222—86 第 2.1.3.11 款 C 项规定："电捕焦油器应设当煤气含氧量达到 1% 时即能切断电源的装置。"本条的规定与之相一致。煤气含氧量自动检测仪对煤气的净化要求高，上海 C 厂采用 CO-001 系列磁导式氧分析仪（南京分析仪器厂产品）原来安装在电气滤清器的进口煤气管上，经常发生杂物堵塞，不能正常使用，另外此处煤气含水分太多，也会造成使用不正常，现安装在排送机后，出站煤气管上，使用效果尚可，但报警及自动切断电源装置未投入使用，原因是这部分仪表比较复杂。

现在国内还没有用得成功的报道，本条文规定宜装设煤气含氧量检测装置，对安装的位置虽未作出规定，但装设在电气滤清器进口是理想的，要在实践中研究解决。

13.0.13.6 煤气排送机、空气鼓风机的轴承温度与油冷却系统的油压控制是保证设备安全的需要，一般均用人工定期检查。大型煤气站的自动化水平应该提高，将各设备的运行参数集中到控制室实现遥控。洛阳 I 厂煤气站使用效果较好。

13.0.14 在征求意见会上，普遍认为今后的设计应该体现 90 年代现代化的水平。大型煤气站宜设有小型电子计算机或微处理机控制管理系统，从节约的观点出发，不应重复设置模拟显示仪表，从安全运行的观点出发，允许对特别重要的参数设置一些必要的仪表。所谓特别重要的参数，是指与煤气站生产安全有关的重要参数，故作本条的规定。

14 采暖、通风和除尘

14.0.1 《工业企业设计卫生标准》TJ 36—79 第 55 条规定，设计集中采暖车间时，车间内工作地点的冬季空气温度：轻作业时不低于 15℃；中作业时不于 12℃；重作业时不低于 10℃。当 2 名工人占用较大面积（50～100m²）时：轻作业可低至 10℃；中作业可低至 7℃；重作业可低至 5℃。在 2 名工人占用的建筑面积超过 100m² 时，可仅要求工作地点及休息地点设局部采暖装置。

本条根据煤气站各个生产区的实际情况，对主要房间的冬季室内计算温度作了规定，对于经常无人操作的地方规定为 +5℃，以节能并防冻。在工艺没有特殊要求时，应按本规定执行。

14.0.2 国家标准《工业企业煤气安全规程》GB 6222—86 第 1.10 条规定，煤气危险区的一氧化碳浓度必须定期测定，在关键部位宜设置一氧化碳监测装置，作业环境一氧化碳最高允许浓度为 30mg/m³（23.2ppm）。这个标准与《工业企业设计卫生标准》TJ 36—79 第三章表 4 的规定是一致的。

上海 λ 厂 1982 年 6 月 24 日至 10 月 16 日对煤气站的大气环境作测定，在 W-G 型炉炉面空气中的一氧化碳含量平均为 17.7mg/m³（13.7ppm），随机抽样概率大多数介于 3.2～22.6mg/m³（2.5～17.5ppm）之间，最大测定值为 57.0mg/m³（44ppm）。在探火时，室内空气中的浓度达到 397～452.6mg/m³（307～350ppm）。

1987 年 9 月 22 日 12 时 45 分～13 时 15 分，对上海 A 厂煤气厂空气中的一氧化碳浓度做了测定，见表 11，该厂采用 д 型煤气发生炉。

表 11　煤气站各区空气中的一氧化碳浓度

测定区域	空气中的一氧化碳浓度（mg/m³）
发生炉操作室	71⁽注⁾、48、44、48
一楼至操作室楼梯	60
操作室至上煤仓楼梯	30
上煤仓	32
电气滤清器	62、128、102
排送机房	35

注：71 为 9 号炉一只探火孔探火时的测定值。

1980 年规范编制组曾对几个工厂炉面空气中一氧化碳浓度做过测定，д 型炉炉面最高浓度为 69mg/m³，W-G 型炉炉面最高为 241mg/m³。1989 年 1～10 月，上海 C 厂对发生炉炉面做了长期测定，该厂采用 W-G 型炉，每月平均值最低 168mg/m³，最高 1069mg/m³，平均 423mg/m³。

上述测定数据表明，现在煤气站的生产环境接近或者超过许可的卫生标准。除了局部通风外，厂房应有良好的通风，规定操作层的换气次数每小时不宜少于 5 次，除在炉面探火时，一般情况下操作环境会有较好的改善。

底层及贮煤层煤气的污染情况较操作层为好。底层如果竖管、旋风除尘器排水沟能布置在室外，则基本上没有污染源，贮煤层贮煤斗内已设有排风装置，故规定底层及贮煤层的换气次数每小时不宜低于3次。

本规范所规定的数值为最低限，设计时可根据具体条件取较大数值。《机械工厂采暖通风与空气调节设计技术规定》JBJ 10—83（试行）规定："主厂房底层的换气次数为每小时5次，操作层每小时不小于10次，贮煤层每小时3次。"

在主厂房操作层内，由于煤气发生炉顶部大量辐射热的散发，虽然采取水冷套等措施，夏季室内平均温度往往仍在40℃以上，某些通风较差的场所最高达45℃。所以本条文规定宜设有夏季降温用的局部送风设施，所指送风设施包括固定的送风装置和可移动的风扇。

14.0.3 由于煤气发生炉的加煤机密封性能不良，可能有逸出的煤气进入贮煤斗内，因而影响主厂房贮煤层操作工人的安全和身体健康。根据调查，有些工厂在贮煤斗内安设钟形排气罩将泄漏的煤气导出厂房外，这是行之有效的安全措施之一。当贮煤层为封闭建筑时，根据通风设计的要求，还需在贮煤斗内的上方顶部加设机械排风装置，以使煤斗内不存留死角，并进一步防止贮煤斗内煤气逸入室内，以保持贮煤层空气中一氧化碳的浓度经常符合卫生标准的要求。

贮煤斗与加煤机不相连接时，在加煤机的上方宜设有机械排风装置，以清除在加煤时从炉内逸出的煤气和煤块下落时产生的煤粉，以符合主厂房操作层的室内卫生要求。

14.0.4 煤气排送机场所易于泄漏煤气，1980年，规范编制组曾对几个厂的煤气排送机周围环境进行测定，一氧化碳浓度最高达750mg/m³，煤气排送机间为防爆环境。《机械工厂采暖通风与空气调节设计技术规定》JBJ10—83规定排送机间事故通风，包括局部排风量在内为每小时12次。根据具体情况作本条规定。

14.0.7 因为净化设备的区域内焦油、挥发酚等有害气体的浓度较大。为了使煤气站通风机室吸入的空气尽量少受其他有害气体的污染，所以本条规定："通风系统的室外进风口，不应靠近煤气净化设备区。"

15 电 气

15.0.1 煤气站中断供电，处理不当，将发生爆炸事故。为防止煤气爆炸等事故的发生，不应中断供电。

煤气站因停电引起的爆炸事故不少，例如：

（1）1981年11月5日晨，陕西厂σ厂煤气站全站启动，站区吹洗化验合格，电滤器、排送机投入运行。7时15分突然全站停电（锅炉房同时也停电），当时洗涤塔放散阀尚未关闭，处于全开状态。操作工立即作如下处理：打开发生炉（指生产炉）自然吸风装置，稍稍打开竖管放散阀，用胶皮管通过竖管高水位溢流管向竖管加自来水，由于胶皮管太细，到爆炸发生时，尚未封死水封。由于锅炉房同时也停电，所以未用蒸汽保压或吹洗。对洗涤塔放散阀未作任何处理，仍处于全开位置。

开始时，竖管放散管冒黄烟，洗涤塔放散管冒微量白烟，慢慢地竖管放散冒烟越来越小，至爆炸发生时已不冒烟，但洗涤塔放散管冒烟却越来越大，且带有灰色。

8时15分，1#炉（生产炉）大竖管处发生第一次爆炸，靠近竖管的6个探火孔被炸飞。紧接着又炸了两次，以后大约每隔0.5～1min爆炸一次。爆炸地点大多集中在竖管与半净总管处。8时45分，经联系锅炉房将锅炉汽包内余汽（压力为0.08MPa）送至煤气站，随即打开所有小竖管及生产炉大竖管的蒸汽吹扫阀吹洗，爆炸立即停止。

爆炸所引起的后果：发生炉探火孔盖爆飞6个；1号生产炉小竖管的热循环水管爆克爆裂2个；3号冷备用炉小竖管顶盖鼓起。1#、2#隔离水封隔板爆裂变形；2#隔离水封本体爆裂；全站所有防炸铝板爆破；电气滤清器的吊杆打坏，框架打弯，重锤打裂近一半；因抢修设备停气24h。

（2）1987年1月29日（大年初一）下午1时40分，陕西τ厂煤气站全站停电，当时发生炉操作工不知道停电，由值班长前去通知，立即关煤气发生炉的空气闸阀，打开高压蒸汽进行顶压，当时蒸汽压力较低，同时又开空气总管末端放散阀，但未能拉起钟罩阀。紧接着恢复供电，启动空气鼓风机，在空气鼓风机尚未达到全速时，司炉工即打开3号发生炉空气闸阀，才开2～3圈时，煤气站空气管道即发生爆炸，当时空气总管末端的防爆阀铝板爆破，造成全站停产。在检修时发现4号炉的空气阀门也被炸成瓢形。由于是大年初一，煤气站只有1台3号炉在生产，1号和4号炉作为热备，所以仅影响炼钢生产。

（3）中南某化工原料厂1990年4月3日13时38分，供电局拉闸突然停电，当时2台3Aд21型发生炉生产，罗茨加压机以34300Pa压力向外输送煤气。停电后，煤气倒流到低压部分，钟罩阀水封被打破，操作工立即采取措施，开大炉底蒸汽，拉开钟罩阀，关闭鼓风阀门。14时40分来电，开鼓风机，加大炉底蒸汽吹扫。15时，开鼓风阀门，只听一声巨响，整个发生炉厂房黑烟弥漫。原来是炉内爆炸，8只探火孔铁压盖全部震起，钟罩阀水封冲破。操作工及时关闭鼓风阀门，幸未伤人。

15.0.2 燃气是可燃性爆炸气体，所有煤气设施均应考虑防雷，设计按现行国家标准《建筑防雷设计规范》的有关规定执行。

15.0.3 现行国家标准《爆炸和火灾危险环境电力装置设计规范》将爆炸危险环境划分为：

0 区：连续出现或长期出现爆炸性气体混合物的环境；

1 区：在正常运行时可能出现爆炸性气体混合物的环境；

2 区：在正常运行时不可能出现爆炸性气体混合物的环境，或即使出现也仅是短时存在的爆炸性气体混合物的环境。

该规范将火灾危险环境分为 21 区、22 区、23 区，其规定如下：

21 区：具有闪点高于环境温度的可燃液体，在数量和配置上能引起火灾危险的环境。

22 区：具有悬浮状、堆积状的可燃粉尘或可燃纤维，虽不可能形成爆炸混合物，但在数量和配置上能引起火灾危险的环境。

23 区：具有固体状可燃物质，在数量和配置上能引起火灾危险的环境。

根据上述规定，煤气站各生产房间的爆炸和火灾危险环境等级的划分说明如下：

15.0.3.1 主厂房贮煤层为封闭式建筑，在发生炉加煤机与贮煤斗相连接的情况下，由于煤气从加煤机漏至贮煤斗，经调查，曾发生过煤斗内着火、爆炸事故，所以本规范第十四章第 14.0.3 条规定，在贮煤斗内设有将泄漏的煤气排出室外的设施；根据调查，凡采取上述规定措施的煤气站，在贮煤层室内空气中一氧化碳的含量，经测定符合卫生标准的规定，而且从加煤机漏出的煤气量有限，所以该场所属于在正常运行时不可能出现爆炸性气体混合物，即使出现，也仅是短时存在的爆炸性气体混合物的环境，故划为 2 区爆炸危险环境。若贮煤层为敞开、半敞开式的建筑，则通风良好不致使漏出的煤气有积聚的可能，不属于爆炸危险环境而是属于 22 区火灾危险环境。

15.0.3.2 主厂房除贮煤层以外的各层为无爆炸危险环境，如主厂房操作层内经常用炽热的钎子进行操作，属于明火车间。经调查，从未发生过室内空气爆炸事故，所以不属于爆炸危险环境。该层室内温度较高，电气设施宜采用保护型配电设备。

15.0.3.3 根据调查，煤气排送间从未发生过室内空间爆炸事故，主要原因是按照卫生标准的规定，在室内设有良好的通风设施。

15.0.7 当煤气排送机在运行时遇到空气鼓风机和空气系统的突然故障不能送风时，如果煤气排送机不立即停止运转，会导致排送机前系统内产生严重负压而使大量空气吸入，形成混合性爆炸气体，因此，在设计时要考虑确保安全的措施。在本条文中规定的两种连锁方式，只要采用其中的一种方式，就能达到安全目的的。

15.0.7.1 以空气总管的压力为信息点，当空气鼓风机发生故障停止运转、空气总管内的压力迅速下降不能保持允许值时，压力传感装置立即动作，停止煤气排送机的运转。

15.0.7.2 空气鼓风机与煤气排送机进行电气连锁的原则在条文中已有规定，具体设计时，可供采用的方式有多种，举例如下：

（1）当运转的空气鼓风机中 1 台的电源切断时，与其相对应连锁的 1 台煤气排送机电源同时立即断开。

（2）当运转的空气鼓风机中任何 1 台的电源切断时，所有运转的煤气排送机电源同时立即断开。当煤气排送机电源断开时应在电气系统、仪表系统相应地发出光和声的信号。

电气连锁装置应使所有空气鼓风机均有互相交替工作的可能。

15.0.8 为了防止煤气排送前，低压煤气系统出现负压而使空气吸入，产生不安全的因素，必须设有煤气压力传感装置。当煤气排送机前低压煤气总管的煤气压力下降到设计值时，仪表系统发出声光信号，以警告值班人员注意，在值班人员来不及排除煤气压力下降引起的故障，而使压力继续下降到允许值时，立即停止煤气排送机的运行。

15.0.9 煤气排送机、空气鼓风机的电动机采用管道通风式时，为了安全，必须在通风机运行以后，煤气排送机、空气鼓风机的电动机才能启动；当通风机停止运行时，煤气排送机、空气鼓风机必须停止运转。

15.0.10 连续式机械化运输系统中，各机械设备之间设有的电气连锁与启动、停止的先后次序，在国家标准《工业与民用通用设备电力装置设计规范》GBJ 55—83 第三章，以及在原一机部部标准《工厂电力设计技术规程》JBJ 6—80 第九章第三节机械化运输线电气连锁中均有详细规定。

16 建 筑 和 结 构

16.0.1 发生炉煤气的爆炸下限大于 10%，按现行国家标准《建筑设计防火规范》规定，煤气站的生产火灾危险性属乙类，厂房耐火等级不应低于二级。

16.0.2 现行国家标准《建筑设计防火规范》规定："泄压面积与厂房体积的比值（m²/m³）宜采用 0.05～0.22。爆炸介质威力较强或爆炸压力上升速度较快的厂房，应尽量加大比值。

体积超过 1000m³ 的建筑，如采用上述比值有困难时，可适当降低，但不宜小于 0.03。"

发生炉煤气的爆炸下限大于 10%，爆炸威力不大。40 年来，还没有发生炉煤气站厂房因煤气爆炸受到严重破坏的事例，某厂排水器放在一个面积约 10m² 的全封闭小房内，曾发生过爆炸，其破坏性不大。

16.0.3　主厂房操作层为工厂操作频繁的场所，宜采用封闭建筑，因为敞开式建筑的操作条件差。例如天津 φ 厂煤气站采用敞开式建筑，冬季寒冷，雨天室内飘雨。但在南方气温较高，为改善夏季通风条件，可以采用半敞开或敞开建筑，但要注意防止雨水飘入室内和冬季保暖的问题。

16.0.4　现行国家标准《建筑设计防火规范》规定："厂房安全出口的数目不应少于 2 个，并规定乙类厂房每层面积不超过 150m²，且同一时间的生产人数不超过 10 人，可设 1 个。"从煤气站的实际情况看，操作工人需要运煤、出渣、检查室外设备等，进出频繁，实际上均有 2 个出口。故本条规定"主厂房各层安全出口的数目不应少于 2 个"。

16.0.5.1　煤气排送机间宜采用封闭建筑有两点理由：

（1）保护设备，防止设备日晒雨淋；

（2）防止设备运转噪声对周围环境的影响。

有的引进国外的设计，如山东淄博陶瓷有限公司引进的两段煤气发生炉煤气站，其空气鼓风机及煤气排送机均布置在室外，其效果如何，还有待总结经验。煤气排送机间采用水磨石地面，便于清扫，改善工作环境。值班室是值班工人常在的场所，要求通风良好，室内噪声根据现行国家标准《工业企业噪声控制设计规范》的规定，应控制在 70dBA 以下。为了便于观察设备运行情况，值班室应有观察窗。

16.0.5.2　见本规范第 16.0.4 条说明，因煤气排送机间内操作工人一般不超过 2 人，故可按现行国家标准《建筑设计防火规范》的规定，当其面积不超过 150m² 时，可设 1 个安全出口。

16.0.6　煤气排送机间、机器间、空气鼓风机间内的设备运转噪声都很高，规范组曾经做过测定，煤气排送机一般在 90～100dB A，空气鼓风机多数超过 100dB A。防止噪声对周围环境的影响，在厂房设计上要考虑隔声的措施。在设备基础设计时，应根据设备的性能考虑防震。

16.0.7　化验室、控制室、整流间有精密仪器仪表，宜采取防震、防潮、防噪声、防粉尘的措施。办公室要有安静、舒适的良好工作环境，在房间的布置上宜根据要求合理安排。

16.0.8　室外净化设备区有焦油、污水等，容易污染地面，铺设混凝土地坪，有利于清洁卫生，保护环境，方便操作。

16.0.9　在事故情况下，工作人员可能受伤或行动不便，甚至昏迷。为了安全，本规范对平台扶梯的要求作了具体规定。

现行国家标准《工业企业煤气安全规程》第 4.10 条规定："煤气设施的人孔、阀门、仪表等经常有人操作的部位，均应设置固定平台。平台、栏杆和走梯的设计应遵守 GB 4053.1～GB 4053.4—83《固定式钢直梯》、《固定式钢斜梯》、《固定式工业防护栏杆》和《固定式工业钢平台》的有关规定。"

《固定式工业钢平台》GB 4053.4—83 第 2.1 条规定，通行平台宽度不应小于 700mm，竖向净空一般不应小于 1800mm。

《固定式工业防护栏杆》GB 4053.3—83 第 2.1 条规定，防护栏杆的高度不得低于 1050mm，在疏散通道等特殊危险场所的防护栏杆可适当加高，但不应超过 1200mm，第 2.7 条规定，挡板采用不小于 100×3 的扁钢。

本规范规定的数值均采用较高标准，以利于安全。

16.0.10　本条是参照现行国家标准《建筑设计防火规范》及石油工业部、化学工业部《炼油化工企业设计防火规定》石油化工篇 YHS01—78 而规定的。在上述《建筑设计防火规范》第 3.5.3 条中，规定乙类生产多层厂房的安全疏散距离为 50m。考虑到煤气净化设备的平台扶梯大多数为钢结构，其耐火极限比钢筋混凝土结构低，且平台扶梯系敞开式，没有楼梯间，工作人员往往要疏散到地面始得安全，故规定由平台上最远工作地点至平台安全出口的距离不应大于 25m。在上述《炼油化工企业设计防火规定》第 72 条中，规定甲、乙、丙类塔区联合平台以及其他工艺设备和大型容器或容器组的平台，均应设置不少于 2 个通往地面的梯子作为安全出口，与相邻平台连通的走桥也可作为安全出口，但长度不大于 15m 的乙、丙类平台，可只设 1 个梯子。故本条规定长度不大于 15m 的平台，可只设 1 个安全出口。

16.0.11　煤气洗涤水循环使用，防止污染地下水，要求防渗漏，砖砌体不符合要求。水沟、焦油沟应设盖板，防止外界杂物混入水和焦油中，同时防止水及焦油的蒸汽向外界散发以保护环境。沟顶标高高出附近地面的目的是防止地面水侵入循环水、焦油中。

17　煤 气 管 道

17.0.1　厂区煤气管道应采用架空敷设，其理由如下：

（1）发生炉煤气一氧化碳含量高达 23%～27%，毒性很大，地下敷设漏气时不易察觉，容易引起中毒事故。例如辽宁 ξ 厂一根直径为 1200mm 的地下煤气管道，1972 年投产以后发生中毒事故 5 起，死亡 1 人，严重中毒 2 人；又如哈尔滨 M 厂一根直径为 800mm 的地下煤气管道，1981 年 1 月断裂，煤气漏入木工房，致使 1 人死亡。

（2）发生炉煤气杂质含量较高，冷煤气的凝结水量又大，地下敷设不便于清理、试压和维护检修，甚至会堵塞管道影响生产。例如洛阳 I 厂直径为 80mm、长 350m 的地下煤气管道，由于堵塞，在

（3）地下敷设不但基建费用较高，而且维护检修的费用更高。例如哈尔滨 M 厂地下煤气管道断裂后，478m 管道全部挖出进行大修，按 1981 年价格计算，总共花了 6 万元左右，停产近 5 个月。

关于对厂区煤气管道架空敷设的要求，说明如下：

17.0.1.1 煤气管道的支架或栈桥应采用非燃烧材料，如用钢筋混凝土或钢材制成的支柱或桁架，高出地面约 0.5m 的低支架可采用混凝土块支座。

17.0.1.2 煤气管道沿建筑物的外墙或屋面上敷设时，该建筑物应为一、二级耐火等级的丁、戊类生产厂房。按照现行国家标准《建筑设计防火规范》GBJ 16—87 第 2.0.1 条和第 3.1.1 条规定：一、二级耐火等级建筑物的所有构件都应由非燃烧体组成；丁、戊类生产厂房是没有爆炸危险和不产生可燃物质的车间；据此制订了本条，其目的是为了防止发生爆炸和火灾事故的发生。

17.0.1.4 不使用煤气的建筑物，由于它不是煤气用户，必然对煤气缺乏专门人员进行经常的管理，如果有煤气泄漏容易酿成事故，为此作了这一规定。

17.0.2

17.0.2.1 本规定与现行国家标准《工业企业煤气安全规程》GB 6222—86 的 3.2.1.3 的 a 项规定一致。

17.0.2.2 本规定与现行国家标准《工业企业煤气安全规程》GB 6222—86 的 3.2.1.3 的 d 项规定一致。

17.0.2.6 本规定与现行国家标准《工业企业煤气安全规程》GB 6222—86 的 3.2.1.3 的 c 项规定一致。

17.0.4 现行国家标准《工业与民用 35 千伏及以下架空电力线路设计规范》第 7.0.8 条表 7.0.8 规定，架空电力线路与管道交叉或接近的基本要求是导线在上，不站人，还规定管道应接地。因此，本规范确定了煤气管道应敷设在架空电力线路的下面。为了安全起见，规定在煤气管道上应设有阻止通行的横向栏杆，不允许通行。栏杆与电力线路外侧边缘的最小水平净距，按本规范附录 A 的规定为最高杆（塔）高。本规范对接地电阻值作了具体规定，以确保有良好的接地。

17.0.6 煤气管道与铁路、道路的交叉角如小于 45°，则铁路、道路两旁的管道支架跨度增加较大，甚至超过煤气管道的允许跨度值。对于由此而引起的大跨度敷设，必须采取特殊措施，例如采用组合式支架，增加管道壁厚或采用拱形管道等方法，这不但增加了投资，且使维护不便，所以规定不宜小于 45°。

17.0.7 考虑到在建筑物产生不均匀沉降时，煤气管道不会受到影响，仍可进行自然补偿，故作此规定。

17.0.10 车间煤气管道和厂区煤气管道一样，均应架空敷设，这是为了便于检修管理，保证使用上的安全。但车间内情况比较复杂，设备及结构纵横交错，

对架空敷设煤气管道存在着一定的困难。例如，从煤气干管接向使用煤气设备的支管，采用架空敷设时就有可能影响车间内吊车和地面的运输。因此，本条规定当支管架空敷设有困难时，可敷设在空气流通但人不能通行的地沟内。

17.0.11 现行国家标准《工业企业煤气安全规程》GB 6222—86 规定，架空煤气管道的坡度一般为 0.002～0.005；机械工业部部标准《发生炉煤气站设计规范》JBJ 11—82 规定厂区冷煤气管道的坡度不宜小于 0.005，车间冷煤气管道的坡度不宜小于 0.003，其目的都是为了防止架空管道因挠曲存在低洼点而积存水及其他沉积物。一方面会因积水而增加管道的挠度，严重的会导致断裂；另一方面煤气冷凝水中的腐蚀性成分和管材将发生化学反应致使管道腐蚀。因此，本规范规定厂区煤气管道的坡度不宜小于 0.005。

车间冷煤气管道一般沿墙或柱子敷设，或者放在房顶上，支架间的跨度较小，对管道允许挠度的要求可以严格些，相应的坡度也可以略小一些，故规定坡度不宜小于 0.003。

为了及时排除煤气冷凝水，除了要求煤气管道设有坡度以外，还应在管道的最低点设有排水器。

17.0.12 管道支架间的最大允许跨度，在多数的文献中把管道作为多跨的连续梁进行计算，管道截面的最大弯曲应力，不应超过管材的许用弯曲应力，以保证管道强度的安全。煤气管道应首先按强度条件来计算跨度。

管道在一定跨度下总有一定的挠度。根据对挠度的限制所确定的管道允许跨度叫做按刚度条件确定的管道跨度。按刚度条件确定时，分不允许反坡和允许一定程度的反坡两种。

设计通常采用多跨连续梁的公式计算跨中挠度，一般当管道坡度为 0.005 时，跨中挠度 f 不超过跨度的 1/600，当坡度为 0.005 以下时，不超过跨度的 1/800。实际计算表明，管道跨距按此公式计算的值低于按强度公式计算的值，而且敷设的管道不存在反坡情况，能保证管道安全正常工作。

如果设计中不区别情况，一律不允许管道存在反坡，就会使管架布置过密。实际上管道存在一定的反坡，仍然能正常运行，本条规定按强度条件计算最大跨度后，还要进行挠度的验算。条文中所指的最大允许挠度是支架间的管道下垂时，允许低于较低一端支架处管道的底面的挠度，即图 2 中的 Δ_{max}。

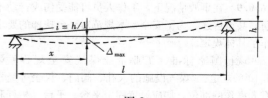

图 2

17.0.13 根据华东及中南地区的调查情况，在冬季采暖计算温度为$-1\sim-3℃$的上海、武汉等长江流域，厂区冷煤气管道的排水器没有进行保温，仅在每年冬季采取一些用草绳包扎等临时措施，即可避免冻结。而在冬季采暖计算温度为$-5\sim-10℃$的洛阳、徐州等黄河、淮河流域，则在冬季就必须采取防冻措施，因而将是否采取防冻措施的界限定在$-5℃$。

关于采取何种防冻措施，一般有如下三种，可以根据不同的气温及其他条件分别选用：

(1) 对于冬季采暖计算温度为$-5\sim-10℃$的地区，可以对室外的排水器及排水管包扎保温材料，但不加保温蒸汽管；

(2) 对于冬季采暖计算温度为$-11\sim-20℃$的地区，对于室外的排水装置来说，除了包扎保温材料以外，还在排水管上加蒸汽伴随管，并将蒸汽管插入排水器内；

(3) 对于冬季采暖计算温度低于$-20℃$的地区，宜将排水器设置在有采暖设备的排水器室内。

17.0.14 冷煤气管道需要保温的管径界限和保温方式，与当地的气温条件、管道长度及煤气负荷高低都有很大的关系，对东北地区的调查说明了这一点。据辽宁 Y 厂反映管道直径在 400mm 以上就可不保温；抚顺 Z 厂反映管道直径从 500mm 开始就可以不保温，附近的抚顺 α 厂反映直径也是 500mm，由于流量较小，冬季就冻了；沈阳 H 厂一条直径 800mm 的管道，由于流量很小（$5500\sim6000\text{m}^3/\text{h}$），流速低，约 3.5m/s，管道挂霜；吉林 S 厂一根直径 700mm 的煤气管道没有保温，每年冬季都冻结了；哈尔滨 M 厂规定直径等于或小于 800mm 的管道就保温；但哈尔滨 β 厂从直径 600mm 开始保温；齐齐哈尔 E 厂反映直径 1200mm 以下就需要保温。

因此，需要保温的管径界限要根据上述的各种条件综合考虑，不能只看气温一个条件，所以本规范中没有作具体管径界限的规定。

17.0.15 机械工业部部标准《发生炉煤气站设计规范》JBJ11—82 考虑到一般波形伸缩器是碳素钢所制，所以当无烟煤系统的发生炉煤气中所含硫化氢和水发生酸性反应时，就会腐蚀伸缩器的底部。而波形伸缩器壁厚一般小于鼓形伸缩器，因而会更快地由于腐蚀而穿孔，影响了安全生产，故建议宜采用鼓形伸缩器。

近几年来，我国波形伸缩器的制造在数量上和技术上都有较大的进展。现在绝大部分波形伸缩器已采用薄壁不锈钢材，从而避免了腐蚀，也减少了推力；另外，在伸缩器内套管的活动部分，又增设了用于挡水的密封机构，从而避免了水分流入伸缩器底部。

故本条规定波形和鼓形两种伸缩器可以根据各厂的情况自行选择。

填料式伸缩器制作较困难，且需要及时更换填料，只要操作人员疏于检查，就会发生漏气事故。又鉴于发生炉煤气的一氧化碳含量高达 $23\%\sim27\%$，毒性很大，故认为在厂区和车间煤气管道上均不宜使用填料式伸缩器。

17.0.16 煤气管道的连接，应采用焊接，一般直径小于或等于 800mm 的煤气管道采用单面焊，直径大于 800mm 的煤气管道采用双面焊。螺纹连接主要用于管道直径小于 50mm 的附件，例如旋塞或仪表装置的连接。热煤气管道的连接，一般也应采用焊接。但因发生炉煤气的热煤气管道输送压力较低，一般不超过 1kPa，不易泄漏煤气，即使有泄漏也易于察觉，为此，本规范规定热煤气管道可根据需要采用法兰。

17.0.17 近年来，煤气切断设备在品种上和工艺技术上都有很大的发展，特别是通过对引进设备的仿制及改进，在我国开发了一种封闭式插板阀。这种阀门带有钢制外壳和顶部放散管，与常用的叶形插板相比，避免了带防毒面具操作，从而改善了劳动条件；它还带有电动或液压的松紧、走向两套传动装置和压紧填料设备，从而保证了设备的严密性。因此封闭式插板阀是一种可以遥控的、快速的、可靠的切断装置。目前已在几个钢厂使用，实践证明了具有上述优点。

封闭式插板阀也有其缺点，即结构复杂、占据空间大和投资较高（约同直径闸阀的 $1.5\sim2$ 倍），因此本规范没有提出推荐意见，各单位可以根据自己的条件选用煤气切断设备。

闸阀、旋塞和密封蝶阀等，在使用一段时间并产生磨损以后，就会有泄漏煤气的可能；水封在压力波动较大或操作不当时，也有泄漏煤气的可能；因此现行国家标准《工业企业煤气安全规程》将这些设备列入不可靠的切断设备一类。可靠切断的目的是防止泄漏煤气，以保证检修人员进入煤气设备或煤气管道内的安全，封闭式插板阀的可靠性是否能达到 100%，使用经验不足。有鉴于此，本规范补充了"当管道检修需要隔断处，应增设带垫圈及撑铁的盲板或眼镜阀。"

17.0.18 放散管的作用是在停气或送气时，将残留在管道内的煤气或空气吹扫干净，以保证安全，本条文所规定的放散管安装地点是符合此要求的。

关于短管在多少距离内可以不设放散管的问题，现行国家标准《工业企业煤气安全规程》GB 6222—86 4.3.1.1 的 c 项作了较明确的规定："管道网隔断装置前后支管闸阀在煤气总管旁 0.5m 内，可不设放散管，但超过 0.5m 时，应设放气头"，这是因为在关闭紧靠干管的支管的阀门时，不致形成死端，积聚过多煤气，产生不安全的因素。本规范参照此条制订了 17.0.18.3 的规定。

17.0.19 放散管管口的高度，应考虑在放散时排出的煤气对放散操作的工人及其周围环境的影响，防止中毒事故的发生。因此，规定应高出煤气管道和设备及其走台4m，与地面距离不应小于10m。

本条规定厂房内或距厂房10m以内的煤气管道和设备上的放散管，管口必须高出厂房顶部4m，这也是考虑在煤气放散时，在屋面上的人员不致因排出的煤气而中毒，并不使煤气从建筑物天窗、侧窗侵入室内。

17.0.20 人孔或手孔设置的目的有二：

(1) 管道内部检查、清理或检修；

(2) 停气时管道自然通风。

按照上述目的人孔或手孔安装的位置有如下几处：

(1) 按煤气流动方向在煤气隔断装置的后面；

(2) 煤气管道的最低点；

(3) 伸缩器、调节阀或其他需要经常检查的地方。

煤气管道独立检修的管段是指厂区煤气管道在采取可靠切断措施后，能够独立检修的管段。所设置人孔不应少于2个，主要是考虑在检修或清理该段管道时，管道需要通风以及工人进出管道的方便，以确保人身安全。

17.0.21 鉴于近年来热煤气管道保温技术的发展，编制组进行了补充调查及征求意见，汇总如下：

过去热煤气管道的保温只有一种形式，即内衬耐火砖的方式。但近年来又发展了内衬耐火混凝土及外包岩棉保温层两种形式，也有个别厂内、外全有保温层的。据调查，以内衬耐火混凝土与内衬耐火砖相比，虽然具有层薄、省料、速度快等优点，但施工技术比较复杂，有的厂用的很好，有的厂却很快脱落，这是因为此项技术与施工单位掌握的熟练程度有关，因此尚不宜普遍推广；目前，大多数工厂的热煤气管道仍是采用内衬耐火砖的形式。

据此，本规范对保温的方式不作硬性规定，仅规定"热煤气管道应设保温层"。

两段煤气发生炉的煤气中含重质焦油较少，在温度较低的情况下，不会冷凝在热煤气管道内，故规定两段煤气发生炉的热煤气管道，当压力降允许时，其长度可大于80m。

17.0.22 热煤气管道的灰斗下部的排灰装置目前主要有两种形式：干式排灰阀与湿式水封排灰装置。两者各有优缺点，干式排灰简单、操作方便，但出灰时容易扬灰及泄漏少量煤气；水封式排灰安全可靠，环境清洁，不会泄漏煤气，但排水有毒性，不能直排，故需要作水处理。因此，条文中仅规定设排灰装置，用干式或湿式可由设计者根据工厂的情况确定。

17.0.24 关于煤气排送机前的低压煤气总管或半净煤气总管是否需要设置爆破阀或泄压水封的问题，规范编制组曾进行过多次调查并广泛征求意见。黄石B

厂煤气站在1961年发生低压总管爆炸，将半净总管的7个水封及除焦油机前的水封全部冲开，低压煤气总管两端堵板被炸变形，原因是将单机跳闸误认为停电，操作不当所致；上海δ厂煤气站排送机前煤气总管末端留有一段"盲肠"，在试生产时，煤气和空气混合，没有吹扫干净，发生了爆炸，堵板飞出20多米。据调查，51个煤气站中有23个站装有爆破阀，28个未装。经征求各方面的意见，多数认为装了比不装更为安全；但也有少数人认为只要严格操作制度，加强管理，不装爆破阀也不会发生事故，所以在条文中不作硬性规定，规定"宜设有爆破阀或泄压水封"。

附录A 厂区架空煤气管道与建筑物、
构筑物和管线的最小水平净距

(1) 按现行国家标准《工业与民用35千伏以下架空电力线路设计规范》规定，距架空电力线路外侧边缘的最小水平净距：在开阔地区为最高杆(塔)高；在路径受限制地区则根据电压3kV以下、3～10kV和35kV分别规定为1.5m、2m、4m。

(2) 按现行国家标准《工业企业总平面设计规范》规定：厂区煤气管道与城市型道路路面边缘、公路型路肩边缘的最小水平净距为1m；按现行国家标准《工业企业煤气安全规程》规定：距道路路肩在一般情况下为1.5m，困难情况下为0.5m；而厂区道路多为城市型，因此本规范规定厂区煤气管道与道路路面边缘或排水沟边缘在一般情况下为1.5m，困难情况下为0.5m。

(3) 按现行国家标准《工业企业总平面设计规范》规定了厂区煤气管道与厂区围墙和人行道边缘的最小水平净距。

(4) 按现行国家标准《工业企业总平面设计规范》作了说明：

①当煤气管道与其他建筑物或管道有标高差时，其水平净距应指投影至地面的净距。

②当煤气管道的支架或凸出地面的基础边缘距离路面更近于煤气管道外沿时，其与道路的净距应以支架或基础边缘计算。

附录B 厂区架空煤气管道与铁路、道路、
架空电力线路和其他管道的
最小交叉净距

(1) 按现行国家标准《工业企业总平面设计规范》规定，厂区架空煤气管道与铁路轨面、道路路面和人行道路面的垂直最小交叉净距。

（2）按现行国家标准《工业与民用 35 千伏以下架空电力线路设计规范》规定，厂区架空煤气管道与架空电力线路的垂直最小交叉净距。

附录 C 厂区架空煤气管道与在同一支架上平行敷设的其他管道的最小水平净距

厂区煤气管道与氧气、乙炔管道的最小水平净距，本规范 17.0.3.2 作了规定，故附录 C 所指"其他管道"不包括氧气管道和乙炔管道。

附录 D 车间架空冷煤气管道与其他管线的最小水平、垂直和交叉净距

机械工业部部标准《发生炉煤气站设计规范》JBJ 11—82 中没有规定车间内架空冷煤气管道与其他管道的最小水平净距，本规范参照现行国家标准《工业企业煤气安全规程》、《氧气站设计规范》、《乙炔站设计规范》和《工业与民用 35 千伏以下架空电力线路设计规范》补充了有关规定。

中华人民共和国国家标准

泵 站 设 计 规 范

GB/T 50265—97

条 文 说 明

制 订 说 明

本规范是根据国家计委计综〔1986〕2630号文及建设部建标〔1991〕727号文的要求，由水利部主编，具体由水利部水利水电规划设计总院、北京水利水电管理干部学院（即华北水利水电学院北京研究生部）会同中国水利水电科学研究院，江苏、山西、甘肃、湖北等省水利（水电）勘测设计院，广东省东深供水工程管理局，武汉水利电力大学和扬州大学农学院等单位共同编制而成，经建设部1997年6月2日以建标〔1997〕134号文批准，并会同国家技术监督局联合发布。

本规范在编制过程中，规范编制组进行了大量的调查研究，认真总结了我国泵站建设和技术改造中的实践经验，同时参考了有关国际标准和国外先进标准，并广泛征求了全国有关单位和专家的意见，最后由水利部会同有关部门审查定稿。

鉴于本规范系初次编制，在执行过程中，希望各单位结合工程实践和科学研究，认真总结经验，注意积累资料。如发现需要修改和补充之处，请将意见和有关资料寄交北京市西外花园村北京水利水电管理干部学院国家标准《泵站设计规范》管理组（邮政编码100044），并抄送水利部科技司技术监督处，以供今后修订时参考。

一九九七年六月

目　　次

1 总　则

1.0.1 根据 1991 年的统计资料，至 1990 年底，我国现有固定农用机电灌排泵站 473680 座，排灌机械保有量 6805.45 万 kW，灌溉面积达 40853 万亩，占全国有效灌溉面积的 56.3%，其中固定电动泵站 376824 座，动力保有量 1790 万 kW，灌溉面积 18619 万亩，占全国有效灌溉面积的 25.65%。此外，跨流域调水工程，工业城镇供水工程中都有不少泵站。制定本规范目的，就是为了统一泵站设计标准，保证泵站设计质量，使泵站工程在国民经济建设中更好地发挥作用。

1.0.2 中国的泵站类型很多，数量很大，且多数为小型。小型泵站设计相对简单。本规范适用范围主要是新建、扩建或改建的大、中型灌溉、排水及工业、城镇供水泵站的设计。

1.0.3 广泛搜集和整理基本资料是一项十分重要的工作，它给泵站设计提供重要依据。过去，因对基本资料重视不够有不少经验教训：泵站建成后有的水源无保证，有的供电不可靠，有的流量达不到设计要求，完不成灌排任务，因而造成损失和浪费。所以，本条强调要广泛搜集和整理与泵站关系密切的基本资料，包括水源、电源、地质、主机型号以及作为设计依据的其他重要数据等。如系城镇供水泵站，还应充分搜集有关供水方面的基本资料。基本资料和数据均应经过分析鉴定，准确可靠，满足设计要求。

1.0.4 在采用新技术、新材料、新设备和新工艺时，要注意其是否成熟可靠。重要的新技术、新材料、新设备和新工艺的采用，一定要经过国家有关部门或权威机构进行鉴定验证。

2 泵站等级划分

2.0.2 泵站系指单个泵站，泵站按装机流量和装机功率两项指标分等能表征出泵站本身特点，比较合理，理由如下：

一、不管用途如何，泵站的功能是提水，用单位时间的提水量表示。因此，装机流量直接体现了泵站的规模，应被定为划分等别的主要指标。

二、泵站是利用动力进行提水，装机功率大小表征动力消耗量多少，即泵站的装机功率大小，同时还表示出提水扬程的高低，因此装机功率也是划分泵站等别的重要指标。

当泵站按分等指标分属两个不同等别时，应选取其中较高的等别。

三、简单明确，覆盖了各种用途的泵站，衡量标准一致，也与过去的划分相衔接。

四、符合技术立法应相对稳定的原则，它不会因政策调整而变动。

五、体现了编制本规范的主要目的是用于指导泵站设计，亦即划分成不同等级，是为了根据泵站规模及重要性，确定防洪标准、安全超高和各种安全系数等，而与确定管理体制、投资渠道、机构人员编制无关。

为了理顺关系，与枢纽等级划分相衔接，根据泵站的特点和已建泵站的实际状况，参考历史习惯的分等情况，将泵站及其建筑物划分为五等 5 级是合适的。

2.0.3 对工业、城镇供水泵站的分等指标，应根据供水对象、供水规模和供水重要性确定。特别重要、且供水规模比较大，如城市或工矿供水泵站，可定为Ⅰ等泵站；重要的乡镇供水泵站，一般可定为Ⅲ等泵站。

2.0.4 修建在堤身上的泵站，当泵房直接起挡水作用时，泵站等别不应低于防洪堤的等别。在执行本条规定时，还应注意堤防规划和发展的要求，应避免泵站建成不久因堤防标准提高，又要对泵站进行加固或改建。在多泥沙河流上修建泵站，尤其应重视这条规定。

3 泵站主要设计参数

3.1 防洪标准

3.1.1 修建在河流、湖泊或平原水库岸边的堤身式泵站建筑物（包括进水闸、泵房等），和其他水工建筑物一样，都有防洪的问题。众所周知，水工建筑物的整体稳定和强度均需分别按设计洪水位和校核洪水位进行核算。据了解，各地已建的中、小型泵站工程多自行拟定防洪标准，往往偏低，遇较大洪水时发生的事故较多；而部分大、中型泵站工程则采用国家现行标准《水利水电枢纽工程等级划分及设计标准（山区、丘陵区部分）》和《水利水电枢纽工程等级划分及设计标准（平原滨海部分）（试行）》规定的防洪标准。这对于修建在河流、湖泊或平原水库岸边的泵站工程显然偏高，势必增加工程投资。原部标〔即《泵站技术规范》SD204—86（设计分册）〕表 4.1.1 规定的防洪标准，从几年来执行情况看，基本适宜，但需作一些调整。因此，在原部标表 4.1.1 的基础上，根据现行国家标准《防洪标准》中有关灌溉、治涝和供水工程主要建筑物防洪标准的规定，制定了泵站建筑物的防洪标准（表 3.1.1）。

3.2 设计流量

3.2.1 灌溉泵站设计流量应由灌区规划确定。由于水泵提水需耗用一定的电能，对提水灌区输水渠道的防渗有着更高的要求。因此，灌溉泵站输水渠道渠系水利用系数的取用可高于自流灌区。灌溉泵站机组的日开机小时数应根据灌区作物的灌溉要求及机电设备运行条件确定，一般可取24h。

对于提蓄结合灌区或井渠结合灌区，在计算确定泵站设计流量时，应先绘制灌水率图，然后考虑调节水量或可能提取的地下水量，削减灌水率高峰值，以减少泵站的装机功率，降低工程投资。

3.2.2 排水泵站排涝设计流量应由排水区规划确定。在设计排水泵站时，必须对泵站设计流量进行校核。影响排涝流量的因素很多，除了排涝面积的大小外，主要有降雨量，蒸发量，田间蓄水量，湖泊、港汊、河网的调蓄水量，作物耐淹深度，地面覆盖程度以及涝水对城镇、工矿企业安全的影响等，应进行综合研究确定。

3.2.3 工矿区工业供水泵站的设计流量应根据用户（供水对象）提出的供水量要求和用水主管部门的水量分配计划等确定。城镇生活供水泵站的设计流量一般可由用水主管部门确定。

3.3 特 征 水 位

3.3.1 灌溉泵站进水池水位

3.3.1.1 防洪水位是确定泵站建筑物防洪墙顶部高程的依据，是计算分析泵站建筑物稳定安全的重要参数。直接挡洪的泵房，其防洪水位应按本规范表3.1.1的规定确定；不直接挡洪的泵房，因泵房前设有防洪进水闸（涵洞），泵房设计时可不考虑防洪水位的作用。

3.3.1.2 设计水位是计算确定泵站设计扬程的依据。从河流、湖泊或水库取水的灌溉泵站，确定其设计水位时，以历年灌溉期的日平均或旬平均水位排频，取相应于设计保证率的水位作为设计水位。根据我国农业灌溉的现状及发展要求，设计保证率取为85%～95%。水资源紧缺地区可取低值，水资源较丰富地区可取高值；以旱作物为主的地区可取低值，以水稻为主的地区可取高值。

3.3.1.4 最低运行水位是确定水泵安装高程的依据。如果最低运行水位确定偏高，将会引起水泵的汽蚀、振动，给工程运行造成困难；如果最低运行水位确定得太低，将增大工程量，增加工程投资。合适的安装高程应通过技术经济比较确定。确定最低运行水位时取用的设计保证率应比确定设计水位时取用的设计保证率要高些。对于从河流、湖泊或水库取水的灌溉泵站，原部标取保证率90%～95%，经讨论认为偏低，本规范改为95%～97%。对于从河床不稳定河道取水的灌溉泵站，由于河床冲淤变化大，水位与流量的关系不固定，当没有条件进行水位频率分析时，可进行流量频率的分析，然后再计入河床变化等因素的影响。

3.3.2 灌溉泵站出水池水位

3.3.2.1 灌溉泵站出水池有的接输水河道，有的接灌区输水渠道。前者多见于南方平原区，后者多见于北方各地及南方山丘区。只有当出水池接输水河道时，才以输水河道的校核洪水位作为最高水位。

3.3.2.4 在南方平原地区，与灌溉泵站出水池相通的输水河道，往往有船只通航的要求。如果取与泵站单泵流量相应的水位作为最低运行水位，虽然已能满足作物灌溉的需要，但低于最低通航水位，此时应取最低通航水位作为泵站出水池最低运行水位，这样才能同时满足船只通航的要求。

3.3.3 排水泵站进水池水位

3.3.3.1 最高水位是确定泵房电动机层楼板高程或泵房进水侧挡水墙顶部高程的依据。由于排水泵站的建成，建站前历史上曾出现过的最高内涝水位一般不会再现。按照目前我国各地规划的治涝标准，一般重现期5～10年一遇，为适当提高治涝标准，本规范取排水区建站后重现期10～20年一遇的内涝水位作为排水泵站进水池最高水位。

3.3.3.2 设计水位是排水泵站站前经常出现的内涝水位，是计算确定泵站设计扬程的依据。在设计扬程工况下，泵站必须满足排涝设计流量的要求。

设计水位的确定与排水区有无调蓄容积等关系很大。在一般情况下，根据排田或排调蓄区的要求，由排水渠道首端的设计水位推算到站前的水位。

一、根据排田要求确定设计水位。在调蓄容积不大的排涝区，一般以较低耕作区（约占排水区面积90%～95%）的涝水能被排除为原则，确定排水渠道的设计水位。南方一些省常以排水区内部耕作区90%以上的耕地不受涝的高程作为排水渠道的设计水位。有些地区则以大部分耕地不受涝的高程作为排水渠道的设计水位。这样，可使渠道和泵站充分发挥排水作用，但是土方工程量大，只能在排水渠道长度较短的情况下采用。

二、根据排调蓄区要求确定设计水位。当泵站前池由排水渠道与调蓄区相连时，可按下列两种方式确定设计水位：

一种是以调蓄区设计低水位加上排水渠道的水力损失后作为设计水位。运行时，自调蓄区设计低水位起，泵站开始满负荷运行（当泵站外水位为设计外水位时），随着来水不断增加，调蓄区边排边蓄直至达到正常水位为止。此时，泵站前池的水位也相应较设计水位高，泵站满负荷历时最长，排空调蓄区的水也最快。湖南省洞庭湖地区排水泵站进水池设计水位多按这种方式确定。

另一种是以调蓄区设计低水位与设计蓄水位的平均值加上排水渠道的水力损失后作为设计水位。按这种方式，只有到平均水位时，泵站才能满载运行（当泵站外水位为设计外水位时）。湖北省排水泵站进水池设计水位多按这种方式确定。

3.3.3.3 最高运行水位是排水泵站正常运行的上限排涝水位。超过这个水位，将扩大涝灾损失，调蓄区的控制工程也可能遭到破坏。因此，最高运行水位应在保证排涝效益的前提下，根据排涝设计标准和排涝方式（排田或排调蓄区），通过综合分析计算确定。

3.3.3.4 最低运行水位是排水泵站正常运行的下限排涝水位，是确定水泵安装高程的依据。低于这个水位运行将使水泵产生汽蚀、振动，给工程运行带来困难。最低运行水位的确定，需注意以下三方面的要求：

一、满足作物对降低地下水位的要求。一般按大部分耕地的平均高程减去作物的适宜地下水埋深，再减 $0.2 \sim 0.3$m。

二、满足调蓄区预降最低水位的要求。

三、满足盐碱地区控制地下水的要求。一般按大部分盐碱地的平均高程减去地下水临界深度，再减 $0.2 \sim 0.3$m。

按上述要求确定的水位分别扣除排水渠道水力损失后，选其中最低者作为最低运行水位。

3.3.4 排水泵站出水池水位

3.3.4.1 同本规范 3.3.1.1 条文说明。

3.3.4.2 设计水位是计算确定泵站设计扬程的依据。在设计扬程工况下，泵站必须满足排涝设计流量的要求。

根据调查资料，我国各地采用的排涝设计标准：河北、辽宁等省采用重现期 5 年一遇；广东、安徽等省采用重现期 $5 \sim 10$ 年一遇；湖北、湖南、江西、浙江、广西等省、自治区采用重现期 10 年一遇；江苏、上海等省、市采用重现期 $10 \sim 20$ 年一遇。泵站出水池设计水位多数采用重现期 $5 \sim 10$ 年的外河 $3 \sim 5$ 日平均水位，有的采用某一涝灾严重的典型年汛期外河最高水位的平均值，也有采用泵站所在地大堤防汛警戒水位作为泵站出水池的设计水位。

由于设计典型年的选择具有一定的区域局限性，且任意性较大，因此本规范规定采用重现期 $5 \sim 10$ 年一遇的外河 $3 \sim 5$ 日平均水位作为泵站出水池设计水位。具体计算时，根据历年外河水位资料，选取每年排涝期 $3 \sim 5$ 日连续最高水位平均值进行排频，然后取相应于重现期 $5 \sim 10$ 年一遇的外河水位作为设计水位。

在某些经济发展水平较高的地区或有特殊要求的粮棉基地和大城市郊区，如条件允许，对特别重要的排水泵站，可适当提高排涝设计标准。

3.3.4.3 最高运行水位是确定泵站最高扬程的依据。对采用虹吸式出水流道的块基型泵房，该水位也是确定驼峰顶部底高程的主要依据。例如湖北省采用虹吸式出水流道的泵站，驼峰顶部底高程一般高于出水池最高运行水位 $0.05 \sim 0.15$m；江苏省采用虹吸式出水流道的泵站，驼峰顶部底高程一般高于出水池最

高运行水位 0.5m 左右。最高运行水位的确定与外河水位变化幅度有关，但其重现期的采用应保证泵站机组在最高运行水位工况下能安全运行，同时也不应低于确定设计水位时所采用的重现期标准。因此，本规范规定外河水位变化幅度较小时，取设计洪水位作为最高运行水位；外河水位变化幅度较大时，取重现期 $10 \sim 20$ 年一遇的外河 $3 \sim 5$ 日平均水位作为最高运行水位。

当然，对特别重要的排水泵站，可适当提高排涝设计标准。

3.3.4.4 最低运行水位是确定泵站最低扬程和流道出口淹没高程的依据。在最低运行水位工况下，要求泵站机组仍能安全运行。

3.4 特 征 扬 程

3.4.1 设计扬程是选择水泵型式的主要依据。在设计扬程工况下，泵站必须满足设计流量要求。设计扬程应按泵站进、出水池设计水位差，并计入进、出水流道或管道沿程和局部水力损失确定。

3.4.2 平均扬程是泵站运行历时最长的工作扬程。选择水泵时应使其在平均扬程工况下，处于高效区运行，因而单位消耗能量最少。平均扬程一般可按泵站进、出水池平均水位差，并计入水力损失确定，但按这种方法计算确定平均扬程，精度稍差，只适用于中、小型泵站工程；对于提水流量年内变化幅度较大，水位、扬程变化幅度也较大的大、中型泵站，应按（3.4.2）式计算加权平均净扬程，并计入水力损失确定，按这种方法计算确定平均扬程，工作量较大，因为（3.4.2）式需根据设计水文系列资料按泵站提水过程所出现的分段扬程、流量和历时进行加权平均才能求得加权平均净扬程，但由于这种方法同时考虑了流量和运行历时的因素，即总水量的因素，因而计算成果比较精确合理，符合实际情况。

3.4.3 最高扬程是泵站正常运行的上限扬程。水泵在最高扬程工况下运行，其提水流量虽小于设计流量，但应保证其运行的稳定性。对于供水泵站，在最高扬程工况下，应考虑备用机组投入，以满足供水设计流量要求。

3.4.4 最低扬程是泵站正常运行的下限扬程。水泵在最低扬程工况下运行，亦应保证其运行的稳定性，即不致发生水泵汽蚀、振动等情况。

4 站 址 选 择

站址选择和总体布置有一定的联系，但站址选择是从面上进行选点的工作，在诸多因素中，是否便于总体布置，这仅是其中概略地考虑的因素之一；而总体布置则是在点上进行深化的工作，这就需要充分利用当地条件，通过多方案的技术经济比较，最终取用符合建站目的的最优布置方案。考虑到站址选择和总

体布置是泵站工程设计开始时前后两个重要环节，特别是站址选得是否合适，将直接关系到整个泵站工程建设的成败和经济效益、社会效益的显著与否，因此本规范将站址选择和总体布置分开，各列为一章。

4.1 一般规定

4.1.1 执行本条规定应注意下列事项：

一、选择站址，首先要服从流域（地区）治理或城镇建设的总体规划。前者是指农业灌排泵站，后者是指城市、乡镇、工矿区的供水泵站。不得选用与流域（地区）治理或城镇建设的总体规划有抵触的站址。否则，泵站建成后不仅不能发挥预期的作用，甚至还会造成很大的损失和浪费。例如某泵站事先未作工程规划，以致工程建成后基本上没有发挥什么作用，引河淤积厚度达5～6m，电动机质量差，水泵汽蚀严重，泵站效率只有50%左右。又如某泵站事先未作认真的工程规划，工程建成后，出水池水位低于进水池水位，扬程竟出现负值。

二、选择站址，要考虑工程建成后的综合利用要求。尽量发挥综合利用效益，这是兴建包括泵站在内的一切水利工程的基本原则之一，也是体现水利为农业和有关国民经济部门服务的一条根本宗旨。例如某大型泵站原定站址位于某河的西岸，只能作为跨流域调水的起点站，后将站址移至另一条河的东岸，不仅担负了跨流域调水的任务，还能结合一大片地区的排涝，成为一座能灌、能排，能抽引、能自引，能利用余水发电，还能为航运和部分地区工业、生活提供用水的综合利用泵站。

三、选择站址，要考虑水源（或承泄区）包括水流、泥沙等条件。如果所选站址的水流条件不好，不但会影响泵站建成后的水泵使用效率，而且会影响整个泵站的正常运行。例如某排水泵站与排水闸并列布置，抽排时主流不集中，进水池形成回流和漩涡，造成机组振动和汽蚀，降低效率，对运行极为不利。又如某排灌泵站采用侧向进水方式，排水时，主流偏向引渠的一侧，另一侧形成顺时针旋转向的回流区直达引渠口。在前池翼墙范围内，水流不平顺，有时出现阵阵横向流动。水流在流道分水墩两侧形成阵发性漩涡。灌溉时，情况基本相似，但回流方向相反。又如某引黄泵站站址选得不够理想，引渠泥沙淤积严重，水泵叶轮严重磨损，功率损失很大，泵站效率很低。

四、选择站址，要考虑占地、拆迁因素。十分珍惜和合理利用每寸土地，是我国的一项基本国策。拆迁赔偿费用往往在整个工程建设投资中占有很大的比重。因此，要尽量减少占地，减少拆迁赔偿费用。

五、选择站址，还要考虑工程扩建的可能性，特别是分期实施的工程，要为今后扩建留有余地。

4.1.3 泵站和其他水工建筑物一样，要求建在岩土坚实和抗渗性能良好的天然地基上，不应设在大的和

活动性的断裂构造带以及其他不良地质地段。在平原、滨湖地区建站，可能会遇到淤泥、流沙等，应尽量避开，选择在土质均匀密实，承载力高，压缩性小的地基上。否则就要进行地基处理，增加工程投资。如处理不当，还会影响泵站的安全运行。例如某泵站装机功率 6×1600kW，建在淤泥质软粘土地基上，其含水量为29%～57%，孔隙比为0.83～1.66，承载力为50kPa，压缩系数为0.325～1.12MPa^{-1}，属低承载力、高压缩性地基。该泵站建成9年后的实测最大沉降量累计达0.65m，不均匀沉降差达0.35m，机组每年都要进行维修调试，否则就难以运行。又如某泵站装机功率 8×800kW，建在粉砂土地基上。当基坑开挖至距离设计底高程尚有2.1m时，即发现有流沙现象，挖不下去，后采取井点排水措施，井点运行48h后，流沙现象才告消失。在井点不断进行排水的条件下，继续开挖基坑，直至底高程时为止，均未发现流沙管涌情况，从而为泵房底板的混凝土浇筑质量和整个泵房的安全施工提供了必要的保证。因此，在选择站址时，如遇淤泥、流沙等，首先应考虑能否改变站址，如不可能则需采用人工地基，或采取改变上部结构型式等工程措施，以适应软土地基的要求。例如某泵站，为了寻找好的站址，作了大量的地质勘察工作，经比较后将站址选在距离取水口位置4.7km的红砂岩地基上，大大节省了工程投资，而且对泵站的安全运行有利。

4.2 不同类型泵站站址选择

4.2.1 灌溉泵站是用来抽引农作物栽插和生长所需要的灌溉水。对于从河流、渠道、湖泊取水的灌溉泵站，为了能充分发挥其工程效益，应将泵站选在有利于控制提水灌区，使输水系统布置比较经济的地点。

对于从河流、渠道、湖泊，特别是北方水资源比较紧缺的地区水源中取水的灌溉泵站，其取水口位置的选择尤为重要。如果取水口位置选得不好，轻则影响泵站的正常运行，重则导致整个泵站工程的失败。例如某泵站的取水口位于黄河游荡性河段，河床宽浅，水流散乱，浅滩沙洲多，主流摆动频繁，致使取水口经常出现脱流。该泵站建成已30余年，主流相对稳定、能保证引水的年份仅有8年，其余年份均受尽主流摆动之苦，主流偏离取水口的最大距离（垂直河岸）曾达4.2km。为了引水需要，不得不在黄河滩上开挖引渠，最长达6.5km。1990年严重伏旱时，曾组织2万多人次，开挖引渠长3.38km，耗资近30万元。为防止引渠淤死断流，被迫采取加大流速的办法拉沙，致使滩岸坍塌，弯道冲刷，大颗粒粗沙连同引渠底沙一起，通过水泵进入渠系和田间。同时由于汽蚀和泥沙磨损，水泵效率显著下降，泵站装置效率下降10.4%，实际抽水能力仅为设计抽水能力的61.8%，水泵运转仅500h，泵体即磨蚀穿孔，刮舌

磨光，直径1.4m、长500m的出水管道全部淤满，曾发生管道破裂，5间厂房被毁坏的严重事故。此外，出水干渠严重淤高，致使灌溉水漫顶决堤，将大量泥沙灌入田间，使农田迅速沙化，影响农作物的正常生长，农业减产，损失严重。因此，灌溉泵站取水口应选在主流稳定靠岸，能保证引水的河段，而且应根据取水口所在河段的水文、气象资料，自然灾害情况和环境保护需要等，分别满足防洪、防沙、防冰及防污要求。如果不能满足这些要求，就应采取相应的措施。

4.2.2 对于直接从水库取水的灌溉泵站，最要紧的是认真研究水库水位的变化对泵站机组选型及泵站建成投产后机组运行情况的影响，研究水库泥沙淤积对泵站取水可靠性的影响，并对站址选在库区或坝后进行技术经济比较。从库区即坝前取水，泵房会受到水库水位涨落的影响，因而防洪是一个突出的问题；从坝后取水，当然不存在防洪问题，因而可用管道直接从水库向泵房引水，但有可能受到泥沙淤积的影响。因此，本规范规定，直接从水库取水的灌溉泵站址，应选择在岸坡稳定，靠近灌区，取水方便，少受泥沙淤积影响的地点。

4.2.3 排水泵站是用来排除低洼地区对农作物生长有害的涝水。为了能及时排净涝水，将排水泵站设在排水区地势低洼，能汇集排水区涝水，且靠近承泄区的地点，以降低泵站扬程，减小装机功率。例如某泵站装机功率6×1600kW，站址选在排水区地势低洼处，紧靠长江岸边，由一条长32km，宽100m的平直排水渠道汇集涝水，进、出口均采用正向布置方式，加之合适的地形、地质条件，泵站建成后，进出水流顺畅，无任何异常情况。如果有的排水区涝水可向不同的承泄区（河流）排泄，且各河流汛期高水位又非同期发生时，需对河流水位（即所选站址的站上水位）作对比分析，以选择装置扬程较低，运行费用较经济的站址。如果有的排水区涝水需高低分片排泄时，各片宜单独设站，并选用各片控制排涝条件最为有利的站址。因此，本规范规定，排水泵站站址应选择在排水区地势低洼、能汇集排水区涝水，且靠近承泄区的地点。

4.2.4 灌排结合泵站的任务有抽灌、抽排、自灌、自排等，可采用泵站本身或通过设闸控制来实现。在选择灌排结合泵站站址时，应综合考虑外水内引和内水外排的要求，使灌溉水源不致被污染，土壤不致引起或加重盐渍化，并兼顾灌排渠系的合理布置等。例如某泵站装机功率4×6000kW，位于已建的排涝闸左侧，枯水季节可用排涝闸自排，汛期外江水位低时也可利用排涝闸抢排，而在汛期外江水位高时，则利用泵站抽排，做到自排与抽排相结合。又如某泵站装机功率4×1600kW，利用已建涵洞作为挡洪闸，以挡御江水，并利用原有河道作为排水渠道。闸站之间

为一较大的出水池，以利水流稳定，同时在出水池两侧河堤上分别建灌溉闸。汛期可利用泵站抽排涝水，亦可进行抽灌。当外江水位较高时，还可通过已建涵洞引江水自灌，做到了抽排、抽灌与自灌相结合。再如某泵站装机功率9×1600kW，多座灌排闸、节制闸及灌溉、排水渠道相配合，当外河水位正常时，低片地区的涝水可由泵站抽排，高片地区的涝水可由排涝节制闸自排，下雨自排有困难时，也可通过闸的调度改由泵站抽排；天旱时，可由外河引水自灌或抽灌入内河，实行上、下游分灌。因此，该站以泵房为主体，充分运用附属建筑物，使灌排紧密结合，既能抽排，又能自排；高、低水可以分排，上、下游可以分灌、合理兼顾，运用灵活，充分发挥了灌排效益。

4.2.5 供水泵站是为城镇、工矿区提供生活和生产用水的。确保水源可靠和水质符合规定要求是供水泵站站址选择时必须考虑的首要条件。由于城镇、工矿区上游水源一般不易受污染，因此，本规范规定，供水泵站站址应选择在城镇、工矿区上游，河床稳定，水源可靠，水质良好，取水方便的河段。生活饮用水的水质必须符合现行国家标准《生活饮用水卫生标准》的要求。

5 总 体 布 置

总体布置是在站址选定后需要进行的一项重要工作。总体布置是否合理，将直接影响到泵站的安全运行和工程造价。

5.1 一 般 规 定

5.1.1 供电条件包括供电方式、输电走向、电压等级等，它与泵房平面布置关系密切，应尽量避免出现高压输电线跨河布置的不合理情况。此外，泵站的总体布置要结合考虑整个水利枢纽或供水系统布局，即泵站的总体布置不要和整个水利枢纽或供水系统布局相矛盾。当然这是就大型水利枢纽或供水系统而言的，一般水利枢纽或供水系统不存在这样的问题。

5.1.2 许多已建成泵站的管理条件往往很差，对工程的正常运用有较大的影响。根据上级主管部门关于"基本建设必须为工程管理运行创造条件，工程设计中应考虑各种管理维护基础设施，其中包括闸、坝观测设施和基地建设（包括水利施工队伍基地建设在内）等"的要求，本规范规定，泵站的总体布置应包括泵房、进、出水建筑物，专用变电站，其他枢纽建筑物和工程管理用房、职工住房，内外交通、通信以及其他管理维护设施等。

5.1.6 泵房不能用来泄洪，必须设专用泄洪建筑物，并与泵房分建，两者之间应有分隔设施，以免泄洪建筑物泄洪时，影响泵房与进、出水池的安全。同样，泵房不能用来通航，必须设专用通航建筑物，并与泵

房分建，两者之间应有足够的安全距离。否则，泵房与通航建筑物同时运用，因有较大的横向流速，影响来往船只的安全通航。例如某泵站装机功率 $6 \times 1600kW$，将泵站、排涝闸、船闸三者合建，并列成一字形，泵房位于河道左岸，排涝闸共6孔，分为两组，其中一组3孔紧靠泵房布置，另外一组3孔位于河道右岸，船闸则位于两组排涝闸之间。当泵房抽排或排涝闸自排时，进、出水口流速较高，且有横向流速，通航极不安全，经常发生翻船事故。又如某泵站装机功率 $10 \times 1600kW$，泵站、排涝闸、船闸三者也是并列成一字形，但因将船闸设在河道左岸，且与泵站、排涝闸分开另建，船闸导航墙又长，故通航不受泵站、排涝闸影响。因此，本规范规定，泵房与泄洪建筑物之间应有分隔设施，与通航建筑物之间应有足够的安全距离及安全设施。

5.1.7 根据调查资料，站内交通桥一般都是紧靠泵房布置，拦污栅往往结合站内交通桥的布置，设在进水流道的进口处，且多呈竖向布置，往往给清污工作带来许多不便。对于堆积在拦污栅前的污物、杂草，如不及时清除，将会大大减小过流断面，造成栅前水位壅高，增大过栅水头损失，并使栅后水流状态恶化，严重影响机组的正常运行。例如某泵站安装 2.8CJ-70 型轴流泵，单泵设计流量 $20m^3/s$。由于污物、杂草阻塞在拦污栅前，增大过栅水头损失 $0.25m$，查该泵型性能曲线可知流量减少约 $0.5m^3/s$；减少值相当于单泵设计流量的 $1/40$。如果过栅水头损失增大至 $1 \sim 2m$，则单机流量的减少就更可观了。又如某泵站 1989 年春灌时，多机组抽水，进水闸前出现长 $40 \sim 50m$、厚 $1 \sim 2m$ 的柴草堆，人立草上不下沉，泵站被迫停止引水，组织 100 余人下水 3 天，才将柴草捞净，满足了泵站引水的要求。因此，本规范规定，对于建造在污物、杂草较多的河流上的泵站，应设置专用的拦污栅和清污设施，其位置宜设在引渠末端或前池入口处。

5.1.8 根据调查资料，在已建的泵站中当公路干道与泵站引渠或出水干渠交叉时，公路桥往往与站内交通桥结合，紧靠泵房布置。这样虽可利用泵房墩、墙作为桥墩、桥台，节省工程投资，但有很多弊端，如车辆从桥上通过时噪声轰鸣，干扰泵房值班人员的工作，容易导致机组运行的误操作；同时由于尘土飞扬，还会污染泵房环境等。例如某泵站装机功率 $6 \times 1600kW$，由于兴建时片面强调节约资金，将通往某市的干线公路桥与泵房建在一起，建成后，每日过桥车辆如梭，轰鸣声不绝于耳，晴天灰雾腾腾，雨天泥泞飞溅，对泵站的安全运行和泵房环境影响极大，曾发生过由于车辆噪声干扰导致机组运行误操作的事故。如果公路桥与泵房之间拉开一段距离，虽增加了工程投资，但可避免上述弊端，改善泵站运行条件和泵房环境。因此，本规范规定泵站进、出水池与铁路

桥、公路桥之间的距离不宜小于100m。

5.1.9 水工整体模型试验是研究和预测泵站抽水能力及机组运行时进、出口水流条件的最好方法。但是，进行水工整体模型试验需要一定的时间和经费。根据以往的工作实践，安排水工整体模型试验常常不是时间上满足不了要求，就是经费上受限制。因此，即使对于大、中型泵站工程，也没有必要规定必须做水工整体模型试验，但是对于水流条件复杂的大型泵站枢纽布置，还是应通过水工整体模型试验验证。

5.2 泵站布置型式

5.2.1 灌溉泵站的总体布置，一般可分为引水式和岸边式两种。引水式布置一般适用于水源岸边坡度较缓的情况。在满足灌溉引水要求的条件下，为了节省工程投资和运行费用，泵房位置应通过经济计算比较确定。当水源水位变化幅度不大时，可不设进水闸控制；当水源水位变化幅度较大时，则应在引渠渠首设进水闸。这种布置型式在我国平原和丘陵地区从河流、渠道或湖泊取水的灌溉泵站中采用较多。而在多泥沙河流上，由于引渠易淤积，建议尽量不要采用引水式布置。根据某地区泵站引渠淤积状况调查，进口设闸控制的引渠，一般每年需清淤 $1 \sim 2$ 次；而进口未设闸控制的引渠，每当灌溉时段结束，引渠即被淤满，下次引水时，必须首先清淤，汛期每次洪水过后，再次引水时，同样也必须清淤，每年清淤工作量相当大，大大增加了运行管理费用。岸边式布置一般适用于水源岸边坡度较陡的情况。采用岸边式布置，由于站前无引渠，可大大减少管理维护工作量；但因泵房直接挡水，加之泵房结构又比较复杂，因此，泵房的工程投资要大一些。至于泵房与岸边的相对位置，根据调查资料，其进水建筑物的前缘，有与岸边齐平的，有稍向水源凸出的，运用效果均较好。

从水库取水的灌溉泵站，当水库岸边坡度较缓、水位变化幅度不大时，可建引水式固定泵房；当水库岸边坡度较陡、水位变化幅度较大时，可建岸边式固定泵房或竖井式（干室型）泵房；当水位变化幅度很大时，可采用移动式泵房（缆车式、浮船式泵房）或潜没式固定泵房。这几种泵房在布置上的最大困难是出水管道接头问题。

5.2.2 由于自排比抽排可节省大量电能，因此在具有部分自排条件的地点建排水泵站时，如果自排闸尚未修建，应优先考虑排水泵站与自排闸合建，以简化工程布置，降低工程造价，方便工程管理。例如某泵站将自排闸布置在河床中央，泵房分别布置在自排闸的两侧。泵房底板紧靠自排闸底板，用永久变形缝隔开。当内河水位高于外河水位时，打开自排闸自排；当内河水位低于外河水位，又需排涝时，则关闭自排闸，由排水泵站抽排。又如某泵站将水泵装在自排闸闸墩内，布置更为紧凑，大大降低了工程造价，水流

条件也比较好。但对于大、中型泵站，采用这种布置往往比较困难。如果建站地点已建有自排闸，可考虑将排水泵站与自排闸分建，以方便施工。但需另开排水渠道与自排闸道相连接，其交角不宜大于30°，排水渠道转弯段的曲率半径不宜小于5倍渠道水面宽度，且站前引渠宜有长度为5倍渠道水面宽度以上的平直段，以保证泵站进口水流顺畅通畅。因此，本规范规定，在具有部分自排条件的地点建排水泵站，泵站宜与排水闸合建；当建站地点已建有排水闸时，排水泵站宜与排水闸分建。

5.2.3 根据调查资料，已建成的灌排结合泵站多数采用单向流道的泵房布置，另建配套涵闸的方式。这种布置方式，适用于水位变化幅度较大或扬程较高的情况，只要布置得当，即可达到灵活运用的要求。但缺点是建筑物多而分散，占用土地较多，特别是在土地资源紧缺的地区，采用这种分建方式，困难较多。至于要求泵房与配套涵闸之间有适当的距离，目的是为了保证泵房进水侧有较好的进水条件；同时也为了保证泵房出水侧有一个容积较大的出水池，以利池内水流稳定，并可在出水池两侧布置灌溉渠首建筑物。例如某泵站枢纽以4个泵房为主体，共安装33台大型水泵，总装机功率49800kW，并有13座配套建筑物配合，通过灵活的调度运用，做到了抽排、抽灌与自排、自灌相结合。4个泵房排成一字形，泵房之间距离250m，共用一个容积足够大的出水池。又如某泵站枢纽由两座泵房，一座水电站和几座配套建筑物组成，抽水机组总装机功率16400kW，发电机组总装机容量2000kW，泵房与水电站呈一字形排列，泵房进水两侧的引水河和排涝河上，分别建有引水灌溉闸和排涝闸，泵房出水侧至外河之间由围堤围成一个容积较大的出水池。围堤上建挡洪控制闸。抽引时，打开引水闸和挡洪控制闸，关闭排涝闸；抽排时，打开排涝闸和挡洪控制闸，关闭引水闸；防洪时，关闭挡洪控制闸；发电时，打开挡洪控制闸，关闭引水闸。再如某泵站装机功率9×1600kW，通过6座配套涵闸的控制调度，做到了自排、自灌与抽排、抽灌相结合，既可使高、低水分排，又可使上、下游分灌，运用灵活，效益显著。也有个别泵站由于出水池容积不足，影响泵站的正常运行。例如某泵站装机功率6×800kW，单机流量8.7m³/s，由于出水池容积小于设计总容积，当6台机组全部投入运行时，出水池内水位壅高达0.6m，致使池内水流紊乱，增大了扬程，增加了电能损失。对于配套涵闸的过流能力，则要求与泵房机组的抽水能力相适应，否则，亦将抬高出水池水位，增加电能损失。例如某泵站装机功率4×1600kW，抽水流量84m³/s，建站时，为了节省工程投资，利用原有3孔排涝闸排涝，但其排涝能力只有60m³/s，当泵站满负荷运行时，池内水位壅高，过闸水头损失达0.85～1.0m，运行情况恶劣，

后将3孔排涝闸扩建为4孔，运行条件才大为改善，过闸水头损失不超过0.15m，满足了排涝要求。

当水位变化幅度不大或扬程较低时，可优先考虑采用双向流道的泵房布置。这种布置方式，其突出优点是不需另建配套涵闸。例如某泵站装机功率6×1600kW，采用双向流道的泵房布置，快速闸门断流，通过闸门、流道的调度转换，达到能灌、能排的目的。采用这种布置方式，省掉了进水闸、节制闸、排涝闸等配套建筑物，布置十分紧凑，占用土地少，工程投资省，而且管理运行方便；缺点是泵站装置效率较低，当扬程在3m左右时，实测装置效率仅有54%～58%，使耗电量增多，年运行费用增加很多。目前这种布置方式在我国为数甚少，主要是由于扬程受到限制和装置效率较低的缘故。另外，还有一种灌排结合泵站的布置型式，即在出水流道上设置压力水箱或直接开岔。例如某泵站装机功率2×2800kW，采用并联箱涵及拱涵形式的直管出流，单机双管，拍门断流，在出水管道中部设压力水箱（闸门室）。压力水箱两端设灌溉管，分别与灌溉渠首相接，并设闸门控制流量。这种布置型式，可少建配套建筑物，少占用土地，节省工程投资，是一种较好的灌排结合泵站布置型式。又如某两座泵站，装机功率均为8×800kW，均采用在出水流道上直接开岔的布置型式，其中一座泵站是在左侧三根出水流道上分岔，另一座泵站是在左、右两侧边的出水流道上开岔，岔口均设阀门控制流量，通过与灌溉渠首相接的岔管，将水引入灌溉渠道。这两座泵站的布置型式，均可少建灌溉节制闸及有关附属建筑物，少占用土地，节省工程投资，也是一种较好的灌排结合泵站布置型式；但因出水流道上开岔，流道内水力条件不如设压力水箱好，当泵站开机运行时，可能对机组效率有影响。

5.2.5 大、中型泵站因机组功率较大，对基础的整体性和稳定性要求较高，通常是将机组的基础和泵房的基础结合起来，组合成为块基型泵房。块基型泵房按其是否直接挡水及与堤防的连接方式，可分为堤身式和堤后式两种布置型式。堤身式泵房因破堤建站，其两翼与堤防相连接，泵房直接挡水，对地基条件要求较高，其抗滑稳定安全主要由泵房本身重量来维持，同时还应满足抗渗稳定安全的要求，因此适用的扬程不宜高，否则不经济。堤后式泵房因堤后建站，泵房不直接挡水，对地基条件要求稍低，同时因泵房只承受一部分水头，容易满足抗滑、抗渗稳定安全的要求，因此适用的扬程可稍高些。例如某泵站工程包括一、二两站，一站装机功率8×800kW，设计净扬程7.5m，采用虹吸式出水流道，建在轻亚粘土地基上；二站装机功率2×1600kW，设计净扬程7.0m，采用直管式出水流道，建在粘土地基上。在设计中曾分别按堤身式和堤后式布置进行比较，一站采用堤身式布置，其工程量与堤后式布置相比，混凝土多

3500m³，浆砌石少 200m³，钢材多 30t；二站采用堤身式布置，其工程量与堤后式布置相比，混凝土多 3100m³，浆砌石少 2100m³，钢材多 160t。由上述比较可见，当泵房承受较大水头时，采用堤身式布置是不经济的。因为泵房自身重量不够，地基土的抗剪强度又较低，为维持抗滑、抗渗稳定安全，需增设阻滑板和防渗刺墙等结构，再加上堤身式布置的进、出口翼墙又比较高，这样便增加了工程量。因此，本规范规定，建于堤防处且地基条件较好的低扬程、大流量泵站，宜采用堤身式布置；而扬程较高、地基条件稍差或建于重要堤防处的泵站，宜采用堤后式布置。

5.2.6 从多泥沙河流上取水的泵站，通常是先在引水口处进行泥沙处理，如布置沉沙池、冲沙闸等，为泵房抽引清水创造条件。例如某引水工程，引水口处具备自流引水沉沙、冲沙条件，在一级站未建之前，先开挖若干条形沉沙池，保证了距离引水口 80 余公里的二级站抽引清水。但有的地方并不具备自流引水沉沙、冲沙条件，就需要在多泥沙河流的岸边设低扬程泵站，布置沉沙、冲沙及其他除沙设施。根据工程实践结果，这种处理方式的效果比较好。例如某泵站建在多泥沙的黄河岸边，站址处水位变化幅度 7～13m，岸边坡度陡峻，故先在岸边设一座缆车式泵站，设有 7 台泵车，配 7 条出水管道和 7 套牵引设备。每台泵车上正反交错地布置了 2 台 20Sh-19 型水泵，设计扬程 20.8m，设计流量 5.8～8.0m³/s，总装机功率 2590kW。沉沙池位于低扬程缆车式泵站的东北侧，其进口与低扬程泵站的出水池相接，出口则与高扬程泵站的引渠相连。沉沙池分为两厢，每厢长 220m，宽 4.5～6.0m，深 4.2～8.4m，纵向底坡 1：50，顶部为溢流堰，泥沙在池内沉淀后，清水由溢流堰顶经集水渠进入高扬程泵站引渠。该沉沙池运行 10 余年来，累计沉沙量达 300 余万 m³，所沉泥沙由设在沉沙池尾端下部的排沙廊道用水力排走。高扬程泵站安装了 24 台 10DK-9×2A 型离心泵，每 4 台泵的出水管道并联与一条大直径压力管道相连接，设计扬程 193.2m，设计流量 5.7m³/s，总装机功率 16320kW。又如某泵站是建在多泥沙的黄河岸边，先在岸边设一座低扬程泵站，安装了 9 台 64ZLB-50 型轴流泵和 1 台 36ZLB-100 型轴流泵，设计扬程 7.5m，设计流量共计 46.5m³/s，总装机功率 7460kW。浑水经较长的输水渠道沉沙后，进入高扬程泵站引渠。高扬程泵站安装了 26 台 32Sh-19 型离心泵和 2 台 48Sh-22 型离心泵，设计扬程分别为 32.83m 和 15.45m，设计流量共计 42.4m³/s，总装机功率 17980kW。以上两泵站的实际运行效果都比较好。因此，本规范规定，从多泥沙河流上取水的泵站，当具备自流引水沉沙、冲沙条件时，应在引渠上布置沉沙、冲沙或清淤设施，当不具备自流引水沉沙、冲沙条件时，可在岸边设低扬程泵站，布置沉沙、冲沙及其他除沙设施。

5.2.8 在深挖方地带修建泵站，应合理确定泵房的开挖深度。因为，开挖深度不足，满足不了水泵安装高程的要求，而且可能因不好的土层未挖除而增加地基处理工程量；开挖深度过深，显然大大增加了开挖工程量，而且可能遇到地下水，对泵房施工、运行管理（如泵房内排水、防潮等）均带来不利的影响，同时因通风、采暖和采光条件不好，还会恶化泵站的运行条件。因此，本规范规定，深挖方修建泵站，应合理确定泵房的开挖深度，减少地下水对泵站运行的不利影响，并应采取必要的通风、采暖和采光等措施。

5.2.9 紧靠山坡、溪沟修建泵站，应设置排泄山洪的工程措施，以确保泵房的安全。站区附近如有局部滑坡或滚石，必须在泵房建成前进行妥善处理，以免危及工程的安全。

6 泵 房 设 计

泵房是装设主机组，辅助、电气及其他设备的建筑物，是整个泵站工程的主体。合理地设计泵房，对节约工程投资，延长机电设备的使用寿命，保证整个泵站工程安全经济运行有重大意义。

6.1 泵 房 布 置

6.1.1、6.1.2 执行这两条规定应注意下列事项：

一、站址地质条件是进行泵房布置的重要依据之一。如果站址地质条件不好，必然影响泵房建成后的结构安全。为此，在布置泵房时，必须采取合适的结构措施，如减轻结构重量，调整各分部结构的布置等，以适应地基允许承载力、稳定和变形控制的要求。

二、泵房施工、安装、检修和管理条件也是进行泵房布置的重要依据。一个合理的泵房布置方案，不仅工程量少，造价低，而且各种设备布置相互协调，整齐美观，便于施工、安装、检修、运行与管理，有良好的通风、采暖和采光条件，符合防潮、防火、防噪声等技术规定，并满足内外交通运输方便的要求。

三、为了做好泵房布置工作，水工、水力机械、电气、金属结构、施工等专业必须密切配合，进行多方案比较，才能选取符合技术先进、经济合理、安全可靠、管理方便原则的泵房布置方案。

6.1.3 泵房挡水部位顶部安全超高，是指在一定的运用条件下波浪、壅浪计算顶高程以上距泵房挡水部位顶部的高度，是保证泵房内不受水淹和泵房结构不受破坏的一个重要安全措施。泵房运用情况有设计和校核两种。前者是指泵站在设计水位时的运用情况，后者是指泵站在最高运行水位或洪（涝）水位时的运用情况。考虑到机遇因素，校核运用情况的安全超高值应略低于设计运用情况的安全超高值。但因目前尚无一个比较成熟的安全超高值计算方法，因此多从安全感出发，凭经验取用。安全超高值取用得是否合理，关系到工程的安全程度和工程量的大小。安全超高值规定得适当高一些，一旦遇到超标准洪（涝）水，则回旋余地大一些；但是如果安全超高值规定过大，显然是不经济的。现根据已建泵站工程的实践经验，并考虑与国家现行标准《水利水电枢纽工程等级划分及设计标准（山区、丘陵区部分）》和《水利水电枢纽工程等级划分及设计标准（平原滨海部分）（试行）》协调一致，确定泵房挡水部位顶部安全超高下限值见本规范表6.1.3。实际取用的安全超高值不应小于表6.1.3的规定值。

6.1.4　主机组间距是控制泵房平面布置的一个重要特征指标，应根据机电设备和建筑结构的布置要求确定。详见本规范9.11.2～9.11.5的条文说明。

6.1.5　当主机组的台数、布置形式（单列式或双列式布置）、机组间距、边机组段长度确定以后，主泵房长度即可确定，如安装检修间设在主泵房一端，则主泵房长度还应包括安装检修间的长度。

6.1.6　主泵房电动机层宽度主要是由电动机、配电设备、吊物孔、工作通道等布置，并考虑进、出水侧必需的设备吊运要求，结合起吊设备的标准跨度确定。当机组间距拟定以后，再适当调整电动机、配电设备、吊物孔等相对位置。当配电设备布置在出水侧，吊物孔布置在进水侧，并考虑适当的检修场地，则电动机层宽度需放宽一些；当配电设备集中布置在主泵房一端，吊物孔又不设在主泵房内，而是设在主泵房另一端的安装检修间时，则电动机层宽度可窄一些。水泵层宽度主要是由进、出水流道（或管道）的尺寸，辅助设备、集水廊道、排水廊道和工作通道的布置要求等因素确定。详见本规范9.11.7的条文说明。

6.1.7　主泵房各层高度应根据主机组及辅助设备、电气设备的布置，机组的安装、运行、检修，设备吊运以及泵房内通风、采暖和采光要求等因素确定，详见本规范9.11.8和9.11.11的条文说明。

6.1.8　主泵房水泵层底板高程是控制主泵房立面布置的一个重要指标，应根据水泵安装高程和进水流道（含吸水室）布置或管道安装要求等因素确定。底板高程确定合适与否，涉及机组能否安全正常运行和地基是否需要处理及处理工程量大小的问题，因而是一个十分重要的问题，应认真做好这项工作。

主泵房电动机层楼板高程也是主泵房立面布置的一个重要指标。当水泵安装高程确定后，根据泵轴、电动机轴的长度等因素，即可确定电动机层的楼板高程。

6.1.9　根据调查资料，已建成泵站内的辅助设备多数布置在主泵房的进水侧，而电气设备则布置在出水侧，这样可避免交叉干扰，便于运行管理。

6.1.10　辅机房布置一般有两种：一种是一端式布置，即布置在主泵房一端，这种布置方式优点是进、出水侧均可开窗，有利于通风、采暖和采光；缺点是机组台数较多时，运行管理不方便。另一种是一侧式布置，通常是布置在主泵房出水侧，这种布置方式优点是有利于机组的运行管理；缺点是通风、采暖和采光条件不如一端式布置好。

6.1.11　安装检修间的布置一般有三种：一种是一端式布置，即在主泵房对外交通运输方便的一端，沿电动机层长度方向加长一段，作为安装检修间，其高程、宽度一般与电动机层相同。进行机组安装、检修时，可共用主泵房的起吊设备。目前国内绝大多数泵站均采用这种布置方式。另一种是一侧式布置，即在主泵房电动机层的进水侧布置机组安装、检修场地，其高程一般与电动机层相同。进行机组安装、检修时，也可共用主泵房的起吊设备。由于布置进水流道的需要，主泵房电动机层的进水侧往往比较宽敞，具备布置机组安装、检修场地的条件。例如某泵站装机功率10×1600kW，泵房宽度12.0m，机组轴线至进口侧墙的距离为6.5m，与电动机层的长度构成安装检修间所需的面积，并可设置一个大吊物孔。还有一种是平台式布置，即将机组安装、检修场地布置在检修平台上。这种布置必须具备机组间距较大和电动机层楼板高程低于泵房外四周地面高程这两个条件。例如某泵站装机功率8×800kW，机组间距6.0m，检修平台高于电动机层5.0m，宽1.8m，局部扩宽至2.7m，作为机组安装、检修场地。

安装检修间的尺寸主要是根据主机组的安装、检修要求确定，其面积大小应能满足一台机组安装或解体大修的要求，应能同时安放电动机转子连轴、上机架、水泵叶轮或主轴等大部件。部件之间应有$1.0 \sim 1.5$m的净距，并有工作通道和操作需要的场地。现将我国部分泵站的安装检修间尺寸列于表1。

表1　我国部分泵站安装检修间尺寸统计表

| 泵站序号 | 单机功率(kW) | 机组间距(m) | 安装检修间 | | | 安装检修间长度/机组间距 |
			位置	高程	长度×宽度(m)	
1	800	4.8	左端	低于电动机层2.05m	3.9×10.75	0.81
2	800	4.8	左端	低于电动机层2.05m	3.9×10.75	0.81
3	800	4.8			4.05×9.4	0.84
4	800	5.0		与电动机层同高	4.65×11.9	0.93
5	800	5.0		与电动机层同高	4.65×11.9	0.93
6	800	5.0	左端	与电动机层同高	5.0×9.0	1.00
7	800	5.2	左端	与电动机层同高	6.6×8.5	1.27
8	800	5.4	检修平台	高于电动机层4.35m	11.0×3.0	2.04
9	800	5.5	右端	低于电动机层2.65m	5.5×9.4	1.00
10	800	5.5	左端	与电动机层同高	11.0×10.4	2.00
11	800	5.6	东站左端、西站右端	与电动机层同高	6.4×10.5	1.14
12	800	6.0	检修平台	高于电动机层5.0m		

续表1

泵站序号	单机功率(kW)	机组间距(m)	安装检修间 位置	安装检修间 高程	安装检修间 长度×宽度(m)	安装检修间长度/机组间距
13	1600	6.8	在机组间	与电动机层同高		
14	1600	6.8	左端	与电动机层同高	7.8×12.5	1.15
15	1600	7.0	左端	与电动机层同高	5.0×12.5	0.71
16	1600	7.0	右端	与电动机层同高	7.0×10.5	1.00
17	1600	7.0	右端	与电动机层同高	9.8×12.0	1.40
18	1600	7.0	右端	与电动机层同高	10.0×10.5	1.43
19	2800	7.6	左端	与电动机层同高	7.6×12.0	1.00
20	1600	7.7	在主泵房一侧	与电动机层同高		
21	3000	8.0	左端	与电动机层同高	17.75×10.4	2.22
22	3000	8.0	右端	与电动机层同高	17.75×10.4	2.22
23	2800	9.2	左端	与电动机层同高	7.1×9.8	0.77
24	3000	10.0	右端	与电动机层同高	7.1×10.5	0.71
25	6000	11.0	左端	与电动机层同高	17.76×11.5	1.61
26	5000	12.7	左端	低于电动机3.74m	12.7×13.5	1.00
27	7000	18.8	左端	与电动机层同高	16.5×17.8	0.88

由表1可知，安装检修间长度约为机组间距的0.7～2.2倍。

6.1.12 立式机组主泵房自上而下分为：电动机层、联轴层、人孔层（机组功率较小的泵房无人孔层）和水泵层等，为方便设备、部件的吊运，各层楼板均应设置吊物孔，其位置应在同一垂线上，并在起吊设备的工作范围之内，否则无法将设备、部件吊运到各层。

6.1.13～6.1.15 为满足泵房对外交通运输方便和建筑防火安全的要求，本规范规定，主泵房对外至少应有两个出口，其中一个应能满足通行运输最大部件或设备的要求。为满足机组运行管理和泵房内部交通要求，本规范规定，主泵房电动机层的进水侧或出水侧应设置主通道，其他各层至少应设置不少于一条的主通道。如主泵房内装设卧式机组，宜在管道顶设工作通道。为满足泵房内部各层之间的交通要求，本规范规定各层应设1～2道楼梯。

6.1.16 为便于汇集和抽排泵房内的渗漏水、生产污水和检修排水等，本规范规定，主泵房内（特别是水下各层）四周应设排水沟，其末端应设集水廊道或集水井，以便将渗水汇入集水廊道或集水井内，再由排水泵排出。

6.1.17 当主泵房为钢筋混凝土结构，且机组台数较多，泵房结构长度较长时，为了防止和减少由于地基不均匀沉降、温度变化和混凝土干缩等产生的裂缝，必须设置永久变形缝（包括沉降缝、伸缩缝）。永久变形缝的间距应根据泵房结构型式、地基土质（岩性）、基底应力分布情况和当地气温条件等因素确定。如辅机房和安装检修间分别设在主泵房的两端，因两者与主泵房在结构型式、基底应力分布情况等方面均有较大的差异，故其间均应设置永久变形缝。主泵房本身永久变形缝的间距则根据主机组台数、布置型式、机组间距等因素确定，通常情况下是将永久变形缝设在流道之间的隔墩上，大约是机组间距的整倍数。严禁将永久变形缝设在机组的中心线上，以免影响机组的正常运行。如设置的永久变形缝间距过大，不可能完全起到防止和减少产生裂缝的作用；如设置的永久变形缝间距过小，则缝的道数增多，不仅增加施工的复杂性，增加工程造价，而且多一道缝，即可能多一个防渗薄弱环节。因此，将永久变形缝的道数设置得不多不少，即缝的间距设置得不大不小，是泵房布置中的一个重要问题。现将我国部分泵站泵房永久缝间距列于表2。

表2 我国部分泵站泵房永久缝间距统计表

泵站序号	泵站型式或泵房基础型式	地基土质（岩性）	泵房底板长度(m)	永久缝间距(m)	底板块数
1	湿室型	砂土	27.6	9.2	3
2		粉亚砂	59.2	14.8	4
3		轻亚粘土	31.4	15.7	2
4			39.9	19.95	2
5	块	中砂	42.5	12.2,14.7,15.6	3
6		粉砂与亚粘土	57.0	14.6,21.2	3
7		中粉质粘土	58.4	14.6,29.2	3
8		淤泥	15.8	—	1
9		粉质粘土	32.8	16.4	2
10		细砂	36.0	18.0	2
11	块	亚粘土	19.5	—	1
12		板岩	20.3	—	1
13		细砂	41.6	20.8	2
14		淤泥质粘土	44.0	22.0	2
15	基	淤泥质粉砂	23.0	—	1
16		粘土	47.98	23.99	2
17		粉质壤土	49.4	23.7,25.7	2
18		粉质粘土	24.0	—	1
19	型		48.6	24.3	2
20		轻亚粘土夹细砂层	24.9	—	1
21		粉质粘土	26.0	—	1
22		轻粉质砂壤土	26.6	—	1
23		亚粘土	34.0	—	1
24		轻亚粘土	46.0	—	1
25		风化砂岩与页岩	53.58	—	1

由表2可知，所列泵站多数建在软土地基上，除1号泵站的3块底板长度（9.2m）和5号泵站3块底板中的一块底板长度（12.2m）均小于15m，2号泵站4块底板长度（14.8m），5、6号泵站3块底板中的一块底板长度（14.7m、14.6m），7号泵站3块底板中的2块底板长度（14.6m）接近15m，以及23、24号泵站底板长度（34.0m、46.0m）大于30m外，其余各座软土地基上泵站底板长度，以及5、6、7号

泵站部分底板（除长度小于或接近15m的底板外）长度均为15～30m，即相应的永久变形缝间距在15～30m之间，因此本规范规定土基上的永久变形缝间距不宜大于30m。最小缝距未作规定，但最好不小于15m。表2中所列岩基上的泵站仅有两座，均为单块底板，底板长度分别为20.3m和53.58m。考虑到目前对岩基上底板裂缝形成原因的分析研究还不够深入，参照有关设计规范的规定，本规范规定岩基上的永久变形缝间距不宜大于20m。

6.1.18 为了方便主泵房排架结构的设计和施工，并省掉排架柱的基础处理工程量，本规范规定排架宜等跨布置，立柱宜布置在隔墙或墩墙上。同时，为了避免地基不均匀沉降、温度变化和混凝土干缩对排架结构的影响，当泵房结构连同泵房底板设置永久变形缝时，排架柱应设置在缝的左右侧，即排架横梁不应跨越永久变形缝。

6.1.19 为了保持主泵房电动机层的洁净卫生，其地面宜铺设水磨石。采用酸性蓄电池的蓄电池室和贮酸室应符合防硫酸腐蚀的要求，并采用耐酸材料铺设地面，其内墙应涂耐酸漆或铺设耐酸材料。中控室、微机室和通信室对室内卫生要求较高，宜采用拼木地板，其内墙应刷涂料或贴墙面布。

6.1.20 主泵房门窗主要是根据泵房内通风、采暖和采光的需要而设置的，其布置尺寸与主泵房的结构型式、面积和空间的大小、当地气候条件等因素有关。一般窗户总面积与泵房内地面面积之比控制在1/5～1/7，即可满足自然通风的要求。在南方湿热地区，夏天气温较高，且多阴雨天气，还需采取机械通风措施。如泵房窗户开得过大，在夏季，由于太阳辐射热影响，会使泵房内温度升高，不利于机组的正常运行和运行值班人员的身体健康；在冬季，对主泵房内采暖保温也不利。因此，泵房设计时要全面考虑。为了冬季保温和夏季防止阳光直射的影响，本规范规定严寒地区的泵房窗户应采用双层玻璃窗，向阳面窗户宜有遮阳设施。

6.1.22 建筑防火设计是建筑物设计的一个重要方面。建筑物的耐火等级可分为四级。考虑到主泵房建筑的永久性和重要性，本规范规定主泵房的耐火等级不应低于二级，建筑物构件的燃烧性能和耐火极限，以及泵房内应设置的消防设施（包括消防给水系统及必要的固定灭火装置等）均应符合现行国家标准《建筑设计防火规范》和国家现行标准《水利水电工程设计防火规范》的规定。

6.1.23 当噪声超过规定标准时，既不利于运行值班人员的身体健康，又容易导致误操作，带来严重的后果。根据调查资料，本规范规定主泵房电动机层值班地点允许噪声标准不得大于85dB（A），中控室、微机室和通信室允许噪声标准不得大于65dB（A）。若超过上述允许噪声标准时，应采取必要的降声、消声

和隔声措施，如在中控室、微机室和通信室进口分别设气封隔音门等。

6.2 防渗排水布置

6.2.1 泵站和其他水工建筑物一样，地基防渗排水布置是设计中十分重要的环节，尤其是修建在江河湖泊堤防上和松软地基上的挡水泵站。根据已建工程的实践，工程的失事多数是由于地基防渗排水布置不当造成的。因此，应高度重视，千万不可疏忽大意。

泵站地基的防渗排水布置，即在泵房高水位侧（出水侧）结合出水池的布置设置防渗设施，如钢筋混凝土防渗铺盖、齿墙、板桩（或截水墙、截水槽）、灌浆帷幕等，用来增加防渗长度，减小泵房底板下的渗透压力和平均渗透坡降；在泵房低水位侧（进水侧）结合前池、进水池的布置，设置排水设施，如排水孔（或排水减压井）、反滤层等，使渗透水流尽快地安全排出，并减小渗流出逸处的出逸坡降，防止发生渗透变形，增强地基的抗渗稳定性。至于采用何种防渗排水布置，应根据站址地质条件和泵站扬程等因素，结合泵房和进、出水建筑物的布置确定。对于粘性土地基，特别是坚硬粘土地基，其抗渗透变形的能力较强，一般在泵房高水位侧设置防渗铺盖，加上泵房底板的长度，即可满足泵房地基防渗长度的要求，泵房低水位侧的排水设施也可做得简单些；对于砂性土地基，特别是粉、细砂地基，其抗渗透变形的能力较差，要求的安全渗径系数较大，往往需要设置防渗铺盖和齿墙、板桩（或截水墙、截水槽相结合的防渗设施），才能有效地保证抗渗稳定安全，同时对排水设施的要求也比较高。对于岩石地基，如果防渗长度不足，只需在泵房底板上游端（出水侧）增设齿墙，或在齿墙下设置灌浆帷幕，其后再设置排水孔即可。泵站扬程较高，防渗排水布置的要求也较高；反之，泵站扬程较低，防渗排水布置的要求也较低。

同上述正向防渗排水布置一样，对侧向防渗排水布置也应认真做好，不可忽视。侧向防渗排水布置应结合两岸联接结构（如岸墙，进、出口翼墙）的布置确定。一般可设置防渗刺墙、板桩（或截水墙）等，用来增加侧向防渗长度和侧向渗径系数。但必须指出，要特别注意侧向防渗排水布置与正向防渗排水布置的良好衔接，以构成完整的防渗排水系统。

6.2.2 当土基上泵房基底防渗长度不足时，一般可结合出水池底板设置钢筋混凝土铺盖。铺盖长度应根据防渗效果好和工程造价低的原则确定。从渗流观点看，铺盖长度过短，不能满足防渗要求；但铺盖长度过长，其单位长度的防渗效果也会降低，是不经济的。因此，铺盖长度一定要适当。为了防止和减少由于地基不均匀沉降、温度变化和混凝土干缩等产生的裂缝，铺盖应设永久变形缝。根据已建的泵站工程实践，永久变形缝的间距不宜大于20m，且应与泵房底

板的永久变形缝错开布置，以免形成通缝，对基底防渗不利。

由于砂土或砂壤土地基容易产生渗透变形，当泵房基底防渗长度不足时，一般可采用铺盖和齿墙、板桩（或截水墙）相结合的布置形式，用来增加防渗长度，减小泵房底板下的渗透压力和平均渗透坡降。如果只采用铺盖防渗，其长度可能需要很长，不仅工程造价高，不经济，而且防渗效果也不理想。因此，铺盖必须和齿墙、板桩（或截水墙）结合使用，才有可能取得最佳的防渗效果。

齿墙、板桩（或截水墙）是垂直向的防渗设施，它比作为水平向防渗设施的铺盖不仅防渗效果好，而且工程造价低。在泵房底板的上、下游端，一般常设有深度不小于 0.8～1.0m 的浅齿墙，既能增加泵房基底的防渗长度，又能增加泵房的抗滑稳定性。齿墙深度最深不宜超过 2.0m，否则，施工有困难，尤其是在粉、细砂地基上，在地下水水位较高的情况下，浇筑齿墙的坑槽难以开挖成形。板桩（或截水墙）的长度也应根据防渗效果好和工程造价低的原则，并结合施工方法的选用确定。在一般情况下，板桩（或截水墙）宜布置在泵房底板上游端（出水侧）的齿墙下，这对减小泵房底板下的渗透压力效果最为显著。板桩（或截水墙）长度不宜过长，否则，不仅在经济上不够合理，而且又增大施工困难。

在地震基本烈度为 7 度及 7 度以上地震区的粉砂地基上，泵房底板下的板桩（或截水墙）布置宜构成四周封闭的形式，以防止在地震荷载作用下可能发生粉砂地基的"液化"破坏，即地基产生较大的变形或失稳，从而影响泵房的结构安全。

为了减小泵房底板下的渗透压力，增强地基的抗渗稳定性，在前池、进水池底板上设置适量的排水孔，在渗流出逸处设置级配良好、排水通畅的反滤层，这和在泵房基底防渗段设置防渗设施具有同样的重要性。排水孔的布置直接关系到泵房底板下渗透压力的大小和分布状况。排水孔的位置愈往泵房底板方向移动，泵房底板下的渗透压力就愈小，泵房基底的防渗长度随之缩短，作为防渗设施的铺盖、板桩（或截水墙）需作相应的加长或加深。排水孔孔径一般为 5～10cm，孔距为 1～2m，呈梅花形布置。反滤层一般由 2～3 层、每层厚 15～30cm 的不同粒径无粘性土构成，每层层面应大致与渗流方向正交，粒径应沿着渗流的方向由细变粗，第一层平均粒径为 0.25～1mm，第二层平均粒径为 1～5mm，第三层平均粒径为 5～20mm。

6.2.3 当地基持力层为较薄的透水层（如砂性土层或砾石层），其下为相对不透水层时，可将板桩（或截水墙）改为截水槽或短板桩。但截水槽或短板桩必须截断透水层。为了保证良好的防渗效果，截水槽或短板桩嵌入不透水层的深度不宜小于 1.0m。

6.2.4 当地基持力层为不透水层，其下为相对透水层时，为了消减承压水对泵房和覆盖层稳定的不利影响，必要时，可在前池、进水池设置深入相对透水层的排水减压井，但绝对不允许将排水减压井设置在泵房基底防渗段范围内，以免与泵房基底的防渗要求相抵触。

6.2.6 高扬程泵站出水管道一段为沿岸坡铺设的明管或埋管，而出水池通常布置在高达数十米甚至上百米的岸坡顶。为了防止由于降水形成的岸坡径流对泵房基底造成冲刷，或对泵房基底防渗产生不利的影响，可在泵房上游侧（出水侧）岸坡上设置能拦截岸坡径流的通畅的自流排水沟和可靠的护坡措施。

6.2.7 为了防止水流通过永久变形缝渗入泵房，在水下缝段应埋设材料耐久、性能可靠的止水片（带）。对于重要的泵站，应埋设两道止水片（带）。目前常用的止水片（带）有紫铜片、塑料止水带和橡胶止水带等，可根据承受的水压力、地区气温、缝的部位及变形情况选用。

止水片（带）的布置应对结构的受力条件有利。止水片（带）除应满足防渗要求外，还能适应混凝土收缩及地基不均匀沉降的变形影响，同时材质要耐久，性能要可靠，构造要简单，还要方便施工。

在水平缝与水平缝、水平缝与垂直缝的交叉处，止水构造必须妥善处理；否则，很有可能形成渗漏点，破坏整个结构的防渗效果。交叉处止水片（带）的连接方式有柔性连接和刚性连接两种，可根据结构特点、交叉类型及施工条件等选用。对于水平缝与垂直缝的交叉，一般多采用柔性连接方式；对于水平缝与水平缝的交叉，则多采用刚性连接方式。

6.3 稳 定 分 析

6.3.1 为了简化泵房稳定分析工作，可采取一个典型机组或一个联段（几台机组共用一块底板，以底板两侧的永久变形缝为界，称为一个联段）作为计算单元。经工程实践检验，这样的简化是可行的。

6.3.2 执行本条规定应注意下列事项：

一、计算作用于泵房底板底部渗透压力的方法，主要根据地基类别确定。土基上可采用渗径系数法（亦称直线分布法）或阻力系数法。前者较为粗略，但计算方法简便，可供初步设计阶段泵房地下轮廓线布置时采用；后者较为精确，但计算方法较为复杂。我国南京水利科学研究院的研究人员对阻力系数法作了改进，提出了改进阻力系数法。该法既保持了阻力系数法的较高精确度，又使计算方法作了一定程度的简化，使用方便，实用价值大。因此，本规范规定，对于土基上的泵房，宜采用改进阻力系数法。岩基渗流计算，因涉及基岩的性质，岩体构造、节理、裂隙的分布状况等，情况比较复杂。根据调查资料，作用在岩基上泵房底板底部的渗透压力均按进、出口水位差作为全水头的三角形分布图形确定。因此，本规范规定对于岩基上的泵房，宜采用直线分布法。

二、计算作用于泵房侧面土压力的方法，主要根据泵房结构在土压力作用下可能产生的变形情况确定。土基上的泵房，在土压力作用下往往产生背离填土方向的变形，因此，可按主动土压力计算；岩基上的泵房，由于结构底部嵌固在基岩中，且因结构刚度较大，变形较小，因此可按静止土压力计算。土基上的岸墙、翼墙，由于这类结构比较容易出问题，为安全起见有时亦可按静止土压力计算。至于被动土压力，因其相应的变形量已超出一般挡土结构所允许的范围，故一般不予考虑。

关于主动土压力的计算公式，当填土为砂性土时多采用库仑公式；当填土为粘性土时可采用朗肯公式，也可采用楔体试算法。考虑到库仑公式、朗肯公式或其他计算方法都有一定的假设条件和适用范围，因此本规范对具体的计算公式或方法不作硬性规定，设计人员可根据工程具体情况选用合适的计算公式或方法。至于静止土压力的计算，目前尚无精确的计算公式或方法，一般可采用主动土压力系数的 $1.25 \sim 1.5$ 倍作为静止土压力系数。

关于超载问题，当填土上有超载作用时可将超载换算为假想的填土高度，再代入计算公式中计算其土压力。

三、计算波浪压力的公式很多。经计算分析比较，莆田试验站公式考虑的影响因素全面，适用范围广，计算精度高，对深水域或浅水域均适用。官厅—鹤地水库公式在形式上与安德扬诺夫公式类似，但因采用的系数不同，其计算成果精度比安德扬诺夫公式有很大提高，且使用较为简便，特别适用于与山丘区水库条件基本类似的情况。因此，本规范推荐采用官厅—鹤地水库公式或莆田试验站公式。对于从水库、湖泊取水的灌溉泵站或向湖泊排水的排水泵站以及湖泊岸边的灌排结合泵站，宜采用官厅—鹤地水库公式；对于从河流、渠道取水的灌溉泵站或向河流排水的排水泵站以及河流岸边的灌排结合泵站，宜采用莆田试验站公式。

关于风速值的采用，过去多采用当地实测风速值或由当地实测风力级别查莆福氏风力表确定风速值，但国家现行标准《混凝土重力坝设计规范》、《水闸设计规范》和《碾压式土石坝设计规范》均推荐采用多年平均最大风速加成法。按照这种方法确定的风速值，在一般情况下，较采用当地实测风速值或由莆福氏风力表确定的风速值偏大，即偏于安全。因此，本规范推荐采用多年平均最大风速加成法，即在设计水位时，风速宜采用相应时期多年平均最大风速的 $1.5 \sim 2.0$ 倍；在最高运行水位或洪（涝）水位时，风速宜采用相应时期多年平均最大风速。

关于吹程的采用，参照有关资料规定，当对岸最

远水面距离不超过建筑物前沿水面宽度 5 倍时，可采用建筑物至对岸的实际距离；当对岸最远水面距离超过建筑物前沿水面宽度 5 倍时，可采用建筑物前沿水面宽度的 5 倍作为有效吹程。这样的规定是比较符合工程实际情况的。

至于风浪的持续作用时间，是指保证风浪充分形成所必需的最小风时。当采用莆田试验站公式时，风浪的持续作用时间可按莆田试验站公式的配套公式计算求得。

6.3.3 泵房在施工、运用和检修过程中，各种作用荷载的大小、分布及机遇情况是经常变化的，因此应根据泵房不同的工作条件和情况进行荷载组合。荷载组合的原则是，考虑各种荷载出现的几率，将实际可能同时作用的各种荷载进行组合。由于地震荷载的瞬时性与校核运用水位同时遭遇的几率极少，因此地震荷载不应与校核运用水位组合。

表 6.3.3 规定了计算泵房稳定时的荷载组合。根据调查资料，这样的规定符合我国泵站工程实际情况。完建情况一般控制地基承载力的计算，故应作为基本荷载组合；而施工情况和检修情况均具有短期性的特点，故可作为特殊荷载组合；至于地震情况，出现的几率很少，而且是瞬时性的，则更应作为特殊荷载组合。

6.3.4、6.3.5 泵房的抗滑稳定安全系数是保证泵房安全运行的一个重要指标，其最小值通常是控制在设计运用情况下、校核运用情况下或设计运用水位时遭遇地震的情况下。在泵站初步设计阶段，计算泵房的抗滑稳定安全系数较多地采用（6.3.4-1）式，因为采用该公式计算简便，但 f 值的取用比较困难。f 值可按试验资料确定；当无试验资料时，可按本规范附录表 A.0.1 规定值采用。附录表 A.0.1 是参照国家现行标准《水闸设计规范》等制定的。（6.3.4-2）式是根据现场混凝土板的抗滑试验资料进行分析研究后提出来的。抗滑试验结果表明，混凝土板的抗滑能力不仅和基底面与地基土之间的摩擦角 Φ_0 值有关，而且还和基底面与地基土之间的粘结力 C_0 值有关，因此对于粘性土地基上的泵房抗滑稳定安全系数的计算，采用（6.3.4-2）式显然是比较合理的。在采用（6.3.4-2）式计算时，对于土基，公式中的 Φ_0、C_0 值可根据室内抗剪试验资料按本规范附录 A 表 A.0.2 的规定采用。经工程实验检验，其计算成果能够比较真实地反映工程的实际运用情况。本规范附录 A 表 A.0.2 是根据现场混凝土板的抗滑试验资料与室内抗剪试验资料进行对比分析后制定的，该表所列数据与国家现行标准《水闸设计规范》的规定相同。对于岩基，公式中的 Φ_0、C_0 值可根据野外和室内抗剪断试验资料确定。

由于 f 值或 Φ_0、C_0 值的取用，对泵房结构设计是否安全、经济、合理关系极大，取用时必须十分慎

重。如取用值偏大，则泵房结构在实际运用中将偏于不安全，甚至可能出现滑动的危险；反之，如取用值偏小，则必然会导致工程上的浪费。现将我国部分泵站泵房抗滑稳定计算成果列于表3。

表3 我国部分泵站泵房抗滑稳定计算成果表

泵站序号	泵站设计级别	装机功率（kW）	设计扬程（m）	泵房型式	水泵叶轮直径（m）	进水/出水流道型式	地基土质	摩擦系数 f	抗滑稳定安全系数计算值 K_c
1	1	8×800	7.0	堤身式	1.6	肘型/虹吸管	粘壤土	0.35	校核 1.46 检修 2.43
2	1	10×1600	4.7	堤身式	2.8	肘型/虹吸管	淤泥质粘土	0.25	中块 1.35 边块 1.50
3	1	7×3000	7.0	堤后式	3.1	肘型/虹吸管	中粉质壤土	—	检修 1.49 运行 1.60
4	2	8×800	7.0	堤身式	1.6	肘型/平直管	粉质壤土	0.35	灌溉 1.19 排水 1.33
5	2	6×1600	3.7	堤身式	2.8	肘型/虹吸管	粘土	0.30	1.21
6	2	6×1600	5.5	堤身式	2.8	肘型/平直管	淤泥质粘土	0.30	1.32
7	2	6×1600	7.2	堤身式	2.8	肘型/虹吸管	淤泥质粘土	0.25	1.48
8	2	6×1600	5.41	堤身式	2.8	双　向	中粉质壤土	0.45	排水 1.56 发电 2.46
9	2	4×1600	5.0	堤后式	2.8	肘型/虹吸管	壤　土	0.30	1.27
10	2	9×1600	6.0	堤后式	2.8	肘型/虹吸管	粘　土	0.30	中块 1.26 边块 1.13

由表3可知，4号泵站灌溉工况下的 K_c 值偏小，该泵站建在粉质壤土地基上。如 f 值取用 0.4，即可满足规范规定的 K_c 计算值大于允许值的要求。5、9、10号泵站 K_c 值亦均偏小，其中5、10号泵站建在粘土地基上，9号泵站建在壤土地基上，如 f 值均取用 0.35，即均可满足规范规定的 K_c 计算值大于允许值的要求。但是，建在淤泥质粘土地基上的6号泵站，f 值取用 0.30 略偏大，如改用 0.25，则 K_c 计算值小于允许值，不能满足规范规定的要求。修建在中粉质壤土地基上的8号泵站，f 值取用 0.45 明显偏大，如改用 0.40，则 K_c 计算值大于允许值，仍能满足规范规定的要求；如改用 0.35，则 K_c 计算值小于允许值，就不能满足规范规定的要求了。

抗滑稳定安全系数允许值是一个涉及建筑物安全与经济的极为重要的指标，如何合理规定不仅要与计算公式的采用以及计算公式中计算指标的取值相适应，而且要考虑到国家的技术经济政策是否许可。如规定得过高或过低，将会导致工程上的浪费或危险，都是不符合我国社会主义经济建设要求的。由于规范规定的抗滑稳定安全系数允许值十分重要，因此在设计工作中，未经充分论证，不得任意提高或降低。表6.3.5 所列土基上抗滑稳定安全系数允许值与国家现行标准《水利水电枢纽工程等级划分及设计标准（平原滨海部分）（试行）》和《水闸设计规范》的规定是一致的；岩基上抗滑稳定安全系数允许值与国家现行标准《水利水电枢纽工程等级划分及设计标准（山区、丘陵区部分）》、《混凝土重力坝设计规范》和《水电站厂房设计规范》的规定是基本一致的。必须

指出，表6.3.5规定的抗滑稳定安全系数允许值应与表中规定的适用公式配套使用，不能将表6.3.5中的规定值用于检验不适用公式的计算成果。还必须指出，对于土基，表6.3.5中的规定值对（6.3.4-1）式和（6.3.4-2）式均适用，因为当计算指标 f 值和 Φ_0、C_0 值取用合理时，按（6.3.4-1）式和（6.3.4-2）式的计算结果大体上是相当的。

6.3.6、6.3.7 泵房的抗浮稳定安全系数也是保证泵房安全运行的一个重要指标，其最小值通常是控制在检修情况下或校核运用情况下。（6.3.6）式是计算泵房抗浮稳定安全系数的唯一公式。

抗浮稳定安全系数允许值的确定，以泵房不浮起为原则。为留有一定的安全储备，本规范规定不分泵站级别和地基类别，基本荷载组合下为1.10，特殊荷载组合下为1.05。

6.3.8、6.3.9 泵房基础底面应力大小及分布状况也是保证泵房安全运行的一个重要指标，其最大平均值通常是控制在完建情况下，不均匀系数的最大值通常是控制在校核运用情况下或设计运用水位时遭遇地震的情况下。（6.3.8-1）式或（6.3.8-2）式是众所周知的偏心受压公式。由于泵房结构刚度比较大，泵房基础底面应力可近似地认为呈直线分布，因此泵房基础底面应力可按偏心受压公式进行计算。目前我国普遍就采用这两个公式计算。

为了减少和防止由于泵房基础底部应力分布不均匀导致基础过大的不均匀沉降，从而避免产生泵房结构倾斜甚至断裂的严重事故，本规范规定，土基上泵房基础底面应力不均匀系数（即泵房基础底面应力计

算最大值与最小值的比值）不应大于本规范附录 A 表 A.0.3 的规定值。附录表 A.0.3 规定的不均匀系数允许值与国家现行标准《水闸设计规范》的规定值一致。岩基上泵房基础底面应力的不均匀系数可不受控制，这是因为岩基的压缩性很小，作为泵房地基不会使泵房基础产生较大的不均匀沉降。但是，为了避免基础底面基岩之间脱开，要求在非地震情况下基础底面边缘的最小应力不小于零，即基础底面不出现拉应力；在地震情况下基础底面边缘的最小应力应不小于-100kPa，即允许基础底面出现不小于-100kPa 的拉应力。现将我国部分泵房基础底面应力及其不均匀系数的计算成果列于表 4。

表 4　我国部分泵站泵房基础底面应力及其不均匀系数计算成果表

泵站序号	泵站设计级别	装机功率（kW）	泵房型式	地基土质	计算情况或计算部位	基础底面应力（kPa）			不均匀系数
						最大值	最小值	平均值	
1	1	8×800	堤身式	粘壤土	校核、检修	220、164	99、83	160、124	2.22、1.89
2	1	10×1600	堤身式	淤泥质粘土	中块、边块	225、270	183、172	204、221	1.23、1.57
3	1	7×3000	堤后式	中粉质壤土	检修、运行	143、223	41、108	92、166	3.49、2.06
4	2	8×800	堤身式	粉质壤土	灌溉、排水	116、89	87、68	102、79	1.33、1.31
5	2	6×1600	堤身式	粘　土	左块、右块	205、206	145、147	175、177	1.41、1.40
6	2	6×1600	堤身式	淤泥质粘土		276	146	211	1.89
7	2	6×1600	堤身式	淤泥质粘土	左块、右块	245、237	154、188	200、213	1.59、1.26
8	2	6×1600	堤身式	中粉质壤土	排水、发电	143、93	38、37	91、65	3.76、2.51
9	2	4×1600	堤后式	壤　土		203	188	196	1.08
10	2	9×1600	堤后式	粘　土	中块、边块	187、224	163、136	177、180	1.12、1.65

由表 4 可知，2、6、7 号泵站均建在淤泥质粘土地基上，其中 6 号泵站泵房基础底面应力平均值达 211kPa，最大值高达 276kPa，是淤泥质粘土地基所不能承受的，而不均匀系数为 1.89，超过了本规范附录表 A.0.3 的规定值，该泵站泵房在施工过程中的最大沉降值超过了 50cm，沉降差达 25～35cm，被迫停工达半年之久，影响了工程进度，因而未能及时发挥工程效益；2 号泵站泵房边块基础底面应力平均值达 221kPa，最大值高达 270kPa，7 号泵站泵房左块基础底面应力平均值达 200kPa，最大值高达 245kPa，都是淤泥质粘土地基所不能承受的，但这两座泵站泵房边块和左块基础底面压力不均匀系数分别为 1.57 和 1.59，稍大于本规范附录 A 表 A.0.3 的规定值，加之施工程序安排比较适当，因而施工过程中均未发现什么问题。这就说明在设计中严格控制泵房基础底面应力及其不均匀系数和在施工中适当安排好施工程序，是十分重要的。3、8 号泵站均建在中粉质壤土地基上，其中 3 号泵站泵房在检修工况下和 8 号泵站泵房在排水工况下的基础底面应力不均匀系数分别达 3.49 和 3.76，大大超过了本规范附录 A 表 A.0.3 的规定值，但因基础底面应力的平均值仅为 91～92kPa，最大值均为 143kPa，是中粉质壤土地基所能够承受的，因而在泵站运行过程中未发生什么问题。

这里必须着重说明，在建筑物工程设计中如果控制建筑物基础底面应力的不均匀系数计算值不超过本规范附录 A 表 A.0.3 的规定值，那么该建筑物的抗倾覆稳定安全肯定能够得到满足。

现分析这一结论的正确性如下：

由公式 $\eta = \dfrac{P_{max}}{P_{min}} = \dfrac{\dfrac{\Sigma G}{A}\left(1 + \dfrac{6e_o}{L}\right)}{\dfrac{\Sigma G}{A}\left(1 - \dfrac{6e_o}{L}\right)} = \dfrac{L + 6e_o}{L - 6e_o}$，变换形式后可得：

$$e_o = \frac{L(\eta - 1)}{6(\eta + 1)} \tag{1}$$

式中　η——泵房基础底面应力的不均匀系数；

L——泵房基础底面宽度（m）；

e_o——作用于泵房基础底面以上的所有外力的合力的竖向分力对于基础底面形心轴的偏心距（m）。

由（1）式可知，当 $\eta \to 1, e_o \to 0$；当 $\eta \to \infty, e_o \to L/6$。前者为接近中心受压的状况，即作用于泵房基础底面以上的所有外力的合力的竖向分力作用点接近于基础底面的形心轴，泵房基础底面应力的不均匀系数接近于 1，此时基础底面应力接近于矩形分布；后者为偏心受压时，控制泵房基础底面不产生拉应力的条件，即作用于泵房基础底面以上的所有外力的合力的竖向分力作用点接近于距离基础底面形心轴为 $L/6$ 处（此处即基础底面宽度的"三分点"），泵房基础底面应力的不均匀系数接近于 ∞，此时基础底面应力接近于三角形分布。因此，当泵房基础底面应力的不均匀系数介于 1 和 ∞ 之间的任一数值，即基础底面应力为梯形分布时，作用于泵房基础底面以上的所有外力的合力的竖向分力作用点距离基础底面形心轴介于 0 与 $L/6$ 之间的某一数值，即作用于泵房基础底面以上的所有外力的合力的竖向分力作用点不超出基础底面宽度的"三分点"，亦即泵房基础底面不产生拉应力。事实上，本规范附录表 A.0.3 规定的不均匀系数 η 值为 1.5～3.0 之间的有限值，远远小于∞，显然作用于泵房基础底面以上的所有外力的合力的竖向分力作用点位置远远不会超出基础底面宽度的"三分点"。而建筑物发生倾覆，必然是由于建筑物基础底面以上的所有外力对于该基础底面最大受压边缘线的倾覆力矩总和 ΣM_H 值，大于建筑物自重和所有外力对于同一最大受压边缘线的抗倾覆力矩总和 ΣM_V 值，此时所有外力的合力的竖向分力作用点已大大超出基础底面宽度的"三分点"，即基础底面的较大范围内早已出现了拉应力，因此满足了本规范附录 A 表 A.0.3 的规定，根本就不存在泵房结构发生倾覆的问题。至于本规范附录 A 表 A.0.3 的规定值为何是远远小于∞的有限值，这主要是根据控制泵房基础底面不产生过大的不均匀沉降，即控制泵房结构的竖向轴线（中垂线）不产生过大倾斜的要求确定的，这正是土基上建筑物的一个很显著的特点。而岩基上建筑物一般不存在由于地基不均匀沉降导致的不良后果，因此对不均匀系数可不控制。

因此，本规范取消了原规范中关于计算泵房抗倾覆稳定安全系数的规定。因为只要控制住建筑物基础底面应力的不均匀系数计算值不超过本规范附录 A 表 A.0.3 规定的不均匀系数允许值，该建筑物就根本不存在发生倾覆的问题。在这样情况下，如果再按 $K_0 = \Sigma M_V / \Sigma M_H$ 计算抗倾覆稳定安全系数 K_0 值就显得是多余的，因而其计算成果也就没有什么实际意义的了。

6.4 地基计算及处理

6.4.1 建筑物的地基计算应包括地基的承载能力计算，地基的整体稳定计算和地基的沉降变形计算等，其计算结果是判断地基要不要处理和如何处理的重要依据。如果计算结果不能满足要求而地基又不作处理，就会影响建筑物的安全或正常使用。因此，本规范规定泵房选用的地基应满足承载能力、稳定和变形的要求。

6.4.2 标准贯入击数小于 4 击的粘性土地基和标准贯入击数小于或等于 8 击的砂性土地基均为松软地基，其抗剪强度均较低，地基允许承载力均在 80kPa 以下，而泵房结构作用于地基上的平均压应力一般均在 150～200kPa，少则 80～100kPa，多则 200kPa 以上，特别是标准贯入击数小于 4 击的粘性土地基，含水量大，压缩性高，透水性差，往往会产生相当大的地基沉降和沉降差，对安装精度要求严格的水泵机组来说，更是不能允许的。因此，本规范规定，标准贯入击数小于 4 击的粘性土地基（如软弱粘性土地基、淤泥质土地基、淤泥地基等）和标准贯入击数小于或

等于 8 击的砂性土地基（如疏松的粉砂、细砂地基或疏松的砂壤土地基等），均不得作为天然地基。对于这些地基，由于各项物理力学性能指标较差，当工程结构上难以协调适应时，就必须进行妥善处理。

6.4.3 国家现行标准《公路桥涵地基与基础设计规范》规定，土基上大、中桥基础底面埋置在局部冲刷线以下的安全值，一般为 1.0～3.5m；技术复杂、修复困难的大桥和重要大桥为 1.5～4.0m。土基上泵房和取水建筑物由于受水流作用的影响，也可能在基础底部产生局部冲刷，从而影响建筑物的安全，但比公路桥涵基础底部可能产生的局部冲刷深度毕竟要小得多，因此本规范规定土基上泵房和取水建筑物的基础埋置深度应在最大冲刷线以下，即应将基础底面埋置在不致被冲刷的土层中，而对埋置在不被冲刷土层中的深度多少不作具体规定。

6.4.4 位于季节性冻土地区土基上的泵房和取水建筑物，由于土的冻胀作用，可能引起基础上抬，甚至产生开裂破坏。因此，本规范规定，位于季节性冻土地区土基上的泵房和取水建筑物，其基础埋置深度应大于该地区最大冻土深度，即应将基础底面埋置在该地区最大冻土深度以下的不冻胀土层中。国家现行标准《公路桥涵地基与基础设计规范》规定，当上部为超静定结构的桥涵基础，其地基为冻胀性土时，应将基础底面埋入冻结线以下不小于 0.25m。这一规定，可供泵房和取水建筑物设计时参考使用。

6.4.6 本规范附录 B.1 选列的泵房地基允许承载力计算公式，主要有限制塑性开展区的公式、汉森公式和核算泵房地基整体稳定性的 C_k 法公式。限制塑性开展区的公式是按塑性平衡理论推导而得的。当地基持力层承受竖向荷载作用时，在基础两端将产生塑性开展区。竖向荷载作用强度愈大，该塑性开展区的范围愈大，在横向愈靠近，建筑物的安全稳定也愈难保证。当取塑性开展区的最大开展深度为某一允许值时，即可以此时的竖向荷载作为地基持力层的允许承载力。通常是将塑性开展区的最大开展深度视为基础宽度的函数。根据工程实践经验，一般取为基础宽度的 1/3 或 1/4，但不宜规定过大，否则影响建筑物的安全稳定；同时，也不宜规定过小，否则就不能充分发挥地基的潜在能力。为安全起见，本规范取用塑性开展区的最大开展深度为基础宽度的 1/4 [见附录 B.1 中的 (B.1.1) 式]。

对于 (B.1.1) 式中的基础底面宽度，现行国家标准《建筑地基基础设计规范》规定，大于 6m 时，按 6m 考虑；小于 3m 时，按 3m 考虑。考虑到大、中型泵房基础底面宽度一般都大于 6m，不加区别的都取用 6m，显然不符合泵站工程的实际，因此本规范对泵房基础底面宽度不作任何限制，按实际取用，但必须同时满足地基的变形要求。

对于 (B.1.1) 式中的基础埋置深度，现行国家

标准《建筑地基基础设计规范》规定，一般自室外地面标高算起。在填方整平地区，可自填土地面标高算起，但填土在上部结构施工后完成时，应从天然地面标高算起。这一规定，对房屋建筑地基基础是合理的，因其四周开挖深度基本一致，且开挖后回填时间短，地基回弹影响小。但对大、中型泵房基础情况就不同了。大、中型泵房基础和大、中型水闸底板一样，基坑开挖后回填时间长，地基有充分时间回弹，而且两面不回填土，因此基础埋置深度只能按其实际埋深取用。如基础上、下游端有较深的齿墙，亦可从齿墙底脚算至基础顶面，作为基础的埋置深度。

对于（B.1.1）式中土的抗剪强度指标，考虑到大、中型泵站和大、中型水闸一样，施工时间一般都比较长，地基有充分时间固结，而且浸于水下，因此宜采用饱和固结快剪试验指标。

严格地说，（B.1.1）式只适用于竖向对称荷载作用的情况。如果地基承受竖向非对称荷载作用时，可按基础底面应力的最大值进行计算，所得地基持力层的允许承载力则偏于安全。

汉森公式是极限承载力计算公式中的一种，不仅适用于只有竖向荷载作用的情况，而且对既有竖向荷载作用，又有水平向荷载作用的情况也适用。该公式在国际上应用较为广泛，在我国应用也较多，如国家现行标准《港口工程技术规范》（第六篇地基基础）便规定地基持力层的极限承载力应按汉森公式计算。该公式的主要特点是，考虑了基础形状、埋置深度和作用荷载倾斜率的影响。采用该公式计算地基持力层的允许承载力时，规定取用安全系数为 2.0～3.0，这是根据工程的重要性、地基持力层条件和过去使用经验等因素确定的。例如，对于重要的大型泵站或软土地基上的泵站，安全系数可取用大值；对于中型泵站或较坚实地基上的泵站，安全系数可取用小值。本规范附录 B.1 所列汉森公式，已将取用的安全系数计入，可直接计算地基持力层的允许承载力，即（B.1.2）式。

无论是采用（B.1.1）式，还是采用（B.1.2）式，式中的重力密度和抗剪指标值，都是将整个地基视为均质土取用的。实际工程中常见的多是成层土，可将各土层的重力密度和抗剪强度指标值加权平均，取用加权平均值。这种处理方法比较简单，但容易掩盖软弱夹层的真实情况，对泵房安全是不利的，为此必须同时控制地基沉降不超出允许范围。还有一种处理方法是根据各土层的重力密度和抗剪强度指标值，分层计算其允许承载力，同时绘出地基持力层以下的附加应力曲线，然后检查各土层（特别是软弱夹层）的实际附加应力是否超过各相应土层的允许承载力。如果未超过就安全，超过了就不安全。后一种处理方法虽然克服了前一种处理方法的缺点，不掩盖软弱夹层的真实情况，但计算工作量相当大，往往是与地基

沉降计算同时完成。

至于 C_k 法公式，也是按塑性平衡理论推导而得，尤其适用于成层土地基。该公式在水闸工程设计中，是多年常用的公式，已被列入国家现行标准《水闸设计规范》，后又推广用于船闸工程设计，并被列入国家现行标准《船闸设计规范》。在泵站工程设计中，近年来也有一些泵站使用该公式，因此将该公式列入本规范附录 B.1，即（B.1.3）式。

6.4.7 由于软弱夹层抗剪强度低，往往对地基的整体稳定起控制作用，因此当泵房地基持力层内存在软弱夹层时，应对软弱夹层的允许承载力进行核算。计算软弱夹层顶面处的附加应力时，可将泵房基础底面应力简化为竖向均布、竖向三角形分布和水平向均布等情况，按条形或矩形基础计算确定。条形或矩形基础底面应力为竖向均布、竖向三角形分布和水平向均布等情况的附加应力计算公式可查有关土力学、地基与基础方面的设计手册。

6.4.8 作用于泵房基础的振动荷载，必将降低泵房地基允许承载力，这种影响可用振动折减系数反映。根据现行国家标准《动力机器基础设计规范》规定，对于汽轮机组和电机基础，振动折减系数可采用 0.8；对于其他机器基础，振动折减系数可采用 1.0。有关动力机器基础的设计手册推荐，对于高转速动力机器基础，振动折减系数可采用 0.8；对于低转速动力机器基础，振动折减系数可采用 1.0。考虑水泵机组基础在动力荷载作用下的振动特性，本规范规定振动折减系数可按 0.8～1.0 选用。高扬程机组的基础可采用小值；低扬程机组的块基型整体式基础可采用大值。

6.4.9、6.4.10 我国水利工程界地基沉降计算，多采用分层总和法，即（6.4.9）式。严格地说，该式只有在地基土层无侧向膨胀的条件下才是合理的。而这只有在承受无限连续均布荷载作用的情况下才有可能。实际上地基土层受到某种分布形式的荷载作用后，总是要产生或多或少的侧向变形，但因采用分层总和法计算，方法比较简单，工作量相对比较小，计算成果一般与实际沉降量比较接近，因此实际工程中宜使用这种计算方法。应该说，无论采用何种计算方法计算地基沉降都是近似的，因为目前各种计算方法在理论上都有一定的局限性，加之地基勘探试验资料的取得，无论是在现场，还是在室内，都难以准确地反映地基的实际情况，因此要想非常准确地计算地基沉降量是很困难的。

当按（6.4.9）式计算地基最终沉降量时，必须采用土壤压缩曲线，这是由土壤压缩试验提供的。如果基坑开挖较深，基础底面应力往往小于被挖除的土体自重应力，可采用土壤回弹再压缩曲线，以消除开挖土层的先期固结影响。

对于地基压缩层的计算深度，可按计算层面处附

加应力与自重应力之比等于 0.2 的条件确定。这种控制应力分布比例的方法，对于底面积较大的泵房基础，应力往下传递比较深广的实际情况是适宜的，经过水利工程实际使用证明，这种方法是能够满足工程要求的。

泵房地基允许沉降量和沉降差的确定，是一个比较复杂的问题。在目前水利工程设计中，对地基允许沉降量和沉降差尚无统一规定。我国现行国家标准《建筑地基基础设计规范》规定，建筑物的地基变形允许值，可根据地基土类别，上部结构的变形特征，以及上部结构对地基变形的适应能力和使用要求等确定。如单层排架结构（柱距为 6m）柱基的允许沉降量，当地基土为中压缩性土时为 12cm，当地基土为高压缩性土时为 20cm；建筑物高度为 100m 以下的高耸结构基础允许沉降量，当地基土为中压缩性土时为 20cm，当地基土为高压缩性土时为 40cm。框架结构相邻柱基础的允许沉降差，当地基土为中、低压缩性土时为 0.002L（L 为相邻柱基础的中心距，cm），当地基土为高压缩性土时为 0.003L；当基础不均匀沉降时不产生附加应力的结构，其相邻柱基础的沉降差，不论地基土的压缩性如何，均为 0.005L。国家现行标准《水闸设计规范》对地基允许沉降量和沉降差未作具体规定，但该规范的编制说明认为，由于水闸基础尺寸和刚度比较大，对地基沉降的适应性比较强，因此在不危及水闸结构安全和不影响水闸正常使用的条件下，一般水闸基础的最大沉降量达到 10～15cm 和最大沉降差达到 3～5cm 是允许的。

根据调查资料，多数泵站的泵房地基实测最大沉降量为 10～25cm，最大沉降差为 5～10cm，只有少数泵站的泵房地基实测最大沉降量和最大沉降差超过或低于上述范围。例如某泵站的泵房地基实测最大沉降量竟达 65cm，最大沉降差竟达 35cm；又如某泵站的泵房地基实测最大沉降量只有 4cm，沉降差只有 2cm。但实测资料证明，即使出现较大的沉降量和沉降差，除个别泵站机组每年需进行维修调试，否则难以继续运行外，其余泵站泵房地基均稳定，运行情况正常。显然，如果对这两个控制指标规定太高，软土地基上的泵房结构将难以得到满足，则必须采取改变结构型式（如采用轻型、简支结构），或回填轻质材料，或加大基础的平面尺寸，或调整施工程序和施工进度等措施，但有时采取某种措施却会对泵房结构的抗滑、抗浮稳定带来或多或少的不利影响；如果对这两个控制指标规定太低，固然容易使软土地基上的泵房结构得到满足，但实际上将会危及泵房结构的安全和影响泵房的正常使用，或给泵站的运行管理工作带来较多的麻烦。

6.4.11 水工建筑物的地基处理方法很多，随着科学技术的不断发展，新的地基处理方法，如高压喷射法、深层搅拌法等不断出现。但是，有些地基处理方法目前仍处于研究阶段，在设计或施工技术方面还不够成熟，特别是用于泵房的地基处理尚有一定的困难；有些方法目前用于实际工程，单价太高，与其他地基处理方法相比较，显得很不经济。根据泵站工程的实际情况，并参照国家现行标准《水闸设计规范》，本规范列出换土垫层、桩基础、沉井基础、振冲砂（碎石）桩和强夯等几种常用地基处理方法的基本作用、适用条件和说明事项（见本规范附录表 B.2）。但应指出，任何一种地基处理方法都有它的适用范围和局限性，因此对每一个具体工程要进行具体分析，综合考虑地基土质、泵房结构特点、施工条件和运行要求等因素，经技术经济比较确定合适的地基处理方案。

常用地基处理设计应符合国家现行标准《水闸设计规范》及其他有关专业规范的规定，本规范不另作专门规定。

6.4.12 根据工程实践经验，桩基础、振冲砂（碎石）桩或强夯等处理措施，对于防止土层可能发生"液化"，均有一定效果。对于粉砂、极细砂、轻粉质砂壤土地基，如果存在可能发生"液化"的问题，采用板桩或截水墙围封，即将泵房底板下四周封闭，其效果尤为显著。

6.4.13 在我国黄河流域及北方地区，广泛分布着黄土和黄土状土，特别是黄河中游的黄土高原区，是我国黄土分布的中心地带。黄土（典型黄土）湿陷性大，且厚度较大；黄土状土（次生黄土）由典型黄土再次搬运而成，其湿陷性一般不大，且厚度较小。黄土在一定的压力作用下受水浸湿，土的结构迅速破坏而产生显著附加下沉，称为湿陷性黄土。湿陷性黄土可分为自重湿陷性黄土和非自重湿陷性黄土。前者在其自重压力下受水浸湿后发生湿陷，后者在其自重压力下受水浸湿后不发生湿陷。对湿陷性黄土地基的处理，应减小土的孔隙比，增大土的重力密度，消除土的湿陷性，本规范列举了如下几种常用的处理方法：①重锤表层夯实法一般可消除 1.2～1.8m 深度内黄土的湿陷性，但当表层土的饱和度大于 60% 时，则不宜采用；②换土垫层法（包括换灰土垫层法）是消除黄土地基部分湿陷性最常用的处理方法，一般可消除 1～3m 深度内黄土的湿陷性，同时可将垫层视为地基的防水层，以减少垫层下天然黄土层的浸水几率。垫层的厚度和宽度可参照现行国家标准《湿陷性黄土地区建筑规范》确定；③土桩挤密法（包括灰土桩挤密法）适用于地下水位以上，处理深度为 5～15m 的湿陷性黄土地基，对地下水位以下或含水量超过 25% 的黄土层，则不宜采用；④桩基础是将一定长度的桩穿透湿陷性黄土层，使上部结构荷载通过桩尖传到下面坚实的非湿陷性黄土层上，这样即使上面黄土层受水浸湿产生湿陷性下沉，也可使上部结构免遭危害。在湿陷性黄土地基上采用的桩基础一般有钢筋混

3—17—21

凝土打入式预制桩和就地灌注桩两类，而后者又有钻孔桩、人工挖孔桩和爆扩桩之分。钻孔桩即一般软土地基上的钻孔灌注桩，对上部为湿陷性黄土层，下部为非湿陷性黄土层的地基尤为适合。人工挖孔桩适用于地下水含水层埋藏较深的自重湿陷性黄土地基，一般以卵石层或含钙质结核较多的土层作为持力层，挖孔桩孔径一般为 0.8～1.0m，深度可达 15～25m。爆扩桩施工简便，工效较高，不需打桩设备，但孔深一般不宜超过 10m，且不适宜打入地下水位以下的土层。至于打入式预制桩，采用时一定要选择可靠的持力层，而且要考虑打桩时黄土在天然含水量情况下对桩的摩阻力作用。当黄土含有一定数量钙质结核时，桩的打入会遇到一定的困难，甚至不能打到预定的设计桩底高程。湿陷性黄土地基上的桩基础应按支承桩设计，即要求桩尖下的受力土层在桩尖实际压力的作用下不致受到湿陷的影响，特别是自重湿陷性黄土地基受水浸湿后，不仅正摩擦力完全消失，甚至还出现负摩擦力，连同上部结构荷载一起，全部要由桩尖下的土层承担。因此，在湿陷性黄土地基上，对于上部结构荷载大或地基受水浸湿可能性大的重要建筑物，采用桩基础尤为合理；⑤预浸水法是利用黄土预先浸水后产生自重湿陷性的处理方法，适用于处理厚度大、自重湿陷性强的湿陷性黄土地基。需用的浸水场地面积应根据建筑物的平面尺寸和湿陷性黄土层的厚度确定。由于预浸水法用水量大，工期长，因此在没有充足水源保证的地点，不宜采用这种处理方法。经预浸水法处理后的湿陷性黄土地基，还应重新评定地基的湿陷等级，并采取相应的处理措施。

6.4.14 在我国黄河流域以南地区，不同程度地分布着膨胀土。膨胀土的粘粒成分主要由强亲水性矿物质组成，其矿物成分可归纳为以蒙脱石为主和以伊利石为主两大类，均具有吸水膨胀、失水收缩、反复胀缩变形的特点。这种特点对修建在膨胀土地基上的建筑物危害较大，因此必须在满足建筑物布置和稳定安全要求的前提下，采取可靠的措施。根据多年来对膨胀土的研究和工程实践经验，对修建在膨胀土地基上的泵站工程而言，目前主要采取减小泵房基础底面积、增大泵房基础埋置深度，以及换填无膨胀性土料垫层和设置桩基础等地基处理方法。减小泵房基础底面积是在不影响泵房结构的使用功能和充分利用膨胀土地基允许承载力的条件下，增大基础底面的压应力，以减少地基膨胀变形。增大泵房基础埋置深度是将泵房基础尽量往下埋入非膨胀性或膨胀性相对较小的土层中，以减少由于天气干湿变化对地基胀缩变形的影响。上述两种工程措施主要适用于大气影响急剧层深度一般不大于 1.5m 的平坦地区。换填无膨胀性土料垫层的方法主要适用于强膨胀性或较强膨胀性土层露出较浅，或建筑物在使用中对地基不均匀沉降有严格要求的情况。换填的无膨胀性土料主要有非膨胀性的

粘性土、砂、碎石、灰土等，这对含水量及孔隙比较高的膨胀性土地基是很有效的工程措施。换填无膨胀性土料垫层厚度可依据当地大气影响急剧层的深度，或通过胀缩变形计算确定。当大气影响急剧层深度较深，采用减小基础底面积、增大基础埋置深度，或换填无膨胀性土料垫层的方法对泵房结构的使用功能或运行安全有影响，或施工有困难，或工程造价不经济时，可采用桩基础。膨胀土地基中单桩的允许承载力应通过现场浸水静载试验，或根据当地工程实践经验确定。在桩顶以下 3m 范围内，桩周允许摩擦力的取值应考虑膨胀土的胀缩变形影响，乘以折减系数 0.5。在膨胀土地基上设置的桩基础，桩径宜采用 25～35cm，桩长通过计算确定，并应大于大气影响急剧层深度的 1.6 倍，且应大于 4m，同时桩尖应支承在非膨胀性或膨胀性相对较小的土层上。

6.4.15 在岩石地基上修建泵房，均不难满足地基的承载能力、稳定和变形要求，因此只需对岩石地基进行常规性的处理，如清除表层松动、破碎岩块，对夹泥裂隙和断层破碎带进行适当的处理等。

岩溶地基即可溶性岩石地基，主要是指石灰岩地基或白云岩地基，这种地基在我国分布较广，在云南、贵州、广西、四川等省、自治区及广东北部、湖南北部、浙江西部、江苏南部等地均有分布，其中以云贵高原最为集中。由于水对可溶性岩石的长期溶蚀作用，岩石表面溶沟、溶槽遍布，石芽、石林耸立，岩体中常有奇特洞穴和暗沟，以及联接地表和地下的通道，这种岩溶现象又称"喀斯特"现象。鉴于岩溶现象的复杂性，自然界中很难找到各种条件都完全相同的岩溶形态，加之修建在岩溶地基上的建筑物也是各不相同的，因此在岩溶地基上修建泵房，应根据岩溶地基对建筑物的危害程度，进行专门处理。

6.5 主要结构计算

6.5.1 泵房底板，进、出水流道，机墩，排架，吊车梁等主要结构，严格地说均属空间结构，本应按空间结构进行设计，但是这样做计算工作量很大；同时只要满足了工程实际要求的精度，过于精确的计算亦无必要。因此，对上述各主要结构，均可根据工程实际情况，简化为按平面问题进行计算。只是在有必要且条件许可时，才按空间结构进行计算。

6.5.3 泵房底板是整个泵房结构的基础，它承受上部结构重量和作用荷载并均匀地传给地基。依靠它与地基接触面的摩擦力抵抗水平滑动，并兼有防渗、防冲的作用。因此，泵房底板在整个泵房结构中占有十分重要的地位。泵房底板一般均采用平底板型式。它的支承型式因与其联结的结构不同而异，例如大型立式水泵块基型泵房底板，在进水流道的进口段，与流道的边墙、隔墩相联结，和水闸底板与闸墩的联结结构型式相似；在进水流道末端，三面支承在较厚实的

混凝土块体上；在集水廊道及其后的空箱部分，一般为纵、横向墩墙所支承。这样的"结构—地基"体系，严格地说应按空间问题分析其应力分布状况，但计算极为繁冗，在工程实践中，一般可简化成平面问题，选用近似的计算分析方法。例如进水流道的进口段，一般可沿垂直水流方向截取单位宽度的梁或框架，按倒置梁、弹性地基梁或弹性地基上的框架计算；进水流道末端，一般可按三边固定、一边简支的矩形板计算；集水廊道及其后的空箱部分，一般可按四边固定的双向板计算。现将我国几个已建泵站的泵房底板计算方法列于表5，供参考。

表5 我国几个已建泵站泵房底板计算方法参考表

泵站序号	泵房型式	底板计算方法			说 明
		进水流道进口段	进水流道末端	集水廊道及其后的空箱部分	
1	块基型	其中3个泵站按倒置梁和双向板计算，另一个泵站按倒置连续梁计算		按四边固定的双向板计算	由4个泵站组成泵站群
2	块基型	按倒置梁、弹性地基梁和弹性地基上的框架计算	按三边固定、一边简支的矩形板和圆形板计算，并按交叉梁法补充计算	按四边固定的双向板计算	进水流道末端为钟型
3	块基型	按多跨倒置连续梁计算	按三边固定、一边自由的梯形板计算	按四边固定的双向板计算	设计中曾考虑施工实际情况，当进水流道和空箱顶板尚未浇筑，不能形成整体框架结构时，整块底板按交叉梁法计算
4	块基型	按倒置连续框架计算		按双向板计算	

应当指出，倒置梁法未考虑墩墙结点宽度和边荷载的影响，加之地基反力按均匀分布，又与实际情况不符，因此该法计算成果比较粗糙，但因该法计算简捷、使用方便，对于中、小型泵站工程仍不失为一种简化计算方法。

弹性地基梁法是一种广泛用于大、中型泵站工程设计的比较精确的计算方法。当按弹性地基梁法计算时，应考虑地基土质，特别是地基可压缩层厚度的影响。弹性地基梁法通常采用的有两种假定：一种是文克尔假定，假定地基单位面积所受的压力与该单位面积的地基沉降成正比，其比例系数称为基床系数，或称为垫层系数，显然按此假定基底压力值未考虑基础

范围以外地基变形的影响；另一种是假定地基为半无限深理想弹性体，认为土体应力和变形为线性关系，可利用弹性理论中半无限深理想弹性体的沉降公式（如弗拉芒公式）计算地基的沉降，再根据基础挠度和地基变形协调一致的原则求解地基反力，并计及基础范围以外边荷载作用的影响。上述两种假定是两种极限情况，前者适用于岩基或可压缩土层厚度很薄的土基，后者适用于可压缩土层厚度无限深的情况。在此情况下，宜按有限深弹性地基的假定进行计算。至于"有限深"的界限值，目前尚无统一规定。参照国家现行标准《水闸设计规范》，本规范规定当可压缩土层厚度与弹性地基梁长度之半的比值为0.25～2.0时，可按有限深弹性地基梁法计算；当上述比值小于0.25时，可按基床系数法（文克尔假定）计算；当上述比值大于2.0时，可按半无限深弹性地基梁法计算。

泵房底板的长度和宽度一般都比较大，而且两者又比较接近，按板梁判别公式判定，应属弹性地基上的双向矩形板，对此可按交叉梁系的弹性地基梁法计算。这种计算方法，从试荷载法概念出发，利用纵横交叉梁共轭点上相对变位一致的条件进行荷载分配，分别按纵、横向弹性地基梁计算弹性地基板的双向应力，但计算繁冗，在泵房设计中，通常仍是沿泵房进、出水方向截取单位宽度的弹性地基梁，只计算其单向应力。

6.5.4 边荷载是作用于泵房底板两侧地基上的荷载，包括与计算块相邻的底板传到地基上的荷载，均可称为边荷载。当采用有限深或半无限深弹性地基梁法计算时，应考虑边荷载对地基变形的影响。根据试验研究和工程实践可知，边荷载对计算泵房底板内力影响，主要与地基土质、边荷载大小及边荷载施加程序等因素有关。如何准确确定边荷载的影响，这是一个十分复杂问题。因此，在泵房设计中，对边荷载的影响只能作一些原则性的考虑。鉴于目前所采用的计算方法本身还不够完善和取用的计算参数不够准确，对边荷载影响百分数作很具体的规定是没有必要的。因此，本规范只作概略性的规定，执行时可结合工程实际情况稍作选择。这个概略性的规定，即当边荷载使泵房底板弯矩增加时，无论是粘性土地基或砂性土地基，均宜计及边荷载的100%；当边荷载使泵房底板弯矩减少时，在粘性土地基上可不计边荷载的作用，在砂性土地基上可只计边荷载的50%，显然这都是从偏安全角度考虑的。

6.5.5～6.5.7 执行这三条规定应注意下列事项：

一、肘型进水流道和直管式、虹吸式出水流道是目前泵房设计中采用最为普遍的进、出水流道型式，其应力计算方法主要取决于结构布置、断面形状和作用荷载等情况，按单孔或多孔框架结构进行计算。钟型进水流道进口段虽然比较宽，但它的高度较肘型流

道矮得多，其结构布置和断面形状与肘型进水流道的进口段相比，有一定的相似性；屈膝式或猫背式出水流道主要是为了满足出口淹没的需要，将出口高程压低，呈"低驼峰"状，其结构布置和断面形状与虹吸式出水流道相比，也有一定的相似性，因此钟型进水流道进口段和屈膝式、猫背式出水流道的应力，也可按单孔或多孔框架结构进行计算。

虹吸式出水流道的结构布置按其外部联结方式可分为管墩整体联结和管墩分离两种型式。前者将流道管壁与墩墙浇筑成一整体结构；后者视流道管壁与墩墙是各自独立的。如果流道宽度较大，中间可增设隔墩。

管墩整体联结的出水流道实属空间结构体系。为简化计算，可将流道截取为彼此独立的单孔或多孔闭合框架结构，但因作用荷载是随作用部位的不同而变化的，如内水压力在不同部位或在同一部位、不同运用情况下的数值都是不同的，因此，进行应力计算时，要分段截取流道的典型横断面。管墩整体联结的出水流道管壁较厚（尤其是在水泵弯管出口处），进行应力计算时，必须考虑其厚度的影响。例如某泵房设计时，考虑了管壁厚度的影响，获得了较为合理的计算成果，减少了钢筋用量。

管墩整体联结的出水流道，一般只需进行流道横断面的静力计算及抗裂核算；管墩分离的出水流道，除需进行流道横断面的静力计算及抗裂核算外，还需进行流道纵断面的静力计算。

当虹吸式出水流道为管墩分离型式时，其上升段受有较大的纵向力，除应计算横向应力外，还应计算纵向应力。例如某泵站的虹吸式出水流道，类似一根倾斜放置的空腹梁，其上端与墩墙联结，下端支承在梁上，上升高度和长度均较大，承受的纵向力也较大，设计时对结构纵向应力进行了计算。计算结果表明，纵向应力是一项不可忽视的内力。

二、双向进、出水流道型式目前在国内还不多见。这是一种双进双出的双层流道结构，呈 X 状，亦称"X 型"流道结构，其下层为双向肘型进水流道，上层为双向直管式出水流道。因此，双向进、出水流道可分别按肘型进水流道和直管式出水流道进行应力计算。如果上、下层之间的隔板厚度不大，则按双层框架结构计算也是可以的。

三、混凝土蜗壳式出水流道目前在国内也不多见。这是一种和水电站厂房混凝土蜗壳形状极为相似的很复杂的整体结构，其实际应力状况很难用简单的计算方法求解。因此，必须对这种结构进行适当的简化方可进行计算。例如某泵房采用混凝土蜗壳式出水流道型式，蜗壳断面为梯形，系由蜗壳顶板、侧墙和底板构成。设计中采用了两种计算方法：一种是将顶板与侧墙视为一个整体，截取单位宽度，"按 Γ 形"刚架结构计算；另一种是将顶板与侧墙分开，顶板按

环形板结构计算，侧墙按上、下两端固定板结构计算。由于蜗壳断面尺寸较大，出水管内设有导水用的隔墩，因此可按对称矩形框架结构计算。

泵房是低水头水工建筑物，其混凝土蜗壳承受的内水压力较小，因而计算应力也较小，一般只需按构造配筋。

6.5.8、6.5.9 大、中型立式轴流泵机组的机墩型式有井字梁式、纵梁牛腿式、梁柱构架式、环形梁柱式和圆筒式等。大、中型卧式离心泵机组的机墩型式有块状式、墙式等，机墩结构型式可根据机组特性和泵房结构布置等因素选用。根据调查资料，立式机组单机功率为 800kW 的机组间距多数在 4.8~5.5m 之间，机墩一般采用井字梁式结构，支承电动机的井字梁由两根横梁和两根纵梁组成，荷载由井字梁传至墩上，这种机墩型式结构简单，施工方便；单机功率为 1600kW 的机组间距多数在 6.0~7.0m 之间，机墩一般采用纵梁牛腿式结构，支承电动机的是两根纵梁和两根与纵梁方向平行的短牛腿。前者伸入墩内，后者从墩上悬出，荷载由纵梁和牛腿传至墩上，这种机墩型式工程量较省；单机功率为 2800kW 和 3000kW 的机组间距约在 7.6~10.0m 之间，机墩一般采用梁柱构架式结构，荷载由梁柱构架传至联轴层大体积混凝土上面；单机功率为 5000kW 和 6000kW 的机组间距约在 11.0~12.7m 之间。机墩则采用环形梁柱式结构，荷载由环形梁经托梁和立柱分别传至墩墙和密层大体积混凝土上面；单机功率为 7000kW 的机组间距达 18.8m，机墩则采用圆筒式结构，荷载由圆筒传至下部大体积混凝土上面。卧式机组的水泵机墩一般采用块状式结构，电动机机墩一般采用墙式结构。工程实践证明，这些型式的机墩，结构安全可靠，对设备布置和安装检修都比较方便。

关于机墩的设计，泵房内的立式抽水机组机墩与水电站发电机组机墩基本相同，卧式抽水机组机墩与工业厂房内动力机器的基础基本相同，所不同的是抽水机组的电动机转速比较低，对机墩的要求没有水电站发电机组对其机墩或工业厂房内的动力机器对其基础的要求高。因此，截面尺寸一般不太大的抽水机组机墩，不难满足结构强度、刚度和稳定要求。但对扬程在 100m 以上的高扬程泵站，在进行卧式机组机墩稳定计算时，应计入水泵启动时出水管道水柱的推力，必要时应设置抗推移设施。例如某泵站设计扬程达 160m，由于机墩设计时未考虑出水管道水柱的推力，工程建成后，水泵启动时作用于泵体的水柱推力很大，水泵基础螺栓阻止不住泵体的滑移，致使泵体与电动机不同心，从而产生振动，影响了机组的正常运行。后经重新安装机组，并设置了抗推移设施，使机组恢复正常运行。又如某二级泵站的设计扬程140m，在机墩设计时考虑了出水管道水柱的推力，机墩抗滑稳定安全系数的计算值大于 1.3，同时还

置了抗推移设施，作为附加安全因素，工程建成后，经多年运行证明，设计正确。因此，对于扬程在100m以上的高扬程泵站，计算机墩稳定时，应计入出水管道水柱的推力，并应设置必要的抗推移设施。

立式机组机墩的动力计算，主要是验算机墩在振动荷载作用下会不会产生共振，并对振幅和动力系数进行验算。为简化计算，可将立式机组机墩简化为单自由度体系的悬臂梁结构。对共振的验算，要求机墩强迫振动频率与自振频率之差和机墩自振频率的比值不小于20%；对振幅的验算，要求最大振幅值不超过下列允许值：垂直振幅0.15mm，水平振幅0.20mm。这些允许值的规定与水电站发电机组机墩动力计算规定的允许值是一致的，但因目前动力计算本身精度不高，因此对自振频率的计算只能是很粗略的。至于动力系数的验算，根据已建泵站的调查资料，验算结果一般为1.0～1.3。由于泵站电动机转速比较低，机墩强迫振动频率与自振频率的比值很小，加之机组制造精度和安装质量等方面可能存在的问题，因此要求动力系数的计算值不小于1.3。但为了不过多地增加机墩的工程量，还要求动力系数的计算值不大于1.5。如动力系数的计算值不在1.3～1.5范围内，则应重作机墩设计，直至符合上述要求时为止。

对于卧式机组机墩，由于机组水平卧置在泵房内，其动力特性明显优于立式机组机墩，因此可只进行垂直振幅的验算。

工程实践证明，对于单机功率在1600kW以下的立式机组机墩和单机功率在500kW以下的卧式机组机墩，因受机组的振动影响很小，故均可不进行动力计算。例如某省7座立式机组泵站，单机功率均为800kW，机墩均未进行动力计算，经多年运行考验，均未出现异常现象。

6.5.10 泵房排架是泵房结构的主要承重构件，它承担屋面传来的重量、吊车荷载、风荷载等，并通过它传至下部结构，其应力可根据受力条件和结构支承形式等情况进行计算。干室型泵房排架柱多数是支承在水下侧墙上。当水下侧墙刚度与排架柱刚度的比值小于或等于5.0时，水下侧墙受上部排架柱变形的影响较大，因此墙与柱可联合计算；当水下侧墙刚度与排架柱刚度的比值大于5.0时，水下侧墙对排架柱起固结作用，即水下侧墙不受上部排架柱变形的影响，因此墙与柱可分开计算，计算时将水下侧墙作为排架柱的基础。

6.5.11 吊车梁也是泵房结构的主要承重构件，它承受吊车启动、运行、制动时产生的荷载，如垂直轮压、纵向和横向水平制动力等，并通过它传给排架，再传至下部结构，其受力情况比较复杂。吊车梁总是沿泵房纵向布置，对加强泵房的纵向刚度，连接泵房的各横向排架起着一定的作用。吊车梁有单跨简支梁

或多跨连续梁等结构型式，可根据泵房结构布置、机组安装和设备吊运要求等因素选用。单跨简支式吊车梁多为预制，吊装较方便；多跨连续式吊车梁工程量较省，造价较经济。根据调查资料，泵房内的吊车梁多数为钢筋混凝土结构，也有采用预应力钢筋混凝土结构及钢结构。对于负荷量大的吊车梁，为充分利用材料强度，节省工程量，宜采用预应力钢筋混凝土或钢结构。预应力钢筋混凝土吊车梁施工较复杂，钢吊车梁需用钢材较多。钢筋混凝土或预应力钢筋混凝土吊车梁一般有T形、I形等截面型式。T形截面吊车梁有较大的横向刚度，且外形简单，施工方便，是最常用的截面型式。I形截面吊车梁具有受拉翼缘，便于布置预应力钢筋，适用于负荷量较大的情况。变截面吊车梁的外形有鱼腹式、折线式、轻型桁架式等。其特点是薄腹，变截面能充分利用材料强度，节省混凝土和钢筋用量，但因设计计算较复杂，施工制作较麻烦，运输堆放又不方便，因此这种截面型式的吊车梁目前在泵房工程中没有得到广泛的应用。

由于吊车梁是直接承受吊车荷载的结构构件，吊车的启动、运行和制动对吊车梁的运用均有很大的影响。因此设计吊车梁时，应考虑吊车启动、运行和制动产生的影响。为保证吊车梁的结构安全，设计中应控制吊车梁的最大计算挠度不超过计算跨度的1/600（钢筋混凝土结构）或1/700（钢结构）。对于钢筋混凝土吊车梁结构，还应按限裂要求，控制最大裂缝宽度不超过0.30mm。

对于负荷量不大的常用吊车梁，设计时可套用标准设计图集。但套用时要注意实际负荷量和吊车梁的计算跨度与所套用图纸上规定的设计负荷量和吊车梁的计算跨度是否符合，千万不可套错。由于泵房毕竟不同于一般工业厂房，特别是负荷量较大的吊车梁，有时难以套用标准设计图集，在此情况下，必须自行设计。

6.5.12 泵房结构的抗震计算，可采用国家现行标准《水工建筑物抗震设计规范》或现行国家标准《建筑抗震设计规范》规定的计算方法；也可采用"有限单元法"（电算）进行计算。前者计算方法简单，具有一定的精度，是工程上常用的计算方法；后者计算方法较复杂，但计算精度较高，可通过一定容量的电子计算机进行计算。

对于抗震措施的设置，要特别注意增强上部结构的整体性和刚度，减轻上部结构的重量，加强各构件连接点的构造，对关键部位的永久变形缝也应有加强措施。

7 进、出水建筑物设计

7.1 引　渠

7.1.1、7.1.2 在水源附近修建临河泵站确有困难

时，需设置引渠将水引至宜于修建泵站的位置。为了减少工程量，引渠线路宜短宜直，引渠上的建筑物宜少。为了防止引渠渠床产生冲淤变形，引渠的转弯半径不宜太小。本规范规定土渠弯道半径不宜小于渠道水面宽的 5 倍，石渠及衬砌渠道弯道半径不宜小于渠道水面宽的 3 倍。为了改善前池、进水池的水流流态，弯道终点与前池进口之间宜有直线段，其长度不宜小于渠道水面宽的 8 倍。

7.1.3 对于高扬程泵站，引渠末段的超高值计算应考虑突然停机时引渠来水的壅高及压力管道倒流水量的共同影响，其超高值可按明渠不稳定流计算。在初步设计阶段，引渠末段的超高值可按（2）式作近似估算：

$$\Delta h_v = \frac{(v_0 - v_0')\sqrt{h_0}}{2.76} - 0.01 h_0 \qquad (2)$$

式中　Δh_v——由于涌浪引起的波浪高度（m）；

　　　h_0——突然停机前引渠末段水深（m）；

　　　v_0——突然停机前引渠末段流速（m/s）；

　　　v_0'——突然停机后引渠末段流速（m/s）。

7.2　前池及进水池

7.2.1、7.2.2　前池、进水池是泵站的重要组成部分。池内水流状态对泵站装置性能，特别是对水泵吸水性能影响很大。如流速分布不均匀，可能出现死水区、回流区及各种漩涡，发生池中淤积，造成部分机组进水量不足，严重时漩涡将空气带入进水流道（或吸水管），使水泵效率大为降低，并导致水泵汽蚀和机组振动等。

　　前池有正向进水和侧向进水两种形式。正向进水的前池流态较好。例如某泵站前池采用正向进水，进口前的引渠直线段较长，且引渠和前池在同一中心线上。运行情况证明，水流很平稳，即使在最低运行水位时（此时水泵叶轮中心线淹没深度只有 0.7m），前池水流仍较为平稳，无回流和漩涡现象。又如某泵站前池采用侧向进水，模型试验资料表明，池内出现大范围回水区和机组前局部回水区，流态很不好，流速分布极不均匀。为改善侧向进水前池流态，结合进水池的隔墩设置分水导流设施是有效的。因此，在泵站设计中，应尽量采用正向进水方式，如因条件限制必须采用侧向进水时，宜在前池内增设分水导流设施，必要时应通过水工模型试验验证。

7.2.3　多泥沙河流上的泵站前池，当部分机组抽水或前池流速低于水流的不淤流速时，在前池的部分区域将发生淤积，这是北方地区开敞式前池普遍存在的问题。例如某泵站前池通过水工模型试验，将原正向进水开敞式前池，改在每 2 台机组进水口之间设隔墩及分水墩，形成多条进水道，每条进水道通向单独的进水池，从而解决了前池泥沙淤积的问题。

7.2.5　对于圆形进水池（无前池），在有较大的秒换水系数（即进水池的水下容积与共用该池的水泵设计流量的比值）及淹没深度情况下，水流入池后，主流偏向底部，在坎下形成立面旋滚，而进水池两侧出现较强的回流，水流紊乱，受到立面旋滚所起的搅拌作用，从而使流向进水管喇叭口的水流流速增大，挟沙能力增强。因此，在消耗有限能量的前提下，圆形进水池是一种防止泥沙淤积的良好型式。本规范规定多泥沙河流上宜选用圆形进水池，就是这个道理。

7.2.7　为了满足泵站连续正常运行的需要，进水池水下部分必须保证有适当的容积。如果容积过小，满足不了秒换水系数的要求；如果容积过大，显然会增加进水池的工程量，而且对改善进水池的流态没有明显的作用。根据国内一些泵站工程的运行经验，认为进水池的秒换水系数取 30～50 是适宜的。

7.3　进、出水流道

7.3.2　进水流道内的水流运动状态决定了水泵的吸入条件，对水泵运行状况有着直接的影响。因此，要求进水流道内具有良好的流态和均匀的出口流场，以减小能量损失。由于进水流道形状较复杂，水流运动状况一般只有通过水工模型试验或者原型观测才能了解清楚。

　　有关试验研究表明：进水流道的设计，主要问题是要保证其出口流速和压力分布比较均匀。为此，要求进水流道型线平顺，各断面面积沿程变化均匀合理，且进口断面处流速宜控制不大于 1.0m/s，以减小水力损失，为水泵运行提供良好的水流条件。

7.3.3、7.3.4　肘型进水流道是目前国内外采用最广泛的一种流道型式。如国内已建成的两座最大轴流泵站，水泵叶轮直径分别为 4.5m 和 4.0m，配套电动机功率分别为 5000kW 和 6000kW，都是采用这种流道型式，经多年运行检验，情况良好。我国部分泵站肘型进水流道的设计成果（有些经过装置试验验证）见表 6、表 7 和图 1。由表 7 可知，多数泵站肘型进水流道 $H/D = 1.5～2.2, B/D = 2.0～2.5, L/D = 3.5～4.0, h_k/D = 0.8～1.0, R_0/D = 0.8～1.0$，可作为设计肘型进水流道的控制性数据。由于肘型进水流道是逐渐收缩的，流道内的水流状态较好，水力损失较小，但不足之处是其底面高程比水泵叶轮中心线高程低得较多，即泵房底板高程落得较低，致使泵房地基开挖较深，需增加一定的工程投资。

　　钟型进水流道也是一种较好的流道型式。根据几座采用钟型进水流道的泵站装置试验资料，与肘型进水流道相比，钟型进水流道的平面宽度较大，B/D 值一般为 2.5～2.8；而高度较小，H/D 值一般为 1.1～1.4。这样可提高泵房底板高程，减少泵房地基开挖深度，机组段间需填充的混凝土量也较少，因而可节省一定的工程数量。例如，两座水泵叶轮直径相同的泵站，分别采用肘型进水流道和钟型进水流道，采用钟型进水流道的泵站与采用肘型进水流道的泵站相比，设计扬程高，单泵设计流量大，而泵房地基开挖深度反而浅，混凝土用量反而少（见表8）。根据钟型进水流道的装置试验结果，其装置效率并不比肘型进水流道的装置效率低。因此，国外一些大、中型泵站采用钟型进水流道的较多。近几年来，国内泵站也有采用钟型进水流道的，运行情况证明效果良好。

表6 我国部分泵站肘型进水流道各控制断面面积及流速汇总表

泵站序号	A-A 断面 面积 F_A (m²)	A-A 断面 流速 V_A (m/s)	B-B 断面 面积 F_B (m²)	B-B 断面 流速 V_B (m/s)	C-C 断面 面积 F_C (m²)	C-C 断面 流速 V_C (m/s)	备 注
1	12.6	0.60	4.50	1.67	2.22	3.38	
2	13.2	0.53	4.02	1.74	2.22	3.15	
3	22.4	0.81	10.0	1.81	7.07	2.56	
4	23.7	0.89	11.9	1.77	7.25	2.90	
5	25.4	0.82	11.5	1.82	6.60	3.18	
6	25.5	0.82	12.1	1.74	7.06	2.98	
7	25.7	0.82	11.7	1.79	6.47	3.24	
8	30.0	0.70	12.0	1.75	6.83	3.07	
9	33.7	0.62	11.1	1.90	6.45	3.25	
10	36.1	0.84	17.9	1.69	9.62	3.14	
11	75.0	0.80	35.3	1.70	16.9	3.55	
12	59.1	0.91	29.1	1.84	14.7	3.65	

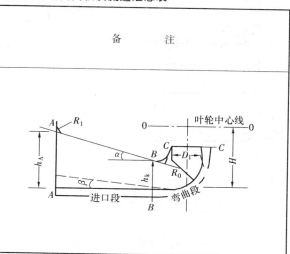

表7 我国部分泵站肘型进水流道主要尺寸汇总表

泵站序号	D	H	h_1	h_k	h_2	L	L_1	L_2	L_3	L_4	L_5	B	b
1	154	345	—	184	245	1080	—	—	—	162.5	122	450	—
2	154	346.5	500.5	182.4	245.2	1074.8	—	—	—	—	—	440.4	
3	160	288	280	134	188	732.2	—	—	159	130.7	105	450	—
4	280	490	420	231.4	324.5	1000	700	332	282	257.8	—	620	60
5	280	420	490	228	320	1000	600	367	250	217.6	130	600	70
6	280	440	526.1	230	280	1000	—	—	200	200	68.2	560	—
7	280	450	450	216.2	310	1100	700	367	494	245	136.6	600	60
8	300	540	380	230	400	1140	535	—	275	244.1	145.5	600	60
9	310	560	700	298.6	386.6	1120	845.2	—	75.5	274.8	123.9	700	—
10	400	700	730	348	450	1300	900	620	330.3	330.3	186.5	1000	100
11	450	720	785	360	522	1500	1100	660	360	360	215	1150	—

泵站序号	R_0	R_1	R_2	R_3	R_4	D_1	进口段收缩角 α	进口段收缩角 β	比值 H/D	比值 B/D	比值 L/D	比值 h_k/D	比值 R_0/D
1	208	130	79	—	—	168	26°09′	0°	2.24	2.92	7.03	1.19	1.35
2	208.7	—	79	—	—	167.9	28°	0°	2.25	2.86	6.98	1.20	1.36
3	189	197.2	46.7	92.3	—	168	8°56′	0°	1.80	2.81	4.58	0.84	1.18
4	280	—	100	280	360	304	22°	8°27′	1.75	2.21	3.57	0.83	1.00
5	280	50	70	100	360	295	20°	0°	1.50	2.14	3.57	0.81	1.00
6	225	50	30	200	697	300	27°	8°32′	1.57	2.00	3.57	0.82	0.80
7	280	—	100	806	360	295	12°57′	7°50′	1.61	2.14	3.93	0.77	1.00
8	300	50	90	280	510	300	28°06′	10°14′	1.80	2.00	3.80	0.77	1.00
9	308	130	102.3	1065	—	350	26°27′	10°15′	1.81	2.26	3.61	0.96	0.99
10	405	165	115	300	500	432	32°	9°56′	1.75	2.50	3.25	0.87	1.01
11	450	100	130	200	575	460	25°11′	8°32′	1.60	2.56	3.33	0.80	1.00

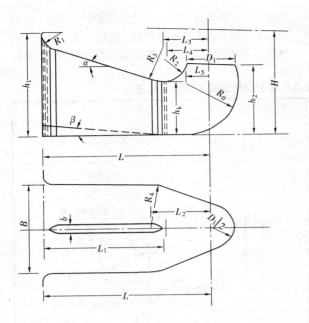

图 1　肘型进水流道主要尺寸图

表 8　钟型流道与肘型流道的工程特性参数比较表

泵站序号	水泵叶轮直径（m）	单机功率（kW）	设计扬程（m）	单泵设计流量（m³/s）	流道型式	泵房地基开挖深度（m）	混凝土用量（m³）
1	2.8	1600	5.62	21.0	肘型	4.98	3200
2	2.8	2800	9.00	25.9	钟型	4.00	1300

有关试验资料表明，在水泵叶片安装角相同的情况下，无论是肘型进水流道或钟型进水流道，当进口上缘的淹没水深大于 0.35m 时，基本上未出现局部漩涡；当淹没水深在 0.2～0.3m 时，流道进口水面产生时隐时现的漩涡，有时涡带还伸入流道进口内，但此时对水泵性能的影响并不大，机组仍能正常运行；当淹没水深在 0.1～0.18m 时，进口水面漩涡出现频繁；当淹没水深为 0.06m 时，漩涡剧烈，并挟带大量空气进入流道，致使水泵运行不稳，噪声严重。因此，本规范规定进水流道进口上缘的最小淹没水深为 0.5m，即应淹没在进水池最低运行水位以下至少 0.5m。

进水流道的进口段底面一般宜做成平底。为了抬高进水池和前池的底部高程，降低其两岸翼墙的高度，以减少地基土石方开挖量和混凝土工程量，可将进水流道进口段底面向进口方向上翘，即做成斜坡面形式。根据我国部分泵站的工程实践，除有些泵站进水流道进口段底面做成平底外，多数泵站进水流道的进口段底面上翘角采用 7°～11°（见表 7）。因此，本规范规定进水流道进口段底面上翘角不宜超过 12°。至于进口段顶板仰角，我国多数泵站的进水流道采用 20°～28°，也有个别泵站采用 32°（见表 7）。因此，本规范规定进水流道进口段顶板仰角不宜超过 30°。

7.3.5　与水泵导叶出口相连接的出水室型式有弯管型和蜗壳型两种，应根据水泵的结构特点和泵站的要求经技术经济比较后确定。

出水流道布置对泵站的装置效率影响很大，因此流道的型线变化应比较均匀。为了减小水力损失，出口流速应控制在 1.5m/s 以下，当出口装有拍门时，可控制在 2.0m/s。如果水泵出水室出口处流速过大，宜在其后面直至出水流道出口设置扩散段，以降低流速。扩散段的当量扩散角不宜过大，一般取 8°～12° 较为合适。

7.3.7　直管式出水流道进口与水泵出水室相连接，然后沿水平方向或向上倾斜至出水池。为了便于机组启动和排除管内空气，在流道出口常采用拍门或快速闸门断流，并在门后管道较高处设置通气孔，以减少水流脉动压力，机组停机时还可向流道内补气，避免流道内产生负压，减少关闭拍门时的撞击力，改善流道和拍门的工作条件。

7.3.8　虹吸式出水流道的进口与水泵出水室相连接，出口淹没在出水池最低运行水位以下，中间较高部位为驼峰，并略高于出水池最高运行水位，出口不需设置快速闸门或拍门。在正常运行工况下，由于出水流道的虹吸作用，其顶部出现负压；停机时，需及时打开设在驼峰顶部的真空破坏阀，使空气进入流道而破坏真空，从而切断驼峰两侧的水流，防止出水池水向水泵倒灌，使机组很快停稳。根据工程实践经验，驼峰顶部的真空度一般应限制在 7～8m 水柱高，因此本规范规定驼峰顶部的真空度不应超过 7.5m 水柱高。

驼峰断面的高度对该处的流速和压力分布均有影响。如果高度较大，断面处的上、下压差就会很大。工程实践证明，在尽量减少局部水力损失的情况下，压低驼峰断面的高度是有好处的。这样一方面可加大驼峰顶部流速，使水流挟气能力增加，并可减小该断面处的上、下压差；另一方面可减少驼峰顶部的存气量，便于及早形成虹吸和满管流，而且还可减小驼峰顶部的真空度，从而增大适应出水池水位变化的范围，因此驼峰处断面宜设计成扁平状。

7.3.10　由于大、中型泵站机组功率较大，如出水流道的水力损失稍有增大，将使电能有较多的消耗，因此常将出水流道的出口上缘淹没在出水池最低运行水位以下 0.3～0.5m。当流道宽度较大时，为了减小出口拍门或快速闸门的跨度，常在流道中间设置隔水墩。有关试验资料表明，如果隔水墩布置不当，将影响分流效果，使出流分配不均匀，增加出水流道的水力损失。因此，隔水墩起点位置距水泵出水室宜远一点，待至水泵出流流速较均匀处再分隔为好。一般隔水墩起点位置与机组中心线距离不应小于水泵出口直径的 2 倍。

7.4　出　水　管　道

7.4.1、7.4.2　在结合地形、地质条件布置出水管道线路时，通常会出现几个平面及立面转弯点。这些转弯点转弯角和转弯半径的大小对出水管道的局部水头损失影响很大。现将转弯角 $\alpha=20°\sim90°$、弯曲半径与管径的比值 $R/d=1.0\sim3.0$ 时的局部水头损失系数 ζ_α 值及局部水头损失 Δh 值关系列于表9。

表9　出水管道 α、R/d 与 ζ_α、Δh 值关系表

R/d　　α	1.0		1.5		2.0		3.0	
	ζ_α	Δh	ζ_α	Δh	ζ_α	Δh	ζ_α	Δh
20°	0.320	0.102	0.240	0.076	0.192	0.061	0.144	0.046
30°	0.440	0.140	0.330	0.105	0.264	0.084	0.198	0.063
40°	0.520	0.166	0.390	0.124	0.312	0.099	0.234	0.075
50°	0.600	0.191	0.450	0.143	0.360	0.115	0.270	0.086
60°	0.644	0.205	0.498	0.159	0.398	0.127	0.299	0.095
70°	0.704	0.224	0.528	0.168	0.422	0.134	0.317	0.101
80°	0.760	0.242	0.570	0.182	0.456	0.145	0.342	0.109
90°	0.800	0.255	0.600	0.191	0.480	0.152	0.360	0.115

注：水头损失 Δh 的计算式为：$\Delta h=\zeta\dfrac{v^2}{2g}$（m）。

由表9可知，当 R/d 值一定时，Δh 值随着 α 值的增加而增加，但增量却逐渐递减；当 α 值一定时，Δh 值随着 R/d 值的增加而减小，但在 R/d 值增至 1.5 以上时，减量几乎是按等数值递减。

由于高扬程泵站出水管道长，转弯角较多，如果设置过多的大转弯角，势必加大局部水头损失，从而增大耗电量。因此，本规范规定出水管道的转弯角宜小于60°。但当泵站水位变化幅度大时，部分管道必须在泵房内直立安装，因此，少量设置 $\alpha=90°$ 的弯管还是允许的。

出水管道转弯半径 R 值的大小对局部水头损失 Δh 值有直接影响。这种影响表现为：随着 R 值的增大，Δh 值的增量逐渐变小；但 R 值过大时，需增大镇墩尺寸，而且增加弯管制作安装的困难。根据我国大、中型高扬程泵站工程的实践经验，出水管道直径一般大于 500mm，为了有效地减少出水管道的局部水头损失，同时也不过多地增加弯管制作安装的困难，转弯半径 R 取等于或大于2倍管径是比较适宜的。因此，本规范规定，出水管道的转弯半径宜大于2倍管径。

当管道在平面和立面上均需转弯，且其位置相近时，为了节省镇墩工程量，宜将平面和立面转弯合并成一个空间转弯角。这样，弯管的加工制作并不复杂，而安装对中则可采取一些措施加以解决。

当水泵倒转，管道中水流倒流时，如管道立面有较大的向下转弯，镇墩前后的管中流速差别将很大，很可能出现水流脱壁，产生负压，从而影响管道的外压稳定，为此要求将管顶线布置在最低压力坡度线以下。因此，本规范规定，管顶线宜布置在最低压力线

以下。

7.4.4　明管的分节长度除根据地形条件确定外，还应满足下列公式要求：

$$L\leqslant\frac{[\alpha EF(t_1-t_2)-(A_2\pm A_4)]L_0}{A_1+A_2\pm A_3}\qquad(3)$$

式中　　L——明管的分节长度（m）；

α——钢管线性膨胀系数（1/℃）；

E——钢管弹性模量（N/cm²）；

F——钢管管壁断面面积（cm²）；

t_1——管道开始滑动时的金属温度（℃）；

t_2——管道安装合拢时的温度（℃）；

A_1——钢管自重下滑分力（N）；

A_2——伸缩接头处的内水压力（N）；

A_3——水对管壁的摩擦力（N）；

A_4——温度变化时伸缩接头处填料与管壁的摩擦力（N）；

A_5——温度变化时管道与支座的摩擦力（N）；

L_0——伸缩节至镇墩前计算断面的距离（m）。

（3）式的含义是钢管在温度变化时产生的轴向力，由阻止其变形而产生的阻力所分担，管道不发生滑动，伸缩节处的伸缩变形最小，因而按（3）式确定明管分节长度是偏于安全的。

至于明管直线段上的镇墩间距，日本规定为 $120\sim150m$，美国垦务局及太平洋煤气和电气公司规定小于 150m。为了安全起见，本规范规定明管直线段上的镇墩间距不宜超过 100m。

7.4.6、7.4.7　管道有木管道、铸铁管道、钢管道及预应力钢筋混凝土管道等。在大、中型高扬程泵站工程中，近十年来已不再使用铸铁管，木管只在建国初期的小型工程上使用过，因此本规范不推荐采用这两种管道。

钢管及钢管件使用的钢材性能要求，在国家现行标准《水电站压力钢管设计规范》编写说明中已有详细说明，可参照执行。

为了保证预应力钢筋混凝土管的质量，选材时要注意符合国家定型产品的规格，以便能在工厂定货。

7.4.8　作用在管道上的荷载主要有自重、水重、水压力、土压力以及温度作用等。它们的计算和组合是比较明确的。在高扬程长管道水压力计算中可考虑以下四种工况：一是设计运用工况下，作用在管道上的稳定的内水压力（即正常水压力）；二是水泵由于突然断电出现倒转的校核运用工况下，产生的最大水锤压力（即最高水压力）；三是水泵出现倒转的校核运用工况下，当某些管段补气不足时产生的负压（即最低水压力）；四是在管道制作或安装工况下，进行水压试验时出现的最大水压力（即试验水压力）。

7.4.9　水力暂态分析是指水泵设计运用工况以外的各种工况水力分析，如7.4.8所述二、三、四种工况下的水压力计算等，其中最重要的是最大水锤压力计

算。水锤压力的计算方法常用解析法和图解法等。

7.4.10 明设钢管抗外压稳定的最小安全系数取值与国家现行标准《水电站压力钢管设计规范》规定相同。由于光面管和有加劲环的钢管在失稳后造成事故破坏的程度是不一样的，因此光面管抗外压稳定的最小安全系数定为 2.0，有加劲环的钢管抗外压稳定的最小安全系数为 1.8。

对于不设加劲环的明设钢管，当事故停机管内通气不足或当管道转弯角很大时，由于管道中水流倒流，从而产生真空，在大气压力作用下很有可能变形失稳，因此需要进行外压稳定性校核。

7.4.11 为了防止明设光面钢管外压失稳，规定其管壁最小厚度不宜小于（7.4.11）式所规定的数值。（7.4.11）式的推导条件是：外压力为 10N/cm^2，钢的弹性模量 $E=2.2\times10^6\text{N/cm}^2$，泊桑比 $\mu=0$，安全系数 $K=2$。符合（7.4.11）式的规定的管壁厚度是偏于安全的。

钢管的锈蚀、磨损与其表面防锈蚀措施及工艺关系密切。在钢结构表面进行喷锌保护，效果很好。例如法国丹尼斯运河闸门镀锌 $80\mu m$，经 30 年运行检查镀层完好；又如英国某造纸厂闸门镀锌 $100\mu m$，经 25 年运行检查镀层完好；再如我国三河闸喷锌 $80\sim120\mu m$，经 14 年运行检查，也没有锈蚀现象。因此，如果对钢管采取这种防锈蚀办法进行表面处理，可以减少或取消所增加的防锈蚀厚度，但我国目前喷锌技术尚未普遍推广，现仍按常规要求，按管壁厚度计算值增加 $1\sim2\text{mm}$ 防锈蚀厚度。受泥沙磨损较严重的钢管，需增加的耐磨损厚度，应作专门论证。

7.4.12 钢管结构应力分析有第三强度理论（也称为最大剪应力理论）和第四强度理论（也称为畸变能理论）。应用第三强度理论分析应力的结果与试验成果大致相符，其主要缺点是不能反映第二主应力对材料屈服的影响。而应用第四强度理论分析应力则能反映第二主应力对材料屈服的影响，且分析成果比应用第三强度理论更符合试验成果。我国现行国家标准《钢结构设计规范》、国家现行标准《钢闸门设计规范》和《水电站压力钢管设计规范》及目前世界上大多数国家的钢管设计规范都采用第四强度理论进行钢管结构应力分析。

7.4.13 我国目前高扬程泵站出水管道的直径多在 1.0m 左右，其承受的水头多在 100m 以内。由于管径较小，压力较低，岔管布置多采用丫型和卜型，其构造要求和计算方法可参照国家现行标准《水电站压力钢管设计规范》的规定执行。

7.4.15 镇墩有开敞式和闭合式两种。开敞式镇墩管道固定在镇墩的表面，闭合式镇墩管道埋设在镇墩内。大、中型泵站一般都采用闭合式镇墩。为了加强钢管与镇墩混凝土的整体性，需在混凝土中埋设螺栓及抱箍，待管道安装就位后浇入混凝土中。由于镇墩是大体积混凝土，为防止温度变化引起镇墩混凝土开裂，破坏其整体性，应在镇墩表面按构造要求布置钢筋网。座落在较完整基岩上的镇墩，为减少岩石开挖量和混凝土工程量，可在镇墩底部设置一定数量的锚筋，使部分岩体与镇墩共同受力。锚筋的布置应满足构造要求，并需进行锚固力的分析计算。

作用在镇墩上的荷载，荷载组合及镇墩的稳定计算，可采用常规的分析计算方法。安全系数允许值的选用，是一个涉及工程安全与经济的极为重要的问题。例如某高扬程泵站工程出水管道的镇墩设计，其抗滑稳定安全系数：设计运用工况下采用 1.30，校核运用（事故停泵）工况下采用 1.10；抗倾稳定安全系数：设计运用工况下采用 1.50，校核运用（事故停泵）工况下采用 1.20。多年来，工程运用情况良好。因此，本规范规定，镇墩抗滑稳定安全系数的允许值：基本荷载组合下为 1.30，特殊荷载组合下为 1.10；抗倾稳定安全系数的允许值：基本荷载组合下为 1.50，特殊荷载组合下为 1.20。这与国家现行标准《公路桥涵地基与基础设计规范》中墩台或挡土墙抗滑和抗倾稳定安全系数允许值的规定是基本一致的。

7.5 出水池及压力水箱

7.5.1 出水池应尽可能建在挖方上。如因地形条件必须建在填方上时，填土应碾压密实，严格控制填土质量，并将出水池做成整体式结构，加大砌置深度，尤其应采取防渗排水措施，以确保出水池的结构安全。

7.5.2 出水池主要起消能稳流作用。因此，要求池内水流顺畅、稳定，且水力损失小，这样才能消减出水流道或出水管道出流的余能，使水流平顺而均匀地流入渠道或容泄区，以免造成冲刷。

出水池与渠道或容泄区的连接，一般需设置逐渐收缩的渐变段。渐变段在平面上的收缩角不宜太大，否则池中水位容易壅高，增加泵站扬程，加大电能消耗；但收缩角也不宜太小，否则使渐变段长度过大，增加工程投资。根据试验资料和工程实践经验，渐变段的收缩角宜采用 $30°\sim40°$，最大不宜大于 $40°$。

出水池池中流速不应太大，否则由于过大的流速，使佛劳德数 Fr 超过临界值，池中产生水跃，同时与渠道流速也难以衔接，造成渠道的严重冲刷。根据一些泵站工程实践经验，出水池中流速应控制最大不超过 2.0m/s，且不允许出现水跃。

7.5.3 压力水箱多用于堤后式排水泵站，且容泄区水位变化幅度较大的情况下。压力水箱可和泵房合建，也可分建。分建式压力水箱应建在坚实地基上，不能建在未经碾压密实的填方上。如压力水箱一端与泵房相联接，应将压力水箱简支在泵房外墙上，以防止产生由于泵房和压力水箱之间的不均匀沉降所造成的危害。

压力水箱是钢筋混凝土框架结构，一般在现场浇筑而成。压力水箱尺寸应根据并联进入水箱的出水管直径与根数而定，但尺寸不宜过小，否则不能满足水箱出口闸门安装和检修的要求。例如某排水泵站，为节省工程量将站址选在紧接原自排涵洞进口处，并将进口改建成压力水箱，其尺寸为 6.89m×17.4m×7.2m（长×宽×高），压力水箱底板高程与已建涵洞底板相同，两侧与自排涵洞相接，并设闸门控制，从而较好地解决了自排与抽排相结合的问题，而且节省了附属建筑物的投资。

8 其他型式泵站设计

8.1 竖井式泵站

8.1.1 我国长江上、中游河段的水位变化幅度在10～33m范围。有些河段每小时水位涨落在2m以上。河流流速大，采用竖井式泵站较多，多年来，工程运行情况良好，而且管理也比较方便。因此，本规范规定当水源水位变化幅度在10m以上，且水位涨落速度大于2m/h，水流速度又大时，宜采用竖井式泵站。

8.1.2 集水井与泵房合建在一起，机电设备布置紧凑，总建筑面积较小，吸水管长度较短，运行管理方便。因此，在岸坡地形、地质、岸边水深等条件均能满足要求的情况下，宜首先考虑采用岸边取水的集水井与泵房合建的竖井式泵站。在岩基或坚实土基上，集水井与泵房基础采用阶梯形布置，可减小泵房开挖深度和工程量，且有利于施工。

8.1.3 竖井式泵站的取水建筑物，洪水期多位于洪水包围之中，根据已建竖井式泵站的工程实践，按校核洪水位加波浪高度再加0.5m的安全超高确定工作平台设计高程，即可满足运行安全要求。

在河流上取水，为防止推移质泥沙进入取水口，要求最下层取水口下缘距离河底有一定的高度。根据已建竖井式泵站的运行经验，侧面取水口下缘高出河底的高度取0.5～0.8m，正面取水口下缘高出河底的高度取1.0～1.5m是合适的。因此，本规范规定侧面取水口下缘距离河底高度不得小于0.5m，正面取水口下缘距离河底高度不得小于1.0m。

为了满足安全运行和检修要求，集水井通常用隔墙分成若干个空格。为了保证供水水质要求，每格应至少设两道拦污、清污设施。对于污物、杂草较多的河流，可能需设3～4道。例如某电厂的竖井式泵站，从黄河干流取水，共设置了4道拦污栅，并设置专用的清污设施，以便将污物、杂草清除干净。

具有取水头部的竖井式泵站，自取水头部布置了通向集水井的进水管。为了保证供水要求，进水管数量一般不宜少于两根，当其中一根进水管因事故停止使用时，另一根进水管尚可供水。当进水管埋设较深或需穿越防洪堤坝时，为了减少开挖工程量或避免因管道四周渗流影响堤坝防洪安全，亦可采用虹吸式布置。计算确定进水管直径时，管内流速一般采用1.0～1.5m/s，最小不宜小于0.6m/s。

从多泥沙河流上取水，应设多层取水口。这样，汛期可取表层含沙量较小的水。根据黄河中游的某些取水泵站测验资料，当取表层水时，其含沙量比底层水含沙量减少5%～20%。同时，在集水井内应设清淤排沙设施：大型泵站可采用排污泵（或排泥泵）；中、小型泵站集水井内泥沙淤积不严重时，亦可采用射流泵。为了冲动沉积在底部的泥沙，在井内可设置若干个高压水喷嘴，其个数可根据集水井面积而定，一般可设置4～6个；对于小型泵站集水井，亦可采用水龙带冲沙。

8.1.5 由于圆形泵房受力条件好，水流阻力小，又便于采用沉井法施工，且运行情况良好，因此竖井式泵房宜采用圆形。

竖井式泵房内面积小，安装机组台数不宜多；否则，布置上有一定的困难。为了满足供水保证率要求，需要有一定数量的备用机组，机组台数也不宜少。因此，泵房内机组台数宜采用3～4台。

8.1.9 竖井式泵房、集水井、栈桥桥墩等基础，均位于河床或岸边，很容易遭受冲刷破坏，因此应布置在最大冲刷线以下。河床最大冲刷线的计算，一般包括河床自然演变引起的自然冲刷、建筑物及其基础压缩水流产生的一般冲刷和建筑物周围水流状态变化造成的局部冲刷等三部分。因河床与岸边受冲刷情况有所不同，基础埋置的安全深度也应有所区别。建筑物基础埋置的安全深度可根据已建泵站、桥墩的实际冲刷调查资料和工程实践经验分析确定。

8.1.10 竖井式泵房的竖向高度较大，而平面尺寸相对较小，在较大的水平荷载作用下，很可能由于基础底部应力不均匀系数的增大，导致基础过大的不均匀沉降和泵房结构的倾斜，这对机组的正常运行是有害的。因此，在进行竖井式泵房设计时，除应满足抗滑、抗浮稳定安全要求外，还应满足抗倾（即计算基础底部应力不均匀系数不超过规定值）的要求。因岸边竖井式泵房与河心竖井式泵房的受力条件有所不同，因此两者的稳定安全要求也有所区别。前者应满足抗滑稳定安全和抗倾要求，后者应满足抗浮稳定安全要求。当然，两者均应首先满足地基允许承载力的要求。

8.2 缆车式泵站

8.2.1 我国已建缆车式泵站，其水源水位变化幅度多在10～35m范围内；当水源水位变化幅度小于10m时，采用缆车式泵站就不经济了。同时，由于泵车容积的限制和对运行的要求，单泵流量宜小，水位涨落速度不宜大。因此本规范规定当水源水位变化幅度在10m以上，水位涨落速度小于或等于2m/h，单泵流量又小时，可采用缆车式泵站。

8.2.2 缆车式泵站泵车数不应少于2台，主要是考虑移车时，可交替进行，不致影响供水。根据已建缆车式泵站的运行经验，每台泵车宜布置一条输水管道，移车时接管比较方便。

泵车的供电电缆（或架空线）与输水管道应分别布置在泵车轨道两侧，这是为了防止移车时供电电缆（或架空线）与输水管道互相干扰的缘故。

变配电房、绞车房是缆车式泵站的固定设施，两者均应布置在校核洪水位以上，且在同一高程上，这样管理较为方便。绞车房的位置应能将泵车上移到校核洪水位以上，这是为了满足泵车车身防洪的需要。

8.2.3 泵车布置要求紧凑合理，便于操作检修，同时要求车架受力均匀，以保证运行安全。已建的缆车式泵站泵车内机组平面布置大致有三种形式：一是两台机组正反布置；二是两台机组平行布置；三是三台机组呈"品"字形布置。从运行情况看，两台机组正反布置形式较好，其优点是泵车受力均匀，运行时产生振动小，近年来新建的缆车式泵站均采用此种布置形式。因此，本规范规定，每台泵车上宜装置水泵2台，机组应交错即正反布置。

8.2.4 泵车车型竖向布置宜采用阶梯形，这样可减少三角形纵向车架腹杆高度，增加车体刚度和降低车体重心，有利于车体的整体稳定。

8.2.5 根据调查资料，已建缆车式泵站的泵车车架较普遍存在的主要问题是：在动荷载影响下，强度和稳定性不够，车架结构的变形和振动偏大等，从而影响到泵车的正常运用。其中有少部分泵车已不得不进行必要的加固改造。经分析认为，车架结构产生较大变形和振动的主要原因是由于轨道下地基产生不均匀沉降，致使轨道出现纵向弯曲，车架下弦支点悬空，引起车架杆件内力加剧，造成车架结构的变形；车架承压竖杆和空间刚架的刚度不足而引起变形；平台梁挑出过长结构按自由端处理，在动荷载作用下，振动严重。因此，在设计泵车结构时，除应进行静力（强度、稳定）计算外，还应进行动力计算，验算振幅和共振等，并应对纵向车架杆件按最不利的支承方式进行验算。

8.2.6 由于泵车一直是在斜坡道上上下移动的，如果操作稍有不当，或绞车失灵，或钢丝绳断裂，很容易造成下滑事故，因此泵车应设保险装置以保证运行安全。

8.2.8 泵车出水管与输水管的连接方式对泵车的运行影响很大。目前已建缆车式泵站的泵车接管大致有三种：柔性橡胶管、曲臂式联络管和活动套管。泵车出水管直径小于400mm时，多采用柔性橡胶管；大于400mm时多采用曲臂式联络管；而活动套管则很

少采用。在水位变化幅度较大的情况下，尤其适宜采用曲臂式联络管。因此，本规范规定，联络管宜采用曲臂式；管径小于400mm时，可采用橡胶管。

输水管应沿坡道铺设。对于岸坡式坡道，管道可埋设在地下，宜采用预应力钢筋混凝土管；对于桥式坡道，管道可架设，应采用钢管。

沿输水管应设置若干个接头岔管，供泵车出水管与输水管连接输水用。接头岔管的间距和高差，主要取决于水泵允许吸上真空高度、水位涨落幅度和出水管与输水管的连接方式。当采用柔性橡胶管时，接头岔管间的高差可取1.0～2.0m；当采用曲臂式联络管时，接头岔管间的高差可取2.0～3.0m。

8.3 浮船式泵站

8.3.1 我国已建浮船式泵站，其水源水位变化幅度多在10～20m范围内；当水源水位变化幅度太大时，联络管及其两端的接头结构较复杂，技术上有一定的难度。同时，由于运行的要求和安全的需要，水流速度和水位涨落速度都不宜大。因此本规范规定当水源水位变化幅度在10m以上，水位涨落速度小于或等于2m/h，水流速度较小时，可采用浮船式泵站。

8.3.3 机组设备间布置有上承式与下承式两种：上承式机组设备间，即将水泵机组安装在浮船甲板上，这种布置便于运行管理且通风条件好，适用于木船、钢丝网水泥船或钢船，但缺点是重心高，稳定性差，振动大；下承式机组设备间，即将水泵机组安装在船舱底部骨架上，这种布置重心低，稳定性好，振动小，但运行管理和通风条件差，加上吸水管要穿过船弦，因此仅适用于钢船。不论采用何种布置形式，均应力求船体重心低，振动小，并保证在各种不利条件下运行的稳定性。特别是机组容量较大、台数较多时，宜采用下承式布置。为了确保浮船的安全，防止沉船事故，首尾舱还应封闭，封闭容积应根据浮船船体的安全要求确定。

8.3.5 浮船的稳性衡准系数K即回复力矩M_q与倾覆力矩M_f的比值。浮船设计时，要求在任何情况下均应满足$K \geqslant 1.0$，方可确保浮船不致倾覆。

8.3.6 浮船的锚固方式关系到浮船运行的安全。锚固的主要方式有岸边系缆，船首、尾抛锚与岸边系缆相结合，船首、尾抛锚并增设角锚与岸边系缆相结合等。采用何种锚固方式，应根据浮船安全运行要求，结合停泊处的地形、水流状况及气象条件等因素确定。

8.4 潜没式泵站

8.4.1 潜没式泵站是泵房潜没在水中的固定式泵站，适用于水源水位变化幅度较大的情况。为了有利于潜没式泵站泵房结构的抗浮稳定，应尽可能减小泵房体积，泵房内宜安装卧式机组，且台数不宜太多。目前

我国已建的潜没式泵站，其水源水位变化幅度多在 15～40m 范围内，机组台数一般不超过 4 台。为了防止泥沙淤积，建站处洪水期不宜长，含沙量不宜大。因此本规范规定，当水源水位变化幅度在 15m 以上，洪水期较短，含沙量不大时，可采用潜没式泵站。

8.4.2 潜没式泵站泵房顶可设置天窗，作为非洪水期通风采光用。天窗结构必须保证启闭灵活、密封性好。为了便于管理运用，要求机电设备应能在岸上进行自动控制。

8.4.4 潜没式泵站泵房的抗浮稳定安全系数允许值，同地面上固定式泵站泵房的抗浮稳定安全系数值一样，基本荷载组合下取 1.10，特殊荷载组合下取 1.05。

9 水力机械及辅助设备

9.1 主 泵

9.1.1 根据国内已建泵站的选型经验，并考虑到今后的提高和发展，本条规定了主泵选型的基本原则：

一、主泵选型最基本的要求是满足泵站设计流量和设计扬程的要求，同时要求在整个运行范围内，机组安全、稳定，并且有最高的平均效率。

二、要求在泵站设计扬程时，能满足泵站设计流量的要求；在泵站平均扬程时，水泵应有最高效率；在泵站最高或最低扬程时，水泵能安全、稳定运行，配套电动机不超载。

排水泵站的利用率比较低，当需要运行时，又要求在最短时间内排除积水，所以水泵选型时应与一般泵站有所区别，强调在保证机组安全、稳定运行的前提下，水泵的设计流量宜按最大单位流量计算。

三、水泵一般按抽送清水设计。当水源含沙量比较大时，水泵效率下降，流量减少，汽蚀性能恶化。所以，在水泵选型时充分考虑含沙量、粒径对水泵性能的影响是必要的。

四、国家系列产品是指列入水泵型谱的产品，国家已公布淘汰的产品不得选用。已有的系列产品不能满足要求时，应优先考虑采用变速、车削、变角等调节方式达到泵站设计要求。

随着科学技术的不断发展，性能优良的水力模型不断出现。在水泵选型时，应以积极的态度推广使用性能优良的新产品，逐步替代落后的系列产品。新设计的水泵应有比较完整的模型试验资料，并经过鉴定合格后才能使用。大型机组在无任何资料可借鉴，而且原型泵的放大超过 10 倍时，有必要进行中间机组试验。

五、有多种泵型可供选择时，应考虑机组运行调度的灵活性、可靠性、运行费用、主机组费用、辅助设备费用、土建投资、主机组事故可能造成的损失等

因素进行比较论证，选择综合指标优良的水泵。在条件相同时应优先选用卧式离心泵。

9.1.2 梯级泵站级间流量的良好搭配，是指前一级泵站的来水量与本级泵站的抽水量相适应，不应有弃水或频繁开停机现象。采用阀门调节流量将增加水力损失，增大单位能耗，故不提倡。

从水位变化幅度比较大的河道中取水的第一级泵站，水泵抽水量的变化幅度也比较大，配置的流量调节水泵应适当增加，力求在不同的运行水位时，通过不同的运行台数组合，使泵站总流量均能接近设计流量。以后的各级泵站如果进、出水池水位变化幅度不大时，流量调节水泵的数量可适当减少。流量调节水泵的单泵流量可按主泵流量的 1/5 或 1/10 选择。

水泵的变速调节方式有机械调速、鼠笼型异步电动机变极调速、绕线式电动机转差功率反馈调速和变频调速等。选择调速方式时要考虑下列因素：

1. 调速范围的要求；
2. 调速设备的可靠性和运行的灵活性；
3. 设备投资省，节能效果显著。

9.1.3 在含沙介质中工作的水泵，由于大量泥沙颗粒的存在，使叶轮内的流速场和压力场发生畸变，流态将不再符合流动分层，也不符合每层间的液体互不相混杂的假设。因为泥沙颗粒的质量和惯性力与水质点的质量和惯性力有明显差异，所以泥沙颗粒的运动轨迹会偏离水质点的流线。也就是说，泥沙颗粒的存在将使水泵效率、流量、扬程下降，汽蚀性能恶化，在水泵选型时应充分注意到这一点。在含沙介质中工作的水泵，反映最明显的是水泵汽蚀破坏加剧，使用寿命缩短。所以，选择汽蚀性能好的水力模型，提高水泵的汽蚀比转数是比较有效的途径。

从我国黄河沿岸大多数泵站的运行经验看，在相同的含沙量下，水泵叶轮外缘的线速度愈大，汽蚀破坏愈严重。线速度 36～40m/s 是一个比较明显的界线，所以有一种意见认为水泵叶轮外缘的线速度宜小于 36m/s；另一种意见认为水泵叶片出口边外缘的相对速度是影响水泵磨蚀的关键参数，宜限制出水边的相对流速不大于 25m/s。对此，本规范未作定量规定。

9.1.4 主泵台数包括工作泵和备用泵，但不包括流量调节泵。主泵的台数选择主要考虑经济性和运行调度灵活性，总台数超过 9 台是不合适的，若超过 9 台应有充分论证。

9.1.5 为了保证机组正常检修或发生事故时泵站仍能满足设计流量的要求，设置一定数量的备用机组是非常必要的。对于重要的城市供水泵站，由于机组事故或检修而不能正常供水，将会影响千家万户的生活，也会给国民经济造成巨大损失，所以备用机组应适当增加。

对于灌溉泵站，备用机组台数可适当少，但也需

具体分析，区别对待。随着我国外向型农业以及集约型农业经济的发展，某些灌溉泵站的重要性十分明显，这就不能同一而论了。

在设置备用机组时，不宜采用容量备用，而应采用台数备用。

9.1.6 轴流泵和混流泵装置模型试验是指包括进、出水流道在内的水力模型试验。由于低扬程水泵进、出水流道的水力损失对泵站装置效率影响很大，除要求提高泵段效率外，还应提高进、出水流道的效率，选择最佳的流道型线。

9.1.7 采用车削叶轮外径改变水泵性能参数的方法比较简单易行。为保证车削后的水泵叶轮仍有较高的效率，其最大车削量应符合表10的规定。

表10 水泵叶轮车削限度

比转数	60	120	200	300	350	350 以上
许可最大车削量（%）	20	15	11	9	7	0

9.1.8 水泵的变速调节一般只宜降速使用。水泵转速降低，其流量相应减少。如果此时泵站扬程变化不大，当流量小于设计流量的20%时，会引起大量的内部环流，水力损失增大，效率降低。所以，变速范围要视泵站扬程变化情况而定，扬程变化范围愈大，转速变化范围愈大，但要力求保持水泵变速前后的水力相似关系，使变速后的水泵仍处于高效区运行。所以，变速范围以0～30%为宜，最大不超过50%。

水泵的轴功率与转速的立方成正比，汽蚀余量与转速的平方成正比。水泵若作增速运行，必须验算电动机是否过载，水泵安装高程是否满足要求，同时要验算水泵结构强度及振动等。

9.1.9 为保证配套电动机在水泵的运行范围内不超载，应分别计算最大扬程、平均扬程、最小扬程时的轴功率，取其最大者作为最大轴功率。

在含沙介质中工作的低比转数水泵，随着含沙量的增大，水泵流量随之减少，故水泵轴功率无明显的变化。高比转数水泵，含沙量对水泵轴功率则有明显影响。由于水泵严重磨蚀引起容积效率大为降低，由于虹吸式出水流道漏气引起扬程增加，水泵有可能出现超载现象，这是不正常的运行状态，在计算最大轴功率时可酌情考虑。

9.1.10 水泵安装高程合理与否，影响到水泵的使用寿命及运行的稳定性，所以大型水泵的安装高程的确定需要详细论证。

以往我们对泥沙影响水泵汽蚀余量的严重程度认识不足，导致安装高程定得不够合理。近年来，我国学者做了不少实验与研究，所得的结论是一致的：泥沙含量对水泵的汽蚀性能有很大的影响。室内实验证明，泥沙含量5～10kg/m³，水泵的允许吸上真空高度降低0.5～0.8m；含沙量100kg/m³时，允许吸上真空高度降低1.2～2.6m；含沙量200kg/m³时，允许吸上真空高度降低2.75～3.15m。所以，水泵安装高程应根据水源设计含沙量进行修正。

由于水泵额定转速与配套电动机转速不一致而引起汽蚀余量的变化往往被忽视。当水泵的工作转速不同于额定转速时，汽蚀余量应按下式换算：

$$[NPSH]' = NPSH\left(\frac{n'}{n}\right)^2 \tag{4}$$

式中　　$[NPSH]'$——相应于工作转速 n' 的汽蚀余量；
　　　　$NPSH$——相应于额定转速 n 的汽蚀余量。

9.1.11 将并联运行水泵台数限制在4台以内，除了考虑土建投资和管道工程费用因素外，还考虑了对水泵性能的影响。因为水泵总扬程由净扬程和管路水头损失两部分组成，如果一条总管有4台水泵并联运行，在设计流量下管路水头损失为 ΔH，当单泵运行时，总管通过流量只有设计流量的1/4，管路水头损失只有设计值的1/16，水泵总扬程大为减小，流量增大，效率降低，水泵允许吸上真空高度减小，安装高程需要降低，土建投资也会增大。并联台数愈多，水泵扬程变化范围愈大，对水泵的流量和允许吸上真空高度的影响愈明显。所以，应校核单台水泵运行时的工作点，检查是否出现超载、汽蚀和效率偏低等情况。比转数低于90的水泵，其特性曲线有驼峰出现，同样应考虑能否并联运行。

9.1.12 油压装置的有效容积指油压从2.5MPa降低到2.0MPa时的供油体积，泵站开机并非同时进行，而且机组运行工况变化比较缓慢，油压装置处于半工作状态，故全站共用一套油压装置即可满足要求。

9.1.13 考虑到叶片调节机构在安装、检修以及运行过程的漏油，有可能污染水源，故城市供水泵站宜采用机械操作。对于已不宜用机械操作的大型水泵，应有一套防止漏油而污染水源的措施。

轴流泵在扬程3～4m以下启动，甚至正常运行时，有时出现抬机现象，威胁到机组的安全，建议设反推力装置或限制叶片的最小运行角度。

9.2 进水管道及泵房内出水管道

9.2.1 水泵进水管路比较短，其直径不宜按经济流速确定，而应同时考虑减少进水管水力损失，减少泵房挖深和改善水泵汽蚀性能等因素综合比较确定。一般进水管流速建议按1.5～2.0m/s选取。

水泵出水管道一般都比较长，出水管流速需进行技术经济比较确定。我国地域辽阔，地区之间有差别，泵站服务对象也不尽相同，致使电价或运行成本差别较大，出水管流速可在2.0～3.0m/s范围内选取。

9.2.2 当进水池水位将影响水泵正常检修时，进水管上应有断流设施。断流设施包括闸门、拍门和阀门。

等型式，其中采用拍门最经济，但需解决拍门止水密封问题。

曲线形进水喇叭口水力损失比较小，但制造成本比较高。大型水泵一般采用直线形喇叭管，其锥角不宜大于30°。

9.2.3 为保证水泵进水管有比较好的流态，使其流速分布比较均匀，避免进水池出现漩涡，离心泵进水喇叭管的布置型式（参见图2）以及与建筑物的距离应符合本条文的规定。

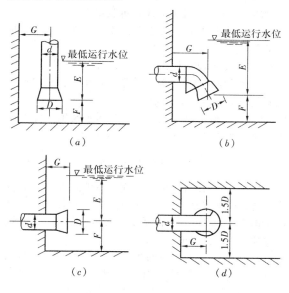

图 2 进水喇叭管布置图
(a) 垂直布置；(b) 倾斜布置；
(c) 水平布置；(d) 俯视

一、喇叭管进口直径 $D \geq 1.25d$（d 为进水管直径）。
二、喇叭口与池底距离 F：
喇叭管垂直布置时，$F = (0.6 \sim 1.0)D$；
喇叭管倾斜布置时，$F = (0.8 \sim 1.0)D$；
喇叭管水平布置时，$F = (1.0 \sim 1.25)D$。
三、喇叭口的淹没深度 E：
喇叭管垂直布置时，$E \geq (1.0 \sim 1.25)D$；
喇叭管倾斜布置时，$E \geq (1.5 \sim 1.8)D$；
喇叭管水平布置时，$E \geq (1.8 \sim 2.0)D$。
四、喇叭管中心线与后墙距离 $G = (0.8 \sim 1.0)D$。
五、喇叭管中心线与侧墙距离为 $1.5D$。

9.2.4 离心泵必需关阀启动，所以出水管路上应设操作阀门。扬程高、管道长的大、中型泵站，事故停泵可能导致机组长时间超速倒转或造成水锤压力过大，因而推荐在水泵出口安装两阶段关闭的缓闭蝶阀。根据水泵过渡过程理论分析，水泵从事故失电至逆流开始的这个时段，如果阀门以比较快的速度关闭至某一角度（65°～75°），不至于造成过大的水锤压力升高或降低。管道出现逆流或稍后的某一时刻（如半相时间），阀门必须以缓慢的速度关闭至全关。由于

阀门开始慢关时，阀瓣已关至某一角度，作用于水泵叶轮的压力已很小，虽然慢关时段较长，也不会使机组产生大的逆转速度。两阶段关闭蝶阀可以减少水锤压力，减小机组逆转速度，又能动水启闭，有一阀多用的特点。

普通止回阀阻力损失大，能耗高，关闭速度不易控制，势必造成水锤压力过大，故不宜装设。当管道直径小于500mm时，可装微阻缓闭止回阀。

离心泵关阀启动时的扬程即零流量时的扬程，一般达到设计扬程1.3～1.4倍。所以，水泵出口操作阀门的工作压力应按零流量时压力选定。

9.3 泵站水锤及其防护

9.3.1 当水泵机组事故失电时，管道系统将产生水锤（包括正压水锤和负压水锤）以及机组逆转。水锤压力的大小是管路系统的重要设计依据之一。充分了解水泵在失去动力后管路系统各参数的变化情况，并采取必要的防护措施，确保机组及管路系统的安全，是泵站设计的重要内容。用简易图解法进行水锤计算精度较差，但仍可以满足可行性研究阶段的要求。在初步设计及施工图设计阶段，应采用精度比较高的计算方法，并将水锤防护措施作为计算的边界条件优化计算结果，从而可以获得比较小的水锤压力和比较小的逆转速度。

9.3.2 事故停泵水锤防护的主要内容应包括以下几方面：

一、防止最大水锤压力对压力管道及管道附件的破坏；

二、防止压力管道内水柱断裂或出现不允许的负压；

三、防止机组逆转造成水泵和电动机的破坏；

四、防止流道内压力波动对水泵机组的破坏。

本条规定的逆转速度不超过额定转速的1.2倍，是根据电动机的有关技术标准制定的。事实上，只要水锤防护设施（如两阶段关闭蝶阀）选择得当，完全有可能将逆转速度限制在很小的范围，甚至不发生逆转。从机组的结构特点看，机组逆转属于不正常的运行方式，容易造成某些部件的损坏，所以希望逆转速度愈小愈好，但也应避免出现长时间的低速旋转。

最大水锤压力值限制在水泵额定工作压力的1.3～1.5倍，主要考虑两方面因素：一是管道系统的经济性；二是采取适当的防护措施，最大水锤压力完全可以限制在此范围内。例如，景泰川电力提灌二期工程最大水锤压力只有额定工作压力的1.2～1.25倍。

由于各地区的海拔高度不同，出现水柱分裂的负压值是不同的，在计算上应注意修正。为了减少管道工程费用，确保管道安全，应采取措施限制管道负压值，当负压达到2.0m水柱时，宜装真空破坏阀。

9.3.3 轴流泵和混流泵出水流道的断流设施主要有

拍门和快速闸门。采用虹吸式出水流道时，用真空破坏阀断流。

采用真空破坏阀作为断流设施时，其动作应准确可靠。通过真空破坏阀的空气流速宜按 $50\sim60m/s$ 选取。采用拍门作为断流设施时，其断流时间应满足水锤防护要求，撞击力不能太大，不能危及建筑物和机组的安全运行。

采用快速闸门作为断流设施时，应保证操作机构动作的可靠性，其断流时间满足设计要求，同时要对其经济性进行论证。

9.4 真空、充水系统

9.4.1 各种型式的水泵都要求叶轮在一定淹深下才能正常启动。如果经过技术经济比较，认为用降低安装高程方法来实现水泵的正常启动不经济，则应设置真空、充水系统。

虹吸式出水流道设置真空系统，目的在于缩短虹吸形成时间，减少机组启动力矩。如果经过分析论证，在不预抽真空情况下机组仍能顺利启动，也可以不设真空、充水系统，但形成虹吸的时间不宜超过5min。

9.4.2 最大抽气容积是虹吸式出水流道内水位由出口最低水位升至离驼峰底部 $0.2\sim0.3m$ 时所需排除的空气容积，即驼峰两侧水位上升的容积加上驼峰部分形成负压后排除的空气容积。

9.4.3 利用运行机组驼峰负压作为待启动机组抽真空时，首先要核算运行机组的抽气量。抽气时间不宜大于 $10\sim20min$。利用驼峰负压抽气期间，运行机组的扬程增大，轴功率增加，这种抽气方式是否经济还需详细分析。

9.4.4 抽真空管路系统，尤其是虹吸式出水流道抽真空系统，应该有良好的密封性。若真空破坏阀或其他阀件漏气，驼峰部分的真空度降低，相当于水泵扬程增加，轴功率增大，能耗增加。所以，维持抽真空系统的良好密封具有重要意义。

9.5 排水系统

9.5.1 机组检修周期比较长或检修排水量比较小时，宜将检修排水和渗漏排水合并成一个系统。排水泵单泵容量及台数应同时满足两个系统的要求。两个系统合并时，应有防止外水倒灌入集水井的措施。防倒灌措施建议采用下列方法之一：

一、吸水室的排空管接于排水泵的吸水管上，不得返回集水井；

二、排空管与集水井（或集水廊道）相通时，应有监视放空管阀门开、关状态的信号装置。

9.5.2 两个排水系统合成一个系统时，排水泵流量应按检修排水量确定。检修时，排水泵全部投入，在 $4\sim6h$ 内排除吸水室全部积水，然后至少有1台泵退

出运行作备用，其余水泵用以排除闸门的漏水。用于渗漏排水时，至少有1台泵作为备用。

9.5.4 大型立式轴流泵或混流泵多数采用同步电动机驱动。机组不抽水时，可作为调相机运行，以补偿系统无功。调相运行时，可落下进水口闸门，利用排水泵降低进水室水位，使叶轮脱水运行。进水室最高水位应离叶轮下缘 $0.3\sim0.5m$。

9.5.5 为配合排水泵实现自动操作，其出水管应位于进水池最低运行水位以下。为避免鱼类或其他水生生物堵塞排水管，排水管出口可装拍门。

9.5.6 集水井或集水廊道均应考虑清淤以及清淤时的工作条件。

9.5.7 为便于设备检修，在进、出水管路最低点设排空管是非常必要的。在寒冷地区，排空管路积水可以避免冻胀引起的设备损坏。

9.5.8 对于城市给水泵站，含酸污水及生活污水在未经净化处理之前不得排入取水水源中。

9.6 供水系统

9.6.1 泵站的冷却、密封、润滑、消防以及生活供水系统，应根据泵站规模、机组要求、运行管理人员数量确定。水泵的轴承润滑及生活用水要求有比较好的水质，可单独自成系统。

9.6.2 用水对象对水质的要求，主要包括泥沙含量、粒径以及有害物质含量。作为冷却水，泥沙及污物含量以不堵塞冷却器为原则。水质不符合要求时，应进行净化处理或采用地下水。

9.6.3 主泵扬程低于 $10\sim15m$ 时，宜用水泵供水，并按自动操作设计。工作泵故障时备用泵应能自动投入。

9.6.5 轴流泵及混流泵站，因机组用水量较大，水塔容积只按全站15min的用水量确定，水塔存水仅满足事故停电时，机组停机过程的冷却用水及泵房的消防用水。

离心泵站用水量较小，水塔容积可按全站 $2\sim4h$ 的用水量确定，干旱地区的泵站或停泵期间无其他水源的泵站，应充分考虑运行管理人员的生活用水，水塔或水池的容积应能满足停泵期间生活和消防用水的需要。

9.6.9 消防水源可能中断的泵站，一般应配备大型手推车式化学灭火器，喷射距离应满足泵房灭火的要求。电气设备应配备专用化学灭火器。

9.6.10 本条根据现行国家标准《建筑设计防火规范》有关规定制订。

9.7 压缩空气系统

9.7.2 采用油压操作的轴流泵或混流泵站仅设高压气系统，以满足油压装置充气的要求。

9.7.3 油压装置漏气量较少，补气机会不多，故高

压气系统可不设贮气罐，但管路设计应保证进入油压装置的压缩空气能得到充分冷却，以降低空气湿度。

9.7.4 若站内必须设高压系统，而低压系统用气量又不大时，低压用气可由高压系统减压供给，此时可不设低压空压机，但必须设低压贮气罐。高、低压系统之间可用管路连接，通过减压阀或手动阀减压后向低压气系统供气，但应设安全阀，确保低压系统的安全。

9.7.6 高压空压机宜按手动操作设计。若泵站确需按自动操作要求设计时，油压装置的压力油罐上应有液位信号器，只有当油位过高，而压力又不足时，才自动向压力油罐补气。

9.8 供 油 系 统

9.8.3 泵站的油再生及油化验任务较小，加之油分析化验技术性较强，运行人员一般难以掌握，故泵站不宜设油再生和油化验设备。大型多级泵站及泵站群，由于机组台数多，用油量大，且属同一管理系统，宜设中心油系统，贮备必需的净油并进行污油处理，可配备比较完整的油化验设备。

9.8.5 当机组充油量不大，机组台数又比较少时，供油总管利用率比较低，管内积油变质后又被带入轴承油槽，影响新油质量，所以宜用临时管道加油。

9.8.7 绝缘油及透平油均为不溶于水、不易被分解的物质，油桶或变压器事故排油不得排入河道或输水渠道，以免对环境和水质造成污染。

9.9 起重设备及机修设备

9.9.1 为改善工人劳动条件、缩短检修时间，泵房内应装设桥式起重机。起重机的额定起重量应与现行起重机系列一致。

立式机组起重量按电动机转子连轴的总重量确定，当电动机为整体结构时，应按整机重量确定。

对整体吊装的卧式机组，起重量按电动机或水泵的整体重量选定。

对可解体的卧式机组，起重量按解体后最重部件的重量选定。

9.9.2 起重机的类型应根据装机台数、起重量的大小等因素选定。对机组台数较多、年利用小时数较高的泵站，宜选用电动桥式起重机，否则，可选用手动梁式起重机。

起重量为 5～10t 时，起重机的类型可根据泵站具体情况，参考上述说明自行选定。

9.9.3 起重机的工作制应根据其利用率决定。一般泵站起重机的利用率较低，故起重机的桥架，主起升机构，大、小车运行机构的机械部分以及运行机构的电气设备均可选用轻级工作制。主起升机构的电气设备及制动器、副起升机构及电气设备在机组安装检修期间工作强度大，故应选用中级工作制。

9.9.6 梯级泵站或泵站群常由一个管理机关管辖。由于设备比较多，维修任务重，宜设置中心修配厂。机修设备按满足主机组及辅助设备的大修要求配置，所配置的机修设备应满足下列零部件加工的要求：

（1）离心泵或蜗壳式混流泵叶轮车削；

（2）水泵轴精车；

（3）一般大件的刨削加工；

（4）端面及键槽加工；

（5）螺孔钻削加工；

（6）叶轮补焊。

中心修配厂尚需配置其他小型机械加工设备。大型和精密零部件的修理应通过与有关机械厂协作加以解决，不得作为确定机修设备的依据。

9.10 通 风 与 采 暖

9.10.1 泵房的通风方式有：自然通风；机械送风，自然排风；自然进风，机械排风；机械送风，机械排风等。选择泵房的通风方式，应根据当地的气象条件、泵房的结构型式及对空气参数的要求，并力求经济实用，有利于泵房设备布置，便于通风设备的运行维护。

泵房的采暖方式有：利用电动机热风采暖，电辐射板采暖，热风采暖，电炉采暖，热水（或蒸气）锅炉采暖等。我国各地区的气温差别很大，需根据各地的实际情况以及设备的要求，合理选择采暖方式。

9.10.2 当主泵房属于地面厂房时，应优先考虑最经济、最有效的自然通风。只有在排风量不满足要求时，才采用自然进风，机械排风。采用其他通风方式需进行详细论证。

对于值班人员经常工作的场所（如中控室），或者有特殊要求的房间，宜装设空气调节装置。

9.10.4 蓄电池室通风主要用于排除酸气和氢气。为防止有害气体进入相邻的房间或重新返回室内，本条规定应使室内保持负压，并使排风口高出泵房屋顶1.5m。

采用镉镍蓄电池或其他不溢出有害气体的新型电池时，可不设通风设施。

9.10.7 根据电气设备及运行人员的需要，计算机室、中控室和载波室的温度不宜低于 15℃。

电动机进风温度低于 5℃ 时将引起出力降低。室温过低还会加速电气设备绝缘材料老化过程。故电动机层室温不宜低于 5℃。

冬季不运行的泵站当室内温度低于 0℃ 时，对无法排干放空积水的设备应采取局部采暖。

9.10.8 两表系参照现行国家标准《工业企业设计卫生标准》制定。

对于南方部分地区，夏季室外计算温度较高，无法满足一般通风设计的要求，若采用特殊措施又造价昂贵，故表中定为比室外计算温度高 3℃。

9.11 水力机械设备布置

9.11.1 水力机械设备布置直接影响到泵房的结构尺寸，设备布置的合理与否还对运行、维护、安装、检修有很大的影响。所以，在进行水力机械设备布置时，除满足其结构尺寸的需要外，还要兼顾到以下几方面：

一、满足设备运行维护的要求。有操作要求的设备，应留有足够的操作距离。只需要巡视检查的设备，应有不小于 1.2～1.5m 的运行维护通道。为便于其他设备的事故处理，需要考虑比较方便的全厂性通道。

二、满足设备安装、检修的要求。在设备的安装位置，应留有一定的空间，以保证设备能顺利地安装或拆卸。需要将设备吊至安装间或其他地区检修时，既要满足吊运的要求，又要满足设备安放及检修工作的需要。

三、设备布置应整齐、美观、紧凑、合理。

9.11.2 影响立式机组段尺寸的主要因素是水泵进水流道尺寸及电动机风道盖板尺寸。在进行泵房布置时，首先要满足上述尺寸的要求，并保证两台电动机风道盖板间有不小于 1.5m 的净距。

9.11.4 卧式机组电动机抽芯有多种方式。如果在安装位置抽芯，往往需加大机组间距，增大泵房投资。多数情况是将电动机定子与转子一起吊至安装间或其他空地进行抽芯。

9.11.5 边机组段长度主要考虑电动机吊装的要求。有空气冷却器时，还要考虑空气冷却器的吊装。在边机组段需要布置楼梯时，可以兼顾其需要。如果仅仅为了布置交通道或楼梯而加长边机组段，是很不经济的，需要重新研究交通道布置的合理性。

9.11.6 安装间长度主要决定于机组检修的需要。立式机组在安装间放置的大件主要有电动机转子、上机架、水泵叶轮等。由于电动机层布置的辅助设备和控制保护设备比较少，有足够的空地放置上机架及水泵叶轮，所以，在安装间只需放置电动机转子，并留有汽车开进泵房所必需的场地，即可满足机组检修的要求。

卧式机组一般都在机组旁检修，安装间只作电动机转子抽芯或从泵轴上拆卸叶轮之用，利用率比较低，其长度只需满足设备进出入泵房的要求即可。

9.11.7 泵站的辅助设备比较简单。主泵房宽度除应满足设备的结构尺寸需要外，只需满足各层所必需的运行维护通道即可。卧式机组的运行维护通道可以在进、出水管上部布置，其高度应满足管道安装、检修的需要。一般情况下运行维护通道的布置不宜加大泵房宽度。

9.11.8 主泵房高度主要决定于设备吊运的要求。立式水泵最长部件是水泵轴。泵房高度往往由泵轴的吊运决定。如果水泵叶轮采用机械操作，则泵房高度由调节机构操作杆的安装需要决定。

9.11.11 大型卧式水泵及电动机轴中心线高程距水泵层地面比较高。在中心线高程或稍低于中心线高程位置，设置工作平台，以利于轴承的运行维护、泵盖拆卸及叶轮的检查。目前有不少泵站在轴中心线高程设一运行、维护、检修层，或在机组四周加一平台，效果比较好，受到运行人员的欢迎。

10 电 气 设 计

10.1 供 电 系 统

10.1.1 规定了泵站供电系统设计的基本原则和设计应考虑的内容。泵站供电系统设计应以泵站所在地区电力系统现状及发展规划为依据，是说在设计中应收集并考虑本地区电力系统的现状及发展规划等有关资料。在制订本规范的调查中，曾发现专用变电所、专用输电线和泵站电气联接不合理，使得有的工程初期投资增加，有的在工程投运后还需改造。因此，本条文强调了要"合理确定供电点、供电系统接线方案"等是非常必要的。

10.1.2 通过对 12 个省、直辖市、自治区的调查情况看，大、中型泵站容量较大，从几千千瓦到十几万千瓦，有的工程对国民经济影响较大，一般采用专用直配输电线路，设置专用降压变电所，也有从附近区域变电所取得电源，采用直配线供电的，电压一般为 6kV 或 10kV，此时，应考虑变电所其他负荷性质。

变电所的其他负荷也不能影响本泵站电气设备的运行，当技术上不能满足上述要求时，则应采取设专用变电所方案。

10.1.3 "站变合一"的供电管理方式是指将专用变电所的开关设备、保护控制设备等与泵站的同类设备统一进行选择和布置。这种供电管理方式能节省电气设备和土建投资，并且可以相对减少运行管理人员。据对 17 个工程 55 个泵站的调查，"站变合一"的供电管理方式占设专用变电所泵站的70%。这种方案在技术上是可行的，经济上是合理的，大多数设计、供电及泵站管理部门都比较欢迎。据此，对于有条件的工程宜优先采用"站变合一"的供电管理方式。

调查中还了解到"站变合一"的供电管理方式在运行管理中存在以下问题：当变电所产权属供电部门时，有两个系统的值班员同室、同台或同屏操作情况，容易造成管理上的矛盾与混乱；或者是供电部门委托泵站值班员代为操作，其检修或试验仍由供电部门负责，这样容易造成运行和检修的脱节，有些设备缺陷不能及时发现和处理，以至留下事故隐患。因此，"站变合一"供电管理方式应和运行管理体制相适应。当专用变电所确定由泵站管理时，推荐采用"站变合一"的供电管理方式。

10.2 电气主接线

10.2.1 本条规定了在电气主接线设计时应遵循的原则和应考虑的因素。泵站分期建设时，特别强调了主接线的设计应考虑便于过渡的接线方式，否则会造成浪费。

10.2.2 由12个省、直辖市、自治区的55个泵站的调查发现，主接线大都采用单母线接线，其中单母线分段的占47%，一般有双回路进线时，均采用单母线分段接线。运行实践证明，上述接线方式能够满足泵站运行的要求。

10.2.5 关于站用变压器高压侧接点：当泵站点气主接线为35kV"站变合一"供电方案时，在设计中常将站用变压器（至少是其中一台），从35kV侧接出。这台变压器运行期间可担负站用电负荷，停水期间可作为照明和检修用电。主变压器退出运行，避免空载损耗。如某工程装机功率为6万kW，停水期间主要仅带检修及电热照明负荷运行，每年停水期间主变损耗有功25kW，无功187万kW。

有些地区有第二电源时，在设计中为了提高站用电的可靠性或避免主变停水期间的空载损耗，常将其中一台站用变压器或另外增加一台变压器接至第二电源上。

当采用220V硅整流合闸48V蓄电池跳闸直流系统时，为了解决进线开关电动合闸问题，常将站用变压器（有时是其中一台）接至泵站进线处，否则该进线开关只能手动合闸或选用弹簧储能机构。

当泵站采用蓄电池合跳闸直流系统时，站用变压器一般从主电动机电压母线接出。

站用变压器高压侧接线如图3～图10。

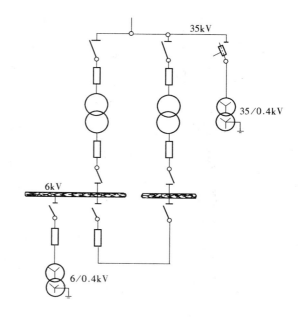

图4

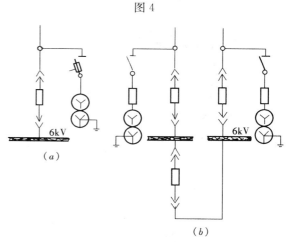

图5

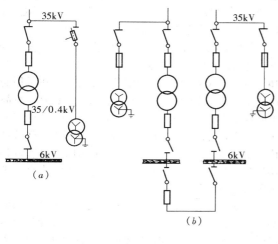

图3

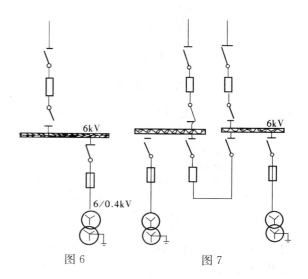

图6　　　　图7

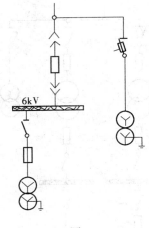

图 8

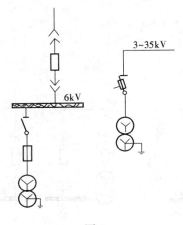

图 9

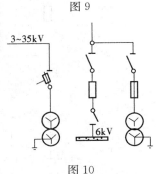

图 10

10.3 主电动机及主要电气设备选择

10.3.3 泵站专用变电所主变压器容量的选择应满足机组起动的要求，主变压器的容量及台数确定应与主接线结合起来综合考虑。

10.3.4 选用有载调压变压器要由电压检验结果而定。排灌泵站年运行时间较短（一般平均为120～200d），开停机组频繁，负荷起落较大；多机组运行时电压降落较大，电压质量不稳定，尤其是一些处于电网末端的泵站，这种现象更为严重。调查中有的泵站降压到20%，这时若再开一台机，就有可能引起电动机低电压保护动作而跳闸。将泵站专用变电所的

主变压器改换成有载调压变压器，情况就明显好转。近年来，越来越多的大、中型泵站工程设计选用了有载调压变压器。

10.4 无功功率补偿

10.4.1 本条根据国家有关政策确定了泵站无功功率补偿的基本原则。无功补偿容量的分配应根据泵站的供电系统潮流计算，经技术经济比较确定。无功补偿容量布局要合理，力求做到"就地平衡"。这种方案避免了无功电力在系统中远距离输送，从运行来看，损耗较少，较为经济。从泵站初期投资来看，这种方案与集中补偿方案相比，可使变压器容量、无功补偿容量以及输送导线截面相对减少，从而节省了输变电及无功补偿设备的投资。1983年颁布的《全国供电规则》（以下简称《规则》）及《功率因数调整电费办法》（以下简称《办法》）都强调了无功电力就地补偿，防止无功电力倒送的原则。通过《办法》的执行，还与各运行泵站的经济利益发生关系。按照《办法》中的规定，用户功率因数比规定标准每降低0.01，电价将提高0.5%。对于执行《办法》的期限，原水电部和原国家物价局联合颁布的"关于颁发功率因数调整电费办法的通知"中规定，可以根据情况，拟定措施，但不能晚于1986年底。因此，在设计初期就要从经济运行的角度出发，根据工程情况进行必要的经济核算工作。故本条明确指出无功功率补偿设计要按上述两个文件中有关规定执行。

10.4.2 本条系根据我国有关能源经济政策和国家计委颁发的"关于工程设计中认真贯彻节约能源，合理利用电能，并加速修订补充设计规范的通知"的精神；参照《规则》、《办法》及其条文解释的具体要求而制定的，旨在保证泵站及其工程在计费处的功率因数值不低于国家标准。

从某泵站专用变电所的110kV母线的功率的因数来看，其设计值为0.94，每年的实际运行值均能达到0.9，电力系统处在高功率因数下运行。因此，本条文的规定是完全正确的。

条文的规定值考核处定在计费点，即产权分界点，纯属业务部门的具体规定。

10.4.3、10.4.4 条文中肯定了目前在泵站中采用的两种无功功率补偿的方式。由于同步电动机补偿与静电电容器补偿相比有一些明显的优点，如适应电网电压波动能力较强，能进行无级调节等，所以在经济性比较相差不多的情况下，宜优先采用同步电动机补偿。在这两条文中推荐单机容量以630kW为界分别采用两种补偿方式。

根据《规则》中有关"无功电力就地平衡"的原则，在条文中强调电容器应分组，其分组数及每组容量应与运行方式相适应，达到能随负荷变动及时投入或切除，防止无功电力倒送的要求。

10.5　机组起动

10.5.1　条款规定主电动机起动时，其母线电压降不超过15%额定电压，以保证主电动机顺利完成起动过程。

但经过准确计算，主电动机起动时能保证其起动力矩大于水泵静阻力矩，并能产生足够的加速力矩使机组速率上升。当供电网络中产生的电压降不影响其他用电设备正常运行时，主电动机母线电压降也可大于15%额定电压。

调查情况表明，某泵站主电动机系6000kW同步电动机，直接起动时电压降达23%额定电压；另一泵站主电动机系8000kW同步电动机，直接起动时电压降高达37%额定电压。上述两种同步电动机均能顺利完成起动过程，并已投运多年，起动时未影响与之有联系的其他负荷的正常工作。

无论采用哪种起动方式，根据实际需要均可计算起动时间和校验主电动机的热稳定。

10.5.2　由于我国同步电动机的配套励磁装置尚处于发展阶段，为了慎重起见，在确定最不利运行组合形式时，应进行排列组合计算。

10.6　站 用 电

10.6.2　站用变压器台数的确定，主要取决于泵站负荷性质和泵站主接线。据调查情况表明：站用变压器设置一台的占45%，两台的占35%，三台的占20%。当泵站采用单母线分段时，绝大多数用两台站用变压器；当采用单母线时，一般采用一台站用变压器。

10.7　屋内外主要电气设备布置及电缆敷设

10.7.1　为了便于操作巡视和运行管理，减少土建工程量，节省投资，本条明确要求降压变电站尽可能靠近泵站主泵房与辅机房的高压配电室。在调查中发现有降压变电站远离泵站，进线铝排转弯三次进高压室的不合理的现象。

主变压器尽量靠近泵房，但应满足防火防爆要求。当设置两台主变压器时，其净距不应小于10m，否则应在变压器之间设置防火隔墙，墙顶应高出变压器顶盖1m，宽度应超出变压器的外廓0.5m。变压器与防火隔墙之间以及变压器与泵房防火墙之间的净距不应小于1.2m。如主变压器外廓距泵房墙小于5m时，在主变压器总高度3m以下及外廓两侧各3m以内的泵房墙上，不宜开设门窗或通气孔，当变压器外廓距泵房墙为5～10m时，可在墙上设防火门，并可在变压器高度以上设非燃性固定窗。

10.7.3　是否设置中控室，与泵站性质、装机多少及自动化程度有密切关系。调查表明：五六十年代设计并投入运行的泵站，多数为就地操作，不单设中控室。70年代以后设计投入运行的泵站，绝大多数采用集中控制方式，一般都设置了控制室。有一些潜没式泵站设置了控制室，是因为这类泵站主泵房与辅机房相隔甚远，虽然机组容量不大，台数也不多，但从运行需要来讲应当设置控制室。有些有条件的地区在对过去设计的泵站进行改建、扩建时，往往也增设了中控室。

主泵房噪声大、湿度大、夏天湿度高，因而劳动条件较差，如设置控制室能大大改善工人的工作条件，投资又不多。因此，今后设计的泵站推荐设置中控室。

10.7.12　蓄电池室应按防酸、防爆、防火建筑物设计，并应符合国家现行有关标准的规定。调查中发现有一部分灌排泵站蓄电池室设计不符合规程要求，影响泵站主机的安全运行，因而本条作了上述规定。

10.8　电气设备的防火

10.8.1～10.8.16　在国家现行标准《泵站技术规范》中没有"电气设备的防火"这部分内容。我们参照国家现行有关防火设计规范的规定，结合泵站特点，制定了泵站"电气设备的防火"部分共17条规定。

防火设计是一项政策性和技术性很强的工作。本部分针对泵站的电气设备提出了防火要求，根据泵站特点不对主泵房及辅机房进行防火分区，只就主要部位规定了应当采取的消防措施。对蓄电池室的防火，要求按酸性、碱性不同类型的蓄电池区别对待。对于大型泵站和泵站群，不作单独设置消防控制室的规定。自动报警信号可集中在中控室，实行统一监视管理。

10.9　过电压保护及接地装置

10.9.1～10.9.13　这13条规定除参照了国家现行标准《电力设备过电压保护设计技术规程》及《电力设备接地设计技术规程》和《水力发电厂机电设计技术规范（试行）》外，还结合泵站的特点补充了部分内容，提出了一些具体要求。

10.10　照　　明

10.10.1～10.10.7　泵站照明在泵站设计中很容易被疏忽，致使泵站建成后常给运行人员带来很大不便，有的甚至造成误操作事故。所以，在这部分条款中，对泵站的照明设计作了一些原则的规定。一般照明的照度不宜低于混合照明总照度的10%，且不低于20lx；事故照明以占工作照明的30%～50%为宜；全部事故照明用电量约占全泵站总照明用电量的15%～20%。在电光源的选择上，规定应选择光效高、节能、寿命长、光色与显色好的新型灯具。

10.11　继电保护及安全自动装置

10.11.4　根据泵站运行特点，一般情况下应设进线断路器（"变站合一"泵站可与变压器出线断路器合用）。

从进线处取得电流，经保护装置作用于进线断路器的保护称为泵站母线保护。

母线保护设定时限速断保护，动作于跳开进线断路器，作为主保护。设定时限速断保护可以与电动机速断保护相配合，使之尽可能满足选择性的要求。

母线设置低压保护，动作于跳开进线断路器，是电动机低电压保护的后备。

当泵站机组台数较多，母线设有分段断路器时，为了迅速切断故障母线，保证无故障母线上的机组正常运行，一般在分段断路器上设置带时限电流速断保护。

10.11.5 从泵站抽水工作流程看，是允许短时停电的，不需要机组自起动。

对于梯级泵站，即使个别泵站或个别机组自起动成功，对整个工程提水也没有意义。相反，由于大、中型泵站单机功率或总装机功率较大，自起动容量较大，若自起动将因全站或系统的电流保护动作而使全站或电网重新停电。此外，目前多数高扬程泵站不设逆止阀，当机组失电后可能产生倒转现象；突然恢复供电时，机组重新自起动将会带来一些严重后果。为此，设置低压保护使机组在失电后尽快与电源断开，防止自起动是很有必要的。

10.11.8 从调查的情况来看，主电动机的保护，有的采用 GL 型过流继电器兼作过负荷及速断两种保护。也有的采用 DL 型电流继电器作过负荷保护。

虽然水泵机组属平稳负荷，但有时因流道堵塞，必须停机清除杂物，并且根据有关规程规定："起动或自起动条件严重，需要防止起动或自起动时间过长的电动机应装设过负荷保护"；有些资料上也介绍："起动条件较差，起动或自起动时间较长，或不允许自起动时，应设置过负荷保护"，"抽水工程负荷起落较大，电压波动范围大，电压质量可能较差。同时对于大、中型泵站，一般不允许自起动，有时由于某些特殊原因产生自起动时，因为起动容量较大，自起动时间较长，并且可能使机组损坏。"因此，规定大、中型泵站设置过负荷保护是有必要的。

对于同步电动机当短路比在 0.8 以上并且有失磁保护时，可用过负荷保护兼作失步保护。此时，过负荷保护应作用于跳闸。在设计时，为了使保护接线简单，凡满足以上条件时，通常采用 GL 型电流继电器兼作电流速断、过负荷及失步保护。

另外，设置负荷保护，可以不增加保护元件就能实现。因此，泵站电动机应设置过负荷保护。

10.11.9 本条是参照国家现行标准《继电保护和安全自动装置技术规程》第 2.12.6 条要求规定的。

装设于泵站的同步电动机，其短路比一般大于0.8。调查表明，几乎全是采用本规范 10.11.9.3 的

保护方案。该方案的限制条件是主电动机短路比应大于或等于 0.8。若小于此值，说明电动机设计的静过载能力较差，其转子励磁绕组的温升值裕度小，失步情况容易产生过热现象。因此，应考虑其他两种失步保护方式。

10.12 自动控制和信号系统

10.12.3 对于泵站主机组及辅助设备的自动控制设计问题，调查中运行、设计单位都认为提高单机自动化程度是十分必要的。单机自动化是实现整个泵站自动控制及分散泵站集中远动控制的基本环节。只有抓好这个基本环节，才能有效地提高泵站自动控制水平。本条所规定的机组按预定程度自动完成开机、停机，在设计中是完全可以办到的。据调查，我国 70 年代以后建设的泵站，大、中型机组基本都按此要求进行设计，但是，也有不少站的自动控制处于停运状态，其原因有以下几点：1. 部分变换器及自动化元件质量不过关，动作不可靠；2. 一些测试手段尚未妥善解决；3. 泵站使用环境条件差，特别是地处黄河流域的一些泵站，水源含沙量大，泥沙的沉积淤塞常常造成一些问题。例如，一些抽黄泵站，泥沙堵塞闸阀，使闸阀电动机在开闸时过负荷，需要运行人员反复开停多次，这给闸阀联人程序控制带来麻烦；有的泵站因泥沙淤塞使抽真空用的电磁阀无法动作。因此，有自动控制手段的这些泵站只好采用分步操作。今后，应着手解决上述问题。对于因具体情况暂时无法实现自动控制的泵站，可以再增加集中分步操作手段，使其能在集中控制室分步控制机组的开机、停机。因此，执行本条各款规定的前提条件是"确定按自动控制设计"的泵站主机组及辅助设备，不包括那些因具体情况限制或技术条件不具备的泵站机电设备。

10.12.4 是参照国家现行标准《继电保护和安全自动装置技术规程》第 3.7.7 条"同步电动机应装设强行励磁装置"制定的。目前我国生产的大、中型同步电动机励磁装置定型产品具有自动调节励磁的性能。在调查中发现，单机功率在 630kW 以上，才选用同步电动机，70 年代以后设计投入运行的泵站，其励磁装置全部采用上述产品；70 年代以前设计中采用直流机励磁的，现已逐步改换为可控硅励磁。

10.13 测量表计装置

10.13.1 泵站电气测量仪表的准确度，与仪表连接的分流器、附加电阻和互感器的准确度以及测量范围等基本要求可参考国家现行标准《电气仪表装置设计技术规程》确定。本条只规定了泵站高压异步电动机测量仪表的装置。对于同步电动机的测量仪表，因考虑到有的泵站有调相任务，或装有可逆式机组，可执行发电机测量仪表设置的规定。

据调查，有些泵站常在控制屏或台面上设置同步机功率因数表以便于监视，因此本条作出了"必要时可在控制室装设功率因数表"的规定。

10.13.2 巡回检测技术已在某些设有中控室的泵站中应用。巡回检测装置可以根据需要巡视或检测泵站各电气参数及其他有关参数如前池水位、电动机绕组和轴承温度，以及管道流量、压力等，并用数字显示。有的装置还具有自动打印和制表功能。这样，就大大减轻了巡视人员的劳动强度。当泵站系统采用远动控制时，巡回检测装置应与遥测装置共用。

10.13.8 本规范适用范围内的泵站用电量较大。投入运行后，一般为本地区电力系统的大用户之一。在设计初期，应按《全国供用电规则》（以下简称《规则》）中有关规定，处理好供用电联接处的一些技术问题，防止产生矛盾。按《规则》要求，计费电度表应装在产权分界处。因具体情况或其他原因不能装在产权分界处时，其变损和线损应由产权所有者负担。当确定本设计范围内有计费电度表时，其测量回路接线，电压降允许值，电流互感器及电压互感器选择和设置等均应按计费电表的有关要求确定。

10.14 操 作 电 源

10.14.3 根据泵站运行经验，事故停电时间按 0.5h 计，一般能满足要求。"全站最大冲击负荷容量"为采用已颁布的规程规范中的有关规定。对于泵站来讲，应考虑以下两种情况：

一、采用 110V 或 220V 合跳闸直流系统的，一般仅需考虑一台断路器的合闸电流；

二、采用 48V 蓄电池时，最大冲击负荷应按泵站最大运行方式时，电力系统发生事故，全部断路器同时跳闸的电流之和确定。

10.15 通 信

10.15.1、10.15.2 通信设计对于泵站安全运行是十分重要的。值班调度员通过通信手段指挥各级泵站开机运行和各渠道管理所合理配水灌溉以及排除工程故障与处理事故。因此，本条规定泵站应有专用的通信设施。在调查中发现一些特殊情况。例如，独立管理的单个小站或地理位置分散，相互间没有配合要求的泵站群，若设置专用通信网可能造价太高或无能力管理维护等，在这种情况下也可将泵站通信接入当地电信局通信网。

生产电话和行政电话是合一还是分开设置，应根据具体泵站运行调度方式及泵站之间的关系而定。调查中发现，某些单独管理的大型泵站，一般设置行政和调度电话合一的通信设备。但对于一些大、中型梯级泵站，因调度业务比较复杂，工作量较大，有时需要对下属几个单位同时下达命令，采用行政和调度总机合一的方式是不合适的。因此，本条规定梯级泵站

宜有单独的调度通信设施，并与调度运行方式相适应。

10.15.4 为了同供电部门的联系，本条规定通信总机应设有与当地电信局联系的中继线。供电部门设有专用线时，可利用中继线通过电信局与供电部门联系，以解决对内联络问题。

10.15.5 本条规定了对通信装置电源的基本要求。当泵站操作电源采用蓄电池组时，在交流电源消失后，通信装置的逆变器应由蓄电池供电；否则，应设通信专用蓄电池。

10.16 电气试验设备

10.16.1 泵站的电气设备应进行定期检修和试验。集中管理的梯级泵站和相对集中管理的泵站群以及大型泵站，由于电气设备多，检修任务大，要负担起本站和所管辖范围内各泵站的电气设备的检修、调试、校验、35kV 及以下电气设备的预防性试验等任务，根据国家现行标准《电气设备交接和预防性试验标准》规定，应设中心电气试验室。

在配备 35kV 及以下预防性电气试验设备时，应注意与所管辖范围内的被试件技术参数相配合。

中心电气试验室设备宜按本规范附录 F 选用。

10.16.2 对某些偏远、交通不便，委托试验困难的单独泵站，可根据情况设置简单而必要的电气试验设备。对于距离电气试验部门较近或交通方便的单独泵站，可不设电气试验室，委托电气试验部门进行电气试验。

11 闸门、拦污栅及启闭设备

11.1 一 般 规 定

11.1.2 据调查，各类泵站在进水侧均设有拦污栅，这对于保证泵站正常运行起到了重要作用。但有相当多的泵站，由于河渠或内湖污物来量较多，栅面发生严重堵塞，影响泵站的正常运行，甚至被迫停机。较为常见简单可行的办法是在引渠或前池加设一道拦污栅。

拦污栅设置起吊设备的目的，是为了能提栅清污及对拦污栅进行检修或更换。

目前国内大多数泵站，均采用人工清污或提栅清污，但对于污物较多的泵站，即使设置两道拦污栅，也不可能解决污物堵塞的问题，故采用机械清污势在必行。

清污平台应能将污物运走，结合交通桥考虑，可节约投资。据调查，有些泵站将清除的污物随意堆放，未作任何处理，既影响清污效率，也于环保不利。

拦污栅设于站前时，一般可布置成与流向斜交或

作成人字形，这样可扩大过水面积，降低过栅流速，便于清污。

11.1.3 轴流泵及混流泵站出口设断流装置的目的是为了保护机组安全。断流方式很多，其中包括拍门及快速闸门等，为防止拍门或快速闸门也发生事故，参照国家现行标准《闸门设计规范》，要求门前设置事故闸门。对于经分析论证无停泵飞逸危害的泵站，也可以不设事故闸门，仅设检修闸门。

虹吸式出水流道系采用真空破坏阀断流。由于运行可靠，一般可不设事故闸门，但要根据出口高程及外围堤岸的防洪要求设置防洪闸门或检修闸门。

11.1.4 门后设置通气孔，是保证拍门、闸门正常工作，减少拍门、闸门振动和撞击的重要措施。对通气孔的要求是：孔口应设置在紧靠门后的流道或管道顶部，有足够的通气面积并安全可靠。通气孔的上端应远离行人处，并与启闭机房分开，以策安全。

通气孔面积的估算方法，所列公式系根据已建泵站经验提出，同时参考了《大型电力排灌站》（水电版，1984年）所提拍门通气孔面积经验公式和《江都排灌站》第三版（水电版，1986年）推荐采用的真空破坏阀面积经验公式。

11.1.5 泵站停机时特别是事故停机时，如拍门或快速闸门出现事故，事故闸门应能迅速或延时下落，以保护机组安全。

所谓快速闸门启闭机就地操作和远动控制，是指启闭机房的就近操作和中控室的自动控制两种方式，其目的都是使启闭机操作灵活方便。据调查，泵站事故停电时有发生，严重威胁机组安全，因此，启闭机操作电源应十分可靠。目前国内一些大型泵站，均采用交流和直流两套电源，运用效果较好。

11.1.6 据调查，为了检修机组各泵站一般均设有检修闸门。检修闸门的数量各泵站不一，有的泵站每台机组设一套，有的泵站数台机组共设一套。机组的检修期限，国家现行标准《泵站技术规范（管理分册）》有具体规定。每台机组的检修时间，大型轴流泵约需1~3个月。若检修闸门过少，不能按时完成机组检修计划，影响抽水。考虑到大泵站机组台数较少，而每台机组的检修时间又较长，故本条规定检修闸门每3台机组设一套。

对机组台数较多（例如10台以上）的泵站，通常因检修能力的限制，同时检修3台机组以上的情况较少，故可不必按上述规定依次类推增加。

11.1.7 泵站检修闸门，一般设计水头较低，止水效果差，严重时影响机组的检修。因此，对检修闸门，一般均采用反向预压措施，使止水紧贴座板，实践证明具有较好的止水效果。

11.1.10 闸门与闸门及闸门与拦污栅之间的净距不宜过小，否则对闸槽施工，启闭机布置、运行以及闸门安装、检修造成困难。

11.1.11 对于闸门、拦污栅及启闭设备的埋件，由于安装精度要求较高，先浇混凝土浇筑时干扰大，不易达到安装精度要求。因此，本条规定应采用后浇混凝土方式安装，同时还应预留保证安装施工的空间尺寸。

因检修闸门一般要求能进入所有孔口闸槽内，故对于多孔共用的检修闸门，要求所有闸槽埋件均能满足共用闸门的止水要求。

11.2 拦污栅及清污机

11.2.1 拦污栅孔口尺寸的确定，应考虑栅体结构挡水和污物堵塞的影响，特别是堵塞比较严重又有泥沙淤积的泵站，有可能堵塞1/4~1/2的过水面积。拦污栅的过栅流速，根据调查和有关资料介绍：用人工清污时，一般均为0.6~1.0m/s；如采用机械清污，可取1.0~1.25m/s。为安全计，本条采用较小值。

11.2.2 为了便于检查、拆卸和更换，拦污栅应作成活动式。拦污栅一般有倾斜和直立两种布置形式。倾斜布置一般适用于机械清污，栅体与水平面倾角，参考有关资料，本条取70°~80°。

11.2.3 拦污栅的设计荷载，即设计水位差，根据国家现行标准《水利水电工程钢闸门设计规范》规定为2~4m。但对泵站来说，栅前水深一般较浅，通过调查了解，由污物堵塞引起的水位差一般为0.5m左右，1m左右的也不少，严重时，栅前堆积的污物可以站人，泵站被迫停机，此时水位差可达2m以上。

拦污栅水位差的大小，与清污是否及时以及采用何种清污方式有关。在目前泵站使用清污机尚不普遍，多数采用人工清污的情况下，为安全计，本条规定按1.2~2.0m选用。遇特殊情况，亦可酌情增减。

11.2.4 泵站拦污栅栅条净距，国内未见规范明确规定，不少设计单位参照水电站拦污栅净距要求选用。前苏联1959年《灌溉系统设计技术规范及标准》抽水站部分第361条，对栅条净距的规定和水电站拦污栅栅条净距相同，即轴流泵取0.05倍水泵叶轮直径，混流泵和离心泵取0.03倍水泵叶轮直径。

栅条净距不宜选得过小（小于5cm），过小则水头损失增大，清污频繁。据调查资料，我国各地泵站拦污栅栅条净距多数为5~10cm，接近本条规定。

11.2.5 从调查中看到有不少泵站拦污栅结构过于简单，有的栅条采用钢筋制作，使用中容易产生变形，甚至压垮破坏。为了保证栅条的抗弯抗扭性能，减少阻水面积，本条要求采用扁钢制作。

使用清污机清污或人工清污的拦污栅，因耙齿要在栅面上来回运动，故栅体构造应满足清污耙齿的工作要求。对于回转式拦污栅或粉碎式清污机，其栅体构造还需特殊设计。

11.2.6、11.2.7 清污机的选型，因河道特性、泵站水工布置、污物性质及来污量的多少差异很大，应按实际情况认真分析研究。粉碎式清污机因将污物粉碎后排向出水侧，没有污物集散场地要求，但应对环境保护作充分论证。

据调查统计，耙斗（齿）式清污机的提升速度一般为 15～18m/min，行走速度一般为 18～25m/min。回转式清污机的线速度，调查资料为 3～5m/min，有关设计院推荐为 3～7m/min，本条综合考虑取 3～5m/min。

11.3 拍门及快速闸门

11.3.1 拍门和快速闸门的选型，应根据机组类型、扬程、水泵口径、流道型式和尺寸等因素综合考虑。

据调查了解，单泵流量较小（8m³/s 以下）时，多采用整体自由式拍门。这种拍门尺寸小，结构简单，运用灵活且安全可靠，因而得到广泛应用。

当流量较大时，整体自由式拍门由于可能产生较大的撞击力，影响机组安全运行；且开启角过小，增加水力损失，故不推荐采用。

目前国内大型泵站多采用快速闸门或双节自由式拍门、液压控制式及机械控制式拍门断流。这些断流方式在减少撞击力及水力损失方面均取得了不同成效，设计时可结合具体情况选用。

11.3.3 拍门水力损失与开启角的大小有关，据调查了解，一般整体自由式拍门开启角为 50°～60°，个别的不到 40°。实际调查到的拍门开启角情况为 50°～60°的有 3 个泵站；60°以上的有 1 个泵站；双节式拍门上节门开启角在 30°～40°的有 6 个泵站；40°以上的只有 1 个泵站。

关于拍门的水力损失，由于开启角过小，有 5 个泵站降低泵效率达到 2%～3%，2 个泵站达到 4%～5%。

拍门开启角过小时，其水力损失大，特别是长期运行的泵站，其电能损耗相当可观，因此拍门开启角宜加大，但鉴于目前的拍门设计方法不尽完善，开启角又不宜过大，否则将加大撞击力。故本条规定拍门开启角应大于 60°，其上限由设计者酌情决定。

对于双节式拍门，本条规定上节门开启角大于50°，下节门开启角大于 65°，通过试验观察，其水力损失大致与整体自由式拍门开启角 60°时的水力损失相当。上节门与下节门开启角差不宜过大，否则将使水力损失增加，并将加大撞击力，根据模型和原型测试综合分析，本条规定不大于 20°。

拍门加平衡重虽然可以加大开度，但却相应增大了撞击力，且平衡滑轮钢丝绳经常出现脱槽事故。因此本条要求采用加平衡重应有充分论证。

11.3.4 双节式拍门上节门高度一般比下节门大，其主要目的是为了增大下节门开启角，同时拍门撞击力主要由下节门决定，下节门高度小于上节门，就能减少下节门撞击力。根据模型试验，上下门高度比适宜

范围为 1.5～2.0。

11.3.5 轴流泵不能闭阀启动，为防止拍门或闸门对泵启动的不利影响，故应设有安全泄流设施，即在拍门上或在闸门上设小拍门，亦可在胸墙上开泄流孔或墙顶溢流。

泄流孔面积可以根据最大扬程条件、机组启动要求试算确定。先初定泄流孔面积，计算各种流量条件孔口前后水位差。根据此水位差、相应流道水力损失及净扬程计算泵扬程和轴功率，核算电动机功率余量及起动的可靠性，据以确定合理的泄流孔面积。

11.3.7 拍门和快速闸门是在动水中关闭，要承受很大的撞击力，为确保其安全使用，应采用钢材制作。小型拍门一般由水泵制造厂供货。目前拍门最大直径为 1.4m，且为铸铁制造。据调查，在使用中出现了不少问题。为安全计，经论证拍门尺寸小于 1.2m时，可酌情采用铸铁制作。

11.3.8 拍门铰座是主要受力构件，出现事故的机会较多且不易检修，故应采用铸钢制作，以策安全。

吊耳孔做成长圆形，可减轻拍门撞击时的回弹力，从而减轻对支座的不利影响，并有利于止水。

11.3.10 将拍门的止水橡皮和缓冲橡皮装在门框埋件上，主要是避免其长期受水流正面冲击而破坏，设计时应考虑安装和更换方便。

11.3.11 采用拍门倾斜布置形式，当拍门关闭时，橡皮止水能藉门重紧密压于门框上，使其封水严密。对拍门止水工作面进行机械加工，亦是确保封水严密的措施之一。据调查，拍门倾角一般在 10°以内。

11.3.12 拍门支座一般用预埋螺栓固定在混凝土胸墙上，螺栓因是主要支承受力构件，且维修更换困难，应予以十分重视，故特别提出应有足够的强度和预埋深度。

11.3.13、11.3.14 拍门的开启角和撞击力以及快速闸门的撞击力，可分别按附录 G、H 和 J 计算。

附录中公式的推导过程以及实验数据，参见水利部部标准《泵站技术规范》拍门试验项目成果"泵站拍门近似计算方法"（江苏农学院泵站教研室，1986年）和《江都排灌站》第二版（水电版，1979 年）。

11.4 启 闭 机

11.4.1 启闭机型式的选择，应根据水工布置、闸门（拦污栅）型式、孔口尺寸与数量以及运行条件等因素确定。

工作闸门和事故闸门是需要经常操作的闸门，随时处于待命状态。因此，宜选用固定式启闭机；有控制的拍门和快速闸门因要求能快速关闭，故应选用快速卷扬启闭机或液压启闭机；而检修闸门和拦污栅一般不需要同时启闭，故当其数量较多时，为节省投资，宜选用移动式启闭机或小车式葫芦。

11.4.4 据调查，泵站运行期间，事故停电时有发

生。为确保机组安全，快速启闭机应设有紧急手动释放装置，当事故停电时，能迅速关闭闸门。

12　工程观测及水力监测系统设计

12.1　工程观测

12.1.1　泵站工程观测的目的是为了监视泵站施工和运行期间建筑物沉降、位移、振动、应力以及扬压力和泥沙淤积等情况。当出现不正常情况时，应及时分析原因，采取措施，保证工程安全运用。

12.1.2　直接从天然水源取水的泵站，特别是低洼地区的排水泵站，大部分建在土基上。由于基础变形，常引起建筑物发生沉降和位移。因此，沉降观测是必不可少的观测项目。沉降观测常通过埋设在建筑物上的沉降标点进行水准测量，其起测基点应埋设在泵站两岸，不受建筑物沉降影响的岩基或坚实土基上。

水平位移观测是以平行于建筑物轴线的铅直面为基准面，采用视准线法测量建筑物的位移值。工作基点和校核基点的设置，要求不受建筑物和地基变形的影响。

12.1.3　目前使用的扬压力观测设备多为测压管装置，由测压管和滤料箱组成。通过读取测压管的水位，计算作用于建筑物基础的扬压力。实际运用表明，测压管易被堵塞。设计扬压力观测系统时，应对施工工艺提出详细要求。目前已有用于测量扬压力的渗压计，埋设简单，但电子元件性能不稳定，埋在基础下面时间久可能失灵。

12.1.4　对泥沙的处理是多泥沙水源泵站设计和运行中的一个重要问题。目前，泥沙对泵站的危害仍然相当严重。对水流含沙量及淤积情况进行观测，以便在管理上采取保护水泵和改善流态的措施。同时也可为研究泥沙问题积累资料。

12.1.5　对于建筑在软基上的大型泵站，或采用新型结构、新型机组的泵站，为了监测结构应力、地基应力和机组运行引起的振动，应考虑安装相应测量仪器的要求，预埋必要部件或预留适宜位置。观测应力或振动的目的，是检查工程质量，对工程的安全采取必要的预防措施，并为总结设计经验积累资料。

12.2　水力监测系统

12.2.1　根据泵站科学管理和经济运行的要求，对泵站运行期间水位、压力、单泵流量和累积水量进行经常性的观测是十分必要的。观测设备和系统的设置应明确规定为设计者应完成的一项设计内容。

12.2.2　在泵站进水池和出水池分别设置水位标尺，它既是直接观测和记录水位的设施，又是定期标定水位传感器的基准。监测拦污栅前后的水位落差是为判断污物对拦污栅的堵塞情况，以便启动清污机械或用人工进行清淤。

12.2.3　测量水泵进口和出口的真空和压力值是计算水泵效率的需要，同时还可判断水泵的吸水和汽蚀情况。对于真空或压力值不大于 3×10^4 Pa 的泵站，采用水柱测压管既可以提高测量的精确度，同时又有经济可靠的特点。

12.2.4　在泵站现场，应根据水泵装置的条件，选择流态和压力稳定的位置，进行单泵流量及水量累计监测。由于大型流量计在室内标定比较困难，而且费用高，一般宜在现场进行标定。

12.2.5～12.2.7　根据能量平衡的原理，利用流道（或管道）过水断面沿程造成的压力差来计算流量，是泵站流量监测的一种简单、经济、可靠的技术，已为生产实践所证实。

12.2.8　弯头流量计在一些国家已形成系列产品。利用水泵装置按工程要求安装的弯头配置差压测量系统即可作为水泵流量的监测设备。弯头量水具有简单、可靠、经济、便于推广、不因量水而增加管路系统阻力等优点，其测量精度满足泵站技术经济管理的要求，弯头流量计的应用已在实验室和生产实践中得到证实。

中华人民共和国国家标准

核电厂总平面及运输设计规范

GB/T 50294—1999

条 文 说 明

编 制 说 明

本规范是根据国家计委计综合〔1992〕490号文的要求，由中国核工业总公司负责主编，具体由核工业第二研究设计院会同核工业标准化研究所共同编制而成。经建设部1999年6月10日以建标〔1999〕146号文批准，并会同国家质量技术监督局联合发布。

《核电厂总平面及运输设计规范》在制订过程中，编制组进行了广泛的调查研究，收集、分析了大量的国内外相关资料，总结了我国核电站设计和运行过程中的实践经验，并反复征求了有关部门和单位的意见，最后，由中国核工业总公司会同有关部门审查定稿。

在规范执行过程中，希望各单位结合工程实践和科学研究，认真总结经验，注意积累资料，并将意见和建议寄交核工业第二研究设计院（地址：北京市840信箱科技处，邮编：100840），以供今后修订时参考。

目　　次

1 总　　则

1.0.1 本条提出了制定核电厂总平面及运输设计规范的编制背景、指导思想和遵循的原则以及要达到的目的。其内容是贯彻了国务院 1986 年 10 月 29 日发布的《中华人民共和国民用核设施安全监督管理条例》和国家计委计设（1983）1477 号文颁发的《基本建设设计工作管理暂行办法》。

1.0.2 本条规定了本规范的适用范围，适用于新建、扩建核电厂（含核供热电厂）的总图运输设计。由于核电厂的特点，对扩建工程，在某些条文中另有规定。对供热的核能厂，因性质类似亦可参照执行。

1.0.3 核电厂总图运输设计，是综合性很强的工作，涉及国家颁发的核安全、辐射防护、防火、卫生、环保、交通运输等规定、规范或标准。现列出引用标准如下：

（1）火力发电厂总图运输设计技术规程（DL/T 5032—94）（简称《火电总规》，以下同）；

（2）火力发电厂设计技术规程（DL 5000—94）《火电设规》；

（3）机械工厂总平面及运输设计规范（JBJ 9—81）（试行）《机规》；

（4）化工企业总图运输设计规范（HGJ 1—85）（试行）《化规》；

（5）钢铁企业总图运输设计规范（YBJ 52—88）（试行）《钢规》；

（6）工业企业标准轨距铁路设计规范（GBJ 12—87）《工规》；

（7）厂矿道路设计规范（GBJ 22—87）《厂规》；

（8）核电厂厂址选择安全规定（HAF 0100（91））及其所属导则《规定》；

（9）核电厂设计安全规定（HAF 0200（91））；

（10）核电厂内部飞射物及其二次效应的防护（HAF 0204）；

（11）核电厂环境辐射防护规定（GB 6249—86）《环境规定》；

（12）辐射防护规定（GB 8703—88）；

（13）放射性废物的分类（GB 9133—1995）；

（14）IFLG 900MWe 压水堆核电站系统设计和建造规则（RCC—P）（第四版）；

（15）标准轨距铁路建筑限界（GB 146.2—83）；

（16）建筑设计防火规范修订本（GBJ 16—87）；

（17）建筑地基基础设计规范（GBJ 7—89）；

（18）土方和爆破工程施工及验收规范（GBJ 201—83）；

（19）室外给水设计规范（GBJ 13—86）《外给规》；

（20）室外排水设计规范（GBJ 14—87）《外排

规》；

（21）乙炔站设计规范（GB 50031—1991）《乙炔规》；

（22）氧气站设计规范（GB 50030—1991）《氧气规》；

（23）锅炉房设计规范（GB 50041—1992）《锅炉规》；

（24）压缩空气站设计规范（GBJ 29—90）《压空规》；

（25）港口工程技术规范（1987）；

（26）工业企业通信设计规范（GBJ 42—81）《通信规》；

（27）架空送电线路设计技术规程（SDJ 3—79）；

（28）架空配电线路设计技术规程（SDJ 4—79）；

（29）消防站建筑设计标准（GNJ 1—81）；

（30）日本原子能安全委员会安全审查指南汇编（HAZ 0301）；

（31）城镇消防站布局与技术装备标准（GNJ 1—82）（试行）；

（32）工业企业总平面设计规范（GB 50187—93）《工企总规》。

2 术　　语

2.0.1 摘自国家标准《核电厂工程基本术语标准》。

2.0.2 同 2.0.1。

2.0.3 参照《核电厂厂址选择安全规定》HAF 0100（91）名词解释中《安全系统》和《核电厂工程基本术语标准》制定的。

2.0.4 区别于核岛中的核辅助厂房，是除核岛以外的其他为处理、贮存放射性物质的车间、库房和贮罐如特种车库、放射性废液贮罐等的统称。

2.0.5 在核电厂外由人工形成的搬运、加工、运输危险品如易燃、易爆、有腐蚀性、有毒以及放射性物质的设施一旦发生事故，可能对核电厂造成危害的因素。如采石场的飞射石块撞击核电厂，爆炸震动的塌方造成水源暂时堵塞或震动引起地面塌陷。又如海洋和内陆水路运输危险品发生事故如爆炸，这些危险品容器连同其装料和水中的碎屑有可能堵塞或破坏与最终热阱有关的冷却设施。因此这些人工形成的设施是对核电厂有影响的外部人为因素。

2.0.7 同 2.0.1。

2.0.8 同 2.0.1。

3 厂　址　选　择

3.1 一　般　规　定

3.1.1 本条系根据《基本建设设计工作管理暂行办

法》（国家计委计设（1983）1477号）等文件中对建设地点的选择和有关要求制定的。

3.1.2 提出本条的目的是明确核电厂厂址选择应包括的内容，核电厂与非核电厂在选址方面主要区别是核安全，为此增加非居住区、限制区的范围和厂址所在区域内影响核电厂安全的外部事件的设计基准，前二项国家环保局有规定，但具体划定时，将按照实际地形（如山丘与平地）和现场踏勘后确定，后一项则按不同的选址阶段可进行大量调查研究和实地测试等才能完成。

本条中对建设顺序和规模提出意见等内容是根据《火力发电厂设计技术规程》（DL 5000—94）（以下简称《火电设规》）第2.0.3条有关内容制定的。

3.1.3 本条系根据多年核工业的选厂经验，并参照了《钢铁企业总图运输设计规范》（YBJ 52—88）（试行）（以下简称《钢规》）第2.1.2条有关内容制定的。

3.1.4 土地是国家重要财富之一，是农业的基础，而工业建设又必须征用土地，因此国家从开始就提出要珍惜每一寸土地和节约土地的一系列方针、政策。核电厂建设除了厂区用地外，属于非居住区内的土地也要征用，该范围内土地按有关规定仍可利用，但是有局限性，它不得干扰核电厂的正常运行，因此在选址中应注意节约用地，尽量利用荒山劣地、海涂等。（如滨海厂址，将大量多余挖方回填于滩涂，造就土地予以利用），以减少占用陆地的面积，同时尽量将反应堆朝海一侧布置，以减少非居住区在陆地的部分。

3.1.6 核电厂除应具有充足、可靠、符合生产和生活需要的水源外，对于直流供水的厂址，还应考虑进、排水对水域的影响，如热排放对水源引起的温升等。

3.1.8 核电厂在建设期间，除有大宗运输量以外，还有超重、超大的设备（见条文说明表2）需要运输。在核电厂运行期间，每年还有乏燃料运出，乏燃料运容器也是100多吨的笨重物料，有专设的运输车辆，对运输线路要求有较高的技术条件。因此，厂址的运输条件是厂址适宜性的重要内容之一，必须予以重视。

3.1.9 核电厂建设用地面积，必须充分考虑，以满足总平面布置要求，避免事后因布置不下造成许多困难。其面积除了采用围海或开山形成一定数量的安全、可用面积以外，还需要有一定数量的既有面积。要避免建设用地完全依靠大量土石方工程形成的面积，这会大大增加基建投资，或许还会带来其他不利因素（例如开山后形成高边坡，对核安全重要建筑物、构筑物，将形成威胁）。

3.1.10 厂址的地形，应有利于厂房布置、交通联系、场地排水，还应有利于气体扩散。如果场地周围不开阔或起伏太多，都将影响放射性气体的扩散，并造成滞留现象等。

山区地形（如冲沟、排水地形）是多年自然现象

形成，任意破坏，可能会遭致意外危险的后果，应尽量不予破坏。

3.1.11 本条系为了减少地下室的防水措施和费用，对地下水流向的要求是，为了避免因事故使地下水受污染后对公众的影响。

3.1.12 本条系根据《火电设规》第2.0.14条规定制定的。

3.1.14 核电厂对厂址的条件是自然条件和外部人为条件二方面，并且要求都比较高，而又经常矛盾。如果能选择到一个诸多条件经综合平衡后能够满足基本要求的十分不容易，为此提出应该充分利用所选厂址，实施一址多堆方案。

3.2 核 安 全 准 则

3.2.1 本条系根据《中华人民共和国民用核设施安全监督管理条例》（国务院1986年10月29日发布）中关于"安全第一"的方针、"保障工作人员和群众的健康，保护环境，促进核能事业的顺利发展"和《核电厂厂址选择安全规定》（HAF 0100（91））（以下简称《规定》）中引言、厂址选择准则以及《辐射防护规定》（GB 8703—88）中有关规定综合制定的。

3.2.2 本条系根据《规定》中"3 厂址选择准则"的要求制定的。

3.2.3 本条系根据《核电厂环境辐射防护规定》（GB 6249—86）2.2节和考虑了人口的分布，在电厂事故时采取应急措施有密切关系而制定。

3.2.4 核电厂严禁受洪水危害，否则其后果非常严重，不仅工厂不能运行，而且将危及公众。洪水的来源很多，本条是按照《规定》4.1，4.2，4.3节内容制定的。

3.2.5 本条系根据《规定》4.4和《核电厂厂址选址中地震问题》（HAF 0101）第4.2.4条的要求制定的。在《日本原子能安全委员会、安全审查指南汇编》中提出核电厂对设想的任何地震力都必须具有足够的抗震能力，使之不致酿成大事故。……同时重要的建筑物和构筑物座落在基岩上。

3.2.6 本条系根据《规定》4.6节制定的。

3.2.7 本条系根据《核电厂厂址查勘》（HAF 0109）附录Ⅱ的Ⅱ.3（1）制定的。

3.2.8 本条系根据《规定》4.5节制定的，这些不稳定斜坡如土和岩体的滑移和雪崩等。

3.2.9 本条系根据《核电厂厂址查勘》（HAF 0109）4.6节制定的。

3.2.10 提出本条的因素是它们可能危及核电厂厂址的安全，大型危险设施包括危险物品的生产工厂、贮存仓库、输送管线和使用部门。它们对核电厂造成的危险来自爆炸、着火、气体和尘埃云。爆炸产生冲击波、飞射物和地面震动，而且有地面塌陷和使地面滑移的可能。对运载危险物品的运输线路，对核电厂危

险与来自上述设施相似。此外由海洋或内陆水路运输危险品可能出现很大的危险，因其容器、连同其装载物料和水中的碎屑有可能堵塞或破坏与最终热阱有关的冷却设施。而且有记载，大多数海上交通事故发生在沿海水域或港口。因此要认真对待在这些设施附近的厂址。对于厂址应远离大型机场是因为无论民用的还是军用的飞机坠毁概率，在机场附近通常最大。也有资料介绍，民用飞机坠毁的概率，在航线以外明显减少。

3.2.11 大气弥散是由从烟囱出来的排出物抬升以后的随风运动和大气扩散在一起形成。烟羽抬升是烟囱排出物的速度、温度和周围大气的温度、垂直速度之差，使排出物向上抬升。大气扩散是依靠大气湍流，而大气湍流取决于风速和大气层垂直梯度或温度递减率。这些气象条件是大气弥散的重要因素。

3.2.12 本条系根据《核电厂厂址查勘》（HAF 0109）4.9节要求制定的。

3.2.13 这是在事故状态进行人员撤离的交通运输的需要。

3.2.14 本条系根据《规定》中总准则第3.1.4条制定的。

4 总体规划

4.0.1 提出本条的目的是进行总体规划时应有的依据和要考虑的问题，否则总体规划不落实、不全面。

4.0.2 核电厂总体规划，应符合下列要求：

4.0.2.1 核电厂用地面积，不仅要考虑本期建设需要用地面积，而且要把远期规划容量面积一并考虑，还应考虑远期容量引起相应配套设施需要增建或扩建的用地面积。

4.0.2.2 总体规划时应对近期和远期建设项目建设程序，作出全面安排，要近期、远期相结合，避免重复建设，又以近期为主，远期为辅，要防止远期项目不合理地提前在近期建设。

4.0.2.3 是为了节约用地。非居住区面积要征用归核电厂所有，为了少征土地或少征良田好土，把取决于居住区范围的反应堆布置在最合理的位置，可以达到上述目的。例如愈靠近海边、河边、山边，非居住区落在海上、河上、山上的面积愈多，则相应的陆地面积就愈少。同样，核电厂如果有二个堆、三个堆、四个堆，缩小反应堆之间的距离，相应就减少了非居住区的面积。根据《核电厂环境辐射防护规定》（GB 6249—86）规定，非居住区内可以布置属于核电厂并为核电厂服务的一些辅助设施，例如消防站、汽车库、仓库（粮食库除外）、工作人员食堂、行政管理楼、修理车间、运输设施等。

4.0.2.4 是为了公众安全和乏燃料运输的安全，以及尽量减少影响国家干线上的交通运输。例如秦山核电厂一期工程，为了不影响沪杭公路上繁忙的交通运输，从厂区到转运码头，拟另辟一条平行于沪杭公路的专用线。如果转运码头设在厂区，就没有这个问题，如广东大亚湾核电厂。

4.0.2.5 把生活区布置在常年最小风频的下风侧，核电厂布置在上风侧，是为了减少放射性物质对生活区的影响。

4.0.3 由于排放的冷却水，提高了排出口附近水体温度，如果没有一定距离水流的扩散与混合，使其降低到水体温度，而又被吸取作为冷却水，将影响机组的设计参数。而且进入水体的冷却水，一般还混有低放射性废水，需要用距离来进一步稀释。究竟需多大距离来达到上述要求，必须进行温排水和稀释的模型试验来确定。

4.0.4 本条的目的是如果没有考虑这些因素，一旦出现水源取水量与水质有变化，不能满足生产、生活用水要求，必须放弃原取水水源另觅新水源，这就会影响原总体规划。例如××核电厂第一次的水源地，因为当地洗麻季节的水质，不符合生产、生活水质要求而另选水源地，由此影响了原总体规划。

4.0.5 我国目前是一个严重缺电的国家，根据过去电力建设与发展经验，并考虑核电厂建设周期较长而提出的。

4.0.6 本条是节约基建费用措施之一，也是多年的实践经验，如果道路位置选择合适，还可成为第二个对外联系的道路。例如秦山核电厂二期工程中，从施工生产基地通向厂区的施工通路，被核电厂作为将来第二个通向厂外的道路。就是一个很好的例子。

4.0.7 根据《环境规定》在限制区内不得兴建、扩建大的企业事业单位和生活居住区……等。因此核电厂居住区应建在限制区以外。本规范提出要靠近城镇，结合城镇规划进行建设，除了作为城镇建设的一部分，还可相互充分利用核电厂的和城镇的某些公用设施而制定的。

4.0.8 根据《核动力厂营运单位的应急准备》（HAF 0701）1.1节中提出核动力厂"在采取种种预防性措施后，因失误或事故导致核事故应急状态可能性虽是极小，但仍不能完全排除"，"它可能导致放射性物质不可接受的释放，或不可接受的照射。为了加强应急能力，以便在一旦发生事故时迅速有效地控制事故，并减轻其后果，每一核动力厂必须有周密的总型体应急计划和充分的应急准备"，并根据第2章应急计划和第6章应急措施中的要求制定的。

5 总平面布置

5.1 一般规定

5.1.1 核电厂总平面布置，应在总体规划基础上进行，因为它是总体规划中的组成部分。

核电厂与常规火电厂不同之处，主要在于它具有放射性和没有大量的燃料运输。它要求整个核电厂运行寿期内，必须保证核设施的安全和不过量地释放放射性；要减小放射性影响环境的条件；要考虑一旦发生放射性事故，在总图布置上具有采取应急措施的条件。因此在核电厂总图布置时，应根据这个特点与要求和常规火电厂在生产、安全、防火、卫生、施工等要求，结合地形、地质、气象、内外部运输条件进行，并做出多个方案和技术经济比较，以达到用最小的工程费用，合理的技术措施，满足上述技术要求。

5.1.2 这是依多年设计经验提出的，就核电厂来说也是这样。首先以最少的投资，最快的建设速度，形成生产能力，发挥投资效益。但如果后期工程中某些项目与先前工程有较多联系，则在布置中要给以合适的位置。

5.1.3 这是依多年建设经验提出的。不要把后期项目穿插在先期工程中，这样可以避免因施工影响先期工程的正常运行，也可避免因后期工程的变化如机组型式、规模的变化，对原预留场地的面积、外形不符合要求给设计带来的困难。

5.1.4 总平面布置时对各建筑物、构筑物按其功能分区，其作用是明确的，但并不是很严格，要避免生搬硬套，造成不利于为主厂房服务的现象和增加工程建设费用。将有放射性作业的建、构筑物如辅助核设施集中布置在一个区，不仅有利于互相联系，减少工程费用，更大的作用是达到尽量缩小放射性可能污染环境的范围。

5.1.5 本条系为了缩小辅助核设施区范围和提高安全性，且有利于生产管理，也有利于节约建设用地。

5.1.6 在山区或丘陵地区，建筑物、构筑物的布置宜顺着等高线，这是多年建设的经验。对布置在坡脚的建筑物、构筑物，要注意边坡的稳定性和可能发生的危害，特别是切坡形成的高边坡，对附近与核安全有关的重要建筑物、构筑物必引起高度重视，必须进行详细的地质勘察工作与计算，证明其不会危及核安全有关设施，否则不能将建筑物、构筑物布置在边坡可能影响的范围内。

5.1.8 在核电厂内并非均可绿化，据国内外经验，在核岛周围未见绿化，但绿化对环境、对工作人员、对生态平衡是必需的，为此在总平面布置时要留出绿化用地，为核电厂的绿化创造条件。

5.1.9 根据我国目前情况，在征地范围内一般均设置围墙，在厂区（包围厂区全部建筑物、构筑物）更要筑围墙。为了保障核电厂正常运行，根据《核电厂设计安全规定》（HAF0200）3.16规定"为严密控制出入口，必须以适当的构筑物的布置方式，使核电厂与其周围相隔离"和参照广东大亚湾核电站的做法，在厂区内所有直接影响运行的建筑物、构筑物外围，

还要筑一道围墙或实体屏障，称保卫区实体屏障，此屏障为内外两层间距为 6m 能透视的双层铁栅围墙，并装有探测装置，以供保卫和监视。

5.1.11 本条系应急状态的需要，也是根据《火电设规》第 3.2.2.7 款的规定而制定的。

5.1.14 本条及表 5.1.14 是参考国外核电厂用地指标和国内核电厂用地情况，并根据我国国情提出的。此参数摘自中国核工业总公司主编的《核工业工程项目建设用地指标》第 5 章 "核电站工程建设用地指标" 表 5.2.3。

5.1.15 本条系参考上述 "核电站工程建设用地指标" 表 5.2.4 结合目前正在设计的××核电厂情况制定的。

5.2 主要生产设施的布置

5.2.1、5.2.2 此两条系根据法国电力公司和法马通公司编制并经法国核安全当局批准执行的《法国 900MWe 压水堆核电站系统设计和建造规则》（RCC—P）的 1.1.3.1、1.1.3.3 制定的。

5.2.3 本条系根据上述系统和建造规则（RCC—P）的 1.1.3.4 和《火力发电厂总图运输设计技术规程》（DL/T5032—94）（以下简称《火电总规》）第 3.2.1 条中有关规定制定的。

5.2.4 因为多台机组平行布置时，反应堆厂房与邻近机组的汽机厂房呈切向布置，这使关键靶物（如控制室）处在汽机转子碎片形成的飞射物 25°飞射角的范围内［《核电厂内部飞射物及其二次效应的防护》（HAF 0204）5.2.3］。为了减小这个撞击力，需要加大两个核电机组之间距或采用工程措施，否则是不安全的。

5.2.6～5.2.8 这 3 条系分别参照《火电总规》第 3.2.5 条、3.2.6 条、3.2.7 条中有关条款制定的。

5.2.10 柴油发电机房是核电厂安全非常重要的事故应急备用电源，属于核安全有关的建筑物，有抗震等要求，与核岛贴邻，可与核岛在同一底板上，且线路连接短捷，工程费用较省。

5.3 辅助生产设施的布置

5.3.1 辅助核设施包括如放射性废物处理厂房、放射性机修和去污车间、放射性固体废物暂存库、放射性液体废物贮罐、运送放射性物料的特种汽车库、洗衣房等。

5.3.2 辅助核设施区设单独出入口，其目的是运输放射性物料的车辆可以直接驶往厂外道路，不绕道厂区其他道路再出厂，以减少对厂区的影响。

5.3.3 本条系根据《火电设规》第 3.2.2 条，《火电总规》第 3.2.1 条有关条款及以往经验制定的。

5.3.6 本条系根据《火电总规》第 3.2.23 条有关部分制定的。

5.3.7 本条系根据《火电总规》第 3.2.24 条规定制定的。

5.3.8 通常生活、生产、消防用水都在同一水处理站中处理，由于生活用水系饮用水，它的处理站宜布置在最大风频的上风侧、非居住区以外，以保证水的质量。

5.3.12 调试锅炉房为汽机厂房服务，是临时性的，但又是必需的，要求总平面布置为临时调试锅炉房留出位置。

5.3.14 参照广东大亚湾核电厂和《核电厂营运单位应急准备》（HAF 0701—5.4）制定的。

5.4 其他设施的布置

5.4.5 一般工矿企业的消防站是单独设置还是与城镇或附近企业协作，要根据《城镇消防站布局与技术装备标准》（GNJ1—82）（试行）中的第 1.0.3 条"从接警起五分钟内到达责任区最远点为一般原则"和具体情况与当地消防部门协商确定。但核电厂的安全极为重要，而且核电厂所设限制区是以反应堆为中心半径 5km 的范围，附近企业或原有城镇消防站一般都在 5km 以外，不能在接警起五分钟内达到责任点，所以需要单独设置。车辆的配备是根据《城镇消防站布局与技术装备标准》（GNJ1—82）（试行）中的第 5.0.3 条制定的。

5.4.11 本条系参考《消防站建筑设计标准》（GNJ1—81）（试行）第 2.0.1 条"消防站应设在其边界距医院、小学校……集市等人员密集的公共建筑和场所不应小于 50m"制定的。

6 竖 向 布 置

6.1 一 般 规 定

6.1.1 厂区竖向布置与总平面布置关系密切，相辅相成，必须统一考虑，才能相互协调，最大限度满足各自要求。在标高处理上，又要与区域总体规划、周围环境协调一致，以保证交通运输安全，地面排水顺畅。

6.1.2 目的是提出竖向布置应满足有关方面的要求，否则延误施工周期，影响机组发电效率，增加发电成本，或受洪水威胁甚至造成放射性向环境超剂量扩散等严重后果。

6.1.3 这是国内外建设经验与教训的总结，在核电厂的安全分析报告上要求对自然的排水地形拟进行任何改变的专题阐述。这是因为这些自然排水系统是常年累月形成的，一般只能利用而不轻易改变。如果必须改变，应对有关排水系统进行全面充分调查研究，选择宜于导流或拦截地段和有效措施。在国外核工业建设的规章中，也提出同样的要求。

6.1.4 为了便于直接了解各建筑物、构筑物、管线与反应堆厂房的标高关系，可采用全厂统一的±00 标高，如以反应堆厂房室内地坪为±0.00，其他的建筑物、构筑物室内地坪标高则相对反应堆厂房±0.00 为正（＋）或负（—），这种方式便于计算和使用，也是国外设计中常用的。

6.1.5 这是确保核电厂安全的必须条件之一，在《滨河核电厂厂址设计基准洪水的确定》（HAF 0110）中 10.1（1）和《滨海核电厂厂址设计基准洪水的确定》（HAF 0111）中 12.1（1）中提出的。因为洪水泛滥会影响核电厂的安全，因此应根据上述二个安全导则确定设计基准洪水位，确保重要物项的安全。条文中的"相应的措施"是指如在厂区最低处设排水泵房、非常情况下的第二个应急排水口等。

6.1.7 这是根据过去经验提出的，更是依核电厂中核安全重要建筑物、构筑物的安全要求提出的。这些边坡或挡土墙的稳定还包括在地震时仍然是稳定的要求。

6.1.8 预留场地石方开挖，系指现有机组的附近进行石方开挖，由于石方开挖、爆破所引起地面振动，将影响正在运行的组件、设备和仪表，导致误操作或失灵的可能。除非开挖与爆破是有计划、有控制地进行，且所引起的地面运动和振动，对组件、设备、仪表等都在该设施的设计参数范围以内，否则是不允许的。

6.2 设计标高的确定

6.2.1 这是根据《滨河核电厂厂址设计基准洪水的确定》（HAF 0110—10.10）和《滨海核电厂厂址设计基准洪水的确定》（HAF 0111—12.1（1）（2）和核安全法规译文 RCC—P《法国 900MWe 压水堆核电站系统设计和建造规则》（HAF·Y0005）第四版 1.2.2.2.1 中要求制定的。

6.2.2 本条系根据《火电总规》第 4.1.2 条和《工企总规》第 6.2.2 条（一）制定的。

6.2.4 是为了节约地下设施防水措施的造价。对放射性建筑物、构筑物除了节约防水措施造价外，更主要是万一放射性液体渗出，向地下弥散时，使它的核素有较长时间与土壤中的分子进行离子交换和被土壤吸附，以减少最终流到地下水的数量。

6.2.5 这是参照《火电总规》第 4.2.1 条制定的。

6.2.6 建筑物室内、外地坪高差，应符合下列规定：

6.2.6.1 0.15～0.30m 是多年实践的参数，也是普遍采用的数值。如果高差太大，则车间大门外的坡道按常规坡度设置就很长，有些甚至长到与道路相交，这样就不符合道路的技术条件。否则坡道短、坡度大，但又不符合技术条件。

6.2.6.3 提出的要求是为了防止这些液体的外流，对环境与安全造成危害。

6.2.6.4 是根据实践的经验和参照《工企总规》第6.2.4条制定的。

6.3 台 阶 式 布 置

6.3.1 山坡地区采用台阶式布置的条件是根据我们多年实践的经验提出的。关于"当采用直流冷却供水，场地标高与取水标高相差较大时，考虑供水的经济性，宜将反应堆厂房与汽机厂房错层布置"，如于山区建厂，提水高度较大，核岛与汽机厂房场地是削山形成，由于汽机厂房场地标高的安全标准低于核岛场地标高的标准，在核岛与汽机厂房之间蒸汽管道的连接等技术问题都可以解决的前提下，为了降低供水高度，节约运行费用，可以把汽机厂房布置在低于核岛且符合标准规定的另一个台阶。这在国内火电厂有此经验，国外核电厂如日本的福岛、大阪，德国的奥布利希海姆，美国的比弗谷，法国的某些核电厂都是这样布置的。

6.3.5 本条是根据过去的经验并参照《机规》、《钢规》中竖向布置的有关条款制定的。其中表6.3.5-1和6.3.5-2是分别按《厂规》第3.3.3条、《工规》第3.3.2条和《钢规》第5.3.6条编制的。

6.3.6 基础底面外边缘至坡顶的水平距离（S）的计算公式是根据《建筑地基基础设计规范》第5.3.2条规定编制的。

6.4 土（石）方工程

6.4.1 关于大量挖方。核电厂的地下设施（如地下室、地下管廊等）多、规模大，因此土（石）方的余量多。如果全部在厂区内就地消化，达到填挖平衡，会带来其他问题，如建筑物、构筑物基础埋得太深而增加建设费用或回填场地的地基处理需要时间和费用等。根据以往反应堆工程的建设和近年几个核电厂建设经验，除了就地消化一部分土（石）方外，其余挖方如条文所述，作其他用途。本条就是根据上述情况制定的。

6.4.2 本条是根据《土方与爆破工程施工及验收规范》第3.4.1条、第3.4.5条、第3.4.6条和结合放射性建筑物对土的性质要求制定的。关于土质较好的耕植土或表土，一般可作为填方土料……，是根据《机规》第4.5.3条制定的。

6.4.3 本条表6.4.3-1、表6.4.3-2、表6.4.3-3是分别依据《钢规》第5.4.3条、《工规》第3.2.8条、《厂规》第3.4.2条规定制定的。

6.5 场 地 排 水

6.5.1 本条系根据多年实际经验提出的。即使在山区的缓坡地区，有条件时工厂也愿意用管道排水。如某核基地三废区，原设计为明沟，投产后工厂改为暗管，理由是原明沟易堆积污物，清扫工作量大，又有碍厂容。

核电厂是很清洁的工厂，为了减少污物沉积的环境，保持良好的厂容，因此提出厂区场地排水主要采用管道式排水。

6.5.2 场地整平坡度的目的是既要迅速排除地面水，又要防止地面的冲刷造成土的流失带来环境污染，堵塞管沟，有碍厂容等一系列问题。因此提出：视地形、土质和地段确定。条文中坡度值是参照《钢规》第5.5.2条和多年设计经常采用的参数制定的。

6.5.3 参照《钢规》第5.5.4条及多年设计实践制定的。

6.5.4 这是多年设计中常用的参数。

6.5.8 本条是根据过去的实际经验制定的，如西北的核基地，新疆地区的火电厂就是这样设计的。

7 管 线 综 合 布 置

7.1 一 般 规 定

7.1.1 核电厂管线繁多，性质、介质各异，它们都有各自的布置原则和要求，如果机械地予以汇总，必然会出现多处碰、撞与重叠而不符合规定、规范，更会破坏总平面布置时对它们位置的初步安排。因此如何根据各管线布置的技术条件，从总体布局上予以安排，采用合适的方式，进行合理的布置，以满足生产，符合安全，减少能耗，节约用地，方便施工检修以及有利厂容环境等要求，就是管线综合布置的目的。本条系根据以往核工业建设经验并吸收其他行业、国外核电站建设经验，提出做好管线综合布置的一些规定和要求。

7.1.3 本条规定是多年来实践的总结，特别是对土地利用率要求日益提高的今天尤为需要。管线在地沟（或管廊）中敷设，除了节约用地，也减少挖土工作量，减少对地面工程的施工影响和施工受雨季的影响，有利于加快建设进度，缩短工程的建设周期。尽量埋地敷设是为了厂区接受放射性沉积物的面积尽可能小的原则，也有利厂容。

7.1.4 一个厂的厂容厂貌，是工厂的精神产品，它反映工厂的精神面貌和管理水平，良好的厂容能激发员工的生产热情，也十分有利于吸引外来客商、用户。作为工厂设计，要为未来工厂的厂容创造条件、打好基础，而管线在各地段敷设方式，是厂容重要内容之一，宜适当予以考虑。

7.1.7 参照了《钢规》第6.1.8条和核工业管线特点规定的。由于放射性液体管线在定期检修时必须倒空管内残液，如果有弯曲或中途有低点则不易倒空，而这些低点容易沉积核素形成放射性积聚，增加放射性比活度。为此需在这些部位增设集水井、抽水设施等一系列带放射性的设施。放射性气体管线，因为有冷凝液，其要求与液体管线相同。

7.2 地下管线

7.2.1 本条系根据多年实践经验并参照其他行业总图运输设计规范制定的。

7.2.1.1 是考虑维护建筑物、构筑物的基础安全，避免由于管线标高低于建筑物、构筑物基础，在管线施工时对建筑物、构筑物基础的影响或管沟开挖后因故中断施工，适逢下雨造成建筑物基础下地基坍塌而危及建筑物的安全。由浅到深的布置系指一般情况下，如情况特殊，又有具体措施，可不按此要求布置。

7.2.1.2 是参照《火电总规》第5.2.7条，《机规》第5.2.5条制定的。

7.2.1.3 是考虑给水管特别是饮用水管与排水（雨水污水）管、放射性液（气）体管、有毒液（气）体管尽可能远而制定的。

7.2.1.5 是根据《化规》第5.2.4条制定的。

7.2.2 本条表7.2.2系根据和参照《工企总规》第7.2.6条、《机规》第5.2.6条、《钢规》第6.2.2条、《化规》第5.2.5条、《火电总规》附录A、《外给规》第5.0.21条、《外排规》附录二、《锅炉规》附录三、《压空规》、《氧气规》等有关条文，《乙炔规》第9.0.9条、《通信规》第57条的规定制定的。

放射性管线与其他管线之间净距，目前尚未见到专门规定。核电厂厂区放射性管线中的废水，大致有放射性废液处理厂房的工艺废水；专用（特种）汽车库的去污冲洗废水；放射性设备检修车间的化学和机械去污废水以及其他类似废水。这些放射性废水其放射性浓度一般在10Bq/1以下，按《放射性废物分类标准》附录A的划分属于低放射性液体废物，按核电厂标准，它们敷设在专设地沟中，以防止泄漏后渗入地下。其次液体的输送是受控制的。平时管中无液体，只有发送车间向接受车间发出通知有液体输送时才有液体，而且双方均有计量，如发现双方计量不符，说明中间有泄漏，因此容易发现是否有泄漏。这些措施对平时检查和需要时进行维修都为人员的安全创造了有利条件。根据以往核工程设计经验和运行实践，确定这类管线可视为类似普通排水管线，它与其他管线之间的净距也可与普通排水管相同。但为了更安全考虑，与给水管净距，按上述分析并参照前苏联《设计原子能工厂和实验室的卫生规范》（H101—58）（1958年修订）高放射性液体（在带屏蔽厚度的管沟内）距饮用水管（标高在放射性管沟之上）的净距：当土壤为粘性土时为5m；非粘性土时为10m。本条定为3~4m（不分土壤性质，因为核电厂，一般建设在基岩地区，管线不是在整块基岩上，就是在回填石料上），若为生产给水则3m；若为生活给水则4m。

7.2.3 本条表7.2.3系根据和参照《工企总规》第7.2.7条、《钢规》第6.2.3条、《化规》第5.2.6条、

《机规》第5.2.6条、《火电总规》附录二、《室外给规》第5.0.21条、《室外排规》附录二、《锅炉规》附录二，《氧气规》、《乙炔规》的有关条文，《通信规》第57条的规定制定的。

放射性管线与建筑物、构筑物之间的净距，目前未见到专门规定，由于其性质（见第7.2.2条条文说明）按以往核工程设计经验和运行实践，确定为类似普通排水管线，它与建筑物、构筑物之间的净距也可与普通排水管线相同。

7.2.4 本条是根据《外给规》第5.0.21条、《外排规》附录二、《锅炉规》附录三、《压空规》、《氧气规》等有关条文，《乙炔规》附表3、《钢规》第6.2.4条、《机规》第5.2.7条和工作实践规定的。上述某些专业规范中没有提出与铁路或道路交叉的净距或虽提出但不便于实际使用，经综合分析研究并依据多年设计经验提出了本条的规定数值。如与道路净距，《外给规》、《外排规》、《通信规》都没有提出，其他专业规范都有，因此根据这些规范的规定，并参照一些行业总图设计规范，结合核电厂道路荷载情况、路面结构类型，还为了计算方便，确定了以路面到管（沟）顶为0.8m的净距。

又如给水管穿越铁路的净距，《外给规》中提出：按《铁路工程技术规范》执行。在《铁路工程技术规范》规定是管（沟）顶到铁路路肩的净距。由于各核电厂铁路道床厚度和钢轨型号相差不多，为了计算方便，确定了以轨顶到管（沟）顶为1.2m的净距。

7.2.5、7.2.6 本条系根据1988年法国电力公司编制的《安装规定汇编》（DRI）中I—17《核电厂技术廊道》制定的。

7.2.7 本条系根据核工程特点和多年设计与现场配合施工实践提出的。特别是由于核工程有许多很深的地下设施，浅的7~8m，深的近20m，在施工开挖基坑时侧壁放坡，增加了地面开挖宽度，这些宽度在设施建成后回填，一些靠近地下设施的管线，如果在这宽度内，一旦回填土下沉，造成管线断裂，其后果是十分严重的。而管线的敷设又不能完全依赖于理论上的压实度，因此，在管线综合布置时要考虑此情况，必要时在进行技术经济比较后采取一些措施，如加大与建筑物、构筑物的净距，使管线座落在老土上；或建造支墩或栈桥将管线架起来等等。

7.3 架空管线

7.3.1 本条系根据《锅炉规》第17条及附录一、《压空规》有关条文、《氧气规》、《乙炔规》附录一的附表1.1的规定制定的。

7.3.2 本条系根据《工企总规》第7.3.8条制定的。表7.3.2注②系根据《钢规》表6.3.4，3.8m水平净距是根据《架空送电线路设计技术规程》（SDJ3—79）表30和《工规》第11.3.9条制定的。

7.3.3 本条系根据《工企总规》第7.3.9条制定的。

8 绿 化

8.1 一 般 规 定

8.1.1 随着经济建设的发展，工业企业日益扩大，如何处理好环境保护和工业建设之间的矛盾是当前工业发展的重要课题之一，而绿化就是保护环境、防止污染和维持自然生态平衡的一项重要措施，因此在企业的总平面设计中必须把绿化设计作为其中的一个部分。同时它对改善环境、美化厂容、增加员工爱厂热情、坚持文明生产也起着重要作用。工厂绿化必须根据自然条件（如气象、土质）和厂内各功能小区及其生产性质进行，并且在总平面布置中需要留出的集中绿地，竖向布置时为坡面的保持和管线综合时为植树留出间距等都要作出统一安排。

8.1.2 为了尽量不产生放射性废物，所以规定带放射性物质的设施区不宜绿化，主要是考虑由于大量枯枝残叶可能造成潜在的放射性废物给生产管理带来的困难。

8.1.3 虽然核电厂的大量绿化，有可能造成潜在的放射性废物，但正如本节第8.1.1条说明所阐述的绿化是维持生态平衡重要措施之一。厂区绿化是肯定的，绿化占用多少面积，它占厂区用地面积的百分比是多少？现根据国内几个核电厂的实践，认为绿化用地为不少于15%比较合适。

8.2 绿 化 布 置

8.2.1 根据核电厂的具体情况，认为行政管理设施区即厂前区和其他员工活动较多的室外场所如食堂周围是重点绿化地段，因为：

1）距主厂房群较远，绿化引起的潜在放射性废物的产生可能性较小。

2）人员逗留机会多或是出入工厂必经之地，又是外来联系工作的第一接口，必须给人以厂容美观、环境优美的感觉，它既能激发本厂员工爱厂热情也给外来人员第一个对工厂的良好印象。

其他对环境洁净要求高的或噪声大的车间、站房附近也可适当绿化，以创造空气洁净的环境和减低噪声强度的影响。

8.2.2 这是为了配合监测放射性剂量而培植的指示性植物。

8.2.3 为了安全，在道路交叉口、铁路道口的绿化布置，必须满足《厂规》和《工规》中对视距要求的规定。

8.2.4 为使装在围墙上的警卫自动探视装置有良好的通视条件，专门为此作为一条提出。不放在表8.2.5中，是为了引起重视。此数据来自《钢规》和

广东大亚湾核电站双排铁栅围墙的资料。

8.2.5 本条是根据各行业现行的总图运输设计规范和现行的室外给水、排水、各种气体站房、电力、通信设计规范编制的。

8.3 树 种 选 择

8.3.1 为了不产生潜在放射性废物而确定以常绿树为主；为了有利植物生长而确定以当地乡土植物为主。

8.3.2 为美化厂容提出的。垂直绿化是提醒设计者注意：对厂容和西向遮阳能起一定作用。

8.3.3 这是为保持冷却塔底部进风口附近无灰尘而提出的。

8.3.4 在仓库附近根据贮存物料的性质，可适当进行绿化，对树种提出了基本要求。

8.3.5 本条是从车间或站房所生产的产品要求提出的。因为花絮通过窗户，会严重影响车间、站房所生产的产品质量，同时也使工作人员感到不适；对在卸酸碱场地进行绿化，提出的要求是防止酸碱气体阻碍树木生长，造成枝萎叶凋，有碍厂容景象或因气体扩散不良，造成空气中酸碱浓度增加，有害工作人员身体健康。

9 运 输

9.1 一 般 规 定

9.1.1 设置本条目的系提出运输设计的依据和考虑的内容以及要达到的目的。

地区交通运输现状和规划，是涉及核电厂对外运输方式、总体规划中运输线路布置和运输设施设置。要适应地方交通运输现状，尽可能符合它们的规划，有条件时，可利用地方某些设施或核电厂某些设施结合地方规划，为地方国民经济建设服务。例如某核电厂，根据对地方交通运输现状和规划的了解和核电厂物料运输特征的综合分析研究，确定运行后的主要物料——乏燃料（经核反应堆辐照后卸出且不再在该反应堆中使用的燃料）由海路运走，为此拟在厂区建设一座码头。但是乏燃料货包运输量很小，每年2000t左右，且每年只有数次，码头利用率很低，而地区为了当地经济建设，规划在附近建一座码头。经过综合分析比较决定将工厂码头迁到厂外，在靠近核电厂一侧符合条件地段，建一座综合性码头，虽然对工厂带来一些不便，但它将充分发挥作用，有利于整体的国民经济建设。

核电厂的物料运输量相对于燃煤电厂是非常小的，表1是 $2 \times 600MW$ 核电厂运行期间的运输量，其中重要的物料是乏燃料和放射性固体废物，它们都有放射性。又如 $2 \times 900MW$ 核电厂每年卸出乏燃料

重 70t，加上 10 个防护容器也只有 1200t。固体放射性废物年运输量也只有 500t 左右，但它们都必须放在一个很大、很重的运输防护容器内运送到乏燃料后处理工厂或国家的永久处置场。其次是基建期间大型、重型设备（见表 2）和大量的基建材料（约 50 万 t），这些就是核电厂运输物料的特征。运输设计不能以运输量多少来考虑，而是以物料特征来设计。

表 1　2×600MW 核电厂运输量（t/a）

对 外 运 输			
运　进		运　出	
物料名称	数量	物料名称	数量
新燃料棒	60	乏燃料（含容器）	900
乏燃料空容器	840	（水泥）固化块	510
（水泥）固化用材料	510	其他可塑性废物	70
其他物料	3240	其他非放射性物料	3160
共　计	4650	共　计	4640
厂内运输		共　计	4650

表 2　2×900MW 核电厂大件设备尺寸和重量

部件名称	重量（t）	外形尺寸（m）
压力容器	290	6.4×6.0×10.6
下部堆内构件	112	4.0×4.1×12.5
蒸气发生器	350	Φ5.0×21.0
稳压器	90	3.2×4.0×13.0
湿气分离再热器	280	5.5×5.4×24.3
发电机定子	138	5.8×5.6×11.2
发电机转子	103	1.7×1.9×14.7
主　变	260	5.2×5.2×7.5

核电厂厂内运输比较简单，运输量不大（见表1），主要是（水泥）固化用材料、检修时设备与材料和放射性固体废物等运输，虽然运输量不大，作为设计原则仍应该尽可能把人流和物流分开，减少交叉，特别是还有放射性物料的运输。对于放射性物料，其外包装表面放射性污染水平或辐射水平处理到允许离开放射性厂房进入厂区道路的标准，但它还是潜在的污染源，因此在运输线路设计时与人流与一般货物的线路宜尽量分开或少交叉或不交叉，以确保安全。

9.1.2 这一条是根据核电厂特点提出的

如果工厂经技术经济比较，决定引入铁路时，对有重大设备和乏燃料运出的厂房，应直接引入铁路、避免二次倒运，因为这些物料都属超重、超大物料，对它们的装卸需要有相应能力的设备和场地，如果二次倒运，需要为此增加费用，而且还增加不安全因素。

核电厂厂区内运输，根据物料数量、单件重量和

外形尺寸宜选用汽车、电瓶车、叉车。当有水路运输时，从码头到厂房、仓库通常也是无轨运输，对大件物料如蒸发器，乏燃料可由汽车牵引多轴大平板车运输。

9.1.3 对外运输方式，应根据地区交通运输现状和发展规划以及自然条件等因素，对各种运输方式进行安全、技术、经济比较后确定。通常有铁路运输，公路运输，水路运输，铁路、公路联运，水路、铁路联运，公路、水路、铁路联运等。如某核电厂背山面江，乏燃料最终由铁路送到后处理工厂，根据地区交通现状和规划附近没有铁路，经安全、技术、经济比较，不专设铁路专用线，选定由公路运到最近路网车站，并在该站附近选址，建一个中转站，然后再由铁路运往后处理工厂。

9.2　中转站（中转码头）

9.2.1 核电厂的乏燃料在燃料水池贮存几年以后，放射性衰变到一定比活度，就可以运往乏燃料后处理工厂进行处理。目前我国后处理工厂在西北某地，是由铁路通往该厂，考虑到如果今后在其他地方建厂，可能是由公路或水路直通该厂，故本条泛指如果"无条件直接由铁路或公路或水路将乏燃料送到乏燃料后处理工厂"。就目前情况，如果核电厂没有连接铁路，势必由公路或水路将乏燃料先运到附近某个车站或铁路、水路联运码头转运去后处理工厂。为了物料和公众的安全，并且避免与原有车站、码头的业务干扰，需要在车站或码头附近建立中转站或中转码头。如第 9.1.3 条条文说明中列举的某核电厂，又如沿海的某核电厂，都是由海运到某地中转码头和中转站，然后由铁路运往后处理工厂。

根据工厂以往经验，当车站由核电厂自行经营管理，且核电厂与国家铁路之间实行车辆交换时或水运以货包交接时，这些可在中转站或中转码头进行。

9.2.2 乏燃料运输货包是潜在危险的货物，其表面辐射水平在规定允许以下，但仍不宜公众接近。因此提出"中转站或中转码头应设在人口密度较低、公众活动较少、靠近铁路车站或码头的地段"。为了与外界联系和管理人员生活需要，要求能就近引接通信、电力、给水、排水等线路。

9.2.3 本条是基于中转站不是每天都有转运或停放车辆业务。例如在雨季或台风季节，为了沿途运输安全，原则上不安排铁路运输与海上运输。这个标准相当于目前中、小型企业之间的防洪标准。况且洪水季节有预报，可以有计划地安排运输计划。

9.2.4 是为了避免无关人员接近货包和为了安全防范，需独立设置围墙，其他是为转运业务必需的设施。

9.2.5 到发线有效长度，由铁路有关部门根据乏燃料运输计划、列车途经线路的技术条件、牵引定数等

因素确定，其中包括生活车和按《放射性物质安全运输规定》设置的隔离车。广东大亚湾核电厂乏燃料铁路运输专列长度和运输线路由铁道科学研究院研究确定。

20m 的安全停车距离，是参照《工规》第 7.1.7 条和《机规》7.4.6 条确定的。

牵出线和安全线的有效长度，是分别按《工规》第 7.1.8 条、第 7.1.9 条和第 7.1.11 条编制的。

9.2.6 由于中转站运营业务量低，自备机车使用效率不高，故不设机车，由当地车站、邻近企业协作解决。

9.3 铁 路

9.3.1 本条系根据《工规》第 1.0.10 条和第 7.1.18 条制定的。

9.3.2 本条系根据《工规》第 7.1.17 条和《钢规》第 10.4.1 条制定的。

9.3.3 根据核电厂特征，运营期间运输量很小，如 9.1.1 条所述，即使基建期间一般年运输量也不超过 150 万 t，采用铁路Ⅲ级标准就能满足，但乏燃料运输要求很高，荷载也大，根据我国核基地经验采用Ⅱ级。

9.3.4 本条系根据《化规》第 7.2.1 条和《工规》第 7.1.3 条制定的。

9.3.5 本条系根据《工规》第 7.1.1 条、《化规》第 7.3.1 条有关规定和核工业厂内铁路运行实践制定的。

9.3.6 本条系根据《化规》第 7.3.14 条和电厂运行经验制定的。

9.3.7 本条系根据《工规》第 1.0.9 条制定的。

9.3.8 根据《放射性物质安全运输规定》第 6.4.1.2.1 "在货包表面和车辆下部外表面任意一点处，辐射水平均不得超过 2mSv/h（200mrem/h）"，6.4.1.2.2 规定 "距车辆侧面所组成的垂直面外 2m 远的任意一点处，均不得超过 0.1mSv/h（10mrem/h）"。这样的辐射水平人可以接近，但不能太久。在 6.1 中规定：公众接受照射剂量每年不得超过 1mSv（100mrem），即在上述货包前 2m 处累计逗留 10h 就达到全年剂量，为此在牵引机车与乏燃料货包车（重车）之间，设置隔离车。

9.3.9 核电厂的货物（主要是乏燃料货包）列车以编组站为路网与电厂分界线时，为避免因路网或其他单位机车进入厂区或保卫区带来一系列问题而提出的。

9.4 道 路

9.4.1 本条规定的目的，要求在进行总平面布置时，对道路的布置应符合这些要求。

9.4.1.1 要求厂房之间物料运输所经过道路应顺直短捷。

9.4.1.2 由于放射性物料是潜在着危及人们安全的危险物料，因此要求尽量避免与一般物料和人流在同一道路上通行。如果做不到，则也允许混行，并非不准混行。

9.4.1.3 根据现行《火电总规》第 6.3.4 条：主厂房四周应设环形道路。同时核电厂为施工安装大型设备，运行期间乏燃料运输，检修期间大设备的吊运等都必须设置环行道路。其他地区则根据物料运输需要，建筑物、构筑物性质，消防规范的要求，考虑运输道路、消防道路或消防通道。

9.4.1.5 是根据过去几个核工程建设经验和国际、国内核电厂建设经验提出的。核电厂建设周期较长，通常要五年左右，施工期间物料运输量大，采取这项措施可以节约总的建设费用，有利于加快建设进度，也有利于提高道路质量。

9.4.1.7 为了节约用地，并便于管线布置与今后的检修。

9.4.2 本条系根据《厂规》第 2.3.1 条和核电厂运输特征制定的。

9.4.3 厂内道路主要技术标准，根据《厂规》第 2.3.2 条～2.3.5 条、2.3.7 条制定的。

9.4.4 由于核电厂有特大特重件运输，因此道路结构层厚度必须满足上述运输与装卸车辆的要求。但是不应把全厂道路均按此标准设计，可以根据通过车辆的类别，分成几类，以节约投资。

9.4.5 由于水泥混凝土路面刚性好，路面平整度受气温影响少，施工也简单，能较长期保持良好平整度，符合重型设备的运输要求。在放射性检修厂房、废物库附近、运载放射性物料车辆的地段，建议铺筑易于更换的路面材料，如沥青类路面，因为这些地段是潜在着受放射性污染的可能，一旦发现污染，比较容易挖掉（当作固体废物），重新铺筑。

9.4.6 是为了便于清扫路面，行人安全、厂容整齐。

9.4.7 是根据《厂规》第 2.3.9 条并参照《钢规》第 12.1.5 条制定的。其中距标准轨距铁路中心净距，认为在工厂总平面布置中，没有必要精确到厘米，并与第七章地下管线与铁路中心线水平净距 3.8m 一致（即性质相同），故也规定 3.8m。

关于序号 1 中（3）"按车辆长度及其最小内侧转弯半径确定"，是由于净距与出入建筑物车辆最小转弯半径与车长有关（当然又与道路宽度也有关），如解放 4～5t 车辆，最小内轮迹半径 6m，车长 7.2m，则净距 7.0m 就可以安全地出入建筑物，如加长的车辆，其转弯内半径也是 6m，但车长 8m，正常的门宽就难以安全出入，必须加宽大门，才能安全出入。因此净距要根据出入建筑物车辆长度和转弯半径确定。

9.5 水 路

9.5.1 根据我国核电站建设经验确定。

9.5.2 根据《港规》—（一）第 2.2.5 条制定。

9.5.3 根据《港规》—（一）第 2.2.6 条制定。

9.5.4 根据《港规》—（一）第 4.2.1 条制定。

9.5.5 根据《港规》—（一）第 4.2.2 条制定。

9.5.6 根据《港规》—（一）第 4.2.3 条及表 4.2.3 制定。

9.5.7 根据《港规》—（一）第 4.2.3 条中的表 4.2.3 制定。

9.5.9 根据《核电厂环境辐射防护规定》第 2.3 条规定，核电站设以反应堆为中心半径 500m 的非居住区。该非居住区土地属核电厂管辖，如果码头在这范围以内可以免征土地。

9.5.10 这里所指地形、地质系指沿岸线陆域和河、海底部分。水文系指水位变化、波浪、流速、流态等。由于核电厂水路运输的物料特点，即运输量小，但是特大、特重物料，且在装卸过程中要求安全、迅速，即转运环节少，装卸作业、运输操作时间短，而这些正是直立式码头具备的条件。因此提出宜采用直立式码头。但是直立式码头要求水位落差小，岸坡陡峻，河、海底部稳定，如果不具备这些条件而建其他型式码头，在安全、迅速方面，似乎难以达到。

9.5.11 根据《港规》—（一）第 4.2.6 条部分条款和一（二）第 4.2.11 条制定。

9.5.12 码头的泊位长度是船舶安全靠离，安全作业必须的长度。海港码头泊位长度按有掩护和开敞式二类分别计算，河港码头这里推荐的是直立式码头泊位长度，因为核电厂宜采用直立式码头。上述各类码头是分别按《港规》—（一）第 4.3.6 条、第 4.3.7、第 4.3.10 条和一（二）第 4.2.16 条制定的。

9.5.13 码头前沿水域的设计水深，海港与河港有不同计算方法。

海港码头前沿水域设计深度计算比较复杂。受风浪、船舶配载不均、回淤程度等因素影响，故本条未予列出，需要时可查阅《港规》—（一）第 4.3.5 条。本条从满足码头选址和建设前期工作需要出发，采用比较简单的公式（根据《港规》—（一）第 4.3.5 条和公式 4.3.5-2）。

河港码头前沿水域设计水深，由于一般水流平缓、风浪小，船舶配载不均的影响不大，故设计水深仅考虑船舶满载时吃水加富裕深度，其值为 0.2～0.5m，当船舶较大、河底为石质时取高值；反之，取低值。此值系根据《港规》—（二）第 4.2.10 条制定的。

9.5.14 码头陆域作业区的布置，应根据码头型式、物料特征、装卸作业流程及其需要的作业场地、运输线路、建筑物、构筑物、临时堆场、管线等因素进行。这是因为不同的码头型式，所采用装卸、运输工具和装卸工艺流程及其需要的作业场地也不同，因而有不同的布置。本条的目的是要求码头陆域作业区的布置，达到装卸与运输安全畅通。

9.5.17 本节内容仅就核电厂专用码头水域与陆域设施设计中所涉及的主要问题，做了原则性规定。因此设计时还必须执行现行的《港规》的有关规定。

10 主要技术经济指标

10.0.1 本条是总结过去经验和参照《火电总规》资料编制的。在本指标中没有提道路长度，认为无论作为评定其在总图运输设计中的合理性，还是作为同类工程的比较参考，意义都不大，因为道路的宽度不一，因此用"道路及广场占地面积"来代替，从中可以了解其所占厂区的百分比，有可比性。指标中没有利用系数，因管线等占地宽度伸缩性很大，则利用系数的意义不大，故未列入。

附录 A 技术经济指标计算方法

A.0.2 设计的建筑物、构筑物面积，按外墙尺寸计算，是考虑到如果按轴线计算要差建筑系数的 2% 左右，对核电厂来说，原来的建筑系数不大，差 2% 的比例就相当大了。其次以北京为例，向市规划局报拟的文件中，要求建筑物、构筑物有外（包）墙尺寸，因此总图设计计算时并不困难。

A.0.6 绿化占地面积，把成片草地（包括地下有管线的占地），亦计入绿化占地面积，这是从实际出发的。

中华人民共和国国家标准

水泥工厂设计规范

GB 50295—2008

条 文 说 明

目　　次

1 总 则

1.0.1 本条为制定本规范的目的。本条文提出"安全可靠、技术先进、环保节能、经济合理",是国家的技术经济政策,也是水泥工厂设计应贯彻的方针,建设节约型社会、发展循环经济是国家具有全局性和战略性的发展决策。

1.0.2 本条为本规范的适用范围。本规范是生产六大品种通用水泥及其他水泥的工厂,包括从原料配料到水泥成品的工程设计规范。生产其他水泥(如白水泥等特种水泥)的工厂设计,除原料配料及局部生产环节与生产通用水泥不同外,主要工程设计基本相同,可参照使用本规范。

1.0.3 为了促进水泥工业产业结构调整,实现可持续发展,本条规定了水泥工厂建设从设计方面应提高综合效益,加强资源节约与综合利用,做出最优设计方案。设计企业要转变观念,持续改进,为做出安全可靠、技术先进、环保节能、经济合理的水泥工厂设计而努力。

1.0.4 在我国装备制造产业日臻完善的条件下,水泥工厂的设计和建设不应搞"大而全"、"小而全",应充分考虑专业化和社会化的原则,尽量与其他行业企业协作,以节省投资,提高生产经营效益。

1.0.5 本条规定改、扩建工程应充分利用老厂原有条件,减免重复建设。

1.0.6 本次修订新增条款。本条为强制性条文,本规定是根据水泥工业产业结构调整的政策制定。以悬浮预热和预分解技术为核心的新型干法水泥生产线,具有热耗低、产量质量高的特点,已成为水泥工业发展的方向,在水泥生产线设计中,除某些特种水泥生产线建设可根据产品市场需求及建厂条件确定外,均应采用新型干法水泥生产工艺。

1.0.7 本次修订新增条款。根据近年来国家建设节约型社会及水泥工业发展趋势,以及水泥工业技术创新成果,应强调工业废弃物在水泥工业的利用及资源和能源在水泥工业的利用效率。

1.0.8 水泥工厂设计涉及国家有关政策、法规和标准、规范,故本条规定在设计中除执行本规范外,尚应符合国家现行的节能防火、劳动安全卫生、环境保护及计量等各行业相关的法规、标准和规范。水泥工厂设计应执行的主要国家相关法律法规如下:

《中华人民共和国建筑法》;
《中华人民共和国环境保护法》;
《中华人民共和国大气污染防治法》;
《中华人民共和国水污染防治法》;
《中华人民共和国固体废物污染环境防治法》;
《中华人民共和国环境噪声污染防治法》;
《中华人民共和国节约能源法》;

《中华人民共和国防震减灾法》;
《中华人民共和国环境影响评价法》;
《中华人民共和国劳动法》;
《中华人民共和国安全生产法》;
《特种设备安全监察条例》;
《中华人民共和国矿产资源法》;
《中华人民共和国土地管理法》;
《中华人民共和国水污染防治法实施细则》;
《中华人民共和国清洁生产促进法》;
《中华人民共和国煤炭法》;
《中华人民共和国可再生能源法》;
《中华人民共和国水法》;
《中华人民共和国消防法》;
《建设工程安全管理条例》;
《建设项目环境保护管理条例》。

2 设计规模及依据

2.1 设计规模

本节中仅保留第 2.1.1 条,其他内容经修订后已调至总则和第 5 章生产工艺的第 5.1 节。

2.1.1 原规范中设计生产规模是根据原国家计委等部门《关于基本建设项目和大中型划分标准的规定》(1978) 234 号文及原《新型干法水泥厂建设标准》划分的。随着近年来我国水泥工业飞速发展,设计规模应重新划分。本条规定主要是用以指导设计工作,它不同于工厂规模大小与行政管理有关的事项。各类设计规模均包括为其配套的水泥粉磨部分。

2.2 设计依据

2.2.1 本条规定了设计基础资料提供的负责部门。设计是基本建设的首要环节,设计的好坏直接决定工厂投产后的效益。依据的设计基础资料和数据应准确可靠,满足进度要求。

列出的设计基础资料主要内容,是按多年设计工作实践的经验提出的,可随着设计项目的具体条件不同,有所增删,如附近无通航水体,则不需水运资料。

3 厂址选择及总体规划

3.1 厂址选择

3.1.1 本条根据国家计委《基本建设设计工作管理暂行办法》〔计设(1983)1477 号〕等有关文件关于建设地点的选择原则和有关要求而提出的。

3.1.2 厂址选择的优劣,不仅影响到投资和建设周期,而且还关系到工厂投产后的生产管理和发展。因此，要对方方面面进行考虑，并应认真进行技术经济比较，才能选出较优的厂址，以保证企业效益和社会效益的实现。

3.1.3 本条规定厂址宜靠近石灰石矿山，是由于水泥工厂的主要原料是石灰石，它的用量最大，每吨水泥熟料约用 1.35t。同时，水泥生产中物料吞吐量很大，应力求靠近铁路干线，以缩短专用线长度。除考虑接轨方便外，还应选择敷设专用线的有利地形，尽量避免架设桥梁和隧道。当采用水运时，厂址最好在靠近主航道的一侧。

3.1.4 水泥工厂的生产需要有可靠的电源和水源，是保证正常生产的必需条件。如回转窑、高温风机、篦式冷却机的一室风机、中央控制室的重要设备、循环水泵等突然断电，会造成较大损失。因此，应对这些一级供电设备备有保安电源，以确保生产安全。

3.1.5、3.1.6 根据十分珍惜、合理用地的基本国策作出规定，列入厂址选择的要求。

3.1.7 本条根据现行国家标准《建筑地基基础设计规范》GB 50007 的要求，及水泥工厂主机设备大而重的特点，对厂区的工程地质作了规定。对不能满足要求的厂址，还应采取加固措施。

3.1.8 根据《中华人民共和国环境保护法》和《建设项目环境保护管理办法》〔国环字（1986）003 号〕的要求制定本条。

不应将厂址设在窝风地带，主要是厂址处在良好的自然通风地带，能较快地排出有害烟尘和气体。

3.1.9 本条规定是为了厂址不受洪水或内涝威胁。

3.1.10 本条为强制性条文。规定当洪水或内涝不可避免时，工厂应按本条要求达到防洪标准，并具有可靠的防洪排涝措施。

3.1.11 选择厂址时，对运输大件水泥机械（如回转窑轮带）应考虑外部运输条件及运输方式的技术经济可行性与合理性，特别要避免因改建或加固铁路干线的桥涵、隧道等，增加投资。

3.2 总 体 规 划

3.2.1 处理好工厂的外部关系，为水泥工厂总体规划的主要任务之一。本条规定了总体规划中工厂与外部关系的布置原则和要求，列出了有关部门和相关的事项，便于掌握。

3.2.2 本条规定了厂区与本厂所属其他单项工程内部关系的布置原则，为总体规划的另一主要内容，一般由区域位置图体现出来。

石灰石矿山含爆破材料库和矿山工业场地，硅铝质原料含砂岩、粉砂岩、页岩等，水源地含输水管线，总降压变电站指变电站或高压输电线。

3.2.3 根据工厂发展趋势和当地建设条件适当留有发展余地，正确处理近远期关系，以保证工厂最终总体规划的合理。

3.2.4 本条对外部运输方式的选择，各种运输设施的布置要求，作出规定。

1 外部运输方式的选择，过去是单打一的选择某种方式，排除其他方式，现行国家标准《工业企业总平面设计规范》GB 50187 第 3.3.2 条比较笼统，本款根据水泥工厂设计经验，提出根据当地运输条件确定，一般选择一种为主，其他方式配合进行的外部运输方式模式，并要求按市场供销情况测定铁路、公路承担运量的比例，使设计尽量符合实际。

2 散装水泥能节约木材，减少在运输环节中的浪费，降低成本，为当前国家方针、政策大力推广的新工艺，本款予以明确。同时指出三项制约因素，应得到落实，才能使用，如使用单位的接受能力；中转储存单位及仓库；装卸运输新设备的研制采用等。

3 厂外铁路的接轨关系和进线方向，对厂区的平面布置及竖向设计影响极大，经济效果较为突出，应足够重视。近年来铁路设计部门承揽厂外铁路设计，强调铁路要求有时过高，而总图运输设计应从总体规划的角度，掌握全局，使整个建设项目经济合理。对厂外铁路的一些附属工程，也提出了合理配置，达到协调配合、使用方便的要求。

4 增设企业站要增大投资、增加管理环节、设备利用率低、造成重复建设等弊端，应尽量避免。根据实践经验，当有条件在接轨站上增设交线、租用铁路机车时，进行货物交接作业（含取送车及调车作业），对铁路和工厂双方有利。

5 本款为厂外道路的项目构成及布置要求。

3.2.5 水泥工厂余热发电设施及压缩空气站都设在厂内，110kV 以上总降压变电站，有时布置在厂区围墙以外，本条第 1 款作了规定。公用设施中的水源地、高位水池或水塔、污水处理场、集中供热的锅炉房等的布置要求，在本条各款中作了规定。

3.3 土地利用规划

本节为本次修订新增内容。强调厂址选择中应增加容积率控制指标，不占或少占良田，节约合理用地，提高土地利用率。

3.3.1、3.3.2 根据国土资源部《工业项目建设用地控制指标》（国土资发〔2008〕24 号）（以下简称《控制指标》）的通知的要求，进一步加强建设用地的集约利用和优化配置。厂址选择时应尽量利用荒地劣地、山坡地，不占或少占耕地。要求总体布置充分利用地形。对于预留发展用地，总图布置有多种可能。为节约用地，有近期工程中与生产工艺密切联系的部分，可预留在厂区内。强调其他预留发展用地宜在厂区一侧，不应预留在厂区中部，不应提前征用土地。

3.3.3 本条目的在于优化总图设计，使布局紧凑，减少厂区用地面积。根据已建成的新型干法水泥工厂数统计，厂区建筑系数能达到 30%。根据《控制指标》的要求，水泥厂工业项目行政及生活服务设施用地面积不得超过项目总用地的7%。

4 原料与燃料

4.1 一般规定

本节是原、燃料选择的原则。

4.1.1 本条所指的对原料提出不同的质量要求，是指应根据原料与燃料特性、熟料品种生产技术要求等，确定适宜的熟料率值控制范围，并酌情加以调整。原则上，应首先满足熟料率值中石灰饱和系数（KH）和硅酸率（SM）的设定值，而铝氧率（AM）的设定值则可酌情加以调整。

4.1.2 本条要求在确定原料品种时，应适当考虑工厂投产后，产品品种增加或变更的可能性或可行性。另外还要在因地制宜、因原料制宜的前提下力求简化原料品种。

4.1.3 本条提出选择原料时，应考虑原料之间的匹配关系及各种替代原料的利用。首先考虑石灰质原料对辅助原料和燃料中有害组分限量要求，应随石灰质原料中相应组分含量高低而变化，最终以满足熟料中有害组分限量为准，而以上均需通过工艺性能试验确定。

4.2 原 料

4.2.1 对矿床中CaO含量为45.00%~48.00%的石灰质原料，应根据其赋存特点和CaO含量大于等于48.00%矿石的品位高低和储量多少来确定其利用率，同时应考虑满足有害组分的限量要求。

本次修订对石灰质原料的质量指标要求规定作了适当修改。鉴于燃料中三氧化硫 SO_3 含量普遍偏高，石灰质原料中 SO_3 含量宜小于0.5%；根据各设计院的大量预分解窑生产线实际生产成熟经验，对游离氧化硅 f-SiO_2 含量要求可放宽至8%（石英质），对 Cl^- 含量要求可放宽至0.03%（见表1）。

表1 石灰质原料质量指标修订前后对比

石灰质原料中所含	含量限量要求
氧化钙	>48.00%
氧化镁	<3.00%
碱	<0.60%（原1%）
三氧化硫	<0.50%
游离氧化硅	<8.00%（石英质，原<6.00%），或<4.00%（燧石质）
氯离子	<0.03%（原0.015%）

对矿床中CaO含量小于等于45.00%的石灰质原

料也应予以重视，特别是矿区内有高品位矿石或可外购到高品位矿石时，对这种泥灰岩（特别是低钙高硅者）更应予以充分注意和利用，但应经试验确认并需采用预均化措施。

矿床中的岩浆岩和非矿变质岩，一般情况下不宜利用，应予剔除。

对矿山伴生的硅铝质原料，应符合本条第4款规定，并应注意以下几点：

1 应尽可能均匀掺入，以尽量减少进厂石灰石成分波动幅度；

2 对水分较高、塑性指数较大者更应严格控制；

3 它们掺入后，不应导致在破碎、输送及储存等工艺环节中因严重堵塞而影响正常生产。

4.2.2 本条在本次修订中对硅铝质原料的质量指标要求规定作了适当修改，鉴于燃料中 SO_3 含量普遍偏高，硅铝质原料中 SO_3 含量宜小于1.0%；根据大量预分解窑生产线实际生产成熟经验，对 Cl^- 含量要求可放宽至0.03%（见表2）。

表2 硅铝质原料主要质量指标修订前后对比

硅铝质原料	指 标
硅酸率	3.00~4.00
铝氧率	1.50~3.00（原1~3）
氧化镁	含量<3.00%
碱	含量<4.00%
三氧化硫	含量<1.00%（原<2.00%）
氯离子	含量<0.03%（原0.015%）

对矿床中不符合本条质量要求的硅铝质原料，在满足配料要求前提下，可合理搭配加以综合利用。岩石状硅铝质原料是指如页岩类、粉砂岩类、砂矿类等原料。

对松散状硅铝质原料矿床中的砾石等夹层，一般均应予以剔除，以免造成进厂硅铝质原料化学成分大幅度波动及对破碎设备造成不利影响。当其混入后不对硅铝质原料化学成分带来较大波动，并不对破碎设备造成很大影响时，可考虑加以综合利用。

4.2.3 采用预分解窑生产时，当熟料硫碱摩尔比（S/R）过高或过低时，应注意选择适宜含硫量的铁质原料。

4.2.4 在保证配料要求及熟料碱含量的前提下，应首先选用易于加工且活性较好的硅质校正原料。

4.2.5 采用预分解窑生产时，在选用粉煤灰、炉渣和煤矸石等铝质校正原料时，应注意控制其烧失量（L.O.I）含量不超过8%~10%，以控制生料中含碳量，保证窑系统正常稳定生产。同时对铝质校正原料的质量指标中的三氧化二铝含量要求由">30.00%"调整为">25.00%"。

4.2.6 在满足熟料率值及其有害组分限量前提下，

不同原料的质量指标可互相调整、相互调剂。考虑质量指标时，首先确定石灰质原料指标，根据其有害组分含量高低来调整其他配料原料中相应有害组分含量指标。如石灰石中 Si_2O 含量较高，则其他原料中 Si_2O 含量指标就可酌情放宽；又如石灰石中 MgO 或 K_2O+Na_2O 含量较高，则其他原料中 MgO 或 K_2O+Na_2O 含量指标就需从严控制。

4.3 煅 烧 用 煤

4.3.1 工厂所在地附近如有劣质煤，应酌情研究其单独使用或与优质煤搭配使用的可能性。

4.3.2 本条所列对煅烧用煤的质量要求，主要根据工艺煅烧要求和我国近几年重点水泥企业集团工厂实际生产资料。

由于近年来工程设计中已大量采用无烟煤作为熟料煅烧用煤，且工厂使用无烟煤已有成熟实践经验，因此煅烧用煤的质量要求可适当放宽，但挥发分质量要求宜小于等于35.00％（见表3）。

表3　煅烧用煤的一般质量要求修订前后对比

序号	名称	符号	数　　　值
1	灰分	Aad	≤28.00％（原≤30％）
2	挥发分	Vad	≤35.00％（原18～35）
3	硫含量	St，ad	≤2.00％（原<2）
4	低位发热量	Qnet，ad	≥23000 kJ/kg（原<21736）
5	水分	Mt	≤15.00％（原<15％）

4.4 调 凝 剂

4.4.1 工业副产品的石膏是指如磷石膏、氟石膏等。石膏的分子式为 $CaSO_4 \cdot 2H_2O$，硬石膏分子式为 $CaSO_4$。

4.5 混 合 材 料

4.5.1 混合材料掺加量除应符合第4.5.1条规定外，还需说明下列问题：

1 对老厂扩建项目，可在同等条件下，参考老厂实际生产经验来确定。

2 新厂亦可采用类比法，即用全国大中型水泥工厂同类型、同品种及相同（或相似）混合材料实际掺加量等因素来确定。

3 混合材料掺加量应根据本厂熟料质量、混合材料质量，严格按国家标准执行。设计中应考虑根据国家经济贸易委员会2002年第1号公告《水泥企业质量管理规程》要求，混合材料掺加量波动范围为±2％。

4.5.7 用于复合硅酸盐水泥的其他种类混合材料的活性判定方法是：其28d水泥胶砂抗压强度比大于或等于75％为活性混合材料，而小于75％为非活性混合材料。

4.6 配 料 设 计

4.6.1 本条文对配料设计作了原则规定。

1 根据近年我国预分解窑生产实践经验，提出预分解窑熟料率值适宜控制范围见表4。

表4　预分解窑熟料率值修订前后对比

熟料率值	KH	SM	AM
推荐值	0.910（原0.88）	2.60（原2.50）	1.60
适宜范围	0.880～0.930（原0.86～0.90）	2.40～2.80（原2.50～0.90）	1.40～1.90

2 可行性研究阶段，配料计算用原料化学成分，一般应选用考虑贫化因素前、后全矿矿体（矿层）的平均化学成分进行配料计算。

如矿层倾角较小，且上、下矿层之间化学成分差别较大时，则应分矿层分别进行配料计算，并酌情提出几组配料方案。

4.6.2 配料时，熟料（或水泥）中有害组分含量控制值应低于本规范表4.6.2的允许值。

对合资、外资企业及国内企业出口水泥中的有害组分含量，应符合销售地国家（或地区）的水泥标准或合同规定。

本条主要依据现行国家标准《通用硅酸盐水泥》GB 175 和《复合硅酸盐水泥》GB 12958制定。

4.7 原、燃料工艺性能试验

4.7.1、4.7.2 进行原、燃料工艺性能试验，是为正确选择原料品种和配料方案、确定工艺流程和主机设备选型及保证工厂生产优质、高产、低耗提供科学的重要参数和依据。它不仅是设计的依据，也是主机设备标定和指导生产的依据。

石灰质原料的试样应考虑影响矿石质量的各种因素，包括如硅化、白云岩化、岩浆岩和变质岩、岩溶充填物及覆盖物等。

4.7.3 原煤易磨性指数的测定，其目的是根据 HGI 值判定煤的易磨性能，用于煤磨选型工艺设计。

原料和生料混合料的粉磨功指数（W_i）或辊式磨的物料易磨性指数的测定，其目的是根据易磨性和磨蚀性等试验结果，用于进行选择生料粉磨流程、磨机选型等工艺设计。

水泥生料易烧性能的判别，其目的是根据易烧性试验及熟料岩相鉴定等结果，提出最佳生料配料方案、生料细度、熟料率值等，并结合窑型和煤质资料，提出煅烧工艺等方面的要求。

4.8 原、燃料综合利用

4.8.1 原、燃料的综合利用，主要应满足生产配料要求，不应导致使用后变更或增加配料品种，给配料和工艺流程带来不便。产品方案包括品种、标号、有害组分限量等。

4.9 废弃物的利用

本节为本次修订新增内容。利用工业自身副产品和废弃物作资源，提高资源循环利用率，是水泥工业发展循环经济的主要途径之一。废弃物分类共分3类——替代原料、替代燃料、难以处置的废弃物。

4.9.1、4.9.2 作为替代原料使用的废弃物主要是一些无机质污泥或者焦渣类工业废弃物。依据它们的化学组成，在原料配料时，可以用来替代某些原料或者校正原料。通常把工业石灰、石灰浆、电石渣、饮用水淤泥等工业废物作为水泥生产原料的钙质替代原料；铸造砂、微硅、废催化剂载体、硅石废料、石英砂岩粉、石英砂岩尾矿等可以作为硅质替代原料；炉渣、硫铁矿尾矿、赤铁矿渣、赤泥、锡渣、转化炉灰等则是良好的铁质替代原料；洗煤场废物、飞灰、流化床灰渣、石材废弃物等工业废物则可以作为硅、铝、钙质综合的替代原料；低硫石膏、化学灰泥等则可以代替石膏使用。作为替代燃料使用的废弃物，通常加工成为易于泵送的液体或者粉末，这样可以充分利用水泥行业现有的燃料输送系统，通过简单的改造或者增加少量的设备即可确保其作为燃料使用。可以作为固体类替代燃料的主要有废纸、造纸废弃物、石油焦、石墨灰、木炭、塑料废弃物、橡胶废弃物、旧轮胎、储物箱、灰化土、非放射性废白土、废木材、秸秆、农业废弃物、家庭废物、次品燃料、纤维、含油土壤、下水道淤泥、动物脂肪、骨粉等，这些工业废物通过一定的预处理流程均可以作为固态替代燃料使用；而液态的焦油、酸性淤泥、废油、石化废弃物、油漆厂废弃物（油漆类）、化学废弃物、溶剂废弃物、稀释废弃物、蜡状悬浊液、沥青渍、油泥等通过固液分离后可以作为优质的液态替代燃料使用。

4.9.3 在水泥熟料的生产过程中，通常需要控制原燃料中的 K_2O、Na_2O、SO_3、Cl^- 等有害组分的含量，而且这些有害组分是干扰新型干法水泥生产线系统正常运行的重要因素。通常水泥行业比较常用的控制指标为：在干基生料中，K_2O+Na_2O 含量小于等于 1.00%，硫碱比（S/R）为 0.60～1.00，Cl^- 含量小于等于0.03%～0.04%。结合原有原料的有害组分特点，在常规生料固有的硫、氯、碱成分条件下，应对所处置的废弃物中上述干扰组分严格进行限量控制。

5 生 产 工 艺

5.1 一 般 规 定

5.1.1 本条根据建材工业技术政策，为推动技术进

步，提高产品质量，降低产品消耗，对水泥生产工艺和装备的选型原则作了规定。

1 本款是工艺流程和设备选型的强制性规定，必须符合当前国家产业政策，符合国家环境保护、劳动安全卫生、防火等相关法律和法规的要求，本次修订进一步强调了禁止采用国家明令淘汰落后的技术工艺和设备。

2 工艺流程是水泥工厂工艺设计的基础。表明水泥原料或半成品在水泥生产中所经历的加工环节。在工艺设计中，当工厂生产方法、规模、物料进出厂运输条件确定后，在确定系统选择和设备选型以前，应根据原料的条件和选用设备的性能，来确定工艺流程的各个环节。

3 本款规定了工艺流程和设备的选择原则，工厂投产后要求达到优质、高产、低消耗。因此要求技术先进、运转可靠、投资省、能耗少、环境污染小，在确保实现各项技术经济指标的前提下，以国情和综合效益为依据，积极采用新技术、新工艺、新装备、新材料，生产控制水平宜结合国内外技术发展状况确定。

4 本款所称资源综合利用是指共/伴生资源、低品位矿和尾矿资源综合利用，工业废弃物综合利用和废气、余热等再生资源回收利用，降低水泥工业能耗和提高余热再利用。建设节约型社会，是伴随我国整个现代化进程的长期任务，水泥工业作为资源消耗型工业，应在这方面作出更多贡献。

5 工艺流程应结合总图布置，力求简捷顺畅，避免迂回曲折，尽量缩短运输距离，以减少厂内运输的能量消耗和节约用地。因为工艺流程和总图布置一样，对工厂建成的技术经济指标有着重要影响，两者应结合进行，防止偏废。

6 附属设备对于主机应有一定的储备能力，以保证主机生产的连续性。不能因附属设备选型不当，而影响主机正常生产。附属设备的小时生产能力，应适当大于主机所要求的小时生产能力，其储备量则根据附属设备的种类、型号规格、使用地点和生产条件而定。

各种附属设备在保证正常生产的前提下，尽可能减少台数，设备的型号规格应尽量统一，其目的是便于设备订货，减少备品、配件的种类。

5.1.2 本条规定了工艺设计在总体布置和车间内部布置时，应遵循的原则。

1 本款提出了水泥工厂的工艺总平面设计的基本要求，各相关联系密切的生产系统等宜相邻布置，以便于缩短物料运输距离、管道长度和控制线路，方便生产管理，并节约用地，降低投资。

新型干法生产线的总体布置，与以往水泥工厂的布置有所不同，较多的是以主要车间按一条线布置，与生产流程的物料流向相一致；也是当前新型干法厂采用较多的一种模式；又如新型干法生产线，利用窑

尾预热器的废气烘干原、燃料，因此原料粉磨、煤粉制备都紧密地布置在窑尾附近，以缩短高温气体管道的长度，更好地利用余热，使得原料磨系统、生料均化系统与废气处理系统互相依赖，成为一个不可分割的整体。

2 工厂有扩建规划时，应恰当地处理好工厂当前建设与发展远景的关系，减少扩建时对原有生产线的影响。工厂无扩建规划时，对有可能进一步发挥潜力和扩大规模也要作适当规划。如果在设计中不给予适当考虑，就有可能给企业的发展带来困难。

如果在与用户的合同中，明确规定了扩建的任务，则在工厂总平面图和有关生产车间工艺布置图上，应留出扩建位置；有关的输送设备在选型布置时，可以预留扩建后需要的生产能力和预留出扩建位置；与扩建有关的建（构）筑物应考虑必要的衔接措施。

如在与用户的合同中，对扩建未作规定的，在设计布置时，也应考虑扩建的可能性。

3 工艺布置与工艺流程的选择和设备的选型密切相关，一方面，车间工艺布置直接取决于所选定的工艺流程和设备；而另一方面，工艺布置对工艺流程和设备的选择又有较大的影响，例如辊式粉磨系统布置简单，球磨闭路粉磨系统布置就较复杂；又如，由于工艺布置的要求，当输送距离较远时，粉状物料的输送不宜采用机械输送，而输送距离很近时，又不宜采用压缩空气输送。因此工艺布置应结合生产流程和设备选型全面考虑。此外，工艺布置又决定了设备的安装位置、前后设备的相互连接关系、生产操作维修的平面和空间、各种输送设备的长度和高度、车间内人行通道的位置和宽度、各种料仓的形式和大小、厂房面积和层高，以及方便于施工安装的预留设施等设计内容，对工厂的投资和今后的生产影响较大，因此在工艺布置时，应认真考虑，合理布置，既要满足各方面的要求，又要降低投资。

4 明确规定了露天布置要求。为降低工程投资，可采用露天布置，但应满足生产操作、维护检修、密封防雨及环保等要求。

5.1.3 本次修订增加本条，规定了物料平衡的计算要求，使得计算的基准、各原料的干料消耗定额和湿料消耗量的计算具有规范性。对生产损失作出具体规定，以便为企业税收等方面提供法律依据。

5.1.4 本条规定了工厂主要工艺设备的年利用率，是根据近年来设计投产工厂的设计数据和投产后的情况确定的。表5.1.4的数据包括了各种生产规模的主要工艺设备的利用率范围。由于各主机的利用率同生产方法、规模、各生产系统的复杂程度、设备性能等因素有关，因此设计时应结合具体条件确定。

关于避开高峰负荷的磨机利用率问题：近年来有些地区，逐步实行了"峰"、"谷"电差价计费的政策，水泥工厂的磨机是用电量最大的设备，有些地区新建水泥工厂要求窑磨配套时，考虑将来生产时，能不受"避峰"影响，能充分利用"低谷电"，选用磨机时规格加大，适当降低磨机利用率。这种情况投资虽然有所增加，但投产后，由于"低谷电"的经济效益，可能在不太长的时间内即能回收，这对某些企业也是提高经济效益的一项措施。对此特殊问题，在本规范条文中未作规定，设计时应根据具体情况，经过技术经济比较后，确定合适的磨机利用率。

5.1.5 本条文规定了工厂主要生产系统的工作制度，连续周的工作天数为7d，不连续周的工作天数为5～6d。与窑、磨主机联系密切的系统，都与窑、磨的工作制度相同；石灰石破碎的工作制度因与矿山的工作制度、外购石灰石来源、运输条件等有关，因此需根据具体情况采用连续周或不连续周。水泥包装、散装应根据袋装散装比例，以及外运条件而定，煤、石膏、粘土质原料破碎则和工厂规模设备选型有关。这些生产系统一般可用不连续周，特殊需要时采用连续周生产。

5.1.6 本条文规定了工厂各种物料的储存期，为了保证工厂均衡连续生产，各种物料在厂内需要有一定的储存量，并结合国内水泥工厂物料进出厂的运输情况，及产品质量控制要求、环保要求等多种因素，通过分析确定的。条文中包括了各种规模、窑型、物料来源、运输等情况的储存期范围。

表5.1.6中数字为"0"的是指物料不需要储存的情况，例如：有些工厂的石灰质原料不需要在露天堆存，有些干法厂的硅铝质原料只存进厂湿料，不需预烘干，因此，不需在库内储存干料。有些工厂混合材如矿渣烘干前的湿料不进库就在露天堆存，而粉煤灰进厂后不能露天堆存，需直接进库，因此在表中出现了"0"的数值。表内熟料储存期上限比以往规定有所增加，该值适用于外运熟料的工厂熟料外运和运输。气候、市场因素等条件有较大关系，因此条文中增加了熟料储存期上限值。在熟料外运的工厂，水泥储存库的储存期应相应减少，因此条文中降低了水泥储存库储存期下限的数值，在条文注6中阐明了水泥储存期应与熟料储存期统一考虑确定。

5.1.7 本条文规定了各种窑型的烧成热耗，表中数据系指按表5.1.8规定的时间和内容下达的指标，这也是国际通用惯例。条文中各种窑型的热耗，系根据近年设计投产的工厂设计指标和投产后的实际情况，结合国外的设计数据，综合分析而确定的。

5.1.8 本条文规定了工厂投产后，主要设备考核内容，其内容是根据已投产工厂的考核情况及国际惯例综合后规定的，目的是保证工厂投产后，各主要设备及系统能正常生产，保证产量和质量达到设计要求。

5.1.9 本条文对水泥工厂生产系统检修设施的要求作了原则规定。水泥工厂的主要设备如窑、磨、破碎机、空气压缩机等设备检修机械化的目的是：①加快检修的速度，缩短检修时间，提高设备利用率。②节省人力，减轻劳动强度，保证检修安全。由于不同规模工厂的设备规格不同，数量不同，因此大中型厂检修机械化程度应较高，小型厂可较低。主机设备需检修的部件体型较大，检修工作比较频繁，花费人力较多的地方，要求检修机械化程度较高，反之则较低。如磨机装球、耐火砖搬运、包装纸袋搬运等处均应设有相应的起吊运输设施。一些生产辅机则根据检修需要和布置条件，设置相应的不同水平的起吊措施，以方便于设备的检修。

5.1.10 本条文对物料输送设计作了原则规定。输送设备是水泥工厂中使用较多的附属设备，水泥工厂各主要生产设备依靠输送系统连接起来，形成连续生产的工艺线。水泥生产从原料准备到水泥成品出厂，需要输送的物料种类繁多、性质各异，输送设备应根据所输送物料的物理特性及温度等条件选用。由于物料输送高度以及输送距离等因素也决定着选用输送设备的型式和规格，所以还应结合工艺布置选用输送设备。

为了保证设备的正常运转，输送设备的输送能力应有一定的余量，应根据不同输送要求及来料波动情况而定，例如各种破碎机破碎后的物料量，以及除尘设备的回灰量，生产中波动较大；因此留的余量应考虑来料波动情况。

输送设备的转运点设置除尘，是为了防止灰尘飞扬、污染环境。输送磨蚀性高的物料（如熟料），应有防磨和降噪措施，以便提高工艺系统运转率和保护环境。

5.1.11 本条规定要求目的为保证水泥工厂稳定、安全地运行，对工艺过程、成品和半成品质量以及设备的运行进行必要的检测、调节和监控，以保证生产过程安全运行。其控制水平可根据不同的工厂规模确定。

5.1.12 本条规定了在一些特殊地区建厂时，工艺设计应注意的问题：

1 由于水泥工厂的压缩空气消耗量是以海拔高度为 0m，空气压力为 101325Pa 和大气温度为 20℃时的自由空气为标准。由于随海拔的升高，大气压力和空气密度降低，空气重量减小，因此高海拔地区建厂时，空气压缩机在选型中，应对功率和压力进行校正。同样，对风机、除尘设备、气力输送系统等的功率、风压均应进行修正。

2 海拔高度对回转窑及其他热工设备的生产参数，有一定影响。回转窑在正常条件下，生产每千克熟料生成的废气量（以单位熟料标准状态下空气量计），一般是一定的。但是，由于高原上大气压力降低，根据气体压力和体积成反比的关系，生产每千克熟料需要的空气体积和生成的废气体积都将显著增加，因而提高了窑内气体风速，加大了飞灰量，增加了热耗，限制了回转窑的产量。同样在其他热工设备中的气体体积、风速也随大气压力降低而增加。因此在高原地区建厂，对热工设备的计算，应根据海拔高度作修正。

3 电动机运转时产生的热量，应及时排除，使电动机温度不超过一定数值，排除热量是依靠其本身所附带的风叶来实现的，在高原上空气的密度降低，但电动机的转速依然未变。因此，单位时间内通过的冷却用空气重量减少，从而使冷却作用降低，这时只有降低电动机的出力，才能保持温升在一定数值以内，所以选用电动机时对出力应作修正。

海拔高度较高（如西藏地区），空气因密度降低而容易被电离，因此高压电机内易产生电晕现象，所以选用电动机时应采用具有防电晕措施的电动机。

湿热带电机应选用湿热型电机。

4 在寒冷地区气温很低，要保证某些热工设备或除尘设备不致结露。其他如气动元件、电气仪表元件及润滑油等，对使用环境都有一定要求，因此在设备订货或生产中应注意这个问题，保证生产时气路、油路、水路的畅通。气路、油路、水路及除尘系统应有防冻措施，以免影响正常生产。在寒冷地区物料结冻，形成大块不能松散，很易在储库、料仓、料管等发生堵塞，为了保证正常生产，注意妥善处理物料的冻结问题。在设计中应有相应措施来防止和处理堵塞故障的发生。

5.2 物料破碎

5.2.1 一般情况下，矿山距工厂较远时，石灰石破碎系统设在矿山为宜，可以减少大块石灰石运输的困难；破碎后用胶带输送碎石进厂，可以节省人力和油料的消耗、降低石灰石成本，近年来投产的大中型厂，大部分把破碎系统设在矿山。如果矿山和工厂距离较近；或规模较小的工厂，输送条件适宜时，可以设在厂区，或者是放在矿山与厂之间的位置上，因此石灰石破碎系统的位置应根据矿山和厂区的距离、矿山开采运输条件，经技术经济比较后确定。

5.2.2 水泥工厂石灰石破碎系统要求的生产能力一般按下式计算：

$$Q = \frac{Q_1}{K_1 K_2 K_3} \times K_4 \tag{1}$$

式中 Q——破碎系统要求的小时产量（t/h）；

Q_1——工厂石灰石年需要量（包括作混合材用量或外供石灰石量）；

K_1——石灰石破碎车间全年工作天数；

K_2——石灰石破碎车间每天工作班数；

K_3——破碎车间每班工作小时数；

K_4——矿山运输不均衡系数。

破碎系统生产能力应按上述因素确定。

5.2.3 本条提出了破碎流程的选择原则。各种物料破碎系统的成品粒度，主要取决于后续工序的粉磨系统对物料的粒度要求，根据粉磨系统的设备型式、性能确定破碎系统的成品粒度后，破碎系统的破碎比（石灰石破碎系统的进料最大块度与出料成品粒度之比）直接影响到破碎段数的确定和破碎机的选型。例如要求破碎系统破碎比大，则要求破碎机的破碎比也要大，如果选用一种破碎机能满足这一破碎比的要求，则选择一段破碎最好，因为与两段或多段破碎相比，单段破碎的设备台数少、生产流程简单、占地面积小、扬尘少、能耗低、投资省、生产成本低。但当矿石硬度高、游离二氧化硅含量大、磨耗比大时，破碎机的易损件消耗快。如果采用单段锤式破碎机时，锤头磨损快，影响产量和成品粒度，使用寿命短，因此石灰石破碎系统选择也和矿石物料性质、矿石磨蚀性试验结果有关。

5.2.4 新型单段锤式破碎机和反击式破碎机破碎比大（可达10～50，甚至在50以上），因此若条件合适可选用单段破碎的破碎机。其他型式的破碎机如颚式、旋回式等破碎比小，适用于两段破碎系统的一级破碎机。

5.2.5 本条提出了破碎机喂料斗的设计要求。如石灰石破碎机前的喂料斗容量，要满足破碎机连续运转和小时生产能力的要求，因此喂料斗容量应根据卸车方式、一次卸车量、来车间歇时间而定。

喂料斗后壁与侧壁相交线的空间角不应小于50°，喂料斗出料口宽度及高度要求便于出料，不致被料块堵塞而拉坏出料口护板。

5.2.6 根据我国水泥工厂生产实践，大中型厂大块石灰石的喂料设备采用重型板式喂料机较好，机械强度高，承受力大，链板输送方便出料，允许倾角大。

重型板式喂料机的板宽应与锤式破碎机的入料口宽度相配合，喂料方向宜在正面喂料，这样矿石能在破碎机全宽度均匀下料，锤头负荷均匀，破碎机效率高。

破碎机要求均匀喂料，当破碎机负荷大时，喂料量应及时减少，破碎机负荷小时，则增加喂料量，因此板式喂料机的速度应根据破碎机的负荷自动调节，采用无级调速可以使速度变化均匀稳定，同破碎机负荷的变化能较好地匹配。

5.2.7 设置一条宽而短的受料胶带输送机，既可适应破碎机下料口的宽度，又可以避免输送碎石的长胶带输送机直接被破碎后的碎石撞击，从而可减少长胶带输送机的宽度和磨损，延长使用寿命，节省投资。

5.2.8 为满足日益严格的环保标准要求，改善工厂劳动卫生环境，本条提出收尘要求。

5.2.9 石灰石等物料破碎机的生产能力，不是绝对均匀稳定的，为了保证破碎机的正常运转，物料输送系统的能力，应按破碎机瞬时最大生产能力来考虑。

5.2.10 硅铝质原料品种繁多，物理性能各异，因此破碎机的型式和破碎级数的确定宜根据物料物理性能、粒度等因素确定。

5.2.11 为防止硅铝质原料压得太实，粘挂在仓壁上，使卸料不畅，本条对硅铝质原料仓提出了设计要求。

5.2.12 为适应大出料口的需要，采用板式喂料机。

5.2.13 煤的进厂粒度一般都不大，采用一段破碎系统，可以满足生产要求。

根据不同的用途，煤破碎后的成品粒度也不同，一般入磨的粒度为20～40mm，沸腾炉用煤粒度为8mm以下。

5.2.14 石膏用量较小，粒度较大，为减少环节，宜采用一段破碎系统。

5.2.15 篦式冷却机本身带有破碎机，因此不必单独设置熟料破碎机。

5.3 原、燃料预均化及储存

5.3.1、5.3.2 在可行性研究阶段，应计算全矿山或主勘探线的矿山化学成分标准偏差（S）和变异系数（C）。

在初步设计阶段，则应计算全矿山及早期各台段矿山化学成分的S和C。

低品位原料包括石灰质或硅铝质低品位原料。

对石灰质原料主要计算成分为CaO、MgO。某种成分变化较大时，或对配料有较大影响的也应计算，如SiO_2、R_2O等。

对硅铝质原料主要计算SM。某种成分变化较大时亦应计算，如SiO_2、MgO、R_2O等。

对燃煤则应计算A、V、Q_{net}的标准偏差及变异系数。

计算标准偏差及变异系数目的在于了解原料和燃料质量变化程度。

原料预均化是现代水泥生产达到优质、高产、低耗的最重要的条件之一。在一个完整的生料均化系统——均化链（从均化开采到入窑生料）中原料预均化是基础。

原料预均化堆场除有预均化和储存两个作用外，尚有综合利用资源、改善工作环境、减少污染、便于实施自动化控制和现代化管理等作用。

当今世界各国水泥工厂几乎都采用先进的自动化控制的原料预均化堆场。在我国已有该类设施的水泥工厂亦逐步增多，实践证明，对提高工厂效益起到了重要的作用。在改善产品结构、提高水泥质量、水泥行业"由大变强"，进一步提高我国水泥工厂技术装备和自动化水平的今日，在我国大中型水泥工厂中，采用原料预均化堆场，是势在必行和必不可少的。

同样，在规模较大的水泥工厂采用煤的预均化堆场也是势在必行和必不可少的。

原煤质量变化较大，或入窑煤粉质量不能保证相邻两次检测的波动范围，即控制灰分 $A±2\%$，挥发分 $V±2\%$ 的条件时，应设置预均化设施。

5.3.3 预均化堆场不仅满足了大型水泥工厂对原、燃料的储存要求，而且在储存原、燃料的同时实现了预均化，它是一种先进的储存均化设施。其优点如下：

1 有利于稳定水泥窑的热工操作制度，提高熟料质量及窑长期安全运转。

2 采用预均化堆场可以大量利用低品位矿石、包括有害成分在规定极限边缘的矿石及许多非均质矿石，从而扩大了原料资源。

3 尽量利用夹层矿石，延长现有矿山使用年限。

但是采用预均化堆场的最大缺点是占地面积大、投资昂贵，因此决定是否采用预均化堆场，不仅是从原、燃料质量波动一个因素，还应结合储存工艺要求、自动化水平、环保要求、工厂规模的大小、投资等因素综合考虑后决定。

5.3.4 本条对预均化堆场设计作出了具体规定。

1 堆料层从理论上讲，层数越多，料堆横断面上物料成分的标准偏差越小，均化系数也越高。实际上由于预均化堆场原料本身存在波动，如原料矿山开采时，利用夹石及其他废石或者原料本身波动，还有堆料时物料离析作用。因此即使料层堆 600 层，均化系数也不容易超过 10。根据国外资料和国内经验，堆料层数宜 400~500 层，均化系数 3~7。

对某一个具体的预均化堆场设计，当已知物料的休止角、容重，且堆料长、宽、高、料堆容量、堆料机堆料能力已确定时，只要合理地选择堆料机的速度，就可以求得适宜的堆料层数。

2 堆场的形式有矩形和圆形两种，各有优缺点如下：

1）占地面积：相同有效储量，圆形比矩形堆场约少占地 30%~40%。

2）投资：由于圆形堆场比矩形堆场占地面积少，所以投资也略低。

3）均化系数：圆形与矩形堆场均化系数基本相同。圆形堆场无端锥效应，但圆形堆场是环形料堆，内外圈料分布不如矩形堆场均匀。此外，对于消除长周期波动的影响，也不如矩形堆场优越。

4）圆形堆场中心出料在均化粘性或含土多的物料时，易发生堵塞。

5）圆形堆场无法扩建，只能另外新建堆场，而矩形堆场可以在原有堆场基础上加长扩建。

综上所述，矩形与圆形堆场各有利弊，应根据工厂的总体布置、厂区地形、扩建前景、物料性能及质量波动等经比较后确定。

3 堆料方式是指各层物料之间以什么样的方式相互重叠。现今预均化堆场所采用的堆料方式主要有

五种：人字形堆料、波浪形堆料、水平层堆料、倾斜层堆料、圆锥形堆料。其中以人字形堆料方法所需的设备较简单，均化系数也较好，因此现在采用人字形堆料方式最普遍，其缺点是物料颗粒离析比较显著。

目前堆料机有屋架轨道式胶带堆料机、悬臂胶带侧堆料机和回转悬臂式胶带堆料机等。屋架轨道式胶带堆料机用于矩形预均化堆场，悬臂胶带侧堆料机适用于矩形预均化堆场侧面堆料，回转悬臂式胶带堆料机适用于圆形预均化堆场。

4 在堆料方式确定以后，为了保证均化系数，取料时，要求尽可能多地切取各层物料。取料方式主要有端面取料、侧面取料两种。端面取料采用桥式刮板取料机、桥式斗轮取料机。这种端面取料机应用最广，它适用于人字形、波浪形或水平层料堆取料。侧面取料采用悬臂耙式取料机，这种侧面取料机应用也很广，特别适用于多种物料储存的堆场，但均化系数不如端面取料的桥式取料机。

5 混合料预均化堆场适用于石灰石和硅铝质原料预混合。当硅铝质原料水分、粘结性较大时，防止在储存和运输过程中的堵塞，可以和石灰石混合后入预均化堆场储存和均化。如果两种原料都需要均化，系统就复杂，成分不易控制，价格也昂贵。因此，这种情况不宜采用混合预均化堆场。

为了控制入混合预均化堆场前两种物料的配比，需要入堆场前对两种物料进行预配料。

6 根据水泥工厂使用煤的来源不定，煤质波动较大的情况，一些水泥工厂将进厂的不同质量的煤分别堆存，经过搭配后再进入预均化堆场，以提高均化效果。

7 为了解决扬尘问题，目前多采用可以升降的悬臂式胶带堆料机，在堆料机卸料端，设料位探测器来探测自身同料堆的距离，使卸料端自动同料堆保持一定距离，可减小物料落差，抑制扬尘，同时减轻物料离析作用。

5.3.5 预均化堆场一般应设置厂房。如处在高寒、风沙、多雨地区建厂，设置厂房较为合适；由于预均化堆场面积较大、造价较高，在满足环保要求的情况下，可暂不设置，但也应有今后补加的可能。

5.3.6 由于受投资的限制，可采用投资省、有一定均化效果的简易预均化堆场或库。简易预均化堆场设两个料堆，可采用胶带机分层堆料，装载机端部取料来达到均化目的。也可设两组库用胶带机库顶分层堆料，两组库轮流进出料，库底多点搭配来达到简易均化目的。

5.4 废 物 处 置

本节为本次修订新增内容。水泥厂协同处置废物有利于节约资源、保护环境、改善生态状况。

5.4.1 利用水泥回转窑系统所具有的温度高、热惯

量大、工况稳定、气料流在窑系统滞留时间长、湍流强烈、碱性气氛等特点，处置原材料工业、生活垃圾及化工、医药等行业排出的危险废物，使其成为补充性替代原、燃料，又无二次污染产生，是实现废物减量化、无害化的有效途径。在我国，水泥厂协同处置废物，尤其是处置有毒有害废物才刚刚起步，因此，应对水泥窑处理有毒废弃物的生产可靠性和使用安全性进行科学研究，在不影响产品质量的前提下对废物进行处置。本条对水泥工厂处理废弃物设计作出了一般规定。

5.4.2 本条为强制性条文。在我国，水泥厂协同处置的大部分是未经预处理的废物，这与发达国家有所不同，因此要特别注意在贮存、输送、预处理等工艺过程不得产生二次污染。

5.4.3 本条为强制性条文。排放指标系参照欧盟标准提出，水泥厂协同处置废物时，其排放必须满足指标要求。

5.4.4 本条为强制性条文。我国现行水泥标准未对产品中的重金属含量提出要求，因此参照国外相关标准制定本条。对于进入水泥产品体系的重金属元素，能否安全地固化不浸出，与使用条件及不同的环境介质有关。

5.5 原 料 粉 磨

5.5.1 本条对原料粉磨配料站设计作出了规定。

1 以往设计中规定主要物料的配料仓的容量不应小于磨机3h的喂料量，对大规格磨机在布置上有困难时可适当减少。原料磨配料仓容量参见表5。

表5 水泥工厂原料磨配料仓的容量

厂　名	配料仓容量（t）				主要物料仓容量适应磨机运转时间（h）
	石灰石	混合料（粉煤灰）	硅铝质原料	硫酸渣	
冀东水泥厂	330	—	210	150	2.2
宁国水泥厂	330*	600	—	260	2.0
江南-小野田水泥厂	1000	—	450	—	3.125
烟台水泥厂	500	(150)	70	160	2.5
琉璃河水泥厂	392	(823)	405	82	2.8
新乡水泥厂	440.5	—	59.3	16.2	7.4
七里岗水泥厂	339	—	130	14.8	5.3
中国水泥厂	120*	290	120	100	~2.26

注：标注 * 的为校正料。

2 近几年我国新型干法水泥工厂，如宁国、耀县等厂，由于原料水分原因，都发生过堵仓，因此制定此款。

5.5.2 本条文阐明了原料粉磨系统选型原则。

1、2 原料粉磨利用烧成系统废气余热时，一台窑配一套原料粉磨系统，可以使废气管道简化，操作控制简单，且节省投资。

3 各种粉磨系统有不同的特点，对各种原料的物理特性有不同的适应范围。

1）辊式磨系统其主要特点是磨内集烘干、粉磨、选粉为一体，流程简单，粉磨效率高，其能耗可较管磨系统降低10%～30%，利用窑尾预热器废气可烘干含水分7%～8%的原料，系统建筑空间小，可露天设置或加单层厂房，土建投资少，是目前国内首选的生料粉磨系统。但其对辊套材质及衬板材质要求较高，选用辊式磨应做原料磨蚀性试验。

2）中卸磨系统的特点是结合了风扫磨和尾卸磨的优点，热风从两端进来，通风量较大，又设有烘干仓，利用窑尾预热器废气可烘干含水分6%～7%的原料，且磨机粗、细仓分开，有利于最佳配球，选粉机回料大部分回入细磨仓，小部分回粗磨仓，有利于冷料的流动性改善，又可便于磨内物料的平衡。其缺点是系统漏风较大，流程也较复杂。该磨系统在国内制造，生产都较成熟，也是一种成熟可靠的粉磨系统。

3）尾卸提升循环磨系统能力相对较小，系统特点是磨内物料用机械方式卸出，磨内风速不能太高，烘干能力较差，利用窑尾预热器废气仅可烘干含水分4%～5%的原料，磨机生产能力愈高，烘干能力愈是显得不足，对于系统能力水分较小的原料，可采用尾卸磨。

4）风扫磨系统阻力较小，烘干能力大，利用窑尾预热器废热可烘干原料水分8%，但单位功率产量低，能耗较提升循环磨高出10%～12%，尤其是用于含水较少的物料，由于风扫和提升物料所需的气体量大于烘干物料所需的热风量，则更不经济。

5）辊压机系统中辊压机适于挤压脆性物料，不宜喂入粘湿性的塑性物料。入辊压机物料的水分，一般认为含2%～3%的水分较为理想，因此粘湿性物料最好不进入辊压机。如果喂料中含有足够的脆性物料，形成脆性料床，塑性成分仅是充填于脆性料床的空隙中，则对挤压物料的影响不大，允许有少量粘土喂入辊压机。一般情况下，尽量使硅铝质原料（粘土）从辊压机之后喂入粉磨系统。我国启新水泥厂原料粉磨系统采用辊压机，只有石灰石经过辊压机，其他几种原料不经辊压机而直接进磨。

5.5.3 以往对磨机的能力按年运转率考虑，对新型干法窑采用预热器废气余热作为烘干热源，窑磨运转基本一致，认为用日平衡来计算磨机产量较为合适，再结合以年运转率综合考虑。

5.5.4 本条规定了原料粉磨系统布置时的具体要求。

原料粉磨系统在利用预热器废气烘干原料时，为简化缩短入磨热风管道，方便操作管理，并使原料粉磨和窑的废气合用一套废气处理除尘系统，因此原料粉磨系统应靠近预热器塔架和废气处理系统布置。

为了防止漏风而降低热效率增加能耗，在带烘干的磨机进、出料口应设置锁风装置。

原料粉磨系统设置备用热风炉，是作为停窑没有热风时的备用热源。

辊式磨根据磨机本身结构，可以露天布置，国内已有此例。但在某些特殊气候条件下，如风沙、高寒、雨雪地区建厂，会带来生产操作的不便，是否设置厂房应根据当地气候等具体条件而定，因此条文中露天布置用"可"规定。

球磨机中心的高度宜取直径的 0.8～1.0 倍，系根据以往设计生产经验而定。磨机中心高度决定了磨房的标高。在满足换球的要求下，尽可能不增加厂房高度，取 0.8～1.0 倍的数值比较合适。

原料粉磨系统要求设置提升装置（如钢球提取器）是为了装球时减轻劳动强度，加快检修、装球速度，减少事故的发生。

为维修磨机中空轴轴瓦等，磨机两端轴承基础内侧加设顶磨基础。

5.5.5 本条文对粉磨系统的产品质量提出了要求。生料水分应控制在 0.5% 以下，这是由于生料输送及生料均化库均化的要求，水分过大，充气箱的充气层会堵塞，影响生料均化库的充气搅拌。

生料细度定为 $80\mu m$ 方孔筛筛余 10%～14%，可根据生料易烧性能选用。

5.5.6 本条对原料粉磨系统的除尘提出了要求。配料仓顶和仓底，以及输送设备转运点，由于物料下料落差产生扬尘，故应设除尘点，配置除尘器。

当磨机利用预热器废气作为烘干热源时，可和预热器废气合用一台除尘器，这样可简化生产环节，方便管理，节约投资。

5.5.7 原料粉磨系统配料控制的目的，是为了保证生料达到规定的化学成分、细度，出磨物料水分和磨机的生产能力，并保证粉磨系统长期稳定安全运转。

5.6 生料均化、储存及入窑

5.6.1 生料均化库设计选型时，应根据进厂原料成分的波动、预均化条件及出磨生料质量控制水平等因素确定。根据入窑生料均齐性要求，结合工厂的实际情况，综合考虑均化库前各环节的均化作用，确定合适的均化库类型。连续式生料均化库工艺布置简单、占地少、电耗低、操作控制方便、投资省、技术成熟，入窑生料质量满足生产要求。

关于入窑生料，过去常以生料碳酸钙标准偏差为设计指标。根据近年投产的几个新型干法厂的生产统计，生料 CaO 标准偏差在 0.25% 时，不影响烧成和熟料质量，因此，参照国际惯例本条规定了入窑生料 CaO 标准偏差不大于±0.25%。

生料均化库高径比为库底板至顶板间筒体高度与库内径的比值。

据调查，生料均化库能保持长期、可靠、有效地运行，与出原料磨生料水分控制关系很大。水分低于 0.5% 的生料具有良好的流动性能；水分增加，生料流动性降低，且库底及库壁易结料，从而降低重力混合及气力均化效果，而研磨体等杂物入库易堵塞库卸料装置。

生料均化库库顶宜选用带灰斗及锁风装置的袋式除尘器，以免除尘器清灰时粉尘二次飞扬，影响除尘效率。

5.6.2 本条对连续式生料均化库的设计作出了具体规定。

生料进库采用多点进料对生料分散性好，直径较大的生料均化库采用多点入库，小直径均化库也可用单点进库。

定容式回转鼓风机，不因系统阻力变化而改变风量，因此作为连续式均化库的充气气源比较合适。

均化库应至少设有两个卸料口，对卸料、清库比较有利。

出均化库生料回库输送回路的主要作用，是烧成系统未投入使用或停窑时，均化库及窑喂料可进行带料试运转。

5.6.3 本条对干法生料入窑系统设计，规定了应包括的内容和具体要求。喂料仓的料位要稳定，才能稳定料仓出料口处的仓压，使喂料装置每一转喂出的生料重量可以相对稳定，保证喂料均匀，并能方便控制。

5.7 煤 粉 制 备

5.7.1 煤粉经煤粉仓向窑和分解炉供煤粉，有利于窑内火焰及煤粉量的调节和计量标定，有利于窑系统热工制度的稳定。

5.7.2 本条对煤粉制备系统作出了具体的设计要求。

钢球煤磨结构简单，集烘干与粉磨于一体，能适用于任何煤种，包括煤矸石含量高的煤都可获得较高细度的煤粉，能可靠长期连续运转。其缺点是设备庞大，金属消耗量高，噪声大，电耗较高。

辊式磨单位电耗低、设备紧凑、占地少、金属消耗量少、噪声低，应优先选用。但对难磨的硬质煤不易磨细，如煤矸石含量较多时易造成排渣。当部件磨损时磨机的产量和煤粉的细度变化较大，当有随煤入煤磨的金属杂物时，容易损伤研磨部件。根据具体情况，可选择钢球煤磨。

在大型干法厂中煤粉制备的位置，当放在窑头附近时，利用冷却机的余热对原煤进行烘干，这样可适应含有较大水分的煤，对提高磨机产量有利，但这种热风中氧气的含量超过 14%，所以增大了煤磨系统爆炸的危险性。

当煤粉制备放在预热器塔附近时，可利用预热器的废气来做烘干热源，其氧气的含量低于10%，增加了系统的安全性，但废气中湿含量大，对烘干水分高的原煤不利，磨机的产量不易发挥出来。因此应从工艺生产平面布置、利用预热的方案等因素全面衡量确定。

为了简化工艺流程，减小构筑物体积，节省投资，提高粉磨效率，应优先选用动态选粉机作为煤粉的选粉设备。

喂煤设备、动态选粉机回料管与煤粉的出料部位，均应设锁风装置，这主要是为了防止漏风，提高煤磨系统的热效率和分离效率，并降低能耗。

煤粉制备系统有关装备及风管的保温是为了防结露，接地是为了防静电。

5.7.3 出磨煤粉水分大小影响到煤粉输送和煤粉仓卸料，水分太大会使系统堵塞，并影响窑热工制度的稳定。

5.7.4 本条文规定了煤粉制备系统的安全防爆设计要求。其中1~4、8、9款为强制性条款。煤粉制备系统是易燃易爆的场所，因此煤粉制备系统的设计，必须根据系统中各部位的煤粉浓度、温度、CO含量等的危险因素，切实做好防爆设计，保障设备安全运行，因此在动态选粉机、除尘器、煤粉仓、磨尾等处应设防爆阀。防爆阀应能防止泥污、雪荷载、过高的摩擦力引起的静态开启压力升高或由于腐蚀、材料疲劳引起的静态开启压力下降，损害防爆阀的性能，影响泄压效率。

在系统有关部位设置温度、CO监测、报警、阀门及灭火等装置。自动报警装置应在一氧化碳含量达0.5%时报警；一氧化碳含量达1.0%时自动切断高压电源。

5.7.5 利用烧成余热作烘干热源，在热风入煤磨前设置旋风除尘器，是为了减少煤粉中的灰分。

煤粉制备系统的备用热源可根据工厂所在地条件、原煤来源及含水分情况确定。在我国南方多雨地区，或者煤磨采用辊式磨且布置在窑头利用冷却机废气作为烘干热源时，宜设置备用热源；备用热源可采用燃油热风炉，由于燃煤粉的燃烧室系统复杂，不推荐采用。当工厂自认为不要设备用热源时，工艺可在车间总体布置时预留相应位置，既可节省一次投资，将来又有加的可能性。

5.7.6 随着环保要求的提高和煤磨袋除尘器技术的成熟，煤磨系统的除尘推荐采用袋除尘器。从动态选粉机出来的气体和成品煤粉，直接进入袋除尘器。在个别寒冷地区，当原煤水分大，废气中湿含量高，易结露糊袋子时，煤磨除尘器可采用电除尘器。

5.7.7 为了使煤粉制备系统安全生产，系统设备正常运行，使煤粉制备过程处于最佳状态，以保证各项工艺指标的实现，因此在本条文中规定了按第

7.10.3条对煤粉制备系统进行控制的要求。

5.7.8 本条文规定了煤粉计量输送系统的设计要求。煤粉输送采用机械输送较困难，一般采用气力输送较好。

5.8 熟料烧成

本节在此次修订中，删除了有关小型预热器系统及湿磨干烧预热预分解窑系统等相关内容，同时结合水泥工业技术发展对相关内容进行了调整。

5.8.1 本条根据预热预分解系统的布置特点作出了几点规定。预热器塔架除满足工艺生产要求外应满足安全生产要求并尽可能减少占地面积，节约基建投资，降低工人的劳动强度。

5.8.2 本条对预热器系统的设计作出了几点规定。

1 预热器系统的列数随着窑的生产能力的增大，由单列逐渐发展成多列。4000t/d级以下的预热器系统有单列和双列两种，10000t/d等特大规模的预热器系统也有采用三列的。

2 旋风预热器由多级旋风筒组合而成。在选用同类型的预热器时，预热器级数越多，则排出气体的温度越低，热回收量越多，但级数越多，每级温度降越少（见表6），同时级数越多，系统的压力降越大，预热器塔架越高，因此是不经济的。根据目前的使用经验，五级或六级预热器较为经济合理。

表6 不同级数预热器的温度分布

级数 n		1	2	3	4	5	6	7	8
气体出口温度	T_{G0}	527	404	345	310	288	273	262	254
	T_{G1}	900	680	572	510	470	443	423	409
	T_{G2}	—	900	754	670	616	579	553	533
	T_{G3}	—	—	900	798	732	688	655	633
	T_{G4}	—	—	—	900	825	775	739	712
	T_{G5}	—	—	—	—	900	844	805	776
	T_{G6}	—	—	—	—	—	900	858	827
	T_{G7}	—	—	—	—	—	—	900	867
	T_{G8}	—	—	—	—	—	—	—	900
物料出口温度 t_M		514	670	744	788	815	834	857	
温度系数 Ψ		0.55	0.73	0.82	0.87	0.90	0.92	0.94	0.95
气体总温降 Δt_G		373	496	555	590	612	627	638	646
每级气体平均温降 $\Delta t_{均}$		373	248	185	148	122	105	91	81

注：1　此表摘自《水泥的制造和应用》。

　　2　表中温度系数 $\Psi = \dfrac{t_M - t_{M0}}{t_{G0} - t_{M0}}$，其值为0~1。

式中　t_M——预热器物料出口温度（℃）；

　　　　t_{M0}——预热器物料进口温度（℃）；

　　　　t_{G0}——预热器气体进口温度（℃）；

5.8.3 本条对分解炉的选型和设计作出了规定。

1 根据气流和物料在分解炉内的运动方式，分解炉有多种型式。分解炉是一种气固高温反应器，燃料在炉中燃烧放热，在870~900℃温度下，生料在悬浮或沸腾状态中进行无焰煅烧，同时完成传热和碳酸盐分解过程。根据投产工厂的生产实践和有关高等院校、设计科研单位，通过对已有分解炉的分析试验研究，认为不同原料配合的生料有其不同的分解特性，在相同的条件下，达到相同分解率的时间是有区别的，不同的生料其分解指数和终态分解率均有所不同。通常分解炉内燃料的燃烧速率制约着水泥生料的分解，不同来源的燃煤其燃烧特性差异较大，在分解炉内的燃尽时间、燃尽率等特性指标有所不同，因此宜采用原、燃料特性试验确定分解炉结构参数，并适当留有一定的余地，以适应生产波动。

2 当燃料中挥发分含量低时，燃料的燃烧较困难，而在纯空气中较易燃烧。分解炉的型式不同，其气固两相流场分布亦不相同，气体和固体粒子的运动轨迹亦有差别。因此各种型式分解炉设计的气体停留时间差别较大。根据工厂实际测试及运行状况，本条规定其停留时间宜大于2s。

3 根据国内外工厂实际生产情况，分解炉的用煤量在55%~65%内为宜。当采用旁路放风时，热耗随放风量的变化而变化，分解炉的用煤比例也相应变化。

5.8.4 本条对窑尾高温风机的选型与布置提出了要求。

1、2 窑尾高温风机的风量大、风压高，气体中粉尘含量较大，因此对风机的要求较高。由于风机的功率较大，故要求风机的效率不低于80%，并要求能够调速。为保证窑生产能力有一定的发展余地，要求风机的风量和风压都有储备。

3 便于调节系统的风量与风压，便于风机轻载启动。

4 当原料粉磨采用辊式磨时，由于辊式磨通过的气体量较大，出预热器气体可先经增湿塔和高温风机后，全部送入辊式磨。亦可先经高温风机，将烘干原料和燃料需要的热空气分别送给煤磨和原料磨。当原料水分大时，高温风机宜放在增湿塔前。

5 高温风机设置在露天，可以取消厂房，减少投资，检修时可采用临时起吊设施，但传动部分设备应避免雨淋，故应加防雨设施。

5.8.5 本条对废气处理系统的设计作出了几项规定。

1 设计出预热器系统的废气温度在270~340℃，这部分热量可烘干原料、燃料或其他物料，也可利用余热发电。

余热利用废气由有关工艺系统处理，如用于煤磨车间作为煤的烘干热源时，由于其含尘浓度高，会增加煤的灰分，应经过除尘处理后，再送入煤磨。当用作原料或其他物料的烘干热源时，则可以直接利用。

2 废气除尘器采用袋式除尘器或电除尘器，是技术上比较成熟的高效除尘设备，使用都较普遍。一般来说，电除尘器投资大，操作费用低；而袋式除尘器投资较低，操作费用大，滤袋损坏维修费用较高。按照现行粉尘排放标准的规定，推荐采用袋式除尘器。

采用袋除尘器，根据滤袋材质耐温情况，需将废气温度降低至滤袋规定的要求后才可送入袋式除尘器除尘。

3 电除尘器对气体和粉尘的物理特性很敏感，预热器排出的废气比电阻在10^{12}~$10^{13}\Omega\cdot cm$，而电除尘器只适用于比电阻小于$10^{11}\Omega\cdot cm$，否则除尘效率达不到要求。因此要对废气做调质处理，通常配备增湿塔，气体通过增湿塔时，向塔内喷入高压雾化水，使废气温度降到140~150℃，湿度增加，粉尘比电阻可降到$5\times10^{10}\Omega\cdot cm$，以保证电除尘器的除尘效率。

4 废气处理系统虽然废气温度与露点温度相差约100℃，但在通风不良的废气滞流区，外壁的局部地方温度仍可能低于露点温度。另外在窑的点火升温阶段，除尘器从冷态经废气加热逐渐升温，如有保温则除尘器温升快，冷凝水少，凝结后也能很快蒸发，减少机体的锈蚀，也减少细粉在电极板上的粘结。

5 本款主要针对废气处理系统管道直径大又长的特点，应与废热利用相关的工艺系统尽量靠近，使管道布置紧凑合理，降低管道投资，减少散热损失。

6 本款是由于考虑管道热膨胀而制定的。

7 由于增湿塔和除尘器的出灰量不是稳定的，经常不定时塌落，其输送设备的能力应比正常的灰量大得多。

8 本款按《水泥工业大气污染物排放标准》GB 4915和《固定污染源烟气排放连续监测系统技术要求及检测方法》HJ/T 76制定。

9 在电除尘器进口处，设CO监测报警装置是防止CO过量使除尘器燃烧爆炸，损坏设备。要求报警装置在CO含量达0.5%时，自动报警；CO含量达1.0%时，自动切断高压电源。

10 由于预热器的废气余热作为原料磨的烘干热源，且和原料磨系统合用一台除尘器，所以废气处理系统的控制要协调好预热器高温风机，磨系统排风机及除尘器排风机的关系，以保证窑、磨正常生产。

11 当窑和原料磨同时运转时，废气处理系统的回灰可和出磨生料同时进入生料均化库，而当原料磨停开时，宜送至窑尾喂料系统。

在设有旁路放风系统的工厂，废气处理收下的回灰，由于有害成分很高，若进入生产线，将对窑的烧成不利，既易堵塞预热器系统，又降低熟料强度，因此窑灰要妥善处理。

5.8.6 本条是对回转窑设计的规定。

1 在确定新型干法回转窑的规格时，不仅应按照工厂规模对烧成系统产量的要求，而且还应结合具体的原、燃料条件、预热器型式、级数以及分解炉的流程是在线还是离线，分解炉的炉型、规格和配置的冷却机型式规格等具体情况综合确定。

2 国内现有生产厂的预热器窑和预分解窑的长径比（L/D），一般在 14～16，表 7 中列出了国内部分生产厂的预分解窑的长径比（L/D）值。随着预分解窑入窑物料分解率的提高，回转窑的转速也相应的提高，根据国内外的工厂资料，窑的转速一般在 3.0～4.0r/min，斜度通常在 3.5%～4.0%。部分新型干法厂的回转窑斜度和转速见表 8。

表 7 部分预分解窑长径比（L/D）值

序号	窑规格 (m)	能力 (t/d)	L/D	工厂名称
1	φ3.2×50	1000	15.63	槎头、天津等水泥厂
2	φ3.3×50	1000	15.15	滇西（高海拔地区）水泥厂
3	φ3.3×52	1200	15.76	浙江豪龙水泥厂
4	φ3.95×56	2000	14.18	顺昌、华新、海南昌江等水泥厂
5	φ4×43	2000	10.75	新疆、中国、湘乡等水泥厂
6	φ4×60	2500	15	获港、九里山等水泥厂
7	φ4.3×66	3000	15.3	太行邦正等水泥厂
8	φ4.55×68	3200	14.94	柳州水泥厂
9	φ4.6×72	4000	15.65	江南小野田水泥厂
10	φ4.7×74	4000	15.74	宁国水泥厂
11	φ4.7×75	4000	15.95	冀东水泥厂
12	φ4.75×75	4000	15.79	珠江水泥厂
13	φ4.8×72	5000	15	获港海螺水泥厂
14	φ5.0×72	5500	14.4	华新水泥厂
15	φ5.6×87	8000	15.53	池州海螺水泥厂
16	φ6.4/6.0×90	10000	14.1	枞阳海螺水泥厂

表 8 部分回转窑斜度和转速

序号	窑规格 (m)	能力 (t/d)	斜度 (%)	最高转速 (r/min)	工厂名称
1	φ3.2×50	1000	3.5	3.37	槎头、天津等水泥厂
2	φ3.5×52	1200	3.5	3.91	浙江豪龙水泥厂

续表 8

序号	窑规格 (m)	能力 (t/d)	斜度 (%)	最高转速 (r/min)	工厂名称
3	φ4×43	2000	3.5	3.4	新疆水泥厂
4	φ4×60	2500	3.5	4.0	获港、九里山等水泥厂
5	φ4.3×66	3000	3.5	4.0	太行邦正等水泥厂
6	φ4.55×68	3200	4.0	3.0	柳州水泥厂
7	φ4.7×74	4000	4.0	4.0	冀东水泥厂
8	φ4.75×75	4000	3.5	3.0	珠江水泥厂
9	φ4.8×72	5000	3.5	4.0	获港海螺水泥厂
10	φ5.0×72	5500	3.5	4.0	华新水泥厂
11	φ5.6×87	8000	4.0	3.0	池州海螺水泥厂
12	φ6.4/6.0×90	10000	4.0	3.5	枞阳海螺水泥厂

3 回转窑筒体温度是反映窑内煅烧状况和窑皮粘挂、窑衬烧蚀脱落及结圈情况，它直接影响到窑的安全运转。目前应用较成熟的是用红外线扫描测温技术来检测筒体温度。为降低回转窑烧成带筒体温度，可以采用水冷却和强制风冷。对于预分解窑大多采用强制风冷。

4 回转窑设置辅助传动主要是为了检修、保安和镶砌窑衬等需要。为保证辅助传动在紧急（如停电等）情况下能够起动，要设有备用电源。

5.8.7 本条对回转窑的窑中部分的布置作了设计规定。

1 回转窑的中心高度，一般可根据冷却机布置标高来确定，但当回转窑中心高度太高时，也可将窑头和窑尾布置标高综合考虑，从而确定将冷却机布置在地面上或低于地面。

2 回转窑基础布置尺寸的规定，是根据多年来在窑体的机械设计、工艺布置设计以及现场施工安装中所总结并遵循的规则。窑基础间联通走道的设置，是为了操作维护的方便，栏杆的设置应保证安全。

3 近十多年来，我国建成的大中型窑的窑中传动部分，均未设置厂房和专用固定的检修起吊设备，仅在传动装置上部设置了防雨设施，在传动装置和窑筒体之间加了隔热设施，布置时防雨、隔热也可兼顾。当需检修时，可采用临时起吊设备，实践证明，是可行的。

5.8.8 分解炉用的三次风均从冷却机抽取，抽取的位置可在篦式冷却机的上壳体，也可在窑门罩引出。当从上壳体抽取时，应通过沉降室后再送入分解炉；当在窑门罩引出时，可根据具体情况确定是否设置沉降室。根据实践经验，三次风管宜布置成倾斜"一"

字形，否则应在三次风管上采取清灰措施，以防止三次风管堵塞。

三次风管内的风速 18～22m/s 系实践经验的总结。

5.8.9 本条对烧成系统的煤粉燃烧器提出了配置要求。

1～3 多通道燃烧器是目前世界上较为先进并广泛用于回转窑的煤粉燃烧器。它的特点是：一次风量小，可灵活调节火焰的形状和长度，对不同灰分的煤质、不同的煤粉细度适应性强，特别是在灰分较高的情况下，使其达到完全燃烧，从而不仅较好地适应复杂多变的燃烧工况，提高了燃烧效率，而且对降低能耗也有较为明显的效果。

回转窑所需一次空气量，由于多通道燃烧器本身的结构和型式不同是有差异的，根据统计，各国采用的多通道燃烧器，一次风量的比例大多在 8%～14%。

4 本款规定有利于保护燃烧器不被烧坏和窑的连续安全生产。

5.8.10 本条目的是为了减轻繁重的体力劳动，并使窑头平台有良好的操作条件。

5.8.11 本条对熟料冷却机的选用提出了要求。

1 本款从现实性和先进性结合考虑，提出了冷却机的具体要求，以及对出冷却机熟料温度的要求。

2 箅式冷却机所需的冷却风量，要由各室被冷却的熟料量和温度以及箅式冷却机的结构来确定，条文中提出的控制风量，应根据不同型式的箅式冷却机所需的风量来确定。

3 箅式冷却机的余风，可利用作为原、燃料的烘干热源，也可用于余热发电。

4 熟料冷却机的余风除尘，可选用电除尘器或袋式除尘器，这两种除尘器各有特点。如采用袋式除尘器时，入除尘器前宜设置良好的空气冷却机降低废气温度，以适应和保护除尘器。

5 箅式冷却机的中心线，与窑中心线向窑内物料升起的一侧偏移的距离，应根据窑直径的大小和窑的转速等因素来决定，一般为 $0.15～0.18D$。对于直径较小的窑，可以考虑小于 $0.15D$，以保证料流在冷却机箅床上均匀分布。

5.9 熟料、混合材料、石膏储存及输送

5.9.1 本条对熟料输送系统设计作了几点规定。

1 由于出窑熟料量的波动及垮窑皮等因素，送入输送机的物料量是不稳定的，因此输送机的能力应有富裕量。

2 出箅式冷却机的熟料温度虽然在环境温度加 65℃以下，但当有大块或垮窑皮出现不正常的情况时，出冷却机熟料温度会大大超过，有时会出现红料，因此，熟料输送机应满足存在不正常时温度的情况。

3 熟料输送机地坑内温度高、操作条件差，应加强散热通风。

4 熟料输送应设有除尘设施，保护环境，防止生产损失。

5.9.2 本条对储库选型作了规定。

1 随着水泥生产技术的发展和进步，圆库、帐篷库在熟料生产线中被广泛采用。鉴于联合储库的粉尘飞扬对环境污染较严重，因此不推荐使用。

2 水泥生产用石膏一般运距大、块度较大，由于外购运输的条件，为满足生产要求需要较长的储存期，故大块石膏采用露天堆存方式，露天堆场堆存量大，可节省建筑费用。破碎后石膏可采用储库储存。碎石膏的储库储存方式与熟料、混合材的储存及入磨方式有关，可根据具体情况设置碎石膏储存库。

3 混合材料的品种繁多，物理性能各异，用量变化也大，综合考虑投资、环保等因素，故规定粒状湿混合材料采用露天堆场、堆棚等储存；粒状干混合材宜采用圆库储存。

5.9.3 在熟料、混合材料、石膏的储存方式确定后，其储库的规格、个数按生产规模及物料储存期要求经计算后即可确定。由物料自重卸料的圆库、帐篷库的有效储量及对建筑物的充分利用，因此要求卸料点个数的设置应保证储库的卸空率不低于 65%。

经生产实践证明，储库卸料口与卸料设备之间设置闸门是必要的，不仅为卸料设备的检修及更换提供了良好的条件，而且对物料的卸料量也能起到一定的控制作用。

出库熟料的输送，实践证明选胶带输送机既经济又可靠，但由于熟料的温度有时可能偏高及熟料流动性好，因此，要求宜选用耐热胶带输送机，且其上倾角度宜小于 14°。

圆库及帐篷库的卸料输送地沟较长，操作空间狭小，落料点较多，其环境较差，故要求通风换气。

熟料、干混合材、石膏储库的物料入库及库底料点，必然含有含尘气体排出，因此，要求库顶及库底均需设置除尘装置。

因为熟料磨蚀性非常高，因此容易被熟料颗粒冲刷的工艺非标准件、阀门等，应采取有效的防磨损措施。

5.10 水泥粉磨

5.10.1 本条对水泥粉磨配料站的设计作了几点规定。

1 降低喂入粉磨系统的物料粒度，可以提高产量、降低粉磨电耗。一般磨机的喂料粒度要求小于 25mm，对于石膏的粒度可适当放宽。当采用辊式磨或辊压机时，其适宜的喂料粒度和规格有关，所以应根据辊式磨和辊压机的规格和设备性能来确定。

2 水泥粉磨配料仓的容量，主要是为了满足粉磨系统的连续运转。当配料仓设置在联合储库，并由抓斗吊车供料时，为避免吊车操作频繁，配料仓的有效容量应能满足磨机 3h 左右的用量。对于用提升机或胶带机供料的配料仓，或大型厂磨机小时用量较大时，可以适当减少配料仓的容量。

3 定量给料机属于重量式喂料设备，喂料准确度优于容量式喂料机，并能根据磨机负荷大小自动调节喂料量，准确记录粉磨系统的实际产量。称量误差应小于 $\pm0.5\%$，喂料量调节的范围为 $1:10$，这是根据生产的需要。

4 由于熟料和石膏等物料在破碎运输过程中，易混入铁质物件，当进入辊式磨或辊压机等后，将对设备造成损坏，因此在上述设备前应设置除铁及报警装置。

5.10.2 水泥粉磨系统主要有开路和闭路球磨粉磨系统、带辊压机或辊式磨与球磨组成的粉磨系统、辊式磨以及筒辊磨系统等。

开路粉磨系统的主要优点是：流程简单，生产可靠，操作简便，运转率高；缺点是磨内过粉磨严重，粉磨效率低；当粉磨高强度等级水泥，即比表面积超过 $320m^2/kg$ 时，电耗增加较大，产品细度也不易调节，较适合粉磨单一品种的水泥。一级开路双仓小钢段粉磨系统，其粉磨效率可比一般的球磨开路系统有所提高，可磨制比表面积较高的水泥。

闭路粉磨系统在水泥粉磨作业中占有较大的比重，以双仓中长磨一级闭路粉磨系统居多。与开路粉磨相比，设备环节较多、操作维护复杂、厂房面积大、投资多，但粉磨效率高、产量高、电耗低、磨耗小、水泥温度低、产品细度易于调整、可以适应生产高比表面积和多种水泥的需要。

带辊压机或辊式磨与球磨组成的粉磨系统，同一般球磨闭路粉磨系统相比，产量高、电耗低、消耗少。

辊压机预粉磨可以通过调节部分料饼的再循环来达到和球磨能力相平衡，使入磨粒度均匀，提高料饼易磨性，对磨机操作有利。辊压机预粉磨的特点是流程简单，但辊压机担负的粉磨任务小，故系统节能作用亦小。

辊式磨预粉磨，将部分出磨物料再循环，可以减少当入磨物料粒度、易磨性变动时，会发生辊式磨功率的波动和磨机的振动。辊压机混合粉磨，磨后选粉机的部分粗粉，可回入辊压机进行再循环，组成了混合粉磨的流程。适当的粗粉回料可以使辊压机内料床更密实，辊压效果更好，但是回料比例不能太大，料饼再循环量也不宜太多。此种粉磨系统的辊压机，可以承担的粉磨任务比预粉磨稍大，其节能效果比预粉磨有所增加。

辊式磨混合粉磨的流程一般不用辊式磨出磨的物料再循环，仅用选粉机粗粉循环，循环量不宜太大，否则会引起传动功率波动，料层不稳，增加操作困难。

辊压机联合粉磨的流程是辊压机应用中较理想的流程，辊压机自成系统，料饼经粗选粉机分选出半成品。粗颗粒全部返回辊压机再压，由于细粉已被选出，使辊压更为有效。细粉作为半成品喂入球磨机，因为粒度小而均匀，有利于磨机操作，易于配球，球径小粉磨效率高。虽然这种系统流程相对复杂，但辊压机承担的粉磨工作量，要比前两种系统大大增加，为此节能效果也更好。辊压机联合粉磨，经过多年的实践，已逐渐变成成熟的粉磨系统。

辊压机或辊式磨与球磨组成的不同的粉磨流程，其预粉磨设备在整个系统中承担的任务增加，相应的节能效果增加。

因此，本条规定了水泥粉磨系统，可根据生产规模、物料性能、水泥品种、投资条件，结合粉磨系统的特点，经技术经济比较确定。

5.10.3 本条规定了水泥粉磨系统中主要设备选型的要求。

1 水泥磨的选型与工厂生产规模、生产水泥的品种、物料的易磨性、粉磨系统的流程，以及日工作小时数、是否需要考虑"避峰"等这些因素有关，因此应根据这些具体条件来确定磨机规格和台数。

2 一般水泥近距离输送可选用机械输送，以节约能耗；远距离输送时，应根据具体条件综合比较确定后，采用经济合理的输送设备。

5.10.4 本条对水泥粉磨系统的布置作了几点规定。

1 为便于磨机检修和倒出研磨体的需要，根据生产实践的经验，确定磨机中心高宜取磨机直径的 $0.8\sim1.0$ 倍。

2 磨机的传动部分宜和磨机房以隔墙隔开，以便在磨机检修时，保持减速机和电动机的清洁。

3 设置电动葫芦和钢球提取器是为减轻繁重的体力劳动，方便磨机研磨体的补充与更换。

4 便于这些设备的检修。

5 为了使磨机润滑系统的回油流畅，因此回油管的斜度应满足要求。

6 为便于磨机轴承检修，磨机两端轴承基础内侧应设顶磨基础。

7 为了保证辊压机的正常运行和提高工作效率，某些不宜进入辊压机的物料，应设旁路直接送入磨机或选粉机。

8 辊压机的工作原理要求喂入物料形成密实料柱，要求一定的喂料压力，并保证喂料的连续性和均匀性，因此辊压机的喂料小仓的设计，应根据辊压机的规格大小及喂料压力要求进行，且小仓的出口位置及仓角设计，应保证入辊压机的物料不致产生离析现象。

9 磨机出料口设锁风装置是为了减少漏风，保证粉磨系统正常的抽风量，满足系统操作要求，并降低电耗。

5.10.5 水泥粉磨成品的细度指标，系现行国家标准的要求，即对水泥细度的规定。

5.10.6 水泥温度过高会使石膏脱水，失去缓凝作用，影响水泥质量。

5.10.7 水泥粉磨系统生产环节较多，不仅因输送物料转运、配料仓物料的进出产生扬尘，而且生产系统中也含有含尘气体排出，这些都应除尘。

5.10.8 熟料的磨蚀性非常高，对工艺非标准件、阀门以及风管等磨损大，应采取有效的防磨损和降低噪声的措施。

5.11 水泥储存

5.11.1 关于水泥成品质量检验所需天数，过去是按取得7d强度的结果来计算的。目前国内大中型水泥工厂，各生产环节控制较严格，水泥质量较稳定，水泥成品的质量检验，只要取得3d强度合格后，便可发运了。因此水泥储存期比过去可缩短一些。

5.11.2 水泥库的出料口当设在库底时，为防止物料起拱方便卸料，在卸料口的上方，宜设防止压料起拱的减压锥或采用其他措施。

5.11.3 用于水泥库库底充气的定容式鼓风机即罗茨风机，并应带过滤器、消声器、止回阀、安全阀、压力表等。

库底充气面积对不同类型的库是不同的，对常用的减压锥型库充气箱总面积，宜不小于库底面积的30%，目的是减少卸料死角。

5.11.4 电控流量控制阀是指气动或电动流量控制阀，可根据包装系统的操作需要，遥控开停和电动调节卸料量。

水泥库底卸料的控制，是库底卸料装置上的电控电动开关阀，上包装机前中间仓的荷重传感器，或料位计的高、低位报警控制停或开。电动流量控制阀的开度，可根据需要由中间仓的荷重传感器，或料位计的指示来自动调节。

5.11.5 库顶收尘风量主要由以下组成：气力输送的风量、输送设备的风量、水泥入库排出的风量、落差引起的风量，以及即将放空时库底充气逸出的风量和漏风量等。水泥库底收尘风量主要有：水泥库底充气卸料风量、输送设备风量、漏风量等。

5.11.6 为了保证出厂水泥质量，特别是生产多品种水泥情况，应避免水泥输送和除尘器回灰时的不同品种水泥的混杂。

5.12 水泥包装、成品堆存及水泥散装

5.12.1 本条规定了包装机的选型原则，在计算包装机的工作制度时，宜采用两班制，每班工作时间不超

过7h。

5.12.2 为保证包装机的正常操作，使袋装水泥重量恒定，宜设置中间储仓，维持仓内料位稳定在一定范围内，此中间仓又能起缓冲作用，即当包装机停机、水泥库底停止卸料时，仓内尚可容纳从库到包装系统的输送设备中的水泥。

5.12.3 筛分设备主要为去除水泥中的杂物，常用回转筛或振动筛，在布置上应留有处理筛上物料的位置。

5.12.4 在包装机所在平面，由于要堆存包装袋，楼板应考虑包装袋堆存荷载。

5.12.5 回灰仓宜为钢板仓，仓上面的开口部分应设算板。

5.12.6 袋装水泥选用平型胶带输送机，带宽应为650～800mm，带速为0.8～1.0m/s。

5.12.8 根据经验中间仓的控制采用料位计或荷重传感器均可，但选用荷重传感器较好，因为荷重传感器设置在仓外，不受仓内物料的影响，称重准确，联锁可靠。

5.12.9 水泥包装系统宜采用一级高效袋式除尘器，负压操作，每台除尘器处理抽风点不宜多于5个，并设抽风罩及调节阀。

5.12.11 由于成品库水泥装车需要，铁路专用线上方应设雨棚，成品库四周可不砌墙，但在寒冷地区，可在铁路专用线外侧加砌隔墙。

5.12.12 条文中发运设备主要指各种型式的装车设备。

5.12.14 包装袋库的位置宜靠近包装车间，要满足卸车和进出库的方便，并应设有电动葫芦，当包装袋库设在包装厂房或成品库内时，应能直接将包装袋吊运到包装平台上。

5.12.15 包装袋属易燃物品，又怕受潮，故储库应考虑防火防潮。

5.12.16 散装设备宜采用专门的汽车散装装车机、火车散装装车机和装船机。装车机平台下的净空高度，应满足铁路规范要求。汽车装车机平台下净空高度，应根据散装汽车车型要求确定。

5.12.17 本条参照5.11.3条文说明。

5.12.18 本条参照5.11.5条文说明。

5.12.19 本条参照5.11.6条文说明。

5.13 物料烘干

5.13.1 混合材等物料烘干后终水分，能满足下道工序的要求即可。

5.13.2 本条规定了烘干系统的设计要求。

1 水泥工厂烘干物料的设备，有回转式烘干机、悬浮烘干机、流态化烘干机等，可根据被烘干物料量及物料性能和具体条件选择最佳方案。烘干机的单位容积蒸发强度，与烘干机的型式规格、内部结构形

式、物料种类及其物理性能、进出烘干机气体温度、进出烘干机物料水分、烘干机内风速等因素有关。正确选取蒸发强度，应参照相似条件的生产数据来确定。

2 烘干机前湿粘性物料喂料仓应为浅仓，主要为避免湿料压实出料困难。

3 要求控制喂料量，便于稳定烘干热工操作制度。

4 利用预热器和篦式冷却机排出的废气作为烘干热源，是有效利用废气余热的途径之一，可取得良好的经济效益和社会效益，在设计中应尽量利用。

5.13.3 本条根据生产实践，对烘干系统的位置、厂房设计、设备布置检修等作了设计规定。

5.13.4 应根据烘干机排出的气体含尘浓度和粉尘特性，以及工厂所在地环保要求的排放标准，确定除尘系统的方案。

5.14 压缩空气站

5.14.1 水泥工厂各用气点对压缩空气压力、质量要求不同，在设计压缩空气站时应根据实际需要，经济、合理地配置相应设备及管道。

5.14.2 关于压缩空气的质量，根据现行国家标准《工业自动化仪表气源压力范围和质量》GB 4830，其中规定：

——露点：在线压力下的气源露点应比环境温度下限值至少低 10℃；

——含尘粒径：气源中含尘粒径不应大于 3μm；

——含油量：气源中油分含量不应大于 10mg/m³。

按现行国家标准《一般用压缩空气质量等级》GB/T 13277 附录中，规定了压缩空气质量等级的推荐值。

5.14.3 压缩空气站集中还是分散设置，应根据用气负荷中心位置，尽量减少气体压力损失，经过比较后确定。为避免粉尘对空气压缩机的损害，压缩空气站应尽量布置在上风向。

5.14.4 本条规定了对空气压缩机的选型和台数配置，以及应考虑的因素。在生产中使用压缩空气的生产环节，要求气源不断，因此空气压缩机需有备用。通常采用的空气压缩机有活塞式和螺杆式两种。螺杆空气压缩机体积小，噪声小，节能好，推荐广泛采用。

5.15 化 验 室

5.15.1、5.15.2 中央化验室设计除了基本配置外，可根据工厂规模、产品品种、厂方的需要，增添部分测试用的高级仪器设备。

设置 X 荧光分析装置，可对生产过程中的原料、生料、熟料进行日常的分析检测。与生料质量控制软件配套使用，构成生料质量控制系统，控制出磨生料的质量，以确保窑的正常运转。

5.15.3 岩相分析对于研究配料、熟料煅烧制度对熟料晶体结构的关系有一定意义，但投资较大，工厂是否配置岩相分析，可根据社会协作情况和工厂具体情况确定。

5.15.4 为了避免振动、噪声、粉尘对化验室的影响，小磨房单独设置为好。

5.16 耐 火 材 料

5.16.1 本条文主要对预分解窑系统设备的耐火材料选型和配套规定了几条原则。

1 耐火材料质量要求见《耐火材料标准汇编》（中国标准出版社出版）。

2 衬料设计时，其配用材料应按照烧成系统设备的规格、原料与燃料性能、工艺操作参数等因素来选用。

窑的产量与直径的三次方成比例，窑产量愈高，直径愈大，其相应热力强度也高，对衬料材质性能要求也高。

原、燃料性质配料率值，与生料易烧性、液相量、液相性能及窑皮性能等有关，在衬料设计选用材料时，应考虑原燃料因素。

3、4 预分解窑入窑的二次空气温度高达 1000~1200℃，窑尾废气温度在 950℃ 以上，入窑物料温度在 900℃ 左右，出窑熟料温度高达 1350~1400℃，窑内温度高，整个窑内衬砖遭受热侵蚀较重。

窑筒体表面温度高，筒体易变形，易对衬砖产生机械应力。

窑速高，衬砖所受的磨蚀较重。

碱、氯、硫等有害物质的挥发、循环，在窑尾及预热器系统形成结皮，渗入砖的内部，造成碱浸蚀；上述没有挥发的有害物质，进入窑内后，由于其熔点较低，易形成液相，并与窑内物料生成窑皮，此时碱性物料易对衬砖造成碱盐渗入。预分解窑系统窑体和固定设备耐火材料品种的配置，是考虑在上述情况下选用的。

5.16.2 本条对不同耐火砖与耐火泥浆匹配要求作了规定。

5.16.3 本条对回转窑的衬料设计规定了几条原则。

1 回转窑内砖型设计方法有两种，一种是同一窑径配用同一规格的衬砖。不同直径的窑则砖的规格也不一致，此法优点是施工较方便，缺点是制造厂家为供应国内大量不同窑径的衬砖，生产中需频繁更换模具，才能满足用户要求，这样做不利于提高生产效率，保证质量。另一种是国际上使用较为广泛的两种砖型搭配设计，较有代表性的是德国标准 VDZ-B 型衬砖系列和国际标准 ISOπ/3 系列，现以 VDZ-B 型衬砖系列说明如下，VDZ-B 型砖型尺寸见表 9。

表9　VDZ-B 砖型尺寸

砖型	型号	尺寸（mm） a	b	h	l	体积（dm³）	适用窑直径 D（mm）
	B216	78	65			2.265	
	B316	76.5	66.5			2.265	
	B416	75	68			2.265	
	B616	74	69	160	198	2.265	2500～3000
	B816	74	71			2.2967	
	BP16	64	59			1.632	
	BP+16	83	77.5			1.948	
	B218	78	65			2.548	
	B318	76.5	66.5			2.548	
	B418	75	68			2.548	
	B618	74	69	180	198	2.548	3000～3600
	BP18	64	59			1.835	
	BP+18	83	77			2.192	
	B220	78	65			2.831	
	B320	76.5	66.5			2.831	
	B420	75	68			2.831	
	B520	74.5	68.5	200	198	2.831	3600～4200
	B620	74	69			2.831	
	B820	78	74			3.010	
	BP20	64	59			2.435	
	BP+20	83	76.2			3.152	
	B222	78	65			3.115	
	B322	76.5	66.5			3.115	
	B422	75	68			3.115	
	B522	74.5	68.5	220	198	3.115	4200～5200
	B622	74	69			3.115	
	B822	73	69			3.115	
	BP22	64	59			2.679	
	BP+22	83	75.5			3.452	
	B325	78	65			3.539	
	B425	76.5	66.5			3.539	
	B525	75	68			3.539	
	B625	74.5	68	250	198	3.539	4200～5200
	B725	74	69			3.539	
	B825	73	68.5			3.502	
	BP25	64	59			3.044	
	BP+25	83	74.5			3.898	

利用表9配砖优点是耐火材料生产厂家只需备用少量模具，生产中不需频繁更换，有利于生产效率和质量的提高。我国回转窑窑径规格较多，碱性砖宜采用 VDZ 砖型，从整体上对国家有利，值得推广。

窑内使用的衬砖材质主要有两种，一种为碱性砖，另一种为非碱性的高铝质砖。碱性砖的热膨胀率高，为 1%～1.2%（1000℃），而高铝质砖热膨胀率低，一般为 0.4%～0.6%（1000℃）。窑内衬砖受热后发生膨胀，膨胀值要靠砖缝来消纳，热膨胀值愈高，所需的砖缝愈多。VDZ 砖型较薄，则适用于碱性砖，而 ISOπ/3 砖型较厚，则适用于高铝质砖。

2　本款对窑内衬砖衬砌作了规定。

从窑的砌筑角度来看，采用环砌较适宜，此法易砌也易拆卸，对生产有利。

镁砖应环砌，每环砖用铁板夹紧，其数量最多不超过 3 块，且同一个砖缝内不得嵌入两块钢板。环与环之间用纸板。考虑到我国现生产的镁砖外形尺寸偏

差较大，因而也可用湿砌。

砖缝主要用来消纳衬砖的热膨胀量，因此不同材质的衬砖，所处的工况温度以及与各圈砖的数量，决定了砖缝尺寸的数值。从实践生产过程中来看，窑运转时，筒体和衬砖相对滑动，若砖缝太小，则会出现衬砖集中在一侧，而边缘出现缝隙过大而松动掉砖。砖缝太小，当衬砖受热膨胀后，对衬砖本身产生过大的挤压力，因此砖缝要合适，条文中所示的砖缝数值是生产实践的经验值。

3　本款对窑用耐火泥浆品种作了规定；并对在窑衬砌筑时，为防止筒体腐蚀损坏，对有腐蚀性泥浆的使用提出了要求。

4　窑在运转时，窑筒体和衬砖做相对滑动，由于窑的斜度，使窑内衬砖和所粘附的窑皮向下滑动，形成巨大的推力，为了减缓此应力，在窑口和窑尾设置挡砖圈。

为减缓窑口耐热钢护板所受推力，在距窑口约 0.6m（目前最小为 0.42m）部位需设置一道挡砖圈，窑尾挡砖圈的数量按窑长来确定。烧成带（即窑皮稳定部位）、齿圈和轮带下，因设置挡砖圈后易产生局部热应力使筒体变形，因此不宜设置挡砖圈。

挡砖圈的形状及材质，应保证在所承受的工况条件下，有足够的强度，且受热膨胀后变形较小，从而使窑内衬砌稳定牢固，保证回转窑安全运转。

5　为使窑口保护铁不直接接触高温气流而损坏，本款对该部位衬砖外形提出了要求。

6　为保护窑筒体不直接接触高温气流而损坏，本款对窑筒体上孔洞四周的衬砌提出了要求。

7　耐火浇注料因维修时养护期龄长，窑内一般不采用。但窑头筒体直接暴露在高温气流内，易受热变形，致使该部位衬砖砌筑困难且易在生产过程中塌倒。窑尾为防止倒料，筒体外形为锥体，砖型复杂且数量少，上述两部位用耐火浇注料较合适。

5.16.4　本条对预分解窑固定设备衬料设计提出了几条要求。

固定设备衬体的外形各不相同，且形状复杂，我国一台引进的 4000t/d 大型预分解窑，固定设备衬料重量占总量 70% 以上，砖型数量超过 100 种。因此合理地选用砖型系列，将会减少衬砖的数量，有利于施工、维修。

固定设备的外形主要由圆弧体和直墙所组成，圆弧体主要为圆柱体和圆锥体。可供设计选用的砖型系列标准有两种，一种是现行国家标准《通用耐火砖形状尺寸》GB/T 2992 的标准，另一种是德国使用的耐火砖标准中的 G 系列和 H 系列砖。这两种标准均能满足圆柱和圆锥体两种衬砖设计要求。VDZ 型 G 和 H 系列的砖型尺寸见表10。

1　固定设备圆柱体衬砖设计时，有两种方法，一种方法是不同直径的圆柱体需用不同尺寸的衬砖，

而固定设备的数量多，筒径不一，用这种方法设计，砖型数量就多。另一种方法是用楔形砖和直形砖搭配设计，可以少量的砖型满足不同直径的圆柱体衬砖要求，减少了砖型的数量，用此法，上述两种系列的砖均可满足要求。

表 10 VDZ 型 G 系列和 H 系列的砖型尺寸

| 砖型 | 型号 | 尺寸（mm） | | | | 体积（dm³） |
		a	b	h	l	
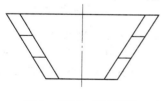	1G4	78	74			
	1G10	81	71			
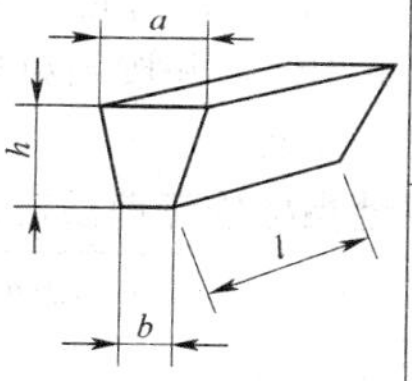	1G16	84	68	230	114	1.99
	1G24	88	64			
	1G50	101	51			
	2G4	66	62			
	2G10	69	59			
	2G16	72	56	250	124	1.98
	2G24	76	52			
	2G50	89	39			
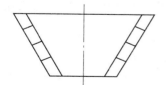	1H6	79	73			
	1H10	81	71			
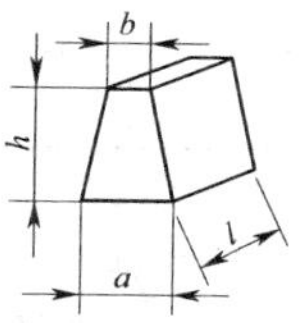	H16	84	68	114	230	1.99
	1H24	88	64			
	1H50	101	51			
	2H6	67	61			
	2H10	69	59			
	2H16	72	56	124	250	1.98
	2H24	76	52			
	2H50	89	39			

固定设备锥体衬砖设计方法有两种，一种是面与面斜交（图 1）。此法优点是同一层砖使用的砖型尺寸一致，砌筑方便。缺点是不同层将出现不同尺寸的砖型，且都是异形砖，制造管理不便。另一种方法是砖面和锥面垂直相交（图 2）。用德国耐火材料标准中的 G 系列和 H 系列型砖搭配设计，可满足衬砌要求。

图 1 砖面与锥面斜交

图 2 砖面与锥面垂直

在生产过程中，固定设备的高温段直墙经常出现衬体与壳体脱开而倒塌。其原因是热气流中的粉尘，随热气流穿过缝隙，接触金属筒体，而沉积在金属筒体受热膨胀后鼓出部位的缝隙内，粉尘愈积愈多，缝隙愈来愈大，最后使衬体和壳体脱开，致使衬体向内倾斜倒塌。

在衬砖砌筑中防止直墙倒塌的方法有两种，一是在金属筒体上焊接锚固件，并设计与之相配的锚固砖，在直墙上每隔一定的间距设置锚固件，由于各种锚固件型式不一致，很难规定每平方米设置的数量。在设计中锚固件的设置以墙体不倒塌为原则。锚固件和锚固砖尽量做到形状简单，易于制造和安装。二是在工艺条件允许的情况下，将直墙用楔形砖和直型砖配合砌成弧形，弧形墙体受热膨胀后不易倒塌。目前最有效的方法是据不同的设备配置不同型式及间距的把钉作为锚件与浇注料配合砌筑，或高温设备以矮挂砖、把钉作为锚件形成网格，与耐火浇注料配合砌筑。避免了热气流穿过砖缝隙接触金属筒体，取得了很好的效果。

2 预分解窑系统固定设备体积大，很多设备的高度在 10m 以上，在此高度范围内，衬砖受热的总膨胀量较大，产生的热应力也较大，为减少衬砖受热产生的热应力，需要在设备筒体上设置托砖板，使衬体分段，为减少托砖板直接接触热气流，需设置与托砖板外形匹配的托砖。见图 3 托砖和托砖板相配合的示意图。热气流温度较高的设备，亦可在托砖板上下做宽约 500mm 浇注料。

3 固定设备的外表面大，为减少热辐射损失，宜设置隔热层。

4 本款中所列工作层耐火砖厚度和隔热砖厚度，是德国系列衬砖的标准尺寸。

5 硅酸钙板是隔热材料，目前有标准型（最高使用温度为 1000℃）和高温型（最高使用温度为 1100℃），均有多种规格，且导热系数低、容重低。制造时厚度好控制，使用灵活，施工方便。既可作为衬砖的隔热层，也可作为耐火浇注料的隔热层，施工工效较隔热砖快一倍以上，因此在设计时可优先选用。

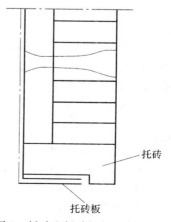

图 3 托砖和托砖板相配合示意图

硅酸钙板厚度一般以 30～80mm 较宜，小于 30 mm，制造较困难，大于 80 mm，因材料导热系数低，冷热面温差太大，易折断。

当工作温度超过 1100℃时，硅酸钙板不能承受此温度，则应采用隔热砖。

6 为使衬体牢固，本款对锚固件和锚固砖及其布置提出了要求。

7 衬砖错砌可使固定墙体砌筑牢固。为避免热气流穿透砖缝接触金属筒体，本款规定了砖缝尺寸。

8 衬体面积过大时，受热后体积产生膨胀，因此产生的应力使衬体出现裂纹，热气流穿过裂纹接触金属筒体使筒体发生变形，变形的筒体又对衬体产生应力。如此反复循环，致使衬体破坏。设计中留设热膨胀缝来消纳热膨胀应力，为阻止热气流通过膨胀缝接触金属筒体，缝内需堵塞高温陶瓷纤维。隔热层因膨胀量小，可不留设膨胀缝。

9 耐火浇注料可塑性好，能牢固地固定在金属筒体上。因而大量使用在各固定设备的形状复杂部位，容易倒塌的直墙，以及顶盖。

浇注料层厚度一般与所在位置的耐火砖的厚度相同，若单独设置，可根据需要确定其厚度，但厚度应大于 50 mm。低于此数值浇注料不易成型，浇注料层太厚，应考虑浇注料受热膨胀，根据具体情况进行处理。

10 耐火浇注料使用时应配置锚件（把钉，或短挂砖加把钉），材质应能承受浇注料衬体磨损变薄后锚件接触热气流的温度。

5.16.5 预分解窑配用的耐火材料，要防止受潮，因而应设置耐火材料库储存。本条文对耐火材料储存库的面积作了相应的规定。

5.17 工艺计量、测量与生产控制

5.17.1 根据《中华人民共和国计量法》和《中华人民共和国计量法实施细则》，为有利于生产控制、经营管理和经济核算，水泥工厂设计中，所有相应环节均应设置计量装置。其装备水平可与工厂规模、自动化程度协调考虑。计量装置包括如轨道衡、汽车衡、电子皮带秤等。

5.17.2 在现代水泥工厂中，计量装置已成为工艺装备的一部分，为提高系统的运转率，除了精度应满足要求外，稳定性、适应性、可靠性一定要充分考虑。

5.17.3 为保证计量的精确性，设计中应考虑标定措施，如旁路溜子、正反转胶带输送机等。

5.17.4 根据工艺系统具体特点，便于工艺操作和控制，需要设置仪表进行工艺过程测量。工艺过程的测量信号可设置为指示、记录、调节、累计、报警、遥控、联锁等。重要工艺过程测量信号应设置多级报警、联锁或控制，确保在紧急或按钮误操作情况下，保证人身和设备的安全。

6 总 图 运 输

6.1 一 般 规 定

6.1.1 工厂总体设计为工厂总图运输设计的基础和前提。本条明确了设计依据、原则和要求。

6.1.2 节省投资和节约用地是总图运输设计的两项重大任务，应贯穿设计始终。本条修改厂区用地面积是根据国土资源部关于《工业项目建设用地控制指标》的通知（国土资发〔2008〕24 号），结合近年来投产同等规模工厂厂区建设用地平均值，并按照新划分的规模对用地指标表进行了修订（见表 11）。

表 11 新型干法水泥工厂厂区用地指标修订前后对比

工厂规模	大型规模	中型规模	小型规模
厂区用地指标（万 m²）	28～36（原<32）	18～23（原<23）	12～21（原<15）
建（构）筑物、露天堆场及室外操作场地占地面积（万 m²）	8.4～10.8（原<7.5）	6.0～6.9（原<6.0）	3.6～6.3（原<3.8）

6.1.3 改建、扩建工程受原有场地、建筑、设备、运输等条件限制，增大了总图运输设计的难度，本条要求改建、扩建的水泥工厂应充分利用现有的场地和设施，以减少新征土地面积，减少建筑物拆迁废弃，使新老厂区总平面布置更趋于紧凑合理。

6.1.4 各种工程项目设计都应作多方案技术经济比较，工厂总平面尤为重要，技术经济指标直接反映设计方案的优劣。本条所列指标内容与《工业企业总平面设计规范》GB 50187 基本一致，恢复绿地率名词术语；铁路长度改为厂内铁路长度，不计厂外铁路长度。

6.2 总平面设计

6.2.1 功能分区有关问题的规定，根据《工业企业总平面设计规范》GB 50187 第 4.1.2 条并按实际经验，增加了单个小建筑物不突出建筑红线的具体规定。

6.2.2 确定通道宽度的规定，根据《工业企业总平面设计规范》GB 50187 第 4.1.4 条并结合有关专业情况略有增减。

6.2.3 为使厂区用地合理，充分利用地形为总平面设计的重要内容。

6.2.6 本条根据《工业企业总平面设计规范》GB 50187第 4.2 节生产设施中各条内容，结合水泥厂生产特点编制。

1 具体列出窑、磨、圆库等高大建（构）筑物对工程地质水文地质的要求，是为了保证生产安全、节省工程造价。

2 生产设施布置紧凑，工艺流程畅通，胶带机廊简捷短直，是衡量工厂总平面设计优劣的主要标准，三者是一致的、统一的。但实际工作中矛盾不少，胶带机廊过多过长，迂回折返的现象时有发生，本款作出了规定，以节省基建投资、降低经营费用。

3 本款为《工业企业总平面设计规范》GB 50187第4.2.7条的具体化，结合水泥工厂特点将建（构）筑物防火间距列表作出了规定。

4 本款根据《工业企业总平面设计规范》GB 50187第4.2.3条制定。

5 结合铁路装卸区的特点，布置要求作了规定。

6 石灰石破碎车间，如有条件尽可能布置在石灰石矿山，利用地形高差布置，节约用地，减少对厂区的污染。根据《工业企业总平面设计规范》GB 50187第4.2.5条，结合水泥工厂具体化。

6.2.7 机械化原、燃料露天堆场，简称露天堆场，为生产设施中一个重要环节，内含铁路卸车、物料倒堆、储存、转运等生产流程，是总图运输设计中内容丰富、工作量大、影响面广的工程项目，故作出本条规定。

1 对露天堆场各生产环节的要求。

2 露天堆场平面布置原则。

3 确定露天堆场长度和宽度的依据、考虑的因素，提出了储存量的要求。

4 根据习惯用法，对露天堆场中各种物料的储存期作出具体规定。

5 规定了设计储存能力应满足生产对储存期及卸车长度的要求。

6 对露天堆场中各种设备相互配合的要求、卸车设备的选型及数量的确定。一般链斗卸车机由于无清底设备，而采用人工清底对卸车速度带来很大影响，因此本条文特提出自动清底设备的要求。

7 倒堆转运设备的选型原则。

8 对露天堆场竖向设计及雨水排除布置原则的规定。

6.2.8 厂内动力、公用设施的布置原则。

1、2 总降压变电站的布置原则。

3 车间供、配、变电和电力控制等小型建筑物以及工人值班、更衣等生活用室一般均应布置在车间内部，使用既方便，外形也整齐美观，并且不会影响通道的使用，过去有的厂在通道中布置车间变电所，迫使各种工程管线绕道拐弯布置，增加难度。

4 压缩空气站的布置以靠近用户、减少风量损失及注意噪声对环境的影响为主要原则，并兼顾其他要求。

5 按《工业企业总平面设计规范》GB 50187第4.3.9条的原则，结合水泥工厂的特点制定。

6 污水处理厂及污水排除口处于厂区较低一侧的边缘地带，便于向厂外低洼地排除雨水。

7 根据水泥工厂的实际情况，将锅炉房布置在厂前区边缘，既靠近主要供热点又要保持一定距离，特别要注意煤堆场、排渣场及烟囱对周围环境的影响。

6.2.9 本条提出对机修区或机修仓库区布置总的要求。水泥工厂此区一般集中布置，独立成区。

1 电气仪表修理设有精密设备、机钳修理，人员较集中，提出了环境、朝向、通风、采光等方面的要求，是工作的需要和对工作人员身体健康的关怀。

2 铆、锻、焊工段是影响附近环境的污染源，工作性质相近，产生不同程度的振动、噪声，散发烟气粉尘及明火花。厂前区人员集中，要求环境整洁、安静，二者应保持足够的距离。

3 水泥工厂汽车修理任务较小，厂区的汽车运输多为专业运输公司（或车队）承担，工厂自备车辆较少（个别老厂例外），汽车修理的规模可根据用户需要确定。

4 国内目前水泥厂很少设置建筑维修，但考虑到区域发展不平衡，作为过渡，本次修订暂予保留。

6.2.10 运输及计量设施根据实践经验规定了水泥工厂常规的6项。电机车库及信号楼、站房、扳道房、路厂联合办公室等就地布置，无特殊要求均未列出。由于蒸汽机车已停止生产，本次修订取消其相关规定，内燃机车相关内容虽然保留，但目前国内水泥厂极少设置专用内燃机车，考虑到老厂技改及过渡时期的需要，本次修订暂时仍予保留。相关设施如企业站、汽车加油站等也是同样。

生产汽车库布置在货运出入口附近，其目的是减少空车行程。

6.2.11 生产管理与生活设施组成厂前区为水泥工厂常规的做法，符合功能分区的要求，管理使用均较方便。

1、2 两款为厂前区布置总的要求和一般原则，有共通性。

3 对生产管理及辅助生产设施的布置要求。

4、5 两款为生活设施的布置原则和要求。

6 水泥工厂一般不设消防站，设置消防车的情况亦较少，大都由城市或邻近企业统一协作布设，消防车与生产管理用车合并建库的情况常有，警卫人员兼作消防人员，另设专职消防干部总揽其职，这是习惯做法。

6.3 交通运输

6.3.1 本条厂外铁路设计包括：

1 厂外铁路布置原则和要求。

2 厂外铁路附属设施的布置原则。

3 铁路线路设计的原则和要求。

6.3.2 本条为厂内铁路设计的原则。

1 厂内铁路股道数量、有效长度及装卸货位长度确定的依据。

2 厂内铁路布置原则，过去多分散布置，近来由于卸车新设备的采用，集中布置有较多的优点，特予推荐。

3 线路平面设计原则及要求。

4 线路纵断面设计要求，应符合现行国家标准《工业企业总平面设计规范》GB 50187 有关规定。铁路新规范允许纵坡1.5‰，但装卸站装卸设备轨道施工均困难，平直为好。

近期国内水泥厂已很少设置专用铁路线，考虑到老厂改造及过渡时期的需要，本次修订对专用铁路线设计内容仍予保留。

6.3.3 本条为厂外道路的设计原则。

1 厂外道路设计的依据，采用技术指标为设计的基本条件，本款中 2 项结合水泥工厂的实际情况，根据现行国家标准《厂矿道路设计规范》GBJ 22 中的有关规定，规定了自工厂去往城镇和居住区的道路，各种辅助道路，以及各类型道路的布置原则和设计要求。

2 对山区道路的选线原则和设计要求作出规定，是设计经验的总结。

3 本款是结合水泥工厂的实际情况，依据经验编制。

6.3.4 本条为厂内道路的设计规定。

1 厂内道路类型的划分及技术标准的采用，可按功能及交通量分为主干道、次干道、支道、车间引道和人行道等类型，采用相应的技术标准。此款按现行国家标准《厂矿道路设计规范》GBJ 22 的有关规定，结合水泥工厂的实际情况编制。

2 根据《工业企业总平面设计规范》GB 50187 第5.3.1 条制定。

3、4 道路布置原则。根据现行国家标准《工业企业总平面设计规范》GB 50187 第 5.3.1 及 5.3.3 条制定。

5 根据现行国家标准《工业企业总平面设计规范》GB 50187 第5.3.7 条制定。

6、7 是水泥工厂厂区道路设计的经验总结，符合现行国家标准《厂矿道路设计规范》GBJ 22 的有关规定。

6.3.5 本条为工业码头的设计规定。

1 码头设计的依据及布置原则，符合现行国家标准《工业企业总平面设计规范》GB 50187 第5.4.1 条，并明确提出工厂与码头之间的输送系统以及联络道路、公用工程、码头型式、装卸工艺等内容。

2 布置原则之二，根据现行国家标准《工业企业总平面设计规范》GB 50187 第 5.4.1 及 5.4.2 条制定。

3 码头型式选择原则。

4 码头装卸机械的选择原则。

5 码头水域布置要求，根据现行国家标准《工业企业总平面设计规范》GB 50187 第 5.4.3 条制定。

6 码头陆域布置要求，根据实际经验规定。

6.4 竖 向 设 计

6.4.1 本条是竖向设计的原则。竖向设计是总图运输设计中一项极其重要的内容，而涉及的范围又很广，因此在设计时应全面考虑各种因素。

6.4.2 本条为新增内容。竖向设计中对大于 10m 的高边坡挖方的处理一定要慎重。根据信息反馈，由于设计挡墙或护坡缺乏相应的基础资料，设计有一定难度，造成山体滑移。为此要求提供岩土工程勘察报告作为设计依据。

6.4.4 根据现行国家标准《工业企业总平面设计规范》GB 50187 第 6.2.5 条制定。竖向设计经济合理，可以避免造成厂区土方和挡土墙等工程量加大，这方面的经验教训很多，特别是当厂外铁路、道路由外单位设计，互提资料尤应准确及时，避免脱节错位。

6.4.5 按现行国家标准《工业企业总平面设计规范》GB 50187 第 6.2.4 条制定。

6.4.6 竖向设计型式选择的条件，主要依地形复杂程度而定。当建设场地坡度在 3%～5%、工程地质较好、边坡较稳定并以机械施工时，应作经济比较来决定采用平坡式或阶梯式。

6.4.7 台阶宽度确定的因素，台阶高度及台阶之间连接方式的规定。台阶间用挡土墙连接，是为了避免自然放坡占地。

6.4.8 按现行国家标准《工业企业总平面设计规范》GB 50187 第 6.3.3 条制定。排水坡坡度要适当，确保不积水也不冲刷。

6.4.9、6.4.10 此两条为水泥工厂常规做法，是经验总结。

6.5 土（石）方工程

6.5.1 按现行国家标准《工业企业总平面设计规范》GB 50187 第 6.5.3 条制定。设计厂区整平方案时应作经济比较，尤其是采用阶梯式需做挡土墙等支护工程时应作经济比较。

6.5.2 土方平衡不是单纯的平整场地的土方计算平衡，应周全考虑各个方面。在平整过程中经常出现的余土的处理及防护问题应引起重视。

6.5.3 按现行国家标准《工业企业总平面设计规范》GB 50187 第 6.5.1 条制定。

6.6 雨 水 排 除

6.6.1 雨水排除为水泥工业多年习惯用词、较场地排水更为确切。本条为水泥工业经验总结，不采用厂区"地面自然排渗"和"厂区宜采用暗管排水"的规定，因自然排渗不可靠，不安全；暗管造价高，按本条的原则结合实际选定为宜。对面积大的厂区，经经济比较，采用明沟（含盖板铺砌明沟）排水不经济时，可采用暗管。

6.6.2 按现行国家标准《工业企业总平面设计规范》GB 50187 第 6.4.2 条制定。

6.6.3 按现行国家标准《工业企业总平面设计规范》GB 50187 第 6.4.3 条制定。

6.6.4 按现行国家标准《工业企业总平面设计规范》GB 50187 第 6.4.5 条制定。

6.6.5 本条为水泥工厂设计经验总结，有现实意义。

6.7 防洪工程

6.7.1 厂区临近江、河、湖水系、有被洪水淹没可能时，或靠近山坡、有被山洪冲袭可能时，需要设防洪工程。防洪工程包括防江、河、湖洪水、山洪、海潮及排除内涝。本条所称防洪工程专指防洪堤或防洪沟。

6.7.2 本条按照国家现行标准《城市防洪工程设计规范》CJJ 50 的有关规定制定。

6.7.3 规定自然排涝与机械排涝的条件。

6.7.4 本条为防山洪的防洪沟设计原则及排出口注意事项。这方面的经验教训较多，如某工程原来有小排水渠，可排入农田一侧的小水渠继续排走，可研、初步设计阶段口头联系均无意见，施工图均按此做出，进行施工时却不让排出了，只得另增 1km 多防洪沟绕道排出。柳州水泥厂扩建也有类似情况，改动多次。故如能与农田水利结合，满足灌溉要求，则应与当地主管部门协商，取得书面协议文件。

6.7.5 系经验总结，如双阳水泥厂有此情况。

6.7.6 按现行国家标准《工业企业总平面设计规范》GB 50187 第 6.4.7 条制定。

6.7.7、6.7.8 此两条为水泥工厂经常遇到的情况和设计中处理的方式，效果较好。

6.8 管线综合布置

6.8.1 本条规定管线敷设方式采用直埋集中管沟或架空敷设，应按当地条件，通过综合比较确定。

6.8.2 地下管沟的类别及能否共沟敷设的条件，系根据水泥工厂的具体情况制定。

6.8.3 管线共沟时的排列方式和顺序。

6.8.4、6.8.5 为管线综合方案设计的一般原则。第6.8.5 条的后半部为水泥工厂常用的做法，主要解决地下管线较多的水、电两专业之间的矛盾，让管线各行其道、力求线路短捷顺直，不致相互干扰，生产使用也较方便，效果较好。

6.8.6 管线综合排列的顺序，结合水泥工厂的特点制定。生产管道（压缩空气管、水泥输送管或斜槽等）的管廊、管架多沿厂房外侧架设，有时在建筑物上做管架支撑较为方便。

6.8.7 消防水管一般与生产、生活给水管合用，因有消火栓，故规定水管与路边最大间距不大于 2m。

6.8.8 管线综合布置发生矛盾的处理原则作出规定。

6.8.9 水泥工厂厂内道路多为混凝土路面，破坏路面检修管线，施工困难，且不经济。有关内容《工业企业总平面设计规范》GB 50187 用"不宜"一词，本规范穿路面与建筑物基础、铁路路基三者同样对待，均用"不应"一词，但明确指出是"混凝土路面"，其他柔性路或路肩下面可以放宽到"可"一级。

6.9 绿化设计

6.9.1 本条是水泥工厂的特点作为绿化设计的主要依据。

6.9.3 为水泥工业的常规做法和经验总结，与水泥工厂具体情况密切结合，操作性较强，有现实意义。

6.9.5 按现行国家标准《工业企业总平面设计规范》GB 50187 第 8.2.10 条制定。

6.9.6 为水泥工厂经验总结。

7 电气及自动化

7.1 一般规定

7.1.1～7.1.3 电气及自动化设计应综合考虑，合理确定设计方案。在满足工艺要求的前提下，本着既符合国情又要体现技术先进、经济合理、管理维护方便、安全运行的原则，在确定设计方案时应考虑近、远期结合，注意工厂扩建的可能性，在可能的条件下适当留有扩建余地，做到运行可靠、操作灵活、布置紧凑、维护管理方便。

在确定设计方案及设备选型时，应充分注意环境特点，以确保设备的安全可靠运行。

电气及自动化专业设备和技术发展很快，生产厂家很多，为保证电气设备安全可靠运行，设计中所选用的产品，一定要符合现行国家或行业部门的产品标准。生产厂应具有生产许可证，以保证产品质量。设备选型应选用技术先进、性能可靠、节约能源的成套设备和定型产品。经常注意技术发展动态，以杜绝淘汰产品的使用。

7.2 供配电系统

7.2.1 供配电系统的设计应本着保障人身安全、供电可靠、电能质量合格、技术先进和经济合理的原则。根据供电容量、工程特点和地区供电条件等合理确定设计方案。

7.2.2 水泥工厂的电力负荷，根据其重要性及中断供电后，人身安全、经济上所造成的损失和影响程度分为三个等级。其中一级负荷用电容量的大小与工厂规模密切相关。本条列出了一级负荷的范围及容量。

为了保证人身及设备安全，应保证一级负荷供电的可靠性。

7.2.3 大中型厂用电负荷大，一、二级负荷占60%～70%以上，生产连续性强，中断供电将会造成较大的经济损失。我国电网已具有相当规模，对于35～110kV的供电系统，一般是相当可靠的。降低投资，是建厂的关键之一。为此，根据当前我国供电情况及尽可能降低投资的要求，采用单电源供电，在工厂附近又无其他电源的条件下，以柴油发电作为保安电源，应成为重要选择方案（国产柴油发电机技术性能和运行是可靠的）。

当条件允许时，也可争取由两个独立电源供电；当条件不允许时，则可采用其他供电方案。总之，供电电源的选择是由多种因素决定的，应在满足可靠性和尽可能减少投资的前提下，结合具体条件决定之。

7.2.4 供电电压等级，应根据工厂规模及当地电网的条件，经过技术经济比较后确定。根据目前已设计或已投产厂的情况看，日产4000t及以上规模的工厂，以110kV供电者居多，考虑到220kV电压级，企业自行管理比较困难，一般是供电部门在工厂附近建220kV区域变电站，再以35kV或110kV向水泥厂供电，故4000t/d及以上规模厂宜采用110kV电压供电。日产熟料2000t以上及4000t以下规模，以35～110kV供电为主。日产熟料2000t以下规模厂，宜采用10～35kV供电，少数变电站在厂区边缘，则可采用6～10kV供电。

7.2.5 供配电系统的设计应简单可靠，便于操作及维护。中、低压配电系统配电方式宜采用放射式为主，以保证供电的可靠性。

为了减少电压等级，节约电能，在10kV供电系统中，应推广采用10kV电动机。

7.2.6 无功功率补偿应满足供电部门的要求。补偿方式应根据高、低压负荷分布情况，经过技术经济比较后确定补偿方案。根据多年的设计经验，采用高压补偿与低压补偿、集中与就地补偿相结合的方式，使得补偿效果最佳。

7.3 35～110kV总降压站

7.3.1 35kV变电站占地面积小，适合建在厂区内部更靠近负荷中心，所以宜考虑户内布置。110kV变电站占地面积大，经常布置厂区外围，随着水泥厂的粉尘污染逐渐减少，也可考虑户外布置。GIS户外型和户内型投资差别不是很大，110kV开关设备如采用GIS可考虑采用户外布置，节省土建费用。

7.3.2 本条提出了总降压站站址的选择原则。详见本规范第3.2.5和6.2.8条的规定。

7.3.3 本条提出主变压器型式及台数的选择原则。主变压器容量的选择，主要考虑在水泥工厂中，一、二级负荷约占全厂总负荷的60%～70%，单台主变压器的额定容量，应满足全厂总计算负荷的60%～70%。当一台主变检修时，另一台主变应满足全厂主要生产工艺线运转，及重要设备的安全保护要求。

总降压站的主结线方式应根据可靠性、灵活性、安全性及经济性的原则考虑。当有两条电源进线时，通常110kV主接线采用桥形接线方式，35kV主接线通常采用单母线分段接线方式。6～10kV采用单母线分段接线方式，是我国当前水泥工厂总降压站或配电站最普遍采用的方式。水泥工厂生产连续性强，当工厂有多条生产工艺线时，为了减少故障时对生产的影响，配电回路出线应接至不同变压器的不同分段母线上，以最大限度地减少因停电事故造成的影响。

7.3.4 本条提出了对站用电源及操作电源的要求。

站用电源是供给降压站的操作、继电保护、信号、照明及其动力的电源，是保证可靠供电的重要环节，故降压站的电源，应采用双回路供电，确保可靠供电。同时还应注意节省投资，故本规范规定，在总降压站装一台站用变压器，再从附近变电所低压侧引一专用站用备用回路，作为专用的备用电源，两个电源互相切换，轮换检修。

在只有一回路电源进线，设一台主变压器时，为在主变压器停电检修时能够取得站用电源，站用电应能从保安电源来一路电源。

7.3.5 随着微机保护的发展，水泥厂高中压开关设备的保护基本上都采用了微机保护。本条文为了水泥厂的保护和控制适应电力行业的要求作出相应规定。

7.3.6 高压配电设备的安全要求逐步在提高，高压配电设备除满足本体的安全性要求外，还应满足其他的机械闭锁功能，如人去维修高压用电设备时，高压配电设备应有可靠的机械措施保证所维修的用电设备无法带电。高压配电室的布置，应满足便于操作、维护、检修、实验的要求，并使进出线方便。应符合有关现行国家标准及规范要求。

7.4 6～10kV配电站及车间变电所

7.4.1～7.4.5 根据水泥工厂的多年运行经验，对配电站及车间变电所的接线作了规定。即考虑了接线简单，又要保证供电的可靠性。

7.4.6、7.4.7 对配电站的站用电源和直流操作电源作了相应的规定。在设计中，站用电源和直流操作电源方案的确定，应经过技术经济比较后确定，既要保证供电的可靠性，又要节约投资，二者不可偏废。

7.4.8 对车间变电所设多台变压器时，作一般规定。

7.4.9、7.4.10 对配电站、变电所的站（所）址选择、采用何种型式及内部布置，作了相应规定。

7.5 厂区配电线路

7.5.1 原规范第8.5.1～8.5.3条合并为本条，从技术法规的角度强调技术经济指标，同时弱化设计指导

7.6 车间配电及拖动控制

7.6.1 本条规定电动机型式选择应遵循的原则。

1 由于鼠笼型电动机具有结构简单、维护方便、价格低、运行可靠等优点，在无特殊要求及起动条件允许的情况下，应优先选用鼠笼型电动机。

2 本款为原规范第 8.6.1 条第 2 和 3 款合并。对于容量较大、起动力矩要求高、按起动条件选用鼠笼型电动机不合理时，根据国内外目前的实践，可选用绕线型电动机。同时考虑到随着技术进步，根据电源容量、电动机及其控制设备、附属设备的价格等因素，进行综合技术经济比较后，也可选用其他的型式，故将原条款中"应选"改为"可采用"。

3 为了节能应优先考虑选择调速的高温风机。选择的方案可以有绕线型电动机串级调速、鼠笼型电动机变频调速及鼠笼型电动机液力耦合器调速等。各种调速方案均有各自的优缺点，应根据具体情况经技术经济比较后确定最佳方案。另外删去了复杂的直流电机调速。

4 水泥回转窑是一个转动惯量大，要求起动转矩大，并要求平滑调速的设备。大容量窑传动以往多采用直流电动机可控硅调速方案。随着技术进步，国内、外都有成熟的变频调速电机驱动案例。

5 删去了目前水泥生产中技术落后、能耗高或控制复杂的一些电机形式及相关的控制方案，同样在后面的修改中删去了同步电机等及相关的控制方案。

7.6.2 本条规定电动机的起动方式。

1 鼠笼型电动机直接起动时，限制起动压降的规定，主要以不影响同一母线上其他用电设备的正常工作为原则。同时，还应保证被起动电动机不因起动压降而影响生产机械所要求的起动转矩。

3、4 有调速要求的生产机械，电动机的起动方式应与调速方式一并考虑。绕线型电动机宜采用转子回路接液体变阻器方式起动。

7.6.3 本条对电动机的调速设计作了规定。

1 电动机的调速方案很多，可分为交流调速与直流调速两类。直流调速主要指直流电动机可控硅调速方式。交流调速又可分为高效和低效两种。交流高效调速主要指变极调速、变频调速及可控硅串级调速等。这种调速方式能量损耗低、效率高。交流低效调速主要有电磁调速、异步电动机调速、绕线型电动机转子串电阻调速、交流电机液力耦合器调速等。在确定调速方案，特别是确定大容量电动机的调速方案时应从调速范围、调速性能、节能效果、使用维护、投资多少等各方面进行技术经济比较后确定最佳方案。

2 液压传动是针对喂料机、选粉机、冷却机等的调速要求。

3 窑采用双传动时，设计应采取技术措施，以保持两台电动机负荷的平衡。

4 需调速的风机如窑尾高温风机等。

5 对调速设备应采取相应的措施，抑制调速设备产生的有害谐波。

7.6.4 电动机的保护，应符合国家现行有关标准规范的要求。低压交流电动机应装设短路保护、接地故障保护、过负荷保护、断相和低电压保护等。直流电动机还应装设失磁保护。对于大于 2000kW 的大容量交流电动机还应装设差动保护。

7.6.5 本条规定电动机的控制要求：

1 带有提刷装置的绕线型电动机，电刷提起位置应有联锁装置，防止电动机在转子短路状态下起动，以保护设备安全。

2 设备集中控制时设置起动信号，主要是为了保证人身安全。生产中联系密切岗位应设联络信号，一般采用声、光信号。通讯量大的岗位间可设对讲电话，以保证及时协调生产中出现的问题。

3 在机旁设带钥匙的停车按钮，当设备检修时，将带钥匙按钮锁住，此时在集中与机旁均不能开车，从而保证检修人员的安全。

4 斗式提升机在尾轮部位设紧急停车按钮，主要为方便检修及保证人身安全。长胶带机每隔一定距离设拉绳开关，主要是为了出现紧急事故时及时停车，以保证人身安全。

5 起吊设备及检修设备的电源回路，宜就地设保护开关及漏电保护装置，主要为了保证检修时的人身安全，防止触电事故发生。

7.6.6 本条对低压配电系统作了规定。

2 本款主要是为了确保一、二级负荷的用电。

3 本款为保证公用设备供电的可靠。

4 车间内单相负荷应尽可能均匀地分配在三相中，以防止变压器中性线电流超过规定值。

7.6.7 本条规定了电气测量仪表配置原则。

7.6.8 车间配电线路的敷设方式，要注意使用条件和环境条件及特点。导线截面较小并且比较重要的控制、测量、信号回路以及不宜使用铝导体的场所，应采用铜芯导线或电缆，主要是为了节约有色金属和保证机械强度。

1 第 4）项振动很大的用电设备一般指磨机、重载物料输送装置。

4 有火灾危险及环境温度较高的场所，应采用阻燃电缆并采取保护措施，防止事故扩大。

5 交流回路中单芯电缆不应采用钢带铠装电缆或磁性材料保护管，防止因涡流效应引起发热，影响使用寿命。

6 配线用保护管的直径，在混凝土楼板内暗配时，不得小于 15mm。主要考虑小直径保护管机械强度低，施工时易变形，造成穿线困难损坏绝缘。

7 穿管绝缘导线或电缆的总截面积包括外护层。

15 起重机滑触线不应与驾驶室同侧布置，防止操作工人发生触电危险。

7.6.9 本条规定爆炸及火灾危险场所的划分及对电气设计的要求。氧气瓶库、乙炔气瓶库、燃油泵房等属于火灾爆炸危险场所；煤粉制备车间、煤粉仓、煤均化库等属火灾危险场所。这些场所的电气设计应符合国家现行有关标准规范的要求。爆炸危险区域划分，应根据通风条件进行调整。

7.7 照 明

7.7.1 本条对建（构）筑物的照明设计作了一般规定。

本条明确，按现行国家标准《建筑照明设计标准》GB 50034 要求，水泥工厂实施绿色照明：要以人为本，做到技术先进、经济合理、使用安全、维护管理方便。

水泥生产工艺复杂，管道纵横，设备重，土建柱梁布置不规则，为避免灯具布置与管道、工艺设备相碰，照明光线被大梁大柱遮住，影响照明效果，照明设计应注意与各有关专业的配合联系，以满足所需照度值。

应考虑水泥工厂的环境特征和灯具擦拭次数对照度有一定影响，因此设计时应考虑这种特点，应适当计入补偿系数。为减少维护工作量，宜选择寿命较长的光源。

烧成车间熟料出口温度有时高达近千度，干法水泥工厂窑尾废气出口温度、高温风机处温度也很高，灯具或电气管线接近高温时容易损坏，且不安全，因此规定应远离这些高温场所。

照明设计应考虑今后维护。一般用立梯或双脚梯维护，故安装高度不宜太高。对于靠墙、柱安装的灯具可以稍高。而设于厂房中间的灯具，若不是采用吊车维修，则因梯子不可能太高，故限制其最高高度不宜大于 4.5m。

照明方式、照明种类、照明附属装置安装、照明布线等与一般工厂要求相同，故本规范不再重复。

7.7.2 由于电压波动对照度影响较大，故对电压值规定，不宜高于其额定电压的 105%，不宜低于其额定电压的 95%。

附录 F 是根据现行国家标准《建筑照明设计标准》GB 50034 的规定，结合水泥工厂的情况，对视觉作业等级进行规定。补偿系数是参考现行国家标准《建筑照明设计标准》GB 50034 的维护系数进行换算的。

对于水泥工厂中有一定特殊环境的场合，提出了在设计中满足照度要求的同时，还应体现统一眩光值（UGR）及一般显色指数（Ra）的要求。这是根据现行国家标准《建筑照明设计标准》GB 50034 制定的。

本规范表中规定的最低照度，仅为正常生产巡视，未考虑晚间故障检修照度。故检修时需另接临时照明。

7.7.3 水泥工厂照明因灯具数量多，考虑节能，应采用冷光源。但因规模不同、占地面积不同、灯具密集度也不同，故宜采用混合照明。

根据现行国家标准《建筑照明设计标准》GB 50034 的规定，本规范除应急照明外，设计中应取消"荧光高压汞灯"和"白炽灯"的选择。大型车间宜选用高压钠灯、金属卤化物灯等寿命较长、耐振动的光源，一般车间或其他建筑物宜选用细管的荧光灯或新型螺口荧光灯，推广采用三基色稀土荧光灯。

7.7.4 本条对水泥工厂不同场合的灯具选型作了规定。根据对火灾危险场所灯具选型规定，本次修订增加了水泥工厂煤粉制备车间及煤预均化车间照明灯具选型中对于防护等级的要求。

7.7.5 本条规定主要按现行国家标准《建筑照明设计标准》GB 50034 的规定，提出水泥工厂内具体场所的照明电压要求。

7.7.6 本条按现行国家标准《建筑照明设计标准》GB 50034 的规定编制。重要工作场所的应急照明供电，因考虑有的厂房较大、用应急灯数量多、投资大，故提出可采用动力与照明双电源切换的方案。

三相线路中的最大负荷与最小负荷的电流差值的表述，以现行国家标准《建筑照明设计标准》GB 50034 的要求为准。

7.7.7 本条参照国家现行标准《机械工厂电力设计规范》JBJ 6 编制，提出水泥工厂应设室外照明的场所及要求。

7.7.8 本条规定无窗厂房应设应急照明。考虑库底、地坑等通常较少有人，根据无窗场所的重要性、人员流动的程度而定。除航空障碍灯的设置要求是参照国家现行标准《民用建筑电气设计规范》JGJ/T 16 制定的外，其他要求都是参照《机械工厂电力设计规范》JBJ 6 编制。

7.7.9 本条是为用电安全而规定的。同时明确提出了水泥工厂照明配电系统应采用 TN-S 系统，使全厂形成 TN-C-S 低压配电系统。

7.8 防雷保护

防雷设计应认真调查了解当地气象及雷电活动情况，做到既要保证安全，又要经济合理。本规范对各建筑物，按其生产性质、发生雷电事故的可能性及其后果，按防雷要求分为三类。各类建筑物的防雷设计应符合国家现行有关规程及规范的要求。

7.9 电气系统接地

7.9.1 接地可分为工作接地（功能性接地）、保护接地、防雷接地、防静电接地和屏蔽接地等。接地对电力系统和电气装置的安全及其可靠运行，对操作、维护、运行人员的人身安全，都起着十分重要的作用。所以，接地设计应严格遵循国家现行的有关规程、规范的要求，并增加工程建设标准强制性条文（工业建筑部分）有关接地的规定。

7.9.2 本条对水泥工厂各级电压等级的接地方式作出相应规定。自电力网受电的 35～110kV 电压级，是否需要接地，采用何种接地方式，要根据地区供电网的情况并与供电部门协商来确定。

7.9.4 厂区低压电力网接地宜采用 TN 系统，这是根据多年水泥工厂实际运行经验作出的规定。TN 系统，根据 N 线和 PE 线组合有三种型式：即 TN-S 系统，全系统的 N 线与 PE 线分开；TN-C-SC 系统，PE 线与 N 线是合在一起的，称为 PEN 线，但在某些用户端，PEN 线分成 PE 线和 N 线，一旦分开，以下线路中，不能再合并；TN-C 系统的 PE 线和 N 线一直是合一的。

三种接地系统，适用于不同的场合。对于一个工程采用何种型式，应根据工程特点、负荷性质、习惯做法、工程投资等情况和重要程度，以及国内、外及地区等条件，进行综合的技术经济比较后确定。

7.9.7 自然接地体指如水管、电缆外皮、金属结构等。

7.10 生产过程自动化

7.10.1 本条规定了新型干法生产线自动化设计原则。

1 条文中采用的"集散型计算机控制系统"（英文为 Distributed Control System）简称"DCS"，又名"分布式计算机控制系统"或"分散式控制系统"等，至今无确切定义，但均称"DCS"。从广义讲"DCS"有仪表型、PLC 型等。

集散型计算机控制系统概括起来是由集中管理部分、分散控制监测部分和通讯部分组成。它具有通用性强、系统组态灵活、控制功能完善、数据处理方便、显示操作集中、人机界面友好、安装简单规范、调试方便、运行安全、可靠等特点。从目前国内大中型厂正在运行的 DCS 表明，该系统对提高自动化水平和管理水平、提高产品质量、降低能耗、提高劳动生产率、保证生产安全等，创造了良好的经济效益和社会效益。所以对新型干法生产线均应设 DCS 进行控制。其控制范围宜从石灰石破碎及预均化堆场开始，直至水泥包装及成品。根据石灰石破碎和水泥包装成品部分的工艺特点，其管理及控制，宜采用独立的现场操作站方式，其运行信号应与 DCS 通讯，中央控制室可以监视其运行状态。本款还提出了 DCS 选择的基本原则。

根据 DCS 系统在水泥工厂多年的成功运行经验和性能价格比的提高，其监管范围应包括新型干法生产线的主工艺流程。同时考虑某些车间的工艺特点，

对本条作必要修正。

2 本款为新增内容。根据计算机技术的进步和市场的发展，增加采用计算机现场总线 FCS（Fieldbus Control System）的内容。

数据量较大的配套设备如辊式磨、原料调配秤等。

热工测控点集中的区域如烧成车间的窑尾预热器、窑头箅式冷却机等。

3 应用低压配电智能化技术，并通过标准开放网络（如 Profibus-DP 总线）与 DCS 系统通讯，实现中控室实时监控低压配电设备的运行，是水泥工厂进一步提高自动化水平的发展方向之一，在条件适宜时，应逐步推广。

4 本款规定应选用 X 射线多道光谱分析仪进行生料成分分析，并与计算机组成生料配料系统，自动控制生料率值。X 射线多道光谱分析仪的通道数，应根据原料成分和生产需要而定。取样装置应具有连续自动取样、自动缩分功能，使样品更具有代表性。当有条件时，可增加自动送样和自动制样装置，以进一步提高自动化水平。

5 本款要求采用定点式线扫描红外测温装置，用以对窑筒体表面温度和轮带间隙进行监视控制，并以三维图像的形式在 CRT 上显示。对于水泥工厂最重要设备之一的回转窑的安全可靠运行和延长使用寿命至关重要。

6 本款要求窑头和箅式冷却机应设置专用工业电视装置，是为了监视回转窑内的煅烧情况和冷却机内的工况。可采用彩色监视器以便更清楚地观察到实际工况。在预均化堆场、磨机的入料口等物料传输的关键位置设闭路工业电视装置，可采用多头少尾系统。宜采用黑白监视器，监视物料的传输情况，使中央控制室了解更多的信息，便于集中操作管理。

7 本款规定宜设置水泥工厂生产管理信息系统（简称 MIS）。其目的是为了提高大中型厂的决策、计划、协调与管理的能力，以增强企业的市场竞争力。

7.10.2 本条规定原料系统过程检测与控制。

1 对进厂原料进行计量，便于工厂进行经济核算。破碎机宜设电流及功率检测，以监视破碎机的负荷状况。有条件时宜设破碎机负荷调节回路，通过对喂料机的速度调节，调节喂料量，达到节能及保护设备安全的目的。

2 原料预均化堆场的堆、取料机应设置以 PLC 为主的控制系统。运行实践证明，该系统不仅保证安全生产、提高了自动化水平，由于具有远方遥控功能，从而改善了操作工人的工作环境。宜设置工业电视监视系统。其摄像头及监视器的数量，应根据堆场形式及工厂实际情况决定。

3 原料磨采用球磨时，负荷控制一般有三种方式：①选粉机粗粉回流量加新喂料量等于常数；②电

耳及提升机负荷；③电耳、回流量及提升机负荷。

在通常情况下，原料磨的负荷，宜采用电耳及提升机负荷方式。

磨机系统温度控制是为了保证磨机良好的烘干及粉磨作业，保证成品的水分达到规定要求。对磨机成品水分的控制一般有两种方法：一种是根据原料及成品水分，通过调节系统排风机风门开度，改变入磨热负量，控制烘干作业。另一种是通过调节热负管道的冷风阀开度，调节入磨热风量，控制烘干作业。两种方法相比，后一种方法有利于保持磨机系统的生产稳定。

原料磨系统采用辊式磨时，磨机负荷控制是采用进出口气体压差来实现的。

不同厂家生产的磨机及相同磨机的不同工艺流程，其控制系统不尽相同。为保证磨机系统的正常运行，通过对国内外已投运的辊磨系统的调研，通常情况下，磨机的控制主要是控制通过磨机的风量、磨机进风管处的压力及磨机出口温度。

增湿塔出口气体温度控制，是通过调节增湿塔的喷水量来实现的。控制增湿塔出口气体温度，主要是为了保证电除尘器及磨机系统正常运行。

4 为新增内容。对目前设计中广泛应用的辊式磨（立磨），应根据辊式磨本身的控制要求，设置相应的监测及控制回路。

7.10.3 本条规定煤粉制备系统过程检测与控制。

本条明确煤粉制备车间、煤预均化库应分别按火灾危险环境 22 区、23 区要求选择现场一次仪表，并提出防护等级的要求。

设置 CO 含量检测是为了防止电除尘器、袋除尘器及粉煤仓燃烧和爆炸而采取的措施。为了保证磨机对煤的研磨、烘干作业，对煤粉的细度进行控制，并保证磨机的安全运行，应对磨机系统进行温度、负荷、风量的控制。另外，当煤磨生产时，钢球与磨体碰撞时会产生火花，因而在煤磨系统应有良好的监测与报警设施。

增加了当煤磨选用辊式磨时，应根据辊式磨本身的控制要求，设置相应的检测及控制回路。

7.10.4 本条规定烧成系统过程检测与控制。

1 本款是对生料均化及生料入窑的规定。

稳定的入窑生料，是保证窑系统正常运行的重要环节。因此应设置可靠的生料喂料控制回路，另外水泥生产是一个连续运行的工艺生产线，在进行计量精度校正时不能停窑，所以本项提出宜有生料入窑计量的在线校正功能。

设置仓重控制回路是为了保证喂料仓的料压稳定，从而稳定入窑生料量。

2 本款是对预热器及分解炉的规定。

1）通过对各级预热器进、出口温度、压力检测，并结合预热器出料温度检测，可以了解生料在各级预热器内的热交换情况。

3）在易堵料预热器的锥体部分，设差压或压力检测，可以了解预热器堵塞情况。

4）在窑尾烟室及预热器出口设气体成分分析检测，可以判断窑内及分解炉内生料、燃料及助燃空气的供给比例，结合窑的转速对烧成系统进行有效控制，保证烧成系统运转在最佳状态。

5）分解炉出口气体温度，表征物料在分解炉内预分解状况。设置分解炉出口气体温度控制回路，可保证物料在分解炉或预热器内预分解状态稳定。当分解炉压力一定、炉内物料量一定时，可根据出口气体温度，调节分解炉的喂煤量。

3 本款是对回转窑的规定。

1）窑尾烟室气体温度及压力，是表征窑内热工状况的重要参数，因此应设置温度及压力检测回路。

2）窑烧成带设置温度检测，可以了解窑内烧成带温度情况。

3）设置回转窑托轮轴承温度检测，是为了保证窑的安全运行。

4）设置窑头负压控制回路，是为了保证窑头的微负压。

4 本款是对冷却机及熟料输送的规定。

1）设置冷却机篦板温度检测，主要是为了防止篦板温度过热，起到保护篦板的作用。

2）设置各室风机风量、风压控制，是为了保证提供给窑内的二次风量、风温以保证冷却机的冷却效果。设置篦板速度控制，是为了稳定篦板上的熟料料层厚度。

7.10.5 本条规定水泥粉磨系统过程检测与控制。

1 水泥磨采用球磨时，磨机的负荷控制，宜采用磨音（电耳）、提升机功率和选粉机的粗粉回流量等参数来控制磨机负荷。

2 水泥磨采用预粉磨装置，如辊压机或辊式磨加球磨系统时，一般为了喂料稳定，工艺均设喂料仓。宜采用荷重传感器，测量仓内物料重量。设置仓重控制回路的目的，是为了保证喂料仓料压稳定，从而保证喂料稳定。

辊压机或辊式磨系统，可根据设备制造厂的要求，并结合水泥工厂设计中的控制方案，组成适合该系统的控制回路。

7.10.6 本条规定水泥储存、包装及发运系统过程检测与控制。设置中间仓料位控制回路，是为了稳定中间仓料面，同时避免发生空仓或仓满事故。对于独立设置的水泥储存、水泥包装站，可采用一套小型微机控制管理系统，作为包装系统生产线的自动控制装置，以降低工人的劳动强度，改善工作环境。

7.11 控 制 室

7.11.1 本条规定控制室的设置原则。

1 控制室的设置应根据工艺控制要求和自动化设计原则来确定。对日产熟料 1000t 及以上规模的生产线，应设中央控制室与相应的现场控制站。

对破碎车间、包装车间及其他辅助车间如堆场、散装、码头等离主生产车间较远或不是连续生产工作制时，宜单独设置控制室。

2 控制室是水泥生产过程控制与监测的中心，相关主体专业要像对待主体车间布置一样，将控制室纳入车间的规划布置。条文规定了确定控制室位置的基本原则。要求兼顾方便电缆管线进出和敷设，避开电磁干扰源、尘源和振源等的影响。

7.11.2 本条规定对控制室的设计要求。

1~3 规定了控制室对环境设施的基本要求。其目的是为了保证控制室内操作、维护、检修要求及仪器设备安全、可靠地运行，防止一切干扰和危害安全、可靠运行的因素发生。

4、5 规定了中央控制室的基本设施和对中央控制室的基本要求。本两款是根据目前大中型厂的实际设施统计和有关规范要求提出的。

6 对 DCS 和 X 射线分析仪等设备，应根据其要求设置空调系统。但随着科学技术的发展，电子设备对环境条件的要求越来越低，越来越重视人对工作环境的要求，所以当设备无特殊要求时，控制室的温度，宜控制在工作人员比较舒适的环境下，以提高工作效率。

7 对一般控制室应按国家有关规定和规范的要求设置消防设施。对中央控制室、X 射线分析室等有精密电子设备和仪器的场所，使用水、泡沫灭火剂和干粉灭火剂容易造成计算机系统电气短路和介质污染，引起二次灾害。而二氧化碳灭火剂具有灭火效果好、效率高、毒性小、无污染等特点。根据控制室面积、设备价值和工作性质，可采用移动式、半固定式或固定式二氧化碳灭火系统。

7.12 仪表及其电源、气源

7.12.1 本条是对一次检测仪表的规定。

1 一次检测仪表是生产过程检测和自动控制的基础。所以应选择质量可靠、性能稳定、技术先进、精度能满足控制要求的仪表，严禁选用劣质或淘汰产品。

2 本款规定了变送单元的精度不应低于 0.5 级，其目的是为了能保证正确反映工艺过程参数，满足生产操作管理要求。

3 在安装条件允许的情况下，宜采用机电一体化仪表。因为它集机、电技术于一体，使安装、使用、维护更方便。但在安装条件不能满足的情况下（如环境温度或防爆区域等），不宜使用机电一体化仪表。

7.12.2 本条是对二次仪表的规定。

1 本款是对二次仪表的基本要求。随着科学技术的发展，仪表向智能化数字化发展。在选型时应注意其可靠性、稳定性和抗干扰能力等。

2~5 规定了指示（报警）仪表、记录仪表和积算仪表的选择原则。

6 本款对二次仪表的精度提出了要求。根据水泥工厂实际运行经验，数字仪表精度不应低于 0.5 级，模拟式仪表不应低于 1.5 级。在特殊情况下，如非接触式测温仪表其精度不宜低于 2.5 级。

7.12.3 本条规定仪表的电源要求。

1 电气仪表是为生产服务的，应保证仪表电源的可靠性。为了提高仪表供电的质量，仪表电源应从低压配电屏专用回路供电，不应与冲击负荷共用同一回路，以免电压波动影响仪表正常运行。

3 中央控制室操作站、X 射线分析仪及现场控制站的供电电源，应有一定的富裕容量，一般可为用电量的 1.2~1.5 倍。此部分供电应属一级负荷，应有两个电源供电。并应设专用配电盘，不应与照明、动力混合供电，以保证电源质量。为了保证供电的可靠性，还应设在线式不间断电源（UPS）。UPS 有后备式及在线式两种。在线式有良好的抗交流侧噪声干扰的能力，并且在交流电源停电时，不需要转换时间，因此本款提出应设在线式 UPS 电源装置。

根据实际运行需要和 UPS 技术的发展，计算机系统的中央控制室操作站、现场操作站、X 射线仪室等需要不间断供电电源的 UPS 的供电延续时间均应为 30min。

7.12.4 本条规定仪表的气源要求。供给仪表的气源，应满足用气设备对所需压力及质量的要求，以保证用气设备工作可靠。

7.13 电缆及抗干扰

7.13.1 本条规定电缆选型原则。

1 聚氯乙烯或聚乙烯绝缘及护套电缆具有重量轻、弯曲性能好、耐油、耐酸碱腐蚀、不易燃烧、价格便宜等优点，用作控制电缆，其性能完全可以满足要求。

2 光纤电缆有其高带宽、低衰减、重量轻、耐高温、抗电磁干扰性好、通讯容量大、速度快等优点，因而在当今计算机通讯领域，光纤电缆已逐步取代同轴电缆或双绞电缆。因此有条件时，宜采用光纤电缆。

4 电缆截面应按其允许电流、短路热稳定、允许电压降、机械强度等要求选择。作为控制电缆及信号电缆，一般工作电压为 380V 及以下，并且所带负荷较小。所以本款提出主要根据机械强度确定电缆截面。

5 考虑到电缆质量、施工断损等情况，应留有备用芯数。备用量不宜少于总芯数的 15%。

7.13.2 本条规定电缆抗干扰的措施。

1 由于电力电缆与控制电缆敷设在一起时，会对控制电缆产生干扰，造成控制设备误动作。当电力电缆发生火灾后波及控制电缆，使控制设备不能及时做出反应，使事故进一步扩大造成巨大损失，修复困难。鉴于多年现场运行经验，同时考虑到电缆敷设及维修方便等因素，故电力电缆应与控制电缆及信号电缆分层敷设。

2 主要为了避免电场及磁场干扰而引起信号的波动和误差而采取的措施。

3 电缆群在通道中位于同侧的多层支架的配置，应执行现行国家标准《电力工程电缆设计规范》GB 50217 的要求。

多年现场运行经验表明，强电信号对不经隔离的数据通讯电缆信号有明显干扰，为消除此干扰信号，应采用金属线槽隔离。

4 为了保证线路安全，避免因周围环境影响而损坏线路。环境温度（沿超过 650℃ 设备表面敷设）过高及可能引起火灾的危险场所，应分别选用耐高温和阻燃电缆。

5 在电缆沟内两侧都有支架时，对 1kV 以上及以下电压的电缆敷设要求，应符合现行国家标准《电力工程电缆设计规范》GB 50217 的有关规定。

6 本款为了避免线路敷设时受到损坏，或信号受到干扰，保证正常工作所作的规定。

7 为了避免或减少电动机、发电机、变压器等具有强磁场或强电场的电气设备，对仪表线路内信号的干扰而规定。

8 本款中规定的数据均采用现行国家标准《电气装置安装工程电缆线路施工及验收规范》GB 50168 中的有关规定。

7.14 自动化系统接地

7.14.1 规定了自动化系统接地的目的。

7.14.2 自动化系统接地应根据控制设备的具体要求来确定，宜采用下列几种接地方式。

1 工作接地即对控制系统的直流"地"进行接地。直流地也称逻辑地，不同的控制系统对工作接地的要求不尽相同，要按设备说明书的要求设计。目的是使控制系统电路有一个统一的基准电位，但此基准电位并不一定就是大地的零电位，而只有一个等电位面。

2 保护接地是指在正常情况下不带电，但故障时有可能接触到危险电压的设备金属外壳，如机柜外壳、仪表外壳、面板等。其接地目的是为了保证人身安全和设备安全。

3 屏蔽接地的目的是为了防止磁场干扰。屏蔽的电缆在工作频率小于 1MHz 时，屏蔽层宜采用单端接地。当工作频率大于 1MHz 时，屏蔽层宜采用两端接地。

7.14.3 为了防止干扰，宜把工作接地和屏蔽接地连到一个共用的接地体上，并与电气的交流接地网、与防雷接地体之间均应有足够的安全距离。但在工程设计中有时很难做到，无法满足自动化系统接地体与其他接地体之间保持安全距离的要求，可能产生反击现象。而采用共用一组接地体，可以防止这种反击现象，保证人员和设备的安全。共用接地体的接地电阻，应按最小值的要求确定，并按现行国家标准《建筑物防雷设计规范》GB 50057 的要求，采取相应的措施。

7.14.4 静电防护接地是清除静电的基本措施。为保证工作人员的安全，静电防护接地可以经限流电阻与其他接地装置相连，限流电阻的阻值宜为 1.0MΩ。

7.14.5 为了避免对控制系统的电磁干扰，宜采用将多种接地的接地干线分别接到母排上，由接地母排采用一根接地干线与接地体相连接。控制系统至接地母排的连接导线，宜采用多股编织铜线，接地母排应尽量靠近接地体，使各接地点处于同一等电位上。

7.14.6 本条规定了信号线的屏蔽层接地点选择的基本原则。

7.15 通信与广播系统

7.15.1 水泥工厂电话系统应包括厂、矿区电话系统及调度电话系统。水泥工厂的通信系统，是为了加强企业管理、组织和调度生产，及时处理生产中遇到的各种问题，并与外界进行通信联系的重要设施。由于工厂的规模不同、所处地区不同，对通信及广播系统的要求也不相同。

工业企业的电话站及其线路网，是当地通信网的一个组成部分。因此进行工厂通信系统设计时，应结合工厂规模及其对通信系统的要求，结合工厂发展规划，并且与当地通信部门密切联系。在满足生产要求的前提下，确定切合实际、技术先进、经济合理的设计方案。

对改建、扩建企业，还应认真了解原有通信设备的种类、程式、容量等，以便统一考虑。

在现代大中型水泥工厂，为了使生产调度人员及时了解生产情况，迅速指挥生产，解决生产中出现的问题，一般均设有调度电话系统。该系统还可以召开生产调度会议。

7.15.2 本条对厂区电话设计作了具体规定。

1 在条件允许时，工厂的电话系统，宜优先采用由市话局直配方式。并根据企业需要，应同时设置传真及计算机局域网（LAN）。

2 在工厂自备电话站设计中，交换机程式的选用，主要应根据当地市话局有关规定及各地区邮电部门允许什么型号交换机联网的文件来确定。

3 随着我国通信事业不断发展，电话用户普及率将会逐年提高。因此，在通信工程设计中，电话用户线路应留有一定的备用数量。本款结合水泥工厂特点引用了现行国家标准《工业企业通信设计规范》GBJ 42 的规定，用以确定电话站出站线路的近期容量。条文中指出留有 130%～160% 容量的选择范围。在设计时也可根据需要和建设单位要求综合考虑。

4 随着我国近年来通信事业的不断发展，在大中城市的水泥工厂电话站设计中，宜选用程控电话交换机，以适应当前通信技术发展的需要。

5 电话站属全厂通信指挥中心，故一般设在厂前区办公楼内，避开粉尘、噪声过大的车间。在电话站内不应有其他与电话站无关的管道和线路通过，确保电话站安全。

6 根据现行国家标准《工业企业通信设计规范》GBJ 42 中的规定，确定中继线数量。用户交换机具体应该配置多少条中继线，应与建设单位及当地市话局共同商定。

全自动直拨中继方式，即 DOD_1、DID 方式。

7 在一个电话网内，最好采用统一位数的用户号码制度。

8 程控式交换机用浮充稳压整流器直接供电时，对交流电电源质量应要求高一些。因为供电电源质量好坏，可直接影响程控式交换机的使用安全和寿命，故交流电源的电压波动范围超出允许值时，宜加装交流电源自动稳压器。

存储器指 RAM、ROM。

7.15.4 调度电话和会议电话是水泥工厂中组织指挥生产和企业管理的重要通信手段。为适应不同规模水泥工厂的需要，对大中型厂设置调度电话作了规定。

1 大中型厂业务量繁忙，为确保其调度功能的实现，宜单独设置调度电话系统。

2 为提高通路利用率节省投资，水泥工厂会议电话可用调度电话总机或厂区电话总机兼管，即平时作调度或厂区通信，需要时再利用其功能，作会议电话使用。

3 为适应工厂远期发展规划的需要，及考虑到总机局部元件损坏，需迅速倒换电路，以保证调度电话不间断，需留有适当备用量。

4 调度电话总机由中继线连至电话总机，是为满足调度电话总机的要求，并使某些重要用户可任选厂区电话或调度电话使用。

5 调度室及重要调度用户还应装设厂区电话的目的，是为了保证水泥工厂中调度电话或厂区电话中的两个系统中，其中一套系统出现故障时，仍可保证通信不间断，起到相互补偿作用。

调度电话分机选用同一种制式，有利于今后厂方维修、保养。防爆场所选用防爆型分机（装在值班室外时），是为了保证安全，以免电话分机使用时出现火花而引起爆炸。

7.15.5 本条是对水泥工厂广播系统的规定。一般工厂广播用于生产及宣传教育。在水泥工厂中为火灾自动报警系统所设置的火灾事故广播，是用于火灾时引导厂内人员迅速救火和撤离危险场所。所以火灾事故广播的控制方式、鸣响范围与一般广播不同。具体要求见现行国家标准《火灾自动报警系统设计规范》GB 50116 中的规定。

7.15.6 为了满足企业管理及职工文化教育的需要，大、中型企业应根据企业的条件、区域划分及地形情况等设计天线电视系统网络，并应与企业的发展规划及本地区的广播电视发展规划相适应。

根据需要，企业应设与地区联网的公用闭路电视系统或共用天线电视系统。其设计的传输网络或接收天线的主要性能要求等，应符合国家有关标准规范的要求。

7.15.7 通信系统的接地设施，是为了保证设备及人身安全，同时也是为了保证通信质量的要求。由于通信设备信号弱，而且灵敏度高，容易受到干扰，所以有条件时应将工作接地、保护接地及防雷接地分开单独设置。如果受条件限制不能分开时，也可以合用接地装置，但此时接地线截面、接地电阻值等一定要符合有关规程要求。

在土壤电阻率较高的地区，应采取人工降阻措施，以保证接地电阻要求。

7.16 管理信息系统

本节为新增内容。随着计算机与网络的普及和 DCS 系统在水泥厂的普遍应用，基于管理水平的提高和提高工厂经济效益的目的，工厂管理信息系统作为工厂自动化的第三层，也逐步为大部分水泥企业所接受。

7.16.1 管理信息系统目标是有助于工厂设备（生产线）尽可能长的运转时间，保证合理的维修、维护备件，提供分析数据和预测。这样就可达到优质、高产、低消耗，降低产品成本、提高企业经济效益的目的。

系统实施分硬件配置、网络施工布线和软件开发编制过程。

7.16.2 网络布线应符合现行国家标准《综合布线系统工程设计规范》GB 50311 的规定。在中控室、办公楼、化验室内部可采用交换机放射布线，各建筑物间由于距离较远采用光缆布线，与厂外各分支机构或集团总部可采用 VPN 方式租用电信网络。

7.16.3 硬件配置建议采用带有域管理功能的服务器方式。专用服务器用于用户管理、内部邮件管理与网络数据库以及病毒防护，为保证其他系统的安全运行和网络自身的安全性，需要安装网络防火墙或（和）查杀病毒工具软件。

企业资源计划系统即 ERP。

7.16.4 软件功能的编制以满足用户要求为主，但对于所列基本功能应满足。

1 软件结构：C/S 结构是客户机/服务器结构；B/S 结构是浏览器/服务器结构。

3 数据采集一般采用 TCP/IP 或 OPC Server 与 DCS 系统通讯，同时保证 DCS 系统安全。

4 数据流程图可显示与集散型计算机控制系统类似的实时流程图画面。用户应能观察到生产线上温度、压力、调节阀、库位、喂料量、产量等模拟量的实时变化，并应能观察到重要主机设备如窑、磨等的运转情况。根据系统报警设定，还应能观察到开关量及模拟量的报警信息等。

5 趋势历史数据对比分析应满足用户不同年份的对比分析要求，以便用于生产优化。做到既可观察曲线的实时变化趋势，又可调出曲线的历史数据，分析历史变化趋势。在分析曲线时还可将相关的曲线放在同一个显示窗口，便于用户分析其数据变化的相关性，对生产状况及故障的分析起到重要的辅助作用。

6 质量信息管理包括原材料、生料、熟料、水泥及燃料的质量信息，并对这些质量数据提供保存、维护、查询、统计及回归分析。

7 系统可自动生成企业生产管理需要的各种工艺参数报表及生产报表。生成工艺参数报表时不需要人工干预，自动按月、日、班，生产过程工艺参数报表。生产报表中的数据应能自动获取，也可通过人工干预修正。

8 水泥生产设备在企业中占了极其重要的位置，如何统筹安排设备采购、降低设备维护费用、提高设备运转率、分厂或车间之间灵活调用闲置设备等都是设备管理主要解决的问题，本系统管理生产线上所有生产设备。

8 建筑结构

8.1 一般规定

8.1.1 建筑结构设计首先应满足生产工艺需要，保证对生产设备的保护、劳动者的安全，还应根据环境保护、地区气候特点，切实考虑自然条件对建筑设计的影响，并应符合相应的国家现行标准、规范和规定。如砖混结构的设计应符合现行国家标准《砌体结构设计规范》GB 50003 的有关规定等。

8.1.2 结构型式的选择应本着"技术先进、经济合理"的总原则，结合具体工程的规模、投资、所在地区施工水平、进度要求等因素综合考虑。在综合考虑的基础上，应积极采用成熟的新结构、新材料、新技术，以提高工程的科技含量，降低工程造价。

8.1.3 本条是根据现行国家标准《建筑结构可靠度设计统一标准》GB 50068 的要求，对水泥工厂各建（构）筑物安全等级按其破坏后果的严重性，进行具体划分。

8.1.4 本条是根据现行国家标准《建筑工程抗震设防分类标准》GB 50223，并结合水泥工厂的特点，对水泥工厂各建（构）筑物抗震设防分类的具体划分。

8.1.5 水泥工厂的建筑防火设计，应符合现行国家标准《建筑设计防火规范》GB 50016 及其他有关防火规范的规定。根据现行国家标准，结合水泥工厂的建筑特点制定附录 A。

8.2 生产车间与辅助车间

8.2.3 厂房内通道宽度应根据人行、配件的搬运及车辆通行等要求确定，并应按单人行走允许最小宽度要求考虑。

8.3 辅助用室、生产管理及生活建筑

8.3.2 本条是对采暖建筑的围护结构要满足国家现行节能设计标准中传热系数的限值、窗墙比及相关的构造要求，特别关注门窗的节能。

8.4 建筑构造设计

8.4.2 推动墙体改革是我国保护耕地、节约能源、综合利用工业废料的一项重要技术政策。建筑设计在墙体改革中应发挥龙头和纽带作用，依法行事，克服各种阻力，积极推广应用新型墙体材料。框架填充墙禁用实心粘土砖并限制使用粘土墙体制品，如粘土空心砖等，提倡使用各类砌块，用粉煤灰、煤矸石及页岩等制作的烧结砖，有条件时大力推各类新型板材。

8.4.6 调研结果显示，各厂多有高空撒落物料的现象，故栏杆底部设置高度不小于 100mm 的防护板是很有必要的。

8.4.7 有关湿陷性黄土、膨胀土、冻胀土地区的地面、散水、台阶、坡道做法符合国家现行标准《湿陷性黄土地区建筑规范》GB 50025、《膨胀土地区建筑技术规范》GBJ 112、《建筑地基基础设计规范》GB 50007 和《冻土地区建筑地基基础设计规范》JGJ118 的有关规定。

8.5 主要结构选型

8.5.1 确定基础方案是水泥工厂结构设计的重要问题之一。在一般情况下，天然地基比人工地基经济，但对筒仓等重型建（构）筑物和在某些具体条件下，天然地基不一定能满足设计要求和达到经济合理的目的，故此时应采用人工地基。

8.5.3 本条文中钢混组合结构主要指钢管混凝土结构。对于预热器塔架，宜优先采用钢结构或钢混组合结构；当有特殊需要或要求时，对中小型厂也可采用钢筋混凝土结构。

8.5.5 对于直径小于21m的筒仓，目前一般采用钢筋混凝土结构。但对于直径大于等于21m的筒仓，可以考虑采用预应力筒仓，前提是要进行技术经济等方面的比较，经比较，证实经济合理时可以采用。

8.6 结 构 布 置

8.6.1 在满足生产工艺要求和不增加面积的原则下，结构布置应力求传力途径简单明确。

8.6.6 在大面积料压作用下，软土等地基一般会发生较大的变形，从而引起附近建筑物基础位移、轨道开裂。大面积堆料下的软土等地基宜进行必要的地基处理。

8.6.9 根据某些水泥厂投产使用后的信息反馈，那些长期处于受磨损状态下的结构构件，存在明显的磨损，有些磨损非常严重，影响到结构安全。因此，这些受磨损构件表面应设置容易更换的耐磨层，并及时检查、更换。

8.7 设 计 荷 载

8.7.2 压型钢板等轻型屋面的屋面均布活荷载可参见国家现行标准《门式刚架轻型房屋钢结构技术规程》CECS 102 的屋面活荷载规定，在不同情况下屋面活荷载取值有所区别，取 0.5 或 0.3。

8.7.3 对于采用压型钢板等轻型屋面的钢屋盖，尤其是大跨度钢结构屋盖，积灰荷载的大小对结构用钢指标影响较大。通过对已投产水泥厂的调研发现，压型钢板等轻型屋面的积灰较少，因此，当收尘效果良好、积灰检查及清灰措施到位时，轻型屋面的积灰荷载可以取 $0.5kN/m^2$。但是，积灰是一个长期积累的过程，随着时间的推移，实际积灰荷载有可能超过设计积灰荷载，所以，在设计使用说明中应特别提醒业主对积灰情况进行及时检查，必要时进行清灰。

8.7.4 工艺提供的荷载数值应包括动力系数。

8.8 结 构 计 算

8.8.1 根据实践经验，高宽比大于 4 的框架、天桥支架的柔度较大，风振系数的影响不能忽略，应该加以考虑。

8.8.2 对预热器塔架和高宽比大于 4 的框架、天桥支架及转运站，在水平荷载作用下的顶点水平位移，经多年实际应用证明，规范提供的数值是适宜的。但有一点值得注意，对于高耸的转运站、支架等，在满足结构变形要求的情况下，还要控制最大水平位移数值，以免影响设备正常运行。

8.8.4 窑、磨基础允许差异沉降，现行国家标准《动力机器基础设计规范》GB 50040 中没有规定，但设计中经常要碰到这个问题。根据国内经验并参考国外对窑、磨基础沉降提出的要求，本条差异沉降定为10mm 是可行的。

8.8.7 有温度变化的管磨和筒式烘干机，轴向温度

伸缩力的存在是明显的。现行国家标准《动力机器基础设计规范》GB 50040 对此没有提及，故本条提出应加以考虑。

9 给 水 排 水

9.1 一 般 规 定

9.1.1 本条规定给水排水设计的基本原则。水是国家的重要资源，国家水法明确规定，应实行计划用水和厉行节约用水，合理利用、开发和保护水资源。国家环保和水污染防治法也明确规定，要保护自然水域，执行废水排放标准，防止废水对环境的污染。因此，应根据建厂地区水资源主管部门对水资源的总体规划，在保证用水水质的前提下，与有关方面协商对水的综合利用与协作，降低耗水指标，减少废水排放量，提高水的重复利用率。

9.2 给 水

9.2.1 本条规定水泥工厂的用水标准，包括生产用水量，工作人员生活用水量，居住区生活用水量，冲洗、化验和绿化用水量，以及未预见的用水量等。根据有关的国家规范结合多年设计生产的实际情况确定。生产用水包括全部生产和辅助生产各部位的用水，如：机械设备、电气自动化、空气调节、各种锅炉等用水，随生产规模、生产方法、设备选型、地区条件等因素而定。

关于厂区生活用水量、浇洒道路和绿化用水量，本条依据现行国家标准《建筑给水排水设计规范》GB 50015 制定。由于水泥工厂一般远离城镇，大部分车间工作人员将不可避免地接触粉尘，地面也不可避免地有粉尘污染，因此在设计中，可根据实际情况取用较高值。

化验室主要是化验用水、养生槽养护试块用水、试块成型用水及清洗用水，一般根据同类规模由工艺提供用水量。修理车间主要是清洗用水和锻造工段淬火用水。该两处用水量不大，根据生产规模和装备情况确定用水量。

未预见用水量按生产、生活总用水量（新鲜水）15%～30%计算，主要对各种不可预见的用水量及系统渗漏等因素，适当留有富余，按生产规模取值。

9.2.2 水泥生产过程中，机械轴承产生的热当用水冷却时，一部分直接被水吸收，或由润滑油吸收，再以水冷却油。测定资料表明，一般要求油温不大于60℃，机械轴承冷却水给水温度宜小于32℃。同时，由于敞开式循环水系统，循环水与大气接触，水中游离及溶解 CO_2 大量散失，水温越高，CO_2 散失越严重，引起 $CaCO_3$ 沉积结垢。

水泥机械设备冷却水的水质要求，根据现行国家

标准《工业循环冷却水处理设计规范》GB 50050 和其他行业标准的有关规定，结合水泥工厂设计与实践，规定碳酸盐硬度宜控制在 80～450mg/L 之间（以 CaCO₃ 计），见表 12。

9.2.3 本条规定锅炉、化验、空调和生活等用水水质均执行相应的国家标准。对部分水质要求较高的生产用水，由生活给水系统供水时，规定碳酸盐硬度宜小于 450mg/L（以 CaCO₃ 计），即应符合现行国家标准《生活饮用水卫生标准》GB 5749 的规定。

9.2.4 生产用水水压差别较大。车间进口水压本条

规定为：0.25～0.40MPa，为常压，可以满足大部分用水设备的水压要求，使给水系统设计合理，但对于高楼层或远距离、高台段车间的个别用水部位，可能水压不足，可用管道泵或其他加压设备局部加压。对于水质要求高、水压为中高压的喷雾用水，一般自成系统，单独加压。

9.2.5 本条规定自备水源选择的基本原则。为满足水泥工厂正常生产、生活用水的需要，水源工程设计必须保证取水安全可靠、水量充足、水质符合要求、投资运营经济、维护管理方便。

表 12　水质硬度的有关标准和规定

标准名称	用水名称	水质标准		以 CaCO₃ 计（mg/L）	备注
		项目	指标		
《工业循环冷却水处理设计规范》GB 50050	循环冷却水	碳酸盐硬度	30～200mg/L 以 Ca²⁺ 计	75～500	适用于敞开式系统
《冷库设计规范》GB 50072	冷库冷却水 1. 立式冷凝器 淋水式冷凝器	碳酸盐硬度	6～10me/L	300～500	
	2. 卧式冷凝器 蒸发式冷凝器	碳酸盐硬度	5～7me/L	250～350	
	3. 氨压缩机等制冷设备	碳酸盐硬度	5～7me/L	250～350	
《生活饮用水卫生标准》GB 5749	生活饮用水	总硬度	450mg/L 以 CaCO₃ 计	450	

9.2.6～9.2.8 取水工程中，对取用地下水应遵守地下水开采的原则，并确保采补平衡；对取用的地表水，枯水流量与水位的保证率及最高水位的确定是参照现行国家标准《室外给水设计规范》GB 50013 编制的。其中枯水位保证率的上限与《室外给水设计规范》GB 50013 和《火力发电厂设计技术规程》DL 5000 等均一致，采用 99%。

9.2.9 为了保证水泥工厂生产、生活用水的安全可靠，对输水管线的安全输水设计本条作了明确的规定。

9.2.10 水泥工厂自备水厂的规模，由生产、生活最大用水量加上消防补充水量和水厂自用水量等项确定，并根据水泥工厂的总体规划要求，确定是否留有扩建的可能。

9.2.11 本条规定生产给水系统的选择原则。在一般情况下，机械设备冷却水采用敞开式循环水系统，循环回水可结合工厂的具体布置，采用压力流和重力流。生产用水重复利用率是根据多年设计与实践经验确定的。其计算公式如下：

$$生产用水重复利用率 = \frac{生产间接循环回水量}{生产间接循环给水量 + 生产直接耗水量} \times 100\%$$

为了保持循环冷却水的水质平衡，应有保持水质稳定的措施，如：加水质稳定剂、加杀灭菌藻的措施、加旁滤改善水质浓缩、采用冷却塔降低水温等。

对水质要求较高的如增湿塔、篦式冷却机和立式磨等喷雾调温调湿用水、锅炉用水的原水、化验水和仪器仪表用水等的喷雾用水，本条规定"可"由生活给水系统供水。如有确保供水水质的措施，也可采用循环冷却水或中水回用作为备用水源。经验表明，循环水不可避免的有少量渗漏油污，含油水和杂质混合，易堵塞喷水系统。中水是污水、废水三级深度处理后的水，应有严格的管理和维护，才能确保连续的、稳定的供给符合要求的水，以维持正常生产。

9.2.12 本条参照现行国家标准《室外给水设计规范》GB 50013 结合水泥工厂的实际情况制定。

9.2.13 本条根据现行国家标准《工业企业设计卫生标准》GBZ 1 及《生活饮用水卫生标准》GB 5749 制定。

9.2.14 由于生活用水的不均匀性及消防要求贮存水量，本条规定生活和消防给水系统应设置水量调节贮存设施。在适用可靠的前提下，首先考虑利用厂区附近地形，设置高位贮水池，无高地可以利用或技术经济不合适时，可设置水塔；也可采用变频调速水泵或气压给水设备，但该产品应有当地公安消防部门的批准认证，同时当生活给水供给部分生产用水时，应有其他系统给水作备用，确保生产用水安全可靠。

9.2.15 本条规定设计用水计量的原则，根据《中华人民共和国计量法》及现行国家标准《用能单位能源计量器具配备和管理通则》GB 17167、《评价企业合理用水技术通则》GB/T 7119 制定，并参照《水泥企业计量器具配备规范》DB 37/T 813，结合水泥工厂的实际情况，提出设置用水计量的具体规定，及确保安全生产的必要措施。

9.3 排 水

9.3.1 本条对排水工程设计、排水系统划分作了规定。不可回收的生产废水，指循环冷却水的溢流水、排污水。

9.3.2 本条对生产排水量作了规定；对于生活污水量，应按现行国家规范的排水定额确定，为满足设计前期工作的需要，根据经验也可按生活用水量的80%～90%取值。

9.3.3 本条对部分车间和建筑物的污水排入排水管网之前，进行局部处理作了规定。处理设施通常设在室外，寒冷地区有的设在室内，可随建筑物项目划分为室内工程。

　　由于回转窑和烘干机的托轮已不要求用水，设备设计取消了水槽；老厂或小型厂这两种设备还有水槽，但可以不需要排水，水槽定期补水，积存油污由人工清除；如设有排水管，应设置隔油池（井）或其他除油设施。

9.3.4 本条规定水泥工厂的污水应根据国家和地方的排放标准确定处理方案。污水排放标准，应取得当地县以上环保主管部门的书面意见，因为地方标准与国家标准中污水排放标准一般基本相同，但也有的指标地方标准要求更高，都应执行。由于水泥工厂生产污水量较小，可与生活污水合并处理。生产废水主要是冷却水，只是水温略有升高，水质与原水相近，不含有毒有害物质，不需处理即可排放。生活污水宜集中处理后达标排放。

9.4 车间给水排水

9.4.1 本条规定室内外给水排水系统应协调一致。室内给水排水系统是按用水水质、水压的不同要求设置的，因此为满足用水要求，室内外相应的系统应一致。

9.4.2 本条规定生产设备的水压，应根据工艺和设备要求确定。由于生产规模、设备型号、制造厂家的不同，有不同的水压要求。一般分为两类：一类是低压，多数用水设备水压小于 0.4MPa；一类是中压，用于喷雾喷嘴水压约为 1.5～6.0MPa。生产工艺和设备无特殊要求时，一般可参照表 13 确定设备进口水压。

表 13　生产用水设备进口水压

用水设备名称	进口水压（MPa）
活塞式空气压缩机	0.10～0.40
螺杆式空气压缩机	0.15～0.40
润滑油冷却器	0.10～0.40
机械轴承（水套式）	0.05～0.40
喷淋除尘喷嘴（Y 型）	0.20～0.40
立式磨喷嘴	1.5
箅式冷却机直流式喷嘴	1.5
箅式冷却机回流式喷嘴	3.3
增湿塔单流体压力式喷嘴	4.0～6.0
增湿塔回流式喷嘴	3.3

9.4.3 本条是对箅式冷却机和增湿塔给水系统的设计要求。这两种设备对供水量、水质和水压要求严格，供水直接影响正常生产。双流式喷嘴的旋流片进水槽缝隙，仅为 0.7mm，过滤器的滤网为 30～60 目/cm²，当给水含有铁锈、油泥等杂质时，极易堵塞。同时，要求严格控制喷水量，所以宜采用调节水箱供水泵自灌引水。

9.4.4 由于这两项用水点通常在工厂的边远部位，生产过程需要控制用水量，对水压也有一定要求，为此，对石灰石卸车坑和石灰石破碎车间除尘喷水规定了需设计加压的措施。

9.4.5～9.4.7 根据现行国家标准《建筑给水排水设计规范》GB 50015，结合水泥工厂的设计与实践制定。

9.5 工厂消防及其用水

9.5.1 为了防止和减少火灾的危害，水泥工厂应有消防给水及消防设计。消防设计应征得当地公安消防部门的同意。消防给水系统的完善与否，直接影响到火灾的扑救效果。从一些老水泥工厂的火灾情况表明，在以下部位，如：煤粉制备车间的煤粉仓、煤粉电除尘器、煤堆场、汽车库和纸袋库等都曾发生火灾，造成了一定的损失，因此，本条规定应做好消防设计。

　　水泥工厂消防设计主要有关的现行国家标准如下：

　　《建筑设计防火规范》GB 50016；

《高层民用建筑设计防火规范》GB 50045；

《汽车库、修车库、停车场设计防火规范》GB 50067；

《石油库设计规范》GB 50074；

《汽车加油加气站设计与施工规范》GB 50156；

《低倍数泡沫灭火系统设计规范》GB 50151；

《二氧化碳灭火系统设计规范》GB 50193；

《自动喷水灭火系统设计规范》GB 50084；

《水喷雾灭火系统设计规范》GB 50219。

9.5.2 根据现行国家标准《建筑设计防火规范》GB 50016，水泥工厂基地面积等于或小于 $100 \times 10^4 m^2$，居住区人数等于或小于1.5万人，故同一时间内的火灾次数应为一次。

9.5.3~9.5.5 根据现行国家标准《建筑设计防火规范》GB 50016结合水泥工厂具体情况制定。通常水泥工厂消防给水系统与生活给水系统合并，也可与生产给水系统合并，采用低压给水系统。对设有储油系统的消防给水，因有特殊要求，按规定油库区采用独立的消防给水系统。室外消防管网应布置成环状，只有在建设初期或消防水量不超过15L/s时，可布置成枝状。

9.5.6 根据国家消防技术规范，结合水泥工厂的具体情况制定。煤预均化库消火栓可设在消防安全门附近的外墙上，并应有防冻措施。中央控制室中计算机房的消防应采用符合规范要求或消防部门认可的气体灭火设备。汽车库的消防给水应按现行国家标准《汽车库、修车库、停车场设计防火规范》GB 50067 的要求确定。

根据水泥工厂的发展变化，本条将原第 10.5.6 条第 3、4、6、9 等款内容删除。

9.5.7 根据现行国家标准《建筑设计防火规范》GB 50016，结合水泥工厂的具体情况制定。

9.5.8 本条的制定是为保证及时供应消防用水。

9.5.9 根据现行国家标准《建筑设计防火规范》GB 50016，结合水泥工厂的具体情况制定。

9.5.10 本条对设置固定灭火装置作了具体规定。

1 特殊重要设备是指设置在重要部位和场所中，发生火灾后，严重影响生产和生活的关键设备。常用的气体灭火系统有二氧化碳、惰性气体、含氢氟烃（HFC）和卤代烷。这些气体的绝缘性能好、灭火后对保护对象不产生二次损害，是扑救电气、电子设备、贵重仪器设备火灾的良好灭火剂。考虑到二氧化碳气体的毒性，在有人场所的设置时应慎重。根据《中国消防行业哈龙整体淘汰计划》，我国于 2005 年停止生产卤代烷 1211 灭火剂，2010 年停止生产卤代烷 1301 灭火剂，因此卤代烷的使用已受到严格的限制。关于七氟丙烷（HFC—227ea）灭火系统设计的国家标准也已编制，七氟丙烷作为哈龙的替代品正在得到普及和推广。

2 容量在 40MV·A 及以上的可燃油油浸电力变压器内有大量的变压器油，规定宜采用水喷雾灭火。根据现行国家标准《建筑设计防火规范》GB 50016，如有条件，室内采取密封措施，技术经济合理时，也可采用二氧化碳或其他气体灭火。油量小的变压器不作规定，可用移动式灭火设备。

3 油罐区采用低倍数空气泡沫灭火和喷水冷却等的规定，是参照现行国家标准《石油库设计规范》GB 50074 制定。

4 煤磨电除尘设置二氧化碳灭火装置，根据现行国家标准《建筑设计防火规范》GB 50016 的原则，参考生产常规做法制定。

5 本款为设置自动喷水灭火设备的规定。由于水泥工厂的招待所和多功能综合办公楼，过去很少设置大的空调系统，近年来，随着国家的发展，国民经济水平的提高，一些大型、特大型及建筑标准要求高的水泥工厂，这些建筑物设有集中的空调系统。根据现行国家标准《建筑设计防火规范》GB 50016，应在其走道、办公室、餐厅、商店、库房和无楼层服务台的客房，设自动喷水灭火设备。在条件许可时，各楼层虽设有服务台，客房亦宜设自动喷水灭火设备。

9.5.11 为保证水泥工厂重要设备、仪表不受损坏，对设置火灾检测与自动报警装置的部位作了具体规定。《建筑设计防火规范》GB 50016 的条文说明：大中型电子计算机房指"价值在 100 万元以上，运算速度在 100 万次以上，字长在 32 位以上"的电子计算机房。贵重的机器、仪器、仪表设备室主要是指性质重要、价值特高的精密机器、仪器、仪表设备室。重要的档案、资料库一般是指人事和其他绝密、秘密的档案和资料库。

9.5.13 消防控制室是建筑物内防火、灭火设施的显示控制中心，也是火灾时的扑救指挥中心，地位十分重要。本条对设有火灾自动报警装置和自动灭火装置的建筑物，要优先考虑设置消防控制室。

9.5.14 煤粉制备车间宜独立布置，当与窑头厂房合建时，其间应加设非燃烧隔墙，这是根据现行国家标准《建筑防火设计规范》GB 50016 的要求确定的。

10 供热、通风与空气调节

10.1 一般规定

10.1.1 供热、通风与空气调节设计方案，直接涉及投资、能源、环境保护与管理使用。北方厂供热投资、能耗较大；南方厂空气调节设备投资及能耗较大，因此设计方案的选择，一定要根据建厂地区综合条件，确定技术先进可行、经济合理的设计方案。

10.1.2 本条规定以现行国家标准《采暖通风与空气调节设计规范》GB 50019 作为设计水泥工厂供热、

通风与空气调节的室外空气计算参数和计算方法的依据。

10.2 供 热

10.2.1 本条是对采暖设计的规定。

1 本款中给出了集中采暖地区的气象条件及设置集中采暖的原则。

2 是否设置集中采暖，它取决于企业的财力、物力以及对卫生条件的要求。目前有些厂地处集中采暖地区，但由于资金短缺，不设集中采暖。然而有些非集中采暖地区的工厂，企业效益较好，或外资、合资企业，卫生条件要求较高，要求设置采暖设施。现在有些非集中采暖地区的工厂，托幼及浴室等生活福利设施已设有集中采暖，本款就是依据上述具体情况制定的。

3 本款主要目的是为了防止在非工作时间或中断使用的时间内（如压缩空气站、罗茨风机房、有水冷却或消防要求的车间），水管和其他用水设备发生冻结现象。

由于生产厂房比较高大，从节省投资与能源角度出发，对工艺系统有温度要求的地点设置集中采暖，其他无温度要求的空间，可用围护结构隔断。

4 本款是从节省基建投资作出的规定。

5 本款从安全方面作了强制性规定。

6 由于供暖方式不同，造成采暖房间卫生条件差异较大，有的过热，有的偏冷，因此参考有关资料，规定了不同供暖方式的采暖间歇附加值。

8 热水和蒸汽是集中采暖系统常见的两种热媒。实践证明，热水采暖比蒸汽采暖具有节能、效果好、设施寿命长等优点，因此本款规定厂前区和厂区均采用热水采暖。但在严寒地区建厂，根据高大厂房和除尘设备的保温需要，为节省采暖投资，在保证卫生条件下，规定厂区可以采用蒸汽采暖。

10.2.2 本条是对供热热源的规定。

1 当水泥工厂所在区域有集中供热规划时，从节省投资、减少管理环节与环境污染等综合考虑，应按区域供热总体规划，确定水泥工厂供热热源。

2 本款规定了新建厂及改、扩建厂锅炉房设计的基本原则。做到远近期结合，以近期为主。

3 锅炉房位置选择，直接影响到供热系统的投资、运行、环境保护、安全防火、经营管理等诸因素，因此本款作了规定。

4、5 根据现行国家标准《锅炉房设计规范》GB 50041，结合水泥工厂特点，规定了工厂供热热源、锅炉台数确定的原则。锅炉炉型分为蒸汽锅炉与热水锅炉。新建锅炉房锅炉台数不宜过多，台数太多，说明单台锅炉容量过小，影响建筑面积大，投资增加，管理复杂，需通过技术经济比较确定。一般寒冷地区采暖供热不考虑备用锅炉，允许采暖期短时间

室内采暖温度适当降低。严寒地区以保障安全生产为目的，采暖供热应设置备用锅炉。由于水泥工厂一般建设在边远山区，有些地方，一年四季均需生活供汽，故应设置备用锅炉用于供应生活用汽。为节省投资，对一些既有生活用汽，又有少量采暖用热的区域，可采取设置蒸汽锅炉加换热器设计方案，保证供汽与供暖。

从发电厂抽汽，作为水泥工厂采暖、生活用汽的热源时，换热设备台数及容量选择的原则，同锅炉台数、容量选择的原则。

6 从采光、日晒等因素考虑，锅炉房控制室宜设在南向与东向，控制室面对锅炉间一侧应设通窗。对于较大的锅炉房（一般寒冷地区，大、中型厂锅炉吨位折合 12 蒸吨左右）人员较多，维修工作量较大，因此应设置必要的生产、生活辅助房间。对于严寒地区，大、中型厂的锅炉房设置生活辅助房间尤为必要。

7 为减轻工人劳动强度，锅炉房供煤与除渣，原则上均采用机械上煤、机械除渣。对于规模较大的锅炉房，供煤、除渣量大，当地处严寒地区，采暖期长，工作条件差，劳动量大，设置集中上煤、联合除渣是较适宜的。有些合资、独资企业或要求机械化程度较高的企业，为了减少劳动定员，要求锅炉房机械化程度较高时，也可采用集中上煤、联合除渣系统。

8、9 锅炉房的噪声、烟尘对环境影响较大，为减少噪声对环境影响，鼓、引风机应设置厂房，阻挡噪声传播。实际测定鼓、引风机设在厂房内可降低噪声 10～15dB（A）。鼓风机放在锅炉间是不适宜的：第一，工作环境噪声大；第二，鼓风需从室外补风，造成锅炉间温度降低。锅炉烟尘排放标准、烟囱高度及个数等应执行国家现行的标准。

10 仪表检测内容应包括：供蒸汽量、供热量、燃料消耗总量、原水消耗总量、凝结水回收量、热水系统补给水量及总耗电量等。

10.2.3 本条为对室外热力管网的规定。

1 厂区采暖热水管网采用双管闭式循环系统，主要考虑闭式循环系统可防止系统内软化水流失，补给水量小，以达到安全、经济运行的目的。目前水泥工厂采暖热水管网，均采用双管闭式循环系统。当采暖采用蒸汽管网时，一般采用开式系统。它的优点是：系统比较简单、效果好、运行管理方便。其缺点是对高压蒸汽采暖将浪费一些热能。蒸汽采暖的凝结水，从节能出发应尽量回收，回收方式可利用地形自流或设凝结水箱用水泵将其打回锅炉房。当采暖系统凝结水量太小，回收不经济时，也可地排放。

2 本款规定了热力管网敷设的基本原则。从节省投资、减少占地及美观考虑以直埋敷设为宜。有的建设单位习惯采用地沟敷设，根据多年设计及使用实践，地沟敷设的主干沟以半通行地沟为宜，接往各采

暖用户支管可用不通行地沟。因建设场地紧张或解决严寒地区水管防冻问题，也常采用联合管沟方式。

对于改、扩建工程，地下管线复杂或新建厂因场地紧张，可采用架空敷设。新建厂区场地允许，从节能、安全运行等方面考虑采用直埋敷设或地沟敷设为好，尤其是在严寒地区。

无论直埋敷设或地沟敷设，其采暖入口的调节阀门，宜装在室外阀门井内。室外设阀门井有利于供热系统的调节和单个建筑检修放水。为保证工厂重点采暖用户的供热效果，在入口阀门井内应装设测量温度、压力的检测管座。

热负荷较大的生产及辅助生产建筑物指如：办公楼、中央控制室、中央化验室、招待所等。

10.3 通 风

10.3.1 本条为对自然通风设计的规定。

1、2 规定在水泥工厂总体布置时，对散热较大的厂房布置原则，应避免西晒，车间主要进风面应置于夏季最多风向一侧，以及采取的自然通风方式。

4 水泥工厂散热和湿度较大的车间、场所，一般是根据建厂所在地区环境状况，从建筑物布置及厂房围护结构上，考虑以自然通风方式消除湿、热；当工艺布置或工厂地处炎热地区，无法达到卫生条件时，应采用机械通风。

10.3.2 本条是对生产设备冷却通风设计的规定。

1 回转窑烧成带筒体通风冷却的目的，主要为了使窑砌衬内壁迅速有效地形成一层保护层（俗称挂窑皮），从而对窑砌衬耐火砖起到良好的保护作用，延长耐火砖的使用寿命，提高窑的运转率。同时，通风冷却还使窑筒体金属表面温度降低，减少了窑的轴向变形量，减轻金属热应力给窑的正常生产带来的影响。

2 窑筒体在受热后会产生一定的径向膨胀。而在轮带处的膨胀受限，从而在受限部位会产生较强的剪切应力，对这一部位进行通风冷却，可以大大减轻剪切应力对窑筒体金属材质的影响。

3 窑中主传动电机及各种磨机主电机的通风冷却，主要是因为电动机转子切割磁力线，做回转运行的同时，产生大量的热能。及时排除这部分热量，才能有效地保证电动机长期正常的运转。再则工厂环境中粉尘较大，为了防止粉尘沉积在转子、定子的表面，通风冷却系统应采取过滤措施。

4 窑头看火平台温度较高，设置可移动的轴流通风机，一是改善窑头看火平台工作环境，二是当窑故障停运检修时，可临时起到窑筒体冷却，便于检修的目的。

10.3.3 本条是对生产与辅助生产建筑机械通风设计的规定。

1 本款规定了机械通风的通风量计算原则，但

实际上有些散热较大及产生有害气体的车间、场所，难以准确地计算出有害物质量，当缺乏必要的资料时，可按房间换气次数确定。根据水泥工厂设计与使用实践，参考现行国家标准《小型火力发电厂设计规范》GB 50049 及汽车保养有关资料，规定了水泥工厂各建筑物通风换气次数。

2 水泥工厂冷、热物料地下输送走廊和物料卸车坑较多，有的走廊长达几十米、上百米，而环境条件都较差：一是粉尘，二是湿热，本款规定了地下走廊通风设计基本原则。

3 包装车间插袋处，工人劳动强度较大又是热物料，特别是炎热地区，工人操作条件恶劣，故从以人为本的原则考虑制定本款。

4 化验室通风柜排风量，可根据标准通风柜标明的风量选取。该款规定的数据是参考《民用建筑采暖通风设计技术措施》提出的。通风柜排出的气体为含有酸、碱蒸气或潮湿气体，故应采用防腐风机及管道。

5 以往水泥工厂设计中，有的总降压变电站的配电室，设有机械过滤送风系统，室内保持正压，其目的是防止室外粉尘的侵入。当粉尘在带电体表面沉积较多，会影响电器零件正常工作，尤其是相对湿度较大的地区，潮湿粉尘的导电作用，会造成系统短路，因而配电室应根据环境状况及电器元件性能设机械过滤送风装置。

6 主要生产车间配电室由于导线及各种电器元件，在运转过程中都产生热量，尤其是炎热地区室内温度较高，不利于操作工人巡视与检修。电除尘器整流室中，整流器、整流变压器、导线及其他电器元件，运转过程中也散发出较多的热量。

8～10 生产辅助车间，在工作过程中散热及产生有害气体，如锻工工段、铆焊车间、水泵站的加氯间（散发氯气）等。为改善工作环境，保证卫生条件，需设置通风系统。凡是有腐蚀性气体产生的场所应设防腐风机，对于有害气体比重大于空气比重的，其排风口应设在房间的下部。

10.3.4 本条是对事故通风设计的规定。供配电系统的高压开关，其绝缘介质用油、加惰性气体等措施。当高压开关发生故障时，高温电弧使油燃烧，室内烟雾弥漫；或气瓶破裂，六氟化硫在电弧作用下，会产生多种有腐蚀性、刺激性和毒性物质。

在供电系统中设置电容器，其目的是为了提高其功率因数。但设置电容器会散发出大量热量；再则电容器在高压电作用下有可能被击穿，致使绝缘材料燃烧产生有害气体。

乙炔气瓶库中空气与乙炔气混合物，当乙炔含量达到爆炸浓度 2.1%～8.1%时，遇明火即可发生爆炸。

电缆隧道内电缆根数较多，导线发热量较大，当

导线发生短路时，还会爆炸着火、产生氯气等有害气体。电缆隧道一般较长，通风阻力较大，故考虑设置机械排风系统。规定进、排风口高度，主要是保证进入隧道空气质量以及排风不致对人产生影响。

10.4 空气调节

10.4.1 附录J中，中央化验室的试验室内空气调节计算温、湿度要求，是根据现行国家标准《水泥胶砂强度检验方法》GB 17671确定的。其他室内空气调节计算温、湿度要求，是根据电气自动化设备要求，以及多年设计、使用实践确定的。

10.4.2 为了保证空气调节房间的空调效果，节省投资与能耗，本条对空气调节房间的布置、朝向、围护结构等作了规定，并给出了空气调节房间围护结构的最大传热系数。

10.4.3 随着生产不断发展，工作生活条件不断改善，要求空气调节的建筑不断增加，本条规定了空气调节系统的设计原则。当所需空气调节的建筑布置比较集中时，从投资、维修管理、空气调节效果诸方面考虑，设置集中冷站的集中空气调节系统为宜。当所需空气调节的建筑布置比较分散，但空气调节面积又较大时，为节省投资与不必要的管道能耗，采用独立的集中空气调节系统为宜。

为保证空气调节效果，对有温、湿度要求的空气调节房间，应设置温、湿度自动控制装置。

为防止或减少火灾通过风管和保温材料蔓延，因此规定空气调节管道和保温材料，应采用非燃烧或难燃烧材料。

10.4.4 本条规定了空气调节设备选型基本原则。

冷水机组、风机盘管加新风机组，具有系统简单、维护管理方便、投资省、占用空间少等优点。中央控制室对湿度要求不十分严格，从生产实践看，目前不少中央控制室只设了单冷空调机组，而中央化验室湿度容易保证，因而集中冷站采用冷水机组、风机盘管加新风机组是可行的。根据生产需要，为保证中央控制室、中央化验室的室内气象条件，冷水机组不应少于两台。

为中央控制室、中央化验室设置独立空调系统时，仍以恒温、恒湿机组为宜，尤其是相对湿度较大的地区。机组应设备用，但机组最多不超过四台，台数太多说明单台容量太小，会造成资金浪费，管理不便。当中央化验室的成型室、养生室设在地下室时，因其围护结构热惰性较好，或采取某些临时措施，仍能维持所需气象条件时，机组可不设备用。

11 机械设备修理

11.1 一 般 规 定

11.1.1 本条规定水泥工厂机修车间设计的原则和它

的业务范围。由于水泥工厂是连续生产的重工业企业，如果生产维护和预防事故发生的措施不利，将会产生较大经济损失。因此，机修车间的设计，除重视修理之外，还应加强预防维护的管理内容，才能保证正常、持续运转。

我国自从改革开放以来，打破了大而全的格局，各地区的机修协作条件有了较大的改善。为了降低建设投资，应充分利用协作条件。对于大中型水泥工厂应积极创造条件，设置小修以节省投资。

11.1.2 本条是为使水泥工厂机修体制更加灵活而提出两种方式。目前两种体制共存，各厂应根据管理特点而选择。

11.1.3 水泥工厂的大型备件，国内都是采用外协解决，标准零部件外购，既保证质量也能降低成本。大型备件包括轮带、磨头、托轮等。

11.1.4 本条明确了水泥工厂机修车间最低限度的组成。这些工段是修理工作配套中不可缺少的几个部分。按其工厂规模可视其协作条件而定。但机钳、铆焊锻是必不可少的。

11.1.5 本条是确定机修车间规模、装备配置的基础依据。所给出的计算公式和采用$15\% \sim 30\%$的自给率，是结合多年来对机修车间调查统计资料而得出的。

11.1.6 工作班制的确定是按加工量而定。由于机钳工作量大，并提高机床利用率，机床加工按两班制，其他工段均为一班制。主要是为确定劳动定员而用。

11.2 工段组成与装备

11.2.1～11.2.3 机钳工段的组成和机床配置，是按《冶金企业机修设计参考资料》（以下简称《设计资料》）所确定的原则和计算方法初算后，结合水泥工厂修理的特点确定机床总台数，然后按机床数量对各类机床分配比例，选择各种生产规模的机床台数。同时也要注意满足加工工序配套的需要，多年实践结果，除少数由于外加工量较差有所增加外，一般情况能满足维修的需要。

11.2.4 本条是根据水泥工厂维修一些风动备件、工具、锻模和少量机床零件热处理的需要，生产部分只设置普通热处理间，不设置化学热处理、感应加热和发蓝等热处理间。水泥工厂机修热处理，只有普通热处理和辅助部分就能满足基本要求，其他热处理采用外协解决。条文规定的装备配置是按工件规格和配套的需要而选取的，多数是处于最低水平。

11.3 工 段 布 置

11.3.1 机钳工段面积是按生产机床平均总面积乘以机床数，计算出面积指标。它包括了生产装备面积、钳工划线占用面积和工人操作面积，以及毛坯和型材的堆放面积。当有生产机床面积之后，再按比例计算钳工装配和工具与仓库面积，三项总和为机钳工段面积。设计时还应结合建厂地区和企业要求，加上办公室和生活设施的面积。

11.3.2 机床的布置原则和间距是按《设计资料》的数据选取的。这样才能满足安全、采光、吊装和检修的需要。

11.3.3 水泥工厂机修车间的铆焊和锻造都属于小型的，所以一般都合并在一个厂房，而采用隔墙分开以免相互干扰。生产面积是按《设计资料》所列的指标确定。经过实践，这些指标数据能满足实际生产操作的需要。

11.3.4 铆焊工段的设备布置，按《设计资料》所规定的数据选取的。

11.3.5 热处理工段面积的确定，是按热处理设备所占面积加上辅助面积构成工段面积。本条文规定 $189 \sim 216m^2$，即取 9m 跨，长为 $21 \sim 24m$。由于水泥工厂热处理设备较少，按《设计资料》选取，其面积有所增加。

11.4 工 段 厂 房

11.4.1 生产火灾危险性类别及建筑最低耐火等级的确定，是按现行国家标准《建筑设计防火规范》GB 50016 的规定，结合水泥工厂机修车间的特点制定的。

11.4.2 机钳工段的土建设计要求，是要符合建筑模数的规定，这样方能使用标准构件，方便设计与施工。

厂房各种门的尺寸，按标准规定选择，结合车间运输车辆的类型而定。

11.4.3 机钳工段的生产用水，主要是配置冷却液，或进行水压试验，如托轮轴瓦和磨机主轴的球面瓦等。用水量也包括洗手、洒地等，按最大指标计算选用 $1.1m^3/t$ 件是能满足要求的。配置升压手压泵是为满足试验要求。

11.4.4 机钳工段需配置电控箱、配电盘和局部照明的设施。电气专业在计算容量时，要留一定的备用量，以便将来增加机床设备时备用。

11.4.5 铆焊部分地面荷载是根据《设计资料》的规定制定。氧气瓶和乙炔气瓶库房的地和墙要求较高，是由于消防的需要。

11.4.6 对氧气瓶库和乙炔气瓶库的设计，要做到建筑物与库房在一定距离范围内，禁止用明火取暖，是由于乙炔气与空气混合，当乙炔含量达到爆炸浓度（$2\% \sim 8.1\%$）时，一遇明火即发生爆炸。为防止乙炔气瓶库房爆炸，规定应采用防爆型照明。

11.4.7 在大型设备附近设置动力插座，是由于这些部位有可能使用电动工具。

11.4.8 本条强调了机械通风的要求，是由于生产中油槽、水槽散发出油烟和水蒸气；加热炉和加热零件表面都散发出对流热和辐射热；当燃烧不完全时，从炉壁、炉口逸出一氧化碳有害气体；在零件淬火时，产生有害物蒸气。

11.4.9、11.4.10 按《设计资料》的规定制定。不应采用木结构和最好是独立建筑物的规定，是由于热处理车间在生产过程中，散发出大量的热、水蒸气和有害气体所致。

11.4.11 水泥工厂的机修车间专用的贮库有两个就能满足生产要求，主要是贮存机修用备品备件、生产设备备件和氧气瓶、乙炔气瓶的库房。贮存量都比较少，尤其是目前供应方便，随时都能购置的情况下，库房还应适当减少。设计时，仍可在规定的范围内，视其建厂地区的情况而变化。

11.4.12 库房的起吊设备，小型厂可用 3t，大中型厂可用 $5 \sim 10t$。

11.4.13 氧气瓶库、乙炔气瓶库是按防火、防爆和耐腐蚀而要求地面防火、防腐蚀。

12 电气设备及仪表修理

12.1 一 般 规 定

12.1.1 本条规定了水泥工厂电修车间的设计原则。为了加强对电气设备和自动化仪表的维护和巡检，并进行预防性计划检修，在水泥工厂应设电修车间和自动化仪表维修车间。电修和仪修车间应贯彻预防性检修为主，预防与修理并重的原则。

12.1.2 电修车间的规模不仅与工厂规模有关，还应充分考虑厂外协作条件。协作条件好的，电修车间的规模可适当减小。

12.1.3 为了对电气设备进行及时维修，在电气设备较多的大中型厂生产车间可设电气维修间，并配备必要的维修设备与工具。

12.1.4 本条规定了电修车间宜设在机修车间附近，以便与机修车间加强协作，如插、镗、磨、刨等机床设备，提高设备的利用率。但应远离锻造、铆焊工段，以免振动及环境污染。

12.1.5 电修车间应根据需要设置起重设备，以利于变压器吊芯、大型电动机等大件设备的检修。根据检修量的大小设电动或手动起重机。

12.2 电气设备及电气仪表修理车间规模

12.2.1 本条根据电修车间的检修内容及工厂的不同规模，将电修车间的规模分为大、中、小三种。其中电动机、变压器总台数及总装机容量，是根据现有不同规模的水泥工厂统计出来的。

12.2.2、12.2.3 电修车间的面积应考虑企业近期扩建情况，不宜盲目加大面积，条文中不同规模的电修车间的面积，是根据近年已建成的水泥工厂电修车间面积统计出来的。

12.2.4 电修车间的库房，只考虑存放电修车间检修用的材料及备品备件。存放全厂电气设备的备品备件，应与工厂仓库统一规划设计，以免重复设置加大辅助车间面积。

12.2.5 独立的电修车间，应设置必要的辅助建筑房间，为维修工人创造较好的工作环境。

12.2.6 规定厂房高度，主要考虑电修车间维修的设备有大件，有起重设备时，还应考虑起吊件有一定的高度要求。

12.3 电气设备及电气仪表修理内容与设备选择

12.3.1、12.3.2 这两条规定了电修车间的主要任务及工艺组成。

12.3.3、12.3.4 电修车间检修设备及仪表的配置，应满足各工段的需要。并应选择实用、性能可靠产品，不得选用淘汰产品。防止配备的设备及仪表种类很多，但不切实际或型号陈旧，造成积压、浪费。

12.3.5 设置移动式空气压缩机，是为了给设备除尘提供气源。

12.4 电气设备及电气仪表修理车间配置

12.4.1 电修车间各工段的位置应考虑工艺流程，尽量避免检修的倒流和交叉。

12.4.2 电修车间有主、辅跨时，应将绕线下线、浸漆干燥、外线检修、仪表修理及其他辅助建筑放在辅跨，以减少主跨面积，节省投资。

12.4.3 本条规定是为了共用起重设备。

12.4.4 本条是对建筑采光提出的要求。厂房高度及门、窗设置应满足设备检修的要求。

12.4.5 本条规定高压试验区应设醒目标志，以保障人身安全。

12.4.6 浸漆干燥间及油处理间均属火灾危险场所，建筑物应满足防火要求。

12.4.7 设生产、生活用水点，以保证生产、生活的需要。

12.4.8 本条规定为满足电子元件及对空气的温度、湿度要求。

12.4.9 油再生与处理间及变压器吊芯间的地面，应考虑耐油。

12.4.10 由于六氟化硫（SF_6）气体具有优良的绝缘性能及灭弧性能，近年来在高压断路器中已普遍采用。SF_6 气体比空气重，浓度大时不易扩散，在电弧、电火花作用下产生的气体对人体有害，检修时应注意防护，并应设通风装置，以保证人身安全。

12.5 电气仪表维修

12.5.1 本条是对仪表维修及其装备的基本要求，确定了仪表维修规模及维护设备设置的基本原则。随着

社会的发展和技术进步，相互协作也越来越密切。所以在设备配置上主要以满足日常维护和常规检验的需要。

根据对水泥工厂电气仪表维修的调研表明，小修水平其维修场所的建筑面积不宜大于 $100m^2$。中修水平其维修场所的建筑面积不宜超过 $200m^2$。

12.5.2 规定了电气仪表维修室的工作场所环境和工作条件所必需的基本要求。

12.6 自动化仪表维修

12.6.1 当前，我国水泥工厂的自动化和计算机控制已达较高水平，其系统的安全运行，直接关系到工厂能否正常生产及产品质量。因此，本条明确大中型水泥厂应设置自动化仪表维修室。

12.6.2 水泥工厂的计算机操作站（控制中心）和质量检测控制系统，集中于中央控制室，为便于检测、调校、维护的方便，维修室宜置于中央控制室内。

12.6.3 本条规定了维修室对检测、调校、维修设备仪表的基本要求，随着水泥工厂自动化水平的不断提高，其基本仪表维修也应逐步改进完善。自动化装置和计算机系统的专业化很强，因此，重要的系统检测与维修，还应由制造部门等专业厂家完成。

12.6.4 规定了维修室房间的环境条件和工作条件所必需的基本要求。

13 余 热 利 用

13.1 一 般 规 定

13.1.1 烧成系统多余的废气是指水泥生产系统不再利用或不影响如生料烘干、煤磨烘干用的废气。废气利用的前提是在保证水泥生产线设计指标（熟料热耗、熟料产量、熟料电耗）不变的条件下进行。即不能以提高熟料热耗、电耗、降低熟料产量为代价。"余热利用"系指对水泥生产系统不再利用的如生料烘干、煤磨烘干的废气余热的利用。

废气余热应首先用于发电，当本地区其他热（冷）负荷比较稳定且连续时也可以用于供热或热电联供。

13.1.2 根据十几年的水泥厂余热发电的设计与建设经验，生产线的设计没有考虑增加余热发电设施的可能，为后续的增加余热发电的技改工程带来极为不利的影响，例如：窑尾未留余热锅炉的位置，技改增加余热锅炉只得在现有的场地内挤，施工又不允许停产，使余热锅炉框架基础布置、施工难度极大；总平面布置上汽轮发电机房找不到靠近余热锅炉的场地，造成汽轮机房远离余热锅炉，致使主汽管道过长，造成能量损失，影响余热的有效回收。余热利用是资源综合利用、提高资源的有效利用率的主要手段，是国家《清洁生产促进法》、能源政策所提倡的。因此，

为了保证在水泥生产线建成以后较合理地利用废气余热，在水泥生产线的设计中应预留相关系统接口的可能，包括工艺流程、场地、总降变电站、给水系统等，以利在以后的扩建过程中顺利进行余热利用工程建设。如果有条件，最好在水泥生产线设计时对窑头、窑尾土建地下部分一次设计、施工，以便减少以后余热利用设施建设时的难度。其他部分如排水管网、水源、室外管网、电缆桥架（沟道）等也应一次规划、分步实施。

13.1.3 本条是指余热利用系统是在保证水泥生产正常运行的前提下进行的，不能以降低水泥生产线的技术指标为代价，即余热利用后水泥生产线的电耗、热耗等主要能耗指标不能因为余热利用而提高，水泥熟料产量不能降低。

13.1.4 余热利用的废气参数的正确确定，关系到余热利用的充分性与可靠性。生产线的烧成系统设计一般是根据原料加工性能试验推荐的方案进行热工计算与选型，但投产后随着原燃料的变化，又受管理水平、操作习惯的影响，实际运行参数与设计确有差异。故本条建议在水泥生产线建成稳定运行一段时间后进行热工标定，取得实际运行参数，再与运行记录进行对照分析后确定余热利用的废气参数与热力系统配置。这样既使余热得到充分利用，又使热力系统合理，从而不影响烧成系统的热工稳定而确保生产的正常运行。

13.1.5 在原有水泥生产线增加余热利用系统时，因原生产线设计时没有考虑余热利用的因素，因此应对相关设备（如窑尾高温风机、窑头风机等）进行核算，如核算结果原有设备能力不足时，可采取措施调整余热利用设施的相关参数进行弥补（如减少烟气阻力等措施），以适应原有设备。同时应对增加余热利用设备对原水泥生产线的影响进行分析，如对增湿塔、窑尾除尘器、窑头除尘器使用效果的分析，确保原有设备运行正常，如分析结果不能正常运行或运行效果降低时，应采取有效措施保证原设备的正常运行。

13.1.6 本条是为提高余热资源回收率的措施之一。从余热利用的角度出发，应将废气中能回收的余热全部回收。例如，烧成系统废气利用配置通常是窑尾废气用于生料磨、煤磨烘干用，其入磨废气温度要求依物料入磨水分大小而异，一般要求 220～280℃，仅当煤的水分较大时煤磨用风才取自冷却机废气。通常因窑尾废气风量较大，生料烘干一般不能完全利用，为此，为了提高余热资源回收率，建议条件允许时煤磨用烘干热风尽可能取自窑尾，这其中包含创造条件（改变煤磨选型）采用窑尾废气，以提高窑尾废气余热资源回收率。此时，窑头冷却机的废气生产工艺上不利用，故在余热利用上可通过余热锅炉或换热器将废气温度尽可能降至最低，以提高窑头废气余热资源

回收率。

13.1.7 从对运行的余热发电系统的标定，由于废气系统配置不同，增加余热发电系统后，对窑尾电收尘系统或多或少有一定影响，而通过调整也能够达到以前的水平，但按照《水泥工业大气污染物排放标准》GB 4915 规定的水泥窑排放标准（50mg/m³）的要求，原电收尘器不一定能满足其要求，因此本规定建议尽量采用布袋除尘器。

13.1.8 为了保证余热利用系统故障时不影响水泥生产的正常运行，在余热利用装置的进出烟气管道之间应设旁通管道，并在装置进口和旁通烟道分别设置风量调节阀门。

窑头废气含尘浓度虽然不大，但粉尘颗粒较大，硬度较高，为了减少对余热利用设备（装置）的磨损，设备（装置）本身应设置有效的防磨手段。

窑尾废气含尘浓度较高，设备（装置）应采取有效的清灰设计，防止堵灰等。

13.1.9 为降低余热锅炉主汽管道的热力损失，主厂房（汽轮机房）理应靠近余热锅炉。但考虑到在技改工程中受到原生产线总图布置的限制，也考虑到即使余热发电与生产线同步设计也因确保工艺流程顺畅、生产管理要求、具体的地形等因素的影响，做到主厂房应靠近余热锅炉的要求也可能有一定的困难，故本条规定为宜靠近余热锅炉。

13.1.11 余热利用的前提是确保生产线的正常运行，因此余热锅炉的进口、出口及旁通阀门（一般要求余热利用系统中烟道阀门采用电动调节阀门）的操作只能在水泥生产线中央控制室进行操控，余热电则不得随意操控，否则将影响水泥线正常生产。电站系统调节需要依据废气系统参数进行发电系统的控制，因此阀门的开关量（对应的风量、风压、风温）应反馈至电站控制系统。

电站系统的控制需要废气系统投、切余热锅炉烟道阀门或调整阀门开度时，应事先通知水泥生产线中控室进行相应操控。

13.1.12 在控制上，余热发电系统是水泥生产系统的一个分支，又有独立于水泥生产系统之外的特点。为水泥生产系统的稳定和发电系统的安全，两者之间的控制联络、数据传输应及时、准确、有效，故两者之间的控制水平应相互匹配。

13.1.14 为节省投资，避免重复建设，余热利用系统的运行维护的辅助设施等应尽量利用水泥生产线的设施，如机修、仪修等检修车间、材料库等辅助车间。

电站是工厂的一个车间。受厂级各职能机构管理，故相应的环保、职业卫生安全机构可不必另行设置。

13.2 余 热 发 电

13.2.1 本条规定了余热发电的形式。

1 关于是否采用加补燃锅炉以稳定余热发电系统参数的方案，本规定考虑到，我国火电产业结构调整，为节能降耗关停小火电成效显著，供电煤耗2005年全国平均降到360g/（kW·h）左右，作为水泥厂带补燃炉的余热发电系统理想的供电煤耗也在370g/（kW·h）左右。在这种情况下从能源合理利用的角度出发，建设带补燃的余热发电显然是不合时宜的。国内水泥行业也建有一批补燃锅炉燃用煤矸石（$Q_d^Y \leqslant 12550kJ/kg$）的余热电站，电站的粉煤灰及炉渣全部回用于水泥生产，做到了废渣零排放。利用煤矸石符合国家现行政策，应予提倡。但考虑到，水泥厂能得到符合要求（$Q_d^Y \leqslant 12550kJ/kg$）、价格合适（使供电成本低于购电价），且能长期稳定供应煤矸石的可能性很小，故本规定虽仅提及余热发电宜不加补燃的纯余热方式，并不排斥符合政策要求的带补燃锅炉的烧煤矸石的余热发电系统。

2 余热发电的汽水循环方式主要有单压系统、双压（多压）系统、双压（多压）闪蒸系统。国内目前存在的系统以上三种均有，从实际运行的可靠性、稳定性、自用电指标等统计，在满足热量平衡的条件下，建议尽量首先采用单压系统，一定要用双压（多压）系统或双压（多压）闪蒸系统时，应通过技术经济比较确定。

13.2.2 本条规定了装机规模。

1 水泥生产线的废气参数随着原料配料成分、熟料产量、原料的易烧性等因素影响而变化，为提高余热资源回收率，余热电站的装机容量应以稳定的最大工况废气参数确定，以达到最大限度利用余热。

2 我国目前的汽轮发电机组额定容量划分为以下系列：（500kW）、750kW、（1000kW）、1500kW、3000kW、（4500kW）、6000kW、（7500kW）、12000kW等（带括弧的虽不是国标系列但多数厂家可以生产，此系列已约定俗成为"标准系列"）。余热电站的装机规模应尽量靠近标准系列，如选用了非标准系列的产品，生产厂家则要进行改型设计，出厂价要高出许多。设备订货时应对设备生产厂家提出利用超发能力的明确要求。

13.2.3 本条为余热电站的控制系统设计的规定。

1 利用水泥生产线废气余热发电主要由热力系统与发电系统组成。热力系统的热源是生产线废气，其热力循环是独立于生产线之外的循环系统；发电系统可以看做是水泥厂的另一"电源"，本电源即"电厂"，其运行、保护应独立于水泥生产线控制之外，故应独立设置配电和控制中心。高、低压配电设备（包括高压开关柜、低压配电屏和站用变压器等）集中分开设置或集中合并设置；考虑方便监控和操作，一般诸如电站控制屏、继电保护屏、计算机模件柜、计算机操作站等应尽量利用空间，分间隔紧凑地布置在汽轮机运转层平面的电站中央控制室内。

2 为便于对余热电站的汽、水、油等系统集中监控和操作，操作人员可直接通过DCS系统大屏幕对整个电站系统实施监控，有效地节省电站控制室占地空间。

3 随着我国电站综合自动化保护装置的发展和普及，电站继电保护装置应尽量采用综合保护装置，以取代常规电磁继电器，从而提高继电保护的准确性，减少继电器维修量。

4 根据目前国内电站的无油化设计理念，站用变压器一般选用干式变压器，站用变压器的配置一般采用暗备用方式配设。并将站用低压配电屏和站用变压器合并排列布置，充分利用空间。为使汽轮机系统安全、可靠运行，厂用低压母线段应设置保安联络电源，以保证站用电源不间断。

13.2.4 本条为余热电站接入系统的规定。

1 考虑到余热电站的供电电力能够被充分利用，余热电站接入系统并网点一般选择在总降压变电站6或10kV母线段作为并网关口。母线段指Ⅰ或Ⅱ段。

2 本款是根据纯余热电站的特点规定的，当余热电站为单台发电机组时，电站6或10kV母线宜采用单母线接线方式，联络线应采用单回电缆线路与总降压变电站6或10kV母线对应连接；当余热电站为两台或多台发电机组时，电站6或10kV母线可采用单母线分段接线方式，联络线应采用双回电缆线路与总降压变电站6或10kV母线对应连接。两台或多台发电机组也可方便地通过电站6或10kV母线联络开关进行联络，以适应电站灵活多变的运行方式。

3 根据新型干法水泥余热发电的性质和电站并网运行的要求，发电机的起动电源一般需要借助于外电网或水泥厂自备的备用电源（备用电源应满足机组厂用电起动需要）进行起动。电站起动正常后，实施同期并网操作，将发电机并入电网。

4 根据新型干法水泥生产线余热发电的特点，当总降压变电站6或10kV母线段因故障停电或外电网停电时，水泥窑系统也随之停运，相应的汽轮发电机组难以独立运行，以致停机。因此，纯低温余热电站一般难以维持小系统运行方式。所以，对于单台汽轮发电机组，同期并网点设置在发电机出口开关处即可。对于两台或多台机组，同期并网点的设置应根据工程需要和电站运行方式来确定。

5 为保证发电机组安全运行，在发电机出口开关处应设置发电机安全自动保护装置（包括：高频解列、高压解列、低频解列和低压解列装置）。

6 本条规定的目的是当电网系统发生短路故障时，迅速解列发电机，以消除发电机对系统的影响。

7 电站接入系统设计所需远动信息量（遥测量、遥信量和电度量等）的设置和信号采集方式，应根据当地电力局的要求，以当地电力设计单位出具的接入系统报告和审批意见为依据进行设置。

8 对于电站系统高压开关设备的选型和电缆截面的选择，一般在电站设计中应进行相应的短路电流计算。而系统的短路参数应以当地电业部门提供的系统短路参数为依据，并结合发电机的短路参数进行计算，最终确定开关设备的额定开断容量和配电电缆的截面。

9 电站高压系统继电保护整定计算一般由设计单位出具整定计算书。但由于电网系统继电保护整定时间级差不详，为防止越级跳闸，设计单位出具的电站高压系统继电保护整定计算应经当地电业部门确认（或由供电局重新计算，或由供电局签署确认意见）后，方可进行设定。

13.2.5 窑尾末级预热器及出口管道采取保温设计，是为了提高余热利用效率。

13.3 利用余热供热及制冷

13.3.1 我国北方地区冬季采暖期一般在100～200d，每年需要消耗大量的资金和优质燃料，采暖锅炉对空排放的废气，由于收尘效果较差，空气污染十分严重。同时，水泥窑又不断排出大量的中、低温废气，造成的能源浪费十分惊人。所以，在采暖区不设置余热发电系统的工厂应优先考虑余热供热采暖。

13.3.2 一般水泥厂烧成系统废气余热量远远大于本厂（含附近的本厂居住区）采暖供热系统的热负荷，为了避免供热能力过大或过小造成的不必要浪费和重复建设，应以工厂最终规模的热负荷为主确定余热锅炉的供热能力。

13.3.3 本条主要针对工厂原有燃煤采暖锅炉房技改后增设余热供热装置时，应合理利用原有锅炉房的循环水泵、水处理装置和室外热力管网等设施，这样作既节省了投资，技改投运后又不会破坏原系统的平衡工况。

13.3.4 供热负荷除采暖负荷外，还包括其他用途，这里指设备保温、食堂、浴室用热及夏季空调。

13.3.5 本条是考虑水泥窑冬季停窑检修时，当单一热源长时间停运，将给热用户的工作、生活带来不便，又会造成采暖设施及室外管网的冻损。

13.3.6 设置汽-水换热站是为了便于电站凝结水回收，以节省水处理费用。

随着经济建设的发展和人民生活水平的不断提高，夏季空调用电比例迅速增长，利用水泥余热锅炉产生的蒸汽驱动作为吸收式制冷机组的热源，可以节约大量的能源，对南方炎热地区，尤其是与生活居住区、城镇距离较近的工厂，意义十分重大。

中华人民共和国国家标准

猪屠宰与分割车间设计规范

GB 50317—2009

条 文 说 明

修 订 说 明

一、修订标准的依据

本规范根据中华人民共和国建设部"关于印发《2008 年工程建设标准规范制订、修订计划（第一批）》的通知"（建标〔2008〕102 号）的要求，由国内贸易工程设计研究院会同有关单位在原国家标准《猪屠宰与分割车间设计规范》GB 50317—2000 基础上共同修订编制而成。

二、修订标准的目的和内容

1. 目的

进入 21 世纪以来，随着中国经济蓬勃发展，人民收入日益提高，随着中国畜牧业，尤其是猪肉产业的长足发展，中国猪肉加工业也随之发展到一个新阶段，肉类食品安全、坚持执行猪肉加工卫生标准和产品标准更加重要，为贯彻执行国务院提出的"食品安全及食品质量"的精神，进一步加强生猪屠宰行业的管理水平，确保猪肉的产品质量。根据目前猪屠宰企业的发展状况，原标准实施 8 年多以来，有些条文已不符合当前猪屠宰行业的发展需要，因此，对《猪屠宰与分割车间设计规范》的修订是非常及时的。

2. 内容

（1）对猪屠宰车间小时屠宰量的分级范围进行调整或限定，分割车间按小时量分为三级；

（2）术语中增加了二氧化碳致昏和低压高频的致昏方式，增加了快速冷却间、平衡间；

（3）屠宰工艺中增加二氧化碳麻电、蒸汽烫毛、燎毛、刮黑、消毒等工艺要求；增加屠宰过程中的可追溯环节；

（4）新增制冷工艺章节，增加猪肉的两段冷却工艺及副产品冷却工艺；

（5）增加生物无害化处理等内容。

修订后的规范，厂址选择和总平面布置更加合理，一级和二级猪屠宰和分割加工企业达到了国际上屠宰行业的先进水平。

三、本规范修订过程

根据项目要求，于 2008 年 1 月组建了规范修订起草小组。由从事多年食品加工设计的专业技术人员 10 人组成，全部是教授级高工。"规范"编制组成立后，查阅了国内外的有关文献资料，于 2008 年 2 月提出编写大纲的要求，各专业制定出编制内容及完成计划。

2008 年 4 月组织到河南双汇集团、上海五丰上食食品有限公司、北京顺鑫农业股份有限公司鹏程食品分公司、北京千喜鹤集团公司、香港上水屠房等加工厂调研和资料的收集工作，2008 年 5 月底完成"规范"初稿。在设计院内听取了各专业的意见。

2008 年 6 月底在本院各专业讨论"规范"编制初稿的基础上，修改完成"征求意见稿"。7 月向有关主管部门、相关学会、设计单位、生产企业等单位及个人寄出"规范"（征求意见稿）14 份，有 7 个单位提出了 96 条（其中重复条款有 10 条）修改意见。"规范"起草组根据返回的意见，认真地对"规范"进行了修改，形成送审稿，报送有关主管部门。2008 年 11 月，商务部组织召开了"规范"（送审稿）审查会，并根据专家提出的意见进行了修改完善。

目　　次

1 总　　则

1.0.4　根据目前全国猪屠宰场加工的现状,将屠宰厂按小时屠宰量分为四级。其中Ⅰ、Ⅱ级屠宰车间所在厂多为大中型企业,按班屠宰量计为3,000头以上(按小时屠宰量计,应大于每小时120头,一班按7h计),这些企业中有的以生产熟肉制品为主,有的以生产冷却肉和分割肉产品为主,有的以销售鲜肉为主。Ⅲ、Ⅳ级屠宰车间所在厂多为小型企业,按班屠宰量计为(300～500)头,一般为县以上屠宰厂,供应品种以销售鲜肉为主。Ⅳ级以下屠宰车间宜控制。

本条采用小时屠宰量分级的原因:

1　选用的设备是根据小时屠宰量计算的。

2　一些屠宰厂往往只屠宰4h左右,小时屠宰量较大,若按班屠宰量计则与实际有出入。

3　这种计算方法与国外相一致。

4　采用小时分割量与屠宰量一致,现屠宰分割车间是按小时分割的头数计算。

1.0.5　本条是考虑到出口注册厂的特殊性制定的。

1.0.6　本条规定了本规范与其他有关规范的关系。

屠宰与分割车间工程设计,除执行《中华人民共和国食品安全法》、《中华人民共和国动物防疫法》、《中华人民共和国环境保护法》、《生猪屠宰管理条例》(中华人民共和国国务院令第525号)和本规范外,还需同时执行相关的标准、规范。目前有关屠宰与卫生方面要求的标准和规范主要有:《生猪屠宰操作规程》GB/T 17236、《畜类屠宰加工通用技术条件》GB/T 17237、《生活饮用水卫生标准》GB 5749、《肉类加工厂卫生规范》GB 12694、《肉类加工业水污染物排放标准》GB 13457及《畜禽病害肉尸及其产品无害化处理规程》GB 16548等。

2 术　　语

2.0.27　抛光机。由于各国使用语言的差异,对这台机器有的称为抛光和最终(清洗)机,也有的就称为清洗机,为区别一般清洗机,本术语采用抛光机,以表示燎毛后该机器的作用。

2.0.34　平衡间。Ⅰ、Ⅱ级屠宰车间采用快速冷却时,第二段的冷却间也称为平衡间。

3 厂址选择和总平面布置

3.1 厂址选择

3.1.1　屠宰加工厂的原料区、屠宰车间前区和副产加工区、无害化处理间及污水处理站等都散发有明显异味并严重污染空气的气体,因此厂址不得建于城市中心地带,同时应避免其对城市水源及居住区的污染。根据环保部门要求,屠宰加工厂的生产污水必须经过污水处理站处理后才能排放。厂址与厂外污水排放设施的距离不宜过远。

卫生防护距离参见《肉类联合加工厂卫生防护距离标准》GB 18078—2000。若只建设分割车间,不设屠宰、副产车间,则可不受风向、卫生防护距离限制。

3.1.2　为保证肉食品安全,对厂区周边卫生环境方面提出要求是

必要的。本条为强制性条文。

3.2 总平面布置

3.2.1　为保证食品卫生,防止活猪、废弃物等污染肉品,强调活猪、废弃物与产品和人员出入口需单独设置,因此,厂区至少应设2个出入口。废弃物若用密闭车辆运输,可与活猪共用出入口。

3.2.2　工艺流程顺畅、洁污分区明确是保证肉品质量的必要条件,本条为强制性条文。

3.2.3　本条对屠宰、分割车间与厂内有关建(构)筑物的防护距离作了较大修改,不再规定防护距离的具体数值,仅提出了原则性的要求,理由如下:

1　原条文中防护距离的数值是参考20世纪60、70年代原苏联相关标准制定的,现已不符合我国当前经济形势发展和节省用地的要求。

2　原条文中规定的防护距离数值偏大,在许多地区都难以执行。另据调查,现在国外对肉类加工企业也无此类具体规定。

3.3 环境卫生

3.3.2　本条规定在厂区道路两侧及建筑四周空地宜进行绿化,这对提高厂区空气清洁度、改善环境卫生条件无疑是有益的。

3.3.4　由于畜类、废弃物等也是屠宰厂或肉联厂内较明显的污染源,故作此条规定。

3.3.5　为了防止运输车辆的车轮将厂外污染物带入厂内,所以规定车辆进厂时必须经过消毒池消毒。

4 建　　筑

4.1 一般规定

4.1.1～4.1.9　这几条是为保证建筑设计能做到满足肉品卫生的要求而规定的,并与当前国外同类厂的要求与标准是基本一致的。

4.1.6　车间内的门、窗及窗台的构造要求方便清洗和维护,易保持车间的洁净。

4.2 宰前建筑设施

4.2.2　赶猪道坡度应小于10.0%的规定是综合各地赶猪道的情况,在原商业部设计院编写的《商业冷藏库设计技术规定》基础上确定的。这次修编规范时又对此作了调查和复核。因各地猪种不同,猪的爬坡能力也不一样,具体设计时可根据当地情况适当加以调整。

4.2.5　待宰间的容量按(1.00～1.50)倍班宰量计算,是根据我国屠宰有淡旺季生产的实际情况确定的。我国养猪多为农民散养,旺季日收猪量超过正常班宰量,因此待宰间的面积不能按正常一个班的班宰量计算。每头猪占地面积(不包括待宰间内赶猪道)按(0.60～0.80)m² 计算,是考虑到各地区因猪种不同而给出的一个范围,便于设计时选用。本条是为了使猪在宰杀前具有良好的待宰环境,从根本上保证肉品的质量制定的。

4.2.6　隔离间的面积,根据近年实际情况看,各地差别较大,因此本条作出了具体规定。

4.2.7　赶猪道两侧墙定为1.00m,是根据对多数厂的调查后确定的。

4.2.8　为了使活猪宰前体表清洁,在进入屠宰车间前应通过冲淋,去掉污物。由于各地猪源及饲养条件的差异,所以对冲淋时间不作规定。冲淋间的大小,是以冲淋后能保证屠宰的连续性、均匀性为前提设置的。

4.3 急宰间、无害化处理间

4.3.1～4.3.3 这三条是根据原《猪屠宰与分割车间设计规范》GB 50317—2000 的规定，并考虑近年来国内部分企业在生产实践及卫生要求上所必须具备的条件修订的。为与国外接轨，对原车间名称作了个别更改，但性质内容未变。

4.4 屠宰车间

4.4.1 原本条规定屠宰车间的面积大小与原商业部设计院编制的《商业冷藏库设计技术规定》中提出的面积大小比较如下（见表1）：

表 1 每头猪占地面积（m²）

班宰量（头）	2,000 及以上	1,000～2,000	500～1,000	200～500
原本条规定	1.20～1.00	1.40～1.20	1.60～1.40	1.80～1.60
《技术规定》	1.20	1.20	1.20～1.40	—

从上表看出，班宰量在（500～2,000）头之间的屠宰车间每头猪增加 0.20m²。其原因是近年来根据国外兽医专家建议，检验方法由分散检验改为同步检验或对号集中检验方法，增加了同步检验线，与此同时，将旋毛虫检验室和疑病猪胴体都安排布置在生产线附近。此外，为了避免交叉污染又增加了输送设备，加宽了运输通道，因此增加了车间的使用面积。

本次修订数据系根据上表换算成 1h 的屠宰量，结合近年实践和调查制定。

4.4.2 为了提高胴体发货过程的环境卫生状况，减少对肉品的污染，保证冷链连续，特提出发货间设封闭发货口的措施。

胴体发货间及副产品发货间的面积是按发货量来确定的，但由于各地情况不一，所以本条对其面积未作具体规定。

4.4.4 国外屠宰车间多为单层建筑，在处理加工过程中产生非食用肉、内脏、废弃物时，应将清洁的原料、半成品与能引起污染的物料分开，以保证加工产品质量。因此采用单层设计时，应注意安排好非清洁物料的流向。

国外屠宰车间一般采用大跨度，车间内很少有柱子，便于工艺设计布置。本条结合国内情况，提出柱距不宜小于 6.00m（主要针对多层厂房）；单层宜采用较大跨度，层高应能满足通风、采光、设备安装、维修和生产的要求。

4.4.6 由于电击深度不够或电击后停留时间过长，部分猪在宰杀放血后会苏醒挣扎，造成血液飞溅至墙壁高处。所以，此段墙裙高度规定不应低于放血轨道的高度，目的是便于冲洗墙面血污，保持车间卫生。

4.4.10 有些厂旋毛虫检验室与旋毛虫检验采样处相距较远，采集的肉样不能及时进行检验并取得结果，待发现问题时，该胴体已与其他健康合格的胴体混在一起，易发生交叉污染。因此，本条规定检验室应靠近采样处，在对号或同步检验完成前，旋毛虫检验已出结果，这样可避免交叉污染发生。

4.4.16 燃料储存间为单层建筑、靠车间外墙布置及对外设有出入口等都是为了防火和避免发生人身安全事故制定的。燃料间防火要求按现行国家标准《建筑设计防火规范》GB 50016 有关条文执行。

4.5 分割车间

4.5.3 根据原商业部食品局组织编制的《分割肉、肉制品生产车间设计标准基本要求》和原商业部基建司编制的《关于建设分割肉车间和小包装车间技术标准的若干规定》，结合我院多年承接分割车间工程设计的实际情况调查，认为前两个文件中提出的设计技术标准和基本规定中的面积比较小，现屠宰分割车间是按小时分割头数计算，因此将原行业规范中的车间面积改成按平均每头建筑面积计算较为合理，同屠宰车间的建筑面积计算一致。

4.5.5～4.5.8 分割车间中各类制冷房间的设计温度是根据理论与实践两方面因素并参考国外标准，以保证达到肉质要求制定的。

4.5.9 对于分割剔骨间、包装间是否应设吊顶，始终存在两种不同意见，主张设与不设其出发点都是为了保证车间内的清洁卫生。但从调查中发现，设有吊顶的车间由于受气候、环境（车间湿度）以及车间温度可能出现变化（暂时歇产、倒班）或其他原因，造成车间吊顶出现发霉或结露，反而达不到清洁的目的，因此规范修订组认为不宜吊顶。在本规范送审稿审定会上，部分代表提出，随着冷分割工艺的采用，车间温度降低到（6～12）℃，因此应对围护结构做隔热处理，屋顶隔热可采用吊顶方法解决，同时还具有清洁美观的效果。随着吊顶材料的更新，防霉的问题也会得到解决，只要加强管理，使用吊顶还是利大于弊，所以本规范改为宜设吊顶。

4.6 职工生活设施

4.6.1 本条文中的规范、标准系指《肉类加工厂卫生规范》GB 12694—1990、《食品企业通用卫生规范》GB 14881—1994、2002 年 5 月 20 日实施的《出口食品生产企业卫生要求》和 2003 年 12 月 31 日实施的《出口肉类屠宰加工企业注册卫生规范》。

4.6.3 既然屠宰车间非清洁区、清洁区和分割车间的生产线路已明确划分开，因此其生产人员线路也应划分开，以防止对产品的交叉污染。

4.6.4 厕所本身的卫生条件和设施，直接关系到其所在生产企业的卫生状况，对于食品加工企业来说更是如此。因此，对厕所作出相关规定是极其必要的。

5 屠宰与分割工艺

5.1 一般规定

5.1.1 屠宰能力按全年不少于 250 个工作日计算，过去是根据我国以收购农民散养猪为主的情况确定的，农民售猪有季节性，形成了生产淡旺季。现在虽然养猪场和养猪专业户在全国已有一定的发展，正在改变收购生猪的淡旺季特点，但我国养猪业这些年来总是呈现波浪式起伏变化，均衡发展生产还未形成，所以规定应根据各地实际情况确定。

5.1.2 为保证肉品卫生安全设置宰前检疫及可追溯编码等。

5.1.4 活猪刺杀后体内热量不易散发，加速了脏器、特别是肠胃的腐败过程，为保证肉品质量，应尽早剖腹取出内脏，尽快结束胴体加工过程，以保证肉品的新鲜程度。欧盟对肉类加工的卫生要求也作了相应的规定。本条是根据我国实际情况并参照国外标准制定的。

5.1.5 胴体采用悬挂方式运输的目的主要是为了肉品的卫生，悬挂胴体易于热量的散发，因此胴体的暂存和冷却都采用悬挂方式。

5.2 致昏刺杀放血

5.2.1 猪在输送过程中由于使用了不正确的方法，使其神经紧张，受到了强刺激，造成电击昏后屠宰放血不净或产生 PSE 肉（渗水白肌肉）及 DFD 肉（肉表面干燥，色深暗）。为此，对宰前猪的休息、赶猪及输送都提出了要求，同时对检验方式提出了要求。

5.2.3 利用盐水导电性能好的特点，保证电击致昏的时间。

5.2.4 采用全自动低压高频三点式击昏或 CO_2 致昏方法可减少 PSE 肉,提高肉品质量,但会相应增加设备投资。

5.2.5 本条规定是为了控制猪被电击昏的程度,创造最佳放血条件制定的。本条为强制性条文。

5.2.6 猪的大量放血是在最初的 $(1\sim2)$ min 之内,2min 之内放出的血量约占全部出血量的 90%,以后为间断出血和滴血,5min 后滴血已经很少,所以放血时间按不少于 5min 来确定。本条为强制性条文。

  1 为避免增加挂猪密度,产生交叉污染;

  2 防止冲洗地面时,脏水溅到胴体上;

  3 为保证产品质量而制定强制性条文。

5.2.7 猪刺杀放血 3min 后处于滴血状态,所以按 3min 放血时间确定放血槽长度。

5.2.8 本条是为猪屠体进入浸烫池或预剥皮输送机时有一个清洁的体表面,尽量减少污染环节,所以要求设置洗猪机械,这与国外先进的屠宰工艺要求一致。

5.3 浸烫脱毛加工

5.3.2 隧道式蒸汽烫毛机是目前国际上采用的先进设备,猪由吊链悬挂在输送机上通过蒸汽烫毛隧道,在烫毛过程中,加热加湿从下方向上流动在猪体上冷凝。空气由蒸汽加热到 60° 并由热水加湿,蒸汽的循环由风扇和风道进行。运河烫池浸烫方法是国外 20 世纪 70 年代采用的设备,在浸烫过程中,猪屠体挂脚链不松开,被悬挂输送机拖动在浸烫池中行进,完成浸烫后再提升至脱毛机前气动落猪装置外,整个浸烫过程无需人工操作。这两种方式适用于品种相同、体重较为一致的猪屠体依次浸烫,不同品种和体重不同的猪屠体浸烫要另行调整时间和水温。国内已有厂家生产此种设备,Ⅰ、Ⅱ级屠宰车间使用较为适宜。

  这两种设备是隧道和烫池上有密封盖,保温效果好、节能,同时减少生产中的雾气散发,无交叉污染。

5.3.4 脱毛机型式有多种,各地根据习惯选用设备,不作统一规定。

5.3.5 目前国内多数厂在脱毛机脱毛后使用清水池。将猪屠体浸泡在清水池中进行修刮残毛,可节省操作工体力。但由于在池中浸泡,池水对刺杀刀口附近的肉会造成污染,增加了胴体的修刮量,减少了出肉率。所以在《对外注册肉联厂卫生与工艺基本要求的暂行规定》的说明中取消了清水池。但是使用刮毛输送机或把猪屠体挂在轨道上刮毛,也还存在一些问题,主要是劳动强度比在清水池中大,刮毛效果也不够理想,但可避免猪屠体进一步受到污染。在权衡利弊后,本规范取消了可使用清水池的提法。

5.3.11 预干燥机是为燎去猪屠体上未脱净的猪毛而设置的前加工设备。它采用鞭状橡胶或塑料条鞭打猪屠体,使其表面脱水、干燥,从而使燎毛设备节省能源消耗。

5.3.12 燎毛炉是国外常用设备,过去由于该机国内不生产,且能源消耗大,增加了生产成本,所以都采用人工喷打燎毛刮毛。随着生产的发展,卫生要求的提高,已有国内厂家向国外订货,准备采用燎毛炉。使用燎毛炉燎毛可使猪屠体表面温度增高,起到杀菌作用,也有利于猪屠体的表面清洁,有条件的Ⅰ、Ⅱ级屠宰车间可选用此种设备。

  通过燎毛炉内的一段悬挂轨道因燎毛火焰的烧烤而使温度升高,通常在采用圆管轨道时内部有冷却水流过对轨道进行冷却。

  根据防火规范的要求,燎毛炉使用的燃料要有单独的存放房间。

5.3.13 抛光机与预干燥机、燎毛炉是一套去除猪屠体残毛的设备,燎毛后的猪屠体在抛光机上刷去猪屠体上的焦毛和进行表面清洗,完成体表面的最后加工。以上设备为国外先进屠宰线必装

设备。

5.3.16 猪屠体挂脚链在放血至浸烫(或剥皮)工位之间使用,摘下的脚链送回是为了循环使用。

5.4 剥皮加工

5.4.2 如果线速度超过 8.00m/min 时,现有剥皮机剥皮速度将赶不上预剥皮的速度,使生产不协调,因此提出本条要求。

5.4.3 转挂台的作用有二:一是接收剥皮后的猪屠体;二是在转挂台的末端将剥皮后的猪屠体穿入叉挡,挂上提升机,送入剥皮后的轨道。所以转挂台的长度与二者有关。如果预剥皮输送机上的猪屠体沿输送机前进方向猪臀部在后面时,转挂台还有一个使猪屠体转向 180° 的作用,以便猪屠体的提升。

5.4.6 立式剥皮机前后各留 2.00m 的手推悬挂轨道是为了剥皮的操作,靠人工预剥皮和剥完皮后推出剥皮机都需要留有手工操作位置。

5.5 胴体加工

5.5.1 本条是按现行国家标准《生猪屠宰操作规程》GB/T 17236 的要求制定的。对于出口注册厂,参照欧盟标准,采用在取心肝肺工序后立即进入胴体劈半工序,劈半后再进行兽医检验,为的是能看清脊椎处有无病变,检验一次完成。但国内许多厂都使用桥式劈半电锯,它不能放入同步检验线,所以在此情况下,国内兽医检验分为初验和复验,采用先检验未劈半胴体,待劈半后再做胴体复验。

5.5.2 控制生产线上每分钟均匀通过 $(6\sim8)$ 头猪屠体,主要是保证兽医检验人员的必要检验时间和肉品质量。这个数据的采用,既能满足检验的必要时间,又不影响生产的速度,以 7h 计算,一条生产线每班可屠宰 $(2,520\sim3,360)$ 头猪。这个规定与欧盟规定的屠宰线每分钟屠宰 $(6\sim8)$ 头一致。

5.5.9 本条是根据现行国家标准《生猪屠宰操作规程》GB/T 17236 的要求而制定的。

5.6 副产品加工

5.6.1 副产品中肠胃因包含内容物和粪便,必须在单独的隔间内进行加工;头、蹄、尾加工时要浸烫脱毛,也必须单独设置房间加工;而心肝肺则不同,健康猪打开胸膛时是无菌的,所以可在胴体加工间进行加工整理。为此,本条对Ⅳ级屠宰车间作了此项规定,主要考虑到生产量小,无需再专门设房间加工,但为了避免交叉污染,加工位置应与胴体生产线隔开。

5.7 分割加工

5.7.1 分割加工采用原料(胴体)先经冷却再分割的加工工艺,目的是为了保证肉品质量,国外企业也规定先冷却胴体再分割。

  国内多数企业过去常采用原料先经预冷、再剔骨分割、最后冷却分割产品的加工工艺。

5.7.2 在分割车间内输送胴体的线路一般比较短,负荷较轻,可采用无油润滑链。本条编制目的是防止链条滴油污染肉品。

5.7.5 胴体接收分段通常有两种方法,国内过去多采用立式分段法,这时要求采用转挂线,通过立式锯分段。卧式分段法近年来用较多,这与国外先进分割工艺一致。

5.7.6 分割剔骨加工在一级分割车间中,由于生产量大,要求使用输送机来保证生产流水线的正常运行,同时也为食品卫生创造良好的条件。二级分割车间加工量相对较小,使用不锈钢工作台也可满足需要。

5.7.7 因滑槽不能像屠宰车间那样及时清洗,为了产品卫生,特作本条规定。

6 兽医卫生检验

6.1 兽医检验

6.1.1 为保证肉制品的卫生安全而制定的强制性条文。

6.1.2、6.1.3 为满足兽医检验的要求而制定的强制性条文。

6.1.6 现在多数厂采用的是分散的检验方法，它是将猪屠体各部位由卫检人员分别检验，检验过的部位（如内脏器官）即可与猪胴体分离进入后一工序加工，一旦后序检验部位发现疾病时，已离体部位就找不到了，这就失去了从整体上综合判断的作用和控制疫病扩散的可能。

统一编号的对照检验方法是将胴体和内脏编上相同号码，内脏集中在专设检验台处检验，发现疾病时，可按编号找到相应的胴体和内脏进行综合判断处理。由此可见，把分散的检验，改为相对集中的对照检验或内脏与胴体同步检验是采用了更为先进的检验方法，它对我国屠宰厂兽医检验工作无疑将起到巨大的推动作用。

6.1.8 为满足兽医检验的要求而制定的强制性条文。

6.2 检验设施与卫生

6.2.6 根据《中华人民共和国食品卫生法》和食品卫生标准的有关规定，食品经营企业应对其生产企业的生产用水、生产加工的原料、半成品和产成品是否合格做出微生物、理化项目的法定检验。为承担其职责和任务，应设置检验室。Ⅳ级屠宰车间可将采集的样品送有关检验单位检验。

6.2.7 寄生虫检验室的设置是根据《肉品卫生检验试行规程》确定的，它是法定检验项目，检验方法以镜检法为主。近年来国外采用了一种快速简易检验寄生虫的方法，称为消化法。采用此种检验方法有先决条件，即必须有连续三年寄生虫检验检出率低于十万分之一至五十万分之一的记录地区，才可使用消化法。

我国目前市场上以销售热鲜猪肉为主，为把住检验关，应采用镜检法来做寄生虫检验。

7 制冷工艺

7.1 胴体冷却

7.1.1 二分胴体中心温度低于7℃可抑制细菌的繁殖。

7.1.2 调查中发现，快速冷却间设计温度大多采用（−20～−25）℃，冷却时间大致采用（70～100）min。

7.2 副产品冷却

7.2.1、7.2.2 这两条规定与目前国外标准一致。

7.3 产品的冻结

7.3.1 分割肉的冻结要在24h之内完成，在−35℃冻结间内必须采用盘装包装，在冻结间内把肉冻好后，再进入包装间把盘装换成纸箱包装入库，目的是提高肉品质量。我国目前只有少数用于出口的分割肉冻结间，其内温度可达到这个水平。考虑到国内实际情况，只提出冻肉的终了温度，没有对冻结时间作统一规定。

7.3.2 副产品冻结时间要求比肉冻结时间要短，冻结后温度要低，目的也是保证获得好的质量。国外先进的标准要求副产品在12h内冻到−18℃，使用平板冻结器可达到这一要求。结合我国情况，提出24h冻结达到−18℃是可行的，只是冻结间库温要达到−23℃以下才行，执行起来也应无问题。

8 给水排水

8.1 给水及热水供应

8.1.1 本条是根据《中华人民共和国食品卫生法》及国家认监委《出口肉类屠宰加工企业注册卫生规范》（国认注函〔2003〕167号）对食品加工用水水质的要求制定的。

8.1.2 原规范第7.1.2条规定：屠宰车间与分割车间每头生猪用水量按（0.50～0.70）m³ 计算。这次规范修订时，我们对全国屠宰加工企业实际生产用水量又进行了一次调查，从调查的资料来看，一方面，各企业实际用水量与原规范规定的数值相差不大，但是从大部分企业来看，加强节水意识及管理，用水量可大大减少。另一方面，由于国家加强定点屠宰，设计规模增大，用水标准相应减少。故这次规范将用水量标准调低一个档次，为（0.40～0.60）m³，生产用水量标准包括屠宰与分割车间的生活用水。

8.1.3 本条是根据国家认监委《出口肉类屠宰加工企业注册卫生规范》（国认注函〔2003〕167号）第7.3.4条对车间消毒要求制定的。

8.1.9 本条主要是从节能减排方面考虑制定的。冲洗待宰圈地面采用城市杂用水或中水作为水源能满足卫生要求。

8.2 排 水

8.2.1、8.2.2 屠宰加工过程中污水排放比较集中，污水中含有大量的血、油脂、胃肠内容物、皮毛、粪便等杂物。为了满足车间卫生要求，地面水应尽快排出且不应堵塞。根据目前各厂实际运行情况，屠宰车间说明沟排水（或浅明沟）较好，一方面污物能及时排放，另一方面清洗卫生方便。

8.2.3 本条是根据屠宰工艺要求制定的。

8.2.4 设置水封装置是防止室外排水管道中有毒气体通过明沟窜入室内，污染车间内的环境卫生。本条为强制性条文。

8.2.6 分割车间可采用明沟（浅明沟）或专用除污地漏排水，专用除污地漏应带有网篮，首先将污物拦截于篮内，水从篮内流入下水管道，否则污物易堵塞下水管道。每个地漏排水的汇水面积参照国外有关标准确定为36.00m²。

8.2.8 屠宰加工中胃肠内容物及粪便都流入室外截粪井，每日截粪井都应出清送运，卫生条件较差，所以本条规定可采用固液分离机处理粪便及有关固体物质。并对Ⅰ、Ⅱ级屠宰车间提出宜安装气体输送装置送至暂存场所，这样可以减少对周边环境的污染。

8.2.10 间接排水指卫生设备或容器与排水管道不直接连接，以防止污浊气体进入设备或容器。本条为强制性条文。

8.2.11 本条是根据本行业屠宰污水排放比较集中、污物较多、管道宜堵塞等情况将管径放大的，从调查实际运行生产厂家，车间内管道及室外排水管道堵塞情况普遍，管内结垢（油垢）严重，按计算选取管径实际使用偏小，也不便于管道内清洗，故将管径放大。

8.2.14 急宰间及无害化处理间排出的污水和粪便应先收集、沉淀和消毒处理后，才准许排入厂区内污水管网。

9 采暖通风与空气调节

9.0.1 根据我国实际情况，屠宰车间应以自然通风为主，对于散发臭味多的加工间，如副产品肠胃加工，换气次数不宜小于6次/h，如果达不到换气要求，就应辅助以机械通风。

9.0.2 本条是根据现行国家标准《采暖通风与空气调节设计规范》GB 50019—2003 第5.1.9条制定的。

9.0.3 根据国家商检局《出口畜禽肉及其制品加工企业注册卫生

规范》(国检监〔1995〕165号),分割车间夏季空气调节室内计算温度应保持在15℃以下。目前国际上普遍采用冷分割工艺,室内温度控制在10℃左右。

9.0.4 分割及包装间温度常年一般在(10~12)℃之间,车间人员及货物进出门时冷耗太大。为了节约能耗,在设计时门上应设置空气幕或其他装置。

9.0.5 为了保证食品和人员卫生安全,在食品加工车间有空调要求场合,空调系统新风吸入口及回风口应设过滤装置。

9.0.6 本条是根据现行国家标准《采暖通风与空气调节设计规范》GB 50019—2003第3.1.1条制定。

9.0.7 本条参考了原商业部设计院编制的《冷藏设计统一技术措施》中有关用汽量指标。条文表9.0.7中数据是指以烫毛为主的屠宰车间,若以剥皮为主时,其用汽量酌情减少。

9.0.9 本条是对制冷机房的通风设计提出的具体要求。本条为强制性条文。

    1 制冷机房日常运行时,一方面,为了防止制冷剂的浓度过大,应保证通风良好。另一方面,在夏季良好的通风可以排除制冷机房内电机和其他电气设备散发的热量,以降低制冷机房内温度,改善操作人员的工作环境。日常通风的风量,以消除夏季制冷机房内余热,取机房内温度与夏季通风室外计算温度之差不大于10℃来计算。

    2 事故通风是保障安全生产和保障工人生命安全的必要措施。对在事故发生过程中可能突然散发有害气体的制冷机房,在设计中应设置事故通风系统。氟制冷机房事故通风的换气次数与现行国家标准《采暖通风与空气调节设计规范》GB 50019中的规定相一致。

    3 氨制冷机房,在事故发生时如果突然散发大量的氨制冷剂,其危险性更大。国外相关资料制冷机房每平方米推荐的紧急通风量是50.8L/s,紧急通风量最低值是9,440L/s。9,440L/s是基于假定某根管断裂,而使机房内氨浓度保持在4%以下的最小排风量。

9.0.10 当氨蒸气在空气中的含量达到一定比例时,就与空气构成爆炸性气体,这种混合气体遇到明火时会发生爆炸。一些氟利昂制冷剂蒸气接触明火时会分解成有毒气体——光气,对人有危害。因此规定制冷机房内严禁明火采暖。本条为强制性条文。

10 电 气

10.0.1 屠宰与分割加工生产的正常运行,是确保肉品质量和食品卫生的关键环节,如供电不能保证,一旦停电,势必造成肉品加工生产停止,肉温上升,导致肉品变质,从而造成较大的经济损失。根据猪屠宰与分割加工产品质量标准和卫生标准的要求,为提高供电的可靠性,对Ⅰ、Ⅱ级屠宰与分割车间的屠宰加工设备、制冷设备及应急照明按二级负荷供电。

10.0.2 屠宰与分割车间是肉联厂或屠宰厂主要的用电负荷,为提高其供电的可靠性并便于独立核算,应采用专用回路供电。

10.0.3 屠宰与分割车间属多水潮湿场所,操作工人也经常带水作业,为提高用电安全,故规定此条内容。

10.0.4 根据现行国家标准《食品企业通用卫生规范》GB 14881的有关规定及屠宰与加工车间潮湿多水的特点制定本条。

10.0.5 潮湿多水场所电气设备选型的一般要求。

10.0.6 为了提高安全用电水平的一般规定。

10.0.7 经对屠宰与分割车间照明照度的调查,根据现行国家标准《建筑照明设计标准》GB 50034及《食品企业通用卫生规范》GB 14881的有关规定,对屠宰与分割车间的照明标准值作出规定。考虑到设计时布灯的需要和光源功率与光通量的变化不是连续的实际情况,设计照度值与照度标准值可有−10%~+10%的偏差。

10.0.8 经对屠宰与分割车间调查收集到的资料进行分析,根据现行国家标准《建筑照明设计标准》GB 50034的要求对屠宰与分割车间照明光源的选择原则和照明功率密度值作出规定。

10.0.9 屠宰与分割车间属人员密集的工作场所,当突然停电时,为便于工作人员进行必要的操作和安全疏散制定本条。

10.0.10 根据现行国家标准《肉类加工厂卫生规范》GB 12694的要求及为提高用电安全制定本条。

10.0.11 屠宰与分割车间属多油脂场所,且在对设备及地面进行卫生冲洗时,会使用一些具有一定腐蚀性的物质(如碱等),因此应选择适宜的导线或电缆,以提高电气线路的使用寿命。

10.0.12 根据屠宰车间潮湿多水的特点及肉品加工卫生标准制定本条。

10.0.13 分割车间属清洁区,在电气设计中应减少影响肉品卫生及车间美观的因素。

10.0.14 当发生接地故障时,为降低操作人员间接接触电压,以防止可能发生的人身安全事故,应采取等电位联结的保护措施。

10.0.15 根据现行国家标准《建筑物防雷设计规范》GB 50057的规定,屠宰与分割车间属三类防雷建筑物。

中华人民共和国国家标准

粮食平房仓设计规范

GB 50320—2001

条 文 说 明

目 次

1 总 则

1.0.2 按现行国家标准《粮食、油料及其加工产品的名词术语》GB 8869规定：原粮为"未经加工的粮食的统称"，本规范主要指稻谷、小麦、玉米、大豆、谷子等；成品粮为"由原粮经加工而成的符合一定标准的成品粮食的统称"，本规范中主要指大米、面粉、小米、玉米粉或玉米渣等。

1.0.3 对本条第1、3款说明如下：

散装仓为按散粮直接作用于墙体、地面设计的粮食仓库，仓体结构必须能承受散粮产生的压力，墙体、地面等部位的建筑做法必须满足粮食直接接触时的安全储藏要求；包装仓中粮食不直接作用于墙体，仓体结构不能承受粮食产生的侧压力。

按温度控制要求可分为常温仓、准低温仓（15℃≤t≤20℃）、低温仓（t<15℃）。存放成品粮的储备仓宜为准低温仓或低温仓；原粮宜存放于常温仓中，当经济条件好时也宜放于准低温仓中。

1.0.4 设计中应注重储粮工艺与粮食专业的功能特点，不应简单地仅考虑建筑与结构。设计粮食平房仓时，应收集与建仓有关的粮食专业资料及工程勘察等有关资料。

1.0.5 为了保护生态环境、减少植被破坏、减少占用耕地，应优先采用新型建筑材料。

3 工 艺

3.1 一般规定

3.1.2 设计时应根据具体条件确定工艺方案，满足粮食接卸、输送、清理、除尘、计量、储存、打包、检化验、机械通风、粮情测控及熏蒸等作业要求。

3.1.3 长期储藏时因粮粒自身虫霉的生理代谢，在粮堆内产生积热，会使粮堆内的害虫活动加剧，粮食的品质降低。因此长期储粮的平房仓应考虑仓内通风、熏蒸系统。

3.1.4 粮食进出仓作业时产生粉尘较多的作业点宜设备排尘设施，降低作业场所的粉尘浓度，改善工人的劳动环境，利于安全生产。

3.1.5 采用使粮食易破碎的设备，会造成粮食破碎率增加，降低粮食品质等级，不利于储粮。散装仓进出仓作业时，仓内粉尘浓度较高，为保证作业安全，仓内作业设备应具备必要的防护措施。

3.1.6 散装仓输送工艺。

1 散装仓粮食进出仓作业线宜采用移动式设备组合完成，移动式设备产量一般为50t/h。根据工艺作业要求配置一组或数组作业线。每组作业线的设备产量应匹配。

2 粮食入仓前应取样检验，根据粮食品种、等级分别入不同仓，对含杂超标的粮食要进行清理。对进出仓粮食进行计量便于贸易结算及库容管理。

3 入仓作业方式应保证不加剧粮食自动分级，利于以后粮食保管。

3.1.7 包装仓输送工艺。

1 由于作业线运输距离、粮食接收、发放条件等具体情况不同而需采用不同的作业设备。如汽车运输包装粮进出仓需配置移动式包粮胶带输送机结合人工完成作业。码头或铁路运输包装粮进出仓需配置平板车、托盘、电瓶车、叉车等设备。码头作业还应配备起重机如门机和轮胎吊机等。

2 设置在码头用于中转的包装仓，应根据包装粮进出仓作业要求、年吞吐量等条件，采用机械化程度高的设备。

3 包装成品可由打包车间经固定栈桥输送设备运至成品仓内。

3.2 通 风

3.2.1 粮食入仓前对粮食水分应严格控制。正常保管粮食时，通风系统作用是通风降温，保证有良好的通风效果。

散装仓通风道：

1 应根据各地气候条件、粮食品种及地质条件，经技术经济比较后选择通风道形式。散装仓通风道主要有地槽及地上笼两种。设计通风道时应首先选用简单对称的风道布置形式；单廒间内应均匀布置同种风道形式，不同仓内宜采用同种风道形式，以利于配备相同设备，构件更换与管理。

2 散装仓通风道宜为机械通风、环流熏蒸及谷物冷却共用。通风道进风口宜设置便于与谷物冷却器及环流熏蒸管道连接的接口。

3 复杂通风道应设风量调节装置，保证通风均匀。

4 同面积同风量情况下，空气分配器开孔率大，通风阻力小，通风效果好。因此，在保证空气分配器强度条件下，宜增大开孔率。

5 通风道兼顾谷物冷却及环流熏蒸使用，并且接触腐蚀气体和湿热气体。因此，风道的金属构件需进行防腐蚀处理。

3.2.2 机械通风主要参数选择，对第1、4款说明如下：

散装仓通风道的设计主要考虑为正常保管时的通风降温。散装高大平房仓仓容大、装粮高，计算时单位通风量可取较小值。根据联合国粮农组织编写的《亚热带地区粮食通风》一书推荐单位通风量，结合我国实际情况，建议单位通风量宜取值为 $6 \times 10^{-3} \sim 12 \times 10^{-3}$ m³/（h·kg）。

散装高大平房仓粮食堆高达6cm，控制通风途径比取值，确保仓内通风均匀。

3.2.3 通风系统阻力计算。

从机械通风工作状况来看，机械通风阻力主要由粮层阻力、空气分配器阻力和风道阻力组成，其他阻力值较小，在计算中不再考虑。

本规范附录 A 中提供的粮层阻力计算公式，仅为多种计算方式的一种。设计时根据粮食水分、含杂等具体条件，也可采用其他经证明可靠的公式或实践测试的经验值。

3.2.4 选择工作点在高效区中间段的通风机，可保证通风效果，降低电耗。

3.2.5 粮食平房仓粮面空间换气目的是为了降低仓温，防止空间积热向粮层内传导，有利于粮食保管。根据目前散装平房仓设计和实际配备风机情况，置换次数不小于每小时 4 次，能满足正常储粮时的通风要求。

3.3 熏 蒸

3.3.1 根据目前平房仓建设情况，结合国外进行粮食熏蒸时对仓体结构气密的要求，依据《磷化氢环流熏蒸技术规程》（国粮仓储〔1999〕304）提出的熏蒸平房仓气密指标，该指标为目前符合国情的最低值。平房仓建设过程中应加强对影响气密的各个施工环节的处理，以确保实现气密要求。

3.3.2 目前较多采用磷化氢气体作为熏蒸剂。磷化氢气体对金属、特别是对铜质构件有强烈的腐蚀作用。

3.3.3 采用环流熏蒸系统可以促进粮仓内熏蒸气体均匀分布，达到熏蒸杀虫浓度要求。设计时应按照现行国家标准《粮食仓库磷化氢环流熏蒸装备》GB/T 17913中有关规定及有关标准、规范执行。

4 建筑设计

4.1 方案设计

4.1.2 为使仓容量计算在项目报批、初步设计、施工图设计等不同阶段有统一的计算方法，给出了散装及包装平房仓的仓容量计算公式（4.1.2-1）、（4.1.2-2）。式中散装平房仓仓房轴线面积仓容系数 k_s 值因仓型和单仓面积不同而变化，随面积增大而增大，通过对近几年建设跨度 18～36m，长度 36～60m 的平房仓的测算，k_s 的变化范围为 0.933～0.964，平均值为 0.95，估算仓容时可取 0.95。包装平房仓仓房轴线面积利用系数 k_b 值随单仓面积、仓内通道的宽度及布置方式等因素而变化，通过对已建包装平房仓的调查，k_b 在 0.71 上下变化，估算仓容时可取 0.71。

4.1.3 表 4.1.3关于平房仓耐火等级、占地面积及防火分区的规定，是参照《中央直属储备粮库消防设计专家论证会会议纪要》（公消〔1998〕287 号）有关条文的要求，其数值是依据小麦、玉米、稻谷等粮食类储物的燃烧性能、目前粮食仓库建设的现状、使用管理水平、火灾发生频率等现实情况，对照现行国家标准《建筑设计防火规范》GBJ 16 第 2.0.3 条、第 2.0.5 条及表 4.2.1 的规定，并做了适当调整后确定的。

4.1.4 在确定平房仓平面尺寸时，应综合考虑进出粮作业、安全储粮、建筑结构及总平面布置等要求。单仓尺寸过大不利于粮食的分批、分级储藏，过小则不利于机械作业，且经济技术指标偏高。就目前的技术水平而言，跨度宜控制在 18～36m，每个廒间的长度宜为 30～60m，设计时应根据具体情况合理确定。

散装平房仓装粮高度，主要受粮食侧压力控制，装粮高度过高会导致结构构件断面尺寸过大，尤其是基础，因偏心过大而不得不加大尺寸，使造价提高；而装粮高度太低，会使平房仓占地面积增大，不利于节约土地。就目前的条件而言，装粮高度 5～6m 为宜。

包装平房仓的装粮高度主要受包装袋的强度控制，粉状物料（如面粉）堆包过高会造成底层产生板结。根据调查，目前多采用胶带输送机结合人工的方式码包，麻袋包堆包层数为 24～30 包，面袋包堆包层数为 25～28 包。随着包装水平和堆包机械水平的提高，堆包层数有可能提高，故本条仅规定了最低堆包层数。

平房仓粮面与屋顶水平构件之间的净高应满足人员使用的最低要求；同时，保证一定的净空高度有利于自然通风。对于采用屋架、刚架等有较大的向下突出构件的平房仓，构件下表面至粮面的净高不应小于 1.5m，其他部位的净高可保证不小于 1.8m，当顶棚为平顶时净高不宜小于 1.8m。在满足使用要求的前提下，应尽可能降低平房仓的高度。

保证有一定的室内外高差，有利于平房仓的防水和防潮，但高差过大，会给粮食进出仓运输带来不便。

4.2 建筑设计及构造

4.2.1 保温、隔热。

1 保温、隔热的目的主要是防止结露和降低仓内温度。不同使用性质的平房仓，储粮工艺要求的仓内粮温也有所不同。如低温仓、准低温仓要求仓内粮食温度分别保持在 15℃和 20℃以下，夏季一般需要机械制冷来满足粮温要求；常温仓粮食温度随气候变化而变化。我国幅员辽阔，各地气候条件差异较大。因此，保温、隔热应根据所在地区的气候条件及储粮工艺提供的技术参数综合确定。

2 保温层通常铺设在屋面防水层下面。板块状保温材料（如挤塑聚苯板、沥青珍珠岩块等）强度较高，材料本身吸水率较低，对屋面防水层影响较小；而散粒状保温材料强度低，吸水率较高，且不易蒸发，对屋面防水层有影响，故不应采用。理论及实践表明，炎热地区屋顶铺设通风良好的架空隔热层，能有效地降低太阳辐射热对仓内温度的影响，坡屋顶采用架空隔热层时应有防止其下滑的可靠措施，根据具体情况也可采用新型隔热材料；岩棉、离心玻璃棉毡等保温材料，重量轻、保温效果好，且均为不燃烧体，适合用于钢结构彩板屋顶的保温。

4.2.2 密闭。

1 对仓内粮食进行施药熏蒸杀虫，是目前平房仓长期保质储粮的必要措施之一。为防止熏蒸药物外溢，提高熏蒸杀虫效果，要求平房仓围护结构必须达到一定的气密性能。目前世界各国对气密性指标的要求不尽相同，具体采用什么气密性指标，应由工艺专业根据储粮要求确定，建筑设计应尽可能满足工艺规定的气密性指标要求。

2 仓房门窗、风机等洞口四周设置塑料密封槽管，便于整仓熏蒸时对这些气密薄弱环节用塑料薄膜嵌压密封，以达到可靠的气密效果。设计装粮高度处设置塑料密封槽管，用于膜下熏蒸时粮面满铺塑料薄膜。

根据使用情况，密封槽管当受到薄膜张拉后有脱落现象，因此本条要求槽管应与墙身基层固定牢靠，以免脱落。槽管转角应弧形过渡，以避免薄膜转角处折皱，影响嵌压密封效果。

3 根据已建平房仓的使用经验，门窗、风机、穿墙管线与墙体连接缝、墙体与屋面板、拱板下弦板等建筑构配件之间的连接缝均为影响仓房气密效果的隐患部位，设计时须重点关注，加强气密处理措施。

4.2.3 屋面。

1 现行国家标准《屋面工程技术规范》GB 50207对各种屋面做法均有明确的规定，Ⅱ级防水等级屋面防水层的耐用年限不小于15年，防水设防不少于二道。1998年建设2500万t（500亿斤）及2000年1000万t（200亿斤）国家粮库时，对储备库平房仓屋面防水等级明确规定为Ⅱ级。但二道设防屋面防水投资较大，故对其他使用性质的平房仓（如收纳仓、成品仓）屋面防水等级可按不低于Ⅲ级设计，耐用年限在10年以上，满足一般工业与民用建筑屋面防水层使用年限的要求。

2 合成高分子、高聚物改性沥青等新型防水卷材具有较好的延性及耐久性，目前在工程建设中使用较为普遍，可优先采用。

3 现行国家标准《屋面工程技术规范》GB 50207规定，当屋面坡度大于25%时，不宜采用卷材防水屋面。否则，应采取防止卷材、保温块等屋面材料下滑的措施。

4 无组织排水屋面有利于雨水排放，避免了屋面积水渗漏的隐患，故一般地区宜采用。增加檐口挑出尺寸能减少自由落水屋面雨水淋湿墙面现象，檐口挑出600mm为过去建仓常用的尺寸，当仓房高度较大时，可适当加大檐口挑出长度。

南方地区阴雨天气较多，如采用自由落水形式，屋面雨水易淋湿墙面且易产生墙体渗漏。所以本条规定南方地区也可根据气候条件采用有组织排水屋面。

一般砖混结构建筑，硬山或悬山形式均能满足使用要求，设计者可根据地区习惯，经经济、美观等各方面比较后自由选择。金属彩板屋顶采用悬山形式时，能有效避免女儿墙泛水板处的渗水隐患。

5 理论与实践表明，平房仓屋顶是仓外向仓内传递热量的主要途径，拱板屋盖因其具有流动的空气隔热层，较大程度地降低了太阳能辐射热通过屋面传至仓内的热量。但根据已建成的平房仓来看，当拱板屋顶不做保温处理时，仓内粮面上部空间温度可高达40℃，影响储粮安全。因此，本条特提出上、下弦板面均宜做保温、隔热处理。上弦做保温对保护上弦板结构及阻止热传递等有较好的作用。下弦板面设保温层，即使拱板闷顶内暂时积蓄一定的热量，也不至于很快传递到粮面。设置上下弦板之间空气层的机械疏导通风后，拱板闷顶内的热空气可根据室外环境温度情况，随时进行机械换气作业，减少热量向仓内传递。

6 本条对金属压型彩板屋面提出了一般性的技术要求。金属彩板屋面在我国使用已较为普遍，尤其是单层工业厂房、库房等。在粮食仓库建设中使用金属彩板屋面也取得了一定的经验。彩板长边与长边之间采用咬口连接，防水、密封效果较好，并能通过配套咬口连接件与檩条固定，避免了用螺钉固定彩板易锈蚀的隐患。平行于屋脊方向的彩板短边搭接对屋面防水极易构成威胁，特别是当屋面坡度较小时，故本条规定彩板短边除屋脊处外不应另有搭接。双层屋面彩板间的隔热材料（如岩棉）应搭接、连续，避免对接处的缝隙形成热桥。

4.2.4 墙体。

1 墙体是平房仓室内外温度传导的主要途径之一，设计时应根据工艺提供的参数进行热工计算并结合当地经验确定合理的保温、隔热措施。

为隔绝地下潮气应设置墙身水平防潮层；为保证墙体的强度和整体性，应采用水泥砂浆等刚性防潮层，严禁采用沥青、卷材等柔性材料。

2 本款为平房仓内墙面装饰的技术要求。散装平房仓外墙内侧在设计装粮高度以下应做垂直防潮处理，以防止雨水、潮气通过墙体渗入仓内，确保储粮安全。室内墙面应平整，不易积灰、生虫，便于清扫；具有一定的吸湿性，不易结露。

3 本款是对砌体结构墙体的一般性技术规定，设置外墙面粉刷分格缝，能有效地避免或减少粉刷开裂的现象，四周设置勒脚对墙体有更好地保护作用。

4.2.5 地面。

1 现行国家标准《建筑地面设计规范》GB 50037 对地面做法有各种规定，设计平房仓地面时应遵照执行。平房仓地面直接承受大面积粮食堆载，故应重视对仓内地基的处理及回填土的分层碾压或夯实。

2 面层、防潮层、找平层、结构层及垫层等是平房仓地坪的基本构造层，设计时可根据具体情况增减。季节性冻土地区尚应根据现行国家标准《建筑地面设计规范》GB 50037 的要求设置防冻胀层。面层宜采用细石混凝土整体面层，并应设置分格缝。设置地面防潮层以避免地下潮气渗入仓内，确保储粮安全；防潮层应采用延性较好的卷材或涂料，以避免地面不均匀沉降后防潮层拉裂。地面防潮层与内墙防潮层的可靠搭接，可形成连续封闭的防潮体系，消除渗漏隐患。因墙体与地面沉降量不同，故应在墙体与室内地面交接处设置沉降缝，并留有防潮层的变形余量。

3 采用地槽通风时，防潮层应从地槽下部连续贯通，不应断开，以确保地坪的防潮效果。

4 地基条件较差时，如不进行地基加固处理，很难控制地面下沉。为节省工程投资，可采用堆粮预压的办法加固地基，待地坪沉降稳定后再做防潮层及地面面层。因此当采用堆粮预压的办法加固地坪地基时，不应采用地槽通风。为满足堆粮预压期间的地面防潮要求，应采用临时的防潮地坪。

4.2.6 门、窗、挡粮板。

1 仓门为平房仓粮食进出仓的主要途径，因此本条规定门洞尺寸应满足移动机械进出仓作业要求。储备仓应采用保温密闭门，散装平房仓仓门与粮堆之间应设置挡粮板，设计时应控制挡粮板侧向变形，设计者应根据储粮品种、门洞宽度、堆粮高度等条件计算挡粮板规格尺寸。为便于粮食出仓，挡粮板上应根据工艺要求设置出粮口，并配手动闸门，减少直接拆除挡粮板出仓的劳动强度。

2 仓门口处设置防鼠板及防虫沟是粮食保管方面的基本要求，防止打开仓门时鼠、虫进入仓内。

3 散装仓仓外设置斜梯及粮情检查门，是继 2500 万 t（500 亿斤）粮库建设以来普遍采用的形式，较大程度的方便了粮库保管人员入仓检查粮情，降低了劳动强度，故应推广。粮情检查门仓内侧应设置防护栏杆和低粮面下人梯，是满足低粮面时的检查需要。

4 本款是对平房仓窗设置的一般规定。窗是平房仓保温、密闭较差的部位之一，在满足使用要求的前提下，应尽量减少数量。

5 根据 1998 年 2500 万 t（500 亿斤）及 2000 年 1000 万 t（200 亿斤）粮库建设经验，在堆粮高度较高的情况下，仅仅利用仓门入仓作业难度较大，因此本款规定散装仓应考虑利用窗口入仓作业。为满足装仓机械从窗口伸入仓内，根据调查情况，0.9m × 0.9m 的窗洞尺寸可满足作业要求。中悬窗不能将窗

扇全部打开，影响移动机械从窗口进粮作业，故不应采用。

4.2.7 散水、坡道、雨篷。

本条是对散水、坡道及雨篷的一般性规定。混凝土散水及坡道具有整体性好、强度高、便于库区清扫及车辆通行等优点。

5 荷载与效应组合

5.1 荷载代表值

5.1.1 根据储粮工艺要求，储备仓应具有气密性。新仓建好后宜做气密性试验，仓内充压 500Pa 降至 250Pa 的半衰期不得小于 40s。加压试验时，仓壁将受密闭加压荷载，该荷载使结构产生的内力较小，对结构设计不起控制作用，但设计门窗时应考虑该荷载的作用。

5.1.5 本条公式（5.1.5-1）中侧压力系数 k 的计算式是根据库伦理论导出的，其计算结果比按朗金理论计算的结果偏小；为上部结构安全起见，条文中给出注 1；但考虑基础偏心较大，为经济起见，条文中给出注 2。

5.2 荷载效应组合

5.2.3 散装粮食平房仓一般采用排架结构或刚架结构，内力分析时粮食荷载起控制作用。若采用现行国家标准《建筑结构荷载规范》GB 50009 中框排架效应组合的简化计算公式，其计算结果将偏于不安全，故给出式（5.2.3）。

5.2.5 粮食荷载变异性较小，从经济上考虑取粮食荷载分项系数为 1.3，其他可变荷载的分项系数是现行国家标准《建筑结构荷载规范》GB 50009 和《建筑抗震设计规范》GB 50011 的有关规定取用的。

5.2.6 散装仓进行荷载效应基本组合时，粮食荷载是效应最大的可变荷载，根据现行国家标准《建筑结构荷载规范》GB 50009 中荷载效应组合的要求，风荷载组合值系数取 0.6，其他可变荷载取 0.7。

抗震设计时，雪荷载组合值系数为 0.5，是按现行国家标准《建筑抗震设计规范》GB 50011 规定取用的。地震作用引起的粮食动载侧压力目前尚未有可靠的计算依据。为简化计算，可按空仓计算地震作用效应，按静载计算粮食作用效应，按 5.2.6 条的组合系数进行作用效应组合。

6 结构设计

6.1 基本要求

6.1.1 结构的设计工作寿命按现行国家标准《建筑

结构设计统一标准》GBJ 68 中的规定确定。

6.2 结 构 计 算

6.2.4 当为砌体墙体且由钢筋混凝土柱及连续梁承重时的计算规定是基于以下考虑：

1 粮食压力由水平连续梁间的砌体传递给连续梁（含地梁），再由连续梁传给排架或门式刚架柱。因此，作用在柱上的粮食压力为集中力。

2 由于连续梁的间距（1.2～2m）远小于开间的尺寸，连续梁间砌体相当于单向板；计算时，从单向板中取出一单位宽度的竖向条带按单跨梁计算。

粮食与墙面摩擦力对砌体截面形心的偏心力矩较小，且对墙体受力是有利的。因此，为了简化计算，可以忽略偏心力矩的影响。

6.2.5 散装平房仓山墙和隔墙中的柱，承受粮食侧压力，与普通单层厂房山墙柱不同，因此应进行计算。

6.2.8 本条是为了强调地基变形验算时，除满足现行国家标准《建筑地基基础设计规范》GBJ 7 第5.2.4 条外，还应考虑由于大面积堆载对基础产生的附加沉降，可按《建筑地基基础设计规范》GBJ 7 第7.5.4 条计算。

散装仓地基承载力计算，由于偏心较大，为经济起见可考虑压在基础上的粮食荷载。

6.2.10 软土地基压缩模量小，在大面积粮食及填土荷载作用下，地坪下地基沉降较大，易引起地面开裂、隆起、凹陷。

软土地基承载能力较小，当大面积荷载超过地坪地基的抗剪强度时，在整个地基中会出现破坏滑动面，甚至推动墙、柱基础的地基土一起滑移。

6.3 结 构 构 造 要 求

6.3.2、6.3.3 预埋件是构件间相互连接的重要部件，应力、应变较为复杂，其计算、构造和设置是否合理将影响结构的正常使用和安全，必须予以重视。

6.3.5 圈梁与柱锚固钢筋的锚固长度，有抗震要求的应满足抗震要求；无抗震要求的应按一般规定确定。

平房仓的山墙是承重墙，上端要有可靠支撑，故要求山墙及柱应与圈梁可靠连接，圈梁应与屋架可靠连接。

6.3.9 南方地区平房仓挑檐温度裂缝较多，因此本条提出宜在挑檐中每 30m 以内设置一道温度伸缩缝等构造措施。

7 消 防 设 施

7.0.1 粮食忌水，着火时不宜用水扑救；粮食平房仓内不应设消防给水设施。粮食平房仓在规划设计

时，应同时设计室外消防给水设施，满足消防需要。

7.0.2 根据本规范 7.0.1 条原因，在装粮线以上的空间有限，且仓房均做气密处理，没有太多的空气为燃烧提供条件，故不考虑室内消防用水量。本条所给出的消防用水量是按单仓或由防火墙分隔的单廒间为一个防火分区计算的室外消防用水量。对储存油料、饲料、麦麸、下脚等物料的平房仓，其消防给水设计应符合现行国家标准《建筑设计防火规范》GBJ 16 中有关条款的要求。

8 电气与粮温测控

8.1 一 般 规 定

8.1.1 根据现行国家标准《供配电系统设计规范》GB 50052 因事故中断供电在政治上造成影响或经济上造成损失的程度，区分其对供电可靠性的要求，进行负荷分级。据几十年粮食平房仓储运的实践证明，划分为三级负荷标准是合适的。

8.1.2 仓内有可能过负荷的电气设备，应装设可靠的过负荷保护，以保证电气设备不产生高温而引起粮食过分脱水或逐渐炭化。对机械化程度高、年周转量较大的散装粮平房仓应执行表 8.1.2 的规定。

8.1.3 因散装平房仓作业时有粉尘产生，尽管截止目前为止，国内外还没有关于平房仓粉尘爆炸的实例，但还是存在粉尘爆炸的可能性；对于机械化程度高、年周转量较大、作业频繁的散装粮平房仓设计时应执行现行国家标准《粮食加工、储运系统粉尘防爆安全规程》GB 17440 及《爆炸和火灾危险环境电力装置设计规范》GB 50058 中的相关条款。

8.1.4 按现行国家标准《粮食加工、储运系统粉尘防爆安全规程》GB 17440 中的条文说明，具有较好的自然通风和排风设备、机械化程度低且作业不频繁的平房仓可以按非粉尘爆炸危险区域考虑。根据大量粮食平房仓使用情况统计，它们基本上都属于该类型，故本章的相关条款均按非粉尘爆炸性危险的平房仓考虑。

8.2 电力装置及管线敷设

8.2.1 粮食仓库内易发生鼠害，所以平房仓内各用电设备、线路应采取有效措施以防止鼠害。目前，粮食仓库内主要采用 PH_3 气体熏蒸来达到杀虫目的，但 PH_3 气体对铜具有较强的腐蚀性，为防止此类情况发生，特列出此条文。

8.2.2 平房仓内多为临时输送设备，从平房仓作业特点和安全用电出发，配电箱宜设在仓房入口处的外墙上，便于使用和管理。平房仓选用的移动式机械设备种类较多，机械所需动力变化较大，所以除该配电箱按所选最大设备的动力配置过载保护外，各移动式

设备的控制装置上也应配置过载保护装置。

8.2.3 仓内电气线路，可以明敷设或暗敷设，明敷设时应采用热镀锌钢管，暗敷设时可采用非镀锌钢管。地坪内暗敷的管线在地坪变形时可能会遭到破坏，也有可能破坏地坪防潮层，设计中仓内管线宜避免采用埋地敷设，尽量沿仓壁或仓外地坪下敷设。

8.2.4 仓内移动式设备所用电缆，在使用过程中容易受到机械损伤，为此规定用 YC、YCW 型橡胶套电缆。由于皮带机运行过程中易产生静电，为防止静电聚集及电气设备事故情况下漏电伤人，规定采用 5 芯电缆。

8.3 照 明

8.3.1 粮食平房仓主要用于散粮和包装粮的储存。根据现行国家标准《工业企业照明设计标准》GB 50034 的规定和实践经验，将平房仓作为大件贮存且作业不太频繁的场所，照度标准定为 5～15lx 是较为合理的。对于机械化程度高、作业频繁的平房仓，为保障作业人员及设备的安全，可适当提高照度标准。

8.3.2 仓内严禁使用卤钨灯等高温照明器，以防粮食表面因热辐射而升温、炭化。

8.3.3 因平房仓的作业面较大，灯具均匀布置能使仓内照度比较均匀，不易引起视疲劳；同时，仓内照明集中控制，每一单相支路所接灯具不宜太多，以便于管理。

8.4 防雷与接地

8.4.1 按照现行国家标准《建筑物防雷设计规范》GB 50057 防雷等级分类原则和实践经验，平房仓属于第三类防雷建筑物。同时，还应参照当地防雷习惯做法设置防雷系统。

8.4.2 根据规范要求及习惯做法，建筑物防雷做法主要有明装及暗装两种形式。采用暗装系统可在满足功能要求的同时，在一定程度上能减少工程投资，而且使平房仓更加整洁、美观。

8.4.9 突出屋面的金属构件易受雷击，应与接地装置可靠连接。

8.4.12 平房仓电气工程中的接地系统类型较多，且比较集中。分别设置接地系统比较困难，其间距不易保证，因此宜将各接地系统共用接地装置。

8.5 粮温测控系统

8.5.1 在粮食行业，一般认为储粮期在 6 个月以下的仓为中转仓或暂存仓，根据储粮经验，这类仓可不设粮温测控系统；对于储粮期较长的平房仓，可根据当地全年的温湿度变化及来粮情况决定是否设置测控系统。

8.5.2 本款中所列功能为基本功能，测温系统应至少满足这些功能。

8.5.3 因我国南北温差较大，测温设备应保证在本条文所列温度条件下不被破坏。

8.5.4 随着电子技术的发展，粮温测控技术日益完善。测温传感器的合理布点，更加方便、适用地进行系统安装，始终是备受关注的问题。本规范根据国内外使用经验，参照相应成果，本着实用、安全、经济、适度、先进的原则，制定了布点规则。

中华人民共和国国家标准

粮食钢板筒仓设计规范

GB 50322—2001

条 文 说 明

目　　录

1 总 则

1.0.1 在我国用薄钢板装配或卷制而成的钢板筒仓，是近二十多年引进、发展起来的新技术。钢板筒仓具有自重轻、建设工期短、便于机械化生产等优点，在粮食、食品、饲料、轻工等行业已广泛使用。由于目前国家和粮食行业均无统一的设计规范、技术标准（机电部于1990年发布了专业标准《波纹板装配式金属筒仓》ZB 91017，是行业的制造装配标准，某些钢板仓公司有企业标准），出现了个别设计、计算有误，节点构造不够合理，有的厂家用料过小，制造、施工不够认真等问题，造成钢板筒仓变形、开裂、倒塌等事故。

为使钢板筒仓技术健康发展，做到安全适用、经济合理、确保质量，在总结十多年粮食钢板筒仓的建仓实践和建设经验，参考国外有关标准、规范和技术资料，特制定本规范。

1.0.2 本条说明本规范的适用范围，适用于平面形状为圆形且中心装、卸料的粮食钢板筒仓设计，包括粮食钢板筒仓的建筑、结构设计，也包括粮食进出仓工艺、储粮工艺、电气及粮情测控等相关专业的设计。

粮食钢板筒仓为薄壁结构，径厚比大，稳定性差，在工程实践中已经发生过由于偏心出料，在粮食流动过程中产生偏心荷载，造成仓体失稳倒塌事故。偏心卸料对筒仓的偏心荷载，目前还没有比较成熟的计算方法。工艺要求必须设置多点进、出料口时，应特别注意对称、等流量布置，并采取措施防止有的料口畅通，有的料口堵塞，形成偏心进、出料，致使仓壁偏心受载。

1.0.3 目前常用圆形钢板筒仓的制作、施工方法主要是焊接、螺栓装配和螺旋卷边（引进的利浦专利）三种方式，本规范是按这三种制作方法编制的。由于矩形钢板仓在粮食行业应用较少，且受力不够合理，本规范未予以介绍。

1.0.4 影响钢板筒仓使用寿命的因素很多。为了对钢板筒仓的设计、制作和使用有一个基本质量要求，在项目可研阶段，对钢板筒仓进行评估、经济分析时有所依据，本条提出的正常维护条件下，钢板筒仓的工作寿命不少于25年。这是经过：①根据美国金属学会《金属手册》所提供的资料进行计算；②对国内不同地区的99个粮食钢板筒仓的调研；③对国外一些钢板筒仓的调查资料分析统计后得出的。我国1982年建造的一批装配式波纹钢板筒仓，从目前的使用状况分析，其使用寿命不止25年，本条提出的年限是应该达到的。

在《建筑结构设计统一标准》中，对普通房屋建筑和构筑物规定结构的设计工作寿命为50年。目前

我国粮食钢板筒仓使用时间最长的还不到20年，为节省一次性投资，这种薄壁钢板一般未增加防腐蚀和摩擦损耗厚度（螺旋卷边机可成型的最大钢板厚度为4mm），其工作寿命不能冒然定为50年。钢板筒仓可局部拆换和补焊，因此提出钢板筒仓工作寿命不应少于25年，符合《工程结构可靠度设计统一标准》GB 50153中"易于替换的结构构件的设计工作寿命为25年"的规定。

1.0.5 钢板筒仓结构的安全等级、耐火等级、抗震设防类别是根据《建筑结构设计统一标准》、《建筑抗震设防分类标准》GB 50223、《建筑设计防火规范》GBJ 16确定的。

3 一般规定

3.1 布置原则

3.1.2 无论哪种方法制作的钢板筒仓，在施工时都需有施工机具及操作必需的工作面，因此钢板群仓的单仓之间应留有间距，一般为500mm左右，另外钢板群仓的单仓之间要满足使用过程中维修通道要求，不应小于500mm。当筒仓采用独立基础时，间距应满足基础宽度要求。如受场地限制，基础设计也可采取措施，压缩仓间间距。

落地式平底仓，一般由中部地道自流出粮，沿地道出粮口与仓壁间积存粮食，需要用大型机械清仓设备入仓作业。清仓设备入仓时需要足够的间隙或转弯半径。地下出粮输送设备产量较大，工艺设计常采用装载机入仓进行清仓作业，此时要求沿地道方向间距7m。当场地受限制，沿地道方向的两个门不能同时满足设备进仓作业时，必须保证一个门前有足够的距离。根据使用情况的调查，业主认为装载机不宜入仓作业，应选用可拆卸的旋转刮板机、绞龙或其他清仓设备。不同的设备入仓所需的距离不同，仓间净距应满足所采用的清仓设备操作要求。

3.1.3 天然地基或复合地基上建造钢板筒仓，其储料高度需经反复试算才能确定，根据设计经验及测算，提出用0.9折减地基承载力标准值除以储料重力密度的方式确定储料高度，在方案设计时，是简单易行的。

3.1.4 钢筋混凝土或砖砌圆形群仓所组成的星仓通常用作储粮，但对钢板筒仓利用星仓储粮，则需在仓与仓间用平墙板联接封闭，并做仓底、仓顶等结构，由于平墙板受力复杂，压弯等内力使平墙板钢材耗用量增加，同时与圆仓的连接改变了圆仓的受力状态，使设计复杂化，因此本条提出不应利用星仓储粮。在特定的条件下（如地形所限，为充分利用土地等）需利用星仓装粮时，应进行充分的可行性研究、技术论证和分析计算，获得可靠依据，严防技术错误导致事

故。

3.1.5、3.1.6 钢板筒仓的自重相对较轻，粮食荷载占主导地位。由于粮食的空、满仓荷载变化将引起地基变形，导致各单体构筑物的相对位移。因此设计各单体构筑物之间连接栈桥、连廊、输送地道时，应考虑因地基变形引起各单体构筑物之间的相对位移。输送地道应设置沉降缝；连接单体构筑物的架空栈桥、连廊的支承处，还应考虑相对水平位移。相对水平位移值 b 定为不小于单体构筑物高度的四百分之一，是与基础倾斜率不大于 0.002 相协调的。

3.1.7 由于粮食荷载自重很大，除建在基岩上的钢板筒仓外，地基都会因装、卸粮食产生变形，为避免首次装粮时地基产生过大的压缩变形，在设计文件中应根据筒仓容量和地基条件提出首次装卸粮的要求，如分次装粮，每次装粮后的允许沉降量、下次装粮条件等。控制每次地基沉降量，确保使用安全。总结筒仓首次装粮过程中所发生的事故，往往是在装粮最后阶段出现。这主要因为在最后阶段地基接近满载时，可能出现较大的变形所致。因此本规范附录 A "筒仓沉降观测及试装粮"中强调了最后阶段装粮应控制在 10％；特别是软弱土质地区更应密切观察，以免发生事故。为了缩短试装粮时间，可根据筒仓装粮高度及地基基础情况，减少装粮次数，这时可增加第一次装粮数量；但是应当注意，就在这一阶段内装粮，各个筒仓也应按顺序逐步循环装粮，以免一个仓一次受载过大。

3.2 结构选型

3.2.2 粮食钢板筒仓为薄壁结构，尽可能减少仓上建筑作用于筒仓的各种荷载。仓上设备及操作检修平台应优先考虑采用敞开的轻钢结构，以减少仓上结构自重及风荷载。

3.2.3 直径不大于 6m 的筒仓仓顶，无较大荷载时，可直接采用钢板支承于仓顶的上下环梁上，形成正截锥壳仓顶。直径大于 6m 的筒仓仓顶，荷载较大，若采用正截锥壳仓顶，会使钢板过厚而不经济，故宜设置斜梁支承于仓顶的上下环梁上，形成正截锥空间杆系仓顶结构。

3.2.4 筒仓仓壁为波纹钢板、螺旋卷边钢板时，涂漆困难，应采用热镀锌钢板或合金钢板，以保证筒仓的工作寿命。根据目前我国粮食钢板筒仓的实际建设及钢板生产供应情况，当有可靠技术参数时，也可采用其他类型钢板。

3.2.5 直径 10m 以下的钢板筒仓，采用架空的平底填坡或锥斗仓底，有利于出粮的机械化操作；直径 12m 以上的钢板筒仓，采用落地式平底仓，利用地基承担大部分粮食自重，更经济合理。

4 荷载与荷载效应组合

4.1 基本规定

4.1.3 粮食散料的物理特性参数（重力密度、内摩擦角与仓壁之间的摩擦系数等）的取值，对储料荷载的计算结果有很大的影响，然而影响粮食散料物理特性参数的因素很多，不同的物料状态（颗粒形状、含水量）、装卸条件、外界温度、贮存时间等都会使散料的物理特性参数发生变化，因此设计中选用各种参数时必须慎重。

粮食散料的物理特性参数一般应通过试验，并综合考虑各种变化因素。附录 B 所列粮食散料的物理特性参数，是我国粮食筒仓设计的经验数据，采用时应根据实际粮食散料的来源、品种等进行选择。

4.1.4 波纹钢板筒仓卸料时，粮食与仓壁间的相对滑移面并不完全是沿波纹钢板表面，位于钢板外凸波内的粮食与仓内流动区内的粮食之间也发生相对滑移，故在考虑粮食对仓壁的摩擦作用时，偏于安全取粮食的内摩擦角取代粮食对平钢板的外摩擦角。

4.1.5 钢板筒仓划分为深仓与浅仓，主要是考虑粮食荷载的不同特征。深仓与浅仓的界限划分，有以下不同的方法：

1 按仓壁高度与直径的比值划分；

2 按仓壁高度与筒仓截面面积的平方根的比值划分；

3 按贮料的破裂面划分。

本规范采用以储料的计算高度与筒仓内径的比值作为划分的标准，是考虑到大直径筒仓的仓壁高度与储料高度相差较大，且这种方法比较简单，已沿用多年，为大家所熟悉，并与现行国家标准《钢筋混凝土筒仓设计规范》GBJ 77 相一致。

4.1.6 储粮计算高度的取值，对储料压力的计算结果有很大影响。特别是对于大直径筒仓储料顶面为斜面时，确定其计算高度，应考虑储料斜面可能会超出仓壁高度形成的上部锥体或储料斜面可能会低于仓壁高度产生的无效仓容，故计算高度上端算至储料锥体的重心，否则会产生较大误差。筒仓下部为填料时，由于填料有一定的强度，能够承受储料压力，故应考虑填料的有利影响，将计算高度算至填料的表面。

4.1.7 在对筒仓仓壁进行风压下的稳定验算时，一般由局部承压稳定起控制作用，应考虑仓壁局部表面承受的最大风压值，参照现行国家标准《建筑结构荷载规范》对圆形构筑物风载体型系数的有关规定，按局部计算考虑取值为 1.0。筒仓整体计算时，对单独筒仓，风载体型系数取 0.8，对仓间距较小的群仓，近似按矩形建筑物风载体型系数，取 1.3。

4.2 粮食荷载

4.2.2 筒仓储粮对仓壁的压力，国内外已进行了长期和大量的研究，提出有不同的计算方法，但多数是以杨森（Janssen）公式作为计算筒仓储粮静态压力的基础。尽管该公式本身有一定的缺陷，但其计算结果基本能符合粮食静态压力的实际情况，误差并不大。故本规范仍采用大家已很熟悉的杨森（Janssen）公式作为计算筒仓储粮静态压力的基本公式。

4.2.3 深仓卸料时储粮的动态压力涉及因素比较多，对粮食动态压力的机理、分布及定量分析尚无较一致的认识，属尚未彻底解决的研究课题，但筒仓内储料处于流动状态时对仓壁压力增大且沿仓壁高度与水平截面圆周呈不均匀分布的事实，已被大家所公认。目前国外筒仓设计规范对储料动态压力的计算亦各不相同，有采用单一的修正系数，有按不同储料品种及筒仓的几何尺寸给出不同的计算参数，也有按卸料时不同的储料流动状态分别计算。

本规范中选用的深仓储料动态压力修正系数主要依据我国多年来的筒仓设计实践，并参考了国外有关国家（德国、美国、法国、澳大利亚等）的筒仓设计规范。储料的水平与竖向动态压力修正系数 C_h、C_v 与我国现行国家标准《钢筋混凝土筒仓设计规范》取值相同，另外考虑到钢板筒仓的径厚比较大，稳定性较差，钢板筒仓工程事故多是由于卸料时仓壁屈曲而引起。参考国外有关国家筒仓设计规范，对储料作用于仓壁的竖向摩擦力也引入了动力修正系数 C_f。

4.2.4 浅仓储粮对仓壁的水平压力，是按库仓理论作为计算的基本公式。但对装粮高度较大的大直径浅仓，粮食对仓壁也会产生较大摩擦力，所以对 h_n 大于 15m 且 d_n 大于 10m 的浅仓，仍要求按深仓计算储粮对仓壁的水平压力，同时还应考虑储料摩擦荷载，以保证仓壁的安全可靠。

4.2.6 粮食对电缆的总摩擦力计算公式 4.2.6 是按杨森（Janssen）理论推导并考虑了动态压力修正系数，适用于圆截面且直径无变化的电缆等类似吊挂构件。对于深仓，动态压力修正系数为 2，与实测值能较好的吻合；对于浅仓，由于卸料时仓内粮食多为漏斗状流动，此时在吊挂电缆长度范围内只有部分储粮处于流动状态，其动态压力修正系数可适当减小，但不应小于 1.5。

4.3 地震作用

4.3.1 钢板群仓，由于施工、维修等操作要求，筒与筒之间需留一定间隙，故地震作用可按单仓来计算。

地震时仓内储粮并非完全作为荷载作用于仓壁，而是在一定程度上也能衰减地震能量并能对仓壁起一定的支承作用。但储粮与仓壁之间的相互作用机理目前还不清楚。参照现行国家标准《构筑物抗震设计规范》GB 50191 的相关规定，可不考虑地震时储粮对仓壁的局部作用。

落地式平底钢板筒仓，储粮竖向压力完全由仓内地面承担，不必计算竖向地震作用。

4.3.2 由于粮食为散粒体，地震时，散体颗粒与颗粒之间的相互运动摩擦会引起地震能量的衰减，但目前还不能得出定量的分析方法。为设计使用上的方便，参考现行国家标准《钢筋混凝土筒仓设计规范》和《构筑物抗震设计规范》有关规定，取满仓粮食总重量的 90% 作为其计算地震作用时的重力荷载代表值。

4.3.3 落地式平底钢板筒仓，相当于下端固定于地面，沿高度质量基本均匀分布的悬臂构件。由于钢板筒仓高径比一般不大，故按整体考虑时，具有较大的抗侧刚度，且筒仓装满粮食后，其实际刚度要比仅考虑筒仓壁计算的刚度大得多。因此在地震过程中可以把落地式平底钢板筒仓近似看作一刚性柱体，而随地面一起振动。实际设计时，为简化计算，在采用底部剪力法计算落地式平底钢板筒仓的水平地震作用时，地震影响系数偏于安全按现行国家标准《建筑抗震设计规范》规定的最大值直接取用。

仓上建筑的抗侧移刚度远小于下部钢板筒仓的抗侧移刚度，在地震作用下会产生较大的鞭稍作用，参照现行国家标准《构筑物抗震设计规范》的有关规定，取仓上建筑的水平地震作用增大系数为 3。

4.3.4 柱子支承或柱与筒壁共同支承的筒仓装满粮食时，仓体部分可以看作为支承于柱顶（筒壁）的刚性整体。若无仓上建筑或仓上建筑重力荷载很小，则可按单质点模型分析；若仓上建筑重力荷载较大，则应按多质点模型分析。

4.4 荷载效应组合

4.4.2 钢板筒仓是以粮食荷载为主的特种结构，粮食荷载同一般的可变荷载相比，数值较大，但变异系数一般较小，特别是长期储粮时，其荷载性质更接近于永久荷载，故取其分项系数为 1.3。其他可变荷载的分项系数，是按现行国家标准《建筑结构荷载规范》和《建筑抗震设计规范》的有关规定取用。

4.4.3 根据钢材的力学性能特点，钢结构在长期荷载作用下其力学性能并不发生较大变化，并参照现行国家标准《钢结构设计规范》及《冷弯薄壁型钢结构技术规范》的有关规定，钢结构按正常使用极限状态设计时，可只考虑荷载效应的短期组合。

4.4.4 钢板筒仓设计进行荷载组合时，若有风荷载参与组合，可认为粮食荷载是效应最大的一项可变荷载，根据现行国家标准《建筑结构荷载规范》中荷载组合的要求，取其组合系数为 1.0，其他可变荷载，按荷载组合的原则取组合系数为 0.6。

当地震作用参与组合时，考虑筒仓未必满载，故取储料荷载组合系数为0.9。其他可变荷载组合系数，按现行国家标准《建筑抗震设计规范》规定取用。

5 结 构 设 计

5.1 基 本 规 定

5.1.1、5.1.2 根据现行国家标准《建筑结构设计统一标准》的要求，粮食钢板筒仓结构设计应采用以概率理论为基础的极限状态设计方法。

承载能力极限状态是指结构或构件发挥允许的最大承载能力的状态。结构或构件由于塑料变形而使其几何形状发生显著改变，虽未达到最大承载能力，但已彻底不能使用，也属达到承载能力极限状态。

正常使用极限状态可理解为结构或构件达到使用功能上所允许的某个限值的状态。例如，某些构件必须控制其变形，因变形过大会影响正常使用，也会使人们的心理上产生不安全的感觉。

5.1.3 所有的结构构件及连接都必须按承载能力极限状态进行设计，包括强度、稳定、倾覆、锚固等计算。本规范中有规定的，按本规范进行计算；本规范中未规定的，按国家其他相应规范进行计算。

5.1.4 钢板筒仓结构钢材，应根据现行国家标准《钢结构设计规范》及《冷弯薄壁型钢结构技术规范》的有关规定选用。

5.2 仓 顶

5.2.1 由上下环梁及钢板组成的正截锥壳仓顶，按薄壳结构进行分析计算时，考虑到仓顶一般是用扇形板块在现场拼装而成，不可避免会有较大缺陷，此缺陷会使锥壳的稳定性较大幅度下降，当缺陷达到超出薄壳厚度时，下降幅度可能会达到50%。

5.2.2 由斜梁、上下环梁及钢板组成的正截锥壳仓顶结构，在实际工程中很难保证斜梁与仓顶钢板（特别是薄钢板）连接的可靠传力，故设计时不考虑仓顶钢板的蒙皮效应，此时仓顶空间杆系成为一个空间瞬变体系，必须设支撑杆件或采取其他措施保证仓顶空间稳定性。

当仓顶设有可靠支撑时，本条提出的仓顶空间杆系结构，在竖向对称荷载作用下的内力简化分析方法，能够满足工程要求。

5.2.3 上环梁承受斜梁传来的径向水平压力，若与斜梁偏心连接，径向水平压力会对上环梁产生扭转作用，故应按压、弯、扭构件进行计算。下环梁承受斜梁传来的径向水平拉力，若与斜梁偏心连接，径向水平拉力会对下环梁产生扭转作用，故应按拉、弯、扭构件进行计算。与下环梁相连的仓壁一般较薄，在平面外刚度很小，故下环梁环截面计算时，不再考虑仓壁与下环梁的共同工作。

5.2.4 由于粮食钢板筒仓仓顶多为轻钢结构，故斜梁传给下环梁的竖向荷载较小，而下环梁在竖向一般具有较大的抗弯刚度，下部又与仓壁整体相连，斜梁传给下环梁的竖向力，可认为由下环梁均匀传给下部结构。

5.3 仓 壁

5.3.1 本条分别给出了深仓仓壁在水平及竖直方向上应考虑的荷载基本组合，设计中应从中选取相应最不利的组合进行仓壁的强度、稳定及连接的计算。

5.3.2 浅仓仓壁在水平及竖直方向上应考虑的荷载基本组合与深仓基本一致，但组合时不再计取储粮动态压力修正系数。

5.3.3 加劲肋间距不大于1.2m的钢板筒仓，将加劲肋折算成所加强方向的壳壁截面，可按"等效强度"或"等效刚度"的原则进行，折算后的壳壁厚度按下列规定取值：

1 按抗拉强度相等原则折算时，折算厚度为：

$$t_s = t + \frac{A_s}{b} \tag{1}$$

2 按抗弯刚度相等原则折算时，折算厚度为：

$$t_s = 12\left(\frac{I_s}{b} + \frac{A_s t e_s^2}{bt + A_s} + \frac{t}{12}\right)^{1/3} \tag{2}$$

式中 t——仓壁厚度；

A_s——加劲肋的横截面面积；

I_s——加劲肋截面对平行于仓壁的本身截面形心轴的惯性矩；

b——加劲肋间距（弧长）；

e_s——加劲肋截面形心距仓壁中心线的距离。

折算后的壳壁，在加劲肋加强方向上进行壳壁的抗拉、抗压强度计算时，应采用按抗拉强度相等的原则确定折算厚度；抗弯和稳定验算时，应采用按抗弯刚度相等的原则确定折算厚度。

5.3.4 计算折算应力的公式（5.3.4-3），是根据能量强度理论，保证钢材在复杂应力状态下处于弹性状态的条件。由于钢板筒仓属于薄壁结构，在仓壁厚度方向上应力一般较小，故按双向应力状态进行计算。其余计算公式是根据现行国家标准《钢结构设计规范》的有关规定给出的。

5.3.5 有加劲肋的钢板筒仓按简化方法进行强度计算时，加劲肋与仓壁的组合构件，在竖向荷载作用下截面实际受力较为复杂，且卸料时还有动载影响，完全按弹性进行强度计算，不允许截面有塑性开展。加劲肋为薄壁型钢时，其截面尺寸取值尚应符合我国现行《冷弯薄壁型钢结构技术规范》GBJ 18 的有关规定。

5.3.6 筒仓仓壁为波纹钢板时，仓壁的竖向荷载将全部经连接传给加劲肋；仓壁为平钢板或螺旋卷边钢板时，仓壁的竖向荷载仅有部分经连接传给加劲肋。为简化计算，在设计仓壁与加劲肋的连接时，不分仓壁钢板类型，偏于安全按仓壁的竖向荷载全部经连接传给加劲肋来考虑。连接强度计算公式是根据现行国家标准《钢结构设计规范》的有关规定给出的。

5.3.7 筒仓仓壁在竖向荷载作用下的稳定计算，包括空仓时仅竖向荷载作用下、满仓时竖向荷载与粮食水平压力共同作用下及局部集中荷载作用下仓壁的稳定计算。

1 按弹性稳定理论分析，理想中圆筒壳在轴压下的稳定临界应力为 $\sigma_{cr}=0.605E\frac{t}{R}$，但大量的试验证明，实际圆筒壳的临界应力比理想圆筒壳的理论计算值要少 $1/2\sim2/3$，失稳破坏时的稳定系数仅为 $0.15\sim0.3$，而不是 0.605。圆筒壳的轴压临界应力在很大程度上取决于初始形状缺陷，随着初始形状缺陷的增大，临界应力明显下降，下降幅度可能会达到 50% 之多。经过对国内外有关试验资料及分析结果相比较，同时考虑设计计算的方便，采用了前苏联 B. T. 利律等提出的稳定系数表达式 $k_p=\frac{1}{\pi}\left(\frac{100t}{R}\right)^{3/8}$ 作为在空仓时验算仓壁的稳定系数。当仓壁半径与厚度之比 R/t 在 1500 以下时，此式计算结果和大量的试验结果能很好地相符合；当 R/t 在 $2000\sim2500$ 时，按此式计算结果比试验分析结果略大（约 10% 左右）。另考虑到粮食钢板筒仓一般为现场组装，与试验条件会有较大的差异，取初始形状缺陷影响系数 0.5，则得到空仓时验算仓壁的稳定系数计算公式（5.3.7-2）。

筒仓在竖向荷载作用下进行稳定验算时，仓壁的竖向压应力应参照本规范第 5.3.1、5.3.2 条规定，按可能出现的最不利荷载组合进行计算。

2 钢板筒仓在满仓时，仓壁受到竖向压力及内部水平压力的共同作用，内压的存在，可以减少筒壳初始缺陷的影响而使稳定临界应力有所提高。衡量内压影响的大小，参考国外有关资料，采用无量纲参数 $\overline{P}=\frac{P}{E}\left(\frac{R}{t}\right)^2$。在内压 P 作用下，筒壳稳定临界力的提高程度与参数 $\overline{P}$ 有关。经对美国、前苏联等国外有关试验结果及经验公式的对比计算，采用了前苏联 B. T. 利律等提出的算式，即 $k'_p=k_p+0.265\sqrt{\overline{P}}$。由于筒仓在卸料时，粮食压力可能会不均匀分布，在计算参数 $\overline{P}$ 时不考虑粮食压力动力修正系数，同时因内压 P 对仓壁整体稳定起有利作用，取其分项系数为 1.0，故取粮食对仓壁的静态水平压力标准值来计算参数 $\overline{P}$。经整理即为筒仓在满仓时仓壁的稳定系数

计算公式（5.3.7-4）。

3 仓上建筑支承于筒仓壁顶端时，仓壁将局部承受竖向集中荷载，为防止仓壁局部应力过大而导致局部失稳，应在局部竖向集中荷载作用处设置加劲肋。假定竖向集中荷载经加劲肋向仓壁传递的扩散角为 30°，并且考虑到筒仓顶端区段内压较小，在式（5.3.7-5）中，仓壁临界应力的计算不再考虑内压的影响，总体来讲是偏于安全的。

5.3.8 风荷载对仓壁表面产生不均匀的径向压力、使仓壁整体弯曲而产生的竖向压应力、使仓壁整体剪切而产生水平剪应力，都可能引起筒仓仓壁失稳破坏。

风荷载使仓壁整体弯曲而产生的竖向压应力，应与可能同时出现的其他荷载产生的竖向压应力进行组合，并按本规范第 5.3.7 条进行竖向荷载下仓壁的稳定验算。在常用的筒仓高度范围（35m 以下），风荷载使仓壁整体剪切而产生水平剪应力，对仓壁稳定一般不起控制作用。

风荷载对仓壁表面产生不均匀的径向压力，假定在筒仓的整个高度上均匀分布而沿周向不均匀分布的压力，按有关理论分析研究，中长筒壳（$h\geqslant25\sqrt{Rt}$）在筒壁失稳时的临界荷载相当于轴对称加载时的临界荷载，相应计算公式可写成为 $P_{cr}=0.92kE\left(\frac{t}{R}\right)^{3/2}\frac{t}{h}$。式中 k 为筒壳的初始形状缺陷影响系数，其值随 R/t 增大而减小。参考前苏联 B. T. 利律等的试验分析结果，取初始形状缺陷影响系数 $k=0.4$，则筒仓的临界荷载为：$P_{cr}=0.368kE\left(\frac{t}{R}\right)^{3/2}\frac{t}{h}$。

实际风载沿筒仓高度是三角形分布，其临界荷载要高于上式计算结果，参考有关资料引入增大系数 η。即公式（5.3.8-1）。

上述分析没有考虑仓内压力影响，故公式（5.3.8-1）只作为空仓时仓壁在风载下的稳定验算公式。

5.4 仓 底

5.4.1 由于在圆锥漏斗仓底与仓壁的连接处设置有环梁，漏斗壁的计算不必再考虑连接处，由于曲率的变化而引起的附加内力的影响，漏斗壁的径向、环向均按轴向受力进行强度计算。

5.4.2 仓底环梁与仓壁及漏斗采用连续焊接连接时，则成为一个整体，可考虑部分壁板与环梁共同工作。

不同曲率的壳体相连处，曲率剧烈变化，由于壳壁径向力的作用将在壳体相连处产生附加环向力，能够有效地承受这种附加环向力的壳体宽度范围，按理论分析为 $k\sqrt{rt}$（r 为曲率半径）。而圆筒壳与锥壳相连，当锥壳倾角为 30°～60° 时，$k=0.6$。所以本条规定与环梁共同工作的壁板有效范围采用 $0.5\sqrt{rt}$，同

时考虑此范围若过大，会由于壁板中应力的不均匀而使此范围壁板不能充分发挥作用，参照现行国家标准《钢结构设计规范》中受压板件宽厚比限值的有关规定，限制此范围亦不能大于15t。

5.4.3 仓底环梁的荷载，应考虑仓壁传来的竖向力、漏斗壁传来的斜向拉力及荷载偏心引起的扭矩。在环梁高度范围内的粮食水平压力，由于数据较小且对环梁的径向受压稳定起有利作用，故偏于安全不计其影响。

5.4.4 仓底环梁是分段制作、安装，环梁段在径向压力作用下的稳定可按圆弧拱进行分析，其平面内与平面外的临界荷载均可用公式 $N_{cr} = k\dfrac{EI}{r^3}$ 来计算，且随圆弧角度的增大，平面内外的稳定系数 k 值均减小，当圆弧角度为 2π 时，稳定系数最小值 $k=0.6$，即公式（5.4.4-1）。

5.5 支承结构与基础

5.5.1 当仓下采用钢柱支承时，由于围护筒壁较薄且与钢柱多为构造连接，不能保证可靠传力。故不再考虑钢柱与围护筒壁共同工作。柱与环梁按空间框架进行分析计算。

5.5.2 为防止在水平荷载下筒仓的倾覆，筒仓仓壁与下部构件必须有可靠锚固。在倾覆力矩 M 作用下，锚栓张力按梁理论求得为 $4M/nd$，考虑到锚栓同时受剪力及梁理论与实际锚栓群受力的误差，如栓群转动轴可能不是筒仓中心线。故将按梁理论计算的结果乘以 1.5 系数予以修正。由于筒仓竖向永久荷载对抗倾覆起有利作用，其分项系数应为 0.9。

5.5.3 粮食钢板筒仓仓壁是薄壁结构，直接承受储粮的各种荷载。基础的倾斜变形过大，使筒仓在粮食荷载下偏心受压，会大大减低筒仓仓壁的稳定性能，同时也会使仓上建筑发生较大水平位移而影响正常使用。我国以往粮食钢板筒仓设计，多是参照现行国家标准《钢筋混凝土筒仓设计规范》的相应规定，基础的倾斜率控制在 0.004 以内；基础的平均沉降量控制在 400mm 内，同时规定了严格的试装粮压仓程序。考虑到试装粮压仓需要较长的时间，会影响筒仓的及时投入正式使用，不能满足现在经济建设的要求，故参考法国等国家的有关规范，限制筒仓基础的倾斜率不超出 0.002，同时对试装粮压仓程序也作了适当简化。

由于试装粮压仓程序简化，每阶段装粮比例增大，间隔时间缩短，可能会在前一阶段装粮后，地基沉降还未稳定即进入下一阶段装粮。群仓在各仓依次装粮时不易观察控制基础的倾斜。所以要求将基础平均沉降量控制在 200mm 以内。同时也防止筒仓下通廊室内地面不会下沉至室外地面以下，保证筒仓的正常使用。

6 构 造

6.1 仓 顶

6.1.1 最常见的仓上建筑为输送廊道，用于安装输送设备并有操作荷载。本条强调仓上建筑的支架要支搁在下张力环或上张力环上，使仓顶结构整体承受仓上建筑的荷载，并应注意防止仓顶结构偏心受力。对于装有清理、计量等设备的仓上建筑，需用落地支架，独立承担仓上建筑的荷载。

6.1.2 仓顶、廊道和操作平台距地面高度较大，故取其栏杆高度不小于 1200mm，给操作人员以足够的安全感。

6.1.3 仓顶板为薄钢板，难以承担吊挂荷载。测温电缆可吊挂在加强的斜梁上，或做成吊挂支架，支架固定于两相邻的斜梁上。

6.1.4 根据对粮食钢板筒仓使用情况调查，仓顶板与斜梁采用外露螺栓连接时，极易在连接处出现锈蚀和渗水而影响筒仓安全储粮。

6.2 仓 壁

6.2.4、6.2.5 卸料时，粮食与仓壁的摩擦产生的竖向压力，使仓壁承受竖向压应力，此时仓壁与竖向加劲肋共同工作。因此，竖向加劲肋的长度与仓壁的连接对仓壁稳定、安全使用至关重要。根据对一些发生事故的钢板筒仓的调查分析，有些焊接连接的加劲肋与仓壁未能焊实或焊缝长度不够；螺栓连接的螺栓脱落或剪断，致使筒仓破坏。因此这两条提出加劲肋与仓壁的连接必须可靠，保证仓壁与加劲肋共同受力；加劲肋接长采用等强度连接。除根据计算设置加劲肋外，其接头错开布置，以保证内力均匀传递。

6.2.6 根据试验表明，卸料流动时，突出筒仓内壁的附壁设施受到的竖向压力会成倍增长，同时，在一些工程实践中，曾经发生钢板筒仓在卸料时，由于粮食流动产生的竖向力，将加劲肋间的支撑、系杆或钢爬梯拉断，脱落物堵塞出料口的事故。因此，强调钢板筒仓内不应设置阻碍粮食流动的构件，保证卸料畅通。

6.2.7 仓壁上开设洞孔，将会使洞孔附近仓壁产生应力集中且应力分布复杂，无法准确计算，洞孔尺寸越大，上述现象越严重。故需设置洞孔时宜尽量减少洞孔尺寸，同时应设置整体刚性框。

6.3 仓 底

钢板筒仓的仓底可用不同材料制作，有不同的构造形式。为与钢板筒体用材一致，本节着重规定了圆形钢锥斗和锥斗环梁的构造。其他材料建造的仓底，可参照相应的规范设计。

6.4 支承结构及洞口

仓下支承结构有钢、钢筋混凝土和砌体结构等多种形式。目前常用的有钢、钢筋混凝土支承结构。本节主要对钢结构仓下支承结构的构造提出要求，其他支承结构可按相应规范规定处理。

6.4.2 钢柱一般断面较小，考虑到仓下支承结构体系的整体稳定，提出仓下支承钢柱应设柱间支撑。这是常规钢结构除设计计算外保证结构整体稳定的有效构造措施。

7 工 艺 设 计

7.1 一 般 规 定

7.1.1 工艺设计是系统设计，在整体工程设计中尤为重要。设计时，应充分利用谷物自流，减少粮食平运及提升次数，提高工艺灵活性和设备利用率。

7.1.2 本条所提到的各种作业包括了各类钢板筒仓的工艺设计内容，但并非每座钢板筒仓都需包括全部内容。应根据使用功能确定工艺流程。钢板筒仓多用于粮食中转和粮油饲料加工厂原粮储存，一般不需要粮情测控、虫害防治等内容。用于中转的钢板筒仓应考虑粮食的接、卸作业。用于储备的钢板筒仓，可根据实际情况，配置烘干、虫害防治、冷却等系统。

7.1.3 设备较少的钢板筒仓，一般不设工作塔，可设置简易的钢架或罩棚。敞开式工作塔内的部分设备（如自动秤）应考虑必要的挡雨设施。

7.1.4 工作塔设备根据工艺流程进行布置时，注意留有足够的设备安装、操作、维修走道。输送设备及溜管应设观察窗和检查点，且离本层地面高度一般为1～1.6m。设备操作平台离地净高一般不小于2m。

工作塔内为安装设备留的吊物洞，其大小应根据吊装设备的外形尺寸来确定。

钢板筒仓仓顶输送设备尽可能设置在仓顶中心位置，避免偏心布置。

7.1.5 小直径钢板筒仓宜采用锥底钢斗或填坡锥斗，满足本条规定的仓底坡度要求，可使仓内粮食完全自流出仓，降低运营成本。

7.1.6 大直径钢板筒仓采用平底仓更为经济合理。由于平底钢板筒仓不能全部靠自流卸空仓内粮食，可根据具体情况采用不同的清仓设备。

大直径平底钢板筒仓若采用输粮地沟，在仓底设置多个出粮口时，设计中应采取措施，保证仓内粮食均匀对称出仓，避免仓壁偏心受力。

7.1.7 钢板筒仓在工艺设计中应提出各种工艺作业运行顺序，以便设计相应的控制系统，保证作业可靠。

7.2 设 备 选 用

7.2.2 钢板筒仓工艺设备可根据使用要求合理选配。一般应配置清理、输送、计量、除尘等设备。

7.2.3 设备生产能力的确定以小麦容重（750kg/m^3）为标准计算，设备额定生产能力由50t/h、100t/h、200t/h、300t/h、400t/h、500t/h、600t/h、800t/h等系列组成，设计时应优先选用。

7.2.4 自动称量设备应考虑配备秤上、秤下缓冲仓，以保证工艺作业的连续性。

7.2.5 为保证粮食在溜管内输送顺畅，应满足溜管的最小倾角（溜管与水平的夹角），倾角 α_1 与粮食的摩擦系数、溜管材料以及粮食的含杂、水分等有关，设计时可参照本条给出的数据选用。

溜管除直管外，还包括弯头、扩张管、收缩管等。溜管截面尺寸应根据工艺系统流量确定。溜管与闸、阀门生产能力应匹配。

常用的溜管截面尺寸见表1：

表 1 常用的溜管截面尺寸

流量（t/h）	50	100	200	300	400	600	800
截面尺寸（mm）	200×200	250×250	350×350	400×400	450×450	500×500	600×600

7.2.6 所选用单机设备的噪声应满足《工业企业噪声控制设计规范》GBJ 87 中有关规定。

对噪声超过限制（85dB 以上）的设备（如通风机、空压机等），应采用消声、隔离、减震的综合措施。通风机与风管宜用柔性连接。

7.3 除 尘 系 统

7.3.1 除尘系统的设计原则是"密闭为主、吸风为辅"，以减少和防止粉尘外逸，粉尘控制应满足《大气污染物综合排放标准》GB 16297 中有关规定。

7.3.2 在除尘系统布置中，应留出安装、操作、检修的空间位置。长度超过 4m 的水平风管应设检修口。风管管件和机架尽可能设计成螺栓连接，以便检修和拆卸。

除尘风网风速的选择，应保证灰尘不在风管内沉积。风管弯头的曲率半径 $R=(1～2)d$（d 为管道直径）。

7.3.3 集尘器尽可能设在室外，如设置在工作塔内，应设泄压管以减少灰尘外逸。

7.3.4 为清除水平管内沉积的灰尘，可安装补风门。通向室外的排风管应设垂直段和风帽，防止风、雨倒灌。

7.3.5 除尘系统设计时，应考虑粉尘控制系统的开启顺序。工艺系统设备开启之前，先启动粉尘系统5～10min，与作业系统相关的工艺设备关机后，粉尘系统的设备应延迟 8～15min 再关机。

7.4 机械通风

7.4.1 机械通风设计应符合《机械通风储粮技术规程（试行）》91 商储粮字（260 号）中的有关规定。

设计时仓顶通风量应大于仓底的通风量。并注意通风孔应设防雨、防雀、防止空气回流及密闭装置。

7.4.2 根据机械通风设计计算选用通风机型号。通风机出风口与钢板仓的进风口采用柔性连接。进风口处的防护网，需采取密闭措施。

通风孔板材料宜采用镀锌钢板，分段制造，每段长度 1m 左右，以便于安装，与粮食直接接触的风道筛板，根据经验开孔率不小于 25%，孔眼最大尺寸以不漏粮为限。

7.4.3 谷物冷却系统设备的选用配置应符合原国家粮食储备局制定的《谷物冷却机低温储粮技术规程（试行）》（国粮仓储［1999］305 号）中有关规定。

7.5 虫害防治

7.5.1 在钢板筒仓内较长期储粮时，可采用环流熏蒸系统，也可采取其他虫害防治的保粮设施，如定期喷洒施药等。

7.5.2 钢板筒仓环流熏蒸系统设计应按照现行国家标准《粮食仓库磷化氢环流熏蒸装备》GB/T 17913 中有关规定及其他有关标准、规范执行。

仓外投药器为库区共用设备，其数量的确定应根据仓容量及熏蒸周期确定。

8 电气与配套设施

8.1 一般规定

本章内容只涉及有关粮食钢板筒仓仓群电气设计中主要内容。对于诸如：负荷计算、高低压配电系统、变配电室平面布置、通讯等本规范没有涉及到的内容，请参照国家现行有关规范执行。

8.1.1 粮食钢板筒仓仓群供电负荷等级与其重要性和使用要求有关，一般为三级。对于中转任务繁重的港口库和重要的中转、储备库，可按二级负荷设计，以保证生产、紧急调运，以减少压船、压港时间。

8.1.2 按现行国家标准《粮食加、储运系统粉尘防爆安全规程》GB 17440 的要求，工作塔、仓下通廊、仓上建筑等粉尘爆炸危险场所中，除筒仓、备载仓、斗提机内、溜管内等属 10 区外，其余均属 11 区或非爆炸危险区。配电线路的设计、电气设备选择，要根据具体情况考虑粉尘防爆要求，并按相应的施工规范施工。

8.2 配电线路

8.2.1 对粉尘爆炸危险区域的电气线路来说，选用

铜芯导线或电缆，在机械强度上比铝芯高，减少产生火花的可能性；在火花能量上，铜芯线缆比铝芯材料低。故从安全角度出发，选择铜芯导线或电缆是合适的。另外，从可靠方面来讲，也是必要的。

8.2.2 配电线路的干线允许载流量应大于线路计算电流，应留有一定余量，一般按线路计算电流大 1～2 档选择。支线允许电流应大于等于用电设备额定电流的 1.25 倍。

8.2.3 在小电机（3kW 以下）供电回路及照明支线具体施工中，用 2.5mm² 导线或电缆难以接线。在满足负载电流要求且有一定余量的前提下，根据现行国家标准《爆炸和火灾危险环境电力装置设计规范》GB 50058、《粮食加、储运系统粉尘防爆安全规程》GB 17440 的规定，室内铜芯导线及电缆的最小截面可为 1.5mm²。

8.2.4、8.2.5 照明线路和动力线路敷设特别是动力线路推荐电缆桥架及明敷，并要求短捷、顺畅、美观，尽量减少重叠交叉。配电线路中间需要延长续接时，要加防爆接线盒。不得采用非防爆接线盒方式的其他延长续接方法。

8.3 照明系统

8.3.2 根据现行国家标准《工业企业照明设计标准》GB 50034 规定，人们随着社会发展和物质条件的改善，对照度的要求相应也要提高，所以照度推荐值比以往粮库照明设计中照度值有所提高，供选择时参考。

8.3.3 照明配电系统，特别是辅助设施的照明配电系统，除设有短路保护外，一般还应设有漏电保护装置。

8.3.4 照明灯具、配电箱、开关等电器应尽量放置在非粉尘爆炸危险区，有困难时，应满足现行国家标准《粮食加、储运系统粉尘防爆安全规程》GB 17440 对爆炸危险区电气设备的要求。

8.3.5 工作塔、仓上建筑、仓下通廊的照明，推荐选用冷光源灯具，如：汞灯、钠灯等高效、节能灯具。禁止选用卤钨灯等高温灯具。

8.3.6 应急照明不作为正常照明的一部分使用，当正常照明电源停电时，应急照明灯具应能自动投入照明工作。

8.4 自动控制系统

8.4.1 自动控制系统的具体组成要根据粮食钢板筒仓仓群的使用性质、规模、投资、技术要求等因素综合考虑确定。中转量大或较大规模的粮食钢板筒仓仓群，均应设自动控制系统，自动控制系统一般由 PLC 和上位机组成。

8.4.3 当组成集中控制系统时，要设控制室并与工作塔隔离，以降低对控制电器设备的防爆要求，节省

投资。

8.4.4 对于重要工艺设备的安全检测传感器的设置，可参考表2选择。

表2　重要工艺设备安全检测传感器配置一览表

设备名称	跑偏开关	失速开关	拉绳开关	防堵开关	断链开关	轴温开关
斗式提升机	✓	✓	—	✓	—	✓
埋刮板输送机	—	—	—	✓	✓	✓
气垫带式输送机	✓	✓	✓	—	—	—
备注	—	—	40m以上	—	—	400t以上

8.4.5 为方便工艺设备的检修，工作塔应设置粉尘防爆检修电源箱，不设电源插座。

8.5　粮情测控系统

8.5.1 粮食钢板筒仓是否设粮情测控系统，应根据其使用要求及储粮时间长短确定。

8.5.2 测温电缆长期埋在粮堆中，除有防霉的要求外，还应有防磷化氢等药物熏蒸的能力。且分线器等仓内器件也应满足密闭防腐要求。

8.5.3 粮食测温只是粮食安全保管的手段之一。由于粮食热传导性能差，所以在测温电缆的布置方面，没有一个成熟并行之有效的计算方法。根据粮食行业使用情况和多年来设计部门积累的经验，对于筒仓（含钢板筒仓、钢筋混凝土筒仓、浅圆仓）测温电缆布置方式可参考表3及图1。

表3　粮食钢板筒仓测温电缆布置数量及布置方式

粮仓直径（m）	测温电缆总数（根）	位于仓中心根数（根）	位于半径A上根数			位于半径B上根数		
			自中心矩	根数	夹角	自中心矩	根数	夹角
8	5	0	3.5	5	72°			
10	7	1	4.5	6	60°			
12	9	1	3.5	4	90°	5.5	4	90°
14	9	1	4	4	90°	5.5	4	90°
16	11	1	4.5	4	90°	7.5	6	60°
18	11	1	5	4	90°	8.5	6	60°

8.5.4 粮食钢板筒仓在出粮时，通过测温电缆对仓

顶所产生的拉力不容忽视。为此，除测温电缆必须满足拉力要求外，其下端应该用重锤或采取其他措施相对固定其应有位置，以防进粮时料流将其冲离原有位置。但下端固定不能太牢固，以免拉断电缆及仓顶受力增大。

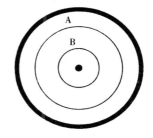

图1　测温电缆布置半径示意图

8.6　防雷接地系统

8.6.1 粮食钢板筒仓及工作塔属粉尘爆炸危险场所，根据现行国家标准《建筑物防雷设计规范》GB 50057应为第二类防雷建筑物，防雷接地电阻不应大于10Ω。

8.6.2 斗式提升机筒内为粉尘爆炸危险场所10区，当其露天设置或高出工作塔屋顶时，其本身机架不得作为接闪器，需另立避雷针保护，避雷针高度用滚球法确定。工作塔引下线利用其结构竖向主钢筋，主钢筋焊接相连，搭接长度不小于钢筋直径的6倍。

工作塔高度超过45m及以上部分的金属栏杆、门、窗均应与防雷装置可靠连接，作为防侧击和等电位保护措施。

8.6.3 粮食钢板筒仓仓壁钢板的厚度和连接方式，一般不能满足避雷引下线的要求，须另加镀锌扁钢作为避雷引下线；当粮食钢板筒仓的加劲肋，导电连接良好并到达仓顶且与上环梁牢固连接时，宜利用加劲肋作为避雷引下线。

8.6.5 接地装置应利用基础钢筋，使纵横钢筋焊接成闭合电气通路。有桩基础时，桩基础主钢筋也应与接地装置连接，以增大接地面积，减少接地电阻。

8.6.6 工作塔每层室内均应预留有与引下线相连的镀锌扁钢，供工艺设备接地用。

8.6.7 在电缆转接处、总进线柜内设低压避雷器，可防低压线路过电压和雷电波侵入。

8.7　消防给水

粮食钢板筒仓工作塔内部可燃物较少，且每层面积较小，根据多年来建设及使用经验和与《建筑设计防火规范》编制组座谈会纪要，工作塔室内消防用水量定为10L/s是较为合理的。

粮库库区或厂区的室外消防设计，应参照现行国家标准《建筑设计防火规范》执行。

中华人民共和国国家标准

烧 结 厂 设 计 规 范

GB 50408—2007

条 文 说 明

目　次

1 总 则

1.0.1 本规范是国家有关法律法规和技术经济政策在工程建设中的具体体现。国家法律法规和技术经济政策包括《中华人民共和国环境保护法》、《钢铁产业发展政策》等。对钢铁工业烧结厂的新建、扩建和改建工程，有关建设单位、设计单位均应遵照执行。开展烧结厂设计时，应从贯彻落实科学发展观出发，注意总结国内外经验，结合我国国情和工程实际，执行可持续发展和循环经济理念，积极采用先进可靠、产品优良、节能的烧结新工艺、新技术、新设备，以"减量化、再利用、再循环"为原则，以低消耗、低排放为目标，争取最好的经济效益和社会效益。

1.0.3 国家现行有关标准规范包括《工业炉窑大气污染物排放标准》GB 9078 等。

3 基 本 规 定

3.0.1 设计依据主要有：国家有关法律法规、政策，批准的可行性研究报告，有关文件，建设项目的有关合同和协议等。

设计基础资料主要包括：各种计划、规划书，项目建议书，可行性研究报告，烧结试验报告，厂区工程地质资料，地形图，气象、水源及地质资料，建设项目外部条件的有关协议书，厂址选择报告及其周围的生态、环境资料等。

3.0.2、3.0.3 厂址选择和布置的基本原则和注意事项：

1 厂址不宜建在断层、流砂层、淤泥层、滑坡层、9 度以上地震区、人工或天然孔洞或三级以上湿陷性黄土层上，且不应建于洪水水位之下。

2 应贯彻执行有关环境保护规定，厂址应布置于居民区常年最小频率风向的上风侧，并与居民区保持有关规定的卫生防护距离。

3 有较好的供水、供电及交通条件等。

4 厂址应进行多方案技术经济比较，选择最佳方案。

5 贯彻国家有关土地条例，不占良田或尽量少占良田，在可能条件下结合施工造田。

3.0.5 按照国务院办公厅国办发（2003）103 号文件的规定，烧结机市场准入条件的使用面积达到 180m² 及以上。

3.0.7 烧结机利用系数与原料及生产操作状况、石灰的使用量、料层厚度、单位烧结面积风量、作业率、自动化水平等诸多因素有关。国内以铁粉矿为主要原料和以铁精矿为主要原料的大中型烧结机的利用系数，2003 年平均分别为 1.23t/(m²·h) 和 1.18t/(m²·h)，2004 年平均分别为 1.31t/(m²·h) 和 1.23t/(m²·h)。采用常规工艺和一般含铁原料，设计取利用系数前者为 1.30t/(m²·h)，后者为 1.2t/(m²·h) 是可行的。

3.0.9 烧结机日历作业率与工艺流程、装备水平、自动化水平、原料及生产操作状况等诸多因素有关。国内大中型烧结机日历作业率 2003 年和 2004 年的平均值分别为 90.91% 和 91.49%。设计取 90%～94%。

3.0.10 钢铁产业发展政策规定，禁止企业采用国内外淘汰的二手钢铁生产设备。

4 原料、熔剂、燃料及其准备

4.1 原料、熔剂及燃料入厂条件

4.1.1 主要含铁原料为铁粉矿和铁精矿，还有钢铁公司内的各种含铁粉尘泥渣、轧钢皮等。我国铁精矿入厂条件、国内烧结厂使用的国内铁精矿和铁粉矿物理化学性质实例、国内烧结厂使用的混匀矿物理化学性质实例、国内烧结厂使用的国外原料物理化学性质实例、烧结厂使用钢铁公司粉尘泥渣及轧钢皮物理化学性质实例见表 1～表 5。

表 1 我国铁精矿入厂条件

化学成分	磁铁矿为主的精矿				赤铁矿为主的精矿				水分（%）
TFe（%）	≥67	≥65	≥63	≥60	≥65	≥62	≥59	≥55	磁铁矿为主的精矿： Ⅰ级≤10.00 Ⅱ级≤11.00 赤铁矿为主的精矿： Ⅰ级≤11.00 Ⅱ级≤12.00
	波动范围±0.5				波动范围±0.5				
SiO₂（%）Ⅰ类 Ⅱ类	≤3	≤4	≤5	≤7	≤12	≤12	≤12	≤12	
	≤6	≤8	≤10	≤13	≤8	≤10	≤13	≤15	
S（%）	Ⅰ级≤0.10～0.19 Ⅱ级≤0.20～0.40				Ⅰ级≤0.10～0.19 Ⅱ级≤0.20～0.40				
P（%）	Ⅰ级≤0.05～0.09 Ⅱ级≤0.10～0.20				Ⅰ级≤0.08～0.19 Ⅱ级≤0.20～0.40				

化学成分	磁铁矿为主的精矿	赤铁矿为主的精矿	水分（%）
Cu（%）	≤0.10～0.20	≤0.10～0.20	磁铁矿为主的精矿： Ⅰ级≤10.00 Ⅱ级≤11.00 赤铁矿为主的精矿： Ⅰ级≤11.00 Ⅱ级≤12.00
Pb（%）	≤0.10	≤0.10	
Zn（%）	≤0.10～0.20	≤0.10～0.20	
Sn（%）	≤0.08	≤0.08	
As（%）	≤0.04～0.07	≤0.04～0.07	
K_2O+Na_2O（%）	≤0.25	≤0.25	

表2　国内烧结厂使用的国内铁精矿和铁粉矿物理化学性质实例

名称	序号	化学成分（%）									物理性质	
		TFe	FeO	SiO_2	Al_2O_3	CaO	MgO	S	P	Ig	水分（%）	粒度
铁精矿	1	68.60	—	4.50	0.47	0.69	0.65	0.020	0.035	—	—	—
	2	67.70	—	3.80	—	0.56	0.15	0.31	—	—	—	—
	3	67.50	—	3.50	—	0.01	0.45	0.013	—	0.51	9.77	—
	4	67.29	28.36	4.79	—	0.27	—	0.066	0.079	0.76	10.20	−200目71%
	5	68.10	—	5.55	0.17	0.93	0.33	0.018	0.017	—	9.00	—
	6	66.50	—	5.50	0.85	1.50	0.30	0.011	0.022	—	—	—
	7	67.44	—	3.96	0.82	1.40	0.28	0.011	0.022	—	—	—
	8	65.73	—	4.64	0.59	1.59	0.79	0.095	0.083	—	—	—
铁粉矿	1	54.18	1.92	18.56	1.77	0.41	0.33	0.250	0.038	10.80	—	—
	2	54.31	1.87	7.60	2.38	0.45	0.97	0.029	0.050	12.10	—	<10mm

表3　国内烧结厂使用的混匀矿物理化学性质实例

序号	化学成分（%）									物理性质	
	TFe	FeO	SiO_2	Al_2O_3	CaO	MgO	S	P	Ig	水分（%）	粒度（mm）
1	62.98	—	3.49	1.32	0.96	0.20	0.01	0.049	—	—	<8
2	63.28	5.93	4.51	1.89	0.67	0.116	0.114	0.048	10.10	—	<8
3	61.39	14.10	4.85	—	4.32	2.48	0.20	—	—	6.30	<8
4	60.00	—	4.25	—	3.12	1.52	0.10	—	3.50	—	<8
5	63.95	—	4.53	1.30	0.36	0.36	0.043	0.059	1.00	5.00	<8
6	61.50	—	4.50	—	2.10	1.60	0.135	0.059	5.00	—	<8
7	61.88	—	5.18	—	2.52	2.28	0.27	—	2.50	7.00	<8
8	61.67	—	4.63	—	2.00	1.289	0.171	0.084	3.28	5.89	<8

表4 国内烧结厂使用的国外原料物理化学性质实例

国别	名称	化学成分（%）										粒度（mm）	平均粒度（mm）
		TFe	SiO₂	Al₂O₃	CaO	MgO	S	P	K₂O	Na₂O	Ig		
巴西	CVRD 卡拉加斯	67.50	0.70	0.74	0.01	0.02	0.008	0.036	<0.01	<0.01	1.70	<8	2.4
	CVRD 标准烧结粉	66.00	3.65	0.70	0.03	0.03	0.005	0.026	0.008	0.005	0.80	>6.3 为 7.5%	2.62
	MBR CSF	67.00	1.50	1.25	0.12	0.06	0.007	0.044	<0.01	<0.01	1.30	>8.0 为 18.4%	4.44
澳大利亚	哈默斯利	62.92	3.35	2.10	0.067	0.04	0.011	0.063	0.017	0.025	2.56	<8	2.45
	纽曼	62.08	2.82	1.43	0.070	0.10	0.011	0.046	0.02	0.023	4.60	<8	2.20
	扬迪	58.33	4.92	1.15	0.110	0.15	0.010	0.036	0.003	0.007	9.50	>8 为 15.9%	2.58
	罗布河	56.74	2.59	1.58	0.710	0.30	0.019	0.041	—	—	—	<6.3	—
	麦克	62.72	2.78	1.84	0.090	0.10	0.026	0.052	—	—	5.45	<5.0	1.83
印度	果阿	62.50	4.20	2.10	0.600	0.05	0.01	0.02	0.017	—	3.80	<8	2.14
	H 矿	67.85	0.96	1.02	0.010	0.01	0.008	0.063	—	—	1.05	<8	2.99
南非	伊斯科	65.00	4.00	1.35	0.100	0.04	0.010	0.06	0.333	0.022	0.70	<6.3	2.51
加拿大	卡罗尔湖	66.80	3.76	0.13	0.390	0.25	0.04	0.004	0.002	0.002	0.20	<3	0.295

表5 烧结厂使用的钢铁公司粉尘泥渣及轧钢皮物理化学性质实例

名称	序号	化学成分（%）										物理性质	
		TFe	FeO	SiO₂	CaO	MgO	Al₂O₃	S	P	C	Ig	水分（%）	粒度
高炉灰	1	41.51	2.90	6.88	3.58	0.63	2.60	0.041	0.072	22.19	22.15	—	—
	2	43.66	—	8.02	4.91	1.74	1.35	0.24	0.0176	—	22.36	7.00	—
	3	42.00	6.80	9.80	7.30	3.84	—	—	—	—	18.00	—	—
轧钢皮	1	74.10	65.50	0.81	1.07	—	0.27	0.023	—	—	—	1.40	—
	2	70.28	—	1.11	1.47	0.50	0.02	—	—	—	0.025	—	<5mm
	3	70.00	2.70	0.00	1.43	0.18	0.05	0.036	—	—	—	—	
转炉污泥	1	68.85	61.60	1.90	7.99	1.88	0.12	—	P₂O₅0.23	2.5	—	—	−30μm 为 100%
	2	48.18	18.00	4.15	10.92	5.90	—	0.031	—	—	—	—	−0.074mm 为 71.69%
转炉渣	1	15.87	9.33	11.55	42.56	8.78	2.46	0.081	P₂O₅0.31	—	8.46	—	—
	2	15.04	11.12	15.87	43.12	7.40	6.10	0.264	—	—	4.39	6.00	<8mm

烧结含铁原料应稳定，混匀矿铁品位波动的允许偏差为±0.5%，SiO₂ 的允许偏差为±0.2%。达到此目标，烧结和炼铁将会取得显著的经济效益。根据 6 个厂的统计，含铁原料混匀前后的对比数字为：烧结机利用系数可提高 3%～15%，工序能耗可降低 3%～15%；高炉利用系数可提高 4%～18%，焦比可降低 5%～10%。表 6 列出了主要产钢国对烧结用混匀矿成分波动的要求，含铁原料的波动要求基本在

这一范围内。

表6　主要产钢国对烧结用混匀矿成分波动的要求

国家及厂名	TFe（%）	SiO$_2$（%）	CaO/SiO$_2$（%）	Al$_2$O$_3$（%）
日本大分	±0.2~0.5	±0.12	±0.03	±0.3
日本若松	±0.42	±0.165		
日本福山	<0.05	<0.03	<0.03	
日本千叶	—	±0.2		±0.3
日本君津	±0.167	±0.08	±0.025	
日本户畑		±0.128		
德国西马克	±0.3~0.4	±0.03		
德国曼内斯曼	±0.3	±0.2	±0.05	
前苏联	±0.2	±0.2	±0.03	
英国	±0.3~0.5		±0.03~0.05	
美国凯萨		±0.13		
中国宝钢	≤±0.5	≤±0.3	≤±0.03	

4.1.2 烧结熔剂有石灰石、生石灰、消石灰、白云石（或白云石化石灰石）、轻烧白云石粉、蛇纹石、菱镁石等。我国各种熔剂入厂条件、我国部分烧结厂熔剂入厂条件、国内烧结厂用熔剂物理化学性质实例见表7~表9。

表7　我国各种熔剂入厂条件

名称	化学成分（%）	粒度（mm）	水分（%）	备注
石灰石	CaO≥52，SiO$_2$≤3，MgO≤3	80~0 及 40~0	<3	—
白云石	MgO≥19，SiO$_2$≤4	80~0 40~0	<4	—
生石灰	CaO≥85，MgO≤5，SiO$_2$≤3.5，P≤0.05，S≤0.15		≤4	生烧率＋过烧率<12%；活性度[①]≥210mL
消石灰	CaO>60，SiO$_2$<3	3~0	<15	—

注：①指在 40±1℃ 水中，50g 石灰 10min 耗 4n HCl 的量。

表8　我国部分烧结厂熔剂入厂条件

熔剂品种	化学成分（%）	粒度（mm）	活性度
石灰石块	CaO≥50，SiO$_2$≤3.0，P≤0.03，S≤0.12	0~60	—
石灰石粉	CaO≥50，SiO$_2$≤3.0，P≤0.03，S≤0.12	0~3 为 ≥90%	—
消石灰	CaO≥70，SiO$_2$≤5.0，H$_2$O20%~26%	0~3	—
生石灰	CaO≥80，SiO$_2$≤5.0	0~3	≥180
白云石粉	MgO≥19.0(波动−0.5)，SiO$_2$≤2.0，CaO≥30	<3 为 ≥80%	—
白云石	MgO≥19.0，SiO$_2$≤7.0，CaO≥32	5~45	—

表9　国内烧结厂用熔剂物理化学性质实例

名称	序号	化学成分（%）						水分（%）
		CaO	MgO	SiO$_2$	Al$_2$O$_3$	S	Ig	
石灰石	1	54.43	0.40	0.69	0.26	0.006	—	
	2	53.07	1.60	3.70	—		41.42	
	3	52.38	1.40	1.27	0.96		42.49	
白云石	1	32.61	19.94	0.16	—		42.35	
	2	31.50	20.42	1.00	—		42.66	4.00
	3	29.50	19.30	3.70	—		44.80	4.30
蛇纹石	1	1.52	38.4	38.22	0.92	0.028	—	
	2	1.4	36.29	38.19	0.98		13.72	
生石灰	1	85.69	1.06	—	0.24	0.004	—	
	2	85.00	2.85	1.95	—	0.002	13.95	
	3	84.65	4.90	2.46	—		4.00	
	4	85.00	2.00	2.50	—		5.00	
消石灰	1	65.97	1.14	2.17	0.41		26.75	
	2	62.30	2.20	5.18	—		28.95	20.00

4.1.3 烧结用燃料主要有碎焦、无烟煤、煤气等。我国部分烧结厂固体燃料入厂条件、烧结厂用固体燃料实例见表10和表11。

表10　我国部分烧结厂固体燃料入厂条件

名称	序号	固定碳（%）	挥发分（%）	硫（%）	灰分（%）	水分（%）	粒度（mm）
无烟煤	1	≥75	≤10	≤0.05	≤15	<6	0~13
	2	≥75	≤10	≤0.50	≤13	≤10	≤25 为≥95%
焦粉	1	≥80	≤2.5	≤0.60	≤14	≤15	0~25
	2	≥80	≤0.8	≤14(波动+4)	≤18	<3 为≥80%	

表 11　烧结厂用固体燃料实例

名称	序号	固定碳（%）	挥发分（%）	硫（%）	灰分（%）	水分（%）	粒度（mm）
焦粉	1	85.0	—		13.0	8.57	8～0
	2	85.0	—		15.0	6.0	—
	3	86.32	1.2	0.47	12.01	11.0	10～0
无烟煤	1	70.73	6.10	0.35	20.79	11.0	—
	2	85.0	—	—	6.5	6.5	8～0
	3	76.48	2.6	0.47	20.99	9.0	10～0

4.2　原料、熔剂、固体燃料的接受与贮存

4.2.3　翻车机是一种大型卸车设备，广泛应用于大中型烧结厂，具有卸车效率高、生产能力大的特点，适用于翻卸各种散状物料。由于机械化程度高，有利于实现卸车作业自动化或半自动化。翻车机有侧翻式和转子式两种，侧翻式造价低，但有速度慢、翻转角度小、压车板、剩料多等缺点，目前使用不多。

为了保证翻卸作业，改善操作，提高翻卸能力，可配以辅助设施。这些设施主要包括重车铁牛、摘钩平台、推车器、空车铁牛、迁车台等，形成一个完整的机械化翻车卸料系统。

受料槽是一种仅用于受料而不用于贮存的设施，多用于接受钢铁公司的散状杂料和辅助原料。受料槽设计应考虑采用机械化卸车设备，最常见和采用最多的是螺旋卸车机和链斗卸车机。螺旋卸车机适应性比较广泛，对于铁粉矿、铁精矿、散状含铁料、碎焦、无烟煤、石灰石等都适用。

4.2.8　熔剂、固体燃料的贮存天数应考虑下列因素：

1　消耗少的品种或供矿点分散、运输条件差、运距远、运输方式复杂等不利因素多时，贮存天数可适当增加，但最多不超过7d，反之贮存天数可适当减少至3d。

2　当采用水运时，气候等其他因素影响较多，贮存天数可适当增加，但最多不超过7d。

4.3　石灰石、白云石和固体燃料的准备

4.3.2　石灰石、白云石破碎筛分流程有锤式破碎机闭路破碎筛分流程和反击式破碎机闭路破碎筛分流程两种。

在闭路破碎筛分流程中，可分为预先筛分和检查筛分两种。当石灰石、白云石原矿中3～0mm粒级含量较多时（一般在30%～40%以上），才增加预先筛分，否则仅采用检查筛分。

检查筛分流程筛下为产品，筛上物料返回破碎机重新破碎。烧结厂多采用这种流程。

4.3.4、4.3.5　固体燃料破碎筛分流程的选择、破碎筛分设备效率和最终产品质量，都取决于固体燃料粒度和水分。粒度大小影响破碎段数的多少，水分高低影响破碎筛分效率。

1　当碎焦粒度为25～0mm时，宜采用二段开路破碎流程，因碎焦水分高，采用闭路流程会使筛分效率降低（堵筛孔，筛分困难）。

2　大型烧结厂破碎筛分干熄焦粉时，也可采用带预先筛分和检查筛分的二段闭路破碎流程。

3　无烟煤破碎，多采用二段开路破碎流程。所采用的破碎设备，第一段为对辊破碎机，第二段为四辊破碎机。这种流程的最大特点是工艺简单，生产可靠，效率高，产品质量好。

4　预先筛分二段开路破碎流程，国内大中型烧结厂也有采用的。增加预先筛分是为了防止过粉碎和最大限度发挥破碎设备的能力，仅一段开路破碎不能保证产品最终粒度。设检查筛分因煤中的水分高而使筛分难以进行，因此用增加第二段破碎来保证最终产品粒度。这种开路流程的主要优点是生产能力大，生产安全可靠，煤、焦都能破碎。

5　烧结工艺与设备

5.1　工艺流程的确定原则

5.1.1　烧结主工艺流程包括：配料，加水、混合与制粒，布料，点火与烧结，热烧结饼破碎或兼有热矿筛分，烧结抽风与烟气净化，烧结矿冷却，烧结矿整粒，成品烧结矿质量、贮存及输出。有原料场时，原料的接受、贮存在原料场，石灰石、白云石的接受、贮存和准备也可在原料场。

5.2　配　料

5.2.1　配料槽可分为单列式和双列式两种。当采用双系统配料时，采用双列式矿槽，采用单系统配料时，采用单列式矿槽。过去，我国烧结厂设计，烧结机多采用两台或四台机，对应的配料系统多采用单系统和双系统，每个系统向两台烧结机供料。由于烧结机大型化和自动化水平的提高，现代烧结厂设计中，主机多采用一台或两台。因此，相应的配料也是单系统或双系统，每个系统向一台烧结机供料。

5.2.2　设计中采用自动重量配料的主要依据是：随着冶炼技术的发展和高炉大型化，对入炉原料的稳定性要求提高。

5.2.3 为了减少原料、熔剂、固体燃料等对烧结生产波动和配比的影响，这些物料在配料槽内应有一定的贮存时间。贮存时间的多少与来料周期、输送设备运转、检修等因素有关。其贮存时间应为 8h 以上。

5.2.7 国内外的烧结研究与生产实践都证明，在烧结过程中加入一定量的生石灰或消石灰，特别是生石灰，可收到明显的经济效果，烧结矿产量提高、质量改善、燃耗降低。

国内外经验也表明，特别是以铁精矿为主要原料时，添加生石灰是强化烧结过程最重要的手段之一。目前，我国烧结厂都在重视提高生石灰的质量和活性度。

我国大中型烧结机 2003 年和 2004 年生石灰、消石灰的配加量平均每吨成品烧结矿分别为 42.96kg 和 50.15kg，有的达 85.00kg 以上，比日本平均配加量高很多。日本某些厂为了降低烧结矿的成本，改善环境，根本不加生石灰、消石灰。为此，确定我国每吨成品烧结矿生石灰、消石灰添加量宜为 20～60kg。

5.3 加水、混合与制粒

5.3.1 混合段数与原料性质有关。一次混合的目的是润湿及混匀，或兼有部分制粒功能，使混合料中的水分、粒度及混合料中的各组分均匀分布。二次混合除继续混匀外，主要目的是制粒，并使混合料最终达到要求的水分与润湿效果。

影响混匀与制粒效果的因素很多，主要有原料的性质、添加剂的种类、加水量、加水方式、混合制粒设备参数、设备安装状况以及操作等。

过去，国内烧结厂含铁原料以铁精矿为主时，采用两段混合，以铁粉矿为主时，有的采用一段混合。近年由于烧结技术的发展，尤其是厚料层烧结的需要，对铁粉矿进行二次混合也是非常必要的。国内一个 50m² 烧结机以烧结铁粉矿为主的厂，将原圆筒混合机由 $\phi3\times9m$ 改为 $\phi3.5\times12m$ 并增加一台 $\phi3.5\times14m$ 的圆筒混合（制粒）机，对充填率等工艺参数进行了优化，混合制粒时间由 4min 延长到 9min，同时降低了混合料水分。改造前后混合料粒度发生了明显变化（见表 12）。另一个以烧结铁粉矿为主的厂也是如此（见表 13）。经过混合制粒后的混匀效率见表 14，制粒后的粒度组成见表 15。

表 12　圆筒混合机改造前后混合料粒度组成（%）

序号		混合料水分（%）	混合料粒度（mm）					
			＞6.3	6.3～5.0	5.0～3.15	3.15～2.0	＜1.0	＜3.15
改造前	1	7.10	9.44	14.16	26.07	14.68	12.30	50.33
	2	7.00	9.86	12.48	22.09	19.08	11.79	55.41
	3	6.90	11.76	10.99	25.90	16.99	17.79	51.35
改造后	1	5.80	14.53	10.69	33.14	17.81	7.17	40.50
	2	6.00	17.43	14.25	32.88	17.40	4.88	35.44
	3	5.70	14.78	15.50	33.24	17.93	4.31	36.48

表 13　烧结混合料的制粒效果（%）

制粒效果	混合料粒度（mm）						
	＞15	15～10	10～5	5～4	4～2.5	2.5～1.2	＜1.2
一混前	—	7	20	7.4	23.5	13.7	22.4
一混后	1.45	6.15	18.9	4.45	20.55	15.10	33.40
二混（制粒）后	1.45	6.4	22.0	6.4	35.35	16.20	12.20

表 14　混合制粒的混匀效率

名称		代号	化学成分（%）				H₂O（%）
			TFe	CaO	SiO₂	C	
一混		η	0.895	0.87	0.764	0.78	7～9
		m	0.035	0.043	0.056	0.082	
二混（制粒）		η	0.936	0.926	0.916	0.761	5～10
		m	0.024	0.02	0.031	0.082	

注：η 为混匀效率，其值越接近 1，混合效果越好；m 为混合料均匀系数。

表 15　二次混合（制粒）后的粒度组成（%）

取样编号	制粒前粒度组成（mm）				二混（制粒）后粒度组成（mm）			
	>8	8～5	5～3	3～0	>8	8～5	5～3	3～0
1	20	20	30.3	29.7	24.8	20.8	27.2	27.2
2	18.9	20	19.4	41.7	25.2	24.4	26.0	24.4
平均	19.45	20	24.9	35.7	25.0	22.6	26.6	25.8

5.3.2 混合制粒设备采用圆筒混合机和圆筒制粒机。大中型烧结机的圆筒混合机和圆筒制粒机应采用刚性支承托辊、齿轮转动形式；在主电动机与减速机之间采用限矩型液力耦合器；传动装置均应设置微动传动装置；滚圈与支承托辊和挡轮、开式齿轮副之间采用喷油润滑。当用多台小型圆筒制粒机时，也可采用胶轮传动形式。

在混合制粒设备内，宜多方面采用强化混合制粒的措施：添加生石灰，适当提高充填率，延长混合制粒时间，含铁粉尘泥渣预先制粒，混合段装设扬料板，进料端设导料板，在圆筒制粒机内及出料端安装挡圈，采用含油尼龙衬板和雾化喷水等，此外也有采用锥形逆流分级制粒的。

5.3.3 为了保证混合制粒效果，应有足够的混合制粒时间（见表16）。

表 16　混合制粒时间与混合效果

混合制粒时间（min）	混合料水分（%）	粒级含量（%）	
		3～1mm	1～0mm
1.5	7.4	21.1	41.5
3.0	7.4	24.7	35.1
4.0	7.3	27.3	32.1
5.0	7.2	30.2	24.8

过去国内铁精矿烧结混合制粒时间，一般为2.5～3.0min，一次混合为1min左右，二次混合（制粒）为1.5～2.0min。多年生产实践证明，不论以铁精矿为主的混合料还是以铁粉矿为主的混合料，混合时间均显不足。现在国内外烧结厂混合制粒时间都增加到5～9min（包括固体燃料外滚的时间在内），如日本君津厂为8.1min，前釜石厂达9min。我国近年投产和设计的一次、二次（制粒）和三次混合（固体燃料外滚）机混合制粒时间基本在这一范围内。

5.3.4 国内外烧结厂混合机充填率，一次混合机为10%～16%，二次混合（制粒）机为9%～15%。日本大分厂1#烧结机一次混合机充填率为10%，二次混合为9%。我国近年投产和设计的一次混合机和二次混合机充填率也在这一范围内。

5.4　布料、点火与烧结

5.4.2 烧结机应力求实现大型化。同样条件，建设一台大型烧结机与建设多台小型烧结机相比，具有很多明显的优点。德国鲁奇公司对西欧的一个厂进行了核算，当烧结机面积增大两倍时，每吨烧结矿的基建费大约可节省15%～20%，运转费可降低5%～10%，建一台300m²的烧结机要比三台100m²的烧结机投资省25%。而日本报道的数字为：同等规模，当建设的烧结机面积为100m²、300m²、500m²时，相对的基建费为1.00、0.68和0.56，相对的运转费为1.0、0.865和0.84。国内曾在工程中对采用一台252m²烧结机还是采用两台130m²烧结机和对采用一台330m²烧结机还是采用两台165m²烧结机的方案进行过比较，见表17和表18。

表 17　一台252m²与两台130m²烧结机比较表

序号	项　目	1×252m²烧结机	2×130m²烧结机	差值
1	烧结矿产量（万t/a）	240	247	−7.0
2	基建投资（%）	100	113.1	−13.1
3	每吨成品烧结矿投资（%）	100	109.9	−9.9
4	单位烧结面积投资（%）	100	109.9	−9.9
5	运转费（%）	100	104.7	−4.7
6	劳动生产率（%）	100	90.9	+9.1
7	投资还本期（a）	5.6	6.5	−0.9

表 18　一台330m²与两台165m²烧结机比较表（可比部分）

序号	项　目	1×330m²烧结机	2×165m²烧结机	差值
1	烧结矿产量（%）	100	100	—
2	原料、熔剂、燃料条件	相同	相同	—
3	建设资金（%）	100	115.3	−15.3
4	设备重量（%）	100	114.3	−14.3
5	装机容量（kW）	约31040	约32500	−1460
6	土建工程量（%）	100	112.6	−12.6

序号	项　目	1×330m² 烧结机	2×165m² 烧结机	差值
7	运转费（%）	100	106.0	−6.0
8	劳动生产率（%）	110	100	+10
9	焦炉煤气消耗量（kJ/a）	287.43×10⁹	294.88×10⁹	−7.55×10⁹
10	电耗量（kW·h/a）	137.2×10⁶	145.78×10⁶	−8.58×10⁶
11	生产新水耗量（m³/a）	106.33×10⁴	120.05×10⁴	−13.72×10⁴
12	工业循环水耗量（m³/a）	445.9×10⁴	514.5×10⁴	−68.6×10⁴
13	生活新水耗量（m³/a）	34.3×10⁴	44.59×10⁴	−10.29×10⁴
14	烧结矿质量	好	较好	—
15	生产管理	方便	较不方便	—
16	自动控制	容易	较不容易	—
17	环保治理	容易	较不容易	—

表 17 和表 18 说明，建大型烧结机除建设资金、设备重量、装机容量、土建工程量、运转费及焦炉煤气、电、水消耗量均少外，还有劳动生产率高、烧结矿质量好、生产管理方便、易于环保治理和实现自动控制等优点。

此外，大型烧结机的建设资金低、固定资产少，同样条件下每年的折旧费和修理费进入烧结矿成本数量少。因此，大烧结机所生产的烧结矿成本要低。烧结机大型化在国内外已成趋势。

但是，需要特别指出的是，当一台烧结机对一座高炉时，会存在生产和检修不平衡的问题，对此，国内外普遍采用料场贮存烧结矿来解决。

5.4.3 带式烧结机应采用新型结构。烧结机新型结构是指：头部和尾部都采用星轮装置，使烧结机运转平稳；头部星轮自由侧轴承座要能沿烧结机纵向移动±20mm，以实现烧结台车调偏；尾部应采用水平移动架，作为台车受热膨胀的吸收机构，并设行程限位开关，移动架的平衡重锤应设事故开关，均与主机联锁；主传动装置采用柔性传动装置，并设置定扭矩联轴器及其转差检测装置，柔性传动装置本身还应有极限过载保护措施；主传动电动机和布料传动电动机均应采用变频调速三相异步电动机，头部给料采用主闸门和辅助闸门，使混合料布料平整均匀；台车梁与箅条之间设置隔热件，保护台车车体，烧结机骨架采用装配式焊接结构；风箱宜采用双侧吸入式，保证烧结机均匀抽风；烧结机头尾风箱端部密封应采用密封性好、灵活、适用、可靠的浮动式密封装置；头尾轴承、风箱滑道采用智能集中润滑系统。

5.4.5 铺底料技术是多年来烧结技术发展的主要成果之一，不仅有保护烧结设备的良好作用，而且可以稳定操作、提高烧结矿的产量和质量，减少烧结烟气含尘量，并已在国内外烧结厂普遍采用。

铺底料槽铺底料贮存时间，基本等于烧结时间、冷却时间、整粒系统分出铺底料的时间及胶带输送时间的总和。但由于各种原因和实际配置上的困难，铺底料槽铺底料贮存时间可考虑 1～2h。

5.4.6 厚料层烧结是指采用较高的料层进行烧结。厚料层烧结的自动蓄热作用可以减少燃料用量，使烧结料层的氧化性气氛加强，烧结矿中 FeO 的含量降低，还原性变好。同时，少加燃料又能大量形成以针状铁酸钙为主要粘结相的高强度烧结矿，使烧结矿强度变好。此外，由于是厚料层烧结，难以烧好的表层烧结矿数量减少，成品率提高。国内一台烧结机改造，料层厚度由 500mm 提高至 600mm 后，每吨成品烧结矿工序能耗降低 1.15kg 标准煤，转鼓强度提高 2.5%，烧结矿平均粒度提高 2mm，成品率上升 1.4%，返矿量降低 23.8%，FeO 降低 0.58%。我国大中型烧结机 2004 年平均料层厚度为 624.2mm，以烧结铁粉矿为主平均为 644.7mm，以烧结铁精矿为主平均为 572.1mm，最高为 729mm。而 2003 年以烧结铁粉矿为主平均仅为 628.2mm，以烧结铁精矿为主仅 557.4mm，最高为 675mm。因此，大中型烧结机的料层厚度（包括铺底料厚度），以铁精矿为主，采用小球烧结法时宜等于或大于 580mm，以铁粉矿为主宜等于或大于 650mm。特殊情况应通过试验或借鉴同类厂经验确定。

5.4.7 热风烧结是将冷却机的热废气引入点火保温炉后面的密封罩内，使烧结表层继续加热，可以改善烧结矿的强度，降低燃耗。目前国内一些烧结厂采用的是依靠冷却机鼓风余压、抽风负压和热压差来进行热风烧结的。有些厂用得好，不少厂不行。关键是：要有足够的鼓风余压、抽风负压和热压差，将烧结机热风烧结区密封好并及时对热风管道进行清灰。

5.4.9 烧结混合料组成不同，点火温度也各异。特殊原料的适宜点火温度，应由试验确定。我国烧结厂点火温度为 1000～1200℃。实践证明，点火温度不应大于 1200℃。为节省能源并达到良好的效果，点火温度在 1000～1100℃ 为好。

点火时间的长短与点火温度和点火时的总供热量有关。点火温度过高，时间过长，会使料层表面熔化，反之又会使料层烧不好。国内外经验表明，点火温度在 $1000 \sim 1200℃$ 时，点火时间以 $1 \sim 1.5\text{min}$ 为宜。

目前，我国烧结厂点火最普遍用的是高热值煤气或高热值煤气与低热值煤气配合使用。煤粉、发生炉煤气点火，因其投资大、成本高以及环保等原因，不宜采用。重油点火虽然热值高，但由于存在许多缺点并且供应困难，不宜采用。

过去，我国烧结厂普遍采用单功能的点火炉，这种点火炉能耗高，混合料表层点火质量不好。近年已逐步采用多功能的点火保温炉，由点火段和保温段组成，优点是表层烧结矿产质量改善。预热点火炉是防止点火时混合料产生爆裂的点火炉，多用于褐铁矿、锰矿烧结，也有应用于铁矿烧结的。

新型节能点火保温炉应具备如下特点：

1 点火段采用直接点火，烧嘴火焰适中，燃烧完全，高效低耗。

2 点火炉高温火焰带宽适中，温度均匀，高温持续时间能与烧结机速匹配，烧表层点火质量好。

3 耐火材料采用耐热锚固件结构组成整体的复合耐火内衬，砌体严密，寿命长。

4 点火炉的烧嘴不易堵塞，作业率高。

5 点火炉的燃烧烟气有比较合适的含氧量，能满足烧结工艺的要求。

6 采用高热值煤气与低热值煤气配合使用时可分别进入烧嘴混合的两用型烧嘴，煤气压力波动时不影响点火炉自动控制，节约了煤气混合站的投资。

7 施工方便，操作简单安全。

5.4.10 大中型烧结机单辊破碎机辊轴轴心、辊轴轴承座应通水冷却。大型单辊破碎机的箅板可调头使用，通水与否视具体情况而定。辊齿齿冠和箅板工作部位均应堆焊高温耐磨合金焊条，冷态时表面硬度 $HRC \geqslant 60$。单辊传动电动机与减速机之间应设置定扭矩联轴器和转差检测装置。

5.4.11 过去，烧结机尾都采用热矿筛分工艺。筛分设备为固定筛或振动筛，筛出的热返矿预热混合料。主要优点是利用了热返矿的热能，缺点是很难稳定烧结生产，环境又差。由于热矿筛，特别是热矿振动筛投资既多 3.3%，又长期处于高温、多尘的环境中工作，事故多，筛子寿命短，检修工作量也大，烧结机作业率比无热矿筛要低 1%～2%，而固定筛筛出的成品烧结矿又多，且大于 400m^2 的大型烧结机又无振动筛可以匹配。基于这些原因，1973 年以后日本新建的 12 台烧结机中就有 9 台取消了热矿振动筛。日本福山 4# 烧结机进行了取消热筛分的试验，试验结果表明，只要冷却机的风机风压提高 147Pa，烧结矿的强度和烧结矿产量几乎和设有热筛分一样（见表19）。原日本若松烧结厂取消热筛分的实践也证明，只要冷却机的风机风量增加 15%～20%，就可以得

到与设有热筛分相同的结果。国内一台 360m^2 烧结机于 2004 年 1～2 月（环境温度平均为 $-18℃$）进行了 1 个月的工业试验。试验表明，取消热矿筛后，烧结矿产量增加了 2.49%，固体燃耗降低了 1.1kg/t，煤气降低了 0.006GJ/t，电耗降低了 0.5kW·h/t，按年产 360 万吨烧结矿计算，仅节能就可降低成本260 万元。此外还减少了设备维修量，每年仅备件费就可减少 110 万元。试验证明，东北地区取消热矿筛是可行的，但必须保证不降低混合料温度。我国近年投产和设计的大中型烧结机，以铁粉矿为主要原料的几乎都取消了热矿筛。以铁精矿为主要原料的，即使在寒冷的地区也有部分厂取消了热矿筛。

表 19　有热筛与无热筛比较

指标名称	使用热筛	取消热筛
利用系数〔t/（m²·h）〕	1.55	1.51
返矿（kg/t）	393	365
转鼓指数（%）	65.3	65.5
抽风负压（Pa）	17748	17865
风箱温度（℃）	301	317
烧结矿温度（℃）	29	41.6
返矿温度（℃）	96	41
混合料温度（℃）	34	24
冷却风机负压（Pa）	3587	3734

取消热矿筛分工艺后，主要优点是简化了烧结工艺，消除了热矿筛和处理热返矿这两大薄弱环节，节省了投资，提高了烧结机作业率，改善了环境，烧结生产也得到了稳定。

5.5　烧结抽风与烟气净化

5.5.1、5.5.2 过去薄料层烧结时，主抽风机前的负压约为11.8kPa左右。目前采用厚料层烧结且设计的每分钟单位烧结面积平均风量有所上升，大中型烧结机主抽风机前的负压相应提高，宜取 15.0～17.2kPa。我国近年投产和设计的部分大中型烧结机每分钟单位烧结面积平均风量和主抽风机前的负压几乎都在这一范围内。

5.5.3 大中型烧结机宜设双降尘管，考虑以下因素：

1 烧结烟气必须进行脱除有害气体时，应选择双降尘管，其中一根降尘管抽取脱除段的烟气。

2 目前烧结烟气有害气体浓度较低，可采用高烟囱排放；采用双降尘管，可以预留脱除设施位置，以适应含铁原料、熔剂和固体燃料的变化和我国环保要求越来越严的需要。

3 大型及中型偏大的烧结机，由于台车宽度宽，为提高烧结效果和设备运转平稳可靠，宜采用双吸风式的风箱和双降尘管。

4 双降尘管能降低烧结主厂房高度。

降尘管的流速在以烧结铁精矿为主时，取 10～15m/s，烧结铁粉矿流速可大于 15m/s，450m² 烧结机烟气流速可达 16.5m/s。

5.5.4 我国大中型烧结机机头都采用高效卧式干法电除尘器处理烟气，除尘效率高，目前能满足国家对排放标准的要求，而且稳定、维修简单、运行可靠。烧结机机头采用的电除尘器又有超高压宽极距与普通型之分。其性能比较见表 20。大型偏大的烧结机宜选用超高压宽极距电除尘器。

表 20　超高压宽极距与普通型电除尘器比较

指标名称	超高压宽极距	普通型
电压（kV）	90	50
机内速度（m/s）	1.3	1.0
可捕集粉尘粒子（μm）	>0.01	>0.1
除尘比电阻（Ω·cm）	10^1～10^{14}	10^5～10^{11}
极线	星型	芒刺型
极板	C型	CSV型
间距（mm）	600	300
维修运行	维修方便、运行稳定	不方便、不稳定

5.5.5 机头电除尘器要防止烟气温度过高，过高可能会引起电除尘器燃爆。应设置自动开闭的冷风吸入阀，使烟气温度始终控制在要求的范围内，保持正常工作状况。

5.5.7 烧结烟气通过烟道和烟囱，最后排入大气。我国烟气在烟囱的出口流速为 10～25m/s（150℃）。

烟囱出口的烟气流速大小与烟气中有害气体的排放和含尘浓度有关，也与烟囱出口直径有关。流速小，烟囱出口直径大，整个烟囱投资增加。但流速过快，也会加剧烟囱磨损。

烟囱高度虽然可以通过计算得出，但确定烟囱高度应考虑的因素很多。首先要考虑烟气中含有害气体与含尘量能否达到国家允许排放标准。设计中确定烟囱高度时应注意下列因素：

1 含铁原料及固体燃料条件。

2 烟气中含尘及有害气体浓度。

3 建厂地区的环保标准。

4 建厂地区的居民区及旅游区等的状况。

5 建厂地区的气象条件。

6 烟囱塔架上是否安装环保与气象的取样及检测仪表。

7 烟气进入烟囱前是否设有脱除有害气体装置。

8 周围是否有航空、电台等特种设置。

我国大中型烧结机近年修建的烟囱高度，由于烧结技术进步和装备水平提高，烧结设备大型化以及国家环境保护的严格控制，烧结厂烟囱高度也在增加，

我国有的烟囱高度已达 200m。日本烧结厂烟囱最高为 230m，德国烧结厂烟囱最高为 243m，美国烧结厂烟囱最高为 360m。

5.6　烧结矿冷却

5.6.1 烧结矿冷却有机外冷却和机上冷却两种形式。机外冷却的冷却机有抽风式和鼓风式两种方式。抽风式冷却机已逐步淘汰；鼓风式冷却机有环式冷却机、带式冷却机等。鼓风带式冷却机的优点是可以满足多台烧结机同时布置于一个主厂房内，布料均匀兼有运输烧结矿的作用；缺点是有效冷却面积利用率太小，仅约 40% 左右，设备相当贵。而鼓风环式冷却机的优点是料层高、占地少、结构简单、便于操作、易于维护、设备费便宜。故我国大中型烧结机应采用鼓风环式冷却机。但鼓风环式冷却机包括其结构还需进一步改进，漏风也需进一步治理。

鼓风环式冷却机采用与台车数量相对应的正多边形回转框架，提高回转框架刚度；采用摩擦传动，配置紧凑；台车两侧与风箱之间采用两道橡胶密封装置，提高密封和冷却效果；传动电动机与减速机之间设定扭矩联轴器，其传动电动机应采用变频调速三相异步电动机；鼓风机轴承及其电动机轴承，定子绕组均应设置测温并报警，定子绕组应设置加热器；南方地区大型鼓风机轴承应采水冷。

5.6.2 鼓风冷却的冷烧面积比，以 0.9～1.2 为宜。我国 450m² 的大型烧结机为 1.02，冷却效果良好，生产正常，设备运转稳定可靠。

机上冷却的冷烧比，国外较低，而国内较高，为 1.0 左右。具体采用时，应根据原料的不同，由试验确定。

5.7　烧结矿整粒

5.7.1 我国近年新建，改、扩建和设计的大中型烧结机都采用了冷烧结矿整粒工艺。烧结矿整粒之所以受到如此重视是基于以下原因：

1 可以获得合格的烧结机铺底料，有利于环境保护。据测定，没有采用铺底料的老烧结机，机头除尘器前的烟气含尘浓度一般高达 2～5g/m³；而有铺底料的只有 0.5～1.0g/m³ 左右。

2 采用铺底料，混合料可以充分烧透，从而提高烧结矿和返矿的质量，减少炉箅条消耗，延长主抽风机转子和主除尘系统使用寿命。

3 烧结矿整粒后，成品烧结矿粒度均匀，粉末少。国内有个厂采用整粒工艺后，出厂成品烧结矿中小于 5mm 的粉末由原先的 12.28% 降至 7.5%，而 10～25mm 的粒度提高了 5.17%，高炉焦比降低了 7.31kg/t，生铁产量增加 143.2t/d，即增加 5.5%。

5.7.2 “七五”以来，我国很多烧结机都采用烧结矿冷破碎和四次筛分的流程（见图 1），日本很多烧

结机也都采用这种流程。由于我国高炉栈桥下大块烧结矿很少，有的厂把双齿辊破碎机间隙调大，使其不起作用，有的干脆拆除不用。此后，新建和改、扩建的大中型烧结机一般都不用冷破碎设备，仅设三段冷筛分工艺（见图2）。上述两种流程能够较合理地控制烧结矿上、下限粒度和铺底料粒度，成品粉末少、检修方便、布置整齐，是一个较好的流程。而很多烧结机，采用的是其改良型，即先分出小粒度的烧结矿进三筛（见图3）。

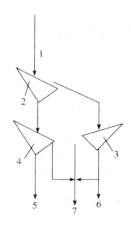

图3 采用单层筛作三段筛分的流程图（改良型）

1—150～0mm；2—一次振动筛，筛孔 10～20mm；
3—二次振动筛，筛孔 16～20mm；4—三次振动筛，
筛孔 5mm；5—返矿；6—铺底料；7—成品

近年来，烧结矿冷振动筛多采用椭圆等厚筛。椭圆等厚筛为椭圆振动，集直线振动筛和圆振动筛两者的优点，能使物料在筛面上具有不同的筛分参数，筛分过程进一步优化，筛面上的物料易于流动、分层和透筛，因而筛分效率高（可达85%）、处理量大；采用二次隔振系统，减振效果好，设备运转平稳、噪声低；采用三轴驱动，改善了筛箱侧板的受力状况，减小了单个轴承的负荷，提高了设备的可靠性和使用寿命。

5.7.5 烧结厂的整粒系统应布置为双系列。双系列有三种形式：第一种形式是每个系列的能力为总能力的50%，设置有可移动的备用振动筛作为整体更换，以保证系统的作业率。第二种形式是每个系列的能力与总生产能力相等，即一个系列生产，一个系列备用。第三种形式是每个系列能力为总生产能力的70%～75%（或50%），中间不再设置整体更换筛子，即当一个系列发生故障时，工厂只能以70%～75%的能力维持生产。由于受筛子能力的限制，大型偏大的烧结机大多采用第一种、第三种形式。而第二种形式多用在中型或大型偏小的烧结机，但一些中型偏小的烧结机也可采用一个成品整粒系列并设旁通。

5.8 成品烧结矿质量、贮存及其输出

5.8.1 国内大中型烧结机 2004 年成品烧结矿质量实例见表21。

5.8.2 由于炼铁和烧结工作制度和作业率有差异，设备检修及设备事故处理不协调。为了保证高炉生产，提高烧结机作业率，有必要考虑成品烧结贮存。

成品烧结矿贮存一般有料场贮存和成品矿仓贮存两种方式。根据生产实践经验，矿仓贮存时间宜为8～12h。大型烧结厂成品烧结矿贮存不宜设矿仓，而应设料场贮存。

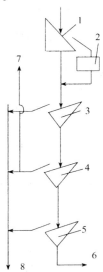

图1 采用固定筛和单层振动
筛作四段筛分的流程图

1—固定筛，筛孔 50mm；2—双齿辊破碎机；
3—一次振动筛，筛孔 18～25mm；4—二次振动
筛，筛孔 9～15mm；5—三次振动筛，筛孔 5～
6mm；6—返矿；7—铺底料；8—成品

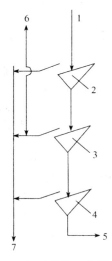

图2 采用单层振动筛作三段筛分的流程图

1—150～0mm；2—一次振动筛，筛孔 18～25mm；
3—二次振动筛，筛孔 9～15mm；4—三次振动筛，
筛孔 5～6mm；5—返矿；6—铺底料；7—成品

表 21　国内部分烧结机 2004 年烧结矿的质量

序号	合格率 (%)	一级品率 (%)	TFe (%)	FeO (%)	SiO₂ (%)	CaO/SiO₂ (倍)	CaO/SiO₂≤ ±0.08	TFe≤±0.5 (%)	ISO 转鼓指数 (%)	出厂含粉率 <5mm (%)
1	99.95	99.11	58.43	7.63	4.55	1.89	99.62	99.80	82.58	3.20
2	97.36	87.64	57.15	6.66	5.42	1.76	89.04	90.95	76.67	4.71
3	97.78	87.03	57.87	7.08	5.03	1.78	86.56	90.81	77.21	6.14
4	95.90	80.33	58.04	6.99	4.74	1.78	54.72	88.76	77.09	5.79
5	97.34	80.12	57.21	8.03	4.58	2.06	91.57	79.32	82.3	6.27
6	93.82	89.08	57.32	7.98	4.73	1.93	86.09	96.66	75.64	—

6　能源与节能

6.0.1　我国烧结厂的工序能耗包括：固体燃料（焦粉和无烟煤），点火煤气、水、电、蒸汽、压缩空气、氮气等。由于近年来不断开发应用新工艺、新技术、新设备和新材料，我国烧结机的工序能耗逐年下降。2003 年，大、中型烧结机每吨成品烧结矿工序能耗平均分别为 65.9kg 标准煤和 74.25kg 标准煤。2004 年，大型烧结机工序能耗平均为 65.8kg 标准煤，固体燃料约占工序能耗的 74%，电占 21.8%；中型烧结机为 70.6kg 标准煤，固体燃料和电分别占工序能耗的 69% 和 24%。2005 年，工序能耗仍在下降。因此，采用常规工艺和一般的含铁原料时，不扣除余热回收蒸汽或电所折算的能耗，采用了本规范所定的工序能耗指标。

　　点火煤气取值为：采用焦炉煤气宜取 0.08GJ/t 以下，采用高热值与低热值煤气配合使用取 0.1GJ/t 以下，采用低热值煤气（高炉煤气）加上预热所需的煤气取 0.3GJ/t 左右。

6.0.3　烧结能耗的降低依赖于投入能源，包括固体燃料、煤气、电等的减少和余能余热的回收利用。目前，我国已有不少大中型烧结机利用热管、翅片管余热锅炉回收冷却机的余热，但效率较低，而回收烧结机尾的余热则属个别，应大力发展。

　　余热利用的设备选型要先进可靠，投资回收期应尽可能短。

7　电气与自动化

7.2　自　动　化

7.2.1　新建的大中型烧结厂，应具有较高自动控制水平，应设置完善的过程检测和控制项目，采用三电合一计算机控制系统，并应用国内先进、成熟的烧结控制软件，实现全厂生产过程自动控制。仪表检测、控制参数均纳入到计算机控制系统，通过计算机控制系统，对生产过程进行集中操作、监视、控制和管理。

　　1　具有完善的工艺过程参数检测，主要的检测控制项目如下：

　　矿槽料位连续测量及越限报警、联锁；
　　混合机添加水低压报警、联锁；
　　混合机添加水流量测量与控制；
　　混合料水分测量与控制；
　　烧结机速度、圆辊给料机速度测量及控制；
　　点火炉温度测量与控制；
　　点火炉煤气、空气流量测量；
　　点火炉炉内微压测量；
　　点火炉煤气、空气压力测量及低压报警，低低压切断煤气管煤气；
　　煤气总管压力测量与控制；
　　风箱废气温度、负压测量；
　　降尘管废气温度、负压测量；
　　烧结机料层厚度测量及控制；
　　环冷机速度测量及控制；
　　板式给矿机速度测量及控制；
　　铺底料槽、混合料矿槽、环冷机卸矿槽料位连续测量及控制；
　　环冷机烧结矿温度检测；
　　环冷机冷却风机出口压力测量；
　　主要工艺设备冷却水低压、低流量报警、联锁；
　　主要风机电机轴承温度、定子温度测量、极限报警；
　　主电除尘器出口烟气粉尘浓度测量；
　　主电除尘器出口烟气 SO₂、NOₓ、CO 含量测量；
　　主电除尘器出口烟气负压、温度、流量测量；
　　主电除尘器灰斗料位上、下限报警联锁；
　　进厂原料、出厂成品、能源介质计量；
　　除尘器进、出口废气负压测量；
　　除尘器出口废气流量测量；
　　除尘器出口废气粉尘浓度测量；
　　除尘器灰斗料位上、下限报警联锁。

　　2　具有先进的控制功能，主要包括以下项目：
　　配料槽料位管理；
　　配比计算及控制；
　　混合料加水控制；
　　混合料槽料位控制；
　　料层厚度控制；

返矿槽料位控制；

铺底料槽料位控制；

环冷机卸矿槽料位控制；

点火炉燃烧控制；

烧结终点计算与控制；

烧结机、圆辊给料机、环冷机速度控制。

3 具有与生产操作要求相适应的先进的工况管理手段，主要包括以下内容：

原料和产品的理化性能、成分、质量指标分析；

生产报表的打印；

报警数据的记录；

重要工艺参数的趋势记录；

与上级管理及有关部门的数据通信网络。

8 计量、检验、化验与试验

8.1 计 量

8.1.1 固体物料的计量包括热返矿计量和冷固体物料的测量与计量。

1 热返矿计量：由于热返矿温度高，可采用冲板式流量计测量。

2 冷固体物料的测量与计量：一般采用电子皮带秤进行测量与计量。烧结厂安装电子皮带秤比较普遍，用电子秤计量主要有：

含铁原料、熔剂、燃料、辅助原料；

成品烧结矿输出；

高炉返矿；

厂内铺底料；

厂内冷返矿等。

8.1.2 气态与液态物质的计量包括水、压缩空气、蒸汽的计量，一般均采用各种流量计与孔板进行测量与计量。煤气采用孔板测量与计量。

8.2 检验、化验

8.2.1 大中型烧结机取样量大，取样项目多，精度要求高，宜采用自动定时取样。对于劳动环境不好和有危险的场合，更应采用自动定时取样。

自动取样设备有带式取样机、截取式取样机、溜槽截取式取样机、箱式取样机等。带式取样机适用于料流大的粉状物料、混合料、烧结矿等。对于取样量不太大和少量取样时，可采用溜槽式和箱式取样机。其他回转式、勺式等取样机，可根据具体情况选定。

8.2.2 原料检验内容主要是物理性能（粒度、水分等）和化学成分。烧结矿检验除物理性能、化学成分外，尚应进行冶金性能检验。检验方法，应按国家标准、行业标准以及有关规定执行。

8.2.3、8.2.4 烧结厂对原燃料熔剂及其成品的测定项目、检验分析内容、取样制度和取样地点，各厂差别不大。

取样制度与检验分析内容有关。检验分析内容不同，取样制度也不同。对生产操作影响明显的项目，取样次数应增加。

取样地点因物料运输方式、贮存设施、加工设备、料流转运状况等不同而异。

测定项目与检验分析内容，根据原料成分不同相应有所增减（如对有害元素 As、Sn、Pb、Zn 是否进行分析等）。

测定项目与检验分析内容、取样制度、取样地点见表 22。

表 22 烧结厂原料、成品取样制度与取样地点

取样对象	测定项目		检验分析内容	取样制度	取样地点
粉矿、筛下粉矿、混匀矿	粒度组成		+10mm，10～8mm，8～5mm，5～3mm，3～1mm，1～0.5mm，5～0.25mm，0.25～0.125mm，0.125～0mm	1 次/d	进厂前
	成分		TFe，FeO，CaO，SiO$_2$，MgO，Al$_2$O$_3$，S，P，Na$_2$O，K$_2$O，烧损	1 次/d	进厂前
	水分		—	1 次/班	进厂前
高炉返矿	粒度组成		+5mm，5～3mm，3～1mm，1～0.5mm，0.5～0.25mm，0.25～0.125mm，0.125～0mm	1 次/2d	配料槽
	成分		TFe，FeO，CaO，SiO$_2$，MgO，Al$_2$O$_3$，MnO，S，P，C	1 次/5d	配料槽
原料、烧结、高炉、转炉尘	粒度组成		+0.5mm，0.5～0.25mm，0.25～0.125mm，0.125～0.074mm，0.074～0mm	1 次/10d	粉尘槽
	成分		TFe，CaO，SiO$_2$，MgO，Al$_2$O$_3$，MnO，TiO$_2$，P，S，Zn，Cu，C	1 次/月	粉尘槽
高炉泥、转炉泥	水分		—	1 次/5d	粉尘槽
	成分		TFe，CaO，SiO$_2$，MgO，Al$_2$O$_3$，P，TiO$_2$，S，C	1 次/5d	粉尘槽
焦粉	粒度组成	破碎前	+25mm，25～20mm，20～15mm，15～10mm，10～5mm，5～0mm	1 次/d	燃料破碎室
		破碎后	+5mm，5～3mm，3～1mm，1～0.5mm，0.5～0.25mm，0.25～0.125mm，0.125～0mm	1 次/8h	粉焦胶带输送机

取样对象	测定项目		检验分析内容	取样制度	取样地点
焦粉	成分		挥发分，S，C，灰分（CaO，SiO₂，Al₂O₃，MgO）	1次/月	粉焦胶带输送机
石灰石、白云石	粒度组成	破碎前	+80mm，80～40mm，40～25mm，25～10mm，10～3mm，3～0mm	1次/班	熔剂仓
		破碎后	+10mm，10～5mm，5～3mm，3～1mm，1～0.5mm，0.5～0.25mm，0.25～0.125mm，0.125～0mm	1次/班	石灰石粉胶带输送机
	水分		—	1次/班	配料槽
	成分		CaO，SiO₂，MgO，Al₂O₃，烧损	1次/5d	配料槽
			TFe，CaO，SiO₂，MgO，Al₂O₃，P，S，烧损	1次/月	配料槽
生石灰	粒度组成		+3mm，3～1mm，1～0.5mm，0.5～0.25mm，0.25～0.125mm，0.125～0mm	1次/班	配料槽
	成分		SiO₂，CaO，MgO，Al₂O₃，S，活性度，残留 CO₂，烧损	1次/月	配料槽
返矿	粒度组成		+10mm，10～8mm，8～5mm，5～3mm，3～1mm，1～0.5mm，0.5～0.25mm，0.25～0.125mm，0.125～0mm	1次/d	返矿胶带输送机
	成分		TFe，CaO，SiO₂，MgO，Al₂O₃，TiO₂，MnO，S，P	1次/5d	返矿胶带输送机
			TFe，FeO，CaO，SiO₂，MgO，Al₂O₃，TiO₂，MnO，Zn，Na₂O，K₂O，Pb，S，P，C	1次/月	返矿胶带输送机
混合料	粒度组成		+10mm，10～8mm，8～5mm，5～3mm，3～1mm，1～0mm	1次/班	制粒后胶带输送机
	水分			1次/班	制粒后胶带输送机
	成分		TFe，FeO，CaO，SiO₂，MgO，Al₂O₃，TiO₂，MnO，S，P	1次/2d	制粒后胶带输送机
			TFe，FeO，CaO，SiO₂，MgO，Al₂O₃，TiO₂，MnO，Zn，Na₂O，K₂O，Pb，Cu，S，P，C	1次/月	制粒后胶带输送机
成品烧结矿	粒度组成		+40mm，40～25mm，25～10mm，10～5mm，5～0mm	1次/2h	成品胶带输送机
	转鼓强度		经标准转鼓试验后，+6.3mm 百分比含量	1次/2h	成品胶带输送机
	低温还原粉化率		按标准检验方法检验后，+3.15mm 百分比含量	1次/4h	成品胶带输送机
	还原度		按标准检验方法还原后测定还原性	1次/2d	成品胶带输送机
	成分		TFe，FeO，CaO，SiO₂，MgO，Al₂O₃，TiO₂，MnO，P，S	1次/4h	成品胶带输送机
			TFe，FeO，CaO，SiO₂，MgO，Al₂O₃，MnO，TiO₂，S，P，Zn，Na₂O，K₂O，Pb，Cu，C	1次/月	成品胶带输送机
铺底料	粒度组成		+25mm，25～20mm，20～10mm，10～5mm，5～0mm	抽查	铺底料胶带输送机

8.3 试 验

8.3.1 烧结厂设立烧结试验室（或集中在钢铁公司试验中心）的主要目的是为了探讨提高烧结矿产量和质量以及降低消耗的措施和开发新工艺。对于原料条件复杂和多变的烧结厂，通过试验找出适宜的配比和最佳的烧结制度。

试验室试验项目通常有变料试验、条件试验以及其他试验（如烧结脱硫、烧结参数确定等）。

9 设备检修及检修装备

9.0.1 烧结厂设备备件与易耗件的品种主要有铸钢件、铸铁件、锻件、铆焊件、结构件、有色金属铸造加工件等。这些备品备件数量很大，而且加工件占一半以上。国内外烧结厂均是由钢铁公司统一考虑。烧结易损易耗件见表 23。

表 23 日常易损易耗件消耗参考指标

名 称	单 位	消耗指标
热筛筛板	kg/t 烧结矿	0.001～0.008
单辊破碎机齿冠	kg/t 烧结矿	0.007～0.018
四辊破碎机辊皮	kg/t 烧结矿	0.015～0.02（破碎碎焦）
冷筛筛板	kg/t 烧结矿	0.005～0.01
锤碎机锤头	kg/t 石灰石	～0.07
普通运输带	m²/t 单层	0.02～0.05
炉箅	kg/t 烧结矿	0.02～0.06
润滑油	kg/t 烧结矿	0.01～0.04

9.0.2 根据国内外的先进经验,在烧结厂的设备检修中,整体更换(或部件或组装件)可缩短检修时间,有利于提高检修效率。整体更换的规模范围视具体条件与经济状况而定,不宜过多。由于检修条件、技术装备和检修环境等因素的限制而影响检修进度与质量时,要重点考虑。

9.0.4 烧结风机是烧结生产的关键设备,其价格昂贵,必须精心维护与使用。风机转子在下述情况下,必须进行动平衡试验:

1 风机转子在安装使用前。

2 转子磨损经过修补后等。

转子动平衡试验应由钢铁公司统一考虑或外协解决。因为转子平衡台是一种精密而又昂贵的设备,对安装、使用条件和维护管理要求很高,因此必须考虑该设备的利用率和经济效益。

9.0.6 烧结设备检修用起吊设备,应根据烧结厂的规模、设备规格、数量的多少、检修性质、检修周期和检修内容而定。转运站标高12m以上宜设置电葫芦。$1\times450m^2$烧结机设备检修用起吊装备见表24。

表24 $1\times450m^2$烧结机设备检修用起吊装备

设备名称	主要技术规格	台数	用 途
电动桥式起重机	60/20t,跨距17.3m	1	烧结机尾及单辊检修
	20t,跨距17.3m	1	台车、烧结机头及点火炉检修
	75/20t,跨距14m	1	主抽风机检修
电动单梁起重机	15t,跨距3.8m	1	烧结主厂房±0.00平面台车修理
	15t,跨距11m	1	冷破碎及一次冷筛修理
	3t,跨距8m	1	二次成品筛修理
	3t,跨距10m	2	三次、四次成品筛修理
	7.5t,跨距13m	1	粉焦棒磨机传动装置及衬板修理
电葫芦	3t	1	混合料槽及返矿槽修理
	5t	2	单辊箅齿及环冷机台车修理
	10t	1	环冷鼓风机修理
	1t	3	粉焦缓冲仓衬板及胶带机、配料槽下胶带机、圆辊衬板反射板修理
	2t	3	粗焦筛、粉焦筛、反击式破碎机修理

10 环境保护

10.0.2 烧结烟气中的主要有害气体是S和N的氧化物以及As、F等化合物。降低烟气中这些有害气体的主要方法是宜选用优质原料、熔剂和固体燃料,采用有害气体发生量少的新工艺、新设备、新技术。国内有台$450m^2$烧结机通过配矿使原料中的含S成分降低,进而再通过增高烟囱,使烟气中的SO_x浓度达到国家排放标准。采用这种低S原料,经计算SO_2排放量为1992kg/h。按0.006ppm着地浓度标准,当采用200m高烟囱稀释时,允许SO_2排放量为2760kg/h,故不需采取脱除措施。预计将来原料含S量有增高的可能性,而预留了脱除设施的位置。在工艺上也采用了双降尘管、双除尘系统的技术。

烟气脱SO_x技术在日本不少厂已经采用,技术上行之有效,但因烟气量大,SO_x浓度又低,治理措施投资大,不少方法还有二次污染。目前我国大中型烧结机采用高烟囱扩散稀释的方法仍占主导地位,而另一些大中型烧结机正在设计脱SO_x装置。

烟气中有害气体采用一般方法达不到国家、行业和地方规定的排放标准时,必须采取有效的措施,强制脱出烟气中的有害气体。

脱硫方法有钢渣石膏法、氨硫铵法、氢氧化镁法和石灰石膏法等,脱SO_x率均在90%左右。烧结烟气脱NO_x的方法较多,如湿式吸收法、干式法、接触分解法、选择和非选择还原法等。日本川崎公司千叶4#烧结机烟气脱SO_x脱NO_x同时进行,较为合理。脱NO_x效率在90%以上。国内烧结烟气脱F后得到的产品是炼铝工业的主要原料——冰晶石。

10.0.3 机头除尘器最后电场收下的过细灰尘,以及含As等有毒有害的散落物、粉尘及半成品等,不仅要防止二次污染产生,设计中还必须规定严加管理,不准流失。

钢铁公司的含铁粉尘泥渣湿料和干料宜分别进行处理。转炉泥等湿料经处理后送烧结圆筒混合机或加至烧结配料胶带机的料面上,也可与高炉返矿一起搅拌送烧结或原料场。干料经配料、混合、造球后送烧结,也可分别送原料场经混匀后作为烧结原料利用。

近年国内建设的大中型烧结机,环境除尘多采用袋式除尘器和电除尘器。这些除尘器效率高,经处理后排出的废气含尘浓度均能达到国家排放标准。条件允许时应优先采用除尘效率比电除尘器高的袋式除尘器。

烟气和环境除尘应采用高效干式除尘器,因为干式粉尘回收利用简单,便于管理,费用低。

10.0.5 烧结厂的噪声主要来自各种运转设备以及管道阀门等。在设备不断大型化的同时,这种噪声也越来越严重。设计中必须采取措施,防治噪声。防治的办法，目前国内外大多采用低噪声工艺和低噪声设备以及采用隔声、吸声、消声、减振、防止撞击等措施，使噪声达到国家控制标准。

10.0.6 烧结厂绿化不仅能美化环境，而且还能起到吸收有害气体、过滤灰尘、降低噪声以及防风抗旱等作用，对调节小气候，改善环境很有益。但厂区绿化与"三废"治理有密切关系，必须综合考虑。废气净化不好，实现绿化有困难，树木、花草的成活率也不高。因此，烧结厂绿化面积的多少，已成为烧结厂环境保护水平的重要标志之一。

11 安全、工业卫生与消防

11.0.2 烧结厂设计必须有完备的消防、防爆、防雷电、防洪设施，并应符合国家的有关规定。根据产生易燃物质及构成爆炸因素的危险程度不同，对建筑物应采取耐火防爆以及厂区消防供水、报警信号、通信联络等措施。

11.0.3 设备安全运转主要是指设备过载保护、高温保护、润滑及冷却装置、限位缓冲装置、检测信号装置、安全场所与安全距离等。

11.0.4 电气安全必须执行国家有关电气安全规范的规定。劳动环境恶劣场所采用封闭防爆式电气装置。电气设备要有防护和接地装置，煤粉、油罐必须有防止静电及带电作业防护装置等。

11.0.5 防伤害与保障人身安全是指必须设置安全通道、扶梯栏杆、安全标志、安全色、孔洞与沟槽的盖板、管道警告标志、保护罩、防护服等。

工业卫生方面，在设计中主要是解决好在生产过程中产生的尘毒源、放射性与噪声、振动等的危害以及采用的防暑、防寒、防冻、防湿设施和生产区的生活卫生设施，要达到国家卫生标准的要求。

中华人民共和国国家标准

印染工厂设计规范

GB 50426—2007

条 文 说 明

目　　次

1 总　则

1.0.1 本条为制定本规范的目的。

1.0.2 本条为本规范的适用范围。根据印染行业的特殊工艺分类，明确本规范适用于棉、化纤及混纺机织物连续和间歇式印染工厂设计，本规范不适用丝绸印染、针织印染、毛纺印染等工厂的设计及为印染工厂服务的公用工程设施和办公、生活设施的设计。

1.0.5 印染工厂设计涉及国家有关政策、法规和标准、规范，故本条规定在印染工厂设计中除执行本规范外，尚应符合纺织工业企业设计防火技术规定、纺织工业企业环境保护和职业安全卫生等国家现行的有关防火计量、劳动安全卫生、环境保护及各专业相关的法规、标准和规范等。

3　工艺设计

3.1　一般规定

3.1.2 不同的工艺流程，就会选择不同的设备配置，近几年印染设备技术更新发展较快，特别是节水、节能和后整理新技术，需要留有一定的场地和空间，宜留有合理发展的可能。

3.2　工艺流程

3.2.1～3.2.3 印染行业是纺织工业的加工行业，各种纺织品的使用要求不尽相同，印染加工的工艺选择性很大，如选择先进、合理、可靠的工艺流程，可以收到优质、高效、节能、低成本、少污染的效果。在工厂设计时既要符合主要品种的工艺流程，也要考虑能生产其他品种的需要，满足工厂近期生产和远期规划的要求，才能使设计的工厂取得较好的经济效益。

3.3　设备选用

3.3.1 选用的设备应与设计规模相适应，具有设备连续化和机台高效率，操作和维护保养方便，能确保产品质量，降低劳动强度，提高劳动生产率，减少设备配台，能节省基建费用，染化料、水、电、汽单耗低，能降低成本，减少环境污染，确保安全生产。在工厂设计中应尽量采用技术上成熟的，经过鉴定的国产新型印染设备。对少量必须引进的关键设备，也要考虑与国内技贸结合、合作生产的条件，以节约外汇和提高我国印染设备制造技术水平。

4　总图运输

4.1　一般规定

4.1.1 印染工厂总图运输设计过程中出现的各种矛盾应采取多种手段进行协调，加以解决，无论采用何种手段，都应方便生产并节约用地、节省投资。

4.1.2 印染工厂的设计和建设不应搞"大而全"、"小而全"，应充分考虑专业化和社会化的原则，尽量与地方协作，以节约投资，提高经济效益。

4.1.3 印染工厂的生产车间组合成联合厂房已有很多实例，单层锯齿形的练漂、染色车间与多层印花车间并建，或通过内天井连接，以达到节约土地、生产流程短捷的目的。为了严格土地管理，厂前区行政办公及生活设施用地面积占项目总用地面积百分比各省有具体规定，设计中应严格执行。

4.1.4 当设计任务书中未明确分期建设时，根据以往实践经验，大多数印染工厂均有扩（改）建的情况，因此，在总图设计中考虑有发展可能性就比较主动、灵活。

4.2　建（构）筑物布置

4.2.1 本条提出了练漂、染色、印花车间平面布置的应注意事项。

　1 锯齿形厂房一般均为锯齿朝北方位，阳光不会直接射入车间，采光均匀；但练漂、染色车间部分设备蒸汽散逸，湿度大，在冬季气温较低地区的练漂、染色车间北向锯齿厂房内积雾，滴水现象严重，甚至有车间内伸手不见五指的情况。在20世纪70年代中期，部分地区采取锯齿朝南的方位，结合工艺、空调、建筑等有关措施较好地解决了冬季积雾、滴水等问题。如哈尔滨市某纺织印染厂，采用南向锯齿形结构厂房，冬季阳光能射入车间内，对减少车间内滴水及天窗结冰现象有明显效果。

　2 气楼式厂房利用侧向天然采光，气楼两侧天窗通风排气、排雾，一般情况下应选择南北向向。

　3、4 针对染整车间产生雾气，易滴水，平面布局应布置为有利自然通风，能散发有害气体的体形。

4.2.2 本条是对印染工厂自建锅炉房布置提出要求，锅炉房位置的选择，直接影响到供热系统的投资、运行、环境保护、安全防火等诸因素。

4.2.4 污水处理站产生废气对人体有一定危害性，在选定总图位置不仅考虑本项目的合理性，还应顾及四邻周边影响，对居住区的影响更应引起重视。

4.3　道路运输

4.3.3 自改革开放以来，我国已广泛采用运输综合机械化设备，如集装箱运输，应考虑能通行集装箱运输车的道路转弯半径、停车场地等。常用集装箱货柜规格长度为6.0m和12.0m，宽度为2.4m，高度为2.5m。

4.3.6 厂区出入口由于消防要求，一般应设2个，为了保证消防车顺利通行，避免出现道路堵塞现象，因此宜开设在不同方位，确因条件限制，生产规模较小的厂区可设 1 个出入口。

4.4 竖 向 设 计

4.4.1 本条是针对厂区竖向设计提出的要求。

1 根据现行国家标准《防洪标准》GB 50201 有关工矿企业的等级和防洪标准，按照印染工厂的生产规模，制定本规范的防洪要求。

4.4.2 本条对竖向布置方式和设计标高选择提出要求：

1 竖向设计选择的条件，主要以地形坡度及复杂程度而定。印染工厂主厂房占地面积较大，且厂区内建筑密度较高，厂内外均为水平运输方式，故宜采用平坡式。

4 厂房室内外高差根据大多数工厂实例一般均为 0.15m。

4.5 厂 区 管 线

4.5.1 本条规定管线敷设方式应按照场地条件、生产工艺特点，经过综合比较确定，力求达到经济、合理、安全生产的目的。

4.5.4 地下管线、管沟不应布置在建（构）筑物的基础压力影响范围以内。在特殊情况下，地下管线必须紧靠基础时，也应保持管底与基础底面平。

4.6 厂 区 绿 化

4.6.1 厂区绿化布置应根据生产特点和各地段实际需要进行，应尽量利用厂区原有自然绿化环境，不应盲目追求花园式工厂而铺张浪费。

4.7 主要技术经济指标

4.7.1 总平面布置主要技术经济指标是选定总图最佳方案的依据之一，其中建筑系数是关键性指标，指标各系数值尚应符合当地规划部门提出的要求。

4.7.2 分期建设是指可行性研究报告明确规定的印染工厂。

5 建 筑

5.1 一 般 规 定

5.1.1 印染工厂练漂、染色、印花车间生产过程中散发大量湿热气体，并含有腐蚀性介质，因此建筑设计必须根据不同地区特点，重点解决车间内部排雾、防结露、防腐蚀等问题。

5.1.3 建筑设计应本着"技术先进、经济合理"的原则，结合具体工程的规模、投资、所在地区的施工水平等因素综合考虑。

5.2 生 产 厂 房

5.2.1 生产车间的建筑形式近年来发展变化很大，

由于传统的锯齿形厂房造价高、工期长，已逐渐被单梁锯齿形厂房、气楼式单层厂房、气楼带排气井单层厂房代替，选用中主要应围绕解决印染工厂的排雾、防结露等问题综合考虑。

5.2.2 一般小型印染工厂平面布置可以避免四周设置附房，大、中型厂则难以做到，此条提出内天井是解决通风、排气较好的方案，工程实践中已有很多实例，特别南方地区更应重视。

5.2.3 生产车间高度选定的主要依据：

1 印染设备的安装高度要求。

2 部分设备因运转、安装、检修的需要，在屋面或楼面下设置电动吊车，应满足吊装设备时有足够的空间。

3 应满足车间通风和采光的要求。

5.3 建筑防火、防爆

5.3.1 烧毛间的烧毛机属明火作业，其火灾危险性分类为乙类，厂房设计中附属于丙类生产车间内，应与相邻车间分隔开。调研中有的工厂未分隔，在烧毛间周围及上空均被油污气体沾污，对车间的防火、通风、采光均不利。

5.3.3 涂层车间的涂层调配间使用溶剂型材料，必须有防爆措施，近年来已发生多起涂层车间爆炸引起火灾，故本条直接涉及人身和国家财产安全，确定为强制性条文，在设计中应引起高度重视。

5.4 生产辅助用房

5.4.2、5.4.3 染化液调配间有各种化学品配制的溶液、染液、浆液等，调配过程中会散发有毒气体。印花调浆间主要为染料调制色浆，相应配备染化料储存室、称料室等，其调制过程中会散发有害气体及液体沾污墙面、地面，因此应对这些部位采取通风排气及耐腐蚀措施。

5.4.5 汽油汽化室在生产车间中是易引发爆炸危险的场所，条文中提出门斗方式是根据多年来设计实践经验提出的措施，本条作为强制性条文，设计中应引起高度重视。

5.4.6 碱回收站有较强的腐蚀性介质作用，与车间合建不利于环境保护，故提出宜独立设置。

5.5 生产厂房主要建筑构造

5.5.1 此条对厂房屋面设计作了规定。

1 印染工厂的屋面类型比较多，长期以来选用锯齿形结构厂房较普遍，为解决厂房排雾、防结露，南方地区发展为带排气井的锯齿形结构厂房、气楼式厂房、气楼式带排气井厂房，近年来也有气楼式两侧带挡风板形式的厂房，并发展到采用轻钢结构形式。如何选择合适的屋面形式，应因地制宜而定。

2 印染工厂的屋面坡度，决定于生产车间的性质，如潮湿性生产车间坡度宜大，便于凝结水顺坡流到集水沟，否则易在中部下滴影响产品质量。根据实践经验，屋面坡度1：2.5能使凝结水顺坡流到集水沟。干燥性生产车间屋面坡度可按正常要求选用。轻钢屋盖本规范提出屋面排水坡度不应小于5%，是根据多年来实践及已建成工厂调研核实，大跨度轻钢屋盖，当压型钢板搭接方式有可靠防水措施时，该坡度是适用的。锯齿式屋面天沟排水坡不小于0.5%，主要针对大面积厂房，天沟长度较长，又采用外排水时的补充规定。

3 本款针对多年来经验教训制定，有些建设单位片面节省投资，取消隔汽层后会带来不良后果，对严寒地区的屋面构造应有防结露措施，也是针对调研中在北方地区生产车间屋面保温做法过于简陋造成凝结水下滴，影响产品质量。

4 轻钢屋盖压型钢板材质优劣、板材厚度与使用时间长短密切相关，特别对有腐蚀性气体散发的车间，选用优质钢材更显重要。

5.5.2 生产厂房的墙体材料为了保护耕地、节约能源、推动墙体改革，应积极推广应用新型墙体材料，各省市已发布严禁使用黏土砖的文件，设计中必须贯彻执行。对于某些边远地区或无新型墙体材料等特殊情况，可不受此限制。

5.5.3 本条对印染工厂的地面、楼面设计提出要求。

1 印染工厂的湿加工车间属多水车间，常年有水、染液、化学溶液波及楼地面，平时经常需冲洗，因此保持楼地面一定的排水坡度显得十分重要。

2 当印染设备布置在楼层时，楼面排水一是做排水沟，但这种做法室内不整洁、结构处理较麻烦、排水沟过框架梁需预埋管道、排水不畅；二是在设备下部设集水盘，通过排水管排出室外，该做法室内整洁、结构简单、排水通畅。

5.5.5 采光窗及天窗设计。

印染工厂的采光窗及天窗因所处位置受腐蚀性介质作用，不宜采用钢窗及铝合金窗，调研中发现很多企业使用的钢窗已被腐蚀，不能灵活开启，铝合金窗受酸性介质腐蚀，型材已被腐蚀穿孔，因此宜采用塑钢窗。锯齿形厂房的天窗长期以来采用钢筋混凝土天窗框，但施工麻烦，自重大，可用塑钢窗或玻璃钢窗替代。

5.5.6 印染工厂排气井设计。

印染工厂广泛采用排气井，长期实践经验及调研后证实采用无机不燃玻璃钢制作，自重轻、使用耐久，效果较好。

5.5.7 本条通过调研发现有些工厂气楼两侧挡风板采用压型钢板，檩条采用角钢，几年后腐蚀程度十分严重。

6 结　构

6.1 一般规定

6.1.1 印染工厂的结构设计首先应满足工艺生产的需要，并切实考虑建厂地区的具体条件，同时要符合现行国家有关标准、规范、规程的要求。

6.1.3 因缺乏可靠的数据和资料，本章的适用范围对带排气井的单层钢筋混凝土锯齿形结构仍保持原纺织工业部标准《印染工业企业设计技术规定》的规定，适用于抗震设防烈度为7度和7度以下地区。

6.1.4 印染工厂的练漂、染色等湿热处理车间使用的染化料和蒸汽加热，在生产过程中散发有害气体和带有酸、碱等腐蚀性介质的热雾气，车间内湿度大、温度高，生产废水中带有酸、碱性，设计时应充分考虑这些不利因素，根据生产过程中介质的腐蚀性、环境条件、管理水平、维护条件等因地制宜，区别对待，综合考虑防腐措施。

6.2 结构选型

6.2.1 简述了印染厂房结构选型时应特殊考虑的基本原则。

1 印染厂的生产加工过程比较复杂，不但加工工序长，而且加工过程中既有物理性变化，又有化学性变化，车间内腐蚀性介质和有害气体多、温度高、湿度大、雾气多，生产车间均应有一定的采光、排雾气、通风的功能要求，以满足正常印染生产的需要。

2 印染厂在生产过程中产生大量雾气，极易在室内屋顶结露形成滴水现象，厂址所处地域位置不同，气象条件各异，结露的情况也有较大区别，结构形式的选用必须考虑此类因素。

6.2.2 印染厂的练漂、染色车间在生产过程中会产生大量湿热雾气，很容易在屋顶及墙面形成滴水，因此在结构选型时应选用带排气功能的结构形式以利于排除湿气。

6.2.3 印染厂中的练漂、染色车间由于在生产过程中会散发大量热量和湿气，并伴随产生大量腐蚀性介质和有害气体（如：烧毛机烧毛产生大量一氧化碳气体和粉尘，调制次绿酸钠漂白液和织物漂白时散发出氯气），均会对建筑结构有较强的腐蚀作用，钢筋混凝土结构有较强的耐腐蚀性能，而轻钢结构在湿热状态下对防腐要求较高，在练漂、染色车间近几年新建的钢结构厂房均发现主钢梁有不同程度的锈蚀现象，有些已严重影响主体结构的耐久性。而印染厂的印花、整理、整装车间由于室内比较干燥，采用轻钢结构还是可以的。

6.2.4 带排气井的钢筋混凝土锯齿形厂房，通过几十年的实际使用证明，采用该体系确实能较有效地排雾气和防滴水，具有较好的适用性。

1 带排气井的三角架承重锯齿形排架结构，经过调研后发现近几年该体系由于工程造价高，设计施工麻烦，已较少使用，但因其满足工艺要求，采光、排气、防滴水效果较好，有些地方仍在采用。

1）根据工艺要求跨度 12m 一般每跨可排窄幅机器两排。而宽幅机器并列两排布置一般需 13～14m 跨度，特宽幅机器并列两排布置一般需 16～18m 跨度，而对于锯齿形厂房跨度在 18m 以内仍可采用普通钢筋混凝土结构，风道大梁柱距主要取决于结构合理性要求和风道风量断面要求，单梁一般采用 6～8m 较经济，双梁一般采用 8～14m 较经济。

2）屋面板主要强调应采用板底平整的预制构件，既方便施工，又避免形成滴水线。

3）双梁锯齿排架中双梁是通过焊接与牛腿柱相连，很难形成刚接，属于铰接连接，只有通过天沟板上后浇混凝土层采取有效构造措施保证天沟板与风道双梁形成刚接，才能使双梁和风道板形成的不是机动体系，确保整体稳定。

4）单梁若与牛腿柱焊接很难保证形成梁柱刚性节点，而梁柱整浇在一起整体性较好，符合刚性节点要求。

2 经调研，在山东省纺织设计院也有采用带排气井的装配式门形架承重锯齿形排架结构的设计。由于屋面在跨度方向直接搁置屋面板，没有三角架梁，板底平整防滴水效果和室内美观均优于三角架承重锯齿形结构。

3 该结构形式目前在山东滨州地区应用较广，在上海和杭州也有采用，其纵向承重体系采用现浇框架结构，整体抗震性能和施工方便均优于三角架承重和门形架承重锯齿形排架结构。

1）该结构跨度一般采用 12～18m，主要考虑在满足工艺生产并列布置两排特宽幅机器的跨度一般为 18m，而 SP 预应力空心板在国家标准图《SP 预应力空心板》05SG408 中规定最大跨度为 18m。

2）采用 SP 预应力空心板主要考虑除了板底平整美观外，跨度最大可达 18m，能满足一般工艺布置要求。SP 预应力空心板是根据国家建设标准设计图集《SP 预应力空心板》05SG408 中规定的技术要求，采用美国 SPANCRETE 公司的生产设备工艺流程、专利技术和 SP 商标使用权在我国生产的预应力空心板。

6.2.5

1 经调研，浙江、江苏地区近几年来在印染厂中较多采用带气楼的单层钢筋混凝土斜梁框架结构，实际应用效果较好。

1）根据工艺设备布置要求，一般每跨布置二排设备，至少需要 12m 跨度，而布置二排特宽幅设备

则需 18m，而从结构合理性考虑，跨度超过 18m 后，采用普通钢筋混凝土结构梁太高，经济性较差，宜采用预应力屋面梁较经济。

2）屋面梁往上翻的目的是为了保持板底平整，有凝结水时能顺坡流入室内滴水沟内，同时消除梁底形成的滴水线。

2 该结构体系目前实际使用较少，但江苏地区近几年也有工程实例，而且其对印染工厂也有一定优越性和适用性。

6.2.6 印染厂的印花、整理、整装车间，生产过程中湿度、雾气均不大，相对比较干燥，实际调研了解到，采用普通排架结构也较普遍，并具有施工方便和造价低等优势，但气楼处仍应采取设置侧窗排气、排气井排气或屋顶风机排气等通风措施。

6.2.7 单层印染厂中的印花、整理、整装车间由于生产过程中湿热气体较少，相对比较干燥，经在江苏、浙江、广东地区多方调研，目前用于此类车间的轻钢结构印染车间短的使用 2～3 年，最长的有近 8 年，腐蚀情况不太严重，使用基本正常，但也发现钢结构的节点螺栓部位锈蚀相对较明显，因此强调用于此类车间应加强防腐蚀设计。同时应按国家有关规范进行防火设计。

3 印染厂生产车间由于腐蚀气体多、室内管架多以及防火要求，柱子采用钢筋混凝土柱比钢柱有一定优势，实际工程使用也较普遍。屋面梁梁底底平是为避免产生水平推力。

6.3 结 构 布 置

6.3.2 装配式锯齿形排架因屋面采用保温隔热措施，车间内温差变化较小且该结构体系属跨变结构，故可以不设伸缩缝。

6.4 设 计 荷 载

6.4.1 设计天沟板、风道底板、轻型房屋屋面时，除考虑均布活荷载外，还应另外验算在施工、检修时可能出现在最不利位置上，由人和工具自重形成的集中荷载。悬挂荷载应包括工艺、水、暖、电、通风、空调等系统悬挂于结构的管道和设备荷载。原《印染工业企业设计技术规定》中不上人屋面均布活荷载 $0.3kN/m^2$ 取值较低，易发生质量事故，为进一步提高屋面结构的可靠度，应按照现行国家标准《建筑结构荷载规范》GB 50009，把不上人屋面的均布活荷载提高到 $0.5kN/m^2$。

6.4.3 楼面活荷载标准值由工艺提供，或由结构设计人员根据相关专业提供的资料计算确定，印染厂主要生产设备大多是联合机，一般长度较长，局部设备高度较高、重量较大，对安放各部位的荷载不一，在多层厂房设计时要予以充分重视。

6.4.4 操作荷载对板面一般取 $2kN/m^2$，当堆料较

多时，按实际情况取用，操作荷载在设备所占的楼面面积内不予考虑。

6.4.6 对柱、基础采用的楼面等效均布荷载，一般不考虑按楼层的折减。

6.5 结 构 计 算

6.5.1 该结构体系属跨变结构采用手工计算非常繁杂，精度也不高，在目前计算机使用极其普遍的情况下应采用电算。

1 由于采用电算，计算简图中尽可能反映了实际受力情况，但对屋面中间跨风荷载考虑大小相同方向相反可互相抵消。

1）根据研究试算采用无牛腿等截面假定，能满足工程设计要求。

2）由于纵向一柱距内为减少屋面板跨度有时设置多榀三角架，所以计算简图中三角架刚度均应取风道大梁内诸榀三角架刚度之和计算。

2 该结构体系属装配式结构，中柱配筋一般由施工吊装阶段控制，因此必须进行施工吊装验算。吊装阶段屋面保温隔热及粉刷均还没有施工，理应不计入。

4 计算长度系数缺乏新的研究资料，仍沿用原《印染工业企业设计技术规定》中的参数。

6.5.2 单层钢筋混凝土斜梁框架结构屋面斜梁由于坡度较大，对柱子会产生水平推力，故不能简化成水平梁，电算时梁跨中高点可增设节点处理。

6.6 带排气井的单层锯齿形厂房构造要求

6.6.1、6.6.2 三角架承重锯齿厂房已在全国各地得到广泛应用，从调研结果看厂房的使用情况良好，加之与原《中华人民共和国纺织工业部建筑标准设计试用图集》JCPJ—1系列图集对照原《印染工业企业设计技术规定》中的构造做法较为成熟，故仍基本延用原有《印染工业企业设计技术规定》中的做法。风道大梁顶部搁置预制风道顶板，通过预埋钢板与风道大梁互相连接，并在预制风道顶板上设置钢筋混凝土整浇层，是为了保证双梁风道形成整体。

6.7 抗 震 构 造 措 施

6.7.1 单层锯齿形厂房其结构特性是有跨变的排架结构，牛腿柱的受力具有铰接排架柱的特性，三角架又兼有框架的特性，单层锯齿厂房的高度均不超过30m，比照现行国家标准《混凝土结构设计规范》GB 50010中高度≤30m的框架结构和铰接排架单层厂房结构在各抗震等级下构造要求是一致的，故提出本条要求。

6.7.3 本条文为确保连接的可靠性对预埋件锚筋提出要求。

6.7.4 本条要求基本沿用原《印染工业企业设计技

术规定》中的做法。

6.7.5 本条文综合现行国家标准《混凝土结构设计规范》GB 50010中框架结构和铰接排架柱的要求提出。

6.7.6 在地震作用下，往往由于荷载、位移、强度的不均衡，而造成结构破坏。从唐山地震的震害中看，山墙承重的单层钢筋混凝土柱厂房有较严重的破坏，故不应采用山墙承重。东西附房和主车间边柱的抗震节点构造宜按图1。南北附房和主车间边柱的抗震节点构造宜按图2。

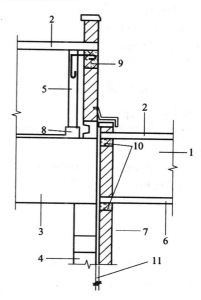

图 1　东西附房与主车间抗震缝构造
1—总风道；2—屋面板；3—风道大梁；4—牛腿柱；
5—三角架；6—总风道底板；7—附房承重墙；
8—上翻梁；9—抗震卧梁；10—抗震圈梁；
11—抗震缝宽度

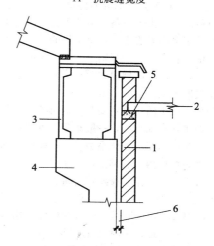

图 2　南附房与主车间抗震缝构造
1—附房承重墙；2—屋面板；3—风道大梁；
4—牛腿柱；5—抗震圈梁；6—抗震缝宽度

6.7.7 本条沿用原《印染工业企业设计技术规定》中的做法。采用不等长牛腿是为了避免或减少不平衡垂直荷载引起的柱弯矩。

6.7.8 参照国家建筑标准设计图集《建筑抗震构造详图》（钢筋混凝土柱单层厂房）中有关屋面板与屋面梁的连接构造要求提出本条。

6.7.9 风道大梁在牛腿柱上的支承端必须具有一定的抗拉弯剪能力，以确保风道大梁与牛腿柱形成刚性节点，保证结构的抗震能力。

6.7.10、6.7.11 这两条规定是为了保证各构件之间连接的强度和延性。

6.7.12 本条中所述的结构和构件的抗震要求在现行国家标准《建筑抗震设计规范》GB 50011 中已有明确规定，故本规范不再复述。

6.8 地 基 基 础

6.8.2 当地下沟道埋置深度大于建筑基础且两者之间的净距不能满足要求时，应采取合理的施工顺序和可靠的围护措施。

6.8.3 工艺设备基础应采取合理的形式和有效措施，防止产生过大的相对沉降差以影响生产。

7 给 水 排 水

7.1 一 般 规 定

7.1.1 本条确定了给水排水设计必须遵循的基本原则，强调了水的综合利用、节约用水、保护环境以及满足施工、安装、操作管理、维修检测和安全等要求。

7.2 用水量、水质和水压

7.2.1 本条确定了用水量的标准，印染工艺总用水量由原料品种、染色设备、染色工艺、回用水平、管理水平等诸多因素决定，每个工厂的差异很大，因此主要应由工艺专业经计算确定。小时变化系数与工厂规模直接相关，工厂规模大时，小时变化系数可取小值，反之取大值。

　印染工厂生活用水主要为冲厕及洗涤，其水量可参考一般工业车间设计，一般车间管理严格，上下班时间比较集中，小时变化系数较大。印染车间工人劳动强度大，如厂内设有淋浴，其用水量较大。参照现行国家标准《建筑给水排水设计规范》GB 50015，生活用水定额可采用 40L/人·班，小时变化系数可采用 3.0，用水时间则根据生产班制；食堂用水定额可采用 15 L/人·班，小时变化系数可采用 2.0；淋浴用水定额可采用 60L/人·班，淋浴延续时间为 1/h。

　自备给水净化站有配药剂、反冲洗等用水时，给水量还应考虑水站自用水量，根据现行国家标准《室

外给水设计规范》GB 50013 一般采用给水量的 5%～10%计算。

7.2.2 根据调查的企业一般都采用了多种水源，大部分食堂、宿舍采用水质优良的生活饮用水，因此其水质应符合现行国家标准《生活饮用水卫生标准》GB 5749。印染工艺用水、冷却循环水、生活冲洗水、绿化、道路浇洒等大多数工厂采用经自备水厂处理的地表水、地下水等，其水质以满足生产工艺要求为准。部分工厂还使用了回用水用于生活杂用（生活冲洗水、绿化、道路浇洒等），水质应满足相关用水要求。印染生产用水水质要求随产品、染色工艺、质量要求、设备情况不同而异，差别很大。对质量要求高的布匹加工时一般采用软化水，质量要求低的化纤布加工有时可用经简单处理的河水、地下水，甚至可用经简单处理后回用的废水。

7.2.3 一般印染工厂多数为单层厂房，大多数设备为无压进水，车间进口压力以满足其出流水头，一般大于 0.2MPa 即可。冷却循环水、喷射设备等部分设备压力要求较高，为满足室内消防用水要求水压不宜小于 0.35MPa。部分设备水压要求较高时为节约能耗、减少阀门漏损尽可能局部加压解决。

7.3 水源与水处理

7.3.1 本条对供水水源的选择作出了规定。现行国家标准《室外给水设计规范》GB 50013 有关于水源选择前，必须进行水资源勘察的强制性要求。

7.3.2 现行国家标准《室外给水设计规范》GB 50013有关于深井水作为水源时的强制性要求。

7.3.3 对给水处理作出了规定，一般处理工艺与设备见现行国家标准《室外给水设计规范》GB 50013，软化除盐处理工艺与设备见现行国家标准《工业用水软化除盐设计规范》GB/T 50109。

7.4 给水系统和管道布置

7.4.1 给水系统应根据水源情况和用水要求予以划分。

　1 利用市政给水的水压直接供水有利于节能并减少二次污染。

　2 生产、生活、消防合并管网的给水系统为现行国家标准《建筑设计防火规范》GB 50016 中所提倡，管网简单，可降低管网造价，水质有所保证。

　3 分质、分区供水主要目的是为了节能、节约费用。

　4 印染厂冷却水水量大、水质变化小，应当采用循环方式，一些企业将升温后的冷却水用于染缸进水加以重复利用，并可节能。

7.4.2 环状布置并用阀门分成可单独检修的独立管段能提高供水的安全性。各地都在提倡使用新型管材，而且种类繁多。从调查看，塑料给水管以其具有

防腐能力强、内壁光滑、质量轻、美观、安装方便而得到大量推广。车间内采用热镀锌钢管的企业也不在少数，而普通焊接钢管如没有可靠的防腐则寿命不长；一些外资企业、先进的企业、加工高档品种的企业则直接采用不锈钢钢管。为满足计量、考核要求各工段或主要用水设备应设置水量计量设施，以节约用水。

由于一个工厂往往存在自来水、自备水、回用水、冷却水等多种水源，有些企业对水质污染问题往往不重视。因此应根据现行国家标准《建筑给水排水设计规范》GB 50015 的要求设计给水管道，避免水质污染。

7.5 消防给水与灭火器配置

7.5.1 纺织工业企业设计防火的相关规定已对印染工厂的消防设计作了详细规定。

7.6 排水系统和管道布置

7.6.1 生产排水量一般可按生产用水量计算得到，区分锅炉蒸发用水、生产污水、生产废水及清洁废水、生活污水等，是为了便于计算污水量、可重复利用排水及考虑废水回用等。据调查印染生产排水，练漂车间的清洁废水占本车间生产排水量的 50%～60%；染色车间的清洁废水占本车间生产排水量的 20%～25%。

7.6.2 本条对排水系统作出要求。

1 印染生产污水主要有退浆、练漂、染色、碱减量、丝光、印花污水等。生活污水主要接纳车间、厂区生活污水。雨水排水系统，主要接纳屋面雨水和厂区地面雨水。同时还有大量清洁废水，主要包括空调废水、车间冷却废水等清洁废水。

2 染色排水采用清、污分流排放，浓、淡分流排放，有利于选择合理的污水处理工艺及考虑废水回用。

3 根据现行国家标准《建筑给水排水设计规范》GB 50015，屋面雨水宜采用外排水系统，大型屋面宜按压力流设计。

7.6.3 据调查绝大多数染色车间内工艺排水采用暗沟排放，为检修方便排水沟的设备排出口、三岔口及转弯处应设置活动盖板，设置伸顶通气管是为了减少汽雾产生。工艺冷却水一般采用循环或回用，为避免污染宜采用管道排放。埋地排水塑料管因重量轻、内壁光滑、防腐蚀、安装方便，在全国各地已得到广泛运用，但对持续水温大于 40℃ 的排水则不合适。根据现行国家标准《建筑给水排水设计规范》GB 50015 的规定，室内排水沟与室外排水管道的连接处应设水封装置。

7.7 水的重复利用及废水回用

7.7.1 现行国家标准《建筑中水及回用设计规范》

GB 50336 规定缺水城市和缺水地区应当建设废水回用设施。生活洗涤排水、空调循环冷却排污水、冷凝水、雨水以及清洁废水由于水中污染浓度不高均可作为回用水水源。处理合格的废水可回用于生产工艺，也可回用于冲洗厕所、地面冲洗、汽车冲洗、绿化、浇洒道路等。

7.7.2 全国有不少企业将染色废水经适当处理后回用于生产工艺，回用比例一般可达 20%～80%。也有企业将高浓染色废水就地储存然后回用于下一次染色，这极大地利用了各类资源、减少了污水的排放量及污水浓度，大大节约了用水并减少污水处理成本，应在工艺允许的情况下大力推广。例如某厂为了节约生产用水，降低生产用水量，减少废水排放量，充分利用了生产过程中的废水，进行了如下废水的回用：

1 所有机台的水洗箱前后相通，水流方向与布的运行方向相反，即出布处进水，进布处排放洗涤污水。

2 烘筒冷凝水尽可能在本机台回用，染色机、定形机冷凝水集中回收用于化料。

3 烧毛机、丝光机、溢流机、焙烘冷却辊、定形机冷却辊、预缩机冷却水集中用于丝光机组水洗箱冲淋部分和煮漂机组漂白部分水洗箱、冲淋用水。

4 漂白、丝光洗涤用水用于退浆、煮练的水箱洗涤或喷淋洗涤。

5 煮漂洗涤水部分送至锅炉水膜除尘，其余送至污水回收系统。

其回用流程图如下：

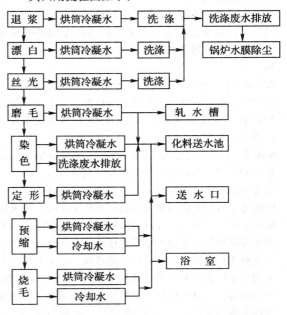

7.7.4 部分染色废水的排水温度高达 50～70℃，有的企业采用就地或集中间接热交换或采用热泵技术进行热能回收，用于预热冷水进水或其他用途，其回收

的热量价值很大。

7.7.5 为防止发生水质污染问题作出本条规定。

8 采暖通风

8.1 一般规定

8.1.2 印染工厂为高温高湿生产车间，宜有良好的通风设施才能使热湿空气及时排出；而机械通风需耗能，增加企业的生产运行成本，为使企业能节省生产运行成本，在印染工厂设计时，应在建筑结构形式选用上考虑具有良好的自然通风条件。

8.1.3 本条要求印染工厂围护结构应有足够的保温性能。

印染工厂为高温高湿生产车间，当围护结构的保温不好时，冬季宜在车间围护结构的内表面结露滴水，影响产品质量和室内劳动环境，故要求其围护结构应有足够的保温性能，其最小热阻应通过计算确定，计算可参见现行国家标准《采暖通风与空气调节规范》GB 50019。

8.3 生产车间的采暖通风

8.3.1 本条从节能角度对印染工厂生产车间的通风设计提出设计原则，对原《印染工业企业设计技术规定》FJJ 103—84 中 7.3.1 条进行修改。

随着印染工艺和技术的发展及印染设备的改进，大部分散湿散热大的工艺设备均为密闭式并带有局部机械排风装置，其对生产车间的环境影响已大为减少，在非寒冷地区，利用车间的建筑结构形式考虑自然通风，基本上可满足印染工厂生产车间的通风要求，在自然通风条件较差的印染车间应采用机械排风。

8.3.2 本条说明印染工厂生产车间采暖通风设计应达到的目的，既要达到国家有关标准的要求（劳动保护要求），又要达到防止车间因冷凝结露而滴水对产品质量的影响。

8.3.3 本条说明印染工厂生产车间排风分机台局部排风和车间全面排风两种方式及其具体要求。随着印染设备的发展，许多高温、高湿机台设备在出厂时已经配置了专用箱体及排气风机，如热定型机、热风拉幅机、焙烘机等，设计时只需根据设备提供的排风参数配置排风管道进行集中单独排放。车间全面排风应首先利用车间建筑特点进行自然排风，印染车间一般多为单层厂房，利用其屋面设置避风气楼、拔气井、排气筒等进行自然排风，自然通风是利用空气热压及风压的作用进行，空气自外墙低位进入屋顶排出，在非寒冷地区这种自然排风形式最为常用，也最经济。严寒地区的印染车间、有特殊要求的场合及不具备自然排风条件的印染车间则应设置机械排风系统。对有害气体散发的区域或工段，应采用机械排风并保持车间负压。

8.3.4 印染车间进风系统首先宜采用自然进风，自然进风采用外墙低脚窗或门窗低位进风，低脚进风窗要求能调节开启，为使冬天能关小进风量或关闭进风窗。当车间自然进风面积小或迎风面为附房时，自然进风就不能满足要求，则应采用机械送风系统。

8.3.6 本条列出印染工厂生产车间各工段的通风设计换气次数。其数据通过大量印染工厂调研后得出。

8.3.10 本条提出对严寒地区的采暖要求。严寒地区的值班室及办公室应设置采暖系统，这是劳动保护的要求；车间设置值班采暖是为了设备能顺利开机及保证管道不被冻裂的需要。

9 电 气

9.1 一般规定

9.1.1 印染工厂电气设计中必须满足生产工艺的要求，在设计方案时，应考虑远近期结合，尽可能给今后发展留有扩建余地。电气设备产品众多，技术发展很快，为保证电气设备安全可靠运行，应采用符合现行国家或行业部门产品标准的效率高、能耗低、性能优的成套设备和定型产品，并随时注意技术发展动态，以杜绝淘汰产品的使用。

9.2 供配电系统

9.2.1 印染工厂的用电负荷，根据对供电可靠性的要求及中断供电在政治上、经济上所造成损失或影响的程度，属于三级负荷。但消防设备用电负荷等级，应按现行国家标准《建筑设计防火规范》GB 50016 的规定执行。

9.2.2 供电电压等级及供电回路数，应根据印染工厂规模及当地电网条件，经过经济技术比较后确定。根据目前印染工厂生产状况，以 6～10kV 供电居多。一般情况下可采用 6～10kV 单回路供电。在大于 4000 万 m/a 的生产规模时，宜采用 6～10kV 双回路供电方案。但在 6～10kV 电源难于取得及容量不足时，可采用 35kV 供电。生产规模在 4000 万 m/a 及以下时，可采用 6～10kV 单回路供电方案。

9.2.3 本条对低压配电系统作了规定：

1 为提高供电可靠性，减少电气故障造成的经济损失，以及根据负荷情况，有 2 条生产流水线时，车间变电所宜安装 2 台变压器，单母线分段运行，两段低压母线间设母联开关。当只有 1 条生产流水线，且负荷不大时，可设 1 台变压器。此时作为应急备用可与就近的车间配电变电所设低压联络线。

2 平行的生产流水线和互为备用的生产机组若由同一回路配电，则当此回路停止供电时，将使各条流水线都停止生产或备用机组不起备用作用。

同一生产流水线的备用用电设备如由不同的回路配电，则当任一母线或线路检修时，都将影响此流水线的生产。故规定同一生产流水线的备用用电设备，宜由同一回路配电。

3 印染工厂一般采用 TN 系统的接地形式，在低压电网中，车间的单相负荷，宜均匀地分配在三相线路中，当单相不平衡负荷引起的中性线电流超过变压器低侧绕组额定电流的 25% 时，应选用 D，yn11 结线组别的变压器。

4 近年来印染设备由于大量采用变频调速设备，为控制各类非线性用电设备所产生的谐波引起的电网电压正弦波形畸变，除选用变压器低侧绕组为 D，yn11 结线组别的三相配电变压器外，同时可采用按谐波次数装设分流滤波器等措施。

5 印染设备的功率因数较低，在采用电力电容器作无功补偿装置时，容量较大、负荷平稳且经常使用的用电设备的无功负荷宜采用就地补偿；补偿基本无功负荷的电力电容器组，宜在配电变电所内集中补偿。

9.2.4 负荷计算方式及需要系数的选取。印染工厂一般采用需要系数法。本规范中需要系数在参照原《印染工业企业设计技术规定》FJJ 103—84（下述简称《原规定》）的基础上作了修订。

需要系数一般为实测所得，目前我国印染工业企业尚无可推荐使用的需要系数。在已投产的印染厂企业普遍反映，采用《原规定》中需要系数偏大，在实际运行中变压器负荷率偏低。同时又调查了有关设备制造厂，一般产品铭牌上所标定的额定功率比实际所需的功率要大，安全系数较高。为此本规范对主要的工艺设备需要系数作了新的修订，并列表于 9.2.4 中，设计人员应根据工程实际酌定。

9.2.5 印染工厂的室内配电干线宜采用电缆桥架明敷设，少用电缆沟配线。因为当前产品市场变化大，工艺设备选型和产品均容易变更，采用电缆桥架明敷设较适应各种产品、设备选型变更带来的配电线路的变更。另外电缆沟中易积水也不利于清洁。同时在有腐蚀和特别潮湿场所，宜采用各种类型的防腐蚀型电缆桥架，如采用热镀锌、外表面涂防腐层及采用玻璃钢材料等。室外可采用电缆沟或直接埋地敷设。

有关配电线路的敷设方式与要求，应按现行国家标准《低压配电设计规范》GB 50054 和《电力工程电缆设计规范》GB 50217 的有关规定执行。

9.3 照 明

9.3.1 印染工厂一般车间采用混合照明，并应重视机台上的局部照明。尤其在练漂及染色的进、出口布面处，印花机机头处及整装车间，照度要求很高，故应重视机台上的局部照明。

9.3.2 印染工厂的印染车间，尤其在印花车间，识别颜色要求高，故应选用显色指数高的光源，如采用 $Ra > 80$ 的三基色稀土荧光灯及金属卤化物灯与白炽灯等。一般场所宜选用光效高，寿命长的光源，在满足工艺生产要求的前提下，应优先采用节能型灯。

9.3.3 车间作业面应尽可能地均匀照亮，本规范参照原《印染工业企业设计技术规定》FJJ 103—84 及国家标准和 CIE 标准规定，照度均匀度不应小于 0.7，同时增加了作业面邻近周围的照度均匀度不应小于 0.5 的规定。本条征求了有关印染工厂的意见，能满足生产要求。

9.3.4 近二十多年来我国国民经济持续发展，新光源和新灯具广泛应用。当前有需要也有条件适当提高照度水平和照明质量。

混合照明中的一般照明，其照度值应按等级混合照明照度的 10%～15% 选取，且不宜低于 75 lx。在采用高强度气体放电灯时，照度不应低于 75 lx。

其原因是近年来高强度气体放电灯广泛采用，这样既能改善在低照度下的视觉环境，又不需增加耗电量。现场调查结果，采用新光源和新灯具后车间照度较易达到 75lx。

9.3.5 印染工厂生产车间的照度一般采用点光源或线光源的逐点计算法。单位指标法只在进行方案或初步设计时，近似计算起着一定作用。单位指标法，又分为单位电耗法和单位面积功率法（也称负荷密度法），但对于印染工厂的部分辅助车间及附房等，在各设计阶段均可采用单位指标法。

9.3.6 本规范印染工厂的生产车间和辅助生产车间的照度标准是参照了原《印染工业企业设计技术规定》FJJ 103—84 和现行国家标准《建筑照明设计标准》GB 50034 的标准以及实地调研印染工厂现在照度实况，经综合分析后确定。本规范表 9.3.6 中还规定了显色指数的要求，以确保照明设计的照明质量。

9.3.7 印染工厂各车间内，工艺设备较多，室内人员流动线路复杂，为便于事故情况下人员的疏散及火灾时扑救，车间内应设供人员疏散用应急照明。在安全出口、疏散通道与转角处应设置标志灯，以便疏散人员辨认通行方向，迅速撤离事故现场。

为保证应急照明电源可靠性，宜用蓄电池备用电源，并且照明的电源应和该场所的电力线路分别接自不同变压器或接自同一台变压器不同馈电线路的专用线路上。

9.3.8 印染工厂各车间应根据照明场所的环境条件和使用特点，合理选用灯具。如在练漂、染色车间属高温、潮湿有腐蚀性气体场所，应采用相应防护等级的防腐、防水灯具。在烧毛车间，使用可燃气体，是火灾危险场所，应采用相应防护等级的防水防尘灯具。在涂层车间，散发爆炸性气体场所，应采用相应防爆型灯具。在拉毛、磨毛及剪毛等车间，有绒尘场所，应采用相应防护等级的防尘灯具。丙类仓库，应采用防燃型灯具。

印染工厂的生产车间，厂房高度很高时，灯具布置与安装，应考虑安全及维护方便。

9.3.9 印染工厂的照明设计，本规范中未及事项，应按现行国家标准《建筑照明设计标准》GB 50034 的规定执行。

9.4 接地和防雷

9.4.1 印染工厂厂区的低压配电系统的接地形式宜采用 TN 系统，这是根据多年来各印染厂家实际运行经验作出的规定。

TN 系统按照中性线"N"和保护线"PE"组合，有三种形式：

1 TN-C 系统，整个系统 N 线和 PE 线是合一的。

此系统只适用于三相负荷比较平衡、电路中三次谐波电流不大、并有专业人员维护管理的一般车间等场所。

此系统不适用有爆炸和火灾危险的场所、单相负荷比较集中的场所、电子和信息处理设备及各种变频设备的场所。

2 TN-C-S 系统，系统中有一部分 N 线与 PE 是合一的。

3 TN-S 系统，整个系统的 N 线和 PE 线是分开的。

TN-C-S 系统与 TN-S 系统，都适用于有爆炸和火灾危险场所，单相负荷比较集中的场所，同时也适用于计算机房，生产和使用电子设备的各种场所。

根据三种接地系统适用场合，结合工程具体情况，作综合的技术、经济比较后，确定其中一种形式。

9.4.2 接地系统接地电阻选择应符合现行国家有关规程和规范的要求。低压系统中性点接地电阻在任何季节均不宜大于 4Ω，重复接地电阻不宜大于 10Ω，防静电接地电阻不应大于 100Ω，在易燃易爆区不宜大于 30Ω。对于第一、二类防雷建筑物，每根引下线的冲击接地电阻不应大于 10Ω。对于第三类防雷建筑物，每根引下线的冲击接地电阻不宜大于 30Ω。采用共用接地装置时，接地电阻应符合其中最小值的要求。若与防雷接地系统共用接地时，接地电阻不应大于 1Ω。电子设备接地，当采用共用接地系统时，接地电阻不应大于 1Ω；当采用单独接地体时，接地电阻不应大于 4Ω。

9.4.3 印染工厂内的建筑物和构筑物的防雷与接地设计，本规范中未及事项，应按现行国家标准《建筑防雷设计规范》GB 50057 和《建筑物电子信息系统防雷技术规范》GB 50343 执行。

9.5 消防和火灾报警

9.5.1 印染工厂中丙类生产车间与仓库等，在火灾自动报警系统保护对象分级中，属二级，其消防设备用电应按二级负荷供电。为确保其供电可靠性，火灾自动报警系统应设主电源和直流备用电源。

9.5.2 根据现行国家标准《建筑设计防火规范》GB 50016，每座占地面积超过 $1000m^2$ 的坯布、成品仓库应设火灾自动报警装置。

9.5.3 根据现行国家标准《火灾自动报警系统设计规范》GB 50116 的要求。在使用煤气、天然气或其他可燃气体的烧毛车间，当无贮气装置时宜设可燃气体探测器，在贮气装置间应装设可燃气体探测器。在涂层车间使用散发爆炸性气体，属二区环境，宜装设相应的气体浓度探测器或检漏报警装置。但当该车间中有关的工艺设备及随机的电气设备均不是防爆设备时，可不装设。在涂层调配间应设置相应的气体浓度探测器或检漏报警装置。

在调研中，目前国内各厂家在涂层车间一般不装设气体浓度探测器或检漏报警装置，仅在就地加装了通风、排风设施。因此本规范中采用"宜"，有条件时可首先这样做。

9.5.5 本条规范连续供电时间不少于 20min 的依据是：

1 印染工厂厂房大多为单层厂房，一般疏散距离短，疏散时间不长。通常 10min 内均能疏散完毕。

2 试验和火灾实例说明，火灾时在 10min 内产生的一氧化碳尚不多，但在 10～15min 之间，则一氧化碳就大大超过对人体危害的允许浓度，在这段时间内人员如没有疏散出来，窒息死亡的可能就大。

3 参照有关现行国家规范的要求，故规定 20min。

10 动　　力

10.1 一般规定

10.1.1 印染工厂是用热大户，用热范围包括生产工艺、空调、采暖和生活用热。应结合企业的财力、物力等统一进行考虑，制定供热方案。

10.1.2 本条是对供热热源的规定。

印染工厂供热热源，应根据所在地区的供热规划进行考虑，能否由城市（区）热电厂、区域锅炉房供热。

对于热负荷稳定的大型印染工厂，单台锅炉蒸量在 20t/h 及以上，热负荷年利用大于 4000h 及以上。按照国家能源政策，经过综合分析比较，可采用热电联产方式。但由于资金、场地或燃料供应等不落实，也不宜进行热电联产时，才设置锅炉房。

10.1.3 本条是对燃料选用的规定。

原《印染工业企业设计技术规定》中规定蒸汽锅炉房和油热载体加热炉房设计应以煤为燃料，但随着对外开放政策的实施，环境保护要求提高，节能工作的深入开展，燃料品种有所增加。条文中规定应落实煤的供应。若以重油、柴油或天然气、城市煤气为燃料时，应经有关主管部门批准（含项目环评报告），是基于贯彻国家发改委有关规定和使设计落实在燃料供应可靠的基础上。

10.2 蒸汽供热系统

10.2.1 本款规定了印染厂热负荷计算原则。

10.2.2 本款规定了供热热源选择的原则。

10.2.3 本条是使用区域热电厂集中供热时的规定。

    1 热电厂热网供热参数一般为 1MPa、280～290℃，需减压减温至 0.6MPa，170～180℃才能符合印染工厂生产、生活用汽要求。

    2 为确保印染工厂供热安全，在有条件时应有一套备用减压减温装置。

10.2.5 本款规定印染工厂投资热电联产必须进行可行性研究，并做全面技术论证，经相关部门批准后，才能进行。

10.2.6 本款规定印染工厂热电站，必须坚持"以热定电"的原则。

10.2.7 本条是对室内外热力管网的规定。

    1 为便于车间、机台考核与控制，而采取这种布置方式。

    2 本款规定在蒸汽管径计算时，应考虑近期发展因素。

    3 本款为管道布置和敷设应遵循的原则。

10.3 蒸汽凝结水回收和利用

10.3.1 本条是对蒸汽凝结水回收的具体规定。

    1 设计中必须切实贯彻执行国家关于节能方面的政策和法令，凝结水回收率应达到 60%～80%。

    2 凡是用蒸汽间接加热而产生的凝结水，除被加热介质有毒（如氧化物液体等）或有强腐蚀性的溶液外，应尽可能加以回收。对于有可能被污染的凝结水，应设置水质监督测量装置，经处理后方可回用。

10.3.2 采暖通风和生产用蒸汽凝结水，压差小于 0.3MPa 可以合管输送，如压差大于 0.3MPa 应采取措施后，才能合管输送。

10.3.4 本条规定，由于回水管道内为汽水混合两相流动，所以管径较大，投资高。对于采用余压回水系统时，宜在凝结水管道中增设换热装置，以回收热量、降低水温、缩小管径、节省投资。

10.4 导热油供热系统

10.4.1 本条是对印染设备需使用高温热源时的选用

规定。印染生产在热定型、焙烘等工序要使用 280℃以上高温热源，在调查中大部分厂采用以导热油为载热体的机械加热炉，出油温 280℃，回油温 260℃，也有部分厂利用城市煤气、液化石油气、汽油、电能产生高温热源满足生产工艺高温热源要求。

10.4.2 本条是对燃料和油热载体加热炉选用的要求。

10.4.3 本条是油热载体加热炉房布置要求。在设置油热载体加热炉房布置调研中，对自建锅炉房的企业一般与蒸汽锅炉共建锅炉房，也有在印染车间附房内设置油热载体加热炉房燃用柴油或天然气。但总的布置要求，应力求靠近热负荷中心，布置上必须符合国家卫生标准、防火规定及安全规程中有关规定。

10.4.4 本条是导热油供热系统的设计要求。多年来的运行实践证明，导热油在高温状态下长期使用，由于热裂解及氧化等原因，如设计和使用不当，其物化性能及技术指标必然迅速发生变化，当导热油下列四项指标达到一定数值时，应予报废。

    1 酸值（mg KOH/g）达到 0.5 时（按现行国家标准《石油产品酸值测定法》GB 264 方法测定）。

    2 黏度变化达 15% 时（按现行国家标准《石油产品黏度标准》GB 265 方法测定）。

    3 闪点变化达 20% 以上时（按现行国家标准《石油产品闪点与燃点测定法》GB 267 方法测定）。

    4 残碳达到 1.5 时（按现行国家标准《石油产品测定法》GB 268 方法测定）。

因此，在设计中合理选用导热油，设计合理的导热油供热系统，防止导热油超温运行及氧化，对延长导热油使用寿命，保障安全生产，节省费用均有积极意义。

10.5 燃 气

10.5.1 本条是印染厂使用煤气应遵循的规定。印染厂烧毛等工序需使用煤气、天然气时，在设计时必须按现行国家标准《城镇燃气设计规范》GB 50028 及《工业企业煤气安全规程》GB 6222 的有关规定进行。

10.6 压 缩 空 气

10.6.1 本条为压缩空气站容量确定的规定。印染工艺许多设备及仪表需用压缩空气，有关专业应提供用气量、用气压及气质要求，经下列计算后确定压缩空气站容量。

$$Q = \Sigma Q_{max} K(1 + \phi)$$

式中 Q_{max}——各设备压缩空气最大消耗量（m^3/min）；

         K——同时使用系数，K 按 0.7～1.0 选用；

         ϕ——管道系统漏损系数，取 $\phi = 0.15$。

11 仓 贮

11.1 一 般 规 定

11.1.3 尽可能设计多层仓库，提高土地利用率。

11.2 坯布库、成品库

11.2.1 坯布库、成品库的建筑面积可按下式计算：

$$S = Q \times T / F$$

式中　S——仓库建筑面积（m²）；

$\quad\quad Q$——坯布日需量或成品日产量（t/d）；

T——贮存周期（d）；

F——布包堆放密度（t/m²）。

布包堆放密度一般如下：

1 使用单梁悬挂式中车作运输工具时：

坯布库为 0.75t/m²；

成品库为 0.80t/m²（布包），0.40～0.45t/m²（纸箱或木箱）。

2 其他情况时（人工堆垛）：

坯布库为 0.55t/m²；

成品库为 0.60t/m²（布包），0.35～0.40t/m²（纸箱或木箱）。

中华人民共和国国家标准

平板玻璃工厂设计规范

GB 50435—2007

条 文 说 明

目　次

1 总　　则

1.0.1 本条是平板玻璃工厂设计时必须遵循的原则。

1.0.2 小型玻璃熔窑的单位产品能耗远高于大型玻璃熔窑，除特种玻璃外，日熔化玻璃液量为300t以下浮法玻璃熔窑不应新建。

对于其他生产工艺的平板玻璃工厂设计，可根据所采用的生产工艺特点，参照本规范执行。

1.0.3 在一定的投资条件下，在设计中尽可能为工厂的技术发展和产品更新创造有利条件。

2　厂址选择及总体规划

2.1　厂　址　选　择

2.1.1 厂址选择除一定要遵照当地的总体规划和符合现行有关标准外，还应遵守国家法规《城市规划法》和《中华人民共和国土地管理法》等的有关规定。

2.1.2 对平板玻璃工厂，影响厂址的主要要素有原料、燃料、运输及工厂本身的建设条件，应对上述各种要素进行详细的比较后，选取性价比最大的厂址方案。

2.1.3 还应强调优先选择"条件成熟的工业园区"，主要是考虑经批准的工业园区肯定是符合当地规划的，用地较易批准。工业园区的建设条件一般是由当地政府配套完成的，对项目建设的投资、进度控制及审批均比较有利。

2.1.4 对于山区地形的厂址，竖向的布置与方案比较尤为重要。实践证明，如果有条件，将联合车间的热端布置在低台段（二层），而冷端布置在高台段（一层），无论是从工艺生产还是从节约土石方工程量考虑都是比较理想的。

2.1.5 厂区标高的确定非常重要，本条是确定标高的一般原则。而对于选用工业园区的厂址，在工业园区的"控制性详细规划"中，对于竖向标高及防、排涝措施均有详细说明，可遵照实施。

2.2　总　体　规　划

2.2.2 厂区总体规划必须要符合当地的建设规划。主要是平面布局、规划控制指标、用地控制红线、建筑形式等，必须与当地规划协调。

2.2.3 厂区规划除要满足工艺生产的合理流程要求外，还应为工厂的管理、今后的发展等创造良好的条件。

3　总平面布置

3.1　一　般　规　定

3.1.1 本条强调平面布置要按照批准的可行性研究报告或者厂区总体规划进行，同时说明了总平面布置的一般原则。总平面技术经济指标，各地方规划部门要求不尽相同，本条提出应与当地规划主管部门沟通后确定，以满足要求。

3.1.2 本条要求建筑布置上，有条件时尽量采用"联合车间"。主要是从合理与节约利用土地、缩短连接管线、方便管理、合理的建筑布局等方面考虑的。

3.1.3 厂区通道宽度的确定，要综合考虑。本条推荐的主要通道宽23～30m，是指道路宽7～10m，绿化带宽8～10m。在管网密集地带，宜取上限。

3.1.4 对于要考虑预留发展用地的布置问题，是一个较难处理的问题。本条提出在合理布局的情况下，尽量将预留地放在厂外，可减少一期工程的用地面积，但往往与城市规划的用地产生矛盾，需与地方进行协调确定。

3.1.5 对于改、扩建厂，主要是考虑最大限度利用原有设施，以减少工程投资，减少新征土地。

3.2　生　产　设　施

3.2.3 燃油贮罐区包括油泵房及卸油附属设施在内。其中第3款，在油罐区周围设区域围墙，是《建筑设计防火规范》GB 50016中增加的，应遵照执行。

3.3　运输线路及码头布置

3.3.2 厂外铁路的选线，根据分工，由铁路设计部门及铁路主管部门确定。

3.3.3 厂内铁路线的布置，应在充分考虑近、远期运输量及运输方式的基础上，提出布置要求，取得铁路主管部门同意，供铁路设计部门参考。

3.3.4 厂内道路的布置，在满足使用功能的前提下，应尽量减少占地面积。但在工厂的厂前区，可结合厂前区环境，设计得宽阔一些。

4　原　　料

4.1　原料的选择与质量要求

4.1.2 参照国内现有平板玻璃工厂实际使用各种原料的质量指标、国家建材局（86）材生字109号《平板玻璃工艺管理规程》中"原料部分"、国家建材局标准《平板玻璃工厂设计节能技术规定》"第10条500吨级浮法生产工艺的原料应符合的要求"，并参照国外平板玻璃工厂用原料的质量要求，在目前国内可能做到的条件下，提出各种原料的使用质量要求。

4.2　玻璃化学成分

4.2.1 根据目前收集到的国内外各种生产工艺方法的玻璃成分情况，经分析比较后提出本规范各种生产工艺的玻璃成分范围。

4.2.2 结合国内的生产条件、选用的原料质量要求、使用的玻璃成分而提出配料控制参数。

4.3 工艺设备选型

4.3.1、4.3.2 本条为工艺设备选型的原则与要求。在设计中应根据工厂的实际情况，灵活运用这些原则。在设备选型时应根据诸多因素进行设备的生产能力计算。

4.3.3 称量设备的动态精度不低于1/1000，但加小料时应适当放宽。

4.3.4、4.3.5 本条为工艺设备选型的原则与要求，在设计中应根据工厂的实际情况，灵活运用这些原则。在设备选型时应根据诸多因素进行设备的生产能力计算。

4.4 工艺流程及布置

4.4.1~4.4.18 为原料车间生产的基本要求以及工艺布置的一些基本原则。结合各厂的具体条件，在设计中灵活运用。

5 浮法联合车间

5.2 熔化系统

5.2.1 本条所列为结合国内目前的生产、装备水平提出的设计要求。

5.2.2 对燃烧系统设计的基本要求。其中第3款，为保证燃油系统的正常工作，通常监测和控制的参数有：油温，油压，油黏度，油流量。

5.2.3 熔窑助燃风通过热工计算确定其用量，通过管道阻力计算和所选用燃烧器型式确定其风压。

5.2.4 为了对熔窑均匀加热及回收和利用由烟气带走的余热，每隔一定时间进行换火一次。根据熔窑使用燃料的种类，确定换向设备的类型；根据熔窑的操作与控制水平，选择换向方式。

5.2.5 根据热工要求确定熔窑各部位冷却风的选型参数。

5.2.6 熔窑。

1 为熔窑设计所必须遵循的设计原则。

2 熔化率是熔窑设计的一个主要指标。熔化率的确定与玻璃品种、质量、燃料种类及生产操作水平有密切的关系，因此不宜单纯追求熔化率的高指标。

玻璃液热耗是结合国内熔窑的实际情况提出。

3 耐火材料的选用及配套设计直接关系到熔窑的使用寿命，具体应根据熔窑各部位热工特点及耐火材料性能按专有技术进行设计。

4 钢结构设计必须考虑到熔窑作为一个热工设备的特点。

5 为保证熔窑具有稳定的工况及减少外界的干扰，窑体必须具有良好的密封。为提高热效率、节约能源，在熔窑设计时应实施全保温。

6 小炉的设计原则及有关参数是国内设计经验的总结。

蓄热室的设计原则及有关参数是根据熔窑能耗要求和国内设计经验的总结。

7 为减少烟道的漏风量及提高余热的利用率，烟道应加强密封和保温。

8 煤气换向防爆设施是从烧煤气熔窑运行的安全性考虑。

5.3 成形系统

本节为对成形系统设计的基本要求，是根据国内现有生产厂的经验、工厂设计经验及国外考察与引进技术等几方面资料提出的。

由于工厂的实际建设条件不同，对设计的细则不作规定。

5.3.11 成形必需的配套设施有：玻璃液流量调节控制装置、密封箱、过渡辊台、拉边机、冷却风系统和冷却水系统等。

5.4 退火系统

本节为对退火系统设计的基本要求，是根据国内现有生产厂的经验、工厂设计经验及国外考察与引进技术等几方面资料提出的。

由于工厂的实际建设条件不同，对设计的细则不作规定。

5.5 冷端系统

冷端系统是浮法生产出合格成品的关键设备。其特点是产量大、速度快、成品质量要求高，因此使用的机械设备多，机械化、自动化程度高。要求设计精度高，使用性能好，适应性强，设备坚固耐用，便于排除故障，提高玻璃成品率。实际设计中应根据设计要求，并结合实际情况进行设计。

5.6 碎玻璃系统

本节为对碎玻璃系统设计的基本要求，有关数据均为实际经验并结合计算后得出。布置形式要根据工厂的生产规模、投资额、总图布置等情况确定。

5.8 车间工艺布置

5.8.1 浮法联合车间的划分情况如下：①熔化工段；②成形工段；③退火工段；④切裁工段；⑤成品工段。

5.8.2~5.8.5 浮法熔化、成形、退火、冷端系统厂房布置形式，结合目前国内已投产的工厂、新设计的工厂以及中外合资等项目的情况，主要有三种形式：

1 熔化、成形、退火、冷端系统为单层厂房。

即窑头楼面设在±0.000平面上，这种形式的优点是运输方便，要结合当地的地形、风力、地下水位低等条件采用。

2 熔化、成形、退火、冷端系统均设在二层楼面上，这种布置形式的厂房造价较高，运输不方便，但可充分利用底层的建筑面积。

3 熔化、成形、退火为二层厂房，冷端系统通过斜坡辊道改成单层厂房，这种布置形式综合了上述两种形式的优点。

成品库的位置与厂房布置形式有直接关系，一般紧接在冷端系统的后面。

有关数据均为实际经验数据。

6 燃　料

6.1 一般规定

6.1.2 根据我国的能源现状和国家能源政策，燃料供应提倡"多用煤少用油"，因此对日熔化玻璃液量等于或低于500t的熔窑，也可用烟煤发生炉煤气作燃料。

6.2 燃　油

6.2.1 平板玻璃熔窑用燃料油为原石油工业部部颁标准（SYB1091）的油品油质指标不大于200号的重油，即100℃时的恩氏黏度不大于9.5°E，含硫量不大于3%，水分不大于2%，闪点（开口）大于130℃，凝固点小于36℃。

6.2.2 供卸油系统的工艺布置，其内容均为生产经验的总结。工艺布置设计应符合现行国家标准《建筑设计防火规范》GB 50016 的有关规定。供卸油系统的设计，应根据实际用油的品质进行。

6.2.3 供油设备的选型。在设备选型前应根据供油量、油品指标、油温、管道布置、运行工况等因素进行计算。

6.2.4 本条是供油管道设计的一般通用性要求，应按常规要求执行。

6.2.5 本条是对浮法联合车间供油系统的要求。

1 车间油路系统方式。本款是熔制车间常用的几种基本油路系统方式，结合各厂的特点还可派生出其他的油路系统方式。

2 燃油的雾化。玻璃熔窑燃油用雾化介质的目的是使油滴成雾状得以充分燃烧，增加油粒的蒸发表面，加快燃烧速度，因此要求雾化介质有一定的温度和压力。

3 车间油路系统的设备选型。车间油路系统中常用的设备还有燃油喷嘴，应选用燃烧效率高、节能和低噪声的燃油喷嘴；加热器的选用要满足油质和燃油喷嘴的需要。

5 本款为车间油泵、油罐间设计的特殊要求，其他按常规要求设计。

6.3 天　然　气

6.3.1 本条为平板玻璃工厂使用天然气必须具备的要求，其他要求按国家有关规定执行。天然气硫化氢含量小于20mg/Nm³，是根据天然气设计手册及参照《城市煤气设计规范》TJ 28—78 第12条的规定。

6.3.2 本条为厂配气站的工艺布置要求。为确保压力和熔窑温度制度的稳定，一般设有两级调压。

6.3.3 本条为厂配气站的设备选型要求。主要设备在选型前必须进行计算。

6.3.4 本条是对浮法联合车间天然气系统的要求。熔窑要求天然气的压力相当稳定，进车间干管为专用干管。熔窑如用 TY 型喷嘴烧天然气时，为增加火焰的刚度和长度（5～10m），需要用压缩空气加强火焰的刚度和长度。

6.4 煤　气

6.4.1 本条是根据平板玻璃工厂熔窑生产的特点提出的。

6.4.2 本条是根据平板玻璃工厂煤气站生产和使用的特点提出的。

7 保护气体

7.1 一般规定

7.1.5 该数据是根据平板玻璃工厂的运行经验确定的。当气体压力过低时不利于气量的调节，而且输送管道直径会变大。

7.2 高纯氮气制备

7.2.3 本条是对液氮贮存与气化装置的要求。

1 平板玻璃工厂高纯氮气制备均采用空气分离法，从开机到出合格的高纯氮气一般需要 12h 以上，故液氮储量宜不小于一台空分装置启动时间所需的量，对于外购液氮方便的地区，液氮贮存量可少一些。

7.3 高纯氢气制备

7.3.4 氨分解制氢站液氨的运输通常采用氨瓶或槽车，生产线较多的平板玻璃工厂应采用槽车运输，液氨贮存容量宜为 30～100m³。

8 电　气

8.1 负荷分级及供配电系统

8.1.2 实际运行经验表明，电气故障无法限制在某个范围内部，电力部门也不能保证供电不中断。平板玻璃工厂是连续用电单位，长时间的停电将造成重大损失。因此，在确定供电电源时，应综合分析当地的电网状况和供电质量，经技术经济比较后，确定在厂内是否设自备发电站作为应急电源。

8.1.4 平板玻璃工厂负荷较大又较集中，考虑到将来的发展及扩建，如果厂区内没有 10kV 负荷，可优先采用 35kV 供电，并经35/0.4kV直降变压器对低压负荷配电。这样可以减少变电级数，从而可以节约电能和投资，并可以提高电能质量。

35kV 以上电压作为工厂内直配电源，通常受到设备、线路走廊、环境条件的影响难以实现，且投资高、占地多，故不推荐。

8.2 变（配）电所

本节称仅有配电设备而无主变压器的站房为总配电所。有主变压器同时有配电设备的站房为总变电所。车间变电所一般有变压器和配电设备。

8.5 厂区电力线路敷设

8.5.1 电缆沟内和直接埋地敷设方式，一般较易实施，具有投资省的显著优点，故推荐优先采用。

9 生产过程检测和控制

9.1 生产过程自动化水平的确定

9.1.1 采用先进的自动化技术包括采用计算机控制系统、智能仪表系统、智能检测仪表和执行机构、智能调节阀门等硬件装备以及各类高级控制软件、高级控制方案。

9.1.2 自控设计应根据工程特点、规模大小和发展规划，确定其装备水平。装备水平主要指选用的各类控制装备的硬件等级。

9.1.5 现有的浮法玻璃生产线中，分布式计算机控制系统（DCS）及可编程控制系统（PLC）均已普遍采用。

9.1.6 考虑热端主控制系统中主控制器、通信网络、系统电源采用冗余配置，基本能满足生产过程可靠性要求，不需要过多的硬件冗余配置。

9.1.7 考虑整个控制系统的各环节技术水平协调。

9.2 配料称量系统的检测和控制

9.2.1 配料称量系统控制装置采用多台配料控制器以及可编程控制器（PLC）作为下位机，工业控制机作为上位机计算机控制系统，已完全满足配料要求。

9.3 熔化系统的检测和控制

9.3.1 本条为对熔窑温度、压力及玻璃液面的检测和控制要求。

1 重要检测点的温度记录包括采用记录仪或计算机控制系统的历史趋势记录。

2 为稳定熔窑内的气氛，熔化部窑压应自动控制。

3 为了解烟道及烟囱根抽力情况。

4 为成形部分的工况稳定提供良好的条件。

9.3.2 本条是对燃烧系统的检测和控制要求。

2 为熔窑燃烧系统的主要控制内容。

3 为稳定和调节熔化燃料量。

4 保证雾化效果从而保证燃料燃烧效果。

5 为保证燃料的充分燃烧及油风配比控制提供手段。

6 方便测定燃料充分燃烧情况。

9.3.3 燃烧换向过程是熔化过程最大的干扰源，必须控制调节。

9.3.4 提出工业电视监视的主要部位，有条件时也可在车间内设置其他监视部位。

9.3.5 熔窑的冷却风机、助燃风机等重要机电设备的运行情况必须了解。

9.3.6 防止料仓空仓或粘料。

9.5 退火系统的检测和控制

9.5.1 退火窑分区情况由工艺确定。

9.5.2～9.5.6 给出退火工段需要检测和控制的内容。

9.6 冷端系统的控制

9.6.1～9.6.6 给出冷端系统的主要控制内容。由于冷端系统多由各种单机设备组成，其控制装置也往往由单机设备配套，具体的设计要求也仅限于本部分内容。

9.7 辅助生产系统的检测和控制

9.7.1 辅助生产系统可包括所有非联合车间的内容。

9.7.2 控制内容较多的辅助生产系统，如锅炉房、氢气站等可采用计算机控制系统。

9.7.3 为方便全厂的控制设备维护和互换。

9.8 仪表用电源和气源

9.8.1 仪表用电源基本为弱电，错接相位会损坏仪表。

9.8.2 提出仪表专用气源的质量要求。

9.9 控 制 室

9.9.1～9.9.7 提出控制室的设计要求。

9.9.8 计算机控制系统的接地还应该针对各厂家系统的具体要求设计。

9.9.9 大型控制室往往出入人员较多，故作此要求。

10 给水与排水

10.1 一般规定

10.1.3 本条是对厂区排水设计的规定。考虑到各地经济发展状况不同，市政排水体制（分流制或合流制）或排放的水域有不同的要求，应选择符合当地市政管理部门要求的厂区合理排水体制。

10.2 给水

10.2.1 平板玻璃工厂生产给水保证供水不得间断是玻璃生产工艺的要求，应根据各地水源供给情况，采取相应的措施；如水源不能保证连续不间断供给，应在厂内设置贮水设施，以确保平板玻璃工厂供水的安全可靠性。

1 生产给水的水质主要指标，是根据现行国家标准《工业循环冷却水处理设计规范》GB 50050 的规定，并结合工程实际运行情况确定。

2 因玻璃工艺生产的设备用水量较大，而且仅是水温升高。

3 考虑平板玻璃工厂内建筑物均为多层建筑，所以厂区进口处水压一般不小于 0.25MPa。

10.2.2 给水管网设计应符合下列要求：

3 独立设置的生活给水管道采用枝状管网可以节约投资。

10.2.3 循环水系统应符合下列要求：

1 平板玻璃工厂循环水冷却设施的类型选择，应因地制宜进行技术经济比较选择敞开式系统或封闭式系统。

2 循环给水设专用管道直通用水车间，循环供水管道不得作为消防或其他直接排放的生产设施用水。

3 循环水系统的补充水量是根据现行国家标准《工业循环冷却水处理设计规范》GB 50050 的规定确定。

4 循环水系统的水质应进行水质稳定的验算，以防循环水系统管道及设备结垢、腐蚀，缩短供水管道、工艺设备的使用年限；循环水系统在循环过程中由于受到污染，必须对系统设置全过滤水处理或分流旁滤水处理。

6 循环水池和水塔的总容量，是依据工程运行经验确定的。

7 循环水水塔的水柜容量，是考虑到循环水供给系统故障时工艺设备冷却保护时间。

8 工艺生产设备的安全性要求高，设有柴油机拖动水泵，以作为动力故障时循环供水使用。

10.3 排水

10.3.1 排水体制及排出口的选择，主要考虑经济合理减少工程造价。

10.3.2 本条根据《建筑给水排水设计规范》GB 50015 的规定制定。

10.3.4 本条根据《建筑设计防火规范》GB 50016 的规定制定。

10.3.5 根据《污水综合排放标准》GB 8978 的二类污染物最大排放浓度 1mg/L（苯酚）的要求，高度含酚废水不得向外排放，可以喷入炉中燃烧即可。

11 供热与供气

11.2 锅炉房

11.2.1 熔窑烟气系统的烟气过量空气系数，由砌体密封情况决定。条文规定的系数是国内平板玻璃工厂实测的数据。

11.2.2、11.2.3 余热锅炉与引风机选型、工艺布置原则等均为平板玻璃工厂生产经验的总结。

11.3 压缩空气站

11.3.3 吸附干燥装置的处理气压力露点通常为 −20℃，冷冻式干燥装置的处理气压力露点通常为 2～10℃，故采暖地区应选用吸附干燥装置，非采暖地区应选用冷冻式干燥装置。

12 采暖、通风、除尘、空气调节

12.2 采暖

12.2.1 冬季室内计算温度是参照《采暖通风与空气调节设计规范》、《工业企业设计卫生标准》的有关规定，结合平板玻璃工厂的劳动强度与每名工人占地面积情况制定的，对热车间的冬季采暖不作规定或降低采暖标准。

12.2.2 本条是对采暖热媒的要求。

1 平板玻璃工厂一般均设有余热锅炉房，可以作为冬季采暖所需热源。热水采暖的室内环境舒适度较好，应推荐使用。

2 辅助建筑多为人员长时间工作生活的场所，宜设热水采暖。

3 电能是高品位能源，一般不宜直接用于采暖。

12.2.3 本条是对采暖方式的要求。

2 在非采暖地区的平板玻璃工厂，如采板区设在非采暖的成品库中，根据需要可设局部采暖。

5 从安全角度考虑作此规定。

12.4 除尘

12.4.8 除尘系统先于工艺设备启动可以造成良好的负压环境以控制粉尘外逸。

12.4.10 除尘系统的选择应符合下列要求:

1 同一生产流程、同时工作的扬尘点相距不远时,如果采用分散式机械除尘系统则单个的小除尘器太多,故作本款规定。

2 平板玻璃工厂粉尘种类较多,应回收利用,故宜分别设置机械除尘系统。

12.4.11 除尘管道设计应符合下列要求:

1 本款的规定可减少粉尘堵塞除尘管道。

4 除尘系统的排风管应尽量高,降低排风管出口高度则排放标准就要提高。

14 其他生产设施

14.1 中心实验室

为控制生产用原料、燃料、配合料以及玻璃成品的质量,应设置中心实验室。

14.4 耐火材料贮库与加工房

在生产过程中需要更换一些专用的耐火砖材,在非生产时间应预先加工和配套好熔窑需更换的耐火材料,为此设置耐火材料贮库与加工房。

15 环 境 保 护

15.1 一 般 规 定

15.1.1 现行的国家环境保护法规中包括(86)国环字第 003 号《建设项目环境保护管理办法》,设计必须认真贯彻执行。

15.1.2 以前选择厂址和总图布置重点是考虑厂址本身、水源、电源等的要求。现在还应增加是否满足环境保护要求。

15.2 大气污染防治

15.2.1 利用大气扩散和稀释能力是目前废气、烟气排放的措施之一。

15.2.3 目前,平板玻璃工厂熔窑烟气的排放执行国家标准《工业炉窑大气污染物排放标准》GB 9078。

1 平板玻璃工作环境影响评价重点是大气,其次是废气、噪声、固废,应作大气环境质量影响评价,为大气污染防治措施设计提供科学依据。防治措施应符合环境影响评价结论和要求。如可行性研究阶段设计比《环境影响报告书(表)》先完成,初步设计阶段中的大气污染防治措施应按《环境影响报告书(表)》的结论进行修正。

2 平板玻璃工厂熔窑产生的硫氧化物主要来自芒硝的分解和燃料中硫的转化。

3 目前熔窑废气中的氮氧化物主要来源与燃烧方式有关。通过改善燃烧方式减少废气中的氮氧化物产生是合理和较经济的办法。

15.2.4 烟气净化最好采用湿式方式,要考虑废水处理后循环使用,防止污染转移。采用干式除尘时要计算 SO_2 是否超标。

15.2.5 平板玻璃工厂的原料采用合格粉料进厂,是减少污染源的措施之一。

15.6 环 境 绿 化

15.6.1 绿化系数计算办法,参考《环保工作者实用手册》中选用。绿化系数不小于 20%,是根据平板玻璃工厂的特点,参考一般工厂绿化系统而确定。

15.7 环境保护监测

15.7.1 大型平板玻璃工厂可以单独设监测站,建筑面积一般为 $100\sim150m^2$ 是参考数,如增加治理措施,面积可适当增加。仪器设置仅按常规配备,如有特殊项目应增加新仪器。

15.7.2 本条系根据《污水综合排放标准》GB 8978 的第 5.1 条和《工业炉窑大气污染物排放标准》GB 9078 的第 4.6.5 条规定。在污水排放口必须设置排放口标志、污水水量计量装置和污水比例采样装置。废气烟囱或排气筒应设置永久采样、监测孔和采样监测平台。

15.8 环境保护设施

15.8.1 设施内容系根据平板玻璃工厂污染源和污染物种类确定。但有些项目和职业卫生方面分不太清,如除尘、噪声治理,既为职业卫生,又为环境保护,所列项目可能有重复部分。

16 节 能

16.1 一 般 规 定

本节是根据国家有关规定,以及实际生产和设计经验对节能的原则要求。

16.3 电气及自动控制节能

16.3.1 我国一些企业中的变负荷运行的风机、泵类加变频调速装置后,平均节电 30%~50%。节约的电费可使增加的投资 2~3 年收回。故本条作此规定。

17 职业安全卫生

本章内容除了必须执行的国家标准和国家的有关规定外,均是根据实际生产和设计经验提出的。

中华人民共和国国家标准

医药工业洁净厂房设计规范

GB 50457—2008

条 文 说 明

目　　次

1 总　　则

1.0.1、1.0.2　本规范为全国通用的医药工业洁净厂房设计的国家标准。适用于新建、扩建和改建医药工业洁净厂房的设计。医药工业洁净厂房是指药品制剂、原料药、生物制品、放射性药品、药用辅料、直接接触药品的药用包装材料等生产中有空气洁净度等级要求的厂房。对于含有药用成分的非医药产品、非人用药品、无菌医疗器具、医院制剂等生产中有空气洁净度等级要求厂房的设计，可参照本规范执行。

　　药品分类复杂，制剂剂型多，产品生产工艺对生产环境控制各不相同，加之国内外 GMP 的进展，都会给设计提出新的要求。为了更好地体现国家标准的原则性和通用性，使其条款相对稳定而不必随着工艺技术的进步而频繁修改。因此，本规范所列各项规定均为医药工业洁净厂房设计的基本要求，使用时应首先准确、完整地执行本规范。

3　生产区域的环境参数

3.1　一　般　规　定

3.1.2　空气中影响药品质量的污染物质不只是微粒，另一个重要的污染物质是微生物。虽然大多数微生物对人无害，致病菌只是其中少数，但微生物的生存特点使得它对药品的危害性比微粒更甚。微生物多指细菌和真菌，在空气中常黏附于微粒或以菌团形式存在。

　　药品受微粒和微生物污染后会变质，一旦进入人体将直接影响人体健康，甚至危及人的生命安全。因此，与其他工业洁净厂房不同，医药洁净室（区）必须以微粒和微生物为环境控制的主要对象。

3.2　环境参数的设计要求

3.2.1　GMP 是国际通行的药品生产和质量管理的基本准则，是 Good Manufacturing Practice 的英文缩写。《药品生产和质量管理规范》是 GMP 的中文译名。世界上主要发达国家和国际组织都制定了 GMP。我国于 1988 年颁布了国家 GMP。现行版为 1998 年修订版，简称 GMP（1998）。

　　医药洁净室（区）的空气洁净度等级标准直接引用了我国 GMP（1998）的规定。本规范制订过程中也曾考虑等效采用国际标准 ISO 14644-1——"洁净室及相关被控环境——㈠ 空气洁净度的分级"，以便与国际接轨。然而，由于以下原因而放弃：

　　1　该标准的空气洁净度仅以空气中的悬浮粒子浓度进行分级，没有相应的微生物允许值。

　　2　该标准的空气洁净度等级所规定的各种粒径

悬浮粒子最大浓度限值（表 1）与我国 GMP（1998）的洁净室（区）空气洁净度级别表中悬浮粒子最大允许值（表 2）不尽相同，其中 5μm 粒子的控制要求相差更大。

表 1　ISO 14644-1 洁净室及洁净区空气中悬浮粒子洁净度等级

ISO 等级序数（N）	大于或等于表中粒径的最大浓度限值（pc/m³）					
	0.1μm	0.2μm	0.3μm	0.5μm	1μm	5μm
ISO Class 1	10	2	—	—	—	—
ISO Class 2	100	24	10	4	—	—
ISO Class 3	1000	237	102	35	8	—
ISO Class 4	10000	2370	1020	352	83	—
ISO Class 5	100000	23700	10200	3520	832	29
ISO Class 6	1000000	237000	102000	35200	8320	293
ISO Class 7	—	—	—	352000	83200	2930
ISO Class 8	—	—	—	3520000	832000	29300
ISO Class 9	—	—	—	35200000	8320000	29000

表 2　GMP（1998）洁净室（区）空气洁净度等级

空气洁净度等级	悬浮粒子最大允许数（个/m³）		微生物最大允许数	
	≥0.5μm	≥5μm	浮游菌（cfu/m³）	沉降菌（cfu/皿）
100	3500	0	5	1
10000	350000	2000	100	3
100000	3500000	20000	500	10
300000	10500000	60000		15

　　3　该标准空气中悬浮粒子洁净度以等级序数"ISO ClassN"级表示，而我国 GMP（1998）的洁净室（区）空气洁净度级别表中的 300000 级，其悬浮粒子最大允许值无法在 ISO ClassN 级之间内插至相应级别。

　　同时，考虑到世界上主要发达国家和国际组织的 GMP 至今都没有等效采用 ISO 14644-1 标准，因此本规范中医药洁净室（区）空气洁净度等级标准未采用 ISO 14644-1 标准。

3.2.2　《药品生产和质量管理规范》（GMP）对药品生产主要工序环境的空气洁净度等级提出了明确的要求，是医药工业洁净厂房设计的主要依据。附录 A 系根据我国 GMP（1998）附录二"无菌药品"、附录三"非无菌药品"、附录四"原料药"、附录五"生物制品"、附录六"放射性药品"中有关规定整理。与附录 A 所列主要工序配套的其他工序，其空气洁净度等级可参照附录 A 相关内容确定。

3.2.3　我国 GMP（1998）第 17 条规定"无特殊要求时，洁净室（区）的温度应控制在 18 ～26℃，相对湿度控制在 45％ ～65％"。由于药品生产环境中，空气洁净度 100 级、10000 级多用于无菌药品生产的主要工序或对环境要求较高的场所，100000 级、300000 级则常用于非无菌药品生产或与无菌药品生产配套的辅助生产工序。两者相比，前者对环境控制要求更严。为此，本规范把 100 级、10000 级医药洁净室（区）的温度控制范围定在 20 ～24℃，相对湿度控制范围定在 45％ ～60％。100000 级、300000 级医药洁净室（区）温度控制范围仍为 18 ～26℃，相对湿度控制范围为 45％ ～65％。

我国 GMP（1998）第 17 条同时规定"洁净室（区）的温度和相对湿度应与药品生产工艺要求相适应"。因此本规范规定，生产工艺对温度和湿度有特殊要求时，应根据工艺要求确定。比如某些抗生素的无菌粉针剂、口服片及泡腾片等极易吸湿，而且吸湿后会降低效价，甚至失效，生产区必须根据工艺要求确定相对湿度；再如大多数生物制品，不能采用最终灭菌的方法，必须通过生产过程的无菌操作来确保产品无菌，并用低温、低湿方式抑制微生物的繁殖。因为微生物的代谢可能导致产品中细菌内毒素的增加，受细菌内毒素污染的药品一旦注入人体后会产生热原反应，严重的会危及生命。因此需要将空气洁净度等级要求高的医药洁净室（区）环境温湿度控制在较低的范围。

3.2.4 为了保证医药洁净室（区）在正常工作或空气平衡暂时受到破坏时，气流都能从空气洁净度高的区域流向空气洁净度低的区域，使医药洁净室（区）的空气洁净度不会受到污染空气的干扰，所以医药洁净室（区）之间必须保持一定的压差。

压差值的大小应选择适当。压差值选择过小，洁净室（区）的压差很容易被破坏，空气洁净度就会受到影响。压差值选择过大，会使净化空调系统的新风量增大，空调负荷增加，同时使中效、高效空气过滤器使用寿命缩短，故很不经济。因此，医药洁净室（区）压差值的大小应根据我国现有洁净室的建设经验，参照国内外有关标准和试验研究的结果合理地确定。

对此，国际标准 ISO 14644-1、美国联邦标准 FS 209E、日本工业标准 JIS 9920、俄罗斯国家标准 ГОСТР 50766-95 等现行的有关洁净室标准中都有明确规定，虽然各个国家规定不同等级的洁净室之间、洁净室与相邻的无洁净度级别的房间之间的最小压差值不尽相同，但最小压差值都在 5Pa 以上。

关于洁净室与室外的最小压差，据《洁净厂房设计规范》GB 50073 编制组研究结果，当室外风速大于 3m/s 时，产生的风压力接近 5Pa，若洁净室内压差值为 5Pa 时，室外的污染空气就有可能渗漏到室内。由《采暖通风和空气调节设计规范》GB 50019 编制组提供的全国气象资料统计，全国 203 个城市中有 74 个城市的冬夏平均风速大于 3m/s，占总数的

36.4％。因此，洁净室与室外的最小压差值必须大于 5Pa，才能抵御室外污染空气的渗透。本规范参照现行国家标准《洁净厂房设计规范》GB 50073，将医药洁净室（区）与室外的最小压差值定为 10Pa。

3.2.5 国际照明委员会（CIE）《室内照明指南》规定，无窗厂房的照度最低不能小于 500 lx。根据我国现有的电力水平，应以满足对照明的基本要求为依据，最低照度为 150 lx 时基本上能满足工人生理、心理上的要求。为提高生产效率，本规范采用我国 GMP（1998）第 14 条规定"主要工作室的照度宜为 300 lx；对照度有特殊要求的生产部位可设置局部照明"。至于辅助工作室、走廊、气闸室、人员净化和物料净化用室，考虑到与生产车间的明暗适应问题，规定其照度值不宜低于 150lx。

3.2.6 ISO/DIS 14644-4 标准中规定："应依据洁净室内人的舒适和安全要求及环境（如其他设备）的背景声压级来选择适宜的声压级。洁净室的声压级范围为 40～65dB（A）"。洁净室环境下的噪声控制主要在于保障正常操作运行，满足必要的谈话联系，提供舒适的工作环境。绝大多数国内外标准给出的允许值范围在 65～70dB（A）。

根据"洁净厂房噪声评价与标准的研究"成果，以 65dB（A）作为洁净室噪声容许值标准，感到高烦恼的工人低于 30％，对集中精神感到有较高影响的工人不到 10％，而对工作速度、动作准确性的影响则可忽略。从国内几个行业对不同气流流型洁净室的静态和动态噪声所进行的分析表明，不同气流流型的静态噪声有较大差异。非单向流洁净室的静态噪声实测值在 41～64dB（A）范围内，平均为 54dB（A）；单向流、混合流洁净室的静态噪声实测值在 51～75dB（A）范围内，平均为 65dB（A）。

4 厂址选择和总平面布置

4.1 厂址选择

4.1.1 洁净厂房与其他工业厂房的区别在于洁净厂房内的生产工艺有空气洁净度要求；医药工业洁净厂房与其他工业洁净厂房相比，空气洁净度标准又有微生物的控制要求。其中，无菌药品对生产环境的微生物量控制更为严格。然而，室外大气中含有大量尘粒和细菌，据有关资料表明，不同区域环境的大气含尘、含菌浓度有很大差异（表3）。

表3 国内室外大气含尘、含菌浓度

	含尘浓度 ≥0.5μm（个/m³）	含菌浓度 微生物（cfu/m³）
工业区	(15 ～35) ×10⁷	(2.5 ～5) ×10⁴
市郊	(8 ～20) ×10⁷	(0.1 ～0.7) ×10⁴
农村	(4 ～8) ×10⁷	<0.1×10⁴

新建、迁建或改建时，将厂址选择在大气含尘、含菌浓度较低的地区，如农村、城市远郊等环境良好，周围无严重污染源的地方，这是建设医药工业洁净厂房的必要前提。因此，厂址不宜选择在有严重空气污染的城市工业区，应远离车站、码头、交通要道、远离散发大量粉尘、烟气和有害气体的工厂、仓储、堆场，远离严重空气污染、水质污染、振动或噪声干扰的区域。当不能远离时，也应选择位于严重空气污染源的最大频率风向上风侧。

4.1.2 根据现行国家标准《洁净厂房设计规范》GB 50073中的"环境尘源影响范围研究报告"，交通主干道全年最大频率风向下风侧50m内为严重污染区，100m外为轻污染区。因此，在确定洁净厂房与交通主干道之间距离时，要综合考虑如下因素：（1）洁净厂房与交通主干道之间的上下风向关系；（2）交通主干道的实际车流量（"环境尘源影响范围研究报告"测试时，车流量约为800辆/h）；（3）交通主干道与洁净厂房之间的绿化状况和其他阻尘措施；（4）交通主干道与洁净厂房间距的计算标准。

考虑到市政交通主干道对洁净厂房的污染主要由厂房的新风口传入，为避开交通主干道的严重污染区，因此规定医药工业洁净厂房新风口与市政交通主干道近基地侧道路红线之间距离宜大于50m。当洁净厂房处于交通主干道全年最大频率风向上风侧，或与交通主干道之间设有城市绿化带等阻尘措施时，可适当减小。

4.2 总平面布置

4.2.2 我国GMP（1998）第8条要求"生产、行政、生活和辅助区的总体布局应合理"，主要是指生产、行政、生活和辅助的功能各不相同，如在布置上不合理、不相对集中，势必互相带来干扰和妨碍，甚至产生污染，最终将影响药品生产。这条规定同样适用于这些功能同时存在于同一建筑物内的情况。

4.2.3 同样是药品生产，制剂和原料药的生产方式浑然不同。制剂生产是物理加工，全过程需要在医药工业洁净厂房内完成；而原料药生产的前工序大多属化工生产或生物合成等，三废多，污染严重，只是成品的粗品精制、干燥和包装工序才有洁净要求。因此，兼有原料药和制剂生产的药厂，应将污染相对严重的原料药生产区置于制剂生产区全年最大频率风向的下风侧，以减少对制剂生产的影响。

由于药品生产的各自特点，生产中产生的污染程度、对环境的洁净要求不尽相同，它们的相对位置也应予以合理安排。如生产青霉素类药品（详见第4.2.4条说明）、某些甾体药品、高活性、有毒害等药品的厂房应位于其他医药工业洁净厂房全年最大频率风向的下风侧；中药前处理、提取厂房也应置于制剂厂房的下风侧，以防产品之间的交叉污染。

厂址确定后，妥善处理厂区内医药工业洁净厂房与非洁净厂房，以及与其他严重污染源之间的相对位置显得十分重要。三废处理、锅炉房等是厂区内较为严重的污染区域，将它们相对集中，并置于厂区全年最大频率风向的下风侧，是确保洁净厂房少受污染的必要措施。在三废处理方面，还应合理安排废渣运输路线，不使运输过程污染环境，污染路面。

4.2.4 青霉素类药品是非常特殊的药品，它疗效确切但致敏性极高已众所周知，甚至使用者在皮试时就休克的也不乏其例。为此，国内外GMP对它的生产、管理都有严格规定。为了使青霉素类等高致敏性药品生产对其他药品生产所引起的污染危险性减少到最低程度，青霉素类等高致敏性药品生产厂房应置于其他洁净厂房全年最大频率风向的下风侧。

4.2.7 药品生产所需的原辅物料、包装材料品种多、数量大，原料药生产还需要大量的化工原料，有些原料易燃、易爆、毒性大、腐蚀性强。因此，厂区主要道路应将人流与货流分开，这不仅是为了减少运输过程尘土飞扬，避免凭借人流带入医药工业洁净厂房，而且也能确保厂区安全。为实施主要道路的人流与货流分流，厂区应分别设置人流、货物的出入口。

4.2.8 医药工业洁净厂房周围绿化有利于降低大气中的含尘、含菌量。场地绿化应以种植草坪为主，小灌木为辅。厂区的露土宜覆盖，厂区内不应种植观赏花卉及高大乔木。因为花朵开放时产生大量花粉，1朵花的花粉颗粒有数千至上百万个，花粉粒径因花而异，小的 $10 \sim 40\mu m$，大的 $100 \sim 150\mu m$。同时花的开放还会招惹昆虫。观赏花卉多为一年生植物，需经常翻土、播种、移植，从而破坏植被，使尘土飞扬。而高大乔木树冠覆盖面积大，其下部难以植被，增加厂区周围露土面积。不少乔木的落叶或花絮飞舞，都会增加大气中的悬浮颗粒。

5 工 艺 设 计

5.1 工 艺 布 局

5.1.1 医药工业洁净厂房内常有多种物料管道，如化工医药原料、药液、工艺用水、纯蒸汽、压缩空气和公用工程管道等，以及电气管线、净化空调系统的送回风管和局部排风管等，管线错综复杂。因此，进行管线综合布置时，必须在平面和标高上密切配合，综合考虑，才能做到安装、调试、清扫、使用和维修的方便及整齐美观。

为布置各种管道、桥架和高效空气过滤器等，厂房内一般均设置技术夹层或技术夹道，大多使用效果良好。进行管线综合布置设计和确定技术夹层层高时，应充分考虑技术夹层或夹道中净化空调系统的风管及配管、公用工程管道、工艺管道、电缆桥架检修通道等的合理安排，要有利于安装、检修。同时，必须严格遵守现行国家标准《建筑设计防火规范》GB 50016等的规定。还应对各种技术措施进行技术经济比较，做到技术可靠，经济合理，使用安全。

在工艺布局合理、紧凑及符合空气洁净度等级要求的前提下，布置时还应考虑大型设备在搬运、安装、维修等方面的便利，以及立体空间中各设计专业的合理协调。

5.1.2 影响药品生产质量的原因是多方面的，其中最主要的是生产过程对药品的污染和交叉污染，以及原因众多的人为差错。因此，最大限度地降低对药品的污染和交叉污染，克服人为差错是GMP的基本要素。这是实施GMP的重点，也是医药工业洁净厂房设计的重点。

在工艺布局中合理安排人流、物流，是防止生产过程中人流、物流之间交叉污染的有效措施。然而，根据药品生产的特点，要在工艺布局中将人流、物流决然分开或者设置专用通道都是不现实的。我国GMP（1998）第9条也是从原则上要求"厂房应按生产工艺流程及所要求的空气洁净级别进行合理布局"。

为防止人流、物流交叉污染，本条对工艺布局提出5项基本要求。

1 人员和物料进出生产区域的通道的出入口，使人流、物流分门而入，是为了避免人员和物料在出入口的频繁接触而发生交叉污染；对极易造成污染的原辅物料如活性炭等，生产过程中产生的废弃物如碎玻璃瓶、生物制品生产中排出的污物等，宜就近设置专用出入口。

2 人员和物料进入医药洁净室（区）前，分别在各自的净化用室中进行净化处理，有利于防止人员和物料的交叉污染。人员净化用室设置要求见本规范第5.2.3条、第5.2.4条，物料净化用室设置要求见本规范第5.3.1条、第5.3.2条。

3 医药洁净室（区）内应只设置必要的工艺设备和设施，是为减少无关人员和不必要的设备、设施对药品的污染，确保室内空气洁净度等级；工艺布局中要防止生产、储存的区域，如制剂生产区设置的半封闭式中间库，被非本区域工作人员当作通道，使药品受到污染。

4 由于电梯及其通行井道无法达到洁净要求，因此多层厂房中的电梯不应设在医药洁净室内。需设置在医药洁净区的电梯，应有确保医药洁净区空气洁净度等级的措施，如在电梯前设置气闸室，防止电梯运行和开启时未经净化的空气直接进入医药洁净区；也可采取其他效果确切的措施。

5 医药工业洁净厂房内物料传递路线要短捷，不宜弯绕曲折，以免传输过程物料受到污染和交叉污染。

5.1.3 净化空气调节系统是确保医药洁净室（区）空气洁净度等级的主要措施，其送风口及排风口的布置应首先满足生产工艺需要，由于风口面积较大，因此在布置时应优先考虑，并与照明器材以及其他管线等设施合理协调。

5.1.4 我国GMP（1998）第19条要求"不同空气洁净度级别的洁净室（区）之间的人员及物料出入，应有防止交叉污染的措施"，这种措施在设计上一般采取设置气闸室或传递柜等设施。

5.1.5 药品生产品种、规格多，需要使用的原辅物料、包装材料也多，加之生产中的半成品和成品，每天都有大量的物料需要存放。如果没有足够的储存面积和合理的存放区域，就会造成人为差错和物料之间的交叉污染。我国GMP（1998）第12条要求"储存区应与生产规模相适应……存放物料、中间产品、待验品和成品，应最大限度地减少差错和交叉污染"。

为减少物料从厂区仓库到洁净厂房在运输途中的污染，医药工业洁净厂房内宜设置物料储存区。物料应按规定的使用期限储存，无规定使用期限的，其储存一般不超过3年。储存面积应根据生产规模、存放周期计算。储存区内物料按待验、合格和不合格物料分区管理或采取能控制物料状态的其他措施，其中不合格的物料应设置专区存放，并有易于识别的明显标志。对有温湿度或其他特殊要求的物料应按规定条件储存。储存区宜靠近生产区域，短捷的运输路线有利于防止物料在传输过程中的混杂和污染。

因生产需要在生产区域内设置的物料存放区，主要用于存放半成品、中间体和待验品。物料存放周期不宜太长，以免物料堆积过多，占地面积太大。检验周期长的待验品，从管理上可办理手续暂存医药工业洁净厂房储存区。存放区位置的确定以满足生产为主，宜减少在走廊上的运输路线。存放区可采用集中或分散的方式，视各生产企业管理模式而定。对于集中存放区（又称中间站）从布局上应避免成为无关人员的通道。

5.1.6 有关青霉素等高致敏性药品的特殊性已在本规范第4.2.4条说明中有所解释。为此，国内外GMP对它的生产、管理都有严格规定。美国CGMP要求"有关制造、处理及包装青霉素的操作均应在与其他人用药物产品隔离的设施中进行"；欧盟GMP（1997）提出"为使由于交叉污染引起的严重药品事故的危险性减至最低限度，一些特殊药品如致敏性物质（如青霉素类）、生物制品（如活微生物制品）的生产应采用专用的独立设施"；我国GMP（1998）第20条规定"生产青霉素类高致敏性药品必须使用独立的厂房与设施"，这是我国GMP对药品生产厂房设施最为严格的条款。

避孕药品、卡介苗、结核菌素等特殊药品的生产，对操作人员和生产环境也存在一定风险。我国

GMP（1998）第 21 条、附录五"生物制品"中规定，这些特殊药品的生产厂房应与其他生产厂房严格分开。与青霉素等高致敏性药品生产厂房不同，这些药品的生产厂房并不强调必须是独立的建筑物。因此，设计时这些药品的生产可在同一个建筑物内与其他医药生产厂房以实墙分割成互不关联的生产厂房，其人员、物料出入，所有生产设施如净化空调系统、工艺用水系统，以及其他公用工程系统，均与其他医药生产厂房严格分开。当然，也可以安排在各自独立的建筑物内，在总图布置上与其他医药生产厂房分开。

5.1.7 本条主要是对同一建筑物内，某些药品生产区与其他药品生产区，或同一药品生产的前后工序生产区之间的布置要求。

β-内酰胺结构类药品是抗生素中重要一族，由于它的性能特点，临床使用时也有许多限制规定，因此它的生产区要与其他药品生产区域严格分开。根据国家食品药品监督管理局（SFDA）2006 年 3 月 16 日"关于加强 β-内酰胺类药品生产质量管理的通知"：（1）β-内酰胺类药品中的单环、β-内酰胺类药品按普通药品管理；（2）头孢霉素类、氧头孢烯类产品按头孢菌素类产品管理；（3）半合成碳青霉烯类原料药及其制剂，均必须使用专用设备和独立的净化空气系统。

中药生产的原料是中药材，生物制品生产的原料是动物脏器或组织，它们都必须经过一系列加工才能成为制剂的原料。由于中药材的前处理、提取、浓缩，以及动物脏器、组织的洗涤或处理，要使用大量的有机溶媒、酸、碱，而且会产生大量的废气、废渣和异味，对制剂生产带来严重影响，因此要把前后两种决然不同的生产方式严格分开，以免污染成品质量；含不同核素的放射性药品有着不同的性能和作用，生产过程不得互相干扰，它们的生产区也应各自分开。

本条要求在生产区域上的严格分开，是指要有各自独立的生产区，相应的人员净化用室、物料净化用室，以及生产区域独立的净化空调系统。但进入同一建筑物的人员总更衣区、物料仓储区以及生产区域外的人员、物料走廊等仍可合用。

5.1.8 本条系根据我国 GMP（1998）第 22 条要求编制。设计时应根据生产企业的具体情况而定。如本条规定的这些生物制品的原料和成品需要同时加工或灌装时，生产区应分别设置；如采用交替生产的，则应在生产管理上进行合理安排，并应采取有效的防护措施和必要的验证。

5.1.9 本条是对生产辅助用室布置及室内的空气洁净度等级要求所作的规定：

1 取样室。为便于质检部门对购入的原辅材料进行检查，取样室一般宜设置在仓储区内。以往设计中，仓储区设取样室，为考虑人员、物料净化，要设置缓冲间、传递窗、换鞋、更衣室、气闸室等，造成辅助用房比取样室面积大得多的不合理现象。取样操作不同于生产，每次多则几十分钟，少的仅几分钟，而与其配套的净化空调系统则需要全天开启，造成面积、能源的很大浪费。我国 GMP（1998）第 26 条要求"取样环境的空气洁净度级别应与生产要求一致"，是因为取样操作有一定范围，对环境大小的理解应根据生产要求确定，但取样环境并不等同于取样室。由于药品生产全过程对空气洁净度等级的要求并不相同，本条明确取样环境应与使用该物料的生产环境一致。如使用该物料的生产环境空气洁净度等级为100000 级、300000 级的，只要在取样局部区域设置一个与生产区空气洁净度等级相适应的净化环境或局部单向流装置，使得取样时原料暴露的环境符合相应要求即可，而取样室只要配置一般空调装置以保持室内清洁环境。这样可省去一大套人、物流净化程序及用房面积，既符合规范要求又比较合理；如使用该物料的生产环境空气洁净度等级为 10000 级的，取样操作可在 100000 级环境下的 100 级单向流罩下进行。考虑到非最终灭菌的无菌产品生产的特殊要求，无菌药品的取样应在无菌洁净室内进行，除了取样环境与生产操作的空气洁净度等级相一致外，还应设置相应的物料及人员净化用室。

2 称量室。世界卫生组织（WHO）GMP 提出"……起始物料的称量区可以是仓储区或生产区的一部分"。本规范把原辅料的称量室设置在生产区内，避免了为称量室再设物料和人员净化用室。称量工序的管理由生产企业管理体制而定，称量后的剩余物料应有专门存放区，以免差错和污染。由于称量操作时物料暴露于所在环境中，因此称量室的空气洁净度等级应与使用该物料的医药洁净室（区）一致。

3 备料室。备料室是从仓储区领来待称量物料存放的房间，宜靠近称量室。根据我国 GMP（1998）第 27 条要求"根据药品生产工艺要求，医药洁净室（区）设置的称量室和备料室，空气洁净度级别应与生产要求一致，并有捕尘和防止交叉污染的措施"，因此备料室的空气洁净度等级应与称量室相同。

4 设备、容器及工器具清洗室。设备、容器及工器具在清洗时会产生污染，如果为便于清洗而设置在生产区内的清洗室，其空气洁净度等级应与使用该设备、容器及工器具的洁净室（区）相同。

为避免洗涤后的设备、容器及工器具再次污染和微生物的繁殖，确保下次使用前的清洁，设备、容器及工器具洗涤后均应干燥，并应在与使用该设备、容器及工器具的洁净室（区）相同的空气洁净度等级下存放。

对于非最终灭菌的无菌产品的设备、容器、工器具以及从不可移动设备上拆卸的零部件，在100000级清洗室清洗及最终处理（如用注射用水淋洗等）

后，应及时灭菌。对灭菌后的设备、容器、工器具以及从不可移动设备上拆卸的零部件，应采取保持其无菌状态的措施，如密闭储存或在100级单向流保护下存放等。如采用双扉灭菌柜的，可在100级单向流保护下直接进入无菌区。

5.1.10 清洁工具的洗涤、存放地是重要污染源，不宜放在医药洁净区内，以免污染洁净区域环境。如果需要设在医药洁净区内，清洁工具洗涤、存放室的空气洁净度等级应与本区域相同。然而，有空气洁净度等级的存放室只是为清洁工具洗涤、存放提供洁净环境，至于要将含尘、含菌量高的抹布、拖把、吸尘器等工具清洗到符合规定要求，必须在清除、洗涤、消毒、干燥等方面另行采取措施。为避免对无菌洁净室（区）生产环境的污染，用于无菌洁净室（区）的清洁工具，使用后必须拿出无菌室（区）。无菌洁净区域内不应设置清洁工具洗涤、存放室。

5.1.11 本条对洁净工作服的洗涤、干燥和整理提出了要求。

1 我国GMP（1998）附录一"总则"规定"100000级以上区域的洁净工作服应在洁净室（区）内洗涤、干燥和整理，必要时应按要求灭菌"。我国GMP（1998）只规定了洗衣房应设置的位置，并未规定相应的空气洁净度控制标准。洗衣房设置在洁净区域内只是为洗衣提供净化环境，但并非洗衣质量的关键。工作服的洗涤质量取决于洗涤措施和过程。因此本规范规定100级、10000级、100000级医药洁净室（区）使用的洁净工作服，其洗涤、干燥、整理房间的空气洁净度等级不应低于300000级。

2 我国GMP（1998）第52条要求"不同空气洁净度等级使用的工作服应分别清洗、整理"。对"分别清洗、整理"的理解，应视生产企业的具体情况。必须注意的是，不能把不同空气洁净度等级房间使用的工作服混放在同一台洗衣机里清洗。

3 为避免与非无菌工作服的交叉污染，无菌工作服不宜与其他工作服合用洗衣、干燥机，它的洗涤、干燥设备宜专用。无菌工作服干燥后应在100级单向流下整理、包扎，并及时灭菌。灭菌后应存放在与使用无菌工作服的无菌洁净室（区）相同空气洁净度等级的存放区待用。

5.1.12 无菌洁净室（区）是药品生产中专门用于无菌作业的洁净室（区）。在无菌洁净室（区）里，药品生产过程直接暴露于所在环境中，由于这些药品大多没有合适的灭菌方法，要确保产品无菌，必须对生产全过程进行无菌控制，因此它与一般的10000级医药洁净室（区）不同，对进入无菌洁净室（区）的人员、物料、设备、容器、工器具等都应经过无菌处理。本规范第5.1.9、5.1.10、5.1.11、5.1.13、5.2.4、5.3.2、6.2.3、7.2.4、7.2.11、8.3.8、8.3.10、9.2.18、9.2.20和9.4.7条等对此都有明确

规定，设计时应遵照执行。

5.1.13 为确保药品检验质量，防止不同检品之间交叉污染，国内外GMP对质量控制实验室都有严格要求。世界卫生组织（WHO）对质量控制实验室的设计提出"……实验室与生产区的空气供应系统应分开。用于生物、微生物和放射性同位素分析的实验室应有独立的空气处理系统和其他必要的辅助设施"。欧盟GMP要求"质量控制实验室应与生产区分开"。我国GMP（1998）第28条规定"质量管理部门根据需要设置的检验、中药标本、留样观察以及其他各类实验室应与药品生产区分开。生物检定、微生物限度检定和放射性同位素检定要分室进行"。

本条规定系根据国内外GMP要求，并参照2000年9月国家药品监督管理局颁发的《药品检验所实验室质量管理规范（试行）》的规定确定。药品生产企业的质量控制实验室不同于药品检验所，检品和检验人员都较少，所以除作为无菌洁净室的无菌检查室、微生物限度检查实验室，应设置相应的人员净化和物料净化设施外，其他实验室的人员和物料的净化设施可视具体情况而定。

5.1.14 根据药品生产特点和生产技术的发展，近年来医药工业洁净厂房建设中大多采用大体量厂房。但药品生产品种规格多，工艺复杂，流程长，生产工序要求不一，从生产安全和工艺要求方面考虑，厂房内应予以分隔的情况较多，如使用与不使用易燃易爆介质的生产区域之间、洁净区域与非洁净区域之间、不同空气洁净度等级的洁净室（区）之间，以及相同空气洁净度等级洁净区域中容易造成污染和交叉污染的生产工序或生产装备之间等，均应予以分隔。

5.1.15 由于新建医药工业洁净厂房大多选择在市郊、农村，厂房外昆虫、鼠类等动物对洁净厂房容易构成威胁，为此厂房应因地制宜采取防止昆虫和其他动物进入的措施。

5.2 人员净化

5.2.1 在洁净厂房众多污染源中，人是洁净室中最大的污染源。一是人在新陈代谢过程中会释放或分泌污染物；二是人体表面、衣服能沾染、黏附和携带污染物；三是人在洁净室内的各种动作会产生大量微粒和微生物。要确保生产环境所需要的空气洁净度等级，对进入医药洁净室（区）的人员进行净化，限制人员携带和产生微粒和微生物是十分必要的。

本条对医药工业洁净厂房的人员净化用室和生活用室的设置作了规定。

1 为避免人员之间的污染和交叉污染，本规范要求不同空气洁净度等级医药洁净室（区）的人员净化用室宜分别设置；空气洁净度等级相同的无菌洁净室（区）和非无菌洁净室（区）的人员净化用室应分别设置。以非最终灭菌无菌冻干粉注射剂为例，在生

产工序中，玻瓶的洗涤、干燥、灭菌，胶塞的前处理等环境空气洁净度等级为100000级，药物除菌过滤前的称量、药液配制等环境空气洁净度等级为10000级（室内为非无菌），除菌药液的接收、灌装、半加塞、冻干等操作室为无菌洁净室，环境空气洁净度等级也是10000级。对该产品的生产区应分别设置出入100000级洁净室（区）、非无菌10000洁净室（区）和无菌洁净室（10000级）等三套人员净化用室，才能满足不同环境工作人员的净化要求。

2 换鞋、存外衣、更洁净工作服是人员净化的基本程序。通过换鞋、脱外衣、洗手消毒、更换工作服，以去除人体、外衣表面沾染、黏附和携带的污染物。更衣后人员经气闸室进入医药洁净室（区）。气闸室是控制人员出入医药洁净室（区）时气流和压差的设施。

3 厕所、浴室、休息室等生活用室应视车间所在地区的自然条件、车间规模及工艺特征等具体情况，根据实际需要设置。例如：车间规模较大、人员集中或操作强度大的医药洁净室（区）宜设休息室。关于厕所、浴室的设置要求参见本规范第5.2.2条的规定。

5.2.2 对人员净化用室和生活用室的设计要求说明如下：

1 进入人员净化用室前净鞋的目的是为了保持入口处的清洁，不致受到外出鞋的严重污染。净鞋的方法很多，有擦鞋、水洗净鞋、粘鞋垫、换鞋、套鞋等。

为了保护人员净化用室的清洁，最彻底的办法是在更衣前将外出鞋脱去，换上清洁鞋或鞋套。最常用的有跨越鞋柜式换鞋，清洁平台上换鞋等，都有很好的效果。

2 外出服在家庭生活及户外活动中积有大量微尘和细菌，服装本身也会散发纤维屑，将外出服及随身携带的其他物品存放于更衣室专用的存衣柜内，避免外出服污染洁净工作服。

3 关于存衣柜的数量，考虑到国内洁净厂房的管理方式和习惯，外出服一般由个人加锁使用，所以按在册人数每人一柜是必要的。洁净工作服柜一般也可按每人一柜设计，或集中将洁净工作服存放于设有流通洁净空气的洁净柜中，这样对保持洁净工作服的洁净效果更好。

4 人员净化用室的空气净化要求见本规范第9.2.11条及其说明。

5 手是交叉污染的媒介，人员在接触工作服之前洗手十分必要。操作中直接用手接触药物或药用原辅物料的人员可以戴洁净手套或在医药洁净室内洗手。

洗净的手不可用普通毛巾擦抹，因为普通毛巾易产生纤维尘，最好的办法是热风吹干，电热自动烘手

器就是一种较好的选择。

6 洁净区内设置厕所和浴室不仅容易使洁净室受到污染，还会影响洁净区的压差控制。本规范规定医药洁净区内不得设厕所和浴室。

需要设在人员净化用室内的厕所应有前室缓冲，放置供人员入厕穿用的鞋套、外套。

7 人员更换洁净工作服室与洁净区域入口处之间设置气闸室，是为了保持洁净区域的空气洁净度等级和正压。气闸室的出入门应有防止同时被开启的措施，洁净室（区）空气洁净度等级高的，气闸室的出入门应采取连锁。

8 青霉素等高致敏性药品、某些甾体药品、高活性药品、有毒害药品等特殊药品的生产过程中，操作人员的洁净工作服上会不同程度沾染、吸附这些药品的微粒，为防止有毒害微粒通过更衣程序被人体携带外出，以上药品生产区人员在退出人员净化用室前，根据药品特点应分别采取阻止有毒害微粒外带措施。

5.2.3 关于人员净化用室建筑面积控制指标，参考现行国家标准《洁净厂房设计规范》GB 50073 按每人 $2 \sim 4m^2$ 考虑。当人员较多时，面积指标采用下限；人员较少时，面积指标采用上限。也可根据生产企业实际需要确定。

5.2.4 目前，国内新建或改建的医药工业洁净厂房，人员净化程序一般分为两部分，即总更衣和净化更衣。人员进入工厂，先在总更衣区脱下户外穿着的鞋子或套以鞋套，通过换鞋凳进入更衣区，将换下的外出服及携带的物品存入更衣箱，换上工厂统一工作服及工作鞋、帽进入一般生产区。需要进入医药洁净区的人员再通过不同空气洁净度等级洁净区的人员净化用室，更换相应的洁净工作服。总更衣区可设置厕所、浴室及休息室等。

人员进入医药洁净室（区）前按规定程序更衣的目的是为了防止由于人的因素使室内空气含尘、含菌量增加，因此最大限度地阻留人体脱落物是更衣的关键。实践证明，阻留效果的关键是：（1）工作服的材质，是否起尘、吸尘；（2）工作服的式样，是否配置齐全、包盖全面；（3）工作服的穿戴方式，是否穿戴完整、穿戴程序合理等。我国GMP（1998）第52条明确规定"工作服的选材、式样及穿戴方式应与生产操作和空气洁净度级别要求相适应，并不得混用。净工作服的质地应光滑、不产生静电、不脱落纤维颗粒性物质。无菌工作服必须包盖全部头发、胡须、脚部，并能阻留人体脱落物"。

为此，本规范结合近年来国内外医药工业房人员净化程序的工程实践，在确保更衣实前提下，简化了人员更衣程序。把原先按非室（区）和无菌洁净室（区）设置的两个人序统一为一个程序。因为进入无菌或非

（区），都经过换鞋、更外衣、洗手、更洁净工作服、手消毒、气闸室等同样程序，只是更换的洁净工作服和洗手消毒要求不同。至于洁净工作服的性质（是无菌还是非无菌）、式样（对人体的包盖程度）和穿戴方式（配置要求、穿戴程序）应根据产品生产工艺（无菌或非无菌）和洁净室（区）空气洁净度等级确定。

在具体实施方面，有总更衣要求的药品生产企业，人员在总更衣室更换厂统一工作服、鞋帽。进入非无菌洁净室（区）时，其更换外衣（脱厂统一工作服）、洗手与更换洁净工作服、手消毒可在同一室内进行，外衣柜数量以最大班人数来定或采用挂衣钩即可；无总更衣要求的药品生产企业，人员进入非无菌洁净室（区）时，则更换外衣（脱外出服）、洗手与穿洁净工作服、手消毒应分两个房间进行，并且外衣柜的设置应按设计人数每人1柜。

进入无菌洁净室（区），无论企业是否有总更衣要求，人员都必须在更换外衣室脱外衣（厂统一工作服或外出服）、鞋（厂工作鞋或外出鞋），经洗手进入更换洁净工作服室，穿无菌洁净工作服。无菌服一般分内外两套，内衣为长袖上衣、长裤，手消毒后穿上带帽的连体无菌服及无菌鞋，再经手消毒后带上无菌手套，以最大限度地阻断人体代谢及携带的污染物。

当医药工业洁净厂房中有不同空气洁净度等级的洁净室（区）时，以往有些设计按进入洁净室（区）空气洁净度等级高低，采用递进式更衣程序，以适应不同空气洁净度等级洁净室（区）人员更衣需要。这样不但要求高洁净度洁净室（区）的人员多次脱衣、穿衣，使更衣流于形式，而且还要穿越与他们无关的低洁净度洁净室（区）的更衣区，容易造成对该区域的污染和交叉污染。

对不同空气洁净度等级医药洁净室（区）的人员净化设施提出"宜"分别设置，是考虑到工程设计中可能存在的困难，但并不意味"递进式更衣程序"是不同空气洁净度等级洁净室人员净化程序的合理模式。

5.3 物料净化

5.3.1 为减少物料外包装上污染物质对医药洁净室（区）的污染，进入医药洁净室（区）的原辅物料、材料及其他物品等，必须在物料净化用室进行外处理或剥去外层的包装材料，经传递柜或放置在……上经气闸室进入医药洁净室（区）。

……菌洁净室是进行无菌操作的洁净室，要求……室的所有物料和物品都必须保持无菌状……保进入物料和物品无菌的措施。

……药洁净室（区）与物料清洁室或灭……医药洁净室（区）的压差，所以它……通过气闸室或传递柜。如使用双

扉灭菌柜，由于灭菌柜可起到气闸作用，则可不另设气闸室。

5.3.4 防止传递柜两边传递门同时被开启的措施，可根据医药洁净室（区）空气洁净度等级要求，采用连锁装置、灯光指示等方法。传送至无菌洁净室的传递柜，除上述要求外，还需设置交货装置、柜内净化消毒装置如高效空气过滤器、紫外灯等。

5.3.5 是否需要设置独立的废弃物出口，应根据废弃物的性质、数量、污染及危害程度等多种因素考虑。

5.4 工艺用水

5.4.1 饮用水、纯化水和注射用水都是药品生产的工艺用水，各用于药品生产的不同场合。饮用水还是制备纯化水的水源。

5.4.2 纯化水可直接用于部分药品生产，也是制备注射用水的水源。

1 纯化水的制备方法很多，有蒸馏法、离子交换法、反渗透法或其他组合方法等。在制备纯化水生产工艺流程时，应根据药品生产工艺要求，结合当地的水质、能源供应、三废处理要求，以及投资控制等因素优化选择，使纯化水质量符合现行《中华人民共和国药典》各项检查指标。控制纯化水的电阻率或电导率，是为了控制纯化水中的无机杂质总量，本规范规定纯化水的电阻率应大于$0.5M\Omega \cdot cm$，与我国药典要求的氯化物、硫酸盐、盐、硝酸盐、亚硝酸盐的控制量是一致的。

关于纯化水、注射用水的标准，我国药典与美国、欧盟药典在电导率（无机杂质控制指标）、总有机碳（有机杂质控制指标）、细菌内毒素、微生物等指标的限度控制方面不尽相同（参见表4），对水质和药品质量存在一定影响。为控制水中各种杂质和微生物量，本规范在管网设计，管路的材质、加工、安装、维护等方面作了较多规定。

表4 工艺用水标准（部分指标）比较

分类	纯化水			注射用水		
项目	中国药典	美国药典	欧盟药典	中国药典	美国药典	欧盟药典
电导率	—	符合规定	<1.3μs/cm	—	符合规定	<1.1μs/cm
总有机碳	—	<0.5mg/l	<0.5mg/l	—	<0.5mg/l	<0.5mg/l
内毒素	—	—	<0.25 EU/ml	<0.25 EU/ml	<0.25 EU/ml	<0.25 EU/ml
微生物	<100 cfu/ml	<100 cfu/ml	<100 cfu/ml	<10cfu /100ml	<10cfu /100ml	<10cfu /100ml

2 我国药典对纯化水有"微生物限度"规定，每1ml纯化水细菌、霉菌和酵母菌总数不得超过100cfu。水系统设备、管道选材不当是造成水污染的主要原因。水系统的微生物污染还会导致纯化水中"细菌内毒素"增加。细菌内毒素又称"热原"，注射

后会使患者产生热原反应，严重的会危及生命。细菌内毒素耐热性强，如各种革兰氏阴性菌分离出来的热原，常规灭菌（121℃灭菌30min）对它并无影响，必须加热至180℃、4h才能将它杀灭。因此纯化水储罐和输送管道所用材料应为无毒，耐腐蚀及经得起消毒的材料。

纯化水输送管道的管材选择和管网设计是保证使用点水质的关键。

在纯化水管材选择方面，应考虑以下因素：

1）材料的化学稳定性：纯化水是一种极好的溶剂，为了保证在输送过程中纯化水水质下降最小，必须选择化学稳定性极好的管材，也就是在所要求的纯化水中的溶出物最少。

2）管道内壁的光洁度：管道内壁粗糙，即使微小的凹凸都会造成微粒的沉积和微生物的繁殖，导致微粒和细菌两项指标均不合格。

3）管道及管件的接头处的平整度：接头处不平整或垫片尺寸不匹配，会产生水涡流和水滞留，造成微粒的沉积和微生物的繁殖。

如果水系统使用了不适当的材料如PVC，运行后PVC中微量增塑剂会被浸出到水中。采用不锈钢时，要选用焊接良好、内壁抛光的优质不锈钢。因为焊接缺陷、内壁粗糙会造成水系统污染。内壁抛光后表面光亮，水分不易被吸附、滞留在管道表面，而且极易被吹除干燥。受机械抛光的局限，国外已实施电抛光。

不锈钢管内壁光洁程度应据实而定。一般表面粗糙度为0.5μm时可视为光滑，粗糙度为0.25μm时可视为镜面程度。

纯化水储罐的通气口是外界含尘、含菌空气侵入水系统的主要途径，因此必须安装效果确切的疏水性呼吸过滤器以防大气中的尘粒、细菌倒灌。

3 为防止纯化水在输送过程或静止状态受微生物污染，纯化水的输送应采用循环供水管道系统，并需保持一定的流速，使水流呈湍流状态，以防止管壁形成微生物生物膜。生物膜是某些微生物应变的结果，它能保护微生物，一般的消毒剂很难将它杀灭，它的脱落便成了新的菌落。

管路设计安装时要保持坡度，以利放净剩水。还应避免出现使水滞留和不易清洗的部位。管道的某些部位流量过低，微生物在这些管道表面、阀门和其他区域容易形成生物膜，成为持久性的污染源。生物膜很难消除，最好是防止它的生成。

4 纯化水储罐和输水系统的定期清洗是保证纯化水水质的重要手段，防止长期运行后，储罐和管道内壁产生沉积物及微生物积聚，使水质下降。由于纯化水储罐要经常消毒，而最可靠的消毒方法是使用饱

和蒸汽，因此储罐要选用可耐压的容器，不要使用不耐压的平底罐。

5.4.3 注射用水常用于无菌制剂的配料，也是药品生产的常用原料。

1 一般来说，注射用水的制备可采用蒸馏法、反渗透法和超滤法。由于反渗透法、超滤法均存在一定的缺陷，因此蒸馏法是中国药典确认的唯一制备方式。蒸馏法以纯化水作为原料，通过蒸发、汽液分离、冷凝等过程，去除水中的化学物质、微生物及细菌内毒素，以达到现行《中华人民共和国药典》注射用水的标准。

2 为保证注射用水在储存、输送的过程中不再受到二次污染，因此对储罐、输送管道及管件的材质有特殊的要求，必须使用无毒、耐腐蚀、可消毒灭菌，内壁抛光的优质低碳不锈钢（如316L钢）或其他不污染注射用水的材料。使用不锈钢材料时，除了要求焊接良好、内壁抛光外，焊接后宜进行钝化处理。因为不锈钢焊接后焊缝表面金相组织发生变化，导致比未焊接时更易受到腐蚀。焊接还会使不锈钢表面粗糙，对清洗和灭菌不利。对不锈钢材料进行钝化处理，可以在不锈钢表面形成钝化层，使它在常温下具有抗氧化和耐腐蚀的能力。

注射用水储罐的通气口是外界含尘、含菌空气侵入注射用水系统的主要途径。因此，储罐的通气口必须安装0.22μm疏水性呼吸过滤器，杜绝微粒和微生物的侵入。

3 为防止储存的注射用水受微生物污染，注射用水应采用80℃以上或4℃以下保温储存，或者65℃以上的保温循环。

4 为防止注射用水在输送或静止状态受微生物污染，注射用水输送系统（包括接至用水设备的支管）应为循环供水系统（使用点不循环支管长度不应大于管径的6倍）。循环干管应保持一定的流速以免微生物的再生和细菌内毒素的形成。设计及安装时要严格保持坡度，避免出现水滞留及不易清洗的盲管，要求在水系统灭菌前能将管道中的剩水放尽，确保灭菌效果。

7 长期使用后的注射用水储罐和输送系统容易造成污染，要定期进行清洗、灭菌。为确保清洗、灭菌效果，对不能移动、不可拆洗的储罐和输送管路、管件，应设置在位清洗（CIP）和在位灭菌设施（SIP）。这些设施应包括设置在被清洗、灭菌对象内的相应装置、制备、配置清洗液、纯蒸汽的装置及循环输送管路等。

5.4.4 工艺用水系统的验证，是对药品生产中所使用的工艺用水及其系统，在设计、选型、安装和运行上的正确性的测试和评估，证实该系统确实能达到设计要求。工艺用水系统的验证分为DQ（设计确认或预确认）、IQ（安装确认）、OQ（运行确认）、PQ

（性能确认）等阶段。工艺用水系统验证的主要内容参见表5。

表5　工艺用水系统的验证

程序	所需文件	确认内容
安装确认	1. 系统流程图、描述及设计参数 2. 水处理设备及管路安装调试记录 3. 仪器、仪表的校验记录 4. 设备操作手册及操作SOP（Standard Operating Procedure）及维修SOP； 5. 设计图纸及供应商提供的技术资料	1. 制水装置的安装以及电气、管道、蒸汽、压缩空气、仪表、供水、过滤器等的安装、连接情况检查 2. 管道分配系统的安装，包括材质、连接、试压、清洗、钝化、消毒等 3. 仪器仪表校正 4. 操作手册SOP
运行确认	1. 水质检验标准及检验操作规程 2. 工艺用水系统运行SOP 3. 工艺用水系统清洁SOP	1. 工艺用水系统操作参数的检测（包括过滤器、软水器、混合床、蒸馏水机等的运行并检查电压、电流、压缩空气、锅炉蒸汽、供水压力等以及设备、管路、阀门、水泵、储水容器等使用情况） 2. 水质的预先测试
性能确认	1. 取样SOP及重新取样规定 2. 工艺用水系统运行SOP 3. 工艺用水系统清洁、消毒灭菌SOP 4. 人员岗位培训SOP	1. 记录日常操作参数（混合床再生频率、储水罐、用水点的使用时间、温度、电阻率等） 2. 取样监测，持续三周。取样频率：储水罐、总送水口、总回水口每天取样；各使用点，注射用水为每天取样，纯化水可每周一次；各使用点均应定期取样

6　工　艺　管　道

6.1　一　般　规　定

6.1.1　为确保医药洁净室（区）的空气洁净度等级，减少清洁、维修工作量，洁净室（区）应少敷设各类管道。工艺管道的干管宜敷设在技术夹层或技术夹道内；垂直的干管也可用管道井的方式将其密闭。由于技术夹层中除工艺干管外，还有空调、通风管道，空调配管，公用工程管道以及电缆桥架等，因此设计时必须合理安排，优化布置，在方便维修的前提下，宜降低技术夹层的层高。为确保安全，技术夹层内不应敷设易燃、易爆、有毒的物料管道。如有必须穿越技术夹层的易燃、易爆、有毒的物料管道时，管道应敷设套管，套管内的管段不应有焊缝、螺纹和法兰。管

道与套管之间应有可靠的密封措施。

6.1.2　为了防止水平管道中出现输送介质在管道内滞留，除了设计和安装时应使水平管道保持一定坡度外，管径变化时应采用底平偏心异径管连接。还应避免管道产生气袋、液袋及盲肠，造成清洁、消毒和灭菌的困难。

6.1.4　为方便各种物料、介质管路系统的清扫、清洗、消毒、验证清洗、消毒效果，干管系统应设置必要的吹扫口、放净口和取样口。

6.1.8　将气体终端净化装置设在靠近用气点附近，可以避免输气管道污染，保证与药品直接接触的气体符合药用洁净要求。

6.1.9　可燃气体和氧气管道系统发生事故或气体纯度不符合要求时，需吹除置换，这些吹除的气体不能排在室内，所以在管道末端或最高点应设放散管，以便将气体排入大气。放散管的排放口应高出屋面1m，防止由于风向的影响使排放的气体倒灌回室内。

6.2　管道材料、阀门和附件

6.2.1　药品生产品种多、工艺复杂，需要输送的物料品种多、名目繁多，性质各异。选用管道和阀门时，必须根据情况区别对待。原料药在制成粗品前，大多是化工生产或生物合成等，使用较多的是化工原料，酸碱性强、腐蚀性大；制剂生产时，物料管道输送的多为药液、工艺用水等，即使都是药液，由于药品性质不一，对管道和阀门要求也不尽相同。选用的管道材质及内壁粗糙度、阀门形式及材质，均应满足工艺要求，不应吸附和污染输送介质，同时也要给施工、维修提供方便。

制剂生产的物料管道宜采用优质不锈钢材料。常用的优质不锈钢有304、316和优质低碳不锈钢304L、306L等。304、304L、306钢常用于输送酸性介质、口服液生产中的药液和纯化水等管路。

为确保无菌产品生产工艺要求，对于输送无菌介质、注射用水、非最终灭菌无菌制剂药液的管路，宜采用优质低碳不锈钢材料（如306L钢），而且要求内壁抛光，有条件的要电抛光、钝化处理（参见第5.4.2条、第5.4.3条及其说明）。

阀门形式和材质的选用同样如此。制剂生产中使用的阀门与化工生产大不相同，它要求严格控制阀门对药品的污染，要求阀体不应成为污染物质积聚的死角。如不锈钢隔膜阀，除严密性好外，还具有阀件不直接接触药液、阀体死角体积小等优点，非常适用于注射用水、非最终灭菌无菌制剂药液的输送，也有利于消毒灭菌。

由于不同的管道、阀门价格相差很大，如304L、306L钢明显高于304、306钢；同一材质内壁处理后的表面粗糙度不同，价格相差也达1.3～1.6倍；隔膜阀价格比球阀约高2倍。因此，管道和阀门的选用

要根据具体情况区别对待，这样才能既满足生产工艺要求又经济合理。

6.2.2 软性管道虽然具有连接方便、长度随意、管道柔软等特点，但它只适用于不固定使用场合，作为工艺物料干管不合适，尤其是非金属软管吸附性强，有一定的渗透性，无法固定安装，不利于清洁，而且易老化变形，造成管道介质渗漏。同样，工艺物料干管也不能使用脆性材料，它易碎、易破损，既不安全，也容易造成环境污染。

6.2.3 本条条文说明同第6.2.1条。

6.2.6 为防止不同品种、规格，以及同一品种、规格的不同批号药品之间的交叉污染，我国GMP（1998）第70条要求"每次生产前要确认无上次生产的遗留物"。为此，每次生产结束后要对设备、管道等进行清洗、清场。要求管道、阀门尽量做到可拆卸，管道接口、管道与阀门的连接宜采用快开式结构，如卡箍式连接。

6.3 管道的安装、保温

6.3.1、6.3.2 医药工业洁净厂房内的管道连接，要根据不同药品要求加以选择。为确保管道连接的严密性，一般采用焊接方式。需要拆卸的管道以及管道与阀门的连接，宜采用法兰、螺纹连接。由于普通的法兰、螺纹连接方式容易在连接处积液，孳生污染物。因此，这种方式不适用于输送过滤后药液、无菌药液和注射用水的管路。对此，宜采用优质低碳不锈钢（如316L）的卫生配管、管件和阀门的卡箍式连接。

不锈钢管采用对接氩弧焊接时不施加不锈钢焊丝，它利用焊件本身熔化填满焊缝，从而保证内壁无焊缝、光滑，不存在死角。

接触物料的法兰、螺纹的密封垫圈，要使用不易污染介质的材料（如聚四氟乙烯）外，还要求其内径与管道内径大小一致、边缘光滑，以免积液，成为污染源。

6.3.3 为了防止因振动、热胀冷缩而影响墙、楼板和顶棚的整体性，所以穿越医药洁净室（区）墙、楼板和顶棚的管道要敷设套管。套管内的管段不应有焊缝，保证不会发生因有焊缝而出现的泄漏。管道与套管之间应用柔性、无毒的密封材料填堵，常用的有硅橡胶等。在墙面或顶棚管道穿出处宜加垫料压盖，以防填充物脱落。

6.3.4 医药洁净室（区）内明敷管道的管架及紧固件材料，应选择不锈钢或其他不易锈蚀的材料，不得采用钢涂漆，以免因油漆剥落而引起的污染。

6.3.6 为方便清洁沉降在管道表面的微粒和微生物，医药洁净室（区）内明敷管道保护层的外壳宜采用不锈钢材料。

6.3.8 由于医药洁净室（区）内物料、公用工程等各类管道很多，对明敷管道及连接设备的主要固定管

道除了要求排列整齐，为方便操作、避免差错，我国GMP（1998）第33条要求"应标明物料名称、流向"。

6.4 安全技术

6.4.1 为了管道系统安全运行，使用易燃、易爆、有毒害介质的设备必须设置放散管，并必须引至室外。阻火器应装在室外，过滤装置起防止倒灌的作用，宜装在近设备处。

6.4.2 输送易燃介质的管道，应设置导除静电的接地设施以防止由于静电产生的火花而发生燃烧事故。管道接地线可与车间接地网相连接。在有钢支架或钢筋混凝土支架时，也可利用软金属线将管道与钢支架或钢筋混凝土支架的钢筋连通，作接地装置，但接地电阻应符合有关规定。

6.4.3 易燃易爆介质危险性大，容易发生燃烧爆炸事故，波及面广，危害性大，造成的损失严重。为此本条规定对可能发生易燃、易爆介质泄漏的管道或使用的部位应设置报警探头，一旦出现易燃、易爆介质泄漏达到报警浓度时，便能及时发出报警信号并自动开启事故排风系统，将易燃、易爆介质排除，降低其浓度不至于达到爆炸极限，防止燃烧、爆炸事故的发生，避免财产损失和人员伤亡。

6.4.5 各类气瓶均有产生爆炸的危险。医药工业洁净厂房大部分是密闭厂房，人员集中，精密设备和仪器多，为了确保安全，气瓶应集中设置在医药工业洁净厂房外，但考虑到有些医药洁净室（区）内用气量很少，为方便使用，故规定日用气量不超过一瓶时可设置在医药洁净室（区）内。但为保持医药洁净室（区）内的空气洁净度等级，设在医药洁净室内的钢瓶必须采取不易积尘和易于清洁的措施。

7 设 备

7.1 一般规定

7.1.1 制药设备直接接触药品，它的材料、结构、性能，与药品生产质量关系密切。因此，医药洁净室（区）应采用防尘、防微生物污染的设备和设施。国内外GMP都有专门章节对制药设备的选用、设计和维护作出明确规定。这些要求可归纳为：（1）应满足生产工艺和质量控制要求；（2）应不污染药品和生产环境；（3）应有利于清洗、消毒和灭菌；（4）应适应验证需要。

7.1.2 药品生产有"批号"概念。药品检验时按批取样，批号多，则取样量多，工作量大。不同药品生产的批号划分方法也不一样，如最终灭菌注射剂以同一配液罐一次所配量为一个批号，固体制剂以成形或分装前使用的同一台混合机为一个批号。因此，批号

大小与设备有密切关系。用于制剂生产的配料、混合、灭菌等主要设备和用于原料药精制、干燥、包装的设备，其容量宜与批量相适应，以满足生产能力及其他技术、质量控制方面的要求，并能做到经济合理。

7.1.3 包装是药品生产的最后工序，也是产生人为差错和药品污染的多发区域。对于包装时常见的装量误差、异物混入等不合格现象，包装机械应有调整或显示功能，杜绝不合格产品出厂。

7.1.4 设备或机械上仪器仪表计量装置是否准确，精确度是否符合要求，是防止药品生产过程产生人为差错的重要措施，也是实施 GMP 的重点。

7.1.5 为防止设备表面的颗粒性物质落入设备内污染药品，设备表面应光洁。保温层表面宜用光洁、不易锈蚀、易清洁的金属外壳如不锈钢材料保护。

7.1.6 根据药品生产特点，不同空气洁净度等级要求的连续生产线必须在不同空气洁净度等级的洁净室（区）安装时，如液体制剂的洗灌封联动线，在玻瓶洗涤、干燥灭菌设备（位于 100000 级房间）与药液灌封设备（位于 10000 级房间）之间的隔墙应有可靠的密封。有些连续生产线需要穿越不同空气洁净度等级的洁净室（区），而穿越的墙洞又无法密封时，为防止不同空气洁净度等级的洁净室（区）之间空气污染，此时连续生产线穿墙处应采取措施（如空气洁净度等级高的房间气压高于空气洁净度等级低的房间），防止空气洁净度等级低的空气流向空气洁净度等级高的房间。

7.1.7 我国 GMP（1998）附录一"总则"规定"10000 级洁净室（区）使用的传输设备不得穿越较低级别区域"，为此应根据具体情况采取措施。有些连续生产线，如无菌分装注射剂的分装、加塞和轧盖，因传送带往返于不同空气洁净度等级的房间，为防止交叉污染必须将传送带分段设置。

7.1.8 控制设备噪声首先应从声源上着手。设计时应选用低噪声设备。在某些情况下，由于技术或经济上的原因而难于做到时，则应从噪声传播途径上采取降噪措施。

7.1.9 医药工业洁净厂房中使用的精密仪器和设备，如药品检验用的分析仪器，有精确度控制要求的设备和机械等，都有微振控制要求，厂房设计应首先对强振源采取隔振措施，以减小强振源对精密设备、仪器仪表的振动影响，在此基础上，精密设备、仪器仪表再根据各自的容许振动值采取被动隔振措施，就比较能够达到预定目的。

7.2 设计和选用

7.2.1 为防止生产物料在设备内的积聚，不易清洁，造成药品之间的污染和交叉污染，设备结构应简单。设备加工必须施以正确的焊接、抛光、钝化工艺，否则会污染药物。焊缝和设备内壁应按规定要求抛光，抛光的目的在于使表面光洁，减少微生物在容器和管路内壁生成生物膜而污染药品，同时也有利于清洗、消毒或灭菌。内壁表面越光洁，达到同样清洗效果时所用的清洗时间就越少，达到同样消毒或灭菌效果时所用的杀灭时间也越少。接触纯化水、注射用水的设备、储罐和管路还需酸洗钝化，使其在表面形成抗氧化和抗腐蚀的氧化铬保护膜。医药洁净室（区）的设备还应密闭、避免敞口，以免混入异物污染药品，同时也可避免药品生产污染环境。

7.2.2 药品质量关系生命安全。设备、容器与药品直接接触，内表面材料与药品起反应、释放的微粒混入药品都会影响生产的药品安全、有效。对于不锈钢材料的选用，要根据介质产生腐蚀的情况、材料加工性能、药品工艺要求等因素综合考虑。生产无菌药品的设备、容器和工器具应选用含碳量低的 316L 不锈钢，包括：（1）注射用水及纯蒸汽系统的储罐和管路；（2）无菌制剂生产中接触药液、注射用水的设备、容器和管路；（3）需要蒸汽灭菌的设备、储罐和管路；（4）蒸汽加热干燥箱、带单向流的干燥箱等。

7.2.3 药品生产使用的发酵罐、反应罐中传动部位，因密封不良常发生润滑油、冷却剂泄漏现象，对药品生产造成污染，必须对密封方式加以改进，防止润滑油、冷却剂泄漏。有些制剂包装机械的传动机构与包装作业机构混在一起，对药品直接构成污染风险，因此要把机械传动与操作部位作有效隔离。

7.2.4 积聚在设备、装置和系统中的污染物，每批完成后要及时清洗，定期消毒灭菌，这是防止药品污染和交叉污染的有效措施。对于不可移动或拆卸的设备是否具备 CIP（在位清洗）和 SIP（在位灭菌）装置，是鉴别该设备是否符合 GMP 的重要标志。

7.2.5 药液过滤是去除杂质，纯化药物品质的重要措施，过滤介质的材质选择不当将直接影响药品质量。如过滤介质吸附药物组分就会降低药物有效成分，过滤介质释放异物则会污染药物，从而严重影响药品的有效性和安全性。

7.2.6 为防止因生产设备发尘污染洁净室（区）环境，降低室内空气洁净度等级，对设备发尘量大的部位应采取局部捕尘、除尘措施；室内排风口应设气体过滤装置，以防含有药物成分的颗粒污染室外大气，同时也应防止室外未经过滤的含尘、含菌空气通过排风口倒灌至室内。

7.2.7 药品生产过程经常使用直接与药物接触的热空气、压缩空气、惰性气体等，若不采取净化措施将会对药物产生污染。这些气体的净化应符合使用环境的空气洁净度等级要求。使用环境是指气体与药物直接接触的环境。如该环境在 100 级单向流保护下，则净化后气体所含微粒和微生物量应符合 100 级标准。

7.2.8 药品生产使用有机溶媒或生产工艺需要高温

高压的设备都有防爆要求，国家对压力容器、防爆设备的设计、生产都有严格要求，用于医药洁净室（区）有防爆要求的设备，设计和选用时应予以严格执行。

7.2.9 医药洁净室（区）需要经常进行清扫、清洗、消毒或灭菌，为便于需要时设备移位，一般不宜采取固定安装方式。

7.2.10 制药设备验证，是对药品生产和质量控制中所使用的制药设备及其系统，在设计、选型、安装和运行上的正确性以及工艺适应性的测试和评估，证实该设备确实能达到设计要求和规定的技术指标。制药设备的验证分为 DQ（设计确认或预确认）、IQ（安装确认）、OQ（运行确认）、PQ（性能确认）等阶段。为确认制药设备在运行和性能方面确实有效，验证工作不是简单地重复常规操作，要考察它在运行中参数的波动性、性能的稳定性、所用仪表的可靠性、所提供 SOP 的适用性等。为此，在 OQ、PQ 阶段需要增加一些非常规操作的检测项目和检测手段，设备本体上要根据需要设有可供参数验证的测试孔、测试位置。

7.2.11 因为组成细菌的蛋白质分子只有在高温下才能被杀死，达到灭菌效果，所以无菌洁净室（区）的设备大多采用纯蒸汽灭菌。由于饱和蒸汽温度高（121℃），有一定压力（0.103MPa），因此，设备应耐高温、耐压力。不能耐受蒸汽灭菌的设备不能用于无菌药品生产。

7.2.12 我国 GMP（1998）对高致敏性、高生物活性、高毒性、高污染性等特殊药品的生产设备和设施有专门要求。本条系根据我国 GMP（1998）第 20 条、第 21 条、附录五等章节制定。

8 建 筑

8.1 一般规定

8.1.1 医药工业洁净厂房必须按照生产工艺流程和生产设备状况进行合理布局。由于医药工业洁净厂房内房间多、人流物流复杂，所以主体结构采用具有适当的灵活性的大跨度柱网，有利于合理布局、布置紧凑。考虑到药品品种规格变化会引起工艺流程的变动、设备设施的更新，所以不宜采用内墙承重体系。

8.1.2 由于我国地域广阔，有的地区年温差大、日温差也大，所以对医药工业洁净厂房围护结构的选材要特别慎重，应选择能适应当地气候条件，满足保温、隔热、防火、防潮等要求的材料，而且在构造上也应引起重视。

8.1.3 建筑设计对建筑装修耐久性有使用年限要求。同样，建筑物的主体结构要具备同建筑处理及其室内装备和装修水平相适应的等级水平。主体结构耐久性

也应有使用年限要求，两者应协调。此外，温度或沉陷不但可影响安全，而且还会破坏建筑装修的完整性及围护结构的气密性，故须对主体结构采取相应措施。

厂房变形缝应避免穿过医药洁净室（区），当单层厂房的变形缝无法避开穿过洁净室（区）时应有相应措施。多层厂房的变形缝不得穿过医药洁净室（区），因为穿过洁净室（区）的楼板的变形缝无法处理，而地面的开裂将影响洁净室（区）的洁净要求。

8.1.4 技术夹道若有检修门，宜开向非医药洁净区。当必须开向医药洁净区时，技术夹道内应设吊顶，且技术夹道内部装修标准应按所在医药洁净区要求。

8.1.5 医药洁净室（区）内通道应有适当宽度，不宜太窄。通道的宽度应考虑到设备安装检修的搬运、运输车的尺寸、运输量的大小及洁净室门朝走廊开启时占的空间。

8.1.6 控制医药洁净室（区）的噪声，主要在于保障正常操作运行，满足必要的谈话联系，提供舒适的工作环境。医药洁净室（区）内生产设备多，操作时容易产生噪声，为有效控制噪声传播，医药洁净室（区）的围护结构应隔声性能良好。

8.2 防火和疏散

医药工业洁净厂房在防火和疏散方面应注意下列特点：

1 由于空间密闭，火灾发生后，烟量特别大，热量无处散发，室内迅速升温，大大缩短全室各部位材料达到燃点的时间，对于疏散和扑救极为不利。当厂房外墙无窗时，室内发生的火灾往往一时不容易被外界发现，即使发现也不容易选定扑救突破口。

2 平面布置复杂、分隔多，增加了疏散路线上的障碍，延长了安全疏散的距离和时间。

3 不少医药洁净室通过风管彼此串通，当火灾发生，特别是火势初起未被发现而又继续送风的情况下，风管成为烟、火迅速外窜的重要通道，殃及其他房间。

4 某些药品生产使用易燃易爆物质，火灾危险性高。

此外，医药工业洁净厂房内往往有不少精密、贵重的设备、仪器，建设投资十分昂贵，一旦失火，损失极大。

鉴于以上特点，为了保障生命、财产的安全，减少火灾损失，本规范从防止起火与燃烧，便利疏散与抢救等方面考虑，对医药工业洁净厂房的建筑耐火等级与防火分隔，防火分区面积与疏散路线等提出较严格的要求。

8.2.1 对于医药工业洁净厂房，严格控制建筑物的耐火等级十分必要。本规定将医药工业洁净厂房耐火等级定为二级及二级以上，使建筑构配件耐火性能与

生产相适应，从而减少成灾的可能性。

8.2.3 根据上述特点，为避免因一处发生火灾而迅速蔓延，所以对洁净室的顶棚和壁板规定其燃烧性能应为非燃烧体。据了解目前国内不少洁净室用的金属壁板内夹芯材料为有机复合材料，因为这种材料燃烧时会产生窒息性气体、有害气体，不利于人员疏散，所以本条文规定不得采用有机复合材料。

由于考虑到医药工业洁净厂房的平面布置复杂、分隔多，增加了安全疏散的时间，为此对室内顶棚和壁板，以及疏散走道顶棚和壁板的耐火极限进行了规定。

8.2.4 本条规定了技术竖井井壁的防火构造要求。

为防止火灾时技术竖井的完整性受到破坏，要求技术井壁采用非燃烧体，耐火极限不小于 1.0 小时，井壁上的门应采用丙级防火门。

技术竖井是烟火竖向蔓延的通道，必须采取层间防火分隔措施；同样，当管道水平穿越防火分隔墙时，其四周间隙也应采取防火封堵措施。

8.2.5 因为制药设备体积相对较大，所以医药工业洁净厂房每一生产层、每一防火分区或每一洁净区的安全出入口，对甲、乙类生产厂房，生产区面积不超过 100 m²，且同一时间内生产人数不超过 5 人时，设置一个安全出入口比较合适。

8.2.6 由于人员净化用室隔间多，路线迂回曲折，而且一个洁净区人员净化用室通道出入口只有一个，加上有些人员净化通道上的气闸室采用连锁装置，增加了人员疏散的难度，所以从生产地点至安全出口不应经过人员净化路线。

8.2.8 医药工业洁净厂房同层外墙设置通往洁净区的门窗或专用消防口，可方便消防人员的进入扑救。

8.2.9 有防爆要求的医药洁净室（区）应有泄压设施。可采取的泄压设施，如利用外墙泄压；当车间面积较大，或因工艺流程需要，无法将有防爆要求的洁净室布置在靠外墙时，可采用屋面泄压。

8.3 室内装修

8.3.1 医药洁净室（区）的气密性对保证室内洁净环境是很重要的条件。而材料在温、湿度变化时易变形而产生缝隙导致泄漏或发尘，所以医药工业洁净厂房的建筑围护材料和室内装修，应选用气密性良好，且在温、湿度变化的作用下变形小的材料。此条应与本规范第 8.1.3 条对主体结构应具有控制温度变形和不均匀沉陷性能的要求统一考虑。另外，要重视洁净室顶棚和墙体材料不同时，因不同材料的温度膨胀系数差异而导致交接处产生缝隙。

8.3.2 为了减少医药洁净室（区）建筑内表面积尘，防止在室内气流作用下引起积尘的二次飞扬，为了有利于洁净室清洁，便于除尘，所以，本规范对室内装修提出这些要求。室内顶棚与墙壁交界处、墙壁与墙壁

交界处，不强调做成弧形，若采用附加的弧形件，特别要保证连接处的密闭措施。

8.3.3 医药洁净室（区）地面要结合生产工艺要求考虑。有些药品生产要求地面耐腐蚀、防潮或耐磨等，因此首先应满足生产工艺要求。本条中提到地面垫层宜配筋，因为潮湿会破坏地面装饰层，潮湿地区垫层应做防潮构造，以保障地面的整体性和装饰面的耐久性。

8.3.4 为确保高效空气过滤器在安装时不受污染，对安装环境有一定要求。需要在技术夹层内更换高效空气过滤器的，技术夹层除了内表面应平整外，还要增刷涂料。

8.3.5 为方便维修人员在轻质吊顶的技术夹层内行走，技术夹层内宜设置检修走道，检修走道的吊点与轻质吊顶的吊点分开。

8.3.7 医药洁净室（区）外窗采用中空玻璃固定窗时，特别强调应有良好的气密性，否则极易在夹层内渗入灰尘或造成结露，在严寒地区或寒冷地区可考虑采用热断桥型窗料，配以中空玻璃。

8.3.8 本条对医药洁净室（区）的门窗、墙壁、顶棚等的设计提出要求：

1 为确保医药洁净室（区）的空气洁净度等级，医药洁净室（区）内的门窗、墙壁、顶棚、地（楼）面的构造和施工缝隙应采取密闭措施。本条所指的密闭措施包括：密封胶嵌缝、压缝条压缝、纤维布条粘贴压缝和加塑墙套管等。

2 为避免室内灰尘在地面缝隙积聚，也为了便于生产运输车辆的出入，洁净室的门框不应设置门槛，但没有门槛也会造成室内外空气通过门框缝隙而对流，因此本条提出不宜设置门槛，以便据实而定。

3 木质材料的门窗易受药品生产时水汽、化学品、消毒剂等腐蚀而产生大量微粒，影响医药洁净室（区）的空气洁净度等级，一般不宜使用。需要使用时应采取防腐措施。

4 无菌洁净室是无菌作业的洁净室，对门窗等都有无菌要求，室内经常要进行灭菌处理，因此不应采用木质材料。

8.3.9 医药洁净室（区）的门宜朝空气洁净度等级较高的房间开启，目的是高洁净度房间相对于低洁净度房间有一定压差值，使门扇能关闭紧密。条文中用"宜"是从生产操作方面考虑，有的生产工艺存在火灾危险，要便于安全疏散，所以不作强制性要求，但应加装闭门器，以使门扇保持紧闭状态。

医药洁净室（区）的门、窗框与墙壁的交界处应采取可靠的密闭措施，因为该处最易出现缝隙，尤其门扇启闭时造成门框的变形和振动，使门框与墙壁间产生裂缝，密闭措施可以采用密封嵌缝胶。

8.3.10 本条的目的是尽可能减少积尘面。当采用单层玻璃窗时，窗玻璃宜与产尘高的一侧或相对空气洁

净度等级高的一侧墙面平，另一侧做成斜窗台。无菌生产区的窗户宜为双层玻璃，二侧窗玻璃都与墙面平，采用双层玻璃窗时，要尽可能密闭。

8.3.12 医药洁净室（区）采光多需借助人工照明，再加上室内空气循环使用，因此，从人体卫生角度分析，其环境条件是较差的。为了改善环境，减少室内员工疲劳，故应特别注意室内建筑装修的色彩。考虑到医药工业洁净厂房一般工作精度较高，为减少视觉疲劳，改善室内的光照环境，需要有一个明亮的室内空间。为此，医药洁净室的墙面与顶棚需采用较高的光反射系数。

9 空 气 净 化

9.1 一 般 规 定

9.1.1 我国GMP（1998）对药品生产主要工序环境的空气洁净度等级提出了明确的要求，是医药工业洁净厂房设计的主要依据。由于药品生产工艺复杂，同一产品各生产工序的空气洁净度等级要求有时并不相同，因此根据生产工艺要求，在洁净区域内对不同工序的生产环境应分别采用相应的空气洁净度等级。

在满足生产工艺要求的前提下，宜减少洁净区域的面积，尤其是空气洁净度等级高的洁净区域的面积。如非最终灭菌无菌注射剂的分装间，可采用在10000级背景下设置局部100级单向流区域，改变了以往全室单向流的做法，节省了投资和运行费用。

9.1.3 医药洁净室（区）的新鲜空气量应根据以下两部分风量之和，与室内人员所需的最少新鲜空气量相比较，取两项中的最大值。

室内所需新风量，为以下两部分风量之和：

1 室内的排风量。

2 保证室内压力所需压差风量（如对邻室为相对负压时，此风量为负值），压差风量宜采用缝隙法或换气次数法确定。

此外，医药洁净室（区）内必须保证每人新鲜空气量不小于 $40m^3/h$。以上计算的新风量低于人均 $40m^3/h$ 时，应取此值。

系统的新风比不应简单地按照系统内所需人员的新风量与总风量之比，而应根据医药洁净区内人员密度最高房间所需新风量的新风比确定。

9.1.4 为了保证医药洁净室（区）在正常工作或空气平衡暂时受到破坏时，气流都能从空气洁净度等级高的区域流向空气洁净度等级低的区域，使医药洁净室（区）的洁净度不会受到污染空气的干扰，所以医药洁净室（区）必须保持一定的压差。

9.1.5 医药洁净室（区）内不应使用散热器采暖，是因为散热器及周围不易做清洁，易积灰，易对药品生产造成污染。

9.1.7 附录C中关于医药洁净室（区）的综合性能确认，应包括表C.0.1项目的检测和评价。

1 表中所列的检测项目不是每次都要测全。

2 表中规定的"检测"项目，是指不论何种检测都必须有此项检测结果，规定"必要时检测"的项目，是指有设计要求或业主要求，或者因评定、仲裁需要时检测的项目。

3 检测时按表C.0.1排定的顺序和内容进行。"风量"是所测项目的前提，风量不符合设计要求，其他项目达到要求也无意义。"风速"应在静压调整好后测定。至于"流线平行性"和"自净时间"，检测时要放烟，对空气洁净度、浮游菌和沉降菌、照度、温湿度等检测会有影响，应放在最后测。

附录C中关于净化空气调节系统验证主要内容参见表6。

表6 净化空气调节系统验证主要内容

程序	所 需 文 件	确 认 内 容
安装确认	1. 医药洁净室（区）平面布置及空气流向图（包括洁净度、气流、压差、温湿度、人物流向等）、空气流程图 2. 医药洁净室（区）净化空调系统描述及设计说明 3. 仪器、仪表、高效空气过滤器的检定记录，净化空调设备及风管的清洗记录 4. 净化空调系统操作规程及控制标准	1. 净化空调器、除湿机、风管的安装检查 2. 风管、净化空调设备的清洗及检查、运行调试 3. 中效空气过滤器的安装 4. 高效空气过滤器的安装 5. 高效空气过滤器的检漏
运行确认	1. 净化空调设备的运行调试报告 2. 医药洁净室（区）温湿度、压力、室内噪声级记录 3. 高效空气过滤器检漏记录、风速及气流流型报告 4. 净化空调调试及空气平衡报告 5. 悬浮粒子和微生物预检 6. 安装确认有关记录及报告	1. 净化空调设备的系统运行 2. 高效空气过滤器风速及房间气流流型 3. 室内温湿度、压力（或空气流向）等净化空调调试及空气平衡
性能确认	1.《医药工业洁净室（区）悬浮粒子的测试方法》GB/T 16292 2.《医药工业洁净室（区）浮游菌的测试方法》GB/T 16293 3.《医药工业洁净室（区）沉降菌的测试方法》GB/T 16294	1. 悬浮粒子测定 2. 浮游菌测定 3. 沉降菌测定

医药洁净室（区）空气净化系统的验证，是对药品生产中所使用的空气净化系统，在设计、选型、安装和运行上的正确性的测试和评估，证实该系统确实能达到设计要求。

9.2 净化空气调节系统

9.2.1 各种空气洁净度等级洁净室（区）的空气净化处理均应采用初效、中效、高效空气过滤器三级过滤。对于300000级洁净室的空气净化处理，由于空气洁净度等级较低，可采用亚高效空气过滤器作为末端过滤。亚高效空气过滤器的价格与高效空气过滤器相差不多，但由于亚高效空气过滤器的运行终阻力较高效空气过滤器低150Pa左右，可以节省经常运行费用。

9.2.2 中效空气过滤器宜集中设置在净化空气处理机组的正压段，因为考虑到负压段易漏风，会造成未经中效空气过滤器过滤的污染空气进入系统，降低中效过滤的效果，增加了空气中的含尘浓度，加大下游高效空气过滤器的过滤负担，缩短其使用年限。

在回风、排风系统中，由于空气中往往带有粉尘等有害物质，为防止未经过滤处理的空气泄漏，污染周围环境，因此应将过滤器设置在回风、排风机的负压吸入端，既起到保护环境的作用，又起到保护风机的作用。

空气过滤器的额定风量是在一定滤速下，其过滤效率和阻力最合理时的风量，因此空气过滤器一般按额定风量选用；但在设计中为了降低净化空调系统的系统总阻力，以及在选择高效空气过滤器送风口时，由于房间的风量根据过滤器额定风量选择不到合适的过滤器时，允许按小于额定风量选用。

9.2.3 净化空调系统不能与一般空调系统合并，因为净化空调系统末端风口上往往装有高效空气过滤器，而一般空调系统风口上无过滤器，高效空气过滤器风口在运行过程中阻力会增加，而一般空调系统的风口运行中的阻力不变，所以随着运行时间的增加，可能出现医药洁净室（区）风量越来越小，并使医药洁净室（区）的房间或区域的空气压力发生变化。同时还考虑到医药洁净室（区）需要良好的密闭性，也不允许通过风道使医药洁净室（区）与一般空调房间相连通。

9.2.4 由于一个净化空调系统只能有一个送风参数，若温湿度控制要求差别大的医药洁净室

（区）合并为一个空调系统，送风参数势必要按照温湿度要求高的确定，才能同时满足要求低的区域（除非在送风支管上另设二次空气处理设备），这样会造成不必要的能量耗费，所以对温湿度要求差别大的区域宜设置不同的净化空调系统，以提供不同要求的送风参数。而有时系统区域较小，分开设置可能因空调系统过多而增加造价，在经过技术经济比较后也可合并设置。

9.2.5 净化空气调节系统应合理利用回风。但在药品生产过程中，如固体物料的粉碎、称量、配料、混合、制粒、压片、包衣、灌装等生产工序或房间，常会散发各种粉尘、有害物质等，为了防止通过空气循环造成药物的交叉污染，送入房间的空气应全部排出。在固体物料的生产中，因大部分生产工序均有粉尘散发，所以净化空调系统需要较大新风比，甚至高达60%～70%，能耗很大。若能对空调回风中的粉尘等物质进行充分和有效的处理，使之不再因此而造成交叉污染，利用回风也就成为可能。图1、图2为某固体制剂车间对回风中粉尘处理后利用的示例，由于减少了净化空调的新风比，明显降低了经常运行费，也降低了初步投资费用。

在图1和图2所示回风经处理后利用的方案中，由于回风系统增加了中、高效空气过滤器（亚高效空气过滤器），运行中虽节省了冷、热负荷，但增加了更换过滤器的费用，也增加了系统的阻力，是否经济合理，应作技术经济比较而定。如工艺设备状况差，操作中粉尘散发大，则空气过滤器寿命很短，所增加的费用可能会超过直排风的运行费，所以要对工艺、设备的操作和运行情况进行综合考虑，以确定采用回风利用方案是否经济合理。

本条文中第2～5款，不涉及回风处理后再利用的问题，因此，这些生产环境的空气均不应循环利

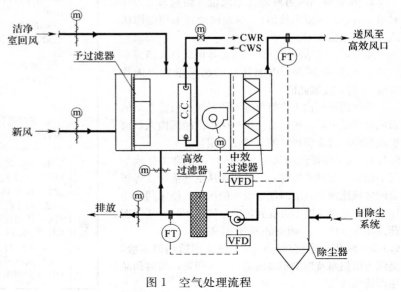

图1 空气处理流程

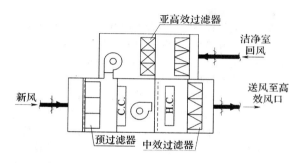

图 2　空气处理流程

用。

9.2.6 若将除尘器直接设在生产房间内，可能出现的问题是：

　1　噪声大，对操作人员造成影响。

　2　进入除尘器的空气在室内循环时，若滤袋有泄漏，上一批物料可能随空气回至室内而造成混药。

　3　除尘器清灰时易污染房间地面及环境。

　所以单机除尘器宜设置在靠近需除尘房间的单独小机房内，并将除尘器排风接出，由于除尘器的启闭将影响房间的风量、压力平衡。因此，在工程设计上还要考虑当除尘器间歇工作时，为恒定生产房间压差采取的措施。

　当采用集中式除尘系统时，机房应靠近需除尘房间的中心，以尽可能地缩短管线。

　当机房门开向医药洁净室（区）时，由于除尘器操作人员的进出要通过医药洁净室（区），应向机房送入净化空气，风量可按相应空气洁净度等级换气次数的低限考虑，温湿度无严格要求。

9.2.7 对除尘系统的防火防爆要求系根据现行国家标准《建筑设计防火规范》GB 50016，并结合药品生产的具体情况而制定的。

9.2.8 医药洁净室（区）的排风系统，对于确保医药洁净室（区）内空气洁净度等级、环境卫生和安全具有重要作用。因此，本条列为强制性条文。

　第1款要求排风口采取防止室外空气倒灌的措施。这些措施通常有：

　1　设置中效空气过滤器。由于它对排出空气具有过滤粉尘的作用，可作为带有粉尘的排风首选措施。

　2　设置止回阀。其结构简单、造价低廉，但密封性较差。

　3　设置与排风机相连锁的电动密闭风阀，与风机同步开关。

9.2.9 需要熏蒸灭菌的医药洁净室（区），以及净化空调系统需要大消毒的医药洁净室（区），为在消毒后及时排净残留气体，应设消毒通风设施。具体做法除净化空调系统已设置的排风外，可在净化空调系统的总回风道上加设通向室外的排风管道和排风机，使消毒排风量约为总送风量的50%以上，并在总回风

和排风管上设消毒排风切换用风阀。如果在空调系统中已有较大风量的排风系统，可不必再另设。

9.2.10 为便于对各系统、各医药洁净室（区）进行风量平衡和压差调整，不同系统的排风应分别开设置。

　由于散发粉尘和有害气体区域的排风与一般排风的处置方式不同，同时又为了避免产生粉尘和有害气体区域与一般区域相串通，故两者的排风系统应分开设置。

　本条文3～5款规定系参照现行国家标准《采暖通风与空气调节设计规范》GB 50019制定。

9.2.11 我国GMP（1998）第51条规定"更衣室、浴室及厕所的设置不得对洁净室（区）产生不良影响"。规定对更衣室的空气洁净度等级未提出具体要求。现行国家标准《洁净厂房设计规范》GB 50073规定洁净工作服更衣室"宜按低于相邻洁净区空气洁净度等级1～2级设置"。由此可知，向更衣室送洁净空气只是为人员更衣提供良好的洁净环境，而阻留人员携带微粒和微生物的关键在于洁净工作服的式样、材质和穿戴方式，对此第5.2.4条说明已作了阐述。综合上述，本规范规定空气洁净度10000级以上洁净室的更换洁净工作服室换气次数宜为15次/h，100000级洁净室的更换洁净工作服室换气次数宜为10次/h，300000级洁净室的更换洁净工作服室换气次数宜为8次/h。上述换气次数均为所服务医药洁净室（区）换气次数的低限。人员净化用室入口处单独设置的换鞋室可取更低的换气次数，或利用上游更衣室的压出空气。本规范明确规定除进入医药洁净室（区）的气闸室空气洁净度等级与相连的医药洁净室（区）空气洁净度等级相同外，其他人员净化用室中各个房间均不列级，用送入洁净空气的风量来控制其洁净要求。

　物料出入医药洁净室（区）的气闸室空气洁净度等级与相连的医药洁净室（区）空气洁净度等级相同。

　生产厂房的人员总更衣区不属洁净区，其中的换鞋、存外衣、盥洗、厕所、淋浴等房间会产生灰尘、臭气和水汽，所以应设置通风措施。具体的做法可送入经过滤后的室外空气；厕所、浴室单独设置排风并使保持负压。

9.2.13 非连续运行的洁净室是否设置值班送风的问题要根据生产工艺的要求和医药洁净室（区）的空气洁净度等级而确定，如对于灭菌要求严格或湿热地区的洁净室（区），应设置值班送风，使洁净室（区）维持微正压并避免洁净室（区）内表面结露。

　当净化空调系统采用变频调速风机时，只需要降低风机转速即可转为值班送风状态，不需再另设值班送风机。值班送风量应视净化空调系统具体情况及建筑围护结构的密闭情况计算确定。

9.2.14 本条系参照现行国家标准《采暖通风与空气

调节设计规范》GB 50019 制定，有关事故通风量、排风口设置位置等要求应根据该规范的相关规定执行。

9.2.15 现行国家标准《建筑设计防火规范》GB 50016中关于防烟和排烟的规定，除适用于民用建筑和公共建筑外，也适用于工业厂房。因此，医药工业洁净厂房的防排烟设计应符合其规定。

9.2.16 为了对医药洁净室（区）进行噪声控制，需对医药洁净室（区）通风和空调系统进行噪声控制计算和减噪设计。当医药洁净室（区）空态噪声超标时，应采取消声等措施。当设置消声器时，应采用不易产尘的消声器，如微穿孔板消声器等。

为减小通风及空调系统噪声，设计中需注意：

1 选用高效率、低噪声设备。

2 风管内风速宜按下列规定选用：总风管为6～10m/s；无送回风口的支风管为4～6m/s；有送回风口的支风管为2～5m/s。

3 通风及空调设备应带有减振、隔振装置，必要时需设隔振器和减振基础，设备与风管和配管的连接应设有柔性接管。

4 风道及阀门等通风构件要有足够的强度，以避免或减低所引起的气流噪声和振动。

5 风机和设备进出风口处的风管不宜急剧转弯、变径；必要时弯头等处应设导流叶片。

6 尽可能降低系统总阻力。

9.2.17 为保证医药洁净室（区）的空气洁净度等级，不同空气洁净度等级洁净室（区）之间、洁净室（区）与一般区、洁净室（区）与室外均应保持一定的压差，本规范第3.2.4条规定了最小压差值。

由于房间的压差取决于房间的送风与回风、排风量之差，要使房间的压差保持稳定，首先要使送入和排出房间的风量保持恒定，具体做法较多，如在总风管上设微差压传感器，当风量发生变化时，即可通过变频器改变风机转速，使总风量保持不变；又如在进出房间的风管上设定风量阀（CAV阀），使进出房间的风量恒定不变；也可采用在洁净室内设差压传感器，当房间差压值偏高时，自动调节设在排风管上的变风量阀（VAV阀），以使室内压力保持稳定。

同时，应在工程中避免影响或改变房间压差的做法：如在同一净化空调系统中，对个别房间进行排风、回风的切换，间歇性使用医药洁净室（区）排风系统，而不采用任何措施进行房间压力保护等。因为这些做法都会破坏房间的空气平衡而使房间压力发生变化。

9.2.19 本条所列的生产场所，在作业时均会产生粉尘、易燃易爆气体、有害物质或大量热湿气体和异味，这些房间相对于邻室、走廊或前室应保持不低于5Pa的负压，使室内气体不至逸出扩散，并应安装现场微差压计，以监测这些房间或生产区的压力保持情况。

质量控制实验室要对所有药品生产原料和成品进行检定和检验，为避免通过净化空调系统与药品生产区发生交叉污染，所以质量控制实验室净化空调系统应与生产区应严格分开。

由于阳性对照室、无菌检查室、放射性同位素检定室、抗生素微生物检定室和放射性同位素检定室等实验室之间不得互相干扰，为防止各室之间交叉污染，根据生产具体要求，各实验室可单独设置或几个实验室共用一个净化空调系统。对于有全排风要求的实验室，室内应保持相对负压，并设压力监测装置。

9.2.21 我国GMP（1998）附录七"中药制剂"中要求下列生产厂房按"洁净室管理"：

1 非创伤面外用药制剂及其他特殊的中药制剂生产。

2 用于直接入药的净药材和干膏的配料、粉碎、混合、过筛等厂房。

对于上述厂房的生产环境并无空气洁净度等级要求，但要求人员、物料的进出及生产操作应参照医药洁净室（区）管理。在厂房设施上，为防止污染和交叉污染，厂房门窗应能密闭，要有良好的通风、除尘、降噪等设施。本条文中的三条措施就是根据这些要求制定的。由于要求厂房密闭，因此厂房内的通风装置是必不可少的。至于是否设置空调或降温装置，要视当地气象条件及作业场所发热发湿情况而定。为满足生产环境的清洁要求，送风系统宜经粗、中二级过滤并使室内维持微正压。

9.2.22 局部100级单向流装置的设置要求：

1 我国GMP（1998）附录二"无菌药品"规定，最终灭菌大容量注射剂的灌封，非最终灭菌无菌注射剂的灌装、分装和压塞，以及直接接触药品的包装材料最终处理后的暴露环境等应在空气洁净度10000级背景下的局部100级环境下生产。然而，由于种种原因，有些药品生产企业没有将上述生产过程尤其是包装容器或半成品传送和短时存放等开口工序置于100级单向流的保护下。针对这一情况，本条强调非最终灭菌的无菌药品生产中全部暴露区域（而不是部分区域）均应处于空气洁净度100级单向流装置的保护下。

2 在以空气洁净度10000级为背景的100级单向流区域的设计中，有时采用单元式单向流装置拼装组合方式，用内置或外置风机作全循环运行。当单向流装置面积较大时，或单向流装置的循环空气又无法与10000级区的空气进行充分的交换时，100级区内将会引起空气在不断循环过程中的热量积聚，造成100级区域内温度高于室温的现象，甚至超过工艺生产要求的环境温度。所以本条规定空气洁净度100级区域内的温度不应超过室内设计温度2℃，最高不应高于24℃；如超过时，就需要采取在单向流装置或循环风系统中引入净化空调系统送风或增设干式冷却盘管等措施。

3 由于局部100级区域的外部为10000级区域，为使10000级区域保持上送下回合理的气流组织形式，作为单向流装置回风口的位置应布置在房间的下部。

单向流装置回风口通常均设在箱体的上部，对此应通过风道将回风口引至房间的下部。

有些场合下，设有单向流装置的室内环境并无10000级（如洗衣房内无菌工作服整理台、10000级以下的取样室、抗生素微生物检定实验室等小范围100级单向流区），可以不受下部回风的限制。

4 为保证空气洁净度100级区域内，尤其是与10000级区相邻边缘区域单向流的空气流型不受干扰或破坏，在单向流装置的外边缘设置围帘十分有效。通常可采用PVC透明膜，高度宜低于操作面。根据有关试验结果，为确保工作面高度的空气洁净度等级，围帘离地面高度不宜大于0.5m。

9.2.23 由于净化空气调节系统的特性，服务于净化空调系统的空调设备不同于服务于一般舒适性空调系统的空调设备。本条提出了净化空调设备设计和选用要求。

1 净化空调系统中风机的全压远高于一般空调，因此对空调处理设备的强度和气密性有着较高的要求，当空调箱内静压为1000Pa时，漏风率不得大于1%；设备整体结构需有足够强度，在运输、安装、运行中不得出现任何变形。

本条文对净化空调设备的漏风率规定较原《洁净室施工及验收规范》JGJ 71略有提高，这是由于考虑到：（1）医药洁净室对控制外部污染物的特殊要求；（2）有利于节能；（3）原规范系于1990年制定，十多年来空调设备制造工艺已有较大提高，本条文规定漏风率小于等于1%的要求，对大部分制造商在技术上是能做到的。

2 通常情况下，净化空调系统夏季空气处理露点温度较低，例如：为保持室内干球温度22℃，相对湿度50%，空调处理设备应将空气处理至10～12℃；而一般舒适性空调处理设备只需将空气处理至18～22℃，由于两者温差不同，若将一般空调设备保温板壁厚度用于净化空调设备，则有可能在板壁表面出现明显的结露现象，不但耗能，又使设备易受腐蚀。所以对净化空调设备要求有更良好的绝热性能。

9.3 气流流型和送风量

9.3.1 对于空气洁净度等级要求不同的医药洁净室（区），所采用的气流流型也应不同，本条规定了各种空气洁净度等级应采用的气流流型。

为有利于迅速有效地排除尘粒，空气洁净度100级洁净室的气流流型大多采用单向流，我国也有采用非单

向流100级的工程实例。本规范要求空气洁净度100级应采用单向流，与我国GMP（1998）的规定有关。

我国GMP（1998）规定药品生产洁净室（区）的空气洁净度分为100、10000、100000和300000四个等级（见表2），而世界主要发达国家和国际组织的GMP大多采用A（单向流100级）、B（非单向流100级）、C（10000级）、D（100000级）四个等级。表7和表8为欧盟无菌药品GMP的空气洁净度分级表。以无菌药品为例，主要发达国家和国际组织的GMP规定，A级区为高风险作业局部区域（如灌装区、各种无菌连接区域），用单向流来保护作业区的环境状态，作业区的单向流应均匀送风，空气中粒子应进行连续测定；B级区用于无菌配制和A级区所处的背景环境，建议B级区空气中粒子也连续测定；C、D级区为无菌药品生产中其他相关工序的洁净区。规定非最终灭菌无菌药品的关键操作，必须在B级环境内的局部A级保护下进行。由于我国GMP（1998）没有国际上惯用的B级，高风险作业局部区域通常用10000级背景区域的局部100级来替代国外的B+A级。我国GMP中的100级虽然没有规定它的气流流型，但从它的适用范围来看，相当于国外A级。因此，医药工业洁净厂房中100级的气流流型应为单向流。国内有些工程采用全室非单向流100级来替代局部单向流100级，这样做只相当于国外的B级洁净室，并不能用于无菌药品的高风险作业。

表7 欧盟无菌药品GMP（2003）洁净区空气洁净度（悬浮粒子）分级

级别	静态		动态	
	最大允许悬浮粒子数/m³		最大允许悬浮粒子数/m³	
	0.5～5.0μm	>5.0μm	0.5～5.0μm	>5.0μm
A	3500	1	3500	1
B	3500	1	350000	2000
C	350000	2000	3500000	20000
D	3500000	20000	不作规定	不作规定

注：表中A级区气流速度：垂直单向流0.3m/s，水平单向流0.45 m/s。表中数值为1的区域>5.0μm粒子应为0，因无法从统计意义上证明它不存在，故设为1。表中"不作规定"的区域，应根据生产操作性质来决定其限度。

表8 欧盟无菌药品GMP（2003）洁净区微生物控制分级

级别	浮游菌 cfu/m³	沉降菌（φ90mm碟）cfu/4h	接触菌（φ55m碟）cfu/碟	5指手套 cfu/手套
A	<1	<1	<1	<1
B	10	5	5	5
C	100	50	25	—
D	200	100	50	—

注：表中A级区微生物小于1的要求为不检出微生物，即事实上的无菌。

9.3.2　医药洁净室（区）的气流流型与送、回风形式密切相关。对于空气洁净度10000级、100000级、300000级洁净室（区）应优先采用顶送下侧回的送、回风形式。从空气净化的原理而言，顶送下侧回优于侧送下侧回、顶送顶回风等形式。采用顶送下侧回的送、回风形式，达到同样的空气洁净度等级所需要的风量可低于其他几种形式。而顶送顶回风形式的最大优点是工程简单、造价低，但此种气流流型空气中尘粒沉降方向与回风的上升气流相逆，影响到空气中尘粒尤其是大颗粒尘埃的及时排出，所以它不适用于空气洁净度等级高的医药洁净室（区）。对于生产中有粉尘散发或存在重度大于空气的有害物质的房间，即使空气洁净度等级不高，也不能采用顶送顶回风形式。

气流的送、回风形式除满足医药洁净室（区）的净化要求外，还需根据工艺生产情况确定，如空气洁净度10000级医药洁净室（区）室内散发溶媒气体或水蒸气时，宜采用上下排风方式，以免上述气体在房间上部积聚。

散发粉尘和有害物的医药洁净室（区）若采用走廊回风，走廊必将成为尘埃沉降和有害物集中的空间，随着人流、物流的流动，对与走廊相连的各个房间很容易造成交叉污染，不能符合GMP的要求。对于易产生污染的工艺设备，应在其附近设置排风（排尘）口，并在不影响操作的情况下，使排风口尽可能靠近污染源，以使污染物尽快排走。

9.3.4　为保证空气洁净度等级所需的最低换气次数，本规范表9.3.4系根据现行国家标准《洁净厂房设计规范》GB 50073制定。空气洁净度等级按静态测试，如设计时业主提出需按动态进行验收，则另行处理。

需要提出的是，医药洁净室（区）的换气次数并不能成为医药工业洁净厂房的验收标准，它只是洁净室（区）净化空气的一种手段，最终需根据洁净室（区）的检测作出评价。设计中换气次数尚需根据室内生产操作情况、人员、房间层高等具体情况确定。

由于医药洁净室（区）的送风量除要达到要求的空气洁净度等级外，还有温湿度和室内风量平衡（包括补偿室内排风量和为保持正压所需风量）等要求，所以应将这三种情况所需的送风量予以比较，并取其最大值作为医药洁净室（区）的送风量。

9.4　风管和附件

9.4.2　风道系统应根据需要设置通风附件，例如，新、回总管上的风阀用于调节新风比；新风管上设电动密闭阀用于防倒灌或冬季防冻；排风管上的止回阀或电动密闭阀是为了用于防室外空气倒灌等。

送风支管上的风阀常用于调节洁净室（区）送风

量，排出支管上的调节阀常用于调节洁净室（区）压差值。为便于分别调节各房间的风量和压差，各房间的支管和风阀应单独设置，不应几个房间共用支管和调节风阀。

9.4.3、9.4.4　系参照现行国家标准《建筑设计防火规范》GB 50016有关条文编写。风管穿过变形缝有三种情况：一是变形缝两侧有防火隔断墙；二是变形缝一侧有防火隔断墙；三是变形缝两侧没有防火隔断墙。规范条文是按第一种情况两侧设置防火阀。

9.4.5　从不影响空气净化效果及经济两个方面考虑，净化空调系统风管与附件的制作材料是随着输送空气净化程度的高低而定。洁净度高选用不易产尘的材料，洁净度低选用产尘少的材料。

9.4.6　排风系统风管与附件的制作材料应根据输送气体腐蚀性程度的强弱而定。

9.4.7　因无菌洁净室需要经常消毒灭菌，如灭菌措施通过净化空调系统实施，则送风管、排风管、风阀及风口的制作材料和涂料，应耐受消毒灭菌剂的腐蚀；如消毒灭菌剂不通过送风系统送入，则系统排风系统的制作材料和涂料仍应考虑耐受消毒灭菌剂的腐蚀。

9.4.8　各级空气过滤器前后设测压孔或压差计是为了便于运行中监测过滤器的阻力变化情况，以便及时清洗或更换。而各系统的风口高效（亚高效）空气过滤器因数量较多，没有必要全部都设压差计，但不宜少于两支。

9.4.9　由于通风管是火灾蔓延的通路之一，风管及附件应采用不燃材料，如各种金属板材等；对于用以排除腐蚀气体的风管，可采用耐腐蚀的难燃材料。风管保温和消声的不燃材料可采用如超细玻璃棉、岩棉等。难燃材料是指氧指数大于等于32，燃烧性能符合B1级的材料，如难燃型玻璃钢、橡胶海绵等。

9.5　监测与控制

9.5.1　为确保洁净室的环境参数，保障系统的正常运行并有利于节能，医药工业洁净厂房的净化空调系统应设置自动监测与控制设施。自动监测与控制设施应包括以下功能：

参数检测：包括参数的在位检测和遥控检测。

自动调节：使某些运行参数自动保持规定值和按预定的规律变动。

自动控制：使系统中的设备及元件按规定的程序启停。

工况自动转换：指在多工况运行系统中，根据参数运行要求实时从某一运行工况转到另一运行工况。

参数和设备状态显示：通过集中监控系统中主机系统的显示或打印，以及在控制系统的器件显示某参数值（是否达到规定值或超差），或某设备的运行状态。

设备连锁：使相关设备按某一指定程序启停。

自动保护：指设备运行状态异常或某参数超过允许值时，发出报警信号或使系统中某些设备元件自动停止工作。

9.5.2 净化空调系统中设置的监测点，在设计时应根据系统情况加以确定。并根据需要对以下设备运行状态及有关参数进行实时显示和记录或超限报警。

1 室内洁净度的监测（主要监测空气中的悬浮粒子，因为微生物测定需要培养时间，不能实时显示）。

2 室内外温湿度。

3 空调机组送风和回风总管温湿度。

4 空气冷却器进出口的冷水温度。

5 加热器进出口的热媒温度和压力。

6 风机、水泵、转轮热交换、加湿等设备启停状态。

7 各级空气过滤器及房间压差检测，应符合本规范第9.2.17条、第9.4.8条的规定。

8 送风风量超限报警。

9.5.3 由于净化空调系统中的阻力变化会影响风量，因此风机宜采用变频调速装置作恒定风量或定压控制。通常由总风道上的微差压传感器将信号送到调频控制装置。变频调速装置可对系统作定风量控制，以使房间压差保持稳定；也可根据需要对系统内的总压进行恒定控制。变频调速装置的使用，可得到明显的节能效果，并可兼作系统值班送风用，所以在净化空调系统中已得到日益广泛的应用。

9.5.4 为防止净化空调系统因停转而无风或超温，以及电加湿设备因断水而引起烧干时，造成设备损毁甚至引起火灾，本条文规定了电加热、电加湿应与风机连锁，并设超温断电保护，电加湿还应设无水保护。本条文因涉及防火安全，所以列为强制条文。

9.6 青霉素等药品生产洁净室的特殊要求

9.6.1 本条所列药品都是致敏性高、生理活性强、毒理作用大的特殊药品，它们的共同特点是产品对操作人员和室内外环境有害。为了避免药品粉尘通过空气系统造成污染或交叉污染，本条规定了青霉素等特殊药品的净化空调系统和排风系统应单独设置，以避免对其他药品的污染；同样，也应避免排风对净化空调系统在引入新风时的污染。上述特殊药品的排风口应远离净化空调系统的进风口，并使进风口处于上风向，排风口应设在屋面等建筑物的高处，并高于进风口，与进风口保持垂直高差。

9.6.2 按本规范9.6.1条所列的青霉素等特殊药品，它们的精制、干燥和包装室及其制剂产品的分装室，是生产中药物粉尘容易暴露在空间的场所，它既要防止室外未经过滤的空气对药品生产的污染，又要防止室内特殊药品粉尘对邻室的污染，所以室内应保持正压，与邻室之间应保持相对负压。

9.6.3 为防止青霉素等特殊药品生产区域内药品粉尘和气溶胶向周围其他区域扩散，还应有防止空气扩散至其他相邻区域的措施。如在人员净化通道和物料净化通道中设置正压气闸室，使气闸室气压高于生产区，对生产区的空气流出起到隔断作用。

9.6.4 按本规范9.6.1条所列的青霉素等特殊药品，其生产区排出的空气中含有特殊药物的微粒，散发到室外大气会对环境造成污染，甚至影响人的生命安全，为此均应经高效空气过滤器过滤后排放。排放标准应根据特殊药品不同要求确定。

10 给水排水

10.1 一般规定

10.1.1、10.1.2 医药工业洁净厂房内给水排水管道的敷设方式直接影响医药洁净室（区）的空气洁净度。为最大限度地减少洁净室内给水排水管道，目前，医药工业洁净厂房的给水排水管道布置主要有以下形式：

1 各种干管应布置在技术夹层、技术夹道、技术竖井内。有上下夹层的洁净厂房，给水排水干管大都设在下夹层内。

2 暗装立管可布置在墙板、异型砖、管槽或技术夹道内。

3 支管由干管或立管引入医药洁净室（区），最好从上、下夹层引入 20～30cm 与设备二次接管相连。

4 安装在技术夹道内的管道及阀件，可明装也可暗装在壁柜内。壁柜上适当加设活动板，便于检修。

10.1.3 医药洁净室（区）内均为恒温恒压，而管道内的水与周围环境有温差，使管道外壁结露，从而影响医药洁净室（区）内的温度和湿度，故要求对有可能结露的管道采取防结露的措施。

对于防结露层的外表面，可以采用薄钢板或薄铝板作外壳，便于清洗而且不易产生灰尘。

10.1.4 管道穿越处的孔隙将直接影响医药洁净室（区）内的空气洁净度等级，本条要求主要是防止医药洁净室（区）外未净化空气从孔隙处渗入室内，影响室内的空气洁净度等级；此外，洁净室（区）内的洁净空气向外渗漏，既会造成能量的浪费，也会影响室（区）内的空气洁净度等级。采用套管方式效果是明显的。无法设置套管的部位应采取严格的密封措施，如选用微孔海绵、有机硅橡胶、橡胶圈及环氧树脂冷胶等材料加以密封。

10.2 给 水

10.2.1 医药工业洁净厂房中生产、生活和消防等各项用水对水质、水温、水压和水量会有较大的不同要求，分别设置将有利于各用水系统的管理和节约运行成本。

10.2.2 管材的选用应从它的耐腐蚀性能，连接的方便可靠，接口的耐久不渗漏，材料的温度变型，抗老化性能等因数综合确定。各种新型的给水管材，大多编制有推荐性的技术规程，可为设计、施工安装和验收提设依据。

10.2.4 医药工业洁净厂房周围设置洒水设施，是为了便于保持洁净厂房周围的环境卫生，方便绿化管理。

10.3 排 水

10.3.1 医药工业洁净厂房的排水较为复杂：极少数的排水可经直流水隔套冷却后单独排至厂房外的雨水系统；大多数的排水因含有污染物，需经处理后才可排放；有些排水的温度高达 90℃（从灭菌柜排出的废水），应单独排至（管道需考虑耐高温）厂房外的降温池，降温后才可进入污水总管；而有些废水则可直接排入厂房外的污水总管。因此，应根据具体情况确定排水系统。医药工业洁净厂房排出的含有污染物废水，均需厂内废水处理站处理达标后，方可排出厂外。

10.3.2、10.3.4 医药洁净室（区）内重力排水系统的水封和透气对于维护洁净室（区）内各项指标是极其重要的。除了对于一般厂房防止臭气逸入外，对于洁净室（区）若不能保持水封，会产生室内外的空气对流，影响医药洁净室（区）的空气洁净度等级和温湿度，并消耗洁净室（区）的能量。

对于不经常从地面排水的，应不设置或少设置地漏，避免由于地漏的水封干枯造成污染。我国 GMP（1998）附录一"总则"规定，100 级医药洁净室（区）不得设置地漏。目前我国药品生产 100 级洁净室并不多见，大多采用 10000 级洁净室中局部 100 级方式，因此应严格执行 100 级区域内不设置地漏。

排水沟不易清洁，故空气洁净度 100 级、10000级医药洁净室（区）内不宜设置排水沟。

10.3.3 此条文主要是为了确保洁净室（区）的空气洁净度等级。

10.3.5 为防止污染物质在卫生器具内积聚，影响医药洁净室（区）的环境卫生，医药工业洁净厂房内应采用不易积存污物、易于清扫的卫生器具、管材、管架及其附件。比如可采用白陶瓷或不锈钢卫生器具，选用优质的镀铬或工程塑料制造的，表面光滑，易于清洗的卫生器具配件、管材、管架及其附件。

10.3.6 厂房内应优先采用塑料排水管。建筑硬聚氯乙烯排水管具有质轻、便于安装、节能、不结垢和不锈蚀等特点。目前常用的橡胶接口机制的排水铸铁管，应根据建筑物性质、建筑标准、建筑高度和抗震

要求选用。

排水温度大于 40℃时，如加热器、开水器的排水管道如采用普通塑料管，则会使其寿命大大缩短，甚至会软化损坏。

10.4 消防设施

10.4.1 根据工业建筑物对消防要求的不断提高和消防技术的进步，现行国家标准《建筑设计防火规范》GB 50016 及其相应的消防设计规范正不断修订完善，所以医药工业洁净厂房的消防设计应首先符合这些最基本的消防规范。

10.4.2 本条文是医药工业厂房消防设计的原则。消防设施是医药工业洁净厂房的一个重要组成部分，因为医药工业洁净厂房是一个相对密闭的建筑物，室内房间分隔多，通道狭窄而曲折，使人员的疏散和救火都比较困难。为了确保人员生命财产的安全，设计中应贯彻"以防为主，防消结合"的消防工作方针，除了采取有效的防火措施外，还必须设置必要的灭火设施及消防水排除系统。

医药工业洁净厂房消防系统的设置，应根据药品生产的工艺特点、对空气洁净度等级的不同要求，以及生产的火灾危险性分类、建筑耐火等级、建筑物体积、当地经济技术条件等因素确定。除了水消防外还应设置必要的灭火设备。

10.4.3 为正确、合理设置医药工业洁净厂房内的消火栓，本条对此作了规定。

尽管设在医药洁净区的消火栓采用嵌入式安装，但对医药洁净室（区）的洁净毕竟会有影响，为此，消火栓尽可能设置在非洁净区域。

现行国家标准《建筑设计防火规范》GB 50016关于厂房室内消火栓用水量规定，当高度小于等于24m 及体积小于等于 10000m³ 时，其消火栓消防用水量 5 l/s。但根据药品生产特点此值偏小，故本条文制定了医药工业洁净厂房室内消火栓消防用水的最低限制参数。

10.4.4 医药工业洁净厂房技术夹层和技术夹道内，物料管道多，易燃易爆介质多，物料管道与风管、电缆桥架等错综复杂。为确保可通行技术夹层和技术夹道的安全，按生产火灾危险性分类设置灭火设施和消防给水系统是完全必要的。

10.4.5 设置灭火器是扑救初期火灾最有效的手段，据统计，60%～80% 的建筑初期火灾，在消防队到达之前是靠灭火器扑救。所以医药工业洁净厂房各层、各场所均应按照现行国家标准《建筑灭火器配置设计规范》GBJ 140 的规定，配置灭火器。

10.4.6 当存放贵重设备仪器、物料的医药洁净室（区）设置自动喷水灭火系统时，采用预作用系统可防止管道泄漏或误喷造成水渍损失，而且消除了干式系统滞后喷水的现象。

医药工业洁净厂房造价高，设备仪器贵重，药品附加值高，但是生产中经常使用多种有火灾危险的物料，由于厂房密闭性强，室内通道狭窄而曲折，人员的疏散比较困难，一旦失火，不但经济损失惨重，而且人员疏散和扑救都较困难。

而卤代烷等气体灭火剂会导致人员窒息死亡，还会破坏大气臭氧层，影响人类生态环境，不应采用。

基于上述，洁净厂房除了必须设置消防给水系统及灭火器外，还应根据现行国家标准《建筑设计防火规范》GB 50016 的规定设置固定灭火装置，特别是设有贵重设备、仪器、物料的房间更需认真确定。

10.4.7 消火栓系统可采用普通钢管，而自动喷水灭火系统为保证配水管道的质量，避免不必要的检修，故要求报警阀后的管道应采用内外热镀锌钢管，以及铜管、不锈钢管和相应的管件等。

11 电 气

11.1 配 电

11.1.1 医药工业洁净厂房中工艺设备用电负荷等级应由其对供电可靠性的要求确定。此外，厂房净化空调系统的正常运行与药品生产密切相关，医药洁净室（区）空气洁净度对药品质量影响很大。对这些用电设备的可靠供电是保证生产的前提。医药工业洁净厂房一旦停电，室内空气会很快污染，严重影响药品质量。同时，医药工业洁净厂房是密闭厂房，由于停电造成送风中断，室内新鲜空气得不到补充，有害气体不能排出，对人员健康不利。因此，必须保持医药工业洁净厂房净化空调系统的正常运行。

医药工业洁净厂房需要高照度高质量照明。为获得良好和稳定的照明条件，除了合理设计照明形式、光源、照度等问题外，最重要的是保证供电电源的可靠性和稳定性。

医药工业洁净厂房照明电源直接由变电所低压照明盘专线供电，把它与动力供电线分开，避免引起照明电源电压频繁的和较大的波动，同时增加供电的可靠性。

如医药工业洁净厂房规模较大，厂房内设有变电所，就可满足本条文的要求。考虑到一些规模较小的洁净厂房，一般由外部变电所提供一至二回路低压电源进入厂房配电室，此时只要保证净化空调系统和照明系统为单独配电回路，也能满足安全可靠的运行要求，并可节约厂区电缆及开关设备的投资，给设计人员留有一定的选择余地。故本条文对由变电所专线供电的要求为"宜"。

11.1.2 从洁净厂房发生过火灾事故中了解，电气原因引起的火灾事故占很大比例。为了防止医药工业洁净厂房在节假日停止工作或无人值班时的电气火灾，

以及当火灾发生时便于可靠地切断电源，所以，电源进线（不包括消防用电）应设置切断装置。为了方便管理，切断装置宜设在非医药洁净区便于操作管理的地点。

11.1.3 消防用电设备供电设计有严格要求，并在现行国家标准《建筑设计防火规范》GB 50016 中作了明确规定。医药工业洁净厂房从工程投资规模和厂房的密封性等方面考虑，防火设计更显重要，故把消防用电设备的供配电设计作为单独一条提出。

11.1.4 医药洁净室（区）内的配电设备暗装主要是为了防止积尘，便于清扫。另外，医药洁净室（区）建筑装修要求较高，配电箱应与室内墙体颜色、美观整齐相协调。对于大型配电设备，如落地式动力配电箱，暗装比较困难，为了减少积尘，宜放在非洁净区，如技术夹层或技术夹道等。

11.1.5 医药工业洁净厂房内通常根据产品类别划为不同的生产区域，据此设置配电回路，能满足计量及管理方面的要求。

11.1.6 由于药品生产剂型多，品种多，产品规模大小不一，致使通风系统的设备并不一定完全按照不同防火分区独立设置，故本条文对按防火分区分别设置配电线路的要求为"宜"。

11.1.7、11.1.8 由于医药洁净室（区）需要经常清洗，有些医药洁净室（区）的墙面、地面还有防腐要求，所以电气管线宜敷设在技术夹层、技术夹道内。考虑防火要求，管材应采用非燃烧体。出于同样原因，连接至设备的电线管线和接地线宜暗敷，并根据情况，电气线路保护管宜采用不锈钢或其他不易锈蚀的材料，接地线宜采用不锈钢材料。

当净化空调系统停止运行，该系统又未设值班送风时，为防止由于压差而使尘粒通过电线管线空隙渗入医药洁净室（区），所以，医药洁净室（区）与非洁净室（区）之间或不同空气洁净度等级医药洁净室（区）之间的电气管线口应作密封处理。

11.2 照 明

11.2.1 医药洁净室（区）的照明一般要求照度高。但灯具安装的数量受到送风风口数量和位置等条件的限制，这就要求在达到同一照度值情况下，安装灯具的个数最少。荧光灯的发光效率一般是白炽灯的3～4倍，而且发热量小，有利于空调节能。此外，医药洁净室（区）天然采光少，在选用光源时还需考虑其光谱分布宜接近于自然光，荧光灯基本能满足这一要求。因此，目前国内外医药洁净室一般均采用荧光灯作为照明光源。当有些医药洁净室（区）层高较高，采用一般荧光灯照明很难达到设计照度值时，可采用其他光色好、光效更高的光源。由于某些生产工艺对光源光色有特殊要求，或荧光灯对生产工艺和测试设备有干扰时，也可采用其他形式光源。

11.2.2、11.2.3 虽然照明灯具并不是医药洁净室（区）的主要尘源，但如果安装不妥，将会通过灯具缝隙渗入尘粒。由于医药洁净室（区）内与顶棚上的环境不同，为了减少医药洁净室（区）受到来自顶棚的污染，宜减少在顶棚上开孔。灯具嵌入顶棚暗装，在施工中往往造成密封不严，不能达到预期效果，而且投资大，发光效率低。实践证明，在非单向流洁净室中，选择照明灯具明装并不会使空气洁净度等级有所下降。

鉴于上述，医药洁净室（区）的灯具安装宜吸顶明装为好。但不应选用外部造型复杂、易积尘、不易擦拭、不易消毒灭菌的照明灯具。如灯具安装受到层高限制及工艺特殊要求必须暗装时，开孔的尺寸宜准确，一定要做好密封处理，以防尘粒渗入洁净室，灯具结构要便于清洁，便于更换灯管。

由于紫外线对人体皮肤有伤害，需要设置紫外消毒灯的房间，为便于操作，紫外灯的控制开关应设在医药洁净室（区）外。

11.2.4 照度与药品生产的关系见第3.2.5条说明。医药洁净室（区）照度值执行本规范第3.2.5条的规定。

11.2.5 根据调查，现有洁净厂房的照度均匀度一般都能达到0.7。使用者认为此值能满足要求。

11.2.6 有防爆要求的医药洁净室（区），其照明器具的选择和安装，根据国家有关规定应首先满足防爆要求，同时再考虑满足洁净要求。

11.2.7 医药工业洁净厂房的正常照明如因电源故障停电，将会造成有些药品生产报废，有的还会引发火灾、爆炸和中毒等事故，无论对人身安全、财产都会带来危险和损失，本条规定应设置备用照明，就是为了防止上述事故和情况发生。

备用照明应满足所需要的场所或部位进行各项活动和工作所需的最低照度值。一般场所备用照明的照度不应低于正常照明照度标准的1/10。消防控制室、应急发电机室、配电室及电话机房等房间的主要工作面上，备用照明的照度不宜低于正常照明的照度值。为减少灯具重复设置，节省投资，备用照明可作为正常照明的一部分。

11.2.8 医药工业洁净厂房是密闭厂房，内部分隔多，室内人员流动路线复杂，出入通道迂回，为便于事故情况下人员的疏散，及火灾时能救灾灭火，所以洁净厂房应设置供人员疏散用的应急照明。

在安全出口、疏散口和疏散通道转角处设置标志灯以便于疏散人员辨认通行方向，迅速撤离事故现场。在专用消防口设红色应急灯，以便于消防人员及时进入厂房进行灭火。

应急照明系统一般推荐采用内带蓄电池储能的灯具，每个区域按灯具总数的25%～30%均匀分散安装，灯具外形一致，平时作为正常照明的一部分，当突发停电时，自动转入蓄电池供电状态，供操作人员作离开前的善后处理。也可采用部分灯具另设专用照明线路由EPS或柴油发电机组集中供电的形式，可视工程具体情况而定。

11.3 通 信

11.3.1 医药洁净室（区）设置与内外部联系的通信装置如电话、对讲电话等，主要用于：（1）正常的工作联系；（2）发生火灾时可与外部联系，及时采取有效的灭火措施；（3）减少非必须人员进入洁净室（区）内所产生的尘粒和微生物。

由于医药洁净室（区）有空气洁净度要求，药品生产需要定期消毒灭菌，因此医药洁净室（区）要选用表面光滑，不易积尘，便于擦拭并可消毒灭菌的电话。

11.3.2 为确保医药洁净室（区）的空气洁净度等级，宜减少室内人员人数。设置闭路电视监视系统可以减少非必须人员进入医药洁净室（区），同时对保障医药洁净室（区）的安全，比如及早发现火灾、防盗等也起到重要作用。

11.3.3 大多数医药洁净室（区）设有生产用的贵重设备、仪器和价值昂贵的物料和药品，一旦着火损失巨大。同时医药洁净室（区）内人员进出迂回曲折，人员疏散比较困难，火情不易被外部发现，消防人员难以接近，防火有一定困难，因此设置火灾自动报警装置十分重要。

目前我国生产的火灾报警探测器的种类较多，常用的有感烟式、紫外线感光式、红外线感光式、定温或差温式、烟温复合式和线性火灾探测器等。可以根据不同火灾形成的特征选择适当的火灾自动探测器。但由于自动探测器不同程度的存在误报的可能性，手动火灾报警按钮作为一种人工报警措施可以起到确认火灾的作用，也是必不可少的。

11.3.4 医药工业洁净厂房应设置火灾集中报警系统。为加强管理，保证系统可靠运行，集中报警控制器应设在专用的消防控制室或消防值班室内；消防专用电话线路的可靠性关系到火灾时消防通信指挥系统是否灵活畅通，故本条规定消防专用电话网络应独立布线，设置独立的消防通信系统，不能利用一般电话线路代替消防专用电话线路。

11.3.5 本条规定探测器报警后，强调人工核实和控制，当确认真正发生火灾后，按规定设置的联动控制设备进行操作并反馈信号，目的是减少损失。因为医药洁净室（区）内的生产要求与普通环境不同，对于空气洁净度等级高的医药洁净室（区），一旦关闭净化空调系统即使再恢复也会影响洁净度，甚至因达不到工艺生产要求而造成损失。

医药洁净室（区）内火灾报警核实后，消防联动控制设备可按以下程序操作：

1 启动室内消防水泵，接收其反馈信号。除自动控制外，还应在消防控制室设置手动直接控制装置。

2 关闭有关部位的电动防火阀，停止相应的空调循环风机、排风机及新风机。并接收其反馈信号。

3 关闭有关部位的电动防火门、防火卷帘门。

4 控制备用应急照明灯和疏散标志灯燃亮。

5 在消防控制室或低压配电室，应手动切断有关部位的非消防电源。

6 启动火灾应急扩音机，进行人工或自动播音。

7 控制电梯降至首层，并接收其反馈信号。

8 启动有关部位的防烟和排烟风机、排烟阀等，并接收反馈信号。

11.3.6 医药工业洁净厂房中，有不少使用和储存易燃、易爆气体的生产场所，为防止因气体泄漏而引起的火灾爆炸事故，在这些场所设置可燃气体探测器，是十分必要的措施；医药工业洁净厂房中，还有不少生产场所使用和储存有毒气体，在这些场所设置有毒气体检测器，并将报警信号与事故排风机相连，是保障人身安全的重要措施。

11.4 静电防护及接地

11.4.1 医药工业洁净厂房的室内环境中，许多场合存在着静电危害，从而导致：（1）电子器件、电子仪器和电子设备的损坏、性能下降；（2）人体遭受电击伤害；（3）引燃引爆易燃易爆物质；（4）因尘埃吸附影响环境空气洁净度。因此，医药工业洁净厂房工程设计中要十分重视防静电环境设计。

11.4.2 防静电地面采用具有导静电性能的材料，是防静电环境设计的基本要求。目前国内生产的防静电

材料及制品有长效型、中效型和短效型。长效型必须是长时间保持静电耗散性能，时间为 10 年以上；短效型能维持静电耗散性能 3 年以内；中效型为 3～10 年的。医药工业洁净厂房一般为永久性建筑，因此条文规定防静电地面应选用具有长效性静电耗散性能的材料。

本条第 2、3 款中规定的防静电地面的表面电阻率、体积电阻率和地面对地泄放电阻值，是参照电子行业标准《电子产品制造与应用系统防静电系统检测通用规范》SJ/T 10694 制定的。

11.4.3 净化空调系统的送回风口、风管和排风系统的排风管是易于产生静电的部位，因而规定了风口、风管的防静电接地的要求。

11.4.4 医药工业洁净厂房内可能产生静电的生产设备（包括防静电安全工作台）和容易产生静电的流动液体、气体或粉体的管道，应采取防静电接地措施，将静电导除。当这些设备与管道处在爆炸和火灾危险环境中时，设备和管道的连接安装要求更加严格，以防发生严重灾害。因此，强调执行现行国家标准《爆炸和火灾危险环境电力装置设计规范》GB 50058 的规定。

11.4.6 为了解决好各个接地系统之间的相互关系，接地系统设计时，必须以防雷接地系统设计为基础。

除有特殊要求的设备外，大多数情况下各种功能接地系统首先推荐采用综合接地方式，即各类不同功能的接地共用一个户外接地系统。因分散接地对接地体之间的间距要求，在许多工程中因受场地限制而无法实现。当条件允许并且工程有要求时，也可采用分散接地。

中华人民共和国国家标准

石油化工全厂性仓库及堆场设计规范

GB 50475—2008

条 文 说 明

目 次

1 总　　则

1.0.1 本条规定了石油化工仓库及堆场的原则要求。

石化产品数量大，种类多，火灾危险性大，设计时首先要考虑安全可靠，技术先进，但同时兼顾经济和社会效益。

1.0.2 本条规定了本规范的适用范围。

经调查，高层立体仓库在石化企业中使用很少，其次，石化企业产品亦大部分不适用于立体仓库，故本规范未列入条文中。

随着国家经济体制改革，石化企业中辅助设施要逐步推向社会，今后依托社会的仓库及堆场将越来越多，在设计时亦应执行本规范的规定。

1.0.3 本规范涉及的专业较多，但条文重点在总图、仓储工艺、建筑，涉及其他专业性较强的条文，在设计时，尚应执行国家现行的有关标准的规定。

2 术　　语

2.0.1 本条明确了全厂性仓库的范围。液体及气体储罐、基建仓库、车间内部的工具间均不在其中。

2.0.2 本条明确了全厂性堆场的范围。基建物资堆场不在其中。

2.0.6、2.0.7 区别于广义的危险品仓库概念，把危险品仓库和化学品仓库并列，且均不含大宗原（燃）料和成品、半成品，避免内延有交叉的两种物料仓库并列使用，造成混乱。

2.0.10 驶入式货架可用于托盘码垛集装单元物料的储存，托盘存放在货架立柱的牛腿梁上，叉车从货架正面货架立柱之间形成的通道驶入，存取托盘。

3 仓库及堆场类型

3.0.1 石化行业中的仓库类型很多，仓库的分类方法很多，但要完全分清楚很难。综合各方面的意见，按功能和物料的性质两种方式对仓库进行了分类，把基建仓库排除在外。

3.0.2 堆场分类的方法很多，很难完全分清楚，仅按照物料的功能、物料的包装形式以及装卸机械三个方面来分。

3.0.3 考虑到石化行业的特点，储存物料的火灾危险性分类按照《石油化工企业设计防火规范》GB 50160中的规定执行。

4 总平面及竖向布置

4.1 一般规定

4.1.1 当仓库及堆场建设在城镇或靠近城镇时，其总体规划应以城镇规划为依据，并符合其规划要求。不在城镇附近的亦应与当地的地区规划相协调。

随着我国社会经济的快速发展，国家对安全、消防、环保、职业卫生越来越重视。有必要在本规范中体现，为打造和谐社会创造物质基础。

4.1.2 石化企业发展很快，产品变化也快，仓库及堆场留有一定的发展余地很有必要。

4.1.3 本条强调合理利用土地，减少运输距离，最终达到节约用地和降低运营成本的目的。

4.1.4 仓库及堆场相对集中，可以方便管理。靠近主要用户布置，可以节约运营成本。

管理及辅助用房对卫生、防火的要求与仓库及堆场的要求不同。集中布置可以提高土地利用率，改善管理及辅助用房的周围环境。

4.1.5 酸、碱及易燃液体类危险品一旦泄漏，容易流淌，布置在厂区边缘地势较低处，可以减少对其他设施的影响。

4.1.6 建筑物有好的朝向，可以节约能源。

4.1.7 绿化有降低噪声，吸附粉尘，吸收有害物质，调节空气湿度，减少水土流失，减少二次污染等功效。仓库区应进行绿化，但绿化面积太大会造成土地浪费，需经权衡确定。

4.1.8 运输线路布置的好坏直接影响物料的运营成本，线路是否有折返是评判布置是否合理的主要因素。

人流应避免与有较大物流的铁路、道路交叉，可以有效保证人员出行安全，也能保障物流的畅通。

4.1.9 本条目的是便于危险品仓库管理，尽可能地减少事故发生几率，保护人身安全。

4.1.10 本条目的是尽可能地减少事故的范围，降低事故损失，避免人员伤亡。有爆炸危险的火灾危险性为甲、乙类散发可燃气体的物料仓库位于散发火花地点的最小频率风向的上风侧，可以最大限度地减少可燃气体漂移至散发火花地点，降低引发事故的几率。

4.1.11 仓库区对外运输方式主要有水路、铁路、公路、管道等运输方式，水路运输存在运量大，运费低等优点，有条件的地区应充分利用和重视水运，合理布置陆域仓库区的各种设施，减少运输费用。

4.1.12 位于海（江、河）或山区、丘陵地带的仓库及堆场，直接受到海潮、内涝、山洪的威胁，造成的直接经济损失会相当大，而且对附近的环境也会造成一定的危害。需采取诸如抬高场地设计标高、修筑堤坝、设置排水泵站等措施来避免损失，以减少对环境的危害。防洪排涝采取的办法很多，费用也各不相同，应根据仓储的规模，物料性质，服务年限等因素来慎重确定防洪的标准和采取防洪的措施。

4.1.13 不良地质地段是指泥石流、滑坡、流沙、溶洞、活断层等地段。仓库或堆场布置在上述地段时，势必增加风险，增加基础处理的费用。当不可避免时，应采取加固措施。

4.1.14 仓库区选址建在山区、丘陵地带的为数不少，平行等高线布置，可以减少土方工程量，减少边坡支护费用。雨水是边坡失稳的主要因素，边坡形成前，雨水排放设施必须跟上，以保证边坡稳定。

位于山坡地段建设的仓库及堆场，整体滑移，不均匀沉降是主要地质危害，平行等高线布置可以减少填挖方量，减少上述地质危害的发生。

4.2 总平面布置

4.2.1 为避免与《石油化工企业设计防火规范》GB 50160的有关规定相冲突，本条的间距规定仅限于独立布置的仓库区。按照仓库、堆场储存物料火灾危险性等级按甲、乙、丙三类分开描述，先规定甲类物料仓库及堆场与相邻居住区、工厂、交通线等的防火间距，乙类、丙类的防火间距按分别折减25%、50%的原则确定。

相对于重要公共建筑，居住区及公共福利设施内有行动不便的老人、儿童、残疾人员等，事故状态下需要借助外力，并需要较长时间撤离，因此规定的间距较大，体现以人为本的思想。

相邻工厂内具有不可预见的潜在危险，对甲、乙类物料仓库及堆场来说，明火是极具危险的一种。根据《石油化工企业设计防火规范》GB 50160，甲类物料仓库或堆场与明火地点的防火间距为30m，以此来确定与相邻工厂的间距。如果相邻工厂内有其他危险性更大的设施存在，其与自身的围墙还要保持相应的间距，实际两者间距最小达到40m，可以有效地控制事故的蔓延。

在本规范修订讨论中，许多专家对原规定的甲类物料仓库或堆场与相邻工厂（围墙）的50m间距争议很大，普遍认为间距太大，主要理由是根据《建筑防火设计规范》GB 50016的规定，两座甲类仓库的间距只要20m。在土地资源越来越宝贵的今天，实际操作中确实很难做到上述间距，也不利于节约土地，应该鼓励采取技术措施或加强管理来控制和防止火灾等事故的发生，而不是单纯、被动地靠增大间距来减少事故的损失。

高压线路指的是电压等于或大于6kV的线路。低压架空线路与仓库及堆场的间距在保证安全的情况下可适当缩小。

与石油化工企业其他设施布置在一起的仓库区与相邻工厂或设施的防火间距应按照《石油化工企业设计防火规范》GB 50160的规定确定。

4.2.2 表4.2.2是根据《石油化工企业设计防火规范》GB 50160的有关规定，保持甲类物料仓库或堆场与各设施的间距不变，乙类、丙类（液体、气体）防火间距按照在甲基础上折减25%，丙类（固体）防火间距按照在甲基础上折减50%的原则确定，

最小间距按6.0m考虑。

4.2.3 仓库区内部各设施的防火间距，《建筑设计防火规范》GB 50016均有明确的规定，为保持与《建筑设计防火规范》的协调性，本规范不作细述。

4.2.4 仓库区内相邻建（构）筑物的间距，通常按照防火间距确定。由于进出仓库采用不同的运输方式，每种运输方式都有自身的技术要求，需要一定的间距布置这些运输设施。如果仅仅考虑防火间距，有可能出现运输设施布置不下或运输车辆不能进出的情况，需要引起重视。

4.3 道 路

4.3.1 本条规定了道路设计的一般原则。

1 仓库区内除仓库及堆场外，占地面积最大的就是道路。道路宽度过小，不利于运输车辆的行驶；道路宽度过大，势必增加土地面积和工程投资。应根据实际仓库区道路运量，运输车辆的规格以及装卸能力来确定道路的宽度及其他技术要求（如转弯半径，纵坡度等），以保证道路运输的正常进行。

2 利用道路作为装卸场地的情况在各个企业里都有不同程度地存在。由于许多道路是与消防道路合用的，占用道路作为装卸场地，势必影响消防车辆的通行，应予以避免。

4 仓库区一般布置在所属企业的厂区附近，道路结构形式宜与厂区道路统一。个别区域有侵蚀或溶解沥青的物料，应避免使用沥青类路面。

4.3.2 主要道路和次要道路的宽度是根据双车道再加上行人需要的宽度来确定的，行人多的取上限，行人少的取下限。支道一般作为连接道路和消防道路使用，正常情况下，运输车辆和行人均较少，故可以按照单车道设计。

4.3.3 汽车运输车辆越来越大型化，14～18m长的车辆越来越常见，必须采用相应的圆曲线半径来保证车辆以设计的速度顺利通过交叉口。

国内大部分行业如冶金、机械等均采用3m作为圆曲线半径模数。

4.3.4 本条规定了仓库区设置室外消防道路的要求。

1 甲、乙类物料仓库及堆场和危险品库，特别是装卸场地，泄露点较多，火灾几率较大，造成的危害和影响也很大，设置双车道的环形消防道路，且有两处与其他道路连通，目的是为了消防车可以快速接近火场，也便于在紧急情况下消防人员的撤离。

2 相对于甲、乙类物料仓库及堆场，丙类仓库及堆场的火灾危险性小很多，规定可以不设环行消防道路，仅在平行仓库及堆场的两个长边设置单车道的消防道路。为节约投资，通往单独的丙类仓库及堆场可设有回车场的尽头式消防道路。

3 根据水带连接长度，水带铺设系数和消防人员的使用经验确定。

4 铁路线与消防道路发生交叉的几率较大，一般采用费用较低的平交叉，为防止消防车被火车阻挡，应设置备用道路，保证在事故状态下，消防车可以正常通过。最长列车长度是根据走行线在该区间的牵引定数或调车线（或装卸线）上允许的最大装卸车的数量确定的。

5 目前消防车越来越大型化，仓库区内道路宽度一般为6～9m，交叉口处路面内缘圆曲线半径过小，消防车转弯时需减速，且离心现象明显，影响消防车快速通过。调查中多支消防队提出路面内缘最小圆曲线半径定大于12m比较合适。

供汽车通行的道路净空高度一般为4.5m，提高到5.0m，理由有二：一是汽车大型化的要求，二是消防车通过管架时可以不用减速，与现行的《石油化工企业设计防火规范》的规定是一致的。

4.3.5 道路边缘至相邻建（构）筑物最小净距，主要考虑建（构）筑物窗外开后与车辆的安全间距，以及人员及汽车出入仓库时视距、汽车转弯的要求。与铁路的最小净距，根据标准轨距的车辆限界要求确定。

4.3.6 本条规定了汽车衡的基本要求。

1 正常情况下称量汽车进入汽车衡台面时，都要刹车，对汽车衡产生振动和水平推力。为保护衡器，用于称量的汽车衡的最大称量值应该留有余量，规定不少于20%。实际选用时还要根据衡器制造厂商产品系列来确定。

2 汽车衡的台面宽度一般为3.2～3.6m，两端设置一定长度的直线段可以保证称量汽车正确、安全就位。根据实际调查和有关专业人员的反映，综合考虑节约土地等因素，规定直线段长度为最长一辆车长是合适的。

4.4 铁 路

4.4.1 列车在启动、走行或刹车时，车轮与钢轨摩擦或闸瓦处容易发生火花，在甲、乙类物料仓库内极易引发火灾等事故。

4.4.2 在曲线半径过小的线路上，列车启动阻力大，且自动挂钩、脱钩也很困难。

4.4.3 列车在按直线布置的钢轨上启动的阻力最小。受场地条件限制，个别地方装卸线按直线布置有困难，为减少投资，规定可设在半径不小于600m的曲线上。

4.4.4 为保证装卸车辆准确安全就位，避免车辆冲击或冲击车挡，有必要设置一定的安全间距。由于甲、乙类物料出事故的影响大，故适当加长。

4.4.5 铁路与道路平面交叉口处设置道口，可以保证道路和铁路行车平顺。道口铺砌材料过去常用混凝土预制块，在实际使用中，很多地方出现高低不平，对通过的车辆产生不良影响，可采用整体性和平整度较

好的橡胶道口板。

道口设在瞭望条件良好的直线地段，可以满足驾驶员或行人的视距要求，保证车辆或行人安全通过道口。

4.4.6 主干道上运输车辆相对较多，火车过道路，汽车或行人过铁路都需要有一定的视距来保证相互安全。受场地形状或附近建（构）筑物的影响，许多道口的视距不能满足要求，如果没有采取可靠的安全措施，则应设置有人看守的道口来保证安全。

4.4.7 轨道衡线路设计为通过式，以便于流水作业。轨道衡线长度应根据线路配置方式，轨道衡类型（动态、静态）等条件来确定。在轨道衡前后应设置一定长度的水平和顺直线路，可以减少车辆振动和冲击，确保称量的准确。

4.5 码 头

4.5.1 位于码头陆域仓库区的总平面布置受装卸工艺流程和自然条件的影响较大，为避免二次倒运，缩短物料流程，应结合运输方式来确定仓库区平面布置，主要生产设施尽量靠近前方布置。

4.6 带式输送机

4.6.1 带式输送机线路转弯越多，转运站就越多，工程费用就高，生产管理也不方便，故应尽量顺直，尽可能地减少转运站数量。带式输送机进入建（构）筑物时，夹角太小，对建筑物的结构处理，装卸点的设备布置，场地的经济合理利用等都带来一定困难。

4.6.2 带式输送机与道路、铁路、管架正交时，跨越段最短，设计简单，施工方便，工程费用最低，景观也好。

4.6.3 带式输送机栈桥支架的间距均匀，可以减少设计工作量，降低施工难度，提高施工进度。在石化企业里，地下管线、管沟、阀门井等较多，给栈桥支架基础的布置带来一定困难，特别是在改扩建时，应特别注意要避开各种构筑物，特别是地下管线。

4.7 围墙及其出入口

4.7.1 本条强调独立设置的仓库区周围应设置围墙。围墙主要有两个作用，一是地界的标志，二是可以阻止无关人员进出，防止物料失窃或人为事故的发生。尽管单纯利用围墙防盗的作用不明显，但在目前的社会环境下，独立的仓库区周围修建围墙还是必需的。在没有景观等特殊要求下，一般采用防盗效果较好的实体围墙。但围墙也并不是越多越好，除了需要工程费用支出外，还会妨碍消防作业，故规定在所属企业生产区内的仓库及堆场，应充分利用已有的厂区围墙。

单纯从防盗角度看，围墙是越高越好，但还要考虑节约费用。2.40m高的围墙，一般不借助工具的人

翻越比较困难，重的物料也不容易抛掷出来。

4.7.2 围墙与建（构）筑物之间的间距既要保证交通工具的安全行驶，还要有消防作业空间。另外，围墙外还具有不可预见的其他设施存在，有必要保持一定的间距。

4.7.3 在不同方向设出入口，个数不应少于2个（不包括铁路出入口），一是方便车辆和人员进出，二是在事故状态下有利于人员的疏散和消防车的进出。个别地区存在不同方向设置出入口有困难的情况，故规定在同一方向的两个出入口应保持一定的间距。30m间距可以确保一个出入口受火灾影响受阻时，不至于影响另外一个出入口的正常、安全使用。

铁路出入口的宽度参照现行的规范确定。汽车的出入口的宽度要保证最宽汽车以一定的速度通行，除特种车辆外，目前石化行业在使用的汽车宽度最大的为2.85m左右，在两侧各留有0.50m以上的余量可以确保车辆安全通过。

4.7.4 人流出入口与主要货物出入口分开设置，可以有效保证人身安全，也能确保货流的畅通，减少事故发生几率。

4.7.5 主要出入口附近设置值班门卫，一是阻止无关人员入内，二是验收出库单的需要。

4.7.6 受汽车来车的不均匀和装卸能力等的限制，以公路运输为主的仓库及堆场，如果不设停车场，势必要占用道路来停车，影响正常交通。浙江某公司原来未设停车场时，运输沥青、焦炭、聚丙烯等的车辆均利用厂外运输道路一侧甚至两侧停车，高峰时停车长度超过1km，严重影响该路段的正常使用。

4.8 绿 化

4.8.1 仓库区作为石油化工企业中一部分，绿化面积应与整个厂区统一考虑，没有必要单独规定绿化用地率。但单独设置的仓库区，应根据当地规划部门的要求设置一定绿化用地。当地规划部门没有具体规定时，参照中国石化集团公司的规定执行，12%的绿化用地率一般都能做到。据调查，石化企业的绿化用地率一般在15%～35%，最小的东北某厂亦达到13%。

4.8.2 管理区人员相对集中，一般临街布置，重点绿化和美化，可以改善小环境质量。

4.8.3 绿化树种选择不当，如选择含脂量高的树种，会导致火灾的蔓延，扩大事故范围。在有防火要求的区域应慎重选择树种。

4.8.4 某些树种或草皮对有害气体没有抗性，种植在散发该气体的地方很难存活，应根据散发的不同气体，有针对性地选择树种。

4.8.5 滞尘力强的树种或草皮可以有效降低空气中灰尘的数量，改善空气质量。

4.9 竖向布置

4.9.1 计算水位指的是根据潮（洪）水的重现期确定的水位。石油化工仓库区内涝水位一般取20年一遇，（洪）潮水位一般取50年一遇。由于石油化工的仓库储存有毒、有害、易燃、易爆等危险物料，有的储存物料数量很大，一旦受淹，势必造成重大的财产损失和可能的严重环境污染。场地设计标高比计算水位高0.50m可以确保储存物料的安全。几十年的实践证明是可行的。

选址在沿海（沿江）地势较低地区的仓库区，如果按照上述要求，需大面积回填土方，势必增加土石方的工程量，从技术经济角度看可能不合理。中国石化镇海炼化的仓库区，其设计地面为3.60m（吴淞高程系统，下同）左右，低于20年一遇的内涝水位4.26m，也低于50年一遇的潮水位4.93m，由于有可靠的防洪排涝设施，30年内经历多次强台风的正面袭击以及大潮的冲击，均未受损。

4.9.3 堆场地面高出周围地面或道路标高，可以防止堆场内积水，减少物料损失。

4.9.4 山区自然坡度较大，采用阶梯式布置可以减少土石方工程量。

4.9.5 由于一般铺砌护坡占地面积大，因此在建筑物密集或用地紧张的区域，规定采用挡土墙支护，以节约用地。易坍塌或滑动的边坡规定采用挡土墙支护，以确保使用安全。

4.9.6 根据中国石化集团公司的规定，高度超过2.00m属于存在危险的高空。为保证作业人员的安全，在高度超过2.00m的护坡（挡墙）顶均应设防护栏杆。当护坡（挡墙）顶附近布置有道路时，应设置防护隔离墩，以确保行车安全。

4.9.7 场地排水分有组织排水、无组织排水和混合排水方式，每种方式各有利弊，应根据仓库（或堆场）的性质以及场地的特点合理选用排雨水方式。

场地排水坡度采用0.5%～2.0%比较合适，坡度过小不利于场地雨水顺利排除，过大则容易造成散料或土壤流失。

散料露天堆场采用明沟排雨水，便于疏浚。排水沟设在堆场外，可有效减少排水沟堵塞，且便于清理。

5 仓 储 工 艺

5.1 桶装、袋装仓库

5.1.5 仓库面积利用系数一般不应低于0.50。实际操作表明，仓库有效面积中入库出库主、次要通道；货堆与墙边的安全间距；相邻货堆间通道；每个货堆垛堆间的间隙所占去的面积，在仓库跨度小于等于30m时，占仓库有效面积的50%是足够的。仓库跨度愈大，以上通道及安全间距间隙所占去仓库有效面积的比例就愈低，故本规定将仓库面积利用系数定为

0.50。

驶入式货架储存托盘码垛的桶装袋装物料时，根据货架制造商提供的仓库面积利用系数为 0.50～0.60。在某工程化学品仓库设计中，其仓库面积 3960m²，仓库面积利用系数按 0.60 设计，满足了 1.5t 叉车的作业要求。故本规范驶入式货架储存托盘码垛的仓库，仓库面积利用系数定为 0.50～0.60。

5.1.6 当仓库采用载重量 2～3t 的叉车入库、出库操作时，其主通道宽度按双向行驶和一叉车在入库堆垛或出库取货、一叉车在其尾部行驶，即主通道宽度应为一台叉车的最大长度和另外一台叉车的最大宽度加上安全间距。根据调研，叉车运输主通道宽度不应小于 5m。

叉车最小通道系根据国内外著名叉车厂商提供的方法计算（详见规范附录 C）。本规范将叉车制造商提供的安全间隙 a＝200mm 改为 a＝400mm，这是因为当 a＝200mm 时两端的安全间隙仅为 100mm，在实际操作中对叉车驾驶员要求太高，难以保证安全。

5.1.8 仓库的铁路运输站台通常应高于轨顶 1.10m。实际装卸过程中当站台边至铁路中心线的间距为 1750mm、站台高 1.10m 时，车厢门无法打开。站台边至铁路中心线 1875mm、站台高为 1.10m，站台边至铁路中心线的间距为 1750mm、站台高为 1.00m 时才能使车门打开。

5.3 散料仓库

5.3.1 易受潮的散料如尿素类产品，吸潮后易结块，会影响产品质量和包装计量精度，故仓库内应采取除湿措施。

大部分原（燃）料仓库采用敞开式或半敞开式仓库，如煤、焦炭、石灰石、硫铁矿、磷铁矿等，主要考虑如何增加库容，如设地坑或加挡墙等。

随着社会化大生产的发展，石化行业生产规模越来越大，如华东某厂尿素的日产量近 2000t，仓库的跨度也越来越大，仓库的地面也需采取必要的措施以满足使用要求。

5.3.2 耙料机库以前国内主要用于储存颗粒尿素，仓库跨度也只有 54m 和 60m 两种（对应的耙料机跨度分别为 42m 和 48m）。目前推广使用到粮库、煤库等建筑，跨度也相应增加。

散料仓库中间设低于两端挡料墙的隔墙，是根据国内已建成的大型化肥厂的运行经验，便于仓库内物料分区储存、转运及清理。

控制室地面标高抬高，目的是为了便于观察和操作。由于耙料机和地面带式输送机均高出±0.00 地面安装，所以控制室地面宜高出仓库地面为好，至于抬高多少宜根据机械形式和操作习惯确定。

5.3.3 电源主滑线一般均设在司机室对侧，这是安全作业的需要。

起重机轨道外侧设走道，主要是考虑起重机和轨道的维护和检修的需要。走道宽度、净空高度以及栏杆高度的规定是为了满足安全使用的要求，与《建筑设计防火规范》的规定是一致的。

对于能自燃的物料所作的规定，主要是为了便于灭火。为预防自燃，经常要翻料或压料，采用低地面时机械作业不便。

对于非自燃物料只要能满足本条各款的规定，堆放高度可以适当增加。

散料库一般配备推土机或装载机，应考虑进出通道和作业场地以及相应的配套设施。

5.3.4 用于堆取料作业的推土机台数，根据国内电厂运行经验，一般 1 台运行时，设 1 台备用，3 台以上运行时，设 2 台备用。

推土机库应包括停机库、检修库、检修间、工具间、备品间、休息室和卫生间。停机库台位数应与推土机设计台数一致。

5.4 钢筋混凝土筒仓

5.4.2 筒仓适用于储存散料，其平面形状有圆形、正方形及矩形，储存的物料种类很多，结构形式也很多，应用较多的有钢筋混凝土仓、钢仓、塑料仓等。本规定侧重钢筋混凝土结构筒仓，储存物料以煤为主。

5.4.5 设置除铁装置的目的是为了防止进入筒仓的物料夹带金属杂质而带来不良影响。

5.4.7 助流装置有漏斗斜壁加振动器、风力破拱装置、水力破拱装置、机械环链人工卸料等。破拱装置应优先采用空气泡，也可设置导流锥防止起拱。

5.4.14 在仓顶面建筑物设置出入口，可以满足操作人员进出的需要。

5.4.17 仓底锥形部位结构形式的选用除考虑工艺需要外，还应满足顺利排料的要求。双裂缝隙式、锥体四口出料的结构形式，可以满足顺利排料的要求，但结构形式相对复杂。对于小直径（12m 以下）的筒仓，可以采取较为简单的双曲线单口出料的结构形式。

5.5 操作班次

5.5.1～5.5.3 这几条规定是根据目前中国石油化工企业普遍采用的操作班制而制定的。

6 储 存 天 数

6.2.1～6.4.4 本规范规定的成品、原料、化学品、危险品、金属材料、备品备件的储存天数，是基于物资供应渠道愈来愈畅通、铁路和公路运输交通愈来愈便捷，供应间隔天数大为缩短的实际情况制定的。调研表明，20 世纪 80 年代后期设计的某 PP 装置所需的三乙基铝催化剂需国外进口，储存周期按 180d 考虑；目前即使进口，通过国内代理商，从订单发出，1 个月内即可到厂。金属材料的储存天数，仅仅是考虑日常维修，不考虑大修。

7 建筑设计

7.1 一般规定

7.1.1 本条明确了执行《建筑设计防火规范》GB 50016和《石油化工企业设计防火规范》GB 50160的条件。

7.1.2 石油化工装置规模的大型化，使合成纤维、合成橡胶、合成树脂及塑料类产品的仓库面积大幅增加，当丙类的上述固体产品单座仓库的占地面积超过《建筑设计防火规范》的要求时，可按《石油化工企业设计防火规范》对仓库的占地面积及防火分区面积的规定执行。

7.1.3 合成纤维、合成橡胶、合成树脂、塑料，还有尿素等为石油化工行业的基本产品，年产量越来越大，仓库的占地面积也随着机械化包装、运输和堆垛的需要而增大，为方便使用和检修，规定单座占地面积超过 12000m² 的大型仓库，应设置运输主通道，并与库外道路连通。

7.1.4 从广义上讲，石油化工企业生产的甲、乙类产品均属于危险品，但本条文中的危险品是狭义范围的危险品，特指石油化工企业在生产过程中必须的，而且数量相对较少的如添加剂、催化剂之类，或者是化学试剂和特殊的气体，放射性和剧毒的物料，宜单独存放，严格保管。

　1 每个隔间应有独立对外墙体的目的是使每个隔间能有足够的对外泄压面积，以及能够设置直接对室外连通的出入大门。

　2 地下室、半地下室一般开窗面积小，通风差，泄漏的气体或粉尘易积聚，极易引起爆炸。故有爆炸危险的所有甲、乙类物料均不应放置在地下室、半地下室。

　3 仓库净高过低对仓库内的通风、泄压、泄爆、排烟等的设计均不利，故作此规定。

7.1.6 有篷站台可与室内地面平接，但篷下地面应以 1‰ 的坡度坡向站台外缘。

7.1.7 建筑防腐蚀设计可参照执行《工业建筑防腐蚀设计规范》GB 50046 的有关规定，同时应结合防火及保温要求，在材料选择、构造设计中应统筹考虑。一般情况下，防腐蚀材料为最外层，防火材料为第二层，保温材料为最里层。

7.1.9 仓库内运输机械较多，容易与墙体发生碰撞，因此需在墙体下部设置实体墙体，包括独立柱及墙体阳角亦应采取防撞措施。

7.2 门　窗

7.2.1 安全玻璃是指符合国家标准的夹层玻璃、钢化玻璃，以及用它们加工制成的中空玻璃，这其中尤以夹层玻璃以及用夹层玻璃制成的中空玻璃的综合性能为最佳。

7.2.2～7.2.4 本条文主要写仓库的防火设计要求，窗户的泄爆、泄压、排烟和开窗机的设置。仓库一般层高较高，开窗面积大部分能满足采光、通风的要求，对排烟的开窗面积要求亦可达到，但由于均是高窗，人工开启很困难，而设计人员往往忽视选用开窗机，业主单位不习惯使用而不设置。由于高窗平时常处于关闭状态，一旦火灾时难以起到排烟作用。

宁波余姚某仓库，堆放化纤成品，火灾时高窗全关着，屋顶又未设带易熔材料的采光带，根本无法排烟，消防水又喷不进去，最后整个屋顶坍塌，造成很大的损失。

7.2.5 易熔材料的熔点温度各地规定不太统一，解释也不太一致，有些规定在 130℃ 以下。各地在选用材料时，若熔点较高，排烟面积应适当放大。

7.2.8 主要是便于上人对易熔材料做的排烟窗或玻璃窗进行维修。

7.2.9 本条文是规定通行各种运输工具的最小的大门尺寸。目前各种运输车辆的载重量越来越大，石油化工设备的规格也越做越大，大门的大小应根据石油化工的特殊性，进出车辆的大小，库门外道路的转弯半径等来确定。

推拉门不利于人员的疏散，故在火灾危险性较大、人员又相对集中的主要出入口，采用推拉门时应在门扇上设置用于人员疏散用的向外开启的小门，外开小门门扇上应配置逃生门锁，人员从室内向外疏散时应能无条件开启。

7.2.11 由于门窗开启而产生的静电，或推拉门和金属卷帘门开启时，均可能构成火灾的隐患，设计中应采取必要的预防措施。

7.3 地　面

7.3.1 由于仓库内地面荷载较大，故其承重构造应通过计算确定。如某厂水泥库，因与铁路站台拉平，地面需要抬高 1m，设计时凭经验回填了 1m 高的矿渣，结果 10 年后，地面呈锅底状。另外一化学品仓库，地面基层仅作一般处理，未考虑当地地质情况，使用不到 3 年，地面不均匀下沉，最大沉降量达 220mm。

7.3.2 南方地区梅雨季节地面容易返潮，除地面采取防水防潮措施外，还应采取其他辅助措施，如架空通风等。

7.4 采暖通风

7.4.2 存放有剧毒物质的仓库，极易对作业人员造成伤害，故规定严禁采用自然通风。由排风系统排出的含有极毒物质的空气，应经过技术经济论证，确定采取净化处理或高排气筒排放。

8 堆 场

8.1 一般规定

8.1.1 为避免散料坍塌造成混料，规定不同散料堆场之间需保持一定的间距，定为5.0m，当有作业机械通过时，还需另外增加间距，以满足通行需要。

8.1.2、8.1.3 为避免散料坍塌影响钢轨正常运行而作此规定。堆场距走行线或调车线的间距还得在此基础上适当加大。

8.1.8 袋装物料受销售、季节、气象、交通等原因临时露天堆放，一般储存天数短，周转快，主要考虑便于搬运。为保证物料免受雨水的侵蚀而影响质量，需采取必要的防排雨措施。

8.2 堆场面积计算

8.2.1 主要考虑散料堆场的面积计算，袋装和桶装等的面积计算参见本规范附录B。储存量计算需要有物料静堆积角、料堆容重等特性数据，还要有操作体积系数，这些数据有的建设单位能够提供，有的需做试验测定。

8.2.3 本条规定了各种堆场的面积利用系数，但不包括厂外废渣堆场的面积利用系数，厂外废渣堆场的面积利用系数达不到本条的规定。

    1 袋装堆场当采用手推车堆包时，通道宽度较小，堆场面积利用系数较大。采用叉车堆存时，通道宽度较大，堆场面积利用系数略有降低。

    2 散料堆场面积利用系数考虑了通道宽度、作业机械所需宽度等因数确定。

    3 桶装堆场由于受包装外形的影响，堆放面积利用系数相对较小，但瓶装、塑料桶装分装在纸盒内、竹木筐内可用托盘码垛时，堆放系数可相应增大。

8.2.4 一般桶装单体容积大于200L者，称为大包装桶，100～200L为中包装桶，100L以下为小包装桶。储存有易燃、易爆等危险物料的大包装桶若多层堆放，存在安全隐患，故作出单层堆放的规定。中包装桶、小包装桶为合理利用空间，减少仓库面积，可根据实际情况多层布置。

8.2.5 一般自燃煤的预留空地规定为5%～10%。本条文涵盖了煤在内的容易氧化自燃的物料。煤场占地面积大，用量大，自燃后能得到较好处理，引起火灾的几率少，相对而言，其他物料自燃引起的危害性比较大，取上限。

8.2.7 配备辅助供料设施的目的是保证在起重机因

故障或遇大风停止工作时还能正常供料。

9 控制与管理

9.1 一般规定

9.1.1 比起化工企业生产区来，仓库区的重要性要相对低一些，其控制水平没有必要太先进，与生产装置基本保持一致或略低一些。

9.1.2 根据不同的情况应采取不同的控制水平，避免一刀切。

9.3 管 理

9.3.4 仓库管理系统（WMS）是应用计算机和无线系统对仓库进行自动化管理的一种手段。国外物流公司仓库已较多采用，国内近年来也有不少应用实例，如上海外高桥保税区某大型仓库、上海市化工区某厂的聚烯烃产品大型仓库都采用了仓库管理系统。本条规定借鉴了国内外大型仓库的成熟使用经验。

仓库管理系统一般包括以下功能：

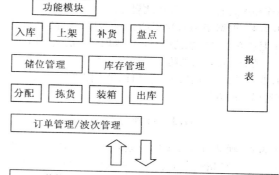

以上功能可根据仓库规模、品种和整个工厂的操作管理要求及控制水平取舍。

10 仓储机械

10.2 主要仓储机械的选用

10.2.3 本条第4款规定驶入式货架宜选用前移式蓄电池叉车，也可选用起重量1.5t以下的平衡重式蓄电池叉车或液化石油气（LPG）叉车。这是根据驶入式货架叉车操作时，叉车在货架主柱之间形成的通道内行驶的特点。叉车有尾气排放时，不易扩散，而蓄电池叉车无尾气排放，液化石油气叉车尾气排放的有害物、烟尘都远较柴油叉车低，故作此规定。当采用液化石油气叉车时，企业本身或附近需有液化石油气罐装站。

10.2.8 采用驶入式货架塑料托盘储存时，调研和试验结果表明，中空吹塑托盘承载后的挠度，超过了

《塑料平托盘》GB/T 15234 规定的数值，而注塑塑料托盘由于刚性好，承载后的挠度小，故作出宜选用注塑塑料托盘的规定。

11 安全与环保

11.1 消 防

11.1.1 本条规定了仓库区消防执行《建筑设计防火规范》GB 50016 和《石油化工企业设计防火规范》GB 50160 的适用条件。

11.1.2 常用的消防水带的长度为 25m，为方便消防作业，对消火栓的间距作出 50m 的限制。

11.1.4 易燃、易爆、助燃等物料，发生火灾时产生的危害大，且不易扑灭，设置火灾报警装置和可燃气体浓度报警仪，可以起到预防作用，把事故消灭在萌芽状态。

11.2 安 全

11.2.1 在有爆炸和火灾危险的区域，静电极易导致爆炸和火灾的发生，故作此规定。

11.2.4 根据中国石化集团公司的规定，高度超过 2m 是存在安全隐患的高空，需采取必要的安全措施，如佩戴安全带，增加防护栏杆等。

11.2.7 设立专用出入口，可以最大限度地避免由于交通引发的事故。

11.3 职业卫生

11.3.2 辅助用房最基本的包括办公室、休息室、厕所等。其他如浴室、盥洗室、洗衣房等视仓库的物料性质、生产过程等因素决定是否设置。

辅助用房人员相对集中，为保证人身健康，应该避开有害物质、避免受到高温等因素的影响。

11.3.3 本条规定了设置浴室的前提条件。一般不采用易交叉感染的池浴，采用相对卫生的淋浴，淋浴器数量按照二类卫生标准设置。

11.3.4 保护妇女特别是孕妇的健康是国家的一项基本政策，应该在仓库设计中得到具体体现，故作此规定。

11.3.5 粉尘污染、毒物污染都属于比较严重的污染，应尽量减少与人体的接触。

11.3.6 为避免粉尘、毒物、酸、碱等强腐蚀性物质的积聚，应经常冲洗工作场所的各个部位，包括地面和墙壁。

11.3.7 辅助用房人员相对集中，对噪声的要求高，应尽量远离噪声源。

11.3.8、11.3.9 为保护职工的听力，规定了工作场所的噪声卫生限值。根据不同的接触时间规定不同的卫生限值。当达不到要求时应采取必要的防护措施。

11.3.10 管理用房，辅助用房对噪声的要求高，60dB（A）基本对开会、正常交谈不产生明显的影响。

11.3.11 这是保护眼睛的一项具体措施。眼睛受伤害后，及时得到有效的处治，可以最大限度地避免眼睛受进一步的伤害，配备洗眼器是其中比较行之有效的做法。

11.3.12 本条所指的劳保用品为泛指，指常用的劳保用品，不含放射性防护用品和防毒面具等特殊劳保用品。

11.4 环 境 保 护

11.4.1 规定了仓库区应该清污分流，做到合格排放。

11.4.5 废渣堆场（包括生活垃圾和建筑垃圾填埋场）污染相对比较重，合理布置可以减少对人身健康的损害。

该类型堆场内的地表水和地下水过去不重视，随着环保意识的提高和环保管理的加强，该部分污水也应合格排放。

设置绿化隔离带可以减少污染扩散范围，同时也可以改善小环境的空气质量。有条件的地方可设置绿化带。

11.4.6 2005 年 11 月，吉林某公司操作人员违反操作规程，引发爆炸事故，造成 8 人死亡。事故发生后，由于对生产安全事故引发环境污染事件的严重性认识不足，致使事故现场地面水进入"清净下水"排水系统，流入松花江，造成松花江水体严重污染。因此，必备的防污设施和措施对防范危险化学品事故引发环境污染事件至关重要。

11.5 应 急 救 援

11.5.1 事故在刚发生时，如果能得到及时有效的处置，就可以控制事故的扩大，最大限度地减少人员和财产的损失，减少对环境的污染。吸取事故教训，对储存有危险品或甲、乙类物料的仓库区规定应编制事故状态下的应急预案。

11.5.2 仓库区单独设置救援站或有毒气体防护站很难办到，应依托所属企业或当地社会。